国家出版基金项目
NATIONAL PUBLICATION FOUNDATION

自然科学大辞典系列

物理学大辞典

总主编　都有为

副总主编　程建春　欧阳容百　张世远

DICTIONARY OF PHYSICS

科学出版社

北京

内 容 简 介

本书是一部综合性的物理学辞典，涵盖力学和理论力学、理论物理学、热学、热力学与统计物理学、声学、电磁学、光学、原子与分子物理学、无线电物理学、凝聚态物理学、等离子体物理学、原子核物理学、高能物理学、天体物理学、计算物理学、非线性物理学、化学物理、能源物理、经济物理、生物物理学、医学物理等学科，以常用、基础和重要的名词术语为基本内容，提供简短扼要的定义或概念解释，并有适度展开。正文后附有物理学大事件、常用物理量单位、常用物理学常数表等附录，并设有便于检索的外文索引、汉语拼音索引。

本书可供物理及相关专业的科技工作者、高等院校师生、中学教师、物理学爱好者以及具有大专以上文化程度的其他读者参考、使用。

图书在版编目(CIP)数据

物理学大辞典/都有为主编. —北京: 科学出版社, 2017.12
(自然科学大辞典系列)
ISBN 978-7-03-055778-0

Ⅰ. ①物⋯　Ⅱ. ①都⋯　Ⅲ. ①物理学-辞典　Ⅳ. ①O4-61

中国版本图书馆 CIP 数据核字 (2017) 第 298653 号

责任编辑: 钱　俊　周　涵 / 封面设计: 黄华斌
责任校对: 彭珍珍　杜子昂 / 责任印制: 霍　兵

科学出版社出版
北京东黄城根北街 16 号
邮政编码: 100717
http://www.sciencep.com

北京中科印刷有限公司印刷

科学出版社发行　各地新华书店经销

*

2017 年 12 月第 　一　 版　　开本: 889×1194　1/16
2024 年 10 月第十一次印刷　　印张: 78 1/2
字数: 3 300 000
定价: 298.00 元
(如有印装质量问题, 我社负责调换)

《物理学大辞典》编委会

《物理学大辞典》撰写人员名单

（以汉语拼音为序）

安克难	安 晋	卞春华	曹庆琪	曹 毅	陈抱一	陈丹丹	陈 刚
陈 健	陈 锴	陈申见	陈 怡	陈召忠	陈 卓	陈子亭	程建春
程 鑫	程 营	崔著钫	戴 煜	丁大军	丁海峰	丁剑平	丁明德
丁 谦	丁世英	丁维平	董锦明	杜 军	杜 勇	段文晖	方世良
方 忠	冯 济	冯一军	甘再国	龚新高	龚彦晓	顾秋生	郭 静
郭霞生	郭学锋	郭 洋	韩 宁	胡文兵	胡希伟	胡小鹏	黄吉平
黄晓林	吉鸿飞	季伟捷	金飚兵	金 新	靳根明	鞠国兴	康 琳
孔令欣	兰 涛	黎书华	李昌鸿	李朝升	李 川	李 俊	李 明
李淑义	李思宇	李廷会	李 伟	李向东	李晓辉	李云轩	李志远
梁 源	缪 峰	林海青	林志斌	刘 峰	刘福春	刘汉卿	刘洪君
刘 辉	刘建国	刘 璐	刘万东	刘晓峻	刘 洋	刘宗华	卢 晶
陆全明	吕笑梅	罗文俊	罗晓鸣	马 晶	马千里	马 日	马琰铭
马余强	倪冬冬	倪 军	宁新宝	欧阳容百	平加伦	秦 宏	秦允豪
邱小军	任中洲	单国锋	邵陆兵	沈俭一	沈 勇	盛玉宝	施 勇
史华林	舒咬根	宋凤麒	孙国柱	孙 浩	孙 建	孙为民	谭志杰
汤雷翰	唐少龙	陶 超	陶建成	涂 彧	涂展春	屠 娟	万贤纲
万友平	王 达	王鼎盛	王敦辉	王桂琴	王建生	王建松	王金东
王 俊	王 骏	王 群	王 涛	王天珩	王 炜	王友年	王志刚
王智河	韦广红	魏建榕	魏志勇	闻海虎	吴 镝	吴剑锋	吴俊宝
吴兴龙	伍瑞新	谢代前	谢捷如	谢金兵	谢若非	辛 苑	忻 辰
徐建华	徐 骏	徐 平	徐晓东	许 昌	许 吉	许伟伟	薛正远

前　言

历经 6 年的筹备、组织、撰写、审稿等流程，国家出版基金项目《物理学大辞典》即将由科学出版社出版，这部凝聚了二百余位撰写人、审稿人、编委与出版人员心血的大辞典终于奉献给读者了。《物理学大辞典》的撰写人、审稿人均为在相关领域中学有所长有所建树的专家、学者，在十分繁忙的工作中抽出宝贵的时间完成任务。因此，首先应感谢他们的辛勤劳动付出，以及精益求精、科学严谨的精神。此外，尚需感谢科学出版社自始至终的关心、支持与优良的编辑出版工作。在此，我特别要感谢副总主编程建春、欧阳容百和张世远教授，没有他们勇挑重担，要完成这部巨著是不可能的。

物理学是一门基础性的学科，与数学、材料、化学、天文、生物、医学等学科紧密交叉，又为科学技术发展奠定了坚实的基础。作为一部单卷本、综合性的中大型物理学专科辞典，《物理学大辞典》的出版必将为普及科学知识、为广大读者进入科学庙堂提供十分便捷的通道。这是一部严谨的科学工具书，可为广大中小学和大学的师生参考。

《物理学大辞典》以全国科学技术名词审定委员会发布的有关学科的名词术语作为选择词条的首选参考内容，并参考了已出版的《物理学词典》等有关材料，对物理学各领域中的主要名词、术语进行解释，其内容按物理学的各分支学科进行分类介绍：

(1) 力学和理论力学；(2) 理论物理学；(3) 热学、热力学与统计物理学；(4) 声学；(5) 电磁学；(6) 光学；(7) 原子与分子物理学；(8) 无线电物理学；(9) 凝聚态物理学；(10) 等离子体物理学；(11) 原子核物理学；(12) 高能物理学；(13) 天体物理学；(14) 计算物理学；(15) 非线性物理学；(16) 化学物理；(17) 能源物理；(18) 经济物理；(19) 生物物理学；(20) 医学物理。

除传统的力学、电磁学、凝聚态物理等外，增加了能源物理、化学物理、经济物理等内容。共收录条目 10 000 余条，约 330 万字。

人类已进入大数据、物联网、智能化时代，人类对客观世界的认识也由宏观到微观，进入对宇宙深层次的探索，如黑洞、引力波、暗物质、反物质等，量子纠缠可能导致第二次量子革命，知识的大爆炸需要科学知识的大普及。人类社会几乎每隔 100 年有一次产业革命，18 世纪热能的使用开启了第一次产业革命，19 世纪电能的应用导致社会的电气化，20 世纪的信息化与原子能的应用，当前 21 世纪进入以纳米科技为主要内涵的第四次产业革命。《物理学大辞典》尽可能地反映科技的进步，引入一些新的科技名词与术语。为了方便读者查阅，附有中、英文词目索引。

最后期望《物理学大辞典》能为知识普及、人才培养、国家富强尽一份菲薄之力。

都有为
南京大学物理学院
2017 年 10 月

凡 例

总 体 编 排

1. 本书正文由 20 个部分组成，各部分均按专业知识体系分类编排，词条以逻辑关系为序。

2. 正文前列有目录，文后设有附录和索引。

收 词 立 目

3. 本书为专科术语辞典，收录物理学词目共计 10 000 余条。

4. 本书词目均用黑体字排出。词目后一般括注英文对译词。

5. 本书词目有一词数名或一词数译的，以有关部门审定、较为恰当或常见的为正条。

6. 词目如有别称、简称，一律在释文前说明，并另立参见条。

7. 词目为一词多义时，若各义项分属不同学科或门类，则在各学科或门类内分列该词目。

释 文

8. 释文使用规范的现代汉语。在不产生歧义的前提下，释文开始和释文中一般不重复词目。

9. 释文中出现的词语，在本书中另有专条解释而需要参见的，该词语以楷体排版。

10. 释文中需要设为副条（参见条）的词语，在排版时以加下划线的形式标示。

11. 释文一般只介绍定论。如学术上尚无定论，则同时介绍并列的几说，或以一说为主、兼及他说。

12. 括号的用法：释文中方括号内的文字通常为使用中可以省略的文字，圆括号中的文字通常为解释说明性文字。（公式以及其他特殊情况例外。）

检 索

13. 本书设有汉语拼音、外文两套索引。

①汉语拼音索引中阿拉伯数字、英文、希文等依次排在汉字之后，其他特殊字符排在希文之后。标点符号、大小写和正斜体在排序时均不考虑。

②外文索引中，标点符号、大小写、正斜体在排序时均不考虑。阿拉伯数字、希文及其他特殊字符依次排在英文之后。

其　他

14. 本书于 2017 年 6 月底截稿，个别方面的内容由于资料来源所限，截稿稍早。截稿后有变动的内容只在时间和技术条件允许的情况下酌情增补或修改，一般不做补正。

目　录

一

力学和理论力学

物理学 [physics]　研究物质与运动的基本规律的科学。其研究内容包括物质的结构、物质间的各种基本相互作用和物质的一些基本运动形态等。在微观领域内, 存在有不同层次的粒子——基本粒子、原子核、原子与分子等, 相应地有物理学的分支学科, 如粒子物理、原子核物理以及原子与分子物理。在宏观领域内, 存在有不同的聚集态, 诸如固态、液态、气态和等离子态, 相应地有凝聚态 (包括固态与液态) 物理和等离子体物理等分支学科。众多物相可以汇聚成尺度更大的体系, 诸如行星、恒星、星系、星系团等, 乃至于囊括一切的宇宙, 均可以作为物理学研究的对象。这些就构成与地球科学、天文学的交叉学科: 地球物理、天体物理与宇宙学。物质的基本相互作用目前已知共有 4 种, 即长程的万有引力与电磁作用力和短程 (局限于 10^{-15} m 之内) 的弱作用力与强作用力。长程的相互作用是人们感官得以直接感知的, 而短程相互作用仅出现在原子核内部和一些基本粒子之间。相互作用是通过场媒介来传递的, 引力场、电磁场与规范场即为其实例。因而对场的研究在现代物理学中也占有重要地位。物理学所关注的运动形态, 有宏观的, 如机械运动、电磁现象与热现象, 相应的学科为力学与声学、电磁学与光学、热力学统计物理; 也有微观的, 如各个层次粒子的运动、激发与反应, 构成了粒子物理、原子与分子物理、原子核物理所研究的对象。物质的运动总是在一定的空间和时间里呈现的, 这样空间、时间及其参考系也成为物理学研究的对象。

实验研究是物理学的基础。精密的定量测量是实验物理学的基本要求和追求的目标, 构成了物理学不可或缺的一个组成部分。通常, 只有在取得大量的经验规律之后, 方可能建立起自洽完整的理论体系。而这些理论又会对某些特定问题提出具体的预言, 有待于进一步的物理实验来对之甄别, 即予以证实或证伪。这样, 经过实验物理学家与理论物理学家的大量工作和反复推敲、去伪存真, 使得物理学的理论具有了一定范围的适用性和一定程度的可靠性。

经典力学是物理学中最早成熟的分支学科。17 世纪初德国天文学家开普勒 (J. Kepler, 1571—1630) 根据天文学的观测数据得出了行星运动三定律这个重要的经验规律。几乎同时, 意大利物理学家伽利略 (G. Galileo, 1564—1642) 通过落体、抛物体和摆的实验, 总结出动力学的初步理论。随后英国物理学家牛顿 (I. Newton, 1642—1727) 进行了深入的研究, 总结出三条运动定律和万有引力定律, 为建立经典力学的理论奠定了基础。以后的发展体现于许多方面, 首先在应用上大见成效; 其次是研究的对象不断扩大, 推广到不同性质的媒质, 分别建立了刚体力学、弹性力学、流体力学和声学 (处理机械波的传播) 等分支学科; 再次是理论体系更加完备和具有广泛适用性。

电磁学在 18、19 世纪取得重大进展, 通过法国物理学家库仑 (C. A. Coulomb, 1736—1806)、法国物理学家和数学家安培 (A. M. Ampere, 1775—1836)、英国物理学家法拉第 (M. Faraday, 1791—1867) 等的实验研究, 建立了有关静电、静磁与电磁现象的若干基本规律。集其大成者是 19 世纪下半叶的英国物理学家麦克斯韦 (J. C. Maxwell, 1831—1879), 他总结出了能够全面描述电磁现象的基本理论, 即麦克斯韦方程组。这一理论预言了电磁波, 随后即为德国物理学家赫兹 (H. Hertz, 1857—1894) 的实验所证实。原来独立发展的光学, 至此归结为可见频段的电磁波的研究, 从而纳入了电磁学的范围。探索和研究宽广的电磁波谱, 从无线电波到微波与厘米波, 从红外光、可见光到紫外光, 从 X 射线到 γ 射线, 一直持续到 20 世纪。

对热现象的研究导致 19 世纪中叶热力学的建立。其第一定律就是能量守恒定律, 适用于任何宏观与微观过程, 其有效性遍及物理学和整个自然科学; 其第二定律就是熵恒增定律, 确定了不可逆过程中的时间之矢。对热现象在微观层次上进行探究, 导致了分子动理学和经典统计物理学的问世, 麦克斯韦、奥地利物理学家玻尔兹曼 (L. Boltzmann, 1844—1906) 与美国物理学家吉布斯 (J. W. Gibbs, 1839—1903) 对它做出了重要贡献。这是在物理学中首次明确地引入了微观粒子 (分子与原子) 的概念。

应该强调指出, 经典物理学已经孕育出一系列工程技术: 建立在经典力学基础上的有机械工程、土木建筑工程和航空航天技术; 建立在经典电磁学基础上的有电机工程、无线电工程和电子工程; 建立在热力学基础上的有动力工程和工程热物理等。经典物理学也促进了其他自然科学的发展, 如经典力学之于天体力学, 热力学与统计力学之于物理化学等。

在 20 世纪初, 物理学出现了两大突破, 即相对论与量子论。由于美国物理学家迈克耳孙 (A. A. Michelson, 1852—1931) 与莫雷 (E. W. Morley, 1838—1923) 的精确测量不能发现地球的运动对光速的影响, 1905 年德国物理学家爱因斯坦 (A. Einstein, 1879—1955) 提出了狭义相对论, 指出在所有惯性参考系中物理规律具有相同的形式, 肯定了经典电磁学的规律对于一切惯性参考系都有效。相对论提出了新的时空观, 建立了处理高速运动问题的理论体系, 奠定了高能物理、粒子物理等学科的理论基础。1916 年他基于惯性质量与引力质量等效的假设, 建立了广义相对论。这是引力的几何理论, 将引力和时空曲率相联系, 从而提供了处理强引力场力学问题的有效方法。相对论弥补了经典物理学的一些漏洞，也为处理大尺度的天体和宇宙问题提供了合适的理论框架。在 19、20 世纪之交，由于黑体辐射与光电效应的实验结果与经典物理学有明显矛盾，德国物理学家普朗克 (M. Planck, 1858—1947) 与爱因斯坦提出了初步的量子论。1913 年丹麦原子物理学家玻尔 (N. Bohr, 1885—1962) 提出了量子论的原子模型来解释氢光谱线系的经验规律。随后法国物理学家德布罗意 (L. de Broglie, 1892—1987) 提出粒子与波动二象性的概念。1925 年德国物理学家海森伯 (W. K. Heisenberg, 1901—1976) 与奥地利物理学家薛定谔 (E. Schrödinger, 1887—1961) 等建立了量子力学，给出了统一描述微观粒子行为的基本理论。量子力学问世之后，科学家用它解决原子结构与分子结构等问题，显示了它具有非凡的解决问题的能力。另一方面，量子力学也提供了理解化学元素周期表的物理基础，进而发展了量子化学和化学物理，进一步确立了物理学和化学两大学科之间的联系。1928 年英国物理学家狄拉克 (P. A. M. Dirac, 1902—1984) 提出了 (狭义) 相对论的量子力学理论，到 20 世纪中叶量子电动力学开花结果，成功地从微观上来处理电磁相互作用问题。

从 20 世纪之初到 20 世纪 40 年代，从放射性的研究逐步开拓成以原子核结构与其反应为主要内容的原子核物理学。核裂变与核聚变的发现和应用创建了全新的原子能技术。加速器的能量一再提高，促进了以研究基本粒子为对象的高能物理学的发展。大量基本粒子 (包括各种类型的轻子、夸克与中间玻色子) 被发现，对它们进行测量、分类并理顺其关系，从而得出了粒子物理的标准模型 (包括强子的夸克模型、量子色动力学与弱电磁互作用的统一理论)。迄今为止，此模型未遇反例，成为 20 世纪后半叶物理学的重大成果之一。当前面临的挑战在于如何超越标准模型的框架，扩大统一场论和对称性的范围，以期将量子力学和广义相对论相融合起来。

20 世纪也是天体物理学得以迅速发展的一个时期。现代天文学的视野开阔，观测手段先进，因而可以将星体、星系和宇宙视为无比庞大的实验用来甄别物理学的基础理论。一些观测的结果已可对宇宙演化模型提供若干制约。目前获得学界认可的是宇宙学标准模型，是从大爆炸的高能态开始的。这样一来，就将高能粒子物理学和早期宇宙联系在一起，标志了微观与宏观的两个极端迂回地合二为一了。

原子与分子物理在 20 世纪五六十年代出现了新的转机。受激发射在微波和光波频段先后得到了实现，从而导致激光器的发明，开创了有重大应用前景的激光技术，同时也使光学和原子与分子物理学焕发出新的生命力。

在 20 世纪 30 年代将量子力学与统计物理应用于固体中的电子和原子，创建了固体物理学。电子在周期晶格中传播导致了固体的能带理论，格波在周期晶格中传播导致了晶格动

力学，通过实验和理论的研究得以确立。1947 年晶体管的发明是固体物理学对技术的重大贡献，引发了电子学技术的重大革命，成为当今信息技术的基础。电子间的相互作用引起了铁磁性和超导电性，其探讨既具实际意义又有理论价值，使理论进入了多体问题物理学的领域。另一方面研究对象也越出常规的晶体，准晶、玻璃、液晶、胶体、聚合物、生物聚合物等，都进入了视野。相应地固体物理学也转换为凝聚态物理学。凝聚态物理学与材料科学密切相关，也成为发展新型电子学 (微电子学、纳米电子学、磁电子学、超导电子学等) 和光子学的基础。经典物理学在 20 世纪亦萌发出一些"新枝"，如相变与临界现象以及非线性动力学 (远离平衡态的失稳、斑图形成、分形、混沌与湍流等)，将为进一步理解复杂性这一疑难问题铺路架桥，也将促进物理学与化学、生物学、地学等相邻学科的相互交叉和渗透。可以说，物理学已成为自然科学、技术科学和工程科学的基础。

力学 [mechanics]　研究宏观物体之间或物体各部分之间相对位置随时间的变化，以及物体间相互作用，与由此引起的物体运动状态变化所遵从的规律的分支学科。力学研究的对象是机械运动，从运动的形态来分，可以把力学分为静力学 (statics)、运动学 (kinematics) 和动力学 (dynamics) 等几部分。从研究的对象来分，有质点力学、质点系力学、刚体力学、连续介质力学等。当前，单独使用 "力学" 一词时，一般指牛顿力学 (Newtonian mechanics) 或经典力学 (classical mechanics)，它适用于物体速度远小于光速的情况。当物体速度接近光速时，牛顿力学不再适用，而必须用相对论力学 (relativistic mechanics)。另一方面，在亚原子领域，则需用量子力学 (quantum mechanics)，或量子场理论 (quantum field theory)，简称量子场论。不过，量子力学等理论中已与力的概念无关了，仅是名称而已。

1.1　基　本　概　念

质量 [mass]　度量物体惯性大小或物体间相互吸引能力的物体的物理属性。质量源于对物质的认识。人们早就认识到物质是能够被我们的感观所直接感受的，可称为物体的客观存在。在长期的实践中，需要度量物质的量，由此形成了质量的概念，即质量被理解为 "物体所含物质的量"。质量是一个通过测量来定义的基本的物理量，国际上公认的质量基准是保存在巴黎国际计量局中的铂铱原器，规定它的质量为 1 千克。

与质量直接有关的基本定律有两条：万有引力定律和牛顿第二定律。与前者相关的质量称为引力质量，而与后者相关的质量称为惯性质量，它们分别量度物质的两种不同属性。惯性质量与引力质量原则上应是完全不同的，但从牛顿开始

直至目前为止的所有测量两者差别的实验都表明，在非常高的精度范围内（例如 10^{-13}），它的数值是完全一样的。见万有引力定律、牛顿第二定律、引力质量和惯性质量。

时间 [time]　　时间表征物质运动的持续性，具有单向性、可测量性等特性。空间反映物质运动的广延性，空间中两点间的距离称为长度。时间和空间是两个基本的物理量，它们的内涵、性质等是随着人们认识的深入不断变化和丰富的。对时间和空间赋予不同的性质和结构，相应地会有不同的理论体系形式。在物理中，通常假设时间是均匀的，空间是均匀和各向同性的，这将与能量守恒、动量守恒和角动量守恒等守恒定律相关。在牛顿力学中，时间和空间具有绝对性，空间平直，用欧几里得几何描述。在相对论中，时间和空间是视为一体的，称为时空，时空不再具有绝对的意义，是与参考系有关的。在狭义相对论中，时空是平直的，用闵可夫斯基几何描述；在广义相对论中，时空是弯曲的，需采用黎曼几何。时间和长度的计量基准随着科学技术的发展而不断变化。目前时间的测量基准是：1969 年国际计量大会选择的铯原子 ^{133}Cs 两个超精细能级跃迁所对应的辐射频率 $\nu = 9192631770\text{Hz}$ 作为时间间隔基准，1s 定义为 $1\text{s} = 9192631770/\nu$；1983 年第 17 届国际计量大会采用真空光速 $c = 299792458\text{m/s}$ 这一常量来定出长度单位，规定：1m 是光在真空中 $1/299792458\text{s}$ 时间间隔内所经路程的长度。

空间 [space]　　见时间。

参考系 [reference system]　　表述一定的物体在空间的位置是怎样随时间而变化的参照体系。一物体的位置或一事件发生的地点，只有参照另一适当选择的物体，才能表达出来。牛顿虽然相信有绝对空间，但他认识到人们无法描绘出物体在绝对空间中的运动路径，只能"使用相对而非绝对的位置和运动"。作为一个物体位置和运动的参照的这个物体，就称为参考系。参考系选定后，在这参考物体上建立一套坐标系，并将一个时钟固定在该坐标系统里。坐标系用来决定物体在空间的位置，时钟用来指示相应的时间。

惯性系 [inertial system]　　一个自由运动的物体，即一个无外力作用的运动物体，保持其原来相对于参考系为静止或做匀速直线运动的状态的参考系。牛顿虽然认识到物体位置和运动的相对性，但他相信存在与物质和运动无关的"绝对空间"，这是一种"绝对不动"的空间，而他的运动定律就是对"绝对参考系"而言的。伽利略指出，对绝对参考系做匀速直线运动的参考系，牛顿运动定律都能成立。因此，惯性系就是牛顿运动定律在其中成立的一切参考系。实际上，牛顿的"绝对空间"和"绝对参考系"是不存在的，绝对意义上的惯性系也是不存在的。

如果两个参考系彼此相对做匀速直线运动，而其中一个又是惯性系，则另一个显然也是惯性系，一个自由运动的物体相对于它也将做匀速直线运动。由此，我们可以有无数个做相对匀速直线运动的惯性系。

非惯性系 [non-inertial system]　　相对于惯性系做加速运动的参考系。在非惯性系中，牛顿运动定律并不成立。如果要让牛顿运动定律继续成立，就必须在物体所受的真实的其他物体给予的作用力之外，加上与参考系自身的加速运动相关的所谓"惯性力"。

坐标系 [coordinates system]　　为了能定量地表示物体在各个时刻相对于选定的参考系的位置就必须要选择适当的坐标系。最常用的坐标系是直角坐标系 (rectangular coordinates system)，此外还有用于描写在平面内运动的平面极坐标系 (planar polar coordinates system)，以及柱坐标系 (cylindrical coordinates system)、球坐标系 (spherical coordinates system)、自然坐标系 (natural coordinates system) 及曲线坐标系 (curve coordinates system) 等。

直角坐标系 [rectangular coordinates system]　　又称笛卡儿坐标系。由三根相互垂直的坐标轴构成的坐标系。任一矢量可以用该矢量在直角坐标系中的分量，即该矢量在各坐标轴上的投影来表示。例如位置矢径 $\boldsymbol{r} = x\boldsymbol{i} + y\boldsymbol{j} + z\boldsymbol{k}$，其中 x、y、z 就是位置矢量在各坐标轴上的投影，$\boldsymbol{i}$、$\boldsymbol{j}$、$\boldsymbol{k}$ 分别是各坐标轴的单位矢量，它在空间各点是相同的。

笛卡儿坐标系 [Cartesian coordinates system]　　即直角坐标系。

平面极坐标系 [polar coordinates system]　　由极点和从极点出发的极轴构成的坐标系。任一矢量 $\boldsymbol{A}$ 可用它在极轴方向和垂直于极轴方向的投影，即径向分量 A_ρ 和横向分量 A_φ 来表示：$\boldsymbol{A} = A_\rho\boldsymbol{e}_\rho + A_\varphi\boldsymbol{e}_\varphi$，其中 $\boldsymbol{e}_\rho$ 和 $\boldsymbol{e}_\varphi$ 分别是径向和横向单位矢量。值得注意的是这些单位矢量的方向在不同的地点不同。

柱坐标系 [cylindrical coordinates system]　　在平面极坐标系的基础上加一个垂直于平面极坐标所在平面的 z 轴构成的坐标系。任一矢量 $\boldsymbol{A}$ 可用它在极轴方向和垂直于极轴方向的投影，即径向分量 A_ρ 和横向分量 A_φ 加上 z 轴方向的分量 A_z 的矢量和来表示：$\boldsymbol{A} = A_\rho\boldsymbol{e}_\rho + A_\varphi\boldsymbol{e}_\varphi + A_z\boldsymbol{e}_z$，其中径向和横向单位矢量 $\boldsymbol{e}_\rho$ 和 $\boldsymbol{e}_\varphi$ 在不同的地点是不同的，z 轴方向的单位矢量 $\boldsymbol{e}_z$ 固定不变。

球坐标系 [spherical coordinates system]　　一个矢量 $\boldsymbol{A}$ 在球坐标系中的三个分量分别是 $A_r, A_\vartheta, A_\varphi$。它们分别表示矢量在径向、余纬度方向（又称极角方向）及经度方向（又称方位角方向）的分量：$\boldsymbol{A} = A_r\boldsymbol{e}_r + A_\vartheta\boldsymbol{e}_\vartheta + A_\varphi\boldsymbol{e}_\varphi$。坐标系的所有单位矢量 $\boldsymbol{e}_r, \boldsymbol{e}_\vartheta, \boldsymbol{e}_\varphi$ 都随不同地点而不同。

自然坐标系 [natural coordinates system]　　在给定轨道的情况下，用自然坐标系表示物体的运动是比较方便的。在这种坐标系中，质点的速度大小由 $v = \mathrm{d}s/\mathrm{d}t$ 表示，其

中 ds 是轨道曲线的元弧长, 其方向是沿曲线在该点的切线方向 (指向弧长增加的方向)。加速度可分解为切向加速度和法向加速度。前者为 $a_\tau = \mathrm{d}^2 s/\mathrm{d}t^2$, 后者为 $a_n = v^2/\rho$。这里的 ρ 是轨道曲线在该点密切圆的半径, 即曲率半径。

曲线坐标系 [curve coordinates system] 由三组曲线组成的坐标系。平面极坐标系、柱坐标系和球坐标系都是曲线坐标系。若在曲线簇的交点处三组曲线相互垂直, 则叫作正交曲线坐标系。

国际单位制 [international system of units, SI] 由国际计量大会 (CGPM) 批准采用的基于国际度量制的单位制, 包括单位名称和符号、词头名称和符号及其使用规则。国际单位制的七个基本量和相应基本单位的名称和符号, 见下表。基本物理量是通过测量来定义的, 通过基本概念和基本物理量而得到的物理量称为导出物理量。

SI 基本单位

长度	米	m
质量	千克	kg
时间	秒	s
电流	安 [培]	A
热力学温度	开 [尔文]	K
物质的量	摩 [尔]	mol
发光强度	坎 [德拉]	Cd

力 [force] 力是运动变化的原因。力的相互抵消导致平衡和结构的稳定性。现代物理学认为, 力是一种相互作用, 人们已经知道存在 4 种形式的相互作用, 即强相互作用、弱相互作用、电磁相互作用和引力相互作用。因此, 就现在的认识水平而言, 自然界中存在的力基本可以分为四种, 即万有引力、电磁力、弱力和强力。万有引力存在于一切质量不为零的物体之间, 是人们最早认识的力, 由牛顿在 17 世纪建立万有引力理论。电磁力是由静止或运动的电荷产生的力, 它几乎是所有宏观力的根源, 如各种材料的内部张力、弹性力、分子间的结合力、物体与物体之间的摩擦力, 都是电磁相互作用形成的。弱力存在于基本粒子之间, 其强度只有电磁力的 $1/10^{12}$, 作用距离约为 $10^{-15}\mathrm{cm}$, 只相当于原子半径的 $1/10^7$。强力是核子之间的相互作用力, 原子核稳定存在就是因为强相互作用力, 它的作用距离约为 $10^{-13}\mathrm{cm}$。因此, 弱力和强力是短程相互作用, 而万有引力和电磁力是长程相互作用。

平动 [translational motion] 也称平移, 运动物体上任意两点所连成的直线, 在整个运动过程中, 始终保持平行, 这种运动叫作平动。作平动的物体, 在任一时刻, 其上各点的速度和加速度都相同。

转动 [rotation] 物体上任意两点所连成的直线的指向在运动中不断变化, 这种指向的变化称为转动。当研究物体转动时, 必须考虑物体的大小、形状和结构等特性。不考虑物体的形变或者这种形变对于所研究的物体的运动的影响可以忽略不计, 则这种物体称为刚体。刚体的转动分为定轴转动和定点转动等复杂的形态。对质点而言, 运动方向的变化可以视为绕某点或某轴的转动, 并由角速度矢量来定量描述质点的转动。见质点的角速度。

质点 [mass point] 有质量但没有大小的物体或者大小对该物体运动的影响可以忽略不计的物体。质点是一个理想化模型。物体作平动时, 由于物体上各点的运动情况相同, 可以不考虑物体的大小, 而把它作为质点来处理; 运动物体的大小跟所研究的问题中的某些特征线度相比可忽略不计时, 该物体也可按质点处理。例如研究地球绕太阳的公转, 地球的大小和地球与太阳之间的距离相比是一个小量, 则可近似将地球当作一质点。

静质量 [rest mass] 按照狭义相对论, 物体的质量与它的运动状态有关。静质量是指取一个特定的惯性参考系, 相对此惯性参考系, 物体静止, 在此状态下测得的物体质量, 用 m_0 表示。

运动质量 [moving mass] 又称相对论质量或动力学质量。运动物体的质量随着其运动速度增加而增大, 当物体相对某惯性参考系以速度 v 运动时, 在这个惯性参考系测量的物质质量 m 称为运动质量, 有关系 $m = m_0/\sqrt{1 - v^2/c^2}$, 其中 $c = 299792458\mathrm{m/s}$ 为真空中的光速。

相对论质量 [relativistic mass] 即运动质量。

动力学质量 [dynamical mass] 即运动质量。

1.2 静 力 学

静力学 [statics] 力学的分支。研究力系的简化规律及物体处于平衡状态时所受外力应满足的条件。

力的平衡公理 [axiom for equilibrium of two forces] 要使作用在刚体上的两个力平衡, 其充分与必要条件是此两力的大小相等, 方向相反, 并且作用在一条直线上, 与作用点在作用线上的位置无关。对于刚体, 力是一种滑移矢量, 即力可以沿其作用线任意滑移而不改变它所起的力学作用。

平面交汇力系 [planar crossed force system] 处于同一平面内, 且都通过平面内某一个点的 N 个力构成的力系。

平面交汇力系的合力 [resultant force of planar crossed force system] 平面交汇力系的合力等于所有力的矢量和, 合力的作用线通过该力系的交汇点, 叫主矢量, 即合力, $\boldsymbol{F} = \sum\limits_{i=1}^{N} \boldsymbol{F}_i$。

平面交汇力系的平衡 [equilibrium of planar crossed force system] 平面交汇力系平衡的充分必要条件是 $\sum\limits_{i=1}^{N} \boldsymbol{F}_i = 0$。平衡时, 该力系构成的力多边形是封闭的。

平面任意力系 [planar force system]　处于同一平面内的 N 个力构成的力系叫平面力系。作用在刚体上的平面力系可以简化为一主矢量和一个主矩。主矢量是力系各力的矢量和:$\boldsymbol{F} = \sum_{i=1}^{N} \boldsymbol{F}_i$。

主矩是对任意选定的简化中心而言的,它是各力对该简化中心的力矩之矢量和:$\boldsymbol{M} = \sum_{i=1}^{N} \boldsymbol{r}_i \times \boldsymbol{F}_i$,其中 $\boldsymbol{r}_i$ 是简化中心到 $\boldsymbol{F}_i$ 作用点的矢径。

平面任意力系的平衡 [equilibrium of planar force system]　作用在刚体上的任意平面力系达到平衡的充分必要条件有两个:主矢量等于零,即 $\boldsymbol{F} = \sum_{i=1}^{N} \boldsymbol{F}_i = 0$;主矩为零,即 $\boldsymbol{M} = \sum_{i=1}^{N} \boldsymbol{r}_i \times \boldsymbol{F}_i = 0$。

力系的简化 [simplify of a force system]　作用在同一点的力系总可以按平行四边形法则,简化为一个合力。作用在刚体上的力系,由于其作用点不同可以引起不同的力学效应。这种力系可以简化为对简化中心的主矢量和一个力偶矩。前者就是力系的矢量和 $\boldsymbol{F} = \sum_{i=1}^{N} \boldsymbol{F}_i$,后者是力系对简化中心的主矩 $\boldsymbol{M} = \sum_{i=1}^{N} \boldsymbol{r}_i \times \boldsymbol{F}_i$。

加 (减) 平衡力公理 [axiom about adding and/or subtracting forces]　从作用在刚体上的力系中加上 (或减去) 任一平衡力系都不改变该力系对刚体的作用。

1.3 运 动 学

运动学 [kinematics]　力学的分支。它只讨论物体或物体各部分之间相对位置随时间的变化,而不涉及产生这些变化的原因。这实际上是一种几何化的描述。

位置矢量 [position vector]　简称位矢。为表征一个质点在空间的位置,可以选择一个参考点作为原点 O,质点的位置可以用质点相对于该参考点 O 的矢径 r 来表示。该矢量就是位置矢量。在直角坐标系中,位矢可用其沿 x, y, z 轴的分量表示为 $\boldsymbol{r} = x\boldsymbol{i} + y\boldsymbol{j} + z\boldsymbol{k}$,其中 $\boldsymbol{i}, \boldsymbol{j}, \boldsymbol{k}$ 分别是各坐标轴的单位矢量;在柱坐标系中,位矢表示为 $\boldsymbol{r} = \rho\boldsymbol{e}_\rho + z\boldsymbol{e}_z$,其中 ρ 和 z 分别是矢径 r 在 $\boldsymbol{e}_\rho$ 和 $\boldsymbol{e}_z$ 方向的投影;在球坐标系中,位矢表示为 $\boldsymbol{r} = r\boldsymbol{e}_\rho$,其中 r 为位矢的长度。

轨道 [trajectory, orbit]　质点在运动过程中所经空间各点的连线,即位置矢量顶点的连线。它可以用参数方程 $x = x(t), y = y(t), z = z(t)$ 表示,其中 t 是时间或其他任意参数。

位移矢量 [displacement vector]　设质点的位矢是时间的函数:$\boldsymbol{r} = \boldsymbol{r}(t)$,则 $t + \Delta t$ 与 t 时刻的位矢差 $\Delta \boldsymbol{r} = \boldsymbol{r}(t + \Delta t) - \boldsymbol{r}(t)$ 称为时间间隔 Δt 内的位移矢量,简称为位移,它是从 t 时刻的位矢端点指向 $t + \Delta t$ 时刻的位矢端点的矢量。

路程 [distance]　质点从空间的一个位置运动到另一个位置,运动轨迹的长度叫作质点在这一运动过程所通过的路程。路程是标量,即没有方向的量。位移与路程是两个不同的物理量。在直线运动中,路程是直线轨迹的长度;在曲线运动中,路程是曲线轨迹的长度。当物体在运动过程中经过一段时间后回到原处,路程不为零,位移则等于零。

平均速度 [average velocity]　从时刻 t 到 $t + \Delta t$ 的间隔 Δt 内,质点的位移与时间间隔之比或者位矢的平均变化率 $\bar{v} = \Delta \boldsymbol{r}/\Delta t$。

瞬时速度 [instantaneous velocity]　当平均速度的时间间隔趋向于零时,即 $\Delta t \to 0$ 时,平均速度的极限就是时刻 t 的瞬时速度,数学表示为:$v = \lim_{\Delta t \to 0} \Delta \boldsymbol{r}/\Delta t = \mathrm{d}\boldsymbol{r}/\mathrm{d}t$。它是一个矢量,方向沿其轨迹的切线方向,大小是 $\mathrm{d}\boldsymbol{r}/\mathrm{d}t$ 的绝对值,后者也叫瞬时速率。

平均速率 [average speed]　表征物体运动快慢的物理量,在一定的时间间隔 Δt 内,质点经过的路程的平均变化率 $\bar{v} = \Delta s/\Delta t$。

瞬时速率 [instantaneous speed]　平均速率的极限或者瞬时速度的大小,可以表示为 $v = \lim_{\Delta t \to 0} \Delta s/\Delta t = \mathrm{d}s/\mathrm{d}t$,其中 $\mathrm{d}s$ 是该质点在 $\mathrm{d}t$ 时间内经过的轨道的弧长。

径向速度 [radial velocity]　在平面极坐标系中,质点速度沿矢径方向的分量。

横向速度 [transverse velocity]　在平面极坐标系中,质点速度在垂直于矢径方向的分量。

绝对速度 [absolute velocity]　物体相对于静止参考系的速度。

相对速度 [relative velocity]　相对于静止参考系有运动的参考系叫运动参考系。物体相对于运动参考系的速度就叫相对速度。

牵连速度 [convected velocity]　在有相对运动的两个参考系中,运动参考系中任一点或物体上与之相联的一点因参考系的运动而具有的相对于静止参考系的速度叫牵连速度。

面积速度 [area velocity]　也叫掠面速度。运用平面极坐标描述质点在有心力作用下的运动时,经常用到面积速度的概念。定义为:质点相对于力心的矢径在单位时间里扫过的面积。面积速度是单位质量的质点相对于力心的角动量的一半。

加速度 [acceleration]　速度随时间的变化率。由于速度是矢量而时间是标量,故速度的时间变化率也是矢量。所以加速度包括速度大小的变化和速度方向的变化。在直角坐标系中，质点的加速度矢量 a 与位矢的分量关系为 $a = \ddot{x}i + \ddot{y}j + \ddot{z}k$；在平面极坐标系中，有关系 $a = (\ddot{\rho} - \rho\dot{\phi}^2)e_\rho + (\rho\ddot{\phi} + 2\dot{\rho}\dot{\phi})e_\phi$；在曲线坐标中，则关系比较复杂。

平均加速度 [average acceleration]　定义为在某一时间间隔 Δt 内，速度变化 Δv 与该时间间隔之比 $\bar{a} = \Delta v / \Delta t$。

瞬时加速度 [instantaneous acceleration]　当平均加速度中的时间间隔趋向于零时，平均加速度就趋向于瞬时加速度，记作 $a = \lim\limits_{\Delta t \to 0} \Delta v / \Delta t = dv/dt = \mathrm{d}^2 r / \mathrm{d}t^2$。

切向加速度 [tangential acceleration]　质点沿曲线运动时，它沿曲线切线方向的加速度分量。表示为 $a_\tau = \mathrm{d}v/\mathrm{d}t = \mathrm{d}^2 s / \mathrm{d}t^2$，它反映的是速度大小的变化，方向由曲线在该点的切线方向决定。

法向加速度 [normal acceleration]　对于平面曲线运动，与切向加速度相垂直的加速度分量叫法向加速度，它指向轨道曲线的凹侧，表示为 $a_n = v^2/\rho$，它反映速度方向变化的快慢，其中 ρ 是质点所在点该曲线的曲率半径。对于空间曲线运动，法向加速度是在曲线上一点的密切圆半径方向上，指向轨道曲线的凹侧，ρ 就是该点密切圆的半径。

绝对加速度 [absolute acceleration]　物体相对于静止参考系的加速度。

牵连加速度 [convected acceleration]　相对于静止参考系有加速运动的运动参考系中任一点或物体上与之相联的一点因参考系的运动而具有的相对于静止参考系的加速度叫牵连加速度。

相对加速度 [relative acceleration]　物体相对于运动参考系的加速度。

向心加速度 [centripetal acceleration]　质点做圆周运动时，沿半径方向指向圆心的加速度。

质点的角速度 [angular velocity]　以二维极坐标为例，当质点做曲线运动时，位矢 $r = \rho e_\rho$ 在单位时间内扫过的角度，称为质点围绕原点运动的角速率，其正负号及数值取决于原点位置及坐标轴方向的选定。在二维极坐标中，速度矢量为 $v = v_\rho e_\rho + \rho\omega e_\varphi$，其中 $v_\rho = \dfrac{\mathrm{d}\rho}{\mathrm{d}t}$ 是质点的径向速度，$\rho\omega$ 是横向速度，$\omega = \dfrac{\mathrm{d}\varphi}{\mathrm{d}t}$ 为角速率。定义转动轴的单位矢量 e_ω 满足 $e_\varphi = e_\omega \times e_\rho$，把角速度可以看作是 e_ω 方向的矢量 $\omega = \omega e_\omega$，则 $v = v_\rho e_\rho + \omega \times r$。角速度矢量是赝矢量。

曲率 [curvature]　表示曲线上某点弯曲程度的量。对平面曲线或三维空间中的曲线，一般用曲率半径来定量表示。曲率是曲率半径的倒数。对四维空间则要用高斯曲率，黎曼–克里斯托费尔曲率张量 (Riemann-Christoffel curvature tensor)，曲率张量，曲率标量等来表示。

曲率圆 [circle of curvature]　通过曲线上的任一点和与之无限接近的两个相邻点作一圆，在极限情况下，这个圆就是该点的曲率圆，又称密切圆。

曲率半径 [curvature radius]　为定量表示曲线在任一点处的弯曲程度，可用曲率或曲率半径来表示。曲率半径是曲线上一点的曲率圆的半径。对于平面曲线 $y = y(x)$，它可表示为 $\rho = (1 + y'^2)^{3/2}/y''$。一般来说，曲线上不同点的曲率半径是不同的。曲率半径越小，则曲线在该点的弯曲程度愈大。当某点曲率半径是无限大时，曲线在该点不再弯曲。

伽利略相对性原理 [Galilean principle of relativity]　力学运动规律在伽利略变换下不变，称为伽利略不变性，或者称为伽利略相对性原理。

伽利略变换 [Galilean transformation]　质点在两个沿 x 轴相互做匀速直线运动的惯性系 S 和 S' 中的时空坐标 (x, y, z, t) 和 (x', y', z', t') 之间有下列关系：

$$x' = x + vt, \quad y' = y, \quad z' = v, \quad t' = t$$

其中 v 是 S' 相对于 S 沿 x 轴运动的速度。这就是伽利略变换。很显然，牛顿方程的形式在伽利略变换下是不变的。所以说，牛顿方程是遵从伽利略相对性原理的。见牛顿方程。

1.4　动　力　学

动力学 [dynamics]　研究物体运动状态变化与所受外界作用力之间的关系所遵从的规律。

经典力学 [classical mechanics]　是相对于相对论和量子力学而言的，人们把处理宏观物体在弱引力场中做低速运动的动力学称为经典力学，包括牛顿力学和分析力学。

理论力学 [theoretical mechanics]　是相对于普通物理中的力学而言的，在处理问题时较系统地应用了数学方法，同时扩大了处理的对象和范围。

牛顿力学 [Newtonian mechanics]　1687 年牛顿在他的著作《自然哲学的数学原理》(*Philosophiae Naturalis Principia Mathematica*) 中首先系统表述的。该书以八个定义和四个注释开始，接着是三条"公理或运动定理"和六个推论。此外还有关于万有引力定律的原始表述形式。这部划时代的巨著融合了前人的研究成果和他自己的创造，树立了力学发展史上的一个里程碑。

牛顿力学着眼于力的分析，把外界对物体运动的影响全部归结为力的作用。牛顿力学中更多涉及的是矢量，故也把牛顿力学叫作矢量力学 (vector mechanics)，以区别于分析力学 (analytical mechanics)。

牛顿第一定律 [Newton first law]　又称惯性定律。每个物体将继续保持其静止或匀速直线运动状态，除非有力加于其上迫使它改变这种运动状态。这就是惯性定律的原始表述。现在一般认为，牛顿第一定律的本质之一在于表明一种特殊参考系即惯性参考系的存在性。

牛顿第二定律 [Newton second law]　物体在受到外力作用时，它所获得的加速度的大小与外力的大小成正比，其比例系数就是物体的质量。加速度的方向和外力的方向相同。

牛顿第三定律 [Newton third law]　两物体发生相互作用时，它们之间的作用力分别作用在这两个不同物体上，大小相等，方向相反，并在同一直线上。

惯性定律 [inertialaw]　即牛顿第一定律。

万有引力定律 [law of universal gravitation]　质量分别是 M_1 和 M_2 的两个质点之间的引力为 $F_{12} = r_{12}GM_1M_2/r_{12}^3$，其中 F_{12} 是 M_1 作用在 M_2 上的引力，r_{12} 是由 M_1 指向 M_2 的矢径，G 是万有引力常数，1986 年国际科学联盟理事会科技数据委员会 (CODATA) 推荐的数值为 $G = 6.67259(85) \times 10^{-11} \mathrm{m}^3/(\mathrm{kg \cdot s}^2)$，不确定度为 128ppm(百万分之 128，即万分之 1.28)。

牛顿方程 [Newton equations]　按照牛顿第二定律，在惯性参考系中，质点在外力 F 作用下所获得的加速度矢量 $a = \mathrm{d}^2r/\mathrm{d}t^2$ 与所受的力 F 有下列关系：$F = ma$，其中 m 是质点的质量，a 是质点某一时刻的瞬时加速度。这是一个矢量形式的二阶微分方程。在实际运算时，常选取不同的坐标系，方程的分量形式就会有不同的表示。

引力质量 [gravitational mass]　是物体能产生引力作用或受引力场作用的能力的量度。按照牛顿万有引力定律，引力质量为 m_g 的物体与另一引力质量为 M_g 的物体之间引力的大小正比于 m_g 和 M_g 的乘积。因此引力质量既可以看作是产生引力的主体，又是在同一引力场中所受引力作用大小的量度。见万有引力定律。

惯性质量 [inertial mass]　是物体惯性大小的量度。完全是物体本身的内禀性质，与施力的主体的性质无关。

实验室参考系 [laboratory reference frame]　静止在实验室中的参考系中的坐标系。

质心参考系 [reference frame of center of masses]　相对于某惯性参考系以系统的质心速度做平动的参考系。质心参考系通常并不是惯性参考系。质心参考系中的坐标系 (称为质心坐标系) 的原点取在质心。

质点系 [system of particles]　由多个质点构成的力学系统。实际上，任一力学系统都可以通过离散化的方法，即分割成 N 个足够小的小份，每一小份都看作是一个质点，就也可以当作质点系来处理。作为研究的对象，被选定的质点系以外的所有其他物体对组成该质点系中的任一质点的作用力都叫作外力。质点系内各质点之间的相互作用力，叫作内力。

如果没有受到约束条件的限制，N 个质点组成的系统具有 $3N$ 个自由度，需要有 $3N$ 个独立变量才能完备地描述其空间位形 (configuration)。

质心 [center of masses]　质心可以看作是质点系整体运动的代表点。它的位置由质点系各质点的质量及其分布决定。其位矢定义为：$r_c = M^{-1}\sum m_i r_i$，其中 $M = \sum m_i$ 是质点系的总质量，m_i 和 r_i 分别是第 i 个质点的质量和位矢。对于连续分布的物体，只要把求和改成积分即可：$r_c = M^{-1}\int \rho r \mathrm{d}V$，式中 ρ 为物体的密度，一般是空间坐标的函数。质心概念在力学中的作用是通过相关的质心参考系和在该参考系中的运动定理体现的。在狭义相对论中，质心的概念是没有意义的，它让位于动量中心这个概念。

动量中心系 [center of momentum system]　适当选取参考系，使得质点系在此参考系中总动量为零。这种参考系就叫作动量中心系或零动量系。

重力 [gravity]　地球表面附近的物体受到的地球引力。它是万有引力在地球表面附近的一种表现。测量重力可以用静力学方法 (static mechanical method)，也可以用动力学方法。前者又可分为绝对测量 (用弹簧秤) 和相对测量 (用天平) 两种。用弹簧秤测得的是物体的重量，用天平称得的是物体的质量。

引力 [gravitational force]　引力是物体之间的一种相互作用，见万有引力定律。

支撑力 [supporting force]　物体静止地放置于某一曲面上时，曲面将会对物体施加力阻止物体向曲面的一侧运动，这种力就是支撑力。它是约束力的一种。从本质上说，支撑力是物体压在接触面上使之发生形变后产生的弹性反作用力。

胡克定律 [Hooke law]　在弹性极限范围内的一弹性体伸长或缩短时，其横截面两边的相互作用力 F 的大小正比于它长度的伸长量或缩短量 x，即 $F = -kx$，此定律被称为胡克定律。其中比例系数 k 叫作劲度系数或倔强系数，有时也叫弹性系数 (elastic coefficient)。

位力定理 [virial theorem]　这是一个带有统计性质的定理。它可以表示为

$$\overline{T} = -\frac{1}{2}\overline{\sum_{j=1}^{N} F_j \cdot r_j}$$

其中符号"‾‾"表示对时间的平均。T 是总动能，F_j 和 r_j 分别是作用在第 j 个质点上的力和此质点的位矢。克劳修斯 (Clausius) 把上式右边叫作均位力，所以上式就叫作位力定理。当作用力具有势能 U 时，$F_j = -\nabla_j U$，位力定理可改写

为

$$\overline{T} = \frac{1}{2}\overline{\sum_{j=1}^{N} \nabla_j U \cdot r_j}$$

特别是对于平方反比有心力, 上式简化为: $\overline{T} = -U/2$。

有势力 [potential force]　可以表示成为某个标量的梯度的作用力。这个标量就是该有势力的势。如果这种势不显含时间, 相应的力通常称为保守力。

保守力 [conservative force]　即有势力。

耗散力 [dissipative force]　这种力 (如摩擦力) 做的功恒小于零, 即 $f \cdot dr \leqslant 0$(即对外做功), 称为耗散力, 是非保守力。

力的叠加原理 [superposition principle of force] 如果有两个或两个以上的力作用在同一个质点上, 则作用在该质点上的各个力造成的质点运动状态的总变化等于各个力按矢量相加得到的合力对该质点造成的运动状态的变化。

平行四边形公理 [axiom about parallelogram rule for forces superposition]　作用在一个质点上的两个力, 其合力亦作用在该点上。合力的大小等于以该两力大小为边的平行四边形的对角线的长度, 方向是由该点出发沿四边形对角线方向。若有多个力作用在一点上, 可按此方法给出两力的合力, 此合力再与第三力按同样方法给出三力的合力, 按此方法, 最终可给出总合力的大小与方向。

力矩 [moment of force]　力对点的矩定义为力作用点位置矢和力矢的矢量积: 设原点为 O 点, 力 F 作用点的位矢为 r, 则力 F 对 O 点的力矩为 $M = r \times F$。对空间的任意一点 P(位置矢为 r_P), 则力 F 对 P 点的矩为 $M_P = (r - r_P) \times F$。

力偶矩 [moment of couple]　大小相等、方向相反, 但作用线不在同一直线上的一对力称为力偶, 两个力对空间任一点的力矩矢量和是一个确定的矢量, 与参考点无关, 称为力偶矩。力偶或者力偶矩能使物体产生纯转动效应。

压强 [pressure]　单位面积受到的正压力, 即 $P = \lim\limits_{\Delta S \to 0} (F \cdot n/\Delta S)$, 其中 F 是面元 ΔS 受到的力, n 是面元 ΔS 的法向单位矢量。连续体中的正应力就叫压强。一般来讲, 它是空间坐标的函数。

非惯性参考系 [non-inertial reference frame]　当一个参考系相对于惯性参考系有加速运动 (平动或转动) 时, 该参考系就是非惯性参考系。在非惯性系中, 原始形式的牛顿定律不再成立。

惯性力 [inertial force]　若要在非惯性参考系中继续使用牛顿定律, 就必须引入惯性力。惯性力是在非惯性系中引入的一种虚假的力, 它不是物体之间的相互作用。一般表示为 $F_g = -ma_g$, 其中 a_g 是非惯性系相对于惯性系的加速度引

起的牵连加速度, 它包括惯性离心加速度, 切向加速度和科里奥利加速度。

惯性离心力 [inertial centrifugal force]　是惯性力的一种, 与参考系的转动相关, 可以写成下列矢量形式: $F_l = -m\omega \times (\omega \times r)$, 其中 ω 和 r 分别表示转动参考系相对于惯性参考系的角速度矢量和质点在转动参考系中的位矢, m 是它的质量。

切向惯性力 [tangential inertial force]　又称欧拉力, 是惯性力的一种, 它与转动的非均匀性有关, 表示式为 $F_q = -m\dfrac{d\omega}{dt} \times r$, 其中 r 是质点在转动参考系中的位矢。

欧拉力 [Euler force]　即切向惯性力。

科里奥利力 [Coriolis force]　惯性力的一种。它存在于转动参考系中, 并且只有当物体相对于转动参考系有相对运动速度, 而且该速度不与转动角速度平行时才存在。一般可写成 $F_c = -2ma_c = -2m\omega \times v$。

引潮力 [tidal force]　地-月系统在它们之间引力作用下围绕共同的质心旋转, 引潮力是地球表面各地的海水所受月球的有效引力 (即 "真实引力") 与在地心参考系中的 "惯性离心力" 之和。后者由地心的离心加速度决定。

冲量 [impulse]　在一定的时间间隔内, 力对时间的积分称为该力的冲量, $I = \int F dt$。

动量 [momentum]　也叫线动量 (linear momentum), 质点的动量定义为其质量和速度的乘积: $p = mv$。质点系的动量定义为每个质点的动量的矢量和: $P = \sum m_j v_j = P_c$。按照质心的定义, 它等于质心的动量 $P_c = Mv_c$, 其中 $M = \sum m_i$ 是质点系的总质量。

动量定理 [theorem of momentum]　在一段时间内, 物体动量的变化量等于在此时间间隔内作用在该物体上力的冲量的矢量和:

$$m(v_f - v_i) = m\int_{t_i}^{t_f} F dt$$

动量守恒定理 [conservation theorem of momentum]　若在一段时间间隔内的任一时刻, 作用在某物体上的力或其沿某一固定方向上的分量为零, 则该物体的动量或其沿固定方向相应的分量在该时间间隔内保持不变。

角动量 [angular momentum]　又称动量矩。质点的角动量定义为 $J = r \times p$, 它是动量对坐标原点的矩, 这里 r 是质点相对于原点的位矢。对空间的任意一点 P(位置矢为 r_P), 则动量 p 对 P 点的矩为 $J_P = (r - r_P) \times p$。质点系的角动量定义为组成质点系的各质点的角动量之矢量和: $J = \sum r_j \times p_j$。刚体角动量可写成分量形式 $J_\alpha = \sum_{\beta=1}^{3} I_{\alpha\beta}\omega_\beta$, 其中 $I_{\alpha\beta}$ 和 ω_β 分别是刚体的转动惯量张量的元素和角速度的分量。值得注意的是转动惯量张量各元素在空间坐标系中是

随时间而变的, 而在与刚体一起运动的本体坐标系中则是与时间无关的张量。

动量矩 [moment of momentum]　即角动量。

角动量定理 [theorem of angular momentum]　在惯性参考系中, 质点对其中某固定点的角动量的时间变化率等于作用在质点上的所有外力对同一固定点的力矩, 即

$$\frac{\mathrm{d}\boldsymbol{J}}{\mathrm{d}t} = \boldsymbol{M}$$

其中 $\boldsymbol{M} = \sum \boldsymbol{r}_j \times \boldsymbol{F}_j$ 为外力矩。对质点系来说, 只要把角动量和外力矩分别理解为质点系的角动量和外力矩即可, 也即系统的内力对系统的角动量的变化没有影响。对于刚体来说, 上述角动量定理的形式依然成立, 但通常用相对变化率和牵连变化率将其改写为

$$\left(\frac{\mathrm{d}\boldsymbol{J}}{\mathrm{d}t}\right)_b = -\boldsymbol{\omega} \times \boldsymbol{J} + \boldsymbol{M}$$

其中, 等式左边对时间的微商是在本体坐标系中进行的 (叫本地微商), 它反映的是角动量相对于本体坐标系的相对变化率, 此时角动量的表示式中的惯量系数均是常数。$\boldsymbol{\omega} \times \boldsymbol{J}$ 表示角动量的牵连变化率。

角动量守恒定理 [conservation theorem of angular momentum]　当作用在质点、质点系或刚体上的力矩或者其沿某一固定方向上的分量为零时, 质点、质点系或刚体的总角动量或者其沿固定方向上的分量不随时间而变, 即有角动量守恒定理。

引力势 [gravitational potential]　引力是一种保守力, 和引力相应的势函数称为引力势。在球坐标系中, 引力势可写成 $U_g(r) = -K/r$, 其中 $K = GM$, M 是产生引力的质点或对称球体的质量, r 是引力场点到该质点或球心 (此时要求 r 大于球的半径) 之间的距离。这里已经选择离点质量无限远处为势能零点。

电磁力 [electromagnetic force]　又称洛伦兹力。电场或磁场对电荷或电流的作用力。$\boldsymbol{F} = q(\boldsymbol{E} + \boldsymbol{v} \times \boldsymbol{B})$, 式中 $\boldsymbol{F}, \boldsymbol{v}, \boldsymbol{E}$ 和 $\boldsymbol{B}$ 分别表示带电质点受到的电磁力, 质点的运动速度, 电场强度和磁感应强度, q 是质点所带的电荷量。

洛伦兹力 [Lorentz force]　即电磁力。

摩擦力 [friction force]　当相互接触的物体之间有相对运动趋势或相对运动时, 它们之间就会有摩擦力。摩擦力分为干摩擦 (dry friction) 和湿摩擦 (wet friction) 两种, 它们都是物体相互接触部分的分子之间复杂的相互作用的表现。干摩擦是固体与固体之间的摩擦, 而湿摩擦属于固体与流体 (液体和气体) 之间的摩擦。在固体之间涂上一层润滑油, 就把干摩擦改变成了湿摩擦, 使摩擦力大大减小。对同一个物体来说, 湿摩擦力小于干摩擦力。有关摩擦力的起因和微观机理, 尚有许多未知的领域有待进一步探讨。

干摩擦 [dry friction]　干摩擦也称外摩擦。它是固体表面之间的摩擦作用, 又可分为静摩擦和滑动摩擦、滚动摩擦。

静摩擦力 [static friction force]　是当相互接触的两个物体有相对运动的趋势时发生的相互作用。这时的静摩擦力随作用在物体上的外力增大而变大, 直至物体开始相对运动。在开始运动前的瞬间的静摩擦力叫最大静摩擦力。实验证明, 最大静摩擦力 F 的大小与接触面间的正压力 N 成正比: $F = \mu N$, 但与接触面大小无关, 其方向与运动趋势的方向相反, 比例系数 μ 叫静摩擦系数。

静摩擦系数 [static friction coefficient]　见静摩擦力。

滑动摩擦 [sliding friction]　两相互接触的物体有相对运动时, 它们之间的摩擦力的大小正比于接触面上的正压力, 方向与运动方向相反。一般来说, 摩擦系数与相对运动速度有关, 且与接触面的材料性质也有关。

滚动摩擦 [rolling friction]　阻止物体在支承面上滚动的摩擦力, 它是多种因素造成的, 可以是静摩擦力, 也可以是物体或支承面的变形等造成的。实验证明滚动摩擦力也和正压力成正比, 但摩擦系数不同于静摩擦系数, 滑动摩擦系数。$F = \mu' N$, μ' 称为滚动摩擦系数。

滚动摩擦系数 [roll friction coefficient]　见滚动摩擦。

驱动力 [driving force]　在强迫振动问题中, 除弹性力和摩擦力以外的外力叫作驱动力, 它一般是时间的函数。

外力 [external force]　对质点系而言, 该质点系以外的任何物体对它的作用都叫作外力。

内力 [inertial force]　质点系内部各质点之间的作用力叫作内力。

张力 [tension]　物体 (比如绳子在受到拉伸时) 内部出现的弹性力。

能量 [energy]　按照麦克斯韦 (Maxwell) 理论, 物体所具有的能量是它能够对外做功的能力的量度。在力学范畴, 主要是指机械能, 包括动能和势能。在热学范畴表现为系统的内能。一般来说, 各种运动形式的能量形式是不同的, 它们之间可以发生转化, 但总量不变。例如机械能可以通过某种过程全部转换成热能。另一方面, 这种转化并不是完全可逆的, 例如热能就不能完全变成机械能, 而不留下不可消除的影响。

科尼希定理 [Konig's theorem]　质点系的总动能可以分成质心动能和质点系相对于质心的动能两部分, 前者等于质心速度的平方和质点系总质量乘积的二分之一; 后者等于每个质点相对于质心 (平动) 参考系的动能之和。推广到刚体, 则刚体的动能等于质心动能加上刚体绕质心平动参考系的转动动能之和。

动能 [kinetic energy]　机械能的一部分，是物体因为运动所具有的能量。当质点相对于某观察者或参考系以速度 v 运动时，相应的动能为 $E_k = \frac{1}{2}mv^2$，其中 m 是质点的质量，这是平动动能。对于质点系，每个质点的质量和速度可以不同，因而系统的动能是其中各质点的动能之和，即 $E_k = \frac{1}{2}\sum m_j v_j^2$。对于连续分布的物体有 $E_k = \frac{1}{2}\int \rho(r)v^2(r)\mathrm{d}V$，其中 ρ 是密度，它一般是空间坐标的函数。对于刚体，除了平动动能外，还有转动动能。如果刚体绕某轴的转动惯量为 I，转动角速度为 ω，则它的转动动能为 $E_k = \frac{1}{2}I\omega^2$。在狭义相对论中，质点的动能为 $(m - m_0)c^2$，这里 m 和 m_0 分别是质点的动质量和静质量，c 为真空中的光速。

功 [work]　力（矢量）与它所作用的质点的元位移的标量积（即力沿元位移方向的分量和元位移的乘积）就是该力做的元功，记作 $\mathrm{d}W = \boldsymbol{F} \cdot \mathrm{d}\boldsymbol{r}$。质点在力 $\boldsymbol{F}$ 作用下从 a 点运动到 b 点，所做的功是力的元功沿其运动路线的积分 $W = \int_a^b \boldsymbol{F} \cdot \mathrm{d}\boldsymbol{r}$。实际计算时可以写成分量的形式，例如 $W = \int_a^b F_x\mathrm{d}x + F_y\mathrm{d}y + F_z\mathrm{d}z$。

功率 [power]　单位时间内所做的功。功率 $P = \mathrm{d}W/\mathrm{d}t = \boldsymbol{F} \cdot \boldsymbol{v}$，其中 $\mathrm{d}W = \boldsymbol{F} \cdot \mathrm{d}\boldsymbol{r}$ 是元功。

机械能 [mechanical energy]　机械能包括宏观的动能和势能两类。在运动过程中，它们之间可以相互转化，而不会消失，除非由于摩擦等耗散过程使之变成其他形式的能量。

势能 [potential]　由于保守力所做的功与路径无关，只与初、终态的位置有关，所以人们总可以引进势能函数的概念。用 $U(P)$ 表示质点在 P 点的势能。更有意义的是势能的变化，定义质点初、终态的势能差为 $-[U(f) - U(i)] = W$，等式右边是质点沿任意路径由初态 i 到终态 f 时作用在质点上的力所做的功。为了给出任一点的势能，必须明确计算势能的参考点。例如选择 i 点的势能为零，则 $U(i) = 0$。保守力做的功等于势能的减少。

重力势能 [gravity potential]　物体在地球表面附近重力场中具有的势能。若取地球表面为重力势能的零点，则重力势能一般可写成 $U(h) = mgh$，其中 h 是物体距地球表面的高度。

引力势能 [gravitational potential]　引力势能是物体在引力场中的势能。若以离引力源无限远处为势能零点，则引力势能可表示为

$$U(\boldsymbol{r}_1, \boldsymbol{r}_2) = -G\frac{M_1 M_2}{|\boldsymbol{r}_1 - \boldsymbol{r}_2|}$$

其中，M_1 和 M_2 是两个质点的质量，G 是万有引力常数，$\boldsymbol{r}_1$ 和 $\boldsymbol{r}_2$ 是两个质点的位矢。

静电势能 [static electric potential]　带电 q_2 的物体在电荷 q_1 的静电场中具有的势能。对于两个点电荷，静电势能为

$$U(\boldsymbol{r}_1, \boldsymbol{r}_2) = -\frac{1}{4\pi\varepsilon_0}\frac{q_1 q_2}{|\boldsymbol{r}_1 - \boldsymbol{r}_2|}$$

其中，$\varepsilon_0 = 8.854187818 \times 10^{-12} \mathrm{F/m}$ 是一个比例系数，称为真空介电常数。这里已经选择离 q_1 无限远处为势能的零点。$\boldsymbol{r}_1$ 和 $\boldsymbol{r}_2$ 分别是点电荷 q_1 和 q_2 的位矢。

弹性势能 [elastic potential]　被拉伸或压缩的弹簧也可以做功，相应的作用力称为弹性力或胡克力，它是一种保守力，所以也有相应的势能。在弹性限度内，弹簧的弹性势能可以用弹簧的伸长（或压缩）量来表示：$U(x) = \frac{1}{2}k(x - x_0)^2$，其中 x_0 是弹簧的静长度。

能量守恒 [conservation of energy]　自然界的基本原理之一。即自然界的各种能量可以通过某种过程相互转化，但总量不会减少或增加。

机械能守恒原理 [conservation principle of machinery energy]　在有势力场中运动的质点机械能包括动能和势能。在运动过程中，它们之间可以相互转化，但总量保持不变。这称为机械能守恒原理。以 T 和 V 表示动能和势能，机械能守恒原理就可以写成：$T + V = $ 常数。

功能原理 [principle of work and energy]　将作用于系统的力分为保守力和非保守力，则系统机械能的变化等于非保守力做的功：$(T_2 + U_2) - (T_1 + U_1) = W_d$，其中 W_d 是系统从状态 1 变到状态 2 的过程中，作用在该系统上的各非保守力所做功的代数和。在力学中，功能原理实际上是动能定理的另一种表示形式。

变质量物体动力学 [dynamics of body with variable mass]　这是一个质点系的动力学问题，但我们并不对质点系内所有质点的运动感兴趣，着重研究质量变化着的运动主体，例如火箭、雨滴等，而完全不考虑火箭喷射出的气体或雨滴上凝结的水蒸气的运动，因而是一个质量在不断变化的主体的运动问题。变质量物体的动力学问题的基本方程是密舍尔斯基方程。见密舍尔斯基方程。

密舍尔斯基方程 [Miserski equation]　实际上是计及离开运动主体的质点的反冲力的牛顿方程：$M\frac{\mathrm{d}\boldsymbol{v}}{\mathrm{d}t} = (\boldsymbol{u} - \boldsymbol{v})\frac{\mathrm{d}M}{\mathrm{d}t} + \boldsymbol{F}$，其中 $\boldsymbol{F}$ 是外力，M 是任一时刻运动主体的质量，$\boldsymbol{v}$ 是其速度，$\boldsymbol{u}$ 是质量变化部分的绝对速度。我们可以把 $(\boldsymbol{u} - \boldsymbol{v})\mathrm{d}M/\mathrm{d}t$ 看作是变化着的质量对运动主体的作用力。若把它也当作是外力，则密舍尔斯基方程也可以看作是运动主体的动量定理。

齐奥尔科夫斯基第一问题 [Ziorkovski first problem]　质量为 M_0 的火箭在不受外力作用的情况下从静止出发，以一定的相对速率 v_r 将气体向后喷出，火箭本身作直线加速运动。当所有的燃料都用完时，若此时的火箭质量为

M_s, 齐奥尔科夫斯基第一问题的解, 即该时刻火箭的速度, 它是 $v_s = v_r \ln(M_0/M_s)$。

齐奥尔科夫斯基第二问题 [Ziorkovski second problem] 齐奥尔科夫斯基第二问题是考虑到重力作用时的火箭运动。其他条件和齐奥尔科夫斯基第一问题相同。若火箭运动方向和重力方向相反, 齐奥尔科夫斯基第二问题的解是 $v_s = v_r \ln(M_0/M_s) - gt_s$, 其中 t_s 是火箭的喷射时间。

经典力学中的对称性 [symmetry in classical mechanics] 对称性是不可测量性或不可区分性的表现。在经典力学中, 与时空有关的对称性直接和动力学中的守恒定律有关。

空间绝对位置的不可测量性 [unmeasurability of absolute position of space] 相应的变换是空间平移变换: $r \rightarrow r' = r + a_0$, 其中 a_0 是常矢量。若力学系统在此变换下不变, 则有动量守恒。这是一种精确的对称性, 表示空间不同位置是一样的, 是不可区分的。

空间绝对方向的不可测量性 [unmeasurability of absolute direction of space] 相应的变换是空间转动变换。以绕 z 轴转过 $\delta\varphi$ 为例, 该变换可以表示为 $x \rightarrow x' = x - y\delta\phi$, $y \rightarrow y' = y + y\delta\phi$, $z \rightarrow z' = z$。若力学系统在此变换下保持不变, 则有角动量守恒, 表示空间各个方向是相同的, 不可区分的。

绝对时间的不可测量性 [unmeasurability of absolute time] 相应的变换是 $t \rightarrow t' = t + \tau_0$, 其中 τ_0 是常数, 这种变换是时间的平移, 或者说计时起点可任意选取。若力学系统在此变换下不变, 则有能量守恒, 表示时间是均匀的, 与时间起点的选择无关。

时间流动方向的不可测量性 [unmeasurability of direction of time flow] 相应的变换是 $t \rightarrow t' = -t$。若力学系统在此变换下是不变的, 则称为具有时间反演不变。例如牛顿方程由于加速度是位矢对时间的二阶导数, 它在时间反演变换下是不变的。

有心力 [central force] 若质点所受的力的作用线始终通过某一固定点, 这种力就称为有心力。该定点称为力心。

约化质量 [reduced mass] 两个质点相对于它们质心的运动动能可以写成: $T = \mu v^2/2$, 其中 $\mu = Mm/(M+m)$, M 和 m 分别是两个质点的质量, v 是两质点的相对运动的速度。这时, 它们的运动动能相当于一个质量为 μ 的质点以速度 v 运动时的动能, 称 μ 为它们的约化质量或折合质量。

比内公式 [Binet's formula] 有心力场中质点运动微分方程的变形, 它可以表示为

$$h^2 u^2 \left(\frac{\mathrm{d}^2 u}{\mathrm{d}\phi^2} + u\right) = -\frac{F}{m}$$

其中 $u = 1/\rho$, h 是单位质量的质点对力心的角动量, 或者为掠面速度的两倍, 是一个守恒量。用比内公式在已知力的表示式时可以求出该力场中质点的轨道方程; 对已知轨道方程的问题也可以用它求出有心力场的表示式。

轨道方程 [trajectory equation] 在两体有心力问题中, 由于角动量 L 守恒, 它们的运动始终处在一与角动量垂直的平面上, 故常用平面极坐标来描述各质点的运动。对于平方反比的引力 (引力势为 $U(\rho) = -k/\rho$), 运动方程的解的形式为 $\rho = p/(1 + \varepsilon \cos\varphi)$。其中 $p = L^2/\mu k$ 和 ε 分别称为轨道的半正焦弦和偏心率 $\varepsilon = \sqrt{1 + 2pE/k}$, E 为是相对运动的总机械能。这是平面圆锥曲线的标准形式, 它表示在平方反比引力作用下物体的运动轨迹一般是平面圆锥曲线。角动量和机械能确定了轨道的类型。参见偏心率。

偏心率 [eccentricity] 当 $\varepsilon = 0$ 时, 即 $E = -k/2p$, 其轨道是圆; 当 $\varepsilon < 1$ 时, 即 $-k/2p < E < 0$, 其轨道是椭圆; 当 $\varepsilon = 1$, 即 $E = 0$ 时, 轨道是抛物线; 当 $\varepsilon > 1$ 时, 即 $E > 0$ 时, 轨道是双曲线。见轨道方程。

开普勒定律 [Kepler laws] 经过对第谷积累的大量天文观测资料的长期研究, 开普勒于 1609 到 1619 年间陆续发表了他的开普勒三定律。

第一定律 (1609 年): 某些行星沿椭圆轨道绕太阳运行, 太阳位于椭圆的一个焦点上。

第二定律 (1609 年): 对任一个行星, 它相对于太阳的径矢在相等的时间内扫过的面积相等。

第三定律 (1619 年): 行星绕太阳运行的轨道的半长轴 a 的立方与它的周期的平方成正比, 即 $a^3/T^2 = K$, 这里的常量 K 与行星的性质无关, 对太阳系来说是常量, 叫开普勒常数 (Kepler constant)。

人造地球卫星 [man-made satellite] 人类制造并发射, 能环绕地球运行的物体。根据人造地球卫星的运行情况, 可以分为环绕卫星、同步卫星、停泊卫星等。环绕卫星的运行轨道高于大气层的高度, 因而不会因它和空气的摩擦作用而迅速烧毁, 一般应高于地面 120km 以上。同步卫星是指它相对于地面某点的速度为零的卫星。当卫星和地心的连线的旋转角速度和地球的自转角速度相同时, 它就是同步卫星。停泊卫星是指卫星进入最后轨道前临时停靠的某一圆轨道。以便在此轨道上调整卫星的运行姿态, 再次发射后进入预定轨道。

第一宇宙速度 [first cosmic velocity] 在地球上发射卫星时, 只有当发射的速度达到一定大小时, 才能进入预定的轨道运行。我们把能使卫星进入环绕地球表面的圆形轨道运行所需的速度, 叫第一宇宙速度, $v_1 = \sqrt{gR_{地球}} \approx 7.9 \mathrm{km \cdot s^{-1}}$。

第二宇宙速度 [second cosmic velocity] 从地球表面发射航天器, 能使其脱离地球引力作用而进入太阳系所需的最小速度称为第二宇宙速度, $v_2 = \sqrt{2gR_{地球}} \approx 11.2 \mathrm{km \cdot s^{-1}}$。

第三宇宙速度 [third cosmic velocity]　若在地球上发射一个能从太阳系逸出的航天器, 所需的相对于地球的最小速率, 称为第三宇宙速度。第三宇宙速度 $v_3 \approx 16.7 \mathrm{km \cdot s^{-1}}$。

同步卫星 [synchronization satellite]　为了使卫星处于地球上空某一固定位置, 卫星应和地球以同一角速度转动。这样的卫星就叫同步卫星。见人造地球卫星。

停泊轨道 [standing orbit]　发射卫星 (或航天器) 时, 经常先将卫星送入围绕地球的某一圆轨道, 然后在卫星到达该轨道上某一点时再使它加速, 从而卫星可进入以该点为近地点的一个椭圆轨道, 该椭圆轨道是所谓的转移轨道。上述圆形轨道称为停泊轨道。见人造地球卫星。

转移轨道 [transition orbit]　卫星从停泊轨道到达同步轨道之间的过渡轨道叫转移轨道。

霍夫曼转移 [Hoffman transition]　若停泊轨道、转移轨道和同步轨道三者在同一平面内, 并相互相切, 这种从停泊轨道到同步轨道的转移叫作霍夫曼转移。

散射 [scattering]　具有一定动量的两个粒子, 由远而近到达它们的作用范围内, 发生动量交换, 而后又由近而远相互分离, 直至脱离它们的相互作用范围, 这种过程称为散射。

弹性散射 [elastic scattering]　散射过程中没有机械能损耗的散射。弹性散射前后粒子种类及数量都不变, 但每个粒子的能量和动量可以不同。

非弹性散射 [non-elastic scattering]　散射过程有机械能损耗的散射。在非相对论情况下, 非弹性散射前后粒子种类相同, 但它们的运动状态不同。在相对论情况下, 非弹性散射前后的粒子不仅运动状态不同, 数目和种类也可以不同。

散射角 [scattering angle]　散射过程中, 两个粒子的相对矢径相对于入射粒子散射前的方向的偏转角。

散射截面 [scattering cross section]　又称微分散射截面, 定义为 $\sigma(\vartheta, \varphi) \mathrm{d}\Omega = \mathrm{d}N/I_0$, 其中 I_0 是入射粒子束的强度, 即单位时间内通过垂直于入射粒子速度方向的单位横截面积的粒子数。$\mathrm{d}N$ 是单位时间内, (ϑ, φ) 方向单位立体角 $\mathrm{d}\Omega = \sin^2 \vartheta \mathrm{d}\vartheta \mathrm{d}\varphi$ 中接收到的 (散射后) 粒子数。散射截面反映了粒子被散射到 (ϑ, φ) 方向单位立体角内的概率。在有心力场中, 如果力心是固定的, 则散射截面 σ 与碰撞参数 s(这是粒子以一定速度进入力场时, 速度方向与力心之间的垂直距离, 又称瞄准距离) 和散射角 ϑ 之间的关系是 (该情况下与 ϕ 无关)

$$\sigma(\vartheta) = -\frac{s}{\sin \vartheta} \frac{\mathrm{d}s}{\mathrm{d}\vartheta}$$

微分散射截面 [differential scattering cross section]　即散射截面。

卢瑟福散射截面 [Rutherford's scattering cross section]　卢瑟福采用经典力学中有心力作用下质点运动的轨道理论研究了带正电 Ze 的粒子 (原来处理的是 α 粒子,

$Z = 2$) 在原子序数为 Z' 的原子核 (最初是金原子核) 的库仑排斥力作用下的散射, 得到微分散射截面公式

$$\sigma(\vartheta) = \frac{1}{4} \left(\frac{ZZ'e}{2E} \right) \frac{1}{\sin^4(\vartheta/4)}$$

其中, E 是入射粒子的能量, ϑ 是质心坐标系中的散射角。据此, 卢瑟福提出了原子的核模型。

反冲 [recoil]　当散射粒子的质量有限时, 在它受到入射粒子作用时, 它的运动状态要发生变化, 其表现就叫作反冲。

1.5　狭义相对论

相对论 [relativity]　相对论是关于时间、空间和物质三者之间关系的理论, 主要由爱因斯坦所建立, 包含狭义相对论和广义相对论两个部分。相对论对经典物理的绝对时空观作了根本性的变革, 建立了时空结构与物质之间的关系, 在理论物理、高能物理学、宇宙学等多个学科中有广泛的应用, 对它们的发展具有深远的影响。该理论经历了两个重要发展阶段。1905 年爱因斯坦建立了狭义相对论, 它的基础是狭义相对性原理和光速不变原理。狭义相对论中没有涉及引力, 相关的时空是平直的。1915 年, 爱因斯坦推广和发展了狭义相对论, 建立了广义相对论。他利用惯性场与引力场的等效性这个等效原理, 将引力归因于时空的弯曲造成的效应, 即它是一种几何效应, 提出了关于时空曲率与质量、能量、动量等之间关系的基本方程, 称为爱因斯坦场方程。见狭义相对论、广义相对论。

狭义相对论 [special theory of relativity]　牛顿力学满足伽利略相对性原理, 即牛顿运动方程在伽利略变换下保持不变。牛顿力学建立后, 取得了一系列的辉煌成功, 在 200 多年中的表现几近完美。之后, 牛顿力学出现了一些裂隙, 而其中大多数 (不是全部, 例如行星近日点的进动现象) 与极高速度 (与光速可以比拟) 的运动有关。在极高速度情况下, 一些力学现象和规律和牛顿力学产生了显著的背离。另一方面, 在物理学的另一领域中, 基于电磁现象已经确立的定律, 麦克斯韦建立了完整的电磁场理论, 对光的本性又有了更深入的了解。但是, 电磁场理论却并不满足伽利略相对性原理。光在真空中的传播速度在不同的惯性系都相同, 这与伽利略相对性原理有不可调和的冲突。许多物理学家将不变的光速看成是对绝对静止的参考系——所谓的 "光以太"——而言的, 但一系列旨在检测以太的实验却都失败了, 它们却反而启示所有惯性系的动力学等效性。爱因斯坦为解决这些矛盾提出了新的理论体系, 这就是 1905 年创立的狭义相对论。爱因斯坦坚持所有惯性系在一切情形下都是等效的信念, 但运动定律和变换规律必须修改。狭义相对论的理论体系, 就构筑在两条

基本原理之上。第一，狭义相对性原理：物理定律在一切惯性参考系中具有相同的形式。第二，光速不变原理：真空中的光速是一个普适常数，与光源运动与否无关。这不仅推广了伽利略相对性原理，同时相关的变换规律也改变了。现在联系任意两个惯性系之间的空间、时间的坐标变换，不再是伽利略变换，而是洛伦兹变换。基于这样的原理，爱因斯坦将牛顿力学改造成相对论性力学，它既能完美地解释物体在极高速运动时的力学规律，又在低速运动时以牛顿力学作为其极限形式。相对论性力学和麦克斯韦电磁场理论，现在一起满足狭义相对性原理，并在洛伦兹变换下保持不变。狭义相对论，深刻地变革了牛顿、伽利略的绝对时空观，认为同时性是相对的，即依赖于所选取的参考系，预言了运动时钟走时率变慢的时间膨胀效应和运动物体在运动方向上的洛伦兹收缩效应。狭义相对论在原子、原子核和高能物理领域中得到了广泛的应用。

观测者 [observers]　相对论中的观测者，他们的作用是对事件发生的地点和时间作出判断。几乎总是把观测者描述为相对于某惯性系是静止的。设想每个惯性系都有一位观测者，人们便能用图表示一个实际过程，以得到同一事件的两种不同的空时描述。但是，在使用这一语言中包含某种危险，比如将"观测者"理解成"观看者"。依附于一个惯性系中的观测者，就是指按该参考系规定所进行的测量。爱因斯坦曾经指出，观测者的作用仅仅是记录符合 (coincidence)，亦即记录发生在同一空时点上的一个事件。在某参考系的一个特定点上，那里的时钟读数就是这样一个事件。一个物理事件 (比如两物体之间的碰撞) 可以看作是与时钟读数事件相符合而发生的事件。一个观测者不仅可用自身参考系中的仪器进行测量，也能接收其他参考系中测量所得的结果和信息。比如在通过某车站的运动列车参考系的测量中，他不仅可用自身仪器测量出通过车站这一事件的地点和时间，也可接收站台 (另一参考系) 上相应的时钟读数和离某处多少公里的指示牌表达的位置信息。"一个 S 参考系的观测者看到事件发生的地点 x 和时刻 t" 这样的陈述，应正确理解为按 S 系中的测量所确立的一个事件的时间、空间坐标。不能理解为 S 系中的观看者看到事件发生的位置和时间是 x 和 t。真实的看，必定要牵涉到额外的特征，即信息由一点到另一点的传输特征。单一的观看者，不能同时处于不同的地点；在某一时刻，他只知道发生在他所处位置的事件。

因果性 [causality]　物理中的因果性关系，是指作为原因的事件，必定早于作为结果的事件，这种先后关系是绝对的，不因观察者的不同、描述事件的惯性系的不同而改变。因果关系的这一特性称为因果性。

不变式 [invariant]　一个量或表示式在坐标变换时其值保持不变，则称其为相应坐标变换下的不变式。例如，两点之间的距离在转动相关的变换下是不变的量。再如，狭义相对论中时空间隔相对于洛伦兹变换是不变式。

协变式 [covariant]　一个方程在坐标变换时如果其形式保持不变，则称为相应坐标变换下的协变式。例如，牛顿第二定律相对于伽利略变换是协变的；麦克斯韦方程相对于洛伦兹变换是协变的。

协变原理 [covariant principle]　如果陈述一个物理原理所使用的物理方程必须是某类坐标变换下的协变式，则就称这样的物理原理为协变原理。

伽利略变换 [Galileo transformation]　经典力学中联系同一事件在任意两个惯性系中的坐标与时间之间的变换。它的基础是牛顿的绝对时空观。这种时空观认为，时间是普适的，对一切惯性系都一样，物体的大小与特定的参考系无关，在不同的惯性系里都是相同的。如果惯性系 $S(Oxyz)$ 和 $S'(O'x'y'z')$，两者的坐标轴相互平行，在 $t = t' = 0$ 时原点相重合，S' 系以匀速 v 沿 x 轴正向相对于 S 系而运动，则满足上述要求的同一事件的空时坐标在两个惯性系中的伽利略变换关系为

$$x' = x - vt, \quad y' = y, \quad z' = z, \quad t' = t$$

相应的速度变换是

$$u'_x = u_x - v, \quad u'_y = u_y, \quad u'_z = u_z$$

由此可见，速度不是伽利略变换下的不变量。相应的加速度变换是

$$a'_x = a_x, \quad a'_y = a_y, \quad a'_z = a_z$$

由此可见，加速度是伽利略变换下的不变量。

伽利略相对性原理 [Galileo principle of relativity]　经典力学中的相对性原理，它断言：力学定律在所有惯性系中形式都是一样的。换句话说，描述力学定律的方程是惯性系之间伽利略变换下的协变式。牛顿力学满足伽利略相对性原理，牛顿运动定律 $\boldsymbol{F} = m\boldsymbol{a}$，在伽利略变换下是协变的。物体的加速度 $\boldsymbol{a}$ 是这一变换下的不变量 $\boldsymbol{a}' = \boldsymbol{a}$，如果物体间的相互作用力仅为两物体距离的函数，而与其速度或加速度无关，则它在伽利略变换下也是不变的，$\boldsymbol{F}' = \boldsymbol{F}$。物体的惯性质量也是伽利略不变量，$m' = m$。这样，牛顿运动定律在惯性系 S' 中保持形式不变，即有 $\boldsymbol{F}' = m'\boldsymbol{a}'$。

绝对空间 [absolute space]　牛顿时空观中的空间概念。认为空间是刚性的，两点间的距离与任何特殊的参考系无关。换言之，用以测量距离的尺是刚性的，其长短不受其运动状态的影响。也就是说，这支尺的长短，在运动状态不同的惯性系中观察的结果是一样的。这种空间观念体现在任意两个惯性系之间的坐标变换上，表现为伽利略变换。在某一时刻 t，空间中两点 P_1 和 P_2，在惯性系 S 中的坐标分别是 (x_1, y_1, z_1)

和 (x_2, y_2, z_2)，在惯性系 S' 中的坐标分别是 (x_1', y_1', z_1') 和 (x_2', y_2', z_2')。它们之间的距离

$$S_{12} = \sqrt{(x_2 - x_1)^2 + (y_2 - y_1)^2 + (z_2 - z_1)^2}$$
$$= \sqrt{(x_2' - x_1')^2 + (y_2' - y_1')^2 + (z_2' - z_1')^2}$$

是伽利略变换下的不变量。见伽利略变换。

绝对时间 [absolute time]　牛顿时空观中的时间概念。认为时间是绝对的，与任何特殊的参考系无关。牛顿说："绝对的、真正的和数学的时间本身，就其本性而言，是不受任何外在事物的影响而均匀流逝的。" 换言之，时钟的走时率不受其运动状态的影响，静止安放在不同惯性系中的时钟，它们对同一运动过程的计时结果是相同的。在任意两个惯性系之间的坐标变换上，它反映为伽利略变换，时间 t 是伽利略变换下的不变量：$t' = t$。见伽利略变换。

以太 [ether]　物理学发展历史上提出的一种假想的介质。在对光的本质的长期探索中，一直存在着粒子理论和波动理论。毕达哥拉斯 (Pythagoras) 在公元前 6 世纪首先提出光的粒子模型，能很好地解释光的直线传播和光能完全自由地通过真空这些事实。1667 年，胡克 (Hooke) 又提出了另一种理论，即光是通过某一介质传递的振动。随后，惠更斯 (Huygens) 明确提出了光的波动理论，并用其解释光的反射和折射现象。日常经验中的波动需要介质，而光又具有衍射、干涉、偏振等不容否认的波动性质，因此，科学家设想光在一种介质中传播，将该种介质取名为以太，并设法进行探测。1675 年罗麦 (Roemer) 第一次测定了光速，确认光具有极高的速度。光以太的假设与这个事实很难调和。因为，光的极高传播速度，必定要求光以太在离开平衡位置时，产生极强的恢复力。但光以太又应非常的稀薄，因为行星可以年复一年地从中穿过而又不会引起任何可探测到的速度损失。1861 年，麦克斯韦 (Maxwell) 提出了光的电磁波理论。借助于介质的可测量的电和磁性质，可以预言光在任何给定介质中的速度，尽管以太的性质还是十分神秘，但在以太和普通物质之间的鸿沟似乎不像原先那么大了。许多科学家因此依然坚持将电磁波认同为媒质振动的传播，以太是电磁波的载体，电磁波是以太的应力波或应变波。但是，一系列旨在探索、检测光以太的实验，却都以失败而告终。为揭示地球穿过以太的运动而设计的每一个实验，都给出了相同的结果，似乎地球相对于以太的运动并不存在，或者以太本身并不存在。

爱因斯坦在发展相对论时，曾经证明寻找光以太的努力是不会有结果的，也是不必要的。实际上，电磁波是在空间传播的交变电磁场。虽然光是以太介质中振动的传播这种观点被证明是错误的，但它在物理学发展的历史上产生过重要影响。

迈克耳孙–莫雷实验 [Michelson-Morley experiment]　迈克耳孙和莫雷于 1887 年设计的一个旨在检测作为绝对参考系的以太的光学实验，试图用光干涉仪检测到地球穿过以太的运动。在这之前，有些科学家将电磁波视为以太振动的传播，以太是传播电磁波的媒质，它就是一个静止的、绝对参考系。地球显然并不绝对静止，而以一定速度 v 相对于以太运动，因此地面上的光源向不同方向 (例如和地球运动方向相同、相反或垂直) 发出的光线对地面应具有不同的速度。为了检验这种认识的正确与否，迈克耳孙和莫雷设计了具有高精确度的干涉实验仪器，比较光线在平行和垂直地球运动方向上的视速，以检测地球相对于绝对参考系的运动。

迈克耳孙–莫雷实验表明，光在不同的惯性系中的速度相同。真空中的光速与参考系无关，与方向无关，是一普适常数。谈速度而不需要参考系，这在经典力学中是完全不能想象的。阿尔维格尔等的实验进一步证实，光在真空中的速度也与光源本身的运动无关。正是这一系列的实验，为狭义相对论的光速不变原理提供了强有力的支撑。见阿尔维格尔–法利–克耶耳曼 – 沃林实验、光速不变原理。

阿尔维格尔–法利–克耶耳曼–沃林实验 [Alvager-Farley-Kjellman-Wallin experiment]　检测来自运动光源的光速的现代实验。人们早先认为，如果天空密近双星 (相互距离很近，围绕它们共同的质心而运动的两颗恒星) 发出的光线速度和光源的运动速度有关的话，那么这类双星的两颗子星通常具有很大的相对速度，当其中一颗具有一个朝向地球的速度分量时，另一颗子星就会具有背离地球的速度分量。双星的表观运动将会和按引力定律所要求的牛顿轨道存在显著的不同。实际观测中没有发现这种不同，因此相信光速与光源的运动无关。但是后来福克斯 (J. G. Fox) 论证，这样的双星系统通常为气体云所围绕，地球上观测到来自双星系统的光，实际上是由气体云先吸收、而后再辐射出来的。穿越空间的光的速率不会受到原始光源运动的影响。1964 年，阿尔维格尔等用地面上的高速运动的光源进行了实验。他们的辐射源由以 99.975% 的光速行进的不稳定粒子 (中性 π 介子) 组成。实验测得的沿运动方向发射的光子速度为 $(2.9977 \pm 0.0004) \times 10^8$ m/s。这个结果与静止辐射源测得的最佳 c 值极其一致。这个实验令人信服地证明了真空中的光速与光源的运动无关，强有力地支持光速不变原理。见光速不变原理。

极限信号速度 [limiting signal velocity]　物体传递信号所能达到的最大速度。在经典力学中，物体间的相互作用是超距发生的，是瞬时传播，也就是说相互作用的传播速度是无限大的。相对论改变了这种观念。实验证明，瞬时传播的相互作用在自然界中是不存在的，相互作用的传播速度是有限的。通常把从一个物体向另一个物体传播的相互作用称作 "信号"，而把相互作用的传播速度称作 "信号速度"。因此，

极限信号速度就是相互作用的最大传播速度。从相对性原理可以推断，极限信号速度在一切惯性系中都是一样的，是个普适常数，它就是真空中的光速 c。极限信号速度的存在，也就意味着物体的运动速度存在极限。物体运动的速度不可能大于这个速度。否则，人们就能利用这样的物体，以超过极限信号速度的速度传递信号。见类空间隔、时钟同步。

狭义相对性原理 [principle of special relativity] 爱因斯坦狭义相对论的两个基本原理之一，可以陈述为：一切物理定律在所有惯性系中都是相同的。换句话说，表示物理定律的各种方程对于由一个惯性系到另一个惯性系的时间与空间的各种变换来说是协变的。这就是说，描述物理定律的方程，如用不同惯性系的坐标与时间写出来，将有同样的形式，也即物理定律在任意两个惯性参考系的洛伦兹变换下保持不变。很明显，这和伽利略的相对性原理不同。后者是牛顿经典力学满足的一个相对性原理，是以物体相互作用的传播速度是无限大为出发点的，力学定律是在不同惯性系之间的伽利略变换下保持不变。见洛伦兹变换、伽利略变换。

光速不变原理 [principle of invariance of light speed] 爱因斯坦狭义相对论的两个基本原理之一。可以陈述为：真空中的光速是个普适常数 c，与传播方向、光源的性质和运动无关。这和经典力学的概念根本不同。这里的光速不依赖于惯性参考系。以此为基本原理和出发点，导出同一事件在不同惯性参考系中的时空坐标之间的变换为洛伦兹变换。按洛伦兹变换得出的速度变换公式自洽地保证真空中的光速是与惯性参考系无关的普适常数。若按伽利略变换导出的速度变换公式，真空光速在不同惯性系中不可能都相同。见迈克耳孙-莫雷实验、阿尔维格尔-法利-克耶耳曼－沃林实验、洛伦兹变换、伽利略变换。

事件 [event] 任一物理现象，总是发生在空间的某一处和时间的某一刻，这种现象称为事件。换言之，任一事件可由三个空间坐标和一个时间坐标描述。如果将时间坐标和空间坐标组合成一个四维时空坐标，那么这种四维时空中的一个点就对应一个事件。

四维时空连续区 [4-space-time continuum] 如用统一的四维时空坐标来描述一个事件，则所有事件的总体就构成一个四维时空连续区。若将相对论的时空观赋予了它，则在这种连续区上，时间和空间不再是绝对的和互相独立的东西。

间隔 [interval] 在狭义相对论中，设两个事件的时空坐标分别是 (x_1, y_1, z_1, t_1) 和 (x_2, y_2, z_2, t_2)，量

$$\Delta s = \sqrt{c^2(t_2-t_1)^2 - [(x_2-x_1)^2 + (y_2-y_1)^2 + (z_2-z_1)^2]}$$

称为该两事件的时空间隔，简称间隔。对于四维时空中两个无限靠近的事件，则它们的无限小间隔的平方为 $(\mathrm{d}s)^2 = c^2\mathrm{d}t^2 - (\mathrm{d}x^2 + \mathrm{d}y^2 + \mathrm{d}z^2)$。根据洛伦兹变换，间隔在不同惯性系之间

变换时将是不变的，即有 $\Delta s = \Delta s'$，$\mathrm{d}s = \mathrm{d}s'$。见光速不变原理、洛伦兹变换。

类光间隔 [lightlike interval] 若间隔（见间隔）$\Delta s^2 = 0$，即间隔为零，则称为类光间隔，或零间隔 (null interval)。类光间隔的两事件正好对应光的传播过程。因为当光在 t_1 时刻从 (x_1, y_1, z_1) 处出发，而在 t_2 时刻到达 (x_2, y_2, z_2) 处，它传播的空间距离 $\Delta l = \sqrt{(x_2-x_1)^2 + (y_2-y_1)^2 + (z_2-z_1)^2}$，应等于光速 c 和传播时间的乘积 $c\Delta t = c(t_2 - t_1)$，它可以改写成：$\Delta s^2 = 0$。所以，类光间隔描述光的运动。

类时间隔 [timelike interval] 若间隔 $\Delta s^2 > 0$，即间隔为实数，则称为类时间隔。因为类时间隔总可以通过一个坐标变换变到一个参考系中，在那里，两事件发生在同一地点，它们之间的间隔 $\Delta s = c\Delta t$，由纯粹的时间间隔隔开，所以称类时间隔。类时间隔描述的两事件，不可能通过坐标变换而变成同时发生的事件，更不能使两事件发生时间的"先""后"倒转。所以，两个具有因果关系的事件，其间隔必定为类时的。因为粒子运动的速度小于光速，即

$$v^2 = \left(\frac{\mathrm{d}x}{\mathrm{d}t}\right)^2 + \left(\frac{\mathrm{d}y}{\mathrm{d}t}\right)^2 + \left(\frac{\mathrm{d}z}{\mathrm{d}t}\right)^2 < c^2$$

也就是 $\Delta s^2 = c^2\mathrm{d}t^2 - (\mathrm{d}x^2 + \mathrm{d}y^2 + \mathrm{d}z^2) > 0$。所以，粒子运动的世界线上两事件之间的间隔必定为类时间隔。见间隔、因果性、世界线。

类空间隔 [spacelike interval] 若间隔 $\Delta s^2 < 0$，即间隔为虚数，则称为类空间隔。因为类空间隔总能通过坐标变换变到某一参考系中，在那里，两事件发生在同一时间，它们之间的间隔 $\Delta s = \Delta x$，由纯粹空间间隔隔开，所以称为类空间隔。具有类空间隔的两事件，不可能通过坐标系的变换变为同一地点发生的事件，它们是绝对远离事件。这两个事件要联系，就必须具有超光速的信号速度。这就必然导致破坏因果性，物理定律将因观察者的不同而各异。见间隔、因果性、洛伦兹变换。

线元 [line element] 三维空间中无限靠近的两点，它们之间的距离称为三维空间中的线元。其平方为 $\mathrm{d}l^2 = \mathrm{d}x^2 + \mathrm{d}y^2 + \mathrm{d}z^2$。如果我们将四维时空连续区视为一个四维空间，并将它的四个坐标 (t, x, y, z) 改取为 (x_0, x_1, x_2, x_3)，其中 $x_0 = \mathrm{i}ct$，$x_1 = x$，$x_2 = y$，$x_3 = z$，则这种四维空间的线元与三维空间相似，可定义为无限靠近两点间的距离，即线元的平方为

$$\mathrm{d}s^2 = (\mathrm{d}x_0)^2 + (\mathrm{d}x_1)^2 + (\mathrm{d}x_2)^2 + (\mathrm{d}x_3)^2$$
$$= -(c^2\mathrm{d}t^2 - \mathrm{d}x^2 - \mathrm{d}y^2 - \mathrm{d}z^2)$$

可见，这样定义的四维空间的线元，与相应的四维时空连续区的无限小间隔仅差一符号。所以，在注意到定义中的符号后，有的文献中不再严格区分它们。

闵可夫斯基世界 [Minkowski world] 若用四维空间描述狭义相对论的四维时空连续区, 其中三个坐标轴为空间坐标: $x_1 = x$, $x_2 = y$, $x_3 = z$, 一个坐标轴为时间 $x_0 = ct$, 则其无限小间隔的平方可以写成坐标微分的二次齐式: $\mathrm{d}s^2 = \eta_{ik}\mathrm{d}x^i\mathrm{d}x^k$, $(i, k = 0, 1, 2, 3)$, 其中闵可夫斯基度规 η_{ik} 为

$$\eta_{ik} = \begin{cases} +1, & i = k = 0 \\ -1, & i = k = 1, 2, 3 \\ 0, & i \neq k \end{cases}$$

闵可夫斯基把这四维空间称作世界, 故称为闵可夫斯基世界。其中每一点 (x_0, x_1, x_2, x_3) 代表时刻 t 发生在 (x_1, x_2, x_3) 处的一个事件, 称为世界点; 闵可夫斯基世界中的每一条曲线代表事件的进程, 比如质点的运动, 称为世界线。

闵可夫斯基度规 [Minkowski metric] 闵可夫斯基世界中的量 η_{ik}。它是一个二阶张量, 它的所有元素组成如下矩阵

$$\begin{bmatrix} 1 & 0 & 0 & 0 \\ 0 & -1 & 0 & 0 \\ 0 & 0 & -1 & 0 \\ 0 & 0 & 0 & -1 \end{bmatrix}$$

这个值是在空间坐标取直角坐标系时所具有的。如果取其他的空间坐标系 (比如球坐标系) 时, 它的值就有所不同, 有些元素就可能是坐标的函数。从闵可夫斯基度规计算出这个四维空间的曲率张量为零, 因此称这种四维空间是平坦的。见闵可夫斯基世界。

世界点 [world-point] 闵可夫斯基世界中的一点, 代表在时刻 t, 空间 (x_1, x_2, x_3) 处发生的一个事件。这样的点称为世界点。见闵可夫斯基世界。

世界线 [world-line] 闵可夫斯基世界中的一条曲线, 代表着事件的进程, 比如质点的运动, 因为它上面的每一点对应着质点每个时刻所在的位置。这种曲线称为世界线。见闵可夫斯基世界。

原时 [proper time] 固联于运动物体上的参考系携带的时钟所测得的时间, 或者在一个惯性参考系中同一地点先后发生的两个事件之间的时间间隔, 称为原时, 亦称固有时。见原时间隔。

原时间隔 [proper time interval] 若在某惯性系 S 中, 两个事件的空间与时间坐标分别为 (x_1, y_1, z_1, t_1) 和 (x_2, y_2, z_2, t_2), 则原时间隔定义为 $\Delta\tau = \Delta s/c$。原时的平方为

$$\Delta\tau^2 = (t_2 - t_1)^2 - [(x_2 - x_1)^2 + (y_2 - y_1)^2 + (z_2 - z_1)^2]/c^2$$

如果两个事件发生在参考系 S 中的同一地点, 则有 $\Delta\tau^2 = (t_2 - t_1)^2$。可见, 原时间隔就是静止在参考系 S 中的时钟所记录的时间间隔。

相对惯性系 S 做任意运动的物体, 在其运动的不同瞬间, 可视为匀速的, 可以引用与物体固连在一起的一个瞬时惯性参考系 S'。在 S 系中, 物体在无限小时间间隔 $\mathrm{d}t$ 中, 发生无限小位移 $\sqrt{\mathrm{d}x^2 + \mathrm{d}y^2 + \mathrm{d}z^2}$, 相应的无限小原时间隔的平方为 $\mathrm{d}\tau^2 = \mathrm{d}t^2 - \sqrt{\mathrm{d}x^2 + \mathrm{d}y^2 + \mathrm{d}z^2}/c^2$。若 S' 系中观察时, 物体的位置并未移动, 故有 $\mathrm{d}\tau^2 = \mathrm{d}t'^2$。可见, 原时间隔 $\mathrm{d}\tau$ 也就是与物体一起运动的时钟所记录的时间间隔, 也称该物体的固有时间间隔。原时间隔是洛伦兹变换下的不变量。

坐标时间 [coordinate time] 狭义相对论中, 在某个选定的参考系中, 固定于这个参考系中的时钟所测得的时间, 称为坐标时间, 两个事件发生的坐标时间之差, 称为坐标时间间隔, 通常记作 $\mathrm{d}t$。它与原时间隔的关系是 $\mathrm{d}\tau = \sqrt{1 - v^2/c^2}\,\mathrm{d}t$, 其中 v 是记录原时的惯性参考系相对于记录坐标时间间隔的惯性参考系的运动速度。坐标时间间隔不是洛伦兹变换下的不变量。

洛伦兹变换 [Lorentz transformation] 狭义相对论中联系同一事件在任意两个惯性参考系中的空间坐标和时间的变换。设惯性系 S 和 S' 的坐标轴互相平行, 在 $t = t' = 0$ 时它们的原点重合。S' 系以匀速率 v 相对于 S 系沿 x 轴的正向运动。(x, y, z, t) 和 (x', y', z', t') 是同一事件分别按 S 和 S' 系中的规定测量所得的坐标和时间, 它们之间的洛伦兹变换就是

$$x' = \gamma(x - vt); \quad y' = y; \quad z' = z; \quad t' = \gamma(t - vx/c^2)$$

或

$$x = \gamma(x' + vt'); \quad y = y'; \quad z = z'; \quad t = \gamma(t' - vx'/c^2)$$

其中, $\gamma = 1/\sqrt{1 - \beta^2}$ 和 $\beta = v/c$。在 $v \ll c$ 或者 $\beta \ll 1$ 时, 这个变换退化为伽利略变换。这个变换确切地说, 应该称洛伦兹–爱因斯坦变换。它先由洛伦兹于 1904 年引入, 后由爱因斯坦于 1905 年独立给出。但是, 洛伦兹与爱因斯坦不同, 他不是将变换方程作为新理论体系有机的组成部分给出的, 他是用这组方程当作修正电磁理论的基础, 以使迈克耳孙–莫雷实验的零结果同以光以太提供的独一无二的惯性系的存在相符合。由此变换得出物体在运动方向的尺度要收缩一个因子 $\sqrt{1 - \beta^2}$。这也能得出迈克耳孙–莫雷实验的零结果。在洛伦兹以及当时的一些物理学家看来, 这种洛伦兹收缩是物理的, 会引起收缩物体内部结构和物理性质的变化。在爱因斯坦的狭义相对论中, 洛伦兹收缩是一种时空效应, 物体内部的结构等不会变化, 而且这种效应也是相对的, 与同时的相对性有关。见迈克耳孙–莫雷实验。

洛伦兹变换是狭义相对论时空观的数学体现, 是讨论许多问题的基础, 可导出时间膨胀效应和洛伦兹收缩效应, 以及爱因斯坦速度合成定律等狭义相对论的基本结论。

爱因斯坦速度合成定律 [Einstein law of composition of velocity]　相对论中的物体运动速度合成法则，也就是相对论的速度变换关系。设有两个惯性系 S 和 S'，S' 系以速度 v 沿 x 轴正向相对 S 系运动，$t = t' = 0$ 时两者的坐标原点重合，坐标轴方向保持相互平行。由洛伦兹变换公式的微商，可导出相对论的速度变换公式

$$u'_x = \frac{u_x - v}{1 - u_x v/c^2}; \quad u'_y = \frac{u_y}{\gamma(1 - u_x v/c^2)}; \quad u'_z = \frac{u_z}{\gamma(1 - u_x v/c^2)}$$

或

$$u_x = \frac{u'_x + v}{1 + u'_x v/c^2}; \quad u_y = \frac{u'_y}{\gamma(1 + u'_x v/c^2)}; \quad u_z = \frac{u'_z}{\gamma(1 + u'_x v/c^2)}$$

其中 $\gamma = 1/\sqrt{1 - \beta^2}$ 和 $\beta = v/c$。如果物体相对于惯性系 S' 的运动仅发生在 x 轴方向，即 $u'_x = u'$，$u'_y = u'_z = 0$，则可得相对论中爱因斯坦速度合成定律

$$u = \frac{u' + v}{1 + u'v/c^2}; \quad u' = \frac{u - v}{1 - uv/c^2}$$

如果将速度合成定律应用于光的传播，当 $u' = c$ 时，$u = c$。可见，在惯性系 S 和 S' 中，真空光速都是 c。这些关系明显不同于伽利略速度变换关系或速度合成定律。那里是 $u = u' + v$，应用于光的传播，当 $u' = c$ 时，则有 $u = c + v$。

洛伦兹不变式 [Lorentz invariant]　一些量或表示式如果在洛伦兹变换下保持不变，称为洛伦兹不变式。例如，四维时空间隔，四维动量矢量的模方。

洛伦兹协变式 [Lorentz covariant]　表达物理定律的方程，如果在洛伦兹变换下形式保持不变，则称该定律是洛伦兹协变的。例如，麦克斯韦方程。

时钟同步 [synchronization of clocks]　为描述物体的运动，我们就要建立在同一参考系中发生在不同地点事件之间的时间关系。不同地点的时间是由不同地点的时钟进行测量的。这样，如果不解决不同地点时钟的同步问题，测量就毫无意义。狭义相对论中的异地同时的定义是：位于同一参考系中不同地点 A 和 B 的观测站，A 处的时钟只能记录该处发生的事件之时间，B 处时钟也一样。它们分别为"A 时间"和"B 时间"。这种时间又称地方时 (local time)。规定光信号从 A 到 B 所需时间和光信号从 B 到 A 所需时间相同。如果光信号在 $t = 0$ 时从 A 出发，到达 B 后返回 A 的时间是 t_0，那么信号到达 B 的时间就定义为 $t_0/2$。根据这个定义，我们就可校准不同地点的时钟，使它们同步。这个定义的推论相当于又定义了光在真空中的速率在任何情况下都具有相同数值。为什么要把同时性的定义建立在速度 c 的基础上呢，而不把它建立在其他信号速度的基础上呢？因为 c 显然是唯一的，它不仅代表光速，也是整个动力学的极限速率。

同时的相对性 [relative character of simultaneity]　在经典力学的绝对时空观中，联系任意两个惯性系之间的坐标变换是伽利略变换，而 $t' = t$，$\Delta t' = \Delta t$，即时间和时间间隔与参考系无关，是个不变量，因此在某个惯性系 S 中同时发生的两个事件，在另一惯性系 S' 中也必定同时发生，同时是绝对的。在狭义相对论中，联系任意两个惯性系的坐标变换是洛伦兹变换。设在 S 系中发生的两个事件的时空坐标分别：(x_1, t_1)，(x_2, t_2)，它们在 S' 系中对应的时空坐标分别是 (x'_1, t'_1)，(x'_2, t'_2)，按洛伦兹变换，则有 $\Delta t' = t'_2 - t'_1 = \gamma(\Delta t - v\Delta x/c^2)$，其中 $\Delta t = t_2 - t_1$，$\Delta x = x_2 - x_1$。因此，时间间隔不是一个不变量，在 S 系中同时发生的事件 $(\Delta t = 0)$，在 S' 系中则并不同时。因此，同时是相对的，与参考系有关。

固有长度 [proper length]　又称静长度，它是在固联于物体上的参考系中所测得的长度 l_0。见洛伦兹收缩。

静长度 [rest length]　即固有长度。

洛伦兹收缩 [Lorentz contraction]　在 S' 内静止且沿 x' 轴方向放置的一根尺子，设其两端的坐标分别为 x'_1 和 x'_2，那么它的长度为 $l_0 = x'_2 - x'_1$，称为尺子的固有长度。在 S 系看来尺子的长度应该是多少呢？在 S 系看来尺子两端的坐标分别为 x_2 和 x_1，由洛伦兹变换得到

$$x'_2 - x'_1 = \frac{(x_2 - x_1) - v(t_2 - t_1)}{\sqrt{1 - \beta^2}}$$

而在 S 系测量尺子的长度必须同时测量两端的坐标，即 $t_2 - t_1 = 0$，故 $l = x_2 - x_1 = l_0\sqrt{1 - \beta^2}$。所以在相对运动的坐标系测量的尺子长度变短了，称为洛伦兹收缩。可见，尺子当它相对于观察者为静止时显得最长；相对于观察者运动时，在运动方向缩短了 $\sqrt{1 - \beta^2}$ 倍。洛伦兹收缩是洛伦兹变换的运动学效应之一。

历史上，长期存在对运动物体的洛伦兹收缩效应的错误理解。相对论发表后的 50 多年时间里，许多物理学家一直坚信这一效应是可以被看到或拍摄下来的。直到 1959 年，特雷尔 (J. Terrell) 证明了"洛伦兹收缩一般不能被眼睛看到"才开始消除这种误解。误解的产生与对"观察"一词的理解有关，是由于文献中经常将某惯性系中进行的测量简单地表述成进行"观察"，再把观察简化为"观看"所造成的。

固有时 [proper time]　又称原时间隔，是在一惯性参考系中某一地点的时钟测量的在该点先后发生的两个事件之间的时间间隔。

时间膨胀 [time dilation]　设有一个时钟在 S' 内静止，在 S' 的同一地点从 t'_1 到 t'_2 发生两个事件，那么事件发生的时间间隔为 $\Delta\tau = t'_2 - t'_1$，称为固有时间隔或原时间隔。在 S 系看来时间间隔是多少呢？由洛伦兹变换得到，发生两个事件的时间间隔为

$$\Delta t = t_1 - t_2 = \frac{t'_1 - t'_2}{\sqrt{1 - \beta^2}} = \frac{\Delta\tau}{\sqrt{1 - \beta^2}}$$

所以在相对运动的坐标系测量到的时间间隔变长了,称为时间膨胀。

时间膨胀是洛伦兹变换的运动学效应之一。因为洛伦兹变换是由狭义相对论的基本原理所确定的,故时间膨胀是一种狭义相对论的时空特性。时间膨胀效应的"运动时钟走得慢"的表述,历史上长期存在过错误的理解。原因是对相对论文献中所使用的"观察"一词经常发生误解。"观察"这个词不应当轻率地使用于发生在不同地点的诸事件上。一旦提到"观看"或"看见"这样的字眼,我们必须立即意识到这一定会涉及光的渡越需要有限的时间。如果我们通过一架双筒望远镜真的观看一台运动的时钟,而该时钟是朝向我们运动的话,由于多普勒效应,我们将看到运动的时钟是走快了而不是走慢了。

固有质量 [proper mass] 又称静质量。按狭义相对论,物体的质量与其运动状态有关。固有质量是在固联于物体的参考系中所测得的物体之质量,通常将它记作 m_0。当物体相对于某参考系以速度 v 运动时,该参考系所测得的质量称为运动质量 m,它与固有质量的关系是 $m = m_0/\sqrt{1-v^2/c^2}$。

静质量 [rest mass] 即固有质量。

固有能量 [proper energy] 又称静能量。按狭义相对论的质能关系,运动质量 m 所对应的能量为 $E = mc^2$。与固有质量 m_0 对应的能量称为固有能量 $E_0 = m_0 c^2$。

静能量 [rest energy] 即固有能量。

质-能关系 [mass-energy relation] 质量与能量之间的等价关系。在牛顿力学中,质量和能量是两个不同的概念,质量守恒定律和能量守恒定律似乎毫不相关。狭义相对论的主要结论之一是,任何形式的能量均具有惯性。质量守恒与能量守恒被统一为一个守恒定律。能量与质量之间的等价关系是 $E = mc^2$。太阳等恒星中进行着的热核反应是这一关系的最好例证。它是原子能应用的重要理论基础。

洛伦兹变换的四维形式 [4-dimensional form of Lorenz transformation] 洛伦兹变换可写成矩阵的形式

$$\begin{pmatrix} x_1' \\ x_2' \\ x_3' \\ x_4' \end{pmatrix} = \begin{pmatrix} \gamma & 0 & 0 & i\beta\gamma \\ 0 & 1 & 0 & 0 \\ 0 & 0 & 1 & 0 \\ -i\beta\gamma & 0 & 0 & \gamma \end{pmatrix} \begin{pmatrix} x_1 \\ x_2 \\ x_3 \\ x_4 \end{pmatrix} \equiv a \begin{pmatrix} x_1 \\ x_2 \\ x_3 \\ x_4 \end{pmatrix}$$

或者写成分量的形式: $x_\sigma' = \sum_{\nu=1}^{4} a_{\sigma\nu} x_\nu \equiv a_{\sigma\nu} x_\nu (\sigma, \nu = 1, 2, 3, 4)$,其中 $\gamma = 1/\sqrt{1-\beta^2}$。把 $x_\sigma = (x_1, x_2, x_3, x_4)$ 和 $x_\sigma' = (x_1', x_2', x_3', x_4')$ 看成两个不同的闵可夫斯基空间中的时空坐标,显然 a 就是这两个闵可夫斯基空间中时空坐标之间的线性变换。因为 $s'^2 = \sum_{\sigma=1}^{4} x_\sigma' x_\sigma' = a_{\alpha\nu} a_{\alpha\sigma} x_\nu x_\sigma = x_\alpha x_\alpha = s^2$,故 a 是一个正交变换。在正交变换下,不同的物理量有不同

的变换关系,根据不同的关系,把物理量区分为标量、矢量、二阶张量等。

标量 [scalar] 在正交变换下不变的量,如闵可夫斯基空间的四维长度 s。

四维矢量 [4-vector] 设在空间 x_σ 有 4 个数 $p_\sigma = (p_1, p_2, p_3, p_4)$,通过正交变换 $a_{\sigma\nu}$(见洛伦兹变换的四维形式)后,在 x_σ' 空间变成 p_σ' 且有关系

$$p_\sigma' = \sum_\nu a_{\sigma\nu} p_\nu \quad (\sigma = 1, 2, 3, 4)$$

那么称 p_σ 为四维矢量。

四维二阶张量 [4-dimensional second-order tensor] 设在空间 x_σ 有 $4^2 = 16$ 个数 $p_{\sigma\nu}$,通过正交变换 $a_{\sigma\nu}$(见洛伦兹变换的四维形式)后,在 x_σ' 空间变成 $p_{\sigma\nu}'$ 且有关系

$$p_{\sigma\nu}' = a_{\sigma\alpha} a_{\nu\tau} p_{\alpha\tau} \quad (\sigma, \nu = 1, 2, 3, 4)$$

那么称 $p_{\sigma\nu}$ 为二阶张量。这里重复指标表示求和。

四维 n 阶张量 [4-dimensional n-order tensor] 设在空间 x_σ 有 4^n 个数 $p_{\nu\nu\cdots\lambda}$,通过正交变换 $a_{\sigma\nu}$(见洛伦兹变换的四维形式)后,在 x_σ' 空间变成 $p_{\sigma\nu\cdots\lambda}'$ 且有关系

$$p_{\sigma\nu\cdots\lambda}' = a_{\sigma\alpha} a_{\nu\tau} \cdots a_{\lambda\gamma} p_{\alpha\tau\cdots\gamma} \quad (\sigma, \nu, \cdots, \lambda = 1, 2, 3, 4)$$

那么称 $p_{\sigma\nu\cdots\lambda}$ 为 n 阶张量。显然 0 阶张量为标量,1 阶张量为矢量。

四维协变式 [4-dimensional covariant] 任何物理规律都是由物理量构成的一些等式。相对性原理要求物理规律在任何一个惯性参考系都相同。这意味着: 在坐标变换下,表示物理规律的等式的形式应保持不变。如果等式两边的物理量是由同阶的张量构成,那么这种形式的方程一定满足相对性原理,称这种形式的方程为四维协变式。如某一物理规律为 $A_\sigma = B_\sigma$,其中 A_σ、B_σ 是 S 系中的不同物理量。由于 A_σ、B_σ 是一阶张量: $A_\sigma' = a_{\sigma\nu} A_\nu$ 和 $B_\sigma' = a_{\sigma\nu} B_\nu$,于是 $A_\sigma' = a_{\sigma\nu} A_\nu = a_{\sigma\nu} B_\nu = B_\sigma'$,即在 S' 系中也有形式 $A_\sigma' = B_\sigma'$。因此,判断一个物理规律是否满足相对性原理,只要看其物理方程是否协变。

四维速度矢量 [4-velocity vector] 定义四维速度

$$U_\sigma = \frac{\mathrm{d}x_\sigma}{\mathrm{d}\tau} \quad (\sigma = 1, 2, 3, 4)$$

或者

$$U_\sigma = \frac{1}{\sqrt{1-\beta^2}} \frac{\mathrm{d}x_\sigma}{\mathrm{d}t} = \left(\frac{v}{\sqrt{1-\beta^2}}, \frac{\mathrm{i}c}{\sqrt{1-\beta^2}} \right)$$

四维加速度矢量 [4-acceleration vector] 定义四维加速度

$$a_\sigma = \frac{\mathrm{d}U_\sigma}{\mathrm{d}\tau} \quad (\sigma = 1, 2, 3, 4)$$

或者

$$a_\sigma = \frac{1}{\sqrt{1-\beta^2}} \frac{\mathrm{d}}{\mathrm{d}t} \left(\frac{\boldsymbol{v}}{\sqrt{1-\beta^2}}, \frac{\mathrm{i}c}{\sqrt{1-\beta^2}} \right)$$

四维波矢量 [4-wave vector] 电磁波的三维波矢量和频率构成四维波矢量, 即 $k_\sigma = (\boldsymbol{k}, \mathrm{i}\omega/c)$。波矢量和频率的坐标变换关系为

$$k_1' = \gamma\left(k_1 - \frac{v}{c^2}\omega\right), \quad k_2' = k_2, \quad k_3' = k_3, \quad \omega' = \gamma(\omega - vk_1)$$

或者

$$k_1 = \gamma\left(k_1' + \frac{v}{c^2}\omega\right), \quad k_2 = k_2', \quad k_3 = k_3', \quad \omega = \gamma(\omega' + vk_1)$$

多普勒效应 设实验室参考系为 S, 光源的固定参考系 S' 以速度 v 沿 x 方向运动, $\omega' = \omega_0$ 是光源的固有角频率, 则有频率的变换关系 (见四维波矢量)

$$\omega = \frac{\omega_0 \sqrt{1-\beta^2}}{1 - \beta\cos\vartheta}$$

其中, $\beta = v/c, \vartheta$ 为传播方向 $\boldsymbol{k}$ 与 $\boldsymbol{v}$ (即 x 轴) 的夹角。三种特殊情况是: ① 传播方向 $\boldsymbol{k}$ 与 $\boldsymbol{v}$ 同向, $\vartheta = 0$, $\omega = \omega_0\sqrt{(1+\beta)/(1-\beta)} > \omega_0$, 即观察者迎着光源运动方向观察时, 测得光波的频率大于其固有频率; ② 传播方向 $\boldsymbol{k}$ 与 $\boldsymbol{v}$ 反向, $\vartheta = \pi$, $\omega = \omega_0\sqrt{(1-\beta)/(1+\beta)} < \omega_0$, 即观察者背着光源运动方向观察时, 测得光波的频率小于其固有频率, 这两种情况下的多普勒效应称为纵向多普勒效应; ③ 传播方向 $\boldsymbol{k}$ 与 $\boldsymbol{v}$ 垂直, $\vartheta = \pi/2$, $\omega = \omega_0\sqrt{1-\beta^2} < \omega_0$, 即观察者垂直于光源的运动方向观察时, 测得光波的频率小于其固有频率, 称为横向多普勒效应, 它是与时间膨胀有关的二级效应。

四维动量 [4-momentum] 定义四维动量: $P_\sigma = m_0 U_\sigma, (\sigma = 1, 2, 3, 4)$, 其中 m_0 为质点的静质量, 或者

$$P_\sigma = \left(\frac{m_0\boldsymbol{v}}{\sqrt{1-\beta^2}}, \frac{\mathrm{i}m_0 c}{\sqrt{1-\beta^2}} \right) = \left(\boldsymbol{p}, \mathrm{i}\frac{E}{c} \right)$$

其中 $\beta = \dfrac{v}{c}$, $\boldsymbol{p} = \dfrac{m_0\boldsymbol{v}}{\sqrt{1-\beta^2}}$ 是质点的相对论动量, $E = \dfrac{m_0 c^2}{\sqrt{1-\beta^2}}$ 是质点的总能量。

四维力矢量 [4-force vector] 定义四维力矢量为

$$K_\sigma = \frac{1}{\sqrt{1-\beta^2}} \left(\boldsymbol{F}, \frac{\mathrm{i}}{c}\boldsymbol{F} \cdot \boldsymbol{v} \right)$$

其中 $\boldsymbol{F}$ 为三维力矢量。

相对论动力学方程 [relativistic equations of dynamics] 类似于牛顿第二定律, 相对论动力学方程定义为

$$\frac{\mathrm{d}P_\sigma}{\mathrm{d}\tau} = K_\sigma \quad (\sigma = 1, 2, 3, 4)$$

其中 K_σ 是四维力矢量。上式即为

$$\frac{\mathrm{d}}{\mathrm{d}t} \left(\frac{m_0\boldsymbol{v}}{\sqrt{1-\beta^2}}, \frac{\mathrm{i}m_0 c}{\sqrt{1-\beta^2}} \right) = \left(\boldsymbol{F}, \frac{\mathrm{i}}{c}\boldsymbol{F} \cdot \boldsymbol{v} \right)$$

或者写成

$$\frac{\mathrm{d}}{\mathrm{d}t} \left(\frac{m_0\boldsymbol{v}}{\sqrt{1-\beta^2}} \right) = \boldsymbol{F}; \quad \frac{\mathrm{d}}{\mathrm{d}t} \left(\frac{m_0 c^2}{\sqrt{1-\beta^2}} \right) = \boldsymbol{F} \cdot \boldsymbol{v}$$

能量–动量关系 [energy-momentum relation] 是联系总能量, 动量和静质量 (或静能量) 的相对论性的关系, 即

$$E^2 = c^2 p^2 + m_0^2 c^4$$

如果粒子的静质量 $m_0 = 0$ (如光子), 则有 $E = cp$。

动量–能量变换 [transformation of energy-momentum] 动量–能量的坐标变换关系为

$$p_1' = \frac{p_1 - vE/c^2}{\sqrt{1-\beta^2}}; \quad p_2' = p_2; \quad p_3' = p_3; \quad E' = \frac{E - vp_1}{\sqrt{1-\beta^2}}$$

1.6 刚体力学

刚体 [rigid body] 一种特殊的质点系, 组成刚体的每一个质点都受到完整约束, 即刚体中任意两点之间的距离, 或者刚体的形状和大小在运动过程中始终保持不变, 因而它的自由度数只有 6 个。在研究刚体问题时, 通常选取两种坐标系, 一是固结于惯性参考系中的坐标系, 称为空间坐标系, 记为 $O\text{-}XYZ$; 另一个是与刚体固连的坐标系, 称为本体坐标系, 记为 $O\text{-}x_1 x_2 x_3$。刚体的运动可以用本体坐标系相对于空间坐标系的运动描述。

空间坐标系 [space coordinate system] 见刚体。

本体坐标系 [body coordinate system] 见刚体。

刚体的平动 [translation of rigid body] 若刚体在运动过程中, 固连在其上的任意一条直线始终保持与初始位置平行, 则这种运动就叫作刚体的平动。刚体做平动运动时, 其上的每一点的轨迹都完全相同, 好像一个质点的运动, 但质量是整个刚体的质量。平动刚体的自由度为 3。

刚体的定轴转动 [rotation of rigid body about a fixed axis] 若刚体在运动过程中始终有两点保持不动, 这种运动就叫作刚体的定轴转动, 两固定点间的连线就是转轴。刚体做定轴转动时, 其上的每一点都在垂直于固定轴的平面内绕该轴做圆周运动, 半径是该点到轴的距离。而且在相同的时间间隔内, 刚体上不同点转过的角度相同。这就是说, 刚体做定轴转动时的自由度是 1。我们可以用唯一的角位移、角速度、角加速度来描述刚体的定轴转动。以转动角速度表示的动能为 $T = \dfrac{1}{2}I\omega^2$, 其中 I 是刚体绕转轴的转动惯量, ω 是刚体的转动角速度, 一般用正负号表示旋转的方向, 以与轴成右手螺旋的旋转方向为正, 反之为负。

转动惯量 [moment of inertia]　转动惯量是表示刚体相对于某轴转动时的惯性的物理量，它与刚体的质量分布和轴的位置有关。刚体在绕固定轴转动时的转动惯量 $I = \sum m_j r_j^2$，其中 m_j 和 r_j 分别是第 j 个质点的质量和它到转轴的距离。对于连续分布的刚体，可以用积分代替求和：$I = \int \rho r^2 \mathrm{d}V$，其中 ρ 是物体的密度，r 是体元到转轴的距离，积分遍及整个物体。

平行轴定理 [parallel axis theorem]　刚体绕某一轴线的转动惯量 I 等于该刚体质心对该轴线的转动惯量 $I_0 = mh^2$ 与刚体对通过质心的平行轴线的转动惯量 $I' = \int r^2 \mathrm{d}m$ 之和：$I = I_0 + I'$，其中 h 是质心到所说轴线的距离，$r = r(x, y, z)$ 是刚体中 (x, y, z) 处质元 $\mathrm{d}m = \rho \mathrm{d}V$ 到质心的距离。

垂直轴定理 [perpendicular axis theorem]　一个平面刚体相对于过该刚体中的任一点垂直刚体平面的轴 X_1 和位于平面内的两任意正交轴 X_2, X_3 的转动惯量满足关系：$I_1 = I_2 + I_3$，其中 I_j 是绕 j 轴旋转的转动惯量。

复摆 [complex pendulum]　在重力作用下绕不通过质心的水平轴运动的刚体叫作复摆，也称物理摆 (physical pendulum)。与单摆相比，复摆有一定的质量分布，必须将它作为刚体在重力作用下的定轴转动来处理。当复摆绕该定轴做小振动时，它也是简谐运动。振动周期 $T = 2\pi\sqrt{l_0/g}$，其中 $l_0 = I/mh$ 叫作等值摆长 (equivalence length of pendulum)，式中 h 是刚体质心到水平轴的距离。其意义是复摆做小振动时的周期和一个质量为刚体质量，摆长为 l_0 的单摆的振动周期相同。

扭摆 [torsion pendulum]　由悬丝和与它相连的刚体组成。当悬丝随刚体转过一个角度 φ 时，悬丝将产生恢复力矩。在弹性限度范围内，扭转力矩和扭转角成正比：$M = -D\phi$，相应于扭转应变的弹性势能为 $U(\phi) = D\phi^2/2$，其中 D 是与切变模量有关的常数。当扭转角较小时，扭转角随时间按简谐规律变化：$\phi = \phi_0\cos(\omega t + \alpha)$，其中 $\omega = \sqrt{D/I}$，I 是刚体的转动惯量。

平面平行运动 [planar parallel motion]　若刚体在运动过程中各点的轨迹始终平行于某个固定平面，这种运动就叫刚体的平面平行运动。与此等价的表述是，做这种运动的刚体中垂直于该平面的任一直线在运动过程中始终保持垂直。按照第二种说法，研究刚体的平面平行运动可以用一个平行于固定平面的截面的运动来代表，其运动可以看成两个运动的叠加，一是质心的运动，一是刚体绕过质心并垂直于该截平面的轴的转动，故有 3 个自由度。在运动学中可选择任一点作为基点，刚体的运动就可以表示成为基点的运动加上绕基点的转动两部分的叠加。在动力学问题中通常将质心选为基点，刚体的总动能就可写成 $T = \frac{1}{2}mv_c^2 + \frac{1}{2}I_c\omega^2$，其中 v_c 是质心的速度，I_c 是刚体过质心并垂直于平面的轴的转动惯量。由于质心被限制在平面内运动，故只有两个自由度，另一方面，刚体绕垂直于上述平面的轴转动，只要一个角变量描述该转动即可。

刚体的定点转动 [rotation of rigid body about a fixed point]　若刚体在运动过程中始终有一个点保持不动 (这个点可以是刚体上的，也可以不是刚体上的)，这种运动就叫作刚体的定点转动。刚体作定点转动时有 3 个自由度。常用欧拉角作为描写刚体定点转动的变量，其中两个变量确定转轴的方位，另一个确定绕该轴的转动。刚体的定点转动可等价于进动、章动和自转三部分的叠加。见转动矩阵。

刚体的一般运动 [general motion of rigid body]　刚体的一般运动可等效为所任意选择的一点 (称为基点) 的平动和绕通过基点的一个轴的转动的叠加。不过，与定轴转动不同，这里转动的转轴是不固定的，因此需要两个变量指定轴在空间中的方位，一个变量指定绕轴的转动，即需要三个变量 (例如可以采用欧拉角) 描述这种转动。对于平动，需要三个变量。故刚体的一般运动有 6 个自由度。参见沙尔定理。

角位移 [angular displacement]　刚体方位的变化表现为与它固连在一起的坐标轴相对于固定坐标系的方位角的变化。这种角度的变化叫角位移，其大小为转动的角度，方向可以按右手螺旋法则确定。要注意的是，有限角位移不是矢量，两个有限角位移的次序不同，最终刚体的位形是不同的。无限小的角位移是矢量。

转动矩阵 [rotation matrix]　刚体上某一矢量在空间坐标系 x' 和本体坐标系 x 中的关系可以用转动矩阵来表示 $x' = Rx$，例如绕 x_3 轴旋转 ϑ 角，转动矩阵可以写成

$$R_3(\vartheta) = \begin{bmatrix} \cos\vartheta & \sin\vartheta & 1 \\ -\sin\vartheta & \cos\vartheta & 1 \\ 1 & 1 & 0 \end{bmatrix}$$

容易看出，当 ϑ 是有限大小时，两次转动的结果和转动的次序有关，即

$$R_3(\vartheta_1)R_3(\vartheta_2) \neq R_3(\vartheta_2)R_3(\vartheta_1)$$

但是，对于无穷小转动，$\vartheta \to \delta\vartheta$，转动矩阵退化为

$$R_3(\delta\vartheta) = \begin{bmatrix} 1 & \delta\vartheta & 1 \\ -\delta\vartheta & 1 & 1 \\ 1 & 1 & 0 \end{bmatrix}$$

在这种情况下，两次无限小转动就是可交换的 $R_3(\delta\vartheta_1)R_3(\delta\vartheta_2) = R_3(\delta\vartheta_2)R_3(\delta\vartheta_1)$，角速度满足平行四边形法则，是矢量。而有限转动则是不可交换次序的，不是矢量。

角速度 [angular velocity]　刚体的角速度定义为它在无限小的时间间隔内角位移的无穷小变化：$\omega = e_\varphi \mathrm{d}\varphi/\mathrm{d}t$。

角速度的方向 e_φ 沿该刚体的瞬时转动轴, 按右手螺旋法则确定其正负。它是一个矢量, 满足平行四边形法则, 但它是一个赝矢量。

进动 [precession]　　与运动刚体固联在一起的本体坐标 (x_1, x_2, x_3) 的 $x_1 x_2$ 平面绕空间坐标系 (X, Y, Z) 的 Z 轴的转动叫进动。描述进动的角度叫进动角。它是刚体 x_3 轴在 XY 平面上的投影与 X 轴的夹角。

规则进动 [regular precession]　　刚体以确定的章动角做进动。

赝规则进动 [pseudo-regular precession]　　对称陀螺在重力场中作快速自转时, 由于重力的力矩作用而使它的对称轴偏离垂直方向, 并获得进动角速度, 同时造成刚体对称轴的周期性的章动。随着刚体自转角速度的增大, 该章动速度迅速减小, 同时进动减慢。实际上, 对于足够快的陀螺, 其章动几乎是观测不到的。克莱因 (F. Klein, 1849—1925) 和索末菲 (A. Sommerfeld, 1868—1951) 把这种进动叫作赝规则进动。

非规则进动 [non-regular precession]　　当作用在刚体上的力矩随时间变化时, 例如地球受到太阳和月球的力矩, 就会在进动的同时产生一定的章动, 在天文上叫作天文章动 (astronomical nutation)。这时的进动就是非规则进动。

节线 [line of nodes]　　刚体本体坐标系 x_3 轴在空间坐标系 XY 平面上的投影就是节线 (见图中的 ON), 它也是章动角速度所绕的旋转轴线。

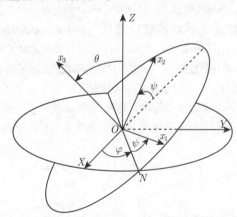

章动 [nutation]　　刚体本体坐标系的 $x_1 x_2$ 平面经进动后, 绕节线的转动。所以章动角就是本体坐标系的第三轴和空间坐标系的 Z 轴的夹角。

自转 [spin]　　刚体绕本体坐标系 x_3 轴的转动。该转动角就是自转角。

欧拉角 [Eulerian angles]　　欧拉角是常用来描述刚体转动的动力学变量。它们分别是进动角 φ(见进动)、章动角 θ(见章动) 和自转角 ψ(见自转)(见下图), 各角度的取值范围

分别是 $0 \leqslant \varphi < 2\pi$, $0 \leqslant \theta < \pi$, $0 \leqslant \psi < 2\pi$。各角度相关转动的正方向约定为正对转轴时逆时针转动的方向, 转动的次序通常取为: 先绕 OZ 轴转动 φ, 再绕节线 ON 转动 θ, 最后再绕 Ox_3 轴转动 ψ。

欧拉运动学方程 [Euler kinematical equation]　　刚体转动的角速度在本体坐标系中的分量用欧拉角表示的形式称为欧拉运动学方程,

$$\begin{cases} \omega_x = \dot\varphi \sin\theta \sin\psi + \dot\theta \cos\psi \\ \omega_y = \dot\varphi \sin\theta \cos\psi - \dot\theta \sin\psi \\ \omega_z = \dot\psi + \dot\varphi \cos\theta \end{cases}$$

沙尔定理 [Chasle's theorem]　　任一瞬时刚体的运动都可以等效地看作是由基点的运动和刚体绕过基点的瞬时转动轴的转动的叠加。例如, 以 O 为基点, 刚体中任一点 i 的速度 $v_i = v_0 + \omega \times r_i$, 其中 v_0 是基点的速度, ω 是刚体的角速度, r_i 是第 i 个质点相对于基点的矢径。

瞬时转动中心 instantaneous center of rotation]　　以 A 为基点, 刚体中任一点 P 的速度可以写成 $v_P = v_A + \omega \times (r_P - r_A)$, r_P、r_A 分别是 P 点和基点 A 的位置矢径。当 $v_P = 0$ 时, 这个瞬时不动的点就是瞬时转动中心。这时, 刚体的运动可以用绕瞬时转动中心的纯转动来表示。

瞬时转动轴 [instantaneous axis of rotation]　　任一瞬时, 刚体的转动都是围绕某一轴线进行的, 但不同时刻轴和轴的方向可以不同。这种轴就叫作瞬时转动轴。

刚体角动量 [angular momentum of rigid body]　　在直角坐标系中, 用转动惯量张量表示的任一角动量分量可写成

$$J_\alpha = \sum_{\beta=1}^{3} I_{\alpha\beta} \omega_\beta \quad (\alpha = 1, 2, 3)$$

其中 $I_{\alpha\beta}$ 是转动惯量张量, ω_β 是角速度的分量。

刚体转动动能 [rotating kinetic energy ofrigid body]　　在直角坐标系中, 用转动惯量张量表示的动能可写成

$$T = \frac{1}{2} \sum_{\alpha,\beta=1}^{3} I_{\alpha\beta} \omega_\alpha \omega_\beta$$

其中 $I_{\alpha\beta}$ 是转动惯量张量, ω_α 是角速度的分量。

并矢 [dyadics]　　并矢是矩阵运算的另一种表示形式, 一个并矢是有一定次序的一对矢量的一种表示, 如并矢 $\boldsymbol{AB}$ 为

$$\begin{aligned} \boldsymbol{AB} = &A_x B_x \boldsymbol{ii} + A_x B_y \boldsymbol{ij} + A_x B_z \boldsymbol{ik} \\ &+ A_y B_x \boldsymbol{ji} + A_y B_y \boldsymbol{jj} + A_y B_z \boldsymbol{jk} \\ &+ A_z B_x \boldsymbol{ki} + A_z B_y \boldsymbol{kj} + A_z B_z \boldsymbol{kk} \end{aligned}$$

它和另一个矢量 $\boldsymbol{C}$ 的乘积定义为 $(\boldsymbol{AB}) \cdot \boldsymbol{C} = \boldsymbol{A}(\boldsymbol{B} \cdot \boldsymbol{C})$ 和 $\boldsymbol{C} \cdot (\boldsymbol{AB}) = (\boldsymbol{C} \cdot \boldsymbol{A})\boldsymbol{B}$; 两个并矢的乘积定义为 $(\boldsymbol{AB}):$

$(CD) = (A \cdot C)(B \cdot D)$。要注意区分右乘和左乘的不同运算规则。

转动惯量张量 [inertia tensor]　刚体相对于某点 (记为 O) 的惯量特性需用张量来表示。这就是转动惯量张量 I。对于质量连续分布的系统, 在坐标原点为 O 的确定的坐标系中, 转动惯量张量中的元素 (常称为惯量系数) 可表示为

$$I_{\alpha\beta} = \int \left[\delta_{\alpha\beta} \sum_{k=1}^{3} x_k^2 - x_\alpha x_\beta \right] dm$$
$$= \int \left[\delta_{\alpha\beta} \sum_{k=1}^{3} x_k^2 - x_\alpha x_\beta \right] \rho dV \quad (\alpha, \beta = 1, 2, 3)$$

这里 ρ 为刚体密度, $dV = dx_1 dx_2 dx_3$。显式地写出, 有

$$I = \begin{pmatrix} I_{11} & I_{12} & I_{13} \\ I_{21} & I_{22} & I_{23} \\ I_{31} & I_{32} & I_{33} \end{pmatrix}$$
$$= \begin{pmatrix} \int (y^2 + z^2) dm & -\int xy dm & -\int xz dm \\ -\int xy dm & \int (z^2 + x^2) dm & -\int yz dm \\ -\int xz dm & -\int yz dm & \int (x^2 + y^2) dm \end{pmatrix}$$

其中 $dm = \rho dV = \rho dx\, dy\, dz$。对分立系统

$$I_{\alpha\beta} = \sum_{j=1}^{N} \left[\delta_{\alpha\beta} \sum_{k=1}^{3} x_{jk}^2 - x_{j\alpha} x_{j\beta} \right] m_j$$

其中 $x_{j\alpha}$ 表示第 j 个质点的第 $\alpha(\alpha=1,2,3)$ 个坐标, m_j 是第 j 个质点的质量。由转动惯量张量的定义可知, 它是一个正定的对称张量。通常在与刚体固连的坐标系即本体坐标系中计算转动惯量张量的各个元素, 因此它们是常数。

惯量积 [product of inertia]　转动惯量张量中的非对角项。如果取主轴坐标系, 则惯量积都等于零。

惯量椭球 [ellipsoid of inertia]　与刚体对通过某一固定点 (记为 O) 的任一轴的惯量系数相关的椭球, 它与刚体相固联。如果在通过 O 点的任一轴上取一点 P, 其与 O 的距离为 $\overline{OP} = \dfrac{1}{\sqrt{I}}$, 这里 I 为刚体相对于轴 OP 的转动惯量。设 P 点在固定坐标系 $O\text{-}xyz$ 中的坐标为 (x, y, z), 则通过 O 点的所有轴上的这种点确定一个曲面, 它是椭球面, 称为惯量椭球, 其相应的方程为

$$I_{11} x^2 + I_{22} y^2 + I_{33} z^2 + 2I_{12} xy + 2I_{23} yz + 2I_{31} zx = 1$$

在主轴坐标系下, 惯量椭球方程变为标准形式

$$I_1 x^2 + I_2 y^2 + I_3 z^2 = 1$$

其中 I_1, I_2, I_3 分别是刚体相对三个惯量主轴的转动惯量。刚体中的不同固定点, 相应有不同的惯量椭球。利用惯量椭球可以比较直观地描述欧拉陀螺的定点运动。

主轴坐标系 [coordinates of principal axes]　由惯量张量是正定的特性, 总可以通过一个坐标变换, 使变换后的惯量张量对角化, 即使所有的惯量积都等于零。变换后的坐标系叫主轴坐标系。该坐标系的坐标轴叫惯量主轴。

惯量主轴 [principal axis of inertia]　见主轴坐标系。

转动惯量的本征值 [eigen value of inertia tensor]　转动惯量张量的本征值是特征方程 (又称久期方程) $\det(I_{\alpha\beta} - \lambda\delta_{\alpha\beta}) = 0$ 的解, 这些本征值相应的本征矢量确定惯量主轴, 本征值为刚体相对于各惯量主轴的主转动惯量。本征矢量相关的变换叫主轴变换, 因为这个变换可给出坐标主轴。

主轴变换 [principal axis transformation]　见转动惯量的本征值。

广义平行轴定理 [generalized theorem for parallel axis]　如果两个坐标原点之间由矢量 a 相联系。转动惯量张量在两个坐标系中的各分量有关系: $I_{\alpha\beta} = I_{\alpha\beta}^{(0)} - M(a^2\delta_{\alpha\beta} - a_\alpha a_\beta)$。这是定轴转动中的平行轴定理的推广, 当 $i = j$ 时, 它给出定轴转动时的平行轴定理, 故称之为广义平行轴定理。

回转半径 [radius of gyration]　刚体绕某轴的回转半径定义为 $R = \sqrt{I/M}$, 其中 I 是刚体绕该轴的转动惯量, M 是刚体的质量。回转半径等价于把刚体看作是一个质量为 M 的质点以距离 R 绕该轴旋转。

回转效应 [gyroscopic effect]　陀螺仪在外力矩作用下产生的进动效应就是回转效应。

刚体定点运动的欧拉方程 [Euler equations for rigid body with fixed point]　刚体做定点运动时的欧拉方程 (或简称欧拉动力学方程) 是角动量定理在刚体定点运动时的表现。在本体坐标系中, 可表示为 $\dot{J} + \omega \times J = M$, 其中 J 是刚体的角动量, M 是外力矩, ω 是刚体的瞬时角速度。如果本体坐标系是主轴坐标系, 则有常见的欧拉动力学方程为

$$\begin{cases} I_1\dot{\omega}_1 = M_1 + (I_2 - I_3)\omega_2\omega_3 \\ I_2\dot{\omega}_2 = M_2 + (I_3 - I_1)\omega_3\omega_1 \\ I_3\dot{\omega}_3 = M_3 + (I_1 - I_2)\omega_1\omega_2 \end{cases}$$

其中 I_1, I_2, I_3 分别是刚体相对三个主轴的转动惯量 (常称为主转动惯量), $M_1, M_2, M_3, \omega_1, \omega_2, \omega_3$ 分别是力矩和角速度沿三个主轴的投影分量。

对称陀螺 [symmetrical top]　在主轴坐标系中, 如果刚体的两个主转动惯量相等, 例如 $I_1 = I_2 \neq I_3$, 这种刚体就叫作对称陀螺。

重对称陀螺 [heavy symmetrical top]　若在处理对称陀螺时要考虑它受到的重力矩的影响, 这种陀螺的运动就叫作重对称陀螺问题 (即拉格朗日–泊松情况)。

欧拉–潘索情况 [Euler-Poinsot case]　无外力矩作用时对称陀螺的定点运动。由于对称性，可假定在本体主轴坐标系中，$I_1 = I_2 \neq I_3$。这种类型刚体运动的角速度矢量大小不变，绕其对称轴旋转，在刚体中画出一个圆锥 (称为本体极锥)。在空间坐标系中，刚体无章动，自转和进动均是匀速的。角速度在空间中绕着角动量的方向描出圆锥，称为空间极锥。

拉格朗日–泊松情况 [Lagrange-Poisson case]　对称重刚体的定点运动。由于运动方程是高度非线性的，所以一般不能得到解析解。对于某些特殊情况，可以通过等效势方法或特殊函数来讨论。一般情况下，刚体不仅有进动，同时还有章动发生。

陀螺仪 [gyroscope]　陀螺仪是一种安装在常平架上的轴对称刚体，其对称轴的运动不受限制，同时重心保持稳定。由于没有引力力矩作用在重心上，当陀螺绕对称轴高速旋转时，其对称轴方向将保持原来的方向。因此可以用来指示某个参考方向，而不受载它的物体运动的影响。在陀螺仪中，陀螺的对称轴被限制在水平面内运动。对地球上的陀螺仪，由于地球的转动，陀螺仪所在平面相对于惯性空间将改变其方向。所以在约束力的作用下陀螺仪进动，即绕地轴做周期为一日的旋转。陀螺仪的对称轴趋于保持稳定，而安装有限制它的进动，结果是轴承有力作用在陀螺仪上。可以证明，这些约束力总是使陀螺仪的轴线和进动轴线一致，即指向地球转动方向。这样的安置使得陀螺仪可以用来指示子午面的方向。

刚体的平衡 [equilibrium of rigid body]　要使刚体达到平衡，不仅它受到的外力的矢量和 (即主矢) 必须等于零，而且该力系对任一点的力矩矢量和 (即主矩) 也应为零。这样的力系叫零力系。

刚体平衡的稳定性 [stability of equilibrium of rigid body]　是指刚体在某一力系作用下达到平衡后，若相对于某种小扰动的作用能恢复原来的平衡状态，则称该平衡是稳定的，否则是不稳定的。其判据是平衡时的势能是否极小值。若是，则属稳定的；反之则是不稳定的。

刚体的动平衡 [dynamical equilibrium of rigid body]　刚体运动时，如果惯性离心力系中不仅其主矢为零，而且主矩也为零，则该刚体的运动不需外力的约束也能实现。刚体的这种运动状态称为动平衡状态。

刚体转动的稳定性 [stability of rigid body rotation]　指当刚体做定点转动时，若它的转动轴稍稍偏离惯量主轴时，该偏离被限制在一定的范围里，即使没有外力矩作用。绕主转动惯量是最大或最小的惯量主轴的转动是稳定的，而绕转动惯量并非最大或最小的惯量主轴的转动是不稳定的。

极移 [pole shift]　对称刚体在无外力矩作用下运动 (即欧拉–潘索情况) 的一个重要例子是地球。地球的自转轴 (叫天文地轴) 并不与其对称轴 (叫地理地轴) 相合，因而前者绕后者旋转而描出一个圆锥。相应地，天文南北极均绕地理南北极描出一圆周。这种现象就叫作极移。

空间极迹 [herpolhode]　刚体的转动角速度矢量在空间坐标系中画出的轨迹。

本体极迹 [polhode]　刚体的转动角速度矢量在本体坐标系中画出的轨迹。

1.7　分析力学

分析力学 [analytical mechanics]　历史上，分析力学是数学、力学工作者为克服牛顿力学的矢量形式在处理有约束存在时的困难而发展起来的力学理论。它给出了力学系统在完全一般性的广义坐标变换下具有不变形式的动力学方程组 (称为拉格朗日方程)，并突出了能量函数的意义。由于其极佳的数学形式，它不仅提供了解决天体力学及一系列动力学问题的较佳途径，同时也为量子理论的发展提供了方便的途径，成为引向现代物理学的跳板。其中最小作用量原理提供了建立相对论力学和量子力学最简洁而又富有概括性的出发点。它首先是法国数学家拉格朗日 (Lagrange) 于 1788 年在他的著名论著 *Mechanique Analttique* 中系统完整给出的，现在称为拉格朗日力学，核心是关于所谓拉格朗日函数的拉格朗日方程，这是关于刻画系统运动的独立变量的二阶微分方程。在该著作中，拉格朗日用分析的方法处理了力学的各种问题，包括静力学、动力学、流体静力学和流体动力学等。后来，哈密顿等对此作了扩展，建立了所谓的哈密顿力学，哈密顿–雅可比理论等，是为现代物理学的重要基础。

位形 [configuration]　质点或质点系在空间的位置分布，或者质点系中各质点位矢的集合。

位形空间 [configuration space]　由位形或描述系统状态的独立参数构成的空间。例如，系统的广义坐标构成的空间是位形空间。

约束 [constraint]　对系统的状态或运动所加的限制条件。约束可以是几何的，即仅对系统的位形有限制，也可以是微分的，即对系统的位形以及位形的变化均有限制。在牛顿力学中，加在系统上的约束是用约束力来代替的。约束通常是已知的，但约束力一般是未知的。用约束力代替约束，实际上增加了求解问题的难度。例如质点在曲面上运动时，曲面对质点的约束可以用曲面的支持力这个约束力来表示。在分析力学中，约束条件可以减少系统的自由度。充分利用约束本身可以简化问题的求解，这是分析力学的特点之一。

约束力 [constraint force]　如果一个物体不是自由的，加在力学系统上的约束可以用与约束作用有同样效果的力来代替。该力被称作约束反作用力 (reaction force of constraint)，或简称约束力。约束力有被动的特征，它与物体的运动状态, 物体所受的其他力等均有关。在这种意义上, 约束力又称被动力。在物体的运动情况通过相关的动力学方程得到求解之前, 约束力是未知的。

主动力 [active force]　主动力是相对于约束力而言的, 即将作用于系统的力分为主动力和约束力。主动力与施加力的主体以及所研究的物体的运动状态无关。

完整约束 [holonomic constraint]　几何约束和可积分的微分约束统称为完整约束。前者如质点被限制在半径为 R 的圆环上, 约束条件是 $x^2 + y^2 = R^2$; 后者如圆盘在平面上沿直线做无滑动的滚动: 盘心沿直线运动的速度 V_{x0} 和圆盘角速度 ω 之间有下列关系: $V_{x0} = \omega R$。它可以通过积分变成 $x_0 = \vartheta R$。其中 x_0 是盘心的 X 坐标, ϑ 是圆盘转过的角度。

非完整约束 [non-holonomic constraint]　不可积的微分约束。

完整系统 [holonomic system]　仅受到完整约束的系统。

非完整系统 [nonholonomic system]　系统所受到约束中至少有一个是非完整约束的, 这样的系统称为非完整系统。

几何约束 [geometric constraint]　只对系统的几何位形加以限制, 而对各质点的运动速度没有施加任何限制的约束。

运动约束 [kineticconstraint]　对系统运动状态所加的约束条件, 也叫微分约束。但如果该微分约束是可积分的, 则它实质上仍是完整约束。真正的微分约束是指不可积的运动约束。

微分约束 [differential constraint]　见运动约束。

理想约束 [ideal constraint]　系统所受约束力所做虚功之和恒等于零的约束。例如在光滑表面的滑动或在非光滑表面的纯滚动等问题中的约束。

非理想约束 [non-ideal constraint]　非理想约束所相应的约束力所做虚功不等于零。例如, 物体在有摩擦存在的表面上的滑动。

单侧约束 [unilateral constraint]　又称可解约束。约束条件在某种条件下可以解除的, 或者仅在某一方向上对运动有限制, 而在相反方向上可自由运动的约束叫单侧约束, 一般可用不等式来表示该类约束。例如单摆, 其约束条件可表示为不等式 $x^2 + y^2 \leqslant L^2$, 这里 L 是摆线的长度。再如在球面上滑动的物体, 当它滑到球面的某个位置时将脱离球面, 即在该位置球面的约束解除。

可解约束 [unilateral constraint]　即单侧约束。

双侧约束 [bilateral constraint]　又称不可解约束。从多个方向对运动有限制, 或者是用等式表示的约束叫不可

解约束。

不可解约束 [bilateral constraint]　即双侧约束。

稳定约束 [steady constraint]　又称定常约束, 不显含时间的约束条件表示的约束。

定常约束 [scleronomic constraint]　即稳定约束。

不稳定约束 [unsteady constraint]　又称非定常约束, 显含时间的约束条件表示的约束。

非定常约束 [rheonomic constraint]　即不稳定约束。

自由度 [degree of freedom]　能完备地描述系统的空间位形所需的独立变数的个数, 称为系统在有限运动中的自由度数。若一个力学系统由 N 个质点组成, 同时存在 s 个独立的约束条件, 则该系统的自由度数是 $n = 3N - s$。当存在微分约束时, 人们把可以完备地描述该系统运动状态的独立速度分量的个数, 叫作系统在无限小运动中的自由度。

可能位移 [possible displacement]　质点在时间变化过程中发生的满足约束条件的位移。

实位移 [actual displacement]　指质点在时间变化过程中实际发生的位移, 它是历经时间并满足约束条件和力学规律的位移, 它属于可能位移之列。

虚位移 [virtual displacements]　指在约束允许的但并未实际发生的位移。与实位移不同, 它并不是在时间过程中实际发生的, 所以虚位移和时间无关。

广义坐标 [generalized coordinate]　能唯一地描述系统状态所需的独立参数叫作广义坐标。对于完整系统, 广义坐标的数目等于系统的自由度数。广义坐标的选取是任意的。对同一系统, 可以有多组广义坐标。

广义速度 [generalized velocity]　在分析力学中, 我们把广义坐标对时间的微商叫作广义速度。它在拉格朗日方程中是作为独立变量出现的。

广义力 [generalized force]　在分析力学中, 广义力定义为: $Q_\alpha = \sum\limits_{j=1}^{N} \boldsymbol{F}_j \cdot \dfrac{\partial \boldsymbol{r}_j}{\partial q_\alpha} (\alpha = 1, 2, \cdots, n)$, 其中 $\boldsymbol{F}_j$ 是作用在第 j 个质点上的主动力, q_α 是广义坐标。

虚功原理 [principle of virtual work]　受到理想定常约束的力学系统, 保持静平衡的充要条件是作用于该系统的全部主动力的虚功之和为零, 即

$$\sum_{i=1}^{N} \boldsymbol{F}_i \cdot \delta \boldsymbol{r}_i = 0$$

对于完整系统, 虚功原理可表述为: 系统静平衡时, 所有广义力分别等于零, 即

$$Q_\alpha = 0 \quad (\alpha = 1, 2, \cdots, n)$$

对于主动力均为有势力的有势系统, 静平衡条件为

$$\frac{\partial U}{\partial q_\alpha} = 0 \quad (\alpha = 1, 2, \cdots, n)$$

其中 U 是系统的势能, 它是广义坐标的函数。故有势力作用的系统处于平衡时, 系统的势能取极值。如果系统平衡时势能取极小值, 这种平衡是稳定的; 如果平衡时势能取极大值, 则平衡是不稳定的。

达朗贝尔原理 [d′Alembert principle] 根据牛顿定律, 力学系统中第 i 个质点的运动方程为: $\boldsymbol{F_i} + \boldsymbol{N_i} = m_i \ddot{\boldsymbol{r}}_i$, 其中 $\boldsymbol{F_i}$ 是主动力, $\boldsymbol{N_i}$ 是约束力。将该式改写为: $\boldsymbol{F_i} + \boldsymbol{N_i} - m_i \ddot{\boldsymbol{r}}_i = 0$, 则是平衡方程的形式, 这里 $-m_i \ddot{\boldsymbol{r}}_i$ 可以理解为一种力, 通常称为惯性力, 又称达朗贝尔力, 这就是达朗贝尔原理的常用形式。利用达朗贝尔原理可以类似于分析力学的静力学建立起相关的动力学理论。

拉格朗日动力学 [Lagrange dynamics] 是拉格朗日建立的, 以拉格朗日函数和拉格朗日方程为出发点的动力学理论叫拉格朗日动力学。

拉格朗日函数 [Lagrangian] 当作用在系统上的主动力都是有势力时, 拉格朗日函数是系统的动能和势能之差: $L = T - U$, 其中 T 是系统的动能, U 是系统的势能。拉格朗日函数是广义坐标和广义速度和时间的函数, 即 $L = L(q_1, \cdots, q_n, \dot{q}_1, \cdots, \dot{q}_n, t)$。

有时, 拉格朗日函数并不具有上述这种结构形式。例如, 在狭义相对论中, 对于保守力场 U 中的质点, 其拉格朗日函数为

$$L = -m_0 c^2 \sqrt{1 - \frac{v^2}{c^2}} - U$$

其中 m_0 是质点的静质量。上式中的第一项不是质点的动能。

广义势能 [generalized potential] 拉格朗日函数中的势能部分一般不含有广义速度, 但是可以将势能项推广到含有速度的情况。如果这样的势能与广义力之间具有关系 $Q_\alpha = \dfrac{\mathrm{d}}{\mathrm{d}t}\left(\dfrac{\partial U}{\partial \dot{q}_\alpha}\right) - \dfrac{\partial U}{\partial q_\alpha}$, 这种势能 U 就叫作广义势能 (又称速度相关势)。例如, 带电质点在电磁场中运动时, 相应的广义势为 $U = q(\phi - \boldsymbol{v} \cdot \boldsymbol{A})$, 这里 ϕ, $\boldsymbol{A}$ 分别为电势和矢势, q 和 $\boldsymbol{v}$ 分别是质点的电荷和速度。

拉格朗日方程 [Lagrange's equations] 当系统是完整的但所受的主动力并不都是有势力的情况下, 系统的拉格朗日方程为

$$\frac{\mathrm{d}}{\mathrm{d}t}\frac{\partial T}{\partial \dot{q}_\alpha} - \frac{\partial T}{\partial q_\alpha} = Q_\alpha \quad (\alpha = 1, 2, \cdots, n)$$

其中 T 是系统的动能, $Q_\alpha = \sum\limits_{j=1}^{N} \boldsymbol{F}_j \cdot \dfrac{\partial \boldsymbol{r}_j}{\partial q_\alpha}$ 是广义力, n 是系统的自由度数。

当作用在系统上的主动力是有势力, 且系统是完整的, 则系统的拉格朗日方程为:

$$\frac{\mathrm{d}}{\mathrm{d}t}\frac{\partial L}{\partial \dot{q}_\alpha} - \frac{\partial L}{\partial q_\alpha} = 0 \quad (\alpha = 1, 2, \cdots, n)$$

其中 L 是系统的拉格朗日函数。在该情况下, 拉格朗日函数 L 是系统的特征函数, 即它能完全确定系统的性质。拉格朗日方程也可以用来讨论力学问题之外的其他物理问题, 如果该物理问题的拉格朗日函数是可以求出的或已知的。

广义动量 [generalized momentum] 与某个广义坐标相应的广义动量, 定义为 $p_\alpha = \partial L / \partial \dot{q}_\alpha$, 其中 L 是系统的拉格朗日函数。在力学中, 当广义坐标取直角坐标, 势函数与广义速度无关时, 广义动量和力学动量是相同的。如果广义坐标是角坐标, 则广义动量具有角动量的量纲, 可能就等于角动量。若广义坐标取直角坐标以外的独立变数时, 广义动量和力学动量一般就不同, 这是附加广义一词的可能原因。对非力学问题, 如果可以纳入到拉格朗日方法处理的范围内, 也有相应的广义动量, 此时广义动量并不一定相应于力学动量。例如对电磁场作用的带电质点的运动, 其广义动量为 $\boldsymbol{P}_\alpha = \boldsymbol{p}_\alpha + q\boldsymbol{A}_\alpha (\alpha = 1, 2, 3)$, 其中 q 为质点的电荷, $\boldsymbol{A}$ 为电磁矢势, $\boldsymbol{p}$ 为粒子的动量。见电磁场中运动电荷的哈密顿函数。

广义能量 [generalized energy] 当系统受到稳定约束时, 系统的动能可表示为广义速度的二次齐次函数, 系统的哈密顿函数 $H = T + U$ 就是系统的机械能。但当系统受到不稳定约束时, 系统的动能一般是广义速度的二次齐次函数, 一次齐次函数和零次齐次函数三部分之和, 哈密顿函数可表示为 $H = T_2 - T_0 + U$, 其中 T_2 和 T_0 分别是广义速度的二次齐次项和零次齐次项。它显然已经不再是机械能了, 但仍有能量的量纲, 故称之为广义能量。

循环坐标 [cycle coordinate] 指拉格朗日函数中不显含的某个广义坐标。这时, 与该广义坐标相应的广义动量守恒。循环坐标也叫可遗坐标 (ignorable coordinate)。

可遗坐标 [ignorable coordinate] 见循环坐标。

拉格朗日不定乘子方法 [method of Lagrange undetermined multiplier] 无论是静力学问题还是动力学问题, 用拉格朗日方程来讨论时都不能直接解出约束反作用力。为了能在拉格朗日理论的框架下求得约束反作用力, 可以采用拉格朗日不定乘子法来求解。它把约束条件 (不管是完整约束还是微分约束) 用变分形式表示出来 (而不是用来减少自由度), 在乘以拉格朗日不定乘子后加到原有的虚功原理或达朗贝尔原理给出的方程中, 然后利用不定乘子的任意性, 消去多余的方程, 从而可同时得到约束力和平衡条件或运动规律。

小振动 [small oscillation] 保守力学系统在其平衡位置附近的小幅度振动。许多物理问题, 如果其对平衡位置的

偏离很小, 则可作线性近似 (或简谐近似), 系统相应的运动可以表述为一些耦合的线性谐振子的运动, 即一些简谐振动 (即简正模) 的叠加。小振动理论在物理学的许多问题中有广泛的应用。

简正坐标 [normal coordinates]　对于做小振动的系统, 各自以单个特征频率做简谐振动 (而不是两个以上频率振动的合成) 的广义坐标叫简正坐标。相应的特征频率叫简正频率。对某些特定的系统, 不同的广义坐标可以有相同的振动频率, 称为模式简并。用简正坐标表示时, 系统的拉格朗日函数可以写为各简正频率相应振动的拉格朗日函数之和, 或者说此时拉格朗日函数是完全对角化的, 即拉格朗日函数具有形式

$$L = \sum_{\alpha} \frac{1}{2} m_\alpha (\dot{X}_\alpha^2 - \omega_\alpha^2 X_\alpha)$$

其中 m_α 是一些随 α 而异的常数, X_α 是简正坐标, ω_α 是简正频率。

简正频率 [normal frequency]　见简正坐标。

简正模 [normal mode]　与简正频率相应的振动模式叫简正模。

模式简并 [mode degeneracy]　见简正坐标。

勒让德变换 [Legendre transformation]　物理系统以 (x, y) 为独立变量时, 特征函数为 $f(x, y)$。当以 (u, y) (其中 $u = \partial f(x, y)/\partial x$) 为独立变量时, 新的特征函数为 $g(u, y) = [ux - f(x, y)]_{x=x(u,y)}$, 其中函数关系 $x = x(u, y)$ 由 $u = \partial f(x, y)/\partial x$ 给出。这种自变量 (x, y) 变成 (u, y), 特征函数 $f(x, y)$ 变成 $g(u, y)$ 的变换关系称为勒让德变换。以单粒子系统为例, 当独立变量取广义速度和广义坐标 $(\dot{q}, q)$ 时, 特征函数为拉格朗日函数 $L(\dot{q}, q)$; 当取广义动量 $p = \partial L(\dot{q}, q)/\partial \dot{q}$ 和广义坐标 q 为独立变量时, 新的特征函数为 $H(p, q) = [p\dot{q} - L(\dot{q}, q)]_{\dot{q}=p(p,q)}$, 就是系统的哈密顿函数; 在热力学中, 当取独立变量为系统的熵和体积 (S, V) 时, 特征函数是内能函数 $U(S, V)$, 当取独立变量为温度和体积 (T, V) (其中 $T = \partial U(S, V)/\partial S$) 时, 新的特征函数为自由能函数 $F(T, V) = U(S, V) - TS$; 当取独立变量为压强和熵 (p, S) (其中 $p = -\partial U(S, V)/\partial V$) 时, 新的特征函数为焓函数 $H(p, S) = U(S, V) + pV$。勒让德变换被广泛应用在物理学的各个领域, 例如分析力学、热力学等。

哈密顿动力学 [Hamilton's dynamics]　以哈密顿正则方程 (见哈密顿方程) 为出发点的动力学理论叫哈密顿动力学, 其中哈密顿函数以广义坐标和广义动量为独立变量。当系统是完整保守的, 则哈密顿函数 H 是系统的特征函数。哈密顿正则方程不仅可以用来描述力学系统, 也可以用来讨论其他系统, 只要该系统的哈密顿函数已知。

哈密顿函数 [Hamiltonian function]　在拉格朗日动力学中, 哈密顿函数定义为 $H = \sum_{\alpha} p_\alpha \dot{q}_\alpha - L$, 其中 L 是拉格朗日函数, 当 L 不显含时间时, H 是一个守恒量。在哈密顿动力学中, 哈密顿函数是以广义坐标和广义动量为正则变量, 表征系统的动力学特性的函数。当不显含时间时, H 是系统的机械能。

哈密顿函数密度 [Hamiltonian function density]　在处理连续介质或场的动力学问题时, 人们常用单位体积的哈密顿量, 即哈密顿密度 h 来表示系统的特性, 它和哈密顿量之间有关系: $H = \int_V h \mathrm{d}V$。

共轭变量 [conjugate variables]　广义坐标和相应的广义动量组成一对共轭变量。它们都是哈密顿函数中的独立变量。

正则变量 [canonical variables]　在哈密顿正则动力学中, 我们把广义坐标和广义动量作为独立的动力学变量, 叫作正则变量。因此在哈密顿动力学中, 哈密顿函数必须表示成为广义坐标和广义动量以及时间的函数, 即 $H = H(q_1, \cdots, q_n, p_1, \cdots, p_n, t)$。

哈密顿原理 [Hamilton principle]　系统由初时刻 t_i 到终时刻 t_f 的运动是使作用量 S 取极值所决定的那条路径, 即运动方程由 $\delta S = 0$ 决定, 其中作用量 S 被定义为在固定边界条件下拉格朗日函数对时间的积分

$$S = \int_{t_i}^{t_f} L(\dot{q}_\alpha, q_\alpha, t) \mathrm{d}t$$

其中, q_α 和 $\dot{q}_\alpha$ 是广义坐标和广义速度。固定边界条件是指在 $t = t_i$ 和 $t = t_f$ 时, $\delta q_\alpha = 0$。哈密顿原理可以作为经典力学的基本原理, 拉格朗日方程和哈密顿方程都可以由它导出。当以广义坐标 q_α 和广义速度 $\dot{q}_\alpha$ 为独立变量时, 即可导出拉格朗日方程。当被积函数用广义坐标 q_α 和广义动量 p_α 作为独立变量表示时, 就可导出哈密顿正则方程 (见哈密顿方程)。不仅如此, 哈密顿原理也可作为其他物理理论的基本原理, 由此导出相应的运动方程。例如广义相对论等。

最小作用量原理 [principle of least action]　哈密顿原理是一种最小作用量原理, 但还有其他形式的最小作用量原理。例如, 对于定常保守的系统, 作用量 $T\mathrm{d}t$ 的积分的全变分为零, 即

$$\Delta \int T \mathrm{d}t = 0$$

其中 T 是系统的动能, Δ 是全变分。

哈密顿方程 [Hamiltonian equation]　又称哈密顿正则方程。对于完整保守系统, 哈密顿方程是以广义坐标 q_α 和广义动量 p_α 为正则变量, 以哈密顿函数 H 为特征函数的一组微分方程, 即

$$\frac{\mathrm{d}q_\alpha}{\mathrm{d}t} = \frac{\partial H}{\partial p_\alpha}, \quad \frac{\mathrm{d}p_\alpha}{\mathrm{d}t} = -\frac{\partial H}{\partial q_\alpha} \quad (\alpha = 1, 2, \cdots, n)$$

哈密顿正则方程 [Hamilton's canonical equation] 即哈密顿方程。

泊松括号 [Poisson bracket] 泊松括号 $[\phi, \psi]$ 定义了一种运算规则：如果力学量 ϕ 和 ψ 都是广义坐标 q_α 和广义动量 p_α 的函数，则泊松括号定义为

$$[\phi, \psi] = \sum_\alpha \left(\frac{\partial \phi}{\partial q_\alpha} \frac{\partial \psi}{\partial p_\alpha} - \frac{\partial \phi}{\partial p_\alpha} \frac{\partial \psi}{\partial q_\alpha} \right)$$

用泊松括号表示的运动方程可写成

$$\frac{\mathrm{d}\phi}{\mathrm{d}t} = \frac{\partial \phi}{\partial t} + [\phi, H]$$

其中 $H = H(q_\alpha, p_\alpha)$ 是系统的哈密顿函数。相应地，哈密顿正则方程可以用泊松括号表示为

$$\begin{cases} \dfrac{\mathrm{d}q_\alpha}{\mathrm{d}t} = [q_\alpha, H] \\ \dfrac{\mathrm{d}p_\alpha}{\mathrm{d}t} = [p_\alpha, H] \end{cases} \quad (\alpha = 1, 2, \cdots, n)$$

运动积分 [integral of motion] 一个系统的力学量 $u = u(q, p, t)$，如果在系统的运动过程中不随时间变化，即 $\dfrac{\mathrm{d}u}{\mathrm{d}t} = 0$，则称该 u 是运动积分。一个力学量 u 为运动积分的充要条件是

$$\frac{\partial u}{\partial t} + [u, H] = 0$$

如果力学量 u 不显含时间，则上述条件退化为

$$[u, H] = 0$$

泊松定理 [Poisson theorem] 如果 u, v 是正则变量广义坐标 q_α 和广义动量 p_α 以及时间 t 的函数，而且都是运动积分，则它们的泊松括号也是运动积分，即如果有 $\dfrac{\partial u}{\partial t} + [u, H] = 0$ 和 $\dfrac{\partial v}{\partial t} + [v, H] = 0$，那么 $\dfrac{\partial [u,v]}{\partial t} + [[u,v], H] = 0$。

雅可比恒等式 [Jacobi identity] 若 u, v, w 都是正则变量的函数，则泊松括号满足恒等式 $[u, [v, w]] + [v, [w, u]] + [w, [u, v]] = 0$。

相空间 [phase space] 由广义坐标和广义动量构成的空间叫相空间。n 个自由度的系统的相空间有 $2n$ 维。

代表点 [representative points] 相空间中的一点相应于一组确定的广义坐标和广义动量，即该系统的某一种运动状态。所以这个点就是这种系统运动状态的代表点。

相轨道 [phase trajectory] 系统运动状态的变化，在相空间就表现为代表点在相空间中的运动。这些代表点在相空间中的运动轨迹叫作相轨道。

代表点密度 [density of representative points] 单位相空间体积中代表点的数目叫代表点密度。

刘维尔定理 [Liouville theorem] 代表点在相空间中运动时，其密度不变，即

$$\frac{\mathrm{d}\rho}{\mathrm{d}t} = \frac{\partial \rho}{\partial t} + [\rho, H] = 0$$

其中 ρ 是代表点密度，H 是系统的哈密顿函数。刘维尔定理是一个与统计性质有关的定理，是统计力学的出发点。

正则变换 [canonical transformation] 正则变换是哈密顿动力学中正则变量之间的一种变换。设 q_α, p_α 和 Q_α, P_α 分别是变换前后的广义坐标和广义动量，相应的哈密顿函数 $H(q_\alpha, p_\alpha) \to K(Q_\alpha, P_\alpha)$，但变换以后的正则变量和哈密顿量仍然满足哈密顿正则方程，这种变换叫正则变换。正则变换的目的之一是使得变换后的哈密顿函数尽可能简单，有更多的可遗坐标，有助于简化问题的求解。正则变换的条件是

$$\sum_\alpha p_\alpha \mathrm{d}q_\alpha - \sum_\alpha P_\alpha \mathrm{d}Q_\alpha + (K - H)\mathrm{d}t = \mathrm{d}F$$

其中的 F 是生成函数。

生成函数 [generating function] 有时也叫母函数。它是能生成正则变换的某个函数。它可以是变换前后四组正则变量中任意两组，如 (q_α, Q_α)、(p_α, Q_α)、(q_α, P_α) 和 (p_α, P_α) 及时间的函数，通常取 $F_1 = F_1(q, Q, t)$，$F_2 = F_2(p, Q, t)$，$F_3 = F_3(q, P, t)$，$F_4 = F_4(p, P, t)$，相互之间可以通过勒让德变换相联系。相应于四种生成函数的变换公式分别为

(1) $F_1 = F_1(q, Q, t)$

$$\begin{cases} p_\alpha = \dfrac{\partial F_1}{\partial q_\alpha}, \quad P_\alpha = -\dfrac{\partial F_1}{\partial Q_\alpha} \quad (\alpha = 1, 2, \cdots, n) \\ K - H = \dfrac{\partial F_1}{\partial t} \end{cases}$$

(2) $F_2 = F_2(p, Q, t)$

$$\begin{cases} q_\alpha = -\dfrac{\partial F_2}{\partial q_\alpha}, \quad P_\alpha = -\dfrac{\partial F_2}{\partial Q_\alpha} \quad (\alpha = 1, 2, \cdots, n) \\ K - H = \dfrac{\partial F_2}{\partial t} \end{cases}$$

(3) $F_3 = F_3(q, P, t)$

$$\begin{cases} p_\alpha = \dfrac{\partial F_3}{\partial q_\alpha}, \quad Q_\alpha = \dfrac{\partial F_3}{\partial P_\alpha} \quad (\alpha = 1, 2, \cdots, n) \\ K - H = \dfrac{\partial F_3}{\partial t} \end{cases}$$

(4) $F_4 = F_4(p, P, t)$

$$\begin{cases} q_\alpha = -\dfrac{\partial F_4}{\partial q_\alpha}, \quad Q_\alpha = \dfrac{\partial F_4}{\partial P_\alpha} \quad (\alpha = 1, 2, \cdots, n) \\ K - H = \dfrac{\partial F_4}{\partial t} \end{cases}$$

无限小正则变换 [infinitesimal canonical transformation] 变换前后的广义坐标和广义动量相差无限小的正则变换。以变换前的广义坐标和变换后的广义动量为变量的无限小正则变换的生成函数为 $F(q_\alpha, P_\alpha) = \sum_{\alpha=1}^{n} P_\alpha q_\alpha + \varepsilon G(q_\alpha, P_\alpha)$，其中 ε 是一个无限小参数，相应的变换公式为

$$Q_\alpha = q_\alpha + \varepsilon \frac{\partial G(q_\alpha, P_\alpha)}{\partial P_\alpha}, \quad p_\alpha = P_\alpha + \varepsilon \frac{\partial G(q_\alpha, P_\alpha)}{\partial q_\alpha}$$

当参数 $\varepsilon = \mathrm{d}t$, G 取哈密顿函数时 $G(q_\alpha, P_\alpha) = H(q_\alpha, P_\alpha)$, 它生成的正则变换就是哈密顿正则方程, 即以哈密顿函数为生成函数, 以 $\mathrm{d}t$ 为参数的无限小正则变换描述力学系统在 $\mathrm{d}t$ 时间中的演化。

哈密顿–雅可比方程 [Hamilton-Jacobi equations] 使得正则变换后的哈密顿函数恒等于零时生成函数满足的方程, 即

$$\frac{\partial S}{\partial t} + H(q_\alpha, p_\alpha, t) = 0$$

其中, S 称为哈密顿主函数, 常用的哈密顿主函数是变换前的广义坐标和变换后广义动量的函数, 而且后者是与初条件有关的常数, 用参数 λ_α 表示; H 是变换前的哈密顿量, 其中广义动量应以主函数生成的正则变换 $\partial S/\partial q_\alpha$ 表示。故哈密顿–雅可比方程的常用形式为

$$\frac{\partial S(q_\alpha, \lambda_\alpha, t)}{\partial t} + H\left(q_\alpha, \frac{\partial S}{\partial q_\alpha}, t\right) = 0$$

哈密顿主函数 [Hamilton principal function] 满足哈密顿–雅可比方程的生成函数, 即是使得变换后的广义坐标和广义动量都是运动积分的一种正则变换的生成函数。

哈密顿特征函数 [Hamilton characteristic function] 当系统哈密顿量不显含时间时, 哈密顿主函数可以分离出含时间变量的部分, 剩下的部分就称为哈密顿特征函数, 它实际上是使得变换后的哈密顿函数等于常数的正则变换相应的生成函数, 相应于哈密顿特征函数 W 的哈密顿–雅可比方程为

$$H\left(q_\alpha, \frac{\partial W}{\partial q_\alpha}\right) = E$$

其中 E 是系统的能量, 也是由初始条件确定的积分常数。

1.8 流体力学

连续介质 [continuous media] 又称连续体。它包括弹性体和流体 (气体和液体)。从质点系的观点来看, 连续介质的质点之间可以有相对位移或运动, 因而是一种变形体。从宏观上看, 连续介质力学只讨论介质各部分之间相对位置的变化, 即形变或流动, 而不考虑其微观结构和整体运动, 处理连续介质问题的方法是取质元作为研究对象 (质元是有质量的体积元, 它在微观上足够大, 包含足够多的分子, 因而在平衡时有确定的宏观物理特性如温度、压力、密度等; 另一方面在宏观上它又是足够小的, 因而可以当作质点来处理)。讨论连续介质的运动不仅要计及外力的作用, 还特别要研究它的内部各部分之间的相互作用, 这是作用在质元表面上的力。因而要引进应力和应变等概念。

连续体 [continuum] 即连续介质。

流体 [fluid] 连续介质的一类, 是液体和气体的统称。在运动过程中, 它本身不能保持确定的形状, 各部分之间可以有相对运动。流动性是它们最明显的特征。不同流体的流动性可以是很不相同的, 这取决于它们的黏性。

黏性力 [viscous force] 存在于流体中的摩擦力。当各层流体之间有相对运动时, 它们之间也会有切向 (与相对运动方向相反) 的摩擦力。

曳引力 [drag force] 物体在流体中运动时受到的流体对它的阻力。

表面张力 [surface tension] 表面张力是在液体表面上某一点的任一假想分界线两边液面之间的拉力, 可以表示为 $\Delta f = \gamma \Delta l$, 其中 γ 叫作表面张力系数, 它与液体性质、温度有关; Δf 是通过单位长度分界线两边液面之间的相互作用力, 方向指向分界线两边; Δl 是分界线长度。

理想流体 [ideal fluid] 忽略黏性和热传导等不可逆过程的流体, 它是一种关于流体的理想化的模型。

动量密度 [momentum density] 在连续介质及场的问题中, 人们常用单位体积物质的动量来描述物体的动力学性质和状态。动量密度定义为单位体积物质的动量, $\boldsymbol{p} = \rho \boldsymbol{v}$, 其中 ρ 是连续介质的质量密度, $\boldsymbol{v}$ 是它的速度。

能量密度 [energy density] 在连续介质及场的问题中, 人们常用单位体积物质的能量来描述物体的能量状态, 叫作能量密度。动能密度定义为单位体积物质的动能 $\varepsilon = \frac{1}{2}\rho v^2$。相应于张应变的弹性势能密度可以表示为 $u = \frac{1}{2}Ye^2$, 或者也可以写成 $u = \frac{1}{2}pe$ 以及 $u = \frac{1}{2Y}p^2$, 其中 p、e 和 Y 分别是张应力、张应变和杨氏模量。

拉格朗日函数密度 [Lagrangian density] 连续体的拉格朗日函数密度定义为单位体积该种介质的拉格朗日函数, 即单位体积该种介质的动能和势能之差。

静水压 [static hydraulic pressure] 静止流体中各向同性的正应力, 一般是压力。

拉格朗日方法 [Lagrangian approach] 研究流体运动的方法有两种: 拉格朗日方法和欧拉方法。拉格朗日法把流体分成无穷小的流体微元, 根据力学的动力学方程研究每个微元的运动轨迹。这种方法的着眼点是每一个流体微元的运动。

欧拉方法 [Eulerian approach] 研究任一时刻无穷小流体元流经空间各点的速度分布 (即速度场), 以寻找流体速度场随时间的演化规律。其着眼点是流体的各种物理量的时空分布, 如速度场、压力场、密度场等与力场之间的关系。

流线 [stream line] 流体速度场的形象化描述。流线上每一点的切线方向就是该点速度场的方向。对于定常流动, 由于流体空间每一点都有确定的速度, 故流线是不会相交的, 即流线没有分叉点。

流管 [tube of flow] 在流体内部作一闭合曲线, 通过

该曲线上的每一点的流线所围成的管子。由于流线不会相交，流管内外的流体在运动过程中不会相混合。

定常流动 [steady flow]　又称稳恒流动。流体的速度场不随时间而变的流动。反之，速度场随时间而变的流动叫作非定常流动。数学上，前者的速度场不显含时间，后者的速度场显含时间。

稳恒流动 [steady flow]　即定常流动。

非定常流动 [unsteady flow]　见定常流动。

流量 [flow quantity]　单位时间通过流管某一横截面元的流体质量（或体积）。若以 dV 表示 dt 时间内经过面元 dS 的流体体积，则 $dV = v \cdot dS$，类似地，若以 dm 表示 dt 时间内经过面元 dS 的流体质量，则有 $dm = \rho v \cdot dS$，其中 ρ 是流体密度。所以，流体中通过任意有限曲面的体积流量为 $Q_V = \iint_S v \cdot dS$，相应的物质流量为 $Q_m = \iint_S \rho v \cdot dS$。对于细流管，可以认为流管截面上的速度是一样的，这时的体积流量和物质流量分别为 $Q_V = v \cdot S$ 和 $Q_m = \rho v \cdot S$。

连续性方程 [continuity equation]　对于定常流动，由于流体在运动过程中不会离开流管，故进入任一段流管的流体必定等于流出该流管的流体，即在该流管的任一截面有 $\rho_1 v_1 S_1 = \rho_2 v_2 S_2$，此即连续性方程。

本地变化率 [local time rate of change]　在描述流体运动的拉格朗日方程中，流体的运动是用各流体质点的速度 $v(x, y, z, t)$ 来描述的。实际上，流体的加速度由两部分组成：$a = \dfrac{\partial v}{\partial t} + (v \cdot \nabla)v$，其中，第一项叫本地变化率；第二项叫漂移变化率。两者之和叫实体变化率，用全导数表示 $\dfrac{dv}{dt} = \dfrac{\partial v}{\partial t} + (v \cdot \nabla)v$。

实体变化率 [material time rate of change]　见本地变化率。

漂移变化率 [convected time rate of change]　见本地变化率。

应变率张量 [strain rate tensor]　表示流体的变形。设时刻 t，在流场中取一点 $P_0(r)$ 的邻域中的任一点 $P(r + \delta r)$，该点的速度为 $v(r + \delta r) = v(r) + A \cdot \delta r + S \cdot \delta r$，故流体在 P 点的速度可分为三部分：第一项表示 P_0 点的平动速度；第二项表示流体绕 P_0 点转动在 P 点引起的速度；第三项表示因流体变形在 P 点引起的速度。S 和 A 分别称为应变率张量（对称张量）和旋转张量（反对称张量）

$$S_{ij} = \frac{1}{2}\left(\frac{\partial v_i}{\partial x_j} + \frac{\partial v_j}{\partial x_i}\right), \quad A_{ij} = (-1)^p \frac{1}{2}\left(\frac{\partial v_i}{\partial x_j} - \frac{\partial v_j}{\partial x_i}\right)$$

式中，如果 $i > j, p = 0$；如果 $i < j, p = 1$。$A \cdot \delta r$ 也可表示为 $A \cdot \delta r = \omega \times \delta r$，其中 $\omega = \frac{1}{2}\nabla \times v$ 为流体元的角速度矢量，又称涡旋矢量。

旋转张量 [rotation tensor]　见应变率张量。

涡旋矢量 [vortex vector]　见应变率张量。

有旋流动 [rotational flow]　流体流动中涡旋矢量 $\omega \neq 0$ 的流动。

无旋流动 [non-rotational flow]　流体流动中恒保持涡旋矢量 $\omega = 0$ 的流动。

环流量 [circulation]　流速 v 沿流体中的闭合曲线 C 的线积分 $\Gamma = \oint_L v \cdot dL$，叫作该闭合曲线上的环流量。由斯托克斯定理，环流量可以表示为 $\Gamma = \iint_S 2\omega \cdot dS$，其中积分区域 S 是闭合曲线所围的面积。

涡线 [vortex line]　涡旋环绕的曲线。

速度势 [velocity potential]　对于无旋运动，可以定义速度势 ϕ：速度可以表示为速度势的梯度：$v = \nabla\phi$。

体胀系数 [coefficient of bulk expansion]　体积改变的百分率。

体胀速率 [rate of bulk expansion]　流体速度的散度 $\nabla \cdot v$ 就是流体的体胀速率，它是体胀系数的时间变化率。

不可压缩流体 [incompressible fluid]　体胀系数恒为零，也即体胀速率 $\nabla \cdot v = 0$ 的流体。

拉普拉斯方程 [Laplacian equation]　不可压缩流体的速度的散度为零，故其速度势满足拉普拉斯方程 $\nabla^2\phi = 0$。

帕斯卡原理 [Pascal principle]　作用在密闭容器中的液体上的压强，将等值地传到液体各处和器壁上。这就是说，在充满不可压缩流体的密闭容器中，流体各点压强相同。

阿基米德原理 [Archimedes principle]　物体在流体中受到的浮力，等于该物体排开与物体同体积的流体重量。

浮心 [center of buoyancy]　被物体排开的那部分流体的重心。

浸润 [wetting]　又称润湿。流体与固体表面保持接触的能力，是在液体，固体和气体三者相互接触的表面上发生的一种现象。分别作液体表面和固体表面的切线，这两条切线在液体内部所夹的角度 θ 称为接触角，它的取值是浸润程度的量度。如果 $0 \leqslant \theta < 90°$，称为浸润；如果 $90° < \theta \leqslant 180°$，称为不浸润。习惯上，$\theta = 0°$ 称为完全浸润；$\theta = 180°$ 称为完全不浸润。

润湿 [wetting]　即浸润。

毛细现象 [capillarity phenomenon]　实验发现，浸润细管管壁的液体在细管中上升，而不浸润细管管壁的液体在细管中下降。这种现象叫作毛细现象。

场 [field]　场是用来描述空间各点的某种物理对象的。它可以是物质场，例如引力场，电磁场等，也可以是某种物理量，如连续介质中的位移场，速度场，压力场等。在相对论量子力学发展以后，人们就用量子场来描述所有的微观对象。场的概念甚至可以用来描述凝聚态物理中的元激发。

雷诺数 [Reynolds number]　雷诺的大量实验表明,管中流动的流体由层流过渡到湍流的临界速度总是与无量纲量数 $\rho v l/\eta$ 的一定数值相对应。索末菲把这个无量纲数叫作雷诺数。它由与黏性流体有关的物理量组成。其中 ρ 是流体的密度, v 是流速, l 是管子内径, η 是流体的黏性系数。实验发现,由层流到湍流的过渡区对应的雷诺数 Re 为 2000~2600,称为临界雷诺数。

层流 [laminar flow]　黏性流体的层状运动。流体在一些平行层中做定常流动。典型的例子如流体在水平直圆管中的层流,该情况下各层是与管轴同心的空心圆柱体。不同层中的流体运动速度不必相同,不同层之间并不相互混杂,但不同层之间有分子之间的相互作用引起的动量交换。当流体的流动速度增加并达到某个临界速度时,相应地雷诺数取某个临界值时,流体的运动就从层流变为湍流。湍流是流体的一种无序运动,其中每点的速度的大小和方向均随时间而变化,伴有涡旋的形成,流体动量的快速交换等。

湍流 [turbulent flow]　见层流。

曳引系数 [drag coefficient]　实验发现,在流体中以匀速 v 运动的物体(横截面为 S)受到的阻力等于物体不动,流体以速度 v 流过物体时流体给物体的曳引力。它可以表示为 $f = C_D \rho v^2 S/2$, f 的方向和速度方向相反,其中 C_D 就是曳引系数,它随物体形状的不同而不同,例如对于半径为 R 的球体, $C_D = 24/R$。但当雷诺数增大到一定程度后,曳引系数 C_D 会突然急剧下降。这种现象叫作曳引力崩溃。

曳引力崩溃 [drag crisis]　见曳引系数。

伯努利定理 [Bernoulli theorem]　关于理想流体做稳恒流动时沿流线的功能原理。它可以由欧拉方程沿流线的第一积分得到,表示为

$$\frac{v_2^2}{2g} + \frac{U_2}{g} + \frac{p_2}{\rho g} = \frac{v_1^2}{2g} + \frac{U_1}{g} + \frac{p_1}{\rho g}$$

其中脚标 1、2 表示流线上的任意两点, v_1、v_2 是流线上 1、2 两点的流动速度; U_1、U_2 是流线上 1、2 两点的重力势能; p_1、p_2 是流线上 1、2 两点的压力。

托里拆利公式 [Torricelli formulae]　1643 年意大利科学家托里拆利用他发明的水银气压计测量了大气压,他所用的公式是静止流体中的压强分布公式,它实际上就是伯努利定理在静止流体中的表现。由于水银管中一端压力为零,故大气压强就是水银柱高出水银面的高度。

质量守恒方程 [mass conservation equation]　非平稳流动的连续性方程。与稳恒流动连续性方程相比,需要考虑密度随时间的变化,即有

$$\frac{\partial \rho}{\partial t} + \nabla \cdot (\rho v) = 0$$

其中 ρ 是流体的密度, v 是流体流动的速度。

欧拉方程 [Euler equation]　理想流体的动力学方程称为欧拉方程,是动量定理在理想流体情况下的数学表示,形式为

$$\frac{\partial v}{\partial t} + \frac{1}{\rho}\nabla p + \nabla\left(\frac{1}{2}v^2\right) - v \times (\nabla \times v) = \frac{1}{\rho}f$$

其中 f 是作用在单位质量流体上的外力,称为体力密度。欧拉方程中包含 5 个变量 v, p 以及 ρ,需要补充连续性方程和状态方程,它们一起构成理想流体动力学的完备方程组。

欧拉方程的第一积分 [first integral of Euler equations]　分两种情况。

(1) 对于不可压缩流体的稳恒流动,如果作用在流体上的体力密度有势,即 $f = -\nabla V$,则欧拉方程直接给出伯努利方程

$$\frac{1}{2}\rho v^2 + p + \rho U = 常数$$

v 是势能密度, U 是单位质量的流体的势能。

(2) 对于无旋的非稳恒流动,用速度势表示的无旋非稳恒流动的欧拉方程有下列形式

$$\rho\frac{\partial \phi}{\partial t} + \rho\frac{1}{2}(\nabla\phi)^2 + p + \rho U = 常数$$

这是伯努利方程在非稳恒情况下的推广,有时也被称为压力方程。

能量守恒方程 [energy conservation equation]　设流体的速度场为 v,单位质量的内能为 u,则流体元的能量守恒方程为

$$\frac{\partial(\rho\varepsilon)}{\partial t} + \nabla \cdot (j_\varepsilon + pv) = \rho f \cdot v$$

其中, ε 为单位质量的能量密度: $\varepsilon = u + v^2/2$, $j_\varepsilon = \rho\varepsilon v$ 为能流矢量。

开尔文定理 [Kelvin theorem]　当作用在流体上的体力是有势的时候,环流量 Γ 满足守恒关系 $\frac{\mathrm{d}\Gamma}{\mathrm{d}t} = 0$,它表明涡流不能产生或消灭,它随着流体质点一同漂移。

绕流 [streaming]　流体在其流动的过程中遇到物体,将从物体两侧绕过,并继续流动。这种现象叫作绕流。

黏性 [viscosity]　某些流体在运动中存有内摩擦的性质。流体的黏性是动量输运的宏观表现。

黏性流体 [viscosity fluid]　速度不同的流层之间可能存在摩擦力,有这种摩擦力的流体叫作黏性流体。

无黏性流体 [non-viscosity fluid]　在特定的问题中,如果黏性并不起重要作用,就可以把实际的流体抽象为无黏性流体。

牛顿黏性定律 [Newton viscosity law]　设流体沿 x 流动,在 y 方向存在速度梯度,由于动量迁移,运动速度较

快的流体受到一个 x 方向的阻力, 该阻力与速度梯度成正比

$$\sigma_{xy} = -\eta \frac{\partial v_1}{\partial y}$$

式中下标表示 y 方向的速度梯度引起 x 方向的黏滞力, 比例系数 η 称为黏性系数。上式称为牛顿黏性定律。

泊肃叶公式 [Poiseuille formula]　不可压缩的黏性流体在压强差 $p_1 - p_2$ 作用下通过直圆管做稳恒流动时, 其流量为

$$Q = \frac{\pi \rho a^4}{8 l \eta}(p_1 - p_2)$$

其中 a 是圆管的半径, l 是圆管的长度, ρ 是流体的密度, η 是流体的黏性系数。

斯托克斯公式 [Storkes formula]　半径为 a 的球以匀速 v 缓慢通过不可压缩的黏性流体时, 球所受到的黏性阻力可表示为

$$F = 6\pi \eta a v$$

黏性流体的应力张量 [stress tensor of viscosity fluid]　与理想流体不同, 流体中流体元受到的力包括两部分: 压力, 由通常的压强表征; 黏性力, 与流体元的运动速度有关。如果我们在流体中任意取一个面元 $\mathrm{d}S$, 对理想流体而言, 面元受到相邻流体的作用力 $\boldsymbol{f}_n = -p\boldsymbol{n}$ (压力) 在面元的法向 $\boldsymbol{n}$; 而对黏性流体, 面元受到相邻流体的作用力是压力与黏性力的叠加, 一定不在法向。流体中任意一个面元 $\mathrm{d}S$ 上的作用力可以写成

$$p_i = \sum_{j=1}^{3} p_{ij} n_j \quad (i = 1, 2, 3)$$

其中 $\boldsymbol{n} = (n_1, n_2, n_3)$ 是面元 $\mathrm{d}S$ 的法向单位矢量。以 p_{ij} 为元的二阶张量称为黏性流体的应力张量。由于静止流体只能承受正压力, 故应力张量可写成: $p_{ij} = -p\delta_{ij} + \sigma_{ij}$, 其中 p 为压力, σ_{ij} 为应力张量, 与黏性和速度有关。

黏性流体的本构方程 [constitutive equations of viscosity fluid]　假定流体是各向同性的, 流体的性质与方向无关。表征流体黏性的常数只有两个, 应力张量可表示为

$$\sigma_{ij} = \mu\left(\frac{\partial v_i}{\partial x_j} + \frac{\partial v_j}{\partial x_i} - \frac{2}{3}\delta_{ij}\nabla \cdot \boldsymbol{v}\right) + \eta\nabla \cdot \boldsymbol{v}\delta_{ij} \quad (i, j = 1, 2, 3)$$

其中 μ 称为切变黏性系数, η 称为体胀黏性系数。利用应变率张量 (见应变率张量), 本构方程可以写成

$$p_{ij} = (-p + \lambda\nabla \cdot \boldsymbol{v})\delta_{ij} + 2\mu S_{ij} \quad (i, j = 1, 2, 3)$$

其中, S_{ij} 为应变率张量, $\lambda = \eta - 2\mu/3$。

满足以上本构关系的流体称为牛顿流体, 否则, 称为非牛顿流体。

切变黏性系数 [shear viscosity coefficient]　表征流体质点由于相邻层具有不同速度而引起的平动迁移 (动量迁移)。见黏性流体的本构方程。

体胀黏性系数 [expansion coefficient of viscosity]表征流体质点平动与其他自由度 (转动和振动) 的能量交换, 即由于流体压缩和膨胀, 质点的平动能量转化成流体质点的振动及转动能量。对单原子分子组成的流体, 没有内部自由度, 故 $\eta = 0$。对多原子分子组成的流体, 一般 $\eta \neq 0$。但对大多数流体, 体胀 $\nabla \cdot \boldsymbol{v}$ 不是很大, 一般取 $\eta \approx 0$, 这样本构方程中仅出现单一的切变黏性系数。见黏性流体的本构方程。

牛顿流体 [Newtonian fluid]　见黏性流体的本构方程。

非牛顿流体 [non-Newtonian fluid]　见黏性流体的本构方程。

流体力学的基本运动方程 [fundamental equations of fluid mechanics]　由连续性方程, 动量方程, 能量方程, 本构方程和状态方程等构成的描述流体运动规律的方程组, 其中后两组方程是为保证前三组方程封闭所引入的。本构方程确定物理性质之间的关系, 在流体力学中主要指应力张量与应变率张量之间的关系。状态方程联系压强, 密度, 温度等反映系统性质的物理量。在求解这些运动方程时, 还需要初始条件以及边界条件, 以确定相关的积分常数。见质量守恒方程、能量方程、欧拉方程、黏性流体的本构方程。

茹可夫斯基定理 [Zhukovskii theorem]　当物体与液体有相对运动时, 物体除了受到液体的阻力外, 有时还会受到与运动方向相垂直的力, 这种横向力统称为升力 (lift)。1906年, 俄国科学家茹可夫斯基提出, 升力与速度场绕物体的环量成正比, 其大小为 $F = -\rho U \Gamma_c$, 其方向与物体运动方向垂直, 其中 ρ 是流体密度, U 是相对速度, $\Gamma_c = \oint_C v\mathrm{d}L$ 是流场绕物体的回路 C 的环量。

涡度 [vorticity]　流场绕物体的回路 C 的环量 Γ_C 与回路面积之比叫作涡度。

1.9 弹性力学

弹性体 [elastic body]　弹性体是连续介质的一种, 它在外力作用下会发生形变, 但在弹性范围内当外力撤去后又会恢复原状, 保持一定的大小和形状。

应变 [strain]　应变是描述连续介质变形的物理量。固体的应变有两种基本形式, 与正应力相应的是体应变; 与剪切应力相应的是切应变。

应力 [stress]　应力是物体中各部分之间的相互作用。为描述这种内部作用, 可设想过某点有一截面元 ΔS, 把两边的物质分开, 它的方向任意, 截面上的应力定义为 $\boldsymbol{\tau} = \mathrm{d}\boldsymbol{f}/\mathrm{d}S$。

可把应力分解成沿面元的法线方向和切线方向两个分量, 前者叫正应力, 后者叫切应力。对于各向异性的介质, 应力不仅与面元的位置有关, 而且也与其取向有关。

正应力 [normal stress]　见应力。

切应力 [shear stress]　见应力。

杨氏模量 [Young modulus]　杨氏模量 Y 是张应力和张应变的比例系数, 只与材料的性质有关, 而与物体的尺寸无关。它和劲度系数 k 有关系: $Y = kL/S$, 其中 L 是弹性体的长度, S 是它的横截面积。

泊松比 [Poisson ratio]　弹性棒伸长或缩短 (棒的长度方向取为 x 方向) 时, 它的横截面积 (y、z 方向) 也发生变化。对于各向同性的材料, 横向应变 e_{22}、e_{33} 正比于纵向应变 e_{11}, 其比例系数就是泊松比 $\sigma = -e_{22}/e_{11} = -e_{33}/e_{11}$。

拉密常数 [Lame constant]　或称拉密模量。在普遍的胡克定律中, 用张应变表示的张应力中, 比例系数 $\lambda = \dfrac{\sigma Y}{(1+\sigma)(1-2\sigma)}$ 和 $\mu = \dfrac{Y}{2(1+\sigma)}$ 称为拉密常数, 其中 σ 是泊松比, Y 是杨氏模量。在各向同性的弹性体中, 材料的弹性性质由这两个常数表征。

体积弹性模量 [bulk elastic modulus]　在均匀压强作用下弹性体体积变化的百分率与压强之比叫作体积弹性模量, $K = \dfrac{Y}{3(1-2\sigma)}$, 其倒数叫作压缩率。从 $K > 0$ 可知 $\sigma < 1/2$。

比例极限 [proportional limit]　实验表明, 胡克定律只在一定的应力限度内才成立, 超过这个限度就不再成立。这个限度称为比例极限。

弹性极限 [limit of elasticity]　在应力超出比例极限不多, 撤除后仍可以恢复原状, 即物体能保持弹性的最大限度称为弹性极限。

弹性形变 [elastic deformation]　弹性体在弹性极限内发生的形变是弹性形变。当外力撤除后, 弹性体会恢复原状。

塑性形变 [plastic deformation]　当作用在弹性体上的外力使应变超过弹性极限时, 物体不再是弹性的, 这时, 即使撤除外力应变也不全部消失。这种未消失的形变叫作塑性形变。

蠕变 [creep deformation]　当超过弹性极限的恒定应力作用在弹性体上时, 材料的形变将不断地缓慢增加, 这种形变叫作蠕变。

极限强度 [limit strength]　当作用在弹性体上的应力超过某一极限而使之断裂。这一极限叫作极限强度。

切应变 [shear strain]　在长方形的弹性体 $ABCD$ 的两个平行底面 $\overline{AB}$ 和 $\overline{CD}$ 上作用一对大小相等、方向相反的力, 使之变形为 $ABC'D'$ (如下图)。这种形变就叫作切应变或剪应变。

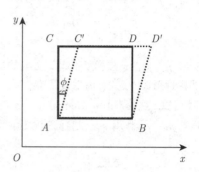

切变角 [shear angle]　上图中 $\overline{AC'}$ 和 $\overline{AC}$ 之间的夹角是标志切变大小的物理量, 叫切变角, 记作 $e_{12} = \phi$。弹性体在发生切变时, 也有一种复原的趋势, 具体来说, 平行于底面 $\overline{AB}$ 的任一截面以平行于截面的切变力 F_t 相互作用, 单位面积上的这种力叫作切应力, 记作 p_{12}。在弹性极限范围内, 相应的胡克定律表示为 $p_{12} = \mu e_{12}$, 即 $F_t/S = \mu\phi$, μ 是切变模量 (或刚性模量)。

切变模量 [shear modulus]　见切变角。

纯切变 [pure shear deformation]　不包括转动成分在内的切应变叫纯切变。

切变弹性势能密度 [elastic potential density of shear deformation]　切变弹性势能密度 u 可以用切应变 e_{12}, e_{23}, e_{31} 表示为 $u = \mu(e_{12}^2 + e_{23}^2 + e_{31}^2)$, μ 是切变模量。

扭转力矩 [momentum of torsion]　指作用在圆柱截面上的切向力对于柱轴的力矩。

扭转角 [angle of torsion]　在一端固定的均匀截面圆柱体的另一端加一力偶矩, 将使之发生扭转形变。人们用圆柱体母线相对于原始位置的偏转角来描述扭转形变。该偏转角叫作扭转角。对于均匀圆杆来说, 扭转力矩 M 和扭转角 ϑ 之间有下列关系 $M = \pi\mu r^4\vartheta/2l$, 其中 r 是圆柱截面半径, l 是其长度, μ 是切变模量。

张应变弹性势能密度 [density ofelastic potential energy intensile strain]　相应于张应变的势能密度可以表示为

$$u = \frac{1}{2}(\lambda + 2\mu)(e_{11}^2 + e_{22}^2 + e_{33}^2) + \lambda(e_{11}e_{22} + e_{22}e_{33} + e_{33}e_{11})$$

其中, μ 和 λ 是拉密常数。

应变张量 [strain tensor]　变形体中任一点的位移可以用该点附近选定的参考点的应变张量来表示

$$\mathrm{d}\xi_i = \sum_{j=1}^{3} e_{ij}x_j \quad (i = 1, 2, 3)$$

以 e_{ij} 为元的二阶张量称为应变张量。

应变主轴 [principal axis of strain]　应变张量是一个实对称矩阵, 通过适当的坐标转动, 可以使矩阵对角化, 使应变张量取对角形式的坐标轴叫作应变主轴。

主张应变 [principal strain]　以对角化形式出现在应变张量中的三个对角元素分别是参考点邻近沿三根应变主轴的张应变, 叫作主张应变。

体胀系数 [coefficient of bulk expansion]　应变张量矩阵的对角元素之和叫体胀系数, 在数学上, 这就是应变张量的迹 (trace)。

应力 [stress]　弹性体内给定平面两边单位面积上的弹性力叫应力强度, 或简称应力。

应力张量 [stress tensor]　过弹性体内一点的单位截面上的应力可用应力张量来表示

$$p_i = \sum_{j=1}^{3} p_{ij} n_j \quad (i=1,2,3)$$

其中 $\boldsymbol{n} = (n_1, n_2, n_3)$ 是该截面的法向单位矢量。以 p_{ij} 为元的二阶张量称为应力张量。

应力主轴 [principal axes of stress]　应力张量是实对称张量, 故可以通过坐标变换将其对角化。使应力张量对角化的坐标轴叫作应力主轴。

主张应力 [principal axes of stress]　对角化后的应力张量只有对角元素, 它们就是主张应力。

广义胡克定律 [generalized Hooke's law]　在弹性限度内, 各向异性的弹性体的应力张量与应变张量有线性关系

$$p_{ik} = \sum_{m,l=1}^{3} c_{iklm} e_{lm}$$

称为广义胡克定律, c_{iklm} 称为弹性系数。弹性系数是完全对称的四阶张量, 即满足 $c_{iklm} = c_{kilm} = c_{ikml} = c_{lmik}$。这样弹性常数一般只有 21 个独立的常数。

本构关系 [constitutive relations]　即应力张量与应变张量的关系, 在线性范围内, 本构关系由广义胡克定律给出, 见广义胡克定律。由于应力或应变张量只有 6 个独立分量, 常把这 6 个独立分量写成 6×1 矩阵: $\boldsymbol{s} = [s_1, s_2, s_3, s_4, s_5, s_6]^t$ 和 $\boldsymbol{p} = [p_1, p_2, p_3, p_4, p_5, p_6]^t$, 它们与应力或应变张量分量的关系为: $s_1 = e_{11}, s_2 = e_{22}, s_3 = e_{33}, s_4 = e_{23}, s_5 = e_{13}, s_6 = e_{12}$ 和 $p_1 = p_{11}, p_2 = p_{22}, p_3 = p_{33}, p_4 = p_{23}, p_5 = p_{13}, p_6 = p_{12}$。于是, 本构关系可以写成

$$s_I = \sum_{J=1}^{6} c_{IJ} p_J \quad (I=1,2,\cdots,6)$$

其中, $c_{IJ} = c_{JI}$ 又称弹性系数, 一般情况下有 21 个独立的弹性常数。

弹性系数 [elastic coefficients]　见广义胡克定律和本构关系。

各向同性弹性体 [isotropic elastic body]　在各个方向上的弹性性质完全相同的弹性体称为各向同性弹性体, 相应地, 应力和应变之间的关系在所有方位不同的坐标系中均相同, 则独立的弹性系数仅有 2 个, 弹性系数张量可表示为

$$c_{ijpq} = \lambda \delta_{ij} \delta_{pq} + \mu(\delta_{ip} \delta_{jq} + \delta_{iq} \delta_{jp})$$

而应力–应变关系简化成 $p_{ik} = \lambda e_{ll} \delta_{ik} + 2\mu e_{ik}$。用 c_{IJ} 表示为

$$[c_{IJ}] = \begin{bmatrix} \lambda+2\mu & \lambda & \lambda & 0 & 0 & 0 \\ \lambda & \lambda+2\mu & \lambda & 0 & 0 & 0 \\ \lambda & \lambda & \lambda+2\mu & 0 & 0 & 0 \\ 0 & 0 & 0 & 2\mu & 0 & 0 \\ 0 & 0 & 0 & 0 & 2\mu & 0 \\ 0 & 0 & 0 & 0 & 0 & 2\mu \end{bmatrix}$$

正交各向异性弹性体 [orthotropic elastic body]　弹性体中的每一点具有三个垂直的对称面, 有 9 个独立弹性系数。用 c_{IJ} 表示为

$$[c_{IJ}] = \begin{bmatrix} c_{11} & c_{12} & c_{13} & 0 & 0 & 0 \\ c_{12} & c_{22} & c_{23} & 0 & 0 & 0 \\ c_{13} & c_{23} & c_{33} & 0 & 0 & 0 \\ 0 & 0 & 0 & c_{44} & 0 & 0 \\ 0 & 0 & 0 & 0 & c_{55} & 0 \\ 0 & 0 & 0 & 0 & 0 & c_{66} \end{bmatrix}$$

横向各向同性弹性体 [transversely isotropic elastic body]　弹性体中的每一点具有一根对称轴, 有 5 个独立弹性系数。用 c_{IJ} 表示为

$$[c_{IJ}] = \begin{bmatrix} c_{11} & c_{12} & c_{13} & 0 & 0 & 0 \\ c_{12} & c_{11} & c_{13} & 0 & 0 & 0 \\ c_{13} & c_{13} & c_{33} & 0 & 0 & 0 \\ 0 & 0 & 0 & c_{44} & 0 & 0 \\ 0 & 0 & 0 & 0 & c_{44} & 0 \\ 0 & 0 & 0 & 0 & 0 & c_{66} \end{bmatrix}$$

并且有关系 $c_{66} = (c_{11} - c_{12})/2$。

弹性体的平衡条件 [equilibrium condition]　弹性体的平衡条件可以用应力张量的形式表示为 $\nabla \cdot \boldsymbol{p} + \boldsymbol{f} = 0$, 其中 $[\boldsymbol{p}]_{ij} = p_{ij}$ 为以 p_{ij} 为元的应力张量, $\boldsymbol{f}$ 为作用在弹性体上的外力。对各向同性弹性体, 平衡条件为

$$\nabla^2 \boldsymbol{u} + \frac{1}{1-2\sigma} \nabla(\nabla \cdot \boldsymbol{u}) + \frac{1}{\mu} \boldsymbol{f} = 0$$

其中 $\boldsymbol{u}$ 为弹性体内的位移场。在无外力作用下, 弹性体的位移矢量满足双调和方程 $\nabla^2 \nabla^2 \boldsymbol{u} = 0$。

弹性体中的弹性能量密度 [elastic energy density of elastic body]　弹性能量密度包括切变弹性势能密度和张应变弹性势能密度, 对各向异性的一般弹性体, 能量密度为

$$w = \frac{1}{2} \sum_{i,k,l,m=1}^{3} c_{iklm} e_{lm} e_{ik}$$

对各向同性弹性体, 能量密度为

$$w = \frac{1}{2} \left[(\lambda + 2\mu)(e_{11}^2 + e_{22}^2 + e_{33}^2) + \mu(e_{12}^2 + e_{13}^2 + e_{23}^2) \right.$$
$$\left. + 2\lambda(e_{11}e_{22} + e_{11}e_{33} + e_{22}e_{33}) \right]$$

其中, μ 和 λ 是拉密常数。

边界条件 [boundary conditions]　弹性体一般是有限的, 在与其他物体交界面处存在边界条件, 即位移, 应变或应力必须满足的一组等式关系, 它们是实际求解问题所必须的条件。边界条件可分三类: ① 位移边界条件, 在部分边界上, 弹性体的位移给定 $u = u_0$; ② 应力边界条件, 在部分边界上, 弹性体的边界应力给定 $p \cdot n = p_0$; ③ 混合边界条件, 在边界上, 除给定位移和应力之外的边界条件, 如在边界切向给定位移, 而法向给定外力等。

本章作者: 程建春, 鞠国兴

理论物理学

2.1 数学物理

拓扑学 [topology] 数学的一个分支。拓扑学主要研究各种"空间"在连续变换下保持不变的性质。它包括一般拓扑学、代数拓扑学、微分拓扑学、几何拓扑学等许多学科分支。拓扑学主要是由于分析学和几何学的需要而发展起来的。拓扑学的基本研究对象是拓扑空间,它是点的集合的推广。流形 (光滑曲面的推广)、复形 (多面体的推广) 等是拓扑学中重要的拓扑空间。例如球面、位形空间等是特殊的拓扑空间。对拓扑空间可以赋予各种结构 (例如度量、等价关系、微分结构),进而可以研究它的整体结构特征,研究不同拓扑空间之间的关系 (如同胚,微分同胚),对拓扑空间进行分类。确定拓扑空间性质的一类重要的量是在同胚变换下不变的量,称为拓扑不变量或同胚不变量。例如,拓扑空间的维数、连通性、欧拉数、基本群、贝蒂数 (Enrico Betti, 1823—1892) 等均是拓扑不变量。

拓扑学一方面源于对几何问题的研究,其萌芽阶段是在 17 世纪和 18 世纪,其中重要的工作如瑞士数学家 L. 欧拉 (Leonhard Euler,1707—1783)1736 年解决了著名的哥尼斯堡 (Königsberg) 七桥问题,1750 年提出了欧拉多面体公式。拓扑学一词是 J. B. 利斯廷 (Johann Benedict Listing, 1808—1882) 于 1847 年提出的。拓扑学的系统研究始于 G. 黎曼 (Georg Friedrich Bernhard Riemann, 1826—1866)1851 年提出黎曼面。

拓扑学的另一个渊源是分析学,它的严密化是在 19 世纪后叶由 G. 康托 (Georg Cantor, 1845—1918) 发展的。康托提出了许多重要的拓扑概念,奠定了近代拓扑学的基础。

庞加莱 (Henri Poincaré, 1854—1912) 是代数拓扑学的奠基人,他在 20 世纪之交建立了研究流形的一个基本方法,提出了许多不变量,如基本群、贝蒂数等。

在 20 世纪,拓扑学有了突飞猛进的发展,形成了一般拓扑学、代数拓扑学、微分拓扑学、几何拓扑学等多个学科分支。一些重要的工作包括: 1906 年 M. R. 弗雷歇 (Maurice René Fréchet, 1878—1973) 引进了度量空间的概念。1914 年 F. 豪斯多夫 (Felix Hausdorff, 1868—1942) 引进了拓扑空间的概念。1928 年 H. 霍普夫 (Heinz Hopf, 1894—1971) 定义了同调群。W. 赫维茨 (Witold Hurewicz, 1904—1956) 在 1935

年到 1936 年之间引进了拓扑空间的高维同伦群。H. 惠特尼 (Hassler Whitney, 1907—1989) 于 1936 年给出了微分流形的一般定义,他还提出了纤维丛的概念。

拓扑学在物理学中有广泛的应用,例如用来讨论时空的性质、规范反常、缺陷的分类、分数量子霍尔 (Hall) 效应等。

微分几何 [differential geometry] 数学的一个分支。微分几何原来主要以光滑曲线和曲面为研究对象,采用数学分析、微分方程理论等研究它们在一点邻近处的局域几何性质以及大范围的整体性质。现代微分几何研究微分流形的局域与整体性质。

微分几何源于 17 世纪发现微积分之时,在该学科分支中首先做出重要贡献的是欧拉,他于 1736 年引进了平面曲线的内禀坐标这个概念。欧拉、约翰第一·伯努利 (Johann Bernoulli, 1667—1748)、丹尼尔第一·伯努利 (Daniel Bernoulli, 1700—1782)、G. 蒙日 (Gaspard Monge, 1746—1818) 及其学派等对曲面论的建立做出了重要的贡献。C. F. 高斯 (Johann Carl Friedrich Gauss, 1777—1855) 于 1827 年建立了曲面的内禀几何学 (曲面的内禀性质包括曲面上曲线的长度、测地线、总曲率等,它们与曲面本身在空间中的具体形状无关)。黎曼 1854 年在哥廷根大学的就职演讲,将高斯关于曲面的内禀几何学的思想推广到任意维流形,开创了现在所称的黎曼几何,是现代微分几何的主要组成部分。1870 年前后,E. 贝尔特拉米 (Eugenio Beltrami, 1835—1900),E. B. 克里斯托费尔 (Elwin Bruno Christoffel, 1829—1900),R. 利普希茨 (Rudolf Otto Sigismund Lipschitz, 1832—1903) 等进一步开展了黎曼几何方面的研究工作。G. 里契 (Gregorio Ricci, 1853—1925) 和 T. 莱维-齐维塔 (Tullio Levi-Civita, 1873—1941) 发展了黎曼几何的张量分析方法,发现了曲面上切矢量沿曲线的平行移动。1918 年,H. 外尔 (Hermann Klaus Hugo Weyl, 1885—1955) 推广了平行移动概念,引进了仿射联络的概念,可以定义流形上矢量的平行移动和协变微分的结构。在 1923 至 1924 年间,E. 嘉当 (Élie Joseph Cartan, 1869—1951) 对仿射联络又作了推广并以此建立了各种联络理论。

在 C. F. 克莱因 (Christian Felix Klein, 1849—1925) 著名的埃尔朗根纲领 (Erlangen programm) 的影响下,经过 W. 基灵 (Wilhelm Karl Joseph Killing, 1847—1923) 和嘉当等的努力,李 (Marius Sophus Lie, 1842—1899) 群理论被纳入到微分几何的研究之中。嘉当所建立的外微分以及李群相关方面的工作是近代微分几何的两大柱石。

在经典的曲线论和曲面论的研究中,人们也关注整体 (或称大范围) 问题以及局部性质与整体性质之间的关系。高斯-博内 (Pierre Ossian Bonnet, 1819—1892) 定理即是曲面整体微分几何的一个重要结果。1932 年,霍普夫提出了研究大范围黎曼几何的问题。1934 年 H. 莫斯 (Harold Calvin Marston Morse, 1892—1977) 的大范围变分学, 1941 年 W. 霍奇 (William Vallance Douglas Hodge, 1903—1975) 的调和积分论等是大范围黎曼几何方面的重要工作。对整体微分几何有重要意义的是关于纤维丛、流形示性类等方面的研究。纤维丛概念是惠特尼在 1935 年提出的, C. 埃雷斯曼 (Charles Ehresmann, 1905—1979) 等引入了主丛概念, 并由赫维茨 (Witold Hurewicz, 1904—1956) 和 N. 斯廷罗德 (Norman Earl Steenrod, 1910—1971) 等参加完成了分类理论。有关纤维丛的同调性质的研究主要集中于示性类。在 1936 年至 1937 年间的斯蒂弗尔 (Eduard L. Stiefel, 1909—1978)-惠特尼示性类, 1940 年的庞特里亚金类 (Lev Semionovich Pontryagin, 1908—1988) 均是这方面十分重要的研究成果。陈省身 1944 年关于高斯-博内定理的内在证明, 引入的陈示性类等, 开创了大范围微分几何的新局面。20 世纪 60 年代以后, 微分几何与分析学的联系更加突出, 这方面代表性的工作之一是阿蒂亚-辛格指标定理 (Michael Francis Atiyah, 1929—; Isadore Manuel Singer, 1924—), 该定理将紧致流形上的线性椭圆算符的分析指标与流形的拓扑指标联系起来, 而此前的一些定理是它的特例。

微分几何与物理学的关系十分密切, 在理论物理中有广泛的应用。黎曼几何学为广义相对论提供了数学基础, 广义相对论的成功反过来促进了对黎曼几何的深入和广泛的研究。纤维丛理论与联络理论为杨-米尔斯规范理论提供了数学框架, 但规范理论的研究也反过来促成了四流形理论以及相关数学理论的深入发展。微分几何在拓扑场论、拓扑绝缘体等的研究中同样发挥了重要的作用。

拓扑空间 [topological space]　欧几里得空间的一种推广。设 X 是集合, $\mathcal{T}$ 是 X 的一个子集族, 如果该族满足下列公理: ① $X \in \mathcal{T}$; ② 空集 $\varnothing \in \mathcal{T}$; ③ $\mathcal{T}$ 中任意有限个元素的交集仍是 $\mathcal{T}$ 的元素; ④ $\mathcal{T}$ 内任意多个元素的并集仍是 $\mathcal{T}$ 的元素, 即对任意子族 $\mathcal{T}_0 \subset \mathcal{T}$, $\bigcup_{O \in \mathcal{T}_0} O \in \mathcal{T}$, 则称这样的 $\mathcal{T}$ 是集合 X 上的一个拓扑, $\mathcal{T}$ 的元素称为 X 的开集。开集的补集称为闭集。集合 X 与它的一个拓扑 $\mathcal{T}$ 组成的偶 $(X, \mathcal{T})$ 称为拓扑空间。

映射 [map]　如果有两个空间 X 和 Y, 对于 $x \in X$, 存在 $y \in Y$ 使得 $y = f(x)$, 则称 f 是 X 到 Y 的一个映射, 记为 $f: X \to Y$。

如果对于每一个 $y \in Y$ 都存在 $x \in X$ 满足 $f(x) = y$, 则称该映射 f 为满射 (surjection)。

如果任意取两个不同的 $x_1, x_2 \in X$, 在映射 f 下有 $y_1 = f(x_1) \in Y$ 和 $y_2 = f(x_2) \in Y$, 且 y_1, y_2 也都各不相同, 则称 f 是一一对应的映射, 也简称为一一映射 (one-to-one

mapping) 或称为单射 (injection)。

如果 f 既是一一映射, 又是满射, 则称 f 为双射 (bijection)。

开集 [open set]　见拓扑空间。

邻域 [neighborhood]　设 X 是拓扑空间, $x \in X$ 是 X 中的一点, $N \subset X$ 是 X 的子集, 如果存在开集 U, 使得有 $x \in U \subset N$, 则称 N 为点 x 在 X 中的邻域。如果 N 本身是开集, 则它称为点 x 在 X 中的开邻域。例如, 对于一维直线, $(a - \delta, a + \delta)(\delta > 0)$ 称为 a 的一个邻域。

同胚 [homeomorphism]　如果两个空间 X 和 Y 之间存在双射关系, 且映射 f 和 f^{-1} 均是连续函数, 则称 X 与 Y 之间存在一个同胚映射, 简称 X 与 Y 同胚。

等价关系 [equivalence relation]　设 X 是一个集合, 从 X 到自身的关系称为 X 中的关系。设 R 是 X 中的一个关系。如果 R 同时具有下列性质, 则称 R 是 X 中的等价关系: ① 对任意 $x \in X$, 如果 xRx, 则称 R 是自反的; ② 如果 xRy 意味着 yRx, 则称 R 是对称的; ③ 如果 xRy, yRz 意味着 xRz, 则称 R 是可传递的。通常用 $\sim$ 代替 R, 例如 xRy 常记为 $x \sim y$。例如, 对整数集合 $\mathbb{Z}$, 如果任意两个整数 n 和 m 被 2 除所得余数相同, 则记 $n \sim m$, 这样的 $\sim$ 是 $\mathbb{Z}$ 中的等价关系。

等价类 [equivalence class]　如果集合 X 中给定了一个等价关系 $\sim$, 则按照 $\sim$ 将 X 中有关系的元素组成一个子集, 即形如

$$[x] = \{y \in X | y \sim x\}, \quad x \in X$$

它称为元素 x 所在的 $\sim$ 等价类, x 则称为等价类 $[x]$ 的一个代表。X 可以分为彼此互不相交的若干个等价类, X 的每个元素分别属于一个等价类。所有等价类的集合称为 X 关于等价关系 $\sim$ 的商集, 记为 $X/\sim$。

流形 [manifold]　流形是一类拓扑空间, 其上有坐标卡集, 即它可以视为由局域欧几里得空间黏合起来的空间。设 $\mathbb{H}^n = \{x = (x_1, x_2, \cdots, x_n) \in \mathbb{R}^n | x^n \geqslant 0\}$ 是 n 维欧几里得空间 $\mathbb{R}^n$ 中的上半空间, 则由 $\{x \in \mathbb{H}^n | x_n = 0\}$ 给定的 $\mathbb{H}^n$ 的子空间称为 $\mathbb{H}^n$ 的边界, 记为 $\partial \mathbb{H}^n$。流形 M 中全体映射到 $\partial \mathbb{H}^n$ 中的点之集合称为 M 的边界, 记为 ∂M。补集 $\mathrm{Int}\, M = M - \partial M$ 称为流形 M 的内部。具有边界的流形称为带边流形 (manifold with boundary), 否则称为无边流形 (manifold without boundary)。紧致无边流形称为闭流形, 非紧致无边流形称为开流形。对于 n 维带边流形 M, 其边界 ∂M 是维数为 $n - 1$ 的无边流形, M 的内部 $\mathrm{Int}\, M$ 也是无边流形。

对流形赋予不同的结构、性质等, 就得到不同类型的流形。例如, 具有微分结构和辛结构的流形分别称为微分流形

和辛流形。球面、经典力学的相空间、相对论中的 4 维时空等均是流形的实例。$\mathbb{R}$ 上的闭区间 $[a,b]$ 为带边流形，其边界由两个点 (零维流形) 组成. $\mathbb{R}^n$ 中的球 S^n 是带边流形，边界为 S^{n-1}。

流形的维数 [dimension of manifold] 与流形上任一点的邻域同胚的欧几里得空间的维数定义为流形的维数。

坐标卡 [chart] 也称为图表。设 M 是一个流形，如果 U 是 M 中的某个开集，有同胚映射 f_U

$$f_U : U \to f_U(U)$$

这里 $f_U(U)$ 是 n 维欧氏空间 $\mathbb{R}^n$ 中的一个开集，则 (U, f_U) 称为流形 M 的一个坐标卡。对于任一 $p \in U \subset M$，其象 $f_U(p)$ 在 $\mathbb{R}^n$ 中的坐标 $(x_1, x_2, \cdots, x_n)$ 就称为 p 点的坐标。

坐标卡集 [atlas] 也称为图集。对流形 M，如果存在一些坐标卡 (U_1, f_{U_1})，(U_2, f_{U_2})，$\cdots$，且有

$$\bigcup_i U_i = M$$

即 $\{U_i\}$ 是 M 的一个开覆盖;(ii) 给定 U_i, U_j 使得 $U_i \cap U_j \neq \varnothing$，从 $\mathbb{R}^n$ 的子集 $f_{U_i}(U_i \cap U_j)$ 到 $\mathbb{R}^n$ 的子集 $f_{U_j}(U_i \cap U_j)$ 的映射 $f_{U_j} \circ f_{U_i}^{-1}$ 是无限可微的 (记为 C^∞)(见下图)。具有这样性质的一些坐标卡的集合称为坐标卡集。

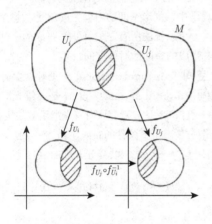

微分结构 [differentiable structure] 设 M 是拓扑流形，其上的微分结构是指满足下列性质的一个 C^r 坐标卡集 $\mathcal{D} = \{(U_1, f_{U_1}), (U_2, f_{U_2}), \cdots\}$:

(1) 所有坐标邻域是 M 的一个覆盖，即

$$\bigcup_i U_i = M$$

(2) 与 $\mathcal{D}$ 中各坐标卡相容的任何坐标卡均属于 $\mathcal{D}$。M 的两个坐标卡 (U, f_U) 和 (V, f_V) 称为是 C^r(这里 r 是正整数) 相容的，如果下列两者之一成立:

(a)$U \cap V = \varnothing$;

(b)$U \cap V \neq \varnothing$，且映射

$$f_V \circ f_U^{-1} : f_U(U \cap V) \to f_V(U \cap V)$$

以及它的逆映射

$$f_U \circ f_V^{-1} : f_V(U \cap V) \to f_U(U \cap V)$$

均是 C^r 映射，即用坐标表示时，这些映射是欧几里得空间中的开集上的 r 次可微实函数。当 $r = +\infty$ 时，$\mathcal{D}$ 称为 M 上的一个光滑结构。

具有 C^r 微分结构的流形 M 称为 C^r 微分流形，而有光滑结构的流形 M 称为光滑流形。

微分同胚 [diffeomorphism] 设 M 和 N 是两个 $C^r(r \geqslant 1)$ 微分流形。从 M 到 N 的一个微分同胚是指一个双射 $f : M \to N$ 满足 f 以及逆映射 f^{-1} 均是 C^r 映射。当 $r = +\infty$ 时，C^∞ 同胚又称为光滑同胚。

可定向流形 [orientable manifold] 设 n 维微分流形 M 的开覆盖为 $\{U_i\}$，其中任意两个有交的开集为 U_i, U_j(即 $U_i \cap U_j \neq \varnothing$，这里 $\varnothing$ 表示空集)，如果存在 U_i 和 U_j 的局域坐标分别为 $(x_1, x_2, \cdots, x_n)$ 和 $(y_1, y_2, \cdots, y_n)$，使得从一组坐标到另一组坐标变换的雅可比行列式 $\dfrac{\partial(x_1, x_2, \cdots, x_n)}{\partial(y_1, y_2, \cdots, y_n)} > 0$，则称该微分流形是可定向流形。如果并不是每一对 U_i 和 U_j 的坐标的雅可比行列式都 > 0，则该流形就是非定向的。例如，莫比乌斯 (Möbius) 带是非定向流形。

复流形 [complex manifold] 复 n 维复流形 M 是一种流形，其上每一点的邻域同胚于 n 维复空间 $\mathbb{C}^n$，在两个邻域重叠的区域，局部坐标的变换是复解析 (或称全纯) 变换。M 的复维数记为 $\dim_{\mathbb{C}} M$，即 $n = \dim_{\mathbb{C}} M$。复流形必定是定向的。$\mathbb{C}^n$ 是最简单的 n 维复流形。对于 $\mathbb{R}^3$ 中的单位球面，它可以被球面分别去掉北极和南极所得到的两个坐标邻域所覆盖。用关于北极的球极投影得到一个坐标映射，而关于南极的球极投影后再取共轭复数又得到一个坐标映射。这样，单位球面也构成一维复流形，称为黎曼流形。

复结构 [complex structure] n 维复流形 M 的复结构是指具有下列性质的坐标卡集 $\{\phi_U, U\}$(即每个 ϕ_U 是到 n 维复欧几里得空间 $\mathbb{C}^n$ 中的开集的同胚)，对其中任意两个坐标卡 (φ_U, U) 和 (φ_V, V)，如果 $U \cap V \neq \varnothing$，即 $\phi_U(U \cap V)$ 和 $\phi_V(U \cap V)$ 是 $\mathbb{C}^n$ 中的两个非空开集，它们之间的坐标变换映射

$$\phi_V \circ \phi_U^{-1} : \phi_U(U \cap V) \to \phi_V(U \cap V)$$

以及它的逆映射

$$\phi_U \circ \phi_V^{-1} : \phi_V(U \cap V) \to \phi_U(U \cap V)$$

均是全纯映射，即用坐标表示时，这些映射是复欧几里得空间中的开集上的复解析 (或称全纯) 函数。

连通 [connected] 拓扑空间 X 称为是连通的，如果它不能表示为两个不相交的非空开 (或闭) 子集的并集。也就

是说, 不存在 X 的两个非空开 (或闭) 子集 X_1 和 X_2, 使得 $X_1 \cap X_2 = \varnothing$, 且 $X = X_1 \cup X_2$。如果并非如此, 则称 X 为不连通的。拓扑空间的最大连通子集称为连通分支。例如, 欧几里得空间 $\mathbb{R}^n$ 中包含多于一个点的任意离散集合是不连通的; 实直线上的区间 $[a, b]$ 是连通的。

道路连通 [path connected]　设 $I = [0, 1]$, $f : I \to X$ 是连续映射, 且有 $f(i) = x_i$, $i = 0, 1$, 则 f 称为 X 中连接 x_0 到 x_1 的道路, 而 x_0, x_1 则分别称为道路 f 的起点和终点。如果 X 中的任意两点均有 X 中的道路连接, 则称 X 是道路连通的。道路连通的空间必定是连通的, 但反之并不成立。

单连通 [simply connected]　如果空间 X 中任一条封闭道路 (即起点和终点是同一点的道路) 可以连续地收缩到一点, 这样的空间称为是单连通的。对于平面, 单连通是指它是不带 "洞" 的。

紧空间 [compact space]　如果空间 X 的任何开覆盖 $\mathcal{V} = \{V_\alpha, \alpha \in \Gamma\}$, 均有一个有限的子覆盖 $\mathcal{V}_0 = \{V_{\alpha 1}, V_{\alpha 2}, \cdots, V_{\alpha n}\} \subset \mathcal{V}$, 使得 $\mathcal{V}_0$ 仍是 X 的覆盖, 则称 X 为紧空间。例如, 欧几里得空间 $\mathbb{R}^n (n > 1)$ 以及它的任意闭子集是紧空间, 但 $\mathbb{R}^1$ 不是紧空间。

紧致化 [compactification]　设 X 是拓扑空间, Y 是紧空间, 如果 f 是从 X 到 Y 的稠密子空间的同胚, 即 $f(X)$ 在 Y 中是稠密的, 则 Y 称为 X 的紧致化。X 的紧致化与其嵌入紧空间 Y 的方式有关, 同一个 X 到紧空间 Y 的不同稠密嵌入会得到不等价的紧致化。例如, 圆环 S^1 可视为实线 $\mathbb{R}$ 的紧致化。

在物理学中, 紧致化往往指将时空的某个或某些维度的延伸范围从无限变为有限或变为周期的, 由此可从一种理论得到新的理论。例如, 在超弦理论中, 将多于 4 维时空的额外维度卷曲, 4 维时空中的理论可以视为高维理论的紧致化。

浸入 [immersion]　设 M, N 分别是 $m, n (m < n)$ 维光滑流形, $f : M \to N$ 是光滑映射。如果对每一点 $p \in M$, 切映射 $f_{*p} : T_p M \to T_{f(p)} N$ 均是非退化的, 或者说 f_{*p} 是单射, 则称映射 f 是流形 M 在 N 中的浸入, 且称 (f, M) 是流形 N 的一个 m 维光滑浸入子流形。注意, 浸入 f 不一定是单射。例如, $\mathbb{R}^3$ 中的正则曲线 $\gamma : (a, b) \to \mathbb{R}^3$ 是 $\mathbb{R}^3$ 的一维浸入子流形, 这里正则性是指曲线的切向量 $\gamma'(t)$ 处处不为 0, 其中 t 是曲线 γ 的自变量, $a < t < b$。

嵌入 [imbedding]　如果从流形 M 到另一个流形 N 的映射 f 是浸入, 且 M 在映射 f 下的像 $f(M)$ 与 M 同胚, 即 f 是单射, 且 $f(M)$ 具有由 f 诱导的微分结构, 则称 f 为嵌入, 称 (f, M) 是流形 N 的嵌入子流形。

叶状结构 [foliation]　n 维流形 M 上的 $p(p < n)$ 维叶状结构是指 M 的一些道路连通子集组成的集合 $\mathcal{F} =$ $\{\mathcal{F}_i | i \in A\}$, 它满足下列条件: ① 集合 $\mathcal{F}$ 是 M 的一个覆盖, 即 $\cup_{i \in A} \mathcal{F}_i = M$; ② 当 $i \neq j$ 时, $\mathcal{F}_i$ 和 $\mathcal{F}_j$ 是不相交的, 即 $\mathcal{F}_i \cap \mathcal{F}_j = \varnothing$; ③ 对任意 $p \in M$, 存在 p 附近的坐标卡 (U, φ), 使得对每个 $\mathcal{F}_i$, $\varphi(\mathcal{F}_i \cap U)$ 的每个道路连通分支可表示为

$$\{(x_1, \cdots, x_n) \in \varphi(U) | x_{p+1} = c_{p+1}, \cdots, x_n = c_n\}$$

其中 $x_1, \cdots, x_n$ 是坐标, $c_{p+1}, \cdots, c_n$ 是常数。$\mathcal{F}_i$ 称为叶状结构 $\mathcal{F}$ 的叶, $n - p$ 称为叶状结构 $\mathcal{F}$ 的余维数。例如, 给定流形 M 上的一个矢量场 X, 则通过 M 的每一点存在 X 的唯一的积分曲线, 所有这些积分曲线的集合是流形 M 的叶状结构, 每条积分曲线是叶。

对偶空间 [dual space]　也称为共轭空间。设 V 是矢量空间, F 是域 (例如实数域 $\mathbb{R}$, 复数域 $\mathbb{C}$)。设 $f : V \to F$ 是 V 上的 F 值函数。如果对任意 $v_1, v_2 \in V$ 以及 $c_1, c_2 \in F$, 有

$$f(c_1 v_1 + c_2 v_2) = c_1 f(v_1) + c_2 f(v_2)$$

则称 f 是 V 上的 F 值线性函数。V 上的 F 值线性函数的全体构成的集合称为 V 的对偶空间, 常记为 V^*。对其他一些类型的空间 (例如巴拿赫 (Banach) 空间或更一般的线性拓扑空间), 可类似地定义它们的对偶空间。

在物理学中, 位形空间的对偶空间就是动量空间。在量子力学中, 一个系统的所有左矢 $\{\langle x|\}$ 张成的空间是其所有右矢 $\{|x\rangle\}$ 张成的空间的对偶空间。

共轭空间 [conjugate space]　见对偶空间。

切空间 [tangent space]　设 M 是 n 维光滑流形, p 是 M 上任意一点, C_p^∞ 是 p 点邻域所有光滑函数的集合。$p \in M$ 点的切矢量 v 是满足下条件的映射 $v : C_p^\infty \to \mathbb{R}$

(1) 对所有 $f, g \in C_p^\infty$ 以及 $a, b \in \mathbb{R}$, 有

$$v(af + bg) = av(f) + bv(g)$$

(2) 对所有 $f, g \in C_p^\infty$, 有

$$v(fg) = f(p)v(g) + g(p)v(f)$$

条件 (1) 表明 v 是一个线性映射, 条件 (2) 称为莱布尼茨 (Leibniz) 法则。

用 $T_p(M)$ 表示流形 M 在点 p 的所有切向量的集合, 如果按下列方式定义其中矢量的加法和数乘, 则 $T_p(M)$ 构成一矢量空间, 称为 M 上 p 点的切空间:

(1) 对任意 $u, v \in T_p(M)$, $f \in C_p^\infty$, 有

$$(u + v)(f) = u(f) + v(f)$$

(2) 对 $v \in T_p(M)$, $f \in C_p^\infty$ 以及 $a \in \mathbb{R}$, 有

$$(av)(f) = av(f)$$

在局域坐标系 $(U, x_i)(i = 1, 2, \cdots, n)$ 下，切空间的基矢为 $\left\{\dfrac{\partial}{\partial x_i}, i = 1, 2, \cdots, n\right\}$，它称为自然基矢。

余切空间 [cotangent space]　它是切空间的对偶空间。$p \in M$ 的余切空间记为 $T_p^*(M)$。与切空间的自然基矢对偶的 $T_p^*(M)$ 中的基矢为 $\{dx_i, i = 1, 2, \cdots, n\}$。

拓扑不变量 [topological invariant]　它是拓扑空间的性质，是指在同胚映射下保持不变的性质。拓扑不变量可用来对拓扑空间进行分类。

拓扑空间的连通性、亏格数、欧拉示性数、同伦群、同调群等均是拓扑不变量。在物理学中，表征整数量子霍尔效应霍尔电导平台的整数 n（它是第一陈数），拓扑绝缘体中的 Z_2 拓扑数，杨–米尔斯规范论中的瞬子数，拓扑元激发的拓扑荷等均是拓扑不变量。

绕数 [winding number]　对于平面上一点 a，γ 是一条不通过 a 的闭曲线，曲线 γ 关于 a 的绕数定义为它环绕点 a 的总次数，是一个整数，记为 w。绕数与曲线的定向有关，通常作下列约定：如果曲线依逆时针方向环绕点 a，则绕数是正数；反之如果曲线沿顺时针方向绕过点 a，则绕数是负数。复曲线的绕数就是它的同伦类。

不失一般性，取点 a 为原点，闭曲线 γ 在平面极坐标系下可用参数 t 表示为

$$r = r(t), \theta = \theta(t) \quad (0 \leqslant t \leqslant 1)$$

这里 $\theta(0) = \theta(1)$，且 $r(0) = r(1)$，则关于 a 点的绕数可表示为

$$w = \frac{\theta(1) - \theta(0)}{2\pi}$$

它也可以表示为一个曲线积分

$$w = \frac{1}{2\pi} \oint_\gamma \left(\frac{x}{r^2}\, \mathrm{d}y - \frac{y}{r^2}\, \mathrm{d}x\right)$$

在复分析中，闭曲线 γ 关于任意复数 a 的绕数由下式给出

$$w = \frac{1}{2\pi \mathrm{i}} \oint_\gamma \frac{\mathrm{d}z}{z - a}$$

这是柯西积分公式的一个特例。

在物理学中，绕数出现在拓扑缺陷、拓扑相变（如 KT 相变）、某些偏微分方程孤子型解的分类等许多问题之中，且常将绕数称为拓扑量子数或称为拓扑荷。

联络 [connection]　设 M 是一个 n 维光滑流形，$\mathfrak{x}(M)$ 是流形 M 上的所有光滑切向量场的集合。如果有一个映射 $\nabla : \mathfrak{x}(M) \times \mathfrak{x}(M) \to \mathfrak{x}(M)$，且对于任意 $X, Y \in \mathfrak{x}(M)$，记 $\nabla(X, Y) = \nabla_X Y \in \mathfrak{x}(M)$，它满足下列条件：

(1) $\nabla_X(Y + Z) = \nabla_X Y + \nabla_X Z$，$\nabla_X(\lambda \cdot Y) = \lambda \nabla_X Y$

(2) $\nabla_X(f \cdot Y) = X(f) \cdot Y + f \cdot \nabla_X Y$

(3) $\nabla_{X+Y} Z = \nabla_X Z + \nabla_Y Z$

(4) $\nabla_{fX} Y = f \cdot \nabla_X Y$，

其中 $Z \in \mathfrak{x}(M)$，$\lambda \in \mathbb{R}$，$f \in C^\infty(M)$，则称 ∇ 是光滑流形 M 上的一个线性仿射联络。

设 (U, x^i) 是 M 的一个局部坐标系，则 $\nabla_{\frac{\partial}{\partial x^j}} \dfrac{\partial}{\partial x^i} \in \mathfrak{x}(U)$，可设

$$\nabla_{\frac{\partial}{\partial x^j}} \frac{\partial}{\partial x^i} = \Gamma_{ij}^k \frac{\partial}{\partial x^k}$$

其中 $\Gamma_{ij}^k \in C^\infty(U)$ 称为 ∇ 在自然标架场 $\left\{\dfrac{\partial}{\partial x^i}\right\}$ 下的联络系数。设 $X, Y \in \mathfrak{x}(M)$，且 $X|_U = X^j \dfrac{\partial}{\partial x^j}$，$Y|_U = Y^i \dfrac{\partial}{\partial x^i}$，则

$$\nabla_X Y|_U = X^j \left(\frac{\partial Y^i}{\partial x^j} + Y^k \Gamma_{kj}^i\right) \frac{\partial}{\partial x^i}$$

如果 Γ_{ij}^k 满足条件 $\Gamma_{ij}^k = \Gamma_{ji}^k$，则称联络是对称的。

对于黎曼流形，设 g_{ij} 为黎曼度规，则联络还满足条件

$$\frac{\partial g_{ij}}{\partial x^k} = \Gamma_{ki}^l g_{lj} + \Gamma_{kj}^l g_{il}$$

此时称该联络为黎曼联络，它可用度规表示为

$$\begin{aligned}
\Gamma_{ij}^k &= \frac{1}{2} g^{kl} \left(\frac{\partial g_{il}}{\partial x^j} + \frac{\partial g_{lj}}{\partial x^i} - \frac{\partial g_{ij}}{\partial x^l}\right) \\
&= \frac{1}{2} g^{kl} (g_{il,j} + g_{lj,i} - g_{ij,l})
\end{aligned}$$

弗罗贝纽斯定理 [Frobenius' theorem]　设对 n 维流形 M 上的每一点 $p \in M$ 指定了切空间 $T_p(M)$ 的一个 k 维子空间 $L^k(p)$。如果对每一点 $p \in M$ 的一个邻域 U 上存在 k 个处处线性无关的光滑切矢量场 $X_1, \cdots, X_k$，使得对每一点 $q \in U$，$L^k(q)$ 是由矢量 $X_1(q), \cdots, X_k(q)$ 张成的，则称 L^k 是流形 M 上光滑的 k 维分布。又如果任意两个切矢量 X_α, X_β 的李 (Lie) 括号 $[X_\alpha, X_\beta] \equiv X_\alpha X_\beta - X_\beta X_\alpha (1 \leqslant \alpha, \beta \leqslant k)$ 均可表示为 X_γ 的线性组合，即 $[X_\alpha, X_\beta] = \sum_{\gamma=1}^{k} C_{\alpha\beta}^\gamma X_\gamma$，则称分布 L^k 满足弗罗贝纽斯 (Ferdinand Georg Frobenius, 1849—1917) 条件。

设 L^k 是定义在 M 的一个开集 U 上的 k 维光滑分布，如果 L^k 满足弗罗贝纽斯条件，则对于任一点 $p \in U$，存在 p 点的局域坐标系 (V, v^i)，使得 $p \in V \subset U$，并且 $L^k|_V$ 是由场 $\left\{\dfrac{\partial}{\partial v^1}, \cdots, \dfrac{\partial}{\partial v^k}\right\}$ 张成的，这个结论称为弗罗贝纽斯定理。

场 $\left\{\dfrac{\partial}{\partial v^1}, \cdots, \dfrac{\partial}{\partial v^k}\right\}$ 的积分曲线紧密配合会形成一个子流形族，其中每个子流形的维数等于这些场在任意点定义的矢量空间的维数。只要这些场定义的矢量空间的维数在 U 中处处相等，这些子流形确定了 U 的一个叶状结构，每个子流形是该叶状结构的一片叶。

同伦 [homotopy]　对于给定的两个空间 X, Y，设 $f_0, f_1 : X \to Y$ 是两个映射，如果存在连续映射 $H : X \times [0, 1] \to Y$，使得

$$H(x, s) = f_s(x), \quad x \in X, \quad s = 0, 1$$

则称 f_0 和 f_1 同伦,记为 $f_0 \overset{H}{\simeq} f_1 : X \to Y$,或者简记为 $f_0 \overset{H}{\simeq} f_1$。直观上,$f_0$ 和 f_1 同伦是指 f_0 在 Y 中可以连续地形变为 f_1。凡与常值映射同伦的映射,称为零伦的。如果 f 是零伦的,有时记为 $f \simeq 0$。

同伦 $\simeq$ 是 X 到 Y 的全体连续映射集合 $F(X,Y)$ 上的一个等价关系,按同伦分成的等价类称为同伦类。同伦类的全体记为 $\pi(X,Y)$。

同伦道路 [homotopic path] 设 $f : I = [0,1] \to X$ 是单位区间 I 到空间 X 的映射,$f(i) = x_i, i = 0,1$,则 f 称为空间 X 中连接 x_0 与 x_1 的道路,x_0 和 x_1 分别称为道路 f 的起点和终点。对于道路 f,由 $\overline{f} = f(1-t)\ (t \in I)$ 定义的道路称为 f 的逆道路,即 f 的逆道路就是从 f 的终点沿相反方向回到 f 的起点的道路。如果 $f_0, f_1 : I \to X$ 是 X 中的两条道路并且是同伦的,则称它们是同伦道路 (见下图)。

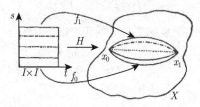

基本群 [fundamental group] 设 X 是拓扑空间,$x_0 \in X$。记单位区间 $I = [0,1]$,其边界记为 $\partial I = \{0,1\}$。连续映射 $f : (I, \partial I) \to (X, x_0)$ 称为 X 中以 x_0 为基点的闭道路。将所有以 x_0 为基点的闭道路集合相对于 ∂I 的同伦类 (即固定 0 和 1 的同伦) 的集合记为 $\pi_1(X, x_0)$,在 $\pi_1(X, x_0)$ 上定义下列运算后,$\pi_1(X, x_0)$ 构成一个群,称为 X 的以 x_0 为基点的基本群。记 f 所属的同伦类为 $[f]$。群 $\pi_1(X, x_0)$ 中的运算包括:① 元素 $[f] \in \pi_1(X, x_0)$ 的逆元素为 $[f]^{-1} = [\overline{f}]$,这里 $\overline{f}$ 是 f 的逆道路;② 对任意 $[f], [g] \in \pi_1(X, x_0)$,定义两个同伦类的乘积为 $[f] \cdot [g] = [h]$,这里道路 $h : (I, \partial I) \to (X, x_0)$ 定义为

$$h(t) = \begin{cases} f(2t), & 0 \leqslant t \leqslant \dfrac{1}{2} \\ g(2t-1), & \dfrac{1}{2} \leqslant t \leqslant 1 \end{cases}$$

它称为道路 f 和 g 的积 (见下图)。③ 单位元是常闭道路 $1(t) = x_0$ 所属的同伦类。一般而言,$\pi_1(X, x_0)$ 是非阿贝尔群。当 X 是道路连通的空间,不同基点的基本群是同构

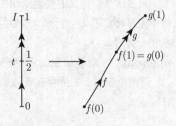

的,此时基本群就简记为 $\pi_1(X)$。例如,圆周 S^1 的基本群为 $\pi_1(S^1) = \mathbb{Z}$,即为整数加群。再如 n 维球 S^n 的基本群为 $\pi_1(S^n) = 0 (n > 1)$。

同伦群 [homotopy group] 是基本群的高维推广。设 X 是拓扑空间,$x_0 \in X$,$n \geqslant 1$。记单位体元

$$I^n = \{t = (t_1, \cdots, t_n) \in \mathbb{R}^n | 0 \leqslant t_i \leqslant 1, i = 1, \cdots, n\}$$

其边界记为

$$\partial I^n = \{t \in I^n | \text{至少有一个} t_i = 0 \text{或} 1\}$$

所有以 x_0 为基点的连续映射 $f : (I^n, \partial I^n) \to (X, x_0)$ 相对于 ∂I^n 的同伦类的集合记为 $\pi_n(X, x_0)$。在 $\pi_n(X, x_0)$ 上定义下列运算后,$\pi_n(X, x_0)$ 构成一个群,称为 X 的以 x_0 为基点的同伦群。记 f 所属的同伦类为 $[f]$。对任意 $[f], [g] \in \pi_n(X, x_0)$,定义它们的乘积为 $[f] \cdot [g] = [h]$,这里 $h : (I^n, \partial I^n) \to (X, x_0)$ 定义为

$$h(t_1, \cdots, t_n) = \begin{cases} f(2t_1, t_2, \cdots, t_n), & 0 \leqslant t_1 \leqslant \dfrac{1}{2} \\ g(2t_1 - 1, t_2, \cdots, t_n), & \dfrac{1}{2} \leqslant t_1 \leqslant 1 \end{cases}$$

类似于基本群情况,常闭道路 $1(t_1, \cdots, t_n) = x_0$ 所属的同伦类是 $\pi_n(X, x_0)$ 的单位元。f 的逆 $\overline{f}$ 所属的同伦类 $[\overline{f}]$ 是 $[f]$ 的逆元素 $[f]^{-1}$。$n = 1$ 的同伦群就是基本群。$n \geqslant 2$ 时,$\pi_n(X, x_0)$ 是阿贝尔群。当 X 是道路连通的空间时,不同基点的同伦群是同构的,此时同伦群就简记为 $\pi_n(X)$。例如,圆周 S^1 的同伦群为 $\pi_n(S^1) = 0 (n \neq 1)$。

高斯-博内定理 [Gauss-Bonnet theorem] 高斯-博内定理是大范围微分几何学的一个重要定理,它建立了黎曼流形的局域性质与整体性质之间的关系。设 M 是一个定向二维黎曼流形,D 是 M 上的紧致带边区域,∂D 是 D 的边界,且设该边界是分段光滑的,即它是由若干段简单曲线 $C_1, \cdots, C_m$ 组成的闭曲线,$C_1, \cdots, C_m$ 的各角点的外角分别为 $\theta_1, \cdots, \theta_p$。令 D 的高斯曲率为 K,∂D 的测地曲率为 k_g,$\chi(D)$ 是 D 的欧拉示性数,则有

$$\iint_D K \, \mathrm{d}A + \sum_{i=1}^{m} \int_{C_i} k_g \, \mathrm{d}s + \sum_{i=1}^{p} \theta_i = 2\pi \chi(D)$$

其中 $\mathrm{d}A$ 是该曲面 D 的面积元,$\mathrm{d}s$ 是边界 ∂D 的线元。

如果 D 是 M 上的测地三角形,∂D 是由三段测地线组成的闭曲线,则 $k_g = 0$,$\chi(D) = 1$,上述高斯-博内定理变为

$$\theta_1 + \theta_2 + \theta_3 + \iint_D K \, \mathrm{d}A = 2\pi$$

用内角 (记为 α_i) 表示时,上式可改为

$$\alpha_1 + \alpha_2 + \alpha_3 - \pi = \iint_D K \, \mathrm{d}A$$

这是"平面上三角形内角和等于 $180°$"定理的推广。

更一般地,对于维数为 $2n$ 的紧致闭黎曼流形,有

$$\int_M K\,\mathrm{d}\sigma = (2\pi)^n \chi(M)$$

其中 $\mathrm{d}\sigma$ 是 M 的体积元,K 是 M 的利普希茨–基灵 (Lipschitz–Killing) 曲率。

平行移动 [parallel transport]　设 $X(t)$ 是曲面 S 上沿曲线 $C : u^i = u^i(t)$ 的切矢量场,可表示为

$$X(t) = x^i \left(\frac{\partial}{\partial u^i}\right)_C$$

如果 $X(t)$ 沿曲线 C 的协变导数等于零,则称 $X(t)$ 沿曲线 C 是平行移动的。协变导数等于零等价于

$$\frac{\mathrm{d}x^i}{\mathrm{d}t} + x^j \Gamma^i_{jk} \frac{\mathrm{d}u^k}{\mathrm{d}t} = 0$$

给定了初始矢量 $X(t_0)$ 以及联络 Γ,则 $X(t)$ 由上述方程唯一确定。当切矢量沿一闭曲线平行移动回到起点时,它与初始的切矢量并不一定重合,两者之间的差反映了空间的弯曲性。

如果曲线 C 的切矢量沿 C 自身是平行的,则称 C 是测地线,此时

$$X(t) = \frac{\mathrm{d}u^i}{\mathrm{d}t}\left(\frac{\partial}{\partial u^i}\right)_C$$

测地线满足方程

$$\frac{\mathrm{d}^2 u^i}{\mathrm{d}t^2} + \Gamma^i_{jk} \frac{\mathrm{d}u^j}{\mathrm{d}t} \frac{\mathrm{d}u^k}{\mathrm{d}t} = 0$$

这个方程常称为测地线方程。

微分形式 [differential form]　流形 M 上的全反对称协变 r 阶张量场称为微分 r 形式,简称 r 形式。$r = 0, 1$ 时分别称为零形式和 1 形式。设 $(U, (x^1, x^2, \cdots, x^n))$ 是 n 维流形 M 的一个局域坐标,则余切空间的基矢由微分线元 $\mathrm{d}x^i$ 给出,它是特殊的 1 形式。1 形式一般可写为 $\sum_i \alpha_i(x)\mathrm{d}x^i$,这里 α_i 是 $x^1, \cdots, x^n$ 的函数。定义两个 1 形式 $\mathrm{d}x^i$ 和 $\mathrm{d}x^j$ 的外积 (也称为嘉当 (Cartan) 楔积) 为它们的反对称张量积,记为 $\mathrm{d}x^i \wedge \mathrm{d}x^j$,即

$$\mathrm{d}x^i \wedge \mathrm{d}x^j = \frac{1}{2}(\mathrm{d}x^i \otimes \mathrm{d}x^j - \mathrm{d}x^j \otimes \mathrm{d}x^i) = -\mathrm{d}x^j \wedge \mathrm{d}x^i$$

这个外积构成的形式是一个特殊的 2 形式。由这个定义可知 $\mathrm{d}x^i \wedge \mathrm{d}x^i = 0$。可以定义多个形式的外积。在局域坐标下,$n$ 维流形 M 上的一个 r 形式 ω_r 可以表示为

$$\omega_r = \sum_{i_1 < i_2 < \cdots < i_r} \alpha_{i_1 i_2 \cdots i_r} \mathrm{d}x^{i_1} \wedge \mathrm{d}x^{i_2} \wedge \cdots \wedge \mathrm{d}x^{i_r}$$

其中 $\alpha_{i_1 i_2 \cdots i_r}$ 是 U 上的光滑函数,这里 $r \leqslant n$。

1-形式 [1-form]　见微分形式。

零形式 [null form]　见微分形式。它是流形 M 上的光滑函数。

外微分 [exterior differentiation]　设 $\Lambda^r(p)$ 是流形 M 上点 $p \in M$ 的所有 r 形式的集合,$C^\infty(\Lambda^r)$ 是光滑 r 形式的空间,即对 $\omega_r \in C^\infty(\Lambda^r)$,在 p 点的局域坐标系下有

$$\omega_r = \sum_{i_1 < i_2 < \cdots < i_r} \alpha_{i_1 i_2 \cdots i_r} \mathrm{d}x^{i_1} \wedge \mathrm{d}x^{i_2} \wedge \cdots \wedge \mathrm{d}x^{i_r}$$

外微分是一种微分运算,记为 d,它按照下列规则将流形 M 上的 r 形式空间 $C^\infty(\Lambda^r)$ 映射为 $r+1$ 形式空间 $C^\infty(\Lambda^{r+1})$,是一种线性映射:

$$C^\infty(\Lambda^0) \xrightarrow{\mathrm{d}} C^\infty(\Lambda^1):$$
$$\mathrm{d}(\alpha(x)) = \frac{\partial\alpha}{\partial x^i}\mathrm{d}x^i$$
$$C^\infty(\Lambda^1) \xrightarrow{\mathrm{d}} C^\infty(\Lambda^2):$$
$$\mathrm{d}(\alpha_j(x)\mathrm{d}x^j) = \frac{\partial\alpha_j}{\partial x^i}\mathrm{d}x^i \wedge \mathrm{d}x^j$$
$$C^\infty(\Lambda^2) \xrightarrow{\mathrm{d}} C^\infty(\Lambda^3):$$
$$\mathrm{d}(\alpha_{jk}(x)\mathrm{d}x^j \wedge \mathrm{d}x^k) = \frac{\partial\alpha_{jk}}{\partial x^i}\mathrm{d}x^i \wedge \mathrm{d}x^j \wedge \mathrm{d}x^k$$
$$\cdots$$
$$C^\infty(\Lambda^r) \xrightarrow{\mathrm{d}} C^\infty(\Lambda^{r+1}):$$
$$\mathrm{d}(\omega_r) = \sum_{i_1 < i_2 < \cdots < i_r} \mathrm{d}\alpha_{i_1 i_2 \cdots i_r} \wedge \mathrm{d}x^{i_1} \wedge \cdots \wedge \mathrm{d}x^{i_r}$$

外微分具有如下性质: ① 对任何可微函数 f, $\mathrm{d}f$ 即为通常的微分; ② 如果 $\alpha \in C^\infty(\Lambda^r)$, $\beta \in C^\infty(\Lambda^q)$,则有 $\mathrm{d}(\alpha \wedge \beta) = \mathrm{d}\alpha \wedge \beta + (-1)^r \alpha \wedge \mathrm{d}\beta$; ③ 外微分作用在任一个 r 形式上两次得到零,即

$$\mathrm{d}\mathrm{d}\omega_r = \mathrm{d}^2\omega_r = 0$$

这是一个重要的性质,称为庞加莱引理。在矢量分析中,该引理等价于

$$\nabla \times (\nabla f) = 0$$

或者

$$\nabla \cdot (\nabla \times \boldsymbol{v}) = 0$$

等,其中 f 是一个标量函数,而 $\boldsymbol{v}$ 是一个矢量函数。

庞加莱引理 [Poincaré lemma]　见外微分。

闭形式 [closed form]　外微分作用下为 0 的形式称为闭微分形式,简称闭形式,即满足条件 $\mathrm{d}\omega = 0$ 的形式 ω 是闭形式。

恰当微分形式 [exact differential form]　如果存在一个微分形式 α 使得 $\omega = \mathrm{d}\alpha$,则称 ω 是恰当微分形式。恰当微分形式是闭微分形式,但反之不然。

辛流形 [symplectic manifold]　一种维数是偶数 $2n$ 的光滑流形,其上定义了非退化的闭 2 形式 ω,该 ω 称为 M

的辛结构，则 M 称为辛流形，记为 (M,ω)。对 $p \in M$，ω 可视为 $T_p(M)$ 上的双线性形式。所谓 2 形式 ω 非退化是指，对 M 上任意一点 $p \in M$ 以及 $v_1, v_2 \in T_p(M)$，如果对所有 v_1，有条件 $\omega(v_1, v_2) = 0$，则它意味着必有 $v_2 = 0$。对辛流形 M 上的每一点，存在邻域 U 以及坐标 $(x_1, \cdots, x_n, y_1, \cdots, y_n)$ 使得 2 形式 ω 可表示为

$$\omega_U = \sum_{i=1}^{n} \mathrm{d}x_i \wedge \mathrm{d}y_i$$

这种特殊的坐标卡称为辛卡，坐标则称为正则坐标。例如，余切丛是辛流形。相空间是一种特殊的余切丛，相应的正则坐标分别是广义坐标和广义动量。

克勒流形 [Kähler manifold] 一类复流形。复 n 维复流形 M 上如果定义了厄米 (Hermite) 度规

$$\mathrm{d}s^2 = h_{\alpha\bar{\beta}}(z, \bar{z}) \mathrm{d}z^\alpha \mathrm{d}\overline{z^\beta}$$

其中 z^α 是坐标卡 (U, f) 中任意点 $p \in U$ 的复坐标 $z^\alpha = f(p) = x^\alpha + \mathrm{i}y^\alpha (\alpha = 1, 2, \cdots, n)$，且 $\overline{z^\alpha} = x^\alpha - \mathrm{i}y^\alpha$，这里 $\mathrm{i} = \sqrt{-1}$，由 $h_{\alpha\bar{\beta}}$ 构成的矩阵是厄米矩阵，则可以定义微分形式

$$K = \frac{\mathrm{i}}{2} h_{\alpha\bar{\beta}}(z, \bar{z}) \mathrm{d}z^\alpha \wedge \mathrm{d}\overline{z^\beta}$$

它称为克勒 (Erich Kähler, 1906—2000) 形式，是实的。如果复流形 M 上的克勒形式是闭的，即

$$\mathrm{d}K = 0$$

这样的复流形 M 称为克勒流形。

克勒形式 [Kähler form] 见克勒流形。

克勒势 [Kähler potential] 如果 M 是 n 维复流形，$\rho \in C^\infty(M, \mathbb{R})$ 是一个多重调和函数，即对每一个局域坐标 $(U, z^1, \cdots, z^n)$，在所有点 $p \in U$，矩阵 $(\partial^2 \rho / \partial z^\alpha \partial \overline{z^\beta}(p))$ 是正定的，则有

$$K = \frac{\mathrm{i}}{2} \frac{\partial^2 \rho}{\partial z^\alpha \partial \overline{z^\beta}} \mathrm{d}z^\alpha \wedge \mathrm{d}\overline{z^\beta}$$

即该复流形的度规可以表示为

$$h_{\alpha\bar{\beta}} = \frac{\partial^2 \rho}{\partial z^\alpha \partial \overline{z^\beta}}$$

这个函数 ρ 称为克勒势。

协变微分 [covariant differential] 对于黎曼流形 M，其上的联络 ∇ 在局域坐标下可以由 Γ_{jk}^i 确定。设矢量 X 的局域坐标表示为

$$X = X^i \frac{\partial}{\partial x^i}$$

X 的协变微分定义为

$$\nabla X = \left(\mathrm{d}X^i + X^j \Gamma_{jk}^i \mathrm{d}x^k \right) \frac{\partial}{\partial x^i}$$
$$= X_{;k}^i \mathrm{d}x^k \frac{\partial}{\partial x^i},$$

其中

$$X_{;k}^i = \frac{\partial X^i}{\partial x^k} + X^j \Gamma_{jk}^i$$

将 X^i 视为逆变矢量的分量，则 $X_{;k}^i$ 常称为逆变矢量的协变导数。

协变导数 [covariant derivative] 对于黎曼流形 M，其上的联络 ∇ 在局域坐标下可以由 Γ_{jk}^i 确定。

对于矢量 X 和 Y，设其局域坐标表示为

$$X = X^i \frac{\partial}{\partial x^i}, \quad Y = Y^j \frac{\partial}{\partial x^j}$$

Y 沿 X 的协变导数定义为

$$\nabla_X Y = X^i \left(\frac{\partial Y^j}{\partial x^i} + \Gamma_{ik}^j Y^k \right) \frac{\partial}{\partial x^j}$$

李导数 [Lie derivative] 设 M 是 n 维光滑流形，$\varphi_t : M \to M$ 是局域可微同胚，且对任意 $p \in M$ 满足：① $\varphi_0(p) = p$，即 $\varphi_0 = \mathrm{id} : M \to M$；② 对任意实数 t, s，有 $\varphi_s \circ \varphi_t = \varphi_{s+t}$，则 φ_t 是光滑流形 M 上的单参数可微变换群。对一个确定的点 p，记 $\gamma_p(t) = \varphi_t(p)$，它是 M 上通过点 p 的一条参数曲线，称为单参数可微变换群 φ_t 的经过点 p 的轨迹。同胚映射 φ_t 诱导的切映射 $(\varphi_{-t})_*$ 将曲线上点 $\varphi_t(p)$ 处的切矢量场 $Y_{\varphi_t(p)}$ 拉回到点 p 处的切矢量场 $(\varphi_{-t})_* Y_{\varphi_t(p)}$，它不同于点 p 处原有的切矢量场 Y_p。极限

$$\lim_{t \to 0} \frac{(\varphi_{-t})_* Y_{\varphi_t(p)} - Y_p}{t}$$

反映了沿曲线 $\gamma_p(t)$ 分布的切矢量场 $Y_{\varphi_t(p)}$ 的变化率。如果 φ_t 是由流形 M 的切矢量场 X 生成的单参数变换群，则称

$$\mathcal{L}_X Y|_p = \lim_{t \to 0} \frac{(\varphi_{-t})_* Y_{\varphi_t(p)} - Y_p}{t}$$

为切矢量场 Y 关于 X 的李导数。李导数可用泊松括号表示为

$$\mathcal{L}_X Y = [X, Y]$$

对于黎曼流形，李导数与协变导数有关系

$$\mathcal{L}_X Y = \nabla_X Y - \nabla_Y X$$

李导数的概念可以推广到标量、矢量、张量、克里斯托费尔 (Christoffel) 符号等几何对象。

黎曼流形 [Riemannian manifold] 或称为黎曼空间，是三维欧几里得空间中曲面概念的推广，它是一种度量空间，也是一种特殊的流形。如果在 n 维微分流形 M 上给定了一个对称、正定的二次微分式 $\mathrm{d}s^2$，这样的流形称为黎曼流形，此二次微分式 $\mathrm{d}s^2$ 称为 M 的一个黎曼度规。在局域坐标系 $(x^1, x^2, \cdots, x^n)$ 中，黎曼度规可表示为

$$\mathrm{d}s^2 = g_{ik} \mathrm{d}x^i \mathrm{d}x^k$$

其中 g_{ik} 称为度规张量，是局域坐标 $(x^1, \cdots, x^n)$ 的函数。度规张量决定着黎曼流形的几何性质。关于黎曼流形的几何学称为黎曼几何。黎曼流形的曲率张量的分量不可能全部都等于零，也不可能通过坐标的变换将黎曼流形变为欧几里得空间，即将线元变为下列形式

$$\mathrm{d}s^2 = \delta_{ik}\mathrm{d}x^i\mathrm{d}x^k \quad (i, k = 1, 2, \cdots, n)$$

其中 δ_{ik} 是克罗内克 (Kroneker)δ 函数

$$\delta_{ik} = \begin{cases} 1, & \text{当} i = k \\ 0, & \text{当} i \neq k \end{cases}$$

广义相对论利用黎曼几何与张量分析作为表述其理论体系的数学工具，认为引力的四维时空是一种特殊的黎曼空间，在其四个坐标中，一个 x^0 取为类时的，三个 (x^1, x^2, x^3) 取为类空的，其度规 g_{ik} 应满足条件:$g_{00} > 0$，度规张量的分量所组成的矩阵其本征值一定是一个为正数，三个为负数。度规张量 g_{ik} 由作为引力场源的物质的分布和运动按爱因斯坦引力场方程确定，即由物质决定引力时空的几何性质。引力场视作度规场，引力场的引力势对应时空度规，引力场的强度就对应时空的仿射联络。

黎曼空间 [Riemann space] 见黎曼流形。

黎曼几何 [Riemann geometry] 见黎曼流形。

黎曼联络 [Riemann connection] 见联络。

莱维-齐维塔联络 [Levi-Civita connection] 一种特殊的联络。设 M 是黎曼流形，g 是其上的度规。如果仿射联络 ∇ 满足下列条件，则称其为莱维-齐维塔联络: ① 它是保度规的，即 $\nabla g = 0$。有时称满足此条件的联络是与度规 g 相容的; ② 它是无挠的，即对任意矢量场 X 和 Y，有 $\nabla_X Y - \nabla_Y X = [X, Y]$，这里 $[X, Y]$ 是矢量场 X 和 Y 的李括号。相应地，联络系数 Γ^i_{lk} 关于下指标 l, k 是对称的，即 $\Gamma^i_{lk} = \Gamma^i_{kl}$。

对于具有莱维-齐维塔联络的黎曼流形，其联络系数 Γ^i_{lk} 可用度规张量表示为

$$\Gamma^i_{lk} = \frac{1}{2}g^{im}(g_{mk,l} + g_{ml,k} - g_{kl,m})$$

黎曼度规 [Riemann metric] 见黎曼流形。

度规张量 [metric tensor] 黎曼空间的度规张量 g_{ik} 是一个二阶协变张量。度规张量一般是坐标的函数。它是一个对称张量，即交换协变指标 i, k 的次序它的值不变，$g_{ik} = g_{ki}$，它的协变导数为零。度规张量决定黎曼流形的几何性质，用它可表示该类流形的黎曼-克里斯托费尔曲率张量等。

黎曼-克里斯托费尔曲率张量 [Riemann-Christoffel curvature tensor] 又称黎曼曲率张量，或简称黎曼张量。它是表征黎曼空间弯曲程度，即曲率的张量。曲率张量

与度规张量有确定的关系。设 M 是 n 维黎曼流形，X, Y, Z 是其上的光滑切矢量场，∇ 是黎曼联络，则黎曼张量 R 可定义为

$$R(X, Y)Z = \nabla_X \nabla_Y Z - \nabla_Y \nabla_X Z - \nabla_{[X,Y]} Z$$

它看上去像是作用于 Z 的一个算符。在局域坐标系 (U, x^i) 下，曲率张量的分量可用仿射联络表示为

$$R^i_{klm} = \Gamma^i_{kl,m} - \Gamma^i_{km,l} + \Gamma^i_{nm}\Gamma^n_{kl} - \Gamma^i_{nl}\Gamma^n_{km}$$

而仿射联络可用度规张量表示为

$$\Gamma^i_{lk} = \frac{1}{2}g^{im}(g_{mk,l} + g_{ml,k} - g_{kl,m})$$

在狭义相对论理论中，闵可夫斯基世界作为四维时空，其曲率张量为零，故属于没有弯曲的平坦空间。在广义相对论中，时空的性质与物质及其运动有关。当存在引力场时，空间就是弯曲的，曲率张量不为零。

黎曼曲率张量 [Riemann curvature tensor] 即黎曼-克里斯托费尔曲率张量。

里契张量 [Ricci tensor] 将黎曼张量 R^i_{klm} 中的逆变指标 i 与协变指标 m 缩并后所得的二阶协变张量 $R_{kl} = R^i_{kli}$，称为里契张量，该张量关于指标是对称的，即 $R_{kl} = R_{lk}$。

标量曲率 [scalar curvature] 设 R_{ij} 是 n 维黎曼流形 M 的里契张量，$g_{ij}(i, j = 1, 2, \cdots, n)$ 是度规张量，g^{ij} 是 (g_{ij}) 的逆矩阵元，则 $R = g^{ij}R_{ij}$ 称为 M 的标量曲率。

挠率张量 [torsion tensor] 设 M 是微分流形，∇ 是其上的仿射联络，X, Y 是 M 上的任意两个光滑切矢量场，则挠率张量定义为

$$T(X, Y) = \nabla_X Y - \nabla_Y X - [X, Y]$$

其中 $[X, Y]$ 是矢量场 X, Y 的李 (Lie) 括号。在局域坐标系 (U, x^i) 下，挠率张量 T 的分量形式为

$$T^k_{ij} = \Gamma^k_{ji} - \Gamma^k_{ij}$$

当 $T = 0$ 时，称联络是无挠的，此时联络系数关于下标是对称的，即 $\Gamma^k_{ij} = \Gamma^k_{ji}$。

比安基恒等式 [Bianchi identity] 是关于黎曼曲率及其协变导数之间的一组恒等关系式。第一比安基 (Luigi Bianchi, 1856—1928) 恒等式为

$$R^k_{ijl} + R^k_{jli} + R^k_{lij} = 0$$

第二比安基恒等式为

$$R^k_{ijl;h} + R^k_{ilh;j} + R^k_{ihj;l} = 0$$

其中 $R^k_{ijl;h}$ 表示 R^k_{ijl} 对 x^h 的协变导数。

测地线 [geodesics]　又称短程线，它是黎曼空间中两点间具有极值（最短或最长）长度的曲线。平坦的欧几里得空间的测地线是直线。弯曲的黎曼空间的测地线一般不是直线，例如球面上两点之间的测地线是连接两点之间的大圆弧。若以弧长 s 作曲线参数，则测地线方程是

$$\frac{\mathrm{d}^2 x^i}{\mathrm{d}s^2} + \Gamma_{kl}^i \frac{\mathrm{d}x^k}{\mathrm{d}s} \frac{\mathrm{d}x^l}{\mathrm{d}s} = 0$$

其中 Γ_{kl}^i 是仿射联络。在广义相对论中，按等效原理，粒子在引力场中的自由运动是沿短程线的运动。由短程线方程可得到粒子的所有运动方程，对它们积分就可确定粒子的运动规律。

短程线 [geodesics]　即测地线。

基灵方程 [Killing equation]　对黎曼流形，如果度规张量 g 关于矢量 X 的李导数满足方程

$$\mathcal{L}_X g = 0$$

这样的矢量 X 称为基灵矢量。因为对任意矢量 X，有

$$(\mathcal{L}_X g)_{ij} = \nabla_i X_j + \nabla_j X_i$$

则基灵矢量满足方程

$$\nabla_i X_j + \nabla_j X_i = 0$$

这个方程称为基灵方程。

纤维丛 [fiber bundle]　一个纤维丛局部来看是两个空间的乘积空间，但整体上通常并非如此。一般而言，纤维丛是指一个四元组 (E, M, π, F)，这里 E, M, F 是拓扑空间，π 是映射。① 映射 $\pi: E \to M$ 是连续满射；② 对任意点 $p \in M$，有 $F_p = \pi^{-1}(p)$ 同胚于 F，该 F_p 称为点 p 上的纤维；③ 对任意 $p \in M$，存在 p 的一个邻域 $U_i \subset M$ 以及同胚映射 $\phi_i: U_i \times F \to \pi^{-1}(U_i)$。令 (p, f) 是 $U_i \times F$ 中的一点，要求 $\pi(\phi_i(p, f)) = p$。映射 ϕ_i 称为坐标函数；④ 存在 M 的开覆盖 $\{U_i\}$，对任意 i, j，在邻域 U_i 和 U_j 的交集 $U_i \cap U_j$ 中定义转换函数 $\phi_{ij} = \phi_i^{-1} \phi_j$。对每个 $p \in U_i \cap U_j$，ϕ_{ij} 是从纤维 F 到纤维 F 上的映射。要求这些转换函数属于纤维空间 F 的变换群 G。通常，将 G、π、E、M 以及 F 分别称为纤维丛的结构群、投影映射（简称映射）、全空间、底空间以及纤维。例如，莫比乌斯带是一个简单的纤维丛，底空间是圆环 S^1，纤维 F 是实线中的一个区间。

底空间 [base space]　见纤维丛。

矢量丛 [vector bundle]　如果纤维丛的纤维 F 是矢量空间，结构群 G 是线性群，这样的纤维丛称为矢量丛。

切丛 [tangent bundle]　设 M 是 n 维流形，切丛 $T(M)$ 是一个实矢量丛，对任意 $p \in M$，其纤维是切空间 $T_p(M)$。令 $(x_1, \cdots, x_n)$ 是空间 M 中某一邻域 U 上定义的局域坐标系，则对切丛 $T(M)$，可以选取标准基 $\{\partial/\partial x_1, \cdots, \partial/\partial x_n\}$。

余切丛 [cotangent bundle]　设 M 是 n 维流形，余切丛 $T^*(M)$ 是一个实矢量丛，对任意 $p \in M$，其纤维是余切空间 $T_p^*(M)$。令 $(x_1, \cdots, x_n)$ 是空间 M 中某一邻域 U 上定义的局域坐标系，则对余切丛 $T^*(M)$，可以选取标准基 $\{\mathrm{d}x_1, \cdots, \mathrm{d}x_n\}$。

张量丛 [bundle of tensors]　设 M 是 n 维流形，对任意点 $p \in M$ 上的 (r, s) 型张量空间

$$T_s^r(p) = \underbrace{T_p M \otimes \cdots \otimes T_p M}_{r} \otimes \underbrace{T_p^* M \otimes \cdots \otimes T_p^* M}_{s}$$

构造它们的非交并集

$$T_s^r M = \bigcup_{p \in M} T_s^r(p)$$

它称之为 M 上的 (r, s) 型张量丛，它在 p 点的纤维是 (r, s) 型张量空间 $T_s^r(p)$。张量丛推广了标架丛、切丛、余切丛等。

主丛 [principal bundle]　纤维 F 是李群 G（它是一个流形）的纤维丛称为主丛，简记为 $P(M, G)$。规范场理论是主丛上的联络理论，规范群 G 是纤维。主丛的联络相应于杨（振宁）–米尔斯（Mills）规范理论中的规范势，

$$A_\mu(x) = A_\mu^a(x) X_a$$

而主丛曲率相应于规范场强

$$F_{\mu\nu}(x) = F_{\mu\nu}^a(x) X_a$$

其中 X_a 是李群 G 相应的李代数 g 的生成元，它们满足关系

$$[X_a, X_b] = f_{abc} X_c$$

f_{abc} 是李代数 g 的结构常数。

标架丛 [frame bundle]　设 M 是 n 维微分流形。对于给定的一点 $p \in M$，在 p 处的一个标架是指在 p 点切空间中的一组基。标架丛是一种矢量丛，任一 $p \in M$ 的纤维 G_p 是矢量空间 F_p（它是 E 中 p 点的纤维）的所有标架的集合。例如，对于 k 维复矢量空间 $F = \mathbb{C}^k$，标架丛 P 的纤维 G 是 $k \times k$ 非奇异矩阵的集合，这些矩阵构成线性群 $GL(k, \mathbb{C})$，即 G 是矢量丛的结构群。

丛的截面 [cross-section of bundle]　纤维丛 (E, M, π, F) 的截面是一个连续映射 s

$$s: M \to E$$

它满足 $\pi \cdot s = $ 恒等映射，即对底流形 M 的每一点 p，在每一个纤维 F_p 上有一对应的点 $s(p)$ 满足 $\pi \cdot s(p) = p$。局域截

面 (见下图) 是定义在 M 的子集上的截面。整体截面的存在取决于丛 E 的整体几何。存在没有整体截面的纤维丛。

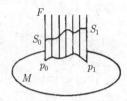

惠特尼和丛 [Whitney sum bundel]　也简称为惠特尼和。如果 E 和 F 是流形 M 上的两个丛，则按下列方式构造的 M 上的一个丛称为 E 和 F 的惠特尼和，记为 $E \oplus F$：① $E \oplus F$ 的纤维是 E 和 F 的纤维的直和；② $E \oplus F$ 的转换函数 $\phi_{E \oplus F}$ 是 E 的转换函数 ϕ_E 与 F 的转换函数 ϕ_F 的直和，即

$$\phi_{E \oplus F} = \begin{pmatrix} \phi_E & 0 \\ 0 & \phi_F \end{pmatrix}$$

示性类 [characteristic class]　示性类是区分不等价纤维丛的一种不变量，它刻画纤维丛扭曲的程度，是底流形的上同调类。主要有四种重要的示性类：陈 (省身) 类，庞特里亚金 (Pontryagin) 类，欧拉类以及斯蒂弗尔–惠特尼 (Stiefel–Whitney) 类。

陈类 [Chern class]　设 M 是 n 维复流形，E 是以 M 为底空间、$\mathbb{C}^k$ 为纤维、结构群为 $U(k)$ 的 k 维复矢量丛 (或者等价地为 $GL(k, \mathbb{C})$ 主丛 P)，陈类 $c_i (i = 1, 2, \cdots, k)$ 是定义在该类丛上的不变量，它是流形 M 的上同调类

$$c_i \in H^{2i}(M)$$

c_i 称为第 i 陈类。和式 $c = 1 + c_1 + \cdots + c_k$ 称为全陈类 (total Chern class)。对于复矢量丛 E 和 F 的惠特尼和 $E \oplus F$，全陈类有关系

$$c(E \oplus F) = c(E) \wedge c(F)$$

对主丛 P，设其上的曲率 2 形式为 $\boldsymbol{F}$，它是取值在结构群 G 相应的李代数上的 2 形式。对李代数的 k 维基础表示，$\boldsymbol{F}$ 是元素均为 2 形式的 $k \times k$ 矩阵 2 形式。当用这个曲率 2 形式表示时，有

$$c_i(P) = P_i(\boldsymbol{F})$$

这里 $P_i(\boldsymbol{F})$ 是一个 $U(k)$ 不变 $2i$ 形式的多项式，它可以由下列关系生成：

$$\det \left(tI + \frac{\mathrm{i}\boldsymbol{F}}{2\pi} \right) = \sum_{j=0}^{m} t^j P_{m-j}(\boldsymbol{F}),$$

其中 I 是 $m \times m$ 单位矩阵，此时 $c_i(\boldsymbol{F})$ 也称为陈形式 (Chern form)，它具有性质：① $P_i(\boldsymbol{F})$ 是闭的，即 $\mathrm{d}P_i(\boldsymbol{F}) = 0$；② $P_i(\boldsymbol{F})$ 与用于计算曲率 $\boldsymbol{F}$ 的联络 $\boldsymbol{A}$ 无关。

对于结构群为 $GL(k, \mathbb{C})$ 的主丛 P，用曲率形式表示的陈类为

$$c_0(P) = 1$$

$$c_1(P) = \frac{\mathrm{i}}{2\pi} \mathrm{tr}(\boldsymbol{F})$$

$$c_2(P) = \left(\frac{\mathrm{i}}{2\pi} \right)^2 \frac{1}{2} \left[\mathrm{tr}(\boldsymbol{F}) \wedge \mathrm{tr}(\boldsymbol{F}) - \mathrm{tr}(\boldsymbol{F} \wedge \boldsymbol{F}) \right]$$

$$\vdots$$

$$c_k(P) = \left(\frac{\mathrm{i}}{2\pi} \right)^k \det(\boldsymbol{F})$$

例如，当 $k = 2$ 时，有

$$\boldsymbol{F} = F^a \frac{\sigma^a}{2i}$$

其中 $\sigma^a (a = 1, 2, 3)$ 是泡利矩阵，则前几个陈类为

$$c_0(P) = 1$$

$$c_1(P) = 0$$

$$c_2(P) = -\frac{1}{16\pi^2} F^a \wedge F^a$$

陈特征 [Chern character]　陈特征是一种不变多项式。第 j 阶陈特征定义为

$$\mathrm{ch}_j(\boldsymbol{F}) = \frac{1}{j!} \mathrm{tr} \left(\frac{\mathrm{i}\boldsymbol{F}}{2\pi} \right)^j$$

当 $2j > n = \dim M$ 时，$\mathrm{ch}_j = 0$。陈特征与陈类之间存在关系，例如

$$\mathrm{ch}_0(\boldsymbol{F}) = k,$$

$$\mathrm{ch}_1(\boldsymbol{F}) = c_1(\boldsymbol{F}),$$

$$\mathrm{ch}_2(\boldsymbol{F}) = \frac{1}{2} \left[c_1(\boldsymbol{F})^2 - 2c_2(\boldsymbol{F}) \right]$$

其中 k 是丛的纤维维数。

全陈特征定义为各阶陈特征之和

$$\mathrm{ch}(\boldsymbol{F}) = \mathrm{ch}_1 + \mathrm{ch}_2 + \cdots + \mathrm{ch}_{[n/2]}$$

它是由下式生成的

$$\mathrm{ch}(\boldsymbol{F}) = \mathrm{tr} \exp \left[\frac{\mathrm{i}\boldsymbol{F}}{2\pi} \right]$$

全陈特征具有性质：设 E 和 F 是同一流形 M 的两个纤维丛，对它们的张量积丛 $E \otimes F$ 和惠特尼和 $E \oplus F$，有

$$\mathrm{ch}(E \otimes F) = \mathrm{ch}(E)\mathrm{ch}(F)$$

$$\mathrm{ch}(E \oplus F) = \mathrm{ch}(E) + \mathrm{ch}(F)$$

陈–西蒙斯形式 [Chern-Simons form]　也称为次级示性类。陈类 $c_i(\boldsymbol{F})$ 是一个 $2i$ 闭形式，局部地可以表示为下列形式

$$c_i(\boldsymbol{F}) = \mathrm{d}Q_{2i-1}(\boldsymbol{A}, \boldsymbol{F})$$

$Q_{2i-1}(\boldsymbol{A}, \boldsymbol{F})$ 称为陈–西蒙斯 (James Harris Simons, 1938—) 形式。

例如，几个陈–西蒙斯形式为

$$Q_1 = \frac{\mathrm{i}}{2\pi} \mathrm{tr}\, \boldsymbol{A}$$

$$Q_3 = \frac{1}{2}\left(\frac{\mathrm{i}}{2\pi}\right)^2 \mathrm{tr}\left[\boldsymbol{F} \wedge \boldsymbol{A} - \frac{1}{3}\boldsymbol{A} \wedge \boldsymbol{A} \wedge \boldsymbol{A}\right]$$

$$Q_5 = \frac{1}{6}\left(\frac{\mathrm{i}}{2\pi}\right)^3 \mathrm{tr}\left[\boldsymbol{F} \wedge \boldsymbol{F} \wedge \boldsymbol{A} - \frac{1}{2}\boldsymbol{F} \wedge \boldsymbol{A} \wedge \boldsymbol{A} \wedge \boldsymbol{A}\right.$$
$$\left. + \frac{1}{10}\boldsymbol{A} \wedge \boldsymbol{A} \wedge \boldsymbol{A} \wedge \boldsymbol{A} \wedge \boldsymbol{A}\right]$$

在物理学中，陈–西蒙斯形式已用于手征反常的结构，拓扑量子场论，拓扑绝缘体等许多问题的研究之中。

陈数 [Chern number] 如果陈类 $c_j(\boldsymbol{F})$ 是阶 (degree) 等于或低于流形 M 的维数 n 的形式，则可以将陈类对流形 M 或对适当的低维链进行积分，这种积分的结果是一个数，称为陈数，记为 $C_j(P)$ 或 $C_j(E)$。陈数是与联络无关的。例如

$$C_j(P) = \int_c c_j(\boldsymbol{F})$$

其中 c 是一个 j 链。特别是，如果 $j = n = \dim M$，则有

$$C_{n/2}(P) = \int_M c_{n/2}(\boldsymbol{F})$$

量子霍尔系统中标识不同量子霍尔态的所谓 TKNN(以 Thouless, Kohmoto, Nightingale, den Nijs 等名字的首字母命名) 拓扑不变量就是第一陈数 C_1。

庞特里亚金类 [Pontrjagin class] 设 M 是 n 维实流形，E 是以 M 为底空间、$\mathbb{R}^k$ 为纤维、结构群为 $O(k)$ 的 k 维实矢量丛 (或者等价地为 $GL(k, \mathbb{R})$ 主丛 P)，庞特里亚金类 $p_i(i = 1, 2, \cdots, j$，这里 $j = [k/2]$ 是 $k/2$ 的整数部分) 是定义在该类丛上的不变量，它是上同调类

$$p_i \in H^{4i}(M)$$

对主丛 P，当用丛上的曲率 2 形式 $\boldsymbol{F}$ 表示 p_i 时，有

$$p_i(P) = P_{2i}(\boldsymbol{F})$$

这里 $p_i(\boldsymbol{F})$ 是一个 $O(k)$ 不变 $4i$ 形式的多项式，它可以由下列关系生成

$$\det\left(tI - \frac{\boldsymbol{F}}{2\pi}\right) = \sum_{j=0}^{m} t^j P_{m-j}(\boldsymbol{F})$$

其中 I 是 $m \times m$ 单位矩阵。要注意到，因为 $\boldsymbol{F} \in o(k)$(这里 $o(k)$ 是群 $O(k)$ 对应的李代数)，则有 $\boldsymbol{F}^t = -\boldsymbol{F}$，这导致对奇

数 j 有 $P_j = 0$。$p_i(\boldsymbol{F})$ 的具体形式为

$$p_1(\boldsymbol{F}) = -\frac{1}{2}\left(\frac{1}{2\pi}\right)^2 \mathrm{tr}\, \boldsymbol{F}^2$$

$$p_2(\boldsymbol{F}) = \frac{1}{8}\left(\frac{1}{2\pi}\right)^4 \left[(\mathrm{tr}\, \boldsymbol{F}^2)^2 - 2\mathrm{tr}\, \boldsymbol{F}^4\right]$$

$$p_3(\boldsymbol{F}) = \frac{1}{48}\left(\frac{1}{2\pi}\right)^6 \left[-(\mathrm{tr}\, \boldsymbol{F}^2)^3 \right.$$
$$\left. + 6\mathrm{tr}\, \boldsymbol{F}^2 \mathrm{tr}\, \boldsymbol{F}^4 - 8\mathrm{tr}\, \boldsymbol{F}^6\right]$$

$$\vdots$$

$$p_{[k/2]} = \left(\frac{1}{2\pi}\right)^k \det \boldsymbol{F}$$

和式 $p = 1 + p_1 + \cdots + p_j$ 称为全庞特里亚金类。对于实矢量丛 E 和 F 的惠特尼和 $E \oplus F$，全庞特里亚金类有关系

$$p(\boldsymbol{F}_{E \oplus F}) = p(\boldsymbol{F}_E) \wedge p(\boldsymbol{F}_F)$$

$$p(E \oplus F) = p(E)p(F)$$

欧拉类 [Euler class] 设 M 是 n 维实流形，E 是以 M 为底空间、$\mathbb{R}^k$ 为纤维、结构群为 $SO(k)$ 的 $k = 2m$(即偶数维) 定向矢量丛 (或者等价地为 $SO(k, \mathbb{R})$ 主丛 P)，欧拉类 e 是定义在该类丛上的不变量，它是上同调类

$$e \in H^k(M)$$

对于结构群为 $SO(k, \mathbb{R})(k = 2m)$ 的主丛 P，欧拉类与庞特里亚金类之间有关系

$$e(P) \wedge e(P) = p_{k/2}(P)$$

对于偶数维矢量丛 E 和 F 的惠特尼和 $E \oplus F$，欧拉类有关系

$$e(E \oplus F) = e(E)e(F)$$

对主丛 P，当用丛上的曲率 2 形式 $\boldsymbol{F}$ 表示时，有

$$e(P) = \frac{1}{(2\pi)^m} \mathrm{Pf}(\boldsymbol{F})$$

其中 $\mathrm{Pf}(\boldsymbol{F})$ 是矩阵 $F^\alpha_\beta(\alpha, \beta = 1, 2, \cdots, k(= 2m))$ 的普法夫式 (Pfaffian)，即

$$\mathrm{Pf}(\boldsymbol{F}) = \frac{(-1)^m}{2^m m!} \varepsilon_{\alpha_1 \alpha_2 \cdots \alpha_{2m}} F^{\alpha_1}_{\alpha_2} \wedge F^{\alpha_3}_{\alpha_4} \wedge \cdots \wedge F^{\alpha_{2m-1}}_{\alpha_{2m}}$$

其中 $\alpha_i = 1, 2, \cdots, k(= 2m)(i = 1, 2, \cdots, 2m)$。上述普法夫式是 $SO(k)$ 不变的。

如果 M 是偶数维 $2n$ 紧致可定向流形，切丛 $T(M)$ 具有结构群 $SO(2n)$，则有广义的高斯–博内定理

$$\int_M e(T(M)) = \chi(M)$$

其中 $\chi(M)$ 是流形 M 的欧拉示性数。

斯蒂弗尔–惠特尼类 [Stiefel-Whitney class] 设 M 是 n 维实流形，E 是以 M 为底空间、$\mathbb{R}^k$ 为纤维、结构群为 $O(k)$ 的 k 维实矢量丛 (或者等价地为 $GL(k,\mathbb{R})$ 主丛 P)，斯蒂弗尔–惠特尼类 $w_i(i=1,2,\cdots,k)$ 是定义在该类丛上的不变量，它是 $\mathbb{Z}_2$ 上同调类，即

$$w_i \in H^i(M,\mathbb{Z}_2) \quad (i=1,\cdots,n-1)$$

$i=n$ 的斯蒂弗尔–惠特尼类与欧拉类等同。w_i 不能用曲率 2 形式给出。全斯蒂弗尔–惠特尼类定义各斯蒂弗尔–惠特尼类之和，即

$$w = 1 + w_1 + \cdots + w_n$$

如果 E 是 M 的切矢量丛 $T(M)$，即 $E=T(M)$，则

$$w_1(T(M)) = 0 \Leftrightarrow M \text{是可定向的。}$$

如果 $w_2(T(M)) \neq 0$，则 M 没有自旋结构，即不能在 $E=T(M)$ 上定义可整体平行移动的狄拉克旋量。如果 $w_2(T(M))=0$，在流形 M 上定义自旋结构也要求 M 是可定向的。

托德类 [Todd class] 对复矢量丛 E，托德类 $\mathrm{td}(E)$ 是由形式为

$$\mathrm{td}(E) = \prod_j \frac{x_j}{1-\mathrm{e}^{-x_j}} = \mathrm{td}_0(E) + \mathrm{td}_1(E) + \cdots$$

的表示式生成的示性类。上式中 $x_j = \dfrac{\mathrm{i}}{2\pi}F_j$，这里 F_j 是曲率 2 形式 $\boldsymbol{F}$ 取值于丛的结构群 G 相应的李代数 $gl(k,\mathbb{C})$ 上的矩阵表示对角化后的对角元，各对角元也是 2 形式。对惠特尼和，有

$$\mathrm{td}(E \oplus F) = \mathrm{td}(E) \wedge \mathrm{td}(F).$$

托德类可以用陈类表示出来。几个托德类的表示式为

$$\mathrm{td}_0(\boldsymbol{F}) = 1$$
$$\mathrm{td}_1(\boldsymbol{F}) = \frac{1}{2}c_1(\boldsymbol{F})$$
$$\mathrm{td}_2(\boldsymbol{F}) = \frac{1}{12}\left[c_1^2(\boldsymbol{F}) + c_2(\boldsymbol{F})\right]$$
$$\mathrm{td}_3(\boldsymbol{F}) = \frac{1}{24}c_1(\boldsymbol{F})c_2(\boldsymbol{F})$$

指标定理 [index theorem] 指标定理表示在纤维丛上微分算符的解析性质与纤维丛自身的拓扑性质之间存在关系。有许多种指标定理，如高斯–博内定理，黎曼–洛克 (Riemann-Roch) 定理，阿蒂亚–辛格 (Atiyah-Singer) 指标定理等。

椭圆算符 [elliptic operator] 设 E 和 F 是 n 维流形 M 上的复矢量丛，一个微分算符 D 是丛的截面之间的线性映射

$$D: \Gamma(M,E) \to \Gamma(M,F)$$

设在 M 上每点 x 的邻域 $U \subset M$ 有局域坐标 $(x_1,\cdots,x_n)$，相应的 E 和 F 的截面分别为

$$\xi(x) = (\xi^1(x),\cdots,\xi^k(x))$$
$$\eta(x) = (\eta^1(x),\cdots,\eta^l(x))$$

其中 $k = \dim E$, $l = \dim F$。微分算符 D 的最一般形式为

$$D(\xi^1(x),\cdots,\xi^k(x)) = (\eta^1(x),\cdots,\eta^l(x))$$
$$\eta^i(x) = \sum_{j=1}^{k} a^i_{j,\mu_1,\cdots,\mu_n} \frac{\partial^{\mu_1+\cdots+\mu_n}}{\partial x_1^{\mu_1}\cdots\partial x_n^{\mu_n}} \xi^j(x)$$
$$(i=1,2,\cdots,l)$$

其中 $\mu_1 + \cdots + \mu_n = |\mu| \leqslant \nu$, $\mu_j \in \mathbb{Z}$, $\mu_j \geqslant 0$。ν 是一个整数，称为微分算符 D 的阶。将 $a^i_{j,\mu_1,\cdots,\mu_n}$ 视为 $l \times k$ 矩阵 $a_{\mu_1,\cdots,\mu_n}$(简记为 a_μ) 的矩阵元，即

$$a^i_{j,\mu_1,\cdots,\mu_n} = (a_{\mu_1,\cdots,\mu_n})^i_j = (a_\mu)^i_j$$

算符 D 的符号 (symbol)$\sigma(D,\zeta)$ 是下列 $l \times k$ 矩阵

$$\sigma(D,\zeta) = \sum_{|\mu|=\nu} (a_\mu)^i_j \zeta_\mu$$

其中 $\zeta = (\zeta_1,\cdots,\zeta_n) \in T^*_x(M)$, $x \in M$ 且截面 $\xi \in \pi_E^{-1}(x)$。如果对每一 $x \in M$，矩阵 $\sigma(D,\zeta)$ 是可逆的，即 $\det \sigma(D,\zeta) \neq 0$，且 $\zeta \in \mathbb{C}^n - 0$，则算符 D 称为椭圆算符。例如，定义在旋量丛上的狄拉克算符 $D = \mathrm{i}\gamma^\mu \partial_\mu + m$ (丛的截面是狄拉克旋量波函数) 是 $\nu = 1$ 的一阶椭圆算符，拉普拉斯算符 $\Delta = (\mathrm{d}+\mathrm{d}^\dagger)^2 = \mathrm{dd}^\dagger + \mathrm{d}^\dagger\mathrm{d}$(这里 d 是外微分算符，$\mathrm{d}^\dagger$ 是伴外微分算符) 是 $\nu = 2$ 的二阶椭圆算符。

当在纤维丛 E 和 F 上定义纤维度规 (分别记为 $\langle\ ,\ \rangle_E$ 和 $\langle\ ,\ \rangle_F$) 后，可以定义算符 D 的伴随算符 $D^\dagger$

$$\langle \eta, D\xi \rangle_F = \langle D^\dagger \eta, \xi \rangle_E$$

其中 $\xi \in \Gamma(M,E)$, $\eta \in \Gamma(M,F)$。算符 $D^\dagger$ 也是丛的截面之间的线性映射

$$D^\dagger: \Gamma(M,F) \to \Gamma(M,E)$$

作为一种映射，椭圆算符 D 的核 (kernel) 为

$$\ker D = \{\xi \in \Gamma(M,E) | D\xi = 0\}$$

D 的象为

$$\mathrm{im}D = \big\{\eta \in \Gamma(M,F) | \text{存在} \xi \in \Gamma(M,E),$$
$$\text{使得} \eta = D\xi\big\}$$

D 的余核 (cokernel) 为

$$\mathrm{coker}D = \Gamma(M,F)/\mathrm{im}D$$

弗雷德霍姆算符 [Fredholm operator]　核的维数以及余核的维数均有限的椭圆算符称为弗雷德霍姆 (Erik Ivar Fredholm, 1866—1927) 算符。紧致流形 M 上的椭圆算符是弗雷德霍姆算符。

对弗雷德霍姆算符 D, 定义解析指标 (analytic index) 为

$$\mathrm{ind}D = \dim \ker D - \dim \mathrm{coker}\, D$$

也有关系

$$\mathrm{ind}D = \dim \Gamma(M, E) - \dim \Gamma(M, F)$$

当纤维丛上定义度规后, 有关系

$$\mathrm{ind}D = \dim \ker D - \dim \ker D^\dagger$$

解析指标是一个整数, 是整体拓扑不变量。

阿蒂亚–辛格指标定理 [Atiyah-Singer index theorem]　对 n 维紧致无边流形 M, 设 E 和 F 是其上的两个矢量丛, 作用于这两个矢量丛的截面的弗雷德霍姆算符 D 的解析指标是拓扑不变量, 可以用示性类表示出来, 这是 1963 年阿蒂亚和辛格证明的, 其表示式为

$$\mathrm{ind}D = (-1)^{\frac{1}{2}n(n+1)} \int_M \frac{\mathrm{ch}(E) - \mathrm{ch}(F)}{e(T(M))} \mathrm{td}(T(M) \otimes \mathbb{C})$$

其中 $\mathrm{ch}(E)$, $\mathrm{ch}(F)$ 分别是矢量丛 E 和 F 的陈特征, $e(T(M))$ 为底流形 M 的切丛 $T(M)$ 的欧拉类, $\mathrm{td}(T(M)\otimes\mathbb{C})$ 是底流形切丛的托德类。注意, 为使右边的积分有意义, 仅需选取 n 形式。上述结果称为阿蒂亚–辛格指标定理, 是 20 世纪数学的杰作之一, 在数学、物理学等中的诸多领域有重要的作用。阿蒂亚–辛格指标定理可以推广到带边流形, 开无限流形等其他情况。

高斯–博内定理、黎曼–洛克定理等均是阿蒂亚–辛格指标定理的推论。

磁单极周围零能费米子解的数目, $SU(2)$ 杨–米尔斯场的瞬子解的独立参数的个数等均可按阿蒂亚–辛格指标定理进行理解。

单形 [simplex]　又称单纯形, 是线段、三角形、四面体等对象的高维推广。设 $a_0, a_1, \cdots, a_q$ 是 n 维欧几里得空间 $\mathbb{R}^n$ 中的 $q+1$ 个点, 如果 $a_1 - a_0, a_2 - a_0, \cdots, a_q - a_0$ 是线性无关的, 则称该组点是几何无关点组。点 x 的集合

$$\underline{\sigma}^q = \left\{ x \in \mathbb{R}^n \,\middle|\, x = \sum_{i=0}^q \lambda_i a_i, \ \lambda_i \geqslant 0, \sum_{i=0}^q \lambda_i = 1 \right\}$$

称为以 $a_0, a_1, \cdots, a_q$ 为顶点的 q 维单形, 也记为 $\underline{\sigma}^q = \langle a_0, a_1, \cdots, a_q \rangle$, 系数 $\lambda_0, \lambda_1, \cdots, \lambda_q$ 称为该单形的重心坐标。设 $\{i_0, \cdots, i_r\}$ 是 $\{0, 1, \cdots, q\}$ 的子集, 单形 $\underline{\sigma}^r = \langle a_{i_0}, a_{i_1}, \cdots, a_{i_r} \rangle$ 称为 $\underline{\sigma}^q$ 的 r 维面。$\underline{\sigma}^q$ 的零维面就是它的顶点, 它的

一维面也称为它的棱。当 $q > 0$ 时, $\underline{\sigma}^q$ 的 $q+1$ 个顶点有 $(q+1)!$ 种排列方式, 其中一半是 $(0, 1, \cdots, q)$ 的偶排列, 另一半是 $(0, 1, \cdots, q)$ 的奇排列, 这两种置换的等价类构成 $\underline{\sigma}^q$ 的两个定向。指定了一个定向的单形称为有向单形。将有向单形记为 $\sigma^q = (a_0, a_1, \cdots, a_q)$, 或简记为 $\sigma^q = a_0 a_1 \cdots a_q$, 另一个有向单形则记为 $-\sigma^q = -a_0 a_1 \cdots a_q$。

单纯复形 [simplicial complex]　又称单纯复合形, 简称为 "复形"。设 $K = \{\sigma\}$ 是 $\mathbb{R}^n$ 中有限个单形的集合, 如果 K 满足下列条件, 则该 K 称为单纯复形: ① 如果 $\sigma^q \in K$, 则 σ^q 的任一面也属于 K; ② 如果 σ^q, $\sigma^p \in K$, 则或者 $\sigma^q \cap \sigma^p = \varnothing$ 或者 $\sigma^q \cap \sigma^p$ 是 σ^q 和 $\sigma^p \in K$ 的公共面。K 中各单形维数的最大值称为 K 的维数。K 的全体单形的并集 $\cup_{\sigma \in K} \sigma$ 所成的空间 (它是 $\mathbb{R}^n$ 的子空间) 称为 K 的多面体, 记为 $|K|$。称 K 为多面体 $|K|$ 的一个单纯剖分 (simplicial subdivision) 或三角剖分 (triangulation), 也称 K 的维数为多面体 $|K|$ 的维数。如果 L 是 K 的子复形, 则称 $|L|$ 为 $|K|$ 的子多面体。

链群 [chain group]　设 K 是一个 n 维复形, 它的全体单形

$$\{\sigma_i^q, q = 0, 1, \cdots, n; i = 1, 2, \cdots, \alpha_q\}$$

均是有向单形, 其中 α_q 是 K 中 q 维单形的个数, 这样的集合称为 K 的有向单形的基本组, 简记为 $\{\sigma_i^q\}$。对于 $g_i \in \mathbb{Z}$, 定义下列形式的整系数线性组合

$$x_q = g_1 \sigma_1^q + g_2 \sigma_2^q + \cdots + g_{\alpha_q} \sigma_{\alpha_q}^q = \sum_{i=1}^{\alpha_q} g_i \sigma_i^q$$

称此 x_q 是 K 中的一个 q 维链。对于 K 中的任意两个 q 维链 $x_q = \sum\limits_{i=1}^{\alpha_q} g_i \sigma_i^q$ 和 $y_q = \sum\limits_{i=1}^{\alpha_q} h_i \sigma_i^q$, 定义它们的和为

$$x_q + y_q = \sum_{i=1}^{\alpha_q} (g_i + h_i) \sigma_i^q$$

对于这样的加法, K 的全体 q 维链构成以 $\{\sigma_i^q\}$ 为基的阿贝尔群, 称为 K 的 q 维链群, 记为 $C_q(K; \mathbb{Z})$, 这里 $\mathbb{Z}$ 表示整数加群。链群 $C_q(K; \mathbb{Z})$ 是与基的选取无关的, 不同基相应的链群是同构的。

同调群 [homology group]　同调群是代数拓扑中的重要概念之一, 是一个重要的拓扑不变量。

对于任意 q 维有向单形 $\sigma^q = a_0 a_1 \cdots a_q$, 定义边界算符 ∂, 它将 σ^q 映为 $q-1$ 维链 (记其 $\partial \sigma^q$):

$$\partial \sigma^0 = 0, \ \partial \sigma^q = \sum_{i=0}^q (-1)^i a_0 a_1 \cdots \hat{a}_i \cdots a_q \quad (q > 0)$$

$\partial \sigma^q$ 称为 σ^q 的边界链或简称为边界。上式中 $\hat{a}_i$ 表示不出现该 a_i。对 K 中的任意 q 维链 $x_q = \sum\limits_{i=1}^{\alpha_q} g_i \sigma_i^q$, 可以定义它的

边界链为

$$\partial x_q = \sum_{i=1}^{\alpha_q} g_i \partial \sigma_i^q \quad (q \geqslant 0)$$

则边界算符 ∂ 定义了链群 $C_q(K, \mathbb{Z})$ 到 $C_{q-1}(K, \mathbb{Z})$ 的一个同态

$$\partial : C_q(K, \mathbb{Z}) \to C_{q-1}(K, \mathbb{Z})$$

通常将这个同态记为 ∂_q。上式中将 $C_1(K, \mathbb{Z})$ 视为零群，即 $\partial_0 : C_0(K, \mathbb{Z}) \to \{0\}$ 为零同态。

边界算符 ∂_q 具有性质：对有向单形 σ^q 以及任意 q 维链 x_q，有

$$\partial_{q-1}\partial_q \sigma^q = 0, \quad \partial_{q-1}\partial_q x_q = 0$$

通常记为 $\partial_{q-1}\partial_q = 0$。

如果 q 维链 x_q 满足条件 $\partial_q x_q = 0$，则称该链为 q 维闭链。复形 K 中所有 q 维闭链构成链群 $C_q(K; \mathbb{Z})$ 的一个子群，称为 q 维闭链群，记为 $Z_q(K; \mathbb{Z})$

$$Z_q(K; \mathbb{Z}) = \{x_q \in C_q(K; \mathbb{Z}) | \partial_q x_q = 0\}$$

也可将 q 维闭链群定义为边界算符 ∂_q 的核，即

$$\mathrm{Ker}\partial_q = Z_q(K; \mathbb{Z})$$

设 z_q 是一个 q 维边界链，即 $z_q = \partial_{q+1} x_{q+1}$，复形 K 中所有 q 维边界链构成链群 $C_q(K; \mathbb{Z})$ 的另一个子群，称为 q 维边界链群，记为 $B_q(K; \mathbb{Z})$

$$B_q(K; \mathbb{Z}) = \{z_q | z_q = \partial_{q+1} x_{q+1}$$
$$x_{q+1} \in C_{q+1}(K; \mathbb{Z})\}$$

也可将 q 维边界链群定义为边界算符 ∂_{q+1} 的象，即

$$\mathrm{Im}\partial_{q+1} = B_q(K; \mathbb{Z})$$

由边界算符的性质 $\partial_{q-1}\partial_q = 0$ 可知，$B_q(K; \mathbb{Z})$ 是 $Z_q(K; \mathbb{Z})$ 的一个子群，即有下列阿贝尔群链

$$C_q(K; \mathbb{Z}) \supset Z_q(K; \mathbb{Z}) \supset B_q(K; \mathbb{Z})$$

商群

$$H_q(K; \mathbb{Z}) = Z_q(K; \mathbb{Z}) / B_q(K; \mathbb{Z})$$

称为复形 K 的 q 维 (整系数) 同调群，它的元素称为同调类。

上述整数集合 $\mathbb{Z}$ 可以换为有理数集合 $\mathbb{Q}$，实数集合 $\mathbb{R}$，复数集合 $\mathbb{C}$，整数模 2 集合 $\mathbb{Z}_2$ 等阿贝尔群，相应地分别有有理同调群，实同调群，复同调群，整数模 2 同调群等。$H_q(K; \mathbb{Z})$ 完全确定了 $H_q(K; G)$，这里 $G = \mathbb{Q}, \mathbb{R}, \mathbb{C}, \mathbb{Z}_2$。

贝蒂数和挠系数 [Betti number and torsion number] 贝蒂数是一族重要的拓扑不变量，它取值为非负整数

或无穷大。贝蒂数是以意大利数学家恩里科·贝蒂 (Enrico Betti, 1823—1892) 的名字命名的。

设 K 是 n 维复形，它的 q 维同调群 $H_q(K; \mathbb{Z})$ 可唯一地分解为下列直和的形式

$$H_q(K; \mathbb{Z}) = \underbrace{\mathbb{Z} \oplus \mathbb{Z} \oplus \cdots \oplus \mathbb{Z}}_{b_q} \oplus \mathbb{Z}_{h_q^1} \oplus \mathbb{Z}_{h_q^2} \oplus \cdots \oplus \mathbb{Z}_{h_q^{\tau_q}}$$

其中 $b_q, \tau_q \geqslant 0$，分别称为 K 的 q 维贝蒂数和挠系数。当 $\tau_q > 0$ 时，h_q^i 是大于 1 的整数，且 h_q^i 整除 h_q^{i+1} ($i = 1, \cdots, \tau_q - 1$)。$\mathbb{Z}_{h_q^i} (i = 1, \cdots, \tau_q)$ 是阶为 h_q^i 的循环。b_0 是连通分支的个数，b_q 是 q 维"洞"的个数，而 τ_q 反映了 K 中的单形连接时的"挠曲"状态。$T_q = \mathbb{Z}_{h_q^1} \oplus \mathbb{Z}_{h_q^2} \oplus \cdots \oplus \mathbb{Z}_{h_q^{\tau_q}}$ 称为复形 K 的挠子群。

闭上链群 [cocycle group] 设 M 是 n 维微分流形，$\Lambda^q(M)$ 是 M 上所有 q 维外微分形式的集合。外微分算符 d 是一个从 $\Lambda^q(M)$ 到 $\Lambda^{q+1}(M)$ 的同态 (将其改记为 d^q)，即

$$\mathrm{d}^q : \Lambda^q(M) \to \Lambda^{q+1}(M)$$

设 $\omega \in \Lambda^q(M)$，如果 $\mathrm{d}^q \omega = 0$，则称 ω 是 q 次闭上链，或 q 次闭形式。M 上的所有 q 次闭形式的集合构成的群称为 q 次闭上链群，记为 $Z^q(M)$，即

$$Z^q(M) = \{\omega | \mathrm{d}^q \omega = 0, \omega \in \Lambda^q(M)\}$$

它也可表示为

$$Z^q(M) = \ker \mathrm{d}^q$$

上边界群 [coboundary group] 设 M 是 n 维微分流形，ω 和 θ 分别是 M 上的 q 形式和 $q-1$ 形式，即 $\omega \in \Lambda^q(M)$，$\theta \in \Lambda^{q-1}(M)$。如果 $\omega = \mathrm{d}^{q-1}\theta$，则称 ω 是 q 次上边界，或 q 次恰当形式。M 上的所有 q 次上边界的集合构成的群称为 q 次上边界群，记为 $B^q(M)$，即

$$B^q(M) = \{\omega | \mathrm{d}^{q-1}\theta = \omega, \theta \in \Lambda^{q-1}(M)\}$$

它也可表示为

$$B^q(M) = \mathrm{Im} \, \mathrm{d}^{q-1}$$

根据性质 $\mathrm{d}^q \mathrm{d}^{q-1} = 0$，可知上边界群和闭上链群之间有关系

$$Z^q(M) \supset B^q(M)$$

上同调群 [cohomology group] 流形 M 的第 q 次德拉姆 (de Rham) 上同调群定义为

$$H^q(M; \mathbb{R}) = Z^q(M) / B^q(M)$$

霍奇数 [Hodge number] 设 M 是复 n 维复流形，其上的 (r, s) 形式的集合记为 $\Lambda^{r,s}(M)$。外微分算符 d 可以表示为

$$\mathrm{d} = \partial + \overline{\partial}$$

即对 $\omega \in \Lambda^{r,s}(M)$，有

$$\mathrm{d}\omega = \partial\omega + \overline{\partial}\omega$$

其中

$$\partial : \Lambda^{r,s}(M) \to \Lambda^{r+1,s}(M)$$

$$\overline{\partial} : \Lambda^{r,s}(M) \to \Lambda^{r,s+1}(M)$$

对于 $\omega \in \Lambda^{r,s}(M)$，如果有 $\overline{\partial}\omega = 0$，即 ω 关于 $\overline{\partial}$ 是闭 (r,s) 形式，称为 (r,s) 闭上链。所有 (r,s) 闭上链的集合记为 $Z_{\overline{\partial}}^{r,s}(M)$，它构成群，称为闭上链群。如果有 $\omega = \overline{\partial}\eta$，这里 $\eta \in \Lambda^{r,s-1}(M)$，即 ω 关于 $\overline{\partial}$ 是恰当的 (r,s) 形式，称为 (r,s) 上边界。所有 (r,s) 恰当形式的集合记为 $B_{\overline{\partial}}^{r,s}(M)$，它构成群，称为上边界群。上边界群 $B_{\overline{\partial}}^{r,s}(M)$ 是闭上链群 $Z_{\overline{\partial}}^{r,s}(M)$ 的子群。(r,s) 次 $\overline{\partial}$ 上同调群定义为

$$H_{\overline{\partial}}^{r,s}(M) = Z_{\overline{\partial}}^{r,s}(M) / B_{\overline{\partial}}^{r,s}(M)$$

该同调群的复维数称为霍奇数，记为 $b^{r,s}$。

群论 [group theory]　群论是系统研究群的结构、性质以及应用的一门数学学科，源于数论、方程理论、几何学以及晶体学等，现有许多分支，如有限群论、无限群论、李群论、代数群论等。

群论概念首次出现于 18 世纪末，19 世纪初拉格朗日 (Joseph-Louis Lagrange, 1736—1813)，鲁菲尼 (Paolo Ruffini, 1765—1822)，阿贝尔 (Niels Henrik Abel, 1802—1829) 等试图寻求高次多项式方程的代数解法的工作中，当时他们所涉及的是置换群。阿贝尔据此证明了五次方程一般是不可能代数求解的。对群与代数方程的关系作出一般性研究并取得决定性结果的则是伽罗瓦 (Évariste Galois, 1811—1832)，术语"群"也是他所造。凯莱 (Arthur Cayley, 1821—1895)，柯西 (Augustin-Louis Cauchy, 1789—1857) 等进一步推进了这方面的研究工作，得到了关于置换群的许多重要定理。1849 年凯莱给出了群的现代定义。

1872 年，克莱因提出了埃尔朗根纲领，开启了群 (主要是对称群) 在几何学中的应用，阐明了几何学的群论意义。1884 年，李 (Marius Sophus Lie, 1842—1899) 开展了对连续群 (现在称为李群) 的系统研究；其后，基灵 (Wilhelm Karl Joseph Killing, 1847—1923)，斯图迪 (Christian Hugo Eduard Study, 1862—1930)，舒尔 (Issai Schur, 1875—1941)，莫勒 (Ludwig Maurer, 1859—1927)，嘉当等进行了许多相关的工作。1888 年，基灵给出了单李群的分类，1894 年嘉当对此作了进一步的完善。

高斯在有关数论的工作中已隐含地使用了某种阿贝尔群结构，而明确引入该类群结构的是克罗内克 (Leopold Kronecker, 1823—1891)。

在晶体学中，早期关于晶体各种结构的问题是通过群论解决的。1809 年，外斯 (Christian Samuel Weiss, 1780—1856) 发现了晶体的对称定律并将晶体分为 6 大晶系。1830 年黑塞尔 (Johann Friedrich Christian Hessel, 1796—1872) 确定了描述晶体对称性的 32 种点群。1885—1890 年之间，首先是费多洛夫 (Evgraf Stepanovich Fedorov, 1853—1919)，然后是申夫利斯 (Arthur Moritz Schoenflies, 1853—1928) 证明晶体的空间对称群只有 230 种。

19 世纪 80 年代前后，综合上述几个方面的来源，数学家们成功地概括出抽象群论的公理系统，大约在 1890 年这种系统得到公认。

在 20 世纪，群论一方面得到了爆炸式的发展，另一方面它在近代数学、物理学、化学、密码学等领域有广泛和重要的应用。群论在物理学中的应用是与研究物理系统的对称性密切相关的。维格纳 (Eugene Paul Wigner, 1902—1995) 和外尔 (Hermann Weyl, 1885—1955) 在 20 世纪 20 年代中期首先将群论引入到物理学中。维格纳奠定了量子力学的对称性理论的基础，并因这方面的工作获得 1963 年的诺贝尔物理学奖。盖尔曼 (Murray Gell-Mann, 1929—) 以及奈曼 (Yuval Neéman, 1925—2006) 在 1962 年将李群用于强相互作用粒子的分类，盖尔曼也因该方面的工作获得 1969 年的诺贝尔物理学奖。格拉肖 (Sheldon Lee Glashow, 1932—)，萨拉姆 (Mohammad Abdus Salam, 1926—1996) 以及温伯格 (Steven Weinberg, 1933—) 等将群论用于弱电统一规范理论之中，实现了弱相互作用和电磁相互作用的统一，他们为此获得 1979 年的诺贝尔物理学奖。

群 [group]　群是一类重要的代数系。设 G 是一个非空的集合，在其中定义一种二元运算 (常称其为乘法，用 $\cdot$ 表示)，如果它满足下列条件，则称 G 是一个群：① 封闭性：如果 $x \in G$，$y \in G$，则存在唯一确定的 $z \in G$ 使得 $x \cdot y = z$；② 结合律：如果对 G 中三个任意元素 $x, y, z \in G$ 均有 $(x \cdot y) \cdot z = x \cdot (y \cdot z)$；③ 单位元 e：如果存在元素 $e \in G$，对任意 $x \in G$，均满足 $e \cdot x = x \cdot e = x$，则 e 称为单位元；④ 逆元：对任意 $x \in G$，存在 $y \in G$，有 $x \cdot y = y \cdot x = e$，则称 x 与 y 互为逆元素，简称逆元，记作 $x^{-1} = y$。乘法符号 $\cdot$ 常常省略。

群 G 中元素的个数称为群的阶。如果个数是有限的，则称为有限群，否则称为无限群。

例如，所有整数的集合对加法运算构成一个群，它是无限群。又如，全体非零有理数组成的集合对通常的乘法构成一个群。

在物理学中，各种对称性变换的集合在某种运算规则下各自构成群，按变换的性质可将它们分为：① 时空对称性群，如洛伦兹群，转动群等；② 内部对称性群，如同位旋群 $SU(2)$，

规范群等。

子群 [subgroup]　　如果 G 的元素组成一个非空的子集 H 在 G 的乘法运算下也成为一个群，则称 H 是 G 的子群。G 本身以及由单个元素 e 构成的集合 $\{e\}$ 均是 G 的子群，它们是平凡子群，其他的子群称为真子群。例如，全体偶数构成整数加群的一个真子群。

不变子群 [invariant subgroup]　　也称为正规子群。设 N 是群 G 的一个子群，如果对于群 G 中的任一个元素 g 和子群 N 的任一个元素 a，均有 $g^{-1}ag \in N$，或者 $gNg^{-1} = N$，则称子群 N 为群 G 的不变子群。例如，任意群 G 的中心，即

$$N(G) = \{n \in G | \forall g \in G, ng = gn\}$$

均是不变子群；又如，交换群的子群是不变子群。

正规子群 [normal subgroup]　　见不变子群。

陪集 [coset]　　设 H 是群 G 的一个子群，而 $g \in G$，则集合

$$gH = \{gh | h \in H\}$$

称为 H 的一个左陪集。G 中的每一个元素 g 都包含在 H 的某一个左陪集中。类似地可以定义右陪集。

商群 [quotient group]　　以群 G 的不变子群 N 的陪集作为元素构成的群称为商群，记作 G/N。商群的任意两个元素 aN 和 bN 的乘积定义为

$$(aN)(bN) = abN$$

$N = 1 \cdot N$ 是商群 G/N 的单位元，aN 的逆元为 $a^{-1}N$。

连续群 [continuous group]　　也称为拓扑群。如果群 G 也是一个拓扑空间，且 G 的乘积运算与逆运算在该拓扑空间中是连续的，则该群称为连续群。李群是一种连续群。

循环群 [cyclic group]　　若群 G 的任意元素都是 G 的某一个元素 a 的乘方，即 $G = \{a^k | k$ 为任意整数$\}$，则称该群为循环群，元素 a 称为循环群 G 的生成元 (generator)。如果 G 是有限阶的，则称为有限循环群，否则称其为无限循环群。例如，所有整数关于加法成为一个无限循环群，其生成元为 1。

阿贝尔群 [Abelian group]　　也称为交换群或可交换群，它是其元素的运算与它们的次序无关的群，即对任意两个元素 $a, b \in G$，均有 $a \cdot b = b \cdot a$。例如整数集合对加法运算构成的群是阿贝尔群；所有循环群均是阿贝尔群。阿贝尔群是以挪威数学家尼尔斯·亨利克·阿贝尔 (Niels Henrik Abel，1802—1829) 的名字命名的。

交换群 [commutative group]　　见阿贝尔群。

非阿贝尔群 [non-Abelian group]　　又称非交换群。群中至少有两个元素的运算是不可以交换次序的群，称为非

阿贝尔群。它可以是离散的，也可以是连续的。例如三维空间中的转动群 $SO(3)$。非阿贝尔李群在规范理论中有重要的作用。

非交换群 [non-commutative group]　　即非阿贝尔群。

迷向子群 [isotropy subgroup]　　又称稳定子群或小群。设 X 是一个集合，G 是它的变换群。对于任意 $x \in X$，群

$$G^x = \{g \in G | gx = x\}$$

称为 G 对 x 的迷向子群。不同点的迷向子群之间相互同构。例如 $O(n-1)$ 是 $O(n)$ 中的迷向子群。

稳定子群 [stability subgroup]　　即迷向子群。

小群 [little group]　　即迷向子群。

经典群 [classical group]　　一般线性群、正交群、幺正群等几种群的总称。

一般线性群 [general linear group]　　设 V 是域 F 上的 $n(n > 1)$ 维矢量空间，从 V 到 V 的所有可逆线性变换的集合记为 $GL(V)$，该集合在通常乘法运算下构成一个群，称为 V 上的一般线性群。设 $e_1, e_2, \cdots, e_n$ 是 V 在域 F 上的一组基，则每一变换 $T \in GL(V)$ 对应于域 F 上的一个 n 阶可逆矩阵 (a_{ij})，

$$Te_i = \sum_{j=1}^{n} a_{ij}e_j \quad (i = 1, \cdots, n)$$

这种全体 n 阶矩阵的集合关于矩阵乘法构成一个群，记为 $GL_n(F)$。$GL(V)$ 和 $GL_n(F)$ 是同构的，常将它们视为同一个群。或者说，$GL_n(F)$ 是 $GL(V)$ 的表示。一般线性群 $GL_n(F)$ 中所有行列式等于 1 的元素集合构成一个子群，称为特殊线性群，记为 $SL_n(F)$，即

$$SL_n(F) = \{A | A \in GL_n(F), \det A = 1\}$$

如果域 F 是实的，相应称为实一般线性群和实特殊线性群；如果域 F 是复的，则相应称为复一般线性群和复特殊线性群。

特殊线性群 [special linear group]　　见一般线性群。

正交群 [orthogonal group]　　n 维欧几里得空间 V 上所有正交变换的集合在通常乘法下构成一个群，称为正交群，记为 $O(V)$。在 V 中选定一组正交基 $e_1, e_2, \cdots, e_n$，则 $O(V)$ 同构于所有 n 阶正交矩阵的集合在矩阵乘法下构成的群 O_n。O_n 中所有行列式等于 1 的正交矩阵的集合构成 O_n 的一个不变子群，称为特殊正交群，记为 SO_n，即

$$SO_n = \{A | A \in O_n, \det A = 1\}$$

特殊正交群 [special orthogonal group]　　见正交群。

幺正群 [unitary group]　n 维幺正空间 V 上所有幺正变换的集合在通常乘法下构成一个群，称为幺正群，记为 $U(V)$。在 V 中选定一组正交基 $e_1, e_2, \cdots, e_n$，则 $U(V)$ 中的每个元素可以用一个 n 阶幺正矩阵表示。幺正矩阵 (也称为厄米矩阵 (Hermitian matrix)) 是在转置和取复共轭下不变的矩阵，即满足条件 $A^\dagger = A$ 的矩阵。这里 $A^\dagger = (A^*)^t$，其中上标 t 表示转置，$*$ 表示取复共轭。$U(V)$ 同构于所有 n 阶幺正矩阵的集合在矩阵乘法下构成的群 U_n。U_n 中所有行列式等于 1 的正交矩阵的集合构成 U_n 的一个不变子群，称为特殊幺正群，记为 SU_n，即

$$SU_n = \{A \,|\, A \in U_n, \det A = 1\}$$

特殊幺正群 [special unitary group]　见幺正群。

点群 [point group]　晶体中至少有一点 (对称元素相交的点) 为不动的晶体宏观对称操作的集合，称为点群。晶体宏观对称操作包含旋转、镜像反射、空间反演和它们的组合。可以证明，所有这些宏观对称操作的集合共有 32 种，每一种集合均构成一个群。

平移群 [translation group]　晶体中的平移对称操作的集合构成的群称为平移群。由于晶格空间周期性加于平移对称操作上的限制，平移对称操作的所有可能的不同集合共有 14 种，每一种集合均构成一个群。

空间群 [space group]　是某个理想晶体 (即空间周期性排列的空间点阵) 的对称性群，是该晶体关于某轴的转动、关于平面的反射、平移以及它们的组合等对称操作的集合构成的群。有 230 个空间群，它是由俄国结晶学家费多洛夫 (Fedorov) 和德国结晶学家申夫利斯 (Schoenflies) 在 1890 至 1891 年间各自独立地先后推导得出来的。

对称群 [symmetric group]　也称为置换群。对称群 S_n 是 n 个对象的完全置换的集合构成的群，它的阶为 $n!$。置换是指一个对象集合到其自身上的一一对应的映射。设 n 个对象可以记为 $X = \{1, 2, \cdots, n\}$，则置换可以表示为

$$s = \begin{pmatrix} 1 & 2 & \cdots & n \\ p_1 & p_2 & \cdots & p_n \end{pmatrix}$$

它表明将 1 置换为 $p_1, \cdots, n$ 置换为 p_n，这里 $p_1, p_2, \cdots, p_n$ 之中没有两个是相同的，它们是 $1, 2, \cdots, n$ 的另一种排列。s 的逆置换 s^{-1} 为

$$s^{-1} = \begin{pmatrix} p_1 & p_2 & \cdots & p_n \\ 1 & 2 & \cdots & n \end{pmatrix}$$

置换的单位元为

$$e = \begin{pmatrix} 1 & 2 & \cdots & n \\ 1 & 2 & \cdots & n \end{pmatrix}$$

两个置换 s 和 t

$$t = \begin{pmatrix} q_1 & q_2 & \cdots & q_n \\ 1 & 2 & \cdots & n \end{pmatrix}$$

的乘积为

$$st = \begin{pmatrix} q_1 & q_2 & \cdots & q_n \\ p_1 & p_2 & \cdots & p_n \end{pmatrix}$$

这里的乘法是从右向左进行的，即将 q_i 由 t 置换为 i，而 i 由 s 置换为 p_i，故有 q_i 由 st 置换为 p_i。X 的所有置换的集合在上述运算下构成群，记为 S_n。凯莱 (Cayley) 定理表明，每一个 n 阶群均同构于对称群 S_n 的一个子群。

对 n 个全同粒子组成的量子力学系统，对称群 S_n 是该系统的对称性群。

置换群 [permutation group]　见对称群。

欧几里得群 [Euclidean group]　是欧几里得空间的对称群。设 T 是 n 维欧几里得空间 $\mathbb{R}^n$ 上保持任意两点之间的距离不变的变换，即如果 $\boldsymbol{x}, \boldsymbol{y}$ 是 $\mathbb{R}^n$ 中的任意两个矢量，则有

$$\| T\boldsymbol{x} - T\boldsymbol{y} \| = \| \boldsymbol{x} - \boldsymbol{y} \|$$

这里 $\| \boldsymbol{x} - \boldsymbol{y} \|$ 是矢量 $\boldsymbol{x}, \boldsymbol{y}$ 所表示的两点之间的距离。这样的变换 T 称为等距变换，它包括平移、绕某点 (或某轴) 的转动、对线和面的反射等多种变换。等距变换 $T: \boldsymbol{x} \to \boldsymbol{x}'$ 具有形式

$$\boldsymbol{x}' = T(\boldsymbol{x}) = \boldsymbol{R}\boldsymbol{x} + \boldsymbol{t}$$

其中 $\boldsymbol{R}$ 相应于转动，$\boldsymbol{t}$ 对应于平移，即沿某方向移动距离 $\| \boldsymbol{t} \|$。如果矢量 $\boldsymbol{x}$ 具有坐标 $\{x^i, i = 1, 2, \cdots, n\}$，则等距变换的分量式为

$$x'^i = R_j^i x^j + t^i$$

其中矩阵 (R_j^i) 是正交矩阵。$\mathbb{R}^n$ 中所有等距变换的集合在下列运算规则下构成的群称为欧几里得群，记为 E_n 或 $E(n)$。将等距变换记为 $T = \{\boldsymbol{R}|\boldsymbol{t}\}$，则 E_n 的单位元为 $T_0 = \{1|0\}$。$T = \{\boldsymbol{R}|\boldsymbol{t}\}$ 的逆为 $T^{-1} = \{\boldsymbol{R}|\boldsymbol{t}\}^{-1} = \{\boldsymbol{R}^{-1}| - \boldsymbol{R}^{-1}\boldsymbol{t}\}$。$E_n$ 中两个元素 $T_1 = \{\boldsymbol{R}_1|\boldsymbol{t}_1\}$ 和 $T_2\{\boldsymbol{R}_2|\boldsymbol{t}_2\}$ 的乘积为

$$T_1 T_2 = \{\boldsymbol{R}_1|\boldsymbol{t}_1\}\{\boldsymbol{R}_2|\boldsymbol{t}_2\} = \{\boldsymbol{R}_1\boldsymbol{R}_2|\boldsymbol{R}_1\boldsymbol{t}_2 + \boldsymbol{t}_1\}$$

E_n 的阶为 $n(n+1)/2$，其中 n 个与平移对称性有关，其余的 $n(n-1)/2$ 个与转动对称性有关。等距变换集合中所有平移变换的集合，转动变换的集合分别构成欧几里得群的子群，而欧几里得群是这两个子群的半直积群。

覆盖群 [covering group]　当简单李群 G 的群空间是多连通时，它一定同态于另一个群空间是单连通的简单李

群，这个单连通的简单李群称为李群 G 的覆盖群。例如，群 $SU(2)$ 是转动群 $SO(3)$ 的覆盖群。

和乐群 [holonorny group]　设在主纤维丛 $\pi : P \to M$ 上给定了联络，对于底空间 M 上任意给定的一条分段光滑曲线 C，设其始点和终点分别为 x 和 y，在主纤维丛 P 中它们的纤维分别为 $\pi^{-1}(x)$ 和 $\pi^{-1}(y)$，则可以按下列方式定义从纤维 $\pi^{-1}(x)$ 到纤维 $\pi^{-1}(y)$ 的映射：任取纤维 $\pi^{-1}(x)$ 上的一点 u，则在 P 中存在唯一的以 u 为起点的曲线 C_u^* 满足：① $\pi(C_u^*) = C$；② C_u^* 的切矢量是 C 的切矢量的水平提升。将这样的曲线 C_u^* 称为曲线 C 在点 u 处的水平提升。曲线 C_u^* 定义了映射 $u \in \pi^{-1}(x) \mapsto C_u^*$ 的终点 $v \in \pi^{-1}(y)$。注意，这种映射不仅依赖于曲线 C，也与联络有关。

如果 x 和 y 是 M 上的同一点，即曲线 C 是 M 上以 x 为基点的闭曲线。设 u 是 P 上的一点，且 $x = \pi(u)$，则曲线 C 的水平提升 C_u^* 是以 $u \in \pi^{-1}(x)$ 为起点，而终点为 $v \in \pi^{-1}(x)$ 的曲线 (见下图)。v 和 u 之间存在变换关系 $v = ua$，这里 a 是群 G 的某一元素。当 C 取遍以 x 为基点的全体分段光滑闭曲线时，所有这种元素 a 的集合构成一个群，称为由给定联络决定的以 $x \in M$ 为基点的和乐群 (见下图)。显然，和乐群是 G 的一个子群。当底空间 M 是连通的，则不同基点的和乐群是同构的。贝利 (Michael Berry，1941—) 相与 $U(1)$ 主丛上的和乐群相关。

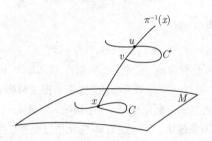

另外还有一类所谓的限制和乐群，它是指在黎曼流形上对于一个固定点同伦于零的闭曲线所诱导的切空间上的等距同构所构成的群. 更具体地说，设 M 是 n 维黎曼流形，$x \in M$，C 是过 x 点的闭曲线，则 x 点的切空间 $T_x(M)$ 中的矢量 $X \in T_x(M)$ 由 x 点沿 C 平行移动再回到 x 点会得到新的矢量 $X_c \in T_x(M)$，则闭曲线 C 和联络会诱导一个等距自同构 $\widetilde{C} : T_x(M) \to T_x(M)$. 以 x 为基点的所有闭曲线相应的等距自同构的集合构成群，称为 x 点的限制和乐群，记为 $H(x)$。通常，限制和乐群是 $GL(n, \mathbb{R})$ 的一个子群。

洛伦兹群 [Lorentz group]　设 V 是有闵可夫斯基 (Hermann Minkowski，1864—1909) 度规 η 的 n 维实矢量空间。闵可夫斯基度规 η 是对称的非退化 $(2,0)$ 型张量，在正交归一基下是 $n \times n$ 阶对角矩阵

$$\eta = \begin{pmatrix} 1 & & & & \\ & 1 & & & \\ & & \ddots & & \\ & & & 1 & \\ & & & & -1 \end{pmatrix}$$

如果 Λ 是 V 中的等距变换且满足条件

$$\Lambda^t \eta \Lambda = \eta$$

则称它为洛伦兹变换。所有这种洛伦兹变换的集合构成的群称为齐次洛伦兹群，记为 $O(n-1, 1)$ 或 $L(n)$。洛伦兹群是非紧致李群。

当 $n = 4$，即四维时空时，相应的洛伦兹群是狭义相对论中的对称群。设 $\Lambda \in O(3,1)$，则根据 $\det \Lambda$ 以及 Λ 的矩阵元 Λ_{44} 的性质可将洛伦兹群分为四个不连通的子集：$L_+^\uparrow$, $L_-^\uparrow$, $L_+^\downarrow$ 和 $L_-^\downarrow$，洛伦兹群是它们的并集，即

$$O(3,1) = L_+^\uparrow \cup L_-^\uparrow \cup L_+^\downarrow \cup L_-^\downarrow$$

(1) $L_+^\uparrow = \{\Lambda \in O(3,1) | \det \Lambda = 1, \Lambda_{44} \geqslant 1\}$，该子集构成 $O(3,1)$ 的子群，其中的元素是通常的洛伦兹变换，是保持时间方向不变的四维时空中的转动。该子群称为限制洛伦兹群 (restricted Lorentz group)，也称为正规正时洛伦兹群 (proper orthochronous Lorentz group)。

(2) $L_-^\uparrow = \{\Lambda \in O(3,1) | \det \Lambda = -1, \Lambda_{44} \geqslant 1\}$，其中的元素包含空间反演变换。

(3) $L_+^\downarrow = \{\Lambda \in O(3,1) | \det \Lambda = 1, \Lambda_{44} \leqslant 1\}$，其中的元素包含时间反演变换。

(4) $L_-^\downarrow = \{\Lambda \in O(3,1) | \det \Lambda = -1, \Lambda_{44} \leqslant 1\}$，其中的元素包含空间和时间反演变换。

子集 $L_-^\uparrow$，$L_+^\downarrow$ 和 $L_-^\downarrow$ 均不是洛伦兹群 $O(3,1)$ 的子群，但它们之中的任何一个与 $L_+^\uparrow$ 的并集均是洛伦兹群 $O(3,1)$ 的子群。$L^\uparrow = L_+^\uparrow \cup L_-^\uparrow = \{\Lambda \in O(3,1) | \Lambda_{44} \geqslant 1\}$ 称为正时洛伦兹群 (orthochronous Lorentz group)。$L_+ = L_+^\uparrow \cup L_+^\downarrow = \{\Lambda \in O(3,1) | \det \Lambda = 1\}$ 称为正规洛伦兹群 (proper Lorentz group)。

庞加莱群 [Poincaré group]　也称为非齐次的洛伦兹群 (inhomogeneous Lorentz group)。四维闵可夫斯基时空中保持两点距离不变的变换的集合构成的群称为庞加莱群，这些变换包括所有的平移以及洛伦兹变换。所有的平移的集合构成庞加莱群的一个子群，而洛伦兹群也是庞加莱群的一个子群。

动力学群 [dynamical group]　对于量子力学系统，可以构造这样的一种群，它们给出系统的能谱以及能级的简并度，同时其中包含一些能确定态之间跃迁概率的生成元，即这类群能完整描述系统的动力学性质，称为动力学群。动

力学群不是系统的不变群，即该类群的生成元并不要求与系统的哈密顿算符可交换。例如，三维各向同性谐振子系统的一个动力学群是海森伯群 $N(3)$ 与 $Sp(6, R)$ 的半直积，即 $N(3) \rtimes Sp(6, R)$。海森伯群 $N(3)$ 是由谐振子的 6 个产生算符和湮灭算符以及单位元生成的李代数所对应的群。

辛群 [symplectic group]　设 J 是 $2n \times 2n$ 阶反对称矩阵

$$J = \begin{pmatrix} 0 & E_n \\ -E_n & 0 \end{pmatrix}$$

其中 E_n 是 n 阶单位矩阵。设 A 是 $2n \times 2n$ 阶复矩阵，如果 A 满足条件

$$A^t J A = J$$

其中上标 t 表示矩阵的转置，则称该矩阵 A 为辛矩阵。所有 $2n \times 2n$ 阶辛矩阵的集合关于矩阵乘法构成的群称为辛群，记为 $Sp(n, \mathbb{C})$ 或 $Sp(n)$。

或者按照下列方式定义辛群。设 V 是域 F 上的 n 维线性空间，$f(x, y)$ 是 V 上取值在 F 中的双线性型，即对所有 $x, y, z \in V$，$k \in F$，它满足条件：① $f(x + y, z) = f(x, z) + f(y, z)$；② $f(x, y + z) = f(x, y) + f(x, z)$；③ $f(kx, y) = kf(x, y)$。如果在 V 中不存在 x, y 使得 $f(x, y) = 0$，则称该双线性型是非退化的。如果对所有 $x, y \in V$，均有 $f(x, y) = -f(y, x)$，则称 $f(x, y)$ 是反对称双线性型。存在非退化的反对称双线性型的空间 V 的维数必定是偶数。设 A 是空间 V 的变换，$f(x, y)$ 是 V 上的非退化的反对称双线性型，如果对所有 $x, y \in V$ 均有

$$f(Ax, Ay) = f(x, y)$$

则称 A 是辛变换。V 上所有辛变换的集合在乘法下构成群，称为辛群。

李群 [Lie group]　一个群 G 如果同时又是一个 r 维的光滑流形，且乘法运算 φ 和逆运算 τ 均是光滑的，即

$$\varphi : G \times G \to G$$
$$(g_1, g_2) \mapsto g_1 g_2$$

以及

$$\tau : G \to G$$
$$g \mapsto g^{-1}$$

均是光滑映射，则称 G 是一个 r 维李群。如果流形是实的，称为实李群；如果是复的解析流形，称为复李群。李群是一种连续群。r 维李群的群元 g 可以用 r 个参数 $\boldsymbol{\alpha} = \{\alpha_1, \cdots, \alpha_r\}$ 表示，故也称它为 r 参数李群。例如转动群 $SO(3)$ 是 3 维李群，其参数可以选为欧拉角。

如果除了单位元外，李群没有其他不变子群，则称它为单李群；如果除了单位元外，没有其他的阿贝尔不变子群，则称该李群为半单李群。

如果李群的群空间是紧致的（例如群空间是欧几里得空间中的闭区域），则该李群称为紧致李群，否则称为非紧致群。幺正群等是紧致李群，洛伦兹群是非紧致群。

一般线性群、特殊线性群、幺正群、正交群等均是李群。

例外群 [exceptional group]　与 5 个例外李代数 G_2, F_4, E_6, E_7, E_8 相对应的群称为例外群。这些李代数的秩是由其脚标所表示的。例外群在超弦理论中有重要的应用。例如，10 维时空中杂化弦的规范群是 $E_8 \times E_8$。

外尔群 [Weyl group]　在权空间中，对每个根 $\boldsymbol{\alpha}$ 存在权 $\boldsymbol{m}$ 的一个变换

$$S_\alpha : \boldsymbol{m} \to \boldsymbol{m}' = \boldsymbol{m} - \frac{2\boldsymbol{\alpha}(\boldsymbol{m}, \boldsymbol{\alpha})}{(\boldsymbol{\alpha}, \boldsymbol{\alpha})}$$

它是对垂直于根 $\boldsymbol{\alpha}$ 的超曲面的反射，称为外尔反射（Weyl reflection）。上式中 $(\boldsymbol{\alpha}, \boldsymbol{\alpha}) = \sum_{i=1}^{l} \alpha^i \alpha_i$ 表示根的内积（这里 l 是相关李代数的秩）。每一个外尔反射置换权。当取遍所有根时，所有外尔反射的集合 $\{S_\alpha, \alpha \in \Sigma\}$ 生成权的一个置换群，其中的乘法，即外尔反射的乘积定义为相继做两次外尔反射，这样的群称为外尔群，记为 W。

辫子群 [braid group]　n 弦的辫子群 B_n 是一个有 $n - 1$ 个生成元 σ_i 的无限群。这些生成元满足所谓的阿廷（Emil Artin, 1898—1962）关系：

(1) 对 $i = 1, 2, \cdots, n - 2$，

$$\sigma_i \sigma_{i+1} \sigma_i = \sigma_{i+1} \sigma_i \sigma_{i+1} \tag{2.1}$$

(2) 对 $|i - j| > 2$，

$$\sigma_i \sigma_j = \sigma_j \sigma_i \tag{2.2}$$

关系 (2.1) 也称为杨（振宁）–巴克斯特（Rodney James Baxter, 1940—）方程。生成元 σ_i 交换第 i 根弦和第 $i+1$ 根弦的下端点并且从下面穿越第 $i+1$ 根弦。生成元 σ_i 的逆 σ_i^{-1} 则是从上面穿越第 $i+1$ 根弦。单位元相应于各弦的端点没有交换。

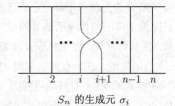

S_n 的生成元 σ_i

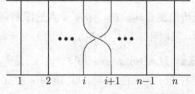

S_n 的生成元 σ_i 的逆元 σ_i^{-1}

阿廷关系也可以分别用下列图形表示。

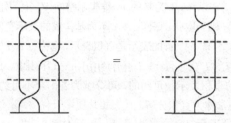

关系 (2.1) 的图示

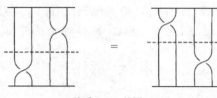

关系 (2.2) 的图示

量子群 [quantum group]　它源于理论物理中用量子反散射方法研究量子可积系统，是一类既非对易又非余对易的霍普夫 (Hopf) 代数，在许多情况下，它们是复半单李代数 g 的万有包络代数的形变，即量子包络代数，通常记为 $U_q(g)$。霍普夫代数的特征是通过余乘、余单位、对映等以及相关的约束条件体现的。

例如，对于量子群 $U_q(su_2)$(这里 q 是域 F 中的一个非零元素，且 $q^2 \neq 1$)，它是由满足下列关系的生成元 E, F, K 以及 K^{-1} 生成的

$$KK^{-1} = K^{-1}K = 1$$
$$KEK^{-1} = q^2 E$$
$$KFK^{-1} = q^{-2} F$$
$$[E, F] \equiv EF - FE = \frac{K^2 - K^{-2}}{q - q^{-1}}$$

它是 su_2 的包络代数 $U(su_2)$ 的形变，形变参数是 q。

量子群理论在物理学和数学的多个学科分支中有重要的应用。

直积群 [direct product]　设群 G_1 和 G_2 是群 G 的两个子群，如果 G_1 的所有元素均与群 G_2 的所有元素可交换，两个子群仅有单位元是共同的，即 $G_1 \cap G_2 = \{e\}$，G 的每一个元素可以表示为群 G_1 和 G_2 的元素的乘积，则称 G 是 G_1 和 G_2 的乘积群，记为 $G = G_1 \otimes G_2$。直接群 G 的表示是 G_1 和 G_2 的表示的张量积。

表示 [representation]　设 G 为群，V 是域 F 上的矢量空间，V 映射到自身上的所有非奇异线性变换构成的群记为 $GL(V)$。G 到 $GL(V)$ 的同态 $\rho : g \in G \to \rho(g) \in GL(V)$，称为群 G 的表示，V 则称为表示空间，V 的维数称为表示的维数。群 G 到 $GL(n, F)(F = \mathbb{C}$ 或 $\mathbb{R})$ 中的同态 $\rho : g \to \rho(g)$

称为 G 的 n 维矩阵表示。

群表示 [group representation]　设群 G 的元素为 $\{g_1, g_2, \cdots, g_n, \cdots\}$。如果能将群的每一个元素 g_k 与一个唯一的矩阵 $M(g_k)(k = 1, 2, \cdots, n)$ 建立对应关系，且在下列意义上矩阵乘法与群的乘法相对应: 当 $g_i \cdot g_j = g_k$ 时，有

$$M(g_i)M(g_j) = M(g_i \cdot g_j) = M(g_k)$$
$$i, j, k \in \{1, 2, \cdots, n\}$$

则将矩阵集合 $\{M(g_1), M(g_2), \cdots, M(g_n)\}$ 称为群 G 的一个表示。群元与矩阵的对应不必是一对一的，同一个矩阵可以表示几个群元，但是每一个群元必须由一个确定的矩阵来表示。

例如，群 $SU(2)$ 的元素的矩阵表示形式为

$$\begin{pmatrix} \alpha & -\beta^* \\ \beta & \alpha^* \end{pmatrix}$$

其中 $*$ 表示复共轭，$\alpha, \beta \in \mathbb{C}$ 是复数，且满足条件

$$|\alpha|^2 + |\beta|^2 = 1$$

可约表示 [reducible representation]　如果群 G 的表示 $\rho(G)$ 的每一个表示矩阵 $\rho(g)(g \in G)$ 均能通过同一个相似变换 X 化为同一形式的阶梯矩阵

$$X^{-1}\rho(g)X = \begin{pmatrix} \rho^{(1)}(g) & M(g) \\ 0 & \rho^{(2)}(g) \end{pmatrix}$$

则称该表示是可约表示，否则称为不可约表示。

不可约表示 [irreducible representation]　见可约表示。

基本表示 [fundamental representation]　设 (ρ, V) 是群 G 的一个表示，且 $\rho : G \to GL(n, V)$，n 是 V 的维数，即对每个 $g \in G$，$\rho(g) \in GL(n, V)$ 是一个 $n \times n$ 矩阵，则 $\rho(G)$ 是一个矩阵群。如果将 $\rho(G)$ 的每个元素视为作用在 V 上的算符，该作用是矩阵的乘法，群 G 的这种表示称为基本表示。

基本表示在不同情况下可能有不同的名字。例如，对于 $G = SO(3)$，$V = \mathbb{R}^3$，相应的基本表示常称为矢量表示; 对于 $G = SU(2)$，$V = \mathbb{C}^2$，基本表示称为旋量 (spinor) 表示。

这种群表示也诱导对应的李代数的表示，此时将李代数的元素视为线性算符。例如，李代数 $so(3)$ 的矢量表示为

$$\rho(L_x) = \begin{pmatrix} 0 & 0 & 0 \\ 0 & 0 & -1 \\ 0 & 1 & 0 \end{pmatrix}$$

$$\rho(L_y) = \begin{pmatrix} 0 & 0 & 1 \\ 0 & 0 & 0 \\ -1 & 0 & 0 \end{pmatrix}$$

$$\rho(L_x) = \begin{pmatrix} 0 & -1 & 0 \\ 1 & 0 & 0 \\ 0 & 0 & 0 \end{pmatrix}$$

其中 L_x, L_y, L_z 是 $so(3)$ 的生成元。在物理学中它们可以是角动量的三个分量。

忠实表示 [faithful representation]　设 A 是域 F 上的李代数，V 是 F 上的矢量空间，(ρ, V) 是 A 的一个表示。如果映射 $\rho : A \to gl(V)$ 是一一对应的，则该 ρ 称为 A 的忠实表示。

伴随表示 [adjoint representation]　以李群的李代数作为表示空间所得到的表示称为伴随表示，也称为正规表示。具体来说，设李群为 G，它的李代数为 A，对任意 $g \in G$，$X \in A$，可以定义 A 上的线性算符 Ad_g，它按下列方式作用于 X：

$$Ad_g(X) = gXg^{-1}, \quad X \in A$$

这定义了一个同态

$$Ad : G \to GL(A)$$

$$g \mapsto Ad_g$$

它就是群 G 的伴随表示。对这种表示，其矩阵元可用李代数的结构常数表示出来，因此该种表示的维数就是李群的维数。在规范理论中，紧致半单李群的规范场属于伴随表示。

同态 Ad 诱导李群 G 相应的李代数 A 上的一个同态 ad：

$$ad : A \to gl(A)$$

$$X \mapsto ad_X, \quad X \in A$$

这里

$$ad_X(Y) = [X, Y], \quad X, Y \in A$$

其中 $[X, Y]$ 是 X, Y 的对易子。ad 是李代数的伴随表示。

例如，群 $SU(2)$ 的李代数 $su(2)$ 的伴随表示为

$$I_1 = \begin{pmatrix} 0 & 0 & 0 \\ 0 & 0 & -i \\ 0 & i & 0 \end{pmatrix}, \quad I_2 = \begin{pmatrix} 0 & 0 & i \\ 0 & 0 & 0 \\ i & 0 & 0 \end{pmatrix}$$

$$I_3 = \begin{pmatrix} 0 & -i & 0 \\ i & 0 & 0 \\ 0 & 0 & 0 \end{pmatrix}$$

其矩阵元也可以用莱维–齐维塔 (Levi-Civita) 符号 ε_{imn} 表示为 $(I_i)_{mn} = -i\varepsilon_{imn}$，或者用 $su(2)$ 的结构常数 C_{ijk} 表示：$(I_i)_{mn} = C_{imn}$。

直积表示 [representation of direct product]　群在直积空间上的表示称为群的直积表示，也称为张量积表示。

设群 G 在以 $\{x_i\}$ 为基的 n 维表示空间 V 上的矩阵表示为 $T(G)$，在以 $\{y_j\}$ 为基的 m 维表示空间 V' 上的矩阵表示为 $T'(G)$，则当取张量积 $\{x_i \otimes y_j\}$ 为基构成的表示空间，即直积空间 $V \otimes V'$ 时，群的表示是直积表示，记为 $T \otimes T'(G)$，矩阵元为 $[T \otimes T'(g)]_{ij,kl} = T_{ik}(g)T'_{jl}(g)(g \in G)$，维数为 $n \times m$。有限维的直积表示是可约的，可分解为若干个不可约表示的直和，通常称为直积分解。

诱导表示 [induced representation]　设 H 是有限群 G 的子群，所谓诱导表示是指由 H 的表示所构造的 G 的一个表示。设 (ρ, V) 是 H 的一个表示，$\{e_1, e_2, \cdots, e_l\}$ 是 V 的一组基，这里 l 是 V 的维数。将 G 对 H 的左 (或右) 陪集分解，即

$$G = \sum_{\alpha=1}^{m} \oplus X_\alpha H$$

取陪集的代表元为 $\{X_1 = e, X_2, \cdots, X_m\}$，其中 e 是群 G 的单位元，$m = |G|/|H|$，$|G|$ 和 $|H|$ 分别是群 G 和 H 的维数。构造集合 $\{X_\alpha e_i\}, \alpha = 1, 2, \cdots, m, i = 1, 2, \cdots, l$，它有 lm 个元素，由这些基张成的空间是 G 的表示空间，相应的 G 的表示称为由子群 H 的表示 ρ 向群 G 上的诱导表示，记为 ρ^G。对任意 $g \in G$，诱导表示可以构造为

$$\rho^G(g) = \begin{pmatrix} \rho^0(X_1^{-1}gX_1) & \cdots & \rho^0(X_1^{-1}gX_m) \\ \rho^0(X_2^{-1}gX_1) & \cdots & \rho^0(X_2^{-1}gX_m) \\ \vdots & & \vdots \\ \rho^0(X_m^{-1}gX_1) & \cdots & \rho^0(X_m^{-1}gX_m) \end{pmatrix}$$

其中

$$\rho^0(X_i^{-1}gX_j) = \begin{cases} \rho(X_i^{-1}gX_j), & \text{如果} X_i^{-1}gX_j \in H \\ 0, & \text{如果} X_i^{-1}gX_j \notin H \end{cases}$$

上述 $\rho^G(g)$ 是一个超矩阵，即矩阵的元素也是矩阵。

幺正表示 [unitary representation]　群 G 的表示空间是复空间 V，对任意 $g \in G$，其表示 $\rho(g)$ 是幺正算符或厄米矩阵，这样的表示称为幺正表示。

特征标 [character]　设 ρ 是有限群 G 在 n 维矢量空间 V 上的表示，对于 V 的一个确定的基底，对任意 $g \in G$，表示 $\rho(g)$ 是一个 $n \times n$ 矩阵，该矩阵的迹，即

$$\chi(g) = \mathrm{tr}\,\rho(g), \quad g \in G$$

称为表示 ρ 的特征标。不可约表示的特征标称为单纯特征标；可约表示的特征标称为复合特征标。特征标具有性质：与 V 的基底无关；等价的表示有相同的特征标；$\chi(e)$ 等于表示的维数，这里 e 是群 G 的单位元。

同态 [homomorphism]　设 G, G' 是两个群，如果 $\varphi : G \to G'$ 是一个映射，它满足条件：① 对任一 $g \in G$，有 $\varphi(g) \in G'$；② 对所有 $g_1, g_2 \in G$，有 $\varphi(g_1g_2) = \varphi(g_1)\varphi(g_2)$，

即任意两个元素的乘积的象是这两个元素的象的乘积。这样的映射 φ 称为群的同态映射，简称同态。G 是 φ 的定义域，$\varphi(G) = \{\varphi(g) \in G' | g \in G\}$ 是 φ 的值域。$\varphi(G)$ 是 G' 的一个子群。例如，群 $SU(3)$ 与群 $SU(2)$ 之间存在一个 2 对 1 的同态关系。

自同态 [endomorphism]　群 G 到自身的同态映射称为 G 的自同态。

同构 [isomorphism]　设 $\varphi : G \to G'$ 是一个同态映射，如果有 $\varphi(G) = G'$，则称 φ 是到 G' 上的。如果当 $g_1 \neq g_2$ 时，有 $\varphi(g_1) \neq \varphi(g_2)$，则称映射是一一对应的。一个到上且一一对应的同态称为同构。

自同构 [automorphism]　群 G 到自身的同构映射称为 G 的自同构。

舒尔引理 [Schur's lemma]　这是关于群的不可约表示的性质的一个基本而重要的引理。设 $(\rho^{(1)}, V^{(1)})$ 和 $(\rho^{(2)}, V^{(2)})$ 是群 G 的两个维数分别为 m_1 和 m_2 的不等价不可约表示，X 是一个将 $V^{(1)}$ 映射到 $V^{(2)}$ 中的线性变换 (是一个 $m_1 \times m_2$ 阶矩阵)，如果对任意 $g \in G$，使得

$$\rho^{(1)}(g)X = X\rho^{(2)}(g)$$

则 $X = 0$。

舒尔引理的一个重要推论是：设 (ρ, V) 是群 G 的一个有限维不可约表示，X 是 V 上的线性映射。如果对任意 $g \in G$，均有 X 与 $\rho(g)$ 对易，即 $X\rho(g) = \rho(g)X$，则有 $X = \lambda \mathbf{1}$，这里 λ 是常数，$\mathbf{1}$ 是单位算符或单位矩阵。

维格纳–埃克特定理 [Wigner-Eckart theorem]　维格纳–埃克特 (Carl Henry Eckart，1902—1973) 定理将不可约张量算符对角动量本征态的矩阵元的计算归结为群的耦合系数 (即克莱布施–戈登 (Clebsch–Gordan) 系数，也简称为 CG 系数) 的计算与张量算符的所谓约化矩阵的计算。

设算符 $\{T_q^k\}$ ($q = -k, -k+1, \cdots, k-1, k$) 在空间转动 $R(\alpha, \beta, \gamma)$ (其中 α，β，γ 是欧拉角) 下，按转动群 $SO(3)$ 的不可约表示 $D^k(\alpha, \beta, \gamma)$ 变换

$$R(\alpha, \beta, \gamma)T_q^k R^\dagger(\alpha, \beta, \gamma) = \sum_{q'} D_{q'q}^k(\alpha, \beta, \gamma)T_{q'}^k$$

则该组算符 $\{T_q^k\}$ 称为 $SO(3)$ 的 k 秩不可约张量，T_q^k 称为该张量的 q 分量。上述变换性质可以等价地表示为

$$[J_z, T_q^k] = qT_q^k,$$
$$[J_\pm, T_q^k] = \sqrt{(k \mp q)(k \pm q + 1)}T_{q\pm 1}^k$$

其中

$$J_\pm = J_x \pm \mathrm{i}J_y$$

J_x, J_y, J_z 是角动量算符的分量。又设 $|jm\rangle$ 是角动量 J^2, J_z 的共同本征态，即

$$J^2|jm\rangle = j(j+1)|jm\rangle$$
$$J_z|jm\rangle = m|jm\rangle$$

则不可约张量 T_q^k 的矩阵元满足下列关系：

$$\langle j'm'|T_q^k|jm\rangle = \langle jm; kq|j'm'\rangle\langle j' \left\|T^k\right\| j\rangle$$

其中 $\langle jm; kq|j'm'\rangle$ 是 $SO(3)$ 群的 CG 系数，它与张量的性质无关；$\langle j' \left\|T^k\right\| j\rangle$ 是约化矩阵元，它与分量指标 m, q, m' 无关。这个结论称为维格纳–埃克特定理。

维格纳–埃克特定理可用于选择定则的确定。

纽结理论 [knot theory]　欧几里得空间 $\mathbb{R}^3$ 中的一条闭曲线称为纽结。设 K_1 和 K_2 是两个纽结，如果存在同胚 $h : \mathbb{R}^3 \to \mathbb{R}^3$，使得 $h(K_1) = K_2$，则称它们等价。对于一条以上的闭曲线，如果它们既不自交，也不互交，这样得到的闭曲线称为链环 (link)。链环中的每一个闭曲线称为它的一个分支。纽结可视为仅有一个分支的链环。每一条简单闭曲线均有两个相反的绕行方向。对链环的每条分支选定了走向，则称其为有向链环。将链环向一指定的平面投影，要求投影图中的重叠点是二重点，上下两线的投影是相互超越交叉的。各分支的走向在投影图中用箭头标出，这种标了箭头的投影图称为有向投影图。

纽结

简单链环

有向链环的有向投影图

纽结理论的基本问题是研究纽结 (或链环) 的等价分类, 其中重要的是确定相应的不变量, 纽结理论属于三维拓扑学的一部分。1928 年亚历山大 (James Waddell Alexander II, 1888—1971) 对每个纽结引进了纽结多项式 (称为亚历山大不变量), 1984 年琼斯 (Vaughan Frederick Randal Jones, 1952—) 得到了所谓的琼斯多项式, 为相关研究带来了重大突破, 他因为这个方面的工作获得 1990 年的菲尔兹奖 (同时获奖的另外三位中有两位是理论物理学家, 他们也对纽结不变量的研究有重要的贡献)。琼斯的发现在分子生物学、二维统计力学、共形场论等物理学领域中得到了应用。

链环不变量 [link invariant] 链环不变量是一个函数, 它是从一个链环集合到另一个集合 (例如多项式的集合) 的映射, 且在链环变化 (例如通过所谓赖德迈斯特 (Kurt Werner Friedrich Reidemeister, 1893—1971) 移动, 它有三种类型, 见下图) 时该函数不发生变化。对等价的链环, 链环不变量有相同的值。链环不变量可以是分支数、环绕数、多项式等。

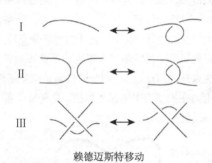

赖德迈斯特移动

琼斯多项式 [Jones polynomial] 琼斯多项式是一种链环不变量。对每一个有向投影图 (记为 L), 存在一个关于变量 t 的整系数多项式 $V(L)$, 它满足下列三个条件:

(1) 是不变量: 如果有向投影图 L 和 L' 互相等价, 即在赖德迈斯特移动下可以将投影图 L 变为投影图 L', 则它们所对应的多项式相等, 即 $V(L) = V(L')$。

(2) 拆接关系式 (skein relation)

$$t^{-1}V(L_+) - tV(L_-) = (t^{\frac{1}{2}} - t^{-\frac{1}{2}})V(L_0)$$

其中 L_+, L_0, L_- 表示三个几乎完全一样的有向投影图, 仅在某一个交叉点附近有所示出的不同形状, $V(L_+)$, $V(L_-)$, $V(L_0)$ 分别是三个有向投影图的琼斯多项式。

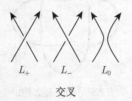

交叉

例如, 拆接关系式可用于下图中的三个纽结投影图。

(3) 对于平凡纽结, 即投影与圆圈等价的纽结, 相应的多项式为 $V(\bigcirc) = 1$。

两个有向链环 L_1 和 L_2 可以求和, 记为 $L_1 \# L_2$。将两个链环放在一起, 用直线将它们连接起来使得在和中各自的取向保持不变, 这就得到链环和 (也称为连通和)。链环和 $L_1 \# L_2$ 的琼斯多项式满足关系

$$V(L_1 \# L_2) = V(L_1)V(L_2)$$

根据上述条件 (2), (3) 以及链环和的多项式与各链环的多项式之间的关系就可以从简单的环链 (或纽结) 的琼斯多项式求出复杂环链 (或纽结) 的琼斯多项式。

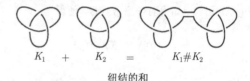

纽结的和

例如, 扭结投影图中最左边的结是右手三叶结, 可求出它的琼斯多项式为 $t + t^3 - t^4$。

根据二维可积统计模型, 共形场论等的杨–巴克斯特关系也可以求相关的链环多项式。

生成元 [generator] 一个群如果可由一个或几个元素以及它们的幂次构成, 这样的元素称为该群的生成元。例如, n 阶循环群的一般形式为

$$C_n = \{E, R, R^2, \cdots, R^{n-1}\}$$
$$R^n = E, \quad R^{-1} = R^{n-1}$$

它是由一个生成元 R 生成的。

设 r 维李群 G 的群元 g 可以表示为参数 $\boldsymbol{\alpha} = \{\alpha_1, \cdots, \alpha_r\}$ 的函数 $g(\boldsymbol{\alpha})$, 且设 $\boldsymbol{\alpha} = 0$ 时对应于群的单位元 $g(0) = e$, 则在单位元附近 $g(\boldsymbol{\alpha})$ 可以作泰勒展开

$$g(\boldsymbol{\alpha}) = g(0) + \sum_{i=1}^{r} \alpha_i \left(\frac{\partial g}{\partial \alpha_i}\right)_{\alpha_i=0} + \cdots$$
$$= g(0) + \sum_{i=1}^{r} \alpha_i X_i + \cdots$$

其中

$$X_i = \left(\frac{\partial g}{\partial \alpha_i}\right)_{\alpha_i=0}$$

称为群元素关于单位元的无限小群生成元, 简称生成元。生成元的个数等于群的维数或参数的个数。由李群 G 的生成元的集合可生成相应的李代数。

从李群 G 作为光滑流形的角度, 生成元是 G 上全体左 (或右) 不变矢量场的基底, 而全体不变矢量场本身关于李括号构成李群的李代数。

某些李群的生成元在量子力学中取为可观测量。例如, 角动量算符是转动群 $SO(3)$ 的生成元。对一个物理系统而言, 其对称性李群的生成元与有关的守恒量算符相对应。例如, 如果 $SO(3)$ 是系统的对称群, 则角动量是守恒量。

李代数 [Lie algebra] 设 A 是域 F(复数域 $\mathbb{C}$ 或实数域 $\mathbb{R}$) 上的有限维矢量空间, 如果对 A 中任意两个矢量 (也是算符)$X, Y \in A$, 定义双线性二元乘法运算 $[X, Y]$, 它满足下列条件:

(1) 反对称性: 对任意 $X, Y \in A$, 有 $[X, Y] = -[Y, X]$;

(2) 双线性: 对任意 $a, b \in F$, $X, Y, Z \in A$, 有 $[aX + bY, Z] = a[X, Z] + b[Y, Z]$, 以及 $[X, aY + bZ] = a[X, Y] + b[X, Z]$;

(3) 雅可比恒等式: 对任意 $X, Y, Z \in A$, 有 $[[X, Y], Z] + [[Y, Z], X] + [[Z, X], Y] = 0$;

则称 A 为域 F 上的李代数。双线性二元乘法运算 $[X, Y]$ 称为 X, Y 的李括号。当 F 为复数域 $\mathbb{C}$ 时, A 称为复李代数; 当 F 为实数域 $\mathbb{R}$ 时, A 称为实李代数。例如, 对任意结合代数 A, 如果定义 $[X, Y] = XY - YX$, 则 A 称为李代数。不存在非平凡理想的李代数称为单李代数。除了零空间外, 不存在阿贝尔理想的李代数称为半单李代数。一维李代数必是单李代数, 但不是半单李代数。高于一维的单李代数一定是半单李代数。

李代数 A 中的任一矢量, 同时也是线性算符, 则可以计算各算符的本征值和本征矢量。设算符 X 的零本征值的重数为 l_X。在所有 $X \in A$ 中, 最小的 l_X 值称为李代数的秩, 记为 l, 即

$$l = \min l_X > 0$$

如果 $l_X = l$, 则对应的 X 称为正则矢量。

根据嘉当以及基灵, 单李代数可以分为 A_l(即 $sl(l+1, \mathbb{C})$, 维数为 $l(l+2)$), B_l(即 $so(2l-1, \mathbb{C})$, 维数为 $l(2l+1)$), C_l(即 $sp(l, \mathbb{C})$, 维数为 $l(2l+1)$) 和 D_l(即 $so(2l, \mathbb{C})$, 维数为 $l(2l-1)$) 等 4 个类型 (它们称为经典李代数) 和 5 个例外代数 E_6(维数为 52), E_7(维数为 78), E_8(维数为 133), F_4(维数为 52) 和 G_2(维数为 14), 这里 l 是李代数的秩, 例外李代数的下标也表示该类代数的秩。

也可从李群在流形上的作用这个角度引入李代数, 它可由李群的生成元所生成, 常称为李群的李代数。设 G 是 r 维李群, $X_i(i = 1, \cdots, r)$ 是它的生成元, 则生成元生成的集合

$$A = \{a^i X_i | a^i \in \mathbb{R}\}$$

是一个矢量空间。如果在该集合 A 中定义下列形式的李括号:

$$[X, Y] = XY - YX, \quad X, Y \in A$$

则 A 是李代数。任一给定的李代数是某一李群的李代数。但是, 李群与李代数之间不是一一对应的关系, 不同的李群可以有相同的李代数。例如, 群 $SU(2)$ 和 $SO(3, \mathbb{R})$ 的李代数 $su(2)$(或记为 $so(3)$) 是同构的。

李括号 [Lie bracket] 见李代数。

基灵型 [Killing form] 设 A 是域 F 上的一个李代数, A 的任何确定元素 X 定义了 A 的一个自伴随同态 ad_X(也记作 $ad(X)$), 该同态可用李括号表示为

$$ad_X(Y) = [X, Y]$$

它给出李代数的一个表示, 称为伴随表示。设 A 是有限维李代数, 两个自伴随同态的迹定义了一个对称双线性形式

$$B(X, Y) = \mathrm{tr}(ad_X ad_Y)$$

它取值于 F, 称为 A 上的基灵型。

如果对任意 $X_a, X_b \in A$, 且

$$[X_a, X_b] = \sum_d C_{ab}^d X_d$$

其中 C_{ab}^d 称为结构常数, 则有

$$(ad_{X_a})_{db} = C_{ab}^d$$

基灵型为

$$B_{ab} = \sum_{d,e} C_{ad}^e C_{be}^d$$

基灵型能反映李代数的本质性质, 例如用它可以给出李代数是否半单的判据。

理想 [ideal] 一个非空集合 X, 如果在其中定义加法运算 $X + X \to X, (x, y) \mapsto x + y$ 和乘法运算 $X \times X \to X, (x, y) \mapsto x + y$, 它们满足下列条件: (i)$X$ 对加法构成一阿贝尔群; (ii) 乘法是可结合的, 且对加法有分配律, 即对任意 $x, y, z \in X$ 有

$$(xy)z = x(yz)$$
$$x(y + z) = xy + xz$$
$$(y + z)x = yx + zx$$

这样的集合称为环 (ring)。

设 I 是环 X 的一个子集合, 如果对任意 $i \in I$, $x \in X$, 均有 $xi \in I$(或者 $ix \in I$), 则称 I 是 X 的左 (或右) 理想。如

果 I 既是 X 的左理想，又是它的右理想，则该 I 称为 X 的双边理想，简称理想。

对代数 A，设 I 是它的子代数，如果对任意 $i \in I, a \in A$ 均有 $ai \in I$ 以及 $ia \in I$，则该 I 称为代数 A 的理想。

对李代数 A，设 I 是它的子代数，如果 $[I, A] \subset I$，或者换言之，对任意 $i \in I, a \in A$ 均有 $[i, a] \in I$，则称 I 是 A 的理想子代数，简称为理想。

正规理想 [proper ideal] 如果理想 I 是 X 的正规子集，即是不等于 X 的子集，则该 I 称为 X 的正规理想。

群代数 [group algebra] 设 G 是阶为 m 的有限群，其元素记为 $g_i(i = 1, 2, \cdots, m)$。考虑所有形式为 $a = \sum_{k=1}^{m} a(g_k)g_k$ 的元素的集合 A_G，这里 $a(g_k)$ 是任意复数。如果在 A_G 中按下列方式定义加法，数乘以及乘法

$$a + b = \sum_{k=1}^{m} [a(g_k) + b(g_k)]g_k$$

$$\alpha a = \sum_{k=1}^{m} \alpha a(g_k)g_k$$

$$ab = \sum_{j,k=1}^{m} a(g_j)b(g_k)g_j g_k$$

其中 $a = \sum_{k=1}^{m} a(g_k)g_k \in A_G$，$b = \sum_{k=1}^{m} b(g_k)g_k \in A_G$，$\alpha$ 是常数，则集合 A_G 是一个结合代数，称为群 G 的群代数。

例外李代数 [exceptional Lie algebra] 见李代数。

阶化代数 [graded algebra] 设 A 是结合代数，如果它是一个直和，即

$$A = \sum_{\alpha \in M} \oplus A_\alpha$$

其中 M 是一个阿贝尔群，且 $A_\alpha A_\beta \subset A_{\alpha+\beta}$，则称 A 是阶化代数。

如果 A 是 $\mathbb{Z}_2$ 阶化的，即

$$A = A_0 \oplus A_1$$

则称它是超代数，$\mathbb{Z}_2$ 环是模为 2 的整数集合。

李超代数 [Lie superalgebra] 李超代数是李代数的推广。如果在超代数 $A = A_0 \oplus A_1$ 中定义称为李超括号 $[a, b](a, b \in A)$ 的乘积，满足下列条件：

(1) 超反对称，

$$[a, b] = -(-1)^{|a||b|}[b, a]$$

(2) 超雅可比恒等式

$$(-1)^{|c||a|}[a, [b, c]] + (-1)^{|a||b|}[b, [c, a]]$$
$$+ (-1)^{|b||c|}[c, [a, b]] = 0$$

则该超代数称为李超代数。上列关系中 $|a|$ 称为元素 a 的阶，它是这样定义的：如果 $a \in A_0$，则 $|a| = 0$；如果 $a \in A_1$，则 $|a| = 1$。李超括号 $[a, b]$ 的一种定义为

$$[a, b] = ab - (-1)^{|a||b|}ba$$

在这种定义下，前面的两个性质是自动满足的。常将 A_0 中的元素称为偶元素，A_1 中的元素称为奇元素。在物理文献中有时也将 A_0 中的元素称为玻色算符，A_1 中的元素称为费米算符，这样李超括号就包含了通常的对易括号和反对易括号。李超代数在理论物理中有广泛的应用，可用于描述所谓的超对称性。

霍普夫代数 [Hopf algebra] 对于域 $\mathbb{C}$(或一般地 F) 上包含单位元 1 的结合代数 A，如果定义乘法 (multiplication) 运算 m，单位 (unit) 运算 η，余乘 (comultiplication) 运算 Δ，余单位 (counit) 运算 ε 以及对映 (antipode) 运算 S，同时满足一些相容条件，这样的代数称为霍普夫代数 $(A, m, \eta, \Delta, \varepsilon, S)$。

(1) 乘法运算 m

$$m : A \otimes A \to A,$$
$$m(a \otimes b) = ab, \quad \forall a, b \in A$$

乘法运算 m 要满足结合条件

$$m(m \otimes id) = m(id \otimes m)$$

其中 id 是恒等映射，即

$$id : A \to A$$
$$id(a) = a, \quad \forall a \in A$$

(2) 单位元 1 和单位运算 η

A 中包含单位元 1，它满足条件

$$m(1 \otimes a) = m(a \otimes 1) = a$$
$$1a = a1 = a, \quad \forall a \in A$$

单位运算 η 将复数映为 A 中的元素

$$\eta : \mathbb{C} \to A$$
$$\eta(c) = c1, \quad \forall c \in \mathbb{C}$$

(3) 余乘 Δ

$$\Delta : A \to A \otimes A$$
$$\Delta(a) = \sum_i a_i \otimes a_i', \quad a, a_i, a_i' \in A$$

对单位元，有

$$\Delta(1) = 1 \otimes 1$$

余乘是同态，即

$$\Delta(ab) = \Delta(a)\Delta(b), \quad \forall a \in A$$

余乘要满足结合律，即

$$(\Delta \otimes id)\Delta = (id \otimes \Delta)\Delta$$

(4) 余单位运算 ε，它将代数 A 中的矢量映为复数

$$\varepsilon : A \to \mathbb{C}$$
$$\varepsilon(a) = c, \quad \forall a \in A, \, c \in \mathbb{C}$$

对单位元，有

$$\varepsilon(1) = 1$$

余单位是同态，即

$$\varepsilon(ab) = \varepsilon(a)\varepsilon(b), \quad \forall a, b \in A$$

为与余乘相容，余单位要满足条件

$$(\varepsilon \otimes id)\Delta = (id \otimes \varepsilon)\Delta = id$$

(5) 对映运算 S

$$S : A \to A$$

对单位元，有

$$S(1) = 1$$

对映是反同态，即

$$S(ab) = S(b)S(a), \quad \forall a, b \in A$$

为与乘法运算和余乘运算相容，对映运算要满足条件

$$m(S \otimes id)\Delta = m(id \otimes S)\Delta = \eta\varepsilon$$

以及

$$\Delta \circ S = (S \otimes S) \circ P \circ \Delta$$

其中 P 是对换运算，即

$$P : A \otimes A \to A \otimes A$$
$$P(a \otimes b) = b \otimes a, \quad \forall a, b \in A$$

例如，群 G 的群代数是一个霍普夫代数，相关的运算分别为

$$\Delta(g) = g \otimes g, \ \varepsilon(g) = 1, \ S(g) = g^{-1}, \quad \forall g \in G$$

霍普夫代数与李代数，量子群等有联系，与杨–巴克斯特方程等也密切相关。

量子包络代数 [quantum enveloping algebra]　见量子群。

格拉斯曼数 [Grassmann number]　格拉斯曼 (Hermann Günther Grassmann, 1809—1877) 数 (记为 θ_i) 是一种特殊类型的数 (也称为格拉斯曼变量)，它具有性质:

$$\theta_i\theta_j = -\theta_j\theta_i(i \neq j), \ \theta_i^2 = 0, \ \theta_i x_j = x_j\theta_i$$

即这种数相互之间反对易，但与普通数 (记为 x_i) 对易。关于格拉斯曼数的积分相应地有下列性质:

$$\int 1\,\mathrm{d}\theta_i = 0, \ \int \theta_i\,\mathrm{d}\theta_j = \delta_{ij}$$

由格拉斯曼数生成的代数称为格拉斯曼代数。

格拉斯曼数在费米场的路径积分表示，超对称理论中有重要的应用。

卡茨–穆迪代数 [Kac-Moody algebra]　卡茨–穆迪 (Victor Gershevich Kac, 1943—; Robert Vaughan Moody, 1941—) 代数是单李代数的一种推广，它除去了单李代数中嘉当矩阵 $\det A > 0$ 的条件，是一种无限维的李代数。卡茨–穆迪代数是由满足下列关系的 $3(l+1)$ 个生成元 $h_\mu, e_{\pm\mu}(\mu = 0, 1, 2, \cdots, l)$ 生成的复李代数

$$[h_\mu, h_\nu] = 0$$
$$[h_\mu, e_{\pm\nu}] = \pm A_{\mu\nu}e_{\pm\nu}$$
$$[e_\mu, e_{-\nu}] = \delta_{\mu\nu}h_\mu$$
$$[e_{\pm\mu}, d_{\nu\rho}^{\mp}] = 0$$

其中 $A_{\mu\nu}$ 是推广的嘉当矩阵，$d_{\mu\nu}^{\pm}$ 定义为

$$d_{\mu\nu}^{\pm} = (ad_{e_{\pm\mu}})^{1-A_{\mu\nu}}e_{\pm\nu}$$

上述第四个关系称为塞尔 (Serre) 关系。

卡茨–穆迪代数也可以从圆环 S^1 到李代数 A 的映射 (构成圈代数) 以及中心扩张这个途径引入，是由满足下列关系的生成元 T_n^a, P 生成的无限维代数:

$$[T_n^a, T_m^b] = C_c^{ab}T_{m+n}^c + n\delta_{n,-m}c(\mathrm{tr}\,(T^aT^b))P$$
$$[P, T_n^a] = 0, \ n, m \in \mathbb{Z}$$

其中 T^a 是李代数 A 的生成元，C_c^{ab} 是 A 的结构常数，c 是某一常数，P 称为中心荷，项 $n\delta_{n,-m}c(\mathrm{tr}\,(T^aT^b))P$ 称为中心扩张。可以有多个中心荷。$\{T_0^a\}$ 生成的子代数同构于原来的有限维李代数 A。而 $P = 0$ 时的代数，即由满足下列关系的 T_n^a 生成的代数称为圈代数:

$$[T_n^a, T_m^b] = C_c^{ab}T_{m+n}^c$$

对圈代数，T_n^a 的一个表示为 $T^a \otimes z^n$，这里 z 是圆环的参数。但是，在中心扩张后，T_n^a 不能再表示为 $T^a \otimes z^n$。对李代数

A 的正交归一基，$\mathrm{tr}\,(T^a T^b) = \delta^{ab}$，则得到生成元的对易关系的常见形式：

$$[T_n^a, T_m^b] = C_c^{ab} T_{m+n}^c + n\delta_{n,-m} c P \delta^{ab}$$

卡茨–穆迪代数是超弦理论、共形场论、可积模型、强子物理等理论中的重要代数结构，可用于描述相关的不变性或对称性。

仿射李代数 [affine Lie algebra] 仿射李代数是一种特殊的卡茨–穆迪代数。如果矩阵 A 满足条件

$$\det A_\mu > 0, \quad \forall \mu = 0, 1, \cdots, l$$

其中 A_μ 是删除 A 的第 μ 行和第 μ 列所得到的矩阵，即 A 的主子式，则该矩阵称为退化的正半定矩阵 (degenerate positive semidefinite matrix)。如果不可分解的广义嘉当矩阵是退化的正半定矩阵，且满足条件

$$\det A = 0$$

则该矩阵称为仿射嘉当矩阵 (affine Cartan matrix)。广义嘉当矩阵是仿射嘉当矩阵的卡茨–穆迪称为仿射李代数。仿射李代数也是无限维的。

维拉索拉代数 [Virasora algebra] 设 $\mathbb{C}[z, z^{-1}]$ 是从圆环 S^1 (用 $z = \mathrm{e}^{\mathrm{i}\varphi}$ 参数化) 到 S^1 的形式为 z 的洛朗 (Laurent) 多项式的所有映射的集合，即

$$\mathbb{C}[z, z^{-1}] = \left\{ \sum_{k \in \mathbb{Z}} a_k z^k \,\middle|\, a_k \in \mathbb{C} \right\}$$

又设 A 是一种线性映射 $D: \mathbb{C}[z, z^{-1}] \to \mathbb{C}[z, z^{-1}]$ 的集合，该映射满足条件

$$D(pq) = D(p)q + pD(q), \quad \forall p, q \in \mathbb{C}[z, z^{-1}]$$

在 A 中定义通常的李括号，则 A 是由下列生成元张成的李代数

$$L_n = -z^{n+1}\frac{\mathrm{d}}{\mathrm{d}z}, \ n \in \mathbb{Z}$$

生成元满足关系

$$[L_n, L_m] = (n - m)L_{n+m}$$

这种李代数 A 称为维特 (Ernst Witt, 1911—1991) 代数。

维拉索拉 (Miguel Ángel Virasoro, 1940—) 代数是维特代数的中心扩张，它是由满足下列关系的生成元 $L_n(n \in \mathbb{Z})$ 张成的无限维代数，

$$[L_n, L_m] = (n - m)L_{n+m} + cn(n^2 - 1)\delta_{n,-m}$$

其中 c 称为中心荷。

克利福德代数 [Clifford algebra] 设 $\gamma_1, \cdots, \gamma_N$ 是 N 个相同维数的矩阵，如果它们满足下列反对易关系：

$$\gamma_\mu \gamma_\nu + \gamma_\nu \gamma_\mu = \delta_{\mu\nu} 1$$

其中 $\delta_{\mu\nu}$ 是克罗内克 δ 函数，由这样的矩阵生成的结合代数称为克利福德 (William Kingdon Clifford, 1845—1879) 代数，这些矩阵称为克利福德代数的生成元。克利福德代数的维数为 2^N，而 γ 矩阵的维数是 $2^{[N/2]}$，这里 $[N/2]$ 表示 $N/2$ 的整数部分。

狄拉克方程中引入的矩阵 $\gamma_i (i = 1, 2, 3, 4)$

$$\gamma_i = \begin{pmatrix} -\sigma_i & 0 \\ 0 & \sigma_i \end{pmatrix} (i = 1, 2, 3), \quad \gamma_4 = \begin{pmatrix} 0 & I \\ I & 0 \end{pmatrix}$$

满足上述关系，其中

$$\sigma_1 = \begin{pmatrix} 0 & 1 \\ 0 & 0 \end{pmatrix}, \quad \sigma_2 = \begin{pmatrix} 0 & -\mathrm{i} \\ \mathrm{i} & 0 \end{pmatrix}, \quad \sigma_3 = \begin{pmatrix} 1 & 0 \\ 0 & -1 \end{pmatrix}$$

是泡利矩阵，I 是 2×2 单位矩阵。由这些矩阵生成的代数就是一种克利福德代数，称为狄拉克代数。

海森伯代数 [Heisenberg algebra] 对于三维各向同性谐振子，其哈密顿量可以表示为

$$\hat{H} = \frac{1}{2m}\hat{p}^2 + \frac{1}{2}m\omega^2 \hat{r}^2$$

定义产生算符 $\hat{a}^\dagger$ 和湮灭算符 $\hat{a}$ 分别为

$$\hat{a}^\dagger = \sqrt{\frac{m\omega}{2\hbar}}\left(\hat{r} - \frac{\mathrm{i}}{m\omega}\hat{p}\right)$$

$$\hat{a} = \sqrt{\frac{m\omega}{2\hbar}}\left(\hat{r} + \frac{\mathrm{i}}{m\omega}\hat{p}\right)$$

它们满足对易关系

$$[\hat{a}_i, \hat{a}_j^\dagger] = \delta_{ij}$$

由 $\hat{a}^\dagger$, $\hat{a}$ 以及单位算符 $\hat{E}$ 生成的代数称为海森伯代数。有时也将由 $\hat{a}^\dagger$, $\hat{a}$, 粒子数算符 $\hat{N} = \hat{a}^\dagger \cdot \hat{a}$ 以及单位算符 $\hat{E}$ 生成的代数称为海森伯代数。

圈代数 [loop algebra] 设 A 是半单李代数。一个圈是从环 S^1 (用 $z = \mathrm{e}^{\mathrm{i}\varphi}$ 参数化) 到李代数 A 的映射。所有这样的映射的集合记为

$$\overline{A} = \mathbb{C}[z, z^{-1}] \otimes_{\mathbb{C}} A$$

它是一个矢量空间，其中 $\mathbb{C}[z, z^{-1}]$ 是 z 的洛朗 (Laurent) 多项式的代数空间，即

$$\mathbb{C}[z, z^{-1}] = \left\{ \sum_{k \in \mathbb{Z}} a_k z^k \,\middle|\, a_k \in \mathbb{C} \right\}$$

这个矢量空间 $\overline{A}$ 中的基矢为

$$\{\widetilde{T}_n^a | a = 1, \cdots, r; \ n \in \mathbb{Z}\}$$

其中 $\tilde{T}_n^a = T^a \otimes z^n = T^a \otimes e^{in\varphi}$，$T^a$ 是李代数 A 的生成元。在 $\overline{A}$ 中可定义李括号

$$[\tilde{T}_m^a, \tilde{T}_n^b] = [T^a \otimes z^m, T^b \otimes z^n] = [T^a, T^b] \otimes (z^m z^n)$$

$$= \sum_{c=1}^r C_c^{ab} T^c \otimes z^{m+n} = \sum_{c=1}^r C_c^{ab} \tilde{T}_{m+n}^c$$

它是从李代数 A 诱导而来的，其中 C_c^{ab} 是李代数 A 的结构常数。对这样的李括号，$\overline{A}$ 成为一个李代数，称为圈代数，也称为非扭曲仿射卡茨–穆迪代数 (untwisted affine Kac-Moody algebra)。这个圈代数的中心扩张称为扭曲仿射卡茨–穆迪代数，简称为卡茨–穆迪代数。

中心扩张 [central extension]　设 r 维李代数 A 的生成元为 T^a，它满足关系

$$[T^a, T^b] = \sum_{c=1}^r C_c^{ab} T^c$$

另外引入 s 个生成元 $K^j(j=1,2,\cdots,s)$，要求它们满足关系

$$[K^i, K^j] = 0,$$

$$[T^a, K^j] = 0,$$

$$\forall i, j = 1, 2, \cdots, s, a = 1, 2, \cdots, r$$

即与所有生成元对易。由 A 的生成元 T^a 以及生成元 K^j 张成的代数记为 $\overline{A}$。代数 $\overline{A}$ 中生成元的李括号形式为

$$[T^a, T^b] = \sum_{c=1}^r C_c^{ab} T^c + \sum_{j=1}^s D_j^{ab} K^j$$

其中 C_c^{ab} 保持为李代数 A 的结构常数。D_j^{ab} 也是结构常数，它具有性质 $D_j^{ab} = -D_j^{ba}$，同时需要满足雅可比恒等式附加的限制条件。满足上述这些关系的代数 $\overline{A}$ 称为李代数 A 的中心扩张，$K^j(j=1,2,\cdots,s)$ 称为中心荷。

中心荷 [central charge]　*见卡茨–穆迪代数，维拉索拉代数和中心扩张。*

嘉当–外尔基 [Cartan-Weyl basis]　也称为李代数的标准基。对于秩为 l 的 r 维半单李代数 A，存在 l 个相互对易且线性无关的本征矢量 $H_i(i=1,2,\cdots,l)$，它们张成李代数的 l 维子空间，生成 A 的 l 维阿贝尔子李代数 (称为嘉当子代数，H_j 则称为嘉当基)。有 l 个 H_i 的 $r-l$ 个共同本征矢量，记为 $E_{\boldsymbol{\alpha}}$，它们不简并，并张成李代数的其余 $r-l$ 维子空间。适当选取本征矢量，可以使它们具有下列性质：

(1) $[H_i, H_j] = 0$

(2) $[H_i, E_{\boldsymbol{\alpha}}] = \alpha_i E_{\boldsymbol{\alpha}}$　$(i = 1, 2, \cdots, l)$

(3) $[E_{\boldsymbol{\alpha}}, E_{\boldsymbol{\beta}}] = \begin{cases} N_{\boldsymbol{\alpha},\boldsymbol{\beta}} E_{\boldsymbol{\alpha}+\boldsymbol{\beta}}, & \text{当} \boldsymbol{\alpha}+\boldsymbol{\beta} \text{是根时} \\ \sum_{i=1}^l \alpha^i H_i, & \text{当} \boldsymbol{\alpha} = -\boldsymbol{\beta} \text{时} \\ 0, & \text{其他} \end{cases}$

系数 $N_{\boldsymbol{\alpha},\boldsymbol{\beta}}$ 关于下标反对称，即 $N_{\boldsymbol{\alpha},\boldsymbol{\beta}} = -N_{\boldsymbol{\beta},\boldsymbol{\alpha}} = -N_{-\boldsymbol{\alpha},-\boldsymbol{\beta}}$。将 α_i 视为 l 维空间的矢量 $\boldsymbol{\alpha} = \{\alpha_1, \alpha_2, \cdots, \alpha_l\}$ 的第 i 个分量，则 $\boldsymbol{\alpha}$ 称为根矢量，其所处的空间称为根空间。$\alpha^i = \sum_{j=1}^l g^{ij}\alpha_j$，这里 g^{ij} 是 l 维子空间的度规张量，也即李代数上的基灵型，它可用李代数的结构常数表示。一般地，度规 $g_{\mu\nu}$ 可用结构常数定义为 $g_{\mu\nu} = \sum_{\tau,\rho=1}^r C_{\mu\rho}^\tau C_{\nu\tau}^\rho$，而 $g^{\mu\nu}$ 是 $g_{\mu\nu}$ 的逆，即有 $\sum_{\tau=1}^r g^{\mu\tau} g_{\tau\nu} = \delta_\nu^\mu$。具有上述性质的基 $\{H_i, E_{\boldsymbol{\alpha}}\}$ 称为嘉当–外尔基。

谢瓦莱基 [Chevalley basis]　谢瓦莱基 (Claude Chevalley，1909—1984) 是单李代数的另外一组基。设单根为 $\boldsymbol{\alpha}_\mu(\mu = 1,2,\cdots,l)$，谢瓦莱基定义为

$$h_\mu = \frac{2}{(\boldsymbol{\alpha}_\mu, \boldsymbol{\alpha}_\mu)}(\boldsymbol{\alpha}_\mu, H)$$

$$e_\mu = \sqrt{\frac{2}{(\boldsymbol{\alpha}_\mu, \boldsymbol{\alpha}_\mu)}} E_\mu$$

$$e_{-\mu} = \sqrt{\frac{2}{(\boldsymbol{\alpha}_\mu, \boldsymbol{\alpha}_\mu)}} E_{-\mu}$$

相应的对易关系为

$$[h_\mu, h_\nu] = 0$$

$$[h_\mu, e_{\pm\nu}] = \pm A_{\mu\nu} e_{\pm\nu}$$

$$[e_\mu, e_{-\nu}] = \delta_{\mu\nu} h_\mu$$

其中

$$A_{\mu\nu} = \frac{2(\boldsymbol{\alpha}_\mu, \boldsymbol{\alpha}_\nu)}{(\boldsymbol{\alpha}_\mu, \boldsymbol{\alpha}_\mu)}$$

称为嘉当矩阵。嘉当矩阵的对角元总等于 2，非对角元可能是 $0, -1, -2$ 或 -3。如果 $A_{\mu\nu} = 0$，则必有 $A_{\nu\mu} = 0$。

通常引入所谓的广义嘉当矩阵 (generalized Cartan matrix) $A = (A_{\mu\nu})$，它是具有下列特征的矩阵：

(1) 所有对角元均等于 2，即 $A_{\mu\mu} = 2$；

(2) 所有非对角元，有 $A_{\mu\nu} \in \mathbb{Z}_{\leqslant 0}$ (对 $\mu \neq \nu$)；

(3) 如果非对角元 $A_{\mu\nu} = 0$，则必有 $A_{\nu\mu} = 0$；

(4) A 是不可分解的，即它不等价于形式

$$A = \begin{pmatrix} A^{(1)} & 0 \\ 0 & A^{(2)} \end{pmatrix}$$

广义嘉当矩阵有三种类型：① 如果它的所有主子式均是正的 (包括 $\det A > 0$)，则称 A 是有限型的，此时广义嘉当矩阵就是通常的嘉当矩阵；② 如果它的所有真主子式 (proper principal minor) 均是正的且 $\det A = 0$，则称是仿射型的；③ 其他情况下称为是无限型的。相应于三种类型的李代数分别是有限维李代数 (单李代数)，仿射李代数和无限李代数 (卡茨–穆迪代数)。

根 [root]　秩为 l 的李代数中 l 个嘉当基张成的 l 维子空间 (称为根空间) 中的矢量 α 称为根矢量，简称为根。所有根的集合称为根系，记为 Σ。

根具有性质：

(1) 如果 $\alpha \in \Sigma$，则 $-\alpha \in \Sigma$；

(2) 如果 $\alpha, \beta \in \Sigma$，则 $\dfrac{2(\alpha,\beta)}{(\alpha,\alpha)}$，$\dfrac{2(\alpha,\beta)}{(\beta,\beta)}$ 均是一个整数；

(3) 如果 $\alpha, \beta \in \Sigma$，则 $\beta - 2\alpha\dfrac{(\alpha,\beta)}{(\alpha,\alpha)} \in \Sigma$；

(4) α, β 之间的夹角 φ 为

$$\cos^2 \varphi = \frac{(\alpha,\beta)^2}{(\alpha,\alpha)(\beta,\beta)} = 0, \frac{1}{4}, \frac{1}{2}, \frac{3}{4}, 1$$

如果仅考虑正角，则有

$$\varphi = 0, \frac{\pi}{6}, \frac{\pi}{4}, \frac{\pi}{3}, \frac{\pi}{2}$$

(5) 两个根矢量 α, β 的模长 $\|\alpha\| = \sqrt{(\alpha,\alpha)}$，$\|\beta\| = \sqrt{(\beta,\beta)}$ 之间的关系为

$$\begin{cases} \varphi = 0, & \alpha = \beta \\ \varphi = \dfrac{\pi}{6}, & \dfrac{(\beta,\beta)}{(\alpha,\alpha)} = \dfrac{1}{3} \text{ 或 } 3 \\ \varphi = \dfrac{\pi}{4}, & \dfrac{(\beta,\beta)}{(\alpha,\alpha)} = \dfrac{1}{2} \text{ 或 } 2 \\ \varphi = \dfrac{\pi}{3}, & \dfrac{(\beta,\beta)}{(\alpha,\alpha)} = 1 \\ \varphi = \dfrac{\pi}{2}, & \dfrac{(\beta,\beta)}{(\alpha,\alpha)} = \text{不确定} \end{cases}$$

通过适当选取参数和嘉当基可以使得根空间是实空间，此时它也是实的欧几里得空间。将根用图表示出来就得到根图。

对选定的嘉当基的适当排列，如果实根矢量 α 的第一个不为零的分量是正的，称 α 是正根，小于零的则称为负根。如果一个正根不能表示为其他正根的非负整数的线性组合，则该根称为单根。秩为 l 的半单李代数的单根数等于 l。记单根为 $\alpha_\mu (\mu = 1, 2, \cdots, l)$，所有单根的集合称为单根系，记为 $\Pi = \{\alpha_1, \alpha_2, \cdots, \alpha_l\}$，其中各单根之间是线性无关的。任意一个根 $\alpha \in \Sigma$ 均可表示为下列形式的单根的线性组合：

$$\alpha = \varepsilon \sum_{\mu=1}^{l} m_\mu \alpha_\mu$$

其中 $\varepsilon = \pm 1$，$m_\mu (\mu = 1, 2, \cdots, l)$ 为非负整数。

单根 [simple root]　见根。

邓金图 [Dynkin diagram]　是单李代数的单根的图形表示。对单李代数，单根最多有两种长度。在图形表示中，长的单根用空心圈表示，短的单根用实心圈表示。如果单根长度相同，通常均用空心圈表示。两个单根之间的夹角有 $\pi/2$，$2\pi/3$，$3\pi/4$ 和 $5\pi/6$ 四种，约定分别用单线、双线和三线连接后三种

夹角的两个单根，而对夹角为 $\pi/2$ 即相互正交的两个单根不用线相连。这样得到的关于单根的图形称为邓金图 (Eugene Borisovich Dynkin, 1924—2014)。

单李代数有 4 个代数系列：A_l，B_l，C_l 和 D_l(称为经典李代数)，5 个例外李代数：G_2，F_4，E_6，E_7 和 E_8，它们的邓金图见下。

权 [weight]　对于秩为 l 的李代数，如取 l 个相互对易的厄米算符 H_j 的共同的正交归一的本征矢量作为李代数的表示空间的基，这种基称为状态基，简称为态，记为 $|m\rangle$：

$$H_j |m\rangle = m_j |m\rangle$$

对于一个特定态 $|m\rangle$，l 个本征值 $m_j (j = 1, \cdots, l)$ 排列构成 l 维空间中的一个矢量 (记为 $\boldsymbol{m} = \{m_1, m_2, \cdots, m_l\}$)，称为这个态 $|m\rangle$ 的权矢量，简称为权，也称 $|m\rangle$ 是对应权为 $\boldsymbol{m}$ 的本征矢量。这个 l 维空间称为权空间。如果有 n 个线性无关的态对应相同的权，即简并度为 n，则该权称为重权，n 称为权的重数。$n = 1$ 相应的权称为单权。至少存在 l 个线性无关的权矢量。

最高权 [highest weight]　E_α 使态 $|m\rangle$ 的权 m 升高一个正根 α，而 $E_{-\alpha}$ 使态 $|m\rangle$ 的权 m 降低一个 α。将 E_α 和 $E_{-\alpha}$ 分别称为升权算符和降权算符，它们也常统称为移位算符 (shift operator)。对于有限表示，存在一个态 (记为 $|M\rangle$)，其权 (记为 M) 高于其他所有态的权，这个权 M 称为该表示的最高权，$|M\rangle$ 称为最高权态，它满足条件

$$E_\alpha |M\rangle = 0, \quad \alpha\text{是任意正根，}M\text{是最高权}$$

单代数不可约表示的最高权是单权。

例如, 在量子力学的一维谐振子的代数解法中, 产生算符和湮灭算符是移位算符, 而基态 $|0\rangle$ 是最高权态。

基本权 [fundamental weight] 对于秩为 l 的单李代数 A, 设 l 个单根为 $\boldsymbol{\alpha}_\mu(\mu = 1, 2, \cdots, l)$, 如果 l 个权 $\boldsymbol{w}_\mu(\mu = 1, 2, \cdots, l)$ 满足条件

$$\frac{2(\boldsymbol{w}_\mu, \boldsymbol{\alpha}_\nu)}{(\boldsymbol{\alpha}_\nu, \boldsymbol{\alpha}_\nu)} = \delta_{\mu\nu}$$

这样的权称为基本权。任何权均可表示为基本权的整数线性组合, 任何支配权均可表示为基本权的非负整数线性组合。

支配权 [dominant weight] 对于秩 l 单李代数 A 的所有单根 $\boldsymbol{\alpha}_\mu(\mu = 1, 2, \cdots, l)$, 如果权 $\boldsymbol{M}$ 满足条件

$$\frac{2(\boldsymbol{M}, \boldsymbol{\alpha}_\mu)}{(\boldsymbol{\alpha}_\mu, \boldsymbol{\alpha}_\mu)} = \text{非负整数}$$

这样的权称为支配权。单李代数的任一不可约表示的最高权一定是支配权。

分支规则 [branching rule] 设 H 是群 G 的子群, $\rho(G)$ 是 G 的不可约表示, 则 ρ 将提供 H 的一个表示, 常记为 $\rho \downarrow H$(或 $G \downarrow H$), 称为由表示 $\rho(G)$ 缩减的 H 的表示, 它是可约的, 可以写为

$$\rho \downarrow H = \sum_\alpha m_\alpha \Lambda_\alpha$$

或

$$\rho \to \sum_\alpha m_\alpha \Lambda_\alpha$$

其中 Λ_α 是群 H 的不可约表示, m_α 是重数。上述这个关系称为分支规则, 其中相关的问题就是确定重数 m_α。要注意的是, 一个给定的群 H 通常可用几种不同的方式嵌入到群 G 中, 每一种嵌入方式相应的分支规则是不同的。可用张量积方法、S-函数技术、权空间技术等确定分支规则。

例如, 对群 $SU(n)$, 设 $[\lambda]_n = [\lambda_1, \lambda_2, \cdots, \lambda_n]$ 是整数 N 的有 n 个部分且满足条件

$$\lambda_1 \geqslant \lambda_2 \geqslant \cdots \geqslant \lambda_n \geqslant 0$$

的一个配分 (partition), 即 $N = \sum\limits_{i=1}^{n} \lambda_i$, 该配分可用以表征群 $SU(n)$ 的不可约表示。对于 $SU(n) \downarrow SU(n-1)$ 的情况, 分支规则为

$$[\lambda]_n \to \sum [\lambda']_{n-1}$$

其中右边的求和是对所有满足下列条件的配分 $[\lambda']_{n-1}$ 进行的

$$\lambda_1 \geqslant \lambda_1' \geqslant \lambda_2 \geqslant \lambda_2' \geqslant \cdots \geqslant \lambda_{n-1} \geqslant \lambda_{n-1}' \geqslant \lambda_n$$

对 $SU(mn) \downarrow [SU(m) \otimes SU(n)]$ 的情况, 分支规则为

$$[\nu]_{mn} \to \sum C_{\lambda\mu\nu} [\lambda]_m [\mu]_n$$

其中求和是对各 λ_i, μ_i, ν_i 满足下列条件的配分进行的

$$\sum \lambda_i = \sum \mu_i = \sum \nu_i = N$$

重数 $C_{\lambda\mu\nu}$ 是由 $SU(m)$ 的表示 $[\lambda]_m$ 和 $SU(n)$ 的表示 $[\mu]_n$ 的张量积确定的, 即

$$[\lambda]_m \otimes [\mu]_n = \sum C_{\lambda\mu\nu} [\nu]_{mn}$$

分支规则在物理学的许多问题 (例如粒子物理的对称性破缺理论, 复杂原子谱理论) 中有重要的应用。例如, 考虑一个量子力学系统, 如果该系统的哈密顿量 $\hat{H}_0$ 在群 G 的变换下不变, 则它的能级可按照 G 的不可约表示分类. 现在如果有一个微扰 $\lambda\hat{H}_1$ 作用于系统, 此时具有哈密顿量 $\hat{H}_0 + \lambda\hat{H}_1$ 的受扰系统仅在 G 的一个子群 H 的变换下不变, 则该受扰系统的能级应该按照子群 H 的不可约表示来分类. 如果未受扰系统的一个给定能级相当于 G 的不可约表示 ρ, 并且如果 ρ 作为 H 的一个表示是可约的, 则微扰的作用是部分地或全部地解除未受扰能级的简并。分支规则使我们能够知晓当系统受到扰动后能级的简并度。

卡西米算符 [Casimir operator] 与一个群的任何生成元算符均对易的算符, 称为这个群的卡西米尔算符。卡西米尔算符的个数等于群的秩, 一个群的所有卡西米尔算符构成一个完全组, 该组算符的本征值可用来标记群的不可约表示, 即它们的每一组本征值都代表了群的一个不可约表示。例如, 转动群 $SO(3)$ 是秩为 1 的李群, 有一个卡西米尔算符, 它是轨道角动量算符的平方, 因而转动群的不可约表示可用角动量的本征值来标记。

科斯坦特重数公式 [Kostant multiplicity formula] 科斯坦特重数公式可用于计算半单李群的不可约表示中一个权的重数。设 $\boldsymbol{w}$ 是整支配权, $V_{\boldsymbol{w}}$ 是具有最高权 $\boldsymbol{w}$ 的有限维不可约表示。如果 $\boldsymbol{w}'$ 是 $V_{\boldsymbol{w}}$ 中的一个权, 则该权 $\boldsymbol{w}'$ 的重数由下式给出:

$$m(\boldsymbol{w}') = \sum_{\boldsymbol{v} \in W} \det(\boldsymbol{v}) p(\boldsymbol{v}(\boldsymbol{w} + \boldsymbol{\delta}) - (\boldsymbol{w}' + \boldsymbol{\delta}))$$

其中 W 是外尔群, $\boldsymbol{\delta}$ 是正根和之半, 即 $\boldsymbol{\delta} = \frac{1}{2} \sum\limits_{\boldsymbol{\alpha} \in \Sigma^+} \boldsymbol{\alpha}$, $p(\boldsymbol{w}')$ 是权 $\boldsymbol{w}'$ 可以表示为正根的非负整数组合的方式数, 即

$$p(\boldsymbol{w}') = \left| \left\{ k_{\boldsymbol{\alpha}} \middle| \boldsymbol{\alpha} \in \Sigma^+, k_{\boldsymbol{\alpha}} \in \mathbb{Z}^+, \boldsymbol{w}' = \sum_{\boldsymbol{\alpha} \in \Sigma^+} k_{\boldsymbol{\alpha}} \boldsymbol{\alpha} \right\} \right|$$

它也称为科斯坦特配分函数 (partition function)。

杨图 [Young diagram]　杨图是对对称群和线性变换群的不可约表示进行分类的一种工具。设自然数 n 可以分割为一系列非负整数之和，即

$$n = \lambda_1 + \lambda_2 + \cdots + \lambda_m$$

且满足条件

$$\lambda_1 \geqslant \lambda_2 \geqslant \cdots \geqslant \lambda_m > 0$$

则称它是 n 的一组配分，记为 $[\lambda] = [\lambda_1, \lambda_2, \cdots, \lambda_m]$。一个整数 n 可以对应多组配分。画 n 个大小相同的方格，将其分为 m 行，其中第一行有 λ_1 个方格，第二行有 λ_2 个方格，以此类推，第 m 行有 λ_m 个方格，它们左边对齐，这样得到的方格图称为杨图。例如 $n=8$ 的一个配分为 $[3,2,2,1] = [3,2^2,1]$，相应的杨图见下。

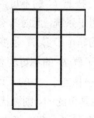

两个配分 $[\lambda] = [\lambda_1, \lambda_2, \cdots, \lambda_m]$ 和 $[\lambda'] = [\lambda'_1, \lambda'_2, \cdots, \lambda'_m]$，如果第一个非零差 $\lambda_i - \lambda'_i$ 为正的，则称 $[\lambda]$ 大于 $[\lambda']$，记为 $[\lambda] > [\lambda']$。

如果杨图 $\widetilde{[\lambda]}$ 是将杨图 $[\lambda]$ 中的行与列互换而得，则称杨图 $\widetilde{[\lambda]}$ 与 $[\lambda]$ 是互为共轭的。如果 $\widetilde{[\lambda]} = [\lambda]$，则称杨图 $[\lambda]$ 是自轭的。

对称群 S_n 的类由 n 的配分个数决定，一个杨图就表征一个类。例如对 S_3 群，3 的配分有 $[3], [2,1]$ 和 $[1,1,1] = [1^3]$，它们是 S_3 的三个类，相应的杨图见下。

两个配分 $[\lambda]=[\lambda_1,\lambda_2,\cdots,\lambda_m]$

对于群 $SU(n)$，其不可约表示相应的杨图可以按下列规则构造：

(1) 杨图至多有 n 行，但对方格的总数没有限制。

(2) 对给定杨图，标记它相应的不可约表示的邓金指标是 $(\mu_1, \mu_2, \cdots, \mu_{n-1})$，将该不可约表示记为 $D(\mu_1, \mu_2, \cdots, \mu_{n-1})$，其中 μ_i 是杨图中第 i 行超出第 $i+1$ 行的方格数，它与配分的关系为 $\mu_i = \lambda_i - \lambda_{i+1}$，这里 μ_i 可以为 0。相应于不可约表示 $D(\mu_1, \mu_2, \cdots, \mu_{n-1})$ 的维数为

$$d_n = \frac{1}{(n-1)!(n-2)!\cdots 2!}(1+\mu_1)(1+\mu_2)\cdots$$

$$(1+\mu_{n-1})(2+\mu_1+\mu_2)(2+\mu_2+\mu_3)\cdots$$

$$(2+\mu_{n-2}+\mu_{n-1})\cdots\cdots$$

$$(n-1+\mu_1+\mu_2+\cdots+\mu_{n-1})$$

例如，下图是群 $SU(5)$ 的邓金指标为 $(2,0,2,1)$ 的不可约表示的杨图，相应的维数为 1890。

(3) 有 n 个方格的列可以从杨图中删去。

(4) 给定杨图的 $SU(n)$ 的不可约表示有相同杨图的置换群 S_r 的不可约表示的对称性，这里 r 是杨图中的方格数。

用杨图可以方便地进行对称群、线性变换群等的直积表示的约化。例如，对于 $SU(N)$ 群，可以按下列步骤及法则进行约化：对两个直乘的杨图，取其中一个方格数较少的杨图，对其按如下方式作标记：在同一行的方格中填充相同的字母，而在不同行的方格中填充不同字母。例如，第一行的方格中填上 a，第二行的方格中填上 b，余类推。然后把这些带字母的方格按一切可能的方式附加到另一个杨图各行方格的右边，要求满足下列条件：① 相同字母的方格不能出现在同一列中；② 对于最后得到的杨图，从第一行开始逐行由右向左数这些字母时，字母 a 的总数不得少于字母 b 的，而字母 b 的总数又不得少于 c 的，余类推；③ 从第一列开始逐行由上向下数这些字母时，字母 a 的总数不得少于字母 b 的，而字母 b 的总数又不得少于 c 的，余类推；④ 相同的杨图可能出现多次。如果两个图中字母的标记是相同的，仅保留一个。而如果标记不同，则均保留；⑤ 对 $SU(n)$，多于 n 行的图要删去。有 n 个方格的列删去。

例如，对 $SU(3)$ 的两个不可约表示 $(3,1)$ 和 $(1,1)$ 的直积表示的约化过程，其中有斜线的图按照上述规则删去。最终的约化结果为

$$(3,1) \otimes (1,1) = (4,2) \oplus (5,0) \oplus (2,3) \oplus (3,1)$$
$$\oplus (3,1) \oplus (1,2) \oplus (2,0)$$

相应的维数关系为

$$24 \times 8 = 60 + 21 + 42 + 24 + 24 + 15 + 6$$

杨盘 [Young tableau]　对于给定的杨图，将 1 到 n 这 n 个自然数分别填入杨图的 n 个方格中，这就得到一个杨盘。n 格杨图有 $n!$ 种杨盘。

由一个杨盘可以求出对称群 S_n 的一个不可约表示。同一个杨图的不同杨盘给出的表示是等价的，而不同杨图的杨盘给出的表示是不等价的。

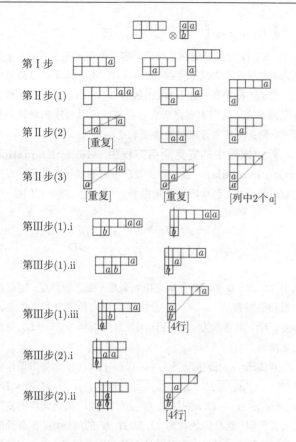

如果所填的数字使得每行从左至右数字递增，每列从上至下数字也递增，这样的杨盘称为标准杨盘。对于对称群 S_n，给定的杨图 $[\lambda]$ 对应的不同的标准杨盘数为

$$d_{[\lambda]}(S_n) = \frac{n!}{r_1! r_2! \cdots! r_m!} \prod_{j<k}^{m} (r_j - r_k)$$

其中 $r_j = \lambda_j + m - j$，m 是杨图的行数。这个 $d_{[\lambda]}(S_n)$ 也就是杨图 $[\lambda]$ 对应的 S_n 的不可约表示的维数。

2.2 电动力学

电动力学 [electrodynamics]　又称**经典电动力学**，是一门研究电磁现象的经典的动力学理论。它的研究范围主要包含电磁场的基本属性、运动规律以及电磁场和带电物质的相互作用。在量子世界里，任何物质均具有波粒二象性。而在宏观尺度下，当电磁场的粒子性与荷电粒子的波动性可以忽略不计时，经典电动力学可以完美解释各种电磁现象。反之，当电磁场的粒子性与荷电粒子的波动性不可忽略时，经典电动力学不再适用。自 20 世纪初叶通过对微观客体的研究发展了量子力学，进而研究电磁场与微观带电粒子的相互作用，发展了量子电动力学。现在量子电动力学已成为近代理论物理的基础。用宏观电动力学处理微观电磁现象虽有局限性，但对某些问题所得到的结果与量子电动力学的结果存在一定的对应性，仍然可提供有益的启示。参见量子电动力学。

经典电动力学 [classical electrodynamics]　即电动力学。

量子电动力学 [quantum electrodynamics]　研究电磁场的微观属性及其与微观带电粒子相互作用的学科。在粒子物理中，量子电动力学是电动力学的相对论性量子场论。量子电动力学中，电磁场具有粒子性，而粒子则呈现波动性，电磁场连续统可表示为各种频率的单色波模式，量子化后每一模式对应于一定频率的光子；粒子的行为则需由波函数描述，具有波动性。

2.2.1　基本概念和基本规律

场点 [field point]　物理或数学场中的空间坐标点。电磁学中指电磁场分布的空间坐标点为场点。

源点 [source point]　电荷、电流是激发电磁场的源，在计算电荷、电流激发电磁场时，分布电荷、电流的空间点称为源点。

自由空间 [free space]　指不存在电荷、电流的空间。在此空间中电磁场不被散射或吸收。

安培定律 [Ampere law]　真空中的两个闭合回路 1 和 2，电流分别为 I_1 和 I_2，则回路 1 受到回路 2 的作用力为

$$F_{12} = \frac{\mu_0 I_1 I_2}{4\pi} \oint_1 \oint_2 \frac{dl_1 \times (dl_2 \times R_{12})}{R_{12}^3}$$

其中 R_{12} 是回路 1 上的线源 dl_1 到回路 2 上的线源 dl_2 的位矢。

静磁场对电流系的作用力 [force on current system by magnetostatic field]　体积 V 内以电流密度 $j(x,y,z)$ 分布的电流系，在磁感应场 B 中受到的力为

$$F = \int_V f dV = \int_V j \times B dV$$

或由磁场的应力张量 T 表示

$$F = \int_V f dV = \oint_S T \cdot n dS = \frac{1}{\mu_0} \oint_S [(B \cdot n)B - \frac{1}{2}B^2 n] dS$$

式中 n 为面元 dS 的法向单位矢量，力密度 $f = j \times B = \nabla \cdot T$。见电磁场应力张量。

麦克斯韦电磁场 [Maxwell electromagnetic field]　又称**宏观电磁场**。任何场点处的宏观电、磁场强度 E 和 B，分别是该场点近邻微小但有限区域内相应的微观场在短暂时间内的时空平均。

宏观电磁场 [macroscopic electromagnetic fields]　即麦克斯韦电磁场。

微观电磁场 [microscopic electromagnetic fields]　从原子、分子尺度的微观观点考察电磁场，总是处在真空环境；作为场源，所有分布的电荷及电流都是自由电荷和自由电

流。这种真空环境中的微观电荷、电流确定的电磁场称为微观电磁。不过，依然把微观电磁场作为连续统看待，不考虑它的粒子性，故仍然是经典的场而非量子场。有时称微观电磁场为洛伦兹场。见洛伦兹电动力学、麦克斯韦电动力学、麦克斯韦电磁场。

洛伦兹场 [Lorentz fields]　即微观电磁场。

麦克斯韦电动力学 [Maxwell electrodynamics] 即宏观电动力学，是研究宏观电磁场属性及其与带电粒子相互作用的学科。任何一点处的电磁场强度或是电荷、电流等物理量都是相应的微观物理量在该点近邻宏观上微小区域和短暂时间内的平均。麦克斯韦方程组是麦克斯韦(宏观)电动力学遵循的基本规律。见电动力学、麦克斯韦电磁场、麦克斯韦方程组、洛伦兹电动力学、洛伦兹场。

洛伦兹电动力学 [Lorentz electrodynamics] 洛伦兹电动力学讨论真空背景下电磁场及其与荷电粒子相互作用的规律，认为所有宏观电磁学规律在洛伦兹电动力学中同样适用，只是所有的电荷都是由荷电粒子构成的，电流则由运动电荷形成：$j = \rho u$。场对电荷电流的作用力 $f = \rho(E + u \times B)$，以及电荷守恒暨电流连续性方程 $\frac{\partial \rho}{\partial t} + \nabla \cdot (\rho u) = 0$。在经典电动力学范畴中，洛伦兹电动力学用于讨论原子、分子尺度下的微观电磁现象。见麦克斯韦电磁场。

位移电流 [displacement current]　媒质中电位移矢量 D 的时间变化率 $\frac{\partial D}{\partial t}$。这里 $D = \varepsilon_0 E + P$ 是媒质中的电位移矢量。媒质中的位移电流，包含真空位移电流 $\varepsilon_0 \frac{\partial E}{\partial t}$ 和极化电流 $\frac{\partial P}{\partial t}$ 两部分。媒质中的磁场强度 H 和自由电流密度 j_f 在稳恒情形下满足安培环路定理：$\nabla \times H = j_f$，这与稳恒时的电流连续方程 $\nabla \cdot j_f = 0$ 并无矛盾。但在不稳定情形下却不符合电荷守恒定律：$\nabla \cdot j_f + \frac{\partial \rho}{\partial t} = 0$。引入位移电流 $j' = \frac{\partial D}{\partial t}$，将环路定理推广为 $\nabla \times H = j_f + j' = j_f + \frac{\partial D}{\partial t}$，则不仅适用于稳恒情形，而且在不稳定情形下也能符合电荷守恒定律；这一推广的公式，成为描述电磁场运动的基本方程之一，它揭示了电场的变化也能激发磁场。位移电流的引入是麦克斯韦的巨大贡献。见电位移矢量。

真空中的麦克斯韦方程组 [Maxwell equations in vacuum]　描写电磁场运动和与电荷、电流依存的基本规律。包含四个矢量微分方程。不存在媒质时(真空情形)，它们的微分形式和相应的积分形式如下：

(1) $\nabla \cdot E = \frac{\rho}{\varepsilon_0}$，$\oiint_S E \cdot dS = \frac{1}{\varepsilon_0} \int_V \rho dV$

(2) $\nabla \cdot B = 0$，$\oiint_S B \cdot dS = 0$

(3) $\nabla \times E = -\frac{\partial B}{\partial t}$，$\oint_l E \cdot dl = -\oiint_S \frac{\partial B}{\partial t} \cdot dS$

(4) $\nabla \times B = \mu_0 j + \mu_0 \varepsilon_0 \frac{\partial E}{\partial t}$，

$$\oint_l B \cdot dl = \mu_0 \iint_S \left(j + \varepsilon_0 \frac{\partial E}{\partial t} \right) \cdot dS$$

式中，E、B 分别是电磁场的电场强度和磁感应强度；ρ、j 分别为电荷密度和电流密度。常数 $\varepsilon_0 = 10^7/4\pi c^2 = 8.854187818 \times 10^{-12} \text{F/m}$ 称为真空介电常数；常数 $\mu_0 = 4\pi \times 10^7 \text{H/m}$ 称为真空磁导率。真空中麦克斯韦方程组还可以写成相对论协变表式，见麦克斯韦方程组的协变表述。

静止媒质中的麦克斯韦方程组 [Maxwell equations for static media]　描写静止媒质中电磁场行为的基本规律的数学表示式。包含四个矢量微分方程，在介质中它们是

$$\nabla \cdot D = \rho_f, \quad \nabla \times E = -\frac{\partial B}{\partial t}$$

$$\nabla \cdot B = 0, \quad \nabla \times H = j_f + \frac{\partial D}{\partial t}$$

式中 E、B、D 和 H 分别是电场强度、磁感应强度、电位移矢量和磁场强度；ρ_f 和 j_f 分别是自由电荷密度和自由电流密度。对于电导率为 σ 的各向同性导电媒质 $j_f = \sigma E$。见宏观电磁场。

对偶场　在无源情况下 ($\rho_f = 0$ 和 $j_f = 0$)，如果对场作变换 $E \to \sqrt{\mu_0/\varepsilon_0} H'$，$D \to \sqrt{\varepsilon_0/\mu_0} B'$，$\sqrt{\mu_0/\varepsilon_0} H \to -E'$，和 $\sqrt{\varepsilon_0/\mu_0} B \to D'$，则场量 D'、E'、B'、H' 满足同样的麦克斯韦方程组，这样的场称为 D, E, B, H 的对偶场。在有源情况下，对偶性被破坏，其根源是不存在磁单极子，至少，目前还没有找到磁单极子存在的证据。

运动媒质中的法拉第定理 [Faraday theorem for moving media]　设媒质相对于实验室参照系以比光速 c 甚小的速度 $|u|$ 运动，则此运动媒质中的法拉第定理可表示为

$$\nabla \times (E' - u \times B) = -\frac{\partial B}{\partial t}$$

式中 E' 为与运动媒质相对静止的观察者测量到的电场强度；$E = E' - u \times B$ 和 B 分别是在实验室参照系中的电场强度和磁感应强度。

运动媒质中的麦克斯韦方程组 [Maxwell equations for moving media]　设媒质以速度 u 运动，$|u| \ll c$，则运动媒质中的麦克斯韦方程组为

$$\nabla \cdot D = \rho_f, \quad \nabla \times E = -\frac{\partial B}{\partial t}$$

$$\nabla \cdot B = 0, \quad \nabla \times H = j_f + \rho_f u + \frac{\partial D}{\partial t} + \nabla \times (P \times u)$$

式中 E、B、D 和 H 分别是电场强度、磁感应强度、电位移矢量和磁场强度；ρ_f 和 j_f 分别是自由电荷密度和自由电流密度；P 为媒质的电极化矢量。对于 $|u| \sim c$ 情形则由麦克斯韦方程组的相对论协变表示通过洛伦兹变换得到运动媒质中的麦氏方程组。见宏观电磁场、介质中麦克斯韦方程组的协变表述、洛伦兹变换。

法拉第圆盘 [Farady disk]　一金属圆盘置于与盘面垂直的磁场中，当圆盘绕通过圆心并与盘面垂直的轴转动时，圆盘边缘与盘心间存在电势差。这样的圆盘装置称为法拉第圆盘。存在电势差是因为在磁场中的运动导体内，将出现动态的感应电场 $E' = v \times B$，其中 v 是导体的运动速度。

电动力学的相似原理 [similitude principle in electrodynamics]　两个不同的电磁边值问题之间可能建立的相似关系。这在电磁器件的设计中很有用处。引进无量纲的电磁场强度 E' 和 H'：$E = eE'$ 和 $H = hH'$，并设长度 $l = \lambda L$，时间 $t = \tau T$，这里 e，h，λ 和 τ 分别是各对应量的单位；L、T 分别是长度和时间的数值。这样根据麦克斯韦方程组，可得出下列两个无量纲方程

$$\nabla \times E' + \alpha \frac{\partial H'}{\partial T} = 0$$

$$\nabla \times H' - \beta \frac{\partial E'}{\partial T} - \gamma E' = 0$$

式中，$\alpha = \frac{\mu \lambda}{\tau} \frac{h}{e}$，$\beta = \frac{\varepsilon \lambda}{\tau} \frac{e}{h}$ 和 $\gamma = \sigma \lambda \frac{e}{h}$。由此可见，两个电磁边值问题相似的充要条件是，上列方程中的系数 α、β 和 γ 在这两问题中分别相同。在这三个系数中消去 h，l，e 得 $\alpha\beta = \varepsilon\mu\lambda^2/\tau^2 = C_1$ 和 $\alpha\gamma = \mu\sigma\lambda^2/\tau = C_2$。两个电磁边值问题相似的条件，是必须具有相同的 C_1 和 C_2。例如长度尺寸 λ 缩小一半，磁导率 μ 就需要增至四倍，才能同时保持 C_1 和 C_2 不变。见麦克斯韦方程组。

电位移矢量 [electric displacement vector]　定义电位移矢量 $D = \varepsilon_0 E + P$ 是为在介质中便于求解电磁场而引入的辅助量。这里 E 和 P 分别是介质中的电场强度和电极化矢量；ε_0 为真空介电常数。

束缚电荷密度 [bound charge density]　单位体积内的束缚电荷称为束缚电荷密度，束缚电荷指介质中束缚在原子或分子处，不能在介质中自由运动的电荷。通常物质是中性的，宏观平均的束缚电荷密度为 0，但当介质在外场中发生电极化时，则有可能形成不为 0 的宏观束缚电荷密度 ρ_P；束缚电荷密度与电极化矢量 P 存在关系 $\rho_P = -\nabla \cdot P$。

本构方程 [constitutive equation]　媒质内部存在电磁场时，将在媒质内引起诱导电荷和诱导电流，这些诱导量或与之相关的物理量分别跟电场强度 E，磁场强度 B 之间的关系方程，称为本构方程。例如 $P = \varepsilon_0 \chi E$，$D = \varepsilon E$，$j = \sigma E$ 和 $M = \lambda B$，等都是本构方程。在这些方程中都存在与媒质本身结构有关的常数 ε，μ，χ，λ，σ 等，"本构"之义由此而得。需要注意的是，在铁电和磁性物质或者强场下，P 与 E，M 与 B 将不再是这样简单的线性齐次关系。

极化电流 [polarization currents]　介质的电极化随时间变化而形成的诱导电流。极化电流密度为 $j_P = \partial P / \partial t$。这里 P 为介质内的电极化矢量。

各向异性介质 [anisotropic medium]　在各向异性介质中 (例如晶体)，施加 j 方向的电场 E_j，将引起 i 方向的极化 P_i，因此极化常数已不能由简单的标量表示，而应该是对称的二阶张量，即表示为 $P_i = \varepsilon_0 \chi_{ij} E_j$。对 ε、μ、λ、σ 也有类似的表达式。

色散 [dispersion]　在高频情况下，由于电磁场变化很快，以至于极化电荷和磁化电流跟不上电磁场的变化，所以极化率和磁化率是频率的函数，因而，$\varepsilon = \varepsilon(\omega)$ 和 $\mu = \mu(\omega)$，这一现象称为色散。

弛豫时间 [relaxation time]　均匀媒质中任意一点的电荷密度降至其初始值的 $1/e$ 的时间。对介电常数和电导率分别为 ε 和 σ 的媒质不计磁效应时，可由电荷、电流连续性方程得到媒质内的电荷、电流弛豫时间为 $\tau = \varepsilon/\sigma$。媒质的导电性越好 ($\sigma$ 越大)，弛豫时间越短。通常 τ 都很小，即使像蒸馏水这样导电性差的媒质，弛豫时间也不超过 10^{-6}s。

分子场 [molecular fields]　又称洛伦兹有效场。介质中作用于单个介质分子的总电场。分子场 E_m 包括介质中的宏观平均电场 E 和其他分子的极化电荷在该分子处的电场之和：$E_m = E + vP/\varepsilon_0$，这里 P 是介质的电极化矢量；v 是与介质分子的排列有关的常数，对具有高度对称性的晶体 (例如立方晶系的晶体) 和各向同性的介质或无规排列的非晶体 $v=1/3$。

洛伦兹有效场 [Lorentz effective fields]　即分子场。

克劳修斯-莫索提公式 [Clausius-Mossotti relation]　介质的介电常数 ε 与介质分子常数之间的关系式为

$$\frac{\varepsilon - \varepsilon_0}{\varepsilon + 2\varepsilon_0} = \frac{N_A \rho_m \alpha}{3M}$$

式中 N_A 为阿伏伽德罗 (Avogadro) 常数；ρ_m 和 M 分别是介质的密度和分子量；α 是介质的极化率，是分子电偶矩 p 与有效电场 E_e 的比例常数，定义为 $p = \alpha \varepsilon_0 E_e$ 稀薄气体的介电常数 $\varepsilon \approx \varepsilon_0$，这时克劳修斯-莫索提公式简化为 $\varepsilon - \varepsilon_0 \approx \frac{\varepsilon_0 N_A \rho_m \alpha}{M}$。

洛伦兹-洛伦茨方程 [Lorentz-Lorenz equation]　在光频条件下，介质的折射率 n 与介质密度 ρ 之间的关系，可直接由克劳修斯-莫索提公式得出，只需将相对介电常数 $\varepsilon_r = \varepsilon/\varepsilon_0$ 代以 n^2

$$\frac{n^2 - 1}{n^2 + 2} = \frac{N_A \rho_m \alpha}{3M}$$

这个关系有时称为洛伦兹-洛伦茨方程。见克劳修斯-莫索提公式。

磁化电流密度 [magnetization current density]　引起介质磁化的宏观分子电流称为磁化电流。它是由原子、

分子中束缚电子的轨道运动及自旋，形成宏观平均上不为零的电流。介质的磁化电流密度 j_m 与介质的磁化强度 M (单位体积内原子、分子磁矩的宏观平均) 之间的关系为

静电场边界条件 [boundary condition of electrostatic]　在两种不同介质的分界面处，或金属 (良导体) 表面处，稳恒电场 (静电场) 满足的衔接条件。设在介质 1 和介质 2 中的电场强度，电位移矢量，电势和介电常数 (假定是线性、各向同性的) 分别为 E_1、E_2，D_1、D_2，ϕ_1、ϕ_2 和 ε_1、ε_2，则在二介质分界面处各场量的静电边界条件如下：

(1) 对电场强度 E

$$\boldsymbol{n} \cdot (\boldsymbol{E}_2 - \boldsymbol{E}_1) = \sigma_t, \quad \boldsymbol{n} \times (\boldsymbol{E}_2 - \boldsymbol{E}_1) = 0$$

(2) 对电位移矢量 D

$$\boldsymbol{n} \cdot (\boldsymbol{D}_2 - \boldsymbol{D}_1) = \sigma_f, \quad \boldsymbol{n} \times (\varepsilon_1 \boldsymbol{D}_2 - \varepsilon_2 \boldsymbol{D}_1) = 0$$

(3) 对电势 (设界面处不存在偶电层)

$$\phi_2 - \phi_1 = 0, \quad \frac{\partial \phi_2}{\partial n} - \frac{\partial \phi_1}{\partial n} = \sigma_t$$

或

$$\varepsilon_2 \frac{\partial \phi_2}{\partial n} - \varepsilon_1 \frac{\partial \phi_1}{\partial n} = \sigma_f$$

导体外介质中的场，在导体表面处满足的边界条件：

$$\boldsymbol{n} \cdot \boldsymbol{E} = \sigma_t, \quad \boldsymbol{n} \times \boldsymbol{E} = 0$$
$$\boldsymbol{n} \cdot \boldsymbol{D} = \sigma_f, \quad \boldsymbol{n} \times \boldsymbol{D} = 0$$
$$\phi = \phi_c, \quad -\varepsilon \frac{\partial \phi}{\partial n} = \sigma_f$$

上列各式中 n 为分界面法线的单位矢量，σ_t 和 σ_f 分别是分界面处的总面电荷密度和自由电荷面密度，ε 为金属外介质的介电常数 (假定是线性、各向同性的)，ϕ_c 是常数。

静磁场边界条件 [boundary condition of magnetostatic]　在两种不同媒质的分界面处稳恒磁场 (静磁场) 满足的衔接条件。设在介质 1 和介质 2 中的磁感应强度，磁场强度，磁标量势，矢量势和导磁系数 (假定是线性、各向同性的) 分别为 B_1、B_2，H_1、H_2，ϕ_1、ϕ_2，A_1、A_2 和 μ_1、μ_2，则在二介质分界面处各场量的静磁边界条件如下：

(1) 对磁感应强度 B

$$\boldsymbol{n} \cdot (\boldsymbol{B}_2 - \boldsymbol{B}_1) = 0, \boldsymbol{n} \times \left(\frac{\boldsymbol{B}_2}{\mu_2} - \frac{\boldsymbol{B}_1}{\mu_1} \right) = \boldsymbol{k}_f$$

(2) 对磁场强度 H

$$\boldsymbol{n} \cdot (\mu_2 \boldsymbol{H}_2 - \mu_1 \boldsymbol{H}_1) = 0, \boldsymbol{n} \times (\boldsymbol{H}_2 - \boldsymbol{H}_1) = \boldsymbol{k}_f$$

(3) 对矢量势 A

$$\boldsymbol{n} \times (\boldsymbol{A}_2 - \boldsymbol{A}_1) = 0, \boldsymbol{n} \times \left(\frac{\boldsymbol{A}_2}{\mu_2} - \frac{\boldsymbol{A}_1}{\mu_1} \right) = \boldsymbol{k}_f$$

(4) 对磁标量势

$$\phi_2 - \phi_1 = 0, \quad \mu_2 \frac{\partial \phi_2}{\partial n} - \mu_1 \frac{\partial \phi_1}{\partial n} = 0$$

式中 n 是分界面法线的单位矢量，k_f 是分界面处的表面自由电流面密度。

电磁场边界条件 [boundary condition of electromagnetic field]　在真空和媒质或两种不同媒质的分界面处电磁场满足的衔接条件。设在两种介质的分界面处介质 1 和介质 2 中的电场强度，电位移矢量，磁感应强度和磁场强度分别为 E_1、E_2，D_1、D_2；B_1、B_2，H_1、H_2，则在分界面处的电磁场边界条件包含如下关系

$$\boldsymbol{n} \cdot (\boldsymbol{D}_2 - \boldsymbol{D}_1) = \sigma_f, \quad \boldsymbol{n} \times (\boldsymbol{E}_2 - \boldsymbol{E}_1) = 0$$
$$\boldsymbol{n} \cdot (\boldsymbol{B}_2 - \boldsymbol{B}_1) = 0, \quad \boldsymbol{n} \times (\boldsymbol{H}_2 - \boldsymbol{H}_1) = \boldsymbol{k}_f$$

式中 n 是分界面法线的单位矢量；σ_f 是分界面处的自由面电荷密度；k_f 为分界面处的自由表面电流密度。这些条件不仅适用于静电和静磁情形，同样也适用于非稳恒电磁场的情形。见静电场边界条件、静磁场边界条件。

能量平衡方程 [energy balance equation]　根据麦克斯韦方程组，并设介质的介电常数和磁导率都是常数，可得出电磁能量平衡方程

$$-\frac{\mathrm{d}}{\mathrm{d}t} \int_V \frac{1}{2} (\boldsymbol{E} \cdot \boldsymbol{D} + \boldsymbol{H} \cdot \boldsymbol{B}) \mathrm{d}V = \int_V \boldsymbol{E} \cdot \boldsymbol{j} \mathrm{d}V + \oint_S (\boldsymbol{E} \times \boldsymbol{H}) \cdot \boldsymbol{n} \mathrm{d}S$$

上式左方为单位时间内，体积 V 中电磁场能量的减少。右方第一项为媒质中的焦耳损耗功率和单位时间内外电动势做的功 ($\boldsymbol{E} = \boldsymbol{j}/\sigma - \boldsymbol{E}'$，这里 E' 是外电动势产生的电场)；第二项则是单位时间内流过边界面的电磁场能量。能量平衡方程微分形式为

$$\frac{\mathrm{d}u}{\mathrm{d}t} + \boldsymbol{E} \cdot \boldsymbol{j} + \nabla \cdot \boldsymbol{S} = 0$$

式中，$w = \frac{1}{2}(\boldsymbol{E} \cdot \boldsymbol{D} + \boldsymbol{H} \cdot \boldsymbol{B})$ 为介质中的电磁场能量密度；$\boldsymbol{S} = \boldsymbol{E} \times \boldsymbol{H}$ 是坡印亭矢量。电磁场的能量平衡方程常被称为坡印亭定理。见电磁场能量密度。

坡印亭定理 [Poynting theorem]　见能量平衡方程。

电磁场能量 [energy of electromagnetic field]　电磁场是客观存在的一种物质形态，和其他物质一样，电磁场也具有能量属性。电磁场能量即指电磁场具有的能量。电磁场是有电荷、电流激发的；在电荷、电流体系 "建立" 的过程中需要克服电磁场的力做功，转换成体系的能量。从麦克斯韦电磁场的观点来看，这部分能量是储藏在电磁场中的，称为电磁场能量。见电磁场能量密度。

电磁场能量密度 [energy density of electromagnetic field]　电磁场在单位体积内包含的能量。真空中电磁

场的能量密度是

$$w = \frac{1}{2}\left(\varepsilon_0 E^2 + \frac{B^2}{\mu_0}\right)$$

其中，第一项是电场的能量密度，第二项则是磁场的能量密度。介质中电磁场的能量密度是

$$w = \frac{1}{2}(\boldsymbol{E}\cdot\boldsymbol{D} + \boldsymbol{H}\cdot\boldsymbol{B})$$

能量流密度矢量 [energy flow density vector] 单位时间内通过单位面积的电磁场能量流，即坡印亭矢量。见坡印亭矢量。

坡印亭矢量 [Poynting vector] 电磁场的能量流密度矢量 $\boldsymbol{S} = \boldsymbol{E}\times\boldsymbol{H}$。在真空中定义为 $\boldsymbol{S} = \frac{1}{\mu_0}\boldsymbol{E}\times\boldsymbol{B}$。

动量平衡方程 [momentum balance equation] 设区域 V 内分布有以速度场 $\boldsymbol{u}(\boldsymbol{r})$ 运动的电荷系；电荷密度为 $\rho(\boldsymbol{r})$。则由洛伦兹力公式及麦克斯韦方程组可导动量平衡方程

$$\int_V \boldsymbol{f}\mathrm{d}V = -\varepsilon\mu\frac{\mathrm{d}}{\mathrm{d}t}\int_V \boldsymbol{S}\mathrm{d}V + \oint_S \boldsymbol{T}\cdot\boldsymbol{n}\mathrm{d}S$$

其中 $\boldsymbol{T}$ 为电磁场的应力张量。式中左方是场对电荷作用的力，力密度为 $\boldsymbol{f} = \rho(\boldsymbol{E} + \boldsymbol{u}\times\boldsymbol{B})$，按力学原理可表示为电荷系机械动量的时间变化率 $\frac{\mathrm{d}\boldsymbol{P}}{\mathrm{d}t}$，故上式写成

$$\frac{\mathrm{d}(\boldsymbol{P} + \boldsymbol{G})}{\mathrm{d}t} = \oint_S \boldsymbol{T}\cdot\boldsymbol{n}\mathrm{d}S$$

其中 $\boldsymbol{G} = \varepsilon\mu\int_V \boldsymbol{S}\mathrm{d}V$。因此体系的动量由两部分组成：机械动量 $\boldsymbol{P}$ 和电磁场动量 $\boldsymbol{G}$，$\boldsymbol{g} = \varepsilon\mu\boldsymbol{S} = \boldsymbol{D}\times\boldsymbol{B}$ 称为电磁场动量密度矢量。见电磁动量密度、电磁动量流密度。

电磁场动量密度 [momentum density of electromagnetic field] 单位体积内的电磁场动量。介质中的电磁场动量密度矢量与电磁场之间的关系为 $\boldsymbol{g} = \boldsymbol{D}\times\boldsymbol{B}$；电磁场动量与坡印亭矢量之间存在关系 $\boldsymbol{g} = \varepsilon\mu\boldsymbol{S}$，这里 ε 和 μ 分别是介质的介电常数和磁导率。见动量平衡方程。

电磁场动量流密度 [electromagnetic momentum flow density] 由麦克斯韦方程组和洛伦兹力公式可导出电磁场动量平衡方程：

$$\frac{\mathrm{d}(\boldsymbol{P} + \boldsymbol{G})}{\mathrm{d}t} + \oint_S (-\boldsymbol{T}\cdot\boldsymbol{n})\mathrm{d}S$$

左方第一项中的 $\boldsymbol{P}$，$\boldsymbol{G}$ 可分别解释为界面 S 包围区域内的电荷机械动量和电磁场动量，第二项则是单位时间内自界面 S 流出的电磁场动量；故 $-\boldsymbol{T}$ 称为电磁场动量流密度，其数值是单位时间内垂直流过单位面积的电磁场动量，电磁场的动量流密度是二阶张量。见电磁动量平衡方程、电磁场应力张量。

电磁场的惯量 [inertia of electromagnetic fields] 类似于机械物质，必须有外力作用才能使电磁场的动量改变；电磁场的这一特性，称为电磁场的惯量。取体积 V 边界 S 的区域，由电磁场的动量平衡方程，可得方程

$$\frac{\mathrm{d}\boldsymbol{G}}{\mathrm{d}t} = \oint_S \boldsymbol{T}\cdot\boldsymbol{n}\mathrm{d}S - \int_V \boldsymbol{f}\mathrm{d}V$$

其中 $-\int_V \boldsymbol{f}\mathrm{d}V$ 可以看作区域 V 内的电荷、电流对电磁场的作用力（洛伦兹力的反作用），$\oint_S \boldsymbol{T}\cdot\boldsymbol{n}\mathrm{d}S$ 可看作区域 V 外电磁场在边界 S 处对 V 内电磁场作用力。因此方程的意义是区域 V 内电磁场动量的变化正比于区域内的电荷、电流以及区域外的电磁场对 V 内电磁场的作用力之和。由此显示了电磁场的惯性。见动量平衡方程。

角动量平衡方程 [angular momentum balance equation] 由麦克斯韦方程组和洛伦兹力公式可导出电磁场角动量平衡方程

$$\frac{\mathrm{d}\boldsymbol{L}}{\mathrm{d}t} = -\frac{\mathrm{d}}{\mathrm{d}t}\int_V \boldsymbol{r}\times\boldsymbol{g}\mathrm{d}V - \oint_S \boldsymbol{T}\times\boldsymbol{r}\mathrm{d}S$$

其中带电体系的机械角动量的变化率为

$$\frac{\mathrm{d}\boldsymbol{L}}{\mathrm{d}t} = \int_V \rho\boldsymbol{r}\times(\boldsymbol{E} + \boldsymbol{u}\times\boldsymbol{B})\mathrm{d}V$$

$\boldsymbol{g} = \boldsymbol{D}\times\boldsymbol{B}$ 为电磁场动量密度矢量，$\boldsymbol{T}$ 为电磁场应力张量。因此，电磁场的角动量密度矢量为 $\boldsymbol{l} = \boldsymbol{r}\times\boldsymbol{g}$，角动量流密度张量为 $\boldsymbol{T}\times\boldsymbol{r}$。

电磁场应力张量 [electromagnetic stress tensor] 从麦克斯韦电磁场的观点，在电磁场内部也存在着应力；某一区域内部的电磁场受到区域外部电磁场的力，是通过边界上的应力作用的。边界面上的应力可以由应力张量求出。介质中的电磁场应力张量 $\boldsymbol{T}$ 与电磁场的关系如下：

$$T_{ij} = E_i D_j + H_i B_j - \frac{1}{2}(\boldsymbol{E}\cdot\boldsymbol{D} + \boldsymbol{H}\cdot\boldsymbol{B})\delta_{ij}$$
$$(i, j = x, y, z)$$

其中，$T_{ij} = [\boldsymbol{T}]_{ij}$ 是电磁场应力张量 $\boldsymbol{T}$ 的 9 个分量，$\boldsymbol{T}$ 是一个二级张量；坐标变换时，每一元素按二级张量的变换规则变换。

电磁场能量-动量张量 [energy-momentum tensor of electromagnetic field] 电磁场的应力张量 $\boldsymbol{T}$，动量密度 $\boldsymbol{g}$ 和能量密度 w 可以构成关于洛伦兹变换协变的四维二级张量：

$$G_{\mu\nu} = \begin{bmatrix} T_{xx} & T_{xy} & T_{xz} & -\mathrm{i}cg_x \\ T_{yx} & T_{yy} & T_{yz} & -\mathrm{i}cg_y \\ T_{zx} & T_{zy} & T_{zz} & -\mathrm{i}cg_z \\ -\mathrm{i}cg_x & -\mathrm{i}cg_y & -\mathrm{i}cg_z & w \end{bmatrix}$$

称为电磁场的能量–动量张量。由此可以将电磁场的动量平衡方程和能量平衡方程统一表示为洛伦兹变换的协变式：

$$\frac{\partial G_{\mu\nu}}{\partial x_\nu} = -f_\mu \quad (\mu = 1, 2, 3, 4)$$

这里 x_ν 和 f_μ 分别是协变四维坐标矢量和四维洛伦兹力密度矢量; 对同一项内的重复指标按爱因斯坦规则求和。见电磁场应力张量，能量、动量平衡方程的协变表式，坐标四维矢量，洛伦兹力密度四维矢量。

2.2.2 稳恒电磁场

标量场 [scalar field]　在空间任何一点只需用一个与空间坐标或时间相关的标量描写的物理量。例如静电场的电势就是一个三维空间的标量场，静电场强度可用一标量函数 $\phi(r)$ 的负梯度表示，称为静电标量势场; 对不稳定电磁场，可由标量场 $\phi(r, t)$ 和矢量场 $A(r, t)$ 表示: $E = -\nabla\phi - \partial A/\partial t$ 和 $B = \nabla \times A$，其中 $-\nabla\phi$ 描述电场的无旋部分。温度场，密度场，以至量子力学中的粒子波函数等，也都是标量场。标量场中任一点处的数值在坐标变换中保持不变。

标量势 [scalar potential]　一个物理的矢量场可以用一个空间标量函数的梯度表示，则该空间函数代表的标量场就可称为该物理场的标量势。在电磁学中，常常特指与电场无旋部分相应的标量场函数为标量势; 静电场是无旋场，静电势即是标量势。见标量场。

矢量场 [vector field]　若某一物理量在全部空间或一部分空间，需用具有矢量变换特性的函数来确定，则该物理量代表的是矢量场; 矢量场可用一矢量函数描写。矢量场在变化过程中，场中每一点的场量都可能独立变化，故矢量场和标量场一样是无限自由度的连续场。电场强度 $E(r, t)$ 和磁感应强度 $B(r, t)$ 都是三维空间的矢量场，分别用来描述电场和磁场; 三维电磁场的矢量势场 $A(r, t)$ 和标量势场 $\phi(r, t)$ 可构成四维空间关于洛伦兹变换协变的四矢量场: $A_\mu = (A, i\phi/c)$。见四维矢量势。

表面电荷 [surface charge]　分布在媒介表面上的电荷。表面电荷是一个理想化的概念; 实际上真实的电荷是分布在一定大小的空间区域内的，但如果电荷分布在媒质表面附近的薄层内，而薄层的厚度与所处理问题的空间尺度相比可以略去不计，或者可以不计薄层厚度内电荷的具体分布状况，则这样的薄层电荷可看成媒介的表面电荷。

恩莎定理 [Earnshaw theorem]　置于静电场中的电荷，在没有其他外力作用时，不可能处于平衡状态。

电容系数 [capacitivity]　设空间存在 N 个导体，每个导体的电势为 ϕ_i，则导体系的能量为 ϕ_i 的二次式:

$$W = \frac{1}{2} \sum_{i,j=1}^{N} C_{ij} \phi_i \phi_j$$

其中 $C_{ii} > 0$ 称为电容系数, $C_{ij} < 0 \ (i \neq j)$ 称为电感系数。

电感系数 [inductance coefficient]　见电容系数。

格林互易定理 [Green reciprocity theorem]　设空间由若干曲面 S 划分为若干区域。若 $\phi(r)$ 是电荷体系以体电荷密度 $\rho(r)$ 分布和以面电荷密度 $\sigma(r)$ 分布激发的静电势，而 $\phi'(r)$ 是以体电荷密度 $\rho'(r)$ 分布和面电荷密度 $\sigma'(r)$ 分布激发的静电势，则以下关系成立:

$$\int_V \rho\phi' \mathrm{d}V + \oint_S \sigma\phi' \mathrm{d}S = \int_V \rho'\phi \mathrm{d}V + \oint_S \sigma'\phi \mathrm{d}S$$

称为格林互易定理。

平均值定理 [mean value theorem]　在没有电荷存在的空间中，任何一点处的静电势等于以该点为中心的球面上电势的平均值。

汤姆孙定理 [Thomson theorem]　介质中导体表面上的电荷将以使其激发的静电场的能量为最小的方式分布。

静电唯一性定理 [electrostatic uniqueness theorem]　若是在给定边界的区域内，求得静电问题电场强度或静电势的解，该解在边界处满足给定的边界条件，则此解是该区域内所求静电问题的唯一正确的解。

矢量势的唯一性定理 [uniqueness theorem for the vector potential]　在静磁问题中，若求得区域 V 内矢量势的解为 $A(r)$，且在区域的边界处满足给定的边界条件，则这一矢量势的解，是唯一正确的解。见电磁场解的唯一性。

电磁场解的唯一性 [uniqueness of solution for electromagnetic fields]　在区域 V 内 $t > 0$ 时刻的电场强度和磁场强度 (或磁感应强度) 由它们的初始值以及 $t \geqslant 0$ 时它们在边界上的切线方向分量唯一确定。见静电唯一性定理、矢量势的唯一性定理。

保角变换方法 [conformal transformation method]　保角变换是利用复变量解析函数实部和虚部都满足拉普拉斯方程的特点，通过复平面变换以简化求解二维拉普拉斯方程边值问题的一种方法。由于在没有电荷分布的空间中静电势满足拉普拉斯方程，故此法可用来求解二维的静电势问题。通过一适当的解析复变函数 $f(z)$，将复平面 $z = x + iy$ 变换成另一复平面 $z' = x' + iy'$，将 z 平面上位形复杂的边值问题，变换至 z' 平面上位形简单的相应边值问题，以便容易求出静电势的解。由于通过解析函数变换时，分别在两个复平面中任意两个曲线元之间的夹角不变，故此种变换称为保角变换。

分离变量法 [method of separation variables]　在求解拉普拉斯方程，或亥姆霍兹方程等偏微分方程的边值问题时，将解函数设定为每一维的单一坐标变量函数的乘积。例如在直角坐标下，$\phi(x, y, z) = X(x)Y(y)Z(z)$。由于这些偏微分方程都是线性方程，以这样分离变量的函数形式代入，即可使之化为关于各单一坐标变量函数的常微分方程，易于求解。

采用这种分离坐标变量求解偏微分方程的方法，称为分离变量法。分离变量法是求解静电、静磁以及电磁场波动方程边值问题的主要解析方法之一。

电像法 [electrical image method]　电像法是在导体或介质分界面附近存在电荷时，用虚拟的镜像电荷代替边界上感应电荷的影响，以此作为求解静电边值问题的一种方法。在接地导体附近的单位点电荷及其镜像点电荷的电势，即是相应边值问题的静电格林函数。见静电格林函数。

球面镜像法 [image method of sphere surface]　对于半径为 a 的球面，变换关系 $rr'=a^2$ 将球外的点 $P(r,\vartheta,\varphi)$ 沿球半径映射至球内点 $P'(r',\vartheta,\varphi)$，反之亦然。若分别在 P，P' 点放置点电荷 Q、Q' 且满足关系 $Q'=(a/r)Q$ 或 $Q=(a/r')Q'$，则这两电荷激发的静电势在球面上任意点处分别相等；称 Q、Q' 互为球面镜像电像。这个特性可用来求解球内静电势的第一类边值问题。仿此，也可利用来求解静磁的边值问题。

静电格林函数 [electrostatic Green function]　在给定区域 V 内，放置单位点电荷，要求此点电荷的电势在区域边界面处的静电势为 0，则此单位点电荷在区域内的静电势函数便是区域 V 的第一类静电格林函数；若边界面处静电势的法向导数为 0，则此单位点电荷在区域内的静电势函数便是给定区域的第二类静电格林函数。第一类静电格林函数是下列泊松 (Poisson) 方程第一类边值问题的解

$$-\nabla^2 G(\boldsymbol{r},\boldsymbol{r}')=\frac{1}{\varepsilon_0}\delta(\boldsymbol{r},\boldsymbol{r}')$$

$$G(\boldsymbol{r},\boldsymbol{r}')|_S=0$$

第二类静电格林函数是下列方程第二类边值问题的解：

$$-\nabla^2 G(\boldsymbol{r},\boldsymbol{r}')=\frac{1}{\varepsilon_0}\delta(\boldsymbol{r},\boldsymbol{r}')$$

$$\boldsymbol{n}\cdot\nabla G(\boldsymbol{r},\boldsymbol{r}')|_S=0$$

式中 $\delta(\boldsymbol{r},\boldsymbol{r}')$ 是狄拉克 δ 函数，S 代表给定区域的边界面，$\boldsymbol{n}$ 是的边界面法向矢量。

格林函数求解法 [method of solution by Green function]　格林函数求解法是利用数学上的格林函数和格林定理，求解偏微分方程边值问题的方法。这个方法在求解物理问题中具有重要的理论意义。在电磁学中，用格林函数方法求解静电问题和时变电磁场波动方程。例如，静电势第一类边值问题 (Dirichelet 边值问题) 的解可表示为

$$\phi(\boldsymbol{r})=\int_V \rho(\boldsymbol{r}')G(\boldsymbol{r},\boldsymbol{r}')\mathrm{d}V'-\varepsilon_0\oint_S \phi(\boldsymbol{r}')\frac{\partial G(\boldsymbol{r},\boldsymbol{r}')}{\partial n'}\mathrm{d}S'$$

静电势第二类边值 (Neumann 边值问题) 问题的解是

$$\varphi(\boldsymbol{r})=\int_V \rho(\boldsymbol{r}')G(\boldsymbol{r},\boldsymbol{r}')\mathrm{d}V'+\varepsilon_0\oint_S G(\boldsymbol{r},\boldsymbol{r}')\frac{\partial \varphi(\boldsymbol{r}')}{\partial n'}\mathrm{d}S'+\langle\varphi\rangle_s$$

这里 $\rho(\boldsymbol{r})$ 是电荷密度；$G(\boldsymbol{r},\boldsymbol{r}')$ 为相应边值问题的静电格林函数，$\langle\varphi\rangle_s$ 是电势在界面 S 上的平均值。见静电格林函数。

矢量势 [vector potential]　由于磁场是无源场，$\nabla\cdot\boldsymbol{B}=0$，故可表示为另一矢量场的旋度：$\boldsymbol{B}=\nabla\times\boldsymbol{A}$。这个矢量场 $\boldsymbol{A}(\boldsymbol{r},t)$ 称为磁场的矢量势场，简称矢量势。从经典电动力学观点，矢量势 $\boldsymbol{A}$ 只是为便于计算磁感应强度 $\boldsymbol{B}$ 而引入的辅助量。但量子力学研究表明，它对荷电粒子波的量子干涉效应产生影响，它是实在的物理场。见阿哈荣诺夫-博姆效应。

静磁标势 [magnetostatic scalar potential]　介质中不存在传导电流时，静磁或稳恒磁场的磁场强度 $\boldsymbol{H}$ 是无旋场，即 $\nabla\times\boldsymbol{H}=0$。因而可以引入标量势 $\phi_m(\boldsymbol{r})$，磁场强度可表示为 $\boldsymbol{H}=-\nabla\phi_m(\boldsymbol{r})$。这样引入的标量势 $\phi_m(\boldsymbol{r})$ 即静磁标势，或称磁标量势。由于至今尚未确切发现单独磁荷的存在，磁标量势 $\phi_m(\boldsymbol{r})$ 只是为了方便运算而引入的辅助量。

准静态场 [quasi-static field]　当空间电荷密度和电流密度随时间变化比较缓慢时，激发的电场和磁场随时间也较缓慢。每一时刻，源和场之间的关系类似于静态场的源和场的关系，故称为准静态场。对准静态场，麦克斯韦方程组中可以忽略位移电流项。

扩散场 [diffusion field]　在金属导体中，位移电流 $\boldsymbol{j}_d=\varepsilon\partial\boldsymbol{E}/\partial t$ 与传导电流 $\boldsymbol{j}_c=\sigma\boldsymbol{E}$ 之比大大小于 1，金属中的场一般可看作准静态场，场方程为

$$\frac{\partial \boldsymbol{H}}{\partial t}-\frac{1}{\mu\sigma}\nabla^2\boldsymbol{H}=0;\quad \frac{\partial \boldsymbol{E}}{\partial t}-\frac{1}{\mu\sigma}\nabla^2\boldsymbol{E}=0$$

即在准静态场近似下，金属导体内部的电场和磁场满足扩散方程，称为扩散场。

电多极展开 [electric multipole expansion]　在一微小区域 V 内，按电荷密度 $\rho(\boldsymbol{r}')$ 分布的电荷系，在远处的电学效果 (例如，它所激发的电场) 等同于在 V 内一固定点处放置与电荷系同样电量的点电荷，同样电偶极矩的电偶极子，同样电四极矩的四极子，以及各级电多极子的电学效果之和。在数学上，则是在固定点附近对电荷分布的微小源点位置 $\boldsymbol{r}'$ 作泰勒 (Tayler) 展开。电荷系在远处 $\boldsymbol{r}(|\boldsymbol{r}|>>|\boldsymbol{r}'|)$ 的标量势 $\phi(\boldsymbol{r})$ 可展开成如下的级数：

$$\phi(\boldsymbol{r})=\frac{1}{4\pi\varepsilon_0}\left(\frac{Q}{|\boldsymbol{r}|}+\frac{\boldsymbol{p}\cdot\boldsymbol{r}}{|\boldsymbol{r}|^3}+\frac{1}{6}\sum_{i,j=1}^3 D_{ij}\frac{\partial^2}{\partial x_i\partial x_j}\frac{1}{|\boldsymbol{r}|}+\cdots\right)$$

其中，总电荷 Q，电偶极矩 $\boldsymbol{p}$ 和电四极矩 D_{ij} 分别为

$$Q=\int_V \rho(\boldsymbol{r}')\mathrm{d}V';\quad \boldsymbol{p}=\int_V \boldsymbol{r}'\rho(\boldsymbol{r}')\mathrm{d}V';$$

$$D_{ij}=3\int_V x_i'x_j'\rho(\boldsymbol{r}')\mathrm{d}V'$$

电四极矩也可以无迹化而定义为

$$D_{ij} = \int_V (3x'_i x'_j - |r'|\delta_{ij})\rho(r')\mathrm{d}V'$$

称为约化电四极矩张量。

磁多极展开 [magnetic multipole expansion]　在一微小区域 V 内，按电流密度 $j(r')$ 分布的电流系，在远处的磁学效果 (例如，电流系激发的磁场的矢量势) 等同于在 V 内一固定点处放置同样磁偶矩的磁偶极子，同样磁四极矩的磁四极子，以及等同的各级多极矩的磁多极子的磁学效果之和。微小区域内电流系的矢量势，可展开为

$$A(r) = \frac{\mu_0}{4\pi}\left(\frac{m \times r}{|r|^3} + \frac{1}{2}\sum_{i,j=1}^{3}\left[\int_V x'_i x'_j j(r')\mathrm{d}V'\right]\frac{\partial^2}{\partial x_i \partial x_j}\frac{1}{|r|} + \cdots\right)$$

其中，磁偶极矩为 $m = \dfrac{1}{2}\displaystyle\int_V r' \times j(r')\mathrm{d}V'$。对磁多极展开来说，磁偶极项是最主要的。

多极子 [multipole]　多极子是关于偶极子，四极子，$\cdots$，$n^2(n = 1, 2, \cdots)$ 高阶极子的通称。电偶极子，电四极子，电八极子，$\cdots$ 等通称为电多极子；磁偶极子，磁四极子，$\cdots$ 通称为磁多极子。见电多极展开和磁多极展开。

电四极矩 [electric quadrupole moment]　见电多极展开、电四极子。

电四极子 [electric quadrupole]　电四极子是两个大小相等，方向相反，并且非常靠近的电偶极子的复合体。这里 "非常靠近" 是指两偶极子间距离 $l \to 0$，但与电偶矩 p 的乘积 pl 则为一有限值。

磁矩 [magnetic moment]　又称磁偶矩，是电流系中与电流密度的一次矩相关的物理量。电子在原子或分子中做轨道运动时形成的磁矩称电子的轨道磁矩；带电粒子的自旋则构成粒子的内禀 (自旋) 磁矩，称自旋磁矩。磁矩是物质磁性的基础。在确定体积 V 内，按电流密度 $j(r)$ 分布的电流系，其磁矩的定义是

$$m = \frac{1}{2}\int_V r' \times j(r')\mathrm{d}V'$$

微小的闭合电流圈在远处的磁学效果等同于磁偶极子，它的磁矩为 $m = IS$，这里 I 是电流强度，S 为电流圈的面积矢量。若荷电粒子的自旋角动量为 s，电荷为 e，质量为 m，则粒子的自旋磁矩是 $m = \dfrac{e}{mc^2}s$。

磁偶矩 [magnetic moment]　即磁矩。

磁偶极矩 [magnetic moment]　简称磁偶矩或磁矩。见磁矩。

磁偶极子 [magnetic dipole]　类比电偶极子而建立的物理模型。具有等值异号的两个点磁荷构成的系统称为磁偶极子。但由于没有发现单独存在的磁单极子，因此磁偶极子的物理模型不是两个磁单极子，而是一段封闭回路电流。尺度充分小的闭合电流 i，在考虑远离它的电磁现象时，可近似地作为磁矩 $m = is$ 的磁偶极子，式中 s 是电流圈包围的面积矢量。介质中原子或分子中电子的轨道运动及自旋，也构成具有一定磁矩的磁偶极子。见磁矩。

拉莫进动 [Larmor precession]　电子、原子核和原子的磁矩在外部磁场作用下的进动。由运动荷电粒子构成的体系，若其磁矩 m 偏离外磁场 B 方向，则磁矩将围绕磁场转动–进动。体系磁矩的这种进动称为拉莫进动。拉莫进动频率为 $\omega = eB/2m$，式中 m 和 e 分别是电子的质量和电荷的绝对值；B 是外磁场磁感应强度的大小。

朗德因子 [Lande factor]　对由复杂结构的荷电粒子构成的体系，它的磁矩与其角动量之比的比例系数称为朗德因子，可表示为 $\gamma = ge/2m$，这里 m 和 e 分别是电子的质量和电量的绝对值，常数因子 g 即是朗德因子，又称 g 因子。γ 见旋磁比。

旋磁比 [gyromagnetic ratio]　对于运动电荷体系，它的磁矩大小 m 与它的机械动量矩大小 (角动量) J 的比 $\gamma = m/J$，称为该体系的旋磁比。这里假定体系的磁矩和角动量具有共同的方向。对于电荷为 e、质量为 m 的荷电粒子体系，旋磁比是 $\gamma = e/2m$；由结构复杂的荷电粒子构成的体系，旋磁比可表示为 $\gamma = ge/2m$，这里 m 和 e 分别是电子的质量和电荷绝对值，g 称为朗德因子或 g 因子。

2.2.3　电磁波

电磁波 [electromagnetic wave]　在自由空间中的电磁场借电磁感应，以有限速度的波动形式传播。电磁波是电磁场的运动形态，最先由麦克斯韦 (Maxwell) 于 1865 年根据电磁理论指明电磁波的存在，赫兹 (Hertz) 则于 1888 年第一次从实验上获得验证。在无自由电荷、电流分布的均匀介质中，随时间变化的电场强度和磁感应强度 E、B 分别满足齐次波动方程：

$$\nabla^2 E - \varepsilon\mu\frac{\partial^2 E}{\partial t^2} = 0$$

$$\nabla^2 B - \varepsilon\mu\frac{\partial^2 B}{\partial t^2} = 0$$

由此得出波动解。式中 ε、μ 分别是介质的介电常数和磁导率。由此可知电磁波在该介质中传播的相速度大小为 $v = 1/\sqrt{\varepsilon\mu}$；在真空中 $v = c = 1/\sqrt{\varepsilon_0\mu_0} = 2.9979 \times 10^5 \mathrm{km/s}$，即真空中的光速。见单色平面电磁波。

平面电磁波 [plane electromagnetic wave]　等位相面是一平面的电磁波。电磁波传播的方向与等相位面 (波前) 垂直。见电磁波、单色平面电磁波。

单色平面电磁波 [plane monochromatic electromagnetic wave]　电磁场仅以单一频率随时间变化的平面

电磁波。 数学上单色平面电磁可表述为 $E = E_0 \cos(k \cdot r - \omega t)$ 和 $B = B_0 \cos(k \cdot r - \omega t)$，也可用复数形式表示 $E = E_0 \exp[i(k \cdot r - \omega t)]$ 和 $B = B_0 \exp[i(k \cdot r - \omega t)]$。波矢量 k，波长 λ，角频率 ω 以及相位速度 u 之间存在关系：$k = 2\pi/\lambda$，$u = \omega/k$。在自由空间，由麦克斯韦方程组可确定单色平面电磁波具有如下特性：

(1) 横波，E 及 B 的方向都与电磁波的传播方向 (波矢量 k 的方向) 垂直；

(2) E、B 相互垂直，且与 k 的方向成右螺旋关系 $\omega B = k \times E$；

(3) 在绝缘介质中，E、B 的位相相同。采用国际单位制时 $E_0/B_0 = \omega/k = u = c/n$。

高斯单位制下 $E_0/B_0 = 1/n$，其中 c 是真空中的光速；n 为介质的折射率。

电磁波的偏振 [polarization of electromagnetic wave]　若平面波的电矢量 E 始终在一个方向称这个电磁波为线偏振；当二列线偏振波叠加时，合成波电场矢量的端点轨迹是一个椭圆，称为椭圆偏振波；当这两列偏振波振幅相同，相位差为 $\pm\pi/2$，椭圆退化为圆，称为圆偏振波；当合成波的电矢量是逆时针变化的，称为左螺旋圆偏振波；反之，称为右螺旋圆偏振波。

线偏振波 [linearly polarized wave]　见电磁波的偏振。

椭圆偏振波 [elliptically polarized wave]　见电磁波的偏振。

圆偏振波 [circularly-polarized wave]　见电磁波的偏振。

等离子体振荡频率 [plasma oscillation frequency] 当电磁波在等离子体中传播时，其中的电子和离子都受到电磁场的作用而运动。存在一个由等离子体中电荷密度 n(单位体积的电荷数)、电荷电量 e 和质量 m 决定的频率 $\omega_p = \sqrt{ne^2/m\varepsilon_0}$，是表征等离子体的一个特征参数。当电磁波频率 ω 满足：① $\omega < \omega_p$ 时，电磁波将迅速衰减而不能穿过等离子体；② 当 $\omega > \omega_p$ 时，电磁波可以在等离子体中传播。

法拉第旋转效应 [Faraday rotation effect]　当一个线偏振的电磁波 (可以分解为两个等幅的右旋与左旋圆偏振波) 通过外磁场 B_0 下的等离子体时 (如考虑地球附近的等离子层，必须考虑地磁场的影响)，由于左、右螺旋圆偏振波的波速度不同，电磁波的偏振面在等离子体中以前进方向为轴不断地旋转，称为法拉第 (Faraday) 旋转效应。该效应在解释宇宙中微波辐射的偏振有重要的应用。

双折射现象 [birefringence phenomenon]　在单轴晶体中可以传播两类平面波，一类是通常的横波 (与 E 垂直且 E 与 D 平行，称为寻常波或 o 光)；另一类波的 E 与 D 不平行，色散关系比较复杂，称为非寻常波 (或 e 光)。当一束光通过单轴晶体后变成两束，一束为寻常光，另一束为非寻常光，此即为双折射现象。

光学定理 [optical theorem]　光学定理是波散射理论的一般定律，描述媒质对于电磁波的散射截面 σ_s 和吸收截面 σ_a 之和 σ_t 正比于电磁波前进方向的散射振幅的虚部：

$$\sigma_t = \frac{4\pi}{k^2} \mathrm{Im}(F)_{\vartheta=0}$$

式中 k 是电磁波的波数，设入射波振幅为 E_0，$E_0 F(\vartheta, \varphi)$ 是散射波的振幅矢量。见散射截面、吸收截面。

表面电阻 [surface resistance]　高频交变电磁场 (电磁波) 将在导体表面附近的趋肤厚度薄层内形成感生电流，从而导致电流的不均匀分布和能量损耗，这一薄层内的能量损耗，可看成是以同样的有效值电流通过一等效电阻造成的；这个等效的电阻称为该导体的表面电阻：$R = 1/\sigma\delta$，式中 σ 和 δ 分别是导体的电导率和趋肤深 (厚) 度。

复坡印亭矢量 [complex Poynting vector]　虽然实际的电场强度 E 和磁感应强度 B 都是实数矢量，但为运算方便也可分别用复数矢量表示。例如，对于以一定频率振动的稳态电磁场，它的电、磁场强可分别表示为复数矢量 $E = E_0 e^{-i\omega t}$ 和 $B = B_0 e^{-i\omega t}$，则能流密度的时间平均值可通过复数表式来计算

$$\overline{S} = \overline{\mathrm{Re}(E) \times \mathrm{Re}(H)} = \frac{1}{2}\mathrm{Re}(E \times H^*)$$

由此可定义复数坡印亭矢量为 $\tilde{S} = (E \times H^*)/2$，它的实部即是电磁场能量流密度的时间平均值，这里 H^* 是磁场强度 H 的复数共轭。见坡印亭矢量。

波导管 [wave guide]　简称波导，是以良导体 (铜质内壁镀银) 制成的管道，用来引导电磁波沿设定方向传播，以避免电磁波传播过程中的衍射损耗。管道截面呈矩形的称矩形波导管；截面呈圆形的称作圆柱形波导管。表征波导管的重要特性量是它的截止频率。截止频率决定于波导管的截面形状和尺度，并和通过的电磁波模式有关。只有频率高于相应截止频率的那种模式的电磁波才能在波导管中通过；某一模式的电磁波，它的频率小于该模式的截止频率时，将在波导管中很快衰减而不能通过，可以利用波导的这个特性来阻挠或选择某些频率及模式的电磁波。见截止频率。

截止频率 [cutoff frequency]　在波导管中可能通过的电磁波的最低频率。其大小与波导管横截面的尺寸以及传输的电磁波波型有关。电磁波在波导管内实际上是在波导管壁上不断来回反射，曲折地沿着波导管轴 (通常取为 z 轴) 传播。电磁波在波导管横截面内，将是某种形式的驻波；沿管轴方向则为行波形式。

2.2.4 磁流体力学

磁流体力学 [magnetohydrodynamics] 又称电磁流体力学，是研究导电流体在磁场中运动的学科。导电流体运动时内部感生的电流改变着磁场；磁场则通过电流对流体作用机械力，影响流体的运动。因此，处理磁流体力学的基本方程必须是电磁学方程，流体力学方程以及热力学方程的联立。磁流体力学是等离子气物理学、宇宙物理学、可控热核反应技术等研究领域的基础。

电磁流体力学 [magnetohydrodynamics] 即磁流体力学。

磁压 [magnetic pressure] 在磁场 B 中，电导率很大 ($\sigma \to \infty$) 的导电流体将磁场冻结，冻结的磁场除对流体有应力作用外，还对流体作用一全方位的流体静压力。这个静压力称为磁压。设流体密度为 ρ，流体机械静压强为 p，作用的其他力密度是 f，则流体的运动方程是

$$\rho \frac{\mathrm{d}\boldsymbol{u}}{\mathrm{d}t} = \nabla \cdot \boldsymbol{T} - \nabla p + \boldsymbol{f} = \nabla \cdot \left[\frac{1}{\mu_0} \boldsymbol{BB} + \left(-p - \frac{B^2}{2\mu_0} \right) \boldsymbol{I} \right]$$

式中，项 $B^2/2\mu_0$ 即是磁压强，$\boldsymbol{u}$ 为流体速度；$\boldsymbol{T}$ 是电磁场应力张量，$\boldsymbol{I}$ 是单位张量。见冻结效应、电磁应力张量。

磁刚性 [magnetic rigidity] 在磁场中流动的导电流体具有冻结磁场 (磁力线) 的效应，导电流体与磁场相互作用产生一个垂直于磁力线的磁压强和沿着磁力线的张力。磁压强的效果是使磁通线反抗对它的横向作用；磁力线如果偏离平衡位置，磁张力则使它尽可能地缩短 (拉直)。这两方面的作用都使磁力线显示"刚性"，称磁刚性。见冻结效应、磁压。

磁扩散系数 [magnetic diffusion coefficient] 在静止的导电媒质中，由麦克斯韦方程组略去位移电流，可导出磁场满足扩散方程

$$\frac{\partial B}{\partial t} = K \nabla^2 B$$

其中，$K = 1/\mu\sigma$ 称为磁扩散系数，σ 和 μ 分别是媒质的电导率和磁导率。扩散方程表明磁场将在导电媒质中扩散；由于磁场的感应作用，磁场的初位形将在 $\tau = L^2/K$ 时间内衰减掉，L 是导电媒质的特征长度。

磁黏滞 [magnetic viscosity] 以一定速度运动的导电流体，由于磁场的作用而产生感应电流。磁场对感应电流的作用力阻碍流体运动，类似于流体的黏滞力，这一现象称磁黏滞。单位体积磁黏滞力的大小为 $\sigma u_\perp B^2$。这里 B 是磁场的磁感应强度；$u_\perp$ 是导电流体垂直于磁场方向的速度分量；σ 为电导率。

磁雷诺数 [magnetic Reynolds number] 在导电流体中，既有磁场冻结在流体中随流体一起运动的输运过程，又有磁场扩散的效应。为判断这两效应的相对强弱，引入磁

流体的一个特征量——磁雷诺数，定义为 $R_M = \sigma u \mu_0 L$，这里 σ，u 分别是导电流体的电导率和运动速度的大小，L 则与磁流体的运动范围可比拟的特征长度。若 $R_M \gg 1$，则输运过程超过扩散效应。虽然这个条件在实验室中是难以达到的，但在宇宙中由于 L 很大，这个条件很容易满足。见冻结效应、磁扩散系数。

哈特曼数 [Hartmann number] 磁流体力学的一个判据常数。磁场中单位体积内导电流体磁黏滞力的数量级是 $\sigma u B^2$，这里 B 是磁感应强度，σ 是电导率，u 是流体速度。而单位体积流体非磁性黏滞力的量级是 $\rho \nu u/L^2$，ρ 是质量密度，ν 为黏滞系数，L 是与流体流动区域尺度可相比的长度。引入哈特曼数:$M = BL\sqrt{\sigma/\rho\nu}$，如果 $M \gg 1$ 表明磁黏滞性大过普通的机械黏滞力。见磁黏滞。

S 数 [S number] 在磁场中流动的导电流体具有冻结磁场的效应，磁场对流体施加应力作用。S 数则是用来判断磁场跟流体运动之间的相对重要性的量，定义为单位体积内磁应力的量级 $B^2/2\mu$ 与流体以速率 u 运动时惯性力量级 ρu^2 的比值: $S = B^2/(\mu\rho u^2)$。它也可看作单位体积内的磁能 $\boldsymbol{H} \cdot \boldsymbol{B}/2$ 与流体动能 $\rho u^2/2$ 的比值。S 数小，表明磁场对流体的运动影响不大；反之，则流体运动受到磁场很强的控制作用；$S=1$ 时，运动能量和磁场能量均分。

带电粒子的漂移 [drifts of charged particle] 在电磁场中，运动的荷电粒子一面受磁力作用而围绕磁场做圆轨道转动，同时受电场或磁场不均匀性的影响，使回旋的轨道以一定的速度移动。荷电粒子的这种螺旋式的总体运动称为漂移。

冻结效应 [frozenin effect] 电磁场中的导电流体，若磁雷诺数远远大于 1 或者电导率很大 ($\sigma \to \infty$)，则穿过流体中随流体一起运动的任意闭合回路 (构成面 S 的边界) 的磁通量将跟随回路运动而保持不变，好像将磁场"冻结"在流体中。这一现象称为磁场或磁通量线的冻结效应。

箍束效应 [pinch effect] 等离子体或导电流体受自身磁场的约束。例如，设一柱状的导电流体轴向通有电流密度 J 的电流，产生围绕轴线的磁场 $\boldsymbol{B}_0$。轴向电流受自身磁场作用有指向轴心的径向力，好像把电流柱加了箍一样加以约束。见磁压。

颈式不稳定 [neck instability] 也称为腊肠 (sausage) 式不稳定。若环绕导电流体 (或等离子体) 的箍束磁场，在某一位置处稍有增强，将导致该处径向磁压的增加，使那里的导电流体成瓶颈状，从而更增强该处及其邻近区域的磁场，形变进一步扩大而成不稳定。见箍束效应、磁压。

扭曲不稳定 [kink instability] 等离子体或导电流体内的柱形电流，如果发生一定的弯曲，则电流产生的环状磁力线在凹进处变得较密 (磁场较强)，凸出处则较疏 (磁场较

弱）；流体在凹处受到的向轴磁压较凸处为大，促使电流柱的弯曲程度加大，造成箍束流体运动的不稳定。这种不稳定称为扭曲不稳定。见箍束效应、磁压。

磁流体波 [magnetohydrodynamic waves]　导电流体中，若磁雷诺数 $R_M \to \infty$，磁场冻结条件成立，则磁场将产生垂直于磁力线方向的压强和沿磁力线方向的张力；若磁力线偏离平衡位置，就会出现恢复力，使磁力线在平衡位置附近振动，这种情景类似于绷紧的弦的振动那样。由此在导电流体中激发出一种新类型的波，称为磁流体波或阿尔芬波 (Alfvén wave)。设磁感应强度 $B = B_0 + b$，这里 b 是均匀场 B_0 (取作 z 方向) 背景下的微小扰动场，则对于无耗散的均匀不可压流体，可由磁流体力学基本方程导出关于磁场和流体运动的波动方程：

$$\frac{\partial^2 b}{\partial z^2} - \frac{\rho \mu_0}{B_0^2} \frac{\partial^2 b}{\partial t^2} = 0$$

$$\frac{\partial^2 u}{\partial z^2} - \frac{\rho \mu_0}{B_0^2} \frac{\partial^2 u}{\partial t^2} = 0$$

式中 u 和 ρ 分别是流体的速度和质量密度。波动方程表明磁流体波的相速为 $\sqrt{B_0^2/\rho\mu_0}$。又由于流体是不可压缩的，存在条件 $\nabla \cdot u = 0$，从而 $\nabla \cdot b = 0$，即阿尔芬波是横波。见磁刚性。

2.2.5　电磁波的辐射

规范变换 [gauge transformation]　电磁场的标量势 ϕ 和矢量势 A 作如下的变换称为规范变换：$A' = A - \nabla \chi$ 和 $\phi' = \phi + \partial \chi/\partial t$。这里 χ 是坐标和时间的任意连续函数。经过这样的规范变换前、后的标量势和矢量势给出相同的电磁场强度。

规范不变 [gauge invariant]　电磁场的标量势 ϕ 和矢量势 A 作规范变换后求得的电磁场强度保持不变；与之相关的物理量经过规范变换后不改变相关的物理定律。规范变换的这个特性称为规范不变。见规范变换。

洛伦兹规范 [Lorentz gauge]　对电磁场标量势 ϕ 和矢量势 A 要求满足洛伦兹条件所作的规范，称为洛伦兹规范。见洛伦兹条件。

洛伦兹条件 [Lorentz condition]　要求电磁场标量势 ϕ 和矢量势 A 之间满足的如下规范条件，称为洛伦兹条件：

真空中：$\nabla \cdot A + \dfrac{1}{c^2}\dfrac{\partial \phi}{\partial t} = 0$

介质中：$\nabla \cdot A + \varepsilon\mu\dfrac{\partial \phi}{\partial t} + \mu\sigma\phi = 0$

洛伦兹条件不仅使 ϕ、A 分别满足的微分方程具有形式上的对称化，同时也保证了电磁场标量势和矢量势之间的相对论协变关系。见电磁势的达朗贝尔方程、洛伦兹条件的协变式。

库仑规范 [Coulomb gauge]　由于标量势 ϕ 和矢量势 A 对电磁场的确定不是唯一的，有可能对它们引进适当的限制条件。对矢量势 A 加上的限制条件：$\nabla \cdot A = 0$，称为库仑规范条件；对 A 作出的这种规范称库仑规范。在库仑规范下，标量势 ϕ 由方程 $-\nabla^2\phi(r,t) = \rho(r,t)/\varepsilon_0$ 确定。这是瞬时的库仑势方程，库仑规范的名称由此而得。自由空间中，可取库仑规范条件为 $\phi = 0$ 和 $\nabla \cdot A = 0$。库仑规范是一种横场条件；例如对于单色平面电磁波，将 A 场表示 $A = A_0 \exp[\mathrm{i}(k \cdot r - \omega t)]$，库仑规范给出 $k \cdot A_0 = 0$，即场的振动方向与传播方向垂直。

第一类规范变换 [the first kind gauge transformation]　量子力学中粒子波函数 ψ 满足薛定谔定程：$\mathrm{i}\hbar\dfrac{\partial \psi}{\partial t} = H\psi$，式中 H 是粒子的哈密顿算符。不存在电磁场时，保守场中粒子的哈密顿函数为 $H = \dfrac{p^2}{2m} + U(r)$，则 ψ 和 $\psi' = \psi\mathrm{e}^{-\mathrm{i}\alpha}$ 同样是薛定谔方程的解，这里 α 是一常数。波函数 $\psi \to \psi'$ 的变换称为第一类规范变换。见第二类规范变换。

第二类规范变换 [the second kind gauge transformation]　在电磁场中运动的荷电粒子，其非相对论哈密顿函数为 $H = \dfrac{1}{2m}(p - qA)^2 + q\phi$。电磁势作规范变换 $A' = A - \nabla\chi$ 和 $\phi' = \phi + \partial\chi/\partial t$，将导致薛定谔方程波函数的解由 ψ 变换为 $\psi' = \psi\mathrm{e}^{-\mathrm{i}q\chi}$。波函数的这一变换称为第二类变换。见第一类规范变换、运动电荷的哈密顿函数。

电磁势的达朗贝尔方程 [d'Alembert equations for electromagnetic potentials]　在洛伦兹规范条件下，电磁场的矢量势 A 和标量势 ϕ 满足如下的达朗贝尔方程：

(1) 真空中

$$\nabla^2 A - \frac{1}{c^2}\frac{\partial^2 A}{\partial t^2} = -\mu_0 j$$

$$\nabla^2 \phi - \frac{1}{c^2}\frac{\partial^2 \phi}{\partial t^2} = -\frac{\rho}{\varepsilon_0}$$

(2) 介质中

$$\nabla^2 A - \varepsilon\mu\frac{\partial^2 A}{\partial t^2} - \mu\sigma\frac{\partial A}{\partial t} = -\mu j'$$

$$\nabla^2 \phi - \varepsilon\mu\frac{\partial^2 \phi}{\partial t^2} - \mu\sigma\frac{\partial \phi}{\partial t} = -\frac{\rho}{\varepsilon}$$

式中 $j' = \sigma E'$ 是外电动势生成的电流，不包括导体内电磁场的感应电流。见洛伦兹条件。

索末菲辐射条件 [Sommerfeld radiation condition]　分布在有限区域内的时变电荷、电流系激发的稳态电磁场强 E, B，在自由空间中，都满足如下形式的亥姆霍兹方程：$\nabla^2 g + k^2 g = 0$。因亥姆霍兹方程存在自辐射源发散和向辐射源会聚的两种解，为排除会聚解，还需补充一个无限远处的边界条件

$$\lim_{r\to\infty} r\left(\frac{\partial g}{\partial r} - \mathrm{i}kg\right) = 0$$

以保证得到向外发散的辐射场解。这个条件称为 Sommerfeld 辐射条件。见辐射场、推迟势。

推迟势 [retarded potential]　真空电磁场的标量势，在洛伦兹规范条件下，满足达朗贝尔方程：

$$\nabla^2 \phi - \frac{1}{c^2} \frac{\partial^2 \phi}{\partial t^2} = -\frac{\rho}{\varepsilon_0}$$

此标量势方程具有解：

$$\phi(\boldsymbol{r}, t) = \frac{1}{4\pi\varepsilon_0} \int \frac{\rho(\boldsymbol{r}', t - |\boldsymbol{r} - \boldsymbol{r}'|/c)}{|\boldsymbol{r} - \boldsymbol{r}'|} \mathrm{d}V'$$
$$+ \frac{1}{4\pi\varepsilon_0} \int \frac{\rho(\boldsymbol{r}', t + |\boldsymbol{r} - \boldsymbol{r}'|/c)}{|\boldsymbol{r} - \boldsymbol{r}'|} \mathrm{d}V'$$

其中第一项称为电磁场的推迟标量势，此式表明：位于 $\boldsymbol{r}'$ 位置的电荷需推迟时间 $|\boldsymbol{r} - \boldsymbol{r}'|/c$，才能对离开它 $|\boldsymbol{r} - \boldsymbol{r}'|$ 处的电势发生影响，即电荷对场的影响是以光速传递的。解中的另一项称为超前势，表明电荷分布对电势具有超前的影响；显然这是不符合因果关系的，因而超前势没有物理意义，客观上并不存在，仅仅是数学上的解。真空电磁场的矢量势满足类似的达朗贝尔方程，数学上同样存在推迟和超前的矢量势解。

辐射场 [radiation field]　在由随时间变化的电荷系所激发的电磁场中，存在着 $\boldsymbol{E}$、$\boldsymbol{B}$ 与离开激发源的距离成反比的电磁场，这是远离电荷系区域内存在的主要电磁场，称为辐射场 (接近激发源的场称为近场)。辐射场的能流密度 $\boldsymbol{S} = \boldsymbol{E} \times \boldsymbol{B}/\mu_0 \sim 1/r^2$，因而单位时间内通过包围电荷系的任意闭合面的电磁能量时间平均值相等。辐射场一旦被激发，即能脱离激发源而以电磁波的形式向外传播。由辐射电磁波传递的能量称为辐射能。在距离辐射源较近 ($|\boldsymbol{r}| \ll \lambda$) 的区域内，电磁场能流随 $1/|\boldsymbol{r}|^5$ 衰减而无法传播，因此叫静场区；在距离辐射源 $|\boldsymbol{r}| \sim \lambda$，场强颇为复杂，这一区域称为感应区。

多极辐射 [multipole radiation]　随时间变化的电 (磁) 多极子激发电磁辐射场的现象，称为多极辐射。见**电偶极辐射、电四极辐射、磁偶极辐射**。

电偶极辐射 [electric dipole radiation]　分布在小区域内的电荷系，其相应的电偶矩随时间变化时的电磁辐射，称为电荷系的电偶极辐射。电偶极辐射的辐射场分别为

$$\boldsymbol{E}(\boldsymbol{r}, t) = \frac{([\ddot{\boldsymbol{p}}] \times \boldsymbol{e}_r) \times \boldsymbol{e}_r}{4\pi\varepsilon_0 c^2 |\boldsymbol{r}|}, \quad \boldsymbol{B}(\boldsymbol{r}, t) = \frac{\mu_0 [\ddot{\boldsymbol{p}}] \times \boldsymbol{e}_r}{4\pi c |\boldsymbol{r}|}$$

其中，$\boldsymbol{p}$ 是小区域 V 电荷系的电偶矩，$[\ddot{\boldsymbol{p}}]$ 为 $\boldsymbol{p}$ 对推迟时间的二阶导数，$\boldsymbol{e}_r$ 是位矢 $\boldsymbol{r}$ 的单位矢量。

电四极辐射 [electric quadrupole radiation]　位于微小区域内随时间变化的电荷系，将激发辐射电磁场。由电荷系的电四极矩激发辐射场，称为电四极辐射。设电荷系的电四极矩张量为 $\boldsymbol{D}$，位矢 $\boldsymbol{r}$ 的单位矢量是 $\boldsymbol{e}_r$，定义矢量 $\boldsymbol{D}' = \boldsymbol{D} \cdot \boldsymbol{e}_r$，则在真空中，远离电荷系 $\boldsymbol{r}$ 处的电四极辐射场为

$$\boldsymbol{E}(\boldsymbol{r}, t) = \frac{([\overset{...}{\boldsymbol{D}}{}'(\boldsymbol{e}_r)] \times \boldsymbol{e}_r) \times \boldsymbol{e}_r}{24\pi\varepsilon_0 c^3 |\boldsymbol{r}|}, \quad \boldsymbol{B}(\boldsymbol{r}, t) = \frac{[\overset{...}{\boldsymbol{D}}{}'(\boldsymbol{e}_r)] \times \boldsymbol{e}_r}{24\pi\varepsilon_0 c^4 |\boldsymbol{r}|}$$

式中 $[\overset{...}{\boldsymbol{D}}{}'(\boldsymbol{e}_r)]$ 为 $\boldsymbol{D}'(\boldsymbol{e}_r)$ 对推迟时间的三阶导数。

磁偶极辐射 [magnetic dipole radiation]　电荷、电流随时间变化时，在其周围将激发辐射电磁场，由电荷电流系相应的磁偶矩 $\boldsymbol{m}$ 随时间变化激发辐射场，称为磁偶极辐射。于坐标原点附近的小区域内电流系的磁偶矩，在真空中激发的辐射电磁场强为

$$\boldsymbol{E}(\boldsymbol{r}, t) = \frac{\boldsymbol{e}_r \times [\ddot{\boldsymbol{m}}]}{4\pi\varepsilon_0 c^3 |\boldsymbol{r}|}, \quad \boldsymbol{B}(\boldsymbol{r}, t) = \frac{\mu_0 ([\ddot{\boldsymbol{m}}] \times \boldsymbol{e}_r) \times \boldsymbol{e}_r}{4\pi c^2 |\boldsymbol{r}|}$$

其中，$\boldsymbol{m}$ 是小区域 V 电荷系的磁偶矩，$[\ddot{\boldsymbol{m}}]$ 为 $\boldsymbol{m}$ 对推迟时间的二阶导数，$\boldsymbol{e}_r$ 是位矢 $\boldsymbol{r}$ 的单位矢量。

辐射能 [radiation energy]　辐射电磁场传递的电磁能量，称为辐射能。单位时间内穿过任一包围辐射源闭合面的辐射能为 $U = \oiint_S \boldsymbol{S} \cdot \boldsymbol{n} \mathrm{d}S$，它的时间平均值即是平均辐射功率，这里 $\boldsymbol{S} = \boldsymbol{E} \times \boldsymbol{B}/\mu_0$ 是辐射电磁场的坡印亭矢量。见**辐射场**。

辐射功率 [radiation power]　见**辐射率**。

辐射率 [radiation rate]　随时间变化的电荷、电流体系单位时间内辐射的辐射能，称为电荷、电流体系的辐射率或辐射功率。见**辐射能**。

辐射压力 [radiation pressure]　辐射电磁场被介质吸收或反射时，电磁场作用于介质的力即是辐射压力，设电磁应力张量为 $\boldsymbol{T}$，曲面的法向单位矢量为 $\boldsymbol{n}$，则该曲面受到的辐射压力 (单位面积受到的力) 为 $\boldsymbol{P} = \boldsymbol{T} \cdot \boldsymbol{n}$。见**电磁场应力张量**。

辐射脉冲 [radiation pulse]　空间任意位置处，仅在有限时间内存在的辐射电磁场，称为辐射脉冲。电磁场的辐射脉冲，可分解为各种频率的电磁波叠加。

2.2.6　带电粒子和电磁场

阿哈容诺夫–博姆效应 [Aharonov-Bohm effect]　电磁场标量势 ϕ 和矢量势 $\boldsymbol{A}$ 对带电粒子量子状态的量子干涉现象的影响，称为阿哈容诺夫–博姆效应。在经典电动力学中电磁势只是用来计算场强的辅佐量，并无实质的物理意义。电磁场中运动带电粒子的经典力学方程中，出现的场量是场强；在相对论或量子力学中，粒子运动方程中出现的场量则是 ϕ 和 $\boldsymbol{A}$。但经过规范变换，粒子波函数仅有一相位因子的改变，不影响物理过程的实质。因而通常认为即使在量子力学中，矢量势和标量势也没有实质意义。1959 年阿哈容诺夫 (Y. Aharonov) 和博姆 (D. Bohm) 指出上述结论并不正确。当两相干电子束通过电磁势场后，它们波函数的相位差是

$$\frac{\Delta S}{\hbar} = \frac{e}{\hbar} \oint (\phi \mathrm{d}t - \boldsymbol{A} \cdot \mathrm{d}\boldsymbol{r})$$

从而引起量子干涉现象。阿哈容诺夫–博姆效应表明，电磁场强度 $\boldsymbol{E}$、$\boldsymbol{B}$ 不足以表征电磁连续统一的状态。见**电磁场能量**

密度。

李纳–维谢尔势 [Lienard-Wiechert potentials]　高速运动的带电粒子所激发的电磁场标量势和矢量势。电荷 q 的带电粒子以速度 $v(t)$ 运动时，产生的李纳–维谢尔势为

$$\phi(\boldsymbol{r},t)=\frac{1}{4\pi\varepsilon_0}\left[\frac{q}{R-\boldsymbol{R}\cdot\boldsymbol{v}/c}\right],\ \boldsymbol{A}(\boldsymbol{r},t)=\frac{\mu_0}{4\pi}\left[\frac{q\boldsymbol{v}}{R-\boldsymbol{R}\cdot\boldsymbol{v}/c}\right]$$

式中 $\boldsymbol{R}=\boldsymbol{r}-\boldsymbol{r}_q(t)$，$\boldsymbol{r}_q(t)$ 是带电粒子的位矢；方括号内各参量的时间变量 t 都要用推迟的时间 $t'=t-R(t')/c$ 代替。见推迟势。

感应场 [induction fields]　运动电荷系统激发的电磁场中，场强 $\boldsymbol{E}$，$\boldsymbol{B}$ 正比于 $1/R^2$（R 为场点与电荷间的距离）的那部分电磁场称为运动电荷的感应场。它主要分布在运动电荷的附近，与电荷不能分离。运动电荷的感应场有时也称为运动电荷的"自有场"。见辐射场。

轫致辐射 [bremsstrahlung]　荷电粒子通过媒质时与媒质原子碰撞而加（减）速，从而发生电磁辐射。由上述原因造成的辐射现象，称为轫致辐射。轫致辐射粒子的加速度平行于速度，即 $\dot{\boldsymbol{v}}\|\boldsymbol{v}$。高速电子打击金属靶所产生 X 射线辐射就是轫致辐射。直线加速器中荷电粒子的辐射也是轫致辐射。

圆轨道辐射 [circular orbital radiation]　指带电粒子做圆周运动时的电磁辐射，特点是粒子的加速度垂直于速度，即 $\dot{\boldsymbol{v}}\perp\boldsymbol{v}$。

同步辐射 [synchrotron radiation]　荷电粒子近光速运动的圆轨道辐射称同步辐射。最常见的例子是电子同步加速器中做圆周运动时发出的电磁辐射。见圆轨道辐射。

回旋辐射 [cyclotron radiation]　荷电粒子速度比光速 c 小很多时的圆轨道辐射称回旋辐射。见圆轨道辐射。

拉莫公式 [Larmor formula]　在非相对论情形下，荷电粒子加速运动时的辐射总功率为

$$P=\frac{1}{4\pi\varepsilon_0}\frac{2q^2}{3c^3}|\dot{\boldsymbol{v}}|^2$$

这一公式称为拉莫公式，式中 q 是粒子的电荷，$\dot{\boldsymbol{v}}$ 是粒子的加速度。上式说明，荷电粒子只有做加速运动时才能辐射电磁波。

李纳公式 [Lienard formula]　在一般情形下，荷电粒子做加速运动时的辐射总功率为

$$P=\frac{1}{4\pi\varepsilon_0}\frac{2q^2}{3c^3}\gamma^6[\dot{\boldsymbol{\beta}}^2-(\boldsymbol{\beta}\times\dot{\boldsymbol{\beta}})^2]$$

这个表达式称为李纳公式。式中，$\boldsymbol{\beta}=\boldsymbol{v}/c$ 和 $\gamma=1/\sqrt{1-v^2/c^2}$。

切伦可夫辐射 [Cerenkov radiation]　1934 年，切伦可夫（Cerenkov）首先发现液体在 γ 射线作用下，发出淡蓝紫色的光，且具有连续光谱。后来证实这是一种新的辐射现象，是电子在介质中以高于介质中的光速 c/n 做匀速运动时激发的电磁辐射现象，称为切伦可夫辐射。

我们知道，真空中做匀速直线运动的荷电粒子并不引起辐射，何以在介质中会引起辐射呢？首先，这是运动荷电粒子与介质中束缚电荷的一种合作效应。当荷电粒子通过折射率为 n 的介质时，引起介质中束缚电荷的加速运动，从而激发次波。若粒子速度 $v>c/n$，其本身的电磁场跟介质的电磁次波在以运动电荷为锥顶、半顶角为 $\psi_c=\arcsin(c/vn)$ 的锥面附近重叠、干涉形成极强的区域电磁场，在与锥面垂直的方向引起辐射。

辐射反作用 [radiation reaction]　做加速运动的荷电粒子，由于激发辐射电磁场而导致自身能量的减少，等同于荷电粒子的运动受到辐射场的阻碍作用。这一阻碍作用称为辐射反作用，或辐射阻尼。见辐射阻尼力。

辐射阻尼力 [radiative damping force]　当带电粒子激发辐射电磁场时，随着电磁能量的辐射，带电粒子自身的能量随之减少，等价于粒子受到了辐射场的阻尼作用。辐射电磁场对于带电粒子施加的反作用，便是"辐射阻尼力"。见辐射反作用。

经典电子半径 [classical electron radius]　实验测量到的电子质量，是它的非电磁性的质量和电磁质量之和，这两种质量对电子惯性的效果完全一样，无法把它们分离开来，除非知道带电粒子内部的电荷分布状况。对电子来说，迄今还不知道它的结构。汤姆孙（Thomson）和洛伦兹等认为，电子不存在非电磁性的质量，全部质量由电磁质量构成，且假定电荷以半径为 r_0 的球对称分布。这样可估计电子质量的数量级为 $m\approx e^2/(4\pi\varepsilon_0c^2r_0)$，电子半径的数量级则是 $r_0\approx e^2/(4\pi\varepsilon_0c^2m)\approx2.82\times10^{-15}\mathrm{m}$，称为经典电子的半径。必须指出，这样得出的电子半径 r_0 本身并没有多大意义，且不说所作的假定没有实验依据，况且电子属于微观客体，经典理论是不可能正确描述的。然而，r_0 的表式却由电子的一些基本量构成，具有长度量纲。因而人们常用它作为微观客体的长度单位，即使在近代量子理论的许多公式中也常出现。见电磁质量。

电磁质量 [electromagnetic mass]　运动带电粒子周围的电磁场可分为辐射场和静电性场两类。辐射场可以脱离带电粒子而传播、辐射；静电性场则总是伴随着带电粒子，故称"自有场"。做匀速运动的带电粒子只存在自有场，但带电粒子的运动变化时，自有场也随之变化，场的能量和动量也同时变化。由于自有场包裹着带电粒子不能分离，因而施加外力作用时，就不仅仅改变带电粒子的动量、能量，也必须把自有场的动量、能量的改变包括进去；对于外力来说，好像粒子的惯性质量增大了，除了粒子本身的非电磁质量 m_0 外，还附加着电磁性的质量 m_{em}。这个附加的质量便称为带电粒

子的"电磁质量"。实际上，电磁质量是当带电粒子的动量改变从而改变自有场时自有场的反作用结果。带电粒子的非电磁质量和电磁质量无法区分开来，实验测到的总是这两者之和 $m = m_0 + m_{em}$。见运动带电粒子的电磁场，经典电子半径。

自由电子的散射 [scattering by an individual free electron] 又称汤姆孙散射，指自由电子受到入射线偏振电磁波作用而受迫振动时，激发次级辐射场。

汤姆孙散射 [Thomson scattering] 自由电子对于入射电磁波的散射。见自由电子的散射。

康普顿散射 [Compton scattering] 电磁波被静止自由电子散射，若入射波的频率较高，其能量可与电子的静止能相比时，即 $h\nu \approx m_0 c^2$，就需计及量子效应；光波显示粒子性被看作光子。计及电子反冲作用的光子散射过程称为康普顿散射，它的散射截面需由量子电动力学计算。

散射截面 [scattering cross section] 电磁波通过媒质时受到媒质的散射，散射波的辐射能量与通过单位面积的入射电磁波能量的比值，反映媒质对电磁波的散射程度，称为媒质对电磁波的散射截面。见微分散射截面。

微分散射截面 [differential scattering cross section] 电磁波通过媒质时受到媒质的散射，单位立体角内散射波的辐射能量跟通过单位面积的入射电磁波的能量的比值，反映媒质对电磁波散射程度的角分布，称为媒质对电磁波的微分散射截面。见散射截面。

辐射吸收 [absorption of radiation] 电磁波通过媒质时使媒质中的束缚电子发生强迫振动，从而一部分电磁波的能量转化为束缚电荷系的能量，这种能量的转移便是媒质对辐射（电磁波）的吸收。

电磁波的吸收带 [absorption band of electromagnetic waves] 媒质对频率在媒质的特征频率 ω_0 附近，一定频率宽度 $\Delta\omega$ 范围内的入射电磁波，具有明显的吸收现象。这一频率宽度 $\Delta\omega$ 称为媒质对电磁波（光波）的吸收带。见辐射吸收。

吸收截面 [cross section for absorption] 电磁波通过媒质时，由于媒质的导电等原因损耗能量。电磁波损耗的能量跟通过单位面积的入射电磁波的能量的比值，反映媒质对电磁波的吸收程度，称为媒质对电磁波的吸收截面。

反常色散 [anomalous dispersion] 媒质的折射率与电磁波（光波）的频率相关，称为色散现象。折射率随频率增大而增大，称为正常色散；随频率增大而减小，则是反常色散。

色散关系 [dispersion relation] 电磁波（光波）通过媒质时，折射率和吸收率分别与媒质介电常数 $\varepsilon = \varepsilon_1 + i\varepsilon_2$ 的实部 ε_1 和虚部 ε_2 直接相关，且与电磁波的频率有关，作

为电磁波频率 ω 的函数，媒质介电常数的实部和虚部之间的普遍关系，称为介电函数的"色散关系"：

$$\varepsilon_1(\omega) - \varepsilon_0 = \frac{2}{\pi} P \int_0^\infty \frac{\omega' \varepsilon_2(\omega')}{\omega'^2 - \omega^2} d\omega'$$

$$\varepsilon_2(\omega) = -\frac{2\omega}{\pi} P \int_0^\infty \frac{\varepsilon_1(\omega') - \varepsilon_0}{\omega'^2 - \omega^2} d\omega'$$

该关系由克拉默斯（Kramers）于 1927 年首先从经典理论导出，故又称经典克拉默斯关系。

辐射长度 [radiation length] 荷电的运动粒子由于辐射在运动过程中损失能量，粒子的能量随距离而减少。能量减少至原有能量的 e^{-1} 时，粒子运动过的距离称为辐射长度。

电子俘获 [electron capture] 电子俘获过程是，围绕一不稳定原子核的轨道电子可被原子核俘获，使原子序数为 Z 的原子转换成原子序数为 $Z-1$ 的另一原子，同时放出一中微子。这个过程的符号表示为：$Z + e^- = (z-1) + \nu$。伴随轨道电子俘获的辐射光子谱中，包含有电荷消失（电子圆轨道消失）的光子谱和电子磁矩消失的光子谱。这些光谱对于了解此过程中能量的释放信息是很重要的。

2.2.7 电磁场的相对论表示

原电荷密度 [proper charge density] 在相对于电荷体系为静止的惯性参照系中观察到的电荷密度，称为狭义相对论的原电荷密度。设原电荷密度为 ρ_0，则相对于参照系以速率 u 运动的电荷系，电荷密度为 $\rho = \rho_0 / \sqrt{1 - u^2/c^2}$。

四维电流密度矢量 [four-vector of current density] 狭义相对论表明，三维电流密度矢量 $\boldsymbol{j}$ 和电荷密度 ρ 可合成为洛伦兹协变的四维电流密度矢量：$j_\mu = (\boldsymbol{j}, ic\rho)$。

诱导电流密度四维矢量 [four-vector of induction current density] 与自由电流和自由电荷类似，介质中的诱导电流（磁化电流和极化流）密度 $\boldsymbol{j}_M = \boldsymbol{j}_m + \partial \boldsymbol{P}/\partial t$ 与极化电荷密度 $\rho_P = -\nabla \cdot \boldsymbol{P}$ 也可构成洛伦兹四维协变矢量，称为诱导电流密度四维矢量 $j_\mu = (\boldsymbol{j}_M, ic\rho_P)$。诱导电流密度四维矢量与四维矩张量的关系为 $j_\mu = \partial M_{\mu\nu}/\partial x_\nu$。按惯例，对同一项中出现的重复码码 μ 由 1 至 4 求和。见四维电流密度矢量。

四维矢量势 [four-vector potential] 狭义相对论理论表明，电磁场的矢量势和标量势可构成洛伦兹协变的电磁场四维矢量势：$A_\mu = (\boldsymbol{A}, i\phi/c)$，这表明 $\boldsymbol{A}$ 和 ϕ 是同一物理量的两个方面，只是在不同惯性系中表现的程度不同。

洛伦兹力密度四维矢量 [four-vector of Lorentz force density] 作用于运动电荷的洛伦兹力密度矢量和功率密度构成如下洛伦兹协变的四维矢量 $f_\mu = (\boldsymbol{f}, iP/c)$，式中 $\boldsymbol{f} = \rho(\boldsymbol{E} + \boldsymbol{u} \times \boldsymbol{B})$ 是洛伦兹力密度，$\boldsymbol{u}$ 为电荷的运动速度，$P = \rho \boldsymbol{E} \cdot \boldsymbol{u}$ 是功率密度。

电荷守恒定律的协变形式 [covariant formulation of the charge conservation]   狭义相对论表明,电荷守恒定律 $\frac{\partial \rho}{\partial t} + \nabla \cdot \boldsymbol{j} = 0$,可表示为四维协变方程 $\partial j_\mu / \partial x_\mu = 0$。在不同惯性系间作洛伦兹变换时,此方程的形式不变,这就是电荷守恒定律的协变表述。这里 $j_\mu = (\boldsymbol{j}, \mathrm{i}c\rho)$ 和 $x_\mu = (\boldsymbol{r}, \mathrm{i}ct)$ 分别是闵可夫斯基空间 (Minkowski space) 四维电流密度矢量和四维坐标矢量。

麦克斯韦方程组的协变形式 [covariant formulation of Maxwell equations]   真空中的麦克斯韦方程组可用电磁场四维张量 $F_{\mu\nu}$ 表示成关于洛伦兹变换的协变表式,即在洛伦兹变换下,方程的形式保持不变:

$$\frac{\partial F_{\mu\nu}}{\partial x_\nu} = 0, \quad \frac{\partial F_{\mu\nu}}{\partial x_\lambda} + \frac{\partial F_{\nu\lambda}}{\partial x_\mu} + \frac{\partial F_{\lambda\mu}}{\partial x_\nu} = 0$$

分别对应于

$$\nabla \cdot \boldsymbol{E} = \frac{\rho}{\varepsilon_0}, \quad \nabla \times \boldsymbol{B} = \mu_0 \boldsymbol{j} + \mu_0 \varepsilon_0 \frac{\partial \boldsymbol{E}}{\partial t}$$

和

$$\nabla \cdot \boldsymbol{B} = 0, \quad \nabla \times \boldsymbol{E} = -\frac{\partial \boldsymbol{B}}{\partial t}$$

介质中的麦克斯韦方程组也可表示为四维协变的形式。见介质中麦克斯韦方程组的协变式。

介质中麦克斯韦方程组的协变形式 [covariant formulation of Maxwell equations in media]   引入由磁场强度 $\boldsymbol{H}$ 和电位移矢量 $\boldsymbol{D}$ 构成四维的二阶协变张量 $H_{\mu\nu}$,用矩阵表示为

$$H_{\mu\nu} = \begin{bmatrix} 0 & H_z & -H_y & -\mathrm{i}cD_x \\ -H_z & 0 & H_x & -\mathrm{i}cD_y \\ H_y & -H_x & 0 & -\mathrm{i}cD_z \\ \mathrm{i}cD_x & \mathrm{i}cD_y & \mathrm{i}cD_z & 0 \end{bmatrix}$$

它与电磁场张量 $F_{\mu\nu}$ 和矩张量 $M_{\mu\nu}$ 的关系为

$$H_{\mu\nu} = \frac{1}{\mu_0} F_{\mu\nu} - M_{\mu\nu}$$

这样,介质中的麦克斯韦方程组关于洛伦兹变换的协变表述是

$$\frac{\partial H_{\mu\nu}}{\partial x_\nu} = 0, \quad \frac{\partial F_{\mu\nu}}{\partial x_\lambda} + \frac{\partial F_{\nu\lambda}}{\partial x_\mu} + \frac{\partial F_{\lambda\mu}}{\partial x_\nu} = 0$$

分别对应于

$$\nabla \cdot \boldsymbol{D} = \frac{\rho_f}{\varepsilon_0}, \quad \nabla \times \boldsymbol{H} = \boldsymbol{j}_f + \frac{\partial \boldsymbol{D}}{\partial t}$$

和

$$\nabla \cdot \boldsymbol{B} = 0, \quad \nabla \times \boldsymbol{E} = -\frac{\partial \boldsymbol{B}}{\partial t}$$

见电磁场张量,电流密度四维矢量。

洛伦兹条件的协变形式 [covariant formulation of Lorentz condition]   根据狭义相对论的理论,洛伦兹条件 $\nabla \cdot \boldsymbol{A} + \frac{1}{c^2} \frac{\partial \phi}{\partial t} = 0$,可表示为关于洛伦兹变换的协变形式 $\partial A_\mu / \partial x_\mu = 0$,式中 $A_\mu = (\boldsymbol{A}, \mathrm{i}\phi/c)$ 和 $x_\mu = (\boldsymbol{r}, \mathrm{i}ct)$ 分别是矢量势、标量势和时、空坐标的四维协变矢量。见洛伦兹条件,四维矢量势。

电磁场张量 [electromagnetic field tensor]   根据狭义相对论的理论,电磁场的表式 $\boldsymbol{E} = -\nabla\phi - \frac{\partial \boldsymbol{A}}{\partial t}$ 和 $\boldsymbol{B} = \nabla \times \boldsymbol{A}$ 可统一由一个反对称四维张量

$$F_{\mu\nu} = \frac{\partial A_\nu}{\partial x_\mu} - \frac{\partial A_\mu}{\partial x_\nu}$$

来表示,称为四维电磁场张量。这个张量的各分量与电磁场强的关系为

$$F_{\mu\nu} = \begin{bmatrix} 0 & B_z & -B_y & -\mathrm{i}E_x/c \\ -B_z & 0 & B_x & -\mathrm{i}E_y/c \\ B_y & -B_x & 0 & -\mathrm{i}E_z/c \\ \mathrm{i}E_x/c & \mathrm{i}E_y/c & \mathrm{i}E_z/c & 0 \end{bmatrix}$$

它在洛伦兹变换下是协变的,表明电场和磁场是同一物理实在的两种表现形式,只是在不同的惯性系中表现的程度不同。

矩张量 [moment tensor]   介质中的磁化矢量和电极化矢量可以构成反对称四维二级张量

$$M_{\mu\nu} = \begin{bmatrix} 0 & M_z & -M_y & -\mathrm{i}cP_x \\ -M_z & 0 & M_x & -\mathrm{i}cP_y \\ M_y & -H_x & 0 & -\mathrm{i}cP_z \\ \mathrm{i}cP_x & \mathrm{i}cP_y & \mathrm{i}cP_z & 0 \end{bmatrix}$$

称为矩张量。它与介质中诱导电流密度四维矢量的协变关系是 $j_\mu = \partial M_{\mu\nu} / \partial x_\nu$。见诱导电流密度四维矢量。

能量、动量平衡方程的协变形式 [covariant formulation of energy balance and momentum balance equations]   真空中电磁场的动量和能量平衡方程 (微分形式)

$$\nabla \cdot \boldsymbol{T} - \varepsilon_0 \frac{\partial}{\partial t} (\boldsymbol{E} \times \boldsymbol{B}) = \rho(\boldsymbol{E} + \boldsymbol{u} \times \boldsymbol{B})$$

$$\frac{1}{\mu_0} \nabla \cdot (\boldsymbol{E} \times \boldsymbol{B}) + \rho \boldsymbol{E} \cdot \boldsymbol{u} + \varepsilon_0 \frac{\partial}{\partial t} \left(\frac{E^2 + c^2 B^2}{2} \right) = 0$$

由电磁场的四维能量动量张量,统一表示为

$$\frac{\partial T_{\mu\nu}}{\partial x_\mu} = f_\nu$$

这便是电磁场能量、动量洛伦兹变换的协变表式。这里 x_μ 和 f_ν 分别是协变的四维坐标矢量和四维洛伦兹力密度矢量。见动量平衡方程,能量平衡方程,电磁场能量动量张量。

电磁场的哈密顿量密度 [Hamiltonian density of electromagnetic field]   无源电磁场的哈密顿量为

$$H = \frac{1}{2} \int_V \left(\varepsilon_0 E^2 + \frac{1}{\mu_0} B^2 \right) \mathrm{d}V$$

即电磁场的总能量。在有源情况

$$H = \frac{1}{2}\int_V \left(\varepsilon_0 E^2 + \frac{1}{\mu_0}B^2\right)\mathrm{d}V - \int_V \boldsymbol{j}\cdot\boldsymbol{A}\,\mathrm{d}V$$

见电磁场的拉格朗日量密度、电磁场的正则共轭变量。

电磁场的拉格朗日量密度 [Lagrangian density of electromagnetic field]　由于空间每一点处的电磁场量都是独立可变的，因而电磁场是具有无限多个自由度的连续统。它的拉格朗日 (Lagrange) 函数可表示为对空间的积分 $L = \frac{1}{2}\int_V \mathcal{L}\mathrm{d}V$，式中单位体积内的拉格朗日量 $\mathcal{L}$ 称为电磁场的拉格朗日量密度，或拉格朗日函数密度，它与电磁场张量或电磁场的关系如下：

(1) 没有电荷电流分布的无源情形

$$\mathcal{L} = -\frac{1}{4}F_{\mu\nu}F_{\mu\nu} = \frac{1}{2\mu_0}\left(\frac{E^2}{c^2} - B^2\right)$$

(2) 具有电荷电流分布的有源情形：

$$\mathcal{L} = -\frac{1}{4}F_{\mu\nu}F_{\mu\nu} + j_\mu A_\mu = \frac{1}{2\mu_0}\left(\frac{E^2}{c^2} - B^2\right) - \boldsymbol{j}\cdot\boldsymbol{A} + \rho\phi$$

空间各点四矢量势的各分量 A_μ 便是此连续统的广义坐标。见电磁场张量、四矢量势、四矢量电流密度。

电磁场的正则共轭变量 [canonical conjugate variables of electromagnetic field]　电磁场是连续统，空间每一点场量分别都是独立可变的，因而具有无限多个自由度。电磁场中每一点处的矢量势 A_j ($j=x,y,z$) 和标量势 ϕ 都作为广义坐标。相应的广义动量则由电磁场的拉格朗日量密度按定义为

$$\pi_\mu = \frac{\partial\mathcal{L}}{\partial\dot{A}_\mu} = \frac{i}{\mu_0 c}F_{4\mu} \quad (\mu=1,2,3,4)$$

式中 $A_\mu = (\boldsymbol{A}, i\phi/c)$ 为电磁场的四矢量势。广义坐标 $\xi_\mu = A_\mu$ ($\mu=1,2,3,4$) 和相应的广义动量 π_μ 称为电磁场的正则共轭变量。见电磁场的拉格朗日量密度。

麦克斯韦方程组的变分原理 [variational principle for Maxwell equations]　电磁场作为无限多自由度的连续统，引入适当的拉格朗日函数 L，则电磁场的运动方程-麦克斯韦方程组可由如下的变分原理得出

$$\delta\int L\mathrm{d}t = \delta\int\int_V \mathcal{L}\mathrm{d}V\mathrm{d}t = 0$$

式中 L 为电磁场的拉格朗日函数；$\mathcal{L} = \mathcal{L}(A_\mu, \partial A_\mu/\partial x_\nu)$ 是拉格朗日函数密度。相应的 Euler 方程为

$$\frac{\partial\mathcal{L}}{\partial A_\mu} - \frac{\partial}{\partial x_\nu}\frac{\partial\mathcal{L}}{\partial(\partial A_\nu/\partial x_\mu)} = 0$$

由此即可得出麦克斯韦方程组。见电磁场的拉格朗日量密度、四维矢量势。

运动荷电粒子的拉格朗日函数 [Lagrange function of a moving charged particle]　设运动粒子的电荷为 q，速度是 $\boldsymbol{v}$；电磁场的矢量势和标量势分别为 $\boldsymbol{A}$ 和 ϕ。则荷电粒子在电磁场中运动时的拉格朗日函数为：

(1) 非相对论情形

$$L = \frac{1}{2}m_0 v^2 - q(\phi - \boldsymbol{v}\cdot\boldsymbol{A})$$

(2) 相对论情形

$$L = -m_0 c^2\sqrt{1 - \frac{v^2}{c^2}} - q(\phi - \boldsymbol{v}\cdot\boldsymbol{A})$$

这里 m_0 是静止质量。

电磁场中运动电荷的哈密顿函数 [Hamiltonian of a moving charge in field]　设运动电荷的电量为 q，速度是 $\boldsymbol{v}$；电磁场的矢量势和标量势分别为 $\boldsymbol{A}$ 和 ϕ，则运动电荷的哈密顿函数为：

(1) 非相对论情形

$$H = \frac{1}{2m_0}(\boldsymbol{P} - q\boldsymbol{A})^2 + q\phi$$

(2) 相对论情形

$$H = \sqrt{(\boldsymbol{P} - q\boldsymbol{A})^2 c^2 + m_0^2 c^4} + q\phi$$

上列各式中 $\boldsymbol{P}$ 为运动粒子的正则动量。

电磁场的变换 [transformation of electromagnetic field]　在两个以相对速度 v(z 方向) 运动的参考系中，电磁场的变换关系为

$$\boldsymbol{E}'_\| = \boldsymbol{E}_\|; \quad \boldsymbol{E}'_\perp = \frac{(\boldsymbol{E} + \boldsymbol{v}\times\boldsymbol{B})_\perp}{\sqrt{1 - v^2/c^2}};$$

$$\boldsymbol{B}'_\| = \boldsymbol{B}_\|; \quad \boldsymbol{B}'_\perp = \frac{(\boldsymbol{B} - \boldsymbol{v}\times\boldsymbol{E}/c^2)_\perp}{\sqrt{1 - v^2/c^2}}$$

其中，把场分解成与相对速度平行和垂直的分量，即和 $\boldsymbol{B} = \boldsymbol{B}_\| + \boldsymbol{B}_\perp$。

电磁场不变量 [Electromagnetic field invariant]　在不同的惯性参考系中，两个量在 Lorentz 变换下保持不变：$B^2 - E^2/c^2 = $ 不变量和 $\boldsymbol{E}\cdot\boldsymbol{B} = $ 不变量。因此：① 若电磁场在某一个惯性参考系内垂直 $\boldsymbol{E}\cdot\boldsymbol{B} = 0$，则在所有的惯性参考系内电场与磁场垂直；② 若电磁场在某一个惯性参考系内有关系 $E = cB$，则在所有的惯性参考系内 $E' = cB'$；③ 若某一个惯性参考系内 $E > cB$，则找不到一个惯性参考系使 $E' \leqslant cB'$；④ 若在某一个惯性参考系内 $\boldsymbol{E}\cdot\boldsymbol{B} = 0$，总能够找到一个惯性参考系，在这个惯性参考系内中仅存在电场或者磁场 (由 $E > cB$ 或者 $E < cB$ 决定)。

2.3 相对论与场论

2.3.1 广义相对论

广义相对论 [general theory of relativity] 相对论性引力理论。该理论由爱因斯坦 (Albert Einstein) 于 1915 年建立，该理论建立在三个前提之上：第一，与欧几里得几何不同的高斯几何和黎曼几何的发展，为爱因斯坦提供了表述其理论体系的数学工具；第二，经典力学和引力理论中惯性质量和引力质量相等的事实成了爱因斯坦提出等效原理的路标，这个原理是广义相对论的物理基石；第三，相对性原理由伽利略相对性原理到狭义相对性原理的发展，为广义相对性原理的提出提供了启示。爱因斯坦用等效原理处理引力的存在对物理定律的效应。从等效原理出发，将狭义相对性原理推广为广义相对性原理，其相应的数学形式为广义协变原理。爱因斯坦利用黎曼几何与张量分析作为其理论体系的数学工具。物质的分布将引起空间的弯曲，是空间不再是平坦的闵可夫斯基世界。这种弯曲空间的度规相当于引力场的 "势"，而物质的分布和弯曲空间的度规应满足爱因斯坦引力方程。等效原理 (或广义协变原理) 和引力方程，构成了广义相对论的基本原理。广义相对论不仅很好地解释了经典引力理论不能解释的行星近日点的进动，而且其预言的掠过太阳表面的光线偏折和光谱在引力场中的红移等都为实验所证实。它预言的奇特天体黑洞和引力辐射的探测正成为天体物理学的热门课题。广义相对论也是近代宇宙论的基础。

闵可夫斯基时空 [Minkowski spacetime] 又称闵可夫斯基空间。一种具有特殊性质和额外结构的空间，得名于德国数学家赫尔曼·闵可夫斯基。闵可夫斯基时空常用一组标准正交基 (e_0, e_1, e_2, e_3) 来描述它们满足

$$\langle e_\mu, e_\nu \rangle = \eta_{\mu\nu}$$

其中 μ 与 ν 可取 $\{0, 1, 2, 3\}$，矩阵 η 称为闵可夫斯基度规，其值为

$$\eta = \begin{pmatrix} -1 & 0 & 0 & 0 \\ 0 & 1 & 0 & 0 \\ 0 & 0 & 1 & 0 \\ 0 & 0 & 0 & 1 \end{pmatrix}$$

闵可夫斯基时空是狭义相对论所讨论的时空。

闵可夫斯基空间 [Minkowski space] 即闵可夫斯基时空。

光锥 [light cone] 在狭义相对论中，是闵可夫斯基时空下能够与一个单一事件通过光速存在因果关系的所有点的集合。光锥也可以看作从一个世界点出发以及到达这个世界点的所有光的传播的世界线，在四维空间中组成一个三维曲面。在简化的二维 (x, t) 图上，将该世界点放在原点 O。通过 O 点的光的世界线，是交于 O 点的两条直线 ab, cd。光速 c 就是夹角 α 的正切。因为粒子的速度 v 不能超过光速 c，故一切通过 O 点的粒子的世界线必位于 aoc 和 bod 的锥形区域之内。这种锥形区域称为光锥。包含正时轴 $(t > 0)$ 的 aoc 称为未来光锥，包含负时轴 $(t < 0)$ 的 bod 称为过去光锥。光锥内部的所有点都可以通过小于光速的速度与当前事件建立因果联系，它们与当前事件的间隔被称为类时间隔 $s^2 = -c^2t^2 + x^2 + y^2 + z^2 < 0$，这些点的集合称为类时空间；光锥表面上所有点都可以通过光速与当前事件建立因果联系，它们与当前事件的间隔被称为类光或零性间隔 $s^2 = -c^2t^2 + x^2 + y^2 + z^2 = 0$，这些点的集合称为光锥面；

光锥外部的所有点都无法与当前事件建立因果联系，它们与当前事件的间隔被称作类空间隔 $s^2 = -c^2t^2 + x^2 + y^2 + z^2 > 0$，这些点的集合称作类空空间。由于光锥本身具有洛伦兹不变性，事件之间的间隔属于类时还是类空的也与观察者所在的参考系无关。其中对于类空间隔的事件，由于两者没有因果联系，不能认为它们也具有经典力学中描述的所谓同时性，即无法认为任何类空间隔的两个事件是同时的。

光锥的概念同样可以扩展到广义相对论中，这时的光锥可以定义为一个事件的因果未来和因果过去的边界，并包含了这个时空中的因果结构信息。构成光锥的仍然是这个时空中光的世界线，此时对应的时空图是彭罗斯卡特图。由于在广义相对论中时空可以是弯曲的，光锥也有可能是收缩或倾斜的。

类时空间 [timelike space] 见光锥。

类空空间 [spacelike space] 见光锥。

时空间隔 [spacetime interval] 在时空中描述两个事件间隔的不变量。在欧几里得空间中，两个点的间隔由这两点间的距离来度量，这种间隔仅由空间间隔决定，恒为非负数。而在相对论时空中，两个事件的间隔不仅考虑空间间隔，还要考虑它们的时间间隔。两个事件之间的时空间隔 s^2 的数学表述为

$$s^2 = \Delta r^2 - c^2 \Delta t^2$$

其中 c 是光速，Δr 和 Δt 分别表示两个事件的空间间隔和时间间隔。s^2 的符号确定遵循类空符号约定 (space-like convention)。根据正负性，时空间隔 s^2 可分为三种类型：类时间隔、类光间隔和类空间隔 (见光锥)。

因果性原理 [principle of causality] 物理中的因果性关系，是指作为原因的事件，必定早于作为结果的事件，这种先后关系是绝对的，不因观察者的不同、描述事件的惯性系不同而改变。因果关系的这一特性成为因果性原理。

视界 [horizon] 一个事件刚好能被观察到的那个时空界面。对于经典黑洞而言，黑洞外的物质和辐射可以通过视界进入黑洞内部，而黑洞内的任何物质和辐射均不能穿出视

界，因此又称视界为单向膜。视界并不是物质面，它表示外部观测者从物理意义上看，除了能知它 (指视界) 所包含的总质量、总电荷等基本参量外，其他一无所知。视界有很多种类，如事件视界、柯西视界、粒子视界等。

事件视界 [event horizon]　时空的一个边界。广义相对论中，处在事件视界中的事件无法对外部的观察者产生影响。通俗地讲，事件视界的点被称为 "有去无回的点"，因为这些地方的引力大到足以使任何事物无法逃逸，包括光在内。事件视界常常与黑洞联系在一起，从这里出发的光永远不会到达外部的观测者。

事件视界 [event horizon]　一种时空的曲隔界线，是从黑洞中发出的光所能到达的最远距离，也是黑洞最外层的边界。在事件视界以外的观察者无法利用任何物理方法，获得事件视界以内的任何事件的信息，或者受到事件视界以内事件的影响。

表观视界 [apparent horizon]　在广义相对论中，表观视界是指一种依赖于观测者的边界面，在此边界面的两侧，光线分别向内和向外弯曲。表观视界不是时空的不变性质，而是依赖于观测者的，例如在施瓦西黑洞中，表观视界和其事件视界重合。

柯西视界 [Cauchy horizon]　满足偏微分方程柯西问题的空间区域的类光边界。在此边界面的一侧具有闭合的类空测地线，另外一侧具有闭合的类光测地线。

粒子视界 [particle horizon]　粒子视界是指在某个时刻 $t = t_0$ 的观察者能够接收到其他地方的光信号的边界。粒子视界代表我们能够从过去获取信息的最远距离，通常这也是可观测宇宙的大小。其对应的视界半径可表示为

$$d_H = a(t_0) \int_0^{t_0} ca(t)^{-1} dt$$

其中 $a(t)$ 对应于 FRW 度规中的尺度因子。

马赫原理 [Mach's principle]　马赫原理是指物体的运动不是绝对空间中的绝对运动，而是相对于宇宙中其他物质的相对运动，因而不仅速度是相对的，加速度也是相对的，在非惯性系中物体所受的惯性力不是 "虚拟的"，而是一种引力的表现，是宇宙中其他物质对该物体的总作用；物体的惯性不是物体自身的属性，而是宇宙中其他物质作用的结果。

惯性质量 [inertial mass]　表征物体运动惯性的物理量。经典力学中牛顿第二运动定律说：质点所受的外力 f 与物体获得的加速度成正比，比例常数为 m，即 $f = ma$。物体的 m 是度量物体运动惯性的恒量，成为物体的惯性质量，并记作 m_i。由厄缶实验证明，物体的引力质量与惯性质量是相等的，$m_i = m_g$ (见引力质量)。

引力质量 [gravitational mass]　表征物体引力性质大小的物理量。在经典引力理论中，点质量 M 的引力场强度的大小为 $g = GM/r^2$，点质量 m 在此引力场中所受的引力为 mg。这里的 m 起着引力荷的作用，它是表征物体在引力场中感受引力的程度的恒量，故可称为引力质量，并记作 m_g。科学家对引力质量和惯性质量的数值是否相等的问题，进行了长期的研究。在牛顿和 Friedrich Wilhelm Bessel (1784—1846) 之后，厄特沃什 (Eötvös) 于 1889 年用实验证明，不同物质的 m_g/m_i 的值的差别小于 10^{-9}，所以多数科学家认为物体的引力质量与惯性质量是相等的，$m_g = m_i$。比较新的研究是由普林斯顿的 R. H. Dicke 领导的小组进行的，他们使用改进了的厄缶方法，证明 "铝合金朝太阳降落的加速度是相同的，其差值小于 10^{-11}" (见惯性质量)。

等效原理 [principle of equivalence]　广义相对论的一个基本原理。它可以陈述为：一个做匀加速运动的惯性参考系，等效于一个均匀引力场。根据物体的惯性质量和引力质量相等的实验事实，在均匀引力场中的物体的自由运动与物体的质量无关，都具有的相同的加速度。在匀加速参考系中物体的自由运动，也与物体的质量无关，都具有相同的加速度 (与参考系的加速度大小相等，方向相反)。非惯性系对物体的惯性力作用，可以看作一个等价场的作用。因此，引力场与非惯性系的等价场相等效，它们可以相抵消。由非惯性系变到惯性系时，这种等价场就会消失。对于不均匀的或与时间有关的任意引力场，如果我们关心的是集中在场的变化很小的时空范围内，那么仍然可以期望引力场和非惯性系的等价场可近似抵消。因此，等效原理的更确切的陈述是：在任意引力场的每一个时空点的充分小的邻域内，有可能选择一个 "局部惯性系"，使其中自然规律的形式与狭义相对论中的表述形式相同。

上述的等效原理又称强等效原理。如果把其中的 "自然规律"，限定为 "自由降落的质点的运动规律"，这样的等效原理称为弱等效原理。弱等效原理只不过是观察到的引力质量与惯性质量相等的复述而已；强等效原理则把这一观察结果推广了，认为它支配了引力对所有物理系统的效应。

等效原理是广义协变原理的物理基础，广义协变原理是等效原理的数学表述。等效原理可用以处理引力对物理规律的影响，利用等效原理，原则上可以得到考虑了引力作用以后的所有物理方程。但在具体操作时，可能是很繁复的。利用广义协变原理，则可以很容易地达到上述目标。

洛伦兹变换 [Lorentz transformation]　狭义相对论中联系任意两个惯性参考系的时空坐标的变换。光速不变原理，即真空光速在不同的惯性系中都相同，将导致两个事件的间隔 (见 "间隔") 在所有的惯性系中都是一样的结论。换句话说，两个事件的间隔，在由一个惯性系到另一个惯性系的时空坐标的变换下是不变的。伽利略变换不满足这一要求。满足这一要求的变换是洛伦兹变换。

设惯性系 S 和 S' 的坐标轴互相平行，在 $t = t' = 0$ 时它们的原点重合。S' 系以匀速率 v 相对于 S 系沿 x 轴的正向运动。(x, y, z, t) 和 (x', y', z', t') 是同一事件分别按 S 和 S' 系中的规定测量所得的坐标和时间，它们之间的洛伦兹变换就是：

$$\begin{cases} x' = (x - vt)/(1 - v^2/c^2)^{1/2} \\ y' = y \\ z' = z \\ t' = (t - vx/c^2)/(1 - v^2/c^2)^{1/2} \end{cases}$$

或

$$\begin{cases} x = (x' + vt')/(1 - v^2/c^2)^{1/2} \\ y = y' \\ z = z' \\ t = (t' + vx'/c^2)/(1 - v^2/c^2)^{1/2} \end{cases}$$

这个变换确切地说，应该称洛伦兹爱因斯坦变换。它先由洛伦兹于 1904 年引入，后由爱因斯坦于 1905 年独立给出。但是，洛伦兹与爱因斯坦不同，他不是作为新理论体系有机的组成部分给出的，他是用这组方程当作修正电磁理论的基础，以使迈克耳孙莫雷实验的零结果同以光以太提供的独一无二的惯性系的存在相符合。由此变换得出物体在运动方向的尺度要收缩一个因子 $(1 - v^2/c^2)^{1/2}$，这也能导出迈克耳孙–莫雷实验的零结果。但是，洛伦兹的办法显然不能解释肯尼迪桑代克实验，因为那里干涉仪的两臂不相等，光程差若与 v 有关，在速率 v 改变时，一定会有条纹移动发生（见迈克耳孙–莫雷实验）。

洛伦兹变换是狭义相对论时空观的数学体现，是许多问题讨论的基础，可导出时间膨胀效应和洛伦兹收缩效应，以及爱因斯坦速度合成原理等狭义相对论的基本结论。

广义坐标变换 [general coordinates transformation]　对于四维时空坐标 $(x^0 = ct, x^1, x^2, x^3)$，一切光滑的、雅可比行列式不等于零的坐标变换，称为广义坐标变换。

广义相对性原理 [general principle of relativity]　一切物理定律在所有参考系中具有相同的形式。换言之，不论参考系的运动如何，因此不论它是不是惯性系，在表述物理定律时都是等效的。

广义协变性 [general covariance]　物理方程在广义坐标变换下，每一项按相同的规则变换，如果方程继续成立，则称该方程是广义协变的，相应的物理定律具有广义协变性。

广义协变原理 [principle of general covariance]　广义相对论基本原理——等效原理的数学表述。它可以陈述为：物理方程在一般的引力场中也成立，只要它满足如下两个条件：第一，这个方程在引力场不存在时是成立的，即在没有引力场时，它和狭义相对论的定律一致；第二，这个方程是

广义协变的，即在一般坐标变换下，它保持自己的形式不变。根据本原理，可以方便地处理引力效应，得到考虑了引力的作用以后物理方程应具有的形式。

流形 [manifold]　一种数学上定义的结构。在狭义相对论中，发生在我们身边的事件都可以用三个空间坐标以及一个时间坐标来描述，也即我们的世界——对应于闵可夫斯基空间 (3+1 维时空) 中的一个点。广义相对论的时空也是一个 "连续" 的 3+1 维空间，它局部上具有闵可夫斯基空间的性质，但可能会有不同的整体性质，我们在数学上把这种空间称为流形，流形的思想是广义相对论的数学基础。

标量 [scalar]　又称纯量、无向量，是只有大小，没有方向的量。在物理学中，标量是在坐标变换下保持不变的物理量。例如，欧几里得空间中两点间的距离在坐标变换下保持不变，相对论四维时空中时空间隔在坐标变换下保持不变。与此相对的矢量，其分量在不同的坐标系中有不同的值，例如速率。

矢量 [vector]　通常的说法是一个同时具有大小和方向的几何对象，因常常以箭头符号标示以区别于其他量而得名物理学中的位移、速度、力、动量、磁矩等，都是矢量。在微分几何中定义的矢量除具有矢量通常的意义外，更侧重于在坐标系变换时，其矢量分量满足特定的线性变换规则这一性质。

切矢量 [tangent vector]　给定流形上一点 P，可以定义流形上该点的切矢量 v，可以形象地把 v 理解为欧氏空间中过 P 点的某条曲线的切线。

切空间 [tangent space]　流形上一点 P 上定义的切矢量所组成的空间，切空间是微分几何中非常重要的一个概念，它使得在流形上很多操作成为可能。

对偶矢量 [dual vector]　和矢量相对，对偶矢量可以看作是把矢量映射为标量的一个映射，同样的，矢量也可以把对偶矢量映射为标量。对偶矢量组成的空间称为对偶空间，矢量空间和其对偶空间是同构的。在数学形式上，对偶矢量在坐标系变换时，其分量的变化规则和矢量分量的变化规则相反。

张量 [tensor]　是一个用来描述标量、向量和其他张量 (标量和向量自身也是张量) 之间的线性关系的多重线性函数，这些线性关系包括内积、外积、线性映射等。在坐标系变换时，按分量变换形式的不同，张量分成协变张量 (指标在下)、逆变张量 (指标在上)、混合张量 (指标在上和指标在下都有) 三类。张量的坐标在 n 维空间内，有 n^r 个分量，r 称为该张量的秩或阶 ((n, m) 型混合张量的阶 $r = n + m$)。在同构的意义下，第零阶张量 ($r = 0$) 即是标量，第一阶张量 ($r = 1$) 即为向量。

在数学上，一个 (n, m) 阶张量可以用如下坐标系变换关

系来定义:

$$\hat{T}^{i_1\cdots i_n}_{i_{n+1}\cdots i_m}(\bar{x}_1,\cdots,\bar{x}_k)=\frac{\partial \bar{x}^{i_1}}{\partial \bar{x}^{j_1}}\cdots\frac{\partial \bar{x}^{i_n}}{\partial \bar{x}^{j_n}}\frac{\partial \bar{x}^{j_{n+1}}}{\partial \bar{x}^{i_{n+1}}}$$
$$\cdots\frac{\partial \bar{x}^{j_m}}{\partial \bar{x}^{i_m}}T^{j_1\cdots j_n}_{j_{n+1}\cdots j_m}(x_1,\cdots,x_k)$$

度规张量 [metric tensor] 数学上,度规张量 $g_{\mu\nu}$ 是一个定义在流形上的协变的二阶非退化对称张量。在广义相对论中,度规张量是一个基本的物理量,它包含了时空几乎所有的几何结构和因果联系,度规张量可以用来定义距离、体积、曲率等。

例如:平坦闵可夫斯基空间的度规张量为

$$g^{\mu\nu}=\eta_{\mu\nu}=\begin{pmatrix}-1 & 0 & 0 & 0\\0 & 1 & 0 & 0\\0 & 0 & 1 & 0\\0 & 0 & 0 & 1\end{pmatrix}$$

平坦闵可夫斯基的时空间隔可以用度规张量表示为

$$ds^2=-c^2\mathrm{d}t^2+\mathrm{d}x^2+\mathrm{d}y^2+\mathrm{d}z^2=g_{\mu\nu}\mathrm{d}r^\mu\mathrm{d}r^\nu$$

扭率 [torsion] 又称挠率。一般来讲,一条曲线的扭率度量了它扭曲的程度。在一个具有仿射联络 ∇ 的可微流形上,曲率和扭率共同构成了联络的两个基本不变量。扭率可以被具体描述为流形上的张量或者具有矢量值的二形式:

$$T(X,Y)=\nabla_X Y-\nabla_Y X-[X,Y]$$

其中 $[X,Y]$ 是矢量 X 和 Y 的李括号。

内积 [inner production] 也称为点积、数量积或者标量积,是两个矢量之间的乘法,结果是一个实数标量。

外积 [outer production] 又称张量积。通常是两个矢量之间的运算,也可以是两个张量之间的运算,结果是一个高阶张量。

协变矢量 [covariant vector] 即对偶矢量。当坐标系变化时,该矢量的分量变化和矢量空间基底的变化形式是一致的。例如一个标量函数 f 的梯度 ∇f 即是一个协变矢量。

逆变矢量 [contravariant vector] 同协变矢量相对应,指的是当坐标系变化时,矢量的分量变化和矢量空间基底的变化形式是相反的。例如,力学中物体运动的速度和加速度都是逆变矢量。

导数算符 [deravitve operator] 导数算符 ∇_a 是流形上定义的对张量场进行操作的算符,它可以把任一 (k,l) 型张量变成 $(k,l+1)$ 型张量。

李导数 [Lie derivative] 是一种定义在流形上的运算,以挪威数学家马里乌斯·索菲斯·李命名,李导数求的是张量场 (也包括标量,矢量和 1-形式) 沿着另一矢量场的流的

变化,对于不同的张量场,李导数有不同的等价的定义方法,例如矢量场 Y 关于矢量场 X 的李导数可以定义为一个对易子: $\mathcal{L}_X Y=[X,Y]$。

联络 [connection] 用来定义协变导数的一个算符。它可以在流形上本没有关系的矢量空间 V_p 和 V_q 间建立一种映射,在黎曼和伪黎曼流形理论中,联络通常指的是列维奇维塔联络。

列维奇维塔联络 [Levi-Civita connection] 在黎曼几何中,是切丛上的无挠率联络,它保持黎曼度规 (或伪黎曼度规) 不变。因意大利数学家图利奥·列维奇维塔而得名。

克里斯托费尔符号 [Christoffel symbols] 在数学和物理中,是从度规张量导出的列维奇维塔联络 (Levi-Civita connection) 的坐标表达式。因埃尔温·布鲁诺·克里斯托费尔 (1829–1900) 命名。克氏符号在每当进行涉及几何的实用演算时都会被用到,因而非常重要。

体积元 [volume element] 通过体积元在不同的坐标系中对关于体积的函数进行积分。体积元不仅仅限于三维,例如二维的体积元就是我们熟知的面元,当然也有更高维的体积元,在不同的坐标系变换中,体积元仅仅变化一个雅可比行列式,利用这点,我们可以在流形上定义体积元来进行积分操作。在一个可定向的微分流形上,体积元通常指的是体积形式;在不可定向的流形上,体积元通常指的是微分形式的绝对值。在 n 维流形上,一个体积形式是指一个处处非零的光滑 n 形式场。如果一个流形上存在这个一个 n 形式场,则称该流形是可定向的;否则称不可定向流形。选定了一个这种 n 形式场相当于选定了一个定向。两个 n 形式场若差一个正值的标量场,则称它们选定了同一个定向。而由该 n 形式场的处处非零性和光滑性,可知,一个流形上最多有两种若该流形上有两种定向。若流形上有度规结构,则可定义与该度规适配的体积形式: $\varepsilon=\sqrt{|g|}\mathrm{d}x^1\wedge\cdots\wedge\mathrm{d}x^n$。其中 $|g|$ 是度规张量在该坐标系下分量矩阵的行列式, x^μ 为任一右手坐标系。

等距同构 [isometry] 又称保距映射,是指在度量空间之间保持距离不变的同构映射。类似于几何学中的全等变换。

基灵矢量 [Killing vector] 是定义在黎曼流形或伪黎曼流形上的矢量场,基灵矢量一个很重要的性质是能够保持流形的度规不变。具体来讲,在微分几何中,如果矢量场 X、流形的度规 g 以及李导数 L 满足 $\mathcal{L}_X g=0$,那么我们就把 X 称为流形的一个基灵矢量。另外,基灵矢量是等距同构映射的无穷小生成元,也就是说流形在基灵矢量场的方向上进行平移不会改变其上点与点之间的距离。从物理上来说,时空本身的连续对称性与基灵矢量场一一关联,基灵矢量在广义相对论中描述了时空几何的对称性。

平行移动 [parallel transport] 在微分几何中,平行

移动是在流形上定义的一种沿着某条光滑曲线移动而保持几何性质不变的方法。如果流形上定义好了仿射联络，那么我们可以利用联络将流形上的向量沿着某条曲线移动使得它们关于这个联络保持"平行"。具体来说，如果 V^a 是流形 M 上沿曲线 $C(t)$ 的矢量场，满足 $T^b \nabla_b V^a = 0$，其中 $T^a \equiv (\partial/\partial t)^a$ 是曲线的切矢量，那么就称 V^a 是沿着曲线 $C(t)$ 平行移动的。

谐和条件 [harmonic condition]　谐和条件是广义相对论中几个坐标条件之一，用来求解爱因斯坦的场方程。我们知道，物理世界不依赖于坐标系的选择，但是我们有时必须选择一个特殊的坐标系使得求解问题成为可能，谐和坐标条件即是这样的一个选择。具体来说，如果一个坐标系的坐标函数 满足达朗贝尔波动方程，那么我们就说它满足谐和坐标条件。在黎曼几何中另一个等价的定义是坐标函数满足拉普拉斯方程，因为达朗贝尔方程是拉普拉斯方程推广到时空的结果，它的解也被称为是"谐和的"。

谐和坐标 [harmonic coordinates]　即满足谐和条件的坐标。

测地线 [geodesic]　测地线的概念来源于大地测量学，原意是指地球表面上两点之间的最短路线。在微分几何中，测地线是流形上的一条曲线，它上面的切矢量沿着自身关于某个联络是平行移动的 (参见平行移动词条)，如果该联络是黎曼度规引导出的列维奇维塔联络，那么该测电线是弯曲空间中两点之间局部长度取极值的路线。测地线在广义相对论中描述了引力场中的惯性粒子的运动路线，是一个非常重要的概念。

测地线偏移方程 [geodesic deviation equation] 在微分几何中也作雅可比方程，测地线偏离方程描述了物体在变化的引力场中相互接近或者远离的趋势，也即描述了引力场中物体受到潮汐力而获得的加速度。测地线偏离方程可以写作：$\dfrac{D^2 X^\mu}{dt^2} = R^\mu_{\nu\rho\sigma} T^\nu T^\rho T^\sigma$.

黎曼曲率张量 [Riemann curvature tensor]　又称黎曼克里斯多夫张量，是最常用的描述黎曼流形曲率的方法，它可以用列维奇维塔联络 ∇ 来定义：

$$R(\mu, \nu)\omega = \nabla_\mu \nabla_\nu \omega - \nabla_\nu \nabla_\mu \omega - \nabla_{[\mu,\nu]}\omega$$

黎曼曲率张量是广义相对论中的核心数学工具，它描述了时空曲率，原则上可以通过测地线偏离方程来求得。

里奇张量 [Ricci tensor]　定义为黎曼曲率张量的迹，和度规张量场一样，里奇张量也是一个对称的双线性形式。在广义相对论中，里奇张量是时空曲率中决定物质靠近或者分离趋势的量，它通过爱因斯坦场方程和宇宙中的物质分布联系起来。

能动量张量 [energy-momentum tensor]　又称应力能量动量张量，是一个二阶张量，广义相对论中用来描述能量和动量密度流，它是牛顿物理中应力张量的推广形式。正如牛顿体系中质量密度是引力的来源一样，能动量张量也是爱因斯坦场方程中引力场的来源。

黎曼流形 [Riemannian manifold]　流形中一种，n 维黎曼流形可以看作是 n 维欧几里得空间 R^n 的扩展，是定义了一个正定度规的流形。

伪黎曼流形 [pseudo-Riemannian manifold]　流形中一种，相对于黎曼流形是非正定，非简并的，四维伪黎曼流形是广义相对论的时空结构所对应的流形。

拓扑空间 [topological space]　一个拓扑空间可以理解成指一个指定了开集的集合。对于任意一个集合 X，我们可以指定其幂集 (所有子集的集合) 中的一部分子集为开集。所有开集的集合记为 T，必须要满足三个条件：X 和空集属于 T；有限个开集的交还是开集；任意开集的并还是开集。严格来说，(X, T) 称为一个拓扑空间。从拓扑空间可以定义出紧致，连通、同胚等概念，广义相对论中的微分流形即是一种特殊的拓扑空间。

连续的 [continuous]　两个拓扑空间之间映射的一种性质。给定两个拓扑空间 $(X, T_X), (Y, T_Y)$，和映射 $F: X \to Y$，若 Y 中任意开集在 F 下的逆是 X 的开集的话，则称 F 是连续的。

闭集 [closed set]　拓扑空间中的一个子集称为闭集，若其补集是开集。

同胚 [homeomorphism]　在拓扑学中，同胚是指两个拓扑空间之间的其和其逆映射均可逆的双射。如果两个拓扑空间之间存在同胚，那么它们具有相同的拓扑性质。

微分同胚 [diffeomorphism]　是满足特定要求的流形间的映射。由拓扑学中的同胚扩展而来。微分同胚除了要求其满足拓扑意义上的同胚，还要满足在坐标卡上诱导出的多元函数是光滑的。它是流形间映射可以提出的最高要求，互相微分同胚的流形可以视作相等。

等度规映射 [isometry]　是满足特定要求的流形间的映射。由微分同胚扩展而来。在广义相对论中处理的流形上都有度规结构，我们除了要求其满足微分同胚所具有的性质之外，还必须满足保持度规在拉回映射下不变。

豪斯多夫拓扑空间 [Hausdorff topological space] 又称T_2 空间，得名于拓扑学的创立者之一费利克斯·豪斯多夫。豪斯多夫拓扑空间是一种包含特殊限制的拓扑空间，这个空间中任意两点都可以找到各自的邻域使它们之间没有交集。提出这一要求是为了排除一些具有"病态"性质的拓扑空间，如：不满足 T_2 公理的拓扑空间会出现一个点列收敛到两个不同的点的性质；相反要求 T_2 性质可以避免这一问题。

T_2 **空间** [T_2 space]   即豪斯多夫拓扑空间。

紧致性 [compactness]   拓扑空间的一种性质,它可以由如下来定义:如果欧几里得空间 R_n 的子集是闭合的并且是有界的,那么称它是紧致的。更现代的定义方式是如果一个拓扑空间任意开覆盖都有有限子覆盖,那么它是紧致的。

连通性 [connectedness]   拓扑空间的一种性质。一个拓扑空间称为连通的,若其除了全集和空集以外没有既开又闭的子集。

弧连通性 [path-connectedness]   拓扑空间的一种性质。若一个拓扑空间满足任意两点均可以通过连续曲线连接起来,则称其是弧连通的。对于一般的拓扑空间而言,弧连通性强于连通性;但对于流形来说,弧连通和连通性等价。

超曲面 [hyper-surface]   微分几何中对流形的子流形的描述,是几何中超平面概念的推广。假设存在一个 n 维流形 M,则 M 的任一 $(n-1)$ 维子流形即是一个超曲面。也可以说,超曲面相对于原流形的余维数为 1。

富比尼–施图迪度规 [Fubini-Study metric]   射影希尔伯特空间 (即赋予了厄米形式的复射影空间 CP^n) 上的一个凯勒度规,最先由圭多·富比尼与爱德华·施图迪分别在 1904 年与 1905 年描述而得名,富比尼–施图迪度规有多种构造方式。

TOV 方程 [Tolman-Oppenheimer-Volkoff equations]   天体物理学中研究球对称的、各向同性的静态物体在引力平衡下的物理结构的一个重要方程,是爱因斯坦广义相对论的直接应用结果。该方程于 1939 年先后由 Richard C. Tolman,J.R. Oppenheimer 和 G.M. Volkoff 独立得到并由其姓氏命名而得到。TOV 方程具有如下形式:

$$\frac{\mathrm{d}P(r)}{\mathrm{d}r} = -\frac{G}{r^2}\left[\rho(r) + \frac{P(r)}{c^2}\right]\left[M(r) + 4\pi r^3 \frac{P(r)}{c^2}\right]$$
$$\left[1 - \frac{2GM(r)}{c^2 r}\right]^{-1}$$

其中 $P(r)$ 和 $\rho(r)$ 分别是该物体在距球心 r 处的压强与密度,$M(r)$ 是半径为 r 的球体的静质量,G 是牛顿引力常数。在给出物态方程 (参见条目 "物态方程") 的情况下,TOV 方程常用于研究高密度、大质量 (比如中子星、夸克星等) 星体的物理性质,它也是目前研究中子星的重要方程之一。

能动量张量 [energy-momentum tensor]   又称应力–能量张量、应力–能量–动量张量,是描述时空中密度、能量流和动量流的一个二阶对称张量,常用符号 $T^{\mu\nu}$ 表示,并由牛顿力学中的应力张量推广得到。能动量张量是爱因斯坦场方程 (参见条目 "爱因斯坦场方程") 引力场的源,类似于牛顿引力中质量是引力场的源。一般将其表示如下:

$$T^{\mu\nu} = \begin{pmatrix} T^{00} & T^{01} & T^{02} & T^{03} \\ T^{10} & T^{11} & T^{12} & T^{13} \\ T^{20} & T^{21} & T^{22} & T^{23} \\ T^{30} & T^{31} & T^{32} & T^{33} \end{pmatrix}$$

其中 T^{00} 为相对论的质量密度 (即能量密度除以光速的平方);$T^{i0} = T^{0i}(i = 1, 2, 3,$ 下同) 为穿过 x^i 面的相对论的质量流,该质量流同时等价于线动量密度的第 i 个分量;对角元素 T^{ii} 代表的是法向压力 (normal stress)(当法向压力与方向无关时,即为压强);$T^{ik}(i \neq k)$ 为剪切力。

应力–能量张量 [stress-energy tensor]   即能动量张量。

宇宙学常数 [cosmological constant]   爱因斯坦于 1917 年引入广义相对论的一个宇宙学参数,常用符号 Λ 表示,用以抵消引力以得到一个既不膨胀也不收缩 (即静态) 的宇宙。(在当时的科学条件下,科学家并未观测到宇宙加速膨胀的现象,因此认为宇宙处在静止的状态,而宇宙加速膨胀的现象直到 1929 年才由哈勃 (Edwin Hubble) 观测到。)

引力场方程 [equation of gravitational field]   又称爱因斯坦引力定律。爱因斯坦假设 "空" 的空间对应的里奇张量 (参考条目 "里奇张量") 满足条件

$$R_{\mu\nu} = 0$$

时,广义相对论将给出引力定律,此时的引力定律称为爱因斯坦引力定律。此处 "空" 指的是整个空间中除了引力场之外没有其他任何物质或物理场。该假设由其推论的正确性而被广泛接受。此外,爱因斯坦引力定律在牛顿近似 (参考条目 "牛顿近似") 下将给出牛顿运动定律。

爱因斯坦引力定律 [Einstein's law of gravitation]   即引力场方程。

牛顿近似 [Newtonian approximation]   又称牛顿极限。在静态弱引力场背景下,当物体的运动速度 v 跟真空中的光速 c 相比非常小 (即 $\frac{v}{c} \to 0$) 时,描述该物体运动状态的测地线方程 (参见条目 "测地线方程") 将趋于牛顿第二运动定律。实际应用中,牛顿极限是非常好的近似正因为:① 空间中的行星速度跟光速相比非常小,② 而且空间确实符合弱场条件——即空间是近似平坦的。

牛顿极限 [Newtonian limit]   即牛顿近似 (Newtonian approximation)。

引力常数 [gravitational constant]   又称牛顿引力常数。常用符号 G 表示,是用于计算两个物体之间引力大小的基本物理常数。近代物理实验给出的引力常数大小近似为 $6.673 \times 10^{-11} \mathrm{N} \cdot (\mathrm{m}/\mathrm{kg})^2$。引力常数于 1978 年由亨利·卡文迪许 (Henry Cavendish) 通过扭称实验第一次给出实验结

果, 但受当时实验条件的限制, 卡文迪许扭称实验给出的结果偏差较大, 为 $6.754 \times 10^{-11} \mathrm{N} \cdot (\mathrm{m} / \mathrm{kg})^2$。

牛顿引力常数 [Newton gravitational constant] 即引力常数。

里奇标量 [Ricci scalar] 又称标量曲率, 常用 R 表示, 是黎曼流形中最简单的曲率不变量。对黎曼流形上的任一点, 曲率标量都对应一个在该点附近由流形本征几何所决定的实数。具体地说, 标量曲率代表的就是弯曲黎曼流形中的测地球 (参见条目 "测地球") 的体积与欧几里得空间中的标准球体的体积的偏差。而在广义相对论里, 标量曲率则对应为爱因斯坦–希尔伯特作用量 (参考条目 "爱因斯坦–希尔伯特作用量") 的拉氏密度。如果给出坐标架及相应的度规张量, 里奇标量可以如下定义:

$$R = g^{\mu\nu} \left(\Gamma^\rho_{\mu\nu,\rho} - \Gamma^\rho_{\mu\rho,\nu} + \Gamma^\sigma_{\mu\nu} \Gamma^\rho_{\rho\sigma} - \Gamma^\sigma_{\mu\rho} \Gamma^\rho_{\nu\rho} \right)$$

其中 $g_{\rho\sigma} \Gamma^\sigma_{\mu\nu} = \Gamma_{\rho\mu\nu} = \frac{1}{2} \left(g_{\rho\mu,\nu} + g_{\rho\nu,\mu} - g_{\mu\nu,\rho} \right)$ 是第一类克里斯朵夫 (Christoffel) 符号, 而 $g_{\mu\nu,\rho}$ 和 $\Gamma_{\mu\nu\rho,\sigma}$ 分别为度规和第一类克里斯朵夫符号的一阶偏导。

测地球 [geodesic sphere] 测地圆顶 (geodesic dome) 是球面上基于大圆 (或测地线) 而形成的一个球形或部分球形的壳结构或格点壳。球面上的这些测地线相互交错并形成一些具有局部三角稳定性的三角元, 这些三角元同时能分担该结构的部分张力。当这个测地圆顶形成一个完整的球时, 就是一个测地球。

爱因斯坦方程 [Einstein equations] 又称爱因斯坦场方程。是阿尔伯特·爱因斯坦花费近 10 年时间得到的描述引力相互作用的最基本的方程。爱因斯坦场方程的建立, 标志着广义相对论的建立。爱因斯坦场方程具有如下形式:

$$R_{\mu\nu} - \frac{1}{2} g_{\mu\nu} R + \Lambda g_{\mu\nu} = \frac{8\pi G}{c^4} T_{\mu\nu}$$

其中 $R_{\mu\nu}$ 是里奇曲率张量, R 是标量曲率, $g_{\mu\nu}$ 是度规张量, Λ 是宇宙学常数, $T_{\mu\nu}$ 能动量张量。因此, 上述方程是一个张量方程。爱因斯坦方程是一个描述在物质、能量的影响下时空弯曲的方程, 是近代宇宙学最基础的方程。但由于该张量方程很少有解析解, 目前关于爱因斯坦场方程的解析解都是在一定的对称性基础上得到的, 比如球对称的施瓦西解等。

爱因斯坦场方程 [Einstein field equations] 即爱因斯坦方程。

等效原理 [equivalence principle] 广义相对论中讨论引力质量和惯性质量等价性的有关概念。等效原理在广义相对论的引力理论中有着极其重要的地位。其中爱因斯坦给出的等效原理内容如下: 大质量物体 (比如地球) 附近的观测者感受到的局部引力实际上与该观测者在某一非惯性系 (或加速系) 中感受到的惯性力等价。目前有三种广泛使用的等效原理: 弱等效原理 (见弱等效原理)、爱因斯坦等效原理 (见爱因斯坦等效原理) 和强等效原理 (见强等效原理)。

弱等效原理 [weak equivalence principle] 又称自由落体普适规律或伽利略等效原理。弱等效原理假设落体的组成成分仅靠非重力结合在一起。此外, 弱等效原理有很多等价的表达方式:

弯曲空间 (即引力空间) 中运动的局部效应与平坦空间中加速运动的观察者所观测的效应毫无例外地不可区分。

引力场中的质点轨迹仅由其初始时刻的位置和速度决定, 而与质点结构或组成元素无关。

只要被测物体处在给定引力场中类似的时空位置, 它们都将受到相同的加速度, 而与这些物体的性质或者静止质量无关。

在任意局部位置测出的质量 (用天平测出) 与重量 (用重力计测出) 的比值对所有的物体都相等。

引力场中物体的真空世界线与所有的可观测性质无关。

爱因斯坦等效原理 [Einstein equivalence principle] 爱因斯坦等效原理在声明弱等效原理成立的情况下指出: 在自由下落的实验室内进行的任何局部上为非引力的实验, 其结果都与该实验室在时空中的位置及速度无关。此处的 "局部" 有严格的意义: 实验者无法观测实验室外的任何事件; 潮汐力与实验室所处的引力场的变化相比必须非常小, 从而使得整个实验室近似为自由下落。爱因斯坦等效原理同时也暗示除了引力场外, 实验室也不与任何其他外场相互作用。

强等效原理 [strong equivalence principle] 强等效原理是指所有的引力定律都于物体的运动速度及位置无关。特别地, 强等效原理有如下含义: 试探物体 (或检验物体, Test Body) 在引力作用下的运动仅与该试探物体在时空中的初始位置与速度有关, 而与其成分无关; 在自由下落的实验室内进行的任意局部实验 (无论是引力的还是非引力的实验), 其结果都与该实验室在时空中的位置与速度无关。

爱因斯坦–希尔伯特作用量 [Einstein-Hilbert Action] 又称希尔伯特作用量, 于 1915 年由大卫·希尔伯特 (David Hilbert) 首次提出, 是广义相对论中在最小作用量原理下能给出爱因斯坦场方程的作用量, 其形式如下:

$$S = \frac{1}{2\kappa} \int R \sqrt{-g} \mathrm{d}^4 x$$

其中 R 是里奇标量, $g = \det(g_{\mu\nu})$ 是度规张量的行列式, $\kappa = 8\pi G c^{-4}$, G 为牛顿引力常数, c 为真空中的光速。

希尔伯特作用量 [Hilbert Action] 即爱因斯坦–希尔伯特作用量。

FLRW 度规 [Friedmann-Lemaître-Robertson-Walker(FLRW) metric] 爱因斯坦场方程的精确解之一,

该解能用于描述一个膨胀或收缩的、均匀且各向同性的单连通或多连通的宇宙。FLRW 度规具有如下形式：

$$ds^2 = a^2(t)\left(\frac{dr^2}{1-kr^2} + r^2d\theta^2 + r^2\sin^2\theta d\varphi^2\right) - c^2dt^2$$

其中 $a(t)$ 是唯一的含时因子，称为尺度因子 (scale factor)，而 k 则为反应空间曲率的常实数。

FLRW 模型 [Friedmann-Lemaître-Robertson-Walker(FLRW) model]　又称现代宇宙学标准模型，是当爱因斯坦场方程的解取 FLRW 度规时对应的模型，是亚历山大·弗里德曼 (Alexander Friedmann)，乔治·勒马特 (Georges Lemaître) 和霍华德·罗伯逊 (Howard P. Robertson)，阿瑟·沃克 (Arthur Geoffrey Walker) 分别于 20 世纪 20、30 年代独立发展而形成的现代宇宙学标准模型。

弗里德曼方程 [Friedmann equations]　为在广义相对论框架下，描述均匀的、各向同性的、膨胀的宇宙 (又称弗里德曼宇宙) 随时间演化的一系列方程。这些方程是亚历山大·弗里德曼 (Alexander Friedmann) 在使用 FLRW 度规、并假设宇宙中的物质可以被看作是给定质量密度 (ρ) 和压强 (p) 的理想流体的条件下于 1922 年导出的，而空间具有负曲率的情形所对应的方程则由弗里德曼于 1924 年给出。弗里德曼方程有如下两个独立的结果：

$$\frac{\dot{a}^2 + kc^2}{a^2} = \frac{8\pi G\rho + \Lambda c^2}{3}$$

$$\frac{\ddot{a}}{a} = -\frac{4\pi G}{3}\left(\rho + \frac{3p}{c^2}\right) + \frac{\Lambda c^2}{3}$$

其中 $\dot{a}$ 和 $\ddot{a}$ 分别为尺度因子对时间的一次和两次偏导数，G 为牛顿引力常数，Λ 为宇宙学常数，c 为真空中的光速，ρ 为质量密度，p 为压强。

密度参数 [density parameter]　实际观测的宇宙的密度 (ρ) 与临界弗里德曼宇宙密度 (ρ_c) 的比值 (常用符号 Ω 表示)，即 $\Omega \equiv \frac{\rho}{\rho_c}$。最初物理学家定义密度参数是用来描述宇宙的空间几何形貌的，而临界密度 ρ_c 则对应于平坦宇宙 (参见平坦宇宙) 所具有的密度。

临界宇宙密度 [critical density of the universe]　参见密度参数。

开宇宙 [open universe]　有两种等价的描述形式。

(1) 密度参数描述形式：当 $\Omega < 1$ 时，对应的弗里德曼宇宙整体几何形貌是开的，称为开宇宙。

(2) k 参数描述形式：当 FLRW 度规中的参数 $k = -1$ 时，对应的弗里德曼宇宙整体几何形貌也是开的，亦称为开宇宙。

平坦宇宙 [flat universe]　又称欧几里得宇宙，有两种等价的描述形式。

(1) 密度参数描述形式：当 $\Omega = 1$ 时，对应的弗里德曼宇宙整体几何形貌是平坦的，称为平坦宇宙。

(2) k 参数描述形式：当 FLRW 度规中的参数 $k = 0$ 时，对应的弗里德曼宇宙整体几何形貌也是平坦的，亦称为平坦宇宙。

欧几里得宇宙 [Euclidean universe]　即平坦宇宙。

闭宇宙 [closed universe]　同样有两种等价的描述形式。

(1) 密度参数描述形式：当 $\Omega > 1$ 时，对应的弗里德曼宇宙整体几何形貌是闭的，称为闭宇宙。

(2) k 参数描述形式：当 FLRW 度规中的参数 $k = +1$ 时，对应的弗里德曼宇宙整体几何形貌也是闭的，亦称为闭宇宙。

静态宇宙 [static universe]　是一个在时间和空间上都无限的宇宙，且这种宇宙既不膨胀也不收缩。静态宇宙没有空间曲率，即静态宇宙是平坦的。静态宇宙在历史上由乔尔丹诺·布鲁诺 (Giordano Bruno) 第一次提出，区别于爱因斯坦静态宇宙 (参见爱因斯坦静态宇宙)。

爱因斯坦静态宇宙 [Einstein static universe]　与静态宇宙类似，爱因斯坦静态宇宙也是既不膨胀也不收缩的宇宙，但爱因斯坦静态宇宙是一个在时间上无限、空间上有限且封闭的宇宙。宇宙中的物质均匀分布，并具有正的宇宙常数，为

$$\Lambda_E = \frac{4\pi G\rho}{c^2}$$

其中 G 是牛顿引力常数，ρ 是宇宙的能量密度，c 是真空中的光速。爱因斯坦曲率半径与爱因斯坦静态宇宙模型中的宇宙学常数具有如下关系：

$$R_E = \Lambda_E^{-1/2} = \frac{c}{\sqrt{4\pi G\rho}}$$

事实上，爱因斯坦静态宇宙模型是爱因斯坦场方程唯一的、非平凡的弗里德曼方程的静态解。值得提及的是，爱因斯坦静态宇宙模型是爱因斯坦于 1917 年在其论文 *Cosmological Considerations in the General Theory of Relativity* 中提出的，局限于当时的实验条件和方法，科学家在此之前并未发现任何关于宇宙膨胀或收缩的迹象，所以静态宇宙的观念在当时是很自然的想法。

德西特空间 [de Sitter space]　有如下两种理解方式。

(1) 从数学角度理解：德西特空间是闵可夫斯基空间或闵可夫斯基时空中的球面，是类比于欧几里得空间中一般球面的一个概念。n 维德西特空间，常用 dS_n 表示，是类比于洛伦兹流形中用正则黎曼度规描述的 n 维球面。n 维德西特空

间具有最大的对称性, 同时具有正的曲率, 而且当 $n \geqslant 3$ 时是简单连通的。德西特空间和反德西特空间 (参见反德西特空间) 都是以荷兰物理学家威廉姆·德西特 (Willem de Sitter) 命名的。

(2) 从物理学的角度理解: 德西特空间是爱因斯坦场方程具有最大对称性的真空解, 且该解具有正的 (或排斥性的) 宇宙学常数。这样的宇宙常数对应于正的真空能密度和负的压强。当德西特空间的维数为 4(即三维空间和一维时间) 时, 对应的宇宙学模型称为德西特宇宙 (参见爱因斯坦-德西特宇宙)。

反德西特时空 [anti-de Sitter space-time]　有两种类似的理解方式。

(1) 从数学角度理解: n 维反德西特空间常用符号 AdS_n 表示, 是具有最大对称性和负的常标量曲率的洛伦兹流形。反德西特空间是双曲空间的洛伦兹类比, 正如闵可夫斯基空间和德西特空间是欧几里得空间和椭圆空间的类比。

(2) 从物理学角度理解: 反德西特空间是爱因斯坦场方程具有最大对称性和负的 (或者吸引性的) 宇宙学常数的一个解。同时, 负的宇宙学常数对应于负的真空能密度和正的压强。

暴胀子 [inflaton]　暴胀子是一个标量场, 与早期宇宙的暴胀过程密切相关。和其他量子场一样, 对该标量场进行量子化之后将给出一个量子化的粒子, 称为暴胀子。大爆炸之后的空间在经过初期的短暂膨胀之后的 $10^{-35} \sim 10^{-34}$ s 的时间内, 暴胀子继续为其在该时间段内的迅速膨胀提供机制并最终形成宇宙。

爱因斯坦-德西特宇宙 [Einstein-de Sitter universe]　又称德西特宇宙, 是荷兰物理学家威廉姆·德·西特 (Willem de Sitter) 于 1932 年在与阿尔伯特·爱因斯坦合作的一篇文章中首次提出的一个宇宙模型。同时, 在这篇文章中他们首次提出宇宙中可能存在大量的不辐射光子的物质 (即暗物质) 的概念。爱因斯坦-德西特宇宙也是爱因斯坦场方程的一个解, 并对应一个没有物质 (即普通物质, 参见物质)、具有正的宇宙学常数的宇宙, 其物理学图景对应于一个指数膨胀的空宇宙。爱因斯坦-德西特宇宙可以用 FLRW 度规来描述, 但其中的尺度因子为 $a(t) = e^{Ht}$, H 为哈勃常数, t 为时间。

德西特宇宙 [de Sitter universe]　即爱因斯坦-德西特宇宙。

引力波 [gravitational wave]　是时空曲率中从源向外传播的一种波, 于 1916 年由阿尔伯特·爱因斯坦根据广义相对论理论而预言其存在。理论上, 引力波通过引力辐射传播能量, 而可探测的引力波源则可以为由白矮星、中子星及黑洞等组成的双星系统。由于引力波对应的相互作用传递通过有限的传播速度, 因此它可能对应于广义相对论的洛伦兹

不变性 (从而可以用来验证广义相对论模型) 而非牛顿引力理论, 因为在后者对应于即时相互作用。

引力辐射 [gravitational radiation]　理论上引力波用来传递能量的一种形式。

引力坍缩 [gravitational collapse]　是天文学上的物体在自引力的作用下向内坍缩的过程。对稳定星体而言, 自引力由星体内部向外的压强抵消, 从而使星体处在一个平衡状态。但当自引力大于内部压强时, 就会发生引力坍缩。在此过程中, 星体内部压强会逐渐增大, 直至与自引力再次平衡为止。由于引力比其他相互作用力弱很多, 所以引力坍缩往往发生在大质量的星体内, 比如超新星、中子星、黑洞等。由于星体内部不同半径处的自引力大小不同, 因而引力坍缩最终将导致星体的壳层结构。

钱德拉塞卡极限 [Chandrasekhar limit]　是稳定白矮星的质量上限, 当白矮星质量超过该上限时, 就会在自引力作用下坍缩为中子星、黑洞等。该质量上限最初隐含在安德森 (Wihelm Anderson) 和斯托纳 (E.C. Stoner) 发表的文章里, 后来由印度裔美国科学家钱德拉塞卡 (Subrahmanyan Chandrasekhar) 于 1930 年独立发现并命名。目前普遍接受的钱德拉塞卡极限约为 $1.39 M_\odot$, $M_\odot$ 为太阳质量, 约为 2.765×10^{30} kg。

在假设物态方程 (参见物态方程) 为理想费米气体的情况下, 给出的质量上限数学表达式是:

$$M_{\mathrm{lim}} = \frac{\omega_3^0 \sqrt{3\pi}}{2} \left(\frac{\hbar c}{G} \right) \frac{1}{(\mu_e m_{\mathrm{H}})^2}$$

其中 $\hbar = h/(2\pi)$, h 为普朗克常量, c 为真空中光速, G 为牛顿引力常数, μ_e 为电子的平均分子量, m_{H} 为氢原子的质量, $\omega_3^0 \approx 2.018236$ 是与莱恩-埃姆登 (Lane-Emden) 方程有关的常数。

施瓦西黑洞 [Schwarzschild black hole]　一个既没有荷也没有角动量的黑洞, 其度规为施瓦西度规 (参见施瓦西度规), 而且施瓦西黑洞之间除质量差别之外完全相同。施瓦西黑洞由视界描述, 而视界则位于施瓦西半径 (常被称为黑洞半径) 处。任何无转动、无荷的星体, 如果其半径小于施瓦西半径都将形成黑洞。

施瓦西度规 [Schwarzschild metric]　又称施瓦西真空, 是爱因斯坦场方程的一个解。该解对应一个球对称的引力场, 且该引力场的电荷、角动量、宇宙常数均为零。施瓦西度规由卡尔·施瓦西 (Karl Schwarzschild) 于 1916 年首次提出并由其姓氏命名。

施瓦西度规对应的线元具有如下形式:

$$c^2 \mathrm{d}\tau^2 = \left(1 - \frac{r_s}{r} \right) c^2 \mathrm{d}t^2 - \left(1 - \frac{r_s}{r} \right)^{-1} \mathrm{d}r^2 - r^2 \left(\mathrm{d}\theta^2 + \sin^2\theta \mathrm{d}\varphi^2 \right)$$

其中 τ 为固有时 (proper time)，c 为真空中光速，t 为坐标时间 (coordinate time)，$r_s = 2GM/c^2$ 为施瓦西半径，G 为牛顿引力常数，M 为星体质量。而 (t, r, θ, φ) 则常常被称为施瓦西坐标。

施瓦西真空 [Schwarzschild vacuum]　即施瓦西度规。

爱丁顿–芬克尔斯坦坐标 [Eddington-Finkelstein coordinate]　施瓦西度规下径向的零测地线 (null geodesics，即光子的世界线) 对应的一对即使在施瓦西半径处也没有奇点的坐标系。爱丁顿–芬克尔斯坦坐标是以阿瑟·爱丁顿 (Arthur Stanley Eddington) 和大卫·芬克尔斯 (David Finkelstein) 的姓命名的，但实际上罗杰·彭罗斯 (Roger Penrose) 才是第一个写下这对坐标的人 (罗杰·彭罗斯在其获奖稿中错误地将其归功于爱丁顿和芬克尔斯的文章)。

(1) 爱丁顿–芬克尔斯坦入坐标

$$ds^2 = -\left(1 - \frac{2GM}{r}\right)dv^2 + 2dvdr + r^2 d\Omega^2$$

(2) 爱丁顿–芬克尔斯坦出坐标

$$ds^2 = -\left(1 - \frac{2GM}{r}\right)dv^2 - 2dudr + r^2 d\Omega^2$$

其中 $d\Omega^2 = d\theta^2 + \sin^2\theta d\varphi^2$，$v = t + r^*$，$u = t - r^*$，$r^* = r + 2GM \ln\left|\frac{r}{2GM} - 1\right|$ 为龟坐标 (参见龟坐标)。

龟坐标 [tortoise coordinate]　由芝诺悖论中的阿基里斯与乌龟赛跑悖论命名而来。龟坐标具有如下形式：

$$r^* = r + 2GM \ln\left|\frac{r}{2GM} - 1\right|$$

且满足

$$\frac{dr^*}{dr} = \left(1 - \frac{2GM}{4}\right)^{-1}$$

需要注意的是龟坐标中的半径 r 趋于施瓦西半径时有奇点。

克尔度规 [Kerr metric]　又称克尔真空，是用来描述无荷、旋转、轴对称且具有球形视界的黑洞周围的时空的。克尔度规是爱因斯坦场方程的一个精确解，于 1963 年由罗依·克尔 (Roy Kerr) 发现。克尔度规对应的线元形式如下：

$$c^2 d\tau^2 = \left(1 - \frac{r_s r}{\rho^2}\right)c^2 dt^2 - \frac{\rho^2}{\Delta}dr^2 - \rho^2 d\theta^2$$
$$- \left(r^2 + \alpha^2 + \frac{r_s r\alpha^2}{\rho^2}\sin^2\theta\right)\sin^2\theta d\varphi^2$$
$$+ \frac{2r_s r\alpha\sin^2\theta}{\rho^2}cdtd\varphi$$

其中，r, θ, φ 为球坐标，$r_s = \frac{2GM}{c^2}$ 为施瓦西半径，α, ρ, Δ 分别为

$$\alpha = \frac{J}{Mc}, \quad \rho^2 = r^2 + \alpha^2\cos^2\theta, \quad \Delta = r^2 - r_s r + \alpha^2$$

克尔真空 [Kerr vacuum]　即克尔度规。

Taub-NUT 度规 [Taub-NUT(Newman-Unti-Tamburino) metric]　对应线元如下：

$$ds^2 = \frac{1}{4}\frac{r+n}{r-n}dr^2 + \frac{r-n}{r+n}n^2\sigma_3^2 + \frac{1}{4}(r^2 - n^2)(\sigma_1^2 + \sigma_2^2)$$

其中，

$$\sigma_1 = \sin\psi d\theta - \cos\psi\sin\theta d\varphi$$
$$\sigma_2 = \cos\psi d\theta + \sin\psi\sin\theta d\varphi$$
$$\sigma_3 = d\psi + \cos\theta d\varphi$$

Eguchi-Hanson 度规 [Eguchi-Hanson metric]　对应线元如下：

$$ds^2 = \left(1 - \frac{a}{r^4}\right)^{-1}dr^2 + \frac{r^2}{4}\left(1 - \frac{a}{r^4}\right)\sigma_3^2 + \frac{r^2}{4}(\sigma_1^2 + \sigma_2^2),$$

其中，

$$\sigma_1 = \sin\psi d\theta - \cos\psi\sin\theta d\varphi$$
$$\sigma_2 = \cos\psi d\theta + \sin\psi\sin\theta d\varphi$$
$$\sigma_3 = d\psi + \cos\theta d\varphi$$

Gibbons-Hawking 多中心度规 [Gibbons-Hawking multi-center metric]　对应线元为

$$ds^2 = \frac{1}{V(\boldsymbol{x})}(d\tau + \boldsymbol{\omega} \cdot \boldsymbol{x})^2 + V(\boldsymbol{x})d\boldsymbol{x} \cdot \boldsymbol{x}$$

其中，

$$\Delta V = \pm\Delta \times \boldsymbol{\omega}, \quad V = \epsilon + 2M\sum_{i=1}^{k}\frac{1}{|\boldsymbol{x} - \boldsymbol{x}_i|}$$

$\epsilon = 1$ 对应于多 Taub-NUT 度规；而当 $\epsilon = 0$ 且 $k = 1$ 时，对应平坦空间；当 $\epsilon = 0$ 且 $k = 2$ 时，对应 Eguchi-Hanson 度规。

爱因斯坦–嘉当理论 [Einstein-Cartan theory]　又称爱因斯坦–嘉当–翻玛–基伯 (Einstein-Cartan-Sciama-Kibble) 理论，是类似于广义相对论的经典引力理论。该理论与广义相对论的不同之处在于，爱因斯坦–嘉当理论放宽了仿射联络反对称部分为零的假设，使得挠率可以与物质的自旋角动量进行耦合 (广义相对论无法描述轨道角动量与自旋角动量的耦合)。该理论于 1922 年由法国数学家埃利·嘉当 (Elie Cartan) 首次提出，于 1928 年当爱因斯坦试图给出统一场理论时得到发展，并于 19 世纪 60 年代由翻玛 (Dennis Sciama)、基伯 (Tom Kibble) 重新发现而命名。

爱因斯坦–嘉当理论由如下作用量给出：

$$\mathcal{S} = \int(\mathcal{L}_G + \mathcal{L}_M)d^4 x$$

其中，$\mathcal{L}_G = R\sqrt{|g|}/2\kappa$ 对应于引力场的拉氏量，$\mathcal{L}_M$ 对应于物质场 (比如电磁场) 的拉氏量。

爱因斯坦-嘉当-瑟玛-基伯理论 [Einstein-Cartan-Sciama-Kibble theory] 即爱因斯坦-嘉当理论。

萨格奈克效应 [Sagnac effect] 又称萨格奈克干涉，是以法国物理学家乔治·萨格奈克 (Georges Sagnac) 的姓氏命名的一种干涉效应。这种效应通过转动一个环形干涉仪 (称为萨格奈克干涉仪) 而产生：当光线进入环形干涉仪后被分为两束，此后这两束光线沿着相同的环形路径传播，但其传播方向相反。如果萨格奈克干涉仪没有转动，则两束光线的相位差为零，从而没有干涉现象。而通过旋转环形干涉仪，使得这两束光线产生一个依赖于仪器转动角速度的相对相位，从而在适当的条件下产生干涉条纹。乔治·萨格奈克实际上是以太理论的支持者，并认为自己的实验探测到了以太相对运动所产生的效应。而实际上其结果与狭义相对论的预言相符，从而是狭义相对论的证据之一。

萨格奈克干涉 [Sagnac interference] 即萨格奈克效应。

托马斯进动 [Thomas precession] 对基本粒子的自旋或者宏观陀螺的转动进行的一个相对论性的修正，以英国物理学家托马斯 (Llewellyn Thomas) 的姓命名。托马斯进动将沿曲线轨道运动的基本粒子的自旋角速度与其轨道运动角速度联系起来。几何上可以将托马斯进动理解为以下运动的结果：基本粒子或陀螺的速度空间是双曲的，因此如果将基本粒子或陀螺的角速度沿着圆周 (或其线速度) 方向进行平行移动，则将导致它们最终的转动指向另一个不同的方向。而从代数的角度，可以将托马斯进动理解为不同的洛伦兹变换之间的不对易导致的运动结果。托马斯进动是狭义相对论在平直时空的一个运动学效应，而在广义相对论的弯曲时空中，托马斯进动与一些几何的效应结合之后将产生德西特进动 (参见德西特进动)。尽管托马斯进动是一个纯运动学效应，它却仅仅发生在曲线运动的情形下。因此，托马斯进动不能脱离一些由向心力 (比如电磁力、引力等) 导致的曲线运动而被独立地观察到，从而托马斯进动常常伴随着一些动力学效应。

德西特进动 [de Sitter precession] 又称测地线效应、测地线进动或德西特效应，是由广义相对论预言的弯曲时空下存在的一种效应，该效应体现在沿轨道运动的矢量场 (比如角动量) 上。对应于地月系统的德西特效应于 1916 年由威廉姆·德西特 (Willem de Sitter) 首次给出，并于 1918 和 1920 年先后被简 (荷兰语应该为：约翰)·舒顿 (Jan Schouten) 和阿瑞安·傅科 (Adriaan Fokker) 推广至一般系统。德西特效应已被美国国家航空航天局于 2004 年发射的 "引力探测器 B" 科学探测卫星所探测证实。

测地线效应 [geodesic effect] 即德西特进动。

测地线进动 [geodesic precession] 即德西特进动。

德西特效应 [de Sitter effect] 即德西特进动。

勒恩斯-瑟令进动 [Lense-Thirring precession] 又称勒恩斯-瑟令效应，是对在旋转的大质量物体 (比如地球) 附近运动陀螺的进动效应进行的相对论修正，并以奥地利物理学家约瑟夫·勒恩斯 (Josef Lense) 和汉斯·瑟令 (Hans Thirring) 的姓氏命名。勒恩斯-瑟令进动是一个引磁 (参见引磁学) 参考系拖拽效应，根据最近由费思特 (Pfister) 做出的历史分析，这种效应应该重命名为爱因斯坦-勒恩斯-瑟令进动，因为该进动来自于广义相对论的预言。勒恩斯-瑟令进动与德西特进动的区别是，德西特进动来自于中心大质量物体的存在，而勒恩斯-瑟令进动则来自于该中心大质量物体的转动。因此大质量物体附近的转动物体，其总的进动应为二者之和。对银河系附近靠近超重黑洞的恒星，其勒恩斯-瑟令进动预计在近几年就可以观测到。

勒恩斯-瑟令效应 [Lense-Thirring effect] 即勒恩斯-瑟令进动。

参考系拖拽 [frame-dragging] 是由爱因斯坦广义相对论预言的一种时空效应，这种时空效应是由于非静态的、固定的质能分布引起的——虽然固定的场并不会改变，但是导致该场的物体却不一定是静止的，比如转动的大质量恒星。第一个参考系拖拽效应是由奥地利物理学家约瑟夫·勒恩斯 (Josef Lense) 和汉斯·瑟令 (Hans Thirring) 于 1918 年得到的，因此参考系拖拽效应也被称为勒恩斯-瑟令进动。参考系拖拽效应非常小，只有 10^{-13} 的量级。为了探测该效应，必须先找到一个非常重的中心物体，或者建造一架非常灵敏的仪器设备。更一般地，这种由质能流引起的效应也被熟知为引磁 (gravitomagnetism) 效应 (参见引磁学)，类似于经典的电磁效应。

海福勒-基廷实验 [Hafele-Keating experiment] 1971 年 10 月，美国物理学家约瑟夫·海福勒 (Joseph C. Hafele) 和天文学家理查德·基廷 (Richard E. Keating) 利用商业飞机携带 4 座铯原子钟所进行的一个验证相对论理论的实验。这些原子钟事先已经与地面铯原子钟调整为同步。此次实验他们共绕地球飞行两圈：第一圈自西向东飞，第二圈自东向西飞。飞行结束后，他们将飞机所携带的铯原子钟重新放在一起并与保存在美国海军天文台的原子钟进行对比后发现其中三座铯原子钟读数互不相同，但它们之间的时间差与狭义和广义相对论的预言一致。相应的实验和预言结果如下 (单位为纳秒，即 10^{-9} s)：

	广义相对论	狭义相对论	总的预言结果	实验结果
自西向东	144 ± 14	-184 ± 18	-40 ± 23	-59 ± 10
自东向西	179 ± 18	96 ± 10	275 ± 21	273 ± 7

厄缶实验 [Eötvös experiment] 是一个著名的用来测量惯性质量和引力质量之间关系的物理实验,该实验表明二者是完全一样的物理量。在此实验之前,虽然物理学家们一直猜测二者应相等,但此前的任何实验都没有达到厄缶 (Loránd Eötvös) 的实验精度。历史上,验证惯性质量与引力质量是否相等的实验最早由牛顿付诸实施,并于此后被贝塞尔 (Friedrich Wilhelm Bessel) 提高实验精度,而厄缶利用扭称平衡来提高精度的实验开始于 1885 年并一致持续到 1909 年。此后厄缶的实验小组继续使用厄缶的实验方法以验证二者是否相等,而且他们通过使用不同的材料、改变在地球上的实验位置使得实验精度得到大幅提高,并且他们所有的实验结果都表明惯性质量与引力质量完全等价。而这一事实直接启发爱因斯坦建立了广义相对论的等效原理 (参见等效原理)。

引力透镜 [gravitational lensing] 指的是在遥远的光源和观测者之间的一种物质分布,这种物质分布能够使来自遥远光源的光线发生偏折,从而使它们能够抵达远处的观测者,这种效应被称为引力透镜,是类比于光学透镜的概念,也是爱因斯坦的广义相对论的预言之一。虽然兹威基 (Fritz Zwicky) 于 1937 年即指出星系团簇可以作为引力透镜候选观测源,但引力透镜的天文学效应直到 1979 年才从所谓的双类星体 (Twin QSO)SBS 0957+561 中被观测到。

光线引力偏折 [deflection of light in gravitational field] 指的是光线在经过大质量物体时会向该物体发生偏折的现象。该现象最早出现在 1784 年亨利·卡文迪许 (Henry Cavendish) 未发表的手稿里 (根据牛顿引力定律得到),并于 1801 年由约翰·乔治·冯叟德 (Johann Georg von Soldner) 重新得到并发表。1911 年爱因斯坦根据等效原理得到了与冯叟德相同的结果,但 1915 年爱因斯坦根据广义相对论重新计算后发现之前的结果仅为广义相对论预言的结果的 1/2。正是这个 2 倍的偏差,确立了广义相对论为描述引力的正确理论,而牛顿引力则只是静态弱场近似下的引力理论。爱因斯坦关于光线引力偏折的预言于 1919 年被英国物理学家阿瑟·爱丁顿 (Arthur Eddington) 证实。

行星近日点进动 [perihelion precession of planet] 牛顿力学中,一个二体系统 (比如日地系统) 对应的运动学图景是一个椭圆:质量较大的星体 (比如太阳) 位于椭圆的一个焦点上,另一个星体 (比如地球) 的运动轨迹则为一个椭圆。其中,二者距离最近的点称为近焦点 (Periapsis)。对太阳系而言,对应的近焦点称为近日点 (Perihelia)。行星在近日点都有进动,而进动的主要原因来自于其他行星对该行星轨道的影响。水星是太阳诸多行星中进动较异常的一个,且其进动量与牛顿力学的预言不一致。水星的异常进动最早由法国数学家奥本·勒维耶 (Urbin Le Verrier) 于 1859 年意识到,并发现水星的进动率与牛顿引力理论预言的结果每 100 年差 43 角秒。水星的异常进动直到爱因斯坦建立广义相对论后才得到完美解决,同时,该问题的解决也促使广义相对论被普遍接受。

引磁学 [gravitomagnetism] 又称引电磁学。是一系列形式上与电磁学的麦克斯韦方程类似的相对论性的引力方程。除了方程形式上的类似,引磁学与电磁学并没有直接联系。引磁学被广泛地用来代指引力的运动学效应,类似于电磁学中的运动电荷产生磁效应。引磁学最常见的版本仅在远离孤立引力源的情形下有效,并且要求试探粒子 (test particles) 运动得足够慢以不改变其所处的引力场。

引电磁学 [gravitoelectromagnetism] 即引磁学。

2.3.2 场论

经典场 [classical field] 在量子化之前的场。宏观物理世界中的电磁场和引力场就是经典场的例子。从数学表达形式上看,经典场是指在空间区域的每一点都对应着一个场的数值,即形成一个场函数的分布。对应的场函数可以是一个分量的,也可以是多个分量的。通常要求场函数是空间坐标的连续可微的函数。作为物理系统的状态变量的场量同时也是时间的函数,通常亦要求场函数是时间坐标的连续可微的函数。作为物理系统的状态的时间演化的数学描述,场函数满足特定形式的对时空坐标变量的偏微分方程,即场方程。对于给定的场系统,场的分布与演化的求解就归结为在一定的初始条件或边界条件下求解场方程。以电磁场为例来说明,宏观物理世界中的电磁场满足经典的麦克斯韦方程组,经典电磁学从实体上看就归结于在一定的初始条件或边界条件下麦克斯韦方程组的求解,经典电磁场系统的实体描述实质上就归结于经典的麦克斯韦方程组的数学形式。

经典场的作用量和作用量原理 [action of classical field and action principle] 经典场系统作为一个无穷多自由度的力学系统,其运动规律的数学描述,即场方程,同有限自由度力学系统一样,可以通过作用量原理的形式表显出。对于一个场论系统,其作用量可写为

$$S = \int_{t_1}^{t_2} dt \int_V d^3x L(\phi_i, \partial_\mu \phi_i),$$

其中 $L(\phi_i, \partial_\mu \phi_i)$ 称为系统的拉格朗日量密度,通常在场论中也直接称之为拉氏量。作用量原理的表述为:当场的值在四维时空区域 $(V \times [t_1, t_2])$ 的边界上固定时,这一四维时空区域内的物理上真实的场位形应使得该四维时空区域内的作用量取稳定值。从作用量取稳定值的条件 $\delta S = 0$ 可得出场的运动方程,即欧拉 - 拉格朗日方程: $\frac{\partial L}{\partial \phi_i} - \partial_\mu \frac{\partial L}{\partial(\partial_\mu \phi_i)} = 0$。

哈密顿量密度 [Hamiltonian density] 对于一个经典场的系统,如采用哈密顿正则形式的表述,其哈密顿量可写

为：$\int \mathrm{d}^3 x (\pi_i \dot{\phi}_i - L) = \int \mathrm{d}^3 x H$，其中 $H = \pi_i \dot{\phi}_i - L$ (重复指标求和) 称为场系统的哈密顿量密度，这里 L 为拉格朗日量密度，π_i 为共轭动量 (参见共轭动量)。

时空对称性 [space-time symmetry]　物理系统在涉及时空坐标改变的对称变换下体现出的对称性质。例如系统在时空平移变换和洛伦兹变换下的对称性都是时空对称性。

内部对称性 [internal symmetry]　物理系统在不涉及时空坐标改变的对称变换，即内部对称变换下体现出的对称性质。例如对于一个复标量场系统，系统在复标量场的相位变换下的对称性就是一种内部对称性。

离散对称性 [discrete symmetry]　物理系统在不连续的，即并非是由连续变化的参数所标定的对称变换下所体现出的对称性。离散对称性的典型的例子如空间反射对称性，时间反演对称性和电荷共轭对称性。

度规张量 [metric tensor]　在通常的相对论性场论中，如果假定时空是平直的闵可夫斯基时空，则时空流形的线元 $\mathrm{d}s^2 = \mathrm{d}t^2 - \mathrm{d}x^2 - \mathrm{d}y^2 - \mathrm{d}z^2 = g_{\mu\nu} \mathrm{d}x^\mu \mathrm{d}x^\nu$，其中协变形式的度规张量 $g_{\mu\nu} = \mathrm{diag}(1, -1, -1, -1)$，对应的逆变形式的度规张量 $g^{\mu\nu} = \mathrm{diag}(1, -1, -1, -1)$。在通常的量子场理论中，假定时空是平直的，所说到的度规张量就是指这一闵可夫斯基时空的度规张量。

洛伦兹变换 [Lorentz transformation]　惯性参考系的时空坐标间的线性变换：$x'^\mu = \Lambda^\mu_\nu x^\nu$。在这样的变换下，时空坐标四矢量的"长度"的平方保持不变：$g_{\mu\nu} x'^\mu x'^\nu = g_{\mu\nu} x^\mu x^\nu$。通常的坐标轴的空间转动变换和参考系相对运动变换都是洛伦兹变换的例子。

洛伦兹群 [Lorentz group]　所有洛伦兹变换的全体在通常的变换乘法的意义上构成的一个群。

狄拉克旋量 [Dirac spinor]　一种四分量的量，它在参考系的洛伦兹变换下按下面的方式变换：$\psi' = S(\Lambda)\psi$，其中 $S(\Lambda) = e^{-\frac{i}{4}\sigma_{\mu\nu}\omega^{\mu\nu}}$，$\omega^{\mu\nu}$ 为洛伦兹变换的群参数。

庞加莱变换 [Poincaré transformation]　如下形式的时空坐标变换：$x'^\mu = \Lambda^\mu_\nu x^\nu + a^\mu$，其中 $\{\Lambda^\mu_\nu\}$ 为一洛伦兹变换矩阵，a^μ 为一常数四维矢量。庞加莱变换也叫作非齐次洛伦兹变换。

庞加莱群 [Poincaré group]　所有的庞加莱变换的全体在通常的变换乘法的意义上构成的一个群。

泡利–卢班斯基矢量 [Pauli-Lubanski vector]　泡利–卢班斯基矢量定义为：$W_\mu = \frac{1}{2}\varepsilon_{\mu\nu\lambda\sigma}M^{\nu\lambda}P^\sigma$，这里 $M^{\nu\lambda}$ 为广义的角动量张量算符 (即 6 个洛伦兹变换生成元)，P^σ 为四动量算符 (即 4 个时空平移生成元)。

全反对称列维–契维塔张量 [totally antisymmetric Levi-Civita tensor]　四维时空中的全反对称列维–契维塔张量的定义类似于三维空间中的列维–契维塔张量。具体来说，其定义为：$\varepsilon^{\mu\nu\rho\sigma} = 1$，如 $\mu\nu\rho\sigma$ 为 0123 的偶排列，$\varepsilon^{\mu\nu\rho\sigma} = -1$，如 $\mu\nu\rho\sigma$ 为 0123 的奇排列，$\varepsilon^{\mu\nu\rho\sigma} = 0$，如 $\mu\nu\rho\sigma$ 中有两个指标是相同的。

质量壳 [mass shell]　一个质量为 m 的相对论性的自由粒子，其四动量 p^μ 满足 $p^2 = (p^0)^2 - (p^1)^2 - (p^2)^2 - (p^3)^2 = m^2$，在四动量空间中这对应于一个三维双曲面，称为质量壳。由于这一点，经常称一个自由运动的相对论性粒子为"在壳"的。

标量场 [scalar field]　在参考系的洛伦兹变换下按如下方式变换：$\phi'(x') = \phi(x)$。

狄拉克旋量场 [Dirac spinor field]　一种四分量的场，它在参考系的洛伦兹变换下按如下方式变换：$\psi'(x') = S(\Lambda)\psi(x)$，其中 $S(\Lambda) = e^{-\frac{i}{4}\sigma_{\mu\nu}\omega^{\mu\nu}}$，$\omega^{\mu\nu}$ 为洛伦兹变换的群参数。

狄拉克矩阵 [Dirac matrices]　在四维闵可夫斯基时空中，是四个 4×4 矩阵 $\gamma^\mu (\mu = 0, 1, 2, 3)$，满足 $\{\gamma^\mu, \gamma^\nu\} = 2g^{\mu\nu} I_{4\times 4}$。狄拉克矩阵可有不同的实现形式 (或者称为不同的表象)，其中最常用的一种表象称为狄拉克表象。在狄拉克表象中：

$$\gamma^0 = \begin{pmatrix} I & 0 \\ 0 & -I \end{pmatrix}, \quad \gamma^i = \begin{pmatrix} 0 & \sigma^i \\ -\sigma^i & 0 \end{pmatrix}$$

其中 I 为 2×2 单位矩阵，$\sigma^i (i = 1, 2, 3)$ 为三个泡利矩阵。除了这四个 γ^μ 矩阵之外，还可定义如下的一个矩阵：$\gamma_5 \equiv \gamma^5 \equiv i\gamma^0\gamma^1\gamma^2\gamma^3$。在狄拉克表象中，$\gamma^5$ 矩阵的具体形式为：$\gamma^5 = \begin{pmatrix} 0 & I \\ I & 0 \end{pmatrix}$。矩阵 γ^5 满足：$\{\gamma^5, \gamma^\mu\} = 0, (\gamma^5)^2 = I_{4\times 4}$。

狄拉克 Γ 矩阵 [Dirac Γ-matrices]　以狄拉克矩阵为基准所构造出的 16 个 4×4 矩阵，其具体构造形式为

$$\Gamma^S \equiv I$$
$$\Gamma^V_\mu \equiv \gamma_\mu$$
$$\Gamma^T_{\mu\nu} \equiv \sigma_{\mu\nu} = \frac{i}{2}[\gamma_\mu, \gamma_\nu]$$
$$\Gamma^A_\mu \equiv \gamma_\mu \gamma_5$$
$$\Gamma^P \equiv \gamma_5$$

其中矩阵符号中的上标分别代表的含义为：S(标量)，V(矢量)，T(张量)，A(轴矢量)，P(赝标量)，这样的名称是根据这一组矩阵所对应的狄拉克双线性型 (见狄拉克双线性型) 在洛伦兹变换及空间反射变换下的变换性质而定下的。这 16 个狄拉克 Γ 矩阵是线性无关的，构成 4×4 复矩阵的线性空间的一组基底。

狄拉克共轭旋量 [Dirac conjugate spinor]　对于四分量的狄拉克旋量 ψ，其狄拉克共轭定义为 $\bar{\psi} = \psi^+ \gamma^0$，其 ψ^+ 为狄拉克旋量 ψ 的通常意义的厄米共轭。

狄拉克双线性型 [Dirac bilinears]　形如 $\bar{\psi}M\psi$ 的表达式 (M 为 4×4 矩阵)。因为 16 个狄拉克 Γ 矩阵构成 4×4 复矩阵的线性空间的一组基底，所以任何一个狄拉克双线性型都可表为这 16 个狄拉克双线性型 $\bar{\psi}\Gamma\psi$ (Γ 取遍这 16 个基底矩阵) 的线性组合。

狄拉克矩阵的求迹定理 [trace theorems for Dirac matrices]　在场论的实际计算中经常用到的一组狄拉克矩阵的求迹公式，具体常用的有以下几组：

$$tr(\gamma^\mu\gamma^\nu) = 4g^{\mu\nu}$$

$$tr(\gamma^\mu\gamma^\nu\gamma^\rho\gamma^\sigma) = 4(g^{\mu\nu}g^{\rho\sigma} - g^{\mu\rho}g^{\nu\sigma} + g^{\mu\sigma}g^{\nu\rho})$$

$$tr(\gamma^\mu\gamma^5) = 0$$

$$tr(\gamma^\mu\gamma^\nu\gamma^5) = 0$$

$$tr(\gamma^5\gamma^\mu\gamma^\nu\gamma^\rho\gamma^\sigma) = -4\mathrm{i}\varepsilon^{\mu\nu\rho\sigma}$$

奇数个 γ^μ 矩阵的乘积的迹为零。

电荷共轭矩阵 [charge conjugation matrix]　4×4 矩阵 C，满足 $C\gamma_\mu^{\mathrm{T}}C^{-1} = -\gamma_\mu$，在狄拉克代数的任何一个表示中都存在着这样的一个 C 矩阵，例如在狄拉克代数的狄拉克表示 (即狄拉克表象) 中，电荷共轭矩阵可取为 $C = \mathrm{i}\gamma^2\gamma^0$。

诺特定理 [Noether theorem]　经典场论中的一个基本的结果：对于场系统作用量的任何一个连续对称性，都对应着一个四维守恒流 (即指这样的四维流满足连续性方程)，相应地对应于一个守恒荷。

守恒流 [conserved current]　在诺特定理的表述中，四维守恒流的形式为：$j_a^\mu = -\left(Lg_\rho^\mu - \frac{\partial L}{\partial(\partial_\mu\phi_i)}\partial_\rho\phi_i\right)\frac{\delta x^\rho}{\delta\omega^a} - \frac{\partial L}{\partial(\partial_\mu\phi_i)}\frac{\delta\phi_i}{\delta\omega^a}$，其中 $\phi_i(i = 1,\cdots,n)$ 为理论的 n 个场，重复指标代表求和，$\omega^a(a = 1,\cdots,N)$ 为对称性群的 N 个独立群参数。

守恒荷 [conserved charge]　在诺特定理的表达形式中，与某一个守恒流对应的守恒荷为这个四维流的时间分量的三维体积积分 $Q = \int\mathrm{d}^3xj^0(\boldsymbol{x},t)$。

能量-动量张量 [energy-momentum tensor]　一个场论系统的能量-动量张量定义为：$T^{\mu\nu} = \frac{\partial L}{\partial(\partial_\mu\phi_i)}\partial^\nu\phi_i - g^{\mu\nu}L$，它是时空平移不变性所对应的守恒流的表达。其所对应的守恒荷即为场的四动量。

克莱因-戈登方程 [Klein-Gordon equation]　自由标量场的场方程。对于质量为 m 的自由标量场，其形式为 $(\Box + m^2)\phi = 0$。

狄拉克方程 [Dirac equation]　自由狄拉克场的场方程。对于质量为 m 的自由狄拉克场，其形式为 $(\mathrm{i}\gamma^\mu\partial_\mu - m)\psi = 0$

动量空间的狄拉克方程 [Dirac equation in momentum space]　对于狄拉克方程的平面波解 (正能解和负能解)，正能解和负能解的狄拉克旋量满足如下形式的动量空间狄拉克方程：

$$(\gamma\cdot k - m)u(k) = 0(正能解旋量)$$

$$(\gamma\cdot k + m)v(k) = 0(负能解旋量)$$

狄拉克方程的正能和负能平面波解 [positive and negative energy plane wave solutions of Dirac equation]　狄拉克方程的正能与负能平面波解可写为

$$\psi^{(+)}(x) = \mathrm{e}^{-\mathrm{i}k\cdot x}u(k)(正能解)$$

$$\psi^{(-)}(x) = \mathrm{e}^{\mathrm{i}k\cdot x}v(k)(负能解)$$

此处，$k^\mu = (k^0,\boldsymbol{k})$，且满足质壳条件 $k^2 = m^2$，$k^0 \equiv E = \sqrt{\boldsymbol{k}^2 + m^2}$。在粒子的静止系中 (设粒子质量不为零)，有两个线性独立的 u 旋量解和 v 旋量解，在通常的狄拉克表象中，这四个独立的解可写为

$$u^{(1)}(m,\boldsymbol{0}) = \begin{pmatrix}1\\0\\0\\0\end{pmatrix}, \quad u^{(2)}(m,\boldsymbol{0}) = \begin{pmatrix}0\\1\\0\\0\end{pmatrix}$$

$$v^{(1)}(m,\boldsymbol{0}) = \begin{pmatrix}0\\0\\1\\0\end{pmatrix}, \quad v^{(2)}(m,\boldsymbol{0}) = \begin{pmatrix}0\\0\\0\\1\end{pmatrix}$$

一般的粒子运动系中的解可写为

$$u^{(\alpha)}(k) = \frac{\gamma\cdot k + m}{\sqrt{2m(m+E)}}u^{(\alpha)}(m,\boldsymbol{0})$$

$$v^{(\alpha)}(k) = \frac{-\gamma\cdot k + m}{\sqrt{2m(m+E)}}v^{(\alpha)}(m,\boldsymbol{0})$$

这样的旋量解满足如下的正交归一关系：

$$\bar{u}^{(\alpha)}(k)u^{(\beta)}(k) = \delta_{\alpha\beta}$$

$$\bar{v}^{(\alpha)}(k)v^{(\beta)}(k) = -\delta_{\alpha\beta}$$

$$\bar{u}^{(\alpha)}(k)v^{(\beta)}(k) = 0$$

$$\bar{v}^{(\alpha)}(k)u^{(\beta)}(k) = 0$$

狄拉克方程的能量投影算符 [energy projection operators for Dirac equation]　狄拉克方程的能量投影算符为如下的 4×4 矩阵：

$$\Lambda_+(k) \equiv \sum_{\alpha=1,2} u^{(\alpha)}(k)\bar{u}^{(\alpha)}(k) = \frac{\gamma\cdot k + m}{2m}$$

$$\Lambda_-(k) \equiv -\sum_{\alpha=1,2} v^{(\alpha)}(k)\bar{v}^{(\alpha)}(k) = \frac{-\gamma\cdot k + m}{2m}$$

算符 $\Lambda_+(k)$ 和 $\Lambda_-(k)$ 分别投影出正能态和负能态。它们满足

$$\Lambda_\pm^2(k) = \Lambda_\pm(k)$$

$$tr\Lambda_\pm(k) = 2$$

$$\Lambda_+(k) + \Lambda_-(k) = I_{4\times4}。$$

狄拉克方程的自旋投影算符 [spin projection operator for Dirac equation]　　狄拉克方程的自旋投影算符形式为：$\Sigma(s) = \frac{1}{2}[1 + \gamma^5\gamma^\mu s_\mu]$，其中 s_μ 为四维极化矢量，满足条件：$s^\mu s_\mu = -1$。

戈登分解 [Gordon decomposition]　　指这样一个恒等式：

$$\bar{u}(p')\gamma^\mu u(p) = \bar{u}(p')[\frac{p'^\mu + p^\mu}{2m} + \frac{i\sigma^{\mu\nu}q_\nu}{2m}]u(p)$$

其中 $q^\mu = p'^\mu - p^\mu$。

手征性 [chirality]　　在狄拉克理论中，矩阵算符 γ_5 的本征值称为所讨论的态的手征性。

手征对称性 [chiral symmetry]　　零质量的自由狄拉克场的拉氏量 $L = \bar{\psi}i\gamma^\mu\partial_\mu\psi$，在狄拉克场的手征变换：$\psi \to e^{i\gamma^5\theta}\psi$ 之下是不变的。这一对称性称为手征对称性。其对应的守恒流为狄拉克场的轴矢流 $j^{\mu5} = \bar{\psi}\gamma^\mu\gamma^5\psi$。

矢量场 [vector field]　　一种场，在参考系的洛伦兹变换下的变换方式为 $A'^\mu(x') = \Lambda_\nu^\mu A^\nu(x)$。

零质量矢量场 [massless vector field]　　质量为零的矢量场，如电磁场就是零质量矢量场。

有质量矢量场 [massive vector field]　　质量不为零的矢量场。

最小电磁耦合 [minimal electromagnetic coupling]　　在一个带电场的系统中，若要引入带电场与电磁场的耦合，只需在系统的拉氏量中将作用在场上的普通微商 ∂_μ 处处替换为协变微商 $\partial_\mu + ieA_\mu$（这里常数 e 是场的电荷，也就是场同电磁场耦合强弱的度量），这一最小耦合的做法是普适的。在近代场论中，这样的最小电磁耦合的推广导致了非阿贝尔规范理论的形成。

普罗卡方程 [Proca equation]　　普罗卡方程是有质量的自由矢量场的场方程。其形式为：$\partial_\mu F^{\mu\nu} + m^2 A^\nu = 0$，这里 $F^{\mu\nu} = \partial^\mu A^\nu - \partial^\nu A^\mu$。

量子场 [quantum field]　　物质存在的基本形式在场论描述框架内的概念体现。根据量子场论的观点，自然界中的任何一种粒子都是量子场的激发。粒子间的相互作用可归结为场之间相互作用的实体形式的体现。具体来说，量子场理论的本体形式认为，对于自然界中的任何一种基本粒子（这里所说的基本粒子是指本身不能分解为更小组成单元的粒子），都对应着一种量子场。自然界中所有基本粒子所对应的场的全体就构成了量子场理论的本实形式。从原则的角度来看，如果量子场理论的描述符合于实验的观测结果，那么自然界中所有物质形态的构成，如束缚体系的形成和性质，以及所有的相互作用过程，如粒子间的反应，包括散射，辐射等，都可在量子场论的框架内加以解释和描述。也就是说，量子场理论提供了物质运动基本理论的表达形式。从数学上看，量子场理论中的场量是场算符，其态矢量的希尔伯特空间包括了所有的粒子态和粒子结合成的束缚态。从这一点来看，量子场论提供了物质运动的普适的理论形式的描述。在物理学基本理论发展的现阶段，量子场论已成为现今粒子物理学（即高能物理学）的理论基础，并且其基本的理论预言和在唯像学上的应用已得到实验的验证。

场的正则量子化 [canonical quantization of field]　　对于一个原初由经典场理论描述的系统，从经典理论与量子理论对应的角度来看，应该存在与此经典场理论对应着的描述这一系统的量子场理论。所谓场的正则量子化是指与经典力学系统的正则量子化相同，从一个给定的经典场的理论出发，构成出对应的量子场理论的过程。从数学形式上看，场的正则量子化的第一步是把场论的形式表体归同于哈密顿形式，然后将通常有限自由度力学系统的量子化规则推广于无穷多自由度的场论系统。这里的根本假设是假定存在一个场论系统的态矢量的希尔伯特空间，原本经典场理论中的场的广义坐标和广义动量成为作用在态矢量希尔伯特空间上的场算符，而系统的所有物理观测量算符都可以由基本的场算符表构。从数学角度来看，经典场系统的原初的经典场理论与对应的量子理论之间的关系类同于有限自由度力学系统的经典理论与对应的量子理论间的关系。例如，一个经典的一维谐振子，在量子化之前是由经典的力学理论描述，量子化后就是一个量子系统，由量子力学理论描述。通过这样的场的正则量子化的过程，物理上定出了场论系统作为一个量子系统所应遵循的物理理论的数学表形。

共轭动量 [conjugate momentum]　　对于一个给定的经典场理论，若其中包含 n 个场 $\phi_i(i = 1, 2, \cdots, n)$，系统的拉氏量具有一般的形式 $L(\phi_i, \partial_\mu\phi_i)$，则与 ϕ_i 相对应的共轭动量定义为 $\pi_i = \dfrac{\partial L}{\partial\dot\phi_i}$。

正则对易关系 [canonical commutation relation]　　又称等时对易关系。在量子场论中，对于玻色场算符，其场量与共轭动量之间满足正则对易关系：

$$[\phi_i(\boldsymbol{x}, t), \phi_j(\boldsymbol{y}, t)] = 0$$

$$[\pi_i(\boldsymbol{x}, t), \pi_j(\boldsymbol{y}, t)] = 0$$

$$[\phi_i(\boldsymbol{x}, t), \pi_j(\boldsymbol{y}, t)] = i\delta_{ij}\delta^3(\boldsymbol{x} - \boldsymbol{y})$$

这组对易关系作为从经典场理论过渡到量子场理论的量子化

规则的形式存在。由于上述对易关系是同一时刻算符间的对易关系，所以也称为等时对易关系。

等时对易关系 [equal-time commutation relation] 即正则对易关系。

正则反对易关系 [canonical anticommutation relation] 在量子理论中，对于费米场算符，其场量与共轭动量间满足正则反对易关系：

$$\{\phi_i(\boldsymbol{x},t),\phi_j(\boldsymbol{y},t)\}=0$$

$$\{\pi_i(\boldsymbol{x},t),\pi_j(\boldsymbol{y},t)\}=0$$

$$\{\phi_i(\boldsymbol{x},t),\pi_j(\boldsymbol{y},t)\}=i\delta_{ij}\delta^3(\boldsymbol{x}-\boldsymbol{y})$$

这组反对易关系是费米场理论的量子化规则。由于上述反对易关系是同一时刻算符间的反对易关系，所以也称为等时反对易关系。

产生算符和湮灭算符 [creation operator and annihilation operator] 在量子场论中，真空态是系统的基态，而粒子态是场的激发状态。所谓的产生算符是指这样的算符，它作用于真空态上产生出单粒子态。而湮灭算符是这样的算符，它作用于单粒子态上时可"湮灭"这个粒子而得到真空态。

粒子数算符 [particle number operator] 粒子数算符是指这样的算符，它以具有确定粒子数目的态作为本征态，其本征值即为态中所含的粒子数。

福克空间 [Fock space] 福克空间是一个自由场理论（如自由标量场）量子化后系统的希尔伯特空间。以自由实标量场为例，量子化后系统的基态是没有任何粒子激发的状态，物理上可解释为真空态，接下来有单粒子激发态，二粒子激发态，如此等等。具有确定粒子数的场的激发态的全体张成一个特定的态矢量的子空间。自由标量场系统的希尔伯特空间可表达为这一系列态矢量子空间的直和：$H=H^{(0)}\oplus H^{(1)}\oplus H^{(2)}\oplus\cdots$，其中 $H^{(n)}$ 代表 n 粒子的态矢量子空间。这一希尔伯特空间就称为福克空间。

泡利-约当函数 [Pauli-Jordan function] 指一个四维时空坐标的函数

$$\Delta(x-y)=\frac{1}{i}\int\frac{\mathrm{d}^4k}{(2\pi)^3}\delta(k^2-m^2)\varepsilon(k^0)\mathrm{e}^{-ik\cdot(x-y)},$$

其中 $\varepsilon(u)=\dfrac{u}{|u|}$。在自由场的量子理论中，例如对于自由实标量场，两个场算符 $\phi(x)$，$\phi(y)$ 的对易子可由此函数表示出来：$[\phi(x),\phi(y)]=\mathrm{i}\Delta(x-y)$。

古普塔-伯卢勒不定度规量子化 [Gupta-Bleuler indefinite metric quantization] 量子化经典电磁场的一种协变形式的方案。其具体程序是将电磁场系统的拉氏量修改为如下形式：$L=-\dfrac{1}{4}F^2-\dfrac{\lambda}{2}(\partial\cdot A)^2$，如取 $\lambda=1$（即费曼规范），在此形式下，电磁势 A^μ 的四个分量都作为独立变量看待。通过标准的正则量子化的手续，可将此场论系统量子化而构造出对应的态矢空间。其态矢空间中含有四种极化的光子态：两个横光子态，一个纵光子态和一个标量光子态。这一态矢空间的态不具有正定的态矢内积。通过对于态矢加上物理态空间条件的限制：$\partial^\mu A_\mu^{(+)}|\text{phys}\rangle=0$，可定义出物理态的子空间。当在物理态子空间内讨论时，不存在负模方态的问题，并且纵光子和标量光子的自由度对于物理观测量不作贡献。古普塔-伯卢勒不定度规量子化方案由于具有明显洛伦兹协变性的优点，在场论的形式讨论中是经常采用的。

自旋-统计关系 [spin-statistics relation] 在量子场论的一般性框架内可以证明：在定域的相对论性量子场论中，对于整数自旋的场，必须采用对易关系形式的量子化规则作量子化，对于半整数自旋的场，必须采用反对易关系形式的量子化规则作量子化，前者情况下，场的量子是玻色子，后者情况下，场的量子是费米子，因此，自旋为整数的粒子是玻色子，自旋为半整数的粒子是费米子。粒子的自旋与统计性质之间的这种确定的联系就叫自旋-统计关系。

微观因果性 [microscopic causality] 微观因果性是量子场论中的一条基本的实构要求，它是说在任意两个相互之间为类空间隔的两时空点上的由理论的基本定域场构成的观测量算符一定必须是相互对易的，原因是在类空间隔分开的两时空点上所发生的事件是没有因果联系的，因此这两点上进行的测量操作之间不可能有着因果意义上的关联，这就要求这两个时空点上所定义的观测量算符相互对易。

正规编序 [normal ordering] 正规编序是一种运算，它的含义是：对于一个由多个场的产生算符及湮灭算符排列成的算符乘积，将所有的产生算符重新排列至湮灭算符的左边，在算符重新排列的过程中，每遇到一次费米场产生及湮灭算符的交换，需要在算符乘积的整体形式前额外产生一个负号。例如，设 a^+,a 为玻色场算符的粒子产生及湮灭算符，则有：$a^+a:=a^+a$，$:aa^+:=a^+a$，设 b^+,b 为费米场算符的粒子产生及湮灭算符，则有：$:b^+b:=b^+b$，$:bb^+:=-b^+b$，这里是用符号 : : 来代表正规编序运算。

时序乘积 [time-ordered product] 时序乘积指的是这样一种运算，它将多个定域场算符的普通乘积按照场算符的时间先后的次序作重新排列，具体的运算表述形式如下：

$$T\phi_1(x_1)\cdots\phi_n(x_n)=(-1)^P\phi_{P_1}(x_{P_1})\cdots\phi_{P_n}(x_{P_n})$$

其中 $(P_1\cdots P_n)$ 是 $(1\cdots n)$ 的一个置换，满足 $x_{P_1}^0>x_{P_2}^0>\cdots>x_{P_n}^0$，$(-1)^P$ 是在将算符的乘积排列 $\phi_1(x_1)\cdots\phi_n(x_n)$ 重新组合为 $\phi_{P_1}(x_{P_1})\cdots\phi_{P_n}(x_{P_n})$ 的排列形式时所涉及的费米子场算符置换的置换字称。

费曼传播子 [Feynman propagator] 一个自由量

子场理论中，两个场算符的时序乘积的真空期待值就称为这个自由场的费曼传播子。

自由标量场的传播子 [propagator of free scalar field] 自由标量场的传播子具有如下形式：$D(k) = \dfrac{i}{k^2 - m^2 + i\varepsilon}$，这是动量空间的标量场传播子。

自由狄拉克场的传播子 [propagator of free Dirac field] 自由狄拉克场的传播子具有如下形式：$S(p) = \dfrac{i}{\gamma \cdot p - m + i\varepsilon}$，这是动量空间的狄拉克场传播子。

λ-规范下自由电磁场的传播子 [propagator of electromagnetic field in λ-gauge] 在对自由电磁场作量子化时，如果将系统的拉氏量取为 $L = -\dfrac{1}{4}F^2 - \dfrac{\lambda}{2}(\partial \cdot A)^2$，即选取 λ- 规范，则电磁场传播子的形式为：$D^{\mu\nu}(k) = \dfrac{-i}{k^2 + i\varepsilon}(g^{\mu\nu} + \dfrac{1-\lambda}{\lambda}\dfrac{k^\mu k^\nu}{k^2 + i\varepsilon})$，$\lambda = 1$ 的情形称为费曼规范，λ 趋于无穷的极限情形称为朗道规范。

库仑规范下自由电磁场的传播子 [propagator of electromagnetic field in the Coulomb gauge] 在对自由电磁场作量子化时，如果选取库仑规范，则电磁场传播子的形式为：$D^{\mu\nu}(k) = \dfrac{-i}{k^2 + i\varepsilon}[g^{\mu\nu} - \dfrac{k \cdot n(k^\mu n^\nu + k^\nu n^\mu) - k^\mu k^\nu}{(k \cdot n)^2 - k^2}]$，这里：$n^\mu = (1, 0, 0, 0)$。

薛定谔表象 [functional Schrödinger representation] 场论的泛函薛定谔表象是有限自由度量子力学系统的坐标表象向无穷多自由度场论系统的推广。以自由实标量场 (克莱因 - 戈登场) 的情形为例来说明，在经典情形，经典的正则变量为：$\phi^{cl}(x)$ 与 $\pi^{cl}(x)$，量子化之后经典的正则变量成为算符：$\phi^{op}(x) = $ 用 $\phi(x)$ 相乘，$\pi^{op}(x) = -i\dfrac{\delta}{\delta\phi(x)}$，所作用的空间为由经典场变量 $\phi(x)$ 的泛函 $\Psi[\phi]$ (相当于是量子力学中坐标表象的波函数) 所成的空间。量子化后，原有理论的经典哈密顿量：$H(\phi, \pi) = \dfrac{1}{2}\int d^3x(\pi^2 + |\nabla\phi|^2 + m^2\phi^2)$，成为作用于波泛函 $\Psi[\phi]$ 空间上的薛定谔算符：$H = H(\phi^{op}, \pi^{op})$。场论的这一泛函薛定谔表象在数学本体的意义上是明确的，在讨论场论的一些实体数学表构的问题时具有着基本的意义。

场的自相互作用 [self-interaction of fields] 对于一个给定的场论系统，同一种场同自身之间的相互作用称为场的自相互作用。例如 $\lambda\phi^4$ 理论就是一个自作用的标量场理论的模型，其拉氏量为 $L = \dfrac{1}{2}\partial_\mu\phi\partial^\mu\phi - \dfrac{1}{2}m^2\phi^2 - \dfrac{1}{4!}\lambda\phi^4$，拉氏量中的相互作用耦合项就代表标量场 ϕ 同自身之间的自相互作用。

微商耦合 [derivative coupling] 在一个相互作用场论模型中，如果场的相互作用耦合项中含有场量的微商，这样的相互作用耦合形式就称为微商耦合。例如，π^0 介子与核子的唯象耦合 $L_{int} = f\bar\psi\gamma^\mu\gamma_5\psi\partial_\mu\phi$ 就是一种微商耦合。

PCT 定理 [PCT theorem] 量子场论中的一个基本结果。若一个定域量子场理论由一个作用量原理的形式描述，其中涉及一个厄米的洛伦兹不变的拉氏量，这个拉氏量是一个由理论的基本场量表达的定域标量密度的组合，最终要作正规编序，此外，如量子化的方式尊从自旋统计关系，那么对此理论而言，即便 P,C 和 T 三种变换并非理论的单独的对称性，它们的组合 (即联合变换) 是理论的对称性。PCT 定理意味着对于带电 (即非中性) 场反粒子是存在的 (反粒子的质量与自旋与相应的粒子的质量与自旋是相等的)，对于中性场，粒子与反粒子是等同的。

场算符的收缩 [contraction of field operators] 对于自由场算符而言，两个场算符的收缩就是这两个场算符的时序乘积的真空期待值。

维克定理 [Wick theorem] 维克定理是量子场论微扰计算中的一个基础性的结果，其表述为：N 个自由场算符的时序乘积可写为这 N 个场算符的正规乘积与包含有所有可能收缩项的这些个场算符的正规乘积之和。以玻色场算符为例，维克定理的形式如下：

$$TA(x_1)A(x_2) =: A(x_1)A(x_2): + \langle 0|TA(x_1)A(x_2)|0\rangle$$

$$TA(x_1)A(x_2)A(x_3) =: A(x_1)A(x_2)A(x_3):$$
$$+ : A(x_1): \langle 0|TA(x_2)A(x_3)|0\rangle$$
$$+ : A(x_2): \langle 0|TA(x_1)A(x_3)|0\rangle$$
$$+ : A(x_3): \langle 0|TA(x_1)A(x_2)|0\rangle$$

多个场算符的情形类似。对于多个费米场算符的情形，类似的维克定理的表述也成立，只是在公式的具体表达中需要考虑费米子场算符排列时带来的置换宇称。

入态，出态 [in-state, out-state] 一个相互作用量子场理论中物理的散射过程的初始时段 ($t \to -\infty$) 和终结时段 ($t \to +\infty$) 所对应的自由粒子的初态和末态。在一个特定的 (也就是具体的) 相互作用量子场模型中，这样的入态粒子的自由态和出态粒子的自由态是作为系统哈密顿算符的本征态的形式假设是存在的。在实际的场论模型，如量子电动力学中，这样的态是自身就假定是存在的，因为一个实际的电磁作用散射过程，如电子与电子的散射，在时间 $t \to -\infty$ 和时间 $t \to +\infty$ 的情形下，入射的两个电子以及出射的两个电子都距离足够远，可以不考虑其间的相互作用而将它们都看成是自由粒子态。

S 矩阵 (散射矩阵) [S matrix (scattering matrix)] 在场论中，一个物理粒子散射过程的散射振幅可表为入态 (代表入射的自由粒子) 和出态 (代表出射的自由粒子) 间的态矢内积：$S_{fi} = \langle f, \text{out}|i, \text{in}\rangle$，若引入一个算符 S，称为散射算符 (也叫散射矩阵，或 S 矩阵)，其定义为：$S_{fi} = \langle f, \text{in}|S|i, \text{in}\rangle$，

则这个散射算符就包含了物理粒子散射过程的全部信息，也就是提供了这一场论系统的散射问题的完整描述。

T 矩阵 (跃迁矩阵) [T matrix (transition matrix)] 在一个场论系统的 S 矩阵中，定义 $S = I + iT$，即分出单位算符 I 这一项，这样定义的算符 T 就称为跃迁矩阵，或叫 T 矩阵。

场的多点格林函数 [n-point Green functions of fields] 对于一个给定的量子场理论，理论的多点格林函数定义为多个场算符的时序乘积的真空期待值。例如对于包含一个标量场 ϕ 的量子场理论，理论的 n 点格林函数定义为 $G(x_1, x_2, \cdots, x_n) = \langle 0|T\phi(x_1)\phi(x_2)\cdots\phi(x_n)|0\rangle$，场的两点格林函数即为场的传播子。

切林-莱曼表示 [Källen-Lehmann representation] 切林-莱曼表示是相互作用量子场算符对易子的一种谱表示，以自相互作用实标量场的情形为例，有如下谱表示：

$$\langle 0|[\phi(x), \phi(y)]|0\rangle = i \int_0^\infty dm'^2 \sigma(m'^2)\Delta(x - y; m')$$

其中 $\Delta(x-y; m')$ 为质量参数为 m' 的泡利-约当函数，$\sigma(m'^2)$ 为正定的权重函数。

入场，出场 [in-field, out-field] 对于一个相互作用的量子场理论，假设系统哈密顿量具有渐近态 (入态和出态) 形式的本征态。渐近态是自由粒子态，与这些自由粒子渐近态对应的自由场算符就称为渐近场，同入态相对应的是入场算符 $\phi_{in}(x)$，同出态相对应的是出场算符 $\phi_{out}(x)$。

渐近条件 [asymptotic condition] 在量子场理论中，从物理直观上来看，当时间趋向于负无穷 (遥远的过去) 和趋向于正无穷 (遥远的将来) 时，理论的场算符应该渐近的趋于入场算符和出场算符：

$$\phi(x) \xrightarrow{t \to -\infty} \sqrt{Z}\phi_{in}(x)$$

$$\phi(x) \xrightarrow{t \to +\infty} \sqrt{Z}\phi_{out}(x)$$

其中常数 $\sqrt{Z}$ 为 ϕ 场算符的波函数重整化常数，这里的算符极限是在弱收敛的意义上理解的。这就称为渐近条件。

杨-菲尔德曼方程 [Yang-Feldman equation] 一个量子场理论中联系理论场算符同对应的渐近场 (入场和出场) 算符的一组方程。方程的形式为 (以自作用标量场理论为例)：

$$\phi(x) = \sqrt{Z}\phi_{in}(x) + \int d^4y \Delta_{ret}(x - y; m)j(y)$$

$$\phi(x) = \sqrt{Z}\phi_{out}(x) + \int d^4y \Delta_{adv}(x - y; m)j(y),$$

其中 $\Delta_{ret}(x - y; m)$ 和 $\Delta_{adv}(x - y; m)$ 分别是克莱因-戈登算符 $(x + m^2)$ 的推迟与超前格林函数，$j(x)$ 是 "流算符"：$(+m^2)\phi(x) = j(x)$ (这里 m 代表的是粒子的物理质量)，数值因子 $\sqrt{Z}$ 为 $\phi(x)$ 场的波函数重整化常数 (参见渐近条件)。

LSZ 约化公式 [LSZ reduction formula] 一个量子场理论中将物理散射过程的 S 矩阵元同理论的多点格林函数相联系的一个数学表形意义上的公式。例如对于一个标量场理论，这个公式的表达形式为

$$\langle p_1 \cdots p_n, out|k_1 \cdots k_m, in\rangle$$
$$= \prod_{i=1}^m \frac{k_i^2 - m^2}{i\sqrt{Z}} \prod_{j=1}^n \frac{p_j^2 - m^2}{i\sqrt{Z}} \int \prod_{i=1}^m d^4x_i$$
$$\prod_{j=1}^n d^4y_j e^{i\sum_j p_j \cdot y_j - i\sum_i k_i \cdot x_i}$$
$$\langle 0|T\phi(x_1) \cdots \phi(x_m)\phi(y_1) \cdots \phi(y_n)|0\rangle$$

其中 m 为标量粒子 (标量场 ϕ 的量子) 的质量，$\sqrt{Z}$ 为 ϕ 场的波函数重整化常数 (参见渐近条件)。

费曼图和费曼规则 [Feynman diagram and Feynman rules] 对于一个给定的相互作用量子场理论，理论的多点格林函数具有如下表达形式：

$$G(x_1, \cdots, x_n)$$
$$= \frac{\langle 0|T\phi_{in}(x_1) \cdots \phi_{in}(x_n) \exp\{i\int d^4x L_{int}[\phi_{in}(x)]\}|0\rangle}{\langle 0|T \exp\{i\int d^4x L_{int}[\phi_{in}(x)]\}|0\rangle}$$

如果将理论相互作用项中的耦合常数 g 看作小量，将上述公式中的指数因子作泰勒展开，就可将相互作用理论多点格林函数的计算化为按耦合常数 g 展开 (即微扰展开) 形式的自由场多点格林函数的计算问题。后者通过维克定理可约化成为自由场传播子 (即收缩) 的乘积。整个的多点格林函数的微扰展开中的各项可用图形的方式来代表，这样的图形就称为费曼图。对于一个给定的多点格林函数，当画出其微扰展开式中一项的费曼图后，就可根据确定的图形规则，即费曼规则，写出这一项的解析形式的表达式。这样的图形展开方式就称为多点格林函数的费曼图展开。在格林函数的费恩曼图展开的基础上，借助于 LSZ 约化公式，就可得出物理粒子散射过程的 S 矩阵元的费曼图展开。同样根据类似形式的费曼规则，就可得出 S 矩阵元微扰展开中每一个费曼图所对应的项的解析形式的表达式。

费曼振幅 [Feynman amplitude] 在物理粒子散射的 S 矩阵元中，由于初末态四动量守恒，会包含一个四维的 δ 函数因子：$S_{fi} = (2\pi)^4 \delta^{(4)} \left(\sum_f p_f - \sum_i p_i\right) iM_{fi}$，其中 iM_{fi} 就叫作费曼振幅。

旋量场电动力学 [spinor electrodynamics] 旋量场电动力学是狄拉克旋量场同电磁场相互作用的场论模型。

其拉氏量 (这里指的是经典形式的拉氏量) 为 $L = -\frac{1}{4}F^2 + \bar{\psi}(i\gamma^\mu\partial_\mu - m)\psi + e\bar{\psi}\gamma^\mu\psi A_\mu$, 其中 e 为电荷。物理上这样的场论模型可描述自然界中带电轻子, 如电子同电磁场的相互作用。

标量场电动力学 [scalar electrodynamics]　标量场电动力学是复标量场同电磁场相互作用的场论模型。其拉氏量 (这里指的是经典形式的拉氏量) 为 $L = -\frac{1}{4}F^2 + (D_\mu\phi)^+$ $(D^\mu\phi) - m^2\phi^+\phi$, 其中 $D_\mu\phi = (\partial_\mu + ieA_\mu)\phi$ 代表复标量场 ϕ 的协变微商。

形状因子 [form factor]　在量子场论中, 形状因子是粒子电荷分布的相对论性推广。以电磁作用理论的电磁流为例, 设 $j^\mu(x)$ 为电磁流算符, 它在相互作用理论的两个单粒子态间的矩阵元可一般性的写为: $\langle p', \beta|j^\mu(0)|p, \alpha\rangle = \bar{u}^{(\beta)}(p')[\gamma^\mu F_1(q^2) + i\frac{\sigma^{\mu\nu}q_\nu}{2m}F_2(q^2)]u^{(\alpha)}(p)$, 其中 $q = p' - p$, $F_1(q^2)$ 同 $F_2(q^2)$ 是两个实的形状因子, 是四维动量转移平方 q^2 的函数, 这里已经假设了理论在空间反射变换下是不变的 (即宇称是守恒的)。形状因子在 $q^2 = 0$ 处的值同粒子的电荷与磁矩有着如下的对应关系:

$$eF_1(0) = Q \text{ (电荷)}$$

$$\frac{e}{2m}[F_1(0) + F_2(0)] = \mu \text{ (磁矩)}。$$

树图 [tree diagram]　不含有闭合圈的费曼图。

树图近似 [tree diagram approximation]　在格林函数或 S 矩阵元的费曼图展开计算中, 最低阶近似只包含树图, 称为树图近似。

圈图 [loop diagram]　含有闭合圈的费曼图。

费米子圈 [fermion loop]　一个费曼图中由费米子内线构成的闭合圈。

圈图展开 [loop diagram expansion]　在格林函数的费曼图展开计算中, 将展开级数按照费曼图的圈数归类, 最低阶是树图贡献, 接着是单圈图贡献, 再接下来是二圈图贡献, 如此等等。这样的展开方式称为圈图展开。

法雷定理 [Furry theorem]　量子电动力学微扰论展开计算中的一个结果。在一个格林函数的微扰计算中, 所有包含着具有奇数个顶角的费米子圈的费曼图事实上都可以略去, 原因是在量子电动力学中, 费米子圈可有两个相反的费米子线的流向方式, 所对应的这两个费米子圈图部分的贡献, 当费米子圈具有奇数个顶角时, 是具有相反符号的, 因此是恰好相消的。

真空图 [vacuum diagram]　不与外点相连 (在坐标空间的格林函数的费曼图展开的意义上) 的费曼图, 也是不带有外线的费曼图。

连通图 [connected diagram]　在图论意义上连通的费曼图。

不连通图 [disconnected diagram]　如果一个费曼图在图论意义上是不连通的, 就称为不连通图。

单粒子可约图与单粒子不可约图 [one-particle reducible diagram and one-particle irreducible diagram]　如果一个连通的费曼图, 通过切断它的某一根内线可使其成为不连通的两部分, 那么这个费曼图就称为单粒子可约图, 如果不能这样, 那么这个费曼图就称为单粒子不可约图。

完全格林函数 [complete Green function]　一个量子场论系统的完全格林函数是指微扰论意义上的格林函数的各阶微扰论贡献之和, 用费曼图展开的语言表达也就是此格林函数的各阶费曼图形的贡献之和。完全的两点格林函数也叫作完全传播子。

连通格林函数 [connected Green function]　一个量子场论系统的连通格林函数指的是对应的完全格林函数的费曼图展开中所有连通的费曼图贡献之和。

正规顶角 (单粒子不可约顶角) [proper vertex(one-particle irreducible vertex)]　截去外线传播子后的 n 点连通的单粒子不可约费曼图的贡献的总和, 按照耦合常数 (或按照费曼图的圈数) 可将其展开为各阶贡献之和。

紫外发散 [ultraviolet divergence]　在量子场论的费曼图计算中, 通常圈图的圈动量积分在大动量区域 (紫外区域) 会出现发散, 这就称为紫外发散。由于圈图计算出现的紫外发散, 不能直接由直接形式的费曼图计算给出物理上的预言, 如一个物理粒子散射过程的 S 矩阵元。通过所谓的重整化的手续, 可将紫外发散吸收到理论粒子质量和粒子相互作用的耦合常数的重新定义中, 从而在微扰论的意义上对物理结果给出确定的预言。

红外发散 [infrared divergence]　在一个量子场论模型中, 如果存在零质量粒子, 在圈图计算的圈动量积分的零动量区域 (红外区域) 可能会出现发散, 这种发散称为红外发散。

真空极化 [vacuum polarization]　在量子电动力学中, 真空极化其实指的就是光子的自能, 其最低阶费曼图如下:

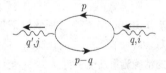

电子自能 [electron self-energy]　在量子电动力学中, 电子自能指的是电子的两点函数的非平庸修正部分, 其对应的最低阶费曼图如下:

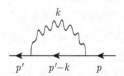

瓦德恒等式 [Ward identity]   量子电动力学的瓦德恒等式是 $\Gamma_\mu(p,p) = -\dfrac{\partial}{\partial p^\mu}\Sigma(p)$，这里 $\Sigma(p)$ 是电子的自函数，$\Gamma_\mu(p,p)$ 是零交换动量下的电子–光子顶角的非平庸修正部分。

瓦德–高桥恒等式 [Ward-Takahashi identity]   量子电动力学的瓦德–高桥恒等式是 $(p'-p)^\mu \Lambda_\mu(p',p) = [\gamma \cdot p' - m - \Sigma(p')] - [\gamma \cdot p - m - \Sigma(p)]$，这里 $\Lambda_\mu(p',p)$ 是完全的电子 - 光子顶角函数，$\Sigma(p)$ 是指电子自能函数。

辐射修正 [radiative correction]   通常在量子场论的微扰计算中，最低阶贡献 (树图贡献) 给出有限的结果，而更高阶的贡献 (圈图贡献) 包含有紫外发散。通过重整化的手续，从包含有紫外发散的高阶计算中得出有限的对最低阶贡献的修正，这称为辐射修正。

余林项 [Uehling term]   在量子电动力学中，单圈的真空极化的效应对于静态的库仑相互作用有如下修正：$\dfrac{e^2}{k^2} \to \dfrac{e^2}{k^2}\left(1 + \dfrac{\alpha}{15\pi}\dfrac{k^2}{m^2}\right)$ (此处设 $k^2 \ll m^2$)，m 为电子质量，α 为精细结构常数，在位形空间，对于一个位于坐标原点的具有电荷 $-Ze$ 的无限重的原子核，这意味着库仑势的如下修正：$V(r) = -\dfrac{Ze^2}{4\pi r} \to -\dfrac{Ze^2}{4\pi r} - \dfrac{\alpha}{15\pi}\dfrac{Ze^2}{m^2}\delta^3(r)$，这一附加的修正项即为余林项。

光子–光子散射 [photon-photon scattering]   在量子电动力学中，与无源的自由电磁场理论不同，光子与光子间存在着由费米子圈引起的非直接的相互作用，物理上表现为光子与光子的散射。其对应的最低阶费曼图为如下形式：

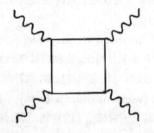

兰姆移动 [Lamb shift]   按照狄拉克方程的预言，氢原子的两个能级 $2s_{1/2}$ 同 $2p_{1/2}$ 应该简并，但实验物理学家兰姆等所进行的精确测量发现事实上 $2s_{1/2}$ 能级略高于 $2p_{1/2}$ 能级：$E_{2s_{1/2}} - E_{2p_{1/2}} = (1057.8 \pm 0.1)$ MHz，这就称为兰姆移动。根据量子电动力学的理论计算可很好的给出这一兰姆移动的理论上的解释。

正规化 [regularization]   在量子场论的圈图计算中存在紫外发散，所谓正规化是指对于发散的圈图积分引入某种形式的"切断"方式，使得积分暂时成为有限的，而当"切断"参数趋于无穷时，积分成为发散的。引入这样的正规化手续的目的是为了对于圈图积分的发散"程度"作出一个明显形

式的规衡，在此基础上进行重整化减除发散手续的明显计算，以得出确定的物理预言。正规化手续的最简单方式是在对圈积分作了维克转动后，对于欧氏动量的积分上限引入一个有限的截断，以使积分成为有限，当截断参数成为无穷时，积分复归为发散。这样的正规化方式是最简单的，但这样的正规化方式不能保持庞加莱不变性 (在欧氏空间事实上是欧几里得不变性)，因此只是在作问题的简单论证时采用。在实际的场论计算中往往采用其他形式的正规化方案，如泡利 - 维拉斯正规化方案或维数正规化方案。

维克转动 [Wick rotation]   场论中的维克转动是指将实的时间变量解析延拓为虚时变量：$x_0 = -ix_4$，x_4 为实变量，对应的闵可夫斯基时空通过维克转动化归为四维的欧几里得空间。

泡利–维拉斯正规化 [Pauli-Villars regularization]   泡利–维拉斯正规化是通过修改传播子在动量趋于无穷时的行为而对圈积分进行正规化的一种方式。对于最简单的自作用标量场理论，它相当于是对标量场传播子作如下修改：$\dfrac{1}{k^2 - m^2} \to \dfrac{1}{k^2 - m^2} - \dfrac{1}{k^2 - M^2}$，其中 M 是"切断"参数。当 M 趋于无穷时，传播子回复到原来的形式。对于有限的 M，修改后的传播子的无穷大动量行为是 $O\left(\dfrac{1}{k^4}\right)$，这样可改善费曼图圈图积分的发散程度。对于特定的场论模型，可使得圈积分成为有限的，这样做即可实现正规化的目的。

维数正规化 [dimensional regularization]   维数正规化是一种正规化的方式。它的基本思想是一个费曼圈图积分，当其中的时空维数 d 降到足够低时，是紫外收敛的，因此可对于足够低的时空维数进行费曼圈图积分的计算，然后将时空维数 d 看作连续变量，这样圈图积分结果将是连续时空维数 d 的函数。当连续的时空维数 d 趋于 $d = 4$ 时，圈图积分是发散的，但这一发散的形式是以 $d = 4$ 处的极点的形式表现出的。这样就可将连续的时空维数 d 作为正规化圈图积分的紫外发散的一种普适的规衡。在采用这样的维数正规化的方式后，圈图积分的计算变得较为简单，也较为自然，这样的正规化方案尤其适用于规范理论。

数幂律 [power counting]   数幂律是基于对一个给定的费曼图，将其内线圈动量同时放大 λ 倍：$k_l \to \lambda k_l$，这种情况下费曼积分的 $\lambda \to \infty$ 极限下的行为 $I_G \sim \lambda^\omega$ 的分析而定出的费曼图积分是否为收敛或为发散的一个衡判标准。通过对于图形的总体幂次因子 ω (称为图形的表观发散度) 的分析和判衡，可定出一个给定的量子场理论模型在微扰论的意义下是否可做到通过重整化的方式得出有限的 (即无紫外发散的) 理论预言。数幂律的分析是整个量子场论紫外发散的各阶微扰图表现形式的判衡基准，在此基础上可给出场论可重整的判据。

表观发散度 [superficial degree of divergence] 一个费曼图形的表观发散度定义为当其内线圈动量同时作标度变换时：$k_l \rightarrow \lambda k_l (\lambda \rightarrow \infty)$，其对应的费曼积分的极限行为 $I_G \sim \lambda^\omega$ 中的总体幂次因子 ω。例如，对于 ϕ^4 理论而言，在一个单粒子不可约费曼图中，设有 L 个独立圈，I 条内线，则此图的表观发散度即为：$\omega = 4L - 2I$。

温伯格定理 [Weinberg theorem] 场论中的温伯格定理指：一个费曼图，如果其自身的表观发散度以及它的所有子图的表观发散度都为负值，这个费曼图积分是收敛的。

原始发散图 [primitive divergent diagram] 一个紫外发散的费曼图形，如果其表观发散度不为负值，就称为原始发散图。

骨架图 [skeleton diagram] 费曼图分析中的一个整体结构的图形的概念。以量子电动力学理论为例，考虑一个非真空的连通图，其对应的骨架图即为通过在原来的图形中移去所有的电子自能，光子自能和电子 - 光子顶角插入而得出的图形。

交缠发散 [overlapping divergence] 指这样一种情况，例如以六维时空中的 ϕ^3 理论为例，如下图所示的标量粒子自能图包含着两个子图发散，这两个子图发散分别对应于 $p \rightarrow \infty$，k 有限，或 $k \rightarrow \infty$，p 有限，从图形的角度来看这两个发散子图是 "交缠" 在一起的，因此称作交缠发散。

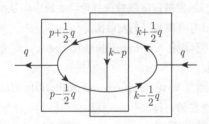

重整化 [renormalization] 从量子场论的紫外发散的圈图积分计算中分离出有限的结果的一种系统的处理方法。其基本思想是：如果量子场论是描述粒子相互作用的正确理论，那么它应对粒子的物理性质的参量 (如质量) 和相互作用的性质 (如一定条件下粒子耦合的强弱) 给出确切的，有限的，符合实验观测的结果，虽然量子场论的圈图计算包含有紫外发散，但如果量子场论是正确的理论，那其对于物理可观测量的所有预言都应是有限，即无紫外发散的，由此，如果以粒子的基本性质 (如质量) 和基本相互作用性质 (如耦合常数) 作为基本的物理参量，那么当我们把量子场论微扰计算的展开形式换用物理参量表构 (即用粒子的物理质量 m 表达，用实际的物理的耦合常数 g 作微扰级数展开) 时，所有物理可观测量的微扰论预言不应再包含紫外发散的困难，如果能做到这一点，在微扰论框架的意义上紫外发散的困难就不明显的出现，用物理质量表达和用物理耦合常数作为展开参数的微

扰展开 (即重整化的微扰展开) 就可对物理可观测量的预言提供了一个微扰论意义上的基准形式。实际的微扰计算的重整化处理中，原始的微扰展开的构形参量 (即裸质量和 m_0 裸耦合常数 g_0，也就是原始拉氏量中的质量参数和耦合常数) 同物理质量 m 和物理耦合常数 g 之间的关系的定形是在微扰计算中逐阶定出的，当换用物理质量和物理的耦合常数作为形构参量时，重整化的微扰级数到微扰展开的任何一阶都不再含有紫外发散，这也就是重整化处理的基本过程。在实际的具体重整化处理中，也可采用其他形式的，即用某种物理意义不那么直接的，但也应是有限的，即所谓重整化质量和重整化耦合常数作为形构参量来构造重整化的微扰展开。通过类似的逐阶形定的过程，可定出裸参量与重整化参量间的关系，当用重整化的耦合常数展开时，微扰展开不含有紫外发散，同样可达到对于物理可观测量的微扰论预言提供基准形式的目的。重整化方法在量子电动力学中取得了很大成功。例如实验上电子的反常磁矩的测量值同重整化微扰理论的理论预言值在 10^{-10} 的精度内精确符合，这充分说明了重整化理论具有合理的物理基础。

波函数重整化 [wave-function renormalization] 重整化处理中对场量重新进行数值标度的过程。例如对于自作用标量场理论，原始拉氏量中的场 (即裸场)ϕ_0 同重整化的场 ϕ 之间的关系为：$\phi_0 = \sqrt{Z}\phi$，其中数值标度因子 $\sqrt{Z}$ 称为波函数重整化常数。

质量重整化 [mass renormalization] 重整化的过程中，裸质量与重整化质量之间按这样的方式相联系：$m_0 = Z_m m$，其中 Z_m 称为质量重整化常数，这种将理论原有的裸质量参数 m_0 换用重整化质量 m 表构的过程就称为质量重整化。

耦合常数重整化 [coupling constant renormalization] 重整化的过程中，裸耦合常数与重整化的耦合常数之间以这样的方式联系：$g_0 = Z_g g$，其中 Z_g 称为耦合常数重整化常数，这种将理论原有的裸耦合常数 g_0 换用重整化耦合常数 g 表构的过程就称为耦合常数重整化的过程。

抵消项 [counter term] 在重整化的形构过程中，将裸的量 (包括裸场，裸质量及裸耦合常数) 换用重整化的量 (即重整化的场，重整化的质量及重整化耦合常数) 表达时，系统的经典形式的拉氏量分为两部分之和：$L(\phi_0, m_0, g_0) = L(\phi, m, g) + L_{c.t.}$，其中抵消项即为 $L_{c.t.}$ 这一部分，这一部分中含有紫外发散，其作用是使得重整化场 ϕ 的多点格林函数在用重整化的参量表达和展开时，到重整化耦合常数的任何一阶都不出现紫外发散，这样就使得在微扰论框架内对于理论的物理预言有一个明显的，无紫外发散的表述形式。

裸质量 [bare mass] 场论的拉氏量中这种粒子的场的质量参数。

物理质量 [physical mass]　一个自由运动粒子的实验上测得的质量 (静止质量)。在量子场理论中, 如果将某种粒子认为是某种量子场的激发 (即场量子), 那么这种粒子所对应的场的两点格林函数 (即场的传播子) 的动量空间的极点位置就对应于这种粒子的物理质量。物理质量不同于粒子的裸质量, 后者是理论拉氏量中的质量参数, 不能直接由实验观测定出。

重整化质量 [renormalized mass]　重整化处理的过程中通过某种物理形式的条件定出的质量参数, 其数值是有限的。

重整化耦合常数 [renormalized coupling constant]　通过某种物理条件定出的具有耦合强度涵义的参数, 其数值也是有限的。用重整化质量和重整化耦合常数作为形构参量的重整化微扰展开不含有紫外发散, 可作为物理观测量微扰展开的基准形式。

波函数重整化常数 [wave-function renormalization constant]　参见波函数重整化。

耦合常数重整化常数 [vertex renormalization constant]　参见耦合常数重整化。

重整化条件 [renormalization condition]　在进行重整化处理时, 对理论的重整化的顶角函数 (或格林函数) 所加上 (也就是必须要满足) 的条件, 在选定了这样的一组重整化条件后, 可逐级定出抵消项的具体形式, 这样就得出了这种重整化条件下的重整化格林函数的具体表形。

重整化方案 [renormalization scheme]　在重整化的处理中, 通过选择不同的重整化条件的具体形式, 可得出不同形式的重整化的格林函数的无紫外发散的微扰展开式, 这样的不同的处理方式的选择就称为不同的重整化方案。

质壳减除方案 [mass-shell subtraction scheme]　场论微扰论展开中物理意义最明确的重整化方案。其基本条件是在粒子质量壳上做减除, 并以某个物理点上的值作为重整化耦合常数的定义。以 $\lambda\phi^4$ 理论为例, 其具体的质壳减除方案形式为:

$$\Gamma_R^{(2)}(m^2) = 0, \quad \frac{\mathrm{d}}{\mathrm{d}p^2}\Gamma_R^{(2)}(p^2)|_{m^2} = 1$$

$\Gamma_R^{(4)}|_{S_m} = -\lambda, S_m : p_1^2 = p_2^2 = p_3^2 = p_4^2 = m^2, s = t = u = \dfrac{4m^2}{3}$, 其中 $\Gamma_R^{(2)}$, $\Gamma_R^{(4)}$ 分别为两点和四点正规顶角, m 为粒子的物理质量, λ 为耦合常数。

最小减除方案 [minimal subtraction scheme]　现代规范场理论中广泛采用的一种重整化方案, 其基本做法是采用维数正规化的方式使理论的紫外发散以极点的方式分离出来, 然后通过引入抵消项只抵消所出现的极点项, 这样定出重整化格林函数的微扰展开的每一阶的具体结果, 这样的重

整化方案中所出现的重整化质量与重整化的耦合常数不再具有直接意义上的物理质量与物理的耦合常数的含义, 而仅仅是作为理论中的某种物理参量的形式出现, 其数值可通过理论计算结果同实验结果的拟合来确定。

场论可重整的判据 [criterion of renormalizability of field theories]　从数幂律的分析可得出场论可重整的一个判据。其具体表述形式如下: 考虑一个理论的相互作用拉氏量, 其中可包含一些个场量的乘积形式的单项式, 每一个这样的单项式都具有一个耦合常数 g_v, 对应于费曼图展开中的一个特定形式的顶角, 根据单项式耦合常数的量纲, 可将场论分为三类:

(1) 不可重整理论, 其中包含至少一个相互作用单项式, 其耦合常数的质量量纲为负, 对于一个给定的格林函数, 费曼图的表观发散度随着顶角数目的增加而增加, 任何一个格林函数的费曼图在足够高的微扰论阶数上都是发散的, 这样的理论将不可能是可重整化的。

(2) 可重整理论, 其中所有的相互作用单项式的耦合常数具有非负的质量量纲, 并且其中至少有一个相互作用单项式具有无量纲的耦合常数, 这时对该理论而言, 只有有限个格林函数给出整体发散, 这样的理论是可重整化的。

(3) 超可重整理论, 其中所有的相互作用单项式的耦合常数都具有正的质量量纲, 对这样的理论模型来说, 一个格林函数的费曼图的发散程度随着微扰论阶数的增高是减少的, 这样的理论只有有限数目的发散图。

可重整理论 [renormalizable theory]　参见场论可重整的判据。

超可重整理论 [superrenormalizable theory]　参见场论可重整的判据。

不可重整理论 [nonrenormalizable theory]　参见场论可重整的判据。

复合算符 [composite operator]　场论中在同一个时空点的场算符的乘积 (也可能包含有这一点上定义的场算符的时空微商) 所对应的算符, 例如标量场理论中的算符: $\partial_\mu\phi(x)\partial^\mu\phi(x)$ 和 $\phi^2(x)$, 都是复合算符, 电动力学中的矢量流算符 $\bar\psi(x)\gamma^\mu\psi(x)$ 也是复合算符的例子。

复合算符的重整化 [renormalization of composite operators]　一种形构的概念, 它的基本含义是: 在理论中, 基本场 (即理论拉氏量中的场) 的场算符的多点格林函数在作了重整化处理后到重整化耦合常数的任意一阶都不包含紫外发散, 但若考虑某一个复合算符 (如 ϕ^4 理论中的复合算符 $\phi^2(x)$) 的多点格林函数 (假定这个复合算符只插入一次), $\langle 0|T\phi^2(x)\phi(x_1)\cdots\phi(x_n)|0\rangle$, 由于同一时空点算符乘积的奇异性, 即便 ϕ 已经是重整化之后的场算符, 上述的格林函数仍然会有紫外发散, 这种情形下, 如果类似于

基本场算符的波函数重整化，重新定义一个"重整化了的"复合算符 $[\phi^2(x)]_R = Z_{\phi^2}\phi^2(x)$，其中"重整化常数" Z_{ϕ^2} 的按耦合常数的展开中包含有紫外发散，使得多点格林函数 $\langle 0|T[\phi^2(x)]_R\phi(x_1)\cdots\phi(x_n)|0\rangle$ 到重整化耦合常数的任一阶不再含有紫外发散，就可从形式上"解决"这一问题，这种情况下，可以认为重整化后的复合算符 $[\phi^2(x)]_R$ 是基本的对象，在 ϕ^4 理论中，对于 $\phi^2(x)$ 这样的复合算符，确实可做到这一点，这就是复合算符重整化概念的基本思想。

场的泛函积分量子化 [functional integration quantization of fields] 通常经典力学系统的路径积分量子化方法向无穷多自由度的场论系统的推广。从数学上来看，场的泛函积分量子化首先在欧几里得空间 (作了维克转动后) 形构，在一个确定的函数空间上引入特定的正定的测度 (对于自由标量场是高斯测度)，场的系统的泛函积分量子化就等同于对该特定函数空间的积分。该测度的 n 次矩定义了 n 点许温格函数，然后解析延拓至实时空间 (闵可夫斯基空间) 可得出对应的 n 点怀特曼函数。从物理上来看，场的泛函积分量子化可在微扰展开的意义上定义，通过这样的方式可以自然而然的给出格林函数的费曼图展开形式的表构。

泛函微商 [functional derivative] 普通多元函数微商向泛函情形的推广。对于一个最简单的普通一元实值函数 $f(x)$ 的泛函 $F[f]$，其泛函微商定义为

$$\frac{\delta F[f]}{\delta f(x)} = \lim_{\varepsilon\to 0}\frac{F[f+\varepsilon\delta_x]-F[f]}{\varepsilon}$$

其中 δ_x 是集中在 x 这一点处的狄拉克 δ 函数 (确切的说是狄拉克 δ 分布)。

格拉斯曼数 [Grassmann number] 在通常量子场论书籍上的所谓格拉斯曼数是指某一个格拉斯曼代数的生成元，相互之间反对易。这是作为反对易 c 数，即费米场算符 (满足正则反对易关系) 的经典极限的形式引入的。通常在量子场理论的泛函积分量子化的处理中，对于费米场 (经典形式) 的场量，将其视为某种形式的"变量"，形式上相当于是某个格拉斯曼代数的生成元，也称格拉斯曼变量 (Grassmann variable)。在此基础上，规定了一套确定的格拉斯曼变量的函数的微商和积分的规则。然后以此为基准，将费米场的量子理论表述为对于格拉斯曼场变量函数的泛函积分的形式。这套处理在场论中是标准的，从形式上看也是简单的。在一般的特定形式的场论模型 (涉及费米场的那些)，以及目前高能物理的强作用电磁作用弱作用的标准模型中，都采用这样形式的讨论及处理。

格拉斯曼变量函数的微商和积分规则 [rules of differentiation and integration for functions of Grassmann variables] 格拉斯曼变量函数的微商和积分规则是从通常实变量函数的微分积分运算规则出发形构出的一种形式运算规则，其具体运算规则如下：

考虑 n 个格拉斯曼变量 $z_1, z_2, \cdots, z_n$，这 n 个变量之间两两反对易，$\{z_i, z_j\} = 0$，特别是有 $z_1^2 = z_2^2 = \cdots = z_n^2 = 0$，这样这 n 个变量的任意函数 $\phi(z)$ 一定是如下形式的多项式：$\phi(z) = \phi_0 + \sum_i \phi_1(i)z_i + \frac{1}{2!}\sum_{i,j}\phi_2(i,j)z_iz_j + \frac{1}{3!}\sum_{i,j,k}\phi_3(i,j,k)z_iz_jz_k+\cdots$，其中数值系数关于其下标为完全反对称。对于格拉斯曼变量的单项式，微商运算定义为

$$\frac{\partial}{\partial z_a}z_i = \delta_{ai}, \frac{\partial}{\partial z_a}(z_iz_j) = \delta_{ai}z_j - z_i\delta_{aj}, \cdots$$

也就是作微商运算时考虑到格拉斯曼变量的反对易的特点，由此出发可计算格拉斯曼变量的任意多项式的微商。格拉斯曼变量函数的积分运算 (这里的积分实质上相当于定积分运算) 规则规定如下：首先引入格拉斯曼变量的微分 dz_a，规定有 $\{dz_a, z_b\} = \{dz_a, dz_b\} = 0$，然后对于单变量的积分，作如下规定，$\int dz_a = 0, \int z_a dz_a = -\int dz_a z_a = 1$，有了单重积分的规定后，直接可得出多重积分的规则，即将重积分视为单积分的多次重复。

场的经典外源 [classical source of fields] 一种为了数学形式及某种物理表述形式的方便而引入的一种概念性的实体，以标量场系统为例，标量场系统引入这样一种外源的存在后，其系统的拉氏量即修改为：$L = L(\phi) + j(x)\phi(x)$，其中时空坐标的任意形式的函数 $j(x)$ 就称为标量场系统的外源。在有外源存在时，可在物理的表形论述的意义上讨论这一外源的存在对于系统物理特征及特性的影响，如讨论有外源存在时系统在 $t\to-\infty$ 时段与 $t\to+\infty$ 时段之间由系统的基态 (场论中叫真空态) 跃迁到基态的跃迁振幅，得出这一量之后，可利用泛函微商的方法得出系统的格林函数等这样的刻画理论结构特征的量。外源技术在现代的量子场论方法中是广泛采用的。

格林函数的生成泛函 [generating functional for Green function] 对于一个给定的量子场论模型，其格林函数的生成泛函定义为 (以自作用标量场为例)$Z[j] = N\int D\phi e^{iS[\phi]+i\int d^4x j\cdot\phi}$，这里 N 为归一化常数，它的存在保证 $Z[0]=1$，通过对 $Z[j]$ 作多次泛函微商，可得出系统的多点格林函数：

$$G(x_1, x_2, \cdots, x_n) = \frac{1}{i^n}\frac{\delta^n}{\delta j(x_1)\delta j(x_2)\cdots\delta j(x_n)}Z[j]|_{j=0}$$

连通格林函数的生成泛函 [generating functional for connected Green function] 在一个量子场论模型中，连通格林函数的生成泛函 $W[j]$ 可定义为：$Z[j] = e^{W[j]}$，其中 $Z[j]$ 为 (完全的) 格林函数的生成泛函 (见格林函数的生成泛函)，通过对 $W[j]$ 作泛函微商运算，可得出系统的连

通格林函数:

$$G_c(x_1, x_2, \cdots, x_n) = \frac{1}{i^n} \frac{\delta^n}{\delta j(x_1) \delta j(x_2) \cdots \delta j(x_n)} W[j]\big|_{j=0}$$

正规顶角的生成泛函 [generating functional for proper vertex]　由连通格林函数的生成泛函 $W[j]$ 可构造出正规顶角的生成泛函,具体构造过程如下:

首先定义 (以标量场理论为例): $\phi(x) = \frac{1}{i} \frac{\delta W[j]}{\delta j(x)}$,通过上式将 j 用 ϕ 反解出来,然后定义: $\Gamma[\phi] = \frac{1}{i} W[j] - \int d^4 x j(x) \phi(x)$,这样定义的泛函 $\Gamma[\phi]$ 即为正规顶角的生成泛函,通过对它作泛函微商,即可得出正规顶角 (这里的讨论中假定了标量场无真空凝聚):

$$\Gamma_n(x_1, x_2, \cdots, x_n) = \frac{\delta^n \Gamma[\phi]}{\delta \phi(x_1) \delta \phi(x_2) \cdots \delta \phi(x_n)}\big|_{\phi=0}$$

有效势 [effective potential]　标量场的有效势 $V_{\text{eff}}(\phi)$ 定义如下: $\Gamma[\phi] = -\int d^4 x V_{\text{eff}}(\phi)$ (ϕ 为与时空坐标无关的,即均匀分布的常数场值),这样定义的 $V_{\text{eff}}(\phi)$ 是 ϕ 的普通函数,之所以称这个函数为有效势,是因为其树图近似就等于系统的经典拉格朗日函数密度中的势 (包括质量项与场的相互作用项)。

对称性破缺 [symmetry breaking]　对称性是一个物理系统在运动规律的方面体现出的数学形式的对称特点。在分析力学的框架下,一个物理系统的作用量的对称性,或拉格朗日量 (哈密顿量) 的对称性,从数学形式上就决定了运动规律的对称特点。在场论中,系统的作用量的对称性也起着同样形式的作用。在量子理论中,对称性是以作用在态矢量希尔伯特空间上的对称变换算符的形式体现出的,哈密顿算符同其是否对易是系统是否具有此对称特点的表征。在场论的形式中,对称性破缺指的是这种对称特点不具有或在实现方式上不能明显表达。这两种形式在物理学中都存在,在物理理论的模型构造同唯象性场论模型的表构上都应用了这一对称性形式非实现的方式。

明显对称性破缺 [explicit symmetry breaking]　在场论中指理论的拉氏量中包含有违反某种对称特点的项的存在。

自发对称性破缺 [spontaneous symmetry breaking]　在量子场论中,对称性的自发破缺是指系统的哈密顿量具有某个对称群下的对称性,但系统的基态不具有此对称性。这种情况下,基态是简并的。不同的基态上所构筑的希尔伯特空间是不等价的。实际的系统的物理情况是对应于某一个特定的基态,系统的态矢量空间是构筑在这个特定基态上的希尔伯特空间。这种情形下,哈密顿量的对称性不是明显体现出的,通常称这种情形为对称性的自发破缺。

对称性的维格纳实现方式 [Wigner realization of symmetry]　在量子场论中,假设系统在一内部的连续对称变换下其拉氏量不变,则经典的场系统存在着对应的守恒流及守恒荷,在理论量子化之后,如果守恒荷算符作为流算符 $j_a^0(\boldsymbol{x}, t)$ 的无穷体积积分在严格数学的意义上存在,那么系统的基态在物理形式体的意义上应在对应的对称群算符的作用下保持不变,这样,系统在原有经典理论对称群下的不变性在对应的量子场理论的表体中就体现为物理态粒子谱的对称关系。对称性在量子理论中的这种实现方式是外尔和维格纳等首先用群论方法研究的,所以称为维格纳方式。

对称性的哥德斯通实现方式 [Goldstone realization of symmetry]　与对称性的维格纳实现方式不同,所谓的对称性的哥德斯通实现方式是指原有经典理论的对称性只是在动力学的意义上体现出的,系统的基态不是不变的,对称性的形式是自发破缺的,原有经典理论中的对称性不再表现为粒子谱的对称关系。

哥德斯通定理 [Goldstone theorem]　当自发破缺的对称性为一连续对称性时,理论的粒子谱中会出现零质量粒子,这些零质量粒子态可由这样的算符产生出来,即这样的算符将真空态转动一无穷小的程度至另一简并的真空态,因为从物理的角度来看这样的一个变换不需要花费任何能量。

哥德斯通粒子 [Goldstone particle]　在哥德斯通定理所表述的情形下 (见哥德斯通定理) 所指称的零质量粒子通常称为哥德斯通粒子。

真空凝聚 [vacuum condensate]　某种场算符 (可以是出现在拉氏量中的基本场,也可以是由基本场构成的复合场) 在系统的基态 (即真空态) 中具有非零的真空期望值,这种情况也可说成是这种场 (或者称为场量) 在真空中具有凝聚。

规范原理 [gauge principle]　粒子物理学中构造相互作用理论的具体耦合形式时所遵从的一个基本的形式上的表构的要求,它是说理论的一个对称性 (假如是决定着理论基本动力学构架形式的对称性) 应该是一种定域对称性,从这一点出发,在给定了对称性群之后,就可由一种普适的方式 (是电磁理论中的最小电磁耦合的推广) 得出物质场与规范场相互作用的具体形式,由此构造出自然界中基本相互作用的规范理论模型,如描写自然界中强相互作用与电弱相互作用的粒子物理 "标准模型" 就是依据规范原理的要求构造出的一个相互作用量子场论的模型。

规范不变性 [gauge invariance]　规范不变性就其名词的本意来说指的是物理系统的特性表达 (如拉格朗日函数密度) 以及物理可观测量 (如系统的总能量,总动量或总角动量等) 在规范变换之下保持不变这样一种性质。在现代场论以及高能物理中,通常是从规范不变性的要求出发构造基本相互作用的具体形式,即基本相互作用应该具有规范场理论的形式。规范不变性这一术语在高能物理的微扰计算中通常也用以指计算结果不依赖于规范条件或规范参数的选择 (即规范无关性)。

规范群 [gauge group]　一个规范理论中起内部对称变换群作用的被所定域化的对称性群。

整体规范变换 [global gauge transformation]　整体规范变换是指规范理论中规范群所决定的场的变换,其中变换参数是常数,即不依赖于时空点的不同选取。

定域规范变换 [local gauge transformation]　定域规范变换是指规范理论中整体规范变换的定域化所对应的场的变换,其中变换参数是可以随时空点的不同逐点变化的时空坐标的函数。

定域规范变换群 [local gauge transformation group]　一种表形的概念。假定规范理论的规范群是某个李群 G,定域规范变换的群参数是时空坐标的函数,因此从表形上看,在不同的时空点处可作独立的不同的群变换,那么就可认为整个理论的变换群是各时空点作独立的 (整体形式意义上的)G 变换的整体构造意义上的一个 "很大" 的群,这个群从形式上看是各个时空点处的 G 群的直乘,即记为 $\prod_x G_x$,这个群在数学上是无穷维的,称为这一规范理论的定域规范变换群。

阿贝尔规范场 [Abelian gauge field]　如果一个规范理论的规范群是阿贝尔群,那么所对应的规范场称为阿贝尔规范场。如电磁场就是一种阿贝尔规范场。

非阿贝尔规范场 [non-Abelian gauge field]　如果一个规范理论的规范群是非阿贝尔群,那么所对应的规范场称为非阿贝尔规范场。如量子色动力学理论中的胶子场就是一种 $SU(3)$ 非阿贝尔规范场。

杨-米尔斯场 [Yang-Mills field]　即非阿贝尔规范场。

规范势 [gauge potential]　规范理论中描述规范场自由度的四维势,在电动力学 (阿贝尔规范理论) 中的电磁势即为电动力学理论中的规范势,在非阿贝尔规范理论中,规范势可写为: $A^\mu = A_a^\mu T^a$,这里 $T^a(a=1,\cdots,N)$ 为规范群的李代数的 N 个生成元矩阵。

纯规范 [pure gauge]　如下形式的规范势: $A^\mu = \frac{i}{g}U\partial^\mu U^{-1}$,它所对应的场强处处为零。

协变微商 [covariant derivative]　普通微商作如下改替得出的如下微分运算的算符: $D^\mu = \partial^\mu + igA^\mu$,其中 A^μ 是代数取值的规范势。

场强张量 [field strength tensor]　规范理论中场强张量的定义为 $F^{\mu\nu} = \partial^\mu A^\nu - \partial^\nu A^\mu + ig[A^\mu, A^\nu]$。

对偶场强张量 [dual field strength tensor]　对偶场强张量的定义为 $^*F^{\mu\nu} = \frac{1}{2}\varepsilon^{\mu\nu\rho\sigma}F_{\rho\sigma}$,这里 $F_{\rho\sigma}$ 是通常意义的规范理论的场强张量。

规范理论的定域规范不变的拉格朗日量 [locally gauge invariant Lagrangian for a gauge theory]　规范理论中,定域规范不变的拉格朗日量为 (以狄拉克场同规范场耦合理论为例)$L = -\frac{1}{2}trF_{\mu\nu}F^{\mu\nu} + \bar{\psi}(i\gamma^\mu D_\mu - m)\psi$。

规范场的几何解释 [geometrical interpretation of gauge fields]　规范场就其物理特性来看,可解释为一种物理的场。数学上,我们可通过在普通四维闵可夫斯基时空的每一点上粘结一个内部自由度的空间,构造出一个所谓的纤维空间,当规范场的场强 $F^{\mu\nu}$ 不为零时,这样的纤维空间将是弯曲的,这样一种用弯曲空间的效应来代替 "物理的规范场作用" 的观点就相应于规范场的纯几何解释。在这样的纤维空间中,规范势 A^μ 相当于联络,规范场强 $F^{\mu\nu}$ 相当于曲率张量。规范场的这一种几何解释为经典规范理论的严格数学表述形式提供了最合适的框架。

规范条件 [gauge condition]　在规范场理论中,由于规范势存在规范变换的自由度,在用规范势作物理描写时需限制或部分的限制这一规范变换的自由度,由此,可采取某种方式对规范势加以限制,通常是对理论的规范势设定满足一个条件: $F[A; x] = 0$,其中 $F[A; x]$ 是 A^μ 的一个泛函形式的表达式,这一条件就称为规范条件。

洛伦兹规范 [Lorentz gauge]　定义为 $\partial \cdot A = 0$,其中 A^μ 为规范势。

库仑规范 [Coulomb gauge]　定义为 $\nabla \cdot A = 0$,其中 A 为规范势的空间 (三矢量) 部分。

时性规范 [temporal gauge]　定义为 $A^0 = 0$,即用这一条件来限制规范变换的自由度。

光锥规范 [light-cone gauge]　定义为 $n \cdot A(x) = 0$,其中 n^μ 是一类光四维矢量。

空间轴规范 [spatial axial gauge]　定义为 $n \cdot A(x) = 0$,其中 n^μ 是一类空四维矢量。

法捷耶夫-波波夫方法 [Faddeev-Popov method]　规范场理论量子化的一种标准的处理。在泛函积分量子化的形式看来,规范理论由于存在规范自由度,并且规范等价的场位形在物理上不可区分,在对规范场位形作泛函积分处理时,只应对规范不等价的场位形求和。具体处理时,通过事先设定一个规范条件,将对于所有规范场位形的求和化归为对于由规范条件所决定的不等价规范场位形的求和。通过这样的方式,可得出规范理论泛函积分量子化的标准程式。这一方法目前广泛应用于规范场理论的研究,是量子规范场理论的一种基本方法。

规范固定项 [gauge fixing term]　规范固定项是规

范理论的法捷耶夫 - 波波夫量子化形式中拉氏量中引入的与规范条件相关的一项，其形式为：$-\frac{\lambda}{2}F[A]^2$，其中 $F[A]=0$ 代表了规范条件的选择，λ 是一个实参数，称为规范参数。

λ-规范 [λ-gauge] 如在规范理论中取洛伦兹规范条件 $\partial \cdot A = 0$，对应的规范固定项的选择为 $-\frac{\lambda}{2}(\partial \cdot A)^2$，对于特定的规范参数 λ，称为 λ-规范。

法捷耶夫–波波夫鬼场 [Faddeev-Popov ghost field] 规范理论量子化时在采用法捷耶夫 - 波波夫方法的框架下所引入的只具有辅助意义的标量场。这种场是标量场，但在其经典形式上却是反对易的格拉斯曼变量，因此这种场不对应于物理粒子，也是因为这一点，人们称它为"鬼场"，它所对应的"粒子"称为"鬼粒子"。

非阿贝尔规范理论的有效拉氏量 [effective Lagrangian of non-Abelian gauge theory] 在法捷耶夫–波波夫量子化方法处理中，引入了规范固定的过程及辅助场意义上的"鬼场"，由此得出的规范理论的有效拉氏量为 (以狄拉克场与规范场耦合理论为例)

$$L_{\text{eff}} = -\frac{1}{2}tr F_{\mu\nu}F^{\mu\nu} + \bar{\psi}(\mathrm{i}\gamma^\mu D_\mu - m)\psi - \frac{\lambda}{2}F[A]^2 + \eta^* M \eta$$

对于通常所采用的洛伦兹规范条件：$\partial \cdot A = 0$，有效拉氏量的具体形式为

$$L_{\text{eff}} = -\frac{1}{2}tr F_{\mu\nu}F^{\mu\nu} + \bar{\psi}(\mathrm{i}\gamma^\mu D_\mu - m)\psi - \frac{\lambda}{2}(\partial \cdot A)^2$$
$$+ \eta^{*a}[\delta^{ab} + gf^{abc}\partial \cdot A_c]\eta^b$$

λ-规范下非阿贝尔规范场的传播子 [propagator of non-Abelian gauge field in λ-gauge] λ-规范下非阿贝尔规范场的传播子形式为

$$D_{ab}^{\mu\nu}(k) = \frac{-\mathrm{i}}{k^2 + \mathrm{i}\varepsilon}\delta_{ab}\left(g^{\mu\nu} + \frac{1-\lambda}{\lambda}\frac{k^\mu k^\nu}{k^2 + \mathrm{i}\varepsilon}\right)$$

鬼场传播子 [propagator of ghost field] 规范理论中，鬼场传播子形式为 $\frac{-\mathrm{i}}{k^2 + \mathrm{i}\varepsilon}\delta_{ab}$。

BRST 变换 [Becchi-Rouet-Stora-Tyutin transformation] 在规范场理论中，如果采用法捷耶夫 - 波波夫量子化方法讨论理论的量子化，理论的有效拉氏量中会包含有来自规范固定项和鬼项的贡献，此时理论的有效拉氏量在如下的 BRST 变换下保持不变：

$$\delta A_\mu^a = D_\mu^{ab}\theta\eta^b$$

$$\delta\psi = -\mathrm{i}g T^a \theta\eta^a \psi$$

$$\delta\eta^a = \frac{1}{2}gf^{abc}\eta^b\eta^c\theta$$

$$\delta\eta^{*a} = \lambda\theta F^a$$

此处，$D_\mu^{ab} = \partial_\mu\delta^{ab} + gf^{abc}A_\mu^c$ 为伴随表示的协变微商，$F^a[A] = 0$ 为规范固定条件，θ 为一无穷小的常数格拉斯曼参数。这就是拉氏量的 BRST 不变性。

斯拉夫诺夫–泰勒恒等式 [Slavnov-Taylor identity] 对于一个规范理论，从理论原本的规范对称性出发，借助于泛函方法，可导出理论所谓的广义瓦德–高桥恒等式，也叫斯拉夫诺夫–泰勒恒等式。例如对于旋量场电动力学，选取 λ-规范，所对应的斯拉夫诺夫–泰勒恒等式形式为

$$\lambda\partial_\mu\frac{1}{\mathrm{i}}\frac{\delta Z}{\delta j_\mu(x)} + \partial_\mu j^\mu(x)Z + e\bar{\eta}(x)\frac{\delta Z}{\delta\bar{\eta}(x)} + e\frac{\delta Z}{\delta\eta(x)}\eta(x) = 0$$

其中 j_μ，η，$\bar{\eta}$ 分别为电磁场同狄拉克费米场的外源。

格里波夫不定性 [Gribov ambiguity] 在非阿贝尔规范理论中，规范条件一般不能唯一确定规范。在 $SU(2)$ 规范理论的情形下，这一点首先是由格里波夫对于库仑规范情形证明的。数学上可以证明，在相当一般的假设下，这种情况对于非阿贝尔规范理论都会存在，这种情况就称为格里波夫不定性。从物理上看，格里波夫不定性不会影响微扰论意义上的法捷耶夫–波波夫量子化处理方法，因为格里波夫不定性只对于较大的场 (即规范场) 的振幅才出现，而微扰展开的处理实质上是对小的场振幅而言的。

希格斯机制 [Higgs mechanism] 以标量场电动力学为例，在定域规范对称性发生自发破缺的情况下，形式上出现的哥德斯通玻色子可通过规范变换吸收到规范玻色子场中去，使规范玻色子成为有质量的矢量玻色子。对于非阿贝尔规范理论，同样存在着类似的希格斯机制。

希格斯玻色子 [Higgs boson] 一种场的量子，以标量场电动力学模型为例，设系统拉氏量为

$$L = -\frac{1}{4}F_{\mu\nu}F^{\mu\nu} + (D_\mu\phi)^*(D^\mu\phi) - V(\phi), V(\phi)$$
$$= \frac{1}{2}\lambda^2|\phi|^4 - \frac{1}{2}\mu^2|\phi|^2$$

当 $\mu^2 > 0$ 时，系统具有对称性自发破缺的特点，将复标量场 ϕ 的真空期待值取为 $\langle 0|\phi|0\rangle = \frac{1}{\sqrt{2}}f, f = \frac{|\mu|}{|\lambda|}$，这时将复场 ϕ 参数化为：$\phi(x) = \frac{1}{\sqrt{2}}(f+\rho(x))\mathrm{e}^{-\mathrm{i}\frac{\theta(x)}{f}}$ 利用原有理论的规范不变性，做规范变换消去 ϕ 场的相角得出 $\phi'(x) = \frac{1}{\sqrt{2}}(f+\rho(x))$ $A_\mu'(x) = A_\mu(x) - \frac{1}{ef}\partial_\mu\theta(x)$，此时系统拉氏量形式为

$$L = \frac{1}{2}\partial_\mu\rho\partial^\mu\rho - \frac{1}{2}\mu^2\rho^2 - \frac{1}{4}F_{\mu\nu}'F'^{\mu\nu}$$
$$+ \frac{1}{2}e^2f^2 A_\mu'A'^\mu + A_\mu'A'^\mu\frac{1}{2}e^2(\rho^2 + 2f\rho)$$
$$- \frac{1}{8}\lambda^2\rho^4 - \frac{1}{2}\lambda^2 f\rho^3 + \text{const.}$$

从此拉氏量来看，A_μ' 成为有质量的矢量场，此外还有一个有质量的标量场 ρ，标量场 ρ 的量子就叫希格斯玻色子。

R_ξ 规范和幺正规范 [R_ξ-gauge and unitary gauge]
对于标量场电动力学模型作参数化：$\phi = \frac{1}{\sqrt{2}}(\phi_1 - \mathrm{i}\phi_2)$, $\phi_1 = f + \chi_1$, $\phi_2 = \chi_2$, 然后在量子化的过程中，加上规范固定项：$-\frac{1}{2\xi}(\partial_\mu A^\mu + \xi M\chi_2)^2$, $M = ef$, ξ 为有限值的规范称为 R_ξ 规范。当 $\xi \to \infty$ 时，理论的拉氏量相应于"希格斯玻色子"词条中拉氏量的形式，其中粒子谱 (一个有质量的矢量场和一个有质量的实标量场) 是明显的，这称为幺正规范。

重整化群 [renormalization group]　重整化处理中产生的一种实体表形的概念，它是说重整化方案或同一重整化方案内部数值参量 (如重整化点) 的改变所形表而成的类似于"群变换"的一种结构体形。最简单的情况下，同一个重整化方案内部重整化点的改变形成一个简单的群变换的方式，这就是最简单意义上的重整化群。重整化群的操作形式只是改变重整化具体处理中的数值特性结构，对于理论的物理预言不应造成任何的影响，只要物理理论本身正确 (这里所说的"正确"指的是理论的预言本身与实验测量结果相合)，并且重整化处理本身在数学的意义上是正确的。由重整化群的概念出发可导致出重整化群方程的概念，后者在近代场论，特别是规范场理论的重整化形构处理与理论预言中起着中心的作用。

重整化群方程 [renormalization group equation]
在量子场论的重整化处理中，重整化方案的选择有很大的任意性，而在同一种重整化方案之内，如最小减除方案 (MS 方案) 中，存在着重整化点 μ 选择的任意性，所谓重整化群方程指的是这种重整化点选择的任意性对于物理观测量不应造成任何影响，从而对于理论的重整化的正规顶角函数所给出的微分方程形式的约束方程。下面以 ϕ^4 自作用理论为例说明其基本思想。在这一理论中，当采用维数正规化且采用 MS 方案作重整化处理时，裸量与重整化量之间有如下关系：

$$\phi = Z_\phi^{-1/2}\phi_0, \quad m^2 = Z_m^{-2}m_0^2, \quad g = Z_g^{-1}g_0\mu^{-\varepsilon/2}$$

这里 $\varepsilon = 4 - d$，而系统拉氏量为：$L = \frac{1}{2}\partial_\mu\phi\partial^\mu\phi - \frac{1}{2}m^2\phi^2 - \frac{1}{4!}g^2\phi^4$。通过重整化处理，理论的重整化的正规顶角函数同裸的正规顶角函数之间由如下方式相互联系：

$$\Gamma_n(p_j; g, m, \mu) = Z_\Gamma\left(g_0\mu^{-\varepsilon/2}, \frac{1}{\varepsilon}\right)\Gamma_n^{(0)}\left(p_j; g_0, m_0, \frac{1}{\varepsilon}\right)$$

其中 Z_Γ 代表 Γ_n 的重整化常数，在上述关系两边取对数，然后在 m_0, g_0 和 ε 不变的条件下对质量参数 (即重整化点)μ 取微商，就可得出如下的重整化群方程 (MS 方案)：

$$\left(\mu\frac{\partial}{\partial\mu} + \beta\frac{\partial}{\partial g} + \gamma_m m\frac{\partial}{\partial m} + \gamma_\Gamma\right)\Gamma_n(p_j; g, m, \mu) = 0$$

其中定义了如下的三个函数：

$$\beta = \mu\lim_{\varepsilon\to 0}\left(\frac{\partial g}{\partial\mu}\right)_{g_0,\varepsilon}, \quad \gamma_m = \frac{1}{m}\mu\lim_{\varepsilon\to 0}\left(\frac{\partial m}{\partial\mu}\right)_{m_0,g_0,\varepsilon}$$

$$\gamma_\Gamma = -\mu\lim_{\varepsilon\to 0}\left(\frac{\partial\ln Z_\Gamma}{\partial\mu}\right)_{g_0,\varepsilon}$$

这三个函数只是重整化耦合常数 g 的函数，分别称为贝塔函数，质量的反常量纲，Γ_n 的反常量纲。

贝塔函数 [beta-function]　参见重整化群方程。

反常量纲 [anomalous dimension]　参见重整化群方程。

跑动耦合常数 [running coupling constant]　在场论的重整化处理中，存在着重整化方案选择的任意性，在同一种重整化方案内部，也有着重整化点选择的任意性，以最小减除方案为例，其中的重整化点的选择对应的就是在作维数正规化处理时在理论中引入的有质量量纲的参数 μ，这种情况下，理论的耦合常数 (指重整化的耦合常数) 将是重整化点 μ 的函数，这一点是理论的表构形式及物理内涵不应与重整化点 μ 的任意选择相关的自洽的要求形式，以具体的场论模型，即标量场自作用的 ϕ^4 理论为例，其中的反映标量场自相互作用的耦合常数随标度 μ"跑动"，故称其为"跑动耦合常数"。在具体的讨论中，考虑这样的一个依赖于标度因子 κ 的跑动耦合常数 $g(\kappa)$：

$$\kappa\frac{\mathrm{d}}{\mathrm{d}\kappa}g(\kappa) = \beta(g(\kappa)), \quad g(1) = g$$

$g(\kappa)$ 随着标度因子 κ 的演化就反映了耦合常数的数值随重整化点 μ 的跑动。

紫外稳定点 [ultraviolet stable point]　在跑动耦合常数随标度变化行为的分析中，设贝塔函数 $\beta(g)$ 有一个零点 $g = g_0$，且 $\frac{\mathrm{d}\beta(g)}{\mathrm{d}g}|_{g=g_0} < 0$，此时若初始的耦合常数 $g(1)$ 与 g_0 之间没有其他零点，那么当 $\kappa \to \infty$ 时，$g(\kappa)$ 将趋于 g_0，贝塔函数的这样一个零点 g_0 就称为紫外稳定点。

红外稳定点 [infrared stable point]　同紫外稳定点的情形相类似的是这样的一种情形，若贝塔函数 $\beta(g)$ 在其某一个零点 $g = g_0$ 处具有 $\frac{\mathrm{d}\beta(g)}{\mathrm{d}g}|_{g=g_0} > 0$，则从一个初始的耦合常数 $g(1)$ 出发 (同样假设 $g(1)$ 与 g_0 之间没有其他零点)，当 $\kappa \to 0$ 时，$g(\kappa)$ 将趋于 g_0，贝塔函数的这个零点就称为红外稳定点。

渐近自由 [asymptotic freedom]　考虑只有一种耦合项的量子场理论，此时 $g = 0$ 是贝塔函数 $\beta(g)$ 的一个零点，此时若 $\frac{\mathrm{d}\beta(g)}{\mathrm{d}g}|_{g=0} < 0$，则 $g = 0$ 是一个紫外稳定点，对于 $g = 0$ 这一点附近的一个耦合常数的初始值 $g(1)$，当 $\kappa \to \infty$ 时，$g(\kappa)$ 将趋于零，这也就意味着在大的动量标度下，有效耦合常数是趋于零的，这种性质就称为渐近自由。

朗道奇点 [Landau singularity]　量子电动力学中跑动耦合常数在某个一定的标度下显示出取值无穷这样的一种行为，具体的分析可如下进行：量子电动力学中的贝塔函数形为 $\beta(g) = b_0 g^3 + b_1 g^5 + \cdots$，若引入 $\kappa = \mathrm{e}^t$，在略去贝塔函数中第二项及更高阶项的情况下，可解出 $g^2(t) = \dfrac{g^2}{1 - 2b_0 g^2 t}$，量子电动力学中 b_0 为正数，由此得出当 $t = \dfrac{1}{2b_0 g^2}$ 时跑动耦合常数的表达式中出现无穷大的取值，这就称为朗道奇点。

算符乘积展开 [operator product expansion]　考虑两个定域算符 $A(x)$, $B(y)$，当 x^μ 接近 y^μ 时，其乘积具有如下展开：

$$A(x)B(y) = \sum_n C_{AB}^n(x - y) O_n\left(\frac{x + y}{2}\right)$$

此处 $\{O_n(x)\}$ 为一厄米的定域的正规编序的算符的完全集，$\{C_{AB}^n(x)\}$ 为一组 c 数函数。展开的形式是在弱收敛的意义上成立的，对于相互作用场论，上式到微扰理论的任何一阶都成立。

量子色动力学 [quantum chromodynamics]　强相互作用的一个理论，自然界中所有的强子 (参与强相互作用的粒子) 都是由夸克 (反夸克) 组成的复合粒子。夸克有一种内部自由度，称为 "颜色"，可表达为三种类型：红，绿，蓝。夸克场作为狄拉克场，带有内部颜色指标，在颜色空间中是三分量的矢量，可在颜色空间转动下按照 $SU(3)$ 群变换。量子色动力学理论认为，夸克的颜色对称性应该是定域对称性，与之相对应的 $SU(3)$ 规范场理论中，对应的规范场即为传递强作用的粒子的场，这种粒子叫作胶子，同 $SU(3)$ 群的伴随表示对应，有八种胶子。如果考虑存在 N_f 种类型 (即 "味") 的夸克场，量子色动力学的拉氏量 (经典形式的) 形式为

$$L_{QCD} = -\frac{1}{2} tr G_{\mu\nu} G^{\mu\nu} + \sum_{k=1}^{N_f} \bar{q}_k(i\gamma^\mu D_\mu - m_k) q_k$$

其中 $A_\mu = \sum_{a=1}^{8} A_\mu^a \dfrac{\lambda^a}{2}$ 为胶子场 (规范势)，$G_{\mu\nu} = \partial_\mu A_\nu - \partial_\nu A_\mu + ig[A_\mu, A_\nu]$ 为场强张量，q_k 为夸克场，目前实验上发现有 6 味夸克：上夸克，下夸克，奇异夸克，粲夸克，顶夸克，底夸克。量子色动力学的理论被认为是描写强相互作用的基本理论，它的一些实验推论已得到实验上的检验。

色禁闭猜想 [color confinement conjecture]　量子色动力学理论中，夸克是带有颜色自由度的，与之相应的胶子也带有八种颜色。色禁闭是指自然界中带色的粒子只能结合成不带色的强子以束缚态的形式出现，而不能单独出现。色禁闭的思想是从实验上从未观测到自由存在的夸克及胶子粒子这一点从实验上提出的，理论物理学家认为这一点应可从量子色动力学理论出发来证明，目前这一点还未真正被证明，是以理论猜想的形式出现，这就称为色禁闭猜想。

温伯格-萨拉姆电弱统一模型 [Weinberg-Salam model for electroweak theory]　描写自然界中电磁相互作用与弱相互作用的一个规范场理论模型。这一理论模型中假定了系统的规范群为 $SU(2)_L \times U(1)_Y$ (其中 $SU(2)_L$ 为弱同位旋群，$U(1)_Y$ 为弱超荷规范群)，在理论中引入了标量场的二重态，通过标量场的真空凝聚引起的对称性自发破缺，使得三个规范玻色子获得质量，即为 W^+, W^- 和 Z^0 这三个传递弱作用的中间玻色子，最后剩余的对称群为电磁规范群 $U(1)_{em}$，对应的规范粒子为传递电磁作用的光子。轻子与夸克的质量也是通过对应的轻子场与夸克场同标量场的耦合而产生的。1983 年实验上相继发现了 $W^\pm$ 和 Z^0 粒子，其质量在实验误差范围内与理论预言一致，这样可以认为温伯格-萨拉姆电弱统一模型得到了实验的证实。

狄拉克磁单极子 [Dirac magnetic monopole]　理论物理中预言的一种带有点状磁荷的粒子，即磁单极子，与点电荷形式的粒子在电磁理论的意义上是对偶存在的，例如考虑一个位于坐标原点的狄拉克磁单极子，其磁场为：$B = g\dfrac{r}{4\pi r^3}$，g 为磁荷，从磁单极子与量子力学相容的条件可得出电荷量子化条件：$qg = 2\pi n$，由此可在理论上得出一个重要的结论：若自然界存在磁单极，则一切电荷都只能是某一最小电荷单位的整数倍。狄拉克磁单极子的存在目前实验上还未证实，但理论物理学家都倾向于认为其存在是符合理论物理的数学美的要求的。

特霍夫特-波利亚科夫磁单极子 [t'Hooft-Polyakov magnetic monopole]　特霍夫特-波利亚科夫磁单极子是如下的一个 SO(3) 规范理论模型中的孤立子解，这个模型的拉氏量为：

$$L = -\frac{1}{4} F_{\mu\nu}^a F^{a\mu\nu} + \frac{1}{2}(D_\mu\phi^a)(D^\mu\phi^a) - \frac{1}{4}\lambda\left(\phi^a\phi^a - \frac{m^2}{\lambda}\right)^2$$

其中实标量场 ϕ 属于 SO(3) 群的三维矢量表示，此模型中的运动方程为

$$D_\mu F^{a\mu\nu} = e\varepsilon^{abc}(D^\nu\phi^b)\phi^c$$

$$D_\mu D^\mu\phi^a = -\lambda\left(\phi^2 - \frac{m^2}{\lambda}\right)\phi^a$$

考虑如下形式的解：

$$\phi^a(x) = x^a \frac{h(\xi)}{er^2}$$

$$A^{0a}(x) = 0, \quad A^{ia}(x) = \varepsilon^{aij}\frac{x^j[1 - f(\xi)]}{er^2}$$

其中 $\xi = \dfrac{em}{\sqrt{\lambda}} r$，由此得出

$$\xi^2 f'' = f(f^2 - 1) + fh^2$$

$$\xi^2 h'' = 2hf^2 + \frac{\lambda}{e^2} h(h^2 - \xi^2)$$

如要求如下的边界条件：

当 $\xi \to 0$ 时，$f(\xi) = 1 + O(\xi)$, $h(\xi) = O(\xi)$,
当 $\xi \to \infty$ 时，$h(\xi) \to \xi$, $f(\xi) \to 0$,

则此解是存在的, 但其解析表达式不能得出, 如考虑极限情形 (Prasad-Sommerfield 极限): $\lambda \to 0$, e, $\dfrac{m}{\sqrt{\lambda}}$ 固定, 则可得出解的严格表达式: $f(\xi) = \dfrac{\xi}{\sinh \xi}$, $h(\xi) = \dfrac{\xi}{\tanh \xi} - 1$, 对于这个解, 可以证明在半径 r 趋于无穷时, 规范场的渐近形式是一个磁单极子的磁场, 因此这个解代表一个中心在坐标原点的半径有限的磁单极子。这样的一个解就称为特霍夫特–波利亚科夫磁单极子。

瞬子 [instanton] 非阿贝尔规范理论中, 当时间变量延拓为虚时, 即欧氏空间中的规范场运动方程的经典解。

θ 真空 [θ vacuum] 在非阿贝尔规范理论中, 可引入不同的绕数 n 的真空态 $|n\rangle$, 实际的物理真空态可写为如下的 θ 真空的形式: $|\theta\rangle = \sum_{n} \mathrm{e}^{in\theta} |n\rangle$, θ 为一实参数, θ 真空满足场论中的集团分解性质。

威尔逊圈 [Wilson loop] 规范场理论中的一种表形实体的概念, 假设在四维时空中给定了一条闭合路径 C, 其参数化的表达为: $x^{\mu}(s), 0 \leqslant s \leqslant 1$, 则同这一闭合路径相应的威尔逊圈就定义为 $P\mathrm{e}^{ig \oint_{C} A_{\mu}(x)\mathrm{d}x^{\mu}}$, 其具体含义可写为 $P\mathrm{e}^{ig \int_{0}^{1} A_{\mu}(s)\frac{\mathrm{d}x^{\mu}}{\mathrm{d}s}\mathrm{d}s}$, 这里符号 P 代表按路径编序, 即按照参数 s 的大小来编序 (类似于通常的时序乘积中的按时间变量编序)。

手征反常 [chiral anomaly] 手征反常是指在规范理论中原本在经典理论中守恒的轴矢流在理论量子化之后不再满足流守恒方程 (即出现 "反常") 的现象。以狄拉克场与电磁场耦合的理论为例, 如果狄拉克场的质量是零, 原本经典理论中的轴矢流是守恒的, 但在相对应的量子理论中, 事实上有这样的一个结果: $\partial_{\mu}j^{\mu 5}(x) = \dfrac{\alpha_0}{2\pi}{}^{*}F^{\mu\nu}(x)F_{\mu\nu}(x)$, α_0 为未重整的精细结构常数。

迹反常 [trace anomaly] 量子色动力学理论中, 若夸克质量为零, 则经典理论的拉氏量中将不含有任何有量纲的参数, 理论将表现出经典的标度不变性, 这导致理论的能量动量张量是无迹的, 但在量子化的场理论中, 由于紫外发散的出现, 需要作重整化处理以得出确定的物理预言, 重整化的手续中引入了一个内在的质量标度, 这样量子理论就不再是标度不变的, 若只考虑一味质量为 m 的夸克, 将有算符关系: $T^{\mu}_{\mu} = \dfrac{\alpha_s}{12\pi} F^a_{\mu\nu} F^{\mu\nu}_a + m\bar{\psi}\psi$, 其中等式右端第一项即为迹反常。

格点规范理论 [lattice gauge theory] Wilson 提出的规范场理论在离散的四维时空格点上的一种实现方式。其根本形式是在离散的四维时空格点上保持理论形式的规范对称性同时采用场论形式的离散化表达。这一理论在时空格点的间距趋于零时应回复到连续时空的规范场理论。应用这种理论形式的表达, 可通过 Monte Carlo 形式的数值模拟计算离散化了的 (有限维的) 场论泛函积分的近似。通过这样的形式可得出有限时空格点上物理量及物理结果的数值结论。这种方法在处理强作用的基本理论–量子色动力学的问题上取得了一些有意义的结果, 并得出了一些有基本意义的物理结论 (如关于色禁闭的结论)。在一些模型场论的研究中, 格点处理也是被应用的。在场论的一些数学基本实构的问题上, 如四维时空中有相互作用的量子场论模型的严格数学定义和表达上, 通常采用格点上的场的离散表达作为讨论的出发点。数学家通常认为这是定义相互作用量子场理论的基本途径, 也是物理上表构形式的合理出发点。

共形场论 [conformal field] 又称保角场论。量子场论的一个分支, 研究具有共形不变性的量子系统的结构与性质。根据所研究系统的结构或性质的不同, 共形场论可分为有理共形场论、带边的共形场论、紧致共形场论等不同分支。按照所研究系统的维度, 也可将共形场论分为二维共形场论、n 维共形场论等。共形场论是一个新兴的理论物理研究领域, 在最近三十年间受到人们的广泛关注与研究。共形场论作为有相互作用的量子场论的一种简单模型, 描述统计系统的临界现象; 共形场论在弦论的研究中处于中心地位; 同时, 共形场论研究也对现代数学的分支 (如数论、有限群论、顶角算符代数、低维拓扑学等) 的发展有重要影响。对于二维共形不变性的研究始于 1984 年, 俄国物理学家巴拉温 (Belavin)、泊里雅科夫 (Polyakov) 与扎莫洛基科夫 (Zamolodchikov) 将维拉索罗 (Virasoro) 代数的表示理论与局域算符代数相结合, 指出了构造完全可解共形模型 (即最小共形模型) 的方法, 这类最小共形模型后被证明与许多处于临界状态的二维统计系统等价。同年, 英国物理学家格林 (Green) 与美国物理学家施瓦茨 (Schwarz) 在弦论研究中取得重要进展, 此后, 这两个领域的发展往往相辅相成, 例如, 弦的散射振幅可由定义在不同黎曼面上的共形场论的关联函数来表述。近年来, 对于共形场论的研究在多个方向上都迅速发展, 例如高自旋场理论、具有李代数对称的共形场论、分数统计学等。这些进展使得共形场论成为最活跃的数学物理研究领域之一。

共形场论中的对称性和代数 [symmetry and algebra in conformal field theory] 在共形场论中引入的共形对称性广泛存在于各类物理系统中。在这种对称性下, 很多物理性质得到约束和简化, 使得人们能够深入研究这些性质并得到严格的表示方式。共形对称性与其他对称性结合, 使得对称性的结构在共形场论中显得极为丰富。

共形对称性 [conformal symmetry] 时空对称性的一种。英国数学家巴特曼 (Bateman) 和康宁瀚 (Cunningham) 首先开始研究麦克斯韦方程组的共形对称性, 他们曾将共形对称的一般形式称为球面波变换 (spherical wave transformation)。共形变换所构成的群称为共形群, 共形群可被视为庞加莱群的延展；除了庞加莱变换，共形变换还包括特殊共形变换和标度变换。所有的共形群都是李群，d 维闵可夫斯基时空上的共形群为 SO$(d,2)$，其自由度为 $(d+1)(d+2)/2$。一个非超对称性相互作用的场论所具有的最大可能非局域对称性为共形对称性与其内禀对称性的直积，具有此最大对称性的场论为共形场论。许多高能物理模型具有共形对称性，例如著名的 $\mathcal{N}=4$ 超杨–米尔斯理论，世界面上的弦论是一个二维共形场论与二维引力论的耦合。共形对称性的另一个重要应用是具有局域相互作用的系统的二阶相变，这类系统的统计涨落在临界点上具有共形不变性，因而相变的普适类可通过共形场论来进行分类。

特殊共形群 [special conformal group] 　共形群的一个子群，由特殊共形变换构成的群 (参见**特殊共形变换**)，在 d 维时空上存在 d 个相互独立的生成算子。

共形代数 [conformal algebra] 　由共形变换构成的代数，即共形变换生成算子间的对易关系，参见**共形变换**。参照共形变换词条中的符号约定，定义下列算子：

$$J_{\mu\nu}=L_{\mu\nu},\quad J_{-1,\mu}=\frac{1}{2}(P_\mu-K_\mu)$$

$$J_{-1,0}=D,\quad J_{0,\mu}=\frac{1}{2}(P_\mu+K_\mu)$$

其中 $J_{ab}=-J_{ba},a,b\in\{-1,0,1,\cdots,d\}$，则共形代数可以写为以下对易关系：

$$[J_{ab},J_{cd}]=\mathrm{i}(\eta_{ad}J_{bc}+\eta_{bc}J_{ad}-\eta ac J_{bd}-\eta_{bd}J_{ac})$$

共形变换 [conformal transformation] 　又称保角变换。在数学上，是保持两向量之间夹角不变的可逆坐标变换。假设 $g_{\mu\nu}(x)$ 为 d- 维时空的度规张量，在共形变换 $x\to x'$ 下，度规张量的变化仅为一个乘数因子，即

$$g'_{\mu\nu}(x')=\Lambda(x)g_{\mu\nu}(x)$$

共形变换集合构成一个群，该群的一个子群为庞加莱群，当 $\Lambda(x)\equiv 1$ 时，共形变换群退化为庞加莱群。有限共形变换可分为四种变换，这四种变换对应的无穷小变换的生成算子分别为

时空平移　$P_\mu=-\mathrm{i}\partial_\mu$，
标度变换　$D=-\mathrm{i}x^\mu\partial_\mu$，
旋转变换　$L_{\mu v}=\mathrm{i}(x_\mu\partial_v-x_v\partial_\mu)$，
特殊共形变换　$K_\mu=-\mathrm{i}(2x_\mu x^v\partial_v-x^2\partial_\mu)$。
这些生成算子的对易关系构成如下共形代数：

$$[D,P_\mu]=\mathrm{i}P_\mu$$

$$[D,K_\mu]=-\mathrm{i}K_\mu$$

$$[K_\mu,P_\nu]=2\mathrm{i}(\eta_{\mu\nu}D-L_{\mu\nu})$$

$$[K_\rho,L_{\mu\nu}]=\mathrm{i}(\eta_{\rho\mu}K_\nu-\eta_{\rho\nu}K_\mu)$$

$$[P_\rho,L_{\mu\nu}]=\mathrm{i}(\eta_{\rho\mu}P_\nu-\eta_{\rho\nu}P_\mu)$$

$$[L_{\mu\nu},L_{\rho\sigma}]=\mathrm{i}(\eta_{\nu\rho}L_{\mu\sigma}+\eta_{\mu\sigma}L_{\nu\sigma}-\eta_{\mu\rho}L_{\nu\sigma}-\eta_{\nu\sigma}L_{\mu\rho})$$

特殊共形变换 [special conformal transformation] 共形变换的一种。有限特殊共形变换 $x\to x'$ 一般可以表达为

$$x'^\mu=\frac{x^\mu-b^\mu x^2}{1-2b\cdot x+b^2x^2}$$

或可被视为 inversion 与平移变换的结合，即

$$\frac{x'^\mu}{x'^2}=\frac{x^\mu}{x^2}-b^\mu$$

无穷小特殊共形变换为

$$x'^\mu=x^\mu+2(x\cdot b)x^\mu-b^\mu x^2$$

其对应的度规变换 $g_{\mu\nu}(x)\to g'_{\mu\nu}(x')=\Lambda(x)g_{\mu\nu}(x)$ 中

$$\Lambda=(1-2b\cdot x-b^2x^2)^2$$

维拉索罗代数 [Virasoro algebra] 　一种复李代数，是单位圆上微分算子所组成的李代数的中心拓展。其与仿射 Kac-Moody 代数关系密切。这种代数被广泛应用于共形场论和弦论。Virasoro 代数的生成元由算子 $L_n:n\in\mathbb{Z}$ 和中心荷 c 构成，其中 L_n+L_{-n}，$\mathrm{i}(L_n-L_{-n})$ 和 c 是实元素。这种代数满足代数关系

$$[c,L_n]=0,\quad [L_m,L_n]=(m-n)L_{m+n}+\frac{c}{12}(m^3-m)\delta_{m+n,0}$$

维尔玛模 [Verma module] 　由渐近态和次生态构成的封闭维拉索罗 (Virasoro) 代数模。

可约维尔玛模 [reducible Verma module] 　含代数子模的维尔玛 (Verma) 模。

不可约 Verma 模 [irreducible Verma module] 不含代数子模的维尔玛 (Verma) 模。

圈代数 [loop algebra] 　由单李代数 g 和单变量 t 的罗朗多项式张量积构成的代数 $\tilde{g}=g\otimes C[t,t^{-1}]$。圈代数的对易关系为

$$[J^a\otimes t^n,J^b\otimes t^m]=\sum_c \mathrm{i}f_c^{ab}J^c\otimes t^{m+n}$$

仿射李代数 [affine Lie algebra] 　由圈代数，中心荷和阶梯算子 $L_0=-t\dfrac{\mathrm{d}}{\mathrm{d}t}$ 直和构成的代数，其代数对易关系为

$$[J_n^a,J_m^b]=\sum_c \mathrm{i}f_c^{ab}J_{n+m}^c+\hat{K}n\delta_{ab}\delta_{n+m,0}$$

$$[J_n^a,\hat{K}]=0$$

$$[L_0,J_n^a]=-nJ_n^a$$

其中 $J_n^a \equiv J^a \otimes t^n$.

仿射权 [affine weight] 仿射李代数中的 Cartan 子代数的所有生成元的共同本征核的本征值矢量。仿射权 $\hat{\lambda} = (\lambda; k_\lambda; n_\lambda)$，其中 λ 是单李代数权，k_λ 和 n_λ 分别为中心荷 $\hat{K}$ 和阶梯算子 L_0 的本征值。

仿射根 [affine root] 伴随表示的权称为根 $\hat{\beta}$. 仿射根的形式为 $\hat{\beta} = (\beta; 0; n)$。

仿射余根 [affine coroot] 与仿射根相对偶的根形式，通常记为 $\alpha = \frac{2}{|\hat{\alpha}|^2}(\alpha; 0; n)$。

简单根 [simple root] 对整个根，可以选一组合适的基矢量使得任意根在以基矢量展开时具有全正或全负的系数。这组基矢量称为简单根。

最高根 [highest root] 以简单根为基，对一根作展开。若展开系数之和最大，则称相应的根为最高根。

对偶科克斯特数 [dual Coxeter number] $g_c = \sum_1^r a_i^v + 1$ 中 a_i^v 为最高根以简单根作展开的系数。

简单余根 [simple coroot] 与简单根对偶的余根。

基本权 [fundamental weights] 与简单余根对偶的权。

主域权 [dominant weight] 对一个权以基本权展开，若其所有系数为非负整数，则称该权为主域权。

最高权表示 [highest weight representation] 由唯一最高权态 $|\hat{\lambda}\rangle$ 表征的李代数表示，表示空间由李代数生成元作用于最高权态得到。最高权态是指被所有正根算子湮灭的态

$$E_0^\alpha|\hat{\lambda}\rangle = E_n^{\pm\alpha}|\hat{\lambda}\rangle = H_n^i|\hat{\lambda}\rangle = 0, n > 0, \alpha > 0$$

外尔矢量 [affine Weyl vector] 外尔矢量 $\hat{\rho}$ 是基本权的矢量和，$\hat{\rho} = \sum_{i=0}^r \hat{w}_i$。

外尔反射 [Weyl reflection] 设 α, β 是李代数的根，那么 $\beta - (\alpha^\vee, \beta)\alpha$ 也是一个根。这种根到根映射定义成外尔反射的生成元 $s_\alpha\beta = \beta - (\alpha^\vee, \beta)\alpha$。因此，外尔反射是由这些生成元的群乘构的。由外尔反射也可以推广到任意权上 $s_\alpha\lambda = \beta - (\alpha^\vee, \lambda)\alpha$，这里 λ 是一个权矢量。

偏移式外尔反射 [shifted Weyl reflection] 偏移式外尔反射定义成 $\bar{s}_\alpha(\lambda) = s_\alpha(\lambda + \rho) - \rho$.

外尔反射的长度 [length of Weyl reflection] 对于一外尔反射 w，可以写成生成元的乘积式。在所有写法中因子最少的乘积式的因子个数定义成外尔长度 $l(w)$。

外尔反射的符号 [signature of Wely reflection] 外尔反射的符号定义成 $\varepsilon(w) = (-1)^{l(w)}$.

外尔群 [Weyl group] 所有外尔反射构成的群称为外尔群。

模反常 [modular anomaly] 模反常定义成 $m_{\hat{\lambda}} = \frac{|\hat{\lambda} + \hat{\rho}|^2}{2(k+g)} - \frac{|\hat{\rho}|^2}{2g}$。

相对模反常 [relative modular anomaly] 相对模反常定义成 $m_{\hat{\lambda}}(\hat{\mu}) = \frac{|\hat{\lambda} + \hat{\rho}|^2}{2(k+g)} - \frac{|\hat{\rho}|^2}{2g} - \frac{|\mu|^2}{2k}$。

模变换 [modular transformation] 模群 $\tau \to \frac{a\tau + b}{c\tau + d}$ 含两个生成元 $T = \{\tau \to \tau + 1\}, S = \{\tau \to -1/\tau\}$。

在仿射权空间 $(x_g; \tau; t)$，这两个生成元的表示形式分别为为

$$\{(x_g; \tau; t) \to (x_g; \tau + 1; t)\}$$
$$\{(x_g; \tau; t) \to (\frac{x_g}{\tau}; -\frac{1}{\tau}; t + |x_g|^2/2\tau)\}$$

模 T 矩阵 [modular T matrix] 模空间赋值的特征标在模 T 变换下的变换矩阵

$$\text{ch}_{\hat{\lambda}}(x_g; \tau + 1; t) = \sum_{\hat{\mu} \in P_+^k} T_{\hat{\lambda}\hat{\mu}} \text{ch}_{\hat{\mu}}(x_g; \tau; t)$$

其中 P_+^k 为主值权集合。

模 S 矩阵 [modular S matrix] 模空间赋值的特征标在模 S 变换下的变换矩阵 $ch_{\hat{\lambda}}\left(\frac{x_g}{\tau}; -\frac{1}{\tau}; t + |x_g|^2/2\tau\right) = \sum_{\hat{\mu} \in P_+^k} S_{\hat{\lambda}\hat{\mu}} ch_{\hat{\mu}}(x_g; \tau; t)$，其中 P_+^k 为主值权集合。

投影矩阵 [projection matrix] 将母代数 g 的每一个权投影到子代数 p 的矩阵。

嵌入指标 [embedding index] 嵌入指标 x_e 是母代数 g 最高根在子代数上的投影的长度平方与子代数 p 最高跟的长度平方之比 $x_e = \frac{|\mathcal{P}\theta_g|^2}{|\theta_p|^2}$。

仿射李代数嵌入 [affine Lie algebra embedding] 包含李代数嵌入和中心荷相关两种结构。李代数嵌入指子代数 p 到母代数 g 的代数同构，$p \in g$。中心荷相关是将子代数的中心荷 k_p 和母代数的中心荷 k_g 相关 $k_p = k_g x_e$，其中 x_e 是嵌入指标。

仿射分支规则 [affine branching rules] 母代数的不可约模 $M_{\hat{\lambda}}^g$ 可以分解成子代数不可约模 M^p 的直和 $M_{\hat{\lambda}}^g = \oplus_{\hat{\mu}} b_{\hat{\lambda}, \hat{\mu}} M_{\hat{\mu}}^p$，其中 $b_{\hat{\lambda}, \hat{\mu}}$ 称为直和系数并唯一确定了仿射分支规则。

谱生成代数 [spectrum-generating algebra] 数学物理概念，理论对称性所对应的李代数的包络代数，其希尔伯特空间构成该代数的一个（幺正）不可约表示。通常情况下，谱生成代数将理论的对称性推广为一个更大的代数，其中额外的生成元给出能量本征空间之间的映射。在共形场论中，可通过菅原（Sugawara）构造证明维拉索罗（Virasoro）代数的包络代数为仿射李代数，即为共形场论的谱生成代数。完整

的仿射李代数和维拉索罗 (Virasoro) 代数如下，

$$[L_n, L_m] = (n-m)L_{n+m} + \frac{c}{12}(n^3 - n)\delta_{n+m,0}$$

$$[L_n, J_m^a] = -m J_{n+m}^a$$

$$\left[J_n^a, J_m^b\right] = \sum_c i f_{abc} J_{n+m}^c + kn\delta_{ab}\delta_{n+m,0}$$

其中 L_n 为维拉索罗 (Virasoro) 代数生成元，其余的仿射李代数生成元 J_n^a 亦为共形场论的守恒流的罗朗展开模式，f_{abc} 为仿射李代数的结构常数。

内沃–施瓦茨代数 [Neveu-Schwarz algebra]　在 $\mathcal{N}=1$ 超称维拉索罗 (Virasoro) 代数中，r 为半整数时是内沃–施瓦茨代数。

拉蒙代数 [Ramond algebra]　在 $\mathcal{N}=1$ 超称维拉索罗 (Virasoro) 代数中，r 为整数时是拉蒙代数。

共形场论中的场和态 [field and state in conformal field theory]　共形场论与其他量子场论一样，其基本要素是场和态，场量子化之后可以构成各种算符。所有共形场论中的物理量都是由这两个基本元素构成的。

原初场 [primary field]　又称原初算符。共形场论中的一类局域场，是被维拉索罗 (Virasoro) 代数中的任意降算符 L_n $(n>0)$ 所湮灭的算符。数学上，定义在原点的原初场算符 $\varphi(0)$ 满足条件：

$$[L_n, \varphi(0)] = 0, \qquad \forall\, n > 0$$

从群 (代数) 的表示论角度，原初场是维拉索罗 (Virasoro) 代数的一个给定表示中重量最高的态 (或称为能量最低的态)。特别的，在 z- 复平面上的二维共形场论中，在任意局域共形变换 $z \to w(z), \bar{z} \to \bar{w}(\bar{z})$ 下，全纯和反全纯共形量纲分别为 h 和 $\bar{h}$ 的原初场 $\varphi(z,\bar{z})$ 的变换为

$$\varphi'(w,\bar{w}) = \left(\frac{\mathrm{d}w}{\mathrm{d}z}\right)^{-h}\left(\frac{\mathrm{d}\bar{w}}{\mathrm{d}\bar{z}}\right)^{-\bar{h}}\varphi(z,\bar{z})$$

d-维共形场论中原初场的概念首先由马克 ()Mack) 和萨拉姆 (Salam) 于 1969 年提出；泊里雅科夫 (Polyakov) 曾将原初场描述为不能表示为其他局域场的导数的场；二维原初场的精确描述由巴拉温 (Belavin)、泊里雅科夫 (Polyakov) 和扎莫洛基科夫 (Zamolodchikov) 在 1984 年提出。原初场在共形场论研究中具有重要意义，由于非原初场 (参见词条次级场) 可由原初场得到，因而理论中的可观测量都可通过关于原初场的计算直接或间接求得。

原初算符 [primary operaton]　即原初场。

准原初场 [quasi-primary field]　共形场论中的一类局域场，是被维拉索罗 (Virasoro) 代数中的降算符 L_1 所湮灭的场算符，即对于定义在原点的准原初场算符 $\varphi(0)$，有

$[L_1, \varphi(0)] = 0$。从共形变换的角度上说，准原初场是仅在非局域的共形变换下不变的场。所有的原初场都是准原初场，但准原初场不一定是原初场，一个重要的非原初场的准原初场为能量动量张量。

渐近态 [asymptotic state]　由原初场作用于真空态而生成的态。

次生态 [descendant state]　由 Virasoro 产生算符作用于渐近态而生成的态。

次级场 [secondary field]　共形场论中，非原初场的局域场统称为次级场，是由维拉索罗 (Virasoro) 代数中的升算符 L_{-n} $(n>0)$ 作用在原初场上所得的场。任意原初场通常存在无穷多由其生成的次级场。

辅助场 [auxiliary field]　又称非物理场。在作用量中不含时间导数项的场。辅助场可以通过欧拉方程表示成其他物理场的形式。

屏蔽算符 [screening operator]　在库仑气体公式化表示的共形场论中，为保证理论的自洽性而在顶角算符的 n- 点关联函数计算中引入的一类非局域算符，其共形量纲为零、U(1)-对称性所对应的荷不为零。屏蔽算符可由一个共形量纲为 1 的局域场算符的闭合回路积分构造。屏蔽算符在共形变换下保持不变，与所有的维拉索罗 (Virasoro) 代数的生成元相对易。在关于自由玻色子 $\phi(z)$ 的二维共形场论中，屏蔽算符为

$$Q_\pm = \oint \mathrm{d}z\, e^{i\sqrt{2}\alpha_\pm \cdot \phi(z)}$$

其中，α_+ 和 α_- 分别为屏蔽算符 Q_+ 和 Q_- 的 U(1) 荷，且满足下列条件：

$$\alpha_+ + \alpha_- = 2\alpha_0, \qquad \alpha_+\alpha_- = -1$$

其中 α_0 为库仑气体公式化中引入的参数 (假设无穷远点的荷为 $-2\alpha_0$)。

在顶角算符的关联函数计算中，插入整数个屏蔽算符 (Q_+ 或 Q_-) 对于关联函数的共形性质没有影响，但可抵消顶角算符的 U(1) 荷。引入屏蔽算符时必须满足中性条件，例如，对于 U(1) 荷为 α 的顶角算符 $V_\alpha(z)$ 的两点关联函数，引入屏蔽算符后，该关联函数为

$$\langle V_\alpha(z) V_\alpha(w) Q_+^m Q_-^n \rangle$$

此关联函数必须满足的中性条件为

$$2\alpha + m\alpha_+ + n\alpha_- = 2\alpha_0$$

顶角算符 [vertex operator]　共形场论中的一类局域算符，描述场在特定位置的行为；从共形场论的态 - 算符同构映射角度，顶角算符也可被视为对于态给定的初始条件。

顶角算符在二维共形场论、特别是弦论中有重要应用。在弦论中，对于给定具有 D-动量 $k^\mu(\mu = 0, 1, \cdots, D-1)$、内禀态 j 的弦，存在顶角算符 $V_j(k)$；顶角算符 $V_j(k)$ 的形式必须满足微分同胚不变性、外尔 (Weyl) 不变性和平世界面上的共形不变性，例如，闭弦 X^μ 在平世界面上的基态所对应的顶角算符 (即描述快子的算符) 为

$$V_0(k) = 2g_c \int \mathrm{d}^2 z g^{1/2} \mathrm{e}^{ik \cdot X}$$

其中，g_c 为理论的耦合常数，g 为世界面的度规的行列式。上述对称性要求 $-k^2 = -\dfrac{4}{\alpha'}$（$\alpha'$ 为里奇 (Regge) 斜率）。

边界算符 [boundary operator] 又称边界场。带边共形场论中定义在边界上的场算符，是为以算符代数的方式处理体系的边界条件而引入的概念。边界算符的引入是带边共形场论研究中处理各种与共形对称性兼容的边界条件的重要方法，边界算符在共形变换下的行为、边界算符构成的关联函数等都是带边共形场论研究中受学术界关注的课题。定义在体空间内的场算符在逼近边界时与其自身的镜像算符的算符乘积展开可近似地由边界算符的叠加表示，边界算符虽然定义在边界上，但是与体空间内的场算符属于同一代数。

手征顶角算符 [chiral vertex operator] 在二维共形场论中，顶角算符可能被表达为两个顶角算符的直积的形式。例如，在自由标量场论中由标量场 $\varphi(z, \bar{z})$ 构造的顶角算符 $\mathcal{V}_\alpha(z, \bar{z})$ 可被写为

$$\mathcal{V}_\alpha(z, \bar{z}) = V_\alpha(z) \otimes \bar{V}_\alpha(\bar{z})$$

其中 $V_\alpha(z)$ 和 $\bar{V}_\alpha(\bar{z})$ 分别包含了完整顶角算符 $\mathcal{V}_\alpha(z, \bar{z})$ 的全纯与反全纯信息，这两个算符则分别称为左旋和右旋的手征顶角算符。

有理共形场论 [rational conformal field theory] 共形场论的一个分支，是定义在具有复结构的紧致曲面上且其原初场构成一个有限集合的共形场论。有限共形场论的对称性代数为维拉索罗 (Virasoro) 代数的延伸，其希尔伯特空间可被分解为有限的不可约表示。有限共形场论推广了最小共形模型的概念。有限共形场论中的关联函数、配分函数等都可以表达为解析函数与反解析函数乘积的有限和的形式；换言之，有理共形场论的算符乘积代数存在一个全纯的 (以及反全纯的)、无单值的子代数，该理论的物理希尔伯特空间可被分解为这两个代数的积的有限和。有理共形场论中最著名的模型为奥地利物理学家外斯 (Wess)、意大利物理学家祖米诺 (Zumino) 以及美国物理学家威滕 (Witten) 提出的外斯–祖米诺–威滕 (Wess-Zumino-Witten) 模型。其他常见模型有巴拉温–泊里雅科夫–扎莫洛奇科夫 (Belavin-Polyakov-Zamolodchikov) 最小模型和弗里丹–丘–申克 (Friedan-Qiu-Shenker) 最小模型、以及它们的 $\mathcal{N} = 1$ 和 $\mathcal{N} = 2$ 超对称推广

模型等。二维有理共形场论的概念首先由弗里丹 (Friedan)、丘 (Qiu) 和申克 (Shenker) 在 1984 年作为一种可被归类的、具有特殊结构的共形场论模型提出，弗里丹–丘–申克 (Friedan-Qiu-Shenker) 模型基于维拉索罗 (Virasoro) 代数的手征代数，有 W-代数、W_n-代数等非平凡的推广延伸。对于有理共形场论的研究引出了韦尔兰德 (Verlinde) 代数、最小模型的韦尔兰德 (Verlinde) 公式等重要研究成果。英国物理学家卡蒂 (Cardy) 和日本物理学家石桥 (Ishibashi) 在 1989 年指出了有理共形场论与 D-膜态的关联。

最小共形模型 [minimal conformal model] 简称最小模型。有理共形场论的一个分支。其特点是理论的希尔伯特空间由有限多个维拉索罗 (Virasoro) 代数的表示所构成，该理论具有有限多个共形簇。这类模型相对简单，理论上可被完全解出 (例如，理论中所有的关联函数都可有解析表达式)。最小模型描述临界点上离散统计模型，例如易辛 (Ising) 模型、珀茨 (Potts) 模型等。最小模型与临界点上的已知统计模型间的对应关系是共形场论的重要应用。

带边的共形场论 [boundary conformal field theory] 共形场论的一个分支，是定义域具有边界的共形场论，由英国物理学家卡蒂 (Cardy) 提出。带边的共形场论因其简明优雅的代数和几何结构而受到广泛研究，其最重要的两个应用为弦论中的开弦和 D-膜的物理性质与结构、已经凝聚态物理中边界上的临界行为和量子杂质模型。在带边的共形场论中，边界调节必须使得应力–能量张量的与边界相平行或垂直的方向上非对角的分量为零，并且任何均匀的边界条件将在重正化群下变换成共形不变的边界条件。对于给定的体共形场论，可能存在多种不同的边界条件，带边的共形场论研究中的一个方向即是对这些边界条件的分类。带边的共形场论的研究方向还包括边界熵的计算、对体–边界算符乘积展开的研究、以及对除共形边界条件之外的可能的边界条件极其所对应的共形场论的研究。

刘维尔场论 [Liouville field theory] 共形场论的一个分支，是一个二维非有理共形场论，由其经典运动方程与法国数学家刘维尔在黎曼几何研究中提出的二阶非线性微分方程在形式上的相似性而得名。刘维尔场论由如下作用量定义：

$$S = \frac{1}{4\pi} \int \mathrm{d}^2 x \sqrt{g}(g^{\mu\nu} \partial_\mu \varphi \partial_\nu \varphi + (b + b^{-1})R\varphi + 4\pi \mathrm{e}^{2b\varphi})$$

其中 $g_{\mu\nu}$ 为二维时空上的度规，R 为该二维时空的里奇标量，实数 b 为刘维尔场论的耦合常数，而场 φ 有时被成为刘维尔场。刘维尔场论的中心荷为 $c = 1 + 6(b + 1/b)^2$。刘维尔场论是目前研究最深入的非有理共形场论，其中已有可观测量得到计算，例如球面上的原初场的两点和三点关联函数、环面上的配分函数和圆盘上的单点关联函数等。刘维尔场论与二

维引力论、弦论、三维负曲率曲面上的广义相对论、四维超共形规范场论等都有紧密联系。刘维尔场论也与存在仿射对称性的二维非有理场论，如外斯–祖米诺–诺维科夫–威滕 (Wess-Zumino-Novikov-Witten) 理论，有一定的关联。刘维尔场论可被视为 A_N 户田场论的一种特殊情况，并且可以推广为具有超对称的共形场论。刘维尔场论及其超对称的延伸都可能与特定矩阵模型相对应。

WZW 模型 [WZW model] 对于特定的仿射李代数，为了构造一种共形场论使得存在守恒流具有该仿射李代数结构。实现方法就是外斯–祖米诺–威滕 (Wess-Zumino-Witten) 模型. 该模型考虑了一个从 1+1 维时空 w 到群空间 G 的映射 $g(w)$. 以 $g(w)$ 为量子场，构造作用量

$$S^{\mathrm{WZW}} = \frac{k}{16\pi\chi_{\mathrm{rep}}} \int \mathrm{d}^2 w Tr(\partial^\mu g^{-1} \partial_\mu g)$$
$$+ \frac{-\mathrm{i}k}{24\pi\chi_{\mathrm{rep}}} \int \mathrm{d}^3 y^{\alpha\beta\gamma} Tr(\tilde{g}^{-1}\partial_\alpha \tilde{g}\tilde{g}^{-1}\partial_\beta \tilde{g}\tilde{g}^{-1}\partial_\gamma \tilde{g})$$

其中 χ_{rep} 是对应表示的邓金 (Dynkin) 指标，$\tilde{g}$ 是 g 在三维时空上的延拓。守恒流是 $J(z) \equiv -k\partial_z g g^{-1}$ 和 $J(\bar{z}) \equiv -k\partial_{\bar{z}}g g^{-1}$。

菅原构造 [Sugawara construction] 在 WZW 模型中，能动张量流 $T(z)$ 可以由守恒流 $J^a(z)$ 来构造

$$T(z) = \frac{1}{2(k+c_g)}\sum_a (J^a J^a)(z)$$

其中 c_g 为对偶科克斯特 (Coxeter) 数。

陪集构造 [coset construction] 又称 GKO 构造。构造维拉索罗 (Virasora) 代数的幺正最高权表示的一种方法。从母仿射代数 g, k_g 和子仿射代数 p, k_p 通过菅原 (Sugawara) 构造能得到相应能动张量流的维拉索罗 (Virasoro) 代数. 再根据陪集构造能得到新的仿射代数 $L_m^{g/p} \equiv L_m^g - L_m^p$，其对应关系是

$$[L_m^{g/p}, L_n^{g/p}] = (m-n)L_{m+n}^{g/p} + \frac{c^{g/p}}{12}(m^3 - m)\delta_{m+n,0},$$
$$c^{g/p} = c^{(g,k_g)} - c^{(p,k_p)}$$

它由高达 (Goddard)、肯特 (Kent) 和奥利弗 (Olive) (1986) 引入. 这种方法能构造出最高权表示的完备离散系列并使得幺正性明显化。因此这一方法能用于分类幺正最高权表示。

GKO 构造 [GKO construction] 即陪集构造。

分支函数 [branching function] 在陪集构造中，子代数的特征标函数有如下关系：

$$\chi_{\hat{\lambda}}(x_g; \tau; t) = \sum_{\hat{\mu} \in P_+^{kxe}} \chi_{\hat{\lambda};\hat{\mu}}(\tau)\chi_{\hat{\mu}}(x_g; \tau; t)$$

这里 $\chi_{\hat{\lambda};\hat{\mu}}(\tau)$ 定义为分支函数。

陪集 S 矩阵 [coset S matrix] 分支函数在模群 S 生成元变换下的变换矩阵

$$\chi_{\{\hat{\lambda};\hat{\mu}\}}\left(-\frac{1}{\tau}\right) = \sum_{\hat{\lambda}' \in P_+^k, \hat{\mu}' \in P_+^k} S_{\{\hat{\lambda};\hat{\mu}\},\{\hat{\lambda}';\hat{\mu}'\}}\chi_{\{\hat{\lambda}';\hat{\mu}'\}}(\tau)$$

陪集 T 矩阵 [coset T matrix] 分支函数在模群 T 生成元变换下的变换矩阵：

$$\chi_{\{\hat{\lambda};\hat{\mu}\}}\left(-\frac{1}{\tau}\right) = \sum_{\hat{\lambda}' \in P_+^k, \hat{\mu}' \in P_+^k} T_{\{\hat{\lambda};\hat{\mu}\},\{\hat{\lambda}';\hat{\mu}'\}}\chi_{\{\hat{\lambda}';\hat{\mu}'\}}(\tau)$$

质量矩阵 [mass matrix] WZW 模型中整个 Hilbert 空间是 $\mathcal{H} = \underset{\hat{\lambda},\hat{\xi} \in P_+^k}{\oplus} \mathcal{N}_{\hat{\lambda},\hat{\xi}} M_{\hat{\lambda}} \otimes M_{\hat{\xi}}$。

WZW 模型中的模不变量 [modular invariants in WZW models] WZW 模型中共形场论的配分函数是

$$Z(\tau) = Tr_{\mathcal{H}}\mathrm{e}^{2\pi\mathrm{i}\tau(L_0-c/24)}\mathrm{e}^{-2\pi\mathrm{i}\tau(\bar{L}_0-c/24)}$$
$$= \underset{\hat{\lambda},\hat{\xi} \in P_+^k}{\oplus} \mathcal{N}_{\hat{\lambda},\hat{\xi}}\chi_{\hat{\lambda}}(\tau) \otimes \bar{\chi}_{\hat{\xi}}(\bar{\tau})$$

当 $[\mathcal{N}, S] = [\mathcal{N}, T] = 0$ 时，可以验证配分函数就是模不变量，这里 S, T 分别是模 S 矩阵和 T 矩阵，$\mathcal{N}$ 是质量矩阵。

对角模不变量 [diagonal modular invariant] 当质量矩阵是单位矩阵时，WZW 模型中的配分函数就是对角模不变量。

陪集质量矩阵 [coset mass matrix] 母仿射李代数 g 和子仿射李代数 p 的 WZW 模型中的质量矩阵乘积 $\mathcal{N}_{\{\hat{\lambda},\hat{\mu}\},\{\hat{\lambda}',\hat{\mu}\}}^{g/p} = \mathcal{N}_{\hat{\lambda},\hat{\lambda}'}^g \mathcal{N}_{\hat{\mu},\hat{\mu}'}^p$。

陪集配分函数 [coset partition function] 陪集配分函数 $Z = \sum \chi_{\{\hat{\lambda};\hat{\mu}\}}(\tau)\mathcal{N}_{\{\hat{\lambda},\hat{\mu}\},\{\hat{\lambda}',\hat{\mu}\}}^{g/p} \bar{\chi}_{\{\hat{\lambda}';\hat{\mu}'\}}(\bar{\tau})$，在求和中 $\hat{\lambda}, \hat{\lambda}' \in P_+^g, \hat{\mu}, \hat{\mu}' \in P_+^p$ 且 $P\lambda - \mu = P\lambda' - \mu' = 0$，这里 P 是主域权集合，$\mathcal{N}^{g/p}$ 是陪集质量矩阵，χ 是分支函数。

WZW 初级场 [WZW primary field] WZW 模型中，在左手或右手群对称作用下，以分别以一种群表示协变形式变化的场。以算符积展开可以表示为以下形式：

$$J^a(z)\varphi_{\lambda,\mu}(w,\bar{w}) \sim \frac{-t_\lambda^a \varphi_{\lambda,\mu}(w,\bar{w})}{z-w}$$

$$\bar{J}^a(\bar{z})\varphi_{\lambda,\mu}(w,\bar{w}) \sim \frac{\varphi_{\lambda,\mu}(w,\bar{w})t_\mu^a}{z-w}$$

WZW 次生场 [WZW descendant field] 通过流算符生成元作用在初级场上得到的场。

胁本自由场表示 [Wakimoto free-field representation] 对于每个仿射代数的零模成生元引入一个全纯自由场，通过自由场之间的算符积实现仿射李代数的算符积。这种 WZW 共形场论的表示方法称为胁本自由场表示。

共形量纲 [conformal dimension]　描述共形场论中场的一个特征参数，由场在共形变换作用下的行为决定。在二维共形场论中，假设给定场 φ 的标度量纲为 Δ、自旋为 s，则称以下物理量 $h,\bar{h}$ 分别为全纯自旋量纲和反全纯自旋量纲，

$$h = \frac{1}{2}(\Delta + s), \qquad \bar{h} = \frac{1}{2}(\Delta - s)$$

共形量纲不仅自身是共形场论中的重要物理量，同时也在其他可观测量相关计算中有重要作用，理论上，二维共形场论可完全由 (重正化的) 全纯与反全纯自旋量纲、三点关联函数定义。共形对称性高度限制了可观测量 (例如多点关联函数) 的可能的数学形式，在许多情形下，共形量纲完全确定了可观测量数学形式的运动学部分。在 d-维共形场论中 $(d > 2)$，往往采用标度量纲代替共形量纲在二维场论中的作用。

标度量纲 [scaling dimension]　共形场论中描述场的性质的量子数，与标度变换相关。数学上，在标度变换 $x \to x' = \lambda x$ 下，场 $\varphi(x)$ 的变换为

$$\varphi(x) \to \varphi'(\lambda x) = \lambda^{-\Delta} \varphi(x)$$

则称 Δ 为 $\varphi(x)$ 的标度量纲。

共形簇 [conformal family]　由一个原初场 φ 及所有由其衍生出的次级场所构成的集合，有时表示为 $[\varphi]$，一个共形簇是 Virasoro 代数的一个不可约表示。在多数情况下，原初场可以完全确定一个共形簇。共形簇中的任意一个场在共形变换作用下依然得到该簇中的场，共形簇中的场与应力-能量张量的算符乘积展开包含且仅包含该簇中的成员。

共形规范 [conformal gauge]　共形场论中常见的一类限制条件，消除场论中度规的冗余自由度，使得度规张量有且仅有对角项，其具体定义如下：

$$g_{\mu\nu} = \delta_{\mu\nu} e^{2\phi(x)}$$

其中 $\delta_{\mu\nu}$ 为 Kronecker δ-函数。在二维体系内，构造这样的规范条件总是局域可能的。在共形规范下，度规行列式和曲率分别为

$$\sqrt{g} = e^{2\phi(x)}, \qquad \sqrt{g}R = \partial^2 \phi$$

共形生成元 [conformal generator]　生成共形群的生成元，是表示共形变换的操作 (算符)，所有的共形生成元构成共形变换集合的一个子集，任意共形变换可由有限多个生成元集中的元素及它们的逆的组合构成。关于一般情形下 $(d \geqslant 3)$ 的共形生成元的数学表达及其对易关系所定义的共形代数，参见 "共形变换"。在二维情形下，局域的共形群由于其在弦论等研究方向上的作用而具有特殊的重要性，二维局域共形群的生成元可被分为全纯的和反全纯的两个子集。数学上，定义在 z-复平面上的局域共形群的全纯和反全纯生成

元可分别表示为如下形式，

$$\ell_n = -z^{n+1}\partial_z, \quad \bar{\ell}_n = -\bar{z}^{n+1}\bar{\partial}_z, \quad n = \cdots, -1, 0, 1, \cdots$$

全纯和反全纯生成元分别构成一个代数，其形式如下，这样的代数称为 Witt 代数

$$[\ell_n, \ell_m] = (n-m)\ell_{n+m}, \quad [\bar{\ell}_n, \bar{\ell}_m] = (n-m)\bar{\ell}_{n+m},$$

$$[\ell_n, \bar{\ell}_m] = 0$$

因此二维局域共形代数是两个同构的无穷维的 Witt 代数的直和。这两个 Witt 代数都存在一个仅由 $\ell_{-1}, \ell_0, \ell_1$ (或 $\bar{\ell}_{-1}, \bar{\ell}_0, \bar{\ell}_1$) 生成的有限维子代数，这个子代数与全局的共形群相对应。在 z-复平面上，ℓ_{-1} 生成平移变换，ℓ_0 生成标度和旋转变换，ℓ_1 生成特殊共形变换。

BRST 上同调 [BRST cohomology]　BRST 荷的上同调空间在数学上定义为 BRST 荷 Q 作用在态空间上所得的核与其像空间的商空间，即

$$H^*(Q) = \frac{\mathrm{Ker}Q}{\mathrm{Im}Q}$$

在一般的规范场论中，物理态必须为 BRST 荷所湮灭 (即物理态属于 $\mathrm{Ker}Q$)，且本身不能是 BRST 荷作用在某一个态上所得的像 (即物理态不属于 $\mathrm{Im}Q$)，BRST 上同调空间是完整态空间的一部分，包含且仅包含全部的物理态。

BRST 对称性 [BRST symmetry]　规范场论中由 BRST 量子化所引入的对称性，由首先研究这一类对称性的物理学家 Becchi、Rouet、Stora 和 Tyutin 命名。在一般的规范场论中，为正规化由于规范对称性的存在而发散的路径积分，选定一个规范并在路径积分中引入 Fadeev-Popov 行列式以及与自身反对易的 (鬼场) 变量，这一过程称为 BRST 量子化。BRST 量子化导致修正过的路径积分有一个额外的对称性，即为 BRST 对称性，这一对称性的生成元称为 BRST 荷或 BRST 算符，是与自身反对易的 (幂零元) 算符，BRST 算符的上同调空间是理论的态空间的子集，包含且仅包含理论的物理态 (参见 "BRST 上同调")。

中心荷 [central charge]　共形场论中描述系统对于宏观标度的引入而造成的反常的量子数，在数值上和共形反常成正比 (参见 "共形反常")。中心荷也出现在 Virasoro 代数中，Virasoro 代数的生成元 $L_n(n \in \mathbf{Z})$ 为作用在希尔伯特空间上的量子局域共形变换的生成元，它们之间的对易关系为

$$[L_n, L_m] = (n-m)L_{n+m} + \frac{c}{12}n(n^2-1)\delta_{n+m,0},$$

$$[L_n, \bar{L}_m] = 0$$

$$[\bar{L}_n, \bar{L}_m] = (n-m)\bar{L}_{n+m} + \frac{c}{12}n(n^2-1)\delta_{n+m,0}$$

在 z-复平面上的二维共形场论中, 中心荷可由能量–动量张量的算符乘积展开行为得到, 若能量–动量张量的全纯部分为 $T(z) = -2\pi T_{zz}$, 则算符乘积展开行为与中心荷的关系为

$$T(z)T(w) \sim \frac{c/2}{(z-w)^4} + \frac{2T(w)}{(z-w)^2} + \frac{\partial T(w)}{(z-w)}$$

最小模型中 BRST 荷 [BRST charge in minimal model] 又称最小模型中的 BRST 算符。是最小模型的 BRST 对称性的生成元, 也是 BRST 变换所对应的守恒荷, 由首先研究这一类对称性的物理学家贝奇 (Becchi)、罗易特 (Rouet)、斯多拉 (Stora) 和提佑廷 (Tyutin) 命名。与一般规范场论中的 BRST 对称性 (参见BRST 对称性) 类似, 最小模型中的 BRST 对称性是对理论微分同胚对称性进行规范选定的结果; BRST 荷 Q_s(s 为任意整数) 又可被视为最小模型中的一类特殊屏蔽算符 (参见屏蔽算符), 其数学形式可通过手征顶角算符 $V_{\alpha_-}(v)$(见词条手征顶角算符) 构造, 即

$$Q_s = \frac{1}{s} \oint_{|v_0|=1>|v_1|>\cdots>|v_{s-1}|} V_{\alpha_-}(v_0)\cdots V_{\alpha_-}(v_{s-1}) \prod \mathrm{d}v_b$$

最小模型中的 BRST 荷与维拉索罗 (Virasoro) 代数生成元对易。

最小模型中的 BRST 算符 [BRST operator in minimal model] 即最小模型中 BRST 荷。

卡西米尔能量 [Casimir energy] 又称零点能量量子真空能量、真空能量、自由能等, 是共形场论中描述系统由于其有限的体积而具有的基态能量, 由荷兰物理学家卡西米尔命名。在共形场论中, 卡西米尔能量一般可由体系的哈密顿量作用于基态、或计算能量–动量张量的真空期望值得到, 其结果仅依赖于理论的中心荷和体系的尺度, 若体系的尺度为无穷大, 则卡西米尔能量为零。

模不变量 [modular invariant] 定义在环面上的共形场论中在模变换下保持不变的模参量的函数。从拓扑学的角度, 环面可定义为使任意可由两线性独立的矢量 ω_1、ω_2 的组合 $a\omega_1 + b\omega_2$(其中 $a, b \in \mathbf{Z}$) 连接的两点等价的复平面, 环面的模参量为 $\tau = \omega_1/\omega_2$。一般地, 模变换可表示为

$$\tau \to \frac{a\tau + b}{c\tau + d}, ad - bc = 1, \qquad a, b, c, d \in \mathbf{Z}$$

且模变换必须保持模参量 τ 始终位于复平面的上半平面, 该模变换的群为 $SL(2, \mathbf{Z})/\mathbf{Z}_2$, 即群 $PSL(2, \mathbf{Z})$; 模变换群的两个生成元分别称为 S-变换和 T-变换,

$$S: \tau \to -\frac{1}{\tau}$$

$$T: \tau \to \tau + 1$$

轨形 [orbifold] 对某个流形空间和有限群 G, 定义 G 在流形上的作用, 轨形就是流形空间在 G 作用下的等价类。

非阿贝尔轨形 [non-Abelian orbifold] 如果定义轨形的群 G 是非阿贝尔群, 则称为非阿贝尔轨形。

轨形的配分函数 [partition function of orbifold] 考虑轮胎面上的配分函数, 如果物理场在时间周期和空间周期上的周期性分别被群 G 中的两元素 a, b 扭曲, 我们可以定义配分函数 $Z_{a,b}(\tau)$。轨形的配分函数是对所有可交换 a, b 对的 $Z_{a,b}(\tau)$ 的求和。

共形反常 [conformal anomaly] 又称Weyl 反常、比例反常、迹反常。系统的作用量具有共形对称性而系统路径积分的共形对称性破缺的量子现象, 常由系统中宏观尺度参数 (例如时空曲率) 的存在而引起, 数学上可通过系统的量子理论中的能动量张量的迹 T^μ_μ 来衡量 (T^μ_μ 在经典理论中由于共形对称性的存在必然为零)。在弦论中, 共形反常 $T^\alpha_\alpha, \alpha = \tau, \sigma$ 正比于理论的中心荷 c 和弦的世界面的里奇标量 R, 即

$$T^\alpha_\alpha = -\frac{c}{12}R$$

为消除共形反常, 弦论的中心荷必须为零, 从而从弦论的自洽性角度, 给出时空维度所必须满足的条件。

Weyl 反常 [Weyl anomaly] 即共形反常。

比例反常 [scaling anomaly] 即共形反常。

迹反常 [trace anomaly] 即共形反常。

玻色化 [Bosonization] 在共形场论中, 既代表特定玻色性场论和费米性场论之间在低能范围存在的等价性, 也代表在等价的两个理论之间相互转化的数学过程。玻色化的概念首先于 1975 年由粒子物理学家柯曼 (Coleman) 和斯丹利 (Stanley), 以及凝聚态物理学家玛蒂斯 (Mattis) 和路特 (Luther) 分别独立提出。这一等价性最初发现于关于两个马约拉纳–外尔 (Majorana-Weyl) 费米子的二维共形场论和关于一个标量场的二维共形场论之间, 若 $\psi^{1,2}(z)$ 分别表示两个费米场, $H(z)$ 表示该标量场的全纯部分, 则这两个理论间近似的转换关系为

$$\psi(z) = \frac{1}{\sqrt{2}}(\psi^1 + \mathrm{i}\psi^2) \simeq \mathrm{e}^{\mathrm{i}H(z)}$$

$$\bar{\psi}(z) = \frac{1}{\sqrt{2}}(\psi^1 - \mathrm{i}\psi^2) \simeq \mathrm{e}^{-\mathrm{i}H(z)}$$

可以证明这两个理论中对应算符之间的算符乘积展开行为、能量–动量张量等都在低能范围近似相等。这类等价性在二维共形场论的研究中由于理论的全纯性而十分普遍, 近年来也常见于高维共形场论、弦论等。

手征玻色化 [chiral bosonization] 对于手征费米子场论的玻色化 (参见玻色化), 其基本概念与一般的玻色化过程相同, 但手征费米子场论中, 费米子场具有左旋和右旋的两个分量, 对应地, 拉格朗日量等函数也可分解为左旋、右旋两个部分, 因而在玻色化过程中, 需要对左旋和右旋的费米子

分别进行处理，原理论中的费米场和对应的玻色化理论中的玻色场之间的数学关系也需进行相应调整。

共形块 [conformal block]　共形场论中的常见概念，完全由共形对称性决定的一类函数。有时与共形部分波混用。共形块的概念最初由巴拉温 (Belavin)、泊里雅科夫 (Polyakov) 和扎莫洛基科夫 (Zamolodchikov) 于 1984 年在二维共形场论的研究中提出，近年来由于共形块在共形靴绊法、共形场论的多点关联函数等问题中的重要应有而广受关注。共形块可通过下列四点关联函数的算符乘积展开来定义：

$$\langle\varphi_1(x_1)\varphi_2(x_2)\varphi_3(x_3)\varphi_4(x_4)\rangle$$
$$=\sum_{\mathcal{O}}\lambda_{12\mathcal{O}}\lambda_{34\mathcal{O}}W_{\mathcal{O}}(x_1,x_2,x_3,x_4)$$

其中 x_i 为局域场算符 φ_i 的坐标，$\lambda_{12\mathcal{O}},\lambda_{34\mathcal{O}}$ 为待定纯数字系数，$\mathcal{O}$ 为算符乘积展开中可能存在的任意算符。共形对称性决定了函数 $W_{\mathcal{O}}(x_1,x_2,x_3,x_4)$ 可写为如下形式：

$$W_{\mathcal{O}}(x_1,x_2,x_3,x_4)=\left(\frac{x_{24}^2}{x_{14}^2}\right)^{\frac{1}{2}\Delta_{12}}\left(\frac{x_{14}^2}{x_{13}^2}\right)^{\frac{1}{2}\Delta_{34}}$$
$$\frac{G_{\mathcal{O}}(u,v)}{(x_{12}^2)^{\frac{1}{2}(\Delta_1+\Delta_2)}(x_{34}^2)^{\frac{1}{2}(\Delta_3+\Delta_4)}}$$

其中 Δ_i 为场 φ_i 的标度量纲，$\Delta_{ij}\equiv\Delta_i-\Delta_j$，$x_{ij}\equiv x_i-x_j$，共形交比 u,v 分别定义为

$$u=\frac{x_{12}^2 x_{34}^2}{x_{13}^2 x_{24}^2},\qquad v=\frac{x_{14}^2 x_{23}^2}{x_{13}^2 x_{24}^2}$$

前面公式中，共形交比的函数 $G_{\mathcal{O}}(u,v)$ 称为共形块。

交叉对称性 [crossing symmetry]　在共形场论中，四点关联函数 $\langle\varphi_1\varphi_2\varphi_3\varphi_4\rangle$ 可以用两种不同但等价的方式计算：① 先将 $\varphi_1\varphi_2$ 和 $\varphi_3\varphi_4$ 分别作算符积展开，再将展开后算符乘积作算符积展开。② 先将 $\varphi_2\varphi_3$ 和 $\varphi_4\varphi_1$ 算符积展开，再将展开后算符再次展开。在共形场论中这两种运算规则必需是精确相等的。所以这一条件通称为交叉对称性，这会对算符积展开规则产生一些限制，如下图。

共形靴绊法 [conformal bootstrap]　通过交叉对称性来计算关联函数的方法。

算符积展开 [operator product expansion]　当两个与时空位置相关算符无限接近的时候，这时两算符乘积可以展开成单个算符的求和形式。

模式展开 [mode expansion]　对全纯场按全纯坐标的级数展开。

聚合规则 [fusion rules]　在数学和理论物理，融合规则是确定两种群表示张量积分解成不可约表示的直和的规则。在共形场理论有关群是由维拉索罗 (Virasoro) 代数或彷射李代数生成的。相应的表示是张量乘积可以由算符乘积展开来实现。融合规则确定出现在这些算符积展式中代数不可约表示类的规则。

奇异矢量 [singular vector]　在所有量子态中，除最高权态以外，能被共形湮灭算符作用为零的态。

基本耦合 [elementary coupling]　在共形场论中，耦合通常是三点关联函数的振幅。任意三次张量积可以分解成一些基本张量积的乘积，这些基本张量积就是基本耦合。

聚合势 [fusion potential]　对于每个基本权，张量积可以化为 r 变量多项式的乘积。而张量积系数的级相关截断诱导了多项式限制。这一多项式限制函数的生成函数定义成聚合势。

韦尔兰德公式 [Verlinde formula]　聚合系数可以写成 S 矩阵的形式，这种转化关系称为韦尔兰德公式：

$$N_{\hat\lambda\hat\mu}^{\hat\nu}=\sum_{\hat\sigma\in P_+^k}\frac{S_{\hat\lambda\hat\sigma}S_{\hat\mu\hat\sigma}\bar S_{\hat\nu\hat\sigma}}{S_{0\hat\sigma}}$$

共形块的单值性 [monodromy of conformal block]　对于环面上的共形块，当全纯参数分别绕两个不可缩合圈一圈后，共形块在这两操作下的变换性质。

单值不变性 [monodromy invariance]　若共形块在全纯参数绕不可缩合圈下不变，则称单值不变性。

中性条件 [neutrality condition]　由场零模式平移不变性导致的关联函数相应荷守恒条件。

扭曲边界条件 [twisted boundary condition]　对于带边界的共形场论，或者是背景空间为不可缩合圈的共形场论，通常的边界条件是周期边界条件，边界值固定或边界自由边界条件。然而物理系统允许更复杂的边界条件，比如场在边界上发生了一些变换，这类边界条件统称扭曲边界条件。

共形瓦德恒等式 [conformal Ward identity]　瓦德–高桥恒等式在共形场论中的应用，是关于理论中的关联函数的恒等式，是理论的共形对称性的结果，以英国物理学家瓦德命名。数学上，假设算符 X 代表 n 个分别位于 $x_i, i=1,\cdots,n$，标度量纲为 Δ_i 的定域场 $\varphi_i(x_i)$ 的积，$T^{\mu\nu}$ 为理论的能量–动量张量，$S_i^{\mu\nu}$ 为作用在第 i 个定域场上的洛伦兹旋转生成元，则由时空平移不变性、洛伦兹旋转不变性和标度不变性所导出的瓦德恒等式分别为下列公式：

$$\partial_\mu\langle T^\mu_\nu X\rangle=-\sum_i\delta(x-x_i)\frac{\partial}{\partial x_i^\nu}\langle X\rangle$$

$$\langle (T^{\rho\nu} - T^{\nu\rho})X \rangle = -\mathrm{i} \sum_i \delta(x - x_i) S_i^{\nu\rho} \langle X \rangle$$

$$\langle T^\mu_\mu X \rangle = -\mathrm{i} \sum_i \delta(x - x_i) \Delta_i \langle X \rangle$$

在 z-复平面上的在二维共形场论中, 上述三恒等式可被整合为一个简单形式。假设 $\epsilon(z)$ 和 $\bar\epsilon(\bar z)$ 分别为 z 和 $\bar z$ 方向上的无穷小局域变换的无穷小参量, 则瓦德恒等式可以统一写为

$$\delta_{\epsilon,\bar\epsilon} \langle X \rangle = -\frac{1}{2\pi i} \oint_C \mathrm{d}z \epsilon(z) \langle T(z)X \rangle + \frac{1}{2\pi i} \oint_C \mathrm{d}\bar z \bar\epsilon(\bar z) \langle \bar T(\bar z)X \rangle,$$

其中 $T(z) = -2\pi T_{zz}, \bar T(\bar z) = -2\pi T_{\bar z \bar z}$, 逆时针闭合路径 C 包围复平面上所有定域场的坐标。

泊里雅科夫-维格曼恒等式 [Polyakov-Wiegman identity]　WZW 模型作用量在群乘法下的分解式:

$$S(gh^{-1}) = S(g) + S(h^{-1}) + \frac{k}{2} \int \mathrm{d}^2 x Tr'(g^{-1}\partial_{\bar z} g h^{-1} \partial_z h).$$

克尼兹尼克-扎莫洛基科夫方程 [Knizhnik-Zamolodchikov equations]　初级场关函数满足一种由仿射奇异矢量诱导的微分限制条件

$$\left[\partial_{z_i} + \frac{1}{k+g} \sum_{j \neq i} \frac{\sum_a t_i^a \otimes t_j^a}{z_i - z_j} \right] \langle \psi_1(z_1) \cdots \psi_n(z_n) \rangle = 0.$$

满足这个方程的解就是初级场的关联函数。

2.4　量子力学

量子力学 [quantum mechanics]　物理学的一个分支。研究内在结构或机制的作用量与普朗克常量相当的所有物理系统 (如原子、固体、太阳、宇宙) 或物理现象 (如光谱线、热辐射、超导电性、宇宙起源) 的科学, 因其研究对象的物理量 (例如能量) 取值常为与普朗克常量相关的分立值 (量子化) 的特点而得名。量子力学与相对论一起被认为是现代物理学的两大支柱, 是目前理解除万有引力之外的所有基本力 (电磁相互作用、强相互作用、弱相互作用) 的理论基础。物理学的主要分支, 如原子物理学、凝聚态物理学、核物理学、粒子物理学、天体物理学以及宇宙学、化学、电子学、生物学等其他相关的科学领域, 都以其为基础。

1900 年, 普朗克通过对实验数据的分析得到了普朗克黑体辐射定律, 在尝试对这一定律进行理论推导时做出了能量分立化即量子化的假说, 同时引入了建立辐射过程中的最小能量单元与频率间正比关系的普朗克常量, 由此开启了量子物理学时代。1905 年, 爱因斯坦为了解释光电效应, 明确提出光是由具有与频率成正比的最小能量单元的粒子组成的光量子假说, 建立了爱因斯坦光电效应定律。此后二十年间, 爱因斯坦、德拜、玻尔、索末菲、朗德、德布罗意、泡利、玻色、克

莱默斯等为建立量子物理学的理论进行了富于启发性的尝试, 但量子力学的诞生以海森伯 1925 年的量子可观测量必须依赖于发生跃迁过程的多个轨道指标的探索性论文为标志。玻恩立即意识到海森伯将矩阵引入了量子物理学, 与约当、海森伯一起建立了基于矩阵运算的量子力学的首个早期形式 —— 矩阵力学; 与此同时狄拉克也在海森伯论文的启发之下, 通过将泊松括号代换为两个算子乘积顺序交换前后之差, 得到了普遍的位置 - 动量正则量子化条件和力学量运动方程, 建立了直接将分析力学量子化的量子力学的抽象形式 —— 变换理论; 稍后, 薛定谔在德布罗意物质波假说与经典物理学波动方程的启发之下给出了薛定谔波动方程, 建立了广为人知的基于波函数的量子力学早期形式 —— 波动力学。随后, 玻恩提出了波函数的绝对值平方与粒子数目成正比的玻恩规则, 海森伯提出了位置与动量同时测量时的不确定关系, 海森伯与狄拉克同时通过粒子指标置换对称性建立了自由全同粒子系统 —— 玻色子与费米子 —— 的多体波函数。最后, 狄拉克开创二次量子化方法将电磁场量子化, 建立相对论性的狄拉克方程并由负能解困境逼出反物质假说, 确定光子为玻色子、电子为费米子, 奠定了量子电动力学、量子场论及基本粒子理论的基础。1930 年, 狄拉克所著《量子力学原理》对量子理论的形式逻辑体系进行了为爱因斯坦所认可的最为严密的表述, 成为与牛顿《自然哲学的数学原理》比肩的科学里程碑。1933 年, 以前一年实验发现狄拉克所预言的反电子为依据, 量子力学的三位主要开创者海森伯、狄拉克与薛定谔同时获得诺贝尔物理学奖, 标志着量子力学形成了自身的科学范式, 与相对论一起成为最重要的自然科学基础理论。

量子力学不但从根本上改变了人们对物质的结构以及相互作用的认识, 许多物理现象得到了明确的解释, 还与相对论一道塑造了人类目前的宇宙观。借由量子力学, 以往经典理论无法预测的现象, 现在可以被精确地计算出来, 并能在之后的实验中得到验证。除广义相对论描写的引力外, 迄今所有物理基本相互作用均可以在量子力学 (量子场论) 的框架内描写。在现代高科技领域, 量子物理学更是发挥了主要作用, 例如: 激光的工作机制是爱因斯坦提出的受激发射、电子显微镜利用电子的比光波小五个数量级的德布罗意波长来提高分辨率、原子钟使用束缚于原子的电子从一个能级跃迁至另一个能级时所发射出的微波信号的频率来计算与维持时间的准确性、核磁共振成像倚赖核磁共振机制来探测物体内部的结构。对半导体的研究导致了晶体管和集成电路的发明, 这些都是现代电子系统与电子器件的主要元件。量子力学是经历了最严格实验检验的也是最成功的科学理论。至今为止, 量子力学理论能够描写物质和能量的物理性质, 尚未找到任何能够推翻量子力学的实验证据。虽然如此, 对于量子力学的诠释依然存在争议。

2.4.1 老量子论

老量子论 [old quantum theory]　从 1900 年至 1925 年期间，早于量子力学的所有量子物理结果的总称。按爱因斯坦对科学的定义和库恩 (T. Kuhn) 对科学革命的分析，从普朗克 1900 年开创量子物理学的工作，经由爱因斯坦的光量子启发性观点，爱因斯坦固体比热理论与德拜 (Debye) 模型、玻尔原子模型与索末菲 (Sommerfeld) 空间量子化、爱因斯坦的自发辐射与受激辐射理论、玻色–爱因斯坦统计、德布罗意假说、泡利不相容原理、直到最后启发了海森伯开创量子力学的克莱默斯跃迁矩阵设想以及 BKS 理论，都属于没有公认的范式 (形式逻辑理论体系) 的前量子力学理论，即所谓“老量子论”。

普朗克定律 [Planck's law]　即普朗克黑体辐射定律，又称普朗克公式，见本辞典统计物理学部分普朗克公式词条。这里补充几点：第一，普朗克 1900 年开创量子物理学的工作与所谓“紫外灾难”无关，因为瑞利–金斯公式发表于 1905 年，而“紫外灾难”说 1911 年才出现；第二，普朗克这组工作实际上进行了物理学的两大跳跃：首创能量量子化思想与玻色–爱因斯坦统计分布；最后，狄拉克 1927 年通过发明二次量子化方法将电磁场量子化，从而确立了普朗克定律的量子力学理论基础。

量子 [quantum]　物理量取值的最小单元。物理量的数值必须为量子的整数倍，这一物理量只能取分立数值的特性被称为量子化。外文源自拉丁语，原意为“多大？多少？”量子化思想由普朗克在解释黑体辐射定律时首创，他写道：“辐射体的能量不可能被当做无限可分的量，只能是频率为 ν 的电磁波谐振子的等量成分 $h\nu$ 的整数倍，让我们称 $h\nu$ 为能量元 (energy element)。”众所周知，比例系数 h 后来成为物理学最重要的基本常量之一：普朗克常量。

量子化 [quantization]　量子 词条中提及的“取分立数值”只是老量子论中的量子化，量子化的准确量子力学定义见正则量子化、第一次量子化、第二次量子化词条。

光电效应 [photoelectric effect]　光射到材料上，有电子从表面逸出的效应。逸出的电子称为光电子。

设入射角频率 ω 单色光的强度为 I，每秒逸出 n 个光电子的初动能为 T，这两对测量数据之间的关系就是光电效应：(1)T 与 ω 成正比而与 I 无关；(2) 当 $\omega < \omega_m$ 时，$n = 0$；(3) 从光照射金属到光电子逸出的时间间隔小于 10^{-9} s。电子从金属中逸出需要逸出功 Φ，所以光电子必须从入射光得到能量 $E = T + \Phi$。若将光当作经典电磁波，则光的能量不可能被自由电子所吸收，而周期电场使金属中的束缚电子作受迫振动，当频率相等时产生的共振吸收，其功率和光的强度成正比而和频率无关。另外，束缚电子吸收光的能量大于逸出功时才能逸出，而积累能量需要时间，光电效应不可能瞬时发生。总之，光的波动理论不能解释光电效应。

1905 年，爱因斯坦受普朗克电磁场的能量是一份份辐射的观点的启示，假设光的能量被吸收也是一份份的，即 $E = \hbar\omega$，提出了爱因斯坦光电效应定律 $\hbar\omega = T + \Phi$，解释了光电效应的所有性质并被密立根 1914 年发布的定量测量数据所证实。X 射线的光电子能谱可用来表征电子从中逸出的物质的电子结构。基于推广的爱因斯坦光电效应公式

$$\hbar\omega = T_\alpha + \Phi + E_\alpha$$

其中 E_α 为物质内的电子能谱，例如原子内的束缚态能级或者固体内的能带，由光电子能谱 T_α 可推知物质内的电子能谱 E_α。光电子谱学已经成为研究物质材料内部性质的最先进的测量手段之一。

光子 [photon]　光电效应的瞬时性表明一份 $\hbar\omega$ 能量是集中的，相当于一个粒子 —— 光子。

利用质能关系 $E = mc^2$，c 为光速，给出光子的能量 $E = mc^2 = \hbar\omega$，可得光子的动量绝对值 $p = mc = mc^2/c = \hbar\omega/c = \hbar k = h/\lambda$。定义电磁波波矢量 k 与光子动量 p，光子能量动量的两个式子联合组成了光子的爱因斯坦关系：

$$E = \hbar\omega, \quad p = \hbar k$$

爱因斯坦关系定量地联系了单色光的粒子性和波动性的二个侧面，光和物质相互作用时呈粒子性；光又以电磁波形式运动，这种现象称为光的波粒二象性。公平而言，第一个公式常被称为普朗克–爱因斯坦关系式，而第二个有关动量与波长的关系式被德布罗意推广到光子以外的物质粒子，所以又被称为爱因斯坦–德布罗意关系。

狄拉克 1927 年通过发明二次量子化方法将电磁场量子化，建立了“光子”的基本粒子理论 —— 量子化电磁场的激发态，详见电磁场量子化与光子的自旋。

光压 [light pressure]　又称辐射压强。光照射到物体上对物体表面产生的压力。光子有动量，光照在物体表面上，由于光子和表面的碰撞有动量交换，因而产生光压。光压的大小和光的强度、照射角度以及表面对光的反射性质有关。实际上，任何电磁辐射照射到物体表面都会产生压力，称为辐射压强。另外，由于动量守恒，物体发出热辐射时也会对自身产生辐射压强。

辐射压强 [radiation pressure]　即光压。

康普顿散射 [Compton scattering]　来自 X 射线或者伽马射线的光子与电子的非弹性散射。康普顿 (A. Compton)1923 年通过采用爱因斯坦光量子假说描写 X 射线、采用爱因斯坦狭义相对论描写电子，提出了康普顿散射的理论预言并进行了初步实验观测，之后由其研究生吴有训进行了系

统的实验验证。在康普顿散射中，光子被电子碰撞之后失去能量、波长增加的现象被称为康普顿效应。如果光子经散射之后能量增加，则被称为反康普顿散射。

按照光子与电子碰撞过程中的能量守恒与动量守恒定律可得散射前后光子波长增量为 $\lambda' - \lambda = \Lambda(1 - \cos\theta)$，其中 $\Lambda = h/\mu c = 2.426 \times 10^{-12}$ m 被称为康普顿波长，是反映电子影响光子程度的特征长度，μ 为电子质量。

康普顿效应 [Compton effect]　见康普顿散射。

康普顿波长 [Compton wavelength]　见康普顿散射。

里德伯公式 [Rydberg formula]　又称里德伯方程。里德伯公式为原子的玻尔模型奠定了实验基础并提供了直接的启发。

玻尔模型 [Bohr model]　玻尔有关氢原子的一系列假说，见本书原子与分子物理学部分相关词条。

德布罗意假说 [de Broglie hypothesis]　在爱因斯坦有关光的波粒二象性的一系列论文的启发之下，德布罗意1924 年大胆地提出了动量为 p 的物质粒子 (例如电子) 也能表现出波动性的假说，其德布罗意波长由德布罗意关系决定为 $\lambda = h/p$。

有关物质粒子实验结果中表现出的德布罗意波动性被德布罗意等作为存在"物质波"或者"波粒二象性"的证据，而按照量子力学的正统解释，实验结果中表现出的波动性只是波函数的概率解释的必然结论。

德布罗意波 [de Broglie waves]　见德布罗意假说。

德布罗意波长 [de Broglie wavelength]　见德布罗意假说。

波粒二象性 [wave-particle duality]　爱因斯坦所揭示的光所同时具有的电磁的波动性与光子的粒子性这种互相矛盾的二重特征，由德布罗意推广到所有物质粒子。物体的波动性指它能像波那样运动传播，因而产生干涉或衍射图形，而不像经典力学中的粒子进行轨道运动；其粒子性指它和物质相互作用时采取粒子作用的方式，而不采取波场作用的方式。所以量子物体既不是经典物理的波，也不是经典物理的粒子。按照狄拉克的观点：所谓"波粒二象性"是沿用经典物理术语描述量子现象必然造成的概念混乱，是经典概念失效 (狄拉克原文：breakdown) 的明证。

弗兰克-赫兹实验 [Franck-Hertz experiment]　1914 年的弗兰克-赫兹实验成为支持玻尔原子模型的第一个电学实验，详见本书原子与分子物理学部分词条。

爱因斯坦-德哈斯效应 [Einstein-de Haas effect]　爱因斯坦与德哈斯 (W. J. de Haas)1915 年通过测量宏观力学转动发现的磁学现象。该探索磁性机制的实验对于验证狭义相对论与电子自旋都有重要意义。实验的主要装置为螺线管，在螺线管的轴上用石英丝悬挂一测试样品棒。当螺线管通电流时，样品棒被磁化，有磁矩 $M_z = \sum_i M_{zi}$，i 代表原子；棒也有了相应的内部角动量 $J_z = \sum_i J_{zi}$。突然反转电流方向，磁场和棒磁矩跟着反向，角动量也跟着反向。根据角动量守恒定律，棒必以 J_z 动量绕反转后的磁场方向作整体转动，可由石英丝的最大扭转角和石英丝的扭转系数而测量。测出 M_z 和 J_z，可计算朗德因子 g。电子自旋磁矩和自旋角动量的关系为

$$M_s = -g_s \frac{e}{2\mu} S, \qquad g_s = 2$$

而轨道磁矩和轨道角动量的关系为

$$M_L = -g_L \frac{e}{2\mu} L, \qquad g_L = 1$$

二者朗德因子的差别，使得可以通过实测磁性材料的朗德因子 g 来检验自旋效应。实测结果表明：对顺磁材料，$1 < g < 2$；对铁磁材料，$g = 2$。可见铁磁材料的磁性来源于自旋；而顺磁材料的磁性，轨道和自旋运动二者都有贡献。该探索磁性机制的实验对于验证狭义相对论与电子自旋都有重要意义。

朗德 g 因子 [Landé g-factor]　粒子的磁矩与角动量之间的比例关系在去除了基本磁矩如玻尔磁子之后的无量纲因子。1921 年，朗德 (A. Landé) 为了解释塞曼效应创造性地引入了包括电子轨道与自旋角动量的朗德 g 因子。在量子力学建立以后，朗德 g 因子表达式为角动量的关系

$$g = 1 + \frac{J(J+1) + S(S+1) - L(L+1)}{2J(J+1)}$$

塞曼效应 [Zeeman effect]　塞曼 (P. Zeeman)1896 年发现的原子光谱线在外磁场中出现分裂的现象。进一步的研究发现，很多原子的光谱在磁场中的分裂情况非常复杂，被称为反常塞曼效应。塞曼效应是继 1845 年法拉第效应和 1875 年克尔效应之后发现的第三个磁场对光有影响的实例。塞曼效应证实了原子磁矩的空间量子化，为研究原子结构提供了重要途径。利用塞曼效应可以测量电子的荷质比。在天体物理中，塞曼效应可以用来测量天体的磁场。塞曼效应也在核磁共振频谱学、电子自旋共振频谱学、磁振造影以及穆斯堡尔谱学方面有重要的应用。解释塞曼效应需要用到量子力学，详见原子与分子物理学部分同名词条。

施特恩-格拉赫实验 [Stern-Gerlach experiment]　由本书原子与分子物理学部分的同名词条可了解施特恩-格拉赫实验，现补充一些量子力学解释。由于炉中温度不足以使足够数量原子从基态跃迁到激发态，施特恩-格拉赫实验主要显示的是原子的基态角动量和磁矩。如果原子磁矩的方向是任意的，则收集板上将形成一片黑斑。如果只考虑轨道角动量，收集板上斑纹的条数应当是 $2\ell + 1$，其中 ℓ 是角量子数。对于锂、钠、钾、金、银、铜等原子，实验得到了两条斑纹，反

推角量子数是 1/2。而根据老量子论，空间量子化角量子数只能取整数，因此，施特恩–格拉赫实验不仅证实了原子角动量的量子化而且揭示了电子自旋的存在，后者直到 1927 年银原子的最外层单电子结构被确定以后才得到澄清。

戴维逊–革末实验 [Davisson-Germer experiment] 戴维逊 (C. Davisson) 和革末 (L. Germer)1927 年进行的慢电子在镍单晶表面的衍射实验。根据爱因斯坦–德布罗意关系，慢电子束的德布罗意波长与软 X 射线的波长相近。因而为了显示电子的波动性，应采用软 X 射线在晶体光栅上衍射的相同方法。当电子的德布罗意波长满足布拉格定律

$$2d\sin\alpha = n\lambda = \frac{12.25}{\sqrt{V}}(\text{Å}), \quad n = 1, 2, 3, \cdots$$

时，才发生相长干涉。式中 d 是晶格常量，α 是掠射角，V 是加速电压。实验中固定 α 调节 V，当满足布拉格定律时反射方向接收到的电子数 (电流) 取极大值。当 n 大时理论和实验符合得很好，这是因为布拉格公式的推导时，假定电子直线穿进晶体表面，这仅对应 n 大即 V 大的情况。该实验不但证实了电子具有波动性，而且定量验证了爱因斯坦–德布罗意关系式。

电子多晶衍射 [multi-crystal diffraction of electrons] 汤姆逊 (G. P. Thomson) 和塔尔塔科夫斯基 (П. С. Тартаковский) 在 1927 年做的慢电子衍射实验，他们用的靶样品不是一块单晶，而是分别由金、铝、铂等制成的多晶薄膜 (由大量取向混乱的细微晶粒组成)。让一定能量的电子束穿过薄膜发生衍射，在薄膜后面的照相底板上形成同心圆环衍射图形，这种衍射图形完全可以对应相近波长软 X 射线的多晶衍射图形，根据这些衍射环纹的半径可以计算出电子的波长。从而又一次证实了电子的波动性和定量验证了爱因斯坦–德布罗意关系的正确性。

弱光源杨氏双缝实验 [Young's experiment with weak light source] 在杨氏双缝实验中光源很弱，以至于光子是一个一个发出的，经过足够长的时间后，在屏上仍能观测到干涉条纹的实验。这表明光的干涉不是光子和光子之间的干涉而是单个光子就具有波动性的体现。后来采用物质粒子源，例如电子、原子甚至大分子 (例如富勒烯)，也重复了同样的实验。

泡利不相容原理 [Pauli exclusion principle] 不能有两个或两个以上的电子具有完全相同的量子数。1924 年，为了解释碱金属原子光谱的精细结构，弱磁场中原子光谱线"反常"塞曼效应，特别是受到里德伯、玻尔关于化学元素周期表涉及奇异整数 $2n^2$ (n 为正整数) 的评论的启发，泡利提出电子应当具有原因不明的附加的"二重取值量子自由度"(two-valued quantum degree of freedom) 并由此提出泡利不相容原理。该原理的提出使得许多原先无法解释的现象如元素周

期表、反常塞曼效应等得到了完美的说明。关于泡利不相容原理如何被纳入量子力学与量子场论，参见原子与分子物理学部分同名词条。

玻尔–克莱默斯–斯莱特理论 [Bohr-Kramers-Slater theory] 简称BKS 理论。玻尔、克莱默斯和斯莱特 (BKS)1924 年用老量子论解释物质与电磁辐射相互作用的最后尝试，他们用玻尔轨道描述原子结构，用经典波动而不是光量子描述电磁场。为了挽救老量子论，他们甚至不惜放弃能量与动量守恒定律。1925 年夏天，海森伯因对玻尔模型感到失望，从哥本哈根逃回哥廷根，于当晚在 BKS 理论的启发下通过放弃玻尔模型开创了量子力学，这是 BKS 理论的最大贡献。

BKS 理论 [BKS theory] 即玻尔–克莱默斯–斯莱特理论。

2.4.2 量子力学的数学原理

科学范式 [scientific paradigms] 爱因斯坦指出：演绎推理形式逻辑体系与系统的科学实验是现代科学范式的两大基石。这种科学范式从伽利略《两种新科学》开创现代科学开始，以牛顿建立第一个科学理论体系的《自然哲学的数学原理》为范本，物理学中的逻辑推理都是以数学的方式进行的，由此分析力学、电动力学与统计力学组成了经典物理学的理论体系，没有可视图像的量子力学更是如此。四大力学都遵守形式逻辑理论体系加实验验证的共同科学范式，但在理论体系的设置上互相之间差别明显，特别是量子力学在实验方面与所有其他科学分支截然不同。

量子物理学中的范式转变 [paradigm shifts in quantum physics] 老量子论是经典物理到量子物理的科学革命时期进行的科学创新，到狄拉克《量子力学原理》开始建立量子力学的科学范式。从海森伯开创量子力学之后，在理论与实验两方面都不断发生着量子物理学内部的范式转变：理论上主要表现为物理概念不断更新，所用数学不断增加，从量子力学到量子电动力学到量子场论，直至今日；实验不再是培根式的收集试验数据与归纳经验规律，而是根据理论体系设计的，分析测量数据也完全依赖于理论体系，即所谓"预置理论的观测"(theory-laden observation)，从 1896 年阴极射线管发现电子到 2012 年大型强子对撞机发现希格斯玻色子，量子物理学中的实验大都如此。

量子力学原理 [principles of quantum mechanics] 量子力学的形式逻辑理论体系，通过相应的数学形式进行表述，即"狄拉克–冯·诺依曼公理"体系。亚里士多德确立的演绎推理形式逻辑体系包括三大本身不可证明但进行演绎推理必须的初始前提："公理"(又称"公设") 是原理，没有它们就不可能推理；"定义"是假定术语的意义；"假设"是假定

某种事物对应于某术语。理解并且掌握量子力学的前提是学习量子力学的形式逻辑体系，必须搞清楚狄拉克–冯·诺依曼公理体系中的三大初始前提，特别是要认识到"定义"与"假设"是与"公理"一样重要的初始前提，三大初始前提都属于不可证明的"原理"。

狄拉克–冯·诺依曼公理 [Dirac-von Neumann axioms]　基于希尔伯特空间的有关量子力学原理的数学表述，由狄拉克在 1930 年和冯·诺依曼 (J. von Neumann) 在 1932 年提出。本辞典遵照狄拉克《量子力学原理》给出的量子力学的数学形式，包括四个公理 (即量子力学的四大定律，相当于牛顿《自然哲学的数学原理》的第二部分 —— 公理或者运动定律，分析力学中换成了最小作用量原理) 和三种数学操作规则 (它们在量子力学中的作用，相当于牛顿原著中的欧式几何尺规作图公法或者分析力学中的笛卡儿几何微积分规则)。这是至今为止的量子理论的主流，可惜与牛顿力学不同，绝大部分量子力学著作并未遵行。

量子力学的四大公理 [four axioms of quantum mechanics]

第一公理重叠原理；

第二公理可观测量公理，包括测量假说；

第三公理正则量子化，包括第一次量子化与第二次量子化；

第四公理运动方程，包括海森伯方程与薛定谔方程。

详见相关词条。

量子力学的三大数学操作规则 [three rules of mathematical manipulation in quantum mechanics]

第一数学操作规则表象；

第二数学操作规则变换；

第三数学操作规则影像。

详见相关词条。

量子系统 [quantum system]　作用量与普朗克常量相当的所有物理系统，由于该系统的物理量常取分立数值的特点而得名。

量子态 [quantum state]　量子系统的状态。作为量子力学的定义的第一个名词，量子力学的最基本的概念，大量的中外文著作包括狄拉克《量子力学原理》中的"量子态"定义都犯了循环定义的错误，如"微观粒子的状态"、"粒子的运动"等等，因为"粒子"、"运动"在狄拉克–冯·诺依曼量子力学公理体系中都是必须重新定义的，而"微观"则并非物理学专业名词。

最小量子系统 [least quantum system]　见二态系统词条。

重叠原理 [superposition principle]　又称叠加原理。量子态的重叠原理：每个量子态都是由其他两个或者多个量子态重叠而成；任何两个或者多个量子态的重叠产生一个新的量子态。英文 superposition 的本意为多个物体在位置上的互相重叠，量子力学含义为量子态的互相重叠，数学表述为这些量子态所对应的矢量的线性叠加。"叠加"有人为的含义，是主观的数学概念；"重叠"没有人为的含义，是客观的物理概念。重叠原理可以最简单明确地表述为：不存在只有一个量子态的系统或者任何量子系统都有无数个量子态。

狄拉克认为重叠原理是量子力学理论体系的首要形式逻辑前提，即量子力学的第一公理，所有量子理论的其他内容都必须服从于这个第一原理，而量子力学的数学形式就是为了表述重叠原理。

叠加原理 [superposition principle]　即重叠原理。

右矢量 [ket vector]　为了建立重叠原理的数学表述，狄拉克引入了两个对偶的线性矢量空间：右矢量 $|ket\rangle$ 组成的右矢空间和左矢量 $\langle bra|$ 组成的左矢空间，这两个对偶的线性空间中的所有矢量是反线性一一对应的：如果右矢量 $|A\rangle$、$|B\rangle$ 分别与左矢量 $\langle A|$、$\langle B|$ 对应，则与右矢量 $a|A\rangle + b|B\rangle$ 对应的左矢量为 $a^*\langle A| + b^*\langle B|$，其中 a^*、b^* 为复数 a、b 的共轭复数。以二维线性复数矢量空间为例：如任意右矢量 $|A\rangle$ 用矩阵表示为

$$|A\rangle = \begin{pmatrix} a \\ b \end{pmatrix}$$

则与其反线性一一对应的左矢量 $\langle A|$ 的矩阵表示为

$$\langle A| = \begin{pmatrix} a^* & b^* \end{pmatrix}$$

左矢量 [bra vector]　见右矢量。

狄拉克符号 [Dirac notation]　即左右矢量，见右矢量。

内积 [inner product]　左矢量 $\langle A|$ 与右矢量 $|B\rangle$ 组成的线性标量函数 $\langle A|B\rangle$，类似于笛卡儿空间矢量之间的点乘，本意为左矢量 $\langle A|$ 与右矢量 $|B\rangle$ 之间的内积，也常被含糊地称为两个右矢量或左矢量的内积。狄拉克通过让右矢量做自变量生成线性数值函数，从中引入了左矢量和内积的概念。

以二维线性复数矢量空间为例：如两个右矢量用矩阵表示为

$$|A\rangle = \begin{pmatrix} a_1 \\ a_2 \end{pmatrix}, \quad |B\rangle = \begin{pmatrix} b_1 \\ b_2 \end{pmatrix}$$

其反线性一一对应的左矢量为

$$\langle A| = \begin{pmatrix} a_1^* & a_2^* \end{pmatrix}, \quad \langle B| = \begin{pmatrix} b_1^* & b_2^* \end{pmatrix}$$

则内积为

$$\langle A|B\rangle = \begin{pmatrix} a_1^* & a_2^* \end{pmatrix} \begin{pmatrix} b_1 \\ b_2 \end{pmatrix} = a_1^* b_1 + a_2^* b_2$$

当然也有内积

$$\langle B|A\rangle = \begin{pmatrix} b_1^* & b_2^* \end{pmatrix} \begin{pmatrix} a_1 \\ a_2 \end{pmatrix} = b_1^* a_1 + b_2^* a_2$$

内积置换公理 [inner product permutation axiom]　由于两个矢量的内积定义有两种方式，必须假定置换前后的内积之间存在数值关系

$$\langle A|B\rangle = \langle B|A\rangle^*$$

显然，这样的一般约定与线性代数或者泛函分析的规则一致。

内积正定性公理 [positive definite inner product axiom]　非零矢量的自我内积 $\langle A|A\rangle > 0$ 的假设。

正交性 [orthogonality]　如果非零矢量 $|A\rangle$、$|B\rangle$ 的内积

$$\langle A|B\rangle = \langle B|A\rangle = 0$$

则称它们为互相正交的。

归一化 [normalization]　如果矢量 $|A\rangle$ 的自我内积

$$\langle A|A\rangle = ||A||^2 = 1$$

即模 (norm) $||A||$ 为一，则称 $|A\rangle$ 为归一化的。显然，对于内积或者模为有限数值的左右矢量空间而言，任意非零矢量都存在归一化手续：

$$|A\rangle \to \frac{1}{||A||}|A\rangle$$

希尔伯特空间 [Hilbert space]　希尔伯特空间自有严格的数学定义，但在量子力学中，左右矢量空间这两个对偶的线性空间均被称为希尔伯特空间，而且数学上不严格地当成了同一个希尔伯特空间。

态矢量 [state vector]　狄拉克将矢量的线性相关性与量子态的重叠原理进行对应，由此定义了数学概念——矢量——与物理概念——量子态——的对应关系：如果一个态由某些别的态重叠而成，则其对应的矢量可由那些态所对应的矢量线性叠加表示；反之亦然。因为量子态自我重叠不产生新的量子态，所以矢量乘以非零复数所得矢量对应于相同的量子态，而零矢量不对应任何量子态。因此，与量子态 A 对应的态矢量 $|A\rangle$ 不是唯一的。但是，在教学与科研实践中，通常直接称呼态矢量 $|A\rangle$ 为量子态 $|A\rangle$。

线性算子 [linear operator]　又称线性算符。狄拉克按类似于让右矢量做自变量生成线性数值函数并由此引入左矢量和内积概念的做法，引入的让右矢量 $|A\rangle$ 做自变量生成线性矢量函数 $|f(A)\rangle$ 的操作 $\hat{o}$：

$$|B\rangle = |f(A)\rangle = \hat{o}|A\rangle$$

当然，线性算子也可以作用到左矢量，即 $\langle A|\hat{o}$。按定义，如果对任意右矢量 $|A\rangle$，若算子 $\hat{u}$、$\hat{v}$ 满足 $\hat{u}|A\rangle = \hat{v}|A\rangle$ 则 $\hat{u} = \hat{v}$；

若算子 $\hat{1}$ 满足 $\hat{1}|A\rangle = |A\rangle$，则称 $\hat{1} = 1$ 为单位算子，在公式中一般无需写出；若算子 $\hat{0}$ 满足 $\hat{0}|A\rangle = 0$，则 $\hat{0} = 0$。

线性算符 [linear operator]　即线性算子。

算子代数 [operator algebra]　除了算子之间的乘积，算子的代数运算规则与初等代数相同。在量子力学的算子运算中，与矩阵乘积一样，初等代数乘法的三大公理中的分配律和结合律被保留，而算子乘积一般不满足交换律。交换律的废除与量子力学的数学原理设置与物理实验解释有直接的关系。

本征值问题 [eigenvalue problem]　又称特征值问题、固有值问题。对于算子 $\hat{o}$，寻找满足本征方程式

$$\hat{o}|\lambda_i\rangle = \lambda|\lambda_i\rangle$$

的标量 λ 与矢量集合 $\{|\lambda_i\rangle, i = 1, 2, \cdots, f_\lambda\}$ 的过程被称为算子 $\hat{o}$ 的本征值问题，标量 λ 被称为算子 $\hat{o}$ 的本征值，矢量集合 $\{|\lambda_i\rangle\}$ 构成算子 $\hat{o}$ 的属于本征值 λ 的 f_λ 度简并的本征空间或本征子空间。如果对于所有的本征值 λ 均有简并度 $f_\lambda = 1$，则称该本征值问题为非简并的。

"本征值"外文原词 "eigenvalue" 的词头 "eigen" 为德语，意为 "自己的、特有的、天生的、固有的、内在的" 等等，1904 年由希尔伯特引入该词头。

特征值问题 [characteristic value problem]　即本征值问题。

固有值问题 [eigenvalue problem]　即本征值问题。

本征方程 [eigenequations]　见本征值问题。

本征值 [eigenvalues]　旧称特征值、又称固有值，见本征值问题。

特征值 [characteristic values]　本征值的旧称，源自矩阵的特征多项式、特征行列式与特征方程。见本征值问题。

固有值 [eigenvalues]　本征值的另译，见本征值问题。

本征矢量 [eigenvectors]　见本征值问题。

简并 [degeneracy]　见本征值问题。

简并度 [degree of degeneracy]　见本征值问题。

本征空间 [eigenspace]　见本征值问题。

本征子空间 [eigensubspace]　见本征值问题。

逆算子 [inverse operator]　能够完成线性算子 $\hat{o}$ 的逆向操作的线性算子，记为 $\hat{o}^{-1}$，亦可写成 $1/\hat{o}$，满足定义式 $\hat{o}\hat{o}^{-1} = \hat{o}^{-1}\hat{o} = \hat{1}$。

伴随算子 [adjoint operator]　对任意右矢量 $|A\rangle$，与右矢量 $\hat{o}|A\rangle$ 反线性一一对应的左矢量记为 $\langle A|\hat{o}^\dagger$，算子 $\hat{o}^\dagger$ 被称为算子 $\hat{o}$ 的伴随算子。基于内积置换公理，伴随算子可通过等式

$$\langle A|\hat{o}^\dagger|B\rangle = \langle B|\hat{o}|A\rangle^*$$

决定，其中 A、B 为任意左右矢量。

自伴算子 [self-adjoint operator] 　伴随算子等于算子自身 $\hat{o}^\dagger = \hat{o}$。

算子的厄米共轭 [Hermitian conjugate of operator] 　在量子理论中，伴随算子 $\hat{o}^\dagger$ 被称为算子 $\hat{o}$ 的厄米共轭，其中厄米一词源自法国数学家埃尔米特 (C. Hermite) 提出的矩阵的厄米共轭，例如二阶矩阵的厄米共轭：

$$\begin{pmatrix} a & b \\ c & d \end{pmatrix}^\dagger = \begin{pmatrix} a^* & c^* \\ b^* & d^* \end{pmatrix}$$

厄米算子 [Hermitian operator] 　在量子理论中，所有自伴算子 $\hat{h}^\dagger = \hat{h}$ 均被称为厄米算子，尽管数学上仅有界自伴算子才是厄米算子。当厄米算子用矩阵表示时，其厄米共轭为对矩阵转置后再取复共轭。

量子力学第一数学定理 [first mathematical theorem of quantum mechanics] 　厄米算子的本征值为实数。该定理的证明可以由上述定义直接完成。

量子力学第二数学定理 [second mathematical theorem of quantum mechanics] 　厄米算子的属于不同本征值的本征矢量是正交的。该定理常被称为正交性定理，其证明可以由上述定义以及量子力学第一数学定理直接完成。

正交性定理 [orthogonality theorem] 　见量子力学第二数学定理。

可观测量 [observable] 　又译可观察量、可测量量。量子系统中的物理量或力学量，以可以在实验过程中被观察与测量到为前提。

可观测量公理 [axiom of observables] 　对量子系统的每次测量值必定为某厄米算子的本征值，属于该本征值的本征矢量所对应的量子态就是这次测量时以及测量之后量子系统的状态 —— 本征态。该厄米算子常被称为力学量算子，其本征值所对应的力学量被称为量子力学的"可观测量"。这是狄拉克–冯·诺依曼量子力学公理体系的第二公理，是为了与第一公理"重叠原理"相一致而必须做出的用以解释量子力学相关实验的测量假说。可观测量公理中有关测量时以及测量之后量子态的断定常被称为"量子态的坍塌"或"波函数的坍塌"。

本征态 [eigenstates] 　厄米算子的本征矢量所对应的量子态。基于可观测量公理，任意量子态必定对应于某厄米算子的本征矢量，所以所有量子态都是本征态。但是，在中外文量子力学著作中，"本征态"常被含糊地用来指所有算子的本征矢量。

量子态的完备性 [completeness of quantum states] 任意力学量 (厄米算子) 的本征态 (本征矢量) 的线性叠加可以生成所有量子态 (矢量) 的物理性质，其数学基础为泛函分析中与自伴算子有关的定理。按照可观测量公理，量子态必然对应于某个厄米算子的本征矢量，只要测量无数次进行下去，该厄米算子的本征矢量所对应的量子态必定全部出现；而任意量子态，按照"重叠原理"与"可观测量公理"中的"量子态的坍塌"假定，必定对应于该厄米算子的本征矢量的线性叠加态。

力学量 [dynamical variable] 　又称动力学变量，与物理量一道，这两个经典物理名词常被不严格的用来代替量子力学的标准术语：可观测量。在中文量子力学著作中绝大多数都采用"力学量"代指"可观测量"，英文著作中主要采用"物理量"与"动力学变量"代指"可观测量"。造成这种现象的原因很简单：量子理论中的绝大部分可观测量源自经典物理学，如位置、动量、角动量、能量等等。见可观测量与可观测量公理词条。

动力学变量 [dynamical variable] 　即力学量。

力学量算子 [dynamical variable as operator] 　即厄米算子，见可观测量公理词条。

力学量的平均值 [average, mean value, mean of dynamical variable] 　又称力学量的期望值或期待值。对应于厄米算子 $\hat{h}$ 的力学量 h 在对应于矢量 $|A\rangle$ 的量子态 A 上的量子力学平均值 $\bar{h} = \langle h \rangle = \langle A|\hat{h}|A\rangle$。显然，力学量的平均值为实数。

力学量的期望值 [expected value of dynamical variable] 　即力学量的平均值。

力学量的期待值 [expectation of dynamical variable] 　即力学量的平均值。

交换子 [commutator] 　又称对易关系、对易子。两个算子 $\hat{o}_1$、$\hat{o}_2$ 之间的两种乘积之差

$$[\hat{o}_1, \hat{o}_2] = \hat{o}_1\hat{o}_2 - \hat{o}_2\hat{o}_1$$

交换子突出了算子代数中交换律的废除，如果算子乘积可交换次序，即交换子等于零，则称相应的两个算子是对易的。

对易关系 [commutation relation] 　即交换子。

对易子 [commutator] 　即交换子。

量子力学第三数学定理 [third mathematical theorem of quantum mechanics] 　对易的多个算子可以有共同的本征矢量。该定理的证明不需要假定算子是厄米的，但需要分简并与非简并进行，详见共同的本征函数。

量子力学第四数学定理 [fourth mathematical theorem of quantum mechanics] 　乘法不可交换的厄米算子没有共同的本征矢量组。该定理的证明依赖于量子态的完备性。

正则量子化 [canonical quantization] 　有两层含义：(1) 第一次量子化 —— 正则算子的交换关系；(2) 第二

次量子化 —— 场算子的交换关系。

1925 年, 在海森伯第一篇开创性论文的启发下, 狄拉克发现正则坐标 q 与正则动量 p 这对经典物理学变量的泊松括号

$$\{q, p\} = \frac{\partial q}{\partial q}\frac{\partial p}{\partial p} - \frac{\partial q}{\partial p}\frac{\partial p}{\partial q} = 1$$

与量子力学的正则坐标算子 $\hat{q}$ 与正则动量算子 $\hat{p}$ 之间的乘法交换关系

$$[\hat{q}, \hat{p}] = \hat{q}\hat{p} - \hat{p}\hat{q} = i\hbar$$

存在对应关系

$$[\hat{q}, \hat{p}] = i\hbar\{q, p\}$$

这种将经典物理学理论转变为量子理论的过程被称为正则量子化, 而

$$[\hat{q}, \hat{p}] = i\hbar$$

则被称为正则量子化条件、正则对易关系, 或者简称为量子化条件、量子条件。玻恩与约当在第一篇矩阵力学论文中, 与狄拉克同时得到了用矩阵表示的正则量子化条件与运动方程。这是狄拉克–冯·诺依曼量子力学公理体系的第三公理在单粒子问题以及非全同多体问题的表述, 常被称为第一次量子化。

在量子电动力学和量子场论中, 广义坐标算子与广义动量算子之间的正则量子化条件被降格为单粒子经典场的已知条件, 而正则量子化条件则被关于全同多粒子系统的粒子产生算子与粒子湮灭算子之间的交换 (反交换) 关系取代。这是狄拉克–冯·诺依曼量子力学公理体系的第三公理在全同多体问题的表述, 包含了泡利不相容原理以及并不存在的所谓"全同性原理", 常被称为第二次量子化, 详见场的正则量子化词条。

正则量子化条件 [canonical quantization condition]　见正则量子化。

正则对易关系 [canonical commutation relation]　见正则量子化。

量子化条件 [quantization condition]　见正则量子化。

量子条件 [quantum condition]　即量子化条件。见正则量子化。

相容力学量 [compatible dynamical variables]　对应于互相对易的数个厄米算子的数个力学量。如果数个厄米算子互相对易, 由量子力学第三数学定理可知它们可以拥有共同的本征矢量, 它们所对应的数个力学量就可以拥有共同本征态, 可以同时测量, 不受不确定关系的限制。基于量子力学第四数学定理、正则量子化与不确定关系, 量子力学的最鲜明的特征可以最简单明确地表述为: 不存在只有一个力学量的系统或者不存在只有相容力学量的系统。

不确定关系 [uncertainty relation]　不对易的厄米算子 $\hat{u}$、$\hat{v}$ 的均方差之积的下界

$$\sigma_u \sigma_v \geqslant \frac{1}{2}|\langle[\hat{u}, \hat{v}]\rangle|$$

其中算子 $\hat{o}$ 在任意态矢量上的均方差为

$$\sigma_o = \Delta o = \sqrt{\langle(\hat{o} - \langle\hat{o}\rangle)^2\rangle}$$

此式的证明基于厄米算子性质与不等式

$$\langle A|A\rangle\langle B|B\rangle \geqslant |\langle A|B\rangle|^2$$

因此, 在同一个量子态上同时测量两个不相容力学量, 其均方差不可能都等于零。由正则量子化条件 $[\hat{x}, \hat{p}] = i\hbar$, 位置与动量之间的不确定关系为

$$\Delta x \Delta p \geqslant \frac{\hbar}{2}$$

此式经常被误称为海森伯测不准原理, 因为海森伯首先指出 $\Delta x \Delta p \sim h$ 并且竭力强调其为量子力学最惊人的发现, 以至于知道量子力学的人几乎都听说过"测不准原理", 从而留下了量子力学"测不准"的误解。实际上, 不确定关系只是狄拉克–冯·诺依曼量子力学公理体系的直接推论, 是量子态的重叠原理的必然结果。

梯子算子 [ladder operators]　设有三个算子 $\hat{o}$、$\hat{u}$、$\hat{v}$, 若 $[\hat{o}, \hat{u}] = \alpha\hat{u}$, $[\hat{o}, \hat{v}] = -\alpha\hat{v}$, 则称 $\hat{u}$、$\hat{v}$ 为 $\hat{o}$ 的梯子算子, 因为 $\hat{u}$、$\hat{v}$ 可将 $\hat{o}$ 的本征值增加或减少常数 α。梯子算子是由狄拉克引入的量子理论中最常见也最有用的成对的算子。

基 [basis]　又称基矢量组。线性矢量空间中最大的线性无关矢量的集合, 其元素被称为基矢量, 因为它们的线性组合可以给出该空间的任意矢量, 基矢量的数目等于该空间的维数。基或基矢量组主要的也是最重要的性质就是能够通过其元素的线性叠加表示任意矢量, 即完备性。

基矢量组 [set of basis vectors]　即基。

基矢量 [basis vectors]　见基或基矢量组。

标准基 [standard basis]　又称自然基、标准正交基、正交归一基。基矢量正交归一的基矢量组。

自然基 [natural basis]　即标准基。

正交归一基 [orthonormal basis]　即标准基。

标准正交基 [standard orthogonal basis]　即标准基。

克罗内克正交归一性 [Kronecker orthonormality]　克罗内克 (L. Kronecker) 引进了双整数自变量德尔塔函数

$$\delta_{ij} = \begin{cases} 0, & i \neq j \\ 1, & i = j \end{cases}$$

利用克罗内克德尔塔函数，标准基 $\{\,|n\rangle,\ n=1,2,\cdots\}$ 基矢量的正交归一性可简洁地写成

$$\langle n\,|\,n'\rangle = \delta_{nn'}$$

连续谱的正交归一性，见狄拉克正交归一性。

本征基 [eigenbasis] 基于量子态的完备性，由某个厄米算子的所有本征矢量所生成的希尔伯特空间的基矢量组。

完全正交归一本征基 [complete orthonormal eigenbasis] 所有相容力学量算子的正交归一本征基。当单个厄米算子的本征值问题有简并时，需要寻找与之对易的一个或者多个厄米算子，直到这些相容力学量算子的共同的本征矢量集合中不再有简并，这些厄米算子构成对易可观测量的完全集，或称为完备算子集，或称为力学量的完全集，而它们共同的非简并正交归一本征矢量集构成希尔伯特空间的完全正交归一本征基。

对易可观测量的完全集 [complete set of commuting observables] 见完全正交归一本征基。

外积 [outer product] 右矢量 $|A\rangle$ 与左矢量 $\langle B|$ 组成的并矢线性算子 $|A\rangle\langle B|$，其作用到左、右矢量的操作被自然地定义为该矢量与外积中的右、左矢量的内积作为系数乘以外积中的左、右矢量。以二维线性复数矢量空间为例：如右矢量用矩阵表示为

$$|A\rangle = \begin{pmatrix} a_1 \\ a_2 \end{pmatrix},\ |B\rangle = \begin{pmatrix} b_1 \\ b_2 \end{pmatrix},\ |C\rangle = \begin{pmatrix} c_1 \\ c_2 \end{pmatrix}$$

则外积为

$$|A\rangle\langle B| = \begin{pmatrix} a_1 \\ a_2 \end{pmatrix}\begin{pmatrix} b_1^* & b_2^* \end{pmatrix}$$
$$= \begin{pmatrix} a_1 b_1^* & a_1 b_2^* \\ a_2 b_1^* & a_2 b_2^* \end{pmatrix}$$

对右、左矢量的作用分别为

$$(|A\rangle\langle B|)\,|C\rangle = \begin{pmatrix} a_1 b_1^* & a_1 b_2^* \\ a_2 b_1^* & a_2 b_2^* \end{pmatrix}\begin{pmatrix} c_1 \\ c_2 \end{pmatrix}$$
$$= (b_1^* c_1 + b_2^* c_2)\begin{pmatrix} a_1 \\ a_2 \end{pmatrix}$$
$$= (\langle B|C\rangle)\,|A\rangle;$$

$$\langle C|\,(|A\rangle\langle B|) = \begin{pmatrix} c_1^* & c_2^* \end{pmatrix}\begin{pmatrix} a_1 b_1^* & a_1 b_2^* \\ a_2 b_1^* & a_2 b_2^* \end{pmatrix}$$
$$= (c_1^* a_1 + c_2^* a_2)\begin{pmatrix} b_1^* & b_2^* \end{pmatrix}$$
$$= (\langle C|A\rangle)\,\langle B|$$

投影算子 [projection operator] 在数学上，投影算子 $\hat{P}$ 指同一线性空间操作的幂等线性算子，即 $\hat{P}^2 = \hat{P}$。如果 $\hat{P}|A\rangle = |B\rangle$，则称 $|B\rangle$ 是 $|A\rangle$ 的投影，而矢量 $|B\rangle$ 可能属于矢量 $|A\rangle$ 所在空间的一个子空间，这时 $\hat{P}$ 被称为到子空间的投影算子。由幂等性质并利用不等式 $\langle u|u\rangle\langle v|v\rangle \geqslant |\langle u|v\rangle|^2$ 可证明投影矢量的模不大于原矢量的模，即投影导致矢量的"长度"缩短。在狄拉克–冯·诺依曼量子力学公理体系中，$\hat{P}$ 与其他线性算子一样可对左右矢量两个线性空间进行操作且必须为厄米算子。量子理论最常用的投影算子为同一矢量的自我外积 $\hat{P} = |A\rangle\langle A|$，因为其作用到任意非零矢量 $|C\rangle$ 或 $\langle C|$ 的结果都是得到该矢量在 $|A\rangle$ 或 $\langle A|$ 上的投影，投影比例系数为 $\langle A|C\rangle$ 或 $\langle C|A\rangle$。任何与外积投影算子的生成矢量正交的左右矢量的投影为零，所以外积投影算子又被称为正交投影算子。如果 $\{\,|i\rangle,\ i=1,2,\cdots\}$ 是某个子空间的标准基，利用外积投影算子可以十分简便地构造到该子空间的投影算子 $\hat{P} = \sum_i |i\rangle\langle i|$。

标准基的完备性条件 [completeness condition of standard basis] 由于任意矢量 $|A\rangle$ 可用标准基 $\{\,|n\rangle,\ n=1,2,\cdots\}$ 线性展开为

$$|A\rangle = \sum_n a_n |n\rangle$$

由克罗内克正交归一性求出其中线性展开系数 $a_n = \langle n|A\rangle$，为任意矢量 $|A\rangle$ 在基矢量 $|n\rangle$ 上的投影。将系数 a_n 代入展开式并按照狄拉克符号的运算规则进行整理后得

$$|A\rangle = \left(\sum_n |n\rangle\langle n|\right)|A\rangle$$

所以

$$\sum_n |n\rangle\langle n| = \hat{1}$$

即标准基的基矢量生成的外积投影算子之和为单位算子，此式即为标准基的完备性条件。

表象 [representations] 又称表示。选定一个基矢量组 $\{\,|\lambda_n\rangle,\ n=1,2,\cdots\}$ 对线性矢量空间的任意矢量进行线性组合的表达方式

$$|A\rangle = \sum_n a_n |\lambda_n\rangle$$

其中的线性展开系数 $\{\,a_n,\ n=1,2,\cdots\}$ 称为该线性矢量空间的在该基矢量组表象的表示。对于标准基，展开系数则为任意矢量在基矢上的投影 $a_n = \langle \lambda_n|A\rangle$。

哈密顿 (W. R. Hamilton) 首创了用三维笛卡儿坐标系的三个坐标轴方向的单位矢量 e_x, e_y, e_z 形成基矢量组来表示三维欧几里得空间的任意矢量

$$r = x\,e_x + y\,e_y + z\,e_z$$

的思想，其中的三个线性展开系数 $x = r\cdot e_x, y = r\cdot e_y, z = r\cdot e_z$ 即为三维欧氏空间的直角坐标表象，这是最早的矢量空

间的表象；如果采用极坐标或球坐标基矢量组，则形成欧氏空间的极坐标表象或球坐标表象。

基矢量 $|\lambda\rangle$ 依赖于连续变化参数 λ 的表象的定义，见连续谱表象——波函数。

表示 [representations]　即表象。

希尔伯特空间的表示 [representations of Hilbert space]　为满足量子力学的理论需要，希尔伯特空间最常用的表示就是采用厄米算子的本征基，通常也是标准基。相干态表象是少有的采用非正交过完备基矢量组作表示的量子理论。

量子态的表象 [representation of quantum state] 即与量子态对应的希尔伯特空间的表示，按所取厄米算子所对应的力学量取名，如位置表象 (薛定谔表象)、动量表象、能量表象 (海森伯表象) 等等。

分立谱表象 [representation with discrete spectra]　对于分立的厄米算子本征值谱，采用其所有本征矢量生成完全正交归一本征基，可用自然数有序排列基矢量 $\{|n\rangle$, $n = 1, 2, \cdots\}$，任意右矢量可用基矢量线性展开为

$$|A\rangle = \sum_n a_n |n\rangle$$

形成对应于该本征基的分立谱表示 $\{a_n = \langle n|A\rangle,\ n = 1, 2, \cdots\}$。分立谱完全正交归一本征基为标准基，如果借用矩阵记号将标准基右矢量组写成

$$|1\rangle = \begin{pmatrix} 1 \\ 0 \\ \vdots \end{pmatrix},\ |2\rangle = \begin{pmatrix} 0 \\ 1 \\ \vdots \end{pmatrix},\ \cdots$$

可得右矢量的表示矩阵

$$|A\rangle = \sum_n a_n |n\rangle = \begin{pmatrix} a_1 \\ a_2 \\ \vdots \end{pmatrix}$$

由左右矢量的反线性一一对应关系，基左矢量组的表示矩阵为

$$\langle 1| = \begin{pmatrix} 1 & 0 & 0 & \cdots \end{pmatrix}$$
$$\langle 2| = \begin{pmatrix} 0 & 1 & 0 & \cdots \end{pmatrix}$$
$$\cdots$$

可得对应的左矢量的表示矩阵

$$\langle A| = \sum_n a_n^* \langle n| = \begin{pmatrix} a_1^* & a_2^* & \cdots \end{pmatrix}$$

左右矢量的矩阵表示 [matrix representation of ket and bra]　见分立谱表象。

算子的矩阵表示 [matrix representation of operator]　利用标准基的完备性条件以及矩阵的乘法规则，算子的表示矩阵为

$$\hat{o} = \sum_{n,m} |n\rangle\langle n|\hat{o}|m\rangle\langle m| = \begin{pmatrix} o_{11} & o_{12} & \cdots \\ o_{21} & o_{22} & \cdots \\ \vdots & \vdots & \ddots \end{pmatrix}$$

其中矩阵元的定义为 $o_{nm} = \langle n|\hat{o}|m\rangle$，由此得到算子的矩阵表示。例如，本征方程为 $\hat{h}|n\rangle = h_n|n\rangle$ 的分立谱厄米算子 $\hat{h}$ 可用本征基的完备性条件进行谱分解并得到对角矩阵表示

$$\hat{h} = \sum_n h_n |n\rangle\langle n| = \begin{pmatrix} h_1 & 0 & \cdots \\ 0 & h_2 & \cdots \\ \vdots & \vdots & \ddots \end{pmatrix}$$

在狄拉克–冯·诺依曼量子力学公理体系中，线性算子是抽象的无数值对应的数学操作，与表象无关。但力学量所对应的厄米算子在取了分立谱表象变成矩阵元之后获得了明确的物理意义。因此，分立谱表示的量子力学在早期也被称为"矩阵力学"。

矩阵元 [matrix elements]　见算子的矩阵表示。

矩阵表示 [matrix representation]　见分立谱表象与算子的矩阵表示。

德尔塔函数 [delta function]　狄拉克引进的德尔塔函数定义为

$$\delta(x) = \begin{cases} 0, & x \neq 0 \\ \infty, & x = 0 \end{cases}$$

且满足

$$\int_a^b \mathrm{d}x\,\delta(x) = 1,\ a < 0 < b$$

德尔塔函数的严格数学含义不在量子力学讨论范围之内，量子力学主要利用它所满足的关系式

$$\int_a^b \mathrm{d}x\,\delta(x)\,f(x) = f(0)$$
$$x\,\delta(x) = 0$$

与下列常用表示式

$$\delta(x) = \frac{1}{2\pi} \int_{-\infty}^{\infty} \mathrm{d}q\,\mathrm{e}^{\mathrm{i}qx}$$
$$= \frac{1}{\pi} \lim_{q \to 0^+} \frac{q}{x^2 + q^2}$$
$$= \frac{1}{\pi} \lim_{q \to \infty} \frac{\sin qx}{x}$$

δ 函数 [δ function]　见德尔塔函数。

狄拉克德尔塔函数 [Dirac delta function]　见德尔塔函数。

连续谱表象——波函数 [representation with continuous spectra-wave function] 对于连续的厄米算子本征值谱，其本征矢量集合在构造标准基时不能简单地归一化，因为任意矢量按照本征矢量集合的连续变量展开式 $|A\rangle = \int \mathrm{d}\lambda\, A(\lambda)|\lambda\rangle$ 含有对本征值 λ 的积分，而展开系数 $A(\lambda) = \langle\lambda|A\rangle$ 为连续变量 λ 的函数，即波函数。由于正交性定理，$\langle\lambda|A\rangle = \int \mathrm{d}\lambda'\, A(\lambda')\langle\lambda|\lambda'\rangle$ 的积分中仅 $\lambda' = \lambda$ 一个点有贡献，所以连续本征值的正交归一关系只能求助于 δ 函数定为

$$\langle\lambda|\lambda'\rangle = \delta(\lambda - \lambda')$$

称为狄拉克正交归一性，由此可导出连续谱基矢组的完备性条件

$$\int \mathrm{d}\lambda\, |\lambda\rangle\langle\lambda| = \hat{1}$$

当 λ 为位置算子或者动量算子的连续变化本征值时，就得到对应于量子态 A 的两种最常见的波函数：位置表象 $\psi_A(x) = \langle x|A\rangle$ 或者动量表象 $\varphi_A(p) = \langle p|A\rangle$。

狄拉克正交归一性 [Dirac orthonormality] 见连续谱表象——波函数。

分立与连续混合本征值谱 [mixed discrete and continuous eigenvalue spectra] 若厄米算子本征值谱中既有分立的本征值，也有连续的本征值，自然必须采用其所有本征矢量生成完全正交归一本征基，任意矢量可用基矢量线性展开为

$$|A\rangle = \sum_n a_n|n\rangle + \int \mathrm{d}\lambda\, A(\lambda)|\lambda\rangle$$

其中展开系数

$$a_n = \langle n|A\rangle,\ A(\lambda) = \langle\lambda|A\rangle$$

分别采用分立谱的克罗内克正交归一性与连续谱的狄拉克正交归一性，由此导出分立与连续混合谱本征基的完备性条件

$$\sum_n |n\rangle\langle n| + \int \mathrm{d}\lambda\, |\lambda\rangle\langle\lambda| = \hat{1}$$

完备性条件 [condition of completeness] 见标准基的完备性条件、连续谱表象——波函数、分立与连续混合本征值谱。

变换 [transformation] 狄拉克指出：量子力学中不可能像经典力学中"质点的位移"、"刚体的转动"那样采用可视的直观物理图像来表述自然规律，量子系统的自然规律必须借助于数学变换，如位置坐标系的平移与转动，才能得到合乎逻辑的揭示。狄拉克甚至将自己首创的主要利用线性算子进行表述的量子力学理论称为"变换理论"。

变换算子 [transformation operator] 量子力学中的变换只能通过对希尔伯特空间的左右矢量以及操作采用线性算子进行的数学变换来实现，这类特殊的算子可称为变换算子，主要是幺正算子，如进行位置坐标平移与转动的平移算子与转动算子以及表象变换算子与影像变换算子等。

幺正算子 [unitary operator] 满足定义式

$$\hat{u}\hat{u}^\dagger = \hat{u}^\dagger\hat{u} = \hat{1}$$

的线性算子 $\hat{u}$，显然 $\hat{u}^{-1} = \hat{u}^\dagger$。

幺正变换 [unitary transformation] 由幺正算子 $\hat{u}$ 对左右矢量以及线性算子进行的数学变换：

$$\begin{cases} |A\rangle \to \hat{u}|A\rangle, & \langle A| \to \langle A|\hat{u}^\dagger \\ \hat{o} \to \hat{u}\hat{o}\hat{u}^\dagger \end{cases}$$

由于幺正算子的数学特性，变换前后的所有希尔伯特空间的数学操作结果，如矢量的模 (norm)、内积、算子代数、本征值问题等，均不发生改变。

无限小幺正变换 [infinitesimal unitary transformation] 对于依赖于连续变化参数的幺正变换 $\hat{u}(\epsilon)$，在变换参数 $\epsilon \to 0$ 的条件下，可对幺正算子作小量展开至无限小参数的一阶项

$$\hat{u}(\epsilon) = \hat{1} + \epsilon\frac{\hat{g}}{\mathrm{i}\hbar}$$

并要求幺正条件在无限小参数的一阶项依然成立，由此得到无限小变换算子 $\hat{g}$ 必为厄米算子，称为幺正变换生成元，因为有限参数变换可视为无穷多次无限小变换累积 $(a = n\epsilon)$ 而成

$$\hat{u}(a) = \lim_{n\to\infty}\left(1 + \frac{a}{n}\frac{\hat{g}}{\mathrm{i}\hbar}\right)^n = \mathrm{e}^{a\hat{g}/\mathrm{i}\hbar}$$

幺正变换生成元 [generator of unitary transformation] 由于李群的特性，由厄米算子作生成元生成幺正算子是连续变换的普遍规律，见无限小幺正变换。

无限小平移变换 [infinitesimal translation] 在量子理论中，直接"移动"或者"转动"粒子是不合逻辑的。粒子的"平移"或者"转动"只能通过相应的幺正变换算子对描述粒子的态矢量和力学量算子的数学变换得到揭示。以一维位置"平移"为例，设新的坐标系的原点位于旧坐标系的 a 点，即 $x' = x - a$。可用幺正算子 $\hat{T}(a)$ 来表达这种平移变换

$$\hat{x}' = \hat{T}(a)\hat{x}\hat{T}^\dagger(a) = \hat{x} - a\hat{1}$$

先考虑 $a = \epsilon \to 0$ 时的无限小平移 $\hat{T}(\epsilon) = \hat{1} + \epsilon\hat{g}/\mathrm{i}\hbar$，对比位置算子无限小平移公式

$$\hat{x}' = \hat{x} - \epsilon\hat{1}$$

与平移变换的小量展开式

$$\hat{T}(\epsilon)\hat{x}\hat{T}^\dagger(\epsilon) = \hat{x} - \epsilon\frac{1}{\mathrm{i}\hbar}[\hat{x}, \hat{g}]$$

可得 $[\hat{x}, \hat{g}] = i\hbar$，由正则量子化条件 $[\hat{x}, \hat{p}] = i\hbar$ 可知 $\hat{g} = \hat{p}$，即动量算子是位置算子平移变换的生成元。

平移算子 [translation operator] 由无限小平移变换词条知道无限小平移变换为 $\hat{T}(\epsilon) = \hat{1} + \epsilon\hat{p}/i\hbar$，由无限小幺正变换词条可知：无穷次无限小平移变换的累积 $(a = n\epsilon)$ 可得位置算子有限平移变换算子为

$$\hat{T}(a) = \lim_{n \to \infty} \left(1 + \frac{a}{n}\frac{\hat{p}}{i\hbar}\right)^n = e^{a\hat{p}/i\hbar}$$

详见位置本征基的平移、右矢量的平移、波函数的平移变换。

转动算子 [rotation operator] 绕由位置空间单位矢量 $\boldsymbol{n}$ 指定的转动轴进行 ϕ 角度转动的幺正算子为

$$\hat{R}(\boldsymbol{n}, \phi) = \exp\left(\frac{\phi\hat{\boldsymbol{J}} \cdot \boldsymbol{n}}{i\hbar}\right)$$

其中生成元 $\hat{\boldsymbol{J}}$ 可以是轨道角动量算子、自旋算子或者两者之和，将分别在波函数、旋量波函数和狄拉克方程的转动变换中进行解释。

位置反演算子 [position inversion operator] 除了平移算子与转动算子这样的李群幺正算子连续变换以外，量子理论中还需要多种没有连续变换参数的分立变换，其中位置算子 $\hat{\boldsymbol{r}} = \hat{x}\boldsymbol{e}_x + \hat{y}\boldsymbol{e}_y + \hat{z}\boldsymbol{e}_z$ 的反演算子 $\hat{P}$ 的定义为

$$\hat{P}\hat{\boldsymbol{r}}\hat{P}^\dagger = -\hat{\boldsymbol{r}}$$

因此，位置反演算子对位置表象基矢量的作用结果为

$$\hat{P}|\boldsymbol{r}\rangle = |-\boldsymbol{r}\rangle$$

显然，$\hat{P}^2 = 1$，所以 $\hat{P}^\dagger = \hat{P}^{-1} = \hat{P}$。将位置反演算子作用于狄拉克–冯·诺依曼量子力学公理体系的第三公理，即要求位置 - 动量正则量子化条件在位置反演变换下不变，可得位置反演算子对动量算子的作用结果

$$\hat{P}\hat{\boldsymbol{p}}\hat{P}^\dagger = -\hat{\boldsymbol{p}}$$

宇称反演 [parity inversion] 宇称反演包括三维空间的位置反演

$$\boldsymbol{r} = x\boldsymbol{e}_x + y\boldsymbol{e}_y + z\boldsymbol{e}_z \to -\boldsymbol{r}$$

和镜面映像

$$x\boldsymbol{e}_x + y\boldsymbol{e}_y + z\boldsymbol{e}_z \to \begin{cases} -x\boldsymbol{e}_x + y\boldsymbol{e}_y + z\boldsymbol{e}_z \\ x\boldsymbol{e}_x - y\boldsymbol{e}_y + z\boldsymbol{e}_z \\ x\boldsymbol{e}_x + y\boldsymbol{e}_y - z\boldsymbol{e}_z \end{cases}$$

表象变换 [transformation between representations] 以非简并分立谱为例，两个不相容的可观测量算子 $\hat{p}$ 与 $\hat{q}$，各自的本征方程为

$$\hat{p}|p_i\rangle = p_i|p_i\rangle, \quad \hat{q}|q_i\rangle = q_i|q_i\rangle$$

两组分立本征值的本征态矢量 $\{|p_i\rangle\}$ 与 $\{|q_i\rangle\}$ 各自形成一个表示的基矢量组，当然两个表示的维数相等。任意态矢量 $|A\rangle$ 可以有两个表示

$$|A\rangle = \begin{cases} \sum_i \langle p_i|A\rangle|p_i\rangle \\ \sum_i \langle q_i|A\rangle|q_i\rangle \end{cases}$$

由标准基的完备性条件给出的两组表示系数 $\{\langle p_i|A\rangle\}$ 与 $\{\langle q_i|A\rangle\}$ 之间的关系

$$\langle p_i|A\rangle = \sum_j \langle p_i|q_j\rangle\langle q_j|A\rangle$$

实际上是矩阵变换关系，变换矩阵元为 $U_{ij} = \langle p_i|q_j\rangle$，其所属幺正变换矩阵

$$\hat{U} = \sum_i |q_i\rangle\langle p_i|$$

对基矢量组进行了变换

$$|q_i\rangle = \hat{U}|p_i\rangle$$

即 $\hat{U}$ 是表象变换幺正算子。当然，表象变换算子 $\hat{U}$ 本身不随表象变化，力学量算子的表象变换按照幺正变换的规则进行即可。两个连续谱表象之间的变换将求和换成积分并利用德尔塔函数即可。

量子动力学 [quantum dynamics] 含有时间变量的量子理论。从 14 世纪牛津计算者 (Oxford Calculators) 通过证明默顿均速定理 (Merton mean speed theorem) 开创运动学，到两个多世纪后伽利略通过发现抛射体轨迹开创动力学，终于在牛顿《自然哲学界的数学原理》中形成了超越亚里士多德《物理学》的关于"物体运动"的经典力学体系。无论运动学、还是动力学，经典力学是建立在质点的位置及其随时间的变化的轨道基础上的。"轨道"在狄拉克–冯·诺依曼量子力学公理体系中被废除绝非偶然，因为"运动"乃至"物体"在量子力学中都需要重新定义。量子力学无分"运动学"与"动力学"，前三个狄拉克–冯·诺依曼公理的相关词条中没有出现时间，但同时包含了量子系统中的"运动"及其动力。借用经典力学术语，量子理论中的"运动学"与"动力学"都可以与时间无关，但习惯上将含有时间变量的量子理论称为量子动力学。量子动力学既可以通过含时态矢量与时间无关力学量算子建立，也可以采用时间无关态矢量与含时力学量算子形成。

量子力学中的运动 [motion in quantum mechanics] 量子态与可观测量的所有内容。在狄拉克–冯·诺依曼量子力学公理体系中，一些经典力学量及其运动图像 —— 如速度与轨道 —— 被废除导致量子系统中的"运动"无明确定义。但由于习惯，"运动"一词在量子理论中依然被频繁使用。

按本词条定义,量子力学中的"运动"绝非仅仅出现在显含时间的量子动力学中,所有量子理论描写的都是量子系统中的"运动"。

运动的右矢量 [moving kets] 增加了时间变量 t 的右矢量 $|A, t\rangle$。

量子态的时间演化 [time evolution of quantum state] 又称运动量子态。量子态随着时间的流逝而发生的变化。在狄拉克–冯·诺依曼公理体系中,量子力学与相对论没有统一,因为时间不是任何厄米算子的本征值,所以时间不是可观测量。实际上,量子力学的可观测量的测量需要进行无穷多次,"时刻"与相对论"同时性"对于量子力学是过于奢侈的概念。狄拉克强调:"为了获得完整的动力学理论,我们必须建立不同时刻量子态的联系。观测使量子系统产生不可预知的改变,即测量必然对量子系统产生干扰。在两次观测之间,系统在这两个时刻的状态仍然由反映因果律的运动方程联系起来,即由一个时刻的态决定后一个时刻的态,量子力学中的因果律与古典力学的没有差别。"关于狄拉克–冯·诺依曼量子力学有违因果律的争议主要来自观测以及对观测结果的解释。因此,狄拉克定义了对应于运动的右矢量的运动量子态以表述不受观测干扰的量子系统中的量子态的时间演化并且强调:量子系统随着时间演化,或者说表达量子态在两个时刻之间的"运动"离不开量子态的重叠原理这个量子力学的根本原理。

运动量子态 [quantum state of motion] 即量子态的时间演化,对应于运动的右矢量 $|A, t\rangle$。见量子态的时间演化。

时间演化算子 [time evolution operator] 量子态的重叠原理与时间无关,即多个量子态之间的叠加关系不随时间变化。因此,任意量子态 A 在两个不同时刻 t_1 与 t_2 的运动量子态所对应的运动的右矢量 $|A, t_1\rangle$ 与 $|A, t_2\rangle$ 必然由依赖于这两个时刻的线性算子 $\hat{T}(t_1, t_2)$ 建立时间演化关系

$$|A, t_1\rangle = \hat{T}(t_1, t_2)|A, t_2\rangle$$

$\hat{T}(t_1, t_2)$ 即为运动量子态的态矢量 (运动的右矢量) 的时间演化算子。狄拉克证明:如果运动的右矢量 $|A, t\rangle$ 的模不随时间 t 改变,则时间演化算子为幺正算子。

影像 [pictures] 又称绘景。表述量子系统时间演化的数学规则。狄拉克在《量子力学原理》中写道:通过引入时间演化算子,除了 t_1 与 t_2 时刻的运动的右矢量 $|A, t_1\rangle$ 与 $|A, t_2\rangle$ 以外,在 t_2 到 $t_1(t_1 > t_2)$ 这段时间之内有无穷多的时刻,每一个时刻都有对应的运动的右矢量,所有这些运动的右矢量的集合就像组成了运动的影像,对应于在这段时间内量子系统随时间的演化。因此,狄拉克定义如此引入量子态的时间演化的数学规则为"影像"或"薛定谔影像"、"动力

学影像",每一时刻 $t(t_1 > t > t_2)$ 的运动的右矢量 $|A, t\rangle$ 则如同时长为 $t_1 - t_2$ 的电影拷贝胶片中的一帧图片,瞬时立得,而所有时刻的无数帧图片按时序连续播放则呈现出一部 $t_2 \to t_1$ 时间段的运动影像或电影 (picture, 仅取其中"电影"含义,因为不宜采用外文生活用语 movie、film)。除了薛定谔影像之外,狄拉克还定义了海森伯影像与狄拉克影像。

绘景 [pictures] 即影像。狄拉克除了长途散步以外的爱好就是看电影,"影像"才是狄拉克采用"picture"一词的本意。但是,由于外语原文不像 movie、film(电影、影片) 等词汇具有单一的含义,导致更多的中文著作中将"picture"翻译为"绘景"。见影像。

动力学影像 [dynamical pictures] 见影像。

薛定谔影像 [Schrödinger picture] 见影像。

薛定谔绘景 [Schrödinger picture] 见影像、绘景。

薛定谔方程 [Schrödinger equation] 又称含时薛定谔方程。在狄拉克定义薛定谔影像时,有关量子力学前三个公理的表述中涉及的所有左右矢量和算子处于同一时刻,可以设为参考时刻或者初始时刻 t_0。假设态矢量的模不随时间演化而改变,任意时刻 t 的运动的右矢量则由幺正的时间演化算子 $\hat{T}(t, t_0)$ 从初始时刻的右矢量 $|A, t_0\rangle = |A\rangle$ 演化为 $|A, t\rangle = \hat{T}(t, t_0)|A, t_0\rangle$,而算子 $\hat{o}$ 不随时间改变。与空间平移变换和转动变换可以由量子化条件导出不同,决定时间演化算子必须引入新的公理,其表述为关于时间的一阶微分方程,即薛定谔方程

$$i\hbar \frac{\mathrm{d}|A, t\rangle}{\mathrm{d}t} = \hat{H}(t)|A, t\rangle$$

或者

$$i\hbar \frac{\partial \hat{T}(t, t_0)}{\partial t} = \hat{H}(t)\hat{T}(t, t_0)$$

其中厄米算子 $\hat{H}(t)$ 为能量量纲,被假定可由经典物理的哈密顿函数量子化而得,称为哈密顿算子。

含时薛定谔方程 [time-dependent Schrödinger equation] 即薛定谔方程。

海森伯影像 [Heisenberg picture] 又称海森伯绘景。用时间演化算子的逆算子 $\hat{T}^{-1}(t, t_0) = \hat{T}^\dagger(t, t_0)$ 对薛定谔影像中的态矢量和算子进行幺正变换后得到的第二个量子力学影像:(1) 薛定谔影像中的态矢量经过影像变换

$$\hat{T}^\dagger(t, t_0)|A, t\rangle = |A, t_0\rangle = |A\rangle$$

回到了初始时刻,即海森伯影像中态矢量不随时间变化;(2) 海森伯影像中的算子对时间的依赖关系源自影像变换

$$\hat{o}(t) = \hat{T}^{-1}(t, t_0)\,\hat{o}\,\hat{T}(t, t_0)$$

满足海森伯方程

$$i\hbar \frac{\mathrm{d}\hat{o}(t)}{\mathrm{d}t} = \left[\hat{o}(t), \hat{H}(t)\right]$$

在海森伯首创的矩阵力学与狄拉克首创的算子力学中，力学量的信息全部包含在随时间变化的矩阵或算子中，在狄拉克–冯·诺依曼量子力学公理体系中属于海森伯影像。狄拉克发现由经典物理量 $Q(p,q)$ 的泊松括号运动方程

$$\frac{\mathrm{d}Q}{\mathrm{d}t} = \{Q, H\}$$

经过 c 数换成 q 数同时将泊松括号换成交换子并除以常数 $\mathrm{i}\hbar$ 可得力学量算子 $\hat{Q}(\hat{p}, \hat{q})$ 的运动方程。

海森伯绘景 [Heisenberg picture]　见海森伯影像。

海森伯方程 [Heisenberg equation]　又称*海森伯运动方程*，见海森伯影像。

海森伯运动方程 [Heisenberg equation of motion]　即海森伯方程。

影像变换 [transformation between pictures]　幺正的时间演化算子 $\hat{T}(t, t_0)$ 同时也是从海森伯影像到薛定谔影像的影像变换算子，其逆算子则为由薛定谔影像到海森伯影像的影像变换算子。

哈密顿算子 [Hamiltonian]　又称*哈密顿量算子*，简称*哈密顿量*。薛定谔方程或海森伯方程中取能量量纲的厄米算子 $\hat{H}(t)$，其本征值对应于系统的总能量。量子力学大量借用了分析力学的哈密顿函数经过对正则变量的量子化手续得到哈密顿算子，而狄拉克哈密顿算子是量子力学最重要的原创哈密顿量。

哈密顿量算子 [Hamiltonian]　即哈密顿算子。

哈密顿量 [Hamiltonian]　即哈密顿算子。

运动方程 [equation of motion]　薛定谔方程或者海森伯方程就是狄拉克–冯·诺依曼量子力学公理体系的第四公理，即有关动力学运动方程的假定，就如同牛顿《自然哲学的数学原理》的第二公理 (俗称牛顿"第二定律") 或分析力学的哈密顿方程作为经典力学的运动方程。需要强调的是，多数量子力学教材中仅把海森伯方程当做运动方程介绍给学生，而没有揭示海森伯方程与薛定谔方程作为量子力学的动力学运动方程的等价关系，差别仅仅在于采用了不同的影像。

平均值的时间演化 [time evolution of average value]　任意时刻的力学量的平均值在薛定谔影像定义为 $\overline{h}(t) = \langle A, t|\hat{h}|A, t\rangle$，在海森伯影像定义为 $\overline{h}(t) = \langle A|\hat{h}(t)|A\rangle$，由时间演化算子与影像变换的定义可知二者等价，其时间导数则分别为

$$\frac{\mathrm{d}\overline{h}(t)}{\mathrm{d}t} = \frac{1}{\mathrm{i}\hbar}\langle A, t| \left[\hat{h}, \hat{H}(t)\right] |A, t\rangle$$

与

$$\frac{\mathrm{d}\overline{h}(t)}{\mathrm{d}t} = \frac{1}{\mathrm{i}\hbar}\langle A| \left[\hat{h}(t), \hat{H}(t)\right] |A\rangle$$

因此，在力学量的平均值词条中的定义 $\overline{h} = \langle A|\hat{h}|A\rangle$ 可视为力学量在参考时刻 t_0 的平均值 $\overline{h}(t_0) = \langle A, t_0|\hat{h}|A, t_0\rangle$。另外，

在个别物理问题中可能需要薛定谔影像中含时的算子 $\hat{o}(t)$，其平均值 $\overline{o}(t) = \langle A, t|\hat{o}(t)|A, t\rangle$ 的时间导数为

$$\frac{\mathrm{d}\overline{o}(t)}{\mathrm{d}t} = \langle A, t|\frac{\mathrm{d}\hat{o}(t)}{\mathrm{d}t}|A, t\rangle$$
$$+ \frac{1}{\mathrm{i}\hbar}\langle A, t| \left[\hat{o}(t), \hat{H}(t)\right] |A, t\rangle$$

保守系统的时间演化 [time evolution of conservative system]　在经典力学中，保守或守恒源自保守力做功与路径无关。在量子力学中，称由与时间无关的哈密顿量描写的系统为保守系统。由于 $\hat{H}(t) = \hat{H}$，时间演化算子可由薛定谔方程解出为

$$\hat{T}(t, t_0) = \mathrm{e}^{-\mathrm{i}\hat{H}(t-t_0)/\hbar}$$

算子的影像变换为

$$\hat{o}(t) = \mathrm{e}^{\mathrm{i}\hat{H}(t-t_0)/\hbar}\hat{o}\,\mathrm{e}^{-\mathrm{i}\hat{H}(t-t_0)/\hbar}$$

定态 [stationary states]　保守系统哈密顿量 (即能量算子) 的本征态 $|E, t\rangle$。由薛定谔方程

$$\mathrm{i}\hbar\frac{\mathrm{d}|E, t\rangle}{\mathrm{d}t} = \hat{H}|E, t\rangle = E|E, t\rangle$$

或者时间演化算子

$$\hat{T}(t, t_0) = \mathrm{e}^{-\mathrm{i}\hat{H}(t-t_0)/\hbar}$$

可知不同时刻的能量本征态所对应的态矢量

$$|E, t\rangle = \mathrm{e}^{-\mathrm{i}\hat{H}(t-t_0)/\hbar}|E, t_0\rangle = \mathrm{e}^{-\mathrm{i}E(t-t_0)/\hbar}|E, t_0\rangle$$

仅相差相位因子，对应于狄拉克–冯·诺依曼量子力学公理体系中的同一量子态，即定态不随时间演化，实践中常取初始时刻的态矢量 $|E, t_0\rangle = |E\rangle$ 讨论定态问题。

显然，所有力学量的定态平均值不随时间变化

$$\frac{\mathrm{d}\overline{h}(t)}{\mathrm{d}t} = \frac{1}{\mathrm{i}\hbar}\langle E, t| \left[\hat{h}, \hat{H}\right] |E, t\rangle = 0$$

不仅如此，所有力学量的定态测量概率也不随时间变化，详见量子态的坍缩。

定态方程 [stationary state equation]　又称*定态薛定谔方程*、*时间无关薛定谔方程*。按"定态"的定义，保守系统哈密顿量的本征方程

$$\hat{H}|E\rangle = E|E\rangle$$

即为定态方程。

定态薛定谔方程 [stationary state Schrödinger equation]　即定态方程。

时间无关薛定谔方程 [time-independent Schrödinger equation]　即定态方程。

基态 [ground state]   量子系统的能量最低的定态，该量子系统其他定态均为激发态。在量子场论中，全同粒子多体量子系统的基态被称为量子场的真空态，而量子场的激发态即为量子理论给出的粒子的科学概念。见真空态、粒子。

激发态 [excited states]   见定态。

能量表象 [energy representation]   又称*海森伯表象*，见量子态的表象。

海森伯表象 [Heisenberg representation]   即能量表象。在海森伯、玻恩等首创矩阵力学的工作中直接引入了含时矩阵，但在狄拉克–冯·诺依曼量子力学公理体系中，含时算子或者矩阵属于海森伯影像，因此在中外文著作中经常有作者将"影像"与"表象"混淆，用海森伯表象代指力学量的时间演化。

运动常数 [constant of motion]   若保守系统中的非显含时间算子 $\hat{h}$ 与哈密顿量对易，即 $\left[\hat{h},\hat{H}\right]=0$，则由

$$\frac{\mathrm{d}\overline{h}(t)}{\mathrm{d}t}=\frac{1}{\mathrm{i}\hbar}\overline{\left[\hat{h},\hat{H}\right]}=0$$

知其平均值不随时间变化，其所对应的力学量被称为运动常数，又称运动恒量、运动积分、守恒量或守恒定律。另外，由于与哈密顿量对易，运动恒量 $\hat{h}$ 的本征态同时也是定态，所以不但平均值不随时间演变，在任意状态测到 $\hat{h}$ 的本征值的概率也不随时间改变，因此其本征值所含量子数被称为好量子数。

位力定理 [virial theorem]   原文"virial"源自拉丁语单词"vis"（力）与"vis viva"（活力，由莱布尼茨首先采用以发明动能的概念），由克劳修斯 (R. Clausius) 首创用来代指力学中动能平均值等于位置间隔反比势能平均值的一半这一结果。在量子力学中，对于一维保守系统

$$\hat{H}=\frac{\hat{p}^2}{2m}+V(\hat{x})$$

由

$$\left[\hat{x}\hat{p},\hat{H}\right]=\frac{\mathrm{i}\hbar\hat{p}^2}{m}-\mathrm{i}\hbar\hat{x}\frac{\mathrm{d}V(\hat{x})}{\mathrm{d}\hat{x}}$$

与定态平均值 $\overline{xp}$ 的时间演化公式

$$\frac{\mathrm{d}}{\mathrm{d}t}\overline{xp}(t)=\frac{1}{\mathrm{i}\hbar}\langle E,t|\left[\hat{x}\hat{p},\hat{H}\right]|E,t\rangle=0$$

可得关于定态平均值的位力定理

$$\langle E,t|\frac{\hat{p}^2}{m}|E,t\rangle=\langle E,t|\hat{x}\frac{\mathrm{d}V(\hat{x})}{\mathrm{d}\hat{x}}|E,t\rangle$$

此式可利用动能 T 的定义及平均值的常用记号写成与经典力学同样的形式

$$\langle T\rangle=\frac{1}{2}\langle x\frac{\mathrm{d}V(x)}{\mathrm{d}x}\rangle$$

本定理更高维数或者更多自由度的形式直接推广可得。

厄仑费斯特定理 [Ehrenfest theorem]   在量子力学中，对于一维非相对论保守系统

$$\hat{H}=\frac{\hat{p}^2}{2m}+V(\hat{x})$$

可导出平均值的时间演化公式

$$\frac{\mathrm{d}}{\mathrm{d}t}\overline{x}(t)=\frac{1}{\mathrm{i}\hbar}\langle A,t|\left[\hat{x},\hat{H}\right]|A,t\rangle=\frac{\overline{p}(t)}{m}$$

与

$$\begin{aligned}\frac{\mathrm{d}}{\mathrm{d}t}\overline{p}(t)&=\frac{1}{\mathrm{i}\hbar}\langle A,t|\left[\hat{p},\hat{H}\right]|A,t\rangle\\&=\langle A,t|F(\hat{x})|A,t\rangle\\&=\overline{F(x)}(t)\end{aligned}$$

其中 $F(x)=-\mathrm{d}V(x)/\mathrm{d}x$。这种与经典力学公式的相似性被称为厄仑费斯特定理 (P. Ehrenfest)。

量子力学中的因果律 [causality in quantum mechanics]   实际上，厄仑费斯特定理来自更普遍的公式：海森伯影像中的"速度"算子

$$\frac{\mathrm{d}}{\mathrm{d}t}\hat{x}(t)=\frac{1}{\mathrm{i}\hbar}\left[\hat{x}(t),\hat{H}\right]=\frac{\hat{p}(t)}{m}$$

和运动方程

$$\frac{\mathrm{d}}{\mathrm{d}t}\hat{p}(t)=\frac{1}{\mathrm{i}\hbar}\left[\hat{p}(t),\hat{H}\right]=F[\hat{x}(t)]$$

与经典力学完全相同，所以狄拉克强调量子力学有与经典力学对应的运动方程与守恒定律，因此理论本身是包含因果律的。量子力学解释的困扰，特别是爱因斯坦等坚持认为量子力学打破了"因果律"的指责被狄拉克坚决拒绝了。

守恒定律 [conservation law]   见运动常数以及本书粒子物理学部分同名词条。

宇称 [parity]   量子系统在宇称反演变换下表现出的物理性质被称为该系统的宇称。由于 $\hat{P}^2=1$，所以宇称算子的本征值为 $P=\pm1$，分别为偶宇称与奇宇称。如果系统的哈密顿量与宇称算子对易，则系统的定态必有确定的宇称本征值或者说宇称对称性并且是守恒量。例如对非相对论保守系统的哈密顿量

$$\hat{H}=\frac{\hat{p}^2}{2m}+V(\hat{r})$$

作位置反演变换

$$\hat{P}\hat{H}\hat{P}^\dagger=\frac{\hat{p}^2}{2m}+V(-\hat{r})$$

则当势能函数反演不变 $V(-\boldsymbol{r})=V(\boldsymbol{r})$ 时，系统的哈密顿量与宇称算子对易，系统的定态波函数 $\psi_E(\boldsymbol{r})=\langle\boldsymbol{r}|E\rangle$ 必须满足

$$\psi_E(-\boldsymbol{r})=\pm\psi_E(\boldsymbol{r})$$

宇称算子不但对求解位置空间的定态波函数有明确的指导作用，更在原子核物理学、量子场论和粒子物理学中发挥了关键作用，请查阅这三部分与宇称相关的词条。

T 对称性 [T-symmetry]　　在经典物理和量子场论中，T 对称性指通过时间逆转变换

$$\hat{T}: t \mapsto -t$$

来揭示系统隐藏的物理性质，特别是热力学第二定律所导致的可观测宇宙在时间逆转变换下不对称的结论和量子场论、粒子物理求助于 T 对称所形成的一系列结论。中文常用术语为"时间反演"(time inversion)。由于时间 t 不是厄米算子的本征值，所以时间不是狄拉克–冯·诺依曼量子力学公理体系中的可观测量，因此本部分不讨论 T 对称性，请查阅量子场论、粒子物理学部分相关词条。

时间逆转变换 [time reversal transformation]　　见 T 对称性。

时间反演 [time inversion]　　见 T 对称性。

量子力学中的对称性 [symmetry in quantum mechanics]　　量子力学中除了来自经典力学的与时空有关的对称性以外，还有关于粒子自身性质的新的对称性。前者通常表现为由厄米算子所生成的连续变换李群、洛伦兹群与庞卡莱 (Poincaré) 群和规范理论的变换下的不变性，后者表现为分立变换下对粒子量子态的区分，主要有电荷共轭 (C)、宇称 (P) 和时间逆转 (T) 三种，当然全同粒子系统的交换对称性、反对称性也属于量子力学特有的分立对称性。

量子态的坍塌 [collapse of quantum state]　　按可观测量公理，如果对与矢量 $|A\rangle$ 相对应的量子态进行对应于厄米算子 $\hat{h}$ 的力学量 h 的测量，则每次测量获得的数值必然是本征方程 $\hat{h}|\lambda_\alpha\rangle = \lambda_\alpha|\lambda_\alpha\rangle$ 给出的某一个实数本征值 λ_α，测量时与测量后系统处于对应于 λ_α 所属本征矢量 $|\lambda_\alpha\rangle$ 的量子态。狄拉克–冯·诺依曼量子力学公理体系的这一随机性的"量子态的坍塌"假说意味着必须制备无穷多个同样的系统以进行无穷多次的测量才能得到力学量 h 的所有取值与系统状态的确定信息。

如果 $\hat{h}$ 的本征值为非简并分立谱 $\hat{h}|n\rangle = \lambda_n|n\rangle$，用标准基表示态矢量

$$|A\rangle = \sum_{n=1}^{\infty} a_n |n\rangle$$

则尽可能多的测量之后，得到测量值 λ_n 的次数必定与线性展开系数 $a_n = \langle n|A\rangle$ 的绝对值 (modulus) 平方 $|a_n|^2$ 成正比，而概率归一条件由矢量归一化得到满足

$$\langle A|A\rangle = \sum_{n=1}^{\infty} |a_n|^2 = 1$$

如果 $|A\rangle = |E\rangle$ 对应于定态即能量本征态，则力学量 h 的定态测量概率

$$|a_n(t)|^2 = |\langle n|E,t\rangle|^2 = |\langle n|E\rangle|^2 = |a_n|^2$$

不随时间变化。

如果 $\hat{h}$ 的本征值为连续谱，例如位置表象 $\hat{h} = \hat{x}$，用 $\hat{x}$ 的本征基表示态矢量

$$|A\rangle = \int \mathrm{d}x\, \psi_A(x)|x\rangle$$

得到位置测量值 x 的次数必定与线性展开系数 $\psi_A(x) = \langle x|A\rangle$ 的绝对值平方 $|\psi_A(x)|^2$ 成正比，这就是玻恩首创的波函数的概率解释，被称为玻恩规则。

投影假设 [projection postulate]　　用投影算子表述"量子态的坍塌"假说即为投影假设。设系统处于对应于归一化矢量 $|A\rangle$ 的某量子态，当对系统进行测量后系统的态所对应的归一化矢量

$$|B\rangle = \frac{\hat{P}|A\rangle}{\sqrt{\langle A|\hat{P}^\dagger \hat{P}|A\rangle}} = \frac{\hat{P}|A\rangle}{\sqrt{\langle A|\hat{P}|A\rangle}}$$

为 $|A\rangle$ 的投影，这里 $\hat{P}$ 是对应于待测力学量 h 的投影算子。如果用该力学量所对应的厄米算子 $\hat{h}$ 的本征矢量来写出属于测量值 λ_α 正交投影算子 $\hat{P} = |\lambda_\alpha\rangle\langle\lambda_\alpha|$，则可以明显地显示"量子态的坍塌"

$$|B\rangle = \frac{\hat{P}|A\rangle}{\sqrt{\langle A|\hat{P}|A\rangle}} = \frac{\langle\lambda_\alpha|A\rangle}{|\langle\lambda_\alpha|A\rangle|}|\lambda_\alpha\rangle$$

坍塌到属于 λ_α 的本征态的概率为坍塌态矢量 (投影态矢量) 归一化系数的绝对值平方 $|\langle\lambda_\alpha|A\rangle|^2 = |\hat{P}|A\rangle|^2$。

投影测量 [projection measurement]　　又称正交测量、冯·诺依曼测量。按照狄拉克–冯·诺依曼量子力学公理体系，量子力学涉及的测量只能以投影假设为基础，称为投影测量。投影测量中包含了两个重要的方面：一是它给出了描述测量统计性质的规则，即不同的可能测量结果各自出现的概率；二是给出了描述系统在测量之后的态的规则。投影测量是一种理想测量，即测量过程中不包含误差或错误。实际问题中因为噪声等因素，测量均含有一定程度的差错，这就需要采用所谓的非理想测量。

正交测量 [orthogonal measurement]　　即投影测量。

冯·诺依曼测量方案 [von Neumann measurement scheme]　　即投影测量。

投影值测量 [projection-valued measure(PVM)]　　与投影假设有关的数学理论，涉及泛函分析的自伴算子谱理论。

正算子值测量 [positive operator value measure (POVM)]　为投影值测量向着非正交投影推广的数学理论。

量子力学中的测量 [measurement in quantum mechanics]　重叠原理与可观测量公理是量子力学中的测量的理论根据，由此导出测量结果的概率解释，这是从经典物理实验到量子物理实验的范式转变，也是量子力学的诠释存在争议的原因。测量问题是所有怀疑狄拉克–冯·诺依曼量子力学公理体系的人士的主要攻击点，也是狄拉克回击爱因斯坦等指责量子力学放弃因果律的立足点，狄拉克明确宣示："量子力学与经典物理学同样的采用了微分方程，所以具有同样确定的的因果关系，一切困扰都是测量造成的。"从根本上说，按照形式逻辑规则，即便完全与理论无关的实验也不能证明理论，只能证伪理论，何况量子物理学的所有实验都是"预置理论的观测"，所以量子力学不可回避的受到质疑，但目前没有否定狄拉克–冯·诺依曼量子力学公理体系的实验证据。

2.4.3　量子力学原理的初等应用

量子力学课程 [quantum mechanics course]　为大学本科生开设的主要内容为量子力学原理的初等应用的课程，与分析力学、电动力学和统计物理学合称"四大力学"。该课程通常回避"狄拉克–冯·诺依曼公理"的量子力学原理体系，主要内容常为非相对论的基于薛定谔波函数的单粒子问题、角动量、有心力场、微扰展开等，不涉及量子场论。

位置表象 [position representation]　又称坐标表象、薛定谔表象、位形表象，见量子态的表象。

坐标表象 [coordinate representation]　即位置表象。

位形表象 [configuration representation]　即位置表象。

波函数 [wave function]　在回避狄拉克符号与"狄拉克–冯·诺依曼公理"的本科量子力学课程中，薛定谔波函数等同于量子态。严格地说，只有采用位置算子 $\hat{x}$ 的本征矢量 $|x\rangle$ 作基矢量，对应于量子态 A 的右矢量 $|A\rangle$ 在位置表象的展开式

$$|A\rangle = \int \mathrm{d}x\, \psi_A(x)|x\rangle$$

中的展开系数或者位置表象基矢量上的投影 $\psi_A(x) = \langle x|A\rangle$，才可被称为对应于量子态 A 的薛定谔波函数，其中希腊字母 ψ 特指希尔伯特函数空间的矢量，如同狄拉克符号 $|\ \rangle$ 特指抽象空间的右矢量。对应于 t 时刻量子态 A 的运动右矢量 $|A,t\rangle$ 在位置表象的表示式

$$|A,t\rangle = \int \mathrm{d}x\, \psi_A(x,t)|x\rangle$$

中的展开系数或者位置表象基矢量上的投影 $\psi_A(x,t) = \langle x|A,t\rangle$，才可被称为对应于 t 时刻量子态 A 的波函数，或者

含时薛定谔波函数，而不涉及时间演化的初始时刻 t_0 的波函数为 $\psi_A(x,t_0) = \langle x|A,t_0\rangle = \langle x|A\rangle = \psi_A(x)$。参见连续谱表象——波函数、薛定谔波动方程。

薛定谔波函数 [Schrödinger wave function]　见波函数。

薛定谔表象 [Schrödinger representation]　在薛定谔首创波动力学的工作中直接引入了含时波函数 $\psi(x,t)$，所以称位置表象为薛定谔表象。但是，在狄拉克–冯·诺依曼量子力学公理体系中，含时波函数属于薛定谔影像，因此在中外文著作中经常有作者将"影像"与"表象"混淆，用薛定谔表象代指量子态的时间演化。参见位置表象、波函数与影像词条。

本征函数 [eigenfunction]　又称本征波函数。取本征值问题词条所引入的本征方程式 $\hat{o}|\lambda_i\rangle = \lambda|\lambda_i\rangle$ 的位置表象 $\langle x|\hat{o}|\lambda_i\rangle = \lambda\langle x|\lambda_i\rangle$，本征矢量 $|\lambda_i\rangle$ 的位置表象投影 $\psi_{\lambda_i}(x) = \langle x|\lambda_i\rangle$ 被称为算子 $\hat{o}$ 的属于本征值 λ 的本征函数。至于本征方程式的左边如何在位置表象写出，需要考虑算子 $\hat{o}$ 的具体情况分别讨论，请参看相关词条。

本征波函数 [eigen-wavefunction]　即本征函数。

位置表象的位置算子 [position operator in position representation]　位置算子在自身的表象中的矩阵元是对角的

$$\langle x'|\hat{x}|x''\rangle = x'\delta(x'-x'')$$

利用此式以及位置本征基的完备性条件（或者直接利用位置算子的厄米算子性质和左矢量本征方程 $\langle x|\hat{x} = x\langle x|$）可得位置算子操作 $\hat{x}|A\rangle = |B\rangle$ 的位置表象

$$\langle x|\hat{x}|A\rangle = x\langle x|A\rangle = \langle x|B\rangle$$

即位置表象的位置算子操作可用波函数写为

$$x\psi_A(x) = \psi_B(x)$$

因此，在位置表象的位置算子等于位置坐标。

位置的本征函数 [eigenfunction of position]　取一维位置算子的本征方程 $\hat{x}|x_0\rangle = x_0|x_0\rangle$ 的位置表象的表示 $\langle x|\hat{x}|x_0\rangle = x_0\langle x|x_0\rangle$，再利用左矢量本征方程 $\langle x|\hat{x} = x\langle x|$ 与位置表象基矢量组的德尔塔函数正交归一关系 $\langle x|x_0\rangle = \delta(x-x_0)$，得到位置表象的位置的本征方程

$$x\delta(x-x_0) = x_0\delta(x-x_0)$$

按照习惯定义，位置的本征函数为 $\psi_{x_0}(x) = \delta(x-x_0)$，其中下标 x_0 代表本征值，自变量 x 代表位置表象，满足位置算子的本征方程

$$x\psi_{x_0}(x) = x_0\psi_{x_0}(x)$$

左边第一个 x 为位置表象中的位置算子。

位置本征基的平移 [translation of position eigenbasis]　位置算子的平移变换定义式 $\hat{T}(a)\hat{x}\hat{T}^{\dagger}(a) = \hat{x} - a$ 决定了平移算子 $\hat{T}(a) = \mathrm{e}^{a\hat{p}/\mathrm{i}\hbar}$ 与其厄米共轭算子

$$\hat{T}^{\dagger}(a) = \hat{T}^{-1}(a) = \hat{T}(-a)$$

组成了位置算子 $\hat{x}$ 的一对梯子算子

$$\left[\hat{x}, \hat{T}(a)\right] = a\hat{T}(a), \quad \left[\hat{x}, \hat{T}^{\dagger}(a)\right] = -a\hat{T}^{\dagger}(a)$$

平移算子对位置算子 $\hat{x}$ 的本征基 $|x\rangle$ 的操作 $\hat{T}(a)|x\rangle = |x'\rangle$ 之后所得到的右矢量 $|x'\rangle$ 可由梯子算子公式

$$\hat{x}\hat{T}(a) = \hat{T}(a)\hat{x} + a\hat{T}(a)$$

所生成的位置算子本征值问题

$$\hat{x}|x'\rangle = x'|x'\rangle$$

解出为 $x' = x + a$，即位置本征基的平移变换为

$$\hat{T}(a)|x\rangle = |x+a\rangle$$

右矢量的平移 [translation of kets]　利用位置本征基的完备性条件与平移变换公式，可得平移算子 $\hat{T}(a)$ 对任意右矢量 $|A\rangle$ 的操作

$$\begin{aligned}\hat{T}(a)|A\rangle &= \hat{T}(a)\int \mathrm{d}x\,|x\rangle\langle x|A\rangle \\ &= \int \mathrm{d}x\,\langle x|A\rangle\,|x+a\rangle \\ &= \int \mathrm{d}x\,\langle x-a|A\rangle\,|x\rangle\end{aligned}$$

波函数的平移变换 [translation of wave function]　取右矢量的平移词条结果的位置表象得到 $\langle x|\hat{T}(a)|A\rangle = \langle x - a|A\rangle$，由波函数定义 $\psi_A(x) = \langle x|A\rangle$ 以及无限小平移 ($a = \epsilon \to 0$) 的最低阶泰勒展开式

$$\hat{T}(\epsilon) = 1 + \epsilon\frac{\hat{p}}{\mathrm{i}\hbar}$$

$$\psi_A(x - \epsilon) = \psi_A(x) - \epsilon\frac{\mathrm{d}}{\mathrm{d}x}\psi_A(x)$$

得到公式

$$\langle x|\hat{p}|A\rangle = \frac{\hbar}{\mathrm{i}}\frac{\mathrm{d}}{\mathrm{d}x}\psi_A(x)$$

所以当 $|A\rangle = |x'\rangle$ 时，动量算子的位置表象矩阵元为

$$\langle x|\hat{p}|x'\rangle = \frac{\hbar}{\mathrm{i}}\frac{\mathrm{d}}{\mathrm{d}x}\delta(x - x')$$

取 $a = n\epsilon$, $n \to \infty$ 极限，可得平移算子的位置表象矩阵元为

$$\langle x|\hat{T}(a)|x'\rangle = \mathrm{e}^{-a\mathrm{d}/\mathrm{d}x}\delta(x - x')$$

最后由 $\langle x|\hat{T}(a)|A\rangle = \langle x - a|A\rangle$ 得到波函数的平移变换公式

$$\mathrm{e}^{-a\mathrm{d}/\mathrm{d}x}\psi_A(x) = \psi_A(x - a)$$

动量算子的位置表象矩阵元 [matrix elements of momentum operator in position representation]　见波函数的平移变换。

位置表象的动量 [momentum in position representation]　利用动量算子的位置表象矩阵元可得动量算子操作 $\hat{p}|A\rangle = |B\rangle$ 的位置表象

$$\langle x|\hat{p}|A\rangle = \frac{\hbar}{\mathrm{i}}\frac{\mathrm{d}}{\mathrm{d}x}\langle x|A\rangle = \langle x|B\rangle$$

即位置表象的动量算子操作可用波函数写为

$$\frac{\hbar}{\mathrm{i}}\frac{\mathrm{d}}{\mathrm{d}x}\psi_A(x) = \psi_B(x)$$

因此，一维位置表象的动量算子常被取为

$$p_x = \frac{\hbar}{\mathrm{i}}\frac{\mathrm{d}}{\mathrm{d}x}$$

这里需要注意两点：第一，p_x 既不是狄拉克–冯·诺依曼量子力学公理体系中的算子，也不是矩阵元；第二点，如果强行将 p_x 作为位置表象的"算子"，那由于它是无界的，因此不符合厄米算子的定义。但是，量子力学中一直将 p_x 当做作用在波函数上的厄米算子使用，并将

$$T(a) = \mathrm{e}^{-a\mathrm{d}/\mathrm{d}x} = \mathrm{e}^{ap_x/\mathrm{i}\hbar}$$

当做作用在波函数上的平移"算子"。

三维位置表象 ($\boldsymbol{r} = x\boldsymbol{e}_x + y\boldsymbol{e}_y + z\boldsymbol{e}_z$) 的动量直接推广可得：三维动量算子的位置表象矩阵元为

$$\langle\boldsymbol{r}|\hat{\boldsymbol{p}}|\boldsymbol{r}'\rangle = \frac{\hbar}{\mathrm{i}}\boldsymbol{\nabla}\delta(\boldsymbol{r} - \boldsymbol{r}')$$

其中 $\boldsymbol{\nabla}$ 为散度算子，三维位置表象基矢量为 $|\boldsymbol{r}\rangle = |x\rangle|y\rangle|z\rangle$。因此，在三维位置表象的动量"算子"常被取为

$$\boldsymbol{p}_{\boldsymbol{r}} = \frac{\hbar}{\mathrm{i}}\boldsymbol{\nabla}$$

动量算子的本征函数 [eigenfunction of momentum operator]　取一维动量算子的本征方程 $\hat{p}|p\rangle = p|p\rangle$ 的位置表象 $\langle x|\hat{p}|p\rangle = p\langle x|p\rangle$，利用位置表象的动量表示

$$\langle x|\hat{p}|p\rangle = \frac{\hbar}{\mathrm{i}}\frac{\mathrm{d}}{\mathrm{d}x}\langle x|p\rangle$$

并记动量算子的本征波函数为 $\phi_p(x) = \langle x|p\rangle$，位置表象动量算子 p_x 见位置表象的动量，得到位置表象的动量算子本征方程

$$p_x\phi_p(x) = \frac{\hbar}{\mathrm{i}}\frac{\mathrm{d}}{\mathrm{d}x}\phi_p(x) = p\phi_p(x)$$

这个一阶微分方程的解为

$$\phi_p(x) = \frac{1}{\sqrt{2\pi\hbar}} e^{ipx/\hbar}$$

其中归一化常数来自德尔塔函数公式。

三维位置空间 $(r = x\,e_x + y\,e_y + z\,e_z)$ 动量算子的本征函数直接推广一维的相关公式可得：取三维动量算子的本征方程 $\hat{p}|p\rangle = p|p\rangle$ 的位置表象

$$p_r \phi_p(r) = \frac{\hbar}{i} \nabla \phi_p(r) = p\phi_p(r)$$

这个一阶偏微分方程的解为

$$\phi_p(r) = \langle r|p\rangle = \frac{1}{\sqrt{(2\pi\hbar)^3}} e^{ip\cdot r/\hbar}$$

动量表象 [momentum representation]　见量子态的表象。

动量表象波函数 [wave function in momentum representation]　任意态矢量 $|A\rangle$ 都可用动量表象本征基展开

$$|A\rangle = \int dp\, \varphi_A(p)|p\rangle$$

此式两边分别取位置表象，得到任意波函数按照动量本征波函数的展开式

$$\psi_A(x) = \int dp\, \varphi_A(p)\phi_p(x)$$

而展开系数 $\varphi_A(p) = \langle p|A\rangle$ 被称为动量表象波函数，数学上是波函数的傅里叶分量。

三维动量表象波函数直接推广一维的相关公式即得 $\varphi_A(p) = \langle p|A\rangle$，其中三维动量表象基矢量为三个互相正交的一维动量表象基矢量的乘积 $|p\rangle = |p_x\rangle|p_y\rangle|p_z\rangle$。

位置表象的哈密顿量 [Hamiltonian in position representation]　利用位置算子与动量算子的位置表象矩阵元可得非相对论哈密顿量

$$\hat{H} = \frac{\hat{p}^2}{2m} + V(\hat{x})$$

的任意操作 $\hat{H}|A\rangle = |B\rangle$ 的位置表象

$$\langle x|\hat{H}|A\rangle = \left[-\frac{\hbar^2}{2m}\frac{d^2}{dx^2} + V(x)\right]\langle x|A\rangle = \langle x|B\rangle$$

即位置表象的哈密顿量操作可用波函数写为 $H_x\psi_A(x) = \psi_B(x)$。因此，一维位置表象的哈密顿量常被取为

$$H_x = -\frac{\hbar^2}{2m}\frac{d^2}{dx^2} + V(x)$$

这里同样需要注意两点：第一，H_x 既不是狄拉克–冯·诺依曼量子力学公理体系中的算子，也不是矩阵元；第二，如果强行将含有动量平方的 H_x 作为位置表象的"算子"，那由于它

也是无界的，因此不符合厄米算子的定义。但是，量子力学中一直将 H_x 当做作用在波函数上的厄米算子使用。

直接推广可得三维位置表象 $(r = x\,e_x + y\,e_y + z\,e_z)$ 中的哈密顿量

$$H_r = -\frac{\hbar^2}{2m}\nabla^2 + V(r)$$

其中 ∇^2 为拉普拉斯算子。

薛定谔波动方程 [Schrödinger wave equation]　又称含时薛定谔波动方程。非相对论薛定谔方程的位置表象。在作为量子力学基本运动方程的"薛定谔方程"

$$i\hbar\frac{d|A,t\rangle}{dt} = \hat{H}(t)|A,t\rangle$$

中取非相对论哈密顿量

$$\hat{H}(t) = \hat{H} = \frac{\hat{p}^2}{2m} + V(\hat{x})$$

再作态矢量 $|A,t\rangle$ 与哈密顿量 $\hat{H}$ 的一维位置表象的表示 $\langle x|A,t\rangle = \psi_A(x,t)$ 与 $\langle x|\hat{H}|A,t\rangle = H_x\psi_A(x,t)$，$H_x$ 见位置表象的哈密顿量词条，即可得到一维薛定谔波动方程

$$i\hbar\frac{\partial}{\partial t}\psi(x,t) = H_x\psi(x,t)$$

其中按习惯略去了含时薛定谔波函数的代指量子态 A 的下标，即用 ψ 同时代表薛定谔表象与量子态。

直接推广可得三维位置空间 $(r = x\,e_x + y\,e_y + z\,e_z)$ 的薛定谔波动方程

$$i\hbar\frac{\partial}{\partial t}\psi(r,t) = H_r\psi(r,t)$$

据布洛赫 (F. Bloch) 回忆：薛定谔 1926 年应德拜 (P. Debye) 要求作了关于德布罗意假说的报告，德拜当场表示德布罗意的想法有些儿戏，因为他还记得导师索末菲"只有波动方程才能处理波动"的教导。薛定谔在不久之后的报告上提出了薛定谔波动方程，令德拜沉默无语。

含时薛定谔波动方程 [time-dependent Schrödinger wave equation]　即薛定谔波动方程。

非相对论连续性方程 [nonrelativistic continuity equation]　经典物理的电荷、电流连续性方程

$$\frac{\partial\rho}{\partial t} + \nabla\cdot j = 0$$

可由薛定谔波动方程导出，只要定义概率密度

$$\rho = |\psi(r,t)|^2$$

与概率流密度

$$j = \frac{\hbar}{2mi}(\psi^*\nabla\psi - \psi\nabla\psi^*)$$

定态波动方程 [stationary state wave equation]　又称定态薛定谔波动方程、时间无关薛定谔波动方程。定态

方程的位置表象。取非相对论保守系哈密顿量的本征方程 $\hat{H}|E\rangle = E|E\rangle$ 的一维位置表象

$$\langle x|\hat{H}|E\rangle = E\langle x|E\rangle$$

即可得到一维定态波动方程

$$H_x \psi_E(x) = E\psi_E(x)$$

其中 $\psi_E(x) = \langle x|E\rangle$ 为一维定态波函数，H_x 见位置表象的哈密顿量。

直接推广可得三维位置空间 $(r = x\,e_x + y\,e_y + z\,e_z)$ 的定态波动方程

$$H_r \psi_E(r) = E\psi_E(r)$$

定态薛定谔波动方程 [stationary state Schrödinger wave equation]　即定态波动方程。

时间无关薛定谔波动方程 [time-independent Schrödinger wave equation]　即定态波动方程。

玻恩规则 [Born rule]　1926 年，玻恩 (Max Born) 受到爱因斯坦 1916 年关于原子自发与受激电磁辐射系数的概率解释的启发，在求解有关散射问题的薛定谔方程时，首先指出波函数的绝对值平方

$$\rho(x,t) = |\psi(x,t)|^2$$

与在时空点 (x,t) 测量到的粒子数目成正比，这个波函数的概率解释被称为玻恩规则。对于单粒子系统，某时刻在整个位置空间找到粒子的概率之和等于一。因此，玻恩概率 $\rho(x,t)$ 的位置空间积分等于一，即波函数必须归一化

$$\int \mathrm{d}x\, |\psi(x,t)|^2 = 1$$

在狄拉克–冯·诺依曼量子力学公理体系中，玻恩规则为量子态的重叠原理与可观测量假说的必然推论，即在位置表象进行投影测量。尽管玻恩规则遭到爱因斯坦的斥责，将薛定谔波动方程解出的一般为复数的波函数 $\psi(x,t)$ 的绝对值 (modulus) 平方与必须为实数的概率联系起来，是量子力学对概率论的重要补充。因此波函数 $\psi_A(x,t) = \langle x|A,t\rangle$ 乃至所有表象的一般为复数的表示系数 $a_n(t) = \langle n|A,t\rangle$ 和决定跃迁概率的矩阵元 $o_{nm} = \langle n|\hat{o}|m\rangle$ 均被称为概率幅。

玻恩概率 [Born probability]　见玻恩规则。

概率幅 [probability amplitude]　见玻恩规则。

波函数的坍缩 [wave function collapse]　这是对狄拉克–冯·诺依曼量子力学公理体系的第三公理"可观测量公理"中有关"量子态的坍缩"的假设的通俗表述，即使用者将"波函数"等同于"量子态"，而两个量子态 A_1、A_2 所对应的归一化态矢量 $|A_1\rangle$、$|A_2\rangle$ 的内积的绝对值平方

$$P(A_1 \leftrightarrow A_2) = |\langle A_1|A_2\rangle|^2 = \left|\int \mathrm{d}x\, \psi_1^*(x)\psi_2(x)\right|^2$$

则等于这两个量子态 A_1、A_2 或者两个波函数 $\psi_1(x)$、$\psi_2(x)$ 互相之间"坍缩"的概率 $P(A_1 \leftrightarrow A_2)$。参见可观测量公理与量子态的坍缩。

波函数的归一化 [normalization of wave function]　在狄拉克–冯·诺依曼量子力学公理体系中，任意量子态 A 所对应的左右矢量 $\langle A|$、$|A\rangle$ 被假设为归一的 $\langle A|A\rangle = 1$，由此可直接得到"可观测量公理"中有关"量子态的坍缩"以后的测量概率归一化。对于位置表象 $\psi_A(x) = \langle x|A\rangle$，其归一化 $\langle A|A\rangle = \int \mathrm{d}x\, |\psi_A(x)|^2 = 1$ 虽然是玻恩规则的必然要求，但归一化手续 $|A\rangle \to |A\rangle/\sqrt{\langle A|A\rangle}$ 显然不是对于所有量子态的波函数都能实现的。如果 $|A\rangle$ 为厄米算子 $\hat{h}$ 的分立谱本征值问题 $\hat{h}|n\rangle = \lambda_n|n\rangle$ 的本征矢量 $|n\rangle$，则由本征基的归一关系可知

$$\langle n|n\rangle = \int \mathrm{d}x\, |\psi_n(x)|^2 = 1$$

如果 $|A\rangle$ 为厄米算子 $\hat{h}$ 的连续谱本征值问题 $\hat{h}|\lambda\rangle = \lambda|\lambda\rangle$ 的本征矢量 $|\lambda\rangle$，则由连续谱本征基的狄拉克正交归一关系

$$\langle \lambda|\lambda'\rangle = \int \mathrm{d}x\, \psi_\lambda^*(x)\psi_{\lambda'}(x) = \delta(\lambda - \lambda')$$

可知其自我内积 $\langle \lambda|\lambda\rangle = \delta(0)$ 不确定。这种情况下，量子力学讨论的是相对概率，即 $|\psi_\lambda(x)|^2$ 在不同位置的比值

$$\frac{P(x_1)}{P(x_2)} = \frac{|\psi_\lambda(x_1)|^2}{|\psi_\lambda(x_2)|^2}$$

位置空间的不可积性并无影响，也就是不再考虑波函数 $\psi_\lambda(x)$ 的归一化。

正交归一本征基函数 [orthonormal basis eigenfunctions]　又称正交归一本征函数系。符合"标准基"条件的"本征基"的位置表象。若本征基所属厄米算子的本征值为分立谱，可设本征基为 $\{|n\rangle,\ n = 1, 2, \cdots\}$，任意基矢量在位置表象的表示为本征波函数 $\phi_n(x) = \langle x|n\rangle$，而标准基的正交归一关系 $\langle n|n'\rangle = \delta_{nn'}$ 在位置表象的表示为

$$\int \mathrm{d}x\, \phi_n^*(x)\phi_{n'}(x) = \delta_{nn'}$$

若本征基所属厄米算子的本征值 λ 为连续谱，设本征基为 $\{|\lambda\rangle\}$，任意基矢量在位置表象的表示为本征波函数 $\phi_\lambda(x) = \langle x|\lambda\rangle$，而狄拉克正交归一关系 $\langle \lambda|\lambda'\rangle = \delta(\lambda - \lambda')$ 在位置表象的表示为

$$\int \mathrm{d}x\, \phi_\lambda^*(x)\phi_{\lambda'}(x) = \delta(\lambda - \lambda')$$

本征基函数的完备性 [completeness of basis eigenfunctions]　又称本征函数系的完备性。完备性条件的位置表象。分别取分立谱与连续谱本征基的完备性条件

$\sum_n |n\rangle\langle n| = 1$ 与 $\int \mathrm{d}\lambda |\lambda\rangle\langle\lambda| = 1$ 的位置表象, 即可得到分立或者连续本征基函数的完备性条件

$$\sum_n \phi_n^*(x)\phi_n(x') = \delta(x - x')$$

或者

$$\int \mathrm{d}\lambda\, \phi_\lambda^*(x)\phi_\lambda(x') = \delta(x - x')$$

显然, 分立与连续混合谱本征基的完备性条件

$$\sum_n |n\rangle\langle n| + \int \mathrm{d}\lambda |\lambda\rangle\langle\lambda| = 1$$

的位置表象为

$$\sum_n \phi_n^*(x)\phi_n(x') + \int \mathrm{d}\lambda\, \phi_\lambda^*(x)\phi_\lambda(x') = \delta(x - x')$$

本征函数系的完备性 [completeness of eigenfunctions]   即本征基函数的完备性。

共同的本征函数 [simultaneous eigenfunctions]   量子力学第三数学定理词条中断言互相对易的多个算子可有共同的本征矢量, 其位置表象即为共同的本征函数。现以两个对易的线性算子 $\hat{u}$、$\hat{v}$ 为例, 就非简并与简并两种情况进行证明。

首先, 如果两个算子的本征值问题均为非简并, 设第一个算子的本征方程为 $\hat{u}|u\rangle = u|u\rangle$, 由于 $[\hat{u}, \hat{v}] = 0$, 可得 $\hat{u}(\hat{v}|u\rangle) = u(\hat{v}|u\rangle)$, 即 $\hat{v}|u\rangle$ 也是算子 $\hat{u}$ 的本征值为 u 的本征矢量, 与 $|u\rangle$ 只能相差一个常数乘积因子 v, 即 $\hat{v}|u\rangle = v|u\rangle$, 所以 $|u\rangle$ 也满足第二个算子的本征方程。因此, $|u\rangle$ 为两个算子的共同的本征矢量, 其位置表象即为两个算子的共同的本征函数。

其次, 如果算子 $\hat{u}$ 的本征方程为 $\hat{u}|u_n\rangle = u|u_n\rangle$, $n = 1, 2, \cdots, f_u$, 由于 $[\hat{u}, \hat{v}] = 0$, 可得 $\hat{u}(\hat{v}|u_n\rangle) = u(\hat{v}|u_n\rangle)$, 即 $\hat{v}|u_n\rangle$ 属于算子 $\hat{u}$ 的本征值为 u 的 f_u 维简并子空间, 可通过算子 $\hat{v}$ 的矩阵表示 $v_{nm} = \langle u_n|\hat{v}|u_m\rangle$, $n, m = 1, 2, \cdots, f_u$, 求解算子 $\hat{v}$ 在简并子空间的本征值问题

$$\sum_{m=1}^{f_u} (v_{nm} - v\delta_{nm})c_m = 0$$

如果由其非零解条件 —— 久期方程 —— 得到 f_u 个不同根 $\{v_l, l = 1, 2, \cdots, f_u\}$, 每个根 v_l 代回上式可得一组系数 $\{c_m^l, m = 1, 2, \cdots, f_u\}$, 而每一套系数给出 $\hat{v}$ 算子的一个退简并本征右矢量

$$|v_l\rangle = \sum_{m=1}^{f_u} c_m^l |u_m\rangle$$

满足 $\hat{v}|v_l\rangle = v_l|v_l\rangle$, $l = 1, 2, \cdots, f_u$, $|v_l\rangle$ 就是算子 $\hat{u}$、$\hat{v}$ 的本征值分别为 u、v_l 的退简并共同本征矢量。如果久期方程的根数小于 f_u, 说明 $\hat{v}$ 算子的本征矢量依然有简并, 需要寻找

第三个对易算子进一步去简并, 这个过程必须一直进行下去直到获得非简并共同本征矢量。参见完全正交归一本征基。

束缚态 [bound state]   对于定态问题, 薛定谔方程的解可分为两类: 定态波函数局限于有限区域且本征能量取分立谱的束缚态与定态波函数弥散于整个位置空间且本征能量取连续谱的扩展态, 后者也常被称为散射态。以一维位置空间的质量为 m 的单粒子非相对论定态问题

$$\left[-\frac{\hbar^2}{2m}\frac{\mathrm{d}^2}{\mathrm{d}x^2} + V(x)\right]\psi_E(x) = E\psi_E(x)$$

为例, 如果 E 小于足够远 ($|x| \to \infty$) 处的势能函数 $V(x)$, 则为位置束缚态, 因为

$$\frac{\psi_E''(x)}{\psi_E(x)} = \frac{2m}{\hbar^2}[V(x) - E] > 0$$

导致定态波函数 $\psi_E(x)$ 只能在足够远 ($|x| \to \infty$) 处等于零或者指数衰减至零。

能级 [energy level]   束缚态的能量本征值取离散值, 或者说能量量子化。例如势阱、谐振子和氢原子的能级。能级之间的跃迁产生光的辐射或吸收。

自由粒子 [free particle]   在量子理论中, 自由粒子中 "自由" 一词当然指没有任何外界影响的单个物体的状态, 这点与牛顿第一定律对质点的要求一致。但是, 在不同的量子理论发展阶段以及不同的领域, 自由粒子一词的含义变化很大: 有非相对论的薛定谔波动方程通过单粒子波函数所描写的自由粒子、不同相对论波动方程通过单粒子旋量波函数所描写的各种自由粒子乃至量子场论通过场算子所描写的全同多粒子系统中的自由粒子, 凝聚态物理中的准粒子则是一种通过变换隐藏了原来多粒子系统中的粒子互作用的自由粒子。

平面波波函数 [wave function of plane wave]   在位置空间的笛卡儿直角坐标系 ($r = xe_x + ye_y + ze_z$) 中, 质量为 m 的非相对论自由粒子哈密顿量与动量算子

$$\hat{H} = -\frac{\hbar^2}{2m}\nabla^2, \quad p_r = \frac{\hbar}{\mathrm{i}}\nabla$$

的共同本征波函数

$$\phi_p(r) = \frac{1}{\sqrt{(2\pi\hbar)^3}}e^{\mathrm{i}\,p\cdot r/\hbar}$$

即为量子力学中的定态平面波, 而含时平面波 $\phi_p(r, t) = \langle r|p, t\rangle$ 为

$$\phi_p(r, t) = \frac{1}{\sqrt{(2\pi\hbar)^3}}e^{\mathrm{i}(p\cdot r - Et)/\hbar}, \quad E = \frac{p^2}{2m}$$

对应于平面波的量子态, 粒子的动量有完全确定的值, 但粒子以相同的概率出现在空间各处, 位置是完全不确定的, 这

反映了自由粒子的空间平移对称性。平面波作为概率幅不能进行概率归一化，但未归一化的波函数，并不影响相对概率的描述，而相对概率仍能反映物理状态，所以有时 (例如研究散射时) 也允许使用没有归一化的波函数，包括平面波。

平面波的箱归一化 [box normalization of plane wave]　由于位置表象与动量表象都是基于连续本征值谱的表象，所以平面波波函数

$$\phi_{\boldsymbol{p}}(\boldsymbol{r}) = \frac{1}{\sqrt{(2\pi\hbar)^3}}e^{i\boldsymbol{p}\cdot\boldsymbol{r}/\hbar}$$

作为动量算子本征波函数的正交归一关系

$$\begin{aligned}\langle \boldsymbol{p}|\boldsymbol{p}'\rangle &= \int d\boldsymbol{r}\,\langle \boldsymbol{p}|\boldsymbol{r}\rangle\langle \boldsymbol{r}|\boldsymbol{p}'\rangle\\&= \int d\boldsymbol{r}\,\phi_{\boldsymbol{p}}^*(\boldsymbol{r})\phi_{\boldsymbol{p}'}(\boldsymbol{r})\\&= \delta(\boldsymbol{p}-\boldsymbol{p}')\end{aligned}$$

必须采用狄拉克德尔塔函数，其中积分区域为无穷大的位置空间。但在量子力学实践中，常将积分区域限制在边长为 L 的立方体内，由位置空间的三个笛卡儿直角坐标方向的周期性边界条件

$$\begin{aligned}\phi_{\boldsymbol{p}}(\boldsymbol{r}) &= \phi_{\boldsymbol{p}}(x,y,z)\\&= \phi_{\boldsymbol{p}}(x+L,y,z)\\&= \phi_{\boldsymbol{p}}(x,y+L,z)\\&= \phi_{\boldsymbol{p}}(x,y,z+L)\end{aligned}$$

将自由粒子动量的取值分立化为

$$\boldsymbol{p} = \frac{2\pi\hbar}{L}(n_x\boldsymbol{e}_x + n_y\boldsymbol{e}_y + n_z\boldsymbol{e}_z)$$

其中 $n_x, n_y, n_z = 0, \pm 1, \pm 2, \cdots$，从而将平面波波函数归一化为

$$\phi_{\boldsymbol{p}}(\boldsymbol{r}) = \frac{1}{\sqrt{L^3}}e^{i\boldsymbol{p}\cdot\boldsymbol{r}/\hbar}$$

参数 L 在所讨论问题的推导结束时由极限 $L\to\infty$ 消除。这种方法被称为平面波的箱归一化。

势阱 [potential well]　对于一维位置空间的质量为 m 的单粒子非相对论定态问题

$$\left[-\frac{\hbar^2}{2m}\frac{d^2}{dx^2} + V(x)\right]\psi_E(x) = E\,\psi_E(x)$$

如果势能函数在有限区域具有全空间的的极小值，例如无穷深、无限窄的德尔塔函数势能 $V(x) = -\lambda\,\delta(x)$ (其中 $\lambda > 0$) 或者无穷高、无限宽的简谐振子势能 $V(x) = \lambda\,x^2$ 以及以及有限的方块势能 $V(x) = \lambda\,\theta(|x|-a)$，被称为势阱，其中 $\theta(x)$ 为单位阶跃函数，$a > 0$；反之，如果势能函数在有限区域具有全空间的的极大值，被称为势垒。

求解势阱与势垒定态问题，必须利用势阱与势垒的边界对波函数的限制条件，称为边界条件：首先，基于波函数的概率幅含义和概率只能连续变化的要求，势阱与势垒边界 (设为 $x = 0$) 两边波函数必须相等

$$\psi_E(0^+) = \psi_E(0^-)$$

另外，因为波函数的连续性，通过对定态波动方程进行势阱与势垒两边的无限窄定积分，可得波函数一阶导数的边界条件

$$\psi_E'(0^+) - \psi_E'(0^-) = \frac{2m}{\hbar^2}\psi_E(0^+)\int_{0^-}^{0^+}dx\,V(x)$$

其中势能函数的积分仅对德尔塔函数才不等于零。所以对不含德尔塔函数的势场，波函数的一阶导数在势阱或势垒边界上也是连续的。

势阱与势垒定态问题是所有人学习量子力学的入门功课。求解势阱中束缚态问题可以体会量子力学的第一特征：能量量子化；推导势垒左右区域波函数可以了解量子力学最令人惊奇的发现：量子隧穿。势阱与势垒也是探讨具体物理系统的量子力学性质时的常用简化模型。

势垒 [potential barrier]　见势阱。

德尔塔势阱 [delta potential well]　对于一维位置空间的定态问题

$$\left[-\frac{\hbar^2}{2m}\frac{d^2}{dx^2} + V(x)\right]\psi_E(x) = E\,\psi_E(x)$$

可用德尔塔函数形成一维对称无限窄、无穷深势阱 $V(x) = -\lambda\,\delta(x)$。

尽管在宽度为零的势阱内 ($x = 0$) 波函数无定义，由于狄拉克德尔塔函数的特殊定义，除了在势阱两边的波函数连续性条件 $\psi_E(0^+) = \psi_E(0^-)$ 以外，通过对定态波动方程进行势阱两边的无限窄定积分，可得波函数一阶导数的边界条件

$$\psi_E'(0^+) - \psi_E'(0^-) = -\frac{2m\lambda}{\hbar^2}\psi_E(0^+)$$

利用这两个边界条件与势阱外 ($x \neq 0$) 的波动方程

$$\psi_E''(x) = -\frac{2mE}{\hbar^2}\psi_E(x)$$

可以解出德尔塔势阱中的唯一束缚态能级

$$E_0 = -\frac{m\lambda^2}{2\hbar^2}$$

及其归一化本征波函数

$$\psi_0(x) = \sqrt{\kappa}\,e^{-\kappa|x|}, \quad \kappa = \frac{m\lambda}{\hbar^2}$$

箱子中的粒子 [particle in a box]　又称无限深方势阱、无限深势阱。处于仅在有限位置空间区域取有限数值 (通常等于零) 的势场中的粒子。由于箱子中的粒子的分立定态能

谱中无静止解，是最简单的能够直接显示量子力学与经典力学差别的量子系统模型。

对于一维位置空间的定态问题

$$\left[-\frac{\hbar^2}{2m}\frac{\mathrm{d}^2}{\mathrm{d}x^2}+V(x)\right]\psi_E(x)=E\,\psi_E(x)$$

设势能函数为

$$V(x)=\begin{cases}0,&|x|<a\\\infty,&|x|\geqslant a\end{cases}$$

则波动方程仅在有限势能区域 $(|x|<a)$ 有定义

$$\psi_E''(x)=-\frac{2mE}{\hbar^2}\psi_E(x)$$

而粒子不可能出现在无穷大势能区域，即 $\psi_E(x)=0,|x|\geqslant a$。所以，由波函数必须连续变化的要求得到波动方程的分立能谱为

$$E_n=\frac{\hbar^2 k_n^2}{2m},\ k_n=\frac{n\pi}{2a}$$

而 n 为所有正整数。E_n 所属归一化定态波函数为

$$\psi_n(x)=\frac{1}{\sqrt{a}}\theta(a-|x|)\sin\left[k_n\left(x-a\right)\right]$$

当 $n=0$ 时，波函数 $\psi_0(x)=0$，对应于希尔伯特空间的零矢量，在狄拉克–冯·诺依曼量子力学公理体系中不对应于任何量子态。这个一维无限深势阱定态解相当于将粒子装入中心位于坐标原点，宽度为 $2a$ 的不可逃脱的箱子中。

二维、三维的每边长均为 $2a$ 箱子中的粒子可以直接推广一维的结果得到，分立能谱为

$$E=\frac{\hbar^2}{2m}\sum_{i=1}^{2,3}k_i^2,\ k_i=\frac{n_i\pi}{2a}$$

而 n_i 为所有正整数。E 所属定态波函数为

$$\Psi_E(x)=\prod_{i=1}^{2,3}\psi_{n_i}(x)$$

其中 $n_i=0$ 时的波函数不对应于任何量子态。

无限深势阱 [infinite potential well]　即箱子中的粒子。

无限深方势阱 [infinite square well]　即箱子中的粒子。

有限深方势阱 [finite square well]　对于一维位置空间的定态问题

$$\left[-\frac{\hbar^2}{2m}\frac{\mathrm{d}^2}{\mathrm{d}x^2}+V(x)\right]\psi_E(x)=E\,\psi_E(x)$$

深度为 V_0 宽度为 $2a$ 的一维对称方势阱可用阶跃函数写成 $V(x)=V_0\theta(|x|-a)$，分区波动方程为

$$\psi_E''(x)=\begin{cases}-k^2\psi_E(x),&|x|<a\\k_0^2\psi_E(x),&|x|\geqslant a\end{cases}$$

其中

$$k=\sqrt{\frac{2mE}{\hbar^2}},\quad k_0=\sqrt{\frac{2m\left(V_0-E\right)}{\hbar^2}}$$

由波函数及其一阶导数在势阱边界上的连续性条件可得到决定束缚态 $(V_0>E>0)$ 能级的方程式：决定左右对称 (偶宇称) 波函数所属能级的公式为

$$k_0=k\tan ka$$

决定左右反对称 (奇宇称) 波函数所属能级的公式为

$$k_0=-k\cot ka$$

在一般情况下，需要数值计算才能确定有限深方势阱中的束缚态能级，但有两个特殊情况可以利用三角函数的极限公式得到解析结果。首先，当势阱深度 V_0 无限增加时，这两个方程式共同给出无限深方势阱的束缚态分立能级

$$E_n=\frac{\hbar^2 k_n^2}{2m},\quad k_n=\frac{n\pi}{2a}$$

其次，当势阱深度 V_0 无限减少时，由于 k_0 与 k 都趋于零，无奇宇称解，有且只有一个偶宇称解 (准确到势阱深度 V_0 的平方项)

$$E\simeq V_0-\frac{2mV_0^2 a^2}{\hbar^2}$$

如果用阶跃函数将深度为 V_0 的一维对称方势阱写成 $V(x)=-V_0\theta(a-|x|)$，取无穷深 $(V_0\to\infty)$ 无限窄 $(a\to 0)$ 势阱极限，在势阱宽度与深度乘积固定为 $\lambda=2aV_0$ 的条件下，所得方势阱中唯一束缚态等于德尔塔势阱中的束缚态。

有限深势阱 [finite potential well]　见有限深方势阱。

阶跃势 [step potential]　对于一维位置空间的定态问题

$$\left[-\frac{\hbar^2}{2m}\frac{\mathrm{d}^2}{\mathrm{d}x^2}+V(x)\right]\psi_E(x)=E\,\psi_E(x)$$

设势能函数 $V(x)$ 只有零与 $V_0>0$ 两个可能的取值，在坐标原点左右均为常数但在坐标原点发生幅度为 V_0 的跳跃，可用阶跃函数写成 $V(x)=V_0\theta(x)$。阶跃势场可以被当做半无穷区域的势垒，与所有势垒问题一样没有束缚态解，其求解过程要分别区分不同的位置空间区域与能量范围。由于势垒问题中的能量是连续变化的，着眼点在于按照边界条件对不同空间区域波函数的求解：在零势场区域 $(x<0)$，本征波函数通解为

$$\psi_E(x)=A_+\mathrm{e}^{\mathrm{i}kx}+A_-\mathrm{e}^{-\mathrm{i}kx},\quad k=\sqrt{\frac{2mE}{\hbar^2}}$$

这两项的粒子概率流密度分别为

$$j_+=\frac{\hbar k}{m}|A_+|^2,\quad j_-=-\frac{\hbar k}{m}|A_-|^2$$

在势垒区域 $(x > 0)$，本征波函数为

$$\psi_E(x) = Be^{ik_0x}, \quad k_0 = \sqrt{\frac{2m(E - V_0)}{\hbar^2}}$$

当 $E > V_0$，势垒区域的粒子概率流密度

$$j = \frac{\hbar k_0}{m}|B|^2$$

由坐标原点的波函数及其一阶导数的连续性条件解出反射系数和透射系数

$$R = \frac{j_-}{j_+} = \left(\frac{k - k_0}{k + k_0}\right)^2, \quad T = \frac{j}{j_+} = \frac{4kk_0}{(k + k_0)^2}$$

显然 $R + T = 1$，即概率守恒；而 $E < V_0$ 时，k_0 为虚数，势垒区域概率幅指数衰减，概率流密度等于零，解出 $R = 1$，即全反射。

尽管本问题中的概率幅与平面波的概率幅同样是不可归一化的，但这并不影响有关相对概率的物理结果。

德尔塔势垒 [delta potential barrier]　对于一维位置空间的定态问题

$$\left[-\frac{\hbar^2}{2m}\frac{d^2}{dx^2} + V(x)\right]\psi_E(x) = E\psi_E(x)$$

可用德尔塔函数形成一维对称无限窄、无穷高势垒 $V(x) = \lambda\delta(x)$。设想粒子从左边无穷远处 $(x = -\infty)$ 入射，分区域定态波函数为：势垒左边 $(x < 0)$

$$\psi_E(x) = A_+e^{ikx} + A_-e^{-ikx}$$

势垒右边 $(x > 0)$

$$\psi_E(x) = Be^{ikx}, \quad k = \sqrt{\frac{2mE}{\hbar^2}}$$

由边界条件

$$\psi_E(0^+) = \psi_E(0^-)$$
$$\psi_E'(0^+) - \psi_E'(0^-) = \frac{2m\lambda}{\hbar^2}\psi(0^+)$$

解出概率幅

$$A_+ = \left(1 - i\frac{m\lambda}{\hbar^2k}\right)B, \quad A_- = i\frac{m\lambda}{\hbar^2k}B$$

及反射系数和透射系数

$$R = \left|\frac{A_-}{A_+}\right|^2 = -\frac{E_0}{E - E_0}, \quad T = \left|\frac{B}{A_+}\right|^2 = \frac{E}{E - E_0}$$

其中 $E_0 < 0$ 为德尔塔势阱中的唯一束缚态的能量。

矩形势垒 [rectangular potential barrier]　又称方势垒。对于一维位置空间的质量为 m 的单粒子非相对论定态问题

$$\left[-\frac{\hbar^2}{2m}\frac{d^2}{dx^2} + V(x)\right]\psi_E(x) = E\psi_E(x)$$

如果势能函数为高度为 V_0 宽度为 $2a$ 的一维对称方势垒，用阶跃函数写成 $V(x) = V_0\theta(x + a)\theta(a - x)$，当 $V_0 > E > 0$ 时，分区域定态波函数通解为

$$\psi_E(x) = \begin{cases} Ae^{ikx} + Be^{-ikx}, & x < -a \\ Ce^{-k_0x} + De^{k_0x}, & |x| < a \\ Fe^{ikx} + Ge^{-ikx}, & x > a \end{cases}$$

其中

$$k = \sqrt{\frac{2mE}{\hbar^2}}, \quad k_0 = \sqrt{\frac{2m(V_0 - E)}{\hbar^2}}$$

由势垒边界 $(x = \pm a)$ 两边波函数及其导数的连续性条件可得势垒两边概率幅之间的转移矩阵变换关系

$$\begin{pmatrix} A \\ B \end{pmatrix} = \begin{pmatrix} u & v \\ v^* & u^* \end{pmatrix} \begin{pmatrix} F \\ G \end{pmatrix}$$

其中

$$u = \left[\cosh(2k_0a) + \frac{i\kappa_-}{2}\sinh(2k_0a)\right]e^{i2ka}$$
$$v = \frac{i\kappa_+}{2}\sinh(2k_0a), \quad \kappa_\pm = \left(\frac{k_0}{k} \pm \frac{k}{k_0}\right)$$

矩形势垒是左右对称的，设想粒子从左边无穷远处 $(x = -\infty)$ 入射 $(G = 0)$，则粒子被势垒反射回到左边无穷远处的反射系数等于

$$R = \left|\frac{B}{A}\right|^2 = \frac{(k^2 + k_0^2)^2\sinh^2(2k_0a)}{4k^2k_0^2 + (k^2 + k_0^2)^2\sinh^2(2k_0a)}$$

粒子穿过势垒到达右边无穷远处 $(x = +\infty)$ 的透射系数等于

$$T = \left|\frac{F}{A}\right|^2 = \frac{4k^2k_0^2}{4k^2k_0^2 + (k^2 + k_0^2)^2\sinh^2(2k_0a)}$$

它们满足概率守恒条件 $R + T = 1$。在势垒宽度与高度乘积 $(2aV_0)$ 固定的条件下，取无穷高 $(V_0 \to \infty)$ 无限窄 $(a \to 0)$ 势垒极限，可证明矩形势垒与 $\lambda = 2aV_0$ 德尔塔势垒中的结果相同。另外，当势垒足够宽或者足够高 $(k_0a \gg 1)$ 时，

$$T \simeq \frac{16k^2k_0^2}{(k^2 + k_0^2)^2}e^{-4k_0a}$$

至于 $E > V_0 > 0$ 时的势垒问题，与 $V_0 \to -V_0$ 变换后的矩形势阱的 $E > 0$ 问题类似，在粒子能量高于势能极值时，也可用同样的方法讨论势垒与势阱的反射系数和透射系数，但并非势垒与势阱问题的重点。

方势垒 [square potential barrier]　即矩形势垒。

透射与反射 [transmission and reflection]　见阶跃势、德尔塔势垒和矩形势垒。

量子隧穿 [quantum tunnelling]　又称势垒穿透、隧道效应。德尔塔势垒和矩形势垒词条中给出的当粒子能量

低于势垒高度，却能够从势垒的一边到达势垒的另一边的运动方式，被称为量子隧穿，是量子力学所揭示的全新物理现象。在金属的场致发射、原子核的 α 衰变、半导体或超导体的隧道结中，势垒穿透得到了实验的验证。量子隧穿是扫描隧道显微镜的理论基础。

势垒穿透 [potential barrier penetration] 即量子隧穿。

隧道效应 [tunnel effect] 即量子隧穿。

一维问题的 S 矩阵 [S-matrix in one-dimensional problems] 将矩形势垒词条中给出的势垒两边概率幅之间的转移矩阵变换关系稍作整理，可得由从势垒两边进入势垒的入射概率幅 A、G，到从势垒两边离开势垒的散射概率幅 B、F 的散射矩阵变换关系

$$\begin{pmatrix} B \\ F \end{pmatrix} = \hat{S} \begin{pmatrix} A \\ G \end{pmatrix}$$

其中散射矩阵，又称 S 矩阵为

$$\hat{S} = \frac{1}{u} \begin{pmatrix} v^* & 1 \\ 1 & -v \end{pmatrix}$$

显然，由于 $|u|^2 - |v|^2 = 1$，S 矩阵为幺正矩阵。这个方势垒二阶 S 矩阵雏形并不限于对称方势垒，可用于几乎所有一维势场问题，并作为散射矩阵这一重要理论物理学研究领域的极佳入门。

波包 [wave packet] 不同动量平面波的叠加。一维位置空间波函数的动量本征波函数——平面波——的展开式

$$\psi(x) = \langle x | \psi \rangle = \int \mathrm{d}p \varphi(p) \phi_p(x)$$

中的展开系数，即动量表象波函数或者动量概率幅 $\varphi(p) = \langle p | \psi \rangle$ 的绝对值平方 $|\varphi(p)|^2$，按概率解释为波函数 $\psi(x)$ 所对应的量子态中包含动量为 p 的平面波的比例。对动量概率幅 $\varphi(p)$ 作特别的选取，主要是将其非零取值局限在狭窄动量区域，如矩形分布与高斯分布，甚至几个平面波的叠加，使得波函数 $\psi(x)$ 仅在位置空间的小范围内取有限数值，这种特别的波函数被称为波包，而波包的中心则以波包的群速度运动。

在量子理论教材及论文中，波包常被用作自由粒子含时薛定谔波动方程的初始波函数 $\psi(x,0)$，以解释自由粒子的量子力学特征及其与经典力学质点运动和经典波包的关系。

矩形波包 [rectangular wave packet] 矩形动量概率幅生成的波包。将位形空间的中心处于 $p_0 = mv_0$、宽度为 2Δ、高度为 φ_0 的矩形动量概率幅

$$\varphi(p) = \langle p | \psi \rangle = \varphi_0 \theta(\Delta - |p - p_0|)$$

和平面波含时波函数

$$\phi_p(x,t) = \frac{1}{\sqrt{2\pi\hbar}} \mathrm{e}^{\mathrm{i}(px - p^2 t/2m)/\hbar}$$

代入对应于质量为 m 的自由粒子的运动波包的概率幅

$$\begin{aligned} \psi(x,t) &= \langle x | \psi, t \rangle = \int \mathrm{d}p \varphi(p) \phi_p(x,t) \\ &= \frac{\varphi_0}{\sqrt{2\pi\hbar}} \int_{-\Delta}^{\Delta} \mathrm{d}q \mathrm{e}^{\mathrm{i}(px - p^2 t/2m)/\hbar} \end{aligned}$$

其中 $q = p - p_0$，在近似 $p^2 = (q + p_0)^2 \simeq p_0^2 + 2qp_0$ 下完成积分后得

$$\psi(x,t) = \phi_{p_0}(x,t) \frac{2\hbar\varphi_0 \sin[(x - v_0 t)\Delta/\hbar]}{x - v_0 t}$$

由于平面波的位置空间概率分布为常数，所以矩形波包的近似概率分布为中心以速度 v_0 运动的概率幅为零阶第一类球贝塞尔函数的波包，始终集中在位置空间的小范围内。当然，如果积分不做近似，波包将弥散。

高斯波包 [Gaussian wave packet] 当动量概率幅取中心位于 $\hbar k$ 的高斯函数

$$\varphi(p) = \left(\frac{2\sigma^2}{\pi\hbar^2}\right)^{1/4} \mathrm{e}^{-\sigma^2(p - \hbar k)^2/\hbar^2}$$

时波包

$$\phi(x,0) = \left(\frac{1}{2\pi\sigma^2}\right)^{1/4} \mathrm{e}^{\mathrm{i}kx - x^2/4\sigma^2}$$

尽管由单色平面波与高斯函数组成的高斯波包不是自由粒子哈密顿量的本征态，但其物理特性十分有趣。首先，高斯波包的位置与动量平均值 $\langle x \rangle = 0$，$\langle p \rangle = \hbar k$ 以及位置与动量均方差 $\Delta x = \sigma$，$\Delta p = \hbar/2\sigma$，使得高斯波包可解释成为动量为 $\hbar k$，初始时刻位于坐标原点附近空间分布尺度为 σ 的量子力学自由粒子。高斯波包常被当做经典匀速直线运动质点的量子理论对应，因其位置均方差与动量均方差之积为 $\Delta x \Delta p = \hbar/2$，故高斯波包所描写的是量子力学的最小不确定状态。

由于高斯波包 $\phi(x,0)$ 并非定态，而是平面波的重叠态，可设为求解自由粒子含时薛定谔波动方程的初始条件。用自由粒子哈密顿量 $\hat{H} = \hat{p}^2/2m$ 进行时间演化，之后某时刻的高斯波包

$$\phi(x,t) = \left(\frac{\sigma^2}{2\pi\sigma_t^4}\right)^{1/4} \mathrm{e}^{\mathrm{i}kx - \mathrm{i}\hbar k^2 t/2m - (x - vt)^2/4\sigma_t^2}$$

可解释成中心以速度 $v = \hbar k/m$ 移动的运动波包，对应于以速度 v 作匀速直线运动的自由粒子。由于高斯波包不是定态波函数，运动波包的高斯"宽度"

$$\sigma_t = \sqrt{\sigma^2 + \frac{\mathrm{i}\hbar t}{2m}}$$

变为复数，而相应的位置均方差

$$\Delta x_t = \frac{|\sigma_t|^2}{\sigma} = \sigma \sqrt{1 + \frac{\hbar^2 t^2}{4m^2\sigma^4}}$$

随着时间增加，所给出的粒子的分布概率 $|\phi(x,t)|^2$ 将不断地在位置空间弥散。另一方面，对于自由粒子哈密顿量，动量为运动常数，相关平均值不随时间变化。因此，运动高斯波包的位置均方差与动量均方差之积

$$\Delta x_t \Delta p = \frac{\hbar}{2} \sqrt{1 + \frac{\hbar^2 t^2}{4m^2\sigma^4}}$$

不再满足最小不确定关系，在足够长时间之后，量子波包与经典质点显示出完全不同的运动方式。

谐振子 [harmonic oscillator]　又称简谐振子、量子谐振子、普朗克振子。将经典物理的简谐振子哈密顿函数量子化以后得到的量子力学哈密顿量

$$\hat{H} = \frac{\hat{p}^2}{2m} + \frac{1}{2}m\omega^2\hat{q}^2$$

所描写的系统，其中正则量子化条件为 $[\hat{q}, \hat{p}] = i\hbar$。在量子理论中，谐振子可以描写所有势场稳定平衡点附近的运动，是最重要的可严格解析求解的量子力学模型系统，详见一维谐振子、朗道能级、谐振子的梯子算子解、位移算子、相干态、压缩算子、电磁场量子化、二次量子化方法、零点能等词条。

简谐振子 [simple harmonic oscillator]　即谐振子。

量子谐振子 [quantum harmonic oscillator]　即谐振子。

普朗克振子 [Planck oscillator]　由于普朗克在创造量子概念时针对的物理对象就是谐振子，因此有些作者 (比如薛定谔) 称量子理论中的谐振子为普朗克振子，见谐振子。

一维谐振子 [one-dimensional harmonic oscillator]　令 $\alpha = \sqrt{m\omega/\hbar}$，一维谐振子在位置表象的定态波动方程

$$\frac{\hbar^2}{2m}\left(-\frac{\mathrm{d}^2}{\mathrm{d}x^2} + \alpha^4 x^2\right)\psi_E(x) = E\,\psi_E(x)$$

所描写是无穷深无限宽的抛物线势场中的定态问题，当然只能有束缚态解，谐振子的束缚态能级为

$$E_n = \left(n + \frac{1}{2}\right)\hbar\omega, \; n = 0, 1, 2, \cdots$$

所属束缚态波函数为

$$\psi_n(x) = \frac{1}{\sqrt{2^n n!}}\left(\frac{\alpha^2}{\pi}\right)^{1/4} \mathrm{e}^{-\frac{1}{2}\alpha^2 x^2} H_n(\alpha x)$$

其中厄米多项式由罗德里格斯 (Rodrigues) 公式给出为

$$H_n(\nu) = (-1)^n \mathrm{e}^{\nu^2} \frac{\mathrm{d}^n}{\mathrm{d}\nu^n}\mathrm{e}^{-\nu^2}$$

参见谐振子的梯子算子解。

二维谐振子 [two-dimensional harmonic oscillator]　二维谐振子

$$\hat{H} = \frac{1}{2m}\left(\hat{p}_x^2 + \hat{p}_y^2\right) + \frac{1}{2}m\omega^2\left(\hat{x}^2 + \hat{y}^2\right)$$

的定态波动方程可以分离变量求解，能级为两个正交的位置坐标的一维谐振子能级之和

$$E_{n_x + n_y} = (n_x + n_y + 1)\,\hbar\omega$$

所属波函数为对应的两个一维谐振子束缚态波函数之积

$$\Psi_{n_x n_y}(x, y) = \psi_{n_x}(x)\psi_{n_y}(y)$$

二维谐振子能级 E_n 是 $n+1$ 度简并的，因为对于确定的 $n = n_x + n_y$，n_x、n_y 有 $n+1$ 种组合方式并对应于 $n+1$ 个二维谐振子本征波函数。

三维谐振子 [three-dimensional harmonic oscillator]　三维谐振子

$$\hat{H} = \frac{1}{2m}\left(\hat{p}_x^2 + \hat{p}_y^2 + \hat{p}_z^2\right) + \frac{1}{2}m\omega^2\left(\hat{x}^2 + \hat{y}^2 + \hat{z}^2\right)$$

的定态波动方程可以分离变量求解，能级为三个正交的位置坐标的一维谐振子能级之和

$$E_{n_x + n_y + n_z} = \left(n_x + n_y + n_z + \frac{3}{2}\right)\hbar\omega$$

所属波函数为对应的三个一维谐振子束缚态波函数之积

$$\Psi_{n_x n_y n_z}(x, y, z) = \psi_{n_x}(x)\psi_{n_y}(y)\psi_{n_z}(z)$$

三维谐振子能级 E_n 的简并度为

$$f_n = \frac{1}{2}(n+1)(n+2)$$

因为对于确定的 $n = n_x + n_y + n_z$，n_x、n_y、n_z 有 f_n 种组合方式并对应于 f_n 个三维谐振子本征波函数。

克莱默斯简并性定理 [Kramers degeneracy theorem]　对于 $t \to -t$ 的时间反演变换，作用到量子态矢量空间有时间反演算子 $\hat{T}$。当系统有时间反射对称性，即 $\left[\hat{H}, \hat{T}\right] = 0$ 时，对应于定态的本征右矢量 $|E\rangle$ 被时间反演算子作用之后，$\hat{T}|E\rangle$ 仍为对应于同能量定态的本征右矢量，即时间反演对称系统的定态可能是简并的。由于角动量算子在时间反演下反向，而总自旋量子数为半整数的系统没有等于零的磁量子数，因此该系统的 $\hat{T}|E\rangle$ 与 $|E\rangle$ 不可能对应于同一个量子态，所以总自旋量子数为半整数或者奇数个费米子的系统的定态必然是简并的，这种性质称为克莱默斯简并性定理。原子和固体中，都存在克莱默斯简并。

周期势 [periodical potential]　粒子在位置空间的周期势场中的运动的首要特征是势场具有平移对称性，从而

粒子的能谱表现为能带结构。能带结构对于定性理解固体的导电性具有重要意义。周期场中运动的粒子的能量本征函数满足布洛赫 (Bloch) 定理，例如在一维情形，设势场的周期为 a，那么 $\psi(x+a)$ 与 $\psi(x)$ 仅相差一个相位因子，即 $\psi(x) = e^{ikx}\phi_k(x)$，而 $\phi_k(x)$ 为一与势场周期相同的周期函数，k 为布洛赫波数。更多周期势场内容参见本辞典凝聚态物理部分，例如布洛赫定理词条。

泡利不相容原理 [Pauli exclusion principle] 泡利不相容原理是在老量子论中提出来的，之后在量子力学发展中发现它是全同多粒子波函数在粒子指标交换反对称性的必然结果。在原子物理学层面与本科生量子力学课程中，局限于第一次量子化，这一关于多电子系统费米子特征的表述可作为基本原理。泡利不相容原理对量子力学理论体系的建立，特别是电子自旋自由度的确立和狄拉克电子理论的完成，有着重要的启发意义。但是，在狄拉克–冯·诺依曼量子力学公理体系中，泡利不相容原理被包含在第三公理 - 场的正则量子化公理中，表现为费米子系统的粒子产生与湮灭算子之间的反交换关系。

电子自旋 [spin of electron] 受到泡利工作的启发，克罗尼希 (R. Kronig)、乌伦贝克 (G. E. Uhlenbeck) 与古德斯密特 (S. Goudsmit)1925 年分别提出的电子除了轨道角动量以外具有的另外的角动量。自旋 (spin) 的本意指地球自转。由于泡利和海森伯的坚决反对，克罗尼希没有公开发表论文，而乌伦贝克与古德斯密特在论文中指出自旋具有泡利提出的"二重取值量子自由度"，因而量子数等于 1/2，得到了托马斯 (L. Thomas)1926 年关于电子进动的相对论计算结果中多出的因子 2 的支持，在物理学界产生了广泛的影响。量子力学诞生之后，泡利于 1927 年给出了电子自旋算子的矩阵表示，自旋角动量矢量算子 $\hat{\boldsymbol{S}} = \hat{S}_1\boldsymbol{e}_x + \hat{S}_2\boldsymbol{e}_y + \hat{S}_3\boldsymbol{e}_z$ 在位置空间笛卡儿直角坐标系的三个分量算子

$$\hat{S}_1 = \frac{\hbar}{2}\hat{\sigma}_1, \quad \hat{S}_2 = \frac{\hbar}{2}\hat{\sigma}_2, \quad \hat{S}_3 = \frac{\hbar}{2}\hat{\sigma}_3$$

分别由泡利矢量的三个分量泡利矩阵乘以半个约化普朗克常量组成，由于泡利矩阵只有两个本征值，因此电子自旋的"二重取值量子自由度"得到了完美的量子力学表述。1928 年，狄拉克基于狄拉克–冯·诺依曼量子力学公理体系和爱因斯坦相对论质能等价关系提出了相对论性电子的狄拉克方程，导出了电子自旋。

泡利矩阵 [Pauli matrices] 三个二阶幺正厄米复矩阵 $\hat{\sigma}_1$、$\hat{\sigma}_2$、$\hat{\sigma}_3$，在泡利表像 (即 $\hat{\sigma}_3$ 为对角矩阵，通常指三维空间笛卡儿直角坐标系的 z 分量) 可写成

$$\begin{pmatrix} 0 & 1 \\ 1 & 0 \end{pmatrix}, \quad \begin{pmatrix} 0 & -i \\ i & 0 \end{pmatrix}, \quad \begin{pmatrix} 1 & 0 \\ 0 & -1 \end{pmatrix}$$

泡利旋量 [Pauli spinor] 泡利矩阵作为线性算子所作用的二维希尔伯特空间的矢量

$$|A\rangle = \begin{pmatrix} a_1 \\ a_2 \end{pmatrix}$$

在 $\hat{\sigma}_3$ 为对角矩阵的泡利表像中，$\hat{\sigma}_3$ 的本征泡利旋量为

$$|\hat{\sigma}_3,+\rangle = \begin{pmatrix} 1 \\ 0 \end{pmatrix}, \quad |\hat{\sigma}_3,-\rangle = \begin{pmatrix} 0 \\ 1 \end{pmatrix}$$

它们遵守本征方程

$$\hat{\sigma}_3|\hat{\sigma}_3,\sigma\rangle = \sigma|\hat{\sigma}_3,\sigma\rangle$$

其中 $\sigma = \pm 1$ 为泡利矩阵的两个本征值。由于三个泡利矩阵互不对易，每个泡利矩阵的本征泡利旋量都是其他泡利矩阵的两个本征泡利旋量的线性叠加。

本征泡利旋量 [Pauli eigenspinor] 见泡利旋量。

二态系统 [two-state system] 又称**二能级系统**。所有量子态对应于二维希尔伯特空间矢量的量子系统，其无穷多个量子态中最多能找到两个线性无关的，而这两个量子态的叠加可生成无穷多个量子态，是最小的量子系统。

仅凭希尔伯特空间的矩阵表示，无需量子化条件即可由二态系统导出泡利矩阵：设二维希尔伯特空间的标准基为

$$|+\rangle = \begin{pmatrix} 1 \\ 0 \end{pmatrix}, \quad |-\rangle = \begin{pmatrix} 0 \\ 1 \end{pmatrix}$$

基矢量的外积投影算子之差即为第三个泡利矩阵

$$|+\rangle\langle+| - |-\rangle\langle-| = \begin{pmatrix} 1 & 0 \\ 0 & -1 \end{pmatrix} = \hat{\sigma}_3$$

而基矢量的交错外积

$$|+\rangle\langle-| = \begin{pmatrix} 0 & 1 \\ 0 & 0 \end{pmatrix} = \hat{\tau}_+$$

$$|-\rangle\langle+| = \begin{pmatrix} 0 & 0 \\ 1 & 0 \end{pmatrix} = \hat{\tau}_-$$

则因满足 $[\hat{\sigma}_3, \hat{\tau}_\pm] = \pm 2\hat{\tau}_\pm$ 而构成了 $\hat{\sigma}_3$ 的梯子算子 $\hat{\tau}_\pm = (\hat{\sigma}_1 \pm i\hat{\sigma}_2)/2$。因此

$$\hat{\tau}_+ + \hat{\tau}_- = \begin{pmatrix} 0 & 1 \\ 1 & 0 \end{pmatrix} = \hat{\sigma}_1$$

$$\hat{\tau}_+ - \hat{\tau}_- = i\begin{pmatrix} 0 & -i \\ i & 0 \end{pmatrix} = i\hat{\sigma}_2$$

这就是在很多与磁性无关的量子力学领域，特别是量子光学和量子信息等含有二能级系统的量子体系，出现泡利矩阵的原因：用第三分量泡利矩阵表示两个非简并能级，用另外两个分量组成梯子算子操作能级间的跃迁。

二能级系统 [two-level system]　即二态系统。

列维−齐维塔张量 [Levi-Civita tensor]　列维−齐维塔 (T. Levi-Civita) 引入的整数变量置换符号函数

$$\varepsilon_{ijk} = \begin{cases} +1, & ijk = 123, 231, 312 \\ -1, & ijk = 132, 213, 321 \\ 0, & ijk \text{ 中有两数相同} \end{cases}$$

泡利矢量 [Pauli vector]　由三个泡利矩阵形式上定义的三维笛卡儿位置空间的矢量

$$\boldsymbol{\sigma} = \hat{\sigma}_1 \boldsymbol{e}_x + \hat{\sigma}_2 \boldsymbol{e}_y + \hat{\sigma}_3 \boldsymbol{e}_z$$

显然，泡利矢量既不是欧式空间的矢量，也不是线性代数的矩阵，如果需要彻底了解泡利矩阵与泡利矢量相关的数学理论，必须掌握克利福德 (Clifford) 几何代数，这里仅列出一些量子力学中常用的泡利矩阵和泡利矢量相关公式。首先，泡利矢量的三个分量是不对易的厄米矩阵，利用克罗内克德尔塔函数与列维 - 齐维塔张量，可将泡利矩阵的轮转交换关系

$$[\hat{\sigma}_i, \hat{\sigma}_j] = \hat{\sigma}_i \hat{\sigma}_j - \hat{\sigma}_j \hat{\sigma}_i = 2\mathrm{i}\varepsilon_{ijk}\hat{\sigma}_k$$

与反交换关系

$$\{\hat{\sigma}_i, \hat{\sigma}_j\} = \hat{\sigma}_i \hat{\sigma}_j + \hat{\sigma}_j \hat{\sigma}_i = 2\delta_{ij}$$

统一写成任意两个泡利矩阵的乘积公式

$$\hat{\sigma}_i \hat{\sigma}_j = \delta_{ij} + \mathrm{i}\varepsilon_{ijk}\hat{\sigma}_k$$

在此基础上可证明泡利矢量与欧氏空间矢量点乘的常用公式

$$(\boldsymbol{\sigma} \cdot \boldsymbol{a})(\boldsymbol{\sigma} \cdot \boldsymbol{b}) = \boldsymbol{a} \cdot \boldsymbol{b} + \mathrm{i}\boldsymbol{\sigma} \cdot (\boldsymbol{a} \times \boldsymbol{b})$$

其中右边第一项隐含二阶单位矩阵。由此可证明泡利矢量的欧拉公式

$$\mathrm{e}^{\mathrm{i}\phi\boldsymbol{\sigma} \cdot \boldsymbol{n}} = \cos\phi + \mathrm{i}\boldsymbol{\sigma} \cdot \boldsymbol{n} \sin\phi$$

其中 ϕ 为实数，$\boldsymbol{n}$ 为欧氏空间单位矢量，右边第一项隐含二阶单位矩阵。

泡利矢量的欧拉公式 [Euler formula of Pauli vector]　见泡利矢量。

泡利矩阵的转动 [rotation of Pauli matrices]　在三维笛卡儿坐标系中，任意方向的单位矢量 $\boldsymbol{n}$ 可用立体角 (θ, φ) 按照投影的方式写出

$$\boldsymbol{n} = \sin\theta\cos\varphi\,\boldsymbol{e}_x + \sin\theta\sin\varphi\,\boldsymbol{e}_y + \cos\theta\,\boldsymbol{e}_z$$

这个投影操作倒过来就是将 $\boldsymbol{e}_z$ 先绕 y 轴转 θ 角度，再绕 z 轴转 φ 角度变换成 $\boldsymbol{n}$ 的转动操作。尽管泡利矢量 $\boldsymbol{\sigma} = \hat{\sigma}_1 \boldsymbol{e}_x$

$+ \hat{\sigma}_2 \boldsymbol{e}_y + \hat{\sigma}_3 \boldsymbol{e}_z$ 并非笛卡儿坐标空间的矢量，更非单位矢量，但是我们依然可以采用同样的转动操作将 z 方向的泡利矩阵

$$\hat{\sigma}_3 = \begin{pmatrix} 1 & 0 \\ 0 & -1 \end{pmatrix}$$

变换成 $\boldsymbol{n}$ 方向的泡利矩阵

$$\hat{\sigma}_n = \boldsymbol{\sigma} \cdot \boldsymbol{n} = \begin{pmatrix} \cos\theta & \sin\theta\mathrm{e}^{-\mathrm{i}\varphi} \\ \sin\theta\mathrm{e}^{\mathrm{i}\varphi} & -\cos\theta \end{pmatrix}$$

并对相应的本征泡利旋量进行同样的转动变换，这两个变换可用幺正转动变换矩阵 $\hat{R}$ 写成

$$\hat{R}\hat{\sigma}_3\hat{R}^\dagger = \boldsymbol{\sigma} \cdot \boldsymbol{n}, \quad \hat{R}|\hat{\sigma}_3, \sigma\rangle = |\hat{\sigma}_n, \sigma\rangle$$

基于厄米算子为连续参数幺正变换的生成元的普遍规律和泡利矢量的欧拉公式，可直接得到转动矩阵为

$$\hat{R} = \mathrm{e}^{-\mathrm{i}\hat{\sigma}_3\frac{\varphi}{2}} \mathrm{e}^{-\mathrm{i}\hat{\sigma}_2\frac{\theta}{2}}$$
$$= \begin{pmatrix} \cos\frac{\theta}{2}\mathrm{e}^{-\mathrm{i}\frac{\varphi}{2}} & -\sin\frac{\theta}{2}\mathrm{e}^{-\mathrm{i}\frac{\varphi}{2}} \\ \sin\frac{\theta}{2}\mathrm{e}^{\mathrm{i}\frac{\varphi}{2}} & \cos\frac{\theta}{2}\mathrm{e}^{\mathrm{i}\frac{\varphi}{2}} \end{pmatrix}$$

而该矩阵的两列则是变换之后的泡利矩阵的两个本征泡利旋量

$$|\hat{\sigma}_n, +\rangle = \begin{pmatrix} \cos\frac{\theta}{2}\mathrm{e}^{-\mathrm{i}\frac{\varphi}{2}} \\ \sin\frac{\theta}{2}\mathrm{e}^{\mathrm{i}\frac{\varphi}{2}} \end{pmatrix}$$

$$|\hat{\sigma}_n, -\rangle = \begin{pmatrix} -\sin\frac{\theta}{2}\mathrm{e}^{-\mathrm{i}\frac{\varphi}{2}} \\ \cos\frac{\theta}{2}\mathrm{e}^{\mathrm{i}\frac{\varphi}{2}} \end{pmatrix}$$

所以这个转动变换实际上是二维希尔伯特空间的表象变换

$$\hat{R} = |\hat{\sigma}_n, +\rangle\langle\hat{\sigma}_3, +| + |\hat{\sigma}_n, -\rangle\langle\hat{\sigma}_3, -|$$

泡利旋量的转动 [rotation of Pauli spinor]　见泡利矩阵的转动。

自旋的转动 [rotation of spin]　见泡利矩阵的转动与狄拉克方程的变换。

泡利方程 [Pauli equation]　描写处于电磁场 $(\boldsymbol{A}, \phi)$ 中的电荷为 q 质量为 m 的非相对论粒子运动的薛定谔波动方程

$$\mathrm{i}\hbar\frac{\partial\psi(\boldsymbol{r},t)}{\partial t} = \left[\frac{1}{2m}\left(\frac{\hbar}{\mathrm{i}}\boldsymbol{\nabla} - \frac{q}{c}\boldsymbol{A}\right)^2 - \frac{q\hbar}{2mc}\boldsymbol{\sigma} \cdot \boldsymbol{B} + q\phi\right]\psi(\boldsymbol{r},t)$$

其中泡利矢量与磁场 $\boldsymbol{B} = \boldsymbol{\nabla} \times \boldsymbol{A}$ 点乘的拉莫尔 (Larmor) 磁能项是泡利 1927 年通过引入泡利矩阵人为强加的半经典修正项，由此将单分量薛定谔波函数推广为泡利旋量波函数，

但由于分离了变量，位置空间波函数仍然是单分量的。基于泡利方程，氢原子中的电子态由四个好量子数 $(nlm\sigma)$ 标定。狄拉克方程的最低阶低速非相对论极限可导出泡利方程。

角动量算子 [angular momentum operator] 角动量算子 $\hat{\boldsymbol{J}} = \hat{J}_x\,\boldsymbol{e}_x + \hat{J}_y\,\boldsymbol{e}_y + \hat{J}_z\,\boldsymbol{e}_z$ 的量子化条件为其分量算子之间的轮转交换关系，可用列维 - 齐维塔张量写成

$$\left[\hat{J}_i, \hat{J}_j\right] = \hat{J}_i\hat{J}_j - \hat{J}_j\hat{J}_i = \mathrm{i}\hbar\varepsilon_{ijk}\hat{J}_k$$

其中分量算子互不对易但均与角动量矢量的平方算子 (即笛卡儿空间矢量的自我内积) $\hat{J}^2 = \hat{\boldsymbol{J}} \cdot \hat{\boldsymbol{J}} = \hat{J}_x{}^2 + \hat{J}_y{}^2 + \hat{J}_z{}^2$ 对易。因此通常选取 $\hat{J}^2$ 与 $\hat{J}_z$ 作为角动量问题的力学量完全集，它们的共同本征右矢量同时满足两个本征方程

$$\begin{cases} \hat{J}^2|\lambda,\mu\rangle = \lambda\hbar^2|\lambda,\mu\rangle \\ \hat{J}_z|\lambda,\mu\rangle = \mu\hbar|\lambda,\mu\rangle \end{cases}$$

采用 $\hat{J}_z$ 的梯子算子

$$\hat{J}_\pm = \hat{J}_x \pm \mathrm{i}\hat{J}_y,\ [\hat{J}_z, \hat{J}_\pm] = \pm\hbar\hat{J}_\pm$$

可以简化本征值问题的求解：首先，由因式分解

$$\begin{aligned} \hat{J}^2 &= \hat{J}_+\hat{J}_- + \hat{J}_z{}^2 - \hbar\hat{J}_z \\ &= \hat{J}_-\hat{J}_+ + \hat{J}_z{}^2 + \hbar\hat{J}_z \end{aligned}$$

并运用内积正定性公理可得最大本征值 $\mu_{\max}$ 与最小本征值 $\mu_{\min}$ 之间的关系

$$\lambda = \mu_{\max}(\mu_{\max}+1) = \mu_{\min}(\mu_{\min}-1)$$

即 $\mu_{\max} = -\mu_{\min}$。因此，本征值 μ 只能为整数，设 $\mu_{\max} = j$，则 $\lambda = j(j+1)$，μ 有 $2j+1$ 个可能取值

$$\mu = j, j-1, \cdots, -j$$

通常用 j 取代 λ 来代表 $\hat{J}^2$ 算子所对应的角动量量子数并标定其本征矢量，例如轨道角动量量子数 $\ell = 0, 1, 2, 3, \cdots$ 与电子自旋量子数 $s = 1/2$ 等等。其次，不难利用梯子算子求出 $\hat{J}_z$ 算子当角动量量子数为 j 时的 $2j+1$ 个本征右矢量之间的递推关系

$$\hat{J}_\pm|j,\mu\rangle = \hbar\sqrt{j(j+1) - \mu(\mu\pm1)}|j,\mu\pm1\rangle$$

并得到所有角动量算子的表示矩阵。

克莱布希-戈丹系数 [Clebsch-Gordan coefficients] 简称 C-G 系数。两个独立子系统的角动量算子 $\hat{\boldsymbol{J}}_1$ 与 $\hat{\boldsymbol{J}}_2$，各自有本征方程

$$\begin{cases} \hat{J}_i{}^2|j_i,\mu_i\rangle = j_i(j_i+1)\hbar^2|j_i,\mu_i\rangle \\ \hat{J}_{iz}|j_i,\mu_i\rangle = \mu_i\hbar|j_i,\mu_i\rangle \end{cases}$$

其中 $i = 1, 2$。由于它们的作用对象不同，互相之间是对易的，所以它们之和或者它们的耦合

$$\begin{aligned} \hat{\boldsymbol{J}} &= \hat{J}_x\,\boldsymbol{e}_x + \hat{J}_y\,\boldsymbol{e}_y + \hat{J}_z\,\boldsymbol{e}_z = \hat{\boldsymbol{J}}_1 + \hat{\boldsymbol{J}}_2 \\ &= \left(\hat{J}_{1x} + \hat{J}_{2x}\right)\boldsymbol{e}_x + \left(\hat{J}_{1y} + \hat{J}_{2y}\right)\boldsymbol{e}_y \\ &\quad + \left(\hat{J}_{1z} + \hat{J}_{2z}\right)\boldsymbol{e}_z \end{aligned}$$

也满足角动量算子的定义，$\hat{J}^2 = \hat{\boldsymbol{J}} \cdot \hat{\boldsymbol{J}} = \hat{J}_x{}^2 + \hat{J}_y{}^2 + \hat{J}_z{}^2$ 与 $\hat{J}_z$ 有共同的本征右矢量 $|j,\mu\rangle$，形成耦合角动量算子的本征值问题

$$\begin{cases} \hat{J}^2|j,\mu\rangle = j(j+1)\hbar^2|j,\mu\rangle \\ \hat{J}_z|j,\mu\rangle = \mu\hbar|j,\mu\rangle \end{cases}$$

采用 $\hat{\boldsymbol{J}}_1$ 与 $\hat{\boldsymbol{J}}_2$ 的两组本征基的直积 $|j_1,\mu_1\rangle|j_2,\mu_2\rangle = |j_1 j_2\mu_1\mu_2\rangle$ 作为耦合角动量算子所作用的矢量空间的基矢量，由于

$$\sum_{\mu_1\mu_2}|j_1 j_2\mu_1\mu_2\rangle\langle j_1 j_2\mu_1\mu_2| = 1$$

所以

$$|j,\mu\rangle = \sum_{\mu_1\mu_2}\langle j_1 j_2\mu_1\mu_2|j,\mu\rangle|j_1 j_2\mu_1\mu_2\rangle$$

由于耦合角动量算子的本征矢量 $|j,\mu\rangle$ 也能组成正交归一的完备基，则克莱布希 (Clebsch)- 戈丹 (Gordan) 系数

$$C(j_1 j_2 j, \mu_1\mu_2\mu) = \langle j_1 j_2\mu_1\mu_2|j,\mu\rangle$$

是由未耦合基到耦合基的幺正变换矩阵元。C-G 系数非零的条件为：总角动量量子数

$$j = j_1 + j_2, j_1 + j_2 - 1, \cdots, |j_1 - j_2|$$

总角动量磁量子数 $\mu = \mu_1 + \mu_2$。因为

$$\hat{J}_z|j_1 j_2\mu_1\mu_2\rangle = (\mu_1 + \mu_2)|j_1 j_2\mu_1\mu_2\rangle$$

分析 $\mu = \mu_1 + \mu_2$ 的简并性，取简并的各未耦合基的线性叠加成 $\hat{J}^2$ 的本征矢量 (耦合基)，叠加系数 (C-G 系数) 由 $\hat{J}^2$ 矩阵 (由各简并的未耦合基为基构成) 的对角化确定。在转动群的有关文献资料中，可查到 C-G 系数值。

自旋单态 [spin singlet] 两个二分之一自旋系统的总自旋量子数 $S = 0$ 的量子态，若 $S = 1$，则为自旋三重态。设两个自旋的泡利矢量为 $\boldsymbol{\sigma}^1$ 与 $\boldsymbol{\sigma}^2$，当 $S = 0$ 时，总自旋磁量子数 $m = 0$，对应的唯一本征右矢量

$$\begin{aligned} &|S=0, m=0\rangle \\ &= \frac{1}{\sqrt{2}}\left(|\hat{\sigma}_3^1,+\rangle|\hat{\sigma}_3^2,-\rangle - |\hat{\sigma}_3^1,-\rangle|\hat{\sigma}_3^2,+\rangle\right) \end{aligned}$$

为两个二分之一自旋的本征泡利旋量直积的反对称叠加，被称为总自旋单态；当 $S=1$ 时，总自旋磁量子数有三个取值：$m=\pm1$ 所对应的两个本征右矢量

$$|S=1,m=\pm1\rangle=|\hat{\sigma}_3^1,\pm\rangle|\hat{\sigma}_3^2,\pm\rangle$$

与 $m=0$ 所对应的本征右矢量

$$|S=0,m=0\rangle$$
$$=\frac{1}{\sqrt{2}}\left(|\hat{\sigma}_3^1,+\rangle|\hat{\sigma}_3^2,-\rangle+|\hat{\sigma}_3^1,-\rangle|\hat{\sigma}_3^2,+\rangle\right)$$

一道构成了置换对称的总自旋三重态。总自旋单态与三重态的中的叠加系数给出了克莱布希 - 戈丹系数的最简单的实例。

自旋三重态 [spin triplet]　　见自旋单态。

轨道角动量算子 [orbital angular momentum operator]　　尽管经典力学的质点运动轨道是量子力学必须废除的物理概念，但在量子理论中依然不能回避"轨道"这一名词，从经典力学借用了质点轨道角动量 $\boldsymbol{L}=\boldsymbol{r}\times\boldsymbol{p}$ 并量子化为单粒子轨道角动量算子 $\hat{\boldsymbol{L}}=\hat{L}_x\boldsymbol{e}_x+\hat{L}_y\boldsymbol{e}_y+\hat{L}_z\boldsymbol{e}_z=\hat{\boldsymbol{r}}\times\hat{\boldsymbol{p}}$，其中分量算子之间的用列维 - 齐维塔张量写成的轮转交换关系

$$\left[\hat{L}_i,\hat{L}_j\right]=\hat{L}_i\hat{L}_j-\hat{L}_j\hat{L}_i=\mathrm{i}\hbar\varepsilon_{ijk}\hat{L}_k$$

可由位置与动量算子之间的正则量子化条件导出。

轨道角动量算子除了具有所有角动量算子都具有的矩阵表示，还有自己的位置表象。通常选取轨道角动量矢量的自我点乘算子 $\hat{L}^2=\hat{\boldsymbol{L}}\cdot\hat{\boldsymbol{L}}=\hat{L}_x^2+\hat{L}_y^2+\hat{L}_z^2$ 与 z 分量算子 $\hat{L}_z$ 作为轨道角动量问题的力学量完全集，在三维位置表象，它们的共同本征波函数同时满足两个本征方程

$$\begin{cases}\hat{L}^2Y_{\ell m}(\boldsymbol{r})=\ell(\ell+1)\hbar^2Y_{\ell m}(\boldsymbol{r})\\\hat{L}_zY_{\ell m}(\boldsymbol{r})=m\hbar Y_{\ell m}(\boldsymbol{r})\end{cases}$$

采用三维位置空间的直角坐标与球坐标之间的相互变换关系

$$\boldsymbol{r}=x\boldsymbol{e}_x+y\boldsymbol{e}_y+z\boldsymbol{e}_z$$
$$=r\sin\theta\cos\varphi\,\boldsymbol{e}_x+r\sin\theta\sin\varphi\,\boldsymbol{e}_y+r\cos\theta\,\boldsymbol{e}_z$$

可得位置表象的力学量完全集

$$\hat{L}^2=-\frac{\hbar^2}{\sin\theta}\frac{\partial}{\partial\theta}\left(\sin\theta\frac{\partial}{\partial\theta}\right)+\frac{\hat{L}_z^2}{\sin^2\theta}$$
$$\hat{L}_z=\frac{\hbar}{\mathrm{i}}\frac{\partial}{\partial\varphi}$$

与 $\hat{L}_z$ 的梯子算子

$$\hat{L}_\pm=\hat{L}_x\pm\mathrm{i}\hat{L}_y=\hbar\mathrm{e}^{\pm\mathrm{i}\varphi}\left(\pm\frac{\partial}{\partial\theta}+\mathrm{i}\cot\theta\frac{\partial}{\partial\varphi}\right)$$

轨道角动量的本征函数 [eigenfunctions of orbital angular momentum]　　球谐函数。显然，轨道角动量算子

与径向坐标 r 无关，而且极角 θ 和方位角 φ 两个变量可以分离，本征波函数的形式为

$$Y_{\ell m}(\boldsymbol{r})=Y_{\ell m}(\theta,\varphi)=\frac{1}{\sqrt{2\pi}}\mathrm{e}^{\mathrm{i}m\varphi}\Theta_{\ell m}(\theta)$$

其中 θ 的函数遵守本征方程

$$-\left[\frac{1}{\sin\theta}\frac{\mathrm{d}}{\mathrm{d}\theta}\left(\sin\theta\frac{\mathrm{d}}{\mathrm{d}\theta}\right)-\frac{m^2}{\sin^2\theta}\right]\Theta_{\ell m}(\theta)$$
$$=\ell(\ell+1)\Theta_{\ell m}(\theta)$$

而其他项为 $\hat{L}_z$ 的归一化本征函数。相比求解这个二阶微分方程，运用梯子算子只需求解一阶微分方程。按照角动量算子的一般理论，对于确定的角量子数 ℓ，磁量子数的 $2\ell+1$ 个取值为

$$m=\ell,\ell-1,\cdots,-\ell+1,-\ell$$

因此最大磁量子数的本征波函数可由升算子方程

$$\hat{L}_+Y_{\ell\ell}(\theta,\varphi)=0$$

即一阶微分方程

$$\left(\frac{\mathrm{d}}{\mathrm{d}\theta}-\ell\cot\theta\right)\Theta_{\ell\ell}(\theta)=0$$

求出其中 θ 的函数为

$$\Theta_{\ell\ell}(\theta)=(\sin\theta)^\ell$$

再运用降算子可导出所有磁量子数的本征波函数。量子力学轨道角动量算子的正交归一本征波函数，即球谐函数一般写为

$$Y_{\ell m}(\theta,\varphi)=\sqrt{\frac{(\ell-m)!(2\ell+1)}{4\pi(\ell+m)!}}\mathrm{e}^{\mathrm{i}m\varphi}P_\ell^m(\cos\theta)$$

其中的伴随勒让德 (Legendre) 多项式由罗德里格斯 (Rodrigues) 公式给出为

$$P_\ell^m(\nu)=\frac{(-1)^m}{2^\ell\ell!}\left(1-\nu^2\right)^{m/2}\frac{\mathrm{d}^{\ell+m}}{\mathrm{d}\nu^{\ell+m}}\left(\nu^2-1\right)^\ell$$

角量子数 [azimuthal quantum number]　　又称轨道角动量量子数、第二量子数、轨道量子数。轨道角动量矢量的自我点乘算子 $\hat{L}^2=\hat{\boldsymbol{L}}\cdot\hat{\boldsymbol{L}}=\hat{L}_x^2+\hat{L}_y^2+\hat{L}_z^2$ 的本征值为 $\ell(\ell+1)\hbar^2$，其中 $\ell=0,1,2,3,\cdots$ 被称为"角量子数"。角量子数 $\ell=0,1,2,3,\cdots$ 所对应的量子态，在原子物理学中被分别称为 s 壳层，p 壳层，d 壳层，f 壳层等等；在凝聚态物理学中被分别称为 s 波，p 波，d 波，f 波等等。

磁量子数 [magnetic quantum number]　　球坐标位置表象的轨道角动量 z 分量算子

$$\hat{L}_z=\frac{\hbar}{\mathrm{i}}\frac{\partial}{\partial\varphi}$$

的本征值为 $m\hbar$，其中"磁量子数" m 在角量子数为 ℓ 时可取下面 $2\ell + 1$ 个数值

$$m = \ell, \ell - 1, \cdots, -\ell + 1, -\ell$$

自旋量子数 [spin quantum number]　自旋矢量的自我点乘算子 $\hat{S}^2 = \hat{\boldsymbol{S}} \cdot \hat{\boldsymbol{S}} = \hat{S}_x^2 + \hat{S}_y^2 + \hat{S}_z^2$ 的本征值为 $s(s+1)\hbar^2$，其中 $s = 0, 1/2, 1, 3/2, \cdots$ 被称为"自旋量子数"。

自旋磁量子数 [spin magnetic quantum number] 自旋 z 分量算子 $\hat{S}_z$ 的本征值为 $m_s \hbar$，其中"自旋磁量子数" m_s 在自旋量子数为 s 时可取下面 $2s + 1$ 个数值

$$m_s = s, s - 1, \cdots, -s + 1, -s$$

第二自旋量子数 [secondary spin quantum number]　即自旋磁量子数 m_s。

总角动量量子数 [total angular momentum quantum number]　见克莱布希 - 戈丹系数。

位置算子的转动 [rotation of position operator] 由轨道角动量 z 分量算子 $\hat{L}_z = \hat{x}\hat{p}_y - \hat{y}\hat{p}_x$ 生成的幺正的绕 z 轴转 ϕ 角度的转动算子

$$\hat{R}(\boldsymbol{e}_z, \phi) = \exp\left(\frac{\phi \hat{\boldsymbol{L}} \cdot \boldsymbol{e}_z}{\mathrm{i}\hbar}\right) = \mathrm{e}^{\phi \hat{L}_z / \mathrm{i}\hbar}$$

对 $x - y$ 平面的位置算子的转动变换为

$$\begin{cases} \hat{R}(\boldsymbol{e}_z, \phi) \hat{x} \hat{R}^\dagger(\boldsymbol{e}_z, \phi) = \hat{x}\cos\phi + \hat{y}\sin\phi \\ \hat{R}(\boldsymbol{e}_z, \phi) \hat{y} \hat{R}^\dagger(\boldsymbol{e}_z, \phi) = -\hat{x}\sin\phi + \hat{y}\cos\phi \end{cases}$$

位置本征基的转动 [rotation of position eigenbasis]　转动算子 $\hat{R}(\boldsymbol{e}_z, \phi)$ 对位置本征基 $|\boldsymbol{r}\rangle = |x, y, z\rangle = |x\rangle|y\rangle|z\rangle$ 的操作 $\hat{R}(\boldsymbol{e}_z, \phi)|\boldsymbol{r}\rangle = |\boldsymbol{r}'\rangle$ 之后所得到的右矢量 $|\boldsymbol{r}'\rangle$ 可由通过位置算子的转动词条的算子代数公式

$$\hat{x}\hat{R} = \hat{R}(\hat{x}\cos\phi - \hat{y}\sin\phi)$$
$$\hat{y}\hat{R} = \hat{R}(\hat{x}\sin\phi + \hat{y}\cos\phi)$$

所生成的位置算子本征值问题

$$\hat{x}|\boldsymbol{r}'\rangle = x(\phi)|\boldsymbol{r}'\rangle, \quad \hat{y}|\boldsymbol{r}'\rangle = y(\phi)|\boldsymbol{r}'\rangle$$

解出为

$$|\boldsymbol{r}'\rangle = |x(\phi)\rangle|y(\phi)\rangle|z\rangle = |x(\phi), y(\phi), z\rangle$$

其中的位置坐标变换式为

$$x(\phi) = x\cos\phi - y\sin\phi$$
$$y(\phi) = x\sin\phi + y\cos\phi$$

利用直角坐标系与球坐标系这两个三维矢量空间的不同表象之间的变换关系

$$\boldsymbol{r} = x\boldsymbol{e}_x + y\boldsymbol{e}_y + z\boldsymbol{e}_z$$
$$= r\sin\theta\cos\varphi\,\boldsymbol{e}_x + r\sin\theta\sin\varphi\,\boldsymbol{e}_y + r\cos\theta\,\boldsymbol{e}_z$$

并改用球坐标标定转动变换前后的基矢量组 $|\boldsymbol{r}\rangle = |r, \theta, \varphi\rangle$ 与 $|\boldsymbol{r}'\rangle = |r, \theta, \varphi'\rangle$，可以更明确地表达位置表象本征基的转动变换

$$|r, \theta, \varphi'\rangle = \hat{R}(\boldsymbol{e}_z, \phi)|r, \theta, \varphi\rangle = |r, \theta, \varphi + \phi\rangle$$

右矢量的转动 [rotation of kets]　利用位置本征基的完备性条件与转动变换公式，可得转动算子 $\hat{R}(\boldsymbol{e}_z, \phi)$ 对任意右矢量 $|A\rangle$ 的操作

$$\hat{R}(\boldsymbol{e}_z, \phi)|A\rangle = \hat{R}(\boldsymbol{e}_z, \phi)\int \mathrm{d}\boldsymbol{r}\,|r, \theta, \varphi\rangle\langle r, \theta, \varphi|A\rangle$$
$$= \int \mathrm{d}\boldsymbol{r}\,\langle r, \theta, \varphi|A\rangle|r, \theta, \varphi + \phi\rangle$$
$$= \int \mathrm{d}\boldsymbol{r}\,\langle r, \theta, \varphi - \phi|A\rangle|r, \theta, \varphi\rangle$$

波函数的转动变换 [rotation of wave function] 取右矢量的转动词条结果的位置表象得到 $\langle \boldsymbol{r}|\hat{R}(\boldsymbol{e}_z, \phi)|A\rangle = \langle r, \theta, \varphi - \phi|A\rangle$，由波函数定义 $\psi_A(r, \theta, \varphi) = \langle \boldsymbol{r}|A\rangle = \langle r, \theta, \varphi|A\rangle$ 并取无限小转动 $(\phi = \epsilon \to 0)$ 的最低阶泰勒展开

$$\hat{R}(\boldsymbol{e}_z, \epsilon) = 1 + \epsilon\frac{\hat{L}_z}{\mathrm{i}\hbar}$$
$$\psi_A(r, \theta, \varphi - \epsilon) = \psi_A(r, \theta, \varphi) - \epsilon\frac{\partial}{\partial\varphi}\psi_A(r, \theta, \varphi)$$

之后，得到公式

$$\langle r, \theta, \varphi|\hat{L}_z|A\rangle = \frac{\hbar}{\mathrm{i}}\frac{\partial}{\partial\varphi}\psi_A(r, \theta, \varphi)$$

即

$$\langle \boldsymbol{r}|\hat{L}_z|A\rangle = \frac{\hbar}{\mathrm{i}}\frac{\partial}{\partial\varphi}\psi_A(\boldsymbol{r})$$

所以，轨道角动量算子的位置表象矩阵元为

$$\langle \boldsymbol{r}|\hat{L}_z|\boldsymbol{r}'\rangle = \frac{\hbar}{\mathrm{i}}\frac{\partial}{\partial\varphi}\delta(\boldsymbol{r} - \boldsymbol{r}')$$

取 $\phi = n\epsilon, n \to \infty$ 极限，可得转动算子的位置表象矩阵元为

$$\langle \boldsymbol{r}|\hat{R}(\boldsymbol{e}_z, \phi)|\boldsymbol{r}'\rangle = \mathrm{e}^{-\phi\partial/\partial\varphi}\delta(\boldsymbol{r} - \boldsymbol{r}')$$

最后由 $\langle \boldsymbol{r}|\hat{R}(\boldsymbol{e}_z, \phi)|A\rangle = \langle r, \theta, \varphi - \phi|A\rangle$ 得到波函数的转动变换公式

$$\mathrm{e}^{-\phi\partial/\partial\varphi}\psi_A(r, \theta, \varphi) = \psi_A(r, \theta, \varphi - \phi)$$

所以，在量子力学中常将

$$R(\phi) = \mathrm{e}^{-\phi\partial/\partial\varphi} = \mathrm{e}^{\phi\hat{L}_z/\mathrm{i}\hbar}$$

作为作用于波函数上的转动"算子"

$$R(\phi)\psi_A(r,\theta,\varphi) = \psi_A(r,\theta,\varphi-\phi)$$

将其中的

$$L_z = \frac{\hbar}{i}\frac{\partial}{\partial\varphi}$$

作为轨道角动量"算子",尽管它们都仅仅是相关算子的位置表象矩阵元的一部分。

刚性转子 [rigid rotor or rotator]　刚性转子的定点转动的量子化哈密顿量为

$$\hat{H} = \frac{1}{2I}\hat{L}^2$$

其中 I 为定点转动的转动惯量,$\hat{L}^2$ 为轨道角动量矢量的自我点乘算子。由其本征方程

$$\hat{H}Y_{\ell m}(\theta,\varphi) = E_\ell Y_{\ell m}(\theta,\varphi)$$

可解出 $2\ell+1$ 度简并的能级

$$E_\ell = \frac{\hbar^2}{2I}\ell(\ell+1)$$

及其 $2\ell+1$ 个球谐函数作为简并的本征波函数。刚性转子的定点转动常被用于描写双原子分子的转动自由度,有时为了纳入由转动离心力带来的两个原子之间化学键的拉长,需要加上轨道角动量矢量自我内积算子的平方项。

刚性转子的定轴转动是量子力学练习角动量的常见习题,定轴转动哈密顿量为

$$\hat{H} = \frac{1}{2I}\hat{L}_z^2$$

其中 I 为定轴转动的转动惯量,可用 $\hat{L}_z$ 的球坐标表象

$$L_z = \frac{\hbar}{i}\frac{\partial}{\partial\varphi}$$

求出 $m\neq 0$ 时的两重简并的能级

$$E_m = \frac{\hbar^2}{2I}m^2, \quad m=0,\pm1,\pm2,\cdots$$

及其本征波函数

$$\Phi_m(\varphi) = \frac{1}{\sqrt{2\pi}}e^{im\varphi}$$

球对称势场中的粒子 [particle in spherically symmetric potential]　球对称势场中的质量为 μ 的单粒子哈密顿量

$$\hat{H} = \frac{\hat{p}^2}{2\mu} + V(\hat{r})$$

与轨道角动量算子对易 $\left[\hat{H},\hat{\boldsymbol{L}}\right] = [\hat{H},\hat{\boldsymbol{r}}\times\hat{\boldsymbol{p}}] = 0$,即粒子的角动量守恒。因此,球对称势场中的单粒子量子系统的力学量完全集为 $(\hat{H},\hat{L}^2,\hat{L}_z)$。采用三维位置空间的直角坐标与球坐标之间的相互变换关系

$$\boldsymbol{r} = x\boldsymbol{e}_x + y\boldsymbol{e}_y + z\boldsymbol{e}_z$$
$$= r\sin\theta\cos\varphi\,\boldsymbol{e}_x + r\sin\theta\sin\varphi\,\boldsymbol{e}_y + r\cos\theta\,\boldsymbol{e}_z$$

可得位置空间的动量算子各偏导数的球坐标表示

$$\frac{\partial}{\partial x} = \sin\theta\cos\varphi\frac{\partial}{\partial r} + \frac{1}{r}\cos\theta\cos\varphi\frac{\partial}{\partial\theta} - \frac{1}{r}\frac{\sin\varphi}{\sin\theta}\frac{\partial}{\partial\varphi}$$
$$\frac{\partial}{\partial y} = \sin\theta\sin\varphi\frac{\partial}{\partial r} + \frac{1}{r}\cos\theta\sin\varphi\frac{\partial}{\partial\theta} + \frac{1}{r}\frac{\cos\varphi}{\sin\theta}\frac{\partial}{\partial\varphi}$$
$$\frac{\partial}{\partial z} = \cos\theta\frac{\partial}{\partial r} - \frac{1}{r}\sin\theta\frac{\partial}{\partial\theta}$$

与力学量完全集的球坐标系表示

$$\hat{H} = -\frac{\hbar^2}{2\mu r^2}\frac{\partial}{\partial r}\left(r^2\frac{\partial}{\partial r}\right) + \frac{\hat{L}^2}{2\mu r^2} + V(r)$$
$$\hat{L}^2 = -\frac{\hbar^2}{\sin\theta}\frac{\partial}{\partial\theta}\left(\sin\theta\frac{\partial}{\partial\theta}\right) + \frac{\hat{L}_z^2}{\sin^2\theta}$$
$$\hat{L}_z = \frac{\hbar}{i}\frac{\partial}{\partial\varphi}$$

因此,定态波动方程 $\hat{H}\psi(r,\theta,\varphi) = E\psi(r,\theta,\varphi)$ 可以按球坐标系分离变数

$$\psi(r,\theta,\varphi) = R(r)Y_{\ell m}(\theta,\varphi)$$

求解,其中 $Y_{\ell m}(\theta,\varphi)$ 为球谐函数,径向波函数可做变量代换 $u(r) = rR(r)$ 得到径向定态波动方程式

$$-\frac{\hbar^2}{2\mu}\frac{d^2u}{dr^2} + \left[\frac{\ell(\ell+1)\hbar^2}{2\mu r^2} + V(r)\right]u = Eu$$

轨道宇称 [orbital parity]　由于位置算子、动量算子在位置反演变换下反号,是所谓奇宇称算子,由二者叉乘出来的轨道角动量算子当然是偶宇称算子,即轨道角动量算子与位置反演算子对易,所以轨道角动量算子的本征波函数必有确定的宇称。运用球谐函数公式

$$Y_{\ell m}(\pi-\theta,\pi+\varphi) = (-1)^\ell Y_{\ell m}(\theta,\varphi)$$

可得球对称势场中的单粒子本征波函数 $\psi(r,\theta,\varphi) = R(r)Y_{\ell m}(\theta,\varphi)$ 的位置反演变换式

$$\hat{P}\psi(r,\theta,\varphi) = \psi(r,\pi-\theta,\pi+\varphi)$$
$$= (-1)^\ell\psi(r,\theta,\varphi)$$

所以,球对称势场中的单粒子本征波函数的宇称性质由轨道部分决定,轨道宇称为 $(-1)^\ell$,按角量子数的取值分别为偶宇称 $(\ell=0,2,4,\cdots)$ 或者奇宇称 $(\ell=1,3,5,\cdots)$。

粒子在有心力场中的运动 [single particle in the central potential]　有心力并不都是球对称的保守力,球

对称势场才是有心保守势场的准确表述, 见球对称势场中的粒子词条。

自由粒子球面波波函数 [spherical free particle wave function] 在位置空间的球坐标系中, 质量为 μ 的自由粒子哈密顿量

$$\hat{H} = -\frac{\hbar^2}{2\mu r^2}\frac{\partial}{\partial r}\left(r^2\frac{\partial}{\partial r}\right) + \frac{\hat{L}^2}{2\mu r^2}$$

与角动量算子

$$\hat{L}^2 = -\frac{\hbar^2}{\sin\theta}\frac{\partial}{\partial\theta}\left(\sin\theta\frac{\partial}{\partial\theta}\right) + \frac{\hat{L}_z^2}{\sin^2\theta}$$

$$\hat{L}_z = \frac{\hbar}{\mathrm{i}}\frac{\partial}{\partial\varphi}$$

的共同本征波函数 $\phi_{k\ell m}(r,\theta,\varphi) = R_\ell(kr)\,Y_{\ell m}(\theta,\varphi)$ 即为量子力学中的自由粒子球面波, 其中 $k = \sqrt{2\mu E}/\hbar$, E 为自由粒子的能量, $Y_{\ell m}(\theta,\varphi)$ 为球谐函数, 而径向波函数 $R_\ell(\rho)$ 由径向波动方程

$$\rho^2\frac{\mathrm{d}^2 R_\ell}{\mathrm{d}\rho^2} + 2\rho\frac{\mathrm{d}R_\ell}{\mathrm{d}\rho} + \left[\rho^2 - \ell(\ell+1)\right]R_\ell = 0$$

解出两只球贝塞尔函数 (F. Bessel)

$$j_\ell^{(1)}(\rho) = (-\rho)^\ell\left(\frac{1}{\rho}\frac{\mathrm{d}}{\mathrm{d}\rho}\right)^\ell\frac{\sin\rho}{\rho}$$

与

$$j_\ell^{(2)}(\rho) = -(-\rho)^\ell\left(\frac{1}{\rho}\frac{\mathrm{d}}{\mathrm{d}\rho}\right)^\ell\frac{\cos\rho}{\rho}$$

氢原子 [hydrogen atom] 在对氢原子 (包括原子序数 $Z > 1$ 的类氢离子) 中的电子 (电荷 $-e$) 与原子核 (电荷 $+Ze^2$) 作质心系变换以后, 电子在原子核的库仑势

$$V(r) = -\frac{Ze^2}{4\pi\epsilon_0 r}$$

作用下的量子态对应于球对称势场中的由球谐函数 $Y_{\ell m}(\theta,\varphi)$ 和径向波动方程

$$-\frac{\hbar^2}{2\mu}\frac{\mathrm{d}^2 u}{\mathrm{d}r^2} + \left[\frac{\ell(\ell+1)\hbar^2}{2\mu r^2} + V(r)\right]u = Eu$$

所共同确定的波函数

$$\psi(r,\theta,\varphi) = \frac{u(r)}{r}Y_{\ell m}(\theta,\varphi)$$

由此解出的束缚态能级为

$$E_n = -\frac{Z^2\mu e^4}{2\left(4\pi\epsilon_0\hbar\right)^2}\frac{1}{n^2} = -\frac{e^2}{4\pi\epsilon_0}\frac{Z^2}{2a}\frac{1}{n^2}$$

其中 μ 为约化电子质量, $a = 4\pi\epsilon_0\hbar^2/\mu e^2$ 为约化玻尔半径。

主量子数可能取值 $n = 1, 2, 3, \cdots$ 中所对应的每个能级 E_n 包含了角量子数可能取值 $\ell = 0, 1, 2, \cdots, n-1$ 以及磁量子数可能取值 $m = \ell, \ell-1, \cdots, -\ell$ 的简并度为

$$f_n = \sum_{\ell=0}^{n-1}(2\ell+1)$$

的 $f_n = n^2$ 个简并波函数

$$\psi_{n\ell m}(r,\theta,\varphi) = \sqrt{\left(\frac{2Z}{na}\right)^3\frac{(n-\ell-1)!}{2n(n+\ell)!}}$$
$$\times \mathrm{e}^{-\rho/2}\rho^\ell L_{n-\ell-1}^{2\ell+1}(\rho)Y_{\ell m}(\theta,\varphi)$$

其中以约化径向坐标 $\rho = 2Zr/na$ 为自变量的伴随拉盖尔 (Laguerre) 多项式由罗德里格斯 (Rodrigues) 公式给出为

$$L_n^\ell(\rho) = \frac{1}{n!}\rho^{-\ell}\mathrm{e}^\rho\frac{\mathrm{d}^n}{\mathrm{d}\rho^n}\left(\rho^{n+\ell}\mathrm{e}^{-\rho}\right)$$

氢原子波函数 $\psi_{n\ell m}$ 是力学量完全集 $(\hat{H}, \hat{L}^2, \hat{L}_z)$ 的共同的本征函数。主量子数 n 决定能量 E_n; 角量子数 ℓ 决定轨道角动量平方的大小 $\ell(\ell+1)\hbar^2$; 磁量子数 m 决定轨道角动量第三分量的大小 $m\hbar$。氢原子能级 E_n 的简并度 $f_n = n^2$, 其中对 m 的简并源于库仑场 $V(r)$ 的球对称性, 决定能量本征值的径向方程中含有不含磁量子数; 对 ℓ 的简并性则取决于库仑场 $V(r)$ 所导致的与距离平方反比的吸引力的高度对称性, 除了库仑场外, 粒子在其他球对称势场中运动的束缚态能量一般都与 ℓ 有关。

氢原子 (包括类氢离子) 是最简单的原子, 原子核带正电荷, 一个电子在核外运动。了解氢原子的性质是研究多电子原子的基础。氢原子是可严格求解的量子力学系统, 理论计算出的能级及其精细结构、超精细结构和实验结果完全符合, 是量子力学作为最成功的科学理论的有力证据。

碱金属原子 [alkali metal atom] 碱金属原子的单个价电子处在由原子核和内层电子组成的单位正电荷原子实的电场作用之下, 有关氢原子和类氢离子的方法可以略加推广用于碱金属原子。因此, 碱原子价电子的零级近似波函数就是氢原子的波函数, 但由于碱金属原子实极化产生的电偶极矩的微扰, 破坏了氢原子具有的距离平方反比库仑吸引力的高度对称性, 碱金属原子中的价电子能级对角量子数 ℓ 不再简并。由于考虑原子实极化后价电子仍受球对称势场的作用, 碱金属原子价电子能级对磁量子数 m 仍然简并。

精细结构 [fine structure] 用高分辨率的光谱仪来观察原子光谱时, 发现碱金属光谱的主线系和第二辅线系的每一条谱线实际上都是由两条线组成, 而第一辅线系和伯格曼 (Bergmann) 系的每一条谱线都是由三条线组成。这称为碱金属光谱线的精细结构, 氢原子光谱也有精细结构, 但较为复杂。光谱线的精细结构源自电子自旋和轨道间的耦合, 这

部分附加能量引起了能级的进一步分裂，从而造成原子光谱的分裂。

超精细结构 [hyperfine structure]　由于核子具有自旋角动量与自旋磁矩，原子核也有磁矩。原子核的磁矩在核外电子运动产生的磁场中有相互作用能量；因核子质量比电子质量大的三个量级，原子核的磁矩比原子磁矩小三个量级，所以与核磁矩有关的附加能量引起原子能级和光谱线的超精细结构。由原子光谱的超精细结构，可以获得原子核角动量的信息。

电磁场中的带电粒子 [charged particle in electromagnetic field]　质量为 m 带电荷 q 的非相对论粒子在用矢量势 $\boldsymbol{A}$ 和标量势 ϕ 描写的电磁场中的薛定谔波动方程为

$$\mathrm{i}\hbar\frac{\partial\psi(\boldsymbol{r},t)}{\partial t}=\left[\frac{1}{2m}\left(\frac{\hbar}{\mathrm{i}}\boldsymbol{\nabla}-\frac{q}{c}\boldsymbol{A}\right)^2+q\phi\right]\psi(\boldsymbol{r},t)$$

这一方程及其二分之一自旋粒子的推广的泡利方程，可由极小电磁耦合的狄拉克方程的最低阶低速非相对论极限导出。

磁场中的原子 [atom in magnetic field]　以钠原子为例，带 $-e$ 电荷的价电子的三维位置表象 $\boldsymbol{r}=x\,\boldsymbol{e}_x+y\,\boldsymbol{e}_y+z\,\boldsymbol{e}_z$ 哈密顿量 (采用高斯制) 为

$$\hat{H}=\frac{1}{2\mu}\left(\frac{\hbar}{\mathrm{i}}\boldsymbol{\nabla}+\frac{e}{c}\boldsymbol{A}\right)^2+U(\boldsymbol{r})$$

如果相对于原子尺寸，均匀磁场区很大，可以假设哈密顿量中的均匀磁场 $\boldsymbol{B}=\boldsymbol{\nabla}\times\boldsymbol{A}=B\boldsymbol{e}_z$ 源自对称规范矢量势 $\boldsymbol{A}=B(-y\,\boldsymbol{e}_x+x\,\boldsymbol{e}_y)/2$。把 $\boldsymbol{A}$ 代入哈密顿量得到

$$\hat{H}=-\frac{\hbar^2}{2\mu}\nabla^2+\frac{eB}{2\mu c}\hat{L}_z+\frac{e^2B^2}{8\mu c^2}\left(x^2+y^2\right)+U(\boldsymbol{r})$$

其中 $\hat{L}_z$ 是位置表象轨道角动量算子 $\hat{\boldsymbol{L}}$ 的 z 分量。对于原子系统，上式右方第二项可写成 $-\hat{\boldsymbol{M}}\cdot\boldsymbol{B}$，即轨道磁矩在磁场中的能量，其中轨道磁矩算子

$$\hat{\boldsymbol{M}}=-\frac{eB}{2\mu c}\hat{\boldsymbol{L}}$$

在原子尺寸量级，哈密顿量表示式右方第三项可以忽略，于是

$$\hat{H}=-\frac{\hbar^2}{2\mu}\nabla^2-\hat{\boldsymbol{M}}\cdot\boldsymbol{B}+U(\boldsymbol{r})$$

由于钠原子的波函数近似等于氢原子的波函数 $\psi_{n\ell m}$，所以均匀磁场中钠原子的能级为 $E_{nm}=E_n+m\mu_B B$，其中 μ_B 为玻尔磁子。由于磁场破坏了钠原子势场的球对称性，氢原子能级 E_n 对磁量子数 m 的简并被消除。

朗道能级 [Landau level]　设电子处在 z 方向均匀恒定磁场 $\boldsymbol{B}=\boldsymbol{\nabla}\times\boldsymbol{A}=B\,\boldsymbol{e}_z$ 的作用之下，其中朗道规范矢量势为 $\boldsymbol{A}=Bx\,\boldsymbol{e}_y$。因为 y 和 z 方向的动量算子与哈密顿量

$$\hat{H}=\frac{1}{2m}\left[\hat{p}_x^2+\left(\hat{p}_y+\frac{e}{c}B\hat{x}\right)^2+\hat{p}_z^2\right]$$

对易，所以 $\hat{H}$、$\hat{p}_y$、$\hat{p}_z$ 组成该问题的力学量完全集，利用动量算子的本征函数与一维谐振子两个词条的结果，从定态波动方程解出的本征能量为

$$E_{np_z}=\left(n+\frac{1}{2}\right)\hbar\omega_c+\frac{p_z^2}{2m}$$

其中 $\omega_c=eB/mc$ 为电子环绕 $x_c=-p_y/m\omega_c$ 的回旋频率，所属归一化共同本征函数为

$$\psi_{np_yp_z}(x,y,z)=\frac{1}{2\pi\hbar}\mathrm{e}^{\mathrm{i}(p_yy+p_zz)/\hbar}\phi_{np_y}(x)$$

其中 $\phi_{np_y}(x)=\psi_n(x-x_c)$ 为位移振子本征波函数，而 $\psi_n(x)$ 为 $\alpha=\sqrt{m\omega_c/\hbar}$ 时的 "一维谐振子" 定态波函数。显然，电子的本征能量对 y 方向的动量 p_y 简并，而 p_y 决定振子在 x 方向的位移量 x_c。尽管三维位置空间的定态波动方程解出的能谱是谐振子的束缚态分立谱与平面波自由粒子连续谱的混合，该问题仍以 "朗道能级" 或者 "朗道量子化" 闻名于物理学界，因为如果假定电子被约束在与磁场垂直的平面内运动，能谱为高度简并的谐振子能级。

朗道量子化 [Landau quantization]　见朗道能级。

量子霍尔效应 [quantum Hall effect]　冯·克里岑 (K. von Klitzing) 等 1980 年发现的当反型层中电子密度增加时，霍尔电导 σ_{xy} 在 e^2/h (e 是电子电荷，h 是普朗克常量) 的整数倍处出现平台的现象。另外在 σ_{xy} 保持量子化值的平台范围内，霍尔电导 $\sigma_{xx}=0$，这些效应不仅不受杂质和无序存在的影响，反之，"脏" (即杂质和无序的存在) 似乎是该效应存在的必要条件。整数量子霍尔效应与强磁场中高度简并的多个朗道能级以及系统具有的整体拓扑性质有关。量子霍尔效应是量子力学建立半个世纪之后发现的最重要的也是最精确的量子现象，由于量子化霍尔电导平台测量的超高精度，冯·克里岑常量 $R_K=h/e^2=25812.807557(18)\ \Omega$ 已经成为标准电阻，也提供了量子理论最重要的精细结构常量的超高精度独立测量值。

冯·克里岑常量 [von Klitzing constant]　见量子霍尔效应。

分数量子霍尔效应 [fractional quantum Hall effect]　崔琦 (D. C. Tsui) 等 1982 年发现的量子霍尔效应的平台中的有规律的细致结构，就是在一个台阶的 $(2m+1)^{-1}$ (m 取正整数) 处，例如 1/3, 1/5, 1/7 等处也出现小的台阶，进而又发现在分母为偶数的分数处，例如 1/2 处，以及由连分式

$$\gamma=\cfrac{1}{2m+1+\cfrac{\alpha_1}{p_1-\cfrac{\alpha_2}{p_2-\cfrac{\alpha_3}{p_3-\cdots}}}}$$

确定的分数值上也出现台阶，式中 m 是正整数，p_j 是偶整数，$\alpha_j=\pm1$，例如取 $m=1$，$\alpha_1=1$，$p_1=2$，j 到 1 为

止，可得 $\gamma = 2/7$。在对该效应的理论研究中，劳夫林 (R. B. Laughlin)，建立了劳夫林波函数，并以此为基础为阐明分数量子霍尔效应的机制作出了重要贡献。有关量子霍尔效应的实验，参阅本辞典凝聚态物理学、半导体物理学部分相关词条。

阿哈容诺夫-博姆效应 [Aharonov-Bohm effect]

在本书电动力学部分的同名词条中已对本效应作了全面介绍，这里补充一点量子力学内容。由于绕得严密的长螺线管外没有漏磁场而有矢量势 $\boldsymbol{A}$，即描写无磁场区电子束的位置空间薛定谔波动方程

$$\mathrm{i}\hbar\frac{\partial\psi(\boldsymbol{r},t)}{\partial t} = \frac{1}{2m}\left(\frac{\hbar}{\mathrm{i}}\nabla + \frac{e}{c}\boldsymbol{A}\right)^2\psi(\boldsymbol{r},t)$$

中的矢量势 $\boldsymbol{A}$ 因为无旋 $\nabla\times\boldsymbol{A}=\boldsymbol{B}=0$ 可以表示为标量函数 β 的梯度 $\boldsymbol{A}=\nabla\beta$ 即 $\beta=\int\boldsymbol{A}\cdot\mathrm{d}\boldsymbol{r}$。

薛定谔波动方程的规范变换 $\boldsymbol{A}\rightarrow\boldsymbol{A}'=\boldsymbol{A}+\nabla\beta$ 不变性要求波函数也进行相应的变换

$$\psi \rightarrow \psi' = \psi\mathrm{e}^{-\mathrm{i}e\int\boldsymbol{A}\cdot\mathrm{d}\boldsymbol{r}/\hbar c}$$

分别绕过长螺线管的二路电子束相遇后的叠加概率幅为

$$\psi = \psi_1\mathrm{e}^{-\mathrm{i}e\int_1\boldsymbol{A}\cdot\mathrm{d}\boldsymbol{r}/\hbar c} + \psi_2\mathrm{e}^{-\mathrm{i}e\int_2\boldsymbol{A}\cdot\mathrm{d}\boldsymbol{r}/\hbar c}$$

阿哈容诺夫-博姆干涉效应的电子分布概率为

$$|\psi|^2 = |\psi_1|^2 + |\psi_2|^2 + 2\,\mathrm{Re}\left(\psi_1\psi_2^*\mathrm{e}^{-\mathrm{i}2\pi\Phi/\Phi_0}\right)$$

其中磁通量子为 $\Phi_0 = hc/e$，而螺线管的磁通量

$$\Phi = \int_1\boldsymbol{A}\cdot\mathrm{d}\boldsymbol{r} - \int_2\boldsymbol{A}\cdot\mathrm{d}\boldsymbol{r} = \oint\boldsymbol{A}\cdot\mathrm{d}\boldsymbol{r} = \int_s\boldsymbol{B}\cdot\mathrm{d}\boldsymbol{s}$$

源自二路电子束的围道积分。

1949 年，艾仁伯格 (W. Ehrenberg) 与西戴 (R. E. Siday) 首先发表论文预言该效应，阿哈容诺夫 (Y. Aharonov) 与博姆 (D. Bohm)1959 年再次发表讨论该效应的论文，后两人在得知了前两人的工作之后，在 1961 年发表的论文中承认了前者的首创。所以，AB 效应公正的说，至少应当被称为"艾仁伯格－西戴－阿哈容诺夫－博姆效应"即"ESAB 效应"。

AB 效应 [AB effect]   即阿哈容诺夫-博姆效应。

ESAB 效应 [ESAB effect]   见阿哈容诺夫-博姆效应。

阿哈容诺夫-卡谢效应 [Aharonov–Casher effect]

AB 效应的电场对应，其中涉及的相位因子 $\int_s(\boldsymbol{E}\times\boldsymbol{\mu})\cdot\mathrm{d}\boldsymbol{s}$ 源自电场 $\boldsymbol{E}$ 对运动磁矩 $\boldsymbol{\mu}$ 的影响，由阿哈容诺夫 (Y. Aharonov) 与卡谢 (A. Casher) 于 1984 年提出。

几何相位 [geometric phase]   某个量子系统的哈密顿量 H 是一组参量 $\boldsymbol{r}(R_1, R_2, \cdots)$ 的函数，设 r 随时间 t 作

周期性变化 $\boldsymbol{r}(T) = \boldsymbol{r}(0)$，该周期性变化在参量空间定义了一条闭合曲线 C。记哈密顿量的瞬时本征态为 $|n, \boldsymbol{r}(t)\rangle$，相应的本征值为 $E_n[\boldsymbol{r}(t)]$，那么 T 时刻的态矢量有两个相位因子：其一为动力学相位因子 $\mathrm{e}^{\mathrm{i}\theta(T)}$，其中的相位

$$\theta(T) = -\frac{1}{\hbar}\int_0^T\mathrm{d}t E_n[\boldsymbol{r}(t)]$$

当 $\boldsymbol{r}(t)=\boldsymbol{r}$ 时等于薛定谔影像的时间演化相位因子 $\mathrm{e}^{-\mathrm{i}E_n(\boldsymbol{r})T/\hbar}$；另一个相位因子 $\mathrm{e}^{\mathrm{i}\gamma_n(C)}$，其中的相位

$$\gamma_n(C) = \mathrm{i}\oint_C\langle n, \boldsymbol{r}(t)|\nabla_{\boldsymbol{r}}|n, \boldsymbol{r}(t)\rangle\cdot\mathrm{d}\boldsymbol{r}$$

仅与演化路径的几何结构有关，所以称为几何相位。几何相位是一个可观测量。如果记 $\boldsymbol{A}(\boldsymbol{r}) = \mathrm{i}\langle n, \boldsymbol{r}(t)|\nabla_{\boldsymbol{r}}|n, \boldsymbol{r}(t)\rangle$ 为某种势，那么几何相位

$$\gamma_n(C) = \int_s\boldsymbol{B}(\boldsymbol{r})\cdot\mathrm{d}\boldsymbol{s}$$

实际上是相应的场 $\boldsymbol{B}(\boldsymbol{r}) = \nabla_{\boldsymbol{r}}\times\boldsymbol{A}(\boldsymbol{r})$ 的通量。几何相位给出了阿哈容诺夫 - 博姆效应的更一般的形式，它不局限于电磁场。几何相位由印度学者拉曼的博士生首创于 1956 年 (S. Pancharatnam)，由贝利 (M. V. Berry) 于 1984 年再次提出并以贝利相位闻名于物理学界。几何相位并不限于量子力学，在经典物理学中也能找到。

贝利相位 [Berry phase]   见几何相位。

量子多体问题 [quantum many-body problem]

量子多体系统的量子力学是单粒子量子力学的直接推广。设系统有 N 个粒子，多粒子位置空间波函数

$$\Psi(\boldsymbol{r}_1, \boldsymbol{r}_2, \cdots, \boldsymbol{r}_N, t)$$

代表 t 时刻测得第 1 个粒子位于 $\boldsymbol{r}_1$，第 2 个粒子位于 $\boldsymbol{r}_2$ 等等的概率幅，遵守多粒子系统推广的薛定谔波动方程

$$\mathrm{i}\hbar\frac{\partial}{\partial t}\Psi = \left[\sum_{i=1}^N h(\boldsymbol{r}_i) + \sum_{i\neq j=1}^N V(\boldsymbol{r}_i, \boldsymbol{r}_j)\right]\Psi$$

其中 $h(\boldsymbol{r})$ 为位置表象的哈密顿量词条给出的单粒子哈密顿量，$V(\boldsymbol{r}_i, \boldsymbol{r}_j)$ 为两个粒子的互作用能量。

全同粒子 [identical particles]   静止质量、电荷、自旋、磁矩和寿命等全部内禀属性都相同的粒子，可以是基本粒子如电子、光子等，也可以是复合粒子如质子、中子、原子核、原子等作为一颗粒子看待，因其量子力学的位置空间分布的概率解释互相之间是不可分辨的，故而称为全同粒子。例如所有的电子都是全同粒子。粒子全同性概念与粒子的量子态有本质的联系。经典物理中，由于质点的性质和状态 (质量、形状等) 可以连续变化，谈不上有真正的全同。即使两质点的性质全同，由于它们在运动过程中有各自确定的轨道，所

以总可以跟踪并区分它们。但对量子理论中的粒子而言，不再存在轨道的概念，因此即使在初始时刻对各粒子加了标记，在时间的进程中它们是不可跟踪也因此是不可分辨的，所以说全同性是粒子特有的属性。

不可分辨性 [indistinguishability]　见全同粒子。

全同粒子系的波函数 [wave function of identical particle system]　由全同粒子组成的多粒子体系即为全同粒子系，全同粒子不可区分，因此粒子的位置空间分布概率 (波函数绝对值的平方) 对于任意两个粒子的位置坐标交换是不变的，所以波函数在位置坐标交换以后最多改变一个相位因子。以两个全同粒子系统为例，从概率分布的交换不变性

$$|\Psi(x_2, x_1)|^2 = |\Psi(x_1, x_2)|^2$$

只能得出全同多粒子系统的概率幅交换前后关系为

$$\Psi(x_2, x_1) = e^{i\theta} \, \Psi(x_1, x_2)$$

而不能确定相位因子 $e^{i\theta}$。$e^{i\theta} = 1$ 的概率幅具有交换对称性，对应于玻色子；$e^{i\theta} = -1$ 的概率幅具有交换反对称性，对应于费米子；$e^{i\theta} \neq \pm 1$ 的复数相位因子的概率幅无交换对称性，对应于任意子。

费米子 [fermion]　具有半奇整数自旋的基本粒子或复合粒子，例如电子、质子、中子、μ 子、中微子、夸克以及复合粒子氚原子、氚核、氦 -3 原子等。由全同费米子组成的全同粒子系的波函数，对于任意二个粒子的交换是反对称的。因此，同一单粒子态上不能由二个以上粒子占据，这称为泡利不相容原理。由于波函数的反对称性，对库仑相互作用求平均时将出现交换能，这是形成化学共价键的关键因素。多电子原子的电子壳层结构和元素周期表的解释离不开泡利不相容原理；原子核的壳层结构也基于泡利不相容原理。费米子组成的多粒子系统遵从费米 – 狄拉克统计。

斯莱特行列式 [Slater determinant]　由 N 个不同的单粒子波函数生成的 N 阶行列式。由于全同粒子的不可区分性，由二个或二个以上全同费米子组成的系统的任何可观测量必须具有坐标交换的不变性。由此要求全同费米子系的波函数有粒子指标交换的反对称性，即把任意二个粒子的指标相互交换，波函数将改变符号。斯莱特行列式即是体现这种反对称性的简便方法。交换系统中任意两个粒子的坐标就相当于将该行列式中两个对应列相互交换，因而行列式改变符号，优美地体现了费米子全同粒子系统波函数的反对称性。1926 年，海森伯和狄拉克分别发表论文讨论了全同粒子系统的量子力学，均给出了自由费米子系统的行列式多粒子波函数，而斯莱特的论文发表于 1929 年，但该行列式还是以斯莱特行列式闻名于世。

玻色子 [boson]　具有零或整数自旋的基本粒子或复合粒子，例如 π 介子、光子、胶子以及复合粒子氘核、氚核、氦 -4 原子等。由全同玻色子组成的全同粒子系的波函数，对于任意二个粒子的交换是对称的。容许大量粒子占据同一单粒子态。大量粒子占据零动量态的现象称为玻色–爱因斯坦凝聚。全同玻色子组成的多粒子系统遵从玻色–爱因斯坦统计。玻色子 (S. N. Bose) 由狄拉克命名。

任意子 [anyon]　见全同粒子系的波函数。

劳夫林波函数 [Laughlin wavefunction]　在对 $\nu = 1/3$ 的分数量子霍尔效应的理论研究中，劳夫林 (R. B. Laughlin) 根据准二维 N 个电子系统在无穷简并的最低朗道能级对称规范 (取磁场 $\boldsymbol{B} = B\boldsymbol{e}_z$ 的矢量势为 $\boldsymbol{A} = -\boldsymbol{r} \times \boldsymbol{B}/2$) 基态波函数的占据与奇次幂反对称亚斯特罗夫 (Jastrow) 函数，建立了劳夫林变分波函数

$$\Psi(z_1, z_2, \cdots, z_N) = A \prod_{i<j=1}^{N} (z_i - z_j)^n \prod_{k=1}^{N} e^{-|z_k|^2},$$

其中电子在二维位置空间的无量纲复数坐标为 $z = (x + iy)/\sqrt{c\hbar/eB}$。劳夫林波函数没有采用斯莱特行列式却表述了多电子系统的交换反对称性，并以此为基础阐明了 $\nu = 1/3$ 的分数量子霍尔效应的机制并且预言了更多的 $\nu = 1/n(n$ 为奇数) 的分数量子霍尔效应与凝聚态物理 e/n 分数电荷准粒子，均被实验观测证实。

近独立粒子统计 [particle statistics]　原文在外语文献中首先指全同粒子系统的玻色子 – 费米子分类，其次与汉译同样指涉及玻色 – 爱因斯坦统计分布与费米 – 狄拉克统计分布的本科统计物理学课程内容，请查阅本书统计物理学部分。

微扰 [perturbation]　在量子力学或其他物理学分支中可获精确解的问题不多，故需探索与应用各种近似方法。其中常用之一为微扰法，它适用于问题中的参数为小量的情况。这种参数一般是无量纲化的，称为微扰参数或微扰量。依参数进行的近似处理称为参数微扰。此外，微扰量也可是无量纲形式的自变量，此时的近似处理称为坐标微扰。依微扰量函数序列所作解的渐近展开称为微扰级数 (未必是幂级数)，其中诸项依次称为零级近似、一级近似……若能一级接一级无穷推算下去，逐次提高解的精确度，则这种近似称为有理近似，反之称为无理近似。有理近似随微扰量趋于零将变为精确解，而无理近似则不能在此极限甚或其他极限下过渡到精确解。一致有效的微扰级数在问题时空范围内能处处达到足够的精确度，而非一致有效者的性态则在局部失效区内将从某一级近似起愈来愈坏，这两种情形分别属于正则微扰与奇异微扰问题。

WKB 近似 [WKB approximation]　又称半经典近

似，是一种将约化普朗克常量 $\hbar$ 作为微扰小量，近似处理定态问题的方法。其物理依据是，量子效应由 $\hbar$ 来表征，当量子效应较弱时它就可作为小量对待。对于一维位置空间的定态波动方程

$$\left[-\frac{\hbar^2}{2m}\frac{\mathrm{d}^2}{\mathrm{d}x^2}+V(x)\right]\psi_E(x)=E\psi_E(x)$$

作变换

$$\psi_E(x)=\mathrm{e}^{\mathrm{i}S(x)/\hbar}$$

得到作用量相关函数 $S(x)$ 所遵守的二阶微分方程

$$\left[\frac{\mathrm{d}S(x)}{\mathrm{d}x}\right]^2-\mathrm{i}\hbar\frac{\mathrm{d}^2S(x)}{\mathrm{d}x^2}=p^2(x)$$

其中 $p(x)=\sqrt{2m\left[E-V(x)\right]}$。将 $S(x)$ 展开为 $\hbar$ 的幂级数：

$$S(x)=S_0(x)+\hbar S_1(x)+\hbar^2 S_2(x)+\cdots$$

代入微分方程后比较其中的 $\hbar$ 同幂次项，可解得

$$S_0(x)=\pm\int\mathrm{d}x p(x),\ S_1(x)=\frac{\mathrm{i}}{2}\ln p(x)+\text{常数}。$$

因此，在 $\hbar$ 的一级近似下，$E>V(x)$ 时的 WKB 波函数为

$$\psi(x)=\frac{A}{\sqrt{p(x)}}\mathrm{e}^{\mathrm{i}\int\mathrm{d}x\,p(x)/\hbar}+\frac{B}{\sqrt{p(x)}}\mathrm{e}^{-\mathrm{i}\int\mathrm{d}x\,p(x)/\hbar}$$

$E<V(x)$ 时的 WKB 波函数为

$$\psi(x)=\frac{C}{\sqrt{|p(x)|}}\mathrm{e}^{\mathrm{i}\int\mathrm{d}x|\,p(x)|/\hbar}$$

$$+\frac{D}{\sqrt{|p(x)|}}\mathrm{e}^{-\mathrm{i}\int\mathrm{d}x|\,p(x)|/\hbar}$$

式中常数 A,B,C,D 由边条件及归一化条件确定。一级近似有效的条件显然为 $\hbar|S_1(x)|<<|S_0(x)|$ 或者 $\hbar|p'(x)/p^2(x)|\ll1$。由此可见：(1)WKB 近似的适用条件为，在粒子的德布罗意波长尺度内势能 $V(x)$ 必须是缓变的；(2) 在 $p(x)=0$ 的经典转向点附近，这一近似条件总是不能成立的，故需以其他方法专门加以分析，以衔接其两侧的解。

类似 WKB 近似的处理二阶微分方程的方法早在 1837 年即由刘维尔 (J. Liouville) 和格林 (G. Green) 提出，杰弗里斯 (H. Jeffreys) 甚至在波函数诞生两年之前就用 WKB 近似讨论了薛定谔波动方程的近似解。1926 年，温泽尔 (G. Wentzel)、克莱默斯 (H. Kramers) 和布里渊 (L. Brillouin) 分别用该方法从物理上求解了薛定谔波动方程，该方法最多是这三位作者的名字命名为 WKB 近似，也有称之为刘维尔-格林 (LG) 方法的。

半经典近似 [semiclassical approximation] 即 WKB 近似 (WKB approximation)。

薛定谔方程的经典极限 [classical limit of Schrödinger equation] 将薛定谔波动方程

$$\mathrm{i}\hbar\frac{\partial}{\partial t}\psi(\boldsymbol{r},t)=\left[-\frac{\hbar^2\nabla^2}{2m}+V(\boldsymbol{r})\right]\psi(\boldsymbol{r},t)$$

的解写成

$$\psi(\boldsymbol{r},t)=A\mathrm{e}^{\mathrm{i}W(\boldsymbol{r},t)/\hbar}$$

其中 A 是常数，而 $W(\boldsymbol{r},t)$ 满足方程

$$\frac{\partial W}{\partial t}+\frac{(\boldsymbol{\nabla}W)^2}{2m}+V(\boldsymbol{r})-\frac{\mathrm{i}\hbar}{2m}\nabla^2 W=0$$

如果普朗克常量 $\hbar$ 可当作零对待，则令 $\boldsymbol{p}=\boldsymbol{\nabla}W$，$W(\boldsymbol{r},t)$ 遵守经典力学的雅可比-哈密顿方程

$$\frac{\partial W}{\partial t}+H(\boldsymbol{r},\boldsymbol{p})=0$$

所以薛定谔方程的经典极限与雅可比-哈密顿方程对应。经典极限成立，必须满足

$$\frac{(\boldsymbol{\nabla}W)^2}{2m}\gg\left|\frac{\mathrm{i}\hbar}{2m}\nabla^2 W\right|$$

即

$$\frac{p^2}{2m}\gg\left|\frac{\hbar}{2m}\boldsymbol{\nabla}\cdot\boldsymbol{p}\right|$$

这意味着经典极限成立的条件为动能较大 (德布罗意波长短) 而且动量的散度较小。对于一维运动，$p(x)=\sqrt{2m\left[E-V(x)\right]}$，要求 $\mathrm{d}p/\mathrm{d}x$ 较小，即要求力场变化缓慢。

定态非简并微扰论 [time-independent perturbation theory without degeneracy] 如果系统的哈密顿量不显含时间，可分为两部分的相加：$\hat{H}=\hat{H}_0+\hat{H}_1$，其中 $\hat{H}_0$ 的本征值 $\{E_n^{(0)}\}$ 是非简并的，且已与本征波函数 $\{\Psi_n^{(0)}\}$ 一道解出；而 $\hat{H}_1$ 在期待值意义下可作为附加于 $\hat{H}_0$ 的微扰对待。预期微扰的结果会使 $\hat{H}_0$ 的本征值产生与 $\hat{H}_1$ 同量级的变化，且使其本征函数发生相关的变形，遂将 $\hat{H}$ 的本征值与本征函数 (按惯例以隐含微扰参数形式) 作幂级数展开：

$$E_n=E_n^{(0)}+E_n^{(1)}+E_n^{(2)}+\cdots$$

$$\Psi_n=\Psi_n^{(0)}+\Psi_n^{(1)}+\Psi_n^{(2)}+\cdots$$

式中右端各项之上标代表其量阶。把两式代入 $\hat{H}$ 的本征值方程并依量阶之不同析出一系列递推方程，然后将 $\Psi_n^{(\lambda)}$ 按 $\{\Psi_n^{(0)}\}$ 展开，利用其正交性以及一级微扰矩阵元 $H_{1nm}=\langle\Psi_n^{(0)}|\hat{H}_1|\Psi_m^{(0)}\rangle$，终得

$$E_n=E_n^{(0)}+H_{1nn}+\sum_{m\neq n}\frac{|H_{1nm}|^2}{E_n^{(0)}-E_m^{(0)}}+\cdots$$

$$\Psi_n=\Psi_n^{(0)}+\sum_{m\neq n}\frac{H_{1nm}}{E_n^{(0)}-E_m^{(0)}}\Psi_m^{(0)}+\cdots$$

定态简并微扰论 [time-independent perturbation theory with degeneracy]   对于 $\hat{H}_0$ 的本征值 $E_n^{(0)}$ 为简并的情况，预期微扰的结果不仅类似于非简并情况那样，使能级与本征函数发生与不含时微扰哈密顿量 $\hat{H}_1$ 同量阶的变化，且还将使能隙为零的诸简并态 $\{\Psi_{n\alpha}^{(0)}\}$ $(\alpha = 1, 2, \cdots, f_n)$ 发生混合或跃迁，故 $\hat{H} = \hat{H}_0 + \hat{H}_1$ 之本征函数的零级近似应表为 $\Psi_{n\alpha}^{(0)}$ 的线性组合。遂将 $\hat{H}$ 的本征函数 Ψ_n 及相应的本征值依 $\hat{H}_1$ 的量阶展为

$$\Psi_n = \sum_{\alpha=1}^{f_n} a_\alpha \Psi_{n\alpha}^{(0)} + \Psi_n^{(1)} + \Psi_n^{(2)} + \cdots$$

$$E_n = E_n^{(0)} + E_n^{(1)} + E_n^{(2)} + \cdots$$

按 $\hat{H}_0$ 的所有本征函数展开 $\Psi_n^{(1)}$ 并将上式代入薛定谔方程，可得方程组

$$\sum_{\alpha=1}^{f_n} \left(H_{1\beta\alpha} - E_n^{(1)} \delta_{\beta\alpha} \right) a_\alpha = 0$$

$$\beta = 1, 2, \cdots, f_n$$

其中 $H_{1\beta\alpha} = \langle \Psi_{n\beta}^{(0)} | \hat{H}_1 | \Psi_{n\alpha}^{(0)} \rangle$ 为一级简并微扰矩阵元，由其非零解条件——久期方程，立得 f_n 个根——能量的一级修正 $\{E_{n\alpha}^{(1)}, \alpha = 1, 2, \cdots, f_n\}$，每个根 $E_{n\alpha}^{(1)}$ 代回上式可得一组系数 $\{a_\mu^{(\alpha)}, \mu = 1, 2, \cdots, f_n\}$，而每一套系数给出一个退简并的零级波函数。高级近似则按简并性消除状况，分别以定态简并微扰论或定态非简并微扰论处理之。

含时微扰论 [time-dependent perturbation theory]   若系统的哈密顿量为时间的显函数，则其量子力学问题一般属于非定态问题——难以精确求解，但当哈密顿量可分解为两部分 $\hat{H} = \hat{H}_0 + \hat{H}_1(t)$，其中 $\hat{H}_0$ 与时间无关，仅 $\hat{H}_1(t)$ 显含时间，且又满足条件 $\langle \hat{H}_1 \rangle / \langle \hat{H}_0 \rangle << 1$ 时，则可用含时微扰论近似处理。设 $\hat{H}_0$ 的本征函数 $\{\phi_n(\boldsymbol{r})\}$ 与本征值 $\{E_n\}$ 为已知，系统的波函数总可表为

$$\psi(\boldsymbol{r}, t) = \sum_n a_n(t) \phi_n(\boldsymbol{r}) e^{-iE_n t/\hbar}$$

将它代入薛定谔方程可得

$$i\hbar \frac{\mathrm{d}a_n(t)}{\mathrm{d}t} = \sum_m a_m(t) H_{1nm} e^{i(E_n - E_m)t/\hbar}$$

其中一级微扰矩阵元 $H_{1nm} = \langle \phi_n | \hat{H}_1(t) | \phi_m \rangle$，式中系数 $a_n(t)$ 可展为微扰级数后逐次迭代解出。设微扰在 $t = 0$ 时开始引入，此时系统处于 $\hat{H}_0$ 的第 l 个本征态，则准至一级近似的解为

$$a_n(t) = a_n^{(0)}(t) + a_n^{(1)}(t)$$

$$= \delta_{nl} + \frac{1}{i\hbar} \int_0^t \mathrm{d}\tau H_{1nl} e^{i(E_n - E_l)\tau/\hbar}$$

据 $a_n(t)$ 的物理意义知，系统由初态 ϕ_l 跃迁到终态 ϕ_n 的概率为

$$P_{l \to n} = \frac{1}{\hbar^2} \left| \int_0^t \mathrm{d}\tau H_{1nl} e^{i(E_n - E_l)\tau/\hbar} \right|^2$$

选择定则 [selection rule]   当受到含时扰动作用时一系统诸定态间就有可能发生跃迁，选择定则则指明了其中哪些跃迁是可以实现的。不能实现的跃迁称为禁戒跃迁。设系统的哈密顿量 $\hat{H} = \hat{H}_0 + \hat{H}_1(t)$，则仅当 $\hat{H}_1(t)$ 在 $\hat{H}_0$ 的第 i 个本征态与第 j 个本征态间的矩阵元 H_{1ij} 不为零时，这两个本征态间的跃迁才是允许的，这就指明了确定选择定则的途径。选择定则的概念起源于光的发射与吸收理论，在这一理论中，$\hat{H}_1(t)$ 代表原子中电子在交变电磁场中的势能。一价原子电偶极跃迁 (仅保留电偶极子项) 的选择定则是 $\Delta \ell = \ell_i - \ell_j = \pm 1$, $\Delta m = m_i - m_j = 0, \pm 1$；虽然偶极禁戒的跃迁也可能符合电四极跃迁选择定则：$\Delta \ell = 0, \pm 2$, $\Delta m = 0, \pm 1, \pm 2$ 或磁偶极跃迁选择定则：$\Delta \ell = 0$, $\Delta m = 0, \pm 1$，但跃迁概率较小。任何一级近似中均被禁戒的跃迁称为严格禁戒跃迁。据爱因斯坦理论，除受激跃迁过程外，还同时存在遵从同样选择定则的自发辐射过程，它是一种由电磁场零点振动引起的纯粹量子效应。

黄金规则 [golden rule]   如果含时微扰论词条中给出的 (准至一级近似的) 跃迁概率公式

$$P_{l \to n} = \frac{1}{\hbar^2} \left| \int_0^t \mathrm{d}\tau H_{1nl} e^{i(E_n - E_l)\tau/\hbar} \right|^2$$

中的跃迁矩阵元 H_{1nl} 仅在 $t > 0$ 时不为零且与时间无关，则上式在 $t \to \infty$ 时化为

$$P_{l \to n} = \frac{2\pi t}{\hbar} |H_{1nl}|^2 \delta (E_n - E_l)$$

而跃迁速率，即单位时间的跃迁概率则为

$$w_{l \to n} = \frac{P_{l \to n}}{t} = \frac{2\pi}{\hbar} |H_{1nl}|^2 \delta (E_n - E_l)$$

由此可见，对于常微扰且作用时间很长的情况，跃迁速率与时间无关，并且只在末态能量接近于初态能量 (即 $E_n \sim E_l$) 的小范围内，才显著地不为零。设系统态密度为 $\rho(E_n)$，在 E_n 附近的 dE_n 大小的范围内的能态数目为 $\rho(E_n) dE_n$，则从初态跃迁到这些末态的 (总的) 一级近似跃迁速率为

$$w = \int w_{l \to n} \rho(E_n) \mathrm{d}E_n = \frac{2\pi}{\hbar} |H_{1ll}|^2 \rho(E_l)$$

鉴于上式的重要意义——它可用于处理各种跃迁过程，费米称它为第二黄金规则，而通常则称之为黄金规则。黄金规则的严格公式见散射矩阵。

塞曼效应 [Zeeman effect]   原子在外磁场中发光谱线发生分裂且偏振的现象称为塞曼效应；历史上首先观测到并给予理论解释的是谱线一分为三的现象，后来又发现了较

三分裂现象更为复杂的难以解释的情况，因此称前者为正常或简单塞曼效应，后者为反常或复杂塞曼效应。事实上，正常塞曼效应只不过是属一般情况的反常塞曼效应的特例——当外磁场由弱趋强时，反常塞曼效应趋于正常塞曼效应，这一过渡过程称为 Paschen-Back 效应。设外磁场比原子的内部磁场强得多，则可略去自旋与轨道的互作用，于是计入沿 z 方向外磁场 B 引起的附加微扰能量后，一价原子的能级为 $E = E_{n\ell} + (m_\ell + 2m_s)\hbar\omega_L$，其中 $\omega_L = eB/2\mu$。考虑到电偶极跃迁过程不能改变自旋态，遂由上式知原来频率为 ω_0 的一条谱线分裂为分别属 π 与 σ 偏振态的三条谱线：$\omega_\pi = \omega_0$，$\omega_\sigma = \omega_0 \pm \omega_L$。当外磁场弱至需与自旋轨道耦合一起处理时，由微扰论可证谱线的分裂数不止三条。

反常塞曼效应 [anomalous Zeeman effect]　见塞曼效应。

斯塔克效应 [Stark effect]　原子在外电场中发光，谱线发生分裂或移动的现象称为斯塔克效应。类氢原子因其能级的库仑简并性而具有电偶极矩，它与外电场的互作用能正比于其强度，即劈裂后的能级的间隙线性依赖于电场强度，这样的能级分裂现象称为一级（或线性）斯塔克效应。(这里未涉及电场弱至必须计及导致库仑简并性解除的兰姆移动的情形，它属于相对论范畴。) 外电场（设沿 z 方向) 的强度 E 通常远小于原子内部电场的强度，因而电子在其中的势能 $\hat{H}_1 = eEz$ 可当作微扰处理，对第一激发态所得能级一级修正值为 $E_{21}^{(1)} = 3ea_0E$，$E_{22}^{(1)} = -3ea_0E$，$E_{23}^{(1)} = E_{24}^{(1)} = 0$。碱金属原子因其原子实电场偏离库仑对称性而不存在电偶极矩，但在外电场作用下将发生极化而产生感生电偶极矩，它与电场的互作用能显然比例于电场强度的平方，由此引起的能级移动现象称为二级（或平方）斯塔克效应。

自发辐射 [spontaneous emission]　即使没有光线入射，原子中处于较高能级的电子，也可以自发的从较高的能级跃迁到较低的能级并发出光子，这就是自发辐射现象。严格说来，只靠量子力学，无法处理自发辐射。这是因为原子中的电子虽然处在较高的能级，但仍处在定态，在无外来作用的情况下，按量子力学，它应该永远处在这个定态，不可能自发跃迁。事实上，严格处理光的自发辐射现象应该用量子电动力学，在量子电动力学中，电磁场也是量子化的，而光的自发辐射现象是电磁场的真空涨落效应的表现。这就是说，由于电磁场是量子化的，所以没有光线入射并不能说没有电磁场，而只是代表电磁场的平均值为零，但是电磁场围绕它的平均值的量子涨落并不为零，正是真空涨落提供了相互作用导致了自发辐射现象。

受激跃迁 [induced transition]　量子体系在外来作用的影响下从一个定态转变为另一个定态被称为受激跃迁。设体系的初态记为 $|i\rangle$，末态记为 $|f\rangle$，外来作用的哈密顿量为 $\hat{H}_1$，那么受激跃迁的概率正比于相互作用哈密顿量在初态和末态之间的矩阵元的模方，即 $\left|\langle f|\hat{H}_1|i\rangle\right|^2$。例如：原子中的电子在辐射场的作用下从高能级跃迁到低能级并发出一个光子，或从低能级跃迁到高能级并吸收一个光子的现象称为光的受激发射和吸收，这就是一种典型的受激跃迁。

量子力学的变分原理 [variational principle of the quantum mechanics]　微观体系的能量本征值可通过在一定的边界条件下求解薛定谔方程并要求所得的波函数满足归一化条件而实现。可以证明与此等价的变通途径是根据变分原理来求能量和波函数。变分原理说：假设体系的能量平均值可表为波函数对哈密顿算符的平均值，则体系的能量和波函数也可通过在归一化条件下使能量平均值取极值而得到。变分原理的价值在于，可以根据微观体系的物理特点确定波函数必须具有的性质并据此来建立含若干参数的尝试函数，然后求出尝试函数形式下的能量平均值，由该平均值取极值来定出所含参数的值，从而确定在所取形式下的最佳波函数和相应的能量。可以证明按变分原理求出的能量平均值，不低于体系基态能量的严格值，所选尝试函数愈能符合体系的物理特点则求得的能量近似值愈接近（但总高于）基态能量的严格值。

海尔曼-费曼定理 [Hellmann-Feynman theorem]　对于含参数 λ 定态问题

$$\hat{H}(\lambda)|E(\lambda)\rangle = E(\lambda)|E(\lambda)\rangle$$

的由多位作者发现的一个方便计算物理量的等式

$$\frac{\mathrm{d}E(\lambda)}{\mathrm{d}\lambda} = \langle E(\lambda)|\frac{\mathrm{d}\hat{H}(\lambda)}{\mathrm{d}\lambda}|E(\lambda)\rangle$$

其证明过程中仅仅利用了定态必须是按分立谱的方式归一化的 $\langle E(\lambda)|E(\lambda)\rangle = 1$。此式只是变分原理的一个直接推论。

尝试函数 [trial function]　这是用变分法求解量子力学束缚定态问题时所使用的性质接近严格波函数而又含参量 q 的波函数，可利用变分原理调节参量使尝试函数趋近严格的波函数。

量子力学的变分原理表明：使束缚态的能量平均值泛函

$$I[\psi] = \frac{\langle\psi|\hat{H}|\psi\rangle}{\langle\psi|\psi\rangle}$$

取极值的波函数 $\psi(\boldsymbol{r}) = \langle\boldsymbol{r}|\psi\rangle$ 满足定态薛定谔方程

$$\hat{H}\psi(\boldsymbol{r}) = E\psi(\boldsymbol{r}),\ E = I[\psi]$$

调节含参量 $q = [q_1, q_2, \cdots, q_n]$ 的波函数 $\psi_q(\boldsymbol{r})$ 中的参量，是变更函数的一种手段。找一个性质和定态薛定谔方程严格解相近的尝试波函数 $\psi_q(\boldsymbol{r})$，并求得能量平均值是参量 q 的函数 $I[\psi_q]$。再利用变分原理调节参量

$$\frac{\partial I[\psi_q]}{\partial q_i} = 0,\ i = 1, 2, \cdots, n$$

联立解得 $q = q^0 = [q_1^0, q_2^0, \cdots, q_n^0]$，则归一化的尝试函数 $\psi_{q^0}(\boldsymbol{r})$ 就是近似的解，相应的能量平均值为 $I[\psi_{q^0}]$，就是近似的能量本征值。

玻恩–奥本海默近似 [Born-Oppenheimer approximation]　在分子物理、量子化学以及固体物理中，将电子与原子核作为互相独立的量子力学系统分别处理的假设被称为玻恩–奥本海默近似。

非绝热近似 [diabatic approximation]　又称突发近似。设外界对粒子作用的势能突然发生变化，势能 $V \to V'$，以致波函数来不及变化。这样，势能突变时刻的波函数成为突变发生后 $\hat{H} = \hat{T} + V'$ 系统的近似初始波函数。

突发近似 [sudden approximation]　见非绝热近似词条。

绝热定理 [adiabatic theorem]　又称浸渐近似。设系统哈密顿量 $\hat{H}(t)$ 含时，薛定谔方程

$$i\hbar \frac{\mathrm{d}|A,t\rangle}{\mathrm{d}t} = \hat{H}(t)|A,t\rangle$$

的通解

$$|A,t\rangle = \sum_n c_n(t) e^{i\theta_n(t)}|n,t\rangle$$

可由含时哈密顿量的本征方程 $\hat{H}(t)|n,t\rangle = E_n(t)|n,t\rangle$ 所给出的正交归一本征基 $\{|n,t\rangle\}$ 线性叠加而得，其中的动力学相位因子为

$$\theta_n(t) = -\frac{1}{\hbar}\int_0^t \mathrm{d}\tau E_n(\tau)$$

而概率幅 $\{c_n(t)\}$ 遵守方程

$$\frac{\mathrm{d}c_n(t)}{\mathrm{d}t} = -c_n(t)\langle n,t|\dot{n},t\rangle$$
$$+ \sum_{m\neq n} c_m(t)\frac{\langle n,t|\dot{\hat{H}}(t)|m,t\rangle}{E_n(t)-E_m(t)}e^{i\theta_{mn}(t)}$$

其中 $\theta_{mn}(t) = \theta_m(t) - \theta_n(t)$，

$$|\dot{n},t\rangle = \frac{\mathrm{d}|n,t\rangle}{\mathrm{d}t}, \quad \dot{\hat{H}}(t) = \frac{\mathrm{d}\hat{H}(t)}{\mathrm{d}t}$$

在系统哈密顿量随时间变化无限缓慢，即所谓绝热近似 $\langle n,t|\dot{\hat{H}}(t)|m,t\rangle \to 0$ 条件下，可解出概率幅并得到薛定谔方程的通解

$$|A,t\rangle = \sum_n c_n(0) e^{i\theta_n(t)}e^{i\gamma_n(t)}|n,t\rangle$$

其中几何相位因子为

$$\gamma_n(t) = i\int_0^t \mathrm{d}\tau\langle n,\tau|\dot{n},\tau\rangle$$

玻恩和福克 1928 年合作证明了上述结论，被称为绝热定理，或者绝热近似，或者浸渐近似。该结果指出了当系统哈密

顿量 $\hat{H}(t)$ 随时间变化无限缓慢时，任意时刻 $\hat{H}(t)$ 的本征态与 $\hat{H}(0)$ 的定态之间存在对应关系，十分明确地显示了量子态的重叠原理：定态展开概率 $|c_n(0)|^2$ 即便对含时哈密顿量所描写的系统也可以是不变的。

浸渐近似 [adiabatic approximation]　即绝热定理。

交换能 [exchange energy]　两个非自由粒子组成的全同粒子系统，如果再加上相互作用 $V(\boldsymbol{r}_1,\boldsymbol{r}_2)$ 形成了三体问题则不可严格求解，只能以单粒子解作为零级近似，以相互作用作为微扰。选择两个不同的归一化单粒子波函数 $\phi_a(\boldsymbol{r})$ 与 $\phi_b(\boldsymbol{r})$，可组合出位置空间粒子坐标交换对称（反对称）的零级两体波函数

$$\Psi_\pm(\boldsymbol{r}_1,\boldsymbol{r}_2) = \frac{1}{\sqrt{2}}[\phi_a(\boldsymbol{r}_1)\phi_b(\boldsymbol{r}_2) \pm \phi_a(\boldsymbol{r}_2)\phi_b(\boldsymbol{r}_1)]$$

而相互作用一级微扰 $\langle\Psi_\pm|V(\boldsymbol{r}_1,\boldsymbol{r}_2)|\Psi_\pm\rangle$ 中出现的无经典物理对应的量子力学修正项

$$J = \iint \mathrm{d}\boldsymbol{r}_1\mathrm{d}\boldsymbol{r}_2\phi_a^*(\boldsymbol{r}_1)\phi_b^*(\boldsymbol{r}_2)V(\boldsymbol{r}_1,\boldsymbol{r}_2)\phi_a(\boldsymbol{r}_2)\phi_b(\boldsymbol{r}_1)$$

称为交换能。交换能在分子结构、原子核物理、磁性理论等领域均起着重要的作用。

氦原子 [helium atom]　氦原子的原子序数 $Z = 2$，原子核带两份单位正电荷，核外有二个电子。二个电子组成全同粒子系统。氦原子的光谱存在二套光谱线系，可推断存在二套能级各自发生量子跃迁，由此历史上曾误认为存在二种氦原子，正氦 (orthohelium) 和仲氦 (parahelium)。通过量子力学对氦原子中的二个电子全同粒子问题的求解，发现原因是两个电子总自旋的两个量子数：$S = 1$ 的总自旋三重态 (正氦) 和 $S = 0$ 的总自旋单态 (仲氦)。

忽略与原子核以及电子自旋有关的能量，氦原子中的两个电子的哈密顿量

$$\hat{H} = \hat{H}_0 + \frac{e^2}{4\pi\epsilon_0}\frac{1}{r_{12}}$$

由氦原子核库仑势场中的两个独立电子的哈密顿量

$$\hat{H}_0 = -\sum_{\alpha=1}^2\left(\frac{\hbar^2}{2m}\nabla_\alpha^2 + \frac{2e^2}{r_\alpha}\right)$$

和电子之间的库仑排斥能组成，$r_{12} = |\boldsymbol{r}_1 - \boldsymbol{r}_2|$，$r_\alpha = |\boldsymbol{r}_\alpha|$。

先求二个独立电子系统哈密顿量 $\hat{H}_0$ 的本征值问题。不计与自旋有关的能量，位置空间波函数和自旋是分离变量的。每个独立单电子的轨道波函数都是 $Z = 2$ 的类氢离子的波函数 $\psi_{n\ell m}(\boldsymbol{r})$，相应的能量为

$$\varepsilon_n = -\frac{e^2}{4\pi\epsilon_0}\frac{4}{2a}\frac{1}{n^2}$$

全同独立二体系统的本征态，对于粒子所有自由度的指标交换是反对称的：如果位置坐标交换是对称的，则自旋指标的交换就是反对称的，即总自旋单态；如果位置坐标交换是反对称的，则自旋指标的交换就是对称的，即总自旋三重态。所以，$\hat{H}_0$ 的基态能量为 $2\varepsilon_1$，所属本征态为 $S = 0$ 的总自旋单态

$$|\Psi_0\rangle = \psi_{100}(r_1)\psi_{100}(r_2)|S = 0, m_S = 0\rangle$$

$\hat{H}_0$ 的低激发态能量为 $\varepsilon_1 + \varepsilon_n$ $(n > 1)$，所属本征态要分为 $S = 0$ 的总自旋单态

$$|\Psi_+\rangle = \Psi_+(r_1, r_2)|S = 0, m_S = 0\rangle$$

与 $S = 1$ 总自旋三重态

$$|\Psi_-\rangle = \Psi_-(r_1, r_2)|S = 0, m_S = 1, 0, -1\rangle$$

其中位置空间粒子坐标交换对称 (反对称) 的零级两体波函数为

$$\Psi_\pm(r_1, r_2) = \frac{1}{\sqrt{2}}\left[\phi_1(r_1)\phi_n(r_2) \pm \phi_1(r_2)\phi_n(r_1)\right]$$

其中 $\phi_1(r) = \psi_{100}(r)$, $\phi_n(r) = \psi_{n\ell m}(r)$。

在此基础上，对电子之间的库仑排斥能作微扰处理，得到氢原子的一级微扰基态能量为 $E_0 = 2\varepsilon_1 + C$，其中平均库仑能修正为

$$C = \frac{e^2}{4\pi\epsilon_0}\langle\Psi_0|\frac{1}{r_{12}}|\Psi_0\rangle$$
$$= e^2\iint dr_1 dr_2 \frac{|\psi_{100}(r_1)|^2 |\psi_{100}(r_2)|^2}{4\pi\epsilon_0 |r_1 - r_2|}$$

氢原子的一级微扰低激发态能量为

$$E_{n\ell m} = \varepsilon_1 + \varepsilon_n + \frac{e^2}{4\pi\epsilon_0}\langle\Psi_\pm|\frac{1}{r_{12}}|\Psi_\pm\rangle$$
$$= \varepsilon_1 + \varepsilon_n + C' \pm J$$

其中平均库仑能修正为

$$C' = e^2\iint dr_1 dr_2 \frac{|\psi_{100}(r_1)|^2 |\psi_{n\ell m}(r_2)|^2}{4\pi\epsilon_0 |r_1 - r_2|}$$

交换能修正为

$$J = e^2\iint dr_1 dr_2 \frac{\phi_1^*(r_1)\phi_n^*(r_2)\phi_1(r_2)\phi_n(r_1)}{4\pi\epsilon_0 |r_1 - r_2|}$$

平均库仑能和交换能的值均大于零且和角量子数 ℓ 有关。对于总自旋单态，两体位置空间波函数是对称的，交换能取 $+J$；对于自旋三重态，两体位置空间波函数是反对称的，交换能取 $-J$。当电子靠近 $r_1 = r_2$，两体位置空间对称波函数表明其概率比波函数未对称化时的概率增大；两体位置空间反对称波函数表明 $r_1 = r_2$ 时的概率减少到零。这些因素是引起

$\pm J$ 修正的原因。波函数的对称性质，反映了全同粒子的量子力学相互作用。对于自旋单态和三重态，$\pm J$ 的不同产生了二套能级。对于电子跃迁，自旋磁矩不变，即有选择定则 $\Delta S = 0$，故两套能级各自跃迁，形成两套氦光谱线系。正氦的三重态能级虽比仲氦的单态能级高，但由于受选择定则的限制而不发生跃迁，因此正氦的三重态能级成了亚稳态能级。

对氦原子的量子力学求解，虽然忽略了与自旋有关的能量，但由于自旋态的交换对称性质不同，直接影响到轨道态的对称或反对称组合，从而影响电子的概率分布和电子间的相互作用能，即影响到氦原子的能量。

氢分子 [hydrogen molecule]　氢分子由两个氢原子结合而成。当两个氢原子靠的很近时，两个氢原子的两个电子就处在两个氢原子核的共同作用之下。按照量子力学理论，电子是费米子，它们的波函数必须反对称。如果自旋部分反对称，则空间部分对称，如果自旋部分对称，则空间部分反对称。由于这种波函数对称性要求，两电子间的互作用能分为两部分，一是两电子之间的纯库仑能，另一部分就是交换能。在自旋部分对称而空间部分反对称时，交换能前取负号；在自旋部分反对称而空间部分对称时，交换能前取正号。交换能为

$$J = \iint dr_1 dr_2 \phi_{1a}^* \phi_{2b}^* \left(\frac{e^2}{r_{12}} - \frac{e^2}{r_{1b}} - \frac{e^2}{r_{2a}}\right)\phi_{2a}\phi_{1b}$$

其中 $r_{i\alpha} = r_i - R_\alpha$，$r_{i\alpha} = |r_{i\alpha}|$ 为第 $i = 1, 2$ 个电子与第 $\alpha = a, b$ 氢原子核之间的距离，$r_{12} = |r_1 - r_2|$，$\phi_{i\alpha} = \psi_{100}(r_{i\alpha})$，$\psi_{100}(r)$ 为氢原子基态波函数。在计入核间互作用及各原子基态能量后发现：自旋平行时两氢原子间作用力恒为斥力，不可能结合成氢分子；当自旋反平行时，计入了交换能，两氢原子间的作用力可以形成稳定的氢分子。因此，交换能对于两氢原子结合成氢分子的共价键是关键性的。总之，由于要求两电子系统的本征态反对称，电子自旋反平行时，位置空间波函数交换电子指标对称，使两电子处于两氢原子核之间的概率增加，此时形成氢分子。所以，共价键符号 H ∶ H 很形象化，但这仅是概率上的意义。

哈特里-福克方程 [Hartree-Fock equation]　把多电子的波函数近似写成各单粒子波函数的乘积，对相互作用多电子哈密顿量运用变分原理可以导出哈特里方程。哈特里方程实质上是一个平均场理论，即把所有其他电子对某电子的作用用一个平均场来代替，从而解出平均场作用下电子的能量和波函数，再将求得的较精确的能量和波函数代入平均场表达式，又得到新的平均场，如此周而复始可以最终求得自洽的单粒子能量和波函数。哈特里方程没有计及波函数的反对称性，实际就是略去了电子间的交换能，如果计及多电子波函数的反对称性，把多电子波函数写成斯莱特行列式，由此出发运用变分原理可以导得哈特里 - 福克方程。这一方程计及了电子间的交换能，因而是比哈特里方程更精确的研究多电

子或其他多费米子系统的近似方法。参见本辞典计算物理学部分自洽场方法词条。

第一次量子化 [first quantization]　狄拉克–冯·诺依曼量子力学公理体系的第三公理——正则量子化——包括两次量子化: 单粒子问题的第一次量子化, 通过位置与动量的算子化不对易正则量子化关系表示, 对全同粒子系统依然利用波函数表述, 同时这些问题中的电磁场依然采用经典电动力学, 实际上是半经典的量子理论; 第二次量子化, 通过单粒子波函数算子化的场算子的正则量子化和电磁场的正则量子化实现, 其中场算子描写自由全同粒子系统, 场算子与电磁场算子的耦合描写粒子之间的互作用, 实现涉及电磁力的物理世界的完全量子化表述。

2.4.4　量子力学原理的高等应用

高等量子力学课程 [Advanced Quantum Mechanics course]　为理论物理本科生与物理学相关专业研究生开设的难度高于普通本科量子力学的课程, 主要内容为量子力学原理的系统介绍和高等应用, 包括狄拉克相对论量子力学与全同多粒子系统的二次量子化方法以及戴森微扰展开技术, 是连接量子力学与量子电动力学、量子场论的一门理论物理学基础课。

相对论波动方程 [relativistic wave equations]　首先, 麦克斯韦方程就是洛伦兹变换不变的相对论波动方程, 狄拉克通过电磁场正则坐标与正则动量的一次量子化, 直接得到确立光子作为玻色子全同粒子的相对论量子场方程。一般而言, 将狄拉克–冯·诺依曼公理与爱因斯坦狭义相对论相结合, 可导出多个位置空间的相对论波动方程: 克莱因 - 戈登方程、狄拉克旋量波动方程以及外尔方程、Majorana 方程、Proca 方程、Rarita-Schwinger 方程、Bargmann-Wigner 方程、Joos-Weinberg 方程等等。将这些方程中的单分量波函数或者多分量旋量波函数进行第二次量子化变成场算子, 就得到描写相应全同多粒子系统的相对论量子场方程。

相对论量子场方程 [relativistic quantum field equations]　见相对论波动方程。

克莱因–戈登方程 [Klein-Gordon equation]　1926 年, 多位作者受薛定谔波动方程的启发, 设想在爱因斯坦能量–质量等价关系 $E^2 = c^2 p^2 + m_0^2 c^4$ 的基础上, 通过代换

$$E \to \mathrm{i}\hbar \frac{\partial}{\partial t}, \quad \hat{\boldsymbol{p}} \to \frac{\hbar}{\mathrm{i}} \boldsymbol{\nabla}$$

并乘以波函数 $\psi(\boldsymbol{r}, t)$ 得到描写静止质量为 m_0 的相对论性单个自由粒子的克莱因 (Klein)-戈登 (Gordon) 方程

$$\left(\Box + \mu^2 \right) \psi(\boldsymbol{r}, t) = 0$$

其中 $\mu = m_0 c / \hbar$, $\Box$ 为洛伦兹变换不变的达朗贝尔 (d'Alembert) 算子。尽管克莱因–戈登方程具有简洁优美的时间–空间

齐次的相对论四矢量形式, 当然也有相对论变换不变的平面波解

$$\phi_{\boldsymbol{p}}(\boldsymbol{r}, t) = \frac{1}{\sqrt{(2\pi\hbar)^3}} \mathrm{e}^{\mathrm{i}(\boldsymbol{p} \cdot \boldsymbol{r} - Et)/\hbar}$$

但由于其给出的能量可能取值 (注意: 并非狄拉克–冯·诺依曼量子力学公理体系的哈密顿量的本征值) $E = \pm\sqrt{c^2 p^2 + m_0^2 c^4}$ 中的负能量困难, 特别是其给出的相对论连续性方程

$$\frac{\partial \rho}{\partial t} + \boldsymbol{\nabla} \cdot \boldsymbol{j} = 0$$

中的概率密度定义

$$\rho = \frac{\mathrm{i}}{2m} \left[\psi^* \frac{\partial \psi}{\partial t} - \psi \frac{\partial \psi^*}{\partial t} \right]$$

的非正定性, 使得克莱因–戈登方程不能被当做量子力学的单个自由粒子的波动方程。在后来的量子场论中, 克莱因–戈登方程被认为是决定自旋为零或者整数的粒子的场方程。

狄拉克哈密顿量 [Dirac Hamiltonian]　狄拉克 1927 年推导出了拉普拉斯算子

$$\Delta = \nabla^2 = \frac{\partial^2}{\partial x^2} + \frac{\partial^2}{\partial y^2} + \frac{\partial^2}{\partial z^2}$$

的根号算子, 即狄拉克算子

$$\hat{D} = \boldsymbol{\sigma} \cdot \boldsymbol{\nabla} = \hat{\sigma}_1 \frac{\partial}{\partial x} + \hat{\sigma}_2 \frac{\partial}{\partial y} + \hat{\sigma}_3 \frac{\partial}{\partial z}$$

其中 $\hat{\sigma}_1$、$\hat{\sigma}_2$、$\hat{\sigma}_3$ 为泡利矩阵, 如果认为拉普拉斯算子中隐含二阶单位矩阵, 则有等式 $\hat{D}^2 = \Delta$。在这个优美的数学公式的启发之下, 狄拉克找到了既能对应于爱因斯坦能量 - 质量等价关系

$$E = \frac{m_0 c^2}{\sqrt{1 - \frac{v^2}{c^2}}} = \sqrt{c^2 p^2 + m_0^2 c^4}$$

也符合狄拉克–冯·诺依曼量子力学公理体系第四公理的哈密顿量算子

$$\hat{H} = \sqrt{c^2 \hat{p}^2 + m_0^2 c^4} = c\boldsymbol{\alpha} \cdot \hat{\boldsymbol{p}} + \beta m_0 c^2$$

并于 1928 年发表了题为《电子的量子理论》的两篇论文, 建立了描写所有物质基本粒子的狄拉克方程。

狄拉克哈密顿量中的数字厄米矩阵 $\boldsymbol{\alpha} = \alpha_1 \boldsymbol{e}_x + \alpha_2 \boldsymbol{e}_y + \alpha_3 \boldsymbol{e}_z$ 与 β 是狄拉克引入物理学的新自由度中的力学量, 它们必须满足恒等式

$$\left(c\boldsymbol{\alpha} \cdot \hat{\boldsymbol{p}} + \beta m_0 c^2 \right)^2 = c^2 \hat{p}^2 + m_0^2 c^4$$

令 $\alpha_4 = \beta$, 可将恒等式给出的确定系数矩阵的条件写成统一的反交换关系式

$$\{\alpha_\mu, \alpha_\nu\} = \alpha_\mu \alpha_\nu + \alpha_\nu \alpha_\mu = 2\delta_{\mu\nu}$$

狄拉克算子 [Dirac operator]　见狄拉克哈密顿量词条。

狄拉克方程 [Dirac equation]　将狄拉克哈密顿量 $\hat{H} = c\boldsymbol{\alpha} \cdot \hat{\boldsymbol{p}} + \beta m_0 c^2$ 代入狄拉克–冯·诺依曼量子力学公理体系第四公理的薛定谔运动方程

$$\mathrm{i}\hbar \frac{\mathrm{d}|A,t\rangle}{\mathrm{d}t} = \hat{H}(t)|A,t\rangle$$

即得狄拉克方程

$$\mathrm{i}\hbar \frac{\mathrm{d}|A,t\rangle}{\mathrm{d}t} = \left(c\boldsymbol{\alpha} \cdot \hat{\boldsymbol{p}} + \beta m_0 c^2\right)|A,t\rangle$$

狄拉克旋量波动方程 [Dirac spinor wave equation]　取狄拉克方程

$$\mathrm{i}\hbar \frac{\mathrm{d}|A,t\rangle}{\mathrm{d}t} = \left(c\boldsymbol{\alpha} \cdot \hat{\boldsymbol{p}} + \beta m_0 c^2\right)|A,t\rangle$$

中的态矢量 $|A,t\rangle$ 与狄拉克哈密顿量的位置表象

$$\langle \boldsymbol{r}|A,t\rangle = \psi(\boldsymbol{r},t) = \begin{pmatrix} \psi_1(\boldsymbol{r},t) \\ \psi_2(\boldsymbol{r},t) \\ \vdots \end{pmatrix}$$

与

$$\langle \boldsymbol{r}|\hat{H}|A,t\rangle = \left(\frac{\hbar}{\mathrm{i}}c\boldsymbol{\alpha} \cdot \boldsymbol{\nabla} + \beta m_0 c^2\right)\psi(\boldsymbol{r},t)$$

即得狄拉克旋量波动方程

$$\mathrm{i}\hbar \frac{\mathrm{d}\psi(\boldsymbol{r},t)}{\mathrm{d}t} = \left(\frac{\hbar}{\mathrm{i}}c\boldsymbol{\alpha} \cdot \boldsymbol{\nabla} + \beta m_0 c^2\right)\psi(\boldsymbol{r},t)$$

其中狄拉克旋量波函数 $\psi(\boldsymbol{r},t)$ 按习惯略去了代指量子态 A 的下标，其分量数目等于系数矩阵 $\boldsymbol{\alpha}$、β 的阶数。在狄拉克旋量波动方程中加上库仑势能项，可以严格求解出氢原子光谱的精细结构。

狄拉克旋量 [Dirac spinor]　见狄拉克旋量波动方程。

狄拉克矩阵 [Dirac matrices]　狄拉克在 1928 年开创相对论性量子力学的论文中，直接利用泡利矩阵与二阶单位矩阵给出了狄拉克方程的系数矩阵 $\boldsymbol{\alpha}$、β 的表达式

$$\boldsymbol{\alpha} = \begin{pmatrix} 0 & \boldsymbol{\sigma} \\ \boldsymbol{\sigma} & 0 \end{pmatrix}, \beta = \begin{pmatrix} \hat{1} & 0 \\ 0 & -\hat{1} \end{pmatrix}$$

并定义狄拉克矩阵，又称伽马矩阵 $\gamma = -\mathrm{i}\beta\boldsymbol{\alpha}$，$\gamma_4 = \beta$，将狄拉克方程写成了相对论四矢量形式

$$(\gamma_\mu \partial_\mu + m_0)\psi = 0$$

其中采用了自然单位以及重复指标需求和的爱因斯坦约定以及如下定义

$$x_\mu = (\boldsymbol{r}, \mathrm{i}t), \partial_\mu = \frac{\partial}{\partial x_\mu}, \mu = 1, 2, 3, 4$$

基于伽马矩阵所满足的乘法反交换关系

$$\{\gamma_\mu, \gamma_\nu\} = \gamma_\mu \gamma_\nu + \gamma_\nu \gamma_\mu = 2\delta_{\mu\nu}$$

伽马矩阵构成了狄拉克代数的生成元。

伽马矩阵 [Gamma matrices]　即狄拉克矩阵。

狄拉克代数 [Dirac algebra]　见狄拉克矩阵。

狄拉克表示 [Dirac representation]　狄拉克本人引入的系数矩阵及其伽马矩阵，被称为狄拉克方程的狄拉克表示，同时也是伽马矩阵的狄拉克表示。详见狄拉克矩阵。

狄拉克电子的颤动 [zitterbewegung of Dirac electron]　通过狄拉克哈密顿量所描写的量子系统的位置算子的海森伯运动方程

$$\frac{\mathrm{d}\hat{\boldsymbol{r}}(t)}{\mathrm{d}t} = \frac{1}{\mathrm{i}\hbar}\left[\hat{\boldsymbol{r}}(t), \hat{H}\right] = c\boldsymbol{\alpha}(t)$$

和系数矩阵的海森伯运动方程

$$\mathrm{i}\hbar \frac{\mathrm{d}\boldsymbol{\alpha}(t)}{\mathrm{d}t} = \left[\boldsymbol{\alpha}(t), \hat{H}\right] = \left\{\boldsymbol{\alpha}(t), \hat{H}\right\} - 2\hat{H}\boldsymbol{\alpha}(t)$$
$$= 2c\hat{\boldsymbol{p}}(t) - 2\hat{H}\boldsymbol{\alpha}(t)$$

可解出狄拉克方程所描写的自由粒子的位置算子

$$\hat{\boldsymbol{r}}(t) = \hat{\boldsymbol{r}}(0) + \frac{c^2\hat{\boldsymbol{p}}}{\hat{H}}t - \mathrm{i}\hbar \frac{\mathrm{e}^{2\mathrm{i}\hat{H}t/\hbar} - 1}{2\hat{H}}\left(c\boldsymbol{\alpha} - \frac{c^2\hat{\boldsymbol{p}}}{\hat{H}}\right)$$

前两项与经典的或非相对论量子力学的自由粒子的位置 - 时间线性关系完全相同，第二项就是速度算子乘以时间（注意到 $E = mc^2$），问题出在第三项，考虑到哈密顿量的本征值为 $\pm mc^2$，第三项来自粒子在正负能区的跃迁，德语原文 "zitterbewegung" 意思为 "颤动"。关于狄拉克粒子的颤动，目前还没有公认的实验证据。

相对论连续性方程 [relativistic continuity equation]　经典物理的电荷、电流连续性方程

$$\frac{\partial \rho}{\partial t} + \boldsymbol{\nabla} \cdot \boldsymbol{j} = 0$$

也可由狄拉克方程导出，只要定义概率密度 $\rho = \psi^\dagger \psi$ 与概率流密度 $\boldsymbol{j} = \psi^\dagger (c\boldsymbol{\alpha}) \psi$。利用伽马矩阵并定义共轭狄拉克旋量波函数 $\overline{\psi} = \psi^\dagger \gamma_4$，在自然单位中，可将概率密度和概率流密度合并为概率流四矢量

$$J_\mu = (\boldsymbol{j}, \mathrm{i}\rho) = \mathrm{i}\overline{\psi}\gamma_\mu\psi$$

并将连续性方程按重复指标需要求和的爱因斯坦约定，写成极为简洁优美的相对论四矢量乘积形式

$$\partial_\mu J_\mu = 0$$

狄拉克电子的总角动量 [angular momentum of a Dirac electron]　狄拉克哈密顿量描写的是相对论性的自

由粒子，该自由粒子的角动量 $\hat{\boldsymbol{J}}$ 必须是守恒量，即与狄拉克哈密顿量对易。但是，轨道角动量算子 $\hat{\boldsymbol{L}} = \hat{\boldsymbol{r}} \times \hat{\boldsymbol{p}}$ 与狄拉克哈密顿量并不对易 $\left[\hat{\boldsymbol{L}}, \hat{H}\right] = \mathrm{i}\hbar c\boldsymbol{\alpha} \times \hat{\boldsymbol{p}}$，所以该自由粒子除了轨道角动量之外，还有狄拉克新引入的自由度所携带的自旋角动量

$$\hat{\boldsymbol{S}} = \frac{\hbar}{2}\begin{pmatrix} \boldsymbol{\sigma} & 0 \\ 0 & \boldsymbol{\sigma} \end{pmatrix}$$

而狄拉克电子的总角动量 $\hat{\boldsymbol{J}} = \hat{\boldsymbol{L}} + \hat{\boldsymbol{S}}$ 与狄拉克哈密顿量对易 $\left[\hat{\boldsymbol{J}}, \hat{H}\right] = 0$。

螺旋度 [helicity]　在粒子物理学中，角动量在动量方向的投影被称为螺旋度，螺旋度算子

$$\hat{h} = \frac{\boldsymbol{J} \cdot \hat{\boldsymbol{p}}}{\hat{p}} = \frac{\hat{\boldsymbol{S}} \cdot \hat{\boldsymbol{p}}}{\hat{p}}$$

与狄拉克哈密顿量、动量算子互相对易，一起组成狄拉克自由电子的力学量完全集 $(\hat{H}, \hat{\boldsymbol{p}}, \hat{h})$。由于轨道角动量在动量方向的投影为零，所以螺旋度算子与自旋算子的本征值相同。

狄拉克旋量波动方程的平面波解 [plane wave solution of Dirac spinor wave equation]　在狄拉克旋量波动方程

$$\mathrm{i}\hbar\frac{\mathrm{d}\psi(\boldsymbol{r}, t)}{\mathrm{d}t} = \left(\frac{\hbar}{\mathrm{i}}c\boldsymbol{\alpha} \cdot \boldsymbol{\nabla} + \beta m_0 c^2\right)\psi(\boldsymbol{r}, t)$$

中取系数矩阵 $\boldsymbol{\alpha}$、β 的狄拉克表示

$$\boldsymbol{\alpha} = \begin{pmatrix} 0 & \boldsymbol{\sigma} \\ \boldsymbol{\sigma} & 0 \end{pmatrix}, \quad \beta = \begin{pmatrix} \hat{1} & 0 \\ 0 & -\hat{1} \end{pmatrix}$$

平面波解

$$\psi = \frac{1}{\sqrt{(2\pi\hbar)^3}}\mathrm{e}^{\mathrm{i}(\boldsymbol{p}\cdot\boldsymbol{r}-Et)/\hbar}\begin{pmatrix} \varphi \\ \chi \end{pmatrix}$$

中的四分量狄拉克旋量波函数被分成了两个泡利旋量波函数 φ、χ，遵守定态狄拉克旋量本征方程式

$$\begin{pmatrix} m_0 c^2 & c\boldsymbol{\sigma} \cdot \boldsymbol{p} \\ c\boldsymbol{\sigma} \cdot \boldsymbol{p} & -m_0 c^2 \end{pmatrix}\begin{pmatrix} \varphi \\ \chi \end{pmatrix} = E\begin{pmatrix} \varphi \\ \chi \end{pmatrix}$$

选取狄拉克哈密顿量、动量与螺旋度（令 $\boldsymbol{n} = \boldsymbol{p}/p$，$\hat{\sigma}_n = \boldsymbol{\sigma} \cdot \boldsymbol{n}$）

$$\hat{h} = \frac{\hbar}{2}\begin{pmatrix} \boldsymbol{\sigma} \cdot \boldsymbol{n} & 0 \\ 0 & \boldsymbol{\sigma} \cdot \boldsymbol{n} \end{pmatrix} = \frac{\hbar}{2}\begin{pmatrix} \hat{\sigma}_n & 0 \\ 0 & \hat{\sigma}_n \end{pmatrix}$$

作为狄拉克自由粒子系统的力学量完全集，得到两支 E_p 正能解的狄拉克旋量

$$\varpi_{\boldsymbol{p}\sigma}^{+} = \begin{pmatrix} \varphi_{\boldsymbol{p}\sigma}^{+} \\ \chi_{\boldsymbol{p}\sigma}^{+} \end{pmatrix}$$

$$= \sqrt{\frac{E_p + m_0 c^2}{2E_p}}\begin{pmatrix} |\hat{\sigma}_n, \sigma\rangle \\ \dfrac{\sigma cp}{E_p + m_0 c^2}|\hat{\sigma}_n, \sigma\rangle \end{pmatrix}$$

与两支 $-E_p$ 负能解的狄拉克旋量

$$\varpi_{\boldsymbol{p}\sigma}^{-} = \begin{pmatrix} \varphi_{\boldsymbol{p}\sigma}^{-} \\ \chi_{\boldsymbol{p}\sigma}^{-} \end{pmatrix}$$

$$= \sqrt{\frac{E_p + m_0 c^2}{2E_p}}\begin{pmatrix} \dfrac{-\sigma cp}{E_p + m_0 c^2}|\hat{\sigma}_n, \sigma\rangle \\ |\hat{\sigma}_n, \sigma\rangle \end{pmatrix}$$

其中 $E_p = \sqrt{c^2 p^2 + m_0^2 c^4}$，$|\hat{\sigma}_n, \sigma\rangle(\sigma = \pm 1)$ 是动量方向的两个本征泡利旋量。在低速极限有

$$\frac{cp}{E_p + m_0 c^2} \approx \frac{v}{2c} \approx 0$$

所以 φ 与 χ 分别对应于正能解与负能解，这是狄拉克表示的优势。狄拉克方程的四只旋量平面波解通常写成

$$\phi_{\boldsymbol{p}\sigma}^{\pm}(\boldsymbol{r}, t) = \frac{1}{\sqrt{(2\pi\hbar)^3}}\varpi_{\boldsymbol{p}\sigma}^{\pm}\mathrm{e}^{\mathrm{i}(\boldsymbol{p}\cdot\boldsymbol{r}\mp E_p t)/\hbar}$$

外尔表示 [Weyl representation]　在狄拉克旋量波动方程

$$\mathrm{i}\hbar\frac{\mathrm{d}\psi(\boldsymbol{r}, t)}{\mathrm{d}t} = \left(\frac{\hbar}{\mathrm{i}}c\boldsymbol{\alpha} \cdot \boldsymbol{\nabla} + \beta m_0 c^2\right)\psi(\boldsymbol{r}, t)$$

中如取系数矩阵 $\boldsymbol{\alpha}$、β 为

$$\boldsymbol{\alpha} = \begin{pmatrix} \boldsymbol{\sigma} & 0 \\ 0 & -\boldsymbol{\sigma} \end{pmatrix}, \quad \beta = \begin{pmatrix} 0 & \hat{1} \\ \hat{1} & 0 \end{pmatrix}$$

称为狄拉克方程的或者狄拉克矩阵的外尔 (H. Weyl) 表示。

外尔方程 [Weyl equation]　外尔 1929 年在狄拉克旋量波动方程中令粒子的静止质量为零，得到外尔方程

$$\mathrm{i}\hbar\frac{\mathrm{d}\psi(\boldsymbol{r}, t)}{\mathrm{d}t} = \frac{\hbar}{\mathrm{i}}c\boldsymbol{\sigma} \cdot \boldsymbol{\nabla}\psi(\boldsymbol{r}, t)$$

此时的三个系数矩阵取泡利矢量即可，本征波函数为泡利旋量。由于外尔方程旋量波动方程所对应的哈密顿量 $\hat{H} = c\boldsymbol{\sigma} \cdot \hat{\boldsymbol{p}}$ 与螺旋度算子

$$\hat{h} = \frac{\hbar}{2}\frac{\boldsymbol{\sigma} \cdot \hat{\boldsymbol{p}}}{\hat{p}}$$

重合，因此外尔方程的正能解只有正的螺旋度，负能解只有负的螺旋度，即外尔方程所描写的粒子只具有右手螺旋，是宇称对称性破缺的。多位作者 1950 年代讨论了用外尔方程描写当时以为没有静止质量的中微子的宇称不守恒问题，但是，后来的实验发现中微子具有静止质量。目前，粒子物理领域没有发现遵守外尔方程的自由粒子，但二十一世纪初期凝聚态物理学中发现有些材料中的电子能带可用二维位置空间的外尔方程描写，出现了相对论凝聚态物理学新领域。

狄拉克电子的极小电磁耦合 [minimal electromagnetic coupling of Dirac electron]　在自然单位中，当采

用狄拉克方程 $(\gamma_\mu \partial_\mu + m_0)\psi = 0$ 描写带电荷 $q = -e$ 的单个电子在电磁场

$$\boldsymbol{E} = -\nabla\phi - \frac{\partial \boldsymbol{A}}{\partial t}, \ \boldsymbol{B} = \nabla \times \boldsymbol{A}$$

中的量子态时，需要通过极小电磁耦合 $p_\mu \to p_\mu - qA_\mu$ 将电磁场对电子的作用纳入方程式

$$[\gamma_\mu (\partial_\mu + \mathrm{i}eA_\mu) + m_0]\psi(x) = 0$$

其中利用了动量与电磁势的四矢量形式

$$p_\mu = \frac{1}{\mathrm{i}}\partial_\mu, \ A_\mu = (\boldsymbol{A}, \mathrm{i}\phi)$$

顺便指出克莱因–戈登方程在电磁场中具有更为简洁优美的相对论形式

$$(\partial_\mu + \mathrm{i}eA_\mu)(\partial_\mu + \mathrm{i}eA_\mu)\psi - m_0^2\psi = 0$$

狄拉克方程的非相对论极限 [non-relativistic limit of Dirac equation] 在高斯单位制中，具有极小电磁耦合的狄拉克方程为

$$\mathrm{i}\hbar\frac{\partial\psi}{\partial t} = \left[c\boldsymbol{\alpha} \cdot \left(\frac{\hbar}{\mathrm{i}}\nabla + \frac{e}{c}\boldsymbol{A}\right) + \beta m_0 c^2 - e\phi\right]\psi$$

为导出非相对论极限，取狄拉克矩阵的狄拉克表象，将狄拉克旋量波函数中的静止质量时间因子提出

$$\psi = \mathrm{e}^{-\mathrm{i}m_0 c^2 t/\hbar}\begin{pmatrix}\varphi \\ \chi\end{pmatrix}$$

得到其中的两个互相联立的泡利旋量所满足的方程式

$$\mathrm{i}\hbar\frac{\partial\varphi}{\partial t} = -e\nabla\phi + c\boldsymbol{\sigma} \cdot \left(\frac{\hbar}{\mathrm{i}}\nabla + \frac{e}{c}\boldsymbol{A}\right)\chi$$

与

$$\mathrm{i}\hbar\frac{\partial\chi}{\partial t} = -2m_0 c^2\chi - e\phi\chi + c\boldsymbol{\sigma} \cdot \left(\frac{\hbar}{\mathrm{i}}\nabla + \frac{e}{c}\boldsymbol{A}\right)\varphi$$

去除第二个方程中的光速无关项后解出 χ 代入第一个方程，得到狄拉克方程的低速极限

$$\mathrm{i}\hbar\frac{\partial\varphi}{\partial t} = \frac{1}{2m_0}\left[\boldsymbol{\sigma} \cdot \left(\frac{\hbar}{\mathrm{i}}\nabla + \frac{e}{c}\boldsymbol{A}\right)\right]^2\varphi - e\phi\varphi$$

由泡利矢量的相关公式以及电磁矢量势公式 $\boldsymbol{B} = \nabla \times \boldsymbol{A}$，可知这个泡利旋量波动方程正是泡利方程。基于量子力学与相对论的原理发现电子自旋的起源并证明泡利方程，是狄拉克对物理学的另一大贡献。

自旋–轨道相互作用 [spin-orbit interaction] 又称自旋–轨道耦合、LS 耦合。粒子的自旋与其轨道电流产生的内部磁场的相互作用。原子中的电子在核的有心力场 $V(r)$ 中运动，由其波函数可计算出绕 z 轴的电流密度，可见轨道

运动将产生内部磁场。在高斯单位制中，这种内部磁场对电子自旋的作用

$$H_{so} = -\frac{e}{2m_0^2 c^2}\frac{1}{r}\frac{\mathrm{d}V(r)}{\mathrm{d}r}\boldsymbol{L} \cdot \boldsymbol{S}$$

是产生原子光谱的精细结构和反常塞曼效应的原因。该公式中的常数项首先由托马斯 (L. Thomas) 在 1926 年通过考虑电子自旋的相对论进动得出，之后通过狄拉克方程的更高一级非相对论极限得出。

自旋–轨道耦合 [spin-orbit coupling] 即自旋–轨道相互作用。

LS 耦合 [LS coupling] 即自旋–轨道相互作用。

狄拉克方程的变换 [transformations of Dirac equation] 取自然单位，位置坐标绕 z 轴转 ϕ 角度的转动变换与沿着 x 轴相对速度为 $v = \tanh\phi$ 的洛伦兹变换可用四矢量统一写成 $x' = a(\phi)x$，其中位置加上虚时间四坐标 $(\boldsymbol{r}, \mathrm{i}t)$ 须写成单列矩阵 x，其转置矩阵为

$$x^T = \begin{pmatrix} x & y & z & \mathrm{i}t \end{pmatrix}$$

位置四矢量以及所有四矢量的转动变换矩阵为

$$a_R(\phi) = \begin{pmatrix} \cos\phi & -\sin\phi & 0 & 0 \\ \sin\phi & \cos\phi & 0 & 0 \\ 0 & 0 & 1 & 0 \\ 0 & 0 & 0 & 1 \end{pmatrix}$$

洛伦兹变换矩阵 (boost matrix) 为

$$a_L(\phi) = \begin{pmatrix} \cosh\phi & 0 & 0 & \mathrm{i}\sinh\phi \\ 0 & 1 & 0 & 0 \\ 0 & 0 & 1 & 0 \\ -\mathrm{i}\sinh\phi & 0 & 0 & \cosh\phi \end{pmatrix}$$

显然，四矢量的平方不变性 $x'_\mu x'_\mu = x_\nu x_\nu$ (式中重复指标需要求和) 要求四矢量变换矩阵满足 $a(\phi)a^\mathrm{T}(\phi) = a^\mathrm{T}(\phi)a(\phi) = 1$。

将逆变换式 $x = a^T x'$、$\partial_\mu = a_{\nu\mu}\partial'_\nu$ 与 $A_\mu = a_{\nu\mu}A'_\nu$ 代入具有极小电磁耦合的狄拉克方程后得

$$\left[\gamma_\mu a_{\nu\mu}\left(\partial'_\nu + \mathrm{i}eA'_\nu\right) + m_0\right]\psi(x = a^T x') = 0$$

为了将此式变成 x' 坐标系中的狄拉克方程

$$\left[\gamma_\nu\left(\partial'_\nu + \mathrm{i}eA'_\nu\right) + m_0\right]\Psi(x') = 0$$

必须引入狄拉克矩阵与狄拉克旋量的幺正变换

$$\hat{U}^{-1}\gamma_\nu\hat{U} = \gamma_\mu a_{\nu\mu}, \ \Psi(x') = \hat{U}\psi(x = a^\mathrm{T} x')$$

因此，与克莱因–戈登方程的变换不变性不同，狄拉克方程在这两种变换下只是共变的 (covariant)。

对于绕 z 轴的转动变换，狄拉克矩阵的转动变换算子为

$$\hat{U}_R(\phi) = \exp\left(-\mathrm{i}\phi\hat{S}_3\right)$$

狄拉克旋量的转动变换为

$$\Psi(x) = \exp\left(-\mathrm{i}\phi\hat{J}_3\right)\psi(x)$$

其中 $\hat{S}_3$ 与 $\hat{J}_3$ 为狄拉克电子的总角动量词条中给出的电子自旋算子与总角动量算子；对于沿着 x 轴相对速度为 $v = \tanh\phi$ 的洛伦兹变换，狄拉克矩阵的变换算子为

$$\hat{U}_L(\phi) = \exp\left(-\mathrm{i}\frac{\phi}{2}\gamma_4\gamma_1\right)$$

狄拉克旋量的变换为

$$\Psi(x) = \exp\left[-\mathrm{i}\phi\left(\frac{1}{2}\gamma_4\gamma_1 + \hat{K}_1\right)\right]\psi(x)$$

其中洛伦兹变换算子 (boost operator) 为

$$\hat{K}_1 = x_4\frac{\partial}{\partial x_1} - x_1\frac{\partial}{\partial x_4}$$

狄拉克方程的转动 [rotation of Dirac equation] 见狄拉克方程的变换。

狄拉克方程的洛伦兹变换 [Lorentz boost of Dirac equation] 见狄拉克方程的变换。

狄拉克矩阵的转动 [rotation of Dirac matrices] 见狄拉克方程的变换。

狄拉克旋量的转动 [rotation of Dirac spinor] 见狄拉克方程的变换。

谐振子的梯子算子解 [solution of harmonic oscillator by ladder operators] 狄拉克在自己 1925 年第一篇量子力学论文中就引入了谐振子

$$\hat{H} = \frac{\hat{p}^2}{2m} + \frac{1}{2}m\omega^2\hat{q}^2$$

的梯子算子

$$\hat{a}^{\pm} = \frac{1}{\sqrt{2m\hbar\omega}}\left(m\omega\hat{q} \mp \mathrm{i}\hat{p}\right)$$

其中 $\hat{a}^+ = \hat{a}^\dagger$ 与 $\hat{a}^- = \hat{a}$。由位置算子 - 动量算子正则量子化条件 $[\hat{q}, \hat{p}] = \mathrm{i}\hbar$ 可得梯子算子的正则量子化条件 $[\hat{a}, \hat{a}^\dagger] = 1$ 以及梯子算子公式 $[\hat{a}^\dagger\hat{a}, \hat{a}^\pm] = \pm\hat{a}^\pm$ 并将哈密顿量变换为

$$\hat{H} = \left(\hat{a}^\dagger\hat{a} + \frac{1}{2}\right)\hbar\omega$$

依靠内积正定性公理，可以证明哈密顿量的本征矢量 $|n\rangle$ 满足递推关系

$$\hat{a}^\dagger|n\rangle = \sqrt{n+1}|n+1\rangle, \quad \hat{a}|n\rangle = \sqrt{n}|n-1\rangle$$

其中 n 取值为 0 与所有正整数，谐振子第 n 个激发态的能量本征值为 $(n+1/2)\hbar\omega$。

采用狄拉克梯子算子，可以十分简便地求出谐振子的所有定态波函数。首先，取谐振子基态 $(n = 0)$ 方程式 $\hat{a}|0\rangle = 0$ 的正则坐标表象 $\langle q|\hat{a}|0\rangle = 0$ 并令 $\alpha = \sqrt{m\omega/\hbar}$，可得决定基态波函数 $\psi_0(q) = \langle q|0\rangle$ 的方程

$$\left(\frac{\mathrm{d}}{\mathrm{d}q} + \alpha^2 q\right)\psi_0(q) = 0$$

其解为相干态高斯波函数

$$\psi_0(q) = \left(\frac{\alpha^2}{\pi}\right)^{1/4}\mathrm{e}^{-\frac{1}{2}\alpha^2 q^2}$$

谐振子第 n 激发态波函数 $\psi_n(q) = \langle q|n\rangle$ 可由递推公式

$$|n\rangle = \frac{(\hat{a}^\dagger)^n}{\sqrt{n!}}|0\rangle$$

的正则坐标表象求出。

梯子算子 $\hat{a}^\dagger$ 与 $\hat{a}$ 是谐振子能级的升算子与降算子，用梯子算子表达出来的哈密顿量算子，使得谐振子的定态问题变得显而易见，也突出了谐振子在整个量子理论体系中的价值。实际上，谐振子除了可以作为描写各种微观系统的振动自由度的模型以外，这种代数解法本身创造了一个新的哈密顿算子，我们可以不问梯子算子从何而来，仅仅保留它们的量子化条件，即可得到玻色全同多粒子系统的产生与湮灭算子。

升算子 [raising operator] 见谐振子的梯子算子解。

降算子 [lowering operator] 见谐振子的梯子算子解。

超势 [superpotential] 一维位置表象的超势势能函数定义为

$$V(x) = \frac{\hbar^2}{2m}\left[\phi^2(x) - \phi'(x)\right]$$

其中 $\phi(x)$ 为连续可导实函数。由位置–动量算子的正则量子化条件可知

$$[\hat{p}, \phi(\hat{x})] = -\mathrm{i}\hbar\phi'(\hat{x})$$

因此，系统的哈密顿量可用狄拉克梯子算子写成

$$\hat{H} = \frac{\hat{p}^2}{2m} + V(\hat{x}) = \hat{a}^\dagger\hat{a}$$

其中升算子与降算子为

$$\hat{a}^{\pm} = \frac{1}{\sqrt{2m}}\left(\hat{p} \pm \mathrm{i}\hbar\phi\right)$$

显然，该系统的能量是非负的。只有 $\phi(x)$ 取谐振子势 $\phi(x) = \alpha^2 x$ 或者超势 $\phi(x) = \tanh x$ 时，系统的零能量基态为束缚态

$$\psi_0(x) = \mathrm{e}^{-\int \mathrm{d}x\,\phi(x)}$$

由超势推广，发展起了超对称量子场论。

位移算子 [displacement operator] 幺正算子

$$\hat{D}(z) = \mathrm{e}^{z\hat{a}^\dagger - z^*\hat{a}} = \mathrm{e}^{-\frac{1}{2}|z|^2}\mathrm{e}^{z\hat{a}^\dagger}\mathrm{e}^{-z^*\hat{a}}$$

其中 $\hat{a}^\dagger$ 与 $\hat{a}$ 为谐振子的狄拉克梯子算子，z 为任意复数。由正则量子化条件可以证明降算子与位移算子之间的交换子为

$$\left[\hat{a}, \hat{D}(z)\right] = z\hat{D}(z)$$

即位移算子与其厄米共轭算子

$$\hat{D}^\dagger(z) = \hat{D}^{-1}(z) = \hat{D}(-z)$$

组成了降算子的一对梯子算子。位移算子的梯子算子公式也是对降算子进行位移的幺正变换式

$$\hat{D}(z)\,\hat{a}\,\hat{D}^\dagger(z) = \hat{a} - z$$

因此能够将平衡点有所位移的谐振子哈密顿量

$$\hat{H} = \left(\hat{a}^\dagger\hat{a} + \frac{1}{2}\right)\hbar\omega + \lambda\hat{a} + \lambda^*\hat{a}^\dagger$$

通过取 $z = \lambda^*/\hbar\omega$ 对角化

$$\hat{D}(z)\hat{H}\hat{D}^\dagger(z) = \left(\hat{a}^\dagger\hat{a} + \frac{1}{2}\right)\hbar\omega \frac{|\lambda|^2}{\hbar\omega}$$

这种移动谐振子平衡位置的变换被称为位移振子变换。

位移振子变换 [transformation of displaced harmonic oscillator] 见位移算子。

相干态 [coherent states] 薛定谔 1926 年为了寻找能够在量子力学中代表最接近经典质点运动的单粒子波函数，通过谐振子本征波函数发现高斯波包满足最小不确定关系并提出了相干态的最早思想。1960 年，克劳德 (J. R. Klauder) 引入了对应于降算子本征矢量 $|z\rangle$ 的谐振子相干态，本征方程式

$$\hat{a}\,|z\rangle = z\,|z\rangle$$

中本征值 z 可取所有复数。

首先，由谐振子梯子算子定义可解出正则坐标算子与正则动量算子 $\hat{q} = \left(\hat{a}^\dagger + \hat{a}\right)/\sqrt{2}\alpha$, $\hat{p} = i\hbar\alpha\left(\hat{a}^\dagger - \hat{a}\right)/\sqrt{2}$。取 $z = |z|e^{i\varphi}$，φ 为实数，依靠梯子算子正则量子化条件 $\left[\hat{a}, \hat{a}^\dagger\right] = 1$ 可求出正则坐标和正则动量的相干态平均值为 $\langle q\rangle = \sqrt{2}\alpha^{-1}|z|\cos\varphi$, $\langle p\rangle = \sqrt{2}\hbar\alpha|z|\sin\varphi$，并可证明谐振子相干态上的正则坐标均方差与正则动量均方差之积满足最小不确定关系 $\Delta q\Delta p = \hbar/2$。

显然，谐振子基态 $|0\rangle$ 同时也是 $z = 0$ 的相干态，所以用位移算子 $\hat{D}(z)$ 作用到谐振子基态右矢量即可导出所有相干态本征右矢量

$$|z\rangle = \hat{D}(z)|0\rangle = e^{-\frac{1}{2}|z|^2}\sum_n \frac{z^n}{\sqrt{n!}}|n\rangle$$

取 $|z\rangle$ 的正则坐标表象可得谐振子相干态本征波函数

$$\phi_z(q,0) = \langle q|z\rangle$$
$$= \left(\frac{\alpha^2}{\pi}\right)^{1/4} e^{-\alpha^2(q-\langle q\rangle)^2/2 + iq\langle p\rangle/\hbar + i\theta}$$

其中相位因子 $\theta = -|z|^2\sin(2\varphi)/2$。初始时刻的相干态波函数 $\phi_z(q,0)$ 既与动量为 $\langle p\rangle$ 位于 $\langle q\rangle$ 点附近空间分布尺度为 α^{-1} 的自由粒子高斯波包的波函数形式相同，又与平衡点位于 $\langle q\rangle$ 点的谐振子基态波函数仅差相位因子。

相干态的时间演化 [time evolution of coherent state] 任意时刻 t 的运动相干态，对应于运动的右矢量

$$|z,t\rangle = e^{-i\hat{H}t/\hbar}|z\rangle = e^{-\frac{i\omega t}{2}}|ze^{-i\omega t}\rangle$$

相干态波包与自由粒子高斯波包之间的区别由含时相干态波函数

$$\phi_z(q,t) = \langle q|z,t\rangle$$
$$= \left(\frac{\alpha^2}{\pi}\right)^{1/4} e^{-\alpha^2(q-\langle q\rangle_t)^2/2 + iq\langle p\rangle_t/\hbar + i\theta_t}$$

及其分布概率

$$|\phi_z(q,t)|^2 = \left(\frac{\alpha^2}{\pi}\right)^{1/2} e^{-\alpha^2(q-\langle q\rangle_t)^2}$$

显示的十分明确：时刻 t 的正则坐标和正则动量的相干态平均值

$$\langle q\rangle_t = \sqrt{2}\alpha^{-1}|z|\cos(\varphi - \omega t),$$
$$\langle p\rangle_t = \sqrt{2}\hbar\alpha|z|\sin(\varphi - \omega t)$$

与经典简谐振子的运动轨迹完全相同，而且相干态的正则坐标 - 正则动量最小不确定性 $\Delta q_t\Delta p_t = \hbar/2$ 不随时间变化，不受相位因子 $\theta_t = -\left[\omega t + |z|^2\sin 2(\varphi - \omega t)\right]/2$ 的影响。所以谐振子相干态波包是一种以简谐振子的方式运动的不变形高斯波包，而自由粒子高斯波包随时间的流逝将在位置空间弥散。

压缩算子 [squeeze operator] 含复变数 $\xi = |\xi|e^{i\rho}$ 的幺正算子

$$\hat{S}(\xi) = \exp\left[\frac{1}{2}\left(\xi^*\hat{a}^2 - \xi\hat{a}^{\dagger 2}\right)\right]$$

对狄拉克谐振子梯子算子 $\hat{a}$ 与 $\hat{a}^\dagger$ 进行博戈留波夫 (Bogolyubov) 变换后生成新的梯子算子

$$\hat{b} = \hat{S}(\xi)\,\hat{a}\,\hat{S}^\dagger(\xi) = \hat{a}\cosh|\xi| + \hat{a}^\dagger e^{i\rho}\sinh|\xi|$$

$$\hat{b}^\dagger = \hat{S}(\xi)\,\hat{a}^\dagger\,\hat{S}^\dagger(\xi) = \hat{a}^\dagger\cosh|\xi| + \hat{a}e^{-i\rho}\sinh|\xi|$$

仍然满足正则量子化条件 $\left[\hat{b}, \hat{b}^\dagger\right] = 1$。因此有新的相干态本征值方程

$$\hat{b}\,|z,\xi\rangle = z\,|z,\xi\rangle$$

其本征右矢量 $|z,\xi\rangle = \hat{D}(z)|0,\xi\rangle$ 由新的位移算子

$$\hat{D}(z) = e^{z\hat{b}^\dagger - z^*\hat{b}}$$

作用到新的基态右矢量 $|0,\xi\rangle = \hat{S}(\xi)|0\rangle$ 生成, 其中利用了算子公式 $\hat{b}\hat{S}(\xi) = \hat{S}(\xi)\hat{a}$ 与谐振子基态定义式 $\hat{a}|0\rangle = 0$。新算子 $\hat{b}$ 的相干态

$$|z,\xi\rangle = \hat{D}(z)\hat{S}(\xi)|0\rangle$$

上的谐振子正则坐标均方差与正则动量均方差之积

$$\Delta q \Delta p = \frac{\hbar}{2}\sqrt{1 + \sinh^2(2|\xi|)\sin^2\rho}$$

一般大于最小不确定性, 仅当变换参数为实数 $(\xi = |\xi|)$ 时, 新相干态才是谐振子的最小不确定状态, 此时正则坐标均方差与正则动量均方差

$$\Delta q = \frac{1}{\sqrt{2}\alpha}e^{-\xi}, \quad \Delta p = \frac{\hbar\alpha}{\sqrt{2}}e^{\xi}$$

与谐振子相干态上的对应数值相差一个压缩因子: 正则坐标均方差减小, 正则动量均方差增大。因此, $\hat{S}(\xi)$ 被称为压缩算子, 而 $|0,\xi\rangle$ 被称为压缩真空, $|z,\xi\rangle$ 被称为压缩态或者 (ξ 为实数时) 压缩相干态。与相干态一样, 压缩算子不限于谐振子问题。

压缩态 [squeezed state]　见压缩算子。

压缩相干态 [squeezed coherent states]　见压缩算子。

压缩真空 [squeezed vacuum]　见压缩算子。

电磁场量子化 [quantization of electromagnetic field]　狄拉克将本辞典电动力学部分哈密顿函数的平面波表示词条中给出的电磁场哈密顿函数

$$H = \frac{1}{2}\sum_{k,\lambda}\left(p_{k\lambda}^* p_{k\lambda} + k^2 q_{k\lambda}^* q_{k\lambda}\right)$$

通过对广义坐标和广义动量进行由 c 数到 q 数的量子化手续

$$\begin{cases} q_{k\lambda} \to \hat{q}_{k\lambda}, & q_{k\lambda}^* \to \hat{q}_{k\lambda}^\dagger \\ p_{k\lambda} \to \hat{p}_{k\lambda}, & p_{k\lambda}^* \to \hat{p}_{k\lambda}^\dagger \end{cases}$$

得到电磁场的量子化哈密顿量

$$\hat{H} = \frac{1}{2}\sum_{k,\lambda}\left(\hat{p}_{k\lambda}^\dagger \hat{p}_{k\lambda} + \omega_k^2 \hat{q}_{k\lambda}^\dagger \hat{q}_{k\lambda}\right)$$

其中利用了圆频率–波矢关系 $\omega_k = |k| = k$。

引入梯子算子

$$\hat{b}_{k\lambda} = \sqrt{\frac{\omega_k}{2\hbar}}\left(\hat{q}_{k\lambda} + i\frac{\hat{p}_{-k\lambda}}{\omega_k}\right)$$

$$\hat{b}_{k\lambda}^\dagger = \sqrt{\frac{\omega_k}{2\hbar}}\left(\hat{q}_{-k\lambda} - i\frac{\hat{p}_{k\lambda}}{\omega_k}\right)$$

将电磁场哈密顿量对角化

$$\hat{H} = \sum_{k,\lambda}\left(\hat{b}_{k\lambda}^\dagger \hat{b}_{k\lambda} + \frac{1}{2}\right)\hbar\omega_k$$

而广义坐标–广义动量的量子化条件 $[\hat{q}_{k\lambda}, \hat{p}_{k'\lambda'}] = i\hbar\delta_{kk'}\delta_{\lambda\lambda'}$ 被变换为梯子算子的量子化条件 $\left[\hat{b}_{k\lambda}, \hat{b}_{k'\lambda'}^\dagger\right] = \delta_{kk'}\delta_{\lambda\lambda'}$。由此促成了量子理论发展过程中的重要范式转变: 量子化之后的 $k\lambda$ 单频电磁波总能量

$$\varepsilon_{k\lambda} = \left(n_{k\lambda} + \frac{1}{2}\right)\hbar\omega_k, \quad n_{k\lambda} = 0, 1, 2, \cdots$$

原本为圆频率等于 ω_k 的 "单粒子谐振子" 的第 $n_{k\lambda}$ 个激发能级, 可以看成 $n_{k\lambda}$ 个粒子同时具有零点能之上的 "单粒子" 能谱 $\hbar\omega_k$, 而对每一个 $k\lambda$ 单频电磁波模式, $n_{k\lambda} = 0, 1, 2, \cdots$, 即光子系统属于玻色子全同粒子系统。这是狄拉克在量子力学中进行的由单粒子量子力学理论到全同多粒子量子力学理论, 即从量子力学到量子场论的范式转变的第一步: 引入玻色子概念最终完成了肇始于爱因斯坦的 "光子" 的科学理论。

光子的自旋 [spin of photon]　每一个 $k\lambda$ 单频电磁波都是一个位形空间的简谐振子, 该模式谐振子的第 $n_{k\lambda}$ 能级指标按狄拉克开创的范式转变被转换成为光子数, 这些光子除了具有能量 $\hbar\omega_k$、动量 $p = \hbar k$ 以外, 还由振动极化指标 λ 带来了自旋。

哈密顿函数的平面波表示词条中给出的 $k\lambda$ 单频电磁波是波矢量为 $k = ke_z$、两个振动极化方向

$$e^{(\lambda)} = -\frac{\lambda}{\sqrt{2}}(e_x + \lambda i e_y), \quad \lambda = \pm 1$$

与 k 正交的横波平面波。因此, 利用三维位置空间的三个正交归一基矢量的并矢 $\otimes$ 可定义光子自旋矢量算子 $\hat{S} = \hat{S}_x e_x + \hat{S}_y e_y + \hat{S}_z e_z$ 的三个分量算子

$$\begin{cases} \hat{S}_x = -i\hbar(e_y \otimes e_z - e_z \otimes e_y) \\ \hat{S}_y = -i\hbar(e_z \otimes e_x - e_x \otimes e_z) \\ \hat{S}_z = -i\hbar(e_x \otimes e_y - e_y \otimes e_x) \end{cases}$$

易验算下面三个重要的光子自旋公式成立: 第一, 列维 - 齐维塔张量表示的轮转关系

$$\left[\hat{S}_i, \hat{S}_j\right] = \hat{S}_i\hat{S}_j - \hat{S}_j\hat{S}_i = i\hbar\varepsilon_{ijk}\hat{S}_k$$

第二, 只有两个本征值的本征方程

$$\hat{S}_z e^{(\lambda)} = \lambda\hbar e^{(\lambda)}, \quad \lambda = \pm 1$$

第三, $\hat{S}^2 = \hat{S} \cdot \hat{S} = 2\hbar^2$。所以, 光子是自旋量子数 $S = 1$ 但只有两个自旋磁量子数的特殊玻色子。

二次量子化方法 [second quantization method]　狄拉克在将电磁场量子化时所开创的处理全同粒子系统的量子场论方法。首先, 狄拉克 1927 年直接将单频谐振子的第 $n_{k\lambda}$ 个激发态右矢量 $|n_{k\lambda}\rangle$ 解释成为对应于 $k\lambda$ 单频电磁波

的全同多光子态的右矢量，因而谐振子梯子算子解法中的能级升算子 $\hat{b}_{k\lambda}^{\dagger}$ 与降算子 $\hat{b}_{k\lambda}$ 就变成了能够改变光子数的粒子产生算子与粒子湮灭算子，而正则量子化条件 $\left[\hat{b}_{k\lambda},\hat{b}_{k\lambda}^{\dagger}\right]=1$ 则直接给出了光子作为玻色子全同粒子体系的物理特征：同一模式的光子数 $n_{k\lambda}=0,1,2,\cdots$。因此，满足玻色子正则量子化条件的这对狄拉克梯子算子是玻色子的产生与湮灭算子，而 $\hat{n}_{k\lambda}=\hat{b}_{k\lambda}^{\dagger}\hat{b}_{k\lambda}$ 则成为 $k\lambda$ 单频电磁波状态上的光子数算子。与费米子系统的约当梯子算子一道，这种处理全同多粒子系统的方法被称为二次量子化方法。

狄拉克梯子算子 [Dirac ladder operators] 有两种：①谐振子问题中的升算子与降算子；②玻色子产生算子与湮灭算子。见谐振子的梯子算子解和二次量子化方法。

约当梯子算子 [Jordan ladder operators] 在狄拉克工作的激发之下，约当 (P. Jordan) 紧接着将狄拉克梯子算子推广到费米子系统，指出满足反对易关系

$$\left\{\hat{c}_p,\hat{c}_p^{\dagger}\right\}=\hat{c}_p\hat{c}_p^{\dagger}+\hat{c}_p^{\dagger}\hat{c}_p=1$$

的两个互为厄米共轭的算子 $\hat{c}_p^{\dagger}$、$\hat{c}_p$ 也可以构成粒子数算子 $\hat{n}_p=\hat{c}_p^{\dagger}\hat{c}_p$ 的梯子算子。由新的递推关系

$$\hat{a}_p^{\dagger}|n_p\rangle=\sqrt{1-n_p}|n_p+1\rangle$$

$$\hat{a}_p|n_p\rangle=\sqrt{n_p}|n_p-1\rangle$$

或另两个反对易关系

$$\{\hat{c}_p,\hat{c}_p\}=\left\{\hat{c}_p^{\dagger},\hat{c}_p^{\dagger}\right\}=0$$

可证明新的粒子数算子 $\hat{n}_p$ 只有两个本征值：0 和 1。所以，约当梯子算子能够完全表述泡利不相容原理，就是费米子系统的粒子产生与湮灭算子，而上述四个反对易关系构成了费米子全同多粒子系统的正则量子化条件。

福克态 [Fock states] 对于全同多粒子量子力学系统，由于无法区分处于对应于右矢量 $|p\rangle$ 的单粒子量子态上的 n_p 个粒子，所以采用右矢量 $|n_p\rangle$ 对应于 n_p 个全同粒子占据单粒子态 $|p\rangle$ 的多体量子态：福克 (Fock) 态。系统单粒子问题本征基 $\{|p\rangle\}$ 的所有福克态 $\{|n_p\rangle\}$ 的乘积

$$|\{n_p\}\rangle=\prod_p|n_p\rangle$$

构成福克态矢量空间 (简称福克空间) 的基矢量，形成了全同多体系统的一个新的表象：福克表象，又称粒子数表象、占据数表象或者二次量子化表象，而所有福克态矢量则构成福克空间，可引入互为厄米共轭的梯子算子 $\hat{a}_p^{\dagger}$ 与 $\hat{a}_p$ 对福克态矢量 $|n_p\rangle$ 进行操作

$$\hat{a}_p^{\dagger}|n_p\rangle=c_p^{+}|n_p+1\rangle$$

$$\hat{a}_p|n_p\rangle=c_p^{-}|n_p-1\rangle$$

其中 $|n_p\rangle$ 为占据数算子 $\hat{n}_p=\hat{a}_p^{\dagger}\hat{a}_p$ 的本征右矢量，所以梯子算子对 $\hat{a}_p^{\dagger}$ 与 $\hat{a}_p$ 为粒子的产生与湮灭算子，系数 $c_p^{\pm}$ 由 $\hat{a}_p^{\dagger}$ 与 $\hat{a}_p$ 之间的狄拉克梯子算子或者约当梯子算子两种正则量子化条件分别给出，同时也决定了占据数 n_p 的取值范围以及全同多粒子系统的量子统计。

光子的产生 $\hat{b}_{k\lambda}^{\dagger}$ 与湮灭 $\hat{b}_{k\lambda}$ 算子是第一对玻色子占据数算子 $\hat{n}_{k\lambda}=\hat{b}_{k\lambda}^{\dagger}\hat{b}_{k\lambda}$ 的梯子算子，而占据数算子的本征值问题 $\hat{n}_{k\lambda}|n_{k\lambda}\rangle=n_{k\lambda}|n_{k\lambda}\rangle$ 则给出了量子化电磁场的光子占据数表象兼能量表象的基矢量

$$|\{n_{k\lambda}\}\rangle=\prod_{k,\lambda}|n_{k\lambda}\rangle$$

产生算子 [creation operators] 见二次量子化方法、狄拉克梯子算子、约当梯子算子和福克态。

湮灭算子 [annihilation operators] 见二次量子化方法、狄拉克梯子算子、约当梯子算子和福克态。

福克空间 [Fock space] 见福克态。

福克表象 [Fock representation] 见福克态。

粒子数算子 [particle number operators] 见福克态。

粒子数表象 [particle number representation] 见福克态。

相干态表象 [coherent state representation] 以狄拉克梯子算子中的降算子或者湮灭算子的所有本征矢量作基的表象。任意两个相干态本征矢量之间的内积为 $\langle z|z'\rangle=\mathrm{e}^{-|z-z'|^2/2}$，可见相干态的所有态矢量也是归一的，但互相之间并不正交，因为降算子 $\hat{a}$ 不是厄米算子，所以相干态非正交本征基的投影算子

$$\int d^2z|z\rangle\langle z|=\pi$$

即由相干态本征矢量所组成的基矢量集合是过完备的。1963 年，苏达山 (E. C. G. Sudarshan) 和格劳伯 (R. Glauber) 按照狄拉克对谐振子定态能级整数指标 n 作光子数解释的范式转变，即将谐振子定态本征矢量 $|n\rangle$ 由单粒子问题的定态本征矢量解释成全同多粒子问题福克空间的 n 光子态矢量，将谐振子升算子与降算子作光子产生与湮灭算子解释，将相干态理论推广到了谐振子以外的问题并在此基础上构成了相干光学的量子力学 P 表象。

狄拉克海 [Dirac sea] 1930 年，狄拉克在导出了方程式两年以后，给出了出人意料的狄拉克"空穴"理论，解答了自量子力学与相对论结合以来就存在的由负能量本征态所造成的理论物理困境。狄拉克指出："电子最稳定的态 (即能量最低的态) 就是高速负能量态。所有电子将通过发出辐射而掉入这些态。泡利不相容原理不容许一个态由超过一个电子

占据。让我们假设，几乎所有的负能态都被电子占据了。正能电子只有很小的机会掉入负能态，因此电子可以被我们在实验室观测到。"

狄拉克就此提出了"狄拉克海"的概念：狄拉克旋量波动方程的平面波解词条中列出的所有负能量本征态全部按泡利不相容原理被电子一一占据。狄拉克没有背弃伽利略、牛顿以来的现代物理学传统，依然坚持自由粒子的能量不可能为负数，负能量的自由粒子是不可能在实验中测量到的，所以狄拉克海也是不可测的。狄拉克指出："负能态中有无数个电子，它们分布均匀，但我们永远别指望观测到。"狄拉克海就是电子的"真空态"，因为我们什么也观测不到，物理学中的"真空"概念由此被完全改变。

狄拉克空穴 [Dirac holes]　　狄拉克接着指出："只有当均匀性被打破，有一些负能态没有被电子占据，我们才有希望进行观测。"狄拉克就此提出了"狄拉克空穴"的概念：如果只有一个狄拉克旋量波动方程的平面波解词条中列出的负能本征态没有被电子占据，称为狄拉克海中出现了一个空穴。由于狄拉克海不可测量，狄拉克提出：狄拉克空穴的力学量的实验测量值等于狄拉克空穴力学量值减去狄拉克海该力学量值。因此，狄拉克空穴的电荷测量值与电子的电荷反号，所以狄拉克最初将空穴指定为当时所知的唯一的带正电荷粒子-质子。

反粒子 [antiparticles]　　狄拉克提出的源于负能量本征态的"狄拉克海"与"狄拉克空穴"理论遭到了当时物理学界的普遍反对，多位学者指出：如果质子就是狄拉克空穴，原子几乎在形成的同时就会湮灭。在一片批评与质疑声中，狄拉克鼓起勇气，在紧接着发表的论文中大胆预言：狄拉克空穴为一种新的粒子，是带单位正电荷与电子质量相同的反电子，并且预言所有粒子都有反粒子，比如质子必有带单位负电荷同质量的反质子。在这篇论文中，狄拉克还同时预言了至今未被实验发现的狄拉克磁单极子。

反电子或正电子 [antielectron or positron]　　1929年，前苏联学者斯科贝尔岑 (D. Skobeltsyn) 首先在实验中观测到性质与电子相近但在磁场中向与电子相反方向偏转的粒子。1930 年，我国学者赵忠尧的实验中已经涉及电子 - 反电子对产生过程而不知，他的同门师弟安德森 (C. Anderson)1932年通过与前苏联学者类似的实验，证实了反电子的存在，并由论文所在期刊的编辑命名为正电子。更多的反粒子相关词条请参看本书高能物理学部分。

狄拉克场 [Dirac field]　　狄拉克空穴理论在狄拉克-冯·诺依曼量子力学公理体系的第二次量子化表述。

首先，为狄拉克旋量波动方程的平面波解词条中的正负能区本征态

$$\phi^{\pm}_{p\sigma}(r,t) = \frac{1}{\sqrt{(2\pi\hbar)^3}} \varpi^{\pm}_{p\sigma} e^{i(p\cdot r \mp E_p t)/\hbar}$$

建立电子占据数表象

$$\hat{n}^{\pm}_{p\sigma}|n^{\pm}_{p\sigma}\rangle = n^{\pm}_{p\sigma}|n^{\pm}_{p\sigma}\rangle$$

其中生成正负能区单电子本征态上的电子占据数算子 $\hat{n}^{\pm}_{p\sigma} = \hat{a}^{(\pm)\dagger}_{p\sigma}\hat{a}^{(\pm)}_{p\sigma}$ 的电子产生算子 $\hat{a}^{(\pm)\dagger}_{p\sigma}$ 与湮灭算子 $\hat{a}^{(\pm)}_{p\sigma}$ 满足反交换关系

$$\left\{\hat{a}^{(\pm)}_{p\sigma}, \hat{a}^{(\pm)\dagger}_{p\sigma}\right\} = 1$$

为约当梯子算子。

其次，定义多个相对论自由电子系统的狄拉克场算子

$$\hat{\psi}(r,t) = \sum_\sigma \int dp \left[\hat{a}^{(+)}_{p\sigma}\phi^+_{p\sigma}(r,t) + \hat{a}^{(-)}_{p\sigma}\phi^-_{p\sigma}(r,t)\right]$$

它们满足反交换关系

$$\left\{\hat{\psi}(r,t), \hat{\psi}^\dagger(r',t)\right\} = \delta(r - r')$$

并遵守狄拉克场方程

$$i\hbar\frac{d\hat{\psi}(r,t)}{dt} = \hat{h}(r)\hat{\psi}(r,t)$$

其中

$$\hat{h}(r) = \frac{\hbar}{i}c\boldsymbol{\alpha}\cdot\nabla + \beta m_0 c^2$$

为位置表象的单个自由电子狄拉克哈密顿量。显然，狄拉克场的哈密顿量

$$\hat{H} = \int dr\hat{\psi}^\dagger(r,t)\hat{h}(r)\hat{\psi}(r,t)$$
$$= \sum_\sigma \int dp E_p \left(\hat{n}^+_{p\sigma} - \hat{n}^-_{p\sigma}\right)$$

就是多电子系统作为费米子全同粒子系统的总能量算子，其本征值为

$$E\left(\{n^{\pm}_{p\sigma}\}\right) = \sum_\sigma \int dp E_p \left(n^+_{p\sigma} - n^-_{p\sigma}\right)$$

的本征右矢量

$$|\{n^{\pm}_{p\sigma}\}\rangle = \prod_{p\sigma}|n^+_{p\sigma}\rangle|n^-_{p\sigma}\rangle$$

构成福克空间基矢量。

反粒子算子 [antiparticle operators]　　对狄拉克场词条引入的负能区产生与湮灭算子作博戈留波夫变换

$$\hat{a}^\dagger_{p\sigma} = \hat{a}^{(-)}_{p\sigma}, \quad \hat{a}_{p\sigma} = \hat{a}^{(-)\dagger}_{p\sigma}$$

可以直接表述"狄拉克海"作为量子力学的"真空态"和"狄拉克空穴"作为"反粒子"的物理意义,因为变换前后的负能区粒子占据数算子的变换关系

$$\hat{n}_{p\sigma}^a = \hat{a}_{p\sigma}^\dagger \hat{a}_{p\sigma} = 1 - \hat{n}_{p\sigma}^-$$

就是粒子与空穴之间的转换, $\hat{n}_{p\sigma}^a$ 的本征值等于 0, 对应于没有狄拉克空穴, 等于 1 对应于一个狄拉克空穴, 所以狄拉克空穴变成了新的粒子 —— 反电子。重新定义狄拉克词条引入的正能区产生、湮灭算子以及电子占据数算子

$$\hat{c}_{p\sigma}^\dagger = \hat{a}_{p\sigma}^{(+)\dagger}, \; \hat{c}_{p\sigma} = \hat{a}_{p\sigma}^{(+)}, \; \hat{n}_{p\sigma}^c = \hat{c}_{p\sigma}^\dagger \hat{c}_{p\sigma}$$

后的狄拉克场的哈密顿量

$$\hat{H} = \sum_\sigma \int d\boldsymbol{p} E_p \left(\hat{n}_{p\sigma}^c + \hat{n}_{p\sigma}^a \right) + E_{DS}$$

变成了电子、反电子两种费米子全同粒子系统的哈密顿量, 其中 $E_{DS} = -2 \int d\boldsymbol{p} E_p$ 为狄拉克海的总能量, 也是电子–反电子多体系统的基态能量。将上述讨论用于多电子系统的电荷算子

$$\hat{Q} = -e \sum_\sigma \int d\boldsymbol{p} \hat{n}_{p\sigma}^c + e \sum_\sigma \int d\boldsymbol{p} \hat{n}_{p\sigma}^a + Q_{DS}$$

可以直接显示电子、正电子之间的电荷反号, 其中 $Q_{DS} = -2e \int d\boldsymbol{p}$ 为狄拉克海的总电荷。

关于粒子–反粒子变换, 参见本书粒子物理学部分电荷共轭与电荷宇称等词条。

薛定谔场 [Schrödinger field]   薛定谔场算子

$$\hat{\psi}(\boldsymbol{r}, t) = \sum_p \hat{c}_p \phi_p(\boldsymbol{r}) e^{-i\varepsilon_p t/\hbar}$$

中 $\phi_p(\boldsymbol{r})$ 为单粒子定态薛定谔波动方程 $H_{\boldsymbol{r}} \phi_p(\boldsymbol{r}) = \varepsilon_p \phi_p(\boldsymbol{r})$ 的本征态, 其中 $H_{\boldsymbol{r}}$ 为位置表象的哈密顿量词条给出的单粒子非相对论哈密顿量。当薛定谔场算子中的粒子的产生与湮灭算子满足交换关系 $[\hat{c}_p, \hat{c}_p^\dagger] = 1$ 或反交换关系 $\{\hat{c}_p, \hat{c}_p^\dagger\} = 1$ 时, 场算子也分别满足交换关系

$$\left[\hat{\psi}(\boldsymbol{r}, t), \hat{\psi}^\dagger(\boldsymbol{r}', t) \right] = \delta(\boldsymbol{r} - \boldsymbol{r}')$$

或反交换关系

$$\left\{ \hat{\psi}(\boldsymbol{r}, t), \hat{\psi}^\dagger(\boldsymbol{r}', t) \right\} = \delta(\boldsymbol{r} - \boldsymbol{r}')$$

并且都遵守非相对论的薛定谔场方程

$$i\hbar \frac{d\hat{\psi}(\boldsymbol{r}, t)}{dt} = H_{\boldsymbol{r}} \hat{\psi}(\boldsymbol{r}, t)$$

显然, $\hat{c}_p$ 与 $\hat{c}_p^\dagger$ 是占据数算子 $\hat{n}_p = \hat{c}_p^\dagger \hat{c}_p$ 的梯子算子, 薛定谔场的哈密顿量

$$\hat{H} = \int d\boldsymbol{r} \hat{\psi}^\dagger(\boldsymbol{r}, t) H_{\boldsymbol{r}} \hat{\psi}(\boldsymbol{r}, t) = \sum_p \varepsilon_p \hat{n}_p$$

就是非相对论的玻色子 (交换关系) 或者费米子 (反交换关系) 全同粒子系统的总能量算子, 其本征值与本征右矢量为

$$E(\{n_p\}) = \sum_p \varepsilon_p n_p, \quad |\{n_p\}\rangle = \prod_p |n_p\rangle$$

其中 $|n_p\rangle$ 为单粒子本征态 ϕ_p 上的多体问题占据数表象基矢量。

第二次量子化 [second quantization]   由单粒子薛定谔波动方程的通解波函数

$$\psi(\boldsymbol{r}, t) = \sum_p c_p \phi_p(\boldsymbol{r}) e^{-i\varepsilon_p t/\hbar}$$

到薛定谔场的场算子

$$\hat{\psi}(\boldsymbol{r}, t) = \sum_p \hat{c}_p \phi_p(\boldsymbol{r}) e^{-i\varepsilon_p t/\hbar}$$

形式上可以被当作一次狄拉克式的 c 数到 q 数"量子化"手续

$$c_p \to \hat{c}_p, \; c_p^* \to \hat{c}_p^\dagger$$

将单粒子能量平均值

$$\langle h \rangle = \int d\boldsymbol{r} \psi^*(\boldsymbol{r}, t) H_{\boldsymbol{r}} \psi(\boldsymbol{r}, t) = \sum_p \varepsilon_p c_p^* c_p$$

"量子化"成了场的哈密顿量

$$\hat{H} = \int d\boldsymbol{r} \hat{\psi}^\dagger(\boldsymbol{r}, t) H_{\boldsymbol{r}} \hat{\psi}(\boldsymbol{r}, t) = \sum_p \varepsilon_p \hat{c}_p^\dagger \hat{c}_p$$

由于单粒子定态问题已经采用了单粒子位置–动量算子之间的正则量子化条件, 所以波函数到场算子为第二次量子化。显然, 并非所有的量子场都经历了两次这样的量子化手续, 如电磁场, 但习惯上将运用粒子的产生与湮灭算子的所有量子场都称为二次量子化的。

场的正则量子化 [canonical quantization of fields]
对于全同粒子组成的系统, 狄拉克–冯·诺依曼量子力学公理体系的第三公理 —— 正则量子化 —— 被修正, 单粒子位置–动量算子之间的正则量子化条件被降格为已知条件, 代之以场算子之间的乘法交换关系: 对于玻色子场算子, 场的正则量子化条件为交换关系

$$\left[\hat{\psi}(\boldsymbol{r}, t), \; \hat{\psi}^\dagger(\boldsymbol{r}', t) \right] = \delta(\boldsymbol{r} - \boldsymbol{r}')$$

对于费米子场算子, 场的正则量子化条件为反交换关系

$$\left\{ \hat{\psi}(\boldsymbol{r}, t), \; \hat{\psi}^\dagger(\boldsymbol{r}', t) \right\} = \delta(\boldsymbol{r} - \boldsymbol{r}')$$

场算子 [field operator]   见狄拉克场、薛定谔场。

博戈留波夫变换 [Bogolyubov transformation]
1947 年, 为了给出超流现象的量子多体理论, 博戈留波夫 (N.

N. Bogolyubov) 基于排斥互作用玻色子系统的小动量极限提出了博戈留波夫哈密顿量

$$\hat{H} = \sum_{p \neq 0} \Big[\epsilon_p \left(\hat{b}_p^\dagger \hat{b}_p + \hat{b}_{-p}^\dagger \hat{b}_{-p} \right) + \Delta \left(\hat{b}_p^\dagger \hat{b}_{-p}^\dagger + \hat{b}_{-p} \hat{b}_p \right) \Big]$$

其中 ϵ_p 与 Δ 为正数，玻色子产生与湮灭算子遵守场的正则量子化条件 $\left[\hat{b}_p, \hat{b}_p^\dagger \right] = 1$ 并且对于零动量玻色–爱因斯坦凝聚态 $|BEC\rangle$ 有

$$\hat{b}_p |BEC\rangle = 0, \ p \neq 0。$$

为了求解定态问题 $\hat{H}|E\rangle = E|E\rangle$，博戈留波夫首创了将一对产生与湮灭梯子算子变成另一对具有同构正则量子化条件 $\left[\hat{\beta}_p, \hat{\beta}_p^\dagger \right] = \left[\hat{b}_p, \hat{b}_p^\dagger \right]$ 的产生与湮灭梯子算子的 $u - v$ 变换

$$\hat{\beta}_p = u_p \hat{b}_p + v_p \hat{b}_{-p}^\dagger$$
$$\hat{\beta}_{-p}^\dagger = u_p \hat{b}_{-p}^\dagger + v_p \hat{b}_p$$

变换系数

$$u_p = \frac{1}{\sqrt{2}} \sqrt{\frac{\epsilon_p}{E_p} + 1}, \quad v_p = \frac{1}{\sqrt{2}} \sqrt{\frac{\epsilon_p}{E_p} - 1}$$

由哈密顿量对角化条件

$$\hat{H} = \sum_{p \neq 0} 2 E_p \hat{\beta}_p^\dagger \hat{\beta}_p + E_0$$

导出，其中 $2 E_p = 2 \sqrt{\epsilon_p^2 - \Delta^2}$ 为博戈留波夫超流体中的自由准粒子能谱，基态能量 $E_0 < 0$。

由于博戈留波夫 $u - v$ 变换是一个幺正变换

$$\hat{\beta}_p = \mathrm{e}^{\hat{S}} \hat{b}_p \mathrm{e}^{-\hat{S}} = u_p \hat{b}_p + v_p \hat{b}_{-p}^\dagger$$

其中

$$\hat{S} = \frac{1}{2} \sum_{p \neq 0} \xi_p \left(\hat{b}_{-p} \hat{b}_p - \hat{b}_p^\dagger \hat{b}_{-p}^\dagger \right), \quad \xi_{-p} = \xi_p$$

而 $u_p = \cosh \xi_p, v_p = \sinh \xi_p$ 自然满足正则量子化同构条件 $u_p^2 - v_p^2 = 1$。所以博戈留波夫哈密顿量的基态 $|0\rangle$ 既是新的玻色子湮灭算子的相干态 $\hat{\beta}_p |0\rangle = 0, \ p \neq 0$，也是零动量玻色–爱因斯坦凝聚态的压缩态 $|0\rangle = \mathrm{e}^{\hat{S}} |BEC\rangle$。

博戈留波夫–瓦拉廷变换 [Bogolyubov-Valatin transformation] 1958 年，博戈留波夫 (N. N. Bogolyubov) 将博戈留波夫变换推广至费米子系统

$$\hat{\alpha}_p = u_p \hat{c}_p - v_p \hat{c}_{-p}^\dagger$$
$$\hat{\alpha}_{-p}^\dagger = u_p \hat{c}_{-p}^\dagger + v_p \hat{c}_p$$

用 $u - v$ 变换

$$u_p = \frac{1}{\sqrt{2}} \sqrt{1 + \frac{\epsilon_p}{E_p}}, \ v_p = \frac{p}{\sqrt{2}|p|} \sqrt{1 - \frac{\epsilon_p}{E_p}}$$

将 BCS 哈密顿量

$$\hat{H} = \sum_p \Big[\epsilon_p \left(\hat{c}_p^\dagger \hat{c}_p + \hat{c}_{-p}^\dagger \hat{c}_{-p} \right) - \Delta \left(\hat{c}_p^\dagger \hat{c}_{-p}^\dagger + \hat{c}_{-p} \hat{c}_p \right) \Big]$$

对角化为

$$\hat{H} = \sum_p E_p \left(\hat{c}_p^\dagger \hat{c}_p + \hat{c}_{-p}^\dagger \hat{c}_{-p} \right) + E_0$$

其中 $E_p = \sqrt{\epsilon_p^2 + \Delta^2}$ 为 BCS 超导体中的自由准粒子能谱，基态能量 $E_0 < 0$。

博戈留波夫–瓦拉廷变换也是一个幺正变换

$$\hat{\alpha}_p = \mathrm{e}^{\hat{S}} \hat{c}_p \mathrm{e}^{-\hat{S}} = u_p \hat{c}_p - v_p \hat{c}_{-p}^\dagger$$

其中

$$\hat{S} = \frac{1}{2} \sum_p \xi_p \left(\hat{c}_p^\dagger \hat{c}_{-p}^\dagger - \hat{c}_{-p} \hat{c}_p \right), \quad \xi_{-p} = -\xi_p$$

而 $u_p = \cos \xi_p, v_p = \sin \xi_p$ 自然满足正则量子化同构 $\{\hat{c}_p, \hat{c}_p^\dagger\} = \{\hat{\alpha}_p, \hat{\alpha}_p^\dagger\} = 1$ 的条件 $u_p^2 + v_p^2 = 1$。

据瓦拉廷 (J. G. Valatin) 论文脚注，他在英国与人讨论并撰写类似论文时收到了博戈留波夫论文的预印本。尽管瓦拉廷投稿比博戈留波夫晚了 39 天，两篇论文却同时发表在同一期刊，所以有不少作者将费米子系统的 $u - v$ 变换称为博戈留波夫–瓦拉廷变换。

$u - v$ 变换 [$u - v$ transformation] 即博戈留波夫变换与博戈留波夫–瓦拉廷变换，见博戈留波夫变换与博戈留波夫–瓦拉廷变换。

零点能 [zero-point energy] 量子系统的最低能量，即基态的能量。一维谐振子的能级为

$$E_n = \left(n + \frac{1}{2} \right) \hbar \omega, \ n = 0, 1, 2, \cdots$$

其中 $n = 0$ 的基态能量 $E_0 = \hbar \omega / 2$，称为零点能，谐振子基态又被称为零点振动状态。谐振子的零点能来自谐振子基态作为相干态所满足的最小位置 - 动量不确定性 $\Delta x \Delta p = \hbar / 2$ 所导致的谐振子能量函数

$$E = \frac{(\Delta p)^2}{2m} + \frac{1}{2} m \omega^2 (\Delta x)^2$$

当基态位置均方差 $\Delta x = \sqrt{\hbar / 2m\omega}$ 时取极小值。电磁场量子化词条给出的哈密顿量

$$\hat{H} = \sum_{k, \lambda} \left(\hat{b}_{k\lambda}^\dagger \hat{b}_{k\lambda} + \frac{1}{2} \right) \hbar \omega_k$$

的本征值

$$E = \sum_{\boldsymbol{k},\lambda} \left(n_{\boldsymbol{k}\lambda} + \frac{1}{2} \right) \hbar\omega_k$$

为电磁场的定态能量，其中所有电磁波的简振模上的光子占据数 $n_{\boldsymbol{k}\lambda} = 0$ 的基态的能量，即为电磁场的零点能

$$E_0 = \frac{1}{2} \sum_{\boldsymbol{k},\lambda} \hbar\omega_k$$

所以没有光子的电磁场是各种模式的简谐振动都处在零点振动的状态。处在高能级的原子通过和零点振动状态的电磁场相互作用，导致所谓的自发辐射。

一般而言，量子力学中的"零点能"指系统最小的定态本征值，也就是基态能量，并不局限于与简谐振动有关的系统。

零点振动 [zero-point oscillations]　　见零点能。

真空态 [vacuum state]　　与经典物理学中被亚里士多德基于形式逻辑规则坚决否定的"空无一物的空间"的"真空"定义完全不同，量子理论的"真空态"指系统的基态。由于量子理论从根本上讲是多体理论，而"粒子"本身被定义成了基态之上的激发态，所以"真空态"中没有粒子能被直接观测到。但是，真空态不但具有满足最小不确定性的零点能，还具有不确定关系所允许的伴随虚粒子对产生湮灭过程的真空激化或者真空涨落，产生了至今为止被最精确的实验测量证实的理论预言。

卡西米尔效应 [Casimir effect]　　1948 年，卡西米尔 (H. Casimir) 指出，两块平行的电中性导体平板在经典物理看来是没有互相作用力的，但由于量子力学的电磁场量子化后的零点能效应，或者说由于量子场论真空的虚粒子效应，相距纳米尺度的平行电中性导体平板之间却可能存在相互作用力。卡西米尔效应的推导涉及量子场论关于发散项的正规化手续。

卡西米尔压强 [Casimir pressure]　　源自卡西米尔效应的压强，两块相距十纳米的平行电中性导体平板上的卡西米尔压强约等于大气压强。

粒子 [particle]　　在狄拉克–冯·诺依曼量子力学公理体系中，粒子的严格定义是基本粒子，如前面词条中给出的作为量子化电磁场激发态的光子、作为狄拉克场的激发态的电子与反电子，当然经由 $u - v$ 变换之后得到的凝聚态物理学中的准粒子也是同样意义上的粒子。因此，从量子场论上说，只有基本粒子，没有"基本波"，而基本粒子是没有波粒二象性的。标准模型基本粒子表中的十二个费米子、五个玻色子只标注了质量、电荷与自旋这三种"粒子"特征，单个基本粒子没有"波动"特征，物理实验中出现的涉及粒子的波动现象，如电子的双缝干涉条纹，仅仅是对粒子在位置空间无穷多次测量结果的统计平均，而不是单个粒子的波动。

量子场 [quantized field]　　狄拉克关于量子电动力学方面的工作开启了物理学在四个方面的范式转变：第一，从电磁场的量子化到解决相对论电子负能本征态困境，量子力学从根本上讲是多体理论。狄拉克进行了由单粒子理论到多粒子理论，乃至由量子力学到量子场论的范式转变；第二，修正可观测量公理，对应于厄米算子的实数本征值的可观测量假说被加上了限制条件 —— 狄拉克海不可观测，实验测量值为可观测量所对应的厄米算子的本征值减去其狄拉克海态的本征值；第三，现代物理学的"真空态"绝不是经典物理的什么都没有的裸空间，而是物理系统的量子力学基态；第四，确立"基本粒子"的科学概念：所谓"电子"、"反电子"或者"光子"对应于狄拉克场或者量子化电磁场在真空态之上的一个激发态。

自旋–统计定理 [spin-statistics theorem]　　单粒子自旋量子数为零或整数的全同粒子系统为玻色子系统，单粒子自旋量子数为半整数的全同粒子系统为费米子系统。该定理的证明首先由施温格 (J. Schwinger) 1951 年利用量子场的对称性变换给出，而后随着粒子物理学的发展被不断完善。

传播子 [propagator]　　取薛定谔影像中的时间演化公式 $|A,t\rangle = \hat{T}(t,t')|A,t'\rangle$ 的位置表象

$$\langle x|A,t\rangle = \int \mathrm{d}x' \langle x|\hat{T}(t,t')|x'\rangle \langle x'|A,t'\rangle$$

可得由传播子 $K(xt, x't') = \langle x|\hat{T}(t,t')|x'\rangle$ 联系不同时空点波函数 $\psi_A(x,t) = \langle x|A,t\rangle$ 与 $\psi_A(x',t') = \langle x'|A,t'\rangle$ 的方程式

$$\psi_A(x,t) = \int \mathrm{d}x' K(xt, x't') \psi_A(x',t')$$

一维自由粒子与谐振子的传播子分别为 $(\tau = t - t')$

$$K(xt, x't') = \sqrt{\frac{m}{2\pi\mathrm{i}\hbar\tau}} \exp\left[\frac{\mathrm{i}m(x-x')^2}{2\hbar\tau}\right]$$

与

$$K(xt, x't') = \frac{\alpha}{\sqrt{2\pi\mathrm{i}\sin\omega\tau}} \exp\left[\mathrm{i}\alpha^2 \frac{(x^2 + x'^2)\cos\omega\tau - 2xx'}{2\sin\omega\tau}\right]$$

传播子的路径积分表示 [path integral formulation of propagator]　　对于非相对论保守系统，哈密顿量

$$\hat{H} = \frac{\hat{p}^2}{2m} + V(\hat{x})$$

所生成的传播子

$$K(x't', x''t'') = \langle x'|\mathrm{e}^{-\mathrm{i}\hat{H}(t'-t'')/\hbar}|x''\rangle$$

可转变为对经典力学的作用量

$$S = \int_{t''}^{t'} \mathrm{d}t\, L[x, \dot{x}(t)]$$

中的位置空间的轨道 $x(t)$ 作为自变量的泛函积分形式

$$K(x't', x''t'') = C \int D[x(t)] e^{iS/\hbar}$$

其中系数为对所有动量函数 $p(t)$ 的泛函积分

$$C = \int D[p(t)] \exp\left[-\frac{i}{\hbar} \int_{t''}^{t'} \frac{p^2(t)}{2m} dt\right]$$

从 $x(t'') = x''$ 到 $x(t') = x'$，各种允许的经典力学轨道 $x(t)$ 以等概率出现而仅贡献了不同的相位，故而传播子中的泛函积分被称为路径积分。因此，可从体系的经典力学描述提取量子力学信息。

量子力学的路径积分表示是狄拉克在 20 世纪 30 年代初期提出的，费曼 (F. Feynman) 在 40 年代发展了这个方法。尽管路径积分的严格论证要到 1978 年以后才出现，现已应用到量子理论的各个领域。费曼首先用这个方法为量子电动力学建立了一个自洽的明显相对论不变的微扰论。规范场的量子化也是借助路径积分完成的。

含时格林函数 [time-dependent Green's function] 含时格林函数

$$G(xt, x't') = -i\langle x | \hat{T}(t,t') | x' \rangle$$

与传播子仅差单位虚数，在量子力学与凝聚态理论中更常用，而量子场论中习惯采用传播子。

推迟格林函数 [retarded Green's function] 阶跃函数和含时格林函数的乘积

$$G^{(+)}(xt, x't') = \theta(t - t') G(xt, x't')$$

对于非相对论保守系统，推迟格林函数与超前格林函数

$$G^{(-)}(xt, x't') = -\theta(t' - t) G(xt, x't')$$

遵守同一个微分方程

$$\left(i\hbar \frac{\partial}{\partial t} - H_x\right) G^{(\pm)}(xt, x't') = \hbar \delta(t - t') \delta(x - x')$$

其中 H_x 由位置表象的哈密顿量词条给出。当然，由微分方程解出推迟与超前格林函数必须考虑初始条件。推迟与超前格林函数并非互相独立，它们之间存在解析关系

$$\left[G^{(+)}(xt, x't')\right]^* = G^{(-)}(x't', xt)$$

这里定义的单粒子问题推迟格林函数，与格林 (G. Green) 19 世纪首创的作为亥姆霍兹 (H. Helmholtz) 方程点源解的格林函数是一致的，至于多体问题的格林函数，属于量子场论和凝聚态物理学。

超前格林函数 [advanced Green's function] 见推迟格林函数。

格林算子 [Green operator] 除了单位虚数因子，含时格林函数、推迟与超前格林函数分别是时间演化算子 $\hat{T}(t,t')$、推迟时间演化算子 $\hat{T}^{(+)}(t,t') = \theta(t-t')\hat{T}(t,t')$ 与超前时间演化算子 $\hat{T}^{(-)}(t,t') = -\theta(t'-t)\hat{T}(t,t')$ 的位置表象矩阵元。对于保守系统，利用阶跃函数公式

$$\theta(x) = \frac{i}{2\pi} \int_{-\infty}^{+\infty} d\epsilon \frac{e^{-i\epsilon x}}{\epsilon + i\eta}$$

可对后两个算子的时间变量 $\tau = t - t'$ 进行傅里叶变换，分别得到推迟与超前格林算子

$$\hat{G}^{(\pm)}(\omega) = -i \int_{-\infty}^{+\infty} d\tau e^{i\omega\tau} \hat{T}^{(\pm)}(t,t')$$
$$= \frac{\hbar}{\hbar\omega - \hat{H} \pm i\eta}$$

推迟与超前格林函数因遵守同一个微分方程而难以区分的困难，格林算子通过由分母中的无穷小正数 $\eta = 0^+$ 获得了明确的区分。格林算子是哈密顿量算子的预解 (resolvent) 算子。

戴森方程 [Dyson equation] 若保守系统的哈密顿算子包含二部分：$\hat{H} = \hat{H}_0 + \hat{V}$，$\hat{H}_0$ 为可解部分，$\hat{V}$ 为相互作用部分，则在自然单位中，分别用 $\hat{H}$ 与 $\hat{H}_0$ 定义严格格林算子

$$\hat{G}(z) = \frac{1}{z - \hat{H}} = (z - \hat{H})^{-1}$$

与零级格林算子

$$\hat{G}_0(z) = \frac{1}{z - \hat{H}_0} = (z - \hat{H}_0)^{-1}$$

其中 $z = \omega \pm i\eta$，显然

$$\hat{G}^{-1}(z) = \hat{G}_0^{-1}(z) - \hat{V}$$

或者

$$\hat{G}(z) = \hat{G}_0(z) + \hat{G}_0(z)\hat{V}\hat{G}(z)$$
$$= \hat{G}_0(z) + \hat{G}(z)\hat{V}\hat{G}_0(z)$$

严格格林算子与零级格林算子之间的这三个关系式均为戴森 (Dyson) 方程。

跃迁算子 [transition operator] 又称跃迁矩阵。定义由相互作用算子 $\hat{V}$ 的无穷级数展开所组成的跃迁算子

$$\hat{T}(z) = \hat{V} + \hat{V}\hat{G}_0(z)\hat{V} + \hat{V}\hat{G}_0(z)\hat{V}\hat{G}_0(z)\hat{V} + \cdots$$

严格格林算子的 $\hat{V}$ 的无穷级数展开可以表达成封闭的形式

$$\hat{G}(z) = \hat{G}_0(z) + \hat{G}_0(z)\hat{T}(z)\hat{G}_0(z)$$

比较戴森方程与上式，可得跃迁算子与格林算子的关系式

$$\hat{T}(z) = \hat{V}\hat{G}(z)\hat{G}_0^{-1}(z) = \hat{G}_0^{-1}(z)\hat{G}(z)\hat{V}$$

跃迁矩阵 [transition matrix] 严格地说，取跃迁算子在某表象的矩阵表示才能得到跃迁矩阵，但量子理论中往往混用，详见跃迁算子。

定态格林函数 [stationary state Green's functions] 取格林算子 $\hat{G}(z) = \dfrac{1}{z-\hat{H}}$ 的三维位置表象矩阵元，就是定态格林函数 $G(\boldsymbol{r},\boldsymbol{r}';z) = \langle \boldsymbol{r}|\hat{G}(z)|\boldsymbol{r}'\rangle$。

如对戴森方程 $\hat{G}(z) = \hat{G}_0(z) + \hat{G}_0(z)\hat{V}\hat{G}(z)$ 取三维位置表象，可得戴森积分方程

$$G(\boldsymbol{r},\boldsymbol{r}';z) = G_0(\boldsymbol{r},\boldsymbol{r}';z)$$
$$+ \int \mathrm{d}\boldsymbol{r}'' G_0(\boldsymbol{r},\boldsymbol{r}'';z)V(\boldsymbol{r}'')G(\boldsymbol{r}'',\boldsymbol{r}';z)$$

利用戴森积分方程可以求解定态格林函数。

取 $(z-\hat{H})\hat{G}(z)=\hat{1}$ 的位置表象可得到定态格林函数遵守的方程式

$$(z-H_{\boldsymbol{r}})G(\boldsymbol{r},\boldsymbol{r}';z) = \delta(\boldsymbol{r}-\boldsymbol{r}')$$

其中 $H_{\boldsymbol{r}}$ 由位置表象的哈密顿量词条给出。显然，对推迟与超前格林函数的微分方程进行傅里叶变换即得定态格林函数遵守的方程式。

推迟与超前格林算子互为厄米共轭算子 $\hat{G}^{\dagger}(\omega\pm\mathrm{i}\eta) = \hat{G}(\omega\mp\mathrm{i}\eta)$ 导致了定态推迟与超前格林函数之间的复共轭关系

$$G^*(\boldsymbol{x},\boldsymbol{x}';\omega\pm\mathrm{i}\eta) = G(\boldsymbol{x}',\boldsymbol{x};\omega\mp\mathrm{i}\eta)$$

于是，推迟与超前格林算子的位置表象对角矩阵元互为复共轭，二者实部相等，虚部相反。

通过格林算子的能量本征态的预解式

$$\hat{G}(\omega\pm\mathrm{i}\eta) = \sum_n \frac{|E_n\rangle\langle E_n|}{\omega-E_n\pm\mathrm{i}\eta}$$

能够更明确地表示出定态推迟与超前格林函数

$$G(\boldsymbol{r},\boldsymbol{r}';\omega\pm\mathrm{i}\eta) = \sum_n \frac{\psi_n(\boldsymbol{r})\psi_n^*(\boldsymbol{r}')}{\omega-E_n\pm\mathrm{i}\eta}$$

的物理含义，其中定态波函数为 $\psi_n(\boldsymbol{r}) = \langle\boldsymbol{r}|E_n\rangle$。若格林函数已经求出，则由其单极点得到离散谱 E_n：若 E_n 不简并，则格林函数对角元的留数就是 $|\psi_n(\boldsymbol{r})|^2$；如果 E_n 为 f_n 度简并的，则留数

$$\mathrm{Res}G(\boldsymbol{r},\boldsymbol{r};E_n\pm\mathrm{i}\eta) = \sum_{\alpha=1}^{f_n} |\psi_{n\alpha}(\boldsymbol{r})|^2$$

就是在 $\boldsymbol{r}$ 处测到能量为 E_n 的粒子的概率，E_n 能级的简并度

$$f_n = \int \mathrm{d}\boldsymbol{r}\,\mathrm{Res}G(\boldsymbol{r},\boldsymbol{r};E_n\pm\mathrm{i}\eta)$$

如果 $\hat{H}$ 的本征值有连续谱 $\omega>0$，则 $\hat{G}(\omega\pm\mathrm{i}\eta)$ 存在支切，这时可利用 Sokhotski-Plemelj 定理以定义边极限

$$\hat{G}(\omega\pm\mathrm{i}\eta) = P\frac{1}{\omega-\hat{H}} \mp \mathrm{i}\pi\delta(\omega-\hat{H})$$

其中 P 表示积分取柯西主值。由此导出从定态格林函数的虚部即谱函数获得系统态密度的公式

$$\rho(\omega) = \mp\frac{1}{\pi}\mathrm{Im}\int \mathrm{d}\boldsymbol{r}\,G(\boldsymbol{r},\boldsymbol{r};\omega\pm\mathrm{i}\eta)$$
$$= \mp\frac{1}{\pi}\mathrm{Im}\,\mathrm{Tr}\hat{G}(\omega\pm\mathrm{i}\eta)$$

其中 Tr 表示矩阵求迹 (trace) 运算。

格林函数极点-束缚态 [bound state as pole of Green's function] 质量为 m 的自由粒子哈密顿量为 $\hat{H}_0 = \hat{p}^2/2m$，对于束缚态问题，令 $z = E = -p_0^2/2m < 0$，零级定态格林函数

$$G_0(\boldsymbol{r},\boldsymbol{r}';z) = \langle\boldsymbol{r}|\hat{G}_0(z)|\boldsymbol{r}'\rangle = \langle\boldsymbol{r}|\frac{1}{z-\hat{H}_0}|\boldsymbol{r}'\rangle$$
$$= -\frac{2m}{(2\pi\hbar)^d}\int \mathrm{d}\boldsymbol{p}\,\frac{\mathrm{e}^{\mathrm{i}\boldsymbol{p}\cdot(\boldsymbol{r}-\boldsymbol{r}')/\hbar}}{p^2+p_0^2}$$

在一维情况下 $(d=1)$ 为

$$G_0(x,x';z) = -\frac{m}{\hbar p_0}\mathrm{e}^{-p_0|x-x'|/\hbar}$$

在三维情况下 $(d=3)$ 为

$$G_0(\boldsymbol{r},\boldsymbol{r}';z) = -\frac{m}{2\pi\hbar^2}\frac{\mathrm{e}^{-p_0|\boldsymbol{r}-\boldsymbol{r}'|/\hbar}}{|\boldsymbol{r}-\boldsymbol{r}'|}$$

设粒子进入对称势阱 $V(r) = -V_0\theta(a-r)$，势阱深度 V_0 与宽度 a 为正数，通过取严格格林算子按势能算子 $\hat{V}$ 的无穷级数展开的位置表象

$$G(\boldsymbol{r},\boldsymbol{r}';z) = \langle\boldsymbol{r}|\hat{G}(z)|\boldsymbol{r}'\rangle$$
$$= \sum_{n=0}^{\infty} \langle\boldsymbol{r}|\hat{G}_0(z)\left[\hat{V}\hat{G}_0(z)\right]^n|\boldsymbol{r}'\rangle$$

可求得严格定态格林函数的无穷级数展开式，其中第 n 项由对势阱的 n 次体积分给出。当势阱深度 $V_0\to 0$ 时，束缚能 $|E| < V_0$ 也趋于零，即 $p_0 = \sqrt{2m|E|}\to 0$，因而一维零级定态格林函数

$$G_0(x,x';z) \approx -\frac{m}{\hbar p_0} = G_0$$

发散而三维零级定态格林函数

$$G_0(\boldsymbol{r},\boldsymbol{r}';z) \approx -\frac{m}{2\pi\hbar^2}\frac{1}{|\boldsymbol{r}-\boldsymbol{r}'|}$$

有限，所以三维严格定态格林函数约等于零级定态格林函数，而一维严格定态格林函数必须通过无穷级数求和导出为

$$G(x,x';z) \approx G_0\sum_{n=0}^{\infty}\left[2aG_0(-V_0)\right]^n$$
$$= -\frac{m}{\hbar p_0 - 2amV_0}$$

其中分母的零点,即严格定态格林函数的极点 $E = -2mV_0^2 a^2 / \hbar^2$ 给出无限浅势阱中的一维束缚态能级,这一结果与有限深方势阱词条相同。二维情况涉及特殊函数,篇幅过长,不再讨论。

微分散射截面 [differential scattering cross section] $\sigma(\theta, \varphi) = \mathrm{d}n / N \mathrm{d}\Omega$ 为单位时间内被靶粒子 —— 散射中心 —— 散射到 (θ, φ) 方位立体角 $\mathrm{d}\Omega$ 内的粒子数 $\mathrm{d}n$ 与入射粒子流强度 N 之比再除以 $\mathrm{d}\Omega$,而它的积分则被称为总散射截面

$$\sigma = \int \mathrm{d}\Omega \sigma(\theta, \varphi)$$

散射之后,距散射中心足够远处的系统波函数为动量 $\boldsymbol{p}_i = p_i \boldsymbol{e}_z$ 的入射平面波与散射波 —— 出射球面波的叠加

$$\psi_f(\boldsymbol{r}) = \psi_i(\boldsymbol{r}) + \psi_s(\boldsymbol{r}) = \mathrm{e}^{\mathrm{i}\boldsymbol{p}_i \cdot \boldsymbol{r}/\hbar} + \frac{f(\theta, \varphi)}{r} \mathrm{e}^{\mathrm{i}\boldsymbol{p}_s \cdot \boldsymbol{r}/\hbar},$$

其中 $f(\theta, \varphi)$ 称为散射幅,$\boldsymbol{p}_s = p_s \boldsymbol{r}/r$。由此可计算入射与散射粒子流密度并进而推得

$$\sigma(\theta, \varphi) = \frac{p_s}{p_i} \mid f(\theta, \varphi) \mid^2$$

散射幅 [scattering amplitude] 出射球面波的概率幅。

总散射截面 [total scattering cross section] 见微分散射截面。

分波分析 [partial wave analysis] 又称分波法。用轨道角动量本征波函数展开散射幅,由边界条件求出各角量子数分量 —— 分波。有心力场 $U(r)$ 中的低能弹性散射问题宜于用下述分波法近似处理,当然,其适用范围并不局限于低能情形。设 $r \to \infty$ 时 $rU(r) \to 0$,则满足边界条件

$$\begin{aligned} \lim_{r \to \infty} \Psi &= \mathrm{e}^{\mathrm{i}kz} + \frac{f(\theta)}{r} \mathrm{e}^{\mathrm{i}kr} \\ &= \sum_\ell (2\ell + 1) \mathrm{i}^\ell \frac{\sin(kr - \ell\pi/2)}{kr} P_\ell(\cos\theta) \\ &\quad + \frac{f(\theta)}{r} \mathrm{e}^{\mathrm{i}kr} \end{aligned}$$

之定态薛定谔波动方程解的一般形式为

$$\Psi = \sum_\ell R_\ell(r) P_\ell(\cos\theta)$$

$$\lim_{r \to \infty} \to \sum_\ell A_\ell \frac{\sin(kr - \ell\pi/2 + \delta_\ell)}{kr} P_\ell(\cos\theta)$$

式中各项依角量子数 $\ell = 0, 1, 2, 3, \cdots$,分别称为 s 分波,p 分波,d 分波,f 分波等等。

对比 Ψ 的两种形式可见,各分波的散射相互独立,第 ℓ 个分波散射后的相位移动 (简称相移) 为 δ_ℓ,由定态波动方程解出相移公式为

$$\sin\delta_\ell = -\frac{2\mu k}{\hbar^2} \int_0^\infty r^2 \mathrm{d}r \, U(r) R_\ell(r) j_\ell^{(1)}(kr)$$

其中 $j_\ell^{(1)}(kr)$ 为自由粒子球面波本征波函数的第一类 ℓ 阶球贝塞尔函数,μ 为粒子的约化质量。利用球谐函数之正交性还可得散射概率幅

$$f(\theta) = \sum_\ell (2\ell + 1) \frac{\mathrm{e}^{\mathrm{i}2\delta_\ell} - 1}{2ik} P_\ell(\cos\theta)$$

微分散射截面 $\sigma(\theta) = \mid f(\theta) \mid^2$ 与总散射截面

$$\sigma = \frac{4\pi}{k^2} \sum_\ell (2\ell + 1) \sin^2 \delta_\ell$$

相移 [phase shift] 见分波分析。

分波法 [method of partial waves] 见分波分析。

李普曼–施温格方程 [Lippmann-Schwinger equation] 如果哈密顿量算子 $\hat{H}_0$ 与 $\hat{H} = \hat{H}_0 + \hat{V}$ 有相同的能谱,即相互作用 $\hat{V}$ 仅仅导致两个定态方程式

$$\begin{cases} \hat{H}_0 |\phi_a\rangle = E_a |\phi_a\rangle \\ \hat{H} |\psi_a\rangle = E_a |\psi_a\rangle \end{cases}$$

中的本征右矢量不同,由零级格林算子的方程

$$(E_a - \hat{H}_0)\hat{G}_0(E_a \pm \mathrm{i}\eta) = \hat{1}$$

可得决定 $\hat{H}$ 的本征右矢量的李普曼–施温格 (L-S) 方程

$$|\psi_a^{(\pm)}\rangle = |\phi_a\rangle + \hat{G}_0(E_a \pm \mathrm{i}\eta)\hat{V}|\psi_a^{(\pm)}\rangle$$

其中由于零级格林算子有推迟与超前两个,$\hat{H}$ 的本征右矢量也分为推迟解与超前解,分别对应于推迟与超前格林函数不同的初始条件或者弹性散射过程的不同因果关系。

取 L-S 方程的位置表象并设 $\hat{H}_0 = \hat{p}^2/2m$ 的本征波函数为动量 $\boldsymbol{p} = \hbar k \boldsymbol{e}_z$ 的入射平面波,得到 L-S 波动方程

$$\psi_k^{(\pm)}(\boldsymbol{r}) = \mathrm{e}^{\mathrm{i}kz} + \int \mathrm{d}\boldsymbol{r}' G_0(\boldsymbol{r}, \boldsymbol{r}'; \omega \pm \mathrm{i}\eta) V(\boldsymbol{r}') \psi_k^{(\pm)}(\boldsymbol{r}')$$

其中 $\omega = \hbar^2 k^2/2m$ 的零级定态格林函数

$$G_0(\boldsymbol{r}, \boldsymbol{r}'; \omega \pm \mathrm{i}\eta) = -\frac{m}{2\pi\hbar^2} \frac{\mathrm{e}^{\pm \mathrm{i}k|\boldsymbol{r}-\boldsymbol{r}'|}}{|\boldsymbol{r} - \boldsymbol{r}'|}$$

满足亥姆霍兹 (H. Helmholtz) 方程

$$(\nabla^2 + k^2)G_0(\boldsymbol{r}, \boldsymbol{r}'; \omega \pm \mathrm{i}\eta) = \frac{2m}{\hbar^2}\delta(\boldsymbol{r} - \boldsymbol{r}')$$

由 L-S 波动方程可解出满足不同的边条件的严格定态波函数 $\psi_k^{(\pm)}(\boldsymbol{r})$。当散射势能 $V(\boldsymbol{r})$ 是小量时,可对 L-S 波动方程作迭代,得到微扰级数。

L-S 方程 [L-S equation] 见李普曼–施温格方程。

玻恩级数 [Born series] 以零级格林算子 $\hat{G}_0 = \hat{G}_0(z)$ 与相互作用算子 $\hat{V}$ 的乘积作变量,通过无穷次迭代,可得以下三个级数:格林算子的展开式

$$\hat{G}(z) = \hat{G}_0 \sum_{n=0}^\infty \left(\hat{V}\hat{G}_0\right)^n = \sum_{n=0}^\infty \left(\hat{G}_0\hat{V}\right)^n \hat{G}_0$$

跃迁算子的展开式

$$\hat{T}(z) = \hat{V} \sum_{n=0}^{\infty} \left(\hat{G}_0 \hat{V} \right)^n = \sum_{n=0}^{\infty} \left(\hat{V} \hat{G}_0 \right)^n \hat{V}$$

和李普曼–施温格方程的展开式

$$|\psi_a^{(\pm)}\rangle = \sum_{n=0}^{\infty} \left[\hat{G}_0 \left(E_a \pm \mathrm{i}\eta \right) \hat{V} \right]^n |\phi_a\rangle$$

这三个展开式都被称为玻恩级数。取 $z = E_a \pm \mathrm{i}\eta$ 后对比后两个级数,可得弹性散射的关键公式

$$\hat{T}(z)|\phi_a\rangle = \hat{V}|\psi_a^{(\pm)}\rangle$$

弹性散射的正交归一性定理 [orthonormality theorem in elastic scattering]　对于弹性散射问题,基于 L-S 方程及其玻恩级数可证明正交归一性定理:如果零级定态的态矢量是正交归一的,即 $\langle\phi_a|\phi_b\rangle = \delta(a-b)$,则所对应的推迟与超前散射态的态矢量也分别是正交归一的,即 $\langle\psi_a^{(\pm)}|\psi_b^{(\pm)}\rangle = \delta(a-b)$。

玻恩近似 [Born approximation]　取自然单位,对 L-S 波动方程

$$\psi_k^{(+)}(\boldsymbol{r}) = \mathrm{e}^{\mathrm{i}kz} - \frac{m}{2\pi} \int \mathrm{d}\boldsymbol{r}' \frac{\mathrm{e}^{\mathrm{i}k|\boldsymbol{r}-\boldsymbol{r}'|}}{|\boldsymbol{r}-\boldsymbol{r}'|} V(\boldsymbol{r}') \psi_k^{(+)}(\boldsymbol{r}')$$

中的位置差 $|\boldsymbol{r}-\boldsymbol{r}'|$ 在 $|\boldsymbol{r}'| \ll |\boldsymbol{r}| = r$ 的条件下进行泰勒展开,可将 L-S 波动方程整理成微分散射截面词条中距散射中心足够远处的系统波函数 $(p_i = p_s = k)$

$$\psi_k^{(+)}(\boldsymbol{r}) = \mathrm{e}^{\mathrm{i}kz} + f(\theta,\varphi) \frac{\mathrm{e}^{\mathrm{i}kr}}{r}$$

其中散射中心散射到 (θ,φ) 方位(单位方向矢量为 $\boldsymbol{n}=\boldsymbol{r}/r$)的角度分布函数为

$$f(\theta,\varphi) = -\sqrt{2\pi}m \int \mathrm{d}\boldsymbol{r}' \mathrm{e}^{\mathrm{i}k\boldsymbol{n}\cdot\boldsymbol{r}'} V(\boldsymbol{r}') \psi_k^{(+)}(\boldsymbol{r}')$$

利用玻恩级数词条导出的公式 $\hat{T}(\omega+\mathrm{i}\eta)|\phi_i\rangle = \hat{V}|\psi_k^{(+)}\rangle$,$\omega = k^2/2m$,可将 $f(\theta,\varphi)$ 表示成跃迁算子的自由粒子定态矩阵元的形式

$$f(\theta,\varphi) = -m(2\pi)^2 \langle\phi_f|\hat{T}(\omega\pm\mathrm{i}\eta)|\phi_i\rangle$$

其中 $|\phi_i\rangle$ 为动量 $\boldsymbol{p}_i = k\boldsymbol{e}_z$ 的平面波初态右矢量,$|\phi_f\rangle$ 为动量 $\boldsymbol{p}_s = k\boldsymbol{n}$ 的平面波末态右矢量。通常所说的玻恩近似,指仅仅保留跃迁算子的玻恩级数的第一项,即令 $\hat{T}(\omega+\mathrm{i}\eta) \simeq \hat{V}$,得微分散射截面

$$\sigma(\theta,\varphi) = \left(\frac{m}{2\pi}\right)^2 \left| \int \mathrm{d}\boldsymbol{r} V(\boldsymbol{r}) \mathrm{e}^{\mathrm{i}(\boldsymbol{p}_i-\boldsymbol{p}_s)\cdot\boldsymbol{r}} \right|^2$$

如果保留至跃迁算子的玻恩级数的第 n 项,可称为第 n 级玻恩近似。

相互作用影像 [interaction picture]　又称狄拉克影像、相互作用绘景。若系统的哈密顿算子包含二部分:$\hat{H} = \hat{H}_0 + \hat{V}$,$\hat{H}_0$ 为保守力可解部分,$\hat{V}$ 为相互作用部分,则用 $\hat{H}_0$ 作生成元生成幺正变换算子,作用于薛定谔影像的右矢量 $|A,t\rangle$ 和算子 $\hat{o}$,得到狄拉克影像中的右矢量和算子

$$|A,t\rangle_D = \mathrm{e}^{\mathrm{i}\hat{H}_0(t-t_0)/\hbar}|A,t\rangle$$

$$\hat{o}_D(t) = \mathrm{e}^{\mathrm{i}\hat{H}_0(t-t_0)/\hbar} \hat{o} \mathrm{e}^{-\mathrm{i}\hat{H}_0(t-t_0)/\hbar}$$

后二者都依赖于时间,分别遵守各自的运动方程

$$\mathrm{i}\hbar \frac{\mathrm{d}|A,t\rangle_D}{\mathrm{d}t} = \hat{V}_D(t)|A,t\rangle_D$$

与

$$\frac{\mathrm{d}\hat{o}_D(t)}{\mathrm{d}t} = \frac{1}{\mathrm{i}\hbar} \left[\hat{o}_D(t), \hat{H}_0 \right]$$

狄拉克影像 [Dirac picture]　即相互作用影像。

相互作用绘景 [interaction picture]　即相互作用影像。

戴森算子 [Dyson operator]　狄拉克影像中的时间演化

$$|A,t\rangle_D = \hat{U}(t,t')|A,t'\rangle_D$$

由戴森算子

$$\hat{U}(t,t') = \mathrm{e}^{\mathrm{i}\hat{H}_0(t-t_0)/\hbar} \mathrm{e}^{-\mathrm{i}\hat{H}(t-t')/\hbar} \mathrm{e}^{-\mathrm{i}\hat{H}_0(t'-t_0)/\hbar}$$

推动,而戴森算子的运动方程,即朝永 (Tomonaga)- 施温格 (Schwinger) 方程

$$\mathrm{i}\hbar \frac{\mathrm{d}\hat{U}(t,t')}{\mathrm{d}t} = \hat{V}_D(t)\hat{U}(t,t')$$

将提供计算相互作用 $\hat{V}$ 对系统的物理性质影响的方案。

朝永–施温格方程 [Tomonaga-Schwinger equation]　见戴森算子。

戴森级数 [Dyson series]　由于戴森算子的性质 $\hat{U}(t,t) = \hat{1}$,戴森算子的形式解为

$$\hat{U}(t,t') = \hat{1} + \frac{1}{\mathrm{i}\hbar} \int_{t'}^{t} \mathrm{d}t_1 \hat{V}_D(t_1)\hat{U}(t_1,t')$$

这个式子不断地代入右边得到戴森算子按照相互作用算子的幂次展开式,即戴森级数

$$\hat{U}(t,t') = \sum_{n=0}^{\infty} \frac{1}{(\mathrm{i}\hbar)^n} \int_{t'}^{t} \mathrm{d}t_1 \cdots \int_{t'}^{t_{n-1}} \mathrm{d}t_n \hat{V}_D(t_1) \cdots \hat{V}_D(t_n)$$

编时算子 [time-ordering operator]　戴森级数中的多时间变量积分上限是有确定顺序限制的,而不同时刻的同一算子也是不对易的,所以戴森级数中的多变量积分除了

布里渊 (Brillouin) – 魏格纳 (Wigner) 微扰展开等极少数情况, 不可能直接完成。维克 (G.-C. Wick) 通过引入编时算子

$$\hat{T}\left[\hat{V}_D(t_1)\hat{V}_D(t_2)\right] =$$
$$\theta\left(t_1 - t_2\right)\hat{V}_D(t_1)\hat{V}_D(t_2) + \theta\left(t_2 - t_1\right)\hat{V}_D(t_2)\hat{V}_D(t_1)$$

将戴森级数形式上写成超立方体积分

$$\hat{U}(t,t') = \sum_{n=0}^{\infty}\frac{1}{(i\hbar)^n\, n!}\int_{t'}^{t}\mathrm{d}t_1\cdots\int_{t'}^{t}\mathrm{d}t_n$$
$$\times\hat{T}\left[\hat{V}_D(t_1)\cdots\hat{V}_D(t_n)\right]$$

维克还提出了相应的维克定理, 将多算子的编时乘积分解成两个算子的正规乘积的组合, 可以方便地完成戴森级数中的时间积分。

穆勒算子 [Møller operator]　利用数学公式

$$f(-\infty) = \lim_{t\to-\infty}f(t) = \lim_{\eta\to 0}\eta\int_{-\infty}^{0}\mathrm{d}t\,\mathrm{e}^{\eta t}f(t)$$

对戴森算子 $\hat{U}(0,t) = \mathrm{e}^{i\hat{H}t/\hbar}\mathrm{e}^{-i\hat{H}_0 t/\hbar}$ 取极限 $t\to-\infty$ 后可得

$$\hat{U}(0,-\infty)|\phi_a\rangle = \frac{i\eta}{E_a - \hat{H} + i\eta}|\phi_a\rangle$$

其中 $\hat{H} = \hat{H}_0 + \hat{V}$, $\hat{H}_0|\phi_a\rangle = E_a|\phi_a\rangle$; 利用数学公式

$$f(+\infty) = \lim_{t\to+\infty}f(t) = \lim_{\eta\to 0}\eta\int_{0}^{+\infty}\mathrm{d}t\,\mathrm{e}^{-\eta t}f(t)$$

取极限 $t\to+\infty$ 后可得

$$\hat{U}(0,+\infty)|\phi_a\rangle = \frac{-i\eta}{E_a - \hat{H} - i\eta}|\phi_a\rangle$$

$\hat{U}(0,\pm\infty)$ 被称为穆勒 (Møller) 算子。

　　另外, 由李普曼–施温格方程的玻恩级数可得

$$|\psi_a^{(\pm)}\rangle = \sum_{n=0}^{\infty}\left[\hat{G}_0(E_a\pm i\eta)\hat{V}\right]^n|\phi_a\rangle$$
$$= \frac{\pm i\eta}{E_a - \hat{H} \pm i\eta}|\phi_a\rangle$$

所以 $|\psi_a^{(\pm)}\rangle = \hat{U}(0,\mp\infty)|\phi_a\rangle$。

绝热近似 [adiabatic approximation]　穆勒算子词条给出的公式 $|\psi_a^{(\pm)}\rangle = \hat{U}(0,\mp\infty)|\phi_a\rangle$ 的物理含义可通过如下绝热近似得到澄清: 设有含时哈密顿量 $\hat{H}(t) = \hat{H}_0 + \hat{V}(t)$, 其中的含时互作用算子

$$\hat{V}(t) = \hat{V}\,\mathrm{e}^{-\eta|t|}$$

表示系统中的相互作用非常缓慢地出现并且迅速地衰减, 在 $t\to\pm\infty$ 时完全消失。所以 $|\phi_a\rangle$ 为 $\hat{H}(\pm\infty) = \hat{H}_0$ 的本征矢量, 遵守本征方程

$$\hat{H}(\pm\infty)|\phi_a\rangle = E_a|\phi_a\rangle$$

对应于散射前后无相互作用系统的状态, 而 $|\psi_a^{(\pm)}\rangle$ 为 $\hat{H}(0) = \hat{H}_0 + \hat{V}$ 的推迟与超前本征矢量, 遵守本征方程

$$\hat{H}(0)|\psi_a^{(\pm)}\rangle = E_a|\psi_a^{(\pm)}\rangle$$

对应于散射发生时刻系统的状态。
　　对狄拉克影像中的时间演化方程 $|A,0\rangle_D = \hat{U}(0,t)|A,t\rangle_D$ 直接取 $t\to-\infty$ 极限 $|A,-\infty\rangle_D = \lim_{t\to-\infty}|A,t\rangle_D = |\phi_a\rangle$ 可直接完成戴森级数

$$\hat{U}(0,-\infty)$$
$$= \sum_{n=0}^{\infty}\frac{1}{(i\hbar)^n}\int_{-\infty}^{0}\mathrm{d}t_1\cdots\int_{-\infty}^{t_{n-1}}\mathrm{d}t_n\hat{V}_D(t_1)\cdots\hat{V}_D(t_n)$$

中的所有积分, 得到等式

$$|A,0\rangle_D = \sum_{n=0}^{\infty}\left[\hat{G}_0(E_a + i\eta)\hat{V}\right]^n|\phi_a\rangle$$

由李普曼–施温格方程的玻恩级数可知 $|A,0\rangle_D = |\psi_a^{(+)}\rangle$。当然, 对狄拉克影像中的时间演化方程 $|B,0\rangle_D = \hat{U}(0,t)|B,t\rangle_D$ 直接取 $t\to+\infty$ 极限 $\lim_{t\to+\infty}|A,t\rangle_D = |\phi_b\rangle$, 也可通过直接完成戴森级数中的所有积分导出

$$|B,0\rangle_D = \sum_{n=0}^{\infty}\left[\hat{G}_0(E_b - i\eta)\hat{V}\right]^n|\phi_b\rangle$$

即 $|B,0\rangle_D = |\psi_b^{(-)}\rangle$。尽管对于弹性散射, $E_b = E_a$, 由于含有的格林算子不同, 不管 $|\phi_b\rangle$ 与 $|\phi_a\rangle$ 是否相同都有 $|B,0\rangle_D \neq |A,0\rangle_D$。

　　入态 [in states]　由穆勒算子和绝热近似词条可知: 穆勒算子 $\hat{U}(0,\mp\infty)$ 分别对应于从自由粒子入射初态 (initial state)$|\phi_i\rangle$ 到弹性散射相互作用态的顺着时间演化方向的推迟过程 $|\psi_i^{(+)}\rangle = \hat{U}(0,-\infty)|\phi_i\rangle$ 和从自由粒子弹性散射末态 (final state)$|\phi_f\rangle$ 到弹性散射相互作用态的逆着时间演化方向的超前过程 $|\psi_f^{(-)}\rangle = \hat{U}(0,+\infty)|\phi_f\rangle$。因此, 定态格林函数的解析行为对应于散射过程的时序边界条件, $|\psi_i^{(+)}\rangle$ 与 $|\psi_f^{(-)}\rangle$ 也被形象地称为入态与出态。

　　出态 [out states]　见入态。

　　散射矩阵 [scattering matrix]　又称 S 矩阵。对于绝热近似下的弹性散射问题, 作为系统哈密顿量 $\hat{H} = \hat{H}_0 + \hat{V}$ 的两个本征态 —— 入态与出态 —— 内积的 S 矩阵

$$S_{fi} = \langle\psi_f^{(-)}|\psi_i^{(+)}\rangle$$

是两个穆勒算子 $\hat{U}(0,\mp\infty)$ 形成的 S 算子

$$\hat{S} = \hat{U}^{\dagger}(0,+\infty)\hat{U}(0,-\infty) = \hat{U}(+\infty,-\infty)$$

在零级哈密顿量 $\hat{H}_0$ 本征态 —— 自由粒子入射初态 $|\phi_i\rangle$ 与自由粒子弹性散射末态 $|\phi_f\rangle$ —— 上的矩阵元

$$S_{fi} = \langle \phi_f | \hat{U}(+\infty,-\infty) | \phi_i \rangle$$

所以，S 矩阵就其定义来说就是从初态到末态的跃迁概率幅或者散射概率幅。

利用 $\hat{H}$ 与 $\hat{H}_0$ 的两组完备本征基的正交归一性定理以及李普曼–施温格方程和跃迁矩阵的玻恩级数，可得

$$S_{fi} = \delta(f-i) - 2\pi\mathrm{i}\delta(E_f - E_i)\, T_{fi}$$

其中 $T_{fi} = \langle \phi_f | \hat{T}(E_i + \mathrm{i}\eta) | \phi_i \rangle$ 为跃迁矩阵元。从 $t \to -\infty$ 时刻到 $t \to +\infty$ 时刻，系统由初态 $|\phi_i\rangle$ 跃迁到末态 $|\phi_f\rangle$ 的概率为

$$W_{fi}(-\infty \to +\infty)$$
$$= |S_{fi} - \delta_{fi}|^2 = (2\pi)^2\, \delta^2(E_f - E_i)\, |T_{fi}|^2$$

式中的德尔塔函数平方项可利用傅里叶变换式整理为

$$\delta(E_f - E_i) \lim_{\tau \to +\infty} \frac{1}{2\pi\hbar} \int_{-\tau/2}^{\tau/2} \mathrm{d}t e^{\mathrm{i}(E_f - E_i)t/\hbar}$$
$$= \delta(E_f - E_i) \lim_{\tau \to +\infty} \frac{\tau}{2\pi\hbar}$$

从而得到单位时间跃迁概率

$$\lim_{\tau \to +\infty} \frac{W_{fi}(-\tau/2 \to +\tau/2)}{\tau}$$
$$= \frac{2\pi}{\hbar}\delta(E_f - E_i)\, |T_{fi}|^2$$

再乘以能壳 $E = E_f = E_i$ 的态密度 $\rho(E)$ 后积分，就得到了弹性散射的跃迁概率

$$w_{i \to f} = \frac{2\pi}{\hbar}\rho(E)|T_{fi}|^2$$

即黄金规则的严格公式。

另外，由穆勒算子的幺正性可得 S 算子的幺正性 $\hat{S}\hat{S}^{\dagger} = \hat{S}^{\dagger}\hat{S} = 1$。而 S 算子与矩阵元为 $T_{fi} = -2\pi\mathrm{i}\delta(E_f - E_i)\, T_{fi}$ 的 $\hat{T}$ 算子的关系为 $\hat{S} = 1 + \hat{T}$。因此，由 S 算子的幺正性可得 $\hat{T}$ 算子公式

$$\hat{T} + \hat{T}^{\dagger} = -\hat{T}\hat{T}^{\dagger}$$

求该算子等式两边零级哈密顿量 $\hat{H}_0$ 平面波本征态上的对角矩阵元可得光学定理

$$\sigma = \frac{4\pi}{k}\,\mathrm{Im}\, f(0,0)$$

其中 σ 与 $f(\theta,\varphi)$ 为总散射截面与散射幅，见微分散射截面、总散射截面 和玻恩近似。

以上所述仅为弹性散射的 S 矩阵，关于 S 矩阵的量子理论已经成为理论物理学最重要的领域之一，可查阅相关文献。

S 矩阵 [S-matrix]　即散射矩阵。

光学定理 [optical theorem]　见散射矩阵。

2.4.5　其他量子力学相关名词与术语

量子物理 [quantum physics]　所有涉及量子化概念的物理学研究领域，包括理论与实验。

量子理论 [quantum theory]　所有涉及量子化概念的理论研究，包括老量子论、量子力学、量子电动力学、量子场论等。

量子领域 [quantum realm]　又称量子尺度。量子物理涉及的领域，常被认为其研究对象的线度尺寸为纳米。从量子系统词条的定义可知，认为量子力学仅仅涉及纳米以下尺度是一个误解，从超导体、超流体到阳光、雷电都是宏观量子现象，也都属于量子领域。参见量子系统。

量子尺度 [quantum scale]　即量子领域。

微观尺度 [microscopic scale]　介于宏观与量子的尺度，线度尺寸为微米，但是常有人以为量子力学是研究微观世界的，实际上比微观世界还要小三个数量级。量子领域、量子尺度 与微观尺度均非严格物理学名词。

宏观量子现象 [macroscopic quantum phenomena]　与经典物理一样可用肉眼观察的量子现象，如超流、超导现象、激光等等。按照目前被最广泛接受的大爆炸宇宙起源学说，大爆炸就是最大的宏观量子现象。因此，将量子力学的研究对象局限于原子、亚原子等"微观"系统是一种误解。宏观量子现象具有共同的原因：宏观数目的粒子占据了同一个单粒子量子态，超流与超导现象均源于粒子零动量态的宏观玻色–爱因斯坦凝聚，激光源于原子能级的电子宏观占据数反转、分数量子霍尔效应源于最低朗道能级的电子宏观占据数。

普朗克–爱因斯坦关系 [Planck-Einstein relation]　电磁波频率与光量子能量之间的正比关系 $E = h\nu = \hbar\omega$，h、$\hbar$ 为普朗克常量与约化普朗克常量，ν、ω 为电磁波频率与圆频率。

普朗克能量–频率关系 [Planck's energy-frequency relation]　电磁波频率与光量子能量之间的正比关系。

普朗克关系 [Planck relation]　电磁波频率与光量子能量之间的正比关系。

普朗克公式 [Planck formula]　有两种含义：①黑体辐射的普朗克定律；②电磁波频率与光量子能量之间的正比关系。

约化普朗克常量 [reduced Planck constant] 又称狄拉克常量。普朗克常量除以两倍的圆周率 $\hbar = h/2\pi$。

狄拉克常量 [Dirac constant] 即约化普朗克常量。

爱因斯坦关系 [Einstein relation] 又称爱因斯坦方程、爱因斯坦–德布罗意关系。包括电磁波频率与光量子能量之间的正比关系 $E = h\nu = \hbar\omega$ 和电磁波波长与光量子动量之间的反比关系 $p = h/\lambda$ 或者电磁波波数与光量子动量之间的正比关系 $p = \hbar k$。

爱因斯坦–德布罗意关系 [Einstein-de Broglie relation] 即爱因斯坦关系。见德布罗意假说。

爱因斯坦方程 [Einstein equation] 见爱因斯坦关系。

德布罗意关系 [de Broglie relation] 见爱因斯坦关系、德布罗意假说。

物质波 [matter wave] 见德布罗意假说。

紫外灾难 [ultraviolet catastrophe] 厄仑费斯特 (P. Ehrenfest)1911 年将瑞利–金斯 1905 年发表的热辐射公式中的短波发散结果称为"紫外灾难"，使得之后大量的著作以讹传讹，采用了这一引人注目的说法，致使后人误以为是"紫外灾难"促使普朗克开创了量子物理学。

c 数 [c-number] 由狄拉克发明的对经典物理中的力学量的称呼，而量子物理中的力学量则称为 q 数。c 数之间乘法对易而 q 数之间的乘积与相乘的顺序有关，狄拉克式的"量子化"手续就体现在从 c 数到 q 数的转换。

q 数 [q-number] 见 c 数。

量子数 [quantum number] 在量子力学中，标记力学量的本征值的指标称为量子数，通常为整数，对于自旋可能为半整数。

好量子数 [good quantum number] 若量子数所属力学量是守恒量，那么相应的量子数就称为好量子数。利用好量子数可以使哈密顿量的矩阵准对角化，从而大大简化计算工作量。参见运动常数。

主量子数 [principal quantum number] 见氢原子。

矩阵力学 [matrix mechanics] 海森伯首创的用矩阵表述力学量的量子理论。见分立谱表象与算子的矩阵表示词条。

波动力学 [wave mechanics] 薛定谔首创的用位置表象波函数表述粒子状态的量子理论。见连续谱表象 —— 波函数。

变换理论 [transformation theory] 本书所介绍的量子力学的狄拉克–冯·诺依曼公理体系。1927 年，狄拉克通过引入狄拉克–冯·诺依曼公理体系中的三大数学操作规则 —— 表象、幺正变换和影像，严格证明矩阵力学与波动力学

是等价的。在这篇论文中，狄拉克将自己的工作称为量子力学的变换理论。也是在这篇论文中，狄拉克重新发明了德尔塔函数。

量子力学的数学形式 [mathematical formalism of quantum mechanics] 见狄拉克–冯·诺依曼公理。

量子力学的数学表述 [mathematical formulation of quantum mechanics] 见狄拉克–冯·诺依曼公理。

量子力学的数学结构 [mathematical structure of quantum mechanics] 见狄拉克–冯·诺依曼公理。

完备算子集 [complete set of commuting operators] 见完全正交归一本征基。

力学量的完全集 [complete set of dynamical variables] 见完全正交归一本征基。

运动恒量 [constant of motion] 即运动常数。

运动积分 [integral of motion] 即运动常数。

测不准原理 [uncertainty principle] 中英文教材中常见的对"不确定关系"的错误表述，量子理论是经过了最精密的实验测量检验的，不存在"测不准"的问题。不确定关系可以被严格证明，所以不存在"测不准原理"。见不确定关系。

概率波 [probability wave] 中文量子力学著作中常见的错误说法，英文中极少出现，可能源自波函数的概率幅含义，在中文教材中经常出现"波函数是概率波"乃至"光子是概率波"这样的不知所云的说法。参见概率幅。

线性谐振子 [linear harmonic oscillator] 谐振子的常见的多余且容易导致概念混乱的说法，因为没有非线性的谐振子。

谐振子的代数解 [algebra solution of the harmonic oscillator] 见谐振子的梯子算符解。

占据数算子 [occupation number operator] 见福克态。

占据数表象 [occupation number] 见福克态。

二次量子化表象 [second quantization representation] 见福克态。

对应原理 [correspondence principle] 又称玻尔对应原理。在物理中，有这样一个指导原则，即一个新的物理理论必须能解释"所有"的在旧的理论中已经被解释的现象。在 20 世纪初，玻尔和其他一些物理学家在创建量子论的过程中就用这一原则来指导他们的工作，即要求在大量子数极限情况下，量子体系将趋向于经典力学体系。对应原理同样也适用于其他的物理理论如相对论。

玻尔对应原理 [Bohr correspondence principle] 即对应原理。

量子纠缠 [quantum entanglement]　考虑一个由位置空间上分开的两个子系统组成的复合系统，其态矢量按照重叠原理可写成

$$|\Psi\rangle = \sum_{a,b} c(a,b)|a\rangle \otimes |b\rangle$$

其中 $\{|a\rangle\}$ 和 $\{|b\rangle\}$ 为两个子系统的标准基。如果 $c(a,b)$ 不能被因式分解为 $f(a) \times g(b)$ 的形式，则

$$|\Psi\rangle \neq \sum_a f(a)|a\rangle \otimes \sum_b g(b)|b\rangle$$

薛定谔将这种复合系统状态不可拆分成子系统状态直积的特性称为量子纠缠，$|\Psi\rangle$ 所对应的量子态被称为纠缠态。一个复合体系的量子纠缠是量子力学的显著特征，它与经典物理学的观念完全背离。关于量子纠缠的理论与实验研究，请查阅本辞典的量子信息与量子计算部分。

纠缠态 [entangled-state]　见量子纠缠。

EPR 佯谬 [Einstein-Podolsky-Rosen paradox]　爱因斯坦、潘多尔斯基和罗森在 1935 年提出的一个思想实验，该实验事实上引进了量子力学的两个重要方面：量子纠缠和量子非局域。实验涉及一对相距很远的同谋粒子 A 和 B，所谓同谋的含义是指对粒子 A 的测量结果和对粒子 B 的测量结果之间存在高度关联。如果粒子 A 和 B 原本处于混合态，也就是说不处于某一个确定的本征态，当对粒子 A 进行测量后确定它处于某一个本征态，那么就可以确定的预言粒子 B 也处于相应的某一个本征态。玻尔认为在 EPR 实验中，相距很远但关联着的同谋粒子 (A，B)，构成量子系统的一个不可分割的部分。虽然没有直接的信号在 A 和 B 之间穿过，它们仍俨如同谋一般在其行动中进行合作。但是爱因斯坦认为，由于 A 和 B 相距充分远，任何的物理力的传递又不能超过光速，对远离粒子中的每一个粒子作表观独立的测量，所给出的结果竟同谋合作得如此充分，让人无法接受。他将它嘲讽为"幽灵式的超距作用"。关于 EPR 的理论与实验研究，请查阅本辞典的量子信息与量子计算部分。

薛定谔猫 [Schrödinger's cat]　薛定谔在 1935 年提出的一个思想实验，与 EPR 佯谬一起形成了对狄拉克–冯·诺依曼量子力学公理体系的正面挑战，也引发了量子力学中有关纠缠态的研究，关于这方面的理论与实验研究，请查阅本书的量子信息与量子计算部分。

隐变量 [hidden variables]　隐藏在波函数与可观测量背后的决定论变量。在一些拒绝狄拉克–冯·诺依曼量子力学公理体系的人看来，用力学量的统计分布概率幅描述量子态的量子力学是统计性理论。因此，爱因斯坦认为量子力学是不完备的。博姆 (D. Bohm) 曾建议了一种量子力学按"隐变量"而不是力学变量的决定论诠释，就是建议寻找偶然性背后的必然性。

贝尔不等式 [Bell inequality]　贝尔 1965 年提出的一个强有力的数学定理。该定理在定域性和实在性的双重假设下，对于两个分隔的粒子同时被测量时其结果的可能关联程度建立了一个严格的限制。而量子力学预言，在某些情形下，合作的程度会超过贝尔的极限，即量子力学的常规观点要求在分离系统之间合作的程度超过任何"定域实在性"理论中的逻辑许可程度。贝尔不等式提供了用实验在量子不确定性和爱因斯坦的定域实在性之间进行证伪的机会。目前的实验表明量子力学正确，决定论的定域的隐变量理论不成立。关于这方面的理论与实验研究，请查阅本辞典的量子信息与量子计算部分。

波函数的统计诠释 [statistical interpretation of wave function]　见玻恩规则与不确定关系。

量子力学的统计解释 [statistical interpretation of quantum mechanics]　见玻恩规则与不确定关系。

哥本哈根解释 [Copenhagen interpretation]　基于玻恩规则与不确定关系的所谓"哥本哈根解释"是非物理学专业人员对狄拉克–冯·诺依曼量子力学公理体系的认识，例如《斯坦福哲学百科全书》就将"哥本哈根解释"与"隐变量"、"多世界解释"等并列为五种"量子力学"。

量子统计 [quantum statistics]　有两层含义：①全同粒子按其中的单粒子自旋量子数为整数或半整数进行的玻色子与费米子的分类；②狄拉克–冯·诺依曼量子力学公理体系与统计力学公理体系结合之后形成的量子统计物理学，请查阅本书统计物理学部分。

量子计算机 [quantum computer]　尚处于论证和研制过程中的下一代计算机之一。根据量子态的叠加原理，人们设想可用于设计计算机的并行运算，从而提高计算机的运算速度，估计可提高一亿倍。电子计算机以数字"0"与"1"表示电路的"断"与"开"，而量子计算机以量子态作为信息载体，例如以电子自旋态 (朝上和朝下) 表示"0"和"1"，相当于经典计算机以"硅基"构成硬件，需要找到物理体系起量子计算机的硬件作用，请查阅本书量子信息与量子计算部分。

量子力学的正统解释 [orthodox interpretation of quantum mechanics]　即本辞典所介绍的狄拉克–冯·诺依曼量子力学公理体系，见量子力学原理。

2.5　量子信息与量子计算

量子比特 [qubit]　在经典信息论中，比特是用二进制值 (0 或 1) 表示的，它是信息处理的基本单元。相应地，在量子信息处理中，最小的信息单元是量子比特 (qubit)，它可以用一个两态的量子体系来表征。一个两态量子体系的状态可以表示成它的两个基矢 $|0\rangle$ 和 $|1\rangle$ 的相干叠加 $|\phi\rangle = \alpha|0\rangle + \beta|1\rangle$，

其中 α，β 是复数，且满足归一化条件 $|\alpha|^2 + |\beta|^2 = 1$。对 qubit 进行测量时，会发现它有 $|\alpha|^2$ 的概率处于 0 态，$|\beta|^2$ 的概率处于 1 态。也就是说，量子比特除了像经典比特那样处于 0 和 1 这两个状态上，还可以处于这两个态的任意相干叠加态上。

量子比特的优势是它可以编码 (携带) 更多的信息。例如，N 个经典比特 (bits) 只有 N 个分量，而 N 个量子比特 (qubits) 态却有 2^N 个系数。更一般地，用一个量子体系的 3(4 个或以上) 个基矢来编码信息时，称之为 qutrit (qudit)。

量子计算 [quantum computation]　　研究直接利用量子力学的基本原理，比如态的叠加 (superposition) 与纠缠 (entanglement) 等，对编码的信息进行逻辑操控的理论。量子计算机不同于经典计算机 (数字计算机)，经典计算机的输入数据被编码成二进制数字 (比特)，其中的每一位总是在确定的状态 (0 或 1)，而量子计算机使用的量子比特还可以处于 (0 或 1) 的相干叠加态上。由于量子信息的叠加性，量子计算具有内在的并行计算功能，导致它能有效地解决一些经典计算机无法解决的一些重要难题，比如破解公钥密码等。因此，许多国家都资助量子计算的研究，以开发可用于民用或国家安全的量子计算机。截止到 2015 年，现实中的量子计算机的发展仍处于起步阶段，实验上也仅仅只能对少量的量子比特进行相干操控，还没有具有超越经典计算机的功能。

量子图灵机 [quantum Turing machine]　　又称通用量子计算机 (universal quantum computer)，是一个表示量子计算机计算能力的抽象机器，用简单的模型来展示量子计算的能力。事实上，任意一种量子算法都可以表示成为一种量子图灵机。

1936 年，数学家图灵 (Alan Turing) 提出图灵机的概念，它是一个基本的计算模型，将我们对算法的直觉理解予以形式化。对于一个特定的问题，如果存在一个算法的话，那么这个算法一定可以在图灵机上实现。图灵机和线路模型是等价的，而后者更接近于真实的计算机。图灵机可看成是一条无限长的、被分成无数小格的带子，每个格子要么保存一个符号 (1 或 0)，要么是空白。一个读写装置可以读取这些符号和空白，构成图灵机的程序指令。1985 年，物理学家 David Deutsch 首次阐述量子图灵机的概念。与经典图灵机不同的是，量子图灵机的带子和读写头都能够以量子态存在。这意味着带子上的符号除了 0 或 1，还可以是 0 和 1 的叠加。常规的图灵机每次只能完成一个计算任务，而量子图灵机则可以同时进行多个计算任务。1992 年，Brassard 和 Berthiaume 证明了量子图灵机较经典图灵机具有更强大的计算能力。

Grover 算法 [Grover's algorithm]　　Grover 在 1996 年针对遍历搜索问题提出的一种量子算法。遍历搜索的任务是从一个没有排序的大量元素的数据库中寻找到满足某种要求的元素。在经典算法中，搜寻成功所需的搜寻次数 n 与数据库中的元素数目 N 成正比。而在量子 Grover 算法中，搜寻成功需要的搜寻次数只与 $\sqrt{N}$ 成正比。同时，Grover 算法中数据库所需要的储存空间仅为 $\log_2^N$。因此，相比经典算法，量子搜索算法的速度更快，而且占用储存空间也更少。Grover 算法的具体操作过程如下。首先，将数据库中的 N 个元素的信息编码到 $\log_2^N$ 个量子比特的 N 个正交量子态上，标记为 $\{\,|x = 1, 2, \cdots, N)\}$。目标是要搜寻其中量子态 $|\omega\rangle$。其次，初始化整个系统的量子态之后，对所有比特进行 Hadamard 门操作，系统可以制备到所有正交态的同等概率叠加态 $|s\rangle = \sum_{x=1}^{N} |x\rangle / \sqrt{N}$ 上。第三，对系统进行两类操作 $U_s U_\omega$ 的多次迭代。其中 $U_\omega = I - 2|\omega\rangle\langle\omega|$，$U_s = 2|s\rangle\langle s| - I$。最后，经过 r 次迭代操作以后，对整个系统的量子态进行量子测量，系统塌缩到目标态 $|\omega\rangle$ 的概率为 $\sin^2(2r/\sqrt{N})$，概率为 1 即表示搜寻成功。不难发现，搜索成功所要求的迭代操作次数为 $n = \pi\sqrt{N}/4$，与 $\sqrt{N}$ 成正比。

由于搜索是许多重要应用的基础，Grover 搜索算法和 Shor 的大数的质数因子分解一起有力地促进了对量子计算机的研究。

Deutsch-Jozsa 算法 [Deutsch-Jozsa algorithm]　　Deutscn 和 Jozsa 在 1992 年为了演示量子并行计算的优势提出的一种量子算法。Deutscn-Jozsa 算法所要解决的问题是，对于一个给定的函数，确定它是平衡函数还是常函数。此算法可以理解如下。从集合 $\{0, 1, 2, \cdots, 2^n - 1\}$ 中选取一个数，输入一个黑盒子。黑盒输出一个相应函数值 $f(x)$，$f(x)$ 的值只能为 0 或者 1。对于平衡函数，一半的输入态 $|x\rangle$ 对应的输出值是 0，另外一半对应的是 1。对于常函数，所有输出值都是 0 或者 1。经典的算法至少需要 $2^{n-1} + 1$ 次计算才能判断函数 $f(x)$ 是平衡的还是常数。然而，Deutscn-Jozsa 算法只需要一次即可，因为它具备量子并行计算带来的指数加速优势。

Shor 算法 [Shor's algorithm]　　Shor 在 1994 年针对大数分解提出的一种量子算法。假设有一个很大的整数 N 为两个质数 n_1 和 n_2 的乘积。现在的问题是已知 N 反过来求解 n_1 和 n_2。按照经典计算复杂性理论，这个问题没有有效算法，因此被广泛用来作为加密编码的理论基础。然而，事实证明，Shor 算法是此问题的一类有效算法，其分解成功所需要的时间是 $\log_2^N$ 的多项式函数。因此，Shor 算法可以用来破译所有现有的基于大数分解原理的经典加密系统。

DiVincenzo 判据 [DiVincenzo criteria]　　是由 David P. DiVincenzo 于 1996 年至 2000 年提出并完善的。他提出了某个体系是否合适用来实现量子计算机的五条标准，以及实现量子网络功能的两条附加标准。

关于量子计算机的物理实现五条标准:

(1) 具有良好特性的可扩展量子比特系统;

(2) 能够制备量子比特到某个基准态 (纯态);

(3) 能够实现一套通用量子逻辑门操作;

(4) 能够实现对量子比特的测量;

(5) 能够保持足够长的相干时间来完成各种量子逻辑门操作。

关于量子网络功能的两条附加标准:

(6) 在飞行量子比特和节点量子比特之间的转换能力;

(7) 在不同节点之间可靠地传输飞行量子比特的能力。

普适量子门 [universal quantum gates] 经典计算和量子计算都可以看作一个物理过程。可以把 N 比特的量子计算看成下列过程: 制备初态,有个机器能实现一个特定的幺正演化和测量。如果任意的幺正演化算符 $\mathrm{SU}(2^N \times 2^N)$ 都可以实现,则该机器拥有普适量子计算的能力。已经证明任意的幺正演化算符可以有效地由少数单量子比特逻辑门和非平庸的两量子比特门的有限组合来逼近。某个有上述功能的少数单量子比特逻辑门和非平庸的两量子比特门组成的集合被称为一套普适量子逻辑门集。一套普适量子门的合适组合即可实现量子计算的任意操作,也就是说,任何幺正操作都可以表示成一套量子门的有限序列组合。下面举一组普适量子门的例子。任意的单比特量子门可以由 Hadamard 门,相位门和 $\pi/8$ 门构造,它们的定义如下: 对于单量子比特 $|\phi\rangle_1 = \alpha|0\rangle + \beta|1\rangle$,其中 $|0\rangle = \begin{pmatrix} 1 \\ 0 \end{pmatrix}$, $|1\rangle = \begin{pmatrix} 0 \\ 1 \end{pmatrix}$。Hadamard 门,相位门和 $\pi/8$ 门操作的矩阵表示分别是 $H = \dfrac{1}{\sqrt{2}}\begin{pmatrix} 1 & 1 \\ 1 & -1 \end{pmatrix}$, $S = \begin{pmatrix} 1 & 0 \\ 0 & \mathrm{i} \end{pmatrix}$ 和 $T = \begin{pmatrix} 1 & 0 \\ 0 & \exp(\mathrm{i}\pi/4) \end{pmatrix}$。对于两比特 $|\phi\rangle_2 = \alpha|00\rangle + \beta|01\rangle + \gamma|10\rangle + \delta|11\rangle$,CNOT 门操作的矩阵表示是 $\begin{pmatrix} 1 & 0 & 0 & 0 \\ 0 & 1 & 0 & 0 \\ 0 & 0 & 0 & 1 \\ 0 & 0 & 1 & 0 \end{pmatrix}$,它作用于两比特时,CNOT $|\phi\rangle_2 = \alpha|00\rangle + \beta|01\rangle + \gamma|11\rangle + \delta|10\rangle$。即,控制比特是 $|1\rangle$ 时,受控比特取非,控制比特是 $|0\rangle$ 时,受控比特不发生任何改变。任意幺正操作都可以表示成 Hadamard 门、相位门、$\pi/8$ 门和 CNOT 门的有限序列组合。

量子纠错 [quantum error correction] 纠正在实际量子计算过程中由于量子噪声的影响给量子信息带来的错误。最简单的单比特错误包括比特翻转错误和相位错误。经典计算机中只有比特翻转错误,可以采用冗余编码的方法来发现和纠正这类错误。然而,在量子计算中,由于量子态不可克隆定理的限制,不能直接采用这一方法。量子纠错的思想主要是基于量子纠错码,把量子信息编码到一个较大的希尔伯特空间中。受到量子噪声的影响,编码的量子态会被投影到一个不同于编码信息的希尔伯特子空间中,不同的错误将导致编码态投影到不同的正交子空间中。通过引入纠错子并对其进行测量,可以判断出错的类型,进而通过相应的量子纠错操作将出错的量子信息重新恢复到正确的量子态上。早期的量子纠错码是由 Shor 提出的利用 9 个物理比特和 Steane 提出利用 7 个物理比特来编码 1 个逻辑比特的策略,可以纠正单比特的任意错误。后来这一思想被进一步推广到利用稳定子来编码,而且证明了 5 个物理比特是纠正单比特任意错误所需要的最少物理资源。

量子门路 [quantum circuit] 对于量子处理器的存储单元 (如量子比特) 进行操作的元件,由量子存储单元、线路、及各种量子逻辑门组成。量子门路的读法是从左到右,其中每条连线表示量子比特的状态是随着时间自由演化过程,该演化过程由量子比特的自身哈密顿算符所满足的薛定谔方程决定,而量子逻辑门表示对量子比特作相应的操作。一般无特殊说明,每个存储单元的初始状态被置于基态上 (记为 $|0\rangle$)。在量子门路模型中,信息为线路所携带,并且运用少量的基本量子逻辑门,就可以实现任意复杂的计算。下面给出两种典型的量子门路图。

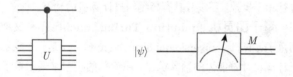

(1) 受控 U 门: 如左图所示,假设 U 是作用在 n 个量子比特上的幺正矩阵,将 U 视为某种量子逻辑门。受控 U 门是由 U 门具有单一的控制量子比特 (用带黑点的线表示) 和 n 个目标量子比特 (用线上 U 的盒子表示)。当控制量子比特置于 $|0\rangle$,目标量子比特不受影响;当控制量子比特置于 $|1\rangle$,则 U 门作用到目标量子比特上。

(2) 测量操作: 测量用仪表符号表示。该操作将单个量子比特的状态 $|\psi\rangle = a|0\rangle + b|1\rangle$ 变成概率意义下的经典比特 M (与量子比特区分,画成双线),测量结果为 0 的概率为 $|a|^2$,为 1 的概率为 $|b|^2$。

单向量子计算 [one-way quantum computation] 2001 年 Raussendorf 和 Briegl 提出了单向量子计算方法。他们提出利用高度纠缠的簇态作为初态,通过单比特的测量对簇态进行信息编译和处理即可实现量子计算的功能。由于测量使得量子比特塌缩到某一个状态,纠缠态被破坏,故此种量子计算是单向的、不能反演的。实现单向量子计算的系统,需具备可纠缠、可进行单比特测量且两比特之间无直接关联的特点,因而具有可拓展性。已经证明单向量子计算模型和一般的量子线路模型是等价的。

拓扑量子计算 [topological quantum computation]
1997 年由 Kitaev 首次提出，利用任意子 (交换统计服从辫子群表示的准粒子) 编码量子信息以抵御由局域噪声引起的消相干。拓扑量子计算的逻辑门操作是通过拖曳任意子相互缠绕进行，在操作过程中任意子保持空间相互分离，编织产生的幺正操作仅依赖于编织拓扑，而对系统的动力学过程不敏感。实现拓扑量子计算，首先要找到一个具有拓扑自由度的量子系统，利用拓扑自由度编码量子信息，再对这些拓扑保护态执行拓扑的量子逻辑门操作，最后通过测量提取出编码态的信息。拓扑量子计算理论上被认为可到达量子计算阈值定理的要求，因而吸引了很多研究，但具有非阿贝尔统计的任意子仍还没被实验确认。

几何量子计算 [geometric quantum computation]
利用几何相位来实现普适量子门的量子计算方法。普适的量子计算可由一个非平庸的二量子比特逻辑门及两个非对易的旋转角度可调的单量子比特逻辑门实现。量子门可表示为幺正算符 $U(\gamma)$，其中 γ 表示在实现量子门操作中积累的相位，通常同时包含几何与动力学部分。如果相位 γ 是纯几何相位 (即动力学相位为零)，则该量子门被称为几何量子门。由于几何量子门中的几何相位是一个整体的相位，对某些局域无规涨落的影响不敏感，具有内禀的容错性，因此受到了广泛的关注。

绝热量子计算 [adiabatic quantum computation]
其设计思想在于将量子计算机的硬件作为一个量子系统，通过操控其基态的演化达到解决问题的目的。具体的计算过程如下。首先根据所要求解的问题设计相应的哈密顿量，记为 H_T，将所要求解问题的答案编码在 H_T 的基态 $|\psi_g(T)\rangle$ 上，然后设计系统的初始哈密顿量，记为 $H(0)$。在计算开始之前，将系统的制备在 $H(0)$ 的基态 $|\psi_g(0)\rangle$ 上，在计算过程中使系统哈密顿量从 $H(0)$ 缓慢地改变成 $H(T) = H_T$，以致运行结束后系统处于 H_T 的基态 $|\psi_g(T)\rangle$ 上，最后测量系统的基态 $|\psi_g(T)\rangle$，得到问题的答案。

在绝热计算中，$H(0)$ 和 H_T 是根据所涉及问题而事先构造的、已知的，但对于一个多项式复杂程度的非确定性问题，直接计算 H_T 的基态是几乎不可能的，故 $|\psi_g(T)\rangle$ 是未知的，只能通过测量来获得基态。2004 年 Aharonov 等提出，可对任意常规量子算法在多项式时间内进行绝热模拟，证明了绝热量子计算模型和常规的量子计算模型 (量子线路模型、量子图灵机模型、量子随机存储模型等) 在一定意义上是等价的。

量子计算阈值定理 [threshold theorem for quantum computation]
在量子计算中，由于量子噪声对量子态和量子门操作带来的错误会存在于整个过程中，经过量子纠错码编码后的量子信息在随后的量子计算过程中同样会出现错误的不断积累和传播，导致最终量子计算的失败。为此，人们需要在编码后的量子计算过程中通过级联编码的方式不断引入纠错，进而实现容错量子计算。假定量子噪声导致的出错概率为 p，如果 p 小于某个阈值 p_{th}，可以证明最终累积的出错概率可以减少到人们期望的水平，从而保证量子计算可以无限长的运行下去。这就是著名的量子计算阈值定理。量子计算阈值定理为未来量子计算机的实用化奠定了理论基础，说明量子计算机的实现不存在原理性的困难。采用不同的纠错方式，需要的阈值 p_{th} 并不同，如基于 Steane 和 Surface 纠错码，每个逻辑门操作的阈值 p_{th} 分别为 10^{-5} 和 10^{-4}。

超密编码 [superdense coding] 又称密集编码。一种利用共享量子纠缠来提高信息在无噪声量子通道中传输的方法。在量子信息理论中，超密编码代表一种利用一个量子比特传输两个经典比特信息的技术。根据 Holeve-Schumacher-Westmoreland 理论，在通信两端之间无噪声地发送一个单量子比特可以产生 1 比特/量子比特的通信最大值。如果发送者的量子比特与接收者的量子比特处于最大纠缠态，那么超密编码可以将最大比率提高到 2 比特/量子比特。

量子通信 [quantum communication] 信息编码、处理和传输都是基于量子态的通信方式，包括量子密钥分发、量子密集编码、量子秘密分享、量子隐形传态和量子纠缠分发等。量子通信可按其传输的是经典信息还是量子信息分为两类，前者主要应用有量子密钥分发，其利用量子测量的不确定性、量子态不可克隆特性和量子态的测量坍缩性质，保证密钥分发的绝对安全性；后者则主要包括量子隐形传态和量子纠缠分发，是利用量子纠缠态的非局域性，可以实现量子态和纠缠的远距离传输。量子通信是经典信息论和量子力学相结合的一门新兴交叉学科，与现有成熟的通信技术相比，量子通信具有巨大的优越性，如保密性强、容量大。

量子网络 [quantum network] 由空间分离的量子节点以及连接量子节点的量子信道组成。量子节点一般由内态相干时间较长的原子系综、单原子、单离子等构成；量子信道一般由飞行比特 (如光子) 来实现。量子节点主要用于局域地产生、处理和存储量子信息；量子信道则用于实现量子节点间的量子态传输和量子纠缠分发。量子网络可以用来实现分布式量子计算、远距离量子通信和量子模拟等功能。光子与原子量子态之间的高效率转换一直是实现量子网络的关键技术。

量子存储器 [quantum memory] 作为量子网络中量子节点的重要组成部件和量子中继器的必需元件，用于存储和读取飞行比特 (如光子) 的量子态。由于量子存储器可以存储光子量子态一段时间，因此可以通过同步读取不同量子存储器的光子量子态的方式来实现多量子节点操作的同步。目前量子存储器的研究还处于实验室探索阶段，主要包括两

种实现方案 —— 原子系综方案和固态体系方案。原子系综方案具有能级结构简单，信噪比高的优点，但是不利于将来系统集成和扩展。固态体系方案具有集成性高的优点，但是其能级结构复杂，信噪比较低。

量子中继器 [quantum repeater] 由于量子态具有不可克隆性和测不准特性，不可能通过类似经典的信号放大技术补偿量子比特的损耗，但可以利用量子纠缠特性来实现量子态和纠缠的远距离传输，即量子中继器。基于量子纠缠交换的量子中继器的实现需要稳定可靠的量子存储器：纠缠的 Einstein-Podolsky-Rosen(EPR) 光子对 1-2 分别分发给节点 A 和 B，然后将光子 1 和光子 2 对分别存储在节点 A 和 B 的量子存储器；纠缠的 EPR 光子对 3-4 分别分发给节点 B 和 C，然后将光子 3 和光子 4 分别存储在节点 B 和 C 的量子存储器。同时从节点 B 的量子存储器读取光子 2 和光子 3 并进行 Bell 基测量，导致光子 1 和光子 4 产生纠缠；依此类推，最终可以在节点 A 与目标节点之间实现纠缠光子的远程传输。

量子比特误码率 [quantum bit-error rate] 衡量量子通信过程中量子比特在规定时间内数据传输精确性的指标，一般针对筛选码进行定义。量子比特误码率 =(传输过程中形成的错误比特数/成功接收到的总比特数)×100%。

量子信道容量 [quantum communication channel capacity] 量子信道 (quantum channel) 稳定可靠地传输信息 (经典和量子) 的最大速率。根据量子信息辅助资源或传输协议的选择，以及信号携带的是经典信息还是量子信息，一个量子信道上面可以定义多种容量，每种容量描述不同的通信任务。例如，量子信道经典容量 (classical capacity of a quantum channel) 是指量子信道传输经典信息的最大速率；量子信道私密经典容量 (private classical capacity of a quantum channel) 是指量子信道在保证安全、不被窃听的情况下传输量子密码的最大速率；量子信道量子容量 (quantum capacity of a quantum channel) 是指量子信道相干地传输量子态的最大速率；纠缠辅助的量子信道容量 (entanglement assisted capacity of quantum channel) 是指在信息发送者与信息接收者分享纠缠时信息传输的最大速率。

量子隐形传态 [quantum teleportation] 1993 年，Bennett 和 Brassard 等提出了量子隐形传态的理论。量子隐形传态利用量子纠缠的非局域特性，可以实现在不发送任何量子位的情况下将一个量子系统的未知量子态所包含的信息发送到远处另一个量子系统中。

量子隐形传态原理如下图示意。设 Alice 和 Bob 事先已经共享了一对最大纠缠的 Bell 态 [Einstein-Podolsky-Rosen (EPR) 对]。我们设这个态是 $|\Phi^+\rangle_{AB} = (|0\rangle_A|0\rangle_B + |1\rangle_A|1\rangle_B)/\sqrt{2}$ (事实上用其他三个 Bell 态也同样可以实现量子隐形传

态)，Alice 拥有量子比特 A、Bob 拥有量子比特 B。当 Alice 想将量子比特 X 上的一个未知量子态传送给 Bob，她就对自己手中的量子比特 A 和 X 进行 Bell 基测量 (BSM)，然后将测量结果以经典方式告诉 Bob；Bob 收到这信息后，对量子比特 B 做一个与 Alice 测量结果相应的幺正变换 U，就可以把量子比特 B 的状态变换成量子比特 X 的初始状态，从而使得量子比特 X 本身虽然没有被传送，但其状态的完整信息从 Alice 转移到了 Bob 那边。

需要说明的是，量子隐形传态不是量子态的远程 "克隆"，因为被传送的量子比特 X 的态被测量后就不复存在；也不能实现 "超光速" 信号传输，因为只有 Alice 通过经典通信将自己的测量结果告诉 Bob 之后，Bob 才能知道如何从量子比特 B 得到量子比特 X 的初始状态信息。

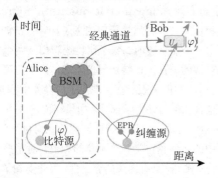

量子密钥分发 [quantum key distribution] 可以使合法的通信双方 (以下简称为 Alice 和 Bob) 之间产生和共享一串绝对随机的、无条件安全的密钥，该密钥可以用来加密和解密信息。与经典密码术最大的区别在于，量子密钥分发对通信过程存在的窃听行为具有可检测能力。这种安全性基于量子力学的基本物理原理 (如未知的量子态不可克隆、量子态测量塌缩、量子不确定原理等)，其安全性不依赖于窃听者的计算能力和存储能力，因而结合 "一次一密" 密码体制可以达到密码学意义上的无条件安全性。常用的量子密钥分发有 BB84 协议、E91 协议和诱骗态方法。

BB84 协议 [BB84 protocol] 由 Bennett 和 Brassard 在 1984 年提出的首个量子密钥分发协议，因而被称为 BB84 协议。之后的许多量子密钥分发协议都是在它的基础上发展起来的。BB84 协议把信息编码在分属两组共轭基的 4 个非正交量子态上。例如光子水平偏振态 $|H\rangle$ 和竖直偏振态 $|V\rangle$，45° 方向偏振态 $|+\rangle = (|H\rangle + |V\rangle)/\sqrt{2}$ 和 135° 方向偏振态 $|-\rangle = (|H\rangle - |V\rangle)/\sqrt{2}$。这 4 个态属于两组共轭基，可以用 $|\varphi_{a_n,b_n}\rangle$ 表示这 4 个量子态，其中 a_n 是取值，b_n 是编码基，则 $|\varphi_{0,0}\rangle$ 相当于 $|H\rangle$，$|\varphi_{1,0}\rangle$ 相当于 $|V\rangle$，$|\varphi_{0,1}\rangle$ 相当于 $|+\rangle$，$|\varphi_{1,1}\rangle$ 相当于 $|-\rangle$。记正交归一基矢 $|\varphi_{0,0}\rangle$ 和 $|\varphi_{1,0}\rangle$ 为 σ_z 基，记正交归一基矢 $|\varphi_{0,1}\rangle$ 和 $|\varphi_{1,1}\rangle$ 为 σ_x 基。具体的

通信过程如下：

(1) 发送方 Alice 准备一串拟向接收方 Bob 发送的随机比特序列 $\{a_n\}$，同时随机产生长度相同的编码基矢 $\{b_n\}$ 序列。Bob 准备好同等长度的随机测量基矢 $\{c_n\}$ 序列，其中序列的元素由 0 和 1 组成。

(2) 按照编码规则，Alice 把制备好的 4 个量子态 $|\varphi_{0,0}\rangle$，$|\varphi_{1,0}\rangle$，$|\varphi_{0,1}\rangle$，C$|\varphi_{1,1}\rangle$ 发送给 Bob，分别对应于 $|H\rangle$，$|V\rangle$，$|+\rangle$，$|-\rangle$。

(3) Bob 对接受到的量子态 $|\varphi_{a_n,b_n}\rangle$ 使用 $\{c_n\}$ 进行测量。测量规则是 σ_z 基测量 $\{c_n\} = 0$ 的情况，σ_x 基测量 $\{c_n\} = 1$ 的情况。并用 0 记录 $|H\rangle$ 和 $|+\rangle$，1 记录 $|V\rangle$ 和 $|-\rangle$。由于测量序列 $\{c_n\}$ 的选取是随机的，因此 Bob 选择正确的测量基矢的概率为 50%。

(4) 双方通过公开信道对基矢 c_n 和 b_n 进行对比，保留基一致的并存为 d_n，然后在经典信道上对 d_n 的部分信息进行对比，估计量子误码率。如果误码率超过合理的范围，说明有窃听者存在。如果误码率在合理范围内，则舍去那部分用于检验的数据，剩下的量子比特就可以作为密钥。该密钥需要进一步经过密钥后处理过程 (密钥纠错和保密增强)，方可作为保密通信过程中的安全密钥使用。由于密钥是在传送过程中由随机序列组成的，所以通信双方事先不知道密钥本的内容，也就不用担心密钥传送过程中的危险。

E91 协议 [E91 protocol]　由 Artur Eckert 于 1991 年提出，是最早利用纠缠粒子对来实现密钥分发的协议。虽然该协议与基于单光子的 BB84 协议有些差别，但是 Bell 理论保证了其安全性与 BB84 协议完全等价。E91 协议具体通信过程如下：

(1) 假设 Alice 制备了 $|\varphi^+\rangle_{AB} = (|00\rangle_{AB} + |11\rangle_{AB})/\sqrt{2}$ 的纠缠态，粒子 A 自己保留，粒子 B 发送给 Bob。

(2) 双方随机使用 σ_z 基或者 σ_x 基测量各自的粒子，由于 $|\varphi^+\rangle_{AB} = (|00\rangle_{AB} + |11\rangle_{AB})/\sqrt{2} = (|++\rangle + |--\rangle)/\sqrt{2}$，所以双方使用相同的基，测量结果相同，双方可以建立确定的关联而共享密钥。当双方使用不同的基，测量结果之间无关联性。

(3) Alice 和 Bob 使用 Bell 不等式来检验通信是否安全。如果测量结果遵循 Bell 不等式，说明信道不安全，反之则说明通信是安全的。然后双方通过经典信道保留测量基选择一致的结果，再通过纠错和保密增强，得到最终安全的密钥。

从上面过程可以看出，E91 协议与 BB84 协议在本质上是相同的，Alice 随机选择测量基等效于 BB84 协议中 Alice 随机发送了一个对应状态的偏振光子。E91 协议将量子密码和量子纠缠态直接联系起来，对量子密码具有重要的理论价值，但是由于高纯度的纠缠源在现实中产生和传输的成本偏高，因此限制了使用的范围。

诱骗态 [decoy state]　由于一般的量子密钥分发协议的无条件安全性是建立在一些理想条件基础上，比如脉冲是完美的单光子源，实验设备没有缺陷。但是在实际中，设备和技术无法满足这些理想条件，使得窃听者 Eve 有机会对系统进行攻击，导致密钥率和最大安全距离都受到影响。诱骗态协议是为解决这些实际问题而提出的。诱骗态协议是指 Alice 在发送脉冲时随机地插入一些光脉冲，这种诱惑光脉冲与信号脉冲的区别是每个脉冲的平均光子数不同，使得窃听者 Eve 无法获知所截获的信息来自信号脉冲还是诱惑脉冲。而采用诱骗态的方法可以更好的估计脉冲中的单光子比率，使得密钥分发系统的密钥率和最大安全距离都有显著提高。

局域操作和经典通信 [local operations and classical communication (LOCC)]　对于一个处于特定状态的可分离的联合系统，不同的实验操作者分别对其所拥有的子系统进行独立的局域操作，再将这些局域操作后的结果通过经典信道 (如电话、网络) 告诉对方的过程。局域操作较整体操作具有实验上易于实现的特点，其一般用于纠缠的纯化和蒸馏。

以纠缠变换为例，Alice 和 Bob 共享处于 Bell 态 $(|00\rangle + |11\rangle)/\sqrt{2}$ 的纠缠量子比特对。Alice 执行由测量算子 M_1 和 M_2 描述的双输出局域测量操作，$M_1 = \begin{pmatrix} \cos\theta & 0 \\ 0 & \sin\theta \end{pmatrix}$，$M_2 = \begin{pmatrix} \sin\theta & 0 \\ 0 & \cos\theta \end{pmatrix}$。测量后，测量结果成为 1 或者 2，量子态变成 $\cos\theta|00\rangle + \sin\theta|11\rangle$ 或者 $\cos\theta|11\rangle + \sin\theta|00\rangle$。对于后一种情况，Alice 在测量后作用一个局域非门操作，量子态变成 $\cos\theta|01\rangle + \sin\theta|10\rangle$，然后她把测量结果 (1 或 2) 通过经典信道发送给 Bob。如果测量结果是 1，Bob 就不对量子态操作；如果测量结果是 2，他就对量子态作用一个局域非门操作。于是无论 Alice 的测量结果如何，整个系统的量子态最终都变为 $\cos\theta|00\rangle + \sin\theta|11\rangle$。即 Alice 和 Bob 只是通过对他们各自子系统执行局域操作和经典通信，就把他们共享的初始纠缠态 $(|00\rangle + |11\rangle)/\sqrt{2}$ 变换为 $\cos\theta|00\rangle + \sin\theta|11\rangle$。

飞行比特 [flying qubit]　在量子信息处理中，单个光子可以被视为一个实现 (编码) 量子比特的物理系统，它的两个量子编码态可以是描述光子偏振方向的两个正交偏振态，如水平偏振态 $|H\rangle$ 和垂直偏振态 $|V\rangle$；45° 偏振态和 −45° 偏振态；左旋偏振态和右旋偏振态等。如果用 $|H\rangle$ 和 $|V\rangle$ 这两个正交偏振态表示光子的量子态，则光子的量子态可以表示成这两个正交偏振态的相干叠加态 $\alpha|H\rangle + \beta|V\rangle$，其中 $|\alpha|^2 + |\beta|^2 = 1$。由于光子以极限速度运动，因此在量子信息中用作飞行比特。量子网络中的量子信道一般由飞行比特——光子实现。

量子密码 [quantum cryptography]　以量子法则

(量子编码规则) 为基础, 利用量子态作为符号而实现的密码。通常所说的量子密码指的不仅仅是量子密钥分发, 其更完整的定义应该还包括量子保密体制、量子认证、量子密钥管理、量子安全协议、量子密码分析、量子密码实现技术等众多方面。量子密码技术是量子信息领域发展最为成熟的技术, 结合量子密码技术和 "一次一密" 密码体制可以实现无条件安全的保密通信体制。经过大量研究者三十多年的不懈努力, 目前国内外已有多款量子密码商业产品问世, 量子密码技术初步开始了产业化。

量子密码在一些理想假设条件下的无条件安全已经获得理论证明, 但实际系统无法完全满足所假设的理想条件, 因此实际系统原则上是可攻击的, 攻击主要针对器件和设备的非理想性方面。鉴于当前的攻击都针对器件的不完善性, 人们提出设备无关量子密码体系的概念, 希望其安全性不依赖于设备, 从而解决由设备缺陷所带来的不安全, 此被称为设备无关量子密码。由于已经报道的攻击方式大多是针对单光子探测器的不理想性, 国际上主要发展了安全性与测量器件无关的量子密钥分发系统方案, 被称为与测量设备无关量子密钥分发系统方案。

量子随机数 [quantum random number]　基于量子物理的不确定特性所产生的随机数, 它是真正随机的, 完全无规的, 不能被预测的。量子随机数即使在拥有无限计算资源和量子计算机的情况下, 也不会被成功预测, 其优良的不确定性和不可预测性在众多领域中有重大应用价值。例如, 量子随机数是真正的随机数, 可以保证量子密码的安全, 也可以用来数值模拟物理和生物的博弈现象。

量子纠缠交换 [entanglement swapping]　一种用来实现将来自不同量子纠缠对的非纠缠粒子纠缠在一起的技术。其基本原理是将两对或多对纠缠比特, 经过某种量子操作后, 使原本非纠缠的两个粒子或多个粒子成为纠缠粒子。以两对纠缠量子比特的情况为例, 如下图, 两个 Einstein-Podolsky-Rosen (EPR) 源 I 和 II 分别产生量子纠缠对 1, 2 和 3, 4(用短箭头表示其纠缠关系)。对粒子 1 和粒子 3(来自不同的量子纠缠对) 进行 Bell 基测量 (BSM), 将导致粒子 2 和 4 相纠缠 (用长箭头表示其纠缠关系)。这个过程称为量子纠缠交换。利用纠缠交换可以实现两个远程节点之间的纠缠及量子通信。

纠缠纯化与蒸馏 [entanglement purification and distillation]　利用局域操作和经典通信从纠缠度和纯度较低的 EPR 对大量综制备出纠缠度和纯度较高的 EPR 对子系统。纠缠纯化的目的是提高任意未知混合态的纯度和纠缠度。纯化过程需要使用局域受控非门操作。

利用局域操作和经典通信将多个非最大纠缠态 (纯态) 制备成少数最大纠缠态, 制备后的量子态纠缠度增加。有的文

献也将纠缠蒸馏与纠缠浓缩 (entanglement concentration) 交叉使用。用 Procrustean 方法对系数已知的非最大纠缠纯态蒸馏 (浓缩), 只需要使用局域过滤 (local filtering) 操作。用 Schmidt 分解方法对系数未知的非最大纠缠纯态蒸馏 (浓缩), 需要用到同时联合测量 (simultaneous collective measurement) 操作。

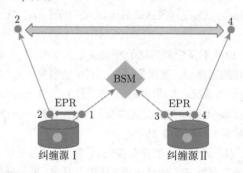

量子路由器 [quantum router]　量子网络中的一个重要量子器件。通过量子控制信号决定量子数据信号所经路径的设备。量子网络中, 量子数据信号一般由飞行比特 —— 光子携带; 量子控制信号可以通过光子或固态比特携带。下面以光子作为量子控制信号为例, 数据信号光子从路径 $|L\rangle$ 进入量子路由器, 控制信号光子的偏振态 $|H\rangle_c (|V\rangle_c)$ 控制数据信号光子走路径 $|L\rangle_s (|R\rangle_s)$, 当控制信号光子的量子态处于两个正交偏振态的任意相干叠加态 $c_0 |H\rangle_c + c_1 |V\rangle_c$, 由于相干性, 两个光子经过量子路由器之后, 它们的量子态为纠缠态 $c_0 |H\rangle_c |L\rangle_s + c_1 |V\rangle_c |R\rangle_s$。因此, 量子路由器实际上相当于作用在控制信号光子的偏振自由度和数据信号光子的路径自由度上的受控非门。

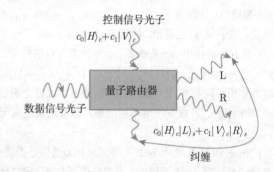

量子木马 [quantum trojanhorse]　对量子密钥分发操作中的目标漏洞或者是对用于构建量子密钥分发系统的物理器件的缺陷进行攻击从而获得正在被传输的信息的行为。例如, 在量子密钥分发过程中, 信息发送者 Alice 通过偏振编码的光子向信息接收者 Bob 传送信息。信息窃听者 Eve 通过量子信道向量子密钥分发系统发送木马光脉冲 (bright Trojanhorse pulses) 攻击 Alice, 然后分析反射回来的光脉冲信号, 从而得到 Alice 选取的偏振基矢, 进而破解加密的信

息。一般来说，因为 Eve 感兴趣的是 Alice 选取的偏振基矢，所以他会尽可能避免干扰从 Alice 传输到 Bob 的合法量子信号。因此，进行攻击时，Eve 很难被发现，这对量子密钥分发系统的安全构成威胁。

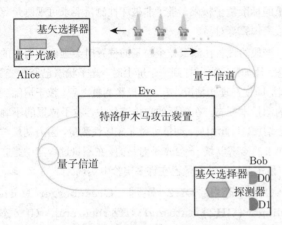

量子秘密分享 [quantum secret sharing]　秘密信息分发者选择合适的方式将秘密信息 (可以包括经典信息或量子态等) 拆分成许多份子秘密，并利用量子信道将子秘密分发给多个授权参与者，由所有授权参与者共同管理秘密信息。任何一个 (或部分) 授权参与者都没有权限单独地恢复完整的秘密信息，须由所有授权参与者相互合作才能完成。与量子密钥分发不同，量子秘密分享协议是否安全，不再是针对合法授权参与者以外的外部攻击者是否能窃听，而是针对内部是否有合法授权参与者试图作弊、从而得到他本来未被允许得到的额外信息。量子秘密分享主要包括秘密分发者、授权参与者、秘密空间、秘密分发算法和恢复算法等。

量子态不可克隆定理 [no-cloning theorem]　1982 年由 W. K. Wootters 和 W. H. Zurek 提出。由于量子力学的态叠加原理，量子系统的任意未知量子态，不可能在不遭破坏的前提下，以确定成功的概率被克隆到另一个量子体系上。该定理不是一个独立的基本定理，而是态叠加原理的推论。它否定了精确克隆任意未知量子态的可能性，但是不保证克隆必定成功的"概率量子克隆"仍然是可能的。它是量子密钥分发安全性的理论基础之一，因而在量子密码学中有着重要应用。

量子消除器 [quantum eraser]　量子力学中，量子擦除实验是一种干涉实验，其能够很好地验证量子力学的几个基本概念，如量子纠缠和量子互补性。以最熟悉的双缝干涉实验为例，一束光通过带有两狭缝的挡板，在挡板后的探测屏上会观察到干涉图样。然而，如果通过某种测量得知光子通过狭缝的路径，那么，探测屏上显示出的干涉图样会被破坏。也就是说，干涉图样因为路径信息的得知而被破坏，这也意味着路径信息与干涉图样可视化是彼此互补的变量。干

涉图样被破坏的原因是，在探测光子的路径信息时，并没有扰动光子的运动，而是按照光子通过的狭缝给光子贴上标签，贴上标签的光子是不能与它本身干涉的。但是，如果通过某些操作将标签擦除，那么光子又能重新与自己干涉，从而干涉图样又重新恢复。这种过程称为量子擦除器。

消相干 [decoherence]　现实中的物理体系不可避免地会与周围环境发生相互租用。体系的量子态信息在相互作用过程中随着时间演化会耗散到环境中。此时，物理体系就会失去它原来内禀的相干叠加性，系统的状态就会逐渐塌缩为经典态，这个过程称为消相干。对物理系统状态进行测量也会导致被测系统态关联塌缩，进而引起退相干的发生。物理系统量子态 (量子信息) 的衰减过程也是一种退相干，如动力学演化过程 (可逆的、保持相干性的过程)。

量子纠缠 [quantum entanglement]　描述复合系统性质的概念。如果复合系统的量子态，不能够写成系统各个组分的量子态直积，那么这个量子态被称为纠缠态。系统处于量子纠缠态，将导致系统不同组分的可观测量之间的关联，而且这种关联是非定域的。

例如，考虑一个两组分的复合系统，分别为系统 A 和 B，如果系统的量子态不能表达为 $|\Psi\rangle = |\phi\rangle_A \otimes |\varphi\rangle_B$(这样的态我们称为可分态 (separable state) 或者直积态 (product state))，那么我们说系统处于纠缠态。以 A，B 都是二能级系统为例，对于贝尔态 (Bell state)$|\Psi\rangle = \frac{1}{\sqrt{2}} \left(|0\rangle_A \otimes |0\rangle_B + |1\rangle_A \otimes |1\rangle_B\right)$，就不能写为上述直积形式。如果测量系统 A，使得系统 A 的量子态塌缩为 $|0\rangle$ ($|1\rangle$) 态，那么系统 B 的量子态则同时塌缩到 $|1\rangle$ ($|0\rangle$) 态，尽管 A，B 系统在空间可以是分离的。更为一般地，对于有 N 组分的混态 (mixed state) 复合系统，如果该系统的密度矩阵形式上无法写成 $\rho = \sum_k P_k \rho_k^{(1)} \otimes \rho_k^{(2)} \otimes \cdots \otimes \rho_k^{(N)}$，同样，该系统处于纠缠态。

贝尔态 [Bell states]　两个量子比特所处的量子态，是最大纠缠态。若量子比特的能级为 $|0\rangle$ 和 $|1\rangle$，贝尔态如下：

$$|\beta_{11}\rangle = \frac{|0\rangle_A \otimes |1\rangle_B - |1\rangle_A \otimes |0\rangle_B}{\sqrt{2}}$$

$$|\beta_{10}\rangle = \frac{|0\rangle_A \otimes |0\rangle_B - |1\rangle_A \otimes |1\rangle_B}{\sqrt{2}}$$

$$|\beta_{01}\rangle = \frac{|0\rangle_A \otimes |1\rangle_B + |1\rangle_A \otimes |0\rangle_B}{\sqrt{2}}$$

$$|\beta_{00}\rangle = \frac{|0\rangle_A \otimes |0\rangle_B + |1\rangle_A \otimes |1\rangle_B}{\sqrt{2}}$$

这四个量子态构成一组正交完备基，称为贝尔基 (Bell basis)。

贝尔不等式 [Bell inequality]　由 John S. Bell 于 1964 年提出，是基于爱因斯坦的定域性原理推导并可由实验检验的不等式。而量子力学所预期的结果并不满足该不等式

关系，由此证明任何定域的隐变量理论和量子力学是不相容的，这个结果也被称为贝尔定理。

量子理论认为一个量子态在测量前是不确定的，测量后的量子态以某一概率分布塌缩到与该可观测量对应的本征态。由此，对于贝尔态，测量 A 量子比特对 B 量子比特所产生的影响（塌缩至相应本征态）是超距的。1935 年，爱因斯坦 (A. Einstein)，珀都斯凯 (B. Podolsky) 和偌森 (N. Rosen) 发表了著名的 EPR 佯谬，反驳量子论的这种不确定性，认为测量前的量子态及其概率分布都是确定的（定域实在论）。爱因斯坦等认为在描述物理现实时量子力学并不完备，要完全描述系统的状态，还需要另外某些量，称为隐变量 (hidden variables)。基于隐变量理论，贝尔提出了一个推广的实验，一个静止的 π^0 介子衰变为正负电子对，测量电子对自旋的两个探测器的方向可以独立的转动，并计算两个探测器测量结果乘积的平均值。根据隐变量理论，我们可以假设任意的几率分布，对于这个实验可以得到贝尔不等式：

$$\left| P\left(\hat{a},\hat{b}\right) - P\left(\hat{a},\hat{c}\right) \right| \leqslant 1 + P\left(\hat{b},\hat{c}\right)$$

其中 $P\left(\hat{a},\hat{b}\right) = \int \rho(\lambda)A(\hat{a},\lambda)B(\hat{b},\lambda)\mathrm{d}\lambda$，是由隐变量理论所给出的期望值；$\hat{a},\hat{b},\hat{c}$ 表示探测器方向；A,B 为测量值，是隐变量和探测器方向的函数；$\rho(\lambda)$ 为几率分布；λ 为隐变量。可证明量子力学结果与贝尔不等式不相容。

量子博弈论 [quantum game theory]　将经典博弈论延伸到量子范畴的理论。相比于经典博弈论，量子博弈论中初态可以是线性叠加态，甚至纠缠态，经典博弈论中策略空间在量子化后也会增加；例如硬币博弈，量子化后的硬币可以处在正反面的叠加态，如果是两枚量子硬币，那么初态可以是纠缠态；量子策略则可以是任一么正矩阵。由于量子化后的可控因素增多，相比于经典的博弈论，参与者的收益也会出现一些新颖的变化。比如在二人零和博弈和著名的"囚徒困境"博弈中，参与人采用最优量子（纯）策略所获得的收益不会少于他采用最优（经典）混合策略的收益。

量子层析 [quantum tomography]　层析方法在量子领域的应用，是一种基于重构量子态密度矩阵从而获取量子态信息的统计测量方法。众所周知，一个量子系统的所有可知信息包含在该系统的密度矩阵中，得到了该系统的密度矩阵也就意味着掌握了这个系统的所有特性。量子层析的具体过程为通过制备未知量子态的大量全同样本，采用不同的方法对其进行测量，获取该样本的一组完备可观测量的平均值，从而确定量子态的密度矩阵，获取量子态信息。

量子非破坏测量 [quantum nondemolition measurement]　量子力学中的测量一般会强烈改变体系的量子态。但有一类测量，在测量过程中不会干扰量子系统的某些特定状态，而能连续对某些可观测测量进行读出，其可观测量的测量值的不确定度不会随着系统的正规演化而增加，这类测量称为量子非破坏性测量。利用量子非破坏测量的手段，可以对量子系统的某些物理量，进行高精度的读出，从而超越测量的标准量子极限。量子非破坏性测量要求可观测量算符与哈密顿算符对易。

一般的设备在测量一个粒子的位置时会强烈改变它的粒子态，比如：当光子打到一个屏上时，光子状态已经改变了。因此，即使在理想情况，第一次投影测量之后，粒子坍缩到了它的测量本征态，在随后的自由演化中，粒子位置的不确定度会增加。与此相反，动量可做非破坏性测量，因为动量与自由粒子的哈密度量 $p^2/2m$ 是对易的，在测量过程当中是守恒量。量子非破坏性测量已在许多实验中实现。

GHZ 态和 GHZ 定理 [Greenberger–Horne–Zeilinger (GHZ) state and GHZ theorem]　GHZ 态是子体系数 N 大于 2 体的最大纠缠态。如果每个子体系是量子比特，则 GHZ 态 $|\text{GHZ}\rangle$ 表示为 $|\text{GHZ}\rangle = \dfrac{|0\rangle^{\otimes N} + |1\rangle^{\otimes N}}{\sqrt{2}}$。最简单的 GHZ 态为 3 量子比特 GHZ 态 $|\text{GHZ}\rangle = \dfrac{|000\rangle + |111\rangle}{\sqrt{2}}$

Bell 在 1964 年提出了一个不等式将量子理论和经典的定域实在论之间的矛盾定量化，Bell 的结果被称为 Bell 定理。Bell 定理的证明从 EPR 否定量子力学关联的定域性出发，导致它同量子力学的矛盾。对于二粒子关联，从对一个粒子的测量结果可以得出第二个粒子某种性质的确定判断，这种关联叫完全关联。如仅能对第二个粒子的某种性质给出几率分布的判断，则称作统计关联。不等式形式的 Bell 定理是用统计方法分析量子态的非定域性，而没有不等式的 Bell 定理是从非统计角度（完全关联）来揭示量子力学特有的非定域性。Greenberge, Horne 和 Zeilinger 在 1989 年首次提出了对 4 个自旋 1/2 粒子系统在完全关联情况下，可以证明定域性、实在性与量子力学原理不相容，因此，在不用不等式的情况下证明了 Bell 定理。稍后他们又将这个证明简化，仅需要 3 个粒子的 $|\text{GHZ}\rangle$ 态，这一工作被叫作 GHZ 定理。

CHSH 不等式 [Clauser-Horne-Shimony-Holt (CHSH) inequality]　证明 Bell 定理中实验上比较容易实现的不等式。Bell 定理给出，量子力学中由于纠缠而产生的某些后果和局域隐变量理论不相容。实验上观测到对 CHSH 不等式的违背可认为是不能由局域隐变量理论所描述的一种确认。CHSH 不等式是 John Clauser, Michael Horne, Abner Shimony, 与 Richard Holt 等于 1969 年发表的成果。CHSH 不等式与原 Bell 不等式一样是对统计巧合的一种限制，如果它属实的话那将是对局域隐定量理论的一种明证。从另一方面来讲，这个限制可被量子力学推翻。CHSH 不等式的一般形式如下：

(1) $-2 \leqslant S \leqslant 2$

(2) $S = E(a, b) - E(a, b') + E(a', b) + E(a', b')$

上式中，a' 与 a 为在 A 侧的探测器，b' 与 b 为在 B 侧的探测器，这 4 个探测器的数据是在不相干的子实验中测得的。$E(a, b)$ 等项表示粒子对的量子关联，量子关联是实验输出结果乘积的期望值，即统计平均 $A(a) \cdot B(b)$，A 与 B 分别是分开的测量结果。根据量子力学，S 的最大值为 $2\sqrt{2}$，大于 2。CHSH 不等式的违背是量子力学预言的结果，已经有很多实验证明量子力学结果的正确性。

图态 [graph state]   一类特殊的多体纠缠态，可以用图论来表示。每一个量子比特可以当作一个图的中心，任意两比特之间可以通过图中的一个边来连接。假定初始的时候所有 m 个比特制备在量子态 $|+\rangle^{\otimes m}$ 上，其中 $|+\rangle = (|0\rangle + |1\rangle)/\sqrt{2}$。对于一个图 $G(V, E)$，V 为中心，E 为边，对任意由边 E 连接的两个比特进行一个两比特受控量子门操作 $U = |0\rangle \langle 0| \otimes I + |1\rangle \langle 1| \otimes \sigma_z$，则最终导致的所有比特的纠缠态即为对应的图态。图态是一类重要的纠缠态，在单向量子计算中有重要应用。

保真度 [fidelity]   衡量两个量子态接近程度的一种度量。一般地，对于任意两个混态 ρ_1 和 ρ_2，它们之间的保真度定义为 $F(\rho_1, \rho_2) = \sqrt{\sqrt{\rho_1} \rho_2 \sqrt{\rho_1}}$。如果 $\rho_1 = |\psi\rangle \langle\psi|$ 是纯态，那么 $F(\rho_1, \rho_2) = \langle\psi| \rho_2 |\psi\rangle$；如果 $\rho_1 = |\psi\rangle \langle\psi|$ 和 $\rho_2 = |\phi\rangle \langle\phi|$ 都是纯态，那么 $F(\rho_1, \rho_2) = |\langle\psi| \phi\rangle|^2$。保真度取值范围在 0～1 之间。当 $F(\rho_1, \rho_2) = 0$ 时，表示两个量子态相互正交；而当 $F(\rho_1, \rho_2) = 1$ 时，表示两个量子态相同。

纠缠度量 [entanglement measures]   纠缠的概念最早是由薛定谔在提出薛定谔猫以及 Einstein-Podolsky-Rosen (EPR) 提出 EPR 佯谬这两篇文章中给出来，是对传统量子力学的批评。对于两体问题，如果这个两体系统的态不能写成两粒子直积态，则为纠缠态。

对于两体纯态，其中的纠缠可用子系统约化密度矩阵的 Von Neumann 熵来度量。Von Neumann 熵的物理意义是：在极限意义下，从每个非最大纠缠态提取的最大纠缠态的数目，也对应于制备一份非最大纠缠态所需的最大纠缠态的数目。

对于混态与多体情形，纠缠的度量非常复杂，目前仍没公认的纠缠度量。但一个纠缠的度量 E 如果要用为量子纠缠的度量，那么它必须有下面几个性质：

(1) 对于任意量子态 a，必须有 $E(a) \geqslant 0$，对于可分态 a，必有 $E(a) = 0$；

(2) 对量子态 a 的任意局域的幺正操作，不改变它的纠缠度；

(3) 在局域操作和经典通信操作下，纠缠 $E(a)$ 的期望值不增；

(4) 直积态的纠缠度是可加的；

(5) 凸性 $E\left(\sum_i p_i a_i\right) \leqslant \sum_i p_i E(a_i)$，其中 p_i 为子体系处于 a_i 的几率。

无消相干子空间 [decoherence-free subspaces]   一类系统与环境解耦合的希尔伯特空间，其含时演化是一个纯粹的幺正过程。无消相干子空间也可以被看作为一类量子避错码，它不与环境相互作用，储存在此空间的量子信息不会泄露到空间之外，从而受到了主动保护。考虑到实际的量子计算机都会与环境有相互作用，储存的量子信息将会因此丢失。因此，研究无消相干子空间并将量子信息储存在此空间，对于在真实世界中的量子信息处理非常重要。

量子态压缩 [quantum state compression]   在量子通信领域，指存储在量子比特中的信息可以在不丢失信息的情况下用更少的量子比特来存储的方法，甚至可用指数少的量子比特来传输储存在多个量子比特中的量子信息。

量子信息学 [quantum information]   20 世纪 80 年代兴起的一门由量子物理计算机科学和信息科学相融合的新兴交叉学科，主要包括量子计算、量子通信和量子模拟等领域。从广义上讲，所谓量子信息学科，就是研究使用量子力学规律来进行信息处理和逻辑操作的学科。比较具体的研究内容包括量量子态的制备、存储、调控，量子编码及压缩、纠错与容错，量子中继站技术，量子网络理论，量子计算机，量子算法等等，基本上经典的信息技术都有其量子版本，另也发展了一些特有的概念和技术，如量子隐形传态等。得益于典型的量子现象，如量子态的叠加和纠缠现象，量子信息在运算速度、信息安全、信息容量和检测精度等方面相较目前的经典信息处理系统都具有极大的潜在优势。

Moore 定律 (Moore's law) 表明，在单个集成电路芯片上所能够放置的晶体管数，大约在每 18 个月翻一番。由此发展下去，20 世纪中旬传统计算机的存储单元将会成为单个原子，此时量子效应将会对其性能产生严重的影响，同时给传统计算机的制造技术带来了巨大的挑战。信息科学和计算机科学的继续发展必须依赖于新的原理和制造工艺，量子计算为信息技术的进一步发展指明了方向。目前，量子信息学还是处于急速发展的阶段。

2.6 宇 宙 学

均匀性 [homogeneity]   指组成被考虑对象的所有成分本质相同，由类似的部分组成，或者所有的组成元素本质相近等。宇宙物质分布的均匀性是宇宙学原理的基本假设之一。

各向同性 [isotropy]   指在所有的方向上，被考虑的对象都是均匀的。宇宙物质分布的各项同性是宇宙学原理的基本假设之一。

宇宙学原理 [cosmological principle]　现代宇宙学最基本原理。该原理假设：当观测尺度足够大 (即比星系的尺度还要大) 时，宇宙中的物质是均匀分布且各向同性的。这表明宇宙中不存在任何特殊的观察者，任意观察者朝向任意方向观察到的物质分布是一样的。在宇宙学原理下，时空可以用弗里德曼–勒梅特–罗伯逊–沃尔克度规描述，物质分布可以用理想流体描述。宇宙学原理在微波背景辐射观测和大尺度结构观测中得到了极大地支持。宇宙学原理于 1687 年由艾萨克·牛顿 (Issac Newton) 在其《自然哲学之数学原理》(*Philosophiæ Naturalis Principia Mathematica*) 一书中首次清晰阐述，并为现代宇宙学所采用。

宇宙年龄 [age of the universe]　在近代宇宙学 Λ 冷暗物质模型 (Λ-CDM concordance model) 中，指从大爆炸开始至今的时间。目前普朗克卫星、威尔金森微波各向异性探测器 (Wilkinson Microwave Anisotropy Probe) 等通过对宇宙微波背景辐射的测量给出的宇宙年龄为 $(13.798 \pm 0.037) \times 10^9$ 年。

宇宙半径 [radius of universe]　目前普遍接受的观点宇宙的直径约为 280 亿秒差距 (秒差距, Parsec, 用符号 pc 表示, $1\text{pc} \approx 3.0856776 \times 10^{16}$ 米或 910 亿光年)。宇宙的大小仍是未知数，而且宇宙也有可能是无限大。

哈勃定律 [Hubble law]　常用宇宙学中如下两个观测现象进行描述: (1) 宇宙中被观测的遥远物体 (即系外物体，距地球至少 10Mpc) 具有可以解释为相对地球远去的多普勒位移; (2) 在距离地球直到几百个 Mpc 的尺度上，该物体远离地球的速度近似与二者之间的距离成正比。哈勃定律被认为是膨胀的宇宙范式的第一个观测基础，也被今天的物理学家们视为对大爆炸模型提供支撑的观测证据之一。哈勃定律的数学表示形式为:

$$v = H_0 D$$

其中，v 为遥远物体退离地球的速度，H_0 为弗里德曼方程中观测时对应的哈勃常数，D 为从被观测物体到观测者的固有距离 (proper distance)。

膨胀宇宙 [expanding universe]　指的是在膨胀的宇宙，是哈勃定律的直接推论。

红移 [redshift]　指对应观测物体的频谱向红端 (即低频) 或长波方向偏移。红移大致分为三种，一种对应于多普勒效应: 光源远离观测者时发生的现象，类似于声波对应的多普勒效应; 另一种对应于宇宙学红移: 由于宇宙膨胀而产生的红移现象 (参见宇宙学红移); 第三种为引力红移: 由于引力而产生的红移现象 (参见引力红移)。红移常用无量纲的变量 z 定义如下:

$$z = \frac{\lambda_o - \lambda_e}{\lambda_e}$$

其中，λ_o 为观测者观测到的波长，而 λ_e 则为在源附近测量得到的波长。

蓝移 [blueshift]　指对应观测物体的频谱向蓝尾 (即高频) 或短波方向偏移 (参见红移)。

引力红移 [gravitational redshift]　又称爱因斯坦红移。指引力场中的源辐射的电磁波在相对较弱的引力场处观测时，频率变小或波长变长的现象。值得提及的是，引力红移是引力时间膨胀 (参见引力时间膨胀) 的直接结果。根据广义相对论，爱因斯坦场方程施西瓦解对应的引力红移结果为:

$$1 + z = \frac{1}{\sqrt{1 - \frac{2GM}{rc^2}}}$$

其中 G 为牛顿引力常数，M 为产生引力场的物体的质量，c 为真空中光速，r 为引力源的半径坐标。

爱因斯坦红移 [Einstein redshift]　即引力红移。

引力时间膨胀 [gravitational time dilation]　当观测者处在引力场中时，所处位置引力势越强，或者测量时间的装置距离引力源越近，时间流逝得越慢的这种现象。该现象最初于 1907 年由爱因斯坦根据狭义相对论 (或等效原理) 预言，并被随后的实验所证实。

宇宙学红移 [cosmological redshift]　指由于宇宙膨胀，远处 (一般指几百万光年) 光源的光谱在地球上的观测者看来有红移现象，这种红移与二者之间距离的增加比例有关。宇宙学红移与多普勒效应对应的红移有所不同: 宇宙学红移并非由相对运动速度导致，而是由光子所经过的导致空间膨胀的时空特性所导致。

物态方程 [equation of state]　又称状态方程。物理学和热力学中关于态变量的一个关系式。物态方程是一个在给定一组特定的物理条件下，描述物质状态变化的热力学方程。物态方程通常是根据一定的物理要求构建出来的一个与物质的态函数 (如温度、压强、体积、内能等) 有关的数学关系。通过给出特定的物态方程，可以研究流体、混合流体、固体乃至恒星内部的一些物理性质。

物质 [matter]　20 世纪之前，物质的概念仅包括由原子组成的普通物质，而不包括其他能量形式的物质 (比如声和光等)。这种物质概念可以从原子推广至任何即使在静止时也有质量的物体，但这仍不是良定义的物质概念，因为物体的质量可以藉由其组分 (其静止可能为零) 的运动和相互作用而改变。因此物质并没有一个普适的定义，而且现在物质也不是物理学中的基本概念了。不过仍然可以从粒子物理的角度对物质进行分类: 重子性物质和非重子性物质。重子性的物质指的是由重子作为组分而构成的物质。日常生活中遇到的几乎所有物质都是重子 (参见重子) 性的物质，如任何由原子组成的物质；非重子性的物质则是指由重子以外的组分构成的物质，这些物质包括中微子、自由电子、光子等。目前暗物质 (参见暗物质) 到底属于哪一类尚无定论，通常我们提到物质时，一般指的是不包含暗物质的普通物质。

重子 [baryon]　一个由三个夸克组成的亚原子粒子。重子和介子 (参见介子) 都属于由夸克组成的强子家族中的粒子，并能参与强相互作用。重子都有对应的反重子 —— 用组成重子的夸克的反夸克即可组成该重子的反粒子。"重子" 一词来源于希腊字母 $\beta\alpha\rho\dot{\nu}\varsigma$(重)，这是由于在当时的情况下，绝大多数基本粒子的质量都比重子要轻。

介子 [meson]　一种强子性的亚原子粒子，由一个夸克和一个该夸克对应的反夸克组成。两个夸克通过强相互作用形成一个束缚态，因而所有的介子都是不稳定的 (目前介子具有的最长寿命仅为几百毫秒)。此外介子也是有大小的，直径大约在几个费米左右。介子最早于 1934 年由日本科学家汤川秀树 (Hideki Yukawa) 预言其存在，并于 1947 年由鲍威尔 (Cecil Powell)、拉茨 (César Lattes) 和奥恰里尼 (Giuseppe Occhialini) 首次探测到后来被称为 π 介子的介子。"介子" 一词来源于希腊字母 $\mu\acute{\epsilon}\sigma\sigma\varsigma$(中间)，因为汤川秀树预言的介子质量介于电子质量和质子质量之间。

辐射 [radiation]　指能量通过空间或者介质以波或者粒子的形式发射或传递出去的过程。辐射包括电磁辐射 (如电磁波、可见光、X 射线)、粒子辐射 (如 α/β 粒子、中子) 以及声辐射 (如超声波、声音和地震波) 等。根据辐射出来的粒子携带能量的大小，辐射也分电离辐射和非电离辐射。电离辐射对应的辐射粒子能量常高于 10eV(足以破坏化学键并使原子、分子电离)。非电离辐射对应的辐射粒子携带的能量则不足以使原子或分子电离，因此对人体相对无害。

光子 [photon]　最基本的粒子之一，是光和其他任何形式的电磁辐射的量子，是电磁相互作用的媒介，用符号 γ 表示。光子静止质量为零，因此其对应的电磁相互作用为长程的。目前光子被量子力学完美地解释为具有波粒二像性的物理实体。近代光子的概念由阿尔伯特·爱因斯坦于 20 世纪初发展得到，并用于解释黑体辐射和光电效应。而在粒子物理的标准模型中，光子则作为物理基本对称性的要求的产物而存在。而光子的内禀属性 (如荷、质量、自旋等) 则由规范对称性决定。

中微子 [neutrino]　一种电中性的、只参与弱相互作用的、具有半整数自旋 1/2 的基本粒子，用希腊字母 ν 表示。中微子质量非常小，而且由于其电中性及只参与弱相互作用的特点，导致中微子在通过物质时几乎可以自由通过。根据粒子物理标准模型，中微子有三代或三种味：电子中微子 (ν_e)、缪子中微子 (ν_μ) 和叨子中微子 (ν_τ)，对应的反中微子则分别用 $\bar{\nu}_e$、$\bar{\nu}_\mu$ 和 $\bar{\nu}_\tau$ 表示。其中电子中微子为第一个预言的粒子 (1930 年由沃尔夫冈·泡利 (Wolfgang Pauli) 预言)，并于 1956 年由柯万 (Clyde Cowan) 和瑞恩斯 (Frederick Reines) 发现。目前实验给出的三代中微子的质量和为 $0.320\pm0.081\mathrm{eV}/c^2$。

暗物质 [dark matter]　一种假设的不能与光发生相互作用的物质，其占宇宙中物质的大部分比重。暗物质既不发射也不吸收光或其他任何电磁辐射，使得对其进行直接观测非常困难；目前对暗物质的存在及其性质的了解都是通过它对可见物质、辐射以及宇宙大尺度结构产生的引力效应推知的。现在宇宙物理学家们的共识是，暗物质主要是由一种目前仍未知的亚原子粒子组成的。基于宇宙学标准模型，普朗克卫星观测结果表明宇宙中含有的总的物质和能量大约由 4.9% 的普通物质 (参见物质)、26.8% 的暗物质以及 68.3% 的暗能量 (参见暗能量) 组成。据此估计，暗物质大约占宇宙中所有物质的 84.5%，而暗物质和暗能量总和则大约占宇宙中总物质的 95.1%。

暗能量 [dark energy]　宇宙和天文学物理中一种未知的能量形式。该概念于 1998 年有迈克尔·特纳 (Michael Turner) 引入。通常认为暗能量弥散在整个宇宙空间，并促进宇宙加速膨胀。自 20 世纪 90 年代观测到宇宙在加速膨胀的迹象之后，暗能量是目前最被认可的用以解释宇宙加速膨胀的假设。基于宇宙学标准模型，普朗克卫星观测结果表明暗能量大约占宇宙中包含的总的物质和能量的 68.3%。而基于质能等价关系，宇宙中暗能量的密度非常低，为 $6.91\times10^{-27}\mathrm{kg/m}^3$。然而，虽然暗能量的密度远低于普通物质或暗物质的密度，但由于暗能量均匀分布于整个空间而仍对宇宙的物质或能量起主导作用。目前对暗能量的存在形式有两种假设：宇宙学常数 (即均匀地充满整个空间的一种常能量密度) 和标量场 (即能量密度随时空变化的动力学量)。其中，标量场空间部分为常量的贡献常被包含在宇宙学常数内，而宇宙学常数在物理上与真空能对应。而标量场随空间变化的部分由于变化过于缓慢而很难与宇宙学常数区别。

大质量弱相互作用粒子 [weakly interacting massive particles，WIMPs]　暗物质理论预言的一类粒子。其典型质量约为几十 GeV，它们与标准模型粒子之间的相互作用极其微弱，被广泛地视为暗物质粒子候选者。目前有大量的暗物质探测实验正在寻找它们，并得到了它们的质量以及它们与标准模型粒子的相互作用强度的强力限制。

WIMPs 奇迹 [weakly interacting massive particles miracle]　粒子物理和天文物理学中，弱作用的重粒子 (weakly interacting massive particles，WIMPs) 是理论上的、最有可能的暗物质候选者。在早期宇宙的高温、稠密等离子体中，将偏离热平衡而产生的暗物质粒子称为弱作用的重粒子，不过实际上由于暗物质候选者与标准模型中的粒子的相互作用与弱核力的量级相似，而常将这些暗物质候选者称为弱作用的重粒子。弱作用的重粒子名字来源于以下事实：为了通过热反应产生目前的暗物质丰度，必须要求暗物质的自湮灭散射截面为 $\langle \sigma v \rangle \simeq 3 \times 10^{-26} \mathrm{cm}^3 \mathrm{s}^{-1}$。该散射截面与我们期待在 100GeV 质量附近找到通过弱电力相互作用的新粒子的散射截面大致一致，这种巧合被称为 WIMPs 奇迹。

轴子 [axion]　　1977 年佩希 (Roberto Peccei)–奎恩 (Helen Quinn) 理论 (Peccei-Quinn theory) 首次给出的一个假设的基本粒子，用以解决量子色动力学中的强电荷共轭–宇称破坏问题 (strong CP problem)。如果轴子确实存在，且质量很小并处在一定的质量范围内，那么它们便有可能是冷暗物质的组成成分。目前意大利国家核物理研究所 (Istituto Nazionale di Fisica Nucleare)PVLAS 探测器正致力于寻找该粒子。

能量条件 [energy conditions]　　在相对论的经典引力场论里，尤其是在广义相对论中，当无法 (或者希望) 明确阐述某一理论中有关物质的内容时，能量条件将是许多可选的条件中能被应用于考察该理论中有关物质理论的一个重要条件。由此条件而对理论的附加期望是：任何合理的物质理论都应满足该能量条件，或者至少保持该能量条件 —— 如果在最初时刻该能量条件被满足。能量条件常用一个标量场 ρ 来描述如下：

$$\rho = T_{ab} X^a X^b,$$

其中，T_{ab} 为能动量张量，X 为单位类时矢量场，可以理解为理想观测者的世界线，从而可以将 ρ 理解为总的质能密度。根据对 ρ 的不同约束，可以进一步将能量条件分为类光能量条件 (参见类光能量条件)、弱能量条件 (参见弱能量条件)、主导能量条件 (参见主导能量条件) 和强能量条件 (参见强能量条件) 等。

类光能量条件 [null energy condition]　　当质能密度 ρ 满足如下条件时：

$$\rho = T_{ab} k^a k^b \geqslant 0$$

其中 T_{ab} 为能动量张量，k 为任意指向未来的类光矢量场。

弱能量条件 [weak energy condition]　　当质能密度 ρ 满足如下条件时：

$$\rho = T_{ab} X^a X^b \geqslant 0$$

其中 T_{ab} 为能动量张量，X 为任意类时矢量场。

主导能量条件 [dominant energy condition]　　指的是在弱能量条件已经满足的前提下，如果对任意指向未来的满足因果关系 (即或者类光或者类时) 的矢量场 Y，矢量场 $-T_b^a Y^b$ 必须也是指向未来的满足因果关系的矢量场，也即质能以超光速流动的情形不允许被观测到。

强能量条件 [strong energy condition]　　当能动量张量满足如下条件时

$$\left(T_{ab} - \frac{1}{2} T g_{ab} \right) X^a X^b \geqslant 0$$

称为强能量条件。其中 T_{ab} 为能动量张量，T 为能动量张量的迹，g_{ab} 为时空度规，X 为任意指向未来的类时矢量场。

大爆炸理论 [big bang theory]　　根据物理规律在大尺度空间的普适性以及宇宙学原理 (均匀性和各向异性) 提出的关于早期宇宙及其演化的宇宙学模型。根据大爆炸理论，宇宙在早期处于极高温和极高密度的状态，并持续发生膨胀，随着膨胀过程的进行，宇宙的温度逐渐下降。当宇宙温度下降到相应的临界温度时，亚原子粒子和简单原子等一系列原始元素开始产生 (参见大爆炸核合成)。随后所产生的大量的原始元素开始通过引力的不稳定性吸引聚集，从而形成宇宙中最初的恒星和星系结构。大爆炸理论的主要的预言包括宇宙持续膨胀导致星系互相远离；宇宙中存在有极热状态冷却下来的背景辐射；宇宙中各种原始元素的丰度；以及宇宙的大尺度结构。与大爆炸理论相符的一系列观测包括：埃德温·哈勃 (Edwin Hubble) 所发现的星系之间互相远离的哈勃定律以及 1964 年阿诺·彭齐亚斯 (Arno Penzias) 和罗伯特·威尔逊 (Robert Wilson) 所发现的宇宙微波背景辐射。前者说明了宇宙发生了膨胀；后者则表明了宇宙在早期处于极高温的状态，并随着宇宙膨胀其背景温度下降到目前的 2.725K，这一结果也对应着宇宙背景辐射作为一个几乎完美的黑体辐射谱在宇宙膨胀过程中的红移。这两个观测都支持大爆炸理论。作为关于早期宇宙的理论，大爆炸理论未涵盖的问题包括：一方面，若根据大爆炸理论回推，宇宙将存在初始的奇点，也称大爆炸奇点；另一方面，大爆炸理论所依赖的均匀的和各项异的初始条件也需要另外的物理机制来保证。在大爆炸理论的基础上，人们自 20 世纪 80 年代开始发展出了一系列关于极早期宇宙的宇宙学模型，其中包括暴胀宇宙学模型和反弹宇宙学模型等。这些模型探讨的宇宙时期早于大爆炸理论研究的宇宙时期，并力图揭示大爆炸理论均匀的和各项异性的初始条件，以及避免大爆炸初始奇点问题。

大爆炸核合成 [big bang nucleosynthesis]　　又称原初核合成。指在宇宙早期除氢原子 ($^1\mathrm{H}$) 以外一系列较轻的原始元素的原子核的产生过程 (因为氢原子的原子核是一个单一的质子)。大爆炸核合成发生的能标在 10MeV 到 100keV 之间，对应宇宙年龄在数十秒至一千秒左右的时期。在这一时期产生的原始元素主要包括质量比为 25% 的氦-4($^4\mathrm{He}$), 0.01% 的氘 ($^2\mathrm{H}$)，10^{-10} 级别的锂 ($^7\mathrm{Li}$) 以及更早时期产生的 75% 的氢 ($^1\mathrm{H}$)。在这一时期也同时产生了两种不稳定的同位素：氚 ($^3\mathrm{H}$) 和铍-7($^7\mathrm{Be}$)，它们随后衰变为氦-3($^3\mathrm{He}$) 和锂 ($^7\mathrm{Li}$)，除此之外没有其他更重的元素产生。大爆炸核合成的结果也是大爆炸理论重要的证据之一。

轻元素丰度 [light element abundance]　在大爆炸核合成时期产生的一系列较轻的原始元素的原子核的丰度，其质量比为 75% 的氢 (^{1}H)，25% 的氦-4(^{4}He)，0.01% 的氘 (^{2}H) 以及 10^{-10} 量级的锂 (^{7}Li)，以及微量的氦-3(^{3}He)。

重结合 [recombination]　在宇宙学中，随着宇宙膨胀，宇宙温度降低至氢原子和氦原子原子核与电子的结合能以下时，电子与氢原子核和氦原子核中的质子形成中性的束缚态的时期。这一时期的宇宙红移为 $z = 1100$，其对应于宇宙年龄在 378000 年左右。在重合成结束时，宇宙中自由电子和自由质子所占的比例大致是中性原子的万分之一量级。随着自由电子数目的减少，其对电磁辐射 (即光) 总的托马逊散射效应减弱，因此在重结合发生之后极短的时期，光与中性原子组成的物质退耦合。

暴胀 [inflation]　全称暴胀理论、暴胀模型。最早的概念由阿兰·古斯 (Alan Guth) 于 20 世纪 80 年代初提出，并经过安德烈·林德 (Andrei Linde) 等的进一步发展。在宇宙学中，暴胀是指宇宙在早期时空间指数膨胀的过程。根据理论预言，其发生的能标在 10^{16}GeV，对应于宇宙起始之后的 10^{-36}s 到 10^{-33}s 和 10^{-32}s 之间某一时刻的时期。暴胀理论通过空间的指数膨胀可以解释宇宙的均匀性、各项异性等视界问题和平坦性问题，以及磁单极子密度等问题。同时，暴胀理论也解释了宇宙大尺度结构的起源。在暴胀时期，量子扰动被放大到了宏观的宇宙尺度，从而可以作为宇宙内包括星系等早期结构的初始种子。在观测方面，尽管暴胀理论具体的粒子物理机制尚未全部明了，然而暴胀理论所预言的标度不变的高斯型扰动功率谱也被威尔金森微波各向异性探测器 (WMAP) 和斯隆数字巡天 (SDSS) 等微波背景辐射实验以及星系调查实验所精确证实。其中简单的暴胀理论所预言的谱指标为 0.92 至 0.98 之间，而威尔金森微波各向异性探测器 (WMAP) 所得的谱指标观测数据为 0.963 ± 0.012。目前比较有竞争力暴胀模型包括：慢滚暴胀、无序暴胀、永恒暴胀、杂交暴胀、曲率子暴胀、锁定暴胀、D 膜暴胀和自然暴胀模型等。

暴胀子 [inflaton]　在暴胀模型中，驱动暴胀发生的理论假定的场。

视界问题 [horizon problem]　为了解释宇宙在大尺度空间中具有均匀性和各项异性性质而得出的问题。在暴胀理论被引入之前，根据大爆炸理论计算所得出的因果联系区域 (理论计算的视界) 远远小于天文观测所得出的宇宙中具有均匀性和各项异性的区域 (观测得出的视界)，故此问题称为视界问题 (详见均匀性问题和各项异性问题词条)。20 世纪 80 年代，阿兰·古斯 (Alan Guth) 提出暴胀理论。在暴胀理论中，宇宙存在一个空间指数膨胀的过程。通过引入这一过程，理论计算的视界被大幅度修正，从而大于观测得出得视界，因此可以解释视界问题。

均匀性问题 [homogeneity problem]　根据广义相对论，只有在因果联系区域内的物质和辐射才有可能通过相互作用达到热平衡的均匀状态。然而不含暴胀过程的大爆炸理论计算发现理论计算的因果联系区域远小于天文观测所得出的宇宙中具有均匀性的区域。这一问题被称为均匀性问题，它是视界问题的一个重要方面。

各向同性问题 [isotropy problem]　根据广义相对论，只有保证了宇宙背景的各向同性性质，宇宙的均匀性才可以不被破坏。因此，大爆炸理论存在均匀性问题也就意味着其还存在着各向同性问题，即天文观测所表明的宇宙各向同性的区域远大于理论计算的因果联系区域，这一问题被称为各向同性问题。

平坦性问题 [flatness problem]　平坦性问题是大爆炸模型中关于模型本身的自然性的问题。根据天文观测，目前的宇宙非常接近于平坦的宇宙 ($k = 0$)，其曲率贡献 $|\Omega_1|$ 在百分之一的量级。考虑到在大爆炸模型中，宇宙在物质和辐射主导下持续膨胀会使曲率显著地增长，因此回推到大爆炸模型初始点时，要求曲率贡献 $|\Omega_1|$ 在 10^{-62} 的量级。如何精细调节大爆炸初始条件接近这一微小数值的问题，被称为平坦性问题。

初始奇异性 [initial singularity]　又称大爆炸奇异性。根据广义相对论，在暴胀阶段之前宇宙由于空间尺度无穷小而导致的宇宙中物质的能量密度发散的引力奇异性。

负压强 [negative pressure]　根据广义相对论，均匀分布的物质组分，其压强等于动能减去势能，所以在势能为正且动能小于势能的情况下，该物质组分的压强为负，此压强称为负压强。当负压强除以其能量小于 $-\frac{1}{3}$ 时，该能量组分产生排斥力，可以驱动宇宙加速膨胀。

慢滚暴胀模型 [slow-roll inflation model]　又称新暴胀模型。由安德烈·林德 (Andrei Linde) 以及 (Andreas Albrecht) 和 (Paul Steinhardt) 为了解决阿兰·古斯 (Alan Guth) 提出的旧暴胀模型中泡沫碰撞问题而分别独立提出的。慢滚暴胀模型中暴胀过程由一个平坦的标量场势能驱动。由于在暴胀过程中，暴胀子从这个标量场势能顶部缓慢地滚动下，滚动速率远小于暴胀时宇宙膨胀的速率，这个模型被称为慢滚暴胀模型。

参数精细调节问题 [fine-tuning problem]　在慢滚暴胀模型中，为了使暴胀阶段持续足够长从而能够解决视界问题和平坦性问题，也就是满足慢滚条件 (参见慢滚条件)，要求驱动暴胀的标量场的势能极度平坦，同时标量场的初始速度非常接近零。如何在标量场势能的期望值较大的情况下，实现这一精细的条件，被称为参数精细调节问题。

慢滚条件 [slow-roll condition]　　慢滚条件指实现慢滚暴胀过程，暴胀子标量场势能所需满足的条件。具体地，包含两个条件。第一个条件是标量场势能 V 对数关于标量场的导数应该远小于 1，$\epsilon \equiv \frac{1}{2}\left(\frac{V'}{V}\right)^2$；第二个条件是标量场势能关于标量场的二阶导数远小于势能，$\eta \equiv \frac{V''}{V}$。

玻尔兹曼方程 [Boltzmann equation]　　在涉及非平衡过程的物理中，玻尔兹曼方程是指描述非平衡热力学系统的统计行为和演化的动力学方程。在现代物理中，玻尔兹曼方程被更广泛地用于表示一类可以描述热力学系统如能量，电荷以及粒子数等宏观量改变的动力学方程。在宇宙学中，玻尔兹曼方程及其推广形式被用来求解宇宙早期大爆炸核合成中轻元素的形成，暗物质的产生以及重子产生。

重子产生 [baryogenesis]　　在物理宇宙学中，重子产生是关于早期宇宙中重子与反重子的非对称产生的理论，主要的两类理论为弱电重子产生和大统一重子产生。重子产生理论的动机在于解释为何物质比反物质更容易产生和存留下来，其非对称的大小可用参数 $\eta \equiv \frac{n_B - n_{\bar{B}}}{n_\gamma}$ 来衡量，其中 n_B，$n_{\bar{B}}$，n_γ 分别是重子、反重子和宇宙背景辐射光子的粒子数密度。

最后散射面 [last scattering surface]　　在重结合发生之后，光与中性原子组成的物质退耦合，光子可以在宇宙中自由传播，即光子的平均自由程大于当时的宇宙半径的时刻。根据大爆炸理论，目前所观测到的宇宙微波背景辐射就是在最后散射面处的热等离子体产生的辐射在之后随宇宙膨胀红移得到的结果。

大尺度结构 [large scale structure]　　目前所能观测宇宙的大小为 2.8×10^3 Mpc，通常人们将宇宙中 10Mpc 以上的结构称为宇宙大尺度结构。根据天文学中的巡天统计以及对各种电磁辐射波长的测量，宇宙中的结构在超星系团尺度以及超星系纤维结构尺度 (10Mpc 量级) 以下呈现出层级结构分布。两度场星系红移统计 (2dF Galaxy Redshift Survey) 等观测结果则暗示，星系在宇宙大尺度上的分布呈泡沫状，即在大尺度上存在巨大的星系空洞区，而星系聚集在这些空洞区的边缘，呈面状和纤维结构，超星系团则是这些结构中密度相对高的节点。在大于超星系团结构的尺度以上，即 100Mpc 以上，宇宙则不存在具体结构，表现出符合宇宙学原理的均匀和各向同性的分布。

拓扑缺陷 [topological defects]　　从物理上理解，在极早期的高温宇宙中，对称性是存在的，随着宇宙的冷却，温度急剧下降，发生相变，结果导致标量场发生了自发对称性破缺，标量场的真空期望值不为零，从而使真空流形上存在非平庸的同伦群，即真空流形有非平庸的稳定结构，即所谓的拓扑缺陷；从数学角度来看，拓扑缺陷便是经典标量场方程的孤立子解，它们反映了真空流形的结构。

宇宙弦 [cosmic strings]　　一种假设的 1 维拓扑缺陷。在早期宇宙的对称破缺相变过程中形成，此时与这个对称破缺相联系的真空流形的拓扑不是单连通的。

畴壁 [domain walls]　　一种拓扑缺陷，它会在每当分立的对称性发生自发破缺时出现。它有时也被称作扭结 (kinks)，这是类比与紧密相关的正弦戈登 (sine-Gordon) 模型的扭结解。

宇宙学微扰理论 [cosmological perturbation theory]　　在物理宇宙学中，宇宙学微扰理论是研究宇宙中结构演化的理论。其根据广义相对论，采用引力和物质微扰计算方程，研究引力作用使得微小的扰动增长并最终成为星系结构形成种子的演化过程。一般情况下，宇宙学微扰理论的基础设定是宇宙的背景是均匀和各向同性的，例如在暴胀时期和大爆炸时期，因此在大尺度上微扰理论是一个非常精确的近似，而在小尺度上则需要一些非线性的非微扰理论在研究具体的结构形成。

分离定理 [decomposition theorem]　　全称标量–矢量–张量分离定理。在宇宙学微扰理论中，分离定理是在 FLRW 度规 (Friedmann-Lemaitre-Robertson-Walker metric) 上将最一般的线性扰动的成分根据其空间转动时变换性质的不同来进行分离的定理。分离定理证明 FLRW 度规 (Friedmann-Lemaitre-Robertson-Walker metric) 上最一般的线性扰动的运动方程可以被分离独立的四个标量场，两个无旋矢量场和一个无迹的对称的张量场运动方程。

标量扰动 [Scalar Perturbation]　　根据宇宙学微扰理论中的标量–矢量–张量分离定理，FLRW 度规 (Friedmann-Lemaitre-Robertson-Walker metric) 上最一般的线性扰动，可以被分为四个标量场，两个无旋矢量场和一个无迹的对称的张量场，其中标量场部分被称为标量扰动。由于广义相对论中存在两个规范自由度，在将这两个规范自由度固定以后，例如选取牛顿规范，四个标量场即被消去两个，最后只剩余两个标量扰动运动方程。标量扰动是所有扰动中幅度最大，并且是宇宙微波背景辐射不均匀性的主要成因。

矢量扰动 [vector perturbation]　　度规线性扰动中无旋的矢量场部分。在宇宙演化中，矢量扰动的幅度被指数压低，所以，在一般宇宙学模型中，矢量扰动可以被基本忽略。

张量扰动 [tensor perturbation]　　度规线性扰动中的张量部分。将原初引力波和宇宙微波背景辐射极化的 B 模都称为张量扰动。其中原初引力波是线性扰动中的张量场，而宇宙微波背景辐射极化的 B 模则既有来自原初引力波的影响也有来自其他因素例如星际尘埃对辐射扭曲的影响。

密度扰动 [density perturbation]　　时空中任一点的密度相对于背景密度的扰动。它等于该点的密度减去背景密度，再除以背景密度。

绝热扰动 [adiabatic perturbation]　在多场模型里，定义为背景量演化方向上的扰动。绝热扰动跟等曲率扰动垂直；它能够带来能量密度扰动，进而改变时空的曲率。对于单一成分的理想流体，只有绝热扰动，没有等曲率扰动。

曲率扰动 [curvature perturbation]　宇宙学微扰理论中定义的一个规范不变量，它正好是共动超曲面的固有曲率标量。对于只有绝热扰动存在的情况，曲率扰动在超视界尺度上是守恒的。

等曲率扰动 [isocurvature perturbation]　又称熵扰动。在多场模型里，等曲率扰动定义为与背景量演化方向垂直的扰动。等曲率扰动跟绝热扰动垂直；它能够带来各组分的数密度扰动，但不改变总的能量密度，不改变时空的曲率。在超视界尺度上，等曲率扰动可能转化成绝热扰动。

熵扰动 [entropy perturbation]　即等曲率扰动。

金斯不稳定性 [Jeans instability]　能够引起星际气体云坍缩从而形成恒星的一种性质。对于一片星际气体云，当内部气体压强不够足以抗衡引力坍缩，就会发生金斯 (Jeans) 不稳定现象。星际气体云要想保持稳定，最基本的条件是要处于流体静力学上的平衡态，在平衡态附近产生小扰动如果衰减那么这个平衡态是稳定的，反之不稳定。一般来讲，在给定温度星云质量非常大，或者给定质量时温度很低，星云都不稳定。

金斯质量 [Jeans mass]　对于给定温度和半径的星际气体云，能够保证其稳定不坍缩的临界质量。当超过了临界质量，星云就会一直坍缩下去，直到有其他力来阻止其坍缩。质量大、体积小、温度低的星云，更容易因为引力作用而坍缩。

引力不稳定性 [gravitational instability]　又称金斯不稳定性。它是宇宙中产生结构的原因。宇宙早期，宇宙中物质的密度分布是高度均匀的，在长程力引力的作用下，微小的密度涨落逐渐被放大。导致密度大的地方的密度越来大，密度小的地方的密度越来越小。最终形成了宇宙中的各种各样的结构 (如空洞，超团，星系团，星系)。

引力波 [gravitational wave]　在物理中，引力波指时空曲率的小幅振荡以波的形式传播这一理论现象。在引力波传播过程中，其作为引力的辐射传输能量。在宇宙学中，原初引力波指在宇宙早期过程，例如暴胀过程中，产生的可能在宇宙微波背景辐射的极化中观测到的引力波。理论上，原初引力波来源于早期宇宙演化中度规的张量扰动。

规范变换 [gauge transformation]　在物理中，规范理论指一类在连续的变换下拉格朗日量保持不变的场理论。其中，规范表示拉格朗日量中多余的自由度。在可能的规范之间的转换称为规范变换。

牛顿规范 [Newtonian gauge]　广义相对论中，牛顿规范是一类 FLRW 度规 (Friedmann-Lemaitre-Robertson-Walker metric) 线元的扰动形式，其表示为：$ds^2 = -(1 + 2\Psi)dt^2 + a^2(t)(1 - 2\Phi)dx_i dx^i$，在这一规范中，广义相对论的两个规范自由度已被用来消去两个标量扰动的自由度。由于该表达式中的 Ψ 对应经典牛顿引力中牛顿引力势，因此称这一规范为牛顿规范。

共时规范 [synchronous gauge]　广义相对论中，共时规范是一类 FLRW 度规 (Friedmann-Lemaitre-Robertson-Walker metric) 线元的扰动形式，其表示为：$ds^2 = -dt^2 + a^2(t)\left[(1 + \Lambda)\delta_{ij} + \dfrac{\partial^2 B}{\partial x^i \partial x^j}\right]dx^i dx^i$，在这一规范选取中，因为时间方向上度规分量是固定的常数 $g_{00} = 1$，所以称为共时规范。但是由于在共时规范中，还有一个残留的规范自由度没有通过规范选取消去，因此，共时规范不是一个完整的规范。

Bunch-Davies 真空 [Bunch-Davies vaccum]　又称欧几里得真空。在弯曲时空的量子场论中，Bunch-Davies 真空是指 de-Sitter 空间中在所有等距同构下不变的量子态。因为沿测地线运动的观测者所看到的 Bunch-Davies 态是零粒子态，因此称为 Bunch-Davies 真空。在宇宙学中，Bunch-Davies 真空是指量子涨落的尺度小于哈勃半径的时空。在暴胀模型中，Bunch-Davies 真空解释了宇宙扰动涨落的起源。

扰动量子化 [quantization of perturbation]　在早期宇宙学中，宇宙的原初扰动来自于主导宇宙背景演化的物理场和时空的量子涨落，因此，在研究扰动演化的时候，需要将扰动作为 Bunch-Davies 真空中的谐振子或准谐振子的量子态来求出其诸如振幅等扰动的初始条件，这一过程称为扰动量子化。

宇宙微波背景辐射 [cosmic microwave background, CMB]　早期宇宙大爆炸时期残留下来的热电磁辐射，来源于重合成时期之后的最后散射面，其峰值的波长为微波波段，对应温度为 2.725K。宇宙微波背景辐射是宇宙中最古老的电磁辐射，可上溯至重结合时期 (宇宙年龄在 378000 年左右)，因此对其的精确测量对研究早期宇宙的演化过程有着基础和重要的意义。在相当精确的范围内，宇宙微波背景辐射在各个方向上都是非常均匀的，其辐射谱等同于温度为 2.72548 ± 00057K 的黑体的热辐射谱，然而，更精确的测量 (COBE, WMAP, Planck 等卫星测量结果) 则表明在此均匀的背景辐射之上，存在着非常微小的各向不均匀性和不规则性，这些微小的不均匀性被称为宇宙微波背景辐射各向异性。宇宙微波背景辐射及其各向异性的发现被认为是大爆炸理论的里程碑，因为，在大爆炸理论中，宇宙微波背景辐射就是在最后散射面处的热等离子体产生的辐射在之后随宇宙膨胀红移得到的结果，同时大爆炸理论也解释了宇宙微波背景辐射各向异性的成因。

宇宙微波背景辐射谱 [CMB spectrum] 宇宙微波背景辐射的强度随其对应频率变化的情况，其等同于温度为 $2.72548 \pm 00057K$ 的黑体的热辐射谱。

宇宙微波背景辐射各向异性 [CMB anisotropies] 在相当精确的范围内，宇宙微波背景辐射在各个方向都极其均匀，但是 COBE, WMAP, Planck 等卫星更加精确的测量结果则表明在此均匀的背景辐射之上，存在着非常微小的各向不均匀性和不规则性，这些微小的不均匀性被称为宇宙微波背景辐射各向异性，其对应的温度涨落大小为背景辐射温度的 10^{-5} 量级。宇宙微波背景辐射各向异性主要来源于两个方面：(1) 原初各向异性，指在最后散射面之前产生的各向异性；(2) 继发的各向异性，指光子在最后散射面出发以后到观测者之间的过程中与其他物质、引力等的相互作用而导致的各向异性。宇宙微波背景辐射各向异性包含了大量早期宇宙演化的信息和宇宙中物质组分的信息，例如宇宙的曲率，暗物质和重子物质的能量密度，以及原初涨落的特性，因此对宇宙微波背景辐射各向异性的研究在现代宇宙学中有着重要的意义，对其定量的研究通常在其以频率为横坐标的功率谱空间中进行。

宇宙微波背景辐射各向异性功率谱 [power spectrum of CMB anisotropies] 宇宙微波背景辐射各向异性的功率大小随其对应频率变化的情况。在以角度尺度为横坐标的图 (即多极子矩分解的空间) 中，其功率谱函数呈现出一系列的波峰。这一结构主要由早期宇宙时期声子振荡和扩散衰退两个物理过程决定，其中声子振荡导致了这些波峰的出现，而扩散衰退则压低了小角度上的各向异性功率谱。具功率谱中波峰的位置和高度也包含着一系列重要的物理意义，例如第一个峰的角度尺度反映了宇宙的曲率，第二个峰与其的高度比决定了重子物质的能量密度，第三个峰则可以给出暗物质能量密度的信息。同时，功率谱的波峰也能给出关于原初扰动的重要信息，例如其波峰的位置比说明早期宇宙的原初扰动几乎全部是绝热涨落导致。另一方面，继发的各向异性功率谱则与 Sachs–Wolfe 效应和 Sunyaev–Zel'dovich 效应，其也同样对宇宙学研究有重要意义。

原初涨落 [primordial fluctuations] 又称原初密度扰动。原初涨落是早期宇宙密度的微小起伏变化，其被认为是早期宇宙结构形成的种子。在宇宙暴胀模型中，指数膨胀的宇宙背景时空将量子涨落拉伸至宏观尺度，使其波长超过视界尺度以后幅度保持不变。而后在宇宙演化到辐射或物质主导阶段时，涨落的波长开始变为小于视界的尺度，即回到视界内成为宇宙中结构形成的初始条件。由于原初涨落的统计性质可以从宇宙微波背景辐射各向异性观测以及宇宙中物质分布的测量中得到，因此这些测量可以用来限制暴胀理论的参数空间。

绝热涨落 [adiabatic fluctuations] 又称绝热密度扰动。每种类型的物质粒子，如重子和光子等，处于宇宙中同一位置时由于涨落而增加或减少的密度比例相等。暴胀宇宙学预言的初阶涨落为绝热涨落。见绝热扰动。

等曲率涨落 [isocurvature fluctuations] 又称等曲率密度扰动。指在宇宙中同一位置，所有物质组分因涨落而导致的密度变化的比例的总和为零。见等曲率扰动。

转移函数 [transfer function] 描述宇宙学中某个空间分布物理量的傅里叶模式随时间 (红移) 演化的函数。它一般依赖于傅里叶模式与时间这两个参数，其大小为该物理量的傅里叶模式在某个时刻 (红移) 的数值与原初数值的比。光子、中微子关于黑体辐射谱的扰动，冷暗物质、重子物质的密度扰动等，都有各自不同的转移函数。

宇宙方差 [cosmic variance] 宇宙学观测值与理论预言值之间差异的不确定性。通常宇宙学所关心的量都是平均值，它可以是某个量的空间平均值，也可以是时间平均值。但是人类只能在地球这个宇宙中的特殊位置，于一个特殊的时间进行观测。这种差异的不确定性称为宇宙方差。例如，理论的宇宙微波背景辐射功率谱应当是所有可能的观测位置的平均值，而实际上我们只能得到地球上的观测值。

自由流 [free streaming] 一般是指在介质中进行自由传播而不发生任何散射的粒子 (通常是指光子)。它可以用来定义最后散射面。例如 "光子的最后散射面" 的含义为：宇宙微波背景辐射光子在与宇宙中的物质脱耦而成为自由流之前，发生最后一次散射时所在的面。

扩散衰减 [diffusion damping] 又称希尔克衰减、光子扩散衰减。是一种由于光子的扩散压低了宇宙微波背景辐射乃至于宇宙自身的非均匀性与非各项同性的效应。产生它的原因是，再耦合时期 (大爆炸后约 30000 年) 一部分光子会由温度高的区域扩散至温度低的区域，使温度分布趋于均匀。这种效应会显著压低小尺度上的宇宙微波背景辐射功率谱，影响宇宙学大尺度结构以及星系、星系团的形成。

希尔克衰减 [Silk damping] 即扩散衰减。于 1968 年由约瑟夫·希尔克率先研究。

分布函数 [distribution function] 宇宙学中所引入的分布函数是空间位置与动量的函数，它给出了在给定空间位置与动量附近的单位相空间元中粒子分布的数目。

角关联函数 [angular correlation function] 对于定义在球面上的函数，角关联函数为确定角距离的任意两个方向上函数值的乘积在整个球面上的期望值。在宇宙学中，角关联函数一般用来描述星系在角向分布为 $w(\theta)$ 情况下聚团的程度，这里函数指的是星系密度扰动。

冻结 [freeze out] 又称退耦。对静态的气体，只要经历的时间长，就会有足够的碰撞次数以实现热平衡。但是对于膨胀的宇宙中的某种粒子气体来说，要维持其热平衡，则必须在宇宙尺度因子有显著变化的时间间隔内有足够的碰撞次数。如果粒子碰撞率远远高于宇宙膨胀率，则气体可以维持热平衡，而随着宇宙温度下降，粒子碰撞率也随之下降，当它与宇宙膨胀率之比小于 1 时，则称气体失去了热耦合，即为退耦，该组分粒子也就从宇宙中冻结出来。

再电离 [reionization]　在大爆炸宇宙学的黑暗期之后，宇宙中物质被电离的过程。宇宙大爆炸初期，物质处于高温高密的等离子体状态，随着宇宙的膨胀，其温度逐渐降低。当温度低至质子和电子复合远强于其逆过程时，质子和电子复合成为中性氢，此时光子退耦，形成 CMB。然而氢原子中的电子会吸收部分波长的光子从而跃迁到激发态，这样宇宙就会相对于这些波长的光子就会变得不透明了，由于此时没有光源，只剩下被吸收部分波段的 CMB，因此这段时期被称为黑暗期。一旦这些物质开始聚集并且其动能效应足够电离中性氢，宇宙又从中性物质主导逐渐变成被电离的等离子体主导。再电离发生在红移 $6 < z < 20$ 的时段，这段时间物质随着宇宙的膨胀逐渐被稀释，所以光子与等离子体散射界面远小于再耦合之前的散射界面，所以充满了小密度电离氢的宇宙依然是透明的。

跨越视界 [horizon crossing]　在宇宙学中，原初扰动的波长在宇宙演化中由小于视界的尺度被拉伸至大于视界的尺度的过程。

超视界 [super-horizon]　在宇宙学中，宇宙微扰的波长尺度大于视界。

亚视界 [sub-horizon]　在宇宙学中，宇宙微扰尺度小于视界。

原初扰动功率谱 [primordial perturbation spectrum]　原初涨落的功率随其对应频率变化的情况，相应地，其也表示原初涨落的功率随空间尺度变化的情况。在数学上，原初扰动功率谱 $P(k)$ 可以通过对原初涨落进行傅里叶分解后求系综平均得到：$\langle \delta_k \delta'_k \rangle = \frac{2\pi^2}{k^3} \delta(k - k') P_k$。原初扰动功率谱是各类宇宙学模型的最为重要特征预言，因此对其的测量可以用于检验和排除相关的宇宙模型。

角关联函数 [angular correlation function]　对于定义在球面上的函数，角关联函数为确定角距离的任意两个方向上函数值的乘积在整个球面上的期望值。在宇宙学中，角关联函数一般用来描述星系在角向分布为 $w(\theta)$ 情况下聚团的程度，这里函数指的是星系密度扰动。

功率谱 [power spectrum]　是关联函数傅里叶变换的模。在宇宙中，功率谱包括：原初功率谱，物质功率谱，CMB 温度扰动功率谱，CMB 极化功率谱等等。

物质功率谱 [matter power spectrum]　物质密度扰动的功率谱。

标量谱指数 [scalar spectral index]　大量的宇宙学模型预言了原初标量扰动功率谱与其频率具有幂律关系：$P_s(k) = k^{n_s - 1}$，其中 n_s 就被称为标量谱指数。根据 WMAP 卫星的观测结果，$n_s = 0.972 \pm 0.013$。

张量标量比 [tensor-to-scalar ratio]　张量扰动与标量扰动的功率的比值，$\frac{P_s(k)}{P_T(k)}$，其中 $P_s(k)$ 和 $P_T(k)$ 分别是波矢为 k 的标量和张量章动的功率。在暴胀模型中，这一数值反映了暴胀阶段宇宙的能标。

标度不变性 [scale-invariance]　在宇宙学中，原初标量扰动功率谱与其频率无关时，该功率谱具有标度不变性，即量子谱指标 $n_s = 1$。WMAP 卫星的观测结果 $n_s = 0.972 \pm 0.013$ 表明原初标量扰动的功率谱是近似标度不变的。

稳定标度不变性 [stable scale-invariance]　原初标量扰动功率谱与频率无关且与时间无关的情况下，该功率谱具有稳定标度不变性。

原初引力波 [primordial gravitational waves]　起源于宇宙早期的时空度规张量部分的扰动，其可能在宇宙微波背景辐射的极化中观测到。由于各类宇宙学模型预言了原初引力波的存在，因此对于其的探测有助于支持和排除各类宇宙学模型。

双频谱 [bispectrum]　在宇宙学中，原初扰动功率谱是谱空间中两点关联函数，双频谱是谱空间中的三点关联函数。非零的双频谱反映了原初扰动 (或更广泛的结构形成) 的非高斯性。标准的单标量场慢滚暴涨宇宙模型预言原初扰动是高斯性的，因此，其预言的紧缩双频谱值为零。而一些新型的多场宇宙学模型则预言了非零的紧缩双频谱，其中紧缩 (squeezed) 是指谱空间三点中两个点之间距离远远小于它们与第三个点的距离，即其中一个动量远远小于其他两个动量。因此，实验上对双频谱的测量将成为判定各类宇宙学模型的一个重要标准。

非高斯性 [non-Gaussianity]　对某些用高斯函数来估计测量的物理量的高阶修正。天文观测表明宇宙微波背景辐射的扰动是近似高斯性的，但是大量的宇宙学模型预言了其原初密度扰动具有某种程度的非高斯性，因此对非高斯性的测量可以用来区分这些模型。

重子声子振荡 [baryon acoustic oscillations, BAO]　重子声子振荡是指宇宙中可见的重子物质的密度扰动规律性和周期性的振荡。重子声子振荡的聚集为宇宙学提供了一个标准尺度，同时对其的测量可以限定包括暗能量组分大小等一系列宇宙学参数。

积分的萨克斯瓦福效应 [ISW effect]　一种由于宇宙微波背景辐射光子发生引力红移所导致的效应。其原因是光子由最后散射面传播至地球的过程中所处的引力势发生了变化。这种效应会在大尺度上影响观测到的宇宙微波背景辐射功率谱。它一般发生在非物质主导的宇宙 (例如辐射、暗能量) 中,因为此时引力势随时间的演化比较显著,光子的能量也会随之发生变化;反之在物质主导的宇宙中,由于引力势不会显著改变,因而该效应亦不明显。

Sachs–Wolfe 效应 [Sachs–Wolfe effect] 宇宙微波背景辐射 (CMB) 的光子被引力红移后导致 CMB 谱出现不规则性。其是导致 CMB 谱在大约十度角尺度上不规则扰动的主要效应。

Sunyaev–Zel'dovich 效应 [Sunyaev–Zel'dovich effect] Sunyaev–Zel'dovich 效应是指高能电子通过逆康普顿散射扭曲宇宙微波背景辐射光谱的效应。其中,低能的宇宙微波背景辐射光子通过与高能电子束的碰撞获得一个平均的能量提升。基于此效应,通过观测宇宙微波背景辐射光谱的形变就可以探测宇宙的密度扰动

Lambda-冷暗物质模型 [Lambda cold dark matter model, Λ CDM] 是一个参数化的大爆炸宇宙模型。在此模型中,宇宙主要包含四种物质组分:69% 的暗能量 (简记为 Λ),26% 的暗物质 (简记为 CDM),5% 的可见物质与 0.01% 的辐射。由于这个模型非常简单而又具有一系列良好的性质,其被称为标准宇宙学模型。其具有的良好的性质包括:① 解释了宇宙微波背景辐射的存在及其结构;② 解释了星系分布的大尺度结构;③ 宇宙中轻元素的丰度以及④ 根据遥远星系和超新星观测发现的宇宙加速膨胀。

宇宙学基本参数 [cosmological parameters] 根据 WMAP 九年观测结果:宇宙年龄为 137.4 ± 1.1 亿年,哈勃常数为 79.0 ± 2.2 km/(Mpc)s,重子密度 $\Omega_b = 0.046$,冷暗物质密度 $\Omega_c = 0.233$,暗能量密度 $\Omega_\Lambda = 0.721$,曲率 $1 - \Omega_{\text{tot}} = -0.037$,标量谱指数 $n_s = 0.972$。

弱引力透镜 [weak gravitational lens] 根据引力透镜原理,通过观测背景光源所发出光线被前景物质引力扭曲的效应,来探测前景物质的一种统计测量方法。在宇宙学中,其被用来探测物质分布谱,进而可以限制如暗物质密度等一系列宇宙学参数。

CMB 极化 [CMB polarization] 在物理上,极化指波具有一个以上的振动方向。CMB 极化可以分为两类:无旋的 E 模极化和无散度的 B 模极化。E 模极化来自于托马森散射,而 B 模极化有两个来源:① E 模经过引力透镜效应产生;② 来源于原初引力波。

COBE 卫星 [COBE satellite] 全称宇宙背景探测器 (cosmic background explorer)。COBE 卫星于 1989 年 11 月 18 日发射,是第一颗用于探索宇宙学理论的卫星,其有三个重要的科学发现:① 证实了宇宙微波背景辐射是近乎完美的温度为 2.7K 的黑体辐射曲线;② 测量和绘制出宇宙微波背景辐射各向异性的图谱,其大小只有 2.7K 背景辐射的十万分之一量级;③ 发现了约十个辐射远红外线的早期星系。COBE 卫星被认为是宇宙学成为精密科学的起点。

WMAP 卫星 [WMAP satellite] 全称威尔金森微波各向异性探测器 (Wilkinson Microwave Anisotropy Probe)。WMAP 卫星于 2001 年 6 月 30 日发射,主要的科学目标是测量宇宙微波背景辐射温度中各向异性的微小起伏。该探测器绘制了精确的宇宙微波背景辐射全天图,测量了宇宙微波背景辐射 E 模式的极化和前景极化。并根据各向异性的结果拟合出了宇宙的几何特性、物质组成及演化过程的一系列关键参数。

Planck 卫星 [Planck satellite] Planck 卫星是于 2009 年 5 月 14 日发射,用于在微波波段和红外波段高精度测量宇宙微波背景辐射各向异性的空间观测站。其测量结果具有很高的小角度分辨率,其观测结果的精度较威尔金森微波各向异性探测器 (WMAP) 有实质性的提高,从而可以用于检验相关的早期宇宙模型以及宇宙早期结构理论。

永恒暴胀 [eternal inflation] 新暴胀模型理论中固有的一个性质。在永恒暴胀中,由于驱动暴胀的场 (暴胀子) 存在量子涨落,因此,宇宙中各区域的暴胀子的势能不同,从而具有不同的膨胀速率。在势能大的区域宇宙膨胀速率大于势能小的区域,使得暴胀快的区域的体积远大于暴胀慢区域的体积,因此,从整体来看所有区域中的大部分是在快速膨胀的,并且由于量子涨落的持续存在,宇宙的暴胀将永恒地持续下去,所以称为永恒暴胀。根据这个理论,我们目前所观测到的宇宙只是所用区域中的一个暴胀已经结束的子区域。永恒暴胀过程产生了一个多宇宙的体系。

无序暴胀 [chaotic inflation] 暴胀实际上可以发生在几乎任何一个存在无序的,高能的并且具有无界势能的单标量场的宇宙中。通常无序暴胀模型也具有永恒暴胀这一性质,并且由于无序暴胀模型中,标量场的大小大于普朗克质量,因此也称其为大场暴胀。

混合暴胀 [hybrid inflation] 混合暴胀是新暴胀模型的一个推广,这个理论包含了两个标量场,其中一个标量场具有较大的势能密度从而导致了时空背景的暴胀,另外一个标量场的质量较小则提供了原初扰动。

曲率子暴胀 [curvaton inflation] 在宇宙学中,曲率子是一种理论假设的标量粒子。其在暴胀过程中产生曲率扰动,但并不由其驱动暴胀。曲率子主要应用于诸如前大爆炸模型等暴胀子势能较为陡峭的模型中,其可以代替暴胀子产生标度不变的原初扰动。

锁定暴胀 [locked inflation] 锁定暴胀是指驱动暴胀的标量场被另外一个标量场锁定在其赝真空态中,使得该标量场具有较大的势能密度,从而驱动宇宙暴胀。

膜宇宙学 [brane cosmology]　将弦理论，超弦理论和 M 理论中的膜的理论运用于研究早期宇宙问题的研究领域。

膜暴胀 [brane inflation]　由弦理论中膜在额外维中运动而驱动的宇宙暴胀，其模型由弦理论中的狄拉克–波恩–英费尔德 (Dirac-Born-Infeld action) 作用量描述。

大反弹理论 [big bounce]　大反弹理论是一个关于早期宇宙演化和形成的理论框架，其包括了各类单次反弹的和循环反弹的宇宙学模型。在这个框架中，由于存在宇宙反弹过程，因此被认为是宇宙起始点的大爆炸时期只是前一个的宇宙塌缩反弹之后的膨胀期。

循环宇宙模型 [cyclic universe model]　指一类宇宙经历循环演化的宇宙学模型。在此框架中，一个循环周期大致包括四个阶段：宇宙在塌缩之前经历一个膨胀时期，由于其中物质组分的引力作用，宇宙膨胀到最大尺度后，开始塌缩，塌缩过程中新物理机制启动，从而使宇宙由塌缩阶段反弹至膨胀阶段，这四个过程循环往复。

$f(R)$ 引力模型 [$f(R)$ gravity model]　$f(R)$ 引力模型是一类修改广义相对论引力理论的模型，其将广义相对论中爱因斯坦–希尔伯特作用量的拉格朗日密度由 Ricci 标量 R 推广为 Ricci 标量的一般函数 $f(R)$。该理论的主要动机在于希望通过这一推广使得在不引入暗能量和暗物质的前提下解释早期宇宙演化过程，例如暴胀过程和大尺度结构的形成。

前大爆炸模型 [pre-big-bang model]　是一个假设宇宙在大爆炸之前存在演化过程的宇宙学模型，这个模型的动机在于运用弦有效理论论中尺度因子对偶性来避免宇宙初始奇点问题。

涅磐宇宙模型 [ekpyrotic universe]　涅磐宇宙模型是一个非暴胀的反弹宇宙模型。根据这个模型，弦理论中的两个膜在高维空间中相互碰撞，每一次碰撞对应于宇宙从收缩到膨胀的一个反弹过程。在高维空间中，这样的碰撞不存在奇异性，因此在这个模型中宇宙也就避免了初始奇点问题。

Wands 对偶 [Wands duality]　在物质主导的宇宙塌缩过程中，标量场也可以产生不稳定的标度不变的原初扰动功率谱。这一结果类似于慢滚暴胀模型中稳定的标度不变的原初扰动功率谱，因此称二者之间存在对偶性，即 Wands 对偶。但由于两个功率谱的稳定性不同，因此这一对偶并不是一个完全的对偶。通过修改扰动方程的红移系数，可以类似地得到都具有稳定标度不变性的功率谱的完全的对偶。

物质反弹模型 [matter bounce model]　收缩阶段由物态方程为 0 的物质主导的反弹宇宙模型。其利用 Wands 对偶的特性，在此收缩阶段，产生标度不变的原初扰动功率谱。

精灵物质反弹模型 [quintom matter bounce model]　在宇宙学中，精灵物质是指一种物态方程可以小于 −1 的理论假设物质。精灵物质反弹模型是由精灵物质主导避免了宇宙初始奇异性的反弹宇宙模型。

快子场宇宙学模型 [tachyon driven cosmos]　指由弦理论中快子物质主导极早期宇宙演化的宇宙学模型，其分为两类：快子场驱动的暴胀宇宙学模型以及耦合快子主导的反弹宇宙学模型，其中耦合快子场主导的反弹模型可以产生稳定的标度不变的宇宙原初扰动功率谱。

非正则场物质宇宙模型 [K-essence bounce]　由具有非标准动能项的物质主导的早期宇宙演化模型。特定形式的非正则物质可以驱动宇宙反弹，从而避免宇宙初始奇点问题，这一类模型称为非正则场物质反弹宇宙模型。

黑洞 [black hole]　在经典理论中，黑洞是指在时空的特定区域内引力足够强使得任何粒子和电磁辐射都无法逃逸出来，该区域称为黑洞，其边界称为黑洞的事件视界。根据广义相对论，足够密集的物质可以扭曲时空从而形成黑洞。如果考虑量子效应，则黑洞在事件视界附近可以通过量子涨落辐射出温度反比于其质量的黑体辐射，称为霍金辐射。

施瓦西度规 [Schwarzschild metric]　在广义相对论中，施瓦西度规是爱因斯坦场方程中最一般的球对称的真空解。其对应于不带电荷、无角动量的球对称的物质的所产生的引力场，其度规线元表示为 $c^2 \mathrm{d}\tau^2 = \left(1 - \frac{r_s}{r}\right) c^2 \mathrm{d}t^2 - \left(1 - \frac{r_s}{r}\right)^{-1} \mathrm{d}r^2 - r^2(\mathrm{d}\theta^2 + \sin^2\theta \mathrm{d}\phi^2)$，其中 c 是光速，τ 是本征时间，t 是时间坐标，r，θ 和 ϕ 是空间球坐标，r_s 是施瓦西半径。

施瓦西黑洞 [Schwarzschild black hole]　指不带电荷和无角动量的黑洞，其可以由施瓦西度规描述。

施瓦西半径 [Schwarzschild radius]　如果在一个球对称的空间中物质所产生的引力场使得这个球表面的逃逸速度等于光速，那么这个球的半径就是施瓦西半径，$r_s = \frac{2GM}{c^2}$，其中 M 是球内质量，c 是光速以及 G 是引力常数。因此如果一个不带电荷、无角动量的有质量物体其半径小于其施瓦西半径时，就可以形成施瓦西黑洞，施瓦西半径就对应着该黑洞的事件视界的半径。

施瓦西黑洞奇点 [Schwarzschild singularity]　根据施瓦西度规的表示，施瓦西黑洞具有两个奇点，$r = r_s$ 和 $r = 0$。其中 $r = r_s$ 是坐标奇点，其是由坐标选取造成的，其在其他坐标系中，这个奇点不存在；而 $r = 0$ 则是物理的奇点，即引力奇点。通过克莱舒曼不变量 $R_{\alpha\beta\gamma\delta}R^{\alpha\beta\gamma\delta} \propto r^{-6}$ 可以看出，在 $r = 0$ 处时空曲率趋于无穷大，是一个真实的物理奇点。

裸奇点 [naked singularity]　没有事件视界包围的引力奇点。而黑洞则不是裸奇点，其由事件视界将其引力奇点包围。

Reissner Nordstrom 黑洞 [Reissner Nordstrom black hole] 在广义相对论中, Reissner Nordstrom 度规对应于带电荷、无角动量的球对称质量为 M 的物质的所产生的引力场, 其度规线元表示为 $c^2 \mathrm{d}\tau^2 = \left(1 - \dfrac{r_s}{r} + \dfrac{r_Q^2}{r^2}\right) c^2 \mathrm{d}t^2 - \left(1 - \dfrac{r_s}{r} + \dfrac{r_Q^2}{r^2}\right)^{-1} \mathrm{d}r^2 - r^2(\mathrm{d}\theta^2 + \sin^2\theta \mathrm{d}\phi^2)$, 其中 c 是光速, τ 是本征时间, t 是时间坐标, r, θ 和 ϕ 是空间球坐标, r_s 是施瓦西半径, $r_Q = \dfrac{Q^{2G}}{4\pi\varepsilon_0 c^4}$ 是对应电荷 Q 的长度尺度。带电荷、无角动量的球对称的黑洞称为 Reissner Nordstrom 黑洞, 其可以由 Reissner Nordstrom 度规描述。

克尔黑洞 [Kerr black hole] 在广义相对论中, 克尔度规对应于不带电荷、具有角动量的轴对称质量为 M 的物质的所产生的引力场, 其度规线元表示为

$$c^2 \mathrm{d}\tau^2 = \left(1 - \frac{r_s r}{\rho^2}\right) c^2 \mathrm{d}t^2 - \frac{\rho^2}{\Delta} \mathrm{d}r^2 - \rho^2 \mathrm{d}\theta^2$$
$$- \left(r^2 + \alpha^2 + \frac{r_s r \alpha^2}{\rho^2} \sin^2\theta\right) \sin^2\theta \mathrm{d}\phi^2$$
$$+ \frac{2r_s r \alpha^2 \sin^2\theta}{\rho^2} c \mathrm{d}t \mathrm{d}\phi$$

其中 c 是光速, τ 是本征时间, t 是时间坐标, r, θ 和 ϕ 是空间球坐标, r_s 是施瓦西半径, $\alpha \equiv \dfrac{J}{Mc}$, J 为角动量, $\rho^2 = r^2 + \alpha^2 \cos^2\theta$, $\Delta = r^2 - r_s r + \alpha^2$。相应的不带电荷、具有角动量的轴对称的黑洞称为克尔黑洞, 其可以由 Reissner Nordstrom 度规描述。

克尔纽曼黑洞 [Kerr-Newman black hole] 带电荷、具有角动量的轴对称的黑洞称为克尔纽曼黑洞, 其是广义相对论中, 爱因斯坦-麦克斯韦方程的一个解。

黑洞热力学 [black hole thermodynamics] 黑洞热力学是研究黑洞的统计热力学性质的研究领域。在此领域中, 黑洞的统计热力学性质的研究深化了人们对于量子引力的理解, 并且提出了全息原理。

霍金辐射 [Hawking radiation] 黑洞的事件视界附近通过量子涨落效应而发出的温度反比于黑洞质量的黑体辐射。

黑洞蒸发 [black hole evaporation] 在辐射过程中, 黑洞的质量和能量也随辐射流失。

黑洞熵 [black hole entropy] 基于热力学第二定律, 黑洞也具有熵。根据贝肯斯坦-霍金公式: $S_{\mathrm{BH}} = \dfrac{kA}{4l_P^2}$, 黑洞的熵正比于黑洞的事件视界面积 A, 其中 k 是玻尔兹曼常量, l_P 是普朗克长度。黑洞熵也是贝肯斯坦范围的上界, 这一观察也催生了全息原理的提出。

全息原理 [holographic principle] 全息原理是受黑洞熵结果的启发, 而在弦论与量子引力中提出的可以通过空间的边界来描述该空间体积内所有信息的原理理论, 其类比于黑洞热力学中黑洞熵正比于事件视界面积这一结果。

黑弦 [black string] 黑洞在 $D > 4$ 的高维空间中的推广。

虫洞 [wormhole] 理论假设的可以缩短两点间时空距离的拓扑结构。

自旋泡沫 [spin foam] 自旋泡沫是由若干二维几何面组成的拓扑结构, 通过对这个结构的求和可以得出相应的量子引力理论的费曼积分表达式。在圈量子引力理论中, 自旋泡沫是由一个联系可微分流形上的希尔伯特空间基元的自旋网络演化形成的。

圈量子引力 [loop quantum gravity] 圈量子引力是一个力图通过融合标准的量子力学原理与广义相对论从而解释引力和时空的量子性质的理论。根据此理论, 时空是离散化的, 最小尺度为普朗克尺度。具体的, 在此理论中, 空间可以看作大量极微小的圈所交织成的自旋网络, 其在时间方向上演化构成了自旋泡沫。这个理论在宇宙学中的运用被称为圈量子宇宙学。在圈量子宇宙学中, 大爆炸之前的时空可以用圈量子引力来描述, 进而得到了一系列超越大爆炸阶段的宇宙模型, 包括圈量子引力预示的大反弹宇宙模型。

2.7　弦理论和超弦理论

弦论 [string theory] 又称弦理论, 物理学的一个分支, 是描述客观世界基本物质构成及其相互作用的基础理论物理理论。在弦论的理论框架下, 客观世界的基本构成是被称为"弦"的一维模型, 实验中可观测的基本粒子被视为是这些弦的某些量子态, 该理论也因此具有许多不同于基于点粒子模型的一般量子场论的特性。首先, 至少在微扰论框架下, 弦论可被视为一个有限的量子引力论; 其次, 弦论的理论框架统一了引力和被规范场论描述的其他相互作用; 再次, 弦论中时空费米子的存在要求至少在高能情形下必须有时空超对称性的存在。弦论包含了粒子物理的标准模型, 同时又与广义相对论相协调, 因而被视为目前人类探索宇宙 "终极理论" 的方向之一; 与此同时, 弦论本身是一个自足而优雅的数学模型, 也作为理论工具而在量子场论、量子引力论等领域得到广泛应用。

在 20 世纪, 基础物理取得了长足的发展。物质世界的四种相互作用 (电磁作用、弱相互作用、强相互作用、引力) 的前三种被统一为规范群为 $SU(3) \times SU(2) \times U(1)$ 的规范场论模型, 即粒子物理的标准模型; 而爱因斯坦的相对性原理则给出了引力的现代描述。然而, 旨在统一标准模型与广义相对论的尝试都需要解决以下几项重要的理论课题: ① 广义相对论在量子尺度上无法被重正化, 这意味着学术界需要新的

理论描述高能引力；② 目前尚未有将引力纳入规范场论体系的方法；③ 标准模型中存在大量理论无法解释或给出合理预言数值的任意参数；④ 标准模型在高能情形下不稳定，当实验观测能标逐渐上升，该理论的预言将越来越偏离实验数据。在众多为解决这些问题而提出的模型中，弦论因其紫外收敛的性质（即在高能范围仍然对可观测量给出有限的理论预言数值），成为最受学术界关注和认同的候选理论。

20 世纪 60 年代，意大利物理学家 Veneziano 为强子散射振幅紫外发散的问题提出了 $s-t$ 对偶（s,t 为 Mandelstam 不变量）和 Veneziano 振幅的表达式。此后，南部、后藤、Nielsen 与 Susskind 指出该散射振幅可从相对论性的弦理论中得到。在此基础上，Neveu、Schwarz 和 Ramond 在弦论中引入了时空费米子。Gliozzi、Scherk 和 Olive 指出了消除早期理论中的快子的方法，并构造了具有时空超对称性的弦论。Scherk 和 Schwarz 以及 Yoneya 分别提出闭弦理论中始终存在的无质量自旋为 2 的粒子描述引力，且弦论中的基本参数 α 与普朗克能标相关。在 1984 年，通过对规范反常和引力反常的研究，学术界认识到仅在特定维度上的弦理论存在反常相消现象，例如玻色弦论必须具有 26 维时空维度，而超弦理论则必须为 10 维；目前已知的无反常超弦理论模型包括规范群为 $O(32)$ 的开弦理论、规范群为 $E_8 \times E_8$ 且不包含开弦的弦论等。80 年代末至 90 年代初，弦论领域的研究在杂糅弦理论、通过矩阵模型研究二维弦论、弦论中的黑洞相关问题等方向上都得到了很大发展。90 年代中期，学术界认识到了不同的超弦理论之间可能存在非微扰的对偶，这一结论导致了 M-理论的诞生。关于弦论中的 D-膜的研究也对黑洞的微观状态、微观解释等课题具有重要意义。这些研究结果为后来的 AdS/CFT 对应关系及其推广的出现奠定了基础，后者也成为弦论研究中的广受重视的分支之一。

玻色弦论 [Bosonic string theory]
弦论的一个分支，是仅包含玻色弦的弦论。自洽的玻色弦论所描述的物理时空（靶空间）必须为 26 维，其中仅有一维为时间维度，其他均为空间维度。玻色弦的各个量子态仅能描述各种玻色子，在玻色弦论中不存在与一般量子场论中常见的费米子所对应的自由度。

玻色弦论最初是作为描述强子散射振幅的对偶理论出现的。通过对四强子散射振幅实验数据的研究，Dolen、Horn 和 Schmid 提出该散射振幅可能存在 "s-t 对偶" 现象（s 和 t 为 Mandelstam 变量），即当强相互作用耦合常数和高自旋粒子质量为一些特殊数值时，s-通道的散射振幅与 t-通道振幅相等。以此为出发点，意大利物理学家 Veneziano 给出了能够满足这一假设的耦合常数、粒子质量、以及对该散射振幅解析表达的猜测，即 Veneziano 振幅。Veneziano 振幅可被推广为关于 n 个粒子的散射振幅的理论，这在本质上即是一个基于相对论性的弦模型的理论。

此后的实验结果证实 Veneziano 振幅并非描述强子散射的正确理论，但这一对偶模型（即弦论）却由于其特殊的性质而得到学术界的关注。对偶模型中始终存在自旋为 2 的无质量粒子，并且与该粒子相对应的耦合常数与广义相对论中的耦合常数类似。与此同时，Veneziano 模型仅在 26 维时空中自洽，包含费米子的 Ramond-Neveu-Schwarz 对偶模型仅在 10 维时空中自洽。与在五维时空中统一引力与电磁作用的 Kaluza-Klein 理论相类似，弦论中自然存在的额外维度使得统一引力与其他相互作用成为可能。

不存在反常和其他不自洽性质的一些弦论模型已被证明在一圈近似时是紫外收敛的，尽管对于更高阶的情形尚未有完整证明，但学术界普遍认为自洽的弦论模型在任意圈都不存在紫外发散问题。

对偶共振模型 [dual resonance model]
或简称对偶模型，最初是为解决四强子散射过程 $p_1 + p_2 \rightarrow p_3 + p_4(p_i, i = 1, \cdots, 4$ 为强子的动量）的散射振幅问题而提出的基于 $s-t$ 对偶假设（见 $s-t$ 对偶）所构造的模型，$s-t$ 对偶假设由 Dolen、Horn 和 Schmid 提出，而满足该假设的耦合常数、粒子质量和散射振幅表达式由 Veneziano 给出。对偶共振理论关于强相互作用的散射过程的预言与实验数据并不相符，其 $s-t$ 对偶假设也并无实验数据的支持，因而这一模型并非描述强相互作用的正确理论。但对偶共振模型因其特殊的数学性质而被应用于统一引力与其他相互作用的尝试当中，对偶共振模型后被推广为弦论（见玻色弦论）。

对于上述该散射过程，若度规符号约定为 $\{-, +, +, +\}$，则 Mandelstam 变量为

$$s = -(p_1 + p_2)^2, \quad t = -(p_2 + p_3)^2, \quad u = -(p_1 + p_3)^2$$

这三个变量并不相互独立，因而散射振幅仅为其中两个变量的函数 $A(s,t)$。Veneziano 振幅的数学表达式为

$$A(s,t) = \frac{\Gamma(-\alpha(s))\Gamma(-\alpha(t))}{\Gamma(-\alpha(s) - \alpha(t))}$$

其中 $\Gamma(x)$ 为欧拉–伽马函数，$\alpha(t) = \alpha't + \alpha(0)$ 称为 Regge 轨道（见 Regge 轨道），α' 称为 Regge 斜率，是弦论中的重要常数，其数值大约为 $1(GeV)^{-2}$。Veneziano 振幅可被写为另一种形式

$$A(s,t) = \sum_{n=0}^{\infty} \frac{(\alpha(s)+1)(\alpha(s)+2)\cdots(\alpha(s)+n)}{n!} \frac{1}{\alpha(t)-n}$$

这一形式可被视为是散射过程的树图中 t-通道所有极点的和，且其中交换的虚粒子的质量为 $M^2 = (n - \alpha(0))/\alpha'(n = 0, 1, 2, \cdots)$。对于 s-通道可做类似分析。若要求该模型不存在鬼场（即 Veneziano 振幅不存在负留数），则时空必须为 26 维，且 $\alpha(0) = 1$。

Regge 轨道 [Regge trajectory]　在 Veneziano 振幅中 (见对偶共振模型) 出现的线性函数 $\alpha(t) = \alpha' t + \alpha(0)$，其中 $\alpha' \sim 1(\text{GeV})^{-2}$ 成为 Regge 斜率，是弦论中的重要常数，$\alpha(0)$ 的数值由无鬼场定理等自洽性条件决定，$\alpha(0) = 1$。

s-t 对偶 [s-t duality]　由 Dolen、Horn 和 Schmidt 通过对四强子散射过程实验数据的观察，提出的该散射振幅可能满足的条件，即该散射过程在树图近似下，s-通道的散射振幅与其 t-通道的散射振幅相等，因而树图振幅可写为 s-通道 (或 t-通道) 上所有极点的和。这一假设是对偶共振模型的基础和出发点。但这一假设并没有足够的实验数据支持。

世界面 [worldsheet]　弦论中描述一维的弦在时空中的传播的二维流形，是相对论中点粒子的世界线 (见相关词条) 概念的直接推广，由美国物理学家 Susskind 命名。类似于相对论中描述点粒子运动的作用量可被视为运动的起始和终止时间之间粒子世界线的长度，由日本物理学家南部阳一郎和后藤铁男提出的弦的作用量也正比于所研究时间段内弦在时空中传播时扫过的世界面的面积 (详见南部-后藤作用量)，即

$$S_{NG} = -T \int_M \mathrm{d}\tau \mathrm{d}\sigma \sqrt{-\det h_{\alpha\beta}}$$

其中 T 为弦张力，τ 和 σ 为二维世界面流形 M 上的坐标，$h_{\alpha\beta}(\alpha, \beta = \{\tau, \sigma\})$ 为世界面 M 上的诱导度规，并采取弦论中常用的洛伦兹约定，即该诱导度规的符号为 $(-, +)$。

在弦论中，弦传播的时空被称为靶空间，靶空间的坐标对于弦的世界面上的二维量子场论而言是后者的场，例如，在 26 维的玻色弦理论中，弦的世界面上的场论包含 26 个标量场。

弦张力 [string tension]　弦论中的一个参数，其量纲为 [质量]² (或 [长度]⁻²)，常作为系数出现在弦的作用量中 (例如南部-后藤作用量、Polyakov 作用量等，详见相关词条)，与 Regge 斜率 α'、弦的长度 ℓ_s、弦能标 M_s 的关系为

$$T = \frac{1}{2\pi\alpha'} = \frac{1}{2\pi\ell_s^2} = \frac{M_s^2}{2\pi}$$

世界面的场成分 [worldsheet field contents]　在 D-维时空内的玻色弦论中，世界面上的理论为包含 D 个玻色场 $X^\mu(\mu = 0, 1, \cdots, D-1)$ 的二维量子场论，这些场可能具有的物理态描述各种基本粒子。在不同的弦理论模型中，这些场所必须满足的边界条件不同，因而其可能物理态空间不同，即所对应的基本粒子组合各有不同。在这些场的物理态中，低能态 (基态以及第一激发态) 是目前最重要的研究对象，高能态则因其较大的能量 (质量) 而不属于当前实验水平可能观测到的范围。在包含开弦 (见词条开弦) 的玻色弦论和纯闭弦 (见词条闭弦) 玻色弦理论中，场 X^μ 的基态都对应快子，但其质量因模型而不同；其第一激发态的质量皆为零。

包含开弦的理论中，第一激发态可被分解为群 $SO(D-2)$ 的不可约表示，并进而通过各个不可约表示的对称性确定其对应的基本粒子，而闭弦理论中，第一激发态则可被分解为群 $SO(D-2)$ 的不可约表示。根据理论模型和边界条件的不同，玻色弦论的第一激发态所对应的粒子成分如下：

定向闭弦	$G_{\mu\nu}$, $B_{\mu\nu}$, Φ
非定向闭弦	$G_{\mu\nu}$, Φ
定向闭弦、开弦	$G_{\mu\nu}$, $B_{\mu\nu}$, Φ, A_μ
非定向闭弦、开弦	$G_{\mu\nu}$, Φ

其中，$G_{\mu\nu}$ 为引力子，数学上为对称、迹为零的张量；$B_{\mu\nu}$ 弦论中特有的 B-场，数学上为反对称张量；Φ 为标量场 dilaton；A_μ 为描述光子的矢量场。

世界面度规 [worldsheet metric]　弦的世界面的度规，是在世界面流形上定义两向量的内积的函数，常见于 Polyakov 作用量 (见相关词条) 及相关弦的运动方程等公式中，数学上表示为一个二阶对称张量 $\gamma_{\alpha\beta}(\sigma)(\alpha, \beta = \{\tau, \sigma\})$，一般采用洛伦兹约定取其符号为 $(-, +)$。世界面度规在重参化变换 $\sigma^\alpha \to \tilde{\sigma}^\alpha(\tau, \sigma)$ 下的变换为

$$\gamma^{\alpha\beta} \to \tilde{\gamma}^{\alpha\beta} = \gamma^{\xi\eta} \frac{\tilde{\sigma}^\alpha}{\sigma^\xi} \frac{\tilde{\sigma}^\beta}{\sigma^\eta}$$

在 Weyl 变换下则为

$$\gamma_{\alpha\beta} \to \tilde{\gamma}_{\alpha\beta} = \Lambda(\sigma)\gamma_{\alpha\beta}$$

尽管张量 $\gamma_{\alpha\beta}$ 具有 3 个自由度，但在实际计算中，往往可以利用理论的局域对称性消除部分甚至全部的自由度以简化计算。

弦的世界面度规 $\gamma_{\alpha\beta}$ 应与世界面上的诱导度规 h_α 加以区别，后者同样定义在世界面流形上，但确实通过靶空间的度规 $G_{\mu\nu}(\mu, \nu = 0, 1, \cdots, D-1)$ 计算得到，即

$$h_{\alpha\beta}(\sigma, \tau) = G_{\mu\nu}(X)\frac{\partial X^\mu}{\partial \sigma^\alpha}\frac{\partial X^\nu}{\partial \sigma^\beta}$$

时空度规 [spacetime metric]　即靶空间的度规，是在物理时空流形上定义两向量的内积的函数，数学上表示为一个二阶对称张量 $G_{\mu\nu}(X)$。

南部-后藤作用量 [Nambu-Goto action]　弦论中描述弦在 D-维时空 (靶空间) 中的运动的无量纲函数，由日本物理学家南部阳一郎和后藤铁男提出，正比于弦自起始时刻至终止时刻之间在时空中传播时扫过的世界面的面积，即

$$S_{NG} = -T \int \mathrm{d}A$$

其中 T 为弦张力 (见弦张力)，$\mathrm{d}A$ 为世界面面积微元。设世界面上的坐标为 $\sigma^\alpha(\alpha = \{\tau, \sigma\})$、诱导度规为 $h_{\alpha\beta}$ (详见世界面、世界面度规)，该面积微元为 $\mathrm{d}A = \mathrm{d}\tau\mathrm{d}\sigma\sqrt{-\det h}$。特

别地，当靶空间流形的度规 (见时空度规) 为闵可夫斯基度规时，南部–后藤作用量可以直接写为

$$S = -T \int \sqrt{(\dot{X} \cdot X')^2 - (\dot{X})^2 (X')^2} \, \mathrm{d}\sigma \mathrm{d}\tau$$

其中 $\dot{X}^\mu = \dfrac{\partial X^\mu}{\partial \tau}$, $X'^\mu = \dfrac{\partial X^\mu}{\partial \sigma}$。

南部–后藤作用量在以下变换下保持不变：

D-维时空坐标的庞加莱变换，即 $X'^\mu(\tau, \sigma) = \Lambda^\mu_\nu X^\nu(\tau, \sigma) + a^\mu$。

2-维世界面的微分同胚变换，即 $X'^\mu(\tau', \sigma') = X^\mu(\tau, \sigma)$。

南部–后藤作用量与 Polyakov 作用量在满足经典运动方程的条件下等价 (详见Polyakov 作用量)，南部–后藤作用量表达式中的平方根在计算中较难处理，因而实际应用中不如 Polyakov 作用量普遍。

泊里雅科夫作用量 [**Polyakov action**]　又称 Brink-Di Vecchia-Howe-Deser-Zumino 作用量，弦论中描述弦的世界面的二维共形场论作用量，最初由美国物理学家 Susskind 提出，后由 Deser、Zumino 与 Brink、Di Vecchia、Howe 分别在研究局域世界面超对称性的推广中引入弦论研究，并以在此作用量基础上进行弦的量子化的俄国物理学家泊里雅科夫命名，对于不带边界的世界面，该作用量的数学表达式为

$$S_P[X, \gamma] = -\frac{1}{4\pi\alpha'} \int_M \mathrm{d}\tau \mathrm{d}\sigma (-\gamma)^{1/2} \gamma^{\alpha\beta} \partial_\alpha X^\mu \partial_\beta X_\mu \quad (1)$$

其中 α' 为 Regge 斜率，$X^\mu (\mu = 0, 1, \cdots, D-1$, D 为时空维度) 为世界面上的玻色场，$\gamma_{\alpha\beta}(\alpha, \beta = \{\tau, \sigma\})$ 为采用洛伦兹约定的世界面度规 (见世界面度规)，且 $\gamma = \det \gamma_{\alpha\beta}$。

通过对世界面度规 $\gamma_{\alpha\beta}$ 利用作用量原理可得玻色场 $X^\mu(\tau, \sigma)$ 的经典运动方程，并证明在 X^μ 满足该运动方程时，泊里雅科夫作用量与南部–后藤作用量等价。

泊里雅科夫作用量具有以下对称性，

(1) D-维庞加莱不变性：

$$X'^\mu(\tau, \sigma) = \Lambda^\mu_\nu X^\nu(\tau, \sigma) + a^\mu \quad (2)$$

$$\gamma'_{\alpha\beta}(\tau, \sigma) = \gamma_{\alpha\beta}(\tau, \sigma) \quad (3)$$

(2) 微分同胚不变性：

$$X'^\mu(\tau', \sigma') = X^\mu(\tau, \sigma) \quad (4)$$

$$\frac{\partial \sigma'^\lambda}{\partial \sigma^\alpha} \frac{\partial \sigma'^\kappa}{\partial \sigma^\beta} \gamma'_{\lambda\kappa}(\tau', \sigma') = \gamma_{\alpha\beta}(\tau, \sigma) \quad (5)$$

(3) 二维 Weyl 不变性：

$$X'^\mu(\tau, \sigma) = X^\mu(\tau, \sigma) \quad (6)$$

$$\gamma'_{\alpha\beta}(\tau, \sigma) = \exp(2\omega(\tau, \sigma)) \gamma_{\alpha\beta}(\tau, \sigma) \quad (7)$$

其中 Weyl 不变性是二维世界面流形上的局域扩张变换，是泊里雅科夫作用量独有而南部–后藤作用量不具有的对称性。

对泊里雅科夫作用量泛函的变量 $\gamma_{\alpha\beta}$ 和 X^μ 分别求泛微分，则分别得到以下运动方程：

$$T^{\alpha\beta} = -4\pi(-\gamma)^{1/2} \frac{\delta}{\delta\gamma_{\alpha\beta}} S_P = 0 \quad (8)$$

$$\partial_\alpha \left[(-\gamma)^{1/2} \gamma^{\alpha\beta} \partial_\beta X^\mu \right] = 0 \quad (9)$$

其中 $T^{\alpha\beta}$ 的表达式为弦论中常用能量–动量张量的定义，并由于 Weyl 不变性的存在而有 $T^\alpha_\alpha = 0$。

对于带边界的世界面，泊里雅科夫作用量为式 (1) 与描述边界的表面项的和，场运动方程等也需要对应修改。

开弦 [**open string**]　弦论中弦模型的一种，是包含两个端点的弦，在拓扑学意义上等价于一条线段。若 σ 是描述弦上各点位置的参数，则通常约定 $0 \leqslant \sigma \leqslant \ell (\ell$ 为弦的长度)。对于开弦的两个端点需要分别给出对应的边界条件，弦论中常见边界条件有诺依曼边界条件和狄利克雷边界条件 (见相关词条)，根据边界条件的不同，开弦的端点被视为固定或运动在 D-膜上 (见D-膜)。一个自洽的弦论不一定包含开弦，但包含开弦的弦论一定包含闭弦 (见闭弦)。

闭弦 [**closed string**]　弦论中弦模型的一种，是不包含端点的弦，在拓扑学意义上等价于一个圆环。若 σ 是描述弦上各点位置的参数，则闭弦可通过周期性条件 $\sigma \sim \sigma + 2\pi$ (“$\sim$” 为等价符号) 来描述，即对于任意是界面上的场 $f(\tau, \sigma)(f(\tau, \sigma)$ 可为 $X^\mu(\tau, \sigma)$、$\gamma_{\alpha\beta}(\tau, \sigma)$ 等)，有 $f(\tau, \sigma) = f(\tau, \sigma + 2\pi)$。所有的弦论模型都包含闭弦。

手征场 [**chiral field**]　在弦论中，若靶空间为闵可夫斯基时空，在弦的世界面上定义光锥坐标 $z = \tau + \sigma, \bar{z} = \tau - \sigma$，则从泊里雅科夫作用量中导出的世界面上的玻色场 $X^\mu(z, \bar{z})$ 的运动方程可写为

$$\partial_z \partial_{\bar{z}} X^\mu(z, \bar{z}) = 0$$

其中

$$\partial_z = \frac{1}{2} \left(\frac{\partial}{\partial \tau} + \frac{\partial}{\partial \sigma} \right), \quad \partial_{\bar{z}} = \frac{1}{2} \left(\frac{\partial}{\partial \tau} - \frac{\partial}{\partial \sigma} \right)$$

运动方程的一般解的形式为

$$X^\mu(z, \bar{z}) = X^\mu_L(z) + X^\mu_R(\bar{z})$$

其中 $X^\mu_L(z)$ 和 $X^\mu_R(\bar{z})$ 称为手征场。$X^\mu_L(z)$ 称为左移弦，仅包含解的全纯部分；$X^\mu_R(\bar{z})$ 称为右移弦，仅包含解的反全纯部分。由于运动方程的解必须同时满足给定边界条件，上述两支解仅在闭弦情形下需分别讨论，其解析表达式如下：

(1) 左移弦 Left-movers

$$X^\mu_L(z) = \frac{x^\mu_0}{2} + \sqrt{\frac{\alpha'}{2}} \alpha^\mu_0 z + i \sqrt{\frac{\alpha'}{2}} \sum_{n \neq 0} \frac{\alpha^\mu_n}{n} \mathrm{e}^{-inz}$$

(2) 右移弦 Right-movers

$$X_R^\mu(z) = \frac{x_0^\mu}{2} + \sqrt{\frac{\alpha'}{2}}\bar{\alpha}_0^\mu z + i\sqrt{\frac{\alpha'}{2}}\sum_{n\neq 0}\frac{\bar{\alpha}_n^\mu}{n}\mathrm{e}^{-\mathrm{i}n\bar{z}}$$

其中 α' 为 Regge 斜率, α_n^μ 与 $\bar{\alpha}_n^\mu (n \in \mathbb{N})$ 为任意傅里叶模式, x_0^μ 由边界条件决定且必须为实数。

(3) 手征流 Chiral Current

一种特殊的守恒流 $j(z)$ 或 $\tilde{j}(\bar{z})$, 不仅满足一般守恒条件, 也满足手征守恒条件

$$\partial_{\bar{z}}j(z) = \partial_z\tilde{j}(\bar{z}) = 0$$

对于上述闭弦, 关于重参化对称性 $z \to v(z), \bar{z} \to \bar{v}(\bar{z})$, 存在无穷多个手征流, 其一般形式可写为

$$j(z) = iv(z)T_{zz}(z), \quad \tilde{j}(\bar{z}) = i\bar{v}(\bar{z})T_{\bar{z}\bar{z}}(\bar{z})$$

其中 $T_{zz}(z)$ 与 $T_{\bar{z}\bar{z}}(\bar{z})$ 为光锥坐标下能量动量张量的对应分量, 且此时 T_{zz} 与 $T_{\bar{z}\bar{z}}$ 分别为全纯、反全纯函数。

边界条件 [boundary conditions] 弦论中开弦的两个端点所满足的条件。南部–后藤作用量为

$$S_{NG} = -T\int\mathrm{d}\tau\mathrm{d}\sigma\mathcal{L}$$

其中 T 为弦张量, 拉格朗日量密度 $\mathcal{L} = \sqrt{-\det h_{\alpha\beta}}$, $h_{\alpha\beta}$ 为世界面上的诱导度规。开弦世界面坐标为 $0 < \tau < \infty, 0 \leqslant \sigma \leqslant \ell(\ell$ 为弦长度), 并约定符号

$$\dot{X}^\mu = \frac{\partial X^\mu}{\partial\tau}, \quad X'^\mu = \frac{\partial X^\mu}{\partial\sigma}$$

则弦论中常见的两类开弦边界条件分别为:

(1) 诺依曼边界条件 (Neumann boundary conditions)

$$\left.\frac{\delta\mathcal{L}}{\delta X'^\mu}\right|_{\sigma=0\text{ or }\sigma=\ell} = 0$$

满足诺依曼边界条件的端点为自由端点;

(2) 狄利克雷边界条件 (Dirichlet boundary conditions)

$$\left.\frac{\delta\mathcal{L}}{\delta\dot{X}^\mu}\right|_{\sigma=0\text{ or }\sigma=\ell} = 0$$

满足狄利克雷边界条件的端点在时空中的位置是固定的。

T-对偶 [T-duality] 两不同的弦理论之间的一种等价关系, 其中一个理论的时空为半径为 R 的圆周, 其对偶理论的时空则为半径为 α'/R 的圆周, 这两个弦理论的等价性表现为, 对于其中一个理论中的任意可观测量, 在其对偶理论中都存在与其对应且相等的可观测量。对于仅包含闭弦的自由或有相互作用的弦理论, 这一对偶对称性对于任意数值的半径 R 成立。对于包含开弦的弦论, 则需引入适当的 Dp-膜 (见 Dp-膜), 才能保证这一对偶性成立。

T-对偶首先在玻色弦理论中被发现, 此后被证明可以推广到超弦理论。这一结论使学术界认识到, 目前已知的五种自洽的超弦理论都是被称为 M-理论 (见词条 M-理论) 的十一维理论在不同极限下的近似。T-对偶将两个时空拓扑结构不相同的理论关联起来, 因而可为学术界研究普朗克尺度上的物理提供线索。与此同时, T-对偶也在纯数学研究中有重要意义。

Chan-Paton 因子 [Chan-Paton factor] 又称 Chan-Paton 指数, 是开弦的端点所具有的特殊自由度。开弦的左右两个端点可被视为在某一对称性群 (本词条中以 $U(n)$ 群为例, 实际应用中可能为其他群) 下变换的一对“夸克”与“反夸克”(此处仅以夸克作为携带 $U(n)$ 荷的物理模型, 而非指粒子物理中的基本粒子), 且这两个端点分别在 $U(n)$ 的基本表示 n 与 $\bar{n}$ 下变换, 因而一条开弦所具有的 $U(n)$ 量子数可由一个 $U(n)$ 生成元 λ_j^i 表示, λ_j^i 为一个 $n \times n$ 的矩阵, 指标 i 和 $j(i, j = 1, \cdots, n)$ 分别对应开弦的一个端点。λ_j^i 称为 Chan-Paton 因子, 而指标 i 和 j 则称为其对应端点的 Chan-Paton 自由度。对于一个有 M 条开弦的系统, 矩阵 $\lambda_{aj}^i(a = 1, \cdots, M$ 为弦本身的标签) 满足正交归一化条件:

$$\mathrm{Tr}\left[\lambda_a\lambda_b\right] = \delta_{ab}$$

Chan-Paton 自由度和 Chan-Paton 因子都是开弦特有的量子数, 对于闭弦则没有类似概念。Chan-Paton 因子表示开弦的两端点分别所处的 D-膜, 且在时空变换下保持不变, 也没有相关的动力学行为。由于开弦端点所携带的 $U(n)$ 荷并不出现于系统的哈密顿量中, 当两开弦相“连接”时, 相连端点的 Chan-Paton 自由度必须一致。

定向弦 [oriented string] 根据弦在世界面宇称变换下的行为分类的一类弦, 具有一个特殊方向, 弦的性质在这一方向与其相反方向上是不同的。从数学角度上看, 若宇称变换为 Ω, 则有 $\Omega^2 = 1$, 因而宇称变换的本征值为 ± 1, 并约定当作用在基态上时 $\Omega = 1$, 那么, 定向弦中包含 $\Omega = -1$ 的态。

不定向弦 [unoriented string] 根据弦在世界面宇称变换下的行为分类的一类弦, 不具有特殊方向。从数学角度上看, 若宇称变换为 Ω, 则有 $\Omega^2 = 1$, 因而宇称变换的本征值为 ± 1, 并约定当作用在基态上时 $\Omega = 1$, 那么, 不定向弦中仅包含 $\Omega = 1$ 的态。

轨形 [orbifold] 拓扑学、几何群论和弦论中的概念, 数学上是流形的推广, 即一种拓扑空间, 其上任意一点的邻域与 $\mathbb{R}^n$ 和某个有限群的商空间微分同胚; 在弦论中, 是可以非局域地写为 M/G 商空间的一种拓扑空间, 其中 M 为某一流形 (或某一理论), G 为该流形的等距同构群。轨形具有不动点, 且轨形在不动点上奇异。

协变量子化 [covariant quantization]　玻色弦论量子化方式的一类，是将玻色弦论视为经典的 $(1+1)$-维场论并在此经典理论的基础上构造关于玻色弦的量子场论的过程。协变量子化包括两种量子化方式，即旧协变量子化与 BRST 量子化 (详见相关词条)。旧协变量子化基于玻色弦论中 X^μ 坐标等变量与其相关场算符的对应关系，且对所构造量子理论的希尔伯特态空间施加与 Virasoro 条件相对应的限制条件；这一量子化方式的优点在于始终保留显明的洛伦兹对称性。BRST 量子化是弦论框架下的路径积分量子化与 BRST 对称性的结合，这一量子化过程同样保留显明的洛伦兹对称性，但用这一方式构造的量子理论的希尔伯特空间包含 Faddeev-Popov 鬼场。弦论的所有量子化方式 (包含上述两种协变量子化与光锥量子化) 在本质上都是等价的，但其等价关系是复杂的，各种量子化方式在数学上具有不同的特点，在实际应用中可根据需要选用。

旧协变量子化 [old covariant quantization]　又称协变正则量子化，玻色弦论的量子化方式的一种，属于协变量子化 (见词条协变量子化)，是从场算符及其对应的共轭动量算符的对易关系出发进行的量子化，因与一般量子场论中的正则量子化过程相类似而得名。

假设弦的世界面度规为二维闵可夫斯基度规，即 $h_{\alpha\beta}(\tau,\sigma)=\eta_{\alpha\beta}$，并由弦的泊里雅科夫作用量 (见相关词条) 得到靶空间坐标 $X^\mu(\tau,\sigma)$ 的共轭动量为

$$P_\tau^\mu(\tau,\sigma) = T\dot X^\mu(\tau,\sigma)$$

其中 T 为弦张量；将经典理论中的函数 X^μ 和 P_τ^μ 替换为算符，并将这两个函数构成的泊松括号替换为其对应算符在变量 τ 相等时的对易子 (类似于量子场论中的等时对易子)，即

$$[P_\tau^\mu(\sigma,\tau), X^\nu(\sigma',\tau)] = -\mathrm{i}\delta(\sigma-\sigma')\eta^{\mu\nu}$$

$$[X^\mu(\sigma,\tau), X^\nu(\sigma',\tau)] = [P_\tau^\mu(\sigma,\tau), P_\tau^\nu(\sigma',\tau)] = 0$$

由此对易关系可导出弦的傅里叶振幅 (见手征场) 之间的对易子为

$$[\alpha_m^\mu, \alpha_n^\nu] = m\delta_{m+n}\eta^{\mu\nu}$$

$$[\alpha_m^\mu, \alpha_n^\nu] = 0, \quad [\tilde\alpha_m^\mu, \tilde\alpha_n^\nu] = m\delta_{m+n}\eta^{\mu\nu}$$

由上述谐振子 α_m^μ、$\tilde\alpha_n^\nu$ 所定义的量子系统的希尔伯特空间为 Fock 空间，且 $m<0$ 时谐振子 α_m^μ 为升算符，$m>0$ 时谐振子为降算符。该体系的基态记为 $|0;p^\mu\rangle$，其中 p^μ 为态的质心动量，且基态满足 $\alpha_m^\mu|0;p^\nu\rangle=0$，$m>0$。

通过旧协变量子化定义的量子理论的 Virasoro 算符可表示为上述谐振子的正规序，即

$$L_m = \frac{1}{2}\sum_{n\in\mathbb{Z}} :\alpha_{m-n}\cdot\alpha_n:$$

对 $\tilde L_m$ 也存在类似表达式。由弦的能量–动量张量的厄米性可得出 $L_m^\dagger = L_{-m}$。

上述希尔伯特空间中的态 $|\psi\rangle$ 为物理态的条件为

$$(L_n + A\delta_{n,0})|\psi\rangle = 0, \quad n\geqslant 0$$

其中 A 为参数。若希尔伯特空间中的态 $|\xi\rangle$ 可写为如下形式：

$$|\xi\rangle = \sum_{n=1}^\infty L_{-n}|\xi_n\rangle$$

其中 $|\xi_n\rangle$ 也为该空间中的态，则 $|\xi\rangle$ 与任意物理态 (包括其自身) 正交，称为伪态。若态 $|\chi\rangle$ 既为伪态又为物理态，则称其为空态。一个物理态 $|\psi\rangle$ 与其和任意空态的叠加 $|\psi\rangle+|\chi\rangle$ 是无法区分的，因而定义等价关系

$$|\psi\rangle \cong |\psi\rangle + |\chi\rangle$$

则旧协变量子化的希尔伯特空间 $\mathcal{H}_{\mathrm{OCD}}$ 应为所有物理态关于上述等价关系的等价类的集合，即物理态空间 $\mathcal{H}_{\mathrm{phys}}$ 与空态空间 $\mathcal{H}_{\mathrm{null}}$ 的商空间

$$\mathcal{H}_{\mathrm{OCD}} = \frac{\mathcal{H}_{\mathrm{phys}}}{\mathcal{H}_{\mathrm{null}}}$$

BRST 量子化 [BRST quantization]　又称路径积分量子化，玻色弦论的量子化方式的一种，属于协变量子化 (见词条协变量子化)，是采用规范场论中常见的 Faddeev-Popov 方法，从弦的路径积分出发而进行的量子化，因该过程中涉及的 Becchi-Rouet-Stora-Tyutin(BRST) 对称性得名。

玻色弦论的路径积分为

$$Z = \int \mathrm{D}h(\tau,\sigma)\mathrm{D}X(\tau,\sigma)\mathrm{e}^{-S[h,X]} \tag{1}$$

其中 $S[h,X]$ 为弦的泊里雅科夫作用量，$h_{\alpha\beta}(\tau,\sigma)$ 为弦的世界面度规。若 G 为弦世界面 Σ 的重参化变换所构成的群，$\mathrm{D}g$ 为该群的流形的积分微元，h^g 为度规 h 在重参化变换 g 下所得到的度规，则在世界面的光锥坐标下，有以下恒等式：

$$1 = \int \mathrm{D}g\delta(h_{++}^g)\delta(h_{--}^g)\det(\delta h_{++}^g/\delta g)\det(\delta h_{--}^g/\delta g) \tag{2}$$

其中 $\det(\delta h_{++}^g/\delta g)$、$\det(\delta h_{--}^g/\delta g)$ 为常见的规范选定行列式。将此恒等式插入路径积分 (1) 式中，由于弦的作用量具有重参化不变性 $S[h,X]=S[h^g,X]$，因而可将路径积分中的积分元 h 改写 $h'=h^g$，忽略仅贡献一个无穷因子 (即重参化变换群 G 的体积) 的积分 $\int \mathrm{D}g$，则路径积分可被改写为

$$Z = \int \mathrm{D}h'(\tau,\sigma)\mathrm{D}X(\tau,\sigma)\mathrm{e}^{-S[h',X]}$$

$$\delta(h'_{++})\delta(h'_{--})\det(\delta h'_{++}/\delta g)\det(\delta h'_{--}/\delta g) \tag{3}$$

该积分可通过其中的狄拉克 -δ 函数进一步简化为关于 Dh'_{+-} 的积分。选定规范 $h_{\alpha\beta} = e^{\phi}\eta_{\alpha\beta}$（其中 $\eta_{\alpha\beta}$ 为二维闵可夫斯基度规），则积分 $\int Dh'_{+-}$ 转化为积分 $D\phi$。

路径积分 (3) 式中的规范选定行列式可通过引入鬼场 c^{-}、c^{+} 和反鬼场 b_{--}、b_{++}（详见词条 bc 鬼场）而改写为如下积分形式：

$$\det(\delta h'_{++}/\delta g) = \int Dc^{-}Db_{--}\exp\left\{-\frac{1}{\pi}\int d^2\sigma c^{-}\nabla_{+}b_{--}\right\} \quad (4)$$

$$\det(\delta h'_{--}/\delta g) = \int Dc^{+}Db_{++}\exp\left\{-\frac{1}{\pi}\int d^2\sigma c^{+}\nabla_{-}b_{++}\right\} \quad (5)$$

其中 $\nabla_{\pm}$ 为沿光锥坐标方向的协变微分。将此积分形式代入选定规范后的路径积分，则该路径积分可改写为

$$Z = \int D\phi \int DXDcDb\exp(-S[X, b, c]) \quad (6)$$

其中 $S[X, b, c]$ 为选定规范的泊里雅科夫作用量与 (4) 式、(5) 式中指数的和，可被视为是包含玻色场 X^{μ}、鬼场 c^{-}、c^{+} 以及反鬼场 b_{--}、b_{++} 的理论的作用量。需要指出的是，由于正规化过程中可能存在的问题，式 (6) 中的积分 $\int D\phi$ 仅在靶空间为 26 维时可以单独分离出来并且等价于一个无穷因子。

上述路径积分 (6) 式具有一类非局域的费米性的对称性，称为 BRST 对称性；该对称性所对应的守恒荷称为 BRST 算符 Q_{B}，其形式为

$$Q_{\mathrm{B}} = \sum_{m=-\infty}^{\infty} : \left(L_{-m}^{(\alpha)} + \frac{1}{2}L_{-m}^{(c)} - a\delta_m\right)c_m : \quad (7)$$

其中 c_m 为鬼场 $c^{\pm}$ 的傅里叶模（详见 bc 鬼场），$L_{-m}^{(\alpha)}$ 为场 X^{μ} 的傅里叶模所构造的 Virasoro 算符（见旧协变量子化），$L_{-m}^{(c)}$ 为由鬼场和反鬼场的傅里叶模构造的 Virasoro 算符（见 bc 鬼场）。BRST 算符为幂零元，即 $Q_{\mathrm{B}}^2 = 0$；该算符亦为厄米算符，即 $Q_{\mathrm{B}}^{\dagger} = Q_{\mathrm{B}}$。

通过上述方法构造的量子理论的希尔伯特空间可能包含非物理的态，若态 $|\psi\rangle$ 为物理态，则 $|\psi\rangle$ 必有 BRST 不变性，即 $Q_{\mathrm{B}}|\psi\rangle = 0$。若某一态可写为 $Q_{\mathrm{B}}|\chi\rangle$ 的形式（$|\chi\rangle$ 为希尔伯特空间中的任意态），则该态必为物理态，同时该态与所有物理态（包括其自身）正交，这样的态被称为空态。物理态 $|\psi\rangle$ 与其和任意空态的叠加 $|\psi\rangle + Q_{\mathrm{B}}|\chi\rangle$ 是无法区分的，因而定义等价关系：

$$|\psi\rangle \cong |\psi\rangle + Q_{\mathrm{B}}|\chi\rangle, \quad (8)$$

则 BRST 量子化的希尔伯特空间为此等价关系的等价类的集合；数学上，这也称为 BRST 算符的上同调，即

$$\mathcal{H}_{\mathrm{BRST}} = \frac{\mathcal{H}_{\mathrm{closed}}}{\mathcal{H}_{\mathrm{exact}}} \quad (9)$$

其中 $\mathcal{H}_{\mathrm{closed}}$ 为所有被 Q_{B} 湮灭的态所构成的空间，而 $\mathcal{H}_{\mathrm{exact}}$ 为所有可写为 $Q_{\mathrm{B}}|\chi\rangle$ 形式的态所构成的空间。

bc 鬼场 [bc Ghost]　　又称 Faddeev-Popov 鬼场，是玻色弦的 BRST 量子化过程中引入的反对易的辅助场的统称（参见 BRST 量子化），包括鬼场（常表示为 c^{-} 和 c^{+}，其中 $\pm$ 为世界面光锥坐标方向）和反鬼场（常表示为 b_{--} 和 b_{++}）；数学上，鬼场 c 和反鬼场 b 都是 Grassmann 数，且满足下列对易关系：

$$\{b_{++}(\tau, \sigma), c^{+}(\tau, \sigma')\} = 2\pi\delta(\sigma - \sigma')$$

$$\{b_{--}(\tau, \sigma), c^{-}(\tau, \sigma')\} = 2\pi\delta(\sigma - \sigma')$$

鬼场的作用量可写为如下形式：

$$S_g = \frac{1}{2\pi}\int d^2\sigma\sqrt{h}h_{\alpha\beta}c^{\gamma}\nabla_{\alpha}b_{\beta\gamma}$$

其中 $h_{\alpha\beta}$ 为弦的世界面度规。鬼场的能量-动量张量是一个对称且迹为零的二阶张量，其非零分量为

$$T_{++}^{(c)} = \frac{1}{2}c^{+}\partial_{+}b_{++} + (\partial c^{+})b_{++}$$

$$T_{--}^{(c)} = \frac{1}{2}c^{-}\partial_{-}b_{--} + (\partial c^{-})b_{--}$$

弦论中存在开弦鬼场和闭弦鬼场。对于开弦（反）鬼场，在弦的端点有边界条件 $c^{+} = c^{-}$ 和 $b_{++} = b_{--}$，因而开弦可写为以下傅里叶展开：

$$c^{+} = \sum_{n=-\infty}^{\infty} c_n e^{-in(\tau+\sigma)}, \quad c^{-} = \sum_{n=-\infty}^{\infty} c_n e^{-in(\tau-\sigma)}$$

$$b_{++} = \sum_{n=-\infty}^{\infty} b_n e^{-in(\tau+\sigma)}, \quad b_{--} = \sum_{n=-\infty}^{\infty} b_n e^{-in(\tau-\sigma)}$$

上述傅里叶展开中的傅里叶模满足下列对易关系：

$$\{c_m, b_n\} = \delta_{m+n}, \quad \{c_m, c_n\} = \{b_m, b_n\} = 0$$

对于闭弦（反）鬼场，仅有周期性边界条件，因而 c^{+} 与 c^{-}（或 b_{++} 与 b_{--}）分别有独立傅里叶展开，类似于闭弦 X^{μ} 的左行和右行解。闭弦（反）鬼场的傅里叶模也满足类似对易关系。

鬼场能量-动量张量的傅里叶模 $L_m^{(c)}$ 给出鬼场的 Virasoro 算符。例如对于开弦，概算符的形式为

$$L_m^{(c)} = \sum_{n=-\infty}^{\infty} [m(J-1) - n]b_{m+n}c_{-n}$$

其中参数 $J = 2$，为反鬼场的共形量纲。由 $L_m^{(c)}$ 生成的 Virasoro 代数为

$$\left[L_m^{(c)}, L_n^{(c)}\right] = (m-n)L_{m+n}^{(c)} + A^{(c)}(m)\delta_{m+n}$$

其中 $A^{(c)}(m)$ 为反常项，在计算通过 BRST 量子化构造的量子理论的反常时，应将这一由鬼场导致的反常计入。

光锥量子化 [light-cone quantization]　又称光锥规范量子化，玻色弦论的量子化方式的一种，是在光锥规范约定下，首先解出理论的经典运动方程和 Virasoro 条件，后将剩余经典变量替换为算符的量子化过程。通过这一过程得到的量子理论的 Fock 空间仅包含物理态，不含鬼场。光锥量子化过程中舍弃了显明的洛伦兹不变性，最终所得的量子理论仅在 26 维时空中保有这一不变性。该量子化方式最初由 Goddard、Goldstone、Rebbi 和 Thorn 于 1973 年提出，并曾被用于确立对偶模型的本质是弦论这一结论。

光锥量子化过程首先对世界面度规选择协变规范 $h_{\alpha\beta} = \eta_{\alpha\beta}$（其中 $\eta_{\alpha\beta}$ 为二维闵可夫斯基度规），并引入时空光锥坐标：

$$X^+ = \frac{1}{\sqrt{2}}(X^0 + X^{D-1}), \qquad X^- = \frac{1}{\sqrt{2}}(X^0 - X^{D-1})$$

余下的 $(D-2)$ 维时空坐标 $X^i (i = 1, \cdots, D-2)$ 称为横向坐标。由于弦的世界面仍然存在重参化不变性，因而可选定光锥规范（详见光锥规范），例如，对于开弦，该规范可表达为，

$$X^+(\tau, \sigma) = x^+ + p^+\tau$$

在此规范下，可以解出另一光锥坐标 $X^-(\tau, \sigma)$ 的 Virasoro 条件，并将 X^- 表示为横向坐标的傅里叶模，即

$$X^-(\tau, \sigma) = x^- + p^-\tau + i\sum_{n \neq 0} \frac{1}{n}\alpha_n^- e^{-in\tau}\cos n\sigma$$

$$\alpha_n^- = \frac{1}{p^+}\left(\frac{1}{2}\sum_{i=1}^{D-2}\sum_{m=-\infty}^{\infty} : \alpha_{n-m}^i \alpha_m^i : -a\delta_n\right)$$

其中参数 a 为正规序所引入的常数。此时，理论剩余自由度仅为横向坐标的傅里叶模 $\alpha_n^i (i = 1, \cdots, D-2)$，这些自由度在量子理论中被替换为算符，当 $n < 0$ 时，α_n^i 为升算符，$n > 0$ 则为降算符。

由光锥量子化所得量子理论的希尔伯特空间基态记为 $|0; p\rangle$（其中 p 为态的质心动量），则第一激发态为 $\alpha_{-1}^i|0; p\rangle$，这是横向旋转变换群 $SO(D-2)$ 的 $(D-2)$ 维矢量表示，因而该激发态必为零质量态。通过质壳条件可导出 $a = 1$。与此同时，在光锥规范下，正规序常数 a 可直接计算得到 $a = -(D-2)/24$，因而仅当时空维度 D 为 26 时，该理论满足自洽性条件。

共形规范 [conformal gauge]　弦论中常见的一种人为选定的对弦世界面的几何性质所施加的限制条件，用于处理世界面度规因共形对称性而存在冗余自由度，数学上表示为

$$h_{\alpha\beta}(\tau, \sigma) = e^{\phi(\tau, \sigma)}\eta_{\alpha\beta}$$

其中 $h_{\alpha\beta}$ 为世界面度规，$\eta_{\alpha\beta}$ 为二维闵可夫斯基度规；指数 ϕ 常写为 $2\omega(\tau, \sigma)$ 的形式以显明地表达这一规范与 Weyl 标度变换的关联，并称该指数为共形因子。

光锥规范 [light-cone gauge]　弦论中常见的一种认为选定的对弦世界面的几何性质所施加的限制条件；通常在选定协变度规 $h_{\alpha\beta} = \eta_{\alpha\beta}$（其中 $h_{\alpha\beta}$ 为世界面度规，$\eta_{\alpha\beta}$ 为二维闵可夫斯基度规）后，世界面坐标 (τ, σ) 仍包含因重参化不变性而存在的冗余自由度，在时空和世界面光锥坐标下（见光锥量子化），可选择条件 $\tau = X^+/p^+$ 处理这些自由度（其中 X^+ 为时空光锥坐标之一，p^+ 为 X^+ 的傅里叶展开中的一项，描述其动量）。

Virasoro 代数 [Virasoro algebra]　所有 Virasoro 算符的对易关系的集合，在弦论中，Virasoro 算符是弦的能量–动量张量的傅里叶模，Virasoro 代数是一个闭合代数。

在世界面光锥坐标下，对于闭弦的情形，Virasoro 算符可定义为

$$L_m = \frac{T}{2}\int_0^\pi e^{-2im\sigma}T_{--}d\sigma$$

$$\tilde{L}_m = \frac{T}{2}\int_0^\pi e^{2im\sigma}T_{++}d\sigma$$

其中 T 为弦张量，T_{--} 与 T_{++} 为弦能量–动量张量的分量。类似的，对于开弦情形，选择世界面坐标的范围为 $-\pi \leqslant \sigma \leqslant \pi$，Virasoro 算符的定义为

$$L_m = T\int_0^\pi (e^{im\sigma}T_{++} + e^{-im\sigma}T_{--})d\sigma$$

Virasoro 代数的经典形式为

$$[L_m, L_n] = (m-n)L_{m+n}$$

在对理论量子化后，Virasoro 代数的量子形式变为

$$[L_m, L_n] = (m-n)L_{m+n} + A(m)\delta_{m+n}$$

其中 $A(m)$ 是一个取值依赖于 m 的 c- 数，其存在是由量子化过程中涉及的升降算符的正规序所导致的。这种推广后的 Virasoro 代数形式被称为 Virasoro 代数的中心延伸。

级对应条件 [level matching conditions]　弦论中闭弦所必须满足的一项自洽性条件，即在同一质量等级上，必须有同样多的左行激发态和右行激发态；数学上即可表达为左行级算符 N 和右行级算符 $\tilde{N}$ 必须相等。

谐振子展开 [oscillator expansion]　又称模展开，是将弦论中的算符用谐振子升降算符来表达的数学公式，谐振子升降算符对应经典理论中的弦的傅里叶模。

质量级 [mass levels]　弦的物理态所可能具有的质量的集合。若理论的基态为 $|0; p\rangle$，理论的激发态由谐振子升算符 $\alpha_{-n}^\mu (\tilde{\alpha}_{-n}^\mu, n \geqslant 0)$ 作用于基态上得到。在时空光锥坐标下（见词条光锥量子化）定义级算符：

开弦　$\displaystyle N = \sum_{n=1}^\infty \alpha_{-n}^i \alpha_n^i$

闭弦 $\quad N = \sum_{n=1}^{\infty} \alpha_{-n}^i \alpha_n^i, \quad \tilde{N} = \sum_{n=1}^{\infty} \tilde{\alpha}_{-n}^i \tilde{\alpha}_n^i, \quad N = \tilde{N}$

（见级对应条件）

则弦所处的态的质量 M 由级算符决定，即

$$开弦 \quad \alpha' M^2 = (N-1)$$

$$闭弦 \quad \alpha' M^2 = 4(N-1)$$

其中 α' 为 Regge 斜率。

零质量谱 [massless spectrum] 玻色弦处于零质量的态 (第一激发态) 所对应的粒子。在光锥规范下 (见词条光锥规范、光锥量子化)，D- 维时空坐标仅有 $D-2$ 个横向自由度 (即 $X^i, i = 1, \cdots, D-2$)，则对于开弦的激发态，其谐振子升算符为上述横向坐标 X^i 的部分傅里叶模 $\alpha_{-n}^i (n > 0)$，对于闭弦，其升算符为 $\alpha_{-n}^i, \tilde{\alpha}_{-n}^i (n > 0)$。若弦的基态为 $|0; p>$（其中 p 为基态质心动量），开弦的第一激发态为 $(D-2)$- 重简并，即 $\alpha_{-1}^i |0; p\rangle (i = 1, \cdots, D-2)$，这些态构成旋转群 $SO(D-2)$ 的矢量表示，该表示对应矢量场 $A_\mu (\mu = 0, \cdots, D)$，即光子；闭弦的第一激发态为 $(D-2)^2$- 重简并，即 $\alpha_{-1}^i \tilde{\alpha}_{-1}^j |0; p\rangle (i, j = 1, \cdots, D-2)$，这些态构成旋转群 $SO(D-2)$ 的二阶张量可约表示，该表示可分解为三个不可约表示：对称且迹为零的二阶张量 $G_{\mu\nu}$、反对称的二阶张量 $B_{\mu\nu}$ 以及标量 Φ，这三个不可约表示分别对应引力子、弦论中特有的反对称张量场 $B_{\mu\nu}$ 以及 dilaton Φ。

由于一个自洽的弦论必然包含闭弦，但不一定包含开弦，且闭弦存在定向与非定向两种情形，下表列出描述不同的弦的玻色弦论的零质量谱：

定向闭弦	$G_{\mu\nu}$，$B_{\mu\nu}$，Φ
非定向闭弦	$G_{\mu\nu}$，Φ
定向闭弦、开弦	$G_{\mu\nu}$，$B_{\mu\nu}$，Φ，A_μ
非定向闭弦、开弦	$G_{\mu\nu}$，Φ

快子 [tachyon] 也称迅子、速子，是一种尚未在实验中观测到的、以超光速运动的假想粒子模型，由美国物理学家 Feinberg 于 1967 年提出该名称。在时空维度 $D > 2$ 的玻色弦论中，无论开弦还是闭弦的基态都对应速子，开弦基态的质量平方为 $\frac{2-D}{24\alpha'}$，闭弦基态的质量平方为 $\frac{2-D}{6\alpha'}$（其中 α' 为 Regge 斜率）。速子基态的存在说明弦论的真空是不稳定的。

引力子 [graviton] 描述引力的一种假想粒子模型，是一个无质量的、自旋为 2 的玻色子，传递引力，其存在尚未被实验证实。在时空维度为 D 的玻色弦论中，引力子由闭弦的第一激发态给出，且在数学上是一个对称、无迹的二阶张量，构成旋转群 $SO(D-2)$ 的一个不可约表示。

量子自洽性与时空维度 [quantum consistency and spacetime dimensions] 弦论中特有的仅在特定时空维度下理论在量子尺度上自洽的现象。弦论的自洽性条件根据量子化方式等因素的不同在数学上有不同的描述，例如，在光锥量子化中该条件可通过计算正规序常数得到，而在旧协变量子化中该条件则可对理论进行规范化而得到；无论理论的自洽性如何体现，其对时空维度的限制条件都是一致的，玻色弦论仅在 26 维时空中成立，而超弦理论仅在 10 维时空中成立。

无张力极限 [tensionless limit] 弦论研究中考察的一个极限，其条件为弦张力远小于于引力尺度单位。有相互作用的无张力弦论可出现于具有下列拓扑结构的时空：有 $(p-1)$ 个方向缠绕在不断崩塌的圆环上的 p-膜，某一方向相互重叠而另一方向在高维延展的 2-膜，或尺度为零的 $E_8 \times E_8$ 瞬子。

科尔曼–曼杜拉不可行定理 [Coleman-Mandula no-go theorem] 科尔曼和曼杜拉在 1967 年提出了一个定理，后来被人们称作是科尔曼–曼杜拉不可行定理。它是量子场理论中的一个重要的定理。定理表述如下：在量子场论的散射矩阵水平上，物理理论的对称代数最多只能是时空对称李代数生成元以及内乘空间对称李代数生成元的简单直积。任何非平凡的张量积形成的李代数都对散射矩阵的贡献为零，也即量子场论中不允许存在非平凡的时空对称性和内乘对称性李代数的张量积。

科尔曼–曼杜拉定理不适用于如下的情形：① 内部对称性为分立对称性；② 它是李代数层面上的定理，因而是局部的定理，对于整个李群并不适用，它在数学上被称为局部平凡定理；③ 量子代数和量子群。

超对称性是科尔曼–曼杜拉定理的一种例外情形。例外的原因是它的代数并非是李代数，而是李超代数。它包含对易关系和反对易关系，分别对应于代数的玻色部分和费米部分。相应于超对称代数，存在类似的不可行定理：Haag-Lopuszanski-Sohnius theorem，说明超对称代数是唯一能够非平凡结合时空对称性和内乘对称性的代数。

超荷 [supercharge] 超荷是超对称变换的生成元，一般用 Q 来标记。在超荷的作用下，玻色子变换为费米子，反之亦然。因为超荷本身是费米算符，它携带 1/2 的自旋。当一个理论的哈密顿量 H 与超荷互相对易时，即 $[Q, H] = 0$ 时，理论一般被称为超对称不变的。一个理论中可以存在多个不同的超荷，以 n 来标记超荷的个数。这样的理论被称为 $N = n$ 的超对称理论。

$\mathcal{N} = 1$ 超对称代数 [$\mathcal{N} = 1$ supersymmetry algebra] $\mathcal{N} = 1$ 超对称代数是庞加莱 (Poincare) 代数的最简单的超对称推广，一般也被称作是超庞加莱代数。在外尔旋量表述下，此代数的表述如下：

$$\{Q_\alpha, \bar{Q}_{\dot\beta}\} = 2(\sigma^\mu)_{\alpha\dot\beta} P_\mu$$

其中 Q_α 是超荷，而 $\bar{Q}_{\dot\beta}$ 为共轭超荷，α (不带点) 标记左手 Weyl 旋量，$\dot\beta$ (带点) 标记右手外尔旋量。而 σ_μ 则为通常的泡利矩阵。$P_\mu = -i\hbar\partial_\mu$ 为动量算符，它表征沿着 x_μ 方向上的平移。它是一个阶 (grade) 为 2 的李超代数。在此代数下，玻色子为偶阶粒子，而费米子为奇阶粒子。

$\mathcal{N} = 2$ 超对称代数 [$\mathcal{N} = 2$ supersymmetry algebra]　$\mathcal{N} = 2$ 超对称代数有两种不同的超荷，用 $I, J = 1, 2$ 来标记。相应的代数为

$$\{Q_\alpha^I, \bar{Q}_{\dot\beta}^J\} = 2\delta^{IJ}(\sigma^\mu)_{\alpha\dot\beta}P_\mu$$
$$\{Q_\alpha^I, Q_\beta^J\} = 2\epsilon_{\alpha\beta}Z^{IJ}$$

其中 Z^{IJ} 为此超代数的中心荷，它和所有的生成元都对易。Z^{IJ} 关于 I, J 指标对称，因此为一个 2×2 的对称矩阵。

$\mathcal{N} = 4$ 超对称代数 [$\mathcal{N} = 4$ supersymmetry algebra]　$\mathcal{N} = 4$ 超对称代数有四种不同的超荷，相应的代数和 $\mathcal{N} = 2$ 超对称代数类似。代数的中心荷为 4×4 对称矩阵。

中心荷 [central charges]　对于扩展的超对称代数，比如 $\mathcal{N} = 2$ 或 $\mathcal{N} = 4$ 代数，不同种类的超对称的生成元 (即它们不是互为复共轭的) 之间的反对易代数关系允许存在一个非零的中心扩展。在此中心扩展下，超对称代数仍然是闭合的李超代数。相应于此中心扩展引入的量被称作是中心荷，它与超对称代数中所有的生成元都是对易的。

R 对称 [R symmetry]　R 对称是不同超荷之间的对称性。对于 $\mathcal{N} = 1$ 超对称代数，存在最简单的 R 对称，它同构于 $U(1)$ 或其分立子群 (当此子群为 $\mathbb{Z}_2$ 时，一般称为 R 宇称)。对于扩展的超对称，R 对称能够建立不同超荷之间的联系。它可以看成是多个超荷形成的线性空间上的结构群，一般是一个非阿贝尔群。

BPS 条件 [BPS condition]　BPS 条件，一般也被称为是 BPS 下确界条件。为了解决偏微分方程的求解问题，由博格莫尼 (Bogomol'nyi) 在 1975 年，普拉萨 (Prasad) 和索末菲 (Sommerfield) 在 1976 年，分别独立提出方程的解必须满足的一组不等式，而且这些不等式依赖于无穷远处的该解的同伦类。当方程的解落在下确界上时，偏微分方程转化为一组相对简单的方程组。这些方程组的解被称为 BPS 态，它们在场论和弦理论中极为重要。

狄拉克旋量 [Dirac spinor]　狄拉克旋量是满足狄拉克方程

$$-i\gamma^\mu\partial_\mu\psi + m\psi = 0$$

的平面波解，其中 γ^μ 为狄拉克矩阵。狄拉克旋量具有自旋 $1/2$。

马约拉纳旋量 [Majorana spinor]　马约拉纳旋量是指满足狄拉克方程的实旋量。实条件为：$\psi = \psi_c$，ψ_c 为 ψ 的复共轭。马约拉纳旋量一般用来描述中性费米子。

外尔旋量 [Weyl spinor]　当时空为偶数维 D 时，狄拉克旋量表示不再是不可约表示，它可以表示为两个旋量表示的和。这两个旋量具有不同的手征性，它们在手征算子 $\gamma^D \equiv \gamma^0\gamma^1\cdots\gamma^{D-1}$ 下具有 ± 1 的本征值。因而可以被称为是左手或右手旋量。当粒子的质量为零时，这两个手征旋量就被称为外尔旋量。在 $D = 4$ 时，狄拉克旋量和马约拉纳旋量都可以用两个不同手征的外尔旋量构造得到。

超对称破缺 [supersymmetry breaking]　在粒子物理理论中，人们希望现有的标准模型是某个超对称的理论通过破缺掉超对称得到的有效理论。理论研究表明，存在多种超对称破缺的机制。这些机制可以分为两类。

第一类是在树图水平上的超对称破缺。这一类超对称破缺一般被称为是自发超对称破缺。超对称破缺的序参量是真空能，如果真空能不为零，则超对称自发破缺。对于一个超对称的规范理论，其真空构型来自于两方面的贡献。一方面来自手征超场的辅助场，它是一个标量场，一般用 F 来标记。这个场在理论的作用量中会贡献一个非负的势能项，一般称为 F 项。而另一方面来自矢量超场的辅助场。它也是一个标量场，一般用 D 来标记。相应于 D 场的势能项被称为 D 项。假如 D 项为零，F 项不为零，那么相应的超对称破缺被称为 F 型破缺。反之，如果 F 项为零，D 项不为零，则称为 D 型破缺。

第二类破缺机制一般也被称为动力学破缺机制。它是一种非微扰的破缺机制。理论上不存在微扰的动力学破缺机制，原因在于超对称的理论存在一个不可重整定理：真空能如果在树图 (经典) 水平上为零，那么圈图效应对真空能的修正为零。动力学破缺机制认为在某个高能标 Λ，理论本身变得非微扰。那么理论的基态能量会正比于此能标，因而造成超对称破缺。这个破缺能标的存在是理论本身的动力学决定的。

超对称量子力学 [supersymmetric quantum mechanics]　超对称量子力学是最简单的一类超对称理论。在哈密顿力学体系下，一个量子力学理论如果是超对称的，那么在算子意义下，其哈密顿量的玻色部分和费米部分看起来完全对称。超对称量子力学最早是美国理论物理学家威滕 (Witten) 在 1981 年为了解决动力学超对称破缺而引入的。其最初目的是为了研究超对称量子场论的非微扰动力学，也即瞬子贡献。但很快人们意识到超对称量子力学可以系统的求解一系列的可解势问题。俄罗斯物理学家根登斯坦 (Gendenshtein) 在 1983 年提出：凡是具有超对称形状不变势的量子力学系统都可以被严格代数求解。目前，超对称量子力学已经广泛应用到数学物理，凝聚态理论和统计物理等领域中。

阿蒂亚-辛格指标定理 [Atiyah-Singer index theorem]　阿蒂亚-辛格指标定理的数学表达如下：对于紧流形上的椭圆偏微分算子，其解析指标 (与解空间的维度相关) 等

于拓扑指标 (决定于流形的拓扑性状)。1983 年，西班牙数学物理学家阿尔维雷兹 – 戈玫 (Alvarez-Gaume) 用超对称量子力学证明了阿蒂亚–辛格指标定理。在此证明中，拓扑指标等价于狄拉克算符的指标。

局域化方案 [localization procedure]　　数学上，很多几何或者拓扑的不变量都可以转换为上同调的积分。局域化方案是特指在计算这些同调类算子的积分的时候可以转换为对某个矢量场的零点的指标求和。比如著名的欧拉 (Euler) 示性数就有两种等价的表达，一种是高斯–博内 (Gauss-Bonnet) 定理。它将欧拉数表达为对高斯曲率的积分。而另一种表达则是将欧拉数表达为一个矢量场在其零点处的指标求和 (霍普夫 (Hopf) 指标定理)。这就将一个整体的积分 (高斯–博内定理) 联系到对一些局域分立点的求和。因而被称作是局域化定理或局域化方案。局域化方案是计算拓扑不变量的重要工具，比如格罗莫夫–威滕 (Gromov-Witten) 不变量，唐纳森–托马斯 (Donaldson-Thomas) 不变量，谷帕库玛–瓦法 (Goparkuma-Vafa) 不变量等等。在物理上，它通常被用来计算超对称场论的非微扰配分函数，比如内克拉索夫 (Nekrasov) 瞬子配分函数。

等变上同调 [equivariant cohomology]　　数学上引入等变上同调是为了研究引入群 G 作用之后的拓扑空间 X 上的代数拓扑。它可以看作是群上同调和一般的上同调的推广。一般而言，一个群 G 在拓扑空间 X 上的作用未必是作用自由 (action free) 的，这使得 X/G 上面的上同调有可能是平庸的。一个非平庸的上同调必须同时反映拓扑空间 X 的同胚性质和群 G 作用下的变换性质。博瑞 (Borel) 在 1959 年给出了一个构造。他首先找到一个群 G 作用下自由的拓扑空间 EG，在笛卡儿积空间 $EG \times X$ 上，群 G 的作用永远是自由的。这样就可以良好定义在此拓扑空间的商空间 $EG \times_G X$ 上的上同调 $H^*(EG \times_G X, \Lambda)$，其中 Λ 为参数空间，一般是一个环 (ring)。这个上同调就被称为是拓扑空间 X 在群 G 下的，取值在环 Λ 上的等变上同调，一般记为 $H^*_G(X, \Lambda)$。物理上的一个典型的应用就是计算内克拉索夫 (Nekrasov) 瞬子配分函数。

小西反常 [Konishi anomaly]　　小西反常是日本物理学家小西健一 (Kenichi Konishi) 在 1984 年发现的。它的内涵是：$\mathcal{N} = 1$ 超对称理论中的手征超场可以存在一个超对称不变的相位变换。但是在这个相位变换下，理论本身的某些诺特 (Noether) 守恒流不再守恒。这个反常就被称为是小西反常。

R-对称反常 [R-symmetry anomaly]　　$\mathcal{N} = 1$ 超对称理论中，R-对称是超荷本身的对称性，一般记为 $U(1)_R$。它把超荷变成超荷和它的复共轭的线性组合。对于一个超场而言，R 对称的作用和轴对称 $U(1)_A$ 的作用类似。而 $U(1)_R$ 和 $U(1)_A$ 的线性组合下，理论的路径积分的测度本身是反常的，因而 R-对称在量子效应下会被破缺。这就被称为 R-对称反常。

超引力 [supergravity]　　在理论物理中，超引力被认为是引力理论的超对称推广。在此理论中超对称本身不再是一个全局的对称性而是一个局域的对称性。超引力理论中存在引力子 (graviton) 和引力微子 (gravitino)，前者自旋为 2，后者自旋为 3/2。理论中引力微子的个数和超对称的个数相一致。

世界面上的超对称 [worldsheet supersymmetry]　　1971 年拉蒙在弦的世界面上引进费米场，发现了两维超对称。超对称变换将玻色场变成费米场，将费米场变成玻色场的导数，也即两次超对称变换实现了一个二维时空的平移变换。

内沃–施瓦茨边界条件 [Neveu-Schwarz boundary conditions]　　(对于世界面上的旋量) 该边界条件要求世界面上的 1/2 旋量场在一维的紧致的空间维度 S^1 上满足反周期边界条件。旋量场的模式展开均为半整数模式。

拉蒙边界条件 [Ramond boundary conditions]　　(对于世界面上的旋量) 该边界条件要求世界面上的 1/2 旋量场在一维的紧致的空间维度 S^1 上满足周期边界条件。旋量场的模式展开均为整数模式。

$\mathcal{N} = 1$ 世界面超对称 [$\mathcal{N} = 1$ worldsheet supersymmetry]　　世界面上的 $\mathcal{N} = 1$ 的超对称通常指 (1,1) 超对称，即左行与右行各自有一个超对称荷。

$\mathcal{N} = 2$ 世界面超对称 [$\mathcal{N} = 2$ worldsheet supersymmetry]　　世界面上的 $\mathcal{N} = 2$ 的超对称通常指 (2,2) 超对称，即左行与右行各自有两个超对称荷。

拓扑 σ 模型 [topological sigma model]　　$\mathcal{N} = 2$ 的 σ 模型是 $\mathbb{R}^2$ 到靶空间的映射，其中二维平面上的标量场跟旋量场由超对称变换联系。将二维平面改成亏格为 g 的黎曼面时，由于大部分情况下曲率不为零 (除了 $g = 1$)，世界面上不存在协变常数旋量，即不存在超对称变换。但是威滕发现可以对该理论做一个拓扑扭曲的变换，即，将二维转动群与二维 $\mathcal{N} = 2$ 的 R 对称性群乘积取对角部分。则可以构造出一个标量的费米变换生成元。该扭曲的实现是在作用量中增加一项费米场与自旋联络的耦合项。理论的能动张量也相应的改变。这种扭曲之所以称为拓扑的，是因为扭曲后该 σ 模型理论的物理算子的关联函数不依赖于世界面的度规。

拓扑弦 [topological string]　　为了得到一种弦理论，在拓扑 σ 模型中引入二维世界面的引力给出拓扑弦。

由于拓扑 σ 模型有很多的手征反常，只有极少数的物理算子的关联函数非零。考虑靶空间为卡拉比–丘流形的拓扑 σ 模型，一种拓展的方法是将黎曼面上的度规变成场。度规场所携带的量子即引力子。所以该理论是将拓扑 σ 模型与黎曼面的引力耦合。由于度规场有很多的规范对称性，对于度规场的路径积分需要用法捷耶夫-波波夫规范固定的方法。路径积分的测度变成黎曼面模空间中沿着贝尔察米微分的超流。手征反常得到有效的消除。

拓扑弦理论与玻色弦理论有一个很好的对应。其中这些超流对应于玻色弦规范固定出现的 BRST 鬼场。

拓扑弦的散射振幅按弦世界面的亏格数的进行圈图展开。为了计算弦的散射振幅，伯莎斯基-锒科提-大栗-瓦法 (Bershadsky-Cecotti-Ooguri-Vafa) 研究了该理论给出闭弦的全纯反常方程。这是一种递归方程，高亏格的散射振幅与低亏格的满足一个微分方程。

拉蒙-内沃-施瓦兹形式 [Ramond-Neveu-Schwarz formalism] 拉蒙 – 内沃-施瓦兹形式是超弦的世界面表达。拉蒙的意义是费米子取周期边界条件，而内沃-施瓦兹则相应于费米子的反周期边界条件。RNS 弦的左行和右行模式具有不同的周期边界条件，因此提供了世界面上的费米子。

伽马-贝塔鬼场 [$\gamma\beta$ ghosts] 世界面上的量子化涉及到世界面的微分同胚不变性，这个微分同胚不变性可以看成是一个规范对称性。相应于超弦的玻色部分，可以引入 b, c 鬼场来引入规范固定条件和规范测度。而相应于超弦的费米部分，同样需要引入鬼场来达到规范固定的目的，这时引入的鬼场就是伽马-贝塔鬼场，伽马和贝塔分别标记两个鬼场，它们是玻色子但是遵循费米 – 狄拉克统计。

格林-施瓦兹形式 [Green-Schwarz formalism] 格林-施瓦兹形式是另一种实现超弦理论的办法，它是时空超对称的超弦理论。其实现方法是在玻色时空坐标的基础上引入费米时空坐标，超弦本身就可以看作在此超空间中运动的弦。通过波利亚科夫 (Polyakov) 作用量就可以描述超弦。

纯旋量形式 [pure spinor formalism] 纯旋量形式是将超弦的作用量中的所有的张量指标转换为旋量指标的一种形式。在此形式下，超弦量子化需要的 BRST 算子可以被简单的表示出来。

GSO 投影 [GSO projection] 为了得到一个自洽的世界面共形场论，格力奥兹 (Gliozzi)，舍尔克 (Scherk) 和奥利弗 (Olive) 引入了一个投影算符。这个投影算符选出了具有特定费米数的且满足周期条件的态。这样的选择规则实际是要和共形场论的三个重要原则：① 算符乘积展开代数闭合；② 相互局域；③ 模不变相容。

粒子谱 [particle spectra] 一根弦可以按照其振动模式来展开，这些振动模式作用在真空上就产生了粒子谱。比如开弦的第一激发态就是一个矢量场，因而可以激发出矢量粒子。而闭弦的第一激发态则是一个二阶张量场，它对应于引力子。如果弦是超弦，那么则第一激发态会激发出一对超对称粒子。

格林-施瓦兹机制 [Green-Schwarz mechanism (anomaly cancellation)] 超弦理论中的反常包括规范反常，混合反常和引力反常。这些反常都来自于"刺猬型"的费曼图单圈贡献。但是格林和施瓦兹在 1984 年发现，如果规范群选择为 $SO(32)$ 或者 $E_8 \times E_8$，那么所有的反常都将和弦理论本身的某些树图贡献相消。这种树图-反常相消的机制就被称为格林-施瓦兹机制。

玻色弦 [Bosonic string] 玻色弦是 20 世纪 60 年代发展起来的弦理论的最早模型。通过要求共形反常相消，玻色弦存在于 26 维的时空中。由于该理论中没有费米子，并且质谱中包含有质量为虚数的快子 (超光速粒子)，后来被认为纯粹作为一个弦理论模型来研究。

I 型弦 [type I string] I 型弦是由萨涅奥提 (Sagnotti) 于 1987 年提出的一种包含开弦的超弦理论。I 型弦可以由 IIB 型弦限制到定向折形 (orientifold) 的靶空间而得到。取低能极限时，I 型弦可以由 $\mathcal{N}=1$ 的超引力与规范群 $SO(32)$ 的超对称杨-米尔斯理论的耦合来表述。1992 年萨涅奥提应用了格林-施瓦茨机制，使得该理论反常相消，才使它成为一种合理的弦理论。

IIA 型弦 [type IIA string] IIA 型弦论是一个 10 维时空中的超弦理论。它有 $\mathcal{N}=2$ 的超对称，即 32 个超荷。由于在 10 维时空中它是一个非手征的理论 (左右对称)，所以没有反常。IIA 型弦论的低能有效理论是 IIA 超引力。由于手征性，IIA 型弦中的拉蒙-拉蒙场都是奇数阶形式场，所以与之相耦合的 D 膜的维度都是偶数维。该理论的高能部分由于弦的耦合常数变成无穷大而成为非微扰的 11 维理论，即 M 理论。

IIB 型弦 [type IIB string] IIB 型弦论也是一个 10 维时空中的超弦理论。与 IIA 相同它也有的超对称。但是在 10 维时空中它是一个手征理论 (左右不对称)，需要证明该理论中反常相消。耦合常数为 g 的 IIB 与 $1/g$ 的 IIB 弦有等价关系，称为 S-对偶。1997 年马尔达西那 (Maldacena) 提出了 IIB 理论的时空为 $AdS_5 \times S^5$ 时与四维超杨-米尔斯理论的对应 AdS/CFT，是第二次弦论革命的一个重要标志。

杂化弦 [heterotic string] 杂化弦是一种闭弦理论，由超弦与玻色弦相结合。有两种杂化弦分别称为杂化弦和杂化弦 $E_8 \times E_8$。该理论定义左行激发模式为 26 维玻色弦激发模式，右行则为 10 维超弦模式，左、右行独立激发无耦合。为了维度统一，将左行比右行多出的 16 维紧化在一个自对偶晶格上。16 维有两种晶格，分别与 10 维的规范群与 $E_8 \times E_8$ 的根晶格联系。两种杂化弦通过 T-对偶等价。

非临界弦 [noncritical string] 临界弦是存在于时空维度为临界维度的弦。为了让弦理论成为一个自洽理论，弦的世界面上必须有共形对称性。共形反常又称外尔反常，与中心荷成正比。中心荷为零的要求对于玻色弦,其存在的临界维度为 26 维;而对于超弦,其存在的维度是 10 维。非临界弦虽然存在于非上述所说的临界维度。但是其世界面的外尔反常也为零,通常该弦的靶空间是一些非平坦的流形。研究非临界弦有一些重要作用。例如时空维度小于等于二维的非临界弦理论有矩阵模型的表述。可以用来给出一些圈图计算,从而可以给出一些非平凡的结果。另外常见的地方是 AdS/CFT 对偶中的一些非临界弦。

卡尔-拉蒙场 [Kalb-Ramond fields] 在理论物理特别是弦理论中,卡尔-拉蒙场 (Kalb-Ramond 场),又名 NS-NS B 场,它像 2-形式那样变换,也就是说它是反对称二阶张量场。它是电磁势的推广,但是它有两个指标,而电磁势只有一个指标。由于 n-形式必须在 n-维空间积分,电磁势在粒子的世界线上积分可以得到电磁势对作用量的贡献,而卡尔-拉蒙场 Kalb-Ramond 场需要在弦的世界面作积分。基础弦是 NS-NS B 场的源,就像带电粒子是电磁场的源一样。NS-NS B 场和度规场、膨胀子场一起作为玻色闭弦的无质量激发出现。而在超弦的 Ramond-Neveu-Schwarz 量子化方案中,它们给出了 NS-NS 部分的无质量态。NS-NS 部分是指左行部分和右行部分对世界面上的费米场都取反周期性边界条件。

拉蒙-拉蒙场 [Ramond-Ramond fields] 在理论物理,特别是 II 型超弦理论中,Ramond-Ramond 场是该理论低能极限的 II 型 10 维超引力理论的反对称张量场。这些张量场的阶数的奇偶性取决于我们考虑的是 IIA 或 IIB 型理论。而在超弦的 Ramond-Neveu-Schwarz 量子化方案中,它们给出了 Ramond-Ramond 部分的无质量态。Ramond-Ramond 部分是指左行部分和右行部分对世界面上的费米场都取周期性边界条件。Joseph Polchinski 1995 年提出 D-膜是 Ramond-Ramond 场的携带者。人们猜测,量子 Ramond-Ramond 场不是由上同调群而是由扭曲 (twisted) K 理论所分类。非零的 (拉蒙-拉蒙) Ramond-Ramond 背景场常常给弦的量子化带来很大的困难。

基础弦 [fundamental strings] 是弦理论的主要研究对象,它是一维延展体,它在时空中的运动扫出一张二维面,被称为世界面。基础弦带有 Neveu-Schwarz 场的电荷。基础弦可以分为开弦和闭弦,又可以分为可定向弦和不可定向弦。在弦论的第二次革命发生之前,弦论主要研究 (平坦时空背景中) 基础弦的量子化和散射振幅的计算。

内沃-施瓦茨 5-膜 [Neveu-Schwarz 5-Branes] Neveu-Schwarz 5-膜 (Neveu-Schwarz 5-branes) 是弦论中的一个 5 维延展体,它有 5 个空间维,在时空中的运动扫出一个 6 维世界体。它带有超弦理论中 Neveu-Schwarz 场 (反对称二阶张量场) 的磁荷。它可以理解为弦论的一个孤子解。

M2-膜 [M2-branes] M2-膜 (M2-branes) 是 M-理论中的 2 维延展体,它有 2 个空间维数,在时空中的运动扫出一个三维世界体,它带有 M-理论中三阶反对称张量场的电荷。在 M 理论和 IIA 型弦理论的对偶中,没有绕在圆周上的 M2 膜给出 D2 膜,而绕在圆周上的 M2-膜给出基础弦。平直时空背景中多张重叠的 M2-膜世界体上的低能有效理论是阶等与 1 的 3 维 Aharony-Bergman-Jafferis-Maldacena 理论。N 张重叠的 M2-膜世界体上的场论的自由度数目在大 N 极限下正比于 N 的 3/2 次方。

M5-膜 [M5-branes] M5-膜 (M5-branes) 是 M-理论中的 5 维延展体,这里的 5 维是指空间维数,所以 M5 膜在时空中的运动扫出一个 6 维世界体。M5 膜带有 M-理论中 Ramond-Ramond 三阶反对称张量场的磁荷。N 张重叠的 M5 膜世界体上的场论的自由度数目在大 N 极限下正比于 N 的 3 次方。多张重叠的 M5 膜世界体上的有效理论是 6 维时空中的 (2,0) 型超共形理论。由于该理论是非微扰理论,目前我们对这一理论的理解仍然非常少。

黑 p-膜 [black p-branes solution] 黑 p-膜是引力理论中黑洞解的推广。它在 p 个空间方向有平移不变性。它通常作为引力-反对称张量-标量场理论的解出现。在弦/M-理论中它给出了 p-膜 (包括 Dp-膜、基础弦和 Neveu-Schwarz 5-膜) 的另一种描述。p-膜的两种描述在黑洞熵的微观描述和规范/引力对应的建立中,起了非常重要的作用。

D-膜 [D-branes] D-膜 (D-branes) 在弦论中起到重要的作用。如果开弦的端点在某些方向上满足狄利克雷边界条件,则端点必须落在时空中的膜上面,这种膜被称为狄利克雷膜,简称 D-膜。这样的开弦可以通过将端点在所有方向上都是诺伊曼边界条件的开弦沿着这些方向做 T-对偶操作而得到。空间维数为 p 的 D-膜称为 Dp-膜,它在时空中的运动扫出 $p+1$ 维的世界体。在 IIA 型超弦理论中,p 是偶数的 D-膜保持一半超对称。而在 IIB 型超弦理论中,p 为奇数的 D-膜保持一半超对称。1995 年 Polchinski 发现这些保持一半超对称的 D-膜带有 Ramond-Ramond 荷,他们都是稳定的。在平直时空中 N 张重叠 Dp-膜的世界体上的理论具有 $U(N)$ 规范不变性,其低能有效理论由 $p+1$ 维极大超对称杨-米尔斯 Mills 理论给出。D-膜在弦论的对偶性、黑洞熵的微观起源、规范/引力对应中起到重要的作用。

卡帕对称 [Kappa symmetry] 规范超对称的一种。它出现在超弦的格林-施瓦兹形式中,确保了多余的旋量自由度可以通过规范转化被移除。

非 BPS D-膜 [non-BPS D-branes] IIA 型超弦理论中奇数维空间维数的 D-膜与 IIB 型超弦理论中偶数维空间维数的 D-膜。它们不带有 Ramond-Ramond 荷,破坏所有的超对称。这些非 BPS D-膜都是不稳定的,都会发生衰变。这一衰变过程可以由快子凝聚来描述。

D-膜上的场内容 [field content on D-branes]　单张 Dp-膜的世界体是 $p+1$ 维的，它上面无质量场的场和 $p+1$ 维极大超对称 $U(1)$ 规范理论的场内容是相同的，包括 $p+1$ 维规范场、$(9-p)$ 个标量场和它们的费米型超对称伙伴。

推广的规范理论 [extended gauge symmetries]　当多个 D-膜重叠在一起的时候，D-膜的世界体上的规范群由多个 $U(1)$ 群扩展到非阿贝尔规范群。

当 N 张 Dp-膜重叠在一起的时候，Dp-膜上的规范群将从 $U(1)^N$ 扩展到 $U(N)$。其原因是：搭在不同 D-膜上的开弦会产生一些无质量的激发。它们来自 $U(N)$ 群的非 (嘉当)Cartan 的生成元所对应的无质量规范场。

贝肯斯坦-霍金熵 [Bekenstein-Hawking entropy]　是黑洞的热力学熵的表达式。霍金首先发现在任何经典过程中，黑洞视界的总面积都不会减少。部分地基于此结果，贝肯斯坦为了保证在有黑洞存在时，热力学第二定律仍然成立，提出黑洞也具有热力学熵。通过思想实验，贝肯斯坦提出黑洞熵正比于黑洞视界的面积。霍金后来通过在包含黑洞的弯曲时空中量子场论的研究，发现了黑洞往外辐射粒子。通过计算验证了贝肯斯坦的结果，得出对于爱因斯坦引力，黑洞熵在自然单位制下等于黑洞视界面积的 $1/4$。这一结果后来被称为贝肯斯坦 - 霍金熵。这一结果后来启发了 't Hooft (特霍夫特) 提出量子引力的全息原理。贝肯斯坦-霍金熵的微观解释是量子引力的候选者所必须解决的问题。

相交膜 [intersecting branes]　两组膜在时空中相交而得到的构型。如果这两组膜都是 D-膜，在这两组膜上分别得到规范理论，而在两组膜的交点处会给出额外的处于这两个群的双基础表示的无质量多重态。相交膜在用 D-膜实现粒子物理的标准模型、膜构造中起到了重要的作用。

部分 D-膜 [fractional D-branes]　部分 D-膜的一种定义是利用轨形 (orbifold) 奇点。在该奇点处，D-膜会有多个镜像，单独挑出一个镜像即给出部分 D-膜，该镜像只能沿着奇点的纵向运动，而不能沿着奇点的横向运动，即不能离开奇点。

ABJM 理论 [ABJM theory]　Aharony-Bergman-Jafferis-Maldacena 理论，简称 ABJM 理论，是一种 3 维超对称 $\mathcal{N}=6$ 的 Chern-Simons- 物质理论。它的规范群是 $U(N)\times U(N)$，相应的 Chern-Simons 规范理论的秩 (rank) 分别是 k 和 $-k$。该理论的物质场是四个处于双基础表示的标量和四个处于双基础表示的旋量场。当 k 取值为 1 或者 2 时，ABJM 理论被猜测具有 3 维 $\mathcal{N}=8$ 超对称。ABJM 理论是放在 $\mathbb{C}^4/\mathbb{Z}_k$ 的奇点处的 N 张 M2-膜的低能有效理论，它对偶于 $AdS_4\times\mathbb{CP}^3$ 背景上的 IIA 型弦或者 $AdS_4\times S^7/\mathbb{Z}_k$ 上的 M 理论。

卡鲁扎-克莱因理论 [Kaluza-Klein theory]　卡鲁扎-克莱因理论是一种试图将引力与电磁力统一的理论模型。1921 年卡鲁扎将空间维度增加一维，研究了 4+1 维的真空爱因斯坦场方程。发现它给出 3+1 维的物质场的爱因斯坦场方程，而物质场部分包含了电磁场的能动张量，以及一个标量粒子的贡献。1926 年克莱因提出让第四个空间维度卷曲成一个半径很小的圆，则该方向是一个紧致集。人们将时空具有紧致维度的现象称为紧化。弦理论中的卡鲁扎-克莱因紧化通常是给出低维情况低能有效理论中一些动力学自由度的方法。

卡拉比-丘紧化 [Calabi-Yau compactifications]　这是将卡拉比-丘流形作为时空紧致维度的一种紧化方式。卡拉比-丘流形是指第一陈类为零的紧的复凯勒 (Kähler) 流形。卡拉比猜想这样的流形上存在一个里奇曲率为零的度规。丘成桐证明了卡拉比猜想。卡拉比-丘流形作为紧致的空间有一个特点，它可以保持原来空间的四分之一的超对称性。10 维超弦理论紧化在 6 维卡拉比-丘流形上是目前研究得最比较多的一种紧化。

椭圆纤维化的卡拉比-丘流形 [Calabi-Yau manifold with elliptic fibrations]　卡拉比-丘流形的第一陈类为零。如果一个流形是一个纤维状的底流形。底流形的第一陈类非零，但是其纤维丛的第一陈类与底流形的第一陈类刚好抵消，如果这样的流形也是复凯勒的，它往往也可以称为卡拉比-丘流形。如果纤维丛是椭圆曲线，则这种流形称为椭圆纤维化的卡拉比-丘流形。

环化的卡拉比-丘流形 [toric Calabi-Yau manifold]　非紧的卡拉比-丘流形又称为局域卡拉比-丘流形，它可以看成紧致卡拉比-丘流形的开邻域。环化的卡拉比-丘流形是一种非紧的卡拉比-丘流形。该流形中存在许多 $\mathbb{C}^*$，即 $U(1)$ 作用。由于这些作用有不动点，不动点的集合形成一些点、线、面的结构，称为环化图。

协变常数旋量 [covariantly constant spinors]　也即平行移动不变的旋量。$\nabla_\nu\epsilon=0$。该旋量在超对称的研究中非常重要，它对应于超对称变换的参数。如果时空是平坦的，超对称变换参数很容易选择成协变常数旋量。但是在弯曲时空中，$[\nabla_\mu,\nabla_\nu]^-R_{\mu\nu}$，由于曲率非零，为了保持超对称，需要对理论做一些扭曲。

镜像对称性 [mirror symmetry]　镜像对称始于平坦时空中 T-对偶的研究。后来到了卡拉比-丘流形中，1990 年由坎德拉斯等发现可以用镜像对称方法来计算有理曲线的数目。从而解决了代数几何的一个长期的难题。虽然没有数学的严格证明，但是它的许多数学预测已得到严格证明。镜像对称的一些例子包括孔采维奇的同调镜像对称，以及施特罗明格、丘成桐和扎斯洛的 SYZ 猜想。

复化凯勒锥 [complexified Kähler cone]　在复凯

勒流形中，凯勒锥是光滑的正定的 (1，1)-形式的同调类组成的集合。令 α 为 (1，1)-形式，又称凯勒形式。正定是指 $\int_\gamma \alpha^p > 0$。由于该定义与 α 的大小无关，形成一种锥形结构。凯勒形式的复化称为复凯勒形式。凯勒锥的元素的复化构成的集合称为复化凯勒锥。

锥流形 [conifold]　锥流形是流形的推广。它带有一些锥形奇点。例如常见的一种锥流形是复 3 维卡拉比–丘流形的一个推广，它带有一个锥形奇点。流形由方程 $xy - uv = 0$ 给出，其中 x, y, u 和 v 均为复数。

锥形跃变 [conifold transition]　通过复形变与奇点解消两种方式可以将锥形的奇点消除。如示意图。复形变的意思是将方程改变成 $xy - uv = t$ 的形式，使得原来的奇点变成 S^3。奇点解消的意思是将方程改成 $\begin{pmatrix} x & u \\ v & y \end{pmatrix} \begin{pmatrix} \lambda_1 \\ \lambda_2 \end{pmatrix} = 0$。方程有非零解则 λ_1 与 λ_2 不同时为零，即 $\lambda \in \mathbb{C}P^1$，同构于 S^2。故此方法将奇点拉开 (blow up)，变成球面。

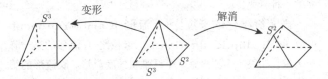

环化卡拉比–丘流形中的拓扑弦 [topological string in toric Calabi-Yau manifold]　由于紧致卡拉比–丘流形中的拓扑弦理论非常难于计算，人们开始研究一些环化卡拉比–丘流形中的拓扑弦理论。数学上由于该理论中有很多群的作用，通过局域化的方法，可以把无穷维路径积分的问题转变为有限维积分问题。物理上则通过一些对偶，从陈–塞蒙斯理论构造拓扑顶点，再由粘贴的方法给出拓扑弦的计算。

拓扑顶点 [Topological vertex]　拓扑顶点来自于拓扑开弦在最简单的环化卡拉比–丘流形 $\mathbb{C}^3$ 上的配分函数。由于 $\mathbb{C}^3$ 的环化图有三条腿，每一条上面可以引入一组 D 膜，拓扑弦的配分函数是以拓扑顶点为系数，以三组 D 膜为变量的生成函数。拓扑顶点有三组指标，每一组可以用二维杨图标记。一种拓扑顶点的计算方法来自陈–塞蒙斯理论，通过规范群为 $U(n)$ 的陈–塞蒙斯理论中关于威尔逊圈 —— 也称纽结的计算给出。由于 $U(n)$ 群与置换群 S_n 的对应，最终的计算来自于 S_n 群的对称函数的计算。

杨图和杨表 [Young diagram and Young tableau]　n 个方格的杨图是按照置换群 S_n 的共轭类分别画出的图形。其中共轭类中轮换长度为 k 的一个轮换对应于杨图长度为 k 的一行方格。将这些一行行的方格左边对齐，从上至下，从长至短排列，画出的图形称为杨图。例如如图所示 3 格杨图。

将杨图中填写数字称为杨表。填数不同区分不同的共轭类。

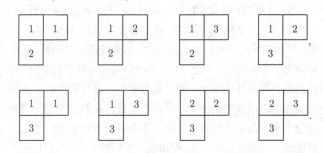

Schur 对称函数 [Schur symmetric function]　n 个元素的置换群 S_n 的特征，都由杨图来标记，其中一种不可约表现形式就是 Schur 对称函数。对称函数是指在 S_n 的作用下不变的由 n 个变量 $x_1, x_2, \cdots, x_n$ 形成的多项式，其中 S_n 作用在变量的脚标上，即置换这些变量。为了得到 Schur 函数，可以用半标准杨表法。即在杨图里填数字，同一行，从左到右，填数弱增 (相邻可以相等)；同一列，从上至下，填数严格增 (相邻不能相等)。例如下图。

1	1
2	

1	2
2	

1	3
2	

1	2
3	

1	1
3	

1	3
3	

2	2
3	

2	3
3	

再将所填数字对应于变量，得到如下 Schur 对称函数

$$s\,\square = x_1^2 x_2 + x_1 x_2^2 + x_1^2 x_3 + x_1 x_3^2 + x_2^2 x_3 + x_2 x_3^2 + 2 x_1 x_2 x_3.$$

通量紧化 [flux compactification]　紧化的空间是带有通量的卡拉比–丘流形或者推广的卡拉比–丘流形。通量指的是电磁通量的推广，n-形式的场的通量。

广义卡拉比–丘流形 [generalized Calabi-Yau manifolds]　广义卡拉比–丘流形的定义来自广义复几何。希钦 (Hitchin) 最早研究将 $2n$ 维流形 X 上的切丛推广到广义切丛 $TX \oplus T^*X$。X 上的广义复几何结构是指其结构群可以约化到 $U(n, n)$ 上，使得 $U(n, n)$ 到 $O(2n, 2n)$ 形成一个包含映射。广义卡拉比–丘流形是指如果该结构群可以进一步约化到 $SU(n, n)$，使得 $SU(n, n)$ 到 $U(n, n)$ 形成一个包含映射。

ADE 奇点 [ADE singularities]　阿诺德 (Arnold) 给出超曲面的奇点分类定理，其中最著名的就是 ADE 型的奇点分类。考虑超曲面 $\mathbb{C}^2/\Gamma$，这里 Γ 是一个 $SU(2)$ 的有限子群。$(0, 0)$ 点是奇点。通过拉开 (blow up)，奇点解消，可以对新的流形研究其非平凡同调类。该同调类构成一个线性空间，即一个晶格。该晶格与李代数 ADE 的邓金图给出的晶格相对应，同调相交数形成该晶格上的度量，也即邓金矩阵。

ADE 型加强的对称性 [ADE enhanced symmetries]　在非微扰弦论或者 M 理论中，在模空间的一些特殊点上，规范对称性可以得到加强，这些加强的对称性往往用李代数的 ADE 型来进行分类。

D 膜上的规范场论 [gauge theory on D-branes]
伸展于 D 膜间的开弦理论可以由定义在 D 膜世界体上的场论近似描述。其低能有效理论是 10 维空间的超对称杨–米尔斯理论的维数缩减到 D 膜世界体的时空维数。N 个平行 D 膜在不重合时显现的规范对称是 $U(1)^N$,其自由度来自起止于同一个 D 膜的开弦。伸展于两个 D 膜间的开弦态谱的下界由其间距决定。当多个 D 膜重和时,不同 D 膜间的开弦场的最低质量就变成零,其中包含了矢量场。这就意味着在 D 膜的场论中会显现增强了的规范对称,从 $U(1)^N$ 变成非阿贝尔群。对于有向弦这是 $U(N)$,对于无向弦则是 $SO(2N)$ 或 $SP(2N)$。这个机制的逆反就是自发的规范对称破缺,而间距对应于希格斯场的真空值。

D 膜的手征反常及其抵消
作为一个量子场论,D 膜世界体上的有效场论也必须满足规范对称反常抵消的要求。反常源自于弥漫在目标时空中的引力场以及局限于世界体上的规范场与 D 膜手征旋量的耦合,总值可以相应被因子分解为分别来自 D 膜切空间、法空间的扭曲、以及其自身规范场曲率的贡献。这些反常是通过来自其他作用量的反常变换来抵消的。在这里后者是修正过后的拉蒙–拉蒙场与 D 膜的最小耦合。具体形式以及反常变换可以通过要求反常抵消的计算得到。从这样得到的作用量就可以推导出引力和规范场曲率所诱导的拉蒙–拉蒙公式,在计算黑洞熵、构造有关 D 膜荷与 K 理论关系的猜想等方面都起重要作用。

膜构型 [brane configurations]
弦理论或者 M 理论中的膜构型可以给出超对称规范理论的很多非微扰信息。最初的系统研究来自于哈纳尼–威滕的膜构造。将平行的重叠在一起的 Dp 膜搭在一些其他膜之间。例如 $D3$ 膜搭在平行的两个 $NS5$ 膜之间。NS 膜的作用是将该理论从 3+1 维紧化到 2+1 维。NS 膜两边还可以搭其他半无穷大的 $D3$ 膜。D 膜与 $NS5$ 膜的位置和相交方法保持相应的超对称数目。重合的 D 膜给出规范理论。物质场是 NS 膜两边的半无穷大 D 膜提供的超多重态。该理论可以写出作用量。如果将该理论变成多组 D 膜搭载在一系列平行的 NS 膜之间,则可以得到推广的规范理论 —— 箭图规范理论。如果将中间的 $D3$ 膜换成 $D4$ 膜,则该理论对应于 4 维塞伯格–威滕规范理论。可以将该理论提升一维,则所有 $D4$ 膜,$NS5$ 膜均被提升融合成一个 $M5$ 膜。这是 4 维规范理论与 6 维超共形理论的对偶。由于 6 维超共形理论对应的是一个非微扰的 $M5$ 膜的理论,已经没有作用量的表述形式。因此通过膜构型的方法,利用 4 维规范理论的计算:作用量、配分函数等,给出 6 维理论的一些信息。

箭图规范理论 [quiver gauge theories]
箭图规范理论是一个推广的规范理论。箭图被用来刻画规范理论的物质成分,其规范理论的信息来自几何工程,当弦理论中的 D 膜落在卡拉比–丘簇的奇点上时给出。每一个节点表示规范群的一个因子 $U(N)$,对应于重合在一起的 N 个 D 膜。每一条带箭头的边表示一个双基础表示,对应于搭在两个节点 (D 膜) 之间的开弦。带箭头的边形成的一个闭合圈表示一个超势。

轨形紧化 [orbifold compactification]
轨形紧化的紧化空间往往是一个奇性卡拉比–丘流形。10 维超弦理论由于环形紧化会导致 4 维理论出现大量的超对称。环形的轨形 (toroidal orbifold) 紧化则可以将超对称减少到 1/4。环形的轨形,简称轨形,是指 6 维超环面在一个有限等距群作用下的商空间。该作用通常不是自由的,所以有一些固定点。虽然轨形有奇点,弦理论紧化在轨形上却没有奇点。原因是轨形紧化中出现了一类新的态,称为扭曲态。

定向折形投射 [orientifold projection]
定向折形是轨形的推广。定向折形是光滑流形 M 的商空间 $M/(G_1 \times \Omega G_2)$,其中 G_1, G_2 是两个有限群,Ω 是弦的世界面上的宇称算子。如果 G_2 为空集,则定向折形回到轨形。通常定向折形投射比轨形紧化造成的超对称破缺更多。如果选取 G_2 为对合映射,3 维复紧致空间的全纯 3-形式、复结构、凯勒形式在对合算子作用下可以有不同种变化对应于不同的弦定向。定向折形作用的轨迹给出 O 平面。Op 平面与 Dp 膜类似,但是与 Dp 膜不同,Op 平面不是动力学自由度。因为 Op 平面不是通过弦的边界条件给出的,而是通过对合算子定义的。

S 对偶 [S-duality]
S-对偶是指两个量子场论或者弦论之间的等价关系,又称强弱对偶。一种理论的耦合常数 g 与另一种 $1/g$ 之间的等价。当 $g < 1$ 时,理论可以用微扰展开的方式来研究。当某种理论的耦合常数 $g > 1$,则微扰的方法失效。但是如果该理论通过 S-对偶与另一种理论等价,后者的耦合常数则小于 1,可以用微扰论来研究。

最早的 S-对偶可以追溯至电磁对偶,电场与磁场通过变换可以保持麦克斯韦方程。曼通宁–奥利弗对偶是将两种 $\mathcal{N} = 4$ 的超对称杨–米尔斯理论等价起来。威滕和卡普斯汀研究了 $\mathcal{N} = 2$ 的 S-对偶,发现它与几何朗兰兹 (Langlands) 纲领有密切的关系。$\mathcal{N} = 1$ 的 S-对偶又称塞伯格对偶,它将两种 $\mathcal{N} = 1$ 的超杨–米尔斯理论联系起来。

T 对偶 [T-duality]
在理论物理,特别是弦理论中,T 对偶指的是两种弦理论之间的等价关系。一个简单的例子是传播在一个半径为 R 的圆上的弦与另一个半径为 $1/R$ 上的弦的等价关系。一个理论的耦合常数由正比于 R 变成另一个理论的 $1/R$。这两个理论的量子数:弦的动量与缠绕数发生交换。五种超弦理论中,IIA 与 IIB, $SO(32)$ 杂化弦与 $E_8 \times E_8$ 杂化弦是 T 对偶等价的。T 对偶与镜像对称联系紧密,镜像对称可以看成 T-对偶在流形中的推广。

U 对偶 [U-duality]
弦理论、M 理论中的一种对称

性，又称联合对偶。

I 型弦与杂化弦 [Type I and heterotic string] 两种弦理论通过 S-对偶等价。放缩子互为相反数 $\phi_I = -\phi_H$。由于弦耦合常数是放缩子的真空期望值取 e 指数，所以两个理论的耦合常数互为倒数。经此变换，两个理论的低能有效作用量相同。

IIA 型弦与 IIB 型弦 [type IIA and type IIB string] IIA 型弦与 IIB 型弦通过 T 对偶联系。当紧化在 S^1 上时，一个理论紧化在半径为 R 的圆上与另一个紧化在 1/R 上等价。在 T 对偶下，开弦边界条件从诺伊曼转变到狄利克雷边界条件，所以允许的拉蒙–拉蒙场的奇、偶阶发生转变。因此两个理论允许的 Dp 膜 p 的奇、偶性不同。

11 维超引力 [11-dimensional supergravity] 超引力是将超对称与广义相对论相结合的场论。在该理论中，超对称是一种局域对称性，超对称生成元与庞加莱群结合成复杂的超庞加莱群。11 维超引力是一个特殊的理论，由于 11 维闵可夫斯基时空是能产生最高自旋为 2 即引力子的最大维度的时空。它的作用量包含引力场的爱因斯坦–希尔伯特作用量，3-形式的动能项，以及 11 维空间拓扑项 —— 陈–塞蒙斯作用量。11 维超引力通过卡鲁扎–克莱因紧化一维可以得到 10 维超引力。而由于 11 维超引力是 M 理论的低能有效理论，该 10 维超引力是 IIA 型超弦的低能有效理论。

M 理论 [M theory] M 理论是超弦理论的拓展，1995 年由物理学家威滕提出来，用于统一所有超弦理论。M 理论存在于 11 维时空中。M 理论中的动力学自由度为 M2 与 M5 膜。它是一种非微扰理论，其低能有效理论是 11 维超引力理论。由于 M 理论是非微扰理论，目前还没有直接的方法，对它的研究往往要通过紧化维度的方法以及对偶的方法，转为研究其他弦理论。

F 理论 [F theory] F 理论是一个 12 维的理论，紧化在二维环面上给出 IIB 型弦理论。IIB 型弦论中的 S-对偶，即 $SL(2,\mathbb{Z})$ 对称性对应于该环面的模变换。F 理论的紧化形式还可以推广到椭圆纤维流形的紧化形式，也即该流形的纤维是二维环面或者椭圆曲线。例如 4 维 K3 流形的某些子类就是椭圆纤维化的，F 理论紧化在 K3 上可以对偶到 10 维杂化弦紧化在二维环面上。F 理论紧化在复 4 维卡拉比–丘流形上给出约 10^{500} 的超弦理论的真空解，又称弦景观。

杂化弦与 M 理论 [Heterotic string and M theory] 杂化弦与 $E_8 \times E_8$ 通过 T-对偶等价。杂化弦 $E_8 \times E_8$ 与 IIA 型弦在强耦合极限下都被提升为 11 维的非微扰理论。其中杂化弦 $E_8 \times E_8$ 提升到 10 维时空直积一个线段，而 IIA 提升到 10 维时空直积一个圆。11 维理论均对应于 M 理论。其中杂化弦提升到 11 维，带有两个边界，每个边界的 10 维理论各自有一个 E_8 规范场。

反德西特/共形场论对应 在理论物理学中，反德西特/共形场论对应，也称 Maldacena 对偶或规范/引力对偶，是两种物理理论之间关系的一种猜想。该对应的一方是量子共形场论，另一方是在反德西特时空里的弦理论或 M-理论。

该对应是弦理论和量子引力的重要进展。首先它提供了在某些边界条件下弦理论的非微扰表述，同时它又是量子引力的全息原理的最成功实现。这一原理由 Gerard 't Hooft 最初提出，并被 Leonard Susskind 发展。

该对应是一种强弱对应，成为强耦合量子场论的重要研究工具：强相互作用的量子场论，对应于弱相互作用的引力理论，从而在数学上更容易处理。这一事实已被用来研究核物理与凝聚态物理中的许多方面：这些领域中的难题被转化为数学上更易处理的问题。

反德西特/共形场论对应最初由 Juan Maldacena 于 1997 年底提出。对应的主要方面在 Steven Gubser, Igor Klebanov, Alexander Polyakov 的文章和 Edward Witten 的文章中予以详尽表述。至 2010 年，Maldacena 的论文已被引用超过一万次，成为高能物理学领域引用次数最高的文章。

全息原理 [holographic principle] 全息原理指出对一定体积的空间的描述隐藏在这一区域的边界上 —— 倾向于像引力视界一样的类光边界。最初 Gerard 't Hooft 提出该原理，此后 Leonard Susskind 综合了自己与 't Hooft 及 Charles Thorn 的想法，赋予其确切的弦理论解释。据 Raphael Bousso 指出，Thorn 在 1978 年发觉弦理论具有一种低维度的描述，其中引力以如今称为全息的方式显现。在更广泛的意义上，该原理提议整个宇宙可被视为绘在宇宙视界上的一幅二维信息结构图，而我们观测到的三维仅仅是宏观尺度和低能量时的有效表述。宇宙全息性尚未从数学上精确定义，部分原因在于宇宙视界具有有限的面积并随时间增长。

全息原理受到黑洞热力学的启发，其中任何区域的最大熵被猜测正比于其尺度的平方，而非预计的立方。在黑洞的情形，该见解表明任何落入黑洞的物体的信息内涵可能完整地包含在事件视界的表面涨落中。全息原理在弦理论的框架中解决了黑洞信息丢失佯谬。然而，存在一些爱因斯坦方程的经典解，其中允许的熵值大于面积率所允许的，从而原则上大于黑洞熵值。这些解被称为"Wheeler 的金口袋"。这类解的存在与全息解释相违背，而他们在包含全息原理的量子引力理论中的效应仍未被完全理解。

大 N 规范理论与平面极限 [large N gauge theories and planar limit] Hooft 最早发现规范群的秩可当成一个大的参数并由其定义一种微扰展开。比如在 $SU(N)$ 中取 $N \to \infty$，与此同时保持 $\lambda = g_{ym}^2 N$ 固定。在此极限下，有着伴随表示的物质和规范场的杨–米尔斯理论的任一费曼图中 N 和 λ 出现的幂次为

$$N^{V-E+F}\lambda^{E-V} = N^{\chi}\lambda^{E-V}$$

其中 V 是顶点数，E 是传播子数，F 是规范指标收缩的闭合圈数，χ 是费曼图的欧拉示性数。N 的幂次由欧拉示性数控制，从而表明费曼图可按亏格展开。特别地，领头阶大 N 展开的贡献来自于平面图。这种按照拓扑展开的方式，与弦世界面的求和极为相似，是规范理论与弦理论对应的初步证据。

D-膜上的散射与退耦极限 [scattering on D-branes and the decoupling limit] 在 IIA/B 型超引力理论里存在黑膜解，它们带有与已知的 D-膜相同的 RR 荷。反德西特/共形场论对应在弦论中最初的线索来自于黑膜粒子自发产生率与 D-膜上两条开弦碰撞并形成一条闭弦发射出去的计算吻合。该计算也证实了黑膜解的渐近平坦区域是退耦的，而绝大部分有趣的物理都来自近视界区域。渐近平坦区域动力学退耦合的极限即被称为退耦极限。

例如考虑黑的 D3 膜，度规为

$$ds^2 = f^{-1/2}(-dt^2 + dx^2 + dy^2 + dz^2) + f^{1/2}(dr^2 + d\Omega_5^2)$$

$$f = 1 + \frac{R^4}{r^4}$$

$$R^4 = 4\pi g_s \alpha'^2 N$$

退耦极限便定义为 α' 趋于零，同时保持无穷远 $r \to \infty$ 处的观测能量固定。于是这表明我们必须保持 $U = r/\alpha'$ 固定。在此极限下，该度规约化为 $AdS_5 \times S^5$ 的度规。举几个经典例子。

(1) D3 膜和 $\mathcal{N} = 4$ 杨–米尔斯与 $AdS_5 \times S^5$

反德西特/共形场论对应最有名的实例是 AdS_5 与 S^5 的乘积空间上的 IIB 型弦理论与该时空边界上的 $\mathcal{N} = 4$ 超对称杨–米尔斯理论之间的等价性。在此例中，引力理论所处的有效时空是五维的 (即记号 AdS_5)，此外还有额外的紧致维度 (表征在 S^5 因子中)。其边界理论与强相互作用的基本理论 —— 量子色动力学有着一些共同性质。

(2) D1–D5 膜构型与 $AdS_3 \times T^4$ 或 S^n

在 IIB 型弦理论中取 Q_1 张 D1 膜沿 t 和 x_1 方向，及 Q_5 张包裹在一个 4 维紧致流形 M 上并同时沿 t 和 x_1 方向伸展的 D5 膜。其对偶引力理论处于 $AdS_3 \times S^3 \times M$。流形 M 通常取为 T_4 或 K_3。规范理论的低能动力学由靶空间为 $Q_1 Q_5$ 个 M 的对称乘积的 1+1 维 σ 模型给出。最初由布朗 (Brown) 与亨纽克斯 (Henneaux) 注意到，在此情形下 1+1 维的共形对称性扩张为维拉索罗 (Virasoro) 代数，并明显地表现为 AdS_3 空间的扩张的渐近对称性。

(3) ABJM 和 M2 膜与 $AdS_4 \times S^7$

反德西特/共形场论对应还有一种实现表明 AdS_4 与 S^7 的乘积空间上的 M-理论与三维 ABJM 超共形场论等价。此

处引力理论具有四个非紧维度，因而这一对应形式提供了一种稍微现实一点的引力描述。

(4) $(2,0)$ 型六维超共形场论和 M5 膜与 $AdS_7 \times S^4$

$(2,0)$ 6d SCFT and M5 branes vs $AdS_7 \times S^4$ 对应的另一实现为 AdS_7 与 S^4 的乘积空间上的 M-理论与六维时空中的一种 $(2,0)$ 理论等价。在这一例子中，引力理论的有效时空是七维的。在对偶的另一方的 $(2,0)$ 理论因为此前对超共形论的分类被预言存在。然而目前对这一理论的理解仍很有限，因为它是一种没有经典极限的量子力学理论，因而被视为一个非常有趣的对象。

GKPW 字典 [GKPW dictionary] Gubser, Klebanov, Polyakov 三位弦物理学家和 Witten 分别独立提出了反德西特/共形场论对应的字典，使得共形场论中的关联函数可以在引力一方直接计算。其基本前提是共形场论的生成泛函与反德西特空间上弦论/量子引力的完整配分函数等价。至少在主导阶大 N 与大 Hooft 耦合情形下，弦论配分函数可由其低能有效作用量近似给出。引力部分作用量是普适的带有负宇宙学耦合常数的爱因斯坦–希尔伯特作用量。

共形场论中每个 (原初) 算符对偶到反德西特时空中的一个场，例如下表：

共形权为 Δ 的标量算符	质量为 $\Delta = d/2 + \sqrt{d^2/4 + m^2 R^2}$ 的标量场
守恒流算符 J_μ	矢量规范场 A_μ
能动量张量 $T_{\mu\nu}$	度规 $g_{\mu\nu}$

每个这种算符的源包含在相应反德西特时空场的边界条件中。生成泛函则通过满足适当边界条件的反德西特时空的在壳作用量近似给出。

威尔逊圈 [Wilson loop] 在规范理论中，Wilson 圈 (以 Kenneth Wilson 的姓命名) 是用规范势绕时空中给定的一个圈的和乐所定义的一个规范不变的可观测量。在经典场论中，所有 Wilson 圈的全体包含足够的信息，来在差一个规范变换的意义下重建规范势。

在量子场论中，Wilson 圈作为 Fock 空间上的一个严格的算符的定义是个数学上微妙的问题，我们需要做正规化，给每个圈配上一个构架 (事实上，Hagg 定理告诉我们对有相互作用的量子场论，Fock 空间不存在)。Wilson 圈的作用可以理解成产生量子场的局域在这个圈上的基本激发。以这种方式在量子电磁场中实现了法拉第的 "流线管" 的想法。

Wilson 圈在 20 世纪 70 年代被引入用来尝试给量子色动力学一个非微扰的描述，或者至少作为一组方便的集体变量来处理量子色动力学的强耦合区域。Wilson 圈的真空期望

值可以作为量子色动力学禁闭发生与否的判据。但是最早提出 Wilson 圈用来解决的夸克禁闭问题，现在仍然没得到解决。

强耦合规范理论包含圈状基本非微扰激发。Alexander Polyakov 首次建立量子化的弦理论 (利用路径积分)，这个理论描述了时空中的圈的量子化。

在圈量子引力理论的建立过程中，Wilson 圈起了非常重要的作用。不过现在已经被自旋网络 (后来的自旋泡沫，这两者都可以看成 Wilson 圈的特定推广) 所取代。

在粒子物理和弦理论中，Wilson 圈经常被叫作 Wilson 线，尤其当它是绕着紧致流形中的不可收缩的圈的时候。

在规范/引力对应中，处于基础表示的 Wilson 圈在平面图强耦合极限下对偶到开弦解。Wilson 圈的真空期望值的计算约化到求解弯曲背景中共形无穷远处边界和 Wilson 圈重合的带边极小曲面问题。

重子顶点 [baryon vertex]　不占据时空维度的缠绕膜是在这一时空中传播的点粒子。其场论解释必然是某种顶点或算符，正如 AdS 中的其他粒子一样 (如前所述超引力粒子的情形)。如果紧致流形是 S^5，则唯一拓扑稳定的可能性是缠绕的 5-膜。此处关键要素是荷守恒要求 N 根弦流进或流出该 5-膜。在 D5-膜的情形，这 N 根弦是基本弦 (当然可以考察这一构型的 $SL(2, \mathbb{Z})$ 镜像)。其论点是用于讨论反常膜产生的一个微小的变形。在 S^5 上存在 N 单位的五形式 (F_5) 通量，而 D5-膜世界体上的耦合 $\frac{1}{2\pi} a \wedge F_5$ 将这一通量转化为 N 单位 D5-膜上 $U(1)$ 规范场 a 的荷。由于 D5-膜世界体空间部分是紧致的，总的荷必须为零。流出该膜的弦带 -1 单位的 $U(1)$ 荷，于是得到前述结论。改变 D5-膜的取向则 F_5 诱导的荷符号改变，相应地 N 根弦由流出该膜变为流入。

在不存在其他 D-膜的情形下，这些弦无法在 AdS_5 的任何位置终止，因而必须流出边界。终止在边界的弦可解释为 $SU(N)$ 规范群的基础表示中的一个电荷：一个外在 (非动力学) 的夸克。这一解释来源于将这些弦视为从 D5-膜流向无穷远处的一张 D3-膜。这些如此伸展的弦只有唯一的一个费米型基态，因而可得出结论：该 D5-膜 "重子" 恰好是 N 个费米型基本弦 "夸克" 的完全反对称组合。而规范理论解释很清晰：因为规范群是 $SU(N)$ 而非 $U(N)$，N 个外在基础夸克存在一个规范不变的重子顶点。

基础表示物质与相交膜 [matter in the fundamental representation and intersecting branes]　在规范理论－引力对应的最初表述中，超杨–米尔斯理论仅含处于规范群伴随表示的场。为了引入处于规范群基础表示的场以模拟夸克，可考虑相交的膜构型。一组 D-膜表征规范动力学，而另一组代表基础物质的味。基础表示的场是连接这两组膜的开弦。为确保味对称性的规范动力学是弱的，在取规范对

称群的大 N 极限时我们保持味膜的个数有限。其引力对偶为规范膜产生的反德西特背景中的探针 (味) 膜。这一构型已被用于研究介子谱，如在 Sakai-Sugimoto 构造中。

全息重整化群流和渐近反德西特空间 [holographic RG flow and asymptotically AdS spaces]　反德西特时空的径向方向与重整化群流紧密相关。带有紫外不动点的量子场论及其重整化群流的对偶几何属于渐近反德西特时空类。这类几何在 Fefferman-Graham 规范下表征，其度规可用反德西特共形边界附近的特征展开写出。在任何已知的重整化框架中径向方向与重整化群标度的精确映射仍不完全清楚。Jan de Boer, Herman Verlinde 与 Eric Verlinde 在早期提出过建议。从 Henningson 和 Skenderis 的工作开始人们也意识到，与量子场论的情形一样，在全息重整化程序中会涉及紫外发散，这表现为接近反德西特时空共形边界时的体积发散。这些发散项可通过引入径向截断正规化，并进而通过引入抵消项消除，使所有的关联函数皆为有限。

引入相关算符可让重整化流偏离紫外不动点。从全息角度看，这对应于在爱因斯坦方程中引入物质场的源，从而驱使几何偏离纯反德西特时空。径向方向与重整化群标度的几何对应导致全息 A-定理，可通过对物质场加上零能量条件导出 (参见相应词条)。

黑洞与热规范理论 [black hole and thermal gauge theory]　黑洞具有热力学是经典和量子引力中最令人惊异的事实之一。在反德西特/共形场论的框架中，存在一个简单的实现：在对偶的规范理论中，黑洞仅仅是规范玻色场、标量场及旋量场等规范自由度组成的在霍金温度热平衡的热气体。而黑洞视界已知具有许多类似于耗散系统的性质。在对偶的另一方，热规范理论正是一个耗散系统。因此可以利用对偶计算如剪切黏滞系数等流体力学量。由于在强耦合的热规范理论中这些量很难直接计算，因而不易验证结果。但令人瞩目的是，结果与相对论重离子碰撞产生的实际胶子–夸克等离子体的观测性质在数值上吻合，并远比常规场论计算为优 (参见反德西特/量子色动力学对应)。

高导数项 [higher derivative terms]　引力作用量中的爱因斯坦 – 希尔伯特项仅是强 Hooft 耦合极限 (即 $\lambda = g_{ym}^2 N \gg 1$) 下的领头项，这一极限对应弦理论中弦长度远小于反德西特时空曲率尺度。对于 IIB 型引力/四维 $\mathcal{N} = 4$ 超杨–米尔斯对应我们有 $\lambda \sim \frac{R^4}{l_s^4}$，其中 R 是反德西特时空的曲率半径，l_s 是弦长度。次领头项将对应到引力理论中的高导数项。这些项一般会修正中心荷以及关联函数。在应用到如 QCD 等离子体和凝聚态系统时，这些项也在自底向上的框架中被引入。

纠缠熵 [entanglement entropy]　(龙) Ryu 和 (高

柳) Takayanagi 于 2006 年提出共形场论中位形空间中一个区域 A 的纠缠熵可以通过计算伸展到反德西特时空的极小表面得到，该表面的边界为 A 的边界。纠缠熵的所有定性性质，例如面积律 (即领头阶紫外发散仅依赖于区域 A 的边界之面积)，强次可加性 (这是一般场论中由幺正性导致的不等式) 都被满足。这一公式同时满足纠缠熵对数发散与偶数维共形场论中共形反常的关系。Casini, Huerta, 和 Myers 等于 2010 年最先证实在任意维中，如果 A 由球形表面包围，Ryu-Takayanagi 公式是 Bekenstein-Hawking 黑洞熵公式的一种特殊情形，并将纠缠熵等效为有限温双曲空间 (即 $H_{d-1} \times S^1$ 的热力学熵)。至 2011 年这一公式由 Lewkowycz 与 Maldacena 给出证明。该公式也被推广到包含一大类高导数修正，它们与 Wald 熵公式紧密相关。对于 1+1 维共形场论，多重不连贯区域的纠缠熵由 Faulkner 通过考虑反德西特时空中的适当的环柄体 (handle body) 解计算得到。主体 (bulk) 时空中的单圈修正也被 Barrella, Dong, Hartnoll 及 Martin 考虑过。

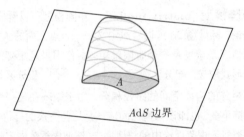

AdS 边界

全息研究厘清不少纠缠熵在场论中的特性。它也被应用于寻找 A-定理。在偶数维中，一种特别的对数发散项的系数被全息地证实与 A- 型中心荷直接相关，并且在所有维度中单调地变化。在三维理论中重整化流的单调变化量是定义在三维球上的共形场论的自由能被称为 F-定理。它首先被全息地证明。

全息纠缠熵也被应用在寻求红外质量隙，及理解非平衡态动力学及热平衡过程。

最近，人们发现全息纠缠熵满足类似热力学第一定律的一个等式，该等式与爱因斯坦方程的线性形式相联系。反德西特时空中的某些闭曲面还被发现可解释为边界纠缠熵的线性组合，文献中谓微分熵。

反德西特/量子色动力学对应　在理论物理学中，反德西特/量子色动力学对应是通过对偶的引力理论描述量子色动力学的一种方案，遵循反德西特/共形场论对应原理而建立在量子场论并非共形场论的基础上。

流体与引力 [hydrodynamics and gravity]　利用反德西特/共形场论研究的一个物理系统是夸克 – 胶子等离子体，在粒子加速器上产生的一种奇异物质形态。这一物质形态在高能重离子核如金核与铅核对撞时短暂出现。这种对撞使得构成原子核的夸克在接近于两万亿开尔文的高温下退禁闭。这一温度与宇宙大爆炸 10^{-11}s 时的温度接近。

夸克–胶子等离子体物理由量子色动力学支配，但该理论在夸克 – 胶子等离子体相关问题中难于数学处理。在 2005 年出现的一篇论文中，Đàm Thanh Sơn 和他的合作者们表明，反德西特/共形场论对应可用来将夸克 – 胶子等离子体用弦理论的预言表述并理解它的某些方面。应用反德西特/共形场论对应，Sơn 和他的合作者们将夸克 – 胶子等离子体描述为五维时空中的黑洞。计算表明与夸克 – 胶子等离子体相关的两个量 —— 剪切黏滞系数 η 和熵的体密度 s—— 之比近似等于某一普适常数：$\dfrac{\eta}{s} \approx \dfrac{\hbar}{4\pi k}$ 其中 k 表示约化普朗克常量，k 表示玻尔兹曼常量。此外，该文作者猜想这一普适常数是一大类系统 η/s 取值的下限。2008 年，对夸克 – 胶子等离子体这一比值的预言值被美国布鲁克海文国家实验室的相对论重离子对撞实验证实。

夸克–胶子等离子体另一重要性质是经过离子体中的极高能夸克在运行仅几个费米长度后即被阻停或"淬火"。这一现象可由称为喷注淬火参数的常数 $\hat{q}$ 来表征，这一参数关联着该夸克的能量损失与在离子体中运行距离的平方。基于反德西特/共形场论对应的计算让理论家们可以估算 $\hat{q}$，得到的结果与该参数的测量值大致吻合。这表明反德西特/共形场论对应将对该现象的深入研究起到很大的作用。

AdS/CMT 反德西特/凝聚态理论对应　在理论物理学中，反德西特/凝聚态理论对应是指利用反德西特/共形场论对应将弦理论应用到凝聚态理论的一种方案。

在过去的数十年中，凝聚态实验物理学家们已经发现了许多种物质的奇异形态，包括超导体和超流体。这些物质形态可利用量子场论框架描述，但有些现象很难使用标准场论技术解释。一些凝聚态理论物理学家如 (苏比·萨德夫)Subir Sachdev 希望反德西特/共形场论能使我们用弦理论的语言研究这些系统并获得它们的更多行为。

至今这一弦理论方法已在描述绝缘体到超流体的跃迁中取得一些进展。超流体是一种由电中性的原子组成的毫无黏滞性的流体系统。这类系统通常在实验室中使用液体氦得到，但最近实验学家们通过注入万亿个冷原子至纵横交错的激光束格子中，发展出一些产生人工超流体的新方法。这些原子最初表现为一种超流体，但当实验学家们提高激光束的亮度时，原子逐渐减缓运动然后突然跃迁到一种绝缘态。在跃迁中，这些原子表现得不同寻常。例如，原子减速至停止的速率依赖于温度和普朗克常量，而普朗克常量是量子力学的基本参数，在其他相的描述中并不出现。最近，这一行为通过考虑其对偶描述而得到解释，其中流体性质由高维时空中的黑洞描述。

全息 A-定理 [holographic A-theorems]   如词条全息重整化群流和渐近反德西特空间 中所述，重整化群流对应于渐近反德西特时空. Freedman, Gubser, Pilch 以及 Warner 论证如果全息重整化群流满足洛伦兹不变性，时空可由下述度规形式描述：

$$ds^2 = e^{2A(r)}(-dt^2 + dx_{d-1}^2) + dr^2$$

从该度规可构造一个量，即

$$a(r) \equiv \frac{\pi^{d/2}}{\Gamma(d/2)(l_p A'(r))^{d-1}}$$

并证明只要爱因斯坦方程中的物质源满足零能量条件，该量在径向方向 r 上是单调变化的。因此零能量条件被认为与边界场论中的幺正性密切相关。这一结论此后即被 Myers 和 Sinha 推广到具有一大类导数修正项如 Gauss-Bonnet 项与 Lovelock 项的情形。在偶数维，$a(r)$ 在不动点处被证实是不依赖于 r 的常数，并与对偶共形场论中的 a- 型中心荷等价。在奇数维时，该量事实上是对偶的共形场论在 d 维球上的自由能。该量还表现为绕球形表面包围的区域的纠缠熵中的普适项：在偶数维，它表现为对数项的系数；而在奇数维，则是无量纲的常数项。这些全息结果直接激发了场论的相关研究，最终 Casini 与 Huerta 证明了三维 F-定理。

高自旋规范理论 [higher spin gravity]   反德西特/共形场论对应与 Igor Klebanov 和 Alexander Polyakov 于 2002 年猜想的另一对偶密切相关。这一对偶表示反德西特时空上的某种高自旋规范理论与具有 $O(N)$ 对称性的共形场论等价。这种具有任意高自旋的粒子态的规范理论，与弦理论类似，应为振动弦的激发模式对应着高自旋的粒子。该对偶有助理解反德西特/共形场论对应的弦理论版本，甚至证明这一对应。2010 年，Simone Giombi 与尹希通过计算三点关联函数获得这一对偶成立的进一步证据。

德西特/共形场论对应 [dS/CFT]   在弦理论中，德西特/共形场论对应是反德西特/共形场论对应在德西特时空中的类比，最初由 Andrew Strominger 提出。反德西特时空具有负宇宙学常数，而现实的宇宙带有一个较小的正宇宙学常数。尽管短距离下引力的性质应该不依赖于宇宙学常数的值，但德西特/共形场论对应在正宇宙学常数下的版本仍值得探索。2001 年，Andrew Strominger 引入了这种被称为德西特/共形场论对应的对偶的一个版本。这一对偶牵涉到被称为德西特空间的一种具有正宇宙学常数的时空模型。从宇宙学的角度看，这种对偶很有趣，因为很多宇宙学家相信极早期宇宙非常接近于德西特空间。我们的宇宙也有可能在遥远的将来表现为德西特空间。

克尔/共形场论对应 [Kerr/CFT]   克尔/共形场论对应是反德西特/共形场论对应在由克尔度规刻画的旋转黑洞情形下的推广。

尽管反德西特/共形场论对应在研究黑洞性质时非常有效，但这一框架下考虑的大多黑洞都是不现实的。的确，如前所述，反德西特/共形场论对应的大多版本均牵涉到具有非物理的超对称的高维模型。

2009 年，Monica Guica、Thomas Hartman、宋伟与 Andrew Strominger 却表示反德西特/共形场论对应的思想可被用于理解天文学中的黑洞。具体说来，他们的结果可应用于由极端克尔黑洞解近似描述的黑洞，这类解中黑洞具有给定质量下的最大可能角动量。他们说明这类黑洞具有基于共形场论的一种等价描述。

克尔/共形场论对应适用的黑洞解其近视界几何可表达为三维反德西特时空与一个紧致坐标（类似于 Maldacena 原始对应中的五维球因子）的乘积。该对应将此黑洞映射到一种二维共形场论，并从中推导出正确的 Bekenstein-Hawking 熵。

克尔/共形场论对应的最初形式仅适用于具有极大角动量的黑洞，但至今已被猜测性地推广到小于极大角动量的所有值。

矩阵模型 [matrix model]   矩阵模型可以看成 0 维量子场论。标量场 X 可以看成定义在一个点上面的函数，最简单的情况是该场是一个有限维矩阵。作用量是矩阵的多项式函数形式取迹。配分函数 $Z = \int dX e^{-S[X]}$，积分区域为对于所有矩阵的构型空间的路径积分。由于矩阵在某些变换下可能保持不变，也即该构型空间应该是这些变换的等价类。需要应用类似于规范理论中的法捷耶夫–波波夫规范固定的方法来去掉冗余的自由度。这里积分的重数是矩阵的自由度数，积分测度是独立矩阵元的微分乘积。例如对于实正交阵，独立矩阵元为 $N(N+1)/2$; 对于厄米阵，独立矩阵元为 N^2 个。通过矩阵相似变换，将积分变量改变成矩阵的本征值以及其他参数。积分测度在变量代换下转变成本征值部分的范德蒙行列式的部分以及其他参数部分。

最初矩阵模型的大 N 计算给出了与弦的散射振幅按弦耦合常数展开相类似的公式，$(1/N)^{2h-2} F_h(\lambda)$。这里的 h 是弦的圈图计算的圈数，又称亏格数。$F_h(\lambda)$ 依赖于模型，问题是给出一种矩阵模型，具体哪一种弦理论可以与之相对应。由于矩阵模型与非阿贝尔规范理论联系紧密，规范理论的每一个场都可以看成取值在规范群的某一种表示中的矩阵。所以 AdS/CFT 对应的起源一部分也来自于回答哪一种矩阵模型对应于哪一种弦理论的问题。

高斯矩阵模型 [Gauss matrix model]   考虑一个 $N \times N$ 的矩阵，该模型中作用量为矩阵的二次型。作用量中也可以包含带有微扰的高次项，也即高次项系数是小量参数。应用量子场论中引进外源的方法给出类似场论中威克定理的收缩方式，得出相应的费曼图。特霍夫特最先使用双线图的方法来刻画此种费曼图。用平行的双线表示传播子，顶点由普通顶点加粗线的边缘双线给出。每个传播子贡献一个耦合常数 g，每个顶点贡献 $1/g$，每个闭合圈因为取迹给出一个 N。设顶点个数为 V，传播子个数为 E，圈的个数为 L，是特霍夫特常数，所以全部的因子为 $g^{E-V}N^L = (gN)^{E-V}N^{V-E+L} = N^{\chi}\lambda^{E-V}$，其中 $\chi = 2 - 2h$ 是二维曲面的欧拉示性数。以矩阵为变量，在其构型空间上计算路径积分，从而给出配分函数与关联函数的计算。

幺正矩阵模型 [unitary matrix model]　幺正矩阵模型的被积矩阵是幺正矩阵。使用圆上的正交多项式方法，在双重缩放极限下可解。与被积矩阵是厄米矩阵的情形类似，但是厄米矩阵的本征值是实数，幺正矩阵的本征值是复数。其测度的雅可比行列式是积分变量的范德蒙行列式的模平方，因此可以通过坐标变换 $z_i = \mathrm{e}^{\mathrm{i}\alpha_i}$ 转为圆上的坐标。从而范德蒙行列式变成双曲正弦 $\prod_{i<j} \sin^2\left(\frac{\alpha_i - \alpha_j}{2}\right)$ 的形式。

β-系综矩阵模型 [beta-ensemble matrix model]　戴森最早分类 β-系综矩阵模型，后来梅塔 (Mehta) 系统的做了研究。实对称矩阵、厄米矩阵与实四元素自对偶矩阵可以分别被正交矩阵、幺正矩阵、辛矩阵对角化。通过比较正交矩阵、幺正矩阵、辛矩阵的系综矩阵模型，发现矩阵积分的测度通过变量代换，它们的雅可比行列式分别对应于多元积分变量的范德蒙行列式的一次、二次、四次方。用一个式子表达 $\prod_{i<j}(x_i - x_j)^{\beta}$，$\beta = 1$、$2$、$4$。将该次方数解析延拓至一个复数 β，称此模型为 β-系综矩阵模型。计算时有正交多项式、鞍点的方法，利用塞尔伯格 (Selberg) 积分给出配分函数、关联函数的结果。

孔采维奇矩阵模型 [Kontsevich matrix model]　孔采维奇矩阵模型给出了单矩阵模型与曲线模空间中的稳定类的相交数之间的联系。他构造了厄米矩阵空间中伴随着矩阵的新测度。将此矩阵的各奇数次幂取迹并对应于曲线模空间相交数生成函数中的变量，则作用量为三次的矩阵模型所计算的配分函数与曲线模空间相交数生成函数相对应。

双重缩放极限 [double scaling limit]　理论物理中，特别是在弦理论和矩阵模型中，通常取耦合常数趋于零的极限与另一个物理量趋于零或者无穷大，或者一个固定点的极限。但是这两个量取极限的过程一般不是独立的，而是满足某种约束条件。

刘维尔理论 [Liouville theory]　又称刘维尔场论。它是定义在二维黎曼曲面上的一种标量场论。由于作用量有标量场的指数函数项，经典运动方程是非线性方程。而且由于黎曼面通常曲率非零，作用量也可能包含里奇 (Ricci) 标量与标量场的耦合项。刘维尔理论是一种非有理共形场论。已有的计算结果是在球面上初级场的两点、三点关联函数；在环面上的配分函数；在盘面上的单点函数。刘维尔理论对于研究二维量子引力、二维弦理论很重要。近几年来由于阿尔蒂–盖奥图–立川 (Alday-Gaiotto-Tachikawa) 对应，将该理论与四维规范理论联系起来，使得研究它的代数结构变成一个热点问题。

线性 σ 模型 [linear sigma model]　1960 年盖尔曼和列维 (Lévy) 首先引进了 σ 模型。他们用 σ 表示自旋为零的标量介子场。若介子场的取值在向量空间，则该模型称为线性 σ 模型。原始模型给出了 $O(4)$ 群的自发对称破缺到 $O(3)$ 群。3 个轴矢生成元破缺实现了一种最简单的手征破缺方式，剩余的 $O(3)$ 对称性代表同位旋对称。

非线性 σ 模型 [non-linear sigma model]　σ 介子场的取值在流形，则称为非线性 σ 模型。由于耦合来自于流形的度规，度规是 σ 的函数形式，因此经典运动方程是非线性方程。

规范线性 σ 模型 [gauged linear sigma model]　规范线性 σ 模型是一个二维超对称规范理论。它的低能有效理论在法耶–依里奥普洛 (Fayet-Iliopoulos) 参数取不同的极限时可以对应到靶空间为卡拉比–丘流形的非线性 σ 模型或者朗道–金兹堡模型，后两者有对偶关系。

玻色费米对应 [boson-fermion correspondence]　二维共形场论中玻色子与费米子有一种自然的对应。$\psi(z) \tilde{} \mathrm{e}^{\phi(z)}$ 和 $\partial\phi(z) \tilde{} : \psi^*\psi : (z)$。根据算符乘积展开与关联函数的相同点来给出上述两种不同场之间的对应。

顶点算子代数 [vertex]　从理论物理的角度来说。顶点算子代数概括了一个 2 维共形场论中的手征 (或者反手征) 部分，包含手征主场、态算子对应、真空态、能动张量等成分。它们自动满足数学上关于顶点算子代数的公理。

超空间 [superspace]　超空间是具有超对称理论的坐标空间。它由两部分坐标组成，一部分是玻色 (Bosonic) 坐标，它们就是普通的时空坐标；另一部分是费米 (Fermionic) 坐标，它们是由格拉斯曼 (Grassmann) 数构成的坐标，遵从反对易关系。玻色坐标对应于理论的玻色自由度，而费米坐标则对应于理论的费米自由度。

超空间积分 [superspace integral]　在超空间上，可以定义积分运算。其玻色部分的积分就是普通的积分，而费米部分的积分则是格拉斯曼积分。

超场 [superfield]　超场形式是为了简化超对称运算而引入的超空间上的函数。它通常由三部分组成，一部分是玻色部分，第二部分为其超对称伙伴，而第三部分则是辅助场部分。

手征超场 [chiral superfield]　手征超场对应于一个

超对称理论的物质部分。它一般可以写成如下的形式：

$$\Phi(y,\theta) = \phi(y) + \sqrt{2}\theta\psi(y) + \theta^2 F(y)$$

其中 $y^\mu = x^\mu + \mathrm{i}\theta\sigma^\mu\bar{\theta}$ 为超对称协变坐标，σ^μ 为泡利 (Pauli) 矩阵，而 θ 为费米坐标，F 为辅助场。

矢量超场 [vector superfield]　矢量超场对应于一个超对称理论的规范部分。它一般有如下的形式：

$$V = \theta\sigma^\mu\bar{\theta}A_\mu + \mathrm{i}\theta^2\bar{\theta}\bar{\lambda} + \mathrm{i}\bar{\theta}^2\theta\lambda + \frac{1}{2}\theta^2\bar{\theta}^2 D$$
$$+ \phi + \theta\chi + \bar{\theta}\bar{\chi} + \theta^2 m + \bar{\theta}^2 m^\dagger$$

其中 A_μ 为矢量场，λ 和 $\bar{\lambda}$ 为手征和反手征旋量场，而 D 为辅助场。它拥有不在壳 (off-shell) 的 8 个玻色自由度和 8 个费米自由度。

D-项 [D-term]　所谓 D-项，就是指的是矢量超场中的辅助场对应的项。它总是伴随着 $\theta_1\theta_2\bar{\theta}_1\bar{\theta}_2$ 的因子。

F-项 [F-term]　所谓 F-项，就是指的是手征超场中的辅助场对应的项。它总是伴随着 $\theta_1\theta_2$ 的因子。

法耶特–伊利波罗斯项 [Fayet-Iliopoulos term]　又被称作是法耶特–伊立波罗斯 D-项，它是理论的拉氏量中的一项，通过对矢量超场 V 的积分得到

$$\mathcal{L}_{FI} = \xi\int \mathrm{d}^2\theta\mathrm{d}^2\bar{\theta}V = \xi D$$

它的一个显著的特征是在阿贝尔 (Abel) 规范群作用下是规范不变的，而在非阿贝尔规范群下是一个伴随表示。这一项的存在会使得真空能发生改变，因而是引发超对称自发破缺的项。相应的超对称自发破缺被称作 FI 自发破缺。

外斯–朱米诺模型 [Wess-Zumino model]　外斯–朱米诺模型是理论物理中第一个具有明显超对称不变的理论模型。它由外斯和朱米诺于 1974 年提出。此模型描述了一个手征超场的动力学。它可以在超场形式下非常简单的写成

$$\int \mathrm{d}^2\theta\mathrm{d}^2\bar{\theta}\,\Phi\bar{\Phi} + \int \mathrm{d}^2\theta W(\Phi) + h.c.$$

其中 Φ 为手征超场，$\bar{\Phi}$ 为反手征超场，$W(\Phi) = -\frac{1}{2}m\Phi^2 - \frac{1}{3}\lambda\Phi^3$ 为超势，$h.c.$ 代表超势的厄米共轭。

奥拉维塔模型 [O'Raifeartaigh model]　奥拉维塔模型是超对称自发破缺的一种模型，对应的超对称破缺机制也被称为是 F-项破缺机制。这个模型中有三个手征超场 X, Φ_1, Φ_2，其超势部分为

$$W = hX(\Phi_1^2 - \mu^2) + m\Phi_1\Phi_2$$

可以证明该模型不存在一个真空能同时让三个手征超场的标量场部分为零。这自然引起超对称自发破缺。

超对称规范理论 [supersymmetric gauge theory]　超对称规范理论是规范理论的超对称推广。无论在物理还是数学上，它都具有非常丰富的内涵。超对称标准模型是超对称理论下具有广泛影响力的模型。在此模型下，三种相互作用的重整化性质非常一致的统一在某个高能标。它也能对于场论的层级疑难给出合理的解释。但是实验上至今仍未直接或者间接观测到超对称粒子。另一方面，超对称规范理论本身蕴含着丰富的对偶性。比如 AdS/CFT 对偶，塞博格–威滕对偶，塞博格对偶，AGT 对偶等等。所有这些对偶性都揭示了丰富的数学和物理结构。

凯勒流形 [Kähler manifold]　数学上，凯勒流形是一种特殊的辛流形，在此辛流形上赋予了可积近复结构，且此近复结构与辛形式相容。在凯勒流形上存在三种两两相容的结构：复结构，黎曼结构和辛结构。这三种结构的结构群相容于一个酉群。

凯勒度规 [Kähler metric]　凯勒流形上定义的凯勒型是一个二形式，它可表达为

$$\omega = \frac{\mathrm{i}}{2}\sum_{j,k} h_{jk}dz_j \wedge d\bar{z}_k$$

则矩阵 h_{jk} 定义了此凯勒流形上的凯勒度规。

凯勒势 [Kähler potential]　如果一个凯勒型可以形式的写成如下的形式：$\omega = \frac{\mathrm{i}}{2}\partial\bar{\partial}\rho$，其中 $\partial, \bar{\partial}$ 为杜布尔特 (Dolbeault) 算子。那么 ρ 就被称为是一个凯勒势。

超导数 [super derivative]　超对称变换可以用一对互为复共轭的微分算符 $(Q_\alpha, \bar{Q}_{\dot{\alpha}})$ 来实现，它们是超对称变换的微分生成元。与它们相对应的，存在超对称流形上的位置平行输运算符 $(D_\alpha, \bar{D}_{\dot{\alpha}})$，它们与超对称变换的微分生成元分别反对易。这一对平行输运算符就是超导数算符。

不可重整定理 [non-renormalization theorems]　塞博格 (Seiberg) 在注意到超对称理论的超势的全纯性之后证明了一个重要的定理：超对称不可重整定理。它的意义是：超对称的理论除了波函数重整化的贡献之外不需要任何额外的重整化操作。

超图 [supergraphs]　超对称费曼图的简称。在超对称场论中，可以和量子场论一样画出每个散射过程的费曼图，从而可以计算相应的关联函数或散射截面。这些费曼图被称为超图。如果一个图是可许的，那么其超对称变换的图也是允许的。这个成对出现的性质对于证明超对称不可重整定理极为重要。

超传播子 [superpropagator]　超图中的传播子。如果超图中存在一个玻色传播子，那么在其超对称的伴随图中就会存在此玻色传播子的费米超对称伙伴，反之亦然。

塞博格–威滕理论 [Seiberg-Witten theory]　塞博格和威滕在 1994 年提出了著名的塞博格–威滕理论。它是一

个量子电磁对偶的实现。这里的电磁对偶是一个强弱对偶 (也被称为 S-对偶)。他们指出：在一个 $\mathcal{N} = 2$ 的 $SU(2)$ 杨–米尔斯 (Yang-Mills) 理论中，其威尔逊型的有效作用量在强弱对偶下保持形式不变，且理论的基本粒子转变为其电磁对偶的粒子。这个理论是第一个具有明显的色禁闭的理论。

内克拉索夫瞬子计数 [Nekrasov instanton counting] 内克拉索夫 (Nekrasov) 在 2002 年和 2003 年提出了计算 $\mathcal{N} = 2$ 规范理论的瞬子部分的配分函数的方法。其主要方法是运用了等变上同调和局域化方案计算了 $\mathcal{N} = 2$ 规范理论的瞬子模空间上的积分。日本数学家中岛 (Nakajima) 用希尔伯特概型 (Hilbert Scheme) 上的同调代数同样计算并验证了内克拉索夫的结果。这个瞬子计数的意义在于提供给物理学家一个计算非微扰的工具。

阿吉雷斯–塞博格对偶 [Argyres-Seiberg duality] 阿吉雷斯–塞博格对偶是塞博格–威滕对偶的 $SU(3)$ 群上的推广。阿吉雷斯和塞博格在 2007 年考虑了 $\mathcal{N} = 2$ 的超共形的 $SU(3)$ 理论以及其 S-对偶的理论。他们发现此理论的电磁对偶理论并不是通常的塞博格–威滕对偶。而是一个超共形的 $SU(2)$ 理论耦合上一个米纳罕–那美珊斯基 (Minahan-Nemeschansky) 型的 E_6 超共形理论。

塞博格对偶 [Seiberg dualities] 在量子场论中，塞博格对偶是联系两个不同的超对称量子色动力学 (SQCD) 的对偶性。这两个 SQCD 理论是完全不同的理论，但是它们具有相同的红外极限。在重整化群流动下，它们流向相同的红外不动点，因而可以看作是在一个普适类中。

阿尔达–盖奥托–立川对偶 [Alday-Gaiotto-Tachikawa duality] 2009 年，阿尔达，盖奥托和立川提出了一种全新的四维/二维场论对偶。他们指出，一个四维 $\mathcal{N} = 2$ 的超共形簇 $U(2)$ 规范理论的内克拉索夫 (Nekrasov) 配分函数，其微扰和经典部分的配分函数对应于一个二维刘维尔 (Liouville) 理论的关联函数的结构常数，而四维场论的瞬子配分函数则对应于刘维尔理论的共形块。这个对偶性是一个超对称/非超对称对偶，同时还是一个场论/模空间对偶。

孟通能–奥利弗对偶 [Montonen-Olive duality] 在理论物理中，孟通能–奥利弗对偶是最早的量子电磁对偶理论。孟通能和奥利弗将经典的电磁理论中存在的对偶性推广到了量子场论中，相应的量子场理论为一个 $\mathcal{N} = 4$ 的超对称杨–米尔斯 (Yang-Mills).

散射振幅 [scattering amplitude] 在高能物理和量子场论中，所有物理观测量都可通过关联函数得到。因此一旦得到了系统中各种算符的关联函数也就意味着了解了该系统的所有物理性质。散射振幅是一种特殊的关联函数，其外线为 on-shell 的物理态，它直接对应于物理观测量。因而散射振幅在高能物理和量子场论中的角色尤其重要。传统

的费曼图方法由于包含太多非物理的虚过程而不能简便地构造多点树图和圈图振幅。近期发展的 BCFW 方法，幺正切割，Grassmannian 积分等方法，通过分析振幅表达式中的极点结构得到了多点振幅和少点振幅的递推关系，和试图直接从散射振幅的幺正性出发构造圈图振幅，寻求系统解决量子场论中的散射振幅问题，以及建立排除费曼图虚过程的规范不变的振幅构造的代数方法。在使用代数方法构造散射振幅的过程中，人们发现散射振幅还具有丰富的几何性质和隐含对称性。散射振幅为人们理解量子场论和重新构建量子场论的简洁丰富的表示方法提供了活跃的平台。

色分解 [color decomposition] 一种根据场论的对称群结构对散射振幅进行分解的技术。对于任意一个带有对称群结构的散射振幅，我们可以将振幅表达式中对称群李代数乘积的迹作为色因子提取出来，并把相同色因子的部分合并同类项。这样就将散射振幅分解成了若干规范不变的，外线动量信息与群结构信息完全分开的，外线按照色因子中乘积顺序排好序的子项。色分解后的散射振幅有很多振幅关系，这使得散射振幅的计算大为简化。

分振幅 [partial amplitudes] 散射振幅色分解后的每项系数称为分振幅。由于散射振幅的所有群结构信息包含在色因子中，故分振幅中不含群结构信息。每个分振幅都是规范不变的。

原生振幅 [primitive amplitudes] 具有固定循环序的分振幅称为原生振幅。

颜色顺序下的费曼规则 [color ordered Feynman rule] 对费曼规则进行色分解，就得到颜色顺序下的费曼规则。颜色顺序下的费曼规则的特点是群结构信息作为色因子被完全提取出去，而且外线之间有固定顺序，不允许外线的交叉。这样就使得散射振幅的计算大为简化。用颜色顺序下的费曼规则可以直接构造分振幅。

自旋–螺旋度技术 [spinor-helicity method] 自旋–螺旋度技术是一种通过将在壳粒子表示成旋量形式来简化散射振幅表达式的技术。在旋量形式下，在壳零质量粒子以及它们的动量都可以表示成某个正/负螺旋度旋量或者若干个旋量的外积。由于散射振幅表达式的一部分复杂度来源于在壳外线的冗余表达式，故消除了这种冗余的旋量形式可以大大简化散射振幅的计算。

左/右手旋量 [left/right hand spinors] 又称正/负螺旋度旋量。左/右旋量分别零质量 Dirac 方程的两个正能解 (两个负能解则对应这两个旋量的复共轭)

$$p_{a\dot{a}}\lambda_{\dot{a}} = 0, \qquad \tilde{\lambda}_a p_{a\dot{a}} = 0$$

其中

$$p_{ab} \equiv p_\mu (\sigma^\mu)_{ab} = \begin{pmatrix} -p^0 + p^3 & p^1 - ip^2 \\ p^1 + ip^2 & -p^0 - p^3 \end{pmatrix}$$

定义两个旋量的内积

$$\langle \lambda \mu \rangle \equiv \varepsilon_{ab} \lambda_a \mu_b, \qquad [\tilde{\lambda} \tilde{\mu}] \equiv \varepsilon_{\dot{a}\dot{b}} \tilde{\lambda}_{\dot{a}} \tilde{\mu}_{\dot{b}}$$

正/负螺旋度旋量 [positive/negative helicity spinors] 即左/右手旋量。

旋量形式 [spinor form] 旋量形式是粒子自由态以及它们的动量用左/右手旋量表示的形式。对于无质量粒子，在壳动量可以表示成某两个左右旋量的张量积

$$p_{a\dot{a}} = \lambda_a \tilde{\lambda}_{\dot{a}}$$

在壳费米子态可以表示成单个旋量

$$|f_{p+}\rangle = \tilde{\lambda}, \qquad |f_{p-}\rangle = \lambda$$

在壳矢量玻色子态可以借助参考旋量表示

$$|A_{p+}\rangle = \epsilon^+(p) = \frac{\mu \tilde{\lambda}}{\langle \mu \lambda \rangle}, \qquad |A_{p-}\rangle = \epsilon^-(p) = \frac{\tilde{\mu} \lambda}{[\tilde{\mu} \tilde{\lambda}]}$$

其中 μ 和 $\tilde{\mu}$ 是参考旋量 $(\mu \neq t\lambda, \ \tilde{\mu} \neq t\tilde{\lambda})$。

参考旋量 [reference spinor] 参考旋量是某个任意旋量用于辅助表达式的旋量表示，通常用于规范场极化矢量的描述。参考旋量的一个例子见"旋量形式"。参考旋量的选取不影响物理量的计算结果。

斯考滕恒等式 [Schouten identity] 斯考滕恒等式是旋量之间满足的恒等式

$$\varepsilon^{ijk} \lambda_i \langle \lambda_j \lambda_k \rangle = 0, \qquad \varepsilon^{ijk} \tilde{\lambda}_i [\tilde{\lambda}_j \tilde{\lambda}_k] = 0$$

该恒等式常用于化简振幅表达式。

小群标度 [little group scaling] 物理量在如下的标度变换下的标度指数：

$$\lambda \to t\lambda, \qquad \tilde{\lambda} \to t^{-1}\tilde{\lambda}$$

最大螺旋度破坏 (MHV) 振幅 [maximally helicity violating amplitude] 如果一个 n 点散射振幅的 2 条外线螺旋度为负，$(n-2)$ 条外线螺旋度为正，就称其为最大螺旋度破坏 (MHV) 振幅。因为负螺旋度的外线数量少于 1 条 ($n=3$ 的情况除外) 的振幅不存在，即计算结果为零，所以 MHV 振幅是螺旋度破坏最大的振幅。通常比起其他螺旋度的振幅 (见NMHV 振幅)，MHV 振幅有最简单的振幅表达式。同理也称 $(n-2)$ 条外线螺旋度为负的 n 点散射振幅为反最大螺旋度破坏 (MHV) 振幅。

最大螺旋度破坏顶角 [MHV vertex] 即 MHV 3 点振幅。

$$A_3^{(1)}(-,+,+) = \frac{[2\,3]^4}{[1\,2][2\,3][3\,1]}$$
$$A_3^{(2)}(+,-,-) = \frac{\langle 2\,3 \rangle^4}{\langle 1\,2 \rangle \langle 2\,3 \rangle \langle 3\,1 \rangle}$$

超对称最大螺旋度破坏顶角 [super-MHV vertex] 超对称下的 MHV 3 点振幅。

$$\begin{aligned}
&A_3^{(1)}(-,+,+) \\
&= \frac{\delta^{1\times 4}([2\,3]\tilde{\eta}_1 + [3\,1]\tilde{\eta}_2 + [1\,2]\tilde{\eta}_3)}{[1\,2][2\,3][3\,1]} \\
&\quad \delta^{2\times 2}(\lambda_1\tilde{\lambda}_1 + \lambda_2\tilde{\lambda}_2 + \lambda_3\tilde{\lambda}_3)
\end{aligned}$$

$$\begin{aligned}
&A_3^{(2)}(+,-,-) \\
&= \frac{\delta^{2\times 4}(\lambda_1\tilde{\eta}_1 + \lambda_2\tilde{\eta}_2 + \lambda_3\tilde{\eta}_3)}{\langle 1\,2 \rangle \langle 2\,3 \rangle \langle 3\,1 \rangle} \delta^{2\times 2}(\lambda_1\tilde{\lambda}_1 + \lambda_2\tilde{\lambda}_2 + \lambda_3\tilde{\lambda}_3)
\end{aligned}$$

最大螺旋度破坏图 [maximally helicity violating diagram] 即最大螺旋度破坏振幅。

CSW 构造 [CSW(Cachazo-Svrcek-Witten) construction] CSW 是一种将 NMHV 树图振幅化简成若干 MHV 树图振幅乘积的振幅化简技术，在 2004 年由 F. Cachazo, P. Svrcek and E. Witten 提出。例如应用 CSW 方法，对一个 NMHV 振幅 (见NMHV 振幅) 的所有外线的动量做复化 (关于复化的详细定义参见"BCFW 递推关系")：

$$\tilde{\lambda}_i \to \tilde{\lambda}_{\hat{i}} = \tilde{\lambda}_i + zc_i\tilde{X}, \quad \lambda_i \to \lambda_{\hat{i}} = \lambda_i, \quad i = 1, 2, \cdots, n$$

其中 $\tilde{X}$ 为参考旋量 (参见自旋 – 螺旋度技术)，满足 $\sum_{i=1}^{n} c_i\lambda_i = 0$. 应用留数定理，由于复数 z 极点处的值恰好使一条内线变为在壳的，则此时该 NMHV 振幅可以分解成两个 MHV 子振幅。

$$\begin{aligned}
A_n^{\text{NMHV}} &= \sum_{\text{all possible diagrams}} A_L^{\text{MHV}} \\
&\quad (1, 2, \cdots, \hat{I}) \frac{1}{P_I^2} A_R^{\text{MHV}}(\hat{I}, \cdots, n-1, n)
\end{aligned}$$

其中 P_I 是该在壳内线复化前的动量。A_L 和 A_R 分别是外线复化后得到的两个子振幅。对于一般的 N^kMHV 振幅，CSW 方法可以使其分解成 $(k+1)$ 个 MHV 振幅。

Parke-Taylor 振幅 [Parke-Taylor amplitude] Parke-Taylor 于 20 世纪 80 年代提出了规范场论中任意点 MHV 树图振幅的一般形式，这种形式被称为 Parke-Taylor 振幅

$$A_{\text{tree}}^{\text{MHV}}(1^- 2^- 3^+ \cdots n^+) = \frac{\langle 1\,2 \rangle^4}{\langle 1\,2 \rangle \langle 2\,3 \rangle \cdots \langle n-1\,n \rangle}$$

Parke-Taylor 振幅的形式极为简洁，因而受到广大科研工作者的青睐。在圈图中 MHV 振幅也具有 Parke-Taylor 振幅因子。

次最大螺旋度破坏 (NMHV) 振幅 [next-to-MHV amplitude]　一个 3 条外线螺旋度为负，$(n-3)$ 条外线螺旋度为正的 n 点散射振幅，称为次最大螺旋度破坏 (NMHV) 振幅。同理一个 $(k+2)$ 条外线螺旋度为负，$(n-2-k)$ 条外线螺旋度为正的 n 点散射振幅称为第 k 级螺旋度破坏 (NMHV) 振幅。

反 MHV 振幅 [anti-MHV amplitude]　$(n-2)$ 条外线螺旋度为负的 n 点散射振幅为反最大螺旋度破坏 (MHV) 振幅。

在壳递推关系 [on shell recursion relations]　在壳递推关系将复杂的在壳多点散射振幅分解成少点在壳散射振幅的形式。这种分解方式确保分解的每一步都是在壳的规范不变的物理量，因而可以去除很多冗余的规范自由度。

Britto-Cachazo-冯波-Witten 递推关系 [BCFW recursion relation]　BCFW 递推关系是一种著名的在壳递推关系，一般通过复化外线动量得到。能利用在壳关系得到多点树图化简的递推关系。

复化 [complex shifts]　复化是把实动量延拓到复动量空间的方法，复化后，散射振幅能借助复分析中的相关性质和定理引对散射振幅计算和表述加以简化。

柯西积分定理 [Cauchy's theorem]　如果从一个点到另一点有两个不同的路径，而函数在两个路径之间处处是全纯的，则函数的两个路径积分是相等的。

边界项 [boundary term]　当复化参数趋于无穷时的振幅。数学上，就是在复平面空间无穷远奇点附近的留数。当边界项为零时，就有 BCFW 递推关系。

$$A_n = A_n(z=0) = \oint_{C_0} \frac{\mathrm{d}z}{2\pi\mathrm{i}} \frac{A(z)}{z}$$
$$= \sum_{i=2}^{n-1} \sum_s A_L^s(z_{P_i}) \frac{1}{P_i^2} A_R^{\bar{s}}(z_{P_i}) + Res(z=\infty)$$

局部极点 [local pole]　因为所有物理传播子在复化下产生的极点称为局部极点，所以它代表代表有直接物理意义的散射振幅极点。

振幅因子化 [amplitude factorization]　在局部极点处，复化散射振幅的留数可以分解成左右两部分的子散射振幅的乘积，这一过程称为散射振幅因子化。

超对称 BCFW [super-BCFW]　考虑超对称空间下的振幅 BCFW 递推关系。此时的振幅 (超振幅) 是场振幅玻色部分和格拉斯曼数部份的叠加。和 BCFW 递推关系一样，未移动的超振幅由因子化后的左右两个子振幅组成。

超对称 Ward 等式 [supersymmetry Ward identities]　由超对称生成的散射振幅的限制等式。根据超对称 Ward 等式很容易证明螺弦度全同或只有一个不同的树级散射振幅恒为零。

Berends-Giele 递推关系 [Berends-Giele recursion relation]　Berends-Giele 提出的一种直接基于费曼图的散射振幅递推关系，通过用三和四胶子顶点的离壳图构造出更复杂的振幅。

扭量空间的 BCFW [momentum twistor BCFW]　Britto-Cachazo-冯-Witten 递推关系在动量扭量空间的形式。一般来说，动量扭量空间中的线和动量空间在壳图的面有关。

圈级 BCFW 递推关系 [loop-level BCFW recursion relation]　BCFW 应用到圈图上，对圈图的两条外线做 ONshell 复化得到的圈图的递推关系就叫作圈图阶的 BCFW 递推关系。

在壳图 [on-shell diagrams]　即所有内线全部满足在壳关系的图，用于描述量子场论中的散射振幅。在计算散射振幅中比费曼图更加有优势。在规范场论和格拉斯曼数学结构之间提供了一个十分自然的桥梁。在 $\mathcal{N}=4$ 超对称散射振幅中，在壳图由黑白三顶点和内线构成。

Hodges 图 [Hodges diagram]　由 Andrew Hodges 提出的在扭量空间中的 BCFW 复化的图形表示。

BCFW 桥 [BCFW-bridge]　一种由一对白黑点、两条外线和一条内线组成的桥，是 BCFW 复化在在壳图上的表示。

BCFW-桥分解 [BCFW-bridge decomposition]　一种简化在壳图计算的方法，每做一次 BCFW-桥分解，都相当于在散射振幅中做了一次 BCFW 递归运算。

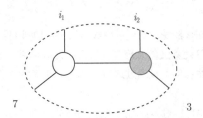

等价在壳图 [equivalent on-shell diagram]　在壳图的物理等价表示形式。在壳图存在 square move 和 merger 操作的对称性，导致描述同一个物理过程的在壳图有不同的表示形式。

约化图 [reduced diagrams]　约化图是指把所有气泡图替换成单个内线后的在壳图。通过变量变换，把多余的一个自由度设置为 0 后得到的图.

平面在壳图的置换关系 [permutation of planar

on-shell diagram] 对于约化平面图，可以用一组置换关系来表征。从 A 线到 B 线的置换在图上定义成从 A 线进，遇黑点向右转，遇白点向左转，最终从 B 线出。

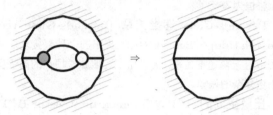

幺正方法 [unitarity method] 幺正方法是散射振幅中圈图计算的重要方法之一。叫作幺正方法的原因是这个方法利用了 S- 矩阵的幺正性 $S^\dagger S = 1$。将 S- 矩阵中相互作用的部分分出来，即 $S = 1 + \mathrm{i}T$，则幺正性的条件变为

$$-\mathrm{i}(T - T^\dagger) = T^\dagger T$$

如果我们把 T 按耦合常数逐阶展开，$T = gT_{\text{tree}} + g^2 T_{1-\text{loop}} + \cdots$，则每一阶得到的等式分别为

$$g : 2Im(T_{\text{tree}}) = 0,$$
$$g^2 : 2Im(T_{1-\text{loop}}) = T_{\text{tree}}^\dagger T_{\text{tree}},$$
$$\cdots$$

通过上面的等式我们会发现 T 在给定任一阶的虚部是低阶结果的乘积。特别地，单圈振幅的虚部可由两个树图阶振幅的乘积得到。见光学定理。

如果在单圈图中对两条内线进行幺正切割 (见幺正切割)，并且取定这两条线的螺旋度，那么结果恰是两个树图振幅的乘积。从而我们可以通过选取不同的幺正切割来得到整个振幅的虚部。

我们也可以对多条内线进行幺正切割 (见Cutkosky 规则)，将振幅分成多个树图的乘积。这个方法也可以推广到任意圈图。系统地对圈图进行幺正切割来恢复原来的圈图振幅的方法称为广义幺正方法 (generalized unitarity method)。

Landau 方程组 [Landau equations] Landau 方程组是一组用来找出圈图积分中分支点位置的方程。在计算任意的多圈，n 条内线的振幅时，我们可以引进 Feynman 参数积分：

$$\frac{1}{d_1 d_2 \cdots d_n} = (n-1)! \int_0^1 \cdots \int_0^1 \mathrm{d}a_1 \cdots \mathrm{d}a_n \frac{\delta(\sum a_i - 1)}{(\sum a_i d_i)^n} \quad (1)$$

其中 $d_i = l_i^2 - m_i^2$。为了找到这个积分的奇异点，我们可以考虑与之相对应的图，并把它们分成约化的图 (约化图是指将原图去掉几条线后得到的图，这与将对应的 a_i 取成 0 是等价的)。在每种情况中，所有的内线都是在壳的，也就是说圈中跑的粒子都是物理的，

$$d_i = l_i^2 - m_i^2 = 0, \ \forall i \in (约化) \ 图 \quad (2)$$

在这些条件下，我们要解这个方程：

$$\sum_i a_i l_i = 0 \quad (3)$$

(2) 式和 (3) 式称为 Landau 方程。Landau 将 l_i 类比成了力，于是问题变成在约束条件下求解平衡问题。奇异点就在解空间中。记 $J = \sum a_i d_i$，当 J 正定时，这个积分是解析的，没有分支点；当 $J = 0$ 时，积分变成奇异的，奇异性不能通过改变积分轨道来消除，有分支点；当 J 可以取得负数时，奇异的可以通过改变积分轨道来消除，有分支点。

Cutkosky 规则 [Cutkosky rules] Cutkosky 规则是利用幺正方法得到分支切割上不连续性的一般规则。对于 L 圈，n 条内线的振幅，将 m 个传播子替换成在壳 δ 函数，即对振幅做 m 刀的幺正切割，我们有

$$\text{Disc } I|_{m \text{ cut}} = (2\pi\mathrm{i})^m \int \left(\prod_{i=1}^{L} \frac{\mathrm{d}^4 k_i}{(2\pi)^4} \right)$$
$$\delta_+(d_1) \cdots \delta_+(d_m) \frac{\mathcal{N}}{d_{m+1} \cdots d_n}$$

[广义] 幺正切割 [[generalized] unitarity cut] 在圈图振幅中，取固定的两条内线在壳得到约束下的振幅，这一过程称为对原振幅的幺正切割。类似地，取若干条内线在壳得到约束下的振幅的过程 (Cutkosky 规则) 称为广义幺正切割。

最大切割 [maximal cut] 在按照 Cutkosky 规则进行广义幺正切割时，实际可切的最大切割数量 (即 δ_+ 函数的数量) 即最大切割。有两种情况会导致最大切割，一是切割数量达到圈动量积分变量时称为最大幺正切割，这时不需要对圈动量进行积分，因为积分变量的参数空间是孤立点。进一步增加切割数量会导致积分变量的空间无解；二是分母中圈传播子已经完全被切割。

主轨道 [master contour] 对于同一种幺正切割，可能存在多个独立的积分轨道。对于一些原圈动量积分后为 0 的函数，如果在幺正切割后的积分轨道上这些函数的积分值也是零。这种积分轨道称为主轨道。

积分约化 [integral reduction] 以 N 条外线的单圈图为例，其振幅积分为

$$I_N = \int \frac{\mathrm{d}^4 l}{(2\pi)^4} \frac{\mathcal{N}(l)}{d_1 d_2 \cdots d_N}$$

其中 $d_i = (l + q_{i-1}^2)^2 - m_i^2 + i\varepsilon$, $q_n = \sum_{i=1}^n q_i$, $q_0 = 0$。当 $\mathcal{N}(l) = 1$ 时该积分是标量积分。当 $\mathcal{N}(l)$ 为关于圈动量的秩为 r 的张量时，如果 $r \geqslant 2N - 4$，会导致紫外发散。在可重整化的量子场论中，要求 $r \leqslant N$，所以只有 1 点，2 点，3 点，4 点积分会出现紫外发散，更高阶的都是紫外有限的，紫外有限的项都是有理函数。

紫外发散项的计算需要维度正规化，即将空间的维度设为 $D = 4 - 2\varepsilon$，积分测度相应变为

$$\frac{\mathrm{d}^4 l}{(2\pi)^4} \to \frac{\mathrm{d}^D l}{(2\pi)^D}$$

正规化之后的积分都是有限值，然后取 $D \to 4$ 的极限，则 I_N 可以写成单圈图标量积分的线性组合 (见 Passarino-Veltman 约化)

$$I_N = c_{4;j} I_{4;j} + c_{3;j} I_{3;j} + c_{2;j} I_{2;j} + c_{1;j} I_{1;j} + \mathcal{R} + \mathcal{O}(D-4).$$

$I_{L;j}$ 表示第 j 类的 L 点单圈标量积分。$\mathcal{R}$ 是维度正规化的余项。外线数大于 4 的情况都可以递归地表示出来，比如说 5 点图可以表示成 5 个去掉其中一个传播子而得到的的盒子图之和，6 点图又可以表示成 5 点图之和。

Passarino-Veltman 约化 [Passarino-Veltman reduction]　Passarino-Veltman 约化是一种用来将动量积分的分子中含有圈动量幂次的项约化为标量积分的方法。按照 Passarino 和 Veltman 的记号，用字母表中的第 n 个字母表示 n 点图的积分，记

$$A_0(m_1) = \frac{1}{i\pi^{D/2}} \int \mathrm{d}^D l \, \frac{1}{d_1}$$

$$B_0; B^\mu; B^{\mu\nu}(p_1; m_1, m_2) = \frac{1}{i\pi^{D/2}} \int \mathrm{d}^D l \, \frac{1; l^\mu; l^\mu l^\nu}{d_1 d_2}$$

$$\begin{aligned} &C_0; C^\mu; C^{\mu\nu}; C^{\mu\nu\alpha}(p_1, p_2; m_1, m_2, m_3) \\ &= \frac{1}{i\pi^{D/2}} \int \mathrm{d}^D l \, \frac{1; l^\mu; l^\mu l^\nu; l^\mu l^\nu \alpha}{d_1 d_2 d_3} \end{aligned}$$

$$\begin{aligned} &D_0; D^\mu; D^{\mu\nu}; D^{\mu\nu\alpha}; D^{\mu\nu\alpha\beta}(p_1, p_2, p_3; m_1, m_2, m_3, m_4) \\ &= \frac{1}{i\pi^{D/2}} \int \mathrm{d}^D l \, \frac{1; l^\mu; l^\mu l^\nu; l^\mu l^\nu l^\alpha; l^\mu l^\nu l^\alpha l^\beta}{d_1 d_2 d_3 d_4} \end{aligned}$$

以 C^μ 与 $C^{\mu\nu}$ 的约化为例，有 Lorentz 不变性可得

$$C^\mu = p_1^\mu C_1 + p_2^\mu C_2$$

$$C^{\mu\nu} = g^{\mu\nu} C_{00} + \sum_{i,j=1}^2 p_i^\mu p_j^\nu C_{ij}$$

通过一些简单的计算后就可以解出形状因子 C_i, C_{00}, C_{ij}, $i,j = 1, 2$。一般地，Passarino-Veltman 约化就是将 N 个分子 Feynman 图的秩为 r 的形状因子表示成秩为 $r - 1$ 的形状因子。

积分基 [integral basis]　经过 Passarino-Veltman 约化的圈图振幅将只含有标量积分，从而可以选取一组积分基。在"积分约化"中知道，对于单圈图取 $D \to 4$ 的极限后，有四种标量积分 (蝌蚪图标量积分，气泡图标量积分，三角图标量积分，盒子图标量积分) 和一个有理项，它们构成了整个圈图振幅积分的基。

盒子图标量积分 [box scalar integral]　盒子图如下图所示：

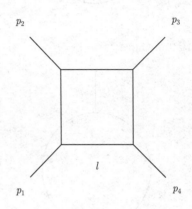

其积分为

$$I_4(p_1^2, p_2^2, p_3^2; s_{12}, s_{23}; m_1^2, m_2^2, m_3^2, m_4^2) = \frac{\mu^{4-D}}{i\pi^{\frac{D}{2}} r_\Gamma} \int \frac{\mathrm{d}^D l}{d_1 d_2 d_3 d_4}$$

其中 $s_{ij} = (p_i + p_j)^2$, $r_\Gamma = \dfrac{\Gamma^2(1-\varepsilon)\Gamma(\varepsilon)}{\Gamma(1-2\varepsilon)}$，下面记号与此相同。

三角图标量积分 [triangle scalar integral]　三角图如图所示：

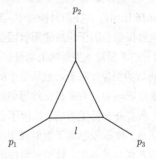

其积分为

$$I_3(p_1^2, p_2^2; m_1^2, m_2^2, m_3^2) = \frac{\mu^{4-D}}{i\pi^{\frac{D}{2}} r_\Gamma} \int \frac{\mathrm{d}^D l}{d_1 d_2 d_3}$$

气泡图标量积分 [bubble scalar integral]　气泡图如图所示：

其积分为

$$I_2(p_1^2; m_1^2, m_2^2) = \frac{\mu^{4-D}}{\mathrm{i}\pi^{\frac{D}{2}} r_\Gamma} \int \frac{\mathrm{d}^D l}{d_1 d_2}$$

蝌蚪图标量积分 [tadpole scalar integral]　蝌蚪图如图所示:

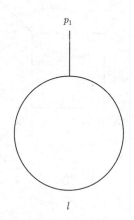

其积分为

$$I_1(m_1^2) = \frac{\mu^{4-D}}{\mathrm{i}\pi^{\frac{D}{2}} r_\Gamma} \int \frac{\mathrm{d}^D l}{d_1}$$

有理项 [rational term]　有理项是由维度正规化产生的余项,是外动量的有理函数,与圈动量无关。因为在幺正切割后这一项恒为 0,故需要用其他的方式来求解。

软极限 [soft limit]　在散射振幅中,当有一个外线动量趋于零时,散射振幅会因子化成通用软因子和少点振幅的乘积,这里软因子与零极限下受影响的动量有关,而少点振幅就是移除该外线后的振幅。对于规范场论中的色分解下的散射振幅,受零极限影响的只有零极限线近邻的两条外线。而对于引力振幅,所有外线都受影响。软因子也包含了零极限外线的螺旋度信息。软极限包含了散射振幅的部份信息。对于一些超对称规范场论的振幅,软极限可以用来构造整个散射振幅。

共线极限 [collinear limit]　在 n 点散射振幅中,当有 $m \geqslant 2$ 条外线动量趋同时,散射振幅会因子化成通用分裂因子和 $n-m$ 点振幅的乘积。分裂因子包含了所有趋同外线的螺旋度信息,它具有更简单的结构因而便于分析。共线极限包含了散射振幅的部份信息。对于一些规范场论的散射振幅,共线极限可以用来构造整个散射振幅。

前向极限 [forward limit]　在散射振幅中,当有两条外线满足动量守恒时 (即无动量转移),所得到的极限散射振幅称为前向极限。一般来说,当某个圈动量在壳时,可以看成少一圈动量振幅的前向极限。因而前向极限被广泛用于少圈振幅到多圈振幅的递推构造。目前在 $\mathcal{N} = 4$ 超对称 Yang-Mills 场论中,利用振幅前向极限,人们已经构造出平面的圈级振幅递推关系,并成功构造出任意圈级散射振幅的圈积分因子。

ABDK/BDS 表示式 [ABDK/BDS ansatz]　2003 年, Z. Bern, L. J. Dixon 和 D. A. Kosower 对 Yang-Mills 场论中的 MHV 任意圈散射振幅做了多种极限分析,经验地总结出了所有圈振幅和的一个简单的指数表达式。虽然这一表达式最后被证明是不完全正确,在双圈六点时已经需要一些额外修正,但这一表达式部分反映的 MHV 散射振幅所因尊循的一般结构,也是第一次对完整散射振幅大胆猜想,极大地促进了对完整散射的研究。

领头奇异点 [leading singularities]　对于圈图散射振幅,对每一个圈动量内线作四次不等价的在壳切割,所得到有散射振幅称为圈级散射振幅的领头奇异点。在 $\mathcal{N} = 4$ 超对称场论中,领头奇点完全确定了散射振幅形式。

缩合的领头奇异性 [composite leading singularity]　圈图散射振幅中,若圈动量内线数少于 4 倍的圈数,对所有这部份圈动量内线做在壳切割所得到的散射振幅称为圈振幅的缩合奇异性。

Grassmannian 表象 [Grassmannian representation]　在 $\mathcal{N} = 4$ 超对称杨米尔斯理论中,平面图振幅可以和正 Grassmann 流形及其边界建立起对应关系。A. Postnikov 最先在数学上构造了一种黑白图阐释这种联系,N. Arkani-Hamed 等将其发展为在壳图并对应到物理上的在壳振幅,将每一张在壳图与一个 Grassmann 流形或其边界建立联系,从而构造出了所有的平面振幅。这样通过分析图对应的 Grassmann 矩阵,就可以非常容易的计算 $\mathcal{N} = 4$ 超对称杨米尔斯理论的散射振幅。

Grassmann 流形 [Grassmannian]　给定 $0 \leqslant k \leqslant n$ 和一个场 F (例如 $\mathbb{C}, \mathbb{R}$), Grassmann 流形 $Gr(k, n, F)$ 是把空间 F^n 中的 k 维线性子空间参数化得到的流形。可以用一个 $k \times n$ 的矩阵 C 表示。

正 Grassmann 流形 [positive Grassmannian]　C 矩阵子式的行列式都为正的 Grassmann 流形。每一张平面的在壳图都对应一个正 Grassman 流形或者其边界。

$GL(k)$ 变换 [$GL(k)$ transformation]　$GL(k)$ 是场 F 上 $k \times k$ 可逆矩阵所构成的群。任意 Grassmann 流形 $Gr(k, n)$ 的维度是 $k(n-k)$,因此可以对 Grassmann 矩阵 C 做行变换来去除 $GL(k)$ 自由度,从而留下一个单位矩阵和

$k(n-k)$ 个参数。

$GL(k)$ 不变量 [$GL(k)$-invariant] 在 $GL(k)$ 变换操作下不变的量。在构造在壳图振幅时，对 Grassmann 矩阵积分的被积函数要求是一个 $GL(k)$ 不变量。

子行列式 [minors] 数学上指矩阵子式的行列式。在 Grassman 表象中，常用于表达矢量之间的几何关系，也是构造 $GL(k)$ 不变量的重要元素，两个子行列式的比值即是一个 $GL(k)$ 不变量。

Cramer 法则 [Cramer's rule] 任意的 k 维矢量总可以用 k 个线性无关的 k 维矢量构成的基组来展开。数学上这个说法等价于对任意矢量 $c_a \in \mathbb{C}^k$，

$$c_{a_1}(a_2 \cdots a_{k+1}) - c_{a_2}(a_1 a_3 \cdots a_{k+1}) + \cdots$$
$$+ (-1)^{k-1} c_{a_{k+1}}(a_1 \cdots a_k) = 0$$

Cramer 法则可用于解释为什么每一个 C 矩阵会存在多余的 $GL(k)$ 自由度。

Plücker 关系 [Plücker relations] 在 Cramer 法则中，将每个矢量 c_a 用另一组矢量表示后得到的衍生规则

$$(b_1 \cdots b_{k-1} a_1)(a_2 \cdots a_{k+1}) + \cdots$$
$$+ (-1)^{k-1}(b_1 \cdots b_{k-1} a_{k+1})(a_1 \cdots a_k) = 0$$

这组用于替换的矢量集构成了 C 矩阵的正交矩阵 $C^\perp$。

顶维积分形式 [top-dimensional differential form] 积分形式是一种独立于坐标选择的多变量积分方法。其中顶维积分形式常用于表示在壳图振幅。一个顶维积分形式可以表示为

$$\Omega = \frac{d^{k \times n} C}{\mathrm{vol}(GL(k))} \frac{1}{f(C)}$$

其中 $f(C)$ 是矩阵的子行列式的函数。

正则坐标 [canonical coordinates] 在壳图中，用线参数或者面参数对 C 矩阵参数化时所选取的坐标。

边界测量 [boundary measurements] 在 Grassmannian 表象中，指一种建立起 C 矩阵的方式。通过给在壳图中边或者面赋予参数，从而将矩阵参数化。

完美取向 [perfect orientation] 对在壳图的基本单元黑板三点振幅可以建立一种完美取向，在这种取向下，从任意一条外线 i 出发，终止于外线 j，通过将边界测量赋予的线参数相乘，即可得到 C 矩阵的矩阵元 C_{ij}。

正胚层化 [positroid stratification] 对 $G(k,n)$ 一种特殊的，只涉及连续列向量之间线性关系的矩阵胚层化方法。

连续限制 [consecutive constraint] $G(k,n)$ 中连续的几个列向量之间线性相关的限制，在射影空间里常表示为几个点共线。

矩阵胚层化 [matroid stratification] 通过列向量之间的线性关系限制，对 Grassmann 流形取边界的方法。

正胚边界 [positroid boundaries] 正胚层化对 Grassmann 流形所取的边界，这些边界和在壳振幅微分表达式里的物理奇点相对应。

多胞形 [polytopes] 多胞形是一类由平的边界构成的几何对象。在 Grassmannian 表象中，流形边界类似于一个流形里的正胚多胞形。对于平面在壳振幅，几何限制下的流形边界总是一个凸的正胚多胞形。

正微分同胚映射 [positive diffeomorphisms] 一类特殊的微分同胚映射，其对正 Grassmann 流形的微分同胚映射会保护其层化结构，即仍为正。

同调等价类 [homological identities] 在 Grassmannian 表象中，特指拓扑上同调的 Grassmann 流形等价类。杨氏不变量构成的等价类即是一种同调等价类。

杨氏不变量的等价类 [identities of Yangian-invariants] 有 $2n-4$ 个自由度的在壳图被称为杨氏不变量，这些杨氏不变量中存在等价类，即存在等价操作，将不同的在壳图 (本质都是相同的杨氏不变量) 相互转化。

dlog 形式 [dlog form] 对于每一个正 Grassmann 流形和所对应的在壳图，振幅的微分表达式总可以写作 BCFW 桥参数 α_i 指数函数形式的微分的 Grassmann 积。即积分测度是

$$\frac{\mathrm{d}\alpha_1}{\alpha_1} \wedge \frac{\mathrm{d}\alpha_2}{\alpha_2} \wedge \cdots \wedge \frac{\mathrm{d}\alpha_n}{\alpha_n}$$

对偶图 [dual graphs] 将平面 On-shell 图的所有外动量线依序用一条线连接起来，构成一个有外边界的平面图。该平面内由内线分隔开的区域分为紧邻外边界的外部和其余的内部。若 Γ 为该平面内的一个二分图，定义标记 F 为 Γ 的一条动量线和一个同侧顶点的组合 (每条外线只对应一个标记，每条内线对应两个标记)，其颜色由顶点决定，按照颜色可以规定标记 F 的方向 ($f_i \to f_j$)。由 On-shell 图内部所有的面和标记所组成的图就是该图的对偶图。对于对偶图，其毗邻矩阵 δ^F 定义如下：

$$\delta^F_{f_1, f_2} \equiv$$
$$\begin{cases} 0, & F \notin (\partial f_1 \bigcap \partial f_2) \\ +\frac{1}{2}, & F \in (\partial f_1 \bigcap \partial f_2) \text{ and } F \text{ is oriented according to } \partial f_1 \\ -\frac{1}{2}, & F \in (\partial f_1 \bigcap \partial f_2) \text{ and } F \text{ is oriented according to } \partial f_2 \end{cases}$$

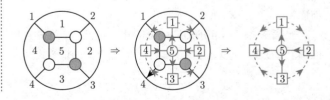

群集代数 [cluster algebras] 群集代数由如下定义的代数实构成。如果对代数实重复做所有可能的异变，会得到代数实的有限或无限的图形，如果其中一个代数实可以由其中另一个代数实作异变得到，则它们是接合在一起的。群集代数由所有在该图中的代数实群集构成，该图形中代数实的特别结构也会带来群集代数。只有在有限个代数实的情况下，群集代数才被称为是有限的。

代数实 [seeds] 代数实 s 是一个组合的数的集合 $s = \{S, S_0, \varepsilon\}$，其中 S 是一个集合，S_0 是一个与 S 有区别的子集，称为冻结子集，$\varepsilon_{i,j}$ 为一个反对称矩阵。其中对于 $(i, j) \in S$ 则 $\varepsilon_{i,j} \in \mathbb{Z}$，但如果 $(i, j) \in S_0$，则 $\varepsilon_{i,j} \in \frac{1}{2}\mathbb{Z}$。

代数实的异变 [mutations] 给定一个代数实 $s = \{S, S_0, \varepsilon\}$ 和任一个非冻结子集的元素 $k \in (S\S_0)$，s 在 k 方向的异变是 $\mu_k(s) \equiv S, S_0, \varepsilon'$，其中异变矩阵 ε' 由 Fomin-Zelevinsky 形式得到：

$$\varepsilon'_{i,j} \equiv \begin{cases} -\varepsilon_{i,j}, & k \in \{i, j\} \\ \varepsilon_{i,j}, & k \notin \{i, j\} \text{ 和 } \varepsilon_{i,k}\varepsilon_{k,j} \leqslant 0 \\ \varepsilon_{i,j} + |\varepsilon_{i,k}| \cdot \varepsilon_{k,j}, & k \notin \{i, j\} \text{ 和 } \varepsilon_{i,k}\varepsilon_{k,j} > 0 \end{cases}$$

群集坐标 [cluster coordinates] 广义上可以定义两种坐标，第一种被 On-shell 图约束，与面变量 (face variables) 对应，记为群集 A 坐标，另一种记为群集 X 坐标。给定一个 s 后，两组坐标的集合被集合 S 参数化，集合 S 是平面 On-shell 图下的面集合。

群集变换 [cluster transformation] 从 s 到 s' 作异变，如果将和代数实 s 有关的群集坐标标记为 X_i 和 A_i，将和代数实 s' 有关的群集坐标标记为 X'_i 和 A'_i，那么对于群集坐标 A_i 有 $A_k A'_k \equiv \prod_{j|\varepsilon_{kj}>0} A_j^{\varepsilon_{kj}} + \prod_{j|\varepsilon_{kj}<0} A_j^{-\varepsilon_{kj}}$，并且对于 $i \neq k$ 时有 $A'_i = A_i$。对于群集坐标 X_i 有

$$X'_i \equiv \begin{cases} X_{k}^{-1}, & i = k; \\ X_{i}(1 + X_k^{\text{sgn}(\varepsilon_{ik})})^{-\varepsilon_{ik}}, & i \neq k \end{cases}$$

由异变导致的群集坐标的变换的集合称为群集坐标的变换。

群集合并 [cluster amalgamation] 一个形式为 $\{\Lambda, \Lambda_0, \{e_i\}, \varepsilon\}$ 的代数实，其中 Λ 是一个自由阿贝尔群，Λ_0 是一个不同于 Λ 的子集，$\{e_i\}$ 是 Λ 的一组基，这组基使 Λ_0 可以由冻结基矢量的子集生成。$\varepsilon_{i,j} \equiv \varepsilon(e_i, e_j)$ 是一个在 Λ 上的反对称双线性结构，其中 $\varepsilon_{i,j} \in \mathbf{Z}$，但对于 $(e_i, e_j) \in \Lambda_0$ 的情况，$\varepsilon_{i,j} \in \frac{1}{2}\mathbf{Z}$。

振幅关系 [amplitude relation] 对于一个总振幅下的每个费曼图，可以通过关于其结构因子 f^{abc} 的恒等式

$$if^{abc} = \text{Tr}(T^a T^b T^c) - \text{Tr}(T^b T^a T^c)$$

将每张费曼图分解为一系列分振幅与色因子乘积的求和，不同的分振幅外线顺序会有置换或轮换，但每个分振幅的外线顺序固定。这些分振幅可能并不是独立的，它们之间会满足一些约束条件。这种分振幅的约束条件就是振幅关系。

色动对偶性 [color-kinematics duality] 存在一种散射振幅和其超对称部分的表示，在这种表示下，分振幅的分子 n_i 和它相应的色因子 c_i 具有相同的代数性质。

KL 关系 [Kawai-Lewellen relation] 由 Kawai、Lewellen 发现并命名的线性振幅关系。这个关系反映了不同色序振幅之间的线性关系。在这关系中，系数是固定常数。

$$A(1, \{\alpha\}, n, \{\beta\}) = (-1)^{n_\beta} \sum_{\sigma \in OP(\{\alpha\} \cup \{\beta\}^T)} A(1, \sigma, n)$$

其中 $\{\alpha\}$ 和 $\{\beta\}$ 是两组外线集合，$OP(\{\alpha\} \cup \{\beta\}^T)$ 是两种集合之间的置换求和，上标 T 是逆序标记，n_β 是 $\{\beta\}$ 中的外线数目。

BCJ 关系 [Bern-Carrasco-Johansson relation] 由 Bern, Carrasco 和 Johansson 发现并命名的线性振幅关系。BCJ 关系反映了在 Yang-Mills 理论中色动对偶性的存在。对于含有 n 个胶子的树图振幅，可以通过 BCJ 关系将其不独立的分振幅减少至 $(n-3)!$ 个。

$$\sum_{\sigma \in OP(\{\alpha\} \cup \{\beta\})} \sum_{i=1}^{n_\beta} \left(\sum_{\zeta_{\sigma(J)} < \zeta_{\sigma(J)}} s_{\beta_i J} \right) A(1, \sigma, n)$$

其中 $s_{\beta_i J}$ 是两外线动量内积，第三个求和的意义是对 σ 排序下，所有在 β_i 之前的外线求和。

KLT 关系 [Kawai-Lewellen-Tye relation] 由 Kawai, Lewellen 和 Tye 从弦论中得到。KLT 关系说明了 n 点闭弦散射振幅与含系数的 n 点开弦分振幅的和存在关系，这些系数取决于运动变量 (kinematic variables) 和弦的张力 $\frac{1}{2\pi\alpha'}$。在低能极限下，KLT 关系成为引力振幅和 Yang-Mills 场论振幅的关系。

本章作者：

2.1 鞠国兴

2.2 程建春

2.3 张若筠，李昌鸿，王天珩，陈刚，孙为民，吉鸿飞、刘洪君、杜勇

2.4 李俊

2.5 朱诗亮，颜辉，王金东，薛正远

2.6 张若筠，李昌鸿，杜勇，万友平，刘洋，李思宇，郑伟

2.7 张若筠，杨洁，吴剑锋，陈刚，孔令欣，王天珩，吴俊宝，殷峥，左芬，谢若非，陈抱一，李淑义，李云轩，刘汉卿，辛苑

三

热学、热力学和统计物理学

3.1 热　　学

3.1.1 热物理学基本规律

热物理学 [thermal physics] 简称热学，是研究有关物质的热运动以及与热相联系的各种规律的科学。热学研究的是由数量很大的微观粒子 (例如 1 mol 物质中就包含有 6×10^{23} 个分子) 所组成的系统。在粒子数足够多的情况下，大数粒子 (数量级达到宏观系统量级的粒子称为大数粒子) 组成的一个整体却存在着统计相关性。这种相关性迫使这个集体要遵从一定的统计规律。对大数粒子统计所得的平均值就是平衡态系统的宏观可测定的物理量。系统的粒子数越多，统计规律的正确程度也越高。相反，粒子数少的系统的统计平均值与宏观可测定量之间的偏差较大，有时甚至失去它的实际意义。正因为如此，热物理学有宏观描述方法 (热力学方法) 与微观描述方法 [统计物理 (含分子动理论) 的方法] 之分，它们分别从不同角度去研究问题，自成独立体系，相互间又存在千丝万缕的联系。

对热学这一学科所包含的内容可能有数种不同理解：一是热物理学的简称；二是指热物理学中最基本的内容，如量热学 (包括计温学)、热力学基础、分子动理论基础和传热学基础等；三是指我国普通物理课程中的"热学"，它主要包括热力学、分子动理论、物性 (液体与固体) 及相变。

热力学 [thermodynamics] 热物理学的宏观理论，它从对物体的热现象的大量的直接观察和实验测量中所总结出来的普适的基本定律出发，应用数学方法，通过逻辑推理及演绎，得出有关物质各种宏观性质之间的关系，宏观物理过程进行的方向和限度等结论。热力学基本定律是自然界中的普适规律，只要在数学推理过程中不加上其他假设，这些结论也具有同样的可靠性与普遍性。这是热力学方法的最大优点。这种方法可用于任何宏观的物质系统，不管是天文的、化学的、生物的 …… 系统，也不管涉及的是力学现象、电学现象 …… 只要与热运动有关，热力学规律总应遵循。爱因斯坦总是以绝对信赖的心情寄希望于热力学，在他遇到难以克服的障碍时，常求助于热力学。爱因斯坦晚年时 (1949 年) 说过："一个理论，如果它的前提越简单，而且能说明各种类型的问题越多，适用的范围越广，那么它给人的印象就越深刻。因此，经典热力学给我留下了深刻的印象。经典热力学是具

有普遍内容的唯一的物理理论，我深信，在其基本概念适用的范围内是绝对不会被推翻的。" 热力学是具有最大普遍性的一门科学，它非常不同于力学、电磁学，因为它不提出任何一个特殊模型，但它又可应用于任何的宏观的物质系统。

但是，热力学也有它的局限性。其一，它只适用于粒子数很多的宏观系统；其二，它主要研究物质在平衡态下的性质，它不能解答系统如何从非平衡态进入平衡态的过程；其三，它把物质看成连续体，不考虑物质的微观结构。它只能说明应该有怎样的关系，而不能解释为什么有这种基本关系。要解释原因，须从物质微观模型出发，利用分子动理论或统计物理方法予以解决。

尽管热力学与经典力学都是宏观理论，但是有很大区别。经典力学的目的在于找出与牛顿定律相一致的、存在于各力学坐标 (如位置矢量及速度矢量等) 之间的一般关系。热力学的注意力却指向系统内部。热力学的目的是要求出与热力学各个基本定律相一致的、存在于各热力学参量间的一般关系。正因为热力学与力学的目的不同，在热学中一般不考虑系统作为一个整体的宏观的机械运动。若系统在作整体运动，则常把坐标系建立在运动的物体上。

工程热物理学 [engineering thermophysics] 又称工程热力学，是将热力学第一、第二定律应用于热力工程的一门新兴技术科学，研究热力机械和热力设备中能量转化与传递的过程。重点研究先进热机内工作物质的压强、燃烧、膨胀、传热、传质等热物理现象的基本规律及工程应用，同时也对重大热工新技术 (如热管) 和新能源利用中的热物理问题进行研究。它在航空、宇航、电力、原子能利用等工业科技部门都有广泛的应用。

工程热力学 [engineering thermodynamics] 即工程热物理学。

热学系统 [therml system] 热学研究的对象 (简称系统)。它是由大量微观粒子组成的与周围环境发生相互作用的宏观的有限客体。而把系统以外的周围环境称为媒质或称外界。

媒质 [medium] 与热学系统存在密切联系 (这种联系可理解为做功、热传递和粒子数交往) 的系统以外部分，又称为外界。

热力学参量 [thermodynamic parameter] 又称热力学坐标，描述热力学系统的状态所必须的宏观物理量，如压强、温度、体积、化学组成等。

热力学坐标 [thermodynamic coordinates] 即热力学参量。

平衡态 [equilibrium state] 在不受外界条件影响下，经过足够长时间后系统必将达到一个宏观上看来不随时间变化的状态，这种状态称为平衡态。应注意，这里一定要加

上 "不受外界条件影响" 的限制。例如，将一根均匀的金属棒的两端分别与冰水混合物及沸水相接触，这时有热流从沸水端流向冰水端，经足够长时间后，热流将达到某一稳定不变的数值，这时金属棒各处的温度也不随时间变化，但不同位置处的温度是不同的。整个系统（金属棒）没有均匀一致的温度，系统仍然处于非平衡态而不是平衡态。判别是否处于平衡态的简单方法是看系统中是否存在热流与粒子流。因为热流和粒子流都是由系统的状态变化或系统受到的外界影响引起的。

只有在外界条件不变的情况下同时满足力学、热学、化学平衡条件的系统，才不会存在热流与粒子流，才能处于平衡态。处于平衡态的系统，可以用不含时间的宏观坐标（即热力学参量）来描述它。也只有处于平衡态的物理上均匀的系统，才可能在以热力学参量为坐标轴所作的状态图（如 $p-V$ 图、$p-T$ 图）上以一个确定的点表示它的状态。只要上述三个平衡条件中有一个不满足，系统就处于非平衡态。

非平衡态 [nonequilibrium state] 力学、热学、化学三种平衡条件中至少有一个条件不满足的系统所处的状态。

热力学平衡 [thermodynamic equilibrium] 分为力学平衡、热学平衡（又称热平衡）与化学平衡三种平衡。力学平衡是指系统任意分割的各宏观部分都满足合力为零、合力矩为零；热学平衡是指系统任意分割的各宏观部分之间的温度均相等；化学平衡是指系统任意分割的各宏观部分之间其化学组成也要求完全相同。满足化学平衡的系统，其任一种粒子的化学势均应处处相等。

热[学]平衡 [thermal equilibrium] 见热力学平衡。

力[学]平衡 [mechanical equilibrium] 见热力学平衡。

化学平衡 [chemical equilibrium] 见热力学平衡。

定[常]态 [stationary state] 其系统各处热力学参量虽不随时间变化，但由于受外界条件影响而仍处于非平衡态的系统。又称定态、稳恒态、稳态。

稳[恒]态 [steady state] 即定常态。

温度 [temperature] 表征物体冷热程度的物理量。从宏观上，温度的定义是分别建立在热力学第零定律及热力学基本微分方程（即热力学第一、第二定律）基础上的。如果用绝热壁 t 将物体 A 和 B 隔开，使 A 和物体 C 热接触，如图 (a) 所示，经过足够长时间后，A 也将与 C 达到热平衡。然后使物体 C 和 B 热接触，如图 (a) 所示，经过足够长时间后，C 也将与 B 达到热平衡。那么在 A，B，C 的状态都不变的情况下用绝热壁 t 把 C 和 A，B 都隔开（而如图 (b) 所示)，并且使得 A，B 相互热接触，在图 (b) 中是用一黑色的长条表示为导热壁，实验表明只要在整个过程中不受到外界

条件的影响。任一物体的状态都不会发生任何变化。这一实验事实说明，只要 A 和 B 同时与 C 处于热平衡，即使 A 和 B 没有热接触，它们仍然处于热平衡。这种规律被称为热平衡定律。热平衡定律是福勒 (Fowler) 于 1939 年提出的，因为它独立于热力学第一、第二、第三定律，但又不能列在第三定律之后，故称为热力学第零定律。第零定律告诉我们，互为热平衡的物体之间必存在一个相同的特征——它们的温度是相同的。这既说明热接触为热平衡的建立创造条件，也说明温度是由系统内部热运动强弱状态所决定，或者说温度反映了系统内部热运动的主要特征。第零定律不仅给出了温度的概念，而且指出了判别温度是否相同的方法。由于互为热平衡的物体具有相同温度，在判别两个物体温度是否相同时，不一定要两物体直接热接触，而可借助一标准的物体分别与这两个物体热接触就行了。这个标准的物体就是温度计。第零定律只能说明物体之间有没有达到热平衡，即物体之间的温度是否相同，而不能比较尚未达到热平衡的物体之间温度的高低。

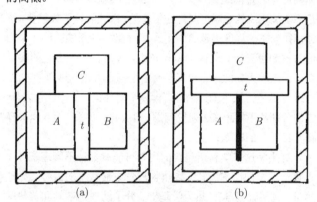

(a)　　　　　(b)

热力学第零定律 [zeroth law of thermodynamics] 见温度。

热平衡定律 [thermal equilibrium law] 见温度。

温标 [temperature scale] 温度的数值表示法，也是温度数值的定义。热力学第零定律不仅给出了温度的定义，也指出了利用温度计判别温度是否相同的方法。为了确定温度的数值，需要一个数值表示法，而且这一数值表示法不能仅适于一种温度计，还能适用于其他同类温度计，因而必须建立一个温度数值的标准，这就是温标。温标分为三种类型：经验温标、绝对温标、国际实用温标。

经验温标 [empirical temperature scale] 一般说来，任何物质的任何属性，只要它随冷热程度发生单调的、显著的改变，它就可被用来计量温度。例如，在固定压强下液体（或气体）的体积；在固定体积下气体的压强；以及金属丝的电阻或低温下半导体的电阻等都随温度单调地、较显著地变化。从这一意义上来理解，可有各种各样的温度计，也可有各

种各样的温标，这类温标称为经验温标。建立一种经验温标需要包含三个要素：(1) 选择某种测温物质确定它的测温属性 (例如水银的体积随温度变化)；(2) 选定固定点 (对于水银温度计，若选用摄氏温标，则以冰的正常熔点定为 0°C，水的正常沸点定为 100°C)；(3) 对测温属性随温度的变化关系 (称作分度) 作出规定 (摄氏温标规定 0°C 到 100°C 间等分为 100 小格，每一小格为 1°C)。显然，选择不同测温物质或不同测温属性所确定的经验温标并不严格一致。

测温物质 [thermometric substance]　被选择用来测量温度的物质。它的某一物理性质在某一温区范围内能随温度作较明显的、单调的变化，因而可被用来制作温度计，或建立经验温标。

测温属性 [thermometric property]　测温物质的特定性质，该性质在某一温区范围内能随温度作较显著的变化，因而可用这一性质来测量温度。

摄氏温标 [Celsius temperature scale]　是瑞典天文学家摄尔修斯 (Celsius) 于 1742 年改良了水银温度计后，建立的温标，它是以水银的热膨胀为测温属性所建立的经验温标。

华氏温标 [Fahrenheit temperature scale]　是德国物理学家华伦海特 (D. G. Fahrenheit) 于 1714 年确立的经验温标。他选用液体热膨胀为测温属性。把氯化铵、冰、水混合物的熔点定为 0°F，冰的正常熔点定为 32°F，并作均匀分度。由此定出水的正常沸点为 212°F。华氏温标 t_F 与摄氏温标 t 间的换算关系为

$$t_F = [(9/5)t/°C + 32]°F$$

理想气体温标 [ideal gas temperature scale]　以气体为测温物质，利用理想气体状态方程中体积 (或压强) 不变时压强 (或体积) 与温度成正比关系所确定的温标。理想气体温标是根据气体在极低压下所遵从的普遍规律来确定的，是利用气体温度计来定标的。

气体温度计分为定体及定压气体温度计两种。定体气体温度计的结构为：其下端为一容积固定的温泡，内中充有测温气体。将温泡与测温物体热接触，气体压强将随温度而变，其压强数值由与毛细管连通上端的压力计 (或水银压力计) 测出。定体气体温度计的分度是如此规定的：设 $T(p)$ 表示定体气体温度计与待测系统达到热平衡时的温度数值，由理想气体定律知 $T(p) = \alpha p$(体积不变)，设该气体温度计在水的三相点时的压强为 p_{tr}，则 $\alpha = 273.16K/p_{tr}$，当气体温度计压强为 p 时所测出的温度为

$$T_p = 273.16\text{K} \cdot \frac{p}{p_{tr}} \quad \text{(体积不变)}$$

但是，只有在 $p_{tr} \to 0$，即当温泡内气体质量趋于零时的气体

才是理想气体，故还需加上极限条件

$$T_p = 273.16\text{K} \cdot \lim_{p_{tr} \to 0} \frac{p}{p_{tr}} \quad \text{(体积不变)}$$

对定压气体温度计，温泡内的压强固定不变，而与温泡相联通的毛细管的体积可变，由体积的变化确定待测温度。

热力学温标 [Thermodynamic scale]　是英国物理学家开尔文 (Lord Kelvin，即 W. Thomson) 根据热力学第二定律引入的一种温标。从温标三要素知，选择不同测温物质或不同测温属性所确定的温标不会严格一致。事实上也找不到一种经验温标，能把测温范围从绝对零度覆盖到任意高的温度。为此应引入一种不依赖测温物质、测温属性的温标。正因为它与测温物质及测温属性无关，它已不是经验温标，因而称为绝对温标或称热力学温标。

由于热机效率定义为

$$\eta = \frac{W}{Q_1} = 1 - \left|\frac{Q_2}{Q_1}\right| \quad (1)$$

按卡诺定理，工作于两个温度不同的恒温热源间的一切可逆卡诺热机的效率与工作物质无关，仅与两个热源的温度有关，说明比值 $|Q_2|/|Q_1|$ 仅决定于两个热源的温度，即 $|Q_2|/|Q_1|$ 仅是两个热源温度的函数。为此开尔文建议建立一种不依赖于任何测温物质的温标。设由这一温标表示的任两个热源的温度分别为 θ_1 及 θ_2，在这两个热源间工作的可逆卡诺热机所吸、放的热量分别为 Q_1 及 Q_2。为了简单起见，可规定有如下关系

$$\left|\frac{Q_2}{Q_1}\right| = \frac{\theta_2}{\theta_1} \quad (2)$$

由此定义的 θ 就是热力学温标。因为可逆卡诺热机效率不依赖于任何测温物质的测温属性，而只与两个热源的温度有关，因而热力学温标可作为适用于任何测温范围内测温的 "绝对标准"，故又称为绝对温标。注意到在可逆卡诺热机效率公式中的温度都是用理想气体温标表示的，即

$$\eta = 1 - \left|\frac{Q_2}{Q_1}\right| = 1 - \frac{T_2}{T_1} \quad (3)$$

将式 (3) 与式 (2) 比较则有

$$\frac{\theta_2}{T_2} = \frac{\theta_1}{T_1} = \frac{\theta_{tr}}{T_{tr}} = A \quad (4)$$

(其中 θ_{tr} 及 T_{tr} 分别表示由热力学温标及理想气体温标所表示的水的三相点温度) 说明用热力学温标及用理想气体温标表示的任何温度的数值之比是一常数。为简单起见，1954 年国际度量衡会议上统一规定

$$\theta_{tr} = 273.16\text{K} \quad (5)$$

这说明式 (4) 中常数 $A = 1$，因而在理想气体温标可适用的范围内，热力学温标和理想气体温标完全一致，这就为热力学温标的广泛应用奠定了基础。

由热力学温标所确定的温度称为热力学温度，它的单位是开尔文，简称开。开尔文是国际单位制中七个基本单位之一，见物理学中的单位制。

绝对温标 [absolute temperature scale]　即热力学温标。见热力学温标。

开尔文温标 [Kelvin temperature scale]　即热力学温标。见热力学温标。

热力学温度 [thermodynamic temperature]　见热力学温标。

开 [(K)]　即开尔文，是温度的基本单位。见热力学温标。

国际实用温标 [international practical temperature scale]　是国际间协议性的温标，是世界上温度数值的统一标准。一切温度计的示值和温度测量的结果一般都应以国际实用温标来表示（其温度的数值或以开尔文温度表示或以摄氏温度表示）。我们知道，在理想气体温标能适用的范围内，热力学温标常以精密的气体温度计作为它的标准温度计。但实际测量中要使气体温度计达到高精度很不容易，它需要复杂的技术设备与优良的实验条件，还要考虑许多繁杂的修正因素。为了能更好地统一国际间的温度测量，以便各国自己能较方便地进行精确的温度计量，有必要制定一种国际实用温标。1927 年第七届国际计量大会通过了第一个国际温标 IPTS- 27，它是利用一系列固定的平衡点温度、一些基准仪器和几个相应的补插公式来保证国际间的温度计量在相当精确的范围内一致，并尽可能地接近热力学温标，使与热力学温标的误差不会超出精密气体温度计的误差范围。以后到 1960 年经修订而改名为国际实用温标 (IPTS)，1967 年又决定采用国际实用温标 1968(IPTS 68)。目前使用的是国际实用温标 1990(IPTS 90)。IPTS 90 选取了从平衡氢三相点 (13.8033 K) 到铜凝固点 (1357.77 K) 间 16 个固定的平衡点温度。国际实用温标 1990 可分别以热力学温度 T_{90} 及摄氏温度 t_{90} 表示，

$$t_{90} = T_{90} - 273.15K$$

为了将国际实用温标从定义变为现实的温度标准，许多国家都由本国的国家计量机构负责实现国际实用温标。中国计量科学院用一套实物（包括实现温度固定点的装置和基准温度计组）来复现国际实用温标，并以此作为中国温度计量的最高标准。同时还建立一套温度标准的传递检定系统。即一等和二等标准温度计作为逐级检定。一切新生产和使用中的温度计（包括测温仪表），都应作定期检定，以保证其示值符合国际实用温标。

温度测量 [temperature measurement]　指使用测温仪器对物体的温度作定量的测量。温度测量实际上是对该物体的某一物理量的测量，该物理量应该在一定温度范围内随物体温度的变化而作单调的较显著的变化。然后，依据物理定律，由该物理量的数值来显示被测物体的温度。

依据被测物理量的类别，温度测量的方法可区分为：(1) 膨胀测温法：利用物体的热膨胀现象来测定温度，如：玻璃温度计、双金属片温度计、定压气体温度计；(2) 压力测温法：利用压强随温度变化的属性来测量温度，如压力表式温度计、定体气体温度计、蒸气压温度计；(3) 电阻测温法：利用电阻随物体温度变化的属性来测定温度，如铂电阻温度计、半导体热敏电阻温度计；(4) 温差电测温法：利用温差电现象，由测量温差电动势来测定温度，此即热电偶温度计；(5) 磁学测温法：利用顺磁物质磁化率与温度的变化关系（即居里定律）来测量温度，称为磁温度计，它主要用于极低温度范围的温度测量；(6) 声学测温法：利用理想气体中声速二次方与热力学温度成正比的原理来测量温度，常用声干涉仪来测量声速，它主要用于低温下温度测定；(7) 噪声测温法：利用热噪声电平与热力学温度成正比（即尼奎斯特定理）的性质来测定温度。对于在很多温度计已失灵的 mK 温度范围，它可作为温度计量的基准仪器；(8) 频率测温法：根据某些物体的固有频率有 $\omega_0^2 = 1/LC$ 的关系。我们可以利用其中的 L 或 C 随温度变化的关系来测定温度，这称为频率温度计。由于在各种物理量的测定中，频率的测量准确度最高（其相对误差可小到 1×10^{-14}），因而可大大提高测量的精确度。如石英晶体温度计的分辨率可小到 $10^{-4}°C$ 或更小，且可以数字化，故得到广泛应用；(9) 辐射测温法：是利用热辐射特性来测量温度的。常用的有三种类型：以光谱辐射度为温度标志的光学高温计、光电高温计；根据斯特藩玻尔兹曼定律来测定温度的辐射高温计；以测量物体的色温度来确定温度的比色高温计（又称为比率高温计或双色高温计）。

定压气体温度计 [constant pressure gas thermometer]　在理想气体压强不变情况下，利用气体的热力学温度与体积成正比关系来测温，见理想气体温标。

定体气体温度计 [constant volume gas thermometer]　见理想气体温标。

玻璃 [液体] **温度计** [glass-steam(liquid)thermometer]　以水银、酒精、甲苯等为测温液体的温度计。玻璃水银温度计的精度可做得较高，其测温范围为 $-30 \sim 600°C$，用汞 - 铊合金代替汞，测温下限可延伸到 $-60°C$。某些有机液体的测温下限可延伸到 $-150°C$。液体温度计主要缺点是：测温范围较小；玻璃有热滞现象（玻璃膨胀后不易恢复原状）；若有液柱露出到被测物体体外，则要进行温度修正等。

双金属 [片] **温度计** [bimetallic strip thermometer]　把两种线膨胀系数不同的金属组合在一起，一端固定，当温度变化时，两种金属热膨胀不同，带动指针偏转以指示温度，这就是双金属片温度计，如图所示。测温范围为

−80 ∼ 600℃，它适用于工业上精度要求不高时的温度测量。双金属片作为一种感温元件也可用于温度自动控制。当温度超过 (或低于) 某一温度时，双金属片弯曲而与某导体接触，电路接通，从而作自动控制。

蒸气压温度计 [vapour pressure thermometer] 利用化学纯物质的饱和蒸气压随温度而变化的关系来测温的温度计。其结构与气体温度计 (见理想气体温标) 相同。但蒸气压温度计温泡中所充气体在测温范围内为呈饱和蒸气状态。常用的蒸气压温度计的压强测量借助于压力表。

电阻温度计 [resistance thermometer] 根据体电阻随温度而变化的规律来测量温度的温度计。最常用的电阻温度计都采用金属丝绕制成的感温元件，主要有铂电阻温度计和铜电阻温度计，在低温下还有碳、锗和铑铁电阻温度计。精密的铂电阻温度计是目前最精确的温度计，温度覆盖范围约为 14∼903K，其误差可低到万分之一摄氏度，它是能复现国际实用温标的基准温度计。我国还用一等和二等标准铂电阻温度计来传递温标，用它作标准来检定水银温度计和其他类型的温度计。

热电偶温度计 [thermoelectric thermometer] 根据塞贝克效应测量温度的装置。由两种金属导体 A 和 B 组成的回路，如果两个联接点 (称为结点) 处于不同温度 T_1 和 T_2，两结点间存在温差电动势。其温差电动势与两结点所在的温度范围、温度差的大小及与 A、B 材料种类有关。

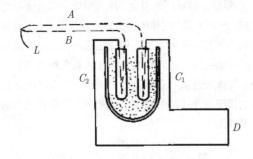

如图，它表示利用塞贝克效应制作的温差热电偶温度的测量装置。图中 A 和 B 表示两种不同材料的金属丝，它们分别与第三种材料 —— 铜丝 C_1、C_2 构成参考结。这两个参考结均被置于放有冰水混合物 (或液氮) 的杜瓦瓶中。A 和 B 所构成的测量结 L 置于被测温度区域，C_1 与 C_2 的另一端分别被联接到电位差计 D 上，由 D 所测得的电动势就是该热电偶在被测温度与参考结温度间的温差电动势。由温差电动势与温度的对照表即可确定待测温度的数值。由于温差热电偶温度计灵敏度高，热容量小，反应快，可用作自动控制，因而是生产、科研中常用的测温手段。

磁学温度计 [magnetic thermometer] 又称磁温度计。见温度测量。

频率温度计 [frequency thermometer] 见温度测量。

声学温度计 [acoustical thermometer] 见温度测量。

噪声温度计 [noise thermometer] 见温度测量。

光学高温计 [optical pyrometer] 利用物体光谱辐射亮度来测量温度的温度计。最常用的光学高温计是隐丝式光学高温计及光电高温计。其基本原理是将待测光源的像的亮度与标准的发光物体 (如灯丝) 的亮度进行比较，从而确定其待测温度。

辐射温度计 [radiation thermometer] 是根据斯特藩玻尔兹曼定律制成的温度计。它将被测物体在一定面积、一定立体角内的辐射能量收集到接收器中，接收器的温度将稳定于某数值，由接收器的温升可读出所对应黑体的温度，然后根据被测物体的材料及所处温度范围查得其吸收系数，从而定出被测物体的温度来。

热力学过程 [thermodynamic process] 系统的热力学状态变化的过程，简称过程。它有可逆过程与不可逆过程之分。可逆过程在状态图 (如 $p-V$ 图、$p-T$ 图等) 上可以一条实线表示。对于不可逆过程，由于某些中间状态不是平衡态，没有确定的状态参量，在状态图上不能以确定的点表示其状态，故不能在状态图上以一条实线表示其热力学过程。

准静态过程 [quasi-static process] 热力学系统在状态变化时的一种理想过程，也是一种其变化足够缓慢，以至连续不断地经历一系列平衡态的过程。准静态过程在状态图上可以一条确定的实线表示，而非准静态过程则不能。按照平衡态的定义可知，系统只有同时满足力学、热学、化学平衡条件时的状态才是平衡态，但任何实际过程，其 "满足" 均有一定程度的近似，为此作如下具体规定：只要系统内部各部分 (或系统与外界) 间的压强差、温度差，以及同一成分在各处的浓度之间的差异分别与系统的平均压强、平均温度、平均浓度之比很小时，就可认为系统已分别满足力学、热学、化学平衡条件了。但是，实际上我们不易测出系统内部各部分的压强、温度及其浓度，为此我们必须引入一个新的物理量，利用这个物理量就可判断任一实际过程是否满足准静态的条件，这个物理量就是弛豫时间。

弛豫时间 [relaxation time] 处于平衡态的系统受到外界瞬时扰动后，经一定时间必能回复到原来的平衡态，系统所经历的这一段时间即弛豫时间。以 τ 表示。实际上弛豫时间就是系统调整自己随环境变化所需的时间。利用弛豫时间可把准静态过程中其状态变化"足够缓慢"这一条件解释得更清楚。只要系统状态变化经历的时间 Δt 与弛豫时间 τ 间始终满足 $\Delta t \gg \tau$，则这样的过程即可认为是准静态过程。弛豫时间与系统的大小有关，大系统达到平衡态所需时间长，故弛豫时间长。弛豫时间也与达到平衡的种类（力学的、热学的还是化学的平衡）有关。一般说来，纯粹力学平衡条件破坏所需弛豫时间要短于纯粹热学平衡或化学平衡破坏所需弛豫时间。例如气体中压强趋于处处相等靠分子间频繁碰撞交换动量。由于气体分子间的碰撞一般较频繁（标准状况下 1 个空气分子平均碰撞频率为 6.6×10^9 次/s），加之在压强不均等时总伴随有气体的流动，故 τ 一般很小，对于体积不大的系统其 τ 约为 10^{-3}s，量级甚至更小。例如转速 $n=150$ 转/分的四冲程内燃机的整个压缩冲程的时间不足 0.2s，与 10^{-3}s 相比尚大 2 个数量级，可认为这一过程足够缓慢，因而可近似地将它看作准静态过程。但是在混合气体中由于扩散而使浓度均匀化需要分子作大距离的位移，其弛豫时间可延长至几分钟甚至更大。

可逆过程 [reversible process] 热力学系统在状态变化时经历的一种理想过程，定义为：系统从初态出发经历某一过程变到末态。若可以找到一个能使系统和外界都复原的过程（这时系统回到初态，对外界也不产生任何其他影响），则原过程是可逆的。若总是找不到一个能使系统与外界同时复原的过程，则原过程是不可逆的。

在力学及电磁学中所接触到的所有不与热相联系的过程都是可逆的。但是任何现象只要与热相联系，则其自发发生的任一过程必然是不可逆的。

在不可逆现象中时间的方向是确定的。因为时间不能倒过来变化，所以这类现象的逆过程不可能出现。一切生命过程都是不可逆的。在非生命的过程中也有一大类问题是不可逆的。这些可逆、不可逆的问题正是热学要研究的。只有无耗散的准静态过程才是可逆过程。两个条件只要有一条不满足，就不可能是可逆过程。利用这一规律很易解释：气体向真空自由膨胀及流体无抑制的膨胀的过程都始终不满足力学平衡条件（系统处处压强不等）；物体在有限温度差下的热传递过程始终不满足热学平衡条件；在扩散、溶解、渗透及很多自发的化学反应中都始终不满足化学平衡条件，因而它们都是不可逆过程。若把满足不可逆过程的条件分解为四种不可逆性：力学不可逆性、热学不可逆性、化学不可逆性及耗散不可逆性，则任一过程中只要存在一种或一种以上的不可逆性，这一过程必然是不可逆的。

不可逆过程 [irreversible process] 见可逆过程。

物态方程 [equation of state] 处于平衡态的系统，各热力学参量间满足的函数关系，又称为状态方程。任何物质，只要系统处于某一确定的平衡态，系统的热力学参量也将同时确定。若系统从一平衡态变至另一平衡态，它的热力学参量，也应随之改变。但是不管系统状态如何改变，对于给定的系统，处于平衡态的各热力学参量之间总存在确定的函数关系。例如化学纯的气体、液体、固体的温度 T_i 都可分别由各自的压强 p_i 及摩尔体积 $V_{i,m}$ 来表示，即 $T_i = T_i(p_i, V_{i,m})$，或

$$f_i(T_i, p_i, V_{i,m}) = 0 \qquad (1)$$

其中 i 分别表示气、液、固。我们把处于平衡态的某种物质的热力学参量压强、体积、温度之间所满足的函数关系称为物态方程或状态方程。故式 (1) 是分别描述化学纯的气态、液态、固态的状态方程。对于非化学纯物质，物态方程中还包含有化学组成这一类热力学参量。实际上并不仅限于气、液、固三种状态。有的系统，即使 V、p 不变，温度仍可随其他物理量而变。例如将金属丝突然拉伸，金属丝的温度会升高，这时虽金属丝的压强、体积均未变，但其长度 L 及内部应力 F 都增加了，说明金属丝的温度 T 是 F、L 的函数，或

$$f(F, L, T) = 0 \qquad (2)$$

式 (2) 称为拉伸金属丝的物态方程。还可存在其他各种物态方程。总之，描述平衡态系统各热力学量之间函数关系的方程均称为物态方程。物态方程中都显含有温度 T。物态方程常是一些由理论和实验相结合的方法定出的半经验公式。一些简单的物态方程也可在所假设的微观模型的基础上，应用统计物理方法导出。在热力学中，物态方程常作为已知条件给出。

状态方程 [equation of state] 即物态方程。

理想气体物态方程 [equation of state of perfect gas] 只要在足够宽广的温度、压强变化范围内进行比较精细的研究，就可发现，气体的物态方程相当复杂，而且不同气体所遵循的规律也有所不同。但在压强足够小、温度不太高也不太低的情况下，不同种类气体在物态方程上的差异可趋于消失，气体所遵从的规律也趋于简单。我们就把这种压强趋于零的极限状态下的气体称为理想气体。理想气体所满足的物态方程为

$$pV = \frac{m}{M_m}RT \quad \text{或} \quad pV = \nu RT \qquad (1)$$

式中 p、V、T、m、M_m 分别为气体的压强、体积、温度、质量、摩尔质量，R 为气体常数，ν 为气体物质的量。理想气体物态方程又称为理想气体状态方程。

克拉珀龙 (物态) 方程 [Claperon equation of state] 定质量理想气体从状态 1 变为状态 2 时其压强、体积、温度间满足的关系

$$\frac{p_1V_1}{T_1} = \frac{p_2V_2}{T_2}$$

这可在理想气体物态方程中, 令质量或物质的量为常数而得出。

盖·吕萨克定律 [Gay-Lussac law] 描述定质量气体当体积不变时其压强随温度作线性变化的规律: $p = p_0(1+\alpha t)$, 其中 p_0 是在 0℃时的压强, α 是气体体积不变时的压强系数, t 为摄氏温度。由于理想气体的 α 的数值与气体种类及温度范围无关, 且 $\alpha = 1/273.15$, 故可得 $p=p_0(1+t/273.15)$, 若令热力学温度 $T=(t+273.15)$K, 则 $p=p_0\alpha T$, 说明定质量定体积理想气体的压强与热力学温度成正比。

查理定律 [Charle law] 描述定质量气体在压强不变时其体积随温度作线性变化的规律: $V = V_0(1+\beta t)$, 其中 V_0 是在 0℃时的体积, t 为摄氏温度, β 是气体的膨胀系数。对于理想气体, β 与气体种类及温度范围无关, 且 $\beta = 1/273.15$, 这时 $V = V_0(1+t/273.15)$, 若令热力学温度 $T=(t+273.15)$ K, 则 $V = V_0\beta T$, 说明定质量定压强理想气体的体积与热力学温度成正比。

玻意耳–马略特定律 [Boyle-Mariotte law] 描述定质量定温度理想气体, 其任一状态的压强与体积的乘积为一常量的定律: $pV = C$, 又称为玻意耳定律。这是玻意耳 (R. Boyle) 于 1662 年及马略特 (E. Mariotte) 于 1679 年先后从实验上独立建立的定律。

普适气体常量 [universal gas constant] 又称普适气体常数、普适气体恒量, 以 R 表示。只要将 1 摩尔标准状态下气体的数据代入理想气体物态方程, 即可求得 $R = 8.31\text{J}\cdot\text{K}^{-1}\cdot\text{mol}^{-1}$。

混合理想气体物态方程 [equation of state of mixed perfect gas] 非化学纯理想气体所满足的物态方程。由于在压强趋于零时的任何气体都是理想气体, 而与气体组分无关, 若气体由 ν_1 摩尔 A 种气体, ν_2 摩尔 B 种气体等 n 种理想气体混合而成, 则混合气体总的压强 p 与混合气体的体积 V、温度 T 间应有如下关系:

$$pV = (\nu_1 + \nu_2 + \cdots + \nu_n)RT \tag{1}$$

$$p = \nu_1\frac{RT}{V} + \nu_2\frac{RT}{V} + \cdots + \nu_n\frac{RT}{V}$$
$$= p_1 + p_2 + \cdots + p_n \tag{2}$$

式 (1) 称为混合理想气体物态方程。式 (2) 中的 $p_1, p_2, \cdots, p_n$ 分别是在容器中把其他气体都排走以后, 仅留下第 $i(i = 1, 2, \cdots, n)$ 种气体时的压强, 称为第 i 种气体的分压。式 (2) 称

为混合理想气体分压定律, 这是道尔顿 (J. Dalton) 于 1801 年在实验中发现的, 故式 (2) 又称为道尔顿分压定律。

由式 (2) 可见,

$$p_1 = \nu_1\frac{RT}{V}, p_2 = \nu_2\frac{RT}{V}, \cdots, p_n = \nu_n\frac{RT}{V}$$

它表示混合理想气体任一组分的分压都分别等于在该容器中将所有其他气体赶走, 且温度保持原来温度时容器内气体的压强。另外, 式 (1) 还可写为

$$V = \frac{\nu_1 RT}{p} + \frac{\nu_2 RT}{p} + \cdots + \frac{\nu_n RT}{p}$$
$$= V_1 + V_2 + \cdots + V_n \tag{3}$$

式 (3) 称为混合理想气体分体积定律。它表示把任一组元的分子全部 "抽出" 容器, 然后把它压缩, 使其与原混合气体的压强与温度均分别相等, 则该组元纯气体的体积称为分体积, 而混合理想气体的体积必等于各组元分体积之和。

道尔顿分压定律 [Dalton law of partial pressure] 又称混合理想气体分压定律, 见混合理想气体状态方程。

混合理想气体分体积定律 [law of partial volume of mixed perfect gas] 见混合理想气体状态方程。

理想气体 [ideal gas] 又称完全气体。从宏观上理解, 理想气体是严格满足理想气体状态方程 $pV = \nu RT$ 的气体, 式中 p、V、ν、T 分别为气体的压强、体积、物质的量和热力学温度, R 为普适气体常数。从微观上理解, 理想气体是忽略分子固有体积、分子之间及分子与器壁间相互作用 (碰撞瞬间的相互作用除外) 的气体。严格说来, 只有当气体压强趋于零时的气体才是理想气体, 所以理想气体是一个理想模型。但它却有重要的实际意义, 在数个大气压以下的、常温下的气体, 一般都可看为理想气体, 因为它与理想气体的性质已非常接近。

对于理想气体, 其物态方程与气体种类无关。故对于混合理想气体, 它满足道尔顿分压定律 $p = p_1 + p_2 + \cdots + p_n$。

由于理想气体忽略分子间相互作用, 因而忽略分子间互作用势能, 它只有动能。而分子平均动能只与热力学温度 T 有关, 所以理想气体的内能 U 仅是 T 的函数, $U = U(T)$, 这是焦耳从实验上得到的基本定律, 称为焦耳定律。所以理想气体物态方程、道尔顿分压定律与焦耳定律都是表征理想气体性质的三个基本方程。

完全气体 [perfect gas] 即理想气体。

真实气体 [real gas] 又称实际气体, 指不能忽略分子固有体积分子及分子与器壁间相互作用 (碰撞瞬间除外) 的气体。描述真实气体的压强、体积与温度间函数关系的方程称为真实气体物态方程。理想气体物态方程只有一种, 但真实气体物态方程可有很多种, 它们分别是从不同的角度, 采用

不同的模型得到的，其适用范围也可各不相同。真实气体物态方程中最基本的是范德瓦耳斯方程。

实际气体 [real gas]　即真实气体。

非理想气体 [imperfect gas]　即真实气体。

真实气体状态方程 [equation of state of real gas] 见真实气体。

玻意耳温度 [Boyle temperature]　任一真实气体均存在某一温度 T_B，在该温度下必能找到某一能满足 $pV_m = RT_B$ 的状态 (其中 R 为普适气体常数，p 与 V_m 分别为该状态时气体的压强与摩尔体积)，则 T_B 称为该真实气体的玻意耳温度。

范德瓦耳斯 [物态] 方程 [van der Waals equation of state]　是 1873 年荷兰物理学家范德瓦耳斯 (van der Waals) 在对理想气体两条基本假定 (忽略分子固有体积、忽略除碰撞外的分子间相互作用力) 分别做出两条重要修正后得到的，能描述真实气体行为的物态方程。对于 1mol 气体，其物态方程可表示为

$$\left(p + \frac{a}{V_m^2}\right)(V_m - b) = RT \tag{1}$$

其中 p、V_m、T 分别为真实气体的压强、摩尔体积、热力学温度、a 和 b 为与气体种类有关的常数。其中 b 是分子固有体积修正常数 (它等于 1mol 气体分子固有体积的 4 倍)，而 $(V_m - b)$ 为将分子看作质点时分子能自由活动的空间，a 是分子间相互吸引力的修正常数。若气体不是 1mol，而是 ν 摩尔，则该方程可写为

$$\left(p + \frac{\nu^2 a}{V^2}\right)(V - \nu b) = \nu RT \tag{2}$$

对于压强不是很高、温度不是太低的真实气体，式 (2) 是一个很好的近似。

范德瓦耳斯方程特别重要的特点是它的物理图像十分鲜明，它的方程形式较为简单，它能同时描述气、液及气液相互转变的性质，也能说明临界点的特征，从而揭示相变与临界现象的特点。范德瓦耳斯方程对理论工作的贡献也很大。范德瓦耳斯理论的核心之一是将周围其他分子的吸引力以平均作用力来代替，这一想法看起来十分简单，但所产生的影响却十分深远。在 20 世纪相变理论中广为应用的平均场理论就是在这一想法的启发下发展起来的。例如解释铁磁体变为顺磁体的外斯 (Weiss) "分子场理论"，以及解释超流相变、超导相变、液晶相变的理论，都是平均场思想的光辉发展。1910 年由于范德瓦耳斯方程的建立，范德瓦耳斯获得诺贝尔物理学奖。

克劳修斯方程 [Clausius equation of state]　该方程可写为

$$\left[p + \frac{a}{T(V + C)^2}\right](V - b) = \nu RT$$

式中，ν 为摩尔数，V 为总体积。

伯特洛方程 [Berthelot equation of state]　伯特洛第一方程

$$\left(p + \frac{a}{TV^2}\right)(V - b) = \nu RT$$

伯特洛第二方程

$$pV = \nu RT\left(b - \frac{a}{\nu RT^2}\right)p$$

式中，ν 为摩尔数，V 为总体积。

狄特里奇方程 [Dieterici equation of state]　该方程可写为

$$p(V - b) = \nu RT \exp\left(-\frac{a}{\nu RTV}\right)$$

比特-比里兹曼方程 [Beattie-Bridgman equation of state]　该方程可写为

$$pV = \nu RT(1 - \varepsilon)\left(1 + \frac{B}{V}\right) - \frac{A}{B}$$

其中

$$\varepsilon = \frac{C}{TV^3}; A = A_0\left(1 - \frac{a}{V}\right); B = B_0\left(1 - \frac{b}{V}\right)$$

昂内斯 [物态] 方程 [Onnes equation of state]　又称昂内斯方程，是卡默林 · 昂内斯 (K. Onnes，他于 1908 年首次液化氦气，并于 1911 年发现超导电性) 在研究永久性气体 (氢、氦等) 液化时，于 1901 年提出的描述真实气体的物态方程。它有按体积展开的昂内斯方程

$$pV_m = A + \frac{B}{V_m} + \frac{C}{V_m^2} + \cdots$$

和按压强展开的昂内斯方程

$$pV_m = A' + B'p + C'p^2 + \cdots$$

两种形式。其中 V_m 为摩尔体积，A、B、$C\cdots$ 及 A'、B'、$C'\cdots$ 分别为以体积展开和以压强展开的第一、第二、第三 $\cdots$ 位力系数，它们不仅与气体种类有关且都是温度的函数，其数值一般由实验确定。

昂内斯方程 [Onnes equation]　即昂内斯 [物态] 方程。昂内斯方程是真实气体在理想气体基础上按密度或压强的展开式，这种展开称为位力展开 (在统计物理学中称为集团展开)。真实气体偏离理想气体愈远，则展开级数越高 (对于理想气体，第二及以后所有位力系数均为零)。位力系数也可通过粒子间相互作用势能函数由统计物理算出。比较位力系数的实验值和理论值，是得到粒子间势能函数的一种重要方法。

位力系数 [virial coefficient]　见昂内斯方程。

维里系数 [virial coefficient]   即位力系数，见昂内斯方程。

固体物态方程 [equation of state of solids]   是把固体的体积在其绝对零度及零压强下的值 V_0 附近作泰勒级数展开所得的方程。由于固体的体膨胀系数

$$\beta = \frac{1}{V}\left(\frac{\partial V}{\partial T}\right)_p$$

及等温压缩系数

$$\kappa_T = -\frac{1}{V}\left(\frac{\partial V}{\partial p_T}\right)$$

均很小，故

$$V = V_0(1 + \beta T - \kappa_T P)$$

其中 T 为热力学温度，κ_T 的典型值为 10^{-10}Pa^{-1} 的数量级，β 的典型值为 10^{-4}K 的数量级。

响应函数 [responding function]   响应函数是描述当系统的其他一些独立的状态参量在可控制条件下改变时，这个特定的状态参量是如何变化的。响应函数可分为热响应函数 (如热容量) 和力学响应函数 (如压缩系数、压强系数以及磁化率等)。

压缩系数 [compression coefficient]   描述当压强变化时，体积如何变化的力学响应函数，它有等温压缩系数 κ_T 与绝热压缩系数 κ_S 之分，它们分别表示为

$$\kappa_T = -\frac{1}{V}\left(\frac{\partial V}{\partial p}\right)_T = \frac{1}{\rho}\left(\frac{\partial \rho}{\partial p}\right)_T$$

$$\kappa_S = -\frac{1}{V}\left(\frac{\partial V}{\partial p}\right)_S = \frac{1}{\rho}\left(\frac{\partial \rho}{\partial p}\right)_S$$

式中下标 T 表示温度不变，下标 S 表示熵不变 (即可逆绝热过程)，ρ 为系统的密度。

定体压强系数 [pressure coefficient at constant volume]   描述在体积不变时系统压强随温度变化的响应函数，以 γ_V 表示，$\gamma_V = (1/\rho)(\partial p/\partial T)_V$。

定容压强系数 [pressure coefficient at constant volume]   即定体压强系数。

热膨胀 [thermal expansion]   热膨胀是指气、液、固的体积或固体的线度在压强不变情况下随温度变化的现象，其体积改变称为体膨胀，线度改变称为线膨胀。热膨胀的性质可以体胀系数 β 及线胀系数 α 表示。若以 V、L 分别表示体积及线度，则

$$\beta = \frac{1}{V}\left(\frac{\partial V}{\partial T}\right)_p ; \alpha = \frac{1}{L}\left(\frac{\partial L}{\partial T}\right)_p$$

对于各向同性固体，由于不同方向上的 α 均相同，因而 $\beta = 3\alpha$。对于各向异性固体，例如单晶体，其不同方向上线胀系数可能不同。下表列出了某些固体的线胀系数.

由于液体和气体没有固定的形状，故液体和气体没有线胀系数，气体的体胀系数可由气体状态方程求得，对于液体，由于内部分子结构一般 (但冰等物质为例外) 要比固体疏松些 (这可由液体密度比同温同压下同种固体密度小看出)，故液体内部分子间存在空隙。这种空隙使液体有类似海绵的特征，所以液体的体胀系数比同种固体的稍大。

固体的线胀系数 α 表

物质	$t/℃$	$\alpha/(\times 10^{-6}℃^{-1})$
铝	25	25
金	25	14.2
银	25	19
铜	25	16.6
钨	$0\sim 300$	4.5
铁	25	12.0
铂	25	9.0
黄铜 (68 Cu, 32 Zn)	25	$18\sim 19$
殷钢 (36 Ni, 64 Fe)	$0\sim 100$	$0.8\sim 12.8$
玻璃 (平均)	$0\sim 300$	$0.8\sim 12.8$
冰	0	5.27
金刚石	$0\sim 78$	1.2
弹性橡胶	$17\sim 75$	77

线 [膨] 胀系数 [linear expansion coefficient]   见热膨胀。

体 [膨] 胀系数 [volume expansion coefficient]   见热膨胀。

热容 [heat capacity]   物体在某一过程中升高或降低单位温度所吸收或放出的热量称为物体的热容，又称为热容量。若以 ΔQ 表示物体在升高 ΔT 温度的某过程中吸收的热量，则物体在该过程中的热容 C 定义为

$$C = \lim_{\Delta T \to 0} \frac{\Delta Q}{\Delta T} = \frac{\mathrm{d}Q}{\mathrm{d}T}$$

其单位为 J/K。每摩尔物体的热容称为摩尔热容 C_m，单位质量物体的热容称为比热容 c，则

$$C = \nu C_m, \quad C = mc$$

物体升高相同的温度所吸收的热量不仅与温度差及物体的性质有关，也与具体过程有关。在等体过程中气体与外界没有功的交往，所吸收热量全部用来增加内能；在等压过程中吸收热量除用来增加内能外，还需使气体膨胀对外做功，所以定压热容总比定体热容大 (至少相等)。一般常以 C_V、C_p、$C_{V,m}$、$C_{p,m}$、c_V、c_p 分别表示物体的定体热容、定压热容、摩尔定体热容、摩尔定压热容及定体比热容、定压比热容。则

$$C_p = \lim_{\Delta T \to 0}\left(\frac{\Delta Q}{\Delta T}\right)_p$$

$$C_V = \lim_{\Delta T \to 0}\left(\frac{\Delta Q}{\Delta T}\right)_V$$

由热力学第一定律 $dU = dQ - pdV$ 知,

$$C_V = \left(\frac{\partial U}{\partial T}\right)_V, \quad C_p = \left(\frac{\partial H}{\partial T}\right)_p$$

其中 $H = U + pV$ 称为焓, H 和 U 均为系统的态函数, 而 C_V、C_p 均可由实验测出。由于实验装置中固定压强较为容易, 故通常测量的是定压热容, 而定体热容是通过测量体膨胀系数 β 及等温压缩系数 κ_T, 利用

$$C_p - C_V = \frac{VT\beta^2}{\kappa_T}$$

求出。对于固体, 由于 $(C_p - C_V)/C_V \ll 1$, 常不区分 C_V 或 C_p 而以 C 表示其热容。

各种不同的系统, 在一定条件下都有各自的热容。例如对于拉伸的金属丝与弦, 有 C_F 及 C_L, 前者张力恒定, 后者长度恒定; 对于表面系统, 有 C_σ 及 C_A, 前者表面张力恒定, 后者表面积恒定; 对电介质系统, 有 C_E 及 C_P, 前者电场强度恒定, 后者电极化强度恒定; 对顺磁系统有 C_H 及 C_M, 前者磁场强度恒定, 后者磁化强度恒定。

对于单元二相系, 还可引入二相平衡热容的概念, 以 C_1^2 表示相 1 的二相平衡热容。它表示相 1 在与相 2 维持相平衡条件下, 升高单位温度所吸收的热量; 同样 C_2^1 表示相 2 在与相 1 维持相平衡条件下升高单位温度所吸收的热量。

热容这一宏观物理量与微观粒子的无规热运动有关, 因而与物质微观结构密切联系。当物质出现相变时, 由于其微观结构发生突然改变, 因而其 C_p 随温度变化曲线发生异常 (称为比热反常)。$C_p - T$ 曲线可用于检测相变是否发生, 及发生的是一级相变还是高阶相变 (又称连续相变)。

定压热容 [heat capacity in constant pressure] 见热容。

定体热容 [heat capacity in constant volume] 见热容。

定容热容 [heat capacity in constant volume] 即定体热容, 见热容。

比热 [容] [specific heat capacity] 见热容。

两相平衡热容 [heat capacity in two phases equilibrium] 见热容。

两相平衡比热 [specific heat capacity in two phases equilibrium] 即两相平衡比热容, 见热容。

功 [work] 是力学相互作用过程中所转移的能量。在力学中知道, 在外力作用下, 物体的平衡将被破坏, 在物体运动状态发生改变的同时, 可伴随有能量的转移 (例如重物被举高一定的高度), 其所转移的能量是功。而热力学系统达到平衡态的条件却是同时满足力学、热学和化学平衡条件。将力学平衡条件被破坏时所产生的对系统状态的影响称为 "力学

相互作用"。在力学相互作用过程中系统和外界之间转移的能量就是功。热力学认为, 力学相互作用中的力是一种广义力, 它不仅包括机械力 (如压强、金属丝的拉力、表面张力等), 也包括电场力、磁场力等。所以功也是一种广义功, 它不仅包括机械功, 也应包括电场功、磁场功等。还应注意:

(1) 只有在系统状态变化过程中才有能量转移, 系统处于平衡态时能量不变, 因而没有做功。功与系统状态间无对应关系, 说明功不是状态参量。

(2) 在一般情况下, 热力学系统可通过多种形式与外界转移能量, 其转移的能量统称为广义功, 也就是说, 只有在广义力 (例如压强、电动势等) 作用下产生了广义位移 (例如体积变化和电量迁移) 后才做了功, 这是与在力学中 "只有当物体受到作用力并在力的方向上发生位移后, 力才对物体做功" 是一样的。

(3) 在非准静态过程中, 由于系统内部压强处处不同, 且随时在变化, 很难计算系统对外做的功。

(4) 功是过程的改变量, 它与状态变化过程有关, 因而功不是态函数, 不满足全微分条件。

一般广义功的表达式的如下:

(1) $p - V$ 系统的元功: $đW = -pdV$

(2) 拉伸金属丝 (或弦) 的元功: $đW = FdL$

(3) 表面张力的元功: $đW = \sigma dA$

(4) 可逆电池的元功: $đW = \varepsilon dq$

(5) 电介质的元功: $đW = EdP$

(6) 顺磁介质的元功: $đW = HdM$

其中, p、F、σ、ε、E、H 分别表示压强、张力、表面张力、电源电动势和电场强度及磁场强度; V、L、A、q、P、M 分别表示体积、长度、表面积、电量、电极化强度与磁强度。

广义功的一般表达式为 $dW = X_i dx_i$, 其中 X_i 称为广义力, 如 $-p$、F、σ、ε、E、H 等。x_i 称为广义坐标, 如 V、L、A、q、P、M, 其微分元称为微小广义位移。一般系统可同时存在多种广义功, 这时总的广义元功为

$$đW = \sum X_i dx_i$$

广义功 [generalized work] 见功。

广义坐标 [generalized coordinate] 为了确定物体 (或物体系) 的位置或系统的状态, 根据问题的需要而任意选择的独立变数。其广义坐标数在力学中称为自由度, 在热学中称之为自由度数。

强度量 [intensive quality] 当系统在相同状态下质量扩大一倍后, 其数值仍不变的物理量, 如压强、表面张力、电场强度等。

广延量 [extensive quality] 当系统在相同状态下质量扩大一倍后, 其数值也扩大一倍的物理量, 如体积、电量

等。

热量 [quantity of heat]　　当系统状态的改变来源于热学平衡条件的破坏，也即来源于系统与外界间存在温度差时，我们就称系统与外界间存在热学相互作用。作用的结果有能量从高温物体传递给低温物体，这时所传递的能量称为热量。热量和功是系统状态变化中伴随发生的两种不同的能量传递形式，是不同形式能量传递的量度，它们都与状态变化的中间过程有关，因而不是系统状态的函数。一个无穷小的过程中所传递的热量只能写成 đQ 而不是 dQ，因为它与功一样，不满足多元函数的全微分条件。这是功与热量类同之处。功与热量的区别在于它们分别来自不同的相互作用。功由力学相互作用所引起，只有产生广义位移时才伴随功的出现；热量来源于热学相互作用，只有存在温度差时才有热量传递。

热质说 [caloric theory]　　历史上关于热的本质的一种错误观点。"热质说" 认为热与物质一样是不生不灭的，它没有重量而可透入一切物体中。一个物体是 "热" 还是 "冷"，由它所含热质的多少决定。较热的物体含有较多热质，较冷的物体含有较少热质，冷热物体相互接触，会发生热质从较热物体流向较冷物体的现象。

认为热是物质的最早说法见于古希腊德谟克里特 (Democritus) 等著作中，以后又受到伽桑狄 (P. Gassendi) 的支持。在哈雷大学的施塔耳 (Stahl) 引入 "燃素" 的错误理论后，热质说渐占统治地位。虽然 "热质说" 理论是错误的，但在当时确能利用它来简易地解释不少热学现象，对科学发展起了推动作用，特别是从 1714 年华伦海特 (D. G. Fahrenheit) 改良了温度计并建立华氏温标，热学开始走上实验道路之后。在 "热质说" 的支持下，布莱克 (J. Black) 于 1755 年发现了冰量热器。他认为，热质与冰结合成水，热质再与水结合成汽，从而发现了比热和潜热。布莱克将热称为热的份量，温度称为热的强度，是他首次澄清了热和温度这两个相互混淆的概念。受到布莱克辅导的瓦特 (J. Walt) 从理论上分析了蒸汽机的主要缺陷，从而改进了蒸汽机。傅里叶 (J. B. J. Fourier) 于 1822 年在枟热的分析理论枠一文中利用 "热质说" 建立了傅里叶定律。卡诺 (S. Carnot) 于 1824 年从 "热质说" 出发得到了卡诺定理。

第一个利用实验事实来批判热质说错误观点的是英国伯爵朗福德 Rumfford)，他在 1798 年发表论文，论述用钝钻头加工炮筒时发现摩擦生的热是 "取之不尽的"，从而否定了热质守恒的错误观点。他由此得出结论：热是运动。次年戴维 (H. Davy) 做了两块冰相互摩擦而使之完全熔化的实验。水的容热本领大于冰，即摩擦后物质的容热本领变大了。显然这和热质说相矛盾，从而支持了热是运动的学说。但是热是能量转移的一种形式的正确观点的建立最终将决定于热与机械运动之间相互转化的思想被人们普遍接受，并测定出热功

当量的数值，这就为热力学第一定律的建立奠定坚实基础。

卡 [calorie]　　计算热量的单位，以 cal 表示，它等于标准大气压下每一克纯水升高 1℃所吸收的热量。由于水的比热容随温度不同而有微小差异，因而有各种不同的卡，如 15℃卡、4℃卡、20℃卡和平均卡等。一般教科书中均用 15℃卡，它定义为每 1 克无空气的纯水在 101.325kPa 的恒压下，温度从 14.5℃升到 15.5℃所吸收的热量。此外还有热化学卡 (calth) 和国际蒸汽表卡 (cal)，所对应的能量值分别为 4.1840J 和 4.1868J。卡是由于历史的原因而引入的现已被废除的单位。国际单位制中规定热量的单位是焦耳，而不是卡，见热功当量。

热力学第一定律 [first law of thermodynamics] 热力学的基本定律之一，是能量守恒与转化定律在一切与热相联系的宏观过程中的应用。能量守恒与转换定律的内容是：自然界一切物体都具有能量，能量有各种不同形式，它能从一种形式转化为另一种形式，从一个物体传递给另一个物体，在转化和传递中能量的数量不变。

能量守恒原理是 19 世纪物理学的最伟大的概括。

历史上第一个发表论文，阐述能量守恒原理的是迈耶 (Mayer)，1840 年他在从荷兰去爪哇的船上当医生。到爪哇时为治疗肺炎他用当时的治疗方法为他们放血，发现静脉血非常红，这种生理现象启发他思考其中的道理。他根据拉瓦锡的理论，动物的热是燃烧过程中产生的，即动物的体温是血液和氧结合的结果，热带气温高，维持体温消耗的氧较少。血液中剩下了许多未使用的氧，所以血鲜红。他认为燃烧热的发生源不是筋肉而是血液，由此他产生了热功当量的思想。1842~1848 年他连续发表论文，具体论述了在自然界中普遍存在的机械能、热能、化学能、电磁能、光和辐射能之间的相互转化。1842 年迈耶在《论无机界的力》一文中曾提出了机械能和热量相互转换的原理，并由空气的定压摩尔热容与定体摩尔热容之差 $C_{p,m} - C_{V,m} = R$(称为迈耶公式) 计算出热功当量的数值。1845 年出版的《论有机体的运动和新陈代谢》一书中，描述了运动形式转化的 25 种形式。

焦耳从 1840 年起做了大量有关电流热效应和热功当量方面的实验。他先后采用磁电机实验、桨叶搅拌实验、水通过细管实验、转动水轮推动流体实验等方法测定热功当量。尽管所用方法、设备、材料各不相同，但结果都相差不远；并且随着实验精度提高而趋近于同一数值，焦耳从而得出结论：热功当量是一普适常数，与做功无关。最后，他将多年的实验结果写成论文发表在英国皇家学会《哲学学报》1850 年 140 卷上。他精益求精，直到 1878 年还有他测量结果的报告。他近 40 年的研究工作，为热运动与其他运动的相互转换以及运动守恒等问题，提出了无可置疑的重要证据。焦耳不仅是热力学第一定律的另一发现者，而且他以 40 年的精力精益求精地

进行实验研究的精神也为后人提供很好的范例。

焦耳是通过大量严格的定量实验精确测定热功当量来证明能量守恒概念的；而迈耶则从哲学思辨方面阐述能量守恒概念。后来德国生理学家、物理学家亥姆霍兹 (H. von Helmholtz) 发展了迈耶和焦耳等的工作，讨论了当时的力学的、热学的、电学的、化学的各种现象，严谨地论证了在各种运动中其能量是守恒的定律。但直到 1850 年科学界才公认热力学第一定律是自然界的普适定律，以后也都公认迈耶、焦耳、亥姆霍兹是热力学第一定律的三位独立发现者。

热功当量 [mechanical equivalent of heat] "焦耳" 与 "卡" 之间的关系的一个普适常量，也即 1 卡的热量相当于多少焦耳的功 (或能量)。实际上 "卡" 有国际蒸汽表卡 cal 和热化学卡 calth 之分，故

$$1\text{cal} = 4.1868\text{J}, \quad 1\text{cal}_{th} = 4.1840\text{J}$$

由于有以上关系，就可以同一单位 "焦耳" 来度量功、能量、热量。这时 "卡" 这一热量单位可不需要。故在国际单位制中已废除 "卡" 这一单位。

能量守恒与转换定律 [law of conservation and transformation of energy] 见热力学第一定律。

内能 [internal energy] 物质系统中由其内部状态决定的能量。在力学中，外力对系统做功，引起系统整体运动状态的改变，使系统总机械能 (包括动能和外力场中的势能) 发生变化，物体的动能和势能是描述物体运动状态的函数。而在热学中，媒质对系统的作用使系统内部状态发生改变，它所改变的能量发生在系统内部，则内能是系统内部所有微观粒子 (例如分子、原子等) 的微观的无序运动动能以及总的相互作用势能两者之和。内能是状态函数，处于平衡态系统的内能是确定的。内能与系统状态间有一一对应的关系。内能是一广延量。一般情况下，系统的内能可表示为系统的温度和外参量的函数。

从热力学考虑，也必须引入内能这一概念。将能量守恒与转化定律应用于热效应就是热力学第一定律，但是能量守恒与转化定律仅是一种思想，它的发展应借助于数学。马克思讲过：一门学科只有在能成功地运用数学时，才算是真正的发展了。数学还可给人以公理化方法，即选用少数概念和不证自明的命题作为公理，以此为出发点，层层推论，建成一个理论体系。热力学也理应这样的发展起来。所以应该建立热力学第一定律的数学表达式。第一定律描述功与热量之间的相互转换，而功和热量都不是系统状态的函数，我们应找到一个量纲也是能量的、与系统状态有关的函数，把它与功和热量联系起来，由此说明功和热量转换的结果其总能量还是守恒的。这个函数就是内能 U。

在热力学中，内能函数是通过内能定理引入的。从能量守恒原理知：系统吸热，内能应增加；外界对系统做功，内能也增加。若系统既吸热，外界又对系统做功，则内能增量应等于这两者之和。为了证明内能是态函数，也为了能对内能作出定量化的定义，先考虑一种较为简单的情况 —— 绝热过程，即系统既不吸热也不放热的过程。焦耳作了各种绝热过程的实验，其结果是：一切绝热过程中使水升高相同的温度所需要的功都是相等的。这一实验事实说明，系统在从同一初态变为同一末态的绝热过程中，外界对系统做的功是一个恒量，这个恒量就被定义为内能的改变量，即

$$U_2 - U_1 = W_{绝热}$$

因为 $W_{绝热}$ 仅与初态、末态有关，而与中间经历的是怎样的绝热过程无关，故内能是态函数。上式称为内能定理。

需要说明：(1) 我们这里只从绝热系统和外界之间功的交往来定义内能，这是一种宏观热力学的观点，它并不去追究微观的本质。从微观结构上看，系统的内能应是如下四项能量之和：分子的无规热运动动能、分子间互作用势能、分子 (或原子) 内电子的能量、以及原子核内部能量。在热物理学中，通常主要研究其中的第一项和第二项；(2) 确定内能时可准确到一个不变的加数 U_0，对一个系统进行热力学分析时所涉及的不是系统内能的绝对数值，而是在各过程中内能的变化，其变化量与 U_0 无关，故常可假设 $U_0 = 0$；(3) 热学中的内能只用于描述系统的热力学与分子物理学的性质，它一般不包括作为整体运动的物体的机械能。

在引入了内能函数以后，热力学第一定律可表示为

$$\Delta U = Q + W$$

其中 ΔU 表示系统从初态变为末态过程中的内能增量，而 Q 和 W 分别表示在这一过程中从外界吸收的热量与外界对系统做的功，对于准静态过程有

$$\mathrm{d}U = -p\mathrm{d}V + đQ$$

内能是广延量，故有摩尔内能 U_m 与比内能 u 之分，它们与物体的内能 U 之间有下述关系：

$$U = \nu U_m, \quad U = mu$$

其中 m 与 ν 分别为物体的质量与物质的量。

内能定理 [internal energy theorem] 见内能。

第一类永动机 [perpetual motion machine of the first kind] 不需要消耗任何燃料和动力即能源源不断地对外做有用功的理想动力机械。若能存在这种永动机，则可不需任何能源即能无中生有地得到无限多的动力，这是违背能量守恒与转换定律 (即热力学第一定律) 的，故热力学第一定律也可表述为 "第一类永动机是不可能存在的"。

焦耳气体自由膨胀实验 [Joule experiment of free expansion of gas]　焦耳于 1845 年完成的研究气体内能的实验，又称为焦耳实验，其示意图如下图所示。气体被压缩在左边容器 A 中，右边容器 B 是真空。两容器用较粗的管道连接，中间有一活门可以隔开。整个系统浸在水中。打开活门让气体从容器 A 中冲出进入 B 中而作自由膨胀，然后测量过程前后水温的变化。在 A 中气体冲入 B 中并最后达平衡态过程中，气体没有对外做功 (即 $W = 0$)，也来不及与外界交换热量，故 $Q \simeq 0$。按热力学第一定律，在自由膨胀过程中恒有

$$U_1(T_1, V_1) = U_2(T_2, V_2)$$

其中 U_1、T_1、V_1 及 U_2、T_2、V_2 分别为自由膨胀前后气体的内能、温度与体积。这说明自由膨胀是等内能过程。一般说来，当体积改变时温度会有所变化，这称为焦耳效应，人们把等内能过程中系统温度随体积的变化率称为焦耳系数 λ，即

$$\lambda = \left(\frac{\partial T}{\partial V}\right)_U = -\frac{1}{C_V}\left(\frac{\partial U}{\partial V}\right)_T$$

其中 C_V 是定体热容。在焦耳当时的测量精度下测出水温变化为零，即气体的内能仅是温度函数与体积无关。由于所测气体十分接近于理想气体，因而 $U = U(T)$ 被看成理想气体一个重要性质，称为焦耳定律 (后来的许多实验以更高的精度证实此规律的正确性)。这也间接地说明了，很多在常温下数个大气压以下的气体都可看成理想气体。焦耳定律与理想气体状态方程及道尔顿分压定律都被并列看成理想气体基本性质。

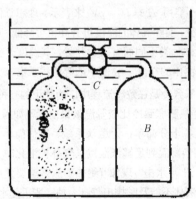

自由膨胀 [free expansion]　气体通过口径较大的管道或打开的隔板无阻碍地自由流入到真空空间中的膨胀过程，正如在 "焦耳气体自由膨胀实验" 中所介绍的。在自由膨胀过程中，气体与外界无热量和功的交往，因而是等内能过程。

焦耳定律 [Joule law]　见焦耳气体自由膨胀实验。

焦耳系数 [Joule's coefficient]　见焦耳气体自由膨胀实验。

焓 [enthalpy]　又称热焓，是热力学中为便于研究等压过程所引入的一个态函数，以 H 表示，定义为

$$H = U + pV \tag{1}$$

式中 U、p、V 分别表示系统的内能、压强与体积，习惯把焓看成 T、p 的函数。由热力学第一定律数学表达式 $\mathrm{d}U = -p\mathrm{d}V + đQ$ 知，在等压过程中所吸收热量

$$(đQ)_p = \mathrm{d}(U + pV)_p = (\mathrm{d}H)_p \tag{2}$$

它表示在等压过程中吸收的热量等于焓的增量 (假定系统仅有体积膨胀功，而无其他形式的功)。由于相变过程都是在等压下进行的，故相变潜热就是在相变前后两相焓的变化。同样，若化学反应是在等压下进行的，则这类化学反应的反应热 ΔH 是化学反应前后总焓的变化，它称为反应焓。

因为地球表面上的物体一般都处在恒定大气压下，而物态变化以及不少的化学反应都在定压下进行，且测定定压比热容在实验上也较易于进行。所以在实验及工程技术中，焓与定压热容要比内能与定体热容有更重要的实用价值。在工程上常对一些重要物质在不同温度、压强下的焓值数据制成图表以供查阅，这些焓值都是指与参考态 (例如对某些气体可规定为标准状态) 的焓值之差。对于等压过程可通过查焓值求出所吸收的热量。

对于无体积膨胀功，但有其他形式的功的系统，也可定义其他形式的焓，例如磁介质系统有所谓磁焓

$$H_磁 = U - HM$$

其中 H 和 M 分别为磁介质的磁场强度与磁化强度。

因为焓是广延量，与内能一样可定义摩尔焓 H_m 及比焓 (单位质量的焓)h，即

$$H = \nu H_m, \quad H = mh$$

其中 ν 与 m 分别为系统的物质的量与质量。

热焓 [thermal enthalpy]　即焓。

磁焓 [magnetic enthalpy]　定义磁焓 $H_磁 = U - HM$，其中 U、H、M 分别为磁介质系统的内能、磁场强度与磁化强度，在这种系统中不考虑除磁化功以外的其他形式的功。

理想气体热容 [heat capacity of ideal gas]　包括：(1) 定体热容因为理想气体内能仅是温度函数，等体过程中吸的热等于内能增加，故摩尔定体热容 $C_{V,m} = (đQ/\mathrm{d}T)_V = \mathrm{d}U_m/\mathrm{d}T$；(2) 定压热容理想气体摩尔焓 $H_m = U_m + RT$ 仅是温度函数，故理想气体摩尔定压热容 $C_{p,m} = \mathrm{d}H_m/\mathrm{d}T$；

(3) 多方热容对于 $pV_m^n = $ 常数的多方过程也可写为 $TV_m^{n-1} = $ 常数，只要对后面的等式两边取微分后再同除以 dT，可得

$$\left(\frac{\partial V_m}{\partial T}\right)_n = -\frac{1}{n-1} \cdot \frac{V_m}{T} \qquad (1)$$

式 (1) 左边表示多方指数为 n 的多方过程在 $V-T$ 图中曲线的斜率。若在理想气体热力学第一定律表达式 $C_{V,m}^d T = dQ - pdV_m$ 两边同除以 dT，并令多方过程中的 $dQ = (dQ)_n$，再令 $(dQ/dT)_n = C_{n,m}$ 为多方过程中的热容 (称为多方摩尔热容)。将式 (1) 代入后可得

$$C_{n,m} = C_{V,m}\left(\frac{\gamma - n}{1 - n}\right) \qquad (2)$$

其中 $\gamma = C_{p,m}/C_{V,m}$ 称为比热容比或称绝热指数。由式 (2) 可见 $C_{n,m}$ 可为负，这称为多方负热容。

比热容比 [ratio of specific heat capacity] 指系统定压热容与定体热容之比，以 γ 表示，$\gamma = C_{p,m}/C_{V,m}$。对理想气体，γ 是一常数，称为绝热指数 (因为在绝热过程中有 $pV^\gamma = $ 常数)。单原子理想气体的 $\gamma = 5/3$，常温下常见双原子气体的 $\gamma = 7/5$。

绝热指数 [adiabatic exponent] 即比热容比。

迈耶公式 [Mayer formula] 由 $C_{V,m}$、$C_{V,m}$ 的表达式及 $H_m = U_m + RT$ 可得 $C_{p,m} - C_{V,m} = R$，称为迈耶公式。一般说来，理想气体的 $C_{V,m}$、$C_{V,m}$ 可能是温度的函数，但其差值却一定是常数。

等温过程 [isothermal process] 温度始终不变的准静态过程。对于理想气体其温度不变即内能不变，由第一定律知 $dQ = -dW = pdV$，从而可得 $Q = -dW = pdV$.

等体过程 [isochoric process] 体积始终不变的准静态过程，又称等容过程。等体即无功，这时系统吸热即内能增加，

$$Q = \int_{T_1}^{T_2} \nu C_{V,m} dT$$

其中 ν、$C_{V,m}$、T_1 及 T_2 分别为系统的物质的量、定体摩尔热容、初态及末态温度。

等容过程 [isochoric process] 即等体过程。

等压过程 [isobaric process] 压强始终不变的准静态过程。等压过程中吸的热等于系统焓的增加，故

$$Q = \nu \int_{T_1}^{T_2} C_{p,m} dT = H_{m,2} - H_{m,1}$$

其中 ν，$C_{p,m}$，$H_{m,2}$ 及 $H_{m,1}$ 分别表示系统的物质的量、定压摩尔热容、终态及初态的摩尔焓。

绝热过程 [adiabatic process] 始终不吸放热量的准静态过程，这时外界对系统做的功等于其内能增加。对于理想气体有

$$\nu C_{V,m} dT + pdV = 0$$

其中 ν、$C_{V,m}$ 为系统物质的量及摩尔定体热容，将 $p = \nu RT/V$ 代入上式积分，并令 $\gamma = C_{p,m}/C_{V,m}$，可得 $TV^{\gamma-1} = $ 常数。利用理想气体状态方程还可得 $pV^\gamma = $ 常数及 $p^{\gamma-1}/p^\gamma = $ 常数。这三个式子均是准静态绝热过程方程，而 $pV^\gamma = $ 常数又称为泊松公式。

多方过程 [polytropic process] 气体所进行的实际过程往往既非绝热也非等温，但等压、等温、等体过程均可写成与绝热过程类似的形式 $pV^n = $ 常数的准静态过程。其中 p、V 为气体的压强与体积，n 为一常数，称为多方指数，n 可取任何实数，其中等压时 $n = 0$，等温时 $n = 1$，绝热过程 $n = \gamma$，而等体时 $n \to \infty$ (说明：对于等体过程，只要对 $pV^n = $ 常数两边各取 "无穷大" 次根，则 $p^{\frac{1}{n}}V = C'$，当 $n \to \infty$ 时就是 $V = C''$ 的等体过程)。

多方热容 [heat capacity in polytropic process] 见理想气体热容。

焦耳-汤姆孙效应 [Joule-Thomson effect] 气体通过多孔塞时所发生的温度变化现象，也可泛指较高压强气体经过多孔塞、毛细管、节流阀 (通径很小的阀门) 等装置降为低压气体时发生的温度变化现象。

这是由焦耳和汤姆孙 (即开尔文 (Kelvin)) 最早于 1852 年在研究气体内能的性质时所发现的，人们称它为焦耳汤姆孙效应，又称为节流效应、焦汤效应。焦耳-汤姆孙效应是一种等焓的绝热不可逆过程。它表示气体在初态时的焓 $H_1 = U_1 + p_1V_1$ 等于在终态时的焓 $H_2 = U_2 + p_2V_2$ (H_1，U_1，p_1，V_1 及 H_2，U_2，p_2，V_2 分别为气体在初态及终态时的焓，内能、压强及体积)，但在中间经历的状态均不是平衡态，对于这些中间状态，不能用 $H = U + pV$ 来表示。理想气体在节流前后的温度不变，实际气体的温度可升高也可降低，其升温降温的范围随气体种类不同而有很大差异，其温度改变情况通常利用由实验测出的在 $T-p$ 图中的等焓线求出。

节流膨胀致冷是在致冷流程中广为使用的一种降温手段，与 (可逆) 绝热膨胀致冷比较降温效果前者不如后者。但由于节流膨胀设备十分简单，无运动系统，操作简单 (甚至不需操作)，特别当降温到足够低温其气体被液化时，不会在气缸中发生所谓 "水击" 现象 (绝热膨胀降温要使用气缸，若已被液化的液体不能及时排出气缸会使膨胀机起水压机作用，从而损坏机械)，因而通常只使用节流降温而不使用绝热膨胀降温。

焦耳-汤姆孙系数 [Joule-Thomson coefficient] 见焦耳-汤姆孙效应。

节流膨胀效应 [throttle expansion effect] 即焦耳-汤姆孙效应。

转换曲线 [inversion curve] 在 $T-p$ 图上诸等焓

线中满足焦耳–汤姆孙系数 $\mu = \left(\dfrac{\partial T}{\partial p}\right)_H$ 为零的点所连接成的曲线，见 "焦耳–汤姆孙效应"。

转换温度 [inversion temperature]　转换曲线上的最高温度。

微分节流效应 [differential throttle effect]　又称微分焦耳–汤姆孙效应，指气体压强降低 $\mathrm{d}p$ 时产生的温度改变 $\mathrm{d}T$。从焦耳–汤姆孙效应可知

$$\mathrm{d}T = \mu \mathrm{d}p$$
$$= \frac{1}{C_p}\left[T\left(\frac{\partial V}{\partial T}\right)_p - V\right]\mathrm{d}p$$

微分焦耳–汤姆孙效应 [differenfial Joule-Thomson effect]　即微分节流效应。

循环过程 [cycle process]　系统从初态出发经过一系列中间状态最后回到原来状态的过程。对于体积可变系统，循环过程可在 $p-V$ 图上以一闭合曲线表示。若其循环曲线方向为顺时针，该循环起热机作用；逆时针起致冷机或热泵作用。

热机 [heat engine]　用于工作物质吸热对外做循环功的机械装置。热机的种类很多，若以其循环形式的不同，可有多种多样的热机循环，如卡诺循环、奥托循环、狄塞尔循环、斯特林循环等。若按工质接受燃料所释放能量的方式的不同来区分，则可分为内燃机和外燃机。内燃机中，燃料在热机内部燃烧，所生成的气体就是热机的工质，如汽油机、柴油机；外燃机中，燃料在热机外部燃烧，能量通过热交换器传给工质，如蒸汽机。若按机器运动部件的运动形式不同，又可分为往复式与旋转式两种。属于往复式内燃机的，如汽油机、柴油机、煤气机等；属于旋转式内燃机的，如燃汽轮机、转子发动机。属于往复式外燃机的，如蒸汽机、斯特林发动机；属于旋转式外燃机的，如汽轮机。

热力学中的理想循环过程在实际的热机中各种因素交织在一起十分复杂，要研究它需采用理想化方法，以便突出主要矛盾与主要特征。常以简化了的理想循环过程来表示热机的热力学过程。在简化过程中常作如下假设：(1) 若工作物质是气体，则假设它是理想气体；(2) 认为循环中每一个过程都是可逆过程，不考虑气体流动时的黏性、运动部件之间的摩擦、热传递等所造成的损失等；(3) 以多方过程近似代替循环中的每一个过程。热机至少应包括如下三个组成部分：(1) 循环工作物质；(2) 两个以上的温度不相同的热源，使工作物质从高温热源吸热，向低温热源放热；(3) 对外做功的机械装置。

热机效率 [efficiency of heat engine]　在 $p-V$ 图上可以一简化了的闭合曲线来表示循环过程，则其顺时针循环称为热机循环。在热机循环中一般总在较高温度吸热，在较低温度放热，且在一个循环中系统从外界吸的总热量 $|Q_1|$ 必大于向外界释放的总热量 $|Q_2|$，$|Q_1| - |Q_2| = |W|$，W 为在一个循环中热机向外界做的功，它应等于在 $p-V$ 图中循环曲线所围的面积。热机效率定义为

$$\eta_\text{热} = \frac{|W|}{Q_1} = \frac{|Q_1| - |Q_2|}{Q_1}$$

卡诺 [循环] 热机 [Carnot cycle heat engine]　由两个准静态等温过程及两个准静态绝热过程所组成的热机。1824 年卡诺 (S. Carnot) 在对蒸汽机所做的热力学研究时所采用的方法与众不同，他对蒸汽机所做的简化、抽象的程度要比普通的热力学循环过程还要彻底。他设想在整个循环过程中仅与温度为 T_1，T_2 的两个热源接触，整个循环由两个可逆等温过程和两个可逆绝热过程所组成如图所示。其中 $1-2$、$3-4$ 是温度分别为 T_1 以及 T_2 的等温膨胀和等温压缩过程，$2-3$ 以及 $4-1$ 分别是绝热膨胀和绝热压缩过程。这样的热机称为卡诺热机。卡诺热机的工作物质不一定是理想气体，可以是其他任何物质。在循环中工作物质从 T_1 热源吸热 Q_1，向 T_2 热源放热 Q_2，向外输出功 W。显然，在 $1-2$ 等温膨胀过程中吸热 $Q_1 = \nu R T_1 \ln(V_2/V_1)$，在 $3-4$ 等温压缩过程中放热 $Q_2 = \nu R T_2 \ln(V_4/V_3)$，而 $2-3$ 以及 $4-1$ 均为绝热膨胀过程。设气体的比容比为 γ，则 $T_1 V_2^{\gamma-1} = T_2 V_3^{\gamma-1}$，$T_2 V_4^{\gamma-1} = T_1 V_1^{\gamma-1}$。由此可得 $V_2/V_1 = V_3/V_4$。再由热机效率定义

$$\eta_\text{热} = \frac{|W|}{|Q_1|} = \frac{|Q_1| - |Q_2|}{|Q_1|}$$

可知卡诺热机效率

$$\eta_\text{卡热} = \frac{|Q_1| - |Q_2|}{Q_1} = \frac{T_1 - T_2}{T_1}$$
$$= 1 - \frac{T_2}{T_1}$$

可见可逆卡诺热机效率公式十分简单，它与膨胀前后的气体体积大小无关，而仅与 T_1 以及 T_2 有关。根据卡诺定理，一切工作于相同高低温热源之间的热机，以可逆卡诺热机效率最高。由于低温热源通常为室温或江、河、地下水等。故由上式可知提高热机效率的最有效方法是尽量增高高温热源温度。

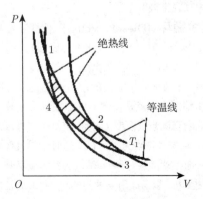

内燃机 [internal combustion engine]　燃料在热机内部 (例如气缸内或透平内) 燃烧,所生成的气体就是热机的工质的热机。例如汽油机、柴油机、转子发动机、燃汽轮机等。内燃机有往复式和旋转式两种。前者靠工质在汽缸内膨胀推动活塞往复运动实现对外做功,如汽油机及柴油机等;而旋转式靠工质推动叶轮或转子回转运动实现对外做功,如转子发动机、燃汽轮机等。

外燃机 [outer combustion engine]　燃料在热机外部燃烧,能量通过热交换器传给工质 (如蒸汽) 的热机 (如蒸汽机)、汽轮机等。它也有往复式及旋转式两种,前者如蒸汽机等,后者如汽轮机等。

奥托循环 [Otto cycle]　燃料气体在气缸内点火燃烧做功的热机循环,又称定体加热循环。工程师奥托 (A. Otto) 于 1876 年最先设计了使用气体燃料的火花点火式四冲程内燃机,使用的工作物质主要是汽油及天然气等。对这类内燃机循环过程进行简化即奥托循环,如图所示。

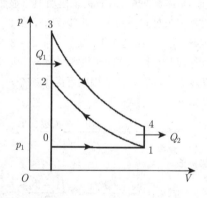

定体加热循环 [isochoric heating cycle]　即奥托循环。

汽油机 [gasoline engine]　采用奥托循环,以汽油为燃料的热机,见奥托循环。

转子发动机 [rotor motor]　以转子的旋转运动代替活塞往复运动的,以汽油为燃料的内燃机,其结构及工作原理如下图所示。工作原理与汽油机相同。由于去掉了曲柄、连杆机构,大大减轻机械的重量。

狄塞尔循环 [Diesel cycle]　使挥发性较低的液体燃料直接进入气缸内,然后气化、燃烧做功 (不需点火) 的内燃机循环,又称为定压加热循环。它起源于工程师狄塞尔 (R. Diesel) 于 1892 年提出的压缩点火式内燃机的原始设计。所谓压缩点火式就是使燃料气体在气缸中被压缩到它的温度超过它自己的点火温度 (例如,气缸中气体温度可升高到 500℃以上,而柴油燃点为 335℃),这时燃料气体在气缸中一面燃烧,一面推动活塞对外做功。1897 年最早制成了以煤油为燃料的内燃机,以后改用柴油为燃料,此即通常所称的柴油机。其简化循环称为狄塞尔循环。其循环过程如图所示。

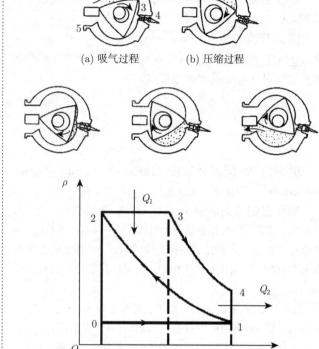

(a) 吸气过程　　　(b) 压缩过程

定压加热循环 [isobaric heating cycle]　即狄塞尔循环。

柴油机 [diesel oil engine]　采用狄塞尔循环的内燃机,见狄塞尔循环。

兰金循环 [Rankine cycle]　利用水蒸气作为工作物质,锅炉为高温热源的热机,其流程图及 $T-S$ 图分别示于下图之 (a) 图及 (b) 图。(b) 图中虚线以下区域即水的气液共存区,该区域之左为液态区,之右为气态区,其工作流程如下:状态 1 的水借助给水泵的提升进入锅炉而变为状态 2,然后经锅炉加热成蒸汽后进入过热器中继续加热到状态 3,使其温度进一步升高 (其作用主要有二:一是继续升高温度从而进一步增加效率;二是从饱和蒸汽 (称为湿蒸汽) 变为非饱和蒸汽 (称为干蒸汽),在 2→3 过程中吸入的总热量为 Q_1。然后,使干蒸汽在发动机 (蒸汽机或汽轮机) 内绝热膨胀对外做功 W,膨胀降温后的蒸汽再进入冷凝器凝结为水,放出热量 Q_2。冷凝水再通过给水泵送入锅炉,完成一个循环。该循环在 $T-S$ 图上表示如 (b) 图所示。

蒸汽机 [steam engine]　采用兰金循环,使蒸汽在汽缸内作往复运动,并由曲轴将活塞的往复运动转换为旋转运动的做功机械。它结构简单,工作可靠,可超负荷工作,但效率仅 10%~14%。

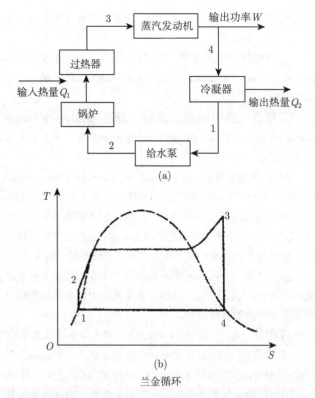

(a)

(b)

兰金循环

汽轮机 [steam turbine]　又称蒸汽透平发动机，是一种旋转式蒸汽动力装置，高温高压蒸汽穿过固定喷嘴成为加速的气流后喷射到叶片上，使装有叶片排的转子旋转，同时对外做功。汽轮机是现代火力发电厂的主要设备，也用于冶金工业、化学工业、舰船动力装置中。

制冷机 [refrigerator]　依靠外界对系统做功，使热量不断地从低温热源流向高温热源的机械。与热机循环类似，其状态变化过程在 $p-V$ 图上可表示为一闭合曲线，但其循环曲线的方向为逆时针。在一个循环中它从较低温热源吸热 (设总吸热 Q_2)，向较高温热源放热 (设总放热 Q_1)，同时外界对系统做功 W。显然 $W=|Q_1|-|Q_2|$。制冷机的"效率"称为制冷系数 $\eta_\text{冷}$，$\eta_\text{冷}$ 定义为

$$\eta_\text{冷}=\frac{Q_2}{W}=\frac{|Q_2|}{|Q_1|-|Q_2|}$$

因为 $\eta_\text{冷}$ 的数值可以大于 1，故 $\eta_\text{冷}$ 不称为制冷机效率而称为制冷系数。

可逆卡诺制冷机是可逆卡诺热机的逆循环，它从低温热源 T_2 等温吸热 Q_2，向高温热源等温放热 Q_1，外界做功 W，则其制冷系数 $\eta_\text{卡诺}=\dfrac{T_2}{T_1-T_2}$。根据卡诺定理，可逆卡诺制冷机是工作于相同高低温热源间制冷机中工作效率最高的，因通常 T_1 即室温，可见制冷温度越低，其制冷系数越小。若 T_2 为绝对零度，则制冷系数为零。

卡诺制冷机 [Carnot refrigerator]　由两个等温过程与两个绝热过程组成的制冷机循环，对于可逆过程，即可逆

卡诺制冷机，见制冷机。

气体压缩式制冷机 [refrigerator with compressed gas]　使气体制冷工质先后经压缩、冷却、膨胀最后制得低温液体或气体的制冷机，它主要有蒸气压缩式制冷机与深度冷冻制冷机两种形式。

热泵 [heat pump]　将制冷机用来对物体加热的机械。制冷机不仅可用来降低温度，也可用来升高温度。例如，冬天取暖，常采用电加热器，它把电功直接转变为热后被人们所利用，这是很不经济的。若把这电功输给一台制冷机，使它从温度较低的室外或江、河的水中吸后温度逐渐升高到室温，最后蒸气全部进入压缩机 A 并开始第二次循环。取热量向需取暖的装置输热，这样除电功转换为热外，还额外从低温热源吸取了一部分热传到高温热源去，取暖效率当然要高得多，这种装置称为热泵，故热源实际上就是一台制冷机。目前被广为使用的冷、暖两用空调器实际上就是一台冷冻机。它将两只热交换器分别置于室内与室外，并借助一只四通阀对流出压缩机的高压气体的流向进行切换。在冬天，温度较高的较高压气体流进室内热交换器被室内空气冷却，从而升高室内温度 (这时室内热交换器起冷凝器作用)。被冷却而呈液态的高压流体经毛细管节流降温而进入室外热交换器蒸发吸热，最后流进压缩机。如 (a) 图所示。在夏天从压缩机流出的较高温较高压气体进入室外热交换器放热冷却而成液态，再经毛细管节流降温而进入室内热交换器蒸发吸热，最后回流入压缩机。室内与室外热交换器均配有一台风机使之作强迫对流。如 (b) 图所示.

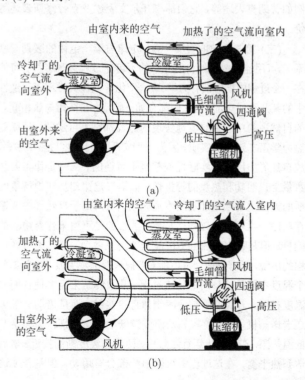

(a)

(b)

热力学第二定律 [second law of thermodynamics] 指明一切涉及热的现象的实际宏观过程方向的热力学定律。它揭示了一切与热相联系的自发过程都是不可逆的。

（一）问题的提出：历史上，热力学第二定律的发现是从如何提高热机效率及能否把热机效率提高到 100% 这一问题的研究开始的。青年工程师卡诺（S. Carnot）于 1824 年提出了卡诺循环，并发现了卡诺定理，因而解决了上述两个问题。从卡诺定理知，其效率达到 100% 的热机，即只吸热而不放热，并把全部吸的热转化为有用功的热机 — 第二类永动机是不可能存在的。卡诺定理不仅证明第二永动机不可能存在，还揭示了功能够自发地转化为热，但热转化为功是有条件的这一不可逆性。

（二）第二定律的表述：由于与热相联系的自发过程可有很多种，因而第二定律的表述也有很多种，其中被广为使用的是开尔文表述与克劳修斯表述的。开尔文（Kelvin）是于 1851 年从功转化为热这一不可逆现象出发作出热力学第二定律的表述的。开尔文表述是：不可能从单一热源吸收热量使之完全转变为功，而不产生其他影响。表述中的"单一热源"指温度均匀且恒定不变的热源。"其他影响"指除"由单一热源吸热全部转化为功"以外的任何其他变化。而克劳修斯（R. Clausius）是从"热量可自发地从高温物体传到低温物体，反之则不能自发发生"这一不可逆性出发作出热力学第二定律的表述的。克劳修斯表述是：不可能把热量从低温物体转移到高温物体而不引起其他影响。利用反证法可证明开尔文表述与克劳修斯表述等价。实际上还可有其他各种表述，例如普朗克表述等，它们都与开尔文表述及克劳修斯表述等价.

（三）第二定律的实质、第一定律与第二定律的区别与联系："可用能量"虽然自然界中的不可逆过程多种多样，可能在一个过程中同时兼有力学、热学、化学及耗散过程不可逆性中的某几种或全部，但它们都有如下特点：在一切与热相联系的自然现象中它们自发地实现的过程都是不可逆的。这就是热力学第二定律的实质。因为一切实际过程必然与热相联系，故自然界中所有的实际过程都是不可逆的。第一定律主要从数量上说明功和热量的等价性，但第二定律却从转换能量的质的方面说明热量和功的本质区别，从而揭示自然界中普遍存在的一类不可逆过程。人类所关心的是可用来作有用功的能量。但是吸收的热量不可能全部用来做功，任何不可逆过程的出现，总伴随着"可用能量"被浪费的现象发生。例如两个温度不同的物体间的传热过程，其最终结果无非使它们的温度相同。若我们不是使两物体直接接触，而是借助一部可逆卡诺热机，把温度较高及温度较低的物体分别作为高温及低温热源，在卡诺机运行过程中，两物体温度渐渐接近，最后达到热平衡，在这过程中可输出一部分有用功。但是若使这两物体直接接触而达热平衡，则上述那部分可用于做功的能量却白白地被浪费了。

克劳修斯（热力学第二定律）表述 [Clausius's statement of second law of Thermodynamics] 见热力学第二定律。

开尔文（热力学第二定律）表述 [Kelvin's statement of second law of thermodynamics] 见热力学第二定律。

第二类永动机 [perpetual motion of the second kind] 从单一热源吸热使之全部转化为有用功的理想热机，是一种不消耗任何能源的热机。虽然它不违背热力学第一定律，却违背热力学第二定律的开尔文表述。因而也可把"第二类永动机不可能实现"视为热力学第二定律的另一种表述。

热力学第一、第二定律的确立，从科学上对永动机作了最后否决，使人们走出幻想境界，并不断地去最有效地利用自然界所能提供的各种能源。

可用能 [量] [usable energy] 见热力学第二定律。

卡诺定理 [Carnot theorem] 卡诺（S. Carnot）于 1824 年在卡诺循环基础上提出的一条定理，其表述为：(1) 在相同的高温热源和相同的低温热源间工作的一切可逆热机其效率都相等，而与工作物质无关。(2) 在相同高温热源与相同低温热源间工作的一切不可逆热机，其效率都不可能大于可逆热机的效率。卡诺定理不仅为我们指明了提高热机效率的途径，更重要的是从它出发可揭示热力学第二定律这一普适规律。但卡诺由于历史的局限性而信奉热质说（卡诺是在热质说的错误观点指导下，把热机类比为水轮机，利用永动机不可能存在这一科学信念为前提导出卡诺定理的），因而无法看清其实质。卡诺定理实际上已触及热力学第二定律的底蕴。20 多年后克劳修斯审查了卡诺的工作，于 1850 年提出了热力学第二定律的克劳修斯表述，1854 年他又以卡诺定理为依据导出了克劳修斯等式与不等式，并在此基础上引入了"熵"这一态函数。

克劳修斯等式 [Clausius equality] 在任一个可逆闭合循环内所做的 $đQ/T$ 闭合路径的积分为零，其中 T 为热力学温度，$đQ$ 为在该循环任一微小变化过程中吸的热。这是 1854 年克劳修斯（R. Clausius）在研究卡诺热机时利用卡诺定理建立的。利用克劳修斯等式可建立态函数熵。

克劳修斯不等式 [Clausius inequality] 在任一不可逆闭合循环中 $đQ/T$ 闭合路径的积分恒小于零。它可利用卡诺定理予以证明。在引入熵后，可利用克劳修斯不等式导出熵增加原理。

熵 [entropy] 热力学系统用于表示热力学第二定律的态函数。在热力学中，熵 S 是如此定义的：在某一微小可逆变化过程中的熵变 $dS = (đQ)_{可逆}/T$，其中 $(đQ)_{可逆}$ 为在可逆微过程中吸的热，T 为热力学温度，但对于不可逆过程该式不成立。熵的英文词 entropy 是从希腊文中借用来的，其词意是 "转变"。熵的中文词意是热量被温度除的商。由于 $T > 0$，故系统可逆吸热时熵增加，可逆放热时熵减少。因 Q 是广延量，T 是强度量，故熵也是广延量。熵的单位是 $\mathrm{J \cdot K^{-1}}$。

关于熵还应注意如下几点：(1) 对于可逆过程，熵可通过 $đQ/T$ 的积分求得；对于不可逆过程，可设想某一连接相同初、末态的可逆过程，由该过程熵变的计算去求不可逆过程的熵变；(2) 熵是态函数，系统状态参量确定，其熵也确定。对于质量不变的 $p-V$ 系，则熵可看成 T、V 的函数 $S(T, V)$ 或 T、p 的函数 $S(T, p)$；(3) 若把某一初态看成参考态，则任一状态的熵可表示为 $S = \int đQ/T + S_0$（限于可逆过程），其中积分应是从参考态开始的路径积分。S_0 是参考态的熵，是一任意常数。

以上是从热力学（即宏观）的角度去理解熵，故又称为热力学熵、克劳修斯熵。从微观（即统计物理）角度去理解，熵是系统内微观粒子的热运动杂乱程度的度量，可以玻尔兹曼关系 $S = k\ln\Omega$ 去定义熵，其中 k 是玻尔兹曼常量，Ω 为系统的热力学概率（参见玻尔兹曼熵）。这样定义的熵又称为统计物理熵、玻尔兹曼熵。

熵的概念较抽象，很难一下子就认识得十分透彻。但它又十分重要，其重要性不亚于能量，甚至超过能量。20 世纪上半叶，把熵的概念应用于信息论就有信息熵，应用于生命系统就有生物熵（又称为生物中的负熵），如今也有人把熵的概念推广到人文科学中。

热力学熵 [thermodynamic entropy]　热力学对熵的定义，见熵。

克劳修斯熵 [Clausius entropy]　即热力学对熵的定义，这是克劳修斯最早提出来的，见熵。

理想气体的熵 [entropy of ideal gas]　对于可逆过程 $dS = (dU + pdV)/T$，由此可求得 ν mol 理想气体在 (T, V) 状态及 (T, p) 状态的熵分别为

$$S(T, V) = \nu C_{V,m} \ln \frac{T}{T_0} + \nu R \ln \frac{V}{V_0} + S_0 \qquad (1)$$

$$S(T, p) = \nu C_{p,m} \ln \frac{T}{T_0} + \nu R \ln \frac{p}{p_0} + S_0' \qquad (2)$$

式中 $C_{V,m}$ 及 $C_{p,m}$ 分别为定体及定压摩尔热容，S_0 及 S_0' 为不同的熵常数。只要初、末态确定，就可利用 (1)、(2) 式计算理想气体的熵。

温熵图 [temperature-entropy diagram]　以温度及熵两者同时作为独立变量来表示系统状态变化的图线，一般在温熵图中温度用作纵坐标，熵用作横坐标，温熵图曲线下的面积表示过程中吸（或放）的热量。温熵图在工程中有很重

要的应用，通常由实验对于一些常用的工作物质作各种温熵图以便于应用。

熵增加原理 [principle of entropy increase]　利用绝热过程中的熵是不变还是增加来判断过程是可逆还是不可逆的基本原理。利用克劳修斯等式与不等式及熵的定义可知，在任一微小变化过程中恒有 $đQ/T \leqslant dS$，其中不等号适于不可逆过程，等号适于可逆过程。对于绝热系统，则上式又可表为 $dS \geqslant 0$。这表示绝热系统的熵绝不减少。可逆绝热过程熵不变，不可逆绝热过程熵增加，这称为熵增加原理。利用熵增加原理可对热力学第二定律理解得更深刻：

(1) 不可逆过程中的时间之矢。根据熵增加原理可知：不可逆绝热过程总是向熵增加的方向变化，可逆绝热过程总是沿等熵线变化。一个热孤立系中的熵永不减少，在孤立系内部自发进行的涉及与热相联系的过程必然向熵增加的方向变化。另外，对于一个绝热的不可逆过程，其按相反次序重复的过程不可能发生，因为这种情况下的熵将变小。"不能按相反次序重复" 这一点正说明了：不可逆过程相对于时间坐标轴肯定不对称。但是经典力学相对于时间的两个方向是完全对称的。若以 $-t$ 代替 t，力学方程式不变。也就是说，如果这些方程式允许某一种运动，则它同样允许正好完全相反的运动。这说明力学过程是可逆的。所以 "可逆不可逆" 的问题实际上就是相对于时间坐标轴的对称不对称的问题。

(2) 能量退降。由于任何不可逆过程发生必伴随 "可用能" 的浪费（见可用能）。对于绝热不可逆过程，熵的增加 ΔS 必伴随有 $W_{贬}$ 的能量被贬值，或称能量退降了 $W_{贬}$。(说明：对于非绝热系统，则系统与媒质合在一起仍是绝热的，因而能量退降概念同样适用。) 可以证明，对于与温度为 T_0 的热源接触的系统，$W_{贬} = T_0 \Delta S$。由此可见，熵可以作为能量不可用程度的度量。换言之，一切实际过程中能量的总值虽然不变，但其可资利用的程度总随不可逆导致的熵的增加而降低，使能量 "退化"。被 "退化" 了的能量的多少与不可逆过程引起的熵的增加成正比。这就是熵的宏观意义，也是认识第二定律的意义所在。我们在科学和生产实践中应尽量避免不可逆过程的发生，以减少 "可用能" 被浪费，提高效率。

(3) 最大功原理、最小功。既然只有可逆过程才能使能量丝毫未被退化，效率最高，所以在高低温热源温度及所吸热量给定情况下，只有可逆热机对外做的功最大，这称为最大功原理。与此类似，在相同高低温热源及吸放热量相等的情况下，外界对可逆制冷机做的功最小，这样的功称为 "最小功"。求 "最大功" 及 "最小功" 的关键是：系统（工作媒质）与外界合在一起的总熵变应为零。

卡拉西奥多里（热力学第二定律）表述 [Caratheodory statement of second law of thermodynamic]　一个系统的任一给定平衡态附近，总有这样的态存在：从给

定态出发, 不可能经过绝热过程抵达 (说明: 这样的系统应是热均匀的, 对非热均匀系统, 则该表述不适用)。这又称为卡拉西奥多里定理、卡氏定理、喀氏定理、喀拉氏定理等。它是从熵增加原理得的。

卡氏定理 [Caratheodory theorem] 即卡拉西奥多里 (热力学第二定律) 表述。

积分因子 [integral factor] 能使非态函数的微分元变为态函数微分元的因子 (或称能使非全微分变为全微分的因子)。例如 ₫Q 不是全微分 (或称 Q 不是态函数), 但乘以 $(1/T)$ 因子后, ₫Q/T 是全微分, (或称 ₫$Q/T = \mathrm{d}S$ 中的 S 是态函数), 我们称 $(1/T)$ 是 ₫Q 的积分因子。

热力学第二定律数学表达式 [mathematical express of second law of thermodynamics] $\mathrm{d}S \geqslant$ ₫Q/T, 其中等号适于可逆过程, 不等号适于不可逆过程, $\mathrm{d}S$ 为在微过程中的熵变, ₫Q 在微过程中系统从热源吸的热, T 为系统的热力学温度。对于初态为 i、末态为 f 的非微过程, 系统的熵变 ΔS 为

$$\Delta S \geqslant \int_i^f \frac{\text{₫}Q}{T} \left(\begin{array}{c} \text{不等号为不可逆过程} \\ \text{等号为可逆过程} \end{array} \right)$$

利用 ΔS 的变化即可判别任一过程是可逆还是不可逆的。

能量退降 [degradation of energy] 见熵增加原理。

最大功原理 [maximum work theorem] 见熵增加原理。

最小功 [minimum work] 见熵增加原理。

热寂说 [theory of heat death] 认为宇宙最终将达到平衡态, 因而宇宙将处于热寂 (heatdeath) 状态的学说。这是克劳修斯 (R. Clausius) 最早于 1865 年将熵增加原理应用于无限的宇宙中所提出的理论。他指出宇宙的能量是常数, 宇宙的熵趋于极大, 因而宇宙最终也将死亡。热寂说的基本出发点是宇宙最终将达到平衡态。按照宇宙膨胀学说, 宇宙在不断膨胀之中, 它最终有两种可能: (1) 宇宙是开放的, 即宇宙将永远膨胀下去; (2) 宇宙是封闭的, 即宇宙膨胀到一定时候会重新收缩, 最后收缩到宇宙膨胀的原始出发点。由于自引力系统所经历的过程具有负热容特性, 而这种负热容的系统不能满足稳定性条件, 宇宙不可能处于平衡态, 因而整个宇宙不可能处于 "热寂"。

玻尔兹曼熵 [Boltzmann entropy] 以系统在某一状态时的热力学概率 (即微观状态数) Ω 来表示系统在该状态的熵的表达式: $S = k\ln\Omega$, 其中 k 为玻尔兹曼常量。该式又称为玻尔兹曼关系。这是玻尔兹曼 (L. Boltzmann) 于 1872 年提出输运方程 (后称为玻尔兹曼输运方程) 并引进 H 函数及 H 定理以后, 对熵给出的一个微观定义, 又称为熵的统计诠释。不难看出, 熵与 H 的关系是 $S = -kH$, 即 H 函数 "相当

于" 负熵。从以上的分析可见, 熵增加原理的本质是概率的法则在起作用。关于该式的导出参见玻尔兹曼关系。

信息 [information] 现在人人都会用 "信息" 这一名词, 但至今对信息尚未有确切定义。控制论奠基者维勒说: "信息就是我们适应外部世界和控制外部世界过程中, 同外部世界进行交换的内容的名称", 或者说信息是由声音、文字、图像等形式所表示的新闻、消息、情报等内容。信息、物质和能量被称为构成系统的三大要素。

信息论 [information theory] 由于信息的内涵十分广泛, 很难对每一信息的价值作出准确的评价, 不得已求其次, 采用电报局的方法, 不问其内容如何只计字数 (即信息量), 这就是信息论这门学科的基本出发点。信息论研究的不是信息的具体内容, 而是信息的数量以及信息的转换、储存、传输所遵循的规律。

信息量 [information content] 由于信息的获得与情况的不确定度减少相联系, 1948 年信息论创始人香农 (Shannon) 从概率的概念出发对信息量做出定义, 假定一事件有 $x_1, x_2, \cdots, x_N$ 种可能性, 每一种结果出现的概率为 $P(x_i)$ (或简写为 P_i), 则该事件的信息量

$$I = -\sum_{i=1}^N P_i \log_2 P_i$$

对于等概率事件, $P_1 = P_2 = \cdots = P_N = 1/N$, 信息量 $I = \log_2 N$, 这就是常用的计算信息量的公式。按照信息量的定义, 获得 ΔI 的信息量后, 不确定度减少, 若可供选择的等概率事件的不确定度从 N 减为 M, 则后者的信息量为 $I' = \log_2 M$。由于 ΔI 是获得的信息量, ΔI 应大于零, 故

$$\Delta I = I - I' = \log_2 N - \log_2 M$$

信息量的单位称为比特 (bit), 这是二进制数字 (binary digit) 的缩写。任一信息量的比特数就等于它以 "2" 为底的对数。

信息熵 [information entropy] 将熵的概念引用到信息论中的一种描述平均信息量的名词。由于香农对信息量的定义与 "玻尔兹曼熵" 的定义 $S = k\ln\Omega$ 十分类似, 这说明信息就是熵的对立面。因为熵是体系的混乱度或无序度的度量, 但获得信息却使不确定性减少, 即减少系统的熵。为此, 香农把熵的概念引用到信息论中, 称为信息熵。信息论中对信息熵的定义是

$$S = -K \sum_{i=1}^N P_i \ln P_i \tag{1}$$

信息熵的定义是从平均信息量得到的, 因为式 (1) 可写为

$$S = K \sum_{i=1}^N P_i \ln(1/P_i)$$

其中 P_i 是 i 事件出现的概率，则 $\ln(1/P_i)$ 是 i 事件的不确定度，$K\ln(1/P_i)$ 是 i 事件的信息量，利用由概率求平均值的方法可知，由诸信息量与所对应的概率相乘后求和 (此即式 (1)) 就是平均信息量。等概率事件的概率 $P_1 = P_2 = \cdots = P_N = 1/N$，所以 (1) 式所表示的信息熵为

$$S = K \ln N \qquad (2)$$

它与玻尔兹曼熵 $S = k\ln\Omega$ 十分相似，其不同仅在对数的底上，玻尔兹曼熵以 "e" 为底，而信息量以 "2" 为底 ($I = \log_2 N$)，将信息量的式子与式 (2) 对照可知式 (2) 中的 $K = 1/\ln2 = 1.443$。由于信息的利用（即信息量的欠缺）等于信息熵的减少，因而有

$$\Delta I = -\Delta S \qquad (3)$$

热力学指出，孤立系统的熵绝不会减少。相应地，信息量不会自发增加。例如在通信过程中不可避免受到外来因素干扰，使接收到的信息中存在噪声，信息变得模糊不清，致使信息量减少。

麦克斯韦妖 [Maxwell demon] 由麦克斯韦 (J. C. Maxwell) 虚构的、由 "小妖精" 所控制并能违背热力学第二定律的小盒子。该盒子被一个没有摩擦并能密封的门分隔为 A、B 两部分。最初两边气体温度、压强分别相等，门的开关被小妖精 (后人称作麦克斯韦妖) 控制。当它看到一个快速气体分子从 A 边飞来时，它就打开门让它飞向 B 边，而阻止慢速分子从 A 飞向 B 边；同样允许慢速分子 (而不允许快速分子) 从 B 飞向 A。这样就使 B 边气体温度越来越高，A 边气体温度越来越低。若利用一热机工作于 B、A 之间则就可制成一部第二类永动机了。1929 年西拉德 (Szilard) 曾设想了几种由小妖精操纵的理想机器，并强调指出，机器做功的关键在于妖精取得分子位置的信息，并有记忆的功能。在引入信息等于负熵概念后，对此更易解释：小妖精虽未做功，但他需要有关飞来分子速率的信息。在他得知某一飞来分子的速率，然后决定打开还是关上门以后，他已经运用有关这一分子的信息。信息的运用等于熵的减少，系统熵的减少表现在高速与低速分子的分离。从对麦克斯韦妖这一假想过程的解释可知，若要不做功而使系统的熵减少，就必须获得信息，即吸取外界的负熵。但是在整个过程中总熵还是增加的。

信息处理消耗能量下限 [dissipated minimum enegy in processing information] 即信息熵与热力学熵间换算关系，布里渊 (L. N. Brillouin) 在解释麦克斯韦妖时即指出，如果没有足够的信息来控制分子的运动方向，"妖精" 的活动就不可能，这种不消耗功的 "妖精" 是不存在的，为此，他利用玻尔兹曼关系 $S = k\ln\Omega$ 建立了信息和能量间的定量关系。他指出，在有 N 个等概率状态的物理系统中，若输入热量 Q，则所对应的信息熵的变化为 $\Delta S = Q/T = k\log N$，

其中 k 为玻尔兹曼常量，T 为热力学温度。对于 $N = 2$ 的等概率状态，则信息熵 $\Delta S = k\ln2$，它等于 1bit，故

$$1\text{bit} = k\log 2 \ \text{J} \cdot \text{K}^{-1} = 0.957 \times 10^{-23} \ \text{J} \cdot \text{K}^{-1}$$

也就是说，在温度 T 时计算机每处理 1 个比特，电源至少要对计算机做 $kT\ln2$ 的功，这部分功以热量形式向外释放，因而计算机减少 1 bit 的信息熵。这一点说明了两个重要问题：(1) 即使没有任何耗散等不可逆因素，维持计算机工作也存在一个能耗的下限，这一理论下限为每 bit 消耗 $kT\ln2$ 的能量。但实际能耗的数量级要比它大很多。(2) 即使没有任何耗散等不可逆因素，计算机工作时也必须向外散热以获得负熵。计算机处理的信息量越大，向外释放的热也越多。

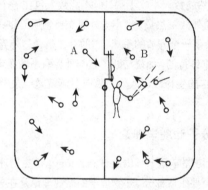

生物熵 [biological entropy] 用来描述组成生物体的原子或分子的组成、排列、组合等的空间分布不同所反映出的生物体有序、无序性质的物理量。按照达尔文 (C. G. Darwin) 的进化论，生物是从低等向高等进化，即从无序向有序自发转化。若将玻尔兹曼关系同样用于生命过程，则与信息熵一样也可引入生物熵，在生命这种自发发生的过程中的生物熵是减少的。与信息等于负熵一样，我们也可把负熵的概念应用于生物中。决定生物遗传的脱氧核糖核酸 (DNA) 分子在按照亲代的遗传密码转录、翻译并复制后代的蛋白质分子的过程中就存在信息量的欠缺。按照信息熵的公式 $\Delta S = k\log N$，它造成了生物体熵的减少。

生物中的负熵 (流) [biological negative entropic flow] 生物中熵的减少是以环境熵的增加为代价的，故把这种熵的减少称为生物中的负熵流，或称为生物中的负熵。生物体的富集效应也是生物中负熵流的典型例子。如海带能富集海水中的碘原子，若设想一个模型，海水中的碘原子是在海水背景中的理想气体分子，则海带富集碘相当于把碘 "气体" 进行等温 "压缩"。显然在这样的过程中碘原子系统的熵是减少的 (也就是说碘从无序向有序转化)，这时海带至少必须向外释放 $T\Delta S$ 的热量。注意到理想气体等温压缩中外界要对系统做功，但在海带富集的过程中外界并未做功，而是利用了一定的信息量 (即造成信息的欠缺)，从而使海带的熵减少。

从海带富集碘这一例子可清楚地看到，生命体是吸取了环境的负熵而达到自身熵的减少的。在这里"吸取环境的负熵"可理解为是向外界放热或采用其他的形式。地球上的生命需要太阳辐射。但生命并非靠入射能量流来维持，因为入射的能量中除微不足道的一部分外都被辐射掉了，如同一个人尽管不断地汲取营养，却仍维持不变的体重。我们的生存条件是需要恒定的温度，为了维持这个温度，需要的不是补充能量，而是降低熵。生命体要维持生命的关键是不断从环境吸取负熵。以人类为例，人可数天不吃不喝，但不能停止心脏跳动或停止呼吸。为了维持心肌和呼吸肌的正常做功，要供给一定的能量，这些能量耗散变为热量。而人体生存的必要条件是维持正常的体温，所以要向外释放热量 (也即从环境吸取负熵)。人虽然能数天不吃不喝，但不能数天包在一个绝热套子内，既不向外散发热量，也不与外界交换物质 (如呼吸)。这说明了，生命是一个开放的系统，它的存在是靠与外界交换物质和能量流来维持的，如果切断了它与外界联系的纽带，则无异于切断了它的生命线。从外界吸取负熵就是一条十分重要的纽带。

3.1.2　分子动理学理论

分子动理学理论 [kinetic theory]　　热物理学微观理论的一个重要组成部分。热物理学的微观理论是在分子动 (理学) 理论 (简称分子动理论，按照国家有关规定，已将"分子运动论"、"分子动力论"等物理学名词统一改称为分子动理论) 基础上发展起来的。早在 1738 年伯努利 (D. Bernoulli) 曾设想气体压强是由分子碰撞器壁而产生的。1744 年俄罗斯科学家罗蒙诺索夫提出热是分子运动的表现，他把机械运动的守恒定律推广到分子运动的热现象中去。到了 19 世纪中叶，原子和分子学说逐渐取得实验支持，将哲学观念具体化发展为物理理论，热质说也日益被分子运动的观点所取代，在这一过程中统计物理学开始萌芽。1857 年克劳修斯首先导出了气体压强公式。1859 年麦克斯韦导出了速度分布律，由此可得到能量均分定理，以上就是分子动理论的平衡态理论。后来，玻尔兹曼提出了熵的统计解释以及 H 定理；1902 年吉布斯 (J. W. Gibbs) 在其统计力学的基本原理之名著中，建立了平衡态统计物理体系，称为吉布斯统计 (后来知道，这个体系不仅适于经典力学系统，甚至更自然地适用于服从量子力学规律的微观粒子，与此相适应建立起来的统计力学称为量子统计)；此外还有非平衡态统计物理学。上述三方面的内容都是在分子动理论基础上发展起来的。

分子动理论方法的主要特点是：它考虑到分子与分子间、分子与器壁间频繁的碰撞，考虑到分子间有相互作用力，利用力学定律和概率论来讨论分子运动及分子碰撞的详情。它的最终及最高目标是描述气体由非平衡态转入平衡态的过程。

而后者是热力学的不可逆过程。热力学对不可逆过程所能叙述的仅是孤立体系的熵的增加，而分子动理论则企图能进而叙述一个非平衡态气体的演变过程。诸如：(1) 分子由容器上的小孔逸出所产生的泻流；(2) 动量较高的分子越过某平面与动量较低的分子混合所产生的与黏性有关的分子运动过程；(3) 动能较大的分子越过某平面，与动能较小的分子混合所产生的与热传导有关的过程；(4) 一种分子越过某平面与其他种分子混合的扩散过程；(5) 流体中悬浮的微粒受到从各方向来的分子的不均等冲击力，使微粒作杂乱无章的布朗运动；(6) 两种或两种以上分子间以一定的时间变化率进行的化学结合，称为化学反应动力学。

从广义上来说，统计物理学是从对物质微观结构和相互作用的认识出发，采用概率统计的方法来说明或预言由大量粒子组成的宏观物体的物理性质。按这种观点，分子动理论也应归属于统计物理学的范畴。但统计物理学的狭义理解仅指玻尔兹曼统计与吉布斯统计，它们都是平衡态理论，至于分子动理论，则仍像历史发展中那样把它看作一个独立的分支理论。统计物理与分子动理论都可认为是一种基本理论，它们都作一些假设 (例如微观模型的假设)，其结论都应接受实验的检验，故其普遍性不如热力学。气体分子动理论在处理复杂的非平衡态系统时，都要加上一些近似假设。

分子动理论 [kinetic theory]　　即分子动理学理论。
分子运动论 [kinetic theory]　　即分子动理论。
分子动力论 [kinetic theory]　　即分子动理论。
气体分子运动论 [gas kinetic theory]　　即分子动理论。
气体分子动理论 [gas kinetic theory]　　即气体分子动理学理论，又称分子动理学理论。

理想气体微观模型 [microscopic model of ideal gas]　　对理想气体微观结构的基本假定。要从微观上讨论理想气体，先应知道其微观结构。实验证实对理想气体可作如下假定：(1) 分子本身线度比起分子之间距离小得多而可忽略不计；(2) 除碰撞瞬间外，分子间互作用力可忽略不计，分子在两次碰撞之间作自由的匀速直线运动；(3) 处于平衡态的理想气体，分子之间及分子与器壁间的碰撞是完全弹性碰撞，即气体分子动能不因碰撞而损失，在各类碰撞中动量守恒、动能守恒。

以上就是理想气体微观模型的基本假定，热学的微观理论对理想气体性质的所有讨论都是建立在上述三个基本假定的基础上的。

压强 [pressure]　　在热学中，压强表示单位时间内气体分子由于碰撞施于单位面积器壁的平均总冲量。这一概念也可被推广应用于气体内部，其压强是单位时间内，在气体内部所设想的单位面积上两边气体所施的力的合力。这种力是由于单位时间内气体分子在截面上进进出出产生动量改变所引起 (例如,若以截面左侧为研究对象,则分子从左侧穿过截面进入右侧时将致使动量减少,反之则动量增加)。气体施于器壁的压强或气体内部的压强均称为气体动理压强。

300 多年来,对压强概念的认识在不断深化,在实验和使用中积累了大量资料。各国在历史上广泛采用各自不同的单位制,近数十年才趋于统一用国际单位制 (SI 制),其单位是帕 (Pa),$1Pa = 1N \cdot m^{-2}$。但由于历史原因,在气象学、医学、工程技术等领域的文献中常用一些其他单位,如:巴 (bar)、毫米汞柱 (mmHg) 或称托 (Torr)、毫米水柱 (mmH$_2$O)、标准大气压 (atm)、工程大气压 (at) 等,其单位主要换算关系如下:

$$1Pa = 1N \cdot m^{-2}$$

$$1bar = 10^5 Pa$$

$$1atm = 1.013 \times 10^5 Pa = 1.013bar$$

$$1mmHg = 1Torr = 133.3Pa$$

气体动理压强 [kinetic pressure of gas]　　见压强。

分子间吸引力与排斥力 [intermolecular attractive force and repulsive force]　　很多现象说明分子间存在相互吸引力。液体汽化时所吸收的汽化热中就有一部分用于克服分子间吸引力做功。破碎的玻璃无法接合,但玻璃熔化后经过接触挤压即能接合,这说明只有当分子的质心相互接近到某一距离之内,分子间吸引力才较显著,这一距离称为分子作用力半径。很多物质的分子作用力半径约为分子直径的 2~4 倍。

若分子间仅有相互吸引力,则分子会无限靠近而受到压缩,最后压缩为一个几何点。固体、液体能保持一定体积而很难压缩,这正说明分子间不仅有吸引力,而且还存在排斥力。可利用固体的体积、固体中的分子数及固体的微观结构估计出固体分子的平均间距,这一间距也就是分子引力与斥力达到平衡时的距离。分子经过碰撞而相互远离也是排斥力的作用。排斥力也有作用半径。只有两分子相互 "接触"、"挤压" 时才呈现出排斥力。可简单认为排斥作用半径就是两分子刚好 "接触" 时两质心间的距离,对于同种分子,它就是分子的直径。因为吸引力出现在两分子相互分离时,故排斥作用半径比吸引力半径小。液体、固体受到外力压缩而达平衡时,排斥力与外力平衡。从液体、固体很难压缩 (例如施加 4 万大气压才能使水的体积减少为 1/3) 这一点可说明排斥力随分子质心间距的减少而剧烈地增大。

分子间势能曲线 [intermolecular potential energy curve]　　表示两分子间互作用势能随质心间距离变化的曲线。

(1) 分子作用力曲线　　既然两分子相互 "接触" 时分子排斥力占优势,相互分离时分子间吸引力占优势,则两分子质心间应存在某一平衡距离 r_0,在该距离分子间相互作用力将达平衡。为便于分析,常设分子是球形的,分子间的互作用是球形对称的中心力场。现以两分子质心间距离 r 为横坐标,两分子间作用力 $F(r)$ 为纵坐标,画出两分子间互作用力曲线,如图之上图所示。在 $r = r_0$ 时分子力为零,相当于两分子刚好 "接触"。当 $r < r_0$ 时,两分子在受到 "挤压" 过程中产生强斥力,这时 $F(r) > 0$。且随 r 减少而剧烈增大。当 $r > r_0$ 时两分子分离,产生吸引力,$F(r) < 0$。当 r 增加到超过某一距离时,吸引力很小将趋近于零,可称这一距离为分子作用力半径。

(2) 分子间势能曲线　　分子力是一种保守力,而保守力所做负功等于势能 E_p 的增量,若令 $r \to \infty$ 时的势能 $E_p(\infty) = 0$,则分子间距离为 r 时的势能为

$$E_p(r) = -\int_{\infty}^{r} F(r)\mathrm{d}r$$

利用上式,可作出与上图分子力曲线所对应的互作用势能曲线 $E_p(r) \sim r$,如下图所示。例如,上图中打上竖条的面积就是在平衡位置 $r = r_0$ 时的势能 E_{p0},它是负的。下图的纵轴上已标出 E_{p0}。将图的上、下图相互对照可知,在平衡位置 $r = r_0$ 处,分子力 $F = 0$,势能有极小值。在平衡位置以外,即 $r > r_0$ 处,$F < 0$,势能曲线斜率是正的,这时是吸引力。在平衡位置以内,即 $r < r_0$ 处,$F > 0$,势能曲线有很陡的负斜率,相当于有很强斥力。两分子在平衡位置附近的吸引和排斥,和弹簧在平衡位置附近被压缩和拉伸类似,液体和固体中分子的振动就是利用分子力这一特性来解释。由于用势能来表示相互作用要比直接用力来表示相互作用方便有用,所以分子互作用势能曲线常用到。

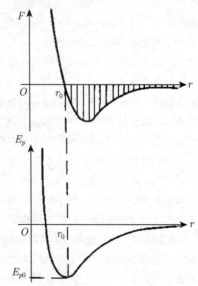

利用分子势能曲线能定性分析在分子之间对心碰撞、分子与器壁间碰撞过程中分子力是如何起作用的，定性分析固体在形变时的弹性力是如何产生的，以及固体为什么会发生热膨胀现象等。

分子作用力曲线 [intermolecular action force curve]　见分子间势能曲线。

分子作用半径 [radius of molecular action sphere]　见分子间势能曲线。

自由度 [degree of freedom]　在热学中，常描述单个粒子（分子或原子）的运动，这仍然是一个力学问题。但由于它特别要区分是平动的、转动的还是振动的独立坐标，因而把能自由变动的独立坐标称为自由度（例如平动自由度，沿 x 方向运动的平动自由度等等），而把能自由变动的独立坐标数称为自由度数，例如单原子分子的自由度数为 3，双原子分子有三个平动、两个转动、一个振动自由度，其自由度数是 6，刚性双原子分子由于振动自由度已被冻结，其自由度数是 5.

某些自由度可隐藏在体系内部，它仅在一定条件下才被激发出来，处于这种状态下的自由度称为内部自由度。例如对于宏观物体，其内部分子或原子的热运动相对于物体的整体运动来说可被看作是物体的内部自由度或其他自由度的运动。而耗散过程则是物体宏观运动的能量向内部自由度或其他自由度转移的过程。微观粒子也可有它自己的内部自由度。微观粒子在碰撞时其平动能量可向振动能量转变。例如微观粒子碰撞固体时，固体可产生或吸收声子，又如原子碰撞时也可导致其中的电子激发。这种导致内部自由度激发的碰撞称为非弹性碰撞，这是在微观领域对非弹性碰撞的理解。

自由度数 [number of degree of freedom]　见自由度。

内部自由度 [internal degree of freedom]　见自由度。

非弹性碰撞 [inelastic collision]　在宏观上认为，非弹性碰撞是伴随有机械能向热运动能量等其他形式能量转移的碰撞，在微观上所理解的非弹性碰撞是指导致内部自由度激发的碰撞（见内部自由度）。

能量均分定理 [theorem of equipartition of energy]　表述为：在处于温度为 T 的平衡态的气体中，分子热运动动能平均分配到每一个分子的每一个自由度上，每一个分子的每一个自由度的平均动能都是 $kT/2$。能量均分定理仅限于均分平均动能. 对于振动能量，除动能外，还有由于原子间相对位置变化所产生的势能。由于分子中的原子所进行的振动都是振幅非常小的微振动，可把它看作简谐振动。在一个周期内，简谐振动的平均动能与平均势能都相等，所以对于每一分子的每一振动自由度，其平均势能和平均动能均为 $kT/2$，故一个振动自由度均分 kT 的能量，而不是 $kT/2$。若

某种分子有 t 个平动自由度、r 个转动自由度、v 个振动自由度，则每一分子的总的平均能量的

$$\bar{\varepsilon} = (t + r + 2v) \cdot \frac{1}{2}kT = \frac{1}{2}ikT$$

其中 $i = t + r + 2v$。需要强调：(1) 上式中的各种振动、转动自由度都应是确实对能量均分定理作全部贡献的自由度，因为自由度会发生"冻结"（参见"能量均分定理的局限"）。(2) 只有在平衡态下才能应用能量均分定理，非平态不能应用能量均分定理。(3) 能量均分定理本质上是关于热运动的统计规律，是对大量分子统计平均所得结果，这可以利用统计物理作严格证明。(4) 能量均分定理不仅适用于理想气体，一般也可用于液体和温度足够高下的固体，也可用于布朗粒子。(5) 对于气体，能量按自由度均分是依靠分子间大量的无规碰撞来实现的。对于液体和固体，能量均分则是通过分子间很强的相互作用来实现的。

能量均分定理的局限 [the limitations of theorem of equipartition of energy]　能量均分定理有很大的局限性，即便对于理想气体，其定体热容也不是常数。实验指出，在温度变化范围较大时，双原子气体的 $C_{V,m}$ 随温度升高而阶梯形增加。如图表示了氢气的 $C_{V,m}$ 随温度而变化的情形。在低温时它的 $C_{V,m}$ 为 $\frac{3}{2}R$，在常温时为 $\frac{5}{2}R$，只有在温度非常高时才看来有点接近 $\frac{7}{2}R$，但是在温度还未升到能足够显示 $C_{V,m} = \frac{7R}{2}$ 时，氢分子已热离解为氢原子了。实验显示其他双原子分子气体的 $C_{V,m}$ 也有与氢气相类似的变化情形。

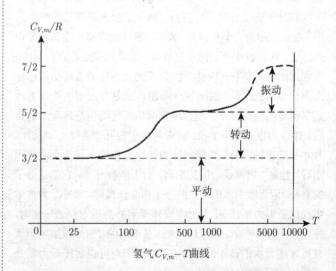

氢气 $C_{V,m} - T$ 曲线

如何来解释上述矛盾呢？如前所述，对于理想气体分子，它不仅有热运动平动动能，还有热运动转动动能与热运动振动动能、振动势能。由能量按自由度均分定理可知，多原子理

想气体的定体热容为

$$C_v = C_V^l + C_V^r + C_V^v$$
$$= \frac{1}{2}Nk(t + r + 2v)$$

其中 C_V^t, C_V^r, C_V^v 分别为 N 个分子的平动、转动、振动自由度对定体热容的贡献。上式表示每一分子的每一平动或转动自由度对定体热容的贡献均为 $k/2$，每一分子的每一振动自由度对定体热容的贡献均为 k。因为系统中 N 个分子都对热容作贡献，所以还要乘以 N。实际上，并非每一分子的每一个自由度都对热容作贡献。热容可以被"冻结"。只要某一分子的某一自由度已被"冻结"，则这一分子的这一自由度对定体热容就不作贡献；也并非所有分子的同一自由度同时被"冻结"或同时被"解冻"。自由度的"冻结"或"解冻"都是在某一特定温度范围内逐渐进行的。不同种类的分子，同种分子的不同种类自由度被"冻结"或"解冻"的温度范围也各不相同。利用自由度"冻结"的理论还能很成功地解释经典的能量均分定理所不能解释的其他热容反常现象。自由度被冻结的物理原因是，分子的转动能量与振动能量是量子化的，即其能量不能连续变化而是分能级的。在此假定下，利用统计物理即能很好地说明理想气体的定体热容是随温度变化的，说明转动自由度与振动自由度都会发生"冻结"或"解冻"。

自由度的冻结 [freezing of freedom degree]　见能量均分定理的局限。

输运过程 [transport process]　是指在非平衡条件下，由于系统中分别存在定向运动动量、温度、粒子数密度或电场强度等的空间不均匀性，因而发生定向动量、能量、质量或电量等的传递（或交换）的过程，又称为迁移过程。在输运过程中所发生的现象称为输运现象。

在气体中，由于存在分子的定向运动动量的空间不均匀性而发生的定向运动动量的输运现象称为黏性现象；由于存在温度的空间不均匀性而发生的分子热运动能量输运现象称为热传导现象；在存在分子数密度的空间不均匀性时，由于分子的热运动而发生的质量的输运，称为扩散现象；在存在电场强度空间不均匀性时发生的电量的输运称为电导现象。

一个孤立系统，经过足够长时间后最终将达到平衡态，其定向运动动量、温度、分子数密度及电场强度等的空间不均匀性最终将趋于消失。

输运现象 [transport phenomena]　在输运过程中所发生的现象，参见输运过程。

迁移现象 [transport phenomena]　即输运过程中所发生的现象，参见输运过程。

扩散现象 [diffusion phenomena]　由于气体中某种分子的数密度的空间分布不均匀，使该种气体分子从数密度

较大区域自发地迁移到数密度较小的区域的现象。扩散有互扩散、自扩散、热扩散、热流逸及强制扩散等形式。

(1) **互扩散**　例如把一容器用隔板分隔为左、右两部分，其中分别装有两种不会产生化学反应的气体 A 和 B。两部分气体的温度、压强均相等，因而气体分子数密度也相等。若把隔板抽除，左边的 A 气体将向右边的 B 气体中扩散，同样右边的 B 气体将向左边 A 气体中扩散。经过足够长时间后，两种气体都将均匀分布在整个容器中，这就是互扩散。由于发生互扩散的两种气体分子的大小、形状可能不同，它们的扩散速率也可能不同，所以互扩散仍是较复杂的过程。

(2) **自扩散**　是一种使发生互扩散的两种气体分子之间的差异尽量变小，使它们相互扩散的速率趋于相等的互扩散过程。较为典型的自扩散例子是同位素之间的互扩散。因为同位素原子仅有核质量的差异，核外电子分布及原子的大小均可认为相同，因而扩散速率几乎是一样的。例如若在 CO_2 气体（其中碳为 ^{12}C）中含有少量的碳为 ^{14}C 的 CO_2，就可研究后者在前者中由于浓度不同所产生的扩散。具有放射性的 ^{14}C 浓度可利用 β 衰变仪检测出。

(3) **热扩散**　1879 年索里特 (Soret) 发现物质两端的温度差也可引起扩散流。其扩散通量密度（在单位时间内在单位截面积上扩散的粒子数）

$$J_{NT} = -D_T(n/T)\mathrm{d}T/\mathrm{d}x \qquad (1)$$

其中 J_{NT} 的下角 N 表示是粒子数的输运，下角 T 表示是热扩散，而 D_T 为热扩散系数，其单位仍为 $\mathrm{m}^2 \cdot \mathrm{s}^{-1}$，$n$ 为摩尔分子数密度，T 为热力学温度 (K)。D_T 的值视分子的大小及化学性质而定，一般都不及扩散系数的 30%，所以只在温度梯度很大且无湍动时，热扩散才显得重要。热扩散在同位素分离中有重要应用。这里所提到的热扩散均指在气体压强不是很低时发生的，由温度差引起的扩散。

(4) **热流逸现象**　在气体压强足够低时发生的热扩散现象。若有 A、B 两个容器以小孔相连通，在连通前 A、B 容器中气体的温度、压强、分子数密度（分别为 T_1, p_1, n_1 及 T_2, p_2, n_2）较高，即它们的分子平均自由程 $\bar{\lambda} \ll$ 小孔直径 d 时，则连通后达稳态时两容器压强应相等。但是在 p_1, p_2 足够小，且其平均自由程有 $\bar{\lambda} > d$ 时，连通后所达的稳态，其两边压强不等，原因如下：由于泻流，A 容器中从小孔逸出进入 B 中分子数应等于从 B 中逸出进入 A 中分子数。而泻流逸出的分子数也就是当小孔闭合时的气体分子碰壁数。若小孔截面积为 S，则达稳态时有 $\frac{1}{4}n_1\overline{v_1}S = \frac{1}{4}n_2\overline{v_2}S$，其中 $\overline{v_1}$, $\overline{v_2}$ 分别为 A、B 容器中气体分子平均速率。由于 $p_1 = n_1kT_1$, $p_2 = n_2kT_2$ 故

$$\frac{p_1}{\sqrt{T_1}} = \frac{p_2}{\sqrt{T_2}}$$

由此可看到，由于小孔两边气体温度不同，使达稳态后小孔两边气体压强也不等。这与通常开孔较大时，孔两边的气体压强最后趋于相等的情况截然不同。这种由于气体压强不同而导致气体温度也不同的现象称为热分子压差，或称为热流逸现象。

(5) **强制扩散** 是在外界条件影响下产生的扩散，例如离子在电场中的游动就是强制扩散，其通量密度为

$$J_{Nm} = nU\frac{dV}{dx} \tag{2}$$

其中 V 为电压 (V)，U 为组分的运动度 (单位为 $m^2 \cdot s^{-1} \cdot V^{-1}$) 与扩散系数相当，其值因离子的种类、溶剂的性质和温度而异。25℃的稀水溶液，除 H^+ 和 OH^- 外，此值一般在 $3 \times 10^{-8} \sim 8 \times 10^{-8} m^2 \cdot s^{-1} \cdot V^{-1}$)。

自扩散 [self-diffusion] 见扩散现象。

互扩散 [inter-diffusion] 见扩散现象。

热扩散 [thermal diffusion] 见扩散现象。

热流逸现象 [thermal transpiration phenomenon] 见扩散现象。

热分子压差 [thermomolecular pressure difference] 即热流逸现象，见扩散现象。

强制扩散 [forced diffusion] 见扩散现象。

菲克定律 [Fick law] 描述气体扩散现象的宏观规律，这是生理学家菲克 (Fick) 于 1855 年发现的。菲克定律认为粒子流密度 (即单位时间内在单位截面积上扩散的粒子数)J_n 与粒子数密度梯度 dn/dz 成正比，即

$$J_n = -D\frac{dn}{dz} \tag{1}$$

其中比例系数 D 称为扩散系数，其单位为 $m^2 \cdot s^{-1}$。式中负号表示粒子向粒子数密度减少的方向扩散。菲克定律不仅适用于自扩散，也适用于互扩散，不过此时 D 表示某两种粒子之间的互扩散系数。若在与扩散方向垂直的流体截面上的 J_n 处处相等，则在式 (1) 两边各乘以流体的截面积及扩散分子的质量，即可得到单位时间内气体扩散的总质量 $\frac{\Delta M}{\Delta t}$ 与密度梯度 $\frac{d\rho}{dz}$ 之间的关系

$$\frac{\Delta M}{\Delta t} = -D\frac{d\rho}{dz} \cdot A \tag{2}$$

右上表中列出了各种气体的自扩散系数与互扩散系数。菲克定律不仅在物理学中，而且在化学、生物学中都有重要应用。

扩散系数 [diffusion coefficient] 见菲克定律。

热传递 [heat transfer] 在没有做功而只存在温度差时，能量从一个物体转移到另一物体，或从物体的一部分转移到另一部分的现象。

气体的扩散系数表 (标准大气压、常温)

气体	自扩散 $D/(10^{-4} m^2 \cdot s^{-1})$	气体	互扩散 $D_{12}/(10^{-4} m^2 \cdot s^{-1})$
H_2	1.28	H_2-O_2	0.679
O_2	0.189	H_2-N_2	0.793
CO	0.175	H_2-CO_2	0.538
CO_2	0.104	O_2-N_2	0.174
Ar	0.158	O_2-空气	0.178
N_2	0.200	空气$-H_2O$	0.203
Ne	0.473	空气$-CO_2$	0.138

在热传递过程中转移的能量称为热量。热传递有三种基本形式：热传导、热对流与热辐射。一般情况下，这三种传热形式同时并存，因而比较复杂，但对于固体热源，当它与周围媒质的温度差不太大 (约 50℃以下) 时，热源向周围传递的热量 Q 是与温度差成正比的，其经验公式就是牛顿冷却定律。

$$Q = hA(T - T_0)$$

式中 T_0 为环境温度，T 为热源温度，A 为热源表面积，h 为一与传热方式等有关的常数，称热适应系数。对于一结构固定的物体 (例如某一建筑物，也可将上式写为如下形式)

$$Q = n(T - T_0)$$

下表中列出了一些 h 的数值。

自然对流热适应系数 h 的数值表 (1.01×10^5Pa 空气中)

装置	热适应系数/$(J \cdot s^{-1} \cdot cm^{-2} \cdot {}^\circ C^{-1})$
水平板 (面向上)	$2.49 \times 10^{-4}(\Delta T)^{1/4}$
水平板 (面向下)	$1.31 \times 10^{-4}(\Delta T)^{1/4}$
竖直板	$1.77 \times 10^{-4}(\Delta T)^{1/4}$
水平板或竖直管 (直径为 d, d 以 cm 为单位)	$4.18 \times 10^{-4}(\Delta T/d)^{1/4}$

牛顿冷却定律 [Newton cooling law] 见热传递。

热适应系数 [thermal accommodation coefficient] 牛顿冷却定律中的一个比例系数，见热传递。

热传导 [heat conduction] 不是依靠物质的宏观运动，而是借助分子、原子、电子等相互作用所产生的热传递过程，在气体、液体和固体中均可产生热传导，虽然产生热传导的微观机理各不相同，但一般均可用傅里叶定律来描述其宏观规律。

若将一均匀棒之两端与温度不同的两热源接触，在棒上将出现一个温度的连续分布。若在棒上沿轴向作一系列垂直于轴的横截面，因而将棒划分出一个个小单元，则相邻单元间由于存在温度差而发生热量传输。热量就是这样从高温端传到低温端的。1815 年傅里叶 (J. B. J. Fourier) 在热质说思想的指导下提出了傅里叶定律。在一维传热情况下，该定

律认为热流 (单位时间内通过的热量) Q. 与温度梯度 dT/dz 及横截面积 A 成正比，即

$$Q = -\kappa \left(\frac{dT}{dz} \right) \cdot A \qquad (1)$$

其中，比例系数 κ 称为热导系数 (或称为热导率、导热率)，单位为 $W \cdot m^{-1} \cdot K^{-1}$，其数值由材料性质决定。式中负号表示热流方向与温度梯度方向相反，即热量总是从温度较高处流向温度较低处。

若引入热流密度 J_T (单位时间内在单位截面积上流过的热量)，则

$$J_T = -\kappa \cdot \frac{dT}{dz} \qquad (2)$$

式 (1) 及 (2) 仅适用于热量沿一维流动的情况。若系统已达到稳态，即处处温度不随时间变化，因而空间各处热流密度也不随时间变化，这时利用式 (1)、(2) 来计算传热十分方便。若各处温度随时间变化，情况就较为复杂，通常需借助热传导方程来求解。

傅里叶定律与电学中的欧姆定律十分相似。例如对于均匀物质的稳态传热，若把温度差 ΔT 称为 "温压差" $(-\Delta U_T)$，把热流 Φ 以 I_T 表示，则可把一根长为 L、截面积为 A 的均匀棒达到稳态传热时的傅里叶定律改写为

$$\Delta U_T = \frac{L}{\kappa A} I_T = R_T I_T \qquad (3)$$

$$R_T = \frac{L}{\kappa \cdot A} = \rho_T \frac{L}{A} \qquad (4)$$

称 R_T 为热阻，而 $\rho_T = 1/\kappa$ 称为热阻率，可发现上面两公式分别与欧姆定律及电阻定律十分类似，我们可把它们分别称为热欧姆定律与热阻定律。正像电阻有串、并联一样，棒状或板状材料的稳态传热也有类似的串、并联公式。

对于非棒状材料或非均匀固态物质的热阻、热流的计算，可借助于电学中的微分欧姆定律来建立微分热欧姆定律。若把温度梯度 ($\Delta T/\Delta z$) 称为温度场强度 E_T，则 (2) 式可改写为

$$\varphi = -\kappa E_T \qquad (5)$$

这就是在温度场中的微分热欧姆定律。

傅里叶 (热传导) 定律 [Fourier law of heat conduction] 见热传导。

热欧姆定律 [thermal Ohm law] 见热传导。

热阻定律 [thermal resistance law] 见热传导。

微分热姆欧定律 [differential thermal resistance law] 见热传导。

热 (传) 导系数 [heat conduct coefficient] 见热传导。

基尔霍夫定律 [Kirchhoff law] 一切物体在任一波长范围内的辐射本领与它在同一波长范围内的吸收本领的比

值与物体特性无关，而仅是温度和波长的函数，这是基尔霍夫 (G. R. Kirchhoff) 于 1859 年从实验上得出的规律。从基尔霍夫定律可看出，任一物体在相同温度下吸收某一波长范围热辐射本领越强，则它发射同一波长范围的热辐射能力也强。它也说明了，任一物体在任一温度下发射热辐射的功率是相同温度、相同面积的黑体表面发射热辐射功率的 α 倍 (α 是该物体的吸收率)。或者说，若某物体在温度 T 时的辐射出射度为 $M(T)$，在相同温度下黑体的辐射出射度为 $M^B(T)$，则利用斯特藩–玻尔兹曼定律可知

$$M(T) = \alpha M^B(T) = \alpha \sigma T^4$$

式中 σ 为斯特藩–玻尔兹曼常量。基尔霍夫定律有很多应用。例如夏天有人喜欢穿黑色的衣服，这令人费解。的确，黑色衣服吸收率高，穿黑色衣服在阳光下会感到更热；但在室内人体温度比周围环境高，吸收率高的物体其辐射出射度也高，就易于向外散发辐射热，这时穿黑色衣服要比穿白色衣服凉爽。又如一些散热器 (包括冰箱背面的冷凝器等) 都涂上黑色。反之，一些保暖装置都以银白色作为 "保暖色"，例如热水瓶的真空夹层内壁都镀上银，从锅炉房引出的暖气管被裹了保温层后，最外面还包一层银白色的铝皮，这也是同样的原因。

辐射传热 [heat transfer by radiation] 任何物体表面在任何温度下均要发射热辐射能量，同时也在吸收投射到它自己表面上的热辐射能量，无论是黑体或非黑体，其反射的或吸收的热辐射能量均与 T^4 成比。若两物体表面间有温度差，则由于两表面的温度不同，发射和吸收的热辐射能量不同，致使能量从温度高的表面向温度低的表面迁移，这就是辐射传热。一般说来，辐射传热与各物体的温度、吸收率及形状都有关，情况比较复杂。

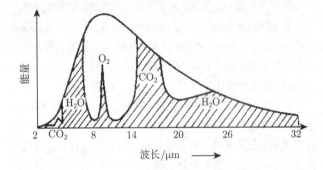

温室效应 [green house effect] 指地球大气层中由于有温室气体大量存在，使地球表面宛如加盖一层玻璃屋面一样，太阳光能透过这层气体，但地面向太空的热辐射却被阻挡，致使地球表面的平均温度逐步升高的现象。地球在吸收太阳辐射能的同时也向太空辐射能量。其辐射光主要为红外光。例如一般认为，地球表面的平均温度为 15℃.

温度 15℃ 的黑体辐射分布如上图中最外面一条曲线所

示，曲线极大值出现在波长 $\lambda \sim 10\mu m$ 数量级，它在红外波段内。大气中的 CO_2、水汽、CH_4 等恰好是该波段辐射的强吸收体（图中标出了一些吸收曲线）。只需 2m 厚的一层含 0.03% CO_2 的大气，就可将 $\lambda = 15\mu m$ 的红外辐射全部吸收掉，而对于 $18\mu m$ 以上和 $8.5\mu m$ 以下的辐射，水汽是最主要的吸收体。可见若在大气中存在较多的 CO_2 和水汽，它将阻止地表向太空发射红外光。当然，CO_2 和水汽在吸收地表红外光的同时，也向外发射红外光，但它是向四面八方的辐射，其中有一半将重新发回地表，这样就破坏了地球的热量收支平衡，使地球表面温度逐步升高。这些气体称为温室气体。但是水汽的温室效应不会对地球表面温度升高产生较大影响，因为大气中水汽的大量存在使地面温度升高后，海水蒸发增加，致使云层增厚，云层对太阳光的反射率随之升高，又使地面温度有所降低。在温室气体中危害最大的是 CO_2 气体。例如金星覆盖有浓密的 CO_2 大气层，温室效应使金星表面温度高达 500℃。10 多年前有人曾经估计全世界每年向大气释放超过 55 亿吨 CO_2，其中有 15 亿吨被海洋吸收，15 亿吨被植物光合作用吸收，这样大气中每年增加超过 25 吨 CO_2，虽然这仅相当于大气中 CO_2 总量的 1/1000，但由于人类每年向大气排放 CO_2 量逐步增加，日积月累，大气中 CO_2 含量大量增加，将明显影响全球气候。

温室气体 [green house gas]　指能产生温室效应的气体，如 CO_2、水汽、CH_4 等，见温室效应。

大气窗 [atmospheric window]　地球表面的热辐射的某些波段，它们通过大气时几乎不存在大气吸收作用，这些波段相当于大气向太空打开的窗。对于大气中的水汽和 CO_2 来说，大气窗主要位于 $8.5 \sim 12\mu m$，其他还有 $2 \sim 2.5\mu m$，$3 \sim 5\mu m$ 以及 $17 \sim 18\mu m$，这可从"温室效应"词条中的 15℃ 黑体辐射分布图中大致看出。注意：该图仅是 15℃ 的黑体辐射分布。

对流传热 [convective heat passage]　流体从某处吸收热量后流到别处向较冷的流体释放出热量的过程，它一般分自然对流、强迫对流与两相对流三种类型。

（1）自然对流传热

自然对流是指由于存在温度差而使流体内部密度不同，温度高的流体密度小，浮力使它上升；周围温度较低、密度较大的流体乘势流入补充，从而引起流体流动的过程。在自然对流过程中当然也伴随有热量的输运。在气象、地质、地理中有很多自然对流的例子。例如，因为湖海中水的热容较大，晴朗白天陆地温度升高快于湖海，热气流上升，气压相应较低，下层空气自海面流向陆地，形成海风；夜间陆地冷却快于湖海，气压相应较高，下层空气流向海面，形成陆风。

（2）强迫对流传热

强迫对流传热是指在非重力驱动下使流体作循环流动，从而进行热量传输的过程，在汽车的散热器、热泵型空调器、计算机的散热装置中，都有风机或泵驱使流体流动（或循环流动）从而加剧热量的散发或传递，这些都是强迫对流传热的实例。

（3）伴随有两相流动的传热，热管

在对流传热中，较为有效的是伴随有相变及两相流动的传热，由于液体的气化热一般都很大，故这种传热的效率较高，最典型的例子是热管。

热管是在气、液两相对流时伴随有相变传热的传热元件，它也是一种结构简单、效率高的传热元件。其构造为两端封闭的圆形金属管内壁装镶以多层金属细丝或其他毛细管（被称为管芯），管中充以适当的工作液体。当热管的一端受热而另一端被冷却时，液体在受热端吸热气化，形成的蒸气流至另一端放热凝结。凝结后的液体因管芯的毛细管作用又渗回热端，如此不断循环，从而使热量从高温端不断传到低温端。由于液体的汽化热很大，故传热效率特高，其传热效率可远高于银、铜等良导体。

自然对流 [natural convection]　见对流传热。

强迫对流 [forced convection]　见对流传热。

二相 [对流] 传热 [two phases heat transfer]　见对流传热。

热管 [heat tube]　见对流传热。

分子碰撞截面 [molecular collision cross-section]　严格说来，碰撞截面是描述两个微观粒子碰撞概率的一种物理量。其几何意义是：当两个微观粒子（或粒子系统）碰撞时，若把其中一个粒子（或粒子系统）看作是点粒子，把碰撞时的相互作用看作极短程的接触作用时，则碰撞概率正比于沿运动方向来看另一粒子（或粒子系统）等效的几何截面，这个几何截面就是碰撞截面。例如：有一束可看作点粒子的 B 分子平行射向另一静止分子 A（其质心为 O）时，若 B 分子的轨迹线如图所示，则说明 B 分子在靠近 A 分子时由于受到 A 的作用而使轨迹线发生偏折。若定义 B 分子射向 A 分子时的轨迹线与离开 A 分子时的轨迹线间的交角为偏折角，则偏折角随 B 分子与 O 点间垂直距离 b 的增大而减小。令当 b 增大到偏折角开始变为零时的数值为 d，则 d 称为分子碰撞有效直径。

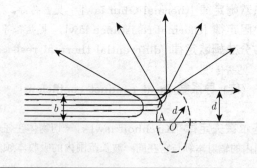

由于平行射线束可分布于 O 的四周，这样就以 O 为圆心 "截" 出一半径为 d 的垂直于平行射线束的圆。所有射向圆内区域的视作质点的 B 分子都会发生偏折，因而都会被 A 分子碰撞。而所有射向圆外区域的视作质点的 B 分子都不会发生偏折，因而都不会被碰撞。故称该圆的面积为分子碰撞截面，又称分子散射截面。

$$\sigma = \pi d^2 \tag{1}$$

碰撞截面一般是入射粒子能量的函数。在碰撞截面中最简单的情况是刚球势。这时，不管两个同种分子相对速率多大，分子有效直径总等于刚球的直径 d。若是异种刚球分子，则碰撞截面

$$\sigma = \frac{\pi}{4}(d_1 + d_2)^2 \tag{2}$$

其中 d_1, d_2 分别为这两种刚球分子的直径。

气体分子平均碰撞频率 [molecular collision mean frequency of gas]　平衡态气体中，单位时间内一个分子平均碰撞的次数称为分子平均碰撞频率。现任取一分子 A 作为气体分子的代表，设想其他分子都被视作质点并相对静止，这时 A 分子以相对速度 v_{12} 运动（下标 "12" 表示两分子做相对运动时的诸物理量）。在 (1) 式中的碰撞截面曾假定 A 分子静止，视作质点的 B 分子相对 A 运动。现在反过来，认为所有其他分子都静止，A 分子做相对运动，显然 A 分子的碰撞截面这一性质不变。这时 A 分子的运动可被视作截面积为 σ 的一个圆盘沿圆盘中心轴方向运动，它每碰到一个视作质点的其他分子就改变一次方向，因而在空间扫出其母线呈折线的 "圆柱体"。只有那些其质心落在圆柱体内的分子才会与 A 发生碰撞。单位时间内 A 分子所扫出的 "圆柱体" 中的平均质点数，就是分子的平均碰撞频率 $\overline{Z}$，故

$$\overline{Z} = n \cdot \sigma \cdot \overline{v_{12}} \tag{3}$$

其中 n 是气体分子数密度，$\overline{v_{12}}$ 是 A 分子相对于其他分子的平均速率，而 $\pi d^2 \cdot \overline{v_{12}}$ 就是在单位时间内所扫出的 "圆柱体" 的体积。可以证明，对于其平均速率分别为 $\overline{v_1}$, $\overline{v_2}$ 的 A、B 两种分子，它们间相对运动平均速率为 $\overline{v_{12}} = \sqrt{\overline{v_1}^2 + \overline{v_2}^2}$，故对于同种分子 $\overline{v_{12}} = \sqrt{2}\overline{v}$，这时式 (3) 可表示为

$$\overline{Z} = \sqrt{2}n\sigma\overline{v} \tag{4}$$

这是同种气体分子平均碰撞频率。由于 $p = nkT$, $p = \sqrt{\frac{8kT}{\pi m}}$，故

$$\overline{Z} = \frac{4\sigma p}{\sqrt{\pi mkT}} \tag{5}$$

气体分子平均自由程 [molecular mean free path of gas]　理想气体分子每两次碰撞之间平均走过的路程。致

使理想气体分子做杂乱无章的运动的原因，是气体分子间在做十分频繁的碰撞，碰撞使分子不断改变运动方向与速率大小，而且这种改变完全是随机的。按照理想气体基本假定，分子在两次碰撞之间可看成匀速直线运动，也就是说，分子在运动中没有受到分子力作用，因而是自由的。我们把分子两次碰撞之间走过的路程称为自由程，而分子两次碰撞之间走过的平均路程称为平均自由程。

由于平均说来，一个平均速率为 $\overline{v}$ 的分子，它在 t 秒内所走过的路程为 $\overline{v}t$，该分子在行进过程中不断被碰撞而改变方向形成曲曲折折轨迹线。因 t 秒内受碰 $\overline{Z}t$ 次，则两次碰撞之间走过的平均路程，即平均自由程为

$$\overline{\lambda} = \overline{Z}t = \frac{\overline{v}}{\overline{Z}}$$

利用式 (4) 或式 (5) 可得

$$\overline{\lambda} = \frac{1}{\sqrt{2}n\sigma} \quad \text{或} \quad \overline{\lambda} = \frac{kT}{\sqrt{2}\sigma p} \tag{6}$$

将标准状况下的数据 ($p = 1.013 \times 10^6$ Pa, $T = 273$K) 及氮分子的摩尔质量 0.028kg、氮分子有效直径 4.8×10^{-10}m 代入式 (5)、(6)，可知，在标准状况下，氮气分子的平均碰撞频率为 1.2×10^{10}s^{-1}，平均自由程为 3.7×10^{-8}m，这说明气体分子相互碰撞非常频繁，即使在 1μs 时间内，也平均碰撞 10^4 次。气体趋于平衡态需借助频繁的碰撞，气体能量、动量与质量的输运也需借助碰撞，所以碰撞频率及平均自由程是决定系统微观过程的十分重要的特征量。

分子碰撞有效直径 [effect diameter of molecular collision]　见气体分子平均自由程。

气体分子相对运动平均速率 [mean speed of gas molecular relative motion]　在气体中 A 种分子与 B 种分子作相对运动的平均速率。其中 A 种分子与 B 种分子的差异可以是分子质量差异也可是气体温度差异，气体分子平均相对运动速率 $\overline{v_{12}}$ 应该从气体分子相对运动的麦克斯韦分布中导出，也可用近似方法导出，其结果为

$$\overline{v_{12}} = \sqrt{\overline{v_A^2} + \overline{v_B^2}}$$

其中 $\overline{v_A}$ 经及 $\overline{v_B}$ 为 A、B 两种分子的平均速率。

气体分子碰撞概率分布 [probability distribution of molecular collision]　描述理想气体分子受到其他分子碰撞概率大小的分布函数。有两种概率分布，一种是表示分子从经受第一次碰撞后出发，继续行进 $x \to x + dx$ 距离内遭受第二次碰撞的概率分布 $P(x)dx$，又称为自由程分布

$$P(x)dx = \frac{1}{\overline{\lambda}} \exp\left(-\frac{x}{\overline{\lambda}}\right) dx$$

其中，$\overline{\lambda}$ 是平均自由程。另一种是表示分子在 $t = 0$ 时刻刚被碰过一次，以后它在 $t \to t + dt$ 时间内遭受第二次碰撞的

概率，称为碰撞时间的概率分布 $P(t)\mathrm{d}t$：

$$P(t)\mathrm{d}t = \frac{1}{\bar{\tau}} \exp\left(-\frac{t}{\bar{\tau}}\right)\mathrm{d}t$$

其中，$\bar{\tau}$ 为两次碰撞所经历的平均时间。

气体分子自由程 (概率) 分布 [probability distribution of molecular free path of gas] 见气体分子碰撞概率分布。

气体分子碰撞时间 (概率) 分布 [probability distribution of molecular collision time] 见气体分子碰撞概率分布。

化学反应动力学 [chemical reaction kinetics] 又称化学动力学，是物理化学的一个重要分支，是研究化学反应速率及反应历程的一门学科。其基本任务是 (1) 研究各种因素如浓度、温度、压强、催化剂、介质等对反应速率的影响，从而为人们选择反应进行的最佳条件和为控制反应的进行提供依据，使化学反应以最佳状态进行；(2) 研究反应的历程。通过化学反应而达到平衡态的过程是不可逆过程，其情况都较复杂。在以前，化学动力学主要局限于实验上的观察与研究，只是在最近数十年，理论研究才有很大进展。利用分子动理论来研究化学反应的碰撞理论是其中一个重要领域。碰撞理论假定化学反应的发生是借助分子之间的非弹性碰撞来实现的。例如

$$2H_2 + O_2 = 2H_2O$$

的气体化学反应，就是在两个氢分子与一个氧分子三者同时碰撞在一起时才可能发生。当然其逆反应 (两个水蒸气分子碰在一起生成两个氢分子和一个氧分子) 也同时存在。气体反应的速率除与参加反应气体的本身性质及它们所处的温度、压强有关外，也与这三种气体分子的相对比例有关。化学反应除要求分子间相互碰撞外，还要求参与反应的相互碰撞的分子间的相对速率应大于某一最小数值。即使是放热反应，也只有在其相对运动动能超过某一数值 E^* (称为激活能或活化能) 时，反应才能发生。如下图表示。

化合反应中能量变化的情况。由图可见，A + B 的能量水平线要比 C 的能量水平线高 ΔH 的能量 (ΔH 称为反应热)。图中的 $\Delta H < 0$，说明这是一放热反应。但是 A 和 B 碰撞并不一定能发生反应，只有 A 和 B 一起 "爬过" 高为 E^* 的能量 "小丘" 后才能进入另一能量更低的 "深谷" 而成为 C 物质。同样 C 需 "爬过"$E^* + |\Delta H|$ 的更高的能量 "小丘" 后才能分解为 A 和 B。气体化学反应中能 "爬过" 小丘的能量来源于相互碰撞分子间的相对运动动能 $mv_{12}^2/2$。只有相互碰撞分子间的相对运动速率 v_{12} 大于某一最小速率 $v_{\min}$，化学反应才能发生。$v_{\min}$ 应满足如下关系：

$$E^* = \frac{1}{2}mv_{\min}^2 \qquad (1)$$

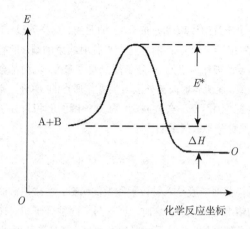

化学反应坐标

对于图示的化学反应，由于逆向反应所需能量比正向反应高 $|\Delta H|$，由玻尔兹曼分布知正向反应速率大于逆向反应速率。随着时间的推移，A、B 分子逐步减少，C 分子逐步增加，在温度、压强一定时，正向反应速率逐步减小，逆向反应速率逐步增加，最后必将达到动态平衡，这时化学反应不再发生。从分析可知反应开始时增加 A、B 气体的分压有利于反应率的提高；升高温度或降低激活能 E^* 能更明显增加反应速率。化学反应中的催化剂就能起到降低 E^* 的作用，使化学反应可在较低的温度和压强下进行，或以更大的反应速率发生化学反应。

碰撞理论只适于简单气体的反应和溶液反应，对复杂反应，其反应速率常数的计算值一般比实测值大，这是因为它把具有一定结构和内部运动的分子作出如下的简化假设：看成是刚性圆球，把分子间复杂的相互作用看成是机械碰撞。实际上碰撞理论仅是一个半经验理论。

化学动力学 [Chemical kinetics] 即化学反应动力学。

碰撞理论 [collision theory] 又称有效碰撞理论，见化学反应动力学。

有效碰撞理论 [effective collision theory] 即碰撞理论。

激活能 [active energy] 又称活化能，参见化学反应动力学。

活化能 [active energy] 即激活能。

催化剂 [catalyst] 在化学反应中能加快反应速度而其本身的数量和化学性质在反应前后保持不变的物质。催化剂只能加快化学反应速率，使之平衡提早达到而不能改变状态。它能使反应速率加快的原因，是因为它改变了反应途径，而新的途径其激活能 (又称活化能，见化学反应动力学) 较小，而激活能的减小能明显提高反应速率。常用的催化剂主要有金属、金属氧化物和无机酸等。

酶 [enzyme] 是一类由活细胞产生的具有催化、活性和高度专一性的特殊蛋白质。酶是生命活动中必不可少的，没

有酶就没有生命。酶是参与生化反应的催化剂，它能降低生化反应的激活能（或称活化能），从而加快反应速率（见"化学反应动力学"及"催化剂"）。酶在反应过程中本身不被消耗或增生，从而能反复使用。酶和一般催化剂的不同点是：(1)酶催化的一切反应都是在较温和的条件下进行的，而不少化学反应的催化剂却在较高温度与压强下进行。在生物体外，酶很易失去催化活性；(2)酶具有高度专一性，对其作用底物有严格选择性，正像一把钥匙开一把锁一样；(3)酶的活性是受调节和控制的，从而保证生物机体有条不紊地新陈代谢。

真空 [vacuum] 对真空这一名词，在物理上与在工程技术上有完全不同的理解。在中国古代及古希腊，真空表示虚空——一无所有的空间。但到 18、19 世纪有所谓"以太论"，认为宇宙空间到处充满一种绝对静止的物质——以太，它是光波赖以传播的媒质。19 世纪 80 年代的迈克耳孙-莫雷实验动摇了以太论，20 世纪初狭义相对论的出现最后彻底否定了以太的存在。

现代物理学认为，量子场是物质存在的基本形式，量子场的激发或退激即代表粒子的产生或消失。量子场系统的基态（即能量最低的状态）就是真空。这一基态形成了自然界的某种背景，一切物理测量都相对于这一背景进行。既然真空是量子场系统的基态，而量子场本身就是一种物质，所以真空并不是没有任何物质的空间，按照量子场论，在真空中各量子场可发生相互作用，因而可出现"真空涨落"（即真空中可不断地有各种虚粒子的产生、消失和相互转化），也可出现"真空凝聚"（即出现某种粒子束缚态和集体激发态的相干凝聚）。此外还有所谓"真空极化"、"真空对称性自发破缺"、"真空相变"等，其情况是相当复杂的。

真空是量子场的一种特殊状态，它已成为现代物理中已由实验证实的一个基本概念。真空理论的发展，不仅为粒子物理学提供了新的概念、新的物理图像与新的思路，而且也揭露了现存理论中某些深刻的矛盾。直至今天，人类对真空的认识还只处于初级探索阶段。

在工程技术上所讲的真空，是指其压强低于大气压强的稀薄气体状态。气体稀薄的程度称为真空度，人们获得稀薄气体的技术就是真空技术。

早在晋朝我国的炼丹家和医生葛洪即介绍了"拔火罐"法，这是将真空技术应用于医学的例子。17 世纪，伽利略在研究从矿井抽水时，发现泵汲水高度不能超过 10m。伽利略曾假定吸管内存在一"真空力"，而"真空力"能拉起 10m 高的水柱。不久，托里拆利（E. Torricelli）做了著名的"托里拆利真空"实验，从而否定了"真空力"的存在，同时证明了大气压的存在。而托里拆利管就是最早的大气压强计，1648 年帕斯卡（B. Pascal）在高山上测量大气压强，从而发现大气压与地面高度有关的思想。1654 年德国马德堡市市长盖利克

（O. von Guericke）做了著名的马德堡半球实验，从此以后，真空的存在已无人怀疑了。真空技术首次进入实用性的研究是普吕克尔（J. Plücker）和盖斯勒（H. W. Geissler）于 1858 年发明了真空放电管。以后 1904 年弗莱明（J. A. Fleming）发明了二极电子管，1907 年德福雷斯特（L. de Forest）发明了三极电子管。他们的发明为 20 世纪无线电技术的兴起和蓬勃发展奠定了坚实基础。现代真空技术的发展已和科学技术、工业生产和日常生活紧密联系在一起，空间技术的发展把真空技术推向一新的阶段。

实际上，真空是相对的。充有气体的容器越大，能称为真空的气体的压强也应越低，这是因为它要求所充气体的平均自由程也相应增大。例如在微孔容器中，若孔的大小仅为 10^{-8} m，则即使微孔中气体压强为 $1 \times 10^5 Pa$ 仍可近似认为微孔容器处于真空中，因为在该压强下的分子平均自由程为 10^{-8}m 数量级，与微孔孔径同数量级。

国际单位制中，真空度以压强单位帕（Pa）来度量，但由于历史原因，真空技术领域中至今仍习惯以托（Torr，即 mmHg）来表示真空度。真空度的覆盖范围应从 $1.01 \times 10^6 Pa$（即 760 Torr）直到 $p \to 0$ 的压强（目前技术上能达到的最高真空度约为 10^{-14} Torr）。由于气体的输运性质在不同的真空范围内是不同的，故必须对真空度划分一些范围。虽然气体是否处于真空状态，不仅与气体压强有关，也与容器线度有关，但对通常的气体容器来说，其划分真空的范围基本是一致的。下表列出了低真空、中真空、高真空、超高真空及极高真空的五级划分范围。

真空度变化的某些特征

特征	真空度				
	低	中	高	超高	极高
给定真空度的典型压强/$(1.33 \times 10^2 N \cdot m^{-2}=1Torr)$	$760 \sim 1$	$1 \sim 10^{-3}$	$10^{-3} \sim 10^{-7}$	$10^{-7} \sim 10^{-11}$	10^{-11} 以下
在 300K 时的分子数密度/m^{-3}	$10^{25} \sim 10^{22}$	$10^{22} \sim 10^{19}$	$10^{19} \sim 10^{15}$	$10^{15} \sim 10^{11}$	10^{11} 以下
热传导黏度系数与压强的关系	无关	由参量 $\bar{\lambda}/L$ 决定	正比于压强	正比于压强	

获得真空的装置主要有：(1) 机械泵（如活塞泵、旋片泵，通常所见的机械泵常是旋片泵）；(2) 扩散泵：用高速运动的气流，把扩散进泵体内的，与气流发生碰撞的气体分子一起带走（增压泵的原理也同于此）；(3) 低温泵：利用气体分子与低温物体表面碰撞时被冷凝冻结在低温表面上，从而提高气体真空度；(4) 吸附泵：利用活性炭、分子筛等易于吸附气体的特性（在低温下它们的吸附效率更高）来提高真空度。以上几种原理在真空系统中被较普遍地使用，特别是旋片泵与扩散

泵。除上述几种泵外，还有离子泵，催化泵等。

人们常把测量真空度的仪器称为真空规。在不同真空度范围内应使用不同类型的真空规。在低真空范围可使用水银气压计或麦克劳规 (一种利用玻意耳定律测量低气压的仪器)，在中真空范围内主要使用热电偶真空计，它是利用真空度不同时其气体热导率不同的性质来测量真空度的。高真空及以上范围内真空度的测量主要用电离真空规。在电离规中，先使规中气体电离，测出被电离出的电子数量即可确定离子流强度，然后把它换算成气体的真空度。

电离规可测量到 10^{-11} Torr 的压强。

真空技术在科研、生产及人们日常生活中有极广泛的应用。真空技术的应用主要有以下几方面: (1) 利用真空与地面大气之间压强差而进行流体的输运，例如离心式液体泵或鼓风机、吸尘器等; (2) 利用气体分子数密度小、平均自由程长的特点可制造电光源、电真空器件; (3) 由于真空中氧含量少，工作物不易氧化可进行真空焊接、真空冶炼; (4) 利用真空的低气压可进行某些低熔点金属 (如 Mg、Li、Zn) 的分馏、纯化，进行某些高沸点、高纯化学试剂的真空分馏; (5) 利用真空下物质易于蒸发特点可进行真空镀膜，由此制造高真空的反射膜、透射膜、导电膜、磁性膜、半导体膜等。从真空容器中蒸发出的气体透过器壁小孔泻流逸出后，透过准直狭缝形成分子束。而分子束技术在科研及新技术中有重要应用，如分子束外延技术。另外，利用真空易于蒸发特点可进行低温脱水，真空干燥等。

耗散结构 [dissipative structure] 远离平衡态的开系通过耗散过程自发地出现空间结构或时间结构、时空结构的现象。属于空间结构的如贝纳尔 (Bénard) 对流、地幔对流等; 属于时间结构的如化学振荡等。耗散结构的出现，说明系统对称性减小，因而变得更有序。这说明耗散结构是一种自发的从无序向有序的转变，很类似于从液体变为晶体的相变。因而称为非平衡相变 (因为它是在远离平衡态发生的)。又由于这种有序结构是好像诸分子自发发生的宏观现象，因而称为自组织现象，这种有序结构也被称为自组织结构。

耗散结构只出现在远离平衡态的开系，这种系统呈现非线性，而非线性系统会失去稳定性，失稳的系统会对合适的涨落放大从而出现自组织结构，而耗散的存在又可使所出现的结构能稳定存在。1969 年普利高金 (I. Prigogine) 将远离平衡态的开系通过能量耗散过程产生和维持的时间或空间有序结构称为耗散结构。总之，耗散结构有特点: (1) 耗散结构一定发生在远离平衡态的开放系统中，而且一定出现在能量耗散的系统中，它要靠外界不断供应能量或物质才能维持。这是与平衡相变中产生的结构，例如晶体中的原胞结构完全不同，后者在封闭的孤立系统中仍能稳定存在; (2) 只有当控制参数 (例如温度差、流速等) 达到一定 "阈值" 而产生失稳时，它才突然出现;(3) 它具有时间或空间的结构，其对称性低于达到阈值前的状态，因而是一种非平衡相变; (4) 耗散结构是一种非线性现象; (5) 耗散结构虽是旧状态不稳定的产物，但它一旦产生，就具有相当的稳定性，不被任何小扰动所破坏。

耗散结构这一名词的产生，标志着人们对不可逆过程和对有序无序问题的认识有了一个重大的飞跃。按照传统的观点，不可逆过程总是一种有害的东西，因为它总是耗散能量、浪费有用功。但根据耗散结构的概念，不可逆过程也可在建立有序方面起到积极作用。

自组织现象 [phenomena of self organization] 见耗散结构。

非平衡相变 [non-equilibrium phase transition] 见耗散结构。

贝纳尔对流 [Bénard convection] 在远离平衡态的系统所发生的热对流，它具有宏观的空间有序结构，是耗散结构的一种存在形式。法国学者贝纳尔 (Bénard) 于 1990 年发现如下现象: 他在很大的水平放置的扁平圆形容器内充满一层液体，其液面与容器的底分别与 T_1, T_2 温度热源接触，且 $T_2 > T_1$。在温度差 $\Delta T = T_2 - T_1$ 不大时，系统的传热能达到稳态，这时在同一高度的水平截面上各点的宏观特征均相同，因而具有水平方向的平移不变性。可是，一旦其温度差 $\Delta T = T_2 - T_1$ 达到并超过某一临界值 ΔT_c 时，从上面俯视扁平容器，发现液体表面出现较规则的六角形图案，每个六角形中心的液体均向上流 (或向下流)，而边界处的液体均向下流 (或向上流)。从纵剖面可看到流体在作一个个环流，相邻环的环流方向相反，这种规则的水花结构称为贝纳尔对流图案。1969 年普利戈金 (I. Prigogine) 在贝纳尔对流基础上提出了耗散结构学说。

化学振荡 [chemical oscillation] 在化学反应中出现其反应物 (或生存物) 的浓度均匀一致地随时间而来回振荡现象。这是一种在时间尺度上的有序结构，只有在远离平衡态的开系才可能产生。这也是一种耗散结构。化学反应动力学指出，在外界条件不变情况下，化学反应净速率将越来越小，最后趋于动态平衡，但是 1921 年雷勃发现了另一种化学反应，它在反应进程中某些成分会随时间忽高忽低地作周期性变化，这称之为化学振荡或化学钟。1958 年苏联化学家别洛索夫 (Belousov) 和扎鲍廷斯基 (Zhabotinski) 所发现的 B-Z 反应 (取这两位化学家的姓中的第一个字母来命名) 是一个典型的例子。他们将 $Ce_2(SO_4)_3$, $KBrO_3$, $CH_2(COOH)_2$, H_2SO_4 及几滴亚铁灵试剂混合起来，再加以搅拌，则溶液的颜色会在红色与蓝色之间振荡。其颜色的振荡变化对应于 3 价铈离子与 4 价铈离子间作振荡转化，而铈离子总量恒定不变。这就是化学振荡现象。化学振荡也可发生在生化反应中，如新陈代谢中的糖酵解反应也会出现振荡现象。

3.1.3 液体与表面

液态 [liquid state]　液态与气态不同，它有一定的体积。液态又与固态不同，它有流动性，因而没有固定的形状。除液晶外，液态与非晶态固体一样均呈各向同性，这些都是液态的主要宏观特征。

(1) 液态的微观结构

通常晶体熔解时体积将增加 10% 左右，可见液体分子间平均距离要比固体大 2%～3%。这说明，虽然液体中的分子也与固体中分子一样一个紧挨一个排列而成，但却不是具有严格周期性的密堆积，而是一种较为疏松的长程无序、短程有序堆积。这是液体微观结构的重要特征之一。下面我们举一个二维系统的例子予以说明。若认为每一个粒子都是大小相同的刚性球，将这些小球堆积后的图形如图 (a) 所示。这是一种规则的晶体结构。每一个粒子周围有六个最近邻粒子。但是若先在某个中心粒子周围排列五个粒子，然后由里向外，也按每一个原子周围均有五个近邻粒子那样去排列，就得到图 (b) 的图形，它是比较疏松的排列，而且离开中心粒子愈远，粒子的排列也愈杂乱，粒子之间的空隙也越大。这样的系统仅在中心粒子周围数个粒子直径的线度内反映出具有排列的有序性。我们就把能反映出一定的排列规律性的粒子的群体称为一个单元。液体由很多个类似这样的单元组成，同一单元中粒子排列取向相同，相邻单元中粒子的排列取向各不相同。上述结构与非晶态固体十分相似。所以说液体具有短程有序、长程无序的特征。

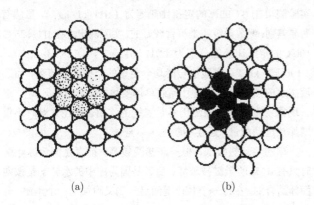

(a)　　　　(b)

液体在小范围内有"半晶体状态"的微观结构。每个液体分子周围由最邻近的分子围绕着，形成某种规则的几何构形，但这种规则性只能维持在几个分子直径之内。即使这样的几何构形也是各不相同且变化不定的。不仅不同分子周围的几何构形会有差异，而且任何一种几何构形保持一定时间后均会被破坏。也有人把这种具有局部的"结晶结构"的单元称为类晶区。

此外，因为液体分子排列得较为松散，液体内部就有许多微小的空隙，因而在液体中可溶解或吸收少量气体分子。液体沸腾需先在液体内部形成气泡，而气泡又是由溶解在液体内部的气体分子积聚而成的。水生生物就是依靠在水中溶解的空气而得到氧气的。

实验充分说明，液体中的分子与晶体及非晶态固体中的分子和原子一样在平衡位置附近作振动。在同一单元中的液体分子的振动方向基本一致，不同单元中分子的振动方向各不相同，这一点与多晶体有些类似。但是，在液体中这种状况仅能保持一短暂的时间。以后，由于涨落等其他因素，单元会被破坏，并重新组成新的单元。液体中存在一定的分子间隙也为单元的破坏及重新组建创造了条件。虽然任一分子在各个单元中居留的时间长短不一，但在一定的温度、压强下，液体分子在单元中的平均居留时间 $\bar{\tau}$ 却是相同的。一般分子在一个单元中平均振动 $10^2 \sim 10^3$ 次。对于液态金属，$\bar{\tau}$ 的数量级为 10^{-10}s。

液体具有长程无序、短程有序性质，它既不像气体那样分子之间相互作用较弱；也不像固体那样，分子间有强烈的相互作用，而且由于短程有序性质的不确定性和易变性，很难像固体或气体那样对液体作较严密的理论计算。有关液体的理论至今还不是十分完美的。

(2) 液体的物理性质

实验发现，通常在压强不变时液体的体胀系数随温度升高而略有增加，在温度不变时又随压强增大而略有减小。液体的体胀系数与下列两个因素有关：一是分子势能曲线中吸引力与排斥力的不对称性，这与产生固体热膨胀的机理类同；二是液体内部存在空隙，这种空隙使液体有类似海绵的特征，所以液体的体胀系数比固体大些。表 1 列出了一些液体的体膨胀系数 α 的数值。

表 1　液体的体膨胀系数 α

物质	水					乙醇	乙醚	苯	水银	硫酸
$t/^\circ\mathrm{C}$	5～10	10～20	20～40	40～60	60～80	20	20	20	20	20
$\alpha \times 10^{-5}$ /$^\circ\mathrm{C}^{-1}$	0.053	0.150	0.302	0.458	0.587	1.12	1.63	1.24	0.182	0.558

由能量均分定理可知。热容取决于分子或原子的热运动形式。按杜隆 - 珀替定律，固体的摩尔定容热容为 $3R$，说明每个固体分子都在作三维振动。实验又表明，在熔解的前后，固体与液体的热容相差甚小 (见表 2)，说明液体分子也是在平衡位置附近作振动。另外，虽然固体的体胀系数很小，因而可认为固体的 $C_{p,m} \simeq C_{V,m}$，但液体的体胀系数比固体大得多，所以液体的 $C_{p,m} - C_{V,m}$ 要比固体大。例如对于 20K 的液氢，其

$$C_{p,m} = 18.42\mathrm{J} \cdot \mathrm{mol}^{-1} \cdot \mathrm{K}^{-1}, \quad C_{V,m} = 11.72\mathrm{J} \cdot \mathrm{mol}^{-1} \cdot \mathrm{K}^{-1}$$

表 2　固体在熔解前后的定压摩尔热容量

(单位: $J \cdot mol^{-1} \cdot K^{-1}$)

物质	钠 Na	汞 Hg	铅 Pb	锌 Zn	铝 Al	氯化氢 HCl	甲烷 CH$_4$
(固) $C_{p,m}$	31.82	28.05	30.14	30.14	25.71	51.37	41.87
(液) $C_{p,m}$	33.50	28.05	32.24	33.08	26.17	61.81	56.52

在 298K 时的水, 其 $C_{p,m} = 75.41 J \cdot mol^{-1} \cdot K^{-1}$, $C_{V,m} = 74.64 J \cdot mol^{-1} \cdot K^{-1}$。实验还证实, 液体的热容与温度有关。例如水的热容在 313K 附近有一明显的极小值。

与气体不同, 液体的黏性较气体大, 且随温度的升高而降低。这是因为液体分子受到它所在单元中其他分子作用力的束缚, 不可能在相邻两层流体间自由运动而产生动量输运之故。液体的黏性与单元对分子的束缚力直接有关。单元对分子束缚的强弱体现在单元中分子所在势阱的深度 E_d 的大小上, 而 E_d 又决定了分子在单元中的平均定居时间 $\bar{\tau}$。因为 $\bar{\tau}$ 越长, 流体的流动性就越小, 而流动性小的流体的黏度大。可估计到, η 应该与 $\bar{\tau}$ 有类似的变化关系。实验证实, 液体的黏度

$$\eta = \eta_0 \cdot \exp(E_d / kT)$$

其中 η_0 是某一常数。

水的结构与物理性质 [structure and physical property of water]　水是人们生活中最常见也是最重要的物质之一。水是最重要的溶剂, 因而水是生物体中最主要的组成部分, 水是生命之源。水也具有一些与其他液体不同的物理和化学性质, 有关水的各种问题, 值得大家去关心。

(1) 水的结构气态时, 单个水分子的结构已准确测定。其中 O—H 键的键长为 95.72×10^{-12} m, 两个 O—H 键之间夹角为 $104.52°$。但在液态时 (水) 以及固态时 (冰) 或水合物晶体中, 水分子的结构与气态完全不同。水是极性分子, 它的正电性一端 (H) 常和负离子或其他分子中的负电性结合形成氢键 (例如 O—H$\cdots$O、O—H$\cdots$N、O—H$\cdots$Cl 等, 其中的虚线线段表示氢键, 实线段表示共价键)。负电性的一端 (O) 常和正离子或其他分子中的正电性一端结合成氢键 (例如 O$\cdots$H—O、O$\cdots$H—N), 或和 $M^{n\pm}$ 配位, 形成水合离子。日常生活中见到的冰、霜、雪均呈四面体的结构形式。

水分子与另外四个水分子搭成一个正四面体的结构。每个氧原子周围有四个氢原子, 其中有两个氢原子离得较近, 它们与氧原子以共价键结合, 另外两个氢原子离得稍远, 它们以氢键相结合。这四个氢原子中的每一个又分别联结另外一个氧原子。其中两个氢原子以共价键与氧原子结合, 而另外两个氢原子以氢键与氧原子结合。这四个氧原子正好位于正面体的四个顶点上。这是一种较为疏松的结构, 故冰的密度较小。至于水在液态时的结构, 已研究得很多。水中存在相当多

的 O—H$\cdots$O 氢键, 也可存在类似于冰那样的四面体结构, 这些均已被实验所证实。但水的真实结构图像尚不十分清楚, 因而目前对磁化水、π 水等的结构、作用和机理也都有待研究。

(2) 水的反常膨胀: 人们都熟知水有反常膨胀现象。冰熔解时体积反而变小, 水的密度不是在 0°C, 而是在 4°C时最大。这是因为冰和水中都有以氢键相结合的部分。当冰熔解为 0°C的水时, 热运动能破坏了部分氢键的结构, 部分水分子填补了原来的四面体结构中的空隙, 故 0°C的水要比 0°C的冰的密度大。水的温度从 0°C逐渐升高时, 有两种使其密度改变的因素: 一是由于继续有部分氢键遭破坏, 空隙继续被水分子填入而使密度增加; 另一种是正常液体的热膨胀现象。在 4°C以下第一种因素占优势, 故在 0~4°C, 其密度随温度升高而增加, 这就是水的反常膨胀现象。4°C以上第二种因素占优势, 发生正常膨胀。正因为冰的密度比水小, 而水在 4°C时密度又最大, 因而江河湖海一般不致冻结到底, 使水生生物得以越冬。除冰以外, 铋、锑也有熔解时的反常膨胀。

(3) 水的其他物理性质: 水有很高的摩尔热容。按能量均分定理, 水蒸气 (有 6 个自由度) 的摩尔定体热容为 $3R$, 故其比热容为

$$c_V = 3 \times \frac{8.31}{0.018} \, kJ \cdot kg^{-1} = 1.385 \, kJ \cdot kg^{-1}$$

实验测得水汽在 0°C时的比热容为 $1.396 \, kJ \cdot kg^{-1}$, 说明符合较好。按杜隆-珀替定律, 冰的定体摩尔热容也是 $3R$, 由于固体的 $C_p \approx C_V$, 故其定压比热容 $C_p \approx C_V = 1.385 \, kJ \cdot kg^{-1}$, 实验测得在 0°C的冰的定压比热容为 $1.911 \, kJ \cdot kg^{-1}$, 虽然有明显差别, 但数量级还是符合较好。实验测出水在 0°C、25°C、100°C的定压比热容分别为 $4.217 \, kJ \cdot kg^{-1}$, $4.168 \, kJ \cdot kg^{-1}$, $4.196 \, kJ \cdot kg^{-1}$, 实验值与能均分定理的结果相差较大, 而且液态水的热容不随温度升高而单调变化 (先降低后升高)。这一现象发生的主要原因仍然是氢键的作用。水在升温时不仅增加热运动能量, 还要不断地破坏氢键。

冰的熔解热较低, 但升华热又较高。前者是因为冰熔解时只有 15%的氢键被破坏; 后者是因为冰中的水分子是按四面体结合的, 在每一个共价键的另一侧又附加上一个氢键。升华时破坏的键能多。

水的汽化热很高, 甚至比任何氢化物都要高得多。这是因为当温度升高到沸点时, 水中仍有相当数量的氢键。

水的黏度和表面张力系数均较大, 这也是因为水中存在氢键, 分子之间作用力加强。

水是应用最广的极性溶剂。水是极性分子, 所以水有很高的介电常数。水又可形成氢键, 因而水对盐类有极高的溶解能力。水可溶解如氯化钠、硫酸那样的离子化合物, 以及如氨、糖、氯化氢等许多有极性的共价键分子。在硫酸分子溶

解于水的过程中，由于水分子的正负极分别与 SO_4^{2-} 离子及与 H^+ 之间的作用力均大于硫酸分子内部离子间作用力，所以当硫酸分子被加入水中时，具有极性的水分子会将硫酸分子拆开，使每个离子均被水分子所包围。水分子的负极性与 H^+ 结合，而水分子的正极性与 SO_4^{2-} 离子结合。在这种溶解过程中常伴有能量的释放和吸收，所释放的能量称为溶解热。例如未溶解前一个硫酸分子的能量要比溶解后硫酸离子的总能量高 0.8eV，所以硫酸溶解于水时会发热。像硫酸那样溶解于水时会产生离子的物质称为电解质。极性共价键分子溶于水时并不产生离子，不过它的正极性端也面对水分子的负极性端，它的负极性端也面对水分子的正极性端，这样同样能组成溶液。

水对红外光的吸收能力特强。实验发现，纯水对波长在 $(1.7 \sim 2.1) \times 10^{-6}$ m 范围内的红外光其吸收能力明显强于水对其他波长光的吸收，且明显强于一般的其他分子对该红外光的吸收。这一性质有很多实际应用。如工业上的低温高效干燥器的原理是，从红外辐射器辐射出来的红外光，照射在含水物体上，大部分为水所吸收，使水分子很快被蒸发掉，而整体温度并不高。在医疗上的红外治疗，是利用肌体中的水及其他蛋白质、糖和核酸等物质中的 O—H、N—H 键很容易吸收红外光，从而增加活动机能。

水的其他物理性质为：水在 20°C时的等温压缩系数为 4.5×10^{-10} m·N^{-1}；在 20°C时的黏度为 1.01×10^{-3} N·s·m^{-2}；水的临界温度为 647.30K，临界压强为 220.43×10^5N·m^{-2}，临界摩尔体积为 56.25×10^{-5} m^3·mol^{-1}；水在 20°C的体胀系数为 0.207×10^{-3} K^{-1}。

界面与表面 [interface and surface] 通常把固体与其他物质接触的边界层称为界面，因而有固气、固真空、固液、固固界面之分。人们把固体与气体（或与真空）的接触面称为固体表面。界面不是几何学上抽象的平面或曲面，而是具有一定厚度（一般仅几个或十几个原子的线度）的，在两个均匀相之间的不均匀的过渡层，它取决于这两个均匀相之间的热力学平衡条件。界面层的物理和化学性质与界面两侧均匀相的性质相比有显著的特殊性。在界面层中，原（离）子、分子的组分比例、排列方式、原（离）子间电子转换的数量不同于体内，因而其化学键的特征等都同体内不同，以适应界面层中的电势分布。所以，在界面层中电子的状态、原子振动模式及它们同电磁场相互作用的模式等均不同于体内。其杂质和缺陷在界面层中的分布和聚合状况也与体内不同。它可发生成分的偏析、结构的变化、电子态的改变，也可形成吸附层或表面化合物等。表面的物理状态对固体的许多物理、化学性质有很大的影响，如金属和合金的腐蚀、断裂和氧化、磨损等；又如催化剂表面上进行的化学反应速率就和表面上的吸附、凝聚等密切有关。再如半导体表面的研究一直是器件

工艺和物理研究中的重要课题，它促进一些新表面器件的发展，对电子技术、计算机技术的发展产生新的影响。表面物理学的研究成果也对冶金学、材料科学、固体物理、石油化工、半导体和微电子学、真空技术等的发展起着重要的影响。

液体的表面现象 [surface phenomena of liquids] 发生在液体与气体或液体与不相互溶解的另一种液体的接触界面（这种界面称为自由表面）上的现象，其中最为简单的是液体与气体接触的表面所发生的现象。

(1) 表面张力与表面张力系数

很多现象表明，液体表面有尽量收缩表面积的趋势，使液体像张紧的膜一样，可见在液体表面存在一种表面张力。表面张力是作用于液体表面的切面上，使液体表面具有收缩趋势的拉力。若在液体表面上任意画一条假想的其长度为 l 的直线段，则在直线段两侧垂直于该线段上，均作用有与液面相切的其数值相等方向相反的表面张力 f。定义单位长度上的表面张力为表面张力系数 σ，则

$$f = \sigma l \tag{1}$$

σ 的单位为 N·m^{-1}。

(2) 表面能与表面张力系数

从微观上看，表面张力是由于液体表面的过渡区域（称为表面层）内分子力作用的结果。表面层厚度大致等于分子引力的有效作用距离 R_0，其数量级约为 10^{-9}m，即二、三个分子直径的大小。设分子互作用势能是球对称的，

我们以任一分子为中心画一以 R_0 为半径的分子作用球，在液体内部，分子作用球内其他分子对该分子的作用力是相互抵消的，但在液体表面层内却并非如此。若液体与它的蒸气相接触，其表面层内分子作用球中或多或少总有一部分是密度很低的气体，使表面层内任一分子所受分子力不平衡，其合力是垂直于液体表面并指向液体内部的。在这种分子力的合力的作用下，液体有尽量缩小它的表面积的趋势，因而使液体表面像拉紧的膜一样。表面张力就是这样产生的。当外力 F 在等温条件下扩大肥皂膜的表面积时，一部分液体内部的分子要上升到表面层中，而进入表面层的每一个分子都需克服其方向指向液体内部的分子力的合力做功。扩大 dA 表面积所做的功为 d$W = \sigma$dA。既然分子力是一种保守力，外力克服表面层中分子力的合力所做的功便等于表面层中的分子引力势能的增加，我们把这种分子引力势能称为表面自由能 $F_表$（有时又称为表面能），故

$$dW = dF_表 = \sigma dA \tag{2}$$

由式 (2) 可知，表面张力系数 σ 就等于在等温条件下增加单位表面积液体表面所增加的表面自由能。它的单位也可写成 J·m。

(3) 表面张力系数与温度的关系

它可以表示为 $\mathrm{d}\sigma/\mathrm{d}T < 0$。例如，纯水的表面张力系数可表示为

$$\sigma = \sigma_0 \left(1 - \frac{t}{t'}\right)^n \tag{3}$$

其中 σ_0 是 $t = 0^\circ\mathrm{C}$ 时的表面张力系数；t' 是比水的临界温度 t_c 低几度的摄氏温度，它是一常数；n 也是一常数，其数值在 1 与 2 之间。当 $t' \leqslant t \leqslant t_c$ 时，$\sigma = 0$，这是因为液体处于临界点时，其液相与之平衡的气相之间的密度差异已趋于零之故。在 $0^\circ\mathrm{C} < t < t'$ 时的 σ 随温度 t 增大而减小的物理解释是因为随着温度的升高，气相中蒸气的密度增加，致使液体表面层中分子的分子作用球内气相与液相的分子数密度差异减少，因而该分子受到的分子力的合力（其方向指向液体内部）减少，故表面张力系数减小。下表列出了一些液体的表面张力系数。

与空气接触的液体的表面张力系数

液体	$t/^\circ\mathrm{C}$	$\sigma/(10^{-3}\mathrm{N}\cdot\mathrm{m}^{-1})$	液体	$t/^\circ\mathrm{C}$	$\sigma/(10^{-3}\mathrm{N}\cdot\mathrm{m}^{-1})$
水	0	75.6	O_2	−193	15.7
	20	72.8	水银	20	465
	60	66.2	肥皂溶液	20	25.0
	100	58.9	苯	20	28.9
CCl_4	20	26.8	乙醇	20	22.3

(4) 弯曲液面附加压强

当液面为曲面（例如球面）时，从液面中隔离出某一曲面（例如某一球冠），曲面边界线上受到曲面外侧的表面张力不在同一平面上，其合力的"水平"分力可相互抵消，但"竖直"分力的合力不为零，这一合力被除以曲面的"水平"投影面积就是表面为曲面的表面张力所产生的附加压强 $p_\text{附}$。可以证明，对于球面内（如液滴内部或液体中气泡内）的压强 $p_\text{内}$ 要比球面外的压强 $p_\text{外}$ 大如下数值

$$p_\text{附} = p_\text{内} - p_\text{外} = \frac{2\sigma}{R} \tag{4}$$

其中 R 为球面的半径。显然，肥皂泡内要比肥皂泡外大 $4\sigma/R$ 的附加压强。

若曲面不是球面，则可在曲面上任取一点 O，过 O 点作相互垂直的正截面 P_1 与 P_2，截面与弯曲液面相交截得 A_1B_1 及 A_2B_2，如果 A_1B_1 和 A_2B_2 的曲率中心分别为 C_1 和 C_2，且 C_1 和 C_2 同在凸曲面内侧，其曲率半径分别为 R_1 与 R_2，则这样的弯曲液面所产生的附加压强为

$$p_\text{附} = \sigma\left(\frac{1}{R_1} - \frac{1}{R_2}\right) \tag{5}$$

这称为拉普拉斯公式。我们定义曲率中心在凸曲面内侧的曲率半径为正，否则为负。

拉普拉斯公式不仅适于弯曲液面，也适于弹性曲面（如橡皮曲面膜、血管等）所产生的附加压强。如半径为 R 的弹性管腔及血管，若单位长度的膜张力为 T，则附加压强为 $p_\text{附} = T/R$。在医学上这一公式可用作毛细血管跨膜压的分析。

(5) 润湿与不润湿（又称浸润与不浸润）

水能润湿（或称浸润）清洁的玻璃但不能润湿涂有油脂的玻璃。水不能润湿荷花叶，因而小水滴在荷叶上形成晶莹的球形水珠。在玻璃上的小水银滴也呈球形，说明水银不能润湿玻璃。自然界中存在很多与此类似的液体润湿（或不润湿）与它接触的固体表面的现象。润湿与不润湿现象是在液体、固体及气体这三者相互接触的表面上所发生的特殊现象。

类似于液体与气体接触表面，在液体与固体接触面的液体一侧也存在一介面层，习惯称为附着层。在附着层中液体分子平均能量既可大于液体内部分子，也可小于液体内部分子。所高出的能量称正表面能，所减少的能量称负表面能，这决定于液体分子之间及液体分子与邻近的固体分子之间相互作用强弱的情况。若固体分子与液体分子间吸引的作用半径为 l，而液体分子之间的吸引力作用半径为 R_0，则不妨设附着层的厚度是 l 与 R_0 中的较大者。现考虑附着层中某一分子 A，它的分子作用球如图所示，作用球的一部分在液体中，另一部分在固体中。由于 A 分子作用球内的液体分子的空间分布不是球对称的，球内液体分子对 A 分子吸引力的合力不为零。若把这一合力称为内聚力。则内聚力的方向垂直于液体与固体的接触表面而指向液体内部。若把固体分子对 A 分子的吸引力的合力称为附着力。则附着力的方向是垂直于接触表面指向液体外部。虽然附着层中的分子离开固体与液体接触面的距离可各不相同，使所受到的内聚力与附着力也不同，但对于附着层内的分子说来，总存在一个平均附着力 $f_\text{附}$ 及平均内聚力 $f_\text{内}$。若 $f_\text{附} < f_\text{内}$，附着层内分子所受到的液体分子及固体分子的分子力的总的合力的方向指向液体内部。这时与液体表面层内的分子一样，附着层内分子的引力势能要比在液体内部分子的引力势能大。显然，这时的表面能是正的。相反，若 $f_\text{附} > f_\text{内}$，附着层内分子受到的总的合力的方向指向固体内部，说明附着层内分子的引力势能比液体内部分子的引力势能要小，则附着层内分子的表面能是负的。我们知道，在外界条件一定的情况下，系统的总能量最小的状态才是最稳定的。若 $f_\text{附} > f_\text{内}$，液体内部分子尽量向附着层内跑，但这样又将扩大气体与液体接触的自由表面积，增加气液接触表面的表面能。总能量最小的表面形状是如图 (a) 所示的弯月面向上的图形，这就是润湿现象。与此相反，若 $f_\text{附} < f_\text{内}$，就有尽量减少附着层内分子的趋势，而附着层的减小同样要扩大气液的接触表面，最稳定的状态是如图 (b) 所示的弯月面向下的表面形状，这就是不润湿现象。

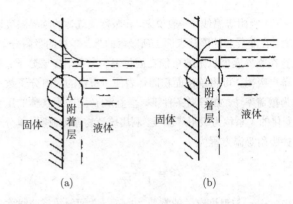

(a)　　　　(b)

润湿、不润湿只能说明弯月面向上还是向下，不能表示弯向上或弯向下的程度。为了能判别润湿与不润湿的程度，引入液体自由表面与固体接触表面间的接触角 θ 这一物理量。它是这样定义的：在固、液、气三者共同相互接触点处分别作液体表面的切线与固体表面的切线（其切线指向固液接触面这一侧），这两切线通过液体内部所成的角度 θ 就是接触角。显然，$0 \leqslant \theta < 90°$ 为润湿的情形，$90° < \theta \leqslant 180°$ 为不润湿的情形。习惯把 $\theta = 0°$ 时的液面称为完全润湿，$\theta = 180°$ 的液面称为完全不润湿。例如，浮在液面上的完全不润湿的均质立方体木块所受的表面张力的方向是竖直向上的，这时物体的重力被浮力与物体所受的表面张力所平衡。若液体能完全润湿木块，重力与表面张力的合力方向向下，这时重力与表面张力被浮力所平衡，木块浸在液体中的体积要相应增加。

(6) 毛细现象

内径细小的管子称为毛细管。把毛细玻璃管插入可润湿的水中，可看到管内水面会升高，且毛细管内径越小，水面升得越高；相反，把毛细玻璃管插入不可润湿的水银中，毛细管中水银面就要降低，内径越小，水银面也降得越低，这类现象就称为毛细现象。毛细现象是由毛细管中弯曲液面的附加压强引起的。若将内径较大的玻璃管插入可以润湿的水中，虽然管内的水面在接近管壁处有些隆起，但管内的水面大部分是平的，不会形成明显的曲面，不会产生附加压强，故管内外液面处于相同高度。但是，若插入水中的是毛细圆管，则管内液面便形成半径为 R 的向上凹的曲面。

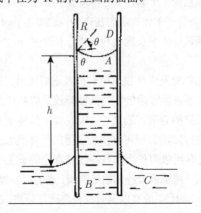

附加压强使图中弯月面下面的 A 处压强比弯月面上面的 D 点压强低 $\dfrac{2\sigma}{R}$，而 D、C、B 处的压强都等于大气压强 p_0，所以弯曲液面要升高，一直升到其高度 h 满足

$$p_0 - p_A = \frac{2\sigma}{R} = \rho g h \tag{6}$$

的关系为止，其中 ρ 为液体的密度。由图 2 可见，毛细管半径 r，液面曲率半径 R 及接触角 θ 间有关系 $R = r / \cos\theta$，将它代入式 (6)，可得

$$h = \frac{2\sigma \cos\theta}{\rho g r} \tag{7}$$

说明毛细液面上升高度与毛细管半径成反比，也与液体润湿与不润湿的程度有关。若液体是不润湿的，这时 $90° < \theta \leqslant 180°$，$\cos\theta < 0$，$h < 0$，毛细管中液面反而要降低。

表面张力 [surface tension]　见液体的表面现象。

表面张力系数 [coefficient of surface tension]　见液体的表面现象。

液体的表面能 [surface energy of liquid]　见液体的表面现象。

负表面 [能] [negative surface energy]　见液体的表面现象。

润湿与不润湿 [wetting and not-wetting]　见液体的表面现象。

浸润与不浸润 [wetting and not-wetting]　即润湿与不润湿。

内聚力 [cohesive force]　见液体的表面现象。

附着力 [adhesive force]　见液体的表面现象。

接触角 [contact angle]　见液体的表面现象。

润湿角 [wetting angle]　即接触角。

毛细现象 [capillary phenomena]　见液体的表面现象。

表面活性剂 [surface activator]　能使液体的表面张力系数显著变小的物质，例如肥皂、洗衣粉等。实验发现，溶液的表面张力系数随溶质的浓度而变。若一种物质甲能显著降低另一种物质乙的表面张力，就说甲对乙具有表面活性。因为水是最重要的溶剂。若不另加说明，表面活性都是对水而言。水溶液中的溶质分子有疏水基团与亲水基团之分。疏水基团又称非极性基团（如碳氢链）。疏水基团和水不能形成氢键，相互作用力也较弱。亲水基团又称极性基团，如烃基，它们和水能生成氢键相互作用力较强。碳氢链和水分子间并不存在排斥作用，只是它们间的吸引力小于水和极性基团水间的吸引力，故碳氢链表现出逃离水面自相缔合的趋势。疏水基团的相互作用是由于亲水基团有聚集在一起的倾向，从而反映出疏水基团也会聚合在一起。表面活性剂均是一些有机化学试剂。其分子结构是线型分子，且它同时兼有亲水性与疏水性。它一端带有极性基团，能和水形成氢键，因而亲水；而另一端为非极性烃基，疏水。作为表面活性剂，每个烃基应含有 8 个碳原子以上的链，才具有表面活性所具有的优良性能。表面活性剂因为含有亲水基团，具有亲水性，利用亲水性可制作洗涤剂和消泡剂。表面活性剂因为含有疏水基而具有疏水性。疏水基是亲油的。根据"相似、相容"原理，疏水基和油的结构越相近，两者亲和性越好。由于表面活性剂分子一端为疏水基 (非极性端)，另一端为亲水基 (极性端)，它在水溶液表面 (或界面) 呈定向排列，其极性端进入水相，非极性端进入空气相或油相，因而排列有序。由于排列在液体表面的极性头的亲水性，因而能明显降低水的表面张力系数，改变了表面的润湿性能，并能产生乳化、破乳、起泡、消泡、分散、絮凝等方面的作用。

亲水性 [hydrophilic interaction]　见表面活性剂。

疏水性 [hydrophobic interaction]　见表面活性剂。

固体表面吸附 [adsorption of solid surface]　在固体内部，形成点阵的每个粒子受到周围粒子的作用力而相互抵消，而位于固体表面层的粒子，仅受到固体表面层内部粒子的吸引作用，固体外部又几乎没有粒子，因而表面层中分子的合力不为零，合力方向垂直于固体表面指向固体内部，于是在固体表面层附近形成一个表面势场。当环境中的异种气体分子运动到足够靠近固体表面时，在这势场作用下被吸附到表面上，同时减少了固体的表面势能。这种现象就称为固体的表面吸附。在吸附过程中，固体所减少的表面能以热量方式不断向外释放，所释放的热量称为吸附热。被固体表面吸附的气体分子将参与固体的热运动 (振动)，那些热运动动能足够大的吸附质分子，可克服吸附剂分子的吸引力而重新回到气体中。通常在与气体接触的固体表面上总保留着一些被吸附的气体分子。温度越低，被吸附的分子也越多。

吸附作用分为两类：一种是物理吸附。在物理吸附中，吸附质分子与吸附剂分子之间的相互作用力是范德瓦耳斯力，所以物理吸附能保证吸附质分子的完整性不被破坏。例如活性炭可吸附各种气体分子，也可吸附溶液中的某些溶质分子等。物理吸附不稳定，它易于退吸附，对吸附物质无选择性，在一定温度下，任何固体表面都可吸附气体。另一种是化学吸附。在化学吸附中，吸附质分子与吸附剂分子之间形成表面化学键，使被吸附的气体分子内部结构发生变化，这类同于气体分子与固体表面层分子发生的化学反应。例如镍吸附氢时，氢气分子分解为氢原子后，再被吸附到镍的表面上。在有的化学吸附中常伴随有吸附质分子中的价电子的重新分配。化学吸附较稳定，不易退吸附，有一定的选择性。一般很难判断所产生的吸附是物理吸附还是化学吸附，因为这两种吸附常同时出现。

(1) 吸附等温线。一般说来，在吸附质气体的临界温度以上时，在非反应的固体表面上所吸附的常是单层的吸附分子。只有在临界温度以下才可能在固体表面上吸附多层分子。对于单层吸附，可将单位面积固体表面所覆盖的吸附分子数定义为覆盖率 θ。在等温条件下，覆盖率 θ 随吸附气体的压强 p 变化的关系称为吸附等温线。利用统计物理可证明，单分子层的吸附等温方程为

$$\theta = \frac{bp}{1 - bp} \tag{1}$$

其中 b 是一与温度有关的常数。θ 与 p 之间的关系曲线称为朗缪尔吸附等温线。当压强增大到一定程度，整个固体表面已差不多覆盖满一层吸附分子时，θ 已基本不变，吸附已接近饱和。另外，温度越低，也越有利于吸附，因为这时已被吸附的分子更不容易挣脱吸附剂分子的吸引力而逃逸到气体中。所以在 p 一定时，T 越小，θ 越大。因为式 (1) 中的 b 是 T 的函数，且 b 随 T 的增大而减小，所以 θ 也随 T 的增大而减小。

(2) 固体的比表面积。显然，固体表面的吸附能力不仅与被吸附气体的压强、温度有关，也与固体表面积的大小有关。通常我们所接触的是大块固体，虽然固体表面总是凹凸不平的，但单位质量固体所具有的表面积 (称为比表面积) 仍很小。为了扩大比表面积，常把吸附剂做成多孔性的物质。常用的吸附剂如分子筛、活性炭、硅胶等都是多孔性物质。

(3) 退吸附与吸附能。当吸附剂所吸附的气体分子达到饱和或接近饱和时，需进行退吸附处理，以便下次再投入使用。与吸附相反，退吸附应在加热、抽真空条件下进行。因为吸附分子热运动越剧烈，越有利于挣脱吸附剂对它作用的分子力而逸出，而抽真空不仅可把已退吸附的分子及时抽走，使之不致再次碰到固体表面而重新被吸附，而且也利于被吸附分子的逸出。因为在退吸附过程中需克服分子力做功，所以在退吸附时固体表面要吸收能量。我们把平均每个分子退吸附所需吸收的能量称为吸附能，它表示平均说来一个吸附分子比一个气态自由粒子所降低的能量。物理吸附的吸附热与升华热的数量级一般相同。简单分子的物理吸附热在 $4 \sim 20 \text{kJ} \cdot \text{mol}^{-1}$ 范围内。复杂分子的物理吸附热在 $40 \sim 80 \text{kJ} \cdot \text{mol}^{-1}$ 范围内。化学吸附热可与化学反应热相比拟，一般在 $40 \sim 400 \cdot \text{mol}^{-1}$ 范围内。

吸附在实验及生产技术中有很多重要应用。抽真空过程中，真容器表面吸附气体的慢性释放是影响抽真空的速度及真空度提高的重要因素之一。提高真空部件表面的光洁度及对表面进行清洁处理可减少所吸附的气体及表面杂质。相反，钛泵是利用吸附作用来获得超高真空的设备。若在真空容器中加入一些被液氮冷却的活性炭，也能明显提高真空度。吸附在防毒、脱色、脱臭以及对混合物进行分离、提纯及污水

处理、净化空气中都有重要的应用。它对催化剂的研究起重大作用。

吸附 [adsorption]　见固体表面吸附。

吸附热 [adsorption heat]　见固体表面吸附。

吸附能 [adsorption energy]　见固体表面吸附。

[朗缪尔] 吸附等温线 [Langmuir's adsorption isotherm]　见固体表面吸附。

物理吸附 [physical adsorption]　见固体表面吸附。

化学吸附 [chemical adsorption]　见固体表面吸附。

退吸附 [desorption]　见固体表面吸附。

比表面积 [ratio of surface area]　见固体表面吸附。

半透膜的功能 [function of semipermeable diaphragm]　膜是向二维伸展的结构体，在膜的两侧均可存在固体与气体或固体与液体间的界面。膜的基本功能是它能从物质群中有选择地透过或输送特定的物质 (如分子、离子、电子、光子等)，因而把膜视为一种基础功能材料。膜的主要功能有：

(1) 分离功能。不同气体透过膜的透过系数不同，据此可以集富所需气体 (如集富氧气)，浓缩天然气等。离子交换膜可用于海水淡化、硬水软化。反渗透膜是一种选择性薄膜 (如醋酸纤维素膜)，它只让水通过而不让盐等杂质离子通过，将未净水或盐水加压到几十或上百大气压，从而超过其渗透压，杂质离子等不能通过膜，而水可以通过，从而达到海水淡化或制备超纯水的目的。超滤膜可用于胶体分离、废液处理、溶液浓缩。透析膜用于人工肾等人工器官。

(2) 能量转化功能。它能将光能向化学能转化 (如光解水以产生氢和氧)，也可将光能转化为电能，用于有机薄膜太阳能电池，这是今后大面积利用太阳能的最好形式之一。

(3) 生物功能。例如大多数动物细胞中，细胞膜内 K^+ 的浓度高于膜外，而 Na^+ 浓度低于膜外。细胞上的膜蛋白能帮助维持这种浓度梯度，通常把这种作用分别称为钾泵和钠泵。又如肺泡的薄膜可扩张、收缩，使血液在膜上和空气接触，而血液又不会外流。在自然界中，生物体从体内细胞到外皮，其膜的功能得到精巧的发挥。

温差电效应 [thermoelectric effect]　温差电效应是由于不同种类固体的相互接触而发生的热电现象。它主要有三种效应：塞贝克 (Seebeck) 效应、佩尔捷 (Peltier) 效应与汤姆孙 (Thomson) 效应。

(1) 塞贝克效应。若将导体 (或半导体) A 和 B 的两端相互紧密接触组成环路，若在两联接处保持不同温度 T_1 与 T_2，则在环路中将由于温度差而产生温差电动势。在环路中流过的电流称为温差电流，这种由两种物理性质均匀的导体 (或半导体) 组成的上述装置称为温差电偶 (或热电偶)，这是法国科学家塞贝克 1821 年发现的。后来发现，温差电动势还有如下两个基本性质：① 中间温度规律，即温差电动势仅与两结点温度有关，与两结点之间导线的温度无关。② 中间金属规律，即由 A、B 导体接触形成的温差电动势与两结点间是否接入第三种金属 C 无关。只要两结点温度 T_1、T_2 相等，则两结点间的温差电动势也相等。正是由于①、② 这两点性质，温差电现象如今才会被广泛应用。

(2) 佩尔捷效应。1834 年佩尔捷发现，电流通过不同金属的结点时，在结点处有吸放热量 Q_P 的现象。吸热还是放热由电流方向确定，Q_P 称为佩尔捷热。其产生的速率与所通过的电流强度成正比，即

$$\frac{dQ_P}{dt} = \Pi_{12} f$$

其中 Π_{12} 称佩尔捷系数，其大小等于在结点上每通过单位电流时所吸放的热量。电流通过两种不同金属构成的结点时会吸放热的原因是在结点处集结了一个佩尔捷电动势，佩尔捷热正是这电动势对电流做正功或负功时所吸放的热量。考虑到不同的金属具有不同的电子浓度和费米能 EF，两金属接触后在结点处要引起不等量的电子扩散，致使在结点处两金属间建立了电场，因而建立了电势差 (当然，上述解释仅考虑了产生温差电现象的某一方面因素，实际情况要复杂得多)。由此可见，佩尔捷电动势应是温度的函数，不同结的佩尔捷电动势对温度的依赖关系也可不同。上述观点也能用来解释当电流反向时，两结对佩尔捷热的吸放应倒过来，因而是可逆的。一般金属结的佩尔捷电势为 μV 量级，而半导体结可比它大数个量级。

(3) 汤姆孙效应。1856 年 W· 汤姆孙 (即开尔文) 用热力学分析了塞贝克效应和佩尔捷效应后预言还有第三种温差电现象存在。后来有人从实验上发现，如果在存在有温度梯度的均匀导体中通过电流时，导体中除了产生不可逆的焦耳热外，还要吸收或放出一定的热量，这一现象定名为汤姆孙效应，所吸放的热量称为汤姆孙热。汤姆孙热与佩尔捷热的区别是，前者是沿导体 (或半导体) 作分布式吸放热，后者在结点上吸放热。汤姆孙热也是可逆的，但测量汤姆孙热比测量佩尔捷热困难得多，因为要把汤姆孙热与焦耳热区分开来较为困难。

温差电现象主要应用在温度测量、温差发电器与温差电制冷三方面。

温差发电是利用塞贝克效应把热能转化为电能。当一对温差电偶的两结处于不同温度时，热电偶两端的温差电动势就可作为电源。常用的是半导体温差热电偶，这是一个由一组半导体温差电偶经串联和并联制成的直流发电装置。每个热电偶由一 N 型半导体和一 P 型半导体串联而成，两者联接着的一端和高温热源接触，而 N 型和 P 型半导体的非结端通过导线均与低温热源接触，由于热端与冷端间有温度差

存在, 使 P 的冷端有负电荷积累而成为发电器的阴极; N 的冷端有正电荷积累而成为阳极。若与外电路相联就有电流流过。这种发电器效率不大, 为了能得到较大的功率输出, 实用上常把很多对温差电偶串、并联成温差电堆。

根据佩尔捷效应, 若在温差电材料组成的电路中接入一电源, 则一个结点会放出热量, 另一结点会吸收热量。若放热结点保持一定温度, 另一结点会开始冷却, 从而产生制冷效果。半导体温差电制冷器也是由一系列半导体温差电偶串、并联而成。温差电制冷由于体积十分小, 没有可动部分 (因而没有噪声), 运行安全故障少, 并且可以调节电流来正确控制温度。它可应用于潜艇、精密仪器的恒温槽、小型仪器的降温、血浆的储存和运输等场合。

塞贝克效应 [Seebeck effect]　见温差电效应。

汤姆孙效应 [Thomson effect]　见温差电效应。

汤姆孙热 [Thomson heat]　见温差电效应。

温差发电器 [thermo-generator]　见温差电效应。

温差电制冷 [thermoelectric cooling]　见温差电效应。

中间温度定律 [law of intermediate temperature]　见温差电效应。

中间金属定律 [law of intermediate metals]　见温差电效应。

热电效应 [thermoelectric effect]　即温差电效应。

3.2 热 力 学

3.2.1 系统的描述与规律

热力学系统 [thermodynamic system]　热力学常划分为经典热力学和不可逆热力学两部分。经典热力学方法是建立在系统处于平衡态或可逆过程的基础上, 进而引入相应热力学参量描述热力学规律和热物理性质。这些热力学参量又区分为独立参量、状态参量、强度量、广延量 (参看热学相关词条) 或相应的响应函数。

在经典热力学研究方法中, 把系统分为两类: 封闭系统和开放系统。封闭系统 (简称闭系) 是指系统粒子数不变的一类常见的热力学系统。而开放系统是指系统中粒子数可与媒质交换或粒子本身可以产生或湮没的一类系统 (参见统计物理相关词条)。

应该特别注意, 朗道 (L. D. Landau) 相变理论不仅丰富了经典热力学内容, 而且大大推广了经典热力学应用范围, 读者可参看朗道相变理论、超导热力学、液氦物理相关词条。

内参量 [internal parameter]　系统处于热力学平衡态, 是由系统本身的热物理特性与外界媒质相互作用后形成的。物理学为了应用数学语言描述热力学平衡, 及其变化规律, 必须引入相应的物理参量。若引入该系统的热力学参量本身就是该系统的宏观参量, 如系统的温度、压强、密度、化学势等, 就称它们为该系统的内参量。对于多元多相系统, 相对大系统而言, 描述每一个相的热力学参量也是该大系统的内参量。

外参量 [external parameter]　系统处于平衡态, 是由系统与媒质间相互作用形成的。那些描述由外部环境决定系统状态的热力学参量称为外参量。例如封闭在气缸中的气体体积, 是由气缸的容积决定的。所以该气体的体积就为外参量。那些处于重力场中气体系统的重力场, 处于外磁场中磁介质的磁场强度等都是典型的外参量。再如封闭在体积为 V 的二相系统。虽然 V 为外参量, 但这二相各自的体积却与该二相系统处于二相平衡的条件有关, 它们是该系统的性质, 所以这二相各自的体积却是该系统的内参量。

几何变量 [geometrical variable]　采用几何变量来描述平衡态系统。常用的有体积、比容、表面积或长度。这些变量选取的原则参看热学的独立参量和力学变量词条。

力学变量 [mechanical variable]　选用独立参量, 习惯上选取与系统元功表式相关的参量, 从这种意义而言, 经典热力学最初选择的独立参量并不是首先引入自己的物理参量, 而是借用其他学科已经定义了的物理量, 这些学科牵涉到经典力学、几何、化学和电磁学。这样做并不是热力学方法的缺点, 反而使热力学理论更具有广泛的应用性。热力学常用的力学变量有压强、张力、应力、表面张力等。

电磁变量 [electromagnetic variable]　常采用如下电磁变量为独立参量, 它们有磁场强度、磁感应强度、磁化度、电场强度、电极化强度、电动势或电荷等。这类参量选用的原则与优点请参见独立参量和力学变量相应词条。

化学变量 [chemical variable]　常用如下化学变量描述平衡态系统: 如物质的量、粒子数、组分等。

广义力 [generalized force]　参见热学相关词条。

广义位移 [generalized displacement]　参见热学相关词条。

热力学性质 [thermodynamical property]　一个材料的热力学性质, 主要是指该系统的物态方程和定压比热或定容比热。因为如果知道该系统的物态方程和定压或定容比热其中一个, 热力学理论就可以通过热力学关系求导出系统其他的热力学性质。但是大部分系统很难寻求出具体的物态方程明确的解析形式, 这样热力学就寻求描述物态相关参量的响应函数来替代。这类响应函数有该系统的膨胀系数、压缩系数或压强系数, 或相应变化表式。这些响应函数也表征一个具体系统的热力学性质。

气体物态方程 [state equation of gas]　最普通气体物态方程有理想气体物态方程和范德瓦耳斯 (van der Waals)

方程, 参见热学相关词条。

表面系统物态方程 [state equation of surface system] 液体处于临界点, 表面张力应为零, 对于纯液体与其饱和蒸气处于平衡时, 其界面表面系统典型的经验物态方程如下

$$\sigma = \sigma_0 \left(1 - \frac{t}{t_0}\right)$$

这里 σ_0 为零摄氏度时表面张力, t 是以摄氏温标的温度, 是以摄氏温标标定的临界温度, n 是液体的特征常数, 一般在 $1 \sim 2$。如纯水, $\sigma_0 = 75.5 \text{dyn/cm}$, $t_c = 374°C$, $n = 1.2$。

电介质物态方程 [state equation of dielectric] 描述电介质热力学独立参量除 pV 之外, 还有电场强度 $E(\text{V/m})$ 和电极化强度 $P(\text{C/m}^2)$。典型的电介质物态方程 (单位体积) 为

$$p = \left(a + \frac{b}{T}\right) E$$

其中, a, b 为两常数, 不同电介质的数值据实验确定。

顺磁盐物态方程 [state equation of paramagnetic salt] 顺磁盐在外磁场 H 中, 单位体积物态方程以居里 (Curie) 定律表示

$$M = n \frac{D}{T} H$$

其中, M 为磁化强度, n 是物质的量, D 是不同材料的实验常数, T 为温度。

弹性棒物态方程 [state equation of stretched wire] 弹性棒在弹性极限范围内, 可用胡克 (Hooke) 定律表示

$$F = A(T)(L - L_0)$$

其中 F 为棒中张力 (N/m), $A(T)$ 是温度函数, L 为棒长度, L_0 为当 $F = 0$ 时棒长度。

固体物态方程 [state equation of solid] 参见热学相关词条。

超导体物态方程 [state equation of superconductor] Ⅰ类超导体和理想Ⅱ类超导体在外磁场下若都是处于热力学平衡态, 除 p, V 两独立参量外, 和磁介质一样还有磁场强度 H (A/m) 和磁化强度 M (A/m) 为独立参量, 对Ⅰ类超导体, 据迈斯纳 (Meissner) 效应, 单位体积物态方程为 (不考虑退磁效应)

$$-M = H \quad (T < T_c)$$
$$M = 0 \quad (T \geqslant T_c)$$

这里 T_c 为超导转变温度。对理想Ⅱ类超导体, 在迈斯纳态仍有 $-M = H$, 但是处于混合态, 其物态分低外磁场、中外磁插和高外磁场三个区, 情况较复杂, 这里不再介绍。可参见 9.1 超导与低温物理相关词条。

超导电性唯象理论原则上都是热力学课题, 但是习惯上把以超导物态方程为基础所讨论的热力学内容称超导热力学。

热力学规律 [laws of thermodynamics] 热力学是唯象理论, 其热力学规律就是热力学三个定律 (参见热学相关词条)。它们是热力学过程的三个限制。这三个规律的微分表式为:

第一定律 $\mathrm{d}U = \mathrm{d}Q - \mathrm{d}W$

第二定律 $\mathrm{d}S \geqslant \mathrm{d}Q/T$

第三定律 $\lim\limits_{T \to 0} (\Delta S)_T = 0$

上式中 U 为内能, S 为熵, Q、W 分别是热量和功, T 是温度, 符号 $(\ )_T$ 表示等温过程。关于第一、二定律参见热学相关词条。第三定律参见热力学相关词条。

化学势 [chemical potential] 化学势是物理内容丰富的热力学强度量, 如果说温度是表征系统能量以热量传遵的趋势, 压强表征能量以功传递的趋势, 那么化学势是表征系统与媒质, 或系统相与相之间, 或系统组元之间粒子转移的趋势。粒子总是从高化学势向低化学势区域、相或组元转移, 直到两者相等才相互处于化学平衡。对于单组元系统, 化学势就是单位质量的吉布斯自由能, 而对单相多元系统, 第 i 个组元化学势是系统吉布斯函数偏摩尔量, 定义为

$$\mu_i = \left(\frac{\partial G}{\partial n_i}\right)_{T, p, \bar{n}_j}$$

式中 $\bar{n}_j$ 表示除 n_i 之外其他组元粒子数不变。这里 μ_i 是温度 T、压强 p 和 σ 个组元组分 χ_i 的函数 $(i = 1, 2, 3, \cdots, \sigma)$, 即 $\mu_i = \mu_i(T, p, \chi_1 \chi_2 \cdots \chi_i \cdots \chi_\sigma)$。化学势也与内能等其他特征函数偏摩尔量相关。

偏导数关系 [partial derivative relations] 若某热力学系统独立变量为 (x, y) 两个, 而 z 和 W 都为该系统的状态函数。通过解析计算可以证明上列四个参量有如下在热力学方法中常用的偏导数关系

$$\left(\frac{\partial Z}{\partial y}\right)_x = \left[\left(\frac{\partial y}{\partial Z}\right)_x\right]^{-1}$$

$$\left(\frac{\partial Z}{\partial y}\right)_x = -\left(\frac{\partial Z}{\partial x}\right)_y \left(\frac{\partial x}{\partial y}\right)_Z$$

$$\left(\frac{\partial W}{\partial y}\right)_x = \left(\frac{\partial W}{\partial Z}\right)_x \left(\frac{\partial Z}{\partial y}\right)_x$$

$$\left(\frac{\partial W}{\partial x}\right)_y = \left(\frac{\partial W}{\partial x}\right)_Z + \left(\frac{\partial W}{\partial Z}\right)_x \left(\frac{\partial Z}{\partial x}\right)_y$$

关于独立变量和状态参量物理内容请参看相关词条。

热力学第三定律 [the third law of thermodynamics] 1906 年能斯特 (W. H. Nernst) 总结在低温区大量的化学反应结果, 提出了如下基本假设: 即在绝对温度趋向于零时, 所有等温过程的熵不变。熵在 $T \to 0$K 时与其他任何热力学参量如压强、外磁场等无关, 是纯常数, 可选取为零。

能斯特定理 (假设) 发表十年后, 就变成了举世公认的热力学第三定律。

能斯特定理一个直接的结论是绝对零度可以无限接近, 但是不能到达。其原因是在极低温下能降温的唯一过程仅能为绝热过程, 而且要求等熵过程。但是在 $T \to 0\text{K}$ 时, 熵成了纯常数, 与其他参量变化无关, 没有参量变化, 那就形不成等熵过程, 因而绝对零度无法达到。

据能斯特定理, 容易得到被实验证实的三个结论: (1) 当温度趋近于绝对零度时, 所有材料膨胀系数趋近于零; (2) 当温度趋近于绝对零度时, 所有材料定压比热与定容比热趋于相等, 即在极低温下区别定压比热与定容比热已无意义; (3) 当温度趋近于绝对零度时, 材料的相平衡曲线的斜率趋向于零。

能斯特定理 [Nernst theorem] 即热力学第三定律能斯特的叙述 (参见热力学第三定律词条) 该定律有些文献中也称能斯特–西蒙 (Nemst-Simon) 第三定律。

公理式热力学 [axiomatic thermodynamics] 喀拉氏 (C. Carathodory) 在 1909 年首先提出公理式热力学方案。该理论企图类同几何公式那样把热力学基本定律描述出来。

标准态 [normal state] 气体处于 0°C和 1 个大气压下的状态, 称标准态。空气密度 $\rho = 0.00129\text{g/cm}^3$, 和定压比热与定容比热之比 $\gamma = 1.41$。

3.2.2 均匀系统

均匀系统 [uniformity system] 热力学将研究的对象物性质各处完全一致的系统称为均匀系统。如理想气体、实气体、电介质、磁介质、弹性棒、表面、光子气体等。

全微分变换 [exact differential transformation] 热力学变换独立变量的一种数学方法。例如通常把热力学第一定律微分表式写为 $\mathrm{d}U = T\mathrm{d}S - p\mathrm{d}V$, 该式表明内能 U 为独立变量 (S, V) 的微分式。因为熵不能直接测量, 因而上式和实验结果不方便比较, 但是如果对上式引进全微分变换, 利用热力学关系可以得到内能微分式:

$$\mathrm{d}U = C_V \mathrm{d}T + \left[T\left(\frac{\partial p}{\partial T}\right)_V - p\right]\mathrm{d}V$$

该式就很容易通过系统的定容热容量和物态方程讨论实际热力学过程了, 这就是全微分变换的意义。

勒让德变换 [Legendre transformation] 在热力学中主要用于变换热力学第一定律的独立变量。通常第一定律表式为 $\mathrm{d}U = T\mathrm{d}S - p\mathrm{d}V$, 该式表明内能以熵 S 和体积 V 为独立变量的状态函数全微分式。现在我们引进另一个新状态函数 $F = U - TS$, 并且两边微分, 再将 $\mathrm{d}U$ 代入, 可得到用新状态函数 F 所表达的热力学第一定律: $\mathrm{d}F = -S\mathrm{d}T - p\mathrm{d}V$。$F$ 称亥姆霍兹 (Helmholtz) 自由能, 或简称自由能。这种引进一

个新状态函数, 将 $\mathrm{d}U = T\mathrm{d}S - p\mathrm{d}V$ 的独立变量与相应共轭变量进行置换的数学方法称勒让德变换。

雅可比变换 [Jacobian transfornation] 在如下以 U, V 为变量函数 $f(U, V)$ 的二重积分

$$I = \iint f(U, V)\mathrm{d}U\mathrm{d}V$$

中, 若将该式作如下变数变换, 可改变为 (x, y) 为变量的积分, 设 U、V 与 (x, y) 的关系为 $U = U(x, y)$ 和 $V = V(x, y)$, 那么积分可写为

$$I = \iint f(U(x, y), V(x, y))J\mathrm{d}x\mathrm{d}y$$

J 称雅可比行列式, 表式为

$$J = \left| \begin{array}{cc} \left(\dfrac{\partial U}{\partial x}\right)_y & \left(\dfrac{\partial U}{\partial y}\right)_x \\ \left(\dfrac{\partial V}{\partial x}\right)_y & \left(\dfrac{\partial V}{\partial y}\right)_x \end{array} \right| \equiv \dfrac{\partial(U, V)}{\partial(x, y)}$$

雅可比行列式有下列特性

$$\frac{\partial(U, V)}{\partial(x, y)} = \frac{\partial(V, U)}{\partial(x, y)}$$

$$\frac{\partial(U, y)}{\partial(x, y)} = \left(\frac{\partial U}{\partial x}\right)_y$$

$$\frac{\partial(U, V)}{\partial(x, y)} = \frac{\partial(V, U)\partial(s, t)}{\partial(s, t)\partial(x, y)}$$

热力学应用雅可比行列式上列三个特性, 在求导热力学关系中, 再借助于常用热力学关系 (如麦克斯韦 (Maxwell) 关系), 进行变数变换, 以证明希望求导的关系式。该数学方法称雅可比变换。

特征函数 [characeristic functions] 将封闭系统热力学第一定律微分表式 $\mathrm{d}U = T\mathrm{d}S - p\mathrm{d}V$ 进行勒让德 (Legendre) 变换, 可以引入如下 3 个新状态函数: 焓 (H), 自由能 (F), 吉布斯 (Gibbs) 自由能 (G)。用它们表达出的第一定律分别为

$$\mathrm{d}H = T\mathrm{d}S + V\mathrm{d}p$$

$$\mathrm{d}F = -S\mathrm{d}T - p\mathrm{d}V$$

$$\mathrm{d}G = -S\mathrm{d}T + V\mathrm{d}p$$

一般情况, 称 U、H、F、G 为状态函数, 因为它们是该系统任一对独立变量的单值函数, 而且 $\mathrm{d}U$、$\mathrm{d}H$、$\mathrm{d}F$、$\mathrm{d}G$ 是全微分。但是在某一特定情况 U、H、F、G 又称特征函数。这特定情况是内能表达为独立变量 (S, V) 函数, H 表达为 (S, p) 函数, F 表达为 (T, V) 函数, G 表达为 (T, p) 函数。并且把该特定情况的独立变量 (S, V)、(S, p)、(T, V)、(T, p) 称为它们相应特征函数的特征变量。对于其他系统, 如磁介质、电介质等系统也有相应的特征函数。在工程热力学研究

中，系统的热力学性质多以物态方程和比热表征，而在物理学研究领域，特征函数应用更广泛，有效。读者可参见朗道相变唯象理论，统计物理进一步体会热力学引入特征函数的重大意义。

特征变量 [characteristic variable]　某系统特征函数所对应的独立变量称该特征函数的特征变量。例如：内能 $U(S, V)$ 函数的特征变量熵 S 和体积 V，而焓 $H(S, p)$ 的特征为熵 S 和压强 p，自由能 $F(T, V)$ 的特征变量为温度 T 和体积 V，而吉布斯 $G(T, p)$ 自由能的特征变量为温度 T 和压强 p。因为后两个特征函数的特征变量容易测量，所以得到有效广泛应用。参看特征函数词条。

自由能 [free energy]　自由能 F，也称亥姆霍兹 (Helmholtz) 自由能，是系统的状态函数。其定义为：$F = U - TS$；对应第一定律微分表式可写为：$\mathrm{d}F = -S\mathrm{d}T - p\mathrm{d}V$。据该表式，自由能有两点明确的特征：(1) 在等温过程中系统与媒质能量以功的形式交换，其数值为系统自由能的变化；(2) 以 (T, V) 为独立变量的自由能是特征函数 (参见特征函数)。自由能另一个重要物理特征等温等容约束条件下平衡条件为自由能趋向于极小值，其一级变分为零，即 $\delta F = 0$。这是自由能称热力势的原因。参见平衡条件与热力势。

吉布斯自由能 [Gibbs free energy]　是系统状态函数，独立变量的全微分。定义为 $G = U + pV - TS$. 因为焓 $H = U + pV$，G 又可写为 $G = H - TS$，故 G 又称自由焓。用 G 表达的第一定律为 $\mathrm{d}G = -S\mathrm{d}T + V\mathrm{d}p$. 因为吉布斯自由能是以下 (T, p) 为特征变量的特征函数，因而它的物理学中有广泛应用。该函数特点有如下四点：(1) G 是状态函数，系统在等温等压过程中对外所做之功等于吉布斯自由能减小；(2) G 是以 (T, p) 为特征变量的特征函数 (参见特征函数词条)；(3) 单元单相系统化学势就为单位质量的吉布自由能 g；(4) 在等温等压约束条件下系统平衡条件为吉布斯自由能趋向于极小，即 $\delta G = 0$。

磁介质通常为固体，如忽略其体积效应，定义单位体积的吉布斯自由能为 $g = U - \mu_0 HM - TS$，对应单位体积磁介质第一定律表式为 $\mathrm{d}g = -S\mathrm{d}T - \mu_0 M\mathrm{d}H$. 这里 μ_0 是真空磁导率，M 为磁化强度，H 为磁场强度。该式在铁磁学和超导物理有重要应用。

金兹堡−朗道吉布斯自由能 [Ginzburg-Landau Gibbs free energy]　Ginzburg-Landau 唯象地提出超导体的吉布斯自由能形式 (具体表式参见 9.1 超导与低温物理相关词条)，使超导物理研究获得巨大进展，这成了热力学理论应用的典范之一。金兹堡为此获 2003 年诺贝尔物理学奖。

广势函数 [grand potential]　粒子数可变的单元相系统的第一定律为 $\mathrm{d}U = T\mathrm{d}S - p\mathrm{d}V - \mu\mathrm{d}n$(粒子数 n 以摩尔为单位)。对该式引进如下勒让德 (Legendre) 变换

$$\Omega = U - TS - \mu n$$

粒子数可变的第一定律可写为

$$\mathrm{d}\Omega = -S\mathrm{d}T - p\mathrm{d}V - n\mathrm{d}\mu$$

Ω 就称为广势函数，它是状态数，以 (T, V, μ) 为独立变量的全微分。它实际上是粒子数可变系统的特征函数，在统计物理系综理论有重要应用，可参看相关词条。

克拉默斯函数 [Kramers fnciton]　定义为 $K = \Omega/T(\Omega$ 为广势函数)。据克拉默斯函数定义，其全微分表式可以写为如下形式：

$$\mathrm{d}K = -U\mathrm{d}\left(\frac{1}{T}\right) + \frac{p}{T}\mathrm{d}V + n\mathrm{d}\left(\frac{\mu}{T}\right)$$

其中，U 为内能，μ 为化学势，n 为物质的量。上式显然有利于讨论粒子数可变系统的热力学关系。

马休函数 [Massiou function]　据热力学一定律 $T\mathrm{d}S = \mathrm{d}U + p\mathrm{d}V - \sum_i^{\mu_i} \mathrm{d}n_i$，如果引入勒让德变换 $\Psi = -F/T(\Psi$ 称马休函数，其中 F 为自由能)，Ψ 的全微分表式为

$$\mathrm{d}\Psi = -U\mathrm{d}\left(\frac{1}{T}\right) + \frac{p}{T}\mathrm{d}V - \frac{1}{T}\sum_i^{\mu_i} \mathrm{d}n_i$$

即 Ψ 是以 $1/T$、V 和 n_i 为独立变量的状态函数。

普朗克函数 [Plank function]　对热力学第一定律 (参见马休函数) 作勒让德变换 $\Phi = -G/T$ (其中 G 为吉布斯函数)，就得到以 $1/T$、p 和 n_i 为独立变量的状态函数，且有全微分式：

$$\mathrm{d}\Phi = -H\mathrm{d}\left(\frac{1}{T}\right) - \frac{V}{T}\mathrm{d}p - \frac{1}{T}\sum_i^{\mu_i} \mathrm{d}n_i$$

其中，H 为焓。

吉布斯−亥姆霍兹方程 [Gibbs-Helmholtz equation]　联系特征函数与其他状态函数之间相关性的热力学关系的方程。通常称吉布斯−亥姆霍兹方程指两个方程：

(1) 第一吉布斯−亥姆霍兹方程，它是已知吉布斯自由能求状态函数 U 的方程：

$$U = F - T\left(\frac{\partial F}{\partial T}\right)_V$$

(2) 第二吉布斯−亥姆霍兹方程，它是已知吉布斯自由能求状态函数焓的方程：

$$H = G - T\left(\frac{\partial G}{\partial T}\right)_p$$

理想气体吉布斯函数 [ideal gas Gibbs function]
由理想气体物态方程 $pV = nRT$ 和定压比热一般为温度的函数特性,可求得理想气体单位摩尔吉布斯函数为

$$g = RT\left[\varphi(T) + \ln p\right]$$

这里的 $\varphi(T)$ 是纯温度函数,具体形式参看吉布斯自由能词条。理想气体吉布斯函数在热力学中经常被应用,例如近似求蒸气压曲线,液滴形成和大小问题。这是因为在常压和室温条件下水蒸气可以用理想气体近似。

麦克斯韦关系 [Maxwell relations]　热力学利用特征函数 U、F、H、G 全微分表式,容易求导如下麦克斯韦(Maxwell)四个经常广泛被应用的热力学关系:

$$\left(\frac{\partial T}{\partial V}\right)_S = -\left(\frac{\partial p}{\partial S}\right)_V, \quad \left(\frac{\partial T}{\partial p}\right)_S = \left(\frac{\partial V}{\partial S}\right)_p$$

$$\left(\frac{\partial S}{\partial V}\right)_T = \left(\frac{\partial p}{\partial T}\right)_V, \quad \left(\frac{\partial S}{\partial p}\right)_T = -\left(\frac{\partial V}{\partial T}\right)_p$$

Maxwell 关系的重要性表现在三点:(1) 每一个方程都表示两个状态函数偏导数之间数值相等,因此有利于用它们求证其他热力学关系;(2) 每一个方程两边偏导数都有相应的物理含义,有利于对特定系统过程性质的讨论;(3) 麦克斯韦关系不仅适用于 pV 系统,它可以改动到其他系统。例如表面系统的麦克斯韦关系只要作变换:$p \to -\sigma$ 和 $V \to A$(为表面张力,A 为表面积) 得到

$$\left(\frac{\partial T}{\partial A}\right)_S = \left(\frac{\partial \sigma}{\partial S}\right)_A, \quad \left(\frac{\partial T}{\partial p}\right)_S = -\left(\frac{\partial A}{\partial S}\right)_\sigma$$

$$\left(\frac{\partial S}{\partial AV}\right)_T = -\left(\frac{\partial \sigma}{\partial T}\right)_A, \quad \left(\frac{\partial S}{\partial \sigma}\right)_T = \left(\frac{\partial A}{\partial T}\right)_\sigma$$

内能公式 [internal expression]　指系统以 (T, V) 为独立变量联系内能偏导数与物态方程相关偏导数的表式:

$$\left(\frac{\partial U}{\partial V}\right)_T + p = T\left(\frac{\partial p}{\partial T}\right)_V$$

该式有利于已知某系统物态方程去讨论该系统内能的性质。例如理想气体物态方程代入式内能公式右边求得为零,有

$$\left(\frac{\partial U}{\partial V}\right)_T = 0$$

该结果表示理想气体内能仅为温度函数的结论。

比热差公式 [heat capacity difference expression]
把定压比热 C_p 和定容比热 C_V 之差与物态方程相关的偏导数关联起来的热力学关系式称比热差公式:

$$C_p - C_V = T\left(\frac{\partial p}{\partial T}\right)_V\left(\frac{\partial V}{\partial T}\right)_p$$

利用系统膨胀系数 α 和压缩系数定义 κ,比热差公式还可以表示为 $C_p - C_V = TV^3\kappa\alpha^2$。

比热公式 [speciftic heat expression]　某材料的物态方程与比热是两个独立的热学性质。但是它们之间也有一定的解析关系。

定容比热表达式

$$C_V = C_V(T, V_0) + T\int_{V_0}^{V}\left(\frac{\partial^2 p}{\partial T^2}\right)_V \mathrm{d}V$$

定压比热表达式

$$C_p = C_p(T, p_0) + T\int_{p_0}^{p}\left(\frac{\partial^2 V}{\partial T^2}\right)_p \mathrm{d}p$$

从上列两式看,比热常数 $C_V(T, V_0)$ 和 $C_p(T, p_0)$ 独立于物态方程系统的热力学性质,而 C_V 和 C_p 和系统的物态方程相关。

光子气体热力学 [photon gas thermodynamics]
光子气体指空腔内的辐射场。在一定温度 T 下,处于平衡态的光子气体有基本热力学性质 (参见黑体辐射):(1) 内能密度 $u = aT^4$ 仅仅是温度函数;(2) 压强公式 $p = u/3$;(3) 吉布斯函数 $G = 0$。

太阳常数 [solar constant]　在地球大气层之外单位面积所接收到太阳每秒正射的能量称太阳常数,测量值为 $1.75\mathrm{erg/s}$。

磁致伸缩与压磁效应 [magnetostriction and press magnetic effects]　一般磁介质程度不同地表现出磁致伸缩和压磁效应两个物理现象。所谓磁致伸缩是指磁介质体积随外磁场增加而变化,压磁效应是指磁介质的磁化强度因受外界机械压强的增加而变化。这两个现象表面上看来是相互独立的现象。但是因为这两者变化过程磁介质和外界都有功的交往,据热力学第一定律,这两个过程都会引起磁介质内的 U 的变化。所以两者通过内能函数产生了关联。设该磁介质体积为 V,磁化强度为 M,据热力学第一定律 $T\mathrm{d}S = \mathrm{d}U + p\mathrm{d}V - \mu_0 H\mathrm{d}(VM)$,若定义磁介质吉布斯自由能 $G_M = u + pV - TS - \mu_0 H(VM)$,那么

$$\mathrm{d}G_M = -S\mathrm{d}T + V\mathrm{d}p - \mu_0 H(VM)\mathrm{d}H$$

因为 $\mathrm{d}G_M$ 为全微分,故

$$\left(\frac{\partial V}{\partial H}\right)_{T,p} = -\mu_0\left(\frac{\partial(VM)}{\partial p}\right)_{T,H}$$

上式表明磁介质在等温、等压过程的磁致伸缩效应的强度在数值上与该介质在等温、等磁场强度的压磁效应强度负值相等。这就是热力学唯象理论论证的磁介质总是存在两个效应数值之间的相关性,也是热力学理论成功之处。

电卡效应 [electrocaloric effect]　单位体积电介质的 $T\mathrm{d}S$ 公式

$$T\mathrm{d}S = C_E\mathrm{d}t + T\left(\frac{\partial P}{\partial T}\right)_E \mathrm{d}E$$

其中，C_E 为等电场比热 (单位体积)，P 为极化强度，E 为电场强度。因绝热过程 $\mathrm{d}S = 0$，由上式

$$\left(\frac{\partial T}{\partial E}\right)_S = -\frac{1}{C_E}\left(\frac{\partial P}{\partial T}\right)_E$$

因此，若 $\left(\frac{\partial P}{\partial T}\right) < 0$，电介质在外电场下因电场强度下降而降温，这就是用电介质降温的电卡效应。若用电介质物态方程 (见电介质物态方程同条)，上式可写为

$$\left(\frac{\partial T}{\partial E}\right)_S = \frac{b}{C_E T}E$$

热电效应 [thermo-electric effect]　热电效应也有称电卡效应 (electrocaloric effect)。见电卡效应。

压电效应 [piezoectric effect]　弹性棒电介质热力学一定律微分表式为 $\mathrm{d}U = T\mathrm{d}S + F\mathrm{d}L - E\mathrm{d}P$ (其中，F 为棒中张力，L 为棒长，E 为电场强度，P 为电极化强度)。引入新状态函数 $G_E = U - TS - FL - EP$ 得到 $\mathrm{d}G_E = -S\mathrm{d}T - L\mathrm{d}F - P\mathrm{d}V$，考虑到 $\mathrm{d}G_E$ 是全微分，故

$$\left(\frac{\partial L}{\partial E}\right)_{T,F} = \left(\frac{\partial P}{\partial F}\right)_{T,E}$$

其中，$\left(\frac{\partial P}{\partial F}\right)_{T,E}$ 称压电系数，它和电介质电致伸缩 (electrostriction) 相关。

电致伸缩 [electrostriction]　弹性电介质棒的电致伸缩系数定义为 $\left(\frac{\partial L}{\partial E}\right)_{T,F}$ (其中，L 为棒长度，E 为电场强度，F 为棒中张力)。它与电介质压电效应紧密相关 (参见压电效应)

$$\left(\frac{\partial L}{\partial E}\right)_{T,F} = \left(\frac{\partial P}{\partial F}\right)_{T,E}$$

表面自由能 [surface free energy]　对于表面系统，表面张力 σ 仅仅是温度函数，即 $\sigma = \sigma(T)$，由此表面系统自由能 $F = \sigma A$ (其中，σ 为表面系统的表面张力，A 为表面积)，即表面系统自由能就为其表面张力和表面积之积，或表面系统表面张力即为单位面积的表面自由能。这个特征性来源于表面系统表面张力仅仅是温度函数。

表面内能密度 [surface intemal energy density]　表面系统自由能 F 与表面积呈线性关系 (见表面自由能)。同样因为表面系统表面张力 σ 仅为温度函数，表面系统内能密度 U 也仅仅为温度函数，内能与表面积 A 也呈线性关系，即 $U = uA$。

可逆电池 [reversible cell]　常见可逆电池是铜锌为两电极的电池。将铜锌板插入稀硫酸中将在溶液中产生如下物化可逆反应过程：

$$\mathrm{Zn} + \mathrm{CuSo_4} \underset{\text{充电}}{\overset{\text{放电}}{\rightleftharpoons}} \mathrm{Cu} + \mathrm{ZnSO_4}$$

其示意图如下图。

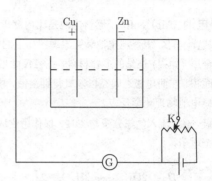

图中开关 K 所接位置为放电过程。放电：Zn 溶入溶液留下两电子在 Zn 极 (负极)，Zn 成正离子 $\mathrm{Zn^{2+}}$，同时 $\mathrm{Cu^{2-}}$ 离子到 Cu 极 (正极) 获两个电子成中性 Cu 沉积在铜板上。充电时上列过程反方向进行。

热力学理论研究可逆电池采用正极荷量改变 $\mathrm{d}q$ 两极之间的电动势 ε 构成广义功表式 $\mathrm{d}W = -\varepsilon\mathrm{d}q$ (其中，ε 为稀溶液所处温度 T 函数，$\varepsilon = \varepsilon(T)$)，而 $\mathrm{d}q = ZF\mathrm{d}n$ (其中，Z 为正离子价，F 为法拉第常数 $F = 96491.4\mathrm{C/mol}$，$n$ 为正离子物质的量)。可逆电池热力学第一定律表示为 $\mathrm{d}U = T\mathrm{d}S - p\mathrm{d}V + \varepsilon\mathrm{d}q$。

可逆电池反应热 [reaction heat of reversible cell]　任何一个化学反应都可能放出或吸收反应热，可逆电池一般是四个组元之间在等温等压下反应，即

$$\nu_1 A_1 + \nu_2 A_2 = \nu_3 A_3 + \nu_4 A_4$$

反应热定义为 $\Delta H = \nu_3 h_3 + \nu_4 h_4 - \nu_1 h_1 - \nu_2 h_2$ (其中，h_1、h_2、h_3、h_4 分别为各相相应组元的摩尔焓)。当 $\Delta H > 0$ 时是吸热反应，$\Delta H < 0$ 时为放热反应。ΔH 是温度函数，应用可逆电池热力学第一定律 $\mathrm{d}H = T\mathrm{d}S + V\mathrm{d}p + \varepsilon\mathrm{d}q$(见可逆电池词条)，上列物化反应的焓差可表示为 $\mathrm{d}H = T\mathrm{d}S + V\mathrm{d}p + \varepsilon\mathrm{d}q$。由此可证明反应热与温度关系为

$$\Delta H = \left(\varepsilon - T\frac{\mathrm{d}\varepsilon}{\mathrm{d}T}\right)\Delta Q$$

通常用可逆电池物化反应，电动势 ε 和反应热如下表所示。

化学反应	T/K	价 $/J$	电动势 ε/V	$\frac{\mathrm{d}\varepsilon}{\mathrm{d}T}$ /(mV/deg)	反应热/ (kJ/mol)
Zn+CuSO$_4$= Cu+ZnSO$_4$	273	2	1.0934	-0.453	-235
Zn+2AgCl= 2Ag+ZnCl$_2$	273	2	1.0171	-0.210	-207
Cd+2AgCl= 2Ag+CdCl$_2$	298	2	0.6753	-0.650	-168
Pb+2AgI= 2Ag+PbI$_2$	298	2	2.2135	-0.173	-51.1
Ag+$\frac{1}{2}$Hg$_2$Cl$_2$ =Hg+AgCl	298	1	0.0455	$+0.338$	$+5.45$
Pb+Hg$_2$Cl$_2$= 2Hg+PbCl$_2$	298	2	0.5356	$+0.145$	-96.0
Pb+2AgCl= 2Ag+PbCl$_2$	298	2	0.4900	-0.186	-105

燃料电池 [fuel cell]　燃料电池是比内燃机热能转换效率高的装置,其氢–氧燃料电池装置原理图如下图所示。正、负电极是金属 (如镍) 烧结的多孔材料、孔径仅微米量级,以增加反应面积。在两电极之间充以氢氧化钾溶液,供给 OH^- 根完成燃料电池物理化学反应。

在负极一侧,流入的氢分子与 OH^- 根作用生成水,并且释入出两个电子

$$H_2 + 2OH^- \longrightarrow 2H_2O + 2e$$

在正极一侧,氧分子与水作用,并获取两个电子生成 OH^- 一根。

$$\frac{1}{2}O_2 + H_2O + 2e \longrightarrow 2OH^-$$

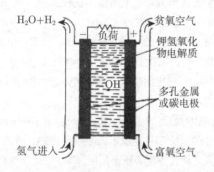

其反应物和剩余物在各自一侧排出。这样被 OH^- 根 "搬运" 的电子在负荷电路中流过而对外做功。对一摩尔氢氧根,若记离子价为 Z,电动势为 ε,其功 $W = ZN_F\varepsilon$ (N_F 为法拉第常数)。据热力学第一定律,该过程反应热 ΔH 为

$$\Delta H = Q + ZN_F\varepsilon$$

其中 Q 为燃料电池与周围的热交换,在大气压强下,温度为 298K,氢–氧燃料电池 $\Delta H = -286\text{kJ/mol}$, $Q = -48\text{kL/mol}$,求得 ε 数值为 1.23V。

丹尼尔电池 [Daniel cell]　丹尼尔电池就是指可逆电池中的 Cu-Zn 电池,(参见可逆电池)

瓦格纳–恩杰耳哈特电池 [Wagner-Engel-hardt cell]　瓦格纳和恩杰耳哈特使熔银溶解在熔融金中所构成的电化学可逆电池称瓦格纳–恩杰耳哈特电池。

3.2.3　相平衡与相变

相 [phase]　被媒质包围的热力学系统处于平衡态,一般情况系统内部还可能分割为若干物理性质与化学性质均匀的部分。这些部分之间有明显的界面分开。每一均匀部分称为该系统的某一个相。这些各自明显分开的相,可以借用常用热为学参量描述,这些参量也称为该系统的内参量。各相之间具有不同的热物理性质。

组元 [constituent element]　组元是热力学系统化学组成稳定的各部分。它可以是化学元素、化合物或合金。在系统中,不同相之间所包含的组元数不一定相同。例如不挥发性物质溶解于水,在水的气相就基本没有该物质。组元的概念也可以发展到不同基本粒子组成的系统。

组分 [mole fraction]　一个居有 k 个相 σ 个元系统,在第 α 相,第 i 个组元粒子数所居有物质的量为 n_i^α,那么组元在 α 相的 "组分" 定义为 $\chi_i^\alpha = n_i^\alpha \Big/ \sum_{i=1}^{\sigma} n_i^\alpha$。可见组分在一个相满足规一化条件 $\sum_{i=1}^{\sigma} \chi_i^\alpha = 1$。组分是强度量,一般为温度 T 和压强 p 的函数。

摩尔浓度 [molar concentration]　组分也有称为摩尔浓度。

摩尔分数 [mole fraction]　化学书籍称组分为摩尔分数。

单元单相系统 [single constituent and phase system]　指一个组元组成的物理性质各处均匀的系统。值得注意的是,若单元单相系统处于非平衡态,因而各部分物理性质有可能不均匀,但是这些物理性质对温度、压强或其他参量的依赖关系 (或函数形式) 不可能突变。如有突变,那该部分发生了相变 (参见相变)。

多元多相系统 [multi-constituent and multi-phase system]　系统中包含物理性质均匀的若干相,而各相之间又包含若干化学组分,这些化学组分在各相之间数值可以相等或不等,称为多元多相系统。

偏摩尔内能 [partial molar energy]　对有化学反应或无化学反应的单相多元系统 (设有 σ 个组元),在温度 T 压强 p 不变情况下,系统的内能应随任一某组元粒子数 n_i 增加而线性增加,数学含义是系统的内能为各组元粒子数的一次齐次函数,在温度 T、压强 p 不变情况下,若该系统粒子扩大 λ 倍,据一次齐次函数性质,系统内能与粒子数关系有下列性质:

$$U(T, p, \lambda n_1, \lambda n_2 \cdots \lambda n_i \cdots \lambda n_\sigma) = \lambda U(T, p, n_1, n_2 \cdots n_i \cdots n_\sigma)$$

据欧拉 (Euler) 定理,有

$$U = \sum_{i=1}^{\sigma} n_i \left(\frac{\partial U}{\partial n_i} \right)_{T, p, \bar{n}_i}$$

其中, n_i 为第 i 个组元物质的量, $\bar{n}_i$ 表示在求偏导数时除 n_i 之外,其他组元粒子数不变。定义

$$u = \left(\frac{\partial U}{\partial n_i} \right)_{T, p, \bar{n}_i}$$

u 即为偏摩尔内能。这里介绍的是单相多元系统,对于多元多

相系统，其偏摩尔量定义是类似的，对 α 相有

$$U_i^\alpha = \sum_{i=1}^{\sigma} n_i \left(\frac{\partial U^\alpha}{\partial n_i^\alpha} \right)_{T,p,\bar{n}_i^\alpha}$$

另外，系统的体积、熵、焓都是粒子数的一次齐次函数，所以也有相应偏摩尔量。

偏摩尔热容量 [partial molar heat capacity]　系统的热容量也是系统粒子数一次齐次函数，以单相多元系统为例，第 i 个组元的定压偏摩尔热容量为

$$C_{p,i} = \sum_{i=1}^{\sigma} n_i \left(\frac{\partial C_p}{\partial n_i} \right)_{T,p,\bar{n}_i^\alpha}$$

定容偏摩尔热容量

$$C_{V,i} = \sum_{i=1}^{\sigma} n_i \left(\frac{\partial C_V}{\partial n_i} \right)_{T,p,\bar{n}_i^\alpha}$$

其中，$\bar{n}_i$ 表示在求上列偏导数时除 n_i 变化之外其他组元物质的量不变。

均匀系统 [pure system]　可以用一个物态方程来描述其热物理性质的系统称均匀系统，单相单元，单相多元系统是均匀系统。但是均匀系统不一定是由化学元素或化学材料组成的系统，它也可以由基本粒子，甚至是场 (电场、磁场) 组成的系统。

二相系统 [two phase system]　二相系统指该热力学系统是以两个不同相组成的系统。二相系统除包括化学组分的单元二相系统、多元二相系统之外，还包括电子，甚至是磁通量子等组成的二相系统。所以二相系统内容广泛，在物理学中有重要地位，这又是热力学应用广泛又一证据。

二相系统相平衡条件 [phase equilibrium condition of two phase system]　二相系统相平衡条件是指在温度 T、压强 p 不变时二相共存条件。对于 α 相与 β 相二相共存的多元二相系统，其相平衡条件是任一组元的化学势在两相之间数值都相等，即 $\mu_i^\alpha(T,p) = \mu_i^\beta(T,p)(i=1,2,3,\cdots,\sigma)$(其中 i 指该二相系统有 σ 个组元)。对单一成分，或对非化学组元组成的系统，如晶格中的电子系统，二相共存条件常用单位体积两相的吉布斯 (Gibbs) 函数相等表示成 $g_i^\alpha(T,p) = g_i^\beta(T,p)$。

在 I 类超导体中间态，超导正常畴和超导畴共存就为一例。高温超导体正常态出现相分离现象也是二相共存实例。

液滴相平衡条件 [phase equilibrium condition of liquid droplet]　液滴近似取半径为 R 的球体。考虑到表面张力 σ 效应，设球内为 α 相，球外为 β 相，用自由能求极值方法得到：

液滴内外力平衡条件：$p^\alpha = p^\beta + \dfrac{2\sigma}{R}$

液滴内外相平衡条件：$\mu^\alpha(T,p^\alpha) = \mu^\beta\left[T, \left(p^\alpha - \dfrac{2\sigma}{R}\right)\right]$

以上结果在气象学、晶体学、微孔物理领域有重要应用。

化学平衡条件 [chemical equilibrium condition]　化学反应方程可写为 $\sum_{i=1}^{\sigma} \nu_i A_i = 0$ (其中，A_i 代表进行化学反应的反应物和生成物，ν_i 为化学平衡常数)。规定反应物的 $\nu_i < 0$ 而生成物的 $\nu_i > 0$。化学反应 (包括核反应) 的化学平衡条件为：$\sum_{i=1}^{\sigma} \nu_i \mu_i = 0$(其中，$\mu_i$ 是第 i 个反应物的化学势)。

稳定性条件 [stability condition]　通常热力学稳定性条件是指粒子数不变均匀系统稳定性条件，对于 pV 系统指

$$C_p \geqslant 0, \quad \left(\frac{\partial p}{\partial V} \right)_T \leqslant 0$$

磁介质稳定性条件是

$$C_H \geqslant 0, \quad \left(\frac{\partial H}{\partial M} \right)_T \geqslant 0$$

热稳定性条件 [thermal stability condition]　这是热力学系统第一个稳定性条件，要求 $C_V \geqslant 0$，其物理含义是如果把一个微小的热量加入到系统中去，系统的温度必然相应升高，以阻止热量进一步传入，系统才能稳定。否则，若系统吸热温度下降，热量将进一步传入，导致系统不能稳定。

力稳定性条件 [force stability condition]　系统力稳定性为等温压缩系数 κ_T 大于等于零，即 $\kappa_T \geqslant 0$，其物理含义是：如果热力学系统体积自发增大，其内部压强必然相对地媒质减小，于是周围环境以较大压强阻止系统体积增大，以达到稳定。否则，将导致内部压强增大，系统体积愈来愈大，不能稳定。

化学稳定性条件 [chemical stability condition]　系统化学稳定性条件是化学势对粒子数 N 的偏导数大于零，在等温等压条件下为

$$\left(\frac{\partial \mu}{\partial N} \right)_{T,p} \geqslant 0$$

其物理内容是：若外界有粒子转移到系统中去，系统化学势要增加，以阻止粒子进一步进入。否则系统将成物质陷阱，不能稳定。

亚稳态 [metastable state]　实际上是某种热力学系统处于某种平衡态的特殊情况。系统处于亚稳态也满足平衡条件和稳定性条件。但是该系统往往受外界微小于干扰即向稳定的平衡态过渡。例如通常过冷液体或过饱和气体就是处于亚稳态。

相变 [phase transition]　所谓相是系统的物理性质 (或热物理性质) 均匀的一局域部分。但是若该相因为某物理量如温度、压强、外磁场等变化，使该相的某物理性质 (如密

度、摩尔熵、比热等) 发生突变，则称该相发生了相变。经典热力学相变一般指平衡相变。非平衡态相变属不可逆热力学和非平衡统计范畴。另外渗流问题的几何相变，以及低维物理的 K-T(Kosterlitz-Thouless) 相变、Peierls 相变属统计物理内容，请参看相关词条。

平衡相变 [equilibrium phase transition]　平衡相变处于某外界环境某温度的系统，因为系统中微观粒子的的互作用 (经典或量子)，系统总趋向于有序态 (见序参量)。但是因为温度环境的热激发，系统又有趋向于无序态的倾向。那么若外部环境不变 (如压强，外磁场等)，让温度缓慢变化，当一种互作用特征能量足以和热运动能量 kT 量级相比拟时，该系统就有可能发生物理性质的突变，即发生相变。同样若温度不变，而其他参量在缓慢变化。也可能产生相变。所以相变是凝聚态物理中常见现象。有形形色色的相变，如电子正常态和超导态相变，液氦的正常态和超流态相变，铁磁和反铁磁相变，反铁磁 I 和反铁 II 相变，有序无序相变、铁电与反铁电相变，金属与绝缘体相变等等。

平衡相变概念引入是有别于非平衡相变，在非平衡态条件下发生的突变叫非平衡相变，突变现象可能使热力学分支失稳而为耗散结构的产生提供条件。相关内容请参阅不可逆热力学和非平衡态统计物理相关词条。

热力学极值问题 [extremal problem of thermodynamics]　熵增加原理是热力学第二定律针对系统绝热过程从初态 i 变化到末态 f 的直接结果，即初态 S_i 与末态 S_f 两态的熵变恒有：$\Delta S = S_f - S_i \geqslant 0$。

经典热力学定义的熵是状态函数。上式表示任何系统从初态 (i) 平衡态开始被破坏，系统内参量发生变化，经过不可逆过程，最终到达末态平衡 f，系统熵恒增加。仅仅是可逆绝热过程，末态的熵才等于初态的熵。从这个结果可以直接得到这样一个结论：孤立系统若内参量产生各种可能的变动，平衡态的熵最大。这个结论也称熵判据。对粒子数不变的孤立系统所满足的数学表式应为 (以 pV 系统为例)：内能不变 $U =$ 常数；体积不变 $V =$ 常数；粒子数不变 $N =$ 常数。在这三个约束条件限制下，据熵判据，若该系统处于平衡态，对可能的内参量变化应有熵量大，即 S (平衡态)$= S_{\max}$。或者写成：系统的平衡条件 $\delta^1 S = 0$；系统稳定性条件 $\delta^2 S \leqslant 0$(如果 $\delta^2 S = 0$，那就有下一级变分 (如三级变分) 小于零为稳定性条件，并如此类推)。

熵判据 [entropy criterion]　pV 系统在内能和体积不变条件下，对于各种可能变化，平衡态的熵最大，熵判据用虚变化表示：$\Delta S < 0$。该熵判据若用热力学极值问题表示 (见相关词条) 为：(1) 约束条件 $\delta U = 0$，$\delta V = 0$，和 $\delta N = 0$；(2) 平衡条件 $\delta^1 S = 0$；(3) 稳定性条件 (如 $\delta^2 S$ 不为零) $\delta^2 S < 0$。

自由能判据 [free energy criterion]　系统在等温等容约束条件下，对各种可能的变动，平衡态的自由能最小。该判据是熵增原理的结果，用虚变化表示：$\Delta F > 0$，相应热力学极值问题的表式有:(1) 约束条件 $\delta T = 0$，$\delta V = 0$ 和 $\delta N = 0$；(2) 平衡条件 $\delta^1 F = 0$;(3) 稳定性条件如 $\delta^2 F$ 不为零)$\delta^2 F > 0$。

吉布斯自由能判据 [Gibbs free energy criterion]　指系统在等温等压约束条件下，对于系统内参量各种可能的变化，平衡态的吉布斯自由能最小。据热力学极值问题，用虚变化表示:$\Delta G > 0$。相应热力学极值问题的表式有:(1) 约束条件 $\delta T = 0$，$\delta p = 0$ 和 $\delta N = 0$；(2) 平衡条件 $\delta^1 G = 0$;(3) 稳定性条件如 $\delta^2 G$ 不为零)$\delta^2 G > 0$。物理和化学变化过程，常在等温、等压下进行，所以吉布斯自由能判据有广泛应用。

一般平衡判据 [general equilibrium criterion]　一般平衡条件实际上是熵判据的推广。设想处于平衡态系统在任某类约束条件下，对于内参量各种可能的变化，我们手中没有现成的判据可利用。但是如果把该系统与相应媒质包括成一个大系统，必为孤立系统，所以其极值问题应该满足熵判据。若记系统熵为 S，媒质熵为 S_0，应有 (虚变化)：$\Delta S + \Delta S_0 < 0$。对 pV 系统，若记 T、p、μ 和 T_0、p_0、μ_0 为系统和媒质相应的温度、压强和化学势，则平衡判据可写为

$$\Delta S - \frac{\Delta U + p\Delta V - \mu_0 \Delta N}{T_0} < 0$$

式中 N 为系统粒子数，该式就是 pV 系统一般平衡判据。若把上式用于孤立系统，因为 $U = 0$，$\Delta V = 0$、$\Delta N = 0$，该判据就变为系统的熵判据；对等温、等容系统，该判据变为自由能判据，而等温、等压系统变为吉布斯自由能判据 (请参看相关词条)。

上式还可以得到如下平衡判据：在等熵、等体积约束条件 (粒子数 N 不变)，系统内能极小：$\Delta U > 0$；等熵、等压约束条件 (粒子数不变)，系统焓极小：$\Delta H > 0$；若等温约束条件 (粒子数 N 不变)，平衡判据为：$\Delta F - p_0 \Delta V > 0$。等等。

热力势 [thermodynamic potential]　自由能 F、吉布斯自由能 G、焓 H，内能 U 相应的热力学平衡判据可分别表示为：$\Delta F > 0$，$\Delta G > 0$，$\Delta H > 0$ 和 $\Delta U > 0$。它们在相应约束条件下都为极小值。而且它们单位都是能量量纲。由于它们的物理行为类似于处于保守场中力学系统的势能，有趋向于极了趋势，所以 F、G、H、U 都称为某一热力学系统的热力势。

pVT 系统 [pVT system]　是指由分子组成的多体系统。分子之间的互作用表现为范德瓦耳斯 (van der Waals) 力形式，分子具有排斥的核心，其外有短程吸引力区。pVT 系统常见的系统是实气体、液化气体等。pVT 系统有典型的二相共存曲线，有固态、液态、气态。固态可出现若干相，液态

氢来源于量子效应可出现超流相。

临界点 [critical point]   首先是安德鲁斯 (T.Andrews) 在研究二氧化碳 pV 图上等温线引人的。实际上所有 pVT 系统 (参见相关词条) 都有这样的性质。在 pV 图上 (见下图),物质在其右边全部为气相,在最左边则为液相。而在水平线区域内是二相共存区。但是随着温度升高,二相共存区变得愈来愈窄,最后到达仅一点,高于该点温度时,二相区完全消失,该点称为临界点。安德鲁斯指出:"假如有人问现在是处在气态还是液态呢?我相信这个问题不可能获得肯定的回答。"

在 pV 图上经过临界点的等温线在临界点是拐点,满足如下数学关系:

$$\left(\frac{\partial p}{\partial V}\right)_T = 0; \quad \left(\frac{\partial^2 p}{\partial V^2}\right)_T = 0$$

在临界点系统稳定性条件为

$$\left(\frac{\partial^3 p}{\partial V^3}\right) < 0$$

系统处于临界点的温度、压强和体积 (单位摩尔) 分别称临界温度、临界压强和临界体积。并常用相应数学符号为 T_c、P_c 和 V_c 表示。对一种物质,上列三数值都是唯一的一个特定的值。随相变物理的研究进展,临界点的物理概念有所发展,它不再仅限于 pVT 系统。对任何系统的某独立参量因某种物理原因变化时,而使该系统的某状态变量或它的响应函数,或甚至其再次导数在某状态图上某点发生突变,该点就称临界点。如超导体正常态与超导态转变点、液氢正常态与超流态转变点 (也称 λ 点)、磁介质铁磁与反铁磁相变点都广义地称为临界点。

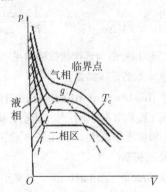

超临界态 [supercritical state]   流体系统在临界点周围,从实验手段上已很难把气、液二相区分开来,特别它传热性质,以及流动状态的压力降性质都有别于二相流体和气体。因而在临界点周围具有共同传热性和流体力学性的流体称为处于超临界态。低温流体中,如超临界氦是低温冷却技术的重要研究对象。

安德鲁斯等温线 [Andrews isothermal curve] pVT 系统的 pV 图上经过临界点的等温线称安德鲁斯 (An-drews) 等温线。在安德鲁斯等温线以上 (指温度高于 T_c) 为气相区,而在安德鲁斯等温线以下 (指温度低于 T_c) 会出现明显的二相共存区。

临界参数 [critical parameter]   临界温度 T_c、临界压强 P_c 和临界比容 C_V 统称为临界参数。如二氧化碳 $T_c = 204.04K$, $p_c = 73 \times 10^5 Pa$ 和 $C_V = 2.17 cm/K$;水之临界参数为 $T_c = 647.15K$, $p_c = 221.2 \times 10^5 Pa$ 和 $C_V = 3.28 cm/K$.

临界温度 [critical temperature]   见临界点与临界参数。

临界压强 [critical pressure]   见临界点和临界参数。

范德瓦耳斯方程临界参数 [critical parameters of Van der Waals equation]   范德瓦耳斯 (Van der Waals) 方程描述 pVT 热物理性质远优于理想气体物态方程。它不仅能比较精确地描述系统的气体状态,而且还能反映气液共存二相区和液态的行为。在临界点,据过该点等温线出现拐点性质 (参见临界点)。可以得出范德瓦耳斯方程三临界参数与该方程两特征变量 a、b 和理想气体常数 R 之间的关系:临界比容 $V_c = 3b$;临界温度 $T_c = \frac{8a}{27Rb}$;临界压强 $p_c = \frac{a}{27b^2}$;并且有关系 $RT_c/p_cV_c = 2.667$。

约化方程 [reduced equation]   范德瓦耳斯方程

$$\left(p + \frac{a}{V^2}\right)(V - b) = RT$$

其中,a、b 为不同气体的特征变量。为了消除这种表面的特征性,利用范德瓦耳斯方程临界参数与 a、b 特征变量关系 (参见气体物态方程词条),定义无量纲变量:$\theta = T/T_c$, $\omega = p/p_c$, $\varphi = V/V_c$,可将范德瓦耳斯方程写为不明显含 a、b 两气体特征变量的对比方程

$$\left(\omega + \frac{3}{\varphi^2}\right)\left(\varphi - \frac{1}{3}\right) = \frac{8}{3}\theta$$

无量纲量 θ、ω 和 ϕ 分别称为约化温度、约化压强和约化体积。

约化温度 [reduced temperature]   见约化方程。
约化压强 [reduced pressure]   见约化方程。
约化体积 [reduced volume]   见约化方程。
约化比定律 [reduced law]   据范德瓦耳斯方程的约化方程

$$\left(\omega + \frac{3}{\varphi^2}\right)\left(\varphi - \frac{1}{3}\right) = \frac{8}{3}\theta$$

可见,当两种气体有两个约化变量 (如约化温度和约化体积) 数值相等,那么另一个约化变量 (如对应压强) 也一定相等,这结果称对应态律,或约化定律。

布拉格-威廉方程 [Bragg-William equation]   据平均场理论可求导出磁介质铁磁相或反铁磁相物态方程为

$$\frac{\mu_0 H}{kT} - \frac{n\varepsilon M}{kT} = \text{arctan h}^{-1} M$$

其中，μ_0 为真空磁导率，H 为外磁场，n 为格点最邻近数，ε 为邻近粒子互作用能，对铁磁体，$\varepsilon > 0$，反铁磁体 $\varepsilon < 0$，k 为玻尔兹曼常量，M 为磁化强度。利用该式，可以讨论铁磁体自发磁化现象，因而在热力学中它是继范德瓦耳斯方程后相当有意义的方程。

凝聚态 [condensed state]　物质处于凝聚态，是指该物质以结晶晶体、非晶体、液态或等离子态等状态存在。在这类状态系统中的粒子之间互作用都较强。

欧仑菲斯特相变理论 [Ehrenfest phase transition theory]　多体系统具有形形色色的相变现象。1933 年欧仑菲斯特 (Ehrenfest) 首先用热力学唯象理论研究这些相变现象的变化规律，他用化学势在相变前后的一阶导数、二阶导数，直到 n 阶导数的不连续性把各种相变现象进行分类。平衡相变总是在相平衡条件下进行的，所以系统在相变过程中两相的化学势总是相等的。欧仑菲斯特发现，有一类相变是化学势一阶导数所对应的物理量发生突变，或两相的化学势函数一阶导数不连续，他称这类相变为一级相变。如果在相变点，化学势一阶导数连续，而是其二阶导数所对应物理量产生突变，或二相的化学势二阶导数不连续，称二级相变。依次类推，n 级相变，是在相变点化学势到 $n-1$ 阶都连续，出现 n 级导数不连续。也有些相变现象不符合欧仑菲斯特相变理论，如液氦正常态到超流态的 λ 相变。

一级相变 [first order phase transition]　据欧仑菲斯特 (Ehrenfest) 相变理论；一级相变是在相变点两相化学势的一次导数数值不等，即相变过程中产生突变。对于均匀系统 (单组元)，化学势就是单位摩尔的吉布斯自由能，对于 pVT 系统，摩尔熵和摩尔体积就是吉布斯自由的一次导数

$$s = -\left(\frac{\partial g}{\partial T}\right)_p, \quad v = \left(\frac{\partial g}{\partial p}\right)_T$$

所以一级相变的重要特点是相变前后熵发生突变，因而产生潜热 $L(T)$

$$L(T) = T\left(S^\beta - S^\alpha\right)$$

这里 S^α 和 S^β 为二相共存时 α 相或 β 相摩尔熵，一级相变相平衡曲线的斜率 $\mathrm{d}p/\mathrm{d}T$ 满足克拉珀龙方程。

对于处于外磁场 H 下的 I 类超导体，在相变点也为一级相变，但它是电磁系统，相变过程是熵与磁化强度产生突变，也伴随有潜热。

克拉珀龙方程 [Clapeyron equation]　一级相变二相共存曲线斜率方程为克拉珀龙方程。以 pVT 系统为例。克拉珀龙方程为

$$\frac{\mathrm{d}p}{\mathrm{d}T} = \frac{S^\alpha - S^\beta}{V^\alpha - V^\beta}$$

其中，S^α 和 S^β 为二相共存时 α 相或 β 相摩尔熵，V^α 和 V^β 为二相共存时 α 相和 β 相摩尔体积。因为潜热定义为

$L = T(S^\beta - S^\alpha)$，所以克拉珀龙方程又可写为

$$\frac{\mathrm{d}p}{\mathrm{d}T} = \frac{L}{T(V^\alpha - V^\beta)}$$

外场不为零 I 类超导体克拉珀龙方程类似

$$\frac{\mathrm{d}H_c}{\mathrm{d}T} = \frac{S_N - S_S}{\mu_0 H_c}$$

其中，H_c 为临界磁场，S_N 和 S_S 分别为超导正常态和超导态单位体积熵，μ_0 为真空磁导率。

二级相变 [second order phase transition]　二级相变是某系统在相变点相变过程前后化学势及其一次导相等 (不变)，而化学势二次导数相关的物理量产生突变，对均匀的 pVT 系统，化学势二次导数相关物理量有定压比热 C_p，压缩系数变化为 κ 和膨胀系数 α，即

$$C_p = -T\left(\frac{\partial^2 \mu}{\partial T^2}\right)_p, \quad \kappa = -T\left(\frac{\partial^2 \mu}{\partial T^2}\right)_p, \quad \alpha = \frac{1}{V}\frac{\partial^2 \mu}{\partial T \partial p}$$

其中，μ 为化学势。二级相变相平衡曲线的斜率 $\mathrm{d}p/\mathrm{d}T$ 不再满足克拉珀龙方程，而是满足欧仑菲斯特方程 (参见相关词条)。

欧仑菲斯特方程 [Ehrenfest equation]　欧仑菲斯特方程是具有二级相变特性的二相系统相平衡曲线斜率 $\mathrm{d}p/\mathrm{d}T$ 的表式。因为二级相变前后是化学势二次导数产生突变。若记二相定压比热变化为 ΔC_p，膨胀系数变化为 $\Delta\alpha$，压缩系数变化为 ΔK；那么欧仑菲斯特方程为

$$\frac{\mathrm{d}p}{\mathrm{d}T} = \frac{\Delta C_p}{TV\Delta\alpha} \quad \text{或者} \quad \frac{\mathrm{d}p}{\mathrm{d}T} = \frac{\Delta\alpha}{\Delta\kappa}$$

其中前一式是二级相变熵为连续函数的结果，后一式是二级相变体积为连续函数的数学结果。

高级相变 [high order phase transition]　据欧仑菲斯特相变理论 (参见相关词条)，凡二级相变以上的相变，总称为高级相变。例如理想玻色 (Bose) 气体无序相到有序相玻色凝聚相变就是三相变。

λ 相变 [λ-phase transition]　液氦正常相 (常称氦 I) 与超流相 (常称氦 II) 之间的相变称 λ 相变。其原因是液氦超流相变不是一级相变，在相变点液氦的熵与比容都无突变。而在现在的测温度的精确范围内，氦 I 与氦 II 比热在相变点都趋向于发散方向变化，不能肯定比热在相变点是连续、跃变还是发散，所以难以用欧仑菲斯特相变理论判断液氦超流相变的级数。又因为在氦的 p-T 相图上、液氦与气相相平衡曲线，与氦 I 氦 II 的相平衡曲线共同构成倒写的希腊字母 "λ"，故称液氦的超流相变为 λ 相变。见下图。

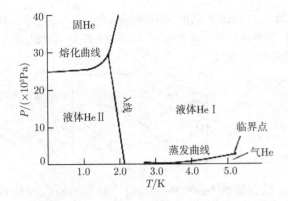

连续相变 [continuous order phase transition]　欧仑菲斯特理论定义的一级相变是系统的热力学化学热的一次导数在相变点不连续，这类相变在相变过程中可能出现二相共存，以及相变前后的对称性也不一定都有突变。连续相变是指系统化学势一次导数在相变点连续变化的那一类相变。它包括二级相变、高级相变及 λ 相变等。连续相变有如下物理特征：(1) 无二相共存区；(2) 相变时无潜热和体积 (或相应物理量) 效应；(3) 相变前后系统对称性必然产生突变。

序参量 [order parameter]　是一个特定热力学参量。它也是温度 T 和压强 p (或其他热力学参量) 的单值函数。它甚至在持定外场下可为空间坐标的函数 (如超导或超流处于涡旋态)。序参量引入经典热力学理论，是热力学理论一个重大发展，是朗道对热力学理论的重要贡献。序参量是建立朗道相变理论的基本参量，它直接反映系统在连续相变前后的对称破缺。序参量为零对应系统处于高对称性有序度低的无序相。而在临界温度以下，序参量将从临界温度 T_c 开始随温度下降其数值从零变化到非零值。序参量也和其他热力学参量一样反映不同系统的内在特性。对于自发磁化的磁介质，磁化强度 M 即为序参量，这与通常磁介质热力学参量是一致的。在气液相变临界点，因为要保证无序相序参量为零，取液相密度与气相密度差 $\rho_{液} - \rho_{气}$ 为序参量。对于具有强烈宏观量子效应的超导或超流态，序参量取宏观波函数 ψ。

朗道相变理论 [Landau phase transition theory]　朗道相变理论不同于欧仑菲斯特相变理论，它不是对形形色色的相变现象进行分类，而是借助于序参量对所有连续相变的有序相在临界点附近写出吉布斯函数的级数展开形式。以仅一个序参量为 η 为例，其吉布斯自由能 G 为

$$G(T, \eta) = G_0(T) + \alpha\eta^2 + \beta\eta^4$$

其中，$G_0(T)$ 是无序相的自由能。上式中参数 α 在有序相为负，无序相为正，可写为 $\alpha = \dfrac{\partial \alpha}{\partial T}(T - T_c)$ (其中 T_c 为临界温度)；β 为大于零的数 ($\beta > 0$)。

以上就是朗道相变理论的核心内容。因为朗道相变理论形式上写出了有序相吉布斯自由能的解析形式，因而借热力

学理论帮助，有广泛而重要的应用。读者可参看超导和超流唯象理论，你会发现热力学理论应用的威力。

多元多相系统相平衡条件 [phase equilibrium conditions of multi-element and multi-phase system]　多元多相系统相平衡条件研究范围总是限制在组元之间无化学反应的多元多相系统。其相平衡条件物理内容是在温度 T 和压强 p 已达到平衡的前提下，同一组元在各相的化学势相等。如用数学表式写出来，多元多相系统第 i 个组元在 k 个相中化学势满足如下等式：

$$\mu_i^1 = \mu_i^2 = \cdots = \mu_i^j \cdots = \mu_i^k$$
$$(i = 1, 2, \cdots, \sigma)$$

其中，σ 指该多元多相系统有 σ 个组元。

吉布斯-杜安关系 [Gibbs-Duhem relation]　处于平衡态的多元多相系统，第 i 组元在第 j 相中的化学势 μ_i^j 是粒子数的零次齐次函数。据此原理可求得在 j 相第 i 到 σ 个所有组元有下列关系

$$\sum_{i=1}^{\sigma} n_i^j d\mu_i^j = 0$$

该式称吉布斯-杜安关系。

吉布斯相律 [Gibbs rule]　一个 σ 个组元，k 个相无化学反应多元多相系统，在处于相平衡条件下，能保持 k 个相共存前提下系统可能变化最大的参量数目，称该多元多相系统的自由度 f。其 f 的数值满足关系 $f\sigma - k + 2$。该式数值关系称吉布斯相律。

系统处于相平衡的要求条件要比系统处于平衡态宽松，例如单元二相系统在温度 T 和压强 p 一定时，在 p-V 图上二相共存区等温线为平行于温度轴的线段，它包括很多平衡态。但是它们在 p-V 图上，这个线段仅对应一个点。

多元多相系统自由度 [degree of freedom of multi-element and multi-phase system]　多元多相系统自由度就是在保证多元多相系统在相平衡条件下可变化参量的数目 (参见吉布斯相律)。其数值就是吉布斯相律中的 f，对 σ 个组元 k 个相无化学反应系统自由度就为 (吉布斯相律)：$f\sigma - k + 2$。

自由度对用实验方法寻找相图起重要作用。例如对单元二相系统，$f = 1$，所以该系统相平衡自由度是 1。在相平衡条件下，单元二相系统参量都是某一个参量的函数。若选该参量为温度 T，那么相平衡成立时压强 p 仅为温度 T 之函数。这样人们就可以用 p-V 图来描绘单元二相系统的相图。

相图 [phase diagram]　热力学相图是以吉布斯相律为选取自由度的依据，以相平衡曲线 (注意对三维相图应为曲面) 把该系统可能出现的若干相描述出来的坐标定量图形为

该系统的相图。例如，水的 p-V 图是典型的相图 (参见相关词条)。在 λ 相变词条中插图为氦 4 的相图。

三相点 [triple point] 据吉布斯相律，单元三相系统处在三相共存时，因为 $\sigma = 1$，$k = 3$，有 $f = 0$，即单元三相系统自由度为零，也就是单元三相系统之相共存条件仅仅是唯一的一个点。这种三相共存的苛刻条件在热力学方法上正好用于选定温标的固定点 (参见低温技术相关词条)。

二元相图 [two constituent phase diagram] 据吉布斯相律，二元系因为 $\sigma = 0$，二相共存的自由度有四种可能选取的数值 (参见多元多相系统自由度)

二元单相系 $k = 1$，$f = 3$
二元二相系 $k = 2$，$f = 2$
二元三相系 $k = 3$，$f = 1$
二元四相系 $k = 4$，$f = 0$

可见，热力学若要描述二元系统单相的状态，因为自由度 $f = 3$，因而要三个独立变量描述。一般选温度 T、压强 p 和一个组元的组分 x。在 T-p-x 三维空间中，二元系不同的相占领一定的区域，各个区域之间以曲面分开，这类曲面就是二相共存曲面。对应自由度 $f = 2$ 的二元二相系。其中两个曲面相交曲线，是三相共存线，$f = 1$。三个曲面相交点，表示四相共存，$f = 0$ 对应二元四相系。这一个点，称四相点。

因为三维坐标表示相图在阅读中有困难，所以在实用上常用在特定压强下 (如大气压下) 作二元系的 T-x 图。如各种二元合金图，二元气液图。

下图为金银合金常压下的 T-x 图，这里 x 是金的组分。在图中被两曲线划分为三个区，液相 α 区、固相 β 区以及两曲线包成的二相共存区。

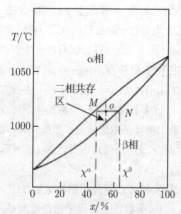

共沸点 [axeotropic point] 二元系相图具体形式现在理论很难预言，情况很复杂。具体材料相图只能由实验结果确定。如图所示为气液共存二元二相图的一种典型类型。图中以 x 表示 A 组元组分。T^{β} 和 T^{α} 分别代表二相共存区所包的边界。T^{β} 以上是二元系气相，T^{α} 以下是二元系液相。在图中 C 点是一个特殊点，在该点 (指某特定压强和某一特定

温度下) 二元系的气相与液相两组元分别在气相和液相中相遇 (即数值相等)，该点称该二元系的共沸点。共沸现象在空调技术中有应用。

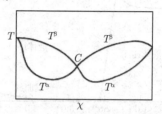

低共熔点 [eutectic point] 如图为镉 (Cd)，铋 (Bi) 合金二元系相图。图中 x 表示在液相 (α 相) 镉的组分。在过 C 点与横轴平行线以下表示纯镉纯铋固相无条件分别存在的区域。倒写的 "λ" 字线上方是液相，在 C 点左边平行线与倒 "λ" 字线所包区域为纯镉固相与二元液相共存区。C 点右边二线所包区为铋固相与二元液相共存区。C 点是三相点 (镉固相、铋固相和镉、铋合金液相)，该点称低共熔点。

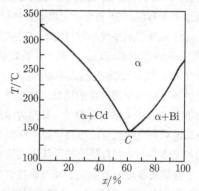

倒退凝结 [inverse condensation] 如下图，图中 T^{α} 与 T^{β} 线包成二元系的二相共存区，它们在 C 点相遇。T^{β} 以上是二元系气相，在 T^{α} 线所包区域外为液相。若该二元系从 M 点沿 MN 方向进入二相共存区。当到达 N 点时，该二相又回到液相，称倒退凝结。

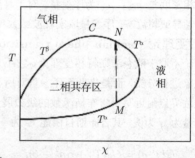

四相点 [four phase coexistence point] 二元系相图中四相共存点，其自由度 $f = 0$，是在 T-p-x 三维空间中三个二相区曲面的相交点，称四相点 (参见二元相图)。

杠杆原理 [lever principle] 在二元系的 T-x 图上，存在二相共存区 (参见二元相图词条中金银合金图)。在该图的 O 点，二元系存在二相共存。图中 O 点对应横坐标 x 数

值代表整个系统金的组分，而金银合金液相金组分在 M 点，对应横轴 x^α 数值。图中 N 点是固相中金组分 x^β. 所谓杠杆原理在 O 点二相系处于 α 相的质量 m^α 和处于 β 相质量 m^β 之比例满足如下类似于杠杆力矩平衡数学关系：

$$\frac{m^\alpha}{m^\beta} = \frac{\overline{ON}}{\overline{OM}}$$

三元系相图 [phase diagram of three constituents system]　据吉布斯相律 (参见相关词条)，三元系单相系统，独立变化自由度应该四个，而三元系二相共存系统自由度应该是三个。因为用四维空间描述相图有困难，所以三元系相图还是采用二维平面图形。采取的办法是预先选定压强 p 和温度 T 具体数值。这样三元系单相只有两个变量，三元二相平衡仅剩一个可变量。这种方案用平面三角形图可以完成。我们选三元系三组元的组分为三角形的边，因为组分 x_1、x_2、x_3 (这里下标 1、2、3 相对三个不同组元) 的最大值都是 1，所以该三角形好选等边三角形。并且在每一个边上可以均分刻度，可取十等分 (如下图)。

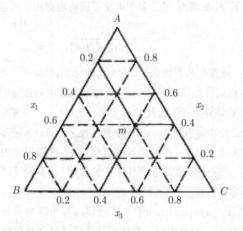

在三元系三角图形中任一个点，代表一组确定的 (x_1, x_2, x_3)，这就是对应三元系的某一个平衡状态。如在图中 m 点，其 $x_1 = 0.2$，$x_2 = 0.4$，$x_3 = 0.4$。

由于三元系的相图很复杂，如上固定压强和温度方案对相图描述在一些情况下会带来困难。因为相图是实际测量的结果，所以实际采用描述相图方案常是仅选定压强 (如合金常用标准大气压)，而采用在三角图中实验定出等温线，利用这些等温线可以定出二相共存曲线，这类相图有利实际应用。

相平衡曲线 [phase equilibrium curve]　对于 pVT 具有一级相变性质的系统理论上对单元二相系统，它就是二相的单位摩尔吉布斯函数 (如两个相都为固相，忽略体积效应，可选单位体积) 相等时，即

$$g^\alpha(T,p) = g^\beta(T,p)$$

其中，上标 α 和 β 分别表示 α 相和 β 相。一般情况，凝聚相的吉布斯函数难于解析求导，所以相平衡曲线具体形式主要依靠实验测量，而不是解析求导 $g^\alpha(T,p)$ 和 $g^\beta(T,p)$ 函数。

对于具有连续相变性质的系统，因为并不具有二相共存区，相平衡曲线实际上是临界点 p-T 图 (压强也可换为磁场 H 等其他广义力参量) 上的曲线，在该曲线当然也满足式 $g^\alpha(T,p) = g^\beta(T,p)$ 相平衡条件。

相平衡比热 [heat capacity of phase equilibrium]　在二相系统沿相平衡曲线升高一度在某一相 (设 α 相) 单位质量所吸收的热量 (也可能放热) 数值称该相的相平衡比热。α 相相对 β 相相平衡比热表示为

$$C_\beta^\alpha = T \left(\frac{\partial S^\alpha}{\partial T} \right)_{\text{二相平衡}}$$

或对 pVT 系统据上式沿相平衡曲线求导可求得

$$C_\beta^\alpha = C_p^\alpha - T \left(\frac{\partial V^\alpha}{\partial T} \right)_p \frac{\mathrm{d}p}{\mathrm{d}T}$$

蒸气压曲线 [vapor pressure curve]　蒸气压曲线是指某二相系液相与气相处于二相共存相平衡曲线。特定液体的蒸气压曲线是由实验测量所确定的。若把与液相处于相平衡的气相近似视为理想气体，并作一些近似处理可写出蒸气压曲线一般性近似形式：

$$\ln p = A - \frac{B}{T} + C \ln T$$

式中 A、B、C 是不同液相待定常数。

固化曲线 [solidifying curve]　某系统固相与液相相平衡曲线就为固化曲线。该曲线也可称熔解曲线。一般对于大块系统，这两曲线是一条曲线。但是对所谓几何体约束系统，如约束在石墨片上的液氦膜，或在微孔中约束的液氦，固液共存的降温曲线和升温曲线不重合，有所谓回滞现象。所以习惯上把降温的固液相平衡曲线称固化曲线，升温的固液相平衡曲线称熔化曲线。

熔化曲线 [melting curve]　见固化曲线。

升华曲线 [sublimate curve]　某系统固相与气相平衡曲线称升华曲线。

过热液体 [superheated liquid]　在 p-T 图上表示某 pVT 系统一条蒸气压曲线。在该曲线上任一点是该系统气液处于二相平衡状态。曲线上方为纯液相，下方为纯气相。若某种液相在相平衡态从 E 点被缓慢加热，见下图，使该液体状态从 E 点等压地升温到 SH 点仍能保持液体状态。那么在 E-S 直线上所有状态都是该液体处于过热液体状态。过热液体状态是亚稳态，范德瓦耳斯方程也能预言这种状态可能存在。

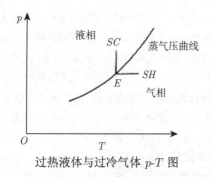

过热液体与过冷气体 $p\text{-}T$ 图

过冷气体 [supercooled gas]   在过热液体词条图中 (参见过热液体), 若将处于气液二相平衡的二相缓慢等温地加压沿 $E\text{-}SC$ 直线到达 SC 点仍能气体状态而不转变成液相。那么, 处于 $E\text{-}SC$ 上所有状态称过冷气体。过冷气体也称过饱和气, 是亚稳态。范德瓦耳斯方程预言了该状态可能存在。

饱和蒸气压 [saturated vapor pressure]   气液处于二相平衡, 据相平衡条件, 压强仅为温度 T 的函数, 该函数就是在 "过热液体" 词条图上的蒸气压曲线。所谓饱和蒸气压就是气液二相处于相平衡时的压强。

过饱和蒸气压 [supersaturated vapor pressure]   若某气体系统, 其温度已达到气液二相平衡的温度, 而压强大于饱和蒸气压, 但是它还处于过冷气体状态, 称该压强为该过冷气体的过饱和蒸气压。气体处于过冷状态 (或称过饱和状态) 常见有两种物理情况, 一是气体中液体凝聚核半径过小, 或是气液交界面是曲面。

麦克斯韦等面积法则 [Maxwell equal area rule]   真实气体在 $p\text{-}V$ 图上的等温线在气液二相共存区为平行于 V 轴的直线 (见下图)。若以范德瓦耳斯方程选择 a、b 两参量拟合该真实气体等温度线在二相区将成英文字母 S 形。如图中 $PMONQ$ 曲线所示。图中 PQ 线段为真实气体在二相区的等温线。所谓麦克斯韦等面积法则是指在该 $p\text{-}V$ 图上 $POMP$ 与 $ONQO$ 两闭合曲线所包围的面积相等。该结果最简单是用热力学二定律原理要求可逆等温循环过程 $POQNOMP$ 对外

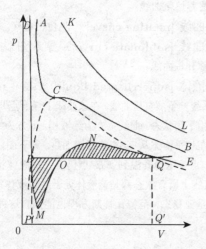

做功为零, 即

$$\oint_{POQNOMP} \mathrm{d}W = 0$$

麦克斯韦作图法 [Maxwell drawing diagram method]   据麦克斯韦等面积法则 (参见麦克斯韦等面积法则词条图例), 如果我们已知范德瓦耳斯方程经过二相区等温线, 现在要用作图方法决定真实气体在相同温度在二相区中二相共存水平线位置 (即在麦克斯韦等面积法则词条中图中的 POQ 线段)。只要依据麦克斯韦等面积法则, 让找出的 POQ 线使 $PMOP$ 和 $OQNO$ 两个闭合曲线所包围的面积相等就可以了。这就称麦克斯韦作图法。

负压强区 [negative pressure region]   在麦克斯韦等面积法则词条图中, DPM 是范德瓦耳斯方程描绘的真实气体液相等温线。其中 DP 段表征普通液体, 而 PM 线段是描述该液相可能出现的过冷液体状态, 是亚稳态。PM 线段对应的压强称负压强区。

液滴临界半径 [critical radius of liquid drop]   半径为 r 的液滴球与其气相只有一个特定的半径 r_c 才能二相共存。其 r_c 的数值用热力学理论可证明近似由下式决定:

$$r_c = \frac{2\sigma V^\alpha}{RT \ln(p^\beta/p_\infty)}$$

式中 σ 为液滴的表面张力, V^α 为液体的比容, p^β 为与液滴共存气相的过饱和蒸气压, p_∞ 为该液体的饱和蒸气压。r_c 称为液滴的临界半径。若某液滴半径 r 小于 r_c, 该液滴不能稳定, 而是逐步蒸发消失。若某液滴半径 $r > r_c$, 该液滴也不稳定, 而是逐步增大, 不可能气液两相共存。液滴模型表征的物理机理, 在物理学学唯象理论中十分重要, 它有助于讨论很多物理现象, 常称 "液滴模型"。

蒸发 [evaporation]   若液体与其未达饱和蒸气压的气相共处于一容器中时, 液体在两相的接触面将气化。该过程就称液体的蒸发过程。该蒸发过程要一直进行到在液体温度 T 下, 气相达到饱和蒸气压。如果该容器被绝热, 蒸发过程会引起温度下降。

沸点 [boiling point]   严格讲, 沸点并不是热力学理论术语。pVT 系统在 $p\text{-}T$ 图的蒸气压曲线上, 选定压强 p 之后, 在该曲线上 p 所对应的温度 T 就是该液体在压强 p 的沸点。从这点意义上讲, 如果我们描述蒸气压曲线若采用变量 p, 那么蒸气压曲线可将 T 表示为 p 的函数, $T = T(p)$, T 就是在 p 时的沸点。在习惯上指某种液体的沸点。有时被称为正常沸点, 是指压强为标准大气压曲线为标准气压 (=101325Pa=760mmHg) 蒸气压曲线上所对应的温度。然而值得注意的是, 如果液体容器表面光滑, 液体有可能在正常沸点时观察不到气泡翻腾的沸腾现象。该液体可成为过热液态。

沸点升高 [boiling point elevation]   若液体中溶解

有杂质, 设这时溶剂 (指原液体) 组分为 χ, 据稀溶液理论 (参见相关词条), 掺杂后溶液的沸点升高的数值 ΔT 近似可表示为 $\Delta T = \dfrac{RT^2}{L}\chi$ (其中 L 为液体的潜热)。一般情况 (不一定是稀溶液), 沸点升高为 $\Delta T = K\chi$ (其中 K 称沸点升高常数)。

凝固点降低 [freezing point depression] 在溶剂中存在非挥发性溶质, 设溶剂组分为 χ, 据稀溶液理论可以证明该溶液凝固点温度下降 ΔT 的数值可用式求得 $\Delta T = \dfrac{RT^2}{L}\chi$ (其中, L 为溶剂的潜热)。

熔点 [melting point] 在一定压强下, 晶体与其液相共存的温度称熔点 (类似于沸点)。但是人们习惯上常指在标准大气压下 (10132Pa) 固体转变成液态的温度为熔点。在固定压强下, 一些纯金属熔点严格固定, 可以复现。所以常用某金属熔点定义温标的固定点。

凝结 [solidification] 气相向液相的转变现象称为凝结。

露点 [dew point] 空气中的水蒸气达饱和蒸气压时的温度称该空气的露点。

凝华 [sublimation] 气相直接转变成固相的过程称为凝华。

湿度 [moisture] 这是在空调行业中常用的热力学参量, 是指气体中含水的密度。所谓气体的绝对湿度就是指该气体单位体积中水气的质量, 单位可选为 kg/m^3。相对湿度是指大气压所含水的质量的比值。比湿度是指单位质量大气中水气的质量。

升华热 [latent heat of sublimation] 指固相相变到气相之潜热。

汽化热 [latent heat of vaporization] 指液相相变到气相之潜热。

易逸度 [fugacity] 若将混合非理想气体某组元 i 的化学势强行写为

$$\mu_i = RT(\varphi_i + \ln p_i^*)$$

其中, p_i^* 满足

$$RT\ln p_i^* = RT\ln\frac{n_iRT}{V} + 2\sum_i\frac{B_{ij}n_j}{V} + 3\sum_i\frac{C_{ijl}n_jn_l}{2V^2} + \cdots$$

其中, n_i 第 i 组元物质的量, B_{ij}, C_{ijl} 是温度函数。p_i^* 称为易逸度, 物理含义是气相与其凝聚相达到相平衡时, 凝聚相中第 i 组元向气相逃的程度。

气线 [gas line] 下图为典型的二元系在固定压强下的固相 (参见二元系相图)。在 T_g 线以上为二元气相区, 在 T_l 以下为二元液相区, T_g 和 T_l 所包区域为二相共存区。热力学称 T_g 线为气线, T_l 线为液线。

液线 [liqid line] 见气线。

3.2.4 化学热力学

混合理想气体化学势 [chemical potential of mixing perfect gas] 由不同分子或原子组成的气体若满足道尔顿 (Dalton) 定律 (参见相关词条) 称混合理想气体。即有 $p = \sum_{i=1}^{\sigma} p_i$(其中, p 为混合理想气体的压强, p_i 是第 i 组元的分压强), p_i 满足独立的理想气体物态方程形式 $p_i = n_i\dfrac{RT}{V}$(其中 n_i 为第 i 个组元的物质的量, V 为该混合气体体积)。该混合理想气体第 i 个组元的化学势为 $\mu_i = RT[\varphi_i(T) + \ln p + \ln\chi_i]$, 式中 χ_i 为第 i 个组元的组分, 并满足归一条件 $\sum_{i=1}^{\sigma}\chi_i = 1$, 函数 $\varphi_i(T)$ 为

$$\varphi_i(T) = -\frac{1}{R}\int\frac{\int C_p^i\mathrm{d}T}{T^2}\mathrm{d}T + \frac{h_{0i}}{RT} + \frac{S_{0i}}{R}$$

其中, C_p^i 为第 i 个组元定压比热, h_{0i} 和 S_{0i} 分别表示第 i 个组元的摩尔焓和摩尔熵。

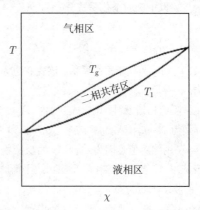

混合熵 [entropy of mixing] 设不同组元的理想气体起初分别以隔板分割各自存在, 并且它们的在温度 T 和压强 p 都相等, 然后隔板打开让其相互自由扩散所产生的熵增加量称为混合熵。对 σ 个组元的混合理想气体, 混合熵表示为

$$\Delta S = -\sum_{i=1}^{\sigma} n_iR\ln\chi_i$$

其中, n_i 为第 i 个组元的物质的量, χ_i 为第 i 个组元的组分。

吉布斯佯谬 [Gibbs paradox] 美国理论物理学家吉布斯注意到在理想气体混合熵表式中 (参见混合熵词条), $\Delta S = -\sum_{i=1}^{\sigma} n_iR\ln\chi_i$, 而该式并没有明显指出不同隔板内粒子的种类。只要它们是不同的, 隔板打开到平衡态时就有熵增加 ΔS。设想隔板打开前为全同粒子, 尽管隔板打开后因为全同粒子此举已失去物理意义, 但是据该式仍有 ΔS 数值。可是从物理机理考虑 ΔS 应该是零。这称吉布斯佯谬。解决吉

布斯佯谬是要考虑微观粒子的全同性，在统计物理中可给予解释。

质量作用定律 [law of mass action]　在某一温度与压强 (T, p) 下，记 A_i 为化学反应的反应物或生成物。ν_i 为化学平衡常数，并且规定反应物的 $\nu_i < 0$ 而生成物的 $\nu_i > 0$，化学平衡方程为 $\sum\limits_{i=1}^{\sigma} \nu_i A_i = 0$，则该混合理想气体化学平衡条件可表示为

$$\prod_{i=1}^{\sigma} p_i^{\nu_i} = K(T) \quad \text{或} \quad \prod_{i=1}^{\sigma} \chi_i^{\nu_i} = K(T, p)$$

其中，$K(T, p) = K(T) p^{\delta}$ $(\delta \equiv -\sum\limits_{i=1}^{\sigma} \nu_i)$。上两式称质量作用定律，$K(T, p)$ 称化学反应平衡常数，$K(T)$ 称化学反应定压平衡常数。这两个常数是可以测量的。

化学反应平衡常数 [equilibrium constant of chemical reaction]　见质量作用定律。

反应度 [degree of reaction]　反映一个具体化学反应的活性程度。以下列四个化学成分 A_1, A_2, A_3, A_4 反应为例

$$\nu_1 A_1 + \nu_2 A_2 \quad \nu_3 A_3 + \nu_4 A_4$$

式中 ν_1, ν_2, ν_3, ν_4 为化学平衡系数。该式右边为生成物，左边为反应物。

设该化学反应初始投料，化学成分 A_1、A_2、A_3 和 A_4 的物质的量分别为 $N_0 |\nu_1|$、$N_0 |\nu_2| + N_2$、$N_0 |\nu_3|$ 和 $N_0 |\nu_4| + N_4$（其中 ν_1 和 ν_2 用绝对值是因为 A_1, A_2 为反应物，它们是负值）。引进反应度 ξ，表示出该化学反应到达平衡时，A_1, A_2, A_3, 和 A_4 的物质的量为 $N_1 = (N_0 + N_0') |\nu_1| (1 - \xi)$，$N_2 = (N_0 + N_0') |\nu_2| (1 - \xi) + N_2$，$N_3 = (N_0 + N_0') \nu_3 \xi$ 和 $N_4 = (N_0 + N_0') \nu_4 \xi + N_4$。不难得到

$$\xi = \frac{(N_0 + N_0') |\nu_1| - N_1}{(N_0 + N_0') |\nu_1|}$$

可从上式中看出，反应度 ξ 是表征反应了的物质的量 $(N_0 + N_0') |\nu_1| - N_1$ 与最大的物质的量 $(N_0 + N_0') |\nu_1|$ 之比。

分解度 [degree of resolution]　就是分解化学反应的反应度。见反应度。

反应热 [reaction heat]　任何一种化学反应或热核反应都是反应物在等温、等压条件下转变成生成物的过程。那么所有生成物的总焓与所有反应物的总焓之差就是该化学反应或核反应的反应热。在数值上，若某化学反应或核反应的反应方程 $\sum\limits_{i=1}^{\sigma} \nu_i A_i = 0$（其中 ν_i 为化学平衡系数）。该方程中如果 A_i 为生成物，$\nu_i > 0$，A_i 为反应物，$\nu_i < 0$。那么反应热 ΔH 为 $\Delta H = \sum\limits_{i=1}^{\sigma} \nu_i h_i$（其中，$h_i$ 为化学成 A_i 的摩尔焓）。

范霍夫方程 [Van 't Half equation]　是联系定压化学反应平衡常数 $K(T)$（参见化学反应平衡常数）与反应热 ΔH 之间的方程：

$$\frac{\mathrm{d} \ln K(T)}{\mathrm{d} T} = \frac{\Delta H}{R T^2}$$

因为 $K(T)$ 是可以测量的，可以用范霍夫方程可测量某化学反应的反应热。

能斯特方程 [Nernst equation]　对于具有 σ 个组元气相化学反应

$$\sum_{i=1}^{\sigma} \nu_i A_i = 0$$

其定压化学平衡常数可写为如下关系：

$$\ln K(T) = -\frac{\Delta H_0}{RT} + \frac{1}{R} \int \frac{\Delta C_{p_i} \mathrm{d} T}{T^2} \mathrm{d} T + \frac{\Delta S_0}{R}$$

其中，$\Delta H_0 = \sum\limits_{i=1}^{\sigma} \nu_i h_{0i}$，$\Delta C_{p_i} = \sum\limits_{i=1}^{\sigma} \nu_i C_{pi}$ 和 $\Delta S_0 = \sum\limits_{i=1}^{\sigma} \nu_i S_{0i}$，其中 h_{0i} 和 S_{0i} 是第 i 个组元 $T = 0\mathrm{K}$ 时之摩尔焓与摩尔熵常数（参见吉布斯自由能）。上式称为能斯特方程。

勒夏特列原理 [Le Chatelier principle]　若一个处于平衡态系统受外界某种作用扰动后，系统的一个直接响应就是抵消或减弱外界对系统的作用，从而使系统到一个新的平衡态。这是一个普遍多体系统的规律，称勒夏特列（Le Chatelier）原理。化学热力学的范托夫方程中反应热数值取正或负，就是该原理的一个直接例子。

溶液 [solution]　溶液是指液态溶体，是多种组元组成均匀热力学系统。溶液汽化为气体就是混合气体，溶液固化后称固溶体，金属的固溶体称合金，非金属固溶体称和晶。溶液若由 σ 个组元组成的溶体，习惯上取第一个组元为溶液，其他组元称溶质。

稀溶液 [dilute solution]　设溶液有 σ 个组元组成，若该溶液中任一个组元化学势可表示成形式 $\mu_i = g_i + RT \ln \chi_i$（其中 g_i 是该组元在同样温度与压强单独存在时的摩尔吉布斯自由能，χ_i 为该组元的组分），则该溶液称为稀溶液。习惯上取 $i = 1$ 的组元称该溶液的溶剂，$i > 1$ 的各组元总称为溶质。

理想溶液 [ideal solution]　即稀溶液。

溶剂 [solvent]　见稀溶液。

溶质 [solute]　见稀溶液。

杜安–马古斯关系 [Duhem-Margules relation]　采用化学平衡条件，并将与该稀释溶液相平衡的气体视为混合气体，稀溶液第 i 组元化学势可写为：$\mu_i = g_i + RT \ln p_i$（其中 p_i 为第 i 个组元的分压强）。将该式代入到吉布斯–杜安关系（见相关词条），就得到杜安–马古斯关系

$$\sum_{i=1}^{\sigma} n_i \mathrm{d} \ln p_i = 0$$

饱和溶液 [saturated solvent]　在给定温度 T 和压强 p 下, 溶液中所能溶解的溶质已达最大量的溶液称为饱和溶液。若该溶液被缓慢降温而溶质还没有结晶出, 该状况溶液处于过饱和态, 称过饱和溶液。

过饱和溶液 [supersaturated solution]　见饱和溶液。

溶解度 [solubility]　溶解度是指溶质在溶剂中已形成饱和溶液时, 溶质相应的密度 (kg/m^3)。溶解度是温度的函数。

溶解热 [heat of solution]　单位质量的溶质溶解于溶剂中所吸收或放出的热量, 称溶解热。

二元溶液 [solution of two constituents]　溶液中仅溶解一个组元的溶液。称二元溶液。记溶剂组分为 χ_1, 溶质为 χ_2 有, 则 $\chi_1 + \chi_2 = 1$. 在稀溶液中, 满足拉乌尔和亨利定律 (参看相关词条)。

亨利定律 [Henry law]　亨利 (Henry) 于 1803 年发现如下实验定律: 在一定温度 T 和压强 p 下溶质的气相分压 p_i 与它在溶液中的组分成正比, 即 $p_i^{\text{气}} = K_i(T, p)\chi_i$ (其中 K_i 称亨利系数, 是温度 T 和压强 p 的函数)。该定律实际上是稀溶液理论的直接结果。

亨利系数 [Henry coefficient]　见亨利定律。

拉乌尔定律 [Raoult law]　在 1886 年, 拉乌尔 (Raoult) 发现: 溶液中溶剂在其气相中的分压 p_1 之变化正比于溶质各组分之和。若记 p_1^0 为纯溶剂之饱和蒸气压, 设该溶液有 σ 个组元, 则

$$\frac{p_1^0 - p_1}{p_1^0} = \chi_1 + \chi_2 + \cdots + \chi_\sigma$$

该式实际上可用亨利定律求得。

能斯特分配律 [Nernst distribution law]　若某稀溶液 α 相) 与其气相 β 相) 处于多元二相平衡, 第 i 个溶质在 α 相 β 相的组分 χ_i^α 和 χ_i^β 的比在温度 T 与压强 p 一定量为常数 $l_i(i > 1)$, 称能斯特分配律, 即

$$\frac{\chi_i^\beta}{\chi_i^\alpha} = l_i \quad (i > 1)$$

其中, $l_i = \exp\left(\dfrac{g_i^\alpha - g_i^\beta}{RT}\right)$, g_i^α 和 g_i^β 为第 i 个组元分别相应在 α 相和 β 相的摩尔吉布斯自能。

渗透压 [osmotic pressure]　若有种仅能透过某种溶液中溶剂的半透膜将溶液与纯溶剂分开, 溶剂在膜两边相平衡时所形成的压强差称渗透压。记溶剂的摩尔体积为 v, 据稀溶液理论可证明渗透压 Π 满足如下范霍夫定律: $\Pi v = \chi RT$, 其中 χ 为稀溶液溶质的组分。

范霍夫定律 [Van't Half law]　见渗透压。

活度 [pactivity]　1901 年路易斯 (Lewis) 在研究非理想溶液时引进两个物理量: a_i 为第 i 个组元理想的活度, α_i 为第 i 个组元活度系数, 这样把非理想溶液第 i 个组元化学势写为 $\mu_i = g_i + RT \ln a_i$, 其中 $a_i = \alpha_i \chi_i$, g_i 为第 i 个组元单独存在于 T, p 状况的单位摩尔吉布斯自由能, χ_i 为第 i 个组元的组分。

活度系数 [activity coefficient]　参见活度。

化学亲和势 [chemical affinity]　据热力物理特征函数极值问题概念 (参见相关词条), 任何非平衡态系统经过等温等压过程趋向于平衡态时, 总是引起吉布斯自由能趋向于极小。如果把这个结论用于等温等压的化学反应过程, 那么该反应从反应物到生成物所引起的吉布斯自由能的减小, 就定义该化学反应在等温等压化学反应的化学亲和势 A 为吉布斯自由能变化, 即 $A = -\Delta G$。用这种方法还可定义其他过程的化学亲和势, 例如等温等容过程可用自由能 F 改变定义化学亲和势。

表观物质的量 [apparent mole number]　设 σ 个组元混合理想气体总物质的量为 N, 总质量为 M, 显然有 $N = n_1 + n_2 + \cdots + n_\sigma$ 和 $M = m_1 + m_2 + \cdots + m_\sigma$。因为混合理想气体物态方程可表示为 $PV = (n_1 + n_2 + \cdots + n_\sigma)RT$, 该方程很像一个组元的气体, 所以若引入所谓表观物质的量 μ, 定义 $\mu = M/N$, 则

$$PV = \frac{M}{\mu}RT$$

赫斯定律 [Hess law]　赫斯在 1840 年发现如下定律: 假如一个化学反应可以经过两组不同的中间反应过程达到, 则两组不同反应过程各自中间诸过程反应热之和相等。因为反应热即谓焓差, 基于焓是状态函数的概念很容易理解赫斯定律。

范霍夫反应匣 [Van't Hoff reaction case]　是一个理想化的容器, 其中充满混合气体, 在匣的壁上装有 σ 个半透膜, 混合气体中一种组元只能通过一种半透膜。这种理想化的分离混合气体容器称范霍夫反应匣。

电解质 [electroyte]　导电的溶液称电解质。凡分解度接近于 1 的叫强电解质, 而分解度接近于零的称弱电解质。

范霍夫因子 [Van't Hoff coefficient]　阿仑尼斯 (Arrhenius) 假设一摩尔溶质在溶剂中分解为 ν 摩尔其他组元, 若分解度为 ξ, 则分解后溶质总物质的量应等于分解前的物质的量乘如下因子: $1 + (\nu - 1)\xi$。该式称范托夫因子。

稀化热 [heat of dilution]　指一摩尔纯溶剂加入到大量溶液后所议出的热量。

基尔霍夫公式 [Kirchhoff expression]　若记 λ_1 为稀化热 (参见相关词条)。λ_1 可由下式求得:

$$\lambda_1 = RT^2 \left[\frac{\partial \ln(p/p_0)}{\partial T}\right]_{n_1}$$

式中 p 和 p_0 指溶剂处于溶液状态和纯溶剂时的蒸气压，n_1 下标表示溶剂浓度不变时求导数。

渗透系数 [osmotic coefficient]　渗透系数是实际观测到的渗透压值与理论上无限稀溶液在完全分解情况下的数值比。这是布耶鲁姆 (Bjerrum) 研究质量作用定律时引入的。

复相化学反应 [heterogreneous chemical reaction] 质量作用定律是描述 σ 个组元气相或稀溶液的化学反应。若 σ 个组元相化学反应中有几个组元同时存在凝聚相 (液相或固相)，这时的化学反应称复相化学反应。

离子强度 [ionic strength]　若电解质某溶质离解成 ν_+ 个阳离子和 ν_- 个阴离子，设该溶质溶解度为 m，离子强度定义为

$$J = \frac{1}{2}(\nu_+ z_+^2 + \nu_- z_-^2)m$$

其中，z_+ 和 z_- 分别为阳离子和阴离子的离子价。

电中性条件 [condition of electrical neutrality] 溶质分子完全离解为正、负离子的溶液称强电解质溶液。若溶质分子 $A_{\nu_+}B_{\nu_-}$ 在溶液中离解为 ν_+ 个 z_+ 价离子 A^{z^+} 和 ν_- 个 z_- 价负离子 B^{z^-}，即 $A_{\nu_+}B_{\nu_-} \longrightarrow \nu_+ A^{z^+} + \nu_- B^{z^-}$，所谓中性条件为

$$\nu_+ z_+ + \nu_- z_- = 0$$

注意：$z_+ > 0$ 和 $z_- < 0$。

质量摩尔浓度 [molaity]　质量摩尔浓度是溶液浓度的一种表示法，指 1 千克溶剂中溶质的物质的量。

热电离 [thermal ionization]　在某些星体大气层中金属蒸气发生如下过程：

$$A \Longleftrightarrow A^+ + e$$

称热电离。

3.3　统计物理学

统计物理学 [statistical physics]　是关于组成物质系统大数粒子热运动的微观理论，它按照物质的微观结构、微观粒子的运动特征及粒子间的相互作用，采用统计的方法，研究物质系统的宏观性质及其变化规律以及与微观结构的关系，探求系统的热性质和热现象的微观本质。由于热性质和热现象极为普遍，且千变万化，因此，统计物理学能够帮助人们深刻认识物质世界，掌握自然规律，且日益渗透和广泛应用于其他诸多学科，获得了许多重大成就，已成为现代物理学的一个重要分支。

平衡态统计物理学研究宏观系统处于平衡态的物理现象和物理性质。1902 年美国物理学家吉布斯 (Gibbs) 发表了著名的《统计力学的基本原理》，建立了平衡态统计物理学体系。其要点是：一条基本假定 —— 等概率原理，一个基本观点 —— 统计平均和一种基本方法 —— 统计系综。统计方法分别与经典力学和量子力学相结合，形成经典统计物理学和量子统计物理学，两者在运用统计方法上是相似的，差别在于对粒子的运动状态及系统的微观状态描述的不同。量子统计物理学解决了许多经典统计物理学不能解决的困难，20 世纪 30 年代后，量子场论方法用于统计物理使之取得了更大的进展。

非平衡态统计物理学研究宏观系统处于非平衡态的物理现象和物理性质。近平衡态自发的演化趋势是趋于平衡，故其性质与平衡态相似。线性不可逆热力学和近平衡统计物理理论已发展成熟。远离平衡问题的研究 20 世纪 60 年代以来广泛开展，主要有非平衡统计物理基本理论和方法，外场驱动下耗散系统的非线性动力学，非平衡涨落和非平衡相变等。对远离平衡的突变，有序与结构的出现，普里高金 (Prigogine) 等作了宏观描述，建立了耗散结构理论。之后，与非线性问题如混沌、分形、孤子等的研究交织在一起，相互渗透、促进。非平衡统计物理尚未形成系统的理论，但它可能突破传统的物理学理论和方法的框架，通过与其他学科交叉结合，向较成熟的、更普遍的非平衡统计理论的方向发展，是一门富有生命力的新兴的前沿学科。

吉布斯统计力学 [Gibbs statistical mechanics]　见统计物理学。

3.3.1　统计物理学基础

系统 [system]　按照需要从相互作用着的物质体系中，选取一个有限的包含大数粒子的宏观部分作为研究的热力学系统，而把其余的与系统有相互作用的物体或体系称为外界或媒质。按照系统与媒质相互作用的不同，将系统划为以下三类：

孤立系，是与外界既不交换能量也不交换物质，即与外界无任何相互作用的系统，它只是一种理想化的极限概念，实际上是不存在的。我们应该这样来理解孤立系，即系统与媒质的相互作用远小于系统内部各部分之间的相互作用，相应的能量远远小于系统本身的能量，以致系统的能量处于 $E - E + \Delta E$ 的间隔内，而 E 满足条件 $\Delta E \ll E$。处于统计平衡的孤立的 pVT 系统，其能量 E(严格说是 $E + \Delta E$) 体积 V 和粒子数 N 是确定的。相应的系综是微正则系综。孤立系是一个非常重要而有用的概念。

闭系，是与外界只交换能量而不交换物质的系统。按照不同的能量交换方式，闭系又有两种，以 pVT 系统为例，一种是系统与大热源接触并达到热平衡，系统的 V、N 和温度 T 保持不变，相应的系综是正则系综；另一种是系统分别与大热源和恒压强源接触，彼此达到热平衡和力学平衡，并保持 p、N 和 T 不变，相应的系综是等温 - 等压系综。

开系，是与外界既交换能量又交换物质的系统。pVT 系统分别与大热源和粒子源接触，彼此达到热平衡和相平衡，并保持 V、T 和化学势 μ 不变，相应的系综是巨正则系综。

孤立系统 [isolated system]　即孤立系，见系统。

闭系 [closed system]　见系统。

开系 [and open system]　见系统。

统计规律性 [statistical regularity]　大数粒子系统不同于单个粒子的运动，也有别于少数几个粒子组成的系统，由于粒子之间以及系统与媒质之间存在相互作用，粒子的运动变得十分紊乱，异常复杂，因而具有不完全确定性，同时，还导致系统在某一时刻处于何种状态呈现随机性，系统中除单个粒子遵从力学规律外，还出现一种与力学规律迥异的新的规律性，即统计规律性。系统的宏观性质不能归结为粒子个体性质之总和。接着需弄清楚什么是系统的宏观态和微观态。系统的宏观态是指用宏观参量 (如实验可观测的量：温度、压强、体积等) 来描述并确定的系统状态，系统的微观状态是指由组成系统的单个粒子运动状态组合而成的整体的状态，它与粒子的运动状态有密切的关系。一个微观态对应于一个宏观态，而一个宏观态则对应于若干个微观态。从两个方面阐明系统的统计规律性：①系统的各个微观状态出现的偶然性和系统的宏观量具有确定值的必然性。系统的各个微观状态以一定的概率出现，只要系统所处的宏观条件给定，那么这种概率的分布就是确定的，系统的宏观量取值是确定的，系统的行为显现出一种必然性。②系统宏观量实测值 (或物性的实测值) 是相应微观量在满足给定宏观条件的一切可能微观状态的统计平均值，它与相应的微观量在微观长时间内的统计平均值是等价的，这是因为实验上观测时间是宏观非常短微观足够长的原故。当系统处于平衡态时，出现在各个微观态或各个能级上的概率从而求出的统计平均值是不随时间变化的。可见统计规律性实质上是一种概率性，统计物理的基本任务就是主要采取概率论的描述方法探求大数粒子系统的统计规律性从而找出系统的宏观性质及其演变规律。

宏观态 [macroscopic state]　见统计规律性。

微观态 [microscopic state]　见统计规律性。

概率分布 [probabilities distribution]　随机变量是在一定条件下，以确定的概率取各种可能值的变量，它可分为离散型和连续型两类。统计物理中讨论的问题常涉及 1 个以上随机变量的联合概率。n 个连续随机变量 $X_i(i=1,2,\cdots,n)$ 取值分别在 $x_i \sim x_i + \mathrm{d}x_i(i=1,2,\cdots,n)$ 的概率可写做

$$\mathrm{d}W = \rho(x_1, x_2, \cdots, x_n)\,\mathrm{d}x_1 \mathrm{d}x_2 \cdots \mathrm{d}x_n$$

式中，ρ 称为联合概率分布函数，应满足 $\rho(x_1, x_2, \cdots, x_n) \geqslant 0$ 及归一化条件。若 $X_i(i=1,2,\cdots,n)$ 是相互独立的，则有

$$\rho(x_1, x_2, \cdots, x_n) = \rho_1(x_1)\rho_2(x_2) \cdots \rho_n(x_n)$$

若随机变量 X 是离散型的，相应的概率可表示为

$$P_i = P(X = x_i) \quad (i = 1, 2, \cdots, n)$$

式中 $x_1, x_2, \cdots, x_i, \cdots, x_n$ 是 X 所有可能的取值。$\{P_i\}$ 称为 X 的概率分布，它应满足 $P_i \geqslant 0$ 及归一化条件 $\sum\limits_{i=0}^{n} P_i = 1$。对于相互独立的离散型随机变量 $X_1, X_2, \cdots, X_n$，则有

$$P(x_1, x_2, \cdots, x_n) = P_1(x_1)P(x_2) \cdots P_n(x_n)$$

统计平均值 [statistical everage value]　按照统计规律性的要求，系统的宏观量实测值是相应的微观量在满足给定的宏观条件下，一切可能微观状态的统计平均值，它是一种带有统计权重的平均值。考虑一离散随机变量 X，其可能的取值为 $x_1, x_2, \cdots, x_n$，若在 N 次实验中，观测到上述值的次数相应为 $N_1, N_2, \cdots, N_n$，当 N 趋于无穷时，则 X 的算术平均值 $\sum\limits_{i} x_i N_i / N$ 的极限就是 X 的统计平均值

$$\bar{X} = \lim_{n \to \infty} \sum_{i=1}^{n} x_i \frac{N_i}{N} = \sum_{i=1}^{n} x_i P_i$$

类似地，连续型随机变量 X 的统计平均值表示式为

$$\bar{X} = \int x\rho(x)\,\mathrm{d}x$$

积分遍及 X 的一切取值范围，$\rho(x)$ 称为概率密度或统计分布函数。

二项式分布 [binomial distribution]　考虑一体积为 V，分子数为 N 处于热平衡的理想气体系统，在 V 中划出一个部分 $v < V$，从 N 个分子中分出 n 个分子在 v 中，其余的在 $V-v$ 中，n 是一个随机变量。设一个分子出现在 v 中的概率为 p，它出现在 $V-v$ 中的概率应是 $q = 1-p$，则 n 个分子而不问是哪 n 个分子处于 v 中的概率为

$$P_N(n) = \frac{N!}{n!(N-n)!} p^n q^{N-n} = C_N^n p^n q^{N-n}$$

上式恰好是二项式 $(p+q)^N$ 的展开式的公共项，故称二项式分布式。n 的平均值和均方涨落分别为 $\bar{n} = \sum\limits_{n=0}^{\infty} n P_N(n) = Np$ 和 $\overline{(\Delta n)^2} = \overline{n^2} - \bar{n}^2 = \bar{n}(1-p) = Npq$。

泊松分布 [Poisson distribution]　在 $v/V \to 0$ 及热力学极限 (即 $V \to \infty$，$N \to \infty$ 和 $N/V = $ 常数) 的条件下，二项式分布式趋于泊松分布

$$P_N(n) = \frac{(\bar{n})^n}{n!} \mathrm{e}^{-\bar{n}}$$

其中，$\bar{n}$ 为 n 的平均值 (见二项式分布)。

高斯分布 [Gaussian distribution]　在 $N \gg 1$ 和 $p = q = 1/2$ 条件下，二项式分布趋于另一种近似形式，称为高斯分布

$$P_N(n) = \frac{1}{\sqrt{2\pi \overline{(\Delta n)^2}}} \exp\left[-\frac{(n - \bar{n})^2}{2(\Delta n)^2}\right]$$

其中，$\bar{n}$ 和 $\overline{(\Delta n)^2}$ 是 n 的平均值和均方涨落（见二项式分布）。

等概率原理 [principle of equal probabilities]　在给定的宏观条件下，平衡态系统的各个可能的微观状态以一定的概率出现，且这种概率分布是确定的。玻尔兹曼早在 19 世纪 70 年代就提出著名的等概率原理：孤立系统处在平衡态时的各个可能的微观状态出现的概率相等。从整体上说，等概率原理是统计物理一个最基本的也是一个唯一的假设。它具有重要性、可靠性和合理性。

近独立粒子系统 [nearly independent particle system]　指粒子之间的相互作用十分微弱，以致相互作用的平均能量可以近似地忽略，故系统的总能量 E 是单个粒子的能量 ε_l $(l = 1, 2, \cdots, N)$ 之和。经典近独立粒子系的典型例子有理想气体、理想固体的爱因斯坦模型等，爱因斯坦模型将理想固体看成是 $3N$ 个相互独立的，频率相同的简谐振子的集合。

对近独立粒子系统，统计方法是从描述粒子的运动状态入手，进而研究和描述系统的微观状态，计算与一个分布（即系统的一个宏观态）相对应的微观状态数，最后求出最概然分布，故又称最概然统计法。

全同粒子系统 [identical particle system]　组成系统的大数微观粒子通常都是指的全同粒子。所谓全同粒子，就是指各种内禀固有属性（如质量、电荷、自旋、同位旋等）都完全相同的粒子。在经典描述中，全同粒子则是指具有相同力学性质（如相同的自由度，都遵从牛顿运动方程等）的粒子。然而，与满足量子力学的粒子全同性原理的微观粒子不同，经典粒子的运动是轨道运动，处在不同初始状态的粒子沿不同的轨道运动，于是跟踪粒子原则上是可能的，因此，尽管是内禀属性完全相同的全同粒子，也是能够辨认、编号的。

系综方法 [statistical method of ensemble]　将系统作为一个整体考虑，引入系综的概念，描述系统的微观状态，导出系综分布，计算统计平均值，求得热力学量的统计表示式。它还可用于粒子间存在相互作用的更一般的系统。系综理论不仅应用普遍、广泛、且更加完整、严密。每一种方法都有经典描述和量子描述之分。按理说，对粒子运动状态、系统的微观状态都应使用量子描述，但经典描述在一定的极限条件下仍具有现实意义。

μ 空间 [μ-space]　采用几何方法以使粒子的运动状态的描述形象化和便捷化，引入相空间，由粒子的 r（粒子的自由度）个广义坐标 q_i 和 r 个广义动量 p_i 的 $2r$ 个正交轴构成的相空间称为 μ 空间。粒子在某一时刻的一个特定运动状态，用 μ 空间中的一个点表示，称为代表点或相点。粒子的运动状态随时间的演化对应到 μ 空间中，就是相点的径迹，通常是一条曲线，称之为相轨道。它满足哈密顿（Hamilton）正则方程。

应该指出，μ 空间是设想的一个相空间，一个超越空间，μ 空间中的一个相点代表着一个粒子的运动状态，并不表示一个粒子本身，一条相轨道并不是一个粒子真实的运动轨迹；不能用同一个 μ 空间来描述所有类型的经典粒子。因此，近独立粒子系要求组成系统的微观粒子是全同的。μ 空间中代表点的相轨迹不相交。

相点 [phase point]　见 μ 空间。

相轨道 [phase orbit]　见 μ 空间。

相体积 [phase volume]　在 μ 空间中，由于粒子的动量和坐标的测量精度受到一定的限制，即动量和坐标的不确定值遵从海森伯（Heisenberg）关系 $\Delta p_i \Delta q_i \geqslant h$ $(i = 1, 2, \cdots, r)$，因而 μ 空间中每个相点是大小为 h^r（其中，h 是普朗克常量）的相格。与同一能量 ε 对应的相点构成一等能面，它所包围的体积 $\omega(\varepsilon)$ 即为相体积，可表示为

$$\omega(\varepsilon) = \int \cdots \int_{H \leqslant \varepsilon} \mathrm{d}p_1 \cdots \mathrm{d}p_r \mathrm{d}q_1 \cdots \mathrm{d}q_r$$

能量在 $\varepsilon \sim \varepsilon + \Delta\varepsilon$ 间隔内的相体积为 $\frac{\mathrm{d}\omega(\varepsilon)}{\mathrm{d}\varepsilon}\Delta\varepsilon$，于是，粒子的能量为 ε，单位能量间隔内的状态数即能态密度应为

$$g(\varepsilon) = \frac{1}{h^r}\frac{\mathrm{d}\omega(\varepsilon)}{\mathrm{d}\varepsilon}$$

能态密度 [density of energy states]　单位能量间隔内的状态数，见相体积。

经典系统 [classical system]　粒子的一个态在 μ 空间占据一个相格，这意味着一个相格内的态是不能区分的，而同一相格可以容纳相当多的代表点，即容许相当数量的粒子处于同一微观态。考虑把 μ 空间分为一个一个能量值分别为 $\{\varepsilon_1, \varepsilon_2, \cdots\}$ 的能量层 $1, 2, \cdots$，与它们相应的相体积元为 $\Delta\omega_1, \Delta\omega_2, \cdots$，再把每一个相体积元分为若干相格，显然，相应的相格数 $g_\alpha = \frac{\Delta\omega_\alpha}{h^r}$ $(\alpha = 1, 2, \cdots)$。忽略同一能量层各个不同点能量值的差异。确定系统的微观状态，归结为确定每个编号粒子的运动状态。故系统的一个微观状态就是 N 个编了号的粒子代表点按能量层 $1, 2, \cdots$ 中各个相格的一种分配。

量子系统 [quantum system]　对于费米系统和玻色系统，所含微观粒子受量子力学粒子全同性原理的制约，具有波粒二象性，其运动不是轨道运动，无法跟踪而加以辨认。任

意对换系统中两个粒子都不改变系统的微观状态。确定费米系统或玻色系统的微观状态归结为确定占据每一个量子态的粒子数。玻尔兹曼系统则不同，所含微观粒子虽是全同粒子，却是可以分辨的，或者说，粒子的全同性并不重要，可设法区分它们，以致在对系统微观状态的描述上有区别。系统中任意交换两个粒子构成系统新的微观状态。确定系统的微观状态归结为确定每个粒子所处的量子态。举一简单例子，假设系统含两个粒子，粒子的量子态数是 3，容易看出费米系统、玻色系统和玻尔兹曼系统的粒子占据量子态的方式数即系统的微观态数分别是 3,6 和 9。

费米系统 [Fermi system]　　所含粒子是自旋量子数为半整数的费米子 (如电子，质子等) 或由奇数个费米子构成的复合粒子 (如 ^{2}H 原子、^{3}H 核等) 的系统，一个量子态最多只能被一个粒子占据。

玻色系统 [Bose system]　　所含粒子是自旋量子数为零或整数的玻色子 (如光子，π 介子等) 或由玻色子构成的复合粒子或由偶数个费米子构成的复合粒子 (如 ^{2}He 核、^{4}He 原子等) 的系统，占据同一个量子态的粒子数没有限制。

玻尔兹曼系统 [Boltzmam system]　　组成系统的粒子是定域子，所谓定域子，是指运动被定域在某一有限的局域内的粒子。不同粒子的波函数基本上互不重叠，因此，这种定域子虽是全同粒子但仍可分辨、编号。晶体中的原子或离子就是定域子，可通过其空间位置加以区分。占据一个量子态的粒子数没有限制。

定域子 [locator]　　见玻尔兹曼系统。

微观状态数 [microscopic state numbers]　　一个由大数全同近独立粒子组成的系统，其能量 E、体积 V 和粒子数 N 是确定的。以 $\varepsilon_l\,(l = 1, 2, \cdots)$ 表示粒子的能级，ω_l 表示 ε_l 的量子态数即简并度，N 个粒子在各能级上的分布是：各个 ε_l 上相应地有 $n_l\,(l = 1, 2, \cdots)$ 个粒子，$\{n_l\} = \{n_1, n_2, \cdots, n_l, \cdots\}$ 称为一个分布，它对应于系统的一个宏观状态，并有 $\sum_l n_l = N$，$\sum n_l \varepsilon_l = E$。给定一个分布 $\{n_l\}$ 就确定了占据每个能级的粒子数，但还不能确定系统的微观状态，这是因为能级的简并，每个能级不只有一个量子态。因此，一个分布往往对应许多不同的微观状态。现就三种系统分别阐述如下。

(1) 玻尔兹曼系统 (又称麦克斯韦-玻尔兹曼系统)，粒子可以分辨，对粒子编号，每个量子态上的粒子数不受限制，粒子对量子态的占据是相互独立，彼此无关的，粒子互换给出系统不同的微观状态，与分布 $\{n_l\}$ 对应的微观状态数，即热力学概率为

$$\Omega_M = \frac{N!}{\prod\limits_l n_l!} \prod_l \omega_l^{n_l}$$

(2) 玻色系统 (又称玻色-爱因斯坦系统)，粒子不可分辨，

每个量子态被占据的粒子数没有限制，粒子之间以及量子态之间的互换都不给出系统不同的微观态。需要指出，量子态总是可以区分的，然而量子态之间互换的结果已包括在量子态和粒子之间互相调换之内。与分布 $\{n_l\}$ 对应的微观状态数即热力学概率为

$$\Omega_B = \prod_l \frac{(n_l + \omega_l - 1)!}{n_l!\,(\omega_l - 1)!}$$

(3) 费米系统 (又称费米-狄拉克系统)，粒子不可分辨，每个量子态最多只能被一个粒子占据，因此有 $\omega_l \geqslant n_l$，ω_l 个量子态中任何一个态上或有 1 个粒子或空着。与分布 $\{n_l\}$ 对应的微观状态数，即热力学概率为

$$\Omega_F = \prod_l \frac{(\omega_l)!}{n_l!\,(\omega_l - n_l)!}$$

对经典系统，N 个编了号的粒子代表点按能量层 $1, 2, 3, \cdots$ 中相格的一种分配就是系统的一个微观状态。设 $n_1, n_2, n_3, \cdots, n_l, \cdots$ 个粒子代表点分别占据能量层 $1, 2, 3, \cdots, l, \cdots$ 的 $g_1, g_2, g_3, \cdots, g_l, \cdots$ 个相格 (相应的相体积元为 $\Delta\omega_1, \Delta\omega_2, \cdots$)，系统与分布 $\{n_l\}$ 对应的微观态数，即热力学概率为

$$\Omega_C = \frac{N!}{\prod\limits_l n_l!} \prod_l \left(\frac{\Delta\omega_l}{h^r}\right)^{n_l}$$

最概然分布 [most probable distribution]　　根据等概率原理，微观状态数最多的分布出现的概率最大。不可能找到一个囊括所有微观态的宏观态，然而，若能找到一个所含微观态数占据绝对优势的宏观态，那么其他的宏观态因出现的概率极小而可以忽略，同时，系统常处于概率最大的宏观态，因而此宏观态实际上是不随时间变化的，可近似地看作平衡态。平衡态是出现概率最大的宏观态，它对应最概然分布。系统的这种分布可以从热力学概率表示式出发，在总粒子数 N 和总能量 E 均为常数的约束条件下，运用拉格朗日不定乘子法求出。对全同、近独立的系统，最概然分布如下：

(1) 玻尔兹曼系统，最概然分布即麦克斯韦-玻尔兹曼分布

$$n_l = \omega_l \mathrm{e}^{-\alpha - \beta\varepsilon_l}$$

上式又称为玻尔兹曼分布。式中拉氏不定乘子 α、β 由约束条件确定，往往将 β 当作由实验条件确定的参量：$\beta = 1/kT$(其中 k 为玻尔兹曼常量)，而 $\alpha = \ln(Z_1/N)$，其中 $Z_1 = \sum_l \omega_l \mathrm{e}^{-\beta\varepsilon_l}$ 称为粒子配分函数。经典的玻尔兹曼分布则由下式给出：

$$n_l = \mathrm{e}^{-\alpha - \beta\varepsilon_l} \frac{\Delta\omega_l}{h^r}$$

相应的粒子配分函数为

$$Z_1 = \sum_l \mathrm{e}^{-\beta\varepsilon_l} \frac{\Delta\omega_l}{h^r} = \frac{1}{h^r} \int \mathrm{e}^{-\beta\varepsilon_l} \mathrm{d}\omega$$

(2) 玻色系统, 假设 $n_l \gg 1$ 和 $\omega_l \gg 1$, 玻色-爱因斯坦分布或称玻色分布

$$n_l = \frac{\omega_l}{\mathrm{e}^{\alpha + \beta \varepsilon_l} - 1}$$

(3) 费米系统, 假设 $n_l \gg 1$ 和 $\omega_l \gg 1$, $\omega_l - n_l \gg 1$, 费米—狄拉克分布或称费米分布

$$n_l = \frac{\omega_l}{\mathrm{e}^{\alpha + \beta \varepsilon_l} + 1}$$

上二式中的 α, β 均分别由约束条件确定, $\beta = 1/kT$, 而则为 $\alpha = -\mu/kT$(其中 μ 称为化学势).

麦克斯韦—玻尔兹曼分布 [Maxwell- Boltzmann distribution] 即麦克斯韦分布, 见最概然分布.

玻色—爱因斯坦分布 [Bose-Einstein distribution] 即玻色分布, 见最概然分布.

费米—狄拉克分布 [Fermi-Dirac distribution] 即费米分布,

经典玻尔兹曼分布 [classical Boltzmann distribution] 见最概然分布.

经典极限条件 [condition of classical limit] 若满足 $\mathrm{e}^\alpha \gg 1$ 或 $n_l/\omega_l \ll 1$, 则玻色分布和费米分布均过渡到玻尔兹曼分布. 该条件称为经典极限条件或非简并性条件, 它意味着, 占据每个量子态的平均粒子数都远小于 1, 因而原本存在的 n_l 个粒子占据能级 ε_l 的 ω_l 个量子态时的关联性可以忽略, 费米系统和玻色系统的微观状态数均趋于玻尔兹曼系统的 $1/N!$, 这种差别只是由粒子全同性原理的影响产生的. 粒子全同性原理对于那些与微观状态数有关的热力学量, 如熵、自由能的统计表示式产生影响, 而对于那些直接由分布函数求出的热力学量 (即一般有微观量对应的宏观量) 如内能、压强等则无影响.

3.3.2 玻尔兹曼统计和应用

玻尔兹曼配分函数 [Boltzmann partition function] 玻尔兹曼配分函数或粒子配分函数

$$Z_1 = \sum_l \omega_l \mathrm{e}^{-\varepsilon_l/kT} = \sum_j \mathrm{e}^{-\varepsilon_j/kT}$$

是统计物理中一个重要的物理量, 其物理意义是粒子出现在各个单粒子态 (或单粒子能级) 的相对概率之和. 在经典统计中, 则有

$$Z_1 = \int \cdots \int \mathrm{e}^{-\varepsilon(p,q)/kT} \frac{\mathrm{d}p_1 \mathrm{d}p_2 \cdots \mathrm{d}p_r \mathrm{d}q_1 \mathrm{d}q_2 \cdots \mathrm{d}q_r}{h^r}$$

玻尔兹曼关系 [Boltzmann relations] 将平衡态的熵与微观状态数联系起来的方程 $S = k \ln \Omega$ (其中, $\Omega = \Omega_M/N!$, Ω_M 为玻尔兹曼系统的微观状态数). 该关系表明某

个宏观态所对应的微观状态数越多, 其混乱程度也越高, 熵也就越大.

麦克斯韦速度分布律 [Maxwill distribution law of velocity] 在无外场情形下, 单原子分子理想气体处于平衡时, 分子按速度分布的规律. 一个分子速度的分量落在 $v_x \sim v_x + \mathrm{d}v_x$, $v_y \sim v_y + \mathrm{d}v_y$, $v_z \sim v_z + \mathrm{d}v_z$ 间隔内的概率, 即麦克斯韦速度分布律为

$$\mathrm{d}w_{\mathrm{v}} = \frac{\mathrm{d}N_{\mathrm{v}}}{N} = \left(\frac{m}{2\pi kT}\right)^{3/2} \mathrm{e}^{-m(v_x^2+v_y^2+v_z^2)/2kT} \mathrm{d}v_x \mathrm{d}v_y \mathrm{d}v_z$$

或者写成麦克斯韦速度分布函数和速率分布函数形式:

$$f(v_x, v_y, v_z) = n \left(\frac{m}{2\pi kT}\right)^{3/2} \mathrm{e}^{-\frac{m}{2kT}(v_x^2+v_y^2+v_z^2)}$$

$$f(v) = n \left(\frac{m}{2\pi kT}\right)^{3/2} \mathrm{e}^{-\frac{mv^2}{2kT}} 4\pi v^2$$

其中, n 是分子数密度. 以上第二式右端中的两个因子: v^2 和 $\mathrm{e}^{-\frac{mv^2}{2kT}}$ 竞争的结果导致 $f(v)$-v 曲线出现极大. 由以上第二式可求得分子的三种特征速率: 平均速率 $\bar{v}$, 方均根速率 $\sqrt{\overline{v^2}}$ 和最概然速率 v_p (即速率分布函数出现极大的速度)

$$\bar{v} == \sqrt{\frac{8kT}{\pi m}}, \quad \sqrt{\overline{v^2}} = \sqrt{\frac{3kT}{m}}, \quad v_p = \sqrt{\frac{2kT}{m}}$$

麦克斯韦速度分布函数 [Maxwell distribution function of velocity] 见麦克斯韦速度分布律.

平均速率 [mean speed] 见麦克斯韦速度分布律.

方均根速率 [root-mean square speed] 见麦克斯韦速度分布律.

最概然速率 [most probable speed] 见麦克斯韦速度分布律.

压强公式 [pressure formula] 对理想气体, 大量作无规则热运动的气体分子与器壁碰撞而传递动量, 产生气体对器壁的压强. 1857 年 R. 克劳修斯在气体分子以同样的速度向各个方向作随机运动的假设下, 导出压强公式:

$$p = \frac{1}{3} nm\overline{v^2}$$

式中 n 是分子数密度、$\overline{v^2}$ 为分子方均速度.

重力场中的分布 [distribution in gravitational field] 理想气体在重力场中, 其分子数密度按高度分布的规律. 设 $n(0)$ 是地面处的分子数密度, 则分子数密度的高度分布为

$$n(z) = n(0) \mathrm{e}^{-\frac{mgz}{kT}}$$

大气压强 p 随高度变化公式为

$$p = p_0 \mathrm{e}^{-\frac{mgz}{kT}}$$

其中, p_0 是地面上的压强.

能量均分定理 [equipartition theorem]　　经典系统处于温度为 T 的平衡态时,其粒子能量中每一个平方项的平均值等于 $kT/2$。

理想气体比热容 [specific heat capacity of ideal gas]　　对单原子分子组成的理想气体,气体的摩尔定体热容 $C_V = 3R/2$ 和摩尔定压热容 $C_p = 5R/2$,以及两者的比值 $\gamma = 5/3$。实验上测量 γ 比测量气体比热容容易。对于单原子气体比热容理论计算结果与实验符合得较好。

双原子分子组成的理想气体的分子可以分成两类:准弹性分子和振动自由度被"冻结"的刚性分子。对准弹性分子,$C_V = 7R/2$、$C_p = 9R/2$,以及 $\gamma = 9/7$;而对刚性分子,$C_V = 5R/2$、$C_p = 7R/2$,以及 $\gamma = 7/5$。实验测得的 C_V 和 γ 与温度有关,高温时,理论值与实验结果较接近,只是在极高温时,$C_V \to 7R/5$,但在常温下,$C_V = 5R/2$,这意味着振动"冻结"。对于氢,这个问题更为突出,随着温度的降低,C_V 降到单原子分子的 $3R/2$,这表明不仅振动而且转动也"冻结",只有平动对热容有贡献。上述情况从经典统计理论来看不可理解,量子统计理论则可圆满解决。

对多原子分子组成的理想气体,按其结构可分为线型和非线型两种。线型分子的各原子在同一直线上,若分子包含 n 个原子,则总自由度 $3n$ 中含 3 个平动、2 个转动自由度,而其余 $3n-5$ 个是振动自由度。分子能量的平方项数则为 $3+2+2(3n-5) = 6n-5$;非线型分子的平动和转动自由度均为 3,振动自由度是 $3n-6$,分子能量的平方项数则为 $3+3+2(3n-6) = 6(n-1)$。C_V 和 γ 的值随 T 的变化关系复杂,理论值与实验不符。例如线型分子气体 CO_2,$n=3$,实验值是 $\gamma = 1.18\,(1050\text{K})$,$\gamma = 1.34\,(198\text{K})$,而理论值均为 1.15;又如非线型分子气体 NH_3,$n=4$,实验值是 $\gamma = 1.20\,(796\text{K})$,$\gamma = 1.32\,(243\text{K})$,但理论值均为 1.11。这个矛盾只有应用量子统计理论才能解决。

理想固体的比热容 [specific heat capacity of ideal solid]　　含 N 个原子的固体有 $3N$ 个自由度,其中整体的平动和转动共 6 个自由度,其余的 $3N-6$ 个均为振动自由度,因 N 很大,故振动自由度就是 $3N$。虽然原子间相互作用很强,但原子无规则运动的平均动能相对较小,以致原子振动的振幅很小,限于在平衡位置附近运动,可将 $3N$ 个相互关联的微小振动变换为 $3N$ 个相互独立的简正振动。每一个自由度相当于一个一维简谐振子,根据能量均分定理,可以得出 $C_V = 3R \approx 24.94\,\text{J}\cdot\text{mol}^{-1}\cdot\text{K}^{-1}$。杜隆 (Dulong) 和珀蒂 (Petit) 早在 1818 年得到固体在常温下的摩尔定压热容与物质种类及温度无关的实验结果,$C_p \approx 25.10\,\text{J}\cdot\text{mol}^{-1}\cdot\text{K}^{-1}$,称之为杜隆–珀蒂定律。结果表明,在常温或较高温度下,理论值与杜–珀定律相符,但进一步实验事实表明,在低温下,C_p 不满足杜隆–珀蒂定律,而是 $C_p \sim T^3$,且随 $T \to 0$,C_p 迅速地趋于零。这种性质只有量子统计才能解释。

杜隆–珀蒂定律 [Dulong-Petit law]　　见理想固体的比热容。

朗之万公式 [langevin formula]　　N 个电偶极子的系统可看作 N 个双原子的理想气体,可以用玻尔兹曼分布讨论其统计性质。系统的电极化强度 P 满足

$$P = n\left[\alpha E + p_0 L\left(\frac{p_0 E}{kT}\right)\right]$$

其中,$n = N/V$ (V 是电介质系统的体积),α 为分子的感应极化率,p_0 是分子固有偶极矩,$L(x)$ 是朗之万函数 $L(x) = \coth x - 1/x$。对于低温、强场情形 $p_0 E \gg kT\,(x \gg 1)$,则有 $P = n(\alpha E + p_0)$,电介质极化呈饱和状态;对于高温、弱场情形,$p_0 E \ll kT$,则有,$P = n\left(\dfrac{p_0^2 E}{3kT} + \alpha E\right)$,介质处于只有感应偶极矩状态。

朗之万函数 [Langevin function]　　见朗之万公式。

顺磁物质的磁性 [magnetism of paramagnetic substance]　　将组成顺磁性物质的原子 (或分子) 看作固有磁矩 μ_B(玻尔磁子,代表由电子自旋和轨道运动而产生的原子磁矩) 的磁偶极子,它们在空间的取向由于热运动的影响而呈随机排列,因而物质不显示磁性。若加上外磁场 H,则各个磁矩不同程度地转到 H 的方向,达到平衡时,所有偶极磁矩沿 H 方向分量的总和就是系统的总磁矩 M。顺磁性物质是定域、近独立的磁偶极子系统,它遵从玻尔兹曼分布,可以得到磁化强度

$$\overline{m} = \frac{N}{V} J g \mu_\text{B} B_J\left(\frac{J g \mu_\text{B} H}{kT}\right)$$

其中,$n = N/V$ (V 是磁介质系统的体积),g 与物质有关,称为 Land 因子,J 的取值依赖于原子中电子的运动形态及数量,$B_J(x)$ 称为布里渊 (Brillouin) 函数

$$B_J(x) = \frac{2J+1}{2J}\coth\left(\frac{2J+1}{2J}x\right) - \frac{1}{2J}\coth\left(\frac{x}{2J}\right)$$

若 $x \ll 1$,则 $B_J(x) \approx \dfrac{J+1}{3J}x$,磁化强度 $\overline{m}$ 及磁化系数 χ 为

$$\overline{m} \approx \frac{nJ(J+1)\,g^2\mu_\text{B}^2 H}{3kT}, \quad \chi = \frac{\partial \overline{m}}{\partial H} \approx \frac{nJ(J+1)\,g^2\mu_\text{B}^2}{3kT}$$

可见,在高温、弱磁场下,顺磁物质的磁化遵从居里定律,与经典统计结果一致。

负绝对温度 [negative absolute temperature]　　就一般系统来说,熵函数随内能单调地增加,根据热力学基本方程,相应的温度 T 应是恒正的。然而有些系统却不是这样,当系统的内能增加,熵反而减小,系统就处于负温度状态。珀塞尔 (Purcell) 和庞德 (Pound)1951 年通过 LiF 晶体实验,发现核自旋系统可处于负绝对温度状态。考虑一由 N 个自

旋为 1/2、磁矩为 μ_0 的粒子系统，假设粒子是定域和近独立的。当系统置于磁场 H 中时，粒子的能量取两个可能的值 $\pm\varepsilon_0 = \pm\mu_0 H$，则由统计物理得到温度 T 与能量 E 的关系为

$$\frac{1}{T} = \left(\frac{\partial S}{\partial E}\right)_{N,H} = \frac{k}{2\varepsilon_0} \ln \frac{N\varepsilon_0 - E}{N\varepsilon_0 + E}$$

可以看出，当 $E < 0$ 时，T 取正值，而当 $E > 0$ 时，则 T 为负，系统处于负绝对温度状态，此时高能级的粒子占有数大于低能级的粒子数，这与平衡分布规律完全相反，故称负绝对温度下粒子占有数分布为粒子数反转态。在系统与外界隔绝，内部能够达到平衡，系统的能级数目有限，且能量有上限的条件下，出现负温度状态是可能的，但这种状态需用特别的方法来实现。负绝对温度的概念可用于核自旋系统、激光器、顺磁物质以及微波量子放大器。

粒子数反转态 [inverted state of particle number] 见负绝对温度。

珀塞尔－庞德实验 [Purcell-Pound experiment] 珀塞尔和庞德 1951 年为研究负绝对温度状态问题所做的实验。他们将 LiF 晶体置于 $H = 100$ Oe (奥斯特) 的磁场中，调节 LiF 核自旋系统至 5K 左右的热平衡状态，此时低能级的粒子数 N_- 大于高能级的粒子数 N_+，而后在极短时间 (约 0.2μs) 内将磁场迅速反转成 -100 Oe。由于核自旋的进动周期为 1μs，故不可能随磁场同时反转，原来自旋与 H 同向的多数粒子变成与 H 反向，于是出现 $N_+ > N_-$ 的负温度状态 (实验中约 -10K)。核自旋与晶格之间的弛豫时间 (即彼此交换能量达到平衡所需时间) 约为 5 分钟，但核自旋相互作用的弛豫时间仅仅大约 10μs，因此核自旋系统处在负温度状态可持续数分钟。负温度的系统不是一个正常的系统，可以这样理解：负绝对温度状态是某个非稳定系统内局部出现的一种短暂的平衡态。

3.3.3 系综理论

Γ 空间 [Γ–space] 近独立粒子系的统计方法不够严格，且有局限性，它只适用于粒子之间相互作用可以忽略的系统。对于一般的系统，不能用 μ 空间描述其微观状态，而需将系统作为一个整体加以考虑。设系统由 N 个全同粒子组成，粒子的自由度是 r，系统的自由度应为 $f = Nr$(若系统含多种粒子，则 $f = \sum_i N_i r_i$)。根据经典力学，要确定系统在某一时刻的微观运动状态，就要确定组成系统的所有粒子的运动状态，即要决定 f 个广义坐标和 f 个广义动量 $(q_1, q_2, \cdots, q_f; p_1, p_2, \cdots, p_f)$。引入一个由 $q_1, q_2, \cdots, q_f;$ $p_1, p_2, \cdots, p_f$ 为基而构成的 $2f$ 维相空间，称为 Γ 空间，描述系统在某一时刻微观运动状态的 $2f$ 个广义坐标和广义动量可用 Γ 空间中的一点表示，称为代表点即相点。实际上每个代表点都是大小为 $h^{Nr} = h^f$ 的相格。当系统微观状态随

时间变化时，相应地，代表点将在空间中沿一条由哈密顿正则方程确定的轨道运动。通过相空间任何一点的轨道只有一条，即不同的轨道是不能相交的。需要指出，人为设想的 Γ 空间中一点代表系统的一个微观状态，而不代表一个系统。

统计系综 [statistical ensemble] 为使在 Γ 空间进行统计更加便捷、形象而引入的一个重要的概念和方法。吉布斯认为对宏观系统的观测并不是在一个瞬间完成而是在一个宏观充分短、微观足够长的时间间隔内进行的。可以设想，把一个系统在观测的时间内，所经历的大数 M 个不同微观状态在 Γ 空间相应的代表点，化为 M 个与原来系统完全相同的系统在同一时刻 M 个各自所处的不同微观状态在 Γ 空间的代表点。统计系综定义如下：大数完全相同互相独立的系统的集合。这里所说的 "完全相同" 是指这些系统具有相同的物质结构、相同的力学性质和相同的宏观条件，这些系统各处在不同的微观状态。系统的宏观量应等于在实验观测的时间内对时间的平均值 $\bar{B}$(其中 B 表示系统的某一力学量)。可近似地认为，在这个时间间隔内，实测的宏观量等于在一定的宏观条件下，相应的微观量对一切可能的微观态的平均值。这样，就实现了一个重要的转变，把对时间的平均 $\bar{B}$ 转换成对微观状态的平均 (即系综 $\langle B \rangle$)，去掉了时间的因素。可以把在 Γ 空间中进行统计的系统代表点视为系综的代表点。必须指出，系综是大量系统的集合，切不可将它理解为微观状态或代表点的集合。

统计系综包括微正则、正则、等温–等压和巨正则系综，它们分别描述孤立系、闭系和开系的统计性质和统计规律，但从等概率原理即微正则系综及其分布出发，可导出处于各种不同宏观条件下的系统按其微观状态的概率分布，即其他几种系综分布。可见它们之间不仅有着密切的联系，而且在处理实际问题时具有等价性。虽然，他们彼此存在着差异，譬如正则与微正则，$T-p$ 与正则，巨正则与正则系综之间的区别分别在于系统的能量 E、体积 V 和粒子数 N 是否可变或存在涨落，然而，由于系统的 N 非常大，因而 N、V 或 E 的相对涨落都非常小，于是系综的概率分布中有一尖锐的极大值，致使系统出现的概率集中在极大值附近的很小的区域内，这样用几种系综的概率分布算出的统计平均值一定相同，它们的宏观性质应该一样。

各态历经假说 [ergodic hypothesis] 玻尔兹曼于 1871 年提出，"ergodic" 一词来源于希腊语，原意是由功和路径两部分组成。此假说是：保守力学系统从任意初态开始运动，只要时间足够长，系统将历经相空间能量曲面上的全部微观运动状态。只有各态历经假说成立，才可能证明理论上计算出来的 $\langle B \rangle$ 与实验观测值 $\bar{B}$ 相等。但按照力学理论，各态历经假说不能成立，由于此假说无法严格证明，因而将 $\langle B \rangle = \bar{B}$ 作为吉布斯统计法中的一个假定，称之为统计等效原理。各

态历经至今仍然是一个尚未解决的难题。然而建立在等概率原理和统计等效原理基础上的吉布斯系综理论是具有很强生命力的。

刘维尔定理 [Liouville theorem]　保守力学系统的系综在 Γ 空间的代表点密度在运动中保持不变。或者说，系综随时间的演化可以看作 Γ 空间中的代表点组成的不可压缩流体的运动，即代表点在 Γ 空间运动过程中既不会集中，也不会分散。系综代表点密度或分布函数 ρ 遵从下述刘维尔方程

$$\frac{\mathrm{d}\rho}{\mathrm{d}t} = \frac{\partial\rho}{\partial t} + \sum_{i=1}^{f}\left(\frac{\partial\rho}{\partial q_i}\dot{q}_i + \frac{\partial\rho}{\partial p_i}\dot{p}_i\right) = 0$$

若用经典泊松括号表示，则刘维方程又可写成

$$\frac{\partial\rho}{\partial t} + \{\rho, H\} = 0$$

上两式是刘维定理的数学形式，也是系综的运动方程。刘维尔方程也可用于非平衡系统。从刘维尔定理可以得出两个推论：(1) 相体积不变原理，当 Γ 空间中任一区域的边界点按正则方程所规定的轨道运动时，该区域内体积在运动中保持不变；(2) 当组成系综的系统处于统计平衡时，其宏观性质不随时间变化，ρ 应不显含时间 t，即有 $\frac{\partial\rho}{\partial t} = 0$，这是系统处于平衡态的必要条件，又称为统计平衡条件，满足这个条件的系综叫作稳定系综。

刘维尔方程 [Liouville equation]　见刘维尔定理。

统计平衡条件 [statistical equilibrium condition]　见刘维尔定理。

微正则系综 [microcanonical ensemble]　大数性质、结构及所处的宏观条件完全相同，但微观状态各不相同的孤立系统的集合。等概率原理给出系统处于平衡时的分布规律，即"在 Γ 空间能量层 $E \sim E + \Delta E$ 中系综分布函数或概率密度 ρ 为一常数，在这能量层外则为零"，ρ 可表示为

$$\rho = \begin{cases} C, & E \leqslant H \leqslant E + \Delta E \\ 0, & H < E, H > E + \Delta E \end{cases}$$

其中 C 为常数。上式称为微正则分布，也叫作等概率原理。N 个粒子组成的孤立系统在等能面 $H(p, q) = E$ 上的微观状态数应为

$$\Omega(E) = \frac{1}{N!h^f}\int_{H(p,q)\leqslant E}\mathrm{d}\Gamma$$

式中 $\mathrm{d}\Gamma = \mathrm{d}p_1\cdots\mathrm{d}p_f\mathrm{d}q_1\cdots\mathrm{d}q_f$，$f = Nr$ 是系统的自由度。在 $E \sim E + \Delta E$ 能量层内，系统的微观状态数可表为

$$\Omega(E, \Delta E) \equiv \Omega(E + \Delta E) - \Omega(E) = \Omega'(E)\Delta E$$

式中 $\Omega'(E)$ 是系统能量在 E 附近单位能量间隔内的微观状态数，简称系统的态密度。于是，系综的平均值公式应为

$$\langle B\rangle = \lim_{\Delta E\to 0}\frac{1}{\Omega'(E)\Delta E}\int_{\Delta E}B\frac{\mathrm{d}\Gamma}{N!h^f}$$

微正则分布 [microcanonical distribution]　见微正则系综。

正则系综 [canonical ensemble]　大数与热源接触并达到平衡，性质结构相同，彼此独立，各处于不同微观状态的系统的集合。组成正则系综的系统是具有确定的粒子数 N、体积 V 和温度 T 的闭系。系统与热源之间作热交换，使系统各个可能的微观态有不同能量值，系统的能量出现涨落。考虑把所研究的系统与热源合在一起组成一个大的复合系统，它是一个孤立系统，处于统计平衡时，遵从微正则分布，于是可导出吉布斯正则分布或简称正则分布，即系统在 Γ 空间中的代表点出现在 $(p_1, \cdots, p_f, q_1, \cdots, q_f)$ 处的相体元 $\mathrm{d}\Gamma = \mathrm{d}p_1\cdots\mathrm{d}p_f\mathrm{d}q_1\cdots\mathrm{d}q_f$ 内的概率为

$$\mathrm{d}P = \rho\frac{\mathrm{d}p_1\cdots\mathrm{d}p_f\mathrm{d}q_1\cdots\mathrm{d}q_f}{N!h^f}$$

其中，正则分布函数或概率密度为 $\rho = Z^{-1}\mathrm{e}^{-E/kT}$。正则分布的另一形式是按系统的能量分布可写成

$$\mathrm{d}P_E = \rho_E\mathrm{d}E = Z^{-1}\mathrm{e}^{-E/kT}\Omega'(E)\mathrm{d}E$$

其中，$\rho_E = Z^{-1}\Omega'(E)\mathrm{e}^{-E/kT}$（其中，$\Omega'(E)$ 是系统的态密度）。以上各式中的 Z 称为正则配分函数

$$Z = \frac{1}{N!h^f}\int\cdots\int\mathrm{e}^{-E/kT}\mathrm{d}p_1\cdots\mathrm{d}p_f\mathrm{d}q_1\cdots\mathrm{d}q_f$$
$$= \int\mathrm{e}^{-E/kT}\Omega'(E)\mathrm{d}E$$

Z 在统计物理中起着十分重要的作用。影响分布函数 ρ_E 的因素有两个，一个是 $\mathrm{e}^{-E/kT}$，它随能量的增大而指数下降，另一个是 $\Omega'(E)$，随 E 的增大而迅速增大。可见它们使系统存在一最概然能量 E_p 在 $E = E_p$ 处，ρ_E 有尖锐的极大值。ρ_E 与 δ 函数非常相似，因而在很狭窄的范围内，$\bar{E}$ 与 E_p 几乎相等。

正则分布 [canonical distribution]　见正则系综。

正则配分函数 [canonical partition function]　见正则系综。

巨正则系综 [grand canonical ensemble]　大数与热源和粒子源交换能量和粒子并达到平衡，性质结构相同、彼此独立，各处于不同微观状态的系统的集合。又称 $T - \mu$ 系综。组成巨正则系综的系统是具有确定的体积 V、温度 T 和化学势 μ 的开系。这种粒子数可变系统在自然界比比皆是，例如由液体及其饱和蒸汽组成的平衡系统、光的发射和吸收、存在化学反应的系统等。系统的能量和粒子数出现涨落。考虑将所研究的系统和热源及粒子源合在一起组成一个大的复合系统，此复合系统是一个能量和粒子数都恒定的孤立系统。利用微正则分布可以导出巨正则分布或 $T - \mu$ 分布，即系统的

粒子数为 N、状态代表点在 Γ 空间能量为 $E^{(N)}$ 处的相体元 $\mathrm{d}\Gamma(N)$ 的概率为

$$\mathrm{d}P_N = \rho_N \frac{\mathrm{d}\Gamma}{N! h^f} = \frac{1}{\tilde{Z}} \mathrm{e}^{-\left(E^{(N)} - \mu N\right)/kT} \frac{\mathrm{d}\Gamma}{N! h^f}$$

巨正则分布函数或概率密度:

$$\rho_N = \tilde{Z}^{-1} \mathrm{e}^{-\left(E^{(N)} - \mu N\right)/kT}$$

它的另一形式可表示为

$$\rho_E^{(N)} = \tilde{Z}^{-1} \mathrm{e}^{-\left(E^{(N)} - \mu N\right)/kT} \Omega'(E, N)$$

上述各式中的巨配分函数 $\tilde{Z}$ 写成

$$\tilde{Z}(T, V, \mu) = \sum_{N=0}^{\infty} Z(T, V, N) \mathrm{e}^{\mu N/kT}$$

式中 Z 是正则配分函数。

巨正则分布 [grand canonical distribution]　见巨正则系综。

巨配分函数 [grand partition function]　见巨正则系综。

$T - \mu$ 系综 [$T - \mu$ grand canonical ensemble]　即巨正则系综。

$T - \mu$ 分布 [$T - \mu$ distribution]　即巨正则分布。

等温-等压系综 [isothermal-isopiestic ensemble]　大数与热源和恒压强源交换能量并达到平衡、性质结构相同、彼此独立, 各处于不同微观状态的系统的集合, 又称T-p系综。组成等温-等压系综的系统是具有确定的粒子数 N、温度 T 和压强 p 的闭系。系统与媒质的相互作用包括与热源接触和通过无摩擦的活塞与恒压强源或外功源接触, 彼此达到热平衡、力学平衡, 平衡温度和平衡压强分别为 T 和 p。系统的能量和体积出现涨落。考虑将所研究的系统和热源及恒压强源合在一起组成一个大的复合系统, 此复合系统是一个能量和体积都恒定的孤立系统。利用微正则分布可以导出等温-等压分布, 即系统的体积在 $V \sim V + \mathrm{d}V$ 范围内, 状态代表点处于 Γ 空间能量为 $E(V)$ 处相体元 $\mathrm{d}\Gamma(V)$ 的概率为

$$\mathrm{d}P_V = \rho_V \frac{\mathrm{d}\Gamma}{N! h^f} \mathrm{d}V = Y^{-1} \mathrm{e}^{-\frac{E+pV}{kT}} \frac{\mathrm{d}\Gamma}{N! h^f} \mathrm{d}V$$

上式又称为 T-p 分布, 式中

$$\rho_V = Y^{-1} \mathrm{e}^{-\frac{1}{kT}(E+pV)}$$

是 T-p 分布函数, 等温-等压配分函数的表达式为

$$Y(T, p, N) = \int_0^{\infty} Z(T, V, N) \mathrm{e}^{-\frac{pV}{kT}} \mathrm{d}V$$

式中 Z 是正则配分函数。

$T - p$ 系综 [$T - p$ ensemble]　即等温-等压系综。

$T - p$ 分布 [$T - p$ distribution]　见等温-等压系综。

量子统计系综 [quantum statistical ensemble]　遵从量子力学规律的系统的微观状态由波函数 $\psi = \psi(q_1, \cdots, q_f, t)$ 确定, 其中 f 是经典自由度。量子力学研究的是所谓纯系综, 即大数处于相同宏观条件下, 彼此独立而全同并处于同一量子态的系统的集合。量子统计须考虑大数粒子系统的统计规律性, 而以混合系综作为研究对象。这种系综所属的各个系统不是处于同一量子态, 而是分布在一系列量子态中。可见混合系综相当于大量纯系综的集合。因此, 需用一系列态矢量 $|\psi_1(t)\rangle, |\psi_2(t)\rangle, \cdots$ 和一系列概率 $w_j = M_j/M(j = 1, 2, \cdots)$ 描述一个混合系综, 其中 M_j 是第 j 个纯系综所含系统数, M 为混合系综的总系统数。显然, w_j 是正定的且满足归一化条件。力学量 B(相应的量子力学算子为 $\boldsymbol{B}$) 的期待值或混合系综的统计平均值可写成

$$\langle B \rangle = \sum_j w_j B_j = \sum_j w_j \langle \psi_j(t) | \boldsymbol{B} | \psi_j(t) \rangle$$

其中, $|\psi_j(t)\rangle$ 是混合系综中第 j 个纯系综的态矢量, $B_j = \langle \psi_j(t) | \boldsymbol{B} | \psi_j(t) \rangle$ 是力学量 B 对于第 j 个纯系综的平均值, 这是第一次平均, 第二次平均是对混合系综的平均。如何确定概率分布 w_j 是量子统计的最基本问题。以正则系综为例, 可以求得 $w_j = Z^{-1} \mathrm{e}^{-\beta E_j}$, 其中, $Z(\beta, V, N) = \sum_j \mathrm{e}^{-\beta E_j}$ 为配分函数, E_j 为系统的能级。w_j 表示系统处于量子态 j 的概率, 它们都是量子统计系综的正则分布。

纯系综 [pure ensemble]　见量子统计系综。

混合系综 [mixed ensemble]　见量子统计系综。

非理想气体 [non-ideal gas]　指分子间相互作用不可忽略的真实气体。在温度较低、密度较大情形下, 真实气体对理想气体的偏离非常显著。由于分子间相互作用力的不同, 非理想气体物态方程有多种多样, 其中最一般的形式是 1908 年荷兰物理学家昂尼斯提出的昂尼斯 (Onnes) 方程:

$$pV = A + \frac{B}{V} + \frac{C}{V^2} + \frac{D}{V^3} + \cdots$$

式中系数 $A = nRT$ (n 为物质的量), B、C、$\cdots$ 都是温度的函数, 分别称为第一、第二、第三、$\cdots$ 位力 (Virial) 系数, 它们由实验确定。理想气体物态方程和范德瓦耳斯方程分别是一级和二级近似下的昂尼斯方程。

位力系数 [virial coefficients]　见非理想气体。

二粒子相互作用势 [two-particle interaction potential]　为应用系综理论导出各级位力系数, 需讨论与气体宏观性质密切相关的分子相互作用势。若分子数密度不是很高, 由于分子作用力程不过是分子本身大小的几倍, 那么三个分子同时进入同一力程内的概率是很小的, 二体相互作用

就占了绝对优势。对二体相互作用势是以实验为基础，采用一些简化的模型来描述的相互作用势。

刚球模型 [rigid sphere model]　二粒子相互作用势的一种模型，设刚球分子占有一定的体积，相互作用势 $u(r)$（其中，r 是分子质心间距离）为

$$u(r) = \begin{cases} \infty, & r \leqslant \sigma \\ 0, & r > \sigma \end{cases}$$

其中，σ 为实心半径。

方阱势模型 [Square well potential model]　二粒子相互作用势的一种模型。相互作用势 $u(r)$（其中，r 是分子质心间距离）为

$$u(r) = \begin{cases} \infty, & 0 < r < \sigma \\ -\varphi, & \sigma < r < t\sigma \\ 0, & r > t\sigma \end{cases}$$

其中，σ 实心半径，$(t-1)\sigma$ 和 φ 分别为方形吸引区域的宽度和深度。

萨瑟兰势模型 [Sutherland potential model]　以实心势为基础，考虑有吸引力，是一种简化的勒纳–琼斯势模型，相互作用势 $u(r)$（其中，r 是分子质心间距离）为

$$u(r) = \begin{cases} \infty, & r < \sigma \\ -\varphi_0 \left(\dfrac{\sigma}{r}\right)^l, & r > \sigma \end{cases}$$

式中 l 是一常数，通常 $l=6$，$-\varphi_0$ 是 $r=\sigma$ 处的势能。

勒纳–琼斯模型 [Lennard-Jones potential model] 二粒子相互作用势的一种模型。1924 年提出的一种很好的近似模型。相互作用势 $u(r)$（其中，r 是分子质心间距离）为

$$u(r) = 4\varphi \left[\left(\frac{\sigma}{r}\right)^{12} - \left(\frac{\sigma}{r}\right)^{6} \right]$$

它基于如下事实：具有高能量的粒子，从某种程度上说，可以进入实心，因而实心是逐渐倾斜的，当 $r=\sigma$ 时，$u(\sigma)=0$，故 σ 是实心的半径，此时势能从正到负值，当 $r=2^{1/6}\sigma$ 时，$u(r)$ 取极小值 $-\varphi$。

迈耶函数 [Mayer function]　为研究非理想气体的热力学性质，微观上导出物态方程，需从讨论系统的巨配分函数入手。系统的哈密顿量为

$$H = \sum_i \frac{p_i^2}{2m} + \sum_{1 \leqslant i < j \leqslant N} u_{ij}$$

二体相互作用具有一很大排斥作用的实心和短程相互吸引。巨配分函数 $\tilde{Z}$（见巨正则系综）表示式中将出现指数因子 $\exp\left[-\beta \sum\limits_{1 \leqslant i < j \leqslant N} u_{ij}\right]$。显然，引入代表两分子相互作用，称为迈耶 (Mayer) 函数的 f_{ij}

$$f_{ij} = e^{-\beta u_{ij}} - 1 = e^{-u_{ij}/kT} - 1$$

是方便的。当 r_{ij} 超出相互作用范围时，$u_{ij}=0$，$f_{ij}=0$，而当 r_{ij} 落在实心范围时，$u_{ij}=\infty$，$f_{ij}=-1$，作为展开的参量，f_{ij} 优于 u_{ij}。巨配分函数为

$$\tilde{Z}(T, V, \mu) = \sum_{N=0}^{\infty} \frac{1}{N! \lambda_T^{3N}} e^{\mu N/kT} K_N(T, V)$$

式中 $\lambda_T = \left(\dfrac{\beta h^2}{2\pi m}\right)^{1/2}$ 叫作热波长，而位形积分 $K_N(T, V)$ 可表为

$$K_N(T, V) = \int \cdots \int \prod_{1 \leqslant i < j \leqslant N}^{N(N-1)/2} (1 + f_{ij}) \mathrm{d}\boldsymbol{r}_1 \cdots \mathrm{d}\boldsymbol{r}_N$$

K_N 是关于 N 个分子处于所有可能位形的相对概率之和，故又称为位形配分函数。

位形积分 [configuration integral]　见迈耶函数。

集团展开 [cluster expansion]　实际气体物态方程按密度作位力展开的微观表达式。J. E. 迈耶夫妇和 H. D. 厄塞尔 (H. D. Ursell) 等于 1937 年前后建立和发展的分子集团展开法是描述非理想气体的一种非常有效的方法，它适用于温度不太低，密度不太高的气体，甚至还可用于中等密度的流体。位形积分展开为

$$K_N = \int \cdots \int \mathrm{d}\boldsymbol{r}_1 \cdots \mathrm{d}\boldsymbol{r}_N \left(1 + \sum_{i<j} f_{ij} \right.$$
$$\left. + \sum_{i<j} \sum_{i'<j'} f_{ij} f_{i'j'} + \sum \sum \sum fff + \cdots \right)$$

上式被积函数中各项代表分子相互作用的各种组合状态，其中第一项是 1，表示无相互作用的单分子状态，第二项 (大项) $\sum\limits_{i<j}$ 均属一对分子作用的状态，第三项 (大项) 是分子对的作用状态，其中除 $f_{ij}f_{i'j'}$ 的 i,j，$i'j'$ 彼此都不相同外，还包括 $i=i'$ 或 $j=j'$（即 $f_{ij}f_{ij'}$ 或 $f_{ij}f_{i'j}$）等第三个分子参与相互作用的贡献，依次类推。显然，函数 $\prod\limits_{(ij)}(1+f_{ij})$ 包括了所有各种数目的分子相互作用的组合状态对位形配分函数的贡献。分析表明，引入集团的概念及集团函数、集团积分是有利的。定义粒子集团：彼此有直接或间接相互作用的所有粒子的集合。集团函数

$$U_l(\boldsymbol{r}_1, \cdots, \boldsymbol{r}_l) = \sum_{1 \leqslant i < j \leqslant l} \prod f_{ij}$$

U_l 又称厄塞尔函数。式中右端连积 $\prod\limits_{1 \leqslant i < j \leqslant l}$ 是 l 个粒子相互作用的某一种组合态，$\sum\limits_{1 \leqslant i < j \leqslant l}$ 是对所有可能的不同组合态求和。集团函数有着特别的意义，一个 $N-$ 粒子集团函数

$U_N(r_1, \cdots, r_N)$，只有当 N 个粒子都有相互作用时才不等于零。定义 $l-$ 粒子集团积分为

$$b_l = \frac{1}{l!V} \int \cdots \int \mathrm{d}r_1 \cdots \mathrm{d}r_l \sum \prod_{1 \leqslant i < j \leqslant l} f_{ij}$$
$$= \frac{1}{l!V} \int \cdots \int \mathrm{d}r_1 \cdots \mathrm{d}r_l U_l(r_1, \cdots, r_l)$$

通常取热力学极限：$V \to \infty$，$\bar{N} \to \infty$，$\bar{N}/V =$ 常数，以消除容器 V 对 b_l 的影响，于是有 $b_l = \lim\limits_{V \to \infty} b_l(T, V) = b_l(T)$ 为方便起见，仍用符号 b_l。集团展开可以得到物态方程按粒子数密度 $\bar{N}/V$ 的幂次的位力展开式

$$\frac{pV}{\bar{N}kT} = \sum_{l=1}^{\infty} B_l(T) \left(\frac{\bar{N}}{V}\right)^{l-1}$$

其中各级位力系数 B_l 与集团积分 b_l 的关系，即 B_l 的微观表式为 $B_1 = b_1 = 1$，$B_2 = -b_2$，$B_3 = 4b_2^2 - 2b_3$，和 $B_4 = -20b_2^3 + 18b_2b_3 - 3b_4$。

集团积分 [cluster integral]　见集团展开。

集团函数 [cluster function]　即厄塞尔函数。

第二位力系数 [second virial coefficient]　是对理想气体给出二体集团效应的修正。若气体比较稀薄，则在粒子相互作用中，二体集团效应的贡献是主要的，计算第二位力系数

$$B_2(T) = -\frac{1}{2V} \iint \mathrm{d}r_1 \mathrm{d}r_2 f(r_{12}) = -\frac{1}{2} \int \mathrm{d}r_{12} \left(\mathrm{e}^{-u(r)/kT} - 1\right)$$

就显得非常重要。

第三位力系数 [third virial coefficient]　第三位力系数表示为

$$B_3(T) = \frac{1}{V^2} \left(\iint \mathrm{d}r_1 \mathrm{d}r_2 U_2(r_1, r_2)\right)^2 - \frac{1}{3V} \iiint \mathrm{d}r_1 \mathrm{d}r_2 \mathrm{d}r_3 U_3(r_1, r_2, r_3)$$

上式与粒子间相互作用势的具体形式无关，它是普遍适用的。然而，在前面的讨论中，假定 N 个粒子势是可以严格地表示成二体相互作用势之和，即可以相加的，这对于实际气体来说是不正确的。气体中若同时出现三体作用，则它们发生极化效应而产生一个附加的三体极化互作用，并对 $B_3(T)$ 有影响，低温时，影响更显著。

径向分布函数 [radial distribution function]　在与流体中任何一个粒子相距 r 处发现一个粒子的概率。径向分布函数可以从 X 射线散射实验或中子衍射实验测得，因此，它具有直接的物理意义，从径向分布函数可以得到系统的各个热力学量，特别是流体系统的状态方程.

兹万齐克微扰理论 [Zwanzig perturbation theory]　描述密度较高的流体热力学性质的一种比较好的方法。兹万齐克认为密度较高的流体的定性行为主要决定于实心，而粒子间相互吸引势可当对实心系统的一个微扰。N 个粒子的总势能可写成

$$U = U_0 + U_1 = U_0 + \sum_{(ij)} u_1(r_{ij})$$

式中 U_0 和 U_1 分别是相互作用势能的实心部分和吸引部分。

3.3.4　量子统计及其应用

黑体辐射 [black-body radiation]　任何只要温度不是绝对零度物体的表面都会以电磁波的形式向外辐射能量，这种辐射称为热辐射。为方便而有效地描述热辐射规律，引入黑体概念，黑体是指能够全部吸收入射到它上面的任何波长的电磁波，即表面反射系数为零的理想物体，实际上黑体是不存在的，但可用某种装置近似地代替它。如图所示，在一个恒温的空壁上开一小孔，通过小孔射入空腔的所有波长的电磁波经腔内壁多次反射后，几乎全部被吸收，再从小孔射出的电磁波极少，故可把这种带有一个小孔的空腔近似的看作黑体。腔壁原子不断地向空腔发射并从空腔吸收电磁波，经过一定时间，腔内的辐射场与腔壁达到平衡，它们有着共同的温度，平衡辐射性质只依赖于温度，与腔壁的其他性质无关。小孔的辐射性质代表了空腔内的辐射性质。

热辐射 [heat radiation]　见黑体辐射。

斯特藩-玻尔兹曼定律 [Stefan-Boltzmann law] 黑体单位表面在单位时间内辐射出的所有波长的能量即辐射通量密度 E 与绝对温度 T 的四次方成正比：$E = \sigma T^4$，式中斯特藩-玻尔兹曼常量 σ 的实验值为：$\sigma = 5.67051 \times 10^{-8} \mathrm{W} \cdot \mathrm{m}^{-2} \cdot \mathrm{K}^{-4}$。热力学理论不能给出 σ 值。该定律是 J. 斯特藩于 1879 年从实验上得到，之后由 L. 玻尔兹曼于 1884 年根据热力学和电磁学理论导出的。它常被用来测量物体的表面温度。

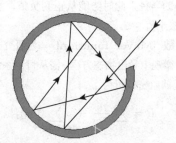

瑞利-金斯公式 [Rayleigh-Jeans formula]　根据经典统计力学导出的关于空腔辐射的能量密度 $u(\nu, T)$ 按频率 ν 分布公式。T.B. 瑞利 (1900) 和 J.H. 金斯 (1905) 将密封空腔中的电磁场分解为一系列单色平面波的叠加，或看作许多振子组成的系统，利用经典能量均分定理导出瑞利-金斯

公式

$$u(\nu,T)\,\mathrm{d}\nu = \frac{8\pi\nu^2}{c^3}kT\mathrm{d}\nu \quad \text{或} \quad u(\lambda,T)\,\mathrm{d}\lambda = -8\pi\frac{kT}{\lambda^4}\mathrm{d}\lambda$$

上式在长波端与实验结果相符，但在短波端则与实验结果矛盾。在短波或高频端，能量密度迅速地单调上升，若将上式的第 1 式对 ν 从 0 到 ∞ 积分，得到含所有频率的能量密度为无穷大，这意味着平衡辐射场只有当能量密度无穷大时才开始建立。这一荒诞的结果称为"紫外灾难"，它使经典物理陷于危机，但却推动了辐射理论和近代物理学的发展。

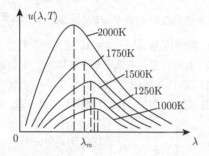

紫外灾难 [ultra-violet catastrophe]　见瑞利–金斯公式。

维恩公式 [Wien formula]　维恩于 1893 年采用半唯象方法导出如下公式

$$u(\nu)\,\mathrm{d}\nu = c_1\nu^3 \mathrm{e}^{-c_2\nu/T}\mathrm{d}\nu$$

其中 c_1 和 c_2 是两个经验常数，此公式只在短波或高频端与实验结果相符，而在长波或低频端则与实验不符。由上式，最概然波长 λ_m 与绝对温度 T 成反比，即维恩位移定律 $\lambda_m T = b = $ 常数 (其中 b 的实验值为 $b = 0.2897\mathrm{cm}\cdot\mathrm{K}$)。光测高温计就是根据维恩位移定律的原理制成的。

维恩位移定律 [Wien displacement law]　见维恩公式。

普朗克公式 [Planck formula]　黑体辐射场能量密度 $u(\nu,T)$ 按频率 ν 分布的公式，或者 $u(\lambda,T)$ 按波长分布的公式。为解决经典统计理论在诸多问题 (如电子运动对气体比热容没有贡献；固体在低温下，$C_p \propto T^3$ 及"紫外灾难"等等) 上遇到不可克服的困难，M. 普朗克在 1900 年获得一个与实验结果一致的纯经验公式后，1901 年提出了能量量子化假设：辐射中心是带电的谐振子，它能够同周围的电磁场交换能量，谐振子的能量不连续，是一个量子能量 $h\nu$ 的整数倍

$$\varepsilon_n = nh\nu \quad (n = 0, 1, 2, \cdots)$$

式中 ν 是振子的频率，$h = 6.625 \times 10^{-34}\mathrm{J}\cdot\mathrm{s}$ 是普朗克常量。在此假设下，导出普朗克公式 (按频率 ν 分布)

$$u(\nu,T)\,\mathrm{d}\nu = \frac{8\pi h\nu^3}{c^3}\frac{1}{\mathrm{e}^{h\nu/kT}-1}\mathrm{d}\nu$$

或按波长分布

$$u(\lambda,T)\,\mathrm{d}\lambda = -\frac{8\pi hc}{\lambda^5}\frac{1}{\mathrm{e}^{hc/\lambda kT}-1}\mathrm{d}\lambda$$

$u(\lambda,T) - \lambda$ 曲线示于下图，它与实验结果完全符合。以后我们还将述及，应用玻色分布容易得到普朗克公式。显然，在低频高温 $\frac{h\nu}{kT} \ll 1$ 和高频低温 $\frac{h\nu}{kT} \gg 1$ 条件下，上式将分别过渡到瑞利–金斯公式和 Wien 公式。由上式，还可得到斯特藩–玻尔兹曼定律，并可确定比例系数 $\sigma = 5.669 \times 10^{-8}\mathrm{W}\cdot\mathrm{m}^{-2}\cdot\mathrm{K}^{-4}$，与其实验值 $5.67051 \times 10^{-8}\mathrm{W}\cdot\mathrm{m}^{-2}\cdot\mathrm{K}^{-4}$ 符合。还可导出 Wien 位移定律 $\lambda_m T = \frac{hc}{4.965k} = 0.2892\mathrm{cm}\cdot\mathrm{K}$，与其实验值 $b = 0.2897\mathrm{cm}\cdot\mathrm{K}$ 完全符合。普朗克的黑体辐射理论是物理学一个重大突破，他首次提出的量子论圆满地解释了黑体辐射的实验结果，开创了理论物理学的新纪元，成为近代物理学的一个里程碑。

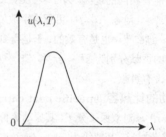

量子理想气体 [quantum ideal gas]　量子统计的研究对象之一是遵从量子力学规律，近独立全同粒子组成的系统，即理想的费米 (玻色) 系统，简单地说就是量子理想气体。系统遵从的统计法包括玻色与爱因斯坦 1924 年创立的 B-E 统计法和费米与狄拉克 1926 年创立的 F-D 统计法。它们分别适用于波函数是对称的玻色系统和波函数是反对称的费米系统 (理想两字省略)。虽然粒子在动力学上是相互独立的，没有粒子相互作用能量，但粒子在统计学上却是"相关的"，即一个粒子的状态影响着其他粒子的状态，表现出多体系统的量子效应。量子统计法正体现了这种统计学的相关性。量子理想气体的最概然统计法 (即近独立粒子系统计方法) 见最概然分布。利用巨正则系综，可以严格推导出 Bose-Einstein 分布和 Fermi-Dirac 分布。

简并温度 [degeneracy temperature]　对量子理想气体系统，定义温度 T^* 称为简并温度或退化温度

$$T^* = \left(\frac{h^2}{2\pi mk}\right)n^{2/3}$$

其中，m 是气体分子质量，n 是体密度。若系统所处的温度 T 比 T^* 高得多，则 Maxwell-Boltzmann 分布适用，反之，必须应用 Bose-Einstein 或者 Fermi-Dirac 分布，此时的系统称为简并性气体，质量愈大或密度愈低的气体 T^* 愈小，例如氩气，在通常温度下，Maxwell-Boltzmann 分布总是适用的，

而电子气则不同, $m_e = 9.1 \times 10^{-31}\text{kg}$, $n = 6 \times 10^{28}\text{m}^{-3}$, $T^* \approx 10^3 \sim 10^4 k$, 故遵从 Fermi-Dirac 分布。

电子运动与比热容 [electronic motion and specific heat capacity] 电子运动的能级是量子化的，能量均分定理与此是矛盾的。电子配分函数可表示为

$$Z_1^e = \sum_m \omega_m^e \mathrm{e}^{-\beta \varepsilon_m^e}$$

$$= \omega_0^e \mathrm{e}^{-\beta \varepsilon_0^e} \left[1 + \frac{\omega_1^e}{\omega_0^e} \mathrm{e}^{-\beta(\varepsilon_1^e - \varepsilon_0^e)} + \frac{\omega_2^e}{\omega_0^e} \mathrm{e}^{-\beta(\varepsilon_2^e - \varepsilon_0^e)} + \cdots \right]$$

上式表明，只有当热运动能量 kT 与能量差 $\varepsilon_m^e - \varepsilon_0^e$ 可比拟时，原子中电子才可能跃迁到相应的能级 ε_m^e 上去，量子力学理论计算和实验均表明，基态能级 ε_0^e 与第一激发态能级 ε_1^e 的间距很大，故上式只需保留第一项而近似地有 $Z_1^e \approx \omega_0^e \mathrm{e}^{-\beta \varepsilon_0^e}$。原子中电子能级主要是由电子与核的库仑作用形成的, $\varepsilon_m^e - \varepsilon_0^e$ 都与分子电离能有相同的量级，为 $1 \sim 10\text{eV}$。若取 $\varepsilon_1^e - \varepsilon_0^e = 1\text{eV}$, 则有 $\beta(\varepsilon_1^e - \varepsilon_0^e) \approx 10^4/T$, 可见这个数值很大，即使 T 很高，式 $Z_1^e \approx \omega_0^e \mathrm{e}^{-\beta \varepsilon_0^e}$ 也是有效的，于是得到电子的平均能量和对比热容的贡献分别为 $\overline{\varepsilon^e} \sim \varepsilon_0^e$ 和 $C_V^e \sim 0$。这表明电子运动对比热容没有贡献。

分子振动的比热容 [specific heat capacity of molecular vibration] 对双原子分子，其振动等价于一个振动频率为 ν 的一维谐振子，其能级为 $\varepsilon^v = (n+1/2)h\nu$, 气体振动比热容

$$C_V^{\mathrm{v}} = Nk \left(\frac{h\nu}{kT} \right)^2 \frac{\mathrm{e}^{h\nu/kT}}{\left(\mathrm{e}^{h\nu/kT} - 1 \right)^2}$$

定义振动特征温度 $T_0^v = h\nu/k$, 振动比热容与 T_0^v 有密切的关系。利用分子光谱测得的振动频率的数据可以算出相应的 T_0^v, 几种常见的双原子分子气体 (如 H_2, N_2, O_2, CO, NO, HCl) 的 T_0^v 在 $10^2 \sim 10^3\text{K}$。因此在常温下, $T \ll T_0^v$, 由上式 $C_V^v \approx 0$, 这是因为振动能级间距 $\varepsilon_{n+1}^v - \varepsilon_n^v = h\nu$, T_0^v 正是使分子振动产生跃迁所需的加热温度，而常温远低于此温度，不足以激发振动自由度，故振动对比热容的贡献为零即 $C_V^v \approx 0$。当 $T \gg T_0^v$ 时, $C_V^v \sim Nk$。可见在高温情形下，与经典理论的结果一致。

对于多原子分子，内部的相对振动属于整体的振动模式，相互独立振动模式的数目与振动自由度数相同，设第 i 个振动模式的频率为 ν_i, 振动能量是量子化的，多原子分子振动比热容为

$$C_V^v = Nk \sum_i \left[\left(\frac{h\nu_i}{kT} \right)^2 \frac{\mathrm{e}^{h\nu_i/kT}}{\left(\mathrm{e}^{h\nu_i/kT} - 1 \right)^2} \right]$$

振动频率 ν_i 由分子光谱确定。例如线性分子 CO_2, 有 4 个振动自由度，其 4 个独立的振动模式的频率分别是 $\nu_1 = \nu_2 = 2010 \times 10^{10}\text{Hz}$, $\nu_3 = 3900 \times 10^{10}\text{Hz}$, $\nu_4 = 7050 \times 10^{10}\text{Hz}$;

而非线性分子 SO_2 有 3 个振动自由度，3 个独立振动模式的频率分别是 $\nu_1 = 1575 \times 10^{10}\text{Hz}$, $\nu_2 = 3456 \times 10^{10}\text{Hz}$, $\nu_3 = 4083 \times 10^{10}\text{Hz}$。上式与实验结果符合。

振动特征温度 [vibrational characteristic temperature] 见分子振动的比热容。

分子转动的比热容 [specific heat capacity of molecular rotation] 由两个不同原子组成的分子称为异核双原子分子。这类分子的转动可用一转动惯量为 I 的等效转子来表示，等效转子是质量为 $\mu = \dfrac{m_1 m_2}{m_1 + m_2}$ 的质点以等效长度 r_0 为距离绕质心 C 的转动，转动能级 $\varepsilon^r = \dfrac{l(l+1)h^2}{8\pi^2 I}$ ($l = 0, 1, 2, \cdots$), 简并度为 $\omega^r = 2l + 1$。定义转动特征温度 $T_0^r = h^2/(8\pi^2 Ik)$, 几种常见的双原子分子气体 (如 H_2, N_2, O_2, CO, NO, HCl), T_0^r 的量级约为 10K。当 $T \gg T_0^r$ 即高温时，量子效应很弱, $C_V^r \sim Nk$, 与经典理论的结果一致。在 $T \ll T_0^r$ 低温下

$$C_V^r \approx 12Nk \left(\frac{T_0^r}{T} \right)^2 \mathrm{e}^{-2T_0^r/T}$$

上式表明 C_V^r 均随 $T \to 0$ 而按指数规律趋于零。当 T 处于中间温区时

$$C_V^r = Nk \left[1 + \frac{1}{45} \left(\frac{T_0^r}{T} \right)^2 + \frac{16}{945} \left(\frac{T_0^r}{T} \right)^3 + \cdots \right]$$

对于同核双原子分子 (两个相同原子构成的分子) 的气体，必须考虑分子对称性的影响。当 T 不很低时, C_V^r 的计算结果仍与异核分子一样，但当 T 相当低时，必须考虑两原子互换下波函数对称与反对称的要求。以氢分子为例，它是费米子 (氢核) 组成的同核双原子分子，因而，总波函数一定是反对称的。自然界中，氢气是正氢和仲氢的混合物。正氢和仲氢两者成分较稳定，在 $T < 100\text{K}$ 的温度下，分别占 3/4 和 1/4, 设它们的比热容为 C_V^{ro} 和 C_V^{rp}, 氢气的比热容则可表示为 $C_V^r = \dfrac{3}{4} C_V^{\mathrm{ro}} + \dfrac{1}{4} C_V^{\mathrm{rp}}$。与实验结果相符。又如氢的同位素氘，氘分子 D_2 是玻色子组成的同核双原子分子，总波函数是对称的。在特定的条件下，正氘 (l 取偶数值) 占 $\dfrac{2}{3}$, 仲氘 (l 取奇数值) 占 $\dfrac{1}{3}$。用类似的方法也可得到与实验符合的 C_V^r。

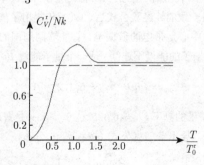

转动特征温度 [rotational characteristic temperature] 见分子转动的比热容。

爱因斯坦理论 [Einstein theory] 1907 年爱因斯坦首先提出量子论，计算了固体比热容。他假设固体中每个原子在其平衡位置附近作微振动，且属于集体振动模式。N 个原子组成的固体可看成 $3N$ 个独立的频率相同的简谐振子集合。振子的能量为

$$\varepsilon_n = \left(n + \frac{1}{2}\right)h\nu, \quad n = 0, 1, 2, \cdots$$

由于每个振子均为定域子，故可应用玻尔兹曼分布，定体比热容为

$$C_V = 3Nk\left(\frac{\theta_E}{T}\right)^2 \frac{e^{\theta_E/T}}{\left(e^{\theta_E/T} - 1\right)^2}$$

即爱因斯坦比热容公式，其中爱因斯坦特征温度 $\theta_E = \dfrac{h\nu}{k}$。在 $T \gg \theta_E$ 高温极限下，上式给出 $C_V = 3Nk$，正是杜隆–珀蒂定律，与实验结果相符，在 $T \ll \theta_E$ 温度极限下，则有 $C_V \approx 3Nk\left(\dfrac{\theta_E}{T}\right)^2 e^{-\theta_E/T}$，表明 C_V 随 T 下降按指数规律而不是按 T^3 趋于零，与实验不符，其原因是爱因斯坦模型关于振子的频率均相同的假设过于简单。

爱因斯坦特征温度 [Einstein characteristic temperature] 见爱因斯坦理论。

德拜理论 [Debye theory] 1912 年德拜应用连续介质理论提出模型：弹性振动波在作为同性介质的固体中传播有纵波和横波两种，速度分别是 c_l 和 c_t，一个频率与三种振动模式即一个纵向振动和两个横向振动对应。假定弹性波的振动能级量子化，并将弹性振动波波场看作能量为 $\varepsilon = h\nu = cp$，动量 (准动量) 为 $\boldsymbol{p} = h\boldsymbol{k}$ 的声子系统，可得德拜比热容公式：

$$C_V = 3Nk\left[4D(x_m) - \frac{3x_m}{e^{x_m} - 1}\right]$$

其中

$$D(x_m) = \frac{3}{x_m^3}\int_0^{x_m} \frac{x^3 dx}{e^x - 1}$$

称为德拜函数，令 $x = \dfrac{h\nu}{kT}$，$x_m = \dfrac{h\nu_m}{kT} = \Theta_D/T$，$\nu_m$ 是最高振动频率，$\Theta_D = \dfrac{h\nu_m}{k}$ 称为德拜特征温度，下表给出了常见固体的德拜特征温度。在高温区

$$\lim_{T\to\infty} C_V = \lim_{x_m\to 0} 3Nk\left[4D(x_m) - \frac{3x_m}{e^{x_m} - 1}\right] = 3Nk$$

几种常见晶体的德拜温度

元素	Ag	Al	Cu	Fe	Hg	Pb	Zn
Θ_D/K	215	394	315	420	100	88	234

即杜隆–珀蒂定律。对于低温区，可以算出 $\lim\limits_{T\to 0} D(x_m) = \dfrac{\pi^4}{5x_m^3}$，即

$$\lim_{T\to 0} C_V = \frac{12\pi^4}{5\Theta_D^3} NkT^3$$

表明，当 $T \to 0\mathrm{K}$ 时，固体比热容 C_V 与 T^3 成正比，它就是著名的德拜 T^3 定律，与非金属固体在低温下行为的实验结果相符。德拜比热容公式是量子统计理论取得成功的典型例子，但还不够完善，与某些实验结果存在着一定的差异。例如，对于非金属固体特别是单原子晶体，理论结果与实验一致，对于金属，当 $T > 2\mathrm{K}$ 时，理论与实验相符，但在 $T < 2\mathrm{K}$ 时，德拜 T^3 定律则偏离实验结果，原因是此时金属中自由电子对比热容有较大影响，其贡献不能忽略。又如，按照德拜理论，德拜温度仅与体积有关，而与温度无关，但对许多实际的固体，Θ_D 值与温度也有关。原因在于德拜频谱是按单原子晶体的简单模型导出的，实际上，对于多原子分子的晶体，分子内部振动频率要比分子晶格振动频率高得多，相应的波长与晶格大小同数量级，固体就不能看成弹性连续体，分子内部振动频率也不能作为连续分布处理。此外，晶体结构的各向异性，晶体中杂质缺陷等对频谱都有直接的影响。

德拜特征温度 [Debye characteristic temperature] 见德拜理论。

德拜函数 [Debye function] 见德拜理论。

米–格林艾森方程 [Mie-Grüneisen equation] 根据德拜理论得到的固体物态方程，称为米–格林艾森方程。固体的内能包含两部分，一部分是 N 个原子的相互作用能，即结合能 $-N\varepsilon_0$(其中 ，$\varepsilon_0 = \varepsilon_0(V)$ 是一个原子的平均结合能)；另一部分是 N 个原子在格点附近振动的能量 U^v，它与温度有关。米–格林艾森方程固体物态方程为

$$p(T, V) = p(0, V) - 3NkT\frac{\Theta_D'}{\Theta_D} D\left(\frac{\Theta}{T}\right)$$

其中，$p(0, V) = N\dfrac{d\varepsilon_0}{dV} - \dfrac{\Theta_D'}{\Theta_D}\sum\limits_{i=1}^{3N}\dfrac{h\nu_i}{2}$，$D\left(\dfrac{\Theta_D}{T}\right)$ 是德拜函数。

量子理想气体的热力学关系 [thermodynamic relation of quantum ideal gas] 压强和体积的乘积与内能的关系式，即

$$pV = \frac{1}{n+1}U$$

对于非相对论性情形 $n = 1/2$，相对论性情形 $n = 2$。

量子理想气体的绝热方程 [adiabatic equation of quantum ideal gas] 描述量子理想气体在可逆绝热过程中系统状态参量之间关系的方程。对于非相对论性情形，绝热方程为 $VT^{3/2} = $ 常数 (或者 $pT^{-5/2} = $ 常数和 $pV^{5/3} = $ 常数)；对于相对论性情形，绝热方程为 $VT^3 = $ 常数 (或者 $pT^{-4} = $ 常数和 $pV^{4/3} = $ 常数)。这些关系式在形式上与经典的泊松绝热方程 $pV^\gamma = $ 常数 $(\gamma = C_P/C_V)$ 相似，但作为简并气体的量子理想气体，其比热容的比值不是 5/3，而且幂指数与比热容的比值无关。因为 $C_P/C_V = 5/3$ 及 $C_P - C_V = R$ 不再成立。

量子理想气体的状态方程 [state equation of quantum ideal gas]　　在高温和/或低密度条件下, 量子理想气体的的状态方程按易逸度 $z \equiv e^{\mu/kT}$ 的幂次展开的公式, 即

$$p = kTn\left(1 \pm \frac{1}{2^{5/2}}\frac{n\lambda_T^3}{\omega_s} + \cdots\right)$$

其中, $\lambda_T \equiv \left(\dfrac{h^2}{2\pi mkT}\right)^{1/2}$ 为热波长, $n = N/V$ 为粒子数密度, "+" 号对应于 Fermi-Dirac 系统, "−" 符号对应于 Bose-Einstein 系统, ω_s 是自旋简并度。可见当 $n \to 0$(或 $kT \gg 1$) 时, 即当气体非常稀薄或温度足够高时, 玻色气体和费米气体二者的差别消失, 量子理想气体物态方程变为经典理想气体物态方程。若固定 T, 增大 n 或固定 n, 降低 T, 则均有费米气体的压强 $p > nkT$, 玻色气体的压强 $p < nkT$。这里 nkT 为相应的经典理想气体的压强。这显示出量子效应, 它相当于粒子间存在着排斥势或吸引势。第二项及其以后各项均属于量子力学修正, 从波包的角度也很容易理解。上式右端第二项一般都不大, 例如氢在 1 个大气压, $T = 4.7$K (设 $\omega_s = 1$) 时, $n\lambda_T^3$ 约等于 0.13。可见对于轻的分子, 即使 T 低, 此项也不大, 在比氢重的气体中, 它小到量子力学效应可以忽略的程度。然而, 金属中的电子气, 因 m 非常小, n 相当大, 即使在常温下, 量子力学效应也很显著, 上述展开式不能使用。

玻色－爱因斯坦凝聚 [Bose-Einstein condensation]　　1925 年爱因斯坦把玻色的光子状态计数的重要思想用于理想气体, 预言气体在一定的临界温度 T_c 下发生 "凝聚", 即部分 (宏观数量) 的原子占据动量为零的最低量子态, 其他原子组成 "饱和理想气体"。这种凝聚现象称为 Bose-Einstein 凝聚 (BEC) 种相变。这里所说的理想气体是指理想玻色气体。设 $\xi \equiv \dfrac{N_0}{N}$ 表示最低能级 $\varepsilon = 0$(即基态) 上的平均粒子数 N_0 占总粒子数 N 的百分比, 则 $\xi = 1 - \left(\dfrac{T}{T_c}\right)^{3/2}$, 其中 $T_c = \left(\dfrac{h^2}{2\pi mk}\right)\left(\dfrac{n}{2.612\omega_s}\right)^{2/3}$ (作为 n 的函数) 称为临界温度。或者当 n 大于临界密度 $n_c = 2.612\omega_s\left(\dfrac{2\pi mkT}{h^2}\right)^{3/2}$ (作为温度的函数) 时发生 BEC。

液 ^{4}He 在 2.19K 发生所谓 λ 相变, 当 $T > 2.19$K 时, ^{4}He 处于正常液态 (HeI), 当 $T < 2.19$K 时, ^{4}He 具有超流动性 (HeII), 因 ^{4}He 是玻色子, 人们猜测 λ 相变是分子间存在相互作用情况下的 BEC。利用 ^{4}He 的数据算出 $T_c = 3.14$K, 与 2.19K 同数量级。爱因斯坦这一著名理论预言终于在 70 年后成功地实现了。美国科罗拉多大学和国家标准局合办的实验天体物理研究所 (JILA)1995 年 7 月 13 日宣布, 在冷到绝对温度 170 毫微度的碱金属铷 (^{87}Rb) 蒸气中观测到了 BEC。麻省理工学院 K.B.Davis 等 1995 年 3 月发表论文指出, 在钠 (^{23}Na) 蒸气中实现了 BEC。G. Taube(MIT) 在 1996 年 6 月发表的文章中宣布, 实验中成功地凝聚了 500 万个钠原子, 形状为长度约 1/3 毫米的短柱体。爱因斯坦的预言是理想玻色气体中的粒子在动量空间的凝聚, 出乎人们意料, 1995 年实验中观察到的是约束在有限空间中的气体的实际凝聚, 这就对理论提出了严重的挑战, 即要求相应的理论须能反映对坐标有依赖关系的弱相互作用的玻色气体理论。1995 年在中性碱金属原子中成功实现 BEC, 会大大推动沉寂多年的玻色系统多体理论, 并带动和促进超流和超导理论。元素周期中有 75% 的稳定同位素是玻色子, 将会在越来越多的玻色原子 (包括氢原子) 中实现 BEC, 展现美好的应用前景, 原子制板、原子激射器等是有希望的。美、德科学家卡尔·维曼, 沃尔夫冈·克特勒和埃里克·康奈尔因发现新物质状态 BEC(碱金属原子稀薄气体的 B-E 凝聚) 而获 2001 年诺贝尔物理学奖。

光子气体 [photon gas]　　在爱因斯坦于 1905 年提出光量子概念成功地解释了光电效应实验之后, 光的粒子性, 在光与物质相互作用时所发生的光子产生和光子湮灭过程等均已被实验证实。由于光波是电磁波, 光子之间是彼此独立的, 故可认为电磁场例如空腔辐射场就是理想的光子气体。光子的自旋 $s = 1$, 是玻色子, 自旋简并度 $\omega_s = 2$, 这是因为电磁波是横波, 有两种偏振态。光子的静止质量 $m = 0$, 根据相对论公式 $\varepsilon = \left(m^2c^2 + p^2\right)^{1/2}c$, 以及光子的德布罗意关系, 则有 $\varepsilon = cp = h\nu$, $\boldsymbol{p} = \hbar\boldsymbol{k}$, 式中 $\boldsymbol{k}$ 和 ν 是电磁波的波矢和频率, $\boldsymbol{p}$ 是光子的动量。光子与物质相互作用会发生光子的湮灭与产生, 当电磁场与腔壁交换光子达到平衡即光子气体处于平衡时, 总粒子数守恒条件不能成立, 而由下列平衡条件

$$\mu = \left[\frac{\partial F(T,V,N)}{\partial N}\right]_{T,V} = 0$$

确定平均粒子数, F 是系统的自由能。可见光子的化学势等于零。光子气体是简并性的理想玻色气体, 其平衡分布为

$$n = \frac{1}{e^{\varepsilon/kT} - 1} = \frac{1}{e^{h\nu/kT} - 1}$$

能量在 $\varepsilon \sim \varepsilon + \mathrm{d}\varepsilon$ 间隔内的状态数为 $g(\varepsilon)\mathrm{d}\varepsilon = \dfrac{8\pi V}{c^3h^3}\varepsilon^2\mathrm{d}\varepsilon$, 辐射场单位体积内, 频率在 $\nu \sim \nu + \mathrm{d}\nu$ 间隔内的光子数和能量分别为

$$n(\nu)\mathrm{d}\nu = \frac{8\pi}{c^3}\frac{1}{e^{h\nu/kT} - 1}\nu^2\mathrm{d}\nu$$

$$u(\nu)\mathrm{d}\nu = \frac{8\pi}{c^3}\frac{1}{e^{h\nu/kT} - 1}h\nu^3\mathrm{d}\nu$$

上式就是普朗克热辐射公式。可求出光子辐射通量密度 $E = \sigma T^4$(其中 $\sigma = \dfrac{2\pi^5k^4}{15h^3c^2} = 5.669 \times 10^8\mathrm{W}\cdot\mathrm{m}^{-2}\cdot\mathrm{K}^{-4}$, σ 的值与实验值相符。

准粒子 [quasiparticle]　　粒子间存在相互作用的宏观系统的能量不再是单个粒子能量之和, 粒子间相互影响, 彼此

牵动，导致单粒子的状态和能量失去意义。在低温下，从巨配分函数 $\tilde{Z}$ 的表示式中所含因子 $\mathrm{e}^{-E_j/kT}$ 看出，只有那些低激发态才对 $\tilde{Z}$ 有显著贡献，换句话说，系统的低激发态能谱决定了热力学性质。实验和理论证实，相互作用系统的低激发态是一群准粒子的集合。准粒子不同于粒子，所涉及的不是一个粒子，而是多个粒子的集体行为，属于整个系统，譬如声子就是许多相互作用的原子被激发了的集体振动，又如准电子则是电子和包围着的且时时被它极化了的正电荷云共同组成的复合体。准粒子在空间不是局域的而往往是扩展分布的，它可看作是系统中具有一定的，并满足某种色散律的动量和能量的稳定激发，也称为激发谱支，如声子型激发，电子型激发等。有的激发谱则比较复杂，如氦 II 液体的激发谱是由声子 (低动量或长波) 部分和旋子 (大动量或短波) 部分这两种准粒子的激发谱合成的，声子和旋子都是氦原子的集体激发，都是玻色子。准粒子有许多种，例如声子 (晶体, 液体)、准电子、准空穴、激子 (半导体)、磁子 (铁磁体)、激化子 (离子晶体)，等离子体量子 (等离子体)，旋子和声子 (超流液氦) 等等。采用准粒子图像需要确定 (1) 准粒子能谱 $\varepsilon(\boldsymbol{p})$，(2) 准粒子所遵从的统计法，(3) 准粒子的散射机制。要使准粒子图像适用，必须元激发有足够的寿命，因而要求：温度足够低，元激发的数目不太多，准粒子之间及准粒子同其他种粒子之间相互作用很弱，甚至可以忽略。

声子气体 [phonon gas] 独立的玻色子–声子组成的理想系统。固体的晶格振动可以变换为由独立的玻色子组成的理想系统。或者通过引入简正坐标将 N 个原子的晶格振动化为一系列格波 (单色平面波) 的叠加，格波用波矢 $\boldsymbol{k}$ 和频率 $\nu_r(\boldsymbol{k})$ 来描述，r 是偏振标记，若每个晶胞中只有一个原子，则每个 $\boldsymbol{k}$ 有三个不同的偏振，分别对应于两个横波和一个纵波。本征能量可表示为

$$E_{\{n_{r,k}\}} = \sum_{r,k}\left(n_{r,k}+\frac{1}{2}\right)h\nu_r(\boldsymbol{k}) \quad (n_{r,k}=0,1,2,\cdots)$$

按量子力学原理，$(\boldsymbol{k},\nu_r(\boldsymbol{k}))$ 的格波对应于一群准动量为 $\boldsymbol{p}=\hbar\boldsymbol{k}$，能量为 $\varepsilon_r(\boldsymbol{k})=h\nu_r(\boldsymbol{k})$ 的声子，于是有 $\varepsilon_r = pc$(c: 声速)。表征格波状态的 $n_{r,k}$ 是代表这种声子的数目的正整数。声子并非是真实的粒子，乃是一种元激发或称准粒子，它作为固体中弹性波的能量量子，是原子集体振动的量子化产物。这种准粒子在空间不是局域的，而是扩展分布的，具有一定的动量和能量，声子的数目不确定，因而 $\mu = 0$，遵从玻色–爱因斯坦分布

$$n_\nu = \frac{1}{\mathrm{e}^{k\nu/kT}-1}$$

声子在频率 $\nu \sim \nu+\mathrm{d}\nu$ 间隔内的量子态数由式 (4.49) 给出
$$g(\nu)\,\mathrm{d}\nu = 4\pi V\left(\frac{2}{c_t^3}+\frac{1}{c_l^3}\right)\nu^2\mathrm{d}\nu,\ \text{于是可以求得声子气体的}$$

比热容 C_V 的表达式

$$C_V = \left(\frac{\partial U}{\partial T}\right)_{V,N} = \frac{9Nk}{\nu_{\mathrm{m}}^3}\left(\frac{h}{kT}\right)^2\int_0^{\nu_{\mathrm{m}}}\frac{\mathrm{e}^{h\nu/kT}\nu^4}{\left(\mathrm{e}^{h\nu/kT}-1\right)^2}\mathrm{d}\nu \tag{4.124}$$

由于声子气体的能量是有限的，故式中积分上限应取最大频率 ν_{m}，上式与德拜比热容理论的结果是一致的。

费米能量 [Fermi energy] 金属中的自由电子气是在正电荷背景上自由运动的近独立粒子组成的费米系统，也是量子效应显著的简并性气体。在 $T \to 0\mathrm{K}$ 的极限情形下，Fermi-Dirac 分布可表示为

$$n_\varepsilon = \lim_{T\to 0}\frac{1}{\mathrm{e}^{(\varepsilon-\mu)/kT}+1} = \begin{cases} 1, & \varepsilon < \varepsilon_{\mathrm{F}} \\ 0, & \varepsilon > \varepsilon_{\mathrm{F}} \end{cases}$$

n_ε 是占据能量为 ε 的单粒子态的粒子数，ε_{F} 称为费米能量，它是绝对零度下的粒子化学势。粒子在 $T = 0\mathrm{K}$ 时的最大动量 p_{F} 称为费米动量，相应的费米波矢的大小为 k_{F}，动量空间内半径为 p_{F} 的球面叫作费米球面。p_{F} 及 k_{F} 由以下相对论能量公式给出：

$$\mu(T=0\mathrm{K}) \equiv \varepsilon_{\mathrm{F}} = c\sqrt{p_{\mathrm{F}}^2+m^2c^2} = c\sqrt{\hbar^2k_{\mathrm{F}}^2+m^2c^2}$$

一方面，费米粒子倾向于尽量占据低能级，以使系统的状态最稳定，另一方面，受泡利不相容原理的制约，每个单粒子态上的费米子数目不能大于 1。若设 $s = 1/2$，则 $\omega_s = 2s+1 = 2$，即每个自旋简并的能级具有两个自旋相反的自旋态。这样，按每个自旋简并能级容纳两个费米子的占据方式，从最低能级开始向上排列，直至填满能级 ε_{F} 的量子态为止。因此，在泡利不相容原理的制约下，当 $T = 0\mathrm{K}$ 时，费米子的平均动能仍比较大。对于金属中自由电子，$m_e \approx 9\times 10^{-28}\mathrm{g}$，$n \approx 10^{22}\mathrm{cm}^{-3}$，则可算出平均动能的数量级为 $10^{-18}\mathrm{N}10^{-19}\mathrm{J}$，因而电子的运动速率 $\bar{v} \approx 10^6\mathrm{m/s}$。即使在 $T = 0\mathrm{K}$，电子仍以相当高的速度运动，它是因泡利排斥力引起的运动，而不是热运动。相应的压强也比较大，称之为零点压强。

费米动量 [Fermi momentum] 见费米能量。

费米波矢 [Fermi wave vector] 见费米能量。

费米面 [Fermi surface] 见费米能量。

费米温度 [Fermi temperature] 考虑非相对论性粒子组成的理想费米气体处在很低温度但 $T \neq 0\mathrm{K}$ 的情形。费米球面处有些粒子受到热激发而跃迁到球外，在 $T = 300\mathrm{K}$ 室温下，$kT \sim 10^{-21}\mathrm{J}$，若费米气体是电子气体，则这个热运动能量远小于费米能量 $\varepsilon_{\mathrm{F}} \sim 10^{-18}-10^{-19}\mathrm{J}$，故只有费米面附近宽度为 kT 范围内电子才会发生跃迁，而绝大部分电子都不参与热运动，故有 $\mu \approx \varepsilon_{\mathrm{F}}$，$kT \ll \mu$，仅在 μ 上下宽度为 kT 量级的薄层内粒子分布有变化，且 μ 的变化很小，可采用近似方法计算 $T \neq 0\mathrm{K}$ 费米气体的热力学函数。例如，化学

势为

$$\mu \approx \varepsilon_{\mathrm{F}}\left[1 - \frac{\pi^2}{12}\left(\frac{T}{T_F}\right)^2 + \cdots\right]$$

式中 $\varepsilon_{\mathrm{F}} = \dfrac{h^2}{2m}\left(\dfrac{3N}{4\pi\omega_s V}\right)^{2/3}$ 是费米能量，T_{F} 称为为费米温度，其定义为

$$T_{\mathrm{F}} \equiv \frac{\varepsilon_{\mathrm{F}}}{k} = \frac{h^2}{2mk}\left(\frac{3n}{4\pi\omega_s}\right)^{2/3}$$

低温和高密度意味着 $T \ll T_{\mathrm{F}}$。

热电子发射 [thermoelectron emission]　金属中自由电子的动能大于金属离子形成的势阱的深度 W 时才可能逸出金属表面，常温时逸出的概率几乎是零，高温下有足够数量的电子逸出，形成热电子发射的里查逊效应。这是一种稳定流动的非平衡过程，只要在观测的时间间隔内逸出的电子数比总电子数小得多，就可当做准静态过程处理，于是由 Fermi-Dirac 分布可计算发射的热电子流为

$$J = \frac{4\pi mek^2}{h^3}T^2\exp\left[-\frac{W-\mu_0}{kT}\right]$$

其中 $W - \mu_0 - \varphi$ 为逸出功，其数量级为几个 eV。上式与实验相符。

里查逊效应 [Richardson effect]　即热电子发射效应，见热电子发射。

白矮星 [white dwarf star]　白矮星是天体中一种白色星球，不服从星体的亮度与颜色 (即发射的主要波长) 成正比的经验规则，它是恒星核能耗尽后经引力坍缩而形成的星体，其密度极大。设想一理想化模型：所含的大多数是氢元素，质量 $M \approx 10^{30}\mathrm{kg} \approx M_s$，密度 $\rho \approx 10^4\mathrm{kg/cm}^3 \approx 10^7\rho_s$，中心温度 $T \approx 10^7\mathrm{K} \approx T_s$，下标 s 代表太阳的量。氢原子已完全电离，于是将白矮星视为由 $N/2$ 氢核和 N 个电子组成的气体。白矮星的总质量为 $M \approx 2Nm_{\mathrm{p}}$，电子数密度 $n \approx 10^{36}\mathrm{m}^{-3}$，电子气的费米能级是 $\varepsilon_{\mathrm{F}} \approx 0.5 \times 10^{-13}\mathrm{J}$，费米温度为 $T_{\mathrm{F}} \approx 3 \times 10^9\mathrm{K}$，由于 $T_{\mathrm{F}} \gg T$，可将电子气当成高度简并的处于绝对零度的理想费米气体。计算得到电子气的总能量 E_0 和简并压强 p_0：

$$E_0 = \begin{cases} \dfrac{3}{5}\left(3\pi^2\right)^{2/3}\dfrac{\hbar^2}{2m}\left(\dfrac{N}{V}\right)^{5/3}V & \text{(非相对论性情形)} \\[2mm] \dfrac{3}{4}\left(3\pi^2\right)^{1/3}\hbar c\left(\dfrac{N}{V}\right)^{4/3}V & \text{(相对论性情形)} \end{cases}$$

$$p_0 = \begin{cases} \dfrac{2}{5}\left(3\pi^2\right)^{2/3}\dfrac{\hbar}{2m}\left(\dfrac{N}{V}\right)^{5/3} & \text{(非相对论性情形)} \\[2mm] \dfrac{1}{4}\left(3\pi^2\right)^{1/3}\hbar c\left(\dfrac{N}{V}\right)^{1/4} & \text{(相对论性情形)} \end{cases}$$

白矮星的存在是电子气体的简并压与自引力相抗衡的结果，否则白矮星将迅猛坍缩。电子数密度还可写作 $n = \dfrac{N}{V} = $

$\dfrac{3M}{8\pi R^3 m_{\mathrm{p}}}$，这里 R 是白矮星的半经。当星体绝热膨胀 $R \to R + \mathrm{d}R$ 时，能量变化：$\mathrm{d}E_0 = -p_0\mathrm{d}V = -p_0 4\pi R^2\mathrm{d}R$，引力势能相应地改变 $\mathrm{d}E_R = \alpha\dfrac{GM^2}{R^2}\mathrm{d}R$(其中，$G$ 为万有引力系数，α 是与星体密度的空间分布有关，量级为 1 的系数)，若密度均匀，可取 $\alpha = 3/5$。平衡时有 $\mathrm{d}E_0 + \mathrm{d}E_R = 0$，则可得到简并压 (基态压强)

$$p_0 = \frac{\alpha}{4\pi}\frac{GM^2}{R^4}$$

因此得出非相对论性情形的关系式

$$R = KM^{-1/3}, \quad K = \frac{9}{40}\left(3\pi^2\right)^{1/3}\frac{\hbar^2}{m\alpha Gm_{\mathrm{p}}^{5/3}}$$

上式表明，白矮星的质量越大，半经越小。在相对论性情形下，质量 M 的值为 M_{m}：

$$M_{\mathrm{m}} = \frac{9\sqrt{3}}{64}\frac{1}{\pi m_{\mathrm{p}}^2}\left(\frac{ch}{2\alpha G}\right)^{3/2}$$

作为 M 的唯一解，M_{m} 是白矮星质量的最大值。若白矮星的质量小于 M_{m}，星体膨胀将导致电子的动能减小，使大多数电子变成非相对论性的，若大于 M_{m}，电子气体的简并压不足以抗衡自引力，将导致星体发生坍缩，这就是 M_{m} 的物理意义，也可以说是 M_{m} 存在的物理原因，把 M_{m} 叫作钱德拉塞卡极限。天文观测结果证实，所有白矮星质量均小于 M_{m}，费米–狄拉克统计对白矮星的应用获得了成功。

钱德拉塞卡极限 [Chandrasekkar limit]　见白矮星。

3.3.5　涨落理论

涨落 [fluctuation]　宏观系统的平衡态是一种动态平衡，处于平衡态的系统总是会发生着偏离平衡态的随机性变化，称之为涨落现象。它是大数粒子的一种统计平均的行为。也是宏观系统的一种统计规律性。涨落分为两类：围绕平均值的涨落和以布朗运动为代表的涨落。前者是由于物质不连续性引起的物理量在平均值附近的起伏。若系统所含的粒子数很大，则物理量观测值的涨落很小，往往可以忽略，如果系统很小，涨落就比较显著，此时藉助精确手段和高灵敏度的仪器，可能观测到涨落。处于临界状态系统的物理量会发生显著的涨落。布朗运动是由于大量做热运动的媒质分子对布朗粒子 (处于气体或液体中的宏观物质颗粒) 的无规则碰撞，导致布朗粒子在涨落力作用下做随机运动而引起的涨落，例如电路中的涨落、扭摆运动的涨落等。以 $\Delta A = A - \bar{A}$ 表示某物理量 A 对其统计平均值 $\bar{A}$ 的偏离，通常采用方均涨落 $\overline{(\Delta A)^2} = \overline{(A - \bar{A})^2} = \overline{A^2} - \bar{A}^2$ 或相对涨落

$$\frac{\overline{(\Delta A)^2}}{(\bar{A})^2} = \frac{\overline{(A-\bar{A})^2}}{(\bar{A})^2} = \frac{\overline{A^2} - \bar{A}^2}{\bar{A}^2}$$

描述涨落的大小，往往将相对涨落简称为涨落，因为它能真正体现物理量在平均值附近起伏的大小。我们将应用由斯莫卢霍夫斯基 (M. Smoluchowski) 于 1908 年提出，后经爱因斯坦在 1926 年加以完善的更一般的 S - E 方法，来研究围绕平均值的涨落，其特点是直接用可测量的热力学量来表示系统物理量的涨落。由给出的各个偏离平衡的状态出现的概率分布公式，通过统计平均的手段计算出各热力学量的涨落。

相对涨落 [relative fluctuation]　见涨落。

方均涨落 [square average fluctuation]　见涨落。

爱因斯坦涨落公式 [Einstein formula of fluctuation]　考虑一个体积为 V_T 总能量为 E_T 和总粒子数为 N_T 的孤立系统，从这样一个大系统中选择一个小的宏观部分作为研究的系统称之为子系统，而把其余部分当做媒质或外界，子系统与媒质处于平衡，由于媒质的体积、能量以及导热系数很大，以致在与子系统相互作用的过程中保持恒定的温度 T_r、压强 p_r 和化学势 μ_r，而子系统的相应的量则发生偏离平衡值的涨落。孤立系统的熵 S 与总的微观状态数 $\Omega = \Omega(E, \Delta E)$ 的关系遵从玻尔兹曼公式。当子系统处于某个宏观状态时，孤立系统的微观状态数为 Ω_1，熵为 S_T，则相应的概率可表示为

$$W = \frac{\Omega_1}{\Omega} = 常数 \cdot e^{S_T/k} \quad 或$$
$$W = W_0 e^{(S_T - S_0)/k} = W_0 e^{\Delta S_T/k}$$

式中角标 "0" 对应于平衡态，$\Delta S_T = S_T - S_0 = S_T - \bar{S}$ 表示大系统在涨落过程中熵的变化。上式称为爱因斯坦涨落公式，它给出偏离平衡的宏观态的概率。将式中的 ΔS_T 表示为：$\Delta S_T = \Delta S + \Delta S_r$，其中 ΔS 和 ΔS_r 分别是子系统和媒质在涨落过程中的熵变。利用约束条件

$$\Delta V_T = \Delta V + \Delta V_r = 0, \Delta U_T = \Delta U + \Delta U_r = 0,$$
$$\Delta N_T = \Delta N + \Delta N_r = 0$$

显然可得

$$\Delta S_r = \frac{\Delta U_r + p\Delta V_r - \mu\Delta N_r}{T} = -\frac{\Delta U + p\Delta V - \mu\Delta N}{T}$$

式中 $\Delta U, \Delta V$ 和 ΔN 分别是子系统的内能，体积和粒子数对其平衡值的偏离，T, p 和 μ 分别是媒质的温度、压强和化学势，也是子系统的相应量的平衡值。我们感兴趣的是子系统的热力学量的涨落，而媒质被认为是始终处于平衡的，它的参量的梯度仅出现在与子系统分界面的薄层内。如果涨落很小，可将子系统的 ΔU 在平衡态作泰勒展开，经过运算得到大系统的熵对平衡值的偏离及其概率分布

$$\Delta S_T = \Delta S_r + \Delta S = -\frac{1}{2T}(\Delta T\Delta S - \Delta p\Delta V + \Delta\mu\Delta N)$$

$$W = W_0 \exp\left[-\frac{1}{2kT}(\Delta T\Delta S - \Delta p\Delta V + \Delta\mu\Delta N)\right]$$

温度和体积的涨落 [fluctuations with temperature and volume]　对闭系统，系统与媒质无物质交换，$\Delta N = 0$，热力学量涨落的概率分布为

$$W = W_0 \exp\left[\frac{1}{2kT}(-\Delta T\Delta S + \Delta p\Delta V)\right]$$

若选取温度 T 和体积 V 为自变量，则有

$$W(\Delta T, \Delta V)$$
$$= W_0 \exp\left\{\frac{1}{2kT}\left[\left(\frac{\partial p}{\partial V}\right)_T (\Delta V)^2 - \frac{C_V}{T}(\Delta T)^2\right]\right\}$$

此式是以 ΔT 和 ΔV 为随机变量的联合分布，可以求出

(1) 体积的方均涨落和密度 $\rho = M/V$ 的相对涨落

$$\overline{(\Delta V)^2} = kTV\kappa_T; \quad \frac{\overline{(\Delta\rho)^2}}{\rho^2} = \frac{\kappa_T kT}{V}$$

其中，$\kappa_T = -\frac{1}{V}\left(\frac{\partial V}{\partial p}\right)_T$ 为等温压缩系数；

(2) 温度的方均涨落

$$\overline{(\Delta T)^2} = \frac{kT^2}{C_V}$$

由于方均涨落恒为正量，故有 $\kappa_T > 0$，$C_V > 0$；

(3) 温度和体积的相关涨落：$\overline{\Delta T\Delta V} = 0$。此式表明，$V$ 和 T 的涨落是彼此统计独立或无关的。

(4) 温度和熵的相关涨落由热力学关系得到

$$\overline{\Delta T\Delta S} = \left(\frac{\partial S}{\partial T}\right)_V \overline{(\Delta T)^2} + \left(\frac{\partial S}{\partial V}\right)_T \overline{\Delta T\Delta V} = kT$$

(5) 能量 E 的方均涨落

$$\overline{(\Delta E)^2} = \overline{\left[\left(\frac{\partial E}{\partial T}\right)_V \Delta T + \left(\frac{\partial E}{\partial V}\right)_T \Delta V\right]^2}$$
$$= \left(\frac{\partial E}{\partial T}\right)_V^2 \overline{(\Delta T)^2} + \left(\frac{\partial E}{\partial V}\right)_T^2 \overline{(\Delta V)^2}$$

式中右端第一项是由于闭系与媒质作热交换而引起的能量涨落，第二项是闭系体积变化而对外做功所引起的能量涨落。若系统的体积不变，则 $\overline{(\Delta E)^2} = C_V kT^2$。

密度的相对涨落 [relative fluctuation of density]　见温度和体积的涨落。

温度和体积相关涨落 [correlation fluctuation of temperature and volume]　见温度和体积的涨落。

温度和熵的相关涨落 [correlation fluctuation of temperature and entropy]　见温度和体积的涨落。

能量的方均涨落 [square average fluctuation of energy]　见温度和体积的涨落。

压强和熵的涨落 [fluctuations with pressure and entropy] 对闭系统, 若选取压强 p 和熵 S 为自变量, 则有

$$W(\Delta p, \Delta S) = W_0' \exp\left\{\frac{1}{2kT}\left[\left(\frac{\partial V}{\partial p}\right)_S (\Delta p)^2 - \frac{1}{C_p}(\Delta S)^2\right]\right\}$$

(1) 压强的方均涨落

$$\overline{(\Delta p)^2} = \frac{kT}{V\kappa_S}$$

其中, $\kappa_S = -\frac{1}{V}\left(\frac{\partial V}{\partial p}\right)_S$ 为绝热压缩系数;

(2) 熵的方均涨落: $\overline{(\Delta S)^2} = kC_P$, 其中 C_P 为定压热容;

由于方均涨落恒为正量, 故有 $\kappa_S > 0$ 和 $C_P > 0$。

(3) 压强和熵的相关涨落: $\overline{\Delta p \Delta S} = 0$, 可见 S 和 p 的涨落是统计独立的。

(4) 压强和体积的相关涨落

$$\overline{\Delta p \Delta V} = \left(\frac{\partial V}{\partial S}\right)_p \overline{\Delta S \Delta p} + \left(\frac{\partial V}{\partial p}\right)_S \overline{(\Delta p)^2} = -kT$$

(5) 焓 H 的方均涨落

$$\overline{(\Delta H)^2} = \overline{\left[\left(\frac{\partial H}{\partial S}\right)_p \Delta S + \left(\frac{\partial H}{\partial p}\right)_S \Delta p\right]^2} = kC_p T^2 + \frac{kTV}{\kappa_S}$$

压强和熵的相关涨落 [correlation fluctuation of pressure and entropy] 见压强和熵的涨落。

压强和体积的相关涨落 [correlation fluctuation of pressure and volume] 见压强和熵的涨落。

焓的方均涨落 [square average fluctuation of enthalpy] 见压强和熵的涨落。

粒子数涨落 [particle number fluctuation] 考虑开系的体积固定且只含有一种物质, 热力学量涨落的概率分布为

$$W = W_0'' \exp\left[-\frac{1}{2kT}(\Delta T \Delta S + \Delta \mu \Delta N)\right]$$

若选取 T 和 N 为自变量, 则上式变为

$$W(\Delta T, \Delta N) = W_0'' \exp\left\{-\frac{1}{2kT}\left[\frac{C_V}{T}(\Delta T)^2 + \left(\frac{\partial \mu}{\partial N}\right)_{T,V}(\Delta N)^2\right]\right\}$$

(1) 粒子数 N 的方均涨落和相对涨落

$$\overline{(\Delta N)^2} = kT\left(\frac{\partial N}{\partial \mu}\right)_{T,V}; \quad \frac{\overline{(\Delta N)^2}}{(\overline{N})^2} = \frac{kT}{V}\kappa_T$$

(2) 温度和粒子数的相关涨落: $\overline{\Delta T \Delta N} = 0$

(3) 能量 E 的方均涨落

$$\overline{(\Delta E)^2} = \overline{\left[\left(\frac{\partial E}{\partial T}\right)_{V,N}\Delta T + \left(\frac{\partial E}{\partial N}\right)_{V,T}\Delta N\right]^2}$$
$$= kT^2 C_V + \left(\frac{\partial E}{\partial N}\right)_{V,T}^2 kT\left(\frac{\partial N}{\partial \mu}\right)_{V,T}$$

式中右端第一项是由于开系与媒质作热交换而引起的能量涨落, 第二项是开系粒子数变化的能量涨落。

临界点附近的涨落 [fluctuation near critical point] 我们可以应用莫卢霍夫斯基–爱因斯坦方法来计算临界点附近的涨落, 若考虑粒子数 N 不变和等温的条件, 由热力学方程

$$W = W_0 e^{-(\Delta F + p\Delta V)/kT}$$

由于系统在临界点处满足 $\left(\frac{\partial p}{\partial V}\right)_T = 0$ 和 $\left(\frac{\partial^2 p}{\partial V^2}\right)_T = 0$, 故在临界点处, 涨落过程中自由能的改变 ΔF 展开式里, $(\Delta V)^2$ 及 $(\Delta V)^3$ 项的系数均等于零, 即 $\left(\frac{\partial^2 F}{\partial V^2}\right)_T = 0$ 和 $\left(\frac{\partial^3 F}{\partial V^3}\right)_T = 0$, 于是上式在临界点附近取如下形式:

$$W = W_0 \exp\left[\frac{1}{24kT}\left(\frac{\partial^3 p}{\partial V^3}\right)_T (\Delta V)^4\right]$$

于是临界点处体积的相对涨落

$$\left[\frac{\overline{(\Delta V)^2}}{V^2}\right] = 0.3380\left[-\frac{V^4}{24kT}\left(\frac{\partial^3 p}{\partial V^3}\right)_T\right]_C^{-1/2}$$

上式右端的脚标 "C" 表示式中各物理量均取临界点处的值。可用 1 摩尔范氏气体估算临界点处的涨落行为和通常状态下的涨落之间的差异。可算出

$$\left[\frac{\overline{(\Delta V)^2}}{V^2}\right]_C \sim \frac{1}{N^{1/2}}$$

对于远离临界点的气体, 体积的相对涨落为

$$\frac{\overline{(\Delta V)^2}}{V^2} \sim \frac{1}{N}$$

比较以上两个式子可知, 系统在临界点处的相对涨落要比通常状态下的相对涨落大 $\sqrt{N}$ 倍。

光的散射 [scattering of light] 当光线射入气体或液体介质时, 会发生光的散射现象。或者是由于介质中悬浮着的尘埃或杂质微粒的影响而发生散射, 或者是由于介质本身的密度不均匀性而引起的, 即使是纯净的透明介质也会发生散射。后一种散射称为瑞利散射。瑞利证明, 当波长为 λ 通过单位面积的强度为 1 的光射到体积比 λ^3 小的介质上时, 单位体积介质在垂直于入射光方向单位立体角内散射的光强度为

$$\frac{\bar{I}}{V} = \frac{\pi^2 V (n^2-1)^2 (n^2+2)^2}{18n^4\lambda^4}\frac{kT}{V}\kappa_T$$

它表明，散射光的强度与波长 λ 的四次方成反比。波长愈短，散射就愈强。因此晴天时，太阳光中的蓝色光散射很多，但波长更短的紫色光却被大气吸收很多，故由散射光照耀的天空呈蔚蓝色。日出和日落时，由于能透过厚厚大气层的光线是波长比较长的光线，因而呈橙红色。若介质是液体，由于它的 κ_T 比气体的小得多，故在通常状态下，液体对光的散射很小，但当液体处于临界点时，$\left[\dfrac{\overline{(\Delta\rho)^2}}{\rho}\right]_C$ 要比通常状态下的大 $\sqrt{N}$ 倍，因而散射光的强度也相应地大 $\sqrt{N}$ 倍。这种在临界状态下的涨落引起的强烈散射效应，使物质呈现乳浊现象，称为临界乳光。将 $\left(\dfrac{\partial p}{\partial V}\right)_T$ 在临界点附近按小量 $(T-T_c)$ 和 $(V-V_c)$ 展开，利用临界点特性：$\left(\dfrac{\partial p}{\partial V}\right)_T=0$，$\left(\dfrac{\partial^2 p}{\partial V^2}\right)_T=0$，$\left(\dfrac{\partial^3 p}{\partial V^3}\right)_T<0$，可得

$$\frac{\bar{I}}{V}\propto\frac{1}{T-T_c}$$

可见，在临界点附近，散射光强度与温度差 $(T-T_c)$ 成反比，光的散射强度是相当强的。以乙烯为例，当处于 $p=p_c,T=13.6℃>T_c(T_c=11.18℃)$ 的气体状态时，实验证实，近似地有 $\bar{I}\propto T^{-4}$，而当 $13.6℃\geqslant T\geqslant 11.18℃$时，$\bar{I}\propto 1/(T-T_c)$，正确性得到实验的肯定。

瑞利光散射公式 [Rayleigh formula of light-scattering]　见光的散射。

临界乳光 [critical opalescence]　见光的散射。

涨落的一般公式 [general formula of fluctuation]　应用爱因斯坦涨落公式，可导出系统的多个热力学量对其平衡值偏离的概率分布

$$W(\{a_i\})\{da_i\}=\left[\frac{|\beta|}{(2k\pi)n}\right]\exp\left(-\frac{1}{2k}\sum_{i,j=1}^{n}\beta_{ij}a_ia_j\right)\{da_i\}$$

式中 $a_i=A_i-A_i^0\ (i=1,2,\cdots,n)$ 是系统状态参量 (广延量)A_i 对平衡值 A_i^0 的偏离，$|\beta|$ 为 $n\times n$ 对称正定矩阵 β 的行列式，其元素为

$$\beta_{ij}=-\left(\frac{\partial^2 S}{\partial A_i\partial A_j}\right)_{a_i=a_j=0}$$

以 ΔS 表示涨落过程中系统熵的变化，定义 $X_j=-\dfrac{\partial(\Delta S)}{\partial a_j}$，可导出热力学量涨落的二次矩公式

$$\overline{a_iX_j}=k\delta_{ij},\quad \overline{a_ia_l}=k\left(\beta^{-1}\right)_{il},\quad \overline{X_lX_m}=k\beta_{lm}$$

以及高次矩，例如四次矩为

$$\overline{a_1a_2a_3a_4}=\overline{a_2a_3}\cdot\overline{a_1a_4}+\overline{a_2a_4}\cdot\overline{a_1a_3}+\overline{a_3a_4}\cdot\overline{a_1a_2}$$

上式是著名的维克 (Wick) 定理的一个简单的数学形式。该定理指出，对于一高斯分布，偶数个随机变量乘积的平均等于这些随机变量的两两平均的所有可能的组合之和。

空间相关函数 [space correlation function]　粒子间相互作用使不同粒子的相对位置之间存在相关性，空间某处发生的变动会牵动着其他地方，系统的物理量 A 在空间不同两点的涨落也必然是相互关联的。需引入相关函数来描述这种涨落的相关性。考虑在无外场情况下，处于平衡态系统内某点 r 取一宏观无限小，微观足够大的体积元，以致可认为属于此体元的物理量 A 是位置的连续函数 $A(r)$，它的系综平均值为 $\overline{A(r)}$，$\Delta A(r)=A(r)-\overline{A(r)}$ 则代表 A 偏离其平均值的涨落，显然 $\overline{\Delta A(r)}=0$，方均涨落 $\overline{(\Delta A(r))^2}=a$ 具有确定值。对于均匀系统，上式中 a 是与位置无关的常数。$A(r)$ 可以是粒子数密度 $n(r)$、能量密度 $E(r)$，也可以是磁矩密度在 z 方向的投影 $m_z(r)$ 等。定义空间相关函数

$$\begin{aligned}K_{AA}(r,r')&=\overline{\Delta A(r)\Delta A(r')}\\&=\overline{\left(A(r)-\overline{A(r)}\right)\left(A(r')-\overline{A(r')}\right)}\end{aligned}$$

$K_{AA}(r,r')$ 描述 A 在空间不同的两点 r 和 r' 涨落的相互联系的函数，其大小决定了涨落的关联程度。在有些情形下，它描述外界在空间某处的扰动对另一点的影响，给出原因和结果在空间上的联系。若 r,r' 两处的涨落是相互统计独立的，则有

$$\overline{\Delta A(r)\Delta A(r')}=\overline{\Delta A(r)}\cdot\overline{\Delta A(r')}=0\quad(r\neq r')$$

对于均匀系统，相关函数只是位矢差的函数 $K(r,r')=K(r-r')$，称之为空间平移不变性原理。K 的值随两点间距离 $|r-r'|$ 的增大而减小，当距离无限增大时，相关性将会消失。若在 $|r-r'|\approx\xi$ 内，相关函数随 $|r-r'|$ 变化很大，相关性显著，而在 ξ 以外，相关性很弱甚至可以略去，则称 ξ 为相关长度。若物理量在空间任何两点都不相关，相当于 $\xi=0$ 的情形，此时有

$$\overline{\Delta A(r)\Delta A(r')}=K_{AA}(r,r')=a\delta(r-r')$$

式中 $a=\overline{(\Delta A(r))^2}$。涨落的空间相关性可分为两类，一类是动力学相关性。粒子间相互作用使得空间各处相互牵连。经典理想气体不存在空间相关性。另一类是统计相关性。它来源于微观粒子的全同性而产生的量子效应。量子理想气体存在空间相关性，理想费米气体和理想玻色气体分别具有排斥相关性和吸引相关性。这两类相关性往往是相互联系，相互影响的，因而不能把它们截然分开，空间相关函数应用非常广泛。

空间平移不变性 [invariance of spatial displacement]　见空间相关函数。

统计独立 [statistical independent]　　见空间相关函数。

相关长度 [correlation length]　　见空间相关函数。

动力学相关 [dynamical correlation]　　见空间相关函数。

统计相关 [statistical correlation]　　见空间相关函数。

粒子数密度涨落的空间相关 [space correlation of particle number density fluctuation]　　空间两点相关性的强弱由这两点在概率上的关联程度确定。考虑无外场存在的均匀系统。粒子数密度在 r 处的值可表示为

$$n(r) = \sum_{j=1}^{N} \delta(r - r_j)$$

上式的意义是当粒子 j 的位置 r_j 进入 r 处的一个无限小体积元时，对 r 处粒子数密度的贡献为 1。$n(r)$ 的系综平均值为

$$\overline{n(r)} = \int \cdots \int \mathrm{d}r_1 \mathrm{d}r_2 \cdots \mathrm{d}r_N n(r) R^N(r_1, r_2, \cdots, r_N)$$

式中 R^N 是正则系综位形分布函数。粒子数密度涨落的空间相关函数为

$$\overline{\Delta n(r) \Delta n(r')} = \overline{n(r) n(r')} - n^2 = n\delta(r - r') + R_2(r, r') - n^2$$

式中 $R_2(r, r')$ 称为二粒子分布函数

$$R_2(r_1, r_2) = N(N-1) \int \cdots \int R^N(r_1, \cdots, r_N) \mathrm{d}r_3 \cdots \mathrm{d}r_N$$

上式表明，若给出 R_2，即可求出涨落相关函数，且 $\overline{\Delta n(r) \Delta n(r')}$ 通过 R_2 与系统的热力学量联系起来。

临界点附近的密度涨落与相关 [density fluctuation and correlation near critical point]　　定义流体系统粒子数密度相关函数

$$K(r, r') = \overline{\Delta n(r) \Delta n(r')}$$

式中 $\Delta n(r)$ 是 r 点粒子数密度 $n(r)$ 对其平均值的偏离，显然有 $\overline{\Delta n(r)} = 0$，若系统是均匀的，应遵从空间平移不变性原理，即 $K(r, r')$ 只是两点位矢差的函数：$K(r, r') = K(r - r')$，故可将上式改写为

$$K(r) = \overline{(n(r) - \bar{n})(n(0) - \bar{n})}$$

其中，$\overline{n(r)} = \overline{n(0)} = \bar{n}$。将 $\Delta n(r) = n(r) - \bar{n}$ 在 V 内展成傅氏级数，则有

$$\Delta n(r) = \frac{1}{V} \sum_k \mathrm{e}^{-\mathrm{i}k \cdot r} \Delta n(k), \quad \Delta n(k) = \int \Delta n(r) \mathrm{e}^{\mathrm{i}k \cdot r} \mathrm{d}r$$

式中 $\Delta n(k)$ 是 $\Delta n(r)$ 的傅氏分量，波矢 k 可取正值，也可取负值。可得

$$K(r) = \frac{1}{V^2} \sum_k \overline{|\Delta n(k)|^2} \mathrm{e}^{-\mathrm{i}k \cdot r}$$

选择 T 和 n 作为流体系统的独立变量。T 和 n 是统计独立的，于是在考虑 n 的涨落时，假设 T 在过程中保持不变，而且还是等体的。应用爱因斯坦涨落公式，并将自由能密度对其平均值的偏离按 $n - \bar{n}$ 的幂次展开，有 $\Delta f = f - \bar{f} = \frac{a}{2}(n - \bar{n})^2 + \frac{b}{2}\nabla^2(\Delta n)$，其中系数 $b > 0$，而 $a = \left(\frac{\partial^2 f}{\partial n^2}\right)_T = \left(\frac{\partial \mu}{\partial n}\right)_T = v\left(\frac{\partial p}{\partial n}\right)_T = \frac{1}{n}\left(\frac{\partial p}{\partial n}\right)_T$，这里 p 为压强，μ 和 v 分别是一个分子的化学势和体积。平衡稳定性条件要求 $\left(\frac{\partial p}{\partial V}\right)_T < 0$，即 $\left(\frac{\partial p}{\partial n}\right)_T > 0$，在临界点有 $\left(\frac{\partial p}{\partial n}\right)_T = 0$，因此在临界点 a 是一小量，故可写成 $a = a_0(T - T_c)/T_c$，a_0 是一与 T 无关的常数。可以算出

$$K(r) = \frac{k_B T}{V} \sum_k \frac{1}{a + bk^2} \mathrm{e}^{-\mathrm{i}k \cdot r}$$

或

$$K(r) = \frac{k_B T}{(2\pi)^3} \int \mathrm{d}k \frac{\mathrm{e}^{-\mathrm{i}k \cdot r}}{a + bk^2} = \frac{k_B T}{4\pi b} \frac{\mathrm{e}^{-r/\xi}}{r}$$

其中为避免与波矢的大小 k 混淆，用 k_B 表示玻尔兹曼常量，相关长度为 $\xi = \sqrt{b/a}$。当 $r < \xi$ 时，涨落的相关是显著的，而当 $r > \xi$ 时，相关函数迅速衰减为零，所以涨落的相关是很微弱的，ξ 是相关的特征长度。由于 $a \propto (T - T_c)$，则有 $\xi \propto (T - T_c)^{-1/2}$，当 $T \to T_c$ 时 $\xi \to \infty$，因此，在临界点附近一些热力学量发散与相关长度 ξ 趋于无穷大是一回事。一般相关长度在临界点的两侧可分别表示为

$$\xi \propto \begin{cases} |T - T_c|^{-\nu}, & T \to T_c^+ \\ |T_c - T|^{-\nu'}, & T \to T_c^- \end{cases}$$

若式中 $\nu = \nu' = 1/2$，则与朗道平均场理论一致。当 $T \to T_c$ 时，得到

$$K(r) = \frac{k_B T}{4\pi b r}$$

此式表明，在临界点附近，在相当大的范围内，$K(r)$ 的变化行为如 r^{-1}，即涨落的相关性随距离增加而缓慢地减少，比通常条件下的相关性要强得多。

自旋密度的涨落与相关 [spin density fluctuation and correlation]　　对铁磁系统在临界点邻域可用中子束探测出小尺度范围内（远小于样品线度）的自旋涨落。定义自旋密度 $s(r) \equiv \sum s_i / \Delta V \ (i \in \Delta V)$，（其中 ΔV 为小体元）。可采用与流体密度的涨落与相关完全类似的方法进行讨论，只

需作如下的代换: $n(r) \to s(r)$, $\bar{n} \to \bar{s}$, $K(r) \to K_{ss}(r)$ 即可全部适用。例如自旋密度相关函数定义为

$$K_{ss}(r, r') = \overline{\Delta s(r) \Delta s(r')}$$

对于均匀系统, $K_{ss}(r, r') = K_{ss}(r - r')$, 应有 $K_{ss}(r) = \overline{(s(r) - \bar{s})(s(0) - \bar{s})}$ 和 $\overline{s(r)} = \overline{s(0)} = \bar{s}$, 以及

$$K_{ss}(r) = \frac{k_B T}{V} \sum_k \frac{1}{a + bk^2} e^{-i k \cdot r}$$

或

$$K_{ss}(r) = \frac{k_B T}{(2\pi)^3} \int dk \frac{e^{-i k \cdot r}}{a + bk^2} = \frac{k_B T}{4\pi b} \frac{e^{-r/\xi}}{r}$$

式中相关长度为 $\xi = \sqrt{b/a}$。磁化系数可表示为 $\chi = \left(\frac{\partial m}{\partial H}\right)_T$, 系统的哈密顿量为 $H = H_0 - \mu H \int s(r') dr'$, 其中 μ 是对应于自旋的磁矩 H_0 是无外磁场 ($H = 0$) 时的哈密顿量, 积分项为系统在磁场 H 中的塞曼 (Zeeman) 能。设自旋向上的方向为外磁场的方向。磁化强度可表示为

$$m = \mu \overline{s(r)} = \mu \frac{1}{Z} T_r \left\{ s(r) e^{-H/k_B T} \right\}$$

其中 $Z = \mathrm{Tr} e^{-H/k_B T}$ 是正则配分函数, $\overline{s(r)}$ 是对正则系综的平均。根据以上各式, 可得

$$\chi = \frac{\mu^2}{k_B T} \int dr' K_{ss}(r, r')$$

对于均匀系统, 上式可写成

$$\chi = \frac{\mu^2}{k_B T} \int dr K_{ss}(r) = \frac{\mu^2}{k_B T} K_{ss}(0)$$

其中 $K_{ss}(0) = \int dr K_{ss}(r)$, 此式把描述系统对外磁场的响应的磁化系数与自旋密度–密度相关函数的无穷大波长 (或零波矢) 分量联系起来。

非均匀系的空间相关函数 [space correlation function of heterogeneous system]　由于外场如磁场或温度场或化学势场的引入, 系统变得不均匀, 若改变外场, 会使系统的概率分布函数发生变化, 从而导致平均磁矩密度或平均能量密度或平均粒子数密度的改变, 可导出某些用涨落相关函数表示的热力学量的导数的关系式。考虑引入一外场: 沿 z 轴的磁场 $H_z(r)$, 当 $H_z(r')$ 变为 $H_z(r') + \delta H_z(r')$ ($\delta H_z(r')$ 为一小量) 时, 平均磁矩密度 $\overline{M_z(r)}$ 变为 $\overline{M_z(r)} + \delta \overline{M_z(r)}$, 平均能量密度 $\overline{E(r)}$ 变为 $\overline{E(r)} + \delta \overline{E(r)}$, 分别有

$$\delta \overline{M_z(r)} = \frac{1}{k_B T} \int dr' g_{MM}(r, r') \delta H_z(r')$$
$$g_{MM}(r, r') = \overline{\Delta M_z(r) \Delta M_z(r')}$$

以及

$$\delta \overline{E(r)} = \frac{1}{k_B T} \int dr' g_{EM}(r, r') \delta H_z(r')$$
$$g_{EM}(r, r') = \overline{\Delta E(r) \Delta M_z(r')}$$

式中 $\Delta M_z(r) = M_z(r) - \overline{M_z(r)}$, $\Delta E(r) = E(r) - \overline{E(r)}$, $g_{MM}(r, r')$ 是磁矩密度涨落相关函数, $g_{EM}(r, r')$ 为能量密度–磁矩密度涨落交叉相关函数。若外场只在 r_1 处有一微变化 $\delta H_z(r') = \delta H_z(r_1) \delta(r' - r_1)$, 则有

$$\delta \overline{M_z(r)} \Big/ \delta H_z(r_1) = \frac{1}{k_B T} g_{MM}(r, r_1)$$
$$\delta \overline{E(r)} \Big/ \delta H_z(r_1) = \frac{1}{k_B T} g_{EM}(r, r_1)$$

上式表明, $g_{MM}(r, r_1)$、$g_{EM}(r, r_1)$ 分别描述 r_1 处磁场的变化对 r 处的磁化强度和平均能量密度产生的影响。如果磁场的变化是一常量 $\delta H_z(r') = \delta H_z$, 可得

$$\chi = \left(\frac{\delta \overline{M_z(r)}}{\delta H_z}\right)_T = \frac{\partial \overline{M_z}}{\partial H_z} = \frac{1}{k_B T} \int g_{MM}(r, r') dr'$$
$$\left(\frac{\delta \overline{E(r)}}{\partial H_z}\right)_T = \left(\frac{\partial \overline{E}}{\partial H_z}\right)_T = \frac{1}{k_B T} \int g_{EM}(r, r') dr'$$

磁化率 χ 应大于零, 所以上式的第一个方程中积分也大于零, 若积分发散, 将出现临界态。

　　若引入的外场是 "化学势场" $\mu(r)$ 或 "温度场" $\beta(r) = 1/k_B T(r)$, 且当 $\mu(r') \to \mu(r') + \delta \mu(r')$ 或当空间每一宏观充分小微观足够大的体元的 β 变为 $\beta(r') = \beta + \delta \beta(r')$ 时, 则可得到完全类似的关系式, 相应的相关函数是粒子数密度涨落相关函数和能量密度涨落相关函数, 它们分别描述 r' 处化学势的变化对 r 处的平均粒子数密度和 r' 处温度变化对 r 处平均能量密度所产生的影响。

布朗运动 [Brownian movement]　1827 年植物学家布朗发现悬浮在处于给定温度的液体介质中的物质 (例如花粉) 微粒作不停息的无规运动, 这种微小粒子即布朗粒子的运动称为布朗运动。它是布朗粒子在受到周围的介质分子的不平衡碰撞而引起的。布朗粒子 (直径约 10^{-4} cm) 比介质分子 (直径为 10^{-8} cm) 大得多, 使布朗粒子受到大量周围的介质分子频繁的碰撞, 然而布朗粒子比起宏观物体却又很小, 以致周围分子对其碰撞而产生的作用力不能在各个不同的方向上相互抵消, 频繁的碰撞使得这种不平衡的力足够大, 引起布朗运动, 运动是无规的, 不时地改变着方向。周围介质分子激烈的热运动使得布朗粒子所受到的碰撞作用力是起伏不定的。在宏观上充分短微观上足够长的观测时间内, 所实际观测到的是布朗运动的平均效应。

爱因斯坦理论 [Einstein theory]　1905 年爱因斯坦采用无规荡步模型以及扩散方程定量地描述布朗运动, 得到正确的结论。1908 年佩兰从实验上肯定了爱因斯坦理论。后经朗之万、福克、普朗克等人的工作, 建立起较完整的布朗运动理论体系, 给研究微观粒子的随机运动提供了理论依据和有效手段。爱因斯坦认为布朗粒子在液体介质中的迁移过程可视为粒子的扩散过程。

佩兰实验 [Perrin experiment]　根据爱因斯坦理论，布朗粒子的方均位移与时间 t 的一次方成正比，该结论得到了佩兰一系列实验的证实和支持。他跟踪一个布朗粒子，每隔 Δt 时间测量一次位移 Δx_i，共测 N 次，得到 $\overline{x^2} = N\overline{(\Delta x)^2}$。以半径为 0.212×10^{-6}m 的藤黄树脂微粒为例，测得沿 x 轴的方均位移的一组数据（见下表）。实验一再证明了布朗粒子的方均位移与时间 t 的一次方成正比的结论。

Δt(s)	30	60	90	120
$\overline{x^2}$ (10^{-12}m^2)	45	86.5	140	195

朗之万方程 [Langevin equation]　布朗粒子运动方程的一般形式。布朗粒子运动遵从朗之万方程

$$m\frac{\mathrm{d}\boldsymbol{v}}{\mathrm{d}t} = -\int_{-\infty}^{t} \gamma(t-t')\,\boldsymbol{v}(t')\,\mathrm{d}t' + \boldsymbol{F}(t) + \boldsymbol{K}(t)$$

式中 m 是粒子的质量，右端第 1 项是液体的黏滞阻力，存在记忆效应，$\gamma(t-t')$ 为与时间有关的黏性系数；第 2 项 $\boldsymbol{F}(t)$ 是无规的快速变化的涨落力，来自周围介质分子的碰撞作用，且有 $\overline{\boldsymbol{F}}(t) = 0$；第 3 项 $\boldsymbol{K}(t)$ 是一外力。若 $\boldsymbol{K}(t) = 0$，$\gamma(t-t') = \gamma = $ 常数，则上式简化为

$$m\frac{\mathrm{d}\boldsymbol{v}}{\mathrm{d}t} = -\gamma\boldsymbol{v} + \boldsymbol{F}(t)$$

将上式两端取平均，设积分常数为 $\boldsymbol{v}(0)$，容易解出 $\overline{\boldsymbol{v}(t)} = \boldsymbol{v}(0)\mathrm{e}^{-t/\tau}$（其中 $\tau = m/\gamma$），称为布朗粒子的平均漂移速度，它随时间作指数衰减，τ 决定平均速度随时间衰减快慢的程度，称为布朗运动的弛豫时间（$\tau \approx 10^{-7}$ 秒）。

由以上方程，应用能量均分定理且注意到 $\overline{\boldsymbol{r}\cdot\boldsymbol{F}} = 0$（因位移 $\boldsymbol{r}$ 与涨落力 $\boldsymbol{F}$ 无关），可以得到

$$\overline{r^2} = \frac{6kT\tau^2}{m}\left[\frac{t}{\tau} - \left(1 - \mathrm{e}^{-t/\tau}\right)\right]$$

当 $t \ll \tau$ 时，得到与自由质点运动相同的关系 $\overline{r^2} \approx \frac{3kT}{m}t^2 = \overline{v^2}t^2$。因此，粒子以不变的速度运动，因而具有可逆性，原因在于此时布朗粒子运动并未受到液体黏滞阻力的作用，能量没有耗散；当 $t \gg \tau$ 时，则有 $\overline{r^2} \approx 3Dt$（其中 $D = kT/\gamma$），该式表明布朗粒子进行扩散过程，它具有耗散性，因而具有不可逆性。扩散系数 D 与耗散 γ 的关系（即 $D = kT/\gamma$）称为爱因斯坦关系。

涨落力 [fluctuation force]　见朗之万方程。

布朗粒子的平均漂移速度 [average drift velocity of Brownian particle]　见朗之万方程。

布朗运动的弛豫时间 [relaxation time of Brownian movement]　见朗之万方程。

爱因斯坦关系 [Einstein relation]　见朗之万方程。

布朗粒子速度相关函数 [velocity correlation function of Brownian particle]　考虑布朗粒子速度遵从一维朗之万方程

$$m\frac{\mathrm{d}v}{\mathrm{d}t} = -\gamma v + F(t)$$

式中涨落力 $F(t)$ 是一随机变量，具有以下性质：（i）当 $t > 0$ 时，$\overline{F(t)} = 0$；（ii）$\overline{F(t)F(t')} = 2g\delta(t-t')$（其中 g 为常数），反映两个不同时刻 $F(t)$ 是不相关的，称为白噪声。上式的解为

$$v(t) = v_0\mathrm{e}^{-\frac{\gamma}{m}t} + \frac{1}{m}\int_0^t \mathrm{e}^{-\frac{\gamma}{m}(t-\xi)}F(\xi)\,\mathrm{d}\xi$$

可以求得布朗粒子速度相关函数为

$$\overline{v(t)v(t')} = \frac{\tau g}{m^2}\mathrm{e}^{-|t-t'|/\tau} + \left(v_0^2 - \frac{\tau g}{m^2}\right)\mathrm{e}^{-(t+t')/\tau}$$

式中 $\tau = \frac{m}{\gamma}$ 是弛豫时间，v_0 是初速，左端是对系综的平均，此式是时间相关函数的表示式，时间相关函数描述物理量在两个时刻涨落的相互关联，或一个时刻的扰动对另一时刻的影响。上式表示在两个不同时刻粒子速度的相关性。当 t 与 t' 之差大于 τ 时，相关函数变得很小，以致趋于零，即不相关了。若考虑 t 和 t' 大于 τ 后布朗粒子的行为，那么上式右端第 2 项、第 3 项均可忽略而只剩下第 1 项，表明在两个不同时刻，虽然涨落力不存在相关，但粒子的速度却具有关联性，相关时间为 $|t-t'| \approx \tau = m/\gamma$，速度相关函数的强度是 $\tau g/m^2$。当 $t = t'$ 时，则有

$$\overline{v^2(t)} = \frac{\tau g}{m^2} + \left(v_0^2 - \frac{\tau g}{m^2}\right)\mathrm{e}^{-2t/\tau}$$

从此式看出，对于 $t \ll \frac{m}{2\gamma} = \frac{\tau}{2}$，速度的方均涨落 $\overline{v^2(t)}$ 决定于初速 v_0，当 t 较大时，方均速度的值趋近于 $\frac{\tau g}{m^2}$，这由碰撞机制确定。经过长时间后达到平衡，服从能量均分定理，故有 $m\overline{v^2} = kT$，因此 $g = \gamma kT$。

布朗粒子的方均速度 [square mean velocity of Brownian particle]　见布朗粒子速度相关函数。

涨落力的相关函数 [correlation function of fluctuation force]　见布朗粒子速度相关函数。

涨落力相关函数的谱密度 [spectral density for correlation function of fluctuation force]　由于涨落力 $F(t)$ 是一随机变量，满足 $\overline{F(t)F(t')} = 2kT\gamma\delta(t-t')$。在频率域

$$\overline{F(\omega)F^*(\omega')} = \overline{F(\omega)F(-\omega')} = \frac{1}{\pi}\gamma kT\delta(\omega-\omega')$$

因此涨落力相关函数的谱密度为

$$\overline{|F(\omega)|^2} = \frac{1}{\pi}\gamma kT$$

以 $v(\omega)$ 表示布朗粒子速度 $v(t)$ 的傅氏分量，同样不难得到速度相关函数的谱密度

$$\overline{|v(\omega)|^2} = \frac{\overline{|F(\omega)|^2}}{\gamma^2 + m^2\omega^2}$$

速度相关函数的谱密度 [spectral density for correlation function of velocity] 见涨落力的谱密度。

悬圈电流计偏转角的方均根涨落 [root-square-mean fluctuation of deflection angle of suspended coil galvanometer] 是朗之万方程应用的一个例子。电流计装置如下图。用弹性悬线 S 稳定线圈 C 的位置，当 C 中有被测电流通过时，则它在恒定磁场 H 的作用下发生偏转，由反射镜 M 落在标尺 R 上的光点测出偏转角 ϕ，其一维运动方程与布朗粒子运动方程相似：

$$I\frac{d^2\phi}{dt^2} + \gamma\frac{d\phi}{dt} + a\phi = L(t)$$

式中 I 是线圈系统的转动惯量，a 是悬线的扭转系数，γ 是空气阻力系数，$L(t)$ 为涨落力矩。将 M 和 C 看作布朗粒子，有

$$\frac{1}{2}I\overline{\left(\frac{d\phi}{dt}\right)^2} = \frac{1}{2}a\overline{\phi^2} = \frac{1}{2}kT$$

这里应用了能量均分定理。可以得到偏转角的方均根涨落：$\sqrt{\overline{\varphi^2}} = \sqrt{kT/a}$。如果电流 i 引起的偏转角小于此值时，则无法测出，所以该式中涨落量就是电流计灵敏度的量度。若选石英为悬线，$a = 10^{-13}\text{N}\cdot\text{m}\cdot\text{rad}^{-2}$，$T = 291\text{K}$，可以算出 $\sqrt{\overline{\phi^2}} = 2 \times 10^{-4}\text{rad}$ (rad: 弧度)

R-L 电路中的热噪声 [thermal noise of R-L electric circuit] 电流的涨落在电路中产生的热噪声或来源于

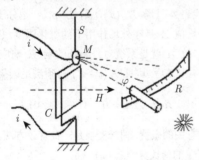

热电子发射的随机性，出现电流的涨落，引起信号中的噪声，称为散粒效应；或来源于电子在导体中的无规则热运动，产生热噪声，叫作蒋森效应。后者更普遍，更重要，产生电流涨落的电子热运动本质上也是一种布朗运动。含电阻 R、电感 L 和电容 C 的电路中的热噪声电流 I 遵从下列方程：

$$L\frac{dI}{dt} + RI + \frac{q}{C} = V(t)$$

式中 $V(t)$ 为热噪声电压或电压涨落，若不考虑电容，而让 $C = \infty$，则上式变为与一维布朗运动方程式完全类似的形式：

$$L\frac{dI}{dt} + RI = V(t)$$

于是可将两个方程中相当的量一一对应起来：$m \leftrightarrow L, \gamma \leftrightarrow R, v \leftrightarrow I, F(t) \leftrightarrow V(t)$，而布朗粒子方均位移 $\overline{r^2}$ 则与方均电量涨落 $\overline{(\Delta q)^2}$ 对应。并有 (i) 假定 $t > 0$ 时，$\overline{V(t)} = 0$；(ii) $\overline{V(t)V(t')} = 2ARL\delta(t - t')$。那么，就可直接引用前面关于布朗运动一系列结果，得到关于电路热噪声问题中相应的关系式，将它们列于下表。

表 $R - L$ 电路中的热噪声

平均热噪声电流	$\overline{I(t)} = I_0 e^{-t/\tau}$ $\left(\tau = \frac{L}{R}\ \text{为弛豫时间}\right)$
热噪声电流的时间相关函数和方均值	$\overline{I(t)I(t')} = \frac{kT}{L}e^{-|t-t'|/\tau}$ $+ \left(I_0^2 - \frac{kT}{L}\right)e^{-(t+t')/\tau}$ $\overline{I^2(t)} = \frac{kT}{L} + \left(I_0^2 - \frac{kT}{L}\right)e^{-2t/\tau}$
电压涨落的相关函数	$\overline{V(t)V(t')} = 2RkT\delta(t - t')$
电量涨落的方均值	$\overline{(\Delta q)^2} = \frac{2kT}{L}\tau^2\left[\frac{t}{\tau} - \left(1 - e^{-t/\tau}\right)\right]$, $\overline{(\Delta q)^2} = \left(\frac{2kT}{R}\right)t \quad (t \gg \tau)$
电压涨落相关函数的谱密度	$\overline{V(\omega)V(\omega')} = \frac{RkT}{\pi}\delta(\omega + \omega')$, $\overline{V(\omega)V^*(\omega')} = \frac{RkT}{\pi}\delta(\omega - \omega')$ $\overline{|V(\omega)|^2} = \frac{1}{\pi}RkT$
电流涨落相关函数的谱密度	$\overline{|I(\omega)|^2} = \frac{\overline{|V(\omega)|^2}}{R^2 + \omega^2L^2} = \frac{1}{\pi}\left(\frac{RkT}{R^2 + \omega^2L^2}\right)$
热电动势 $(\varepsilon(t) = V(t) + I(t)R)$ 的方均值	$\overline{\varepsilon^2} = 4kTR$

可见电路中电子的无规则热运动引起的噪声电压方均值与电阻 R、温度 T 成正比，而与频率无关，R 越大，T 越高，热噪声越大，通常的导体 (超导体除外) 热噪声总是存在的，问题是如何尽量减少噪声对信号的干扰，以避免电子电路的信号 "失真"，因此，应按照尼奎斯特定理合理地设计电路，使热噪声尽可能地小。

平均热噪声电流 [average thermal noise electric current] 见R-L 电路中的热噪声。

电量涨落的方均值 [square mean value of electric quantities fluctuation] 见R-L 电路中的热噪声。

热电动势的方均值 [square mean value of thermal electromotive force] 见R-L 电路中的热噪声。

尼奎斯特定理 [Nyquist theorem] 指 $R-L$ 电路中热电动势的方均值方程 $(\varepsilon^2 = 4kTR)$ 和电压涨落相关函数的谱密度方程 $\left(\overline{|V(\omega)|^2} = \frac{1}{\pi}RkT\right)$。

灯丝电子发射的热噪声 [thermal noise of filament electronic emission] 考虑灯丝发射电子是杂乱无章的，

电子什么时刻由灯丝发射出来毫无规则，每个电子由阴极至板极所需的时间极短，可以认为这相当于一瞬时电流。若在 τ 时刻单位时间内发射的电子数为 $n(\tau)$，而以 $g(t-\tau)$ 表示时刻 τ 每发射一个电子于时刻 t 在电路中产生的电流，注意到当 $t-\tau$ 大于某一数值后，瞬时电流 $g(t-\tau)$ 将迅速趋于零，于是发射电子在电路中所产生的在时刻 t 的电流为 $I(t)=\int_{-\infty}^{\infty}n(\tau)g(t-\tau)\mathrm{d}\tau$，而 $\overline{I(t)}=\bar{n}e$，这里 $\bar{n}=\overline{n(\tau)}$ 是单位时间内发射的平均电子数，$e=\int_{-\infty}^{\infty}g(t)\mathrm{d}t$ 为电子电荷，可以写出电流对其平均值的偏差，从而得到电流的方均涨落表示式

$$\Delta I(t)=I(t)-\bar{I}=\int_{-\infty}^{\infty}\Delta n(\tau)g(t-\tau)\mathrm{d}\tau$$

$$\overline{(\Delta I(t))^2}=\iint\overline{\Delta n(\tau)\Delta n(\tau')}g(t-\tau)g(t-\tau')\mathrm{d}\tau\mathrm{d}\tau'$$

其中 $\overline{\Delta n(\tau)\Delta n(\tau')}$ 是粒子数涨落的时间相关函数。无疑 $n(\tau)$ 是一随机变量，不妨把热电子发射看作与无规荡步属同一类问题，因而 $n(\tau)$ 满足泊松分布，有 $\overline{(\Delta n(\tau))^2}=\bar{n}$，$\overline{\Delta n(\tau)\Delta n(\tau')}=\bar{n}\delta(\tau-\tau')$ 即可得到灯丝热电子发射的随机性引起的涨落电流的方均值

$$\overline{(\Delta I(t))^2}=\bar{n}\int_{-\infty}^{\infty}|g(t-\tau)|^2\mathrm{d}\tau=\bar{n}\int_{-\infty}^{\infty}|g(t)|^2\mathrm{d}t$$

此式称为堪贝尔定理。根据此定理可以导出在 $\omega t\ll 1$ 即频率较低时，电流的方均涨落表示式 $\overline{(\Delta I)^2}=2\bar{n}e^2\Delta\nu=2e\bar{I}\Delta\nu$（其中 $\bar{I}=\bar{n}e$）。可见散粒效应所产生的电路中的电流方均涨落与平均电流 $\bar{I}$、选取的频带宽度 $\Delta\nu$ 成正比，而与频率 ν 无关。此结果与 R-L 电路中的热噪声的不同，灯丝发射电子所引起的热噪声不能借助降温或选择频率来减小。

堪贝尔定理 [Campbell theorem]　见灯丝电子发射的热噪声。

力学微扰 [mechanical perturbation]　如果外界对系统施加一小的扰动，使系统处于偏离平衡不远的近平衡态，那么这种扰动可视为微扰。外界微扰有两类：力学微扰和热微扰。前者是外力或外场例如电场、磁场等对系统的作用；后者属于非力学微扰，例如系统与处于不同温度的其他热力学系统作热接触，或系统与外功源交往而做功，或系统与可以交换物质的粒子源相互接触等。

热微扰 [thermal perturbation]　见力学微扰。

线性响应 [linear response]　系统对外界的扰动做出反应或回答，称之为响应。若系统在外界力学微扰下，状态参量对其平衡值的偏离正比于外力，这种响应称为线性响应。在外界力学微扰下，系统的概率分布函数将发生变化，从而导致物理量平均值的改变。哈密顿量为 H_0，处于平衡态的系统遵从正则分布 $\rho_0=Z^{-1}\mathrm{e}^{-H_0(p,q)/kT}$，在外场 $F(t)$ 的作用下，哈密顿量为 $H=H_0+H_{\mathrm{I}}(t)$，其中微扰哈密顿量 H_{I} 可写成 $F(t)$ 与力学量 B 的耦合形式

$$H_{\mathrm{I}}(t)=-B(p,q)F(t)$$

其中，设 $F(t)|_{t=-\infty}=0$。由于 H_{I} 是小量，则概率分布函数 ρ 的变化很小，有 $\rho(t)=\rho_0+\rho_{\mathrm{I}}(t)$，$\rho_{\mathrm{I}}(t)\ll\rho_0$。应用刘维尔方程并根据系综理论，计算得到因 ρ 的变化而引起的物理量 $A(p,q)$ 平均值的改变量：

$$\overline{A(t)}-(\bar{A})_0=\int_{-\infty}^{t}\mathrm{d}t'R_{A\dot{B}}(t-t')F(t')$$

式中 $(\bar{A})_0$ 是物理量 A 对平衡系综取的平均值，把物理量 A 在时刻 t 的系综平均值 $\overline{A(t)}$ 称为系统对外界微扰的响应。而

$$R_{A\dot{B}}(t-t')=-\frac{1}{kT}\int\frac{\mathrm{d}\Gamma}{N!h^{3N}}A(p,q)\mathrm{e}^{-L_0(t-t')}\dot{B}(p,q)\rho_0$$

则叫作响应函数。当 H 不显含时间时，可以导出重要关系式

$$R_{A\dot{B}}(t-t')=-\frac{1}{kT}\overline{A(t)\dot{B}(t')}$$

而系统的响应关系变为

$$\overline{A(t)}=(\bar{A})_0-\frac{1}{kT}\int_{-\infty}^{t}\mathrm{d}t'\overline{A(t)\dot{B}(t')}F(t')$$

或者

$$\overline{A(t)}=(\bar{A})_0-\frac{1}{kT}\int_{0}^{\infty}\mathrm{d}\tau\overline{A(t)\dot{B}(t-\tau)}F(t-\tau)$$

响应函数 $R(t-t')$ 是一实量，在任一时刻，系统对外力的响应决定于 R，R 反映在任一时刻外力对 $\bar{A}$ 的影响。例如，若 $F(t')$ 代表外磁场 $H_z(t')$，则 $B(p,q)$ 是分子磁矩的总和，假设平均值 $\bar{A}$ 是在外场作用下的磁化强度，因在无外场时 $\bar{A}=0$，故 $\bar{A}$ 就是系统对外磁场的响应。响应必有原因，外力在先，响应在后，因此 $R(t-t')$ 必须满足因果律

$$R(t-t')=0\qquad(t-t'<0)$$

对于与时间有关的微扰，傅氏变换是一种有效方法。引入响应函数 $R_{A\dot{B}}(t)$ 的傅氏分量 $\chi(\omega)$

$$\chi(\omega)=\int_{-\infty}^{\infty}R_{A\dot{B}}(t)\mathrm{e}^{\mathrm{i}\omega t}\mathrm{d}t$$

$$R_{A\dot{B}}(t)=\frac{1}{2\pi}\int_{-\infty}^{\infty}\chi(\omega)\mathrm{e}^{-\mathrm{i}\omega t}\mathrm{d}\omega$$

对于 $\overline{A(t)}-(\bar{A})_0$ 和 $\overline{A(\omega)}$，$F(t)$ 和 $F(\omega)$ 也有完全类似的变换，容易得出

$$\overline{A(\omega)}=\chi(\omega)F(\omega)$$

其中，$\chi(\omega)$ 称为广义极化率。上式表明，给定频率的力，只能激发起同一频率的响应，对于非线性响应，此结论就不对了。

系统的响应 [response of system]　　见线性响应。

响应函数 [response function]　　见线性响应。

因果律 [causality]　　见线性响应。

广义极化率 [generalized polarizability]　　见线性响应。

克拉默斯–克勒尼希关系 [Kramers-Kronig relations]　　表示广义极化率 $\chi(\omega)$ 的实部和虚部关系的公式。由于响应函数 $R(t)$ 是实量，所以其傅氏分量 $\chi(\omega)$ 应满足 $\chi^*(\omega) = \chi(-\omega)$。$\chi(\omega) = \chi'(\omega) + i\chi''(\omega)$ 的虚部 $\chi''(\omega)$ 和实部 $\chi'(\omega)$ 之间的关系为

$$\chi'(u) = \frac{1}{\pi}P\int_{-\infty}^{\infty}\frac{\chi''(\omega)}{\omega-u}d\omega, \quad \chi''(u) = -\frac{1}{\pi}P\int_{-\infty}^{\infty}\frac{\chi'(\omega)}{\omega-u}d\omega$$

上式称为克拉默斯–克勒尼希关系 (简称 K-K)，亦称为广义极化率对应的色散关系，是因果律所导致的结果。通常可从实验上测得虚部，利用上式计算 $\chi(\omega)$ 的实部，从而得出 $\chi(\omega)$。利用关系式 $\overline{A(\omega)} = \chi(\omega)F(\omega)$，可以求出以下关于响应的表示式

$$\overline{A(t)} = 2i\int_{-\infty}^{\infty}dt'R''(t-t')F(t')\theta(t-t')$$

式中

$$\theta(t-t') = -\int_{-\infty}^{\infty}\frac{d\omega}{2\pi i}\frac{e^{-i\omega(t-t')}}{\omega+i\varepsilon}$$

是 Heaviside 函数，$F(t')$ 是外力，而

$$R''(t-t') = \frac{1}{2\pi}\int_{-\infty}^{\infty}d\omega\chi''(\omega)e^{-i\omega(t-t')}$$

则是 $\chi''(\omega)$ 的傅里叶变换，因此，把响应完全用 "响应函数的虚部" 或者说用广义极化率虚部的傅氏分量表示出来，它是常用的一种线性响应表示式。

涨落–耗散定理 [theorem of fluctuation-dissipation] 简称 F-D 定理，广义极化率 $\chi(\omega)$ 可表示为

$$\chi(\omega) = -\frac{1}{kT}\int_{0}^{\infty}\overline{A(t)B}e^{i\omega t}dt = \frac{1}{kT}\int_{0}^{\infty}\overline{\dot{A}(t)B}e^{i\omega t}dt$$

它把描述非平衡耗散过程的广义极化率 $\chi(\omega)$ 与表征平衡态涨落的物理量时间相关函数 $\overline{A(t)B}$ 联系起来，称为久保 (Kubo) 涨落–耗散定理。久保 F-D 定理的另一种形式为

$$\overline{\dot{A}(t)B} = -\overline{A(t)\dot{B}} = \frac{kT}{\pi}\int_{0}^{\infty}\chi(\omega)e^{-i\omega t}d\omega$$

上式用描述非平衡耗散过程的广义极化率 $\chi(\omega)$ 来表示描述平衡涨落的物理量时间相关函数。涨落和耗散 (或输运) 过程是靠近平衡态的主要非平衡过程，其自发的趋势是趋于平衡，涨落和输运系数都可用描述平衡态的物理量表示出来，F-D 定理正是给出这种内在相互关系的一条定理，该定理按照各种不同性质的问题采取不同的形式，但本质是相同的。作为

近平衡态统计物理的一条最重要的定理，它深刻揭示了同时存在的涨落和耗散这两种根本现象之间的关联，把宏观系统的一些非平衡性质通过平衡性质表示出来。同时，由于该定理给出了响应函数与平衡态涨落的相关函数之间的关系，这样就可利用外场来探测平衡态涨落。F-D 定理是在 19 世纪初爱因斯坦发表了关于布朗粒子的著名关系式之后半个世纪建立和发展起来的。这 50 年也是统计物理学建立和发展的 50 年。继爱因斯坦之后，许多物理学家都做了大量的研究，特别是久保和卡冷、威尔顿等的工作具有普遍的意义，引起了物理学家们的兴趣和重视。

若将上式中的时间相关函数分别取为布朗运动中粒子速度自相关函数和涨落力自相关函数，而 $\chi(\omega)$ 分别为布朗运动复迁移率 $\mu(\omega)$ 和复黏性系数 $\gamma(\omega)$ 则有

$$\mu(\omega) = \frac{1}{kT}\int_{0}^{\infty}e^{i\omega t}\overline{v(t_0)v_0(t_0+t)}dt$$

$$\gamma(\omega) = \frac{1}{kT}\int_{0}^{\infty}e^{i\omega t}\overline{F(t_0)F(t_0+t)}dt$$

上述两式分别称为关于一维布朗运动的久保第一和第二 F-D 定理，由久保先后于 1957 年和 1965 年导出。直接从朗之万方程出发，容易导出关于布朗运动的两条 F-D 定理

$$\mu = \frac{1}{6kT}\int_{-\infty}^{\infty}\overline{v\left(u+\frac{u'}{2}\right)\cdot v\left(u-\frac{u'}{2}\right)}du'$$

或者

$$D = \frac{1}{6}\int_{-\infty}^{\infty}\overline{v\left(u+\frac{u'}{2}\right)\cdot v\left(u-\frac{u'}{2}\right)}du'$$

以及

$$\gamma = \frac{m}{\tau} = \frac{1}{6kT}\int_{-\infty}^{\infty}\overline{F\left(u+\frac{u'}{2}\right)\cdot F\left(u-\frac{u'}{2}\right)}du'$$

对于 R-L 线性电路，由于电子的热运动，线路中产生热噪声，出现自发的电动势，其噪声电流 I 遵从下列方程：

$$L\frac{dI}{dt} = -RI + V(t), \quad \overline{V}(t) = 0$$

式中 $V(t)$ 是热噪声电压，为一快速涨落的量。上式与朗之万方程式完全类似，于是可将两者相当的量一一对应起来，直接写出两条 F-D 定理对于 R-L 线性电路所取的表达式：

$$\frac{1}{R} = \frac{1}{6kT}\int_{-\infty}^{\infty}\overline{I(u)\cdot I(u+u')}du'$$

和

$$R = \frac{L}{\tau} = \frac{1}{6kT}\int_{-\infty}^{\infty}\overline{V(u)\cdot V(u+u')}du'$$

卡冷–威尔顿 F-D 定理 [Callen-Welton theorem]　　一个变量的更普遍、更常用的 F-D 定理，即卡冷–威尔顿 F-D 定理

$$\overline{\left(A - (\bar{A})_0\right)^2} = \frac{\hbar}{2\pi}\int_{-\infty}^{\infty}\chi''(\omega)\coth\frac{\beta\hbar\omega}{2}d\omega$$

在 $kT \gg \hbar\omega$ 条件下，$\coth\left(\dfrac{\hbar\omega}{2kT}\right) \approx \dfrac{2kT}{\hbar\omega}$，上式过渡到经典情形

$$\overline{\left(A - (\bar{A})_0\right)^2} = \frac{2kT}{\pi} \int_0^\infty \frac{\chi''(\omega)}{\omega} d\omega$$

其中，$\chi''(\omega)$ 是广义极化率 $\chi(\omega)$ 的虚部。该式用实验可以测量的量 $\chi''(\omega)$ 来表示物理量的方均涨落。

久保 F-D 定理 [Kobu F-D theorem]　见涨落–耗散定理。

久保第一、第二 F-D 定理 [Kubo first and second theorem of F-D]　见涨落–耗散定理。

量子久保 F-D 定理 [quantum Kubo F-D theorem]　久保 F-D 定理的量子形式为

$$\chi(\omega) = \int_{-\infty}^{\infty} R_{A\dot{B}}(t)\, \mathrm{e}^{\mathrm{i}\omega t} \mathrm{d}t = \int_0^\infty \int_0^\beta \overline{\dot{A}(t + \mathrm{i}\hbar\lambda)\,B}\, \mathrm{e}^{\mathrm{i}\omega t} \mathrm{d}\lambda \mathrm{d}t$$
$$= -\int_0^\infty \int_0^\beta \overline{A(t + \mathrm{i}\hbar\lambda)\,\dot{B}}\, \mathrm{e}^{\mathrm{i}\omega t} \mathrm{d}\lambda \mathrm{d}t$$

在 $\hbar \to 0$ 的经典极限下，上式变为经典的久保 F-D 定理形式。

带电布朗粒子系统的电导率 [electric conductivity of charged Brownian particle system]　设带电布朗粒子的速度 $v(t)$ 遵从下列朗之万方程：

$$\dot{v}(t) = -\int_{-\infty}^{t} \gamma(t - t')\, v(t')\, \mathrm{d}t' + \frac{F(t)}{m} + \frac{K(t)}{m}$$

其中 $\gamma(t - t')$ 不是常数，$F(t)$ 为涨落，外力 $K(t)$ 可表示为 $K(t) = \mathrm{Re}(eE_0\mathrm{e}^{-\mathrm{i}\omega t})$（其中 $E_0\mathrm{e}^{-\mathrm{i}\omega t}$ 为外电场）。以 $R(t)$ 表示响应函数，它满足因果律。系统的响应可表示为

$$\overline{v(t)} = \int_{-\infty}^{\infty} R(t - t') K(t')\, \mathrm{d}t' = \int_{-\infty}^{\infty} R(\tau) K(t - \tau)\, \mathrm{d}\tau$$

将广义极化率取为复数迁移率 $\mu(\omega)$

$$\mu(\omega) = \int_{-\infty}^{\infty} R(\tau)\, \mathrm{e}^{\mathrm{i}\omega t} \mathrm{d}\tau = \int_0^\infty R(\tau)\, \mathrm{e}^{\mathrm{i}\omega t} \mathrm{d}\tau$$

可以得出

$$\overline{v(t)} = \mathrm{Re} e E_0 \mathrm{e}^{-\mathrm{i}\omega t} \mu(\omega) = \mathrm{Re} e E_0 \mathrm{e}^{-\mathrm{i}\omega t} \frac{1}{m} \frac{1}{-\mathrm{i}\omega + \gamma(\omega)}$$

于是由电场诱发的电流密度 $J(t)$ 可写作为

$$J(t) = e n \overline{v(t)} = \mathrm{Re} e^2 n E_0 \mathrm{e}^{-\mathrm{i}\omega t} \frac{1}{m} \frac{1}{-\mathrm{i}\omega + \gamma(\omega)}$$

式中 n 是粒子的浓度，e 是粒子所带电荷。复数电导率则为

$$\sigma(\omega) = \frac{e^2 n}{m} \frac{1}{-\mathrm{i}\omega + \gamma(\omega)}$$

3.3.6　非平衡态统计物理

玻尔兹曼方程 [Boltzmann equation]　玻尔兹曼于 1872 年提出的关于粒子分布函数 $f(v, r, t)$ 随时间 t 演化的方程。讨论的系统是处于偏离平衡不远的非平衡态的较稀薄的气体。$f(v, r, t)$ 随 t 的变化来自两个方面：粒子的漂移运动和粒子间的碰撞作用。这两种机制对 f 的时间变率的贡献应是相加的，即

$$\frac{\partial f}{\partial t} = \left(\frac{\partial f}{\partial t}\right)_d + \left(\frac{\partial f}{\partial t}\right)_c$$

上式右端第 1 项称为漂移项，第 2 项称为碰撞项。漂移项 $\left(\dfrac{\partial f}{\partial t}\right)_d$ 代表粒子在无碰撞时的运动而导致 f 的变化。$f(r, v, t)$ 是在时刻 t，μ 空间 (r, v) 处的代表点密度，用来描述 N 个粒子在 μ 空间的代表点运动。当时间由 $t \to t + \mathrm{d}t$ 时，原在 (r, v) 处的代表点运动到了 (r', v') 处，应有 $r \to r' = r + v\mathrm{d}t$，$v \to v' = v + \dfrac{F}{m}\mathrm{d}t$（$F$ 是作用在粒子上的外力）。分布函数 f 可看成 μ 空间的"流体"，因不考虑粒子的碰撞，故 f 的变化应满足连续性条件 $f(r', v', t + \mathrm{d}t) = f(r, v, t)$，将此式左端作泰勒展开，可得到

$$\left(\frac{\partial f}{\partial t}\right)_d = -v \cdot \frac{\partial f}{\partial r} - \frac{F}{m} \cdot \frac{\partial f}{\partial v}$$

式中 $\dfrac{\partial f}{\partial r} = \nabla_r f$ 和 $\dfrac{\partial f}{\partial v} = \nabla_v f$ 分别是 f 在坐标空间和速度空间的梯度，将由上式可以得出玻尔兹曼方程

$$\frac{\partial f}{\partial t} = -v \cdot \frac{\partial f}{\partial r} - \frac{F}{m} \cdot \frac{\partial f}{\partial v} + \left(\frac{\partial f}{\partial t}\right)_c$$

对于定常态，$\dfrac{\partial f}{\partial t} = 0$，上式化为定常态玻尔兹曼方程

$$v \cdot \frac{\partial f}{\partial r} + \frac{F}{m} \cdot \frac{\partial f}{\partial v} = \left(\frac{\partial f}{\partial t}\right)_c$$

可采用弛豫时间近似方法处理碰撞项 $\left(\dfrac{\partial f}{\partial t}\right)_c$。若对系统加上一种"力"例如温度梯度或去掉外力场使系统处于偏离平衡不远的非平衡态，分布函数 f 偏离平衡分布 $f^{(0)}$，粒子间频繁的碰撞又导致分布趋于平衡分布，这可看作是一弛豫过程。对于偏离 $f - f^{(0)}$ 很小的情形，可以设粒子碰撞引起的 f 的时间变率 $\left(\dfrac{\partial f}{\partial t}\right)_c$ 与 $f - f^{(0)}$ 成正比，粒子碰撞不会使 $f^{(0)}$ 发生变化，即 $\left(\dfrac{\partial f^{(0)}}{\partial t}\right)_c = 0$。于是可以得到常用的玻尔兹曼方程弛豫时间近似式

$$\frac{\partial f}{\partial t} = -v \cdot \frac{\partial f}{\partial r} - \frac{F}{m} \cdot \frac{\partial f}{\partial v} - \frac{f - f^{(0)}}{\tau}$$

以及定常态玻尔兹曼方程

$$v \cdot \frac{\partial f}{\partial r} + \frac{F}{m} \cdot \frac{\partial f}{\partial v} = -\frac{f - f^{(0)}}{\tau}$$

式中 τ 具有时间的量纲, 它表示分布函数对平衡分布函数的偏离 $\left(f - f^{(0)}\right)$ 减小到初始偏离值 $\left(f - f^{(0)}\right)_0$ 的 $1/e$ 时所需的时间, 称为弛豫时间, τ 一般是 v 的函数 $\tau = \tau(v)$, 与粒子的平均自由飞行时间有同样的数量级, 可近似地取 $\tau = \bar{l}/\bar{v}$(其中 $\bar{l}$ 为平均自由程)。

碰撞项 [collision term]　见玻尔兹曼方程。

漂移项 [drift term]　见玻尔兹曼方程。

定常态玻尔兹曼方程 [Boltzmann equation at steady state]　见玻尔兹曼方程。

弛豫时间 [relaxation time]　见玻尔兹曼方程。

玻尔兹曼积分微分方程 [Boltzmann integro-differential equation]　又称为**玻尔兹曼输运方程**。玻尔兹曼方程中的碰撞项 $\left(\dfrac{\partial f}{\partial t}\right)_c$ 表示粒子本身之间或散射过程中的碰撞效应。假定气体足够稀薄, 仅需考虑二体碰撞, 并认为碰撞是完全弹性碰撞, 玻尔兹曼导出碰撞项。

$$\left(\frac{\partial f}{\partial t}\right)_c = \iint \left(f'f_1' - ff_1\right) u\sigma\left(u, \theta\right) \mathrm{d}\Omega \mathrm{d}\boldsymbol{v}_1$$

式中 $\mathrm{d}\Omega = \sin\theta \mathrm{d}\theta \mathrm{d}\phi$ 是立体角元, $f' = f(\boldsymbol{r}, \boldsymbol{v}', t), f = f(\boldsymbol{r}, \boldsymbol{v}, t), f_1' = f(\boldsymbol{r}, \boldsymbol{v}_1', t)$, 以及 $f_1 = f(\boldsymbol{r}, \boldsymbol{v}_1, t)$, $\sigma(u, \theta)$ 与相对速度大小 u 和散射角 θ 有关, 称为粒子的微分散射截面, 它在实验上能够直接测量。$\sigma(u, \theta)$ 的物理意义是当入射粒子束强度 $I = 1$ 时散射到 (θ, φ) 方向上单位立体角内的粒子数。$\boldsymbol{v}, \boldsymbol{v}_1$ 和 $\boldsymbol{v}', \boldsymbol{v}_1'$ 是分子碰撞前后的速度。因此, 非平衡分布函数 $f(\boldsymbol{r}, \boldsymbol{v}, t)$ 满足的非线性方程

$$\frac{\partial f}{\partial t} + \boldsymbol{v} \cdot \frac{\partial f}{\partial \boldsymbol{r}} + \frac{\boldsymbol{F}}{m} \cdot \frac{\partial f}{\partial \boldsymbol{v}} = \iint \left(f'f_1' - ff_1\right) u\sigma\left(u, \theta\right) \mathrm{d}\Omega \mathrm{d}\boldsymbol{v}_1$$

上式称为玻尔兹曼积分微分方程, 它作为非平衡统计物理的重要基础, 有广泛的应用。需要指出, 在推导上式时, 实际上已作了分子混沌性假设: 粒子的速度与位置没有关联, 粒子的速度 $\boldsymbol{v}_1$ 和 $\boldsymbol{v}_2$ 互不相关, 由于碰撞的随机性, 认为粒子各自的概率分布是统计独立的, f 在位置空间不发生明显的变化, 任何粒子的分布函数 $f = f(\boldsymbol{r}, \boldsymbol{v}, t)$ 不受周围其他任何粒子的影响, 二体分布函数是两个单粒子分布函数的乘积, 只是对于稀薄气体处在偏离平衡不远的情形, 才可近似地得以满足。

玻尔兹曼输运方程 [Boltzmann transport equation]　即玻尔兹曼积分微分方程。

分子混沌性假设 [postulate of molecular chaos]　见玻尔兹曼积分微分方程。

玻尔兹曼 H 定理 [Boltzmann H-theorem]　玻尔兹曼在研究热力学系统趋向平衡问题时, 1872 年定义 H 函数为

$$H = \iint f\ln f \mathrm{d}\boldsymbol{v}\mathrm{d}\boldsymbol{r}$$

它是关于分布函数 f 的一个泛函。将玻尔兹曼积分微分方程代入, 导出如下结果:

$$\frac{\mathrm{d}H}{\mathrm{d}t} = -\frac{1}{4} \iiint \left(\ln f'f_1' - \ln ff_1\right)\left(f'f_1' - ff_1\right)$$
$$\cdot \mathrm{d}\boldsymbol{v}\mathrm{d}\boldsymbol{v}_1 u\sigma\left(u, \theta\right)\mathrm{d}\Omega\mathrm{d}\boldsymbol{r} \leqslant 0$$

当且仅当 $f'f_1' = ff_1$ 时, 等式成立, 即 $\dfrac{\mathrm{d}H}{\mathrm{d}t} = 0$。上式称为玻尔兹曼 H 定理, 它是玻尔兹曼积分微分方程直接的必然的结果。H 定理表明, 分子间随机性碰撞导致分布函数 f 变化, 从而使 H 函数总是随时间单调地减小, 当 H 下降到极小值而不再变化时, 系统达到平衡态。H 函数随 t 单调减小与熵函数随 t 单调增加是等效的, 从这个意义上讲, 熵增加原理可从玻尔兹曼积分微分方程导出。H 定理与熵增加原理都可作为近独立粒子组成的孤立系由非平衡态趋向平衡态的标志, 同样揭示了不可逆过程的微观本质。然而, 两者也有不同之处, H 定理只适用于单原子理想气体, 熵增加原理却不受此限制; H 定理的适用范围只限于偏离不远的非平衡态, 而熵增加原理无此限制; H 定理给出了在从非平衡态趋向平衡态的过程中, H 函数的时间变率, 从而给出 $\dfrac{\mathrm{d}S}{\mathrm{d}t}$, 但用热力学概率 (微观状态数) 讨论熵增加原理则不能给出 $\dfrac{\mathrm{d}S}{\mathrm{d}t}$。$f'f_1' = ff_1$ 称为细致平衡条件, 它就是 H 函数达到极小值或熵达到极大值的充分和必要条件, 正如 H 定理所证明的那样, 当系统达到平衡时, 分布函数一定满足细致平衡条件。当满足 $f'f_1' = ff_1$ 系统达到平衡时, $(\boldsymbol{v}, \boldsymbol{v}_1) \to (\boldsymbol{v}', \boldsymbol{v}_1')$ 元原碰撞数 $ff_1 u\sigma(u, \theta)\mathrm{d}\Omega$ 与 $(\boldsymbol{v}', \boldsymbol{v}_1') \to (\boldsymbol{v}, \boldsymbol{v}_1)$ 元逆碰撞数 $f'f_1' u\sigma(u, \theta)\mathrm{d}\Omega$ 两者必须相等。对于任何一个间隔 $\mathrm{d}\boldsymbol{v}\mathrm{d}\boldsymbol{r}$, 当达到平衡时, 由于碰撞单位时间内进出的粒子数必须相等, 唯有在系统任何一个 $(\boldsymbol{r}, \boldsymbol{v})$ 附近的小间隔 $\mathrm{d}\boldsymbol{v}\mathrm{d}\boldsymbol{r}$ 都满足这种关系时, 系统才能处于总体的平衡。细致平衡是系统达到总体平衡的充要条件, 即系统的总体平衡必须由每个局部都平衡即细致平衡来保证。此原理对于很多情形是正确的, 但并不适用一切相互作用机制。可以证明, 满足细致平衡条件的分布 $f(\boldsymbol{v})$ 就是麦克斯韦速度分布函数。

玻尔兹曼 H 函数 [Boltzmann H-function]　见玻尔兹曼 H 定理。

熵增加原理 [entropy increase principle]　见玻尔兹曼 H 定理。

细致平衡原理 [detailed balancing principle]　见玻尔兹曼 H 定理。

洛施密特佯谬 [Loschmidt paradox]　又称**可逆性佯谬**, 洛施密特 1876 年提出。他认为, 根据保守力学系统所遵循的力学规律: 微观运动的可逆性 (或时间反演不变性), 当气体中所有的分子速度同时发生逆转时, 则每个分子将沿着与原来相反的方向运动, 该系统将以相反的次序经历原来经

历过的状态，于是 H 函数会因粒子碰撞而随时间上升，因此，导致 H 函数单调下降的结论不能成立。玻尔兹曼从 H 定理的统计性质做出了正确的回答。他指出，气体的所有分子的速度同时出现逆转的可能微乎其微，相应的 H 函数上升的概率极小，而单调下降的概率却是极大的。可以得出结论，H 函数上升这种宏观过程不会出现，因而可逆性佯谬是不成立的。

可逆性佯谬 [reversibility paradox]　即洛施密特佯谬。

策梅洛佯谬 [Zermelo paradox]　又称循回性佯谬，策梅洛 1896 年提出。他根据庞加莱定理指出，当 H 函数随时间单调地减少以后，只要经过足够长的时间，它就将回复到初始的数值，因而玻尔兹曼 H 定理不能成立。玻尔兹曼对上述矛盾作了明确的回答：H 定理具有统计的性质，它只是说非平衡态总是以绝对优势的概率趋于平衡态，没有完全否定相反演变的可能性，并不完全排斥 H 函数偶然增加，运动回复到原状，只是概率极其微小，对于一般的气体和液体，若单位体积含粒子数为 10^{23} 的数量级，那么回复时间的数量级是 $10^{10^{23}}$ 秒，这比宇宙寿命还要大很多数量级，这意味着循回到初态的概率几乎是零，实际上是根本观测不到的，因此，H 定理和庞加莱定理可以相容，循回性佯谬是不成立的。

循回性佯谬 [through the back of paradox]　即策梅洛佯谬。

庞加莱定理 [Poincare theorem]　1890 年庞加莱证明了下述定理：系统的 Γ 空间中除了一个零测度的点集外，在 $t=0$ 时刻使系统从相空间中任何一有界点 P 出发，则对于任意一给定的小距离 $\varepsilon > 0$，都存在一有限的时间 $T_P(\varepsilon)$，在此时间内，系统必经过相空间的一点 P'，而 $\overline{PP'} < \varepsilon$。这意味着，力学系统经过足够长的时间后，总会回复到任意接近初态的那个状态。但回复到初态所需的时间是极长的。例如 N 个自旋粒子的系统，再接近到初态(严格说附近的 $\Delta\alpha$ 内)的时间即庞加莱周期，大致为 $T_p \approx \left(\dfrac{2N}{\Delta\alpha}\right)^N \left(\dfrac{\Delta\omega}{\Delta\alpha}\right)^{-1}$ (其中 $\Delta\omega$ 是自旋粒子进动频率的宽度)，如果取 $N=10, \Delta\alpha = \pi/100, \Delta\omega = 10\mathrm{s}^{-1}$ 则 $T_p \approx 10^{10}y$。又如，一空室分为均等的左右两半，N 个分子都集中在左半室为初态，若取 $N \approx 10^{23}$，原子的反应时间 $\approx 10^{-12}\mathrm{s}$，则 $T_P \approx 2.3 \times 2^{10^{23}} \times 10^{-12}\mathrm{s}$。可见，庞加莱周期远大于宇宙寿命，对于任何宏观系统来说，这是根本不可能发生的，因此，玻尔兹曼 H 定理与庞加莱定理并不矛盾。

气体的黏滞现象 [viscous phenomenon of gas]　应用玻尔兹曼方程的弛豫时间近似讨论气体黏滞现象。假定气体以宏观速度 v_0 沿 y 方向流动，且有 $v_0 = v_0(x)$。在空间某一平面 $x = x_0$ 的两边，气流速度不同，$x > x_0$ 的一方 (正方)，气体流动快，$x < x_0$ 的一方 (负方) 气体流动慢。由于气

体中各层的流速的不同，因而出现黏滞性或内摩擦，流速较快的正方气体将带动流速较慢的负方气体，于是产生了一个作用在平面 $x = x_0$ 上单位面积沿 y 方向的力 $p_{xy} = \eta\dfrac{\mathrm{d}v_0}{\mathrm{d}x}$，称为牛顿黏滞定律，$\eta$ 为黏滞系数。可以导出

$$p_{xy} = -\iiint mv_x v_y f \mathrm{d}v_x \mathrm{d}v_y \mathrm{d}v_z = -nm\overline{v_x v_y}$$

式中 n 是分子数密度。若气体流动的宏观速度是均匀的而不依赖于 x，系统将处在平衡态。分布函数遵从麦克斯韦速度分布

$$f^{(0)} = n\left(\frac{m}{2\pi kT}\right)^{3/2}\exp\left[-\frac{m}{2kT}\left(v_x^2 + (v_y - v_0)^2 + v_z^2\right)\right]$$

其中 v_0 是常数。若将它代入 p_{xy}，因被积函数是 v_x 的奇函数，故积分为零，$p_{xy} = 0$，可见当没有速度梯度存在时，气体内部不存在切面方向的应力，即黏滞胁强为零，这是符合实际的。考虑宏观速度 $v_0 = v_0(x)$ 的一般情形，仍可将平衡分布函数 $f^{(0)}$ 取做上面给出的麦氏速度分布。我们将应用定常态的玻尔兹曼方程求定常态非平衡分布函数 f，设不存在外力，f 只是 x 的函数，可以算出

$$p_{xy} = -\int_{-\infty}^{\infty} mv_x^2 v_y \tau \frac{\partial f^{(0)}}{\partial v_y}\frac{\mathrm{d}v_0}{\mathrm{d}x}\mathrm{d}\boldsymbol{v}$$

于是得到黏滞系数 η 的表示式

$$\eta = -m\int_{-\infty}^{+\infty} v_x^2 v_y \tau \frac{\partial f^{(0)}}{\partial v_y}\mathrm{d}\boldsymbol{v} = nm\bar{\tau}\overline{v_x^2}$$

根据能量均分定理 $\dfrac{1}{2}m\overline{v_x^2} = \dfrac{1}{2}kT$ 及 $\bar{\tau} = \bar{l}/\bar{v}$，并注意到 $\bar{l} \propto 1/n$，$\bar{v} \propto \sqrt{T}$，有

$$\eta = nkT\frac{\bar{l}}{\bar{v}} \propto \sqrt{T}$$

上式表明，当 T 一定时，η 与压强无关，符合实验结果。

金属电导率 [metallic electric conductivity]　设在外电场 $\boldsymbol{E} = E_x\boldsymbol{i}$ (x 方向) 和热源的作用下，金属电子气处于偏离平衡不远的近平衡态，其内部存在稳定的电场和温度梯度，但它们都不大，电子的分布函数 f 偏离平衡分布 $f^{(0)}$，即有 $f = f^{(0)} + f^{(1)}$，$f^{(1)} \ll f^{(0)}$，$f^{(0)} = [\exp[(\varepsilon - \mu)/kT] + 1]^{-1}$ 为费米分布。f 遵从玻尔兹曼方程的弛豫时间近似形式，其中碰撞项和漂移项分别为

$$\left(\frac{\partial f}{\partial t}\right)_c = -\frac{f - f^{(0)}}{\tau}, \quad \left(\frac{\partial f}{\partial t}\right)_d \approx -\boldsymbol{v}\cdot\frac{\partial f^{(0)}}{\partial \boldsymbol{r}} + \frac{e\boldsymbol{E}}{m}\cdot\frac{\partial f^{(0)}}{\partial \boldsymbol{v}}$$

漂移运动和碰撞效应共同作用的结果，使系统达到定常态，此时系统的 f 不显含时间，存在定常态解，计算得到非平衡分布函数 f 的表示式

$$f = f^{(0)} + \tau\frac{\partial f^{(0)}}{\partial \varepsilon}\left\{e\boldsymbol{E}\cdot\boldsymbol{v} + \boldsymbol{v}\cdot\left[\varepsilon\frac{\partial\ln T}{\partial\boldsymbol{r}} + T\frac{\partial}{\partial\boldsymbol{r}}\left(\frac{\mu}{T}\right)\right]\right\}$$

利用上式计算平均电流密度

$$\boldsymbol{J}_e = -\frac{2m^3}{h^3} e \int \boldsymbol{v} f \mathrm{d}\boldsymbol{v}$$

若自由电子等能面是球面，可以忽略各向异性，得到 x 方向的平均电流密度

$$J_{\mathrm{ex}} = e^2 L_1 E_x - e L_2 \left(-\frac{\partial \ln T}{\partial x}\right) - e L_1 \left(-T \frac{\partial}{\partial x}\left(\frac{\mu}{T}\right)\right)$$

其中

$$L_n = \frac{2}{3m} \int_0^\infty \tau \varepsilon^n \left(-\frac{\partial f^{(0)}}{\partial \varepsilon}\right) D(\varepsilon) \mathrm{d}\varepsilon, \quad D(\varepsilon) = \frac{4\pi(2m)^{3/2}}{h^3}\sqrt{\varepsilon}$$

显然，J_{ex} 的第 1 项是熟知的欧姆定律的微分形式，第 2、3 项则是温差电动势对电流的贡献。若金属材料是均匀的，且不存在温度梯度，则 $J_{\mathrm{ex}} = e^2 L_1 E_x$。因此，可以得到电导率 λ 的近似表达式 $\lambda \approx \frac{ne^2}{m}\tau(\mu)$（其中 $n = 8\pi(2m\mu)^{3/2}/3h^3$ 是电子数密度，弛豫时间 $\tau(\mu)$ 表示在 $\varepsilon = \varepsilon_{\mathrm{F}} = \mu$ 处取值）。该式表明：n 越大，越容易导电，弛豫时间 $\tau(\mu)$ 越大或平均自由程越长，碰撞数越小，因而电阻越小，λ 就越大，导电性也越好。

金属热导率 [metallic thermal conductivity]   若金属材料存在 x 方向的温度梯度，则平均热流密度为

$$\boldsymbol{J}_q = \frac{2m^3}{h^3} \int \varepsilon \boldsymbol{v} f \mathrm{d}\boldsymbol{v}$$

若自由电子等能面是球面，可以忽略各向异性，得到 x 方向的平均热流密度为

$$J_{qx} \approx -\kappa \frac{\partial T}{\partial x}, \quad \kappa = -\frac{L_1 L_3 - L_2^2}{L_1 T}$$

其中，$L_n(n = 1, 2, 3)$ 参见金属电子气的电导. 热传导系数 κ 可近似为

$$\kappa \approx \frac{n}{m}\tau(\mu)\frac{\pi^2}{3}k^2 T$$

其中，$n = 8\pi(2m\mu)^{3/2}/3h^3$ 是电子数密度，弛豫时间 $\tau(\mu)$ 表示在 $\varepsilon = \varepsilon_{\mathrm{F}} = \mu$ 处取值。

维德曼–弗兰兹常数 [Widemann-Franz constant]   金属电导率与热导率的关系满足

$$\frac{\kappa}{\lambda T} = \frac{\pi^2}{3}\left(\frac{k}{e}\right)^2$$

上式表明，金属的热导率和电导率之比除以温度为一常数，称为维德曼–弗兰兹常数。他们于 1853 年首先在实验中发现，在一定的温度下，各种金属都具有相同的热导率和电导率之比。特别是金、银、铜在室温下的理论值与实验值符合得很好，只是在低温时有偏差。

福克–普朗克方程 [Fokker-Planck equation]   与朗之万方程相对应的概率分布函数所遵从的演化方程（简称为 F-P 方程），福克和普朗克首先从朗之万方程导出。与朗之万方程相似，F-P 方程也是描述随机系统的。考虑代表一稳定随机过程的宏观变量 $\alpha(t)$，遵从朗之万方程 $\dot{\alpha}(t) = -\gamma\alpha(t) + F(t)$，其中随机力 $F(t)$ 代表噪声源，它满足下列条件：

$$\overline{F(t)} = 0, \quad \overline{F(t)F(t')} = 2A\delta(t - t')$$

A 表示噪声强度，显见 $F(t)$ 具有白谱，且为一高斯过程。$\alpha(t)$ 也是一高斯过程，且是一无后效性的随机过程，即马尔科夫过程。α 的概率分布函数 $P(\alpha, t)$ 遵从下列 F-P 方程：

$$\frac{\partial P}{\partial t} = \gamma \frac{\partial(\alpha P)}{\partial \alpha} + D \frac{\partial^2 P}{\partial \alpha^2}$$

上式右端第 1 项是漂移项，第 2 项是扩散项，其中 $D = \left[\int_0^\infty \overline{F(t_0)F(t_0 + t)}\mathrm{d}t\right]^{-1}$ 是扩散系数，以及 $\gamma = \frac{(D)^{-1}}{\langle\alpha^2\rangle_0} = \frac{1}{\langle\alpha^2\rangle_0}\int_0^\infty \overline{F(t_0)F(t_0 + t)}\mathrm{d}t$，式中 $\langle\alpha^2\rangle_0$ 是 $\alpha(t)$ 的平衡涨落的方均值，即 $\alpha(t)$ 的相关函数 $\overline{\alpha(t)\alpha(t')} = \langle\alpha^2\rangle_0 \mathrm{e}^{-\gamma|t'-t|}$ 的强度

线性非平衡过程 [linear non-equilibrium process]   系统所处的状态是偏离平衡不远的非平衡态，叫作近平衡态，相应的过程称为近平衡过程，它通常是线性非平衡过程。例如通常的弛豫、输运 (耗散)、涨落过程等。近平衡态的主要特征是趋向平衡。当处于平衡的系统在小的扰动作用下将偏离平衡，扰动一旦取消，则系统经过一定时间 (称为弛豫时间) 将回到平衡，这类过程叫作弛豫过程。适当控制温度差、浓度差或电位差 (统称广义力) 等外界条件，使系统保持在近平衡态，其中将有持续不断的正比于广义力的广义流即热流、粒子流或电流等，伴随着能量、质量或电荷的转移和运输，因在过程中必须消耗能量或物质，故称之为输运过程或耗散过程。涨落过程是描述系统状态的宏观变量围绕其平衡值起伏的过程。上述几种过程之间存在着内在的联系。非平衡或不可逆过程包括除这一类扩散型的输运过程外，还有一类所谓反应型的过程，例如化学反应、生物化学反应等，它们一般属于非线性非平衡过程，但若化学亲和势很小，则可将化学反应近似地看作线性非平衡过程。

广义力 [generalized force]   见线性非平衡过程。

广义流 [generalized current]   见线性非平衡过程。

局域平衡假设 [local equilibrium hypothesis]   为使复杂的非平衡问题得到简化，并使发展成熟的平衡态热力学的理论和方法得以推广应用于非平衡态，可采用局域平衡假设：将系统划分为许多小部分，每个小部分均为宏观上充分小微观上足够大，包含相当多的粒子。在观察的时间 $\Delta t(\tau \ll \Delta t \ll t$，$\tau$ 为小部分的弛豫时间，t 为整个系统的弛豫时间) 内，可将系统看作是非平衡的，而局域则是平衡的。从宏观上看，各宏观量如各组元密度 $\rho_j(j = 1, 2, \cdots, n)$ 在分子平

均自由程量级的距离内的变化远小于该量的本身，从微观上看，粒子的动量和相对位置分布局域地趋于 M-B 分布。每个小部分的态参量可视为常数，它的各热力学函数仅与该小部分的态参量有关，而与参量的梯度无关。系统的各个热力学函数 (广延量) 等于所有体元相应的热力学函数之和。譬如，将局域熵记作 $s_v = s_v(\{\rho_j(\boldsymbol{r}, t)\})$，系统的非平衡态的熵可表示为 $S = \int s_v dV$。同时，可将开系平衡态热力学基本方程 $TdS = dU + pdV - \sum_i \mu_i dn_i$ 用于非平衡态局域平衡情况。

反应扩散方程 [reaction-diffusion equation] 反应扩散系统各组元的密度 $\{\rho_j\}$ 随时间演化的方程。第 j 种组元质量的时间变率遵从质量守恒定律，应有

$$\frac{dm_j}{dt} = \frac{d}{dt} \int \rho_j dV = \frac{d_e m_j}{dt} + \frac{d_i m_j}{dt}$$

式中右端第 1 项是组元 j 通过表面的扩散流，即

$$\frac{d_e m_j}{dt} = -\oiint \boldsymbol{J}_j^A \cdot d\boldsymbol{A} = -\int \mathrm{div} \boldsymbol{J}_j dV$$

其中 $\boldsymbol{J}_j = \rho_j \boldsymbol{v}_j$ 是组元 j 的扩散流密度矢量 ($\boldsymbol{v}_j$ 为组元 j 的速度)，而第 2 项则是系统内 r 种化学反应所产生的组元 j 质量的时间变率

$$\frac{d_i m_j}{dt} = \sum_{\alpha=1}^{r} \nu_{j\alpha} W_\alpha = \sum_{\alpha=1}^{r} \nu_{j\alpha} \int w_\alpha dV$$

式中 $\nu_{j\alpha}$ 为第 α 种化学反应中组元 j 的化学计量系数，当组元 j 出现在化学反应式右方时，$\nu_{j\alpha}$ 取正号，出现在左方则取负号。w_α 称为第 α 种化学反应的反应率，它与 $\boldsymbol{J}_j$ 都是时间和空间坐标的函数。于是得到反应扩散方程

$$\frac{\partial \rho_j}{\partial t} = -\mathrm{div} \boldsymbol{J}_j + \sum_\alpha \nu_{j\alpha} w_\alpha \quad (j = 1, 2, \cdots, n)$$

以上非线性偏微分方程组是含扩散型和化学反应型的非平衡系统的质量守恒方程，也是在不可逆过程中，强度量 $\rho_j = \rho_j(\boldsymbol{r}, t)$ 遵从的平衡方程，它具有普遍性的重要性。还可将上式改写成强度量 $b(\boldsymbol{r}, t)$ 满足的更具普遍形式的方程：

$$\frac{\partial b}{\partial t} = -\mathrm{div} \boldsymbol{J}_b + \sigma_b$$

上式中右端第 1 项是 b 的流量密度矢量 $\boldsymbol{J}_b$ 的负散度，第 2 项 σ_b 是单位体积、单位时间内量 b 由源而引起的变化。若是稀薄媒质，则有 $\boldsymbol{J}_j = -D_j \nabla \rho_j$，并令 $g(\{\rho_j\}) = \sum_\alpha \nu_{j\alpha} w_\alpha$，于是反应扩散方程取下述形式：

$$\frac{\partial \rho_j}{\partial t} = D_j \nabla^2 \rho_j + g(\{\rho_j\})$$

若给出一定的边界条件，则可对解进行讨论。

扩散流密度 [diffusion current density] 见反应扩散方程。

化学反应率 [rate of chemical reaction] 见反应扩散方程。

局域熵增率 [local entropy generation rate] 熵产生 $d_i S$ 是系统熵的变化的一部分，是系统内出现不可逆过程的结果。对于任何系统，均有 $d_i S \geqslant 0$。当系统发生可逆变化或达到平衡时，取等号 $d_i S = 0$。若系统和外界没有能量和物质交换，即是孤立的，那么，熵的变化应为 $dS = d_i S \geqslant 0$。也就是说，$d_i S$ 的符号永远不可能是负的。将熵产生率表示为

$$\frac{d_i S}{dt} = P = \int \Theta dV$$

式中 $\Theta \geqslant 0$ 是单位时间、单位体积的熵产生即局域熵产生率，又称局域熵增率，可将它写成 "流" J_i 和 "力" X_i 的乘积之和：$\Theta = \sum_i J_i X_i$。若系统进行热传导、扩散和化学反应等三种不可逆过程时，则有

$$\Theta = \boldsymbol{J}_u \cdot \nabla\left(\frac{1}{T}\right) + \sum_j \boldsymbol{J}_j \cdot \nabla\left(-\frac{\mu_j}{T}\right) + \sum_\alpha w_\alpha \frac{A_\alpha}{T}$$

式中 $\boldsymbol{J}_u$、$\boldsymbol{J}_j$ 和 w_α 是热力学流，又称广义通量，$\nabla\left(\frac{1}{T}\right)$、$\nabla\left(-\frac{\mu_j}{T}\right)$ 和 $\frac{A_\alpha}{T}$ 是热力学力，又称广义力，"流" 和 "力" 可以是矢量，也可以是标量，但同一种 "力" 和 "流" 应同是矢量或同是标量。当系统平衡时，所有的 "流" 都等于零，一般情形下各种 "力" 也等于零。可见局域熵产生是由于系统内部的物性不均匀或偏离平衡的化学反应所引起的。

熵流密度矢量 [entropy flow density vector] 熵流出现在系统同媒质交换能量和物质的过程中，是系统熵的变化的一部分。熵流 $d_e S$ 可为正、零，亦可为负。若系统是孤立的，则 $d_e S = 0$，而熵产生 $d_i S \geqslant 0$，于是系统熵的变化 $dS = d_e S + d_i S \geqslant 0$，永远不会自发地形成有序状态。闭系在温度充分低时，可能形成稳定化的有序平衡结构。对于开系，$d_e S < -d_i S$ 时，系统的熵变 dS 就小于零. 此时系统从外界获得负熵流，而熵减少，形成所谓有序化，可能出现稳定化的有序耗散结构。熵流的时间变率可表示为

$$\frac{d_e S}{dt} = -\oiint d\boldsymbol{A} \cdot \boldsymbol{J}_S^A = -\int \mathrm{div} \boldsymbol{J}_S dV$$

其中 $\boldsymbol{J}_S$ 是单位时间内沿界面法线方向通过单位面积的熵，称为熵流密度矢量。如果系统内进行热传导、扩散和化学反应过程，则 $\boldsymbol{J}_S$ 是能量流密度矢量 $\boldsymbol{J}_u$ 和扩散流密度矢量 $\boldsymbol{J}_j$ 的线性组合

$$\boldsymbol{J}_S = \frac{1}{T} \boldsymbol{J}_u - \sum_j \frac{\mu_j}{T} \boldsymbol{J}_j$$

熵平衡方程 [entropy balance equation] 表明系统中所发生的不可逆现象与熵产生的联系。系统的熵随时间

的变化率是由熵流 $d_e S$ 和熵产生 $d_i S$ 的时间变率这两项引起的，即

$$\frac{dS}{dt} = \frac{d_e S}{dt} + \frac{d_i S}{dt} = -\int \mathrm{div} \boldsymbol{J}_S dV + \int \Theta dV$$

式中，$S = \int s_v dV$，$\boldsymbol{J}_S = \boldsymbol{J}_q / T$ 是熵流密度矢量 (其中 $\boldsymbol{J}_q$ 是由于存在温度梯度而产生的热流矢量)，局域熵增率为

$$\Theta = \boldsymbol{J}_q \cdot \nabla \left(\frac{1}{T} \right) - \frac{1}{T} \sum_j \boldsymbol{J}_j \cdot \nabla \mu_j + \sum_\alpha w_\alpha \frac{A_\alpha}{T}$$

其中，$\boldsymbol{J}_j = \rho_j \boldsymbol{v}_j$ 是组元 j 的扩散流密度矢量 ($\boldsymbol{v}_j$ 为组元 j 的速度)，$A_\alpha = -\sum_j \mu_j \nu_{j\alpha}$ 是第 α 种化学反应的化学亲和势，它用来测量化学反应导致状态离开平衡的程度，即表征进行化学反应的能力，w_α 是第 α 种化学反应的反应率。

化学亲和势 [chemical affinity]　　见熵平衡方程。

开系的定常态 [steady state of open system]　　非平衡开系的熵的时间变率 $\dfrac{dS}{dt}$ 由两部分组成

$$\frac{dS}{dt} = \frac{d_i S}{dt} + \frac{d_e S}{dt}$$

式 (6.61) 中 $d_i S$ 是由于内部不可逆性而引起的熵产生，$d_e S$ 是与媒质交换能量和物质而出现的熵流。如果系统在 dt 时间内保持总熵不变，$dS = 0$，即系统处于一非平衡定常态时，应有 $\dfrac{d_e S}{dt} = -\dfrac{d_i S}{dt}$，因此，开系的定常态是熵流和熵产生两者的时间变率大小相等，但符号相反的一种状态。

线性唯象律 [linear phenomenological law]　　不可逆过程中热力学流和热力学力的线性关系。热力学力是产生不可逆的原因，而热力学流则是对相应的热力学力的回答或响应以及产生的效果。任何一个不可逆过程都具有相应的 "力" 和 "流"。实验指出，各种不可逆过程之间存在着耦合或干涉，出现交叉效应，即一种 "力" 可以引起几种 "流"，一种 "流" 也可以是几种 "力" 的贡献。例如索瑞 (Soret)1879 年发现的，后发展成为分离同位素方法之一的热扩散效应，即温度差不仅直接引起热流，还导致扩散流；杜佛 (Dufour) 于 1872 年发现的扩散热效应，表明浓度梯度不但直接引起扩散流，还导致热流。将 "流" $J_l = J_l(\{X_k\})$ 在平衡态作泰勒展开，由于近平衡条件下，"力" 足够弱，$\{X_k\}$ 很小，并注意到 $J_l(0) = 0$，故有 $J_l = \sum_k L_{lk} X_k$ $(l = 1, 2, \cdots)$，其中 $L_{lk} = \left(\dfrac{\partial J_l}{\partial X_k} \right)_0$ 称为动理系数或唯象系数，它是由 "力" X_k 引起 "流" J_l 的效应强度的量度。当 $l = k$ 时，L_{kk} 称为是自唯象系数，当 $l \neq k$ 时，L_{lk} 称为交叉系数。对于化学反应，$w \approx \left(1 - e^{-A/kT} \right)$，在线性区 $A \ll kT$，于是反应流 w 与反应力 $\dfrac{A}{T}$ 呈线性关系。

对于仅有热传导和扩散过程情形，若在线性区，则有

$$\boldsymbol{J}_1 = L_{11} \boldsymbol{X}_1 + L_{12} \boldsymbol{X}_2 = L_{11} \left(-\nabla \frac{\mu}{T} \right) + L_{12} \nabla \left(\frac{1}{T} \right)$$

$$\boldsymbol{J}_2 = L_{21} \boldsymbol{X}_1 + L_{22} \boldsymbol{X}_2 = L_{21} \left(-\nabla \frac{\mu}{T} \right) + L_{22} \nabla \left(\frac{1}{T} \right)$$

式中 L_{11}, L_{22} 描述通常的扩散和热传导过程，而 L_{12}, L_{21} 则描述热扩散效应和扩散热效应。昂萨格 1931 年根据实验事实和微观运动的可逆性，用唯象论方法得出一条重要的基本原理：在 "流" J_l 和 "力" X_k 所满足的关系中，唯象系数矩阵 L_{lk} 是对称的，即遵从昂萨格倒易关系 $L_{lk} = L_{kl}$，该式表明，由单位 "力" X_k 引起的 "流" J_l 与由单位 "力" X_l 引起的 "流" J_k 相同，这意味着，X_k 导致的 J_l 与 X_l 导致的 J_k 两种效应是等价的。称为唯象系数对称性原理。若在不可逆过程中存在外磁场 $\boldsymbol{H}$，则有 $L_{lk}(\boldsymbol{H}) = L_{kl}(-\boldsymbol{H})$。昂萨格倒易关系既揭示了微观过程的可逆性或对称性，又使复杂的不可逆现象的描述得以简化，减少唯象系数测量的量和计算量。

昂萨格倒易关系 [Onsager reciprocal relation]　　见线性唯象律。

最小熵产生定理 [theorem of minimum entropy production]　　在线性非平衡区熵产生率 P 随时间演化所遵从的规律。考虑系统除处于局域平衡外，还处于力学平衡，且温度恒定，不受外场的影响，受到与时间无关的边界条件约束，则

$$\frac{dP}{dt} = -\frac{2}{T} \int dV \sum_{j,k} \frac{\partial \mu_j}{\partial \rho_k} \frac{\partial \rho_j}{\partial t} \frac{\partial \rho_k}{\partial t}$$

式中 μ_j 和 ρ_j 分别是组元 j 的化学势和密度。最小熵产生定理是指

$$\frac{dP}{dt} \leqslant 0$$

其中 "=" 和 "<" 分别对应定常态和离开定常态。上式为 I. 普里高金 (I.Prigogine) 于 1945 年证明的一条重要定理，其物理意义是，处于线性非平衡区系统的熵产生率恒大于零，但其状态随时间的演变总是朝着熵产生率减小的方向进行，直至定常态，P 不再随 t 变化，$\dfrac{dP}{dt} = 0$，熵产生率达到极小值。根据李雅普诺夫稳定性理论，$P > 0$，$\dfrac{dP}{dt} \leqslant 0$ 意味着系统是渐近稳定的，P 就是处于线性非平衡区系统的李雅普诺夫函数。系统随时间演变趋于定常态，即宏观变量 $\{\rho_j\}$ 不随时间改变的近平衡态，即使有扰动也是这样。最小熵产生定理保证线性非平衡定常态是稳定的。故在线性非平衡区，不可能出现空间和时间有序，因而不会形成耗散结构。

李雅普诺夫函数 [Lyapunov function]　　见最小熵产生定理。

广义最小熵产生定理 [generalized theorem of minimum entropy production]　　又称普遍演化判据。当系统

处于非线性区时，只适用于线性区的最小熵产生定理不再成立。然而，可将 $\dfrac{\mathrm{d}P}{\mathrm{d}t}$ 分解为

$$\frac{\mathrm{d}P}{\mathrm{d}t} = \int \mathrm{d}V \left(\sum_l J_l \frac{\mathrm{d}X_l}{\mathrm{d}t} \right) + \int \mathrm{d}V \left(\sum_l \frac{\mathrm{d}J_l}{\mathrm{d}t} X_l \right)$$

$$= \frac{\mathrm{d}_X P}{\mathrm{d}t} + \frac{\mathrm{d}_J P}{\mathrm{d}t}$$

式中 $\dfrac{\mathrm{d}_X P}{\mathrm{d}t}$ 和 $\dfrac{\mathrm{d}_J P}{\mathrm{d}t}$ 分别是由于"力"的变化和"流"的变化引起的熵产生率的时间变率。对于线性区，显然有 $\dfrac{\mathrm{d}_X P}{\mathrm{d}t} = \dfrac{\mathrm{d}_J P}{\mathrm{d}t} = \dfrac{1}{2}\dfrac{\mathrm{d}P}{\mathrm{d}t} \leqslant 0$，对于非线性区，$\dfrac{\mathrm{d}P}{\mathrm{d}t} \leqslant 0$ 不能成立，而

$$\frac{\mathrm{d}_X P}{\mathrm{d}t} \leqslant 0$$

却是存在的，称为广义的最小熵产生定理。设系统处于局域平衡，力学平衡，且等温，无外场影响，但受到与时间无关的边界条件的约束。系统内进行扩散，热传导和引起非线性效应的化学反应，可以证明

$$\frac{\mathrm{d}_X P}{\mathrm{d}t} = -\frac{1}{T} \int \mathrm{d}V \left[\frac{1}{T} \frac{\partial u}{\partial t} \frac{\partial T}{\partial t} + \sum_{i,j} \frac{\partial \mu_i}{\partial \rho_j} \frac{\partial \rho_j}{\partial t} \frac{\partial \rho_i}{\partial t} \right] \leqslant 0$$

该定理可看作是热力学第二定律的推广，对线性、非线性区均适用。该定理对 $\dfrac{\mathrm{d}P}{\mathrm{d}t}$、$\dfrac{\mathrm{d}_J P}{\mathrm{d}t}$ 符号没有限定。

普遍演化判据 [criterion of universal evolution] 即广义最小熵产生定理。

超熵产生 [excess entropy production] 取远离平衡定常态为参考态，将 $\{J_i\}$、$\{w_\alpha\}$、$\{A_\alpha\}$、$\{\mu_i\}$ 以及 $\{\rho_j\}$ 等在定常态展开，取至一级小量，它们的定常态值满足反应扩散方程，可以求得

$$\frac{\mathrm{d}_X P}{\mathrm{d}t} = \frac{1}{T} \int \mathrm{d}V \left[-\sum_i \delta \boldsymbol{J}_i \cdot \nabla \frac{\partial \delta \mu_i}{\partial t} + \sum_\alpha \delta w_\alpha \frac{\partial \delta A_\alpha}{\partial t} \right] \leqslant 0$$

式中 $\dfrac{\mathrm{d}_X P}{\mathrm{d}t}$ 是力引起的熵产生率的时间变率，因而有

$$\mathrm{d}_X P = \mathrm{d}_X \delta P = \int \mathrm{d}V \sum_l \delta J_l \mathrm{d}\delta X_l \leqslant 0$$

上式表明，求 $\mathrm{d}_X P$ 就等于求 $\mathrm{d}_X \delta P$。引入 $\delta_X P = \int \mathrm{d}V \sum_l J_l \delta X_l$，将 $J_l = J_l^0 + \delta J_l$ 代入该式且利用定常态条件和边界条件（界面上无流存在），可以得到

$$\delta_X P = \int \mathrm{d}V \sum_l J_l \delta X_l = \int \mathrm{d}V \sum_l \delta J_l \delta X_l$$

式中 δJ_l 和 δX_l 分别称为"超流"和"超力"，而 $\delta_X P$ 称为超熵产生。设 $\delta J_l = \sum_{l'} L_{ll'} \delta X'_{l'}$（一般 $L_{ll'} \neq L_{l'l}$），则有 $\mathrm{d}_X P$ 的下述表示式：

$$\mathrm{d}_X P = \mathrm{d}\left(\frac{1}{2} \delta_X P \right) + \int \mathrm{d}V \sum_{ll'} L_{ll'}^a \delta X_l \mathrm{d}\delta X'_l \leqslant 0$$

式中 $L_{ll'}^a = (L_{ll'} - L_{l'l})/2$ 是系数矩阵 $L_{ll'}$ 的反对称部分。可见超熵产生 $\delta_X P$ 与 $\mathrm{d}_X P$ 是不同的。上式用来判定在一定条件下非线性系统的稳定性。

葛兰斯多夫-普里高金判据 [Glansdorff-Prigogine criteria] 非线性系统稳定性判据，简称 G-P 判据。将熵 S 按定常态展开：$\delta S = -\dfrac{1}{T} \int \mathrm{d}V \sum_i \mu_i^0 \delta \rho_i$ 则有

$$\delta^2 S = -\frac{1}{T} \int \mathrm{d}V \sum_{i,j} \left(\frac{\partial \mu_i}{\partial \rho_j} \right)_0 \delta \rho_i \delta \rho_j \leqslant 0$$

其中不等式是根据局域平衡条件 $\delta^2 S \leqslant 0$ 得到的。将上式对时间求导，可以得到超熵判据公式

$$\frac{\mathrm{d}}{\mathrm{d}t} \frac{1}{2} \left(\delta^2 S \right) = \int \mathrm{d}V \left[-\sum_i \delta \boldsymbol{J}_i \cdot \delta \left(\nabla \frac{\mu_i}{T} \right) + \sum_\alpha \delta w_\alpha \delta \frac{A_\alpha}{T} \right]$$

$$= \int \mathrm{d}V \sum_l \delta J_l \delta X_l = \delta_X P$$

上式表明 $\dfrac{1}{2} \left(\delta^2 S \right)$ 的时间导数正好是超熵产生 $\delta_X P$。$\delta_X P$ 可正可负，也可为零，相应地 $\dfrac{\mathrm{d}}{\mathrm{d}t} \dfrac{1}{2} \left(\delta^2 S \right)$ 也是这样。可将 $\delta^2 S$ 作非线性系统的对应于反应扩散方程的李雅普诺夫函数。G-P 判据（或称超熵判据）可表示为

$$\frac{\mathrm{d}}{\mathrm{d}t} \left(\frac{1}{2} \delta^2 S \right) \begin{cases} > 0, & \text{系统稳定} \\ < 0, & \text{系统不稳定} \\ = 0, & \text{临界状况} \end{cases}$$

或者

$$\delta_X P \begin{cases} > 0, & \text{系统稳定} \\ < 0, & \text{系统不稳定} \\ = 0, & \text{临界条件} \end{cases}$$

可见超熵产生 $\delta_X P$ 是非线性系统稳定性的热力学判据，当 $\delta_X P < 0$ 时，状态失稳，可能出现新的稳定的有序结构，即耗散结构。

超熵判据公式 [excess entropy criteria formula] 见葛兰斯多夫-普里高金判据。

条件概率 [conditional probability] 随机变量 $\{a_i\}$ 的值取在 $\{a_i\}$ 到 $\{a_i + \mathrm{d}a_i\}$ 之间的概率为

$$P(\{a_i\}, t)\{\mathrm{d}a_i\} = \int\limits_{\{a_i, a_i + \mathrm{d}a_i\}} \rho(\{\boldsymbol{r}_j\}, \{\boldsymbol{p}_j\}, t)\{\mathrm{d}\boldsymbol{r}_j\}\{\mathrm{d}\boldsymbol{p}_j\}$$

其中 $\{\boldsymbol{r}_j\}, \{\boldsymbol{p}_j\}$ $(j = 1, 2, \cdots, N)$ 是粒子的坐标和动量，$\mathrm{d}a_i = a_i - a_i^0$ 是宏观变量 a_i 对其参考态 a_i^0 的偏离，ρ 是概率密度。定义联合概率 $P_1(\{a_1\}, t_1)\{\mathrm{d}a_1\} \equiv \{a\}$ 在 t_1 时刻取值为 $\{a_1\}\{a_1 + \mathrm{d}a_1\}$ 的概率；$P_2(\{a_1\}, t_1; \{a_2\}, t_2)\{\mathrm{d}a_1\}$ $\{\mathrm{d}a_2\} \equiv \{a\}$ 在 t_1 时刻取值为 $\{a_1\}\{a_1 + \mathrm{d}a_1\}$，而 t_2 时刻取值 $\{a_2\}\{a_2 + \mathrm{d}a_2\}$ 的联合概率；$\cdots$，$P_n(\{a_1\}, t_1; \{a_2\}, t_2,$

$\cdots;\{a_n\},t_n)\{\mathrm{d}a_1\}\{\mathrm{d}a_2\}\cdots\{\mathrm{d}a_n\}\equiv\{a\}$ 在 t_1 时取值为 $\{a_1\}\{a_1+\mathrm{d}a_1\}$，$t_2$ 时取值 $\{a_2\}\{a_2+\mathrm{d}a_2\}$，$\cdots$，$t_n$ 时取值 $\{a_n\}\{a_n+\mathrm{d}a_n\}$ 的联合概率。它们满足归一化条件。式中 $\{a_1\}$，$\{a_2\}$，$\cdots$，$\{a_k\}$，$\cdots$，$\{a_n\}$ 依次表示 $\{a_{1j}\}$，$\{a_{2j}\}$，$\cdots$，$\{a_{kj}\}$，$\cdots$，$\{a_{nj}\}$。时序 $t_1,t_2,\cdots,t_k,\cdots,t_n$ 按正顺序或逆顺序表示时间的先后。定义条件概率 $W_1(\{a\},t)=P_1(\{a\},t)$，$W_2(\{a_1\},t_1|\{a_2\},t_2)\equiv t_1$ 时刻已给定 $\{a\}=\{a_1\}$，而 t_2 时刻 $\{a\}=\{a_2\}$ 的概率按照概率论，应有

$$P_2(\{a_1\},t_1;\{a_2\},t_2)=W_2(\{a_1\},t_1|\{a_2\},t_2)\cdot P_1(\{a_1\},t_1)$$

$$\sum_{\{a_2\}}W_2(\{a_1\},t_1|\{a_2\},t_2)=1$$

$W_1,W_3,\cdots$ 也像 W_2 那样满足归一化条件。当系统处于近平衡线性区时，W 遵从爱因斯坦涨落公式。

联合概率 [joint probability]　　见条件概率。

马尔可夫过程 [Markovian process]　　物理过程大多是马尔可夫过程，即使是非马尔可夫过程，也可转换成马尔可夫过程来处理。在时刻 $t_1,t_2,\cdots,t_{n-1}$，$\{a_i\}$ 取值 $\{a_1\}$，$\{a_2\}$，$\cdots$，$\{a_{n-1}\}$，而在 t_n 时刻 $\{a_i\}=\{a_n\}$ 的概率应为

$$W_n(\{a_1\},t_1;\{a_2\},t_2;\cdots;\{a_{n-1}\},t_{n-1}|\{a_n\},t_n)$$
$$=\frac{P_n(\{a_1\},t_1;\{a_2\},t_2;\cdots;\{a_n\},t_n)}{P_{n-1}(\{a_1\},t_1;\{a_2\},t_2;\cdots;\{a_{n-1}\},t_{n-1})}$$

式中 P_n 是联合概率，W_n 为该过程的条件概率。若下式

$$W_n(\{a_1\},t_1;\cdots;\{a_{n-1}\},t_{n-1}|\{a_n\},t_n)$$
$$=W_2(\{a_{n-1}\},t_{n-1}|\{a_n\},t_n)$$

成立，则此过程叫作马尔可夫过程。条件概率 $W_2(\{a_{n-1}\},t_{n-1}|\{a_n\}t_n)$ 又称为跃迁概率或转移概率。上式表明，t_n 时刻 $\{a\}=\{a_n\}$ 的概率仅与 t_{n-1} 时刻的概率分布有关，而与 t_{n-1} 时刻之前的任何概率无关，也就是说，马尔可夫过程是失去了记忆，只有前一步可以影响后一步的过程。布朗运动，自催化反应均属此例。而像生态演化，物种遗传等有长时间相关有记忆的过程则不是马尔可夫过程。一系列的马尔可夫过程组成马尔可夫链。

查普曼–科尔莫戈罗夫方程 [Chapman-Kolmogorov equation]　　如果条件概率 $W(\{a_1\},t_1|\{a_2\},t_2)$ 仅与时间间隔 $t=t_2-t_1$ 有关，而与 t_1,t_2 的取值无关，则称此过程为平稳的马尔可夫过程。可以得出联合概率 P_2 满足的查普曼–科尔莫戈罗夫方程

$$P_2(\{a_1\},t_1;\{a_2\},t_1+t)$$
$$=W_2(\{a_1\},t_1|\{a_2\},t_1+t)\cdot P_1(\{a_1\},t)$$
$$=P_1(\{a_1\})\sum_{\{a'\}}W_2(\{a_1\}|\{a'\},\tau)\cdot W_2(\{a'\},\tau|\{a_2\},t)$$
$$=\sum_{\{a'\}}W_2(\{a_1'\}|\{a_2\},t-\tau)\cdot P_2(\{a_1\};\{a'\},\tau)$$

式中 $0\leqslant\tau\leqslant t$，$\sum\limits_{\{a'\}}$ 是对所有可能的中间态求和。还可写出

$$W_2(\{a'\}|\{a_2\},t-\tau)=P_2(\{a'\};\{a_2\},t-\tau)/P_1(\{a'\},\tau)$$

为方便起见，让 $l\equiv\{a_l\}$，$m\equiv\{a_m\}$，$\tau=t_2-t_1$，平稳的马尔可夫过程的跃迁概率 $W_2(\{a_l\},t_1|\{a_m\},t_2)$ 便可记为 $W_2(l|m,\tau)=W_{lm}$，定义一个描述态之间跃迁快慢的量 w_{lm}

$$w_{lm}=\lim_{\tau\to0}\frac{W_2(l|m,\tau)}{\tau}\quad(l\neq m)$$

w_{lm} 是从 l 态到 m 态的跃迁速率或单位时间的跃迁概率。显然 $w_{lm}\geqslant0$，以 w_{ll} 形式地代表从 l 态到 l 态的跃迁速率，然而有实际意义的是从 l 态到其他任意一个态的跃迁速率，即

$$-w_{ll}=\lim_{\tau\to0}\sum_{m\neq l}\frac{W_2(l|m,\tau)}{\tau}=\lim_{\tau\to0}\frac{1-W_2(l|l,\tau)}{\tau}$$

其中利用了归一化条件 $\sum\limits_{m}W_2(l|m,\tau)=1$，显然 $w_{ll}\leqslant0$。上式可写成 $-w_{ll}=\sum\limits_{m\neq l}w_{lm}$ 或 $\sum\limits_{m}w_{lm}=0$。需要指出，W 与 P 不同，W 是从一个态跃迁到另一个态的概率，是与过程相联系的，而 P 则是某一宏观态出现的概率，是与系统的状态相联系的。

跃迁概率和跃迁速率 [transition probability and transition speed]　　见查普曼–科尔莫戈罗夫方程。

主方程 [master equation]　　系统宏观态 $a_l\{\}$ 出现的概率 P 随时间演化所遵循的方程，系泡利 (Pauli) 最早提出。由关系式 $P(l,t)=\sum\limits_{m}W_2(m,t'|l,t)\,P(m,t')$ 即可导出主方程：

$$\frac{\mathrm{d}P(l,t)}{\mathrm{d}t}=\lim_{\tau\to0}\frac{P(l,t+\tau)-P(l,t)}{\tau}=\sum_{m}w_{ml}P(m,t)$$
$$=\sum_{m\neq l}[w_{ml}P(m,t)-P(l,t)w_{lm}]$$

其中利用了关系式 $w_{ll}=-\sum\limits_{m\neq l}w_{lm}$，$w_{lm}$ 是跃迁速率。可运用上式导出 $\{a\}$ 的各次矩随时间演化所遵循的方程来求涨落的大小及其规律。主方程可用于许多物理问题如布朗运动，固体辐射效应乃至光合作用等，它对研究平衡和非平衡问题都是有效的方法，并揭示了微观可逆性与宏观不可逆性之间的关系，还可给出趋向平衡的细致描述。普里高金于 1971 到 1977 年把主方程用于耗散结构问题，先后采用生灭过程，相空间及非线性三种形式的主方程讨论涨落与耗散结构，获得关于耗散结构形成机制的解释，以及计算怎样由涨落触发耗散结构等结果。

分支现象 [branching phenomena]　　非线性系统遵从反应扩散方程，其解的多样性用分支现象的术语和方法来描述较为方便。如图所示，考虑某外参量 λ(例如边界上某种

梯度,化学亲和势等) 的增大导致系统离开平衡,态参量 $\{\rho_j\}$ 发生变化。图中 (a) 表示一系列处于线性区的非平衡定常态 (包括开始时的平衡态) 组成的分支,称为热力学分支,它们是稳定的,当 λ 大于某临界值 λ_c 时,热力学分支上的状态变得不稳定,此时扰动 (或涨落) 将使系统离开这个分支而进入到新的稳定的状态。虚的曲线 (b) 表示不稳定部分,曲线 (c) 代表新解,它是由一系列新的有序结构的状态组成的。发现在 λ 增长、定常态失稳和自动有序之间有着深刻的联系。在热力学分支的不稳定之上呈现的有序结构称为耗散结构。由热力学分支在 $\lambda = \lambda_c$ 处状态开始失稳到有序化的过程叫作非平衡相变或称为 "自组织现象"。可以说,远离平衡的非线性是有序之源。

贝纳特不稳定性 [Bénard instability] 非平衡相变的典型例子。法国人贝纳特于 1900 年首先作了实验研究。在两个很大水平板间满储静止的流体,它处于重力场中,若对下板加热,沿垂直于板的方向出现温度梯度,且改变热导率和黏滞性。如果温度梯度小于某一特征值时,则进行通常的导热,然而,当大到某个值时,发现处于静止状态流体的一些点变得不稳定。当下层流体热膨胀产生的浮力超过黏滞力时,流体便分成大量在空间周期地出现的对流元胞。每个元胞中,流体的一部分上升,另一部分下降,流体的环流在元胞中重复着。元胞的图样由容器的形状决定。这种非平衡相变是由平滑的定常态失稳而向湍流态的一种转变。随着温度的继续升高,对流花样还可发生多次分叉,其中包括到达混沌态的分叉甚至到达湍流态的分叉。计算得到

$$R = \frac{(n^2\pi^2 + \beta^2)^3}{\beta^2} \ (n = 1, 2, \cdots, \infty); \quad R_c = \frac{27}{4}\pi^4 = 657.51$$

式中 R 是瑞利数本征值,R_c 是其临界值,β 为与元胞在 x 和 y 方向的大小有关的常数。

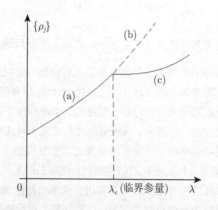

地磁场运动中的混沌现象 [chaos phenomena in geomagnetic field motion] 地球内部物质与电荷的经向及纬向的两种运动的耦合使地磁场不断地无规则地变换磁性。经向运动产生纬向磁场,纬向运动产生经向磁场。两个方向

的运动与两个方向的磁场的相互作用将会引起混沌运动。可用以下方程组来模拟这种相互作用

$$I_0 \frac{d\omega_i}{dt} = T - MI_iI_j, \quad L\frac{dI_i}{dt} = -RI_i + M\omega_iI_j$$

其中,$i, j = 1, 2$,同一式中 $i \neq j$,I_0 为转动惯量,ω_i 为角速度,T 为转矩,I 为电流,L 和 M 分别为自感和互感。计算结果表明,上式确有混沌行为的解。

约瑟夫森结中的混沌运动 [Chaos motion in Josephson junction] 在微波作用下的约瑟夫森结中发现相当于温度为 5×10^4 的宽带噪声,普通认为这不是热噪声,而是混沌现象。结的电路方程可以写成

$$C\frac{dU}{dt} + \frac{U}{R} + I_c\sin\phi = I_{rf}\cos\omega t$$

或

$$\frac{d^2\phi}{dt^2} + \frac{1}{\tau}\frac{d\phi}{dt} + \omega_0^2\sin\phi = \frac{2e}{\hbar c}I_{rf}\cos\omega t$$

式中 U 是结上的电压,它由式 $\frac{d\varphi}{dt} = 2eU/\hbar$ 给出,φ 是结的相位差,C 是结电容,R 为正常态电阻,ω 为射频频率,I_c 和 I_{rf} 分别是临界电流和射频电流,$\tau = RC$,$\omega_0 = (2eI_c/\hbar c)^{1/2}$。上式与强迫阻尼摆的方程完全相同。它是具有宽带功率谱的混沌运动。

贝洛索夫–扎博廷斯基反应中的混沌现象 [chaos phenomena in Belousov-Zhabotinsky reaction] 是用四价–三价铈离子 (Ce^{4+}/Ce^{3+}) 偶联催化的柠檬酸被溴酸钾氧化的反应。虽然它含 20 个反应过程,但可用一简化模型:9 种中间样品的 9 步反应代替。实验在带有搅拌装置的连续反应器中进行。通过不断供给和移去某些反应物与生成物,使化学反应系统维持在非平衡定常态。化学反应可用耦合的非线性微分方程组来模拟。选择流率作为控制参数,当温度、搅拌率和相对浓度固定时,反应物的流率是变化的。若使流率取适当值,则可观察到各种花样:各种化学振荡,倍周期分岔,阵发混沌及周期和混沌交替出现等。实验证明,这些动力学行为的确是由化学反应而不是物质流动产生的。

量子混沌 [quantum chaos] 相对耗散系统混沌和保守系统混沌来说,量子混沌要年轻得多,这个比较新的领域越来越引起人们的兴趣和重视。量子混沌与经典混沌的 "性格" 迥异,千差万别。根据量子力学基本原理,占有相空间有限体积的系统不可能出现混沌运动,这是因为有限系统的哈密顿具有离散的本征值。按照测不准关系,有限保守系统的相空间状态是有限的,有限系统必定做周期运动。只有具有连续谱的系统才可能有混沌运动,这就是说,只有无限系统或可作经典近似或准经典近似的系统可能出现混沌运动。自由度大于 1 的少自由度系统的高激发态情形,混沌现象有可能被观察到。量子标准映像研究结果表明,量子效应显著的少自由度

系统不会出现混沌，具有经典混沌的量子系统在准经典近似下有量子混沌，不可积系统的能级间距服从维格纳 (Wigner) 分布

$$P = \frac{\pi u}{2d^2} \exp\left(-\pi u^2/4d^2\right), \ u \geqslant 0$$

式中 d 是能级间平均间距，u 为最近邻能级间距，它是随机变量。上式表明系统具有高斯正交系综的性质，它可以作为判定量子混沌是否充分的依据。经典混沌运动是不稳定的，量子混沌则是稳定的，它只是系统不可积性的表现。

3.3.7 相变和临界现象

相变 [phase transition] 是自然界中极其普遍的一类突变现象。在相变点各相的化学势 μ、吉布斯函数 G 连续地变化。而相变的类别则是按照 μ(或 G，也可用自由能 F)的导数的行为来划分的。若在相变点，μ 连续而它的一级偏导数不连续，就称为一级相变，若 μ 及其一级偏导数连续，而 μ 的二级偏导数不连续，则称为二级相变等等。一级相变的特点是相变时，体积发生突变，并伴随有潜热的放出或吸收，在相变点，两相 (或多相) 可以共存，还可能存在过冷或过热的亚稳态，气-液，气-固，液-固都是常见的一级相变的例子。二级相变的特点是相变时，既无潜热也无体积变化，但比热容、定压膨胀系数、等温压缩系数、磁化率等热力学量发生突变，没有两相共存，也不存在过冷、过热或亚稳态，系统的宏观状态无任何突变而是连续变化的，故二级相变也叫作连续相变，但系统的对称性发生突变。二级相变的相变点称为临界点，在临界点附近表现出很强的涨落与相关性，某些热力学量如比热容是发散的，于是二级相变又可称为临界现象。"二级相变"、"连续相变"、"临界现象" 所指的其实是一回事。气-液通过临界点的相变，零磁场下的超导相变，铁磁体在零磁场下的顺磁-铁磁相变，零磁场下的反铁磁相变，零电场下的铁电体相变，合金的有序-无序相变，液 ^{4}He 的 λ 相变，二元溶液相变，合金的有序-无序相变等等都是二级相变的例子。安德鲁斯于 1869 年最早引进临界点的概念。范德瓦耳斯 1873 年运用分子动力论研究了气液相转变及临界点问题，1875 年麦克斯韦对此理论提出了等面积法则。居里在 1895 年指出铁磁-顺磁与气-液这两种相变的相似性。1907 年外斯在讨论铁磁相变时建立了平均场理论 (即分子场理论)。在关于合金的有序-无序相变问题研究中，戈尔斯基引入有序度概念，布喇格和威廉斯在 1934、1935 年提出了长程有序概念，1939 年 Cernuschi 和 Eyring 研究了点阵气体模型，所有这些使人们对这类相变现象内在性、相似性获得较深刻的认识，也发展了平均场理论。朗道则试图对一切二级相变给出统一描述。20 世纪 40 年代，昂萨格对一维、二维 Ising 模型采用解析法，获得了零外磁场条件下的严格解，表明一维 Ising 模型不存在相变，二维的则在一定条件下发生相变，首先证明了哈密顿量

无奇异性的系统，在热力学极限下导致热力学函数在临界点邻域的奇异行为，证明在相变点，比热容不是不连续，而是对数发散，这种方法具有指导性意义，有力地推动相变理论研究的发展。1952 年李政道和杨振宁发表了有关相变发生的机制的两条定理 (即李-杨定理) 并用于二维 Ising 模型，对相变理论的发展作出了重要的贡献。20 世纪 60 年代维顿 (Widom) 理论是将重正化群方法用于相变理论研究的开端，1971 年威尔逊 (Wilson) 推广量子场论中重正化群方法，将它用于相变和临界现象研究，获得了很好的结果而荣获 1982 年诺贝尔物理学奖。此外，作为研究物质的相变现象和临界性质的一种有效手段，临界指数和标度理论 20 世纪 60 年代以来有了很大的发展。

临界现象 [critical phenomena] 见相变。

有序-无序转变 [order-disorder transitions] 是真实的物理问题，它对合金来说是普遍现象。以二元合金 ZnCu 为例作一简单介绍。ZnCu 合金由两套立方格子构成。布拉格衍射实验证明，当温度大于临界温度即 $T > T_c$ 时，有 Zn 占 α 位概率 =Cu 占 α 位的概率，Zn 占 β 位的概率 =Cu 占 β 位的概率；当 $T < T_c$ 时，Zn 占 α 位的概率 $\neq$Cu 占 α 位的概率，Zn 占 β 位的概率 $\neq$Cu 占 β 位的概率，Zn 占 α 位的概率 =Cu 占 β 位的概率。当 $T \to T_c$ 时，比热容 $C \to \infty$。可见，当 $T < T_c$ 时，不同原子的占位是有序的；当温度升高时，这种占位的有序化逐渐被破坏；当 $T > T_c$ 时，有序化完全被破坏，每个格点对于各种原子来说都是等价的，占位是随机的。于是称这种相变为有序-无序相变。

点阵气体 [lattice gas] 是一种非真实气体的模型，又称格气。N_a (原子总数) 个原子排列在周期点阵的 N 个格点上，每个格点最多只能为一个粒子占据；当两个最近邻格点都各为粒子占据时称为一个最近邻对，N_{aa} 表示最近邻对总数，如图所示，o 代表格点空位，• 代表格点有原子占据。系统的总能量和配分函数分别为

$$E_g = \sum_{N \geqslant j > i \geqslant 1} u_{ij} = -\varepsilon_0 N_{aa}$$

$$Z_{N_a} = \sum_{N_{aa}} \omega\left(N_a, N_{aa}\right) e^{\beta \varepsilon_0 N_{aa}}$$

式中，u_{ij} 是 i, j 格点的两个原子相互作用能

$$u_{ij} = \begin{cases} \infty, & \text{当 } r_{ij} = 0 \\ -\varepsilon_0, & \text{当 } r_{ij} = a \\ 0, & \text{当 } r_{ij} = \text{其他距离} \end{cases}$$

$\omega\left(N_a, N_{aa}\right)$ 表示在给定 N_a 和 N_{aa} 值之下，N_a 个原子在 N 个格点上所有可能的分布方式数，a 为最近邻格点间距离。若每个格点占有一单位体积，则格气的总体积就是 N。巨配分函数为

$$\tilde{Z}(T, V, \mu) = \tilde{Z}(T, N, \mu) = \sum_{N_a=0}^{\infty} e^{\beta \mu N_a} Z_{N_a}(T, N)$$

其中，N_a 最大值只能为 N_0。

上述模型用于惰性气体时结果与实验相符，临界态时，密度大，空间分布接近点阵气体。

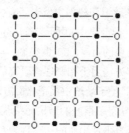

伊辛模型 [Ising model]　1925 年伊辛提出的研究铁磁体的一种最简单的模型。这种模型可近似地描述单轴各向异性铁磁物质，只需稍加改动，还可用来研究反铁磁物质以及合金的有序-无序转变、气液相变等。假设由 N 个格点排列成的 d 维周期性点阵，每个格点上都有一个带自旋的粒子，每个自旋只能取向上或向下两个态，且仅考虑最近邻自旋相互作用，这样的系统称为伊辛模型。二维伊辛模型如图所示。系统的哈密顿量可写作

$$H_I = -\sum_{(ij)} \varepsilon_{ij} s_i s_j - \mu B \sum_i s_i = -J \sum_{(ij)} s_i s_j - \mu B \sum_i s_i$$

式中自旋 $s_i = +1$(向上) 或 -1(向下)，μ 是自旋磁矩，ε_{ij} 是最近邻自旋对 (ij) 的相互作用能或称交换积分，它仅与自旋间的距离有关，对于铁磁性物质 $\varepsilon_{ij} > 0$，反铁磁性物质 $\varepsilon_{ij} < 0$。上式中让 ε_{ij} 等于一给定的耦合常数 J，即已设相互作用是各向同性的。右端第 1 项 $\sum_{(ij)}$ 是对近邻自旋对求和，第 2 项是磁场 B 中的塞曼能量，这里为避免与哈密顿量混淆，将磁场用 B 来表示. 让 $N_\uparrow, N_\downarrow$ 分别表示自旋向上和自旋向下的总粒子数，$N_{\uparrow\uparrow}, N_{\downarrow\downarrow}$ 和 $N_{\uparrow\downarrow}$ 分别表示自旋都向上、自旋都向下和自旋一个向上、一个向下的近邻对总数，$\varepsilon_{\uparrow\uparrow}, \varepsilon_{\downarrow\downarrow}$ 和 $\varepsilon_{\uparrow\downarrow}$ 分别表示相应的近邻对相互作用能量。于是，系统总能量和配分函数可以写成

$$E_I = -(N_{\uparrow\uparrow} + N_{\downarrow\downarrow}) \varepsilon_{\uparrow\uparrow} + N_{\uparrow\downarrow} \varepsilon_{\uparrow\downarrow} + \mu B (N_\downarrow - N_\uparrow)$$

$$Z_I = \sum_{S_1 = \pm 1} \sum_{S_2 = \pm 1} \cdots \sum_{S_N = \pm 1} \mathrm{e}^{-\beta H_I} = \sum_{\substack{自旋所有\\可能组态}} \mathrm{e}^{-F_I/kT}$$

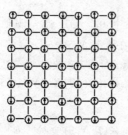

李–杨相变理论 [Lee-Yang theory of phase transition]　20 世纪 30 年代以来，相变发生的机制是一个受到广泛关注和争议的问题。1952 年李政道和杨振宁从巨正则系综理论出发，对相变发生的可能性和条件问题进行论证，发表了两条定理，即李–杨定理。

定理 1: 对于所有 $y > 0$，$\lim_{V \to \infty} \left[V^{-1} \ln \tilde{Z} \right] \equiv p/kT$ 存在，这个极限与体积 V 的形状无关，而且是 y 的连续单调递增函数。假设当 $V \to \infty$ 时，V 的表面积的增加不比 $V^{2/3}$ 快。

定理 2: 若 R 为复平面中包含一段正实轴区域，而 R 中总不包含 $\tilde{Z}(V, y) = 0$ 的根，则在 R 中，$\lim_{V \to \infty} V^{-1} \ln \tilde{Z}$，$\lim_{V \to \infty} V^{-1} \dfrac{\partial}{\partial \ln y} \ln \tilde{Z}, \cdots, \lim_{V \to \infty} V^{-1} \dfrac{\partial^n}{(\partial \ln y)^n} \ln \tilde{Z}$ 俱存在，且都是 y 的解析函数，此外，在 R 中 $\dfrac{\partial}{\partial \ln y}$ 与 $\lim_{V \to \infty}$ 可以对易，即有

$$\lim_{V \to \infty} \left[V^{-1} \frac{\partial^n}{\partial \ln y^n} \ln \tilde{Z} \right] = \frac{\partial^n}{\partial \ln y^n} \left[\lim_{V \to \infty} V^{-1} \ln \tilde{Z} \right]$$

其中，$y \equiv \mathrm{e}^{\mu/kT} \lambda_T^{-3}$，$\lambda_T \equiv \left(\dfrac{h^2}{2\pi m k T} \right)^{1/2}$ 是热波长，以及巨配分函数

$$\tilde{Z}(T, V, Y) = \sum_{N=0}^{N_m} \frac{y^n}{N!} Q_N(T, V)$$

其中，N_m 是任何给定的、有限大小的体积中所能容纳的粒子数的最大值，Q_N 为位形积分)。

上述定理表明方程 $\dfrac{p}{kT} = \lim_{V \to \infty} \left(V^{-1} \ln \tilde{Z} \right)$，$\dfrac{1}{v} = \lim_{V \to \infty} \left(V^{-1} y \dfrac{\partial}{\partial y} \ln \tilde{Z} \right)$ (其中 v 为比容)，可能呈现相变，当 $V \to \infty$ 时，实轴上存在 $\tilde{Z}(y) = 0$ 的根的极限点，相变正是发生在这些点的地方。杨、李将此定理用于二维 Ising 模型。

序参量 [order parameter]　对于二级相变，一般均可用序参量作定量描述。通常对应于 $T > T_c$ 的相是对称性较高的相，成为无序相，序参量等于零；而与 $T < T_c$ 对应的相，则是对称性较低的相或称有序相，序参量取不等于零的值。当 T 从 $T < T_c$ 趋于临界点时，序参量的值连续地变到零。现将几种二级相变及相应的序参量、临界点的实验值列于下表。

二级相变	序参量	实例	临界点
气–液	$\rho_l \rho_g$	H_2O	$T_c = 647.05\mathrm{K}, p_c = 218\mathrm{atm}$
铁磁	m	Fe	$T_c = 1044\mathrm{K}\ (B=0)$
反铁磁	子晶格磁化	FeF_2	$T_c = 98.26\mathrm{K}\ (B=0)$
铁电	P	KH_2PO_3	$T_c = 120\mathrm{K}\ (E=0)$
超导	电子对的量子概率幅 (复量)	Pb	$T_c = 7.2\mathrm{K}\ (B=0)$
液 ^{4}He λ 线	He 原子的量子概率幅 (复量)	液 ^{4}He	$T_c = 1.8 \sim 2.2\mathrm{K}$
二元溶液	$\rho_1 \rho_2$	$CCl_4 C_7F_{14}$	$T_c = 301.78\mathrm{K}$
二元合金	$(w_1 - w_2)/(w_1 + w_2)$	CuZn	$T_c = 739\mathrm{K}$

表中 w_1 和 w_2 分别是 Cu 和 Zn 占据某确定格点位置的概率。一级相变也可引入序参量来描述，但它有不连续的跃变。

临界指数 [critical exponent]　研究临界现象，探讨各种系统如何趋近临界点是很有意义的课题。趋于临界点时，系统的热力学函数有的趋于零，有的发散，有的则保持有限。在临界点，热力学函数具有某种奇异性是比较普遍的。实验和理论均表明，某些热力学函数在临界点邻域可表示为幂函数的形式：$f(\varepsilon) = B\varepsilon^\lambda \left(1 + A\varepsilon^l + \cdots\right)$ $(l > 0)$，这里 $\varepsilon = \dfrac{T - T_c}{T_c}$ 为约化变量形式的参量，用它来描述同临界点的距离，T_c 是临界温度。函数 $f(\varepsilon)$ 的临界指数定义为 $\lambda = \lim\limits_{\varepsilon \to 0} \dfrac{\ln f(\varepsilon)}{\ln \varepsilon}$。如果 $\lambda > 0$，则 $f(\varepsilon)$ 在临界点趋于零，若 $\lambda < 0$ 则 $f(\varepsilon)$ 在临界点发散，并不限于温度，也可选用如压强、密度、磁场等物理量来描述趋于临界点时的指数。由一个系统如何趋于临界点而可定义若干临界指数，它们一般是非整数。现以铁磁体为例，定义各个临界指数。

(1) 序参量 m_0 随温度的变化，临界指数 β。

$$m_0 = m(\varepsilon, B = 0) \propto (T_c - T)^\beta \propto (-\varepsilon)^\beta, \quad \text{当 } T \to T_c^- \text{ 时}$$

实验表明，β 是正的非整数，不同材料的 β 值相差不大，在 0.3~0.35。

(2) 磁化强度 m 随磁场 B 的变化，临界指数 δ。

$$m \propto B^{1/\delta}, \quad \text{当 } T = T_c, \quad B \to 0^+ \text{ 时}$$

其中，δ 实验值为 4~6。

(3) 零场强下的磁化系数 χ 随温度的变化，临界指数

$$\chi \propto \begin{cases} |T - T_c|^{-\gamma} \propto |\varepsilon|^{-\gamma}, & T \to T_c^+ \\ |T_c - T|^{-\gamma'} \propto |-\varepsilon|^{-\gamma'}, & T \to T_c^- \end{cases}$$

其中，γ 实验值约为 1.33。理论和实验结果都表明 $\gamma = \gamma'$，但两式中的比例系数不同。

(4) 定场强比热容 C_B 随温度的变化，临界指数 α：

$$C_B \propto \begin{cases} |T - T_c|^{-\alpha} \propto |\varepsilon|^{-\alpha}, & T \to T_c^+ \\ |T_c - T|^{-\alpha'} \propto |-\varepsilon|^{-\alpha'}, & T \to T_c^- \end{cases}$$

其中，α 实验值约为 0。实验和理论均给出 $\alpha = \alpha'$，但两式的比例系数不同。当 $B = 0, T \to T_c$，实验结果为 $C_B \to \infty$。

(5) 自旋密度的涨落相关函数 Φ_{ss} 或 ϕ_{ss} 随距离或波矢的变化，临界指数 η。$\Phi_{ss}(r)$ 是通过实验上测得中子散射截面而确定的，$\phi_{ss}(k)$ 表示 $\Phi_{ss}(r)$ 的傅氏分量，则

$$\Phi_{ss}(r) \propto r^{-d+2-\eta}, T \to T_c$$

或者

$$\varphi_{ss}(k) \propto k^{-2+\eta}, T \to T_c$$

其中，波矢 $k \approx 0$，d 是空间维数。

(6) 相关长度 ξ 随温度的变化，临界指数 ν。

$$\xi \propto \begin{cases} |T - T_c|^{-\nu} \propto |\varepsilon|^{-\nu}, & T \to T_c^+ \\ |T_c - T|^{-\nu'} \propto |-\varepsilon|^{-\nu'}, & T \to T_c^- \end{cases}$$

实验和理论均给出 $\nu = \nu'$，但两式的比例系数不同。

对其他二级相变的例子，也可用上述这些临界指数来描述它们的临界行为。譬如气-液相变，只需作代换：$m \to \rho_l - \rho_g, B \to p - p_c, \chi \to \kappa_T, C_B \to C_p, \varphi_{ss}(k) \to \varphi(k)$（密度涨落相关函数的傅氏分量），各临界指数的定义均同于以上各式。不同材料的临界指数虽不相同，但相差不大，大体上有 $\alpha \approx 0.1$，$2\beta \approx 0.6 - 0.7$，$\gamma \approx 1.2 - 1.4$，η 很小，δ 较大，ν 可由实验数据推算得到，其值稍大于 $\dfrac{1}{2}$。下面两个表分别列举几种二级相变的临界指数实验值和几种理论模型的计算值。

临界指数的实验值

相变	材料	α	β	γ	δ	η
气-液	CO_2	~ 0.125	0.3447	1.20	4.2	
铁磁	Fe	$\leqslant 0.16$	0.34	1.33		0.07
反铁磁	$RbMnF_3$	$\leqslant 0.16$	0.316	1.397		0.067
二元合金	CO−Zn		0.305	1.25		
二元溶液	$CCl_4 - C_7F_{14}$		0.335	1.2	~ 4	

临界指数的理论模型计算值

	α	β	γ	δ	η	ν
平均场理论	0	1/2	1	3	0	1/2
二维伊辛模型（严格解）	~0(对数发散)	1/8	7/4	15	1/4	1
二维伊辛模型（级数解）	0.125	0.312	1.250	5.15	0.055	0.642
三维伊辛模型（重正化群）	0.110	0.340	1.241	4.46	0.037	0.630

标度理论 [scaling theory]　在总结、分析和归纳实验结果的基础上，提出的一种研究临界现象的唯象理论，它不能确定临界指数的值，但可建立临界指数之间的关系-标度律。标度理论认为，在临界点邻域，某些热力学函数是广义齐次函数 (GHF)，故须了解 GHF 的性质。若一个两变量的函数 $f(x, y)$ 满足（对所有 λ）$f(\lambda^a x, \lambda^b y) = \lambda f(x, y)$，则称 $f(x, y)$ 为 GHF。它具有以下性质：定理 1　若 $f(x, y)$ 是一个 GHF，则 $f(x, y)$ 的任何偏导数也是一个 GHF，即 $f_{jk}(x, y) = \dfrac{\partial^j}{\partial x^j} \dfrac{\partial^k}{\partial y^k} f(x, y)$ 满足方程（对所有 λ'）$f_{jk}\left(\lambda'^{a'} x, \lambda'^{b'} y\right) = \lambda' f_{jk}(x, y)$；定理 2　若 $f(x, y)$ 是 GHF，则其勒让德变换也是 GHF。让 $u = \dfrac{\partial f}{\partial x} = f_1(x, y)$，则勒让德变换 $g(u, y) = f(x, y) - xu$ 也是 GHF，即有

$$g\left(\lambda^{1-a} u, \lambda^b y\right) = \lambda g(u, y)$$

值得注意 $\lambda^a x$ 在 $f(x,y)$ 中的作用相当于 λ^{1-a} 在 $g(u,y)$ 的作用, 因此在变换后应将 $\lambda^a \to \lambda^{1-a}$。标度假设是标度理论的基础, 其基本思想是在临界点邻域, 表征涨落相关的空间距离即相关长度 ξ 变得很大, 当趋于临界点时, $\xi \to \infty$, 此时, 一切有限大小的微观特征长度 (如晶格常数) 的效应都消失了, 而 ξ 则成了唯一的特征长度。ξ 的奇异性决定了所有热力学函数的奇异性。在临界点邻域, 任何尺度变换例如改变与临界点距离时, 将不改变吉布斯函数 G 的函数形式, 只改变其标度。维顿标度理论是 1965 年提出的。维顿假定在临界点邻域, G 是一个 GHF, 可将 G 的奇异部分作标度, 利用 GHF 的性质来寻求临界指数间的关系。以铁磁系统为例, 将 G 写作 $G(\varepsilon, B) = G_r(\varepsilon, B) + G_s(\varepsilon, B)$ (其中 $\varepsilon = (T - T_c)/T_c$)。在系统趋于临界点时, 正常部分 $G_r(\varepsilon, B)$ 保持不变, 而我们感兴趣的是奇异部分 $G_s(\varepsilon, B)$, 因而它含许多重要的奇异行为, 可以写出: $G_s\left(\lambda^a \varepsilon, \lambda^b B\right) = \lambda G_s(\varepsilon, B)$ (其中 λ 为任意参数, a, b 为待定常数), 式中标度幂 a, b 不能由标度理论确定。按各临界指数的定义可求得各临界指数与参数 a, b 的关系, 获得一些标度律, 其中维顿标度律表示式为 $\gamma = \beta(\delta - 1)$。流体系统和磁性系统在临界点附近的标度性质已为实验证实。

广义齐次函数 [generalized homogeneous function] 见标度理论。

标度假设 [scaling hypothesis] 见标度理论。

维顿标度理论 [Widom scaling theory] 见标度理论。

标度律 [scaling law] 联系各临界指数的关系式。标度理论认为, 在临界点邻域, G 是一个 GHF, 就磁性系统可求出各临界指数与 a, b 的关系, 从而得到各标度律:

$$\beta = \frac{1-b}{a}, \ \delta = \frac{b}{1-b}, \ \gamma = \gamma' = \frac{2b-1}{a}, \ \alpha = \alpha' = 2 - \frac{1}{a}$$

(1) 卢斯布鲁克 (Rushbrooke) 标度律: $\alpha' + 2\beta + \gamma' = 2$ (即卢斯布鲁克不等式中取等号)。

(2) 维顿 (Widom) 标度律: $\gamma = \beta(\delta - 1)$。

(3) 格里菲斯 (Griffithe) 标度律: $\alpha' + \beta(\delta + 1) = 2$ (即格里菲斯不等式中取等号)。

(4) 格里菲斯方程: 因自由能 $F(\varepsilon, m)$ 是 $G(\varepsilon, B)$ 的勒让德变换, 且变换后, G 中的 $\lambda^b B$ 应换成 F 中的 $\lambda^{1-b} m$, 于是有 $F\left(\lambda^a \varepsilon, \lambda^{1-b} m\right) = \lambda F(\varepsilon, m)$, 将此式两端对 m 求导, 注意到 $B = -\frac{\partial F}{\partial m}$, 并令 $B\left(\varepsilon m^{-1/\beta}\right) \equiv B\left(\varepsilon m^{-1/\beta}, 1\right)$, 即得格里菲斯方程

$$B(\varepsilon, m) = m^{\delta} B\left(\varepsilon m^{-1/\beta}\right)$$

上式是格里菲斯最先所作的齐次性假定, 他假设在 T_c 附近物态方程满足上式, 由此导出标度关系。

(5) 斐修 (Fisher) 标度律: 联系描述在临界点邻域, 相关函数和相关长度行为的临界指数 η 和 ν 与其他临界指数的关系。根据在临界点邻域, ξ 是唯一有关的特征长度的基本思想, 假设 $\varphi(k) \approx \xi^y f(k\xi)$ (其中 y 为待定常数), 利用磁化系数公式 $\chi = \frac{\mu^2}{kT} \varphi(0)$ (其中 μ 为自旋磁矩)、临界指数 γ, ν 和 η, 可得斐修标度律: $y - 2 + \eta = 0$ 或 $\gamma = \nu(2 - \eta)$。

(6) 约瑟夫森 (Josephson) 标度律: 联系临界指数 α、ν 与空间维数 d 的关系式。可采用量纲分析方法导出。在临界点, 系统的吉布斯函数 G 在尺度变换下不变, 故 G 的标度量纲为零, 即 $\dim G = 0$, 单位体积的吉布斯函数 g 的标度量纲 $\dim g = \dim \frac{G}{V} = \dim G - \dim V = 0 - (-d) = d$ (d: 空间维数)。而 ξ 的标度量纲为 $\dim \xi = -1$, 于是可假设在临界点邻域, g 具有形式 $g \propto \xi^{-d}$。实际上, 它是 g 的奇异部分。利用公式 $C_B = -T \frac{\partial^2 g}{\partial T^2}$ 以及临界指数 ν 和 α 的定义, 即可求出约瑟夫森标度律: $\nu d = 2 - \alpha$。

卡达诺夫标度变换 [Kadanoff scaling transformation] 卡达诺夫 1966 年提出标度变换的概念, 并用于伊辛模型, 试图从微观上论证标度理论。卡达诺夫还直接分析了相关函数和相关长度在标度变换下的变换形式, 导出了斐修和约瑟夫森标度律。预言了相关函数之间的某些关系, 试图论证维顿标度理论。他的工作富有成效和启发性, 但论证工作中也存在一些含糊不清的地方, 只是在威尔逊的重正化群理论中才得到阐明。

量纲分析方法 [method of dimensional analysis] 一种用于标度理论的简明、有效的方法。定义标度量纲如下: 某一物理量 A 在上述尺度变换下有 $A \to A' = L^{\lambda} A$, 就称物理量 A 的标度量纲为 λ, 记为 $\dim A = \lambda$。并有 $\dim AB = \dim A + \dim B$, $\dim \frac{A}{B} = \dim A - \dim B$, $\dim A^{\xi} = \xi \dim A$ 等。它不同于通常的量纲, 运用量纲分析方法可以简便地导出标度律。

临界行为的普适性 [universality of critical behavior] 20 世纪 60 年代后期在总结分析实验结果的基础上提出的一种假设: 空间维数 d 和序参量维数 n 这两个量决定体系的临界行为, 具有相同的 d 与 n 的体系属于同一普适类, 它们有相同的临界指数, 亦即具有相同的临界行为。此种假设 (即普适性假设) 的依据是: 物理上不同的体系, 不同的晶体结构, 不同的相互作用, 或属于不同的二级相变, 它们的临界指数却十分接近。这意味着, 对于临界行为, 某些共性起了主导作用, 而代表特殊物质、特殊相变的一些差别似乎不起作用。再对序参量的维数作简略说明。例如普通流体气液相变的序参量是两相密度差 $\rho_l - \rho_g$, 系一标量, 对应 $n = 1$。又如铁磁体相变, 序参量是磁化强度 m, 相应的量是微观量自旋, 于是 n 就是自旋矢量的分量数。一般的合金有序–无序相

变，如二元溶液 $n = 1$，而液 ^{4}He 的 λ 相变、超导相变，其序参量为复数，则属于 $n = 2$ 的情况。

坐标空间重正化群 [position space renormalization group] RSRG，又称实空间重正化群 (RSRG)。20 世纪 70 年代初，威尔逊 (Wilson) 基于标度理论和普适性假设，将量子场论中的重正化群方法加以推广，应用于相变和临界现象，创立了一套理论。它论证了标度假设，揭示了标度理论的物理实质，提供了以统计物理为基础微观计算临界指数的系统方法。因此于 1982 年获得诺贝尔物理学奖。在临界点，$\xi \to \infty$，系统具有尺度变换下的不变性，于是，重正化群方法不是去直接计算配分函数 Z，而是寻找这种不变性，从而确定临界点，计算临界指数。

动量空间重正化群 [momentum space renormalization group] 简记为 MSRG。虽与 RSRG 相似，但选择连续变化的波矢 q 作为变量。

3.3.8 量子统计系综的统计算符

统计算符 [statistical operator] 又称密度矩阵，为便于描述量子统计系综即混合系综的性质而引入的算符。其定义是

$$\hat{\rho} = \sum_j w_j \left| \psi_j(t) \right\rangle \left\langle \psi_j(t) \right| = \sum_j \left| j(t) \right\rangle w_j \left\langle j(t) \right|$$

式中 $\left| j(t) \right\rangle \equiv \left| \psi_j(t) \right\rangle$ 是第 j 个纯系综的态矢量。任意力学量 $\hat{B}$ 的统计平均值为

$$\left\langle \hat{B} \right\rangle = \sum_m \sum_n \left\langle n |\hat{\rho}| m \right\rangle \left\langle m |\hat{B}| n \right\rangle = \mathrm{tr}\left(\hat{\rho}\hat{B} \right)$$

式中迹号 tr 表示取其后面的矩阵所有对角元之和。上式对于任何表象均适用。该式的物理意义是：力学量的观测值等于其算符与统计算符乘积的迹。统计算符 $\hat{\rho}$ 给出系统状态的详尽信息，它具有以下性质：(i) 归一性 $\mathrm{tr}\hat{\rho} = \sum_m \rho_{mm} = 1$，(ii) 厄米性 $\left\langle n |\hat{\rho}| m \right\rangle = \left\langle m |\hat{\rho}| n \right\rangle^*$；(iii) 正定性 $\rho_{mm} \geqslant 0$；(iv) 不变性，指由 $\hat{\rho}$ 给出的平均值定义式 (8.2) 对表象变换是不变的，即 $\mathrm{tr}\left(\hat{B}\hat{\rho} \right) = \mathrm{tr}\left(\hat{B}'\hat{\rho}' \right)$，$\hat{B}, \hat{\rho}$ 和 $\hat{B}', \hat{\rho}'$ 是两个不同表象的量。

密度矩阵 [density matrix] 即统计算符。

统计平均值 [statistical average value] 见统计算符。

运动方程 [motion equation] 又称量子刘维尔方程，系统计算符随时间演化所遵从的方程。将 $\hat{\rho}$ 两端对时间 t 求导，利用薛定谔方程，并引入量子泊松括号 $\left[\hat{H}, \hat{\rho} \right] = \left(\hat{H}\hat{\rho} - \hat{\rho}\hat{H} \right)$，则有

$$\mathrm{i}\hbar \frac{\partial \hat{\rho}}{\partial t} = \left[\hat{H}, \hat{\rho} \right]$$

上式即为量子刘维尔方程。如果哈密顿算符 $\hat{H}$ 不显含时间，可得上式的形式解

$$\hat{\rho}(t) = \mathrm{e}^{-\mathrm{i}\hat{H}t/\hbar}\hat{\rho}(0)\mathrm{e}^{\mathrm{i}\hat{H}t/\hbar} = \hat{U}(t)\hat{\rho}(0)\hat{U}^+(t)$$

其中 $\hat{U}(t) = \exp\left(-\dfrac{\mathrm{i}}{\hbar}\hat{H}t \right)$ 称为演变算符，并满足初始条件 $\hat{U}(0) = 1$，$\rho(0) = \rho(t = 0)$ 是 $\rho(t)$ 的初始值。在能量表象中，$\hat{\rho}(t)$ 的矩阵元为

$$\rho_{mn}(t) = \left\langle m |\hat{\rho}| n \right\rangle = \rho_{mn}(0)\exp\left[-\mathrm{i}(E_m - E_n)t/\hbar \right]$$

对于定常态，$\hat{\rho}$ 与 t 明显无关，则量子泊松括号为零 $[\hat{H}, \hat{\rho}] = 0$，即定常态的统计算符与哈密顿算符是对易的。定常态出现在 $\rho_{mn}(0)$ 为对角矩阵时的情况。在定常态情形下，可将 $\hat{\rho}$ 和 $\hat{H}$ 同时对角化。因此定常态的 $\hat{\rho}$ 一般是 $\hat{H}$ 和所有与 $\hat{H}$ 对易的算符的函数。上述结果对平衡态也是成立的。

平衡系综的统计算符为 $\hat{\rho} = \sum_j \left| \varphi_j \right\rangle w_j \left\langle \varphi_j \right|$（其中，$\left| \varphi_j \right\rangle$ 是 $\hat{H}$ 的本征矢）。如何确定分布概率 ρ_m 是平衡态量子统计的最基本问题。

量子刘维尔方程 [quantum Liouville equation] 即运动方程。

定态统计算符 [statistical operator for steady state] 见统计算符 $\hat{\rho}$ 的运动方程。

平衡态统计算符 [statistical operator for equilibrium state] 见统计算符 $\hat{\rho}$ 的运动方程。

薛定谔绘景 [Schrödinger picture of statistical operator] 描述量子系统的密度矩阵 $\hat{\rho}(t)$、态矢量及力学量算符 $\hat{B}$ 的一种方式。它是采用一组与时间无关的基矢确定希尔伯特 (Hilbert) 空间里的态矢量，故态矢量的空间位置随时间变化，$\hat{\rho}(t)$ 也依赖于时间，而 $\hat{B}$ 不显含时间 t，系统随 t 的演化完全由态矢量 $\left| \psi(t) \right\rangle$ 给出。$\left\langle \hat{B} \right\rangle$ 可表示为

$$\left\langle \hat{B} \right\rangle = \mathrm{tr}\left(\hat{\rho}(t)\hat{B} \right)$$

由上式及量子刘维尔方程可得 $\hat{B}$ 的平均值随时间演化公式：

$$\frac{\mathrm{d}}{\mathrm{d}t}\left\langle \hat{B} \right\rangle = \left(\frac{\partial \hat{B}}{\partial t} \right) + \frac{1}{\mathrm{i}\hbar}\left\langle \left[\hat{B}, \hat{H} \right] \right\rangle$$

若 $\dfrac{\partial \hat{B}}{\partial t} = 0$，且 $\left[\hat{B}, \hat{H} \right] = 0$，则 $\dfrac{\mathrm{d}\left\langle \hat{B} \right\rangle}{\mathrm{d}t} = 0$，即若不显含时间的力学量算符 $\hat{B}$ 与哈密顿算符 $\hat{H}$ 对易，则它必定是系统的一个守恒量。$\left\langle \hat{B} \right\rangle$ 可写成

$$\left\langle \hat{B} \right\rangle = \mathrm{tr}\left(\hat{\rho}(t)\hat{B} \right)$$
$$= \mathrm{tr}\left(\mathrm{e}^{-\mathrm{i}\hat{H}t/\hbar}\hat{\rho}(0)\mathrm{e}^{\mathrm{i}\hat{H}t/\hbar}\hat{B} \right) = \mathrm{tr}\left(\hat{\rho}(0)\hat{B}(t) \right)$$

式中 $\hat{U}(t) = \mathrm{e}^{-\mathrm{i}\hat{H}t/\hbar}$ 是演化算符，且有 $\hat{U}(0) = 1$，$\hat{B}(0) = \hat{B}$。

海森伯绘景 [Heisenberg picture of statistical operator]　与薛定谔绘景等价的另一种绘景——海森伯绘景，它采用一组在空间运动的基矢来确定希尔伯特空间里的态矢量，因此，系统的态矢量 $|\psi\rangle$ 和 $\hat{\rho}$ 都不随时间变化，而 $\hat{B}$ 则明显依赖于时间，系统的演化规律完全由 $\hat{B}$ 的时间行为给出。算符 $\hat{B}$ 的海森伯绘景表式或 $\hat{B}$ 在两种绘景之间的变换关系为

$$\hat{B}(t) = e^{i\hat{H}t/\hbar} \hat{B} e^{-i\hat{H}t/\hbar} = \hat{U}^+(t) B(0) \hat{U}(t)$$

根据上式，可得海森伯方程

$$\frac{d\hat{B}(t)}{dt} = \frac{1}{i\hbar}\left(\hat{B}(t)\hat{H} - \hat{H}\hat{B}(t)\right) = \frac{1}{i\hbar}\left[\hat{B}(t), \hat{H}\right]$$

粗略地看，两种绘景似乎是对立的，然而它们只是描述的方式不同，给出的 $\langle\hat{B}\rangle$ 则是相同的。见"统计算符的薛定谔绘景"

海森伯方程 [Heisenberg equation]　见海森伯绘景。

微正则系综的统计算符 [statistical operator of micro-canonical ensemble]　微正则分布可表示为

$$w_j = \begin{cases} \Omega^{-1}(E_j, N, V), & E \leqslant E_j \leqslant E + \Delta E \\ 0, & E_j < E \ \text{和} \ E_j > E + \Delta E \end{cases}$$

式中 Ω 表示孤立系统可能的微观状态数，并有 $\sum_j w_j = 1$。统计算符 $\hat{\rho} = \sum_j |\psi_j\rangle w_j \langle\psi_j|$ 在坐标表象中的矩阵形式为

$$\rho(x, x') = \Omega^{-1}(E, N, V) \cdot \sum_{1 \leqslant j \leqslant \Omega} \psi_j(x)\psi_j^*(x')$$

式中 x 代表 N 个粒子的坐标以及自旋 $|\psi_j|(j = 1, 2, \cdots, \Omega)$ 是系统的哈密顿算符 $\hat{H}$ 的本征函数。微正则系综的 $\hat{\rho}$ 还可表示为

$$\hat{\rho} = \Omega^{-1}(E, N, V) \Delta(\hat{H} - E)$$

式中 $\Delta(\hat{H} - E)$ 当 $0 \leqslant (\hat{H} - E) \leqslant \Delta E$ 时等于 1，而在此间隔外为零。系统的熵为

$$S = \langle\hat{\zeta}\rangle = \text{tr}(\hat{\rho}\hat{\zeta}) = -k\text{tr}(\hat{\rho}\ln\hat{\rho})$$

其中 $\hat{\zeta}$ 是熵算符，它定义为 $\hat{\zeta} = -k\ln\hat{\rho}$，在密度矩阵对角化表象中即有

$$S = -k\sum_j w_j \ln w_j = k\ln\Omega(E, N, V)$$

微正则系综的熵算符 [entropy operator of micro-canonical ensemble]　见微正则系综的统计算符。

正则系综的统计算符 [statistical operator of canonical ensemble]　正则分布和正则配分函数 Z 分别为

$$w_j = Z^{-1}(T, V, N) \exp\left(-E_j\big/kT\right)$$

$$Z(T, V, N) = \sum_j \exp\left(-E_j\big/kT\right)$$

由 $\hat{\rho}$ 的定义式 $\hat{\rho} = \sum_j |\psi_j\rangle w_j \langle\psi_j|$，并将算符 $\exp\left(-\dfrac{\hat{H}}{kT}\right)$ 作泰勒展开，则

$$\hat{\rho} = Z^{-1}\exp\left(-\frac{\hat{H}}{kT}\right) = \exp\left(-\frac{\hat{H}}{kT}\right)\bigg/ \text{tr}\exp\left(-\frac{\hat{H}}{kT}\right)$$

以及 $Z(T, V, N) = \text{tr}\, e^{-\hat{H}/kT}$，其中利用了态矢量 $|\psi_j\rangle$ 的完备性：$\sum_j |\psi_j\rangle\langle\psi_j| = 1$。在坐标表象中，统计算符 $\hat{\rho}$ 取如下形式

$$\rho(x, x') = Z^{-1}(T, V, N) \sum_j e^{-E_j/kT} \psi_j^*(x')\psi_j(x)$$

$$Z(T, V, N) = \sum_j \int \psi_j^*(x) e^{-\hat{H}/kT} \psi_j(x) dx$$

若取 $\hat{H}$ 为对角化表象，使 $e^{-\hat{H}/kT}$ 和 $\hat{H}$ 同时对角化，则配分函数变为 $Z = \sum_{(j, \alpha)} \exp(-E_j/kT)$，其中 E_j 是 $\hat{H}$ 的本征值，α 是其他的量子数，与 E_j 及 α 对应的本征矢为 $|j, \alpha\rangle$。闭系力学量 $\hat{B}$ 的观测值即统计平均值为

$$\langle\hat{B}\rangle = \text{tr}(\hat{\rho}\hat{B}) = \text{tr}\left(\hat{B}e^{-\hat{H}/kT}\right)\bigg/ \text{tr}(e^{-\hat{H}/kT})$$

正则系综的统计平均值公式 [statistical average value formula of canonical ensemble]　见正则系综的统计算符。

巨正则系综的统计算符 [statistical operator of grand canonical ensemble]　巨正则分布和巨配分函数 $\tilde{Z}$ 分别为

$$w_{j(N)} = \tilde{Z}^{-1}(T, V, \mu) \exp\left[-\frac{1}{kT}\left(E_{j(N)} - \mu N\right)\right],$$

$$\tilde{Z}(T, V, \mu) = \sum_N \sum_{j(N)} \exp\left[-\frac{1}{kT}\left(E_{j(N)} - \mu N\right)\right]$$

统计算符 $\hat{\rho} = \sum_j |\psi_j\rangle w_j \langle\psi_j|$ 及巨配分函数取如下形式

$$\hat{\rho}_N = \tilde{Z}^{-1}(T, V, \mu)\exp\left[-\frac{1}{kT}\left(\hat{H} - \mu\hat{N}\right)\right]$$

$$\tilde{Z}(T, V, \mu) = \text{tr}\exp\left[-\frac{1}{kT}\left(\hat{H} - \mu\hat{N}\right)\right]$$

在 $\hat{H}$ 和 $\hat{N}$ 同时对角化的表象中，$\tilde{Z}$ 的表示式为

$$\tilde{Z}(T, V, \mu) = \sum_{N=0}^{\infty} \sum_{j(N), \alpha} \exp\left[-\frac{1}{kT}\left(E_{j(N)} - \mu N\right)\right]$$

式中 N 和 $E_{j(N)}$ 分别是算符 $\hat{N}$ 和 $\hat{H}$ 的本征值，α 是其他的量子数，$\sum\limits_{j(N),\alpha}$ 表示在 N 固定下对 j, α 求和。开系力学量 B 的观测值或统计平均值的表示式为

$$\left\langle \hat{B} \right\rangle_N = \mathrm{tr}\left(\hat{\rho}_N \hat{B}\right) = \mathrm{tr}\left[\hat{B}\mathrm{e}^{-\frac{1}{kT}\left(\hat{H}-\mu\hat{N}\right)}\right] \Big/ \mathrm{tr}\left[\mathrm{e}^{-\frac{1}{kT}\left(\hat{H}-\mu\hat{N}\right)}\right]$$

巨正则系综的统计平均值 [statistical average value formula of grand canonical ensemble]　见巨正则系综的统计算符。

统计算符的布洛赫方程 [Bloch equation of statistical operator]　正则系综的统计算符 $\hat{\rho}$ 所遵从的微分方程。由于 $\hat{\rho}$ 是描述量子系统统计性质的矩阵，因而与系统的各个热力学量有着密切的联系，确定 ρ 就成为量子统计物理的基本问题。根据正则系综统计算符的表示式，将未归一化的 $\hat{\rho}$ 定义为 $\hat{\rho}(\beta) = \mathrm{e}^{-\beta\hat{H}}$（其中 $\hat{H}$ 为系统的哈密顿算符），它是参量 $\beta = \dfrac{1}{kT}$ 的函数。$\hat{\rho}$ 在能量表象中的矩阵元是 $\rho_{ij}(\beta) = \delta_{ij}\exp(-\beta E_i)$，该式两端对 β 求导，再恢复到算符的形式，得到布洛赫方程

$$-\frac{\partial\hat{\rho}}{\partial\beta} = \hat{H}\hat{\rho}$$

其中初始条件为 $\hat{\rho}(0) = 1$。若取坐标表象，则上式变为如下形式

$$-\frac{\partial\rho(x,x';\beta)}{\partial\beta} = H\left(x,\frac{\partial}{\partial x}\right)\rho(x,x';\beta),$$

$$\rho(x,x';0) = \delta(x-x')$$

坐标表象中的布洛赫方程 [Bloch equation in coordinate representation]　见统计算符的布洛赫方程。

统计算符的微扰展开式 [perturbation expanded form of statistical operator]　采用微扰展开法求得的布洛赫方程近似解。实际上只有很少数的系统哈密顿量可严格求解布洛赫方程，但如果 H 与 H_0 相差很小，即有 $\hat{H} = \hat{H}_0 + \hat{H}_1$（$H_1 \ll \hat{H}_0$），且 ρ_0 满足布洛赫方程

$$\frac{\partial\hat{\rho}_0}{\partial\beta} = -\hat{H}_0\hat{\rho}_0$$

则可利用 $\hat{\rho}_0 = \mathrm{e}^{-\beta\hat{H}_0}$ 获得 $\hat{\rho}$ 的渐近解，这就是微扰展开法。因 $\hat{\rho}$ 非常靠近 $\hat{\rho}_0$，故可认为 $\dfrac{\hat{\rho}}{\hat{\rho}_0} = \mathrm{e}^{\beta\hat{H}_0}\hat{\rho}$ 随 β 缓慢变化，将 $\mathrm{e}^{\beta\hat{H}_0}\hat{\rho}$ 对 β 求导，并从 0 到 β 积分，可以得到

$$\hat{\rho}(\beta) = \hat{\rho}_0(\beta) - \int_0^\beta \hat{\rho}_0(\beta-\beta')\hat{H}_1\hat{\rho}(\beta')\,\mathrm{d}\beta'$$

其中利用了 $\mathrm{e}^{\beta\hat{H}_0}\hat{\rho}|_{\beta=0} = 1$，$\mathrm{e}^{-\beta\hat{H}_0+\beta'\hat{H}_0} = \hat{\rho}_0(\beta-\beta')$，用

迭代法对上式求解，即可得出

$$\begin{aligned}
\hat{\rho}(\beta) =\ & \hat{\rho}_0(\beta) - \int_0^\beta \mathrm{d}\beta'\left[\hat{\rho}_0(\beta-\beta')\hat{H}_1\hat{\rho}_0(\beta')\right] \\
& + \int_0^\beta \mathrm{d}\beta' \int_0^{\beta'}\mathrm{d}\beta''\left[\hat{\rho}_0(\beta-\beta')\hat{H}_1\hat{\rho}_0(\beta'-\beta'')\hat{H}_1\hat{\rho}_0(\beta'')\right] \\
& - \int_0^\beta \mathrm{d}\beta' \int_0^{\beta'}\mathrm{d}\beta'' \int_0^{\beta''}\mathrm{d}\beta'''\left(\hat{\rho}_0\hat{H}_1\hat{\rho}_0\hat{H}_1\hat{\rho}_0\hat{H}_1\hat{\rho}_0\right) + \cdots
\end{aligned}$$

维格纳函数 [Wigner function]　量子力学系统中的粒子的动量和位置是不能同时给定的，所以不能定义相空间中表征概率密度意义的分布函数。然而，维格纳最先证明，可以引入一形式上与经典概率密度相似的函数，并在经典极限下趋于经典概率密度，称这个函数为维格纳函数。定义维格纳表象 $B_W(p,q)$：

$$B_W(p,q) = \int_{-\infty}^{\infty}\mathrm{e}^{-\mathrm{i}pl/\hbar}\left\langle x|B|x'\right\rangle\mathrm{d}l$$

其中

$$q = \frac{x+x'}{2},\ l = x-x' \quad \text{或} \quad x = q+\frac{l}{2},\ x' = q-\frac{l}{2}$$

即将坐标表象中的 x 和 x' 的重心作为位置坐标 q，而将其差的傅氏变换作为与动量 p 相对应的参量。$B_W(p,q)$ 是相空间中的函数，而不是算符。将统计算符 $\hat{\rho}$ 的维格纳表象写成

$$f_W(p,q) = \int_{-\infty}^{\infty}\mathrm{e}^{-\mathrm{i}pl/\hbar}\left\langle x|\rho|x'\right\rangle\mathrm{d}l$$

式中 $f_W(p,q)$ 称为维格纳（分布）函数，其逆变换为

$$\rho(x,x') = \left\langle x|\rho|x'\right\rangle = \int \mathrm{e}^{\mathrm{i}p(x-x')/\hbar}f_W\left(p,\frac{x+x'}{2}\right)\frac{\mathrm{d}p}{(2\pi\hbar)^{3N}}$$

根据力学量 $\hat{B}$ 的统计平均值的定义，得出用维格纳函数表示的统计平均值

$$\begin{aligned}
\langle B\rangle &= \iint B(x',x)\rho(x,x')\,\mathrm{d}x\mathrm{d}x' \\
&= \frac{1}{(2\pi\hbar)^{3N}}\iint B_W(p,q)f_W(p,q)\mathrm{d}p\mathrm{d}q
\end{aligned}$$

显而易见，量子统计中的统计平均值若采用维格纳表象，则可表示为经典相空间中由维格纳分布函数定义的平均值。若选择离散状态作为基矢，则迹 tr 的计算是对那些基矢求和，tr 和积分的对应关系意味着每个自由度占据相空间的体积 $h = 2\pi\hbar$ 与一个量子态相对应。而在 $\hbar \to 0$ 的经典极限下，量子统计力学就归结为经典统计力学，维格纳函数则变为经典相空间概率分布函数。

维格纳表象及其平均值 [Wigner representation and its average value]　见维格纳函数。

3.3.9 量子流体的统计理论

量子流体 [quantum fluid]　粒子间存在相互作用，量子统计效应起主导作用的多粒子流体系统。当温度足够低或密度足够高，以致热波长 $\lambda_T = \left(\dfrac{h^2}{2\pi mkT} \right)^{1/2}$ 与粒子的平均间距 $d = n^{-1/3}$ 可比拟时，量子统计效应显著，且对系统热力学行为起主要作用。量子流体着重研究弱耦合简并性的量子系统，它们显现丰富多彩的物理现象和非常重要的物理性质，如金属的超导性，液 He 的超流性等。

液 HeII 的性质 [property of liquid HeII]　实验表明，在 $T_\lambda = 2.18\text{K}$ 即发生 λ 相变或 HeI–HeII 相变的温度以下，液 HeII 显现一系列非常奇特的性质: (i) 超流性。在直径量级为 0.1μm 的极细毛细管中，流阻几乎等于零，且在临界速度 v_c 以上，超流性消失; (ii) 黏滞性。在圆盘法实验中，测得 HeII 的黏性系数要比用毛细管法测得的至少大 10^6 倍，且前者明显地依赖于温度，随 $T \to 0\text{K}$ 而趋于零; (iii) 喷泉效应。如下图所示，A 是一容器，B 是多孔塞。当 HeII 从 A 中通过 B 流出时，A 内 HeII 的温度升高，反之，如果提高 A 内的温度，则其中 HeII 的液面上升，假使 A 本身是一毛细管，HeII 则由上口喷出; (iv) 导热性。HeII 的导热率约为室温下铜的 800 倍，它完全不同于通常的流体，热导不与温度梯度成正比，无沸腾现象。

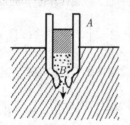

二流体模型 [two-fluid model]　L. Tisza (1938) 和朗道 (Landau)(1940) 提出的模型。他们所作的假设基本点是: (i) HeII 含正常流体和超流体两种成分，正常成分与通常的经典流体没有什么区别，具有黏滞性和熵，而超流成分则不具有黏滞性和熵。朗道还把超流成分看成理想背景流体，而将超流成分视为在理想背景流体上的一些元激发; (ii) 正常流体成分和超流体成分的质量密度各为 ρ_n 和 ρ_s，总质量密度 $\rho = \rho_n + \rho_s$。当 $T = T_\lambda$ 时，$\rho_n = \rho$，$\rho_s = 0$，全是正常流体，$T = 0\text{K}$ 时，$\rho_n = 0$，$\rho_s = \rho$，全是超流体，T 在 0K 和 T_λ 之间，$\dfrac{\rho_s}{\rho}$ 和 $\dfrac{\rho_n}{\rho}$ 均为 T 的函数，其具体形式由实验确定; (iii) 以 v、v_s 和 v_n 分别表示 HeII 的速度场、超流成分和正常成分的速度场，总质量流为 $\rho v = \rho_n v_n + \rho_s v_s$。并假定两种成分之间可相对流动而不交换动量即无摩擦。$\nabla \times v_s = 0$ 即 v_s 是无旋的。按上述可知，当纯超流成分流动时，不会携带熵也不会传热，一定是热力学可逆过程。HeII 的一些奇特性质的

实验结果可从二流体模型获得圆满解释。需要指出，该模型假设 HeII 含两种成分，这只是一种人为设想的描述方法，绝不意味着 HeII 的原子有正常原子和超流原子之分。

朗道超流理论 [Landau theory of superfluidity]　将液 HeII 看成受弱激发的量子玻色系统。弱激发态对基态的偏离呈现为在稳定的背景 (超流体成分) 上产生了由准粒子组成的气体 (正常流体成分)。如果温度相当低，由于元激发数密度很小，因此可将它们视为准粒子理想气体。朗道不是从多体理论出发推导出准粒子能谱，而是根据实验结果对准粒子能谱提出假设。实验结果表明: 当 $T \ll T_\lambda$ (T_λ: 相变温度) 时，比热容 $C_V \propto T^3$，当 T 稍提高时，C_V 含一附加项: 按 $\exp(-\Delta/kT)$ 规律变化的项。朗道据此认为，小动量情形的元激发是声子，并推测在较大动量时则是另一种准粒子，称之为旋子，它们都是玻色子，相应的能谱分别为 $\varepsilon = u_1 p$（其中 $u_1 = 23800\text{cm} \cdot \text{s}^{-1}$ 是第一声速) 和 $\varepsilon(p) = \Delta + \dfrac{(p - p_0)^2}{2m^*}$ (其中 Δ 为能隙常数，m^* 是旋子的有效质量，它与 He^4 原子的质量不同，Δ 和 p_0 分别表示能隙及能隙处相应的动量)。可把两种准粒子的激发谱统一地表示出来，即有

$$\hbar\omega'_k = \begin{cases} \hbar u_1 k' & (k' \ll k_0) \\ \Delta + \dfrac{\hbar^2 (k'^2 - k_0^2)}{2m^*} & (k' \approx k_0) \end{cases}$$

并有 $p = \hbar k'$ 和 $\varepsilon = \hbar\omega'_k$，这里为避免与玻尔兹曼常量 k 混淆将波矢写做 k'。下图给出朗道假设的准粒子能谱，虚线部分则不清楚。

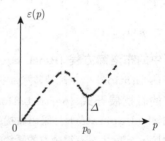

利用准粒子谱可以求出 He II 的各个热力学量。He II 的诸热力学量是旋子部分 (r) 和声子部分 (ph) 相应的热力学量之和。当 $T < 0.5\text{K}$ 时，声子部分起主要作用，$T > 1\text{K}$ 时，旋子部分则是主要的。适当选取参数，理论计算的结果与实验相符。当 $T = 0\text{K}$ 时，液 He II 无元激发，完全是超流成分。

如果超流体以速度 v 做整体运动，而 p、E 和 M 分别表示超流体的动量、能量和质量，则有

$$p = mv, \quad E = \frac{1}{2}Mv^2 = \frac{p^2}{2M}$$

设想超流体中出现一个元激发，其动量和能量来自 p 和 E 的减少: $p = -\delta P$，$\varepsilon(p) = -\delta E = -v \cdot \delta P$，于是得出 $\varepsilon(p) = v \cdot p \leqslant vp$ 或 $v \geqslant \varepsilon(p)/p$。这意味着只有当超流体

的宏观流动速率 v 大于 $\varepsilon(\boldsymbol{p})/p$ 值时，才有可能出现元激发，反之，v 小于 $\varepsilon(\boldsymbol{p})/p$ 的一切可能的值时，则不可能因流动而产生元激发。朗道提出超流判据

$$v < \left(\frac{\varepsilon(\boldsymbol{p})}{p}\right)_{\min} \equiv v_c$$

其中 v_c 为超流的临界速率。它也就是流体维持超流状态的条件。朗道理论所得到的 $v_c \approx 60\mathrm{m \cdot s^{-1}}$ 比实验值大得多，这是一个缺陷。费曼提出 v_c 是由 He II 中另一种叫作量子涡旋的激发决定的，理论计算与实验结果基本相符。

液 HeII 的准粒子能谱 [quasiparticle energy spectrum of liquid HeII] 见朗道超流理论。

朗道超流判据 [Landau criteria of superfluidity] 见朗道超流理论。

博戈留波夫模型 [Bogoliubov model] 一种非常稀薄的、排斥相互作用很弱的简并性近理想玻色气体模型。考虑低密度、低温情形，即要求 $an^{1/3} \ll 1$（其中 n 是粒子数密度，$a>0$ 是散射长度，总散射面积为 $4\pi a^2$）和 $a/\lambda_T \ll 1$，$\lambda_T \approx d \ll L$（其中 λ_T 为热波长，d 为粒子平均间距，L 为容器的线度)。因气体是简并的，量子效应显著。可将粒子间相互作用看成一种在理想气体上的微扰。考虑 N 个自旋为零的粒子，系统的哈密顿量 $\hat{H} = \hat{H}_0 + \hat{H}_i$，理想气体的哈密顿 $\hat{H}_0$ 和相互作用哈密顿 $\hat{H}_i$ 在二次量子化表象中可表示为

$$\hat{H}_0 = \sum_{\boldsymbol{p}} \frac{p^2}{2m}\hat{a}_{\boldsymbol{p}}^+\hat{a}_{\boldsymbol{p}},$$

$$\hat{H}_i = \frac{1}{2}\sum_{\boldsymbol{p}_1,\boldsymbol{p}_2,\boldsymbol{p}_1',\boldsymbol{p}_2'} \langle \boldsymbol{p}_1',\boldsymbol{p}_2'|\hat{v}|\boldsymbol{p}_1,\boldsymbol{p}_2\rangle \hat{a}_{\boldsymbol{p}_1'}^+\hat{a}_{\boldsymbol{p}_2'}^+\hat{a}_{\boldsymbol{p}_2}\hat{a}_{\boldsymbol{p}_1}$$

式中 $\hat{a}_{\boldsymbol{p}}^+, \hat{a}_{\boldsymbol{p}}$ 分别是动量为 $\boldsymbol{p}$ 的单粒子态 $\varphi_{\boldsymbol{p}}(\boldsymbol{r}) = \frac{1}{\sqrt{V}}\mathrm{e}^{\mathrm{i}\boldsymbol{p}\cdot\boldsymbol{r}/\hbar}$ 的产生和湮没算符，满足对易关系。相应的粒子数算符为 $n_{\boldsymbol{p}} = \hat{a}_{\boldsymbol{p}}^+\hat{a}_{\boldsymbol{p}}$。$\sum'$ 表示在动量守恒 $\boldsymbol{p}_1 + \boldsymbol{p}_2 = \boldsymbol{p}_1' + \boldsymbol{p}_2'$ 条件制约下的求和。相互作用矩阵元或散射矩阵元 $\langle \boldsymbol{p}_1',\boldsymbol{p}_2'|\hat{v}|\boldsymbol{p}_1,\boldsymbol{p}_2\rangle = \frac{1}{V}\int\mathrm{d}\boldsymbol{r}\mathrm{e}^{\mathrm{i}\boldsymbol{p}\cdot\boldsymbol{r}/\hbar}v(\boldsymbol{r}) \approx \frac{v_0}{V}$，而这里的 $v_0 = \frac{4\pi\hbar^2 a}{m}$，$\boldsymbol{p} = \boldsymbol{p}_1 - \boldsymbol{p}_1' = \boldsymbol{p}_2' - \boldsymbol{p}_2$ 是散射过程中动量的转移。当系统处于低激发态时，只有少量粒子占据非零动量态，仍有数量级为 N 的粒子处于零动量态，即有 $N_{\boldsymbol{p}} \ll N(\boldsymbol{p} \neq 0)$，$N_0 = O(N)$，由于 $N_{\boldsymbol{p}} \ll N$，可认为 $\hat{a}_{\boldsymbol{p}}, \hat{a}_{\boldsymbol{p}}^+$ 远小于 $\hat{a}_0, \hat{a}_0^+$，于是将 $\hat{a}_{\boldsymbol{p}}^+, \hat{a}_{\boldsymbol{p}}$ 视为小量。这样，就可得到 $\hat{H}$ 的近似形式

$$\hat{H} = \frac{N^2 v_0'}{2V} + \sum_{\boldsymbol{p}\neq 0}\left(\frac{p^2}{2m} + \frac{Nv_0}{V}\right)\hat{a}_{\boldsymbol{p}}^+\hat{a}_{\boldsymbol{p}}$$
$$+ \frac{Nv_0}{2V}\sum_{\boldsymbol{p}\neq 0}\left(\hat{a}_{\boldsymbol{p}}^+\hat{a}_{-\boldsymbol{p}}^+ + \hat{a}_{\boldsymbol{p}}\hat{a}_{-\boldsymbol{p}}\right)$$

其中

$$v_0' \approx \frac{4\pi a\hbar^2}{m}\left(1 + \frac{4\pi a\hbar^2}{V}\sum_{\boldsymbol{p}\neq 0}\frac{1}{p^2}\right)$$

博戈留波夫变换 [Bogoliubov transformation] 为了使博戈留波夫模型中的哈密顿 $\hat{H}$ 对角化，引入博戈留波夫变换

$$\hat{b}_{\boldsymbol{p}} = \frac{1}{\sqrt{1-\beta_{\boldsymbol{p}}^2}}\left(\hat{a}_{\boldsymbol{p}} + \beta_{\boldsymbol{p}}\hat{a}_{-\boldsymbol{p}}^+\right), \quad \hat{b}_{\boldsymbol{p}}^+ = \frac{1}{\sqrt{1-\beta_{\boldsymbol{p}}^2}}\left(\hat{a}_{\boldsymbol{p}}^+ + \beta_{\boldsymbol{p}}\hat{a}_{-\boldsymbol{p}}\right)$$

它是一线性变换。$\hat{b}_{\boldsymbol{p}}^+, \hat{b}_{\boldsymbol{p}}$ 是新的产生和湮没算符，并有

$$\beta_{\boldsymbol{p}} = 1 + \frac{p^2 V}{2mNv_0} - p\sqrt{\frac{V}{2mNv_0}}\sqrt{\frac{p^2 V}{2mNv_0}+2}$$

式中 $\beta_{\boldsymbol{p}}$ 是小于 1 的实数。新算符 $\hat{b}_{\boldsymbol{p}}^+, \hat{b}_{\boldsymbol{p}}$ 也遵从对易关系。于是哈密顿 $\hat{H}$ 对角化为

$$\hat{H} = E_0 + \sum_{\boldsymbol{p}\neq 0}\tilde{\varepsilon}(\boldsymbol{p})\hat{b}_{\boldsymbol{p}}^+\hat{b}_{\boldsymbol{p}} = E_0 + \sum_{\boldsymbol{p}\neq 0}\tilde{\varepsilon}(\boldsymbol{p})\hat{n}_{\boldsymbol{p}}$$

其中，$\hat{n}_{\boldsymbol{p}} = \hat{b}_{\boldsymbol{p}}^+\hat{b}_{\boldsymbol{p}}$，$E_0$ 是基态能量，$\tilde{\varepsilon}(\boldsymbol{p})$ 和 $\hat{n}_{\boldsymbol{p}}$ 分别为准粒子能谱和准粒子算符。该变换的物理意义在于：从原来对于 $\hat{H}_0$ 是对角的粒子数表象到准粒子数表象的一种变换，它将相互作用的玻色气体转换为准粒子的理想玻色气体。

基态能量 [groud state energy] 博戈留波夫模型中平均基态能量为

$$\frac{E_0}{V} = \frac{2\pi a\hbar^2 n}{m}\left[1 + \frac{128}{15\sqrt{\pi}}\left(na^3\right)^{1/2}\right] \quad \left(n = \frac{N}{V}\right)$$

上式相当于气体在低温下，基态按小参量 $(na^3)^{1/2}$ 展开式的前两项。李–杨采用二体碰撞法首先导出此结果，而后他们和黄克逊运用赝位势法计算得到同样结果。系统的基态压强和绝对零度时声速分别为

$$p_0 = -\left(\frac{\partial E_0}{\partial V}\right) = \frac{2\pi a\hbar^2 n^2}{m}\left[1 + \frac{64}{5\sqrt{\pi}}\left(na^2\right)^{1/2}\right],$$

$$c_0 = \sqrt{\frac{\partial p_0}{\partial \rho}} = \sqrt{\frac{4\pi a\hbar^2 n}{m^2}\left[1 + \frac{16}{\sqrt{\pi}}\left(na^3\right)^{1/2}\right]^{1/2}}$$

准粒子能谱 [quasiparticle energy spectrum] 博戈留波夫模型中准粒子能谱为

$$\tilde{\varepsilon}(\boldsymbol{p}) = \left[c^2 p^2 + \left(\frac{p^2}{2m}\right)^2\right]^{1/2}$$

其中，$c = \left(4\pi a\hbar^2 n\right)^{1/2}/m$ 为声速。上式表明，对于大动量 $p \gg mc$，即得自由粒子能谱 $\varepsilon(\boldsymbol{p}) \approx p^2/2m$；对于小动量 $p \ll mc$，则有 $\varepsilon(\boldsymbol{p}) = cp$ 即声子能谱，这意味着低动能激发时产生的准粒子是声子。根据朗道超流判据 $v < (\varepsilon(\boldsymbol{p})/p)_{\min} \equiv v_c$，$v$ 满足 $v < (\varepsilon(\boldsymbol{p})/p)_{\min} = c \ (c>0)$ 时，才能保持超流状态，这表明，在具有排斥相互作用的近理想玻色气体中可产生超流性，但其元激发谱只是小动量区声子部分，而在任何情况下都不可能包含旋子部分，即按现有理论不可能得到旋子激发。

准粒子平衡分布 [quasiparticle equilibrium distribution]　博戈留波夫模型中准粒子的平衡分布为

$$\langle \tilde{n}_p \rangle = \frac{1}{e^{\tilde{\varepsilon}(p)/kT} - 1} \quad (p \neq 0)$$

即处于低激发态的系统可视为准粒子组成的理想气体。准粒子数不固定，因而化学势 $\mu = 0$，准粒子的平衡分布应遵从玻色分布。上式中 $\langle \tilde{n}_p \rangle$ 是统计平衡态动量为 p 的平均激发数。当 $T = 0\text{K}$ 时，$\langle \tilde{n}_p \rangle = 0$。

超流费米液体 [superfluidity Fermi liquid]　对于费米液体，有一类元激发能谱，其相应的粒子之间相互作用是吸引性的情形。这种吸引作用使费米液体产生动量凝聚，元激发能谱出现能隙，导致费米液体的超流性。考虑粒子之间具有弱吸引力的简并性近理想费米气体。

(1) 模型的哈密顿量。假设动能处于费米面两侧 $\Delta\varepsilon$ 的范围内，且具有等量但方向相反的动量和自旋的一对费米子之间存在一弱吸引力而，形成库珀对 (一种特殊形式的束缚态)，系统的二次量子化形式的哈密顿量为

$$\hat{H} = \sum_{p,\sigma} \frac{p^2}{2m} \hat{a}^+_{p\sigma} a_{p\sigma} + \sum_{p,p'} V_{p'p} \hat{a}^+_{p'\uparrow} \hat{a}^+_{-p'\downarrow} \hat{a}_{-p\downarrow} \hat{a}_{p\uparrow}$$

式中 $\hat{a}^+_{p\sigma}$，$\hat{a}_{p\sigma}$ 是无互作用系的单粒子态 (p, σ) 的产生和湮没算符，满足反对易关系。$\uparrow, \downarrow$ 分别代表自旋 $\sigma = +1, -1$。$V_{p'p}$ 是相互作用算符 $\hat{V}$ 的矩阵元，表示消灭动量为 p 和 $-p$、自旋相反的一对费米子，产生动量为 p' 和 $-p'$、自旋相反的一对费米子。再强调一下，只是具有大小相等、方向相反的动量和自旋的一对粒子才有相互作用。设矩阵元 $V_{p'p}$ 可表示为

$$V_{p'p} \equiv \left(p' \uparrow, -p' \downarrow \left| \hat{V} \right| p \uparrow, -p \downarrow \right)$$

$$= \begin{cases} -V_0, & \left| \mu - \dfrac{p^2}{2m} \right| < \Delta\varepsilon, \left| \mu - \dfrac{p'^2}{2m} \right| < \Delta\varepsilon \\ 0, & \text{其他情形} \end{cases}$$

其中，V_0 为正常数。上述哈密顿量 $\hat{H}$ 通常称为巴丁-库珀-施里弗 (BCS) 约化哈密顿量，可以采用多体理论中平均场近似方法简化，得到哈密顿量 $\hat{H}$ 的相互作用部分

$$\hat{H}' = \sum_p \hat{H}'_p - \sum_p \Delta^+_p X_p + \sum_p \varepsilon_p$$

其中 $\hat{H}'_p \equiv \hat{A}^+_p \varepsilon_p \hat{A}_p$，$X_p \equiv \langle \hat{a}_{-p\downarrow} \hat{a}_{p\uparrow} \rangle = \text{tr} \left(\hat{\rho} \hat{a}_{-p\downarrow} \hat{a}_{p\uparrow} \right)$、$\Delta_p \equiv \sum_{p'} V_{pp'} X_{p'}$、$\Delta^+_p = \sum_{p'} V_{p'p} X^+_{p'}$。$\hat{\rho}$ 为巨正则系综密度矩阵，Δ_p 可作为凝聚相的序参数，称之为能隙函数。$\hat{H}'_p$ 表达式中 $\hat{A}_p$，ε_p 和 $\hat{A}^+_p$ 均是矩阵

$$\hat{A}_p = \begin{pmatrix} \hat{a}_{p\uparrow} \\ \hat{a}^+_{-p\downarrow} \end{pmatrix}, \quad \hat{A}^+_p = \left(\hat{a}^+_{p\uparrow} \hat{a}_{-p\downarrow} \right), \quad \varepsilon_p = \begin{pmatrix} \varepsilon_p & \Delta_p \\ \Delta^+_p & -\varepsilon_p \end{pmatrix}$$

其中，$\varepsilon_p \equiv p^2/2m - \mu$。

(2) 博戈留波夫 (Bogoliubov)-瓦啦廷 (Valatin) 变换 (B-V 变换)。通过 B-V 变换使 $\hat{H}'$ 对角化，B-V 变换是一幺正变换，它保持费米反对易关系。引入一 (2×2) 矩阵 U_p 和 (2×1) 矩阵 Γ_p，使 U_p 作用在 Γ_p 上变为 $\hat{A}_p$，即 $\hat{A}_p = U_p \hat{\Gamma}_p$，其中

$$U_p = \begin{pmatrix} u^*_p & v_p \\ -v^*_p & u_p \end{pmatrix} \quad \hat{\Gamma}_p = \begin{pmatrix} \hat{\gamma}_{p0} \\ \hat{\gamma}^+_{p1} \end{pmatrix}$$

U_p 的矩阵元是 p 的复变函数。由于每一动量 p 有两个自旋态，需引入两个产生和两个湮灭的准粒子算符 $\hat{\gamma}^+_{p0}, \hat{\gamma}^+_{p1}$ 和 $\hat{\gamma}_{p0}, \hat{\gamma}_{p1}$。这种准粒子称为波戈子 (bogolon)。若让 u_p 和 v_p 满足关系 $|u_p|^2 + |v_p|^2 = 1$，则 $\hat{\gamma}_{p\alpha}$ 和 $\hat{\gamma}^+_{p\alpha}$ $(\alpha = 0,1)$ 满足费米反对易关系，而且还有 $U^+_p U_p = U_p U^+_p = 1$。算符 $\hat{\gamma}_{p0}$ 是 $\hat{a}_{p\uparrow}$ 和 $\hat{a}^+_{-p\downarrow}$ 的线性组合，它使系统的动量减少 p，自旋减少 $\hbar$，反之，$\hat{\gamma}^+_{p1}$ 则使系统的动量增加 p，自旋增加 $\hbar$。引入一 (2×2) 对角矩阵 E_p，使

$$U^+_p \varepsilon_p U_p = E_p, \quad E_p = \begin{pmatrix} E_p & 0 \\ 0 & -E_p \end{pmatrix}$$

E_p 包含准粒子 (波戈子) 激发能量。由上式得

$$E_p = \left[\left(\frac{p^2}{2m} - \mu \right)^2 + |\Delta_p|^2 \right]^{1/2}$$

与自旋变量 α 无关。这样，B-V 变换就将具有相互作用的费米气体系统转换为由作为准粒子的波戈子组成的理想费米气体系统。不难将 $\hat{H}'$ 变为准粒子系统的哈密顿量

$$\hat{H}' = E_0 + \sum_{p,\alpha} E_p \hat{\tilde{n}}_{p\alpha}$$

其中 $E_0 = -\sum_p (E_p - \varepsilon_p) - \sum_p \Delta^+_p X_p$ 为无准粒子时的基态能量，E_p 是准粒子的激发能量，它与 α 无关。准粒子占数算符 $\hat{\tilde{n}}_{p\alpha}$ 为 $\hat{\tilde{n}}_{p\alpha} = \hat{\gamma}^+_{p\alpha} \hat{\gamma}_{p\alpha}$。

超流费米气体的能谱式 E_p 是一抛物线，它不同于正常费米液体，有能隙 Δ_p 存在。能谱符合朗道超流判据，具有弱吸引相互作用的费米气体具有超流性，这种吸引力导致动量和自旋都相反的两粒子形成库珀对。系统的基态可视为所有粒子均形成库珀对，其实只有费米面附近的库珀对才有物理意义。元激发谱存在能隙是由于破坏一个库珀对得耗费有限的能量，每破坏一个库珀对产生两个准粒子即两个博戈子，所以，$2\Delta_p$ 是库珀对的束缚能。

(3) BCS 能隙方程。著名的 BCS (Bardeen-Cooper-Schrieffer) 能隙方程为

$$V_0 N(0) \int_0^{\Delta\varepsilon} \frac{\tanh\left(\sqrt{\varepsilon^2 + \Delta^2(T)}/2kT \right)}{\sqrt{\varepsilon^2 + \Delta^2(T)}} d\varepsilon = 1$$

其中, $N(0) = \dfrac{mV}{\pi^2 \hbar^3} p_F$ (p_F 为费米动量) 是费米面处的态密度。上式给出了能隙与温度的关系, 由此可以求出从超流相转变为正常相的相变温度 T_c。当 $T = T_c$ 时, $\Delta(T_c) = 0$, 此时无激发能谱, 退化为正常相的能谱, 即有 (其中 $\Delta\varepsilon$ 为费米面两侧的能量范围)

$$kT_c = \beta_c^{-1} = 1.13\Delta\varepsilon \exp\left[-\frac{1}{N(0)V_0}\right]$$

可见临界温度 T_c 与相互作用强度 V_0 呈指数关系, 若 $N(0)$ 或 V_0 越大, 则 T_c 越高。

库珀对 [Cooper pair] 见超流费米液体。

博戈留波夫-瓦拉廷变换 [Bogoliubov-Valatin transformation] 见超流费米液体。

博戈子 [bogolon] 见超流费米液体。

BCS 能隙方程 [Bardeen-Cooper-Schrieffer equation of energy gap] 见超流费米液体。

本章作者: 欧阳容百, 金新, 秦允豪

四

声　学

声学 [acoustics, theory of sound]　物理学的一个分支。研究声波的产生、传播、接收和效应等问题的学科。按研究的方法、对象和频率范围，可分为几何声学、物理声学、分子声学、非线性声学、语言声学、生理声学、心理声学、水声学、大气声学、环境声学、建筑声学、音乐声学、生物声学、电声学、声能学、超声学、次声学等。

历史上，声学研究的对象是人耳能听到的可听声。现代声学研究对象是气体、液体和固体弹性介质中的各种机械波动，包括人耳不能听到的次声和超声。现代声学的显著特点是与其他科学技术互相交叉，渗透到人类生活的各个领域，研究范围不断扩展。

现代声学中最初发展的是建筑声学、电声学以及相应的电声测量。随着研究手段的进步，对听觉的研究不断深入，发展了生理声学和心理声学。对语言和通信广播的研究，发展了语言声学和通信声学。随着声波频率范围的扩展，发展了超声学和次声学，超声学在工业和医学方面的应用不断产生新的技术方法，超声在海洋中的应用促进了水声学的发展。近年来全球面临着严重的噪声问题，因此对噪声、噪声控制、机械振动和冲击的研究迅速发展。随着高速大功率机械应用日益广泛，非线性声学得到迅速发展，是当前声学基础研究的一个重要前沿。这些分支构成了现代声学体系。

4.1　声学基础理论

4.1.1　振动与波

振动 [vibration]　一个物体或弹性媒质中的质点受到激励后，由于弹性恢复力的作用，使物体或弹性媒质的质点在其平衡位置附近作往返运动。振动的状态与物体或弹性媒质中的质点的特性和外界激励力的性质有关。振动的特征为时间上的周期性和空间上的重复性。研究一个系统的振动特性时，常将被研究的对象等效成由质量、阻尼和弹性组成的一个系统。振动的分类有多种方式，根据系统振动时受力的情况，可分为自由振动和受迫振动；根据受力的性质，又可以分为稳态振动和瞬态振动；根据振动的状态，可分为周期振动和随机振动等。

周期 [period]　振动物体往返运动一次所需的时间，用 T 表示，单位为秒。如作简谐振动的物体，时刻 t 的位置或速度，与时刻 $t+T$ 的位置或速度完全相同，即 $A\cos(\omega t)=$ $A\cos[\omega(t+T)]$，则简谐振动的周期为 $T=2\pi/\omega$，式中 ω 为圆频率 (见圆频率)。

频率 [frequency]　单位时间 (通常为 1 秒) 内振动循环的次数，用 f 或 ν 表示，单位为赫兹 (Hz)，1Hz=1 次/秒。频率在物理学中有广泛应用。如人耳的听觉就与频率有关，可听声的频率范围为 20~20000Hz；日常生活中使用的交流电的频率为 50Hz；广播电台也以它载波信号的频率为标志等。

圆频率 [circular frequency]　又称角频率。物体作简谐振动循环一次，则三角函数内角度增加 2π，故单位时间内角度增加 $\omega=2\pi f$，ω 称为圆频率，单位为弧度每秒。

角频率 [angular frequency]　即圆频率。

瞬态相位 [instantaneous phase]　物体作简谐振动时，如 $A\cos(\omega t+\phi)$，其中 $(\omega t+\phi)$ 称为瞬态相位，而 ϕ 称为初始相位，简称为相位。单位为弧度。如果媒质中传播的波为简谐波，如 $A\cos(\omega t-kx+\phi)$，则瞬态相位为 $(\omega t-kx+\phi)$。

自由振动 [free vibration]　当一个系统受外力激励，然后撤去外力，系统的振动称为自由振动。振动系统的运动状况决定于初始条件。如果系统在振动过程中保持能量不变 (忽略阻尼的影响)，则系统按本身的固有频率振动，即无阻尼自由振动，这就是简谐振动。

简谐振动 [simple harmonic vibration]　用单一频率的简谐函数来描述的振动。它是周期振动的最简单形式。典型的简谐振动有弹簧振子、单摆、复摆和扭摆等。在忽略阻尼和理想的条件下，它们有共同的运动规律。

阻尼振动 [damped vibration]　一个系统受激后发生振动，如果没有外力的作用，由于系统在振动过程中受到阻力的作用，振动能量逐步转变成其他形式能量，振动逐步消失，这种振动称为阻尼振动。阻尼振动能量的耗散方式通常有两种：一种为机械能转变成热能，这种阻力属于摩擦阻尼，如黏滞力遵循斯托克定律，它与速度成正比，空气 (流体) 阻力与速度平方成正比；另一种为振动系统引起周围媒质的振动，将机械能转变成声能向外辐射，如受激的板振动辐射声音。

受迫振动 [forced vibration]　一个系统受到外加激励力的作用而产生的振动。振动的能量由外加激励力提供，振动的特性与外力有关。系统作受迫振动时，振动由两部分组成：一部分为自由振动，因为系统中存在阻尼，所以这部分振动随时间指数衰减；另一部分为由外力决定的振动。如果外力为连续的周期力，则系统以外界周期力的频率振动，外力提供的能量补充系统因阻尼而消耗的能量，形成所谓的稳态振动 (见稳态振动)。

稳态振动 [steady vibration]　当系统受到连续的周期性的外力作用时产生的振动。当外力提供的能量等于系统因阻尼而消耗的能量时，系统作稳态振动，系统以外加周期力的频率振动，因此，稳态振动是连续的周期性的受迫振动 (见受迫振动)。

瞬态振动 [transient vibration]　由外加瞬态激励引起的振动，基本特征为持续时间较短的突发性过程，如飞机着陆、火炮发射、爆炸、地震、碰撞和冲击等都会激发瞬态振动。经常通过傅里叶变换，将时域上的瞬态振动转换成频域上的频谱来研究和分析瞬态振动的特性。

固有频率 [natural frequency]　系统自由振动时的频率，它由振动系统本身的物理特性决定。无阻尼振动时的固有频率仅由系统的弹性力和惯性力确定。如弹簧振子的固有频率 ω_0 决定于振子的质量 m 和弹簧的刚度 k，即 $\omega_0 = \sqrt{k/m}$；单摆的固有频率 ω_0 决定于摆的长度 l 和重力加速度 g，即 $\omega_0 = \sqrt{g/l}$。

简正频率 [normal frequency]　N 个自由度的耦合振动系统作某种集体振动的频率。这些固有频率不是某个振动单元的，而是耦合系统。对连续系统，简正频率有无限多，最小的一个称为基频。

简正模式 [normal mode]　对 N 个自由度的耦合振动系统，每个简正频率对应的一个振动模式 (即某种集体振动模式)。N 个简正模式是相互正交的。

模式简并 [mode degeneracy]　一般一个简正频率对应一个简正模式 (称该模式是非简并的)，如果一个简正频率对应 p 个简正模式，称为 p 度简并。

共振 [resonance]　系统在受迫振动时，激励的任何微小的频率变化，都使响应减小的现象。响应 (如振动的位移、速度或加速度) 是频率的函数，在某些频率点出现极大值，这些频率点称为共振频率。不同响应的共振频率不同。

反共振 [antiresonance]　系统在受迫振动时，激励的任何微小的频率变化，都使响应增加的现象。响应 (如振动的位移、速度或加速度) 是频率的函数，在某些频率点出现极小值，这些频率点称为反共振频率。不同响应的反共振频率不同。

阻尼 [damping]　振动系统中的能量随时间或距离而损耗的现象。振动能量的损耗决定于阻尼力的作用，不同阻尼力的作用产生不同的阻尼效果。阻尼可以分为：干 [摩擦] 阻尼 (阻尼力与质点振动速度的大小无关)、黏性阻尼 (阻尼力与质点振动速度大小成正比) 和非线性阻尼 (阻尼力不与速度成正比) 等。

临界阻尼 [critical damping]　当一振动系统的阻尼因子在数值上等于系统的固有频率时，导致系统从偏离平衡位置处刚好回复到原有位置而无振动发生，这时的阻尼称为临界阻尼。

品质因素 [quality factor]　表征单自由度机械或电系统共振尖锐度或频率选择性的物理量，称为系统的品质因素，即 Q 值。在机械系统中，它是在一周内储存的最大能量与耗散的能量之比的 2π 倍。当阻尼比较小时，$Q = \omega_0/(2\beta)$，其中 ω_0 为系统的固有频率，β 为阻尼因子。

线性振动 [linear vibration]　用常系数线性微分方程描述的振动。在线性振动的分析中能够应用能量叠加原理，振动的固有频率与其振幅无关。振动系统中的回复力与位移成线性关系的振动。

非线性振动 [nonlinear vibration]　振动系统中回复力与位移不成线性关系，不能用常系数线性微分方程来描述的振动。在非线性振动的分析中不能用能量叠加原理，振动的固有频率与其振幅有关。

拍 [beat]　由两个或多个同类型而不同频率的波的线性叠加而引起的现象。对于两个频率分别为 f_1 和 f_2 的简谐信号，线性叠加的结果形成幅值按差频 $f_1 - f_2$ 周期性增减的信号。可以利用差拍现象设计振荡器，如拍频振荡器，或用来对未知频率进行校准 (必须有一个已知频率的信号源)。

波 [wave]　由机械振动或电磁振荡的传播所形成的一种运动形式。机械振动在媒质中产生以一定速度传播的扰动，它是一种机械波。媒质必须有弹性和惯性，弹性提供一个力使质点的位移能回复到它原来的位置，惯性是使运动的质点能把动量传递给邻近的质点。电磁振荡产生的是电磁波，它不是机械波，因而可以在真空中传播。电磁波的速度取决于波在其中传播的媒质，在真空中传播的速度为常数，$c = 2.998 \times 10^8 \, \mathrm{m/s}$。人们在日常生活中接触最多的是声波 (一种机械波) 和光波 (一种电磁波)。

简谐波 [simple harmonic wave]　当声源作简谐振动时，扰动在媒质中传播形成简谐波。它是最简单、最基本的波动。任何复杂的波都可以看作是不同振幅和不同频率的简谐波的合成。假设位于原点的声源在 x 方向的振动速度为 $u(t) = A\cos(\omega t)$，则在媒质中沿 x 方向产生的简谐波可以表达为 $u(x,t) = A\cos(\omega t - kx) = A\cos[\omega(t - x/c)]$，式中 A 为振幅，ω 为圆频率，k 为波数，c 为波速。该式表明在声波传播方向上各质点之间的相互关系。在某一时刻，坐标位置为 x 的质点，它的振动最大振幅为 A，它与声源的相位差为 $\omega x/c$，声波从源到该点所需的传播时间为 x/c，波的传播速度为 c。

波长 [wavelength]　在声波的空间分布中，相邻的同相位的两点之间的距离。它也是媒质中扰动在一个周期内传播的距离，通常记作 λ。因此，波的传播速度等于频率乘以波长。

波数 [wave number]　又称角波数传播常数。在波的传播方向上，单位长度内波长的数目，即波长 λ 的倒数 $1/\lambda$。因为当声波传播距离为一个波长 λ 时，两点之间的相位差为 2π，故在声学中，规定波数为 $k = 2\pi/\lambda$。当描述媒质中行波时，如 $p(x,t) = A\exp[\mathrm{i}(\omega t - kx)]$，波数 k 一般为复数，其实部的物理含义如上所述，其虚部表示波在传播过程中的衰减或吸收。

角波数 [angular wave number]　即波数。

波矢 [wave vector]　用来表示声波传播方向的矢量，常用符号 k 表示。波矢的方向与波前垂直，其大小等于波数，即 $k = 2\pi/\lambda = 2\pi f/c = \omega/c$，其中 λ 为波长，ω 为圆频率，f 为频率，c 为声速。

相速度 [phase velocity]　声波在媒质中传播时，空间各点的瞬态声压的相位依次滞后于源振动的相位，在媒质中相位固定的某一点 (二维空间为线，三维空间为面) 沿传播方向的速度。换言之，相速度是等相位面传播的速度，而非波能量传播的速度 (见**群速度**)。波的相速度与媒质的特性有关，如果各向同性媒质中声波的色散关系为 $k = k(\omega)$，则相速度为 $v_{ph} = \omega/\mathrm{Re}[k(\omega)]$；对各向异性媒质，相速度与声波的入射方向有关。

群速度 [group velocity]　当声波以波包形式 (即随时间、空间的变化不是正弦形式) 在媒质中传播时，其包络面传播的速度。群速度是一个矢量。如果色散关系为 $\omega = \Phi(k_x, k_y, k_z)$，则群速度 v_g 为 $v_g = \nabla_k \Phi$，其中 ∇_k 表示对 (k_x, k_y, k_z) 求偏导数。群速度是波群能量在媒质中传播的速度，只是在色散媒质 (不同频率的波在媒质中传播速度不一样) 中，群速度与相速度才有差别。

色散 [dispersion]　波在媒质中传播的速度随频率变化。当有色散时，不同频率成分组成的波包会发生弥散，使接收信号的波形相对于发射信号产生畸变 (扩展)。声色散现象与媒质内部微观结构的弛豫过程有关。如在二氧化碳中当频率小于 10^5 Hz 时，声速为一常数，大于该频率且随频率的增加声速增大，到 10^6 Hz 时声速又为另一个常数。

波阵面 [surface wavefront]　在媒质中向前传播的声波，在同一时刻相位相同的各点连成的面。它形象地描述了某一时刻在媒质中扰动到达空间各点的位置。在声波传播过程中领先的波阵面又称为波前，垂直通过行波波阵面上的线，称为波线 (声学中称为声线)。点源产生的波阵面为球面，其波线是垂直于波前并通过球心的一组射线。均匀管子一端的平面活塞，受到周期力的作用，在管中可以产生波阵面为平面的声波。

平面波 [plane wave]　波阵面处处为平行的平面，且垂直于传播方向的波。平面波是一种最简单的波型，常用以研究波的传播特性。平面声波在理想媒质中传播时具有下列特性：(1) 声压和质点速度同相位；(2) 声压和质点速度不随距离变化；(3) 声阻抗率等于媒质的特性阻抗 $\rho_0 c_0$。在声学实验中，只有在均匀管导中才能得到平面波 (在截止频率以下且远离声源)。

球面波 [spherical wave]　波阵面为同心球面的波。球面波的波线是与其波前垂直的许多通过球心的法线。一个

点声源 (半径比其辐射波的波长小很多的源) 在各向同性的媒质中辐射的波为球面波。球面声波在理想媒质中传播时具有下列特性：(1) 声压与距离成反比；(2) 在距声源足够远处 $(r \gg \lambda)$，声压与振动速度之间相位相同，媒质的声阻抗率等于媒质的特性阻抗 $\rho_0 c_0$。

柱面波 [cylindrical wave]　波阵面为同轴柱面的波。一个直线源在各向同性的媒质中辐射的波为柱面波。线源可以由很多个间距很近的点源排列成一直线组成。当各个点源同相位辐射，且辐射的波长比点源之间的间距大很多时，这个点源阵就可以看成是一个线源。柱面声波在理想媒质中，传播时具有下列特性：(1) 在距声源足够远处，声压与距离的平方根近似成反比；(2) 在距声源足够远处，声压与振动速度之间相位相同，媒质的声阻抗率等于媒质的特性阻抗 $\rho_0 c_0$。

行波场 [travelling wave field]　声波在均匀各向同性媒质中传播时，如果边界反射可忽略或者传播方向不存在边界，声波可以自由向前行进，这样形成的声场称为行波场。

驻波场 [standing wave field]　频率相同的自由行进声波叠加时因干涉形成的声能量空间分布一定的声场。驻波声场中波腹、波节的位置不随时间而变化，声能量也不逐点传播。

波腹 [antinode]　在驻波场中，描述声场特性的某些物理量 (声压、质点位移、质点速度和质点加速度) 的幅值为最大的点、线或面。描述波腹时应说明波腹的类型，如声压波腹、位移波腹或速度波腹等。

波节 [node]　在驻波场中，描述声场特性的某些物理量 (声压、质点位移、质点速度和质点加速度) 的幅值为零的点、线或面。描述波节时应说明波节的类型，如声压波节、位移波节或速度波节等。当这些物理量的幅值在驻波场中不为零，而为极小值时，称之为次波节。

波包 [wave packet]　不同波长的波 (分波) 的叠加。它所形成的合成波的振幅除了空间一个有限部分外，均小得可以忽略，而这一有限部分的线度，即为波包的线度。如果不同波数 (从 $k \sim k + \Delta k$，k 为波数) 的波形成一维波包，则波包的线度近似为 $\Delta x \approx 1/\Delta k$，当所有分波在同一方向运动时，波包的速率是在 k 的平均值处计算的群速度 (见**群速度**) $v_g = \mathrm{d}\omega/\mathrm{d}k$ (ω 为波的圆频率)。当相速度 (见**相速度**) 依赖于波长时，群速度不等于相速度，而且波包的线度随时间变化。

调幅波 [amplitude modulated wave]　振幅调制以后的波称为调幅波。为了利用波的传播特性来传递信息，将所需传递的信息 (如语言、音乐或图像信号) 对波的振幅进行调制 (用于被调制的波称为载波，一般为电磁波)，接收端只要对调幅波的振幅解调，即可得到该波所携带的信息。因为外界的噪声干扰主要是振幅干扰，因此调幅波的信号容易受到

干扰。

调频波 [frequency modulated wave]　频率被调制的波。为了利用波的传播特性来传递信息，将所需传递的信息 (如语言、音乐或图像信号) 对波的频率进行调制，接收端只要对调频波的频率解调，即可得到该波所携带的信息，因为外界的噪声干扰对频率的干扰很小，因此被解调的信号质量较高。

机械波 [mechanical wave]　机械振动在媒质中的传播所形成的波动。在弹性媒质中，只要有一个质点受到激励发生振动，则它周围的质点由于惯性和弹性力也会发生振动，但与前者存在一定的相位滞后。同样的理由，接着近邻的质点又在这些质点的带动下振动起来，只是比最先振动的质点滞后更大的相位，这样由近及远地影响下去，机械振动就以一定的速度由近及远地向各个方向传播，形成机械波。产生机械波必须具备能激发波动的振动系统作波源和能传播机械振动的具有一定质量的弹性媒质。声波是机械波。

声波 [acoustic wave, sound wave]　弹性媒质中密度、压力、应力、质点位移等偏离平衡值的扰动以波的形式传播。传声媒质可以是气体、液体、固体及等离子体等。就质点振动方向与声传播方向关系而言，有纵波、横波、表面波等。声波的频率范围相当宽，从 10^{-4}Hz 到 10^{12}Hz 或更高，按照频率范围可将声波分为次声 (10^{-4}~20Hz)、可听声 (20~20000Hz)、超声 (20000~5×10^8Hz)、微波超声 5×10^8~10^{12}Hz) 和特超声 (10^{12}Hz 以上，也有人把 10^9Hz 以上称特超声)。声波的强度范围也很宽广，人耳能听到的最小声压级为 0dB，火箭发射时噪声级可高达 180dB。

谐波 [harmonic wave]　在周期性振荡中，频率等于基频整数倍的正弦分量。如频率等于基频，二倍的波称为二次谐波，三倍的波称为三次谐波等。谐波一般是由振动和传播的非线性引起的。在电子设备或仪器中，由于放大的非线性或物理量之间转换的非线性而引起的频率为基频整数倍的正弦分量也称为谐波。

次谐波 [subharmonic wave]　频率等于一个周期性振荡基频的整分数的正弦分量。如频率等于基频 1/2 的波称为二次分谐波，1/3 的波称为三次分谐波等。分谐波一般是由振动和传播的较强的非线性引起的。

频谱 [frequency spectrum]　把某一随时间变化的物理量按幅值或相位表示为频率的函数的分布图形。谱可能是线状谱、连续谱或二者之和。一般频谱中横坐标为频率或圆频率，纵坐标即为某一物理量 (如强度、速度和声压等) 的幅值或相位。

主频 [basic frequency]　一个包括很多不同频率成分的复杂信号中最主要的频率。对于一个被驱动的系统，主频就是驱动频率。对于一般的语言和音乐节目信号，主频是指信号的基频。

惠更斯原理 [Huygens principle]　1690 年荷兰物理学家惠更斯提出：媒质中扰动的传递过程中，波前上所有点都可以认为是产生球面次级子波的新波源。在时间 t 以后，波前的新位置将是和次级子波相切的曲面。应用这原理可以由某一时刻的波前的位置用几何作图的方法来确定下一时刻波前的位置和波传播的方向。可以用惠更斯原理来解释波传播中的反射、折射和衍射等现象，而不涉及波的性质和波的类型。

4.1.2　基础声学

物理声学 [physical acoustics]　研究声学中基本问题的科学，是声学中最主要的分支学科之一。物理声学研究声振动的基本规律、声波在各种媒质 (包括气体、液体、固体、等离子体以及各种人工结构等) 及不同边界条件下的传播特性，以及声波与物质间的相互作用等。

线性声学 [linear acoustics]　声波在媒质中的传播遵守三个基本守恒定律，即质量守恒、动量守恒和能量守恒，描述三个守恒定律的数学方程都是非线性的。当声波的振幅足够小，我们可以对这些方程作线性化处理，从而得到线性声波方程，以此为基础研究声波的传播特性的声学分支称为线性声学。如果声波运动的空间和时间特征长度分别为 L 和 T(对平面简谐波，即为波长和周期) 则线性化条件为 $|v| \ll L/T$ 和 $|p| \ll \rho_0(L/T)^2$(严格地，还有一个本构方程的线性化条件)，其中 v 为质点振动速度，p 为媒质中的声压，ρ_0 为媒质密度。(注：①线性化条件在声源附近不一定成立，源附近的声场空间变化剧烈，但线性声学仍然适用；②即使线性化条件成立，当声波传播足够远距离，由于声振幅的积累效应，也必须考虑非线性效应 (见非线性声学)；③如果存在边界，边界条件也必须是线性的。)

叠加原理 [superposition principle]　当媒质中存在多个声源时，总声场是每个声源单独存在时辐射的声场之和。叠加原理仅仅在线性声学范围内成立。

互易原理 [reciprocity principle]　当声源位于空间 A 点时，测量空间 B 点的声场等于当声源位于空间 B 点时，测量空间 A 点的声场。互易原理对非均匀介质、固体中声场以及流—固相互作用系统都成立，这是线性物理系统的基本性质。

波动声学 [wave acoustics]　用波动观点研究声学问题的一门分支学科。弹性媒质中声场随时间、空间变化的规律，在数学上由声波动方程描述，求得声波动方程满足边界条件的解，即可确定出声场中声压或质点速度等随时间和空间的变化，因而可完全定征声场特征，揭示出声场物理本质。由于数学上的困难，只在若干几何形状简单规则的情况下，才能得到波动方程的严格解析解。随着计算机技术的发展和应用，波动声学的数学可解的范围得以大大扩展。当声波波长与存在声场的空间线度在同一数量级时，一般需要用波动声学去求解。

几何声学 [geometrical acoustics]　又称射线声学。用声线的观点研究声学问题的一门分支学科。几何声学方法类似于几何光学方法，声波以射线形式传播，声线入射到物体表面时，一部分声能被吸收，另一部分声能被反射，如物体表面线度远大于声波波长，则声线的反射角等于入射角。一般用于分析高频声波在缓变介质中的传播。

程函方程 [eikonal equation]　在几何声学近似中，等相位面满足的一阶非线性偏微分方程。设非均匀媒质(声速分布为 $c(\boldsymbol{r})$)中声场分布为 $p(\boldsymbol{r},\omega) = A(\boldsymbol{r},\omega)\exp[\mathrm{i}k_0 S(\boldsymbol{r},\omega)]$ (ω 为圆频率，$k_0 = \omega/c_0$ 为波数，c_0 为媒质中某一参考点的声速)，则在几何声学近似下，程函方程为 $(\nabla S)^2 = n^2(\boldsymbol{r})$，其中 $n(\boldsymbol{r}) \equiv c_0/c(\boldsymbol{r})$ 为声折射率。$A(\boldsymbol{r},\omega)$ 满足的近似方程称为输运方程。在几何声学中，相位 $S(\boldsymbol{r},\omega)$ 变化是主要的，而振幅 $A(\boldsymbol{r},\omega)$ 的变化是次要的。

输运方程 [transfer equation]　在几何声学近似中，等振幅面满足的一阶非线性偏微分方程。见程函方程。

焦散面 [caustic surface]　声线的包络面。在焦散面处几何声学近似不成立。

射线声学 [ray acoustics]　即几何声学。

统计声学 [statistical acoustics]　用统计学方法研究声学问题的一门分支学科。当声场中存在着许多大小、形状、声学性质各不相同的障碍物或散射体，或边界形状很不规则，这时声场变得极为复杂，求解波动方程已不可能。通常采用声线的观点研究声场。声线向各方向传播，遇到障碍物不断改变行进方向，故声的传播完全处于无规状态，以致声场成为统计平均的均匀声场即扩散声场，因而可用统计学方法研究其平均自由程、平均吸声系数及平均声能密度等。一般用于分析高频声波在空间分布的一种近似方法。

计算声学 [computational acoustics]　利用数值计算技术模拟复杂边界条件下声波的辐射和散射的方法。近年来在水声学、地声学、大气声学、结构声学等方面都有广为应用。目前的商业软件一般基于有限元、无限元和边界元等数值计算方法，具有丰富的单元库、材料库、边界条件、求解配置和求解器，为研究和工程设计提供了强大的工具，可以处理的问题包括声辐射、声散射、复杂结构的声传递、封闭声场、管道中的声传播、对流声传播、流固耦合、吸声材料等。

气动声学 [aeroacoustics]　研究流体流动及其与固体相互作用而产生声波的声学分支学科。如固体构件的高速旋转、气流从管道口的喷射、流体的绕流(如风吹过电线或穿过缝隙)而产生的声音。1952 年，莱特希尔(Lighthill)在英国皇家学会会刊上发表了一篇研究流体发声机理的论文，在这篇论文中，他推导了后来以他名字所命名的方程，人们普遍把这项工作当作气动声学诞生的标志。

大气声学 [atmospheric acoustics]　研究大气中波辐射、传播和散射特性的分支学科。大气中存在着的各种各样的声音，大致可分成自然的和人为的两大类。前者主要来源于一系列气象现象和其他地球物理现象，如飓风、海浪、地震、极光、磁暴等。它们不仅产生可听声而且更产生次声；人为的声音主要由工业和交通工具产生的噪声，特别是超音速喷气机飞行时产生的冲击波。如果大气条件有利于这种波的聚焦，那么地面上的建筑物和人的健康就会受到危害。因此，研究大气中声波传播规律，可为各类大气中的声学工程提供基础；还可用来探测大气结构和研究大气物理过程，特别是研究边界层结构，强对流的发生、发展，以及上下层大气耦合过程等。

反常声 [abnormal sound]　大气中声传播速度与高度有关，在距离地面 10～20km 存在低声速区，形成声通道。声波在声通道中可以传播 200～300km，即远离声源(如火山喷发)200～300km 的地方能听到声，而距声源点较近的地方反而听不到，这一声波称为反常声。

马赫锥 [Mach cone]　当针状形声源以超过媒质声速运动时，辐射的声波局限在以声源为顶点，锥角为 $\vartheta_M = \arcsin(c_0/v)$(其中 c_0 为媒质的声速，v 为声源运动速度)的圆锥体内，该锥体称为马赫锥。

多普勒效应 [Doppler effect]　当波源和观察者相对运动时，观察者接收到的波的频率与波源发出的频率有差异的现象。当两者相向运动时，观察者接收到的频率升高；反向运动时频率降低的现象。由多普勒效应引起的频率变化数值称为多普勒频移。

地声学 [geoacoustics]　研究地壳、地幔、地核，以及海底的声传播特性的声学分支学科。特别是指利用声学方法研究海底沉积物声学特性和地学特性(如地质构造及其地质属性等)的学科领域。地声学的发展与水声学、海洋学、地质学、地球物理学及地理学等多个学科有密切的关系。对于海洋工程建设，海底资源开发及港口、航道和海防等各项海洋事业的发展有重大的实用意义。

生物声学 [bioacoustics]　研究能发声和有听觉动物的发声机制、声信号特征、声接收、加工和识别，动物声通信与动物声呐系统，以及各种动物的声行为的生物物理学分支学科。生物声学是介于生物学和声学之间的一门边缘学科，它是生物学、声学、语言学、医学、化学等多学科相互渗透的产物。广义的生物声学还涉及生物组织的声学特征、声对生物组织的效应、生物媒质的超声性质、超声的生物效应及超声剂量学等方面内容。

分子声学 [molecular acoustics]　研究声波传播与物质分子特性间的关系的一门声学分支学科。借助于声波与物质分子间的相互作用，通过对声波传播特性如声速、色散、衰减等的测量和研究，可以揭示这些媒质中由于分子运动造成的质量、动量和能量输运过程、材料黏弹特性机理及弛豫过程等，从而深化对气体、液体、高分子聚合物及团体介质内部结构的认识。

可听声 [audible sound]　引起人类听觉感知的声波。频率范围大致为 $20\sim200000$Hz。可听声一般称为声音。近代听觉实验发现低于 20Hz 的声音信号，加大声音强度，人耳仍能听到，不过听觉阈值 (人耳听到该频率声波的最低声压级) 比较高。

次声 [infrasound]　频率低于可听声频率下限的声音，一般指低于 20Hz 的声音。近代听觉实验发现，加大声音的强度，次声仍然可以听到。次声一般由自然过程产生，如火山爆发、地震、海浪和大气扰动，高速飞行的飞行器、高速行驶的车辆、压缩机和冷凝塔等也会产生次声。2Hz 以上的某些频率的次声对人体有影响，次声引起人们的烦恼和对人类身体健康的影响正成为一个新的研究课题。次声波在大气中传播时，因为衰减很小，所以可以传得很远。次声携带信息的监测技术，近年来引起人们的关注。

超声 [ultrasound, ultrasonics]　频率高于可听声频率上限 (20kHz) 的声波。超声频率的上限随科学技术的不断发展在不断提高，近年已能在实验室内产生出频率高到 10^{14}Hz 数量级的超声。对频率范围如此宽广的超声，通常又划分为微波超声 ($5\times10^{8}\sim10^{12}$Hz) 和特超声 (10^{12}Hz 以上)。频率在 10^{6}Hz 左右的超声在工业无损检测、医学诊断和治疗等领域有十分重要的应用。

微波声学 [microwave acoustics]　频率在 $5\times10^{8}\sim10^{12}$Hz 的高频超声，可用电、磁、光、热及超导隧道结等多种方法来产生和接收，微波超声在固体物理领域已得到广泛应用。近年来微波超声技术中还出现了另一些新的应用领域，如表面声波技术、声光技术等。

特超声 [hypersonic sound]　频率在 10^{12}Hz 以上的超声，其波长可与晶格长度相比拟，故传声媒质不能再视为连续的，因而特超声的产生、传播和接收的规律必须用量子力学和量子统计力学来处理。特超声是固体物理领域中一种重要的研究手段。

声压 [sound pressure]　全称“有效声压”。在一定时间间隔内瞬时声压的均方根值。当媒质中存在声波时，媒质受到波的扰动，其压强发生变化，在所考虑的瞬间，媒质中某一点所呈现的压强与静压强 (媒质未受到扰动时的压强) 之差称为瞬时声压。声压的单位为帕 (Pa)，$1Pa=1N/m^2$。

质点速度 [particle velocity]　连续弹性媒质中小质团 (理论上无穷小，但实际上仍包含大量分子) 因声波传播而引起其在平衡位置附近的振动速度，单位为米每秒 (m/s)。需要特别指出的是，质点振动速度与声波传播速度是两个不同的概念，声波传播不是将媒质质点带走，媒质质点只在平衡位置附近往返振动，声波带走的是质点振动的能量。如不特别说明，质点速度一般指有效值即均方根值。

速度势 [velocity potential]　理想流体中声波的运动是无旋的，即 $\nabla\times v=0$(其中 v 为流体的速度场)，因此可以引进标量函数 φ 来代替矢量场 v，即 $v=-\nabla\varphi$。速度势也满足波动方程，故从速度势可求出声压场和速度场。

声场 [sound field, acoustic field]　在某个时刻，特定区域中与声波有关的物理量的空间分布，一般该物理量是空间坐标的单值函数。描述声场的物理量可以是声压、质点振动速度、位移或媒质密度等，它们一般都是位置和时间的函数。声场中这些物理量随空间位置和时间的变化关系由声学波动方程描述，解出声波方程且满足边界条件的解，即可知道声场随空间的分布和随时间的变化及能量关系等。

刚性边界 [rigid boundary]　声波在特性阻抗为 $\rho_0 c_0$ 的媒质中传播时，遇到的障碍物的特性阻抗远大于 $\rho_0 c_0$，则障碍物与传声媒质的边界称为刚性边界，边界条件为法向速度为零，即 $v_n=0$。如空气 (传声媒质) 与固体 (障碍物) 的边界，空气 (传声媒质) 与水 (障碍物) 的界面。这时障碍物只能传递静态压力，不能传播声波。

压力释放边界 [pressure-released boundary]　又称软边界。声波在特性阻抗为 $\rho_0 c_0$ 的媒质中传播时，遇到的障碍物的特性阻抗远远小于 $\rho_0 c_0$，则障碍物与传声媒质的边界称为压力释放边界，边界条件为声压为零，即 $p=0$。如水 (传声媒质) 与空气 (障碍物) 的界面。这时障碍物不能承受压力，故也不能传播声波。

软边界 [soft boundary]　即压力释放边界。

局部反应界面 [locally reacting surface]　当声波入射到界面时，界面上某一点的声压 p 与该点的法向速度 v_n 之比为常数 (称为法向声阻抗率 z_n) 的界面，即 $z_n=p/v_n$。

阻抗边界 [impedance boundary]　又称阻抗界面。当声波入射到界面时，反射波与整个界面以及界面后的媒质 (还可能包含多种结构) 都密切相关。当无需知道 (或者不可能知道) 界面后的声场分布时，往往假定界面是局部反应的，即假定法向声阻抗率为常数，这样的界面称为阻抗界面。

阻抗界面 [impedance interface]　即阻抗边界。

自由声场 [free field]　均匀各向同性媒质中，边界反射可以忽略不计的声场。“消声室”内 (在截止频率以上) 和室外空旷处产生的声场可近似为自由声场。(注：在地面附近，必须考虑地面的反射。)

近场 [near field]　声源向自由空间辐射时，声源附近声压与质点速度不同相的区域。

远场 [far field] 声源向自由空间辐射时,离声源较远处声压和质点速度同相的区域。远场中声波呈球面发散。

辐射指向性 [radiation directivity] 振动物体辐射声波时,由于声源上各面元的振动强度不同以及到达观察点的声程差不同,干涉结果造成在离声源相同距离、不同方向的位置上声波强度不同,即辐射的声场随方向而异的特性。

单极子源 [monopole source] 声源驱动周围媒质等同于时变的体积位移。如球体作径向脉动是最简单的单极子源。当单极子源作单频振动时,辐射功率是频率的平方。

偶极子源 [dipole source] 声源驱动周围媒质等同于时变的外加作用力。如刚性球体的横向振动是简单的偶极子源。当偶极子源作单频振动时,辐射功率是频率的四次方。

多极展开 [multipole expansion] 小区域的体声源辐射声波时,远场声场可近似为单极子、偶极子、四极子、……一系列 n 极子声源辐射声场的总和。单极子源强度与小区域内的媒质质量随时间变化率成正比,而偶极子源强度与小区域内的媒质动量随时间变化率成正比。对一个孤立的区域,没有净质量和净动量的流进、流出,则单极子和偶极子辐射为零,必须考虑四极子辐射,如湍流产生的声。

索末菲辐射条件 [Sommerfeld radiation condition] 当声源向无限大空间辐射声波时,在无限远处的渐近条件。辐射声压必须满足关系: $\lim\limits_{r \to \infty} r\left(\dfrac{\partial p}{\partial r} + \dfrac{1}{c_0}\dfrac{\partial p}{\partial t}\right) = 0$,其中 c_0 为媒质的声速,p 为声压。

声速 [sound speed] 声波在媒质中传播的速度,单位为米每秒 (m/s)。在流体介质中,声速的表达式为 $c = \sqrt{K_s/\rho_0}$ (K_s 和 ρ_0 分别是流体在平衡态的绝热体模量和密度),或者可表示为 $c = \sqrt{(\partial P/\partial \rho)_s}$ (P 为流体压强,下标 s 表示在等熵条件下求导)。在空气中,声速为 $c = \sqrt{\gamma P_0/\rho_0}$ (γ 为空气的比热比,P_0 为大气的静压强,ρ_0 为空气的密度)。在色散媒质中,声速理解为相速度。

色散关系 [dispersion relation] 当圆频率为 ω 的平面声波向 $\boldsymbol{k} = (k_x, k_y, k_z)$(这里以直角坐标为例) 方向传播时,$\omega$ 与 $\boldsymbol{k}$ 的关系 $\omega = \Phi(k_x, k_y, k_z)$ 称为色散关系。对各向同性的媒质,ω 仅仅与波数 k 有关,$\omega = \Phi(k)$(或者写成 $k = k(\omega)$);反之,媒质是各向异性的。当色散关系为简单的线性函数 $\omega = ck$(c 为声速) 时,称媒质为非色散的;反之,为色散媒质。在色散媒质中,不同频率的声波具有不同的传播速度。当函数 Φ 仅有实部,称媒质为非耗散的;反之,为耗散媒质。(注:色散关系不仅仅与媒质本身有关,还与声传播的空间结构有关,如波导中传播的声波。)

绝热声速 [adiabatic speed of sound] 忽略相邻媒质间的热量交换时的声传播速度,即 $c_s = \sqrt{(\partial P/\partial \rho)_s}$(见声

速)。通常讲的声速就是绝热声速。

等温声速 [isothermal speed of sound] 忽略相邻媒质间的温度变化时的声传播速度,即 $c_T = \sqrt{(\partial P/\partial \rho)_T}$。在媒质的热传导系数 $\kappa \to \infty$,声传播速度为等温声速。

声能量密度 [sound energy density, acoustic energy density] 声场中流体元的动能密度和 (压缩) 势能密度之和

$$w = \frac{1}{2}\rho_0 u^2 + \frac{1}{2}\frac{p^2}{\rho_0 c_0^2}$$

单位为 J/ m^3,其中 u 是流体元的速度,p 是声压,ρ_0 和 c_0 分别是流体平衡时的密度和声速。对稳态声场,w 也指声能量密度的时间平均

$$w = \frac{1}{2}\rho_0 \langle u^2 \rangle + \frac{1}{2\rho_0 c_0^2}\langle p^2 \rangle$$

如果媒质中存在与空间坐标有关的流 $\boldsymbol{U}_0$,则声能量密度表达式较复杂。

声强 [acoustic intensity, sound intensity, sound energy flux density] 声场中某点通过单位面积的声能流矢量 (一般用 $\boldsymbol{I}$ 表示),单位为 W/m^2。设某单位面积的法向为 $\boldsymbol{n}$,则通过该单位面积的声能流为声强矢量在 $\boldsymbol{n}$ 方向的投影。(注:①对平衡时静止的媒质,$\boldsymbol{I} = p\boldsymbol{u}$;②如果媒质中存在与空间坐标有关的流 $\boldsymbol{U}_0$,则声强的表达式较复杂;③对稳态声场,声强也指时间平均 $\boldsymbol{I} = \langle p\boldsymbol{u} \rangle$。)

声功率 [sound power, acoustic power] 单位时间内通过特定曲面的声能量流,设曲面 S 的法向为 $\boldsymbol{n}$,则通过曲面 S 的声功率为面积分

$$P = \iint_S \boldsymbol{I} \cdot \boldsymbol{n} \mathrm{d}S$$

如果 S 为包围声源的闭合曲面,则 P 称为声源的声功率。

声阻抗率 [specific acoustic impedance] 空间一点的声压 p 与该点的质点速度矢量在传播方向的分量之比,即 $z = p/v_n$。单位为帕秒每米 (Pa·s/m),或者叫瑞利 (Rayl),1 瑞利 $=1\mathrm{Pa\cdot s/m}$。声阻抗率的意义在于表明了空间一点声压与该点的质点速度的相位关系。

特性阻抗 [characteristic impedence] 媒质的特性阻抗等于媒质的密度 ρ 与声速 c 的乘积即 $z_c = \rho c$。与单独的密度 ρ 或声速 c 相比,它更能表征媒质的声学特性。

有效声压 [effective pressure] 声压的时间均方平均,即

$$p_e = \sqrt{\frac{1}{T}\int_0^T p^2(t)\mathrm{d}t}$$

其中 T 是平均时间。对周期声信号,平均时间可取为声信号的周期;对非周期信号,一般让声信号通过一系列带通滤波器,然后叠加。

级 [level]　某一物理量与同类基准量之比的对数。级的类别用名称表示，如声压级、声功率级和振动加速度级等。对数的类别、对数的底以及比例常数不同，则得到不同级的单位，如贝（尔）、分贝和奈培等。

贝 [bel]　级或者级差的无量纲单位。特别是指两个功率（如声功率）比值的无量纲单位，等于功率比值的常用对数 $N = \lg(P_1/P_2)(\text{Bels})$，其中 N 为贝数，P_1、P_2 分别为两个功率值。分贝是贝尔的十分之一，符号为 dB，即 $n = 10\lg(P_1/P_2)$ (dB)，式中 n 为分贝数。在声压（或质点速度、电压、电流等量）的数值比等于功率比平方根的条件下，功率比值的分贝数可用下式表示，即 $n = 20\lg(p_1/p_2)(\text{dB})$，其中 p_1 和 p_2 是声压。

分贝 [decible]　见贝。

奈培 [neper]　表示两个声学量 A_1 和 A_2(如速度、质点速度、体积速度、力、声压等) 比值的单位，等于比值的自然对数，即 $\alpha = \ln(A_1/A_2)(\text{Neper})$。1 奈培等于 8.68589 分贝 (dB)。

声压级 [sound pressure level]　有效声压 p_e 与基准声压 p_r 的比值的常用对数乘以 20，单位为分贝 (dB)，即 $L_p \equiv 20\lg(p_e/p_r)(\text{dB})$。基准声压必须说明：在空气中常用 $p_r = 2 \times 10^{-5}\text{Pa}$(即 20μPa，大致为人类能够感知到 1kHz 声音存在的最小值)，在水中常取 $p_r = 10^{-6}\text{Pa}$。

声强级 [sound intensity level]　声强 I 与基准声强 I_r 之比的常用对数乘以 10，单位为分贝 (dB)，即 $L_I \equiv 10\lg(I/I_r)(\text{dB})$。基准声强必须指明，空气中常取 $I_r = 10^{-12}\text{W/m}^2$。

声功率级 [sound power level]　声功率 W 与基准声功率 W_r 之比的常用对数乘以 10，单位为分贝，即 $L_w \equiv 10\lg(W/W_r)(\text{dB})$。基准声功率必须指明，空气中常取 $W_r = 10^{-12}\text{W}$。

声级 [sound level]　用一定的仪表特性和 A、B、C 频率计权特性测得的计权声压级。所用的仪表特性和计权特性都必须说明，否则指 A 声级。基准声压也必须指明，在空气中取 $p_r = 2 \times 10^{-5}\text{Pa}$。A、B、C 计权特性分别近似地为 40、70、100 方等响曲线的倒置曲线。计权特性用声级前的英文字母表示，如 A 声级 65dB，或简单表示为 65dB(A)。

倍频程 [octave]　表示二个频率点之间宽度的量，单位为倍频程 (oct)。如二个频率点 f_1 和 $f_2(f_2 > f_1)$，则 f_1 和 f_2 之间的带宽为 $\log_2(f_2/f_1)$ 倍频程。

1/n 倍频程 [1/n octave]　表示两个频率的间隔。如两个频率点 $f_2 > f_1$，则对 1/n 倍频程，$f_2/f_1 = 2^{1/n}$ 或者 $f_2 = 2^{1/n}f_1$。如 $n = 3$，即 1/3 倍频程。当 $n = 1$ 时，称为倍频程。也用 1/n 倍频程表示信号的频带宽度。

亥姆霍兹共鸣器 [Helmholtz resonator]　长为 $l(l$ 远小于波长，截面积为 $S(\sqrt{S}$ 远小于波长) 的短管与体积为 $V(\sqrt[3]{V}$ 远小于波长) 的刚性壁空腔形成的一种简单声学共振系统。其共振频率为 $\omega_R = 1/\sqrt{M_a C_a}$，其中 $M_a = \rho_0 l/S$ 和 $C_a = V/(\rho_0 c_0^2)$ 分别称为短管内空气柱的声质量和腔体的声容。ρ 和 c 分别为空气密度声速。

声波导 [acoustic waveguide]　引导声波向某个方向传播的声学结构，如金属管道，声波只能沿管道传播。

导波模式 [guided mode]　声波导中满足齐次波动方程和齐次边界条件的非零解。导波模式有无限多个，每个导波模式对应一个简正频率。对壁面为刚性的等截面波导，最小的简正频率为零，相应的导波模式是等振幅的平面波，称为主波，其他导波模式称为高阶模式。

截止频率 [cutoff frequency]　对频率一定的声源，只能激发有限个高阶导波模式在波导中传播，频率愈低，激发的高阶模式愈少。当声源频率小于最小的非零简正频率时，波导中只能传播平面波。这一频率称为截止频率。

倏逝波 [evanescent wave]　仅在声源或者边界附近存在的波，倏逝波随距声源或边界的距离指数衰减而不能向外传播，其存在的意义在于满足边界条件。如当声源频率低于截止频率时，声波导中高阶导波模式变成倏逝波，只能在声源附近存在。

反射 [reflection]　当声波从一种媒质入射到声学特性不同的另一种媒质时，在两种媒质的平面分界面处声波将发生折回的现象，它使入射声波的一部分能量返回第一种媒质。在斜入射时，反射角与入射角相等。在反射点处，反射波声压与入射波声压之比称声压反射系数；反射波的声强与入射波的声强之比称为声强反射系数。

临界角 [critical angle]　平面声波由声速较慢 (如空气) 的第一媒质向声速较快 (如水) 的第二媒质入射时，使第二媒质中的折射角等于 90° 的入射角称为临界角。若第二媒质为固体，则在固体中出现折射的纵波和横波。使纵波折射角为 90° 的入射角称为第一临界角，使横波折射角为 90° 的入射角称为第二临界角，恰好产生表面波 (又称瑞利波) 的入射角称为瑞利临界角。

声传播系数 [sound propagation coefficient]　对于无限长的均匀的系统，在相距单位距离的两相邻点测量的质点速度 (或声压) 复数比的自然对数。声传播系数是一个复数，它的实数部分表征声传播的衰减特性，称为衰减系数，它的虚数部分表征声传播的相位变化，称为相位系数。

透射 [transmission]　在声波传播的路径上插入声学特性不同的另一种媒质时，声波能够透过这种媒质继续传播，称为透射。透射波声压幅值与入射波声压幅值之比称声压透射系数。

折射 [refraction]　因媒质中波的传播速度的空间变

化而引起波传播方向改变的现象。声波的折射满足斯涅耳定律 (见斯涅耳定律)。当两种媒质的分界面是平面时,声波透过分界面进入第二种媒质形成折射波 (也可以称为透射波)。在入射点处,折射波声压与入射波声压之比称为声压透射系数,折射波的声强与入射波的声强之比称为声强透射系数。

斯涅耳定律 [Snell's law]　当两种媒质的分界面是平面时,入射平面波和折射平面波的传播方向与平面法向的夹角分别称为入射角和折射角。入射角的正弦与折射角的正弦之比等于两媒质中声速的比值。

侧向波 [lateral wave]　当声源位于平面界面上部 (接近界面) 向空间辐射球面声波时,如果声源所在媒质的声速小于界面下媒质的声速,则位于声源同一媒质的测量点 (接近界面) 不仅能够接收到直达波 (由声源直接向测量点辐射的波) 和平面反射波,还能接收到 "侧向波"。侧向波的传播路径是:球面波分解成各个方向传播的平面波的一部分以临界角入射到平面,然后折射进高速媒质沿表面传播,传播一段路径后再次以临界角折射进声源所在媒质,并到达测量点。在声源激发瞬态波的情况,如果测量点距声源足够远,侧向波可先于直达波和平面反射波到达测量点,称为 "首波" 或者 "头波"。侧向波振幅与频率反比。

声波干涉 [interference of wave]　由两个或多个频率相同、振动方向相同,有不同相位和传播方向的波的叠加而引起的现象。在两列同频率、具有固定相位差的波叠加的波场中,任一位置上的平均能量密度并不简单地都等于两列波的平均能量,而是与两列波到达该位置时的相位差有关,两列波的相位相同的位置上加强,两列波的相位相反的位置上相消,这就是波的干涉现象。具有相同频率且有固定相位差的波称为相干波。具有不同频率或频率相同但相位差不确定的波称为不相干波。

声波衍射 [diffraction of acoustic wave]　当媒质中由于障碍物的存在而引起声波改变传播方向,如果声波频率甚高 (或者障碍物的线度远远大于波长),大量的声波能量被障碍物反射,在障碍物前面和侧面形成 "亮区",而在障碍物背后形成 "声影区"(几何声学近似)。但当声波频率不是足够高时,有一部分声波从障碍物的侧面绕射到 "声影区",这种现象称为衍射。波长愈长 (频率愈低),衍射效果愈明显 (即声波更容易绕射到散射物背后)。在 "声影区" 的边缘 (即 "亮区" 与 "声影区" 交界处),衍射波声场十分复杂,必须严格求解波动方程。最典型的例子是屏或者楔形物的声衍射,在屏或者楔形物的边缘形成复杂的衍射声场。

声波散射 [scattering of acoustic wave]　当媒质中由于有障碍物或者不均匀区域的存在而引起声波改变传播方向的现象统称为散射。散射包括平面和非平面的反射、折射,也包括衍射。一般衍射是指进入 "声影区" 的波现象,这一现象无法用几何声学来讨论。

瑞利散射 [Rayleigh scattering]　当障碍物或者不均匀区域的线度 (例如球的半径) 远小于波长时,散射波的功率与频率的四次方成正比。因此低频声波的散射功率很小。

共振散射 [resonance scattering]　散射声波的功率一般是频率的函数,当在某一频率点,散射功率出现极大时称为共振散射。如水中气泡对声波的散射。

多重散射 [multiple scattering]　当媒质中存在多个声散射体时,入射声波经一个散射体散射而产生散射子波,这一散射子波作为 "入射波" 又在另一个散射体上散射,余此类推,称为多重散射。如果仅考虑入射波的一次散射而不考虑散射子波的再次散射,称为单次散射,这样的近似称为 Born 近似。

相干散射 [coherent scattering]　当传声媒质中的散射体随机分布时 (且散射体线度远小于波长),在入射波传播方向,散射子波相位一致,形成较强的散射波,称为相干散射。这一较强的散射波又相干叠加到入射波上,改变入射波,就好像入射波通过了另一个具有不同密度和声速的区域,称为等效介质近似。

等效介质近似 [approximation of effective medium]　见相干散射。

声波逆散射 [inverse scattering of acoustic wave]　从测量到的散射声波场来反推媒质的不均匀性或者决定媒质的分界面的方法。逆散射在数学上是不适定的,即逆散射不稳定、经典解不存在 (只存在广义解) 以及不唯一。波的逆散射问题仍然没有得到较好的解决。

蠕波 [creeping wave]　又称爬波。当声波入射到圆柱或圆球等物体上时,一部分声波会沿其表面传播,同时又不断地沿切线方向向外辐射,成为绕圆周二次、三次的一串声波且均沿切线方向向外辐射。因它们环绕圆柱或圆球表面的速度小于周围媒质中的声速,故称这些波为蠕波。

爬波 [creeping wave]　即蠕波。

有限波束衍射 [limited beam diffraction]　空间有限的声波束在传播过程中,由于波动性导致部分声能偏离原来传播方向即声束扩散的现象。

非衍射声束 [non-diffracted acoustic beam]　在传播过程中能保持横向截面 (与波束传播方向垂直的面) 内空间分布不变的声束 (即声束不扩散),如 Bessel 声束。非衍射声束的研究仍不成熟。

声空化 [acoustic cavitation]　由于螺旋桨的高速旋转,或高声强声波的负压半周期等原因,使液体中局部压力降低而在微小的气体核周围形成气泡或空腔的现象,这些气泡称为空化气泡。这些小气泡随声压变化作强烈的生长和更加强烈的闭合运动,最后甚至崩溃,导致局部区域的高温、高压，并伴随有空化噪声。液体中足以产生空化现象所需的最小压强称为空化阈。

黏滞 [viscosity]　不均匀运动流体内的动量扩散过程。当流体中存在速度梯度时，速度较高区域与较低区域的分子相互扩散，从而导致动量从高速区向低速区的输运，宏观上相当于高速层受到一个阻力 (称为黏滞力)。由于黏滞而产生的流体内部应力张量 τ_{ij} 与应变张量 s_{ij} 的线性关系为

$$\tau_{ij} = 2\mu\left(s_{ij} - \frac{1}{3}\delta_{ij}\nabla\cdot v\right) + \eta\delta_{ij}\nabla\cdot v, \quad s_{ij} = \frac{1}{2}\left(\frac{\partial v_i}{\partial x_j} + \frac{\partial v_j}{\partial x_i}\right)$$

其中 v 为流体的速度场，μ 为切变黏滞系数，η 为体膨胀黏滞系数。上式称为黏滞流体的本构方程，满足该本构方程的流体称为牛顿流体，反之则为非牛顿流体。

Navier-Stokes 方程 [Navier-Stokes equation]　考虑黏滞后，流体的速度场 v 满足的运动方程

$$\rho\frac{\mathrm{d}v}{\mathrm{d}t} = \rho f - \nabla P + \mu\nabla^2 v + \left(\eta + \frac{1}{3}\mu\right)\nabla(\nabla\cdot v)$$

其中 v 为流体的速度场，μ 为切变黏滞系数，η 为体膨胀黏滞系数，ρ 为流体的密度分布，P 为流体内的压强分布，f 为外力密度。

牛顿流体 [Newtonian fluid]　见黏滞。

经典吸收 [classical absorption]　非理想流体中由于黏滞和热传导引起的声吸收，声吸收系数与频率的平方成正比。

弛豫吸收 [relaxation absorption]　非理想流体中由于弛豫过程引起的声吸收。当声波在流体中传播时，由于流体压缩和膨胀，声能量 (质点平动能量) 转化成质点的振动及转动能量。平动与振动的能量交换较困难，能量交换过程需要一定的时间，在交换过程中，系统经历一系列非平衡态，从一个平衡态过渡到新的平衡态，这一过程称为弛豫过程，所需时间 τ 称为弛豫时间。

热传导 [thermal conductivity]　流体或固体中热流通量与温度梯度的比值，一般用 κ 表示，单位为 $\mathrm{W\cdot m^{-1}\cdot K^{-1}}$。经常也用热扩散系数 $\alpha = \kappa/(\rho c_P)$(单位为 $\mathrm{m^2/s}$) 来表征媒质的热传导。其中 ρ 为流体的密度，c_P 为定压热容量。

声边界层 [acoustic boundary layer]　在流体-固体边界附近不能忽略黏滞和热传导效应的薄层。当黏滞和热传导较小时，非理想流体体内的黏滞和热传导对声传播的影响可忽略，但在流体与固体的边界附近一定厚度内，必须考虑黏滞和热传导，薄层厚度为 $d_\kappa = \sqrt{2\kappa/(\rho_0 c_{P0}\omega)}$ (对热传导效应) 或者 $d_\mu = \sqrt{2\mu/(\rho_0\omega)}$(对黏滞效应)，其中 ρ_0 为流体的密度，c_{P0} 为定压热容量，μ 为切变黏滞系数，ω 为声波的圆频率。

热声效应 [thermo acoustic effect]　包括两种现象，一种是由强度时变的光束、电子束或离子束等照射物体时，在媒质内部形成一局域的时变热源，进而使周围的媒质热胀冷缩，激发出声波的现象；另一现象是指声制冷，合适的声振动将使介质能从低温热源吸热，而在高温热源处放出，即所谓热泵，利用此热泵可构成声制冷机 (称为热声致冷)，目前实验室研制的声制冷机可获得 $-80°\mathrm{C}$ 左右的低温。

4.2　声 学 材 料

4.2.1　声学材料

体模量 [bulk modulus]　体积模量 (K) 是材料对于表面四周压强产生形变程度的度量。它被定义为产生单位相对体积收缩所需的压强。它在 SI 单位制中的基本单位是帕斯卡。

体积模量可由下式定义：

$$K = -V\frac{\partial p}{\partial V}$$

其中 p 为压强，V 为体积，$\dfrac{\partial p}{\partial V}$ 是压强对体积的偏导数。

杨氏模量 [Young's modulus]　弹性材料承受正向应力时会产生正向应变，在形变量没有超过对应材料的一定弹性限度时，定义正向应力与正向应变的比值为这种材料的杨氏模量。公式记为

$$E = \frac{\sigma}{\varepsilon}$$

其中，E 表示杨氏模量，σ 表示正向应力，ε 表示正向应变。

剪切模量 [shear modulus of elasticity]　弹性材料承受剪应力时会产生剪应变，剪切模量定义为剪应力与剪应变的比值。公式记为

$$G = \frac{\tau}{\gamma}$$

其中，G 表示剪切模量，τ 表示剪应力，γ 表示剪应变。

泊松比 [Poisson's ratio]　为材料受拉伸或压缩力时，材料会发生变形，而其横向变形量与纵向变形量的比值，是一无量纲的物理量。

拉密常数 [Lame constant]　拉密常数有一阶和二阶两个，一阶拉密常数 λ 表示材料的压缩性，等价于体弹性模量或者杨氏模量，二阶拉密常数 μ 表示材料的剪切模量，大致与 G 相当。

$$\lambda = vE/((1+v)(1-2v)) \quad \text{拉密第一参数}$$

$$\mu = G = E/2((1+v)) \quad \text{剪切模量，或拉密第二参数}$$

其中 E 为杨氏模量，v 为泊松比。

静态质量密度 [static mass density]　复合介质的静态质量密度等于复合介质的质量除以体积。同时也等于复合介质的体平均密度。

动态质量密度 [dynamic mass density]　动态质量

密度定义为 $\rho = \dfrac{M}{V^2}$，其中 M 是复合材料的有效弹性模量，V 为声速。

声阻率 [specific acoustic resistance] 声阻抗率的实数部分。

声抗率 [specific acoustic reactance] 声阻抗率的虚数部分。

法向声阻抗率 [normal specific acoustic impedance] 媒质里某一点的声压与质点法向速度的复数比值。定义为：$Z_s = p/v_n$，p 为声场中某点声压，v_n 为该位置的法向速度。

声特性阻抗 [acoustic characteristic impedance] 平面自由行波在媒质中某一点的有效声压与通过该点的有效质点速度的比值。

声折射率 [acoustic refractive index] 声折射率 $n = \dfrac{V_0}{V}$，V_0 为参考媒质中的声速，V 为材料中的声速。

吸声系数 [sound absorption coefficient] 表示材料吸声特性的参数，它和声波的入射方向和测量方法有关。根据入射条件分为垂直入射，斜入射，无规入射。

如果入射到材料上没有被反射的那部分能量都被材料吸收，那么垂直入射吸声系数 α_0：

$$\alpha_0 = 1 - \left| \frac{z - \rho c_0}{z + \rho c_0} \right|^2$$

斜入射吸声系数 α_θ：假定平面波入射角为 θ，

$$\alpha_\theta = 1 - \left| \frac{z\cos\theta - \rho c_0}{z\cos\theta + \rho c_0} \right|^2$$

无规入射吸声系数 α_r：在扩散声场中，各种入射角的声波是等概率的。

因此

$$\alpha_r = \int_0^{\frac{\pi}{2}} \alpha_\theta \sin 2\theta \mathrm{d}\theta$$

吸收损失 [absorption loss] 在媒质的内部或在反射的过程里发生的声能耗散或能量转化。

阻尼 [damping] 能量随时间或距离而损耗的现象。

黏滞系数 [coefficient of viscosity] 单位面积上的黏滞力和速度梯度的比值。

$$T = \eta \frac{\partial v}{\partial x}$$

式中比例系数 η 称为黏滞系数。

正常液体 [normal liquid] 液体的传播常数为

$$\gamma = \alpha + \frac{\mathrm{j}\omega}{c}$$

式中，α 是衰减常数；c 是平面行波的相速度；ω 是角频率。

总衰减常数 α 包括两个部分：经典衰减 α_1 和逾量衰减 α_2。经典衰减是由于黏滞性和热传导效应引起的，它和频率的平方成比例。

正常液体是指 α/α_1 接近于 1 的液体。

Kneser 液体 [Kneser liquid] 指 $\alpha/\alpha_1 > 3$，并且具有正温度系数衰减常数的液体。在按比例混合的液体中，服从克分子声速相加的规律，声速随分子量均匀增加。

缔合液体 [associated liquid] 指 $\alpha/\alpha_1 < 4$，并且具有负温度系数衰减常数的液体。

各向同性弹性 [isotropic elasticity] 各向同性材料有 12 个弹性常数，但只有 2 个是独立的，即两个参数即可确定第三个参数。以 $G = \dfrac{E}{2(1+\nu)}$ 为例，其中，G 是剪切模量，E 是杨氏模量 (Young's modulus)，v 是泊松比 (Poisson's ratio)。

各向异性弹性 [anisotropic elasticity] 均匀弹性体中，如果每一点的不同方向的弹性特征不同，称为各向异性弹性体。

材料分类	非零常数个数	独立常数个数
一般各向异性	36	21
一个弹性对称面	20	13
两个弹性对称面	12	9
横观各项同性	12	5
各向同性	12	2

透声材料 [acoustic permeable material] 特性声阻抗与媒质的特性声阻抗相匹配，对声能损耗很小，在媒质中能使入射的声波绝大部分透过的材料。

声耦合剂 [acoustic coupling agent] 一种水溶性高分子胶体，它是用来排除探头和被测物体之间的空气，使超声波能有效地穿入被测物达到有效检测目的。

隔声材料 [sound proof material] 能够阻断声音传播或减弱透射声能的一类材料、构件或结构，其特征是质量较重密度较高，如钢板、铅板、混凝土墙、砖墙等。

吸声材料 [sound absorbing material] 由于它的多孔性、薄膜作用或共振作用而对入射声具有吸收作用的材料。

吸声阻尼涂料 [acoustic damping coating] 具有较高阻尼特性的吸声材料。涂料在经受交变应力作用时，由于材料的内耗，能把一部分或大部分振动能转变为热能而消耗掉。

吸声砌块 [sound absorption block] 具有吸声功能的混凝土砌块，是共振结构吸声材料的一种。

吸声尖劈 [wedge absorber] 消声室中最常用的强吸声结构。通常可分为尖部和基部两部分。从尖劈的尖端到基部，声阻抗是从空气的特性阻抗逐步过渡到多孔材料的阻抗的，因而实现了很好的阻抗匹配，使入射声能得到高效的吸收。尖劈的声学特性常用声压反射系数表示，反射系数为 0.1 时（吸声系数为 0.99）所对应的最低频率，称为截止频率。

吸声陶瓷砖 [sound absorption ceramic tile]　一种含有较多孔隙，并利用孔隙结构和本身性质达到吸声效果的无机非金属材料。

多孔吸声材料 [porous sound-absorbing material] 具有许多微小的间隙和连续的气泡，因而具有一定的通气性。当声波入射到多孔材料表面时，主要是两种机理引起声波的衰减：首先是由于声波产生的振动引起小孔或间隙内的空气运动，造成和孔壁的摩擦，紧靠孔壁和纤维表面的空气受孔壁的影响不易动起来，由于摩擦和黏滞力的作用，使相当一部分声能转化为热能，从而使声波衰减，反射声减弱达到吸声的目的；其次，小孔中的空气和孔壁与纤维之间的热交换引起的热损失，也使声能衰减。

多孔吸声材料以吸收中高频声能为主。

刚性多孔材料：在声波的作用下。吸声结构本身不振动，吸声是靠空气的黏滞性。

弹性多孔材料：在声波的作用下，吸声除了靠空隙的黏滞性面还有弹性筋络的摩擦。

流阻 [flow resistance]　如果体积速度为 u 的空气流过表面积为 S 的材料，则在它的前后产生压力差 Δp，材料的流阻定义为

$$R_f = \frac{\Delta p \cdot S}{\bar{u}} = \frac{\Delta p}{v}$$

式中 $\bar{u}$ 为流过空气的体积速度，v 为垂直流经材料两表面的质点速度。

孔隙率 [porosity]　材料内空孔的体积 V_a 和材料总体积 V_m 之比。

$$Y = \frac{V_a}{V_m}$$

结构因数 [structure factor]　多孔材料内部微观结构对声学特性影响的因数。简单吸声理论假设毛细管沿厚度方向纵向排列，但实际上间隙的形状和排列是很复杂而不规则的。结构因数是为了使理论和实际相符合而引入的一项修正因数。

共振吸声材料 [resonance sound absorption material]　相当于多个亥姆霍兹吸声共振器并联而成的共振吸声结构。当声波垂直入射到材料表面时，产生亥姆霍兹共振。当入射声波的频率接近系统的固有频率时，系统内空气的振动很强烈，声能大量损耗，因此吸声的作用很大。

共振吸声材料以吸收低频声能为主。

薄板共振 [sheet resonance]　用各类薄板固定在骨架上，板后留有空腔就构成了薄板共振吸声结构。

空腔共振 [cavity resonance]　在薄板上穿孔，并离结构层一定距离安装，就形成空腔共振吸声结构。

声隐身材料 [acoustic stealth material]　采用能吸收或透过波的涂料或复合材料，使声波检测达不到预期的目的。

声隐身复合材料 [acoustic stealth composite material]　通过复合材料实现声隐身效果。

水声橡胶 [sonar rubber]　水声橡胶制品是一类与普通橡胶制品不同的高技术产品。普通的橡胶制品大多只需一般的物理机械性能，而水声橡胶制品除了对物理机械性能的要求之外，还需考虑橡胶配方设计和声学结构。此外水声橡胶制品包括丰富的内容，除了吸声、透声和反声之外，有时还涉及消声、去耦和隔声等概念。

阻尼吸声复合材料 [damping sound absorption composite material]　具有较高阻尼特性的吸声材料。材料在经受交变应力作用时，由于材料的内耗，能把一部分或大部分振动能转变为热能而消耗掉。

阻尼涂料 [damping coating]　一种发挥减振降噪功能的环保涂料。与吸声材料不同，它是一种主动降噪材料，其原理是将振动机械能转化为热能耗散掉，即从声（振）源上有效地控制振动和噪声。

压电效应 [piezoelectric effect]　某些电介质在沿一定方向上受到外力的作用而变形时，其内部产生极化现象，同时在它的两个相对表面上出现正负相反的电荷。当外力去掉后，它又会恢复到不带电的状态，这种现象称为正压电效应。当作用力的方向改变时，电荷的极性也随之改变。相反当在电介质的极化方向上施加电场，这些电介质也会发生变形，电场去掉后，电介质的变形随之消失，这种现象称为逆压电效应。

压电材料 [piezoelectric material]　拥有（逆）压电效应的材料。

压电常数 [piezoelectric constant]　压电体把机械能转变为电能或把电能转变为机械能的转换系数。

压电高分子材料 [piezoelectric macromolecule material]　具有（逆）压电效应的高分子材料。具有质轻柔软、抗拉强度高、机电耦合系数高等特点。

压电功能复合材料 [piezoelectric composite]　压电陶瓷和高分子材料组合成的压电材料。

压电晶体 [piezocrystal]　具有（逆）压电效应的晶体材料（单晶）。具有压电系数稳定、固有频率稳定等特点。

压电陶瓷 [piezoelectric ceramic]　具有（逆）压电效应的陶瓷材料（多晶）。具有压电系数高、品种多、性能各异等特点。

BaTiO$_3$ 压电陶瓷 [BaTiO$_3$-based piezoelectric

ceramic] 以钛酸钡为主晶相的压电陶瓷。纯钛酸钡陶瓷的居里温度约为 $120°C$，介电常数较高。但其温度系数差，常需引入改性添加物。如经人工极化处理，其机电耦合系数可达 0.36，机械品质因素可达 360，压电常数 d_{31} 和 d_{33} 分别约为 $-80×10^{-12}C/N$ 和 $190×10^{-12}C/N$。主要原料为碳酸钡和二氧化钛。通常先在 $1200°C$ 左右合成钛酸钡，再加改性氧化物，经细磨，成型后在 $1400°C$ 左右温度下烧结而成。

$PbTiO_3$ 压电陶瓷 [$PbTiO_3$-based piezoelectric ceramic] 以钛酸铅为主晶相的压电陶瓷。钙钛矿结构。具有居里温度高 (约 $490°C$)，相对介电常数较低 (约为 200)，泊松比低 (约为 0.20)，机械强度较高等特性。纯钛酸铅可用四氧化三铅和二氧化钛为原料合成，但烧结困难，不易极化，故常加入少量改性添加物，如二氧化锰、三氧化二镧、二氧化铈、五氧化二铌、三氧化二硼等。

PZT 压电陶瓷 [PZT piezoelectric ceramic] 锆钛酸铅 ($Pb(Zr_xTi_{1-x})O_3$) 压电陶瓷，一种二元系固溶型压电陶瓷。

PMN-PT-PZ 压电陶瓷 [PMN-PT-PZ piezoelectric ceramic] 锰铌酸铅 ($PbMg_xNb_{1-x}O_3$)、钛酸铅 ($PbTiO_3$)、锆酸铅 ($PbZrO_3$) 的混合压电陶瓷材料。

PSM-PT-PZ 压电陶瓷 [PSM-PT-PZ piezoelectric ceramic] 钪铌酸铅 ($PbSc_xNb_{1-x}O_3$)、钛酸铅 ($PbTiO_3$)、锆酸铅 ($PbZrO_3$) 的混合压电陶瓷材料。

电致伸缩材料 [electrostrictive material] 具有电致伸缩效应的材料。电致伸缩：在外电场作用下电介质所产生的与场强二次方成正比的应变的效应 (区别于压电效应)。

电致伸缩陶瓷 [electrostrictive ceramic] 具有电致伸缩效应的陶瓷材料。

电致伸缩系数 [electrostrictive coefficient] 表征电致伸缩效力与极化强度的关系。

磁致伸缩 [magnetostriction] 铁磁性物质在外磁场作用下，其尺寸伸长 (或缩短)，去掉外磁场后，其又恢复原来的长度，称为磁致伸缩。

磁致伸缩材料 [magnetostrictive material] 又称压磁材料。拥有磁致伸缩效应的材料。

压磁材料 [piezomagnetic material] 即磁致伸缩材料。

磁致伸缩陶瓷 [magnetostrictive ceramic] 又称压磁铁氧体。拥有磁致伸缩效应的陶瓷材料。

压磁铁氧体 [piezomagnetic ferite] 即磁致伸缩陶瓷。

磁致伸缩合金 [magnetostrictive alloy] 拥有磁致伸缩效应的合金材料。

声光效应 [acousto-optic effect] 超声波通过介质时会造成介质的局部压缩和伸长而产生弹性应变，该应变随时间和空间作周期性变化，使介质出现疏密相间的现象，如同一个相位光栅。当光通过这一受到超声波扰动的介质时就会发生衍射现象，这种现象称之为声光效应。

声光玻璃 [acousto-optic glass] 易于产生声光效应的玻璃材料。

声光材料 [acousto-optic material] 易于产生声光效应的材料，主要包括玻璃和晶体两类。

声光晶体 [acousto-optic crystal] 易于产生声光效应的晶体材料 (单晶)，如 TeO_2、$PbMoO_4$ 等。

声光陶瓷 [acousto-optic ceramic] 易于产生声光效应的陶瓷材料 (多晶)。

黏弹性 [viscoelasticity] 聚合物在加工过程中通常是从固体变为液体 (熔融和流动)，再从液体变固体 (冷却和硬化)，所以加工过程中聚合物于不同条件下会分别表现出固体或液体的性质，即表现出弹性或黏性。但是由于聚合物大分子的长链结构和大分子运动的逐步性质，聚合物的形变和流动不可能是纯弹性或纯黏性的，聚合物对应力的响应兼有弹性固体和黏性流体的双重特性称黏弹性。此外，地学材料，生物固体以及高温下的金属也会表现出黏弹性。

黏弹性材料 [viscoelastic material] 能够变现出黏弹性的材料。

声光 [acoustooptical] 描述液体中的气泡受到声音的激发时，气泡会向内坍缩并发出亮光的现象。

声电 [acoustoelectric] 当声波 (纵波) 在半导体中传播时，将产生额外的周期性势场波 (波的周期与声波相同)：在原子半导体中，声波将产生畸变势周期性势场 (波幅较小)；在压电半导体中，声波将产生压电周期性电势场 (波幅很大)。如果这时有电子通过，当电子的平均自由程比声波的波长小时，则电子将不断遭受声子的散射而损失能量，从而电子被声波产生的周期性电势场的波谷所俘获；同时在声波传播时，电子可被声波势场牵引着向前运动，结果就产生了电动势，这就是声波致电的效应 —— 声电效应。

光弹 [photoelastic] 塑料、玻璃、环氧树脂等非晶体在通常情况下是各向同性而不产生双折射现象的，但当它们受到应力时，就会变成各向异性显示出双折射性质，这种现象称为光弹性效应。

磁声耦合 [magnetoacoustic coupling] 磁性材料内部由于自旋波 (磁振子) 和点阵振动 (声子) 发生耦合而在两者之间产生能量交换或互相激发。

声子 [phonon] 在固体物理学的概念中，结晶态固体中的原子或分子是按一定的规律排列在晶格上的。在晶体中，原子间有相互作用，原子并非是静止的，它们总是围绕着其平衡位置在作不断的振动。另一方面，这些原子又通过其间的相互作用力而连系在一起，即它们各自的振动不是彼此独立的。原子之间的相互作用力一般可以很好地近似为弹性力。形象地讲，若把原子比作小球的话，整个晶体犹如由许多规则排列的小球构成，而小球之间又彼此由弹簧连接起来一般，从而每个原子的振动都要牵动周围的原子，使振动以弹性波的形式在晶体中传播。这种振动在理论上可以认为是一系列基本的振动 (即简正振动) 的叠加。当原子振动的振幅与原子间距的比值很小时，如果我们在原子振动的势能展开式中只取到平方项的话 (简谐近似)，那么，这些组成晶体中弹性波的各个基本的简正振动就是彼此独立的。换句话说，每一种简正振动模式实际上就是一种具有特定的频率 ν、波长 λ 和一定传播方向的弹性波，整个系统也就相当于由一系列相互独立的谐振子构成。在经典理论中，这些谐振子的能量将是连续的，但按照量子力学，它们的能量则必须是量子化的，只能取 $h\omega$ 的整数倍，即 $E_n = \left(n + \dfrac{1}{2}\right)h\omega$ (其中为零点能)。这样，相应的能态 E_n 就可以认为是由 n 个能量为 $h\omega$ 的"激发量子"相加而成。而这种量子化了的弹性波的最小单位就叫声子。声子是一种元激发。

声子晶体 [phononic crystal]　弹性常数及密度周期性分布，用于调制波长与结构单元相当的声波的一种人工结构材料。

声学超构介质 [acoustic metamaterial]　又称声学超常介质、声学超构材料、声学超常材料、声学超材料。拥有特殊结构，用于调制波长大于结构尺度的声波的一种人工结构材料，可用有效材料参数描述。

声学超常介质 [acoustic metamaterial]　即声学超构介质。

布拉格散射机理 [Bragg scattering mechanism]　当声子晶体基体为流体时，基体中仅存在纵波，因此带隙源于相邻元胞间的反射波的同相叠加，其第一带隙中心频率一般位于 $c/2a$ (c 为基体声速，a 为晶格常数) 附近，即第一带隙中心频率对应的弹性波波长约为晶格常数 a 的 2 倍。这与布拉格研究的 X 射线在晶格中的衍射行为类似 (见布拉格衍射)，布拉格散射型声子晶体因此而得名。

在固/固声子晶体中，散射体的高密度引起的刚体共振是第一完全带隙形成的决定因素。在刚体共振过程中，产生纵波向横波的转化，使得无论纵波或横波入射时，散射横波均受到晶格的相消干涉，从而使得声子晶体在该频率附近形成完全带隙 (高频带隙)。

局域共振机理 [locally resonant mechanism]　局域共振型声子晶体中低频带隙是基体中长波行波特性与周期分布的局域振子的谐振特性相互耦合作用的结果。高频带隙形成机理，见布拉格散射机理。

有效介质理论 [effective medium theory]　又称等效媒质理论。为了研究多相介质的性质，而假设一种单相介质，其性质与多相介质在宏观平均相同，这种假设的单相介质就称为该多相介质的有效介质，该种理论称为有效介质理论。

等效媒质理论 [effective medium theory]　即有效介质理论。

均匀材料 [homogeneous material]　分布或分配在各部分的数量相同的材料。

多层材料 [multilayer material]　性质不同的两种或多种材料，分层分布组合而成的材料。

声学负折射材料 [acoustic negative refracting materials]　对声波折射率为负的材料。

声波转换介质 [acoustic transformation media]　通常为各向异性介质。在变换声学中，通过设计介质各个不同位置的体弹性模量和质量密度大小可以改变声波路径，使其经过预想路径。这种介质便称为声波转换介质。

声学双负材料 [acoustic double-negative material]　体弹性模量和质量密度均为负的材料。

声学单负材料 [acoustic single-negative material]　体弹性模量或质量密度为负的材料。

声子晶体缺陷态 [phononic crystal defect state]　缺陷即破坏声子晶体严格的平移对称性，以达到一些特殊的性质。和普通晶体的缺陷不同，声子晶体的缺陷全系人为。缺陷主要分为：点缺陷、线缺陷和面缺陷。

声发射 [acoustic emission]　又称应力波发射。无损检测的一种方法。材料中局部区域应力集中，快速释放能量并产生瞬态弹性波的现象称为声发射。材料在应力作用下的变形与裂纹扩展，是结构失效的重要机制。这种直接与变形和断裂机制有关的源，被称为声发射源。

应力波发射 [stress-wave emission]　即声发射。

声疲劳 [acoustic fatigue]　指在高强度声频交变负载的反复作用下，发生在材料局部的永久性损伤递增过程。一般包括四个阶段：(1) 裂纹源形成，通常在应力集中的局部或物体内部组织的某些薄弱部位，由于周期性滑移引起塑性变形，最先是出现微观裂纹；(2) 疲劳积累，微观裂纹扩展；(3) 疲劳损伤，宏观裂纹扩展；(4) 疲劳断裂，当裂纹扩大到使物体残存截面不足以抵抗外加载荷时，就会在声作用的某一瞬间突然断裂。对用在高强度噪声场 (超过 140dB) 中工作的各种材料，例如在航空、航天工业中所用的金属材料，都要预先考虑其声疲劳性质。

疲劳寿命 [fatigue life]　试样在交变循环应力或应变作用下直至发生破坏前所经受应力或应变的循环次数。对于某种材料，其大小主要取决于交变应力幅度和材料的疲劳强度。

疲劳曲线 [S-N curve] 金属承受交变应力和断裂循环周次之间的关系曲线。各种材料对变应力的抵抗能力，是以在一定循环作用次数 N 下，不产生破坏的最大应力 σ_N 来表示的。σ_N 称为一定循环作用次数 N 的极限应力，也称为条件疲劳极限。对于一种材料，根据实验，可得出在各种循环作用次数 N 下的极限应力，以横坐标为作用次数 N、纵坐标为极限应力，绘成曲线，则称为材料的疲劳曲线。

凯撒效应 [Kaiser effect] 金属材料在受到拉伸时，当应力不超过以前受过的最大应力时，没有声发射产生。一旦应力超过以前材料受到的最大应力 (凯撒效应的效应点)，声发射活动性显著增加。这表明金属受力时，其声发射活动具有应力记忆的特性，即通过声发射可以测出以往材料所受的应力，这种现象就叫作声发射的凯撒效应。凯撒效应是不可逆效应。

4.2.2 声学测量与技术

噪声 [noise] 从物理学角度上看，噪声是声波的频率、强弱变化无规律、杂乱无章的声音。从生理学角度上看，噪声是令人生理或心理上觉得不舒服，一般让听到它的人不悦、不舒服、不想要的，或带来烦恼的、不受欢迎的声音，影响人的交谈或思考、工作学习休息的声音。

超声检测 [ultrasonic detection] 用超声波来检测材料和工件，并以各类超声检测仪作为显示方式的一种无损检测方法。超声检测是利用超声波的众多特性 (如反射、透射和衍射等)，通过观察显示在超声检测仪上的有关超声波在被检材料或工件中发生的传播变化，来判定被检材料和工件的内部和表面是否存在缺陷，从而在不破坏或不损害被检材料和工件的情况下，评估其质量和使用价值。

超声探伤 [ultrasonic flaw detection] 利用超声波非破坏性地检查材料或机械部件的内部缺陷、伤痕的一种技术。

声传感器 [sonic sensor] 能够将声波信号转换为相应电信号的传感器。

光弹效应 [photoelastic effect] 一种可用于描述材料内部应力分布不均匀性的实验方法，此种方法常用于常规的数理分析方法无法解决的情况。与传统分析方法不同，光弹效应可直观地描述材料内部应力分布特性，其优越性尤其是表现在描述非连贯物体内部应力分布方面。

声成像 [acoustical imaging] 利用声波来观察物质世界的一种手段。声成像不仅可获得材料的表面像，而且可以获得不透明材料的亚表面的弹性像。随着材料学科的发展，各种新型的薄膜材料、纳米材料、微电子和微机电器件等的发展，声成像技术也已成为观察和研究物质微区结构和力学

性质的重要手段。

激光超声 [laser ultrasonic] 当一束脉冲激光入射到固体表面时，由于试样吸收光能而形成一个局域的热弹声源，在试样中可激发多种模式的声波。利用各种形式的超声换能器或光检测技术，检测在试样中激发的激光超声脉冲，开展波传播理论、材料特性的无损评估和检测等研究，是新兴的激光超声学的主要研究内容。

传声器 [microphone] 又称微音器、话筒、麦克风。一种将声音转换成电信号的换能器。

微音器 [microphone] 即传声器。

扬声器 [loudspeaker] 俗称 "喇叭"。一种转换电子信号成为声音的换能器、电子组件，可以由一个或多个组成音响组。

电声互易原理 [electroacoustic reciprocity principle] 利用电声类比原理，对于一个线性、无源、可逆的电声换能器，用做接受器时的接收灵敏度与用做发射器时的相应发送灵敏度之比与换能器本身的结构无关。上述比值为一个常数，称为互易常数，此常数取决于换能器所处的声场性质。

测量误差 [measurement error] 又称观测误差。是指观测值与真实值之间的差异。在统计学中，测量误差并不是 "错误"，是事物固有的不确定性因素在量测时的体现。

德拜 - 席尔斯效应 [Deby-Sears effect] 超声波对光的一种衍射效应。当光束穿过纵波声场时，由于声场中媒质的密度呈周期性疏密变化，从而使光的折射率也形成空间周期性变化，光束发生衍射。

拉曼 - 纳斯效应 [Raman-Nath effect] 超声波通过声光介质时会造成介质的局部压缩和伸长而产生弹性变，该应变随时间和空间作周期性变化，使介质出现疏密相间的周期性条纹，如同形成一个可擦除的相位光栅。当光通过这一介质时就会发生衍射现象，其衍射光的强度、频率与方向等都随着超声场的变化而变化，这种现象称之为声光效应。声光效应中，当超声波频率较低，光波平行于声波面入射，声光作用长度 L 较短时，就产生不同于布拉格 (Bragg) 衍射的拉曼-纳斯 (Raman-Nath) 衍射。

布拉格衍射 [Bragg diffraction] 晶体具有周期性的物质结构。由于在这种周期性结构中，原子间距为 10^{-10} 米数量级，因此它可以作为波的衍射光栅。如果满足一定的条件，就能够使入射波发生衍射现象，这样的衍射被称为布拉格衍射。

声阻抗 [acoustic impedance] 界面声压与通过该面的声通量 (质点流速或体速度乘以面积) 之比。

声级计 [sound level meter] 一种按照一定的频率计权和时间计权测量声音声压级和声级的仪器。

声强计 [sound intensity meter]　可直接测量媒质中某点上某指向方向 r 的声强是单位时间内通过该点与方向 r 垂直的单位面积的平均声能的声强仪器。

三传声器法 [calibration method with three reciprocity microphones]　一种互易校准传声器平面自由声场灵敏度的标准程序,其中使用了三个互易传声器。

辅助声源法 [calibration method with auxiliary sound source]　一种互易校准传声器平面自由声场灵敏度的标准程序,其中使用了一个互易传声器,一个非互易传声器(待校准)及一个做辅助声源的换能器。

小室互易法 [coupled chamber method reciprocity calibration]　又称耦合腔互易法。一种常用的校准传声器声压灵敏度的方法。基于电声互易原理,此类测量中常用三支具有互易性的电容传声器 a、b、c 成对组合,并用一个耦合器使两个传声器相互耦合,且耦合腔尺寸远小于声波波长,测量过程中一个电容传声器作为声源,另一个电容传声器作为声接收器,然后测量接收传声器的输出开路电压与发射传声器的输入电流之比,则有两个传声器的灵敏度乘积等于该开路电压与发射传声器的输入电流之比与系统声转移阻抗倒数之积。

耦合腔互易法 [coupled chamber method reciprocity calibration]　即小室互易法。

声透镜 [acoustical lens]　会聚或发散声波的声学元件,广泛应用在功率超声领域,也常用于超声检测(见超声学)和超声显微镜。

声波导管 [acoustic waveguide]　用于传导声波的管道结构。

隔声量 [sound insulation]　建筑结构(如墙)的隔声性能经常用隔声量来描述,定义为入射到结构上的声能和透过结构能之比的分贝数。

消声室 [anechoic room]　一间没有反射的房间。在消声室的墙壁上均铺设有吸声性能良好的吸声材料。因此室内便不会有声波的反射。消声室是专门用来测试音箱、喇叭单元等。消声室所用的吸声材料,要求吸声系数大于 0.99。一般使用渐变吸收层,常用尖劈或圆锥结构,以玻璃棉作吸声材料,也有用软泡沫塑料的。

耦合剂 [couplant]　一种水溶性高分子胶体,它是用来排除探头和被测物体之间的空气,使超声波能有效地穿入被测物达到有效检测目的。广义上耦合剂指能够匹配阻抗差异的材料。

测量传声器 [measuring microphone]　又称标准传声器。一种精密的声学测量工具。通常分为实验室标准传声器和供声学测量用的传声器。

标准传声器 [measuring microphone]　即测量传声器。

传声器灵敏度 [sensitivity of microphone]　传声器输出端电压和有效声压的比值。

扬声器灵敏度 [speaker sensitivity]　扬声器输入端馈给单位电压,在其参考轴上距离参考点 1m 远处产生的声压值。

扬声器失真 [speaker distortions]　影响音质的主要因素,主要包括谐波失真、互调失真和瞬态失真。

插入电压技术 [displacement method]　又称置换法。一种当传声器有电负载时测定其开路电压技术。

置换法 [displacement method]　即插入电压技术。

信噪比 [signal to noise ratio]　有用信号功率 S 和噪声功率 N 的比值,记作 S/N。电声中的信噪比即音源产生最大不失真声音信号强度与同时发出的噪声强度之间的比率,通常以 "SNR" 或 "S/N" 表示,是衡量音箱、耳机等发音设备的一个重要参数。

声反射定律 [acoustic reflection law]　声波在两种介质的分界面上会发生反射、透射和折射现象。其中反射角和入射角相等。

声折射定律 [acoustic refraction law]　入射角 θ_i 的正弦与折射角 θ_t 的正弦之比,等于入射波在第一媒质中的声速 c_l 与折射波在第二媒质中的声速 c_2 之比。

声反射率 [acoustic reflectivity]　反射波幅度与入射波幅度之比。

声透射率 [acoustic transmittance]　透射波幅度与入射波幅度之比。

倒谱 [cepstrum]　又称功率倒频谱。功率谱的对数值的逆傅氏变换称为倒谱。倒频谱分析可检测频谱中的重复模式,使其对区分多个故障非常有用,该故障在不同的主要频谱(即 FFT、阶次、包络和增强频谱)中很难或无法看到。

功率倒频谱 [cepstrum]　即倒谱。

品质因数 [quality factor]　物理及工程中的无量纲参数,是表示振子阻尼性质的物理量,也可表示振子的共振频率相对于带宽的大小,高 Q 因子表示振子能量损失的速率较慢,振动可持续较长的时间,例如一个单摆在空气中运动,其 Q 因子较高,而在油中运动的单摆 Q 因子较低。高 Q 因子的振子一般其阻尼也较小。

无规噪声 [random noise]　瞬时值不能预先确定的声振荡。无规噪声的瞬时值对时间的分布只服从一定统计分布规律,例如它可以是幅值对时间的分布符合正态(高斯)分布的声或电信号。

白噪声 [white noise]　功率谱密度在整个频域内均匀分布的噪声。它的瞬时值是随机变化的,幅值对时间的分布满足正态分布;具有连续的噪声谱,包含有各种频率成分的噪声；功率谱与频率无关，即各频率的能量分布是均匀的；它的等带宽输出能量是相等的。

粉红噪声 [pink noise]　功率谱密度与频率成反比的噪声。在粉红噪声中，每个倍频程中都有等量的噪声功率。

声场灵敏度 [acoustic field sensitivity]　在一指定频率或某一规定频带内，传声器开路输出电压与传声器未放入声场前该点的自由场声压之比。

声压灵敏度 [acoustic pressure sensitivity]　在一指定频率或某一规定频带内，传声器开路输出电压与传声器受声面上的实际声压之比。

吸声系数 [acoustical absorption coefficient]　材料吸收的声能与入射到材料上的总声能之比。

声压频率特性 [frequency characteristic of sound pressure]　当馈给扬声器以一定电压时，扬声器在参考轴上所辐射的声压随频率而变化的特性。

有效频率范围 [effective frequency range]　在扬声器的声压频率响应曲线上，于声压级某一值下降一指定的分贝数处划一水平直线，与频响曲线相交的上下限频率所包括的频率范围称为有效频率范围。

不均匀度 [ununiformity]　在声压频率响应曲线的有效频率范围内，声压级最大与最小值之差。

特性灵敏度 [characteristic sensitivity]　在扬声器有效频率范围内馈给扬声器以相当于在额定阻抗上消耗 1W 电功率的粉红噪声电压时，在参考轴上离参考点 1m 处所产生的声压，用这声压表示扬声器的特性灵敏度。

平均特性灵敏度 [average characteristic sensitivity]　在扬声器有效频率范围内馈给扬声器以相当于在额定阻抗上消耗 1W 电功率的纯音信号，在参考轴上离参考点 1m 处所产生的各频率点声压的平均值，即扬声器的平均特性灵敏度。

额定阻抗 [rated impedance]　取扬声器阻抗曲线的机械谐振峰后平坦部分的阻抗模数，即扬声器的额定阻抗。

指向图案 [directional pattern of microphone]　扬声器辐射声波的声压级随辐射方向变化的曲线。

指向性因素 [directivity index of microphone]　在自由场条件下，扬声器膜片法线上，指定距离 r 处的声强 I_1 与同一位置上，由总辐射功率和它相同的电源所产生的声强 I_2 之比。

指向性函数 [directivity function of microphone]　扬声器辐射声波的声压级随辐射方向的变化。

谐波失真 [harmonic distortion]　在接收到的声音里原来的谐波成分变了，是由振幅非线性引起的一种失真。

互调失真 [intermodulation distortion]　由频率分量的相互作用出现了原来没有的频率成分。

瞬态失真 [transient distortion]　由于扬声器振动系统跟不上快速变化的电信号而引起的输出波形的失真。

拍频法 [beating method]　一种用比较法测量频率的方法。两列频率相近的波线性叠加到一起，逐渐调节标准信号的频率，当听不出差拍声时，被测信号的频率就等于标准信号的频率。

李萨如图法 [the method of Lissajous figures]　一种用比较法测量频率的方法。被测信号和标准信号分别加载到示波器的水平轴和垂直轴上，用所得的李萨如图形计算被测信号的频率。

电桥法 [bridge method]　又称谐振电桥法、文氏桥法、双 T 桥法。一种用电桥平衡原理测量信号频率的方法。

谐振电桥法 [bridge method]　即电桥法。

插入损失 [insertion loss]　安装声屏障设备前后在某特定位置上的声压级之差。

传声损失 [transmission loss]　入射到结构上的声能和透过结构能之比的分贝数。

减噪量 [noise reduction]　在消声器进口端面测得的平均声压级与出口端面测得的平均声压级之差称为减噪量。

衰减量 [attenuation]　消声器内部两点之间的声压级差值称为衰减量，主要用于表征消声器内声传播特性，通常以消声器单位长度的衰减量 (dB/m) 来表征。

准确度 [accuracy]　在一定实验条件下多次测定的平均值与真值相符合的程度，以误差来表示。它用来表示系统误差的大小。在实际工作中，通常用标准物质或标准方法进行对照试验，在无标准物质或标准方法时，常用加入被测定组分的纯物质进行回收试验来估计和确定准确度。

声衰减系数 [acoustic attenuation coefficient]　声波在某种介质中传播时衰减的大小用声衰减系数表示。

接触法检测 [contact testing method]　换能器通过很薄的一层耦合介质直接与探测面发生接触的检测方法称为接触法检测。

非接触法检测 [non-contact testing method]　无需和探测面接触的检测方法。

当量法 [equivalent method]　把缺陷信号与试块同声程的人工反射体的信号相比较，与缺陷信号幅度相同的反射体的尺寸，即为该缺陷的当量大小。

Scholte 波 [Scholte wave]　受到激励后固流界面处形成的界面波。

脉冲反射法 [pulse-echo method]　当超声波遇到声阻抗不同的介质构成的界面时，将会发生反射现象。脉冲反射法及利用该原理进行超声波检测。采用一个探头兼作发射和接收器件，接收信号在探伤仪的荧光屏上显示，并根据缺陷及底面反射波的有无、大小及其在时基轴的位子来判断缺陷的有无、大小及其方位。

衍射时差法 [the time of flight diffraction (TOFD) ultrasonic testing method]　一种依靠从待检试件内部结构 (主要是指缺陷) 的 "端角" 和 "端点" 处得到的衍射能量来检测缺陷的方法，用于缺陷的检测、定量和定位。

穿透法 [penetrating method]　根据声波 (脉冲波或连续法) 穿透工件后的能量变化状况，来判断工件内部质量的方法。穿透法用两个探头，置于工件的相对两面，一个发射声波，一个接收声波。由于发射波的不同，可分连续波和脉冲波穿透法。

共振法 [resonant acoustic method]　依据被测工件的共振特性来判断缺陷情况和工件厚度变化情况地方法。

响度 [loudness]　与声强相对应的声音大小的知觉量。声强是客观的物理量，响度是主观的心理量。响度不仅跟声强有关，还跟频率有关。

标准试块 [standard blocks]　在超声波探伤检验装置的校准、调整及探伤灵敏度调整时用的试块叫标准试块。

对比试块 [reference blocks]　在超声波探伤检验中，根据被检材料所制备的标准试块。对比试块适用于超声波接触法探伤，也适用于超声波水浸法探伤。对比试块还可在一定条件下用于检查超声波探伤仪和探头系统的特性。

模拟试块 [simulation blocks]　无损检测模拟试块是指根据所采用检测的方法以及针对的检测对象中所需检测的具体缺陷。如裂纹、夹渣、气孔、未融合、未焊透等代表性缺陷所制备的各类工况条件下的试块。制作要综合考虑检测方法的适应性、缺陷的代表性、试块重复使用要求及制作成本等因素，针对不同的检测方法专门制作。材料选择以常用易得为原则，尺寸确定以适应相关检测方法操作为好，不宜过大。试块形状和制作方法应参照被检测设备的设计生产要求确定。

4.3　音频声学

4.3.1　噪声

噪声 [noise]　一种定义是紊乱断续或统计上随机的声振荡；而另一种定义是不需要的声音，可引申为在一定频段中任何不需要的干扰，如电波干扰。可能混淆时应注明 "声噪声" 或 "电噪声"。噪声在不同场合有不尽相同的含义。如对人类生活和社会环境产生影响的噪声是指多个不同位置的声源发出的噪声，常称为环境噪声。在对声信号进行检测时，有一种与声信号是否存在无关的，不需要的声音或干扰常称为背景噪声。在电声器件和电子仪器或设备中，因为电子的热运动或器件间的相互感应，外界干扰和信号的不对称等因素

引起的不需要的信号也称为噪声。噪声有时也可以为人们利用。如在目标跟踪技术中，被动检测常利用目标产生的噪声来测定其方位和距离，以及利用设备发出的噪声信号对设备进行监控等；在声学测量中常采用白噪声或者粉红噪声测量声学系统的性质。根据噪声的统计特性，可以将噪声分为无规噪声和周期性噪声等。无规噪声指瞬时值不能预先确定的声音，但其瞬时值对时间的分布服从于一定统计分布的规律；无规噪声在很宽的频率范围内具有连续的频谱，但是它的谱密度不一定均匀。白噪声的瞬时值幅值对时间的分布满足正态分布，具有连续的噪声谱，包含有各种频率成分，其等带宽的能量是相等的，功率谱密度与频率无关，各频率的能量分布是均匀的。而粉红噪声也具有连续的噪声谱，包含有各种频率成分，但其功率谱密度与频率成反比，即等比例带宽的能量相等。周期性噪声指经过一定时间出现重复现象的声音。周期性噪声可以具有一个频率，也可以具有多个频率，甚至可以是可重复的脉冲声。在频率上周期性噪声常表现为离散性的单个线谱，各个线谱分量的大小不一定相同。

4.3.2　结构声学和振动

结构声辐射 [structure-borne sound radiation]　结构表面的振动推动周围流体运动从而辐射声波的过程定义为结构声辐射。一般情况下，与结构声辐射密切相关的是结构的弯曲振动，结构声辐射常规计算方法是联立结构振动和声辐射的控制方程，在结构表面考虑作用力相等及法向振速连续的边界条件，进行求解，获取结构表面的振动速度分布和辐射声场。在已知结构表面振速和近场声压的条件下，还可以引入格林函数，直接对结构表面作面积分，求解其声辐射问题。具有共振特性的结构在受到各频率幅度相等的激励后，共振频率处振动幅度较大，此时某一阶振动模态的幅度远大于其他模态，辐射声功率往往相应地出现极大值。当激励位置位于对应振动模态的节点时出现例外。相对于结构振动模态，声辐射模态仅由结构的形状大小决定，而与结构的物理性质及边界条件无关，且低频时辐射效率随模态阶数急剧降低，在低频声功率估计及结构声辐射控制中具有一定的优势。降低结构声辐射可以从两方面入手，一是降低结构振动幅度，二是改变结构振动的时空分布，使其辐射的声场不能有效地传播到远处。

结构声负载 [structure-borne sound loading]　结构声辐射时声场对结构的作用定义为结构声负载。结构声辐射表征了结构振动对声场的作用，将结构表面上声压对整个结构积分就可以得到声场对结构的反作用力。结构表面附近的声压往往是复数，其实部项由相邻面元的振速决定，虚部项主要取决于该点和面元的距离。从阻抗的角度来看，结构辐射声功率 (辐射阻) 和结构表面的具体速度分布有关，而结构

的辐射抗部分一般是局部量,仅和流体的局部势能有关。在低频时结构声辐射声功率和结构表面总的体积速度有关,对速度分布的具体细节不敏感。辐射阻项对结构振动起阻尼作用,正的辐射抗项对结构相当于增加了附加质量。一般来讲,随着频率的升高,辐射阻逐渐增大最终趋于流体的特性阻抗。而辐射抗先增大到某个峰值后逐渐趋于。实际求解中还可以针对结构的振动模态计算模态辐射阻抗。以圆柱辐射体为例,振动轴向波数大于流体中声波波束时,声波对结构的反作用为质量抗,其大小随圆周模态阶数的增加而减小,即低频时流体对圆柱结构的反作用主要体现在圆周模态较低的模态上。由于附加质量的引入,结构共振频率往往会由于等效质量的增加而减低。

结构声传播 [structure-borne sound transmission] 某一物理量 (力、位移、速度或能量) 以结构为媒体向某一方向的传播。结构声传播过程中,结构本身作为整体并不运动,结构的质点在平衡位置附近来回振动。结构声传播的速度可以用相速度和群速度描述:相速度的定义为波的相位在空间中传递的速度,换句话说,波的任一频率成分所具有的相位即以此速度传递。相速度可借由波的频率与波长的乘积或者是角频率与波数的比值表示。群速度指波振幅形状上的变化在空间中传递的速度,借由角频率对波数的偏导数表示。在结构声的传播中,常常出现声波相速度和频率相关的现象,称为色散或频散。此时任意形状的声波 (多个频率组合) 经过一段时间的传播后,波形会发生变化,群速度和相速度不再相等。

结构声耦合 [structural-acoustic coupling] 结构振动和声辐射相互作用的现象。声场通过流体压力作用在结构表面上,结构通过振动速度对声场产生作用。若声场被局限在某一区域内且流体密度较小,或声场所在区域比较大,则结构和声场的耦合比较弱,此时仍可以使用无边界流体的方法。若声场和结构的耦合比较强,或声场所在区域比较小,则由于能量被存储在这一小区域内,流体的运动会出现驻波,此时声场对结构的负载可能是阻性的也可能是容性的,对结构共振频率的影响也比较复杂,还有可能产生新的共振频率。对于结构声耦合的分析往往需要使用耦合分析法,对振动和声场进行模态展开并推导各自的格林函数,处理结构模态和声场模态的互耦合项。对于形状复杂的结构声耦合系统分析还需要借助数值计算方法。

纵波 [longitudinal wave] 若结构中质点的运动方向与声波的传播方向一致,则这类声波称为纵波。结构中的纵波声速 C_l 取决于材料刚度和密度,计算公式为 $C_l = \sqrt{B/\rho} = \sqrt{E(1-\sigma)/\rho(1+\sigma)(1-2\sigma)}$,其中 E、σ 和 ρ 分别为材料的杨氏模量、泊松比和密度。

准纵波 [quasi-longitudinal wave] 由于结构在某些方向的尺寸有限,纵波应力除了引起纵向应变外还会导致侧向应变,此时结构中质点的运动方向与声波传播方向并不严格一致,其中比较接近于纵波的定义为准纵波,另外比较接近横波的可称为准横波。常见的板结构,厚度远小于其他两个方向的尺度,其中准纵波的传播速度为 $C_l = \sqrt{E/\rho(1-\sigma^2)}$;对于梁结构由于少了两个方向的约束,刚度更小,准纵波的传播速度为 $C_l = \sqrt{E/\rho}$。

横向切变波 [transverse shear wave] 结构质点两端横向位移的不同引发质点产生切向形变波,定义为横向切变波。同理,结构中还存在着纵向应变波。横向切变波中切向应变和切向应力的比值切变模量可表示为 $G = \sqrt{E/2(1+\sigma)}$,切边波的声速为 $C_s = \sqrt{G/\rho}$。这类切变波的声速在梁、板中的声速与三维无限大固体中相差不大。一般情况下切变波很难被激发出来,但当结构声或振动传递至多个结构的交汇处时,切变波往往不可忽略。

弯曲波 [bending wave] 结构质点做弯曲运动而传播的波定义为弯曲波。弯曲波既不属于纵波也不属于横波,其引起的横向振动幅度要远大于横波和纵波,但弯曲波引起的应力基本上和纵波应力属于一类。弯曲波是结构声传播中最重要的一种声波,因为它的幅度较大,直接引起结构声辐射,是噪声的主要来源之一。由于弯曲波方程中位移和空间变量是四次导数关系,因此弯曲波的相速度与频率有关,会存在色散现象,群速度为相速度的 2 倍。频率很高时,弯曲波的相速度并不一直增大,而是趋于结构中切变波的相速度。

波阻抗 [wave impedance] 波在结构或流体中传播时声压和振动幅值的比定义为波阻抗。对于结构声辐射问题,结构和流体中的波在交界面内的波数连续。当流体中声波波长小于结构中弯曲波波长时,流体中的波阻抗取实正值,结构向流体远场辐射声能量;当流体中声波波长大于结构中弯曲波波长时,流体中的波阻抗取正虚数,结构不能向流体远场辐射声能,流体表现为一抗性负载;而流体中声波波长和结构弯曲波波长相等时,流阻波阻抗无限大,在现实中总有阻尼的存在,不会出现有限的振动产生无限大的流体声波声压。

弦 [string] 理想的振动弦是指具有一定质量并有一定长度、性质柔顺的细丝或细绳用一定的方式将其张紧,并以张力作为弹性回复力进行振动的弹性体。弦横向振动的控制方程为 $\frac{\partial^2 \xi}{\partial x^2} = \frac{1}{c^2}\frac{\partial^2 \xi}{\partial t^2}$,其中 c 为弦中振动传播速度且 $c = \sqrt{T/S\rho}$,T 为张力,S 和 ρ 分别为弦的截面积和密度,ξ 为横向位移,x 为弦的长度方向,t 代表时间项。对于两端固定长度为 L 的弦,可求得其本征频率 $f_n = \frac{n}{2L}\sqrt{T/S\rho}$,仅与本身固有的力学参量有关。

梁 [beam] 理想的梁是指具有一定质量、长度的尺寸远大于另外两个方向尺寸、以自身劲度产生回复力的弹性结构。梁纵向振动的控制方程为 $\frac{\partial^2 \xi}{\partial x^2} = \frac{1}{c^2}\frac{\partial^2 \xi}{\partial t^2}$，其中 c 为弦中纵向振动传播速度且 $c = \sqrt{E/\rho}$，E 和 ρ 分别为梁的杨氏模量和密度，ξ 为纵向位移。梁弯曲振动的控制方程为 $B\frac{\partial^4 \xi}{\partial x^4} + \rho\frac{\partial^2 \xi}{\partial t^2} = 0$，其中 ξ 为横向位移，E 为弯曲劲度，若梁的截面为矩形且宽为 w 高为 h，则 $B = Ewh^3/12$。对于两端简支，截面为矩形长度为 L 的梁，其本征频率为 $f_n = \frac{n^2\pi}{2L^2}\sqrt{Ewh^3/12\rho}$，本征频率随阶次的平方而逐阶升高。边界条件发生改变，本征频率也随之变化。

板 [plate]　具有一定质量、高度的尺寸远小于另外两个方向尺寸、以自身劲度产生回复力的弹性平面结构。板弯曲振动的控制方程为 $B\nabla^4\xi + \rho\frac{\partial^2 \xi}{\partial t^2} = 0$，$B = Eh^3/12(1-\sigma)$。对于四端简支，长宽分别为 L_x 和 L_y 的矩形板，其本征频率为 $f_n = \sqrt{E/12\rho(1-\sigma^2)}h\left[(n_x\pi/L_x)^2 + (n_y\pi/L_y)^2\right]$。对于周边固支且半径为 a 的圆板，其本征频率为 $f_n = \sqrt{E/3\rho(1-\sigma^2)}h\mu_n^2/4\pi a^2$，其中 μ_n 为满足方程 $J_0(\mu)I_1(\mu) + I_0(\mu)J_1(\mu) = 0$ 的第 n 个解，$J_0(\mu)$ 和 $I_0(\mu)$ 分别为零阶贝塞尔函数和零阶虚宗量贝塞尔函数，第 n 阶振动在圆心处的等效质量 $M_{en} = 2\pi a^2 h\rho J_0^2(\mu_n)$。

膜 [membrane]　具有一定质量、有一定面积并以张力作为弹性回复力进行振动的平面结构。膜横向振动的控制方程为 $\nabla^2\xi = \frac{1}{c^2}\frac{\partial^2 \xi}{\partial t^2}$，其中 c 为膜中振动传播速度且 $c = \sqrt{T/S\rho}$，T 为张力，S 和 ρ 分别为膜的截面积和面密度，ξ 为横向位移，t 代表时间项。对于周边固支半径为 a 的圆膜，可求得其本征频率 $f_n = \frac{\mu_n}{2\pi a}\sqrt{T/S\rho}$，其中 μ_n 为满足 0 阶贝塞尔 $J_0(\mu) = 0$ 的第 n 个 μ 值。对于第 n 阶振动，圆膜上会出现包括圆膜周边在内的位移为 0 的 n 个同心节圆。若把圆形膜等效为圆心处有一集中质量 M_{en} 在集中弹簧 K_{en} 作用下进行振动的话，第 n 阶振动对应的等效质量 $M_{en} = \pi a^2 S\rho J_1^2(\mu_n)$，弹簧等效的弹性系数为 $K_{en} = 4\pi^3 a^2 S\rho f_n^2 J_1^2(\mu_n)$。

壳 [shell]　约束在两个曲面之间的三维结构。离两个曲面距离相同的点连成壳体的中曲面，两个曲面间的垂直距离为壳体的厚度。薄壳振动理论研究的是厚度远小于中曲面尺度且为一常数、壳体振动幅度远小于壳体厚度的薄壳结构，其理论假设包括：(1) 变形前垂直中曲面的直线在变形后依然保持直线，并垂直于中曲面；(2) 相对于其他应力分量，沿中曲面垂直方向的法向应力可忽略不计；(3) 相对壳体微体的移动惯性力，可忽略其转动惯性力矩；(4) 法向扰度沿中曲面法线上各点是不变的。各种薄壳振动理论的主要区别在于曲率、非中曲面应变以及内力表达式的不同。壳体振动控制方程中一般包含沿中曲面坐标三个方向的位移分量，它们之间相互耦合。

障板 [baffle plate]　在结构声辐射分析中，为了隔绝辐射声场的衍射和便于理论计算，引入的表面位移振速均为零的平板结构称为障板。根据弹性结构的具体形状，障板还可以变换成障柱、障球等其他形式。在噪声、电声测量标准中，也经常规定使用障板来模拟反射面，降低实验条件的要求和简化实验步骤。如在扬声器单元的性能测试中，国际电工协会 (IEC) 就针对不同的测量频率规定了障板尺寸和开口面积及位置。

活塞 [piston]　一种平面状的振动结构，当它沿平面的法线方向振动时，其面上各点的振动速度幅值和相位都是相同的。研究活塞类声源的意义主要在于许多常见的声源，例如扬声器纸盆、共鸣器或号筒开口处空气层等，在低频时都可以近似看作为活塞振动。对于无限大障板上的圆形活塞，存在着近远场临界距离 $z_g = a^2/\lambda$，其中 a 为活塞半径，λ 为声波波长。在近场，辐射声压随距离急剧变化。而在远场 (距离远大于活塞半径)，活塞上各面元发出的声波到达接收点时振幅差异较小，声压随距离反比衰减，但由于声波的干涉，在高频会呈现较强的指向性，声压极大值和极小值的差值可大于 80dB。

自由度 [degree of freedom]　在任何时刻完全确定一个机械系统各个部分位置所需要的最少数目的独立广义坐标数。它一般等于可能的独立广义位移数。一般意义上的结构振动包含了三个方向的平动和三个方向的转动共 6 个自由度。而在考虑结构声辐射问题时，一般仅考虑垂直于结构表面的法向振动这一个自由度。

自由振动 [free vibration]　不受外部激励作用的振动称为自由振动，理想情况下的自由振动叫无阻尼自由振动。对于振动结构来说，自由振动意味着振动控制方程的激励项为零，对一些特定的特征值会存在满足边界条件且不为零的方程解，这些特征值对应结构的固有频率，相应的方程解对应结构的振动模态。结构的固有频率由其自身特性和边界条件所决定，而振动模态表征振动的空间分布，相互正交。

受迫振动 [forced vibration]　又称强迫振动。由外加激励强迫的振动。作受迫振动的结构一边克服阻力消耗能量，一边从外部激励中获得能量，当两者达到动态平衡且外加激励为周期性连续激励时，受迫振动成为稳态振动。受迫振动达到稳定状态时，结构振动的频率与外部激励频率相同，而与物体的固有频率无关。当外部激励的频率等于结构的固有频率时，结构发生共振，理论上此时的振动幅度趋向无穷大，实际中由于阻尼的存在出现极大值。

受迫响应 [forced response]　系统受外部激励后相关物理量的状态变化称为受迫响应。对于结构，受迫响应包括结构的受力或振动情况；对于空间声场，受迫响应包括媒质质点的振动以及声场分布情况。受迫响应主要取决于外部激励，一般的求解方法是将激励和响应按模态正交展开，代入控制方程求解各阶模态的响应系数，最后再进行叠加。

振动模态 [vibration mode] 弹性结构的固有振动特性，每一个模态具有特定的固有频率、阻尼比和模态振型。这些模态参数可以由计算或实验取得，模态的计算或实验分析过程称为模态分析。由于振动模态在某些位置幅度较小，实验分析时应该选取尽可能多的激励位置。振动模态取决于结构的边界条件，代表满足振动方程和边界条件的一组特解。振动模态表征的是结构振动参数的空间分布形式，数学上各阶模态相互正交。结构声辐射可以看成是各阶振动模态的共同作用，振动模态的辐射效率一般随频率升高而逐渐增大，最终趋向 1。计算结构声辐射的声功率时，不仅要考虑单个振动模态的自辐射阻抗项，还应该考虑各振动模态间的互辐射阻抗项，即振动模态之间的耦合。

声辐射模态 [radiation mode] 对振动结构声辐射传递函数矩阵进行奇异值分解，得到的一组对声辐射功率的贡献相互独立的特征函数定义为声辐射模态。声辐射模态表示一种可能的辐射形式，声辐射模态组成矩阵与结构的振动分布向量的乘积称为伴随系数矩阵，辐射声功率可以表示为特征值和一组伴随系数平方值的线性组合。声辐射模态仅由结构的形状大小决定，而与结构的物理性质及边界条件无关；奇异值分解后特征值矩阵为对角矩阵，且特征值沿着对角线方向递减，所以声辐射模态之间没有互耦合，辐射模态的辐射效率随着模态阶数的增加而降低。在进行结构声辐射控制时，只需要降低阶数较低的前几阶声辐射模态的伴随系数就可以有效地降低辐射声功率。声辐射模态理论上随频率的变化而变化，但在低频时基本保持不变。

固有频率 [natural frequency] 系统在没有外部驱动力和阻尼力作用下发生振荡的频率。弹性结构的固有频率取决于结构的物理特性和边界条件，常常有多个固有频率。弹性结构按固有频率作自由振动则称为固有振动。弹性结构受迫振动中，外部激励的频率与固有频率一致时，会产生共振现象。对于形状规则且边界条件简单的结构，固有频率可以通过理论解析求解；而对于复杂结构，固有频率往往需要通过数值计算乃至实验测量才能够获得。通常结构尺寸越大，相应的固有频率越低，因此在模态分析实验中选取合适的激励方式。

辐射效率 [radiation efficiency] 反映辐射声功率能力的大小，常用辐射声能量与结构的动能的比值表征。模态的声辐射效率定义为结构表面速度按不同模态分布和以等幅度的活塞分布时辐射声功率的比值。以矩形简支板为例，模态的阶数越低，声辐射效率越大；对同一模态，频率越高辐射

效率越大；低频时奇奇模态的辐射效率远大于奇偶模态或偶偶模态；在高频时 (辐射声波波数小于或等于结构模态波数)，各类各阶模态的辐射效率相差不大，均接近 1。说明振动辐射的效率不仅和频率相关，同时还与模态的形状有关。

声振互易 [vibroacoustics reciprocity] 结构振动声辐射和声源激励结构振动时路径传递特性不变，通过声激励或者振动激励的方式获取的结果一致，称为声振互易。声振互易的典型应用有两种：(1) 结构 r_s 处受激励力 $f(r_s)$ 作用，在 r_0 处接收到的声压为 $p(r_0)$，相应地在 r_0 处布置源强为 $q(r_0)$ 的点声源测得 r_s 处的振速为 $v(r_s)$，则有 $p(r_0)/f(r_s) = v(r_s)/q(r_0)$；(2) 结构仅仅由位于 r_s 处面积为 δS 的面元振动，速度为 $V(r_s)$，在 r_0 处接收到的声压为 $p_1(r_0)$，相应地在 r_0 处布置源强为 $Q(r_0)$ 的点声源，在保持结构表面不振动的条件下，在紧贴 r_s 的位置测得声压级为 $p_2(r_0)$，则有 $p_1(r_0)/V(r_s)\delta S = p_2(r_s)/Q(r_0)$。

隔振 [vibration isolation] 在振动源与基础、基础与需要防震的仪器设备之间，加入具有一定弹性的装置以减少振动量的传递。隔振分为积极隔振和消极隔振，前者是减少设备传入基础的扰动力，后者是减少来自基础的扰动位移。隔振采用的办法都是利用质量弹簧系统的特性，即使是复杂系统也可以看成若干简单系统的综合 (复合隔振系统、多自由度隔振系统)。最常用的隔振的评价量是振动传递系数，传递系数越小，隔振性能越好。对于单自由度隔振系统，力、位移、速度、加速度的传递系数都相等。定义驱动频率和隔振系统固有频率比为频率比，当频率比为 0 或 $\sqrt{2}$ 时，传递系数为 1，完全传递；频率比在 $0 \sim \sqrt{2}$ 时，隔振系统有放大作用；频率比大于 $\sqrt{2}$ 时，隔振系统有效，阻尼可以限制放大倍数。隔振系统设计时一般要求频率比大于 3 或 6，有几个驱动频率时，取最低值代入频率比的计算中。常用的隔振器包括：隔振垫、钢弹簧隔振器、橡胶隔振器、空气弹簧和全金属钢丝绳隔振器。

吸振 [vibration absorption] 当设备仅在某个或若干个很窄的频带内振动或受力时，安装振动控制设备降低其振动幅度的措施定义为吸振。无阻尼动力吸振器可看成质量和弹簧组成的共振结构，当吸振器的固有频率和待吸振设备的振动频率一致时，安装吸振器后设备的振动位移接近零，而设备所受的作用力完全转移至吸振器上，此时设备和吸振器构成的系统的共振频率取决于吸振器和设备的质量比。若吸振器质量不够大，会在原设备共振频率附近产生新的共振。为了避免在其他频率的共振和拓宽吸振频带，需要引入阻尼，使用有阻尼的动力吸振器。为了进一步拓宽吸振频带可以将多个阻尼动力吸振器进行组合形成复合动力吸振器。实际应用中，针对大振幅和多模态吸振问题，非线性吸振器和多自由度动力吸振器有待进一步研究。

有源振动控制 [active vibration control]　　有源振动控制是指人为引入一个可控制的振动源，调整其幅值和相位使其与原来的振动源相互作用，达到降低原始振动及振动传播的目的。主要方法可分为基于结构模态和基于结构波传播的有源振动控制。基于结构模态控制一般采用反馈控制结构，将加入控制源前后的动态响应用固有模态展开，一般情况下控制带宽中仅有若干个模态且阻尼较小，根据所要控制的代价函数和振动信息设计控制律，实现控制。基于波传播的有源振动控制一般采用前馈结构，在来波方向拾取参考信号，在控制源下游安装误差传感器。为了保证系统因果性，要求参考信号的拾取到控制源输出间的时延小于实际路径中波的传播时间。理论上下游误差传感器处的振动控制效果随着其与控制源距离的增加而越来越好，但实际上控制效果不可能一直增大。此外有源振动控制还可以被用于某些隔振场合，此时需要考虑多自由度系统的设计。

有源结构声控制 [active structural acoustic control]　　结构声指的是通过结构振动而辐射的噪声。有源结构声控制指的是在结构上使用振动源来降低辐射噪声的方法。其优势在于能用较小的代价得到较好的控制效果，和有源噪声控制相比，能减少控制源的数目；和有源振动控制相比，有较好的噪声抑制性能。有源结构声控制过程中，减少结构的振动幅度（模态抑制）和改变结构模态之间的相对相位（模态重组）这两种机制一般同时起作用。此外还可以采用控制声源来抑制结构声辐射，其主要机制是改变结构表面的声压分布，从而改变结构的辐射阻抗。

简支 [simply supported]　　弹性结构的一种边界条件，具体要求位移以及位移对空间维度的二阶偏导为零，数学上常用正弦函数进行表述。

固支 [clamped]　　弹性结构的一种边界条件，具体要求位移以及位移对空间维度的一阶偏导为零。

三明治板 [sandwich plate]　　又称夹心板。不同属性的平板在厚度方向叠加在一起的组合结构。工业应用中，轻质量高硬度的夹心板越来越普遍。常见的结构是由蜂窝纸芯、蜂窝铝芯或者泡沫芯夹在两层俗称为"层压板"的材料中间。在中频范围内层压板自身的传递损失比夹心板大，夹芯厚度越大中频隔声性能越差。

蜂窝板 [honeycomb plate]　　一般指蜂窝状芯材和平板组合结构。使用蜂窝状芯材的主要目的是降低结构重量的同时提高结构强度，但也会对结构的声学性能产生影响。对于一面微穿孔板一面背板的双层结构空腔中加蜂窝结构，可以提高中频的吸声和隔声性能。

阻尼 [damping]　　系统受到阻滞所发生的能量随时间逸散的作用。阻尼的大小采用损耗因子来表示，定义为系统振动时单位周期内损耗的能量与系统最大存储模量之比除以

2π。对于金属材料因应力和交变应力的作用产生分子或晶格之间的相对运动或塑性滑移，从而消耗能量产生阻尼。对于橡胶等高分子聚合物，分子间依靠化学键或物理键连接很容易产生相对运动，此外分子内部的化学单元也能自由旋转，产生阻尼。外力去除后相对运动和变形会部分复原，产生弹性，还有一部分发生永久形变，产生黏性，因此常被称为黏弹性材料。

力导纳 [force admittance, force mobility]　　力阻抗的倒数，定义为某一频率下，对结构某一界面施加的力后，结构响应速度和作用力的比值，一般为复数。对多个子系统构成的复杂结构，也可以用各个部分的力导纳算得结构总的力导纳。利用力导纳和阻抗的概念研究结构受力问题时，可以避开结构的具体形式，便于振动能量和功率流分析。

功率流 [power flow]　　表示单位时间内外力做功或结构耗散能量的能力，定义为单位时间内流过垂直于波传播方向上单位面积的振动能量。当结构上作用一简谐力并产生速度响应时，该力按时间平均的功率称为振动功率流，功率流既考虑了物理量力和速度的大小，也考虑两个物理量之间的相位关系。功率流不仅能给出振动能量大小的绝对度量，而且还能给出振动传递路径的信息。功率流分析法的基本应用是隔振效果的评估，可以克服经典隔振理论中传递系数不全面的问题。广义上所有采用能量的观点研究和计算结构振动的方法都可以称为功率流分析法，它不仅包括导纳功率流分析法、基于四端参数的功率流分析法，还包括高频段的统计能量法，以及波动能量法和功率流行波法等。

耦合分析法 [coupling analysis method]　　求解结构和声耦合问题的一种理论方法，它针对结构和声场分别建立控制方程，考虑结构和声场交界面的连续条件，联立方程求解。求解过程中往往需要将激励源、结构振动和声场的空间分布用模态进行展开，不可避免的会出现结构振动模态和空间声波模态的互耦合项，实际应用中若声场传播介质的特性阻抗较小，可以适当忽略互耦合项乃至声场模态的自耦合项。

阻抗分析法 [impedance analysis method]　　系统受激振动后的响应只与系统本身的动态特性和激励源的性质有关，所以可用阻抗综合描述系统的动态特性，这就是阻抗分析法的基本原理，阻抗分析法是一种理论和实验密切结合的方法，其作法是：测出激振力和振动响应，经消除误差后用于(1)检验结构数学模型的正确性并改善其精度；(2)识别结构的模态参量（如固有频率、振型）；(3)预测结构对已知的或假定的输入的响应；(4)预估相连结构的动态耦合特性；(5)从事振动监控或故障诊断。

统计能量分析 [statistical energy analysis]　　把整个系统分成若干个子系统，对每个子系统建立能量平衡方程，通过求解能量平衡方程组，获得每个子系统的响应。对于每

个子系统，能量主要来源于声源、其他子系统，能量的输出主要是自身损耗和向其他子系统的耦合。统计能量分析仅适用于高频段模态密度较高的情况，无法描述子系统内部的能量分布细节。

耦合损耗因子 [coupling loss factor]　统计能量分析中第 i 个子系统向第 j 个子系统传递的能量 W_{ij} 可以用公式表示为 $W_{ij} = \eta_{ij}\omega E_i$，其中定义 η_{ij} 为耦合损耗因子，ω 是角频率，E_i 是第 i 个子系统的能量。对于简单的系统，耦合损耗因子可以通过理论估计得到，而对于实际复杂系统，耦合损耗因子往往需要大量的实验分析才能得到准确的取值。

有限元法 [finite element method]　求解数学物理方程的一种数值方法，它把所研究区域离散化成有限个单元，单元间通过节点相互连接，利用有关物理方程，在各个单元上建立外力和节点自由度之间的关系，结合边界条件组成方程组，求解节点响应并通过插值求得整个系统的解。对于结构声辐射问题，可以将结构和声系统作为一个整体，建立统一的能量方程；也可以将结构和声学系统分开建模，在交界面上引入等效外力描述结构和声的相互耦合。

边界元法 [boundary element method]　求解数学物理方程的一种数值方法，它把所研究问题的微分方程化成边界上的积分方程，然后将边界离散化成有限个单元，得到只含有边界上节点未知量的方程组进行求解。对于结构声辐射问题，经典的边界元法基于的积分方程为 $cp(r) = \int_S [p(r_s)$ $\partial G(r_s, r)/\partial n - G(r_s, r)\partial p(r_s)/\partial n]\mathrm{d}S$，其中 c 为系数取决于待求点的位置 r，$p(r)$ 为待求点的声压，$p(r_s)$ 为结构表面的近场声压，$G(r_s, r)$ 为自由空间格林函数，S 为结构表面。

四端参数法 [four terminal parameter analysis] 计算噪声与振动传递或隔离的一种方法。适用于整体振动结构低频分析。基本思路是不考虑机械系统的细节，将其作为一个黑箱 (四端元件) 来应用，用四端参数矩阵表征输入参量与输出参量的关系。四端参数矩阵可以通过理论分析得到也可以通过实验测量，测量时须注意系统的负载，对于某些系统不同负载下的四端参数矩阵不同。对于复杂的系统，需要利用四端系统的串联或并联以及各自系统的四端参数矩阵来求解整体的四端参数矩阵。对于输入输出较多的问题，例如弯曲波传递，四端参数法可扩展成八端参数法进行处理。

单自由度隔振 [single degree of freedom vibration isolation]　仅考虑单个自由度的振动隔绝。常见的单自由度隔振系统为单根弹簧和阻尼器支撑的质量块，其传递系数随着频率的升高先增大而后降低，隔振的有效频率范围要求远大于系统的共振频率，在有效范围内阻尼比越大，隔振效果越差。

多自由度隔振 [multiple degree of freedom vibra-

tion isolation]　仅考虑多个自由度的振动隔绝。常见的多自由度隔振系统是 4 个隔振器上的机器，一般来说固定于弹簧上的机器具有 6 个自由度，存在 1 个垂直平动模态、1 个绕纵轴的转动模态、每个垂直面内的 2 个摇摆模态，这六个模态中任意两个耦合时的共振频率都可以用数值计算得出。

复合隔振 [multiple stage vibration isolation]　将设备和基础之间的简单弹性元件替换成弹性系统的振动隔绝称为复合隔振。最常见的两级复合隔振系统是质量为 M_2 的设备安放在劲度系数为 K_2 的弹簧和阻尼器上，上述系统又整体安放在由质量块 M_1、劲度为 K_1 的弹簧和另一个阻尼器构成的弹性系统上。在两个子系统阻尼都比较小的情况下，符合系统的力传递系数近似为 $T_f \approx \omega_1^2\omega_2^2/\omega^4$，其中 $\omega_1 = \sqrt{K_1/M_1}$，$\omega_2 = \sqrt{K_2/M_2}$，$\omega$ 为作用力的角频率。

无阻尼动力吸振器 [dynamic vibration absorber without damping]　由质量块、弹簧构成的共振系统。适用于受稳定的窄带扰动且激励频率在其自身共振频率附近的设备。使用时先确定吸振器的质量，使其大于待控制设备质量的十分之一，然后调整吸振器的刚度，吸振器的固有频率接近设备的激励频率。无阻尼动力吸振器的缺点在于在抑制设备某个窄带的振动时会引起两个新的共振频率，为了克服新共振频率的影响，往往需要在吸振器中加入阻尼，增大质量。

4.3.3　噪声效应及其控制

环境声学 [environmental acoustics]　研究室内外声学环境及其同人类活动相互作用的一门分支学科。包括声源的分析和识别，声波在各种情况下的传播规律，良好的听音环境，噪声 (包括次声和振动) 对人的效应，环境噪声的测量、评价及允许标准，噪声和振动的治理技术等。环境声学不仅涉及科学和技术问题，也涉及环境保护政策和法规问题，其最终目标是为人类生活和工作创造一个舒适良好的声学环境。环境声学是在建筑声学的基础上发展起来的。从 20 世纪初开始，对建筑物内的音质问题的研究促进了建筑声学的形成和发展。20 世纪 50 年代后，随着工业生产和交通运输的发展，噪声源显著增多，造成人类生活环境的噪声污染日益严重。从 1974 年召开的第八届国际声学会议开始，环境声学这一术语被广泛使用，涵盖建筑声学、环境噪声和噪声控制等学科，把原来针对室内声质量为主的建筑声学扩展到人们生活和工作的大环境内的所有声学问题。环境声学的目的是改善人们生活和工作的环境。随着社会进步，人们对声环境质量的要求越来越高，环境声学具有永久的生命力。

环境噪声 [environmental noise]　在某一环境下总的噪声，通常由多个不同位置的声源产生。常特指在工业生产、建筑施工、交通运输和社会生活中所产生的干扰周围生活环境的声音。工业噪声指在工业生产活动中使用固定的设备时产生的干扰周围生活环境的声音；建筑施工噪声指在建筑施工过程中产生的干扰周围生活环境的声音；交通运输噪声指机动车辆、铁路机车、机动船舶、航空器等交通运输工具在运行时所产生的干扰周围生活环境的声音；社会生活噪声指人为活动所产生的除工业噪声、建筑施工噪声和交通运输噪声之外的干扰周围生活环境的声音。环境噪声达到一定强度，便会影响人的工作、学习、休息。环境噪声污染，是指所产生的环境噪声超过国家规定的环境噪声排放标准，并干扰他人正常生活、工作和学习的现象。有关机构制订了城市区域环境噪声的标准，如疗养区，高级住宅区的昼间和夜间噪声限值为 50dBA 和 40dBA，以居住、文教机关为主的区域的昼间和夜间噪声限值为 55dBA 和 45dBA；而居住、商业、工业混杂区的昼间和夜间噪声限值为 60dBA 和 50dBA。

环境噪声评价 [evaluation of environmental noise] 环境评价的一部分。环境噪声评价分为环境噪声质量评价和环境噪声影响评价。环境噪声质量评价主要是对环境噪声现状进行评价。例如，在某一居民生活小区，按规定的方法进行噪声测量调查，可以知道该小区的环境噪声是否达到有关标准的情况，从而了解该小区的声环境质量。环境噪声影响评价主要是对建设项目环境噪声影响的预测评价。环境噪声影响评价的主要基本技术和方法是：确定评价标准，根据声源的类别和建设项目所处声环境功能区等确定声环境影响评价标准；掌握建设项目中各种噪声源的声学参数，根据噪声预测结果和环境噪声评价标准，评述建设项目在施工、运行阶段噪声的影响程度、影响范围和超标状况；分析受噪声影响的人口分布；分析建设项目的噪声源和引起超标的主要噪声源或主要原因；分析建设项目的选址、设备布置和设备选型的合理性；分析建设项目设计中已有的噪声防治对策的适用性和防治效果；提出需要增加的、适用于评价工程的噪声防治对策，并分析其经济、技术的可行性；提出针对该建设项目的有关噪声污染管理、噪声监测和城市规划方面的建议。

噪声控制 [noise control] 研究获得适当噪声环境的科学技术。所谓适当，是指技术上、要求上、经济上是合理的，综合考虑是可以接受的。噪声控制技术通常采用吸声、隔声、隔振、减振等方法，使各种环境下的噪声低于有关噪声限值标准。噪声控制的一般程序是首先进行现场噪声调查，测量现场的噪声级和噪声频谱，然后根据有关的环境标准确定现场容许的噪声级，并根据现场实测的数值和容许的噪声级之差确定降噪量，进而制定技术上可行、经济上合理的控制方案。控制策略包括声源控制、传声途径的控制和接收者的防护。声源控制指通过改进声源结构，提高其中部件的加工精度和装配质量，采用合理的操作方法等以降低声源的噪声发射功率，或者利用声的吸收、反射、干涉等特性，采用吸声、隔声、减振、隔振以及安装消声器等技术控制声源的噪声辐射。在传声途径上，主要通过隔声屏障、吸声材料和吸声结构将传播中的噪声能量消耗掉。接收者的防护包括佩戴护耳器、减少在噪声环境中的暴露时间等。合理的控制噪声的措施是根据噪声控制费用、噪声容许标准、劳动生产效率等有关因素进行综合分析确定的。

吸声 [sound absorption] 当声波通过媒质或射到媒质表面上时声能减少的过程。吸声系数指在给定频率和条件下，被分界面（表面）或媒质吸收的声功率，加上经过分界面（墙或间壁等）透射的声功率所得的和数，与入射声功率之比。一般其测量条件和频率应加说明。吸声系数等于损耗系数与透射系数之和。平均吸声系数可以为房间各界面的吸声系数的加权平均值，权重为各界面的面积；也可以为一种吸声材料不同频率的吸声系数的算术平均值，但所考虑的频率应予说明。降噪系数指在 250Hz、500Hz、1000Hz、2000Hz 测得的吸声系数的平均值，算到小数点后两位，末位取 0 或 5。统计吸声系数指平面波的入射角作无规分布时测得的或计算的吸声系数。吸声量，又称等效吸声面积，指与某物体或表面吸收本领相同而吸声系数等于 1 的面积。一个表面的吸声量等于它的面积乘以其吸声系数。一个物体放在室内某处，吸声量等于放入该物体后室内总吸声量的增量，单位为平方米。吸声材料包括多孔材料等，而吸声结构包括板共振和微穿孔吸声结构等。

隔声 [sound insulation] 选用传声损失足够大的材料或结构封闭噪声源来控制噪声的方法。传声损失是声波入射到无限大隔层时，入射声强度级与透射声强度级之差，是反映“无限大”隔层的隔声性能的参数。质量定律是建筑隔层传声损失的基本定律，它表述为：建筑隔层传声损失与其面密度和频率乘积的以 10 为底的对数成正比，即面密度增加一倍，传声损失增加 6dB；频率提高一倍，传声损失也增加 6dB。当声波以某入射角从媒体向一隔层传播时，考虑隔层的弹性，会激发隔层内弯曲波的传播。如果声波到达隔层的时间顺序与弯曲波在隔层内传播的速度相“吻合”，使弯曲波的振动达到一极大值，向另一面的辐射也特别大，使传声损失大为降低，这一现象称吻合效应。有限大面积的墙或间壁，因受边缘条件的影响，同样的隔层结构，其两侧的声级差可能有所不同，这时称之为该墙或间壁的隔声量。要解决相邻两室的隔声问题，除了对间壁的传声损失有一定要求外，还要考虑声波通过门、窗的传播以及通过建筑结构的固体传声的影响。无限大隔层隔声的主要机理是反射；而隔声罩的降噪机理是利用隔声罩中的吸声材料进行吸声。

声屏障 [sound barrier] 在噪声源与接收者之间，建立一有较大传声损失值的设施，使声源辐射的噪声不是直接传播到接收者，而是经过屏障的绕射才传播到接收者，使声波传播有一个显著的附加衰减，从而减弱接收者所在的一定区域内的噪声影响，这样的设施就称为声屏障。因屏障绕射因素使受声点声压级降低的分贝数称为声屏障的插入损失，和声屏障衍射导致的声程差有关。该声程差定义为有屏障（屏障长度远大于屏障高度）时绕射传播的最短距离和无声屏障时的直线传播距离的差值。其和半波长的比值称为菲涅耳数，一般取值在 1 和 10 之间。无限长声屏障的插入损失 (dB) 等于菲涅耳数以 10 为底的对数乘以 10，然后加上 13dB。声屏障常分为交通隔声屏障、设备噪声衰减隔声屏障、工业厂界隔声屏障声。屏障高度一般在 1m 和 5m 之间，覆盖有效区域平均降噪达 10dB 到 15dB，最高达 20dB。声屏障的降噪量与噪声的频率、屏障的高度以及声源与接收者之间的距离等因素有关。一般情况下，低频效果较差，高频效果较好；屏障高度越高，降噪效果越好；为了使屏障的减噪效果较好，应尽量使屏障靠近声源或接收点。

消声器 [muffler]　具有吸声衬里或特殊形状的气流管道，可有效地降低气流中的噪声。消声器基本上是一种声滤波器，和电滤波器相似，其特性是频率的函数。对于同时具有噪声传播的气流管道，可以用附有吸声衬里的管道及弯头或利用截面积突然改变及其他声阻抗不连续的管道等降噪器件，使管道内噪声得到衰减或反射回去。前者称为阻性消声器，后者称为抗性消声器，也有阻抗复合式的消声器。消声器的降噪性能有很大的频率依赖性。阻性消声器的管道越长，吸声衬里的吸声系数越大，管道截面积越小，则其消声性能 (dB) 越大。由于吸声衬里的吸声系数的频率依赖性，阻性消声器一般对中高频噪声有效，适用于宽带噪声。抗性消声器分为共振腔式和扩张室式，一般具有频率选择性，适用于窄带噪声。设计消声器时需同时考虑消声器对气流的阻力而引起管道中的压力损失。压力损失分为摩擦阻损和局部阻损。小孔消声器是利用小孔喷注的频移作用来改变和降低高压气体排放时的噪声的消声器。有源消声技术可应用于管道消声，它在管道中的低频噪声抑制方面有较好的应用前景。

振动控制 [vibration control]　采用隔振技术来降低振动的传递率；用振动阻尼减弱物体振动强度并减低向空间的声辐射；用动态吸振器将机械的振动能量转移并消耗在附加的振动系统上等技术称为振动控制。在噪声控制工程中，振动控制技术是一个重要方面。有些精密机械、精密仪表以及要求低噪声的实验室，也需要振动控制来避免环境振动对它们的影响。隔振分为积极隔振和消极隔振。积极隔振是减少振动设备传向地面或者基础的力传递系数，而消极隔振是减少地面振动传向设备的位移传递系数。隔振的主要方法是通过使用弹簧或者橡胶等软物体降低整个系统的共振频率，使其远低于设备或者地面的激励频率。频率低的振动传递较难控制。常见隔振器材包括橡胶、软木等隔振垫，钢弹簧、橡胶、空气弹簧和全金属钢丝绳等隔振器。另外还包括橡胶接头和

金属波纹管等柔性接管。振动指标是振动加速度级，是振动加速度与基准加速度之比的以 10 为底的对数乘以 20，单位为 dB。基准加速度为 $20\mu m/s^2$。振动级是根据等振曲线计算的加权振动加速度级，分为垂直振动级和水平振动级，和人的舒适性和工作效率有关。

护耳器 [ear protector]　保护人的听觉免受强烈噪声损伤的个人防护用品。如果在噪声源和噪声传播途径上采取降低噪声措施在技术上或经济上有困难，使用护耳器是最经济和有效的办法。护耳器可分为耳塞、耳罩和防噪声头盔三类。耳塞可插入外耳道内或插在外耳道的入口，适用于 115dB 以下的噪声环境。它有可塑式和非可塑式两种。可塑式耳塞用浸蜡棉纱、防声玻璃棉、橡皮泥等材料制成。使用者可随意使之成形，每件使用一次或几次。非可塑性耳塞又称"通用型耳塞"，用塑料、橡胶等材料制成，有大小不等的多种规格。耳罩形如耳机，装在弓架上把耳部罩住使噪声衰减的装置。耳罩的噪声衰减量可达 10 ～ 40dB，适用于噪声较高的环境。耳塞和耳罩可单独使用，也可结合使用。结合使用可使噪声衰减量比单独使用提高 5 ～ 15dB。防噪声头盔可把头部大部分保护起来，如再加上耳罩，防噪效果就更好。这种头盔具有防噪声、防碰撞、防寒、防暴风、防冲击波等功能，适用于强噪声环境。耳塞也具有弊处，由于耳塞相对于耳朵是起密封性的，这样会导致耳内空气不流通，容易在耳内产生相对的温度提升，对耳朵健康不利。护耳器的评价主要是从声衰减量、舒适感、刺激性、方便性和耐用性等方面来衡量的。

有源噪声控制 [active noise control]　也称主动噪声控制，指用位相相反的次级声去控制原有噪声的技术。有源噪声控制通过使用电子控制系统人为产生的次级声场和原声源或者声场相互作用降低原有的噪声，和传统的控制手段相比，具有低频效果好，对原来设备或装置的性能影响小，体积和重量较小等优势。目前，有源护耳器、管道消声器、汽车和飞机舱内噪声有源控制等技术已经商用。从结构上分，有源噪声控制系统可分为前馈控制和反馈控制。有源噪声控制的机理可能是多重的，包括降低原有噪声源的辐射阻抗、吸收原噪声能量和反射原噪声能量等。有源噪声控制的设计一般分为两部分，即物理系统的设计和电子控制系统的设计。物理系统的设计包括选择恰当的控制源和传感器的类型和数量，并确定它们的安装位置，而电子系统的设计则包括驱动控制源和获得传感信号的各种电路和控制器等。控制器可以是数字电路的，也可以是模拟电路的。经常使用的控制器由数字信号处理信号芯片实现，配以各种自适应控制算法。最常用的有源控制自适应算法是滤波最小均方算法。有源控制系统的性能上限由物理系统决定，电子系统的设计和算法的选择则是尽可能逼近这个上限。

噪声源 [noise source]　能发射噪声的振动物体或一

些自然现象和人为活动。包括机械噪声源，如振动、齿轮、轴承、电磁、和液压泵等；空气动力性噪声源，如喷射、涡流、旋转、排气、燃烧和激波等；交通运输工具噪声源，如汽车、铁路、地铁和飞机等；社会活动噪声源，如家用电器、生活噪声和社会噪声等。实际中的复杂噪声源一般可简化成基本噪声源或者它们的组合。基本噪声源包括单极子声源、偶极子声源、四极子声源、线声源和面声源。描述声源的参量包括声源的声功率级、声源的频谱和声场辐射的指向性。声源辐射的区域分为近场和远场。在近场，瞬时声压和瞬时质点速度相位不同；而在远场，瞬时声压和瞬时质点速度同相位，每倍频程衰减 6dB。近场又分为流体动力近场和几何近场。

声压级 [sound pressure level]　当媒质中有声波存在时，媒质受到波的扰动，其中压强发生了变化，在所考虑的瞬间，媒质中某一点所呈现的压强与静压强 (媒质未受到扰动时的压强) 之差称为瞬时声压。通常所说的声压是指在一定时间间隔内瞬时声压的方均根值，它是有效声压的简称，单位为 Pa。声压与基准声压之比的以 10 为底的对数乘以 2，单位为贝 [尔]，B，但通常用 dB 表示，基准声压必须指明。基准声压在空气中为 20μPa，在水中为 1μPa。基准声压 20μPa，即 dB 是统计平均得到的空气中人耳能听到的最小声压，一般房间的本底噪声的声压级大约为 40dB，正常对话为 70dB，交响乐高潮时为 90dB，人的痛阈声压级为 120dB。声压级可以为负值的，表示声压级小于 20μPa。声压级用声级计测量。声级计又称噪声计，测量时把声信号转换为电信号。声级计除可测量总的噪声级以外，还可测量噪声的频谱特性，包括 A、B、C、D 计权特性测得的计权声压级。声压级是计算噪声评价量如等效连续 A 计权声级、昼夜等效声级和统计声级的基础。

声功率级 [sound power level]　声功率为单位时间内通过某一面积的声能，单位为 W。如果考虑包含声源的闭合曲面，则声功率表征单位时间内声源辐射的总的声能量。声功率级是声功率与基准声功率之比的以 10 为底的对数，单位为贝 [尔]，B，但通常用 dB 表示，基准声功率为 1pW。正常讲话的人产生的声功率约为 1μW，即 60dB；小型飞机产生的声功率可达 1W，即 120dB。声功率级是表征声源固有特性的基本量之一，有一系列测量方法，包括声强法、消声室和半消声室法、混响室法、现场测量方法、近场测试方法和通过振动测试方法。测量中一般要求本底噪声小于拟测噪声至少 10dB。消声室和半消声室法以及混响室等精密级测试的精度可达 1.0dB，而混响室和硬壁室等工程级的测试精度一般是 3dB，现场简易级的测量精度一般在 5dB。不同频段精度不同，一般低频误差较大。

噪声频谱 [noise spectrum]　把随时间变化的声压级或者声功率级按幅值或相位表示为频率的函数的分布图形。噪声频谱可能是线状谱、连续谱或二者之和。噪声频谱频谱中横坐标为频率，纵坐标为声压或者声功率的幅值或相位。线状谱由一些离散频率成分形成的谱，如简谐振动和周期振动的声音都具有离散的线状谱。连续谱在一定频率范围内含有连续频率成分的谱，如随时间衰减的振动和冲击过程都具有连续的频谱。噪声频谱密度级为噪声信号在某一频率的谱密度与基准谱密度之比的以 10 为底的对数，适用于所涉及频率范围内为连续谱的信号。频带声压级是有限频带内的声压级。频带宽度必须指明，如频带宽度为 1 倍频程时，则称为倍频程声压级，以此类推。常用的倍频程中心频率包括 31.5Hz，63Hz，125Hz，250Hz，500Hz，1000Hz，2000Hz，4000Hz，8000Hz，16000Hz。

感觉噪声级 [perceived noise level]　根据测试者判断为具有相等噪度的来自正前方中心频率 100Hz 的倍频带噪声的声压级。单位为贝 [尔] (B)，但通常用 dB 表示。感觉噪声级是和人主观响度感觉相关的评价飞机噪声的主观量，通过噪度计算。噪度的单位为纳 (Noy)，1 纳规定为中心频率 1000Hz 时倍频带声压级 40dB 的噪声。2 纳的声音与 1 纳的声音相比较，意味着噪度增强 1 倍。首先通过纳表 (不同中心频率的倍频带或者 1/3 倍频带的声压级对应的噪度表) 获得倍频带或者 1/3 倍频带的噪度，然后将各频带的纳值按一定规则相加，获得总噪度，其中最大噪度频带的权重最大。然后将总噪度取以 2 为底的对数乘以 10，再加上 40，就得到感觉噪声级，单位为 PNdB。有效感觉噪声级是飞机噪声适航审定的评价量，是考虑了持续时间和纯音修正后的感觉噪声级，其计算和测量较复杂，可用 A 声级加 13dB 来粗略估计。

掩蔽效应 [masking effect]　一个声音的听阈因另一个掩蔽声音的存在而上升的现象。这是由于听觉的非线性引起的，是心理声学中很重要的一个效应。一个纯音信号引起的掩蔽，大体上决定于它的强度和频率，低频声能有效地掩蔽高频声，但高频声对低频声的掩蔽作用不大。窄带噪声在其频率附近的掩蔽效果大于该频率处的一个纯单频声音；对于掩蔽高于频带的频率，窄带噪声比纯单频声音更有效；噪声的带宽有一个最终值，当大于这个带宽时，任何带宽的增加对于该频率处纯单频声音的掩蔽都不会有任何影响；一个单频声音需要比掩蔽噪声高几分贝听起来才能与掩蔽噪声不存在时一样高。噪声对节目信号掩蔽和节目信号的不同频带之间的掩蔽对重放系统的音质评价和音频信号的传输和记录中的压缩编码等有重要的意义。

脉冲噪声 [impulse noise]　短促的声音，由正弦波的短波列或爆炸声形成，其特点为声压波形具有一个瞬间上升的冲击波前，通常是由能量突然释放造成。脉冲噪声持续时间可能从几微秒变化到 50ms，为了评估听力损伤风险，定义了一个 "B 持续时间"，即从峰值声级下降 20dB 所需的时间。一般来说，接触爆炸声的人会被暴露于脉冲噪声中。撞击噪声不是脉冲噪声。撞击噪声通常产生于非爆炸方式，例如工业厂房中金属对金属的碰撞过程。在这种情况下，冲击波前的特征不会总出现，并且在有混响的工业环境中，听到撞击噪声的持续时间往往超过脉冲噪声对应的时间。在这种情况下存在的背景噪声可能会与撞击声有规律地耦合，令人产生撞击是连续的错觉。

听力损失 [hearing loss] 人耳在某一个或几个频率的听阈高于正常耳的听阈的病理现象；或者指某耳在某一个或几个频率的听阈比正常耳的听阈高出的分贝数。听力损失一般利用频率范围从 100Hz 到 8000Hz 的纯音测听来确定，是指被听者判断为刚好可听到的一系列纯音的声压级与同一系列纯音的参考声压级之间的差值。语言听力损失指达到同样可懂度所需语言级较正常耳所需语言级提高的分贝数。通常取在 500Hz，1000Hz，2000Hz 三个频率上测得的平均值表示。可懂度常常取为 50%。语言听力损伤指在 500Hz，1000Hz，2000Hz 三个频率的平均语言听力损失超过 25dB 的情况。听力损失和年龄增长以及暴露于过量噪声都有关。

噪声控制标准 [noise control criteria] 在不同条件下容许的噪声级的限值标准。噪声控制标准可以是人对噪声的容忍程度，基于强噪声下对听力损伤的危险性。噪声下语言通信的可靠性，各类建筑物的容许噪声级，居民对噪声的反应等，包括听力保护和健康保护的噪声标准、噪声对语言干扰的评价标准、住宅区噪声容许标准和城市环境噪声标准等。所有各类评价标准都是统计性。噪声控制标准由有关机构制定。虽然各个方面的噪声控制标准很多，但其制定原则比较简单。由于经济、技术和人的要求不同，不可能取一个统一的标准，但一般有个最高限值和一个完全符合要求的理想值。如在听力保护和健康保护方面，最高声级是 90dB，这个值对听力已开始有危险，70dB 则完全不影响听力，故可作为理想值。在语言和脑力劳动方面，室内的最高值是对语言和思考已开始有干扰的 60dB，理想值则为 40dB，此时干扰很小。

噪声地图 [noise mapping] 利用声学仿真模拟软件绘制，并通过噪声实际测量数据检验校正，最终生成的地理平面和建筑立面上的噪声值分布图，一般以不同颜色的噪声声压级等高线、网格和色带来表示。是应用现代计算机技术，将噪声源的数据、地理数据、建筑的分布状况、道路状况、公路和铁路交通资料以及相关地理信息综合、分析和计算后生成的反映城市噪声水平状况的数据地图。噪声地图展示了城市区域环境噪声污染普查和交通噪声污染模拟与预测的成果，可为城市总体规划、交通发展与规划、噪声污染控制措施提供决策依据。城市规划、交通主管、环境保护等政府部门和普通民众均可使用。

室外声传播预测 [outdoor sound propagation pre-diction] 综合利用现有声学知识，结合噪声源和传播途径中的各种信息，预测室外噪声传播声场。室外声传播预测需要考虑声源声功率、几何传播因数、声源指向性和逾量衰减。逾量衰减包括空气吸收引起的衰减、由规则屏障、房屋和工艺设备/工业建筑的屏蔽引起的衰减、由树林引起的衰减、由于地平面反射引起的衰减和由例如风和温度梯度等气象影响引起的衰减。问题难度取决于声源的本质和受影响的周围地区的分布，可能从相对简单到很复杂。目前最成功的方案依靠理论模型和经验的混合。室外声传播预测的精度很难准确确定，一般可达 ±5dB。室外声传播预测对环境噪声评价和治理非常重要。

多孔吸声 [porous absorption] 利用多孔吸声材料消耗入射声能量。多孔吸声材料是含有很多微孔和通道，对气体或液体流过给予阻尼的材料，包括纤维状、颗粒状和泡沫状。多孔材料的吸声机理是当声波入射到多孔材料时，引起孔隙中的空气振动。由于摩擦和空气的黏滞阻力，使一部分声能转变成热能；此外，孔隙中的空气与孔壁、纤维之间的热传导，也会引起热损失，使声能衰减。多孔材料的吸声系数随声频率的增高而增大，吸声频谱曲线由低频向高频逐步升高，并出现不同程度的起伏，随着频率的升高，起伏幅度逐步缩小，趋向一个缓慢变化的数值。影响多孔材料吸声性能的参数主要有流阻、孔隙率和结构因数。增加材料的厚度，可提高低、中频吸声系数，但对高频吸收的影响很小。如果在吸声材料和刚性墙面之间留出空间，可以增加材料的有效厚度，提高对低频的吸声能力。多孔材料疏松，无法固定，不美观，需表面覆盖护面层，如护面穿孔板，织物或网纱等；穿孔率越大，对中高频率声音吸收效果越好，穿孔率越小，对低频吸收效果越好。

板共振吸声 [panel absorption] 通常用于低频吸声。板式吸声器由悬挂在空间中的柔性板组成，板必须与声场耦合并被声场驱动以通过面板的弯曲振动而消耗声能量。最大吸声量一般发生在面板-腔体耦合系统的第一个共振频率处。对由不透气的薄板背后设置空气层并固定在刚性壁上的板共振吸声结构，其第一个共振频率取决于薄板的尺寸、重量、弹性系数和板后空气层的厚度，并且和框架构造及薄板安装方法有关。常用的薄板材料有胶合板、纤维板、石膏板和水泥板等。板共振吸声的频率范围一般较窄，仅作为吸收共振频率邻近的频带为主的吸声构造。在一些建筑 (如剧场、混响实验室) 中，有时要避免薄板共振对某一频段吸声过多。

微穿孔吸声 [micro perforated panel absorption] 在薄金属板、胶木板、塑料板等上面穿上大量的小于 1mm 的微孔做成微穿孔板，把这种板固定在硬墙壁前，板后留适当的空腔就形成微穿孔板吸声结构。其原理是把穿孔的孔径缩小到毫米以下后，可以增加孔本身的声阻，而不必外加多孔材料就能得到满意的吸声系数。为了展宽频率范围和提高吸声效果，还可以采用不同穿孔率和孔径的多层结构。孔径到 1mm 以下，板厚在 1mm 以下，穿孔率 1%～3% 的微穿孔板吸声结构，由于比穿孔板声阻大，质量小，因而在吸声系数和吸声带宽方面都优于穿孔板。微穿孔板吸声结构优于省去了多孔吸声材料且有一定的带宽，因而可用于有气流、高温、潮湿以及有严格卫生要求等场合的吸声。

复合吸声 [compound absorption]　综合使用多孔吸声材料、板共振吸声结构和其他吸声材料和结构扩大吸声范围，提高吸声系数。如为弥补多孔性吸声材料低频吸声系数小的特点，可用多种共振吸声结构来平衡音质设计中不同频段所需的吸声量。共振吸声结构可以是薄板共振、薄膜共振，使用得较多的是刚性界面前 1/4 波长处放置薄层多孔性吸声织物以及基于亥姆霍兹共鸣器原理的穿孔板共振吸声结构。如多孔吸声材料可以和分流扬声器结合使用制成薄型宽带吸声体。其中扬声器中的电路和机械结构可用较小的体积有效地吸收耗散低频噪声，从而降低整个吸声体的尺度。

质量定律 [mass law]　决定墙或间壁隔声量的基本定律，表达如下：墙或间壁的隔声量与它的面密度的以 10 为底的对数成正比。面密度指墙或间壁单位面积的质量，kg/m^2。事实上建筑隔层传声损失与其面密度和频率乘积的以 10 为底的对数成正比。此定律表明：面密度增加一倍，传声损失增加 6dB；频率提高一倍，传声损失也增加 6dB。质量定律仅适用于从某一角度入射的声波。在实际中，声波一般是从各个方向入射，因此真正的隔声量包括构件对各个方向入射声波的隔声量的和，略小于质量定律预测的隔声量。质量定律仅适用于板整体振动和吻合效应发生之间的频段。

吻合效应 [coincidence effect]　当声波以某入射角从空气向一隔层传播时，考虑隔层的弹性，会激发隔层内弯曲波的传播。如果声波到达隔层的时间顺序与弯曲波在隔层内传播的速度相"吻合"，使弯曲波的振动达到一极大值，向另一面的辐射也特别大，使传声损失大大降低，这一现象称吻合效应。对不同的入射角存在不同的空间共振频率，当入射角为 90° 时，对该隔层可求得一最低的空间共振频率。这个频率称为此弯曲振动隔层的吻合频率。吻合频率不仅和材料有关，而且和隔层厚度成反比。隔层越厚，其吻合频率越低。对同厚度的隔层，其纵波速度越大，杨氏模量越大，弯曲刚度越大，密度越小，其吻合频率越低。

多层墙隔声 [multi wall sound insulation]　通过引入一定厚度不同阻抗的中间层，使同等质量的多层（双层）墙在感兴趣的中频段上的隔声量比单层墙有所提高。其代价是在低频段引入了一个由"质量－弹簧－质量"的共振频率所决定的隔声低谷，而在高频段也引入了一系列和中间空气层的共振频率有关的隔声低谷。若要使多层墙的隔声性能较

等重的单层板墙有明显改善，要合理选择各层材料、配置各层厚度，使更多的能量被反射回去，从而减少透射声能；要利用夹层的阻尼和吸声作用，减弱共振和吻合效应；要使用厚度和材质不同的多层结构，错开共振与吻合频率，减少共振区与吻合频率区的隔声低谷，提高总体隔声性能。其设计可基于多层介质平面波传播的阻抗转换定理。

组合结构隔声 [compound structure sound insulation]　通过把具有不同隔声量的隔声单元组合成一个构件进行隔声。如建筑上包含门和窗的隔声墙和含有通气口的隔声罩等。组合结构的总隔声量和各部分的隔声量及其面积大小均有关系，其数值可在假设入射声能量空间均匀的条件下，计算从各部分的透过的声能量，然后相加，并除以整个入射声能量得到。若某一部分的透声量和面积远大于其他部分的透声量，则总透声量基本上由该部分的透声量决定。总隔声量一般取决于隔声量小的部分的隔声量及其占整个结构面积的面积比，因此在设计时要注意平衡配置，以避免对其他部分的隔声量没有必要的过大要求。

隔声罩 [sound insulation enclosure]　为了减少噪声源的噪声辐射，采用具有一定隔声量的隔板将噪声源部分或者全部封闭起来，并在隔板内表面附加吸声材料的降噪装置。隔声罩的降噪机理是利用隔声罩的阻抗不同将噪声束缚在隔声罩中，然后利用其中的吸声材料进行吸声。隔声罩的隔声量随着内衬吸声材料的吸声性能的增大，逐渐接近隔板的隔声量。当罩壁振动较大时，可在罩壁表面涂一些内损耗系数较大的阻尼材料通过减振降低噪声辐射。为防止其固体传声，可在隔声罩设备下面安装隔振器或铺设隔振材料。对于由于通风散热要求在隔声罩罩壁上留一定的孔洞，通常在孔洞上安装一定长度的消声，使消声器的降噪量与隔声罩罩壁的隔声量相当。隔声罩可分为全封闭式隔音罩、活动式隔音罩和局部封闭式隔音罩等。

隔声间 [sound insulation room]　为了防止外界噪声入侵，在噪声强烈的局部环境空间内建造隔声性能良好的小室，形成安静的小室或房间，对工作人员的听力进行保护。它由具有一定隔声量的隔板并在隔板内表面附加吸声材料构成。隔声间的降噪机理是首先利用隔声罩的阻抗不同将噪声反射到原噪声场中，然后对部分进入隔声间的噪声利用其中的吸声材料进行吸声。隔声间的噪声衰减量大小不仅和隔声间壁面本身的隔声量有关，还和隔声间内的吸声量的大小有关以及隔声间的受声面积（隔声间外表面积）有关。在隔声间内总吸声量一定的条件下，受声面积越大，隔声间的噪声衰减量越小；在隔声间大小固定后，间内吸声量越大越好，逐渐趋近于隔声间壁面本身的隔声量。隔声间一般是组合隔声结构，其门窗部分和通风部分的隔声量在设计时都需要统筹考虑。

消声器性能 [muffler performance]　包括声学性

能、空气动力性能和结构性能。声学性能包括消声大小和消声频带，可用传声损失、插入损失、末端降噪量或者声衰减量等表示。插入损失定义为通过管道传播的声功率相对于无消声器时所传播声功率的衰减量；而传输损失定义为消声器入口处入射的声功率与消声器所发射的声功率的差值。基于反射或声功率输出抑制的消声装置称为抗性消声器，基于耗散的称为耗散型消声器。抗性消声器的性能和声源和末端（输出端）的阻抗有关，而抗性消声器有时会影响到声源处的噪声产生，这就使得其传输损失和插入损失可能不相同。而对耗散型消声器，由于其性能不受声源和末端阻抗的影响，故其插入损失和传输损失一般是相近的。空气动力性能指压力损失，包括摩擦阻损和局部阻损。结构性能包括外形、体积、重量、维修、寿命和系列化设计等。

阻性消声器 [dissipate muffler]

具有吸声衬里的气流管道，可有效地降低气流中的噪声。吸声衬里包括多孔吸声材料和共振吸声结构等。阻性消声器的管道越长，吸声衬里的吸声系数越大，管道截面积越小，则其消声性能越大。由于吸声衬里的吸声系数的频率依赖性，阻性消声器一般对中高频噪声有效，适用于宽带噪声。阻性消声器的降噪机理是利用声波在多孔性吸声材料或吸声结构中传播，因摩擦将声能转化为热能而散发掉。阻性消声器的降噪性不易受声源和负载阻抗的影响。阻性消声器使用范围较广，在中频或高频段噪声衰减和对气流阻力小的情况下均可采用，但不适合高温、高湿、多尘的条件。

抗性消声器 [reactive muffler]

具有特殊形状的气流管道，可有效地降低气流中的噪声。特殊形状包括共振腔体、扩张室和消声弯头等。其机理是利用弯头或截面积突然改变及其他声阻抗不连续的管道等降噪器件，使管道内噪声反射回去。抗性消声器一般具有频率选择性，适用于窄带噪声。抗性消声器的性能取决于声源和末端的阻抗，有时会影响到声源处的声音产生，使得抗性消声装置的传输损失和插入损失可能大不相同。抗性消声器的压力损失主要来自于局部阻损。对于扩张室式消声器，膨胀比决定消声量的大小，扩张室长度和插管长度决定消声频率特性；而对于共振腔消声器，传导率，共振腔体积，截面积决定消声量的大小，共振腔体积，截面积和板厚决定共振频率大小。

复合消声器 [compound muffler]

为达到更好的消声器效果，阻性和抗性消声器通常结合在一起构成复合消声器。复合消声器有多种形式，如阻性-扩张复合式、阻性-共振复合式、阻性-扩张-共振复合式和利用微穿孔板构成的复合消声器。复合消声器的设计比较复杂，通常通过计算机软件辅助设计和实验测试进行。设计需要综合考虑降噪带宽、降噪量、压力损失和消声器的体积。

隔振器 [vibration isolator]

用来降低振动传递率的装置。隔振器可用于减少振动设备向地面或者基础进行力传递的积极隔振或者减少地面振动向设备进行位移传递的消极隔振。隔振的机理是通过使用弹簧或者橡胶等软物体降低整个系统的共振频率，使其远低于设备或者地面的激励频率。隔振设计步骤包括：首先确定系统质量和拟控制振动频率、大小、方向和位置，其次根据隔振目标确定隔振系统的隔振频率，从而确定隔振器的劲度和对系统质量的修正，然后根据具体情况，选择隔振器的类型和安装方式，计算隔振器尺寸并进行结构设计，最后由隔振效率和机器的启动和停机过程，决定隔振系统的阻尼。常见隔振器材包括橡胶、软木等隔振垫，钢弹簧、橡胶、空气弹簧和全金属钢丝绳等隔振器。

吸振器 [vibration absorber]

当机器设备仅在某一或若干个很窄的频带振动或受力时，可采用动力吸振器降低振动幅度。动力吸振器仅适用于控制设备在非常稳定的窄带扰动下引起的振动，而且这一激励频率就在原设备的共振频率附近；若吸振器质量不够大，新构成系统的共振频率和原设备的共振频率将相差不大，则该共振系统很容易产生新的共振。动力吸振器的设计步骤包括：首先确定激振频率、振动幅度大小，看激振频率是否接近机器固有频率？激励频率是否稳定？机器阻尼是否较小？若是，则可考虑使用动力吸振器。设计中，先确定吸振器的质量，使其至少大于机器质量的十分之一，然后确定吸振器的劲度，使吸振器的固有频率接近激振频率。最后，将设计生产好的吸振器安装到设备上，让设备启动工作，检查吸振器在整个工作工程中是否工作，系统是否稳定。

振动测量 [vibration measurement]

振动通过振动传感器来测量。传感器可直接测量瞬时加速度、速度、位移和表面应变。在噪声控制应用中，最常用的测量值是加速度，因为它常是最方便测量的。最有用的量值为振动速度，因为它的平方与结构的振动能量直接相关，从而与辐射声功率直接相关。此外，大多数机器和辐射表面具有一个比加速度谱更平坦的速度谱，这意味着在频谱分析中使用速度信号很有利，因为它允许利用一个倍频程或 1/3 倍频程滤波器或具有有限动态范围的频谱分析仪得到最大量的信息。对于单频或窄带噪声，位移、速度和加速度与频率有关。对于窄带或宽带信号，利用积分电路可以从加速度测量值推导出速度。以 dB 为单位来表达振动通常较为方便，速度的参考级为 $1nm/s$，加速度的参考级为 $1\mu m/s^2$。

有源抗噪声耳机 [active noise control headphone]

有源噪声控制技术的典型应用，主要用于提高现有被动耳机的降噪效果，尤其是对低频噪声的降噪量。有源抗噪声耳机在现有耳机的结构上加入传声器和有源控制电路来驱动耳机中的原有扬声器产生和耳罩内原始噪声相位相反的声信号进行相互抵消。从结构上可分为前馈式、反馈式和混合式的，从实现方式上分为模拟的和数字的。前馈式模拟电路有源抗噪声耳机的优点是电路简单、没有其他频段噪声被放大的水床效应，且容易和现有高保真放音电路集成，缺点是对噪声传播方向和耳机佩戴松紧较为敏感；反馈式模拟电路有源抗噪声耳机的优点是电路简单，对噪声传播方向和耳机佩戴松紧不敏感，但缺点是存在水床效应。采用前反馈混合自适应控制算法的数字式有源抗噪声耳机性能最好，但成本较高。目前有源抗噪声耳机在 200~1000Hz 的频段一般都有一定的降噪量，在 300~500Hz 附近某频段达到最大 20dB 左右的降噪量。

低噪声工厂设计 [low noise factory design]　参照相关国际标准系统地进行低噪声工厂设计的方法和过程，包括开放式工厂的噪声控制设计规程和低噪声车间的设计规程。开放式工厂的噪声控制设计流程包括：确定工作内容和责任方，调研适用法规，确定噪声要求；通过数据库和供应商和声源分布获得设备噪声限值；完成噪声控制报告；结合施工和测试进行调整和补救，完成噪声验证报告。低噪声车间的设计规程包括：确定指标和标准；通过鉴别得出噪声评价，如涉及的区域、工作位置处的照射量、各个噪声源对工作位置处照射量的影响、人的暴露量和声源发射并对它们排序；调研可采取的噪声控制措施，制定噪声控制方案，实施相应的噪声控制措施；最后检验所达到的噪声降低量。其中噪声控制设计的关键是确定机器的噪声发射值，预估房间的声传播特性和噪声照射级，选定噪声控制措施。

低噪声机器设计 [low noise machine design]　参照相关国际标准系统地进行低噪声机器设计的方法和过程。设计过程可以分为如下 4 个越来越具体的阶段：(1) 明确任务：将所有要求列表，该表是整个设计任务的控制文件；(2) 概念设计：本阶段设计过程主要集中于达到所希望的目标；(3) 设计和细节：随着个别元件的设计和选择的进展，可以通过设计项选择来定量估计噪声性能；(4) 原型样机：样机上的测量可获得主要噪声源和声传递途径的量化数据。以下 4 个步骤可以用到上述 4 个阶段的各个阶段：(1) 确定机器的主要噪声源，并按优先级排序；(2) 在确定了主要噪声源后，进一步分析相应的噪声机理；(3) 分析和描述从声源到接收位置的直接噪声辐射，以及通过结构到辐射面的传递；(4) 分析来自这些表面的噪声辐射，确定这些辐射面对接收位置声压级的各自贡献。评估各种噪声控制措施组合的最佳者。所有设计过程都可重复进行。

等效连续 A 计权声级 [equivalent continuous A-weighed sound presure level]　在规定的时间内，某一连续稳态声的 A 计权声压，具有与时变的噪声相同的均方 A 计权声压，则这一连续稳态声的声级就是此时变噪声的等效连续 A 计权声级。单位为贝 [尔]，B，但通常用 dB 表示。等效连续 A 声级是将时间平均 A 计权声压的平方转换为分贝数，即能量平均，常被用作职业性和环境噪声的描述量。

昼夜等效声级 [day-night equivalent sound pressure level]　为了考虑噪声在夜间对人们烦恼的增加，将夜间的噪声级加 10dB 后与昼间的噪声级一起对它们各自的作用时间进行能量平均而得的噪声级，单位为贝 [尔]，B，但通常用 dB 表示。昼夜平均噪声级有时被用来量化交通噪声。

暴露声级 [sound exposure level]　在某一规定时间内或对某一噪声事件，其 A 计权声压的平方的时间积分与基准声压 (20μPa) 的平方和基准持续时间 (1s) 的乘积的比的以 10 为底的对数。单位为 B，但通常用 dB 为表示。暴露声级是衡量瞬态噪声中所含能量大小的量，常用来表示所发生孤立噪声事件的能量，如飞机飞过时的能量。

语言干扰级 [speech interference level]　评价噪声对语言干扰的单值量，是中心频率为 500Hz、1000Hz、2000Hz 和 4000Hz 四个倍频带噪声声压级的算术平均值。单位为贝 [尔]，B，但通常用 dB 表示。对于语言沟通重要的环境，60dB 的语言干扰级意味着距离 1.5m 以内的双方可用正常大小的语音交流。

扩散传播衰减 [spreading propagation attenuation]　从实际声源辐射出来的声波在自由空间扩散传播时其声压级随着传播距离增大而衰减的现象。对于点声源，其扩散传播特点是距离增大 1 倍，声压级减少 6dB；对于无限长线声源，距线声源的距离增大 1 倍，声压级减少 3dB；对于面源，扩散传播特性比较复杂，具体数值和距离声源的位置有关。

空气吸收 [air absorption]　声波在传播中由于非理想气体产生的能量耗散。空气声吸收产生于经典物理的输运过程引起的经典吸收，转动弛豫引起的分子吸收，氧和氮的振动弛豫引起的分子吸收，与声音频率、大气温度、湿度和气压有关。一般频率越高，温度越低，相对湿度越小，频吸收大。

地面效应 [ground effect]　声波在传播中由于地面影响而产生的强度变化。粗略近似是假设如混凝土、水或沥青等硬地面的效应为使噪声级增加 3dB，而如草、雪等软地面则没有影响。较准确的近似可通过计算声压地面反射因数来获得，这个计算根据是否考虑平面波、球面波传播和湍流，有不同程度的复杂度和精度。

气象效应 [meteorological effect]　声波在传播中由于气象 (天气) 因素的影响而产生的强度变化，具体包括温度、风速、风向和太阳辐射情况等。风速和垂直温度变化引起的声速垂直梯度可导致声波曲线传播，从而产生声影区。同一测量地点由于天气不同导致的测量差异可达 10dB 以上。

声功率级测定 [determination of sound power level]　声功率级是表征声源在单位时间内声源辐射的总声

能量的值，依照标准，有一系列达到不同精度的测定方法，如声强法、消声室和半消声室法、混响室法、现场测量方法、近场测试方法和通过振动测试方法。实验室精密级测定的精度可达 1.0dB，而现场工程级或者简易级的测试精度一般是 3~5dB。

混响声控制 [reverberation control]　房间中某位置的声场一般由直达声和混响声组成，在临界距离外，声场以混响声为主。混响声控制指通过在边界上使用不同功能的声学材料、结构和装置，通过声吸收、反射、散射或者其他机理达到改变混响声场的目的。如可通过布放吸声材料改变室内某处的混响时间和混响声压级。

侧向传声 [flanking transmission]　空气声自声源室不经过共同墙壁而传到接收室的情况，包括直接入射到墙壁但由侧向构件辐射的声功率、入射到侧向构件但由墙壁直接辐射的声功率、入射到侧向构件并由侧向构件辐射的声功率和以空气声方式通过缝隙、通风管道等传声的声功率。

室内声屏障 [indoor barrier]　声屏障可用在开放式办公室等室内场合降低直达声的声压级。设计时需要考虑混响声场的影响和其他表面的反射，尤其对墙面、地面和天花板的处理。如通过处理天花板，在 250Hz 到 2kHz 的频率范围内，室内声屏障可获得 4~7dB 新增插入损失。

管道隔声 [pipe sound insulation]　对于管道中流经阀门或风门的不稳定气流产生的噪声，可在管道外采用吸声和隔声的方法进行处理以减少噪声辐射。如在管子外部包裹一层吸声材料对高频噪声有效，但对低于 250Hz 的噪声作用不明显。给管子先包裹玻璃纤维再包裹柔软的整块管套所引起的噪声衰减可通过考虑由吸声材料表面的反射所引起的能量损耗以及通过材料传输所引起的损耗来计算。

小孔消声器 [micropore muffler]　利用小孔喷注的频移作用来改变和降低高压气体排放时的噪声的消声器。其主要功能是减少与排气管相关的声压梯度，通过把排气流分成许多小气流减少排气与其周围或排气流附近缓慢流动的空气之间的混合区域内的剪应力，使排气管中形成的任何冲击波的幅度稳定并衰减。

小室消声 [plenum noise attenuation]　在空调系统中通常使用的内衬吸声材料的小空间，其作用一方面用来平稳气流中波动，另一方面可作为声衰减设备。该空间一般是一个小型房间，尺度大于一个波长。其消声性能依赖于小室的进气管与排气管的位置 (距离和角度) 以及室内的吸声材料的吸声性能。

噪声等级曲线 [noise weighting curve]　尽管 A 计权级的规范很简单且方便，但它没有指出哪个频率成分是不符合规定的来源。对于大多数声学设计，充分利用计权曲线更有效。计权曲线以单一数字定义了带状谱声级。目前常使用的曲线包括噪声等级 (NR)、噪声标准 (NC)、房间标准 (RC)、平衡噪声标准 (NCB) 和房间噪声标准 (RNC) 计权曲线。

线声源 [line source]　直线或者曲线形状的声源。可分为无限长或者有限长的以及相干和非相干的。交通噪声和长管道辐射的宽带噪声常被建模为无限长非相干线声源，但长管道辐射的单频噪声常被建模为相干线声源。接收点到无限长声源的距离每增加一倍，声压级会以 3dB 的速率减小。

面声源 [plane source]　平面或者曲面形状的声源。所有部分以相同幅度和相位振动的活塞是相干面声源，其辐射在远场具有相当的指向性，在近场中相当复杂，很多位置存在最大值和最小值。而放置嘈杂机械的房间的墙窗户打开的一侧则可近似为非相干面声源。在接近面声源处，其声压分布很复杂，通常小于由相同功率的点源引起的声压，而在远距离处则相似，当距声源距离加倍时会以 6dB 的速率减小。

4.3.4　建筑声学

室内波动声学 [wave acoustics in the room]　用波动的观点研究室内声学问题的科学。一般求解过程是结合房间的边界条件求解无源的声波波动方程，可得到一系列离散的特征值和对应的特征函数 (即房间模态)，再将房间模态代入含声源项的声波方程求解受激响应。房间模态具有正交特性，可以看作是不同方向传播的行波叠加而成的驻波。当房间壁面非刚性时，各阶房间模态对应的行波都将出现衰减因子，房间内的声能衰减可看作是所有模态衰减量的总和。对于形状和边界条件复杂的房间，直接准确求解其房间模态比较困难，需要使用数值计算。此外房间模态对应的简正频率的密度与频率的平方成正比，因此在高频计算时需要考虑的模态数目较多，计算量大。因此室内波动声学一般适用于形状规则、边界简单的房间，求解其低频声学问题。

室内几何声学 [geometrical room acoustics]　用声线的观点研究室内声学的科学。常见方法包括虚源法、声线/声束追踪法以及混合法；虚源法求解时首先要确认虚源的位置，然后根据虚源的阶次确定各反射壁面的反射次数，结合虚源到接收点的距离考虑空气吸收和传播衰减，求解接收点的声学响应。引入复系数的虚源法可以求解声干涉问题。声线/声束追踪法的一般求解过程是，结合声源辐射的指向性，假设有若干条携带能量声线/声束从声源发出，考虑到房间的边界和散射模型求解反射声线，当声线/声束满足设定的能量或反射次数的阈值要求，且经过接收点时，记录传播时间和声线/声束的能量。混合法可分为两种：一种以虚声源法作为主要算法，但其中可见虚源的判定利用声线/声束追踪法完成；另一种是根据声场内能量衰减在不同阶段的特点，分别用不同的方法进行模拟计算，可称为分段模拟法。虚源法在判断虚声源可见性的过程中要耗费大量的时间，因此计算速度低，虚源位置的确定基于全镜面反射的壁面假设，因此适用范围有限。声线/声束追踪法计算速度快，可以基于各类散射模型处理壁面上的非镜面反射问题，对实际问题的仿真精度高。几何声学的计算方法都是基于声线假设，因此是适用的频率范围为中高频。

室内统计声学 [statistical room acoustics]　用统计学方法研究室内声学的科学。统计声学方法一般基于扩散场假设，认为声通过任何位置的几率是相同的，通过的方向也是各方向几率相同，在同一位置各声线的相位是无规的，由此室内声场的平均能量密度分布是均匀的。统计声学的分析方法主要是统计能量分析法，把整个系统分成若干个子系统，对每个子系统建立能量平衡方程，通过求解能量平衡方程组，获得每个子系统的响应。具体实施过程中的难点在于子系统间的耦合损耗因子的确定。相比于波动声学和几何声学方法，统计能量分析对系统的描述和分析计算大为简化，所用的主要变量是能量，可以直接测量，特别适用于耦合声场的模拟。但该方法也有一定的局限性：仅适用于中高频段，模态数较大的场合。一般仅能获得每个子系统参量的平均值，无法获得局部位置的精确响应。

建筑隔声 [sound insulation in architecture]　将声音局限在部分空间范围内，或者是阻止外界噪声侵入，从而为人们提供适宜的声环境。建筑中的声传播途径包括空气传声和通过建筑结构的固体传声，因此建筑隔声包括空气声隔声和固体声隔声两方面。单层匀质建筑构件的隔声量随频率由低到高依次划分为：劲度控制区、质量控制区、吻合效应区和阻尼控制区。劲度控制区中隔声量随频率的增加略有降低，质量控制区中的隔声量以每倍频程 6dB 的速率随频率增加，吻合效应区隔声量较低，阻尼控制区中的隔声量的增长速率约为每倍频程 9dB。对于双层乃至多层构件的隔声，隔声量还会受到隔层中空气层的影响。建筑中的固体声主要是由于振动物体撞击结构，使之产生振动，沿着结构传播并辐射到空气中的。撞击声产生的振动能量大且结构中衰减慢因而结构声能够传到非常远的地方、影响很大。在高层建筑中，撞击声的 125Hz 分量在每层的衰减量为 2~3dB，而 4000Hz 分量可达 10dB。将空气声和固体声的隔声量按频率计权后可得到计权隔声量的单值指标，再根据不同应用场合，可以对建筑的隔声性能进行分级评价。

建筑吸声 [sound absorption in architecture]　为了改善室内音质、避免声学缺陷并降低设备噪声的影响，建筑中需要使用吸声材料或吸声结构。表征吸声材料/结构吸声性能的指标为吸声系数，定义为材料/结构吸收的声能与入射声能的比值。材料/结构的声阻抗越接近于空气特性阻抗，吸声系数越大。多孔吸声材料主要靠黏滞机理进行声吸收，吸声系数通常随着频率的升高而增大。作整体振动的板结构以

及刚性穿孔板，吸声系数随频率的升高而降低。常见带背腔的吸声结构往往表现出共振吸声的特性，吸声系数在共振频率处出现峰值，有效的吸声频带宽度有限。为了在低频实现较好的吸声效果，要求的吸声材料厚度或吸声结构背腔深度较大，常常受到空间和成本的限制。实际应用中，除了墙面的吸声，往往还需要考虑地面、家具、空气传播以及观众新增的吸声量。

音质评价 [sound quality assessment]　厅堂声学条件的不同会导致在聆听演讲或演出时的音质效果出现差别。音质评价分为主客观评价两部分，主观评价指标主要包括亲切度、活跃度、温暖度、平衡和融洽度、空间感、环绕感等，按照不同的比例可以对厅堂的音质进行评分。对语言声主观评价主要考察清晰度和可懂度，音乐声还对丰满度、亲切度、平衡感以及空间感等有要求。音质的客观评价指使用可测量、并通过公式进行计算的物理指标来评价厅堂音质，常用的客观指标包括：混响时间、早期衰变时间、声压级、强度指数、侧向能量因子、双耳互相关系数等。混响时间 (或早期衰变时间) 与丰满度、活跃度以及清晰度有关，混响时间长则丰满度增加而清晰度下降。声压级 (或强度指数) 首先与主观响度感觉相关，同时还影响清晰度、亲切度和空间感，声压级较高时亲切度高，低频声压级越高空间感越强。侧向能量因子 (或双耳互相关系数) 主要影响音质空间感，侧向能量因子越大，或双耳互相关系数越低，空间感越强。音质主客观评价参量之间的关系并非一一对应，是一种多元映射的复杂关系。

建筑扩声 [sound reinforcement in architecture]　希望达到下列若干或全部要求：(1) 改进清晰度和明晰度；(2) 改进动态范围；(3) 改进演出中不同部位 (语言、隔声和器乐声) 之间的声平衡；(4) 保证视觉和原始声源、模拟声源 (声像) 的声定位之间具有合适的关联；(5) 帮助克服复杂环境下所出现的种种困难；(6) 覆盖演出活动中的听众席；(7) 改变重发房间内的音质参量；(8) 加强空间声效果的实现；(9) 用电子化办法修改人声和器乐声，用电子化办法产生某种噪声和声音，以达到故意制作的效果；(10) 将部分节目预先产生和预设程序以简化技术操作。其中 (1)~(5) 项为建筑扩声的通用要求，(6)~(10) 项仅适用于文化设施中的大型扩声系统。最简单的扩声系统包括传声器、功率放大器及扬声器三种设备，还包括声源和听众周围的声环境。现代复杂扩声系统往往以调音台为核心，前端配置不同形式的传声器，后端连接调节设备、功率放大器以及扬声器。根据具体应用，扩声系统的评价有相应的标准。例如厅堂扩声系统可按音乐、语言、语言音乐兼用划分成一级和二级；歌舞厅扩声系统可按歌厅、卡拉 OK 厅、歌舞厅、迪斯科舞厅进行等级划分。

可听化 [auralization]　利用物理或数学的方法对声场空间进行建模，并再造听闻效果的过程。换而言之，也就

是根据声源信号和通过特定途径得到的声场脉冲响应来求解接收点声信号的过程。根据脉冲响应的获取方式和声音重现方式，可听化可分为四类：(1) 直接基于声学缩尺模型的可听化，声源信号应用于缩尺模型然后输出信号按比例复原；(2) 间接基于缩尺模型的可听化，利用缩尺模型测得的脉冲响应和声源信号进行卷积获取输出信号；(3) 基于计算机和扬声器阵列的可听化，利用计算机仿真得到脉冲响应，多通道卷积后通过扬声器重放；(4) 全计算机可听化，利用计算机仿真得到脉冲响应，多通道卷积后通过耳机重放。基于缩尺模型的实现可听化需要注意两点：(1) 按模型和原型的几何相似比的倒数提高缩尺模型中声信号的频率；(2) 采用干燥空气、填充氮气等方法解决缩尺后高频的过度声吸收问题。在声重放时，采用扬声器阵列重放需要考虑串音问题；而采用耳机重放时会存在一定的颅内效应。

简正频率 [natural frequency]　满足声波方程和房间边界条件的房间模态对应的特征频率定义为简正频率。宽带噪声激励下房间的简正频率附近会出现声学响应的极大值。对于六面刚性长宽高分别为 L_x、L_y 和 L_z 的矩形房间，其简正频率 $f_{n_x n_y n_z} = \dfrac{c}{2} \left[(n_x/L_x)^2 + (n_y/L_y)^2 + (n_z/L_z)^2 \right]^{-1/2}$，其中 n_x、n_y、n_z 为非负整数，c 为声波传播速度。

稳态声场 [steady sound filed]　空间各点声压不随时间变化的声场定义为稳态声场。当声源开始稳定地辐射声波时，声能的一部分被壁面与媒质吸收，另一部分不断增加室内混响声场的平均能量密度。当声源单位时间内提供的能量正好补偿被壁面与媒质所吸收的能量时，室内混响声平均能量密度达到动态平衡，声场达到稳态。稳态声场中关闭声源后，声能量逐渐耗散直至消散。

瞬态声场 [instantaneous sound field]　声压随时间变化的声场称为瞬态声场。瞬态声场常用于描述稳态声场中关闭声源后声能量的衰变过程。

直达声 [direct sound]　声波直接到达接收点的声音。

混响声 [reverberant sound]　经过壁面一次或多次反射后到达接收点的声音定义为混响声。当声源辐射时室内声能由直达声和混响声两部分组成，当混响声能达到稳态时，平均声能密度与声源平均辐射功率正比，与房间常数成反比。房间常数与室内的平均吸声系数和表面积有关，平均吸声系数越大，房间常数越大。若认为混响声和直达声不相干，室内混响声和直达声相等的临界距离可以用房间常数求得，接收点到声源的距离大于临界距离后，混响声能大于直达声能；接收点到声源的距离小于临界距离时，直达声能大于混响声能。

混响时间 [reverberation time]　当室内声场达到稳态后，令声源停止发声，自此刻起声压级衰变 60dB 所经历的时间定义为混响时间。混响时间主要取决于房间的形状、壁面、设备、观众以及空气分子的声吸收。在扩散场条件下，仅考虑壁面吸声且平均吸声系数小于 0.2 时，混响时间可以用赛宾公式进行估算。测量混响时间可以用声源切断法和脉冲响应反向积分法，脉冲响应反向积分法可以使用脉冲声源直接获得脉冲响应，也可以使用扬声器发出最大长度序列 MLS 信号，间接获得脉冲响应。实际测量中由于声源辐射能力的限制，大多数情况下声压衰变曲线难以直接获得 60dB 的动态范围，一般使用 T_{30} 或 T_{20} 来表征混响时间。

扩散声场 [diffuse sound field]　同时满足下述三个条件的声场定义为扩散声场：(1) 声以声线方式以声速 c 直线传播，声线所携带的声能向各方向传递几率相同；(2) 各声线是互不相干的，声线在叠加时它们的相位变化是无规的；(3) 室内平均声能密度处处相同。扩散声场是理想条件，是室内统计声学的研究基础。实际应用中，常用混响室逼近扩散声场，而对于各方向尺度差距明显的长空间和扁空间，混响声能在远离声源处衰减，难以满足扩散场的要求。

回声 [echo]　大小和时差都大到足以能和直达声或前次反射声区别开的反射声定义为回声。一般认为时延相差 50ms 以上，强度又足够大，人耳就可以明显分辨出回声。回声可以破坏语言的自然度和可懂度，具体取决于回声的相对强度和延迟时间，随着回声强度的降低，干扰迅速消失。讲话速度对干扰的主观感觉是有影响的。英语在每秒 5.3 个音节讲话速度时，50ms 的延时大约有 20% 的人感到有干扰。如果允许有 50% 的干扰率，那么讲话很快时相应的延时为 40ms、正常速度讲话时为 68ms、而缓慢讲话时为 92ms。

平均自由程 [mean free path]　声音在室内两次反射间经过距离的平均值。对于满足扩散声场条件的空间，平均自由程等于房间容积与表面积之比乘以 4 得到，与声源位置无关，反映的是一种统计规律。平均自由程广泛应用于扩散声场中壁面声能吸收的计算中，可以用于扩散声场混响时间的推导以及稳态声场求解。

空间吸声体 [suspended absorber]　一种分散悬挂于建筑空间上部，用以降低室内噪声或改善室内音质的吸声构件。空间吸声体与室内表面上的吸声材料相比，在同样投影面积下，空间吸声体具有较高的吸声效率。这是由于空间吸声体具有更大的有效吸声面积 (包括空间吸声体的上顶面、下底面和侧面)；另外，由于声波在吸声体的上顶面和建筑物顶面之间多次反射，从而被多次吸收，使吸声量增加，提高了吸声效率。通常以中、高频段吸声效率的提高最为显著。

空间扩散体 [diffuser]　为改进声场扩散性能所采用的结构构件称为空间扩散体。当声波波长与扩散体尺寸相近或比它小时，扩散体就能起扩散作用。扩散体的主要作用是改变房间声能的空间分布，使用中要注意防止扩散体本身的共振而产生的声吸收。实际应用中突出墙面的部分大于 1/7

的声波波长才能实现有效扩散。Schroeder 扩散板由一系列宽度相等深度变化的阱组合而成，阱的深度按照一定的数学序列确定，常用的序列有最大长度序列（相应扩散体缩写为MLD）、二次余数序列（相应的扩散体缩写为 QRD）以及原根剩余序列（相应的扩散体缩写为 PRD）。阱的宽度取决于扩散体适用的上限频率，阱的数目取决于扩散均匀度要求和适用上限频率和下限频率的比值。

虚声源 [image sound source]　根据几何声学原理，声源关于封闭空间各个壁面的一次或多次对称位置存在着它的"像"，称为虚声源。针对的不同的接收点，虚声源又可以分为可见虚声源和不可见虚声源。不可见虚声源和接收点之间不存在实际的反射传播路径，因此虚声源对接收位置的声场没有贡献。用虚源辐射代替壁面的贡献，将虚源辐射能量的叠加求解声场的方法称为虚声源法。虚声源法适用于形状简单的封闭空间且壁面接近镜面反射的情况，为了节省计算量需要预判声源是否可见，常用方法是反向追踪声线或声束。通过引入虚源的复反射系数，可实现相干虚源法，求解声波的干涉问题。

声线 [sound ray]　自声源发出的代表能量传播方向的曲线，只有在几何学声学适用的范围内，声的波动性质不计，声线才有意义。在各种同性的媒质中，声线代表波的传播方向。由于折射和反射现象存在，声线不一定是直线，可以是折线或曲线，但声线与波阵面始终正交。基于声线传播发展出的声线追踪法是房间声场求解的重要方法，其思路是：根据声源的指向性产生声线，声线与壁面碰撞后基于适当的散射模型产生反射声线，当声线或反射声线经过接收点时，记录到达的时间和能量。判断声线经过接收点的常见方法是比较接收球半径和声线倒接收点的距离，因此接收球半径的选取直接影响声线追踪法的精度。

声束 [sound beam]　声源辐射声能集中在某一方向上而形成的束状声波定义为声束。用声束取代声线既可以反向追踪确定可见虚声源的位置，也可以避免声线追踪法判断声能接收的问题。声束追踪法常用的声束有圆锥束和三棱锥束，主要区别在于三棱锥束不需要计算重叠声束就可以达到较高的精度，而圆锥束需要考虑声束的交叠。

长空间 [long space]　长度远大于宽度和高度的空间。长空间中除了声源的直达声外，由宽和高方向上的壁面反射会产生混响场，该混响场延长度方向的逐步衰减，难以形成声能密度处处相等的扩散场。矩形截面四个侧面均为镜面反射时，反射系数一致的条件下，远场直达声和混响声随接收点到声源距离的衰减速率相同，厅堂半径取决于壁面的反射系数。圆形漫反射截面条件下，远场混响声随接收点到声源距离变快，此时有可能出现两个厅堂半径（混响声和直达声相等时接收点到声源的距离）。矩形界面且天花板和侧壁为镜面反射且

地面为漫反射时，在侧壁反射系数为为 1，天花板和地面反射系数大于 0.47 的条件下，也存在着两个厅堂半径。

扁空间 [flat space]　高度远小于任何横向尺度的空间。与长空间类似，扁空间中往往不具备扩散声场条件。天花板和地面都满足镜面反射且无吸声时，厅堂半径约为 $0.55h$，其中 h 为扁空间高度，接收点到声源距离大于厅堂半径时，混响声大于直达声；小于厅堂半径时，直达声为主。天花板和地面均为漫反射，地面和天花板反射系数分别为 0.1 和 0.9 的条件下，接收点非常接近声源时，靠近地面和天花板时混响声能非常大；接收点到声源距离接近高度时，混响声能在高度上均匀分布；接收点远离声源时，混响声能从下至上逐渐升高，差值约 6dB。天花板为镜面反射且地面为漫反射时，地面和天花板反射系数分别为 0.9 和 0.1 的条件与反射系数分别为 0.1 和 0.9 的条件相比，局部混响场高了约 2dB，但随着到声源的距离衰减得更快。

声辐射度 [sound radiosity]　单位时间内、单位面积上离开壁面上某个面片的总的声辐射声能量定义为声辐射度。声辐射度包括面片自身发射的能量以及其他面片辐射在该面片上反射的能量两部分。考虑声波传播的时延和空气分子吸声后，针对每一个面片都可以写出声辐射度公式，其中反射能量由源面片辐射度与反射面片的反射系数以及两个面片的形状因子三者相乘得到。联立所有面片的辐射度公式求解封闭环境中声场的方法就是辐射度法。辐射度法本质原理是能量守恒，可以对其他方法不易模拟的衍射现象进行计算，不足之处在于对复杂结构，存在面片划分以及形状因子计算等问题。

隔声量 [sound transmission loss]　噪声通过材料前后的声能量比。单层匀质构件的隔声量随频率由低到高依次划分为：劲度控制区、质量控制区、吻合效应区和阻尼控制区。劲度控制区中隔声量随频率的增加略有降低，质量控制区中的隔声量以每倍频程 6dB 的速率随频率增加，吻合效应区隔声量较低，阻尼控制区中的隔声量的增长速率约为每倍频程 9dB。面密度相同的双层中空结构和单层结构相比，低频时隔声量相等，中频时双层结构隔声量小，高频时单层结构隔声量小。复合结构隔声量主要取决于隔声量小的部分且与面积比相关，小孔和缝隙的漏声对高频隔声量的影响较大。

撞击声 [impact sound]　在建筑上撞击而引起的噪声，脚步声就是最常见的撞击声。撞击声隔声方法主要有：在墙体表面铺设弹性面层；在楼板基层和面层间使用垫层；适用弹性吊挂平顶；避免产生声桥。测量楼板撞击声隔声量时选用的激励源为标准撞击器，至少放置四个随机分布的不同位置，与楼板边缘距离不小于 0.5m，撞击器锤头的连线宜与梁和肋成 45° 角。撞击声隔声测量的试件安装面积在 10～20m²，且短边不小于 2.3m。测量频率范围需包含 100～

3150Hz 的 1/3 倍频带，接收室平均声压级测试最少需要 4 个传声器，背景噪声声压级要求至少比测试声压级低 6dB，若小于 15dB，还需进行修正，测得隔声量随频率的变化曲线后，根据参考曲线可得到计权隔声量，用于撞击声隔声评价。

啸叫控制 [howling suppression] 扩声系统中扬声器发出的声音传至传声器后经系统放大，再次由扬声器发出，形成闭路系统。如果某一频率的放大系数大于 1，经多次循环放大，即会产生啸叫。啸叫抑制的方法有：(1) 降低混响时间，减少传声器处的反射声馈入；(2) 选用强指向性传声器和扬声器，并错开传声器和扬声器强指向性的方向。经验表明心形指向性传声器代替全指向性传声器可以使扩声系统的稳定度提高约 5dB，使用二级梯度强指向传声器还能再提高系统增益 4.5dB；(3) 使用窄带均衡器，降低某些易产生啸叫的频率信号的增益；(4) 使用移频器将传声器输出电信号进行适当移频后再输入扩声系统；(5) 采用压缩限幅器，信号过大时系统自动降低增益；(6) 使用自适应反馈抑制器。

均衡控制 [equalization] 对声音的频响曲线进行调整。具体是把整个听音频率范围分成多个频段，根据要求，准确地补偿某些频带内的信号电平，有效地抑制声音过强的频率成分或提升声音过弱的频率成分。均衡控制的主要作用有：(1) 校正各种音频设备产生的频率失真，以获得平坦响应；(2) 改善室内声场，改善由于房间共振特性或吸声特性不均匀而造成的传输增益失真，确保其频率特性平直；(3) 抑制声反馈，提高系统传声增益，改善扩声音质；(4) 提高语言清晰度和自然度；(5) 在音响艺术创作中，用于刻画乐器和演员的音色个性，提高音响艺术的表现效果。

声像控制 [sound image control] 听音者听感中所展现的各声部空间位置，并由此而形成的声画面，通常称为声像。使用扩声系统在提高响度的同时不可避免的引入了二次声源，根据哈斯效应，当两个强度相等但存在延迟的声音同时到达人耳时，若时延低于 30ms，听觉上将感到声音似乎来自第一个声音对应的源，此时若要人耳分辨出第二个声音，需要增加其强度。对于剧场中常见观众区前排压顶感和后排双声问题，可以调节舞台口上方拱顶主扬声器、舞台两侧扬声器以及后排辅助扬声器之间的声压级差和时间差加以控制。此外对于舞台上声源横向移动的情况，可以采用多路拾声的方法调节声像。扩声系统通过各通道之间的延迟和幅度调整，可以对观众区实现有效的声像控制。

消声室 [anechoic room] 边界有效地吸收所有入射声音、使其中基本是自由声场的房间。除了边界吸声外，消声室还需要避免反射声或外界干扰。衡量消声室声学性能的主要指标有：吸声结构截止频率、本底噪声以及自由场半径。消声室建造中常用的吸声结构为尖劈或平板型复合体。为了保证较低的本底噪声，建造消声室时需要考虑隔声和隔振，必要

时需采用房中房的形式，此外针对消声室的通风温控系统的管路，还需要作相应的消声处理。为了便于实际使用，将消声室的一个面 (往往是底面) 改成全反射的刚性面，称为半消声室。半消声室的缺点在于测试频率有上限，因为声源或接收点在实际工作时不能恰好放在中心点。

混响室 [reverberation room] 壁面接近完全反射、混响时间长，声场接近扩散分布的房间。为了尽可能实现扩散场，混响室一般采用不规则的墙面、悬吊空间散射体或者使用可旋转的散射体来提高声能密度空间分布的均匀性。用于吸声系数测量的混响室，容积一般要求在 $200 \sim 500 m^3$，房间的最大线度 (对于矩形房间为主对角线) 须满足 $l_{max} < 1.9V^{1/3}$，其中 V 为容积。空场时最大吸声量由频率和容积共同决定，任何一个 1/3 倍程的吸声量与相邻两个 1/3 倍频程吸声量平均值相差不大于 15%。用于精密测量声功率的混响室，容积要求取决于最低测试频率，频率越低，容积要求越大，$200 m^3$ 的容积可测得最低 1/3 倍频程中心频率为 100Hz。壁面平均吸声系数小于 0.16，靠近声源的壁面吸声系数小于 0.06。背景噪声比测试声压级至少低 10dB。

隔声室 [sound insulation room] 用于测量建筑构件空气声隔声量以及撞击声隔声量的场所。一般要求声源室和接收室的容积大于 $50 m^3$，体积/尺寸至少相差 10%，室内具有良好的声扩散，必要时可以在测试房间内安装扩散体。接收室的混响时间不宜过长，满足 $1 < T_{60} < 2(V/50)^{2/3}$，其中 V 为房间体积。测试频率范围须包含 $100 \sim 3150Hz$ 内 16 个 1/3 倍频程，背景噪声声压级要低于测试时声压级 $6 \sim 15dB$。空气声隔声量测试时，试件安装面积在 $10 m^2$ 左右，通常 500Hz 以上各频率测 3 个点，500Hz 以下各频率测 6 个点，计算平均声压级。撞击声隔声测量的试件安装面积在 $10 \sim 20 m^2$，且短边不小于 2.3m。

高声强室 [high intensity reverberation chamber] 用于高噪声环境的模拟实验：高声强下吸声材料及结构的研究，大振幅声波的研究，金属板材在强声场下的疲劳试验，声致振动引起的器件、紧密原件和仪表的损伤和失效实验等。高声强室通常包括总声压级为 160dB 的小型混响室和一套截面不同、声压级为 170dB 的行波管。产生高声强声场的声源可以是旋笛或气流扬声器，旋笛的效率高，但频谱不能改变。

耦合房间 [coupled room] 两个或多个房间通过带开口的面的或者非刚性隔墙相连，各个房间中声能的衰变规律受到其他房间影响的两个房间称为耦合房间。对于两个混响时间不同的房间，如果通过带开口的隔墙连接，那么声源室声压级随时间的衰变会呈现 "双折线" 的现象。

早期衰变时间 [early decay time] 室内声压级从开始衰变起至声压级降低 10dB 止对应的衰变率乘以 6 定义为早期衰变时间 (EDT)。很多场合室内声场不满足理想的扩

散条件，导致声压级随时间衰变的规律不呈直线，而随时间变化，此时早期混响时间与人们对混响的主观感受最为重要。

房间脉冲响应 [room impulse response]　房间内接收位置收到的由脉冲声源辐射的信号序列定义为房间脉冲响应。房间脉冲响应包含了房间空间、边界、声源和接收点位置引起的声学特性，因此将声源时域信号与房间脉冲响应卷积即可得到接收位置处的时域声信号。一般来讲，交换声源和接收点的位置，可得到相同的房间脉冲响应，即房间脉冲响应具有互易性。

早期反射声 [early reflection sound]　在直达声以后到达的对房间的音质起到有利作用的所有反射声，称为早期反射声。时间范围一般取直达声以后 80ms。早期反射声能与混响声能之比称为明晰度。明晰度高，语言清晰度也高，如明晰度达到 50%，音节清晰度就可达 90% 以上。对听音乐来说，情况复杂得多，不仅要考虑早期反射声所占的比重，还要考虑从侧向来的早期反射声，能使声源的空间距离展宽，增加立体感，但侧向早期反射声过强，又会形成虚声源，造成移位错觉的不良后果。

扩散系数 [diffusion coefficient]　描述声源位置给定后散射声场空间分布的相关性，散射声场空间分布越均匀，扩散系数值越高，对于给定的散射体，其扩散系数随频率的变化而变化。当接收点均匀分布时，扩散系数的计算公式为

$$d_\psi = \left[\left(\sum_{i=1}^{n} 10^{L_i/10} \right)^2 - \sum_{i=1}^{n} \left(10^{L_i/10} \right)^2 \right]$$
$$/(n-1) \sum_{i=1}^{n} \left(10^{L_i/10} \right)^2$$

其中 L_i 为第 i 个接收点处的声压级，n 为接收点的数目，ψ 为入射角度。

散射系数 [scattering coefficient]　声能入射到散射面后发生非镜面反射声能量占散射总能量的比值。散射系数通常在混响室间接测量混响时间得到：将待测样品放置在混响室的转台上，转台固定测量放置样品前后的混响时间利用赛宾公式反推样品吸声系数；转台旋转测量放置样品前后的混响时间利用赛宾公式反推样品镜面吸声系数 α_{spec}；利用 $s = (\alpha_{\mathrm{spec}} - \alpha)/(1 - \alpha)$ 求得散射系数 s。

声聚焦 [sound focusing]　建筑或结构的曲面对声波形成集中反射，使反射声聚焦于某个区域，造成声音在该区域特别响的现象。声聚焦造成声能过分集中，而其他区域听音条件变差，扩大了声场不均匀度，严重影响听众的听音条件。

回声图 [reflectogram]　记录脉冲响应的图谱。从回声图中可得到：(1) 直达声后到达的回声数量，并给出一定时间范围内直达声强与反射声强的比值；(2) 声强较大的回声在时间轴上的分布；(3) 各回声的相对强度。根据回声图反映的特性，将 50ms 内声能除以总声能就可以得到清晰度。

巴克域 [Bark domain]　耳蜗内的基底膜对外来声音信号有频率选择和调谐作用，人耳对声音频率的感知域定义为巴克域，单位为 Bark。它与频率 f 的对应关系为 $z = 13 \arctan (0.00076 f) + 3.5 \arctan (f/7500)$。1Bark 约对应 1.3mm 长的基底膜、100mel 的音调。听觉的客观评价中常用巴克谱的均方距离来表征语音处理系统的性能优劣。

明晰度 [clarity]　早期反射声能与混响声能之比，单位为 dB。根据早期声能的取值范围可以为 50ms 或 80ms，对应的明晰度用 C_{50} 和 C_{80} 表示。工程中常将 C_{80} 在 500Hz、1kHz 和 2kHz 三个倍频带的值加以平均表示明晰度，该平均值对于音乐厅空场的推荐范围为 $-4 \sim -1$dB。

清晰度 [definition]　早期 (50ms 内) 声能与总声能之比，大厅内的清晰度范围为 31% ~ 77%，音乐录音室的清晰度范围为 38% ~ 76%。清晰度用于语言声和音乐声的主观评价时，语言清晰度指无字义联系的发音内容通过房间的传输能被听者听清的百分数；对于音乐声，清晰度可分为横向清晰度和纵向清晰度，前者指相继音符的分离与可辨析的程度，后者指的是同时演奏的音符的透明度和可辨析程度。

强度指数 [strength]　为评价响度的物理指标 (G)，定义为厅堂某处由无指向性声源所贡献的声能与同一声源在消声室中离开 10m 处测得的声能之比，即厅堂中某处测得的某声源的声压级与其声功率级之差。满场时用 125Hz 和 250Hz 测量平均，音乐厅的强度指数最佳之为 4 ~ 5.5dB。

侧向能量因子 [lateral energy factor]　早期 (0 或 5 ~80ms) 侧向声能与早期总声能 (0~80ms) 的比值。相关的主观感受包括空间感、空间印象和环绕感，侧向能量因子越大，空间感越强。

双耳互相关系数 [inter-aural cross correlation coefficient, IACC]　用于度量听众面对表演实体时到达双耳的声信号的差别。到达双耳的声音的不相似性越大，双耳互相关系数值越低，厅堂的空间感越佳。在双耳互相关函数计算中，时间积分的上限取 80ms 即只考虑早期能量就可以得到量值 $IACC_E$，如果只考虑 3 个倍频带 500Hz、1000Hz 和 2000Hz，量值可写为 $IACC_{E3}$，对于好的音乐厅 $IACC_{E3}$ 取值范围为 0.6~0.72。

语言传输指数 [speech transmission index, STI]　由调制转移函数 (MTF) 导出的评价语言可懂度的客观参量。调制转移函数定义为声信号经传输后接收信号强度包络的调制度相对于原信号强度包络调制度的降低，它随调制频率的不同而变化。对于完整的语言传输指数测量需要获得 125 ~800Hz 范围内 7 个倍频带中 14 个调制频率的调制指数降低，为了便于操作，可以选用快速语言传输指数 (RASTI)，简化为 9 个调制指数降低量的测量。

丰满度 [fullness] 音乐在室内演奏时，由于室内各界面的反射对直达声所起的增强和烘托作用。人们在无反射声的旷野里听到的只是直达声，因此声音听起来很干涩；而在反射声丰富的房间里听到声音则显得饱满、雄浑而有力。有时还把低频反射声丰富的音质称为具有温暖度，而把中高频反射声丰富的音质称为具有活跃度。

亲切度 [intimacy] 听众能够在尺度较小的房间听音的感觉，也即对厅堂大小的听觉印象。不同风格的音乐，只有在亲切度合适的厅堂演奏效果才最好。如室内乐作品适宜在亲切度高、清晰度高而丰满度较低的房间中演奏；而巴哈的管风琴作品，则适宜在类似大教堂的大空间内演奏，即亲切度要求不高而丰满度要求高。亲切度在很大程度上取决于直达声到达时间和第一个反射声到达时间的时延，此外还取决于总的声能量。

平衡感 [balance] 包括两个方面：混响感（丰满度）和清晰度之间的平衡；声音低中高频分量以及乐队各声部的平衡。对于第二个方面，声音频率范围宽，频率的衔接平滑，无凹凸，整个声音融合、宽广，听起来轻松、愉快，称为平衡感。

温暖感 [warmth] 描述感知到的低频反射声以及谐频分量的丰富程度。定义为低音 (75~350Hz) 相对于中频 (350~1400Hz) 的活跃度和丰满感。经常用低音比来进行量化，低音比的定义为 125Hz、250Hz 倍频程混响时间之和与 500Hz、1000Hz 倍频程混响时间之和的比值。

最高可用增益 [maximum available gain] 扩声系统逐渐增加音量，当刚达到产生自然啸叫状态后再降 6dB，即达到最高可用增益。在扩声系统处于最高可用增益状态下测量其传声增益、最大声压级、总噪声级等参数，按照对应的系统用途可以对扩声系统的性能进行分级评价。

传声增益 [transmission gain] 传声器离测试声源一定距离 (语音扩声为 0.5m，音乐扩声为 5m)，扩声系统调至最高可用增益状态时，观众席平均声压级与传声器出的声压级差定义为传声增益。根据 GB/T4959—1995《厅堂扩声特性测量方法》，传声增益测点数不得少于全场千分之五，而且最少不得少于八点。

声场不均匀度 [sound distribution] 扩声时观众席各处声压级差，单位为 dB。根据 GB/T4959—1995《厅堂扩声特性测量方法》，声场不均匀度的测点数不得少于全场座席的 1/60，它们可以是中心线一列，在左半场 (或右半场) 再均匀取 1~ 2 列。每隔一排或几排进行选点测量。

最大声压级 [maximum sound pressure level] 扩声系统置于最高可用增益状态，调节扩声系统的输入，使扬声器输入功率达到设计功率的 1/4，此时观众席声压级平均值加 6dB 即为最大声压级。最大声压级也可以用峰值声压级或准峰值声压级表示。最大声压级的测量可用电输入法和声输入法。

总噪声级 [total noise level] 扩声系统达到最大可用增益，但无有用信号输入时，听众席处噪声声压级平均值 (扣除环境背景噪声影响)。根据 GB 50371—2006《厅堂扩声系统设计规范》，会议类扩声系统和多用途类扩声系统的二级要求总噪声级低于 NR-25，而文艺演出类扩声系统的二级要求总噪声级低于 NR-20。

截止频率 [cut-off frequency] 在消声室建造中，把壁面吸声构件的吸声系数等于或大于 0.99 的最低频率称为截止频率。对于吸声尖劈，经验结果表明其截止频率约等于波长为尖劈与背腔总长度乘以 4 的声波对应的频率，尖劈越长，截止频率越低。但实际使用中尖劈的截止频率与尖劈的形状、吸声材料的选取和填充方式等因素有关。

自由场半径 [free field path] 声传播满足自由场声压衰变规律的空间范围定义为自由场半径。参照标准 ISO3745 (GB/T 6882) 对自由场的允差要求如下：半消声室 ≤630Hz，± 2.5dB；800~5000Hz，±2.0dB；≥6300Hz，±3.0dB；全消声室 ≤630Hz，±1.5dB；800~5000Hz，±1.0dB；≥ 6300Hz，±1.5dB。自由场半径是消声室或半消声室鉴定时的重要输出，要求覆盖使用频率范围内的每 1/3 倍频带。

串音消除 [crosstalk cancellation] 消除双扬声器重放双耳声信号时交叉串音的技术称为串音消除。交叉串音即左扬声器的声音很大一部分被右耳听到，右扬声器的声音很大一部分被左耳听到的现象。串音消除本质上是典型的系统求逆的过程，可以用直接法和自适应滤波法实现。直接法假设扬声器到人耳的传递函数已知，可以在时域或者频域求解，时域代表算法有最小二乘法，维纳滤波法，频域常用快速解卷积算法。自适应滤波法是在人耳处拾取声信号，根据声器到人耳传递函数的变化自适应地更新串音消除滤波器的系数。

4.3.5 电声学

电声学 [electroacoustics] 研究电声换能原理、技术和应用的科学，是电子学和声学的交叉学科。

声系统 [sound system] 一些设备的组合。该设备能够处理、传输声信号或者可听声信号。如换能器、放大器等。

耳机 [earphone] 能够将电信号转化为声振荡，并与人耳密切声耦合的电声换能器。

灵敏度 [sensitivity] 换能器、仪器和系统输出端的指定量与输入端的另一指定量的比值。也可用 "级" 表示，但基准值必须说明。注：灵敏度必须加前缀语以指明所用的输出和输入究竟是哪种量。

幅度非线性 [amplitude non-linearity] 在声系统

或声系统设备的输出端出现输入信号中不存在但与输入信号特性有关的频率的现象。

谐波失真 [armonic distortion]　输入信号为正弦信号时，用输出信号中的谐波信号与总输出信号之比表示的幅度非线性。这些信号可以用功率、电压或声压表示。

指向性 [directivity]　一个辐射或接收声波的换能器或基阵的线度能与它所在介质中的声波波长相比拟时，它的辐射声能是集中在某些方向上，或者接收灵敏度按方向分布是不均匀的，这种性质称为换能器或基阵的指向性。

Thiele-Small 参数 [Thiele-Small parameter]　简称 "T/S 参数"。是 A.N.Thiele 和 R.H.Small 提出的扬声器数学模型的基本参数。目前 T/S 参数在扬声器的测量和设计中已为国内外同行普遍认同和采用。

T/S 参数包括小信号参数和大信号参数，小信号参数包括：

f_s：自由空间的扬声器单元共振频率；

Q_{ts}：在 f_s 处的总 Q 值，即总品质因数，考虑了扬声器单元所有的损耗；

Q_{es}：在 f_s 处时的电 Q 值，即电学品质因数，仅考虑电阻 R_e；

Q_{ms}：在 f_s 处时的机械 Q 值，即机械品质因数，仅考虑非电阻部分；

η_0：参考效率 (半空间声负载)；

V_{eq}：与扬声器单元声顺 C_{as} 对应的等效空气容积；

R_e：扬声器单元音圈的直流电阻；

S_D：扬声器单元振膜的有效辐射面积。

大信号参数包括：

W_{emax}：扬声器单元的标称输入电功率，受热量的限制；

X_{max}：音圈在一个方向上的最大 "线性" 位移。一般指扬声器的谐波失真为 10% 时所限定的音圈偏移的最大值；制造商应说明所用方法；测量应在自由空间中频率为 f_s 处进行；

V_D：扬声器单元振膜在一个方向上的最大体积位移，$V_D = S_D \cdot X_{max}$。

电声换能器 [electroacoustic transducer]　接收电输入信号并提供声输出信号 (或相反) 的换能器。

互调失真 [intermodulation distortion]　当输入基频为 f_1、f_2、$\cdots$ 的正弦信号 (至少两个) 时，用频率为 $pf_1 + qf_2 + \cdots$ (其中 p，q 为正、负整数) 的输出信号与总输出信号之比表示的幅度非线性。这些信号可以用功率、电压或声压表示。

调制失真 [modulation distortion]　输入信号由大幅度低频信号 f_1 和小幅度高频信号 f_2 构成时所产生的互调失真。

(注 1：在某些电声设备中，存在着两种调制失真，其频谱相同，仅相位不同：

由于非线性的原因，幅度调制引起的幅度调制失真。

由于与非线性无关的频率调制 (如扬声器中的多普勒效应) 引起的频率调制失真。

在这些情况下，有必要对两种失真加以区别。如用简称 "调制失真"，应理解为幅度调制失真。

注 2：用频率为 f_1 和 f_2 的输出信号的算术和作为产生失真的参考输出。)

差频失真 [difference-frequency distortion]　用两个幅度相近或相等的频率为 f_1 和 f_2 的正弦信号构成的输入信号产生的互调失真，这两个信号频率之差小于较低的那个频率。(注：用频率为 f_1 和 f_2 的输出信号的算术和作为产生失真的参考输出。)

号筒 [horn, acoustic horn]　为实现声阻抗匹配并可能产生指向效果而制作的一端大、一端小的变截面管。

扬声器系统 [loudspeaker system]　一个或多个扬声器单元和相应附件 (如障板、号筒、分频网络、箱体等) 的组合。

扬声器阵列 [loudspeaker array]　将若干相同扬声器单元或扬声器系统按一定方式排列、组合 (线状、平面或三维空间排列)，即构成广义的扬声器阵列，其辐射声波具有特殊指向特性。

头戴耳机 [headphone]　将一个或两个耳机用头环 (或下颚环) 连接起来的装置，头环 (或下颚环) 可选择使用 (例如耳塞式耳机)。

语音通信用耳机 [earphone for speech communications]　有以下两种：(1) 手持耳机传声器组、头戴耳机传声器组或耳机传声器组中功能为耳机 (电声换能器) 的部分；(2) 语音通信用耳机单元与单元测量装置的组合件，包括用于获得实际频率特性的声学线路元件。

语音通信用传声器 [microphone for speech communications]　有以下两种：(1) 手持耳机–传声器组、头戴耳机–传声器组或耳机–传声器组中功能为传声器 (声电换能器) 的部分；(2) 语音通信用传声器单元与单元测量装置的组合件，包括用于获得实际频率特性的声学线路元件。

助听器 [hearing aid]　通常由传声器、放大器和耳机或骨振器组成，用于听力受损者听觉辅助的便携式仪器。

悬置部件 [suspension part]　通常由布含浸而成的定位支片或由橡胶、发泡材料、纸或布制成的折环。

声压灵敏度 [pressure sensitivity]　在规定频率处或规定频带内，传声器的输出电动势与传声器的入声口处实际声压之比。此定义仅适用于有一个入声口的传声器。(注：入声口处声压的幅值和相位宜保持恒定。)

自由场灵敏度 [free-field sensitivity]　无扰动自由场中,在规定频率处或规定频带内,以参考轴为基准的规定声入射方向上传声器的输出电动势与声压之比。(注:除非另有规定,无干扰自由场宜为波阵面垂直于传声器参考轴的平面行波。)

电压灵敏度 [sensitivity to voltage]　用于规定频率下发射声波的电声换能器,其在离有效声中心为规定距离处自由场中沿规定方向的声压除以施加于输入端的信号电压的商。(注:当电声换能器的有效声中心不易确定时,测量离换能器参考点的距离。)

电流灵敏度 [sensitivity to current]　用于规定频率下发射声波的电声换能器,其在离有效声中心为规定距离处自由场中沿规定方向的声压除以电输入端电流的商。(注:当换能器的有效声中心不易确定时,测量离换能器参考点的距离。)

电功率灵敏度 [sensitivity to electric power]　用于规定频率下发射声波的电声换能器,其在离有效声中心为规定距离处自由场中沿规定方向的声压方均值除以输入电功率的商。(注:当有效声中心不易确定时,测量离换能器参考点的距离。)

互易原理 [reciprocity principle]　对于线性、无源、可逆的电声换能器,下列两种关系仅依赖于其几何形状、频率和媒质的物理特性的原理:

用作声接收器(如传声器)时换能器的电压灵敏度与用作声发射器时换能器的对电流灵敏度之间的关系;

用作声接收器(如传声器)时换能器的电流灵敏度与用作声发射器时换能器的对电压灵敏度之间的关系。

分频网络 [crossover network, frequency dividing network]　又称分频器。因为单只扬声器不能很好地再现音乐中存在的且被人耳感知的所有频率成分,所以常常需要将可以重放不同频带声音的两个或更多的扬声器整合到一个系统中从而获得较宽的重放频率范围。分频网络就是为此设计的。一般分为两类:无源分频网络和有源分频网络。无源分频网络是将经功率放大器输出的节目信号分成不同的频带送给不同的扬声器,也称功率分频。有源分频网络是将馈给功率放大器的信号预先分频,又称前置分频器或电子分频器。

分频器 [crossover network]　即分频网络。

扬声器输入电功率 [input electrical power of loudspeakers]　包括扬声器的额定噪声功率、短期最大功率、长期最大功率和额定正弦功率。额定噪声功率馈给扬声器规定的模拟节目信号,而不产生热或机械损坏的输入电功率,应由制造商规定。短期最大功率指扬声器单元或系统能承受持续时间为 1s,并以 1min 的时间间隔重复 60 次的模拟节目信号,而不产生永久性损坏的最大输入电功率。长期最大功率指扬声器单元或系统能承受持续时间为 1min,并以 2min 的时间间隔重复 10 次的模拟节目信号,而不产生永久性损坏的最大输入电功率。额定正弦功率指在额定频率范围内使扬声器能连续工作而不导致任何热损坏或机械损坏的持续正弦信号输入电功率。

群延时 [group delay]　又称包络延迟、时间延迟。一个信号落后于另一个信号的时间量。定义为相位特性对角频率的变化率,即 $T_{gd} = -\mathrm{d}\psi(\omega)/\mathrm{d}\omega$,式中 $\psi(\omega)$ 是相位响应。

衰减网络 [attenuator]　又称衰减器。一种用来调节或降低(声、光、电)信号强度、具有固定或可变衰减量的器件。

串音衰减 [cross-talk attenuation from A to B]　当 A 通道输入额定电压时,A 通道中额定输出电压 $(U_A)_A$ 与 B 通道产生的输出电压 $(U_B)_A$ 之比,取以 10 为底的对数乘以 20。按下式计算:

$$20 \lg \frac{(U_A)_A}{(U_B)_A} \, \mathrm{dB}$$

分离度 [separation]　相邻两峰的保留时间之差与平均峰宽的比值。也叫分辨率,表示相邻两峰的分离程度。

仿真口 [artificial mouth]　传声器测量用声源,能够产生类似于普通人嘴周围的声场。

仿真耳 [artificial ear]　耳机测量用声负载,其声阻抗类似于普通人耳。它包括测量传声器。

声耦合器 [acoustic coupler]　具有预定的形状和需要容积,与针对测量空腔内声压级而校准过的传声器结合起来,用于校准耳机或传声器等目的的空腔。

头和躯干模拟器 [head and torso simulator]　能近似地提供成人头部至腰部躯干几何结构所产生的声衍射效应的标准化模拟体。

声梁 [sound girder, sound crossbeam]　将一组扬声器排列成一行(即横向布置)的扬声器阵列。其扬声器可以是扬声器单元,也可以是扬声器系统。

声柱 [sound column]　将多个同相工作、相同的扬声器单元按一定结构作线状排列(如直线排列、曲线排列)并竖直布置的扬声器系统。

公共广播系统 [public address system]　为公共广播覆盖区服务的所有公共广播设备、设施及公共广播覆盖区的声学环境所形成的整体。

扩声系统 [sound reinforcement system]　扩声系统包括系统中的设备和声场环境。主要过程为:将声源信号转换为电信号,经放大、处理、传输,再还原于所服务的声场环境;主要组成部分包括:传声器、声源设备、调音台、信号处理器、声频功率放大器和扬声器系统等。

应急声系统 [sound system for emergency purposes]　紧急情况下，为保护生命，在一个或多个室内或室外区域广播信息，以快速有序疏散危险区域人员的系统。这种系统包括使用扬声器广播应急语音通知或报警、疏散信号，无险情时允许用于一般扩声。

压缩策动单元 [compression driver unit]　又称驱动单元。在号筒扬声器中，能与号筒相分离的电声转换器。它通常包括音圈、振膜、磁路、相位塞等。

标准障板 [standard baffle]　在自由场中测量直接辐射式扬声器特性时所用之障板，如图所示。

主观特性 (音质) [attribute]　根据给定的口头或书面的定义，听音员所感知到的听音内容的听觉感受。

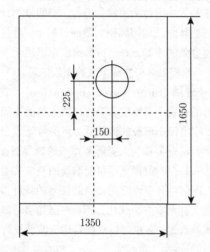

房间声学 [room acoustics]　研究室内音质控制的科学技术。它包括封闭空间内声波的传播和音质的评价标准问题。

简正振动模式 [normal mode]　振动或波动系统的一种自由振动方式。其特点为在某一坐标方向上具有一定的驻波或准驻波方式。系统的任何复合运动一般可分解为简正振动的和。简正振动的频率是简正频率。

法向吸声系数 [normal absorbing coefficient]　声波垂直入射到吸声材料表面时入射声能被材料吸收的百分数，可以用驻波管法测量。

混响室 [reverberation room]　专门设计成具有较长混响时间，声场尽量扩散的房间。(注：混响室专用于测量材料的吸声系数和声源的声功率。)

扩散体 [diffuser]　任意悬挂、形状不规则的散射元件。它用来改进声场扩散度。

混响时间 [reverberation time]　在一封闭的区域或空间内，声源停止发声后给定频率或频带的声波声压级降低 60 分贝 (dB) 所需要的时间。

扩散场 [diffuse sound field]　在一给定区域内，能量密度在统计上均匀，在所有各点上传播方向呈无规分布的声场。

法向声阻抗率 [specific acoustic impedance]　材料表面上的声压与质点速度的法向分量的复数比值，单位为帕 [斯卡] 秒每米，Pa·s/m。

声辐射阻抗 [acoustic radiation impedance]　振动物体辐射声波时因声场的反作用而产生的阻抗。

活塞辐射 [piston radiation]　声源沿平面的法线方向振动时，其面上各点的振动速度的幅值和相位都是相同的。

声导纳 [acoustic admittance]　声阻抗的倒数。

声阻抗 [acoustic impedance]　指定面上的声压除以通过该面的体积速度的复数比值。

机械阻抗 [mechanical impedance]　在线性力系统中，施加于某点的力除以在该力的方向上产生的速度分量的商。(注：对于扭转力阻抗，上文中"力"和"速度"需替换为"扭矩"和"角速度"。)

4.3.6　声学信号处理

声学传递函数 [acoustic transfer function]　又称冲激响应。声学传递函数用于描述空间接收点对来自不同方向或不同位置声源的响应特征。对于单频声信号，声学传递函数描述接收点相对于声源的幅度和相位变化，通常可写成一个复数；对于宽带声信号，声学传递函数既可以写为频域的形式，也可以写为时域冲激响应的形式。时域冲激响应指当声源发出一个理想冲激信号时，接收点所获得的时域声信息。接收点对任意声源信号的响应可由声源信号与时域冲激响应卷积得到。频域声学传递函数可由时域冲激响应做傅里叶变换得到，它可以描述不同频率接收点相对于声源的幅度和相位变化。对于自由场以及存在特定反射面和散射体的声场，声学传递函数存在解析表达式。对于复杂声场，声学传递函数需要通过测量获得。

冲激响应 [impulse response]　即*声学传递函数*。

声信号滤波 [acoustic signal filtering]　为达到某种特定的目的而对声信号采集或回放设备的信号进行加工处理的过程。声信号滤波涵盖的范围很广，从简单的延迟处理到复杂的阵列滤波，都可以看作是声信号滤波的典型应用。常见的声信号滤波包括：为获得特定音效而对扬声器及其系统的激励信号进行的延迟、混响、均衡和失真操作；为抑制扬声器阵列回放信号的串扰而对扬声器激励信号进行的串扰消除；为获得特定指向效果而对扬声器阵列单元激励信号进行的移相或滤波；为提升语音信号质量而对传声器采集信号进行的语音增强处理；为获得传声器阵列特定指向性而对阵列单元进行的移相或滤波；为消除线路回声和声回声而进行的回声抵消处理；为实现有源噪声控制而对声信号的实时滤波操作。声信号滤波的实现形式多种多样，既可以用时域滤波，也可以用子带和频域滤波的方式实现，对特定的语音增强处理，声信号滤波甚至可以采用非因果频域滤波器。

扬声器阵列 [loudspeaker array]　由多个扬声器单元按一定的拓扑分布构成的系统，其作用主要是实现有效的声场调控，包括声波的定向传输，声能量的聚焦操作以及波场合成等。最基本的阵列可由两个扬声器单元构成，两个单元既可以获得最基本的指向性扬声器系统，也可以结合串扰消除操作，在最佳听音区域获得有效的双耳声重放效果。线阵列由一列均匀分布的扬声器单元构成，是另一类常用的阵列，通过合理的优化算法设计线阵列单元的激励信号，可以获得具备特定指向性或聚焦特性的声波辐射效果。理论上，长度无限的连续线阵列可以获得任意尖锐的指向性，但受器件及物理尺寸的限制，阵列无法获得理想的指向性，并且随着频率的降低，指向性会越来越弱。环状阵列也是扬声器阵列常见的实现形式，利用波场合成的基本原理，环状阵列理论上可以重构出任意复杂的声场。

传声器阵列 [microphone array]　由多个传声器单元按一定的拓扑分布构成的系统，其作用主要是实现有效的声信息接收。传声器阵列可以通过对每个单元接收的信号进行滤波加权的操作，获得定向采集的效果，即阵列对特定方向的入射声波有较高的灵敏度，而对来自别的方向的入射声波灵敏度明显降低。考虑到近场模型，传声阵列还可以有效采集特定位置的声信号。传声器阵列的定向 (定位) 采集特性可以有效提升采集信号的信噪比，改善后端语音通信和语音识别的效果。常见的传声器阵列包括线阵列、差分阵列和球阵列，其中线阵列的参数优化依赖于滤波叠加模型，差分阵列依赖于声波的微分模型，球阵列则依赖于声场的球谐函数展开。除了定向 (定位) 接收声信号以外，传声器阵列还可以实现声源定向 (定位)、声场分析和声全息等功能。

声学传递函数测量 [acoustic transfer function measurement]　又称冲激响应测量。声学传递函数测量是指通过实验的方法测量声学传递函数。常用的方法是在声源位置放置扬声器，在接收点放置传声器，用扫频信号或噪声信号激励声源，记录传声器的采集信号，并通过频域比值、维纳滤波或自适应滤波等方法计算出传递函数。需要注意的是：这一类方法计算出的传递函数不仅仅是单纯的声学传递函数，还包含了测量设备和器件，如功率放大器、扬声器、传声器和传声器放大器等的传递函数。精确的声学传递函数测量需要消除这些非声学传递函数的影响。

冲激响应测量 [impulse response measurement]　即声学传递函数测量。

波束 [beamform]　通常指传声器阵列所能获得的空间指向性。对单频信号，传声器阵列可通过调整每个单元接收信号的幅度和相位设计波束；对宽带信号，则需要对每个传声器单元分配一个滤波器以实现在较宽的频带范围获得一致的波束。波束设计常用的算法包括最小二乘、约束最小二乘、全面最小二乘、线性约束最小方差和特征滤波器算法等。为进一步提升阵列对噪声环境的适应性，自适应滤波器也经常被用在波束算法中。

声源定位 [acoustic source localization]　利用传声器阵列各个单元接收信号的差异，判断声源的方位信息。声源定位算法可以利用声波传递到各个传声器单元的时间差，人的双耳在定位声源时也会利用这一信息。除此以外，还可以借助波束扫描和空间谱估计的方法实现声源定位。波束扫描通过调节传声器阵列的波束方向，在整个接收空间内扫描，以接收声功率最大的方位为声源的方位。空间谱估计则把参数和非参数谱估计方法运用到空间谱的分析中，寻找空间谱的最大值获得有效的声源定位。声源定位可以用于多个声源的方位估计，一般需要获得声源个数的先验信息。

盲信号分离 [blind signal separation]　在不知道任何声源信息的前提下，通过多个传声器采集的不同声源的混合信息，重构出每个声源的源信号。声信号处理中的盲信号分离的重要目标是要拟合人类听觉系统的鸡尾酒会效应，即在多个说话人共存的前提下尽可能准确的获取其中一个说话人的信息。盲信号分离通常需要借助信号的统计参量，以分离信号不相关甚至独立为优化目标。在已知信号源个数和信号混合方式的前提下，也可以借助自适应滤波进行盲信号分离。

维纳滤波 [wiener filtering]　基于信号统计特性的一种滤波器，常用于声信号增强和降噪处理。维纳滤波的设计目标是使滤波后的误差信号均方值期望最小化。对数字采样的声信号，维纳滤波的实现形式可以是有限冲激响应滤波器，也可以是无限冲激响应滤波器，维纳滤波器还可以以非因果滤波器的形式在频域实现。维纳滤波在进行降噪处理时需要对噪声功率谱进行估计。

自适应滤波 [adaptive filtering]　通过一定的优化准则对滤波器进行迭代更新，使得滤波器输出相对于期望信号的误差不断减小直至系统收敛。滤波器可采用有限冲激响应滤波器，也可采用无限冲激响应滤波器，有限冲激响应滤波器的实现结构简单，且能保证稳定性，在实际系统中应用较为广泛。滤波器的参数更新可在时域进行，也可以在子带和频域完成，甚至还可以通过任意的正交变换在变换域中完成参数更新。在声信号处理中，自适应滤波可应用于语音增强、声回声抵消和声传递函数辨识等场景。

谱分析 [spectrum analysis]　在声信号处理领域，谱分析是指通过测量得到的时域声信号，通过有效的估计算法分析声信号在频域的功率分布。谱分析方法包括非参数估计和参数估计两种。非参数估计法实现简单，但需要较多的数据量进行频域平滑平均，是测试设备最常用的分析手段。参数估计法需要知道声信号特征的先验信息，建立合理的信号模型，通过估计模型参数递推信号的功率谱分布。参数估计法还可以利用信号的子空间分解方法分析声信号的频域特征信息。

信号正交变换 [signal orthogonal transform] 利用信号空间的正交基函数对信号进行分解和重构的过程。对声信号而言，正交变换既可以作用于信号的时域采样信息，也可以作用于信号的空间采样信息。常用的正交变换包括傅里叶变换和离散余弦变换，构建在勒让德函数和三角函数基础上的球谐函数则是对三维空间声场进行分析的正交基函数。声信号的正交变换在信号特征分析、信号增强和降噪、声信号编解码等领域有广泛的应用。通过利用快速变换算法，正交变换可以节省滤波算法的运算量，而利用信号在变换域的特征，则可以有效提升相关算法的性能。

有限冲激响应滤波器 [finite impulse response filter] 对声信号数字采样结果进行处理的常用滤波器形式，在形式上是一段长度有限的离散序列。有限冲激响应滤波器实现结构简单，对应的线性时不变系统只有零点，没有极点，能充分保证系统的稳定性。有限冲激响应滤波器和信号的作用通过离散线性卷积实现，在滤波器长度较长时，可以利用快速傅里叶变换在频域进行滤波操作，有效提升运算效率，实现这一类操作的典型算法是重叠保留法。有限冲激响应滤波器在滤波器参数对称或反对称的条件下可以保证系统的线性相位特征。

无限冲激响应滤波器 [infinite impulse response filter] 在形式上既可以描述为长度无限的离散序列，也可以描述为既有零点又有极点的有理传递函数形式。相比于有限冲激响应滤波器，其可以用较短的滤波器阶数实现相同的幅频响应。无限冲激响应滤波器的设计通常需要借助模拟的原型，通过冲激响应不变法或双线性变换法进行设计，常用的模拟滤波器原型包括巴特沃兹滤波器和切比雪夫滤波器。由于无限冲激响应滤波器系统中存在极点，因此在设计时需要考虑系统的稳定性；另一方面，由极点所带来的反馈效应则会导致滤波器运算过程中的误差积累，对这一类误差最不敏感的无限冲激响应滤波器实现形式是并行低阶滤波器。

时频分析 [time frequency analysis] 将一维的时域信号通过合理的数学变换方式映射到二维空间的过程，该二维空间的两个维度分别对应为信号的时域和频域参量。常用的时频分析手段包括短时傅里叶变换和小波变换。为保证变换结果涵盖原时域信号的所有信息量同时又没有信息冗余，变换过程所用的基函数必须是二维时频空间的正交或双正交基函数。

子带滤波 [subband filtering] 把原始全带宽的时域信号通过分解滤波器组分解为一组窄带信号并降采样，对这一组窄带信号进行滤波，并最终通过重构滤波器组还原全带宽信号的流程。为提升滤波器的运算效率，滤波器组通常以多相滤波器的形式进行操作。由于分解后每个窄带信号中的信号谱平坦特性优于原始全带宽信号，因此子带滤波在自适应处理时理论上可以获得更好的收敛特性。

频域滤波 [frequency-domain filtering] 滤波器参数表现为频域形式，通过傅里叶变换把时域信号变换到频域，与滤波器参数作用后再反变换到时域获得时域线卷积运算结果的流程。频域滤波常用到数字信号处理中的重叠保留或重叠相加法。频域滤波可以充分利用快速傅里叶变换，运算效率高。由于频域滤波可以充分利用信号在每个频带的基本特性，因此基于频域滤波的自适应处理理论上可以获得更好的收敛特性。频域滤波可以充分利用快速傅里叶变换

声全息 [acoustic holography] 利用传声器阵列在声源的近场测试声压分布，通过声场的空间变换分析声源的噪声分布情况，分析结果既可以是声压，也可以是质点速度、声强、声功率和法向边界速度等有关声学参量。

多延时频域滤波 [multi-delay frequency-domain filtering] 对长滤波器分块，每一块使用频域滤波操作，最终组合出时域滤波结果的滤波方式。

4.3.7 心理声学

听觉场景分析 [auditory scene analysis] 来源于人类的听觉感知系统。计算机技术的发展使得声音信号处理成为引人注目的研究领域，而声音与人类的听觉系统是密切相关的，同时人类听觉系统对声音信号的感知能力大大超过目前的信号处理水平，例如人类能有选择地听取所需的内容。为了分析人类听觉系统的感知机理，心理学家通过长期的研究和积累，提出听觉场景分析。通过听觉场景分析理论，人类的听觉感知过程可以分为分割和重组两个阶段，在分割阶段，输入的声音信号被分解成由时频单元组成的听觉片段，每个片段对应于某个声学事件在听觉场景中的局部描述。紧接着来自同一个声源的听觉片段被重组在一起，形成听觉流的感知结构，听觉流对应于声学事件在场景中的整体描述。人对声音的感知过程也就是对声音分量的组合过程而正是这一种组合过程使得人可以将混合声音中同一人所发出的声音分量组合到同一个声音流中，组合方式有同时组合和序列组合两种方式。听觉场景分析包含心理听觉场景分析和计算听觉场景分析，前者揭示了人对声音的心理感知过程以及多声音信息流检测分离的规律，后者的目标是用计算机模仿人类听觉系统的处理机制在噪声背景下分析提取所需声音信息最终使机器具有听觉智能。

听觉掩蔽 [auditory masking] 人类日常生活中常

见的听觉感知现象，广义地讲，是指一个声音对另一个声音存在时的感受，这是由于听觉的非线性引起的，是心理声学中很重要的一个效应。根据 1960 年美国标准协会的规定：听觉掩蔽则被定义为由于另一个声音 (掩蔽音) 的出现而导致一个声音的听阈被提高的现象和由于另一个声音 (掩蔽音) 的出现而导致一个声音的听阈被提高的数量，通常使用分贝作为单位。

一个纯音信号引起的掩蔽，大体上决定于它的强度和频率，低频声能有效地掩蔽高频声，但高频声对低频声的掩蔽作用不大。

噪声对节目信号掩蔽和节目信号的不同频带之间的掩蔽对重放系统的音质评价和音频信号的传输和记录中的压缩编码等有重要的意义。

听阈 [hearing threshold]　在规定条件下，以一规定的信号进行的多次重复试验中，对一定百分数的受试者能正确地判别所给信号的最低声压即听阈。测量时应说明信号的特性、它传给听音人的方式和测量声压的地点。等响曲线中最低一条、与刚能被听到的 1000Hz 纯音响度级相同的曲线就是听阈曲线，它是纯音的最低可听声压的频率响应。测试过程中，除非另有说明，否则到达人耳的环境噪声假设可以忽略不计，听阈一般用相对于 20μPa 的分贝数表示，多次重复试验是指使用恒压声源的方法，一定百分数通常取值为 50%。

虚拟听觉环境 [virtual auditory environment]　由人工产生或控制声学环境，使倾听者产生犹如置身于自然声学环境的感觉。虚拟听觉环境是声学、信号与信息处理、人类感知心理学等跨学科领域的综合技术，而随着虚拟现实技术的发展，虚拟听觉环境已成为虚拟或增强现实的一个重要组成部分，并在虚拟训练设备、声学辅助设计、视听节目制作等民用和军用领域有重要的应用价值。虚拟听觉环境的实现方式可以通过模拟声场的方法来实现，比如波场合成声重放系统、各种多通路环绕声系统。然而由于人类双耳声信号包括了声音的主要信息，目前多数虚拟听觉环境通过模拟双耳声信号并用耳机 (或扬声器) 重放的方法实现，给定物理和几何条件，通过对声源的物理特性、声传输特性 (包括直达声和环境反射声)、倾听者对声波的散/反/衍射三部分的模拟，从而模拟出声波从声源到双耳传输的物理过程，得到声音的时间 (频率) 和空间两部分的信息，其中空间信息包括声源定位和环境反射声信息，从而构建了虚拟听觉环境。

空间掩蔽 [spatial masking effect]　掩蔽声和被掩蔽声分布在空间不同位置时的掩蔽效应，它与掩蔽和被掩蔽声源的空间分布有非常密切的关系。在掩蔽声源和被掩蔽声源与倾听者的距离都相等时，对两者在空间方向上分开的情况，掩蔽效果 (掩蔽阈值) 将较两者在同一方向时下降，这种现象叫空间去掩蔽，掩蔽信号形式多种多样，如语言、脉冲串和复合音等。空间掩蔽效应是一种复杂的心理声学现象，其测试结果不仅与掩蔽和被掩蔽声源的空间分布有关，也与被测试者的生理结构和声音体验经历有很大的关系，掩蔽阈值下降的结果比较分散。

同时掩蔽 [simultaneous masking]　时间上同时出现的两种不同频率的声音之间的掩蔽现象，这种掩蔽效应的效果比较强，并且其特性主要依赖于被掩蔽声的声压级以及掩蔽声与被掩蔽声之间的频率关系，因此也被称为频域掩蔽。按照掩蔽声以及被掩蔽声信号类型的不同，同时掩蔽包含噪声掩蔽纯音、噪声掩蔽噪声、纯音掩蔽噪声和纯音掩蔽纯音。

异时掩蔽 [non-simultaneous masking]　在时间上相邻的声音之间的掩蔽现象，也可称为时域掩蔽。根据掩蔽声的出现顺序，异时掩蔽又分为前掩蔽和后掩蔽，其中前掩蔽是指未来某个时刻发生的能量高的声音会掩蔽当前时刻的被掩蔽声，前掩蔽时间很短，只有 5~20ms；后掩蔽是指当前时刻能量高的声音会掩蔽未来时刻的被掩蔽声，使其感知阈值提升的现象，后掩蔽时间较长，一般可以持续 50 ~ 200ms。

临界频带 [critical band]　当某个纯音被以它为中心频率，且具有一定带宽的连续噪声所掩蔽时，如果该纯音刚好能被听到时的功率等于这一频带内噪声的功率，那么这一带宽称为临界频带宽度。临界频带的单位叫巴克 (Bark)，1Bark=1 个临界频带宽度。通常认为，20~1600Hz 范围内有 24 个子临界频带。

响度 [loudness]　听觉判断声音强弱的属性，即声音响亮的程度，根据它可以把声音排成由轻到响的序列。它表示人耳对声音的主观感受，其计量单位是宋，定义 1kHz，声压级为 40dB 纯音的响度为 1 宋。人耳对声音的响度感觉，不仅和声压有关，还和频率及其时间特性有关。声压级相同，频率不同的声音，听起来响亮程度也不同，时长如果增加，响度也可能随之增大。

响度级 [loudness level]　响度的相对量，以强度级表示的声音的响度。它表示某响度与基准响度比值的对数值，相比较而言，单位为 phon(方)，1kHz 纯音的声压级为 0dB，响度级定为 0phon(方)，声压级 40dB 定为 40phon，其他频率的声音响度与 1kHz 纯音响度相同，则把 1kHz 的响度级当作该频率的响度级。响度级是评价声音的客观参数，它把人耳对频率的响应和客观量 (声压级) 联系起来，产生更为准确的结果。广义地讲，响度级是用来描述响度的客观量，如果响度级每增加 10 方 (phon)，响度增加一倍，这就是声音强度的主观量与客观量之间的幂函数关系，在人类对外界刺激的感知中是普遍存在的。

音调 [pitch]　听觉判断声音高低的属性，是声音的三个主要的主观属性，即音量 (也称响度)、音调、音色 (也称音品) 之一。根据它可以把声音排成由低到高的序列，单位是美

(Mel)。音调主要由声音的频率决定，但也与声压及波形有关，同时一个声音的音调可与另一个声压级是指定值的纯音比较，如两者的音调由正常人耳判断为相同，纯音的频率即可以用来描述这个声音的音调。另外对一定强度的纯音，音调随频率的升降而升降；对一定频率的纯音、低频纯音的音调随声强增加而下降，高频纯音的音调却随强度增加而上升。在音乐声学和语言声学中，音调也称音高。

音色 [timbre] 人在听觉上区别具有相同响度和音调的两个声音之所以不同的属性，主要是由刺激频谱决定，但也与波形、声压和刺激频谱的频率位置有关。由于音色涉及人的主观感受，不存在一个客观度量尺度，主要采用主观评价实验及统计分析研究音色特性。用于描述声音质量的音色术语有：柔和的、丰富的、隐蔽的、开放的、暗淡的、明亮的、黑暗的、刺耳的、令人烦躁的、粗糙的、尖锐的、圆润低沉的、压抑的、苍白的和死气沉沉的等。是用来描述具有特定音高和响度的声音的质量感受或声音特质的。

听觉疲劳 [auditory fatigue] 又称暂时性听阈上移。因声音过渡刺激而使听力暂时减退的现象。听力减退可反应为听阈的提高、同一个声音的响度的降低或双耳定位的位置改变。一般情况下，若较长时间停留在强声环境中，听力就会明显下降，听阈提高超过 15～30dB，需要离开强声环境需数小时甚至数十小时听力才能恢复。

暂时性听阈上移 [temporary threshold shift] 即听觉疲劳。

听力损失 [hearing loss] 对于受损的耳朵和指定的信号，该耳朵的听阈超过规定的标准听阈的分贝数。标准听阈是大量的年龄在 18～25 岁的，在耳科学上正常的听者的听阈的众数值。听力损失与周围环境（生活环境和工作环境）的影响和年龄的增长有关。随年龄的增长，听力损失增大，特别是高频段的听力损失增大属正常情况。长期受到职业噪声或受到过度的声音刺激，如织布车间，迪斯科舞厅或聆听耳机发出的高声级的节目信号等而导致的听力损失属非正常听力损伤。由长期从事某项工作导致平均听力损失达 25dB 以上者称职业性耳聋。

双耳听觉 [binaural hearing] 同时用双耳听音时，与单耳听觉比较，其灵敏度高，听阈低，对声源有方向感，抗干扰能力强。通过双耳听觉能判断声源的位置，是双耳定位效应。

双耳定位 [binaural localization] 双耳听觉所具有的判断声源方位的属性。声源相对于听音者在不同的位置发声时，声波到达听者两耳的强度和时间不同，听觉系统根据这些信息可以确定声源的位置。对于低频声，人耳主要根据声波到达两耳的时间差来定位。对于高频声，由于人头对声波的散射作用，声波到达两耳的强度不同，这是人耳定位的主要

依据。人耳对声音的水平方位辨别率高，对垂直方位的辨别率低。

听觉滤波器 [auditory filter] 采用信号处理的滤波器结构模拟耳蜗的听音过程，是对耳蜗听音的生理过程的建模，通过建立听觉滤波器来仿真耳蜗基底膜的主动性、非线性和频率选择性，有利于降低听觉模型的复杂度，有助于人们对人耳听音的生理过程的理解、深入和应用。听觉滤波器能较好地模拟耳蜗基底膜的主要特性，为很多生理和心理的听觉实验给出了合理的拟合效果。常见的听觉滤波器有共振滤波器、Roex 函数滤波器、Gammachirp 滤波器和 Gammatone 滤波器，其中 Gammatone 滤波器是较为广泛的一种听觉滤波器，它相对于共振滤波器和函数滤波器，具有更好的滤波特性，并且其滤波器特性与等效矩形脉宽也存在一定的关系。

尖锐度 [sharpness] 评价一个声音尖锐或沉闷程度的心理声学参量。其计算方式目前基于响度模型中的特征响度进行计算，由于声音信号低频成分引起的尖锐度较小，高频成分对尖锐度的贡献大，从而求解尖锐度时低频采用较小的权重，高频采用较大的权重。尖锐度可以说是声音信号中高频成分的主观感受，也是高频成分在整体响度级上的贡献，相当于声音信号在频域上的重心。尖锐度的单位为 acum，规定一个声压级为 60dB，中心频率为 1kHz，带宽等于其中心频率所对应的临界频带带宽的噪声产生 1acum 的尖锐度。影响尖锐度的重要因素是声音的频谱包络，而声压级对尖锐度的影响甚微，根据已有研究，一个声音的声压级从 30dB 增加到 90dB，而其尖锐度仅仅增加了一倍。

粗糙度 [roughness] 评价声音时域上幅值（包络）变化的一个基本的心理声学参数，反映信号调制幅度的大小、调制频率的分布情况等特征，在描述此类感觉时，通常用调幅信号来加于说明。研究人员在研究调幅纯音时指出，随调制频率从低频到高频变化，人耳可感受到三种不同的感觉：当调制频率在 15Hz 以下时，人们能够感受到声音的高低起伏，这时的感受称为波动强度；调制频率超过 15Hz 以后，人们的感受逐渐转换为粗糙度，并在 70Hz 左右，感受到的粗糙度最大；当调制频率高于 150Hz 以后，可以清晰的分辨出独立声音信号。粗糙度的单位是 asper，定义声压级为 60dB、频率为 1kHz 的纯音信号，在调制频率为 70Hz、100%调制时的粗糙度为 1asper。

等响曲线 [equal loudness contour] 典型听者认为响度相同的纯音的声压级和频率的关系的曲线，是重要的听觉特征之一。即在不同频率下的纯音需要达到何种声压级，才能获得对听者来说一致的听觉响度。

美 [mel] 音调的单位。频率为 1000Hz、声压级为听者听阈以上 40dB 的纯音所产生的音调是 1000 美。任何一个声音的音调，如果被听者判断为 1 美音调的 n 倍，这个声音的

宋 [sone]　响度的单位。频率为 1000Hz、声压级为听者听阈以上 40dB 的纯音所产生的响度是 1 宋。任何一个声音的响度，如果被听者判断为 1 宋的 n 倍，这个声音的响度就是 n 宋。

方 [phon]　响度级的单位。等于根据听力正常的听者判断为等响的 1000Hz 纯音（来自正前方的平面波）的声压级。

哈斯效应 [Haas effect]　一种双耳心理声学效应，声音延迟对人类方向听觉的影响要比声压级大小的影响大得多的效应，也被称为优先效应。第一声音发出后，延迟 25∼35ms 内接着发出第二声音，听者则能听出为一整体融合的声音；但若延迟时间超过 35ms，听者则听出为第二声源。听者也以第一声音为主确定声源的地点和方向。

鸡尾酒会效应 [cocktail party effect]　人的一种听力选择能力，在这种情况下，注意力集中在某一个人的谈话之中而忽略背景中其他的对话或噪声。该效应揭示了人类听觉系统中令人惊奇的能力，使人类可以在噪声中谈话。

耳间时差 [interaural time difference]　从一侧来的同一声音，双耳感受声音刺激在时间上的差异，耳间时差是声音方向感觉的主要线索之一。

耳间强度差 [interaural loudness difference]　从一侧来的同一声音，双耳感受声音刺激在强度上的差异，耳间强度是声音方向感觉的主要线索之一。

响度模型 [loudness model]　对响度的建模和计算模型，主要有基于纯粹的计算方法的 Stevens 模型、基于激励模型的 Zwicker 模型和基于解析式理论上可针对频谱、声压连续变化的声音信号进行响度计算的 Moore 模型。

等效矩形带宽 [equivalent rectangular bandwidth]　一种模拟人耳的听觉频率尺度。

感知声源宽度 [auditory source width]　衡量音乐厅音质的重要指标。

空间感 [spaciousness]　室内环境给人的空间感觉，包括方向感、距离感、围绕感等。空间感与反射声的强度、时间分布、空间分布有密切关系，其中听觉定位、直达声、侧墙一次反射声起主要作用。

空间去掩蔽现象 [spatial unmasking phenomenon]　在掩蔽声源和被掩蔽声源与倾听者的距离都相等时，对两者在空间方向上分开的情况，掩蔽效果（掩蔽阈值）将较两者在同一方向时下降的现象。

噪声掩蔽纯音 [noise masking tone]　一个窄带噪声（即带宽为 1Bark）掩蔽同一临界带内的一个音调信号，以得出被掩蔽音调的强度阈值与掩蔽噪声的声压级和中心频率之间的关系。

噪声掩蔽噪声 [noise masking noise]　一个窄带噪声掩蔽另一个窄带噪声，涉及掩蔽音和被掩蔽音之间相位关系的复杂影响。一般来说，两个噪声信号其成分之间的相对相位的不同将导致不同的信掩比阈值，一般阈值约为 26dB。

纯音掩蔽噪声 [tone masking noise]　一个频率位于临界带中心的音调掩蔽任意带宽或形状的噪声，以得出被掩蔽噪声谱的强度阈值与掩蔽音调的声压级和频率之间的关系。

纯音掩蔽纯音 [tone masking tone]　一个纯音掩蔽另一个纯音信号，以得出被掩蔽音调的强度阈值与掩蔽音调的声压级和中心频率之间的关系。掩蔽噪声与被掩蔽信号之间声压级的最小差值通常出现在被掩蔽音调的频率接近掩蔽音调的中心频率时。

4.3.8　语言声学

语言声学 [speech acoustics]　用声学方法研究语言的产生、传递、接受和转换的一门科学。它的研究范围包括语言的产生、语言分析、语言的感知、语言的处理、语音通信、机器对语言的识别与理解、语言和文字的相互转换等，可分别归纳为人类和机器两种主体对语言的处理和分析。语音的产生主要研究发声器官产生语声的声学过程及声学特性，通常采用电力声类比的方法建立模型进行研究。语言分析主要研究语言的自然特性，如分析语声的时间特性和频率特性，常用语图表现语声的三维特性，其中横轴代表时间，纵轴代表频率，黑度代表强弱。语言的感知主要研究人耳的听觉系统接收语声后，经过听觉机制、神经系统处理的过程及机理，研究通常用实验来进行。语音合成研究用机器模拟发声器官功能以产生出语言的技术，目前常用参数合成方法与波形拼接方法进行研究。语音识别研究用机器识别和理解语音信号的技术，目前基本方法有基于声道模型和语音知识的方法、模板匹配方法、人工神经网络的方法。

实验语音学 [experimental phonetics]　早期又名仪器语音学，是用各种实验仪器来研究、分析语音的一门学科。它属于交叉学科，内容除涉及语言学之外，还涉及生理学、声学、心理学、电子学、数学、医学、计算机科学的理论和技术。它的研究对象是语音，但和语音学不同的是，它研究从说到听整个过程中的言语形式，即语音在发生、传播、感知过程中的各种形式，而不仅仅是已经发出来的语音。实验语音学主要的研究范围一般包含三个部分，其一：人的发音机制，包括指挥语言的神经系统、肌肉活动、声带和声腔的发音动作，属于"发音语音学"或"生理语音学"；其二：语音发出后在空气中传播的物理特性，包括语音的音色、音高、音强、音长等，属于"声学语音学"；其三：语音传入听话人的听觉器官，造成听觉，又通过神经系统来理解等过程，属于"听觉语音学"或"心理语音学"、"感知语音学"。这一系列的语音产生、传播、感知过程构成一整套"言语链环",每一环节根据研究对象的不同而应用不同领域的实验仪器。它的研究成果在语音教学、言语通信、语音合成和识别、口语自动翻译、言语病理学以及语言学研究的领域中有着广泛的应用。

发声器官 [vocal organs]　人类发声的器官包括肺部、喉部和喉上器官三大部分,其中喉上器官由口腔、鼻腔和咽腔几个部分组成。肺部为发声提供动力,将气流输送至喉部。喉部的两条声带为发声的声源,不发声时声带分开气流畅通,发声时声带靠拢,气流通过声带间的声门使声带周期性颤动发出声音,控制声带松紧的变化可发出高低不同的声音。喉腔、咽腔、口腔和鼻腔组成声腔,声腔是一共振腔,不仅能使声音共振而增强,而且可通过变化声腔的形状,控制声音的音色和频率的高低。

元音 [vowel]　发音时气流在声道上不受发声器官阻碍的音素。元音有以下特点:发音时声带振动,为浊音;发音时发声器官各个部分的紧张程度是均衡的;发音时气流畅通无阻,因而气流较弱。元音一般按发声器官变化进行分类,包括:根据发音时舌头起作用的部位不同,可分为舌面元音、舌尖元音和卷舌元音;根据发音时舌位的前后变化,可分为前元音、央元音和后元音;根据发音时舌位的高低变化,可分为高元音、次高元音、半高元音、中元音、半低元音、次低元音和低元音;根据发音时唇形的变化,可分为圆唇元音和不圆唇元音。

辅音 [consonant]　发音时气流在声道上受发声器官不同部位以不同方式阻碍的音素。辅音有以下特点:发音时声带不一定振动,分为清辅音与浊辅音两种;发音时形成阻碍的部位会特别紧张;发音时气流必须冲破阻碍才能通过,因而气流较强。辅音一般按发音方法与发声部位进行分类,包括:按气流通过发声器官构成阻碍和克服阻碍的方式而言,主要可分为塞音、擦音、塞擦音、鼻音、边音等;按气流冲出口腔的强弱而言,可分为送气与不送气两类;按发声器官受到阻碍的部位而言,主要可分为双唇音、唇齿音、舌尖前音、舌尖中音、舌尖后音、舌面音、舌根音等。

声调 [tone]　音节的基频随时间而高低升降的变化。世界诸语言可分为声调语言与非声调语言。声调语言中,音节发音时的声调变化能区别意义,如汉语;非声调语言中,音节发音时的声调变化不能区别意义,如英语。声调的实际读法,即声调的高低、升降、曲直的变化形式称为调值,常用五度标记法来标记调值。将一种语言或方言中调值相同的字归纳在一起建立的类别称为调类,即声调的种类。古汉语包含"平上去入"四种声调,现代汉语各方言的调类系统均由古代四声演变而来。普通话包含四种声调,即阴平、阳平、上声、去声,轻声一般不当作是声调。

语调 [intonation]　语言的腔调,是语句里音调高低、轻重的配制和变化,在功能上可以显示说话人的不同语气和情感,同时也有一定的语义表达作用。构成语调的因素很复杂,包括整句话声音的高低、快慢、长短、轻重的变化。语调研究目前主要有两种理论:调群理论和"自主音段 - 节律"理论 (简称 AM 理论)。前者把话段中有区别性的音高或音调序列称为调群,它是一个语调单位,重要特征是含有一个调核,视话段的长短调核还可附带一些其他成分,如调冠、调头和调尾。一个调群通常对应于一个小句或句子,也可对应于任何一个句法单位。后者将语调曲拱分析为音高重调和边界调,一个语调单元有一个或多个音高重调,每个音高重调与韵律词内一个突显音节相联系;语调单元边界的音调,称为边界调。

耳语声 [whispered sound]　声门维持半开位置但不振动,由声门发出的无规噪声经各共振腔调制形成耳语声。发耳语声时,声门前部关闭而后部的气声门有一宽三角裂隙,肺部送来的气流从声门的后部摩擦而出,发出轻微无规噪声,而声带并不振动。由于声带不振动,耳语声的元音无基频,但声门噪声被声道调制,仍然出现共振峰,听感上与正常元音无实质差异。因声门保持半开,声道传递函数改变,共振峰的位置与带宽有一定变化。耳语声的辅音与正常语声没有区别,若为浊辅音,由于声带不振动变成清辅音,但人类可由音长、音强及其变化过程的不同识别清浊的对立。正常语音声调是依靠基频变化来体现的,耳语声声调虽无基频,但与浊辅音类似,声调信息可从共振峰、音强及其变化过程等伴随特征提取。

语言清晰度 [speech articulation]　又称语言可懂度。对于语言传输系统,发音人所说的语言单位 (音素、音节、单字、词汇、句子) 或其失真可忽略的录音信号,经被测系统传输后,能为听者正确辨认的百分数称语言清晰度或可懂度。通常对无字义联系的发音材料的测试结果称清晰度,如语音清晰度 (元音、辅音)、音节清晰度、词清晰度;有字义联系的测试结果称可懂度,如多字词或句子的可懂度。一般采用一个或几个听者与一个或几个发音人使用语言信号来直接定量测试并计算清晰度/可懂度得分。可懂度得分一般高于清晰度得分。语言清晰度/可懂度是整个语言传输系统的性质,包括发音人、传输设备或媒质、听者,即使在仅关注系统的一个成分 (如发音人) 时,系统的其余成分也应说明。

语言可懂度 [speech intelligibility]　即语言清晰度。

语言传输指数 [speech transmission index]　对与语言统计特性有关的不同频率的调制信号,测量经过被测语言传输系统前后的调制系数的变化,计算出具有频带可加性的一个指数。它是一种反映语言清晰度好坏的客观实验方法。一个条件下测量涉及 7 个窄带噪声载波和 14 个频率的调制简谐波，即需要计算 98 个调制转移函数。在对系统的各种条件 (通频带限制、不同信噪比、截幅、自动增益控制、混响等) 进行语言传输指数测量，并在相同条件下进行语言清晰度测试，回归出两者的对应关系，标准偏差在 5%左右。

语料库 [corpus]　经科学取样和加工的大规模电子文本库，借助计算机分析工具，研究者可开展相关的语言理论及应用研究。语料库中存放的是在语言实际使用中真实出现过的语言材料，这些真实语料需要经过分析和处理，才能使用。语料库建立、收集和标注在语音基础研究 (声学语音学、言语产生、语言感知和理解、韵律等) 和语音应用技术 (语音识别、语音合成、跨语言和多模态人机交互技术等) 有重要作用。语料库从语体上可分为对话语篇语音库、独白语篇语音库；从话语的自然程度上可分为朗读语音语料库、自然口语语音语料库；从信号频宽上可分为正常频宽语音库、电话语音库；从应用用途上可分为语音识别库、语音合成库、语音分析库。

语声出现率 [occurrence of speech sound]　在某种语言中，语声单位如音位、音节、语词等出现的频率。求得某种语声的出现率需要取一定数量的各种语词 (包括日常使用、科学、文学、社会科学等)，计算出该语声出现的比率。语词数量要大，使比率趋于稳定；材料要适合一般使用的比率，如以高中文化水平为准。语声出现率统计一般包含音位的统计、音节的统计、语词的统计。音位与音节出现率的统计规律满足泊松分布，由于音节同时可成为语词会略有不同，语词出现率则满足离散瑞利分布。各种语言的语词出现频率与出现位次大致成反比，满足 "最省力原理"。

超音段音位 [suprasegmental phoneme]　音素是语流线性切分的最小音段，称为音段音位 (音质音位)。语音体系中还有一些成分涉及范围大于单个音段，它们由区别意义的音高、音长、音强等来划分，在线性语流中不占位置，而与音词、音段、音句等有关，称为超音段音位 (非音质音位)。常见的超音段音位包含音长、声调、重音、语调、音渡、停顿等。各种语言的超音段特征不完全相同，如汉语为声调语言，声调较为丰富，语调受到较大限制；英语为语调语言，语调对于语言表达起重要作用。

音素 [phone]　根据语音的自然属性划分出来的最小语音单位。以声学性质而言，它是从音质 (音色) 角度划分出来的语音单位。以生理性质而言，一个发音动作形成一个音素。音素一般分为元音和辅音两大类，常用国际音标标记。

音位 [phoneme]　一个语音系统里能够区别意义的最小语音单位，是从语言的社会属性划分出来的语音单位。音位总是某个具体语音系统的成员，不存在跨语言或方言的音位。音位可分音质音位和非音质音位两类。音质音位是以音质 (音色) 为语音形式的音位，如元音和辅音。非音质音位是以音高、音长、音强为语音形式的音位，包括调位、时位和重位三种。

音节 [syllable]　构成语音序列的单位，是发声和听觉能感受到的最自然的语音单位，由一个或几个音素按一定规律组合而成。汉语中一般一个汉字就是一个音节，可分为三部分：声母、韵母和声调。英语中一个元音音素可构成一个音节，一个元音音素和一个或几个辅音音素结合也可构成一个音节。

清晰度指数 [articulation index]　通过大量语言清晰度试验，导出的具有频带可加性的、用以计算给定的语言传输系统语言可懂度的一个指数，取值在与 1 之间。它根据传输通道的通频带特性与各频带的信噪比估算语言清晰度/可懂度。

快速语言传输指数 [rapid speech transmission index]　在厅堂测试中，若包括扩声系统在内的厅堂传输条件较好，语言传输指数测试可简化为使用 2 个窄带噪声载波，分别对应 4 个和 5 个频率的调制简谐波，即仅需要 9 个调制转移函数进行计算，得到的语言传递指数即为快速语言传输指数。

语言听力损失 [hearing loss for speech]　达到相同可懂度所需语言级较正常耳所需语言级高出的分贝数。通常取在 500Hz、1000Hz、2000Hz 三个频率上测得的平均值表示，可懂度常常取为 50%。

语流音变 [mutation]　人们在说话时，不是孤立地发出一个个音节，而是把一连串的音节组成词和句子，形成语流。在连续的语流中，由于相邻音节的相互影响或表情达意的需要，有些音节在发音上产生一些变化，这就是语流音变。常见的语流音变有同化、异化、弱化、脱落、增音等类型。

言语空气动力学 [aerodynamics of speech]　一门从空气动力学角度研究人类言语发声动力、言语发声机理的一门学科，如研究气流、气压与发声器官之间的相互作用。常见的空气动力学参数包括平均气流率、声门下压、空气动力功率、发声效率、声门阻力、发声时间等。研究结果可应用于语音识别、语音合成、嗓音发声类型学等方面。

4.3.9　语音信号处理

语音识别 [speech recognition]　又称自动语音识别。一种将人类的语音信息自动转换或映射成计算机可以辨识的信息或文本信息的技术，或者提取与语音相关的信息。语音识别的基本方法是基于语音学和语言学模型，通过对自然语音信息进行特征分析和提取，并将语音特征与预先建立的特征库进行模式匹配。语音识别技术涵盖声学、语言学、计算机科学、信息学等各个学科，广泛的应用于各行业领域。语音识别根据识别的对象可以分为特定人语音识别和非特定人语音识别，根据识别的词汇量来分可分为小词汇量、中词汇量和大词汇量语音识别，根据识别语音的发音方式可分为孤立词语音识别和连续语音识别。

自动语音识别 [automatic speech recognition]　即语音识别。

语音合成 [speech synthesis]　一种根据需求自动生成人类可辨识语音的技术。语音合成的目标是生成可懂度高且自然清晰的语音信号。文字到语音的转换是一种典型的语音合成的应用。语音合成的基本方法是基于已建立语音库，将需要合成的信息进行分析和匹配，将语音库中的信息按设定的规则进行组合，进而合成所需要的语音信号。

语音短时平稳性 [speech's short-time stationarity]　语音信号是典型的非平稳信号，但是相对于语音信号的有效采样频率，发音器官的变化非常缓慢，因此语音信号在较短的时间 (10~20ms) 内可看作近似平稳的，即其频谱特性和某些物理特征参数在较短时间段内可近似看作是不变的，语音信号的这种特性称为语音短时平稳性。语音的短时平稳性使对语音信号的动态分析成为可能，典型的分析方法包括短时傅里叶分析、语谱图分析等。

语谱图 [spectrogram]　将语音信号分帧并对每一帧信号做短时傅里叶分析，以时间轴为横轴，以频率轴为纵轴，用灰度或者不同颜色来表征各时间点所对应各频率的幅度，基于该方法所得到的二维图像称作语谱图。语谱图是语音分析的重要方法，它反映了语音的频谱随着时间动态变化的过程，人们可以通过语谱图分析语音的基音成分和共振峰特性。由于时频不确定性原理，语谱图中的频域分辨率和时间分辨率不能同时兼顾，所以语谱图由根据分析时间的长短分为宽带语谱图和窄带语谱图。

浊音 [voiced sound]　人在发音过程中，当声带收紧时，来自肺部的气流通过声门，气流激励声带产生振动并通过咽腔、口腔和鼻腔组成的混合腔体，然后通过嘴和鼻辐射出去，形成浊音。浊音具有周期较强，低频成分远高于高频成分，能量较高等特点。

清音 [unvoised sound]　人在发音过程中，当声带放松时，来自肺部的气流通过声门，但声带不会产生振动，气流通过咽腔、口腔和鼻腔组成的混合腔体，然后通过嘴唇等辐射出去，形成清音。清音的频谱分布较宽，能量较小。

共振峰 [formant]　声道 (咽腔、口腔、鼻腔) 构成一个混合腔体，该腔体具有其固有频率，这个固有频率称作共振峰。在发音过程中，腔体对语音的激励信号 (浊音对应声带振动信号，清音对应气流激励信号) 进行滤波，使得语音包含共振峰信息。语音的共振峰信息可以通过语谱图和线性预测法观察和提取。一般情况下，频率由低到高，前五个共振峰的位置和幅度对语音信号贡献最大。

基音频率 [pitch frequency]　人在浊音发音过程中，气流通过声门，使得声带振动，产生准周期脉冲，该周期叫作基音周期，其倒数叫作基音频率。声带在一个基音周期内完成一次开启和闭合。基音频率和声带的长度、厚度以及张力等参数有关。估计语音的基音频率是重要的语音分析方法，主流的语音基因频率估计是通过频谱分析和相关性分析实现。

声门函数 [glottis function]　人在浊音发音过程中，气流通过声门，使得声带振动，声带本身不断张开和关闭，产生准周期脉冲波，类似于周期性冲激信号通过某个 (传递) 函数，这个 (传递) 函数称作声门 (传递) 函数。声门 (传递) 函数的波形和声带的长度、厚度以及张力等参数有关。

等响曲线 [equal-loudness graph]　以频率轴为横轴，声压级轴为纵轴，将同一响度在不同频率下所对应声压级连成的曲线组合，该曲线组合称为等响曲线，其描述了声压级、频率与响度的对应关系。等响曲线给出了人耳对不同频率声音的感知灵敏度。由等响曲线可知，人耳对于 3000~4000Hz 的声音的感知最为灵敏。

听阈 [auditory threshold]　各频率点刚好能引起人耳听觉反应的最小声压级。听阈曲线对应等响曲线中的 0 方曲线。

痛阈 [pain threshold]　各频率点刚好能引起人耳不适或疼痛的最小声压级。痛阈曲线对应等响曲线中的 120 方曲线。

音调 [pitch]　衡量人耳分辨声音频率高低的主观感觉的物理量，单位是美尔 (Mel)。美尔与声音的频率呈非线性的对应关系。美尔的标准定义是：响度为 40 方，频率为 1000Hz 的声音的音高定义为 1000 美尔，16000Hz 的声音的音高定义为 3400 美尔。

过零率 [zero-cross rate]　过零率分析是语音信号的一种重要的短时分析方法，通过统计信号通过数值零点的概率，来对语音的特性进行分析。信号的过零率与信号本身的频率有一定的关系，对于纯音信号，频率越高则过零率越高。过零率分析可以用于区分语音信号中清音和浊音，但过零率结果较容易受到背景噪声的干扰。

美尔频率倒谱系数 [mel frequency cepstral coefficients]　美尔频率倒谱是基于声音频率的非线性美尔刻度的对数能量频谱的线性变换。美尔频率倒谱是语音的倒谱分析的扩展，美尔频率倒谱的频带划分是在美尔刻度上等距划分的。基于美尔频率倒谱系数所采提取的特征参数，更贴近于人耳的听觉特性，更利于声音的特性分析和处理。美尔频率倒谱系数的典型应用是语音识别中的特征参量提取。

4.3.10　音乐声学　Music Acoustics

音乐声学 [music acoustics]　人类最早注意的声学分支，近代声学的发展就是从音乐声学开始的。音乐声学也是音乐学的分支学科, 是研究乐音和乐器的科学, 侧重研究与音乐所运用的声音有关的各种物理现象。早在二三千年以前, 我国在音乐声学方面已有高度发展, 对人类的文明做出了巨大贡献。由于音乐是依赖于声音振动这一物理现象而存在的, 因此对声音的本性、其各个侧面的特性以及声音振动的前因后果的认识和理解, 影响到人类创造音乐时运用物质材料、物质手段的技术、技巧、艺术水平, 也影响到人类认识自己的听觉器官对声音、音乐的生理、心理感受与反应的正确与深刻程度。由于这些原因, 音乐声学作为音乐学与声学的交叉学科, 主要包括以下几个知识领域: 一般声学、听觉器官的声学、乐器声学、嗓音声学、音律和谐的声学、室内声学等。与音乐声学相关的学科涉及: 次声学、超声学、电声学、建筑声学、生理声学、生物声学等。

乐音 [musical tone]　发音物体有规律地振动而产生的具有固定音高的音。乐音是音乐中使用的最主要、最基本的材料, 音乐中的旋律、和声等均由乐音构成。从声学的分析角度, 乐音有三个主要特征, 即音强 (又称响度)、音高 (又称音调) 和音色, 称为乐音三要素。音是一种物理现象。它是由于物体受到振动产生声波, 再由空气传到人耳, 通过大脑反馈, 听到声音。物体的大小、薄厚与振动的强弱不同, 所产生的音也就不同。从物理学的角度来看, 振动起来是有规律的、单纯的, 并有准确高度的音, 称为乐音; 振动即无规律又杂乱无章的音, 称为噪声。从环境的角度来看, 凡是让人在生活、工作等过程中感觉到心情舒畅、内心愉快等积极感的声音都称之为乐音。反之, 让人感到厌恶、烦躁等消极感的声音则为噪声。音的性质可以分为: 高与低、强与弱、长与短等几种。由于音的性质有诸多不同, 所以才会产生出不同的乐音来。音乐中使用的有固定音高的音的总和称作乐音体系。按现在通用的十二平均律, 从最低音 (每秒振动 16 次左右) 到最高音 (每秒振动 4186 次), 整个乐音体系中约有 97 个音。

声乐 [vocal music]　以人的声带为主, 配合口腔、舌头、鼻腔作用于气息, 发出的悦耳的、连续性、有节奏的声音。

一个正常人的咽喉由语声激发器 (包含喉骨、喉肌和声带)、固定共鸣腔 (包含胸腔、鼻腔) 和活动共鸣腔 (包含喉腔、咽腔、口腔) 构成。人依靠肺部发出的空气激励声带发生振动, 并在声带的上方形成共振的空气柱, 由此发声。声带具有弹性, 像弦一样能够振动, 其振动频率主要依赖于喉肌作用于声带上的张力, 即依靠喉肌来调节音高。声带可以拉紧或放松, 也可以变薄或变厚; 可以全部振动, 也可以部分振动。这些变化, 使得声带发出的声音有高有低。但是由于生理条件的不同, 每个人的嗓音音域不同, 发出声音的音色、音高和响度等都有自己的特征。因此通常按音域的高低和音色的差异, 将嗓音分成不同的声部, 有男低音、男中音、男高音、女低音、女中音和女高音。每一种人声的音域, 大约为两个八度。要鉴定一个歌唱家的嗓音属于哪个声部, 不仅要看他发声的音域, 还要看音色, 此外还要参考他声带的长度。虽然人为的控制、调节可以起相当重要的作用, 但个人本身的生理条件却是决定因素。

器乐 [instrumental music]　相对于声乐而言, 器乐是以乐器为物质基础, 借助乐器的性能特征、结合演奏技巧的应用、表现一定情绪与意境的音乐作品。它是完全使用乐器演奏而不用人声或者人声处于附属地位的音乐。演奏的乐器可以包括所有种类的弦乐器、木管乐器、铜管乐器和打击乐器。有的器乐曲也应用部分人声作为效果, 但总的来说交响曲属于器乐而不属于声乐。另外像人声演奏的口哨、哼唱等也经常被加入到器乐曲中增加某些效果。

音强 [loudness]　声音信号中主音调的强弱程度, 是一个客观的物理量。其常用单位为 "分贝"(dB), 如闹市区约为 70 分贝, 一般的住宅内约为 40 分贝等。音的强弱由发音时发音体的振动幅度 (简称振幅) 大小来决定, 两者成正比关系, 振幅越大则音越" 强", 反之则越" 弱"。而在音乐体系中, 音强是判别乐音的基础, 代表人耳对声音强度反映的主观量, 亦称 "响度"。它的强度受 "频率" 和 "振幅" 两方面因素的影响, 其单位为 "宋", 1 宋定义为 1000Hz 纯音引起 40dB 音强时的响度。音乐作品中的强弱变化也叫作" 力度", 用文字或符号来标明, 如 f(强)、p(弱) 等。

音高 [pitch]　各种不同高低的声音, 即音的高度。从客观上来讲, 音高由振动频率决定, 两者成正比关系: 频率振动次数多则音" 高", 反之则" 低"。在音乐体系中, 音高是音的基本特征之一, 代表人耳对声音高度反映的主观量。频率高, 则感到音细、高; 频率低, 则感到音粗、低, 但没有严格的比例关系, 且因人而异。此外即使频率有些许改变, 听者感受到的音高也未必改变, 其最小可觉差大约等于五音分 (也就大约等于半音的百分之五), 但是会随着人耳可听频率的不同而改变。另一方面, 虽然不同乐器的频谱不同, 但任何乐器演奏中央 C 上的 A 音符基频皆为 440Hz, 因此所感受到的音高皆相同。

音程 [interval]　在乐音体系中, 音程是指两个音的高低关系, 或两音之间的音高差距。音程可分为 "旋律音程" 与 "和声音程"。旋律音程指两个音符一先一后的发出声音, 其中较低的音称为根音 (下方音), 较高的音称为冠音 (上方音)。和声音程指两个同时发声的音符, 同样的, 其中较低的音称为根音, 较高的音称为冠音。

音级与音数, 是构成音程的两个要素。在诸多音级、音数的排列组合中, 每种组合都有它们自己的特性 (音数不同, 度数相同, 声响效果不同)。所以, 为了区别这些不同特性的音程, 需将它们分类。在乐理上, 主要有七种基本型态: 大音程、小音程、纯音程 (又称完全音程)、增音程、减音程、倍增音程、倍减音程。而从这些基本型当中，又可依据音程内含的"音级"、"音数"再往下细分。

音阶 [scale]　把一个八度内的几个音按照音的高低顺序排列，就成为音阶。最常用的有包括七个音的七声音阶，包括五个音的五声音阶或包括十二个音的半音阶，还有包括六个音的全音阶。音阶中各个音之间的排列方式不同，构成不同的调式，所以音阶也称作调式音阶。

音阶是以全音、半音以及其他音程顺次排列的一串音。基本音阶为 C 调大音阶，在钢琴上弹奏时全用白键。音阶分为"大音阶"和"小音阶"，即"大调式"和"小调式"。大音阶由 7 个音组成，其中第 3、4 音之间和第 7、8 音之间是半音程，其他音之间是全音程。小音阶第 2、3 音之间和 5、6 音之间为半音程。

音律 [melody]　乐音体系中各音的绝对准确高度及其相互关系。音律是在长期的音乐实践发展中形成的，音律有多类，而人们熟知的主要音律有"纯律"、"五度相生律"和"十二平均律"三种。其中"十二平均律"目前被世界各国广泛采用。

人耳能听到的频率范围很广，但一个音的频率为另一个音的频率的二倍时，听起来像是同一个音 (调提高了)，每提高一个倍频程都有重复的感觉。所以要把一个倍频程内的音排列好，就等于把所有的音都排列好了。音律就是在一个倍频程内把若干个音从低到高按一定音程排列，每一个音称为一个律音。各律音之间，频率成简单整数比的听起来比较协调，根据这个规律排列的就是自然律或自然音阶。为了制造宽频率范围的乐器，不可能使各律音的频率都成简单整数比，近代又有平均律或等程音阶。

和声 [harmony]　拨动两端固定的绷紧的弦，会产生不同方式的振动，一种是弦全体以单一模式进行振动，一种是弦分成两段半弦长的弦进行振动，同样也可以分成三段进行振动。这种振动可继续分割下去，产生更多段的振动形式，而每一段相当于对应频率的波动。因此分段越多的弦振动意味着振动频率越高，由这种方法产生的多个频率称为和声或谐波。它包含：(1) 和弦，是和声的基本素材，由 3 个或 3 个以上不同的音，根据三度叠置或其他方法同时结合构成，这是和声的纵向结构。(2) 和声进行，指各和弦的先后连接，这是和声的横向运动。和声有明显的浓、淡、厚、薄的色彩作用；还有构成分句、分乐段和终止乐曲的作用。

泛音 [overtone]　乐器或人声等自然发出的音，一般不会只包含一个频率，而是可以分解成若干个不同频率。这些频率都是基频的倍数，而基频决定了这个音的音高。假设某个音的基频为 f，则频率为 $2f$ 的音称为第一泛音，频率为 $3f$ 的音称为第二泛音，等等。基音和不同泛音的能量比例关系是决定一个音的音色的核心因素，并能使人明确地感到基音的响度。乐器和自然界里所有的音都有泛音。泛音中，八度泛音用得最多。

这个词容易与谐音的用法相混。基频 n 倍的音是第 $(n-1)$ 次泛音，但是 n 次谐音。泛音的常用符号有：harm., har., arm., ar. 等，并以点线显示其范围。

乐器 [musical instrument]　发出乐音的器具，主要由三部分组成耦合振动系统：振动体 (管、弦、簧、膜、板)，这是主要声源；激发体，激发主要声源；共振体，发射声音。乐器主要分为四大类：

弦乐器组：主要是对乐器上绷紧的具有一定张力的弦通过拨动、敲击以及运用弓子激发产生声音，典型的乐器包括小提琴、吉他、竖琴和钢琴等。

管乐器组：主要是对乐器中的空气柱通过一定的方式进行激发产生振动发声，典型的乐器包括铜管乐器和木管乐器，如长笛、单簧管等。

膜打击乐器组：主要通过对固定在乐器上的膜进行敲击等方式发声，一般分为有调打击乐器和无调打击乐器，典型的乐器如鼓等。

非膜打击乐器组：主要通过对乐器自身的敲击等一些机械处理发声，主要包括了非膜打击乐器之外的所有打击乐器，如三角铁等。

乐队 [band]　古代泛指奏乐及歌舞队伍，今指人数众多的器乐演奏者的集体。有些乐队会通过乐队名称告诉人们他们演奏的是哪种乐器，比如铜管乐队、管乐队和钢鼓乐队，有些乐队的名字可以告诉人们他们演奏的是哪种音乐，比如进行乐队、伴奏乐队和爵士乐队等等。在乐队组件中，涉及乐队中乐器的平衡性、传统的排位关系以及乐队整体的声音辐射等问题。

弦乐器 [stringed instrument]　以弦振动而发出声音的乐器的总称。包括击弦乐器，又称打弦乐器，利用槌击打弦而发声，例如钢琴、翼琴、扬琴等；拨弦乐器，又称弹拨乐器，透过弹、拨弦而发声，例如竖琴、吉他、里拉琴、羽管键琴、古筝、琵琶等；弓弦乐器，又称擦弦乐器，利用弓摩擦弦而发声，例如小提琴、中提琴、大提琴、低音提琴、二胡等。

管乐器 [wind instrument]　泛指以管作为共鸣体的乐器。由吹奏者吹气或振唇，借由吹口装置带动管内空气震动发声。音的高低受管身的长度控制。按照发音的方式方法，管乐器分为吹孔气鸣乐器，单簧气鸣乐器，双簧气鸣乐器和唇簧气鸣乐器。前三类乐器由于从历史渊源上都起源于芦管乐器，且音色缺乏金属感，所以统称为木管乐器。在管弦乐队和军乐队中，这一组乐器被称为木管组，相对应的，唇簧气鸣乐器被称为铜管组。

打击乐器 [percussion instrument]　一种以打、摇动、摩擦、刮等方式产生效果的乐器族群。有些打击乐器不仅仅能产生节奏，还能作出旋律和和声的效果。大多数打击乐器有一个确定的音高，甚至连鼓的音高也是确定的。但一般来说，打击乐器的分类是看一个乐器是否常用确定的音高。

电声乐器 [electrophonic instrument]　采用电子科技服务于音乐的新兴乐器，是通过电来产生声音的乐器。严格来说，它包括"电乐器"和"电子乐器"两种，前者是具有活动结构的一种电动机械装置，而后者则完全由电路组成。

度 [degree]　音程的计量单位，用来说明两音在谱表上的位置。

4.3.11　通信声学

听觉场景分析 [auditory scene analysis]　利用物理传感器，结合计算机程序完成人类听觉系统对其所处环境中的声学特性和声学事件的分析和处理过程。听觉场景分析涵盖了声学基本理论、声信号处理、心理声学和生理声学等多个研究领域。听觉场景分析的一项典型应用是声源辨识和定位，这在强噪声、强混响和多声源的复杂声学环境中是尤其值得关注的研究内容；模拟人类听觉系统"鸡尾酒会效应"的声信号分离和语音增强也是听觉场景分析的典型应用，这项技术可有效提升助听器的工作性能和语音识别系统的识别率；此外，在建筑声学和音质评测等领域，听觉场景分析也起着至关重要的作用。从广义上讲，语音识别、话者辨识、语种辨识、音质评测、声源分类、以及噪声抑制等应用领域的研究都属于听觉场景分析范畴。全面的听觉场景分析需要充分考虑人耳的听觉模型、声信号的种类、声信号在时域、频域以及空间的特征信息、房间声场的影响以及听觉视觉的互动特性等。

听觉场景合成 [auditory scene synthesis]　为达到特定听音目标，利用听觉场景分析得到一系列关于声学环境的参数，通过合理的声重放技术重构声场的过程。听觉场景合成所得到的重构声场被称为听觉虚拟环境。从最简单的基于耳机的立体声回放，到借助人头相关传递函数和串扰消除技术的多扬声器立体声回放，到基于多通道环绕扬声器系统的环绕立体声回放，再到基于惠更斯原理的波长合成技术，都属于听觉场景合成的研究范畴。听觉场景合成的首要目标是让听音者尽可能准确地感受目标声环境的所有信息，包括声源的位置、声源的信号特征以及空间混响。在很多应用场景下，听觉场景合成还需要充分考虑听音者与听觉虚拟环境的互动。听觉场景合成需要充分考虑听音者自身对重构声场的影响，包括听音者作为一个声学散射体对声场的影响以及听音者自身发出的语音与听觉虚拟环境的融合等。听觉场景合成还可以借助语音识别和语音合成技术实现系统的自然交互。

音频信号编解码 [audio signal coding and decoding]　在发送端通过合理的信号分析和信息压缩，以相对较低的数据量实现对原始音频信号压缩传输，并在接收端还原音频信号的过程。对音频信号压缩的过程被称为编码，还原音频信号的过程则被称为解码。音频信号编解码可分为两大类，一类是针对音乐信号的编解码，一类是针对语音信号的编解码。对音乐信号的编解码一般依赖于对信号合理的正交变换，在变换域充分利用人耳的主观听觉特性实现对数据的合理压缩。常用的音乐信号编解码方式包括 MP3 和 AAC 等。对语音信号的编解码既可以在时域通过波形编解码实现，也可以借助语音信号的生成模型，通过参数编解码的方式实现。移动通信系统中广泛使用语音编解码的方式传输通信设备使用者的语音信息。为实现较高比例的数据压缩，音频信号编解码一般采用有损压缩的方式，但在一些对音质要求非常高的应用场景，也可采用无损压缩的方式。无损编码后的音频信号相对于原始音频信号无任何信息损失，解码端可以完全精确的还原原始音频信号。随着听觉场景分析与合成技术的不断发展，对声场信息的编解码方式也越来越受到重视。

通信噪声抑制 [communication noise suppression]　通过合理的算法处理抑制通信过程中影响语音质量的噪声，包括加性背景噪声、卷积混响噪声以及声回声等，提升语音音质，以达到改善通信质量的目的。通信噪声抑制最基本的处理方式基于一个传感器采集信号，也就是单通道噪声抑制。常用的噪声抑制算法包括谱减法、维纳滤波和信号子空间算法等，其核心都依赖于对噪声统计特性的准确估计。为了提升噪声抑制的性能，在减弱噪声的同时尽可能不影响语音音质，通信噪声抑制可借助多传感器采集信号。如系统中允许使用骨导传感器，则有可能通过完全准确的语音活动检测改善背景噪声特性的估计效果。若系统中有两个或两个以上传声器时，可以通过自适应滤波的方式实现噪声抑制。在多个传声器存在的前提下，还可以通过借助阵列算法调整信号采集设备的指向性，使得信号与噪声在空间上有较好的区分度。对于声回声的抑制，由于系统中存在较为理想的参考信号，可借助自适应滤波的方式，但考虑到自适应滤波一般不可避免的存在噪声残留，还需要通过进一步的残留噪声抑制算法才可以完全消除声回声对通信系统的影响。在多个说话者同时存在的前提下，除了目标说话人的语音以外，其余说话人的声音都是噪声，此时通信噪声抑制等效于语音分离。

音质评价 [audio quality evaluation]　通过主观或客观的方式，分析评测目标声信号的声音质量。分析对象既可以是经过编解码处理或噪声抑制后的语音信号，也可以是通过听觉场景合成后在空间重构的声信息。音质评测的客观指标需要充分考虑人耳的听觉模型和心理声学特性，对于语音音质评价，可以借助国际通信联盟 (ITU) 公布的软件工具 PESQ(Perceptual Evaluation of Speech Quality)，对于音频信号，则可以借助国际通信联盟公布的软件工具 PEAQ（Perceptual Evaluation of Audio Quality）。对听觉场景重构的声信息，音质评价还需要包括空间定位特征。音质评价的主观评测一般以平均意见评分的方式进行。

立体声 [stereo]　泛指有方向感的声音，在通信声学领域，一般通过合理的声重放方法使得听音者双耳听到立体声。最简单的立体声回放可以通过耳机获得；通过一对扬声器也可以获得立体声回放效果，但要准确的重现声源的方位，则需要消除扬声器回放的串扰。要获得环绕立体声的效果，即声源可能来自听音者后方，则一般需要通过在后方放置扬声器。一般的立体声和环绕立体声回放存在最佳听音位置，偏离这个位置，听音效果会偏离目标音效。波长合成技术在理论上可以获得最广泛的最佳听音区域，即听音者可以在区域内随意移动而不影响其对正确立体声音效的感知。

头相关传递函数 [head related transfer function]　又称头相关冲激响应。一组滤波器，用于描述人耳对来自空间特定位置的声信号的响应，利用双耳的头相关传递函数理论上可以合成来自任意位置声源的立体声。头相关传递函数通常以冲激响应的形式出现。声源信息与相应位置的头相关冲激响应进行卷积，通过耳机回放便可以使听音者准确的感知声源的位置信息。头相关传递函数通常可以通过实验测量，实验时既可以用人工头内置的传声器，也可以在听音者双耳耳道口处放置传声器，测量方法与一般的声学传递函数测量一致。基于刚性球的声散射模型可用作头相关传递函数的解析模型。

头相关冲激响应 [head related impulse response]　即头相关传递函数。

波场合成 [wave field synthesis]　利用惠更斯原理重构虚拟声环境的一种声重放方法，其通过大规模扬声器阵列合成出特定声源的波阵面，可以在整个重构区域准确的实现环绕立体声的回放效果。借助波场合成技术，如果在声源端同时记录声源的原始声信号和方位信息，就可以在重放端完整的重现声源端的所有声场信息。波场合成技术在实现时考虑到成本和扬声器单元尺寸的限制，不可避免地受到混叠效应和截断误差的影响，另外波场合成技术重放的虚拟声源位置理论上只能来自阵列外部，而不能落在阵列重放区域内部。

声回声抵消 [acoustic echo cancellation]　声回声是指来自发送端的声信息在接收端通过扬声器回放，被接收端的传声器采集并回送到发送端的现象。声回声的存在会显著降低语音通信质量，严重时甚至会导致系统出现啸叫。声回声抵消是指通过合理的算法处理，在语音信号进行编码发送之前消除声回声的处理过程。声回声抵消的基本模块通常是一个自适应滤波器，该滤波器以发送端通过通信线路传送

的信号为参考信号，接收端的传声器采集信号为期望信号，考虑算法的复杂度，滤波器通常以频域或子带滤波的方式进行。完整的声回声抵消还需要包括残留回声抑制和双端说话检测等模块。

串扰消除 [crosstalk cancellation]　在利用两个扬声器进行立体声重放时，每个扬声器辐射的声信号除了被对应的耳朵接收以外，还不可避免地被另一只耳朵接收，相应的接收声信号被称为串扰。串扰的存在会显著影响立体声的重放效果。串扰消除是指通过合理的声信号处理算法对串扰进行抑制的过程。合理的串扰消除一般需要根据最佳听音位置的人头相关传递函数，结合系统求逆操作进行设计。串扰消除也可推广到多个扬声器进行声重放的场景。

去混响 [dereverberation]　语音通信会不可避免受到卷积混响的干扰，在说话人和房间混响较为严重时，混响会显著干扰通信质量并降低语音识别系统的识别率。去混响是指通过合理的声信号分析和算法处理抑制混响干扰的过程。

啸叫抑制 [howling suppression]　扩声系统在使用过程中，传声器采集的声信号会被本地扩声系统回放并再次进入传声器，这样的声反馈过程循环往复就有可能导致整个系统出现啸叫。啸叫抑制是指通过合理的声信号处理算法消除啸叫影响的过程。啸叫抑制可通过陷波器和自适应滤波等方式实现。

聚焦声源 [focused source]　在通过扬声器阵列实现声场重放时，虚拟声源位置如果在阵列和听音者之间就被称为聚焦声源。聚焦声源是虚拟现实技术的常见场景，是听觉场景重构技术的一个难点问题。结合波场合成与声场匹配的方法理论上能在局部区域实现聚焦声源的声场重构。

双耳时间差 [interaural time difference]　空间中特定位置的声源经过空间声场的传递，到达听音者双耳的传输时间差，是听音者判断声源方位的重要参量。双耳时间差既与声源的空间位置和传输距离有关，也与听音者人头与耳廓的散射效应有关。通常双耳时间差在中低频范围有效。

双耳声级差 [interaural level difference]　空间中特定位置的声源经过空间声场的传递，到达听音者双耳的声压级的差别，是听音者判断声源方位的重要参量。双耳声级差既与声源的空间位置和传输距离有关，也与听音者人头与耳廓的散射效应有关。通常双耳声级差在中高频范围有效。

双端说话 [double talk]　在全双工通信状态下，通话双方同时说话的场景，这一场景会对声回声抵消系统的设计带来极大影响。要保证声回声抵消系统的稳定性，需要在双端说话时减慢甚至停止自适应滤波器的更新，但这与系统快速跟踪声场变化的需求矛盾。准确的双端说话检测是完备的声回声抵消系统必不可少的模块。

人工耳蜗 [artificial cochlea]　一种植入式听觉辅助

设备,可使重度失聪甚至耳聋的患者产生一定的声音知觉,其工作原理是对位于耳蜗内功能完好的听觉神经施加脉冲电刺激。当前的人工耳蜗技术并不能完全恢复或重建正常听觉,但是它能够在一定条件下有效地帮助重度失聪和耳聋患者听见环境声响并实现语音对话。

耳语声 [whisper speech]   说话人声带不振动,仅通过气流激励声道辐射的声信号。耳语声由于辐射能量较小,可以有效的降低说话人的语音对周围人的干扰。耳语声因信噪比较低、缺乏基音信息和共振峰偏移等问题,在通信传输和语音识别等领域的应用受限。

听觉视觉互动 [audio-visual interaction]   用于描述同一个事件对观察者的听觉和视觉刺激之间存在的关联。

语种辨识 [language identification]   通过合理的辨识算法区分说话人语音所属的语言种类。

话者辨识 [speaker identification]   通过合理的算法辨识说话人的身份信息。

4.4 生物声学

生物声学 [bioacoustics]   研究能发声或有听觉的生物的发声机制、声信号特征接收和识别、动物声通信与声呐系统,以及各种动物声行为的生物物理学分支学科。生物声学是介于生物学和声学之间的一门边缘学科,它是生物学、声学、语言学、医学、化学等多学科相互渗透的产物。广义的生物声学还涉及生物组织的声学特征、声对生物组织的效应、生物媒质的超声性质、超声的生物效应及超声剂量学等方面内容,并在此基础上形成了超声生物物理学一个新的科学分支。生物声学主要研究同一种群内动物声的识别和交往功能,不同种群的动物声的区别和隔离功能,以及动物声在种群和群落的形成和进化过程中的作用等;生物声学还研究动物的声发生和声接收器官,及其工作机制,即动物声交往的生理基础和它们与动物形态学的关系。许多动物的发声器官是声带,但有的却不是用声带产生动物声,如蚱蜢用后腿摩擦发声、蝉用腹下薄膜发声、鱼可用鳔发声、海豚主要靠鼻道发声等。

海洋生物声学 [marine bioacoustics]   研究和开发海洋生物相关的水声技术,如回声探测、被动水声探测、水声通信、水声遥测和水声遥控等。研究海洋生物的发声机制和听觉以及不同情况下所发声信号的作用及特点的学科。同时也是仿生学的重要部分。水声技术已广泛应用于海洋研究和海洋开发的各个方面,但因海水介质是一种复杂多变和多途径的声信道,水声干扰又很强烈,如上水声信息的检测仍存在一系列困难,使水声仪器的可靠性、分辨率等性能的提高受到一定的限制。

生理声学 [physiological acoustics]   研究声音在人或动物中引起的听觉过程、机理和特性。也包括人和动物的发声。当气流从气管呼出时,呈一定张力的声带便可振动而发声,称嗓音。嗓音是多谐的,其基频的高低取决于声带的长短和张力,声音的强度则取决于气流的大小和速度。说话时基频范围为 100~300Hz。男声较低,女声和童声较高。

心理声学 [psychological acoustics]   研究声音和它引起的听觉之间关系,以及人脑对声音解释方式的相关边缘学科。它既是声学的一个分支,也是心理物理学的一个分支。很多听觉效果,决定于人有两只耳朵。声源定位的主要因素为两耳的时间差和强度差 (见生理声学)。由于头部、耳廓、外耳道等的共振、反射作用,使听到的声音频谱受到调制。来自右边的声音先到达右耳,强度也比左耳收到的强。声源方向常通过头的转动确定。心理声学本可包括言语和音乐这样一些复合声和它们的知觉。这些可见语言声学、音乐声学等条,本条只限于较基础和简单的心理声学现象,即 (1) 刚刚能引起听觉的声音 —— 听阈; (2) 声音的强度、频率、频谱和时长这些参量所决定的声音的主观属性 —— 响度、音调、音色和音长; (3) 某些和复合声音有关的特殊的心理声学效应—— 余音、掩蔽、非线性、双耳效应。

医学超声 [medical ultrasound]   研究超声波在人体组织中的传播规律,并对人体组织产生相应物理、化学以及生物等各种效应,及其在医学中应用的科学技术。包括超声诊断、超声治疗、超声生物效应和超声处理等。利用超声在人体中传播时的反射回声或透射声构成不同的声像来检查病变。应用超声对人体组织的热效应,机械效应,空化效应来引起病变组织的改变从而达到治疗的目的。超声强度或剂量必须严格选择和控制,否则过高的超声强度会对机体造成损害。超声还能对残疾人进行功能辅助,如超声导盲。可制成手电筒式或眼镜式的导盲器。

诊断超声 [diagnostic ultrasound]   利用超声波检测或显示人体组织器官声学特性并以此为基础诊断疾病的方法。诊断超声是一种无创、无痛、方便、直观的有效检查手段,尤其是 B 超,应用广泛,影响很大,与 X 射线、CT、磁共振成像并称为 4 大医学影像技术。医学诊断的超声波,主要是脉冲反射技术,包括 A 型、B 型、D 型、M 型、V 型等。从发展趋势看,超声已经在向彩色显示及三维立体显示进展。

治疗超声 [therapeutic ultrasound]   研究超声波作用于人体并以此达到治疗目的的相关方法。通常治疗超声频率在 500Hz 到 2500 kHz 之间。包括 HIFU,超声粉碎,超声靶向给药,超声止血,超声辅助溶栓等。超声波在均匀的人体组织中的传播路径呈直线,但遇上界面则发生折射或反射。传播过程中,超声波对组织产生明显的机械作用和热作用,在体内引起一系列理化变化,故能调整人体功能,改善或消除病理过程,促进病损组织恢复。超声波可用多种方式进入人体,人体对超声波反应的大小取决于超声波的能量大小和人体的功能状态。超声治疗还可以与其他物理因子治疗方法合用,如与其他同时应用 (如超声间动电疗法、超声中频电疗法),或配合应用 (如先行超声疗法, 随后进行体育疗法), 以提高疗效。超声药物透入疗法和超声雾化吸入疗法,临床上应用效果良好。

生物声呐系统 [biological sonar system]　生物利用自身的发射或接收声波的器官进行声音导航、通信与测距的相关系统。海豚和鲸等海洋哺乳动物则拥有 "声呐", 它们能产生一种十分确定的讯号探寻食物和相互通讯。海豚声呐的 "目标识别" 能力很强,不但能识别不同的鱼类, 区分开黄铜、铝、电木、塑料等不同的物质材料, 还能区分开自己发声的回波和人们录下它的声音而重放的声波; 海豚声呐的抗干扰能力也是惊人的,如果有噪声干扰,它会提高叫声的强度盖过噪声, 以使自己的判断不受影响; 而且,海豚声呐还具有感情表达能力,已经证实海豚是一种有 "语言" 的动物, 它们的 "交谈" 正是通过其声呐系统。它的声呐系统 "分工" 明确, 有为定位用的,有为通信用的,有为报警用的,并可通过调频来调制位相的特殊功能。它们的声呐的性能是人类现代技术所远不能及的。解开这些动物声呐的谜,一直是现代声呐技术的重要研究课题。

人工电子耳蜗 [cochlear implant]　利用体外语言处理器将声音转换成一定编码形式的电子装置, 可以通过植入体内的电极系统直接刺激听神经来恢复或重建聋人的听觉功能。现在全世界已把人工耳蜗作为治疗重度聋至全聋的常规方法。人工耳蜗是目前运用最成功的生物医学工程装置。

气导 [air conduction]　声音在空气中通过外耳、中耳传导到内耳的过程, 这是正常的听觉途径。如果这条途径发生障碍,最常见的是鼓膜严重受伤或完全破裂, 便须靠骨导来改善听力。

骨导 [bone conduction]　通过激发颅骨的机械振动将声波传到内耳的过程。一些失去听觉的人可以利用骨传导来听声。但相对于气导,骨导的传声效率较低。骨传导有移动式和挤压式两种方式,二者协同可刺激螺旋器引起听觉, 其具体传导途径为: "声波 — 颅骨 — 骨迷路 — 内耳淋巴液 — 螺旋器 — 听神经 — 大脑皮层听觉中枢"。通常人们也并不需利用自己的颅骨去感受声音,但是,当外耳和中耳的病变使声波传递受阻时,则可以利用骨传导来弥补听力。如骨传导式助听器、骨传导式耳机等, 就是利用骨传导来感受声音的。

听阈 [hearing threshold/ threshold of audibility]　人或其他动物的耳朵在特定环境中,能感觉到的声音的最小强度。正常人耳对不同频率声音的听阈略有不同,但一般频率为 1kHz 的声波至少要产生 20μPa 的压力,才能被感觉到。这个值也是绝对声响的参考值,被定为分贝 (20μPa=0dBSPL)。

一般人的听阈则在 1~3 分贝。听阈的测量是在特定条件下对规定信号进行多次重复实验,一定百分比的受试者能正确判别所给信号的最低声压。在确定听阈的过程中, 信号的特性, 到达受试者的方式以及测量声压的地点都必须加以说明。

听力损失 [hearing loss]　人耳在某一个或者几个频率的听阈高于正常耳的听阈的病理现象或某耳在某一个或几个频率的听阈比正常耳的听阈高出的分贝数。噪声引起的听觉敏感度下降、听阈升高、听觉功能障碍甚至听力丧失,总称为听力损失。可分为暂时性和永久性两种。在医院或专业助听器验配中心,可以进行听力测试。通过听力测试,可以准确地衡量听力损失。

听力计 [audiometer]　测量人耳听力的仪器。使用时,仪器主件自动提供由弱到强的各种频率刺激,自动变换频率,测听时被试戴上封闭隔音的耳机,当听到声音时,即按键,仪器可根据被试反应直接绘出可听度曲线。在医学上经常使用听力计来检查听力和测量听力的损失,听力损失的程度是用低于正常阈限的分贝数来衡量的。听力测定能评定一个人的听觉。因此,它在听力保护工作中是必不可少的仪器。

超声成像 [ultrasound imaging]　利用超声波辐照透光媒质内的物体以得到物体外部或内部图像的声学成像方法。人体结构对超声而言是一个复杂的介质,各种器官与组织,包括病理组织有它特定的声阻抗和衰减特性。因而构成声阻抗上的差别和衰减上的差异。超声射入体内, 由表面到深部,将经过不同声阻抗和不同衰减特性的器官与组织,从而产生不同的反射与衰减。这种不同的反射与衰减是构成超声图像的基础。将接收到的回声,根据回声强弱,用明暗不同的光点依次显示在影屏上,则可显出人体的断面超声图像,称这为声像图。

多谱勒成像 [Doppler imaging]　利用多普勒技术得到的物体运动速度在某一断面内的分布,并形成灰色或彩色图像的方法。声波同样具有多普勒效应的特点,多普勒超声最适合对运动流体做检测,所以多普勒超声对心脏及大血管血流的检测尤为重要。

超声造影剂 [ultrasound contrast agent]　一种能够显著增强超声背向散射强度的微气泡。通常直径在 2~10μm, 可以通过肺循环系统。造影剂的分代主要是依据微泡内包裹气体的种类来划分的。第一代造影剂微泡内含空气, 包膜一般为白蛋白或半乳糖等聚合体。第一代超声造影剂的物理特性,包括包膜较厚,弹性差,而且包裹的空气易溶于水等,决定了它持续时间短,容易破裂,从而限制了临床应用中观察和诊断的时间。第二代超声造影剂为包裹高密度惰性气体 (不易溶于水或血液) 为主的外膜薄而柔软的气泡,直径一般在 2~ 5μm, 稳定时间长,振动及回波特性好。

超声造影成像 [ultrasound contrast imaging]　利

用超声造影剂增强散射回声，显著提高诊断超声成像的分线率、敏感性和特异性的技术。造影剂微气泡在超声的作用下会发生振动，散射强超声信号。这也是超声造影剂的最重要的特性——增强背向散射信号。如在 B 超中，通过往血管中注入超声造影剂，可以得到很强的 B 超回波，从而在图像上更清晰的显示血管位置和大小。

组织谐波成像 [tissue harmonic imaging]　超声在人体组织中的传播过程中，利用由生物组织非线性或组织界面入射/反射关系的非线性产生的谐波分量所携带的组织信息形成的超声图像。组织谐波成像技术能够有效消除近场伪像，降低了近场区的噪声干扰，提高信噪比和分辨率。能够有效消除旁瓣干扰，提高远场图像质量。

超声分子成像 [ultrasound molecular imaging]　利用分子特异性抗体或配体在超声造影剂表面构建靶向超声造影剂，使其可以主动结合靶区分子，进行特异性的超声分子成像，使得体现大体形态学的超声成像向微观形态学、生物代谢、基因成像等方面发展。目前超声分子成像不仅用于疾病的诊断，影像技术的进步已使疾病的诊断及治疗成为一体。因此国内外学者在造影剂表面或内部载入基因或药物，使超声造影剂成为一种安全、便捷的非病毒载体，靶向释放药物和基因，从而达到治疗疾病的目的。

超声弹性成像 [ultrasound elastography imaging]　组织硬度或弹性与病变组织的病理密切相关，组织间弹性系数的变化会导致其在受到外力压迫后组织形变程度不同，因此可以将组织受压前后回声信号移动幅度的变化转化为实时彩色图像，并由此提取病变组织特征信息的新型超声诊断技术。生物组织的弹性（或硬度）与病灶的生物学特性紧密相关，对于疾病的诊断具有重要的参考价值。作为一种全新的成像技术，它扩展了超声诊断理论的内涵和超声诊断范围，弥补了常规超声的不足，能更生动地显示、定位病变及鉴别病变性质，使现代超声技术更为完善，被称为继 A 型、B 型、D 型、M 型之后的 E 型超声模式。

纵/横向超声成像分辨率 [longitudinal/transverse resolution of ultrasound imaging]　超声成像系统在声束轴线/声束轴线垂直方向的分辨率。体现超声图像在纵/横向的精密程度。

超声生物效应 [ultrasonic bioeffect]　超声的机械振动引发超声的生物效应是超声诊断和治疗的基础。超声生物效应研究超声对生物组织作用的复杂效应和相关机理。超声在生物介质中的能量转换及其弛豫与频率关系密切，并伴有热效应。超声的辐射压和声压作用导致骚动、摩擦效应从而影响生物结构与功能。

超声止血 [ultrasound hemostasis]　利用超声辐照使生物组织进行机械振荡，导致组织内水分子汽化、蛋白质氢键断裂、细胞崩解、组织温度升高，血管闭合或凝固，从而达到止血的目的。超声止血一般采用超声刀进行，超声刀通过特殊转换装置，将电能转化为机械能，经高频超声震荡，使所接触组织细胞内水汽化，蛋白氢键断裂，组织被凝固后切开。具有切割精确、止血牢固、可控性强等优点

超声热疗 [ultrasound hyperthermia]　利用超声辐照使生物组织加热到能杀灭肿瘤细胞的温度（42.5～43.5°C），并持续一定时间，达到即破坏肿瘤细胞又不损伤正常组织细胞（正常组织细胞的安全温度界限为 45.1°C）的目的。肿瘤组织显示出比正常组织更高的热敏性。肿瘤组织供血系统差，缺乏完整的动静脉系统，受热使细胞新陈代谢加速，所需的营养与氧气却不能得到满足，因而肿瘤细胞无法从加热的损伤中恢复，从而导致肿瘤细胞生长受阻。

高强度聚焦超声治疗 [high intensity focused ultrasound therapy]　将体外超声波聚焦于体内靶区，并在病灶组织中产生瞬态高温（60°C 以上）或空化作用等生物效应，从而杀死靶区内的病灶细胞，实现治疗目的。聚焦超声在到达靶组织中预设区域前，必须经过多层组织介质（包括皮肤、皮下脂肪、肌肉等）。在每层组织界面，部分声能量会被反射，而剩余的声能量会传输至下一层介质。声能量的透射系数主要取决于介质声阻抗的差异以及各层组织的厚度。人体组织中，除了脂肪、空气和骨头，大部分组织的声阻抗和水相似；因此一般使用水作为耦合介质，将超声能量无损失地从换能器进入人体组织。

超声药物传递 [ultrasonic drug delivery]　利用超声波改变细胞膜通透性，并对药物颗粒产生弥散作用使其可以经过皮肤或粘膜进入细胞的方法。超声药物传递能够使药物准确作用于患病部位，提高疗效。

声孔效应 [sonoporation effect]　通过超声剪切力或者空化效应，瞬时提高细胞膜的通透性，从而可以促进细胞对周围介质中的外源分子的吸收效率。声孔效应分为两类：可修补和不可修补。可修补的声孔效应是由非惯性或稳定空化所产生；当细胞位于包膜微气泡的边界层附近，它被微声流所引起的切变力所"按摩"，这种重复的按摩使得外来的质子，如 DNA 和药物更容易渗透到细胞中。这样的细胞膜的改变是完全可逆的，被称为可修补的声孔效应。另一方面，如果包膜造影剂经历惯性或暂态空化，包膜造影剂的动态非线性振动将使细胞永久变形，这一过程是不可逆的，通常被称为细胞凋亡。

空化效应 [cavitation effect]　当超声波在液体媒质中传播时，液体中的气体或蒸汽空穴在声波作用下膨胀及塌缩的现象。在液体中进行超声处理的技术大多与空化作用有关。空化作用一般包括 3 个阶段：空化泡的形成、长大和剧烈的崩溃。

超声背散射 [ultrasonic backscattering]　当超声波入射到生物组织或其余不均匀样品上时，组织和样品中的局部声阻抗不均匀会导致超声波产生反射；当不均匀性的相关长度小于波长时，将所有局部反射的整体效应称为散射；散射波的强度与散射方向相关，当入射超声波为平面波时，与入射方向相反的散射称为超声背散射；在远场，很小的立体角内散射波声功率与入射声强和立体角乘积的比值一般为常数，称为微分背散射截面。超声背散射一般可被用于超声成像，判断生物组织物理特性变化等。

热剂量 [thermal index]　超声热疗剂量是生物 (细胞) 持续存在于某一能量状态的时间长短 (如细胞温度从 37°C 上升到 43°C 以后放在隔热环境中停留 60 分钟)，用来指示超声能量的吸收效应引发的人体组织可能产生的温升。

空化剂量 [cavitation dosage]　超声作用时间内产生的声空化能量。

微气泡共振谱 [microbubble resonant spectrum]　当超声驱动频率与微气泡共振频率吻合时产生的频谱。表征了微气泡振动的频率特性对驱动声压频率的敏感性。

微气泡膜黏弹特性 [viscoelastic properties of microbubble shells]　微气泡包膜材料的弹性模量和黏度系数。微气泡振动程度取决于气泡的可压缩性和黏弹特性，它决定了回波信号的幅值和破碎的敏感性，而膜壳成分对气泡的气泡可压缩性和黏弹特性有很大的影响。

超声弱散射 [ultrasonic weak scattering]　当生物组织为两相介质，即包含两种物理特性不同的组分，并且各组分在空间的分布具有随机性时，声波在组织中的传播会产生明显的散射；如果两种组分的声速和密度存在较小差异时，产生的散射称为超声弱散射。

宽带超声衰减 [broadband ultrasonic attenuation]　生物组织中的超声衰减一般随着超声波入射频率而线性变化，将单位频率范围内 (一般为 1MHz) 的衰减量变化 (单位为 dB 或 Neper) 称为宽带超声衰减 (BUA)。

长骨中的第一到达波 [the first arrival wave in the long bone]　当在活体长骨表面某一点激发超声波，在另一点进行接收时 (发射与接收点连线平行于管轴)，接收得到的第一个信号称为第一到达波。随着发射/接收方式的不同，发射接收点距离的变化，第一到达波可能为导波、组织中的直达波或者侧向波。

声辐射力 [acoustic radiation force]　由声辐射能量作用于声场中的物体上的径向时间平均力，其方向与声传播的方向相同。利用声辐射力可以实现无损，非接触操控微纳米粒子，该效应在细胞生物，生物物理，生物医学工程等领域具有广泛的应用前景。

二次辐射力 [secondary radiation force]　在超声场中两个振动微泡之间相互作用产生的二次超声辐射力，使其相互吸引或排斥。

超声功率 [ultrasonic power]　单位时间内通过某一面积的超声总能量，单位为瓦 (W)。

机械指数 [mechanical index, MI]　指示超声生物机械效应的计算式，可用于估算潜在的超声生物力学效应。根据 FDA 和 IEC 的计算方法，超声机械指数与声压成正比，与频率的平方根成反比。

斑点噪声 [speckle noise]　由组织内容物产生的随机声散射信号，在超声图像上表现为信号相关的小斑点，会降低图像的画面质量，严重影响图像的自动分割、分类、目标检测及其他定量专题信息的提取。

伪影 [artifact]　原本被扫描物体不存在，但在图像上却得以呈现的各种形态的影像。伪影主要有声束特性不理想造成的伪影，显像时间与动态扫查不匹配的失真伪影，超声传播特性而造成的伪影。

回波强度 [echo intensity]　当超声波辐射到障碍物上，从障碍物不同部位沿不同散射路径返回的，能与直达声区别开的界面反射声波的强度。

超声相控阵 [ultrasound phase array]　由多个超声辐射单元排成阵列组成，通过控制阵列天线中各单元的幅度和相位，调整超声波辐射方向，在一定空间范围内合成灵活快速的聚焦扫描的超声波束。

频率漂移 [frequency drift]　某些超声设备在长时间连续工作时，其输出频率随着时间的变化产生缓慢的单向变化的现象。

超声探头 [ultrasonic probe]　用作发射和接收的超声换能器。超声波换能器是一种能量转换器件，它的功能是通过压电效应将输入的电功率转换成机械功率 (即超声波) 再传递出去。

超声人体组织仿真模块 [ultrasonic tissue phantom]　一种模拟人体组织的某些参数的无源器件，用于超声系统参数的测量或者模拟解剖特性的显示。主要评价参数是声速和声衰减系数，背向散射系数。

超声耦合剂 [ultrasonic couplant, ultrasonic coupling agent]　为了使超声探头和探测面间获得良好的声传播而在其间填充的可实现声阻抗匹配的液体或其他传声媒质。医用耦合剂是一种由新一代水性高分子凝胶组成的医用产品。工业耦合剂主要是以机油、变压器油、润滑脂或者是商品化的超声检测专用耦合剂等作为耦合剂

4.5　水　声　学

水声学 [underwater acoustics]　研究水下声波的产

生、辐射、传播、接收和量度，并用以解决与水下目标探测及信息传输有关的各种问题的一门声学分支学科。它以经典声场理论为基础，吸收雷达技术、无线电电子学、地球物理、海洋物理、信息论和计算技术等相关学科的成就，从第二次世界大战开始获得了迅速的发展。在海水介质中，电磁波受到严重的衰减，不能有效地传递信息；声波是目前在海洋中唯一能够远距离传播的能量辐射形式。然而作为声信息传输通道（水声信道）的海水介质及其边界条件具有十分复杂和多变的特征，这就使得声波在海水中传播的规律也十分复杂和多变。水声学在经济建设方面，如导航、海洋学研究、海底地貌测绘、海底地质考察、海底石油勘探、渔业等方面均有着广泛的应用。在军事方面，反潜战的需要是水声学蓬勃发展的主要动力。各种声呐设备是现代海军武备的重要组成部分，作为水下耳目，极大地影响海军的战斗力。

包含水声物理和水声工程两个部分，它们相辅相成。水声物理是水声工程应用的理论依据，为工程设计提供合适的参数；同时，水声工程技术的不断发展和广泛应用，又对水声物理提出新的内容和要求，并为水声物理的研究提供新的手段，促进水声物理的发展。水声物理从水声场的物理特性出发，主要研究海水介质及其边界（海底、海面）的声学特性和声波在海水介质中传播时所遵循的规律，及其对水声设备工作的影响。水声工程包括水下声系统和水声技术两个方面。水下声系统指的是水声换能器及基阵，它类似无线电设备中的天线，用来实现水声能与电能之间的转换。水下声系统的研究内容主要为换能器材料、结构、制作及其辐射、接收特性等。广义的水声技术是泛指声波在水中完成某种职能的有关技术问题。狭义的水声技术可理解为水声信号处理、显示技术，它主要研究声信号在水中传播时的特性和背景干扰（噪声和混响）的统计特性，并在此基础上设计出最佳时空处理方案，从而实现强背景干扰下的信号检测；在检测出目标的基础上，对目标的参数，诸如方位、距离、运动速度等量中的某些量作出估计，这就是所谓参数估计问题。对被检测目标的某些属性，如性质、形状、运动要素等作出判别，就是所谓目标分类问题。

4.5.1 海洋声学

声场环境因素 [environment factors of acoustic field]   海洋中对声场产生影响的各种环境因素。包括随机起伏的海面；海面附近的气泡层；海水中的非均匀散射体，如鱼群、浮游生物等；海水中不同尺寸的冷暖水团、层流、湍流及旋涡；声速垂直剖面、声速的微弱水平变化及随机起伏；内波；海底的声学性质等等。对不同的问题，各种声场环境因素的作用也各不相同，有主要制约因素和次要因素之分。因此，对于所研究的具体问题应抽取主要的环境因素，以建立简化

的介质模型，得到能够反映出实际声场规律的基本特点的解。弄清各种声场环境因素如何对声场产生影响的问题，也是水声学研究的重要内容。

分层介质模型 [layered medium model]   对实际海洋介质的一种近似描写。海洋中最重要的声学参数是声速，海水中的声速是温度、盐度和静压力（或深度）三个参数的函数，随着这三个参数的增加而增大。由于海洋中同一海域海水的等温线、等盐度线几乎是水平平行的，也就是说影响声速变化的三个参数温度、盐度和静压力都接近于水平分层变化，因此海水中的声速也近似为水平分层变化，声速的剧烈变化主要体现在随深度的变化上。分层介质模型忽略水平变化的影响，认为海洋的声学性质（如声速、密度等）在同一水平层中是相等的，而在垂直面内按一定规律变化。按海洋的分层介质的理论模型，把海洋分成许多水平层，每层内的声学性质都相同。这种处理可使得理论分析得到简化。一般来说，在水声学中，如果不涉及超远程传播，用分层介质模型预估的传播与实测的情况基本相符。在分析超远程传播时，不能认为同一水平层内的声学性质都一样，因而分层介质模型就不再适用。

等温层 [isothermal layer]   海水温度沿深度的分布保持常数的水层。在海表面，受日照、风雨、浪潮对流的影响，往往形成一层海水温度沿深度的分布保持常数的水层，也称为混合层或表面层。由于海水中的声速受到随海深增加的压力的影响，声速可能出现微弱的增加，形成微弱的声速正梯度。而且还常常受到季节气候的严重影响。在深海内部，水温比较低，形成深海等温层。

温跃层 [thermocline]   又称跃变层。海水温度随着深度急剧变化的一个水层。这一水层通常较薄，将海水分成上下水温截然不同的两层。温跃层分为两种：(1) 季节温跃层：在中纬度海面，夏秋两季由于表层海水温度升高，与深层的水温差别很大，形成温跃层；冬春两季由于表层水温降低，与深层的水温差别甚小，因而无温跃层出现。(2) 主温跃层：它位于季节温跃层下面，季节改变对它影响不大。温跃层的存在对声波的传播和水声设备的使用有重大影响。

跃变层 [thermocline]   即温跃层。

声速梯度 [sound velocity gradient]   海水中声速随深度的相对变化率（即单位深度内声速的相对变化量），单位为 s^{-1}。若以海面为深度的原点，当声速随深度而增加时，称为"正梯度"，这时声线向上折射；当声速随深度而减小时，称为"负梯度"，这时声线向下折射。

声速剖面 [sound velocity profile]   又称声速垂直分布。海水中声速沿深度变化的规律，或声速深度函数关系。声速剖面与季节、昼夜、日照、海流等因素有关，其对声波在海水中的传播规律有着极为重要的影响，在同一海区和同样

的声源条件下，如果声速剖面不同，所产生的声场就有明显的差异。通常以垂直轴表示海深，横轴以一定的比例表示声速。深海的声速剖面主要表现为三层结构，由于等温层的存在，在海洋表面和深海内部呈现出声速正梯度，在表面和内部之间的温跃层主要呈现声速负梯度。浅海的声速剖面受到多种因素的影响，具有明显的季节特征。在冬季，大多属于等声速分布，即声速随深度的变化很小；在夏季，水面和一定深度以下呈现出弱声速负梯度，温跃层中呈现出强声速负梯度。

声速垂直分布 [vertical sound velocity distribution]　即声速剖面。

内波 [internal wave]　发生在海水内部的一种重力波。由于风、海潮、涡流、海面空气层中的压力起伏以及经过海下丘陵及山的水流的影响，海洋中的温跃层结构并不是稳定不动的，它类似于海面的波浪也做波浪运动，即为"内波"。内波一般比海面波浪有更大的波长和幅度，其周期从数分钟到若干小时，波长从数百米到数百公里，而传播速度则在数厘米每秒到数米每秒之间。内波的波高为 $1\sim 20$m。内波的存在对低频远距离传播的声波的起伏有重要的影响，它对声场的扰动主要是通过内波对海水介质的声速分布的扰动引起的。

海况 [sea state]　海面不平静程度的一种分级描述方式，一般分成九级。由于海面的状况对于声波的传播、起伏、散射和环境噪声有很大的影响，故海况是海洋中声场的一个重要环境参数。海况是根据海面风速或波高决定的，它与波高的对照表如下。

海况	波高 (峰谷，单位：m)
	$0\sim 0.3$
1	$0.3\sim 0.6$
2	$0.6\sim 0.9$
3	$0.9\sim 1.5$
4	$1.5\sim 2.4$
5	$2.4\sim 3.6$
6	$3.3\sim 6$
7	$6.0\sim 12.0$
8	>12.0

4.5.2 水声观测与传播模型

水声传播 [underwater sound propagation]　在水中，特别是海洋中声的传播过程。在海洋中声波的传播与海水温度、盐度、深度以及海面和海底的声学性质有关。在实际的海洋条件下，声源在传播过程中，由于波阵面的几何扩展和海水介质对声波的吸收，海面和海底的存在，以及海水的不均匀性，会使声波发生折射、反射、散射、声强减弱、干涉、畸变和起伏等现象。这样就使声波在海洋中的传播成为一个非常复杂的问题。经典的水声传播研究主要涉及能量传输因子。日趋先进的信号处理技术对水声传播研究提出了新的要求，现在人们必须从信道的观点即传输介质对载荷于传播信号中的信息的保持能力的观点去研究传播问题。

浅海传播和深海传播是水声传播关注的两个重要问题。浅海传播指的是传播距离至少为数倍海深的情况，这时，除了海水声速的传播垂直分布之外，海底及海面的性质对传播有重要影响。求解浅海传播问题一般用简正波理论方法较为合适，特别在远程的情况，只要少数几号简正波就可以相当满意地描述声场。从声学角度看，若海底的性质对声波传播的影响可以忽略不计，则这种声传播过程为深海传播。求解深海传播问题用射线方法往往比用波动理论方便，只是对于焦散区和声影区的声场，才必须采用波动理论求解。

简正波理论 [normal-mode theory]　在波动声学基础上分析声波在介质中传播的一种理论方法。在这种理论中，把声场表示成一系列特征函数的叠加，每一个特征函数都是波动方程的解，按一定方式叠加以满足具体的定解条件。这种理论方法适用于声波传播的空间在一个或几个方向上具有分界面的情况。作为水声传播介质的海洋就可以看作这样的空间，它在垂直方向上有两个界面：海面和海底。在这样的空间内，声波在垂直方向上受到限制，入射波与反射波相互干涉而形成一定模式的驻波，在水平方向上声波能无限地向外传播。于是在水层中，声波便可看成在垂直方向上具有一定驻波模式而沿水平方向传播的行波。各种不同的驻波模式可按其分布样式分别称作一号简正波、二号简正波等。

在一定条件下，简正波理论和射线理论的结果几乎相同；但在浅海、低频、远距离、焦散区等条件下，用简正波理论所得的结果就要优越得多。

射线理论 [ray theory]　在一个波长范围内介质的声速变化不大的情况下，可以近似地用射线 (声线) 来描述声传播规律。研究声线在介质中变化和分布规律的理论称为射线理论。射线理论的基本假设是：(1) 存在波阵面；(2) 射线垂直于波阵面，给出声能传播的方向。在射线理论范畴内，声能是由射线来传递的，从声源出发的射线按一定路径行走而到达接收点，某一点的声场是所有到达该点的射线叠加的结果。在射线理论有两个基本方程：一个用以确定射线行走规律的程函方程；一个用以确定单根射线强度的方程，这两个方程都可以由波动方程在一定条件下近似得到。射线声学的限制是当射线的曲率半径小于波长或声压幅度在一个波长内有明显变化时不再适用。因此射线理论一般不能用于低频，也不能用来得到影区和焦散区内的声强。但它在数学上比波动声学简单，在某些场合，在物理上比波动声学有更为清晰的物理图像，故在水声学中经常使用射线的概念，特别在高频和深海的条件下更为适用。

声线图 [ray diagram]　由声源发出的若干声线所组成的图像。它可直观地表示在一定声速分布情况下的声能传输情况。在声线出射角间隔相等的声线图中，声线密的地方表示那里声能强，声线稀的地方则表示那里声能弱。根据声线图能定量地估计出声呐作用距离，因此声线图广泛用于声呐的设计和作用距离分析。在实际使用中，常用声线轨迹仪来绘制声线图。

射线简正波理论 [ray-mode theory] 将简正波赋予相应的射线含义，采用若干号简正波和若干条射线联合表征声场的理论，特点是可以减少计算量，并且能够对简正波获得较为明晰的物理图像。广义相积分 (WKBZ) 方法和波束位移简正波 (BDRM) 方法是两种有代表性的射线简正方法。WKBZ 方法综合考虑了海面反射相位修正、海底反射损失，很好地克服了 WKB 近似在反转点附近的发散困难，提高了计算精度，在深海声场的计算中计算速度比有限差分方法快两个数量级。BDRM 方法把边界对声场的影响与水层中的折射与绕射效应分离开来，有利于定性分析与定量计算边界对声场的影响，对于计算浅海负跃层环境中简正波声场具有较高的计算精度和速度，而且该方法可推广至深海。

传播起伏 [propagation fluctuation] 经过海洋介质的传输过程所接收到的声信号的起伏。其产生原因很多，主要有不均匀水团引起的随机折射和散射、内波的随机扰动、由于表面波浪而造成的反射及散射特性的随机变化等等。当接收器位于海面附近的干涉区域时，由于波浪、海流而造成的目标与接收器的无规运动，也将引起接收声信号的严重起伏。传播起伏包括信号的振幅、相位以及强度的起伏，可用分布函数及方差、起伏率等统计量来描述。传播起伏也会引起信号的畸变。

焦散线 [caustics] 在声线图中，相邻声线相互交会而形成的包络线。焦散线附近的区域称为焦散区。焦散区内发生声能的聚焦，其位置可根据射线声学的方法确定，其强度则需用波动声学的方法确定。

会聚区 [convergence zone] 在深海声道中，当声源位于海面附近时，由声源出射的一部分声线，受到声道声速分布的制约，每隔一定的距离在海面附近交会而形成的局部聚焦的高声强区。这种区域大约每隔数十公里 (此距离决定于声速分布及声源和接收器的深度) 出现一次，依离声源的近远相继称为第一会聚区、第二会聚区 …… 直至离声源数百公里处。会聚区的宽度随其序号的增加而增加。

会聚增益 [convergence gain] 用于描述声波在非均匀介质中 (如在声道中) 传播时，相对于在均匀介质中传播时能量聚焦和发散程度的一个物理量，定义为 $10 \times \lg 10(I/I_0)$，式中 I 为非均匀介质中给定点的声强，而 I_0 为在均匀介质中同样距离处的声强。在深海声道的会聚区中，会聚增益通常为 10~15 分贝。

声影区 [shadow zone] 当介质中声速的垂直分布存在不为零的声速梯度时，声线在传播途径上将发生弯曲，在一定情况下还往往可能使介质的某些区域中没有直达声线到达，这样的区域称为声影区。

声道 [sound channel] 又称波导。当声波在海洋中传播时，若有一部分声能被限制在海中某一水层内而不逸出该水层，此海水层即称为声道。声道的形成是由于海水中的声速分布在某一深度上有一极小值，此极小值深度处的水平线称为声道轴。声道轴上面的负梯度和声道轴下面的正梯度使得从声道轴附近的声源发射出来的部分声线 (初始角在一定范围内) 向下或向上折射，但总是保留在声速相等的两固定深度之间，此两深度即为声道的上下边界。声道轴在海面的声道称为表面声道；在海面以下的则称为水下声道。由于在声道内传播的声波几何扩展损失较小，所以传播距离较远。在实际应用中，常利用声道效应来提高声呐的作用距离。

波导 [waveguide] 即声道。

深海声道 [deep ocean channel] 又称声发声道。在中纬度和低纬度海区，由于太阳的照射，海面层的温度总是比海洋深处高。因为海水能吸收太阳辐射热，太阳的辐射热不可能进入海洋深处，所以海洋深处的水温是终年不变的。但是，随着深度的增加，海水的静压力也随之增加，因而声速从某一深度开始随深度而增加。于是在海洋深处 (数百米到 1000 米) 会出现一个稳定的声速极小值，即在深海中存在一个稳定的声道。深海声道也称为声发声道，"声发" 是 SOFAR(sound fixing and ranging) 的音译。

深海声道的特点是声道轴的深度随着海区的纬度变高而减小，在极地海区则上升到海面附近而变成表面声道。由于在深海声道中传播的声波被限制在厚度有限的层中，即不为海面所散射而又不经受海底的吸收，这就使得频率较低的声波，由于衰减很小而能传播得非常远。

声发声道 [SOFAR channel] 即深海声道。

浅海声道 [shallow water sound channel] 在浅海传播问题中，常将浅海当作一类特殊的声道，其上下边界为海面和海底。声波在其中传播时被限制在海面和海底之间，因此水层和海底海面构成浅海声道。声波在传播过程中要经受海面和海底的多次反射，所以海面和海底的声学特性对浅海声道传播有重要的影响。由于海底不是绝对反射面，所以在负梯度情况下，有相当大的一部分声能逸出声道进入海底。但在正梯度情况下 (即表面声道) 声线则向上折射，所以海面的不平整性便成为影响声场的重要因素。

表面声道 [surface sound channel] 当海水表面温度低于下层的水温时，声速分布呈现正梯度 (即声道轴在海表面)，则从海面附近的声源发射出来的声线在传播过程中向海面折射，声能被限制在表面层内，即形成表面声道。在高纬度海区或冬季，由于海面气温较低，常出现表面声道。在中纬度和低纬度海区，由于海洋中的湍流以及风浪对表面海水的搅拌作用，往往在海面下边形成一层相当厚 (约数十米) 的等温层 (或称混合层)。在此层内由于海水静压力的影响，声速随深度增加，因而也形成了表面声道，或称混合层声道。因为声波在传播过程中受到海面的多次反射，所以以海面情况对表面声道传播影响较大，特别当海面波浪较大时，海面反射损失较大，海面不再能看作绝对反射边界，从而削弱了表面声道的声道效应。

多途 (传播) 效应 [multipath(transmission)effect]　同一声源发出的声波有时是经过不同的途径传播而到达接收点。它常发生在有反射界面或有声道的情况下。由于多途传播，在接收点，来自不同途径的声信号发生干涉叠加，使得接收信号与发射信号相比发生较大的畸变，造成相关接收的处理增益降低，因而建立在这种接收技术基础上的水声设备的性能也产生相应的下降。对于固定或慢变的多途，有可能用适当的信道匹配方法来校正多途的影响，提高水声设备的性能。

洛埃镜像效应 [Lloyd's mirror effect]　又称虚源干涉效应。海面平静时，它使水下声场产生干涉图案的现象，这种图案是由直达声和表面反射声之间的相长干涉和相消干涉所形成的。

虚源干涉效应 [image interference effect]　即洛埃镜像效应。

波导不变量 [waveguide invariant]　用于分析和解释波导中的声场干涉结构的重要参数，定义为群慢对相慢的导数的相反数，用希腊字母 β 表示。β 的提出始于分析一个运动点源的宽带声场时，在距离频率平面上会出现稳定的有规律的条纹结构，可以利用距离频率平面中条纹的斜率加以估计；在波导的环境参数已知时，也可以利用简正波模型加以数值计算。β 值与简正波的类型有关，其值可为正值，也可为负值。在浅海条件下，β 值约为 $+1$，声发声道中 β 约为 -4.5。

传播损失 [transmission loss]　声波在水下传播时受到损失的量度。定义为声源级与接收点声强级之差：

$$\mathrm{TL} = 10 \log \frac{I_i}{I_r} = 10 \log I_i - 10 \log I_r$$

式中 $10 \log I_i$ 是声源级，$10 \log I_r$ 是距声源级 r 米处的接收点的声强级。

传播损失 (TL) 是声呐方程的一个参数，它定量地描述在声源 1 米处到接收点之间的声能减弱的大小，是波阵面几何扩展、海水吸收、散射以及边界反射损失等因素的综合效果。传播损失决定于声波频率、声源与接收器的相对位置，以及各个声场环境因素 (主要是声速垂直分布、海底声学性质等)。

扩展损失 [spreading loss]　假定介质是理想的，即无吸收、均匀、无边界的，这时所遇到的能量损失完全是由于波阵面的扩展而造成的，称为扩展损失。扩展损失是表示当声信号从声源向外扩展时有规律减弱的几何效应。扩展损失随距离的变化是按距离的对数关系变化，这是它可用某一确定的每一倍距离上的分贝数来表示。

球面扩展损失 [spherical spreading loss]　在各性同性、无边界的介质中，点源辐射出去的声波的波阵面是一个球面。如果不考虑介质吸收的话，在声场中的每一点的声强与离声源的距离的平方成反比。这种声强随波阵面的扩展而减弱的几何效应即称为球面扩展。在实际的海洋条件下，由于海底和海面的影响，能近似地采用球面扩展的平均声强衰减规律的范围是相当有限的，通常只有在离声源距离较近的区域。

柱面扩展损失 [cylindrical spreading loss]　当均匀介质受到上线两平行平面边界 (如海面和海底) 限制时 (理想波导)，在离点声源一定距离之外，声波具有轴对称性，波阵面为柱面，其声强与离声源距离的一次方成反比。声强随波阵面的这种扩展而减弱的几何效应即称为柱面扩展。在实际的海洋条件下，柱面扩展的平均声强衰减规律一般出现于中等或较远的距离上。

衰减损失 [attenuation loss]　包括吸收、散射和声能泄露出声道的效应。衰减损失随距离作线性变化，它用某一确定的每单位距离上的分贝数来表示。其中声吸收代表了真正的声能量在传播介质中的损失，它由三种效应引起。一种是通常的切变黏滞效应，第二种称为体积黏滞效应，第三种也是在海水中吸收的主要原因是由于海水中的硫酸镁分子的离子弛豫，在低频段硼酸盐弛豫也是影响吸收损失的重要因素。总的来说，吸收损失随着频率的升高而增加，随着深度的增加而减小。

虚源 [image source]　在分析由位于界面 (如海面和海底) 的介质中的声源所激发的声场时，为在界面上满足边界条件，可以想象在声源相对于界面的对称点上存在一系列虚源，它们与声源保持由界面的反射系数决定的幅度关系和相位关系。在介质中任意一点的声场可以表示为声源发出的直达波和无限的虚源系列所辐射的波之和，在界面上的边界条件即可得到满足。

W.K.B 近似 [W.K.B approximation]　在非均匀介质中寻求波动方程近似解的一种方法。它突破严格求解波动方程可解类型的有限性，提供解的明晰物理图像。其基本思想是将非均匀介质分成许多薄层，每一层为均匀介质，声波在其中传播时，忽略在各个界面上的反射。波动方程解设为 $\phi(z) = A(z) \mathrm{e}^{\mathrm{i}\varphi(z)}$，$z$ 是介质分界面法线方向坐标。$A(z)$ 为幅度，$\varphi(z)$ 为相位。其适用范围：(1) 缓变介质 (相对于波长)；(2) 不在反转区，在反转区需对 W.K.B. 解进行解析延拓。W.K.B. 近似解是波动方程严格解的一级近似。

海洋声层析技术 [ocean acoustic tomography]
利用声学方法在大范围海域测量海洋动力特性的一种遥感技术。海水的温度、盐度、流向和流速，都对声波在海水中的传播的速度有影响，故可利用声波传播的速度反推声波经过的水域的温度和盐度，用声波往返传播的速度差反推测量水域的流速和流向，这些方法和计算技术相结合，就发展成为海洋声层析技术。海洋声层析测量时，在所测量的水域周围，布设若干个水声发射和接收换能器，一些发射声信号，另一些接收声信号，并精确测量声波的传播时间，计算声波传播的速度，电子计算机对取得的平均速度和往复速度差进行逆运算，就可以求出多个换能器包围的水域中的温度、盐度、流速、流向等的分布情况，这种技术和医学上用来观察人体内部情况的计算机辅助层析 (CT) 技术类似。

频散 [dispersion]　当波在介质中传播时，其传播速度随频率变化的一种现象。海中声波传播的频散特性决定于边界的声学性质、海水声速、海深以及频率等因素，可直接从波动方程和定解条件推得。在非单频信号情况下，当有频散时，有不同频率成分组成的波包会发生弥散，使接收信号的波形相对于发射信号产生畸变。

4.5.3　水下噪声 (underwater noise)

空化 [cavitation]　由于螺旋桨的高速旋转，或高声强声波的负压半周期等原因，使液体中局部压力降低而在微小的气体核周围形成气泡或空腔的现象。

空化噪声 [cavitation noise]　当空化气泡破裂时，会产生脉冲式的噪声，即所谓 "空化噪声"，它有连续谱。对于任何高速的舰船，空化往往是主要的噪声源。发生空化现象后，发射模能器表面会被腐蚀，引起声功率损失，指向性图变坏。

空化阈 [cavitation threshold]　液体中足以产生空化现象所需的最小压强。

空化极限 [cavitation limitation]　水声换能器作强功率发射时，不出现空化的最大单位面积声功率。

船舶辐射噪声 [ship radiated noise]　由舰船上机械运转和舰船运动产生并辐射到水中的噪声，舰船辐射噪声是被动探测装置的信息源，是舰船隐蔽性的重要指标之一，用以评介本舰招致声呐探测和水中兵器攻击的危险性。船舶辐射到水中的噪声，是声呐的主要目标 —— 舰船、潜艇、鱼雷等所辐射的噪声之总称，被动声呐系统正是利用这种特性来检测目标的。其声源有三类：机械噪声、螺旋桨噪声、水动力噪声。其噪声谱包括连续谱和线谱，由于螺旋桨的周期转动，舰船辐射噪声成为一周期性非平稳的随机过程。船舶噪声关系到行船的安全，例如船桥上噪声级过高会影响指挥，声呐导流罩内噪声过高会严重影响声呐设备的正常工作并干扰声呐对水下目标 (如暗礁、沉船、潜艇等) 的探测。潜艇的水下噪声会给敌方指示探测目标。

尾流 [wake]　又称航迹。包括声尾流、湍流尾流、气泡尾流、磁性尾流、光尾流和热尾流等。声尾流是指水面舰艇航行时，由于螺旋桨的转动，海水惯性的运动，在水中引起一个泡沫区域，从而产生噪声。在这个区域中水的运动具有涡流和湍流的性质，此区域称为尾流，尾流延续的长度超过舰长许多倍。舰船尾流中含有大量不同直径的气泡，较大的气泡会很快上浮到海面破裂，只有极细小的气泡能在海水中存活较长时间，可长达几十分钟以上。同时尾流也是探测舰船的一个研究目标，目前的尾流自导技术主要是依靠探测舰艇的声尾流和气泡尾流。尾流自导鱼雷是利用敌方舰船航行时产生的尾流来进行跟踪，依靠测定敌方舰艇航行时在水中形成的尾流来判定目标。

航迹 [track]　即尾流。

船舶螺旋桨噪声 [ship propeller noise]　船舶在水中航行时螺旋桨转动所产生的噪声。其声源是转动的螺旋桨引起的空化噪声，它是舰船噪声谱高频段的主要部分。调制的螺旋桨噪声称为唱音，它是一连续谱，主要集中在低频端并有周期性的峰值。螺旋桨的运动在水中引起湍流，它的辐射能量频谱也主要集中在低频端。这种噪声性质提供了识别目标的依据，同时也是主要的自噪声源 (尤其是高航速时)。

船舶机械噪声 [ship mechanical noise]　舰船的许多不同部件的机械振动所产生的噪声。这种振动通过各种途径从振动部件传到船体，而振动的船体则向水中辐射噪声。其声源包括齿轮、电枢槽等的重复的不连续性、不平衡的旋转部件；内燃机汽缸的周期性点火爆炸；泵、管道、阀门中流体的空化和湍流，凝气和排气；轴和轴承之间的机械摩擦等。前三种声源产生线谱，后两种产生连续谱噪声。它亦是自噪声的来源之一 (尤其是低速时)。

水动力噪声 [hydrodynamic noise]　不规则的和起伏的水流流过运动船只而产生的噪声。水流会激励船体的一些部分 (包括螺旋桨) 发生振动而产生噪声，作为黏滞流体的水流经船体表面所产生的流噪声也是水动力噪声的一种。流噪声在辐射噪声中起的作用大。水动力噪声是高速下的主要自噪声源。在正常情况下，水动力噪声产生的辐射噪声并不重要，容易被机械噪声和螺旋桨噪声掩盖。但在特殊情况下，如在结构部件或空腔被激励谐振而产生线谱时，水动力噪声在线谱出现范围成为主要噪声源。

4.5.4　声呐系统/水声设备

声呐 [sonar]　sonar 的音译，是英语中 "声导航和测距" (sound navigation and ranging) 的略语，是利用声波在水下的传播特性，通过电声转换和信息处理，完成水下探测和通信任务的电子设备。是能够实现水下目标的探测、定位、跟踪、识别，用于通信、导航、制导、武器的射击指挥和探测对抗等方面的水声设备。声呐在军事上是舰艇的水下耳目，用它对敌舰进行搜索、跟踪、识别和测距以便实施攻击，同时用声呐进行探雷、测深、测速以完成导航任务并保证安全。在民用事业上如船舶导航、探鱼、海底地质勘测和海洋学研究等，声呐也得到广泛的应用。声呐由发射机、换能器、接收机、显示器、定时器、控制器等主要部件构成。发射机制造电信号，经过换能器 (一般用压电晶体)，把电信号变成声音信号向水中发射。声信号在水中传递时，如果遇到潜艇、水雷、鱼群等目标，就会被反射回来，反射回的声波被换能器接收，又变成电信号，经放大处理，在荧光屏上显示或在耳机中变成声音。根据信号往返时间可以确定目标的距离，根据声调的高低等情况可以判断目标的性质。

声呐按工作方式分为主动声呐 (回声定位声呐) 和被动声呐 (噪声测向或测距声呐)；按用途分为测距声呐、测向声呐、识别声呐、警戒声呐、导航声呐、探雷声呐、侦察声呐、通信声呐、鱼雷自导声呐等；按装备对象分为水面舰声呐、潜艇声呐、岸用声呐、航空吊放声呐等；按搜索方式分为多波束声呐、三维声呐、侧扫声呐等。

主动声呐 [active sonar] 又称回声定位声呐、有源声呐。用于探测水下目标，并测定其距离、方位、航速、航向等运动要素的一种设备。由声呐发射某种探测信号，该信号在水中传播的路径上遇到障碍物或目标，反射回来到达发射点被接收，由于目标信息保存在被目标反射回来的回波之中，所以可根据接收到的回波信号来判断目标的参量。主动声呐的好处是探测距离远，发现目标能力强，能精确测定目标距离。但是其隐蔽性差，容易被发现。

回声定位声呐 [echo-ranging sonar] 即主动声呐。

被动声呐 [passive sonar] 又称噪声测向、测距声呐、无源声呐。被动声呐不发出任何信号，只接收来自于周围的各种音频信号来判断与识别不同的物体。是用接收基阵搜索海区内目标发出的噪声，并以此来测定目标距离、方位和性质的设备，用作警戒或测距。该声呐隐蔽性好，能较准确地判断目标性质。现代被动测距声呐除能测向外，还能测距，但无法测定静止目标的距离。

噪声测向 [noise direct-listening] 即被动声呐。

测距声呐 [ranging sonar] 即被动声呐。

无源声呐 [listening sonar] 即被动声呐。

三维被动定位声呐 [three dimension passive localization sonar] 采用三维阵列结构并通过被动方式实现水下目标三维坐标测量的声呐。

收发合置声呐 [monostatic sonar] 接收换能器和发射换能器安装于同一位置的声呐称为收发合置声呐。

收发分置声呐 [bistatic sonar] 接收换能器和发射换能器安装于不同位置的声呐称为收发分置声呐。

4.5.5 声呐技术

水声信号处理 [underwater acoustic signal processing] 由于海洋中存在着噪声和混响干扰，要提高声呐探测作用距离，就必须提高从干扰背景中检测信号的能力，这样在水声学中就出现了水声信号处理分支。水声信号处理的主要任务是在背景干扰情况下，对水声场时空抽样，进行空间和时间变换，以提高检测所需信号的能力。在 20 世纪 50 年代初，随着信息论、信号检测理论、计算技术和水声学其他分支的发展，水声信号处理的技术和理论也迅速发展，到 60 年代初，水声信号处理方面已掌握了谱分析、相关、匹配滤波器、多波束形成等多种技术。随着电子计算机的迅速发展，水声信号处理取得进一步的发展，现在广泛应用统计决策论、信息论等理论，以及各种数字信号处理技术对发射和接收信号进行技术处理，这些数字信号处理技术包括：空间处理 (波束形成等)；时间处理 (时域、频域)；动态范围压缩；脉冲压缩；快速傅里叶变换；相关接收；匹配滤波；自适应波束形成；目标识别；自动检测和参数估计等。

水声目标识别 [underwater acoustic target recognition] 区分水中各种目标的类型和性质的方法和功能。它通常由测量、数据预处理、特征选择和提取、分类运算和判决等主要环节组成，其理论基础是统计模式识别理论，其实现手段主要是计算机技术。主动声呐是根据目标回波信号的各种特征来识别目标的；被动声呐则利用目标辐射噪声的多种特性来区分目标类型。水下目标识别主要包括无源和有源声呐目标识别，其中无源声呐目标识别主要利用舰船辐射噪声进行目标识别，具有隐蔽性，是各类舰艇重要的目标识别手段。由于海洋环境及水声信道的复杂性多变性，对舰船辐射噪声进行特征提取进而进行识别分类目前仍是一个技术难题。

水声定位 [underwater acoustic localization] 目前在水下进行定位和导航最常用的方法就是声学方法。由水下声发射器及接收器相互作用，可以构成声学定位系统。按接收基阵或应答器阵的基线长度，可分为长基线、短基线和超短基线三种声学定位系统。根据不同的定位要求，可以利用不同的定位系统。声学定位技术是对已知目标在一个特定的时间和空间中进行定位的技术。随着电子计算机微处理技术的发展和应用，它可以实时、快速、连续自动地显示出所需要的位置信息。通过测定声波信号传播时间差、相位差、时延差或声场分布等参数进行目标定位。水声定位能弥补因无线电波在水中衰减快而不能用于水下载体定位的缺点，基本定位方式有测距和测向两种。

水声对抗 [underwater sound countermeasure] 利用水声学原理遏制或阻碍敌方水声武器装备的有效探测和

攻击，从防御角度来看，水声对抗是提高自身生存能力的措施，从进攻角度看，水声对抗是提高攻击能力的重要手段。水声对抗通常包括水声侦察、水声干扰和水声反侦察、水声反干扰。水声侦察，通常指使用各种水声侦察设备对敌方声呐、声制导武器的声信号进行截收、定位，获取其战术技术参数，为进行水声干扰和战斗行动提供依据。水声干扰，通常利用水声干扰设备和器材，干扰压制敌方检测设备，使其失去对己方舰艇的接触和跟踪。水声反侦察和水声反干扰，主要是提高水声设备的反侦察和反干扰性能，降低舰艇辐射噪声强度和声波反射强度等。

水声通信 [underwater acoustic communication, underwater acoustic telemetry] 以声波作为信息载体在水下传输指令、数据或图像的通信方式。由于在水中声波比电磁波衰减慢得多，因而可以传得很远，所以水声通信是水下通信的主要手段。水下通信非常困难，主要是由于通道的多径效应、时变效应、可用频宽窄、信号衰减严重，特别是在长距离传输中。水下通信相比有线通信来说速率非常低，常见的水声通信方法是采用扩频通信技术，如 CDMA 等。水声通信可以看作是主被动声呐技术的结合，比如要选择合适的发射信号向水中发射 (主动声呐)，又要有合适的接收机接收信号 (被动声呐)。但是水声通信又有自己许多独特的特点，如长脉宽的编码序列，解码技术等。

波束形成 [beam forming] 源自于自适应天线的一个概念，通过对接收基阵各阵元的输出信号，采取延时 (或移相)、加权、相加或相乘等不同信号处理算法，得到预期的基阵的不同指向性，使得对某些方向来的声波有较强的响应，而对其他方向来的不需要的干扰有所抑制。在发射基阵中，采用适当的处理方式也可使发射的声能集中在所需的方向上。它广泛应用于雷达、声呐和通信等军事和国民经济领域。目前，自适应波束形成通常采用数字方式在基带实现，即自适应数字波束形成。

匹配滤波 [matched filter] 最佳滤波的一种，当输入信号具有某一特殊波形时，其输出达到最大。就是指通过使滤波器的性能与信号的特性取得某种一致，从而滤波器输出端的信号瞬时功率与噪声平均功率的比值最大。在形式上，一个匹配滤波器由按时间反序排列的输入信号构成，且滤波器的振幅特性与信号的振幅谱一致。因此，对信号的匹配滤波相当于对信号进行自相关运算。匹配滤波器广泛用于雷达、声呐和通信，可以提高雷达或声呐的距离分辨率和距离测量精度，在扩频通信中，可以实现解扩。

相关接收 [correlation reception] 利用信号与噪声相关特性的差异 (包括时间相关特性及空间相关特性)，对接收到的信号加噪声波形进行相关运算，以获得信噪比的改善。用这种接收方法可从噪声干扰背景中检测出微弱信号，达到

提高声呐作用距离的目的。

检测概率 [detection probability] 当接收机输入端确实有信号时，由于干扰背景等原因，可能做出两种判决："有信号" 或 "无信号"。当有信号时，做出 "有信号" 的正确判决的概率称为检测概率，常用符号 $P(D)$ 表示。其决定于信号和噪声的特性、接收机的特性以及设置的阈值。

虚警概率 [false alarm probability] 接收机输入端事实上没有信号存在，却做出 "有信号" 的错误判决的概率，常用符号 $P(FA)$ 表示。它和信号、噪声的特性、接收机的特性以及设置的阈值有关。

似然比 [likelihood ratio] 两个条件概率密度函数之比。其中一个是信号加噪声的，另一个是只有噪声的。似然比是充分统计量，即在接收到的波形中信号是否存在的全部信息，均包含在似然比这个物理量中。

声场匹配方法 [matched field processing, MFP] 现代海洋声学与计算机技术相结合的产物，对被动测距领域是新的突破。匹配场被动定位技术是将待测目标参数作为待估参数，计算目标在不同距离及深度下的声场分布，然后将这些声场数据与接收点处的实际声场数据进行拷贝相关，相关性最大的点即实际目标所处的位置。为了获得接收点处目标声源所产生的实际声场数据，一般用长的水平或垂直线列阵对海洋声场进行空间、时间取样。在声源、信道和接收阵三者之中，如果已知两者，就可以根据接收阵的实际测量声场与接收阵处的理论预测声场的匹配性对第三者进行参数估计。声场匹配方法的研究内容主要集中在声源远程和超远程被动定位方面。

目标运动分析方法 [target motion analysis, TMA] 该方法是 20 世纪 70 年代以来广为研究的一种被动测距方法，可分为两类：一类是仅考虑把目标的方位作为测量值，然后对目标运动状态进行分析的算法，称为仅方位跟踪 (BOT)；另外一类算法是将目标的方位和频率作为测量值同时加以考虑，对目标运动状态进行分析，该方法不能对目标进行逐点的位置测量，因为它要求目标与测量船间有相对运动。这种运动状态的估计方法不要求精确掌握信道的各个参数，对测量基阵的形状无特别要求，其算法更容易付诸实施。

声时间反转镜 [acoustic time-reversal mirror] 声学时间反转镜实验首先是在超声领域，近年来在水声信号处理方面备受关注，其最大的优点是在没有任何环境先验知识的情况下具有自适应匹配声信道的作用，引导了空间聚焦和时间压缩，主要应用于目标探测、抗混响和水声通信等领域。按照构成时间反转镜的阵元数量分为基阵时反镜和单阵元时反镜，按照时间反转镜各阵元是否需要收发合置可分为主动式时间反转镜和被动式时间反转镜，按照时间反转镜实现的方法可分为常规时间反转镜和虚拟反转镜。

4.5.6 声呐性能模型

声呐方程 [sonar equation]　水下声学现象与效应对声呐设计和应用产生各种影响，这些影响都体现在一些参数之中。声呐参数从能量的角度定量描述了海水介质、声呐目标和声呐设备所具有的特性和效应。如果从声呐信息流程出发，按照某种原则将这些参数组合到一起，就得到了一个将介质、目标和设备的作用综合在一起的关系式。这个关系式综合考虑了水声各种现象和效应对声呐设备的设计和应用所产生的影响，该关系式就是声呐方程。声呐方程的功能之一是对已有的或正在设计的声呐设备进行性能预报。此时声呐的性能是已知的或假设好的，要求对某些其他参数 (如检测概率) 作出性能估计；声呐方程的另一种功能是进行声呐设计，此时声呐的作用距离是事先规定的，要求通过声呐方程对其他参数进行求解，确定声呐系统的其他技术参数。

检测阈 [detection threshold]　声呐检测阈是指使声呐刚好能正常工作所需的处理器接收端信噪比，是在预定置信级下接收机输入端所需要的接收带宽内信号功率与噪声功率之比。对于完成同样职能的声呐来说，检测阈值较低的设备，其处理能力较强，性能也较好。

目标强度 [target strength]　在入射声波相反的方向上、距离目标 1 米处，目标所产生的回声强度与入射声波强度的比值的分贝数。它表征目标对入射声波的反射能力。目标强度不仅与声波本身的特性如频率、波阵面形状等因素有关，还与目标的特性如几何形状、组成材料有关。

声源级 [source level]　在发射换能器或发射换能器阵声轴方向上，距声源声中心 1 米处的声强度与参考强度之比的分贝数。声源级用来定量描述声源所发出的声信号的强弱。

阵增益 [array gain]　相对于单水听器，水听器阵列的最大好处是能够提高信噪比。阵增益定义为水听器阵输出端信噪比与单个水听器输出端信噪比之比的分贝数，它表征了接收基阵抑制噪声、提高信噪比的能力。

声呐背景噪声 [sonar background noise]　声呐接收端除目标信号以外的所有其他信号的总和。声呐背景噪声主要包括海洋环境噪声和舰船自噪声，这些噪声干扰声呐系统的正常工作，限制装备性能的发挥。

声呐自噪声 [sonar self noise]　由声呐载体自身所产生的噪声。声呐自噪声和目标辐射噪声都是由螺旋桨噪声、水动力噪声和机械振动噪声等组成。声呐自噪声与目标辐射噪声的区别在于，声呐自噪声是声呐接收器所在的安装平台产生的噪声，而辐射噪声是指与声呐有一定距离的另外一个平台所产生的噪声。

环境噪声 [ambient noise]　海洋环境噪声是海洋自身存在的噪声，是水听器所收到的除水听器自噪声和一切可识别噪声源噪声之外的噪声的总和。海洋环境噪声的频率分布从低于 1Hz 到 100kHz 频段都有。研究表明，在如此宽的频率范围内，海洋环境噪声在不同频段有不同的特性，而且随着自然环境条件的变化，谱线各部分的形状及斜率也相应发生变化。海洋环境噪声是多种源的综合效应，这些源包括潮汐和波浪的海水静压力效应、地震扰动、海洋湍流、远处的行船、海面波浪、海洋生物、分子热噪声等。深海平均环境噪声在 10~200Hz 频段内主要是交通噪声，在 200~10000Hz 内主要为海洋动力噪声，在高频段则以分子热噪声为主。浅海很宽的频段内，交通噪声和海洋动力噪声是主要成分。

海洋混响 [marine reverberation]　海洋中存在大量的散射体，例如大大小小的海洋生物、泥沙粒子、气泡、水中温度局部不均匀性所造成的冷热水团等。另外，不平整的海面、海底，既是声波的反射体，也是声波的散射体。所有这些散射体构成了实际海洋中的不均匀性，形成了介质物理特性的不连续性。当声波投射到这种不均匀性介质上时，就会产生散射过程。这时，一部分入射声能继续按原来的方向传播，而另一部分声能则向四周散射，形成散射声场。海洋中的不均匀性是大量的，它们的散射波在水听器接收点上的叠加构成所谓的混响场。混响的分类有体积混响、海面混响和海底混响。混响信号紧跟在发射信号之后，听起来就像一声长的、随时间衰减的颤动着的声音。

混响级 [reverberation level]　在混响场中接收器声轴对准目标，接收器接收到的混响强度与参考声强之比的分贝数。混响与环境噪声不同，它不是平稳的，也不是各向同性的。

声呐导流罩插入损失 [sonar dome insertion loss]　用声源发射一个恒定强度声信号，在声源放入导流罩和不放入导流罩两种情况下，从同一角度分别测量声源强度，两种测量结果的比值的分贝数称为声呐导流罩插入损失。导流罩插入损失定量表征了由于导流罩的使用使得声源强度下降的程度。

[声呐] 性能指数 [[sonar] figure of performance]　声源级与声呐换能器端噪声级之差。

优质因数 [figure of merit]　对被动声呐，优质因数定义为在一定检测阈下最大允许单程传播损失；对主动声呐，优质因数定义为在一定检测阈下且当目标强度为零时的最大允许双程传播损失。根据传播损失的计算方法，由优质因数可以推算出声呐的最大作用距离。

混响掩蔽级 [reverberation masking level]　混响是非平稳过程，主动声呐的干扰信号中可能是混响占主要成分，也可能是噪声占主要成分。混响掩蔽级是指工作于混响干扰为主的声呐设备正常工作所需要的最低信号级。

4.5.7 换能器

压电换能器 [piezoelectricity acoustic transducer] 又称朗之万换能器。某些电介质如石英、铌酸锂等在适当的方向上受到作用力时，内部的电极化状态会发生变化，在电介质的某两个相对两表面上会出现与外力成正比的、符号相反的束缚电荷，这种由于外力作用使电介质带电的现象叫作压电效应。相反的，若在电介质上加一外电场，在此电场作用下，电解质内部电极化状态会发生相应变化，产生与外加电场强度成正比的应变现象，这一现象叫作逆压电效应。压电换能器是指利用压电材料的正、逆压电效应制成的换能器。压电效应是法国物理学家居里兄弟于 1880 年发现的，后来居里的继承人朗之万，最先利用石英的压电效应制成了水听器。朗之万出生于巴黎，曾就读于巴黎市立高等工业物理化学学校及巴黎高等师范学校，毕业后来到剑桥大学卡文迪许实验室学习，后来到巴黎大学在皮埃尔·居里的指导下取得博士学位。他最著名的研究是使用皮埃尔·居里的压电效应的紫外线应用。第一次世界大战期间他利用石英的压电振动获得了水中的超声波并探测潜艇，从而揭开了压电应用历史篇章。

朗之万换能器 [Langevin transducer] 即压电换能器。

发射换能器 [transmitting transducer] 又称水[下]声发射器。利用磁致伸缩效应、压电效应或其他原理，在水中将电能转换为声能将声波发射出去的装置称为发射换能器。发射换能器具有发射灵敏度、发射指向性、频率响应等主要技术特性。多个发射换能器可以组成发射器阵列，发射器阵列可以将声能聚集到特定的方向上形成发射波束。

水[下]声发射器 [underwater sound projector] 即发射换能器。

标准发射器 [standard projector] 又称标准水声源。水声换能器具有发射电压灵敏度和发射指向性等技术指标。标准发射器是经过一级校准的、具有最高精度技术参数的发射器。用标准声源可以对其他发射换能器、水听器的灵敏度、频率响应等参数进行比较法校准。

标准水声源 [standard underwater source] 即标准发射器。

水听器 [hydrophone] 又称水下传声器、接收换能器。利用压电效应或其他原理，在水中接收声波并将声信号转换为电信号的装置称水听器。它应具有一定的接收灵敏度，大多数都工作在共振频率以下一个相当宽的频带内，在其工作频段内要求有平坦的灵敏度频率响应。水听器具有接收灵敏度、接收指向性、频率响应等技术特性。多个水听器的组合可以形成接收器阵列，接收器阵列在空间上形成接收波束，从而降低接收噪声水平。

水下传声器 [underwater microphone] 即水听器。

标准水听器 [standard hydrophone] 用作实验室标准，进行量值传递及作精密的声学测量。中国的国家标准 GB 4128-84《标准水听器》中规定了用于 $1\sim10^5$Hz 的压电型标准水听器的主要性能参量和技术指标。灵敏度应大于 -205dB(0dB：1V/μPa)；用一级标准方法进行校准，低频段用耦合腔互易法和压电补偿法，高频段用自由场互易法；其准确度低频段优于 ± 0.5dB，高频段优于 ±0.7dB；灵敏度频响不均匀性小于 ± 1.5dB 的范围要求大于三个十倍程；其水平和垂直指向性均以 3dB 波束宽度来衡量，分别为大于 $30°$ 和 $15°$；动态范围应大于 60dB；对温度、静压和时间的稳定性也都有一定的要求。

发射换能器功率容量 [transducer power capacity] 发射换能器的声源级与发射换能器输入电功率级之间的关系偏离线性关系或其他物理性能的变化不大于某一规定值时容许的最大输入电功率。

消声水池 [anechoic water tank] 要求水池六个界面均安装高吸声特性的吸声模块，吸声模块的吸声系数能达 0.99 以上。吸声模块通常用橡胶或木材等材料做成。水池要有适当的隔声和隔振设计，使环境本底噪声达到工作所需的要求。在这样的水池几乎没有边界面反射，外界噪声和振动干扰也非常低，声波的传播逼近自由空间中的传播。消声水池内声场与真实自由声场的偏差量，由界面吸声系数、水池大小和离声源的距离三个因素决定。在消声水池内可以进行水声换能器电声参数的测量以及各种需要自由声场条件的实验分析。消声水池可以为水声学研究、校准及水声设备调试提供理想的试验环境。

混响水池 [reverberation water tank] 水池六个界面均由吸声系数极小的材料构成，长、宽、高三个边长避免呈简单整数比，并有使声场充分扩散的设计。扩散场满足下述条件：(1) 空间各点声能密度均匀；(2) 从各方向到达某一点的声能量流的概率相同；(3) 由各方向到达某点的声波的相位是无规的。混响水池使其空间除邻近声源处以及边界面附近外都达到近似扩散声场的条件，从而可以进行需要扩散声场条件的声学实验。

声脉冲管 [acoustical pulse tube] 测量声学材料复反射系数的充水刚性管。

水声换能器基阵 [underwater transducer array] 由若干水声换能器按一定间隔排列形成的阵称为水声换能器基阵。相对于单个换能器，换能器基阵具有更高的灵敏度、更尖锐的空间指向性和更高的接收信噪比。使用相位控制技术还可以控制阵列的波束方向，无需转动阵列角度即可实现对空间进行扫描式探测。水声换能器基阵通常可分为发射基阵和接收基阵两大类，其波束形成原理基本上一样，功能各有所异。基阵的种类按阵元的空间排列区分，有线列阵、平面阵、圆柱阵、球阵、体积阵、共形阵等。

声参量发射阵 [parametric acoustic transmitting array]　方向相同波束重叠的两个声波在介质中传播时，由于介质的非线性性质，它们发生相互作用，并在相互作用内产生了新的辐射源，向介质中重新辐射和频波与差频波，这种现象称为声学的参量现象。由于介质对声波的吸收是高频大低频小，和频波传播衰减快，因而在介质中实际上只有差频波在传播，这种用小尺寸换能器产生尖锐指向性低频声场的虚源端射阵称为声参量发射阵，它解决了水声中希望获得尖锐指向性低频声场与换能器尺寸庞大的矛盾，付出的代价是换能效率较低。

本章作者：程建春，邱小军，刘晓峻，方世良，章东，屠娟，郭霞生，沈勇，卢晶，陶建成，陈锴，邹海山，林志斌，韩宁，程营，陶超，徐晓东

五

电磁学

电磁学 [electromagnetism]　经典物理学的一个分支，是研究宏观电磁现象的基本规律和应用的学科。主要内容包括：静电场、导体和电介质、稳恒磁场、磁介质、电磁感应、直流电路、交流电路、电磁波的产生和传播等。着重讨论电荷、电流产生电场、磁场的规律，电场和磁场的相互联系，电磁场对电荷、电流的作用，电磁场与物质相互作用的规律及产生的各种效应，交、直流电路的基本规律和计算方法等。电磁现象是自然界中普遍存在的一种现象，它不仅与人们的日常生活密切相关，而且几乎涉及科学技术的各个领域，因此可以说，电磁学是自然科学和技术领域中各门学科的重要基础。

5.1　静　电　场

电荷 [electric charge]　基本粒子的一种固有属性，它不能存在于粒子之外，但又是独立存在的。电荷是一个基本概念，只能通过其存在的后果来描述。电荷有正、负两种。把用丝绸摩擦过的玻璃棒带的电叫作正电，用毛皮摩擦过的封蜡棒带的电叫作负电。同种电荷互相排斥，异种电荷互相吸引。电荷的量值只能取分立的值，任何带电体所带的电量总是基本电荷电量 e ($e=1.60217733(49)\times10^{-19}$C) 的整数倍，这种性质称为电荷的量子化。现代物理认为夸克带有 $\pm e/3$ 和 $\pm 2e/3$ 的电荷，即存在分数电荷。即使实验验证了夸克的存在，电荷仍然是量子化的。电荷的另一个重要性质是：不管在宏观尺度上还是微观尺度上，电荷总是守恒的（见电荷守恒定律）。

点电荷 [point charge]　一种物理模型。当相互作用的两个带电体的线度远小于它们之间的距离时，带电体的形状及其电荷的空间分布状况对相互作用的影响已无关紧要，这时，可以把带电体抽象成一个几何点，即点电荷。相反，线度很小的两个电荷相互作用时，如果它们之间的距离和电荷的线度可以比拟，那么这两个电荷不能看作点电荷。

自由电荷 [free charge]　能自由移动的电荷。大量存在于导体内部。在金属导体中是自由电子；在电解液中是离解的正、负离子；在电离气体中也是正、负离子，而在气体中的负离子往往是电子。

电子 [electron]　构成原子的基本粒子之一。带负电，电量的绝对值为 e，即基本电荷属于轻子类，以重力、电磁力和弱核力与其他粒子相互作用。其静止质量 $m_e=9.10953\times10^{-31}$kg，带有 1/2 自旋，是一种费米子。因此，根据泡利不相容原理，任何两个电子都不能处于同样的状态。

电荷密度 [charge density]　衡量电荷分布的疏密程度的指标。从宏观效果来看，带电体上的电荷可以认为是连续分布的。体分布的电荷用电荷体密度来量度，面分布和线分布的电荷分别用电荷面密度和电荷线密度来量度。

电荷体密度 [volume density of charge]　当电荷分布在带电体上时，定义电荷体密度

$$\rho=\frac{\Delta q}{\Delta v}=\frac{\mathrm{d}q}{\mathrm{d}v}$$

ρ 的单位是 C/m^3。

电荷面密度 [surface density of charge]　当电荷分布在曲面上时，定义电荷面密度

$$\sigma=\frac{\Delta q}{\Delta s}=\frac{\mathrm{d}q}{\mathrm{d}S}$$

σ 的单位是 C/m^2。

电荷线密度 [linear density of charge]　当电荷分布在曲线上时，定义电荷线密度

$$\lambda=\frac{\Delta q}{\Delta l}=\frac{\mathrm{d}q}{\mathrm{d}l}$$

λ 的单位是 C/m。

验电器 [electroscope]　一种检测物体是否带电以及粗略估计带电量大小的仪器。当被检验物体接触验电器顶端的导体时，自身所带的电荷会传到玻璃钟罩内的箔片上。由于同种电荷相互排斥，箔片将自动分开，张成一定角度。根据两箔片张成角度的大小可估计物体带电量的大小。

摩擦起电 [triboelectrification]　不同材料制成的原来不带净电荷的两个物体，经过相互摩擦后，在一个物体上带净的正电荷，另一个物体上带净的负电荷的现象。是一个物体失去一些电子，而另一个物体获得这些电子的过程。因此，其过程符合电荷守恒定律，在相互摩擦的两个物体上带等量异号的净电荷。一般情况下，相互摩擦的两个物体中，容易失去电子的物体带正的净电荷。

静电感应 [electrostatic induction]　将导体放入电场中，导体内的自由电荷在电场力的作用下重新分布的现象。在这一过程中，重新分布的自由电荷将在导体内产生附加场，其场强方向与外加电场的场强方向相反，阻止自由电荷重新分布。当附加电场场强与外加电场场强大小相等时，导体内的合场强为零，导体上自由电荷的分布状态不再改变，导体处于静电平衡状态。

尖端放电 [point discharge]　在具有尖端的带电导体周围的空气被击穿而产生的放电现象。由于尖端处电荷密度较高，其周围的电场强度特别强，空气中的离子受到这个

强电场的作用与空气中其他分子剧烈碰撞而产生大量的离子，其中和导体电荷异号的离子被吸引到尖端上，而和导体电荷同号的离子则被排斥而离开尖端。避雷针就是根据这一原理制造的。

避雷针 [lighting rod]　　利用尖端放电原理来保护建筑物的装置。当雷云放电接近地面时它使地面电场发生畸变，在其顶端形成局部电场集中的空间，引导雷电向避雷针放电，再通过接地引下线和接地装置将雷电流引入大地，从而使被保护物体免遭雷击。

电荷守恒定律 [conservation law of charge]　　在一个孤立系统内，不论发生什么过程 (机械的、电的、化学的或核的)，系统内正负电荷的代数和保持不变。是自然界的基本定律之一。

导体 [conductor]　　具有良好的导电性能的物体。特点是其内部有大量的自由电荷，这些电荷在电场的作用下能自由移动。导体导电性能的优劣用电导率 σ 来描述，σ 越大，导电性能越好。银、铜、铝等金属导体的电导率都在 $10^8\,\mathrm{S/m}$ 量级。常常把金属等以自由电子导电的物体叫第一类导体，把酸、碱、盐等电解液叫第二类导体，把电离气体叫第三类导体。

金属导电的经典电子理论 [classical electron theory of metallic conduction]　　德鲁特于 1900 年提出，解释金属具有良好的导电性和导热性的一个简单模型。金属中的价电子是自由电子，它们与金属离子碰撞时可交换能量，并在一定温度下达到热平衡；电子以一定的平均速度运动，可用平均自由时间来描述碰撞的频繁程度。该模型可很好解释欧姆定律、焦耳楞次定律，以及反映导电性和导热性之间关系的维德曼-夫兰兹定律。

电介质 [dielectric]　　绝缘介质 (绝缘体)。内部只有极少数的自由电子，因此不能传导电流，具有良好的电绝缘性能。将其放入电场中会发生极化现象，产生极化电荷 (束缚电荷)。当电场强度很强且超过某一极限值 (介电强度) 时，其电绝缘性能会遭到破坏 (介质击穿) 而转变成导体。良好电介质的电导率小于 $10^{-15}\,\mathrm{S/m}$。

半导体 [semiconductor]　　导电能力介于导体和绝缘体之间的物体，其电导率在 $10^{-10}\sim10^5\,\mathrm{S/m}$。

超导体 [superconductor]　　具有完全导电性和完全抗磁性的导体。许多金属、合金和氧化物，在温度低于某个温度值 T_c 时都有超导电性。T_c 叫临界温度或转变温度。例如汞的 T_c 为 4.2 K。金属材料的转变温度都比较低，因此，研制化合物高温超导材料是当今超导研究领域的重要课题。

库仑定律 [Coulomb law]　　1785 年法国科学家库仑 (Charles Augustin de Coulomb) 通过 "扭秤实验" 总结出来的一条实验定律。表述如下：在真空中两个静止的点电荷 q_1 和 q_2 之间相互作用力的大小与两个点电荷的电量的乘积成正比，与两个点电荷间距离 r 的平方成反比。作用力的方向沿着它们的连线。同种电荷互相排斥，异种电荷互相吸引。数学表达式为

$$\boldsymbol{F}_{12}=\frac{q_1q_2}{4\pi\varepsilon_0 r^2}\boldsymbol{e}_{12}$$

式中，$\boldsymbol{F}_{12}$ 是 q_2 对 q_1 的作用力，$\boldsymbol{e}_{12}$ 是由 q_2 指向 q_1 的单位矢量，ε_0 是真空介电常数。

真空电容率 [permittivity of free space]　　又称真空介电常数，是电磁学的物理常量，用 ε_0 表示，在国际单位制中，它的值近似等于 $8.85\times10^{-12}\,\mathrm{C}^2/(\mathrm{N\cdot m}^2)$ (或 F/m)。

真空介电常数 [permittivity of vacuum]　　即真空电容率。

电场 [electric field]　　一种客观存在的特殊物质，是电荷间相互作用力的传递者。电场对处在其中的其他电荷的作用力叫作电场力。电荷能激发电场，随时间变化的磁场也能激发电场。相对于观察者静止的电荷激发的电场叫静电场，它是一种保守场；随时间变化的磁场激发的电场叫涡旋电场，它是非保守场。

试探电荷 [test charge]　　为了定量研究电场的分布情况而建立的一个电荷模型。必须满足下列条件：(1) 试探电荷带正电，它的电量必须足够的小，当把它引入电场时，几乎不改变原来电场的分布；(2) 它的线度必须足够的小，可以视为点电荷。

电场强度 [electric field intensity]　　描述电场大小和方向的物理量，用字母 E 表示。电场中某点 E 的定义式为 $E=F/q_0$，式中的 q_0 是置于场中该点处的试探电荷的电量，F 是 q_0 所受的电场力。由上式可知，电场中某点电场强度的大小等于单位正电荷在该点所受电场力的大小，其方向与正电荷在该处所受电场力的方向一致。电场强度的单位是 N/C(或 V/m)。

电场强度叠加原理 [superposition principle of electric field intensity]　　简称场强叠加原理。在 N 个点电荷 $(q_1, q_2, \cdots, q_n)$ 组成的电荷系统的电场中，任意一点的电场强度 E 等于每个点电荷单独存在时在该点产生的电场强度的矢量和，即

$$\boldsymbol{E}=\boldsymbol{E}_1+\boldsymbol{E}_1+\cdots+\boldsymbol{E}_n$$

电荷连续分布的带电体激发的场强可由如下积分公式计算：

$$\boldsymbol{E}=\int\frac{\mathrm{d}q}{4\pi\epsilon_0 r^2}\boldsymbol{e}_r$$

式中的 $\mathrm{d}q$ 是在带电体上选取的电荷元，r 是 $\mathrm{d}q$ 至场点的距离，e_r 是电荷元指向场点的单位矢量。

电偶极子 [electric dipole]　　当它们之间的距离远小于场点到它们的距离时，一对等量、异号的点电荷构成的电荷系统。

电偶极矩 [electric dipole moment] 简称电矩。设构成电偶极子的点电荷对的电量为 $\pm q$，它们之间的距离为 l，规定矢量 l 的方向由负电荷指向正电荷，把 q 与 l 的乘积叫作电偶极子的电偶极矩，用矢量 p_e 表示，即

$$p_e = ql$$

电场线 [electric field line] 为了直观形象地描述电场分布，在电场中引入的一些假想的曲线。曲线上每一点的切线方向和该点电场强度的方向一致；曲线密集的地方场强强，稀疏的地方场强弱。静电场的电场线有如下性质：(1) 电场线起始于正电荷 (或来自无限远处)，终止于负电荷 (或伸向无限远处)，不会在没有电荷的地方中断 (场强为零的奇异点除外)；(2) 电场线不会形成闭合曲线；(3) 任何两条电场线不会相交。

电通量 [electric flux] 通过电场中某曲面 S 的电通量定义为

$$\Phi_e = \iint\limits_S E \cdot ds$$

式中 ds 是曲面 S 上选取的面积元，E 是 ds 处的电场强度。当曲面 S 闭合时，上式可改写成

$$\Phi_e = \oiint\limits_S E \cdot ds$$

规定闭合曲面的外法线方向为面积元法向的正方向。因此，穿出闭合曲面的电通量为正值，穿入闭合曲面的电通量为负值。

均匀电场 [uniform electric field] 又称匀强电场。方向相同，且大小处处相等的电场，以及无限大均匀带电平面产生的电场。

匀强电场 [even electric field] 即均匀电场。

电势 [electric potential] 描述静电场性质的物理量。静电场中某点 p 的电势 U 定义为从该点到零电势点移动单位正电荷时电场力做的功，即

$$U = \frac{W}{q} = \int_p^{势能零点} E \cdot dl$$

式中的 dl 是电荷 q 移动路径上的线元，E 是 dl 处的电场强度。当电荷分布在有限区域内时，常选无限远点为零电势点，因此上式可写成

$$U = \frac{W}{q} = \int_p^{\infty} E \cdot dl$$

电势的单位是 V。

电势叠加原理 [superposition principle of electric potential] 由 N 个点电荷 $q_1, q_2, \cdots, q_n$ 组成的点电荷系的电场中，任意一点的电势等于每个点电荷单独存在时在该点产生的电势的代数和。即

$$V = V_1 + V_2 + \cdots + V_N$$

对于电荷连续分布的带电体，其在某点产生的电势可由如下积分公式计算

$$V = \int \frac{dq}{4\pi\varepsilon_0 r}$$

式中的 dq 为带电体上选取的电荷元，r 为电荷元到场点的距离。

电势差 [electric potential difference] 静电场中任意两点的电势之差，它等于将单位正电荷从电场中一点移到另一点时电场力所做的功。若电场中 p、q 两点的电势分别为 U_p 和 U_q，则两点的电势差 U_{pq} 为

$$U_{pq} = U_p - U_q = \int_p^q E \cdot dl$$

等势面 [equipotential surface] 静电场中电势相等的点构成的曲面叫等势面。等势面有下列性质：(1) 等势面与电场线处处正交；(2) 等势面密集的地方场强强，稀疏的地方场强弱。

电势能 [electric potential energy] 静电场中某点的电荷和电场系统间的互作用能。是一个相对量，是相对选定的零势能点的势能差。点电荷 q 在静电场中某点 P 的电势能等于把它从该点移至零势能点处电场力所做的功，即

$$W_P = \int_P^{势能零点} qE \cdot dl$$

电场中某点处点电荷的静电势能也等于点电荷的电量与该点电势 U_P 的乘积，即 $W_P = qU_P$。静电场力作正功时电荷的静电势能减小，做负功时电荷的静电势能增加。

电势梯度 [electric potential gradient] 一个矢量，其方向沿场中一点等势面的法线指向电势增加的方向，其大小等于该点电势函数 U 空间变化率的最大值，常用 $\mathrm{grad}U$ 或 ∇U 表示。算符 ∇ 在不同的坐标系中有不同形式，在直角坐标系、柱坐标系和球坐标系中，算符 ∇ 的表示式分别如下所示：

$$\nabla = \frac{\partial}{\partial x}i + \frac{\partial}{\partial y}j + \frac{\partial}{\partial z}k \text{(直角坐标系)}$$

$$\nabla = \frac{\partial}{\partial r}e_r + \frac{1}{r}\frac{\partial}{\partial \theta}e_\theta + \frac{1}{r\sin\theta}\frac{\partial}{\partial \varphi}e_\varphi \text{(球坐标系)}$$

$$\nabla = \frac{\partial}{\partial \rho}e_\rho + \frac{1}{\rho}\frac{\partial}{\partial \rho}e_\varphi + \frac{\partial}{\partial z}e_z \text{(柱坐标系)}$$

式中 i、j、k、e_r、e_θ、e_φ、e_ρ、e_φ、e_z 分别是三种坐标系中坐标轴方向的单位矢量。静电场的电场强度 E 和电势梯度的关系为

$$E = -\nabla U$$

电像法 [electric image method]　在导体或介质分界面附近存在电荷时，用虚拟的镜像电荷代替边界上感应电荷的影响，以此作为求解静电边值问题的一种方法。镜像法解题的理论依据是唯一性定理。根据唯一性定理，镜像电荷的确定应遵循以下两条原则：(1) 所有的镜像电荷必须位于所求的场域以外的空间中；(2) 镜像电荷的个数位置及电荷量的大小由满足场域边界上的边界条件来确定。

静电平衡 [electrostatic equilibrium]　当带电体系中的电荷静止不动，电场不随时间变化时的带电体系所达到的状态。均匀导体达到该状态的条件是导体内部的场强处处为零。处于该状态的导体是一个等势体，其表面是一个等势面；电荷分布在导体表面上，表面曲率大处电荷密集，表面曲率小处电荷稀疏；导体外紧靠导体表面处的场强与导体表面垂直，场强的大小为 σ/ε_0，σ 是导体表面的电荷面密度。

静电屏蔽 [electrostatic shielding]　在静电平衡状态下，不接地导体空腔内的电场分布不受腔外电场分布的影响，接地导体空腔内、外的电场分布不会互相影响的现象。金属导体空腔叫静电屏。

静电透镜 [electrostatic lens]　一种能产生特殊分布的静电场，并使通过其间的电子束聚焦或成像的静电装置。例如带圆孔的金属板、示波管中的控制电极和阳极等都可构成该装置。因为其作用类似使光线聚焦或成像的光学透镜而得名。

静电聚焦 [electrostatic focusing]　利用特殊分布的静电场使带电粒子束聚焦的方法。

静电计 [electrometer]　测量带电物体的电量和电势的仪器。其结构如下图所示。装有玻璃窗的接地金属圆筒内绝缘地安装一根金属杆，在金属杆上安装一根可以自由偏转的金属指针，杆的下端装一弧形标尺。带电体与金属杆上端的金属球接触时，指针发生偏转，带电体的电势越高，指针偏转的角度越大。经过校正，可根据指针偏转的角度来测量带电体的电势。

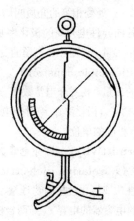

静电起电机 [electrostatic machine]　利用导体的静电性质，通过摩擦起电、尖端现象、静电感应等方法，使导体连续不断地带上大量的电荷，从而产生高电压的装置。典型的有静电感应起电机、范德格拉夫起电机等。

范德格拉夫起电机 [Van de Graaff generator]　由美国科学家范德格拉夫 (Robert Jemison Van de Graaff) 于 1929 年发明的一种静电起电机，原理性结构如下图所示。金属球壳 A 由绝缘支柱 B 支撑，用电动机驱动的滑轮 D 和 D' 上装有由丝织物制成的传送带 C。E、F 是两个金属尖针，E 与高压直流电源相接，F 与 A 球相连。E 因尖端效应不断放电，使传送带 C 带电，传送带上的电荷到达 F 附近时，又因 F 的尖端作用使电荷传递到 A 球的外表面。传送带不停地给 A 球输送电荷，可使 A 球的电势高达几兆伏特。

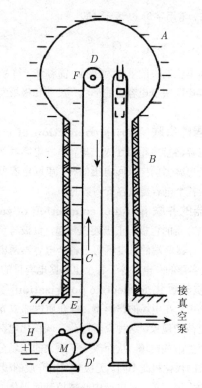

电容器 [capacitor]　通常是由靠得很近而又互相绝缘的两个导体构成的一种储电器件。其中的两个导体为电容器的电极。实际使用时，两个电极上带等量异号电荷，带正电荷的电极叫正极，带负电荷的电极叫负极。种类很多，按电极的形状分类有平行板电容器、球形电容器、柱形电容器等；按电极间的电介质分类有空气电容器、纸介电容器、云母电容器、瓷介电容器、有机薄膜电容器、电解电容器等；还有可变电容器、微调电容器、线性电容器、时变电容器等等。

平行板电容器 [parallel plate condenser]　由靠得很近、相互平行的两个金属板中间夹上一层绝缘物质 (电介质) 所组成的一个最简单的电容器。当平行板电容器的两极板间充满同一种介质时，电容 C 与极板的正对面积 S、极板距离 d 的关系为 $C = \varepsilon S/d$，ε 为电介质的绝对介电常数。

示波管 [oscillographic tube]　电子示波器的心脏。主要部件有：电子枪、偏转板、后加速级、荧光屏、刻度格子。电子枪产生了一个聚集很细的电子束，并把它加速到很高的速度，电子束以足够的能量撞击荧光屏上的一个小点，并使该点发光。电子束在两副静电偏转板间通过时，一副偏转板的电压使电子束上下运动；另一副偏转板的电压使电子左右运动。而这些运动都是彼此独立的。因此，在水平输入端和垂直输入端加上适当的电压，就可以把电子束定位到荧光屏的任何地方。

电容器的电容 [capacitance of capacitor]　电容器一个电极上的电量的绝对值q 与电容器两电极间电势差 ΔU 的比值，常用字母 C 表示，即

$$C = \frac{q}{U}$$

在国际单位制中的单位为法拉，简称法，符号是 F 。电容器的电容量取决于电容器的形状、尺寸和极板间电介质的性质。

电容器的串联 [series connection of capacitors]　将若干个电容器首尾相接连成一串。串联电容器两端的总电压等于各个电容器两电极间电压的和；串联电容器的总电容的倒数等于各个电容器电容量倒数的和。

电容器的并联 [parallel connection of capacitors]　将若干个电容器的正极与正极连在一起，负极与负极连在一起。并联电容器两端的总电压等于各个电容器两电极间的电压，并联电容器的总电容等于各个电容器电容量的和。

电介质的极化 [dielectric polarization]　将电介质放入外电场中，在电场的作用下，电介质内部或界面上出现净的束缚电荷的现象。这种束缚电荷又叫极化电荷，它会在周围空间产生附加电场，从而改变了原来的电场分布。不同种类电介质的极化机制不同。无极分子电介质的极化机制是：在电场力的作用下正、负电荷中心被拉开而极化，常称之为位移极化；有极分子电介质的极化机制是：在电场力的作用下分子偶极矩沿外电场方向整齐排列而极化，常称之为分子取向极化。有极分子也有位移极化，但比分子取向极化弱得多。

有极分子 [polar molecule]　正、负电荷的中心不重合的电介质分子。电介质分子中的正、负电荷虽然等量，但正、负电荷并非集中分布在分子中的一点上，而是分布在一定的区域内。分子中所有正 (负) 电荷对远离分子的某点的影响可以等效为单个正 (负) 点电荷的影响，这个等效正 (负) 点电荷所在的位置叫作分子的正 (负) 电 "中心" 或 "重心"。有极分子的等效点电荷的电量与正、负电荷中心间距的乘积叫作有极分子电偶极矩，简称分子偶极矩。

无极分子 [non-polar molecule]　正、负电荷中心重合的电介质分子。其分子偶极矩为零。

电极化强度 [electric polarization]　描述电介质极化程度的物理量，常用字母 P 表示。它等于极化介质中单位体积内分子电偶极矩 $p_{分子}$ 的矢量和。即

$$P = \frac{\sum p_{分子}}{\Delta V}$$

可作为量度电介质极化程度的基本物理量，其单位是 C/m^2。若电介质中各点 P 的大小相等，方向相同，则电介质被均匀极化，否则为非均匀极化。

极化电荷 [polarization charge]　又称束缚电荷，将电介质放入电场中，在电场的作用下电介质被极化，介质内部或表面上出现净的束缚电荷，这种束缚电荷就是极化电荷。极化电荷 Q' 与极化强度矢量 P 的关系为：极化强度矢量对闭合曲面的通量等于闭合曲面包围的极化电荷电量的负值，即

$$Q' = -\oint_S P \cdot ds$$

极化电荷的面密度 σ' 和极化电荷体密度 ρ' 与极化强度矢量 P 的关系为

$$\sigma' = (P_1 - P_2) \cdot e_n$$

$$\rho' = -\nabla \cdot P$$

式中的 P_1、P_2 是两种电介质中交界面处的极化强度矢量，e_n 是介质交界面法线方向的单位矢量。

束缚电荷 [bound charge]　即极化电荷。

极化率 [polarizability]　电介质中极化强度 P 和电场强度 E 的关系叫电介质的极化规律。实验测得各向同性线性介质的极化规律为

$$P = \chi \varepsilon_0 E$$

式中的比例系数 χ 叫作电介质的极化率，它与电介质的性质有关，是一个纯数。χ 处处相等的介质叫均匀介质，否则是非均匀介质。线性各向异性电介质的极化率是一个张量。铁电介质的极化率不是常量，它随外加电场的变化而变化。

介电常数 [dielectric constant]　又称电容率。描述电介质极化特性的参量。相对介电常数用 ε_r 表示，它是一个无量纲常数，$\varepsilon_r = 1 + \chi$(极化率)；绝对介电常数用 ε 表示，$\varepsilon = \varepsilon_0 \varepsilon_r$，$\varepsilon$ 和 ε_0 有相同的单位。

电容率 [permittivity]　即介电常数。

相对介电常数 [relative dielectric constant]　表征电介质的介电性质或极化性质的物理量，单位为 1。其值等于充满该电介质的电容器的电容 C 与两极板间为真空时的电容器的电容 C_0 的比值。

介电强度 [dielectric strength]　又称击穿电场强度。电介质材料能够承受且不出现击穿的最大电场强度。在通常情况下电介质不导电,但是在很强的电场中,会出现击穿,电介质的绝缘性能会受到破坏,由绝缘体变成导体。

击穿电场强度 [breakdown electric field strength]即介电强度。

退极化场 [depolarization field]　当电场中存在电介质时,空间任意一点的电场强度 E 等于外加电场强度 E_0 和极化电荷产生的附加电场强度 E' 的矢量和。在电介质内部,E' 和 E_0 的方向相反,因此,E' 起着削弱电介质极化的作用,故称 E' 为退极化场。

铁电体 [ferroelectrics]　具有下列特性的一类特殊的电介质:(1) 极化强度 P 和电场强度 E 有复杂的非线性关系,ε_r 不是常量,它随 E 变,最大可达几千;(2) 有电滞现象,在周期性变化的电场作用下,出现电滞回线,有剩余极化强度;(3) 当温度超过居里 (Curie) 温度时,铁电性消失;(4) 铁电体内存在自发极化小区,即电畴。正是因为存在电畴,铁电体才具有以上这些独特的性质。是一种应用广泛的电介质,利用它的电、力、光、声等效应可制成各种不同功能的器件,如非线性电容、超声换能器、高频振荡器等。典型的有酒石酸钾钠单晶、钛酸钡陶瓷等。

驻极体 [electret]　又称永电体。极化后能长久保持极化强度的电介质。许多有机材料 (如石蜡、硬质橡胶、碳氢化合物、固体酸等) 和无机材料 (如钛酸钡、钛酸钙等) 都可用来制备驻极体。制备方法有:热驻极法、电驻极法、光照法和辐射法等。其用途广泛,可用来制造高压电源、换能器、传声器、静电计等。

永电体 [electret]　即驻极体。

压电效应 [piezoelectric effect]　某些具有特殊结构的电介质材料,在外力作用下发生机械形变时会产生极化,介质的端面上出现符号相反的极化电荷。如石英、钛酸钡等。

电致伸缩 [electrostriction]　电介质材料在电场中,介质被极化产生极化电荷的同时,所发生的机械形变现象可发生在所有电介质中,其特征是电介质产生的应变与场强的二次方成正比,且应变正负与外电场方向无关。应用广泛,可据该效应制成晶体振荡器、超声波发生器、传感器、压电喇叭等。

电滞回线 [ferroelectric hysteresis loop]　当电场强度的大小和方向作周期性变化时,电极化强度和电场强度的关系形成如图所示的回线。铁电体在电场中极化时,极化强度随电场强度的增加而非线性增加,当电场强度大到一定值时,极化强度保持不变,处于极化饱和状态。当外电场撤去时,具有剩余极化。

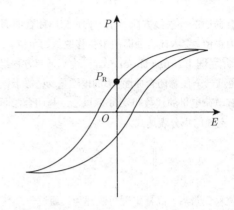

电位移矢量 [electric displacement vector]　用以描述电场的辅助物理量,用符号 D 表示。它的定义式为

$$D = \varepsilon_0 E + P$$

式中,E 是电场强度,P 是极化强度,ε_0 是真空介电常数。D 的单位是 C/m^2。对线性各向同性的电介质有 $D = \varepsilon E$,ε 是电介质的绝对介电常数。

电位移线 [lines of electric displacement]　在电场中引进的一些假想的曲线,曲线上每一点切线的方向和该点电位移矢量 D 的方向一致,曲线密集的地方 D 大,稀疏的地方 D 小。电位移线起始于正的自由电荷,终止于负的自由电荷。

E 通量 [electric flux]　又称电场强度通量。通过电场中某曲面 S 的 E 通量定义为

$$\Phi_E = \iint\limits_S E \cdot \mathrm{d}s$$

式中 $\mathrm{d}s$ 是电场中任意曲面 S 上选取的面积元,E 是 $\mathrm{d}s$ 处的电位移矢量。对于闭合曲面,上式可改写成

$$\Phi_E = \oiint\limits_S D \cdot \mathrm{d}s$$

定闭合曲面的外法线方向为正方向,穿出闭合曲面的 E 通量为正值,穿入闭合曲面的电位移通量为负值。

电场强度通量 [flux of electric field intensity]　即 E 通量。

电位移通量 [electric displacement flux]　通过电场中某曲面 S 的电位移通量定义为

$$\Phi_D = \iint\limits_S D \cdot \mathrm{d}s$$

式中 $\mathrm{d}s$ 是电场中任意曲面 S 上选取的面积元,D 是 $\mathrm{d}s$ 处的电位移矢量。对于闭合曲面,上式可改写成

$$\Phi_D = \oiint\limits_S D \cdot \mathrm{d}s$$

规定闭合曲面的外法线方向为正方向，穿出闭合曲面的电位移通量为正值，穿入闭合曲面的电位移通量为负值。

高斯定理 [Gauss theorem]　麦克斯韦方程组的一个方程。通过一个任意闭合曲面 S 的电通量 Φ_e 等于该曲面包围的所有电荷电量的代数和 $\sum q$ 除以 ε_0，与闭合曲面外的电荷无关。定理的积分表达式为

$$\oiint_S \boldsymbol{E} \cdot \mathrm{d}\boldsymbol{s} = \frac{\sum q}{\varepsilon_0}$$

引入电位移矢量后，高斯定理可表述为：通过一个任意闭合曲面的电位移通量等于该曲面包围的所有自由电荷 q_0 的代数和。其积分表示式为

$$\oiint_S \boldsymbol{D} \cdot \mathrm{d}\boldsymbol{s} = \frac{\sum q_0}{\varepsilon_0}$$

微分形式为

$$\nabla \cdot \boldsymbol{E} = \frac{\rho}{\varepsilon_0}$$

或

$$\nabla \cdot \boldsymbol{D} = \rho_0$$

式中的 ρ 是电荷体密度，ρ_0 是自由电荷体密度。

静电场环路定理 [circulation theorem of electrostatic field]　在静电场中，电场强度 E 沿任何闭合路径的线积分恒等于零，这就是静电场环路定理。即

$$\oint_L \boldsymbol{E} \cdot \mathrm{d}\boldsymbol{l} = 0$$

其微分形式为

$$\nabla \times \boldsymbol{E} = 0$$

定理表明静电场是保守场，可以引入标量势函数来描述静电场。

唯一性定理 [uniqueness theorem]　在一个空间内，导体的带电量或者电势给定以后，空间电场分布恒定、唯一。边界条件可以是各导体电势，各导体电量或部分导体电量与部分导体电势之混合。对于静电场，给定一组边界条件，不可能在空间找到不同的恒定电场分布。

相互作用能 [interaction energy]　对一个电荷系统而言，等于从零势能点搬运各个电荷过程中外力克服电场力所作功的代数和。对 N 个点电荷的情况，其计算公式为

$$W = \frac{1}{4\pi\epsilon_0} \sum_{i=1}^{N} \sum_{j=1}^{i-1} \frac{q_i q_j}{r_{ij}}$$

自能 [self-energy]　电荷连续分布的带电体各部分电荷之间的相互作用能。也指电子产生的电磁场对电子本身的作用。

静电能 [electrostatic energy]　带电体系的相互作用能和各个带电体的自能之和。计算公式为

$$W = \int \frac{1}{2} U \mathrm{d}q$$

式中的 $\mathrm{d}q$ 是在带电体上选取的电荷元，U 是 $\mathrm{d}q$ 处的电势。

电场能量密度 [energy density of electric field]　单位体积内的电场能量。用 w_e 表示，计算公式为

$$w_e = \frac{1}{2} \boldsymbol{D} \cdot \boldsymbol{E} = \frac{1}{2} \epsilon E^2 = \frac{1}{2} \frac{D^2}{\epsilon}$$

带电系统的电场的总能量 W 等于电场区域中各体积元 $\mathrm{d}V$ 中电场能量之和，即

$$W = \iiint_V w_e \mathrm{d}V$$

5.2　稳恒磁场

磁极 [magnetic pole]　磁体上磁性特别强的两端。具有吸铁特性的物体叫磁体，这种性质叫磁性。让一小磁针在水平面内自由转动，静止时它的磁极总是指向南北方向，指向北方的磁极叫北极或 N 极，指向南方的磁极叫南极或 S 极。实验证明，同种磁极互相排斥，异种磁极互相吸引。

磁荷 [magnetic charge]　磁荷观点认为，磁场是由磁荷 (磁单极粒子) 产生的，磁针的 N 极带正磁荷，S 极带负磁荷，由此可以将磁现象与电现象类比，得出一系列相似的定律，引入相似的概念。虽然英国物理学家迪拉克早在 1931 年利用数学公式预言了磁单极粒子的存在，但到目前为止尚未有确凿的证据观察到磁单极粒子的存在。

磁场 [magnetic field]　一种客观存在的特殊物质，对引入其中的磁极、载流导体和运动电荷有磁力作用，是磁相互作用的传递者。运动电荷、电流和磁极能激发磁场，随时间变化的电场也能激发磁场。不随时间变化的磁场叫稳恒磁场或静磁场，否则是非稳恒磁场。

奥斯特实验 [Oersted experiment]　1820 年丹麦科学家奥斯特 (Hans Christian Oersted) 发表的研究成果。实验装置的原理图如下图所示：导线 MM' 南北放置，导线下方有一可以在水平面内自由转动的小磁针。MM' 中无电流时，小磁针南北指向，MM' 中通上电流时小磁针发生偏转。俯视小磁针，当电流从 M 向 M' 流动时，小磁针逆时针方向转动，电流方向改变，小磁针的转动方向也改变。奥斯特实验首先揭示了电流的磁效应。

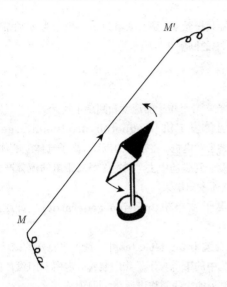

安培实验 [Ampere experiment] 安培设计的用来证实他所提出的"分子电流假说"的实验。分子电流假说需要用实验加以证明，实验装置的设计受到阿拉果的一个磁化实验的启发。他把一块薄铜片弯成环形，取代阿拉果所用的铁针，悬挂在线圈内，安培推想，如果螺旋导线中的环形电流使阿拉果的铁针中产生了沿轴向的电流，那么类似的电流将会产生沿薄铜片流动的环形电流，使薄铜片的性质暂时像磁铁。为了检验这种电流，他在线圈上有电流流过时将一根磁棒靠近铜环，结果铜环没有发生偏转。安培公布了这一实验结果，把它作为分子电流假说的有利证据。

安培定律 [Ampere law] 安培定律是由法国科学家安培 (Ander Marie Ampere) 通过一系列的实验研究总结出来的一条定律，它给出了两个电流元 $I_1\mathrm{d}l_1$ 和 $I_2\mathrm{d}l_2$ 之间相互作用力的大小和方向。定律的数学表达式为电流元 $I_1\mathrm{d}l_1$ 指向 $I_2\mathrm{d}l_2$ 的

$$\mathrm{d}\boldsymbol{F}_{21}=\frac{\mu_0 I_1 I_2 \mathrm{d}l_2 \times (\mathrm{d}l_1 \times \boldsymbol{e}_{21})}{4\pi r_{21}^2}$$

式中 $\boldsymbol{F}_{21}$ 是电流元 $I_1\mathrm{d}l_1$ 给 $I_2\mathrm{d}l_2$ 的作用力，r_{21} 是两电流元之间的距离，$\boldsymbol{e}_{21}$ 是电流元 $I_1\mathrm{d}l_1$ 指向 $I_2\mathrm{d}l_2$ 的单位矢量。

磁的库仑定律 [magnetic Coulomb law] 库仑在1785 年用有名的扭秤实验，证明了两磁极间的相互作用力反比于距离平方的定律。但根据磁的分子电流学说，磁极并不单独存在，而磁极间的相互作用，实际上只是分子电流相互作用的一种特殊表现。

真空磁导率 [permeability of free space] 电磁学的一个基本物理常量，用 μ_0 表示，在国际单位制中，它的值为 $4\pi \times 10^{-7}$ 亨利/米 (H/m)。

磁感应强度 [magnetic induction] 描述磁场大小和方向的物理量，用字母 B 表示，单位定义为 N·s/(C·m)= N/(A·m)，称为特斯拉，符号为 T。磁场中某点磁感应强度 B 的大小等于单位正电荷以单位速度通过该点时受到的最大作用力，即

$$B=\frac{F_{\max}}{qv}$$

式中 q 是点电荷的电量，v 是点电荷的运动速度，$F_{\max}$ 是 q 受到的磁场力的最大值。B 的方向即该处小磁针 N 极的指向。

磁感应线 [line of magnetic induction] 又称磁力线。为了直观形象地描述磁场的分布而在磁场中引进的一系列假想的曲线，这些曲线上每一点切线的方向和该点 B 的方向一致，曲线密集的地方 B 大，曲线稀疏的地方 B 小。它是一系列的闭合曲线。

磁力线 [magnetic line of force] 即磁感应线。

磁通量 [magnetic flux] 通过磁场中某曲面 S 的磁通量定义为

$$\Phi_B = \iint_S \boldsymbol{B} \cdot \mathrm{d}\boldsymbol{S}$$

式中的 $\mathrm{d}\boldsymbol{S}$ 是在曲面 S 上选取的面积元，B 是 $\mathrm{d}\boldsymbol{S}$ 处的磁感应强度。在国际单位制中，磁通量的单位是 $\mathrm{T \cdot m^2}$，叫作韦伯，符号为 Wb。

毕奥–萨伐尔定律 [Biot-Savart law] 由法国科学家毕奥 (Jean Baptiste Biot) 和萨伐尔 (Felix Savart) 通过实验研究、并由拉普拉斯 (Pierre Simon Laplace) 从数学上予以证明后总结出来的一条定律，它给出了电流元 $I\mathrm{d}l$ 在空间某点 P 处激发的磁感应强度 $\mathrm{d}B$ 的大小和方向。定律的数学表达式为

$$\mathrm{d}\boldsymbol{B}=\frac{\mu_0 I\mathrm{d}l \times \boldsymbol{e}_r}{4\pi\varepsilon_0 r^2}$$

式中 r 是电流元 $I\mathrm{d}l$ 到 P 点的距离，$\boldsymbol{e}_r$ 是电流元到 P 点的单位矢量，μ_0 是真空磁导率。对上式积分可求得任意形状线电流产生的磁感应强度。

亥姆霍兹线圈 [Helmholtz coil] 间距等于半径的一对共轴圆线圈。在线圈中通以同向稳恒电流 I 时，在线圈间轴线的中点附近能产生一小范围的均匀磁场区。

磁场的高斯定理 [Gauss theorem of magnetic field] 通过磁场中任一闭合曲面的磁感应通量恒等于零。定理的积分表示式为

$$\oiint_S \boldsymbol{B} \cdot \mathrm{d}\boldsymbol{s} = 0$$

定理的微分表示式为

$$\nabla \cdot \boldsymbol{B} = 0$$

磁场的高斯定理是麦克斯韦方程组的一个方程。

安培力 [Ampere force] 载流导线在磁场中受的磁场力。任意电流元 $I\mathrm{d}l$ 在磁场 B 中所受安培力的数学公式为

$$\mathrm{d}\boldsymbol{F} = I\mathrm{d}l \times \boldsymbol{B}$$

任意形状的载流导线在磁场中所受到的安培力可通过对上式积分求得，即

$$F = \int_L \mathrm{d}F = \int_L I \mathrm{d}l \times B$$

磁矩 [magnetic moment]　载流平面线圈的电流强度 I 和线圈面积 S 的乘积叫载流线圈的磁矩。磁矩是一个矢量，它的方向和线圈平面的法线方向一致，用符号 m 表示。即

$$m = ISe_n$$

e_n 表示线圈与线圈电流成右手螺旋的平面法线方向的单位矢量，如果载流线圈有 N 匝，则线圈磁矩定义为

$$m = NIe_n$$

载流线圈的磁矩的一般计算公式为

$$m = \frac{1}{2}\oint Ir \times \mathrm{d}l$$

对于体分布的电流，磁矩的计算公式为

$$m = \frac{1}{2}\int r \times j\mathrm{d}v$$

式中的 $\mathrm{d}l$ 是在电流线圈上选取的线元，$\mathrm{d}v$ 是在体电流中选取的体积元，j 是电流密度，r 是 $\mathrm{d}l$(或 $\mathrm{d}v$) 的位置矢量。

磁偶极子 [magnetic dipole]　当场点到其距离远大于它的尺寸时的载流小线圈。磁荷观点认为，磁场是由磁荷产生的，磁针的 N 极带正磁荷，S 极带负磁荷，磁荷的多少用磁极强度 q_m 来表示。相距 l、磁极强度为 $\pm q_m$ 的一对点磁荷，当 l 远小于场点到它们的距离时，$\pm q_m$ 构成的系统叫磁偶极子。

洛伦兹力 [Lorentz force]　磁场对运动电荷的作用力。电量为 q、速度为 v 的带电粒子在磁场 B 中运动时，受到的洛伦兹力 F 为

$$F = q(v \times B)$$

洛伦兹力的方向与运动电荷的速度方向垂直，故它不对运动电荷作功。

拉莫尔半径 [Larmor radius]　又称回旋半径。在洛伦兹力的作用下，带电粒子在磁场中作圆周运动的轨道半径。若磁场的磁感应强度为 B，带电粒子的电量为 q，速度为 v，v 与 B 的夹角为 θ，则拉莫尔半径为

$$R = \frac{mv\sin\theta}{qB}$$

回旋半径 [radous of gyration]　即拉莫尔半径。

回旋共振频率 [cyclotron resonance frequency] 带电粒子在磁场中作回旋运动时每秒钟旋转的圈数。若用 f

表示回旋共振频率，那么质量为 m、电量为 q 的带电粒子在磁场 B 中的回旋共振频率为

$$f = \frac{qB}{2\pi m}$$

低速时 f 与带电粒子的速度和回旋半径无关。

磁流体发电机 [magnetohydrodynamic generator] 又称等离子发电机。将带电的流体 (离子气体或液体) 以极高的速度喷射到磁场中去，利用磁场对带电的流体产生的磁力作用，从而发出电来。

等离子发电机 [plasma generator]　即磁流体发电机。

磁透镜 [magnetic lens]　能产生特殊的磁场分布、并使通过其中的带电粒子聚焦的装置。常用专门设计的能产生非均匀磁场的短线圈作磁透镜 (见图)。

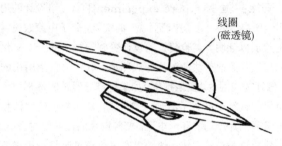

线圈
(磁透镜)

磁聚焦 [magnetic focusing]　利用磁透镜或磁场使带电粒子聚焦的方法，由一束速度大小近似相同且与磁感应强度 B 的夹角很小的带电粒子流从同一点出发，由于 θ 角很小，所以尽管各离子垂直于磁场的速度分量不同而沿不同半径螺旋前进，但它们螺旋前进的速度分量近似相等，因而各带电粒子绕行一周后将汇聚于同一点，这和光线经过透镜后聚焦的现象类似，所以叫作磁聚焦。磁聚焦广泛应用于真空器件中对电子束的聚焦。

荷质比 [specific charge]　带电粒子的电荷量与质量之比。在低速情况下，带电粒子的荷质比几乎不变，高速运动时，由于相对论效应，速度越大，质量越大，而电荷不变，所以荷质比越小。

霍尔效应 [Hall effect]　1897 年美国科学家霍尔 (Edwin Herbert Hall) 首先发现，将通有电流的导体薄板放入与板面垂直的磁场中时，导体板的两侧会出现电势差的效应。导体薄板两侧 $A\,A'$ 两点之间电势差的大小为

$$U = \frac{1}{nq}\frac{IB}{d}$$

式中的 I 是导体薄板内的电流强度，B 是外加磁场的磁感应强度，d 是导体薄板的厚度，n 是导体中载流子的浓度，q 是载流子的电量。上式中的 U 叫作霍尔电压，$1/nq$ 叫作霍尔系数。对单价金属，实验测得的霍尔电压 U 与利用上式计算的

结果符合得很好, 对非单价金属、铁磁材料和半导体则相差很大。霍尔效应在电子技术、测量技术、自动控制技术等领域中有着广泛的应用。

霍尔系数 [Hall coefficient]　见霍尔效应。

高斯计 [Gauss meter]　根据霍尔效应制成的测量磁感应强度的仪器。由霍尔探头和测量仪表构成。霍尔探头在磁场中因霍尔效应而产生霍尔电压, 测出霍尔电压后根据霍尔电压公式和已知的霍尔系数可确定磁感应强度的大小。高斯计的读数以高斯或千高斯为单位。

磁镜 [magnetic mirror]　带电粒子在如图所示的缓变非均匀磁场 B 中运动, 从弱场区进入强场区过程中, 粒子的横向速度会增大, 纵向速度将减小。到达磁感应强度足够强的 A 点 (或 A' 点) 时, 带电粒子的纵向速度变为零, 然后向相反方向运动。带电粒子的这种运动方式类似光线在反射镜间的反射。因此, 把如图所示形式的磁场叫作磁镜。利用磁镜可以约束等离子体。

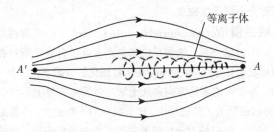

范·艾伦辐射带 [Van Allen radiation belts]　地球是个大磁体, 两极处磁场强, 赤道处磁场弱, 构成一个天然的磁镜。它约束着宇宙线中的大量带电粒子, 使之沿着地磁场的磁力线方向做螺旋运动, 形成几个环绕地球的辐射带。

极光 [aurora]　地球周围的一种大规模放电的过程。来自太阳的带电粒子到达地球附近, 地球磁场迫使其中一部分沿着磁场线集中到南北两极。当它们进入极地的高层大气时, 与大气中的原子和分子碰撞并激发, 产生光芒, 形成极光。极光常常出现于纬度靠近地磁极地区上空, 一般呈带状、弧状、幕状、放射状。极光产生的条件有三个: 大气、磁场、高能带电粒子, 这三者缺一不可。

磁介质 [magnetic medium]　放入磁场中能显示磁性, 产生附加磁场, 从而改变原来磁场分布的物质。自然界中的所有实体物质 (气体、液体、固体) 都是磁介质。磁介质可分为三大类: 顺磁质 (如铝、铂、氧等)、抗磁质 (如金、铜、氢等)、铁磁质 (如铁、钴、镍等)。

分子电流 [molecular current]　任何物质都是由分子 (原子) 构成的。在经典原子模型中, 分子中的电子绕原子核作轨道运动, 形成轨道电流, 构成轨道磁矩 μ_L。电子还有自旋磁矩 μ_S。因此, 电子的总磁矩 $\mu = \mu_L + \mu_S$。把整个分子 (原子) 中所有电子对外界产生的磁效应等效为一个圆电流 I

分子的磁效应, 称圆电流 I 为分子电流。分子电流的磁矩叫分子磁矩, 用 m 表示, $m = ISe_n$, S 是分子电流的面积, e_n 是与分子电流构成右手螺旋的 S 法线方向的单位矢量。

分子磁矩 [molecular magnetic moment]　见分子电流。

磁介质的磁化 [magnetization of magnetic medium]　原来不显示磁性的磁介质在外磁场 B_0 的作用下显示磁性, 产生附加磁场的现象。磁化后, 在介质表面或内部有等效的磁化电流, 若磁化电流产生的附加磁场为 B', 则磁介质内的总磁场为 $B = B_0 + B'$。介质磁化的程度取决于 B 的大小。

磁化强度 [magnetization]　描述磁介质磁化程度 (磁化方向和磁化程度) 的物理量, 它是一个矢量, 用 M 表示, 等于磁介质中单位体积内分子磁矩的矢量和, 即

$$M = \frac{\sum m_{分子}}{\Delta V}$$

式中的 $m_{分子}$ 是磁介质中的分子磁矩, ΔV 是磁介质内的体积元。若磁介质中 M 的大小处处相等, 方向相同, 称介质被均匀磁化, 否则为非均匀磁化。M 的单位是 A/m。

磁极化强度 [magnetic polarization]　每单位体积内磁偶极矩的矢量和。

磁化电流 [magnetization current]　磁介质磁化后, 其分子磁矩沿外磁场方向整齐排列, 介质显示磁性, 产生附加磁场。均匀磁化情况下, 在磁介质内部, 分子电流相互抵消, 而在表面处未被抵消, 称为安培表面电流, 或磁化面电流。设 α_s 为单位长度的磁化面电流, 即磁化面电流的线密度, 其大小等于该处磁化强度的量值, 即 $M = \alpha_s$, (非均匀情况下等于磁化强度的切线分量), 因此, 磁化强度 M 与总的磁化电流 I_S 有如下关系:

$$\oint_L M \cdot \mathrm{d}l = I_S$$

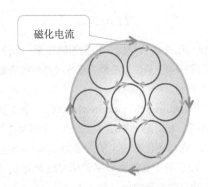

磁场强度 [magnetic field intensity]　存在磁介质的情况下为了使磁场的安培环路定理得到形式上简化而引入

的一个辅助磁矢量，用 H 表示。它的定义式为

$$H = \frac{B}{\mu_0} - M$$

H 的单位是 A/m。

安培环路定理 [Ampere circulation theorem]　在真空中，磁感应强度 B 沿任意闭合回路 L 的环流，等于回路所包围的电流强度代数和的 μ_0 倍。其数学表示式为

$$\oint_L B \cdot \mathrm{d}l = \mu_0 \sum I$$

在有磁介质存在的情况下，安培环路定理改写为

$$\oint_L H \cdot \mathrm{d}l = \sum I_0$$

可表述为磁场强度 H 沿任意闭合回路 L 的环流等于回路所包围的传导电流 I_0 的代数和。安培环路定理只适用于稳恒磁场的情况。

磁势 [magnetic potential]　磁路中的一个物理量，相当于电路中的电动势。根据安培环路定律，对一载有电流 I、匝数为 N 的励磁线圈，穿过线圈回路的磁势为 NI。

磁势降落 [magnetic potential drop]　相当于电路中的电势降，等于磁通量与磁阻的乘积。

磁矢势 [magnetic vector potential]　描述磁场的物理量，是矢量。磁场是有旋度无散度场，$\nabla \cdot B = 0$，可引入矢量 $B = \nabla \times A$ 满足上式；描述磁场矢势具有任意性。因此对于矢势 A 还可以加上一定的限制条件。在电流稳恒的条件下，常采用库仑规范 $\nabla \cdot A = 0$ 作为限制条件，使计算简化。磁矢势具有明确的物理意义：磁矢势沿任意闭合曲线的环量代表穿过以该曲线为周界的任一曲面磁通量；磁矢势对时间导数的负值等于感应电场。

磁化率 [magnetic susceptibility]　磁化强度 M 与磁场强度 H 的关系叫磁介质的磁化规律，它们之间的比例系数称为磁介质的磁化率，用符号 χ_m 表示，即

$$M = \chi_m H$$

它是一个仅与磁质自身性质相关的物理量，单位为 1。对于各向同性的磁介质，χ_m 为常量，而各向异性线性磁介质的磁化率是一个张量。

磁导率 [magnetic permeability]　表征磁介质导磁性能的物理量。相对磁导率用 μ_r 表示，在国际单位制中，它的单位为 1，它与磁化率 χ_m 的关系为 $\mu_r = 1 + \chi_m$；绝对磁导率用 μ 表示，它等于真空磁导率和相对磁导率 μ_r 的乘积，即 $\mu = \mu_0 \mu_r$。绝对磁导率的单位是 H/m。

相对磁导率 [relative magnetic permeability]　见磁导率。

绝对磁导率 [absolute magnetic permeability]　见磁导率。

顺磁质 [paramagnetic substance]　一类磁性较弱的磁介质。它的结构特点是分子的固有磁矩不等于零。通常情况下，由于热运动使分子磁矩排列杂乱无章，介质对外不显示磁性。将顺磁质放入外磁场 B_0 中，在磁场的作用下，原来杂乱无章的分子磁矩沿着磁场方向择优取向，即靠近外磁场方向的分子磁矩较多，介质被磁化而显示磁性，产生附加磁场 B'，介质内 $B_0 + B' > B_0$。顺磁质的 $\chi_m > 0$，$\mu_r > 1$。铝、铂、铬、氧等磁介质属于顺磁质。顺磁质也产生抗磁效应，但比它的顺磁效应弱得多，一般不予考虑。

抗磁质 [diamagnetic substance]　一类磁性较弱的磁介质。它的结构特点是分子固有磁矩等于零，所以介质对外不显示磁性。将抗磁质放入外磁场 B_0 中，电子因沿着磁场方向进动产生附加磁矩产生与外磁场方向相反的附加磁场 B'，介质内 $B_0 + B' < B_0$。抗磁质的 $\chi_m < 0$，$\mu_r < 1$。金、银、铜、氢等磁介质属于抗磁质。

铁磁质 [ferromagnetic substance]　一类磁性很强 ($\mu_r \gg 1$) 的磁介质。铁磁质内部有许多电子自旋磁矩整齐排列的自发磁化小区，叫磁畴。在未经磁化的铁磁质中，由于热运动，各磁畴的磁化方向杂乱无章，介质在宏观上不显示磁性。将铁磁质放入外磁场中，随着磁场的不断加大，先是那些磁化方向与外磁场方向接近的磁畴扩大自己的范围 (叫畴壁外移)，继而磁畴的磁化方向逐渐转向外磁场方向 (叫磁畴转向)，介质被磁化而显示磁性。铁磁质的磁化强度 M 和磁场强度 H 的关系是非线性和非单值的，且有磁滞现象 (见"起始磁化曲线"与"磁滞回线")。当温度高过某一温度时，铁磁质的铁磁性消失。这一临界温度叫居里温度 (或居里点)，用 T_c 表示。铁、钴、镍、钆、镝、铁氧体等物质属铁磁质。

起始磁化曲线 [initial magnetization curve]　将一块没有磁化过 (或完全退磁) 的铁磁质放入磁场 H 中磁化时，它的磁化强度 M 从零增大到饱和值 M_s 过程中，M 随 H 变化的曲线。它反应了铁磁质磁化过程的共同特点：开始时，M 随 H 缓慢增加 (OA 段)，接着便急剧增加 (AB 段)，然后又缓慢增加 (BC 段)，最后 (从 C 点开始)M 达到饱和值 M_s。

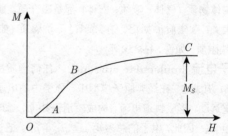

磁滞回线 [magnetic hysteresis loop]　当铁磁质达到磁饱和状态后，如果减小磁化场 H，介质的磁化强度 M(或磁感应强度 B) 并不沿着起始磁化曲线减小，M(或 B) 的变化滞后于 H 的变化，这种现象叫磁滞。当磁化场 H 在正负两个方向上往复变化时，M(或 B) 随 H 的变化规律如下图所示，图中的闭合曲线即磁滞回线。磁滞回线表明：(1) $H = 0$ 时，M(或 B) 不为零，M_R 叫剩余磁化强度，B_R 叫剩余磁感应强度；(2) 要使介质完全退磁 ($M = 0$、$B = 0$)，必须加反方向磁场 H_C，H_C 叫矫顽力；(3) M(或 B) 与 H 的关系是非线性、非单值关系。

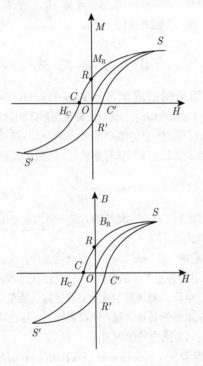

退磁曲线 [demagnetization curve]　磁滞回线上的 RC 段叫退磁曲线，它表明了铁磁质从剩磁状态 (R 点) 到完全退磁状态 (C 点) 的变化过程。

剩余磁感应强度 [residual magnetic induction]　见磁滞回线。

剩余磁化强度 [residual magnetization]　见磁滞回线。

饱和磁化强度 [saturate magnetization]　见磁滞回线。

矫顽力 [coercive force]　又称矫顽场，见磁滞回线。

矫顽场 [coercive field]　即矫顽力。

磁畴 [magnetic domain]　在铁磁质中，相邻磁性离子之间存在着非常强的交换耦合作用，这个相互作用使得相邻磁性离子的自旋磁矩平行排列起来，形成一个达到自发饱和磁化状态的微小区域。同一磁畴内原子磁矩相互平行，而不同磁畴内原子磁矩排列的方向可能不同，各个磁畴之间的交界面称为磁畴壁。宏观铁磁体一般具有很多磁畴，由于磁畴的磁矩各不相同，结果相互抵消，因此宏观磁矩为零，只有在磁场中被磁化后，它才能对外显示出磁性。磁畴的形成可以降低静磁能，用量子理论从微观上可以说明铁磁质的磁化机理。

居里点 [Curie point]　又称居里温度，见铁磁质。

居里温度 [Curie temperature]　即居里点。

磁滞损耗 [magnetic hysteresis loss]　当铁磁质在交变磁场的作用下反复磁化时，介质分子的状态不断改变，分子振动加剧，温度升高，消耗一定的能量的现象。理论和实验证明，磁滞回线包围的面积越大，磁滞损耗越大。单位体积铁磁材料的磁滞损耗 w 为

$$w = \oint_{\text{磁滞回线}} \boldsymbol{H} \cdot \mathrm{d}\boldsymbol{B}$$

软磁材料 [soft magnetic material]　矫顽力很小 ($H_C < 10^2\,\mathrm{A/m}$) 的铁磁材料叫软磁材料。因为矫顽力小，所以软磁材料容易磁化，也容易退磁，磁滞损耗小，适宜用于交变磁场中，用来制造电磁铁、变压器、电机和高频电磁元件的铁芯等。纯铁、硅钢、坡莫合金、锰锌铁氧体、镍锌铁氧体等材料都是软磁材料。

硬磁材料 [hard magnetic material]　矫顽力大 ($H_C > 10^2\,\mathrm{A/m}$)、剩余磁感应强度也大的铁磁材料。各种永磁体都是用硬磁材料制成的。硬磁材料的磁滞回线包围的面积大，因此其磁能积 (铁磁质内 B 和 H 乘积的最大值，它是硬磁材料的另一个性能指标) 较大，用它来制作电磁器件省材料，有利于器件的小型化。碳钢、钨钢、铝钢、钕铁硼合金等材料都是硬磁材料。

矩磁材料 [rectangular magnetic material]　磁滞回线近似矩形的铁磁材料。它的特点是矫顽力小，剩余磁感应强度 B_R 几乎等于饱和磁感应强度 B_S。若磁化场反向，磁场强度一旦超过矫顽力，矩磁材料的磁化方向立即反转。因此磁化饱和的矩磁材料总是处在 B_S 或 $-B_S$ 状态。所以矩磁材料可用来制作记忆元件。常用的矩磁材料有锰镁铁氧体、锂镁铁氧体等。

铁氧体 [ferrite]　又称铁淦氧。一种非金属磁性材料。它是由三氧化二铁和一种或几种其他金属氧化物 (例如：氧化镍、氧化锌、氧化锰、氧化镁、氧化钡、氧化锶等) 配制烧结而成。它的相对磁导率可高达几千，电阻率是金属的 10^{11} 倍，涡流损耗小，适合于制作高频电磁器件。铁氧体有硬磁、软磁、矩磁、旋磁和压磁五类。

铁淦氧 [ferrite]　即铁氧体。

永磁体 [permanent magnet]　外加磁化场去掉后

仍能长久保留较强的剩余磁化强度的物体。它通常是由硬磁材料磁化而成。

电磁铁 [electromagnet]　通电后产生磁性的一种装置。在铁芯的外部缠绕与其功率相匹配的导电绕组，这种通有电流的线圈像磁铁一样具有磁性，称为电磁铁。

地磁场 [geomagnetic field]　地球作为一个巨大的磁体在空间产生的磁场。卫星探测发现，地磁场被局限在地球周围有限的区域内，这个区域叫地磁层。地磁轴和地球自转轴不相重合，地磁南极在地理北极附近，地磁北极在地理南极附近。地磁场的大小和方向随时间、地点而变且除地磁赤道处以外的地磁场都不是水平的。常用磁倾角、磁偏角、地磁场水平强度 (地磁场的水平分量) 这三个要素来描述地磁场的大小和方向。地磁两极在地面上的位置也在变化，考古发现，在过去的 400 万年中，地球磁极已经倒转了九次之多。地球磁极处的磁感应强度约为 0.6×10^{-4} 特斯拉 (T)，地磁赤道处的磁感应强度约为 0.3×10^{-4}T。

磁倾角 [magnetic inclination]　地磁场中某处磁感应强度矢量与水平面的夹角。地磁赤道处的磁倾角为零，地磁两极处的磁倾角为 90°。

磁偏角 [magnetic declination]　在地磁场中某处，小磁针静止时所在的铅直平面 (即地磁场的磁感应强度矢量所在的铅直平面，叫作地磁子午面) 与地理子午面之间的夹角。地球上不同地点的磁偏角是不相同的，而且磁偏角是随时间变化的。

磁屏蔽 [magnetic shielding]　铁磁材料制成的闭合空腔能削弱腔外磁场对空腔内部的影响。例如，用铁制成闭合空腔，并将其放入外磁场中，实验证明，磁感应通量差不多全部集中在腔壁之中，腔内的磁场几乎为零，因此，铁制闭合空腔内的物体不受外界磁场的影响，这就叫磁屏蔽。

磁致伸缩 [magnetostriction]　铁磁质磁化状态改变时引起其长度和体积微小变化的现象。这种效应在微小机械振动的检测和超声换能器方面有广泛的应用。磁致伸缩的逆效应叫压磁效应，即受机械力拉伸或压缩时，铁磁质被磁化的现象。

磁路 [magnetic circuit]　由铁磁材料或铁磁材料和气隙等构成的闭合回路。

磁阻 [magnetic resistance]　磁路中的一个与电路中的电阻相对应的物理量，表示磁通过磁路时所受到的阻碍作用，用 R_m 表示。磁路中磁阻的大小与磁路的长度 l 成正比，与磁路的横截面积 S 成反比，并与组成磁路的材料磁导率有关，即

$$R_m = \frac{l}{\mu S}$$

n 个磁阻串联时的总磁阻等于各个磁阻阻值的和；n 个磁阻并联时，总磁阻的倒数等于各磁阻倒数的和。

磁位降落 [drop of magnetic potential]　一段磁路上的磁感应通量与这段磁路磁阻的乘积。它也等于这段磁路上的磁场强度与这段磁路长度的乘积。

磁路定理 [magnetic circuit theorem]　一个闭合磁路的磁动势 (磁路上的励磁线圈的匝数与励磁电流强度的乘积) 等于其各分段磁路上磁位降落的和。其数学表达式为

$$E_m = \sum_i \Phi_i R_{mi}$$

式中 Φ_i 是第 i 段磁路的磁感应通量，R_{mi} 是第 i 段磁路的磁阻，E_m 是闭合磁路的磁动势。

5.3　电磁感应

法拉第电磁感应定律 [Faraday law of electromagnetic induction]　通过回路所包围面积的磁感应通量发生变化时，回路中产生的感应电动势 ε_i 与磁通量 Φ 随时间的变化率成正比。采用国际单位制，其数学表示式为

$$\varepsilon_i = -\frac{\mathrm{d}\Phi}{\mathrm{d}t}$$

式中的负号反映了感应电动势的方向与磁通量变化的关系，为楞次定律的数学表现。

楞次定律 [Lenz law]　闭合回路中产生的感应电流的方向，总是使得它产生的穿过回路所包围面积的磁通量，抵抗引起感应电流的磁通量的变化。该定律是能量守恒定律在电磁感应现象中的具体体现，还可表述为：感应电流的效果总是反抗引起感应电流的原因。

动生电动势 [motional electromotive force]　导体或导体回路在磁场中运动时，在导体或导体回路中产生的电动势。对于动生电动势 ε 的计算公式为

$$\varepsilon = \oint_L (\boldsymbol{v} \times \boldsymbol{B}) \cdot \mathrm{d}\boldsymbol{l}$$

式中的 $\mathrm{d}\boldsymbol{l}$ 是在导体上选取的线元，$\boldsymbol{B}$ 是 $\mathrm{d}\boldsymbol{l}$ 处的磁感应强度，$\boldsymbol{v}$ 是线元 $\mathrm{d}\boldsymbol{l}$ 的运动速度。产生动生电动势的非静电力是洛伦兹力。

感生电动势 [induced electromotive force]　导体不动仅由磁场变化而激发的电动势，其计算公式为

$$\varepsilon = \oint_L \boldsymbol{E} \cdot \mathrm{d}\boldsymbol{l} = -\oiint_S \frac{\partial \boldsymbol{B}}{\partial t} \cdot \mathrm{d}\boldsymbol{s}$$

式中的 S 是导体回路 L 所围的面积，$\mathrm{d}\boldsymbol{l}$ 是 L 上选取的线元，$\boldsymbol{B}$ 是 $\mathrm{d}\boldsymbol{l}$ 处的磁感应强度，$\boldsymbol{E}$ 是由变化的磁场激发的电场，叫涡旋电场，它是一种非保守场。

右手定则 [right-hand rule] 电磁学中提出的用来判断导体切割磁感应线所产生的感应电流方向的法则，开右手，使拇指与其余四个手指垂直，并且都与手掌在同一平面内；让磁感线从手心进入，并使拇指指向导线运动方向，这时四指所指的方向就是感应电流的方向。它可用来判定导线切割磁感应线时感应电流方向。

涡旋电场 [vortex electric field] 又称感生电场，变化的磁场在其周围空间激发的电场叫涡旋电场。涡旋电场是一种非保守场，其电场线是无始无终的闭合曲线。涡旋电场的场强 E 和磁感应强度 B 的关系为

$$\oint_L \boldsymbol{E} \cdot d\boldsymbol{l} = -\oiint_S \frac{\partial \boldsymbol{B}}{\partial t} \cdot d\boldsymbol{s}$$

或

$$\nabla \times \boldsymbol{E} = -\frac{\partial \boldsymbol{B}}{\partial t}$$

感生电场 [induced electric field] 即涡旋电场。

涡电流 [eddy current] 简称涡流，又称傅科电流。将导体放在交变磁场中时，变化的磁场在导体中激发起涡旋电场，涡旋电场驱使导体中的自由电荷运动而形成的电流叫涡电流。

傅科电流 [Foucault current] 见涡电流。

涡流损耗 [eddy current loss] 由涡电流造成的焦耳热损耗。在某些场合，涡流损耗是非常有害的。例如，电机和变压器中的涡流损耗会使铁芯发热，严重时甚至烧毁设备。因此，在这种情况下必须设法减小涡流损耗。另一方面，人们又在许多方面利用涡流的热效应，如利用涡流的热效应制成的高频感应电炉，广泛用于冶金工业和科学研究中。

电磁阻尼 [electromagnetic damping] 涡流机械效应的一种实际应用。当导体在磁场中运动而被激起涡流时，根据楞次定律，感应电流的效果总是反抗感应电流的原因，因此，运动导体将迅速停止下来。

趋肤效应 [skin effect] 当导体中有交变电流通过时，导体横截面上的电流分布并不均匀，导体表面处的电流密度大，导体内部的电流密度小。交变电流的频率越高，电流分布就越不均匀。例如：在微波频段（频率从 30MHz ～ 30GHz），电流只在导体表面的一薄层内流动，导体内部没有电流流动。这种现象叫趋肤效应。造成趋肤效应的原因是：导体对电磁波有衰减作用，进入导体内部的高频电磁波迅速衰减，因而不能深入导体内部。

趋肤深度 [skin depth] 当导体中有交变电流通过时，会产生趋肤效应。若用 d 表示导体中某点距导体表面的深度，则导体中的电流密度 j 随深度 d 的变化规律为

$$j = j_0 e^{-d/d_s}$$

式中，j_0 是导体表面处的电流密度，d_s 是 j 等于 j_0/e 时 d 的值，叫作趋肤深度。理论计算表明，趋肤深度由下式决定：

$$d_s = \frac{503}{\sqrt{f \mu_r \sigma}}$$

其中的 f 是交变电流的频率，μ_r 是导体的相对磁导率，σ 是导体的电导率。由此可知，相同频率时，μ、σ 大的导体趋肤深度小；对同一种导体，频率越高，趋肤深度越小。

自感应现象 [self-induction phenomenon] 因线圈自身电流的变化，引起线圈的磁感应通量的变化，从而在线圈中产生感应电动势的现象。

自感系数 [coefficient of self-induction] 简称自感，自感系数等于回路中的电流变化为单位值时，在回路本身所围面积内引起磁链的改变值，用符号 L 表示，单位为亨利 (H)，1H=1Wb/A。若回路的形状保持不变和无铁磁质的情况下，磁链 Ψ 与线圈中的感应电流 I 成正比，用公式表示即

$$\Psi = LI$$

自感系数体现了回路产生自感电动势反抗电流改变的能力。自感系数的大小仅与线圈的几何形状、匝数和周围介质的性质有关。

自感电动势 [self-induced electromotive force] 因自感应而产生的感应电动势。若线圈的自感系数 L 不随时间变化，则线圈中的自感电动势与线圈中电流强度随时间的变化率成正比，即

$$\varepsilon_L = -L \frac{dI}{dt}$$

互感应现象 [mutual induction phenomenon] 因一个线圈中电流的变化，引起邻近另一线圈磁感应通量的变化，从而在另一线圈中激发起感应电动势的现象。

互感系数 [coefficient of mutual induction] 简称互感，等于回路中电流变化为单位值时，在另一个回路所围面积内引起磁链的改变值。在无铁磁材料的情况下，线圈 2 的互感磁通匝链数 Ψ_{21} 与线圈 1 中的电流强度 I_1 成正比。同理，线圈 1 的互感磁通匝链数 Ψ_{12} 与线圈 2 中的电流强度 I_2 成正比，即

$$\Psi_{21} = M_{21} I_1$$

$$\Psi_{12} = M_{12} I_2$$

比例系数 $M_{12} = M_{21} = M$，叫作两线圈间的互感系数。互感的大小仅与两线圈的几何形状、匝数、相对位置和周围介质的性质有关。互感系数的单位为亨利 (H)，1H=1Wb/A。

互感电动势 [mutual induced electromotive force] 因互感应而产生的感应电动势。若两线圈的互感系数 M 不随时间变化，则线圈 2 中的互感电动势 ε_{21} 与线圈 1 中电流强

度随时间的变化率 $\dfrac{\mathrm{d}I_1}{\mathrm{d}t}$ 成正比。同理线圈 1 中的互感电动势 ε_{12} 与线圈 2 中电流强度随时间的变化率 $\dfrac{\mathrm{d}I_2}{\mathrm{d}t}$ 成正比。即

$$\varepsilon_{21} = -M_{21}\frac{\mathrm{d}I_1}{\mathrm{d}t}$$

$$\varepsilon_{12} = -M_{12}\frac{\mathrm{d}I_2}{\mathrm{d}t}$$

电感 [inductance]　在电路中电流发生变化时能产生电动势的性质,分为自感和互感。

耦合系数 [coefficient of coupling]　描述两个线圈之间磁耦合程度的物理量。一般用 k 表示,它的定义式为

$$k = \frac{M}{\sqrt{L_1 L_2}}$$

式中,M 是两线圈的互感系数,L_1、L_2 为两线圈各自的自感系数。k 等于 1 时,两个线圈处于全耦合状态,即两线圈之间的磁耦合过程无漏磁现象。

感应圈 [induction coil]　利用互感应原理制成的能产生几万伏高压的装置,它的结构如图所示。在铁芯 1 上绕有两个线圈,初级线圈 N_1 匝,次级线圈 N_2 匝,N_1 远小于 N_2。开始时可调螺钉 2 与簧片 3 相接触,合上电源开关 S,初级线圈中产生电流,电流的磁场使铁芯磁化,吸引簧片 3,使簧片与螺钉脱开,初级线圈的电路被切断,铁芯的磁性消失,簧片 3 又重新与螺钉 2 接触。初级线圈电路时断时通,使次级线圈中感应出几万伏的高电压。

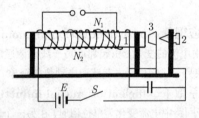

自感磁能 [magnetic energy of self-induction]　在接有自感的电路里,电源克服自感电动势作功储存的能量。如果自感线圈的自感系数为 L,线圈中的电流强度为 I,则自感磁能 $W_L = \frac{1}{2}LI^2$.

互感磁能 [magnetic energy of mutual induction]　在接有互感线圈的电路里,电源克服互感电动势作功储存的能量。如果线圈的互感系数为 M,两线圈中的电流强度分别为 I_1、I_2,则互感磁能 $W_M = MI_1I_2$。

磁能密度 [density of magnetic energy]　磁能储存在磁场中。单位体积内的磁场能量叫磁能密度。磁场中某点的磁能密度 $w_m = \frac{1}{2}\boldsymbol{B} \cdot \boldsymbol{H}$,其中 $\boldsymbol{B}$ 和 $\boldsymbol{H}$ 分别为该点的磁感应强度和磁场强度,磁场的总磁能 W_M 等于磁能密度对磁场所在空间 V 的积分,即

$$W_M = \iiint\limits_V w_m \mathrm{d}v$$

电磁能 [electromagnetic energy]　电磁场所具有的能量,是彼此相互联系的交变电场和磁场所具有的电场能和磁场能的总和。

5.4 电　路

电流 [current]　电荷的定向运动形成电流。通常情况下,产生电流必须具备两个条件:(1) 存在可以自由移动的电荷;(2) 存在电场。规定正电荷移动的方向为电流的方向。大小和方向不随时间变化的电流叫稳恒电流;大小和方向随时间作简谐变化的电流叫简谐交变电流。常把导体或半导体中的载流子在电场力作用下作定向运动形成的电流叫传导电流,电荷不是由电场力作用而在空间运动所形成的电流叫运流电流。另一种电流叫作位移电流,它不是电荷定向运动形成的,而是由随时间变化的电场激发的。参见位移电流。

稳恒电流 [steady current]　参见电流。

电流强度 [current intensity]　描述电流强弱的物理量,常用字母 I 表示,它等于单位时间内通过导体任一横截面的电量。若 $\mathrm{d}t$ 时间内通过导体任一横截面的电量为 $\mathrm{d}q$,则导体中的电流强度为

$$I = \frac{\mathrm{d}q}{\mathrm{d}t}$$

电流强度是标量,它的单位是 A。

电流密度 [current density]　描述电流分布状态的物理量,常用字母 j 表示,它是一个矢量。导体中某点电流密度的方向即该点电流的方向,电流密度的大小等于通过该点与电流方向垂直的单位横截面的电流强度。空间分布的 j 构成一个矢量场,叫电流场。可用电流线直观形象地描述 j 的分布情况。电流线是在电流场中引入的一些假想曲线,曲线上每一点的切线方向即该点电流密度的方向,曲线稀疏的地方电流密度小,密集的地方电流密度大。通过导体中任意曲面的电流强度 I 与电流密度 j 的关系为

$$I = \iint\limits_S \boldsymbol{j} \cdot \mathrm{d}\boldsymbol{s}$$

电流密度的单位是 $\mathrm{A/m^2}$。

电流连续性方程 [continuity equation of electric current]　电荷守恒定律的数学表达式。方程的积分形式为

$$\oiint\limits_S \boldsymbol{j} \cdot \mathrm{d}\boldsymbol{s} = -\frac{\mathrm{d}q}{\mathrm{d}t}$$

式中的 ds 是电流场中任意闭合曲面 S 上的面积元，j 是 ds 处的电流密度矢量，dq 是 dt 时间内 S 曲面里电量的增量。电流连续性方程的微分形式为

$$\nabla \cdot j = -\frac{\partial \rho}{\partial t}$$

式中的 ρ 是电荷体密度。

电流的稳恒条件 [steady condition of current]　该条件为

$$\oiint_S j \cdot ds = 0 \quad \text{(积分形式)}$$

或

$$\nabla \cdot j = 0 \quad \text{(微分形式)}$$

它表明：稳恒电流场中，流进和流出任一闭合曲面的电量相等。也就是说，稳恒电流场中的电流线是闭合曲线。

电源 [electric source]　能将其他形式的能量转变为电能的能量转换装置。例如：干电池和蓄电池将化学能转变成电能，发电机将机械能转变为电能，太阳能电池将太阳能转变为电能等等。

化学电源 [chemical source]　一种能将化学能直接转变成电能的装置，它通过化学反应，消耗某种化学物质，输出电能。常见的电池大多是化学电源。

电动势 [electromotive force]　表征电源做功本领的物理量，它是一个标量。一个电源的电动势 E 定义为在电源内部从负极到正极移动单位正电荷时，电源中的非静电力做的功。用公式表示即

$$E = \int_{-\text{电源内}}^{+} \boldsymbol{E}_k \cdot d\boldsymbol{l}$$

式中的 E_k 是根据做功的非静电力定义的非静电场的场强。若非静电力存在于闭合回路之中，上式可以改写为

$$E = \oint_L \boldsymbol{E}_k \cdot d\boldsymbol{l}$$

即电源的电动势等于非静电场的电场强度沿闭合回路的线积分。电动势的单位是 V。

路端电压 [terminal voltage]　又称外电压。电源加在外电路两端的电压。电源的电动势对一个固定电源来说是不变的，而电源的路端电压却是随外电路的负载而变化的。它的变化规律服从含源电路的欧姆定律，其数学表达式为

$$U = E - Ir$$

式中 U 为路端电压，E 为电源电动势，I 为通过电源的电流，r 为电源内电阻。

外电压 [external voltage]　即路端电压。

恒压源 [steady voltage source]　又称理想电压源。从实际电源抽象出来的一种模型。恒压源的内阻为零，端电压是定值，或是给定的时间函数，与流过它的电流无关。恒压源的电压是由它本身确定的，而流过它的电流由和它相联的外电路来决定。一个实际的电源可以等效为一个恒压源与电源内阻相串联的二端网络。

理想电压源 [ideal voltage source]　即恒压源。

电压源 [voltage source]　又称恒压源。参见恒压源。

恒流源 [steady current source]　又称理想电流源。从实际电源抽象出来的一种电源模型。恒流源是一种产生电流的装置。它产生的电流是定值，或是给定的时间函数，与其两端的电压无关。电流源的电流是由其本身确定的，而它两端的电压由和它相联的外电路来决定。一个实际的电源可以等效为一个恒流源与电源内阻相并联的二端网络。

理想电流源 [ideal current source]　即恒流源。

电流源 [current source]　见恒流源。

恒定电流 [steady circuit]　大小和反向都不随时间而变化的电流叫作恒定电流，属于直流电。

电阻 [resistance]　不含电源的导体两端的电压跟通过它的电流强度之比，用字母 R 表示，它的单位是 Ω。导体电阻的大小取决于导体材料的性质和导体的几何形状。在一定温度下，截面均匀的导体的电阻与导体的长度 L 成正比，与其横截面积 S 成反比，即

$$R = \rho \frac{L}{S}$$

式中的比例系数 ρ 叫作导体的电阻率。

电阻率 [resistivity]　表征物质导电性能的物理量，电阻率小的物质导电性能好，电阻率大的物质导电性能差。电阻率用 ρ 表示，单位是 $\Omega \cdot m$。一种材料的电阻率与材料的性质和温度有关。实验证明，当温度变化不大时，纯金属的电阻率与温度 t 的关系为

$$\rho = \rho_0(1 + \alpha t)$$

式中，ρ_0 是材料 $0°$ 时的电阻率，α 是材料的电阻温度系数。

电导率 [conductivity]　表征物质导电性能的物理量，常用 σ 表示，它等于电阻率的倒数。金属导电的经典电子论认为，金属导体的电导率为

$$\sigma = \frac{ne^2\overline{\lambda}}{m\overline{v}}$$

式中的 n 是金属导体中自由电子的浓度，e 是电子的电量，m 是电子的质量，$\overline{\lambda}$ 是电子的平均自由程，$\overline{v}$ 是电子的平均热运动速率。电导率的单位是 S／m。电导率大的材料导电性能好，反之则差。

电阻的串联 [series connection of resistance] N 个电阻串联时的等效电阻等于各电阻之和；串联电路中每个电阻上的电流强度都相同；串联电路两端的总电压等于各个电阻两端电压之和；串联电路中每个电阻上分配的功率与电阻的阻值成正比。

电阻的并联 [parallel connection of resistance] N 个电阻并联时，总电阻的倒数等于各个电阻倒数之和；各个电阻两端的电压相等；通过并联电路的总电流强度等于通过各支路的电流强度之和，且电流的分配与电阻的大小成反比；并联电路中每个电阻上分配的功率与电阻的阻值成反比。

欧姆定律 [Ohm law]   通电导体的电流强度 I 与其两端的电压 V 成正比，跟它的电阻 R 成反比，即

$$I = \frac{V}{R}$$

这就是欧姆 (Simon Georg Ohm) 定律。常称之为部分电路欧姆定律。除此之外，还有一段含源电路欧姆定律和闭合电路欧姆定律。一段含源电路欧姆定律：含源支路起点和终点之间的电压降等于起点至终点路径上各电路元件两端电压降的代数和；闭合电路欧姆定律：任一闭合电路中，各电路元件上电压降的代数和等于零。

欧姆定律的微分形式 [differential form of Ohm law]   表示导电物质中某点的电流密度 j 跟该点电场强度 E 之间的关系，数学表达式为

$$j = \sigma E$$

式中的 σ 是导电物质的电导率。欧姆定律的微分形式既适用于稳恒电路，也适用于非稳恒电路。

电功率 [electric power]   电场力在单位时间内做的功。等于电路两端的电压 U 跟通过电路的电流强度 I 的乘积，它的单位是 W。

焦耳定律 [Joule law]   电流通过导体产生的热量 Q 跟电流强度 I 的平方、导体的电阻 R 及通电时间 t 成正比。这就是焦耳 (Prescott James Joule) 定律，其数学表示式为

$$Q = I^2 R t$$

热量 Q 又叫焦耳热。

焦耳定律的微分形式 [differential form of Joule law]   公式表示为

$$p = \sigma E^2$$

式中的 p 是单位体积导体的热功率，叫热功率密度，σ 是电导率，E 是电场强度。体积为 V 的通电导体的热功率为

$$P = \int_V p \, dv$$

热功率密度 [thermal power density]   参见焦耳定律的微分形式。

基尔霍夫电流定律 [Kirchhoff current law]   在任一时刻汇集于电路中任一节点的各支路电流的代数和等于零。其数学表示式为

$$\sum_i I_i = 0$$

这里规定：流进节点的电流强度为负值，流出节点的电流强度为正值。

基尔霍夫电压定律 [Kirchhoff voltage law]   在任一时刻，电路中任一回路的所有支路电压降的代数和等于零。其数学表示式为

$$\sum_i V_i = 0$$

电压降的正负号规定如下：选定回路绕行方向，电路中电源电动势的方向与回路绕行方向一致时，电动势引起的电压降为负，反之为正；电路中电阻上的电流流向和回路绕行方向一致时，电阻上的电压降为正，反之为负。

戴维南定理 [Thevenin theorem]   又称等效电压源定理。有源二端网络可用一个恒压源与一个电阻相串联的电路来等效，恒压源的电动势等于二端网络的开路电压，串联电阻等于二端网络中所有独立电源取零值 (恒压源短路，恒流源开路) 时网络端钮间的等效电阻。

等效电压源定理 [equivalent voltage source theorem]   即戴维南定理。

诺顿定理 [Norton theorem]   又称等效电流源定理。有源二端网络可用一个恒流源与一个电阻相并联的电路来等效，恒流源的电流强度等于二端网络的短路电流，并联电阻等于二端网络中所有独立电源取零值 (恒压源短路，恒流源开路) 时网络端钮间的等效电阻。

等效电流源定理 [equivalent current source theorem]   即诺顿定理。

等效电源定理 [equivalent source theorem]   包括电压源等效 (见戴维南定理)，和电流源等效 (见诺顿定理) 两个定理。

低通滤波电路 [low-pass filter]   容许低于截止频率的信号通过，但高于截止频率的信号不能通过的电子滤波装置。让某一频率以下的信号分量通过，而对该频率以上的信号分量大大抑制的电容、电感与电阻等器件的组合装置。

旁路电容 [by-pass capacitor]   可将混有高频电流和低频电流的交流信号中的高频成分旁路滤掉的电容。

叠加定理 [superposition theorem]   在含多个电源的线性电路中，任一支路上的电流等于电路中各电源单独存在时在该支路上产生的电流之和。

星-三角变换 [star-delta transformation]　又称 T-Π 变换，是星形电路和三角形电路之间等效代换的一种方法。对如图所示的星形电路和三角形电路，从星形电路变成三角形电路的变换关系为

$$R_{12} = \frac{R_1 R_2 + R_2 R_3 + R_3 R_1}{R_3}$$

$$R_{23} = \frac{R_1 R_2 + R_2 R_3 + R_3 R_1}{R_1}$$

$$R_{31} = \frac{R_1 R_2 + R_2 R_3 + R_3 R_1}{R_2}$$

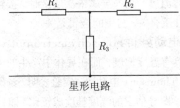

星形电路

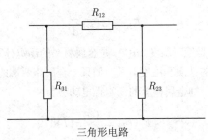

三角形电路

从三角形电路变成星形电路的变换关系为

$$R_1 = \frac{R_{12} R_{31}}{R_{12} + R_{23} + R_{31}}$$

$$R_2 = \frac{R_{23} R_{12}}{R_{12} + R_{23} + R_{31}}$$

$$R_3 = \frac{R_{31} R_{23}}{R_{12} + R_{23} + R_{31}}$$

T-Π 变换 [star-delta transformation]　即星-三角变换。

安培计 [ampere-meter]　又称安培表。测量稳恒电流强度的仪表。在电流计两端并接一个分流电阻 R 就构成一个安培计 (如图所示)。若希望安培计的量程为电流计满度电流的 n 倍，则并联电阻的大小为

$$R = \frac{1}{n-1} R_g$$

式中的 R_g 是电流表的内阻。安培表有正负极，使用时电流必须从表头的正极流入。

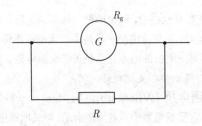

安培表 [ammeter]　即安培计。

电压表 [voltmeter]　又称伏特计。测量直流电压的电表。在一个电流计上串联一个高电阻 R 就构成一个伏特计 (见图所示)。设电流计的内阻为 R_g，满度电流为 I_g，欲使伏特计的量程为 $I_g R_g$ 的 n 倍，必须串联的电阻的大小为

$$R = (n-1) R_g$$

伏特计有正负极，使用时正极必须接在电路中的高电位点。

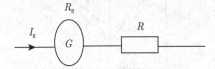

伏特计 [voltmeter]　即电压表。

电位差计 [potentionmeter]　电位差计是用补偿法准确测量电源电动势的仪器，其电路原理如图所示。E_x 是待测电动势，E_s 是标准电池的电动势。测量时先调节 R_A，在电路中建立适当的电流，然后将开关 S 与标准电池连接，调节 R 使电流计 G 中无电流通过，这时 A、C 两点间的电阻记作 R_1。再将 S 与待测电池相连接，调节 R 使 G 中无电流通过，这时 A、C 两点间的电阻记作 R_2。待测电源的电动势

$$E_x = \frac{R_2}{R_1} E_s$$

电位差计还可以用来测量电阻、电压和电流等。

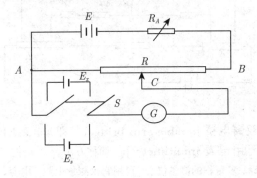

电势降落 [electric potential drop]　一般指在电路中，沿电流的方向电势降低了多少，通常为正值，出现负值则表示电势升高。

电桥的平衡条件 [equilibrium condition of a bridge]　电桥分直流电桥和交流电桥，直流和交流电桥原

理相似，在直流电桥中，四个桥臂一般是由电阻原件组成，电源是直流电源；而交流电桥一般是由交流电路原件如电阻、电感、电容组成，电桥的电源通常是正弦交流电源。其平衡条件分别见惠斯通电桥和交流电桥。

惠斯通电桥 [**Wheatstone bridge**]　一种精确测量电阻的仪器。它测量电阻的原理如图所示，桥式电路中的 R_1、R_2 是已知电阻，R_s 是可调电阻，R_x 是待测电阻。选取 R_1 与 R_2 的适当比例，调节 R_x 使检流计 G 中无电流通过，电桥平衡，则待测电阻的值

$$R_x = \frac{R_1}{R_2} R_s$$

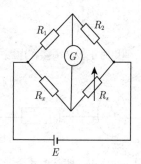

开尔文电桥 [**Kelvin bridge**]　又称双臂电桥。一种可以测量 0.01 欧姆以下的低电阻的直流电桥。它的电路原理如图所示，R_3、R_4 是两个高电阻，R_x 是待测电阻，r_1、r_2、r_3、r_4、r 是连接导线的电阻和接触电阻，调节 R、R_1、R_2、R_3、R_4 使电桥平衡，由电桥平衡条件可求得

$$R_x = \frac{R_1}{R_2} R, \quad \frac{R_1}{R_2} = \frac{R_3}{R_4}$$

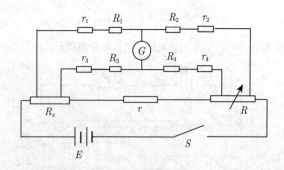

双臂电桥 [**double-arm bridge**]　即开尔文电桥。

万用电表 [**multimeter**]　简称万用表。一种多功能、多用途、多量程的测量仪表，可用它来测量电阻、电容、直流电流、直流电压、交流电流、交流电压等电学量。万用电表有指针式和数字式两种。任何型号的万用电表都是由表头、转换开关和测量电路三部分组成。表头经转换开关的转换，与不同的测量电路组成不同功能的测量仪表。使用万用电表时要注意：(1) 在不知道待测量的大小时应首先选用最大量程挡测

量；(2) 测量直流电压和直流电流时电表的极性不能接错；(3) 用电阻挡测电阻时，电阻上不能通有电流，也不能测量额定电流很小的电阻；(4) 不使用时应将转换开关置于最大电压挡。

接触电势差 [**contact potential difference**]　两种不同的金属相互接触时在它们之间产生的电势差。产生接触电势差的原因是：(1) 两种金属电子的逸出功不同。(2) 两种金属的电子浓度不同。若 A、B 两种金属的逸出功分别为 V_a 和 V_b，电子浓度分别为 N_a 和 N_b，则它们之间的接触电势差为

$$V_{ab} = V_a - V_b + \frac{kT}{e} \ln \frac{N_a}{N_b}$$

式中的 k 为玻尔兹曼 (Boltzmann) 常量，e 是电子电量，T 是金属的绝对温度。几种金属依次连接时，接触电势差只与两端金属的性质有关，与中间金属无关。

汤姆孙电动势 [**Thomson electromotive force**]　因金属导体上具有温度梯度，而在导体中产生的电动势叫汤姆孙 (William Thomson) 电动势。实验表明，汤姆孙电动势的非静电场 E_K 跟导体上的温度梯度成正比，即

$$E_K = \sigma(T) \frac{\mathrm{d}T}{\mathrm{d}l}$$

式中的 T 是绝对温度，$\sigma(T)$ 是金属材料的汤姆孙系数，它与金属材料的性质和温度有关。如果一金属棒两端的温度分别为 T_1、T_2，则金属棒上的汤姆孙电动势为

$$E(T_1, T_2) = \int_{T_1}^{T_2} \sigma(T) \mathrm{d}T$$

汤姆孙效应 [**Thomson effect**]　让金属棒两端维持不同的温度，当电流通过金属棒时，棒中除产生焦耳热外还会出现吸热或放热现象。电流从低温端流入高温端流出时，金属棒从外界吸收热量；电流从高温端流入低温端流出时，金属棒放出热量。这就是汤姆孙效应。

汤姆孙系数 [**Thomson coefficient**]　参见汤姆孙电动势。

佩尔捷效应 [**Peltier effect**]　电流流过 A、B 两种不同金属的接触面时，接触处会发生吸热或放热现象。如果电流从 A 流向 B 时接触处吸热，则电流从 B 流向 A 时接触处放热。这种现象叫佩尔捷 (Jean Charles Athanase Peltier) 效应。

温差电动势 [**thermo-electromotive force**]　将 A、B 两种不同的金属构成闭合回路，当两种金属的接头处维持不同的温度 T_1、T_2 时，回路中会产生电动势，从而形成电流。这种电动势叫温差电动势，形成的电流叫温差电流。金属回路叫温差电偶或热电偶。实验表明，当温度的变化范围不大时，温差电动势 E_{AB} 与温度差 $(T_2 - T_1)$ 的关系为

$$E_{AB} = a(T_2 - T_1) + \frac{b}{2}(T_2 - T_1)^2$$

式中的 a、b 是与金属性质有关的常量，可以通过实验测定。

温差电偶 [thermo-couple]　由两种不同的金属焊接起来、并使两焊接点处于不同温度的回路叫温差电偶或热电偶。温差电偶的主要用途是测量温度。它的特点是测量范围广 ($-200\sim2000°C$)，灵敏度高，稳定性好，准确度高。常用的温差电偶有铜康铜热电偶 (测 $300°C$ 以下温度)、镍铝镍铬热电偶 (测 $1300°C$ 以下温度)、铂铂铑热电偶 (测 $1700°C$ 以下温度)、钨钛热电偶 (测 $2000°C$ 以下温度)。

温差电堆 [thermo-pipe]　将若干个温差电偶串联起来 (如图所示) 就构成一个温差电堆。温差电堆的温差电动势比温差电偶的大得多，可用它制成温差电池、温差电堆温度计、光辐射和红外辐射测量装置等。

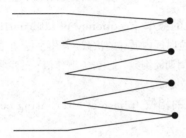

气体导电 [gaseous conduction]　又称气体放电。气体分子发生电离而导电的现象。可分为自激导电和被激导电两种情况。被激导电是指气体在电离剂 (紫外线、X 射线、火焰等) 的作用下电离而导电的情况；自激导电也叫自持导电，是指气体因被击穿而导电的情况。自激导电时，即使撤除电离剂，导电过程仍然维持。参与自激导电的大量离子是由碰撞电离、二次电子发射、热电子发射等原因而形成。自激导电因条件不同会有不同的导电方式，可分为：辉光放电、弧光放电、火花放电和电晕放电等。

气体放电 [gas discharge]　即气体导电。

电弧 [electric arc]　一种气体放电现象，参见弧光放电。

辉光放电 [glow discharge]　稀薄气体中的自激导电现象。其物理机制是：放电管两极的电压加大到一定值时，稀薄气体中的残余正离子被电场加速，获得足够大的动能去撞击阴极，产生二次电子，经簇射过程形成大量带电粒子，使气体导电。辉光放电的特点是电流密度小，温度不高，放电管内产生明暗光区，管内的气体不同，辉光的颜色也不同。正常辉光放电时，放电管极间电压不随电流变化。辉光放电的发光效应被用于制造霓虹灯、荧光灯等光源，利用其稳压特性可制成稳压管 (如氖稳压管)。

弧光放电 [arc discharge]　在大电流作用下使气体击穿，产生高温，并出现弧光的气体放电现象。实验产生弧光放电的方法是将低电压大功率电源上的两电极短路后立即分开，短路电流产生的焦耳热使电极表面温度急剧升高，产生热电子发射，形成弧光放电。弧光放电过程中的大量导电离子主要来自电极的热电子发射，此外，还有离子碰撞电极产生的二次电子和场致发射的电子。弧光放电现象应用广泛，照明用的弧光灯、冶炼用的电弧炉、焊接用的电焊机都是基于弧光放电原理制成的。但是在某些场合，弧光放电极其有害。如大电流电路中的开关断开时，产生的弧光会烧毁电器设备，必须采取灭弧措施。

火花放电 [spark discharge]　当高压电源的功率不太大时，高压电极间的气体在强电场的作用下被击穿，产生明亮、曲折、狭窄且有分叉的电火花，并伴随爆裂声，这种形式的自激导电叫火花放电。火花放电的击穿电压与气体的性质和压强、电极的形状和大小以及电极间距离等因素有关。雷电就是一种强大的火花放电现象。

电晕放电 [corona discharge]　当导体电极上有尖端或毛刺、且又远离其他导体时，尖端附近的强电场驱使气体中的残留离子高速运动，将气体分子碰撞电离，引起气体导电并发出晕光的现象叫作电晕放电。电晕放电是一种不完全的火花放电现象。当电极与周围导体间的电压增大时，电晕层逐渐扩大到其他导体，电晕放电就会过渡为火花放电。

自持导电 [self-sustaining conduction]　又称自激导电。气体因被击穿而导电的情况。自激导电时，即使撤除电离剂，导电过程仍然维持。参与自激导电的大量离子是由碰撞电离、二次电子发射、热电子发射等原因而形成。

自激导电 [self-excited conduction]　即自持导电。

逸出功 [work function]　又称功函数、脱出功。电子从金属表面逸出时克服表面势垒必须做的功。常用单位是电子伏特 (eV)。金属材料的逸出功不但与材料的性质有关，还与金属表面的状态有关，在金属表面涂覆不同的材料可以改变金属逸出功的大小。例如：钨的逸出功为 4.52eV，表面涂钍后变为 2.63eV，涂铯后变为 0.71eV。

功函数 [work function]　即逸出功。

热电子发射 [thermoelectron emission]　当金属的温度升高时，金属中电子的动能随之增大，动能超过逸出功的电子数逐渐增加。温度升高到一定值 (1000° 以上) 时，大量电子从金属中逸出，这种现象叫热电子发射。热电子发射在无线电技术中有广泛的应用，各种电子管和电子射线管都是利用热电子发射来产生电子束的。

二次电子发射 [second electron emission]　用电子流或离子流轰击物体表面，使之发射电子的过程。发射的电子叫次级电子或二次电子。二次电子的数目取决于入射离子或电子的速度、入射角、物体的性质及物体表面的状态。

场致发射 [field emission]　又称冷发射。在电极表面处的外加强电场的作用下，电子从电极表面逸出的现象。发射的电子流密度与电极材料的性质、电场强度和电极表面的光滑度相关。

冷发射 [cold emission]　即场致发射。

法拉第电解定律 [Faraday law of electrolysis]　法拉第电解定律有两条：法拉第电解第一定律和法拉第电解第二定律。法拉第电解第一定律：电解时极板处析出的物质的质量 m 跟通电时间 t 和电流强度 I 成正比 (或者说跟通过的电量 q 成正比)，即

$$m = kIt = kq$$

式中的比例系数 k 叫作物质的电化当量，它在数值上等于通过 1 库仑电量时析出物质的质量，它的单位是千克/库仑 (kg/C)。不同物质的电化当量不相同。法拉第电解第二定律：物质的电化当量 k 跟它的化学当量 (M/n) 成正比，即

$$k = \frac{M}{Fn}$$

式中的 M 是物质的摩尔质量，n 是化合价，F 叫作法拉第恒量，任何物质的 F 值都相同，等于 0.031772kg / mol。

交流电 [alternating current]　大小和方向随时间作周期性变化的电流。随时间作简谐变化的交流电叫简谐交流电或正弦交流电，可用正弦函数表示如下：

$$i = I_0 \sin(2\pi ft + \phi)$$
$$= I_0 \sin(wt + \phi)$$

式中，i、I_0、f 和 ϕ 分别是正弦交流电的瞬时值、振幅 (或最大值)、频率和初相位。$(2\pi ft + \phi)$ 叫作交流电的相位。它是决定交流电瞬时变化状态的物理量。$w = 2\pi f$ 叫正弦交流电的角频率。正弦交流电也可用复数表示，用 $\widetilde{I}$ 表示复数电流 (简称复电流)，则有

$$\widetilde{I} = I_0 e^{j(wt + \phi)}$$

把复常数 $e^{j\phi}$ 叫作电流相量，它是复电流的核心部分，用 I 表示。相量是一个复数，可用复平面上的有向线段来表示。相量在复平面上的图示叫相量图。

交流电路 [alternating current circuit]　电源的电动势随时间作周期性变化，使得电路中的电压、电流也随时间作周期性变化。如果电路中的电动势、电压、电流随时间作简谐变化，该电路就叫简谐交流电路或正弦交流电路，简称正弦电路。

交流电的振幅 [amplitude of alternating current]　参见交流电。

交流电的有效值 [effective value of alternating current]　在两个相同的电阻 R 上分别通上交流电流 i 和稳恒电流 I，如果在交流电的一个周期的时间 T 内，两个电阻消耗的电能相等，则稳恒电流 I 等于交流电流 i 的有效值。交流电流 i 的有效值的定义式为

$$I = \sqrt{\frac{\int_0^T i^2 \mathrm{d}t}{T}}$$

即交流电流的有效值等于它瞬时值的平方在一个周期内的平均值的平方根。故有效值也叫方均根值。正弦交流电流的有效值等于其振幅的 $1/\sqrt{2}$ 倍。

交流电的周期 [period of alternating current]　交变信号重复一次所需的时间。常用字母 T 表示，单位是 s。周期是频率的倒数。

交流电的频率 [frequency of alternating current]　交变信号单位时间内循环的次数。常用字母 f 表示，单位是 Hz。频率是周期的倒数。把 $2\pi f$ 叫作信号的角频率，用字母 w 表示，单位是 rad/s。

交流电的相位 [phase of alternating current]　参见交流电。

阻抗 [impedance]　正弦交流电路中，二端网络端钮上电压的最大值 (或有效值) 与电流的最大值 (或有效值) 之比叫作该二端网络的阻抗，用字母 Z 表示，单位是 Ω。如果端钮上的电压和电流都用复数表示，则复数电压和复数电流之比叫二端网络的复数阻抗，简称复阻抗。复数阻抗的实部叫电阻 (或有功电阻)，用 r 表示，虚部叫电抗，用 X 表示。电容的电抗叫容抗，用 X_c 表示；电感的电抗叫感抗，用 X_L 表示。无源二端网络复数阻抗的模即二端网络的阻抗，其辐角是二端网络端钮上电压和电流之间的相位差。

电抗 [reactance]　参见阻抗。

感抗 [inductive reactance]　电感的电抗。自感系数为 L 的电感线圈的感抗为 wL，w 是交流电的角频率。

容抗 [capacitive reactance]　电容的电抗。电容为 C 的电容器的容抗为 $1/wC$，w 是交流电的角频率。

分布电感 [distributed inductance]　单位长度上的电感。

分布电容 [distributed capacity]　单位长度上的电容。

导纳 [admittance]　阻抗的倒数。常用字母 Y 表示，单位是 S。复数阻抗的倒数叫复数导纳。复数导纳的实部叫电导，用 G 表示，虚部叫电纳，用 B 表示。电容的电纳叫容纳，用 B_C 表示，电感的电纳叫感纳用 B_L 表示。

电纳 [susceptance]　参见导纳。

交流电的瞬时功率 [instantaneous power of alternating current]　交流电的瞬时电压和瞬时电流的乘积。若

交流电的电压和电流分别为

$$u(t) = U_0 \cos(wt + \phi)$$

$$i(t) = I_0 \cos(wt)$$

则交流电的瞬时功率为

$$
\begin{aligned}
p(t) &= u(t)i(t) \\
&= U_0 \cos(wt + \phi)I_0 \cos(wt) \\
&= \frac{1}{2}U_0 I_0 \cos\phi + \frac{1}{2}U_0 I_0 \cos(2wt + \phi)
\end{aligned}
$$

$p(t)$ 包含两项，第一项是与时间无关的常数项，第二项是以二倍频率 $(2w)$ 作周期变化的交变项。

交流电的平均功率 [average power of alternating current]　交流电的瞬时功率在一个周期内的平均值。设交流电的瞬时电压和瞬时电流分别为

$$u(t) = U_0 \cos(wt + \phi)$$

$$i(t) = I_0 \cos(wt)$$

则交流电的平均功率为

$$
\begin{aligned}
P &= \frac{1}{T}\int_0^T u(t)i(t)\mathrm{d}t \\
&= \frac{1}{2}U_0 I_0 \cos\phi \\
&= UI\cos\phi
\end{aligned}
$$

式中，U、I 分别为交流电的电压和电流的有效值，$\cos\phi$ 叫功率因数。交流电的平均功率也叫有功功率，它的单位是 W。

交流电的有功功率 [active power of alternating current]　参见交流电的平均功率。

交流电的视在功率 [apparent power of alternating current]　交流电压和交流电流的有效值的乘积。常用 S 表示，单位为 V·A。电器设备铭牌上标明的容量即视在功率。

交流电的无功功率 [reactive power of alternating current]　如果交流电的电压和电流的瞬时值分别为

$$u(t) = U_0 \cos(wt + \phi)$$

$$i(t) = I_0 \cos(wt)$$

那么，交流电的无功功率为

$$Q = \frac{1}{2}U_0 I_0 \sin\phi = UI\sin\phi$$

式中，U 和 I 分别是交流电的电压和电流的有效值。无功功率的单位是 var。无功功率的大小表明电源和电路中电抗元件之间往返能量的大小。

功率因数 [power factor]　平均功率和视在功率的比值。即

$$\cos\phi = \frac{P}{S}$$

式中的 ϕ 是负载电路端钮上电压和电流的相位差，也叫功率因数角。对不含电源的负载电路，功率因数角等于电路的阻抗角。在电力系统中，提高负载电路的功率因数是一个十分重要的问题。提高负载电路的功率因数，可充分利用电源设备的供电能力，减少电路中因无功电流引起的焦耳损耗。

功率三角形 [power triangle]　有功功率 P、无功功率 Q、视在功率 S 和功率因数角 ϕ 之间的关系可用如图所示的三角形表示。

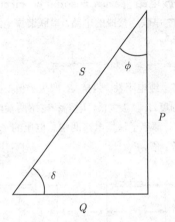

有功电流 [active current]　设交流电的电流和电压分别为

$$i(t) = I_0 \cos(wt - \phi)$$

$$u(t) = U_0 \cos(wt)$$

利用三角函数公式可将 $i(t)$ 写作

$$i(t) = I_0 \cos\phi \cos(wt) + I_0 \sin\phi \sin(wt)$$

可以证明，上式右边的第一项对平均功率有贡献，把它叫作有功电流，第二项对平均功率无贡献，把它叫作无功电流。在相量图上，有功电流是平行于电压相量的那个电流分量，无功电流是垂直于电压相量的那个电流分量。

无功电流 [reactive current]　参见有功电流。

损耗角 [loss angle]　二端网络端钮上交流电压和交流电流之间相位差角（即功率因数角）的余角，用 δ 表示。

损耗因数 [loss factor]　有功功率与无功功率之比。等于损耗角的正切 $\tan\delta$。由功率三角形可知

$$\tan\delta = \frac{\text{有功功率}}{\text{无功功率}} = \frac{P}{Q}$$

因此，损耗角或损耗因数越大，电路的损耗就越大。对于有耗电抗元件，损耗因数是其品质因数的倒数。

自由振荡 [free oscillation]　振荡电路中发生电磁振荡时，既没有能量损失，也不受其他外界的影响。

谐振电路 [resonance circuit]　在同时存在电容元件和电感元件的交流电路中，电流强度随频率不是单调变化的，当信号源的频率 f 等于或接近某个频率 f_0(电路的固有频率)时，电路中的电流强度和电路的总阻抗都取极值。这种现象叫作谐振。能发生谐振的电路叫谐振电路。f_0 是电路发生谐振时的频率。谐振电路主要有串联谐振电路和并联谐振电路两种。R、L、C 串联连接成的电路是串联谐振电路；L 和 C 并联连接成的电路叫并联谐振电路。

谐振频率 [resonance frequency]　参见谐振电路。

串联谐振电路 [series resonance circuit]　如图所示的 R、L、C 串联连接成的电路。串联谐振电路的谐振频率为

$$f_0 = \frac{1}{2\pi\sqrt{LC}}$$

谐振时，电路呈纯电阻性，阻抗 Z 取极小值，且 $Z = R$，电路中的电流强度 I 取极大值，电容和电感两端电压的相位相反，大小相等，都等于谐振电路两端总电压的 Q(Q 是谐振电路的品质因数) 倍。

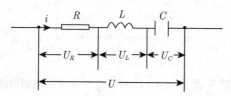

并联谐振电路 [parallel resonance circuit]　如图所示的 L、C 并联连接成的电路。并联谐振电路的谐振频率为

$$f_0 = \frac{1}{2\pi}\sqrt{\frac{1}{LC} - \left(\frac{R}{L}\right)^2}$$

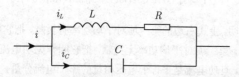

谐振时，电路呈纯电阻性，阻抗 Z 取极大值，电路中的电流强度 I 取极小值，流过电容和电感的电流相位相反，大小几乎相等，且等于外电路总电流的 Q(Q 是谐振电路的品质因数)倍。

品质因数 [quality factor]　又称Q 值。描述谐振电路储能效率的物理量。一个谐振电路的品质因数定义为

$$Q = 2\pi\frac{W_s}{W_R}$$

式中的 W_s 是电路谐振时所储存的能量，W_R 是在一个周期内电路所消耗的能量。Q 值越高，谐振电路的储能效率就越

高。电抗元件的 Q 值定义为

$$Q = \frac{无功功率}{有功功率}$$

可以证明，谐振电路 Q 值的倒数等于电容元件和电感元件 Q 值倒数之和，即

$$\frac{1}{Q} = \frac{1}{Q_C} + \frac{1}{Q_L}$$

Q 值 [Q value]　即品质因数。

通频带宽度 [pass band-width of frequency]　简称 "通频带"。电流谐振曲线顶峰两边的曲线上，I 的值等于其峰值 $1/\sqrt{2}$ 倍的两点之间的频带宽度 (见下图)。通频带宽度越窄，谐振曲线就越尖锐，谐振电路的选择性越好。通频带宽度、谐振频率 f_0 和 Q 值三者有如下关系

$$\Delta f = \frac{f_0}{Q}$$

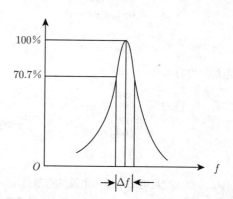

暂态过程 [transient process]　电路从一种稳定状态过渡到另一种稳定状态所经历过程。如用阶跃电压激励 RC、RL 或 RLC 电路时，因为电容两端的电压不能跃变，电感的电流不能跃变，所以电路的响应不会立即达到稳定值，需要经过一个变化过程，逐渐趋于稳定值。这个变化过程即暂态过程。

时间常数 [time constant]　表征暂态过程中，电路响应变化快慢的物理量，用 τ 表示，τ 具有时间的量纲，单位是秒。电路的时间常数越小，响应变化越快，反之越慢。RC 电路的时间常数 $\tau = RC$；RL 电路的时间常数 $\tau = L/R$。以 RC(或 RL) 电路的零状态响应为例，响应衰减到稳态值的 $1/e$(0.368) 所需的时间为 1 个 τ。

阻尼振荡 [damping oscillation]　使已经充好电的 R、L、C 串联电路短路放电 (见图 (a))，其电路方程为

$$LC\frac{\mathrm{d}^2V}{\mathrm{d}t^2} + RC\frac{\mathrm{d}V}{\mathrm{d}t} + V = 0$$

方程的解 (即电路的响应) 的形式与阻尼度$\lambda = \dfrac{R}{2}\sqrt{\dfrac{C}{L}}$ 的大

小有关。有如下三种情况：(1)R 较小 ($R^2 < 4L/C$)，$\lambda < 1$，电路有衰减振荡形式的响应

$$v(t) = V_0 \mathrm{e}^{-\alpha t} \cos(wt + \phi)$$

这种形式的振荡叫作阻尼振荡（见图 (b)）。阻尼振荡的振荡频率为

$$f = \frac{w}{2\pi} = \frac{1}{2\pi} \sqrt{\frac{1}{LC} - \frac{R^2}{4L^2}}$$

衰减系数 $\alpha = R/2L$；(2)$R^2 = 4L/C$，即 $\lambda = 1$ 时，阻尼振荡频率变为零，周期为无穷大，电路响应变成非振荡衰减形式（见图 (b)），它是阻尼振荡的临界状态，称之为临界阻尼情况；(3)R 较大 ($R^2 > 4L/C$)，$\lambda > 1$，电路有非振荡衰减形式的响应（见图 (b)），称之为过阻尼情况。

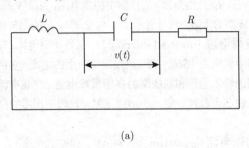

(a)

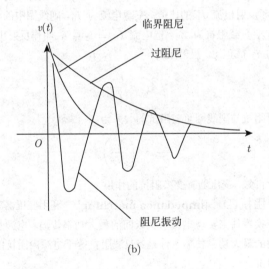

(b)

过阻尼 [over damping]　参见阻尼振荡。

临界阻尼 [critical damping]　参见阻尼振荡。

电流计 [galvanometer]　测量电流的指针式仪表。它的结构如图所示。在线圈中通上电流时，它同时受到磁力矩 L_C 和游丝的扭转力矩 L_d 的作用，$L_C = ISB$，$L_d = -D\theta$。两个力矩平衡时线圈静止，则

$$\theta = \frac{NSB}{D}I = S_I I$$

式中的 θ 是线圈转过的角度，N 和 S 分别是线圈的匝数和面积，B 是磁铁产生的磁场的磁感应强度，D 是游丝的扭转常

数。S_I 称为电流计的灵敏度，其倒数叫作电流计常数，电流计常数越小，电流计越灵敏。被测电流的大小可以用 θ 的值来标度。

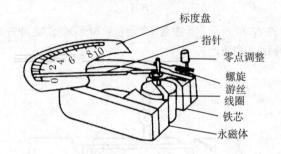

灵敏电流计 [sensitive galvanometer]　一种高灵敏度的磁电式电流计，可用它测量 $10^{-7} \sim 10^{-11}\mathrm{A}$ 的电流。当电流计的线圈中有电流流过时，线圈受到磁力矩的作用而偏转，线圈同时受到悬丝的扭转力矩和由于电磁感应引起的电磁阻尼力矩的作用。在这三个力矩的作用下线圈的运动方程为

$$J\frac{\mathrm{d}^2\Phi}{\mathrm{d}t^2} + P\frac{\mathrm{d}\Phi}{\mathrm{d}t} + D\Phi = NSIB$$

式中的 J、Φ、N、S、I 分别是线圈的转动惯量、偏转角、匝数、面积和电流强度，D 是悬丝的扭转常数，B 是线圈处的磁感应强度，$P = (NSB)^2/R$ 是阻尼力矩的阻力系数，其中的 R 是线圈的电阻及外电路电阻之和。线圈有三种可能的运动状态：阻尼振荡运动状态（欠阻尼）、临界阻尼状态和过阻尼状态。实际应用时，必须使线圈工作在临界阻尼状态，这就要求阻尼度

$$\lambda = \frac{P}{2\sqrt{JD}} = \frac{(NSB)^2}{2R\sqrt{JD}} = 1$$

线圈达到稳定时的偏转角 Φ_0 与电流强度 I 成正比，即

$$\Phi_0 = \frac{NSB}{D}I = S_I I$$

式中的 S_I 称为电流计的灵敏度。灵敏电流计的指示系统是由悬丝上的反射镜和标尺组成（为镜尺系统），用反射镜反射光斑到标尺上来读数。

冲击电流计 [ballistic galvanometer]　冲击电流计的结构如图所示，它的特点是线圈扁且宽、转动惯量大，因此线圈的自由振荡周期较长。冲击电流计不是用来测量电流强度的，而是用来测量短时间内脉冲电流所迁移的电量的。可以证明，电量 q 与冲击电流计的冲掷角 Φ_M(在冲击电流计线圈中通上脉冲电流后，线圈的第一次最大的摆角) 成正比，即

$$q = C_b\Phi_M \text{ 或 } \Phi_M = S_b q$$

式中的 C_b 叫作冲击电流计的冲击常数，$S_b = 1/C_b$ 叫作电量灵敏度。它们与电流计的结构和电流计回路的电阻 R 有关。

将一个探测线圈接在冲击电流计上，可以测量探测线圈所在处的磁感应强度的变化量 ΔB，ΔB 与 Φ_M 的关系为

$$\Delta B = \frac{C_b R}{N S} \Phi_M$$

式中的 N 和 S 分别为探测线圈的匝数和面积，R 是冲击电流计回路的电阻。

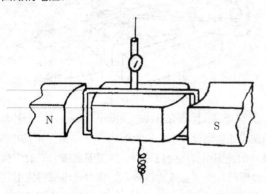

变压器 [transformer]   根据电磁感应原理制成，用来变换电压、电流、阻抗，也可用作耦合器件的电磁装置，被广泛应用于电力系统和无线电技术中。变压器的原理性结构如图所示，在一个铁芯上绕两个线圈就构成一个变压器。与电源相联的线圈叫原线圈 (或原绕组、初级线圈)，与负载相联的线圈叫副线圈 (或副绕组、次级线圈)。交流电源在原线圈中激发交变电流，从而在铁芯内产生交变磁通。耦合至副线圈的交变磁通在副线圈内产生感应电动势和感应电流，感应电流引起的磁通又反过来影响原线圈。这就是变压器的基本工作过程。

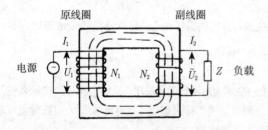

理想变压器 [ideal transformer]   从实际变压器抽象出来的一种模型，符合下列条件: (1) 没有漏磁，即原、副绕组每匝线圈的磁通量都一样; (2) 两绕组没有电阻，从而没有焦耳热损耗; (3) 铁芯中没有磁滞损耗和涡流损耗; (4) 原、副线圈的阻抗为无穷大，从而空载电流趋于零。

电源变压器 [power transformer]   功能是功率传送、电压变换和绝缘隔离，作为一种主要的软磁电磁元件，在电源技术中和电力电子技术中得到广泛的应用。

初级绕组 [primary winding]   变压器中与电源相连的线圈。

电压变比公式 [voltage-ratio formula of transformer]   理想变压器的电压变比公式为

$$\frac{\widetilde{U_1}}{\widetilde{U_2}} = -\frac{N_1}{N_2}$$

式中的 $\widetilde{U_1}$、$\widetilde{U_2}$ 分别为原、副线圈两端的复电压，N_1、N_2 分别为原、副线圈的匝数，负号表示 U_1、U_2 之间有 π 的相位差。

电流变比公式 [current-ratio formula of transformer]   理想变压器的电流变比公式为

$$\frac{\widetilde{I_1}}{\widetilde{I_2}} = -\frac{N_2}{N_1}$$

式中的 $\widetilde{I_1}$、$\widetilde{I_2}$ 分别为原、副线圈中的复电流，N_1、N_2 分别为原、副线圈的匝数，负号表示 $\widetilde{I_1}$、$\widetilde{I_2}$ 之间有 π 的相位差。

空载电流 [no load current]   又称励磁电流。变压器副线圈中无电流 (空载) 时，原线圈中产生的电流。它由原线圈两端的输入电压和原线圈的自感系数决定。空载电流的作用是在铁芯内激发一定大小的磁通量。理想变压器的空载电流为零。

励磁电流 [exciting current]   即空载电流。

反射阻抗 [reflected impedance]   原线圈中的电压 $\widetilde{U_1}$ 和反射电流 $\widetilde{I_1'}$ 的比值。空载电流为 $\widetilde{I_0}$，副线圈中的电流为 $\widetilde{I_2}$，负载阻抗为 $\widetilde{Z_2}$。把电流 $\widetilde{I_1'} = \widetilde{I_1} - \widetilde{I_0}$ 叫作反射电流，它与 $\widetilde{I_2}$ 成正比。反射阻抗

$$\widetilde{Z_1'} = \frac{\widetilde{U_1}}{\widetilde{I_1'}}$$

反射阻抗与副线圈负载阻抗的关系为

$$\frac{\widetilde{Z_1'}}{\widetilde{Z_2'}} = \left(\frac{N_1}{N_2}\right)^2$$

由此可知，变压器有变换阻抗的作用。

阻抗匹配 [impedance matching]   利用变压器等阻抗变换器件来实现电源与负载间的最大功率传输。电源与负载间的最大功率传输条件是: 负载阻抗等于电源内阻抗的共轭阻抗。

交流电桥 [alternating current bridge]   测量阻抗、电容、电感等参量的仪器，它的电路原理图如图所示。$\widetilde{Z_1}$、$\widetilde{Z_2}$、$\widetilde{Z_3}$、$\widetilde{Z_4}$ 是 4 个复阻抗，N 是电流指示器，流过 N 的电流为零时电桥达到平衡，4 个阻抗满足平衡条件

$$\frac{\widetilde{Z_1}}{\widetilde{Z_2}} = \frac{\widetilde{Z_3}}{\widetilde{Z_4}}$$

因为阻抗包含模量和复角两个参量，故交流电桥的平衡条件中包含两个方程，即

$$Z_1 Z_4 = Z_2 Z_3, \quad \varphi_1 + \varphi_4 = \varphi_2 + \varphi_3$$

式中的 Z_1、Z_2、Z_3、Z_4 分别为 4 个复阻抗的模量,φ_1、φ_2、φ_3、φ_4 分别为 4 个复阻抗的辐角。因此,电桥中需要有两个可调参量,电桥平衡后可测得两个未知参量。

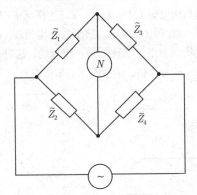

电容电桥 [capacity bridge]　　用于测量绝缘材料的电容和损耗的交流电桥,其电路原理如图所示,r_x 和 C_x 是待测电阻和待测电容。调节 R_3 和 C_4 使电桥达到平衡,可求得:

$$r_x = \frac{R_3 C_4}{C_2}, \quad C_x = \frac{R_4}{R_3} C_2$$

材料的损耗为 $\tan\delta = \omega C_4 R_4$。保持 R_4、C_2 不变,调节 R_3、C_4 使电桥平衡,就可以分别读取 r_x 和 C_x 的值。

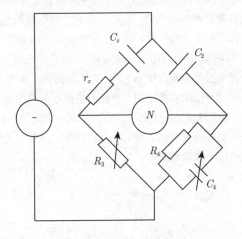

麦克斯韦 LC 电桥 [Maxwell LC bridge]　　用于测量电感元件的交流电桥,它的电路原理如图所示。r_x 和 L_x 是待测电感的电阻和自感系数。调节 R_2 和 R_4 使电桥达到平衡,根据平衡条件可得

$$r_x = \frac{R_2 R_3}{R_4}, \quad L_x = C_4 R_2 R_4$$

因为电感的 Q 值为

$$Q = \omega C_4 R_4$$

所以,固定 R_3、C_4,调节 R_2、R_4,就可分别读取 L_x 和 Q 的值。

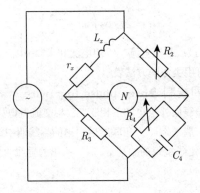

频率电桥 [frequency bridge]　　用来测量电源的频率的仪器。它的电路原理如图所示。桥路的第一臂是一个串联谐振电路,谐振时电桥的 4 个臂呈纯电阻性,故平衡条件和直流电桥相同。电桥的平衡条件为

$$wL_1 - \frac{1}{wC_1} = 0, \quad \frac{R_1}{R_2} = \frac{R_3}{R_4}$$

从上面的第一式可求得交流电源的频率

$$\omega = \frac{1}{\sqrt{L_1 C_1}}$$

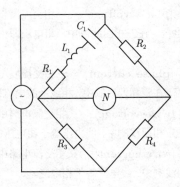

瓦特计 [wattmeter]　　又称**功率表**。测量交流电路功率的仪表,它的主要部件是一个电阻很小的电流线圈和一个电阻很大的电压线圈,电流线圈固定不动,电压线圈可以转动并附有指针。测量时,电流线圈与负载串联,电压线圈与负载并联。在一个周期内,电压线圈所受的平均力矩 L 与负载的平均功率 P 成正比,据此可以测出负载的功率。

功率表 [power meter]　　即瓦特计。

三相交流电 [three phase current]　　简称三相电。由三相交流发电机的三个互成 120° 角的定子绕组感应产生的交流电。它包含振幅相等、频率相同、相位差互为 120° 的三个单相正弦交流电。每一个绕组叫一相。简谐变化的三相电的瞬时电流可写作

$$i_A = A_0 \cos(wt)$$

$$i_B = A_0 \cos\left(wt - \frac{2\pi}{3}\right)$$

$$i_C = A_0 \cos\left(wt + \frac{2\pi}{3}\right)$$

分别称它们为 A 相电流、B 相电流和 C 相电流。三相电压的瞬时值可用类似的方法表示。

三相四线制 [three phase four wire system]　利用这四根导线向外供电的三相制。三相交流发电机的三个定子绕组的末端 x、y、z 相联结后引出的导线叫中线，也叫零线。从三个定子绕组的始端 a、b、c 引出的导线叫相线，也叫火线。

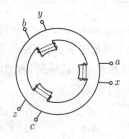

三相三线制 [three phase three wire system]　三相交流发电机的三个定子绕组的末端联结在一起，从三个绕组的始端引出三根火线向外供电、没有中线的三相制。

相电压 [phase voltage]　三相交流发电机每个定子绕组两端的电压。在三相四线制中，相电压即火线与中线间的电压。

相电流 [phase current]　三相交流发电机每个定子绕组中的电流。在三相四线制中，相线上的电流即相电流。

线电压 [wire voltage]　三相交流电路中两根相线之间的电压。在三相四线制中，线电压等于相电压的 $\sqrt{3}$ 倍。

线电流 [wire current]　三相交流电路中相线上的电流。在三相四线制中，线电流等于相电流。

三角形连接 [triangle connection]　可分为三相电源的三角形连接和三相负载的三角形连接。将三相交流发电机的三个定子绕组的始、末端顺次相接，再从各连接点引出三根火线，就构成一个三角形连接的三相电源 (见图 (a))。在这种接法中，没有中线，线电压等于相电压。必须注意的是不能把绕组接反，否则将造成严重后果；如图 (b) 所示，将负载首尾顺次相连，再把连接点连到三根火线上就构成一个三角形连接的负载。这时，线电流等于每相负载电流的 $\sqrt{3}$ 倍。线电压等于相电压。

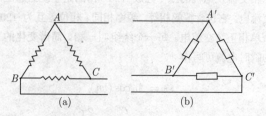

(a)　　　　　　(b)

星形连接 [star connection]　可分为三相电源的星形连接和三相负载的星形连接。将三相交流发电机的三个定子绕组的末端相连接，再从始端引出三根火线，就构成一个星形连接的三相电源 (见图 (a))。在这种接法中，线电压等于 $\sqrt{3}$ 倍相电压；如图 (b) 所示，将负载末端相连，首端连到三根火线上就构成一个星形连接的三相负载。这时，线电压是每相负载电压的 $\sqrt{3}$ 倍。线电流等于相电流。

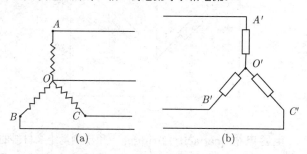

(a)　　　　　　(b)

三相功率 [three phase power]　三相电路的功率等于各相电路功率之和。在对称负载情况下，不论负载是星形连接还是三角形连接，三相电路的平均功率为

$$P = 3UI\cos\phi$$

式中的 U、I 和 $\cos\phi$ 分别是一相电路中相电压的有效值、相电流的有效值和功率因数。负载对称时三相电路的总瞬时功率是不随时间变化的恒量，等于三相电路的平均功率 P。

旋转磁场 [rotating magnetic field]　三相交流电通入三个圆周排列，彼此相差 $120°$ 角的线圈所产生的合磁场，如图所示。理论和实验证明，合磁场的磁感应强度是一个大小不变、以角速度 ω(三相交流电的角频率) 匀速旋转的矢量。交换任意两相电流的输入端，磁场将反转。三相感应电动机就是利用这一原理制成的。

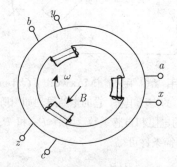

异步电动机 [asynchronous motor]　又称感应电动机，即转子置于旋转磁场中，在旋转磁场的作用下，获得一个转动力矩，因而转子转动的电动机。

感应电动机 [induction motor]　即异步电动机。

伏安特性 [volt-ampere characteristics]　又称 V-A 曲线。常用伏安特性曲线来表示，即以电压为横坐标，

电流 I 为纵坐标画出的曲线。线性电阻原件的 V-A 曲线是一条通过原点的直线，而有些导电元件，如二极管，小灯泡等，其 V-A 曲线是不同形状的曲线，这种元件叫作非线性电阻元件，其阻值是与电压和电流有关的变量，需要用 V-A 曲线来表示。

V-A 曲线 [V-A curve]　即伏安特性。

线性电阻 [linear resistance]　如果特性曲线在任一时刻都是过原点的直线，即其特性方程是齐次线性的，并且遵从欧姆定律的电阻。线性电阻是不会随输入的电压电流值的改变而改变，即电阻值不变。

5.5　电磁学的单位制

MKSA 有理制 [rationalized MKSA system of units]　又称实用单位制。国际单位制中关于电磁学的部分的单位制。这种单位制的基本量是长度、质量、时间和电流强度，对应的基本单位是米、千克、秒和安培，其余电磁量的单位都是导出单位。在 MKSA 有理制中，真空介电常数 $\varepsilon_0 = 8.85 \times 10^{-12}$ 法拉/米 (F/m)，真空磁导率 $\mu_0 = 4\pi \times 10^{-7}$ 亨利/米 (H/m)。

实用单位制 [practical system of units]　即MKSA有理制。

绝对静电单位制 [absolute electrostatic system of units]　简称 "静电单位制"。又称CGSE 单位制 (e.s.u.)。基本量是长度、质量、时间，对应的基本单位是厘米、克、秒，其余电磁量的单位都是导出单位的单位制。导出单位没有特定的名称，都用 CGSE 或 e.s.u. 表示。在这种单位制中，介电常数是一个无量纲的纯数，真空介电常数 $\varepsilon_0 = 1$，真空磁导率 $\mu_0 = 1/c^2$，c 是真空光速。

CGSE 单位制 (e.s.u.) [CGSE system of units]　即绝对静电单位制。

绝对电磁单位制 [absolute electromagnetic system of units]　简称电磁单位制。又称CGSM 单位制 (e.m.u.)。基本量是长度、质量、时间，对应的基本单位是厘米、克、秒，其余电磁量的单位都是导出单位的单位制。磁感应强度的单位叫高斯，磁通量的单位叫麦克斯韦，磁场强度的单位叫奥斯特，其余导出单位没有特定的名称，都用 CGSM 或 e.m.u. 表示。在这种单位制中，磁导率是一个无量纲的纯数，真空磁导率 $\mu_0 = 1$，真空介电常数 $\varepsilon_0 = 1/c^2$，c 是真空光速。

CGSM 单位制 (e.m.u.) [CGSM system of units]　即绝对电磁单位制。

高斯单位制 [Gauss system of units]　一种混合单位制。在这种单位制中，所有电学量都用 CGSE 单位制量度，所有磁学量都用 CGSM 单位制量度。因此，只含电学量的公式与它们在 CGSE 制中公式的形式相同；只含磁学量的公式与它们在 CGSM 制中公式的形式相同。介质的介电常数和磁导率都是无量纲的纯数，真空介电常数和真空磁导率都等于 1。既含电学量，又含磁学量的公式中的比例系数必须用实验来确定。

安培 [ampere]　国际单位制中电流强度的单位，国际符号为 A。安培的定义为：真空中相距 1 米的两无限长平行细导线内通有相等的稳恒电流时，若每米导线所受的磁场力正好等于 2×10^{-7} 牛顿，则导线中电流的强度为 1 安培。

库仑 [coulomb]　国际单位制中电量的单位，国际符号为 C。当导体中通有 1 安培的稳恒电流时，在 1 秒钟内通过导体横截面的电量为 1 库仑。

伏特 [volt]　国际单位制中电势差 (或电压) 的单位，国际符号为 V。将 1 库仑的电量从电场中一点移至另一点，若电场力做的功是 1 焦耳，则两点间的电压为 1 伏特。即

$$1伏特 = 1\frac{焦耳}{库仑}$$

电动势、电势的单位也是伏特。

欧姆 [ohm]　国际单位制中电阻的单位，国际符号为 Ω。当一段导体上的电流强度为 1 安培、导体两端的电压为 1 伏特时，这段导体的电阻为 1 欧姆。即

$$1欧姆 = 1\frac{伏特}{安培}$$

西门子 [siemens]　国际单位制中电导的单位，国际符号 S。当一段导体上的电流强度为 1 安培、导体两端的电压为 1 伏特时，这段导体的电导为 1 西门子。电导的单位是电阻单位的倒数，即

$$1西门子 = 1\frac{安培}{伏特} = 1\frac{1}{欧姆}$$

法拉 [farad]　国际单位制中电容的单位，国际符号为 F。如果电容器极板上的电量为 1 库仑，电容器两极板间的电压为 1 伏特，该电容器的电容为 1 法拉，即

$$1法拉 = 1\frac{库仑}{伏特}$$

亨利 [henry]　国际单位制中电感的单位，国际符号为 H。若电感器中的电流每秒钟变化 1 安培时，电感器中的感应电动势为 1 伏特，则电感器的自感系数为 1 亨利，即

$$1亨利 = 1\frac{伏特 \cdot 秒}{安培}$$

特斯拉 [tesla]　国际单位制中磁感应强度的单位，国际符号为 T。通有 1 安培稳恒电流的直导线置于均匀磁场中

时,若每米直导线受到的最大磁场力为 1 牛顿,则此均匀磁场的磁感应强度为 1 特斯拉,即

$$1特斯拉 = 1\frac{牛顿}{安培 \cdot 米}$$

韦伯 [weber]　国际单位制中磁感应通量的单位,国际符号为 Wb。韦伯是根据法拉第电磁感应定律来定义的。若回路中的感应电动势为 1 伏特,则与回路交连的磁通在每秒钟内的改变量为 1 韦伯。

高斯 [gauss]　高斯是高斯单位制中磁感应强度的单位,国际符号为 G。它与特斯拉的换算关系为

$$1高斯 = 10^{-4}特斯拉$$

奥斯特 [oersted]　高斯单位制中磁场强度的单位,国际符号为 Oe。在国际制中,磁场强度的单位是安培 / 米,奥斯特与它的换算关系为

$$1奥斯特 = \frac{10^3}{4\pi}安培/米$$

麦克斯韦 [maxwell]　高斯单位制中磁感应通量的单位,国际符号为 Mx。它与国际制中磁感应通量的单位韦伯的换算关系为

$$1麦克斯韦 = 10^{-8}韦伯$$

电子伏特 [electron-volt]　能量的单位,国际符号为 eV。1 个电子在 1 伏特电势差的两点间被加速所得到的能量为 1 电子伏特。

$$1电子伏特 = 1.6 \times 10^{-19}焦耳。$$

本章作者: 张俊延,吕笑梅

六

光　学

光学 [optics]　物理学的一个分支。研究光的本性，光的发射、传播、接收，光和其他物质的相互作用 (如光的吸收、散射，光的机械作用和光的热、电、化学、生理效应等) 的现象和规律及相关工程的科学。光学通常分为几何光学、物理光学和量子光学。为适应不同的研究对象和实际需要，还有不同的光学分支，如光谱学、发光学、光度学、分子光学、晶体光学、大气光学、生理光学及主要研究光学仪器设计和光学技术的应用光学等。光学是一门历史悠久的学科，它的发展史可追溯到 2000 多年前。光学真正成为一门科学，应该从建立反射定律和折射定律 (17 世纪上半叶) 算起，这两个定律奠定了几何光学的基础。17 世纪，望远镜和显微镜的应用大大促进了几何光学的发展。光的本性 (物理光学) 也是光学研究的重要课题。"微粒说" 把光看成是由微粒组成，认为这些微粒按力学规律沿直线飞行，因此光具有直线传播的性质。19 世纪以前，"微粒说" 比较盛行。但是，随着光学研究的深入，人们发现了许多不能用直进性解释的现象，例如干涉、衍射等，用光的波动性就很容易解释。在 20 世纪初，一方面从光的干涉、衍射、偏振以及运动物体的光学现象确证了光是电磁波；而另一方面又从热辐射、光电效应、光压以及光的化学作用等无可置疑地证明了光的量子性 —— 微粒性。此后，光学进入了一个新的时期，成为现代物理学和现代科学技术前沿的重要组成部分。其中最重要的成就，就是发现了爱因斯坦于 1916 年预言过的原子和分子的受激辐射，并且创造了许多具体的产生受激辐射的技术。光学的另一个重要的分支是由成像光学、全息术和光学信息处理组成的。20 世纪 50 年代以来，人们开始把数学、电子技术和通信理论与光学结合起来，在光学中引入了频谱、空间滤波、载波、线性变换及相关运算等概念，更新了经典成像光学，形成了 "傅里叶光学"。再加上由激光提供的相干光和全息术，形成了一个新的学科领域 "光学信息处理"。在现代光学中，由强激光产生的非线性光学现象正为越来越多的人们所注意。激光光谱学，包括激光拉曼光谱学、高分辨率光谱和皮秒超短脉冲，以及可调谐激光技术的出现，已使传统的光谱学发生了很大的变化，成为深入研究物质微观结构、运动规律及能量转换机制的重要手段。它为凝聚态物理学、分子生物学和化学的动态过程的研究提供了前所未有的技术。

6.1　经典光学

经典光学 [classical optics]　一般分为两个主要分支：几何光学和物理光学。几何光学，又称光线光学。以光的直线传播模型为基础，研究光的传播规律、成像规律，是光学系统设计的基础。物理光学，又称波动光学。以光的电磁理论为基础，研究光的传播现象。几何光学可以看作是物理光学在光学器件尺寸远大于光波长时的一种近似。

几何光学 [geometrical optics]　又称<u>光线光学</u>。是光学的一个分支，用光线模型来研究光的传播，是忽略了光的波动效应 (如干涉和衍射等) 的简化近似理论，包括光的直线传播定律、光的反射定律和折射定律和透镜成像等规律及其应用的科学。

光线光学 [ray optics]　即几何光学。

光线 [ray of light]　代表光能传播方向的几何线。在均匀的媒质中，光能以直线传播，用直线表示；在非均匀媒质中，光能往往以曲线传播，此时光线不再是直线，它不同于方向垂直于光波波面的波线 (波矢量)。在各向同性的媒质中，因两者方向相同，往往不加区别。而在各向异性的媒质中，两者明显不同，故不能混淆。

直线传播定律 [law of rectilinear propagation]　光在均匀媒质中按直线传播的规律，是几何光学的基本定律之一。由于光具有衍射现象，几何光学是在光波波长 $\lambda \to 0$ 的极限情形下，即波长比起障碍物 (或通光孔径) 的几何线度小得多的条件下才成立。针孔成像、物体在点光源照射下影的产生等都体现了直线传播定律。

反射定律 [law of reflection]　光从一媒质射到与另一媒质的分界面时，一般情况下将分解成两部分，一部分返回到原来媒质，另一部分进入第二媒质。返回到原来媒质的光称为反射光，进入第二媒质的光称为折射光。反射光线与媒质分解面的法线构成反射角，入射光线与分界面的法线构成入射角。反射定律表明：①反射光线在入射光线与分界面的法线组成的平面内，且在法线的另一侧；② 反射角等于入射角。从定律内容看，光的反射与媒质无关，与光的波长无关，从而可推得，凡是利用光的反射定律工作的元件，无色散现象。

光反射时的方向问题由光的反射定律解决，光反射时的能量分配问题则由菲涅耳公式解决 (见菲涅耳方程)。

针孔成像 [pinhole imaging]　将一个带有小孔的遮光板放在物与屏之间，屏幕上会形成物的倒像，我们把这样的现象叫针孔成像。前后移动中间的遮光板，像的大小也会随之发生变化。这种现象反映了光在均匀介质中沿直线传播的性质。

折射率 [refractive index]　又称绝对折射率。光从真空射入介质发生折射时，入射角与折射角的正弦之比 n。它表示光在媒质中传播时，介质对光的一种特征。公式 $n=c/v$，c 为光在真空中速度，v 为光在媒质中速度。两种媒质 1 和 2，各自绝对折射率用 n_1 与 n_2 表示，其相对折射率 n_{12} 等于它们之比：$n_{12}=n_2/n_1$。

绝对折射率 [absolute refractive index]　即折射率。

折射定律 [law of refraction]　又称斯涅耳定律。光从一个媒质射向另一媒质时，进入另一媒质的折射光线与分界面的法线所构成的角称为折射角 i_2，入射光与分界面的法线构成的角称为入射角 i_1。$\frac{\sin i_1}{\sin i_2}=\frac{n_2}{n_1}=n_{12}$，或 $n_1\sin i_1=n_2\sin i_2$，该关系是斯涅耳根据实验确立的。折射光的方向服从：① 折射光在入射光与分界面的法线所组成的入射平面内；② 折射角与入射角正弦之比与入射角无关。比例常数 n_{12} 称为第二媒质相对于第一媒质的折射率，它是与媒质和光的波长有关的常数。

斯涅耳定律 [Snell's law]　即折射定律。

光密介质 [optically denser medium]　光密介质和光疏介质是相对而言的概念。传播速度较小的介质叫光密介质，传播速度较大的介质叫光疏介质。光密介质的绝对折射率比光疏介质的绝对折射率大。例如空气的折射率约为 1，水的折射率约为 1.33，玻璃的折射率约为 1.5。水对空气而言为光密介质，水对玻璃而言又是光疏介质。

光疏介质 [optically rarer medium]　见光密介质。

临界角 [critical angle]　当光从折射率较大的媒质，入射到折射率较小的媒质时，发生全部反射时的最小的入射角，就是临界角。根据折射定律，当 $n_1>n_2$，$i_2=90°$ 时的入射角即临界角：$i_{\rm c}=\arcsin(n_2/n_1)$。

光程 [optical path]　若光线的几何路径长度为 d，介质的折射率为 n，这两个值的乘积，就是光在该介质中的光程 $\Delta=nd$，它表示光在媒质中传播距离 d 所需的时间内，光在真空中所传播的距离。

费马原理 [Fermat principle]　光从一点 P 通过任意一组媒质到达另一点 M 时，光实际采用的路径是使此路径对应的光程为极值，它是由法国科学家皮埃尔·德·费马 (Pierre de Fermat) 在 1657 年提出。所谓极值，它有三种情况：极大、极小、稳定值。在多数场合下光程具有极小或稳定值，少数场合是极大值。用数学语言表示，即

$$\delta\int_P^M n\mathrm{d}l=0$$

就是在光线的实际路径上光程的变分为零。光的直线传播、光的反射和光的折射等定律都可由此原理推出。

光路的可逆性原理 [principle of reversibility of light path]　当光线的方向反转时，它将逆着同一路径传播，即沿原路径返回，这个带有普遍性的结论，称为光路的可逆性原理。此原理可由几何光学的基本定律，如光的直线传播、反射定律和折射定律的对称形式推出。可逆性对于每一反射面和折射面都适用，对复杂的光学系统也适用。

色散 [dispersion]　由于光在物质中传播速度随波长而变，而折射率与光在物质中传播的速度有关，所以物质的折射率也随波长而变。这样，使入射的复色光经过折射后，会产生分开的不同颜色的折射光，发生各色光的散开现象，此种现象称为色散。广义上，如果一个物理量存在波长依赖关系，是波长的函数，也可称为色散。

正常色散 [normal dispersion]　它具有下列特点：① 折射率随波长的减少而增加；② 增加率随波长的减小而加大；③ 对某一给定波长，物质的折射率愈大的色散曲线愈陡。每一物质的色散曲线，一般不能用改变纵坐标比例的方法由另一物质的色散曲线得到。

反常色散 [anomalous dispersion]　当折射率与波长关系不同于正常色散的规律时，此种色散称反常色散。反常色散往往在材料的吸收区左右出现，在吸收区的长波边的折射率，比短波边的折射率要大，中间有明显的不连续。

柯西公式 [Cauchy equation]　这是一个由柯西 (Cauchy) 首先发现的代表正常色散曲线的公式：$n=A+\dfrac{B}{\lambda^2}+\dfrac{C}{\lambda^4}$，其中 A、B、C 是表征任何一种物质特性的常数，可由三种不同 λ 的 n 值求得。

塞耳迈耶尔公式 [Sellmeir equation]　1871 年塞耳迈耶尔用弹性以太理论导出的一个色散公式，其表示为 $n^2=1+\sum\limits_i\dfrac{A_i\lambda^2}{\lambda^2-\lambda_i^2}$，其中 λ_i 是对应于各个可能的固有频率 ν_i 的光在真空中的波长 $\lambda_i=c\nu_i$。

光学材料的色散本领 [dispersive power of optical substance]　光学材料的色散本领定义为：$\dfrac{n_{\rm F}-n_{\rm C}}{n_{\rm D}-1}$，式中 $n_{\rm F}$，$n_{\rm C}$，$n_{\rm D}$ 为材料对光波长各为 0.4869μm、0.6563μm、0.5892μm 的折射率。

光学材料的色散率 [dispersive index of optical substance]　色散本领的倒数称为色散率，即 $\dfrac{n_{\rm D}-1}{n_{\rm F}-n_{\rm C}}$，色散率表征光学材料的重要特性。

棱镜 [prism]　由光学材料组成的棱柱体，棱镜的折射面和反射面统称工作面，两工作面的交线称为棱，垂直棱的截面称为主截面。棱镜在光学中起着许多各不相同的作用，具有使像的方向、光束传播方向发生改变的功能。棱镜的组合可以用作分束器、起偏器等，但在大多数应用中，只是用了棱镜的色散功能，如在分光计、摄谱仪、单色仪中的棱镜就是起着色散作用。在许多光学仪器中，往往利用棱镜使光路折叠，以使系统缩小体积，并且这些棱镜都没有色散，如反演棱镜、倒向棱镜等。

三棱镜 [disperse prism]　截面呈三角形的棱镜。光从棱镜的一个侧面射入，从另一个侧面射出，出射光线将向底面（第三个侧面）偏折，偏折角的与棱镜的折射率有关。由各种单色光组成的光叫作复色光；同一种介质对不同色光的折射率不同；不同色光在同一介质中传播的速度不同。因为同一种介质对各种单色光的折射率不同，所以通过三棱镜时，各单色光的偏折角不同。作为复合光的白色光通过三棱镜会将各单色光分开，形成红、橙、黄、绿、蓝、靛、紫七种色光。

偏向角 [angle of deviation]　在与棱边垂直的主截面内，入射光线和出射光线之间的总偏折角度为棱镜的偏向角 c，即偏向角 δ 随入射角 i_1 而变。

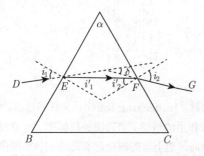

最小偏向角 [angle of minimum deviation]　在三棱镜中，可以证明：当 $i_1 = i_2$ 时，偏向角为最小，称为最小偏向角。在此情况下有 $n = \sin\dfrac{\alpha+\delta_{\min}}{2}\Big/\sin\dfrac{\alpha}{2}$，在棱镜顶角 α 已知的情况下，通过棱镜对某一波长光的最小偏向角 $\delta_{\min}$ 的测量，便可求得棱镜材料对该波长的折射率。

薄棱镜 [thin prism or optical wedge]　又称光楔。当三棱镜的顶角 α 很小时，顶角和偏向角的正弦，可认为与角度本身值相等，根据三棱镜偏向角公式（见三棱镜最小偏向角）推得 $\delta = \left(\dfrac{n}{n'} - 1\right)\alpha$，其中 n 和 n' 分别是棱镜材料和周围媒质的折射率。

光楔 [optical wedge]　即薄棱镜。

恒偏向棱镜 [constant deviation prism]　棱镜是这类棱镜中最普通的，虽然是一块棱镜但可看成由两块 $30°-60°-90°$ 棱镜和一块 $45°-45°-90°$ 棱镜所组成，见下图。

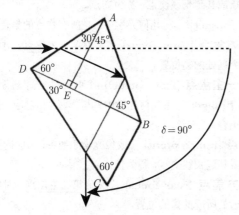

当光波长为 λ 的单色光，以平行于 DE 方向穿过棱镜。出射光和入射光总偏向角为 $90°$，实际上，这条光线可以看作是以最小偏向角通过一块 $60°$ 棱镜（DAE 与 CDB 组合），而光束中其他波长的光，将以另外的角度射出。若把棱镜绕垂直纸面的轴稍微转动一点，那么进来的光束，将有一个新的入射角，于是另一个不同波长的光受到最小偏向角仍是 $90°$，这就是恒偏向这一名称的来源。用这样的棱镜，就能够方便地以固定角度（$90°$）装置光源和观察系统，只要旋转棱镜就可以观察一些特定波长。

反射棱镜 [reflecting prism]　至少有一个工作面为反射面的棱镜。它常用来改变光束传播方向，或改变像的方向。若入射光束的所有光线，在反射面上的入射角大于临界角，光束发生全反射，这种棱镜称全反射棱镜。若入射角小于临界角，反射面上常镀以金属反射层来提高反射率。在这一类棱镜中，由于反射不产生色散，适当改变棱镜的形状是能够消除色差的。如主截面为等腰三角形的棱镜，将棱镜按反射面摊开，在截面上等价于一平行四边形，出射光平行于入射光，出射光只决定于入射光的方向，与波长无关，所以是消色差的。另外有许多其他棱镜也能达到消色差，如直角棱镜、波罗棱镜、多夫棱镜、阿米西棱镜等。

反射光学 [catoptrics]　主要研究与反射光相关的光学现象以及使用各类反射镜进行成像的光学系统。

反射角 [reflection angle]　见反射定律。

反射系数 [reflection coefficient]　在光学中，反射系数通常指在不同媒介分界面上的反射光与入射光的振幅比。

全反射棱镜 [total internal reflection prism]　见反射棱镜。

直角棱镜 [rectangular prism]　一种全反射棱镜，它是一种具有两个 $45°$ 角和一个 $90°$ 角的玻璃棱镜，光通常垂直于一个较短的面入射，经斜面全反射，然后垂直于另一短面射出，光线偏转了一个直角。

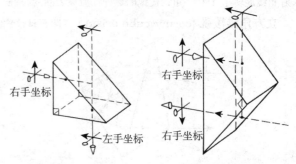

波罗棱镜 [Porro prism]　物理上与直角棱镜相同，不过是在不同方向上的使用。入射光束垂直于较长面入射，经两次反射后，光束偏转 $180°$ 射出。

多夫棱镜 [Dove prism]　又称反像棱镜、倒像棱镜。

是一种截角的直角棱镜。图像通过图示方向经过该棱镜后发生上下翻转。因为只经过一次反射，图像的左右并不翻转。当反像棱镜沿着长轴旋转 α 角时，图像旋转 2α 角，是一种有效的图像旋转器件，可应用于干涉分析、天文物理及图像识别等。

反像棱镜 [inverting prism]　　即多夫棱镜。

倒像棱镜 [inverting prism]　　即多夫棱镜。

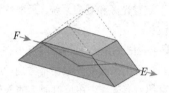

阿米西棱镜 [Amici prism (roof prism)]　　实质上是截断的直角棱镜，但在斜面上附加了一个屋脊形的部分。这种棱镜最普通的用途是把像沿中线切开并将左右两部分互换。

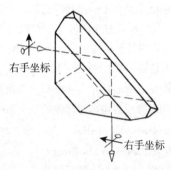

右手坐标

右手坐标

角锥棱镜 [prism of corner cube]　　又称立方角锥棱镜。由玻璃磨制而成的实心四面体棱镜，相当于从立方体切下的一个角。结构特点：三个反射面均为等腰直角三角形且相互垂直，棱镜的底面呈等边三角形。重要光学特性：从底面以任何方向射入棱镜的光线依次经过三个直角面反射后，出射光线以与入射光线相平行的方向射出，即出射光线相对于入射光线旋转了 $180°$，角锥棱镜的这种性质称为回光特性。

立方角锥棱镜 [corner cube prism]　　即角锥棱镜。

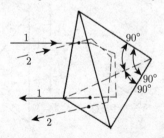

透镜 [lens]　　改变光束发散和会聚作用的光学元件，一般来说，透镜是由两个或多个折射界面组成，其中至少有一个界面是曲面。只有两个折射面的透镜称单透镜，由两个以上折射面组合的透镜称复合透镜。按折射面的几何形状、结构和组合，透镜又可分为球面透镜、非球面透镜和胶合透镜；视其厚度在实际上能否忽略，可分为薄透镜和厚透镜；按聚光的能力，可分为会聚透镜和发散透镜。现代的透镜，往往在表面上镀上一层很薄的介质膜，以控制其透射特性。

会聚透镜 [converging lens]　　又称正透镜、凸透镜。对光线起会聚作用的透镜。当透镜的折射率大于透镜周围媒质时，凡中间厚边上薄的透镜，都有这种作用。其形状如图的三种透镜（从左到右为双凸形、平凸形、弯月形）。

正透镜 [positive lens]　　即会聚透镜。

凸透镜 [convex lens]　　即会聚透镜。

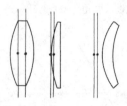

发散透镜 [diverging lens]　　又称凹透镜、负透镜。对光线起发散作用的透镜。当透镜的折射率大于透镜周围的媒质时，凡中间薄边上厚的透镜都有此作用，如图中三种透镜（从左到右为双凹形、平凹形、弯月形）。

凹透镜 [concave lens]　　即发散透镜。

负透镜 [negative lens]　　即发散透镜。

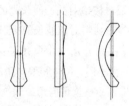

物方空间 [object space]　　在光学成像系统中，入射光线所在空间称为物空间。

像方空间 [image space]　　在光学成像系统中，出射光线所在空间称为像空间。

物点 [object point]　　成像光学系统中，入射的同心光束交点或其延长线交点，称为物点。

物 [object]　　在几何光学中，是所有物点的集合。

物方焦点 [front focus]　　又称第一主焦点。对应于像成在无穷远处的物位置。

第一主焦点 [front principal focus]　　即物方焦点。

像 [image]　　在几何光学中，与"物"相对应，是所有像点的集合。

像点 [image point]　　成像光学系统中，出射的同心光束交点或其延长线交点，称为像点。

像方焦点 [rear focus]　　又称第二主焦点。对应于物在无穷远处所成的像的位置。

第二主焦点 [rear principal focus]　即像方焦点。

菲涅耳透镜 [Fresnel lens]　又称螺纹透镜。它分为平面发散透镜型 (a) 和弧面型 (b) 两种，平面型一面是平面，另一面是由曲率半径不同的球面组成的不连续阶梯面。弧面型一面是球面，另一面是由曲率半径不同的球面组成的不连续阶梯面。这种光学元件具有聚光特性，但不能用作几何成像元件。其相对孔径可达 1:1 或 1:0.8，与同样效果的其他透镜相比，重量大大减轻。它由法国物理学家菲涅耳发明。1822 年，他第一次设计一个玻璃菲涅耳透镜系统 —— 灯塔透镜。

螺纹透镜 [Fresnel lens]　即菲涅耳透镜。

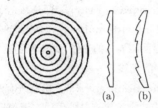

(a)　(b)

柱面透镜 [cylindrical lens]　至少有一个折射面是柱面的透镜。图 (a) 为平凸圆柱透镜，图 (b) 是平凹圆柱透镜。由于这种透镜的子午对称面 (abcd) [图 (a)] 与弧矢对称面 (与子午面垂直且通过母线中点的面) 交线形状不同，一个是矩形 [图 (c)]，一个是平凸透镜形 [图 (d)]，所以在这两平面内，透镜对光束的作用不同，一个相当于通过平行平面板，一个相当于通过平凸透镜。因此柱面透镜可将同心光束变为像散光束。宽银幕电影的摄影镜头和放映物镜均为柱面组合透镜，柱面透镜还可校正人眼的散光。

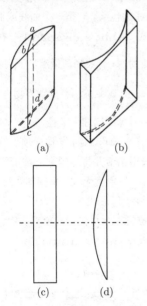

(a)　(b)

(c)　(d)

反射镜 [mirror]　一种利用反射定律工作的光学元件。反射镜按形状可分为平面反射镜、球面反射镜和非球面反射镜三种；按反射程度，可分成全反射镜和半透半反反射镜 (又名分束镜)。过去制造反射镜时，常常在玻璃上镀银。近来

它的制作标准工艺是：在高度抛光的衬底上真空蒸铝后，再镀上一氧化硅或氟化镁，特殊应用中，由于金属会引起损失可采用多层介质膜代替。因反射定律与光的频率无关，此种元件工作频带很宽，可达可见光频谱的紫外区和红外区，所以它的应用范围愈来愈广。

反射成像 [reflection imaging]　指基于光的反射定律，利用光学系统的反射光线来对物进行成像。

平面反射镜 [plane mirror]　又称平面镜。反射面为平面的反射镜。反射面可以是前表面，也可以是后表面。日常生活中用的镜子，其反射面是后表面，用于重要技术上的反射镜，大多数的反射面是前表面。光学中平面镜是唯一能成完整像的光学元件，它不改变光束的同心性质，经平面镜反射后，发散的同心光束仍是发散的同心光束，会聚的同心光束仍是会聚的同心光束，即实物得虚像，虚物得实像。由它反射所成的像与原物大小相等，且与镜面对称。实验室中常用平面镜来改变光线方向和放大或测量某些元件的微小转动 (如电流计、电流秤)。

平面镜 [plane mirror]　即平面反射镜。

球面反射镜 [spherical mirror]　反射面是球面的反射镜。根据受光面的凹凸，分成凹面镜和凸面镜两种，两者的第一焦点都和第二焦点重合，凹面镜中焦点是实的。凸面镜中焦点是虚的。其成像公式是：$1/s_i + 1/s_o = 2/r$，s_i 为像距，s_o 为物距，r 为曲率半径，三个量各以球面顶点为起点。凹面镜常用来聚光或成像，如幻灯机和放映机用它作聚光镜，一些反射式的望远镜用它作物镜。由于物在凸面镜前任何位置，所得到的都是缩小正立的虚像，所以凸面镜常用作汽车上的观察镜。

凸面镜 [convex mirror]　见球面反射镜。

凹面镜 [concave mirror]　见球面反射镜。

非球面镜 [aspherical mirror]　反射面不是平面，也不是球面的曲面镜。按形状可分抛物面镜、双曲面镜、椭球面镜、柱面反射镜和锥面反射镜。它们又根据受光面的凹凸，各分为凹凸两种。抛物面镜能将所有平行光轴的光束会聚到焦点，反之使从焦点发出的光线，经反射后成平行光束，所以常用于探照灯、汽车灯和一些大型反射式望远镜。椭球面能使从一个焦点发出的所有光线，经椭球面反射后，会聚于另一焦点，所以常用于固体激光器的聚光腔和大型望远镜的组合物镜。双曲面镜常用于缩短机身的聚光系统。用双曲面镜和抛物面镜组合的大型望远镜物镜，既可无色差，又可使球差、彗差达到最小，还可缩短镜筒长度。

反演 [inversion]　在平面镜反射时，把物空间的右手坐标系变换为像空间的左手坐标系，这个过程称为反演。

同心光束 [concentric light beam]　各光线本身或其延长线交于同一点的光束，称为同心光束。在各向同性的媒

质中,它对应于球面波。从一个点光源发出的光束便是同心光束。任一物点和一同心光束联系在一起,光学系统能否成像,看此光学系统对入射的同心光束能否保持同心性。

实物 [real object] 对光学系统来说,入射同心光束的顶点就是物点。如入射同心光束对光学系统是发散的,这些光线实在的交点就是实物。

虚物 [virtual object] 对光学系统来说,入射同心光束对光学系统是会聚的,这个光束的顶点,是入射光线向前(光学系统)延长线的交点,是虚的,相应的物也就是虚物。

实像 [real image] 对光学系统来说,出射同心光束的顶点就是像点。如出射同心光束对光学系统是会聚的,顶点是实在光线的交点,相应的像是实像。

虚像 [virtual image] 对光学系统来说,出射同心光束对光学系统是发散的,顶点是出射光线向后(光学系统)延长线的交点(虚的),相应的像是虚像。

倒像 [inverted image] 光学系统成的像相对于物旋转了`180°,即像与物之间有上下颠倒、左右翻转的位置关系。

共轴球面系统 [centered spherical system] 由一个或多个折射或反射球面组成的光学系统。在这种系统中所有表面的中心都在一直线上,即所有表面对此直线是旋转对称的。这一直线也就是此系统的公共轴,或称为光轴,共轴球面系统也由此得名。

共轭点 [conjugate point] 对理想成像系统,空间每一个物点和相应的像点组成一一对应关系。根据光线可逆性原理,如果将发光点(物点)移到像点的位置上,并使光线沿反方向射入,它的像将成在原来物点的位置上。这样一对互相对应的点,称为共轭点。

共轭面 [conjugate plane] 通过共轭点且垂直光轴的平面称为共轭面。

共轭光线 [conjugate ray] 通过一对共轭点的入射光线及其对应的出射光线,互为共轭光线。

笛卡儿符号规则 [convention of Cartesian signs] 在光学系统计算中,往往用正负数决定物、像相对某一点的位置和物、像的倒正,而公式的表达是与正负数决定的规则有关,笛卡儿符号规则采用的是在笛卡儿坐标系中决定正负的方法,距离测量以起点(光学系统中各量有一定的规定)为原点,在起点的右边为正,左边为负,向上为正,向下为负;角度测量的起始轴为光轴(或球面法线),按小于 90° 的方向旋转,顺时针为正,逆时针为负。此种规则不像实正虚负规则那样,要每一面讨论正负问题,而只要找到面与面之间转移关系,就可以很方便地用于多球面系统中的计算。

傍轴光线 [paraxial ray] 又称近轴光线。在共轴球面系统中,当光线的入射角充分小时,可认为其余弦值等于1,其正弦值和正切值与角度本身的值相等,满足这种条件的

光线称傍轴光线,又称<u>近轴光线</u>。这相当于在 $\cos\phi$ 和 $\sin\phi$ 展开式中

$$\cos\phi = 1 - \frac{\phi^2}{2!} + \frac{\phi^4}{4!} - \frac{\phi^6}{6!} + \cdots$$

$$\sin\phi = \phi - \frac{\phi^3}{3!} + \frac{\phi^5}{5!} - \frac{\phi^7}{7!} + \cdots$$

仅取第一项的近似,即一级近似。所以,根据此条件推得的公式和结论,有一阶光学、傍(近)轴光学或高斯光学的名称,而实际情况中对非傍轴光线所推的结果,往往与傍轴光线所推的结果有偏差。此种偏差统称为像差,将作为对实际系统质量的一种量度。

近轴光线 [paraxial ray] 即傍轴光线。

子午光线 [meridional ray] 入射光线通过光纤轴线,且入射角大于界面临界角的光线。即入射到子午面(包含椭球旋转轴的平面)的光线。

焦点 [focal point] 一个光学系统有两个焦点:物方焦点和像方焦点。物方焦点是使像成在无穷远的物位置,像方焦点是物在无穷远处所成的像位置。

焦距 [focal length] 对薄透镜来说,就是透镜中心到焦点的距离。焦距分为像方焦距和物方焦距。对成像系统来说,物方焦距就是物方主点到物方焦点的距离,像方焦距是像方主点到像方焦点的距离。

焦平面 [focal plane] 垂直于光学系统的公共轴,并通过焦点的平面。因为焦点有两个,所以焦平面也有两个:第一焦平面(物方焦平面)和第二焦平面(像方焦平面)。

焦散点 [caustic] 在光学上,指被曲面或曲线型物体反射或折射的光线的包络,它是一个曲线或曲面。

阿贝不变式 [Abbe's invariant] 在近(傍)轴条件下,光经单球面折射时,有关物理量满足下列关系 $n\left(\frac{1}{r} - \frac{1}{s}\right)$ $= n'\left(\frac{1}{r} - \frac{1}{s'}\right) = c$,其中 n、n' 分别为物方空间和像方空间的折射率,r 为折射球面的曲率半径,s 和 s' 分别为入射光束顶点(物)、出射光束顶点(像)与球面顶点的距离,c 为阿贝不变量,如图(采用笛卡儿符号规则,全用正量表示)。由此关系式可知,s 与 s' 和角度无关,可推知在近(傍)轴条件下,入射同心光束经过折射后仍为同心光束,说明近(傍)轴条件下能成像,像的位置完全可由物的位置决定。

阿贝不变量 [Abbe's invariable] 见阿贝不变式。

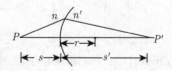

高斯成像公式 [Gaussian imaging formula] $\frac{f}{s} + \frac{f'}{s'} = 1$,其中 s、s'、f、f' 各代表物距、像距、物方焦距、像

方焦距，s、f 量的起点为第一主平面，s'、f' 的起点为第二主平面，单球面折射时，两主平面重合在球面处。

牛顿公式 [Newton formula]　$xx' = ff'$，其中 x、x' 为物距、像距，其起点各为物方焦点和像方焦点，f、f' 为物方焦距、像方焦距，起点各为第一主平面和第二主平面。

透镜制造者公式 [lens maker's formula]　又称薄透镜公式。表示为：$\dfrac{1}{s_i} - \dfrac{1}{s_o} = (n-1)\left(\dfrac{1}{r_1} - \dfrac{1}{r_2}\right)$，$s_i$、$s_o$ 为像距、物距，r_1、r_2 为透镜第一面和第二面的曲率半径，s_i、s_o 可以从透镜任意一个面或透镜中心量起。

薄透镜公式 [imaging formular for thin lens]　即透镜制造者公式。

透镜的成像公式 [imaging formula for lenses]　见高斯成像公式。

光焦度 [focal power]　又称焦度。它是光学系统会聚或发散光束本领的量度。其定义为：$\varphi = n'/f' = -n/f$，n、n' 为系统的物方和像方的折射率，f、f' 分别为系统的物方和像方的焦距。当焦距以米为单位时，光焦度的单位为屈光度或米的倒数。

焦度 [focal power]　即光焦度。

屈光度 [diopter]　见光焦度。

横向放大率 [lateral magnification]　在光学系统中，最后得到的像的横向大小和初始物体的横向大小之比。公式为：$m = \dfrac{y'}{y} = \dfrac{ns'}{n's} = \dfrac{f}{x} = \dfrac{x'}{f'}$，其中 y、y' 代表物、像的高度，n、n' 代表物方折射率、像方折射率，s 为相对物方主平面的物距，s' 为相对于像方主平面的像距，x 为相对于物方焦点的物距，x' 为相对于像方焦点的像距。f、f' 为物方焦距、像方焦距 (相对于各主平面)。一般情况下，当 m 为正时，物像方向相同，并且是一实一虚。m 为负时，物像方向相反，物像的实虚相同，即物是实的，像也是实的，物是虚的，像也是虚的。

轴向放大率 [axial magnification]　又称纵向放大率。光轴方向上的放大率，其值等于像与物各自沿光轴方向上的位置移动量之比。

纵向放大率 [longitudinal magnification]　即轴向放大率。

角放大率 [angular magnification]　一对共轭光线与光轴的夹角为 u、u'，两者正切之比叫作角放大率：$\gamma = \tan u'/\tan u$，当角度很小时 $\gamma = x/f' = f/x'$，式中 x、x' 代表共轭光线与光轴的交点，相对于物方焦点、像方焦点的距离，f、f' 代表物方焦距和像方焦距。

放大率三角形 [magnification triangle]　在傍轴光线范围内，横向放大率 m、轴向放大率 m_l 和角放大率 γ，三者之间关系为 $m = m_l\gamma$。此关系式也可用一个三角形表示，见图。此三角形，形象地表示了三个放大率之间的关系，所以称为放大率三角形。

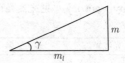

共轴光学系统的基点 [cardinal point of coaxial optical system]　光学系统基点包含两个焦点即物方焦点 (第一焦点) 与像方焦点 (第二焦点)、两个主点 (物方和像方)、两个节点。主点指线放大率为 1 的两个共轭点，主平面是横向放大率为 1 的两个共轭平面。节点为轴向角放大率为 1 的两个共轭点。两个焦点 (见焦点和焦距) 是基点中唯一不共轭的两个点。当系统前后的媒质相同时，主点与节点重合，否则不重合。基点对光学系统很重要，有了系统基点后，系统成像才可采用由单球面折射推得的高斯公式、牛顿公式、简单作图法和相应的放大率公式，求得理想系统像的位置与大小的一级近似结果。所以基点的求得也显得非常重要，一般有公式计算和作图两种方法。

物距 [object distance]　在共轴球面系统成像中，指物到系统第一主点之间的距离，像距为所成的像距离系统第二主点的距离。

像距 [image distance]　见物距。

物平面 [object plane]　与成像系统的光轴垂直且包含物的平面。

像平面 [image plane]　与成像系统的光轴垂直且包含像的平面。

亥姆霍兹公式 [Helmholtz formula]　对单个折射面球面有 $yn\tan u = y'n'\tan u'$，此式称为亥姆霍兹公式。它是折射球面能使空间所有点，以任意宽广光束成像的必要条件。在傍轴区域内 $\tan u \approx u$，上式化简为拉格朗日亥姆霍兹定理：$ynu = y'n'u'$。

光线矩阵 [ray matrix]　又称 $ABCD$ 矩阵。在近轴范围内，任何一条光线的位置和方向，可由两个参数，光线离开光轴的距离 y 和光线与光轴的夹角 α 确定，用光线矢量表达成 $\begin{bmatrix} y \\ \alpha \end{bmatrix}$。当光线在光学系统中传播时，这两个参数在变，而这种变化可以很方便地用下列矩阵形式表示：$\begin{bmatrix} y_2 \\ \alpha_2 \end{bmatrix} = M \begin{bmatrix} y_1 \\ \alpha_1 \end{bmatrix} = \begin{bmatrix} A & B \\ C & D \end{bmatrix} \begin{bmatrix} y_1 \\ \alpha_1 \end{bmatrix}$，其中变换矩阵 M 被称为光线矩阵或 $ABCD$ 矩阵。它以一种简洁的方式表征一条光线，在通过一个光学表面或光学元件或一段空间时所经受的变化。在下面的表中列出几种光线矩阵。用矩阵乘法可以很容易地处理光学元件的组合问题。如各光学元件的光线矩阵

为 $M1$、$M2$、$M3$、$\cdots$，$M1 \times M2 \times M3 \times \cdots$ 为系统矩阵。

$ABCD$ 矩阵 [$ABCD$ matrix]　即光线矩阵。

光线矢量 [ray vector]　见光线矩阵。

光通过	光线矩阵	又名	注释
自由传播 自由传播	$\begin{bmatrix} 1 & d \\ 0 & 1 \end{bmatrix}$	传播矩阵	d 为传播距离
平面折射	$\begin{bmatrix} 1 & 0 \\ 0 & \dfrac{n_1}{n_2} \end{bmatrix}$	平面折射矩阵	n_1、n_2 各为平面两边的折射率
球面折射	$\begin{bmatrix} 1 & 0 \\ \dfrac{1}{r}\left(\dfrac{n_1}{n_2}-1\right) & \dfrac{n_1}{n_2} \end{bmatrix}$	球面折射矩阵	r 为曲率半径，凸面: $r>0$；凹面: $r<0$

光线追迹法 [ray tracing method]　在实际处理光学系统成像问题 (光学设计) 时，最直接的方法是把折射定律准确地应用于每一个折射面，追迹具有代表性的光线通过光学系统的准确路径。其方法一般有两种：一种是光学图解法；一种是计算法。后者由于计算机的发展、普及已普遍应用，有专门的应用程序并配以立体显示，可以说完全替代了前者，已成为当今光学设计的主要工具和方法。

傍轴条件 [paraxial condition]　分析透镜系统时采用的一个近似条件，其条件为：光线或光线与透镜交点到光轴距离 $h \ll s$，s 为光线与光轴交点到透镜的距离。

傍轴近似 [paraxial approximation]　只考虑在透镜轴近旁的一部分光线，或者说只考虑傍轴条件下时所做的近似。

傍轴几何光学 [paraxial geometrical optics]　满足傍轴条件下把组成物体的物点看作是几何点，把它所发出的光束看作是无数几何光线的集合，光线的方向代表光能的传播方向。

傍轴成像 [paraxial imaging]　傍轴条件下物点到像点的成像过程。

像差 [aberration]　实际光学系统中，对非傍轴光线追迹所得的结果和傍轴光线追迹所得的结果不一致，这些与高斯光学 (一级近似理论或傍轴光线) 的理想状况的偏差，叫作像差。像差一般分两大类：单色像差和色像差。单色像差指即使在单色光时产生的像差，按产生的效果，又分成使像模糊和使像变形两类。前一类有球面像差、彗形像差和像散。后一类有像场弯曲和畸变。色像差简称色差，是由于透镜材料的折射率随波长不同而变化导致的像差。它可分位置色差和放大率色差两种。

三级像差理论 [third order theory of aberration] 在光线追迹公式中，若角的正弦函数，用其展开式的前两项替代，例如用 $\theta - \theta^3/6$ 替代 $\sin\theta$，相对于一级近似中的一项替代，多了幂级数中的三次方项 θ^3，由这种方法获得的像差理论，称为三级像差理论。在这个理论中，任何光线所产生的像差，是相对一级近似理论的偏差，可以用五个和式 (s_1 到 s_5，它们分别代表球差、慧差、像散、像场弯曲和畸变) 来表示，这五个和叫作赛德尔和。如果一个透镜无缺点成像，则这五个和都应当为零。若轴上一已知物点的赛德尔和 $s_1 = 0$，则相应的球差不存在。如 $s_1 = 0$ 和 $s_2 = 0$ 则系统没有球差，也没有彗差。这五种像差，通常又叫作赛德尔像差或初级像差。

高级像差 [higher order aberration]　精确的光线追迹结果和三级近似之间的差异称为高级像差。

球面像差 [spherical aberration]　简称球差。当球面孔径较大时，轴上物点发出的光束，经球面折射后不再交于一点，见图，这种现象称为球面像差，简称为球差。傍轴光线和非傍轴光线交点不同，边缘光线的交点和傍轴光线交点的距离差为纵向球差。边缘光线在傍轴光线的焦面上的交点，与光轴的距离为横向球差 (见图)。纵向球差又按边缘光线交点，在傍轴光线交点的左右分成正球差和负球差。如典型双凸透镜有正的纵向球差，双凹透镜有负的纵向球差，所以由凹凸两透镜胶合而成的透镜，可以减小球差。一般可改变透镜两球面的曲率半径 (又称配曲调正) 以减小单透镜的球差，也可用渐变折射率的材料制作透镜，以消除球差。

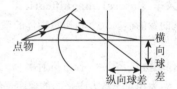

彗形像差 [coma aberration]　简称慧差。傍轴物点发出的宽阔光束，经光学系统后，在像平面上不再交于一点，而形成如彗星状的亮斑。这种像差称为彗形像差，或简称彗差。由于它是不对称的似彗星般的尾巴，常被认为是一切像差中最坏的一种。用改变透镜两球面的曲率半径，可减小透镜的彗差。光学系统中的彗差，也可通过在适当的位置使用光阑来消除。

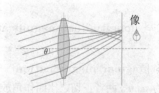

像散 [astigmatism]　当物点离开光轴较远时，入射光束将不对称地射到透镜上，所引起的第三种初级像差，叫作像散。此时出射光束将不是同心光束，光斑一般呈椭圆形，但在两个位置退化为直线，称为散焦线。两散焦线互相垂直，分别称为子午焦线和弧矢焦线。在两焦线之间，某个地方光束的截面呈圆形，称为最小模糊圆 (circle of least confusion)，可以认为是光束聚焦最清晰的地方，是放置照相底片或屏幕的最佳位置。像散现象需通过复杂的透镜组来消除。

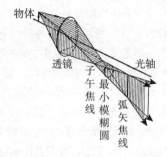

像场弯曲 [curvature of field]　对于物平面所有的点，散焦线和最小模糊圆的轨迹一般是曲面，这现象 (见图) 称为像场弯曲，又称珀兹瓦尔 (Petzval) 像场弯曲。对于单透镜可通过在透镜前适当位置上放一光阑来矫正。

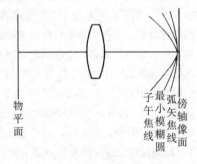

畸变 [distortion]　物体所成的像在形状上的变形。畸变是由于光束倾斜度较大而引起的。与球差、彗差和像散不同，每一像点仍然是可以聚焦，只是横向放大率 M 是像点与光轴的距离 y 的函数，这种像差表现为像的整体走样。当横向放大率随 y 增大而增大时，为正畸变或枕形畸变，当 M 随 y 增大而减小时，为负畸变或桶形畸变。图 (a) 为正畸变或枕形畸变，图 (b) 为负畸变或桶形畸变，图 (c) 为网状物。正、负畸变的位置与光阑位置有关，如凸透镜，光阑放在透镜前产生负畸变，放在透镜后产生正畸变，所以在照相机的对称镜头中，往往将光阑放在一对相同透镜的中间，这样可以使两种相反的畸变互相抵消。

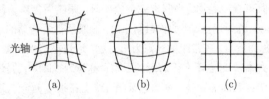

不晕系统 [aplanatic system]　一个既无球差又无彗差的光学系统。

阿贝正弦条件 [Abbe sine condition]　简称正弦条件，又称光学正弦定理。$ny \sin u = n'y' \sin u'$，这个公式称为阿贝 (Abbe) 正弦条件。式中 n、n' 是物方和像方的折射率，y、y' 是物高、像高，u、u' 为物方和像方光线的倾斜角。

它是在轴上已消除球差的前提下，傍轴物点以大孔径的光束成清晰像的充分必要条件。

正弦条件 [sine condition]　见阿贝正弦条件。

不晕点 [aplanatic point]　又称齐明点、等光程点。在光轴上已消除球差，且满足阿贝正弦条件的共轭点。单个折射面有一对不晕点，其中实物点 Q 到球心 C 的距离 $QC = (n'/n)r$，虚像点 Q' 到球心的距离 $Q'C = (n/n')r$，这里 r 为球面半径，n、n' 为物方折射率和像方折射率。显微镜的油浸物镜就是利用了这一原理。

齐明点 [aplanatic foci]　即不晕点。

等光程点 [apllanatic point]　即不晕点。

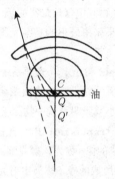

等晕区 [isoplanatic patch]　对于实际成像系统，一般不可能是严格的空间不变系统，由于像差的大小与物点的位置有关，绝大多数光学系统像差大小随物点位置的变化是缓慢的，因此即使是空间不变性不能在整个视场内成立，也可以把视场划分为若干区域，在每个区域内使用空间不变性仅此成立。这样划分的区域称为等晕区。

色像差 [chromatic aberration]　由于光学材料的折射率随光的颜色 (波长) 而变，不同颜色的光，经过透镜后所成的像，无论位置和大小都可能不同，前者称位置色差 (轴向色差)，后者称放大率色差 (横向色差)。校正色差的方法有好几种，用一个冕牌玻璃透镜和一个火石玻璃透镜组成的双胶合透镜，是最常用的消色差透镜 (见图)，其中冕牌玻璃透镜具有较大的正光焦度，火石玻璃透镜具有较小的负光焦度，但它们的色散相等。因此，这种双胶合透镜的光焦度为正，色散互相抵消，使各色光近似地共焦。消色差的另一方法是用同样材料制成的两透镜，它们之间的距离，恰好等于两焦距和的一半。很多仪器就采用此种分离型双透镜作目镜，因焦距不变，又能使横向色差得到很好的校正，视角放大率仅与焦距有关，所以不同颜色的像看起来是重叠的。

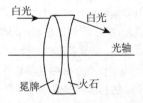

波像差 [wave aberration] 点物经理想光学系统后成点像，与它相应的球面波经理想光学系统后，仍为球面波。但由于实际光学系统有像差，通过它的球面波要变形，变了形的实际波面与理想球面波有差别，这两个波面之间的光程差称波像差。

光阑 [stop] 在光学系统中对光束起着限制作用的孔径称为光阑。它可以是透镜的边缘、框架或特别设置的带孔屏。其作用可分两方面，限制光束或限制视场 (成像范围) 大小，分别称为孔径光阑和视场光阑。

孔径光阑 [aperture stop] 光学系统中限制光束最多的光阑。决定光学系统的孔径光阑的一般规则是：从物点看光阑或光阑的像，由其中张角最小的那一个，来决定光学系统的孔径光阑。如果张角最小的是某光阑的像，则该光阑本身就是孔径光阑。

视场光阑 [field stop] 光学系统中限制视场 (大小) 最多的光阑。该光阑的大小就是物面或像面的大小，例如照相系统感光面的大小或照明系统中物面被照射区域的大小。

入射光瞳 [entrance pupil] 孔径光阑对它前面 (物方) 的光学元件所成的像，称为入射光瞳。孔径光阑对它后面 (像方) 的光学元件所成的像，称为出射光瞳。由孔径光阑定义可知，入射光瞳决定入射光束的大小，出射光瞳决定出射光束的大小。两者可以是实像，可以是虚像，也可以是孔径光阑本身。孔径光阑、入射光瞳、出射光瞳三者有共轭关系。凡经过入射光瞳中心的光线 (主光线)，必经过孔径光阑的中心和出射光瞳的中心。在使用目视仪器时，观察者的眼睛应在出瞳的位置。

出射光瞳 [exit pupil] 孔径光阑对它后面（像方）的光学元件所成的像，称为出射光瞳。由孔径光阑定义可知，出射光瞳决定出射光束的大小。出射光瞳可以是实像，可以是虚像，也可以是孔径光阑本身。在使用目视仪器时，观察者的眼睛应在出瞳的位置。

主光线 [chief ray] 经过入射光瞳中心的光线。

入射窗 [entrance window] 视场光阑对它前面 (物方) 的光学元件所成的像称为入射窗，视场光阑对它后面 (像方) 光学元件所成的像称为出射窗。视场光阑、入射窗、出射窗三者是共轭的。出射窗的边缘，对出射光瞳的中心所张的圆锥角，叫作像方角视场。入射窗的边缘，对入射光瞳的中心所张的圆锥角，叫作物方角视场。

出射窗 [exit window] 见入射窗。

渐晕效应 [vignetting effect] 在光学系统中，当远离光轴的物点成像时，由于光阑的存在，使能够到达像面上的光束逐渐变得窄小起来，结果使离轴的像点逐渐变暗，这个过程叫作渐晕效应。为了使像平面内视场边界清晰，可以把视场光阑放在物平面、物的中间实像位置或像平面上。

人眼 [human eye] 人的眼睛相当于天然的光学仪器，整个眼睛是一个近似球形的胶状体，它包在一层坚韧的膜—— 巩膜之内，除了前面透明部分即角膜外，巩膜是白色不透明的，所以有眼白之称。角膜是眼睛的第一个透镜，折射率为 1.376。角膜和晶体之间的部分称前房，其中充满 $n = 1.336$ 的水状液。前房之后为虹膜，其中心为瞳孔，瞳孔直径可以调节，在强光下，可以收缩到 1.5~2mm，在弱光下，可扩大到 8mm 左右，它起着孔径光阑的作用，控制进入眼睛的光能量和增强像的清晰度。虹膜中的色素，决定眼睛的色彩 (蓝色、褐色、灰色、绿色或黑色)，紧靠虹膜的是晶状体 (或称眼珠)，其大小和形状都和一粒豆子差不多，内部是由复杂的分层纤维体 (约有 22000 片) 组成，外层的折射率为 1.386，内层为 1.406，并且它表面的曲率可因附近肌肉的松紧而改变。因此，它相当于一个焦距可变的透镜。晶体与视网膜之间 (眼球内腔) 称为后房，其中充满了折射率为 1.336 的玻璃状液。视网膜上有人眼的感光细胞，分杆状细胞和锥状细胞两种。杆状细胞是管暗视觉的，相当于高速、粗粒的黑白底片，非常灵敏。锥状细胞是管明视觉的，相当于低速、细粒的彩色胶卷，在亮光中，给出彩色细致的景像，在弱光中不灵敏。人的视觉的正常波长范围是 390~780nm。白昼照明时，人的眼睛最小分辨角，在黄斑 (视网膜中心的小凹陷，此处锥状细胞特别多且细) 区为 1′，趋向网膜边缘分辨本领急剧下降。眼睛视场，在水平方向为 160°，在垂直方向为 130°。

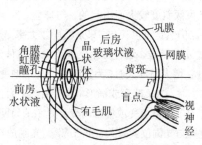

近点 [near point] 人眼的调节是靠晶状体周围的肌肉作用，肌肉用力时，晶状体的曲率增大，可看清近物，肌肉放松时可看清远物。当肌肉完全放松时，眼睛所能看清楚的最远点，称为远点。当肌肉最紧张时，眼睛所能看清楚的最近点，称为近点。正常眼的远点为无穷远，近点在明视距离 (见明视距离)。远点不在无穷远的眼睛，称为近视眼。凡是近点大于明视距离的眼睛，称为远视眼 (或老花眼)。远点与近点之间的距离称为调节范围，对每个人来说，近点、远点以及调节范围都是可变的。一般来说，随着年龄的增大，近点变远，从而调节范围变小。

远点 [far point] 见近点。

明视距离 [distance of distinct vision] 在合适的照明条件下 (50~100lx)，一般眼睛最方便、最习惯的工作距离为 25cm，该距离称为明视距离。

视角放大率 [visual angular magnification]　由于物体在视网膜上成像大小，正比于它对眼睛所张的角 —— 视角，目视仪器的放大率，就是指这种视角的放大。视角放大率的定义为：$M = \theta'/\theta$，θ' 为用仪器时像对眼所张的角，θ 为不用仪器时物对眼所张的角。

放大镜 [magnifier]　焦距小于明视距离的正透镜。它的作用是放大物体在网膜上所成的像，而像的大小是与物体对眼睛所张的视角成比例的，所以放大镜的作用也就是放大视角。放大镜上标志的放大率 (视角放大率) 为：使用放大镜时物放在放大镜的焦距处眼对像所张的角与不用放大镜时眼对放在明视距离的物所张的角度之比。放大率的公式：$M = 25/f$。单个透镜的放大率约为 $2\times$ 到 $3\times$，复杂放大镜的放大率大约为 $10\times$ 到 $20\times$。常见的种类见图。

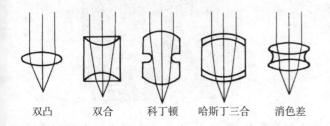

双凸　　双合　　科丁顿　哈斯丁三合　消色差

显微镜 [microscope]　一种光学仪器，最早由一个透镜或几个透镜组合构成，主要用于放大微小物体，使其能够被人的肉眼看到。传统意义上的显微镜分光学显微镜和电子显微镜。随着显微原理及其技术的发展，显微镜的概念已经突破了光学仪器的范畴。光学显微镜由物镜 (靠近物体的透镜组) 和目镜 (靠近眼睛的透镜组) 组成。物体通过物镜，在目镜的场阑位置上成一个放大倒立的实像，目镜再进一步放大此中间像。整个系统的放大率 (视角放大率) 是物镜的横向放大率 $M_物$ 和目镜的视角放大率 $M_目$ 的乘积：$M = M_物 \times M_目$。物镜上标记 $10\times$、$50\times$、$100\times$，即指在系统中物镜的横向放大率 (在显微镜中) 为 10 倍、50 倍、100 倍。目镜上标记 $5\times$、$10\times$，即目镜的视角放大率为 5 倍、10 倍。物镜上标记的第二个数为数值孔径 NA。

数值孔径 [numerical aperture]　简写为 NA，无量纲的数，用以衡量系统能够收集的光的角度范围。在不同领域，数值孔径的精确定义略有不同。例如在光学显微镜领域，数值孔径描述了物镜收光锥角的大小，而后者决定了显微镜收光能力和空间分辨率；在光纤领域，数值孔径则描述了光进出光纤时的锥角大小。在光学领域，尤其是显微镜研究领域中，光学系统 (如透镜) 的数值孔径的定义为 $NA = n\sin\theta$，n 为透镜周围介质的折射率，θ 则是光进出透镜时最大锥角，即边缘光线和光轴的夹角。

目镜 [eyepieces]　一种目视光学仪器。从作用看，基本上是一放大镜，只是功能不同，它是用来观察由前面系统所成的物体的中间像。目镜放大率：$M = 25/f$，f 为以 cm 为单位的目镜焦距。目镜的种类很多，除常用的惠更斯 (Huygens) 目镜和拉姆斯登 (Ramsden) 目镜外，还有许多具有不同特点的目镜，如消色差的凯耳纳 (Kellner) 目镜，具有宽视场、高放大率的无畸变目镜，对称目镜，可变放大率可变焦距的目镜和非球面目镜等都已出现在目镜的产品目录上。

惠更斯目镜 [Huygens eyepiece]　由向场镜 L_1 和接目镜 L_2 组成，两者的焦距和间隔 d 之间的比例为 $f_1 : f_2 : d = 3{:}1{:}2$，整个目镜的物方焦点在两透镜之间，只能放大虚物，所以不能作普通放大镜用。价格便宜，但出射光瞳离接目镜太近有 3mm 左右，使用时不方便。

拉姆斯登目镜 [Ramsden eyepiece]　由向场镜 L_1 和接目镜 L_2 组成，两者的焦距和间隔 d 的比例为 $f_1 : f_2 : d = 1{:}1{:}2/3$，此目镜系统的物方焦点在向场镜的前面。使用时，中间像可出现在物方焦点处，测量用的分划板也放在物方焦点处，由于中间像和分划板在同一平面上，可对中间像进行精确测量和定位。整个目镜的出射光瞳离接目镜 12mm，比惠更斯目镜优越，价格便宜，也比较普及。

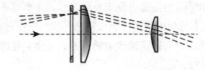

望远镜 [telescope]　结构和显微镜很相似，由物镜和目镜组成。由于望远镜所要观察的物体在很远的地方 (可以看成无穷远)，因此，中间像成在物镜的像方焦面上，目镜在望远镜中起放大镜作用。如果调整目镜的位置，使它的物方焦点和物镜的像方焦点重合，那么从中间像上的一点发出的光线将会平行地离开目镜，使正常眼睛能够在松弛的情况下进行观察。望远镜的视角放大率为使用望远镜最终虚像对眼的张角 θ' 和不用望远镜物对眼的张角 θ 之比值。$M = \theta'/\theta = -f_o/f_e = -D/d$，其中 f_o、f_e 为物镜、目镜的焦距，D、d 为物镜孔径 (望远镜物镜的边缘为望远镜的孔径光阑，即望远镜的入瞳) 和出射光瞳的孔径。望远镜的最小分辨角为：$\theta = 1.22\lambda/D$，D 为物镜的孔径。由于采用的元件不同，望远镜又可分为折射望远镜、反射望远镜、反射折射望远镜。折射望远镜中，如果对物体的取向有要求时，望远镜内必须有一个附加的正像系统。反射望远镜，不像对镜头的材料有严格要求的折射望远镜，支承问题容易解决，又没有色差，一般大型望远镜几乎全是反射望远镜。反射折射望远镜由于可校正球差，获得的视场比较宽，可用于特殊的光学仪器中，如卫星和导弹的跟踪仪器、流星照相机、小型的商用望远镜、望远照相物镜和自动式导弹系统等。

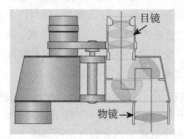

目镜

物镜

潜望镜 [periscope]　从海面下伸出海面或从低洼坑道伸出地面，用以窥探海面或地面上活动的装置。其构造与普通望远镜相同，只是另加两个反射镜，使物光经两次反射而折向眼中。潜望镜常用于潜水艇、坑道和坦克内，用以观察敌情。

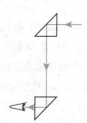

反射望远镜 [catoptric telescope]　17 世纪发明的，使用曲面和平面的面镜组合来反射光线，并形成影像的光学望远镜。它不是使用透镜折射或弯曲光线形成图像的屈光镜，改善了折射式望远镜成像严重的色差。现代主要的天文望远镜均是反射望远镜。

照相机 [camera]　是对物体成像拍照的装置。由照相镜头、暗箱和放置感光板 (胶卷) 的支架等构成。其基本原理是通过正透镜组 (镜头)，将远处或近处的物在照相胶片或干板上生成清晰的实像。为了达到此目的，照相机有调节装置，可在小范围内调节镜头与底片之间的距离，使不同远近的物体都能成清晰的实像于胶片上。镜头中附有一个大小可变的光阑 (可变的孔径光阑)，其作用有二：一是影响底片上的照度，从而影响曝光时间的选择；二是影响景深。胶片的周界就是照相机的视场光阑，视场光阑的对角线对透镜所张的角就是照相机的角视场。角视场与镜头的焦距有关，一般照相机镜头的焦距在 50mm 左右，角视场从 $40° \sim 50°$。对于一定大小的底片，减少 f，会得到更大的角视场。广角镜头焦距范围从 40mm 到 6mm，角视场从 $50°$ 到 $120°$ 或更大范围。望远照相镜头焦距很长 (80mm 或更大)，角视场最小只有几度。优良相机应有大的相对孔径、大的视场角和没有畸变、平的像面。因此照相镜头的设计，只有采取折衷的办法校正像差，才能适应各种特殊需要。照相机镜头的种类也是多种多样：廉价相机的弯月形透镜、对称透镜组合的蔡司厂的奥索曼泰 (Ziss Orthometar) 镜头 (广角镜)、库克 (Cooke) 三合镜头、忒萨 (Tessar) 镜头、望远照相镜头等。一般照相镜头上有焦距和 f 数的标志。

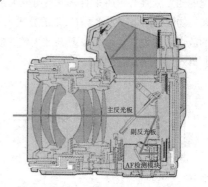

主反光板

副反光板

AF检测模块

针孔照相机 [pinhole camera]　用小孔代替照相镜头的照相机。它独特的优点是，能够在很宽的角视场内、很大的景深的情况下，对物体成一个清晰的、无畸变的像。最大清晰度所对应的小孔，其大小正比于小孔到像的距离。其缺点是需要较长曝光时间。

数码照相机 [digital camera]　一种利用电子传感器把光学影像转换成电子数据的照相机。在数码相机中，也是由镜头、快门摄取景物的实像，光感应式电荷耦合元件 (charge-coupled device，CCD) 或互补式金属氧化物半导体 (complementary metal-oxide-semiconductor，CMOS) 传感器用来取代传统相机底片的化学感光功能。被捕捉的图像数据经集成的微处理器通过一定算法编码后，储存在相机内部数码存储设备中。

相对孔径 [relative aperture]　透镜的孔径 D 和透镜的焦距 f 之比 D/f 叫作相对孔径，其倒数叫作 f 数或 $f/\#$，即 $f/\# = f/D$。在像平面上，单位时间单位面积上能量和相对孔径的平方成正比，所以相对孔径愈大，曝光时间可以愈短，曝光时间和相对孔径的平方成反比，也即和 f 数的平方成正比。照相机的曝光时间正比于 f 数的平方，所以，有时将 $f/\#$ 叫作镜头速度。通常照相镜头的光圈上标志着 1，1.4，2，2.8，4，5.6，8，11，16，22 等数，就是相应位置的 f 数。

f 数 [f value]　见相对孔径。

景深 [depth of field]　在成像系统中,不但要求对某一平面能成清晰的像,而且往往要求物体前后的景物,都能成清晰的像。如照相机在拍摄风景照时,就有此要求。在像平面上,能同时清晰成像的最远与最近点之间的距离,称为景深。景深与物体的位置、透镜的相对孔径大小有关,距离越远,相对孔径越小,则景深越大。

投影仪器 [projection instrument]　它的主要部分是一个会聚的投影镜头,将画片(被照明的平面物)成放大的实像于屏幕上,供许多人观看,这一类仪器便是投影仪器。常用的电影放映机、幻灯机、印像放大机以及绘图用的投影仪等,都是属于投影仪器。由于要得到放大的实像,所以画片一般总放在镜头物方焦面附近,其放大率与像距成正比。在投影仪器中,为了使光源的光经过画片再进入投影镜头,所以在投影仪器中需要附有聚光系统(照明系统)。为了使屏幕上得到尽可能强的均匀照明,通常有两类聚光系统:临界照明和柯勒照明。为了充分利用光能,聚光装置中常在光源后面装上球面镜,球面镜的球心与光源位置重合。

临界照明 [critical illumination]　显微成像中较早出现的照明系统,后来也用于小投影物的聚光系统,聚光镜将光源的像成在投影物上或被检物体上,这种照明称为临界照明。电影放映机、幻灯机、印像放大机,都采用临界照明。其优点是光能利用率高,但是光源的灯丝像与被检物体的平面重合,影响成像的质量,在显微成像中多用于低档显微镜。

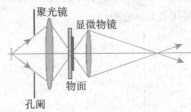

柯勒照明 [Kühler illumination]　1893 年德国蔡司公司的柯勒(August Kohler)首先研发的一种完善的显微成像照明系统。与临界照明相比,柯勒照明具有以下优点:灯丝不落在被检物平面上,照明均匀;照明的热焦点不在被检物,不会灼伤被检物;聚光镜将视场光阑成像在被检物平面处,通过改变其大小可控制照明范围。由于这一方法能使样品获得均匀而又充分明亮的照明,而且又不会产生耀眼的眩光,实验室用显微镜通常使用这种照明方法。

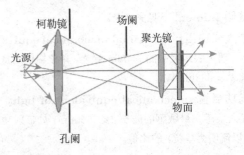

棱镜光谱仪 [prism spectrometer]　利用棱镜的色散作用,将非单色光按波长分开的装置(见图)。其结构的主要部分为棱镜前的平行光管、棱镜和棱镜后的望远物镜 L_2。棱镜前的平行光管,由一会聚透镜 L_1 和放在它第一焦面的狭缝 S 所组成。当非单色光照射狭缝后,经平行光管产生非单色的平行光束。这些非单色平行光束通过棱镜后,不同波长的平行光束经过折射后,方向不同。再经过棱镜后的望远物镜 L_2,不同方向(即不同波长)的平行光束,会聚到望远物镜后焦面上的不同地方,形成一系列离散的不同波长的狭缝像,这便是光谱。若在光谱仪中的望远物镜后,再装上一目镜,用以直接观察光谱,此种光谱仪就称为分光镜。若在望远物镜的后焦面上,放一狭缝,将某种波长的光分离开来,则称为单色仪。若在望远物镜的后焦面上,放一暗盒,把不同波长的狭缝像拍摄下来,则称为棱镜摄谱仪。

分光镜 [spectrometer]　见棱镜光谱仪。
单色仪 [monochromater]　见棱镜光谱仪。

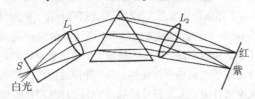

凯耳纳施密特光学系统 [Kellner-Schmidt optical system]　由一个凹(球)面镜和一个放在凹面镜曲率中心 C 处的非球面透镜所组成。其中非球面透镜使所有大孔径的平行光束,经其折射又经凹面镜反射后,可以在光轴同一焦点上会聚,消除凹面镜的球差。它又能使与光轴成大角入射的平行光束,在进入系统后,比较好地会聚于另一点。这种系统的焦面,是一个曲率中心在 C 点的球面。这种系统用于照相机可得到极高的速率($f/0.5$)。正是由于具有非常高的速率,天文学中用它拍摄暗淡的星体或彗星的照片。如果焦面上涂以荧光材料,使紫外光在焦面上形成亮点,那么看紫外光就像看可见光一样,所以这种装置也可用作快速、广角的紫外望远镜。

变焦距系统 [zoom system]　焦距连续可变的光学系统。由于系统的倍率和系统的焦距有关,所以变焦距系统往往也指倍率连续变化的可变倍率系统。人们在生产实践中,常常希望通过光学系统既能对物体作大区域小倍率的观察,又能对其中小区域进行大倍率的仔细观察,变焦距系统就是为适应此种要求而产生的光学系统。任一光学系统的焦距，是与组元和组元的间距有关。当组元的间距改变时，系统的焦距就会变，像的倍率和位置也会跟着变。变焦系统中，当焦距改变时，像的倍率跟着变，而像面是不变的或保持一定的位移量。设计时，为了消除像面的有害移动，需要作抵消像面移动的补偿，从而产生不同的变焦系统：光学补偿和机械补偿。利用各组元位移之间的线性关系，达到变焦的同时，减少像面移动的系统叫作光学补偿系统。将各个运动组元，按不同的运动的规律作较复杂的移动，以达到完全防止像面移动的系统，为机械补偿系统。由于机械加工水平的保证，目前大多数的变焦系统是这种补偿系统。变焦距系统，目前已广泛应用于照相、电视、电影、显微镜、激光设备等领域。此种系统，主要指标是光焦度的最小数值、倍率变化的范围、系统长度等。

扫描隧道显微镜 [scanning tunnel microscope]
一种新型的表面测试分析仪器，与传统的金相显微镜、扫描电子显微镜、透射扫描显微镜相比，具有结构简单，分辨率高等特点。工作条件宽容度大，对样品无破坏作用。横向分辨率达到 0.1nm，对样品垂直方向分辨率高达 0.01nm，有效地弥补以往显微镜的不足。现已成功地用于单质金属、半导体等材料表面原子结构的直接观察。其工作原理如图，A 为具有原子尺度的针尖，B 为分析样品。工作时样品和针尖间加一定电压。如样品和针尖间距离小于一定值时由于量子隧道效应，隧道电流对样品表面的微观起伏特别敏感。根据扫描过程中，针尖和样品间相对运动的不同，可分成恒电流模式如图 (a) 和恒高度模式如图 (b)。前者根据针尖在样品表面扫描时的运动轨迹，直接反映样品表面的起伏程度，它适合于观察表面起伏较大的样品。后者控制针尖在样品表面某一水平面上扫描，通过记录隧道电流的变化，可得样品表面的形貌图，它适合于观察表面起伏较小的样品 (小于 1nm)，由于干扰小，从而获得更高分辨率的图像。光子扫描隧道显微镜原理与扫描隧道显微镜相同，当光纤尖进入样品全反射界面倏逝波光场中时，光纤尖将使倏逝场受抑，而发生光子隧道效应，使倏逝波光子在光纤尖内传输通过。光纤扫描时，以记录到的光子隧道信息推算样品表面起伏信息，从而获样品表面的信息。

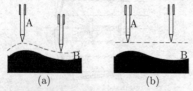

(a)   (b)

光子扫描隧道显微镜 [photon scanning tunnel microscope]　见扫描隧道显微镜。

6.2　光度学和色度学

光度学 [photometry]　仅对可见光 (电磁辐射中很窄的波段) 进行计量的一门学科。通常涉及人眼视觉亮度的度量，与几何光学有密切的关系。在可见光波段，一定功率的光辐射通过人的视觉系统会产生一定的亮度感觉，光度学就是对这种可见光进行计量的科学。光度学中量的单位是独立的，不能直接从其他量的单位中导出。在历史上，光度学比辐射度学发展要早一些，1760 年朗伯在他的专著中就建立了光度学的基本体系，定义了光通量、发光强度、光照度、光亮度等一些主要的光度学参量，并阐述了各参量之间的关系。

辐射度学 [radiometry]　对各种电磁辐射进行计量的一门学科，相比于仅针对可见光的光度学，辐射度学涵盖的电磁波范围更广。

辐射通量 [radiant flux]　在单位时间内，由辐射体表面的一定面积上发出的，或通过一定接收截面的辐射能。其单位为 W(瓦) 或 kW(千瓦)。

辐射通量的谱密度 [spectral density of radiant flux]　它表示在某一波长 λ 附近的单位波长间隔内所具有的辐射通量，它是描述辐射能在频谱中的分布。

视见函数 [vision function]　反映人眼对可见光区域中各种波长光的相对视觉灵敏度的函数。它与外界条件有关。在白天，人眼的视觉对波长 550nm 左右的绿光最敏感。在昏暗的环境中 (夜晚)，视见函数向短波 (蓝色) 方向移动，所以它又分为：适光性视见函数 (图中实线) 和适暗性 (微光) 视见函数 (图中虚线)，这也说明为什么在有月光的夜晚观察，总感觉到周围环境是蓝绿色的。

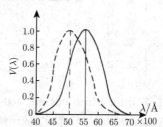

光通量 [luminous flux]　描述客观的辐射通量引起的视觉强度的量，常用 Φ 表示，它等于辐射通量与视见函数的乘积。光通量的单位是 lm(lumen，流明)。lm 是一个由发光强度单位 cd(坎德拉) 导出的单位，通常把发光强度为 1cd 的点光源在 1sr 立体角内所辐射的光通量定义为 1lm，即 1lm=1cd·sr。

流明 [lumen]　见光通量。

最大光功当量 [maximal mechanical equivalent of light]　对人眼最灵敏的 550nm 绿光，单位辐射通量引起的光通量 $k = 683\text{lm/W}$。

光功当量 [mechanical equivalent of light]　单色光源在人眼感光最敏感的波长 (约 555nm) 处辐射功率与光通量 (以流明为单位) 的比值。

发光强度 [luminous intensity]　光度学中最重要的一个物理量，它表示某一方向上单位立体角内辐射的光通量大小，其单位为 cd(candela，坎德拉)，cd 是国际单位制中七大基本单位之一。1979 年第十六届国际计量大会规定，当光源发出频率为 540×10^{12} Hz 的单色辐射 ($\lambda = 555$nm)，且在给定方向上的辐射强度为 1/683W/球面度时，其发光强度定义为 1cd。

坎德拉 [candela]　见发光强度。

亮度 [luminance]　表示一个表面的明亮程度。扩展光源中，面源 ds 沿 r 方向的亮度定义为此方向上，单位面积的发光强度。

$$L = \frac{dI}{ds'} = \frac{dI}{ds \cos\theta} = \frac{d\Phi}{d\Omega ds \cos\theta}$$

ds' 为投影面积，$d\Phi$ 为面元在 $d\Omega$ 中发出的光通量。它是为了描述面光源在不同方向上的辐射特性而引入的物理量，单位为 cd/m^2 (坎德拉/平方米)。

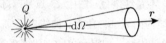

常见光源的亮度：在地球大气层外看到的太阳约 190000 cd/m^2，通过大气看到的太阳约 150000cd/m^2，钨丝白炽灯约 500cd/m^2，蜡烛火焰约 0.5cd/m^2，通过大气看到的满月约 0.25cd/m^2，晴朗的白昼天空约 0.15cd/m^2，没有月亮的夜空约 $10^{-8}cd/m^2$。

余弦发射体 [cosine emitter]　一扩展光源的发光强度与 $\cos\theta$ 成正比，从而其亮度 L 与方向无关，这类发射体称为余弦发射体或朗伯发射体。按 $\cos\theta$ 规律发射光通量，这种规律叫作朗伯定律。太阳是一个近似的"余弦发射体"。

朗伯发射体 [Lambert emitter]　见余弦发射体。

朗伯定律 [Lambert law]　见余弦发射体。

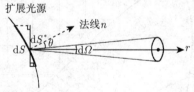

朗伯反射体 [Lambert reflection body]　一个理想漫射面，不管入射光来自何方，沿各方向漫射光的发光强度总与 $\cos\theta$ 成正比，从而亮度相同。积雪、刷粉的白墙以及十分粗糙的白纸面，都接近这类理想的漫射面，这类物体称为朗伯漫射体。

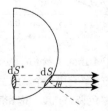

定向发射体 [directing emitter]　该类发射体指发出的光束集中在一定的立体角 $d\Omega$ 内，即亮度有一定的方向性。如成像光学仪器和激光器都有这种特征，特别是激光器，发出的光束截面很小且高度平行，可使不大的辐射功率获得巨大的亮度。

照度 [intensity of illumination]　一个被光线照射的表面上的照度，为照射在单位面积上的光通量。如面积 ds 上的光通量为 $d\Phi$，则此面上的照度为 $E = d\Phi/ds$，照度的单位为 lx(勒克斯，1 勒克斯 =1 流明/平方米)。一些实际情况下的照度：无月夜天光在地面上的照度 3×10^{-4}lx，接近天顶的满月在地面上的照度 0.2lx，办公室工作所必须的照度 20~100lx，晴朗夏日在采光良好的室内照度 100~500lx，夏天太阳不直接照到的露天地面上的照度 $10^3 \sim 10^4$lx。

点光源产生的照度 [intensity of illumination by point source]　发光强度为 I 的点光源，对被照射面元 ds 所张的立体角为 Ω，其产生的照度为 $E = d\Phi/ds = I \cos\theta/r^2$，这就是熟知的平方反比定律。

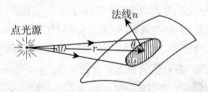

面光源产生的照度 [intensity of illumination by surface source]　亮度为 L 的面光源，在照射面元 ds' 上产生的照度 $E = \iint\limits_{\text{光源的表面}} \frac{Lds \cos\theta \cos\theta'}{r^2}$。

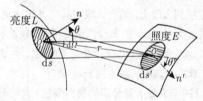

主观亮度 [subjective luminance]　指视网膜上像的照度。用肉眼直接观察物体获得的主观亮度称为天然主观亮度。用助视仪器观察物体时，仪器的出瞳直径和视角放大率成反比，出瞳的直径和人眼的直径相同时的视觉放大率为正常放大率。当助视仪器的放大率小于正常放大率时，主观亮度与天然主观亮度相等。当助视仪器的放大率大于正常放大率时，主观亮度将小于天然主观亮度。由于点光源的光通量只刺激网膜上个别的感光单元，它的主观亮度不取决于像的照度，而取决于进入眼睛瞳孔的总光通量。当用望远镜观察点光源时，如果它的入瞳较大，它就把较多的光通量射入观察者的瞳孔，所以望远镜可以使点光源的主观亮度大大增加。利用望远镜观察星体,可以使星体的主观亮度增大,但不改变作为扩展光源的天空背景的主观亮度。这样,星体与天空背景主观亮度的对比度加大,使在白天也能看到星体。

色度学 [colorimetry]　　又称比色法。量化和物理上描述人的颜色知觉的科学和技术。色度学同光谱学 (spectrophotometry) 相近,但是色度学更关心的是于人们颜色知觉物理相关的光谱。最常用的是 CIE1931 色彩空间和相关的数值。

比色法 [colorimetry]　　即色度学。

光与色 [light and color]　　光是色的存在条件,如在黑夜里关上电灯,就看不见任何颜色,这表明色必须有光的存在。色是人眼对不同光谱成分的主观反映。人眼的色感觉虽然在一定程度上反映光谱的某些特点,然而并不能从看到的颜色来判断光谱的分布。

同色异谱 [homochromy with different spectrum]　　一定的光谱分布,表现为一定的颜色。但同一种颜色,可以由不同的光谱分布来组成,此称为同色异谱。如黄色可以由单一波长的黄光所产生,也可以由波长不同的红光和绿光混合而产生,它们给人眼的色觉却相同。

非彩色和彩色 [white black series and color]　　非彩色和彩色是颜色的两大类,总称为颜色。非彩色指白色、黑色和各种深浅不同的灰,它们可以排列成一系列,由白色渐渐到浅灰,再到中灰、深灰,直到黑色,又叫白黑系列。它只有亮度差别,没有色调和饱和度的变化。彩色是指白黑系列以外的各种颜色,它有三种特性:亮度、色调和饱和度。

颜色的三要素 [three elements of color]　　亮度、色调、饱和度为颜色的三要素,又称颜色的三属性。亮度是人眼所感觉到的颜色明亮程度的物理量。人眼对颜色的亮度感觉与颜色的光谱分布有关。对于各种不同颜色的光,尽管它们以相同强度照到人眼上,然而人眼对其亮度的感觉却不相同。人眼对于波长为 555nm 的黄绿色最敏感,其他波长的亮度感觉相对降低 (其分布曲线可参看视见度曲线)。色调表示颜色的种类,它取决于该颜色的主波长,有红色、绿色、黄色等区别。在自然界中,人眼所能分辨的物体颜色,大约有 120~170 种。饱和度是表示颜色浓淡程度的物理量,它是按该颜色混入白色光的比例来表示的。没有混入白光的光谱色其饱和度为 100%,如果混入白色光的光谱色,其饱和度就降低,感觉的颜色就变淡,愈不鲜艳,当饱和度为零时就为白色光。

色调 [hue]　　见颜色的三要素。

饱和度 [saturation]　　见颜色的三要素。

麦克斯韦颜色三角形 [Maxwell color triangle]　　由麦克斯韦提出的表示颜色的色度图。该色度图是一个直角三角形的平面坐标图。三角形的三个角顶,分别代表 R、G、B 三原色 (一单位红原色、一单位绿原色、一单位蓝原色)。色度坐标 r 和 g 分别为 R 和 G 在 R + G + B 总量中的相对比例。在三角形色度图中,没有 b 的坐标,因为 $r+g+b=1$, $b=1-r-g$,给出 r 和 g 两个坐标,b 就确定了。在这种色度图中,标准白光的色度坐标为:$r=0.33$, $g=0.33$。现在常用的色度图就是从这种颜色三角形转化过来的。

色度图 [chromatically diagram]　　表示色度的图形。色度是把色调和饱和度两者合在一起的总称。任何一种颜色,可由它在色度图上的位置来决定,但因其不能代表亮度,不同亮度的颜色,在色度图上都占有同一位置。通常使用的标准色度图称为 X、Y 色度图,或叫作 CIE(国际照明委员会) 色度图,如图所示。其中马蹄形的曲线,代表了波长从 380nm 蓝紫色到 780nm 红色的各种颜色范围内的纯谱色的轨迹。在曲线的两端,颜色几乎没有变化,如 380~420nm 及 700~780nm 几乎挤成一点,这些纯谱色无颜色变化。在马蹄形的底部 (400~700nm) 的两点连结成的直线部分是没有波长标志的,因为它是由红和紫按各种不同比例混合而成的一系列的混合色,不是纯谱色。图中 C 点是国际照明委员会规定作为白色领域内的标准白色点。曲线内任何一点 (P) 均不代表纯谱色,而是代表一种混合色。C 和该点 (P) 连线 (延长线) 与马蹄形曲线的交点处的光谱色波长,即为该点 (P) 的主波长,也就决定了该点 (P) 的色调。该点 (P) 离标准白 C 点愈近,颜色的饱和度愈低,愈靠近马蹄形 100%。在这两者之间的饱和度用色度图上该点到 C 点和 C 点到边缘点 (该点的主波长) 的距离的百分比来表示。在色度图中,任何经过标准白色 C 点的直线两端的颜色互为补色,因为如以适当比例混合,可得到白光。

色度 [chrominance]　　见色度图。

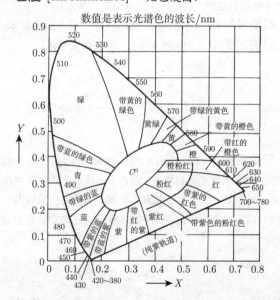

数值是表示光谱色的波长/nm

芒塞尔色系 [Munsell color system]　　用立体模型来表示颜色的一种方法。它用一个三维空间的类似球体模型,把各种颜色的三要素色调、亮度、饱和度全部表示出来,如图。芒塞尔颜色立体的中央轴，代表无彩色、白黑系列中性色的亮度等级。白色在顶部，黑色在底部，理想白定为 10，理想黑定为 0。颜色样品离中央轴的水平距离，代表饱和度的变化颜色立方体水平剖面上，各方向代表 10 种芒塞尔色调，包含 5 种主要色调：红 (R)、黄 (Y)、绿 (G)、蓝 (B)、紫 (P) 和 5 种中间色调：黄红 (YR)、绿黄 (GY)、蓝绿 (BG)、紫蓝 (PB)、红紫 (RP)。在芒塞尔立体模型中，每一部位各代表一特定颜色，并给予一定的标号。目前国际上已广泛采用芒塞尔颜色系统，作为分类和标定颜色的方法。通过颜色立体模型的颜色分类，用纸片制成许多标准颜色样品，汇编成芒塞尔颜色图谱。

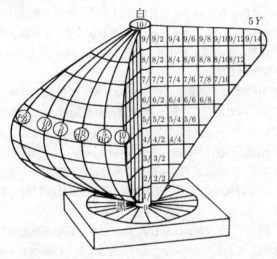

芒塞尔颜色图谱 [Munsell color spectrum atlas] 见芒塞尔色系。

颜色匹配 [color match] 　将两个颜色调节到视觉上相同或相等的方法，叫作颜色的匹配。进行颜色匹配实验时，须通过颜色相加混合的方法，改变一个颜色或两个颜色的亮度、色调、饱和度使两者匹配。

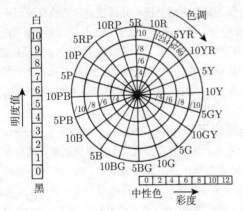

颜色的混合 [color mixture] 　颜色的混合可以分成两种。一种是将两束光分别通过两种滤色片后，投到屏幕上进行的混合为相加混合。如果两滤色片一是蓝色，一是黄色，

经过相加混合后为白色。另一种混合是将一束光先后通过两个滤色片后，出来的混合光为相减混合。如两滤色片仍是一蓝一黄，相减混合后出来的是绿光。用两种相同的滤色片，通过两种不同的混合后，结果完全不同。主要是两种混合是属于两种不同的过程，服从的规律也不同。人眼对颜色的主观感觉、彩色电视的颜色，都具有相加混合的特性。而染料、涂料、彩色印刷、彩色摄影，都是利用颜色的减法混合的特性来控制颜色。

格拉斯曼颜色混合定律 [Grsassmann color law] 由格拉斯曼 (Grsassmann) 总结的在颜色相加混合时的规律，其中包括：① 人的视觉只能分辨颜色的三种变化 —— 亮度、色调、饱和度；② 两种颜色混合时的补色律和中间色定律；③ 感觉上相似的颜色，可以互相代替 —— 代替律；④ 亮度相加定律，由几个颜色组成的混合色的亮度，是各颜色光亮度的总和。

加法三原色 [addition tricolor] 　加法混合时采用的三原色，也就是统称的三原色或三基色：红 (red)、绿 (green)、蓝 (blue)，各以 RGB 表示。加法混合时，有如下的结果：

红色 + 绿色 = 黄色

红色 + 蓝色 = 紫色

蓝色 + 绿色 = 青色

红色 + 绿色 + 蓝色 = 白色

其中青、紫、黄分别是红、绿、蓝相应的补色。一般来说，如果两种彩色光以适当的比例加在一起能得到白光，那么，这两种颜色互为补色。例如，黄色和蓝色互为补色。

互补色 [complementary color] 　见加法三原色。

减法三原色 [subtractive tricolor] 　减法混合时采用的三原色：黄 (yellow)、紫 (magenta)、青 (cyan)。它们分别是蓝、绿、红的补色，即白光中分别减去蓝、绿、红后的颜色，以减蓝、减绿、减红三色控制蓝绿红。减法混合主要是考虑吸收后的光，其结果如下：

黄色 = 白色 − 蓝色

紫色 = 白色 − 绿色

青色 = 白色 − 红色

黄色 + 紫色 = 白色 − 蓝色 − 绿色 = 红色

黄色 + 青色 = 白色 − 蓝色 − 红色 = 绿色

紫色 + 青色 = 白色 − 绿色 − 红色 = 蓝色

黄色 + 紫色 + 青色 = 白色 − 蓝色 − 绿色 − 红色 = 黑色

这些关系式表明颜料依次相加 (相减混合) 后的结果。这种三原色必须和加法混合中的三原色加以区别，不可混为一谈。

6.3　波动光学

波动光学 [wave optics] 　又称物理光学，是光学的一

个分支，主要研究光的干涉、光的衍射、光的偏振等运用波动理论处理的光学现象。与之相对应，几何光学可看作是波动光学的近似，即波长大小可忽略时 $(\lambda \rightarrow 0)$，光波的传播可近似用光线模型分析处理。

物理光学 [physical optics]　即波动光学。

光的干涉 [interference of light]　光是一种波，当两列或几列光波在空间相遇时相互叠加，在某些区域加强，在另一些区域则削弱，形成稳定的强弱分布的现象称为光的干涉。1801 年，英国物理学家托马斯·杨 (1773—1829) 在实验室里成功地观察到了光的干涉，根据光的干涉原理可以进行长度和折射率的精密计量。

光的相干条件 [interference condition of light]　为使叠加的两束波的光强在一段时间间隔 Δt 内稳定，要求：①各波的频率 v(或波长 λ) 相同；②两波的初位相之差在 Δt 内保持不变。条件②意味着，若干个通常独立发光的光源，即使它们发出相同频率的光，这些光相遇时也不会出现干涉现象。原因在于：通常光源发出的光是初位相作无规分布的大量波列，每一波列持续的时间不超过 10^{-9} 秒的数量级，就是说，每隔 10^{-9} 秒左右，波的初位相就要作一次随机的改变。而且，任何两个独立光源发出波列的初位相又是统计无关的。由此可以想象，当这些独立光源发出的波相遇时，只在极其短暂的时间内产生一幅确定的条纹图样，而每过 10^{-9} 秒左右，就换成另一幅图样，这是难以观察到的。不过，近代特制的激光器已经做到发出的波列长达数十公里，亦即波列持续时间为 10^{-5} 秒的数量级。因此，可以说，若采用时间分辨本领 Δt 比 10^{-5} 秒更短的检测器 (这样的装置是可以做到的)，则两个同频率的独立激光器发出的光波的干涉，也是能够观察到的。另外，以双波干涉为例还要求：③两波的振幅不得相差悬殊；④两波的偏振方向不能垂直。当条件③不满足时，原则上虽然仍能产生干涉条纹，但条纹之明暗区别甚微，干涉现象很不明显。条件④要求之所以必要是因为，当两个光波的偏振面相互垂直时，无论二者有任何值的固定位相差，合成场的光强都是同一数值，不会表现出明暗交替 (欲观察明暗交替，须借助于偏振元件)。以上四点即为通常所说的相干条件。满足这些条件的两个或多个光源或光波，称为相干光源或相干光波。

干涉条纹 [interference fringes]　两光波或多光波之间发生干涉现象时，光波能量在空间重新分布，从而产生的明暗条纹称为干涉条纹。

局域干涉 [localized interference]　又称定域干涉。在扩展光源 (由大量互不相干的点光源构成) 的情况下，由不同点光源出发的到达空间某一观察点的两支相干光的光程差是不同的，这时在光程差变化大于 1/4 波长的区域观察不到干涉条纹，仅在在光程差变化小于 1/4 波长区域出现清晰的

干涉条纹，故称这种干涉条纹是定域的。干涉条纹的定域是扩展光源的特征。

定域干涉 [localized interference]　即局域干涉。

条纹对比度 [fringe visibility]　见条纹可见度。

条纹可见度 [fringe visibility]　为了定量地描述光源的单色性和光源尺寸对干涉条纹对比度的影响，迈克耳孙引入了干涉条纹的可见度函数，它定义为 $v(x,y) = \dfrac{I_{max} - I_{min}}{I_{max} + I_{min}}$，其中 I_{max} 和 I_{min} 是干涉条纹光强的极大值和极小值。对单色点光源的双光束干涉，$I_{max} = I_1 + I_2 + 2\sqrt{I_1 I_2}$，$I_{min} = I_1 + I_2 - 2\sqrt{I_1 I_2}$，则可见度函数为 $v = \dfrac{2\sqrt{I_1 I_2}}{I_1 + I_2}$。显然，当 $I_1 = I_2$ 时，有 $v = 1$，可见度达最大值，相当于完全相干情况；如 $I_{max} = I_{min}$ 则 $v = 0$，可见度达极小值，干涉场光强分布为常数，不出现干涉条纹，称为完全不相干；当 $0 < v < 1$ 时，为部分相干。

一般情况下，干涉场中不同的区域干涉条纹的可见度是不同的，所以定义式中的 v 是位置坐标的函数，I_{max} 和 I_{min} 可看作是 (x,y) 点附近强度的极大与极小。

相消干涉 [destructive interference]　当两列光波的频率相同，相位差恒定，振动方向一致时，就能产生光的干涉。如果两相干光束的位相相反，使得光强减弱则称为相消干涉。

相长干涉 [constructive interference]　当发生干涉的两列光波在观察点位相一致时，光强加强，称为相长干涉。

光程差 [optical path difference]　两束或多束光到达某点的光程之差值。光程差确定了多束光之间的相位差，从而决定其干涉和衍射行为。

分波阵面干涉 [wavefront-splitting interference]　从同一源波面上分出若干个面域，使它们继续传播并相遇而发生干涉。杨氏干涉实验属于这一类。在杨氏干涉实验中是从源波面上分取出两个极小孔或狭缝。其他分波面干涉装置中，大部分是将源波面分为大面积的几个部分，如菲涅耳双面镜干涉为例。此装置中，M_1 和 M_2 是两个平面反射镜，二者接近于成 180° 角。由光源发出的波面射在 M_1 上的那部分反射成为波 W_1，射在 M_2 上的那部分反射成分波 W_2；W_1 与 W_2 发生干涉。

分振幅干涉 [amplitude-splitting interference]　入射波在光学媒质分界面上发生反射和折射，然后令反射波和折射波在继续传播中相遇而发生干涉。牛顿环是经典的分振幅干涉。在牛顿环装置中，透镜与平板玻璃之间所夹的空气层就是上述的媒质，波 (进入透镜后) 在空气层的上表面发生反射和折射。反射波 (经透镜) 传入上方空气中为一个波；折射波在空气层下表面反射，然后 (经透镜) 传入上方空气中为另一波，两波发生干涉。

双光束干涉 [two beam interference]　即两个波的干涉。如两束振幅为 A 的相干光波在交叠区域内任意点 P 处的合光强为 $I = 4A^2\cos^2\delta/2$，式中 δ 为两束相干光在 P 点的相位差。光强分布作正弦式的变化，这就是双光波干涉的特征。光强随 δ 的变化缓慢，干涉条纹较宽。杨氏双孔和双缝干涉、菲涅耳双镜干涉及牛顿环等属于此类。

杨氏实验 [Young's experiment]　托马斯·杨 (Thomas Young, 1773—1829) 于 1801 年进行了一次光的干涉实验，即著名的杨氏双孔干涉实验，并首次肯定了光的波动性。随后在他的论文中以干涉原理为基础，建立了新的波动理论。

杨氏实验是许多分波前干涉实验的原型，无论从经典光学还是从现代光学的角度看，杨氏实验都具有十分重要的意义。其实验装置如图所示，单色光照射在屏 S 的小孔上构成单色点光源。按惠更斯原理，S_1 和 S_2 将作为两个次级波源向前发射球面波，在较远的屏上，可观测到一组几乎平行的直线条纹。屏幕上的强度分布为：$I = 4I_0\cos^2\dfrac{\delta}{2}$，式中 δ 为 S_1 和 S_2 发出的光波在观察点 P 的相位差，即 $\delta = \dfrac{2\pi ax}{\lambda s}$，$s$ 为双孔所在的屏至观察屏的距离，a 为双孔间距。由于在观察屏上不同的点有不同的相位差，因而屏上各点的光强不同。当相位差为 $\delta = 2m\pi(m = 0, \pm1, \pm2, \cdots)$ 时光强最大，为亮条纹。当 $\delta = (2m + 1)\pi(m = 0, \pm1, \pm2, \cdots)$ 处，光强为极小值。条纹间距为 $\Delta x = \lambda s/a$，如屏的方位任意放置，则干涉条纹为屏与旋转双曲线的交线。为提高干涉条纹的亮度，实际上 S, S_1 和 S_2 是采用三个互相平行的狭缝，由于 S_1 和 S_2 是二互相平行的狭缝，所以又称杨氏双缝干涉。

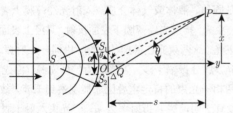

光的时间相干性 [temporal coherence of light] 一个光波在不同时间间隔上彼此关联程度的量度，也是光的单色性好坏的表现。可用相干长度 $L_c = \dfrac{\lambda^2}{\Delta\lambda}$ 表示，其中 λ 为中心波长 (或平均波长)，$\Delta\lambda$ 为波长分布的宽度 (带宽)。相干长度也可唯象地等同于光波波列的平均长度。时间相干性影响干涉条纹的可见度，例如在杨氏干涉实验中，如果光源发射一列光波，经过两个狭缝 S_1 和 S_2 后沿不同路径到达观察屏上叠加干涉。来自 S_1 和 S_2 的两列波是由同一列光波分解而来的，具有完全相同的频率和一定的位相关系，应能观察到干涉条纹。但若两路光程差太大致使 S_1 和 S_2 的两列波到达考察点 P 的光程差大于波列的长度，当波列 S_1 刚到达

P 点时，波列 S_2 已经过去了，同属于一列原始波的两列波不能相遇，无法发生干涉。故干涉的必要条件是两光波在相遇点的光程差应小于波列的长度，因此两波列在相遇点相干程度与波列长度有关，根据上述表达式它与光源的单色性有关，称为光的时间相干性。

相干时间 [coherence time]　习惯上，时间相干性以相干时间 τ_c 或相干长度 L_c 表示，并认为中心波长 λ_0，光源的有效光谱波长宽度 $\Delta\lambda$ 和频带宽度 $\Delta\nu$ 满足如下关系：$\tau_c = 1/\Delta\nu$，相干长度为 $L_c = c\tau_c = \dfrac{\lambda_0^2}{\Delta\lambda}$。但由于不同物理机制的光源有不同的光谱分布线型，使相同的 $\Delta\nu$ 也有不同的相干时间，因此需要一个精确的定义。根据复自相干度的性质来定义相干时间是合适的，按照迈克耳孙的建议，相干时间定义如下：$\tau_c = \displaystyle\int_{-\infty}^{\infty}|\gamma(\tau)|^2 d\tau$。其中 $\gamma(\tau)$ 是复自相干度。

对低气压放电管的单谱线加宽是由于运动辐射振子发光的多普勒位移引起的多普勒加宽，其谱密度函数为高斯型分布函数，其相干时间为 $\tau_c = \sqrt{\dfrac{2\ln 2}{\pi}}\dfrac{1}{\Delta\nu} = \dfrac{0.664}{\Delta\nu}$。对高压气体放电管的谱线加宽是由于辐射的原子或分子的碰撞引起的碰撞加宽，其谱密度函数为洛伦兹线型，其相干时间 $\tau_c = \dfrac{1}{\pi\Delta\nu} = \dfrac{0.318}{\Delta\nu}$。相干长度随之决定。

相干长度 [coherence length]　见相干时间。

光的空间相干性 [spatial coherence of light]　光波在不同空间间隔上彼此关联程度的量度。实际光源并非为点光源，总有一定的大小，被称为扩展光源，用这种光源进行光的干涉，其干涉条纹对比度随光源大小的线度有关，光源越大，条纹对比度越低。

非相干叠加 [incoherent superposition]　由两个或多个独立光源发出的光波，由于其初始相位是独立地随时间迅速地随机变化，因而这些光波之间没有相干性不会发生干涉，在叠加区域满足强度线性叠加原理，任一点的光强都是原来两束或者多束光光强的简单相加。

非定域干涉 [interference of nonlocalization]　在光的交叠区域内无论观察屏放在何处均可得到清晰的条纹，这种干涉称为非定域干涉。

干涉条纹的定域 [localization of fringe]　当光源以 S 为中心的准单色扩展光源时，这种光源由大量的互不相干的点光源构成。每个点光源产生一个非定域的干涉图样，因此在每个观察点的总强度为这些元干涉图样的强度和。如扩展的光源所有各点在 Q 点产生的相位差不同，则 Q 点附近各元图样相互错位，造成在 Q 点干涉条纹的可见度比采用点光源时低。当光源逐渐扩展时，相互位移变大，可见度下降，但位移增加量依赖于观察 Q 点的位置。在某些 Q 点可见度可保持或接近点光源时的值，在其他地方实际已下降到零。这

时我们说这些条纹是定域的。

消色差干涉条纹 [achromatic fringes] 采用白光照明得到的条纹。零级为一白色的中心条纹,两边各有几个彩色的条纹,但随级数的增加,不同波长的干涉条纹错位也增大,形成均匀的白色照明,这就是白光干涉条纹。利用它可探知条纹的级数。在光学系统中加入某种色散元件,使到达干涉平面上光的色散得到补偿,

使不同波长的干涉条纹形成在同一位置,可得到高对比度的黑白干涉条纹,即消色差干涉条纹。

杨氏干涉条纹 [Young's interference fringes] 见杨氏实验。

杨氏双缝干涉 [Young's double slit interference] 见杨氏实验。

菲涅耳双面镜实验 [Fresnel double mirror experiment] 法国物理学家菲涅耳在 1818 年采用缝光源发出的柱面波,经夹角很小的双面镜反射后获得相当于由一对相干光源发出的二束光,在光的重叠区内可观察到明暗相间的干涉条纹。

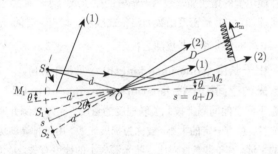

菲涅耳双棱镜实验 [Fresnel double prism experiment] 法国物理学家菲涅耳在 1814 年采用缝光源发出的柱面波,经夹角很小的双棱镜折射后,获得一对相干的缝源,在观察平面上可观察到明暗相间的干涉条纹。

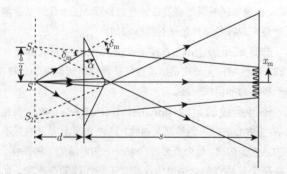

洛埃镜实验 [Lioyd mirror experiment] 洛埃采用如图所示的装置,从缝光源 S 发出的光,下半部的光经平面镜反射与缝光源的光在交叠区域内产生干涉现象。从洛埃实验证实了光由光疏介质向光密介质入射时,反射光的相位有 π 的变化,也称半波损失。

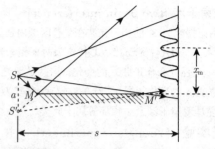

比累剖开透镜 [Billet split lens] 由一凸透镜沿直径剖开,沿垂直于光轴拉开一定距离构成,从单个光源 S 发出的光,经两个半透镜形成了两个实像 S_1 和 S_2。在叠加的区域产生了明暗相间的干涉条纹。

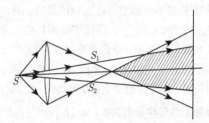

梅斯林实验 [Meslin experiment] 指将比累剖开透镜的两半沿光轴拉开一个距离,形成的两个实像 S_1 和 S_2 位于光轴上,相应的光在两点之间的一个交叠区域。在垂直于 $S_1 S_2$ 的平面上,可观察到同心的半圆形的干涉条纹。

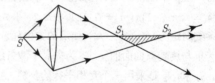

薄膜干涉 [thin film interference] 产生干涉的薄膜可以是固体、液体或气体介质。入射光经薄膜上表面反射后得第一束光,折射光经薄膜下表面反射,又经上表面折射后得第二束光,这两束光在薄膜的同侧,由同一入射振动分出,是相干光,属分振幅干涉。若光源为扩展光源(面光源),则只能在两相干光束的特定重叠区才能观察到干涉,故属定域干涉。设有透明薄膜其折射率为 n,一光束入射于膜表面 A 处,入射角为 i,经多次反射和折射后,沿反射方向和折射方向可得到两组相干的光束,相邻两条反射光之间的光程差为 $\Delta = 2nd\cos i'$,式中 d 是 A 点膜的厚度,i' 为折射角。两光束相遇点干涉结果取决于该光程差。

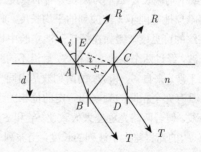

等倾干涉 [interference of equalinclination]　在薄膜干涉中，如单色发散光束照射到匀质的平行膜上，因为 nd 为一常量，显然，光程差由入射角 i 所决定，干涉的极大值和极小值将在不同的倾角方向出现，这种干涉现象称为等倾干涉。由于这种干涉条纹是等倾角光线的交点的轨迹，故称为等倾干涉条纹。

等厚干涉 [interference of equal thickness]　在薄膜干涉中，如果为一匀质劈形膜，采用一定的装置使在整个视场中入射角保持一定，则光程差完全取决于膜的厚度，膜上相同厚度的点的反射光有相同的光程差。观察到的干涉条纹是有相同厚度点的轨迹，这样的条纹称为等厚干涉条纹，这类干涉称为等厚干涉。

牛顿环 [Newton ring]　英国物理学家牛顿于 1675 年观察到的等厚干涉纹。以被测透镜的下表面与标准平晶上表面的接触点为中心的一个变厚的空气薄膜。当平行的单色光垂直入射时，其上形成等厚的干涉条纹，称为牛顿环。一般用于检验透镜的表面的半径和质量。当透镜球面的半径为 R、单色光波长为 λ 时，亮暗条纹的半径分别为

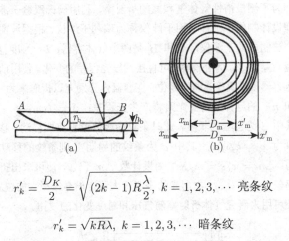

(a)　(b)

$$r'_k = \frac{D_K}{2} = \sqrt{(2k-1)R\frac{\lambda}{2}},\ k = 1, 2, 3, \cdots\ \text{亮条纹}$$

$$r'_k = \sqrt{kR\lambda},\ k = 1, 2, 3, \cdots\ \text{暗条纹}$$

干涉仪 [interferometer]　根据光的干涉原理制成的一种仪器。将来自一个光源的两个光束完全分开，各自经过不同的光程，然后再经过合并，可显出干涉条纹。干涉仪分双光束干涉仪和多光束干涉仪两大类，前者有瑞利干涉仪、迈克耳孙干涉仪及其变型泰曼干涉仪、马赫–曾德尔干涉仪等，后者有法布里–珀罗干涉仪等。干涉仪的应用极为广泛，可用于长度、折射率、波长等的测量，也可用于检验其他光学元件以及用作高分辨率光谱仪等。

振幅分割干涉仪 [amplitude division interferometer]　利用振幅分解的方法，将同一光源发出的波列分解成两个或两个以上的相干波列，从而实现干涉的专门仪器。例如，迈克耳孙干涉仪就是典型的振幅分割干涉仪，它通过半透半反镜将一束入射光分为两束后，两束相干光各自被对应的平面镜反射回来从而发生振幅分割干涉。两束干涉光的光

程差可以通过调节干涉臂长度以及改变介质的折射率来实现，从而能够形成不同的干涉图样。

迈克耳孙干涉仪 [Michelson interferometer]　由美国物理学家 Albert Michelson 于 1881 年研制成。利用分振幅法产生双光束以实现干涉。并成功地用于 "以太" 研究中，对近代物理发展起着重要的作用。其结构如图所示，入射光通过分束镜 BS 后被分解为反射光束 (2) 和透射光束 (3)，它们的振幅近似相等。在 M_2 和 BS 间放置一补偿板 C，使光束 (3) 经 BS 的光程和光束 (2) 经 C 的光程相等，BS 上的半反射膜使 M_1 在 M_2 附近产生平行于 M_2 的虚像 M'_1，光在迈克耳孙干涉仪中自 M_2 和 M_1 的反射相当于从 M_2 和 M'_1 的反射，所产生的干涉与厚度为原空气平行板所产生的干涉一样，其光程差为 $\Delta = 2d\cos\theta$，如果 M_2 和 M'_1 完全平行时，得到等倾干涉，其条纹位于无限远或透镜的焦平面上。亮条纹的条件为 $2d\cos\theta = k\lambda$，$k = 0, 1, 2, \cdots$，如采用扩展准单色光源，其等倾干涉条纹为一同心圆环，随 θ 的增加，条纹的间距愈小。当 M_1 和 M_2 不完全垂直时，由 M_2 和 M'_1 构成一楔形空气劈，在光程差为 0 附近得到等厚干涉，其干涉条纹为一组明暗相间的直条纹。如采用白光，在零级附近可观察到几级彩色的干涉条纹。

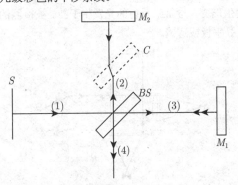

迈克耳孙–莫雷实验 [Michelson-Morley experiment]　1887 年，迈克耳孙和莫雷为了观测以太是否存在而在美国的克里夫兰进行的实验。当时认为光的传播介质是以太，那么在相对以太参照系运动的实验参照系 (比如地球)，光沿不同方向就应以不同的速度传播。为了测出地球相对以太参照系的运动，实验精度必须达到很高的量级。迈克耳孙和莫雷所做的实验采用了迈克耳孙干涉仪装置，如图所示，第一次达到了这个精度。按照假设，顺地球运动方向发出的光传播得应该比向与地球运动方向成直角发出的光快些，这样两束光会出现干涉条纹。当转动时干涉条纹会偏移，就可能求出地球相对于以太的精确速度。这样，便可以测定地球的 "绝对运动"，还将由宇宙间一切物体相对于地球的运动得知它们的绝对运动。但迈克耳孙–莫雷实验得到的结果是否定的，即地球相对以太不运动。此后，人们在不同地点、不同时间多次重复了迈克耳孙–莫雷实验，并且应用各种手段对实验结果进

行验证, 精度不断提高。综合各种实验结果, 人们基本可以判定地球不存在相对以太的运动。迈克耳孙-莫雷实验是第二次科学革命理论领域的起点, 证明了相对于任何惯性系, 光沿不同方向以相同的速度传播, 从而奠定了相对论的实验基础。

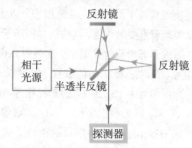

泰曼格林干涉仪 [**Twyman-Green interferometer**] 检测光学元件的重要仪器。由 L_1 给出一束平行准单色光, 经分束板 P 分成两束相互垂直的反射光和透射光, 前者入射到平面镜 M_1 后, 沿原路返回再经分束板到达投射物镜 L_2。透射光束经过处于最小偏向角位置的棱镜 P_2 后, 垂直入射到平面镜 M_2 上, 经 M_2 反射后, 经原路返回, 并由分束板 P 反射到达投射物镜 L_2。若棱镜是完善的, 则在 L_2 后焦平面处看到一均匀的视场, 如棱镜有缺陷, 两次通过棱镜的平行光的波面发生形变, 与 M_1 反射的光发生干涉。被检测的光学元件可以是平板或透镜。

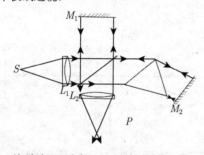

马赫-曾德尔干涉仪 [**Mach-Zehnder interferometer**] 其结构如图所示, 是根据分振幅原理研制的。有两个分束板 P_1, P_2 和两个平面镜 M_1, M_2。从光源 S 发出的光经分光板 P_1 的前表面分为两束平行光, 经过平面镜反射, 到第二个分光板 P_2 后相遇产生干涉。一般来说, M_1 和 M_2 是可调的, 这种干涉仪的特点是两光束分得很开, 虽然制造工艺和调节方面比较困难, 但用途很广泛, 特别在空气动力学中研究气流的折射率的变化很有价值。在光通量的利用率上, 它比迈克耳孙干涉仪高约一倍, 且光路是单次通过。

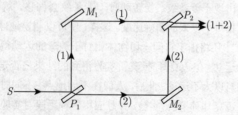

雅满干涉仪 [**Jamin interferometer**] 该仪器主要由两块同样厚度、同样折射率的平行平面玻璃板组成, 板面 M_1 和 M_2 镀了不透明的银膜。从扩展准单色光源 S 发出的一束光, 以约 45° 角入射, 产生两束光, 在望远镜的焦平面上重新会合, 产生干涉图样。当加上光阑时, 两板的厚度可使二光束分开。当放入气室和补偿板, 其干涉亮条纹为 $\frac{\cos\phi}{\sqrt{n^2 - n^2\sin^2\phi}}\psi = \frac{m\lambda}{2n^2ha}$, $|m| = 1, 2, \cdots$, $\psi =$ 常数的轨迹为水平等距的。白光条纹可用于识别零级条纹, 也可用于气体折射率的测量。

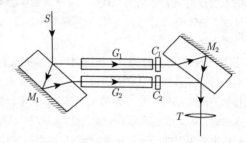

瑞利干涉仪 [**Rayleigh interferometer**] 1896 年瑞利为了测量惰性气体氩和氦的折射率, 利用杨氏双缝干涉原理设计制作了一种专用干涉仪称为瑞利干涉仪。根据波前分割法制成的干涉仪, A 和 B 是两个气体容器, L_1 为准直透镜, C_1 和 C_2 为补偿器, 可直接读出光程差的变化。使用前应将容器抽成真空, 调成零位, 在容器内分别充以折射率为 n_A 和 n_B 的气体, 两支光路将产生光程差: $\Delta = (n_B - n_A)d$, 其中 d 为容器的长度, 此时条纹的极值位置将要移动, 移动量为 $x = e\Delta/\lambda_0$ (其中 e 为条纹的周期), 则条纹的移动数为: $\Delta m = x/e = \Delta/\lambda_0$, 如果计数 Δm 已知, 便可求出折射率差 $(n_B - n_A)$。由白光的零级极大可定出零级极大的位置, 还可用来研究气体折射率随气压和温度变化的规律。

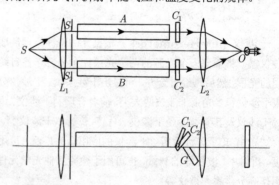

干涉显微镜 [**interference microscope**] 采用通过样品内和样品外的相干光束产生干涉的方法, 把相位差 (或光程差) 转换为振幅 (光强度) 变化的显微镜, 根据干涉图形可分辨出样品中的结构, 并可测定样品中一定区域内的相位差或光程差。由于分开光束的方法不同, 有不同类型的干涉显微镜, 以及用于测定非均匀样品的积分显微镜干涉仪。干涉显微镜主要用于测定活的或未固定的相互分散的细胞或组织的厚度或折射率。

透射式干涉显微镜 [interference microscope in transmitted light]　以光源照明透过样品为特征的显微镜，一般用于透明样品的测量。下面以戴森 (J. Dyson) 透射式干涉显微镜为例给予说明，如图，待测物体放在一玻璃载物片上，置于相同的两块玻璃板 G_1、G_2 中间 O 处，在 G_1 的上表面镀有部分透射的银膜，在下表面中央 C 处有一个很小的镀银的、不透明的金属膜，在 G_2 的上下两个表面镀有部分透射的金属膜，在板 G_1 和 G_2 之间填充与载物玻璃相同的折射率的媒质。这个装置由显微镜的光照明，聚光镜使光在 O 点的平面上会聚成光源的像。一部分光通过 (物光) 经 G_2 上下两表面反射后射出，另一部分 (参考光) 经 G_1 的上表面反射后会聚于 C；它从 C 反射后，经过 O 的外围，直接透过 G_2，G_2 与一玻璃块胶合，在玻璃块上表面为一球面，其上镀有不透明的金属膜，在轴点处有一小孔 A，使物光束和参考光束均会聚于 A。在 A 附近，参考光束形成光源的一个实像 σ_1，物光束则形成光源的一个实像 σ_2，同时叠加在物平面的实像 ψ。ψ 用普通显微镜来观察，σ_1 和 σ_2 的对应点是光源同一点的像。这一对应点是相干的次光源，当将物放在 O 处，物光束到 P 点的光程约增加 $(n'-n)l$，在准单色光下将引起 ψ 上强度的变化，在白光下将引起 ψ 上颜色的变化，通过显微镜观察 A 附近干涉色的变化来看清透明物体的细节。

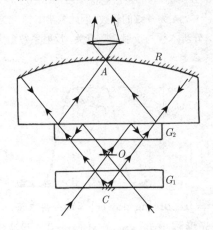

反射式干涉显微镜 [interference microscope in reflected light]　以光源照明样品表面为特征的显微镜，一般用于样品表面结构的考察和测量。林如尼克设计的反射式干涉显微镜如图所示。显微镜照明光被分束器 G 分成两部分。一部分光被反射向下，通过物镜 O_1 后照明被研究的物体 P 后被反射后再次通过物镜 O_1 和分束器 G 射向目镜 O_2；另一部分光透过分束器 G 和物镜 O_1' 被反射镜 M 反射，沿原路返回，再次经 G 反射后射向物镜 O_2。如果反射镜 M 与物体不垂直，则在目镜 O_2 中能观察到一组干涉条纹，测定其移

动量可确定反射物体 P 表面的光洁度。

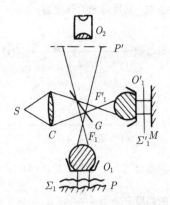

傅里叶干涉分光计 [Fourier interference spectrometer]　利用迈克耳孙干涉仪改变光程差的特点来测定光源的光谱组成的仪器。设光源的光谱密度 $S'(\nu)$，当两相干光束的强度相同光程差为 Δ 时，光电接收器测得的干涉场强度为

$$I(\Delta) = C' \int_0^\infty S'(v) \left[1 + \cos\left(2\pi \frac{v}{c}\Delta\right) \right] \mathrm{d}v$$

令 $I(0) = 2C' \int_0^\infty S'(v)\mathrm{d}v$，则

$$G(\Delta) = I(\Delta) - \frac{1}{2}I(0)$$
$$= C' \int_0^\infty S'(v) \cdot \cos\left(2\pi \frac{v}{c}\Delta\right)\mathrm{d}v$$

写成傅里叶变换的形式：

$$S'(v) = \frac{2}{cC'} \int_0^\infty G(\Delta) \exp\left(\mathrm{j}2\pi \frac{v}{c}\Delta\right) \mathrm{d}\Delta$$

仪器的分辨本领只取决于 Δ 的最大变化量，在提高分辨本领的同时，基本上保持进入仪器的辐射通量和功率不变，可获得较高的信噪比，适合于分析光源较弱而光谱结构复杂的气体光谱和远红外光谱。

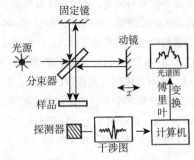

多光束干涉 [multiple beam interference]　多于两个波的叠加干涉。如一块平行平面透明板，其折率为 n，现有一平面波以 θ 角入射，经多次反射和透射后，可获得多束相干的平行光，相邻相干光间相位差相等，$\delta = \frac{4\pi}{\lambda_0} n \cos\theta$，式中 h 为板的厚度，λ_0 为真空中的波长。设平板反射率为 R，

透射率为 T，这些相干光经透镜会聚后在焦平面上叠加干涉，形成等倾干涉条纹。其反射光的强度为

$$I(r) = \frac{4R\sin^2\frac{\delta}{2}}{(1-R)^2 + 4R\sin^2\frac{\delta}{2}} I(i)$$

透射光的强度为

$$I(t) = \frac{T^2}{(1-R)^2 + 4R\sin^2\frac{\delta}{2}} I(i)$$

以上两式称为爱里公式，引入参量 $F = r4R(1-R)^2$，改写为

反射图样的强度分布为 $\dfrac{I(r)}{I(i)} = F\dfrac{\sin^2\frac{\delta}{2}}{1 + F\sin^2\frac{\delta}{2}}$

透射图样的强度分布为 $\dfrac{I(t)}{I(i)} = \dfrac{1}{1 + F\sin^2\frac{\delta}{2}}$

显然，这两个图样是互补的。当 $R \to 1$，F 很大，则干涉图样为一系列锐细的条纹。

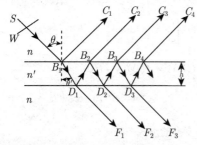

法布里-珀罗干涉仪 [Fabry-Perot interferometer] 根据分振幅原理制成的多光束干涉仪。由平行放置的两块平面板组成，在两板相对的平面上镀有高反射系数的薄膜，要求镀膜的两平面与理想的两平面的偏差不超过波长的 1/20 至 1/50，为了消除两平板相背的平面上反射光的干涉与所研究的干涉重叠，每块板的两面成一很小的夹角，若两镀膜的平面由热膨胀系数很小的材料固定，则称该仪器为法布里-珀罗标准具；若镀膜面间距可改变，则称为法布里-珀罗干涉仪。标准具是研究光谱精细结构的重要工具，有时也将法布里-珀罗标准具称为法布里-珀罗光谱仪。准单色扩展光源放置在透镜 L_1 的焦平面上，平行光束则在两镀膜的表面上多次反射，形成多个平行的反射光和多个平行的透射光，相邻光的相位差都相等，这样就构成了多束相干光，在透镜 L_2 的焦平面上形成一组锐细的干涉条纹。法布里-珀罗干涉仪有三个重要特征参量。

(1) 对比度：描述干涉条纹的清晰程度，定义为干涉条纹中光强的极大值与极小值之比 $I(t)_{\max}/I(t)_{\min} = 1 + F$，由 F 定义（见平面平行板多光束干涉条纹）知 R 愈大则 F 也愈大，即增加镜子的反射率可加大干涉条纹的对比度。

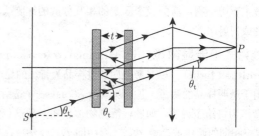

(2) 锐度：引进条纹的半宽度 $\Delta\phi$ 来描述干涉条纹的锐细程度，$\Delta\varphi = 4/\sqrt{F}$，反射率 R 愈大，则 F 愈大，相应的 $\Delta\phi$ 愈小，即条纹越细锐。相邻条纹的间隔与半宽度之比称为条纹精细度 $F = \pi\sqrt{F}/2$。

(3) 峰值透射率描述条纹的亮度，定义为亮条纹的强度 $I(t)$ 和干涉仪移出后的对应强度 $I(i)$ 的比值，即 $\tau = [I(t)/I(i)]_{\max}$。

法布里-珀罗标准具 [Fabry-Perot etalon] 见法布里-珀罗干涉仪。

法布里-珀罗光谱仪 [Fabry-Perot spectroscopy] 见法布里-珀罗干涉仪。

分辨本领 [resolving power] 又称分辨率。成像系统或系统的一个部件的分辨能力。在光谱仪中，仪器最小可分辨的波长差 $\Delta\lambda_{\min}$，分辨本领则定义为 $\lambda/\Delta\lambda_{\min}$。当两个波长极大的相位间隔为一个条纹的半宽度时，则认为这两个波长是可分辨的，此时 $\Delta\lambda_{\min} = 2\lambda/m\pi\sqrt{F}$，式中 $F = 4r^2/(1-r^2)^2$，m 为条纹的级数。因此分辨本领为 $\lambda/\Delta\lambda_{\min} = m\pi\sqrt{F}/2$，分辨本领与反射系数有关，反射系数愈大，分辨本领愈大。

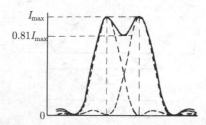

分辨率 [resolving power] 即分辨本领。

自由光谱程 [free spectral range] 设波长为 λ_1 和 $\lambda_2(\lambda_2 > \lambda_1)$ 的两光波射到 FP 标准具上，它们各自产生一组同心圆条纹。对同级数的亮条纹，λ_2 的条纹直径比 λ_1 的大些，当 λ_1 和 λ_2 的差别大于 $\Delta\lambda = \lambda_2 - \lambda_1$ 时，将发生 λ_2 的 k 级落到 λ_1 的 $k+1$ 级上，取近似可得 $\Delta\lambda = \lambda^2/2d$，式中 d 为标准具两板的间距，$\Delta\lambda$ 为不产生级次交叠的所允许的最大波长范围，我们称 $\Delta\lambda$ 为标准具常数或称为标准具的自由光谱程。在应用标准具时，此 $\Delta\lambda$ 也是照明光源最大允许的波长范围。

陆末-盖耳克干涉仪 [Lummer-Gehrcke interferometer] 分振幅原理制成的平行平板多光束干涉仪是由一端带有输入棱镜 P 的玻璃 (或石英) 平板组成。当入射的平行光束通过棱镜进入平板后，如果在平板内表面上的入射角接近临界角，反射率接近于 1。利用此原理获得两个表面的高反射率，可消除第一束反射光，使反射光束或透射光束均产生多光束干涉。

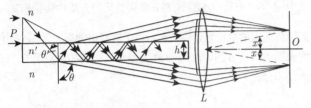

分束器 [beam splitter] 可将一束光分成两束光或多束光的元件，通常由金属膜或介质膜构成。

增透膜 [anti-reflecting film] 又称减反膜。其作用是减少反射光的强度，从而增加透射光的强度，使进入光学系统有更多的能量。当光入射到媒质的分界面时，会发生光的反射，当膜的光学厚度为 $\lambda/4$ 的奇数倍，并且垂直入射时，单层增透膜的反射率为 $R = (n_0 n_2 - n_1^2)^2/(n_0 n_2 + n_1^2)^2$，式中 n_1 为膜的折射率，n_0、n_2 分别为膜的两侧媒质的折射率。如果 $n_1^2 = n_0 n_2$，则 $R = 0$，表示由膜的上下两表面的反射光强度相等，相位相反，产生相消干涉使反射光消失，透射光增强。为使在较宽的光谱区内增加透射率，需要多层增透膜。

减反膜 [anti-reflecting film] 即增透膜。

多层减反射膜 [multilayer anti-reflection coating] 在折射率为 n_g 的基片上镀以光学厚度为 $\lambda/4$ 的高折射率 n_H 的膜层 H 后，由于两界面的反射光同相位，反射率大大增加。用高 (H)、低 (L) 折射率交替的、每层厚度为 $\lambda/4$ 的多层介质膜 (交替 s 次)，其反射率为 $R = \left[\dfrac{1-(n_H/n_L)^{2s}(n_H^2/n_g)}{1+(n_H/n_L)^{2s}(n_H^2/n_g)}\right]$，$n_H/n_L$ 比值愈大，层数愈多，则反射率愈高。当然，膜层数达到一定时，由于吸收、散射的增加而使反射率下降。其结构为 $\mathrm{g(HL)^m a}$，式中 a 为空气媒质，g 为镀膜的基片。

在膜堆的一面镀 H 层，其结构为 $\mathrm{g(HL)^m Ha}$，可使某一波段内反射光产生相长干涉。在膜堆的两面涂一层 1/8 波长的 L 层，其结构为 $\mathrm{g(L/2)(HL)^m(L/2)a}$，可使某一波段内反射光产生相消干涉。

干涉滤光片 [interference filter] 能滤出某一波段单色光的光学器件，采用的多层介质膜，其结构为 gHLH-LLHLHa，或 gHLHLHHLHLHa，其反射率和透射率均随波长而变。介质膜能使某一波段光具有高的透射率，而其他波段光的透射率几乎为零，这种干涉滤光片称为透射式干涉滤光片。反之，如果干涉滤光片仅使某一颜色的光波产生最大的反射率，其他波段光的反射率为零，这种干涉滤光片称为反射式干涉滤光片。最典型的例子为法布里–珀罗干涉滤光片。

金属反射膜 [metal reflectance film] 用于提高反射率而镀制的金属薄膜。镀制金属反射膜常用的材料有铝 (Al)、银 (Ag)、金 (Au) 等。铝是紫外到红外都有很高反射率的唯一材料，铝膜表面在大气中可生成一层薄的氧化铝 (Al_2O_3)，所以膜比较牢固、稳定，得到广泛的应用。金膜常用于红外反射镜，常用铬膜作衬底以增加与玻璃的附着性。近来采用在金属膜上镀几对高、低折射率交替的介质膜的方法，不仅保护了金属膜不受大气侵蚀，更重要的是减少了金属膜的吸收，增加它的反射率。

低损耗激光反射镜 [low loss laser reflectance mirror] 用于反射激光光束且损耗低的反射镜。多层介质反射镜的反射率理论上可无限接近于 100%，实际上则不可避免地存在吸收和散射损耗，这限制了反射镜的极限反射率。激光器特别是低增益的气体激光器的输出功率在很大程度上依赖于构成谐振腔的激光反射镜的反射率，反射率的进一步提高，只能以减少膜层中光学损耗来实现。膜层的吸收不仅与材料的消光系数有关，而且与膜内电场强度分布有关。对消光系数为 $k_H = 3\times10^{-4}$，$k_L = 9\times10^{-5}$ 的 ZnS/MgF_2 反射镜，经计算结构为 $\mathrm{G(HL)^8A}$ 的吸收为 $A=0.21\%$，而结构为 $\mathrm{G(HL)^8HA}$ 的吸收仅为 $A=0.07\%$，这表明减少吸收的途径。散射损耗分为两类，即体积散射和表面散射。使用特殊工艺，现已能制出反射率高达 99.89%，散射率为 0.09% 的反射镜。对镀膜材料进行适当组合可用作激光高反射膜和激光宽带高反射膜。

软膜 [soft film] 薄膜是用蒸发镀制，在稀酸中能被溶解，称为软膜。

硬膜 [hard film] 薄膜用电子枪镀制，称为硬膜，它只有通过抛光才能除去。

中性干涉滤光片 [neutral interference filter] 从 0.1 量级 (透射率为 80%) 的低密度 (弱吸收) 到 4(透射率为 0.01%) 的光学密度板。在 280~1200nm 的宽广光谱区内，光的衰减是相同的。

紫外干涉滤光片 [ultraviolet interference filter] 用于滤过紫外光的干涉滤光片。

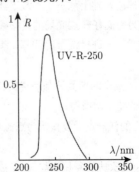

红外干涉滤光片 [infrared interference filter]　用于滤过红外光的干涉滤光片。

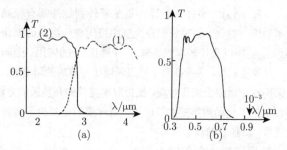

(a)　　　　　　(b)

衍射 [diffraction]　　在物理上，把波遇到障碍物时偏离原来直线传播的现象叫作衍射。在一定条件下，任何波都具有衍射的固有性质。除此之外，当光波穿过折射率不均匀的介质时，或当声波穿过声阻抗不均匀的介质时，也会发生衍射现象。

光的衍射 [diffraction of light]　　见衍射。光的衍射是光的波动性效应的表现。

衍射角 [diffraction angle]　　当波衍射时，其行进方向与法向之间的角度。

衍射条纹 [diffraction fringe]　　见衍射图样。

衍射图样 [diffraction pattern]　　波在传播路径中，遇到尺寸与波长可比拟的障碍物会产生不同程度的偏离直线传播的现象，在观察屏上会出现边界并不锐利的明暗相间的图样，称为衍射图样。不同形状的衍射物一般会产生不同的衍射图样。例如，衍射物为圆孔时，可在观察屏上观察到一组明暗交替的同心圆环状衍射条纹。以不透光的圆屏代替圆孔，在原几何中心可观察到亮点，外围与圆孔衍射一样是明暗交替的圆环条纹。

惠更斯原理 [Huygens principle]　　荷兰物理学家惠更斯提出：波面上的每一点 (面元) 都是一个次级球面波的子波源，以其为球心，各自发出球面波，此后每一时刻的子波波面的包络就是形成的新波前。惠更斯原理会导致倒退波，这与事实不相符。

惠更斯-菲涅耳原理 [Huygens-Fresnel principle] 在惠更斯子波原理的基础上加上了子波干涉这一重要概念形成的。菲涅耳认为空间任一点光场的复振幅是所有子波在该点叠加干涉的结果。为进行定量的计算，菲涅耳提出了以下假设：

(1) 点光源 S 发出的球面波是严格的单色的球面波，每一面元可看作新的相干次波源；

(2) 波阵面上的任一点的复振幅为点源自由传播到 P 点的复振幅；

(3) 面元发出的次波的复振幅与 $k(\theta)$ 成正比，$k(\theta)$ 为倾斜因子，它表示发出的次波不是各向同性的；

(4) 有障碍物时，由障碍物所遮去的那部分波阵面对 P 点的振动无贡献，同时也不考虑障碍物对附近光场的影响。

基于以上假设，在 p 点产生的复振幅为

$$u(p) = \iint A\frac{e^{ik\rho}}{\rho} K(\theta)\frac{e^{ikr}}{r}d\sigma$$

式中 $A\dfrac{e^{ik\rho}}{\rho}$ 表示一点源 S 在各向同性均匀介质中传播距离 ρ 后波阵面上的复振幅，$\dfrac{e^{ikr}}{r}$ 表示由子波发出的球面波，r 是子波源到考察点 p 的距离，$K(x)$ 为菲涅耳引进的倾斜因子，$d\sigma$ 为面积分元。

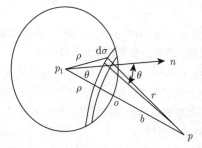

基尔霍夫积分定理 [integral theorem of Kirchhoff]　　基尔霍夫采用势论方法，从定态波场亥姆霍兹方程出发，利用格林公式得到辐射场中任一点 p 的复振幅 $u(p)$ 由包围 p 点任一封闭面上的 u 和 $\dfrac{\partial u}{\partial n}$ (n 为面法线方向) 推导出来

$$u(p) = \frac{1}{4\pi}\iint_{S_1}\left[u\frac{\partial}{\partial n}\left(\frac{e^{ikr}}{r}\right) - \frac{e^{ikr}}{r}\frac{\partial u}{\partial n}\right]d\sigma$$

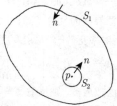

上式为基尔霍夫积分定理的数学表达式。选取适当边界条件和作某些近似，可得到：$u(P) = \dfrac{ikA}{4\pi}\iint_A \dfrac{e^{ik(r+\rho)}}{r\rho}(\cos\beta - \cos\alpha)d\sigma$，该式称为菲涅耳-基尔霍夫衍射积分公式。

瑞利-索末菲衍射公式 [Rayleigh-Sommerfeld diffraction formula]　　虽然基尔霍夫衍射理论能够给出与实验符合较好的结果，但理论本身存在着不自洽性。其不自洽性主要来自于同时对边界上光场的复振幅及其法向导数施加边界条件。为了克服基尔霍夫理论的不自洽性，索末菲选用了新的格林函数，$G_- = \dfrac{\exp(ikr)}{r} - \dfrac{\exp(ikr')}{r'}$，其中右边第一项仍为观察点在 P 点的发散球面波，右边第二项为中心在 P' 点的球面波，P' 是 P 点关于衍射屏幕的镜像点，r 和 r' 分别为 P 和 P' 到 P_1 的矢径，两项的波数 k 相同，位相相反，如下图所示。G_- 的法向导数可以写为：$\dfrac{\partial G_-}{\partial n} = $

$\cos\theta\left(\mathrm{i}k-\dfrac{1}{r}\right)\dfrac{\exp(\mathrm{i}kr)}{r}-\cos\theta'\left(\mathrm{i}k-\dfrac{1}{r'}\right)\dfrac{\exp(\mathrm{i}kr')}{r'}$。由于整个衍射面上的镜像关系，在衍射面 S_1 上的任意一点 P_1，都有 $r=r'$ 和 $\cos\theta=-\cos\theta'$，因此有 $G_-(P_1)=0,\dfrac{\partial G_-(P_1)}{\partial n}=2\cos\theta\left(\mathrm{i}k-\dfrac{1}{r}\right)\dfrac{\exp(\mathrm{i}kr)}{r}$。同样，也可以选另一种形式的格林函数 $G_+=\dfrac{\exp(\mathrm{i}kr)}{r}+\dfrac{\exp(\mathrm{i}kr')}{r'}$，其中两项的波数 k 相同，位相也相同。类似地，可以得到 $G_+(P_1)=2\dfrac{\exp(\mathrm{i}kr)}{r},\dfrac{\partial G_+(P_1)}{\partial n}=0$。根据基尔霍夫积分公式有 $U(P)=\dfrac{1}{4\pi}\iint_{S_1}\left(G_-\dfrac{\partial U}{\partial n}-U\dfrac{\partial G_-}{\partial n}\right)\mathrm{d}s$。若后表面的光振幅分布为 U_0，显然在选定格林函数 G_- 后，积分只需对 U_0 施加边界条件即可，于是对 U_0 应用基尔霍夫边界条件，即第一类瑞利–索末菲边界条件：① 在孔 Σ 上，光场 U_0 的分布与没有屏幕时完全相同；② 位于 S_1 面屏幕几何阴影内，光场 U_0 的分布恒为零。则有 $U(P)=-\dfrac{1}{2\pi}\iint_{\Sigma}U_0\left(\mathrm{i}k-\dfrac{1}{r}\right)\dfrac{\exp(\mathrm{i}kr)}{r}\cos\theta\mathrm{d}s$，称为第一类瑞利–索末菲衍射公式。同样，当选定另一种形式的格林函数 G_+ 后，积分只需对 $\dfrac{\partial U_0}{\partial n}$ 施加边界条件即可，对 $\dfrac{\partial U_0}{\partial n}$ 应用基尔霍夫边界条件，即第二类瑞利–索末菲边界条件：① 在孔 Σ 上，光场 $\dfrac{\partial U_0}{\partial n}$ 的分布与没有屏幕时完全相同；② 位于 S_1 面屏幕几何阴影内，光场 $\dfrac{\partial U_0}{\partial n}$ 的分布恒为零。则有 $U(P)=\dfrac{1}{2\pi}\iint_{\Sigma}\dfrac{\exp(\mathrm{i}kr)}{r}\dfrac{\partial U_0}{\partial n}\mathrm{d}s$，称为第二类瑞利–索末菲衍射公式。

菲涅耳近似 [Fresnel approximation]　衍射分布可表示成菲涅耳衍射积分的近似计算方法，即当菲涅耳–基尔霍夫衍射公式中球面波因子可近似为二次相位因子时所采用的近似处理。

菲涅耳–基尔霍夫衍射公式 [Fresnel-Kirchhoff diffraction formula]　描述一个单色球面波照射衍射屏后，衍射光场传播的一个公式，其适用性广泛。数学上表示为 $U(\boldsymbol{r})=\dfrac{a}{2\mathrm{i}\lambda}\iint\dfrac{\mathrm{e}^{\mathrm{i}k(r+s)}}{rs}[\cos\alpha+\cos\chi]\mathrm{d}S$，其中：$a$ 为入射球面波的振幅，$k=2\pi/\lambda$ 为波数，λ 为波长，是 s 球面波源点到屏上一点的距离，r 为观察点到屏上一点的距离，α 和 χ 分别为 s 和 r 与屏的夹角。

衍射屏 [diffraction screen]　衍射的发生是由于光在传播过程中波面受到某种限制，改变了波面的复振幅分布。能使波前的复振幅发生改变的障碍物统称为衍射屏。衍射屏可以是反射物，也可以是透射物。

屏函数 [screen function]　以衍射屏为界，前部为照明空间，一般照明光波是平面波或球面波；后部为衍射波场，衍射光波的等相面和等幅面一般不重合，是非均匀波。对衍射系统，着重研究衍射屏后的光场分布和接收屏上的光场分布。设衍射屏前的波前为 $\widetilde{U}_1(x,y)$，经衍射屏后变为 $\widetilde{U}_2(x,y)$，在接收屏上的波前为 $\widetilde{U}(x,y)$。我们定义函数 $t(x,y)=\widetilde{U}_2(x,y)/\widetilde{U}_1(x,y)$ 来表示衍射屏的作用，称之为屏函数。

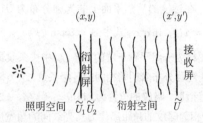

菲涅耳衍射 [Fresnel diffraction]　在讨论衍射现象时，需要用到菲涅耳–基尔霍夫积分公式，该公式比较复杂。如果要用比较简单的数学运算计算一些实际问题的衍射图样，就要对菲涅耳–基尔霍夫积分公式取适当的近似。根据近似条件的不同，衍射现象可以分为菲涅耳衍射和夫琅禾费衍射两类。取菲涅耳近似 (实质为傍轴条件下球面波的二次曲面波近似) 时的衍射称为菲涅耳衍射；取夫琅禾费近似或远场近似 (实质为傍轴条件下球面波的平面波近似) 时的衍射称为夫琅禾费衍射。

远场条件 [far-field condition]　在衍射光学中，当光源和观察屏到衍射物的距离足够远，球面波的波前可转化为平面波波前，称为远场条件。

夫琅禾费近似 [Fraunhafer approximation]　衍射分布可表示成夫琅禾费衍射积分的近似计算方法。如果衍射距离 z 足够远，菲涅耳衍射公式中二次相位因子可近似为线性相位因子 (平面波近似)，即衍射场 $U(x,y)$ 可近似为物平面光场 $u(x,y)$ 表示的夫琅禾费衍射积分 (其中 $k=2\pi/\lambda$ 为波数，λ 为波长)：

$$U(x,y)=\dfrac{\mathrm{e}^{\mathrm{i}kz}\mathrm{e}^{\mathrm{i}\frac{k}{2z}(x^2+y^2)}}{\mathrm{i}\lambda z}\iint u(x',y')\mathrm{e}^{-\mathrm{i}\frac{k}{z}(x'x+y'y)}\mathrm{d}x'\mathrm{d}y'$$

远场衍射 [far-field diffraction]　又称夫琅禾费衍射。在光的衍射实验中，当观察屏离开衍射物距离足够远，使得衍射波可近似为平面波的性质时，衍射图样相对强度关系随距离增加不再改变，这种衍射现象称为远场衍射。一个直径为 D 的圆孔衍射屏，当光源放在无穷远处，如果观察点距衍射屏为 $\dfrac{D^2}{4\lambda}$，此时衍射屏对于观察点刚好露出一个半周期带。

以此为界，如果观察点与衍射屏距离小于 $\dfrac{D^2}{4\lambda}$，则为近场衍射。如果观察点移到 $\dfrac{D^2}{4\lambda}$ 之外，衍射屏露出不足一个半周期带，就进入远场衍射。夫琅禾费衍射区包含在菲涅耳衍射区之中，由于其计算比较简单，因此人们将它单独归为一类，近来发展起来的傅里叶光学赋予夫琅禾费衍射以新的意义。

夫琅禾费衍射 [Fraunhofer diffraction]　即远场衍射。

夫琅禾费单缝衍射 [Fraunhofer diffraction by a slit]　简称单缝衍射。单色平面波垂直入射于一宽度为 a 的狭缝上，在透镜的后焦平面上的光强分布为 $I(\theta) = I(0)\left(\dfrac{\sin\alpha}{\alpha}\right)^2 = I(0)\sin c^2\alpha$，式中 $\alpha = a\pi\sin\theta/\lambda$。

衍射图样为一组平行于缝的直条纹。中央条纹最亮，最宽，在它的两侧对称分布着明暗相间的各级条纹，这类衍射称为夫琅禾费单缝衍射。暗纹的位置为 $\sin\theta = \pm\lambda/a,\ \pm2\lambda/a,\ \pm3\lambda/a,\ \cdots$，以相邻暗纹的角距离作为其亮纹间的角宽度，则亮纹的角宽度为 $\theta \approx \pm k\lambda/a\,(k=1,2,\cdots)$。次极大的位置为 $\sin\theta = \pm1.43\lambda/a,\ \pm2.46\lambda/a,\ \pm3.47\lambda/a,\ \cdots$，强度 $I_1 \approx 4.7\%I_0$，$I_2 \approx 1.7\%I_0$，$I_3 \approx 1.8\%I_0$，$\cdots$，可见绝大部分光能集中在零级衍射斑内。

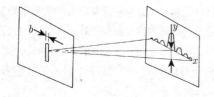

夫琅禾费双缝衍射 [Fraunhofer diffraction by double slits]　简称双缝衍射。当单位振幅的单色平面波垂直入射于两条互相平行的透光狭缝上时，在透镜的后焦平面上形成一组衍射条纹，这类条纹称为夫琅禾费双缝衍射。其光强分布为 $I(\theta) = I(0)\left(\dfrac{\sin\alpha}{\alpha}\right)^2\cos^2\dfrac{\pi d\sin\theta}{\lambda}$，式中，$d$ 为双缝上任一对对应点的距离。当 $d \gg a$ 时，其衍射图样为一组平行于狭缝等间距、均匀、宽度相等的条纹。

夫琅禾费多缝衍射 [Fraunhofer diffraction by multiple slits]　简称多缝衍射。当单位振幅的单色平面波垂直入射于一组等宽等距的平行透光狭缝上时，在透镜的后焦平面上形成一组亮而细锐的衍射直条纹，这类衍射称为夫琅禾费多缝衍射。其强度分布为 $I(\theta) = I(0)\left(\dfrac{\sin\alpha}{\alpha}\right)^2\dfrac{\sin^2\dfrac{N\pi d\sin\theta}{\lambda}}{\sin^2\dfrac{\pi d\sin\theta}{\lambda}}$，式中 $\alpha = a\pi\sin\theta/\lambda$，$\theta$ 为衍射角，a 为缝宽，d 为相邻二缝上任意一对对应点间的距离，N 为缝数。

圆孔衍射 [diffraction by a circular aperture]　用单位振幅单色平面波垂直入射孔径为一半径 R 的圆孔，其透射率为 $u(r) = \text{circ}(r/R)$，其中 $\text{circ}\left(\dfrac{r}{R}\right) = \begin{cases} 0, r > R \\ 1, r \leqslant R \end{cases}$ 为圆域函数。采用极坐标计算，函数 $u(r)$ 的傅里叶变换 $U(\rho) = 2\pi\displaystyle\int_0^{\infty} ru(r)J_0(2\pi r\rho)\mathrm{d}r$，其中 J_0 为零阶贝塞尔函数。圆孔的夫琅禾费衍射的强度为 $I(r) = I(0)\left(\dfrac{2J_1\left(\dfrac{\pi Rr}{\lambda z}\right)}{\dfrac{\pi Rr}{\lambda z}}\right)^2$，式中 $I(0)$ 为 $r = 0$ 时的强度，J_1 为 1 阶贝塞尔函数。衍射图样的中心处为一亮斑，周围为明暗相间的同心圆环，其强度随其亮斑的半径增大而急剧下降。中心亮斑的半径为 $\Delta r = 0.61\lambda z/R$，我们称它为爱里斑，约有 83.6% 的能量落在爱里斑内。

爱里斑 [Airy disk]　圆孔衍射图样的第一个暗环所包围的中央亮斑，以它的规律发现者爱里命名，它集中了衍射光能量的 83.8，爱里斑的大小反映衍射光的角分布的弥散程度。若圆孔的直径 $D = 2R$，艾里斑的角半径为：$\Delta\theta = 0.61\dfrac{\lambda}{R}$ 或 $\Delta\theta = 1.22\dfrac{\lambda}{D}$。

夫琅禾费矩形孔衍射 [diffraction by a rectangular aperture]　简称矩形孔衍射。矩形孔透射率 $t(x_0, y_0) = \text{rect}\left(\dfrac{x_0}{a}\right)\text{rect}\left(\dfrac{y_0}{b}\right)$，式中 a 和 b 分别为矩形孔的长度和宽度。用单位振幅的单色平面波垂直入射，孔径上的场分布为 $U(x_0, y_0) = t(x_0, y_0)$，则其夫琅禾费衍射强度分布为 $I(x, y) = I(0)\sin c^2\alpha\sin c^2\beta$，其中 $\alpha = \dfrac{\pi a\sin\theta_x}{\lambda}$，$\beta = \dfrac{\pi b\sin\theta_y}{\lambda}$。衍射图样如图所示，衍射孔径愈小则衍射现象愈明显。这类衍射称为夫琅禾费矩形孔衍射，观察到的场分布等于孔径上场分布的傅里叶变换。

望远镜的分辨率 [resolution of the telescope]　望远镜物镜的通光孔径的直径为 D，则它的最小分辨角为 $\theta_1 = 1.22\lambda/D$。分辨角愈小，则分辨率愈大。由于通光孔径 D 远大于人眼的瞳孔径 d，在用望远镜观察远方物体时提高了对物体的分辨率。

显微镜的分辨率 [resolution of the microscope]　显微镜的分辨率为 $\delta_y = 0.61\lambda/n\sin u$，其中 $n\sin u$ 为物镜的数值孔径，上式表示物镜的数值孔径和所用的成像光波的波长愈短，则物镜的分辨本领愈大。显微镜的目镜是保证物镜分辨本领的充分利用，所以显微镜的最大分辨本领取决于物镜的分辨本领。

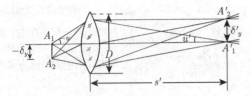

棱镜光谱仪分辨率 [resolution of the prism spectrograph]　指基于棱镜色散性质制造的光谱仪对光谱的分辨本领。棱镜光谱仪的分辨角为 $\theta_0 = \lambda/D$，式中 D 为棱镜在望远镜光轴的垂直平面上的投影宽度。光谱面上任意两光谱线，只要其角距大于或等于 θ_0 角，两光谱线就能被分辨。与 θ_0 对应的两光谱线的波长差 $\delta\lambda$，即该光谱仪所能分辨的最小的波长间隔 $\delta\lambda = \left(\dfrac{\mathrm{d}\lambda}{\mathrm{d}\delta}\right)\theta_0$。考虑棱镜处于最小偏向角，则 $\delta\lambda = \lambda\left/\left(t\dfrac{\mathrm{d}n}{\mathrm{d}\lambda}\right)\right.$，式中 t 为棱镜的底边长度。我们定义光谱的分辨本领为，它与棱镜的底边大小和棱镜材料的色散率有关。

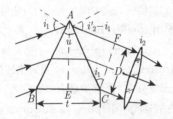

菲涅耳直边衍射 [Fresnel diffraction by a straight edge]　简称直边衍射。一平面波或柱面波通过与其传播方向垂直的不透明直边后，在屏幕上可观察到在几何阴影内一定的范围内光强度不为零、在影界之外的区域光强度有规律的不均匀的分布，如图。在几何照明区域靠近阴影处形成与屏边相平行的衍射条纹，在远离几何阴影处有光强均匀的分布。这类衍射称为菲涅耳直边衍射。可利用考纽螺线来讨论光强分布。

考纽螺线 [Cornu spiral]　法国实验物理学家考纽应用振幅矢量相加原理讨论柱面波的衍射时绘成的一条曲线。横坐标为 $C(\alpha)$，纵坐标为 $S(\alpha)$，α 为曲线线段的长度，考纽螺线具有这样的性质：

$$[C(\alpha_2) - C(\alpha_1)] + \mathrm{i}[S(\alpha_2) - S(\alpha_1)]B\exp(\mathrm{i}\theta)$$

$$\overline{LN} = C(\alpha_2) - C(\alpha_1) = B\cos\theta$$

$$\overline{MN} = S(\alpha_2) - S(\beta_1) = B\sin\theta$$

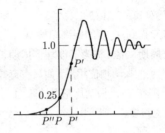

式中，θ 为 LM 与横轴 $C(\alpha)$ 的夹角。利用考纽螺线很容易求得菲涅耳积分的值。

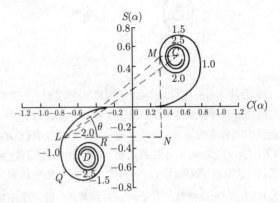

菲涅耳圆屏衍射 [Fresnel diffraction by a circular obstacle]　简称圆屏衍射。在平面波或球面波的传播方向垂直放置一不透明的圆屏，当圆屏的线度与波长可比拟时，光可以绕过障碍物进入阴影区，在几何照明区内出现明暗相间的圆环，如图所示。这类衍射称为菲涅耳圆屏衍射。

菲涅耳圆孔衍射 [Fresnel diffraction by a circular aperture]　简称圆孔衍射。在平面波或球面波的传播方向放置有一圆孔的不透明的屏，当圆孔的线度与波长可比拟时，光可以绕过障碍物进入阴影区，在几何照明区内出现明暗相间的圆环。这类衍射称为菲涅耳圆孔衍射。

泊松亮斑 [Poisson bright spot]　当单色光照射小圆屏时，会在之后的光屏上出现环状的互为同心圆的衍射条纹，并且在所有同心圆的圆心处会出现一个极小的亮斑，这个亮斑被称为泊松亮斑，见图。

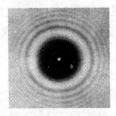

菲涅耳半周期带 [Fresnel half period zone]　简称半周期带。研究菲涅耳衍射时，波阵面上每一点都可看作次波源，为确定波阵面在 P 点引起的振动，菲涅耳提出环绕 O 点把波阵面分割成一组环带，使相邻点到 P 点距离相差半个

波长,这样分成的环形带称为菲涅耳半波带,简称半波带。第 N 个波带的半径 R_N:$R_N^2 = \left(r_0 + N\dfrac{\lambda}{2}\right)^2 - r_0^2 \approx Nr_0\lambda$。由于相邻两波带的对应点到 P 点的距离相差 $\lambda/2$,在 P 点产生的振动相差半个周期,故又称为菲涅耳半周期带。奇数带和偶数带在 P 点产生的振动相位相反,如只有奇数带或偶数带对 P 点有贡献,则在 P 点振动比整个波阵面在 P 点引起的振动的合振幅要大得多。

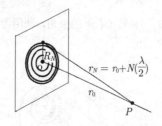

波带片 [zone plate]　由透明和不透明圆环交替组成,用以阻挡菲涅耳半波带奇数带或偶数带。在点光源照明下,经它能获得高强度的像点。绘制作波带片图时,以半径 $R_N = \sqrt{NR_1}$ $(N=1, 2, 3, \cdots)$ 比例刻划,再将单数 (或双数) 波带涂黑,只让双数 (或单数) 波带开放。当平行光照明这张平面波带片时,在距离波带片为 $f = \dfrac{R_1^2}{\lambda}$ 距离处,有一个主焦点 (衍射聚集),其光强可以是自由传播光强的成百上千倍以上。此外在 $f/3, f/5, \cdots$ 处还有几个次焦点,在实焦点的镜像对称位置上还有相应的若干虚焦点。

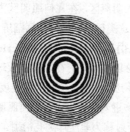

衍射光栅 [grating]　屏函数是空间的周期函数的衍射屏。即任何一种装置,只要对入射光的振幅、相位或二者形成一个周期性的空间调制,就称之为衍射光栅。按光栅的制造方法,可分为刻划光栅,复制光栅和全息光栅。按光栅的面形,可分为平面光栅和凹面光栅。按对光的透射和反射作用,可分为透射光栅和反射光栅。反射光栅又分为平面反射光栅和凹面反射光栅。

光栅方程 [grating equation]　平行光垂直光栅面入射时,振幅型光栅由惠更斯菲涅耳原理可推得。夫琅禾费衍射光强度分布为 $I(\theta) = I_0 \left(\dfrac{\sin\beta}{\beta}\right)^2 \left(\dfrac{\sin N\gamma}{\sin\gamma}\right)^2$,其中 N 为光栅的周期数,$\beta = \dfrac{\pi a\sin\theta}{\lambda}$,$\gamma = \dfrac{\pi d\sin\theta}{\lambda}$,$d$ 为光栅的周期 (也称为光栅常数)。该式表示宽度为 a 的单缝的夫琅禾费衍射分布和由 N 个周期的光栅在该点产生的干涉分布的乘积。当 $\gamma = k2\pi$ $(k = 0, \pm 1, \pm 2, \cdots)$ 时,产生干涉极大,其光强为 $N^2 I_0$。即在下式决定的方向上,出现亮条纹:$d\sin\theta = k\lambda$ $(k = 0, \pm 1, \pm 2, \cdots)$,称此式为光栅方程,$k$ 称为衍射级数。由于 $\left(\dfrac{\sin\beta}{\beta}\right)^2$ 是单狭缝衍射所引起,称为衍射因子,而 $\left(\dfrac{\sin N\gamma}{\sin\gamma}\right)^2$ 为多束光干涉所引起,称为多光束干涉因子。

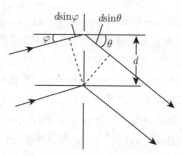

当入射光与光栅成 φ 角时 (如图所示),光栅方程为 $d(\sin\varphi \pm \sin\theta) = k\lambda$ $(k = 0, \pm 1, \pm 2, \cdots)$。当衍射光与入射光在光栅的同侧时,式中取正号,此为反射光栅。当衍射光与入射光在光栅的异侧时,式中取负号,此为透射光栅。

干涉因子 [interference factor]　见光栅方程。

衍射因子 [diffraction factor]　见光栅方程。

衍射级 [diffraction order]　用来描述由于衍射导致的亮暗相间的光强分布,光强的极大位置称为一个衍射级。

光栅的色散本领 [dispersive power of grating]　由光栅方程可知,对给定的光栅,除零级外,不同波长的同一级主极大均不重合,并且按波长的大小,自零级开始由短波向长波方向向左右两侧散开,形成细锐的亮线,我们称光栅对复色光的衍射图为光栅光谱。称这些亮线为谱线或光谱线。将光栅作为色散系统来研究,它的角色散率为 $\dfrac{\mathrm{d}\theta}{\mathrm{d}\lambda} = \dfrac{\lambda}{d\cos\theta}$,该式反映了光栅的色散本领,可看出色散本领与光栅常数成反比,与衍射级 (体现在衍射角 θ 上) 成正比。

光栅的分辨本领 [resolving power of grating]　光栅所能分辨的最小波长差。光栅的分辨本领为 $R = \dfrac{\lambda}{\Delta\lambda} = kN$,即分辨本领与光栅的衍射级 k 以及光栅的周期数 N 成正比。

振幅光栅 [amplitude grating]　一般情况下屏函数为复数,屏函数的幅角为常数的衍射屏。常见的屏函数为

$$t(x, y) = \begin{cases} 1, & \text{透光部分} \\ 0, & \text{遮光部分} \end{cases}$$

正弦振幅光栅 [sinusoidal amplitude grating]　屏函数的透过率按正弦形式变化的光栅。

相位光栅 [phase grating]　屏函数的模为常数的衍射屏。其屏函数为纯相位函数。相位按正弦形式变化的光栅称为正弦型相位光栅。

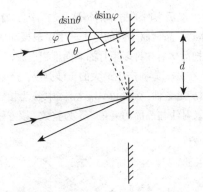

反射光栅 [reflection grating]　在光学玻璃或熔融石英的镜面上，镀上一层金属膜，并在镜面金属膜上刻划一系列平行等宽、等距的刻线，这种使白光反射，又能使光色散的光栅，称为反射光栅。光栅方程为 $d(\sin\phi \pm \sin\theta) = k\lambda$ $(k = 0, \pm1, \pm2, \cdots)$。按形状分为平面反射光栅和凹面反射光栅两种。由于反射光栅没有色差，而且从红外到紫外的光谱区域内无吸收，光栅光谱仪均采用反射光栅作为色散元件。

闪耀光栅 [blazed grating]　当光栅刻划成锯齿形的线槽断面时，光栅的光能量便集中在预定的方向上，即光栅的某一光谱级上。该方向上的光谱强度最大，这种现象称为闪耀光栅。如图所示，通过控制反射光栅的刻槽形状可改变各级主极大的相对光强分布。

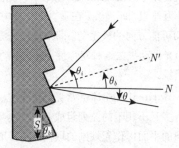

闪耀波长 [blazed wave length]　在闪耀光栅中，最大光强度所对应的波长，称为闪耀波长。

闪耀角 [blazed angle]　光栅法线与槽面法线之间的夹角。当入射角、衍射角和闪耀角相等时，可把辐射能从零级光谱处集中到所要求的波长范围。

阶梯光栅 [echelon grating]　由迈克耳孙首先提出，后由威廉斯改进研制而成，是一种有高分辨率的色散元件，由排列得像阶梯一样的一堆厚度和折射率相同的透明玻璃或石英板组成。板的厚度 t 一般为 1~2cm，阶梯高度 d 为 0.1cm，这种光栅也分为反射式和透射式两种。当平行光入射透射式阶梯光栅时，其光栅方程为 $t(n-1) + d\theta = k\lambda$，对反射式阶梯光栅其光栅方程为 $2t - d\theta = k\lambda$，式中 θ 为衍射线与阶梯光栅法线的夹角。阶梯光栅可使高级次的光谱获得最大的相对强度，因而能有高分辨本领和强光谱。由于阶梯光栅

中 N 小 k 大，光谱级次高，决定了只适合于研究光谱的精细结构，分辨本领与波段无关，因制造相当困难，没有被广泛应用。

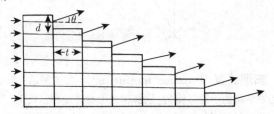

全息光栅 [holographic grating]　一种通过干涉得到的衍射光栅，如图，它是用单色激光的双光束干涉图样代替刀刻划而得到的衍射光栅。它的制备是在基片的面形精度达 $\lambda/10$ 的表面上涂光敏材料，置于单色激光双光束干涉场内，经曝光，显像等工艺制得衍射光栅；如在玻璃坯背面镀一层铝反射膜后，可制成反射式衍射光栅。与刻划光栅相比，鬼线和杂散光不存在。

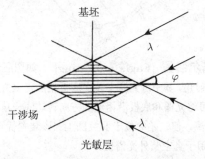

凹面光栅 [concave grating]　在高反射金属凹面上刻划一系列的平行线条构成的反射光栅，同时具有分光和聚光能力。

罗兰圆 [Rowland circle]　将狭缝光源和凹面光栅放置在同一圆周上，且该圆的直径等于凹面光栅的曲率半径，可得到很锐的细光谱线，该圆称为罗兰圆，如图所示。

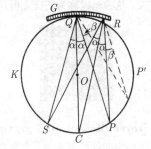

罗兰装置 [Rowland mounting]　如图所示，光栅中心和感光板中心固定在可动的连杆两端，连杆的长度为光栅的曲率半径，其两端可沿互相垂直的导轨自由滑动，狭缝装在导轨的交点上。在连杆移动过程中，狭缝、光栅和感光板始终在一罗兰圆上。这种装置的缺点为：只能用移动连杆来读取不同波段的光谱。

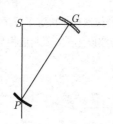

帕邢装置 [Paschen mounting]　　如图所示，帕邢装置的罗兰圆为一圆形钢轨，狭缝和光栅都固定在钢轨上，感光板环绕钢轨安装有一排底板架因而可同时拍摄几组光谱，其优点是稳定性高。

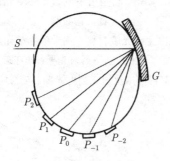

依格尔装置 [Eagle mounting]　　如图所示，其入射角等于衍射角，其中缝光源安装在底板架的正上方，如果要改变波段，可将光栅和底板沿相反的方向转动同一角度，改变二者间的距离，使之始终位于罗兰圆上。该装置优点为体积紧凑，通常用于真空紫外光谱仪。

二维光栅 [two dimensional grating]　　屏函数为二维空间的周期函数。通常由两个平面一维光栅合在一起，彼此相交一定的角度，这样就组成了二维光栅。如果交角为 90°，两组刻线互相正交，这种光栅称为正交光栅，如图所示。

三维光栅 [three dimensional grating]　　又称晶体光栅。屏函数是三维空间的周期函数。劳厄在 1913 年提出，晶体内原子是有规则排列的，可当作 X 射线的三维光栅。后由弗莱特里希和奈平实验成功，即证明了 X 射线是一种电磁波，也证明了晶体内部原子是等间隔排列的。现已成为研究晶体结构和测量 X 射线波长的有力工具。

晶体光栅 [crystal grating]　　即三维光栅。

布拉格方程 [Bragg equation]　　X 射线在晶体上衍射时，光强出现极大时的方向所需遵从的方程。当入射 X 射线通过晶体时，晶体原子内的电子产生受迫振动成为次波的振源，如果把晶体看作许多平行的晶面堆积而成，这些次波合成的结果将在某一方向产生最大的干涉强度，产生相长干涉的条件必须满足条件：$2d\sin\theta = m\lambda$，式中 d 为相邻两晶面的间距，θ 是入射线与晶面的夹角，m 为整数。该方程称为布拉格方程。

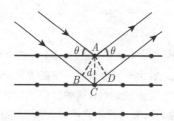

劳厄方程 [Laue equation]　　德国科学家劳厄于 1912 年提出。劳厄方程式的三个等式，说明了入射光被晶格衍射的情形：
$$\begin{cases} d_1(\alpha_1 - \alpha_2) = h_1\lambda \\ d_2(\beta_1 - \beta_2) = h_2\lambda \\ d_3(\gamma_1 - \gamma_2) = h_3\lambda \end{cases}$$
式中 d_1, d_2, d_3 为晶体点阵常数，入射线的方向余弦为 $\alpha_1, \beta_1, \gamma_1$，衍射线的方向余弦为 $\alpha_2, \beta_2, \gamma_2$，$h_1, h_2, h_3$ 为整数。

劳厄图 [Laue pattern]　　满足劳厄方程的衍射图。

光的偏振 [polarization of light]　　光波的振动方向与传播方向相互垂直，即横波。在垂直于传播方向的平面内，一般包含一切可能方向的横振动，即平均在一方向上具有相同的振幅。当光振动失去这种对称性，即其振动有偏向性时，就称为光的偏振。

自然光 [natural light]　　常见的可见光源向某一方向发出的光由许多互不相干的波列组成。这些波列的振动在垂直于传播方向的平面内作无规则的取向。各种取向的概率是相同的。所以在一段时间内传播方向的振动具有对称性，这样的光称为自然光。作图时如用一箭头代表光的传播方向，用两个互不相干、方向相互垂直的振动代表自然光的电振动，在效果上可用点表示垂直于纸面的振动，用直线表示在纸平面内的振动，如图所示。

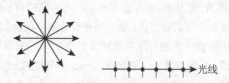

偏振光 [polarized light]　　光振动 (电场强度) 在空间分布对于光的传播方向失去对称性的现象叫作光的偏振，它是光的波动性的又一例证。按照其偏振性质，偏振光又可分为平面偏振光 (线偏振光)、圆偏振光和椭圆偏振光、部分偏振

完全偏振光 [complete polarized light]　在与光波传播方向垂直的平面内，光矢量的任意一个振动状态都可以表示为两个互相垂直的振动状态的线性组合，当这两个分量之间的相位差为恒定值时，这类光波就称为全偏振光，包括线偏振光，圆偏振光和椭圆偏振光。

平面偏振光 [plane polarized light]　又称<u>直线偏振光</u>。光振动矢量在整个传播空间限于一个平面内的称平面偏振光。在垂直于传播方向的平面内观察，振动矢量的方向不变，大小在变化，其端点在一条直线上振动。

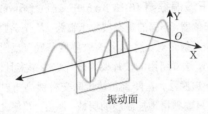

振动面

直线偏振光 [linearly polarized light]　即平面偏振光。

圆偏振光 [circularly polarized light]　在垂直于传播方向的平面内观察，光振动矢量方向随时间旋转，其端点在垂直于传播方向的平面上的轨迹为圆 (大小不变)。观察者向波传播来的方向望去，振动矢量作顺时针转动的为右旋圆偏振光。作逆时针转动的为左旋圆偏振光。

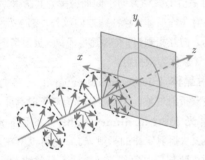

右旋圆偏振光 [righthand circularly polarized light]　见圆偏振光。

左旋圆偏振光 [lefthand circularly polarized light]　见圆偏振光。

椭圆偏振光 [elliptically polarized light]　在垂直于传播方向的平面内观察，电矢量的方向一直在变，其端点在垂直于传播方向的平面上的轨迹为椭圆。观察者向波传播来的方向望去，振动矢量作顺时针转动的为右旋椭圆偏振光。作逆时针转动的为左旋椭圆偏振光。

右旋椭圆偏振光 [right-handed elliptically polarized light]　见椭圆偏振光。

左旋椭圆偏振光 [left-handed elliptically polar-ized light]　见椭圆偏振光。

部分偏振光 [partially polarized light]　振动矢量在某一方向最强，在其他方向较弱的偏振光称为部分偏振光。

偏振度 [degree of polarization]　电矢量在某一方向最强时测定其光强为 $I_{\max}$，最弱的方向为 $I_{\min}$，则偏振度定义为 $P = (I_{\max} - I_{\min})/(I_{\max} + I_{\min})$。一般 $P = 1$，称之为完全偏振。$P = 0$，称之为完全非偏振，$0 < P < 1$ 为部分偏振。

振动平面 [oscillating plane]　光传播方向和电矢量振动方向组成的平面。

偏振面 [polarization plane]　通过传播方向并与振动平面垂直的平面。

起偏器 [polarizer]　又称<u>偏振器</u>。能够将入射的自然光 (完全非偏振光) 转换成出射的完全偏振光的器件。可以用反射、折射、双折射或二向色性 (即选择吸收) 等方法实现。

偏振器 [polarizer]　即起偏器。

检偏器 [analyzer]　检测入射光是否为偏振光的器件。通常产生偏振光的器件反过来也可检查偏振光，也可作检偏器用。

马吕斯实验 [Malus experiment]　当自然光以特定入射角射在普通玻璃的光滑平面上时，其反射光为平面偏振光。虽然用肉眼观察不出，但这可用第二块玻璃加以证实。自然光 AB 以角 (约 57°) 入射在第一块玻璃 B 点发生反射，反射光再在与第一块玻璃平行的第二块玻璃的 C 点上反射。设上面一块玻璃以 BC 为轴旋转，并保持入射角不变，便可发现反射光 CD 的光强渐渐减小，当转到 90° 时，光强减小到零。产生偏振光的第一块玻璃作为起偏器，第二块玻璃作为检偏器。若不是以 57° 角入射，则二次反射后的光仍有最大和最小，但最小时强度不为零。

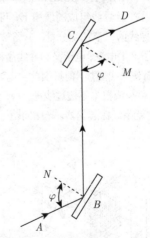

马吕斯定律 [Malus's law]　直线偏振光经检偏器后出射的光强 I_1 随检偏器和起偏器透射面的夹角 θ 变化的定律。这里透射面是偏振光的振动面，起偏器和检偏器透出的是

平面偏振光。如直线偏振光入射在检偏器上的光强为 I_0，检偏器透出的光强为 I_1，则 $I_1 = I_0\cos^2\theta$，此即马吕斯定律。

布儒斯特定律 [Brewster law]　自然光以入射到介质分界面时，将产生反射光和折射。布儒斯特发现当反射光与折射光满足夹角为 $90°$ 时，反射光成为平面偏振光，振动方向垂直于纸面，而折射光为部分偏振光。

从折射定律可知：$n_1\sin\varphi = n_2\sin(90° - \varphi) = n_2\cos\varphi$，即入射角满足条件 $\tan\varphi = \dfrac{n_2}{n_1}$，此方程为布儒斯特定律。其中 n_1 为第一种介质的折射率，n_2 为第二种介质的折射率。此角度称为布儒斯特角。

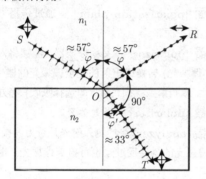

起偏角 [polarizing angle]　在介质分界面上满足布儒斯特定律，对应的角度称为起偏角。

玻片堆 [a pile of plates]　通过折射产生偏振光的器件。以偏振角入射在玻片上的光，反射光为平面偏振光，折射光为部分偏振光。当入射在一叠平行的玻璃片堆上，因为有许多玻璃组成的反射面，每个反射面反射的光都是同一平面上的偏振光。而透出的光则因逐步失去垂直振动的光而接近于平面偏振光，故通常可用玻片堆产生经折射而透射出近似平面偏振光。

线栅起偏器 [wire grid polarizer]　若有一非偏振的电磁波从右面射在平行导线组成的线栅上，可以把电场分解为平行和垂直于导线的二个正交分量，电场 y 分量在导线长度方向上驱动电子产生电流，电子又和导线晶格原子碰撞，交给它们能量，从而使导线变热，能量因此由电场传给线栅。所以电场的 y 分量很少或根本不透过线栅。故通过线栅的只有 x 方向的分量，这就是线栅起偏器。光栅间距一般小于一个光波波长。

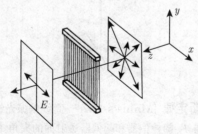

二向色性 [dichroism]　某些矿物在白光照射下，从某一方向看去透射光是一种颜色，从另一方向看去则是别的颜色，此即二向色性。从微观领域看，分子的光吸收率不是一个标量，而是具有一定的方向性 (矢量)。若三个方向的吸收系数不同，则两系数之差称为二向色性。吸收率的二向色性表现为吸收系数具有方向性，宏观上的二向色性与分子排列有关，故二向色性可作为取向度的一种表征方法。

二向色晶体 [dichroic crystal]　有些矿物或有机化合物有吸收自然光的两种垂直振动之一的本领，可作起偏器用。但此种物体往往也要吸收一部分透射光，故出来的光是有颜色的，这种晶体即二向色晶体。

薄膜干涉偏振器 [film interference polarizer]　类似玻片堆起偏器，不同的是在玻片上镀膜，从光学原理来说总能找到一个入射角对 1/4 波长有效厚度基底仅反射垂直于纸面的偏振光，这样所用的玻片要比玻片堆少得多且性能相同。此外用多层镀膜法，在两直角棱镜间交替镀高折射率和低折射率的膜，只要严格地控制膜的层数、厚度，并使之与玻璃的折射率相匹配，就可得到反射光是直线偏振光而透射光也是直线偏振光的所谓偏振分光镜。

偏振分光镜 [polarizing spectroscope]　见薄膜干涉偏振器。

双折射 [double refraction]　光束入射到各向异性的晶体，分解为两束光而沿不同方向折射的现象。它们为振动方向互相垂直的线偏振光。光在非均质体中传播时，其传播速度和折射率值随振动方向不同而改变，其折射率值不止一个。光波入射非均质体，除特殊方向以外，都会发生双折射。分解成振动方向互相垂直，传播速度不同，折射率不等的两种偏振光，此现象称为双折射。

双折射晶体 [birefringent crystal]　各向异性晶体材料能产生双折射现象，这类晶体称为双折射晶体。

非寻常光 [extraordinary light]　简称 e 光。双折射现象中，不服从折射定律的折射光。e 光可以不在入射面内，且入射角的正弦与折射角的正弦之比不是常数，随入射角而变。对于双轴晶体，两束折射光都为非寻常光。

非常折射率 [extraordinary refractive index]　双折射晶体的折射率与光的传播方向以及光矢量振动方向有关。非寻常光的折射率称为非常折射率。e 光在不同方向传播时，由于光轴的方向不同，所以电矢量传播速度不同，折射率也不同。e 光沿与光轴垂直方向传播时的折射率为 e 光的主折射率。

寻常波 [ordinary wave]　见寻常光。

寻常光 [ordinary light]　简称 o 光。双折射现象中，遵守折射定律的折射光。

寻常折射率 [ordinary refractive index]　当光进入各向异性物质中，寻常光的折射率称为寻常折射率。由于寻常光的电矢量垂直于光轴,所以沿各个方向传播时,速度相同,寻常折射率与方向无关。

晶体光轴 [optic axis of crystal]　双折射晶体中有一个固定的方向,沿着这方向不发生双折射,这个固定的方向称为光轴。

单轴晶体 [uniaxial crystal]　晶体中仅有一个方向光传播不发生双折射的晶体。如光轴沿 z 方向,对应的折射率椭球关系为:$\frac{x^2}{n_0^2}+\frac{y^2}{n_0^2}+\frac{z^2}{n_e^2}=1$。如石英 (也称水晶, quartz)、方解石、冰、硝酸钠晶体。

双轴晶体 [biaxial crystal]　晶体中有两个方向光传播不发生双折射的晶体。如 x,y,z 为三主轴,其折射率椭球关系为:$\frac{x^2}{n_x^2}+\frac{y^2}{n_y^2}+\frac{z^2}{n_z^2}=1$。如云母、结晶硫磺、蓝宝石、橄榄石等。

正单轴晶体 [positive uniaxial crystal]　o 光的传播速度大于随方向而变的 e 光的传播速度,只有在光轴方向,两种光的传播速度才相等。如石英。

负单轴晶体 [negative uniaxial crystal]　随方向而变的 e 光速度总是大于 o 光的传播速度,只有在光轴方向两者的速度才相同的晶体,如方解石。

主平面 [principal plane]　晶体中传播光线与光轴构成的平面。双折射晶体中寻常光线与光轴平面为寻常光主平面,非寻常光线与光轴构成的平面为非寻常光线的主平面。通常这两个平面不一定重合,但大多数情况下其夹角很小。

主截面 [principal section]　晶体中通过光轴并与晶体的一个晶面正交的平面。晶体中的每一点有三个主截面。在入射面是主截面的情况下,o 光的主平面和 e 光的主平面相重合,而且 o 光光矢量的振动方向垂直于主截面,e 光的振动方向在主截面内。

晶体主平面 [principal plane of crystal]　晶体中光的传播方向与晶体光轴构成的平面。当主平面平行于入射面时,主截面也平行于入射面。

折射率椭球 [refraction index ellipsoid]　一种描述各向异性材料的折射率随方向变化的几何表示。从电磁理论来研究双折射现象,可知电场在介质中产生电位移矢量 $D,D=\varepsilon E,\varepsilon$ 是个标量。不过在双折射晶体中 D 和 E 的方向通常是不同的,只有在三个特殊的互相垂直方向上是相同的,用 x,y,z 表示这三个方向则

$$D_x=\varepsilon_x E_x$$
$$D_y=\varepsilon_y E_y$$
$$D_z=\varepsilon_z E_z$$

在光频范围内 $\varepsilon=n^2$,故 $\varepsilon_x=n_x^2,\varepsilon_y=n_y^2,\varepsilon_z=n_z^2$。光在晶体中的传播可用一椭球表示,方程为 $\frac{x^2}{n_x^2}+\frac{y^2}{n_y^2}+$

$\frac{z^2}{n_z^2}=1$。晶体内沿任何方向传播的光,其速度和振动方向都可以从这椭球得出。

晶体光学 [crystal optics]　光学的一个分支,描述光在各向异性介质 (如晶体) 中由于不同的传播方向导致不同的传播行为。

晶体光轴 [optic axis of crystal]　透射光不产生双折射的方向。由于晶体内部的结构,光沿光轴传播和沿其他方向传播的表现是不同的。光沿单轴晶体的光轴传播时没有特别的效果,波速与偏振无关。如果入射光不平行于光轴,那么入射光在晶体中传播的时候劈裂为两束 (分为 o 光和 e 光),这两束光是正交的。晶体的光轴是一个方向而不是一条实际存在的线。如果一束光在这个方向入射没有产生双折射,那么与它平行的光都不会发生双折射现象。晶体可以根据光轴的个数来分类,晶体如果只有一个光轴,那么称作单轴晶体。当在正交于晶体光轴的平面上,单轴晶体是各向同性的。o 光对应的折射率在晶体中任何方向都是一个常数,而 e 光对应的折射率根据它的方向而变化。

尼科耳棱镜 [Nicol prism]　用双折射晶体方解石制造的光学器件,用以产生或检查偏振光。原理是把自然光通过双折射晶体产生的两条折射光之一移去,射出的一条光就是平面偏振光。构造是把两块方解石沿一定方向切割,使在主截面上的角度从 71° 变成 68°,并在 AD 上切开磨光,然后用加拿大树胶胶合起来。因为加拿大树胶的折射率介于 o 光和 e 光之间,所以 e 光可折射入树胶再射出,而 o 光则因入射角相当大被全部反射,这样射出的就是平面偏振光 e。但入射到棱镜上的光在超过一定角度时将有一些穿过,所以尼科耳棱镜不适合高度会聚或发散的光束。如图所示,xx' 是光轴方向,$AD,A'D'$ 是用加拿大树胶胶合处,从尼科耳棱镜端面看去,出射光的振动方向平行于 CD'。

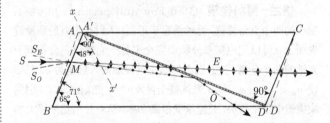

洛匈棱镜 [Rochon prism]　因为紫外光不能透过加拿大树胶,所以在紫外光时不能用尼科耳棱镜,为此可选用洛匈棱镜和渥拉斯顿棱镜。它们都是用以一定角度切开的水晶或方解石用甘油等黏结而成的。特点是可以产生两条振动面互相垂直、分得较开的平面偏振光。洛匈棱镜中光垂直入射沿光轴前进,在到棱镜边界时发生双折射,第二块棱镜光轴垂直于纸面,这样射出的 o 光没有偏向,且无色差,e 光可在距

棱镜较远处遮掉。

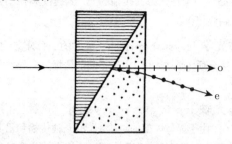

渥拉斯顿棱镜 [Wallaston prism]　光线垂直于镜面射入而垂直于光轴进行，然后到达光轴垂直于纸平面的第二块棱镜发生双折射，这样的棱镜叫作沃拉斯顿棱镜。这两束光都有偏向，所以得到的是两束分得较开的有色光线。在研究偏振光强度时这种棱镜特别有用，因为振动方向互相垂直的两条光形成相邻的两个像，可以相比较。

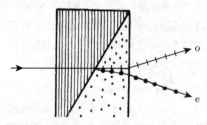

格兰-汤普森棱镜 [Glan-Thompson prism]　把两块方解石棱镜用甘油或其他矿物油黏结起来，且界面角度作适当改变，故视场角较大约 30°，这样的棱镜叫作格兰-汤普森棱镜。但因有界面胶存在，不能耐受很大功率。

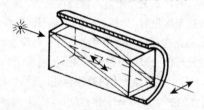

格兰-傅科棱镜 [Glan-Foucault prism]　用方解石制成的两个直角棱镜，光轴垂直于纸面，入射光垂直到棱镜表面上，可以把电矢量分解成完全平行于光轴和完全垂直于光轴的两个分量，注意到方解石空气界面的入射角为 θ。只要使 $n_e < \dfrac{1}{\sin\theta} < n_o$，o 光就被全内反射，e 光则能通过。因两块棱镜中是空气层，故能承受很高功率，这对使用功率强大的激光特别有用，但其视场角较小，约 10°。

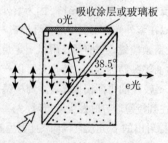

菲涅耳方程 [Fresnel equations]　当光通过两种透明介质分界面时，入射光分为反射光和折射光，其进行方向分别由反射定律和折射定律确定。但这两光束的相对振幅和振动取向则要用电磁理论来分析得出。入射光可分为振动平面平行于入射面的线偏振光 (又称 P 分量) 和振动面垂直于入射面的线偏振光 (又称 S 分量)，用电磁理论及折射定律可以导出下面四个公式：(i_1 为入射角，i_2 为折射角)

$$\text{P 分量反射比 } r_P = \frac{E'_{P1}}{E_{P1}} = \frac{\tan(i_1 - i_2)}{\tan(i_1 + i_2)}$$

$$\text{P 分量透射比 } t_P = \frac{E_{P2}}{E_{P1}} = \frac{2\sin i_2 \cos i_1}{\sin(i_1 + i_2)\cos(i_1 - i_2)}$$

$$\text{S 分量反射比 } r_S = \frac{E'_{S1}}{E_{S1}} = -\frac{\sin(i_1 - i_2)}{\sin(i_1 + i_2)}$$

$$\text{S 分量透射比 } t_S = \frac{E_{S2}}{E_{S1}} = \frac{2\sin i_2 \cos i_1}{\sin(i_1 + i_2)}$$

其中，E_{P1}，E'_{P1}，E_{P2} 分别代表入射光、反射光、折射光平行于入射面的电矢量振幅，E_{S1}，E'_{S1}，E_{S2} 分别代表入射光、反射光、折射光垂直于入射面的电矢量振幅。

由菲涅耳方程可以求出在一定入射角下反射和透射的相对振幅，也可从振幅的平方求出强度。若以纵轴代表反射率 R (为强度比)，横轴代表入射角 i，对于 $n = 1$ 和 $n' \approx 1.5$ 的情况，由菲涅耳方程反射可分别得图的曲线 I 和 II。其中 I 代表平行于入射面的电矢量随入射角 i 而变的反射率。II 代表垂直于入射面的电矢量，III 代表平均值。图中可见在 i_P 处，I 的反射为零，得到的是垂直于入射面振动的完全偏振光。

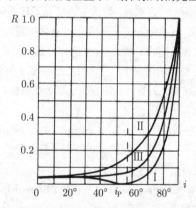

半波损失 [half wave loss]　当入射光的入射角接近于零，且 $n_2 > n_1$，即从光疏介质射向光密介质时，从菲涅耳公式可以导出反射比 r_S 为负。在入射角为大角度的情况下，r_P、r_S 二者均为负，这相当于入射光和反射光之间相位差 π，也可以说反射光的光程多了半个波长，称为半波损失。

散射引起的偏振 [polarization by scattering]　光在散射过程中出现的偏振特性。用检偏器观察散射光时，不论是分子散射还是微小质点的散射都可以发现是部分偏振光。在特定的条件下可以观察到平面偏振光。使自然光通过散射变成偏振光的原因可解释如下：当光通过偏振物质时，物质原子的电偶极矩在光波的电磁场作用下受迫振动，振动方向与入射光的电场振动方向一致，因此便向外辐射电磁波。根据电偶极子辐射，电偶极子只是在其他方向上辐射电磁波，而在偶极子的轴向上不辐射电磁波。而自然光可以看作由相互垂直的非相干的二个偏振光所组成。这样可知在沿自然光方向看去时仍是自然光，但观察方向垂直于主光束时则是平面偏振光，其他方向上则是部分偏振光。此解释只有在散射的质点比波长小时才是正确的。

偏振光的干涉 [interference of polarized]　当二束同频率且有固定相位差的偏振光相互叠加时，用偏振片，把它们的分量投影到同一个振动方向上叠加发生干涉。

色偏振 [chromatic polarization]　两正交放置的偏振片中间，如放入一块各向异性的材料，当入射光是白光时，则对不同波长的光折射率 n_o 和 n_e 是不一样的，所以 o 光和 e 光的相位差也不一样，因此相长干涉与相消干涉不会同时产生。因为不同的波长有不同程度的增强或减弱，透出的光呈彩色，这种现象为色偏振。如转动其中一个偏振片，变成平行的偏振片时，则呈现的颜色与正交系统不同，这二种颜色称为互补色。色偏振是鉴定双折射现象的一种方法。

会聚偏振光的干涉 [interference of convergent polarized light]　在正交的二个偏振片中放入一块光轴与表面垂直的晶体平板，如仍用平行单色光入射则无光透出，观察不到偏振光的干涉。这是因为沿光轴方向进行的 o 光和 e 光的速度是相同的，所以它们间没有相位差。但是在晶体平板前放一块会聚透镜，则除了在透镜中心的光仍是沿光轴进行外，其他的光都是倾斜入射的，因而发生双折射，且 o 光和 e 光之间有一定的相位差，这时就产生会聚偏振光的干涉。

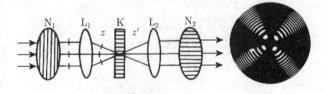

干涉色 [interference color]　一束光通过一个偏振片变成直线偏振光，然后投射到具有双折射效应的材料上，沿快慢轴分解，从该双折射材料透射出来的 o 光和 e 光是振动方向正交的且有一定位相差的两束直线偏振光。由于振动方向相互垂直，这两束光不能干涉。当这两束光再投射到第二个偏振片时，因它允许电矢量沿透射轴方向分量的光通过，这样从第二个偏振片透射出来的这两个光矢量的振动方向一致，在沿着该透射轴方向可产生干涉。例如在正交偏光显微镜下，如果采用白光照射，由于白光包含各种波长，任何一个光程差都不会是所有波长的整数倍，而使各色同时消光；也不会是各色光波的半波长的奇数倍，使各色同时干涉加强。一定的

光程差，只能是白光中部分色光的波长的整数倍，而使这色光减弱，同时又可能是另外某色光的半波长的奇数倍，而使这色光加强。干涉的结果相当于未消光的色光混合起来所呈现的特殊颜色，称为干涉色。

偏光显微镜 [polarizing microscope]　用偏振光观察双折射等各向异性物体的显微镜。偏光显微镜主要是在显微镜的聚光器前加入一个起偏器，在显微镜物镜后加一检偏器。此二者均可在自身的平面内转动。此外，在物镜与检偏器之间还可加入波片或补偿器，由于偏振光的干涉可以观察到各种干涉图样。

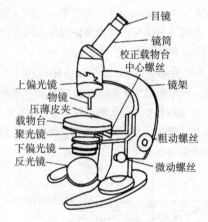

如图可以看出，与普通显微镜相比较只是多了一个下偏光镜 (即起偏器)，上偏光镜 (即检偏器)，其他结构都和普通显微镜相同。

波片 [wave plate]　用一块单轴晶体材料，制成其表面平行于光轴的平行晶片，它可以产生和检查各种偏振态的偏振光。原理是使在一定厚度的双折射晶体中 o 光和 e 光因折射率的不同产生固定的相位差，此相位差表现在波长上差一个确定的波长，故称为波片。如晶体厚度为 l，n_o 和 n_e 分别为 o 光和 e 光的折射率，则 o 光和 e 光的相位差为：$\delta = \frac{2\pi}{\lambda}(n_o - n_e)d$，$\lambda$ 是光在真空中的波长。

全波片 [full wave plate]　如波片满足 o 光和 e 光的相位差 $\delta = 2k\pi$，k 为正整数，则从晶体波片中穿出的光的偏振态不变，且振动方向与原入射方向相同，此波片称为全波片。

半波片 [half wave plate]　如波片满足 o 光和 e 光的相位差为 $\delta = (2k+1)\pi$，k 为正整数，当入射光为直线偏振光时，从晶体波片穿出的光仍为直线偏振光，但振动方向转了 2θ 角（θ 为入射光的振动面与晶体主截面之间的夹角），此波片称为半波片。

四分之一波片 [quarter wave plate]　波片满足 o 光和 e 光的相位差 $\delta = (2k+1)\frac{\pi}{2}$，k 为正整数，则从晶体波片出射的光为圆偏振光或椭圆偏振光，此波片称为四分之一

波片。

多级波片 [multiple-order wave plate]　波片的厚度等于多个全波厚度加上所需延迟量厚度。加工相对容易,但对波长、温度及入射角都很敏感。

零级波片 [zero-order wave plate]　可分为胶合零级波片 (compound zero-order wave plate) 和真零级波片 (true zero-order wave plate) 两种。胶合零级波片是将两个多级波片以快轴对慢轴的方式胶合在一起,消除全波光程差,仅余下所需的光程差。真零级波片的厚度仅为所需延迟量厚度,因而在制造和使用上都会遇到不少困难。

补偿器 [compensator]　波片中 o 光和 e 光的相位差是固定的,但用来分析和产生椭圆偏振光却需要相位差可以变化的器件,这种器件就是补偿器。

巴比涅补偿器 [Babinet compensator]　由二个楔形石英组成,其光轴相互垂直,如图。显然光在中央通过时因为经过二个巴比涅补偿器楔形的路程相等,故不发生相位差,但在其他地方上楔和下楔的路程不同,所以发生相位差。通过补偿器的不同各点产生不同的相位差。

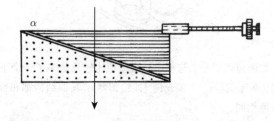

索来尔补偿器 [Soleil compensator]　为了产生相同的相位差可使用索来尔补偿器,构造如图:上楔和下楔的光轴互相平行,且平行其表索来尔补偿器面。下面再放一块光轴垂直于纸面的晶体平板。随着移动微动螺旋,二楔的厚度发生变化,相位差也随之而变,但整个补偿器的相位差各处都是相同的。

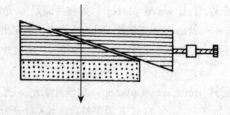

菲涅耳斜方体 [Fresnel rhombus]　产生圆偏振光或椭圆偏振光的器件。入射在斜方体上的是平面偏振光,其振动面和入射面成 45° 角。由于全内反射,在平行于入射面和垂直于入射面的电矢量彼此产生相位差,使光束全内反射二次后相位差为 90°,故得到圆偏振光。如入射面和振动面的角度不是 45°,得到的是椭圆偏振光。

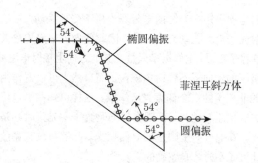

旋光性 [optical activity]　当平面偏振光通过某种介质时,出射光偏振面发生旋转。这种旋转称为旋光性。具有旋光性的物质叫作旋光物质,如石英。当平面偏振光沿光轴方向传播时,出射光的电矢量振动面相对于入射光的振动面就旋转了一个角度。

左旋 [left-handed rotation]　对旋光物质,迎着出射光看去,入射平面偏振光的振动面沿逆时针方向旋转的称左旋。

右旋 [right-handed rotation]　对旋光物质,迎着出射光看去,入射平面偏振光的振动面沿顺时针方向则称右旋。

旋光率 [specific rotation]　光的电矢量振动面旋转角度 φ 和所经过的路程长度 l 成正比,即 $\varphi = \alpha l$,α 为比例系数,称为旋光率。如在溶液中还和溶液浓度 c 有关,此时
$$\varphi = \alpha c l,$$

量糖计 [saccharimeter]　一种用测量偏振面旋转的角度来测定糖溶液中糖浓度的仪器,结构如图。在一对偏振器之间加入一玻璃管,两端面为两块平行平面,管内充满糖溶液 (旋光液体)。由糖溶液放入前后检偏器消光位置对应的角度变化来测定线偏振光振动面转过的角度,从而计算出糖溶液的浓度。

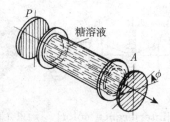

旋光色散 [rotatory dispersion]　一定长度的旋光物质中不同波长的平面偏振光的偏振方向旋转的角度不同,称旋光色散。

旋光理论 [theory of optical activity]　菲涅耳提出,沿光轴方向传播的平面偏振光可以看作由两个沿相反方向旋转的等频率的圆偏振光组成,晶体的旋光性是由于在光轴方向相反旋转的两个圆偏振光有不同的传播速度而造成。

考纽棱镜 [Cornu prism]　用石英作色散棱镜时,光通过棱镜由于旋光性会发生双折射,使单谱线变成双谱线。考纽将左旋石英和右旋石英制成折射角为 30° 的棱镜然后胶合

起来，如图。这样第一个棱镜产生的双折射恰为第二个棱镜所抵消。

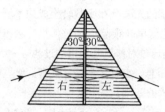

菲涅耳多棱镜 [Fresnel multiple prism]　用来验证菲涅耳提出的旋光理论的棱镜。平面偏振光射在复合棱镜上，此棱镜由光轴平行于底面的二个右旋石英直角棱镜和一个直角等腰的左旋石英棱镜胶合而成，透出的是左旋和右旋圆偏振光。平面偏振光在第一棱镜中不发生折射，但沿光轴方向传播的不同方向旋转的圆偏振光以不同速度传播，且 $v_R > v_L$。在第二棱镜中，因为是左旋 $v_L > v_R$，所以在 1, 2 棱交界面上左旋光速度由小变大，折射光远离法线。相反，右旋光由大变小，折射光近法线。结果在第二棱镜二条光线分开，通过第三棱镜出射的光分得更开，经验证是左旋和右旋圆偏振光。

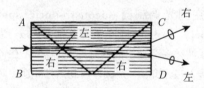

光弹效应 [photo-elastic effect]　又称应力双折射。某些各向同性的透明介质，在加上机械应力后具有双折射的性质，称为光弹效应。其有效光轴在应力方向上，且引起的双折射与应力成正比。光弹效应为光学加工带来很多麻烦，玻璃退火不足或安装不好都会在玻璃中产生应力，从而产生双折射，影响成像质量。不过这效应却可用来研究机械结构内部应力分布。把待分析的机械结构用透明材料做成模型，并按实际情况施力，再把此模型放在正交起偏和检偏系统中即可观察到干涉条纹，由此来分析应力情况。

应力双折射 [stress birefringence]　即光弹效应。

电光效应 [electro-optic effect]　某些晶体在电场作用下会改变晶体的光学性质，如各向同性晶体变为各向异性，电光效应主要包括泡克耳斯效应和克尔效应。

泡克耳斯效应 [Pockels effect]　1893 年由德国物理学家泡克耳斯发现。泡克耳斯发现有些晶体在加上电场后能产生双折射，可以起可变波片的作用。但这种效应是线性的，即感应双折射与所加的电场一次方成正比。比例常数 γ 称电光常数 (electro-optic constant)，这种效应也称线性电光效应 (linear electro-optic effect)。常用的合适晶体有 ADP 及 KDP 等。

泡克耳斯盒 [Pockels cell]　装有泡克耳斯效应中所用材料的盒。

克尔效应 [Kerr effect]　又称平方电光效应。1875 年由英国物理学家克尔发现。他发现某些各向同性透明介质在外加电场下具有双折射性质，设 $n_∥$ 和 $n_⊥$ 分别为介质在外加电场后平行和垂直电场方向的折射率，折射率差 $\Delta n = n_∥ - n_⊥ = \lambda k E^2$，$\lambda$ 是光在真空中的波长，E 是外加电场强度，k 是克尔常数。因 Δn 不是与 E 成正比而是与 E^2 成正比，所以克尔效应是一种非线性效应。克尔效应调制电场频率高达 10GHz 的。常用于光闸、激光器的 Q 开关和光波调制等。一些极性液体，如硝基甲苯和硝基苯有非常大的克尔常数。一些透明的晶体也被用于调制克尔，但它们有小克尔常数。

平方电光效应 [quadratic electro-optic effect]　即克尔效应。

克尔常数 [Kerr constant]　见电光效应。

克尔盒 [Kerr cell]　装有克尔效应中所用材料的盒。

半波电压 [half wave voltage]　在电光效应中，使电光材料盒达到相当于半波片所需要的电压。

磁光效应 [magneto-optical effect]　磁光效应是指处于磁场中的物质与光之间发生相互作用而引起的各种光学现象。

法拉第效应 [Faraday effect]　磁光效应中的一种。英国科学家法拉第 (Faraday) 发现在固体、液体、气体中传播的光，在光的传播方向上加上强磁场后通过它们光束的偏振面会发生旋转，称法拉第效应。旋转角度用 θ 表示，在光传播方向上的磁场用刺感应强度 B 表示，则 $\theta = VlB$，V 是常系数称费尔德 (Verdet) 常数，l 是材料长度，法拉第效应可用来调制光强。

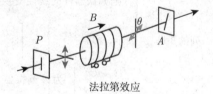

法拉第效应

佛克脱效应 [Voigt effect]　磁光效应中的一种，又称磁二向色性效应。在垂直于入射光束传播方向加一个恒定磁场，透明介质上会发生双折射，如果透明介质为蒸气，该效应被称为佛克脱效应。介质对两种互相垂直的振动有不同吸收系数时，就表现出二向色性的性质。

磁二向色性效应 [magnetic dichroism effect]　即佛克脱效应。

科顿穆顿效应 [Cotton-Mouton effect]　又称磁致双折射。在垂直于入射光束传播方向加一个恒定磁场，透明介质上会发生双折射。如果透明介质为液体，该效应被称为科顿穆顿效应。

磁致双折射 [magnetic birefringence] 即科顿穆顿效应。

塞曼效应 [Zeeman effect] 一种磁光效应。把钠焰放在强磁铁的二极间，二条钠的光谱线都变宽，沿磁场方向分裂成二条线，且是圆偏振光，垂直于磁场方向分裂成三条线且是直线偏振光。如用分辨本领较高的光谱仪器从磁场正交方向来观察，发现另一些光谱线分裂成四条、五条甚至更多条线，这种现象称反常塞曼效应，经典理论只能解释塞曼效应，而量子理论完全能说明反常塞曼效应。

斯托克斯参量 [Stokes parameter] 光学偏振态的数学表示。斯托克斯引入四个量作为表示偏振态的参量，即

$$S_0 = \langle |E_x|^2 \rangle + \langle |E_y|^2 \rangle$$
$$S_1 = \langle |E_x|^2 \rangle - \langle |E_y|^2 \rangle$$
$$S_2 = \langle 2E_x E_y \cos \delta \rangle$$
$$S_3 = \langle 2E_x E_y \sin \delta \rangle$$

其中 E_x，E_y 是光的电矢量 E 在 x、y 方向上的振幅，δ 是二者的相位差，$\langle \cdot \rangle$ 表示时间平均。这四个参量可以表示自然光及各种偏振光。可将 4 个斯托克斯参量排列为列矩阵形式，从而构成矩阵表示的斯托克斯矢量。

琼斯矢量 [Jones vector] 同斯托克斯参量不一样，琼斯矢量只适用于相干光及用于表示偏振光的情况。写成列矢量形式的琼斯矢量为 $E = \begin{bmatrix} E_x \\ E_y \end{bmatrix}$。

琼斯矩阵 [Jones matrix] 偏振光经过偏振器件后，出射光的偏振态会发生变化。设入射光的偏振态为 $E_1 = \begin{bmatrix} A_1 \\ B_1 \end{bmatrix}$，出射光为 $E_2 = \begin{bmatrix} A_2 \\ B_2 \end{bmatrix}$，则偏振器件的线性变换作用可以一个二行二列的矩阵 J 表示，即 $\begin{bmatrix} A_2 \\ B_2 \end{bmatrix} = \begin{bmatrix} J_{11} & J_{12} \\ J_{21} & J_{22} \end{bmatrix} \begin{bmatrix} A_1 \\ B_1 \end{bmatrix}$，其中 $J = \begin{bmatrix} J_{11} & J_{12} \\ J_{21} & J_{22} \end{bmatrix}$ 为该偏振器件的琼斯矩阵。

密勒矩阵 [Mueller matrix] 入射光的斯托克斯矢量为 E_1 通过光学系统后，其出射光的斯托克斯矢量为 E_2，两者之间的变换可表示为 $E_2 = ME_1$，其中光学系统的变换作用可用 4×4 的矩阵 M 表示，该矩阵称为光学系统的密勒矩阵。

6.4 信息光学

信息光学 [information optics] 光学的一个分支，有时也被称为傅里叶光学 (Fourier optics)，运用傅里叶变换分析方法研究光的传播，评价光学系统的性质。其思想是把实际的光波看成一系列沿不同方向传播的平面波的叠加，各平面波的权重等同于原光波的傅里叶变换。借助于傅里叶变换，可将坐标域表示的光波分布函数转换成频率域表示的傅里叶变换分布 (也称傅里叶频谱)。通过傅里叶频谱即可掌握原光波的所有信息，通过对傅里叶频谱的过滤 —— 即空间滤波可以获取特定的信息，实现光学信息处理。傅里叶光学是现代成像术和全息术的基础。

傅里叶光学 [Fourier optics] 见信息光学。

全息术 [holography] 又称全息照相。一种不用透镜成像，而用相干光干涉得到物体全部信息的 2 步成像技术。第 1 步是记录，即底片上以干涉条纹的形式存储被摄物的光强和位相。第 2 步是再现，即用光衍射原理来重现物体原来的三维形状。

全息照相 [holography] 即全息术。

声光信号处理 [acousto-optic signal processing] 以声光器件为基础的频谱分析技术和相关处理技术。具有宽带、高增益、实时并行处理，以及大容量、体积小、功耗低等优点。

声光空间光调制器 [acousto-optic spatial light modulator] 由声光介质和压电换能器构成。当驱动源的某种特定载波频率驱动换能器时，换能器即产生同一频率的超声波并传入声光介质，声波作用到声光介质中会引起介质密度呈疏密周期性变化，使介质的折射率也发生相应的周期性变化，光束通过介质时即发生相互作用而改变光分布的振幅或强度、相位、偏振态等。

神经元 [neutron] 又称神经细胞。构成神经系统的各种细胞。感觉神经元传递自感受器官处传来的信息，运动神经元传递神经冲动至肌肉和腺体处，而联络神经元则负责传递感觉神经元和运动神经元之间的神经冲动。典型的神经元包括树突 (接受刺激并将其向内传导的纤维)、细胞体 (接受树突所传来信息，带核) 和轴突 (将神经冲动从细胞体传出至末端突触的纤维)。

神经细胞 [nerve cell] 即神经元。

神经网络 [neural network] 由巨量神经元相互连接成的复杂非线性系统。它具有并行处理和分布式存储信息及其整体特性不依赖于其中个别神经元的性质，很难用单个神经元的特性去说明整个神经网络的特性。脑是自然界中最巧妙的控制器和信息处理系统。自 1943 年莫克罗和彼特最早尝试建立神经网络模型，至今已有许多模拟脑功能的模型，但距理论模型还很远。大致分两类：① "人工神经网络"，模拟生物神经系统功能，由简单神经元模型构成，以图解决工程技术问题。如模拟脑细胞的感知功能的反向传播 BP(back-propagation) 神经网络基于自适应共振理论 (adaptive resonance theory) 的模拟自动分类识别的神经网络等。② "现实性模型"，与神经

细胞尽可能一致的神经元模型构成的网络，以图阐明神经网络结构与功能的机理，从而建立脑模型和脑理论。如基于突触和细胞膜电特性的霍泊费尔特 (Hopfield) 模型，以"计算能量"刻划网络整体的动态行为，可解释联想记忆；埃克伯格 (Ekeberg) 等 (1991) 建立的基于霍奇金-赫克斯利 (Hodgkin-Huxley) 方程的四房室神经元模型等。神经网络研究不仅为阐明脑功能机理，也是发展智能计算机和智能机器的基础。

深度失真 [depth distortion]　　在共聚焦显微系统中，在采用非浸没物镜进行纵向层析时，孔径处的光线由于折射原因，并不能会聚在理想的焦点处，而是产生轴向扩散，导致了不同的扫描深度上轴向分辨率的差异，使得实际扫描深度与名义扫描深度之间也存在一定的误差，即扫描深度失真。

色模糊 [chromatic blur]　　用白光照明全息图时，不同波长色光的衍射方向及相应再现像的位置不同，从而发生混叠，导致实际再现像出现严重的像模糊。

冗余度全息 [redundant hologram]　　这种全息的特点是物体以漫射方式 (如用乳白玻璃) 来照明，物体上各点的光扩散开来覆盖整个全息图，因此只需全息图的一小部分就可以形成整个物体的像，但分辨率比用整个全息图时有所降低。

全息显微术 [holographic microscopy]　　全息与显微相结合的技术。与一般显微术相比，其优点是能存储标本物整体，无须制备标本物的切片。尤其是对一些活的标本物，它可以用高功率的连续光或脉冲激光拍照全息图，长期保存，再现像具有立体性，能显示样品的细节。全息显微术主要有两种形式：一种是将全息技术和显微镜结合，称为"全息显微镜"，解决了一般显微镜中分辨本领与景深的矛盾，避免了像差影响而达到很小衍射极限，可以获得更大的视野；一种是利用全息图本身的特性来进行放大，称为"全息放大"。如果在拍摄和显示时，采用不同波长，衍射角不同，这等于将全息图作了相应的调整，可以实现图像放大。全息显微术广泛应用于医学、生物学、科研等方面。

全息记录材料 [holographic ecording material]　记录全息影像的介质需要有能力解析出干涉条纹。并且足够敏感，以能够在尽量短的时间内完成拍摄，使得系统尽可能的保持其光学稳定性。全息照相用的记录介质有：卤化银乳胶、重铬酸明胶、光致抗蚀剂、光导热塑料、光致聚合物、光致折射材料等

全息光学元件 [holographic optical element]　　指利用全息原理制备的光学元件。全息图可以起光学元件的作用，如一张点状物的全息图就是一个聚焦元件，优点是更方便和紧凑，全息光栅已用于光谱分析，扫描器中用全息图作为扫描元件。

全息干涉测量术 [holographic interferometry]

利用二次曝光或连续曝光全息图可以将物体变化状况记录在同一张全息底片上，再现时就得到相互交叠的像，这两个或多个光波就会发生干涉，从干涉条纹的分析中可以得出物体的变化情况，这就是全息干涉量度技术。利用它可研究物体微小形变或微小振动、高速运动的现象，封闭容器的爆炸过程等，这种方法的优点是可对任意形状、任意表面进行研究。

全通滤光片 [all-pass optical filter]　　具有平坦的频率响应，不衰减任何频率的信号，但会改变输入信号的相位的光片。利用这个特性，全通滤光片可以用做延时器、延迟均衡等。虽然常规滤光片也能改变输入信号的相位，但幅频特性和相频特性很难兼顾，使两者同时满足要求。全通滤光片和其他滤光片组合起来使用，能方便的解决这个问题。

曝光量 [exposure]　　在曝光过程中入射到每单位面积照相乳胶上的能量。它等于在每一点上入射光的强度和曝光时间的乘积。

密集波分复用 [dense wavelength division multiplexing, DWDM]　　一种光纤数据传输技术，利用激光的波长按照比特位并行传输或者字符串行传输方式在光纤内传送数据。密集波分复用是光纤网络的重要组成部分，它可以让 IP 协议、ATM 和同步光纤网络/同步数字序列 (SONET/SDH) 协议下承载的电子邮件、视频、多媒体、数据和语音等数据都通过统一的光纤层传输。

码分多址 [code division multiple access, CDMA]　一种多址接入的无线通信技术。码分多址最早用于军用通信，但时至今日，已广泛应用到全球不同的民用通信中。在码分多址移动通信中，将话音频号转换为数字信号，给每组数据话音分组增加一个地址，进行扰码处理，并且将它发射到空中。码分多址最大的优点就是相同的带宽下可以容纳更多的呼叫，而且它还可以随话音传送数据信息。

漫照射全息 [diffused illumination hologram]　　这种全息的特点是物体以漫射方式 (如用毛玻璃) 来照明，物体上各点的光扩散开来覆盖整个全息图，因此只需全息图的一小部分就可以形成整个物体的像，但分辨率比用整个全息图时有所降低。所以这类全息图也称冗余度全息。非漫射照明的全息图称非冗余度全息。大多数固体表面粗糙，是一种漫射物体，所以制备这种物体的全息图时不需另用漫射方式来照明。

离轴全息 [off-axis hologram]　　参考光的传播方向与物光波的传播方向非共轴，两者干涉形成的全息图被称为离轴全息。与共轴全息相比，离轴全息的再现像和其共轭孪生像出现在不同方向上，因而观察时可避免孪生像的干扰。

傅里叶变换 [Fourier transform]　　一种函数的数学运算，能将满足一定条件的某个函数表示成三角函数 (正弦和/或余弦函数) 或者它们的积分的线性组合。函数 $f(x)$ 的

傅里叶变换被定义为 $F(f_x)$：$F(f_x) = \iint_{-\infty}^{\infty} f(x)\mathrm{e}^{-\mathrm{i}2\pi f_x x}\mathrm{d}x$。在光学中，傅里叶变换是重要的分析工具。

二维傅里叶变换 [two dimensional Fourier transform] 两个空间自变量 x 和 y 的复函数 $f(x,y)$ 的傅里叶变换。公式为：$F(f_x, f_y) = F\{f(x,y)\} = \iint_{-\infty}^{\infty} f(x,y)\mathrm{e}^{-\mathrm{i}2\pi(f_x x + f_y y)}\mathrm{d}x\mathrm{d}y$，其中 f_x 和 f_y 一般被称为空间频率，$F(f_x, f_y)$ 称为 $f(x,y)$ 的傅里叶变换或空间频谱。反过来，该 $f(x,y)$ 可用 $F(f_x, f_y)$ 的傅里叶逆变换表示为：$f(x,y) = F^{-1}\{F(f_x, f_y)\} = \iint_{-\infty}^{\infty} F(f_x, f_y)\mathrm{e}^{\mathrm{i}2\pi(f_x x + f_y y)}\mathrm{d}f_x\mathrm{d}f_y$。

离散傅里叶变换 [discrete Fourier transform, DFT] 傅里叶变换在时域和频域上都呈离散的形式，将信号的时域采样变换为其频域采样。

快速傅里叶变换 [fast Fourier transform] 离散傅里叶变换的快速算法，也可用于计算离散傅里叶变换的逆变换。傅里叶变换直接计算的复杂度是 $O(n^2)$（n 为离散点数），快速傅里叶变换可以计算出与直接计算相同的结果，但只需要 $O(n\log n)$ 的计算复杂度。通常，快速算法要求 n 能被因数分解，但不是所有的快速傅里叶变换都要求 n 是合数，对于所有的整数 n，都存在复杂度为 $O(n\log n)$ 的快速算法。

空间周期 [spatial period] 在矩形光栅或正弦光栅中，相邻两黑线条（或白线条）的距离。使用光栅时，光栅常数就是空间周期。

空间圆频率 [spatial circular frequency] 见空间频率。

空间频率 [spatial frequency] 单位距离（如 1 毫米）内所包含的空间周期。也可以看作是单位距离内包含的黑线条数或白线条数。通常将相邻的一条黑线一条白线称作一个线对，所以空间频率的常用单位为"线对/毫米"。空间圆频率为空间频率的 2π 倍，其单位为"弧度/毫米"。

空间光调制器 [spatial light modulator] 对光波的某种参数（例如振幅或相位等）的空间分布进行调制的器件，通常基于液晶或阵列型微反射镜实现，投影仪就是一种常见的空间光调制器。这类器件可在随时间变化的电驱动信号或其他信号的控制下，改变光波在空间上分布的振幅、相位或偏振态。通常情况下，将计算机生成的图形加载到空间光调制器上后，入射到调制器上的光波被反射或透射，其参数的空间分布根据加载图形的空间分布改变而改变，因此可以通过计算机动态地调控光波的空间分布。空间光调制器按照读出光读出方式的不同，可以分为反射式和透射式；按照输入控制信号的方式不同，又可分为光寻址和电寻址。

空间带宽积 [space band width product] 其公式为：$SW = \iint \mathrm{d}x\mathrm{d}y \cdot \iint \mathrm{d}f_x\mathrm{d}f_y = \Delta x\Delta y\Delta f_x\Delta f_y$，$S$ 代表图像的空间大小或面积，有时也代表透镜或光学仪器的有效像场，W 是信号（图像）在二维空间频率域 (f_x, f_y) 中的带宽，二者乘积为空间带宽积（SW）。空间带宽积是时间带宽积的空间模拟，时间带宽积确定了时间信号可分辨脉冲的总数，SW 也就确定了空间信号（图像）在像场中可分辨的像点数。根据抽样定理，如果图像在频域 f_x 方向的带宽为 Δf_x，其在 x 方向最小的间隔为 $\delta x = 1/\Delta f_x$。同理，在 y 方向最小的间隔为 $\delta y = 1/\Delta f_y$，当总的像场大小为 $\Delta x\Delta y$ 时，像场中可分辨的总像点数：$N = \dfrac{\Delta x\Delta y}{\delta x\delta y} = \Delta x\Delta y\Delta f_x\Delta f_y = SW$，同理可证 SW 代表空间频率域中的总抽样点数。

三维光学存储 [three-dimensional optical storage] 利用某些光学晶体的光折变效应记录全息图形图像，包括二值的或有灰阶的图像信息，由于全息图像对空间位置的敏感性，这种方法可以得到极高的存储容量，并基于光栅空间相位的变化，体全息存储器还有可能进行选择性擦除及重写。

三角形干涉仪 [triangular interferometer] 三面不在同一直线上的望远镜不只形成两条基线，而是形成一个闭合的三角形，构成一个三角形干涉仪。对天体测量而言，利用三条基线的观测，可得到不受大气影响的整个闭合相位值，因而精度很高。

全息图缩放 [scaling of a hologram] 全息图重建时，使用不同波长和位置的重建光源，能使重建物体物体的轴向和横向放大率不同，从而改变重建物体的大小。

倾斜因子 [obliquity factor] 菲涅耳基尔霍夫衍射公式中与衍射的角度有关的参数。

倾斜平面处理器 [tilted plane processor] 使其中任一个方位维的聚焦平面与任一个距离维的聚焦平面相互重合，并减小方位维的倾斜度，使方位轨迹和距离轨迹发生在一起，经过曝光，还原地貌，具备这类光学系统的处理器称为倾斜平面处理器。因此，倾斜平面处理器的光学系统是以望远系统的特性为基础的。子午和弧矢二个截面都各自成为倍率不同的望远系统。

倾斜光栅 [slanted grating] 光栅的栅格与光栅表面不垂直的厚光栅。

切趾法 [apodization] 一种改变光学系统入射光强分布的方法。在光学设计中，切趾函数用于适当改变光学系统的输入光强分布。通常它指的是一个边缘接近零的非均匀照明。

潜像 [latent image] 感光材料在曝光过程中产生的不可见的图像。

频率平面掩膜 [frequency-plane mask] 在频谱面上对频谱进行调制的掩膜。

逆滤波器 [inverse filter] 滤波器函数为原滤波器倒数的滤波器，通常用于图像恢复领域。

模压全息图 [embossed hologram] 一种使用激光

模压技术大量复制全息图的技术,能廉价的复制 CD 和 DVD,并广泛用于制作安全卡、信用卡等有防伪需要的场合。

模拟光学处理器 [analog optical processor] 用于处理模拟光学信号系统的处理器。

漫射物体 [diffuse object] 表面粗糙,对光形成漫反射的物体。

漫射体 [diffuser] 见漫射物体。

滤波器函数 [filter function] 表征滤波器滤波特性的函数。

孪生像 [twin image] 全息图重建中产生的与再现像光强相同相位相反的像。

临界采样间隔 [critical sampling interval] 系统抽样介于过采样和欠采样之间的间隔,其倒数即为临界抽样频率,为信号频率的两倍。

圆锥面透镜 [conical lens] 表面呈圆锥面的特殊透镜,没有确定的焦距,能把点光源成像为沿着光轴的线。可以用来将高斯光束转变为近似的贝塞尔光束。

迂回相位 [detour phase] 这一概念由 Lohmann 在 1966 年首先提出。一束平面波垂直照明周期为 d 的光栅时,光栅的任意两条相邻狭缝在第 1 级衍射方向的相位差为 2π。如果某一狭缝位置发生位移 s,则该处的相位差产生一附加相位值:$2\pi(s/d)$,控制位移即可获得所需的相位值,Lohmann 称这种相位为迂回相位,并利用该技术设计出世界第一张计算全息图。

倏逝波 [evanescent wave] 又称消逝波、衰逝波。由于全反射而在两种不同介质的分界面上产生的一种电磁波。由于其幅值随与分界面相垂直的深度的增大而呈指数形式衰减,而随切向方向改变相位,因此也是表面波。采用受抑全反射的方法可以探测该波的衰减程度,因此其可用来测量两表面间的距离从而确定出上下两表面的共同粗糙度。倏逝波在各个领域都有广泛的应用。在光学上特别广泛。如果只有单片棱镜,光线发生全反射。而使用两片棱镜,改变棱镜间的空气隙,则能改变分光的比例。同样的原理,也可以在光纤的外层上加一光密物质从而取出光纤内数据。衍射受限系统 (diffraction-limited system) 没有几何光学像差的理想成像系统,其成像质量仅受到系统中孔径光阑的衍射效应的影响。

消逝波 [evanescent wave] 即倏逝波。

衰逝波 [evanescent wave] 即倏逝波。

衍射效率 [diffraction efficiency] 在某一个衍射方向上的光强与入射光强的比值,用来描述衍射原件特别是衍射光栅的性能。

向列型液晶 [nematic liquid crystal] 人工合成的有机物质,分子呈棒状,分子的质心有长程有序性,分子排列方式如同一把筷子。上下方向排列整齐,但沿前后左右方向排列可以变动并且不规则。具有不易变形的棒状分子形态的化合物都能形成向列型液晶。

相移定理 [shift theorem] 原函数在空域的平移,将使其傅里叶变换频谱在频率域产生线性相移。这一定理称为相移定理。

相息图 [kinoform] 一种共轴再现且仅记录物波复振幅函数的相位信息的计算全息图。

相位全息 [phase hologram] 仅记录物波复振幅函数的相位信息的一种计算全息图。

相矢量 [phasor] 描述波函数的复指数,可用由实轴和虚轴构成的复平面上的矢量表示,称为相矢量。复指数的相位和模决定相矢量的方向和大小。复指数的加减等线性运算可用适当叠加法则处理。

相衬显微术 [phase contrast microscopy] 见泽尼克相称显微镜。

相衬 [phase contrast] 将光线在穿过透明的样品由于折射率不同而导致的相位差转换为图象中的幅度或对比度的变化。

线性响应 [linear response] 系统对两个或多个输入的响应等于对每个输入响应之和。

线性系统 [linear system] 对多个输入的响应等于对每个输入的响应之和的系统。

线性空间不变系统 [linear space-invariant system] 变换关系不因位置的不同而发生变化的线性系统。一般来讲,光学系统在等晕区 (像面上点光源的像斑形状相同的区域) 内为空间不变线性系统。

显影剂 [developer] 使感光材料经曝光后产生的潜影显现成可见影像的药剂。

吸收型全息图 [absorption hologram] 全息干板的振幅透过率分布由光的吸收率大小决定的全息图。

无衍射光束 [non-diffraction beam] 自由空间标量波动方程的一组特殊解,其场分布具有第一类零阶贝塞耳函数的形式。其物理含义是,光束中心斑直径可以很小且不随传播距离改变。理想的无衍射光束由于实际光学孔径的限制无法实现,但已得到的近似的无衍射光束传播距离远大于相同半径的高斯光束的瑞利距离。作为一种新型测量光束,无衍射光束在光学精密测量领域将有广阔的应用前景。

无焦成像系统 [afocal imaging system] 有效焦距无限长的系统,不产生纯的汇聚或发散。当两个光学元件的距离等于这两个元件的焦距之和时,就构成了一个无焦成像系统。

纹影法 [schlieren method] 一种将位相分布转换为可见图像的光学方法,在反射镜和底片之间引入刀口,当在光源和反射镜之间有位相变化时,光线将偏离原有方向传播,并绕过刀口形成衍射光，衍射光与直射光叠加。当刀口位置合适时就可以得到相称度客观的纹影图像。

魏格纳分布函数 [Wigner distribution function] 1932 年魏格纳首次提出的一种变换函数。一个函数 $f(t)$ 的魏格纳分布函数定义为：$W_f(t, \nu) = \int_{-\infty}^{\infty} f\left(t + \dfrac{\tau}{2}\right) f^*\left(t - \dfrac{\tau}{2}\right) e^{-i2\pi\nu\tau} d\tau$。通常傅里叶变换是研究稳态 (时间独立) 信号的非常有用的工具，但无法有效地完全分析非稳态信号的频谱随时间变化的特性，魏格纳分布函数能更好地表征非稳态信号的频谱随时间变化的表现。

维纳滤波器 [Wiener filter] 一种为了滤除干扰信号的噪声，提取平稳噪声所污染的信号的滤波器。这种滤波器的输出与期望输出之间的均方误差为最小，因此，它是一个最佳滤波系统。

微波全息术 [microwave holography] 获得目标微波图像的全息摄影方法。用微波全息术获得的目标反射或散射的微波图像，可以是目标的外观像或介质目标内部的结构成像，也可以是空间电磁场分布的直观显示。微波全息与其他全息术一样，分两步成像过程。首先获得记录有目标散射场的幅度、相位信息的微波全息图；其次是根据全息图重建目标的散射场，即微波图像。

图像增强 [image enhancement] 增强图像中的有用信息，改善图像的视觉效果。针对特定应用场合，有目的地强调图像的整体或局部特性，将原来不清晰的图像变得清晰或强调某些感兴趣的特征，扩大图像中不同物体特征之间的差别，抑制不感兴趣的特征，使之改善图像质量、丰富信息量，加强图像判读和识别效果，满足某些特殊分析的需要。

图像恢复 [image restoration] 对质量下降的图像加以重建或恢复的处理过程。在图像恢复中，需建立造成图像质量下降的退化模型，然后运用相反过程来恢复原来图像，并运用一定准则来判定是否得到图像的最佳恢复。

光瞳函数 [pupil function] 在透镜的入瞳或出瞳处描述由透镜导致的光波振幅和相位变化的复函数。

体全息 [volume hologram] 当记录介质较厚，物光和参考光在介质内干涉图形成三维结构，记录而成的全息图。

体光栅 [volume grating] 又称晶体光栅。劳厄在1913 年提出，晶体内原子是有规则排列的，可当作 X 射线的三维光栅，可用于研究晶体结构和测量 X 射线的波长。

调制传递函数 [modulation transfer function] 一个非相干光学系统 (非相干照明)，可以看作空间频率的低通线性滤波器。如果输入一个正弦分布的光强信号，则输出也是正弦分布光强信号，但信号的对比度下降、相位移动，输出信号的对比度和相位移均是目标图像的空间频率的函数。如果输入目标的对比度是 M，输出图像的对比度是 M'，则比率 M'/M 称为光学系统的调制传递函数 MTF(modulation transfer function)，相位移 $\Delta\varphi$ 称为光学系统的相位传递函数 PFT(phase transfer function)，统称光学传递函数，表示为：OTF=MTFexp$(-i$PFT$)$。

全息图 [hologram] 全息术中参考光和物光在记录介质上相干叠加形成的干涉图。

联合变换相关器 [joint transform correlator] 一种利用空间载波对振幅和相位信息编码进行复滤波的方法，由 Weaver 和 Goodman 提出，被称为联合变换器。其在记录过程中同时提供想要的脉冲响应和待滤波处理的数据，而不是只提供想要的脉冲响应。

空间不变性 [space invariance] 系统的脉冲响应只依赖于激励点和响应点之间的相对坐标差，而与激励点和响应点的绝对坐标无关。

脉冲响应 [impulse response] 系统在输入为脉冲信号函数时的输出 (响应)。

综合孔径 [aperture synthesis] 用几个各自独立的轴对称小孔径光学系统组成一个大孔径光学系统，增加系统的有效孔径。

重建波 [reconstruction wave] 物波的振幅和相位信息一旦被全息图记录下来之后，当再现这个物波时，实现再现所需要的全息图照射光波就是重建波。

中央暗场成像 [central dark-field imaging] 如果只允许某支衍射束通过物镜光栏成像，则称为暗场像。通过倾斜入射束的方向，将成像的衍射束调整到光轴方向，这样可以减小球差，获得高质量的图像，这个成像过程就是中央暗场成像。

振幅透射率 [amplitude transmittance] 透射光和入射光的辐射通量之比。通常用 T 表示。

阵列波导光栅 [arrayed waveguide grating] 一种阵列型的集成光学器件，通常由传送光信号的波导、光信号扇入和扇出的星形耦合器以及产生波长色散的波导光栅组成。

针孔滤波器 [pinhole filter] 激光可以会聚成非常小的一点，所以可作为一个接近于理想的点光源来产生球面波，这对于光学系统是非常有用的。但是激光又具有高度的相干性，空中的灰尘，光学元件或激光本身往往有一些散射光会形成干扰，因此要在会聚的点上放一小孔，使杂散光不能通过 (如用 10 倍的显微镜物镜聚焦，则针孔直径约 25μm) 该针孔所起的作用就好像无线电中的滤波器一样，不允许其他空间频率的光通过，所以称针孔滤波器。

照相乳胶 [emulsion] 由极大量的微小感光卤化银颗粒悬浮在一层明胶上，胶片通常以同名的醋酸纤维胶片或玻璃胶片做基底，其上镀一层感光乳胶构成。

窄带光 [narrow-band light]　当非单色光的频率带宽值与中心频率的值相比很小时，被称为窄带光。

泽尼克相称显微镜 [Zernike phase contrast microscope]　荷兰科学家泽尼克 (Zernike) 发明的相衬法，将样品的相位信息通过特殊的滤波器转化为输出像面上的光强分布，由此制成的显微镜称为泽尼克相称显微镜。

泽尼克相衬原理 [principle of Zernike phase contrast]　通过空间滤波器将物体的位相信息转换为相应的振幅信息，从而大大提高透明物体的可分辨性，所以从这个意义上说，相衬法是一种光学信息处理方法，而且是最早的信息处理的成果之一，因此在光学的发展史上具有重要意义。1935 年泽尼克 (Zernike) 根据阿贝成像原理，首先提出位相反衬法，由改变频谱的位相以改善透明物体成像的反衬度，实际的做法可以是，在玻璃基片的中心处加一滴液体，液滴的光程引起一定的相移，这样就形成了一块位相板，将这块位相板放置在显微镜的后焦面上，当作一个空间滤波器。在相干光的照射下，像面上出现与物的位相信息相关的图像。像面上的强度分布与样品位相成线性关系，也就是说，样品的位相分布调制了像面上的光强。

载波频率 [carrier frequency]　在信号传输的过程中，并不是将信号直接进行传输，而是将信号负载到一个固定频率的波上，这个过程称为加载，这样一个固定频率的波称为载波频率。严格的讲，就是把一个较低的信号频率调制到一个相对较高的频率上去，这被低频调制的较高频率就叫载波频率。

空间变脉冲响应 [space-variant impulse response]　指系统的响应随输入脉冲位置的变化而改变。输入脉冲信号的响应随脉冲的位置改变而改变，所对应的系统为空间平移改变的系统。与之对比，空间平移不变系统的脉冲响应不随输入信号位置的改变而改变。

柯西–施瓦茨不等式 [Cauchy-Schwarz inequality]　又称施瓦茨不等式、柯西–布尼亚科夫斯基–施瓦茨不等式。若 x 和 y 是实或复内积空间的元素，那么 $|\langle x, y \rangle|^2 \leq \langle x, x \rangle \cdot \langle y, y \rangle$，其中当且仅当 x 和 y 是线性相关时，等式成立。

施瓦茨不等式 [Schwarz inequality]　即柯西–施瓦茨不等式。

柯西–布尼亚科夫斯基–施瓦茨不等式 [Cauchy-Buniakowsky-Schwarz inequality]　即柯西–施瓦茨不等式。

卷积积分 [convolution integral]　简称卷积。分析数学中关于两个函数的一种无穷限积分运算。对函数 $f_1(t)$ 与 $f_2(t)$ 作如下运算 $\int_{\infty}^{\infty} f_1(\tau) f_2(t - \tau) \mathrm{d}\tau$ 时，此积分称为卷积积分。常用符号 "$*$" 表示 $f_1(t)$ 与 $f_2(t)$ 的卷积运算，即

$$\int_{\infty}^{\infty} f_1(\tau) f_2(t - \tau) \mathrm{d}\tau = f_1(t) * f_2(t)。$$

卷积定理 [convolution theorem]　两个函数卷积的傅里叶变换是各自函数的傅里叶变换的乘积。即一个域中的卷积对应于其傅里叶变换域中的乘积，例如时域中的卷积对应于频域中的乘积。这一定理叫作卷积定理。

角度复用 [angle multiplexing]　参考光束以不同入射角照射同一张胶片，就可以用记录多幅全息图，特定角度的参考光只能再现特定位置的记录物。这一过程叫作角度复用。

计算全息 [computer-generated hologram]　建立在数字计算与现代光学的基础上。传统的全息术是用光学的办法，用干涉记录的方法制作全息图。计算全息是用计算机编码制作全息图，它可以全面的记录光波的振幅与相位，重复性高，可记录任何甚至不存在的物体的全息图，相比于光学全息图具有更大的灵活性。

互补衍射屏 [complementary diffracting screen]　两个形状及大小都相同的衍射屏其透射系数之和为 1，则这两个衍射屏被称为互补衍射屏。

合成孔径雷达 [synthetic aperture radar]　又称综合孔径雷达。利用雷达与目标的相对运动，把尺寸较小的真实天线孔径用数据处理的方法合成为一个较大的等效天线孔径的雷达。合成孔径雷达的特点是分辨率高，能全天候工作，能有效地识别伪装和穿透掩盖物。所得到的高方位分辨力相当于一个大孔径天线所能提供的方位分辨力。合成孔径雷达可分为聚焦型和非聚焦型两类。

综合孔径雷达 [synthetic aperture radar]　即合成孔径雷达。

光学传递函数 [optical transfer function]　调制传递函数和相位传递函数的总称。若把光学系统看成是线性不变的系统，那么物体经过光学系统成像，可视为物体经过光学系统传递后，其传递效率不变，但对比度下降，相位发生推移，并在某一频率截止，即对比度为零。这种对比度的降低和相位推移是随频率不同而不同的，其函数关系我们称之为光学传递函数。

光谱全息 [spectral holography]　用一个飞秒脉冲作参考信号记录一个时间波形信号的空间全息图，然后再用飞秒探针或飞秒重建脉冲通过这个全息图进行时间波形的重建，从而获得信号的光谱。

光刻 [photolithography]　平面型晶体管和集成电路生产中的一个主要工艺，将预先设计出的掩膜板上的图形转移到半导体晶片上。是对半导体晶片表面的掩蔽物 (如二氧化硅) 进行开孔，以便进行杂质的定域扩散的一种加工技术。光刻的基本原理是建立在感光膜腐蚀基础上的，具体方法如下：

① 涂布光致抗蚀剂 (或光刻胶)；② 掩膜板套准并曝光；③ 用显影液溶去未感光的光刻胶；④ 用腐蚀液去除无光刻胶保护部分的二氧化硅；⑤ 去除光刻胶。

光致聚合物胶片 [photopolymer film] 一种在光照下能够聚合或者交联的单体分子材料构成的胶片。

共轴全息 [on-axis hologram] 又称伽伯全息。伽伯 (Gabor) 提出的一种全息图记录方案。当物体被准直的相干光照明，透过光有两个分量，即均匀的平面波和由透过率变化形成的散射波，同方向传播，照射到一定距离处的记录介质上，形成全息图。后来推广到更一般情形，将物光波和参考光波共轴传播下记录的全息图，称之为共轴全息图。

伽伯全息 [Gabor hologram] 即共轴全息。

高伽玛胶片 [high-gamma film] 微小曝光量变化转换为强度透射率变化的效率高的一类胶片。

高反差胶片 [high-contrast film] 乳胶反差大的即微小曝光量变化转换为振幅透射率变化的效率高的一类胶片。

傅里叶全息 [Fourier hologram] 记录平面处于物体的傅里叶变换平面处，全息图记录的是物体的空间频谱分布信息。

傅里叶变换全息图 [Fourier transform hologram] 见傅里叶全息。

浮雕像 [relief image] 鞣化漂白时化学药剂在除去金属银时会释放某些化学副产品，这些副产品会在银的浓度高的区域使乳胶中的乳胶分子交义连接，随着透明片的变干，硬化区域比未硬化区域收缩的少从而生成浮雕像。

夫琅禾费全息图 [Fraunhofer hologram] 物体传播到全息图平面上的光场可采用夫琅禾费衍射公式描述，此情形下所得到的全息图就是夫琅禾费全息图。

菲涅耳全息图 [Fresnel hologram] 记录平面位于物体的菲涅耳衍射区内所或得的全息图。

反射全息图 [reflection hologram] 重建像在从记录的全息图的反射光中观看的一类全息图。

透射全息图 [transmission hologram] 重建像在从记录的全息图的反射光中观看的一类全息图。

反差反转 [contrast reversal] 图像的光强分布经过处理后，其亮暗变化反转，即亮处变暗、暗处变亮。

反参考波 [anti-reference wave] 重建波向着原来的参考波源位置逆向传播，就像是记录过程中的时间反演过程，这个波叫作反参考波。

二元光学 [binary optics] 基于光波衍射理论发展起来的一个光学分支，是光学与微电子技术相互渗透、交叉而形成的前沿学科。基于计算机辅助设计和微米级加工技术制成的平面浮雕型二元光学器件具有重量轻、易复制、造价低等特点，并能实现传统光学难以完成的微小、阵列、集成及

任意波面变换等新功能，从而使光学工程与技术在诸如空间技术、激光加工、计算技术与信息处理、光纤通信及生物医学等现代国防科技与工业的众多领域中显示前所未有的重要作用及广阔的应用前景。

二维采样理论 [two dimensional sampling theory] 一个函数 $g(x, y)$ 用它在 (x, y) 平面中一个分立点集上的采样阵列来表示。有一类特殊函数 (带限函数) 只要采样点之间的间隔不大于某个上限，就可以通过采样阵列准确重建该函数。

动态范围 [dynamic range] 可变化信号 (例如声音或光) 最大值和最小值的比值。也可以用以 10 为底的对数 (分贝) 或以 2 为底的对数表示。

电子全息术 [electron holography] 通过电子束照明物体物体的衍射电子束与相干背景产生干涉，并将干涉条纹记录在底片上，形成全息图的一种技术。

点扩散函数 [point spread function] 描述光学系统对点源像解析能力的函数。因为点源在经过任何光学系统后都会由于衍射而形成一个扩大的像点。通过测量系统的点扩散函数，能够掌握光学系统的成像能力。一个线性平移不变系统的输出函数等于输入函数与点扩散函数的卷积。

线扩散函数 [line spread function] 在傅里叶光学分析中，描述光学系统的狭缝的光学传递函数。

带限函数 [band-limited function] 其傅里叶频谱的分布宽度有限的一类函数。对于这类函数，只要采样点之间的间隔不大于某一上限，从采样函数就可以准确重建原函数。

次级子波 [secondary wavelet] 由次级波源激发出的次级波。

次级波源 [secondary source] 波前上的每一个点可以被看作是一个新的扰动的中心，其被称为次级波源。

传递函数 [transfer function] 线性不变系统中统的输出频谱 $G_2(f_x, f_y)$ 和输入频谱 $G_1(f_x, f_y)$ 由关系式联系：$G_2(f_x, f_y) = H(f_x, f_y)G_1(f_x, f_y)$，其中 H 脉冲响应的傅里叶变换，反映系统输入频谱与输出频谱之间关系，被称为系统的传递函数。

超分辨率 [super-resolution] 在成像技术中，超越经典衍射极限所获得的分辨率。

参考光 [reference light] 全息技术中用于同物光波产生干涉从而形成全息图的光波。

物光 [object light] 全息图记录过程中，来自物体、携带物体信息的光波。

彩色全息术 [color holography] 记录和再现彩色三维全息图像的全息技术。

彩虹全息术 [rainbow holography] 1969 年，本顿 (Benton) 发明的一种利用白光再现且具有较大景深的全

息图。记录过程中，通过适当位置插入一个狭缝，将其作为物场的一部分。当用再现光波照明全息图时，狭缝的像也被再现出来，并在物体再现像的前部，同时再现出该狭缝的一个实像，相当于一个狭缝滤波器，只允许衍射光波中波长范围很窄的一个单色分量穿过。当人眼透过狭缝像观察全息像时，便只能观察到相应波长范围的单色再现像。移动眼睛至不同位置，可看到不同色光的衍射像，其颜色的排列顺序与照明光波的波长排列顺序相同，犹如彩虹一般，故称为彩虹全息图。

像面全息 [image plane holography]　全息图记录平面位于物体经过透镜所成的像位置处。由于各个波长再现像在像面附近，像面全息图可以用白光再现。

补偿滤波器 [compensating filter]　为了对光波的空间频谱进行补偿修饰，在傅里叶变换光学系统的焦面上插入适当的衰减板和移相板，所合成的滤波器。

补偿板 [compensating plate]　迈克耳孙干涉仪中，要在透射光的光路中放置一块材料和厚度与分束器完全相同的玻璃板，称作补偿板。

波延迟器 [wave retarder]　在光波的两个垂直分量引入不同的相位延迟，引起这种偏振变换的器件叫作波延迟器。

波前再现 [wave-front reconstruction]　波前在波传播过程中的重建。波前是波的等相面，或指当波以时间或空间量度时，从波的零点到其峰值之间的部分波包。

标量衍射理论 [scalar diffraction theory]　电磁场的传播遵从矢量波动方程，其电场和磁场的一般解为矢量形式。但是，如果衍射孔的线度远大于光波长相比足够大时 (通常认为大于 3λ)，并且所考察的场点与衍射屏的距离远大于光波长，场矢量的各个分量间的耦合可以忽略不计，各个分量的传播行为相同。此时只要研究其中一个场分量的传播行为，矢量衍射问题就转化为标量衍射问题，相应的理论就是标量衍射理论。

矢量衍射理论 [vector diffraction theory]　电磁场的传播遵从矢量波动方程，其电场和磁场的一般解为矢量形式，要采用矢量理论处理，对应的衍射分析理论就是矢量衍射理论。通常在在近场光学或者紧聚焦情况下，需要采用矢量衍射理论。

编码图像 [coded image]　满足一定质量的条件下以编码信息方式被存储的图像。

编码波形 [coded waveform]　经过编码的具有特定功能特性的波形。

边界衍射 [boundary diffraction]　1802 年托马斯·杨提出的衍射现象的边界反射波思想，认为入射光波在衍射物体边界上受到某种限制，这种限制产生了边界反射光波，原始的入射光波和反射光波叠加构成了衍射场。

傍轴衍射 [paraxial diffraction]　在傍轴条件下发生的衍射现象。

白光反射全息 [white light reflection hologram]　普通反射全息图是用实物直接制作的。即底片直接放在被摄物体之前而制成的，把一束扩束后的激光直接入射到底片上，经曝光、显影处理后就形成了这种能用白光再现出三维图像的反射全息图。

巴比涅原理 [Babinet principle]　互补屏造成的衍射场中复振幅之和等于自由场的复振幅。

阿贝成像原理 [Abbe principle of image formation]　物是一系列不同空间频率信息的集合，而相干成像过程分为两步完成。第一步是入射光经物平面发生夫琅禾费衍射，在透镜后焦面即频谱面上，出现一系列谱斑；第二步是干涉，以这些谱斑为新的次级波源，发出球面波，相干叠加于像平面，即像是一个干涉场。这样的波动光学观点称为阿贝成像原理。

阿贝-波特实验 [Abbe-Porter experiment]　阿贝和波特所做的成像分析实验，他们采用准直的相干光照明由一张细丝网格构成的物体，在成像透镜后焦面上出现周期性网格的傅里叶频谱。然后通过透镜的各个傅里叶分量在像平面重新组合，以重建网格的像。把各种遮断物放在焦面上，就能够以各种方式改变像的频谱。

X 射线全息术 [X-ray holography]　全息图采用 X 射线记录的一类全息技术。

惠特克-香农采样定理 [Whittaker-Shannon sampling theorem]　又称奈奎斯特采样定理。一个带限函数信号 $f(x,y)$，即其频谱只在频谱平面上的有限区域内 (宽度分别为 $2B_x$ 和 $2B_y$) 不为零，则连续信号函数 $f(x,y)$ 可用其采样函数样本重建出来：

$$f(x,y) = \sum_{m=-\infty}^{\infty} \sum_{n=-\infty}^{\infty} f\left(\frac{m}{2B_x}, \frac{n}{2B_y}\right) \sin c$$
$$\cdot \left[2B_x\left(x - \frac{m}{2B_x}\right)\right] \sin c\left[2B_y\left(y - \frac{n}{2B_y}\right)\right]$$

此公式被称为惠特克-香农采样定理。该定理要求采样频率 $\geqslant 2B$ (被称为奈奎斯特频率)，或采样间隔 $\leqslant \frac{1}{2B}$ (被称为奈奎斯特采样间隔)，则连续信号可以从采样样本中完全重建出来，如果采样频率低于奈奎斯特频率，则会导致混叠现象。

奈奎斯特采样定理 [Nyquist sampling theorem]　见惠特克-香农采样定理。

奈奎斯特频率 [Nyquist frequency]　见惠特克-香农采样定理。

奈奎斯特采样间隔 [Nyquist sampling interval]　见惠特克-香农采样定理。

范德拉格特滤波器 [Vander Lugt filter] 又称**匹配滤波器**。范德拉格特 (Vander Lugt) 提出的一种空间滤波器。其滤波函数是一个输入图像信号傅里叶变换的复共轭，可用全息技术制作。匹配滤波器在光学特征 (指字符、数字和其他携带信息的符号) 识别中起着重要作用。在相干光处理系统中，在频谱面处放入一定的匹配滤波器，就可以根据输出平面上是否出现自相关峰值，判断输入信号中是否存在此待识别信号，以及根据相关峰的位置决定待识别信号在输入平面上的位置。

匹配滤波器 [matched filter] 即范德拉格特滤波器。

泰保效应 [Talbot effect] 1836 年由泰保 (Talbot) 发现的一种衍射效应。当用波长为 λ 的单色平行光照射周期为 d 的周期性透过率函数的屏时，发现在其后距离满足 $z_T = n\dfrac{2d^2}{\lambda}$, ($n$= 整数) 处，衍射场强度分布与原物强度分布相同。这种不用透镜可对周期物体成像的方法称为泰保效应，即所谓"自成像"(self-imaging) 或称"傅里叶像"，z_T 被称为泰保距离。泰保效应产生的物理原因在于各衍射分量之间再次发生干涉而引起的成像关系，因此需用相干光照明。

自成像 [self imaging] 见泰保效应。

劳效应 [Lau effect] 由劳 (Lau) 于 1948 年发现的一种衍射效应。两个相同的粗光栅用扩展的白光光源照明，当两光栅间距满足：$z_T = \dfrac{nd^2}{2\lambda}$, ($n$ = 整数) 时，在无限远处将观察到彩色条纹，式中 d 为光栅的周期，λ 为平均波长。

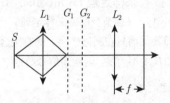

莫尔条纹 [Moiré fringe] 光栅常数完全相同或相近的透明光栅重叠在一起，并令它们的刻痕间有一定的夹角，在光的照明下，可观察到一组明暗相间的条纹，被称为莫尔条纹。莫尔条纹的间距为 $m = \dfrac{d}{2\sin(\theta/2)}$，式中 d 为光栅常数。

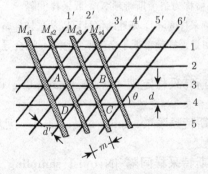

微光学 [micro optics] 研究微米级、纳米级大小的光学元件的设计、制作工艺以及利用这类器件实现光波的发射、传播、变换及接收的理论和技术的新兴学科。其发展有两个主要分支：① 基于折射原理的梯度折射率光学；② 基于衍射原理的二元光学。两者在器件性能、工艺制作等方面各具不同特色。

衍射光学元件 [diffraction optical element] 利用衍射原理有效地控制光波的波前，以实现各种不同的功能的光学元件，与传统的折射、反射光学元件不同。衍射光学元件的设计是通过计算机设计元件表面的掩模图形，从而灵活地控制波前。它能集多种光学功能于一体，且具有能复制的特点，使光学系统得以向轻型化、微型化和集体化发展。这种光学元件已广泛应用于激光波面校正、光束剖面成形、光束阵列发生器、光互连、光计算、微型光通信和激光加工等方面。

微透镜 [micro lens] 直径介于几毫米到十微米之间的微小透镜。其制作方法有传统的研磨方法、选择性离子交换法、光热法、离子刻蚀法和热压成型等方法。

微透镜阵列 [micro lenses array] 由几十个或几百个微透镜排列而组成的阵列。常用于光纤通信、光耦合、空间分割多重化和自适应光学中控制器件。

斯特列尔比 [Strehl ratio] 由斯特列尔提出的一种成像质量的评价量度，指有像差情况下的物点的像的最大光强与无像差存在时像点的最大光强之间的比值。

瑞利分辨率判据 [Rayleigh resolution criterion] 简称瑞利判据。表征无像差的理想成像系统的空间分辨能力。瑞利提出，当两个物点通过成像系统所成的两个衍射像斑 (即爱里斑) 的中心间距等于一个像斑第一极小的半径时，是两个物点可分辨的极限距离，即瑞利分辨距离，该判据即为瑞利分辨率判据。

瑞利分辨距离 [Rayleigh resolution distance] 见瑞利分辨率判据。

斯帕罗分辨率判据 [Sparrow resolution criterion] 简称斯帕罗判据。由斯帕罗提出的分辨力量度。是两个像斑的间距等于像斑的半高宽时对应的两个物点的间距。

帕塞瓦尔定理 [Parseval theorem] 该定理表示一个信号 $f(t)$ 在其原空间的总能量等于其频谱 $F(u)$ 在频率域的总能量，即 $\int_{-\infty}^{\infty}|f(t)|^2\,\mathrm{d}t = \int_{-\infty}^{\infty}|F(u)|^2\,\mathrm{d}u$。

希尔伯特变换 [Hilbert transform] 一个实数值函数 $f(t)$ 的希尔伯特变换定义为：$HT\{f(t)\} = \dfrac{1}{\pi}P.V.\int_{-\infty}^{\infty}\dfrac{f(t)}{t-\tau}\,\mathrm{d}\tau$, 此处 $P.V.$ 表示积分取积分为柯西主值 (Cauchy principal value)，以避免 $t=\tau$ 时的奇点。

6.5　统计光学

统计光学 [statistical optics]　运用随机变量和随机过程等统计模型描述光场的传输现象及其规律的光学分支学科。光场被看作随机过程，其分布用随机信号函数表达，光场的各个观测量按照统计平均进行定义和描述。与确定量表示下传播公式不同，在统计描述框架下，光场的各个统计量遵从相应的传播规律。

随机过程 [random process]　由于随机涨落的存在，过程函数 (如场强 E) 与过程变量 (如时间坐标 t 或空间坐标 x) 的依赖关系不是确定性，这类过程就称为随机过程，过程函数就是随机函数 (或随机信号)，其特性只能用统计方式描述。

统计平稳性 [statistical stationarity]　如果随机过程的统计特性不随时间变化，则称该随机过程具有统计平稳性。

各态历经性 [ergodicity]　如果一个平稳随机过程的每个样本函数在足够长的时间内经历所有可能的状态，则称该随机过程具有各态历经性。具有各态历经性的随机信号，其时间的平均等同与其系综统计平均。

解析信号 [analytic signal]　实值信号函数的复值表示，原实值函数构成解析信号的实部，实值函数的希尔伯特变换构成解析信号的虚部。解析信号的傅里叶频谱的负频分量为零，正频分量是原实值函数傅里叶频谱正频分量的两倍。真实的物理信号只能是实值的，引入解析信号是为了将数学运算上更方便的复数用于物理信号的分析处理。

自相关函数 [autocorrelation function]　一个复值随机信号 $u(t)$ 在不同时刻之间的关联性的统计量度，定义为：$\Gamma(t_1, t_2) \equiv \langle u(t_1) u^*(t_2) \rangle$，其中 $\langle \cdot \rangle$ 表示统计系综平均。如果是统计平稳的，则有 $\Gamma(t_1, t_2) = \Gamma(t_2 - t_1) = \Gamma(\tau)$，此处 $\tau = t_2 - t_1$。

交叉相关函数 [cross-correlation function]　处于不同时刻的两个复值随机信号 $u(t_1)$ 和 $v(t_2)$ 之间的相似性的统计量度，定义为：$\Gamma_{uv}(t_1, t_2) \equiv \langle u(t_1) v^*(t_2) \rangle$。其中 $\langle \cdot \rangle$ 表示系综统计平均，如果是统计平稳的，则有 $\Gamma_{uv}(t_1, t_2) = \Gamma_{uv}(t_2 - t_1)$。

互相干函数 [mutual coherence function]　对一个用解析信号 $E(r, t)$ 表示的光场，其互相干函数定义为如下的时间平均：$\Gamma_{12}(\tau) = \Gamma(r_1, r_2, \tau) \equiv \lim_{T \to \infty} \frac{1}{2T} \int_{-T}^{T} E^*(r_1, t) E(r_2, t + \tau) \mathrm{d}t$，代表了不同地点的光场在不同时间间隔上的交叉相关特性。因此空间一点 r 处的光强可用互相干函数表示为 $I(r) = \Gamma(r, r, 0)$。如果光场信号是各态历经的，上述时间平均也可用系综平均表示，即 $\Gamma(r_1, r_2, \tau) = \langle E^*(r_1, t) E(r_2, t + \tau) \rangle$。

复相干度 [complex degree of coherence]　归一化的互相干函数，可表示为 $\gamma_{12}(\tau) = \frac{\Gamma(r_1, r_2, \tau)}{\sqrt{\Gamma(r_1, r_1, 0)} \sqrt{\Gamma(r_2, r_2, 0)}}$ $= \frac{\Gamma(r_1, r_2, \tau)}{\sqrt{I(r_1)} \sqrt{I(r_2)}}$。复相干度具有性质：$0 \leqslant |\gamma_{12}(\tau)| \leqslant 1$。

完全相干光 [fully coherent light]　$|\gamma_{12}(\tau)| \equiv 1$ 的光。

完全非相干光 [fully incoherent light]　光场不同两点间的复相干度恒为 0 的光，可用狄拉克函数表示出该复相干度 $|\gamma_{12}(\tau)| \equiv |\gamma(r_1, r_2, \tau)| = \mu_0 \delta(r_1 - r_2)$。

部分相干光 [partially coherent light]　相干度介于完全相干和完全非相干之间的一般光波。

复相干因子 [complex coherence factor]　同时刻的复相干度，即复相干因子 $\mu_{12} = \gamma_{12}(0)$。

交叉谱密度 [cross-spectral density]　对于时间截断信号 $u_T(r, t)$(其中：$|t| \leqslant T$ 时，$u_T(r, t) = u(r, t)$；$|t| > T$ 时，$u_T(r, t) = 0$)，其傅里叶频谱为 $U_T(r, \nu) = \int_{-\infty}^{\infty} u_T(r, t) \cdot \mathrm{e}^{\mathrm{i}2\pi\nu t} \mathrm{d}t$。两个信号 $u(r, t)$ 和 $v(r, t)$ 的交叉谱密度用它们的时间截断信号的频谱 $U_T(r_1, \nu)$ 和 $V_T(r_2, \nu)$ 定义为 $G_{12}(\nu) = G(r_1, r_2, \nu) \equiv \lim_{T \to \infty} \frac{U_T^*(r_1, \nu) V_T(r_1, \nu)}{2T}$。对于平稳随机信号，根据维纳-辛钦定理，交叉谱密度是互相干函数的傅里叶变换，即 $G_{12}(\nu) = \int_{-\infty}^{\infty} \Gamma_{12}(\tau) \mathrm{e}^{\mathrm{i}2\pi\nu\tau} \mathrm{d}\tau$。

谱相干度 [spectral degree of coherence]　归一化的交叉谱密度，可表示为 $\mu(r_1, r_2, \nu) = \frac{G(r_1, r_2, \nu)}{\sqrt{G(r_1, \nu)} \sqrt{G(r_2, \nu)}}$。

功率谱 [power spectra]　又称谱密度。一个信号在两点 r_1 和 r_2 重合时的交叉谱密度，即 $G(r, \nu) = \lim_{T \to \infty} \frac{U_T^*(r, \nu) U_T(r, \nu)}{2T}$。根据维纳-辛钦定理，功率谱是平稳随机信号的自相关函数的傅里叶变换，即 $G(r, \nu) = \int_{-\infty}^{\infty} \Gamma(r, \tau) \mathrm{e}^{\mathrm{i}2\pi\nu\tau} \mathrm{d}\tau$。

谱密度 [spectral density]　即功率谱。

维纳-辛钦定理 [Weiner-Khinchin theorem]　对平稳随机信号，交叉谱密度是互相干函数的傅里叶变换，功率谱是自相关函数的傅里叶变换。这一定理叫作维纳-辛钦定理。

互强度 [mutual intensity]　同时刻的互相干函数。定义为 $J(r_1, r_2) \equiv \Gamma(r_1, r_2, 0) = \langle E^*(r_1, t) E(r_2, t) \rangle$。

范西特-泽尼克定理 [van Cittert-Zernike theorem]　光强为 $I(P)$ 的准单色扩展光源传播 z 距离后，互强度成为 $J(Q_1, Q_2) = \frac{1}{\bar{\lambda}^2} \iint I(P) \exp\left[-\mathrm{i}\frac{2\pi}{\bar{\lambda}}(r_2 - r_1)\right] \frac{K(\theta_1)}{r_1} \frac{K(\theta_2)}{r_2} \mathrm{d}\eta\mathrm{d}\xi$，其中 $\bar{\lambda}$ 为中心波长，$K(\theta_1)$ 和 $K(\theta_2)$ 为倾斜

因子。这一定理叫作范西特–泽尼克定理。

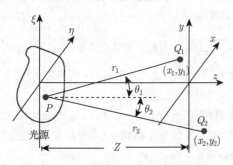

在近轴条件下，该定理的数学表达可改写为

$$J(\Delta x, \Delta y) = \frac{1}{(\overline{\lambda}z)^2} \exp\left[-\mathrm{i}\frac{\pi}{\overline{\lambda}z}(x_2^2 + y_2^2 - x_1^2 - y_1^2)\right]$$
$$\iint I(\eta, \xi) \exp\left[-\mathrm{i}\frac{2\pi}{\overline{\lambda}z}(\Delta x\eta + \Delta y\xi)\right]\mathrm{d}\eta\mathrm{d}\xi$$

其中 $\Delta x = x_2 - x_1$，$\Delta y = y_2 - y_1$。该定理指出互强度正比于非相干光源的光强分布的二维傅里叶变换。

谢尔定理 [Schell's theorem] 复相干因子为 $\mu(\Delta\eta, \Delta\xi)$ 的部分相干光通过屏函数为 $P(\eta, \xi)$ 的衍射屏后，在近轴条件下，其衍射光场的强度可用下式表示，

$$I(x, y) = \frac{I_0}{(\overline{\lambda}z)^2}\iint \widetilde{P}(\Delta\eta, \Delta\xi)\mu(\Delta\eta, \Delta\xi)$$
$$\exp\left[-\mathrm{i}\frac{2\pi}{\overline{\lambda}z}(x\Delta\eta + y\Delta\xi)\right]\mathrm{d}\Delta\eta\mathrm{d}\Delta\xi$$

其屏函数的自相关函数 $\widetilde{P}(\Delta\eta, \Delta\xi) = \iint P^*\left(\eta - \frac{\Delta\eta}{2}, \xi - \frac{\Delta\xi}{2}\right)P\left(\eta + \frac{\Delta\eta}{2}, \xi + \frac{\Delta\xi}{2}\right)\mathrm{d}\eta\mathrm{d}\xi$。这一定理称为谢尔定理。谢尔定理表明部分相干光的衍射光强正比于复相干因子与屏自相关函数的二维傅里叶变换。

谢尔模型光源 [Schell-model source] 一种部分相干光模型，其源平面上的谱相干度 $\mu(r_1, r_2, \nu)$ 的空间分布仅依赖于两点间的坐标差 $(r_2 - r_1)$。

高斯–谢尔模型光源 [Gaussian-Schell model source] 一种常用的谢尔模型光源，其光强和谱相干度的空间分布都可用高斯分布函数表示。

准单色光 [quasi-monochromatic light] 有一个中心波长 λ 和一很窄的谱线宽度 $\Delta\lambda$，即 $\Delta\lambda \ll \lambda$ 的光。

6.6 应 用 光 学

应用光学 [applied optics] 光学的一个分支，指光学在技术及工程和系统集成上的应用，是光学工程、测控技术与仪器和电子科学与技术等的基础理论和方法，通常涵盖几何光学、典型光学仪器原理、光度学、色度学、光纤光学系统、激光光学系统及红外光学系统等。

角镜 [corner reflector] 一个由三个互相垂直的镜面组成的反射器，可以将入射光波以平行于入射方向反射回去。三个镜面一般为正方形。无线电角反射镜一般由三面金属板构成，光学角反射镜一般由棱镜制作。

主点和主平面 [principle point and principle plane] 在光学系统中，垂轴放大率不一定是一个定值，它随着物体位置的变化而变化。但是总可以找到这样一个位置，在该位置处这对共轭垂面的垂轴放大率为 1，我们称这对共轭平面为主平面。主平面与光轴的交点称为主点。严格说来主平面是一个相对于光轴对称的曲面，只有在近轴区才可看作是垂直于光轴的平面。

节点和节平面 [nodal point and nodal plane] 在高斯光学系统中，角放大率 $\gamma = +1$ 的一对共轭点称为节点。过节点作垂直于光轴的平面即为节平面。节点和节平面有物方、像方之分。

针孔相机 [pinhole camera] 又称照相暗箱。是照相机的原型。基本结构为一个密封暗箱，密封箱前方为小孔或会聚透镜，后面为聚焦屏。为了方便拍照，还要设计一个"快门"和一个装底片的槽。物体发出的光线，经过小孔或透镜后，在密封箱的聚焦屏上生成倒立的实像，若在屏幕的位置装上感光底片，可以拍出清晰的照片来。

荧光 [fluorescence] 又称萤光。一种不是因温度升高而发光的冷发光现象。当某种物质受外来光线、电子、高能粒子等照射，吸收能量后进入激发态，并且立即退激发并发出比入射光的波长长的出射光（通常波长在可见光波段）；而且一旦停止入射光，发光现象也随之立即消失。具有这种性质的出射光就被称之为荧光。

显微照片 [photomicrograph] 使用光学显微镜制作显微静态图像。

显微照相术 [photomicrography] 使用光学显微镜制作显微照片的过程和技术。

光存储 [optical storage] 任何一种用激光读写数据进行归档或备份的存储方法。通常，数据被写入光学媒质，如 CD、DVD 和全息记录材料等进行存储。

光杠杆 [optical lever] 一种利用光的直线传播原理测量微小位移的实验方法。一般由一架望远镜，一块平面镜组成（如下图所示）。当发生位移时，通过读取反射光线偏移的长度（角度）即可利用几何计算获取微小位移的大小。

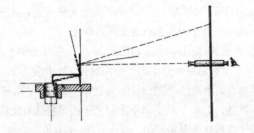

光隔离器 [opto-isolator/photo-isolator]　一种只允许单向光通过的无源光器件，其工作原理是基于法拉第旋转的非互易性，通过光纤回波反射的光能够被光隔离器很好的隔离。其特性是：正向插入损耗低，反向隔离度高，回波损耗高。

光路由器 [optical router]　全光的数据包路由技术。无需光电转换将大大提高数据转发速度，降低系统功耗，从而为更丰富的数据，语音和视频服务提供可能性。

光敏传感器 [light sensor]　利用光敏元件将光信号转换为电信号的传感器，它的敏感波长在可见光波长附近，包括红外线波长和紫外线波长。可分为光电管、光电倍增管、光敏电阻、光敏三极管、太阳能电池、红外线传感器、紫外线传感器、光纤式光电传感器、色彩传感器、CCD 和 CMOS 图像传感器等类型。光传感器不只局限于对光的探测，它还可以作为探测元件组成其他传感器，对许多非电量进行检测，只要将这些非电量转换为光信号的变化即可。

光敏面 [photosensitive surface]　光敏器件如光电探测器、CCD 内对光敏感的区域。

光敏器件 [photosensitive device]　能将光信号转变为电信号的元件。与发光管配合，可以实现电到光、光到电的相互转换。常见的光敏元件有光敏电阻、光电二极管、光电三极管。

光敏效应 [photosensitive effect]　又称光电导效应。光照射到某些物体上后，引起其电性能变化的一类光致电改变现象的总称。目前用于传感技术的主要有光生伏特效应中的丹倍效应、光磁电效应、PN 结光生伏特效应、贝克勒效应和俄歇效应等。

光电导效应 [photoconductive effect]　即光敏效应。

光盘 [compact disc(CD)]　又称激光光盘。近代发展起来不同于完全磁性载体的光学存储介质，用聚焦的氢离子激光束处理记录介质的方法存储和再生信息。

激光光盘 [laser disc]　即光盘。

光劈 [optical wedge]　有某相对两面抛光并成一定角度的光学窗口，可有保护、滤光、分光等作用。

光漂白 [photobleaching]　在光的照射下荧光物质所激发出来的荧光强度随着时间推移逐步减弱乃至消失的现象。

光陀螺仪 [optical gyroscope]　利用萨涅克效应，即在同一闭合光路中相向传播的两束光在传播时间上会出现一个正比于光路旋转速度的时间差，而对转动进行传感的器件。

光生伏打效应 [photovoltaic effect]　半导体由于吸收光子而产生电动势的现象，是当半导体受到光照时，物体内的电荷分布状态发生变化而产生电动势和电流的一种效应。

萨格奈克效应 [Sagnac effect]　1913 年萨格奈克发明了一种可以旋转的环形干涉仪。将同一光源发出的一束光分解为两束，让它们在同一个环路内沿相反方向循环一周后会合，然后在屏幕上产生干涉，当环路平面内有旋转角速度时，屏幕上的干涉条纹将会发生移动，这就是萨格奈克效应。

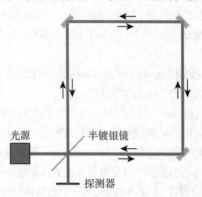

光学传感器 [optical sensor]　依据光学原理进行测量的仪器。它有许多优点，如非接触和非破坏性测量、几乎不受干扰、高速传输以及可遥测、遥控等，主要包括一般光学计量仪器、激光干涉式、光栅、编码器以及光纤式等传感器。

光学常数 [optical constant]　用来表征固体宏观光学性质的物理量。折射率 n 和消光系数 e 是两个基本的光学常数。实际上光学常数并非真正意义上的常数，而是入射光频率的函数。光学常数的这种频率依赖性叫作色散关系。

光学存储 [optical storage]　以光电工程之方法，将资料储存于光学可读的介质上，以进行资料的储存。电脑所使用的只读记忆光碟以及蓝光光碟等光学碟片就是光储存的应用。

光学平台 [optical table]　布满成正方形排列的工程螺纹孔的金属平台，用配套的螺丝可将光学原件和仪器固定在其上面进行科学研究。

光学仪器 [optical instrument]　由单个或多个光学器件组合构成的仪器。主要分为两大类，一类是成实像的光学仪器，如幻灯机、照相机等；另一类是成虚像的光学仪器，如望远镜、显微镜、放大镜等。

光学设计 [optical design]　根据光线传播的规律结合设计基础理论而建立起光学系统的知识体系，应用如摄像机、灯具等的设计。

光学元件 [optical element]　任何一个用于形成光

路，组成光学或者跟光学有关的仪器、器件，都是光学元件，如透镜、平面镜、光栅、光隔离器、分束器、光栅等。

光阴极 [photocathode] 光探测器件 (例如，被一层光敏化合物包裹的光电倍增管或光电管) 中的带负电荷的电极。当它被光子轰击时，由于光电效应，被吸收的能量导致电子的发射。

光晕 [halo] 冰晶在天空中产生有色或白色的弧线和斑点的光学现象。

鬼线 [ghost line] 光山衍射时得到的光谱线旁侧所出现的假线。光栅刻线不仅要垂直，而且要求严格平行的等距，刻槽深度一致。用机器刻划的光栅难以保证，当刻线之间的距离出现周期性变化时，则在谱线 (母线) 旁边出现假线。鬼线分为罗兰鬼线 (Rowland ghost) 和莱曼鬼线 (Lyman ghost) 两种。

恒偏棱镜 [constant deviation prism] 能恒定改变光束传输方向的转向光学元件。

辉光 [glow] 低压气体中显示辉光的气体放电现象。在置有板状电极的玻璃管内充入低压 (约几毫米汞柱) 气体或蒸气，当两极间电压较高 (约 1000 伏) 时，稀薄气体中的残余正离子在电场中加速，有足够的动能轰击阴极，产生二次电子，经簇射过程产生更多的带电粒子，使气体导电。辉光放电的特征是电流强度较小 (约几毫安)，温度不高，故电管内有特殊的亮区和暗区，呈现瑰丽的发光现象。

极端紫外 [extreme ultraviolet (EUV)] 一种高能紫外辐射，一般定义为波长从 124nm 到 10nm 的电磁波段，因此 (由普朗克–爱因斯坦方程) 有能量从 10eV 到 124eV 的光子。极端紫外在自然中可以由日冕产生，也可以通过等离激元或者同步光源人工合成。它主要用于光电光谱学、太阳能成像和光刻。在空气中，极端紫外是电磁波谱中被吸收最多的成分。

吸收率 [absorptivity] 当光强 I_0 的入射光通过材料后，光强变为 I，则材料的吸收率定义为 $[(I_0-I)/I_0]\times100\%$。

吸收截面 [absorption cross section] $\sigma=\alpha/N$，其中 α 是材料的吸收系数，N 是单位体积内吸收中心的数目。因此吸收截面 σ 的量纲是 cm^2。

受激吸收 [stimulated absorption] 处于低能级 (E_l) 的原子，受到外来光子的激励，在满足能量恰好等于低、高两能级之差 (E) 时，该原子就吸收这部分能量，跃迁到高能级 (E_h)，即 $E=E_h-E_l$。受激吸收与受激辐射是互逆的过程。

磷光 [phosphorescence] 在发光学的概念中，以发光持续时间的长短把发光分为两个过程：把物质在受激发时的发光称为荧光，而把激光停止后的发光称为磷光，一般以持续时间 $10^{-8}s$ 为两者的分界。在无机发光领域这两个概念没有严格区分，但在有机物的发光中，分子从单 (重) 态 (sin-gle state) 跃迁到基态 (也是单态) 的发光称荧光，从三重态 (triple state) 跃迁到基态的发光称为磷光。

量子效率 [quantum efficiency] 在发光学中，量子效率 (η_q) 是表示发光效率的一个物理量。处于激发态的离子回到基态有两个途径：辐射跃迁，即发出一个光子，几率为 α；无辐射跃迁，几率为 W，即不发射光子而是将这些能量传给其他粒子或转化为晶格振动。$\eta_q=\alpha/(\alpha+W)$。

阴极射线发光和射线发光不用量子效率概念，因为激发这两种发光的电子或射线能量大，能够激发产生大量二次电子和发光中心，这时讨论数值很大的量子效率没有实际意义。

截止频率 [cutoff frequency] 在光学系统设计中，对于单色光，傅里叶变换镜头存在一个特定频率 f_c，在此频率处，镜头的 MTF 下降至零，该频率 f_c 称为镜头的衍射截止频率。

激发光谱 [excitation spectrum] 表示在波长 λ 和 $\lambda+\Delta\lambda$ 之间 (或频率 ν 和 $\nu+\Delta\nu$ 之间) 的发光谱段 (即处在 λ 的谱线) 被激发光激发的有效性。在作图时，用横轴代表激发光的波长，纵轴代表该发光谱线被激发时的效率或强度。

光子回波 [photon echo] 晶体 (如红宝石) 在 t_1 时刻受一激光脉冲激发后，在 t_2 时刻 (时间间隔 $=t_2-t_1$，为纳秒数量级) 又接受了另一激发脉冲，则在 $t_3=2(t_2-t_1)$ 时刻，样品自身将出现一个相似的脉冲。这个在 t_3 出现的脉冲 (亦即第三个脉冲) 称为光子回波，就像回声一样。在许多化合物中都能观察到光子回波现象。

光轴 [optical axis] 旋转对称光学系统的对称中心轴线。

激光光束 [laser beam] 又称高斯光束。激光作为一种光源，其光束截面内的光强分布是不均匀的，激光束波面上各点的振幅不相等，其振幅 A 与光束截面半径 r 的函数关系为 $A=A_0e^{\frac{r^2}{\omega^2}}$，其中：$A_0$ 为光束截面中心振幅；ω 为一个与光束截面半径有关的参数；r 为光束截面半径。可以看出光束波面的振幅 A 呈高斯型函数分布。

高斯光束 [Gaussian beam] 即激光光束。

辐射能 [radiant energy] 以电磁辐射形式发射、传输或接收的能量，通常用字符 Q_e 表示，单位为 J(焦耳)。

分束棱镜 [beam splitting prism] 常见的一种复合棱镜。由两个直角棱镜胶合而成，其中一块直角棱镜的反射面上镀有半反半透的析光膜，可以将一束光分成两束光。这种棱镜与镀有析光膜的单个直角棱镜相比，可以确保被分开的两束光在棱镜中拥有相同的光程。

发光效率 [luminescence efficiency] 发光材料和器件的一个重要物理量。光源的发光效率为辐射体发出的总光通量与该光源的耗电功率之比，用 η 表示，即 $\eta=\dfrac{\Phi_v}{P}$。其单位为 lm/W(流明/瓦特)。

超辐射 [super radiation] 多个原子在一起时，所产生的一种相干自发辐射。此时，多个原子与共同的辐射场相互作用，构成一个合作的整体。彼此合作的 N 个原子的辐射相位相同时，由于相干叠加，自发辐射的光强将与 N^2 成正比。在非相干自发辐射时，由于 N 个原子辐射的相位彼此毫无联系，自发辐射的光强将只与受激态的原子数 N 成正比。所以，光强与 N^2 成正比，是超辐射区别于一般辐射相的主要特征。超辐射过程属于非线性光学效应，只有在足够的弛豫时间范围内，入射光极强、相干性极好的条件下才能发生。

补偿组 [compensator] 在变焦距光学系统中，为使像面保持不动，要对像面的移动进行补偿。补偿分为光学补偿和机械补偿，均由前固定组、变焦组和后固定组三部分组成。而机械补偿法的变焦组由变倍组和补偿组两部分组成，变倍组作线性运动，补偿租作非线性运动，通过凸轮、非线性螺纹等机构使补偿租作非线性运动来保持像面不动。

远心光路 [telecentrical path] 在光学计量仪器中使用的、为了减小或消除由于视差所带来的测量误差以提高测量精度的特殊光路系统。远心光路分为两类：即物方远心光路和像方远心光路。物方远心光路是物方主光线平于光轴，主光线的会聚中心位于物方无限远处的系统光路，这种光路大量应用于测长的计量仪器中。像方远心光路是像方主光线平于光轴，主光线的会聚中心位于像方无限远处的系统光路，这种光路大量应用于各种测距的光学仪器中。

远摄物镜 [telephoto lens] 摄影物镜的一种，特点是：焦距长、视角小，远摄物镜一般在高空摄影中使用，能远距离摄取景物的较大影像。远摄镜头也称为长焦距镜头，是指比标准镜头的焦距长的摄影镜头。长焦距镜头分为普通远摄镜头和超远摄镜头两类，普通远摄镜头的焦距长度接近标准镜头，而超远摄镜头的焦距却远远大于标准镜头。

有效放大率 [effective magnification] 目视光学仪器 (望远镜、显微镜等) 的放大率要受到人眼分辨率的限制。人眼分辨率通常指在正常照明条件下，肉眼可以分辨出两个最近物体的距离。一般人在 250mm 的明视距离上，人眼分辨率为 0.2mm。利用目视光学仪器把细节放大，以满足人眼分辨率可接受的程度，该目视光学仪器的放大倍数称为有效放大率。

视场 [field of view] 在光学成像系统中，将光学系统 (镜头、摄像头等) 能够观察到的最大空间范围称为视场。通常以角度来表示，视场越大，观测范围越大。在天文学术语中指望远镜或双筒望远镜所能看到的天空范围。

视差 [parallax] 人眼立体视差的简称。见视觉锐度。

剩余像差 [residual aberration] 光学系统的像差由初级像差和高级像差 (二级像差、三级像差) 组成。光学设计的目的就是要对光学系统的像差给予校正。任何光学系统都不可能也没有必要把所有像差都校正到零，这种经校正未到零的像差，成为剩余像差。可用剩余像差的大小表示光学系统的成像质量。

内窥镜 [endoscope] 一个配备有灯光的导管，可以经人体的天然孔道，或者是经手术做的小切口进入人体内，以便医生观察诊断人体内部病变的医疗器械。

明视觉 [photopic vision] 在不同亮度范围内视觉器官对不同波长的光适应状态不同的视觉现象。一般当光的亮度在几个 cd/m^2 以上时，视觉器官的适应状态称为明适应，此时的视觉称为明视觉。

弥散斑 [fuzzy disk] 经理想光学系统成像，物空间的一点在像空间有唯一的点与之共轭。但在实际光学系统中，由于存在像差，物点的成像光束不能会聚于像空间的一点，而在像平面上形成一个扩散的投影斑点，称为弥散斑。

聚光镜 [condenser] 又称聚光器、照明透镜。通常由多个正透镜组成，起到会聚光线的作用。聚光镜不仅可以弥补光量的不足和适当改变从光源射来的光的性质，而且将光线聚焦于被检物体上，以得到最好的照明效果。

聚光器 [condenser] 即聚光镜。

照明透镜 [condenser lens] 即聚光镜。

渐晕光阑 [vignetting stop] 光学系统中，能够产生渐晕现象的光阑。渐晕光阑以减小轴外像差及系统横向尺寸为目的，使轴外物点发出的本来能通过孔径光阑及视场光阑的成像光束只能部分通过。一个光学系统可能存在一个或一个以上的渐晕光阑。

几何像差 [geometrical aberration] 光学成像系统中，像差是实际像与理想像之间的差异。基于几何光学讨论的像差称为几何像差。

光束限制 [beam limiting] 在光学系统中利用光学元件对光束进行约束，以提高系统的光学性能，满足设计要求，称为光束限制。光束限制是光学设计中重要的手段。

光强 [light intensity] 光波是电磁波，我们把电磁波能流密度的时间平均值：$\langle w \rangle = \frac{\varepsilon v}{2} E_0^2$，称为该点的光强。在同一介质内，我们往往只讨论其相对值，往往忽略前面常数。但在比较两种不同介质里的光强时，应注意到前面常数中与介质有关的量。

光热效应 [photo-thermal effect] 指材料受光照射后，光子能量与晶格相互作用，振动加剧，温度升高的现象。由于温度的变化通常会造成物质的电学特性变化。光热效应可用于探测器如热敏电阻、热电偶、热电堆和热释电探测器，以及作为医学上使用的治疗方法。

光磁效应 [photomagnetic effect] 材料在光的作用下获得 (或失去) 铁磁性的效应，与传统的法拉第磁光效应不同。比较流行的一种解释是材料中发生了光致电子旋向的改变及整体迁移，自旋方向的改变及聚集导致了材料磁性的变化。当前此种现象仅在极低温下发现，在 5K 时能够持续数日。

光催化 [photocatalysis]　光致反应在催化剂的存在下反应速率加快的现象。在光解催化反应中，光子被基质吸收；在光生催化反应中，催化作用依赖于催化剂来产生电子空穴对，形成自由基来进行次级反应。实际应用中，二氧化钛在光解水中即担任着这样的角色。

光矢量 [light vector]　又称<u>电矢量</u>。在光波中，由于光波对物质的磁场作用远比电场作用弱，产生感光作用与生理作用的主要是电场，所以讨论光场振动性质时通常只考虑电矢量，一般我们将电矢量称为光矢量。

电矢量 [electric vector]　即光矢量。

分划板 [reticle]　为了测量被测物体的长度，在工具显微镜中，显微物镜的实像面上放置的一个刻有标尺的透明板，称为分划板。分划板上的刻线值已经考虑了物镜的放大率。在望远镜中，分划板一般安装在望远镜的右目镜焦平面上，它是一块极簿的表面刻有分划密位线的薄玻璃，由于这块薄玻璃理论上讲也参与了成像，延长了物镜的焦距，会对右目镜的长度有或多或少的影响。

电荷耦合器件 [charge coupled device, CCD]　又称<u>CCD 图像传感器</u>。用电荷量来表示不同状态的动态移位寄存器，由时钟脉冲电压来产生和控制半导体势阱的变化，实现存储和传递电荷信息的固态电子器件。能敏感探测到光的变化，可代替光学成像系统中的感光胶片记录图像。CCD 是一种半导体器件，能够把光学影像转化为数字信号。CCD 上植入的微小光敏物质称作像素 (pixel)。一块 CCD 上包含的像素数越多，其提供的画面分辨率也就越高。CCD 的作用就像胶片一样，但它是把图像像素转换成数字信号。CCD 上有许多排列整齐的电容，能感应光线，并将影像转变成数字信号。经由外部电路的控制，每个小电容能将其所带的电荷转给它相邻的电容。作为一种光数转化元件，CCD 相机已被广泛应用。

CCD 图像传感器 [CCD image sensor]　即电荷耦合器件。

场镜 [field lens]　一种平凸透镜，位于像平面，使斜光束发生偏折，以减少后面光学系统的通光口径。在具有转像系统的光学仪器 (内窥镜、潜望镜等) 中，常用场镜来减少系统的横向尺寸。

测距仪 [range finder]　根据光学、声学和电磁波学原理设计的，用于距离测量的仪器。常用的有光学测距机和激光测距机两类。光学测距机通常由双筒望远镜、距离测量机构、方向测角机构、高低测角机构和三脚架组成。测距的基本原理是：当目标射来的光线通过测距机两端的入射窗口进入仪器时，两入射光线的光轴相互平行，光轴间的距离构成测距机的基线长，目标对基线构成视差角。目标距离等于基线长除以视差角的正切函数，基线为固定值，根据视差角即可得出目标距离。激光测距机工作时，瞄准镜先瞄准目标，发射装置的激光器发出激光光束；激光光束到达目标后被反射回来，并被接收装置接收；根据光波往返所需时间的一半乘以光速等于距离的原理，计算器进行测算、计数，并在显示器上显示距离。

暗视觉 [scotopic vision]　在不同亮度范围内视觉器官对不同波长的光适应状态不同的视觉现象。一般当光的亮度在几个 cd/m^2 以下时，视觉器官的适应状态称为暗适应，此时的视觉称为暗视觉。

最佳像面 [optimum image plane]　在光学成像系统中，对所有视场都能获得最好的像的平面。

纵模 [longitudinal mode]　激光光学概念，指沿谐振腔轴向的稳定光波振荡模式。对激光的输出频率影响较大，能够大大提高激光的相干性，因此常常把激光器纵模的选取称为激光的选频技术。

自聚焦透镜 [self-focusing lens]　又称梯度折射率透镜。其内部的折射率分布沿径向逐渐减小的柱状透镜，具有聚焦和成像功能。是光通信无源器件中不可少的基础元器件。应用于要求聚焦和准直功能的各种场合，被分别使用在光耦合器、准直器、光隔离器、光开关、激光器等方面。

梯度折射率透镜 [self-focusing lens]　即自聚焦透镜。

自聚焦光纤 [self-focusing optical fiber]　又称<u>径向梯度折射率光纤</u>。该光纤材料在其光轴的横截面径向方向上折射率是变化的，且相对光轴成旋转对称变化，因此由径向梯度折射率材料做成的光纤具有自聚焦作用。

径向梯度折射率光纤 [self-focusing optical fiber]　即自聚焦光纤。

自发跃迁 [spontaneous transition]　即使不受光的照射，处于激发态的原子在真空零场起伏的作用下，也能跃迁到较低能态而发射光子的过程。在这些过程中放出或吸收的光子的能量等于原子的初态和末态两个能级之差，这是能量守恒定律在微观现象中的体现。

自发辐射 [spontaneous emission]　处于激发态的原子中，电子在激发态能级上只能停留一段很短的时间，就自发地跃迁到较低能级中去，同时辐射出一个光子，这种辐射叫作自发辐射。各原子的自发发射过程完全是随机的，所以自发辐射光是非相干的。

子午像差 [meridional aberration]　在球面折射成像系统中，包含物点和光轴的平面称子午平面。在子午平面定量确定的像差大小，称为子午像差。

子午焦线 [meridional focal line]　细光束通过球面折射成像，在子午焦点处得到的是一垂直于子午平面的短线，称为子午焦线。

弧矢焦线 [sagittal focal line]　细光束通过球面折射成像，在弧矢交点处得到的一条垂直于子午焦线，且位于子午平面上的短线，称为弧矢焦线。

子午彗差 [meridional coma]　在球面折射成像系统中，包含物点和光轴的平面称子午平面。在子午平面定量确定的彗差大小，称为子午彗差。

灼孔效应 [hole burning]　当激发光的波谱带非常窄而其强度又非常大，以致大多数同类离子都被激发了，则这一波长的吸收就会减弱。这时出现的现象称为灼孔效应。即在吸收谱带的某一特定波长出现了凹陷，像被烧了一个洞似的。

物镜 [objective lens]　由若干个透镜组合而成的一个透镜组，其主要目的是为了克服单个透镜的成像缺陷，提高成像光学质量。显微镜的放大作用主要取决于物镜，物镜质量的好坏直接影响显微镜成像质量，是决定其分辨率和成像清晰程度的重要部件。

准直物镜 [collimating objective]　望远镜调焦时，分划板十字线交点的物方共轭点移动的轨迹。或将发散的光束变成平行光束的物镜。

准直 [collimation]　通常光线是发散的，即开始相邻的两条光线传播后会相离越来越远。准直光指的是光线之间是平行的。让发散的光变成平行的操作。

转像系统 [relay system]　通常用于实现倒立的像与正立的像之间转换的棱镜系统。

转面倍率 [transfer magnification]　在讨论单色像差时，转面倍率 α 为：$\alpha = \dfrac{nu\sin u}{n'u'\sin u'}$

驻波 [standing wave]　两个振幅、波长、周期皆相同的正弦波相向行进干涉而成的合成波。此种波的波形无法前进，因此无法传播能量。由于光波在光学谐振腔的两个反射镜之间不断反射，因而腔内存在同时反向传播的两列相干波，以驻波的形式稳定存在。

助熔剂 [flux]　一般指能降低其物质的软化、熔化或液化温度的物质。在制备发光材料时，助溶剂的作用是，使激活剂容易扩散到基质晶格中而形成发光中心，同时还起保护气氛作用，其掺入量占配料的 2%～5%。常用的助溶剂主要为各种盐类，如 LiCl、KCl、CaF$_2$ 等。

主观质量因子 [subjective quality factor, SQF]　根据美国 OPTIKOS 公司光学传递函数测量仪的使用手册，为了利用 MTF 全面评价像质，对摄影光学系统可用主观质量因子 SQF 评价。SQF 是在截止频率的范围内，规划的 MTF

相对于频率对数的积分。$\text{SQF} = \dfrac{\displaystyle\int_A^B \text{MTF}(f)\mathrm{d}\log(f)}{\displaystyle\int_A^B \mathrm{d}\log(f)}$。如果 SQF$\geqslant$0.8，表明光学系统成像质量较好；如果 SQF<0.8，表明光学系统成像质量较差。

轴向梯度 [axial gradient]　一类梯度折射率材料。梯度折射率材料根据其折射率分布形式分为四种：径向梯度、轴向梯度、球形梯度和层状梯度分布。

轴外点 [off-axis point]　位于成像系统主光轴外的某一轴外物点。

轴上点 [on-axis point]　位于成像系统主光轴上的某一轴上物点。

正切条件 [tangent condition]　为使光学系统成像没有畸变，必须满足下列条件，即 $y' = -f'\tan u'$，称为正切条件。

正反馈放大器 [positive feedback amplifier]　指放大器的反馈与输入信号正相关，使得输出信号急剧放大。位于激光器两端的一对反射镜称为谐振腔，它可以使激光部分透过并输出。谐振腔的作用就是只让与反射镜法向（即谐振腔的轴向）平行的光束能在工作物质中来回反射，连锁式地雪崩放大，最后形成稳定的激光输出，偏离轴向的光从侧面溢出。谐振腔对光束方向的选择，保证了输出激光具有极好的方向性。这个过程中，经谐振腔反射回来的光对工作物质的作用称为光反馈（optical feedback），激光器实际上就是一个正反馈放大器。

真空荧光 [vacuum fluorescence]　在一个带有栅极的真空电子管中，阴极射出的电子在栅极的吸引下加速射向阳极，撞击到阳极上涂覆的荧光粉后发出的可见光。也指 20 世纪 70 年代发现的一种低能电子（几到几十电子伏特）激发的发光。

折返式聚光镜 [catadioptric condenser]　在照明系统中，照明透镜又称聚光镜。折返式聚光镜为一种照明系统形式。

折反射光学系统 [catadioptric optical system] 既含有反射面又含有折射面的光学系统，此时物方焦距与像方焦距之间的关系不仅与物、像方介质折射率有关，还与反射球面的个数有关。设系统中含有 k 个反射球面，则有 $\dfrac{f'}{f} = (-1)^{k+1}\dfrac{n'}{n}$

照相系统 [photographic system]　通常由照相物镜、可变光阑及感光器件（胶片）等三个主要部分组成的纪录物体成像的系统。一般在摄影中，照相系统还包括取景系统以选取合适的摄影范围。

照明系统 [illuminator]　在投影系统中，为了在投影屏上获得均匀而足够的照度，配合适当光源建立的大孔径角的聚光系统，称为照明系统。按照结构划分，有反射、透射、折返照明系统；按照照明方式可分为临界照明和柯勒照明。

长余辉材料 [long persistence phosphor]　全称长余辉发光材料。又称蓄光型发光材料、夜光材料。其本质是一种光致发光材料。是一类可吸收如可见光、紫外光、X 射线等能量，并在激发停止后仍可继续发出光的物质，是一种具有应用前景的材料。

长出瞳目镜 [long eye relief eyepiece]　有些军用仪器要求较长的出瞳距，长出瞳目镜的光路原理如图所示。

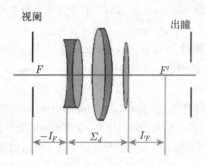

远视眼 [farsighted eye]　若远点位于眼后有限距离，称为远视眼。远视眼即远视（眼科疾病）。远视是平行光线进入眼内后在视网膜之后形成焦点，外界物体在视网膜不能形成清晰的影像。用凸透镜矫正远视。

远摄物镜 [telephoto lens]　一种长焦距物镜，适用于大口径、长焦距、短结构系统的使用。远摄物镜可以是折射系统、反射系统或折反射系统。

余辉 [afterglow]　发光有一个比较长的延续时间，在激发后（即外界作用停止后）发光不马上消失，而是逐渐变弱，这个过程称为余辉。余辉效应，是入射光引起的半导体发光现象。如果荧光材料中包含一些微量杂质，且这些杂质的能级位于禁带内，相当于陷阱能级，从价带被激发的电子进入导带后，又会掉入这些陷阱能级。因为这些被陷阱能级所捕获的激发电子必须首先脱离陷阱能级进入导带后才能跃迁回到价带，所以它们被射入光子激发后，需要延迟一段时间才会发光，出现了所谓的余辉现象。余辉可以分为长余辉和短余辉，他们是由延迟时间来决定的。

阴极射线发光 [cathodo luminescence]　高能电子束激发发光材料（荧光粉）引起的发光。最常见的阴极射线发光是电视、雷达、示波器、计算机的荧光屏的发光。发光的激发过程是：能量大约在几千电子伏以上的高速电子打到荧光粉表面时，大部分都可进入材料内部激发产生速度越来越低的"次级"电子，最终形成大量的能量在几电子伏到十几电子伏的低速电子。继而这些低能量的电子激发发光材料。入射电子的能量一般大于几千电子伏，因此一个入射电子在一微

米左右的距离内可能产生上千个有激发能力的次级电子，激发密度很高。而且由于次级电子的能量分布在几电子伏到十几电子伏的很宽范围内，因而将发光材料激发到多种激发态。所以，许多物质在阴极射线激发下容易发光。

夜视仪光学系统 [night vision optical system]　红外夜视仪是利用光电转换技术的军用夜视仪器。它分为主动式和被动式两种：前者用红外探照灯照射目标，接收反射的红外辐射形成图像；后者不发射红外线，依靠目标自身的红外辐射形成"热图像"，故又称为热像仪。夜视仪光学系统组成和工作原理是：首先用一种特制的透镜，能够将视野内物体发出的红外线会聚起来。红外线探测器元上的相控阵能够扫描会聚的光线。探测器元能够生成非常详细的温度样式图，称为温谱图。大约只需 1/30 秒，探测器阵列就能获取温度信息，并制成温谱图（这些信息是从探测器阵列视域场中数千个探测点上获取的）。探测器元生成的温谱图被转化为电脉冲并被传送到信号处理单元（一块集成了精密芯片的电路板），它可以将探测器元发出的信息转换为显示器能够识别的数据。信号处理单元将信息发送给显示器，从而在显示器上呈现出各种色彩（色彩强度由红外线的发射强度决定）。将从探测器元传来的脉冲组合起来，就生成了图像。

夜间瞄准仪 [snooper scope]　又称红外线瞄准镜。用近红外光源照射目标，目标反射红外光，使光电变换成像而进行夜间瞄准的仪器。由红外线探照灯，光电变压器，瞄准镜和电源等组成（有些类似于夜视镜）。

红外线瞄准镜 [snooper scope]　即夜间瞄准仪。

眼瞳孔 [eye pupil]　简称瞳孔。动物或人眼睛内虹膜中心的小圆孔，为光线进入眼睛的通道。

眼点 [eye point]　当光学成像系统存在渐晕时，部分轴外物点成像光束的中心光线将不再通过入瞳中心、孔径光阑中心和出瞳中心，我们把边缘视场出射光束的中心光线和光轴的交点称为眼点，眼点到系统最后一面的距离称为眼点距。

眼点距 [eye point distance]　见眼点。

延迟荧光 [delayed fluorescence]　又称缓发荧光。来源于从第一激发三重态（T1）重新生成的 S1 态的辐射跃迁。单重态的寿命一般为 10^{-8} 秒，最长可达 10^{-6} 秒，但有时却可以观察到单重态寿命长达 10^{-3} 秒，这种长寿命的荧光被称为延迟荧光。其寿命与该物质的分子磷光相当。延迟荧光在激发光源熄灭后，可拖后一段时间，但和磷光又有本质区别，同一物质的磷光总比发射荧光长。

缓发荧光 [delayed fluorescence]　即延迟荧光。

靴形棱镜 [boot prism]　属于反射棱镜中的一种复合棱镜，代号 FX。

谐振腔 [resonator]　位于激光器两端的一对反射镜

称为谐振腔，它可以使激光部分透过并输出。谐振腔的作用就是只让与反射镜法向 (即谐振腔的轴向) 平行的光束能在工作物质中来回反射，连锁式地雪崩放大，最后形成稳定的激光输出，偏离轴向的光从侧面溢出。谐振腔对光束方向的选择，保证了输出激光具有极好的方向性。

斜视 [squint]　　眼睛的一种不正常状况。斜视患者的双眼无法对准同一位置，因而双眼视觉能力，以及对景深的感觉都比视力正常者低。当人观看事物时，大脑会根据视神经收到的影像而控制外眼肌的运动。如果视神经、大脑或外眼肌任何一处出现问题而无法正常运作，便可能引致斜视。另外，如果双眼视力不平均而影响双眼视觉能力，也有可能产生斜视。斜视多为先天性毛病，但亦有后天因素导致的斜视。斜视可以导致弱视等较严重的视力问题。

斜方棱镜 [rhombic prism]　　属于反射棱镜中的一种普通棱镜，代号 X。

周视瞄准仪 [panoramic sight scope]　　又称周视瞄准镜。最早是用于野战火炮间接瞄准的。周视瞄准镜是周视望远镜的一种。周视瞄准镜的目镜位置不动而镜头能够绕垂直轴在水平方向一定的角度范围内进行观察。对于周视瞄准镜，当利用上直角棱镜绕垂直轴转动时，道威棱镜绕其自身光轴按一定关系互相配合互相转动角，可实现水平周视。另外，上直角棱镜能绕水平轴俯仰，实现俯仰观察。但也有少部分采用立方棱镜绕垂直轴转动实现水平周视或者一些光学元件组合实现。按观察范围划分，周视瞄准镜可以分为水平半周视和水平全周视。其中，观察范围小于 360° 的为水平半周视，达到 360° 的为水平全周视。

周视瞄准镜 [panoramic sight scope]　　即周视瞄准仪。

消杂光光阑 [stray light eliminating stop]　　进入光学系统的光束除成像光束外，往往还会存在一部分由非成像物体射入的光束，系统内部的光学表面、金属表面以及镜座内壁反射和散射的光束，统称为杂光。杂光能够破坏成像的对比度和清晰度，降低成像质量，因此在一些大型光学系统 (天文望远镜、长焦距平行光管等) 中专门设置消杂光光阑。这种光阑通常有两种：一种也称遮光罩，装在仪器物镜的前面，拦掉视场以外的光线射入系统的入瞳；另一种是在镜筒内部设置的消杂光光阑。在一般光学系统中通常是将镜筒内壁加工成螺纹并涂以黑色的无光漆 (或发黑) 来减少杂光的影响。消杂光光阑并不能限制通过光学系统的成像光束，却可以在一定程度上减小杂光的影响，提高成像质量。

消色差物镜 [achromatic lens]　　一种常见的显微镜物镜，外壳上常有 "Ach" 字样。这类物镜仅能校正轴上点的位置色差 (红、蓝二色) 和球差 (黄绿光) 以及消除近轴点彗差。不能校正其他色光的色差和球差，且场曲很大。最早的消色差物镜是由蔡司制造的。

像质评价 [image quality evaluation]　　对光学系统成像质量的评价。在瑞利和阿贝年代，光学系统的分辨率常作为像质评价的准则。然而实际的光学系统的分辨率还与物体的对比度、照明条件和探测器的灵敏度、分辨率相关；还存在伪分辨现象。光学传递函数 OTF 是把光学系统看作空间频率的低通线性滤波器，它全面地评价了光学系统的成像质量，是普遍采用的像质评价方法。

像增强器 [image intensifier]　　又名像管。微光探测器的一种，由安装在高真空管壳内的光电阴极、电子透镜 (有静电聚焦和磁聚焦两种) 和荧光屏三部分组成。它的工作原理是，将投射在光阴极上的光学图像转变成电子像，电子透镜将电子像聚焦并加速投射到荧光屏上产生增强的像，然后用照相方法记录下来。像增强器的种类繁多并且按发展历程划分为若干 "代"。第一代像增强器不采用 MCP，其增益常小于 100 倍。第二代像增强器采用 MCP 进行电子倍增，分近贴聚焦和倒像式两种，由于几何畸变和体积等原因，故 MCP 倒像式增强器较小。采用单级 MCP 的像增强器的辐射增益约为 10，而采用 3 级 MCP 的像增强器的辐射增益可超过 10。

像面稳定 [stationary imaging plane]　　在变焦距光学系统中，通过凸轮、非线性螺纹等机构使补偿组作非线性运动以保持像面不动，称为像面稳定。

像方远心光路 [image space telecentric system]　　见远心光路。

像差增量 [aberration increment]　　在讨论波像差时，变形波面与参考球面在沿参考球面的法线方向的偏差量，称为像差增量。

相位因子 [phase factor]　　光学中的相位因子指光波的复数表示中的绝对值为 1 的复数因子 $e^{i\theta}$，其中 θ 为光波的相位。

相位移动 [phase shifting]　　见调制传递函数和相位传递函数。

相位传递函数 [phase transfer function]　　一个非相干光学系统 (非相干照明)，可以看作空间频率的低通线性滤波器。如果输入一个正弦分布的光强信号，则输出也是正弦分布光强信号，但信号的对比度下降、相位移动，输出信号的对比度和相位移均是目标图像的空间频率的函数。如果输入目标的对比度是 M，输出图像的对比度是 M'，则比率 M'/M 称为光学系统的调制传递函数 MTF(modulation transfer function)，相位移 $\Delta\varphi$ 称为光学系统的相位传递函数 (phase transfer function, PTF)，统称光学传递函数，表示为：$OTF = MTF\, e^{-iPTF}$。

相似像 [similar image]　　在平面系统成像中，若物为右手系坐标，而像仍为右手系坐标，即物、像坐标保持相似，我们称之为相似像。一般情况下，物体经过奇数次反射成镜像，经过偶数次反射成相似像。

相对部分色散 [relative partial dispersion]　在国产光学玻璃目录中，表示玻璃特性的一种光学常数。指部分色散与平均色散之比，即 $\dfrac{n_{\lambda_1} - n_{\lambda_2}}{n_{\mathrm{F}} - n_{\mathrm{C}}}$。

相对镜目距 [relative eye relief]　目镜后面的顶点到出瞳的距离，而相对镜目距是其与目镜焦距之比。

相对畸变 [relative distortion]　畸变是轴外点主光线像差，对光阑位置变化十分敏感，它表示不同视场成像的垂轴放大率不同。它可以表示为 $\delta y' = y'_z - y'$，通常用相对畸变表示，即 $q' = \dfrac{\delta y'}{y'} \times 100\% = \dfrac{\bar{\beta} - \beta}{\beta} \times 100\%$。

线性条件 [linear condition]　光学传递函数需要满足两个条件，即线性条件和空间不变条件。线性条件是指物像的光能分布满足线性叠加，为此光学系统需要非相干照明光源，如果光源是相干光，则可以用毛玻璃使相干光变成非相干的散射光。另外，光学系统应有较大的孔径，否则衍射效应也使系统不满足线性条件。空间不变条件是指在光学系统的像面上各点具有相同的点扩散函数，即满足等晕条件。然而，由于光学系统具有残余像差和衍射效应，不可能像面各点的点扩散函数相同。解决办法是，把像面分成许多个等晕区，在每一个等晕区内具有相同的衍射效应和像差。

线视场 [linear field of view]　在放大镜与眼睛组合构成的目视光学系统中，因放大镜用于观察近距离的小物体，故放大镜的视场通常用物方线视场 $2y$ 表示。当物面放在放大镜前焦平面上时，像平面在无限远，则线视场 (50%渐晕) 为 $2y = 2f'\tan\omega'$，放大镜的倍率越大，线视场越小。

显微系统 [microscope system]　又称显微镜系统。由物镜和目镜组成的光学成像系统，形成观察物的放大像，以便对微小物体进行观察或测量。

显微镜系统 [microscope system]　即显微系统。

显示显像材料 [display imaging material]　应用于显示显像领域的发光材料的统称。包括黑白电视显像管材料、彩色电视显像管材料 (三基色)、单色显像管材料、彩色显像管材料、投影管用材料、雷达屏、大屏幕显示、指示标识、X射线屏材料等。

显色性 [color rendering]　光源对物体颜色呈现的程度，也就是颜色的逼真程度。显色性高的光源对颜色的再现较好，我们所看到的颜色也就较接近自然原色；显色性低的光源对颜色的再现较差，我们所看到的颜色偏差也较大。原则上，人造光线应与自然光线相同，使人的肉眼能正确辨别事物的颜色，当然，这要根据照明的位置和目的而定。光源对于物体颜色呈现的程度称为显色性。通常叫作"显色指数" (Ra)。

显色性是指事物的真实颜色 (其自身的色泽) 与某一标准光源下所显示的颜色关系。Ra 值的确定，是将 DIN6169 标准中定义的 8 种测试颜色在标准光源和被测试光源下做比较，色差越小则表明被测光源颜色的显色性越好。Ra 值为 100 的光源表示，事物在其灯光下显示出来的颜色与在标准光源下一致。

细光束 [pencil beam]　围绕主光线并与主光线的夹角微小的光束。微小夹角满足其三角函数的一级近似。

系间过渡 [inter-system crossing]　有机分子都有 π键，它的激发态和发光关系密切。在 π 电子的激发和跃迁过程中，从单态 S1 无辐射地转移到三线态 T1，这种过程叫作系间过渡。

物像交换原理 [image-object interchangeable principle]　若物镜的两个共轭点 (物点和像点) 都是实点 (或都是虚点)，则可找到物镜的两个不同位置，其共轭距彼此相等。根据放大率公式可知其成像倍率互为倒数，这就是物像交换原理。利用物像交换原理，可以实现焦距改变而像面不动，从而实现变焦距光学系统。

物方远心光路 [(object space telecentric system)]　见远心光路。

五棱镜 [pentaprism]　又称五角棱镜。属于反射棱镜中的一种普通棱镜，代号 W。

五角棱镜 [pentagonal prism]　即五棱镜。

无效放大 [empty magnification]　显微镜的分辨率主要取决于显微镜物镜的数值孔径，与目镜无关。目镜仅把被物镜分辨的像放大，即使目镜放大率很高，也不能把物镜不能分辨的物体细节辨识。满足 $500NA \leqslant \Gamma \leqslant 1000NA$ 的视觉放大率称为显微镜的有效放大率。放大率低于 $500NA$ 时，物镜的分辨能力没有被充分利用，人眼不能分辨已被物镜分辨的物体细节；放大率高于 $1000NA$，称为无效放大，不能使被观察的物体细节更清晰。

无畸变目镜 [orthoscopic eyepiece]　其光路原理如图所示。无畸变目镜并非完全校正了畸变，只是畸变小些，适用于测量仪器。

无畸变

无辐射跃迁 [non-radiative transition]　通过原子之间的碰撞等形式将激发所得的能量交给周围环境 (晶格)。原子发射或吸收光子而从一个能级改变以另一个能级，则称为辐射跃迁。只有在原子的两个能级满足辐射跃迁选择定则的情况下，才能够在这两个能级间产生辐射跃迁。换句话说，原子发射或吸收光子，只能出现在某些特定能级之间。如果原子只是通过与外界碰撞的过程或其他与外界进行能量交换的过程而从一个能级改变到另一个能级，既不发射也不吸收光子，则称为无辐射跃迁。

屋脊棱镜 [roof prism]　把普通棱镜的一个反射面用两个相互垂直的反射面来代替的棱镜。相互垂直的两个反射面的交线应平行于原反射面且在主截面内，它犹如在反射面上覆盖上一个屋脊，故称屋脊棱镜，这两个相互垂直的反射面即为屋脊面。屋脊面的作用就是在不改变光轴方向和主截面内成像方向的条件下，增加一次反射，使系统的总反射次数由奇数次转变为偶数次，从而达到物像相似的目的。

胃镜 [gastroscope]　一种医学检查方法，也是指这种检查使用的器具。它借助一条纤细、柔软的管子 (内有光学纤维) 伸入胃中，医生可以直接观察食道、胃和十二指肠的病变，尤其对微小的病变。

位置色差 [longitudinal chromatic aberration]　见色差。位置色差是轴上主光线色差。

伪分辨现象 [pseudo-resolving power]　在光学系统设计中，有时在截止频率后面又出现 MTF 曲线 (由于对比度反转引起的，也称相位跃迁)，这就是在分辨率方法中出现的伪分辨现象。伪分辨现象是由像差和离焦引起的，当光学系统离焦较大时，会出现伪分辨现象。

微光成像 [low light level imaging]　利用 (夜间) 自然弱光或低照度下的反射辐射，通过光电、电光转换及增强措施，提供足够的图像亮度，供人眼观察或其他接收器接收的技术。基本过程和原理：光照光电阴极使之发射电子，通过光电效应把微弱的光信号转化为电信号。然后采取电场加速电子或者用微通道板使电子数量倍增的方法，达到信号增益的效果。最终利用电子轰击荧光屏使之发光成像，将电信号转化为光信号。

完美成像 [perfect imaging]　一个物点发出球面波，经过光学系统后出射仍为球面波，那么与此球面波相对应的同心光束中心即为物点经过光学系统所成的完美像点。物体上每一点经过光学系统所成的完美像点集合就是该物体经过光学系统后所成的完美像。根据费马原理和马吕斯定律，由于光学系统入射波面与出射波面之间的光程是相等的，故要将物点完美成像为像点，就必须满足物点和像点之间的等光程条件。等光程是完美成像的物理条件。

弯月镜 [meniscus]　一种改正球差的透镜。透镜是球面的，它的两个表面的曲率半径相差不大，但有相当大的曲率和厚度，透镜呈弯月形，所以，这种系统有时也称为弯月镜系统。适当选择透镜两面的曲率半径和厚度，可以使弯月透镜产生足以补偿凹球面镜的球差，同时又满足消色差条件。

透镜转向系统 [relay lens]　转向系统分为棱镜式和透镜式两种。其目的都是把经物镜所成的倒像转成正像，有单透镜转向系统和双透镜转向系统两种，后者应用广泛，因其能够大大改善整个系统的像差校正。

投影照明系统 [projecting and illuminating system]　见投影系统。

调焦 [focusing]　又称聚焦。改变光学成像系统的焦距，以便在景像平面获得清晰像的操作。

聚焦 [focusing]　即调焦。

天塞物镜 [Tessar objective]　又称天塞镜头。非对称式正光镜头的重要品种。最早为蔡司公司的 Paul Rudolph 于 1902 年根据他自己设计的四片四组式乌那镜头 (Unar) 改制而成。天塞镜头的基本结构为四片三组式，前组为重钡冕石单凸透镜，中组为火石单凹透镜，后组为一火石凹透镜和一钡冕石凸透镜贴合在一起而成的胶合双镜组。光圈安放在后透镜组之前。天塞镜头能很好的校正球差、色差、像散，是最常见中档次镜头。

天塞镜头 [Tessar]　即天塞物镜。

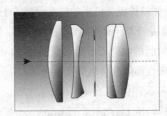

体视锐度 [stereo acuity]　当双目观察物点 A 时，两眼的视轴对准 A 点，若物点 A 到视觉基线的距离为 L，则视差角 θ_A 为 $\theta_A = \dfrac{b}{L}$，若两物点和观察者的距离不同，它们在两眼中所形成的像与黄斑中心有不同的距离，或者说不同距离的物体对应不同的视角差，其差异 $\Delta\theta$ 称为立体视差，简称视差。若 $\Delta\theta$ 大，则人眼感觉两物体的纵向深度大；若 $\Delta\theta$ 小，则人眼感觉两物体的纵向深度小。人眼能感觉到的 $\Delta\theta$ 的极限值 $\Delta\theta_{\min}$ 称为体视锐度。$\Delta\theta_{\min}$ 大约为 10，经训练可达 $3\sim 5$。

光电子成像 [photoelectron imaging]　以光子、光电子作为信息载体，研究图像捕获、转换、增强、处理、显示、传输及存储物理过程的一门综合性学科。起源于 1934 年 G.霍尔斯特 (G.Holst) 发明的第一只红外变像管。现代光电子成像技术，通过一些特殊设计制造的高灵敏、高分辨、宽光谱、快响应、大动态范围的光电子成像器件及系统，弥补或克服人眼在空间、时间、灵敏度和响应波段等方面存在的视觉局限性的不足，把人眼不能看见或不易看见的微弱光、红外光、紫外线光、X 射线、γ 射线及其他电磁辐射所形成的静态和动态的景物，变为人眼可见的图像，从而成为人类当今获取 80% 以上外界信息的重要高新技术手段。

斯特里尔准则 [Strehl criterion]　根据光学系统物点像艾里斑的中心斑亮度来研究光学系统的成像质量的准则。不同视场的物点经光学系统形成的像是弥散圆,也称为点列图、点扩散函数 PSF。斯特里尔准则用有像差的艾里斑的亮度和无像差的艾里斑的亮度之比表示,也可以表示为实际光学系统的点扩散函数 (强度值) 与理想光学系统的点扩散函数之比,即 $S.D. = \dfrac{PSF(\omega \neq 0)}{PSF(\omega = 0)}$,按斯特里尔准则,如果 $S.D. \geqslant 0.8$,则光学系统成像是理想的。

斯密特棱镜 [Schmidt prism]　一种使图像旋转 $180°$ 的棱镜,常用于双筒望远镜中,属于反射棱镜中的一种复合棱镜,代号 FQ。

瞬时荧光 [prompt fluorescence]　有机分子的光致发光,电子从单态 S_1 立刻返回单态 S_0 的荧光称为瞬时荧光。

水晶体 [eye lens]　又称晶状体。眼球中重要的屈光间质之一。它呈双凸透镜状,前面的曲率半径约 10mm,后面的约 6mm,富有弹性。晶状体的直径约 9mm,厚 $4 \sim 5$mm,前后两面交界处称为赤道部,两面的顶点分别称为晶状体前极、后极。晶状体就像照相机里的镜头一样,对光线有屈光作用,同时也能滤去一部分紫外线,保护视网膜,但它最重要的作用是通过睫状肌的收缩或松弛改变屈光度,使看远或看近时眼球聚光的焦点都能准确地落在视网膜上。

晶状体 [crystalline lens]　即水晶体。

反射折射光学 [catadioptique]　研究光在透镜及面镜等折射、反射元件组成的光学系统中传播规律的学科。常见的应用包括探照灯、显微镜、望远镜、监控摄像头等。

反射折射光学系统 [catadioptric optical system]　见反射折射光学。

双目望远镜 [binocular telescope]　望远镜是一种用于观察远距离物体的目视光学仪器,能把远物很小的张角按一定倍率放大,使之在像空间具有较大的张角,使本来无法用肉眼看清或分辨的物体变清晰可辨。光学望远镜通常是呈筒状的一种光学仪器,它通过透镜的折射,或者通过凹反射镜的反射使光线聚焦直接成像,或者再经过一个放大目镜进行观察。若望远镜有两支筒状结构,则称为双目望远镜。常用的双目望远镜还为减小体积和翻转倒像的目的,需要增加棱镜系统,棱镜系统按形式不同可分为别汉棱镜系统和保罗棱镜系统,两种系统的原理及应用是相似的。

双目立体视觉 [stereoscope vision with two eyes]　当双目观察物点时,物体远近不同,视差角不同,使眼球发生转动的肌肉的紧张程度也就不同,根据这种不同的感觉,双目能够容易地辨别物体的远近,称双目立体视觉。双目立体视觉是计算机视觉的一个重要分支,即由不同位置的两台或者一台摄像机 (CCD) 经过移动或旋转拍摄同一幅场景,通过计算空间点在两幅图像中的视差,获得该点的三维坐标值。当一个摄像机拍摄图像时,由于图像中的像素点坐标相对于真实的世界坐标并不是唯一的,这就造成深度信息的丢失。然而用两个摄像机同时拍摄图像时,可以获取同一场景的两幅不同的图像,通过三角测量原理计算图像像素间的位置偏差,复原三维世界坐标中的深度信息。

双胶合物镜 [doublet objective]　将两个或多个透镜组合在一起,并用胶进行黏合 (假定相互黏合的两个表面曲率相等),这类组合光学元件称为密接透镜 (或复合透镜)。双胶合物镜是一种常见的密接透镜,它将一个正单透镜与一个负单透镜进行胶合而成。

双高斯物镜 [double Gauss objective]　又称双高斯镜头。一种常用的摄影镜头。1817 年德国数学家、天文学家高斯为了解决哥廷根天文台观测望远镜的像差问题,构思出使用两片新月型镜片 (meniscus-shaped) 的组合,一片正一片负,这种组合就是高斯结构的起源。1888 年,克拉克 (Alvan G. Clark) 更发现到用两对高斯结构 "背对背" 反方向组合后,也可以成为一种有用的镜头,这就是双高斯结构的概念开始。

双高斯镜头 [double Gauss objective]　即双高斯物镜。

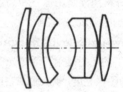

束腰 [beam waist]　高斯光束截面半径 $\omega(z)$ 的表达式为 $\omega(z) = \omega_0 \left[1 + \left(\dfrac{\lambda z}{\pi \omega_0^2} \right)^2 \right]^{\frac{1}{2}}$,可见高斯光束在均匀的透明介质中传播时,其光束截面半径 $\omega(z)$ 与 z 不成线性关系。称光束截面半径的极小值 ω_0 为高斯光束的束腰。

准分子激光 [excimer laser]　受到电子束激发的惰性气体和卤素气体结合的混合气体形成的分子向其基态跃迁时发射所产生的激光。准分子激光属于冷激光,无热效应,是方向性强、波长纯度高、输出功率大的脉冲激光,光子能量波长范围为 $157 \sim 353$nm,寿命为几十毫微秒,属于紫外光。最常见的波长有 157nm、193nm、248nm、308nm、$351 \sim 353$nm。

受激跃迁 [stimulated transition]　又称受激辐射。由于场效应的作用,处于高能态的粒子受到光感应而跃迁到低能态,同时发生光的辐射,这种辐射称为受激辐射。受激辐射的特点是辐射光和感应它的光子同方向、同位相、同频率并且同偏振面。

受激辐射 [stimulated radiation]　即受激跃迁。

视轴 [sight axis]　眼睛中,黄斑中心与眼睛光学系统像方节点的连线称为视轴。

视网膜 [retina]　居于眼球后壁内层的一层透明薄膜。虽然厚度相当于一张薄纸但是结构非常复杂。传递来自视网膜感受器冲动的神经纤维跨越视网膜表面，经由视神经到达出口。视网膜的分辨力是不均匀的，在黄斑区其分辨能力最强。从光学观点出发，视网膜是一凹形的球面，是眼光学系统的成像屏幕。

视觉敏锐度 [visual acuity]　人的眼睛能够分辨最靠近两相邻点的能力。物体对人眼的张角称为视角。对应视角周围很小范围，在良好照明时，人眼能分辨的物点间的最小视角称为极限分辨率 ε，眼睛的分辨能力或视觉敏锐度是极限分辨率的倒数，定义为视觉敏锐度 $= \frac{1}{\varepsilon}$，式中，ε 以 ′ 为单位。

视觉基线 [stereoscope base]　当双目观察物点时，两眼节点 J_1 和 J_2 的连线称为视觉基线。

视觉放大率 [visual magnification]　目视光学仪器的放大率用视觉放大率表示，其定义为：用仪器观察物体时视网膜上的像高 y_i' 与用人眼直接观察物体时视网膜上的像高 y_e' 之比，用 $\varGamma$ 表示，即 $\varGamma = \frac{y_i'}{y_e'}$。设人眼后节点到视网膜的距离为 l'，则上式也可表示为 $\varGamma = \frac{y_i'}{y_e'} = \frac{1' \tan \omega'}{1' \tan \omega} = \frac{\tan \omega'}{\tan \omega'}$，式中：$\omega'$ 为用仪器观察物体时，物体的像对人眼所张的视角；ω 为人眼直接观察物体时对人眼所张的视角。

视度 [sight distance]　眼睛的调节能力用能够清晰调焦的极限距离表示，即远点距离和近点距离。用远点距离的倒数表示近视眼或远视眼的程度，称为视度，单位为屈光度 D。通常医院和眼镜店把 1D 称为 100 度。

视差角 [parallax angle]　当双目观察物点 A 时，两眼的视轴对准 A 点，两视轴之间夹角 θ 称为视差角。

声致发光 [sonoluminescence]　当液体中的气泡受到声音的激发时，气泡爆聚 (implosion) 并迸发出极短暂的亮光的现象。科隆大学的弗伦泽尔 (H. Frenzel) 和舒尔斯特 (H. Schultes) 于 1934 年在研究声呐时首次观察到声致发光。由于声致发光过程中液体受超声波作用产生类似旋涡中的空腔，使连续性的液体断裂，因此声致发光也可看作是物体因断裂引起的一种摩擦发光。

生物显微镜 [biological microscope]　用来观察生物切片、生物细胞、细菌以及用于活体组织培养、流质沉淀等的观察和研究的显微镜，同时可以观察其他透明或者半透明物体以及粉末、细小颗粒等物体。

生物发光 [bioluminescence]　生物体发光或生物体提取物在实验室中发光的现象。它不依赖于有机体对光的吸收，而是一种特殊类型的化学发光，化学能转变为光能的效率几乎为 100%。也是氧化发光的一种。生物发光的一般机制是：由细胞合成的化学物质，在一种特殊酶的作用下，使化学能转化为光能。

摄影物镜 [photographic objective]　俗称摄影镜头。摄影中形成光学影像 (实像) 的透镜。

摄影底片 [photographic film]　摄影系统中接收记录物像的感光胶片。常用的规格有：136 底片、120 底片、16mm 电影片、35mm 电影片和航摄底片等。

上转换发光 [up-conversion luminescence]　又称反斯托克斯发光，由斯托克斯定律而来。斯托克斯定律认为材料只能受到高能量的光激发，发出低能量的光，换句话说，就是波长短的频率高的激发出波长长的频率低的光。比如紫外线激发发出可见光，或者蓝光激发发出黄色光，或者可见光激发出红外线。但是后来人们发现，其实有些材料可以实现与上述定律正好相反的发光效果，于是我们也称其为反斯托克斯发光。

反斯托克斯发光 [anti-Stokes]　即上转换发光。

闪烁晶体 [scintillation crystal]　在 X 射线和 γ 射线等高能粒子的撞击下，能将高能粒子的动能转变为光能而发出闪光的晶体。根据用途不同，分为高能物理用闪烁晶体、核医学成像用闪烁晶体和工业 CT 用闪烁晶体等。

色球差 [chromatic spherical aberration]　不同色光的球差之差。经校正色差之后，边缘带色差和近轴带色差并不为零，两者之差即为色球差。

色畸变 [chromatic distortion]　见倍率色差。倍率色差是轴外主光线色差，与光学系统孔径无关，其展开式中的一次项称为初级倍率色差，第二项称为色畸变，是二级倍率色差。

色度坐标 [chromaticity coordinates]　见均匀色度标尺图。

色差 [chromatic aberration]　实际上绝大多数光学系统都是对白光或复色光成像的。同一光学介质对不同的色光有不同的折射率，因此白光 (或复色光) 进入光学系统后，由于折射率不同而有不同的光程，这样就导致了不同色光成像的大小和位置也不同。这种不同色光的成像差异称为色差。由于像的位置和大小是介质折射率的函数，不同色光有不同的像面位置和不同的成像大小，前者称为位置色差，位置色差是轴上主光线色差；后者称为倍率色差，倍率色差是轴外主光线色差。

扫描系统 [scanning system]　又称扫描仪，利用光电技术和数字处理技术，以扫描方式将图形或图像信息转换为数字信号的装置。扫描仪通常被用于计算机外部仪器设备，通过捕获图像并将之转换成计算机可以显示、编辑、存储和输出的数字化输入设备。

扫描仪 [scanner]　即扫描系统。

散光眼 [astigmatism eye]　一种有视觉缺陷的眼睛。用两正交的黑白线条图案可以检验出散光眼。由于存在像散，不同方向的线条不能同时看清。一般具有 0.5D 的像散不必校正。

散光 [astigmatism]　若人眼的水晶体两表面不对称，则使细光束的两个主截面的光线不交于一点，即两主截面的远点距离也不同，视度 $R_1 \neq R_2$，其差称为人眼的散光度。校正散光可用圆柱面或双心圆柱面透镜。

三片式照相机 [triple camera]　照相物镜采用三片式镜头的照相机系统。库克三片式镜头 (Cooke triplet) 是 1893 年英国一家望远镜厂库克父子公司的光学设计师 Harold Dennis Taylor 设计的，其基本设想是：把同等度数的单凸透镜和单凹透镜紧靠一起，结果自然度数为零，像场弯曲也是零。但是镜头的像场弯曲和镜片之间的距离无关，因此把这两片原来紧靠一起的同等度数的单凸透镜和单凹透镜拉开距离，场弯曲仍旧是零，但是总体度数不再是零，而是正数。但是这样不对称的镜头自然像差很大，于是他把其中的单凸透镜一分为二，各安置在单凹透镜的前后一定距离处，形成大体对称式的设计，这就是库克三片式镜头。

三基色 [tricolor]　大多数的颜色可以通过红、绿、蓝三色按照不同的比例合成产生。同样绝大多数单色光也可以分解成红绿蓝三种色光。这是色度学的最基本原理，即三基色原理。三种基色是相互独立的，任何一种基色都不能有其他两种颜色合成。红绿蓝是三基色，这三种颜色合成的颜色范围最为广泛。三基色的光可以组成以下几种组合的颜色：红 ＋ 绿 ＝ 黄；绿 ＋ 蓝 ＝ 青；红 ＋ 蓝 ＝ 品红；红 ＋ 绿 ＋ 蓝 ＝ 白。

瑞利准则 [Rayleigh criterion]　根据成像波面相对理想球面波的变形程度来研究判断光学系统的成像质量。瑞利提出，如果光学系统的波像差满足 $\omega \leqslant \lambda/4$ 时，则光学系统成像良好；$\omega \leqslant \lambda/10$ 时，光学系统的成像质量是完善的。

入射面 [incident surface]　在反射棱镜中，特指光线射入棱镜的平面。

日食 [solar eclipse]　又称日蚀。在月球运行至太阳与地球之间时发生。这时对地球上的部分地区来说，月球位于太阳前方，来自太阳的部分或全部光线被挡住，因此看起来好像是太阳的一部分或全部消失了。日食只在朔，即月球与太阳呈现合的状态时发生。日食分为日偏食、日全食、日环食。

日蚀 [solar eclipse]　即日食。

热致释光 [thermally stimulated luminescence]　简称热释光。受激发后的发光体在停止发光后，对其加热升温，又继续发光并逐渐加强的现象叫热释发光。但热能不是用来激发发光，而是释放光能的。加热使发光材料贮存的激发能逐渐释放出来。这种现象与发光材料中的电子陷阱相联系。可利用热释光现象在程序控温条件下测量由物质释放出来的

光与温度的关系。测得的光强对温度的关系曲线称为辉光曲线 (glow curve)。

热释光剂量计 [thermal luminescence dosimeter]　利用热致发光原理记录累积辐射剂量的一种器件。热释光剂量计将接收照射的这种剂量计加热，并用光电倍增管测量热释光输出，即可读出辐射剂量值。优点是即使搁置很长时间后，其读数衰减很少。此外，可制成各种形状的胶片佩章，以供个人剂量监测使用。原理就是一些晶体存在结构上的缺陷 (如 LiF)，当射线照射过后产生自由电子和空穴，后电子和空穴又被俘获 (自由电子被带俘获，空穴被激发能级俘获)，而把这些晶体加热后，被俘获的电子获得足够的能量逃逸出来与空穴结合，同时多余的能量以光辐射的形式释放出来，通过这样的原理就有了热释光剂量计计算剂量这个方法。

热激电导 [thermal stimulated conductivity]　又称热激电流。指热激发引起的电导性质的变化。热释光是由于热释陷阱电子进入导带后参与发光中心复合而产生，而陷阱电子热释进入导带必将使电导增加，会产生热激电导。

热激电流 [thermally stimulated current]　即热激电导。

热成像 [thermal imaging]　通过非接触探测红外能量 (热量)，并将其转换为电信号，进而在显示器上生成热图像和温度值，并可以对温度值进行计算的一种检测设备。

全反射 [total internal reflection]　光从光密介质 (折射率 n_1) 射向光疏介质 (折射率 n_2) 时 ($n_1 > n_2$)，折射角将大于入射角；当入射角为某一数值时，折射角等于 $90°$，发生全反射现象，此时的入射角称临界角 i_c。临界角是全反射过程的一个重要物理量，$\sin i_c = n_2/n_1$。

取景器 [finder]　摄影系统上通过目镜来监视图像的部分。包括光学取景器、TTL 取景器、电子取景器、俯视取景器、LCD 取景器、M 式取景器、五棱镜取景器、反射式取景器等。

球心 [enter of surface]　光学成像系统中，折射曲面的曲率中心常称为球心。

清晰像 [sharp image]　在理想光学系统成像时，物空间的任意一个点、线、面、体在像空间中都有唯一的点、线、面、体与之相共轭。然而对于立体空间经光学系统成像时，只有景像平面与对准平面共轭时，景像平面上能够成清晰像；在非共轭的景像平面上只能够得到一个截取的弥散斑。

倾斜误差 [tilt erro]　① 由于计量器具从它的正常工作位置倾斜而产生的示值变化；② 倾斜航空像片上的像点，相对该像片为水平像片的情况下，其对应像点的位置所产生的位移。

枪瞄镜 [gun sight lens of snooperscope]　一种光学瞄准镜。最主要功能是使用光学透镜成像，将目标影像和

瞄准线重叠在同一个聚焦平面上，即使眼睛稍有偏移也不会影响瞄准点。通常光学瞄准镜可以放大影像倍数，也有不放大倍数的。而可放大倍数的瞄准镜又可分固定倍数或可调倍数两类。

潜望棱镜 [periscope prism]　在潜望镜中的由一对 DI-90° 等腰棱镜组成的棱镜系统，能实现使物光经两次反射而折向眼中的功能。

前固定组 [front fixed group]　见光学补偿变焦系统。

谱线窄化技术 [line narrowing technique]　应用波长极窄的激光，可以选择激发发光固体材料中处于某一格位的激活剂，这样得到的谱线会比较狭窄，因为这时被激发的离子都应有同样的能级高度。这种方法称为谱线窄化技术。

普罗棱镜 [Porro prism]　一种复合反射棱镜，代号为 FP。普罗棱镜属于多光轴截面棱镜系统，在双筒观察望远镜中作为转向棱镜使用，不但具有倒像的功能，而且可以把一部分光路折叠在棱镜中以减小仪器的外形尺寸。

普罗Ⅰ型棱镜 [Porro Ⅰ prism]　由两个二次反射等腰直角棱镜相对放置而成，两个棱镜的主截面互相垂直。若物坐标为右手坐标系，通过普罗Ⅰ型棱镜后的像坐标呈左手坐标系。

普罗Ⅱ型棱镜 [Porro Ⅱ prism]　由两块一次反射直角棱镜和一块二次反射直角棱镜胶合而成，有三个光轴截面。若物坐标为右手坐标系，通过普罗Ⅱ型棱镜后的像坐标仍然呈右手坐标系。

平面系统 [plane surface system]　工作面为平面的光学元件或系统。根据工作原理的不同可分为平面折射元件 (如平行平板、折射棱镜、光楔等) 和平面反射元件 (如平面反射镜、反射棱镜等)。它们对物体没有放大缩小的功能，在光学系统中的主要作用是：改变共轴系统中光轴的位置和方向，形成一定的潜望高度或使光轴改变一定的角度；改变像的坐标实现转向；折叠光路以缩小仪器形体并减轻仪器重量；实现分光功能；通过器件扫描扩大系统的观察范围，实现分划计量、测微补偿等功能。

平均色散 [average dispersion]　在国产光学玻璃目录中，表示玻璃特性的一种光学常数。$D_n = n_F - n_C$，式中 n_F 为 λ=486.1nm 的 F 光折射率，n_C 为 λ=656.3nm 的 C 光折射率。

平行平板 [parallel plate]　在光学成像系统中的一种特殊元件，由相对两面平行的透明介质加工而成。可以等效成一个由两曲率半径无穷大的球面组成的透镜。

平场复消色差物镜 [flat field apochromatic lens] 一种典型的显微镜物镜，物镜的外壳上标有 "Plan APO" 字样。其在复消色差物镜的基础上还要校正场曲。

频谱 [frequency spectrum]　频率的分布曲线，复杂振荡分解为振幅不同和频率不同的谐振荡，这些谐振荡的幅值按频率排列的图形叫作频谱。广泛应用在声学、光学和无线电技术等方面。频谱是频率谱密度的简称。它将对信号的研究从时域引到频域，从而带来更直观的认识。

佩茨瓦尔场曲 [Petzval field curvature]　讨论像差时的概念。当像散为零，仍然存在的像场弯曲，称为佩茨瓦尔场曲。

浓度淬灭 [concentration quenching]　由于某些原因使发光材料发生非辐射跃迁，从而降低了发光效率的现象叫作淬灭。淬灭的原因可以各不相同，常见的有温度淬灭、浓度淬灭和杂质淬灭等。物理机制包括合作上转化 (cooperative up-conversion)、交叉弛豫 (cross-relaxation) 以及能级转化 (energy transfer) 等。浓度淬灭是指荧光激活剂的浓度高于某一值后发光效率反而降低的一种现象。

能量效率 [energy efficiency]　发光体发射的光能量与发光体吸收的能量之比，凡是被材料反射、散射或由于其他原因而损失的光都不计入。以 η_p 代表功率 (能量) 效率，以 P_f 和 P_x 分别表示发光功率和吸收功率，则 $\eta_p = \dfrac{P_f}{P_x}$。

内转换 [internal conversion]　有机分子都有 π 键，它的激发态和发光关系密切。在 π 电子的激发和跃迁过程中，发光大多是通过能级较低的单态跃迁回基态，很少有较高单态能级的跃迁发光。因为其能量通过无辐射跃迁转移到低能级单态的几率较大。这一无辐射过程化学家通称为内转换。

目视光学系统 [visual optical system]　接收器是人的眼睛的光学系统。该系统中的元件必须选用能透可见光波段透明材料。

目视光亮度计 [visual luminance meter]　用比较法测定光亮度的仪器。被测光亮度面与标准光亮度面通过陆末–布洛洪立方体产生比较光场，调节标准面的光亮度使其与被测面相同，从而由标准面的光亮度测定出被测面的光亮度。

摩尔消光系数 [molar extinction coefficient]　又称摩尔吸光系数。物质浓度为 1 摩尔/升时的吸光系数，用字母 ε 表示。当浓度用克/升表示时，摩尔消光系数在数值上等于吸收系数 α 与物质的分子量 M 之积，$\varepsilon = \alpha M$。

摩尔吸光系数 [molar extinction coefficient]　即摩尔消光系数。

摩擦发光 [triboluminescence]　某些固体受机械研磨、振动或应力时的发光现象。摩擦发光还泛指如下的发光过程：① 应变激发发光。压电固体在受到研磨或振动时发生应变，因压电效应产生高达 10 伏/厘米的局部场，场区因曾讷击穿产生电子空穴时，当它们复合时发出光来。也可能有一部分电子 (或空穴) 被陷阱俘获，然后热释发光，称为摩擦热释发光。② 有的半导体 (例如硅) 受机械力而断裂时，可见到蓝色闪光，它是由断裂的清洁表面上形成表面态以及载流子在表面态上的重新排列引起的，也可能是断裂表面间的弧光放电引起的发光。③ 摩擦发光还包括物体在高频声波作用下产生的发光现象，称为声致发光。例如液体受超声波作用产生类似旋涡中的空腔，使连续性的液体断裂，因此声致发光也可看作是物体因断裂引起的一种摩擦发光。

明适应 [photopia]　又称光适应。对光的感受性下降的变化现象。由暗处到亮处，特别是强光下，最初一瞬间会感到光线刺眼发眩，几乎看不清外界事物，几秒钟之后逐渐看清物品，这叫明适应。适应是通过瞳孔的自动增大和缩小完成的。适应一般要经历一段时间过程，最长可达 30min。

光适应 [photopia]　即明适应。

敏化剂 [sensitizer]　有些物质不能直接吸收某种波长的光，即对光不敏感，但若在体系中加入另外一种物质，该物质能吸收这种光辐射，并把光的能量传递给反应物，使反应物能够发生化学反应。所加入的这种物质就称为敏化剂，这样的反应称为光敏化反应。

敏化发光 [sensitized luminescence]　固体发光中两个不同的发光中心通过相互作用，将一个中心吸收的能量传递到了另一个中心，以致后一中心的发光得到加强的现象。前一中心称为敏化剂，后一中心称为激活剂 (又称为能量的施主及受主)。有时敏化现象也可通过从基质到激活剂的能量传递。敏化现象被广泛地用来提高吸收系数小的发光中心的发光效率，并调节发光的颜色。它还可以在一定程度上改变发光弛豫时间。在激光工作物质中也被用来提高效率。

漫反射 [diffuse reflection]　当一束平行光以一定的角度入射到粗糙表面，虽然各入射光线相互平行，但反射光线将向不同方向反射 (由于表面各点法线方向不同)，其反射光不再是平行光束，即发生漫反射现象 (也称漫射现象)。

列曼棱镜 [Lehman prism]　属于反射棱镜中的一种普通棱镜，代号 L。

量子阱 [quantum well, QW]　由两种不同的半导体材料相间排列形成的、具有明显量子限制效应的电子或空穴的势阱。量子阱的基本特征是：由于量子阱宽度 (只有当阱宽尺度足够小时才能形成量子阱) 的限制，导致载流子波函数在一维方向上的局域化，量子阱中因为有源层的厚度仅在电子平均自由程内，阱壁具有很强的限制作用，使得载流子只在与阱壁平行的平面内具有二维自由度，在垂直方向，使得导带和价带分裂成子带。如果势垒层很薄，相邻阱之间的耦合很强，原来在各量子阱中分立的能级将扩展成能带 (微带)，能带的宽度和位置与势阱的深度、宽度及势垒的厚度有关，这样的多层结构称为超晶格。具有超晶格特点的结构有时称为耦合的多量子阱。量子阱的制备通常是通过将一种材料夹在两种材料 (通常是宽禁带材料) 之间而形成的。比如，两层砷化铝之间夹着砷化镓。一般这种材料可以通过 MBE(分子束外延) 或者 MOCVD(化学气相沉积) 的方法来制备。

粒子数反转 [population inversion]　激光产生的前提。一个原子可以在不同的能级之间跃迁。在通常情况下，因为热力学的平衡态服从玻尔兹曼分布律，使得处于基态 (最低能级) 的原子数远远多于处于激发态 (较高能级) 的原子数，这种情况得不到激光。为了形成足够的激发辐射，得到激光，就必须用一定的方法去激发原子群体，使亚稳态上的原子数目超过基态上的。该过程称为粒子数的反转。例如，氦氖激光器中，通过氦原子的协助，使氖原子中的两个能级实现粒子数反转而获得激光。

棱镜的光轴长度 [optical axis length of prism]　光轴在棱镜内总的几何长度。

老花眼 [presbyopic eye]　又称老视。一种生理现象，不是病理状态，也不属于屈光不正，是人们步入中老年后必然出现的视觉问题。随着年龄增长，眼调节能力逐渐下降从而引起人们视近困难以致在近距离工作中，必须在其静态屈光矫正之外另加凸透镜才能有清晰的近视力，这种现象称为老视。老视眼的发生和发展与年龄直接相关大多出现在 45 岁以后，其发生迟早和严重程度还与其他因素有关，如原先的屈光不正状况、身高阅读习惯、照明以及全身健康状况等。

老视 [presbyopia]　即老花眼。

朗伯辐射体 [Lambert radiation]　又称均匀漫射面、均匀漫射体。凡是光亮度在各个方向均相等的发光面都可称为朗伯辐射体 (或余弦辐射体)。例如，黑体辐射器就是一个朗伯辐射体，黑体又称全辐射体，是一种理想辐射体。

拉格朗日不变量 [Lagrange invariant]　讨论近轴区单折射面成像特性时，在一对共轭平面内物高、物方介质折射率、物方孔径角三者之乘积与像高、像方介质折射率、像方孔径角三者之乘积相等，且是一个定值，常用字母 J 表示，称为拉格朗日不变量。

宽光束场曲 [wide beam field curvature]　针对轴外点的像场弯曲。

孔径角 [aperture angle]　从参考点朝着光学元件望去，光学元件的孔径所张开的角度。

空穴锁定层 [hole blocking layer]　又称阻挡层。OLED 器件的组成之一。起到抬高势垒，阻挡空穴穿透的作用。

阻挡层 [barrier layer]　即空穴锁定层。

空穴传输层 [hole transporting layer]　在 OLED 中，能使阳极注入的空穴有效地传输进入发光层的有机层。

有机发光二极管 [organic light-emitting diode, OLED]　又称有机电激光显示。1947 年美籍华裔教授邓青云在实验室中发现了有机发光二极体 (OLED)，由此展开了对有机发光二极管的研究，他也因此被称为 "OLED 之父"。有机发光二极管的基本结构是由一薄而透明具半导体特性之铟锡氧化物 (ITO)，与电力之正极相连，再加上另一个金属阴极，包成如三明治的结构。整个结构层中包括了：空穴传输层 (HTL)、发光层 (EL) 与电子传输层 (ETL)。当外加适当电压时，正极空穴与阴极电荷就会在发光层中结合，产生光亮，依其配方不同产生红、绿和蓝 RGB 三原色，构成基本色彩。有机发光二极管的特性是自己发光，不像 TFT、LCD 需要背光，因此可视度和亮度均高，其次是电压需求低且省电效率高，加上反应快、重量轻、厚度薄，构造简单，成本低等，被视为 21 世纪最具前途的产品之一。

有机电激光显示 [organic electroluminesence display]　即有机发光二极管。

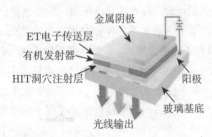

空间折转棱镜 [spatial deflecting prism]　反射棱镜中的一种普通棱镜，代号 K。

空间滤波器 [spatial filter]　滤波器是在时间–频率域上做处理的系统。空间滤波器指在空间–空间频率域上做处理的系统。指在光学资料存取及全像照像中，使影像中包含的特定空间频率成分加强、减弱或改变相位的器件。空间滤波器可以消除影像干扰。空间滤波器是由共焦点凸透镜组在其焦点位置放置一针孔 (直径 $10 \sim 20 \mu m$) 所组合而成。

可见度曲线 [visibility curve]　描述可见度的曲线。可见度又称能见度，指观察者离物体多远时仍然可以清楚看见该物体。气象学中，能见度被定义为大气的透明度，因此在气象学里，同一空气的能见度在白天和晚上是一样的。能见度的单位一般为米或公里。能见度对于航空、航海和陆上运输都非常重要。

凯涅尔目镜 [Kellner eyepiece]　图示为其光路原理。它由场镜和双胶合接目镜组成，像质优于拉姆斯登目镜。

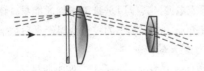

开普勒望远镜 [Keplerian telescope]　最早由德国科学家开普勒 (Johannes Kepler) 于 1611 年发明，由两个正光焦度的物镜和目镜组成，实现的望远系统。此望远系统成倒像。

均匀线宽 [homogeneous line-width]　对于一个自由的离子或原子，一个跃迁对应一条谱线 (对应特定波长)。然而我们通常所看到的光谱，无论稀土离子、气体、液体或固体的发光谱线，都有一定的宽度，而且谱线宽度会随温度变化，这称为均匀线宽。均匀线宽的起源是由于原子、离子、分子在非绝对零度下的无规振动，发光体受多普勒 (Doppler) 效应的影响而发生波长 (或频率) 的微小变化而造成的。

均匀色度标尺图 [uniform chromaticity scale diagram]　国际照明委员会 (CIE) 创建的目的是要建立一套界定和测量色彩的技术标准。其中包括白光标准 (D65) 和阴极射线管 (CRT) 内表面红、绿、蓝三种磷光理论上的理想颜色。为了从基色出发定义一种与设备无关的颜色模型，1931 年 9 月国际照明委员会在英国的剑桥市召开了具有历史意义的大会。CIE 的颜色科学家们试图在红绿蓝 (又称 RGB) 模型基础上，用数学的方法从真实的基色推导出理论的三基色，创建一个新的颜色系统，使颜料、染料和印刷等工业能够明确指定产品的颜色。CIE 1931 色度图是用标称值表示的 CIE 色度图，x 表示红色分量，y 表示绿色分量。E 点代表白光，它的坐标为 (0.33, 0.33)；环绕在颜色空间边沿的颜色是光谱色，边界代表光谱色的最大饱和度，边界上的数字表示光谱色的波长，其轮廓包含所有的感知色调。所有单色光都位于舌形曲线上，这条曲线就是单色轨迹，曲线旁标注的数字是单色 (或称光谱色) 光的波长值；自然界中各种实际颜色都位于这条闭合曲线内；RGB 系统中选用的物理三基色在色度图的舌形曲线上。

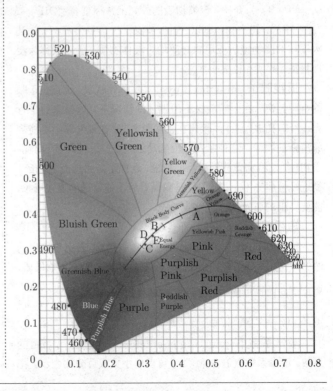

均匀介质 [homogeneous medium]　表征物质的光学性能参数 (如折射率等) 在介质中是一个与位置坐标无关的函数，则可称为均匀介质。

镜像 [mirror image]　由于平面反射镜的物像始终是对称的，若在平面镜的物空间取一右手系坐标，则经其反射看到的像坐标是一个左手系坐标。我们将这种物、像坐标不相似的像称为镜像或非相似像。一般情况下，物体经过奇数次反射成镜像，经过偶数次反射成相似像。

镜目距 [eye relief]　目镜后面的顶点到出瞳的距离，而相对镜目距是其与目镜焦距之比。

径向梯度 [radial gradient]　一类梯度折射率材料。梯度折射率材料根据其折射率分布形式分为四种：径向梯度、轴向梯度、球形梯度和层状梯度分布。

浸液物镜 [immersion lens]　显微镜的典型。物镜按物镜前透镜与盖玻片之间的介质分类有：

(1) 干燥物镜：镜检时，物镜前透镜与盖玻片之间以空气 ($n = 1$) 为介质。这类物镜最为常用，如 $40\times$ 以下的物镜，数值孔径均小于 1。

(2) 水浸物镜：一般有 "W" 标志，这些水浸系物镜同正立显微镜一起主要应用于生理学，如脑片等较厚样品的观察。镜检时，物镜前透镜与盖玻片之间是以水为介质的，宜用蒸馏水或生理盐水。

(3) 油浸物镜：即油镜头，其放大率为 $40\times \sim 100\times$。镜检时，物镜前透镜与盖玻片之间常以香柏油、无荧光油 ($n = 1.515$ 左右) 为介质。有时也用甘油 ($n = 1.450$)、石蜡油 ($n = 1.471$) 为介质。该类物镜的外壳上常标刻有 "OIL" 或 "HI" 字样，国产物镜刻以 "油" 或汉语拼音字头 "Y"。上述水浸与油浸物镜所应用的介质均为液体物质，所以又称为浸液物镜，数值孔径大于 1。

近视眼 [nearsighted eye]　又称**短视眼**。远点位于眼前有限距离。在眼睛放松不用调节的情况下，远处来的平行光线经瞳孔进入眼内，聚焦在视网膜之前，在视网膜上不能形成清晰的物像，这种屈光不正就是近视眼。近视眼要看清前方物体，需将物体移近或戴近视镜。近视眼是屈光概念，指一类近视性屈光不正，不仅仅是只能看近不能看远的近视现象，需要以眼的屈光学诊断为准。

短视眼 [myopia]　即近视眼。

焦深 [depth of focus]　按照瑞利判据，若离焦产生的波像差为 $W_0 = \frac{1}{2}n'u'^2_m \Delta l'_0 \leqslant \frac{\lambda}{4}$，则这一离焦量不影响像质。离焦可向前也可向后，故定义 $2\Delta l'_0$ 为焦深，则 $2\Delta l'_0 \leqslant \frac{\lambda}{\nu'^2_m}$。定义 $\Delta y' = 2\Delta l'_0 u'_m = \frac{\lambda}{\nu'_m}$ 为焦宽。

渐晕系数 [vignetting coefficient]　量度渐晕程度的系数。渐晕系数取值在 $[0, 1]$，可以用小数或百分比表示。在光学系统中，具体有线渐晕系数 K_ω 和面渐晕系数 K_A(或几何渐晕系数) 两种定义方式。线渐晕系数是指轴外物点发出的能通过光学系统的子午面内的成像斜光束在垂直于光轴方向上的宽度 D_ω，与轴上物点发出的能通过光学系统的子午面内的成像光束在垂直于光轴方向上的宽度 D 之比，并用 K_ω 表示，即 $K_\omega = \frac{D_\omega}{D}$。面渐晕系数是指轴外物点发出的能通过光学系统的成像斜光束在垂直于光轴方向上的截面积 A_ω，与轴上物点发出的能通过光学系统的成像光束在垂直于光轴方向上的截面积 A 之比，用 K_A 表示，即 $K_A = \frac{A_\omega}{A}$。面渐晕系数与线渐晕系数的关系：$K_A = K_\omega^2$。

极化激元 [polariton]　由于光子是横向电磁场的量子，光照射离子晶体时将激发横向的电磁场，从而对离子晶体中光频支横波振动产生影响，特别是当光子频率与横波光学模声子的频率相近时，两者的耦合很强，其结果将使光子与横波光学模声子的色散关系曲线都发生很大的改变，形成光子-横光学模声子的耦合模式，其量子称为极化激元。

激子 [exciton]　凝聚态物理中转移能量而不转移电荷的基本单位。激子描述了一对电子与空穴由静电库仑作用相互吸引而构成的束缚态，它可被看作是存在于绝缘体，半导体和某些液体中呈电中性的准粒子。半导体吸收一个光子之后就会形成一个激子。这个过程实际上是一个电子从价带激发到导带而留下一个处于固定位置带正电的空穴。此时，导带中的电子会受到空穴库仑力的吸引。吸引作用提供了能量平衡，使得激子体系的总能量略小于未束缚的电子和空穴的能量。束缚态的波函数是类氢的，属于奇异原子态，但这个束缚态的束缚能要比氢原子小许多，而激子的半径则比氢原子的要大。这是因为：一方面，半导体中存在相邻电子的库仑屏蔽；另一方面，电子和空穴构成激子的有效质量较小。

泵浦源 [pumping source]　又称激励源。通常实现粒子数反转要依靠两个以上的能级：低能级的粒子通过比高能级还要高一些的泵浦能级抽运到高能级。一般可以用气体放电的办法来利用具有动能的电子去激发激光材料，称为电激励；也可用脉冲光源来照射光学谐振腔内的介质原子，称为光激励；还有热激励、化学激励等。各种激发方式被形象化地称为泵浦或抽运。为了使激光持续输出，必须不断地 "泵浦" 以补充高能级的粒子向下跃迁的消耗量。激励源通常是激光器中的光源或电源，其作用是给工作物质能量 (该过程称为光抽运)，使介质中处于基态的粒子获得能量后被抽运到高能级，形成粒子数反转。

激励源 [exciting source]　即泵浦源。

激活剂 [activator]　发光材料主要由基质和激活剂组成，激活剂对基质起激活作用，并形成发光中心，其重量约占基质 $1/1000\sim 1/10000$，甚至 $1/100000$。周期表中大多数元素都可做激活剂，常用的有 Cu、Mn、Au 等。激活剂对发光性能具有重要作用，能够影响甚至决定发光的亮度、颜色以及其他特性。在半导体发光材料中，激活剂又称杂质或掺杂。

激发和退激发 [excitation and deexcitation]　在物理学中，激发是在任意能级上能量的提升。在物理学中有对于这种能级有专门定义：往往与一个原子被激发至激发态有关。一般来说，处于激发态的系统都是不稳定的，只能维持很短的时间：一个量子 (如一个原子) 在发生自发辐射或受激辐射后，只在能量被提升的瞬间存在，随即返回具有较低能量的状态 (一个较低的激发态或基态)。这种能量上的衰减一般被称为退激发 (deexcitation) 或衰变 (decay)，它是激发的逆过程。

基质 [host]　发光材料 (又称发光体) 是一种能够把从外界吸收的各种形式的能量转换为非平衡光辐射的功能材料。主要由基质和激活剂组成，此外还添加一些助溶剂、共激活剂和敏化剂。基质是发光材料的主要组分，约占重量的 90% 以上。单一或混合的化合物都可作基质。混合基质常使用具有同一晶型的物质，如 ZnS·CaS、CaS·SrS 等。

激基缔合物 [excimer]　在有机功能材料的光电特性中，激基复合物 (exciplex) 和激基缔合物 (excimer) 是非常独特的光物理和光化学现象。激基缔合物是两个同种分子或原子的聚集体，在激发态时两分子或原子作用较强，产生新的能级，发射光谱不同于单个物种，无精细结构。而在基态时作用较弱或无作用。依照两分子或原子在基态时有无作用，可将激基缔合物 (excimer) 分为动态 (dynamic) 激基缔合物和静态 (static) 激基缔合物。前者两分子或原子在基态时没有相互作用，其吸收光谱和激发谱无变化。当一个分子受到激发后，在其寿命内，与另一个基态的分子相遇结合，形成动态激基缔合物。后者两分子在基态时已经聚集，其吸收光谱和激发光谱的振动精细结构变宽且红移。通常芳香化合物和稀有气体易形成激基缔合物。

正弦差 [off sine condition]　若系统彗差不为零，可用相对彗差表示与等晕条件的偏离，称为正弦差。在光学设计中，对于小视场光学系统，可以把正弦差作为衡量彗差大小的指标。

会聚光学系统 [convergent optical system]　当光学系统的光焦度大于零，表示光学系统对入射光束起到会聚作用，称为会聚光学系统。

会聚光路 [convergent light path]　通过透镜把从不同角度射出的光线集中在一点上的光线路径。

黄斑 [yellowish spot]　是视网膜的一个重要区域，位于眼后极部，主要与精细视觉及色觉等视功能有关。一旦黄斑区出现病变，常常出现视力下降、眼前黑影或视物变形。

化学发光 [chemiluminescence]　物质在进行化学反应过程中伴随的一种光辐射现象，可以分为直接发光和间接发光。大多数放能的化学反应都能产生化学发光，有些反应发射可见光，很容易看见，但是多数的反应所发的光则是很弱的，而且多在红外线范围，不容易被观测。化学发光的微观过程是：反应生成的电子激发态、振动或转动激发态产物分子，通过自发辐射跃迁至较低能态而辐射光子。当反应产生振动或转动激发态产物时，往往发射红外线，而产生电子激发态产物时多有可见和紫外波段的化学发光。另外，有些化学反应产生的激发态分子与反应体系中的其他分子相互碰撞，后者被激发成为发射源，这样的光发射也属于化学发光。一般用光子产率来定量地描述化学发光的强弱，光子产率是反应中产生的激发态分子数与总的反应产物分子数之比。

弧矢像差 [sagittal aberration]　在球面折射成像系统中，包含主光线并与子午平面垂直的平面称弧矢平面。在弧矢平面定量确定的像差大小，称为弧矢像差。

弧矢彗差 [sagittal coma]　在球面折射成像系统中，包含主光线并与子午平面垂直的平面称弧矢平面。在弧矢平面定量确定的彗差大小，称为弧矢彗差。

后固定组 [back fixed group]　见光学补偿变焦系统。

虹彩 [iris]　眼睛结构中的虹膜。虹膜属于眼球中层，位于血管膜的最前部，在睫状体前方，虹膜中央有瞳孔。虹膜有自动调节瞳孔的大小，调节进入眼内光线多少的作用。

横模 [transverse mode]　激光谐振腔内光场沿横向的稳定分布，指激光束在腔内往返一个来回后能够再现其自身的一种光场分布状态。按对称性可将横模分为对称模和旋转对称模。激光器输出光束在观察屏上的投影光斑形状，直观地显示了横模的形式，一般用 TEM_{mn} 表示激光的横模模式，其中 TEM 表示横电磁波，m 和 n 分别表示光束横截面内沿 x 和 y 方向出现的暗区数目。在一般情况下，为了获得高质量的光束，都希望激光器工作在单模输出状态 TEM_{00}。

氦-氖激光器 [He-Ne laser]　研制成功的第一种气体激光器，也是最常用的一种，通常在可见光频段 (632.8nm) 工作，其他还有 1.1523μm 及 3.3913μm，但不常用。功率一般约数毫瓦，连续发光。因为制造方便、较便宜、可靠，所以使用较多。由于单色性好，相干长度可达数十米以致数百米。氦-氖激光器为四能级的激光器，四能级系统很容易实现粒子数反转，产生受激辐射。

海市蜃楼 [mirage]　简称蜃景。一种因光的折射和全反射而形成的自然现象，常在海上、沙漠中产生，是光线在延直线方向密度不同的大气层中，经过折射造成的结果，是地球上物体反射的光经大气折射而形成的虚像。海市蜃楼的种类很多：根据它出现的位置相对于原物的方位，可以分为上蜃、下蜃和侧蜃；根据它与原物的对称关系，可以分为正蜃、侧蜃、顺蜃和反蜃；根据颜色可以分为彩色蜃景和非彩色蜃景等等。

哈勃太空望远镜 [Hubble space telescope] 又称哈勃空间望远镜。以天文学家爱德温·哈勃命名,在轨道上环绕着地球的望远镜,它的位置在地球的大气层之上,因此影像不会受到大气湍流的扰动,视相度绝佳又没有大气散射造成的背景光,还能观测会被臭氧层吸收的紫外线。它于1990年成功发射,弥补了地面观测的不足,帮助天文学家解决了许多天文学上的基本问题,使得人类对天文物理有更多的认识。是天文史上最重要的仪器之一。

哈勃空间望远镜 [Hubble space telescope] 即哈勃太空望远镜。

过热发光 [hot luminescence] 电子与空穴在未弛豫到最低能量以前就复合所产生的发光。这是在激发密度很高的情况下在一定条件下才能观察到,在激光产生以后才开展的系统研究。关于过热发光的研究,证明发光也可以从比较高的振动能级起始,这在分时光谱中可得到直观的图像,反映出参与跃迁的声子结构。

过渡公式 [transition equation] 共轴球面系统的过渡公式。包括三组公式:① 任一面的物空间光学参数等于其前一面的像空间光学参数;② 截距过渡公式 (后一面物距与前一面像距的关系);③ 光线入射高度之间的关系式。将以上公式与单折射球面成像的相关公式配合,就能求出共轴球面系统最终像的大小和位置。拉格朗日不变量对整个光学系统各个面的物像空间都是量值不变的。

广角物镜 [wide-angle objective] 又称广角镜头。一种焦距短于标准镜头、视角大于标准镜头、焦距长于鱼眼镜头、视角小于鱼眼镜头的摄影镜头。广角最大的特点就是可以拍摄广阔的范围,具有将距离感夸张化、对焦范围广等拍摄特点。使用广角时可将眼前的物体放得更大,将远处的物体缩得更小,四周的图像容易失真也是它的一大特点。广角还能使图像中的任意一点都调节到最适当的焦距,使得画面更加清晰,也可以称之为完全自动对焦。广角数码相机的镜头焦距很短,视角较宽,而景深却很深,比较适合拍摄较大场景的照片,如建筑、风景等题材。

广角镜头 [wide-angle lens] 即广角物镜。

光致释光 [photo-stimulated luminescence] 又称光激励过程。由较长波的光 (如红光或红外线) 来释放已被激发过的材料中存留的电子而产生的发光,而不是长波长光本身能够激发发光。

光激励过程 [photo-stimulated luminescence] 即光致释光。

光致发光 [photoluminescence] 冷发光的一种,指物质吸收光子 (或电磁波) 后重新辐射出光子 (或电磁波) 的过程。从量子力学理论上,这一过程可以描述为物质吸收光子跃迁到较高能级的激发态后返回低能态,同时放出光子的过程。光致发光可按延迟时间分为荧光 (fluorescence) 和磷光 (phosphorescence)。

光照度 [illuminance] 表示单位面积上接收的光通量的大小,常用 E_v 表示。光照度的单位为 lx(勒克斯),lx 是由发光强度导出的单位,1lx 是 1lm 的光通量均匀分布在 $1m^2$ 面积上所产生的光照度,即 $1lx=1lm/m^2$,它体现被照明表面的明亮程度。

光学塑料 [optical plastic] 用来制造各种光学零件的塑料介质。由于光学塑料与光学玻璃具有良好的可塑成型工艺特性、重量轻、成本低廉等优点,采用光学塑料制造光学零件 (包括简单的照相透镜),特别是制造某些特种光学零件日益增多。光学塑料的折射率范围由 1.42 至 1.69,阿贝常数,$\gamma=65.3\sim18.8$。常用的典型塑料主要有甲基丙烯酸甲酯 (又称有机玻璃,英文缩写为 PMMA)、聚苯乙烯 (英文缩写为 PS)、聚碳酸酯 (英文缩写为 PC) 等。

反射光学材料 [reflective material] 主要用于反射光学元件加工制造的材料,通常都是在具有特定设计形状的抛光玻璃表面或在金属表面上镀以高反射率材料的薄膜。反射膜一般采用金属材料,常用的材料有铝 (Al)、银 (Ag)、金 (Ag) 等。其中铝是唯一的一种从紫外到红外都具有很高反射率 ($\rho\geqslant80\%$) 的材料,同时铝膜表面在大气中能生成一层厚度约为 5nm 的氧化铝 (Al_2O_3) 薄膜,使铝层得到保护,故膜层比较牢固、稳定,其应用比较广泛。除了金属材料可以作为反射材料外,多层介质材料也可以制作高反射膜层,利用多光束干涉原理,用高、低折射率材料交替镀膜,每层光学厚度为 $\lambda/4$ 的多层介质膜能够实现理论上可望接近 100% 的反射率。

光学密度 [optical density] 又称吸光度。物体吸收光线的特性量度,即入射光强与透射光强之比。光学密度常用光线通过溶液或某一物质前的入射光强度与该光线通过溶液或物质后的透射光强度比值的对数值表示。与光吸收概念相似,它用一个单独的数字而不是作为光谱的分布来表示;包括吸收和散射的光稀释作用;受不透明度和物体的厚度两个因素影响。

吸光度 [absorbance] 即光学密度。

光学晶体 [optical crystal] 用作光学介质材料的晶体材料。主要用于制作紫外和红外区域窗口、透镜和棱镜。按晶体结构分为单晶和多晶。由于单晶材料具有高的晶体完整性和光透过率,以及低的输入损耗,因此常用的光学晶体以单晶为主。

光学间隔 [optical separation] 前一个光组的像方焦点与后一个光组的物方焦点之间的轴向距离,其正负可由前一个光组的像方焦点为原点进行判断,即后一个光组的物方焦点位于前一个光组像方焦点的左侧为负,右侧为正。

滤光片 [optical filter]　见滤光器。

滤光器 [light filter]　能滤掉复合光中其他波长的光，而仅透过所需波长范围的光的光学器件。滤光器可用很多方法制成，常见的有利用有色玻璃、染色胶片或者充满有颜色溶液、气体的玻璃槽等形式的吸收型滤光器，以及利用光学薄膜干涉原理制成的干涉型滤光器。其中用有色玻璃或染色胶片制成的滤光器也称为滤色片/镜，广泛用于摄影、电气照明等领域。滤光片是一种常用的滤光器，按照其光谱波段分为：紫外滤光片、可见滤光片和红外滤光片；按照其膜层材料分为软膜滤光片和硬膜滤光片；按照其光谱特性通常分为带通滤光片、截止滤光片、分光滤光片、中性密度滤光片和反射滤光片。

截止滤光片 [cut-off filter]　能从复合光中滤掉全部长波或短波而仅仅保留所需波段范围的滤光片。分为短波截止滤光片和长波截止滤光片两种。前者可保留长波段，滤掉所有短波段辐射的光，后者则反之。

滤色片 [color filter]　见滤光器。

光学弛豫 [optical relaxation]　光物理过程可分为辐射弛豫过程和非辐射弛豫过程。辐射弛豫过程是指将全部或部分多余的能量以辐射能的形式耗散掉，分子回到基态的过程，如发射荧光或磷光；非辐射弛豫过程是指多余的能量全部以热的形式耗散掉，分子回到基态的过程。

光学补偿变焦系统 [optical compensation zoom lens]　变焦距光学系统的原理是焦距在一定范围内连续变化，其物像面保持不变。为使焦距改变而像面不动，一般利用物像交换原理。然而物像交换原理只能保证物镜在两个位置的像面固定不动，而物镜位置移动的过程中，像面将发生移动。为使像面保持不动，要对像面的移动进行补偿。按补偿的性质，分为光学补偿和机械补偿。不论是光学补偿还是机械补偿，通常都是由前固定组、变焦组和后固定组三部分组成。在光学补偿变焦系统中，所有移动透镜组一起做线性移动，其最大的优点是不需要设计偏心凸轮 (或其他机械补偿组机构)，然而这样的系统结构一般要比机械补偿系统长，而且随着焦距的改变，像平面会发生微位移。

光学玻璃 [optical glass]　最常用的透射光学材料，大部分折射光学元件都由光学玻璃制作而成。光学玻璃分为无色光学玻璃、耐辐射光学玻璃和有色光学玻璃。一般无色光学玻璃的透过波长范围为 $0.35\sim2.5\mu m$，超过此范围的光波会被玻璃强烈地吸收而成为非透明物质，特殊熔炼的光学玻璃可透过特定的光波段。折射率、平均色散、阿贝常数、部分色散、相对色散等是表示光学玻璃特性的常用光学参数。

光圈数 [F-number]　又称 F 数或 $F/\#$。光学成像系统中相对孔径 D_f 的倒数。$F/\#=1/D_f$。

光反馈 [optical feedback]　在激光器中，谐振腔对光束方向的选择，保证了输出激光具有极好的方向性。这个过程中，经谐振腔反射回来的光对工作物质的作用称为光反馈。

流明效率 [luminous efficiency]　在讨论发可见光的发光器件的发光效率时，很重要的参数是光度流明效率 η_l。它定义为发光体发出的总光通量 L 与消耗的功率 W 之比：$\eta_l = L/W$。流明效率是一个实用单位，在讨论发光机理时，绝不能用它来分析问题。

光电子学 [optoelectronics]　由光学和电子学相结合而形成的新技术学科。以光波代替无线电波作为信息载体，实现光发射、控制、测量和显示等。通常有关无线电频率的几乎所有的传统电子学概念、理论和技术，如放大、振荡、倍频、分频、调制、信息处理、通信、雷达、计算机等，原则上都可延伸到光波段。

光出射度 [irradiance]　一个描述光源发光特性的光度量。对于具有一定大小的面光源，其上不同位置的发光强度可能并不完全一致。在某点周围取一微小面积 dS，设其发出的光通量为 $d\Phi_v$(不考虑光源的辐射方向及辐射范围立体角的大小)，则该光源微小面元处的光出射度为 $M_v = \dfrac{d\Phi_v}{dS}$。光出射度用字母 M_v 表示，它表示光源单位面积内发出的光通量，光出射度单位为 lx(勒克斯)，与光照度的单位一致。光出射度与光照度其实是一对具有相同意义的物理量，只不过描述的对象有所不同，光出射度描述的是单位面积光源发出的光通量，而光照度描述的则是单位面积接收的光通量。由于光源可分为自身能够发光的一次辐射源和受其他光源照射后能够反射或散射入射其上的光通量的二次辐射源，因此光出射度的表示分为一次辐射源的光出射度 M_v 和二次辐射源的光出射度 M_o 两种略有不同的表示形式。$M_o = \dfrac{\rho\Phi_v}{S}$，$\Phi_v$ 为辐射到二次辐射源上的光通量，ρ 为该表面的反射率。

管道内窥镜 [borescope]　一般由控制器、升降台、摄像头、电缆、爬行器、照明几部分组成，遥控升降台调节摄像头的高度，爬行器可以穿越障碍物、自如转弯，遥控离合器可释放车轮收回爬行器。可配置无盲区旋转镜头或轴向固定彩色镜头，摄像头摄像并记录管道状况，并可携带其他检测装置对管道内部进行检测。

共激活剂 [coactivator]　发光材料的组成之一。共激活剂用于与激活剂协同激活基质，用量与激活剂相当。

功率效率 [power efficiency]　发射光的功率与输入或吸收功率之比。作为表征发光材料发光效率的量，通常在讨论电致发光、阴极射线发光时采用。

工作面 [working surface]　反射棱镜中，反射面、入射面、出射面都称为反射棱镜的工作面。

工作放大率 [working magnification]　在望远镜等目视光学仪器中，有效放大率是满足人眼极限分辨率要求的最小视觉放大率。然而，眼睛处于分辨率极限下观察物体时会使眼睛感到疲劳，故在设计望远镜时，一般视觉放大率比有效放大率数值大 2~3 倍，称为望远镜的工作放大率。

高斯像 [Gaussian image]　在由高斯光学确定的理想像平面上所成的物像。也指在实际光学系统成像时，近轴区域内所成的理想像。

高斯光学系统 [Gaussian optical system]　又称近轴光学系统。几何光学中研究共轴光学系统轴区成像规律的一个分支。1841 年德国天文学及物理学家高斯建立起来的。该系统能够对任意宽空间内的点以任意宽光束成理想像，是对实际光学系统的理想化和抽象化，能够将物空间的同心光束转换为像空间的同心光束，简单描述光学系统的物像关系，建立物像与系统之间的内在联系。

近轴光学系统 [paraxial optical system]　即高斯光学系统。

伽利略望远镜 [Galilean telescope]　意大利天文学家、物理学家伽利略于 1609 年发明的望远镜，是由正光焦度的物镜和负光焦度的目镜组成的望远系统。其视觉放大率大于 1，形成正立的像。

傅里叶分析 [Fourier analysis]　又称调和分析。分析学中自 18 世纪逐渐形成的一个重要分支，主要研究函数的傅里叶变换及其性质。傅里叶变换能将满足一定条件的某个函数表示成三角函数 (正弦或余弦函数) 或者它们的积分的线性组合。在不同的研究领域，傅里叶变换具有多种不同的变体形式，如连续傅里叶变换和离散傅里叶变换。最初傅里叶分析是作为热过程的解析分析的工具被提出的。

调和分析 [harmonic analysis]　即傅里叶分析。

傅里叶变换透镜 [Fourier transform lens]　光学信息处理是研究以二维图像作为媒介来进行图像的识别、增强与恢复、传输与变换、功率谱分析和全息术中的傅里叶全息存储等。而担任上述任务的数学运算是傅里叶变换，满足一定条件的光学成像透镜就具备这种二维图像的傅里叶变换特性，称为傅里叶变换透镜。① 傅里叶变换透镜必须对两对共轭位置控制除畸变以外的全部像差：一对是以输入面处衍射后的平行光束作为物方，对应的像方是频谱面；一对是以输入面作为物体，对应的像在像方无穷远。②傅里叶变换透镜在后焦面上反映了输入面的频谱信息，所以又称为频谱面，而且对频谱的线性要求严格。③傅里叶变换透镜必须满足正弦条件。

复振幅 [complex amplitude]　出于数学计算的需要引入的物理概念。以沿 $+x$ 方向传播的一维平面简谐波为例，其波动方程为 $\psi(x,t) = A\cos(\omega t - kx)$，引入波动方程的复数表示：$\psi(x,t) = A\exp[\pm i(\omega t - kx)]$，$\omega$ 表示角频率，t 代表时间，k 代表波矢，x 代表位移，A 代表实际振幅。引入复振幅概念：$U(x) = A\exp(\pm ikx)$，复振幅的引入，会使很多计算简化。例如波的叠加和微积分运算。振幅绝对值的平方正比于波的强度：$|A|^2 = \psi \cdot \psi^* = U \cdot U^*$，其中 ψ^* 代表波函数 ψ 的共轭。

复消色差物镜 [apochromatic objective]　一种典型的显微镜物镜，在消色差物镜的基础上还要校正二级光谱。复消色差物镜的结构复杂，透镜采用了特种玻璃或萤石等材料制作而成，物镜的外壳上标有 "Apo" 字样，这种物镜不仅能校正红绿蓝三色光的色差，同时能校正红、蓝二色光的球差。由于对各种像差的校正极为完善，比响应倍率的消色差物镜有更大的数值孔径，这样不仅分辨率高，像质优而且也有更高的有效放大率。复消色差物镜的性能很高，适用于高级研究镜检和显微照相。完善的复消色差物镜最早由蔡司制造。

复合发光 [complex luminescence]　一般指半导体晶体发光。指半导体中导带电子和价带空穴复合的光发射。基质本身吸收光，激发必定产生载流子，因而伴随光电导。决定材料的发光光谱的是整个晶体的能谱而不是离散杂质的能级。复合发光衰减复杂，远远偏离指数式。

符号规则 [sign convention]　在高斯光学系统中，通过讨论单折射面的光路计算及折射面之间的过渡问题从而得到整个系统的成像规律。符号规则是对光路方向、长度量、角度量的符号作的明确规定。

峰谷比 [peak to valley, PTV]　光学系统像质评价时，瑞利准则是从光学系统物点像的波前变形来研究光学系统的成像质量。瑞利提出，如果光学系统的波像差满足 $\omega \leqslant \lambda/4$ 时，则光学系统成像良好；$\omega \leqslant \lambda/10$ 时，光学系统的成像质量是完善的。瑞利判断仅考虑光学系统的最大波像差，即峰谷比。

分立中心发光 [discrete center luminescence]　一般指绝缘晶体发光。指发射光来自晶体中相对孤立的原子、离子、离子复合体，也包括分子晶体或溶液中的分子或络合物。基质晶格对发光的影响可以当成微扰处理。一般情况下，分立中心发光的衰减是指数式的；发光中心可以直接也可以间接被激发；当中心被直接激发时，电子一般不离开中心，因此发光不伴随光电导。

非球面 [aspherical surface]　指偏离球面的曲面。在像差校正时，可以将透镜的折射面设计成非球面，典型的有椭圆面 (ellipsoid)、双曲面 (hyperboloid) 和旋转抛物面 (paraboloid) 等二次旋转曲面。

非均匀宽化 [inhomogeneous broadening]　在固体发光材料中，同一种激活剂所受到的晶格的影响有细微差别，这种差别导致的发光谱线的宽化，在发光术语中，称为非均匀宽化。

放射线发光 [radioluminescence]　由各种射线如 α、

β、γ 等核辐射以及 X 射线激发的发光。

反远距型物镜 [reversed-telephoto lens] 　一种短焦距物镜。使用该物镜可以获得较大的视场。它具有短焦距、大视场和较长的后工作距离（指系统最后一面到像平面之间的距离）的特点。它的基本结构是由负的前组透镜组和正的后组透镜组构成，属于双光组系统。前组透镜负担了较大的视场，后组透镜负担了较大的孔径。

反射率 [reflectance] 　当光以一定的角度入射到两种介质分界面上时，会同时发生反射和折射。反射光能量与入射光能量之比被称为反射率或反射比。

透射率 [transmittance] 　当光以一定的角度入射到两种介质分界面上时，会同时发生反射和折射。折射光能量与入射光能量之比被称为透射率或透射比。

反射棱镜的展开 [unfolding of reflective prism] 　由于棱镜在光学系统中具有折转光路及转向的作用，棱镜中既有反射面又有折射面，因此探讨棱镜的成像特性相对复杂。若能够设法将反射面的作用去掉，只研究棱镜的折射特性就会实现问题简化，棱镜的展开就是为了实现此种目的而采用的一种研究方法。反射棱镜的展开就是用一块相同厚度的玻璃平板取代棱镜的过程，当光线入射到棱镜时将以直线而不是折线经过平板玻璃，从而使问题得以简化。

反 Stokes 发光 [anti-Stokes luminescence] 　又称反 Stokes 效应。光致发光的光谱一般出现在比吸收光能量更低（长波长）处，这种现象称为 Stokes 效应。但是在极其特殊的情况下，会出现发光波长短于吸收波长的现象，然而发光效率极低，这种现象称为反 Stokes 发光。

发散角 [divergence angle] 　高斯光束的截面半径轨迹为一对双曲线，双曲线的渐近线可以表示高斯光束的远场发散程度。高斯光束的孔径角为 $\tan\theta = \dfrac{\lambda}{\pi\omega_0}$，其中 θ 称为高斯光束的发散角。

发散光学系统 [divergent optical system] 　当光学系统的光焦度小于零，表示光学系统对入射光束起到发散作用，称为发散光学系统。

发光学 [luminescence] 　当某种物质受到诸如光的照射、外加电场或电子束轰击等的激发后，只要该物质不会因此而发生化学变化，它总要回复到原来的平衡状态。在这个过程中，一部分多余的能量会通过光或热的形式释放出来。如果这部分能量是以可见光或近可见光的电磁波形式发射出来的，就称这种现象为发光。对于各种发光现象，可按其被激发的方式进行分类：光致发光、电致发光、阴极射线发光、X 射线及高能粒子发光、化学发光和生物发光等。发光材料能够发出明亮的光，而其温度却比室温高出不多，因此发光又被称为"冷光"。光辐射有平衡辐射和非平衡辐射两大类，即热辐射和发光。任何物体只要具有一定的温度，则该物体必定具有与此温度下处于热平衡状态的辐射（红光、红外辐射）。非平衡辐射是指在某种外界作用的激发下，体系偏离原来的平衡态，如果物体在回复到平衡态的过程中，其多余的能量以光辐射的形式释放出来，则称为发光。因此发光是一种叠加在热辐射背景上的非平衡辐射，其持续时间要超过光的振动周期。热辐射是平衡辐射，只与物体温度有关而与物质种类无关；发光是一种非平衡辐射，反映发光物质的特性。

发光衰减 [decay of luminescence] 　发光材料的发光强度在激发停止后随时间的衰减现象。发光材料在外界激发下发光，当激发停止后，发光持续一定时间，这是发光与其他光发射现象的根本区别。在持续时间内发光强度按一定规律衰减，这一过程称为发光衰减、发光弛豫或发光余辉衰减过程，它反映发光中心处于激发态的平均寿命。余辉持续时间的长短是评价和应用发光材料的重要依据。发光的衰减规律比较复杂，其中有两种常见的衰减形式：指数衰减律和双曲线衰减律。但常见的衰减过程是两者的混合或更为复杂的过程，它们各自反映的发光过程可以分别用分时光谱技术分析研究。

发光二极管 [light emitting diode, LED] 　简称 LED。一种能发光的半导体电子元件。由镓、砷、磷、氮、铟的化合物制成的二极管，当电子与空穴复合时能辐射出可见光，因而可以用来制成发光二极管。在电路及仪器中作为指示灯，或者组成文字或数字显示。磷砷化镓二极管发红光，磷化镓二极管发绿光，碳化硅二极管发黄光，铟镓氮二极管发蓝光。这种电子元件早在 1962 年出现，早期只能发出低光度的红光，之后发展出其他单色光的版本，时至今日能发出的光已遍及可见光、红外线及紫外线，光度也提高到相当的光度。而用途也由初时作为指示灯、显示板等；随着技术的不断进步，发光二极管已被广泛的应用于显示器、电视机采光装饰和照明。

发光层 [emitting layer] 　有机发光二极管（OLED）器件的关键组成部分。电子从阴极注入到电子传输层，同样，空穴由阳极注入进空穴传输层，它们在发光层重新结合而发出光子。

二级光谱 [secondary spectrum] 　在 ZEMAX 位置色差曲线中的概念。因像的位置是波长的函数，故不可能对所有的波长校正色差。位置色差一般指轴上点宽光束的像差，故也只能在某一带校正色差，一般取 $0.707h_m$ 带。但两色光的交点与 D 光球差曲线并不相交，此交点到 D 光曲线的轴向距离称为二级光谱。

对准精度 [aligning accuracy] 　一种表达眼睛视觉能力的参数，是指在垂直于视轴方向上的重合或置中过程的精度。对准后，偏离置中或重合的线距离或角距离称为对准误差，表示了对准精度的大小。

对称式系统 [symmetric system] 　一种典型的光学

成像系统。光学系统中结构完全对称于孔径光阑，分为前、后两部分，以达到系统的垂轴像差自动校正的效果。例如双高斯照相物镜。

对比度 [contrast]　一幅图像中明暗区域最亮的白和最暗的黑之间不同亮度层级的测量，差异范围越大代表对比越大，差异范围越小代表对比越小。在暗室中，白色画面 (最亮时) 下的亮度除以黑色画面 (最暗时) 下的亮度。更精准地说，对比度就是把白色信号在 100% 和 0% 的饱和度相减，再除以用 lx (光照度，即勒克斯，每平方米的流明值) 为计量单位下 0% 的白色值 (0% 的白色信号实际上就是黑色)，所得到的数值。对比度是最白与最黑亮度单位的相除值。因此白色越亮、黑色越暗，对比度就越高。对比度严格来讲我们指的对比度是屏幕上同一点最亮时 (白色) 与最暗时 (黑色) 的亮度的比值，不过通常产品的对比度指标是就整个屏幕而言的。

对比度分辨率 [contrast resolution]　人眼对比度的灵敏度。可用韦伯定律描述，即感觉的差别阈限随原来刺激量的变化而变化，而且表现为一定的规律性，用公式来表示，就是 $\Delta I/I = K$ (其中，I 为原刺激量，ΔI 为此时的差别阈限，K 为常数，又称为韦伯比)。人眼的韦伯比大约 0.02。

顶点 [vertex of surface]　光学成像系统中，通常将主光轴与折射曲面的交点称为顶点。

点列图 [spot diagram]　又称弥散圆、点扩散函数 PSF。实际光学系统成像，不同视场的物点经光学系统形成的像。

弥散圆 [circle of confusion]　即点列图。

等晕条件 [isoplanatic condition]　实际光学系统对对轴上点校正球差只能使某带球差为零，其他带仍存在球差。故除齐明点之外，当物体位于其他位置时，校正了彗差，使轴外点和轴上点有相同的球差值，即有相同的弥散斑，称为等晕成像，这就是等晕条件。

等腰棱镜 [isosceles prism]　属于反射棱镜中的一种普通棱镜，代号 D。

等效空气层 [equivalent air layer]　在光学系统中进行光路计算时引入的概念，目的是为了对平行平板进行简化。所谓等效是指同一入射光线：在入射表面上的投射高度相同，在出射表面上的投射高度也相同；出射光线的传播方向相同；像面到出射表面的距离相等；像的大小相等。因此，一定厚度的平行平板与相应厚度的空气层对光线的作用效果等价，我们称该空气层为平行平板的等效空气层，当光线通过这个空气层时，不发生折射而是沿直线射出。

道威判断 [Doves judgment]　显微镜的分辨率以能分辨的物方两点间最短距离 σ 来表示。瑞利判断公式：$\sigma = \dfrac{\sigma}{\beta} = \dfrac{0.061\lambda}{n\sin u} = \dfrac{0.61\lambda}{NA}$。道威判断公式：$\sigma = 0.85a/\beta = 0.5\lambda/NA$。

两者关系：瑞利分辨率标准是比较保守的，因此通常以道威判断给出的分辨率值作为光学系统的目视衍射分辨率，或称作理想分辨率。

单色像差 [monochromatic aberration]　单色光成像产生的性质不同的五种像差，即球差、彗差、像散、场曲和畸变，统称为单色像差。

像差校正 [aberration correction]　从像差曲线上可以找出主要是哪些像差影响光学系统的成像质量，从而找出改进的办法，叫作像差校正。一般来说，光学系统的高级像差是无法校正的，我们只能把它降到允许的范围内，然后改变初级像差的符号和数量，把初级像差和高级像差降到最小，使系统达到尽可能好的成像质量。有时某种像差无法校正，需要用其他像差来补偿，所有这些做法称为像差平衡。

像差容限 [tolerance for aberration]　人为总结的用于评价光学系统像质的一系列几何像差公差。当相差处在这些像差容限内，设计和实际得到较好的一致。部分经典光学系统的像差容限如下表所示：

初级球差	$\delta L'_m \leqslant \dfrac{4\lambda}{n'\sin^2 U'_m}$
边缘球差校正为零的最大剩余球差	$\delta L'_{0.7h} \leqslant \dfrac{6\lambda}{n'\sin^2 U'_m}$
弧矢慧差	$K'_s \leqslant \dfrac{\lambda}{2n'\sin^2 U'_m}$
正弦差	$SC' \leqslant \dfrac{\lambda}{2n'y'\sin U'_m}$
位置色差	$L'_{FC} \leqslant \dfrac{\lambda}{n'\sin^2 U'_m}$
波色差	$W_{FC} \leqslant \dfrac{\lambda}{4}$

在经典系统之外的新型光学系统则只能通过试制和实际经验解决，因其工作性能可能与像差无直接数量关系。

放大率色差 [chromatism of magnification]　又称倍率色差、横向色差。光学系统的放大率随折射面间介质的折射率变化而引起的，即两种色光会使同一物体的大小不等。放大率色差的存在，使物体像的边缘呈现颜色，影响像的清晰度。

倍率色差 [ratio chromatism]　即放大率色差。

横向色差 [lateral chromatic aberration]　即放大率色差。

龙基光栅 [Ronchi grating]　又称龙基刻线。以意大利物理学家龙基 (Vasco Ronchi) 的名字命名的光栅。一般采用光刻的方法，在玻璃基底上镀金属铬膜形成格栅，其中不透明的线条宽度大约是线距的 1/2。龙基光栅具有极高的边缘清晰度和对比度，主要用来进行确定镜面的形状，检测光学分辨率、长畸变以及等焦距的稳定性，也可以作为光栅来产生干涉图样。

龙基刻线 [Ronchi grating]　即龙基光栅。

掠入射 [grazing incidence]　当入射波方向与分界面近似平行时，称为掠入射。一般用入射波与分界面之间的夹角，即 90° 减去入射角，称为掠入射角来描述掠入射情形。在光学中，当光波从光疏介质掠射向光密介质时，反射过程中会产生半波损失。

出瞳距 [eye relief]　出瞳与系统最后一个折射面之间的距离。目视光学系统中往往将出瞳距称为镜目距，目视光学系统的出瞳一般在外。由于观察系统时，眼睛瞳孔应该与出瞳相重合，为了避免眼睫毛与目镜最后一个折射面相接触，故而系统的出瞳距一般不能短于 6mm。

出射面 [emerging surface]　在反射棱镜中，特指光线射出棱镜的平面。

成像光学系统 [imaging optical system]　以成像为目的的光学系统。传统的几何光学是以提高光学系统的成像质量为宗旨的学科，它所追求的是如何在焦平面上获得完美的图象。一般的传统光学的途径是将问题看作设计一个 NA（数值孔径），数值孔径与其他技术参数有着密切的关系，它几乎决定和影响着其他各项技术参数。它与分辨率成正比，与放大率成正比，与焦深成反比，NA 值增大，视场宽度与工作距离都会相应地变小。

光具组 [optical system]　由若干个反射或折射面组成的光学系统。

场致发光 [electroluminescence, EL]　又称电致发光。将电能直接转换为光能的发光现象。由于场致发光是在电场激发下的产生的，通常也将场致发光称为电致发光。

电致发光 [electroluminescence]　即场致发光。

部分色散 [partial dispersion]　在国产光学玻璃目录中，表示玻璃特性的一种光学常数。指任意一对谱线 λ_1、λ_2 的折射率之差，即 $n_{\lambda 1} - n_{\lambda 2}$。

不晕透镜 [aplanatic lens]　对于球面镜，存在三对无球差的不晕点或齐明点。当透镜的两个折射面都满足无球差条件时，称为不晕（齐明）透镜。

波面 [wave front]　由光源发出的电磁波可看作以波面的形式传播，在某一时刻，其振动相位相同的各点所构成的曲面称为波面（等相位面）。

别汉屋脊棱镜 [Pechan roof prism]　由一块斯密特屋脊棱镜和一块半五棱镜组合而成，由于在棱镜中折叠了很长一部分光路，常用于长焦距物镜的转向。

别汉棱镜 [Pechan prism]　属于反射棱镜中的一种复合棱镜，代号 FB。

标准亮度面 [standard luminance surface]　在目视光亮度计中的作为亮度比较的标准面。

变焦组 [variable power group]　见光学补偿变焦系统。

变焦物镜 [zoom lens]　焦距在一定范围内可连续变化的物镜。对一定距离的物体其成像的放大率也在一定范围内连续变化，但系统的像面位置保持不变。变焦系统由多个子系统组成，焦距变化是通过一个或多个子系统的轴向移动、改变光组间隔来实现的。通常把系统中引起垂轴放大率发生变化的子系统称为变倍组，相对位置不变的子系统称为固定组。一般情况下，系统中第一个子系统是固定组，最后一个子系统是固定组。前固定组为变倍组提供一个固定且距离适当的物面位置，后固定组提供一个固定且距离适当的后工作距离。

变倍组 [variator]　见变焦物镜。

变倍比 [zoom ratio]　在变焦距光学系统中，最大焦距和最小焦距的比值。

边缘光线 [marginal ray]　又称远轴光线。在光学成像系统中，指通过透镜光阑的边缘的、远离光轴的光线。

远轴光线 [marginal ray]　即边缘光线。

半五棱镜 [semi-pentaprism]　属于反射棱镜中的一种普通棱镜，代号 B。

半高宽 [full width at half maximum, FWHM]　又称半高全宽度、半峰宽。吸收（或发射）谱带高度最大处高度为一半时谱带的全宽，即峰值高度一半时的透射（或发射）峰宽度。

半高全宽度 [FWHM]　即半高宽。

半峰宽 [FWHM]　即半高宽。

暗适应 [scotopia]　当从明亮的地方走进黑暗的地方，人的眼睛就会什么也看不见，需要经过一会，才会慢慢地适应，逐渐看清暗处的东西，其间视网膜的敏感度逐渐增高的适应过程，就是暗适应，也就是视网膜对暗处的适应能力。适应是通过瞳孔的自动增大和缩小完成的。适应一般要经历一段时间过程，最长可达 30min。

阿贝棱镜 [Abbe prism]　属于反射棱镜中的一种复合棱镜，代号 FA。

阿贝常数/平均色散系数 [Abbe number]　在光学玻璃目录中，表示玻璃色散特性的一种光学常数，被定义为 $V_D = \dfrac{n_D - 1}{n_F - n_C}$ 其中 n_D, n_F 和 n_C 分别是玻璃在夫琅禾费谱线 D，F 和 C（即 589.3nm，486.1nm 和 656.3nm）处的折射率。

Stokes 定则 [Stokes law]　又称Stokes 效应。光致发光的光谱一般出现在比吸收光能量更低（长波长）处，这种现象称为 Stokes 定则。被光激发后物质的电子在从激发态回到基态发光之前，会与周围的原子发生作用使其激发能的一部分以热等其他形式发生不是辐射的能量移动而引起失活，因此产生能量差。这种激发光与发光之间的能量差称为 Stokes 位移。

Stokes 效应 [Stokes effect]　即Stokes 定则。

Davydov 分裂 [Davydov splitting]　有机固体发光时，由于在一个单胞中有一个以上的非等效格位，而与每种格位相对应的分子能量各不相同导致的能态分裂。对应一个能级就有两个能量稍有不同的能级。通常 Davydov 分裂的大小，单态约有几百波数 (cm^{-1})，三重态则只有几十波数。

陷光效应 [light trapping]　半导体发光材料的折射率通常较大，因此不是所有的光发射都能到达材料外部，有一部分光在半导体内部经无数次全反射而消耗掉了，被称为陷光效应。

迈克耳孙测星干涉仪 [Michelson stellar interferometer]　利用干涉条纹的可见度随扩展光源的线度增加而下降的原理，将恒星看作一个平面非相干光源，从而来测量恒星的角直径的干涉仪。它的概念首先由美国物理学家迈克耳孙和法国物理学家斐索在 1890 年提出，而迈克耳孙和美国天文学家皮斯于 1920 年在威尔逊山天文台使用它首次测量了恒星的角直径。其基本光路如图所示，其中两平面镜 M_1、M_2 的间距 D 是可调的，相当于扩展光源的线度，而平面镜 M_3 和 M_4 的位置固定，间距为 d。当有星光入射到干涉仪上时，两组平面镜所构成的光路是等光程的，从而会形成等间距的干涉直条纹，条纹间距为 $\Delta x = \dfrac{\lambda f}{d}$，这里 f 是望远镜的焦距。当 M_1、M_2 靠得很近时干涉条纹的可见度接近 1，随着两者间距增加可见度会逐渐下降为 0。如果认为恒星是一个角直径为 2α，光强均匀分布的圆形光源，其可见度函数为 $v = \dfrac{2J_1(u)}{u}$，其中 $u = 2\pi\alpha D/\lambda$，$J_1(u)$ 是贝塞尔函数。随着逐渐增加平面镜 M_1 和 M_2 之间的距离 D，当满足下面关系时，可见度首次降为零：$D = 1.22\dfrac{\lambda}{2\alpha}$。利用这个装置，曾第一次成功地测量了"参宿四"(猎户座 α) 星的角直径为 0.047 弧秒。

明场 [bright field]　入射光通过聚光镜 (透明材料) 或物镜 (不透明材料或半透明材料) 垂直照射到样品上，照亮样品的光透过样品或经样品表面反射经过物镜头放大成像，再通过目镜放大被人眼观察。因为大部分的光会进入目镜，因此整个图像的视野是明亮的，故称为明场。

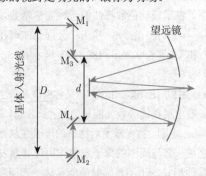

抛物面镜 [parabolic mirror]　反射面不是平面、也不是球面而是抛物面的曲面镜。根据受光面的凹凸，各分为凹凸两种。抛物面镜能将所有平行光轴的光束会聚到焦点，反之使从焦点发出的光线，经反射后成平行光束，所以常用于探照灯、汽车灯和一些大型反射式望远镜。

抛物柱面镜 [cylinder parabolic mirror]　反射面是圆柱抛物面的一部分，可将入射的平面波沿轴向变换为球面波会聚到焦点的反射镜。相反，由一个放置在抛物柱面镜焦点处的点光源产生的球面波被反射成一束沿轴向传播的准直光束。常用于太阳能聚光器等应用中。

平场透镜 [field flattening lens]　对于单色光成像，像面为一平面，整个像面上像质一致，且像差小，无渐晕存在的透镜。对于一定的入射光偏转速度对应着一定的扫描速度，因此可用等角速度的入射光实现线性扫描。其入射光束的偏转位置一般置于物空间前面焦点处，像方主光线与光轴平行，可在很大程度上实现轴上、轴外像质一致，并提高照明均匀性，被大量应用激光标记系统中。

平行光束 collimated light]　见平面波。

平面波 [planar wave]　在传播过程中，其波前是一系列相互平行的平面的波。光波中光线和波面垂直，所以平面波的光线可以看作是平行的，即平行光束。但实际中并不存在平面波，仅在一些远场问题分析时，可将球面波看作是平面波。

全外反射 [total external reflection]　一种光学现象，指在某些角度下，电磁波可以从两种不同介电常数的媒质构成的分界面被全部反射。当第一种媒质折射率比第二种媒质大时，如光从水下入射到水和空气界面时，就可能发生全内反射。然而，所有材料对于 X 射线的折射率都略小于 1，这势必使得 X 射线只可能从真空以小掠射角掠入射到材料表面时才发生全反射。因为这种全反射发生在材料的外部，所以称为全外反射。

折射光学 [dioptrics]　又称屈光学。几何光学的一个分支，和反射光学相对应，主要研究光的折射行为，尤其是光经过透镜或屈光系统的折射成像。例如，通过凸透镜 (折射镜) 成像的望远镜被称为折射望远镜。

屈光学 [dioptrics]　即折射光学。

光闸 [optical shutter]　又称快门。照相机中控制曝光时间的重要部件。快门时间越短，曝光时间越少。也可用于对光波进行周期性调制，在锁相放大技术中有广泛运用。

快门 [optical shutter]　即光闸。

自适应光学 [adaptive optics]　1953 年巴布柯克 (Babcok) 提出自适应光学的概念，20 世纪 80 年代进入实用阶段。它是一门集科学性和工程性为一体的综合学科，研究实时自动改善光波波前质量的理论、系统、技术和工程。自适应光学系统按补偿波前畸变的原理可分为校正式和非线性光学式两大类，按使用要求又可分为像式和发射激光式两类。

目前已有一些自适应光学系统应用在天文和军事领域中，使光学观测能力达到了接近衍射极限的水平。

光折射率椭球 [refraction index ellipsoid]　用光的电磁理论来说明双折射现象，从电磁理论可知电场在介质中产生电位移矢量 D，$D = \varepsilon E$，ε 是个标量。不过在双折射晶体中 D 和 E 的方向通常是不同的，只有在三个特殊的互相垂直的方向上是相同的，用 x、y、z 表示这三个方向则 $D_x = \varepsilon_x E_x$，$D_y = \varepsilon_y E_y$，$D_z = \varepsilon_z E_z$。在光频范围内 $\varepsilon = n^2$，故 $\varepsilon_x = n_x^2$，$\varepsilon_y = n_y^2$，$\varepsilon_z = n_z^2$。光在晶体中的传播可用一椭球表示，方程为 $\dfrac{x^2}{n_x^2} + \dfrac{y^2}{n_y^2} + \dfrac{z^2}{n_z^2} = 1$。晶体内沿任何方向传播的光，其速度和振动方向都可以从这椭球得出。

光致二向色性 [photo-induced dichroism]　光致各向异性的一种，指某些各向同性的感光材料在偏振光的诱导下产生二向色性的现象。

蝇眼透镜 [fly lens]　模仿苍蝇的"复眼"设计的一种微透镜阵列，一般由几百或者几千块小透镜整齐排列组合而组成。不仅具有传统透镜的聚焦、成像等基本功能，而且具有单元尺寸小、集成度高的特点，使它能够完成传统光学元件无法完成的功能，并能构成许多新型的光学系统，在未来光通信、光传感、光信息、光伏、光显示与照明等系统中有广泛而重要的应用。

6.7　集成光学

集成光学 [integrated optics]　电子学和激光技术相结合的一门学科，与电子学的集成电路相似，集成光学是把各种光学模拟块集合在集成电路那样大小的衬底上。光学模拟块包括薄膜器件，例如调制器、方向耦合器、开关、光学双稳态器件、透镜、模拟/数字转换器、谱分析器等。这样无需担心震动、元件之间的耦合、温度、灰尘或潮湿。很小的一块器件就可以有多种功能，同一集成光学元件可以作调制器、开关或方向耦合器用。集成光学实际上是研究平面光学器件和平面光学系统的理论、技术与应用。其理论基础是导波光学，技术基础是薄膜技术和微电子技术。当前主要是研究和开发光通信、光传感、光信息处理和计算机所需的多功能、稳定可靠的光集成回路，特别是光电集成回路。

导波光学 [guided wave optics]　集成光学的理论基础。它研究介质波导中光的发射、传输、耦合、调制、偏转、开关、探测和光与物质相互作用的微观过程，它是综合应用光学（包括电磁场理论）、激光物理、固体物理的一门边缘学科。

耦合模理论 [coupled mode theory]　又称耦合波理论。研究两个或多个电磁波模式间耦合的一般规律的理论。广义地说，它是研究两个或多个波动之间耦合的普遍理论。耦合可以发生在同一波导（或腔体）中不同的电磁波模式之间，也可以发生在不同波导（或腔体）的电磁波模式之间。通常，耦合发生在同一类波动之间，但也可以发生在不同类型的波动之间，例如行波管中的两个电磁波模式与两个空间电荷模式之间的耦合。

耦合波理论 [coupled-wave theory]　即耦合模理论。

耦合微腔波导 [coupled resonators optical waveguide]　一种新型的光波导，由一系列的耦合的高 Q 值谐振器组成。不像其他类型的光波导，波导是通过局部高 Q 值光学微腔之间弱耦合来实现。

克兰克–尼科尔森格式 [Crank-Nicolson scheme]　有限差分方法中的一种，用于数值求解热方程以及形式类似的偏微分方程。它在时间方向上是隐式的二阶方法，数值稳定。该方法诞生于 20 世纪，由 John Crank 与 Phyllis Nicolson 发展。对于扩散方程（包括许多其他方程），可以证明克兰克–尼科尔森方法无条件稳定。但是，如果时间步长与空间步长平方的比值过大（大于 1/2），近似解中将存在虚假的振荡或衰减。基于这个原因，当要求大时间步或高空间分辨率的时候，往往会采用数值精确较差的向后欧拉方法进行计算，这样即可以保证稳定，又避免了解的伪振荡。

有效折射率 [effective refractive index]　由于介质的存在而造成的波数的增加，介质中的波数是真空中的 n 倍。在波导中，有效折射率 n_{eff} 有着相类似的意义，在波导中的传输常数是真空中的 n_{eff} 倍，$\beta = n_{\text{eff}} 2\pi/\lambda$，有效折射率不仅和波长相关，也和模式相关，因此也称为模式折射率。有效折射率不仅是一种材料的性质，也依赖于整个波导的设计，它的数值可以通过数值模式计算得到。

有限差分光束传播法 [finite-difference beam propagation method, FD-BPM]　波导横截面被分成很多方格，在每一个格内的场用差分方程来表示，加入边界条件，可得到整个横截面的场分布，最终得到整个波导中的场分布。在有限差分光束传播法中，传播就是解有限差分方程，由于 x，y 极化的边界条件可以被合并到有限差分光束传播法方程中，且可以是半矢量的，在处理极化问题上可以分辨出 TE 模和 TM 模。在处理弯曲波导时，为了模拟光波的传播，可用二维圆柱坐标的标量场来分析。这种方法不仅体现了在靠近介质界面处的极化特性，而且很准确地模拟了在半径很小的情况下的波传播，可准确地估计散射损耗与传播损耗，优化波导结构。

梯度折射率介质 [graded-index media]　又称非均匀介质、变折射率介质、渐变折射率介质。一种折射率不是常数，而是按一定规律变化的介质。目前，梯度折射率光学元件的梯度有三种形式。第一种是轴向折射率梯度（AGRIN），它的折射率沿光轴连续变化，具有相同折射率的表面是垂直于光轴的平面。第二种是径向或圆柱形折射率梯度 (RGRIN)，折射率从光轴开始由里向外连续变化。具有相同折射率的表面呈圆柱形，其轴线与透撮系统光轴重合。第三种是球面形折射率梯度 (SGRIN)，共折射率分布对称于某一点，具有相同折射率的面是球面。

非均匀介质 [inhomogeneous media]   即梯度折射率介质。

变折射率介质 [graded-index media]   即梯度折射率介质。

渐变折射率介质 [graded-index media]   即梯度折射率介质。

集成光路 [integrated optical circuits]   将传统的一系列分立光学器件如棱镜、透镜、光栅、光耦合器等平面化、微型化后形成的一种集成化了的光学系统。集成光路有许多集成电路无法比拟的优点。例如，集成光路以光频为载波工作，频率比电子学频率高出 1000 倍以上，因此其处理的信息容量要比集成电路大得多；集成电路仅以一维时间顺序处理信息，而集成光路除了可以一维时间顺序处理信息之外，还具有空间并行处理信息的能力，即集成光路可进行多维信息处理，因此，集成光路的信息处理速度要比集成电路快得多；集成光路的开关响应速度很高；集成光路的抗电磁干扰能力强，保密性强。

集成光学器件 [integrated photonic devices]   由许多光波导器件构成的器件。这些光波导器件可分为无源器件和有源器件两大类。无源光波导器件主要包括波导棱镜、透镜、反射镜、光分束器和检偏器等波导几何光学器件和波导型定向耦合器、滤波器、光隔离器、衰减器、集成光学调制器、光开关等；有源光波导器件是指含有光源的集成光学器件。

模态传播常数 [modal propagation constant]   用于表征特定模式的电磁波振幅沿着某个方向传播的常数。假使沿 x 方向电磁波振幅满足 $A_0/A(x) = e^{\gamma x}$，γ 即模态传播常数。

光学芯片 [optical chip]   跟电子芯片对应，将多种光学功能小型化集成一起能实现特定功能的装置。

光子晶体 [photonic crystal]   由周期性排列的不同折射率的介质制造的规则光学结构。这种材料因为具有光子带隙而能够阻断特定频率的光子，从而影响光子运动。这种影响类似于半导体晶体对于电子行为的影响。由半导体在电子方面的应用，人们推想可以通过光子晶体制造的器件来控制光子运动，例如制造光子计算机。另外，光子晶体也在自然界中发现。

透明边界条件 [transparent boundary condition]   在计算过程中遇到变价条件问题时，在边界附近，把光场近似看成是平面波，并以平面波的形式在边界处向外透射出去。称为透明边界条件。

波导 [waveguide]   通常是指引导电磁波的结构，是集成光子学的基本元件，一般具有折射率高的核心层和折射率低的包层部分组成。根据结构可以分为平面波导和非平面波导。非平面波导最重要的是光纤，根据折射率在空间的不同分布，波导也有多种分类。

波长路由 [wavelength routing]   网络理论术语。指在波分复用技术光网络中，节点之间的连结请求是用光波长来建立的，因此，信息的传送是通过透明的光路而无需经过光电转换。波长路由是指光信号在经过网络节点时，根据它的波长来选择路由。

解波分复用 [wavelength-division demultiplexing]   在光纤通信中，波分复用是一种使用不同波长的激光将一定数量的信号复合到一根光纤中的技术。而解波分复用是指在终端的解波分复用器将多波长的信号转变为一个个单一的信号然后将他们分别输出并探测的过程。

波长解复用器 [wavelength demultiplexer]   见解波分复用。

半导体电场吸收型波导调制器 [semiconductor-based electro absorption waveguide modulator]   一种利用半导体材料在外电场中吸收率发生变化来工作的波导光信号调制器，属于损耗调制器。基于半导体量子阱材料的调制器是目前最广泛采用的一类调制器，其有源区采用量子阱或多量子阱材料。根据量子限制斯塔克效应，对于波长处于多量子阱材料的吸收边外而又靠近吸收边的入射光，其吸收系数会在施加垂直电场后有明显变化。为了实现高消光比，通常使用波导型结构，使入射光通过多量子阱结构的吸收层，改变所加的反向偏压，形成光吸收，达到强度调制的目的，具有调制速率高、驱动电压低、体积小、结构与工艺便于与半导体激光器集成等优点。

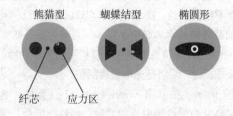

熊猫型   蝴蝶结型   椭圆形

纤芯   应力区

保偏光纤 [polarization maintaining fiber]   一种对线偏振光具有较强的偏振保持能力的光纤，一般分为单模单偏振和高双折射两种。由于单模单偏振在实现上存在一定的难度，保偏的物理机理主要基于提高光传输过程中的模式双折射。模式双折射的产生主要来自于光纤几何形状的不对称性、材料内部应力的不均匀以及外界电磁场引起的双折射。

传统高双折射保偏光纤主要是依据材料应力不均匀而设计的熊猫型、蝴蝶结型和椭圆形光纤。此外，通过破坏光子晶体中微结构的对称性，可以提高光纤传输时的模式双折射，比传统应力保偏光纤在双折射程度上可以提高一个数量级。

表面等离激元波导 [surface plasmon waveguide] 金属中的自由电子与电磁场相互作用产生的沿金属表面传播的电子疏密波，在传播过程中被束缚在金属核介质界面，并且其场分布在相邻的金属和介质中均呈指数形式衰减，在金属中的分布深度比入射光波长要小两个数量级。因其特性可以使得表面等离激元作为信息载体在金属结构中实现导波功能，所以称作表面等离激元波导。在表面等离激元波导中，人们总希望在传播方向的垂直截面上波导结构对场的束缚性要好，以降低波导的折弯损耗和提高光子芯片中回路和元件的密度。与此同时，又希望表面等离激元波导能保持较低的传输损耗，以提高表面等离激元信号的传播距离。但是由于对表面等离激元的束缚一般是通过降低模式在介质材料中的空间分布来实现，这将导致被金属所吸收的能量比例增加使得传输损耗也增加。因此需要设计优化表面等离激元波导的几何形态，来平衡相互制约着的传输损耗和模式尺度。

介质波导 [dielectric waveguide] 集成光学系统及其元件的基本结构单元，主要起限制、传输、耦合光波的作用。按截面形状可分圆波导 (光纤) 和平面波导二大类。集成光学中主要考虑的是平面波导。最简单的平面波导由薄膜、衬底、覆盖三层平面介质构成，其折射率是不相同的。如薄膜厚度与光波波长在同一数量级，光波在这种波导中传播时只是在厚度方向上受限制，这称两维波导。如薄膜在宽度方向上尺寸也可与波长相比拟时，则光传播时受到两个方向上的限制，这称条形波导或三维波导。

光波导 [optical waveguide] 由光透明介质 (如石英玻璃) 构成的传输光频电磁波的导行结构。常用的光波导是光纤和矩形波导。以平板光波导 (平板薄膜构成) 为基本单元可以构成各类复杂光波导 (渐变折射率光波导、矩形波导等)。光波导可按几何形状分为平面光波导、条形光波导、光纤光波导；按传导模式分为单模光波导、多模光波导；按介质折射率分布分为阶跃型光波导、梯度型光波导；按材料分为玻璃光波导、聚合物光波导、半导体光波导。光波导常被用于集成光路的组件和光通信系统的传输媒介。

光导 [light guide] 见光波导。

光纤 [optical fiber] 一种基于全反射原理传输的圆截面介质波导，由纤芯和包层二种介质组成，纤芯的折射率比包层的高，一般包层外还加一塑料保护套。光纤按组成成分可分为石英光纤、多组分光纤、塑料光纤和液芯光纤等；按横截面上折射率分布可分为突变光纤、渐变光纤和 W 型光纤；按传输模式可分为多模光纤和单模光纤。光纤的主要特性参

数为衰减和带宽，其衰减主要来自散射损耗、吸收损耗和微弯损耗；其带宽主要受模间色散 (只存在于多模光纤中)、材料色散和波导色散的限制。光纤的主要应用有光纤通信和构成各种光纤传感器用于非电量测量。

光导纤维 [light guide fiber] 一种最重要、最常见的光波导。通常，用于导光的介质波导结构的纵向长度比横向尺寸大得多。见光纤。

波导光栅路由器 [waveguide grating router] 由输入波导、两个星形耦合器、阵列波导和输出波导构成。当多波长信号被耦合进入某一输入波导时，此信号将在星形耦合器中发生衍射而耦合进入阵列波导。光经过不同的波导路径到达第二个星形耦合器时，产生不同的相位延迟，在第二个星形耦合器中相干叠加，使每个输出波导只有特定波长的光，从而实现波长路由选择功能。其中阵列波导长度差所起的作用和光栅沟槽平面所起作用相同，从而表现出光栅的功能和特性，因而阵列波导又称为波导光栅。波导光栅路由器中的两个星形耦合器通常采用罗兰圆结构，各输入、输出波导连接星形耦合器的一端以一定的中心间距均匀地排列在罗兰圆的圆周上，波导光栅中的每个波导正对中心输入、输出波导，均匀地排列在以中心输入、输出波导为圆心的圆周上。

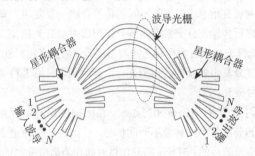

波导光栅器 [waveguide grating] 实际上是光波导受到一种周期微扰，它可以是表面形状的周期变化，也可以是波导表面层内折射率的周期变化，或者是二者的结合，可以应用在光偏转、模式转换及滤波等方面。

波导几何光学器件 [waveguide geometric optical device] 工作原理建立在几何光学基础上的波导器件，主要有反射镜、棱镜、透镜、偏振器等。这些器件对导波光束起转向、准直、会聚、扩束、控制偏振态等功能，为无源波导器件。

波导全光效应波导器件 [waveguide all-optical waveguide device] 利用强光入射引起光波导结构中的材料产生非线性光学效应，从而实现具有特定功能的波导器件。由于光波导的限制作用，小功率光输入就能获得大的功率密度，有利于获得有效的非线性相互作用区。另外，光在波导结构中无衍射地传播，有利于得到非线性相互作用所需的长度。

波导声光可调谐滤波器 [waveguide acoustooptic

tunable filter] 一种利用光波与一定频率的声波发生作用时其偏振状态发生变化从而产生滤波特性的波导器件。典型的波导声光可调谐滤波器由两个同样的 TE-TM 模耦合器与共线声光作用波导区组成。TE-TM 模耦合器的长度设计成 TE 模耦合长度偶数倍于 TM 模耦合长度奇数倍的最小公倍数。由第一个 TE-TM 模耦合器的上方输入多个波长,经耦合器分离为上方 TE 模、下方 TM 模,分别进入上下不同条波导。在共线声光作用波导区内,满足共线声光作用布拉格条件的某一特定波长的导波模式发生转换。在进入第二个 TE-TM 模耦合器后,TE 模留在下方,上方的 TM 模耦合至下方,重新合成与偏振无关的模从下方波导选中输出。由于声表面波的波长与高频驱动电信号的频率有着一一对应的关系,因此只要改变换能器驱动信号的频率就有可能选中其他波长的光,实现可调谐滤波功能。

波导相位调制器 [waveguide phase modulator] 使用电光、声光、热光或光学非线性材料,利用材料的电光、声光、热光、光学非线性等效应以及一定的光波导结构,使通过波导结构中的载波信号的相位随信号而改变,从而实现信息编码。

波分复用 [wavelength division multiplexing] 将一系列载有信息、但波长不同的信号合成一束复用到单根光纤上进行传输。目前常用的波分复用器主要有光栅型、干涉型、光纤方向耦合器型和光滤波器型等。根据光路可逆原理,一个波分复用器反向使用则是一个解复用器,用于将多个波长信号分开。

时分复用 [time division multiplexing] 采用不同时段的分割复用来传输不同的信号,达到在一个通道上传输多路信号的目的。时分多路复用以时间作为信号分割的参量,故必须使各路信号在时间轴上互不重叠。

波长色散 [wavelength dispersion] 在数字光纤通信系统中,根据色散产生的原因,主要可以分为模式色散、材料色散和波导色散三种。模式色散时由于信号不是单一模式携带所导致的,又称为模间色散。材料色散和波导色散是由于同一个模式内携带信号的光波频率成分不同所导致的,所以也称为模内色散。对于单模光纤,只有一个传输模式,影响其色散的主要因素是材料色散和波导色散,两者又合称为波长色散。为减小单模光纤的总色散,一般尽量选用窄谱线激光器做光源。

波长选择器 [wavelength selector] 光分组交换网络中的重要器件,其主要功能是实现对波分复用信号中一个或多个波长信号的选择通过。目前已报道的波长选择器实现技术主要有三种:①基于自由空间光学和微电子机械系统 (MEMS) 技术;②基于平面光路 (PLC) 技术;③基于硅基液晶 (LCOS) 阵列技术。波长选择器将波长选择、交换结合起来,在光分组交换网络中可以作为光复用/解复用、光交叉连接器件等,从而大大降低了设备的复杂性,运用也更为灵活。

补偿滤光片 [compensation filter] 具有色散补偿的滤波片,是实现密集波分复用系统的关键器件。通常采用线性或非线性的方法,抵消各阶色散系数,使光信号通过滤波片后总合的色散系数趋近零,进而将色散导致光脉冲展宽控制在一定范围内。

布拉格波导 [Bragg waveguide] 属于光子晶体波导的一种,在波导横向截面上具有折射率或结构的周期性调制,利用周期性边界对光波的布拉格衍射效应产生的光子禁带将光波束缚在波导内进行传输。见光子晶体波导。

布拉格光栅 [Bragg grating] 在波导的导模传播方向上引入折射率的周期性调制,构成的布拉格衍射结构。这种结构和 DFB 激光器周期性波纹结构的作用一样,提供周期性的耦合点,使波导中传播的导模根据光栅和不同传播常数决定的相位条件,既可以耦合成前向传输模式,也可以耦合为后向传输模式。短周期的均匀布拉格光栅的基本特性表现为一个反射式光学滤波器,反射峰值波长称为布拉格波长,记为 λ_B,满足方程式 $\lambda_B = 2n_{\text{eff}}\Lambda$,其中 n_{eff} 是导波层的有效折射率,Λ 是光栅周期。

布儒斯特窗 [Brewster window] 布儒斯特定律的一种应用。在外腔式气体激光器中以布儒斯特角放置一透明薄片窗口,使得在入射面内振动的 P 偏振光通过时几乎没有反射损耗,而垂直入射面振动的 S 偏振光反射损耗很大。由于两种模式之间的相互竞争,激光器输出的激光是在入射面内振动的 P 偏振光。

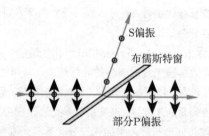

插入损耗 [insertion loss] 在传输系统的某处由于元件或器件的插入而引起的信号功率的损耗,通常表示为分贝值。假设元件或器件插入前后负载上所接收到的功率分别为 P_T 和 P_R,那么插入损耗的分贝值为 $10\log_{10}(P_T/P_R)$。

掺铒光纤放大器 [erbium-doped fiber amplifier, EDFA] 主要由掺铒光纤、泵浦源、光耦合器、光滤波器及光隔离器等组成,其工作波长窗口为 1550 纳米窗口,与光纤的低损耗窗口一致。掺铒光纤是掺铒光纤放大器的核心,它以石英光纤作基础材料,在纤芯中掺入一定比例的铒离子 (Er^{3+}) 形成。常用的泵浦光波长为 980 纳米和 1480 纳米。在 980 纳米泵浦光情况下,Er^{3+} 从基态跃迁至激发态,然后通过非辐射跃迁到亚稳态，从而可在基态和亚稳态之间形成粒子数反转分布。当用 1480 纳米的光泵浦时，Er^{3+} 从基态跃迁到亚稳态能带的上部，然后通过非辐射跃迁到亚稳态下部，在亚稳态上积累，形成粒子数反转分布。当信号光通过已形成粒子数反转分布的掺铒光纤时，处于亚稳态的 Er^{3+} 在信号光子的作用下通过受激辐射的形式跃迁到基态，从而大大增加了信号光中的光子数量，实现了信号光在掺铒光纤中的放大。掺铒光纤放大器具有增益大、带宽大、输出功率高及噪声小等优点，在主干网以及部分城域网中发挥了重要的作用。

掺铒波导放大器 [erbium-doped waveguide amplifier, EDWA]　继掺铒光纤放大器之后的又一新型光放大器，其信号（工作波长为 1550 纳米）放大作用是利用光波导中掺入的 Er^{3+} 在泵浦光（980 纳米和 1480 纳米）作用下的受激辐射来实现的。掺铒波导放大器中掺杂的 Er^{3+} 浓度比光纤放大器高出两个数量级（约 10^{26} ions/m^3），同时利用光波导结构将泵浦光能量约束在截面积非常小的区域，提高了泵浦光功率密度和有效作用长度，实现了单位长度的高信号增益，具有可阵列化、多功能、体积小及成本低等优点。掺铒波导放大器与分路器等无源波导器件结合，可构成无损型波导分路器、无损型阵列波导光栅等，在城域网、局域网以及光纤到户等系统的应用中有明显的优势与良好前景。

传播常数 [propagation constant]　电磁波传播单位距离振幅的衰减量和空间相位的变化量。传播常数是一个复数量，记为 $\gamma = \alpha + i\beta$，其实部 α 称为衰减常数，虚部 β 称为相位常数。

传输损耗 [transmission loss]　在物理学中，传输损耗是指某种流穿过媒介时其强度产生的衰减。在光通信系统中，随着信号传输距离的增加，信号功率会不断下降。波导或光纤对信号产生的衰减作用称为波导或光纤的传输损耗。衡量传输损耗特性的参数称为衰减系数或损耗系数，定义为单位长度波导或光纤引起的光功率衰减，其表达式为 $\alpha(\lambda) = \frac{10}{L}\log_{10}\frac{P_i}{P_o}$(dB/km)，其中 $\alpha(\lambda)$ 为在波长 λ 处的衰减系数，P_i 为输入的光功率，P_o 为输出的光功率，L 为波导或光纤的长度。

单模光纤 [single-mode optical fiber]　见光纤。

机械双折射 [photoelastic effect]　即光弹效应。

导波光学器件 [guided wave optical device]　以光导波的传输为基础的器件，如光耦合器、波导光栅器、光调制器与开关、光逻辑元件以及波导几何光学器件等都是光波导的一部分。按习惯对需要外部驱动的器件，如电光调制器与开关都划归有源器件，而无需外部驱动的器件则划归无源器件。

等光程原理 [principle of equal optical path]　费马原理的一个重要推论。理想光学系统成像时，从任一物点到对应像点的每条光线的光程都严格相等。在实际中，除平面镜以外的光学系统只能近似成像，此时物点到像点的每条光线的光程近似相等。

电光偏转 [electro-optic deflection]　利用电光效应产生折射率梯度，从而使通过的光束发生偏转。目前通常使用电光晶体，通过在晶体中设计特殊的电极结构，形成垂直于光束传播方向的梯度电场，从而形成偏转。

电光调制 [electro-optic modulation]　利用电光效应，使通过电光材料的光波的某一变量如幅度、相位、频率或偏振状态等随外电场的变化而发生变化，从而将信息载入光波的一种外调制技术。根据所施加的电场方向的不同，可分为纵向电光调制和横向电光调制。

电光系数 [electro-optic coefficient]　表示电光材料本身所具有的特性，即其物理性质，反映在外电场作用下电光材料折射率变化的大小，通常用张量形式来表示。

电光效应波导器件 [electro-optic effect waveguide device]　原理是利用外加电场引起介质的介电张量发生微小变化，从而引起光波导中本征模特性的变化以及不同导播模式之间的耦合转换。这些特性可用介质光波导耦合模理论加以描述。在体型电光效应器件中，可以认为加在光波上的电场是均匀的，电光效应作用也是均匀的。因而，这种调制方式存在器件电容大、半波电压高、低宽带等缺点。现行的电光效应器件均采用光波导型电光效应器件，其优势在于能将外界输入信号对光的作用区域限制在波导中，可无衍射发散地共同维持一定的相互作用长度，实现高频、快速信号调制，低电压、低功耗工作，以及较大的器件设计自由度。电光效应波导器件按其结构不同分为相位调制型、分布耦合型、折射率分布调制型、电光光栅型等器件。利用相位调制原理可构成行波型相位、光调制器，利用分布耦合原理可构成均匀、$\Delta\beta$ 反转方向耦合器。应用折射率分布原理可构成内全反射、分支波导等开关，电光光栅可构成布拉格衍射模式转换器。

电光学 [electro-optics]　基于电光效应及其技术应用的光学分支学科。以电光作用及其应用为研究对象的一门新兴交叉学科，已成为光通信、光计算、激光技术等众多领域的主要理论基础。广义的电光作用是指一种电与光在能量形式或信息形式上发生物理转化的作用，其物理内涵非常丰富，而且具有极为广泛的用途。通常的电光学偏于对电光在信息形式上转换的研究。能够促成在信息形式上实现电光转换的媒介主要有电光调制效应和电光偏转效应，前者可将电信号转换为调制（调幅、调相、调频等）光波信号，后者则将电信号转换为光线位置的调制。此外，还有一些复合效应，如通过一些光折变晶体实现的光–电–光效应，在某些介质中实现的声–电–光效应及自电光效应等，也能够促成信息形式上的电光转换。

定向耦合器 [directional coupler]　在光通信中，定向耦合器是构成光功率分配器的一种重要结构，通常由输入波导、耦合区、输出波导构成。定向耦合器的分光比是通过耦合区的长度来调整的。产生 100% 功率转移的耦合长度取决于奇模和偶模之间的传播常数之差。定向耦合器的耦合系数、耦合长度与波长有关，因而其工作带宽有限。

动态光栅 [dynamic grating]　当两束相干激光在介质中交迭时，光强在空间被周期性调制，形成干涉图样。处于调制区域的介质光学性质，例如折射率、吸收系数等，由分子重新取向和分布、电荷分布畸变、光折变效应、热效应、声光效应等，产生在空间与光场干涉图样类似的周期性变化。当干涉光去掉后，干涉光栅也随之消失，这类光栅称为动态光栅。这类光栅可在大多数固体、液体、气体中实现，是实时全息、相位共轭和四波混频等非线性光学现象的基础。

多层平板波导 [multilayer slab waveguide]　当平板波导的介质层数超过三层时，则构成所谓的多层波导。常见的多层平板波导有四层平板波导、非对称五层平板波导、对称五层平板波导、对称五层 W 型波导、周期折射率波导和多量子阱波导等。多层平板波导在模场分布、模式截止和功率约束等方面具有许多独特的性质，因此在半导体激光器、光波导耦合器、光波导偏振器以及光波导倍频器等光电子装置中有着重要的应用。此外，非对称多层平板波导的理论也是分析渐变折射率波导的重要基础。

对称多层平板波导 [symmetric multilayer slab waveguide]　层数为奇数层的多层平板波导，其中间的介质层为波导芯，两侧介质层的厚度和折射率相对波导芯呈对称分布。常见的对称多层平板波导有对称五层平板波导和对称五层 W 型波导。在对称五层平板波导中，中间的介质层为波导芯，其厚度为 $2a$，折射率为 n_1，芯两侧为限制层，每个限制层的厚度各为 d，折射率为 n_2，这三层夹在衬底和盖层之间，其折射率皆为 n_3，且有 $n_1 > n_2 > n_3$。导模的传播常数在 $k_0 n_2 \geqslant \beta \geqslant k_0 n_3$ 的范围内变化。对于这种对称结构，模式有对称和反对称之分。在对称五层平板波导中，折射率分布似于字母 W 的形状，即 $n_1 > n_3 > n_2$，这种结构被称为 W 型波导，其传播常数满足 $k_0 n_1 \geqslant \beta \geqslant k_0 n_3$ 的范围。这种波导的特殊结构决定了该波导在模式截止以及功率约束等方面具有特别的性质。

多波长光源 [multi-wavelength light source]　随着光纤通信容量的迅速扩大，更高密度集成的波分复用技术要求有稳定、可靠的超连续多波长光源。目前多采用波导光栅与半导体锁模激光二极管 (MLLD) 及 EDFA 等有源器件相结合的形式。应用相位调制的主动锁模技术，在激光二极管上施加一定频率的调制电信号，使激光二极管产生与锁模频率相同间隔的、脉冲宽为皮秒量级的多纵模排列。通过将

波导光栅设计为光频间隔为锁模频率整数倍的滤波器，波导光栅只要从 MLLD 输出光谱中选中一个波长，就能从各端口中输出等间隔不同波长的相干多波长连续光源。这种器件结构简单，有利于降低高密度波分复用系统的成本。

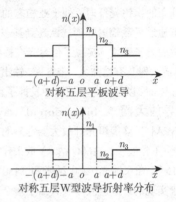

对称五层平板波导

对称五层 W 型波导折射率分布

多模光纤 [multi-mode optical fiber]　见光纤。

二维波导 [two dimensional waveguide]　见介质波导。

二向色镜 [dichroic mirror]　具有二向色性的分束板，对一定波长的光几乎完全透过，而对另一些波长的光几乎完全反射。

非对称多层平板波导 [asymmetric multilayer slab waveguide]　导波层两侧介质层的厚度和折射率呈非对称分布的多层平板波导。

非均匀波导 [inhomogeneous waveguide]　见均匀波导。

菲涅耳复式棱镜 [Fresnel multiple prism]　菲涅耳在解释旋光性时，认为沿晶体光轴方向传播的直线偏振光可以分解为两个相同频率、旋向相反的圆偏振光，这两个圆偏振光有不同的传播速度。为了从实验上证明存在这种圆偏振光的双折射现象，菲涅耳将左右旋石英晶体制成棱镜，交替排列起来，形成复式棱镜，其中白线代表晶体光轴方向。在这种菲涅耳复式棱镜中，光线每次遇到倾斜的棱镜界面时，左旋和右旋圆偏振光的传播方向都会进一步增加。实验中确实证明了这两个圆偏振光的存在，从而也证明了菲涅耳假设的正确性。

菲涅尔复式棱镜分离左右旋圆偏正光

光通信 [optical communication]　一种以光波为传输媒质的通信方式。与无线电波相比，具有传输频带宽、通信容量大和抗电磁干扰能力强等优点。光通信按光源特性可分为激光通信和非激光通信；按传输媒介的不同，可分为有线

光通信和无线光通信。常用的光通信有：大气激光通信、光纤通信、蓝绿光通信、红外线通信、紫外线通信。

光波导无源器件 [optical waveguide passive device] 在硅或者其他半导体材料的平面用半导体工艺制造的，容易集成形成较大规模的光能量消耗型器件。光波导无源器件种类繁多、功能各异，在光通信系统及光网络中主要的作用是：连接光波导或光路；控制光的传播方向；控制光功率的分配；控制光波导之间、器件之间和光波导与器件之间的光耦合；合波与分波；光信道的上下与交叉连接等。随着光纤通信技术的发展，相继又出现了许多光无源器件，如环行器、色散补偿器、增益平衡器、光的上下复用器、光交叉连接器、阵列波导光栅等等。

光波导有源器件 [optical waveguide active device] 相比于能耗型光波导无源器件而言，光波导有源器件是需能源驱动的基于波导的光集成器件，是光传输系统的关键器件在光通信系统和光纤技术中占有重要地位。主要有以下几类光有源器件：① 光源和光发射机，是将电信号转换成光信号的器件；② 光放大器，如掺铒光纤放大器 (EDFA) 等，主要作用是对光信号进行直接放大，弥补传输过程的损耗；③ 光检测器，将光信号转换成电信号的器件。

光插分复用器 [optical add-drop multiplexer] 又称光上/下路分插复用器。波分复用光网络的关键器件之一，其功能是从传输光路中选择下路通往本地的波长，同时本地用户上路发往另一节点的波长信号，而不影响其他波长信道的传输。

光上/下路分插复用器 [optical add-drop multiplexer] 即光插分复用器。

光传感技术 [light sensing technology] 以光波为载体，感知和传输外界被测信号的新型传感技术，在某些方面的应用优势是传统的传感技术所无法比拟的。光传感技术就是把外界信号按照其变化规律对载波信号的物理特征参数，如强度 (功率)、波长、频率、相位和偏振态进行调制，然后通过解调后进行数据处理。目前的光传感技术多以光纤为媒介，其信号处理的基础是由光纤制造成的各种全光纤器件，如光纤熔锥耦合器、光纤延迟线、光纤马赫–曾德尔 (Mach-Zehnder) 光纤干涉仪、迈克耳孙 (Michlson) 干涉仪、光纤法布里–珀罗 (Fabry-Perot) 干涉腔、萨格奈克干涉仪和光纤陀螺仪等。

光计算机 [optical computer] 电子计算机的速率始终限制在电子学所能达到的范围。而光计算机理论速率可达每秒 100 亿 ~1000 亿次，比目前最快的电子计算机速率高 100~1000 倍，存储容量大 100 万倍。用集成光学来实现光信号的逻辑运算，不仅具有电子器件的各种功能，而且开关速度快，不受电磁干扰，还可进行并行处理，具有信息容量大、宽带等优点。随着集成光学正从实验研究走向开发应用阶段，它将为光计算机的研制奠定基础。

光开关 [optical switch] 构成光网络中光交叉连接和光分复用设备的核心器件，也是光网络实现保护倒换的必需器件，其主要功能是使光信号开通、切断或者使其空间位置随调制信号而变，其主要性能由插入损耗、隔离度、开关速度、偏振敏感性、消光比和阻塞性质来定义。随着光网络的发展，各种光开光相继出现，主要可分为自由空间型和波导型两大类，每一类又可以采用不同的物理效应 (如电光效应、热光效应、电–机械效应等)、不同的材料 (铌酸锂、硅基、聚合物、液晶等) 和不同的工艺来实现。

光连接器 [optical connector] 光纤型无源器件的一种，主要由插头和插座组成，在插头内精密安装一个插针，光纤就固定在插针中，其功能是将两根光纤的端面精密对接起来，以使发射光纤输出的光能量最大化地耦合到接收光纤中去，同时使光连接器本身对系统造成的影响减到最小，是一种可拆卸式连接。光连接器的光学性能主要受插入损耗和回波损耗两个基本参数影响。光连接器可以有多种安装结构，如 FC/PC 型、APC 型、SC 型、ST 型等。

光逻辑器件 [optical logic device] 波导电光调制器与开关，原则上都能作二进制逻辑运算器，作为逻辑单元，要求响应速度快、消光比高、功耗低插入损耗小，结构简单、稳定、尺寸小、便于制作等。

光耦合器 [optical coupler] 将光耦合进波导或从波导耦合出光能，或者将光从一个波导耦合到另一个波导，这种功能都是由光耦合器来完成的。它们是构成集成光路的一种基本器件。本质上光耦合器是起光波模场变换的作用。

光调制器 [optical modulator] 将信息载入光波的一种器件，其功能是使光波的某一参量随调制信号而变。光开关的功能是使光波开通、切断或者使其空间位置随调制信号而变。所以光开关是一种特殊的光调制器。许多器件同时具有调制与开关的功能。调制的种类按调制参数来分有相位调制、偏振调制、强度调制等，按调制信号来分，有模拟调制和脉冲编码调制。

光纤放大器 [fiber amplifier] 见光放大。

光纤光栅 [fiber grating] 利用光纤材料的光敏性，通过紫外光曝光的方法将入射光相干场图样写入纤芯，在纤芯内产生沿纤芯轴向的折射率周期性变化，从而形成永久性空间的相位光栅。利用光纤光栅可以制作成许多重要的光无源器件及光有源器件。例如：色散补偿器、增益均衡器、光分插复用器、光滤波器、光波复用器、光模或转换器、光脉冲压缩器、光纤传感器以及光纤激光器等。

光纤通信 [optical fiber communication] 利用光纤传输信息的通信技术。在发送端用需传送信号去调制光波实现电光转换；在接收端进行光电转换用光电管解调恢复传送的电信号。光纤通信使用的波长为 $0.8\sim1.7\mu m$，目前常用 $0.85\mu m$ 的多模光纤、$1.3\mu m$ 和 $1.55\mu m$ 的单模光纤。由于单模光纤的带宽更宽、损耗更小，所以是今后光纤通信的主流。光纤通信的优点为损耗小、通信容量大、保密性强、节约铜材、不受电磁干扰和抗核辐射等。

光学薄膜 [optical thin film]　由薄的分层介质构成的，通过界面传播光束的一类光学介质材料。光学薄膜的特点是：表面光滑，膜层之间的界面呈几何分割；膜层的折射率在界面上可以发生跃变，但在膜层内是连续的；可以是透明介质，也可以是吸收介质；可以是法向均匀的，也可以是法向不均匀的。光学薄膜按应用分为反射膜、增透膜、滤光膜、光学保护膜、偏振膜、分光膜和位相膜。常用的是前四种。光学反射膜用以增加镜面反射率，常用来制造反光、折光和共振腔器件。光学增透膜沉积在光学元件表面，用以减少表面反射，增加光学系统透射，又称减反膜。光学滤光膜用来进行光谱或其他光性分割，其种类多，结构复杂。光学保护膜沉积在金属或其他软性易侵蚀材料或薄膜表面，用以增加其强度或稳定性，改进光学性质。最常见的是金属镜面的保护膜。

薄膜光学 [thin film optics]　研究材料薄膜结构的光学性质的光学子分支。各层材料薄膜的厚度一般与可见光波长相当 ($\sim500nm$)，在这个尺度下的结构由于薄膜干涉与折射率的跃变，拥有特异的反射及透射性质。常见的应用包括增透膜、增反膜等。

标准光源 [standard illuminant]　一类在可见光域的光谱能量相对分布已知的理论光源模型。其标准由国际照明委员会 (CIE) 颁布，现已发展了 ABCDEF 六大类共 20 种标准光源模型，并提供了相应的实验实现方法 (D 类除外)。

电子光学 [electron optics]　研究计算电子或其他带电粒子在静电场或静磁场中的运动轨迹，包括聚焦、成像、偏转等规律的学科，是电子显微分析技术和现代粒子加速器设计的基础。之所以称为光学，是因为带电粒子束可在磁透镜的作用下呈现与光子在光学透镜下相类似的聚焦、散焦现象。

光学参变放大 [optical parametric amplification]　见光学参量放大器。

光学参变振荡 [optical parametric oscillation]　见光学参量振荡器。

光学参量放大器 [optical parametric amplifier]　光混频的一种应用器件。在一块非线性晶体内，使一束频率为 ω_p 的很强的波 (称抽运光) 和一个较低频率 ω_s 的弱信号波成拍，ω_s 是准备放大的信号。这样晶体中产生 $\omega_i = \omega_p - \omega_s$ 的差频波称为闲置光 (idler)，其振幅正比于抽运光振幅和信号光振幅的乘积。此闲置光再与抽运光成拍，由于差频作用辐射出频率 ω_s 的信号光波，其振幅正比于闲置光振幅与抽运光振幅的乘积，因此实现了弱信号的放大。

光学参量振荡器 [optical parametric oscillator]　一种类似激光器的、可以在很宽范围内调谐的光源，发射从紫外到红外的相干辐射，是根据光学参量放大效应制成的一种光振荡器。把一块非线性晶体 (如铌酸锂) 的二个平坦的平行端面涂上敷层构成法布里–珀罗共振腔。信号频率和闲置频率对应于共振腔的二个共振峰，当抽运光的通量密度足够大时，能量就从抽运光转移到信号振荡光模式和闲置振荡模式，随之而来的就是这些频率上相干辐射能量的发射。通过改变温度、电场等来改变晶体的折射率，振荡器就可以调谐。见光学参量放大器。

光学隧穿 [optical tunneling]　当光从光密介质入射到光疏介质时，若入射角大于全反射临界角，则发生全反射。在这种全反射情况下，光疏介质中沿界面法线的平均能流密度为零，即没有能量向光疏介质的深层传播；但光疏介质中沿表面的平均能流密度不为零，即有能量沿光疏介质的表面层传播，其振幅随进入光疏介质的深度而作指数衰减。此即最常见的衰逝波。衰逝波只能存在于厚度约为数个波长的表面层内，超过这范围，其振幅就衰减到可忽略不计。假如光疏介质的厚度小于衰逝波存在的范围，则部分衰逝波可通过另一界面转换成在第三介质中传播的均匀波。此时由于入射能量部分地向第三介质传播，在第一界面上的全反射遭到抑制，故称受抑全反射。这种在全反射条件下，入射波能穿透第二介质向第三介质传播的现象类似于量子力学中的隧道效应，故亦称光学隧穿效应。

光子晶体波导 [photonic crystal waveguide]　利用光子晶体原理制备的一种波导。光子晶体是由不同介电常数的物质在空间周期性排列而形成的人工微结构。周期性排布的介电常数会对电磁波进行调制，从而产生光子能带，能带之间可能存在禁带。通过在完整光子晶体中引入线缺陷，从而在光子禁带中引入了缺陷态，那么相应频率的电磁波就只能沿着这个线缺陷传播，离开线缺陷就会迅速衰减，起到导波的效果。与传统的波导利用全内反射原理不同，光子晶体采用的是不同方向缺陷模共振匹配原理，因而光子晶体波导不受转角限制，有着极小的弯曲损耗。另外，光子晶体波导的尺寸可以减小到波长量级，因而不仅在光通信中有着十分重要的应用，在未来大规模光电集成、光子集成芯片中也将具有极其重要的地位。

回波损耗 [return loss]　又称反射损耗。表示信号反射性能的参数，定义为 $-10\log\left(\dfrac{P_{\text{ref}}}{P_{\text{in}}}\right)$，其中 P_{ref} 和 P_{in} 分别为反射功率和入射功率。回波损耗说明入射功率的一部分被反射回到信号源，通常对输入和输出都进行规定。

反射损耗 [return loss]　即回波损耗。

极端光程 [extreme optical path]　光从一点传播到

达另一点时，光实际通过的路径是使此路径对应的光程为极值，即光沿光程为极值的路径传播，此原理就是费马原理，也称极端光程定律。其中的极值可以为极大、极小以及常数值。

阶跃型光纤 [step-type optical fiber]　根据光纤横截面折射率分布的不同，常用光纤分为阶跃折射率分布光纤 (简称阶跃型光纤) 和渐变折射率分布光纤 (简称渐变型光纤) 两种类型。阶跃型光纤的纤芯和包层折射率都是均匀分布的，折射率在纤芯和包层的界面上发生突变。

截止波长 [cutoff wavelength]　在光纤光学中，我们更关注的是与截止频率相对应的截止波长，即在光纤或光波导中能传播的最大波长。波导的截止波长与波导的型式、尺寸和波型有关。

截止频率 [cutoff frequency]　波导中所允许传播的模式的最低频率。任何小于截止频率的波在波导中都是衰减的。截止频率的大小，与波导横截面的尺寸以及传输的电磁波波型有关。例如，对于一个理想的矩形真空波导管，其截止频率为：$\omega_c = c\sqrt{\left(\dfrac{n\pi}{a}\right)^2 + \left(\dfrac{m\pi}{b}\right)^2}$，其中整数 n 和 m 代表模式数，a 和 b 为矩形波导的截面边长。

均匀波导 [homogeneous waveguide]　根据波导层折射率分布可分为均匀与非均匀波导，均匀波导的各层介质折射率均为常数，非均匀波导的折射率随空间坐标而变。

脉冲传播 [pulse propagation]　指光波以脉冲方式传播的过程。在光学中，脉冲就是指隔一段相同的时间发出的光波。在光通信中，通过调制激光载波的频率、相位及振幅组合出特定的光脉冲序列，从而使光脉冲传播可用于传输信号。光脉冲序列的重复频率和脉冲宽度决定了光纤通信系统的带宽和传输速率。

漫散射 [diffuse scattering]　散射的一种，指光在传播过程中遇到散射体而发生传播方向改变，散射后的光传播完全没有方向性。

模式色散 [modal dispersion]　又称模间色散、多径色散。在多模光纤中存在许多传输模式，即使在同一波长，不同模式沿光纤轴向的传输速度也是不同的，到达接收端所用的时间不同，而产生了模式色散，导致信号的畸变。这种色散是由于信号不是单一模式携带所导致的。在数字光纤通信系统中，色散引起光脉冲的展宽。当色散严重时，会导致光脉冲前后相互重叠，造成码间干扰，增加误码率，不仅影响光纤的传输容量，也限制了光纤通信系统的中继距离。

模间色散 [modal dispersion]　即模式色散。

多径色散 [multipath dispersion]　即模式色散。

逆色散光纤 [inverse dispersion fiber]　常规光纤在低损耗窗口 1550nm 波长附近的色散为 15~17 ps·nm^{-1}·km^{-1}。当速率超过 2.5Gb/s 时，随着传输距离的增加，会导致误码。

其主要原因是正色散值的积累引起色散加剧，从而使传输特性变坏。为了克服这一问题，必须对其较大的色散进行补偿。其中一种色散补偿方案是将一段在 1550nm 波长处具有负色散系数的逆色散光纤串接入系统中以抵消正色散值，从而控制整个系统的色散大小。由于逆色散光纤是一种无源器件，使用灵活、方便、可靠，且具有带宽补偿能力，因此是目前比较常用的色散补偿方法。但是，为了在 1550nm 处得到高的负色散值 (通常为 $-50 \sim 200$ps·nm^{-1}·km^{-1})，必须将其芯径做得很小，相对折射率差做得很大，从而增加光纤的损耗，在很大程度上限制传输速率、传输距离以及其安装位置。

抛物型折射率光纤 [parabolic refractive index optical fiber]　光纤横截面上，纤芯的折射率从光心沿着径向呈现抛物形的变化。

平面波导 [plane waveguide]　见介质波导。

球透镜 [ball lens]　全称球状厚透镜。一种非常有用的光学元件，常用于提高光纤、发射器及检测器之间的信号耦合。球透镜可分为均匀介质球透镜以及变折射率球透镜两种。均匀介质球透镜，如图所示，仅有两个参数：球透镜的直径 (D) 和折射率 (n)。球透镜的有效焦距 (effective focus length, EFL) 为 EFL $= \dfrac{nD}{4(n-1)}$，后焦距 (back focus length, BFL) 为 BFL $=$ EFL $- \dfrac{D}{2}$。球透镜的焦点位置与输入源的直径 (d) 有关，反映了球透镜固有的球差特性，其数值孔径 $NA = \dfrac{2d(n-1)}{nD}$ 随 d/D 增大而增大。

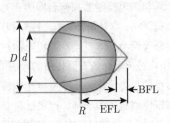

全导型光纤 [omniguide fiber]　将介质全向反射镜作为包层的布拉格光纤。在介质全向反射镜包层中，采用高折射率差的材料，可以避免入射光达到多层结构的布儒斯特角。同时，在光子禁带中，任意偏振的任意入射角的光都会被反射回去。全导型光纤可以将绝大部分能量约束在低射率的纤芯甚至空气中传输，极大减小布拉格光纤的泄露损耗。

全光器件 [all optical device]　在光纤通信中，指无需进行任何光电变换过程即可完成特定功能的器件，是实现全光网络的关键器件及技术，包括光开关、可调式激光器、可调式滤波器、光纤传感技术和光纤熔锥器件。这些光器件与光纤一起构成了全光网络的物质基础。

群速度 [group velocity]　简称群速。波振幅外形上的变化 (称为波包) 在空间中所传递的速度，$v_{\mathrm{g}} = \dfrac{\partial \omega}{\partial k}$，其中

ω 是角频率，k 为波数。

群速度失配 [group velocity mismatch]　实际的光脉冲不是严格的单色波，它包含一定的波长范围。每种波长都以不同的群速度传播，即波包不再是以单一速度传播，在传播过程中会逐渐扭曲，这样的群速度色散现象称为群速度失配，是光纤通信以及超短脉冲激光设计中所必须计及的效应。

群速度色散 [group velocity dispersion]　色散在光学是指波的相速度取决于其频率或者其群速度取决于频率，有这样色散现象的介质称为色散介质。群速度色散强调群速度取决于频率的作用。

热光效应波导器件 [thermo-optic effect waveguide device]　材料的折射率随温度变化而变化的现象叫作热光效应。热光效应波导器件就是将具有热光效应的材料集成到波导中，利用热光效应来控制光在波导中传输的器件，如热光开关。波导材料折射率随温度的变化率越大，波导材料的热导率越小，则热光效应波导器件的功耗越小，性能越好。目前，常用导热率很低，热光系数却很高的聚合物材料作为波导材料。

三维波导 [three dimensional waveguide]　见介质波导。

声光效应波导器件 [acousto-optic waveguide device]　媒介在超声波作用下密度会产生周期性疏密变化，形成相位变化的光栅，从而使通过该媒介的光产生衍射的现象称为声光效应。在实际器件中，超声波是由压电换能器激发，声光互作用介质和压电换能器相结合即为声光器件，其主要功能是实现声光调制、声光偏转、声光移频和声光可调滤波。声光器件主要分为两类：体声光器件和表面声光器件。在表面声光器件中，声波为沿介质表面传播的声表面波，光波则为在光波导中传播的导光波，因此称为声光效应波导器件。这时声光介质和压电材料融为一体，衬底材料必须同时具有声光效应和压电效应。常用的材料有 Y 切铌酸锂。

梯度折射率光纤 [gradient-index fiber]　又称渐变型光纤。其包层折射率是均匀的，而在纤芯中折射率随纤芯的半径的增大而减小，是非均匀的，且连续变化。由于纤芯的折射率不均匀，光射线的轨迹是曲线。适当选取纤芯的折射率的分布形式，可以使不同入射角的光线有大致相等的光程，从而大大减小光纤模式色散的影响。在光纤横截面上折射率分布可以表示为 $n(r) = \begin{cases} n(0), & r = 0 \\ n(0)\sqrt{1 - 2\Delta\left(\dfrac{r}{a}\right)^g}, & r < a \\ n_2, & r \geqslant a \end{cases}$，其中 g 是折射率分布指数，a 是纤芯半径，r 是纤芯中任意一点到轴心的距离。当 $g = \infty$ 时，该分布对应于阶跃折射率光纤。

渐变型光纤 [gradient-index fiber]　即梯度折射率光纤。

条形波导 [slab waveguide]　见介质波导。

弯曲波导 [bend waveguide]　纵轴方向逐渐变化的波导称为弯曲波导。在集成平面光波导器件中，弯曲波导用于改变光束传播方向和光束传输轴移位。目前实现弯曲波导根据其实现的方法主要分为：直接转向型、弧形转向型以及镜面反射型。一般而言，波导弯曲的半径越小，引起的弯曲损耗会越大。

微环谐振器 [microring resonator]　一般由环半径为几十微米到几百微米的微环波导和两个直波导构成。信号由输入波导的一端输入，通过直波导与微环之间的耦合进入微环。进入微环波导内的信号再通过微环与输出波导的耦合从输出端口输出。根据波导与微环波导的相对位置，可以分为平行耦合和垂直耦合两种类型。根据微环的个数，可分为单环谐振器和多环谐振器。根据多环的排列方式，又可分为串联多环和并联多环谐振器。微环谐振器独特的波长选择性特征、高品质因子和结构紧凑等特点，使其成为新一代光通信和高速全光信号处理系统中的重要光子学功能器件。

纤维光导 [fiber light guide]　见光导纤维。

纤维光学 [fiber optics]　研究光在光学纤维中的传输特性、光学纤维的制作技术及其应用的光学分支。研究光在纤维中传输的理论有两种：一种是根据几何光学中的全反射原理，不考虑光的波动性；另一种是以电磁波理论作基础，把光看作是电磁波，光学纤维就是一个波导管，从麦克斯韦方程组和边界条件出发，可求得特定光学纤维中允许存在的电磁波性质，每一种允许存在的电磁波称为模。若纤维足够小，则仅有一个基模能在纤维中传输，称为单模光学纤维，其特点是色散小、传输信息容量大，在光纤通信技术中是人们最感兴趣的传输介质。

相速度 [phase velocity]　简称相速。某一频率的光波的等位相面沿波矢方向行进的速度，$v_p = \omega / k$，其中 ω 是角频率，k 为波数。在色散介质中，光波的相速与频率有关。

周期性波导 [periodic waveguide]　几何形状或折射率沿轴向周期性变化的波导，常用于波分复用中的色散补偿、脉冲压缩等应用中。

零色散波长 [zero-dispersion wavelength]　当波导色散与材料色散在某个波长互相抵消，使总的色度色散趋近于零时，该波长即为零色散波长。

模体积 [mode volume]　波导所能支持的传导的束缚模数。

6.8　非线性光学

非线性光学 [nonlinear optics]　又称强光光学。光学的一个分支，研究光与物质相互作用时物质对入射光场的非线性响应行为。非线性响应会导致物质的特性随光强而变化，或者产生一些新频率的辐射场。非线性效应可以发生在固体、液体和气体中，可以包含一个或多个电磁场以及媒质的内激发，相关波长范围从红外到紫外。普通光源即使是太阳场强也只有 $10V/cm$，但一般要观察到非线性效应 E 最小也要 $10^5V/cm$，所以非线性光学又可被称强光光学。历史上非线性光学出现在激光之前，但现在该领域中大多数研究工作都是用功率密度更高的大功率激光器来进行的。

强光光学 [nonlinear optics]　即非线性光学。

90° 相位匹配 [90° phase-matching]　又称最佳相位匹配。当入射光与晶体光轴成 90° 入射时，即相位匹配角取 90° 时，这时基波和倍频光波都是沿垂直于晶体光轴方向传播，此时能最佳地利用倍频材料的非线性特性。

最佳相位匹配 [optimum phase-matching]　即90°相位匹配。

Z-扫描技术 [Z-scan technique]　非线性光学中，指测量非线性光学材料的非线性折射率和非线性吸收系数的一种方法。激光器输出的高斯光束经过透镜 L 后会聚，光束截面最小处作为 Z 轴的 0 点；O 为被测试物体，它置于 Z 轴 0 点附近；S 为限制孔径，D 为光探测器。在测试过程中，被测试物体沿 Z 轴移动，记录光强随 Z 值变化的关系，通过归一化光强透过率的极大值和极小值的差可以计算非线性折射率。由于非线性吸收会影响非线性折射率的测量，因而常采用开孔和闭孔相结合的方法来修正计算的值。

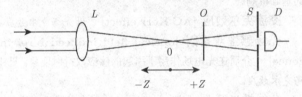

倍频 [frequency doubling]　又称产生二次谐波。频率为 ν 的辐射通过某种晶体材料传播出来时就成为二种频率的混合，一种是原来的频率 ν，另一种是新的频率 2ν，倍频是弗兰肯 (Franken) 等在 1961 年第一次观察到的，他们把脉冲红宝石激光器产生的波长为，6943Å的光聚焦在一块石英晶体上，从而产生 3472Å的二次谐波。倍频是一种非线性效应，现在认为光的电磁辐射与固体中的电偶极子相互作用引起振动，这种振动使偶极子本身成为电磁辐射源。在偶极子振幅小时，其发射的辐射与入射辐射相同。随着入射辐射增强，偶极子振幅增大，结果非线性效应变得明显，偶极子的振动频率产生谐波，其中最强谐波是入射频率的二倍。

产生二次谐波 [second harmonic wave]　即倍频。

倍频材料 [frequency doubling material]　倍频材料要求：①非线性极化系数高，这样可获得较高功率倍频光波；②有比较大的相位匹配允许偏差角 $\Delta\theta$；③有较高的功率破坏阈值；④材料对基波和倍频光波的吸收系数很低。常用的倍频晶体有 ADP、KDP 等。

表面非线性光学 [surface nonlinear optics]　表面物理的一个分支，也是非线性光学中的一个新领域。表面非线性光学效应是由光波与介质表面或交界面上的各种表面极化声子波的耦合而产生的。由于表面极化声子仅存在于靠近介质表面或交界面的很薄的表面层中，因此这种非线性效应带有特殊表面性质的信息，有可能作为表面探测和材料研究的一种独特的手段。

超快非线性光学 [ultrafast nonlinear optics]　超短激光脉冲由于具有较高的峰值功率和较强的时间分辨能力而被广泛应用于材料的光学非线性特性和超快动力学特性的研究中。超快非线性光学是伴随着超短光脉冲技术发展起来的非线性光学的一个分支，主要研究持续时间为 $10^{-12}\sim10^{-15}s$ 的皮秒和飞秒激光脉冲引起的非线性光学现象和理论。由于超短光脉冲的非线性效应与介质的非线性系数、光脉冲的峰值功率、脉冲宽度、激光波长和光谱分布特性等诸多因素相关，因此相应的过程十分复杂。

第二类相位匹配 [type II phase matching]　又称正交相位匹配。由两列偏振方向相互垂直的光波组合成倍频光波时需要满足的相位条件。

正交相位匹配 [orthogonal phase matching]　即第二类相位匹配。

第一类相位匹配 [type I phase matching]　又称平行相位匹配。由两列偏振方向相同的光波，组成一列倍频光波需要满足的相位条件。

平行相位匹配 [parallel phase matching]　即第一类相位匹配。

多次谐波 [multi-harmonic wave]　又称高次谐波。一种非线性光学过程。单一频率的基频波入射到非线性材料后，由于高次非线性极化系数的耦合效应而产生频率为基频的三倍甚至更高倍的光波，相应的波长为原来的整数倍分之一。

高次谐波 [higher harmonic waves]　即多次谐波。

多光子过程 [multiphoton processes]　强激光入射到原子及分子体系时，在多个光子的作用下，原子或分子可以经光与物质的相互作用发生多光子吸收、多光子电离与多光子解离等过程。多光子过程是一种非线性光学效应，这种过程的强弱，取决于原子或分子体系相应的跃迁几率或截面、光场与体系跃迁的共振或非共振特性以及入射光场的强度。

多色空间孤子 [multicolour spatial soliton]　属于一种复合空间孤子，由一个以上的光场成分通过非相干叠加而形成。这些光场成分通过它们所感应的折射率变化而自洽地彼此互陷。光场成分具有不同频率，其频率差远大于非线性介质响应时间倒数，所形成的空间孤子结构称为多色空间孤子。

多谐波产生 [multi-harmonic generation]　见多次谐波。

二次谐波 [second harmonic wave]　见倍频。

非稳态和混沌 [instabilities and chaos]　激光器是一个非线性系统，其输出可分为稳态、非稳态和混沌三种形式。外部光学元件引起的光反馈能够引起半导体激光器的非稳定性和混沌。混沌激光是激光器输出不稳定性的一种特殊形式，此时尽管激光器的动态特性可以由确定的速率方程来描述，但是激光器的输出（光强、波长、相位）在时域上不再是稳态，而是类似噪声的随机变化。目前光反馈下半导体激光器产生非稳态和混沌激光已经在混沌保密通信、混沌激光雷达、混沌光时域反射仪、相干长度可调的激光光源等方面有重要的应用。

非线性极化率 [nonlinear susceptibility]　描述物质的电极化强度与照射光波的电场强度之间非线性关系的一种参数。在强光场与非线性介质相互作用下，电极化强度 (P) 和光波电场 (E) 的关系是非线性的，P 可以展开为 E 的幂级数 $P = \varepsilon_0 \chi^{(1)} \cdot E + \varepsilon_0 \chi^{(2)} : EE + \varepsilon_0 \chi^{(3)} \vdots EEE + \cdots$，其中 $\chi^{(n)}$ 是 n 阶非线性光学极化率，描述在强光场下介质 n 阶非线性极化强度的一个物理量。设有 n 个离散频率分量 $\omega_1, \omega_2, \cdots, \omega_n$ 组成的光波作用于介质，其偏正方向分别为 $\alpha_1, \alpha_2, \cdots, \alpha_n$（其中任一 α_i 可以是 x, y, z），则产生频率为 $\omega = \omega_1 + \omega_2 + \cdots + \omega_n$ 的 n 阶非线性极化强度的 α_0 偏正分量与光电场强度的标量表达式为 $P_{\alpha_0}^{(n)}(\omega) = \varepsilon_0 \sum\limits_{\alpha_1, \alpha_2, \cdots, \alpha_n = x, y, z} \chi^{(n)}(-\omega, \omega_1, \omega_2, \cdots, \omega_n) E_{\alpha_1}(\omega_1) E_{\alpha_2}(\omega_2) \cdots E_{\alpha_n}(\omega_n)$。如果认为上述标量式中的任一 ω_i 既可取其真正频率的正值也可取其负值，那么上述关系式还可以表达频率为作用光波频率的和差组合的极化强度。由于 $\chi^{(n)}(-\omega, \omega_1, \omega_2, \cdots, \omega_n)$ 有 $n+1$ 个角标，每一个角标 $\alpha_i(i = 0, 1, 2, \cdots, n)$ 又可取三个值 x, y, z，所以 n 阶非线性极化率是一个三维 $n+1$ 阶张量，共有 3^{n+1} 个张量元。由非线性理论可以证明，非线性极化率主要有如下性质：①色散特性；②本征对易对称性；③完全对易对称性；④空间对称性。

非线性光学晶体 [nonlinear optical crystal]　在强光场作用下具有非线性光学效应的晶体。利用非线性光学晶体的倍频、和频、差频、光参量放大和多光子吸收等非线性过程可以得到频率与入射光频率不同的出射光，从而达到光频率变换的目的。目前这类晶体广泛应用于激光频率转换、四波混频、光束转向、图像放大、光信息处理、光存储、光纤通信、核聚变等研究领域。

非线性材料 [nonlinear material]　泛指光学性质依赖于入射光强度，即具有非线性光学效应的材料。非线性光学材料种类很多，不同的材料齐物理机制各不相同。例如，氧化物和铁电体材料的主要机制是外电光效应，光折变材料主要是内电光效应，液晶材料主要是分子取向，半导体材料主要是电子、激子机制，有机及聚合物材料主要是电子、分子极化与分子取向，纳米复合材料主要是表面等离激元，手性分子材料主要是分子电、磁极矩等。

非线性多波混频 [nonlinear multi-wave mixing]　非线性光学效应的一种应用，由不同频率的多束光在非线性材料中产生耦合，从而形成频率为作用光波频率的和差组合的出射光。见混频。

非线性光参量过程 [nonlinear optical parametric process]　光频率发生改变而非线性介质本身不参与能量交换的非线性过程。由于非线性光参量过程通常是相干的，因而会依赖于相位匹配和偏振。常见的非线性光参量过程有：谐波产生、差频、和频、光参量放大、光参量产生、光参量振荡、自相位调制、自聚焦、自发参量下转换、光孤子等。

光场克尔效应 [optical Kerr effect]　又称交流克尔效应。用光波电场代替外加电场在介质中通过三阶非线性极化率引起介质折射率变化的三阶非线性光学效应。折射率的改变与入射光本身的强度成正比，仅在强光作用下才能较明显的表现出来。折射率的变化可以导致自聚焦、自相位调制以及调制不稳定性等非线性光学效应，是克尔透镜锁模技术的基础机制。

交流克尔效应 [AC Kerr effect]　即光场克尔效应。

光场感生双折射 [optical field induced birefringence]　介质在光场作用下引起的感应双折射现象。见光场克尔效应。

非线性光纤 [nonlinear fiber]　以光学非线性效应为基础的光纤。在光纤中传输的信号光功率大、光强度高时就会产生非线性光学效应。由于光纤将广场限制在横截面很小的区域并且传输距离很长，所以光纤中的非线性现象十分显著，包括由光纤折射率的变化，以及由于散射引起的非线性效应，如光纤的克尔效应、受激拉曼散射、受激布里渊散射等。虽然光纤的非线性效应制约了通信系统的传输性能，限制了传输速率、容量、距离的进一步提高，但是也可以利用光纤的非线性效应形成多种光纤器件。目前常用的非线性光纤主要是掺杂光纤和光子晶体光纤等具有较大的非线性系数的特种光纤，主要应用于超连续光谱产生、超短脉冲光孤子源、孤子激光器、可调制拉曼振荡器、克尔调制器、混频器件、逻辑器件以及光孤子通信系统等。

非线性光学器件 [nonlinear optical device]　以光学非线性效应为基础的器件，例如二次谐波发生器、频率转换器、光参量振荡器等。

非线性光学诊断 [nonlinear optics based diagnosis]　基于非线性光学成像的诊断技术，是生物医学研究、特别是肿瘤研究中的一个强有力工具。非线性光学成像具有不产生光漂白和光致毒，能进行无损检测的特点，图像具有较高的成像分辨率等一系列优点。由于组织的长度、大小、所含分子数量等因素对高次谐波产生有影响，所以能够对不同发育程度的组织进行识别，可以对信号进行偏振调制研究等。不同病变程度的细胞核表现出明显的波长效应差异，组织病变过程中分子的结构、排列等会发生改变，可以用于分析不同病变组织的成分，为临床诊断疾病和分析病变组织的成分提供一种新的光学方法。

非线性集成光学 [nonlinear integrated optics]　将非线性光学效应诸如二次谐波、混频和受激拉曼散射等应用到集成光学中，大大扩展了集成光路的功能。对光纤通信、自动控制、光学信息处理、光谱研究以及光学计算机的进一步的发展和研究具有重要意义。

光学多稳性 [optical multistability]　如果一个光学系统在给定的输入光强下，存在着多个可能的输出光强状态，而且可以实现这多个光强状态间的可恢复性开关转换，则称该光学系统具有光学多稳性。光学多稳性一般指光强的多稳性，但也可推广到其他物理量，如频率的多稳性。光学多稳性有两个基本特征：① 延滞性；② 突变性，状态间可快速开关转换，起源于正反馈作用。

光致开关 [photo switch]　利用晶体、半导体或聚合物材料中的光致效应，如光折变效应、光致变色效应等，来实现光开关的功能。

光场斯塔克效应 [optical Stark effect]　一种非线性光学效应，指在入射强光场作用下，原子或分子能级发生移动或分裂的现象。

光放大 [optical amplification]　将输入的光信号通过一定手段放大输出光信号的过程，一般通过光放大器直接实现。光放大器主要有三种：光纤放大器、拉曼放大器以及半导体光放大器。① 光纤放大器是在光纤中掺杂稀土离子 (如铒、镨、铥等) 作为激光活性物质。每一种掺杂离子的增益带宽是不同的。如掺铒光纤放大器的增益带较宽，覆盖 S、C、L 频带；掺铥光纤放大器的增益带是 S 波段；掺镨光纤放大器的增益带在 1310nm 附近。② 拉曼放大器是利用拉曼散射效应制作成的光放大器，即大功率的激光注入光纤后，会发生非线性拉曼散射效应。在不断发生散射的过程中，把能量转移给信号光，从而使信号光得到放大。拉曼放大是一个分布式的放大过程，即沿整个线路逐渐放大的。其工作带宽可以说是很宽的，几乎不受限制。③ 半导体光放大器是指行波光放大器，工作原理与半导体激光器相类似。其工作带宽是很宽的，

但增益幅度稍小一些，制造难度较大。光放大器的开发成功及其产业化是光纤通信技术中的一个非常重要的成果，它大大地促进了光复用技术、光孤子通信以及全光网络的发展。

光孤子 [optical soliton]　如果一个光脉冲能在长距离传播时保持其波形不变，则称这种光脉冲为光孤子，通常这是在线性与非线性效应共同作用下的结果。光孤子由于其特殊的性能在光通信等领域倍受青睐，具有极为广阔的应用潜力。光学中，光孤子分为空间光孤子和时间光孤子。一道狭窄的光束 (如高斯光束) 在非线性介质中传播时会因为衍射的作用而使得波形在空间上被展宽，如果介质中的非线性克尔效应导致的自聚焦效应可以抵消这种发散效果，使得光束的大小维持一定，则介质中就会形成空间光孤子。具有一定时间宽度的光脉冲在线性色散介质中传播时通常会被展宽 (群速度色散)，如果介质的非线性克尔效应所造成的自相位调制效应 (使脉冲前沿产生的相位变化引起频率降低，脉冲后沿产生的相位变化引起频率升高，从而使脉宽变窄) 可以抵消这种展宽效应，则介质中就会形成时间光孤子。

光混频 [optical frequency mixing]　两束或两束以上不同频率的单色强光同时入射到非线性介质后，通过介质的两次或更高次非线性电极化系数的耦合，产生光学和频与光学差频光波的现象。混频要求遵循能量守恒与动量守恒。常见的光学混频有二阶混频和三阶混频两大类。二阶混频指两束入射光产生和频或差频出射光，又称三波混频；三阶混频指三束入射光产生这三种频率的和差组合的光，又称为四波混频。

光激发 [photo-excitation]　光直接照射到材料上，被材料吸收并将多余能量传递给材料，这个过程叫作光激发。光激发导致材料内部的电子跃迁到允许的激发态。当这些电子回到热平衡态时，多余的能量可以通过发光过程和非辐射过程释放。其中由光激发而发光的过程叫作光致发光。光致发光辐射光的能量是与两个电子态间不同的能级差相联系的，这其中涉及了激发态与平衡态之间的跃迁。激发光的数量是与辐射过程的贡献相联系的。光激发在光致异构化、敏化太阳能电池、荧光、光泵激光器以及光致变色等方面有重要应用。

光极化 [optical poling]　当没有外场时，介质内部一般不出现宏观的电荷分布。当存在外加光场时，介质分子的正负电中心被拉开，或者原无规分布的分子电偶极矩平均有一定取向性，因而表现出宏观电偶极矩分布，这现象称为光极化。

光限幅 [optical limiting]　当材料被激光照射时，在低光强下，输出光强随着入射光强的增加而线性增加。而当入射光强达到一定阈值后，由于介质的非线性效应，输出光强增加缓慢或不再增加，这一现象称为光限幅。光限幅过程可以利用自聚焦、自散射、反饱和吸收、非线性折射、双光子吸

收、非线性散射和非线性光子带隙结构等效应来实现。一般用于实现激光防护功能。

光学参变振荡 [optical parametric oscillation]　见光学参量振荡器。

光学多稳态 [optical multistability]　见光学多稳性。

光学双稳态器件 [optical bistable device]　利用物质的非线性光学特性而制成的一种新型光学器件。对于这种器件，输入光在同一状态下，输出光可能有两个稳定的状态。光学双稳态器件的输入输出特性类似于铁磁体的磁滞回线。在某一时刻光学双稳态器件究竟处于两个稳定状态中的哪一个状态，取决于器件的前一时刻的状态。

光学双稳态 [optical bistability]　在一定的条件下，对应于一束入射到介质的光有一个高透射支和一个低透射支两种不同的状态。当一束连续的相干光束注入到一个光学共振腔时 (例如，法布里-珀罗腔)，透射光强 $I_T = aI_I$，I_I 为入射光强，当腔内充满与入射光场共振或近共振的介质时，a 是入射光强的非线性函数。在适当的入射光强区透射光强随入射光强的改变不是单调连续的，而呈现光滞后现象，如图所示，存在一个低透射分支和一个高透射分支两个不同的状态，称作为光学双稳性。

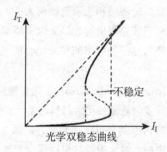

光学双稳态曲线

1969 年首先在理论上预言了这种现象，直到 1976 年才在 Na 蒸气介质和红宝石介质中观察到光学双稳性现象。光学双稳性现象可应用于光存贮和快速光开关。

光学双稳态器件的应用 [applications of optical bistable device]　根据光学双稳态器件的输入输出特性，选择不同工作点，可以用作光回路的各种基本器件。工作点的选择方法是通过一个连续输入光作偏置，类似于电子学，可以用作光学差分放大器，光功率限幅器，光学鉴别器、光学锁存器、光学逻辑元件等。

光学相位共轭 [optical phase conjugation]　见相位共轭。

光学整流 [optical rectification]　一种特殊的非线性光学效应，是电光效应的逆过程。根据傅里叶变化理论，一个脉冲激光束可以分解成一系列单色光束的叠加，其频率决定于该脉冲的中心频率和脉冲宽度。在非线性介质中，这些

单色分量不再独立传播，它们之间将发生混频。和频振荡效应产生频率接近于二次谐波的光波，而差频振荡效应则产生一个低频电极化场，这种低频电极化场可以产生直到太赫兹的低频电磁波辐射。光学整流是目前最广泛使用的产生太赫兹辐射的技术，也可以作为一种非接触探测手段来研究非线性材料的电光效应，测量非线性材料的二阶非线性极化张量元之间的比值。

光增益 [optical gain]　利用受激辐射或受激散射等机制来实现光信号的放大。单位距离内信号光强的增加量与初始光强的比值称为光增益系数。

光折变效应 [photorefractive effect]　全称光致折射率变化效应。1965 年，贝尔实验室的阿希金 (Ashkin) 等在用铌酸锂晶体进行倍频实验时，意外地发现一种特殊的光损伤现象：光辐照区折射率发生了变化，从而破坏了相位匹配条件，降低了倍频转换的效率。这种由于光辐照引起折射率改变的光损伤和通常的永久性光损伤不同，可以通过均匀辐照或加热等方法完全擦洗掉，是一种可逆的损伤。为了区别于永久性的光损伤，将这种可逆的、由辐照引起折射率改变的现象称为光折变效应。电光材料内的杂质、空位或缺陷在光辐照下可被激发出自由电荷，这些自由电荷因浓度梯度扩散，或在电场作用下漂移，或由光伏效应而运动。经过再激发，再迁移，再俘获，最后离开光辐照区，定居于光暗区，这在电光材料中形成了与光强空间分布相对应的空间电荷分布，在电光材料中产生空间电荷场并通过线性电光效应引起折射率发生相应的变化。光折变效应属于弱光非线性效应，与光强无关，光强只影响光折变材料的响应速度。同时，光折变效应具有空间非局域性，即折射率改变最大值处并不对应光辐照最强处。目前，光折变效应已成为光学信息处理的基本手段，应用于光放大、光振荡、光学记忆、图像存储与复原、空间调制器、全光学时间积分器、相位共轭器和空间孤子等诸多领域。

光折变光学 [photorefractive optics]　非线性光学的一个分支，研究与光折变效应相关的各种非线性效应。主要研究内容有：光折变效应的微观物理机制，与光折变效应相关的非线性光学效应、现象和电光过程，发现、改进和研制高性能的光折变材料，利用光折变效应研制高性价比的实用器件等。

光折变晶体 [photorefractive crystal]　具有光折变效应的电光晶体。常见的光折变晶体有钙钛矿结构的钛酸钡 ($BaTiO_3$)、铌酸钾 ($KNbO_3$) 和钽铌酸钾 (KTN) 等以及钨青铜结构的铌酸钡钠 (BNN)、铌酸锶钡 (SBN) 和钾钠铌酸锶钡 ($KNSBN$) 等。

光折变空间孤子 [photorefractive spatial soliton]　由光折变效应产生的空间孤子。光折变材料在光辐照下，由光折变效应引起折射率发生变化，对光束产生一定的空间约

束作用。当这种空间约束与光束的衍射发散作用相互平衡时，便发生自陷，传播时轮廓不变，形成空间孤子。由于光折变效应取决于光折变材料本身的参数，与入射光强无关，因此空间孤子可以在较弱的光强下产生。

光折变扇形效应 [photorefractive fanning effect] 光感应光散射的一种。指入射光与光折变材料中近前向散射光之间的光耦合所形成的在近前向具有一定空间分布的、被放大的散射光扇。在自抽运相位共轭器、互抽运相位共轭器、光学功率限制器、非相干图像的相干转换以及双稳态光学器件等中有重要作用。

光折变相位光栅 [photorefractive phase grating] 双光束在光折变晶体中干涉，干涉条纹通过光折变效应在晶体中感应出与干涉光强分布相对应的折射率变化，从而对入射光的相位产生周期性空间调制。由于光折变效应具有空间非局域性，两束相干光在光折变晶体中形成的相位栅，在光栅波矢方向，相对于干涉条纹有一定的位相差，这个位相差影响两束相干光之间的能量耦合强度。

混频 [frequency mixing] 不同频率 ω_1、ω_2 的两束光或多束光在非线性介质中叠加，得到 $\omega_1 + \omega_2$ 的和频光或 $\omega_1 - \omega_2$ 的差频光波，这种现象称光的混频。在某些晶体、液体、气体内都能发生光的混频，可用来获得需要波长的相干光。

交叉相位调制 [cross-phase modulation] 一种非线性光学效应，指一种频率的光可以通过光克尔效应影响非线性介质中同时传播的另一频率的光的位相。在光纤通信中，利用交叉相位调制，可以通过操控一个信道中传播的光来调制其他信道中传播的不同频率的光的相位。

空间孤子 [spatial soliton] 见光孤子。

孔径效应 [aperture effect] 利用选择入射角的办法，虽可实现相位匹配，但因基波和倍频光波在双折射晶体中传播方向不相同，这样在晶体中传播了一段距离后，彼此便分开，倍频效率也大大下降了，这种现象称孔径效应。

走离效应 [walk-off effect] 当光在双折射晶体中传播的方向与光轴的夹角不等于 0° 或者 90° 时，其中 e 光的能流方向与波矢不是同一的，即 o 光和 e 光在传播时将逐渐分开。在非线性光学的二次谐波中，由于倍频光与基频光分属 o 光与 e 光，当角度相位匹配方法在相位匹配角不等于 90° 时，倍频光与基频光在空间上会离散开来。这一离散效应限制了两光束的空间交叠，大大降低了倍频效率。

凝聚态光学非线性 [optical nonlinearities of condensed matter] 凝聚态指由大量粒子组成，并且粒子间有很强相互作用的系统。自然界中存在着各种各样的凝聚态物质。固态和液态是最常见的凝聚态。低温下的超流态，超导态，玻色-爱因斯坦凝聚态，磁介质中的铁磁态，反铁磁态等，也都是凝聚态。凝聚态光学非线性是从微观角度出发，研究光与凝聚态物质之间相互作用产生的非线性光学现象。

三次谐波 [third harmonic generation] 又称三倍频。一种三阶非线性光学效应。当一个频率为 ω 的光电场入射到非线性介质时，在合适条件下，介质中产生频率为 3ω 的信号光电场。不同于只有缺乏中心对称的介质才存在二阶非线性光学效应，三阶非线性光学效应可以在所有介质中观测到，因为介质不管具有什么对称性总存在一些非零的三阶非线性系数。一般来讲三倍频过程不要求有共振条件，但为了得到显著的三倍频信号，在最常用的三倍频介质中往往采用多光子共振条件。

三倍频 [third harmonic generation] 即三次谐波。

色散型光双稳性 [dispersive optical bistability] 当介质中的吸收可以忽略，而克尔效应占主导作用时，折射率的变化导致光学双稳性的产生，称为色散型光双稳性。

光子上转换 [photon up-conversion] 在长波长光的激发下，某些材料能连续吸收两个或更多光子，并发射出波长比激发波长更短的光的过程，即辐射光子的能量大于所吸收光子的能量，属于反斯托克斯发光。主要有三种基本的发光机制：激发态吸收、能量转换过程、光子雪崩。那些具有 f 电子和 d 电子的激活离子因为存在大量的亚稳能级而可被用来实现上转换发光。然而真正有实用价值的高效率上转换过程一般都出现在掺杂稀土离子的化合物中，主要有氟化物、氧化物、含硫化合物、氟氧化物、卤化物等。

时间孤子 [temporal soliton] 见光孤子。

受激拉曼散射 [stimulated Raman scattering] 高强度的激光和物质分子发生强烈的相互作用，使散射过程具有受激发射的性质，这种散射光是拉曼散射光，所以这一种非线性光学效应称受激拉曼散射。受激拉曼散射表现出阈值特性，像激光器一样只有适当的泵功率才能产生。其次得到的谱线宽度比较狭，再者散射光在各方向上并不是均匀分布的，而是在激发光的方向上强度最强，具有定向辐射性质。见"拉曼散射"。

受激散射 [stimulated Scattering] 强激光的光电场与原子中的电子激发，分子中的振动或者与晶体中的晶格振动相耦合的受激拉曼散射，或者是强激光与分子中的转动等特殊运动相耦合而产生的受激瑞利散射，或者是强激光与分子或固体中的声波相耦合产生的受激布里渊散射等。受激散射区分于一般散射的主要特征为：高的输出强度，好的方向性，高阶散射，相位共轭特性。

双波混频 [two-wave mixing] 见光混频。

双光子吸收 [two-photon absorption] 通常原子要从低能级跳跃到高能级去必须吸收一份相当于二个能级之差的能量。如果这份能量由光辐射来提供，只有在光子的能量为两个能级之差时才会被原子所吸收。但是在高功率的光束下，虽然一个光子的能量还达不到两个能级之差，但原子可以同时吸收两个光子达到一定的能量而完成一次跃迁，这就是双光子吸收。常见的有两种双光子吸收过程，一种是级联效应，有一个光子激发到某个中间能级，第二个光子将中间能级激发到更高能级；另一种过程在强激光作用下发生，是一种强激光下光与物质相互作用的现象，直接吸收两个光子，属于三阶非线性效应的一种。根据吸收光子能量的异同，可以分为简并和非简并双光子吸收。双光子吸收在生物成像，材料三维加工，新型激光器等方面都有很多重要的应用。

四波混频 [four-wave mixing]　四个光场相互作用的三阶非线性过程，可以在所有的介质中产生并很容易的观察到。当用一个或多个可调谐激光作泵浦光源时，可实现的单共振或多重共振增强。四波混频可有很多变换形式，所以已经得到了很多有意义的应用。用它可把可调谐相干光源的频率范围扩展到红外和紫外。在材料研究中，共振四波混频技术是非常有效的光谱分析工具，比其他技术有更高的分辨率以及消除强的荧光背景和超快动态性质的时间分辨测量等能力。当四个互作用光场的频率相等时，四波混频过程称为简并四波混频。简并四波混频是实现光学相位共轭的常用方法，可实现光波波前的相位逆转被用作实时自适应光学系统。

微观粒子非线性光学 [microparticle nonlinear optics]　最著名的微观粒子非线性光学包括类比于非线性光学的非线性原子光学的研究。这一方面的研究进展得益于波色-爱因斯坦凝聚体 (BEC) 的探索和发现。BEC 对原子光学是一个极大的推动，对研究原子光学的一阶、二阶效应提供了手段。原子波包的干涉、原子波包的四波混频和参量放大和孤立子等现象先后被观察到。另外，随着纳米科技的高速发展，研究表明，微粒材料具有相对大的表面积，因此微粒的介电环境以及表面化学特性对其非线性光学特性将有很大的影响，其非线性光学效应来源于光致电荷分离，以及由此导致的微粒表面极性分子的再修饰和电子弛豫时间减小，从而使得其非线性系数得到相对于体块材料的显著变化。

线性光学 [linear optics]　当弱光在介质中传播时，介质的光学性质，例如折射率或极化率是与光强无关的常量，介质的极化强度与光波的电场强度成正比，光波叠加时遵守线性叠加原理，在这样的条件下研究光学问题称为线性光学。

相干反斯托克斯拉曼散射 [coherent anti-Stokes Raman scattering]　一种典型的三阶非线性光学效应。在这种过程中，有两束频率分别为和的激光束入射到待测介质中，其频差与介质的拉曼频率相共振。它们在介质中进行相干混合会产生一束新的反斯托克斯拉曼散射，基于激光束之间的相干混合，这个新的散射光束完全不同于普通的自发反斯托克斯拉曼散射，具有很好的方向性和较高的强度。

相干瞬态光学效应 [optical coherent transient effect]　物质在共振条件下受到强相干光场作用时，在小于物质内部纵向及横向弛豫时间的时域范围内所发生的光学现象，如光子回波、光学自由感应衰减、光学章动、自感应透明等。

相位复共轭 [phase complex conjugation]　见相位共轭。

相位复共轭光学 [phase complex conjugate optics]　对光波的相位信息进行空间和时间上的处理。当它通过光波与物质的非线性相互作用来实现时，就称为非线性光学相位复共轭，在数学上等价于对复空间振幅进行复共轭运算。这种处理对自适应光学、光学信号处理、光学成像处理、光学计算机、超低噪声探测、干涉仪及非线性激光光谱学等有重要影响，因为这种系统是全光学的，不需要复杂的电子或电子机械设备，更具有实用性。

相位共轭 [phase conjugation]　如果在一个过程中，输出波的相位是输入波相位的复共轭，则这个过程被定义为相位共轭。在差频产生参量放大和四波混频中会发生相位共轭，如果相位共轭的输出波相对于对应的输入波反向地传播，可用它来修正输入波所遭受到的相位畸变产生的像差。

相位共轭波 [phase conjugate wave]　与原始波有相同的频率，且其空间复振幅为原始波的空间复振幅的复共轭。能对光波实现相位复共轭作用的光学系统称相位共轭镜。从点光源发散的发散光束经共轭镜反射后，形成一会聚共轭光束，此光束精确地沿入射光的路径返回到原始点光源处。由于具有这种性质，所以当后向共轭波再次通过相位畸变介质，可以使相位畸变得到补偿，因此有广泛应用。

相位共轭镜 [phase conjugate mirror]　见相位共轭波。

相位匹配 [phase matching]　又称折射率匹配。早期倍频的转换效率很低，仅约 1%，这是因为在可见光和近红外区域大多数非线性晶体都处于正常色散，从而倍频光与基频光在晶体中以不同的相速度传播，出现相位失配，从而倍频光强随相互作用长度周期性变化的行为。如果使其保持固有的相位关系，它们可以完全相长地叠加，也就是使这二种频率的光折射率相同，能够以同样的速度传播，这时就可得到强得多的倍频光。这称为相位匹配。

折射率匹配 [index matching]　即相位匹配。

相位匹配角 [phase matching angle]　当激光束与双折射晶体光轴成 θ_c 角度入射时，o 光和 e 光的折射率相等，也就是在这个角度入射的基波所产生的倍频光波与基波以相同速度传播，实现了相位匹配，θ_c 称倍频相位匹配角。此角度要求较严，否则倍频效率明显迅速下降，这种通过选择角度达到相位匹配的方法又称临界相位匹配 (critical matching)。

相位失配 [phase mismatch]　见相位匹配。

消色差相位匹配 [achromatic phase matching]
当相互作用光场之间满足相位匹配时，产生二阶非线性效应的转换效率会较高。然而在超短脉冲倍频中，由于脉冲宽度很短，除了满足相位匹配条件外，还要使基频光和倍频光之间满足群速度匹配。为了克服补偿群速度失配的困难，可以采用角色散匹配技术展宽基波相位宽度，这样可以使每个频率的场分量以其各自的相位角度匹配，有时也把这种技术称为消色差相位匹配。

有机材料光学非线性 [optical nonlinearities of organic material]　传统的固态非线性光学材料主要是氧化物和铁电晶体等无机材料，其光学非线性起源于材料的电子特性。一些重要的高阶次非线性光学效应都是共振的，这导致吸收和热耗，共振激发态的寿命较长，因而响应时间也较长。与此不同，有机及聚合物材料的光学非线性则主要地与其分子的结构性质有关。由于其独特的 π 键联化学结构，有机材料可在非共振区产生大的光学非线性，使响应时间极短，还大大降低了材料热致非线性噪声信号的干扰。有机材料的介电常数比无机材料小得多，它的低 RC 时间常数明显地增加了光电子器件的带宽。有机材料的介电常数在低频和光频区相差不大，使得在光电子器件中相互作用的光信号与电信号之间的相位失配减至最小。此外，由于采用现代的有机化学方法和合成技术，有机非线性材料能在分子的水平上进行结构设计。

折射率色散 [refractive index dispersion]　又称材料色散。介质的折射率是波长的非线性函数，从而使光的传输速度随波长的变化而改变的性质。

材料色散 [material dispersion]　即折射率色散。

啁啾 [chirp]　信号频率随时间增加 (上啁啾) 或减小 (下啁啾) 的现象。在通信技术中，啁啾指对脉冲进行编码时，其载频在脉冲持续时间内线性地增加，其中心波长发生偏移的现象。在光通信中，对于处于直接强度调制状态下的单纵模激光器，其载流子的密度随着注入电流的变化而变化，使得有源区的折射率发生相应变化，从而导致激光器谐振腔的光通路长度相应变化，结果致使振荡波长随着时间发生偏移，这就是啁啾现象。因为这种时间偏移是随机的，因而当受到上述影响的光脉冲经过光纤后，在色散的作用下，可以使光脉冲波形发生展宽，因此接收取样点所接收的信号中就会存在随机成分，这属于啁啾噪声。啁啾也被普遍用于超短脉冲激光放大技术中，其基本原理是在脉冲放大前首先用展宽器把超短脉冲展宽到纳秒或亚纳秒量级，然后把展宽后的长脉冲进行放大，放大完成后再用压缩器把放大后的长脉冲压缩回其原来的宽度，从而获得大能量、高峰值功率的超强超短激光脉冲。

准相位匹配 [quasi-phase matching]　非线性光学频率转换的一项重要技术。非线性频率转化中要求动量守恒，即相位匹配，当相位匹配时，可以获得很高的转换效率，反之，非线性过程就很弱。在普通非线性晶体中，特别是同时多个非线性相互作用的条件下，由于色散的存在较难实现相位匹配，而通过在非线性介质中创造一个周期性结构 (非线性光子晶体)，利用周期性结果提供的倒格矢则能较容易地实现相位匹配。相对通常的完美相位匹配 (温度匹配、角度匹配)，这种方法称为准相位匹配，它更容易利用较大的非线性系数，有效的实现非线性频率转化。因此，现在这种技术已广泛应用于非线性光学领域中的二次，三次和高次谐波的产生，波长转换，参量转换等过程。

自变透明 [self transparent]　又称自感生透明。当激光很强时，物质吸收系数也与光强有关。有些染料在弱光下不透明，强光下物质中的分子一半处于激发态，吸收系数正比于上、下能级之差，此时吸收系数为零。这种现象称为自变透明。

自感生透明 [self-induced transparent]　即自变透明。

自聚焦 [self-focusing]　某些材料受强光照射时，材料折射率发生与光强相关的变化。当照射光束强度在横截面的分布是高斯形时 (即钟形)，而且强度足够产生非线性效应的情况下，材料 (如 CS_2) 折射率的横向分布也是钟形的，因而材料好像会聚透镜一样能会聚光束。这种效应可以持续下去，一直到光束达到一个细丝极限为止。具有有限截面的光束会发生衍射，所以存在一个临界光强，仅当自聚焦作用强于衍射作用时，光束才会自聚焦。

自散焦 [self defocusing]　与自聚焦相似，但这些物质的非线性折射率是负数，如硫化镉在一定光功率时就是这样的，此时光束增强的地方折射率反而变小，因此高斯光束在这样物质中传播时发散，其作用好像通过了一个凹透镜一样。见自聚焦。

自作用效应 [self-interaction effect]　入射光在介质中传播时所引起的光致非线性折射率的变化对入射光本身产生调制的现象，如自聚焦、自散焦等效应。

自调制 [self modulating]　当输入到非线性介质中的激光为脉冲时，由于光强是时间的函数，引起的折射率变化 $\Delta n \propto |E|^2$ 也是时间的函数。因此光的相速 (相位) 受到时间的调制，从而导致光谱的加宽。这就是自相位调制。

自相位调制 [self-phase modulation]　见自调制。

自电光效应 [self-electro-optic effect]　在 p 型–本征型–n 型半导体光电二极管的本征层中布置多量子阱结构，它不但具有明显的吸收峰和量子限制斯塔克效应，而且还具有光电效应。施加反向偏置电压，当某一波长的单色光照射时，会产生光电流 I_p，这一光电流将影响外电路端电压，从而改变偏压大小。而偏压的变化有改变了多量子阱结构内的电场强度从而引起吸收率的变化,吸收率的变化又改变光电流的变化继而又改变偏压、电场强度、吸收率、这一系列的效应称为自光电效应。

6.9 激 光

激光物理 [laser physics] 研究激光产生的原因、物理机制及与其他物质间相互作用的物理学分支。因为激光的优良特性,激光在全息照相、激光核聚变、材料加工、医疗、军事等领域应用极为广泛。激光物理学也成为物理学各个分支中最活跃的研究领域之一。

激光 [laser] 1960 年美国人梅曼 (Maiman) 首先制成第一个激光器 (红宝石激光器)。这不仅在光学史上,在科学史上也是一个伟大的里程碑。激光称为 laser,是由英文 laser amplification by stimulated emission of radiation 的首位字母组成,具有三个特点:①方向性好;②相干性好;③ 功率密度大。常用激光器构成可分为固体激光器 (红宝石、钕玻璃、钇铝石榴石等)、半导体激光器 (砷化镓等)、气体激光器 (氦氖、氩离子、氮离子、氦镉离子、二氧化碳等)、液体激光器 (染料溶液等)。工作波长从紫外、可见到红外光。工作方式有连续式的,也有脉冲的。功率从毫瓦级直到兆瓦级 (脉冲),根据不同需要而定。

激光器 [laser] 能发射激光的装置。又称激光振荡器。常用激光器可分为固体激光器 (红宝石、钕玻璃、钇铝石榴石等)、半导体激光器 (砷化镓等)、气体激光器 (氦氖、氩离子、氮离子、氦镉离子、二氧化碳等)、液体激光器 (染料溶液等)。工作波长从紫外、可见到红外光。工作方式有连续式的,也有脉冲的。功率从毫瓦级直到兆瓦级 (脉冲),根据不同需要而定。

激光振荡器 [laser oscillator] 即激光器。

光源 [light source] 能发光的物体。光源可以是天然的或人造的。天然的有太阳、萤火虫等,人造的有电灯、蜡烛、激光器等。

二能级系统 [two energy-level system] 在二能级系统中,假设上能级的粒子数密度为 n_2,下能级的粒子数密度为 n_1,由直观的物理分析可知,在稳态情况下始终有 $n_2 < n_1$,仅当泵浦速率足够大时,n_2/n_1 才接近 1。因此,不能实现粒子数反转。二能级系统一般不能作为激光工作介质。

多能级激光器 [multiple energy-level laser] 基于多能级系统工作的激光器。常见的是三能级和四能级激光器。第一台激光器–红宝石激光器是三能级系统。红宝石是三氧化二铝,在其基质中有三个能级 E_0,E_1,E_2。E_0 是稳态,E_2 是激发态,E_1 是亚稳态。处于 E_0 的粒子被激发到 E_2,粒子

在 E_2 是不稳定的,约 10^{-7}s 内很快地自发无辐射地落入亚稳态 E_1,粒子在 E_1 逗留时间较长约 10^{-3}s。只要激发足够强,亚稳态的粒子数增多,基态的粒子数减少,从而实现粒子数翻转。三能级激光器中,获得中间能态和基态间粒子数翻转的效率不是很高。因为在开始抽运时中间能态 (即亚稳态) 实际是空的,最低限度要将基态粒子数的半数抽运到中间态才可实现粒子数翻转。此外,供给抽运的闪光氙灯对电能只有一小部分成为抽运光子。所以要用强抽运光,通常采用脉冲工作。四能级系统是由 E_0,E_1,E_2,E_3 组成,处于基态 E_0 的原子被激发到最高能级 E_3,从 E_3 无辐射地下降到亚稳态 E_2,因为能级 E_1 在基态上足够高,它实际上是空的。这样,在 E_2 中只要有较少数粒子数就可以保证 E_2 和 E_1 间的粒子数翻转。所以在这两个能级间就能够发生激光作用。由于这个原因,四能级激光器比三能级的效率高,而且容易获得连续运转。第一台连续工作的激光器是氦氖激光器,它就是一个四能级系统。

量子阱激光器 [quantum-well laser] 一般半导体激光器有源层厚度约为 $0.1\sim0.3\mu m$,当有源层厚度减薄到玻尔半径或德布罗意波长数量级时,就出现量子尺寸效应,这时载流子被限制在有源层构成的势阱内,该势阱称为量子阱。这导致了自由载流子特性发生重大变化。量子阱激光器比起其他半导体激光器具有更低的阈值,更高的量子效率,极好的温度特性和极窄的线宽。量子阱激光器的研制始于 1978 年,已制出了从可见光到中红外的各种量子阱激光器。

无反转激光 [lasers without inversion] 一种量子光学现象,在没有粒子数反转的情况下获得激光发射。通常来说,激光增益介质是基于粒子数反转进行工作。其最基本的思想是给原子提供从基态到激发态的两个不同通道,其中一路是直接的,而另外一路是通过第三个能级来实现,并且诱导出量子相干,从而两个过程的量子力学几率密度相互抵消。这样就抑制了再次吸收,从而使上能级在即使只有很少的粒子数的情况也能获得增益。

激光材料 [laser material] 又称激光增益介质。用来实现粒子数反转并产生光的受激辐射放大作用的物质体系。激光材料可以是固体 (激光晶体、玻璃)、气体 (原子气体、离子气体、分子气体)、半导体和液体 (染料) 等媒质。激光增益介质应满足:在工作粒子的特定能级间实现较大程度的粒子数反转,并能在激光发射的全过程中保持这种反转。为此,要求激光材料具有合适的能级结构和跃迁特性。

激光增益介质 [laser gain medium] 即激光材料。

激光器基质 [laser host material] 激光增益介质中,发光离子一般掺杂在一些基质材料中,这些基质材料就是激光基质。激光基质有固体和液体等。固体激光基质材料包括晶体和玻璃。例如在 Nd:YAG 中,YAG 即为激光基质材料。

受激发射 [stimulated emission]　1917年爱因斯坦指出，受激的原子能够通过两种途径发射光子而回到一个较低的态。一种是原子无规则地变到低能态，这称为自发发射。另一种是一个具有能量等于两个能级间能量差的光子与处于高能态的原子作用，使原子产生发射，这称为受激发射。受激发射具有两个特性：一是产生光子的能量几乎等于引起受激发射光子的能量，所以有近似相同的频率；二是这两个光子相联系的光波是同相位的，偏振状态相同，传播的方向也相同，所以是相干的。激光是由于受激发射而产生的，因此具有受激发射的特性。

自发发射 [spontaneous emission]　见受激发射。

激光抽运 [laser pumping]　又称激光泵浦。产生激光的必要条件是粒子数反转，就是把处于基态的粒子，激励到高能态，使高能级上的粒子数目大于低能级上的粒子数目。激光泵浦就是用激光完成抽运这一过程，实现粒子数反转。

激光泵浦 [laser pumping]　即激光抽运。

泵浦 [pump]　在激光技术领域常称作泵浦，也可译为抽运。产生激光的必要条件是粒子数反转，光泵的作用就是把处于基态的粒子，激励到高能态。人们用pump这个词形容这一过程，就是把这一过程比喻成把水从低处抽运到高处。光泵浦就是用光完成抽运这一过程。

抽运 [pump]　见泵浦。

光泵 [optical pumping]　光泵浦就是用光完成抽运这一过程。一般用氙灯或氪灯完成。用它们发出的强光照射激光介质，完成粒子数反转。当把光泵作名词理解可认为是可以实现光泵浦过程的材料或介质。在激光领域之外，光泵泛指任何可以实现粒子从低能态向高能态抽运的过程。

激光振荡条件 [laser oscillating conditions]　要形成激光振荡，需要满足以下三个条件：① 谐振条件，在驻波腔中腔长应该为振荡半波长的整数倍；② 阈值条件，振荡模式的增益应该大于损耗；③ 振荡频率必须落在工作物质原子荧光线宽范围内。

相干发射 [coherent emission]　产生频率相同，相位一致的相干光的发射。

相干辐射 [coherent radiation]　由辐射源发出的所有基波，在时间与空间上保持一定相位差，在光束横截面各点相位有确定关系的辐射。典型的例子为激光光束，在光束的横截面各部分相位相同，与波长一致。

非相干辐射 [incoherent radiation]　由物质内部分立能态的原子系统随机振动跃迁时产生的，其辐射的频率、振动方向和相位都是不同的，所以在时间和空间上也是不相干的，因此称之为非相干辐射。

法布里-珀罗滤波器 [Fabre-Perot (F-P) filter]　F-P腔由两面彼此平行的镜面构成，光线进入腔内并在两镜面间多次反射。通过调整两个镜面的间隔，某一波长的光被选择通过腔体，而其他波长成分被阻隔，从而实现滤波的功能。两个镜面的间隔可以通过直接移动镜面机械地改变，也可以通过腔中物质折射率的改变而间接地改变。

布居数 [population]　简称布居。一般来讲，布居可以理解为原子核外电子的分布排列位置。布居数则是布居在不同 (能量) 层次的原子/分子的数量。

粒子数布居反转 [population inversion]　常物质中大多数原子处于基态，吸收比受激发射要容易得多，但是如果高能级中的粒子数 (即原子数) 多于低能级的粒子数时将使受激发射占优势，这种情况称为粒子数布居反转。

光学腔 [optical cavity]　光学腔是常用激光器的三个主要组成部分之一，其主要作用有两个方面：一是提供轴向光波模的光学正反馈；二是控制振荡模式的特性。在激活介质两端适当地放置两个反射镜，即可构成最简单的光学腔。由两个或多个反射镜按一定的方式组合，可以构成不同种类的光学腔。

光学共振腔 [optical resonator]　通过合理放置镜面，形成光波的驻波共振腔。光学共振腔是激光器的主要组成之一，包围着增益介质，提供激光的反馈。也用在光参量振荡器以及一些干涉仪中。束缚在空腔中的光多次反射，从而对某些谐振频率产生驻波。驻波的模式叫作波模。纵模是按照频率上的不同来区分，而横模是按照光束截面上的光强分布来划分。

激光腔 [laser cavity]　见光学腔。

低耗腔 [low-loss cavity]　损耗低的谐振腔。激光器按腔内振荡波型的损耗的不同来区分，有低损耗腔 (稳定腔)、高损耗腔 (非稳定腔) 等。

环形腔 [ring cavity]　和驻波腔不同，环形腔没有端面镜片，如图，光在腔内可以沿着两个不同的方向循环传播；并且腔内的光学元件在光的往返过程中只会被遇到一次。

共心腔 [concentric cavity]　两个球面反射镜的曲率中心重合的共轴球面腔为共心腔。

半共心腔 [half-concentric optical cavity]　又称半球形谐振腔。在激活介质的两端安置两块反射镜面，一个是全反射镜，一个是部分反射镜，这对反射镜及其间的空间即为光学谐振腔。如果一个反射镜是凹面镜，另一个反射镜是平面镜，而凹面镜的球心刚好落在平面镜上，便构成半共心腔。半共心腔易于安装，衍射损耗低，成本低，主要用于低功率氦氖激光器。

半球形谐振腔 [half-concentric optical cavity]　即半共心腔。

半共焦腔 [half-confocal optical cavity]　在激活介质的两端安置两块反射镜面,一个是全反射镜,一个是部分反射镜,这对反射镜及其间的空间即为光学谐振腔。如果一个反射镜是凹面镜,另一个反射镜是平面镜,而凹面镜的焦点刚好落在平面镜上,便构成半共焦腔。半共焦腔易于安装,衍射损耗低,成本低,一般应用于连续工作的激光器。

多模腔 [multi-mode cavity]　光场在其内存在多种呈稳定分布的横模和纵模的一种谐振腔。

法布里–珀罗微腔 [Fabre-Perot (F-P) microcavity]　1897 年,法国物理学家法布里和珀罗首次制作出法布里–珀罗多光束干涉仪 (F-P 多光束干涉仪),F-P 干涉仪是由两块平行放置的镀银玻璃板组成,入射光被限制在两平板之间,并被多次来回反射,两平行板形成的这样一个对光场进行限制的区域就是最早的光学谐振腔,或者称为法布里–珀罗腔 (F-P 腔)。后来,为了更好的、有效的对光场进行限制和调制,满足器件微型化的要求,不断调整和控制谐振腔的尺寸,制备出至少一个方向上尺寸与基波波长可相比拟的光学微腔,这就是 F-P 微腔。

激光模式 [laser mode]　电磁场理论表明,在具有一定边界条件的腔内,电磁场只能存在于一系列分立的本征状态之中。将谐振腔内可能存在的电磁场的本征态称为腔的模式,也就是激光模式。从光子的观点来看,腔的模式也就是腔内可以区分的光子状态,同一模式的光子具有完全相同的状态。不同模式其基本特征不同。

光学击穿 [optical breakdown]　与电介质的击穿相关。当等离子体达到某个临界密度时,它能够从光振荡中有效地吸收能量,从而局部的等离子体温度也急剧升高,在纳秒的时间尺度内于介质中形成一个强烈的冲击波,称为光击穿。

激光尖峰 [laser spike]　连续泵浦的固体激光器在形成激光的过程中,一开始并不是输出恒定的激光功率,而是输出一系列随着时间衰减的尖峰脉冲,并最终达到稳定的输出状态。这就是固体激光器的弛豫振荡特性,它是固体激光器的固有特性,利用弛豫振荡特性做成的脉冲激光器,其脉宽可以窄到几十 ns 量级,重复频率可达百 kHz 量级。

增益饱和 [gain saturation]　在小信号增益下,也就是光强较小时,增益系数随着光强的增大而迅速增大;但是当光强增大到一定的程度后,增益系数随光强的增大而基本不变,这种现象为增益饱和。增益饱和有利于减少激光模式数,提高激光质量。

倒兰姆凹陷 [inverse Lamb dip]　利用饱和吸收稳频,即在谐振腔中放入一个充有低气压气体原子 (或分子) 的吸收管,它有和激光振荡频率配合很好的吸收线,而且由于吸收管气压很低,故碰撞加宽很小,可以忽略不计,吸收线中心频率的压力位移也很小,吸收管一般没有放电作用,故谱线中心频率比较稳定。所以在吸收线中心处形成一个位置稳定且宽度很窄的凹陷,以此作为稳频的参考点,可使其频率稳定性和复现性精度得到很大的提高。事实上,吸收管的气体在吸收线的中心处产生吸收凹陷的机理和兰姆凹陷相类似。对于 $v = v_0$ 的光,其正向传播和反向传播的两列行波光强均被 $v_z = 0$ 的分子所吸收,即两列光强作用于同一群分子上,故吸收容易达到饱和;而对于 $v \neq v_0$ 的光,则正向传播和反向传播的两列光强分别被纵向速度为 $+v_z$ 及 $-v_z$ 的两群 (少于 $v_z = 0$) 分子所吸收,所以吸收不易达到饱和,在吸收线的 v_0 处出现吸收凹陷,吸收线在中心处的凹陷,意味着吸收最小,故激光器输出功率 (光强) 在 v_0 处出现一个尖峰,通常称为反兰姆凹陷。反兰姆凹陷可以作为一个很好的稳频参考点。其稳频工作程序与兰姆凹陷稳频相似。

热透镜效应 [thermal lens effect]　激光通过介质时部分激光会被吸收,使局部温度上升,由于激光照射边缘与中心热传导不同,会形成温度差改变介质形状及折射率,起透镜的作用。热透镜效应会降低固体激光器激光输出质量。

固体激光器 [solid-state laser]　介质是固体的激光器,工作介质一般是绝缘晶体或玻璃,通过灯、半导体激光器阵列或其他激光器光照泵浦来激发。

掺稀土金属和过渡金属固体激光器 [rare-earth and transition metal doped solid-state laser]　这类激光器的增益介质为掺入了稀土金属离子和过渡金属离子的固态激光材料。

红宝石激光器 [ruby laser]　原理参见多能级激光器,发出的激光为波长 694.3nm 的脉冲激光,缺点是输入能量大、输出能量小,效率不到 0.1%,绝大部分能量转化为热能。因为脉冲时间间隔决定于散热措施,所以脉冲时间间隔受到限制,而且单色性较差,相干长度仅毫米数量级。

掺钛蓝宝石激光器 [Ti: sapphire laser]　1982 年,第一台掺钛蓝宝石激光器实现了运转。掺钛蓝宝石激光器 (简称钛宝石激光器) 的激光材料是掺入了少量的 Ti^{3+} 的 Al_2O_3,掺钛重量百分比一般为 0.1% 左右。掺钛蓝宝石晶体的吸收谱带宽带约为 200nm,有两个吸收峰。吸收主峰中心波长位于 488nm,吸收次峰中心波长位于 556nm,因此,掺钛蓝宝石晶体非常适于使用蓝绿光 (例如 Ar^+ 激光器、倍频 YAG 或者钕玻璃激光器) 泵浦。其荧光光谱范围位于 660~1200nm,中心波长 790nm,通常以 π 分量偏振光泵浦并形成 π 分量偏振激光输出。钛宝石激光器可以脉冲或连续两种方式运转,也可以在锁模、调 Q 等方式下工作。

掺铒激光器 [Er-doped laser]　掺入 Er 离子的材料

作为增益介质的激光器,其效率和输出能量都不引人注目。但是其中掺铒钇铝石榴石 (Er:YAG) 和掺铒磷酸盐玻璃 (铒玻璃) 的 2.9μm 和 1.54μm 激光波长引起了新的重视。这两个波长都会被水吸收,2.9μm Er: YAG 在医学中有重要的应用,而用 1.5μm 铒玻璃可做成对人眼安全的测距机。

掺镱激光器 [Yb-doped laser]　激光增益介质中掺入了 Yb^{3+} 的激光器。Yb^{3+} 是能级结构最简单的稀土激活离子,仅有一个基态和一个激发态,不存在激发态吸收和上转换,光转换效率高,荧光寿命较长。Yb^{3+} 吸收带在 0.9~1.1μm 范围内能与 InGaAs LD 泵浦源有效耦合,且吸收线宽较宽;泵浦波长与激光输出波长非常接近,量子效率高;可实现高浓度 Yb 离子的掺杂,增益介质可以做成微片。掺 Yb^{3+} 激光增益介质的基质材料可以是光纤,也可以是晶体 (如 YAG、GGG、FAP、YVO_4 等)、玻璃和陶瓷。

掺钕激光器 [Nd-doped laser]　激光增益介质中掺入了 Nd^{3+} 的激光器。Nd^{3+} 离子一般掺杂在晶体 (例如 GGG、YAP、YLF、YAG 或 YVO_4) 或者光学玻璃中。掺钕激光增益介质的吸收谱线一般在 750nm 和 810nm 有较强的吸收峰,一般使用激光二极管泵浦。室温下,在近红外区,有 0.9μm、1.06μm 和 1.3μm 三条较强的荧光谱带。

Nd:YAG 激光器 [Nd:YAG laser]　Nd：YAG 为英文简化名称,来自 neodymium-doped yttrium aluminium garnet, Nd：$Y_3Al_5O_{12}$,中文称之为钇铝石榴石晶体,钇铝石榴石晶体为其激活物质,体晶体内的 Nd 原子含量为 0.6%~1.1%,属固体激光,可激发脉冲激光或连续式激光,发射的激光为红外线波长 1.064μm。

多掺激光器 [multi-doped laser]　多掺常和敏化结合在一起用来提高固体激光器的效率。敏化是指在晶体中除了发光中心的激活离子外,再掺入一种或者多种称为敏化剂的施主离子。敏化剂的作用是吸收激活离子不吸收的光谱能量,并将吸收的能量转移给受主的激活离子。敏化途径虽然有效,但是双掺或多掺杂晶体比单掺杂晶体生长困难、工艺复杂。

光纤激光器 [fiber laser]　固体激光器的一种,只是其工作介质为掺杂稀土元素的光纤。目前,光纤激光器有单端泵浦,双端泵浦两种,后者的功率可以达到很高。也有相干合成技术在研发中用于扩展输出功率。

色心激光器 [color center laser]　离子晶体中的点缺陷会在晶体中形成新的能级,由于缺陷与晶格高度耦合,产生的新能级会有较宽的吸收带和发射带,且两者不相同。使用色心做工作介质可以获得较宽的调谐范围和较窄的线宽。

化学激光器 [chemical laser]　一类特殊的气体激光器,即利用化学反应释放的能量来实现工作粒子数布居反转的激光器。化学反应产生的原子或分子往往处于激发态,在特殊情况下,可能会有足够数量的原子或分子被激发到某个特定的能级,形成粒子数反转,以致出现受激发射而引起光放大作用。

染料激光器 [dye laser]　某些液体,通常是一些有机染料,可以设法使其发出激光,故称染料激光器。因为液体有很高的光学质量,价格则几乎可以忽略,而且可以用循环的方法来冷却。此外还可以用多种方法在很宽的频率范围内进行调谐。利用一种常用的染料为若丹明 6G 的水溶液,用氙闪光灯或其他激光器可以使它发出激光。染料激光器的转换效率高,有时可达到 25%,已有各种染料可在整个可见光范围内获得所需的激光。

电子束激发激光器 [electron-beam excited laser]　发明于 1976 年,其所产生激光束的光学性质与传统激光器一样,具有高度相干、高能量的特点,其不同点在于其特殊的光源产生机制。传统利用气体、液体或固体 (如半导体激光器) 作为激光介质的激光器,其激光产生会使原本处于束缚态的原子或分子受到激发;对于电子束激发激光器,激光产生则依靠将在磁场中运动的相对论电子束的动能转换为光子能量。由于电子束可以在磁场中自由移动,故又命名为自由电子激光器。激光产生过程中没有传统意义上的介质,不需要实现粒子数反转,因此,这种激光不依赖于受激发射。电子束激发激光器的核心是电子源 (通常是粒子加速器) 与相互作用区 (把电子动能转换为光子能量)。

自由电子激光器 [free electron laser]　利用自由电子的受激辐射把电子束的能量转换成相干辐射的激光器,在 1977 年研制成功。改变电子束的加速电压就可改变激光波长,原则上可以在任意波长上运转。在现有的电子枪和加速器的实验条件下,可以获得从毫米波到 100nm 的光频波段范围内连续调谐的相干辐射。自由电子激光器在短波长、大功率、高效率和波长可调节这四大主攻方向上为激光学科开辟了一条有广阔应用前景的道路。

量子级联激光器 [quantum cascaded laser]　基于电子在半导体量子阱中导带子带间跃迁和声子辅助共振隧穿原理的新型单极半导体器件,工作在中远红外波段。不同于传统 p-n 结型半导体激光器的电子–空穴复合受激辐射机制,量子级联激光器的受激辐射过程只有电子参与,输出波长的选择可通过有源区的势阱和势垒的能带裁剪实现。量子级联激光器的出现开创了利用宽带隙材料研制中、远红外和太赫兹半导体激光器的先河,在公共安全、国家安全、环境和医学科学等领域有重大应用前景。

拉曼激光器 [Raman laser]　利用受激拉曼散射原理建立振荡的激光器,它的基本组成部分有高压气体光电盒和谐振腔光学器件。当光线照射介质时,会造成介质内部原子的同步震动。部分光子经介质散射会获得或失去能量,产生不同波长的光。将一种波长的散射光导入特定装置，经过反射及碰撞，增强其能量，就可以产生一束同步的拉曼激光。拉曼激光与普通激光的不同在于：拉曼激光的产生不需要介质粒子数反转。用拉曼激光器能得到固体激光器不能直接发射的波长。

自旋反转拉曼激光器 [spin-flip Raman (SFR) laser]　基于半导体中传导电子的自旋反转受激拉曼散射的可调谐激光器。1970 年，Patel 在 n 型 InSb 中首次观察到脉冲的受激自旋反转拉曼散射，其后 Mooradian 利用 CO 激光器作泵浦得到了连续的受激自旋反转拉曼散射。脉冲 SFR 激光器的短脉冲能力和高功率使其适合于研究大多数分子反应动力学及瞬态微观动力学过程。

随机激光器 [random laser]　1994 年 N.M. Lawandy 在有机掺胶体溶液荧光实验中首次发现了受激辐射，这种在高度无序介质中的受激辐射与传统激光器中的受激辐射有显著的不同，人们把利用这种受激辐射所构成的激光器称为随机激光器。传统的激光器包括增益介质和共振腔。共振腔通常由几块反射镜组成，能够产生相干反馈。然而，随机激光器没有共振腔，反馈来自两种可能的机制：一种是光束被随机介质与空气的界面反射回介质内部，构成反馈；另一种是光束在随机介质内，构成反馈；另一种是光束在随机介质内形成闭合回路，起到类似于环形腔的反馈作用。

无反射镜激光器 [mirrorless laser]　见随机激光器。因为随机激光器最大的特点就是没有传统意义上的谐振腔，所以通常也被称为无反射镜激光器。

混沌激光 [chaotic laser]　激光器是一个非线性系统，其输出可分为稳态、非稳态和混沌三种形式。按照激光器腔内电场、粒子数及相位弛豫时间长短的分类，所有的激光器均可以分为 A,B,C 三类。A 类和 B 类激光器在外界扰动 (最常见的形式即外部光学元件引起的光反馈) 下可能无法稳定工作，C 类激光器本身就可能运行在非稳态或者混沌输出的状态。混沌激光是激光器输出不稳定性的一种特殊形式，此时尽管激光器的东台特性可以由确定的速率方程来描述，但是激光器的输出 (光强、波长、相位) 在时域上不再是稳态，而是类似噪声的随机变化。

双光子激光器 [two-photon laser]　在 a,b 两个能级粒子数反转的条件下，处于 1 能级的粒子同时相干地发射出两个光子，跳回到与它角动量量子数相差 2 的能级 b 上。这两个光子可以是相同能量的，称为简并双光子发射；也可以具有不同的能量，但它们的能量之和等于这两个能级的能量差，物理上称之为非简并双光子发射。利用双光子受激发射效应制成的激光器叫作双光子激光器。

红外激光器 [infrared laser]　输出波长在红外波段的激光器，红外光激光器可采用功率不同的激光管和参数不

同的透镜，可产生圆形或椭圆形光斑，光束发散度和光斑大小也都不一样，出口功率也可根据不同的使用要求调整。现已广泛应用于各种激光夜视、红外照明、军用器械及仪器装备、激光测距仪、激光医疗仪器、激光打印、激光定位器等。

紫外激光器 [violet laser]　可以发出紫外线波段激光的激光器，主要分为固体紫外激光器、气体紫外激光器和半导体紫外激光二极管。其主要应用于生物技术、医疗设备和数据存储等领域。

注入锁定激光器 [injection locking laser]　一个简谐振荡被另一个频率相近的简谐振荡所扰动的频率效应。当第二个简谐振荡的频率与第一个足够接近，耦合足够大时，会完全占据第一个振荡，即第一个振荡跟随第二个振荡。在激光系统中，存在同样的现象，可以用一束弱的、性能优良的激光束控制一个强激光器输出光束的光谱特性、模式相位特性及空间特性。

注入式激光器 [p-n junction laser]　半导体结型二极管激光器。是目前较成熟、较常用的一类半导体激光器，于 1962 年首次研制成功。它的主体是一个正向偏置的 p-n 结，当电流密度超过阈值时，注入载流子 (电子和空穴) 在 p-n 结结区通过受激辐射复合，产生激光。

再生激光器 [regenerative laser]　多个半导体激光器的有源区被顺序生长在同一个外延结构中，每两个有源区之间引入一个突变隧道结，使在前一有源区中辐射复合的载流子通过反向隧道结获得再生，并在下一有源区继续辐射复合发光，这种激光器被称为再生激光器。

自脉冲激光器 [self pulsing laser]　在注入电流恒定的情况下半导体激光器的输出光强呈现周期性变化的现象称为自脉冲效应。自脉冲激光器就是利用这种效应的半导体激光器。自脉冲激光器的输出具有低相干性，可以大大降低反馈噪声。自脉冲激光器还被广泛地应用在全光通信系统中的时钟同步，全光时间提取，可调谐光电带宽过滤器。

相位共轭激光器 [phase conjugate laser]　激光腔的一端使用相位共轭镜，从而消除激光腔内产生的相位扭曲，得到近似完美的激光输出。

锁相激光器 [phase-locking laser]　在一个简单的激光器中，激光的各个模式都是独立振荡的，模式之间没有固定的相位关系。如果不允许模式独立振荡，而是要求每个模式与其他模式之间保持固定的相位，不同模式的激光周期性的建立起相生干涉，导致产生脉冲激光。这样的激光器被称为锁模或者锁相。

微腔激光器 [microcavity laser]　谐振腔尺度在光波波长量级的激光器。它具有低阈值、高转化效率、高速调制等特点。目前，其主要结构、形式有垂直腔面发射激光器和微盘激光器。垂直腔面发射激光器一般是以高反射率的多层介

质膜作为平面腔镜,激光垂直于腔镜表面出射;微盘激光器则是利用弯曲介面的全反射形成腔限制,以回音壁模式作为主要谐振模式。微腔激光器由于其尺寸小,对腔内发光物质产生量子限制,从而出现一系列腔量子电动力学效应。这种激光器比传统的半导体激光器有明显的优越性,在光集成、光互连、光神经网络以及光通信等方面有着广泛的应用前景。

微盘激光器 [micro-disk laser]　见微腔激光器。

双腔激光器 [dual-cavity laser]　含有两个谐振腔的激光器称为双腔激光器。两个腔可以共享激光增益介质,或者分别有增益介质。双腔的特点在于能够对每个腔的结构参数进行调节,获得不同的损耗、光斑尺寸等。

折叠腔激光器 [folded-cavity laser]　光学谐振腔根据不同的性质可分为不同的类型,按照反射镜的排列方式可以划分为直腔和折叠腔。一般来说,激光器最简单的腔型结构是直腔,光学谐振腔由两块晶片组成,比较容易形成稳定腔。随着激光技术的发展,要想在这种直腔内加入调 Q 元件、实现选频、获得大功率的非线性倍频激光输出时,是很难做到的。因此直腔的应用有比较大的局限性,而正是由于直腔的局限性催生了折叠腔,折叠腔最少由三块镜面组成。常用的折叠腔可以分为两类,一类是三镜折叠;另一类是四镜的折叠腔,也称为 Z 型腔。折叠腔是由 H. W. Kogelnik 在 1972 年研究染料激光器时首次提出的。他将激光介质放在有较小光腰的折叠臂处,而长臂内放置其他一些光学元件,这样一方面保证了较低的阈值,另一方面又突破了腔长的限制。之后折叠腔在全固态激光器、可调谐激光器和波导 CO_2 激光器中得到了广泛的应用。

环形激光器 [ring cavity laser]　利用环形腔作为腔型的激光器。见环形腔。

行波激光器 [traveling wave laser]　按照腔内辐射场的特点,激光腔可以分为驻波腔和行波腔。驻波腔一般有两个反馈镜,并且腔内部光场是四周有界的。行波腔没有反馈镜,因而激光场在传播方向不受边界的约束。高增益激光介质当它被泵浦瞬间,光子只要单程通过增益介质后就满足激光振荡的阈值条件获得受激辐射,这类腔称为行波腔。行波腔辐射的方向性是由增益介质几何尺寸所决定是一发散型辐射,若不经外光学系统改善,激光亮度会随传播距离迅速下降,通常称这类激光辐射为超荧光或超辐射。基于行波腔的激光器称为行波激光器。

调谐激光器 [tunable laser]　在一定范围内可以连续改变激光输出波长的激光器。这种激光器的用途广泛,可用于光谱学、光化学、医学、生物学、集成光学、污染监测、半导体材料加工、信息处理和通信等。实现激光波长调谐的原理大致有三种。大多数可调谐激光器都使用具有宽的荧光谱线的工作物质。构成激光器的谐振腔只在很窄的波长范围

内才有很低的损耗。因此,第一种是通过某些元件 (如光栅) 改变谐振腔低损耗区所对应的波长来改变激光的波长。第二种是通过改变某些外界参数 (如磁场、温度等) 使激光跃迁的能级移动。第三种是利用非线性效应实现波长的变换和调谐 (见非线性光学、受激喇曼散射、光二倍频、光参量振荡)。属于第一种调谐方式的典型激光器有染料激光器、金绿宝石激光器、色心激光器、可调谐高压气体激光器和可调谐准分子激光器。

磁调谐激光器 [magnetically tunable laser]　通过改变磁场从而引发自由载流子交换,载流子连续改变激光输出波长的激光器。这种激光器的用途广泛,可用于光谱学、光化学、医学、生物学、集成光学、污染监测、半导体材料加工、信息处理和通信等。

塞曼调谐激光器 [Zeeman tunable laser]　其工作原理是基于横向磁场 (磁场方向垂直于光的传播方向) 下的正常塞曼效应和激光谐振腔的各向异性。原子的发射光谱在磁场作用下发生分裂,在没有谐振腔的作用时,沿光的传播方向可接受到三种线偏振光,π、σ_+ 和 σ,它们分别对应于磁量子数之差 $\Delta m = 0, \pm 1$。而在激活腔内,由于腔的非线性作用,σ_+ 和 σ 合二为一,成为单一的 σ 成分。此时,只输出两个垂直偏振光 π 和 σ。横向塞曼双频激光器,它的两个垂直偏振的线偏振光,二者之间的频差从几十千赫兹到几百千赫兹 (取决于磁场强度、谐振腔的各向异性和激活介质的非线性),频差连续可调;具有高的频率稳定度和频率再现度。

频扫激光器 [frequency swept laser]　产生单波长的激光,且其频率能够在中心频率附近较大波段内来回变化扫描的激光器。

断续调谐红外激光器 [discontinuously tunable laser]　频率可以进行离散值变化的红外波长激光器。

盘状激光器 [disk laser]　一种一面装有散热片的固体激光器,激光输出在增益介质的另一面产生。它采用盘状几何形状,显著减少光/热效应–热透镜效应,从而实现高光束质量和在长的距离下工作。盘状激光工作原理可参考图如下:一束平行均匀光强分布的半导体激光 ($\lambda = 940nm$) 作为泵浦光,光入射到抛物镜面上,然后汇聚到薄片圆盘状 Yb:YAG 晶体上,Yb:YAG 晶片后面安装散热器,在 $\lambda = 940nm$ 光泵浦下,则输出 $\lambda = 1030nm$ 的激光。由于这种散热器作用,在 Yb:YAG 晶片径向上温度稳定,温度梯度仅存在于晶片轴向上,从而克服了热透镜效应,减少了光束发散角,提高了光束质量。

盘状激光器优良的光束质量,开拓了传统棒状激光器引起规律和光束质量受限而未能达到的应用领域。在高精度激光加工,包括复杂部件的形成、切削和焊接加工方面有广泛用途,并提高了加工的可靠性。同时,盘状激光器可以减少热

透镜效应,从而改善高功率水平时的光束质量,提高机关材料加工性能。

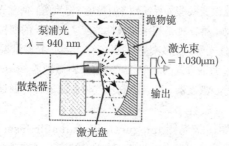

泵浦光 λ = 940 nm
抛物镜
激光束 (λ = 1.030μm)
散热器
输出
激光盘

拉曼光纤放大器 [Raman fiber amplifier] 利用受激拉曼散射效应,以光纤作为增益介质的全光放大器。当强激光输入到非线性介质中时,在一定条件下,拉曼散射有激光的性质,不论是斯托克斯光还是反斯托克斯光都是相干光。这样,当弱信号光与强泵浦光同时在光纤中传输,且信号光波长在泵浦光的拉曼增益谱内,光能量将会从泵浦光转移到信号光,从而实现光放大。

拉曼频移激光器 [Raman frequency shift laser] 利用受激拉曼散射获取新的激光波长的激光器。其原理是基频场在谐振腔内振荡,当拉曼介质中基频场强度达到受激拉曼散射阈值时,基频场光子中有一部分被频移成斯托克斯光子,斯托克斯光子经准直透镜准直后输出产生激光。

气体激光器 [gas laser] 普遍使用的一种激光器,其效率高,波长的选择范围宽,受环境影响比较小,输出很接近理想相干光源。常见的有氦氖激光器、氩离子激光器、氦镉激光器、二氧化碳激光器、氮分子激光器等。

气动激光器 [gas dynamic laser] 依据不同振动状态的分子弛豫速率不同的原理而构造的激光器。气体激光器的介质气体低振动能级比高振动能级弛豫速率更快,从而实现了粒子反转。气动激光器的工作原理是:首先,产生高温高压气体,依据麦克斯韦–玻尔兹曼分布,直到弛豫过后气体才处于热力学平衡态;然后,气体通过超声或亚声速喷嘴进入管内,在特定时间和特定距离内,低振动能级迅速弛豫而高振动能级依旧保持原状,此时实现粒子数反转;气体流过透光区域,发生受激辐射产生激光脉冲。气动激光器可以用于强度放大,几乎所有化学激光器都使用气动激光器增大其功率;可以产生非常高的脉冲功率,被广泛应用于材料加工、石油勘探和军工业。

准分子激光器 [excimer laser] 以准分子为工作物质的一类气体激光器件。常用相对论电子束 (能量大于 200 千电子伏特) 或横向快速脉冲放电来实现激励。当受激态准分子的不稳定分子键断裂而离解成基态原子时,受激态的能量以激光辐射的形式放出。准分子激光物质具有低能态的排斥性,可以把它有效地抽空,故无低态吸收与能量亏损,粒子数反

转很容易,增益大,转换效率高,重复率高,辐射波长短,主要在紫外和真空紫外 (少数延伸至可见光) 区域振荡,调谐范围较宽。它在分离同位素,紫外光化学,激光光谱学,快速摄影,高分辨率全息术,激光武器,物质结构研究,光通信,遥感,集成光学,非线性光学,农业,医学,生物学以及泵浦可调谐染料激光器等方面已获得比较广泛的应用,而且可望发展成为用于核聚变的激光器件。

氦镉激光器 [helium-cadmium laser] 有波长最短的连续输出 (441.6nm, 325nm),激光管中有氦和金属镉蒸气的混合体的激光器。

二氧化碳激光器 [carbon dioxide laser] 在红外波段工作,波长为 10.6μm,效率可高达 20%,输出功率可从数瓦大到数千瓦的激光器。它是效率最高,连续工作功率最大的激光器。

一氧化碳激光器 [carbon monoxide laser] 以一氧化碳气体为工作物质,以氦、氮、氧、氙、汞等为辅助气体的激光器。波长 $6 \sim 8\mu m$(红外线),只在冷却的条件下工作。

氩离子激光器 [argonion laser] 主要在绿、蓝、紫色区域工作 (主要是 488nm 和 514.5nm 两种) 的激光器。输出通常是数瓦的连续光,但也可在脉冲下工作。与氦氖激光器相比氩离子激光器通常功率更大、波长更短、线宽更宽、价格较贵。

原子气体激光器 [atom gas laser] 激光的工作介质是气体,产生激光作用的气体是没有电离的原子气体,包括各种惰性气体激光器和各种金属蒸气激光器,典型代表是氦氖激光器。

分子气体激光器 [molecular gas laser] 气体激光器的一种。气体激光器所采用的工作物质,可以是原子气体、分子气体和电离化离子气体。为此,把它们相应的称为原子气体激光器、分子气体激光器和离子气体激光器。在原子气体激光器中,产生激光作用的是没有电离的气体原子,所采用的气体主要是几种惰性气体 (如氦、氖、氩、氪、氙等),有时也可采用某些金属原子 (如铜、锌、镉、铯、汞等) 蒸气,或其他元素原子气体等。原子气体激光器的典型代表是氦–氖气体激光器。在分子气体激光器中,产生激光作用的是没有电离的气体分子,所采用的主要分子气体工作物质有 CO_2、CO、N_2、H_2、HF 和水蒸气等。分子气体激光器的典型代表是二氧化碳 (CO_2) 激光器的氮分子 (N_2) 激光器。离子气体激光器,是利用电离化的气体离子产生激光作用,主要的有惰性气体离子和金属蒸气离子,这方面的代表型器件是氩离子 (Ar^+) 激光器、氪离子 (Kr^+) 激光器以及氦–镉离子激光器等。

束缚–自由激光器 [bound-free laser] 在气体放电灯的辐射输出中,不同的输出成分对应于不同的光发射机制,

不同机制主要由灯里面的电流密度决定。输出的线状辐射对应于气体原子和离子的束缚能态之间的分立的跃迁，也称为束缚–束缚跃迁；连续辐射则来源于气体离子将电子捕获至束缚态这一过程，也称为束缚–自由跃迁。基于束缚–束缚跃迁的激光器称为束缚–束缚激光器，基于束缚–自由跃迁的激光器则称为束缚–自由激光器。

束缚–束缚激光器 [bound-bound laser]　见束缚–自由激光器。

等离子体激光器 [plasma laser]　结合应用了激光特性与等离子技术的一种激光器，等离子体激光可在 360° 内扩散。

半导体激光器 [semiconductor laser]　又称半导体结型二极管激光器。主要用半导体材料如砷化镓 (GaAs) 等制成。优点是体积小 (知识针头大小的一个半导体片)、重量轻、寿命长、转换效率高，可达 10%，其频谱范围可从红外到紫外，可以连续发光，但输出光束发散较大，有广泛用途。现在已经用在光纤通信、视频唱片及声频唱片的光源、指向器、扫描仪及集成光学中。

半导体结型二极管激光器 [semiconductor laser]　即半导体激光器。

分布反馈激光器 [distributed feedback laser]　通常半导体激光器是利用半导体的解理面或抛光镜面构成法布里–珀罗 (F-P) 共振腔提供集中反馈的，但这种制造工艺不利于集成化。分布反馈 (简称 DFB) 激光器是在激光器有源波导区界面附近制作周期光栅来提供反馈，这是利用光波导折射率的周期变化来实现的。其中 DFB 的特点是把光栅直接坐在有源层与限制界面上。而 DBR 是把光栅坐在有源层二端。这些激光器不仅具有极好的性能和便于集成化，经改进还易于实现稳定的单模运转。

分布布拉格反射式激光器 [distributed Bragg reflecting laser]　见分布反馈激光器。

异质结激光器 [hetero junction laser]　半导体的核心是 p-n 结，p-n 结是在一块半导体中用掺杂的办法做成两个导电类型不同的部分。一般 p-n 结的两边是用同一种材料做成的，也称为同质结。如果结两边是用不同的材料制成，就称为异质结，这种激光器被称为异质结激光器，这种激光器能有效地限制光波和载流子，降低阈值电流，提高效率。

台面条形激光器 [mesa-strip laser]　半导体激光器中，只有 p-n 结中部与解理面垂直的条形面积上有电流通过的结构是条形结构，如果该条形结构是在 p-n 结上通过诸如刻蚀等工艺制成的脊型台面上，则称为台面条形激光器。

二极管激光器 [diode laser]　其工作物质是半导体，属于固体激光产生器，大部份激光二极管在结构上与一般二极管相似。由于激光二极管的运作中，电子的能量转变过程只涉及两个能级，没有间接带隙造成的能量损失，所以效率相对高。一般激光二极管的基本结构与发光二极管 (LED) 相同，是以半导体 (增益介质) 造成的 p-n 接面，当电子受到外来电场 (激发来源) 的牵引下从较高能级的 n 区域进入低能级的 p 区域时，受激电子携带的能量便释放出来。由于选用的半导体做成的 p-n 接面的能带隙是直接带隙，所以能量释放的形式是光子而不是热。与发光二极管不同的是，激光二极管内有两个互相平行的光学反射面 (也即镜子) 形成光学共振器 (共振腔)。构成这两反射面的只须平滑的半导体表面，由于半导体有整齐的晶体结构，所以很容易造出光滑同平行的表面，而半导体的高折射率亦很易形成全内反射。光学共振器使得半导体内产生的光在两平行的晶体表面间反复来回而激发更多光子，当反复来回下激光的增益大过耗损时，稳定的激光束便从二极管射出。因为激光的波长只有与两晶体面间距离能谐振才会产生激光，产生相干的光子。

激光二极管 [laser diode]　即半导体激光器。

激光二极管阵列 [laser diode array]　由许多二极管激光器组成的发光阵列。激光二极管最基本的高功率化途径是增加电流注入的幅度，但是过分增大电流幅度使均匀的激光振荡变得困难，且功率并不与电流幅度成比例增加。因此，为了提高激光器功率，高密度地配置增幅器阵列成为可实现的方法。激光二极管阵列的主要用途是替代闪光灯来泵浦固体激光器，以获得高功率甚至超高功率固体激光器。高功率的激光二极管阵列以其高效率、小尺寸、高稳定性、高可靠性、全固态和操作方便等优点受到人们的青睐。

折射率导引波导激光器 [index-guided waveguide laser]　半导体激光器含有构成二极管的 p-n 结，并且该 p-n 结起激光器的工作煤质的作用。激光二极管通常含有一种把激光约束在光谐振腔中特定区域内的波导。这种波导可以是增益导引结构或是折射率导引结构。增益导引结构是在将泵激电流注入激光二机管期间暂时形成的，这种导引结构部分地起因于该器件工作期间在有源层和包层中形成热感生折射率梯度。折射率导引结构通过在激光二极管的侧向引入折射率差，以达到限制光场的目的。根据折射率差的大小，分为弱折射率引导半导体激光器和强折射率引导半导体激光器。

端抽运激光器 [end-pumped laser]　在二极管抽运激光器中，采用光纤耦合激光二极管 (LD) 进行端面抽运，可以实现抽运光和谐振腔中振荡光有效匹配。这种激光器转换效率高，有利于取得好的光束质量，在激光测距、激光雷达等各个领域得到广泛应用。

面抽运激光器 [face-pumped laser]　一种面抽运、面冷却的片状激光器，全称为全内反射面抽运激光器 (total internal reflection-face pumped laser，TIR-FPL)。在 TIR-FPL 中固体基质材料是矩形横截面的片状结构，片的表面或平面互相平行。激光束以布儒斯特角进入表面，激光束在所要求光程内保持表面之间全内反射。使用比较薄的固态基质材料的片子，就可以实现有效的冷却，同时能保证激活材料被光束有效地扫过。

垂直腔表面发射激光器 [vertical cavity surface emitting laser] 一种垂直表面出光的新型激光器。与传统边发射激光器不同的结构带来了许多优势：小的发散角和圆形对称的远、近场分布使其与光纤的耦合效率大大提高，而不需要复杂昂贵的光束整形系统，现已证实与多模光纤的耦合效率竟能大于 90%；光腔长度极短，导致其纵模间距拉大，可在较宽的温度范围内实现单纵模工作，动态调制频率高；腔体积减小使得其自发辐射因子较普通端面发射激光器高几个数量级，这导致许多物理特性大为改善；可以在片测试，极大地降低了开发成本；出光方向垂直衬底，可以很容易地实现高密度二维面阵的集成，实现更高功率输出，并且因为在垂直于衬底的方向上可并行排列着多个激光器，所以非常适合应用在并行光传输以及并行光互连等领域。

垂直发射激光器 [vertically emitting laser] 见垂直腔表面发射激光器。

单模激光器 [single mode laser] 输出激光模式既是单纵模又是单横模的激光器。单纵模是指谐振腔内只有单一纵模（单一频率）进行振荡；单横模又称基横模，是指光强在光横截面上的分布为高斯分布。

多模激光器 [multi-mode laser] 以多模激光振荡为工作方式的一种激光器，其激光辐射具有处于相应自发辐射光谱范围的若干横模和纵模。

谐波激光器 [harmonic laser] 激光器的输出除了基频光以外，还有基频光的倍频、三倍频、四倍频甚至更高级次的谐波，一般通过非线性光学手段来实现。如 Nd:YAG 激光器，基频是 1064nm，输出前加一块非线性晶体如 LBO，可以倍频得到 532nm 的绿光输出。

倍频激光器 [frequency-doubled laser] 又称二次谐波激光器。倍频是一个非线性光学过程，光子和非线性光学材料相互作用，产生频率为原来光子两倍的新光子，它是一种特殊的和频过程。一般把入射地激光称为基频光，由倍频激光器出来的激光称为倍频光或二次谐波。用非线性材料产生倍频激光的器件称为倍频激光器。

二次谐波激光器 [second harmonic generation laser] 即倍频激光器。

多色激光器 [multi-color laser] 激光器的输出包括多个波长，或者说多个颜色，则这样的激光器称为多色激光器。一般可以通过利用激光增益介质的多个发射谱线，或者结合非线性光学的频率转换技术来实现。

双频激光器 [dual-frequency laser] 激光器输出两个不同频率的光，则这样的激光器称为双频激光器。例如 632.8nm 的塞曼（Zeeman）效应 He-Ne 激光器，632.8nm 的双纵模 He-Ne 激光器等。这些器件在光干涉计量和光谱学等研究领域有重要的应用。

表面等离激元激光器 [surface plasmon amplification by stimulated emission of radiation, SPASER] 最早于 2003 年由伯格曼（Bergman）和斯托克曼（Stockman）等人研发，其工作原理是，利用量子点辐射能量，激发等离激子，再通过一个等离激子谐振腔实现表面等离激光的受激辐射。表面等离激元激光器与普通激光器最大的不同是不会激发光子，而是激发出一种表面等离子体。

高斯光学 [Gaussian optics] 又称近轴光学。其理论和公式适用于共轴光学系统的近轴区。

近轴光学 [paraxial optics] 即高斯光学。

高斯光束 [Gaussian beam] 光束截面上光强分布是理想的高斯型，称为高斯光束，用方程表示可写为 $I = I_0 e^{-\frac{2r}{\omega^2}}$，$I_0$ 是光轴中心上的强度，r 为离中心的距离，ω 是强度降为到中心强度 e^{-2} 倍的 r 值。通常规定 ω 为激光光束的半径，因为光强的 86.5% 的能量包含在这一块面积内。

啁啾高斯脉冲 [chirped Gaussian pulses] 啁啾是脉冲的载频随着时间的变化而变化，即脉冲不同位置的频载不同。并且根据频载与时间的变化关系可将啁啾脉冲分为线性啁啾脉冲与高阶啁啾脉冲。高斯啁啾脉冲，其在时域中的表达式为：$U(0, t) = \exp\left[-\frac{1}{2}\left(\frac{t}{t_0}\right)^2 - \frac{iC}{2}\left(\frac{t}{t_0}\right)^m\right] \cdot \exp(-i\omega_0 t)$，其中，$t_0$ 表示脉冲的 $1/e$ 宽度，C 表示高斯脉冲的啁啾系数，m 为任意实数。当 $m = 2$ 时，脉冲的频载随时间线性变化，这样的脉冲为线性啁啾高斯脉冲。在 $m \neq 2$ 时，为高阶啁啾高斯脉冲。

厄密-高斯光束 [Hermite Gaussian beam] 在方形孔径共焦腔或方形孔径稳定球面腔中，除了存在基模高斯光束外，还可以存在高阶高斯光束，即厄密-高斯光束，其横截面内的场分布可由高斯函数与第 m 阶和第 n 阶厄密多项式的乘积来描述，其图案的花样沿 x 方向有 m 条节线，沿 y 方向有 n 条节线。

菲涅耳数 [Fresnel number] 设共焦腔二反射镜的线度均为 a，可表示为方形镜边长的一般或是圆形镜的半径，则菲涅耳数 N 可表示为 $N = \frac{a^2}{\lambda L} = \frac{a^2}{\pi \omega^2}$，其中 L 为共焦腔的长度，ω 为镜面处基模光斑半径。从公式可以看出，共焦腔的菲涅耳数正比于镜的表面积与镜面上基模光斑面积之比。比值越大，单程损耗越小。

束斑 [light spot at the beam] 在自由空间传播的高斯光束，其传播方向的横截面存在一处面积最小的光斑，即束腰处形成的光斑，称为束斑。

束发散角 [beam divergence angle]　高斯光束在远处沿传播方向成特定角度扩散，该角度即是光束的束发散角，也就是高斯光束包络双曲面渐近线的夹角。

束腰半径 [radius of beam waist]　高斯光束的半径，指在高斯光的横截面考察，以最大振幅处为原点，振幅下降到原点处的 0.36788 倍，也就是 $1/e$ 倍的地方。由于高斯光关于原点对称，所以 $1/e$ 的地方形成一个圆，该圆的半径，就是光斑在此横截面的半径；如果取束腰处的横截面来考察，此时的半径，即是束腰半径。

激光器阵列 [laser array]　随着发展大功率激光器的需求，需要将一系列的激光器通过一定的技术手段排列在一起，构成激光器阵列。例如，一般单管半导体激光器的输出功率在几 mW 至几百 mW 量级，通过排成阵列，目前国际上高功率半导体激光器准连续二维阵列期间输出功率达 kW 级，线阵器件连续输出达到 20W。但是随之而来的输出光束的整形、高效散热技术等是需要重点关注解决的。

多路激光器系统 [multi-channel laser system]　多路激光系统可以分为多光源的多光路技术和能量分光技术。前者采用多台激光器并联或串联的形式实现多光路输出；后者通过在激光器输出端放置不同透射率的反射镜，实现对原有光束的分光处理。多光源的多光路技术对散热、电磁屏蔽技术有较高要求，受环境影响大，而装置本身需要较精密的零件，成本高；能量分光技术则不可避免地降低各光路的功率。

分时激光器 [time-sharing laser]　在多路激光系统中，通过硬件和软件的设计，实现不同时间、不同光路的输出。

啁啾光栅 [chirped grating]　一种光栅，折射率不等周期的变化。例如常用的啁啾光纤光栅是一种光栅周期沿光纤的纵向改变的特殊光栅。由于其折射率间隔不同，导致不同波长的光在这种光栅中的不同位置满足布拉格条件得以反射。啁啾光栅常用作波分复用通信系统中的色散补偿。

超短激光脉冲 [ultra-short laser pulse]　脉冲时间皮秒量级或者更小的激光脉冲，它具有极窄的脉宽、极高的峰值功率 (可达百万亿瓦) 和窄频谱宽度。超短脉冲常由被动锁模技术产生。

激光脉冲压缩 [laser pulse compression]　采取一定的技术措施，对激光的脉冲宽带进行压缩。例如，利用光纤中的非线性效应来压缩脉冲，主要手段有：光纤–光栅对的光脉冲压缩、谷子效应光脉冲压缩、绝热脉冲压缩、局域交叉相位调制的光脉冲压缩、啁啾脉冲压缩，以及光纤光栅脉冲压缩等。

主动锁模 [active mode-locking]　采用周期性调制谐振腔参量的方法来实现锁模。根据被调制的参量是振幅或相位，又分为振幅调制 (或损耗调制) 锁模和相位调制 (或频率调制) 锁模。主动锁模的基本原理是：在谐振腔内插入一个受外界信号控制的调制器，用一定的调制频率周期性地改变腔内振荡模的振幅或相位。当选择调制频率等于纵模间隔时，多各个模的调制会产生边频，边频又与两个相邻纵模的频率相一致，由此引起模之间的相互作用。若调制的强度足够打，则使得所有的振荡模达到同步，形成锁模脉冲序列。主动锁模的实现一般采用声光或电光调制器。

被动锁模 [passive mode-locking]　在谐振腔中插入饱和吸收体 (如染料盒等)，可构成被动锁模激光器。饱和吸收体的透过率与光强有关，强信号的透过率比弱信号的大，只有小部分被燃料所吸收，而弱信号被吸收。被动锁模的分为三个动力学过程，分别是线性放大过程、非线性吸收过程及非线性放大过程。

Q 开关 [Q-switch]　用来改变光学谐振腔的 Q 值，以获得一定脉冲宽度 (几纳秒到几十纳秒) 的激光强辐射的装置。

主动式 Q 开关 [active Q-switch]　采用受外界信号控制的调制器，如电光晶体或者声光晶体的特性对谐振腔的 Q 值进行调制的开关。

被动式 Q 开关 [passive Q-switch]　利用某些饱和吸收体的特性，自动改变 Q 值的一种方法。饱和吸收体的透过率随着光强增大而减小。开始时，腔内光强弱，吸收体吸收系数很大，光的透过率很低，腔处于低 Q 值状态，不能形成振荡；随着光泵作用，腔内光强变强，吸收系数减小，光透过率增大，到达一定数值时，吸收体突然变成透明，腔内 Q 值猛增，产生激光振荡输出调 Q 激光脉冲。

超声 Q 开关 [acousto-optic Q-switch]　利用声光相互作用以控制激光谐振腔 Q 值的装备。超声调 Q 利用电声转换效应在介质中形成超声驻波，周期性的超声场改变介质的折射率，对入射光有衍射作用，使光产生损耗，降低 Q 值。实际应用时，在介质上加电压，产生超声场，使光处于高损耗状态，即低 Q 值状态，当上能级反转粒子积累达到饱和时，突然撤除超声场，使谐振腔 Q 值猛增，激光迅速振荡恢复，从而以巨脉冲形式输出。超声 Q 开光的优点是重复频率高，插损小，抗损伤阈值高，性能稳定可靠。

染料 Q 开关 [dye Q-switch]　被动 Q 开关的一种，使用有机染料，其对激光的透明度随光强的增大而增大。在激光振荡开始时，染料吸收大部分的光子，Q 值很低，光强增大到一定程度时，染料吸收饱和，对光透明，激光振荡突然增强，输出一个激光巨脉冲，消耗掉反转粒子后光强减小，染料又回到不透明状态。染料 Q 开关缺点是抖动大，染料变质；吸收有损耗。优点是经济、操作简便和输出脉冲的线宽窄。

激光放大器 [laser amplifier]　利用光的受激辐射进行光的能量 (功率) 放大的器件。采用激光放大器，可以在获得高的激光能量或功率时而又保持激光的质量 (包括脉宽、线宽、偏振特性等)。常用于可控核聚变、核爆模拟、超远激光测距等重大技术中的高功率激光系统。常见激光放大器可以分为两类，即脉冲的或稳态的。如果输入激光脉冲的时间宽度 Δt 小于放大器高能级的自发辐射寿命 τ_{21}，则称为脉冲激光放大器；反之，$\Delta t > \tau_{21}$，就称为稳态激光放大器。它包括了长脉冲激光放大器和连续激光放大器。脉冲激光放大器以放大激光能量为主，而稳态激光放大器则主要是放大激光功率 (或光强)，实际上激光振荡器也是这样分类的。此外，脉冲激光放大器中，还可分出一类，称之为超短脉冲放大器，它主要对锁模激光脉冲进行放大，与锁模激光器一样有自己的特点。

稳频激光器 [frequency stabilized laser]　激光的特点之一是单色性好，即其线宽与频率的比值很小。但是由于各种不稳定因素的影响，世纪激光频率的飘逸远远大于线宽极限。在精密干涉测量、光频标、光通信及精密光谱研究等应用领域中，要求激光器发出的激光具有较高的频率稳定性，使频率不随时间、地点变化，这样的激光器称为稳频激光器。稳频的实质是保证谐振腔的折射率和几何长度不变，其实现的技术手段有主动稳频和被动稳频两种，这两种方案的实质区别在于有无稳定的频率参考点。

碘稳频激光器 [iodine frequency stabilized laser]　碘饱和吸收稳频是继兰姆凹陷稳频之后，于 1967—1973 年期间发展起来的一种高精度稳频方法。它的稳定度和再现性可高达 $10\sim12$ 量级。1973 年 6 月国际米定义咨询委员会 (CCDM) 推荐了碘饱和吸收稳频激光器的波长作为标准值，以后又被推荐作为复现米定义的激光波长。碘饱和吸收稳频激光器之所以有很高的稳频精度，是因为它利用了碘分子的狭窄共振来稳定激光频率，不同于利用激光增益介质产生的输出功率谱线上的兰姆凹陷稳频。

激光光束整形 [laser beam shaping]　改变入射激光束的强度分布为所需要的强度分布，同时调整它的相位分布以控制其传播特性。主要有非球面透镜组整形系统，微透镜阵列整形系统，衍射光学元件，双折射透镜组液晶空间光调制器这几种。

制导激光束 [guidance laser beam]　用激光脉冲代替红外半自动指令制导中用来传输控制指令的导线。弹上接收机用激光接收器。激光脉冲经编码后发射出去，如采用哈明码 (一种能自动纠错的码) 对激光脉冲进行编码。激光波束方向性强、波束窄，故激光制导精度高，抗干扰能力强。但是 $0.8\sim1.8$ 微米波段的激光易被云、雾、雨等吸收，透过率低，全天候使用受到限制。如采用 10.6 微米波段的长波激光，则可在能见度不良的条件下使用。激光制导是 20 世纪 60 年代才开始发展起来的一种新技术。目前已出现激光半主动制导和激光驾束制导的空对地、地对空导弹以及激光制导航空炸弹。激光驾束和激光半主动制导已应用于反坦克导弹技术中。

激光致冷 [laser cooling]　1997 年朱棣文和克罗德·科恩-塔努吉 (Claude Cohen-Tannoudji)，威廉·菲利普斯 (William D. Phillips) 因研究激光冷却和陷俘中性原子的成就获得诺贝尔物理学奖。激光致冷的主要原理是利用原子对光的吸收、再自发辐射。原子每次吸收一个光子都得到与其运动方向相反的动量，而发射光子的方向确实随机的，故自发辐射损失的动量为零，因而多次重复下来吸收得到的动量随次数而增加，原子因此被减速。现在冷却温度已经达到 10^{-9}K 的极低温度，开辟了新的原子物理、分子物理和光物理研究的领域。

激光长度基准 [laser based length standard]　1960 年第 11 届国际计量大会规定，以氪-86 原子发射的红光 (波长 605.7nm) 定义米尺，1m 等于这个波长的 1650763.73 倍。这样定义的米尺的精度受光辐射单色性的限制。激光诞生后，以其窄频、高稳的特性而逐渐为计量界所青睐。例如用波长 632.8nm 的 He-Ne 激光来定义米尺，它的精度将从原来用氪灯定义的米尺 (精度 0.16μm) 提高到 2×10^{-2}nm。

1983 年，第 17 届国际计量大会通过的米定义可表述为 "1 米等于光在真空中于 1/299792458 秒时间间隔内所经路径的长度"，该定义的最大特点是其开放性，主要表现在两个方面：一是定义本身并不局限于规定某一装置或某一辐射为基准，任何一种激光辐射，只要能准确知道其频率，都可以用复现长度单位米；其次，由于真空中光速 c 是一恒量，故激光波长的不确定度即为频率值的不确定度，即米尺的不确定度将随激光频率测量的改进而不断提高。

激光诱导击穿光谱 [laser induced breakdown spectroscopy, LIBS]　由高能激光束聚焦形成等离子体并击穿样品，从而激励原子产生的发射光谱。理论上，功率足够高、检测器足够灵敏，任何状态 (包括固态、液态、气态) 的物质都可以用激光诱导击穿来检测，因为任何元素被激发到足够高的温度后都会发射特征光谱。

激光诱导化学过程 [laser induced chemical process]　通过不同的激光光子能量，有选择地激励化学反应分子，从而达到改变化学反应产率、控制化学反应过程的目的。通常的化学过程是将反应物混合起来，持续加热或加压，增加分子能量，打破原有化学键并形成新的化学键，这同时增加了分子的动能，因而效率较低。激光的诞生使得分子键精确而有选择性的断裂、复合成为可能，大大提高了化学反应过程的效率。

激光引导原子 [laser guided atom]　把原子放在光束中时，根据该原子对光频极化响应的不同，它会被光能密度高的地区吸引或排斥。由此催生了用激光束引导原子的想法。

使得原子能够顺着光束的方向前进，实现对其运动轨迹的控制。这种原理与中空的光纤结合起来可以实现原子的纤维引导，在粒子实验中有重要的意义。

激光医学 [laser medicine]　激光技术与医学相结合的一门新兴的边缘学科。20 世纪 60 年代，激光问世不久，就与医学结合起来。激光技术从临床诊断、治疗到基础医学研究被广泛应用。目前激光医学已基本上发展成为一门体系完整、相对独立的学科。在医学科学中起着越来越重要的作用。包括：血管形成术、癌症诊断与治疗、碎石术、医学成像、眼科学、光学相干断层成像术、外科手术等。

激光校直 [laser aligning]　利用激光束的低发散和高度准直性，在光学测量中代替传统的准直元件进行平直、平整、方正、竖直等测量及评估的过程，具有精度高、速度快、限制少的特点。

激光陷俘 [laser trapping]　见激光致冷。

激光显示 [laser display]　使用高色饱和度的红、绿、蓝三色激光分作为显示光源照射红、绿、蓝三色对应的小画面并投影到屏幕上，即产生全色显示图像。它是继黑白显示、彩色显示、数字高清显示之后的第四代显示技术，由于它具有色域范围广、寿命长、环保、节能等优点，被认为是显示领域的一次革命。

激光陀螺 [laser gyroscope]　用来测量转动的，如图所示。由方环形激光器和放在正方形四角上的反射镜组成。反射镜与放在正方形四边上的氦氖激光放电管成 45° 角。调整反射镜的光在每面镜子上反射行程一个光学环。放电管提供光源和方法作用，反射镜提供同相反馈，环振荡的要求就得到满足。此系统固定于惯性系统中，不论顺时针方向或逆时针方向都经过相同的光程，其频率相同。若环形激光器以顺时针方向绕轴转动时，沿转动方向的光波长必稍增长，反向的波长必稍缩短。二者之差正比于速率，很容易测出。因结构简单，牢固可靠，灵敏度、准确性高，相应快，有可能成导航、控制或制导的核心部件。

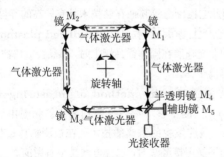

激光退火 [laser annealing]　又称激光处理。利用激光对材料进行退火操作，被广泛用于金属和绝缘体等各种材料的退火处理。激光退火过程是在激光辐照下注入损伤层的再结晶的热过程。一般脉冲激光退火是液相结晶过程，而连续波激光退火是固相结晶过程。

激光处理 [laser annealing]　即激光退火。

激光同位素分离 [laser isotope separation]　通过激光辐照选择性地激发同位素粒子，使其物理或化学性质发生变化而实现同位素分离。与传统方法比较，分离系数较大，装置简便，用这种方法可以浓缩铀。

激光通信 [laser communication]　以广播作为载波，用信息振幅对载波加以调制来实现的通信。因光波频率在 $5 \times 10^{13} \sim 10^{15}$Hz，如用于电话通信，嘉定一路电话需要 5kHz，则光波可容 10^8 路电话。且激光有高单色性，易将无关的光滤掉，有高的信噪比。目前半导体激光器因体积小、寿命长，所以已广泛应用到光纤通信商。但在大气或空气中直接传输，激光则因大气吸收、散射和容易被障碍物挡住，故还只限于短距离的使用。

激光损伤 [laser damage]　由于激光强大的集中能量引起的机体的损伤。其损伤的机理，主要是热效应，即组织内温度上升，引起蛋白质变性、酶失活、组织细胞受伤死、炭化。另外，是压强效应，即使受照的微小面积的液体沸腾或固体气化，急剧提高细胞内和组织内压强，引起微型爆炸，而破坏细胞和组织等。此外，还可通过光化效应和电磁场效应破坏细胞、组织的结构和功能。

超快激光烧蚀 [ultra-fast laser ablation]　利用超快激光与物质相互作用，由于激光的热效应，物质由于短时间内吸收极大的激光能量，蒸发或升华，从而脱离物质表面的技术。因具备独特的超短脉冲、超强特性，能以较低的脉冲能量获得极高的峰值光强，与传统的长脉冲激光及连续激光不同，超快激光有着超短的激光脉冲，这类激光脉冲的频谱宽度相当大。由于超快激光与物质相互作用时间极短，被移除物质周围的物质吸收能量极小，从而可以用于精密材料和热敏感材料的微加工。

激光烧蚀沉积 [laser ablation deposit]　一种薄膜沉积 (特别是物理气相沉积) 技术。在真空室中，将高功率脉冲激光束聚焦，轰击要沉积的材料，材料从靶上蒸发出来，最后沉积在衬底之上成为衬底上的一层薄膜。这个过程可以发生在超高真空中或在含有背景气体中。

激光烧蚀 [laser ablation]　通过飞秒-纳秒量级的脉冲激光将材料表面烧蚀，被广泛应用于微加工、外科手术、X 射线激光、生物分子质谱以及艺术品修复/清洁等领域；因激光烧蚀产生的等离子体的光学/光谱诊断是研究等离子体动力学的主要方法之一。

激光散斑 [laser speckle]　又称激光斑纹。激光自散射体的表面漫反射或通过一个透明散射体时，在散射表面或附近的光场中可以观察到一种无规分布的亮暗斑点，称为激光散斑。由于激光的高度相干性，激光散斑很明显。激光散斑的产生过程如下：当激光照射在粗糙表面上时，表面上的每一点都要散射光。因此在空间各点都要接受到来自物体上各个点散射的光，这些光虽然是相干的，但它们的振幅和位相都不相同，而且是无规分布的。来自粗糙表面上各个小面积元射来的基元光波的复振幅互相叠加，形成一定的统计分布。

激光斑纹 [laser speckle]　　即激光散斑。

激光裂变 [laser fission reaction]　　裂变，又称核分裂，指由重的原子，主要是指铀或钚，分裂成较轻的原子的一种核反应形式。激光裂变指利用激光产生的巨大脉冲功率密度产生核裂变。

激光聚变 [laser fusion reaction]　　轻原子核聚合成为较重的原子核，并释放出大量核能的反应称核聚变反应，此过程需要在 $10^7 \sim 10^9$K 以上的高温下才能有效地进行。激光聚变是将激光分成多束，从各个方向均衡地照射在氘、氚混合体作的小靶丸上，巨大的脉冲功率密度使靶丸在很短时间内告诉压缩，并产生高温，在它来不及飞散之前完成核聚变反应。

激光加速器 [laser accelerator]　　在用激光束加速的同时，施加一个和激光同向的纵向电场，形成叠加的加速效果，电子获得的能量等于纵向电场和激光束单独作用施加能量之和。该装置在真空中加速电子，而不是在复杂得多的等离子体环境中，在自然空间，激光的相位速度比电子的速度低，因此不会影响加速效果。用波长 800 纳米的商用激光调节真空中运行的电子的能量，获得了和每米递减 4 千万伏的电场一样的调制效果，这一技术有望发展成新型激光粒子加速器，用来将粒子加速到万亿电子伏的量级，从而把现有直线加速器的长度缩减一个数量级。

激光加工 [laser machining]　　利用能量密度极高的激光束照射工件的被加工部位，使其材料瞬间熔化或蒸发，并在冲击波作用下，将熔融物质喷射出去，从而对工件进行穿孔、蚀刻、切割，或采用较小能量密度，使加工区域材料熔融黏合或改性，对工件进行焊接或热处理。根据激光束与材料相互作用的机理，大体可将激光加工分为激光热加工和光化学反应加工两类。激光热加工是指利用激光束投射到材料表面产生的热效应来完成加工过程，包括激光焊接、激光切割、表面改性、激光打标、激光钻孔和微加工等；光化学反应加工是指激光束照射到物体，借助高密度高能光子引发或控制光化学反应的加工过程。包括光化学沉积、立体光刻、激光刻蚀等。

激光激发 [laser excitation]　　利用激光入射到物质上，和物质发生相互作用，激发出荧光、拉曼散射光、超生波等的过程。

激光光谱 [laser spectroscopy]　　以激光为光源的光谱技术。与普通光源相比，激光光源具有单色性好、亮度高、方向性强和相干性强等特点，是用来研究光与物质的相互作用，从而辨认物质及其所在体系的结构、组成、状态及其变化的理想光源。激光的出现使原有的光谱技术在灵敏度和分辨率方面得到很大的改善。由于已能获得强度极高、脉冲宽度极窄的激光，对多光子过程、非线性光化学过程以及分子被激发后的弛豫过程的观察成为可能，并分别发展成为新的光谱技术。激光光谱学已成为与物理学、化学、生物学及材料科学等密切相关的研究领域。

激光干涉仪 [laser interferometer]　　以激光波长为已知长度、利用迈克耳孙干涉系统（见激光测长技术）测量位移的通用长度测量工具。

激光诱导荧光 [laser induced fluorescence]　　检测激光照射样品后的荧光发射的方法称为激光诱导荧光。由于激光诱导荧光检测的是与方向性和单色性很强的激发光不同方向、不同波长的发光，因此与其他激光光谱法相比灵敏度高。通过对激光调频，可以选择激发跃迁的初始状态和终了状态，因此可以解析分子的十分复杂的谱带。采用脉冲激光作为光源测定时间分辨荧光，可以测定荧光寿命、量子脉冲频谱、弛豫现象等。

激光镀膜 [laser coating]　　利用脉冲激光沉积技术，即利用激光对物体进行轰击，然后将轰击出来的物质沉淀在不同的衬底上，得到沉淀或者薄膜的一种手段。一般可以分为以下四个阶段：① 激光辐射与靶的相互作用；② 熔化物质的动态；③ 熔化物质在基片的沉积；④ 薄膜在基片表面的成核与生成。脉冲激光沉积镀膜技术是近 15 年来最流行的镀膜技术，在从单一金属、到二元化合物、再到高性能的多组分单晶的几乎所有材料中都有广泛应用。

激光存储器 [laser memory]　　通过改变存储单元的某种性质的反射率，反射光极化方向等，来写入存储二进制数据的器件。在读取数据时，光检测器检测出光强和极化方向等的变化，从而读出存储在光盘上的数据。由于高能量激光束可以聚焦成约 $0.8\mu m$ 甚至更小的光束，并且激光的对准精度高，因此它比硬盘等其他存储技术具有较高的存储容量。

激光产生等离子体 [laser induced plasma]　　当足够功率的激光辐照在固体样品靶上时，样品会很快被气化，进而形成等离子体。

激光测速术 [the method of measuring velocity by laser]　　测量移动物体反射回来光的频率由于多普勒 (Doppler) 效应发生的偏离的技术，在被测物体是热的或者是易碎的不能用接触法时，这样方法是很有用的。

激光测距仪 [laser ranging instrument]　　利用激光束测量距离的装置。激光测距有三种方法：干涉测量法、光束调制法以及脉冲回波法。干涉测量法用测量干涉条纹的移动数来测距；光束调制法可把不同的调制频率激光束上测量反射回的光束就可测出距离；脉冲回波法用高功率的脉冲激光器，测出发射激光和反射回来的时间间隔，来求出距离。

激光玻璃化法 [laser induced vitrification]　高能激光照射到薄膜金属层上时，金属熔化后快速凝固，凝固后的表面无裂纹、并且具有超高硬度和轮滑性，这时候金属被称为"金属玻璃"。制造这种玻璃的方法就是激光玻璃化法。

激光扫描 [laser scanning]　一种借助激光的远距离信息阅读技术。扫描仪器发出的激光束、穿过扩束透镜被扩束，射到可摆动的反射镜表面反射到条码上形成一个激光点，照在条码上的激光漫反射后，由集光器收集光电感应信号，从而读取条形码的信息。

激光安全与人眼防护 [laser safety and human eye protection]　指保护人眼免受激光损害。由于激光的高强度性，在使用激光的过程中应避免长时间接触激光，对于第二级激光器，需要在存放激光器的房门、激光器外壳及其操作面板上张贴警告标志。对于第三级激光器，工作人员必须进行教育和培训。人眼在收到超安全标准值的激光照射时，必须根据此类激光器的波长，选用光密度合适的保护眼睛加强保护眼睛。

光电子器件 [optoelectronic device]　利用光电效应制作的电子器件。包括光隔离器，光耦合器，光子耦合器，光二极管、BJT、JFET、CMOS、固态继电器等。

光耦合 [optical coupling]　光电子领域中将用光波传输信号的两个器件连接起来的方法。在实际应用中，光耦合最简单的例子就是是将两根光缆用耦合器连在一起。从更广义方面的来说，光耦合指用光波将任意两个或者多个元器件连接起来。

光电流效应 [photocurrent effect]　常指外光电效应。光照射到金属上，引起物质的电性质发生变化，这类光变致电的现象被人们统称为光电效应 (photoelectric effect)。光电效应分为光电子发射、光电导效应和阻挡层光电效应。后两种现象发生在物体内部，称为内光电效应。前一种现象发生在物体表面，称外光电效应，因为又有光电流的产生，所以又称光电流效应。当入射光的频率超过某一极限频率照射到金属材料上时，金属表面会有电子发生跃迁并逸出，当光强足够强时在外部回路形成明显的光电流，这一过程称为光电流效应。

光电子发射 [photoelectrons emission]　即外光电效应。当短波长 (高频) 电磁辐射 (如紫外光) 照射到物质表面 (金属、非金属固体、液体、气体)，其能量被原子的外层电子吸收，使电子克服物质对它的束缚而射出，成为自由电子。产生的出射电子被称为光电子，这一过程被称为光电子发射。此现象首先被赫兹于 1887 年发现。此现象是光的粒子性的有力证据。

光电倍增管 [photomultiplier tube]　可将微弱光信号通过光电效应转变成电信号并利用二次发射电极转为电子倍增的电真空器件。是对紫外光、可见光、近红外光的极其敏感的探测器，可以使信号放大 10^8 倍，即 160dB。

光电变换器 [photoelectric converter]　利用材料的光电效应制作成的探测器，其作用是将光信号转换为电信号。

光电池 [photovoltaic cell]　又称太阳能电池。一种能够通过光伏效应直接把光能转化为电能的电子器件。当可见光、红外光或紫外光照射到 pn 结时，在 pn 结的两侧产生电压，这样连接到 p 型材料和 n 型材料上的电极之间就会有电流通过。一套光电池能被一起连接形成模组、行列或面板。常用的有硒光电池、硅光电池和硫化镉、硫化银光电池等。

太阳电池 [solar cell]　即光电池。

光电导 [photoconductivity]　和光伏效应统称为内光电效应。指材料吸收电磁辐射 (红外光、可见光、紫外光等) 能量，使其电导率增加的效应。如半导体材料，当足够能量的光子被电子吸收，将使电子越过带隙，从价带跃迁到导带成为自由电子，同时在价带产生空穴，于是使载流子浓度增加，材料电导增加。光电导材料可被用做光敏电阻。

光电导性 [photoconductivity]　材料具有光电导性质可以称为具有光电导性。见光电导。

光电导体 [photoconductor]　吸收光子时，其电导率增加的非金属固体物质，即光照射在半导体上，改变材料的电阻值，一般随着光照强度增大电阻变小，没有形成 pn 结。

光电二极管 [photoelectric diode]　结构与 pn 结二极管类似，但在它的 pn 结处，通过管壳上的一个玻璃窗口能接受外部的光照的器件。这种器件的 pn 结在反向偏置状态下运行，它的反向电流随光照强度的增加而上升。光电二极管可用来作为光的测量，是将光信号转化为电信号的常用器件。

光电管 [phototube]　一种基于外光电效应的基本光电转换器件。当它受到辐射后，从阴极释放出电子的电子管。光电管可使光信号转换成电信号。光电管分为真空光电管和充气光电管两种。光电管的典型结构是将球形玻璃壳抽成真空，在内半球面上涂一层光电材料作为阴极，球心放置小球形或小环形金属作为阳极。若球内充低压惰性气体就成为充气光电管。光电子在飞向阳极的过程中与气体分子碰撞而使气体电离，可增加光电管的灵敏度。用作光电阴极的金属有碱金属、汞、金、银等，可适合不同波段的需要。光电管灵敏度低、体积大、易破损，已被固体光电器件所代替。光电倍增管是进一步提高光电管灵敏度的光电转换器件。

光电流 [photocurrent]　金属物体在频率大于金属的极限频率的入射光的照射下，发射电子，使金属带正电的现象叫光电效应。发射出的电子叫光电子。很多光电子形成的电流叫光电流。

光电压 [photo-voltage]　又称**表面光电压**。当半导体表面接受光照时表面电势的变化。半导体的表面总是耗尽区（或称空间电荷区），其中由于缺陷产生的内电场驱逐了运动电荷载流子。降低的载流子密度意味着费米能级弯曲偏离了电子能带，在其中存在着多数载流子。这一能带弯曲产生了表面势。当光源照射半导体，在其内部产生电子–空穴对之后，它们必须扩散通过势垒以到达表面耗尽区。因此表面光照下的表面电势是衡量少数载流子到达表面的能力的指标。

表面光电压 [photo-voltage]　即光电压。

光电子 [photoelectron]　在光电效应中，物质由于光照产生的电子。

光电探测 [photo detection]　探测器件收到光辐射后，会发生电光效应。具体到各种物理效应有光电发射效应、光电导效应、光伏效应、温差电效应、热释电效应等。光电探测就是利用上述的光子或光热效应，依靠光电探测器件，实现从光信号到电信号的较为精确地转换从而实现光信号的探测。

光电探测器 [photo detector]　凡是把光辐射量转换为电量（电压或电流）的光探测器，都统称为光电探测器。光电探测器能把光信号转换为电信号。根据器件对辐射响应的方式不同或者器件工作的机理不同，光电探测器可分为两大类：一类是光子探测器；另一类是热探测器。

激光能量计 [laser energy meter]　用来测量激光能量的仪器，一般包括探测器，与探测器连接的放大器以及信号输出单元。光电探测器将光信号转换为电信号后经调理电路传送至数据采集模块进行数据处理与显示。激光能量计的探头根据原理不同可以分为热点堆式探测器、热释电式探测器、光电式探测器及半导体光电二极管探测器。

超短脉冲整形 [ultrashort pulse shaping]　高功率激光系统中针对不同实验要求，通过对前级激光脉冲进行整形，输出不同形状的激光脉冲，提高激光脉冲利用效率的技术。

失谐 [detuning]　调制激光频率使其稍微偏离量子系统的共振频率。是激光冷却和磁光捕捉中的主要工具，频率低于共振频率时称为红失谐，高于共振频率时称为蓝失谐。

6.10　纳米光学和超快光学

纳米光学 [nano-optics]　在纳米尺度上研究的光的行为，是光学工程的一个分支，涉及光学，光与粒子或物质在深亚波长尺度的相互作用。在纳米光学领域的技术包括扫描近场光学显微镜，光辅助的扫描隧道显微镜，表面等离子体光学。

微腔 [microcavity]　由反射层将中间的空间层或光学介质层包裹住的光学结构。通常大小在微米量级到纳米量级。与普通光学腔相比，更容易通过微腔来观测光的量子效应。

态密度 [state density]　描述系统中每个能级上可以被占据的态的数目的物理量。反映出固体中电子能态的结构，固体中的性质如电子比热，顺磁磁化率等与之关系密切。

瑞利散射 [Rayleigh scattering]　因英国物理学家瑞利提出而得名。当光线入射到不均匀的介质中，如乳状液、胶体溶液等，介质就因折射率不均匀而产生散射光的现象，散射能力与光波波长的四次方成反比，波长愈短，散射愈强烈。

品质因子 [Q-factor]　物理及工程中的无量纲参数，是表示振子阻尼性质的物理量，也可表示振子的共振频率相对于带宽的大小，高品质因子表示振子能量损失的速率较慢，振动可持续较长的时间。光学系统中，品质因子常用来描述光学共振腔的质量，等于共振频率和共振腔带宽的比值。

米氏散射 [Mie scattering]　这种现象由德国物理学家 G. Mie 提出。当微粒半径的大小接近于或者大于入射光线的波长 λ 的时候，大部分的入射光线会沿着前进的方向进行散射，这种现象被称为米式散射。这种大微粒包括灰尘，水滴，来自污染物的颗粒物质，如烟雾等。

远场 [far-field]　电磁学中描述物体与光源相对位置的术语，与近场相对。远场的判定与光的波长有关，例如对可见光而言，当与光源超过 1 微米时即可视为远场。

原子力显微镜 [atomic force microscope, AFM]　原子力显微技术是扫描探针显微家族中应用较广的一种显微技术。它是 1986 年发明的。其原理是将一个对微弱力极其敏感的微悬臂的一端固定，另一端有一尖锐的针尖。当原子力显微镜工作在接触模式时，针尖与样品接触并扫描样品表面。由于针尖尖端的原子与样品表面原子之间存在极微弱的排斥力，在扫描时通过控制这种力恒定，带有针尖的微悬臂将对应于针尖和样品表面原子间作用力的等位面而在垂直于样品的表面方向作起伏运动。利用光杠杆原理可以检测到微悬臂对应于扫描各点的位置变化，从而获取样品表面的形貌。对软物质表面的显微通常使用敲击（tapping）模式以避免样品表面被针尖损伤。当原子力显微系统工作在敲击模式时，微悬臂被强迫在其共振频率（通常为几百 kHz）附近振动。当针尖和样品之间的距离减小时，悬臂振动的振幅、位相和谐振频率发生变化。变化的幅度被用来反馈控制针尖和样品的距离。在扫描样品表面时利用振幅、位相和谐振频率的变化等信息进行成像。原子力显微技术是综合了力学、光学、电子学和计算机信息处理的新型显微技术，它除了具有很高的空间分辨率外，还具有被检测样品不需要导电、可在大气、真空、溶液等环境下实时的得到表面的三维图像等特点。在原子力显微镜的基础上，人们又发展了磁场力显微镜、电场力显微镜，等等。近年来原子力显微技术已从开始时的高分辨率形貌检测手段逐渐发展成具有高空间分辨率的表面微加工和表面微区物性测量工具。其主要方法是利用针尖引起的局域化的高强度力场、电场、磁场等对样品表面进行物理修饰或诱导化学反应，从而达到表面微加工的目的。如在针尖上覆盖一层导电层并在针尖和样品间加上一偏压，在针尖的局域强电场下，利用场致氧化效应或场致蒸发效应可制作特定纳米结构；针尖的电场还可实现局域的铁电、介电材料的极化，制备特定的电畴结构，并实时研究其运动、反转等物理过程。

隐身斗篷 [invisible cloak]　能够让光绕行，而使人无法观察到其下隐藏的物体的斗篷。近年来，科学家正逐步将这一小说中的事物变成现实。目前，实验室中的"隐身斗篷"主要是通过特异材料等手段，连续改变介质折射率，迫使光持续改变走向，从而在特定波段上达到隐身效果。

亚波长 [subwavelength]　特征尺寸与工作波长相当或更小的周期（或非周期）结构。亚波长结构的特征尺寸小于波长，它的反射率、透射率、偏振特性和光谱特性等都显示出与常规衍射光学元件截然不同的特征，因而具有更大的应用潜力。

泄漏模辐射 [leaky radiation]　泄露模中能量在传播过程中逐渐泄露出波导从而产生的辐射。

泄漏模 [leaky mode]　波导或光纤中的一种准束缚模式，其特点是能量随着传播距离逐渐泄露出去，因此只能传一段有限距离。

梯度力 [gradient force]　在一定范围内逐渐变化的力。产生梯度力的手段很多，光学中可以通过高斯光束出制造电场梯度，并通过电场产生梯度力。

衰减速率 [decay rate]　描述信号在传输过程中，将会有一部分能量转化成热能或者被传输介质吸收，从而造成信号强度不断减弱。衰减速率为体现信号强度衰减快慢的物理量。

衰减全反射 [attenuated total reflection, ATR]　利用全内反射产生倏逝波结合近红外光谱技术直接探测固态或液态物质的技术。

受激发射损耗显微技术 [stimulated emission depletion, STED]　利用选择性失活局域荧光物质来增强成像以提高成像的分辨率。它是最近发展起来的为了克服衍射极限的限制以实现更高分辨率的显微成像技术之一。

时域有限差分法 [finite-difference time domain, FDTD]　电磁场计算领域的一种常用方法，属于一般类的基于网格的差分时域数值模拟方法（有限差分方法）。含时间的麦克斯韦方程组（偏微分形式）是利用中心差分离散方法来分离空间和时间偏导数。软件或硬件以一个超越方式解决了有限差分方程：电场矢量中元素的体积空间是解决在给定的瞬间时刻，磁场向量元素在同一空间体积是解决在接下来的瞬间时刻，这个过程不断重复，直到所需的瞬态或稳态电磁场行为得到完全满足。

人工磁共振 [artificial magnetism]　由非磁性结构组成的，例如周期阵列的线圈，在一个外部磁场作用可以产生电流，从而产生一个有效的磁响应。

缺陷模 [defect mode]　在周期性结构的晶体中引入缺陷，由于缺陷使的晶体的能带带隙中产生局域模式。

偶极辐射子 [dipole emitter]　我们把一些发光的分子、原子或离子（例如染料分子、量子点、稀土离子）的发光性质等效近似为偶极辐射。而把这些物质称为偶极辐射子。

纳米压印光刻 [nanolithographyna]　简称纳米光刻。这就意味着压印的图案的横向尺寸在一个原子和接近 100 纳米之间。纳米压印光刻技术被用来制造过程中前沿半导体集成电路（纳米电路）或纳机电系统（NEMS）。

纳米激光器 [nanolaser]　受激发射的激光的光放大器具有纳米级尺寸的激光器。

纳米电机系统 [nano-electro-mechanical system, NEMS]　在纳米尺度上集成了电气与机械功能的器件。从逻辑上说，它是继微米电机系统（MEMS）之后的下一代小型化器件。纳米电机系统通常整合了类似晶体管的纳米制动器、抽运器、马达等纳米电子器件，从而形成了物理、生物或是化学的传感器。这个名字来源于器件的典型尺寸通常在纳米量级，也正是这一尺寸导致了器件具有低质量，高的机械共振频率。纳米电机系统具有巨大的潜在的量子力学效应。

麦克斯韦应力张量 [Maxwell stress tensor]　在电磁学里，麦克斯韦应力张量是描述电磁场是带有应力的二阶张量。麦克斯韦应力张量可以表现出电场力，磁场力和机械动量之间的相互作用。

量子限制效应 [quantum confinement effect]　微结构材料三维尺度中至少有一个维度与电子德布罗意波长相当，因此电子在此维度中的运动受到限制，电子态呈量子化分布，连续的能带将分解为离散的能级，即形成分立的能级和驻波形式的波函数。

量子限制材料 [quantum-confined material]　具有量子限制效应的纳米尺度的人工结构材料。包括量子阱、量子线和量子点。

量子点 [quantum dot]　把物质（例如半导体）的激子在三个空间方向上束缚住的纳米结构材料。

离散偶极近似 [discrete dipole approximation, DDA]　又称耦合电偶极子近似。计算任意形状颗粒或是周期结构散射的方法。它将连续的介质离散为有限的极化点阵列，每个点为随局域电场响应的电偶极子，电偶极子通过气电场发生相互作用。

耦合电偶极子近似 [discrete dipole approximation] 即离散偶极近似。

空间色散 [spatial dispersion] 材料的介电常数是时间频率与空间频率的函数，其中介电常数相对空间频率的函数关系称为空间色散。

克朗尼希关系 [Kramers-Kronig relation] 克拉莫–克若尼关系式是数学上联系复平面上半可析函数实数部分和虚数部分的公式。此关系式常用于物理系统线性响应函数。物理上的因果关系意味着响应函数必须符合复平面上的可析性。反之，响应函数的可析性意味着物理系统的因果性。

聚焦离子束光刻 [focus ion beam milling] 以离子束为刻蚀手段达到刻蚀目的的技术，其分辨率限制于粒子进入基底以及离子能量耗尽过程的路径范围。离子束最小直径约 10nm，离子束刻蚀的结构最小可能不会小于 10nm。聚焦离子束刻蚀是纳米加工的一种理想方法。此外聚焦离子束技术的另一优点是在计算机控制下的无掩膜注入，甚至无显影刻蚀，直接制造各种纳米器件结构。

局域场增强 [local field enhancement] 局域电场或是磁场的增强的效应。在微纳光学中，金属结构容易实现局域场增强。

近场扫描光学显微镜 [near-field scanning optical microscope, NSOM] 采用亚波长尺度的探针在距离样品表面远小于波长的位置 (纳米尺度) 的近场范围内进行扫描成像的技术。它利用探测样品消逝波的性质突破了远场的分辨极限。

近场 [near-field] 存在于距电磁辐射源 (例如发射天线) 一个波长范围内的电磁场。一个声源 (如扬声器) 附近的声辐射场。在衍射光学中，近场定义如下：当入射光波是平面波，经过透镜会聚后。以焦斑为中心，落在其前后半个瑞利长度范围内的光场为远场，否则称为近场。一般来说我们把菲涅耳衍射称为近场衍射。

金属渔网结构 [fish-net] 在金属上实现的类似渔网的穿孔结构。由于磁极化激元的激发，金属渔网结构可以实现负折射效应。

金属开口谐振环 [split ring resonator] 实现磁超构材料的人工开口金属环，它可以实现到达 200 太赫兹的磁响应。

金属表面等离激元 [metal surface plasmon polariton] 局域或是在金属介质表面传播的近红外或是可见光波段的电磁波。它由金属表面的自由电子与光子相互作用形成。

回音壁模式 [whispering gallery mode, WGM] 沿凹面传播的波模。对于光波来说，可以通过内全反射实现光波的完美传导，实现非常高的 Q 值。

光子晶体微腔 [photonic crystal cavity] 利用光子晶体形成反射镜构成的微腔。相比传统的微腔，具有较高的品质因子和较小的模体积。

光子晶体光纤 [photonic crystal fiber] 使用光子晶体制造的光子晶体光纤。具有比传统光纤更好的传输特性，可以进而应用到通信、生物等诸多前沿和交叉领域。

光子带隙结构 [photonic bandgap structure] 某一频率范围的波不能在此周期性结构中传播，即这种结构本身存在 "禁带"。

光压 [optical pressure] 照在物体上的光所产生的压力。

光镊 [optical tweezers] 激光聚集可形成光阱，微小物体受光压而被束缚在光阱处，移动光束使微小物体随光阱移动，借此可在显微镜下对微小物体 (如病毒、细菌以及细胞内的细胞器及细胞组分等) 进行的移位或手术操作。

光操纵 [optical manipulation] 利用光力等光学性质对粒子等物质进行操控。

光捕获 [optical trapping] 利用光的梯度力将微粒聚向光束中的某点处，使微粒束缚在该点附近。

共聚焦显微术 [confocal microscopy] 从一个点光源发射的探测光通过透镜聚焦到被观测物体上，如果物体恰在焦点上，那么反射光通过原透镜应当汇聚回到光源。

负折射 [negative refraction] 当光波从具有正折射率的材料入射到具有负折射率材料的界面时，光波的折射与常规折射相反，入射波和折射波处在于界面法线方向同一侧。

辐射压 [radiation pressure] 电磁辐射对所有暴露在其下的物体表面所施加的压力。

辐射图 [radiation pattern] 辐射电磁波的相对强度在空间中随方向变化的图形。

电子束光刻法 [electron beam lithography] 使用电子束在表面上制造图样的工艺，是光刻技术的延伸应用。光刻技术的精度受到光子在波长尺度上的散射影响。使用的光波长越短，光刻能够达到的精度越高。根据德布罗意的物质波理论，电子是一种波长极短的波。这样，电子束曝光的精度可以达到纳米量级，从而为制作纳米线提供了很有用的工具。电子束曝光需要的时间长是它的一个主要缺点。

等效参数 [effective parameter] 在保证某种效果 (特性和关系) 相同的前提下，将实际的、复杂的物理参数用一等效的、简单的、易于研究的参数来表达。

德鲁德模型 [Drude model] 1900 年由保罗·德鲁德提出，以解释电子在物质 (特别是金属) 中的输运性质的模型。这个模型是分子运动论的一个应用，假设了电子在固体中的微观表现可以用经典的方法处理，很像一个钉球机，其中电子不断在较重的、相对固定的正离子之间来回反弹。德鲁德模型的两个最重要的结果是电子的运动方程：$\dfrac{\mathrm{d}}{\mathrm{d}t}p(t) = qE - \dfrac{p(t)}{\tau}$，以及电流密度 J 与电场 E 之间的线性关系：$J = \left(\dfrac{nq^2\tau}{m}\right)E$。

尺寸效应 [size effect]　物质在分到纳米尺度的时候，性质发生了种种变化。

超透镜 [superlens]　利用负折射材料构成的透镜，在近场 (near field) 的图象探测有天生的优势。

超材料 [metamaterial]　有许多微结构单元组成的，具有天然材料所不具备的超常物理性质的人工微结构材料。

表面增强拉曼光谱术 [surface-enhanced Raman spectroscopy, SERS]　一个利用吸附在粗糙金属表面的分子增强拉曼散射的表面探测技术。增强的效果可以达到 $10^{10} \sim 10^{11}$，这意味着可以探测单分子。

傅里叶变换光学 [Fourier transformation optics] 请修改英文名简称变换光学、傅里叶光学。现代光学的重大进展之一是引入 "变换" 的概念。由此逐渐发展出光学的一个新分支 —— 傅里叶变换光学。目前的变换光学大体指两类内容：一是傅里叶光谱仪中存在的变换关系，它从干涉强度的空间频谱中提取光源辐射的时间频谱 (即通常说的光谱)；另一类是相干成像系统和不相干成像系统中存在的变换关系。这第二类光学变换的内容相当丰富，它包括光学空间滤波和信息处理，光学系统的脉冲响应和传递函数，波前再现和全息术等等。变换光学的基本思想是用空间频谱的语言分析光信息，用改变频谱的手段处理相干成像系统中的光信息，用频谱被改变的眼光评价不相干成像系统 (光学仪器) 中像的质量 (像质)。

近场光谱显微术 [near-field microscopy spectroscopy]　采用亚波长尺度的探针在距离样品表面几个纳米的近场范围进行扫描成像的技术。如利用孔径在 20~90nm 的近场探针在样品上进行扫描而同时得到分辨率高于衍射极限的形貌像和光学像的显微镜。传统光学显微镜的分辨率受到光学衍射极限影响，分辨率不超过该波长尺度范围。与传统光学显微镜不同的是，近场光学显微镜利用亚波长尺度探针，可以得到更小分辨率。

近场光学显微术 [near-field optical microscopy] 一种新型超高分辨率显微成像技术，是探针技术与光学显微技术相结合的产物，是近场光学中的一个重要组成部分。近年来近场光学显微术在理论和实践上都取得了突破性的发展近场光学显微镜分为近场扫描光学显微镜 (NSOM) 和光子扫描隧道显微镜 (PSTM)。

近场光学显微镜 [near-field optical microscope] 采用亚波长尺度的探针在距离样品表面几个纳米的近场范围进行扫描成像的技术。传统光学显微镜的分辨率受到光学衍射极限影响，分辨率不超过该波长尺度范围。与传统光学显微镜不同的是，近场光学显微镜利用亚波长尺度探针，可以得到更小分辨率。

离子光学 [ion-optics]　涉及等离子体和离子流的聚焦的光学，通常应用于质谱分析。

离子束聚焦显微术 [focused ion beam microscopy] 一种新型超高分辨率显微成像技术，它利用离子代替光子作为信号源和信息载体。

全反射荧光显微学 [total internal reflection fluorescence microscopy, TIRFM]　激发荧光分子以观察荧光标定样品的极薄区域，观测的动态范围通常在 200nm 以下。因为激发光呈指数衰减的特性，只有极靠近全反射面的样本区域会产生荧光反射，大大降低了背景光噪声干扰观测标的，故此项技术广泛应用于细胞表面物质的动态观察。

扫描探针显微术 [scanning probe microscopy, SPM]　分辨率在纳米量级的测量固体样品表面实空间形貌的分析方法。根据测量的相互作用类型，可分为扫描隧道显微术、原子力显微术、磁力显微术等。

衍射显微镜 [diffraction microscope]　一般指电子衍射显微镜，利用电子的物质波长远小于光子的特性，提高衍射极限限制下的显微镜分辨率。其工作原理是，向样本照射电子光束获得衍射图，然后用计算机对衍射图的图像数据进行运算处理以得到观察对象的放大图像。该原理于 20 世纪 50 年代提出，70 年代初期有人开始研究，90 年代初期在实验室水平上进行了验证实验。除电子光束外，研究人员还使用 X 光和激光进行过研究，但由于其波长比电子光束长，所以分辨率都较低。

超快光学 [ultrafast optics]　主要研究超短脉冲光的产生、传播、表征和测量、光物理效应、与物质相互作用的性质以及超短光脉冲的应用等。随着技术的发展，产生的光脉冲不断缩短，已从皮秒 (10^{-12} 秒)、飞秒 (10^{-15} 秒) 进入阿秒 (10^{-18} 秒) 层次，从而带来新的物理效应和应用。

阿秒 [attosecond]　国际单位制 (SI) 下的时间单位，1 阿秒 $=10^{-18}$ 秒，等于 1 飞秒 (10^{-15}s) 的千分之一。目前已经制造出脉冲宽度在阿秒量级的脉冲激光。阿秒技术的重要性如同第一台激光器被制造一样，能够在一个层次上提高人们对现有科学的认识，将给物理、化学领域带来一场革命。阿秒是在原子核尺度上的电子动力学的时间单位。例如当氢原子核外电子处于基态的时候，电子绕原子核运动 1rad 需要 24 阿秒。

自相关仪 [autocorrelator]　用来检测脉冲激光的脉宽的仪器，基于迈克耳孙干涉仪的原理，通过让两个相同脉冲产生时间差，使得这两个脉冲在倍频晶体中相互作用，产生倍频。通过记录光脉冲自扫描相关二次谐波曲线来测量其时域宽度。自相关曲线包括强度自相关和干涉自相关,干涉自相关曲线可显示脉冲自相关过程的每一个光学周期;强度自相关是通过记录脉冲自相关强度变化来测量脉冲宽度,它包括共线二次强度相关和无背景非共线相关。

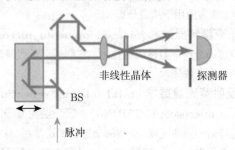

啁啾放大 [chirp amplification]   啁啾脉冲放大(CPA)是获得高峰值功率超短脉冲的有效手段。其基本思想是在放大前将超短脉冲 (< 1ps) 展宽 (> 1ns),放大后再压缩,这样就可避免在放大中由于极高的峰值功率而对放大器造成的损伤,提高了从放大器中提取的能量,同时可避免在高功率条件下由于介质的非线性效应而使压缩后脉冲的质量降低,使超短脉冲获得较为理想的放大效果。利用啁啾脉冲放大技术可以得到脉宽极短的输出脉冲,因而无需大的能量即可达到以前只有常规巨型激光系统才能达到的功率水平,实现高峰值功率激光系统的小型化,是目前商用超短脉冲放大器最常见的技术。

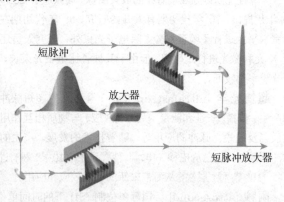

脉冲压缩器 [pulse compressor]   将超短脉冲的时域长度缩短的器件。超短啁啾脉冲频谱较宽,由于二阶色散的存在,脉冲的时域宽度会展宽,脉冲压缩器在光路上引入负啁啾,实现时域压缩。常见的脉冲压缩器包括棱镜对、光栅、负啁啾反射镜等装置。

简并四波混频 [degenerate four-wave mixing, DFWM]   激光燃烧诊断技术之一,可以测量燃烧场的温度、浓度及速度等信息,且由于该技术为相干测量,信号光具有类激光的特性,信号发散角小,抗干扰能力强。简并四波混频技术在燃烧诊断,特别是复杂燃烧场诊断中,具有广阔的应用前景。下图为前向简并四波混频光路布局,3束相同频率的激光

E_1、E_2、E_3 沿一端面为正方形的长方体的三个对角线以一很小的角度传播并重叠于非线性介质中,根据相位匹配原理,产生的 DFWM 信号将沿长方体剩下的一条对角线传播。

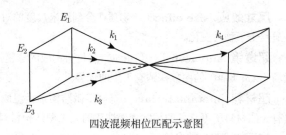

四波混频相位匹配示意图

飞秒时间分辨 [fs time-resolved]   人类对运动的感官认识是由器官的分辨率所决定的,我们对运动的认识,取决于我们将运动分解成多少个时间片段。时间分辨运动的关键在于对运动进行时空上的分割,时间分割得越细,揭示的空间尺度也越小。飞秒时间分辨技术是利用飞秒激光脉冲对材料内部的物理过程进行光谱、动力学过程等测量的技术。利用脉宽为飞秒级的脉冲激光,能够准确地反映出材料内部发生在飞秒 — 皮秒时间尺度上的物理过程。

频率分辨光学光栅 [frequency-resolved optical gating, FROG]   用来测量超快激光脉冲的一种常用方法。从亚飞秒到纳秒级的脉宽都可以测量。二次谐波频率分辨光学开关法是目前最为有效的飞秒脉冲测量方法之一,可以在时域和频域内对飞秒脉冲的振幅和相位进行测量。工作原理是:用分光镜将飞秒脉冲一分为二,一个脉冲作为待测脉冲,另一个作为参考脉冲,用会聚透镜将两个脉冲会聚到非线性晶体中产生和频信号,通过调节延迟臂的延迟量 τ,可以使参考脉冲的光谱对待测脉冲的光谱进行扫描,产生光谱分辨的描迹图,描迹图是两个脉冲之间延迟量的函数。用投影算法对描迹图进行迭代运算,可以得到脉冲的时域和频域特性。

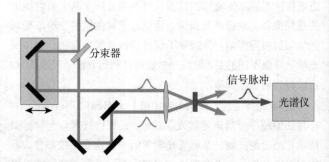

高次谐波产生 [high-order harmonic generation, HHG]   极强超快脉冲会聚到原子气体上产生的高阶非线性光学效应,可产生深紫外超短脉冲,也是产生阿秒脉冲的重要方法。根据谐波产生的效率,高次谐波随频率升高展现为减小,平台和截止区。

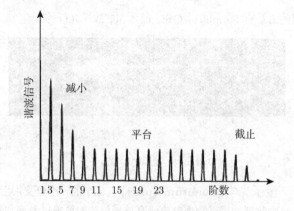

导体,生物组织等系统中量子力学基础都具有重要的意义。

二维傅里叶光谱学 [two-dimensional Fourier spectroscopy]　即二维超快光谱学。

光导开关 [photoconductive switch]　通过触发光控制器件电阻大小,实现开关的断开与闭合。触发光由超短脉冲激光器提供,通常为皮秒激光器。光导开关因具备开关速度快、传输功率大、同步精度高、触发抖动小、器件结构简单、使用寿命长、近乎完美的光电隔离和不受电磁干扰等优良特性,在大功率微波、THz 技术等众多领域,表现出诱人的应用前景。没有光照触发开关时,即开关处于暗态,由于半导体材料的电阻率较高,那么在两个电极之间的间隙通过的电流将很少,开关处于断开。当有激光脉冲照射半导体材料的电极间隙窗口时,体材料会在极短的时间内产生大量的光生载流子,即电子–空穴对。光导开关的电导率急速增加,通过电极间隙间的电流也随之增大,宏观的表现即为光导开关处于开启。

克尔门 [Kerr gate]　利用光克尔效应来帮助进行时间分辨实验。如下图中,C 为光克尔介质,P_1 为起偏器,P_2 为检偏器,方向相互垂直,P_3 为格棱兰镜,信号光与泵浦光偏振方向互相成 $45°$ 角。只有当泵浦光与信号光同时经过介质时,由于泵浦光引起的光克尔效应,弱信号光的偏振态发生变化,部分通过检偏器 P_2,即为光克尔信号。当泵浦光消失时,光克尔门被关闭。光克尔门的开关时间,即时间分辨率,取决于光克尔介质的响应时间和泵浦光的脉冲宽度。

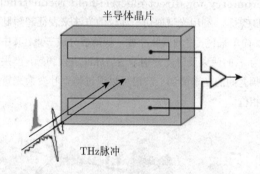

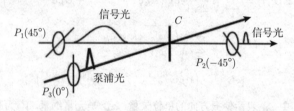

克尔透镜 [Kerr-lensing]　常用于克尔透镜锁模,利用折射率随光强变化的材料,使得激光器运转中的尖峰脉冲得到的增益高出连续的背景激光增益,从而最终实现短脉冲输出。透镜材料内有软孔和硬孔,由于增益介质非线性克尔效应引起光束的自聚焦,使高强度光束更有效地通过腔内的硬孔,即对高脉冲强度产生低损耗,低强度的光束产生高的损耗。这种有效的类饱和吸收行为是通过克尔介质的自聚焦效应和孔共同作用产生的。由于与光强度有关的折射率变化,克尔效应产生了依赖于光强的透镜,该透镜对脉冲强的部分有更强的聚焦,使其几乎无损耗地通过孔。

脉冲展宽 [pulse broadening]　超短脉冲具有较宽的光谱,由于二阶色散的存在,脉冲经过光路会引起啁啾现象,从而使得脉冲时域展宽。

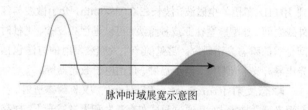

脉冲时域展宽示意图

脉冲宽度 [pulse duration]　超短脉冲的时域宽度,通常指光强在峰值一半的时候的时间宽度。

脉冲整形 [pulse shaping]　理想的脉冲信号,它的波形应当符合指定的要求,在时域和频域都有特定的分布,比如高斯脉冲。脉冲整形就是通过设计特定的调制器将脉冲进行放大、削波等,让脉冲波形符合要求。

二维超快光谱学 [two-dimensional ultrafast spectroscopy]　又称二维傅里叶光谱学。检测超快尺度电子、声子等系统中的量子相干特性的科学。原理上,采用两束位相锁定的超短脉冲依次激发,实时监测非线性响应信号的相位随激发脉冲延迟时间变化,从而获得一个多维信号矩阵,通过傅立叶变换得到能级之间的关联特性。二维光谱的概念因二维自旋回波方法发展而来,近年解决了一系列的挑战,目前已经能够实现光学中红外以及可见波段的二维光谱测试,这一技术的发展,对于检验量子力学的基本原理,揭示光合作用,半

泵浦探测 [pump-probe]　物理测量的一种常见的方法,用以检测样品的非平衡特性,在超快光谱学领域是实现时域测试的重要方法。具体来讲,利用一束泵浦脉冲激光激发

被测样品. 使其化学或物理性状发生瞬态的改变, 引起光的吸收和反射率的变化, 然后用另一束脉冲光探测样品被激发所产生的光学性质变化. 通过改变泵浦光和探测光之间的延时可以得到样品在光激发后不同延迟时刻的光谱, 再经过解析就能获得和瞬态变化的组分产生及衰减相对应的光谱和动力学信息.

脉冲波前倾斜 [pulse front tilt] 对超短脉冲通过透镜或曲面反射后, 会影响到波前 (wave front), 从而使得倍频, 光整流等进一步非线性光学操作达不到最佳相位匹配条件. 通过波前倾斜技术, 可以优化相位匹配, 从而增强非线性效应, 在超短脉冲的二次谐波和太赫兹产生等方面都有重要应用.

自透镜 [self-lensing] 一种非线性光学响应, 材料的折射率随着照射的光强改变, 常见的有自聚焦效应和自散焦效应.

频谱相位光电场重建干涉仪 [spectral phase interferometry for direct electric-field reconstruction, SPIDER] 利用光谱剪切干涉仪的方法来表征超短脉冲的技术. 简单来说, 将测试脉冲被一块薄板分成三束, 其中时间相距为 τ 的两束反射光分别于透射脉冲进行和频, 产生的两束和频之间的光谱剪切干涉谱可以通过傅里叶变换来重建幅度和相位.

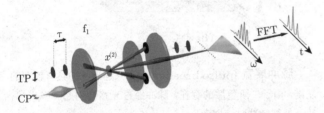

太赫兹发射 [terahertz radiation] 频率在 0.1THz 到 10THz 范围的电磁波, 波长在 0.03~3mm, 介于微波与红外线之间. 典型脉宽在亚皮秒量级, 可以进行亚皮秒、飞秒时间分辨的瞬态光谱研究. 常见的产生太赫兹发射的方法包括光电导开光、光整流、同步辐射、自由电子激光器等.

瞬态反射 [transient reflection] 又称瞬态透射. 在超短光谱学技术中, 常通过测试在有激发和无激发光下, 样品的发射和透射随延迟时间的变化, 也被称之为瞬态反射. 随着检测波长的选择, 可以检测样品非平衡态的弛豫特性.

瞬态透射 [transient transmission] 即瞬态反射.

超连续白光 [white light continuum] 当超快激光聚焦到透明介质中且功率密度达到一定阈值时, 在介质中会发生非常显著的光谱展宽现象, 这种现象通常称为超连续白光. 常用的白光通常由基频光在固体或液体介质中产生, 其光谱可覆盖到近红外的 400~1400nm 区域. 超连续白光产生在激光波长调谐、瞬态光谱学技术等方面具有重要的应用. 常见的方法有 Sapphire、CaF_2 晶体和非线性光纤等.

6.11 量子光学

量子光学 [quantum optics] 光学的一个分支, 运用半经典物理和量子物理理论研究与光相关的现象以及光与物质的相互作用过程. 与原子分子物理、量子电子学等其他量子物理研究领域不同的是, 量子光学主要关注光的量子特性的作用和行为规律.

自由电磁场的量子化 [quantization of free electromagnetic field] 考虑光场处于很大但有限的立方腔内, 边长为 L, 这里引入的腔不具有实际意义的边界, 内部的电磁场仍然是行波场. 经典电磁场可以由平面波展开

$$\boldsymbol{E}(\boldsymbol{r},t) = \sum_{\boldsymbol{k}} \sqrt{\frac{\hbar\omega_k}{2\varepsilon_0 V}} \hat{e}_{\boldsymbol{k}} \left(\alpha_{\boldsymbol{k}} e^{-\mathrm{i}\omega_k t + \mathrm{i}\boldsymbol{k}\cdot\boldsymbol{r}} + \alpha_{\boldsymbol{k}}^* e^{\mathrm{i}\omega_k t - \mathrm{i}\boldsymbol{k}\cdot\boldsymbol{r}} \right)$$

$$\boldsymbol{H}(\boldsymbol{r},t) = \sum_{\boldsymbol{k}} \sqrt{\frac{\hbar\omega_k}{2\mu_0 V}} \frac{c\boldsymbol{k}\times\hat{e}_{\boldsymbol{k}}}{\omega_k}$$
$$\cdot \left(\alpha_{\boldsymbol{k}} e^{-\mathrm{i}\omega_k t + \mathrm{i}\boldsymbol{k}\cdot\boldsymbol{r}} + \alpha_{\boldsymbol{k}}^* e^{\mathrm{i}\omega_k t - \mathrm{i}\boldsymbol{k}\cdot\boldsymbol{r}} \right)$$

其中 $\hat{e}_{\boldsymbol{k}}$ 表示偏振方向的单位矢量, $\alpha_{\boldsymbol{k}}$ 是无量纲量, V 为腔的体积. 将 $\boldsymbol{E}(\boldsymbol{r},t)$ 和 $\boldsymbol{H}(\boldsymbol{r},t)$ 的表达式代入经典电磁场哈密顿量公式得到

$$H = \frac{1}{2}\int_V \mathrm{d}^3 r \left(\varepsilon_0 \boldsymbol{E}^2(\boldsymbol{r},t) + \mu_0 \boldsymbol{H}^2(\boldsymbol{r},t)\right)$$
$$= \hbar \sum_{\boldsymbol{k}} \omega_k |\alpha_k^2|$$

上式说明电磁场的哈密顿量可以表示为独立模式的能量和.

为引入场量子化, 定义正则变量 $q_{\boldsymbol{k}}$ 和 $p_{\boldsymbol{k}}$:

$$q_{\boldsymbol{k}} = \sqrt{\frac{\hbar}{2\omega_k}}(\alpha_{\boldsymbol{k}} e^{-\mathrm{i}\omega_k t} + \alpha_{\boldsymbol{k}}^* e^{\mathrm{i}\omega_k t})$$

$$p_{\boldsymbol{k}} = -\mathrm{i}\sqrt{\frac{\hbar\omega_k}{2}}(\alpha_{\boldsymbol{k}} e^{-\mathrm{i}\omega_k t} - \alpha_{\boldsymbol{k}}^* e^{\mathrm{i}\omega_k t})$$

那么电磁场的哈密顿量可以表示为

$$H = \frac{1}{2}\sum_{\boldsymbol{k}} (\omega_k^2 q_{\boldsymbol{k}}^2 + p_{\boldsymbol{k}}^2)$$

上式表明电磁场的哈密顿量可以表示为独立谐振子的能量和. 根据力学运动粒子量子化规则, 将 $q_{\boldsymbol{k}}$ 和 $p_{\boldsymbol{k}}$ 看作量子算符, 它们满足如下对易规则:

$$[q_{\boldsymbol{k}}, p_{\boldsymbol{k}'}] = \mathrm{i}\hbar\delta_{\boldsymbol{k}\boldsymbol{k}'}^3$$
$$[q_{\boldsymbol{k}}, q_{\boldsymbol{k}'}] = [p_{\boldsymbol{k}}, p_{\boldsymbol{k}'}] = 0$$

通常引入一组非厄米算符 $a_{\bm{k}}$ 和 $a_{\bm{k}}^{\dagger}$，满足如下正则变换

$$a_{\bm{k}}\mathrm{e}^{-\mathrm{i}\omega_k t}=\frac{1}{\sqrt{2\hbar\omega_k}}(\omega_{\bm{k}}q_{\bm{k}}+\mathrm{i}p_{\bm{k}})$$

$$a_{\bm{k}}^{\dagger}\mathrm{e}^{\mathrm{i}\omega_k t}=\frac{1}{\sqrt{2\hbar\omega_k}}(\omega_{\bm{k}}q_{\bm{k}}-\mathrm{i}p_{\bm{k}})$$

它们满足对易规则

$$[a_{\bm{k}},a_{\bm{k}'}^{\dagger}]=\delta_{\bm{k}\bm{k}'}^3$$
$$[a_{\bm{k}},a_{\bm{k}'}]=[a_{\bm{k}}^{\dagger},a_{\bm{k}'}^{\dagger}]=0$$

$a_{\bm{k}}$ 和 $a_{\bm{k}}^{\dagger}$ 分别称为湮没和产生算符。电磁场的哈密顿量可以表示为

$$H=\hbar\sum_{\bm{k}}\omega_k\left(a_{\bm{k}}^{\dagger}a_{\bm{k}}+\frac{1}{2}\right)$$

量子化的光场可以表示为

$$\bm{E}(\bm{r},t)=\sum_{\bm{k}}\sqrt{\frac{\hbar\omega_k}{2\varepsilon_0 V}}\hat{e}_{\bm{k}}\left(a_{\bm{k}}\mathrm{e}^{-\mathrm{i}\omega_k t+\mathrm{i}\bm{k}\cdot\bm{r}}+a_{\bm{k}}^{\dagger}\mathrm{e}^{\mathrm{i}\omega_k t-\mathrm{i}\bm{k}\cdot\bm{r}}\right)$$

$$\bm{H}(\bm{r},t)=\sum_{\bm{k}}\sqrt{\frac{\hbar\omega_k}{2\mu_0 V}}\frac{c\bm{k}\times\hat{e}_{\bm{k}}}{\omega_k}$$
$$\cdot\left(a_{\bm{k}}\mathrm{e}^{-\mathrm{i}\omega_k t+\mathrm{i}\bm{k}\cdot\bm{r}}+a_{\bm{k}}^{\dagger}\mathrm{e}^{\mathrm{i}\omega_k t-\mathrm{i}\bm{k}\cdot\bm{r}}\right)$$

粒子数态 [number state]　粒子数态是场能量算符的本征态，考虑单模光场，其能量算符的本征态用 $|n\rangle$ 表示，本征值为 E_n，能量本征方程表示为 $H|n\rangle=\hbar\omega\left(a^{\dagger}a+\frac{1}{2}\right)|n\rangle=E_n|n\rangle$ 能量本征值表示为 $E_n=\left(n+\frac{1}{2}\right)\hbar\omega$。对照能量本征方程可以得到 $a^{\dagger}a|n\rangle=n|n\rangle$。可以看出，能量本征态 $|n\rangle$ 也是粒子数算符 $N=a^{\dagger}a$ 的本征态，一种表示形式为

$$|n\rangle=\frac{(a^{\dagger})^n}{\sqrt{n!}}|0\rangle$$

因此，能量本征值 E_n 对应有 n 个能量为 $\hbar\omega$ 的光子态，表示为 $|n\rangle$，称为粒子数态或 Fock 态，它们形成一完备集。单模光场粒子数态可以很容易扩展到多模光场情况。

相干态 [coherent states]　相干态 $|\alpha\rangle$ 定义为湮没算符的本征态，本征值为 α，即 $a|\alpha\rangle=\alpha|\alpha\rangle$。相干态 $|\alpha\rangle$ 的粒子数态展开形式为 $|\alpha\rangle=\mathrm{e}^{-|\alpha|^2/2}\sum_{n=0}^{\infty}\frac{\alpha^n}{\sqrt{n!}}|n\rangle$ 由于 $|n\rangle=(a^{\dagger})^n|0\rangle/\sqrt{n!}$，相干态也可以写成如下形式 $|\alpha\rangle=\mathrm{e}^{-|\alpha|^2/2}\mathrm{e}^{\alpha a^{\dagger}}|0\rangle$ 考虑到 $\mathrm{e}^{-\alpha^* a}|0\rangle=|0\rangle$，继续改写成 $|\alpha\rangle=D(\alpha)|0\rangle$。其中，$D(\alpha)=\mathrm{e}^{-|\alpha|^2/2}\mathrm{e}^{\alpha a^{\dagger}}\mathrm{e}^{-\alpha^* a}$。利用贝克–豪斯多夫 (Baker-Hausdorff) 定理，可以得到 $D(\alpha)$ 的不同表达形式 $D(\alpha)=\mathrm{e}^{\alpha a^{\dagger}-\alpha^* a}=\mathrm{e}^{|\alpha|^2/2}\mathrm{e}^{-\alpha^* a}\mathrm{e}^{\alpha a^{\dagger}}$。算符 $D(\alpha)$ 是幺正算符，称为位移算符，满足

$$D^{-1}(\alpha)aD(\alpha)=a+\alpha$$

$$D^{-1}(\alpha)a^{\dagger}D(\alpha)=a^{\dagger}+\alpha^*$$

因此，相干态可以看作是位移算符作用在真空态生成。

压缩态 [squeezed state]　如果两个厄米算符 A 和 B 满足对易关系 $[A,B]=\mathrm{i}C$，根据海森堡不确定关系，测量两个算符期望值的不确定度满足

$$\Delta A\Delta B\geqslant\frac{1}{2}\left|\langle C\rangle\right|$$

如果在一个量子系统中，其中一个算符 (比如 A) 的不确定度满足

$$(\Delta A)^2<\frac{1}{2}\left|\langle C\rangle\right|$$

那么这个系统的态称为压缩态。如果除了满足上述条件还满足

$$\Delta A\Delta B=\frac{1}{2}\left|\langle C\rangle\right|$$

那么这个态称为理想压缩态。

正交压缩态 [quadrature squeezed state]　通常考虑的压缩态光场是正交压缩态，考虑频率为 ω 的量子化的单模光场

$$\bm{E}(t)=\mathcal{E}\hat{e}\left(a\mathrm{e}^{-\mathrm{i}\omega t}+a^{\dagger}\mathrm{e}^{\mathrm{i}\omega t}\right)$$

引入正交算符

$$X_1=\frac{1}{2}(a+a^{\dagger})=\sqrt{\frac{m\omega}{2\hbar}}q$$

$$X_2=\frac{1}{2i}(a-a^{\dagger})=\frac{1}{\sqrt{2m\hbar\omega}}p$$

可以看出，X_1 和 X_2 实际上是无因次的位置和动量算符，满足对易关系

$$[X_1,X_2]=\frac{\mathrm{i}}{2}$$

于是光场可以表示为

$$\bm{E}(t)=2\mathcal{E}\hat{e}\left(X_1\cos\omega t+X_2\sin\omega t\right)$$

可以看出，X_1 和 X_2 是相位相差 $90°$ 的正交振幅。根据海森堡不确定关系有

$$\Delta X_1\Delta X_2\geqslant\frac{1}{4}$$

那么正交压缩态的条件是

$$(\Delta X_i)^2<\frac{1}{4}\quad(i=1,2)$$

除了上述条件，理想正交压缩态还需满足条件

$$\Delta X_1\Delta X_2=\frac{1}{4}$$

单模压缩算符 [single-mode squeeze operator]　压缩态可以通过压缩算符实现，单模压缩算符 $S(\xi)$ 定义如下：

$$S(\xi)=\exp\left(\frac{1}{2}\xi^* a^2-\frac{1}{2}\xi a^{\dagger 2}\right)$$

其中 ξ 称为压缩量，是任意复数：$\xi = re^{i\theta}$。压缩算符满足：

$$S^{\dagger}(\xi) = S^{-1}(\xi) = S(-\xi)$$

压缩算符作用在产生湮没算符有如下变换：

$$S^{\dagger}(\xi)aS(\xi) = a\cosh r - a^{\dagger}e^{i\theta}\sinh r$$

$$S^{\dagger}(\xi)a^{\dagger}S(\xi) = a^{\dagger}\cosh r - ae^{-i\theta}\sinh r$$

双模压缩算符 [**two-mode squeeze operator**] 双模压缩算符定义如下：

$$S_{AB}(\xi) = \exp\left(\xi^{*}ab - \xi a^{\dagger}b^{\dagger}\right)$$

其中 a 和 b 分别表示模式 A 和 B 上的湮没算符，满足如下变换：

$$S_{AB}^{\dagger}(\xi)aS_{AB}(\xi) = a\cosh r - b^{\dagger}e^{i\theta}\sinh r$$

$$S_{AB}^{\dagger}(\xi)bS_{AB}(\xi) = b\cosh r - a^{\dagger}e^{i\theta}\sinh r$$

压缩真空态 [**squeezed vacuum states**] 由压缩算符作用在真空态得到，单模压缩真空态表示为

$$|\xi\rangle = S(\xi)|0\rangle$$

展开为粒子数态叠加态为

$$|\xi\rangle = \sqrt{\operatorname{sech}r}\sum_{n=0}^{\infty}\frac{\sqrt{(2n)!}}{n!2^{n}}[-e^{i\theta}\tanh r]^{n}|2n\rangle$$

双模压缩真空态表示为

$$|\xi_{AB}\rangle = S_{AB}(\xi)|0,0\rangle$$

其粒子数态展开形式为

$$|\xi_{AB}\rangle = \operatorname{sech}r\sum_{n=0}^{\infty}[-e^{i\theta}\tanh r]^{n}|n,n\rangle$$

压缩相干态 [**squeezed coherent states**] 压缩算符作用在相干态得到，或者说，位移算符首先作用在真空态上，再由压缩算符作用得到，单模情况下表示为

$$|\alpha,\xi\rangle = S(\xi)D(\alpha)|0\rangle$$

分布函数 [**distribution function**] 描述随机变量统计规律的函数，表达随机变量的概率特征。将密度矩阵算符表示为分布函数，建立量子和经典物理的联系，以便利用经典统计理论处理量子物理中的问题。

相干态表示 (P 表示) [**coherent state representation (P-representation)**] 相干态构成一完备体系，密度矩阵算符可以用相干态展开为如下形式：

$$\rho = \int P(\alpha,\alpha^{*})|\alpha\rangle\langle\alpha|\,d^{2}\alpha$$

式中，$P(\alpha,\alpha^{*})$ 称为密度矩阵的相干态表示，又称为 P 表示，可以通过下式计算得到

$$P(\alpha,\alpha^{*}) = \frac{e^{|\alpha|^{2}}}{\pi^{2}}\int\langle-\beta|\,\rho\,|\beta\rangle\,e^{|\beta|^{2}}e^{-\beta\alpha^{*}+\beta^{*}\alpha}d^{2}\beta$$

$P(\alpha,\alpha^{*})$ 建立了经典和量子干涉理论的联系，易于利用经典统计力学方法计算按正规排序的算符函数 (即乘积式中产生算符在左，湮没算符在右) 的期望值。

Q 表示 [**Q-representation**] 密度矩阵的 Q 表示易于利用经典统计方法计算反正规排序的算符函数 (即乘积式中湮没算符在左，产生算符在右) 期望值，由下式得到：

$$Q(\alpha,\alpha^{*}) = \frac{1}{\pi}\langle\alpha|\,\rho\,|\alpha\rangle$$

Q 表示与 P 表示的关系可以表示为

$$Q(\alpha,\alpha^{*}) = \frac{1}{\pi}\int P(\alpha',\alpha'^{*})e^{-|\alpha-\alpha'|^{2}}d^{2}\alpha'$$

维格纳–外尔分布函数 [**Wigner-Weyl distribution function**] 密度矩阵的 Wigner-Weyl 分布函数易于计算对称排序的算符函数 (如 $aa^{\dagger} + a^{\dagger}a$) 的期望值，由下式得到

$$W(\alpha,\alpha^{*}) = \frac{2}{\pi}e^{2|\alpha|^{2}}\int\langle-\beta|\,\rho\,|\beta\rangle\,e^{-2(\beta\alpha^{*}-\beta^{*}\alpha)}d^{2}\beta$$

光子探测 [**photon detection**] 指对光子数目的计测。场算符可以表示为正频和负频项的和：

$$\boldsymbol{E}(\boldsymbol{r},t) = \boldsymbol{E}^{(+)}(\boldsymbol{r},t) + \boldsymbol{E}^{(-)}(\boldsymbol{r},t)$$

其中

$$\boldsymbol{E}^{(+)}(\boldsymbol{r},t) = \sum_{\boldsymbol{k}}\mathcal{E}_{\boldsymbol{k}}\hat{e}_{\boldsymbol{k}}a_{\boldsymbol{k}}e^{-i\omega_{k}t+i\boldsymbol{k}\cdot\boldsymbol{r}}$$

$$\boldsymbol{E}^{(-)}(\boldsymbol{r},t) = \sum_{\boldsymbol{k}}\mathcal{E}_{\boldsymbol{k}}\hat{e}_{\boldsymbol{k}}a_{\boldsymbol{k}}^{\dagger}e^{i\omega_{k}t-i\boldsymbol{k}\cdot\boldsymbol{r}}$$

密度矩阵算符为 ρ 的光场，在位置 $\boldsymbol{r}$、时刻 t 和 $t+dt$ 间光子探测的几率正比于 $w_{1}(\boldsymbol{r},t)dt$，其中

$$w_{1}(\boldsymbol{r},t) = \operatorname{Tr}[\rho\boldsymbol{E}^{(-)}(\boldsymbol{r},t)\boldsymbol{E}^{(+)}(\boldsymbol{r},t)] = \left\langle\boldsymbol{E}^{(-)}(\boldsymbol{r},t)\boldsymbol{E}^{(+)}(\boldsymbol{r},t)\right\rangle$$

符合探测 [**joint detection**] 在位置 $\boldsymbol{r}_{1}$、时刻 t_{1} 到 $t_{1}+dt_{1}$ 间光子探测与在位置 $\boldsymbol{r}_{2}$、时刻 t_{2} 到 $t_{2}+dt_{2}$ 间 $(t_{1}\leqslant t_{2})$ 光子探测的双光子符合探测几率正比于 $w_{2}(\boldsymbol{r}_{1},t_{1};\boldsymbol{r}_{2},t_{2})dt_{1}dt_{2}$，其中

$$
\begin{aligned}
&w_{2}(\boldsymbol{r}_{1},t_{1};\boldsymbol{r}_{2},t_{2})\\
&= \operatorname{Tr}[\rho\boldsymbol{E}^{(-)}(\boldsymbol{r}_{1},t_{1})\boldsymbol{E}^{(-)}(\boldsymbol{r}_{2},t_{2})\boldsymbol{E}^{(+)}(\boldsymbol{r}_{2},t_{2})\boldsymbol{E}^{(+)}(\boldsymbol{r}_{1},t_{1})]\\
&= \left\langle\boldsymbol{E}^{(-)}(\boldsymbol{r}_{1},t_{1})\boldsymbol{E}^{(-)}(\boldsymbol{r}_{2},t_{2})\boldsymbol{E}^{(+)}(\boldsymbol{r}_{2},t_{2})\boldsymbol{E}^{(+)}(\boldsymbol{r}_{1},t_{1})\right\rangle
\end{aligned}
$$

更一般地，n 光子符合探测几率正比于 $w_n(\boldsymbol{r}_1, t_1; \cdots; \boldsymbol{r}_n, t_n)\mathrm{d}t_1 \cdots \mathrm{d}t_n$，其中

$$
\begin{aligned}
&w_n(\boldsymbol{r}_1, t_1; \cdots; \boldsymbol{r}_n, t_n) \\
&= \mathrm{Tr}[\rho \boldsymbol{E}^{(-)}(\boldsymbol{r}_1, t_1) \cdots \boldsymbol{E}^{(-)}(\boldsymbol{r}_n, t_n) \\
&\quad \cdot \boldsymbol{E}^{(+)}(\boldsymbol{r}_n, t_n) \cdots \boldsymbol{E}^{(+)}(\boldsymbol{r}_1, t_1)] \\
&= \big\langle \boldsymbol{E}^{(-)}(\boldsymbol{r}_1, t_1) \cdots \boldsymbol{E}^{(-)}(\boldsymbol{r}_n, t_n) \\
&\quad \cdot \boldsymbol{E}^{(+)}(\boldsymbol{r}_n, t_n) \cdots \boldsymbol{E}^{(+)}(\boldsymbol{r}_1, t_1) \big\rangle
\end{aligned}
$$

光子数探测 [photon counting] 设探测器探测到单光子光场 $|1\rangle$ 的几率为 η（称为量子效率），那么探测 n 光子光场 $|n\rangle$ 时测到 m 个光子的几率为

$$
P_m^{(n)} = \binom{n}{m} \eta^m (1-\eta)^{n-m}
$$

对任意密度算符为 ρ 光场，其光子数几率分布 ρ_{nn}，光子数探测几率分布为

$$
P_m = \sum_{n=m}^{\infty} \binom{n}{m} \eta^m (1-\eta)^{n-m} \rho_{nn}
$$

平衡零拍探测 [balanced homodyne detection] 示意图如下所示，待测光场和同频率相干光入射到半透半反分束器的两个输入端，两个模式的湮没算符分别用 a 和 b 表示，出射光由两个输出端进入探测器 D_1 和 D_2，湮没算符记为 c 和 d，湮没算符满足关系

$$
c = (a + \mathrm{i}b)/\sqrt{2}, \quad d = (\mathrm{i}a + b)/\sqrt{2}
$$

于是两个探测器探测到的光分别为

$$
c^\dagger c = [a^\dagger a + b^\dagger b + \mathrm{i}(a^\dagger b - ab^\dagger)]/2
$$
$$
d^\dagger d = [a^\dagger a + b^\dagger b - \mathrm{i}(a^\dagger b - ab^\dagger)]/2
$$

在平衡零拍探测中，两个探测器出来的电流信号经减法器 "−" 操作，于是最终探测的算符为

$$
n_{cd} = c^\dagger c - d^\dagger d = \mathrm{i}(a^\dagger b - ab^\dagger)
$$

设相干光为 $|\beta_l\rangle = |\beta_l|\mathrm{e}^{\mathrm{i}\varphi_l}$，那么测到的信号可以表示为

$$
\langle n_{cd} \rangle = -2|\beta_l| \langle X(\varphi_l + \pi/2) \rangle
$$

其中 $X(\varphi) = (a\mathrm{e}^{-\mathrm{i}\varphi} + a^\dagger \mathrm{e}^{\mathrm{i}\varphi})/2$.

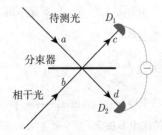

泊松分布 [Poissonian statistics] 光场的二阶关联函数为 $g^{(2)}(\tau) = \dfrac{\langle a^\dagger(t) a^\dagger(t+\tau) a(t+\tau) a^\dagger(t) \rangle}{\langle a^\dagger a \rangle^2}$。

若 $g^{(2)}(0) = 1$，光场统计分布为泊松分布。

亚泊松分布 [sub-Poissonian statistics] 若 $g^{(2)}(0) < 1$，光场统计分布为亚泊松分布。

超泊松分布 [super-Poissonian statistics] 若 $g^{(2)}(0) > 1$，光场统计分布为超泊松分布。

光子聚束与反聚束 [photon bunching and anti-bunching] 若当 $\tau < \tau_c$（τ_c 为关联时间），光场的二阶关联函数

$$
g^{(2)}(\tau) = \frac{\langle a^\dagger(t) a^\dagger(t+\tau) a(t+\tau) a^\dagger(t) \rangle}{\langle a^\dagger a \rangle^2}
$$

满足 $g^{(2)}(\tau) < g^{(2)}(0)$，光场是光子聚束的。若 $g^{(2)}(\tau) > g^{(2)}(0)$，光场是光子反聚束的。

混沌热光 [chaotic-thermal light] 一个光源可以看作由大量的子光源组成，光源在时空点 (r, t) 的辐射场就是所有子源在该位置电磁场的叠加，如果忽略偏振可以把它写成 $E(r, t) = \int \mathrm{d}\omega \sum_{j=1}^{N} a_j(\omega) \mathrm{e}^{\mathrm{i}\varphi_j(\omega)} \mathrm{e}^{-\mathrm{i}(\omega t - kr)}$，其中 $a_j(\omega)$、$\varphi_j(\omega)$ 分别是第 j 个子源的振幅和初相位。该点的光强可以写成

$$
\begin{aligned}
I(r, t) &= \int_{\omega=\omega'} \mathrm{d}\omega \sum_{j=k} a_j^2(\omega) \\
&+ \int_{\omega=\omega'} \mathrm{d}\omega \left\{ \sum_{j \neq k} a_j(\omega) a_k(\omega) \mathrm{e}^{\mathrm{i}[\varphi_j(\omega) - \varphi_k(\omega)]} \right\} \\
&+ \int_{\omega \neq \omega'} \mathrm{d}\omega \mathrm{d}\omega' \left\{ \sum_{j=k} a_j(\omega) a_j(\omega') \mathrm{e}^{\mathrm{i}[\varphi_j(\omega) - \varphi_j(\omega')]} \right\} \\
&\quad \cdot \mathrm{e}^{\mathrm{i}(\omega - \omega')t'} + \int_{\omega \neq \omega'} \mathrm{d}\omega \mathrm{d}\omega' \\
&\quad \cdot \left\{ \sum_{j \neq k} a_j(\omega) a_k(\omega') \mathrm{e}^{\mathrm{i}[\varphi_j(\omega) - \varphi_k(\omega')]} \right\} \mathrm{e}^{\mathrm{i}(\omega - \omega')t'}
\end{aligned}
$$

对于混沌热光，各个子源的初相位 $\varphi_j(\omega)$ 是完全随机的，且不同子源或者同一子源的不同频率模式之间的相位也没有任何关联，子源足够多时 $\varphi_j(\omega) - \varphi_k(\omega')$ 可以是所有可能的数值，所以第二、第三和第四个积分由于干涉相消结果等于零，混沌热光的光强为第一个积分值 $I(r, t) = \int \mathrm{d}\omega \sum_j a_j^2(\omega) = \int \mathrm{d}\omega \sum_j I_j(\omega)$，即为所有子源光强的和。但实际上 $\varphi_j(\omega) - \varphi_k(\omega')$ 可能并不能取所有可能的值，最后三项并不完全干涉相消，而是随时间变化的随机数值，贡献为光强的随机涨落。

相干光 [coherent light] 对于子源和频率模式都相干的情况，$\varphi_j(\omega) - \varphi_k(\omega') = 0$，不同子源和频率模式之间干涉

相长,四个积分都不为零。即时光强为 $I(r,t) = \left| \int d\omega \sum_j a_j(\omega) \right.$
$\left. e^{-i\omega t'} \right|^2$。假设子源的个数为 M,频率模式个数为 N,则瞬时
光强包含 $M^2 \times N^2$ 项。而对于混沌热光,其瞬时光强只有
$M \times N$ 项。子源和频率模式都相干时,其瞬时光强能比混沌
热光高好几个数量级,调 Q 脉冲激光就是一个很好的例子。
而只有子源相干 $(\varphi_j(\omega) - \varphi_k(\omega) = 0)$ 或者只有频率模式相
干 $(\varphi_j(\omega) - \varphi_j(\omega') = 0)$ 的情况,瞬时光强处于两者之间。

一阶相干性 [first-order coherence]　　用于衡量电
磁波之间的一阶干涉,与上面介绍的相干光和非相干热光概
念有很大的区别。以杨氏双缝干涉为例,$P_1(r_1)$ 和 $P_2(r_2)$ 为
双缝位置,到探测点 (r,t) 的距离分别为 s_1 和 s_2。则探测位
置的光强期望值为

$$\langle I(r,t) \rangle = \langle |E(r,t)|^2 \rangle = \langle |E_1(r_1,t_1) + E_2(r_2,t_2)|^2 \rangle$$
$$= \langle |E_1(r_1,t_1)|^2 \rangle + \langle |E_2(r_2,t_2)|^2 \rangle$$
$$+ \langle E_1^*(r_1,t_1)E_2(r_2,t_2) \rangle + \langle E_1(r_1,t_1)E_2^*(r_2,t_2) \rangle$$
$$= \langle I_1 \rangle + \langle I_2 \rangle + 2\sqrt{\langle I_1 \rangle \langle I_2 \rangle} |\gamma_{12}| \cos(\omega\tau)$$

其中 $\tau = (s_1 - s_2)/c + (z_1 - z_2)/c$,$\gamma_{12} = \langle E_1^*(r_1,t_1)$
$E_2(r_2,t_2) \rangle / \sqrt{\langle I_1 \rangle \langle I_2 \rangle}$。一阶相干度取值范围为 $0 \leqslant |\gamma_{12}| \leqslant$
1,根据其不同值可以把双缝 P_1 和 P_2 处的光场称为完全相
干场 $(|\gamma_{12}| = 1)$,部分相干场 $(0 < |\gamma_{12}| < 1)$,非相干场
$(|\gamma_{12}| = 0)$。一阶相干度的值由频谱带宽 $\Delta\omega$ 以及光源尺寸
决定,而与光束种类是激光还是混沌热光无关。

一阶时间相干性 [first-order temporal coherence]
对于混沌热光干涉项中的互相干函数

$$\langle E_1^*(r_1,t_1)E_2(r_2,t_2) \rangle$$
$$= \left\langle \sum_{j,k} \int d\omega \int d\omega' a_j(\omega)a_k(\omega')e^{-i[\varphi_j(\omega) - \varphi_k(\omega')]} \right.$$
$$\left. e^{i(\omega t_1 - \omega' t_2)} \right\rangle$$
$$\approx \sum_j \int d\omega a_j^2(\omega)e^{i\omega\tau} = e^{i\omega_0\tau} \sum_j \int_{-\infty}^{+\infty} dv a_j^2(v)e^{iv\tau}$$

其中 $\omega = \omega_0 + v$。计算中已经考虑了混沌热光的非相干性
质,$\varphi_j(\omega) - \varphi_k(\omega')$ 可以是所有可能的数值,因此所有 $j \neq k$
或者 $\omega \neq \omega'$ 的积分求和项的期望值为零 (见混沌热光),有
贡献的只是相同子源发出的相同频率的光场经过双缝后的干
涉。一阶相干度由频谱函数 $a_j^2(v)$ 的傅里叶变换决定,当时
间延迟 $\tau = 0$ 时一阶相干度 $|\gamma_{12}| = 1$,相干时间由频谱带宽
决定 $\tau_c = 2\pi/\Delta\omega$。

对于相干光来说,其互相干函数为

$$\langle E_1^*(r_1,t_1)E_2(r_2,t_2) \rangle$$
$$= \left\langle \sum_{j,k} \int d\omega \int d\omega' a_j(\omega)a_k(\omega')e^{i(\omega t_1 - \omega' t_2)} \right\rangle$$
$$= \left\langle \sum_{j,k} \int d\omega \int d\omega' a_j(\omega)a_k(\omega')e^{i\omega\tau}e^{i(\omega - \omega')t_2} \right\rangle$$

考虑到探测器的响应时间,探测到的实际上是足够长时
间内的累积光强。$\int_{-\infty}^{+\infty} e^{i(\omega - \omega')t}dt = 2\pi\delta(\omega - \omega')$,互相干函
数的时间累积效果为

$$\langle E_1^*(r_1,t_1)E_2(r_2,t_2) \rangle \propto \left\langle \sum_{j,k} \int d\omega a_j(\omega)a_k(\omega)e^{i\omega\tau} \right\rangle$$

而每路光强的累积效果为 $\langle |E_1(r_1,t_1)|^2 \rangle = \langle |E_2(r_2,t_2)|^2 \rangle$
$\propto \left\langle \sum_{j,k} \int d\omega a_j(\omega)a_k(\omega) \right\rangle$。当时间延迟 $\tau = 0$ 时一阶相干度
$|\gamma_{12}| = 1$,若所有子源的频谱函数都有相同的分布,相干时间
$\tau_c = 2\pi/\Delta\omega$。可见具有相同频谱分布的相干光和混沌热光的
一阶时间相干性并没有区别。

一阶空间相干性 [first-order spatial coherence]
在讨论空间相干性时,假定光源辐射的光场是单频的,混沌热
光源可以用一个遥远的星球为例,星球上各个不相干的子源
辐射至双缝处都对应了一个不同的辐射角 θ (简化为一维情
况),互相干函数

$$\langle E_1^*(r_1,t_1)E_2(r_2,t_2) \rangle$$
$$= \left\langle \sum_j a_j e^{-i\varphi_j}e^{i(\omega t - kz_{j1} - ks_1)} \sum_k a_k e^{i\varphi_k}e^{-i(\omega t - kz_{k2} - ks_2)} \right\rangle$$
$$= \left\langle e^{ik(s_2 - s_1)} \sum_j a_j^2 e^{ik(z_{j2} - z_{j1})} \right\rangle$$

与一阶时间相干性的处理方式相同,由于不同子源的相
位的随机性,当子源数量足够多时,所有 $j \neq k$ 的项求和后
相消。假设所有子源的强度均与分布,互相干函数中的求和
可以用积分表示

$$\langle E_1^*(r_1,t_1)E_2(r_2,t_2) \rangle = e^{i\omega\tau_s} \int_{-\Delta\theta/2}^{\Delta\theta/2} d\theta \left(\frac{I_0}{\Delta\theta}\right) e^{ikb\theta}$$
$$= I_0 \sin c \left(\frac{\pi b\Delta\theta}{\lambda}\right) e^{i\omega\tau_s}$$

其中 $\tau_s = (s_2 - s_1)/c$,$I_0 = \sum_j a_j^2$,b 是双缝之间的间距。在
观测面的干涉强度可以写为

$$\langle I(r,t) \rangle = I_0 \left[1 + \sin c \left(\frac{\pi b\Delta\theta}{\lambda}\right) \cos(\omega\tau_s)\right]$$

一阶空间相干度 $|\gamma_{12}| = \sin c \left(\frac{\pi b\Delta\theta}{\lambda}\right)$,由光源的角度尺
寸 $\Delta\theta$ 和双缝的间距 b 决定,当 $b \ll \lambda/\Delta\theta$,相干度 $|\gamma_{12}| \approx 1$,

双缝处的两个光场是空间相干的；而 $b \geqslant \lambda/\Delta\theta$ 时可以认为是空间非相干的。对于相干光来说要观测到明显的干涉条纹，则只需同时照射到双缝即可。

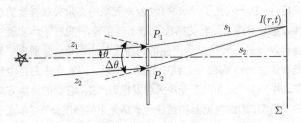

二阶相干性和二阶关联函数 [second-order coherence and second-order correlation function]

描述两个时空点 (r_1, t_1) 和 (r_2, t_2) 光场的二阶相干性，需要用两个探测器同时在两个时空点进行探测，测量其二阶关联函数

$$
\begin{aligned}
&G^{(2)}(r_1, t_1; r_2, t_2)\\
&= \left\langle E^{(-)}(r_1, t_1) E^{(-)}(r_2, t_2) E^{(+)}(r_2, t_2) E^{(+)}(r_1, t_1) \right\rangle
\end{aligned}
$$

对于双光子纯态 $|\Psi\rangle$，其二阶关联函数可以写为

$$
\begin{aligned}
G^{(2)}(r_1, t_1; r_2, t_2) = \langle\Psi| & E^{(-)}(r_1, t_1) E^{(-)}(r_2, t_2) E^{(+)}\\
& (r_2, t_2) E^{(+)}(r_1, t_1)|\Psi\rangle
\end{aligned}
$$

而对于一个密度矩阵为 $\hat\rho = \sum_j P_j |\psi_j\rangle\langle\psi_j|$ 的双光子混态，二阶关联函数为

$$
\begin{aligned}
&G^{(2)}(r_1, t_1; r_2, t_2)\\
&= \mathrm{Tr}\left[\hat\rho E^{(-)}(r_1, t_1) E^{(-)}(r_2, t_2) E^{(+)}(r_2, t_2) E^{(+)}(r_1, t_1)\right]\\
&= \sum_j P_j \langle\psi_j| E^{(-)}(r_1, t_1) E^{(-)}(r_2, t_2) E^{(+)}\\
&\quad \cdot (r_2, t_2) E^{(+)}(r_1, t_1)|\psi_j\rangle
\end{aligned}
$$

HBT 实验 [HBT experiment]

即光场的二阶强度关联实验。最初由英国科学家汉伯里-布朗 (Hanbury Brown) 和特威斯 (Twiss) 在 1956 年完成，用来测量恒星的角直径。实验光路如下图所示，光束经过分束器分成两束之后，利用探测器 D_1、D_2 做符合测量，记录它们光强乘积的变化。该实验证实了光场具有非经典的高阶关联性质，这对后来量子光学的发展起到了巨大的推动作用。

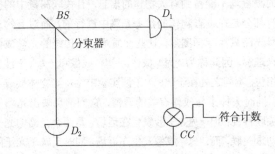

二阶时间关联 [second-order temporal coherence]

在一定的时间范围内，光源在不同时刻所产生光场之间的二阶相干性质，实验示意图如下。准直光束入射到 50:50 的分束器之后，分别被探测器 D_1、D_2 探测到。探测器分别在透射和反射臂中沿着纵向扫描，此时符合测量到的二阶关联函数，即反映了光场的二阶时间关联性质。

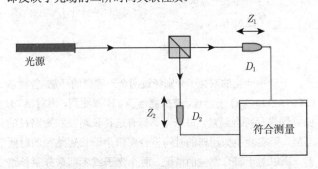

二阶空间关联 [second-order spatial coherence]

当光源有一定的横向尺寸时，不同横向位置所产生光场之间的二阶相干性质，实验示意图如下。光束入射到 50:50 的分束器之后，分别被探测器 D_1、D_2 探测到。探测器分别在透射和反射臂中沿着横向扫描，此时符合测量到的二阶关联函数，即反映了光场的二阶空间关联性质。

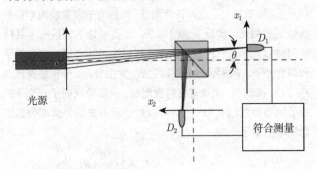

洪-欧-曼德尔干涉 [Hong-Ou-Mandel interference]

最为著名的双光子干涉效应之一，最初由洪 (C. K. Hong)、欧泽宇 (Z. Y. Ou) 和曼德尔 (L. Mandel) 在 1987 年发现。当两个全同光子分别入射到 50:50 的分束器两边时，光子输出会有以下四种情况出现，如下图所示：① 上面的光子反射，下面的光子透射；② 两个光子均透射；③ 两个光子均反射；④ 上面的光子透射，下面的光子反射。这四种情况等概率出现，② 和 ③ 相位相差 π，干涉相消。所以两个光子总是在同一个端口出射，对符合测量没有贡献。实验中在光程相等的位置，符合测量会出现极小值。

$$
\underset{1}{\nearrow\!\!\!\nearrow} \quad + \quad \underset{2}{\rightrightarrows} \quad - \quad \underset{3}{\times\!\!\!\nwarrow} \quad - \quad \underset{4}{\rightrightarrows}
$$

弗朗森干涉 [Franson interference]　一种双光子干涉效应，由弗朗森 (Franson) 在 1989 年提出。最初的方案基于原子系统，后来大多通过光学方法实现。其原理为：在泵浦光的相干时间内，不同时刻产生的双光子态是相干叠加的。利用参量下转换实现弗朗森干涉的示意图如下图所示。

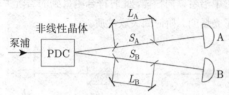

下转换产生的双光子分别经过两个不等臂的马赫–曾德尔 (Mach-Zehnder) 干涉仪，被探测器 A、B 探测到，再对 A、B 探测器进行符合测量。每个光子都有选择长路径和短路径的可能，而实验中探测器的时间符合窗口小于长短路径的时间差。所以对于符合测量的情况，两个光子或者都选择了长路径，或者都选择了短路径。在泵浦光的相干时间内，没有办法知晓光子对的具体产生时刻，不能判断光子究竟是选择了长路径还是选择了短路径。这两种情况相干叠加，符合测量时会表现出正弦形式的干涉条纹。

双光子杨氏双缝干涉 [two-photon Young's double slit interference]　将杨氏双缝干涉中的光源换成纠缠双光子源，对双光子进行符合测量，得到的干涉条纹周期是经典情况的两倍，实验示意图如下。二类参量下转换产生共线的纠缠双光子，入射到紧贴在晶体后端面的双缝。信号光子和闲置光子入射到偏振分束器之后，发生分离，分别被探测器 D_1、D_2 探测到，进而进行符合测量。该实验证明了双光子的等效德布罗意波长为 $\lambda/2$，可以进一步用来做分辨率突破衍射极限的量子光刻。

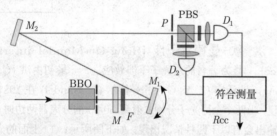

高阶相干性和高阶关联函数 [high-order coherence and high-order correlation function]　n 个 ($n \geqslant 2$) 时空点光场之间的非经典统计和关联性质，可以用高阶关联函数来表征，其定义式为

$$\Gamma^{(n)}(r_1, t_1; r_2, t_2; \cdots; r_n, t_n)$$
$$= \langle E^*(r_1, t_1) E^*(r_2, t_2) \cdots E^*(r_n, t_n)$$
$$E(r_n, t_n) \cdots E(r_2, t_2) E(r_1, t_1) \rangle$$
$$= \langle I(r_1, t_1) I(r_2, t_2) \cdots I(r_n, t_n) \rangle$$

大小为在时空点从 (r_1, t_1) 到 (r_n, t_n) 测得的 n 个光强乘积的数学期望值。实验中需要对 n 个探测器一起做符合测量。

鬼干涉 [ghost interference]　利用非经典光场的关联特性，基于双光子符合测量，反映光场的高阶关联特性的干涉过程。不同于经典的杨氏双缝干涉实验，"鬼" 干涉实验中将自发参量下转换过程产生的纠缠光分为两束 (分别为信号光和闲置光)，在信号光路中放置一双缝，闲置光路则自由传播。由于信号光和闲置光均为自发辐射产生，它们的传播方向并不确定，因此探测器扫描任何单路光束的强度分布 (单光子测量) 都观察不到干涉条纹。如果在实验中固定信号光路 (含双缝) 探测器的位置不动，而对闲置光路 (不包含双缝) 的探测器进行空间分辨扫描，在两个探测器符合测量时即可获得干涉条纹。这种干涉条纹与相同条件下，不借助符合测量，由相干光照射该双缝所形成的经典干涉条纹完全相同。而这种干涉条纹为非局域的，也经常称为 "鬼" 干涉。

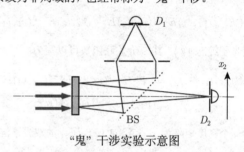

"鬼" 干涉实验示意图

量子成像 [quantum imaging]　利用光场的量子力学性质及其内禀并行特点，研究在光场量子特性下所能达到的光学成像极限的问题。不同于经典成像，量子成像技术建立在光场的量子统计的不确定性理论模型之上。相对于传统光学成像技术中通过记录辐射场的平均光强分布从而获取目标的图像信息的方法，量子成像是通过利用、控制 (或模拟) 辐射场分布的强度、位相和空间涨落来获取目标图像及控制图像质量。

关联成像 [correlated imaging]　又称"鬼"成像。由自发参量下转换发出的两束光，其中一束通过物体照射探测器 (称为信号光)，另一束光 (称为闲置光) 的光路上不包含任何物体，最后对这两束光进行关联测量，关联测量的结果重现了物体，这种成像称为关联成像。实验上对任何单路光强度的测量均不能得到有关物体的信息，且关联测量中的空间分辨部分是在没有物体的参考光路中进行的，而对有物体的信号光路只执行桶测量，这些性质难以由传统的光学成像理论来理解，因此称为 "鬼" 成像。"鬼" 成像和 "鬼" 干涉的原理相仿，不同之处在于 "鬼" 干涉实验中将待测物体换成了双缝，同时去掉了与成像有关的透镜，它们都反映出光场的高阶关联特性；但 "鬼" 干涉发生在远场，是两个光路的光子间的动量关联，而 "鬼" 成像发生在近场，同时反映了光子间的动量–位置关联。需要说明的是，最早的"鬼"成像使用的是纠缠光子对，实际上后来的研究表明热光场也能实现"鬼"成像，大大扩展了"鬼"成像的研究范畴和应用领域。

鬼成像 [ghost imaging]　即关联成像。

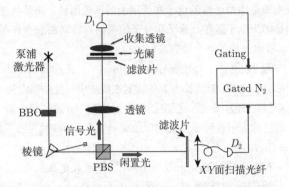

量子光刻 [quantum lithography]　基于在感光胶质上的多光子吸收，用纠缠光子作为光源来提高光刻的分辨率的过程。在这种方法中，处于量子态的光 (即入射的两束光互相纠缠) 被用来照射感光胶质使其感光。两入射光在感光胶质上不同点的光强不同，使得感光胶质上不同点的曝光程度不同，从而获得制版图案或印刷电路。由于经典的瑞利衍射极限的限制，经典光刻只能获得和光的波长相比拟的分辨力，而量子光刻可以把分辨力提高到衍射极限以外，如使用 N-光子最大纠缠态可以把分辨力提高到经典光刻方法的 N 倍。

自发参量下转换 [spontaneous parametric down conversion]　基于非线性光学中的二阶非线性效应的过程。在自发参量下转换过程中，辐射频率为 ω_p、波矢为 k_p 的抽运光入射到一个二阶非线性极化率 $\chi^{(2)}$ 不为 0 的非线性晶体后，会以一定的概率转化成频率为 ω_1 和 ω_2、波矢分别为 k_1 和 k_2 的两个低频光子，习惯上称为信号 (signal) 光子和闲置 (idler) 光子。在满足能量守恒和波矢匹配条件：$\omega_p = \omega_s + \omega_i$，$k_p = k_s + k_i$ 时，转化效率最大。按照相位匹配的方式可以将自发参量下转换晶体分为两类，一类是双折射相位匹配晶体，其中信号光和闲置光具有相同的偏振的过程称为 I 类参量下转换，如果信号光和闲置光偏振垂直则是 II 类参量下转换。另一类是准相位匹配晶体，利用非线性系数的周期性调制 (周期为 $\varLambda$) 来实现相位匹配，即 $k_p = k_s + k_i + G$，其中 $G = 2\pi/\varLambda$，这类晶体往往可以设计成抽运光、信号光、闲置光偏振相同，所以往往也称为 0 类参量下转换。利用自发参量下转换技术可以产生空间、时间、能量以及偏振纠缠各种不同自由度上的纠缠双光子态，用于量子基础理论和量子信息技术。

自发四波混频 [four-wave-mixing]　基于非线性光学中的三阶非线性应。在自发四波混频过程中，两个频率为 ω_{p1} 和 ω_{p2}(波矢分别为 k_{p1}，k_{p2}) 的抽运光子通过 $\chi^{(3)}$ 过程散射为频率分别为 ω_3 和 ω_4(波矢分别为 k_3，k_4) 的光子对。在此参量作用过程中，能量和动量守恒为：$\omega_{p1} + \omega_{p2} = \omega_3 + \omega_4$，$k_{p1} + k_{p2} = k_3 + k_4$。常见的用于产生自发四波混频过程的是光纤以及硅基材料。

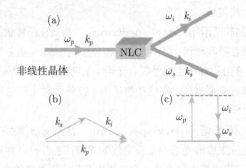

6.12　光　谱　学

光谱学 [spectroscopy]　光学的一个分支学科，研究光谱的发生、分光、性质、规律、观测、解释、应用及与物质之间的相互作用。光谱是电磁辐射按一定波长 (频率、波数) 的顺序排列，由于使用了照相方法和光电方法，可研究波段已很宽，包括 γ 射线、硬 X 射线、软 X 射线、真空紫外 (小于 200nm)、紫外 (200~400nm)、可见光、近红外、中红外、远红外、微波、射频等。简言之，光谱学是单色辐射与物质交互作用的学科。通过对各种物质光谱的研究分析，可了解原子、分子等的能级结构、能级寿命、电子的组态、分子的几何形状、化学键的性质、反应动力学等多方面物质结构和运动性质的知识。并为化学分析提供了重要的定性与定量分析方法。通常将光谱学分为发射光谱学、吸收光谱学和散射光谱学三个分支，小的分支还有反射光谱学、干涉光谱学、衍射光谱学、旋光光谱学等，从不同方面提供物质微观结构知识和不同的化学分析方法。

光谱 [spectrum]　又称波谱。白光 (属复色光) 经色散系统 (如棱镜和光栅) 分光后，形成按波长或频率大小依次排列的彩色条带，不可见的紫外和红外光在分光后可用检测器测出或用变像管变成可见图像显示出来。

波谱 [spectrum]　即光谱。

复光谱 [complex spectrum]　在相对意义上与较之简单的光谱相比，光谱结构较为复杂的光谱。如与氢光谱相比，碱金属有双线的光谱就是复光谱，而若碱金属光谱与铁光谱相比，则因铁光谱有多重线，则铁光谱就是复光谱，碱金属此时就是简单光谱。

光谱级 [spectral order]　复合光经光栅衍射后，给出不同级次的光谱，称为光谱级。其中零级光谱无色散，位于中央，强度最大。其他一、二、三、……级光谱，分为正、负，在零级光谱两侧。

一级光谱 [primary spectrum]　在单色光的干涉或者衍射中，与中心级相差一个波长的光谱次级。干涉或衍射的中央为 0 级，其两旁依次排列相差 1、2、… 个波长的次极大，若光源不太强，则 3 个甚至 2 个以后往往发生级次交叠而成为均匀场。

晶体光谱 [crystal spectrum]　物质在晶体状态下的发射或者吸收光谱。自由的原子和分子 (气体) 主要是发射光谱，但在液固体中主要是吸收光谱。在绝缘体和半导体中，发射光谱占重要地位。在这些物质中，拉曼散射光谱也是一种研究对象。

火花光谱 [spark spectrum]　高频感应圈两尖端间的火花所生成的光谱主要是空气的光谱；若将一电容与火花隙并联 (形成高电容火花)，则光谱中多为电极金属的光谱，与弧光谱相比，某些谱线有所增强。火花光谱是有电离了的原子发出的，电离可掠夺原子的一个或多个电子，因而不同元素的剩余外围电子数目相同时，呈现相似光谱。

谱线增宽 [spectral line broadening]　又称自然增宽、寿命增宽。光谱线在理论上必须有一定的宽度，产生的原因是阻尼、激发能级的自发辐射、自发拉曼散射、真空涨落、热光子、多普勒 (Doppler) 效应和压强均有关系。当振子振动而辐射时，它要丧失能量而导致振幅渐减，故不能发出简谐波；又因原子在辐射时不是静止的，多普勒效应使其频率改变；压强是周围原子对发光原子施加影响，令其不能发出简谐波。因阻尼导致的自然衰减所产生的谱线增宽，称为谱线增宽。吸收光谱与发射光谱相似，都有类似的增宽。均匀增宽是每个原子对全部谱线增宽都有作用，而非均匀增宽的各原子进队部分谱线增宽有作用。

自然增宽 [natural broadening]　即谱线增宽。

寿命增宽 [spectral line broadening]　即谱线增宽。

吸收光谱学 [absorption spectroscopy]　分子或原子团在各个波段均有特征吸收，主要表现为分子光谱所特有的带状吸收谱。广泛被采用的红外吸收光谱是由分子的同一电子态内不同振动和转动能级间的跃迁产生。红外吸收光谱主要用来研究分子的能级结构和分子结构，或进行分子的定性和定量分析等。对吸收光谱和发射光谱的研究常互为补充。

原子吸收光谱学 [atomic absorption spectroscopy]　是基于待测元素的原子蒸气对其特征谱线的吸收，由特征谱线的特征性和谱线被减弱的程度对待测元素进行定性定量分析的一种测量术。吸收光谱中的原子绝大多数处于受激发的状态，故吸收的强弱正比于原子的密度，基本上与原子所在区域的温度或者电位无关 (高温、高压另当别论)，即由此激发的原子很少。原子吸收光谱最早是夫琅禾费 (Fraunhofer) 观察太能吸收光谱得出的。

吸收光谱 [absorption spectrum]　具有连续光谱的光穿过吸收煤质后进入分光镜，则连续光谱中将出现一些暗区，表面其间有吸收，这些暗区可以是线或者是连续的带状。考察吸收光谱是分析煤质中物质成分的一种手段，对不易受激发，即不易用发射光谱去观察的物质尤为有用。其中吸收线光谱是由原子钟的电子在壳层上的跃迁所致，而带状光谱则是因为电子跃迁及原子和分子的振动与转动的联合作用所致。吸收光谱的一个特例是白浊。

吸收定律 [absorption law]　又称布格定律、朗伯吸收定律。若波长为 λ 的辐射在媒质中一处的强度为 I_x，当穿过距离为 x 后，强度因吸收而变为 I_0(强度减少量 $\mathrm{d}I$ 有时就称为吸收强度)，此时吸收常量 (又称为线性吸收系数) $k = (\ln I_0 - \ln I_x)/x$。

布格定律 [Bouguer's law]　即吸收定律。

朗伯吸收定律 [Lambert absorption law]　即吸收定律。

吸收 [absorption]　光 (或一般辐射) 被物质减弱的一种现象。分真吸收和表观吸收两种。真吸收就是能量转换为另一种形式，主要是转换为化学能的光化吸收、转为电的光电吸收。表观吸收就是光的散射与光致发光，光虽然依然存在，但波长和方向有所改变，其中特别是磷光，在时间上也有了延时。若真吸收是主要的，就简称为吸收；若表观吸收也有一定份额，则称为消光。光吸收的量子理论认为，原子或者分子在光波辐射场作用下，从低能态跃迁到高能态是吸收一个光子。

吸收带 [absorption band]　又称吸收光谱带。光谱视其谱区的宽窄可分为连续光谱、带光谱和线光谱。带光谱常在吸收光谱中观察，是因为某种分子吸收来的辐射而产生的。不大用于发射光谱的主要原因在于发射光谱是在高温下发射，而高温导致分子离解等。吸收光谱中在该区域的辐射被吸收而使谱带成为暗区。

吸收光谱带 [absorption band]　即吸收带。

自蚀 [self absorption]　即光谱的自蚀。气体放电管或火焰中的亮发射谱线在某种情况下可反转为暗线。这是因为光源各部分处于不同的物理状态，如压强、温度等。如若中心部分很热，发出较宽的谱线，而外围较冷，则凉物质吸收了这宽谱线的中央部分，使其相对地成为暗线。

吸收系数 [absorption coefficient]　可以说是以波长为单位的吸收常量，表示式为 $n\kappa = k\lambda/4\pi$。n 为吸收物质的折射率，κ 为吸收指标，k 为吸收常数，λ 为真空中的光波长，4π 为总球面面积。

吸收限 [absorption limit]　物质通常对短波 (高频段) 的吸收比对长波 (低频段) 的吸收强，若从某一波长开始，凡小于该波长者即全被吸收，则此波长为短波吸收限；若从某一波长开始，凡大于该波长者即全被吸收，则此波长为长波吸收限。

比尔公式 [Beer formula]　描述溶液中光吸收的规律，溶液中吸收系数 k 与溶液浓度 c 成正比，$k = a_c$，a 为与浓度无关的常数，只与吸收物质分子特性有关。此时光强减弱为 $I = I_0 e^{-acx}$ 为比尔定律的数学表示式。比尔定律只有在物质分子吸收本领不受邻近分子影响才是正确的。当浓度很大分子相互影响不可忽略时，此时比尔定律不成立。

线性吸收系数 [linear absorption coefficient]　描述物质对光的吸收特性的一种参数。郎伯 (Lambert) 定律或布格 (Bouguer) 定律指出，若波长 λ 为的光辐射在媒质中一处的强度为 I_0，当穿过距离 x 后，轻度因吸收而变为 I_x；前度减少量 dI 有时就称为吸收强度，此时线性吸收系数 (又称为吸收常量) $k = (\ln I_0 - I_x)/I_x$。

红移 [red shift]　又称降频色移。主要在紫外与可见区呈现特征吸收的原子团，即发色团 (又称再色团)，若其结构上有所变动而使其摩尔分子消光系数增大，称为增色效应。增色效应往往伴随有向红移动，即向长波 (低频) 方向移动。

降频色移 [red shift]　即红移。

蓝移 [blue shift]　在燃料中，所吸收波长的极大与分子的结构有关，且随溶剂不同而出现不同偏移，因溶剂分子紧紧包围着产生颜色的分子，从而改变其某些能级。当溶剂在使吸收波长的极大向短波方向移动时，称为蓝移，反之则称为红移。

分光光度计 [spectrophotometer]　通过测定被测物质在特定波长处或一定波长范围内光的吸收度，对该物质进行定性和定量分析。常用的波长范围为：① 200~400nm 的紫外光区；② 400~760nm 的可见光区；③ 2.5~25μm (按波数计为 4000~400cm^{-1}) 的红外光区。所用仪器为紫外分光光度计、可见光分光光度计 (或比色计)、红外分光光度计或原子吸收分光光度计。作用有两个：一是将来光分成光谱，二是测量其光度，即比较光强。

发射光谱 [emission spectrum]　又称发光光谱。光源直接辐射的光谱，是处于激发态的原子或分子跃迁回基态或较低激发态时产生的辐射，其强度按频率或波长分布的变化状态即为发射光谱。发射光谱可以是连续光谱、带光谱或线光谱。

发光光谱 [emission spectrum]　即发射光谱。

释光光谱 [stimulation spectrum]　又称热释光发射谱。一种热释光实验技术。同时测量热释光强度对温度和发射波长依赖的三维图。

热释光发射谱 [stimulation spectrum]　即释光光谱。

光谱项 [spectral term]　量子物理概念。表示粒子的一个能态。标记该能态的量子数称为光谱项符号。光谱项符号是：$n^{2S+1}L_J$，式中，n 是主量子数；S 是自旋角动量量子数，"$2S+1$" 是光谱项的多重项，也可表示为 M；L 是角量子数；J 是总量子数。当 $L > S$ 时，由 L 和 S 确定的每一个光谱项，将会有 $2S+1$ 个具有不同 J 值的光谱支项。由于 J 值不同的支项，其能量差别极小，所以由它们产生的光谱线，波长极为接近，称为多重线系。把原子中所有可能存在的状态的光谱项，用图解的形式表示即为原子能级图。

光谱三刺激值 [spectral tristimulus value]　三刺激值是引起人体视网膜对某种颜色感觉的三种原色的刺激程度的量的表示。三色系统中，与待测光达到颜色匹配所需的三种原色刺激的量，用 X(红原色刺激量)、Y(绿原色刺激量) 和 Z(蓝原色刺激量) 表示。根据杨–亥姆霍兹的三原色理论，色的感觉是由于三种原色光刺激的综合结果。在红、绿, 蓝三原色系统中，红。绿、蓝的刺激量分别以 R、G、B 表示之。由于从实际光谱中选定的红、绿、蓝三原色光不可能调 (匹) 配出存在于自然界的所有色彩，所以，CIE 于 1931 年从理论上假设了并不存在于自然界的三种原色，即理论三原色，以 X，Y，Z 表示，以期从理论上来调 (匹) 配一切色彩。形成了 XYZ 测色系统。X 原色相当于饱和度比光谱红还要高的红紫，Y 原色相当于饱和度比 520 毫微米的光谱绿还要高的绿，Z 原色相当于饱和度比 477 毫微米的光谱蓝还要高的蓝。这三种理论原色的刺激量以 X，Y，Z 表示，即所谓的三刺激值。

光谱光视效率 [spectral luminous efficiency]　又称视见函数。在可见光范围内人眼对不同波长单色光的视觉敏感程度是不同的，为了表示人眼对不同波长辐射的敏感差异，引入一个对波长的函数，即光谱光视效率 $V(\lambda)$，光谱光视效率实际上反映的是人眼的光谱灵敏度，表示人眼对不同波长辐射的敏感度差异。大量实验证明，在正常照明条件下人眼 (青年人) 对 $\lambda = 555$nm 的黄光最为灵敏，故将该光波的光谱光视效率规定为 $V(555) = 1$。而任意其他波长 λ 的光谱光视效率 $V(\lambda)$ 则是按照下面的方式计算得出的，即在辐射体相同功率辐射下、相同距离处任意波长 λ 对人眼的视觉强度与波长 $\lambda = 555$nm 对人眼的视觉强度之比作为波长 λ 的光谱光视效率，显然其他波长的 $V(\lambda) < 1$。

拉曼感生克尔效应光谱术 [Raman induced Kerr effect spectroscopy]　利用克尔效应以压抑非线性光学效应中的非共振背景并且免去相位匹配要求的一种光谱技术。在拉曼感生克尔效应中，采用两束光，强的泵浦光与探测光的频率差刚好与介质的拉曼频率相共振时，强的泵浦光不仅会引起成像光束的锐化，还会引起成像光束偏振态的改变。所以利用拉曼感生克尔效应成像，可以同时获得分子的拉曼光谱信息以及分子的振动、振动取向以及光感生分子重新取向等信息，在分子影像和单分子检测方面有重要意义。

超荧光 [superfluorescence]　又称超发光、狄克超辐射、超辐量。属一种相干瞬态效应。为原子或分子群在共同辐射场作用下产生耦合而从最初的自发辐射逐渐变成发出含有相对多的相干辐射成分的辐射，即多个原子在一起时产生的相干自发辐射，是完全反转原子系统的一种辐射行为，这是因为多个原子与共同辐射场相互作用而构成的一合作的整体。

超发光 [superfluorescence]　即超荧光。

狄克超辐射 [Dicke superfluorescence]　即超荧光。

光散射 [light scattering]　光通过媒质时，在非入射或透射方向上有能观测到的光强，即称该媒质为有光散射。光散射有六种：① 分子散射；② 并合散射，即拉曼 (Raman) 散射；③ 布里渊 (Brillouin) 散射；④ 临界乳光散射；⑤ 大粒子散射；⑥受激光散射。

散射光 [scattered light]　光在行进过程中与固态、液态、气态微粒发生碰撞，光从原来行进的方向偏向其他方向而成为散射光。散射通常分为相干散射和非相干散射。相干散射光波长与入射波长相同；非相干波长与入射光波长不同，有大有小，非线性光学中的散射都是非相干散射。

拉曼效应 [Raman effect]　又称拉曼散射。由印度拉曼与前苏联兰茨贝格 (Landsberg) 和曼杰耳希达姆 (Mandelstam) 等发现的一种散射现象。频率为 v_0 的单色光通过介质时出现几种频率的散射光，有与入射光的频率 v_0 相同的瑞利 (Raleigh) 散射，还有对称分布在 v_0 两侧的拉曼散射光，$v = v_0 \pm v_R$，相位也发生无规则变化。v_R 称为拉曼频率，与 v_0 无关，由散射介质的性质决定，选用不同频率的激发谱线光均可得到相同的 v_R。

拉曼散射 [Raman scattering]　即拉曼效应。

分子散射 [molecular scattering]　即瑞利散射。

超拉曼散射 [hyper-Raman scattering]　在强激光的激发下，由物质的二阶非线性感生偶极 $P(2)$ 所引起的两个入射光子与一个散射光子相互作用的三光子散射过程。在散射光中含有 $2v_0 \pm v_R$ 的成分，$2v_0$ 是超瑞利散射光频率，$2v_0 \pm v_R$ 即为超拉曼散射的光频率。超拉曼散射的选择不同于拉曼散射，如有些红外光和拉曼散射都是非活性的，而超拉曼散射光则是活性的，故而呈现出新的光谱。

布里渊散射 [Brillouin scattering]　① 光在介质中引起的弹性声波对其自身的散射。② 因物质中存在以声速传播的压强起伏而引起的光散射。散射光发生很小的频移，远较拉曼散射的频移小，且频移与散射角有关。瑞利 (Rayleigh) 指出，媒质密度的起伏将引起光散射。布里渊在此基础上进一步研究了属于弹性光学的声光学。1922 年布里渊提出一种看法，认为热激发的声波使媒质产生纵向周期性密度变化，散射光通过之长生频移。格罗斯 (Gross) 于 1930 年首次观测到这一现象。

受激布里渊散射 [excited Brillouin scattering]　由光与声波间的参量耦合引起。强激光入射到媒质中，使光波场与媒质内的自发弹性声波场发生相互作用，从而让产生了频移的散射具有受激发射特征。强光的入射加剧了声波的自发振动，引起媒质的伸缩，从而调制媒质的介电常数，当泵浦的入射光增加到大于媒质自身损耗时，散射光自激，使频率差正好等于声波频率的入射激光与受激散射发射光间产生能量交换。

斯托克斯定律 [Stokes law]　在发光现象中，所发射的光波波长比所吸收的波长大，即频率较小，以符合能量原理。但若考虑到原子或分子本身所具有的能量时，也可以有波长较短，即频率较高的波长出现。发射波长较吸收波长大的谱线，称作斯托克斯线，而反射波长较吸收波长小的谱线称作反斯托克斯线。

高分辨光谱学 [high resolution spectroscopy]　光谱仪对原子或分子的发射或吸收光谱的分辨率受仪器和能量的限制。高分辨就指能消除谱线多普勒增宽的超乎多普勒限制的光谱学，或固有谱线宽度限制的光谱学。

红外光谱学 [infrared spectroscopy]　以多原子的分子为研究对象的科学。它们的带光谱主要在红外区，常用红外光光度计对气液固态物质的吸收光谱进行观察。从振动、转到光谱可推求分子的结构和转到惯量。

激光光谱学 [laser spectroscopy]　以激光为光源进行光谱学研究，除研究激光发射光谱、吸收光谱、荧光光谱、拉曼 (Raman) 光谱、光声光谱而外，还发展了高分辨光谱，如饱和吸收光谱、双光子光谱、量子拍光谱、时间分辨光谱等，这些光谱减少甚至消除了多普勒 (Doppler) 加宽，可用来研究被多普勒加宽所遮掩的谱线结构，解决了许多问题，促进了对原子、分子即凝聚态物质结构的研究。

光拍光谱术 [light beating spectroscopy]　拍频或差频是两个频率相近的波相干而产生的，最先见于声波中，次见于无线外差通信中。但光学中仅在激光出现之后才有可能，从而使高分辨率光谱术大大向前推进了一步。

束箔光谱学 [beam foil spectroscopy]　又称快速光谱学。快速离子在穿过固体箔靶的过程中被激发，当其退激时会发射出能量相应的光子。束箔光谱学研究原子或者粒子的光谱、能级、激发态寿命、原子光谱的精细结构和超精细结构 (包括兰姆移位、原子及核的极化等)，进而讨论离子与固体原子的相互作用。经典光谱学的研究方法是静态的，对跃迁速度等动态参量很难直接观测。时间分辨光谱学的出现为研究自由原子和分子中的能量转移瞬态过程提供有力工具，束箔光谱学是其中之一。离子束的速度为 $\times 1\text{mm/ns}$，利用快速光谱学可将时间分辨率问题转换为空间分辨问题。人们以此研究过极隧射线中光的衰耗；还用束箔激发产生若干种离子受激态，并测得发光的衰耗为指数式，从而直接测出受激态的寿命。

快速光谱学 [beam foil spectroscopy]　即束箔光谱学。

天体光谱学 [astronomical spectrometry]　用天体的发射光谱、反射光谱和散射光谱来研究其温度、运动速度和方向及规律，物质结构与组分，产生条件，演化历史与未来状况等的科学。一般从天体物理和天体化学两个方面来考察光谱。目前正通过计算机技术对天体进行模拟研究。

光谱分析 [spectrum analysis]　因各元素和各化合物有各自的独特光谱 (发射或吸收)，故可从物质的光谱状况倒推出其组成成分。

特征光谱 [characterstic spectrum]　光谱分析利用分子或原子的光谱各有其特征这一事实，即用其作为分析或辨识的手段。特征光谱不仅可辨识各种化合物，且可区分化学上的同分异构体。

比较光谱 [comparison spectrum]　用比较棱镜或比较反射镜或其他方法，使比较的参考光谱线和受测光谱线并置，以便比较观察。

光栅摄谱仪 [grating spectrograph]　以光栅为色散元件的摄谱仪。利用光栅分光研究物质的成份和含量，主要用于金属合金 (包括矿物井石) 的日常定性定量分析，纯金属和材料的杂赞同鉴定，与各种附件配合，用作激光微区分析、记录闪电和弱光现象。

光谱图 [spectrogram]　由摄谱仪拍照得到的光谱照片。

伴线 [satellite line]　光谱线旁的细线，它们的波长与主线的及其相近。

单线 [singlet]　光谱分析中与谱线有多重构相应的单线结构，分辨率再高的光谱仪也无法再将其谱线分开。

斯托克斯线 [Stokes line]　见斯托克斯定律。

反斯托克斯线 [anti-Stokes line]　见斯托克斯定律。

发射 [emission]　① 指辐射电磁波，包括连续波、谱带和谱线。② 指放出电子，如物体温度升高而放出热离子；受照射而放出光电子；受其他电子撞击而放出次级电子；受强电场作用而有场致发射等。

激子光谱 [exciton spectrum]　激子重新复合时所产生的光谱。

前向散射 [forward scattering]　散射光与入射光行进方向夹角为锐角的散射。

6.13　红外光学

红外物理学 [infrared physics]　现代物理学的一个分支，它以电磁波谱中的红外辐射为特定研究对象，是研究红外辐射与物质之间相互作用的学科。红外物理的主要内容包括：红外光谱学、各种类型的红外探测器 (包括多元列阵和成像器件) 及相关联的信息处理和制冷技术，红外波段的光学材料、光学系统、滤波器件、偏振器件、空间滤波以及调制技术，固体、液体、气体 (尤其是大气) 的红外波段的性质及其测量，红外激光等。红外物理学运用物理学的理论和方法，研究分析红外辐射的产生、传输及探测过程中的现象、机理、特征和规律，从而为红外辐射的技术应用，探索新的原理、新的材料、新型器件和开拓新的波谱区提供理论基础和实验依据。

红外技术 [infrared technique]　研究红外辐射的产生、传播、转化、测量及其应用的技术科学。研究涉及的范围相当广泛，既有目标的红外辐射特性、背景特性，又有红外元、部件及系统；既有材料问题，又有应用问题。红外技术的主要内容包括：红外辐射的性质，其中有受热物体所发射的辐射在光谱、强度和方向的分布；辐射在媒质中的传播特性 - 反射、折射、衍射和散射；热电效应和光电效应等。红外元件、部件的研制，包括辐射源、微型制冷器、红外窗口材料和滤光电等。(把各种红外元、部件构成系统的光学、电子学和精密机械。红外技术在军事上和国民经济中的应用。这段话不通)

红外辐射度学 [infrared radiometry]　研究红外辐射转换的各种物理量的基本概念、理论分析和测量技术的学科分支。具体内容主要包括：① 各种红外辐射量的概念、定义和相互关系的讨论，实际问题中辐射计算方法的研究；② 辐射量的测量方法和有关仪器的研究；③ 辐射量中标准源的研究；④ 辐射量中探测器件的研究；⑤ 红外辐射热传递和辐射热转换的研究。

红外辐射 [infrared radiation]　从可见光的红光边界开始，一直扩展到电子学中的微波边界，称为红外辐射。红外辐射的波长范围是 $0.75\sim1000\mu m$，是个相当宽的区域。在不同的研究领域和技术应用中，往往根据红外辐射的产生机理与方法、传输特性和探测方法的不同，又把整个红外光谱区划分为几个波段。

红外线 [infrared ray]　简称红外。红外线是一种电磁波，它的波长范围为 $0.78\sim1000\mu m$，不为人眼所见。自然界中的一切物体，只要它的温度高于绝对温度 ($-273℃$) 就存在分子和原子无规则的运动，其表面就不断地辐射红外线。红外成像设备就是探测这种物体表面辐射的不为人眼所见的红外线的设备，它反映物体表面的红外辐射场，即温度场。

红外线窗 [infrared window]　一个可以透过紫外线、可见光、红外线的光学窗口。

红外谱 [infrared spectrum]　当一束具有连续波长的红外光通过物质，物质分子中某个基团的振动频率或转动频率和红外光的频率一样时，分子就吸收能量由原来的基态振（转）动能级跃迁到能量较高的振（转）动能级，分子吸收红外辐射后发生振动和转动能级的跃迁，该处波长的光就被物质吸收。所以，红外光谱法实质上是一种根据分子内部原子间的相对振动和分子转动等信息来确定物质分子结构和鉴别化合物的分析方法。将分子吸收红外光的情况用仪器记录下来，就得到红外光谱图。红外光谱图通常以波长 (λ) 或波数 (σ) 为横坐标，表示吸收峰的位置，以透光率 ($T\%$) 或者吸光度 (A) 为纵坐标，表示吸收强度。

红外敏感磷光体 [infrared sensitive phosphor] 特殊的光致释光材料（如 SrS: Ce, Sm 或 SrS: Eu, Sm），称为称红外敏感磷光体，由 1m 近红外光产生光致释光。由于在红外线照射下可以获得可见光，可用作红外探测器。

红外光学系统 [infrared optical system] 红外波段 (760~106nm) 的电磁波人眼看不见，但是它可以被对红外敏感的探测器接收到。接收器是这种红外探测器的光学系统，称为红外光学系统。该系统中的元件必须选用能透红外波段的锗、硅等材料。

红外淬灭 [infrared quenching] 红外光对 ZnS: Cu, Co 的发光有淬灭现象，这时红外释光的逆效应，称为红外淬灭。

红外变像管 [IR image converter] 简称变像管。像增强管是将微弱的可见光图像增强，使之成为明亮的可见图像的真空电子器件。变像管是将不可见光的图像变成可见图像的真空电子器件。在像增强管和变像管中，当外来辐射图像成像于光电阴极时，光电阴极发射电子，电子经加速或经电子透镜聚焦并加速后，轰击荧光屏使之产生较亮的可见图像。1934 年，G. 霍尔斯特等制出第一只红外变像管。工作时，在平面阴极与平面荧光屏之间加高电压，阴极与荧光屏距离很近。这是一种近贴聚焦系统。此后又出现静电聚焦和电磁聚焦的成像系统。

红外变焦物镜 [infrared zoom lens] 又称红外变焦镜头。应用于红外摄影系统的变焦距系统。

红外变焦镜头 [infrared zoom lens] 即红外变焦物镜。

漫射辐射 [diffuse radiation, scattered radiation] 一定方向传播的入射辐射由于散射和反射作用而形成的向空间各方向传播的辐射。太阳辐射穿过地球大气层时，受大气层中空气分子、水汽及尘埃散射后到达地表面的那部分辐射。是到达地表面太阳总辐射的重要组成部分。在中纬度地区占太阳总辐射的 30%~40%；高纬度地区所占比例更大。在冬季和太阳高度角低时最大。云也大大增加了漫射辐射量，在日出前和日落后短时间内地表面所接受到的太阳总辐射全部都是漫射辐射。晴天到达地表水平面上的漫射辐射通量主要取决于太阳高度角和大气透明度。地表和云层反射的太阳辐射

再经大气散射后，也有一部分返回地面，故漫射辐射也随地表反射特性和天空云况而变化。

近红外 [near-infrared, NIR] 波长区间为 0.75~2.5μm，对应原子能及之间的跃迁和分子振动泛频区的振动光谱带。

中红外 [mid-infrared, MIR] 波长区间为 2.5~25μm，对应分子转动能级和振动能级之间的跃迁。

远红外 [far-infrared, FIR] 波长区间 25~1000μm，对应分子转动能级之间的跃迁。

冷光 [cold light] 波长较短的光（色温 6500K 以上），如紫光、蓝光和绿光等。

热红外 [thermal infrared] 红外谱段波长在 0.76~1000μm，其中 0.76~3.0μm 为反射红外波段，3~18μm 为发射红外波段。后者又称热红外。

红外探测 [infrared detection] 利用红外热效应和光电效应将入射的红外辐射信号转变成可以察觉和测量的其他物理量的方法和过程。

红外系统 [infrared system] 获取和应用红外辐射信息的装置。一般由红外辐射源、收集红外辐射的光学机械装置、红外探测器和相应的电子信号处理装置所组成。

主动红外 [active infrared] 用红外探照灯照射目标，接收反射的红外辐射形成图像的方法或过程。

选择性辐射体 [selective radiator] 一种发射率依赖于物质特性、环境因素及观测条件的辐射体。

红外光学晶体 [crystal for infrared use] 用作红外光介质材料的晶体材料。主要用于制作红外区域窗口、透镜和棱镜。

红外光学塑料 [plastics for infrared use] 用作红外光介质材料的塑料。主要用在批量较大的光学仪器中。

红外窗口材料 [materials of infrared window] 工作于红外波段窗口且透过性能高的光学材料。

红外光学玻璃 [glasses for infrared use] 在红外波段具有特定的光学常数和高透过率的光学玻璃，用作红外光学仪器或用作窗口材料。

热电材料 [pyroelectric materials] 能将热能和电能相互转换的功能材料。

红外光谱仪 [infrared spectrometer] 利用物质对不同波长的红外辐射的吸收特性，进行分子结构和化学组成分析的仪器。

傅里叶变换红外光谱仪 [Fourier transform infrared spectrometery] 基于迈克尔孙干涉原理，对待测光的干涉强度信号进行傅里叶变换获得其红外光谱而设计的红外光谱仪。

多谱扫描器 [multispectral scanning device]　一种通过采用对地面逐点扫描的方式获取景物多谱段图像的传感器系统。

光外差探测 [optical heterodyne detection]　一种对光波振幅、频率和相位调制信号的检波方法。

红外测温 [infrared temperature measurement]　又称辐射测温。一种通过对物体自身辐射的红外能量的测量，来测定它的表面温度的方法。

红外热成像 [infrared thermal imaging]　一种通过非接触探测红外能量 (热量)，并将其转换为电信号，进而生成热图像和温度值，并可以对温度值进行计算的一种检测方法。

红外辐射计 [infrared radiometer]　任何一种红外辐射测量装置都可以叫作红外辐射计，它们都是根据投射到该装置上的红外辐射功率引起的响应来测量源的红外辐射特性。

红外探测器 [infrared detector]　可把入射的红外辐射能转变成其他形式能量 (多数情况下转变成电能) 的红外辐射能量转换器，　或者是把辐射能变成另一种可测量的物理量 (如电压、电流或探测材料的其他物理性质变化) 的传感器。

红外传感器 [infrared sensor]　利用红外辐射与物质相互作用所呈现出来的物理效应探测红外辐射的传感器，多数情况下是利用这种相互作用所呈现出的电学效应。

热探测器 [thermal detector]　用探测元件吸收入射辐射而产生热、造成温升，并借助各种物理效应把温升转换成电量的原理而制成的器件。

红外参量振荡器 [infrared optical parametric oscillator]　工作于红外波段的，利用光学参量放大原理建立激光振荡的激光器。

调制盘 [reticle]　一种用于红外探测装置的调制和编码，将入射红外辐射变成交变辐射，将目标方位信息编入交变辐射以及进行空间滤波的器件。

气溶胶吸收 [aerosol absorption]　大气中包含着许多小悬浮微粒的综合体，通常称为气溶胶。气溶胶的空间分布随时间及地区而变化，并随距地面高度的增加，粒子数密度迅速降低。气溶胶粒子尺寸分布随地理条件及时间变化。气溶胶的吸收由两部分构成：一是气溶胶凝聚核的吸收，二是水蒸气在核上凝聚而形成的液态水滴的吸收。气溶胶的吸收不仅导致传输辐射的衰减，而且气溶胶还把吸收的辐射能量在空气温度下发射出去，从而增加红外探测系统接收的背景辐射。

本章作者：周进，于涛，胡小鹏，丁剑平，张春峰，徐平，龚彦晓，刘辉，陈卓，詹鹏，吴兴龙，许吉，李廷会，陈召忠，单国锋，孙浩

七

原子与分子物理学

7.1 原子分子的电子结构理论

原子与分子物理学 [atomic and molecular physics]
以原子、分子物质微观层次为研究对象的物理学分支，主要研究原子、分子的结构、状态、运动及相互作用的物理规律，是人类认识物质世界的重要基础。

原子与分子物理学作为一门科学是从 20 世纪初开始的。1911 年卢瑟福通过 α 粒子散射实验提出了原子的核式模型，1913 年玻尔在分析可见紫外波段氢原子光谱数据的基础上提出了氢原子能级模型，之后原子物理学快速发展并为上世纪科学发展最重要的突破 —— 量子现象发现及量子力学建立奠定了重要基础。在德布罗意物质波假设之后建立的量子力学以薛定谔方程的形式很好地解释了原子结构和光谱，在狭义相对论出现后狄拉克建立的相对论薛定谔方程更为精确地描述了原子结构和精细光谱。原子通过各种键合形成分子，虽然早期的分子物理注重的是研究宏观大量分子组成的系统的运动规律及其决定的气体、液体和固体的物理化学性质，微观分子物理学则是在原子物理学和量子力学的基础上建立起来的，实现了对分子结构、键合作用及分子间相互作用的完整的认识。与原子相比，分子运动形态更为多样化，包括电子运动、核振动及分子的转动，所涉及的光谱包括紫外到射频波段。

原子与分子物理学基本的问题包括原子分子结构、性质及其光谱，原子分子与光子、电子及离子的碰撞过程，原子分子内部多体关联性质及其相互作用，极端条件下原子分子过程，原子分子团簇结构和性质等。研究和解决这些问题的基本方法是量子理论、光谱技术、碰撞散射方法以及能谱学方法。先进的原子分子光谱测量能够达到非常高的精度，研究产生了大量关于原子分子结构和性质的信息，连同原子分子碰撞物理研究产生各种电离度的原子分子与电子、离子、光子碰撞的大量原子分子数据，在基础研究创新能力和高新技术源头驱动方面起着重要的作用。随着原子分子物理理论的发展及计算机技术和计算方法的进步，精密理论方法和精确计算预测在原子分子物理学中起着重要作用。

20 世纪与原子与分子物理研究密切相关的电子自旋、核磁共振的研究、激光的发明，不仅在科学研究上而且在社会生活中都有着重要的影响。进入新世纪以来，科学技术许多领域的研究越来越多地深入到原子、分子这一微观物质层次，这必然需要对原子分子性质、相互作用及其运动规律的更深入的认识，并在此基础上实现对物质和过程的精确控制，这些为原子与分子物理学展现了新的广阔前景。激光用于制备冷原子的成功和原子气体中玻色–爱因斯坦凝聚 (BEC) 的实现，使冷原子物理研究成为原子分子物理学的一个新兴科学领域。人们在实验室中已经能够产生 10^{-9}K 的极低温度的超冷原子，但分子冷却仍然是挑战性的任务。超冷原子分子气体的实现有着十分重要的科学意义和潜在的应用价值。利用冷原子与激光技术的结合产生的基于原子分子的精密测量物理，在检验物理学基本定律和建立超高精度的时间频率标准方面都扮演着重要的角色。如今超快激光技术能够直接产生四十多阿秒 (10^{-18} s) 宽度的光学脉冲 (氢原子的基态电子绕核运动周期约为 150 as)，获得高达 10^{22} W/cm^2 的功率密度 (氢原子第一玻尔轨道的电子感受到的原子核电场所对应功率密度为 3.5×10^{16}W/cm^2)，一方面为研究原子分子变化的时间分辨动力学研究提供了崭新手段，实现了对原子分子量子态及其演化过程的测量，使得对其电子的量子行为演变的认识成为可能，另一方面为认识强场作用下的原子分子这一强相互作用体系性质和规律提供了物理条件，强外场中原子分子及其电子运动的控制，促进了众多应用的实现。

原子与分子物理学和光学学科融合，形成被称为原子分子光物理 (atomic, molecular and optical physics，AMO) 的物理学最活跃研究领域之一，并且与量子光学、量子信息融合形成了不可分割的一个整体。在需求牵引和技术发展推动下，原子分子物理研究越来越多与环境影响效应相关，特别是高温稠密、强外场及超冷等极端条件下研究，高电荷离子及重离子碰撞物理研究等，都与诸多高技术 (如惯性约束核聚变、磁约束变等离子体、空间及天体物理等) 密切关联。随着许多科学技术领域的研究越来越多地要求更准确地认识原子分子性质、相互作用及其运动规律，不断地推动原子与分子物理学融合、深入到物理学的其他分支学科以及化学、材料科学、生命科学，甚至能源、天文等科学中去。

原子结构 [atomic structure] 原子由原子核和电子构成，电子绕原子核运动形成原子轨道。原子核的尺度为 10^{-15}m 量级，原子的尺度为 10^{-10}m 量级。在原子物理中，原子结构通常指原子中电子的组态结构，即电子在原子轨道中的排布。电子在原子轨道中的排布服从能量最低原理、Pauli 不相容原理和 Hund 定则。原子轨道采用 (n, l, m_l) 表示，其中 n 为主量子数，l 为角量子数，分别表征壳层和亚壳层，m_l 为轨道磁量子数。每个原子轨道中最多容纳自旋相反的两个电子，自旋量子数分别为 $+1/2$ 和 $-1/2$。对于某个 n 壳层最多能容纳 $2n^2$ 个电子，每个 l 亚壳层最多容纳的电子数是 $2(2l+1)$，其中角量子数 $l=0,1,2,3,\cdots$，分别采用 s, p, d, f,

… 标记。

分子结构 [molecular structure]　分子中由原子间位置关系决定的分子立体结构，以及在一定原子间位置关系下分子中电子、振动、转动乃至它们之间相互扰动形成的分子能级结构的统称。事实上，在孤立分子系统中，以上两种结构又是相互依存、不可分割的。分子立体结构，就是分子形状、分子几何，是指分子中原子或原子基团的三维排列方式。分子立体结构通常由键长、键角、相邻三个键之间的二面角等量描述，在很大程度上影响了由该分子组成的物质的物理和化学性质。分子能级结构，源于分子内部的电子运动、分子振动和分子转动，能量都是量子化的，形成电子能级、振动能级和转动能级。分子的电子能量为 eV 量级，与原子的能量差不多；分子的振动能量大约是电子能量的 1/100；分子的转动能量大约是电子能量的 m/M 倍 (其中 m 是电子的质量，M 是分子的质量)，因此分子的能级结构比原子复杂，导致分子比原子具有丰富得多的光谱。

第一性原理 [first principle]　在量子力学范畴，采用非相对论近似、绝热近似以及单电子近似的物理模型，而不再引入其他近似来严格求解罗特汉方程 (Roothaan Equation)，以此来获得波函数及其本征能量，这样的处理方法称为量子力学第一性原理。第一性原理利用简化的物理模型，克服了求解分子定态薛定谔方程无法逾越的数学困难，能够兼顾高效率和高精度来处理分子电子结构及其物理性质问题，因而被广泛地使用。目前流行的第一性原理方法包括基于哈特里–福克 (Hartree-Fock) 理论的后哈特里–福克 (Post-Hartree-Fock) 方法以及基于科恩–沈 (Kohn-Sham) 理论的密度泛函方法 (density functional theory)。

从头计算 [*ab initio* calculation]　基于量子力学基本原理直接求解薛定谔方程的一种计算方法。特点是根据物理模型的三个基本近似 (非相对论近似、绝热近似和单电子近似)，采用变分或微扰近似方法，不借助任何经验参数，并且对体系不做过多的简化。目前的从头计算方法包括基于 Hartree-Fock 方程的 Hartree-Fock 方法、在 Hartree-Fock 基础上引入电子相关作用而发展起来的 Post-Hartree-Fock 方法，以及多组态多参考态方法等。

狄拉克方程 [Dirac equation]　描写自旋为 1/2 及其整数倍的相对论性粒子的波动方程。由英国物理学家狄拉克于 1928 年建立，源于旋量波函数在洛伦兹变换下的不变性，形式如下：

$$i\hbar \frac{\partial}{\partial t}\psi(\boldsymbol{r}, t) = \left\{ -i\hbar c \sum_{i=1}^{3} \alpha_i \frac{\partial}{\partial r_i} + mc^2\beta \right\} \psi(\boldsymbol{r}, t)$$

其中，m 是自旋 1/2 粒子的质量，$\boldsymbol{r}$ 与 t 分别是空间和时间的坐标，α_i 和 β 为 Dirac 矩阵，满足 $\alpha_i^2 = \beta^2 = 1$，$\alpha_i\alpha_k + \alpha_k\alpha_i = 2\delta_{i,k}$，$\alpha_i\beta + \beta\alpha_i = 0$，$c$ 为真空中光速。

赝势法 [pseudopotential method]　将原子内层的电子连同原子核对外层的电子 (价电子) 的作用用适当的模型势函数 (即赝势) 表示，对价电子进行变分并用自洽迭代处理以获得价电子波函数及其能量的方法。赝势法处理了电子波函数振荡最激烈的部分，构造了一个平滑的波函数 $\varphi(r)$，它与真实的波函数 $\psi(r)$ 之间的关系是 $\varphi(r) = \psi(r) + \sum_c b_c\varphi_c(r)$，这里 $\varphi_c(r)$ 是原子核芯态的波函数，系数 b_c 可由 $\psi(r)$ 与 $\varphi_c(r)$ 正交的条件决定。将其代入薛定谔方程，可以得到作用在平滑波函数 $\varphi(r)$ 上的势能为 $V_p = V + \sum_c (E - E_c) \times |\varphi_c\rangle\langle\varphi_c|$，这里的 V_p 称为赝势，$\varphi(r)$ 称为赝势函数。

平均场 [mean field]　原子中每个电子受其他电子作用的平均势场。见平均场理论。

平均场近似 [mean field approximation]　广泛应用于小的平均涨落情况下真实物理系统的较低阶近似的数学处理方法。例如在 Hartree 方程中，电子受其他所有电子的作用近似用一个平均场 $g(r)$ 来代替。见平均场理论。

平均场理论 [mean field theory]　原子中把所有其他电子对某电子的作用近似用一个平均势场来代替，从而解出平均场和原子核作用下电子的能量和波函数，再将求得的较精确的波函数代入平均场表达式，又得到新的平均场，如此反复迭代可以最终求得自洽的单粒子波函数及能量。

单电子近似 [one electron approximation]　假定每一个电子在原子核和其他电子的平均势场 (即平均场) 中运动，单个电子的运动取决于其他电子的平均密度分布而与其他电子的瞬时位置无关。每个电子的状态用一个单电子波函数来描述，满足单电子运动方程。体系的总波函数再由所有单电子波函数的乘积形式来表示。

单电子模型 [single-electron model, one-electron model]　见单电子近似。

霍恩伯格–科恩能量泛函 [Hohenberg-Kohn energy functional]　定义一个能量是密度分布的函数，如果 $n(r)$ 是体系正确的电子密度分布，则 $E[n(r)]$ 是最低的能量。

霍恩伯格–科恩–沈 [吕九] 定理 [Hohenberg-Kohn-Sham theorem]　简称 HKS 定理。内容为：

定理 1：对于一个共同的外部势 $V(r)$，相互作用的多粒子系统的所有基态性质都由 (非简并) 基态的电子密度分布 $n(r)$ 唯一地决定。

定理 2：如果 $n(r)$ 是体系正确的密度分布，则 $E[n(r)]$ 是最低的能量，即体系的基态能量。

含时薛定谔方程 [time-dependent Schrödinger

equation] 薛定谔在 1926 年提出的一个方程式，即 $i\hbar\frac{\partial}{\partial t}\varphi(\boldsymbol{r},t) = \widehat{H}\varphi(\boldsymbol{r},t)$，$\widehat{H}$ 是微观系统的哈密顿算符。对于单粒子系统，$\widehat{H} = \frac{1}{2m}\widehat{p}^2 + V$，$\widehat{p} = \frac{\hbar}{i}\nabla$ 是粒子的动量算符，$\varphi(\boldsymbol{r},t)$ 是波函数，V 是势能函数。含时薛定谔方程的解 $\varphi(\boldsymbol{r},t)$ 称为含时波函数，它描述系统在任一时刻的状态。含时薛定谔方程描述了波函数 (量子态) 的演化规律，是量子力学的基本假设之一，当势函数 V 不依赖于时间 t 时，粒子具有确定的能量，粒子的状态称为定态。定态波函数 $\psi(\boldsymbol{r},t) = \psi(\boldsymbol{r})\mathrm{e}^{-\frac{i}{\hbar}Et}$，其中 $\psi(\boldsymbol{r})$ 满足定态薛定谔方程 $\left(-\frac{\hbar^2}{2m}\nabla^2 + V\right)\psi(\boldsymbol{r}) = E\psi(\boldsymbol{r})$，式中 E 为本征值，是定态能量，$\psi(\boldsymbol{r})$ 又称为属于本征值 E 的本征函数。

含时波函数 [time-dependent wave function] 见含时薛定谔方程。

定态薛定谔方程 [stationary Schrödinger equation] 见含时薛定谔方程。

定态 [stationary state] 当体系的哈密顿算符不显含时间时，所有物理量取各种可能值的几率分布及其物理量的平均值都不随时间改变的微观粒子状态。定态的波函数是时空分离变量的波函数 $\psi(\boldsymbol{r},t) = \psi(\boldsymbol{r})\mathrm{e}^{-\frac{i}{\hbar}Et}$，空间部分满足定态薛定谔方程 $\widehat{H}\psi(\boldsymbol{r}) = E\psi(\boldsymbol{r})$。与之相对应，若描述微观粒子的物理参数随时间发生变化，则微观粒子处于非定态。

非定态 [nonstationary state] 见定态。

密度泛函理论 [density functional theory，DFT] 一种研究多电子体系电子结构的量子力学方法。目的是用电子密度取代波函数作为研究的基本量，多体问题因此被简化为没有相互作用的电子在有效势场中运动的问题。有效势场包括外部势场以及电子间库仑相互作用。构建的基础是霍恩伯格–科恩–沈 [吕九] 定理。通过自洽迭代求解科恩–沈 [吕九] 方程能够获得电子密度分布。

科恩–沈 [吕九] 方程的形式如下：

$$\left(-\frac{\hbar^2}{2m}\nabla^2 + \boldsymbol{V}_{\text{eff}}(\boldsymbol{r})\right)\phi_i(\boldsymbol{r}) = \varepsilon_i\phi_i(\boldsymbol{r})$$

式中 ε_i 为科恩–沈轨道 $\phi_i(\boldsymbol{r})$ 的轨道能。有效势

$$V_{\text{eff}}(\boldsymbol{r}) = V_{\text{ext}}(\boldsymbol{r}) + e^2\int\frac{\rho(\boldsymbol{r}')}{\boldsymbol{r}-\boldsymbol{r}'}\mathrm{d}\boldsymbol{r} + V_{\text{xc}}(\boldsymbol{r})$$

V_{ext} 是电子感受到的外势，包含原子核的作用。电子密度由 $\rho(\boldsymbol{r}) = \sum_i^N|\phi_i(\boldsymbol{r})|^2$ 给出，N 为电子数目。$V_{\text{xc}}(\boldsymbol{r}) \equiv \frac{\delta E_{\text{xc}}[\rho]}{\delta\rho(\boldsymbol{r})}$ 为交换相关势，E_{xc} 是交换相关能量，是电子密度的泛函。其中的难点是处理交换相关作用，目前并没有准确求解交换相关

能的方法。最简单的近似求解方法为局域密度近似，它使用均匀电子气来计算体系的交换能，而相关能部分则采用对自由电子气进行拟合的方法来处理。

含时密度泛函理论 [time-dependent density functional theory，TDDFT] 中心是一系列含时 Kohn-Sham 方程，结构上与含时 Hartree-Fock 方程相同，但原则上通过引入一含时的交换关联势而包含了所有的多体效应的密度泛函理论。在原子、分子与固体的基态特性中的电子结构有广泛的应用。除了 Gross 等的先驱性工作之外，含时密度泛函一般只被用在弱场下的线性或者非线性动力学过程。其基本方程是一系列的含时 Kohn-Sham 方程：

$$i\frac{\partial}{\partial t}\psi_{i\sigma}(\boldsymbol{r},t) = \widehat{H}(\boldsymbol{r},t)\psi_{i\sigma}(\boldsymbol{r},t)$$
$$= \left[-\frac{1}{2}\nabla^2 + u_{\text{eff},\sigma}(\boldsymbol{r},t)\right]\psi_{i\sigma}(\boldsymbol{r},t)$$

其中波函数可以由 Slater 行列式描述

$$\Psi(t) = \frac{1}{\sqrt{N!}}\det[\psi_1\cdot\psi_2\cdots\cdots\psi_N]$$

与不含时密度泛函理论类似，定义含时密度函数

$$\rho(\boldsymbol{r},t) = \sum_\sigma\sum_{i=1}^{N_\sigma}|\psi_{i\sigma}(\boldsymbol{r},t)|^2$$
$$= \sum_{i=1}^{N_\uparrow}|\psi_{i\uparrow}(\boldsymbol{r},t)|^2 + \sum_{i=1}^{N_\downarrow}|\psi_{i\downarrow}(\boldsymbol{r},t)|^2$$
$$= \sum_\sigma\sum_{i=1}^{N_\sigma}\rho_{i\sigma}(\boldsymbol{r},t) = \rho_\uparrow(\boldsymbol{r},t) + \rho_\downarrow(\boldsymbol{r},t)$$

其中有效势能为

$$u_{\text{eff},\sigma}(\boldsymbol{r},t) = u_{\text{ext}}(\boldsymbol{r},t) + \int\frac{\rho(\boldsymbol{r},t)}{\boldsymbol{r}-\boldsymbol{r}'}\mathrm{d}\boldsymbol{r} + V_{\text{xc},\sigma}(\boldsymbol{r},t)$$

其中 $V_{\text{ext}}(\boldsymbol{r},t)$ 为电子与核相互作用项及外场项，$\int\frac{\rho(\boldsymbol{r},t)}{\boldsymbol{r}-\boldsymbol{r}'}\mathrm{d}\boldsymbol{r}$ 为电子间相互作用项，$V_{\text{xc},\sigma}(\boldsymbol{r},t)$ 为交换关联项。

哈特里近似 [Hartree approximation] 在中心场近似下，将原子体系总电子波函数看成各个独立电子波函数的乘积的一种近似，即 $\psi(\boldsymbol{r}_1,\boldsymbol{r}_2,\cdots,\boldsymbol{r}_n) = \psi_1(\boldsymbol{r}_1)\psi_2(\boldsymbol{r}_2)\cdots\psi_n(\boldsymbol{r}_n)$，可将多电子体系薛定谔方程简化为一系列单电子方程，大大简化了多体问题求解的复杂性。但由于没有考虑电子波函数的交换反对称性，因此获得的结果与真实情况存在较大差别。

哈特里–福克近似 [Hartree-Fock approximation] 在哈特里近似基础上，考虑 Pauli 不相容原理形成的一种近似。原子体系总电子波函数写成如下形式：

$$\Psi = \frac{1}{\sqrt{N!}}\begin{vmatrix} \varphi_1(\boldsymbol{r}_1) & \varphi_1(\boldsymbol{r}_2) & \varphi_1(\boldsymbol{r}_3) & \cdots \\ \varphi_2(\boldsymbol{r}_1) & \varphi_2(\boldsymbol{r}_2) & \varphi_2(\boldsymbol{r}_3) & \cdots \\ \varphi_3(\boldsymbol{r}_1) & \varphi_3(\boldsymbol{r}_2) & \varphi_3(\boldsymbol{r}_3) & \cdots \\ \vdots & \vdots & \vdots & \cdots \end{vmatrix}$$

哈特里–福克电子 [Hartree-Fock electron]　在中心场近似下，每个电子在原子核和其他电子形成的中心场下运动，并且考虑泡利不相容原理，这样的电子为哈特里–福克电子。

原子实 [atomic core]　又称原子芯。原子核和除外层电子（价电子）以外的内层电子组成的较为牢固的整体。由于原子中外层的电子通常离核和内层电子较远，因而通常将该电子近似看作绕内部较为稳定的原子实运动。原子实可以被外层电子贯穿和极化。

原子芯 [atomic core]　即原子实。

斯莱特近似 [Slater's approximation]　构建哈特里–福克方程的基础是假设只包含闭壳层的自由原子（或离子）的多电子波函数可以用一个由多个单电子自旋–轨道构成的行列式波函数来表示。但是计算每一个占据轨道的交换项较为复杂，为了简化问题，斯莱特指出既然所有轨道交换的积分具有相同的总体特性，就可以将哈特里–福克方程中所有的交换项用一个平均交换势表示。

托马斯–费米方法 [Thomas-Fermi method，TF method]　简称 TF 方法。适用于多电子原子，是一种统计方法。它不是直接求解薛定谔方程，其基本思想是在重原子中把正电荷看作连续分布，电子在背景中运动。基于统计的考虑，Thomas 和 Fermi 于 1927 年几乎同时分别提出，将多电子运动空间划分为边长为 l 的小容积，其中含有 N 个电子，假定在温度近于 0 K 时每一元胞中电子行为是独立的费米粒子，且各个元胞是无关的。在这一假设下可以写出自由粒子的能级公式，并得到总能量及能量泛函公式。将 TF 势代入齐次径向方程中，无须做自洽场迭代，也不必引入拉格朗日乘子，即可一次求得每个次壳层的本征值。但由于托马斯–费米方程没有计及电子间的交换作用，因此，在托马斯–费米方法中计及交换作用时，还需同时计及同一数量级的其他各种效应。

托马斯–费米–狄拉克方法 [Thomas-Fermi-Dirac method，TFD method]　简称 TFD 方法。一种在电子势能中考虑交换项贡献的托马斯–费米方法。基本思路是在自由电子气体近似下得到交换能，对包含交换能的原子的总能量密度做体积分，再用变分原理得到 TFD 势能函数。

自洽场 [self-consistent field]　在求解全同多粒子体系的定态薛定谔方程中用来代替粒子间相互作用的平均场。这种平均场不能一步定出，要用迭代法逐次逼近，直到前后两次计算结果满足所要求的精度，达到前后自洽为止。

自洽哈特里–福克近似 [self-consistent Hartree-Fock approximation]　一种在求解全同多粒子系统的定态薛定谔方程中所采用的近似。在这种近似下，电子受到原子核及其他电子的作用，可以近似地用一个平均场来代替。基

态波函数表示为各单电子波函数之积并符合交换对称性。

自洽（方）法 [self-consistent method]　量子力学中迭代求解多粒子系统薛定谔方程的基本方法。通过先给未知量赋值，再运用迭代法逐次逼近直到前后两次计算结果收敛即达到自洽，从而求出未知量。自洽法是原子分子结构求解的基本方法之一。

哈特里–福克方法 [Hartree-Fock method，HF method]　全同费米子体系的薛定谔方程是不能严格求解的，福克在哈特里工作的基础上给出这种方程的一种近似求解法，把体系的波函数看作是各个单粒子波函数的一种组合，然后通过对能量的平均值公式进行变分运算，进而得到每个单粒子波函数所满足的方程。这样体系波函数的求解就归结为各个单粒子波函数的求解。哈特里的方法同福克的不同，他把体系波函数看作是各个单粒子波函数之积而没有考虑体系波函数的对称性，其他步骤同福克的方法一样。这样得到的每个单粒子波函数所满足的方程，称为哈特里方程。此方程实际上是哈特里–福克方程的特例。

哈特里方法 [Hartree method]　见哈特里–福克方法。

克莱布什–戈丹矢量耦合系数 [Clebsch-Gordan coefficients]　简称 CG 矢耦系数。用来描述原子角动量中耦合和非耦合表象（以及不同耦合表象）的基矢之间幺正变换矩阵的矩阵元，是将耦合本征态按非耦合本征态展开的系数。

密耦合近似 [close-coupling approximation]　将整个体系的波函数用某个完备的波函数集合展开，原来的微分方程转化为一组代数方程来求解。对于电子–原子分子散射问题，将散射系统总的波函数展开成为靶的本征波函数与散射电子波函数的乘积形式，通过求解耦合的积分–微分方程组获得展开系数。密耦合近似方法是处理低能散射的有效工具。

量子坍缩 [quantum collapse]　粒子一经测量再也不能被波函数所描述的现象。对于单个电子而言，薛定谔的波动方程及其独特的波函数和海森伯的量子化的点粒子的概率分布一样在空间中散开，因为波本身就是分布很广的扰动而不是点粒子。因此，薛定谔的波动方程能够得到和不确定性原理相同的结果，由于位置的不确定性在波的扰动的定义中就表现出来了。只有海森伯的矩阵力学才需要定义不确定性，因为它是从粒子的观点出发的。薛定谔的波函数显示电子总是处于概率云中。玻恩 1928 年发现，薛定谔的波函数的平方（为了得到振幅的平方）是电子位置的概率分布。对于电子的位置可以直接测量却不会得到一个概率分布，是因为电子暂时失去了波的性质。因此薛定谔的关于电子的波的特性的预言和薛定谔的波动方程也都失效了。由于叠加原理（superposition principle），不处于本征态的粒子是若干个本征态的线性叠加。当对力学量进行一次测量时，测量的值只能是本征值而不是

平均值,其几率分布由本征态的权重决定。那么,当得到一个力学量的测量值时,对应其的态就是粒子所处的状态。粒子被观测后,就由原来的叠加态变成了之后的某个本征态,发生了坍缩。

概率波的坍缩 [probability wave collapse] 某些量子力学体系与外界发生某些作用后波函数发生突变,形成了其中一个本征态或有限个具有相同本征值的本征态的线性组合的现象。可以用来解释为何在单次测量中被测定的物理量的值是确定的 (虽然多次测量中每次测量值可能都不同)。

哈特里交换方法 [Hartree exchange method,HX method] Hartree-Fock-Slater (HFS) 方法没有考虑电子的自相互作用,改进的方案是用 Hartree 项 V_H 取代直接项 V_C,并采用非自交换的交换项表达式。

哈特里–福克–斯莱特方法 [Hartree-Fock-Slater method,HFS method] HF 方法的另一种近似,实际上是 Hartree 方法与 TFD 方法的结合。势函数中电子之间相互作用的直接项由径向分布函数计算 (类似于 HF 方法);而交换项采用自由电子气体的统计结果 (类似于 TFD 方法)。

哈特里–斯莱特方法 [Hartree-Slater method] 类似于 HX 的方法,直接项应采用 Hartree 势,而交换项则用 $V_X(r) = -(24/\pi)^{1/3}[\rho_s^{1/3} - (2\rho_i)^{1/3}]$,单位是里德伯 (Ry) 其中 ρ_i 为轨道 i 上单电子几率密度,ρ_s 为 $\rho_s = \begin{cases} \rho, & \omega_i \neq 1 \\ \rho + \rho_i, & \omega_i = 1 \end{cases}$,$\omega_i$ 是 i 轨道电子数目,ρ 为电子的总平均密度。

行列式波函数 [determinantal wavefunction] 多电子体系波函数的一种表达方式。因为全同粒子的不可区分性,由两个或两个以上全同费米子组成的系统的任何可观测量必须具有坐标交换的不变性,要求全同费米子体系的波函数具有坐标交换的反对称性,即把任意两个粒子的坐标相互交换,波函数将会改变它的符号。体现这种反对称性的简便方法是把具有 N 个全同费米子系统的波函数写成一个 N 行和 N 列的行列式,即斯莱特行列式。交换系统中任意两个粒子的坐标就相当于将该行列式中两个对应列相互交换,因而行列式改变符号,精确地体现了全同费米子体系波函数的反对称性。反对称性、泡利原理及电子的相关效应都可以由行列式的性质得到。

斯莱特行列式 [Slater determinant] 见行列式波函数。

狄拉克–哈特里–福克方法 [Dirac-Hartree-Fock-method,DHF method] 简称 DHF 方法。把相对论效应考虑在内的改进的哈特里–福克 (HF) 方法。对于电子束缚能和径向波函数而言,当原子序数 Z 分别增加到约 10 和 30 时,相对论效应就变得不可忽略了,此时可以应用 DHF 方程来处理这些效应。DHF 方程比 HF 方程更加复杂难解,一般要在非相对论框架下做某些相对论微扰修正,使得计算结果能够包含主要的相对论效应。在许多情况下,特别是只关心原子的最外壳层时,用微扰法计算相对论能量修正 (包括质量–速度修正、达尔文修正等) 就已足够;但对于高 Z 或中 Z 原子的内壳层的电子,只取相对论微扰修正还不够,需要在径向函数中也引入相对论修正。

中心场近似 [central-field approximation] 电子近似在一个中心场中运动,是电子组态概念的基础。在原子物理中,多电子原子中存在着电子与电子以及电子与原子核之间的相互作用。就某一个电子来说,可以认为它是在其余电子和原子核所形成的球平均势场中运动。每一个电子感受到的势场仅是其与原子核的距离的函数。

中心场模型 [central-field model] 在一个具有 N 个电子的原子体系中,假定原子中任何一个电子 i 都在原子核和其他 $(N-1)$ 个电子的静电场中不依赖于其他电子而运动,这个场对 $(N-1)$ 个电子的运动取时间平均,是球对称的 (忽略了它们对电子 i 的相关)。在这个中心场中,电子 i 的几率分布形式上仍可用单电子波函数 (或称 "自旋–轨道") 描述:$\varphi_i(r_i) = \frac{1}{r} P_{n_i l_i}(r_i) Y_{l_i m_i}(\theta_i, \varphi_i) \sigma_{m_{s_i}}(s_{iz})$,其中 r_i 代表电子 i 相对于原子核的位置 $(r_i, \theta_i, \varphi_i)$ 以及自旋取向,$P_{n_i l_i}$ 为径向波函数,$Y_{l_i m_i}$ 为球谐函数,$\sigma_{m_{s_i}}$ 为电子自旋波函数。

交换势能 [exchange potential energy] 在哈特里–福克方程组中有一项来源于所考虑的第 i 个电子与每一个同科的其他电子之间的相互作用能的交换部分。该部分能量可以被认为是对哈特里势能算符的交换修正,而该修正则对应于具有平行自旋的电子之间的部分。

冻结芯近似 [frozen-core approximation] 又称冻核近似。讨论电子相关方法中常用的方法。处理原子中价电子时把处于原子内层的电子连同原子核近似地看成一个带正电荷的球,并在外层电子云的作用力下不发生变化,相当于把内层电子冷冻起来。

冻核近似 [frozen-core approximation] 即冻结芯近似。

径向积分 [radial integral] 又称斯莱特积分。在计算多电子原子的组态平均能量时,电子–电子库仑能涉及到 $2/r_{12}$ 的多级展开,进而得到两个双电子乘积函数之间的相应的矩阵元,其中直接项贡献及交换项贡献的部分分别包含一个径向积分 F^k 和 G^k,

$$F^k(i,j) = \int_0^8 \frac{2r_<^k}{r_>^{k+1}} |P_i(r_1)|^2 |P_j(r_2)|^2 \mathrm{d}r_1 \mathrm{d}r_2$$

$$G^k(i,j) = \int_0^8 \frac{2r_<^k}{r_>^{k+1}} P_i^*(r_1) P_j^*(r_2) P_j(r_1) P_i(r_2) \mathrm{d}r_1 \mathrm{d}r_2$$

由于三角关系的限定,需要的径向积分仅仅是 $F^k(ij)$,$k=0$, 2, 4, $\cdots$,$(2l_i, 2l_j)_{\min}$ 以及 $G^k(ij)$,$k = |l_i - l_j|$,$|l_i - l_j| + 2$,

$|l_i - l_j| + 4, \cdots, l_i + l_j$。

斯莱特积分 [Slater integral]　即径向积分。

径向方程 [raidal equation]　径向波函数 $P_{nl}(r)$ 所满足的本征方程。在中心势场 $V(r)$ 中，$P_{nl}(r)$ 满足微分方程：

$$\left[-\frac{d^2}{dr^2} + \frac{l(l+1)}{r^2} + V(r)\right] P_{nl}(r) = E P_{nl}(r)$$

径向波函数 [radial wavefunction]　一个与连带拉盖尔多项式紧密相关的多项式。在中心势场 $V(r)$ 中，电子运动状态可由如下的不含时薛定谔方程描述：$\left(-\frac{\hbar^2}{2m}\nabla^2 + V(r)\right)\psi = E\psi$，因为势能函数 $V(r)$ 具有球对称性，波函数 ψ 可以写成 r 的某个函数 $R(r)$ 与球谐函数 Y_{lm_l} 的乘积。将径向函数记为 $R(r) = \frac{1}{r}P(r)$，这时总波函数 Ψ 可以方便地写为：$\psi_{nlm_lm_s}(r,\theta,\phi,S_z) = \frac{1}{r}P_{nl}(r)\cdot Y_{lm_l}(\theta,\phi)\sigma_{m_s}(s_z)$，其中 $P_{nl}(r)$ 称为径向波函数。

乘积波函数 [product wavefunction]　在中心场近似下，由单电子自旋–轨道 φ_i 构造整个原子体系的基函数时，将原子基函数取作单电子自旋–轨道的简单乘积：$\psi = \varphi_1(r_1)\varphi_2(r_2)\varphi_3(r_3)\cdots\varphi_N(r_N)$，式中每个角标 i 都代表相应的四个量子数 $(n_i, l_i, m_{L_i}, m_{s_i})$，或表达为更紧凑的形式：$nl_{m_l}^{m_s}$。对于确定形式的径向函数 P_{nl}，一个乘积波函数完全由量子数 $nl_{m_l}^{m_s}$ 的 N 个集合确定。如在三个电子的原子中，可以构造乘积波函数：$(1s_0^-)(1s_0^+)(2s_0^-)$，$(1s_0^+)(1s_0^-)(2s_0^-)$，$(1s_0^-)(2s_0^+)(2s_0^+)$，$(2s_0^+)(2s_0^+)(1s_0^-)$ 等，但是其缺点是不能反映电子不可分辨的物理特性。

单电子模型 [single-electron model; one-electron model]　在处理复杂的多电子体系时，把每一个电子所受原子核的作用和其他电子的库仑作用以及电子波函数反对称性带来的交换作用近似为一个平均的等效势场而建立的物理模型。参考单电子近似。

参数势方法 [parametric potential method]　计算原子结构的一种方法。假设定域势函数是一个具有一些待定参数的解析函数。例如，$V(r) = -\frac{2}{r}\{(N-1)\exp(-\alpha_1 r) + \alpha_2 r\exp(-\alpha_3 r) + \cdots + \alpha_{n-1}r^k\exp(-\alpha_n r) + Z - N + 1\}$，其中 N 为正整数。确定参数 $\alpha_i(1, 2, \cdots, N)$ 的方法有两种：通过能量计算值与实验值拟合，这是一种半径验的方法；或者使原子基组态或少数激发态的能量最低（利用变分原理），这种方法就变成从头算方法。应用参数势方法往往比较理想，特别是对于高离化原子情形。

相对论 [性] **修正** [relativistic correction]　原子分子物理中，相对论效应对原子结合能和径向波函数的影响分别随之增大变得显著。处理这一效应，应当求解比 Hartree-Fock(HF) 方程复杂得多的 Dirac-Fock(DF) 或 Dirac-Hartree-Fock(DHF) 方程。在许多情况下，特别是仅仅涉及原子最外面的次壳层时，在非相对论框架下，利用微扰论方法计算就已足够。若用 E_r^i 和 E_r 分别表示对单电子结合能和总结合能的相对论修正，则 $E_r = \sum_{i=1}^{N} E_r^i = \sum_{i=1}^{N}(E_m^i + E_D^i)$；质量–速度项 E_m^i 和 Darwin 项 E_D^i 分别为 $E_m^i = \frac{\alpha^2}{4}\int_0^8 P_i(r)[\varepsilon_i - V^i(r)]^2 P_i(r)dr$，$E_D^i = -\delta_{10}\frac{\alpha^2}{4}\int_0^8 P_i(r)\left[\frac{dV_i(r)}{dr}\right]\left[r\frac{dr^{-1}P_i(r)}{dr}\right]dr$，其中 $\alpha = 1/137.036$ 是精细结构常数，$V^i(r)$ 是中心场势函数。对于高 Z 原子或中等 Z 原子的内壳层问题，仅考虑上述能量的微扰修正就是不够的，必须考虑相对论效应对径向波函数 $P_{nl}(r)$ 的修正。

量子蒙特卡罗法 [quantum Monte Carlo method]　20 世纪 70 年代末发展起来的计算强关联多体问题的非微扰计算方法。这种方法提供了一个解决问题的思路，即薛定谔方程可以看成一个含虚时间的扩散和速率方程，进而可以用计算机通过模拟扩散和速率过程来求解。利用这一方法，可以从第一性原理出发，直接得出分子、原子的相互作用势，以及与电子结构有关的微观性质，为原子分子的第一性原理计算提供基本数据。从长远来说，为今后根据实际的需求，直接设计具有特殊功能和性质的材料提供了可能的途径。

相对论 [性] **密度泛函理论** [relativistic density functional theory]　对于含重原子体系，由于电子在离原子核很近的区域内运动速度接近光速，此时利用密度泛函理论计算需要考虑相对论效应。在无外场时，Dirac 方程的哈密顿算符写为

$$h_D = c\alpha \cdot p + (\beta - 1)mc^2 + V(r)$$

其中，c 是光速，$V(r)$ 是外势，p 是动量算符，α 和 β 是 4×4 的 Dirac 矩阵。从量子电动力学出发，得到 Dirac-Coulomb-Breit 算符：

$$H = \sum_i h_D(i) + \sum_{i<j}\left(\frac{1}{r_{ij}} + B_{ij}\right)$$

其中 $\frac{1}{r_{ij}}$ 是非相对论下的电子间的 Coulomb 相互作用，B_{ij} 是 Breit 相互作用项，是对电子库仑作用的一级校正，它包含电子间的磁相互作用项和由电磁作用传播速度有限引起的延迟项。基于 Dirac-Coulomb-Breit 哈密顿量，由相对论性的密度泛函理论可以得到四分量 Dirac-Kohn-Sham 方程。为了减少计算量，人们提出了一些两分量的准相对论方法，如 Breit-Pauli(BP) 近似和 ZORA 近似。

轫致辐射 [bremsstrahlung]　又称制动辐射。带电粒子在电磁场作用下动量改变时发射的电磁辐射，是一种非常重要的宇宙辐射。当一个电子接近原子核时，原子核的库仑场要使电子偏转并急剧减速，急剧减速的电子就会产生该

电磁辐射。例如 X 射线中的连续谱部分，就是由高速电子流轰击阳极靶时受到阻止而发出的轫致辐射。

制动辐射 [braking radiation]　即轫致辐射。

电子隧穿 [electron tunneling]　在经典力学中，运动的粒子无法穿越最大势能高于粒子总能量的势垒。但在量子力学中，电子穿过这种势垒的概率不为零。这种电子穿过根据经典力学无法穿越的势垒的现象称为电子隧穿，也称势垒的贯穿或隧道效应。

电子自旋 [electron spin]　电子的内禀属性之一，即电子的内禀角动量。为了解释原子光谱中的精细结构，1925 年乌伦贝克 (G.Uhlenbeck) 和古德斯密特 (S.Goudsmit) 提出一种假设，认为电子具有自旋。实验表明，电子所具有的这种内禀角动量值为 $\hbar/2$，通常用 s 表示。并且其在空间中任一方向的投影只能是 $+\hbar/2$ 或 $-\hbar/2$，是电子在空间三维坐标位置之外新的自由度。

原子 [atom]　最早曾译为"莫破"，是元素能保持其化学性质的最小物质组成单位，是物质结构的重要层次。所有的固体、液体、气体和等离子体都是由中性或带电原子构成的。原子尺寸在 100 pm 左右，由带正电的原子核和若干围绕在原子核外的带负电的电子构成。原子核由若干带一个单位正电荷的质子与不带电的中子构成，电子带一个单位的负电荷，原子质量的 99.9% 以上都集中在原子核上。若原子中电子的数目与质子的数目不相等，则原子整体带有电荷，这样的原子称为离子。原子中质子数目决定了原子的化学元素种类。原子中电子与原子核之间存在电磁相互作用力，而原子核内部使质子与中子结合在一起的作用力为核力。早在古希腊时期，哲学家德谟克里特斯提出了原子的概念，认为原子是构成万物的最小单元，但这仅限于哲学上的猜想。19 世纪早期，英国化学家道尔顿提出了近代原子学说，并实验验证了化学中的倍比定律。1897 年，英国物理学家汤姆孙在阴极射线中首次观测到了电子，并且测量了电子的荷质比，并因此荣获 1906 年的诺贝尔物理学奖。1909 年，卢瑟福与其助手在 α 粒子散射实验中，发现了原子核的存在，进而提出了新的原子结构模型，认为原子中的正电荷集中在原子的中心。1913 年，在放射性研究中发现了原子的同位素。1913 年，丹麦物理学家玻尔认为原子中的电子处在一些特定的轨道上，电子只能在这些特定的轨道上运动且不辐射能量，电子在不同轨道间跃迁需要吸收或发射光子，这解释了经典电动力学中不能解释的原子中电子运动的稳定性。玻尔的量子理论解释了氢原子光谱，索末菲进一步发展了玻尔理论，并解释了一些谱线的精细结构。1922 年，斯特恩 - 盖拉赫实验验证了原子中电子自旋的存在。理论上，1924 年，德布罗意提出了物质波的概念；1926 年，薛定谔进一步发展了波动力学，提出了描述微观粒子运动的微分方程 —— 薛定谔方程，认为在原子中的电子是一个在三维空间运动的波而不是粒子，电子的状态可采用波函数描述，利用波的概念在数学上是不可能同时得到粒子的动量与位置的，这便是 1926 年由海森伯提出的不确定关系。原子的量子理论能准确预测复杂原子的电子结构与光谱。

原子序数 [atomic number]　又称原子电荷数、核电荷数。原子在元素周期表中的排列序号。等于原子核内质子的数目，也等于该元素中性原子的核外电子数，通常以符号 Z 来表示。例如碳的原子序数是 6，表示碳原子的核内质子数、核外电子数以及核电荷数均为 6。

原子电荷数 [atomic charge number]　即原子序数。

原子质量 [atom mass]　中性原子的质量。基本上决定于原子核的质量，因为电子质量 $(0.91 \times 10^{-36}$ kg) 约为质子或中子质量 $(1.67 \times 10^{-27}$ kg) 的 1/1840。原子中所有电子的总质量只是原子核质量的几千分之一。原子质量随着质量数 (原子核中质子和中子的总数) 的增大而增大，并与原子量成正比。元素的原子质量 $m_a = m \times m_0/12 = 1.6605402 \times 10^{-27} m$ kg，式中 m_0 是 ^{12}C 的原子质量，m 是元素的原子量。

原子质量单位 [atomic mass unit]　原子物理学中计算原子、分子和基本粒子 (核子、电子、介子等) 质量的单位。缩写为 a.m.u.，符号为 u。1960 年物理学国际会议决定将其定义一个 ^{12}C 中性原子处于基态时静止质量的 1/12，记作 u，称为碳单位。根据定义，原子质量单位 (u) 与千克 (kg) 之间的关系为 $1u = 1.6605655 \times 10^{-27}$ kg。

原子半径 [atomic radius]　衡量原子所占空间尺度大小的物理量之一。简单地可以认为原子为球形，其半径即原子半径，但依据物质的种类和状态结合具体实验测量方法，常用的原子半径定义方法：金属半径，共价半径，范德瓦耳斯半径。金属半径，为固态金属中两相邻原子核间距离的一半。共价半径，为两原子以共价键结合时共价键长的一半。范德瓦耳斯半径，两相邻分子中通过范德瓦耳斯力吸引靠近的两个相同原子，它们核间距离的一半为范德瓦耳斯半径。对于原子蒸气，原子半径也可以从平均自由程 λ 的公式中得出：

$$\lambda = \frac{1}{\sqrt{2}\pi d^2 n}$$

其中 n 是每立方厘米的原子数，d 为原子直径。

不同的原子半径定义方法，所得到的同种原子的半径数值有所不同，因此原子半径具有相对性。所有原子半径均在 10^{-10} m 量级。例如，铝 ^{27}Al 的 $r = 1.6$Å，铜 ^{63}Cu 的 $r = 1.4$Å，铅 ^{207}Pb 的 $r = 1.9$Å。其中长度单位：1Å(埃) = 10^{-10}m。决定原子半径大小的主要因素是原子的核电荷数和核外电子数。在元素周期表中，通常同一族元素原子，自上而下原子半径逐渐增大，同一周期元素原子，自左向右半径先减小后增大。

原子核 [atomic nucleus]　　原子中的带正电的核心。其直径大约是 10^{-15} m 量级，只有原子直径的万分之一，但质量却占整个原子质量的 99.9% 以上。对于中性原子，原子核所带电量等于原子中核外电子的总电量，但符号相反（即原子核本身带正电）。不同的原子核由不同数目的中子和质子组成。质量数为 A，电荷数为 Z 的原子，其核含有 Z 个质子，$A-Z$ 个中子。

原子单位 [atomic unit]　　缩写为 a.u.。在原子分子物理、量子力学等中，人们为了简化方程或公式的书写，取 $e=1$，$m=1$，$\hbar=1$ 的单位制，其中 e 为电子电荷，m 为电子质量，$\hbar=h/2\pi$，h 是普朗克常量。在这个单位制中，第一玻尔轨道半径 $a_0=\hbar^2/me^2$ 为长度单位，$t=\hbar^3/me^4$ 为时间单位，它是氢原子中 1s 电子穿越氢原子所需时间的一半。取 $\varepsilon_0=me^4/\hbar^2$ 为能量单位，称为哈特里，它是氢原子基态能量的 2 倍。它们都用基本常数 e、m 及 $\hbar$ 来表示，都等于 1 a.u.。真空中光速在这个单位之中，$c=1/\alpha=137$ a.u.（α 为精细结构常数）。

原子量 [atomic weight]　　原子的原子量是原子以碳单位为质量单位量度的原子质量（见原子质量单位），是一种相对质量。如 ^{12}C 原子的原子量为 12.000000，^{13}C 原子的原子量为 13.008665。而化学元素的原子量是指该元素在自然界存在的同位素混合物的平均原子量，跟混合物中各成分的占有率直接相关，计算公式为：元素原子量 $\sum\limits_{i=1}^{r}\lambda_i m_i$，其中 m_i、λ_i 分别为第 i 种同位素的原子量和它在混合物中的占有率，r 为同位素的种数。如自然界的碳，是三种同位素 ^{12}C、^{13}C 和 ^{14}C 的混合物，分别占 98.892%，1.108% 和 12×10^{-10}%，因此，碳元素的原子量是 $12\times98.892\%+13\times1.108\%=12.011$，而不是整数 12，这就是元素周期表中列出的碳原子量。若某元素没有天然同位素，则该元素原子量就是该原子的原子质量（以碳单位为质量单位）。如钠原子只有一种 ^{23}Na，则钠元素的原子量就是钠原子的原子量 22.98977。

原子模型 [atomic model]　　原子结构的模型。最早由道尔顿在 19 世纪初提出，他认为原子是一个实心球。19 世纪末、20 世纪初汤姆孙发现电子，因此提出了原子的另一种模型，认为原子为半径约 10^{-10}m 的球体，带正电的物质均匀地分布于球体内，带负电的电子镶嵌在球体内部，这就是所谓的"原子枣糕模型"。后来卢瑟福在 1911 年根据 α 粒子散射实验的结果，证明了原子枣糕模型的错误，继而提出了原子的核式结构模型。他设想原子中的带正电部分集中在极小的中心体内——原子核内，并占有原子的绝大部分质量，带负电的电子在原子核外绕核运动。后来人们发现，该模型无法解释经典电磁理论下原子的稳定性问题。1913 年玻尔在原子的核式结构模型的基础上，提出量子概念，使核式结构模型发展成为卢瑟福-玻尔原子模型。这种模型能够说明原子的稳定性

问题以及氢原子和类氢离子的谱线频率。但不能说明谱线的强度，对稍复杂一些的原子，如氦等其他原子的谱线都不能完善的解释。直到 1924 年，德布罗意、薛定谔、海森伯、玻恩、狄拉克等建立了新量子理论，才更好地解释了原子现象，使原子模型更加完善。

原子有核模型 [atomic model with nucleus]　　常指 1911 年卢瑟福分析 α 粒子的散射实验结果所提出的卢瑟福原子有核模型，对原子物理学的发展起了重大作用。模型认为原子是由原子核和一些核外电子构成的。整个原子的质量大部分集中在原子核中，原子核带有正电荷 Ze，Z 为原子序数，e 为电子电荷。原子核的直径约为 10^{-15} m 量级。核外电子的数目为 Z，电子在离核为 $10^{-14}\sim10^{-10}$ m 的区域内。中性原子中所有电子的负电荷之和正好等于原子核的正电荷。原子核所占的体积与整个原子体积相比非常小。

原子论 [atomic theory]　　关于"原子"的本质和原子构成物质世界方式的学说。原子论从建立到相对完善，主要经历了四个发展阶段，分别是：以德谟克里特为代表人物的古代原子论，以道尔顿为代表人物的近代原子论，以汤姆孙、卢瑟福为代表人物的现代原子论，以玻尔、德布罗意、薛定谔等为代表人物的量子力学的原子论。古代原子论：古希腊哲学家德谟克里特提出，物质都是由许多不可分割的基本粒子——"原子"和虚空组成，原子的形状不同、结合方式不同，就组成多样性的物质。这是一种唯物主义思想，认为我们的世界是完全的物质世界。近代原子论：19 世纪初道尔顿提的较为科学的原子学说，认为物质由不可分解的基本粒子（原子）组成，同种元素的原子性质和质量相同，原子是化学反应中的最小单元。这一思想成功将原子的概念引入化学研究中，得人们后续借助这种原子论成功理解了化学变化中的许多基本规律。现代原子论：19 世纪末、20 世纪初，汤姆孙发现电子，使人们认识到原子并不是组成物质的"基本粒子"，它也存在内部结构，只是组成物质的无限可分序列中的一层。继而他提出原子结构的"枣糕模型"，认为原子结构应为带正电的物质均匀分布在整个原子内部空间，带负电的电子分散镶嵌在其中。这种原子的模型很快被后来的卢瑟福通过 α 粒子散射实验证实是错误的，他通过实验结果，提出原子的有核模型（见原子有核模型或 α 粒子散射实验）。但原子有核模型仍然停留在经典理论框架下，虽然符合散射实验的结果，但无法解释经典电磁理论下原子的稳定性问题。量子力学的原子论：1913 年玻尔将量子概念引入原子论中，发展了原子有核模型。他认为原子中的电子只能处在一系列不连续的能量状态（定态）。这个原子模型成功解释了原子的稳定性问题，以及氢原子和类氢原子的光谱特征。之后随着德布罗意、薛定谔、海森伯等的杰出贡献，量子理论逐渐完善。当前人们对原子结构的普遍认识是原子是由内部带正电的原子核和核外

以电子云形式分布在各个壳层的电子构成，具体形式和运动规律遵循量子力学原理。原子的核电荷数和核外电子排布等决定了原子的基本性质，进一步决定了各种原子结合成分子、团簇、固体等物质的方式，以及这些物质的各种物理、化学性质。这种量子力学的原子论已成为当前自然科学中许多分支学科如材料、能源、医学等发展的基础。

玻尔原子模型 [Bohr atom model]　1913 年由丹麦物理学家玻尔提出的一种半经典的原子行星模型。玻尔考虑到原子既具有稳定的内部结构又会发射线状光谱的实验事实，提出了关于原子内电子运动的量子化假设：(1) 定态：原子内电子只能沿着一系列分立的稳定轨道绕核运动，它的轨道角动量刚好是 $\hbar(\hbar = h/2\pi, h$ 是普朗克常量) 的整数倍。在这些稳定轨道中，电子具有确定的能量，因而整个原子也处于具有确定能量的状态，称为定态。这些不连续的电子能量值组成原子内电子的能量系列。处于定态的原子是稳定的，不会发射任何辐射，各电子都沿着稳定轨道运动，不会落到核上。这个假设显然已经背离经典理论。(2) 跃迁：当电子从一个稳定轨道跃迁到另一个稳定轨道时，整个原子就从能量值为 E_n 的定态跃迁到能量为 E_m 的定态，与此同时将发射或吸收一个光子，它的频率 ν 由下式决定：$h\nu = E_n - E_m$，这里 $h\nu$ 为光子能量。玻尔利用他的假设对氢原子和类氢原子的谱线频率做出了解释，但无法说明谱线的强度和偏振等性质。对于具有两个或更多个电子的原子所发射的光谱，玻尔理论便遇到无法克服的理论困难，后来终于被量子力学理论所代替。然而，玻尔理论的成就促进了量子论的发展，在历史上起过重要作用。他的定态概念以及能态之间跃迁的思想给近代物理的进展以深刻的影响。

玻尔对应原理 [Bohr correspondence principle]　玻尔于 1923 年清晰表述了对应原理，其内容为：(1) 任何一个物理系统的量子理论结果，在所有细节上都必定对应于经典结论。当系统量子态的量子数非常大时，量子理论的结果必定与经典结论相同；(2) 任何一个物理系统的量子理论选择定则，在其经典极限 (大量子数) 情况下也必须与经典结论一致。

在量子力学建立之后，对应原理可从量子力学导出。在此之前，该原理有助于确定选择定则；现在仍然是验证量子计算正确性的一个很好的判据。量子力学理论可以成功精确的描述微观世界的物体 (如原子以及基本粒子)，而宏观的物体 (如弹簧、电阻等) 则可以用经典力学和经典电动力学所描述。矛盾在于，同一个物理世界，仅仅因为物体大小的不同，就需要不同的两个理论来描述。这一矛盾就是玻尔阐述对应原理的初衷，即在系统"大"的情况下，经典物理学可以认为是量子物理学的一个近似。

玻尔轨道 [Bohr orbit]　玻尔模型中，电子绕原子核运动的各种分立的圆形稳定轨道。轨道半径数量级为 10^{-10} m 左右。电子沿轨道运动只是一种较为直观的经典描述，比较确切的是量子力学中描述的电子位置概率分布。"轨道"一词由于其直观性，现在仍被用来近似描述原子内部电子运动的踪迹。由 Bohr 频率条件可求得主量子数为 n 时的电子轨道半径为 $r_n = n^2(\varepsilon_0 h^2/\pi m e^2)$, $n = 1, 2, 3, \cdots$。

玻尔半径 [Bohr radius]　氢原子中电子绕原子核运动、电子能量最小时运行的轨道半径。玻尔半径为 $a_0 = 4\pi\varepsilon_0\hbar^2/me^2 = 5.29177 \times 10^{-9}$ cm, 式中 $\hbar = h/2\pi$, h 为普朗克常量, m 和 e 分别是电子的质量和电荷。

能量量子化 [energy quantization]　量子力学的基本原理就是能量不连续，能量只能取一系列分立数值。

空间量子化 [space quantization; spatial quantization]　原子中电子轨道平面在空间上只能取一些不连续的方向，即原子角动量空间取向也是量子化的，此种情况称为空间量子化，最早由斯特恩–盖拉赫实验证实。

索末菲椭圆轨道 [Sommerfeld elliptic orbit]　德国物理学家阿诺德·索末菲于 1916 年在玻尔氢原子理论的圆轨道基础上发推广考虑了椭圆轨道理论，当电子在原子核的库仑场中运动，其电子运行轨道应为椭圆。索末菲推广了玻尔量子化条件，得出氢原子系统的能量是量子化的，仍由主量子数确定，氢原子的角动量由角量子数确定，相同主量子数不同椭圆轨道上的角动量不同，且是量子化的，椭圆形状也是量子化的，角动量的空间取向也是量子化的。

玻尔互补原理 [Bohr complementary principle]　又称并协原理。微观粒子同时具有波动性与粒子性，即波粒二象性。要完备地描述原子现象就必须用这种相互排除又互相补充的方法。该原理是丹麦物理学家玻尔为了解释量子现象的主要特征 —— "波粒二象性"而提出的哲学原理，也是哥本哈根学派的基本观点。

并协原理 [complementary principle]　即玻尔互补原理。

玻尔量子化条件 [Bohr quantization condition]　丹麦物理学家玻尔提出的氢原子轨道角动量满足的条件：氢原子核外电子的轨道是不能任意连续变化的，而是一系列角动量取分立值，即只能按 $L = n(h/2\pi)(n = 1, 2, 3, \cdots)$ 取值的轨道。

玻尔磁子 [Bohr magneton]　又称玻尔磁元。源自量子力学，与电子相关的磁矩基本单位，是一常数，通常用 μ_B 表示，以物理学家玻尔的名字命名，用来表示电子轨道角动量和自旋角动量相关的磁矩。电磁学有两种常用单位：国际单位制和高斯单位制。玻尔磁子相应的定义为：$\mu_B = \dfrac{e\hbar}{2m_e}$ 和 $\mu_B = \dfrac{e\hbar}{2m_e c}$，其中 e 为电子电量，$\hbar$ 为约化普朗克常量，m_e 为电子质量，c 为光速。国际单位下，玻尔磁子 $\mu_B = 9.274009 \times 10^{-24} J \cdot T^{-1}$，在高斯单位下 $\mu_B = 9.274009 \times 10^{-21} erg \cdot G^{-1}$。

玻尔磁元 [Bohr magneton]　即玻尔磁子。

有效核电荷数 [effective nuclear charge]　在多电子原子中，较外层的电子不仅受到原子核的吸引，其他电子也对其有排斥作用。外层电子只受到原子核和内层电子所构成的原子实的作用，外层电子受到作用的实际电荷数称为有效核电荷数，通常用 Z^* 或 Z_{eff} 表示。$Z^* = Z - S$，其中 Z 是核电荷数，S 是屏蔽常数并通过斯莱特法可以进行近似计算。

元素丰度 [element abundance]　简称丰度。体系中待研究元素的相对含量。有三种不同单位的表示方法：以重量单位表示的称为重量丰度，用重量百分数表示；以原子百分数表示的称为原子丰度，为某元素原子数占全部元素总原子数的份额；以相对原子数单位表示的称为相对丰度。

丰度 [abundance]　元素丰度的简称。

总结合能 [total binding energy]　所有自由状态的电子和原子核结合成为原子时所释放的总能量，是所有动能、势能的总和。

卢瑟福背散射 [Rutherford backscattering]　高速离子入射靶材，离子与靶材原子核之间由于静电相互作用形成的大角度弹性散射。卢瑟福等在做 α 粒子与薄箔散射实验时大部分粒子直接穿过薄箔，但大约 8000 个 α 粒子中就有一个粒子的散射角度超过了 $90°$，即产生背散射。这种背散射是由原子核对入射的离子产生了强烈的排斥作用。见卢瑟福 α 粒子散射实验。

卢瑟福 α 粒子散射实验 [Rutherford α-particle scattering experiment]　用直线的 α 粒子轰击金箔，经过金箔后的 α 粒子到达荧光屏 S 会发光，在一定的时间内，显微镜 M 记录下发光的次数就是到达 S 的 α 粒子数的个数。散射角 θ 是 α 粒子散射方向与入射方向的夹角。整个实验在真空中完成，这样就避免了 α 粒子跟空气分子碰撞所产生的干扰。实验结果显示，绝大多数 α 粒子的散射角 $\theta < 1°$，基本上没有偏转，大角度散射 $(\theta \geq 90°)$ 的 α 粒子竟占 1/8000，甚至有 $\theta \approx 180°$ 的 α 粒子。该实验确立了原子的有核结构，为现代物理的发展奠定了坚实的基础。

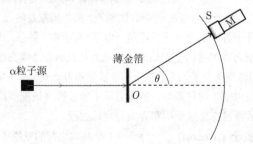

卢瑟福原子模型 [Rutherford atomic model]　又称有核原子模型、原子太阳系模型、原子行星模型、原子的核式模型。1911 年卢瑟福基于 α 粒子散射实验结果提出的原子结构模型。该模型认为任何原子中的正电荷和绝大部分质量都集中在原子的中心区域，形成一个极小的核（半径约为 $10^{-14} m$），电子在核的周围做轨道运动。

有核原子模型 [atomic model with nucleus]　即卢瑟福原子模型。

原子太阳系模型 [atom-solar system model]　即卢瑟福原子模型。

原子行星模型 [atom-planet model]　即卢瑟福原子模型。

原子的核式模型 [nucleus model of atom]　即卢瑟福原子模型。

卢瑟福散射 [Rutherford scattering]　又称库仑散射。1909 年由卢瑟福设计并研究的一个散射实验，证明了原子中心具有原子核。另见卢瑟福 α 粒子散射实验。

库仑散射 [Coulomb scattering]　即卢瑟福散射。

原子常数 [atomic constants]　用来表征原子特性的一系列具有确定不变数值的物理量。基本原子常数有精细结构常数 $\alpha = 7.29735308 \times 10^{-3}$、里德伯常数 $R = 1.0973731 \times 10^7 \ m^{-1}$、玻尔半径 $a_0 = 0.529177249 \times 10^{-10} \ m$、电子电量 e 和电子静止质量 m_e 等。

自由电子 [free electron]　电子受到原子核的吸引力在原子核周围作轨道运动。当电子运动超越了原子核的吸引范围时，从而脱离了原子核束缚的电子。

核半径 [nuclear radius]　表征原子核的大小，通常是指从原子核中心到核物质密度急剧下降区的距离，常用 R 表示。R 是一个极小的量，为 $10^{-15} \sim 10^{-14}$ m 数量级，目前无法直接进行测量，但可以通过原子核与其他粒子的相互作用进行间接测量。相关的实验结果表明，核半径 R 与原子核质量数 A 的 1/3 次方成正比，即 $R = r_0 A^{1/3}$，式中 r_0 是比例常数，不同实验测得的 r_0 稍有差异，但数量级均为 10^{-15} m。当前数据给出 r_0 范围是 $1.1 \sim 1.5 \times 10^{-15}$ m。

核质量 [nuclear mass]　原子核的质量。原子核位于原子的中心，由质子和中子两种粒子组成。原子核极小，它的直径约为 $10^{-15} \sim 10^{-14}$ m 数量级，体积只占原子体积的几千亿分之一，但在这极小的原子核里却占据了 99.96% 以上的原子质量。

离子半径 [ionic radius]　表征离子的大小。离子可近似为球体，通过正、负离子半径之和等于离子键键长可以导出离子的半径，再从大量 X 射线晶体结构中获得实测键长值，进而得出离子的半径。

单原子气体 [monoatomic gas]　由一个原子构成的

分子，每一个原子可作为一个分子，与双原子分子或者多原子分子不同的是，它的化学性质直接来源于原子本身。通常情况下只存在稀有气体单质，目前有氦 (He)、氖 (Ne)、氩 (Ar)、氪 (Kr)、氙 (Xe)、氡 (Rn)。

里德伯原子 [Rydberg atom]　处在里德伯态上的原子。当一个电子被激发到较高主量子数的激发态时，这种主量子数很高的激发态就是里德伯态。处于里德伯态的电子离原子实很远，而原子实对这个电子的库仑作用可近似地认为一个点电荷的库仑作用，因此可以将处于里德伯态的原子看作类氢原子。

里德伯分子 [Rydberg molecule]　外层电子处于很高激发态的分子。类似于里德伯原子，处于高激发态的外层电子的运动轨道远离分子实，其与分子实的相互作用可近似地认为与点电荷的相互作用，此时电子的能级可以用类氢原子谱项公式来描述。

里德伯常数 [Rydberg constant]　是原子物理学的物理常数之一，通常用 R 表示。$R = \frac{2\pi^2 m_e e^4}{(4\pi\varepsilon_0)^2 ch^3} = 1.0973731 \times 10^7 \text{ m}^{-1}$，$m_e$ 是电子质量，e 是电子电量，ε_0 是真空电容率，c 是光速，h 是普朗克常量。特定原子的里德伯常量 $R_A = \frac{MR}{M + m_e}$，M 为原子核质量。

阳离子 [cation, kation]　又称正离子。带有正电荷的粒子。当受到自身或者外界的作用时失去一个或者多个电子后达到一个相对稳定状态的原子或分子，如 Na^+、Mg^{2+}、NH_4^+ 等。

正离子 [positive ion, cation]　即阳离子。

全剥核 [stripped nucleus]　电子被全部剥离的裸核。

摩尔原子 [mole atom]　旧称克原子。表示一定质量的某种同位素或元素，以克为单位，其数量等于该种同位素或元素的原子量。例如：同位素 ^{14}C 的原子量是 14，1 摩尔原子 ^{14}C 的质量为 14g；碳元素的原子量是 12.011，则 1 摩尔原子碳元素的质量为 12.011g。同样地，也可定义摩尔分子，过去称为克分子，表示一定质量的某种物质，以克为单位，其数量等于该物质的分子量。

极化率 [polarizability, electric susceptibility]　又称电极化率。电介质因受到外电场的作用而发生极化的程度的物理量。电介质中极化强度 P 和电场强度 E 的关系叫电介质的极化规律。各向同性介质的线性极化规律为 $P = \chi\varepsilon_0 E$，式中的比例系数 χ 叫作电介质的极化率，它与电介质的性质有关，是一个无量纲数。χ 处处相等的介质叫均匀介质，否则是非均匀介质。各向异性电介质的线性极化率是一个张量。铁电介质的极化率不是一个常量，它随外加电场的变化而变化。

电极化率 [electric susceptibility]　即极化率。

极性分子 [polar molecule]　又称有极分子。无外场情况下，电荷分布不对称、不均匀，或者说正负电荷的中心不重合、构型不对称，具有永久电偶极矩的分子。例如：氨气分子、氯化氢分子等。

有极分子 [polar molecule]　即极性分子。

原子极化率 [atomic polarizability]　原子在外电场的作用下，电子云发生变形，负电荷中心位置偏离原子核，从而产生感应 (诱导) 电偶极矩 μ，其正比于有效电场强度 E，$\mu = \alpha E$，比例常数 α 称为原子极化率，单位是 $C \cdot m^2/V$。

分子极化率 [molecular polarizability]　分子在外电场作用下使得电子云产生畸变或分子骨架发生变形从而出现感应 (诱导) 偶极矩 μ，通常情况下分子的感应偶极矩与作用于它的有效电场强度 E 成正比，即 $\mu = \alpha E$，比例常数 α 称为分子极化率，单位是 $C \cdot m^2/V$。

四极矩 [quadrupole moment]　电荷在远处激发的电势可用多级展开方法计算，$\phi(\boldsymbol{R}) = \frac{1}{4\pi\varepsilon_0} \int\limits_V \frac{\rho(\boldsymbol{R'})}{R} dV' - \frac{1}{4\pi\varepsilon_0} \int\limits_V \rho(\boldsymbol{R'}) \boldsymbol{R'} \cdot \nabla \frac{1}{R} dV' + \frac{1}{4\pi\varepsilon_0} \frac{1}{2} \int\limits_V \rho(\boldsymbol{R'}) \boldsymbol{R'} \boldsymbol{R'} : \nabla\nabla \frac{1}{R} dV' + \cdots$
$= \phi^{(0)} + \phi^{(1)} + \phi^{(2)} + \cdots$，其中 $\rho(\boldsymbol{R'})$ 为电荷密度分布函数，ε_0 为是真空电容率。第三项可改写为 $\phi^{(2)} = \frac{1}{4\pi\varepsilon_0} \frac{1}{6} \overrightarrow{D} : \nabla\nabla \frac{1}{R}$，这里 $\overrightarrow{D} = \int\limits_V \rho(\boldsymbol{R'})(3\boldsymbol{R'}\boldsymbol{R'} - R'^2 \overrightarrow{I}) dV'$ 称为体系的电四极矩，它是一个二阶张量，有六个独立分量。

共振散射 [resonance scattering]　有共振效应参与的散射过程。

电子-核双共振 [electron-nuclear double resonance]　同一体系中电子自旋共振和核磁共振同时被激发起来的现象。

布居 [数] [population]　电子在不同量子态 (能量) 的排布几率，也可以理解为排布在不同量子态的原子或分子的数量。

多通道量子亏损理论 [multichannel quantum defect theory]　一种利用电子与离子碰撞过程建立起来的处理原子分子激发态能级结构的量子物理模型理论。始于 M.J. Seaton 于 1966 年提出的量子亏损理论，后经 U.Fano 等发展完善，是一个半经验的参数化理论。核心思想是将原子、离子或分子等多电子体系看成是"电子-离子实"体系，借助通道的概念将束缚的里德伯态、自电离共振态和连续态统一考虑。当激发态原子、离子或分子可以被视为"一个离子实和一个激发电子"的体系时，多通道量子数亏损理论能够严谨地分析其激发态能级结构和有关的物理过程。

质子 [proton]　一种带 +1 个基本电荷的亚原子粒子，

半径为 0.84087×10^{-15}m，质量是 $1.6726231 \times 10^{-27}$ kg，大约是电子质量的 1836 倍。质子属于重子类，由两个上夸克和一个下夸克通过胶子在强相互作用下构成。

弗兰克–赫兹实验 [Franck-Hertz experiment] 一个由德国物理学家弗兰克和赫兹完成的著名物理实验。主要实验器具是一个类似真空管的管状容器，称为水银管，内部充满温度在 140～200℃低气压的水银气体。水银管内安装三个电极：阴极、网状控制栅极、阳极。阴极的电势低于栅极的电势，而阳极的电势又稍微低于栅极的电势。阴极与栅极之间的加速电压是可以调整的。通过电流将钨丝加热，钨丝会发射电子。由于阴极的电势高于钨丝的电势，阴极会将钨丝发射的电子往栅极方向送去。因为加速电压作用，电子向栅极移动的速度和动能会增加。到了栅极，有些电子会被吸收，有些则会继续向阳极移动。通过栅极的电子，必须拥有足够的动能才能够抵达阳极，否则会被栅极吸收。装置于阳极支线的安培计可以测量抵达阳极的电流。该实验首先直接证实了玻耳模型分立能级概念的正确性。

威耳逊云室 [Wilson cloud chamber] 简称云室。早期的核辐射探测器，也是最早的带电粒子径迹探测器，1896 年由威尔逊发明。利用纯净的蒸汽绝热膨胀，温度降低达到过饱和状态，这时带电粒子射入，在经过的路径产生离子，过饱和气以离子为核心凝结成小液滴，从而显示出粒子的径迹，可通过照相拍摄下来。云室中的气体大多是空气或氩气，蒸汽大多是乙醇或甲醇。根据径迹上小液滴的密度或径迹的长度可测定粒子的速度；将云室和磁场联用，根据径迹的曲率和弯曲方向可测量粒子的动量和电性，从而可确定粒子的性质。

云室 [cloud chamber] 威尔逊云室的简称。

德拜 [debye] 一种 CGS 制的矢量单位，符号为 D。是偶极矩（或电偶极矩）的非国际制单位。为纪念物理学家彼得·德拜而命名的。德拜被定义为 1×10^{-18} statC·cm、相距 1Å的等量（10^{-10} statC·cm）异种电荷间的偶极矩，是一种较为方便的分子偶极矩单位。

原子磁矩 [atomic magnetic moment] 原子内部所有电子的轨道磁矩、自旋磁矩和核磁矩的矢量和。其中核磁矩很小，通常可忽略。一般地原子磁矩 μ_J 与原子的总角动量 J 的关系为 $\mu_J = g(e/2m)J$，方向相反，式中 e/m 是电子的荷质比，g 称为朗德因子，它可以根据原子中的耦合类型计算出来，是表征原子磁性质的量。

库仑 [相互] 作用 [Coulomb interaction] 又称静电力、库仑力。两个点电荷之间的相互作用力的。其大小与电荷的乘积成正比，与电荷之间距离的平方成反比。

静电力 [electrostatic force] 即库仑（相互）作用。

库仑力 [Coulomb force] 即库仑（相互）作用。

库仑势垒 [Coulomb barrier] 两个原子核要接近至

可以进行核聚变所需要克服的静电能量的壁垒。

势能面 [potential energy surface] 一般在量子力学和统计力学中，在绝热或玻恩–奥本海默近似下模拟化学反应和简单的化学物理系统里的相互作用时，表示分子的能量与分子内原子坐标之间的关系的一条曲线或（多维）面。

屏蔽库仑作用 [screened Coulomb interaction] 原子中由于其他电子对某一电子的排斥作用而抵消了一部分核电荷，从而引起有效电荷的降低，削弱了核电荷对该电子的吸引作用。

自旋角动量 [spin angular momentum] 简称自旋，又称内禀角动量。实验发现电子所具有的一种源于电子的内禀属性，具有非定域的性质，量级为相对论性的角动量。粒子的自旋通常为 h 的整数倍或半奇数倍。其中自旋为 h 半奇数倍的粒子称为费米子，服从费米–狄拉克统计，如自旋为 $h/2$ 的电子；自旋为 h 整数的粒子称为玻色子，服从玻色–爱因斯坦统计，如自旋为 h 的光子。在原子物理中，每个电子都具有自旋角动量 S，它在空间任一方向上的投影 S_z 只能取两个值，即 $S_z = \pm \hbar/2$。在 Dirac 的相对论性电子方程中，自旋角动量体现在旋量结构上。由于薛定谔方程是最低阶非相对论近似的结果，因此在薛定谔方程中自然也就被忽略。换句话说，在电子运动能量为非相对论性的情况下，自旋作用表现出来是另外一种自由度，与电子的外部空间运动没有直接关系，所以对其的描写只能以外来方式添加在薛定谔方程上。到目前为止，非相对论量子力学所拟定的一套计算方法使人们能够毫无困难地从理论上预测实验测量结果并计算其在各种场合下的运动和变化。但是，整个量子理论对该角动量（以及与之伴随的内禀磁矩）的物理本质依然不十分了解。

自旋–自旋耦合 [spin-spin coupling] 简称自旋耦合。一种由于核的自旋之间产生的相互作用。自旋量子数不为零的核在外磁场中会存在不同能级，在不同自旋状态会产生小磁场，并与外磁场产生叠加效应，使共振信号发生分裂干扰。

自旋耦合 [spin coupling] 自旋–自旋耦合的简称。

自旋顺磁性 [spin paramagnetism] 自旋在磁场中各种取向的平均结果。

自旋极化率 [spin polarization] 在一定条件下通过使电子、原子核等带电粒子的自旋方向都朝向某一个特定的方向排列，从而产生磁性的几率。

自旋极化 [spin polarization] 在一定条件下让电子、原子核等带电粒子的自旋方向都朝向某一个特定的方向排列。

自旋进动 [spin precession] 具有自旋的粒子的磁矩在磁场作用下绕磁场方向旋进的现象。

自旋磁矩 [spin magnetic moment] 与自旋角动量

S 相对应的磁矩，用符号 μ_s 表示，与 S 的关系是 $\mu_s = \mu = g(q/2m)S$，其中 q/m 是自旋粒子的荷质比，g 为朗德因子。

自旋算符 [spin operator]　量子力学中关于自旋的算符表示。满足对易关系：$[S_i, S_j] = i\hbar\varepsilon_{ijk}S_k$，其中 ε_{ijk} 为列维–奇维塔符号。S^2 与 S_z 的本征方程为：$S^2|s,m\rangle = \hbar^2 s(s+1)|s,m\rangle$，$S_z|s,m\rangle = \hbar m|s,m\rangle$。自旋产生和湮灭算符作用于本征矢量上可以得到：$S_\pm|s,m\rangle = \hbar\sqrt{s(s+1)-m(m\pm1)}|s, m\pm1\rangle$，其中 $S_\pm = S_x \pm iS_y$。

自旋配对 [spin pairing]　由于泡利不相容原理的限制原子或分子的每个轨道中的两个电子按照自旋相反的形式配对。

自旋量子数 [spin quantum number]　描述轨粒子自旋角动量特征的量子数。通常对于电子，除描写轨道特征的三个量子数 n、l 和 m_l 之外，还有电子的自旋磁量子数 m_s。电子自旋在特定方向 (如 z 轴) 的投影只能为 $+\hbar/2$ 或 $-\hbar/2$，描述这两种量子状态的量子数分别为 $+1/2$ 和 $-1/2$，也通常用向上和向下的箭头来代表，即 ↑ 代表正方向自旋电子，↓ 代表逆方向自旋电子。

自旋–自旋相互作用 [spin-spin interaction]　粒子自旋磁矩之间的相互作用。

自旋–自旋弛豫 [spin-spin relaxation]　简称自旋弛豫。

自旋弛豫 [spin relaxation]　核磁共振、磁共振成像术语，指垂直于外磁场方向的磁化矢量的指数性衰减到平衡值的过程。

电子亲和势 [electron affinity]　又称电子亲和能。气态的电中性的粒子如原子、分子俘获一个电子成为一价负离子时所放出的能量。由于负离子的有效核电荷比相应中性原子小，因此原子的电子亲和能比其电离能约小一个数量级。常用单位有电子伏/原子或千焦/摩。元素的电子亲和能越大，原子越易与电子结合，一般说来其非金属性越强。

电子亲和能 [electron affinity]　即电子亲和势。

本征通道 [eigenchannel]　在多通道量子数亏损理论中，代表作用域面的边界条件的短程散射矩阵 (不计长程库仑作用引起的相位移动) 的对角化表象。

[部] 分径向分布函数 [partial radial distribution function; partial RDF]　$D(r) = r^2 R^2(r)$。反映了电子的几率随半径 r 的分布情况，$D(r)\mathrm{d}r$ 代表半径 r 到 $r + \mathrm{d}r$ 两个球壳夹层内找到电子的概率。

紧束缚法 [tight-binding method]　将在一个原子附近的电子看作受该原子势场的作用为主，其他原子势场的作用看作微扰，即电子从一个原子处运动到另一个原子处时，周期性势场的影响导致原子外电子层能级分裂扩展而形成能带，即外层电子从紧束缚到准自由。

态函数 [state function]　描述微观体系所处状态的函数，如波函数。

激活电子 [active electron]　原子在受到外部作用 (如激光辐射) 下，原子结构排布中处于较外层的电子，最终将从原子脱离出去，摆脱原子核的束缚的一类电子。

交换库仑相互作用 [exchange Coulomb interaction]　哈特里–福克方程所考虑的第 i 个电子与每一个同科的其他电子之间的交换相互作用。

超极化率 [hyperpolarizability]　分子的一种非线性光学特性，为每单位体积的二阶电极化率。

四极辐射 [quadrupole radiation]　电四极矩振荡产生的电磁辐射。

极化态 [polarization state]　又称偏振态，线偏振态。光矢量保持在某一平面内的振动方式。

偏振态 [polarization state]　即极化态。

线偏振态 [linear polarization state]　即极化态。

非共振散射 [nonresonant scattering]　没有共振效应参与的散射过程。

自旋反转 [spin flipping]　自旋由正 (负) 变为负 (正) 的过程。

自旋取向 [spin orientation]　在外场的作用下，自旋的粒子出现的定向排列的现象。

自旋量子化 [spin quantization]　自旋是粒子的内禀属性之一，其不能任意地取某数值，而只能为约化普朗克常量的整数或半整数倍，并且在空间任意方向的投影也是不连续的。

自旋–自旋弛豫时间 [spin-spin relaxation time]　核磁共振、磁共振成像里，垂直于外磁场方向的磁化矢量衰减到平衡值的过程中的指数时间衰减常数，一般用 T_2 表示。即自旋自旋弛豫 $M_{xy}(t) = M_{xy}(0)\mathrm{e}^{-t/T_2}$。

自旋密度泛函理论 [spin density functional theory]　一种研究多电子体系电子结构的量子力学方法。密度泛函理论在物理和化学上都有广泛的应用，特别是用来研究分子和凝聚态的性质，是凝聚态物理和计算化学领域最常用的方法之一。密度泛函理论以推广的自旋极化形式出现，这时的基本变量是每个自旋的电荷密度。由此可以得到总的电荷密度和自旋极化密度。

极化 [polarization]　事物在一定条件下发生两极分化，使其性质相对于原来状态有所偏离的现象。

自旋矩阵 [spin matrix]　3 维转动群在 2×2 自旋表象下的一个表示。在 z 方向的对角表象下，Pauli 自旋矩阵构成一个协变矢量。

内禀磁矩 [intrinsic magnetic moment]　与基本粒子的自旋相对应的磁 (偶极) 矩。在量子力学中，自旋是基本粒子的内禀性质，是区别于轨道磁矩的另一类磁矩。在外磁场中，哈密顿量包含了电子轨道磁矩与外磁场的相互作用，以及电子内禀磁矩与外磁场的相互作用。具有电荷 q、质量 m 以及自旋角动量 s 的基本粒子的内禀磁矩为 $\mu = g_s \dfrac{q\hbar}{2m} s$，其中无量纲量 g_s 称为 g 因子。内禀磁矩是许多宏观磁性的来源。内禀磁矩是量子化的，其最小单位常常称为磁子或磁元。

内禀电四极矩 [intrinsic electric quadrupole moment]　某些原子核的电荷分布不具有球对称性，而具有轴向对称性和垂直于此轴的平面对称性，核内电荷分布偏离球对称的程度，可以用一个电四极矩 $Q = \dfrac{1}{e} \displaystyle\int_V \rho(3z^2 - r^2)\mathrm{d}\tau$ 来描述，它具有面积的量纲，该电四极矩称为原子核的内禀电四极矩，而不同于观测电四极矩。如果原子核的电荷分布是均匀的，椭球对称轴的一个半轴为 c，另外两个半轴为 a，则 $Q = \dfrac{2}{5} Z(c^2 - a^2)$，其中 Z 是原子核的电荷数，当 $c = a$ 时，$Q = 0$，即球形核的电四极矩为零，当 $c > a$ 时，$Q > 0$ 为长椭球形核，当 $c < a$，$Q < 0$ 为扁椭球。根据电四极矩的大小和符号，可以推知原子核偏离球形的程度。

自旋–轨道分裂 [spin-orbit splitting]　见自旋轨道相互作用。

三重态 (三重线) [triplet]　又称自旋三重态。见多重态。实际上，在钙原子的光谱中可以看到。

自旋三重态 [spin triplet]　即三重态 (三重线)。

单一态 (单线) [singlet]　又称自旋单态。见多重态。

自旋单态 [spin singlet]　即单重态，单一态 (单线)。见多重态。

多重态 (多重线) [multiplet]　又称自旋多重态。原子量子态的多重度取决于原子中电子的总自旋。总自旋量子数为 S 对应的量子态多重度为 $2S + 1$。原子多重态取决于未满填充壳层的电子数目，以 C 原子为例，当两个 2p 电子自旋方向平行时，$S = 1$，为三重态 ($2S + 1 = 3$)；自旋方向反平行时，$S = 0$，为单重态 ($2S + 1 = 1$)，即单一态。高的自旋多重态一般出现在具有未满填充 d、f 等轨道的原子中。

自旋多重态 [spin multiplet]　即多重态 (多重线)。

双重态 (双重线) [doublet]　又称二重态。例如钠原子光谱中的双线结构就是由钠的双重态导致的。见多重态。

二重态 [doublet]　即双重态。

自旋–轨道相互作用 [spin-orbit interaction]　即自旋–轨道耦合。

自旋–轨道耦合 [spin-orbit coupling]　又称自旋–轨道相互作用。电子的自旋运动包含自旋角动量 s 和自旋 (内禀) 磁矩 μ_s 两种物理效应。当原子中的电子被视为在核的有心力场中作轨道运动时，该运动产生的内部磁场将对电子的自旋磁矩产生作用，这称为自旋–轨道耦合。具有自旋磁矩 μ_s

的电子在磁场作用下将具有势能：

$$U = -\boldsymbol{\mu}_s \cdot \boldsymbol{B} = \frac{1}{4\pi\varepsilon_0} \frac{Ze^2}{2m_e^2 c^2 r^3} \boldsymbol{s} \cdot \boldsymbol{l}$$

该势能只依赖于自旋角动量 s 和轨道角动量 l 的组合 (相对取向)$\boldsymbol{s} \cdot \boldsymbol{l}$ 而与 s 和 l 各自的空间取向无关，因此被称为自旋–轨道项。对于单电子 $j = l \pm 1/2$ 双层能级，可进一步得到两能级自旋–轨道耦合项之差，即自旋 - 轨道分裂：

$$\Delta U = \frac{(\alpha Z)^4}{2n^3 l(l+1)} m_e c^2 = \frac{(\alpha Z)^4}{2n^3 l(l+1)} E_0, \quad l \neq 0$$

其中 $E_0 = m_e c^2$ 为电子的静止能。类氢原子能谱中，静电相互作用对应的粗略结构的数量级为 $\dfrac{\alpha^2}{2} E_0 \approx 13.6\mathrm{eV}$，而自旋–轨道相互作用给出的上述能量差是粗略结构的 α^2 倍，这就是 α 被称为精细结构常数的来由。自旋–轨道相互作用是原子中最大的相对论效应，是精细结构的主要贡献者。

自旋容许跃迁 [spin-allowed transition]　满足自旋跃迁选定则时，体系从一个状态到另一个状态所对应的跃迁。若采用 L-S 耦合，两个状态的自旋量子数之差应等于零，即 $\Delta S = 0$，这表明当两个状态的自旋相同时，跃迁才是容许跃迁。

宇称 [parity]　描述微观粒子状态波函数 $\psi(r, t)$ 在空间反演 $r \rightarrow -r$ 变换下的特性。若波函数 ψ 是 r 的偶函数，则有 $\psi(-r, t) = \psi(r, t)$，这时称波函数 ψ 具有偶宇称或正宇称；若波函数 ψ 是 r 的奇函数，则有 $\psi(-r, t) = -\psi(r, t)$，这时称波函数 ψ 具有奇宇称或负宇称。

对于在中心力场中运动的微观粒子，其空间波函数的宇称 P 由粒子的轨道量子数 l 决定，$P = (-1)^l$，称为轨道宇称。

奇宇称 [odd parity]　见宇称。

偶宇称 [even parity]　见宇称。

宇称选择定则 [parity selection rules]　决定原子分子体系跃迁过程中宇称是否发生变化的规则。在跃迁矩阵元 $\langle\psi|\hat{O}|\psi'\rangle$ 中，若算符 $\hat{O}$ 具有偶 (或奇) 宇称，则波函数 ψ 和 ψ' 必须具有相同 (或相反) 的宇称，否则相应的跃迁就是被禁戒的。

对称性群 [symmetry group]　又称薛定谔方程群。设系统的哈密顿量为 $\hat{H}$，则所有使 $\hat{H}$ 不变的空间变换构成一个群，这个群称为这个系统 (或这个哈密顿量 $\hat{H}$) 的空间对称变换群，或称对称性群。由于这个群使系统的薛定谔方程的形式保持不变。

薛定谔方程群 [Schrödinger group]　即对称群。

力学量完备集 [complete set of dynamical variables]　又称力学量完全集。一组相互对易而又相互独立的力学量算符，如果它们的共同本征函数系是非简并的，即这一组本征值完全确定一个共同本征函数, 则这组力学量称为力学量完备集。

力学量完全集 [complete set of dynamical variables] 即力学量完备集。

正交归一性 [orthonormality] 若希尔伯特空间的两个态矢量互相正交, 且两个矢量的模都是 1, 则满足正交归一性。

正交归一条件 [orthonormality condition] 所考察的各个向量必须两两正交, 且要求每个向量的模均为 1。对于 n 维内积空间的一组基函数 $\{\psi_i\}$, $i = 1, 2, 3, \cdots, n$, 其正交归一条件为: $(\psi_i, \psi_j) = \delta_{ij}$, $i, j = 1, 2, 3, \cdots, n$。

普朗克黑体辐射公式 [Planck's black-body radiation formula] 又称普朗克 [辐射] 公式。由马克斯·普朗克 (Max Planck) 于 1900 年提出, 用于描述处于温度 T 的热平衡态的黑体辐射场能量密度 $u(\nu, T)$ 随频率 ν 的变化规律:

$$u(\nu, T)\mathrm{d}\nu = \frac{8\pi h \nu^2}{c^3} \cdot \frac{1}{e^{h\nu/k_B T} - 1}\mathrm{d}\nu$$

该公式在低频高温 $h\nu/k_B T \ll 1$ 和高频低温 $h\nu/k_B T \gg 1$ 条件下分别过渡到瑞利-金斯公式和维恩公式, 其给出的辐射场能量密度 $u(\nu, T)$ 随频率 ν 的变化曲线与实验结果完全符合。稍后, 为了对该公式进行理论解释, 普朗克提出著名的量子化假设 (普朗克假设): 黑体中带电谐振子与电磁辐射场之间的能量交换只能是一个量子能量 $h\nu$ 的整数倍: $\varepsilon_n = nh\nu (n = 1, 2, 3, \cdots)$, 其中 ν 是振子的频率, $h \approx 6.55 \times 10^{-34}\mathrm{J \cdot S}$, 是后来被以普朗克名字命名的常量。普朗克的黑体辐射理论是物理学的一个重大突破, 是近代物理学的一个里程碑。

普朗克 [辐射] 公式 [Planck's [radiation] formula] 即普朗克黑体辐射公式。

普朗克常量 [Planck constant] 物理常数, 常记为 h, 由马克斯·普朗克在 1900 年研究黑体辐射的规律时提出。该常量可以反映微观系统的空间尺度、能量或相互作用的量子化特征等, 在量子力学中占据重要的地位。2017 年美国国家标准局宣布其对普朗克常量的测量结果为: $h = 6.626069934(89) \times 10^{-34}\mathrm{J \cdot s}$。

普朗克假设 [Planck postulate] 见普朗克黑体辐射公式。

归一 [化] 条件 [normalizing condition] 根据波函数的统计诠释, 在空间内找到粒子的概率为 1, 即粒子的量子态波函数必须满足归一条件数学表达式: $\int_{-\infty}^{\infty} \psi^*(X)\psi(X)\mathrm{d}x = 1$, 其中 x 是粒子的位置, $\psi(x)$ 是波函数。

角动量 [angular momentum] 量子力学中的角动量 (算符) 在原子理论和其他涉及转动对称性的量子问题中地位举足轻重, 属于可以与经典力学中的角动量相类比的少数几个算符。一般来说角动量 (算符) 包括轨道角动量、自旋角

动量和总角动量, 常常分别用 $\hat{L}$、$\hat{J}$ 和 $251658240\hat{J}$ 来表示。当把经典力学中的坐标矢量 r 定义为坐标算符 $\hat{r}$、动量矢量 p 定义为动量算符 $\hat{p}$ 时, 由经典力学中的轨道角动量 $L = r \times p$ 可以直接得到轨道角动量算符 $\hat{L} = \hat{r} \times \hat{p}$。量子力学中的自旋角动量在经典力学里面没有实质性的对应, 是一种内禀角动量。数学上, 轨道角动量算符 $\hat{L}$ 的分量满足转动群 SO(3) 的李代数 so(3) 的对易关系, 而自旋角动量算符 $\hat{J}$ 的态空间是 SU(2) 群 (自旋得以存在的数学基础) 的李代数 su(2) 的 $2s$ 维不可约表示; 自旋角动量和轨道角动量的区别在于, 前者的 SU(2) 对称性是作用在自旋空间的, 而后者的 SO(3) 对称性是作用在三维实空间的; 总角动量 $\hat{J}$ 是三维转动群的李代数 so(3) 的卡西米尔不变量。

自旋角动量 [spin angular momentum] 简称自旋, 又称内禀角动量。实验发现电子所具有的一种源于电子的内禀属性, 具有非定域的性质, 量级为相对论性的角动量。粒子的自旋通常为 h 的整数倍或半奇数倍。其中自旋为 h 半奇数倍的粒子称为费米子, 服从费米-狄拉克统计, 如自旋为 $h/2$ 的电子; 自旋为 h 整数的粒子称为玻色子, 服从玻色-爱因斯坦统计, 如自旋为 h 的光子。在原子物理中, 每个电子都具有自旋角动量 S, 它在空间任一方向上的投影 S_z 只能取两个值, 即 $S_z = \pm\hbar/2$。在 Dirac 的相对论性电子方程中, 自旋角动量体现在旋量结构上。由于薛定谔方程是最低阶非相对论近似的结果, 因此在薛定谔方程中自然也就被忽略。换句话说, 在电子运动能量为非相对论性的情况下, 自旋作用表现出来是另外一种自由度, 与电子的外部空间运动没有直接关系, 所以对其的描写只能以外来方式添加在薛定谔方程上。到目前为止, 非相对论量子力学所拟定的一套计算方法使人们能够毫无困难地从理论上预测实验测量结果并计算其在各种场合下的运动和变化。但是, 整个量子理论对该角动量 (以及与之伴随的内禀磁矩) 的物理本质依然不十分了解。

内禀角动量 [intrinsic angular momentum] 即自旋角动量。

轨道电子 [orbital electron] 原子核外各壳层中围绕核运动的束缚电子。

轨 [道] 函 [数] [orbital] 原子轨 [道] 函 [数] 是一个电子在原子核与其余电子的平均势场中运动的单电子波函数。与此类似, 分子轨 [道] 函 [数] 是一个电子在分子中所有原子核与其余电子的平均势场中运动的单电子波函数。

泡利算符 [Pauli operator] 算符 $\hat{\sigma}$, $\hat{s} = \frac{\hbar}{2}\hat{\sigma}$; 其中 $\hat{s}$ 为自旋算符。泡利矩阵有三个, 分别是: $\sigma_x = \begin{pmatrix} 0 & 1 \\ 1 & 0 \end{pmatrix}$, $\sigma_y = \begin{pmatrix} 0 & -\mathrm{i} \\ \mathrm{i} & 0 \end{pmatrix}$, $\sigma_z = \begin{pmatrix} 1 & 0 \\ 0 & -1 \end{pmatrix}$。

轨道磁矩 [orbital magnetic moment] 电子绕原

子核运动将形成电流而产生磁矩，称作轨道磁矩 μ，$\mu = -\frac{e}{2m_e}L$，其中 L 为轨道角动量。数值上，轨道磁矩可表为：$\mu = -\sqrt{l(l+1)}\frac{e\hbar}{2m_e} = -\sqrt{l(l+1)}\mu_B$，$l = 0, 1, 2, \cdots$，式中的常数 $\mu_B = \frac{e\hbar}{2m_e}$ 为玻尔磁子。

轨道顺磁性 [orbital paramagnetism] 就原子来说，为具有磁矩的原子 ($J \neq 0$) 的磁场中各种取向的平均效果。原子磁矩在磁场中的取向是量子化的，只能有 $2J+1$ 个取向。

轨道角动量 [orbital angular momentum] 类比于经典力学中的轨道角动量，微观粒子在做轨道运动时也具有轨道角动量，在量子力学中用轨道角动量算符表示。轨道角动量算符是由经典力学中的轨道角动量 $L = r \times p$ 一次量子化得到的，它被定义为波函数的坐标算符 $\hat{r}$ 与动量算符 $\hat{p}$ 的叉积：$\hat{L} = \hat{r} \times \hat{p}$。对于无电荷、无自旋的单粒子，角动量算符可以在坐标基中写成 $\hat{L} = -i\hbar(\hat{r} \times \nabla)$，其中 ∇ 为矢量微商算符。参见角动量。

角动量量子化 [quantization of angular momentum] 在量子力学里，系统的角动量不能任意取值，必须取以普朗克常量 J 的整数或半整数倍。粒子的轨道角动量只能取 J 的整数倍，自旋角动量则以 J 的整数倍出现。

轨道量子化 [quantization of orbits] 1913 年丹麦物理学家尼尔斯·玻尔 (Niels Bohr) 把德国物理学家马克斯·普朗克 (Max Planck) 的量子理论运用到原子系统上，提出了著名的玻尔原子模型，该模型的第三条假设称为轨道量子化，即原子的不同能量状态对应于电子的不同运行轨道，由于原子的能量状态是不连续的，因此电子的可能轨道也是不连续的，即电子不能在任意半径的轨道上运行，只有满足下列条件的轨道才是可能的：轨道半径 r 跟电子的动量 mv 的乘积等于 $h/2\pi$ 的整数倍，即 $mvr = nh/2\pi$，式中的正整数 $n(n = 1, 2, 3, \cdots)$ 称为量子数，h 是普朗克常量。这种现象叫轨道量子化。见玻尔原子模型。

总角动量 [total angular momentum] 总角动量 (通常以符号 J 表示) 指粒子的所有角动量 (轨道角动量 L 及自旋 (内禀) 角动量 S) 的矢量和。在一个封闭系统的量子力学中，尽管轨道角动量和自旋角动量并不总是守恒的，总角动量却总是守恒量，它对应于三维转动群的李代数 so(3) 的卡西米尔不变量。参见角动量。

矢量耦合 [vector coupling] 以一个 p 电子的轨道–自旋耦合为例，借用经典力学的描述，将电子的轨道运动近似看作环形电流，它产生一个与轨道角动量矢量反向的轨道磁矩矢量 (反向是因为电子带负电)，大小由轨道旋比 γ_l 决定。类似地，自旋角动量矢量也对应着反向的自旋磁矩，但磁旋比为 $\gamma_s(\gamma_s$ 约为 γ_l 的 2 倍)。轨道磁矩与自旋磁矩会相互作

用即相互耦合。对于单个电子，只有它自己的轨道磁矩与自旋磁矩发生耦合；而对于多电子体系，耦合方式就更复杂了，因为各个电子的轨道磁矩也会相互耦合，自旋磁矩也是如此。换言之，可以认为处于磁矩反方向的轨道角动量矢量与自旋角动量矢量也以相应的方式进行耦合。见耦合图像。

矢量模型 [vector model] 是应用矢量来表示原子分子中电子角动量耦合的一种方法。例如，原子的矢量模型：电子在原子内的运动状态需要用轨道角动量量子数、自旋量子数等来描述，如果用矢量表示角动量，一个原子的总角动量应该等于各个电子的各种角动量的矢量和。原子的矢量模型就是讨论这些角动量矢量所遵循的量子条件和耦合方式。常见的耦合方式有 LS 耦合，JJ 耦合等。

维格纳–埃卡特定理 [Wigner-Eckart theorem] 关于不可约张量算符在角动量本征态之间的矩阵元的一个定理。设描写一个系统的基矢是 $\{|\tau jm\rangle\}$，其中 jm 是系统的总角动量量子数，τ 是其他量子数，则可有

$$
\begin{aligned}
&\langle \tau j'm' | T_q^{(k)} | \tau jm \rangle \\
&= S_{mqj'm'}^{jk} \frac{1}{\sqrt{2j'+1}} \langle \tau j' \| T_q^{(k)} \| \tau j \rangle \\
&= (-1)^{j'-m'} \begin{pmatrix} j' & k & j \\ -m' & q & m \end{pmatrix} S_{mqj'm'}^{jk} \frac{1}{\sqrt{2j'+1}} \langle \tau j \| T_q^{(k)} \| \tau j \rangle
\end{aligned}
$$

其中 $\langle \tau j' \| T_q^{(k)} \| \tau j \rangle$ 称为 $T_q^{(k)}$ 的约化矩阵元，它与 m、m' 和 q 无关。表明，一个物理过程中只与对称性有关的部分分离出来，体现在 C-G 系数 (反映角动量耦合的几何关系) 中，而与相互作用有关的其余部分则体现在 (与磁量子数无关的) 约化矩阵元中。

简并 [degeneracy] 力学量算符 $\hat{A}$ 的本征值方程为 $\hat{A}\psi_{ni} = a_n\psi_i$，$i = 1, 2, 3, \cdots$，如果对于同一本征值 a_n，有 f 个线性无关的本征函数 ψ_{ni} 与其对应，则称 a_n 是 f 度简并的。简并性和本征方程的对称性有关。

偶然简并 [accidental degeneracy] 指量子态的非正规 (或非本征) 简并，是与正规 (本征) 简并性相对，与物理体系的动力学规律有关的一类非正规 (本征) 对称性，它不能用某个物理量的守恒来表征，由这种动力学对称性产生的能级简并称为偶然简并。动力学对称性和几何对称性 (时间或空间的平移、转动、反演) 不同，它不可以用某个物理量的守恒来表征，大多采用群论的方法来表示。

完全简并 [complete degeneracy] 所考虑的所有 (量子) 态都具有相同能量的情况。

简并能级 [degenerate energy level] 在量子力学中，若某能级对应于量子系统的两个或更多个不同的可测量态，则该能级是简并能级。反之，若某量子力学系统的两个或多个不同状态具有相同的能量值，则这些态是简并态。某给

定能级所对应的状态数是该能级的简并度。数学上由该系统的具有同一本征值的多个线性无关的本征态的哈密顿量来体现。

非简并态 [nondegenerate state]　见简并态。

波函数 [wavefunction]　波动力学方程（尤其是薛定谔方程）中与波幅相类似的数学量，通常以符号 ψ 表示。在薛定谔方程中，最广泛的物理解释是 $|\psi|^2 \mathrm{d}t$ 表征在体积元 $\mathrm{d}t$ 中发现粒子的概率。只有满足边界条件的解才具有一定的物理意义。粒子在空间某点出现的概率总和等于 1，即 $|\psi|^2$ 对全空间的积分必须等于 1。同时波函数必须满足连续、单值、有限的条件。满足这些条件的波函数，构成了薛定谔方程的特征函数集，称为本征函数，它们具有单一的本征能量。本征函数描述了体系的定态。对于体系的束缚态，本征函数具有与其反演对称性相应的奇宇称或偶宇称。

原子波函数 [atomic wave function]　一般指描述原子中电子量子态与量子行为的波函数，由量子力学波动方程即薛定谔方程确定。波函数是一种复函数，归一化波函数的模平方是在这一位置和时间找到电子的概率。

反对称波函数 [antisymmetric wave function]　假如将体系中任何两个粒子对调后波函数的值的正负号发生改变，那么描述该体系状态的波函数就是反对称的，该波函数就叫作反对称波函数。

原子径向分布函数 [atomic radial distribution function]　在球坐标下，原子波函数可以用 $\psi(r, \theta, \phi) = R(r) \cdot Y(\theta, \phi)$ 来表示，这里 $R(r)$ 是与粒子径向分布有关的函数，称为径向分布函数；$Y(\theta, \phi)$ 为球谐函数，用来表示粒子的角度分布情况。径向分布函数通常指的是当给定某个粒子的坐标时其他粒子在空间的分布概率。

反对称化 [antisymmetrization]　利用反对称化算子对波函数进行一系列操作的过程。

耦合的波函数 [coupled wavefunction]　在角动量耦合中，设角动量 J_1 和 J_2 是可对易的，如果波函数 $\psi_{j_1 m_1}(q_1)$（q_1 代表空间坐标和自旋坐标的集合）是算符 J_1^2 和 J_{1z} 的本征函数且本征值分别为 $j_1(j_1+1)$ 和 m_1，而 $\psi_{j_2 m_2}(q_2)$ 是算符 J_2^2 和 J_{2z} 的本征函数且本征值分别为 $j_2(j_2+1)$ 和 m_2，形如 $\psi_{j_1 j_2 JM}(q_1, q_2)$ 的波函数是耦合的波函数，它代表角动量 J_1 和 J_2 已经发生耦合并给出一个确定矢量 J 的态，可表为未耦合的波函数的线性组合。此处是以耦合的波函数为基矢的表象称为耦合表象，而耦合的波函数则是耦合表象中的本征函数。

耦合条件 [coupling condition]　电子轨道运动及自旋运动有关的各种电磁相互作用的相对强弱关系，它决定了多电子体系中各电子角动量相互耦合的方式。

耦合图像 [coupling scheme]　在多电子体系中，诸角动量耦合的次序可以有不同的选择，任何一种选择就称为一种耦合图像，它反映跟电子轨道运动及自旋运动有关的各种电磁相互作用的相对强弱关系，例如 LS 耦合、JJ 耦合等。

电子几率密度 [electron probability density]　在单位体积内发现电子的几率 $\mathrm{d}\omega / \mathrm{d}\tau$ 称为电子几率密度，与波函数 $\psi(x, y, z, t)$ 在该处的模平方 $|\psi(x, y, z, t)|^2$ 成正比。

$3n-j$ 符号 [three-n-j symbols]　由魏格纳（Wigner）引进的用来代替拉卡系数的表示方法。$3n-j$ 符号满足一定的对称性和正交归一关系，且要满足一定的三角关系才不为零。

拉卡代数 [Racah algebra]　一种计算多粒子体系中许多力学量的常用工具。为了研究三个或更多个角动量在不同顺序下耦合成的波函数的关系，拉卡（G. Racah）引进了重耦合系数、拉卡系数等概念。其中拉卡系数可以表为四个 C-G 系数乘积的叠加，具有一定的对称性，而当满足一定的三角关系时，其值才不为零。

未耦合的波函数 [uncoupled wavefunction]　设 J_1 和 J_2 是两个可对易的角动量，如果波函数 $\psi_{j_1 m_1}(q_1)$（q_1 代表空间坐标和自旋坐标的集合）是算符 J_1^2 和 J_{1z} 的分别具有本征值 $j_1(j_1+1)$ 和 m_1 的本征函数，$\psi_{j_2 m_2}(q_2)$ 是算符 J_2^2 和 J_{2z} 的分别具有本征值 $j_2(j_2+1)$ 和 m_2 的本征函数，则波函数 $\psi_{j_1 j_2 m_1 m_2}(q_1, q_2) = \psi_{j_1 m_1}(q_1)\psi_{j_2 m_2}(q_2)$ 也必然是 J_1^2、J_{1z}、J_2^2 和 J_{2z} 的共同本征函数且具有正交性，该波函数称为未耦合波函数. 以这种函数作为基矢的表象称为未耦合表象。

交换能 [exchange energy]　全同粒子的不可分辨性导致的交换作用所产生的能量。对于全同二体系统，忽略与自旋有关的能量和粒子间的相互作用 $V(x_1, x_2)$，依据其自旋波函数的对称性，则该系统的轨道运动波函数是二个单粒子波函数 $\psi_n^A(x_1)$ 和 $\psi_m^B(x_2)$ 的对称或反对称组合。以 $V(x_1, x_2)$ 作为微扰，则微扰引起的能量修正中出现交换能：

$$K = \iint \mathrm{d}^3 x_1 \mathrm{d}^3 x_2 \psi_n^{A*}(x_1) \psi_n^A(x_2) V(x_1, x_2) \cdot \psi_n^{B*}(x_2) \psi_n^B(x_1)$$

交换能反映全同粒子的量子力学相互作用，在 $\psi_n^A(x_1)$ 和 $\psi_m^B(x_2)$ 的波函数重叠区才对交换能的积分有贡献。

交换积分 [exchange integral]　量子力学、原子分子物理计算中特有的积分，它反映了自旋相同的电子之间相互回避的效应，这个积分削弱了电荷分布之间的经典静电排斥能。这种效应是经典物理理论中所没有的。在不同的体系、不同的计算方法中，交换积分具有不同的表达式，必须注意区别。在原子的自洽场计算中，交换积分为

$$K_{ij} = \int \varphi_i^*(1) \varphi_j^*(2) \frac{1}{r_{12}} \varphi_j(1) \varphi_i(2) \mathrm{d}\tau_1 \mathrm{d}\tau_2$$

在算符 $1/r_{12}$ 前面，第 1 个电子处在第 i 个轨道，第 2 个电子处在第 j 个轨道，在算符后面，第 1 个电子处在第 j 个轨道，第 2 个电子处在第 i 个轨道，如同两个电子在第 i 个轨道和第 j 个轨道上交换了位置。正是如此，才将这个积分称为交换积分。这里的"交换"并非一个真实的物理过程，而是计算中产生的一个积分。在分子体系的价键法和分子轨道法中，交换积分是原子轨道线性组合为分子轨道时，通过变分法求得的久期方程组的积分方法，通常用 H_{AB} 和 H_{BA} 表示。对于双原子分子，由于久期方程组矩阵形式为

$$\begin{bmatrix} H_{AA} - E & H_{AB} - ES_{AB} \\ H_{BA} - ES_{BA} & H_{BB} - E \end{bmatrix} \begin{bmatrix} C_A \\ C_B \end{bmatrix} = 0$$

所以，根据 $\hat{H}$ 表达式可得

$$H_{AB} = E_0 S_{AB} + \frac{1}{R} S_{AB}$$

带入表达式推导可知：$H_{AB} = E_0 S_{AB} + K$，其中 E_0 为基态原子能量，S_{AB} 为重叠积分，$K \equiv \frac{1}{R} S_{AB} - \int \frac{\psi_a \psi_b}{r_a} d_{\mathrm{T}}$。

交换作用 [exchange interaction]　一种全同粒子的量子力学效应，来源于不可分辨粒子波函数的交换对称性，即两个粒子交换后波函数不变 (对称) 或变号 (反对称)。对于费米子，交换作用有时也称泡利排斥，与泡利不相容原理相关。对于玻色子，交换作用表现为使全同粒子聚集的吸引作用，比如在玻色-爱因斯坦凝聚中的行为。

交换对称性 [exchange symmetry]　来自量子统计中的一个基本假设，即交换全同粒子后可观测量不会改变。因为在全同粒子系统中可观测量正比于波函数的模平方，所以在交换粒子时波函数只能保持不变或只改变符号。波函数保持不变的粒子称作玻色子，其波函数是对称的。波函数改变符号的粒子称作费米子，其波函数是反对称的。

交换不对称性 [exchange asymmetry]　见交换对称性。

交换-关联泛函 [exchange-correlation functional]密度泛函理论最普遍的应用是通过 Kohn-Sham 方法实现的。在 Kohn-Sham DFT 的框架中，最难处理的多体问题 (由处于外部静电势中的电子相互作用而产生的) 被简化成了一个没有相互作用的电子在有效势场中运动的问题。这个有效势场包括了外部势场以及电子间库仑相互作用的影响，例如，交换和相关作用。处理交换相关作用是 KS DFT 中的难点。目前并没有精确求解交换相关能 EXC 的方法。最简单的近似求解方法为局域密度近似 (LDA 近似)。LDA 近似使用均匀电子气来计算体系的交换能 (均匀电子气的交换能是可以准确求解的)，而相关能部分则采用对自由电子气进行拟合的方法来处理。

施特恩–盖拉赫实验 [Stern-Gerlach experiment]德国物理学家奥托·施特恩 (Otto Stern) 和沃尔特·盖拉赫 (Walter Gerlach) 为证实原子角动量量子化于 1921~1922 年期间完成的一个著名实验。施特恩–盖拉赫实验利用从高温炉中射出的银原子，经狭缝准直后形成一个原子束，而后银原子束通过一个不均匀的磁场区域，在磁场作用下发生偏折，最后落在屏上。如果原子磁矩的方向是可以任意取向的，则屏上形成一片黑斑。而实验发现屏上形成了几条清晰的黑斑，表明银原子的磁矩只能取几个特定的方向，从而验证了原子角动量的投影是量子化的。施特恩–盖拉赫实验是历史上第一次直接观察到原子磁矩取值量子化的实验。

电离 [ionization]　一般指在能量作用下，原子、分子或者离子失去电子的过程。

电离能 [ionization energy]　一般指从原子分子基态剥离一个电子，形成一个由处于其基态的离子与一自由电子组成的体系所需要的能量。

电离限 [ionization limit]　描述原子分子中当一个电子被移动到距离原子核无穷远时 (动能为零) 的物理状态，此时原子分子已电离 (失去了一个电子)，体系总能量为零。由基态到电离限的能量差对应于原子分子的电离能。电离限上面是连续能级区。

电离势 [ionization potential]　又称电离电势。把一个电子从原子或分子中移到离核距离为无穷大时所需要做的功。即形成如下过程所需最小能量：$A \longrightarrow A^+ + e^-$，其中离子与电子相距足够远，其静电相互作用可忽略，并且不产生额外动能。

电离电势 [ionization potential]　即电离势。

库普曼斯定理 [Koopmans' theorem]　在闭壳层的哈特里–福克近似下，一个体系的第一电离能等于其最高占据轨道 (HOMO) 的能量的负值，这个定理是由库普曼斯 (T. Koopmans) 于 1934 年提出。在哈特里–福克理论的框架之中，并引入电离前后轨道不发生改变这一假设后，库普曼斯定理精确成立。通过这一方法计算得到的电离能与实验结果基本一致。库普曼斯定理的有效性与 HF 波函数的准确性密切相关。

电离阈值 [ionization threshold]　从原子或分子剥离一个电子，形成一个离子与一自由电子组成的体系所需要的能量。从原子或分子中移走第一个、第二个、…… 电子所需的能量称为第一、第二、…… 电离阈值。

束缚电子 [bound electron]　在势场的作用下，能量在电离限之下的电子。

束缚能 [binding energy]　从一系统内移出一粒子，或使一系统分解成其组分所需的能量。

超精细分裂 [hyperfine splitting]　原子中的核自旋

磁矩和电子磁矩的相互作用，使原来在强磁场中已经出现塞曼分裂的电子能级进一步分裂。这种超精细相互作用是一种磁相互作用，它同核自旋、电子自旋的取向有关，还与电子波函数在核所在处的模平方值成比例。

超精细结构 [hyperfine structure]　原子核的固有磁矩与核外电子运动所产生的磁场会发生相互作用。由于核子与电子的质量比约为 1836:1，而原子核的磁矩比原子磁矩小三个量级以上，所以与核磁矩有关的附加能量会导致原子能级和光谱线的超精细结构。测量原子光谱的超精细结构，可以获得原子核角动量的信息。

朗德 g 因子 [Landé g-factor]　可用于描述磁场中能级的变化，是和电子自旋磁矩基本单位有关的一项比例常数，由自旋角动量 S，轨道角动量 L 以及总角动量 J 给出：

$$g = 1 + \frac{J(J+1) + S(S+1) - L(L+1)}{2J(J+1)}$$

它是反映物质内部运动的一个重要物理量。用来解释由于轨道角动量与自旋角动量相互耦合产生的光谱精细结构，1921 年由朗德 (Alfred Landé) 提出。

朗德间隔定则 [Landé interval rule]　描述多重态中相邻能级的能量间距的一个规则，该规则表明相邻的能级之间的间隔正比于最高能量能级的总角动量量子数。

精细结构常数 [fine structure constant]　相对论效应和电子自旋磁矩与电子轨道运动产生的磁场之间的相互作用引起谱线分裂，对应的能量变化为 $\Delta E \propto -\alpha^2 E_n$，无量纲常数 α 称为精细结构常数，$\alpha = e^2/2\varepsilon_0 * hc \approx 1/137$，其中 e 是电子电荷，ε_0 为真空介电常数，h 为普朗克常量，c 是光速。

兰姆位移 [Lamb shift]　氢原子的 $2^2S_{1/2}$ 与 $2^2P_{1/2}$ 能级之间的微小差异，前者比后者高出约 0.035cm^{-1}，首次由美国科学家兰姆 (W. E. Lamb) 和雷瑟福 (R. C. Retherford) 在 1947 年用射频波谱实验方法发现。狄拉克方程对此不能给出预言或解释。量子电动力学认为兰姆位移来源于真空极化和电子的自具能过程。兰姆位移的测得促进了重正化理论的发展，对于量子电动力学的建立和发展具有重要的奠基作用。

超精细相互作用 [hyperfine interaction]　核外电磁场与核磁矩的相互作用。核磁矩在外磁场中受到力偶的作用而使原子核的总角动量发生旋进并导致能级劈裂。测量跃迁能量或旋进频率可以获得原子核矩和外电磁场的信息。

帕邢–巴克效应 [Paschen-Back effect]　在强度足以改变原子内部轨道角动量与自旋角动量的耦合方式的外加磁场作用下，反常塞曼效应恢复为正常塞曼效应的现象。其原因是：增大外加磁场强度，会使电子的轨道角动量 L 和自旋角动量 S 的矢量彼此分开，各自绕外加磁场 H 的方向进动。L 和 S 与磁场的相互作用能量显著地超过它们之间的相互作用能，所以在强磁场中，原子与磁场的相互作用大于多重分裂能级，谱线的分裂图样由反常塞曼效应逐渐变成正常塞曼效应。是德国物理学家帕邢 (Friedrich Paschen) 和巴克 (Ernst Back) 于 1912 年发现的。

组态 [configuration]　在中心场近似下，N 电子原子中，每个电子的状态都可以用主量子数 n 和轨道量子数 l 来表示。整个原子的状态可以用 N 对量子数 $n_i l_i$ 的排布来表示，这样的排布称为原子的电子组态，简称组态。组态的数学表达式为

$$(n_1 l_1)^{\omega_1} (n_2 l_2)^{\omega_2} \ldots (n_q l_q)^{\omega_q}$$

$$\sum_{i=1}^{q} \omega_i = N$$

式中 ω_i 为 i 壳层 $(n_i l_i)$ 的电子占据数目。

分子的电子组态类似于原子的电子组态，用分子的各电子轨道按能量由低到高排列次序表示。分子处于基态时，同样遵循泡利原理、最低能量原理和洪德规则；对于分子激发态而言，只有泡利原理不能违反。

LS 耦合 [LS coupling]　又称罗素–桑德斯耦合。当静电相互作用中的非中心力场部分远大于磁性相互作用时，两个电子自旋之间作用很强，两个电子的轨道运动之间作用也很强，则两个自旋运动就要先合成一个总自旋运动 S，同时两个轨道角动量也要合成一个轨道总角动量 L，然后轨道总角动量再和自旋总角动量合成总角动量 J，$J=L+S$。这种耦合方式一般适用于较轻的原子。

罗素–桑德斯耦合 [Russell-Saunders coupling]　即 LS 耦合。

jj 耦合 [jj coupling]　当静电相互作用中的非中心力场部分远小于磁性相互作用时，电子的自旋与本身的轨道运动之间作用比其余的几种相互作用强，这种情况下电子的自旋角动量和轨道角动量要先合成各自的总角动量 j_1、j_2，然后两个电子的总角动量又合成原子的总角动量 $J = j_1 + j_2$，这种耦合方式称为 jj 耦合。

洪德耦合方式 [Hund's coupling case]　分子中转动与振动是和电子运动同时发生的，在计及振动与电子运动的相互作用、转动与振动的相互作用的基础上，还需考虑转动与电子运动的相互影响，即用何种量子数描述不同类型的电子态中的转动能级、能量对量子数的依赖性，以及相应的本征函数的对称性。洪德 (Friedrich Hund) 提出需要区别对待电子自旋、电子轨道角动量和核转动角动量的各种不同的耦合方式：(1) 核转动与电子运动的相互作用很弱，电子自旋和轨道角动量很强地耦合到核间轴方向；(2) 电子自旋角动量与核间轴耦合很弱，电子轨道角动量与核间轴耦合很强；(3) 电子自旋和轨道角动量之间耦合很强；(4) 电子轨道角动量与核间轴耦合很弱，电子轨道角动量与核转动角动量耦合很强；(5)

电子轨道动量和电子自旋角动量耦合很强, 电子轨道角动量及自旋角动量与核间轴耦合很弱。

洪德定则 [Hund's rule] 指用来确定多电子原子在 LS 耦合情形下由给定电子组态分裂出来的精细结构能级排列次序的一套经验性定则, 是德国物理学家弗里德里希·洪德 (Friedrich Hund) 发现的。它包括: (1) 对于给定的电子组态, 拥有最大多重性 (2S +1, 这里 S 为总自旋量子数) 的谱项具有最低的能量; (2) 对于给定的多重性, 拥有最大总轨道角动量量子数 L 的谱项具有最低的能量; (3) 对于给定的谱项, 在最外次壳层半充满或少于半充满的原子中, 拥有最小总角动量量子数 J(J = L + S) 的能态具有最低能量, 而当最外次壳层超过半充满的时候, 拥有最大总角动量量子数 J 的能态具有最低能量。

基态 [ground state] 系统具有最低能量 (零点能) 的量子状态。根据热力学第三定律, 达到绝对零度的系统将处于其自身的基态, 系统的温度越低, 越趋近于该状态, 而绝大多数原子在室温下即处于基态。在处于基态的原子中, 电子遵从能量最低原理、泡利不相容原理及洪德定则依次填充能量最低的壳层, 从而保持稳定。某些量子力学系统 (例如理想晶格) 具有单一的基态, 而另一些系统 (例如发生自发对称破缺的系统) 则具有简并的基态。

基态能量 [ground state energy] 原子分子处于基态所具有的能量。

组态相互作用 [configuration interaction] 在高激发态或存在多电子激发等情况下, 必须考虑组态之间的相互作用而采用多组态近似。该近似中的组态混合及能级扰动, 统称为组态相互作用。参见多组态近似。

祖亲态比系数 [coefficients of fractional grandparentage] 在构造多于三个电子的反对称耦合函数时, 就 LS 耦合而言, 反对称函数可推广为如下形式:

$$|l^\omega \alpha LS\rangle = \sum_{\overline{\alpha LS}} \left|\left(l^{\omega-1}\overline{\alpha LS},l\right)LS\right\rangle \left(l^{\omega-1}\overline{\alpha LS}|\}l^\omega \alpha LS\right),$$

在此基础上作进一步展开和重耦, 可得

$$|l^\omega \alpha LS\rangle = \sum_{\overline{\overline{\alpha LS}}} \sum_{L'S'} \left|\left(l^{\omega-2}\overline{\overline{\alpha LS}},l l L'S'\right)LS\right\rangle$$

$$\left(l^{\omega-2}\overline{\overline{\alpha LS}},l^2 L'S'|\}l^\omega \alpha LS\right),$$

其中, $l^{\omega-2}$ 的 $\overline{\overline{\alpha LS}}$ 项是 $l^\omega \alpha LS$(若 $L'S'$ 为偶数) 项的祖亲项 (grandparent), 而系数

$$\left(l^{\omega-2}\overline{\overline{\alpha LS}},l^2 L'S'|\}l^\omega \alpha LS\right)$$

$$\equiv (-1)^{\overline{L}+\overline{S}+L+S+1}$$

$$\sum_{\overline{\alpha LS}} \left[\overline{L},\overline{S},L',S'\right]^{1/2} \times \left\{\begin{array}{ccc} \overline{\overline{L}} & l & \overline{L} \\ l & L & L' \end{array}\right\} \times \left\{\begin{array}{ccc} \overline{\overline{S}} & s & \overline{S} \\ s & S & S' \end{array}\right\}$$

$$\left(l^{\omega-2}\overline{\overline{\alpha LS}}|\}l^{\omega-1}\overline{\alpha LS}\right)\left(l^{\omega-1}\overline{\alpha LS}|\}l^\omega \alpha LS\right)$$

即称为祖亲态比系数。

亲态比系数 [coefficients of fractional parentage] 在对等效电子进行乘积波函数的角动量耦合时, 需考虑构造对于交换任意两个电子坐标都是反对称的耦合波函数。例如, 对三个电子的 LS 耦合而言, 可以构造一个完全反对称的函数:

$$|l^3 \alpha LS\rangle = \sum_{\overline{L S}} |(l^2 \overline{L}\overline{S},l)LS\rangle (l^2 \overline{L}\overline{S}|\}l^3 \alpha LS)$$

其中 αLS 是 l^3 的一个允许谱项, l^2 的 $\overline{L}\overline{S}$ 项称为 $l^3 \alpha LS$ 项的亲态, 而系数 $(l^2 \overline{L}\overline{S}|\}l^3 \alpha LS)$ 则称为亲态比系数, 简称 cfp。

占 [有] 态 [occupied state] 又称占据态。在量子力学中, 粒子数算符的本征态, 是表示有多少个粒子的状态。在原子分子中, 通常指电子占据的轨道。

占据态 [occupied state] 即占 [有] 态。

占有概率 [occupation probability] 占有态对应的粒子数概率。

组态平均能量 [configuration average energy] 又称重心能量。系统哈密顿量对所考虑组态的所有基函数的平均。对于某给定组态, 选取一组具有相同权重的基函数 $|b\rangle$, 则组态平均能量可表为: $E_{av} = \langle b|H|b\rangle_{av} = \dfrac{\sum_b \langle b|H|b\rangle}{基函数数目}$。这种平均等价于对原子中电子角分布进行球对称化的平均, 这与原子的中心场模型一致。还可以写成: $E_{av} = \dfrac{\sum_{所有量子态} 各量子态能量}{量子态数目}$。组态平均能量的数值只有当组态相互作用扰动不大时才是重要的。

重心能量 [gravity-center energy] 即组态平均能量。

相关能 [correlation energy] 原子中电子之间的库仑排斥使得它们不能随意的互相接近, 这表明各个电子的位置是相互关联的。HF(哈特里–福克) 方法 (及其近似方法) 是基于单粒子中心场模型建立起来的, 只是由于采用了反对称化波函数, 才得以计及具有平行自旋的电子位置之间的部分相关, 而自旋反平行的电子之间的相关效应根本没有考虑。所以原子总结合能 E_{av} 的 HF 值总是比实验高。计及相对论效应, E_{av} 的实验值与 $(E_{av}^{HF} + E_r)$ 之差定义为相关能 E_c, 即: $E_c \equiv E_{av}^{exp} - (E_{av}^{HF} + E_r)$。

库仑积分 [Coulomb integral] 在计算多电子原子的组态平均能时的径向积分。用来计算组态平均库仑相互作用能、单电子结合能和总结和能。当找到了同一原子或离子中

的若干个组态的径向波函数时，可以将具有相同宇称的两个组态的径向波函数组合起来用以计算与组态相互作用有关的广义库仑积分（也叫径向积分）。分子物理里的库仑积分又称 α 积分，是原子轨道线性组合为分子轨道时，通过变分法求得的久期方程组包含的三类积分之一，通常用 H_{AA} 和 H_{BB} 表示。

对于双原子分子，由于久期方程组矩阵形式为

$$\begin{bmatrix} H_{AA} - E & H_{AB} - ES_{AB} \\ H_{BA} - ES_{BA} & H_{BB} - E \end{bmatrix} \begin{bmatrix} c_A \\ c_B \end{bmatrix} = 0$$

所以根据 $\hat{H}$ 表达式可得

$$H_{AA} = \int \psi_a^* \hat{H} \psi_a \mathrm{d}\tau$$

代入表达式推导可知

$$H_{AA} = E_0 + J$$

其中 E_0 为基态原子能量，$J \equiv \dfrac{1}{R} - \int \dfrac{\psi_a^2}{r_b} \mathrm{d}\tau$。

单组态近似 [single-configuration approximation] 在中心场近似中，仅以单个组态的耦合基函数作为待求波函数的展开基底的近似方法。

未满轨道 [uncompleted orbit] 电子没有达到可以容纳的最多电子数的占据轨道。

未满壳层 [unfilled shell, incomplete shell] 见满壳层。

满壳层 [complete shell, filled shell] Pauli 不相容原理直接导致原子的壳层结构：每一个次壳层能容纳 $2(2l+1)$ 个电子，l 为轨道角动量量子数，每一个主壳层上能容纳 $2n^2$ 个电子，n 为主量子数，电子已被填满的壳层叫满壳层，或封闭壳层。满壳层电子具有两个重要的特性：(1) 满壳层电子的电荷分布是球对称的；(2) 满壳层电子总的角动量及磁矩均等于零。

次壳层 [subshell] 又称亚壳层、子壳层或支壳层。在每一壳层中，对每一个 l，有 $2l+1$ 个量子态，处于这些量子态的电子形成一个次壳层。一组等效电子构成一个次壳层。

亚壳层 [subshell] 即次壳层。

泡利不相容原理 [Pauli exclusion principle] 描述微观粒子运动的基本规律之一。原子中每个确定的电子能态可以用四个量子数 n、l、m_l 和 m_s 来表征。在任何原子中不可能有两个或者两个以上的电子同时在四个量子数完全相同的状态上，即每个量子态只能最多容纳一个电子。由奥地利物理学家泡利在 1925 年根据原子光谱的分析结果提出，可以用来解释原子中电子的分布状况和元素周期律等。

激发 [excitation] 使一个原子分子系统从较低能级跃迁到较高能级的过程。

激发能 [excitation energy] 体系从低能级激发到高能级时所需要吸收的能量。

激发谱 [excitation spectrum] 原子分子受到激发以后自身辐射波长随激发波长的变化关系。反映原子分子对于外来激发光的响应。

激发态 [excited state] 能量高于基态能量的所有量子态。例如处于基态的原子吸收能量，被激发到较高能量的电子态，处于激发态的原子不稳定，会通过跃迁到能量较低的电子态。

激发态寿命 [excited state lifetime] 激发态能级所具有的寿命。见能级寿命。

基组态 [ground configuration] 原子中没有任何电子被激发的组态。例如碳原子基组态：$1s^2\, 2s^2 2p^2$。所有其他组态均称为激发组态。

激发组态 [excited configuration] 见基组态。

组态混合 [configuration mixing] 见组态相互作用。

等效电子 [equivalent electron] 又称同科电子。具有相同主量子数和轨道量子数的电子。

等效轨道 [equivalent orbital] 具有相同主量子数和轨道量子数的单电子自旋–轨道函数。

多组态近似 [multi-configuration approximation] 在单组态近似下，得到的结果往往不够准确，尤其在高激发组态情形，这时不同组态的能量互相重叠。为了得到更准确的结果，必须采用多组态近似，即展开基函数包括两个或更多的组态。这样得到的本征函数通常是在计算中所考虑的所有组态的基函数的混合（组态混合），与此相应，算得的能量将不同于用单组态近似所得到的的结果（能级扰动）。

多组态 HF 近似 [multi-configuration HF approximation，multi-configuration Hartree-Fock approximation] 多组态 HF 近似把一些计算所得的波函数的线性组合当做最终的径向波函数（这些波函数代表原子中占据轨道与虚轨道上的电子的每一个组态）来计算轨道能量。

中间耦合 [intermediate coupling] 在多电子原子中，由于受静电相互作用或自旋–轨道相互作用等影响，导致耦合条件往往偏离甚至根本不接近 LS 耦合、JJ 耦合等典型（纯）耦合图像中的任何一种，这些典型耦合图像不足以正确描述真实的量子态，这种情况称为中间耦合。

成对耦合 [pair coupling] 当激发组态中的受激发电子的角动量很大（例如 f 电子或 g 电子）时，贯穿效应很小，仅仅感受到小的与自旋相关的库仑（交换）相互作用，而且自身的自旋–轨道相互作用亦很小。这时原子能级趋向于成对的出现，成对的能级对应于两个可能的 J 值，而这些 J 值是把被激发电子的自旋 S 与原子其他角动量之和 K 耦合起

来得到的。也就是说，能量仅与被激发电子的自旋 S 稍微相关的激发组态倾向于对耦合。

统计权重 [statistical weight]　出于统计的目的，原子理论的一个基本假设是原子处于任一给定量子态的几率与处于其他任一量子态的几率相同。对于给定的原子系综，在温度为 T 的完全热平衡条件下，处于能量为 E 的量子态的原子数目通过玻尔兹曼 (Boltzmann) 因子 $e^{-E/kT}$ 仅与能量 E 有关而与状态的其他性质无关，因而可以对每个可能的量子态赋予一个等于 1 的 "统计权重" g 来表示这个假设。一个能级的统计权重等于该能级可能拥有的微观状态数 (简并度，或称退化度)。

自电离 [auto-ionization]　处于自电离态的单个原子或分子自发地释放一个电子，从而其电荷由 Z 变为 $Z+1$ 的过程。自电离过程发生在散射过程中。自电离最常被提及的例子当属双电子激发的原子。当多电子原子中有两个 (价) 电子因同时受到电子或光子的碰撞而被激发后，若其总激发能大于原子的第一电离能，则其具有离散能级的激发束缚态将位于原子第一电离限之上的连续态区，处于这种状态 (即自电离态) 的原子一般是不稳定的，其中一个电子可能会返回基态，而另一个电子则通过以下机制脱离原子而成为自由电子：上述离散能级与具有相同能量、宇称和总角动量的连续 (电离) 态能级发生共振混合，作为一种微扰，这种共振使得这些离散能级发生展宽，而电子能够通过无辐射跃迁从这些能级上振荡到与之高度一致的连续 (电离) 态上，从而发生自电离。除原子的双电子激发外，与自电离密切相关的过程或状态还包括原子的三电子激发、俄歇效应、自电离共振里德伯态 (序列) 等。在俄歇效应中，缺失一个内壳层电子的正离子可能会通过自电离进一步损失电子。原子里德伯态的自电离主要是由于黑体辐射以及里德伯原子间的碰撞引起的。在分子的振动自电离里德伯态中，振动激发提供了将里德伯态电离的少许能量。参见自电离态。

自电离态 [autoionization state]　一类特殊的电子激发束缚态。对于多电子原子 (或离子) 而言，自电离态是指，当原子中有两个 (或更多) 电子同时受到激发、或内壳层电子被激发到外壳层上，而体系的总激发能超过该原子 (或离子) 的单电子第一电离能时，其所短暂逗留的，镶嵌在其第一电离限之上的连续态区的一些不稳定的激发束缚态。处于自电离态的原子 (或离子) 可以由自电离 (无辐射跃迁) 或辐射跃迁等途径实现退激发。与此类似，分子的自电离态是指激发能超过分子第一解离能或第一电离能的超激发 (束缚) 态，除自电离或释放光子以外，处于自电离态的分子还可能通过解离成两个电中性或带电荷的原子与 (或) 分子来实现退激发。自电离态通常寿命很短，因此它也可被视为一种 Fano 共振而不算是正常的束缚态，表现在光谱中，其对应的自电离共振 (吸收) 谱即便存在也非常漫，既非纯离散谱，又非纯连续谱，而且无辐射跃迁的几率越大，谱线越宽。这种无辐射跃迁有其自身的选择定则：①角动量守恒：$\Delta L = 0$，$\Delta S = 0$，$\Delta J = 0$；②宇称守恒：$\Delta \Pi = 0$。可以通过测量原子或分子的光电离截面或电子碰撞电离截面的变化来观察自电离态。参见自电离。

电子 [electron]　一种非常稳定的带一单位 (基本电荷，约 1.602×10^{-19} 库仑) 负电荷的基本粒子，属于第一代轻子，由英国物理学家约瑟夫·汤姆孙 (J. J. Thomson) 于 1897 年在实验中发现，通常用符号 e^- 代表。静止质量约 9.109×10^{-31} kg，约为质子静止质量的 1836 分之一。具有 1/2 的内禀角动量 (或称自旋)，以及数值约等于一玻尔磁子的内禀 (自旋) 磁矩。属于费米子，遵从费米-狄拉克统计和泡利不相容原理，其波函数为反对称波函数。与其他粒子的相互作用包括电磁相互作用和弱相互作用。其反粒子是正电子 (带一单位正电荷，其余性质与电子相同，通常用符号 e^+ 代表)。低能电子和正电子会在彼此的非弹性碰撞中发生湮灭并产生 γ 光子 (在碰撞能量足够大时甚至会生成一些其他粒子)，反之，极高能的光子碰撞会产生电子-正电子对。除此之外，中子的 β^- 衰变、黑洞视界外表面的霍金辐射，以及宇宙射线大气簇射，都会生成电子。束缚在原子中的电子分布在原子核周围的一系列壳层上围绕原子核运动并决定原子的许多物理及化学性质，在导电介质中的电子在电势差的驱动下作为载流子在原子之间自由运动并形成电流，在阴极射线管、粒子加速器或放射性元素的 β^- 衰变中，电子则以自由粒子的状态在空间运动。现代科学尚未观察到电子具有内部结构，可以认为电子本身的空间尺度为零。电子具有波粒二象性。

内壳层电子 [inner shell electron]　通常指原子中处理内壳层的所有电子。

内壳层 [inner shell]　对具有多个电子壳层的体系而言，通常指除最外壳层的所有其他壳层。

外壳层电子 [outer shell electron]　原子中处于最外壳层的电子。

等电子序列 [isoelectronic sequence]　具有给定束缚电子数 N 的一系列不同元素的原子或离子，或者它们的光谱。一个等电子序列一般以它的第一个成员 (中性原子) 为代表，如 Ar I 序列：Ar I，K II，Ca III，$\cdots$；如果要强调其中某个特殊的高离化成员，也可用该成员代表这个序列，如 Ar I 序列也可以表示为 Fe IX 序列。同一等电子序列中的已知光谱有助于预测该序列中的未知光谱。

受激原子 [excited atom]　因受外界的扰动 (激发) 而由较低能态跃迁到较高能态的原子。这类原子通常会以电磁辐射的方式衰落到较低能态，并释放出相应的能量。

受激电子 [excited electron]　原子和分子中受到外

界作用激发到更高的能级的电子。

退激 [发] [deexcitation]　由激发态释放能量退回到较低激发态或基态的过程。

相移 [phase shift]　对于周期性物理量而言，一个物理量的相位或多个物理量之间相差的变化。在分波法中，行波的相位变化能反映其传播过程中的行为。若不曾受到障碍物的干扰 (散射)，则波一直沿着其相位连续增加的方向前进，即相位变化的连续性刻画了波的自由传播特征。而若 (入射) 波遭遇了散射中心的散射，从散射中心发出的散射波的相位含有某种跃变部分，反映了波的散射特征。通常所说的相移特指力场势散射引起的各球面分波 —— 例如，第 l 个球面分波的相位突变或相位移动 δ_l，若它求出，则直接得到散射截面 (见分波法)。除了分波法 (直接解薛定谔方程) 之外，还有多种方法，可用以近似计算相移。

激发电势 [excitation potential]　使原子或分子从较稳定态跃迁到较高能态所需的电势，常以电子伏特为单位。

轨道电子俘获 [orbital electron capture]　又称电子俘获。放射性核俘获一个核外轨道电子而使核内的一个质子转化为中子并放出中微子的过程。发生第 i 轨道电子俘获的条件是母核原子的静止能减去子核原子的静止能必须大于子核原子第 i 层电子的结合能。俘获 K 壳层电子的叫 K 俘获，俘获 L 壳层电子的叫 L 俘获，余类推。由于 K 壳层电子离核最近，与其他各壳层中的轨道电子相比，它们更容易被原子核俘获，因此轨道电子俘获也常被称为 K 电子俘获。轨道电子俘获是放射性同位素衰变的一种形式，称为电子俘获 β 衰变。轨道电子俘获所形成的子核原子于缺少一个内层电子而处于激发态，可通过外层电子跃迁发射 X 射线标识谱或发射俄歇电子而退激。一般核的原子序数越高、半衰期越长、伴随核衰变的核自旋变化越大，则发生轨道电子俘获的概率越高。

电子俘获 [electron capture]　即轨道电子俘获。

里德伯态 [Rydberg state]　原子或分子的一个价电子被激发到远离原子或分子中心的轨道上，并围绕该中心运动，其对应的原子或分子的高激发电子态。一般表现为主量子数的改变。

组态平均电离能 [configuration-average ionization energy]　从原子的某组态的重心到离子某组态的重心所需要的能量。

组态混合 [configuration mixing]　见组态相互作用。

简并度 [degeneracy]　又称退化度。某给定能级所对应的状态数。

退化度 [degeneracy]　即简并度。

简并态 [degenerate state]　量子力学系统中两个或多个具有相同能量值的不同状态。相应的，若对应于某能量值只有一个状态，则该态称为非简并态。

非简并态 [nondegenerate state]　见简并态。

对称操作 [symmetry operation]　又称对称动作。具有对称性的图像是经过一种以上不改变其中任何两点间距离的动作后复原的图像，能使一个对称图像复原的每一种动作。图像的全部对称动作的集合形成包括主动作 (即不动作) 在内的对称动作群。物理或化学体系中的原子轨函、分子、晶体等均可视作一类具有对称性的图像，以对称操作、对称元素等来描述其在空间排布上的 (对称) 相关性。

对称动作 [symmetry operation]　即对称操作。

角动量量子数 [angular-momentum quantum number]　任何旋转的物体都有绕轴的角动量，它是一个矢量，当它不是连续变动时，会取不同的分离值，也就是量子化的。在量子力学中角动量是量子化的，即系统的角动量不能任意地取某实数值而只能取以约化普朗克常量为单位的整数或半整数倍。用来表征角动量量子化的参数即为角动量量子数。角动量量子数包括轨道角动量量子数 (l)，自旋角动量量子数 (s) 等。

原子壳层结构 [atomic shell structure]　关于原子内电子排布的一种简化模型。原子中核外电子状态的具体内容是下列四个量子数所代表的一些运动情况：

(1) 主量子数 $n = 1, 2, 3, \cdots$ 代表电子运动区域的大小和它的总能量的主要部分，前者按轨道的描述也就是轨道的大小；

(2) 轨道角动量量子数 $l = 0, 1, 2, \cdots, (n - 1)$ 代表轨道的形状和轨道角动量，这也同电子的能量有关；

(3) 轨道方向量子数 $m_l = l, l - 1, \cdots, 0, \cdots, -l$ 代表轨道在空间的可能取向，即代表轨道角动量在某一特殊方向 (例如磁场方向) 的分量；

(4) 自旋方向量子数 $m_s = 1/2, -1/2$ 代表电子自旋的取向，这也代表电子自旋角动量在某一特殊方向 (例如磁场方向) 的分量。

主量子数 [total quantum number, principal quantum number]　见原子壳层结构。

轨道量子数 [orbital quantum number]　见原子壳层结构。

自由–束缚连续 [free-bound continuum]　自由电子被离子俘获在一个束缚的轨道上，多余的能量以光子辐射，又称复合辐射，是光电离的逆过程。自由电子被俘获的几率依赖自由电子的能量与离子的能级结构。

复合辐射 [recombination radiation]　即自由–束缚连续。

自由-束缚跃迁 [free-bound transition]　　见自由–束缚连续。

自由-自由跃迁 [free-free transition]　　自由电子经过原子核或离子的电场, 被加速 (通过吸收光子) 或减速 (伴随发射光子), 相互作用后电子保持自由状态。通过自由–自由跃迁使自由电子减速并发射光子的过程即电子的轫致辐射, 辐射能量最大值为自由电子的初始动能, 强度与靶原子核的电荷数平方成正比。

束缚-束缚跃迁 [bound-bound transition]　　电子从原子的一个束缚态到另一个束缚态的跃迁。

束缚-自由跃迁 [bound-free transition]　　电子从原子的一个束缚态到电离态的跃迁, 即电离。

杂化轨道理论 [hybrid orbital theory]　　1931 年鲍林 (Pauling) 等从原子的电子波函数具有叠加性的观点出发, 在价键理论的基础上提出的理论。当一个原子与其他原子组成分子时, 若干不同类型、能量相近的原子轨道经叠加混杂, 通过重新分配轨道的能量和调整空间伸展方向, 组成同等数目的能量完全相同的分子轨道, 即杂化轨道。参与形成杂化轨道的原子轨道类型和数目, 可用于解释所形成的分子的几何结构。例如, CH_4 分子的正四面体结构就是由 C 原子的 1 个 2s 轨道和 3 个 2p 轨道通过 sp^3 杂化所决定的。

杂化键 [hybrid bond]　　由杂化轨道形成的分子键。

轨道杂化 [orbital hybridization]　　见杂化轨道理论。

无极分子 [nonpolar molecule]　　又称非极性分子。分子在无外电场时正负电荷中心重合, 没有永久电极矩 (包括电偶极矩、四级矩或多级矩)。这类分子在外加场时可以产生诱导电极矩。

非极性分子 [nonpolar molecule]　　即无极分子。

分子谱项 [molecular term]　　在分子物理中, 采用群表示和角动量表征分子的量子态, 这种简略的表示符号称为分子谱项符号, 等同于原子物理中的光谱项符号。下面是双原子或者存在对称反演中心的对称分子的光谱项符号:

$$^{2S+1}\Lambda^{(+/-)}_{\Omega,(g/u)}$$

其中, S 是总自旋量子数, Λ 是轨道角动量在分子轴上的投影, Ω 是总角动量在分子轴上的投影, u/g 是宇称, 只对同核双原子分子有意义, $+/-$ 是对通过分子轴的任意平面的反射对称性。

对于对称性较低的分子, 采用其所属点群的不可约表示符号表示分子谱项。如水分子 H_2O, 具有 C_{2v} 点群对称性, 其光谱项可用 C_{2v} 的不可约表示 (A_1, B_1, B_2, A_2) 表征。

g 态 [gerade state, g-state]　　以分子质量中心作为坐标原点, 考虑所有电子的位置从 (x_i, y_i, z_i) 到 $(-x_i, -y_i, -z_i)$ 对称变化, 如果波函数是不变的, 则为 g 态; 如果波函数符号改变, 则为 u 态。

u 态 [ungerade state, u-state]　　又称奇态。见 g 态, 分子谱项。

奇态 [ungerade state]　　即 u 态。

原子轨道线性组合法 [linear combination of atomic orbital method, LCAO method]　　通过对原子轨道进行线性叠加来构造分子轨道的一种方法, 也称为 LCAO-MO 方法, 由 Sir John Lennard-Jones 在 1929 年引入, 并经 Ugo Fano 进行了扩展。从数学上看, 原子轨道波函数构成了分子轨道的基函数, 即 LCAO-MO 的波函数形式为

$$\Psi_i = \sum_j^n C_{ji}\varphi_j$$

其中 Ψ_i 为第 i 个分子轨道, 由 n 个原子基函数 (原子轨道)φ_j 的线性叠加而成。作为基函数的原子轨道通常是在中心场近似下的单电子波函数。通过变分法和能量最低原理确定每个基函数的系数 c_{ji}。

分子轨道法 [molecular orbital method]　　见原子轨道线性组合法。

玻恩-奥本海默近似 [Born-Oppenheimer approximation]　　又称绝热近似。由物理学家奥本海默与其导师玻恩共同提出, 是一种普遍使用的求解包含电子与原子核的体系的量子力学方程的近似方法。分子的哈密顿一般情况下是很复杂的, 为了简化求解分子的薛定谔方程, 考虑到电子的质量比原子核质量小几千倍, 因此分子体系中电子的运动速度比原子核的速度快得多, 这使得当原子核做任何微小运动时, 电子都能迅速地运动建立起适应于核位置变化后的新的平衡, 因此 BO 近似把电子运动与核运动分开, 在讨论电子运动时, 近似认为电子是在不动的原子核力场中运动, 而在讨论核运动时, 由于电子运动很快, 核之间相互作用可用一个与电子坐标无关的等效势来表示。分子的总波函数是与电子运动相关的波函数和与核运动相关的波函数两部分相乘得到的。电子运动波函数在参数上依赖核坐标但独立于核的量子状态, 仅决定于电子状态, 核运动波函数描述核在电子的势场中核的振动和转动。

绝热近似 [adiabatic approximation]　　即玻恩–奥本海默近似。

双原子分子 [diatomic molecule]　　根据构成分子的原子数目, 一般可将分子分为双原子分子和多原子分子。如构成双原子分子的两个原子为相同种类原子, 称为同核双原子分子 (如氧气分子 O_2, 氮气分子 N_2); 如构成双原子分子的两个原子为不同种类原子, 称为异核双原子分子 (如一氧化氮分子 NO, 一氧化碳分子 CO)。同核双原子分子具有核交

换对称性,无永久电偶极矩,无红外吸收光谱,但可具有拉曼光谱。

多原子分子 [polyatomic molecule]　由两个以上的原子构成的分子。多原子分子具有更为复杂的几何结构和光谱,其对称性通常由分子点群表示。

同核分子 [homonuclear molecule]　仅由一种原子构成的分子,如 H_2,O_3,C_{60} 等。

回避交叉 [avoided crossing]　双原子分子中,在核间距的改变无限 (即绝热过程) 慢时,两个同类电子态的势能曲线不能相交。

最高占据分子轨道 [highest occupied molecular orbital, HOMO]　在已占据电子的分子轨道中,能量最高的分子轨道。类似地,在未被电子占据的分子轨道中,能量最低的分子轨道称为最低未占分子轨道。有时两者又统称前线轨道。

最低未占分子轨道 [lowest unoccupied molecular orbit, LUMO]　分子中,在未被电子占据的能量最低的分子轨道。

简谐近似 [harmonic approximation]　粒子之间的相互作用势能泰勒展开式只保留到二次项,即力常数与位移的一次项成正比,振动为一系列线性独立的谐振子,不发生相互作用,也不交换能量。分子和晶体中原子在平衡位置附近的振动近似视为简谐振动。

分子轨道 (函数) [molecular orbital]　在分子轨道理论中,采用函数描述分子中电子的波动行为,并计算分子的物理和化学性质。该概念首先由 Robert S. Mulliken 在 1932 年引入,即单电子轨道波函数。分子轨道常通过原子轨道的线性组合或分子中原子轨道杂化构建,可通过 Hartree-Fock 和自洽场方法定量获得。见原子轨道线性组合法。

前线轨 [道] 函 [数] [frontier orbital]　在量子化学中的 HOMO 与 LUMO 称为前线轨道。前线轨道理论认为分子在反应过程中首先起作用的是前线轨道,反应时,电子从一个分子的 HOMO 流向另一个分子的 LUMO,导致旧键的断裂和新键的形成。要使反应进行,HOMO 和 LUMO 之间必须满足分子轨道成键条件:两轨道的能量相近、波函数最大重叠和对称性匹配。

价键理论 [valence bond theory]　描述共价键形成和分子电子结构的一种理论,与分子轨道理论并称。其核心思想为:两个原子的价层轨道上的不成对电子可以通过自旋反平行的方式配对成键;在原子或分子中已经配对的电子,不能再与其他原子中的不成对电子成键,一个原子可以与其他原子形成的共价键数,决定于其不成对电子数;共价键的稳定性决定于原子轨道的重叠程度,两个原子轨道的重叠程度越大,形成的键越稳定;在原子轨道电子云密度的方向上最大,两个原子轨道可以发生最大程度的重叠。

价键 [valence bond]　分子中电子配对形成的定域化学键。

价键角 [valence angle]　分子中和两个相邻化学键之间的夹角。

价电子 [valence electron]　原子中最外层的电子。这些电子比较活跃,直接参与化学反应,形成化学键。

价态 [valence state]　价电子之间的耦合形成的原子、分子的电子状态。

价 [valence]　又称价数。给定原子或与其他一个或多个原子间形成的价键的数目。元素的价依赖于形成价键的价电子数目。一个单价原子、离子或团体含有一个价,只能形成一个共价键。具有双价的双价分子体系能够形成两个 σ 键或一个 σ 键加一个 π 键。

价数 [valence]　即价。

未配对电子 [unpaired electron]　电子在原子核外按照泡利原理、洪特定则和能量最低原理,每个轨道上最多只能安排两个电子,称为配对电子。如果轨道上只有一个电子,则为未配对电子。

联合原子极限 [united-atom limit]　为确定分子的全部电子态,可假定分子是从核间距为零的情况出发,分裂成两个原子核,则在核间轴的方向会产生一个不均匀的电场。电场强度一般足以使原子的自旋角动量 S 和轨道角动量 L 脱耦。原子轨道角动量 L 的分量可确定分子的轨道角动量在分子轴上的投影,分子态的自旋与原子态的自旋相同。

分离原子极限 [separate-atom limit]　与联合原子极限一样,是构造分子电子态的另一种假定方法。假定分子是从两个分离无穷远的原子出发,逐渐靠近形成分子,原子的自旋角动量、轨道角动量通过不同的耦合方式 (如 LS 耦合、JJ 耦合) 形成不同电子态的分子。

库仑爆炸 [Coulomb explosion]　双原子或多原子分子形成高价的母体离子时,由于本身的库仑排斥势在瞬间快速解离生成碎片离子的过程。

电荷转移态 [charge transfer state]　一种特殊的激发态形式,即束缚的空穴和电子分别局域在不同分子上或同一分子的不同部位,其分别对应着分子间或分子内电荷转移态。

反键轨道 [antibonding orbital]　原子轨道在线性组合成分子轨道时 (即两个波函数相加得到的分子轨道),能量较高的分子轨道。反键轨道总是与成键轨道成对出现,其余为非键轨道。反键轨道中,核间的电子的几率密度小。电子填入反键轨道中会使分子的稳定性降低。

成键轨道 [bonding orbital]　原子轨道在线性组合成分子轨道时,能量较低的分子轨道。成键轨道总是与反键轨道成对出现，其余为非键轨道。成键轨道中，核间的电子的几率密度大。电子在成键轨道中可以使两个原子核结合在一起。

成键 [bonding]　见成键轨道。

反（成）键 [antibonding]　当两个原子形成分子时，在原子核间出现键合形成分子轨道。如果两个原子核间电子密度分布存在节面，两个原子相互排斥作用，因此形成的键合称为反键。反键的键能较高，见反键轨道，分子轨道。

分子振动 [molecular vibration]　处于确定电子态的分子内原子间的周期性往复运动。这种周期性的运动频率称为振动频率。一个拥有 n 个原子的非线性分子有 $3n-6$ 个简正振动模式，线性的分子有 $3n-5$ 个简正振动模式。简正振动模式包括伸缩振动和弯曲振动等。每一简正振动模式有不同的振动频率，一般在 $10^{12} \sim 10^{14}$ Hz。分子的振动能量是各简正振动能量之和，简正振动能量的量子化形成了分子的振动能级。分子振动可用谐振子近似描述，但振动能级很高时，非谐效应会很明显。在光谱学上常用红外吸收光谱法与拉曼光谱学来测量分子的振动。

分子转动 [molecular rotation]　对于由 N 个原子构成的分子，可用 $3N$ 个坐标参量描述其运动，其中 3 个描述分子整体的平动，3 个描述分子的转动（线性分子为 2 个），$3N-6$ 个描述分子的振动（线性分子为 $3N-5$ 个）。由于分子中电子运动、原子核的振动和分子转动处于不同的时间尺度，可近似将分子中电子运动、分子振动和转动分别处理，将分子转动视为绕通过质心的笛卡尔坐标轴转动的刚性转子或转动陀螺，得到刚性分子的纯转动谱。平动不影响上述近似。进一步地，分子的转动和其他运动如振动是耦合在一起的，可视为对分子刚性转动的修正。

键弯振动模 [bond bending vibration mode]　两分子键之间的键角发生变化的分子简正振动模式。

键距 [bond distance]　又称键长。两个成键原子的平衡核间距离。是分子结构的基本构型参数，也是了解化学键强弱和性质的参数。

键长 [bond length]　即键距。

键杂化[作用] [bond hybridization]　在价键理论中，指原子轨道经杂化后所形成的不同能量和形状的新轨道，用以定量描述原子形成化学键的过程。见轨道杂化。

键强度 [bond strength]　即化学键的强弱，可用键能、键离解能以及键级等多种物理量描述。

成键态 [bonding state]　分子中原子轨道形成分子轨道后，若原子核之间的电子云密度增加，则称为成键态；反之，则称为反键态。

成键电子 [bonding electron]　填充在成键轨道中的电子。

化学成键 [chemical bonding]　原子核相互吸引形成包含两个或两个以上原子的化学物质，化学键的本质是静电力，包括原子核、电子之间的作用和偶极相互作用。强化学键包括共价键和离子键，弱化学键包括偶极–偶极相互作用、氢键等。依靠化学键的键合构成化学物质称为化学成键。

化学亲和势 [chemical affinity]　原子或分子进行化学反应的能力。化学亲和势实质上是分子中原子之间的电磁相互作用。

键伸[振动]模 [bond-stretching [vibration] mode]　键长沿键轴方向伸长和缩短的分子简正振动模式。伸缩振动又可以分为对称伸缩振动和不对称伸缩振动。

键极化性 [bond polarizability]　由于成键原子的电负性不同引起的，是键的内在性质，这种极性是永久的。

价键角 [valence angle]　分子中键与键的夹角，是分子几何构型的重要参数。

键能 [bond energy]　原子或分子结合形成化学键并放出能量，使体系处于能量更低的稳定状态，这种能量称为键能或结合能。键能是衡量化学键强弱的物理量，其大小为化合物中同种类型化学键解离能的平均值。对于强的化学键（离子键、共价键、金属键），键能在 $3\sim5$ eV/原子，对于弱的化学键（范德瓦耳斯键、氢键）键能为 $10^{-2} \sim 10^{-1}$ eV/原子。

范德瓦耳斯键 [van der Waals bond]　分子之间由于固有的或者感生的电偶极相互作用而形成的化学键。范德瓦耳斯键属于弱化学键。

分子键 [molecular bond]　即范德瓦耳斯键。

氢键 [hydrogen bond]　氢原子参与的一种特殊类型的化学键，即氢原子可以同时和两个负电性很强而原子半径较小的原子 X、Y(如 O、F 原子) 相结合，结合的形式为 X—H——Y，其中 X—H 键较短、较强，为共价键，而 H——Y 键较长、较弱，称为氢键，有时也将整个结合 X—H——Y 为氢键。这是由于 H 原子与负电性很强的 X 原子形成共价键后，电子偏向 X 原子，X 原子带负电，H 原子带正电，产生一定的偶极性，从而使 H 原子可以跟另一负电性很强的 Y 原子结合，形成氢键。因此氢键本质上也是范德瓦耳斯键。

离子键 [ionic bond]　见氢键。

共价键 [covalent bond]　见氢键。

金属键 [metallic bond]　金属原子间依靠自由运动的共有电子相互结合的键。其物理图像是：金属原子都是价电子少的原子，易失去价电子，变成正离子。正离子排列在金属晶体的阵点上，脱离原子的价电子为整个晶体所共有，在晶体中自由转移和流动，形成负电子云，正离子与负电子云之间的库仑引力使金属原子结合在一起，形成金属键。金属键无方向性，原子堆积方式只要求密堆积，以使势能最低，结合最稳定，因而大多数金属为面心立方密堆、六角密堆或体心立方密堆结构。从共有电子来看，金属键实质上也是一种共价键，但由于共有的电子少，是不饱和共价键，使其结合能比完全的共价键要低，从而有良好的延展性、导电性、导热性，升华温度也较低。

非[简]谐项 [anharmonic term] 在简谐近似下，分子中原子间的相互作用势能被近似地表示成原子间距离的二次函数，该函数关于平衡位置对称。实际的势能是一个关于平衡位置的非对称的函数，可以将其表示为平衡位置附近的多项式泰勒展开形式，其中三次及更高次以上的项称为非简谐项。

非[简]谐振子 [anharmonic oscillator] 如果发生相对振动的分子内原子间的运动方式不能以谐振来表示，即分子中原子间的相互作用势能与原子间距的关系不满足二次函数形式，由此形成的振子被成为非谐振子。

非[简]谐力 [anharmonic force] 如果分子中原子间的作用力大小与原子的间距不成正比关系，则它们之间的力为非简谐力，该力的方向指向平衡位置。

非[简]谐修正 [anharmonic correction] 在简谐近似下，分子中原子间的相互作用势能被近似地表示成原子间距离的二次函数，在这种近似条件下理论模拟的结果会与体系的实际情况有一定差别。为了更好地描述实际的原子分子体系，需要考虑原子间势能函数中作为原子间距的三次或更高次以上的项对结果的优化。这称为非简谐修正。非简谐修正的方法一般是对简谐近似的结果进行分析、修正和补充，以避免直接引入非简谐项带来的求解运动方程的困难。

非[简]谐效应 [anharmonic effect] 如分子内原子间的相互作用势能与原子间距的关系不满足二次函数形式，则由此引发的各种效应称为非简谐效应。例如，双原子分子振动平衡距离随着振动能级的升高而逐渐变大；热膨胀系数在非简谐振动模型下不再是线性的；多原子分子非简谐振动会产生除基频以外的倍频、合频等。

非[简]谐性 [anharmonicity] 分子内原子间的相互作用具有非[简]谐效应的性质。

非[简]谐振动 [anharmonic vibration] 如果发生相对振动的原子体系的运动方式不能以单一频率的谐振来表示，即原子间的相互作用具有非[简]谐效应，则这种振动称为非简谐振动。

结合能 [binding energy] 又称束缚能，两个或多个自由状态的原子结合在一起形成分子时释放的能量。结合能数值越大，分子就越稳定。结合能也可指中子和质子结合为原子核时释放的能量、分子和分子结合为多分子聚合物或团簇时释放的能量，等等。

束缚能 [binding energy] 即结合能。

结合力 [binding force] 将两个或者多个自由粒子结合在一起的力。通常原子与原子结合成为分子的结合力表现为化学键，可以分为离子键、共价键、金属键、范德瓦耳斯键和氢键等。结合力还包括质子和中子结合为原子核时的力，分子与分子结合为多分子聚合物或团簇时的力，等等。

解离 [dissociation] 又称离解。分子或团簇分解为更小尺寸的原子、分子或基团的行为。

离解 [dissociation] 即解离。

分子间键合 [intermolecular bonding] 两个或多个分子依靠分子间力成键，从而结合在一起，形成分子团簇的行为。见分子间力。

分子间聚合 [intermolecular condensation] 两个或多个小分子通过反应合成为一个更大分子的行为。在分子间聚合的过程中，可能伴有失去一个较小尺寸分子的过程。分子间聚合也用来指两个或多个分子形成分子团簇的行为，见分子间键合。

原子间距 [interatomic distance] 又称键长。分子中两个原子的核间距。分子中各原子处于平衡位置时的原子间距尺度大约在埃的数量级。在一些研究工作中，原子间距又被定义为两原子的间隙，即两原子核间距减去两原子半径和。

键长 [bond length] 即原子间距。

原子间力 [interatomic force] 原子间的相互作用力。所有原子间的相互作用力都是不同原子之间带正电的原子核与带负电的电子共同作用的结果。原子间力包括异类电荷之间的吸引力和同类电荷的排斥力。在某个原子间距时，排斥力与吸引力达到平衡。其中，排斥力为短程力，当原子间距很大时，排斥力很小。两原子依靠原子间力形成化学键，可分为离子键、共价键、金属键等。

分子间力 [intermolecular force] 临近分子之间的吸引或排斥力。两个或者多个分子依靠分子间力结合在一起，形成分子团簇。分子间力与分子内部作用力相比要弱得多。分子间力可分为由相邻分子间偶极相互作用而导致的范德瓦耳斯力，由氢原子参与形成的分子间氢键等。

准直[的]分子 [aligned molecule] 如果一个分子的某个分子轴平行于实验室空间参考系中的某个固定轴，但不限定分子端的方向，则称该分子为沿着这个空间固定轴准直[的]分子。实际上，准直[的]分子常是针对大量该种分子的体系而言，当体系中的分子排列平均效果具有平行于该空间固定轴的趋势时，则称这一分子体系达到了准直状态。

内部自由度 [internal degree of freedom] 当把粒子作为一个质点考察其整体运动时，质点内部更小尺寸粒子的运动自由度称为内部自由度。例如，将分子作为整体考察其平动运动时，分子内部的振动与转动就可被称为内部自由度；考察单分子内部的振动与转动运动时，每个原子内部的电子与原子核的自旋或轨道运动就可被称为内部自由度。

同分异构体 [isomer] 具有相同的原子成分,即具有相同的分子式,但是具有不同的分子结构的两种或者多种分子互为同分异构体。同分异构体分子之间,虽然具有相同的分子式,但是它们的化学性质及物理性质却可能有较大差别。

分子 [molecule] 能够独立存在并能够保持其化学性质的最小粒子。分子的概念最早是由阿伏伽德罗在 1811 年发表分子学说时提出。除了因自身电子满壳层排布形成的单原子分子 (如惰性分子氦、氖、氩等) 这种特例外,分子通常是由原子通过一定的相互作用方式结合而成。分子中的原子数目可以从几个到几十万个以上。由相同原子组成的分子称为单质分子,如氢分子 (H_2)、臭氧分子 (O_3);由不同原子组成的分子称为化合物分子,如水分子 (H_2O)、二氧化碳分子 (CO_2) 等。除了以上典型分类,分子还包括分子离子、范德瓦耳斯分子、氢键分子、里德伯分子、长程分子、金属团簇分子、奇特分子等。对它们的研究可了解分子结构、分子能级、动力学、化学过程。分子中既存在一般由原子内壳层电子形成的运动区域局限在特定的原子核周围的局域电子,也存在一般由原子价壳层电子贡献的可在成键区域乃至整个分子区域运动的离域电子。分子中电子的运动形成分子的电子能级,像原子一样,电子在分子轨道上的排布也符合泡利不相容原理。不同于原子,分子中还存在因原子振动和整体转动形成的分子振动能级和分子转动能级,并因此存在分子中独有的电子–振动耦合和振动–转动耦合效应。

分子量 [molecular weight] 又称相对分子质量。组成分子的所有原子的原子量总和。定义为分子的质量与碳 -12 原子质量的 $1/12$ 的比值。由于是相对值,所以分子量没有量纲。

相对分子质量 [relative molecular weight] 即分子量。

分子离子 [molecular ion] 中性分子失去或得到电子后形成的带电荷粒子。达到平衡的分子离子通常具有与中性分子不同的结构和性质。

分子说 [molecular theory] 人类对物质基本组成为原子与分子及它们的结构的认识。最早的较为正确的分子说在 1811 年由阿伏伽德罗提出,他认为:"分子是游离状态下单质或者化合物能够独立存在的最小质点。分子是由原子构成的,单质分子由相同元素的原子组成,化合物分子由不同元素的原子组成。在化学变化中,不同物质的分子中各种原子进行重新结合。"

范德瓦耳斯吸引 [van der Waals attraction] 分子间在范德瓦耳斯力的作用下产生的相互吸引作用,见范德瓦耳斯力。

范德瓦耳斯附着 [van der Waals adhesion] 见范德瓦耳斯吸附。

范德瓦耳斯吸附 [van der Waals adsorption] 分子之间,或者分子与表面之间,在范德瓦耳斯力的作用下连接在一起。

范德瓦耳斯能 [van der Waals energy] 分子间由范德瓦耳斯力相互作用所产生的势能。

范德瓦耳斯力 [van der Waals force] 一种分子间作用力,存在于分子与分子之间或高分子化合物分子内官能团之间的作用力。指外电子层已饱和的中性原子 (如惰性原子氖、氩、氦、氙) 或中性分子之间的相互作用力,其本质是由于电的相互感应,引起原子或分子极化,从而在它们之间产生电的吸引力,包括取向力、色散力和诱导力。与分子中的库仑力及共价力相比,中性原子或中性分子间的范德瓦耳斯力要弱得多。

色散力 [dispersion force] 又称伦敦力。原子或分子相互靠拢时,它们的瞬时偶极矩之间产生的吸引力。

伦敦力 [London force] 即色散力。

诱导力 [induction force] 在极性分子的固有偶极诱导下,临近它的分子会产生诱导偶极,分子间的诱导偶极与固有偶极之间产生的电性引力。在极性分子和非极性分子之间以及极性分子和极性分子之间都存在诱导力。

取向力 [orientation force] 极性分子与极性分子之间的固有偶极之间的电性引力。

范德瓦耳斯交互作用 [van der Waals interaction] 分子之间由于固有的或者感生的电偶极引起的正电与负电区域的相互吸引作用。

范德瓦耳斯分子气体 [van der Waals gas] 气体模型的一种。理想气体模型中没有考虑气体分子之间的相互作用,而范德瓦耳斯气体模型将分子看作不能发生形变的刚球,并考虑分子间的引力。刚球模型使得气体不能像理想气体一样被无限压缩。分子间的引力使得范德瓦耳斯气体的压强相对于理想气体会减小。

范德瓦耳斯分子 [van der Waals molecule] 两个或者多个外层电子已饱和的中性原子或分子由分子间的范德瓦耳斯键或者氢键连接而成的弱键分子。

零场分裂 [zero-field splitting] 考虑不同电子间相互作用时,即使在没有外加磁场的情况下,具有自旋大于 $1/2$ 的体系中相同角量子数的能级发生的分裂现象。

正电子 [positron] 又称阳电子、反电子、正子。电子的反粒子,即电子的对应反物质。正电子除带正的电子电荷外,其质量、自旋均与电子一样,常用符号 e^+ 表示。

人 [工] 构 [造] 原子 [artificial atom] 一种量子点。由于其内部电子在各方向上的运动受到局限,体现显著的量子局限效应,从而导致类似原子的不连续电子能级结构。

分子单层 [molecular monolayer]　材料表面的单分子层。

7.2　原子光谱和原子-光相互作用

原子光谱学 [atomic spectroscopy]　通过测量原子发射、吸收或散射的光来研究原子结构的方法，也可以被定义为研究光和原子之间相互作用的学科。电子处于原子中的分立能级上，电子在能级间跃迁会吸收或发射能量等于能级差的光子。原子光谱学进一步可分为原子吸收谱学，原子发射光谱学和荧光光谱学，原子散射光谱学。光源所发出的光谱称发射光谱。令发生连续光谱光源的光作用于原子，然后再通过光谱仪就得到吸收光谱。吸收光谱是在连续发射光谱的背景中呈现出的暗线。当原子经某种波长的入射光 (通常是紫外线或 X 射线) 照射，吸收光能后进入激发态，并且立即退激发并发出出射光 (通常波长比入射光的的波长长，在可见光波段)，这种出射光称为荧光。当光与原子相互作用，除了光的透射和光的吸收外，还观测到光的散射。在散射光中除了包括原来的入射光的频率外 (瑞利散射)，还包括一些新的频率。这种产生新频率的散射称为拉曼散射。通过原子光谱的研究，可以得到原子的能级结构、能级寿命、电子的组态等多方面物质结构的知识。原子光谱也提供了重要的定性与定量的分析方法。

原子光谱 [atomic spectrum]　原子中电子在能级之间跃迁伴随着光的吸收或发射，能级间能量变化决定吸收或发射光的波长，原子吸收或发射光的波长与相应强度分布情况构成原子光谱。原子光谱反映出原子内的能级结构与电子运动，研究原子尺度物质结构的重要途径之一。原子中分立能级之间的跃迁表现为线状光谱；带状光谱实质为密集分布的线状光谱组成；连续态-分立态之间的跃迁表现为连续光谱，例如 X 射线中的轫致辐射谱。

光谱 [optical spectrum]　又称光学频谱。复色光经过色散系统 (如棱镜、光栅) 分光后，被色散开的单色光按波长 (或频率) 大小而依次排列的图案。在原子分子物理中，通常指光的波长 (或频率) 成分和强度 (或功率) 分布之间的关系图，它是研究物质结构的重要途径之一。

光学频谱 [optical spectrum]　即光谱。

谱范围 [spectral range]　又称光谱范围。自然存在或人为限定可供使用的光谱波长 (或频率) 上下限所规定的区间。

光谱范围 [optical spectral range]　即谱范围。

电磁波谱 [electromagnetic wave spectrum]　包括电磁辐射所有可能的频率，按照波长由长到短，电磁波可以分类为无线电波 (波长大于 10 cm)、微波 (10～0.01 cm)、红外线 (10μm～700 nm)、可见光 (700～400 nm)、紫外线 (400 nm～10Å)、X 射线 (10～0.1Å) 和伽马射线 (小于 0.1Å) 等。一个物体的电磁波谱指该物体发射或吸收的电磁辐射 (又称电磁波) 的特征频率分布。物质中电荷载子的集体振荡可以发射无线电波，分子的转动能级间的跃迁对应于微波到红外波段的吸收或发射，分子的振动能级间跃迁一般在近红外波段，分子或原子的价电子激发通常可见到紫外波段，而原子内层电子的激发、重元素内层电子的高能量发射则分别对应 X 射线和 γ 射线。通过各种不同的光谱仪，测量原子或分子吸收或发射的电磁波谱特征频率，获得详细的波谱数据，从而理解其内部结构和物理过程。

谱线移 [spectral line shift]　泛指谱线偏离原波长 (或频率) 位置的现象。谱线向长波段移动叫红移，向短波段移动叫蓝移。

谱线 [spectral line]　又称光谱线。均匀且连续的光谱上亮或暗的线条，起因于对单色光的发射或吸收。

光谱线 [spectral line]　即谱线。

谱 [强度] 分布 [spectral distribution]　通过解析或图表的方式描述辐射通量随波长 (或频率) 变化率的函数关系。

谱分析 [spectral analysis]　又称光谱分析。根据物质的光谱来鉴别物质的化学组成和相对含量的方法。

光谱分析 [spectral analysis]　即谱分析。

谱特性 [spectral characteristic]　波长和一些其他变量的关系，如波长和单位波长辐射功率之间的关系。

[频] 谱密度 [spectral density]　一般描述信号 (通常是波的形式) 能量或者功率的频率分布。

双共振 [double-resonance]　同一体系中的两个不同的共振都被激发起来的现象。

光电 [子] 发射 [photoemission]　当固体 (或液体) 在电磁辐射的作用下，表面会吸收光子并发射电子，发射出来的电子叫作光电子。

里德伯 [线] 系 [Rydberg series]　原子或分子中被激发电子的一组束缚态。这样的束缚态具有给定的一组被激发电子的量子数和离子实状态。

格罗春图 [Grotrian diagram]　又称谱项图。考虑了与电子角动量变化有关的特定的选择定则，一种用以标出原子的主要光谱线及其有关容许跃迁能级的能级图，其中光谱线以联接在有关能级之间的纵向或斜向直线来表示，每条这种直线旁边注明对应的光谱线波长。1928 年由格罗春 (Walter Grotrian) 提出。

谱项图 [term diagram]　即格罗春图。

能级图 [level diagram]　根据原子分子可能有的能量值画出的能级分布图。能级图的纵坐标表示能量。实际存在的能级用水平线表示，能级图是原子分子能量的最简单的表述，是研究谱线的有效工具。

[光] 谱线系 [spectral series]　在原子光谱中遵循一定规律的一组光谱线。在发射光谱中，一个谱线系中的谱线对应从不同的上能级到同一个下能级的所有容许跃迁。这些谱线的波数遵循确定的规则并收敛到谱线系的极限。例如氢原子中的 Lyman, Balmer, Paschen, Brackett, Pfund 和 Humphreys 系，碱金属光谱中的主线系、漫线系和锐线系。

谱线形 [spectral line shape]　描述原子分子光谱线的特征形状。一条谱线的自然宽度由不确定关系确定。理想的线形包括洛伦兹线形、高斯线形和佛克脱线形，以线位置、最大高度和半宽等参量描述。实际上，多普勒效应、碰撞等因素能造成谱线增宽。对每一个线形，其线形函数的半宽随着系统的温度、压力和相的变化而变化。分析谱线的线形能够获得辐射源的物理参数。

跃迁 [transition]　量子跃迁的简称，体系的量子状态在两个能级之间的跳跃式变化过程。跃迁吸收或放出的能量取决于体系两个能级的能量差，跃迁强度由上下能级的波函数和相互作用算符组成的跃迁矩阵元的模平方所决定。量子态间的跃迁需遵守一定的选择定则，例如，在原子能级间跃迁的选择定则由角动量守恒和宇称守恒所决定。

跃迁速率 [transition rate]　单位时间内的跃迁概率，表征跃迁过程的快慢。

费米黄金定则 [Fermi golden rule]　在量子力学中，计算波函数由一个特征态变换为另一个特征态的速率。

考虑一个哈密顿算符为 H_0，初始态为 $|i\rangle$ 的系统，且这个系统受到某个哈密顿算符 H' 的影响。如果 H' 跟时间无关，那么系统只会转变成与初始态拥有相同能量的其他特征态。如果 H' 跟时间有关，而且是一个随时间以角频率 ω 振荡的函数，则系统会转变到另一个能量与初始态相差 $\hbar\omega$ 的新状态。不管是哪种状况，自初始态 $|i\rangle$ 转变为末态 $|f\rangle$ 几率的一阶近似为：$T_{i\to f} = \frac{2\pi}{\hbar}|\langle f|H'|i\rangle|^2 \rho$，其中 ρ 代表末态状态密度 (每单位能量内状态个数)，$\langle f|H'|i\rangle$ 则为初态与末态的转变项。这个转换几率也被称为衰变几率，并与平均寿命相关。

自发跃迁 [spontaneous transition]　原子分子中，电子自发地从高能级跃迁到低能级，多余的能量以辐射形式放出，这种过程称自发跃迁。见自发辐射。

自发辐射 [spontaneous radiation emission]　原子分子中处于较高能级的电子，可以自发地跃迁到较低的能级并发出光子，这就是自发辐射现象。在量子电动力学中，电磁场是量子化的，即使其平均值为零，但是围绕电磁场平均值的量子涨落并不为零，正是这一不为零的量子涨落提供了相互作用导致了自发辐射现象。

受激发射 [stimulated emission]　一个能量等于二能级间能量差的光子与处于高能级的原子分子作用，使原子分子跃迁到低能级并发射另一个光子，称为受激发射。受激发射产生的光子能量与引起受激发射的光子能量有相同的频率，且其相位、偏振状态和传播方向都相同。激光是典型的由于受激发射而产生的相干光。

拉比振荡 [Rabi oscillation]　二能级量子系统在振荡的驱动场 (如相干光照射) 中，周期性地吸收或受激发射能量 (如光子能量)，这样的周期性行为称为拉比振荡，其周期称为拉比周期，它的倒数称为拉比频率。

拉比频率 [Rabi frequency]　见拉比振荡。

自然寿命 [natural lifetime]　在没有外界相互作用下，处于激发态的原子分子的寿命。这是量子力学不确定关系所导致的。自然寿命的大小由激发态原子分子的自发发射速率决定。自然寿命是影响谱线宽度的因素之一。

能级宽度 [[energy] level width]　一个能级的能量范围，根据量子力学能量和时间不确定关系，能级宽度 ΔE 取决于原子分子在该能级的寿命 τ，$\Delta E \times \tau \approx \hbar$，$\hbar$ 为约化普朗克常量。能级宽度决定了谱线宽度。见不确定关系，谱线。

多普勒 [谱线] 增宽 [Doppler broadening]　谱线增宽的一种，由原子分子热运动引起的多普勒效应造成的谱线频率加宽。观测到的气体中单个分子的发射频率取决于这个分子与观察者连线方向上的速度分量，如果分子满足麦克斯韦分布，那么观测到的频率具有相同的分布，给出的光谱线线形为多普勒线形。

多普勒效应 [Doppler effect]　由波源与观察者之间的相对运动所引起的频率变化。假设波源的波长和波速分别为 λ 和 v_0，观察者和波源相对运动的速度大小为 v，当观察者与波源相对运动时，观察到的波的频率增加，为 $(v_0+v)/\lambda$；当观察者远离波源时，观察到的波的频率降低，为 $(v_0-v)/\lambda$。多普勒效应是光谱非均匀增宽的因素之一。

多普勒线形 [Doppler profile]　见多普勒增宽。

多普勒频移 [Doppler shift]　由多普勒效应引起的波的频率或波长的改变量。

线形 [line shape]　即谱线形。

谱线轮廓 [spectral line profile]　即线形。

线形函数 [line shape function]　谱线强度围绕中心频率附近的分布函数。

谱宽 [spectral bandwidth]　谱线的宽度，通常用半高全宽定量表征。

谱线增宽 [spectral line broadening]　即谱增宽。

非均匀 [谱线] 增宽 [inhomogeneous broadening]　见均匀 [谱线] 增宽。

均匀 [谱线] 增宽 [homogeneous broadening]　对

于位于 E_i 能级上的所有原子分子来说，如果跃迁 $E_i - E_k$ 的吸收或发射几率都相等，这种跃迁的光谱线形称为均匀增宽，反之为非均匀 [谱线] 增宽。自然增宽是均匀增宽的一种，多普勒增宽是非均匀增宽的一种。

半高全宽 [full width at half maximum]　简称 [谱线] 线宽、半宽。又称半峰全宽。谱线强度最大值一半位置处的频率差。

半峰全宽 [full width at half maximum, half-peak width]　即半高全宽。

半峰半宽 [half width at half maximum]　半高全宽值的一半。

谱线宽度 [line width, line breadth]　简称线宽。见半高全宽。

斯塔克效应 [Stark effect]　在电场作用下，原子、分子等发射的光谱线发生分裂或位移现象，1913 年德国物理学家斯塔克发现。根据量子理论，斯塔克效应是外电场方向跟原子轨道角动量的夹角不同，使原子获得不同能量所致。沿着电场方向观测到的谱线分裂现象成为纵向斯塔克效应；垂直于电场方向观测到的谱线分裂现象成为横向斯塔克效应。

里兹组合原则 [Ritz combination principle]　用于分析原子光谱的一个基本定则，由里兹在 1908 年提出。光谱线的波数可以表示成两个光谱项之差，即 $G(v) = T(n_1) - T(n_2)$，这个关系式就称为组合原则。其中光谱项与原子态能量的关系是 $T(n) = -En/hc$。不同光谱项的组合，就给出可能有的谱线频率。但必须指出，并不是在给定原子的光谱中都能观察到根据组合定则得到的所有频率的谱线，因为其中有一部分是不符合选择定则的。从能量概念出发，光谱项是各种原子态能量的表征，组合原则就表示原子从一种能态跃迁到另一种能态时所释放出的能量。

X 射线 [X-ray]　又称伦琴射线。伦琴 (W. K. Röntgen) 于 1895 年发现，当时他把这种人们未知的射线命名为 X 射线。X 射线是核外内壳层电子产生的波长介于紫外线和 γ 射线间的电磁辐射，其波长范围一般在 0.001～0.1 nm 或更长一点。波长小于 0.1 nm 的常称为硬 X 射线，比 0.1 nm 长的称软 X 射线。

产生 X 射线的最简单方法是用加速后的电子撞击金属靶。撞击过程中，电子突然减速，其损失的动能会以光子形式放出，形成 X 光光谱的连续部分，称之为轫致辐射。通过加大加速电压，电子携带的能量增大，则有可能将金属原子的内层电子撞出，形成空穴，外层电子跃迁回内层填补空穴，同时放出光子。由于外层电子跃迁放出的能量是量子化的，所以放出的光子的波长也集中在某些部分，形成了 X 光谱中的特征线，称为特性辐射。高强度的 X 射线亦可由同步加速器或自由电子激光产生。

X 射线具有频率高、穿透能力强等特性，在物质结构探测、医疗诊断等方面被广泛应用。

伦琴射线 [Röntgen rays]　即 X 射线。

X 射线发射谱 [X-ray emission spectrum]　X 射线发射谱由两部分构成，一是高速电子轰击在靶上被减速发生轫致辐射而产生的连续谱，二是加速电子能量足够高使原子内层电子电离，其他壳层电子跃迁至内层填补空穴而发射的特征线状谱线，称为标识谱。标识谱重叠在连续谱上，波长取决于靶的材料。

X 射线吸收谱 [X-ray absorption spectrum]　入射 X 射线在某一频率范围内部分被物质吸收的情况，通过物质吸收 X 射线的强度与 X 射线频率的函数关系，可确定物质的构成和定量关系。一般情况下，吸收曲线为质量吸收系数 (τ/ρ) 随 X 射线波长的变化，其中 ρ 是吸收物质的密度，τ 是吸收系数。由于 X 射线贯穿强，吸收系数一般随波长的减少而降低，但在某一特定波长处，X 射线吸收强度会突然增加，该波长称为物质的 X 射线吸收限 (或吸收边)，吸收限对应于基态能级和各电离能级之间的跃迁。

X 射线吸收边 [X-ray absorption edge]　见 X 射线吸收谱。

俄歇效应 [Auger effect]　以其发现者法国物理学家俄歇 (P. Auger) 的名字命名。原子中内壳层电子被 X 射线或其他方式电离后，产生的空穴会被其他壳层的高能级电子填补，多余的能量以发射光子或电子的形式释放，发射的电子为俄歇电子。俄歇效应取决于原子本身内壳层能级结构及其所处的环境。

俄歇电子 [Auger electron]　见俄歇效应。

X 射线吸收近边结构 [X-ray absorption near-edge structure, XANES]　见 X 射线吸收精细结构。

X 射线吸收精细结构 [X-ray absorption fine structure, XAFS]　X 射线能量在接近和超过内层电子结合能时，原子吸收 X 射线的细致结构。这种细致结构来自 X 射线激发的光电子被周围原子散射，形成向内的电子的德布罗意波，与原来向外的波发生干涉，结果发生增强或减弱，从而导致 X 射线吸收系数随能量发生振荡。XAFS 可分为两部分：EXAFS(延伸 X 射线吸收精细结构) 吸收边高能侧 30～50 eV 至 1000 eV 的吸收系数的振荡，称为 EXAFS，它含有吸收原子的近邻原子结构信息 (近邻原子种类、配位数、配位距离等)；XANES(X 射线吸收近边结构)，吸收边至高能侧 30～50 eV 的吸收系数的震荡，称为 XANES，它含有吸收原子的电子结构和近邻原子结构信息。分析 X 射线精细结构谱可以在在原子尺度探测物质的物理和化学结构，得到所研究体系的电子和几何局域结构。X 射线精细结构研究广泛应用于生物学、环境科学、催化研究和材料科学。

X 射线吸收光谱学 [X-ray absorption spectroscopy] 目前广泛应用于取得气态、分子及凝聚体中，目标原子之区域 (原子尺度) 结构信息及电子状态的一种技术。X 射线吸收光谱可通过调节 X 射线光子能量，在目标原子束缚电子的激发能量范围内进行扫描而得。通常需使用同步辐射设施提供高强度的可调波长的 X 射线光束。与 X 射线吸收光谱相关的技术，包括 X 射线吸收精细结构，延伸 X 射线吸收精细结构 (extended X-ray absorption fine structure, EXAFS)。另外，X 射线吸数光谱区段在接近目标原子的壳层电子激发处，目标原子的壳层电子吸收光子，会有一陡直的上升，称之为 X 射线吸收近边结构 (X-ray absorption near-edge structures, XANES) 或 X 射线吸收近边精细结构 (near-edge X-ray absorption fine structure, NEXAFS)。

X 射线吸收 [X-ray absorption] X 射线穿过厚度为 t 的物质后，其强度会因以下三种物理过程而衰减: (1) 被物质中原子散射; (2) 光电效应; (3) 康普顿散射，后两者会产生自由电子。强度 (I) 的衰减服从指数衰减定律，即 Beer 定律: $I = I_0 e^{-ut}$，其中 I_0 为初始强度，u 称为吸收系数。

X 射线吸收近边谱学 [X-ray absorption near-edge spectroscopy] 分析 X 射线近边吸收结构以获取围绕吸收原子周围的局域原子簇的原子几何配置情况信息，同时反映出费米能级之上低位的电子态结构的谱学。

X 射线吸收近边结构 [X-ray absorption near-edge structure, XANES] 即 X 射线吸收精细结构。

X 射线近吸收边精细结构 [near edge X-ray absorption fine structure] 简称 NEXAFS，又称 X 射线吸收近边结构。见 X 射线吸收精细结构。

软 X 射线谱学 [soft X-ray spectroscopy] 见 X 射线，X 射线发射谱学。

X 射线非弹性 [散射] 近边谱学 [X-ray inelastic near-edge spectroscopy, XINES] 见 X 射线发射谱学。

X 射线激发荧光 [X-ray-excited fluorescence] 利用 X 射线击出元素内层电子，造成元素核外电子的跃迁，在被激发的电子返回基态的时候，会放射出特征 X 光，称为 X 射线激发荧光；不同的元素会放射出各自的特征 X 光，具有不同的波长特性。

X 射线发射谱学 [X-ray emission spectroscopy, XES] 一种元素及位点指定的探测材料部分占居态密度的 X 射线光谱技术，是确定材料详细的电子特性的一种有力工具。X 射线发射谱学包括共振非弹性和非共振 X 射线发射谱学。在共振激发中，内核电子被激发到导带的一个束缚态；在非共振激发中，内核电子被辐射激发到连续态。

二能级系统 [two-level system] 又称二态系统。在量子力学中，二能级系统是一个有两个可能的量子态的系统。二能级系统的一个例子是，一个自旋为 −1/2 的粒子，如电子，其自旋值可以有 $+\hbar/2$ 或 $-\hbar/2$，其中，$\hbar$ 是约化普朗克常量。更正式地讲，二能级系统的希尔伯特空间有两个自由度，所以生成的一个完备基空间，必须由两个独立的态组成。在量子物理中如果这两个态是简并的，也就是说，如果两个态有相同的能量，则二能级系统具有平凡解。然而，如果两态之间存在能量差，则存在非平凡解。二能级系统可成为许多重要物理过程的简化动力学模型。

二态系统 [two-state system] 即二能级系统。

二能级模型 [two-level model] 利用二能级系统描述的物理模型。见二能级系统。

塞曼效应 [Zeeman effect] 由于原子具有磁矩，在外磁场的作用下会附加能量，导致能级分裂，跃迁产生的谱线会相应发生分裂且具有偏振的现象，称为塞曼效应。原子的磁矩主要由电子的轨道磁矩和自旋磁矩耦合而成，且空间取向量子化，磁场作用下附加能量不同，从而引起能级分裂。当总自旋为零时，在电偶极跃迁的选择定则下，塞曼效应会导致谱线一分为三，彼此间隔相等且为 μB (μ 为原子磁矩，B 为外加磁场强度)，这称为正常塞曼效应。例如 Cd 原子 643.847 nm 的谱线在外磁场中分裂为三条。对于总自旋不为零的原子，塞曼效应也会导致谱线分裂为更多条，称为反常塞曼效应。例如 Na 原子 D 线中 589.6 nm 和 589.0 nm 的谱线在外磁场中分别分裂为四条和六条。塞曼效应的发现证明了原子磁矩的空间量子化，也是电子自旋假说的重要证据。

塞曼能量 [Zeeman energy] 原子或分子的磁矩或者物质的磁化矢量与外磁场相互作用能。

塞曼分裂 [Zeeman splitting] 由塞曼效应引起的能级分裂。见塞曼效应。

塞曼调谐激光器 [Zeeman tuned laser] 利用塞曼效应，将强磁场加于激光振荡器上产生的波长在较小范围内可调谐的激光器。

正常塞曼效应 [normal Zeeman effect] 见塞曼效应。

塞曼能级 [Zeeman level] 原子在外磁场中由塞曼效应导致能级分裂，分裂后的能级。

塞曼跃迁 [Zeeman trasition] 塞曼能级之间的量子跃迁。

弧光放电 [arc discharge] 又称电弧。当电场强度过强，气体被击穿，持续形成温度较高的等离子体，使得密度大的电流通过通常状态下绝缘的介质 (如空气等)，并伴随高强度光发射现象。

电弧 [voltaic arc] 即弧光放电。

弧光谱 [arc spectrum] 气体或蒸汽中弧光放电产生的光谱。

杨-泰勒效应 [Jahn-Teller effect] 如果一个非线性分子处于简并电子态,每一个导致对称性降低的振动模式(杨-泰勒活性振动)会影响势能面分裂,简并态消失。换言之,简并态不稳定,最低的平衡结构对应较低对称性。这种自发的对称性破缺称为杨-泰勒效应。

场致光发射 [field induced photoemission] 由电磁场、激光场等引起的光发射。

场致电离 [field ionization] 在外电场的作用下发生的电离。

原子极化率 [atomic polarizability] 表征原子极化的能力,原子属性之一,决定原子系统对外电场的响应,是研究原子内部结构的重要参量。

光谱线同位素位移 [spectroscopic isotope shift] 同一元素的不同同位素具有不同的核质量和电荷分布,对原子分子的能级有影响,因而引起原子光谱的微小移位,称为同位素位移。同位素位移效应在原子光谱、核磁共振谱、分子振转谱中体现出不同量级的谱线移动。

选择定则 [selection rule] 起源于光的发射与吸收理论,是角动量守恒定律和宇称守恒定律的结果。满足选择定则的原子分子体系量子态间的跃迁称为容许跃迁,反之为禁戒跃迁。

容许态 [allowed state] 在一个容许跃迁中,满足选择定则的跃迁末态。

容许跃迁 [allowed transition] 遵守选择定则的跃迁。

选择激发 [selective excitation] 遵守选择定则的激发。

选择吸收 [selective absorption] 介质对光的吸收泛指光在介质中传播而导致能量转化和强度衰减的过程。一般地,若在一定波长范围内,光被介质较少地吸收而导致同样的强度衰减,称为光的一般吸收,其强度变化遵循比尔-朗伯定律。然而,介质组成物质的微观的原子分子对光的吸收取决于选择定则,在宏观上表现为某种物质对某波段光表现出强烈吸收的现象,称为选择吸收。一般情况下,物质的光吸收均由一般吸收和选择吸收共同组成,由于选择吸收而使物质显示不同的颜色。

一般吸收 [general absorption] 又称普遍吸收,见选择吸收。

普遍吸收 [general absorption] 即一般吸收。

非辐射跃迁 [non-radiative transition] 又称无辐射跃迁。原子或分子的量子态的改变,即由一个能级向另一个能级跃迁时,并没有电磁波的吸收或发射,这种量子态之间的跃迁叫作非辐射跃迁。例如原子中的俄歇效应和分子中的振动弛豫都是非辐射跃迁。前者是通过发射俄歇电子而不是发射光子释放能量,后者是通过碰撞转移能量而改变振动量子态。

无辐射跃迁 [radiationless transition] 即非辐射跃迁。

辐射跃迁 [radiative transition] 跃迁是指电子在原子分子能级之间的跳跃式转变,从而改变原子分子的量子状态。辐射跃迁是指伴随电子跃迁有电磁辐射的产生,电子辐射的能量为原子分子中发生跃迁的能级之差。

自电离 [auto-ionization] 当原子(分子)被激发到一个能量高于电离势的电子态时,存在一定几率该态退激发形成一个更低能量的阳离子并发射一个电子。出射电子的能量等于激发态原子(分子)与阳离子能量之差。

自电离光谱学 [autoionization spectroscopy] 原子自电离态处于第一电离限之上的连续能域,其能级寿命较短,主要取决于自电离过程。因此,自电离光谱涉及原子从分立激发态到一个连续态的自发跃迁,具有较大的谱线宽度,其线型包含了丰富的电子相互作用信息。

蓝移 [blue shift] 光谱线向光谱蓝端的移动,表现为波长变短、频率升高。

发射 [emission] 处于激发态原子、分子等跃迁至低能级时释放电磁辐射的过程。

发射光谱学 [emission spectroscopy] 处于激发态的原子、分子在从高能级向低能级跃迁时会发射光子,每种元素会发射一系列分立的特征谱线,通过研究发射光谱可以得到原子、分子等的能级结构、能级寿命、电子的组态、分子的几何形状、化学键的性质、反应动力学等多方面物质结构信息。同时,发射光谱学也提供了重要的定性与定量的化学分析方法。

发射光谱 [emission spectrum] 原子分子中电子从高能级向低能级跃迁会产生光子发射形式的电磁辐射,发射光的波长由两个能级之差决定,发射光的波长和强度构成了原子分子的发射光谱。每种原子或分子的发射光谱具有唯一性,可用于检测物质的构成。发射光谱可以是连续的、线状的和带状的。

发射[谱]线 [emission line] 处于激发状态的原子发射的线状电磁辐射,见发射光谱。

能量分辨本领 [energy resolution] 又称能量分辨率。仪器对粒子能量的分辨本领,指仪器对两个能量非常接近的粒子刚好能加以识别的能力。通常以刚能分辨两粒子间的能量差与该两粒子的平均能量比值为仪器的能量分辨率,比值越小,分辨率越高,仪器的性能越好

能量分辨率 [energy resolution] 见能量分辨本领。

碱金属原子 [alkali metal atom] 元素周期表 IA 族元素中所有的金属元素的原子,目前共计锂(Li)、钠(Na)、

钾 (K)、铷 (Rb)、铯 (Cs)、钫 (Fr) 六种。碱金属原子最外层轨道均只存在一个 s 电子。碱金属原子中的铷和铯可用于精准的原子钟，钫具有放射性。

负离子 [negative ion]　又称阴离子。带负电荷的离子。

阴离子 [anion]　即负离子。

光辐射 [optical radiation]　光辐射是电磁波谱的一部分，包括紫外辐射、可见光谱和远红外辐射。光辐射的波长范围是 100 nm 到 1 mm。

辐射场量子化 [quantization of radiation field]　辐射场量子化的概念最早是爱因斯坦在解释光电效应时提出。其后狄拉克、泡利、海森伯等将有限自由度的质点组的量子化方法用于处理辐射场的量子化，形成了早期的量子电动力学。辐射场量子化的方法有两种，一种是把电磁场与经典的多粒子系统相比拟，利用一次量子化的方法进行，另一种是将电磁场与量子力学中的单粒子波函数相比拟，用二次量子化的方法进行。通过对辐射场量子化后，辐射场由分立的没有质量，但具有确定能量、动量和自旋的光子组成。

光谱项系 [term series]　氢的所有谱线都可以用里德伯方程方程表示。此方程为：$v = \dfrac{1}{\lambda} = R_H \left[\dfrac{1}{n^2} - \dfrac{1}{n'^2} \right] = T(n) - T(n')$，$v$ 为波数即波长 λ 的倒数，R_H 为里德伯常数。上式公式中 $n=1, 2, 3, \cdots$ 对每个 n 有一个 $n' = n+1, n+2, n+3, \cdots$ 构一组谱线。$T(n), T(n')$ 称光谱项，每个 n 对应一个光谱项系。

在里德伯方程中：$n = 1$，$n' = 2,3,4,5, \cdots$ 此谱线系在紫外区，为 1914 年莱曼 (T. Lyman) 发现，称莱曼系。$n = 2$，$n' =3,4,5,6, \cdots$ 在可见光区，为巴耳末 (J. J. Balmer) 发现，称巴耳末系。$n = 3$，$n' =4,5,6,7, \cdots$ 在红外区，1908 年由帕邢 (F. Paschen) 发现，称帕邢系。$n = 4$，$n' =5,6,7,8, \cdots$ 在红外区，1922 年由布拉开 (F. Brackett) 发现，称布拉开系。$n = 5$，$n' =6,7,8,9, \cdots$ 在红外区，1924 年由普丰德 (Pfund) 发现，称普丰德系。

光谱项 [spectroscopic term]　在里兹组合原则中，光谱线的波数可以表示成两个 (光谱) 项之差；后被玻尔量子理论证实。在利用量子力学描述多电子原子的电子态时，沿用了原子光谱项这一概念。采用原子中电子总角动量量子数的缩写形式描述原子的量子态，这种缩写形式称为光谱项符号。

对于轻原子，自旋-轨道相互作用很小，总轨道角动量量子数 L 和总自旋角动量量子数 S 均为好量子数，可采用 L-S 耦合描述原子的电子态。原子态可用 $^{2S+1}L_J$ 形式描述。$2S+1$ 称为自旋多重度：即对于给定的 L 和 S，可能 J 取值的数量。前 17 个 L 的符号为

$$L = 0\ 1\ 2\ 3\ 4\ 5\ 6\ 7\ 8\ 9\ 10\ 11\ 12\ 13\ 14\ 15\ 16 \cdots$$
$$S\ P\ D\ F\ G\ H\ I\ K\ L\ M\ N\ O\ Q\ R\ T\ U\ V \cdots$$

为描述原子的电子态，常将电子组态与光谱项符号合用，如碳原子的基态为 $1s^2 2s^2 2p^2$，$^3P_0$。其中 S 与 L 的组合称为项 (term)，S，L 和 J 的组合称为 (能) 级 (level)。

[光] 谱项 [spectral term]　见光谱项。

[光] 谱支 [spectral branch]　在分子振动-转动谱中，基态和激发态包含不同转动量子数 ($\Delta J=0,\pm1$，J 为转动量子数) 的振动跃迁形成的不同的光谱带。其中 $\Delta J=0$ 形成的振动谱带，称为 Q 支；$\Delta J=+1$ 称为 R 支；$\Delta J = -1$ 称为 P 支。

[光] 谱线系 [spectral series]　见光谱项系。

光吸收 [optical absorption, photoabsorption]　光吸收分为一般吸收和选择吸收。对光吸收很少并在一定的波段内都减弱同样强度的称为一般吸收。一种物质对某些波长范围内的光呈现强烈的吸收称为选择吸收。任何介质对光的吸收都是由一般吸收和选择吸收组成的。物质因选择吸收而显示颜色。

自由基 [free radical]　独立存在的有一个或几个不配对电子的原子 (离子) 或基团。

斯塔克 [谱线] 增宽 [Stark broadening]　由斯塔克效应引起的光谱线加宽，是光谱线加宽的主要机制之一。

原子谱线 [atomic [spectral] line]　原子内部电子跃迁形成的谱线，可分为两类：发射谱线是由电子从原子内部离散的特定能级发生跃迁至更低的能级而形成的，并释放出具有特定能量和波长的光子。这些对应着相应跃迁的大量光子所形成的能谱会在对应的波长处显示出发射峰。吸收谱线是由电子从原子内部离散的特定能级发生跃迁至更高的能级而形成的，这个过程需要吸收具有特定能量和波长的光子。通常情况下这些被吸收的光子会来自一个连续光谱，从而使这个连续光谱在对应被吸收光子的波长处显示出因吸收而凹陷的特征。这两类谱线中所对应的两个跃迁能级需要对应着电子的束缚态，因而这类跃迁有时也被称为 "束缚态-束缚态" 跃迁，与之对应的是电子从束缚态获取足够的能量从而从原子中完全逸出 ("束缚态-自由态" 跃迁)。自由态的电子具有连续谱，此时的原子被电离，而过程所辐射的能谱也是连续的。

原子吸收光谱学 [atomic absorption spectroscopy]　见原子光谱学。

原子荧光光谱学 [atomic fluorescence spectroscopy]　见原子光谱学。

原子相干效应 [atom coherence effect]　原子相干效应是应用相干光场将原子中本来不相关的能级耦合起来，进而改变光与物质相互作用的传统规律，使光在吸收、发射、色散和折射率等方面呈现出崭新的物理现象。

组合 [谱] 线 [combination lines]　当不同频率的两个跃迁同时被激发时，在光谱中观察到的两种频率的合频或差频等谱线；也可指具有相同频率的不同跃迁在光谱中产生的重合谱线。

多光子效应 [multiphoton effect]　伴随着多光子过程产生的各种非线性效应，例如分子的多光子吸收，多光子吸收后产生的光谱等。

多光子激发 [multiphoton excitation]　原子或分子通过多光子过程由基态或较低激发态跃迁至较高激发态的过程。

多光子过程 [multiphoton process, many-photon process]　原子或分子同时相干的吸收两个或两个以上光子的跃迁过程，跃迁不必涉及实际的中间态。一般而言，跃迁需要的光子数越多，相应的跃迁概率就越小。只有在高光强下，多光子过程才容易发生。利用多光子过程，可以实现对单光子能量无法达到的原子分子高激发态的研究。另外，由于选择定则不同，从多光子跃迁光谱可获得单光子禁戒跃迁能级的信息。

双光子吸收 [two-photon absorption]　原子或分子同时吸收两个光子由低能级跃迁到高能级的过程。见多光子过程。

双光子共振 [two-photon resonance]　原子或分子同时吸收两个光子，当两光子能量和等于上下能级差时，这个过程称为双光子共振。双光子共振又指在双光子过程中，如果原子或分子在一个光子能量附近有真实能级的存在，则该双光子过程会被极大程度的增强。

多光子光谱学 [multiphoton spectroscopy]　光谱学的分支，它研究与原子与分子多光子过程相关的光谱。多光子光谱学可用于研究高激发态原子分子过程，以及单光子禁戒跃迁的能级信息。见多光子过程。

高阶谐波产生 [high-order harmonic generation]　原子、分子、团簇或固体材料等在强激光作用下，被电离的电子与母体复合时会放出高能量的光子，其频率为入射光能量的整数倍，这种过程称为高阶谐波的产生。高阶谐波的特征光谱形状为一个低次谐波强度随阶次快速下降的微扰区，接着一个包含多次谐波阶次、强度变化不大的平台区，和一个强度快速减弱的截止区。高阶谐波的产生在阿秒时间分辨原子分子电子动力学过程研究、X 射线波段光谱研究、生物活体高时空分辨成像等领域有重要的应用。

多光子离解 [multiphoton dissociation]　分子或团簇通过多光子过程被激发到高激发态后，发生键的断裂，产生小尺寸的分子、基团等碎片的过程。

光散射谱学 [light scattering spectroscopy]　光与粒子相互作用后会发生散射现象，研究散射光光谱的学科称为光散射谱学。光与不同粒子作用时，会发出不同种类的散射光。例如：光与相对较小尺寸分子散射时，会得到瑞利散射光或拉曼散射光等；光射在其尺度显著大于波长的粒子上时，会得到米氏散射。拉曼光谱学是最为常见的散射光谱技术。

拉曼散射 [Raman scattering]　当光与分子发生非弹性散射时，散射光的频率可能发生改变，这种现象称为拉曼散射。分子在入射光作用下产生的感生电偶极矩会受分子自身振动和转动频率调制，改变其极化率。感生偶极矩振动不仅有入射光频率 ω_L 还有两个对称分布在入射频率两侧的新频率 $\omega_L \pm \omega_q$，ω_q 为振动频率。频率相对入射光频率 (瑞利线) 减小的一侧称为斯托克斯线 ($\omega_L - \omega_q$)，而另一侧称为反斯托克斯线 ($\omega_L + \omega_q$)。

拉曼谱学 [Raman spectroscopy]　通过分析拉曼光谱数据，获得分子振动、转动能级结构，研究分子性质的学科。见拉曼散射。

共振拉曼光谱学 [resonance Raman spectroscopy]　如果散射系统中有接近激发频率的吸收能级，则产生的拉曼散射强度相对于普通的拉曼散射会被极大程度的增强，光谱的形状也有可能不同，这种拉曼散射称为共振拉曼散射。涉及共振拉曼散射过程的拉曼谱学称为共振拉曼谱学。

超拉曼散射 [hyper-Raman scattering]　在二倍激发频率附近出现散射光的拉曼散射过程。是我国物理学家李荫远首先在 1964 年从理论上提出的。超拉曼散射中可以观测到传统拉曼散射中由于选择定则的限制而被禁止的一些模式，从而可以获得比传统拉曼散射和红外光谱更加丰富的光谱信息。

受激拉曼散射 [stimulated Raman scattering]　高强度的激光会与原子中的电子激发、分子中的振动、晶体中的晶格振动发生耦合，使散射过程具有受激发射的性质，这种非线性光学效应称受激拉曼散射。受激拉曼散射表现出阈值特性、谱线宽度比较窄、散射光具有定向辐射性质 (在激发光的方向上强度最强)。受激拉曼散射又指：普通拉曼散射过程是自发发生的，即入射光中的少量光子自发的参与拉曼散射过程。在受激拉曼散射中，可通过某种手段与泵浦光一起激发拉曼过程，例如，加入与斯托克斯光同频率的信号光。此时的拉曼散射过程发生效率相对自发条件下要提高很多，泵浦光子的能量会更快的转换为拉曼散射光的能量。见拉曼散射。

反斯托克斯散射 [anti-Stokes scattering]　原子分子等与光散射过程中产生频率高于激发光频率的谱线的过程。在拉曼散射中，反斯托克斯线的强度远小于斯托克斯线的强度。反斯托克斯线相对于斯托克斯线的强度随着波数位移的增加而迅速减弱。

反斯托克斯线 [anti-Stokes line]　原子或分子吸收光后产生频率大于激发光频率的谱线。

斯托克斯频移 [Stokes shift]　原子或分子的发光频率与激发光频率的差值。

斯托克斯线 [Stokes line]　原子或分子吸收光后产生频率小于激发光频率的谱线。

相干反斯托克斯–拉曼散射 [coherent anti-Stokes Raman scattering, CARS]　一种特殊的四波混频效应。在拉曼散射中当两束入射光的差频与拉曼散射频移发生共振时，会伴随共振增强效应并产生频移值等于拉曼频移的更高频率的相干光，此类散射称为相干反斯托克斯–拉曼散射。

相干拉曼散射 [coherent Raman scattering]　拉曼散射研究中，将两个激光束的频差调节在介质的拉曼频率处，即可产生介质的拉曼振动的相干激发，此类散射称为相干拉曼散射。包括受激拉曼散射、受激拉曼增益散射、逆拉曼散射、相干斯托克斯拉曼散射、相干反斯托克斯拉曼散射，拉曼诱导克尔效应及拉曼光学双共振等。

增强拉曼散射 [enhanced Raman scattering]　拉曼散射过程中，如果激发光的频率和原子或分子体系的电子能级差相吻合，则该拉曼散射过程将得到极大程度的增强，称为由能级共振导致的增强拉曼散射。

拉曼 [光] 谱 [Raman spectra]　由分子振动和转动运动导致激发光频率变化而产生的光谱。拉曼光谱常能与振转红外光谱反映出相同的分子振动态信息，相当于将红外光谱移动到可见光波段。每一种物质 (分子) 都有自己的特征拉曼光谱，这是拉曼光谱表征某一物质的依据。拉曼光谱图的纵坐标是散射强度，横坐标是拉曼位移，单位是波数 (cm^{-1})。

超瑞利散射 [hyper-Rayleigh scattering]　瑞利散射中除了弹性散射的基频光以外，还存在少部分的频率等于入射光子频率二倍、三倍等的散射光，称为超瑞利散射。

偶极相互作用 [dipole interaction]　具有偶极矩的分子之间的电相互作用，所指的偶极矩可以是永久偶极矩，也可以是诱导偶极矩。

带宽 [bandwidth]　原子、分子光谱线或光谱带的频率 (波长) 宽度。

广义振子强度 [generalized oscillator strength, GOS]　在光谱学中常常使用振子强度或光学振子强度这一物理量来表征原子在两个态之间的电偶极吸收或发射。它来源于经典电偶极子辐射理论，用振子强度描述具有一定简谐振动频率的电偶极振子个数。振子强度是一个无量纲的物理量，对光吸收情况，终态为上能级，光学振子强度为正；对光发射情况，光学振子强度为负。贝特类比光学振子强度描述原子吸收光子的跃迁概率而定义广义振子强度 f 来描述原子从初态到激发态的电子碰撞跃迁概率 (原子单位 a.u.)，在玻恩近似下，它只与靶粒子本身的性质有关，即与靶粒子的初态和末态波函数的重叠积分有关，而与入射粒子的能量无关。

振子强度 [oscillator strength]　经典电动力学处理光的吸收、色散、散射等问题时将辐射或吸收的基本单元看作为振子。通常将原子或分子的吸收、发射作用强度用其中含有的振子数来表达，这个数就称为振子强度，常用 f 表示。

吸收光谱 [absorption spectrum]　光辐射被原子或分子体系部分吸收后，通过的辐射强度作为频率或者波长的函数称为吸收光谱。测量吸收光谱的光源一般为宽带辐射源。

吸收光谱学 [absorption spectroscopy]　光谱学的一个分支学科。它使用吸收光谱的方法研究原子或分子体系的性质。见：吸收光谱、[光] 谱学、原子光谱学、分子光谱学。

吸收 [谱] 线 [absorption line]　在吸收光谱中，对应原子或分子体系两能级间跃迁的波长处形成的强度相对较弱的光谱结构。

吸收截面 [absorption cross-section]　微观粒子间相互作用发生损耗过程的一种概率量度。通常定义为入射粒子被靶粒子吸收的概率，单位为面积单位，粒子从位置 x 传播至位置 $x+dx$ 时，被吸收的粒子数 dN 等于位置 x 处入射的粒子数 N、单位体积内的靶粒子数 n、吸收截面 σ 三者的乘积，即 $dN/dx = Nn\sigma$。

吸收边 [absorption edge]　又称吸收限。物质对电磁辐射的吸收随辐射频率的增大而增加，在某一频率处吸收会突然增大，该频率位置既为吸收边。吸收边的频率一般对应于原子或分子系统的跃迁能级差或电离所需能量的频率。例如，入射辐射的能量增加到原子内 K 壳层电子的束缚能时，会被原子强烈吸收、打出 K 壳层电子，在光谱上体现为吸收边结构。

吸收限 [absorption edge]　即吸收边。

吸收 [极] 限 [absorption limit]　对应物质吸收系数不连续处的辐射波长。

吸收峰 [absorption peak]　光谱中吸收度随波长变化曲线上极大值处中心波长所对应的位置。

吸收系数 [absorption coefficient]　电磁波 (光子) 穿过物理单位 (一原子或分子、厚度单位或质量单位) 的物质时被吸收的概率 (或数量)。见比尔–朗伯 [吸收] 定律。

自吸收 [self-absorption]　发射体向外的辐射被自身原子或分子吸收，而使谱线中心强度减弱的现象。例如，处于基态的原子被激发时，能产生一定波长的辐射光，同样，它也能吸收辐射光。当辐射光由光源发光区域的中心轴辐射出来时，将通过周围空间一段路程，然后向四周空间发射，但因发光层四周的温度较中心温度低，故外围原子多数处于基态或低能态，因而产生自吸收，使谱线中心强度减弱。自吸收严重的情况下，谱线中央消失，形成双线，称为"自蚀"。自吸收最强的谱线称为自蚀线。

红外吸收谱学 [infrared absorption spectroscopy]

研究红外吸收谱的产生、规律和应用的学科。红外吸收光谱是由分子振动和转动运动而产生的,每种分子都有由其组成和结构决定的特征振动和转动模式,使得入射到分子体系上的宽带红外辐射中某些特定波长将被吸收,形成这一分子的特征红外吸收光谱。通过红外吸收光谱可以对物质分子进行分析和鉴定。

吸收带 [absorption band]　波长连续分布的辐射通过原子分子体系时,辐射能量被吸收的波长范围称为吸收带。按波长区域分为红外吸收带、可见吸收带及紫外吸收带等。

束箔光谱学 [beam-foil spectroscopy]　束箔谱技术是 20 世纪 60 年代发展起来的,它利用快速离子束打在固体的薄箔上,并通过分析这一过程中薄箔材料的激发发光,研究原子和离子的性质。束箔光谱实验装置一般包括离子加速器、能量分析器、离子透镜和准直装置、靶室、单色仪、光电探测器等。利用束箔谱技术研究原子核离子的光谱、能级、激发态的寿命、原子的精细结构和超精细结构,包括兰姆位移,以及原子和离子核的极化等的学科称为束箔光谱学。

单色光 [monochromatic light]　具有单一频率或极窄频率范围的光。特点是不能产生色散。

单色光源 [monochromatic source]　发射单色光的光源。比如氦灯、氩灯、氪灯、氢灯等都是单色光源。光辐射的波长分布区间越窄,单色性越好。

单色辐射 [monochromatic radiation]　频率范围很小的,可用一个频率来描述的辐射。也可用空气中或真空中的波长来表征单色辐射。

单色波 [monochromatic wave]　只含单一频率的波。

频移 [frequency shift]　原子或分子系统吸收或发射光的频率发生改变。例如,由多普勒效应引起的多普勒频移,由拉曼效应引起的斯托克斯或反斯托克斯频移。

频谱 [frequency spectrum]　把某一物理量按幅值或相位表示为频率的函数的分布图形。一般频谱中横坐标为频率或圆频率,纵坐标即为某一物理量(例如,强度、速度等)的幅值或相位。

混频 [frequency mixing]　不同频率 ω_1、ω_2 的两束光或多束光在非线性介质中叠加,得到 $\omega_1 + \omega_2$ 的和频光波或 $\omega_1 - \omega_2$ 的差频光波,这种现象称光的混频。

[二] 倍频 [frequency doubling]　又称第二谐波。频率为 v 的辐射通过非线性晶体材料时产生其二倍频率辐射的过程。见倍频。

第二谐波 [second harmonic]　即[二]倍频。

倍频 [frequency multiplication]　频率为 ν 的辐射通过某种晶体材料传播出来时成为多种频率的混合,一种是原来的频率 ν,此外还有新的频率 2ν 以及更高倍的频率

3ν、4ν 等。倍频是一种非线性效应,经典电动力学认为光作用下原子或分子的电磁辐射是光与电偶极子相互作用引起振动,这种振动使得偶极子本身成为电磁辐射源。在偶极子振幅小时,其发射的辐射与入射辐射相同。随着入射辐射增强,偶极子振幅增大,结果非线性效应变得明显,偶极子的振动频率产生谐波,即发出频率为入射辐射频率整数倍频率的辐射。其中最强谐波是入射频率的 2 倍。

受激辐射 [stimulated radiation]　处于激发态的发光原子或分子在辐射场的作用下,向低能态或基态跃迁辐射光子的现象。此时,外来辐射的能量必须恰好是原子或分子两能级的能量差。受激辐射发出的光子和外来光子的频率、位相、传播方向以及偏振状态全相同。受激辐射是产生激光的必要条件。

受激吸收 [stimulated absorption]　原子或分子在辐射场的作用下,吸收与上下能级差相同能量的光子而从下能级跃迁到上能级的过程。

受激跃迁 [stimulated transition]　在辐射场作用下,原子或分子吸收或发射光子而导致的能级之间跃迁的过程。见受激辐射、受激吸收。

受激发射 [stimulated emission]　见受激辐射。

质谱 [mass spectrum]　离子信号的强度随质量与电荷的比值(即质荷比)的大小变化依次排列所而构成的图谱。

质谱测定法 [mass spectrometry]　样品电离,生成的不同质荷比的带正电荷的离子,经在加速电场的作用下,形成离子束,进入质量分析器;在质量分析器中,再利用电场和磁场使不同质荷比的离子分开,将它们分别聚焦而得到质谱图,从而确定其质量的方法。

质谱仪 [mass spectrometer]　使用电场或磁场将不同质荷比的离子进行分离、检测的仪器。主要是由进样系统、离子源、质量分析器、检测器、数据记录系统组成的。质谱仪包括:飞行时间质谱仪、四极质谱仪、离子阱质谱仪等。

发光 [luminescence]　当某种原子或分子受到诸如光的照射、外加电场或电子束轰击等的激发后,向低能级跃迁过程中,能量会通过光子的形式释放出来,这种现象称为发光。

可见光谱 [visible spectrum]　波长范围在人眼视觉可以感受的波段(380~780 nm)的光谱,是整个电磁波谱中极小的一个区域。

激光感生荧光 [laser induced fluorescence]　样品分子在入射激光照射下被激发后,由高能级向较低能级跃迁发出的符合选择定则的荧光。见荧光。

光电成像 [photoelectronic imaging]　利用光电变换和信号处理技术获取目标图像。将光学像投射到光电阴极,使之发射电子,再通过电子光学系统聚焦成与原光学像

共形的电子像并加速至探测元件上读出，以提高感光能力的技术。

钠灯 [sodium lamp]　利用钠蒸气放电产生可见光的电光源。钠灯又分低压钠灯和高压钠灯。低压钠灯的工作蒸气压不超过几个帕。低压钠灯的放电辐射集中在 589.0 nm 和 589.6 nm 的两条双 D 谱线上，它们非常接近人眼视觉曲线的最高值，故其发光效率极高。高压钠灯的工作蒸气压大于 0.01 MPa。高压钠灯是针对低压钠灯单色性太强，显色性很差，放电管过长等缺点而研制的。

汞 [汽] 灯 [mercury vapor lamp]　以汞作为基本元素，并充有适量其他金属 (如镉、锌) 或其他化合物的弧光放电灯。

真空紫外 [光] [vacuum ultraviolet, VUV]　波长范围在 10 ~ 200 nm 的紫外光。因该波段的紫外线在空气中被氧气强烈吸收而只能应用于真空而得名。

真空紫外谱学 [vacuum ultraviolet spectroscopy]　研究真空紫外光谱的学科，主要用在原子、分子光谱学和高温等离子物理研究中。

紫外光 [ultraviolet]　又称紫外线。波长比可见光短，但比 X 射线长的电磁辐射，波长范围在 10 ~ 400 nm，能量在 3 ~ 124 eV。因在光谱中电磁波频率比肉眼可见的紫色光还要高而得名。

紫外线 [ultraviolet ray]　即紫外光。

紫外 [光] 吸收谱 [ultraviolet absorption spectrum]　由于分子的价电子跃迁而产生的一种吸收光谱，利用物质的分子或离子对紫外的吸收所产生的紫外光谱及吸收程度可以对物质的组成、含量和结构进行分析、测定、推断。在紫外吸收光谱中，常见的电子跃迁有 $\sigma \to \sigma^*$、$n \to \sigma^*$、$\pi \to \pi$ 和 $n \to \pi^*$ 四种类型。

紫外辐射 [ultraviolet radiation]　波长范围为 10 ~ 400 nm 的电磁辐射。由于只有波长大于 200 nm 的紫外辐射，才能在空气中传播，所以人们通常讨论的紫外辐射效应及其应用，只涉及 200 ~ 400 nm 范围内的紫外辐射。为研究和应用之便，科学家们把紫外辐射划分为 A 波段 (400 ~ 315 nm)、B 波段 (315 ~ 280 nm) 和 C 波段 (280 ~ 200 nm)，并分别称之为 UVA、UVB 和 UVC。

饱和光谱学 [saturation spectroscopy]　利用饱和吸收光谱研究原子分子超精细能级结构的光谱学分支。

饱和吸收光谱 [saturation absorption spectroscopy]　简称 SAS。一种直接获得消除多普勒增宽的简便激光光谱方法。它是一种高分辨率光谱，广泛应用于激光频率标准、激光冷却等方面。饱和吸收光谱技术有效地消除了多普勒增宽对谱线的影响，实现了对亚多普勒线宽的原子、分子气体样品的吸收谱线的探测。其基本物理原理是将传播方

向相反而路径基本重合的两束光 (泵浦光与探测光) 穿过气体样品，当激光频率扫描到其原子或分子的精细能级的共振频率时，根据多普勒效应，只有在探测光路径上速度分量为零的那部分原子或分子由于其多普勒频移为零，才能同时与泵浦光和探测光发生共振相互作用，由于相对较强的泵浦光使这部分原子在基态的数目减少，所以对探测光的吸收减少，因而谱线呈吸收减弱的尖峰，对应于超精细能级跃迁。

自激振荡 [autovibration, self-excited oscillation]　如果在放大器的输入端不加输入信号，输出端仍有一定的幅值和频率的输出信号，这种现象叫作自激振荡。

谱强度 [spectral intensity]　谱线所对应的能级间跃迁所存在的几率，可以被表示成波长 (或者频率) 的函数。

7.3　分子光谱和分子–光相互作用

分子光谱学 [molecular spectroscopy]　光谱学的一个分支学科。分子内部的电子运动、分子振动和分子转动的能量都是量子化的，分子从一种能态改变到另一种能态时，会吸收或发射光谱，其波长包括从紫外到远红外直至微波谱区域。因此，通过分析分子光谱数据，来研究光与物质的相互作用和光谱的产生过程，可获得分子的能级结构、能级寿命、电子组态、分子几何结构、分子反应动力学等信息。由于分子的运动可划分为电子的运动、分子的振动和转动运动，分子光谱学可依据研究的对象不同，划分为电子光谱学、振动光谱学和转动光谱学。但因为这些运动划分只是体现了分子运动的某个侧面，实际过程往往是由这些运动共同决定了分子的状态，所以，这些光谱学之间存在紧密的联系。

分子光谱可以通过吸收或者发射的方法来研究。一般的分子光谱学研究设备包含辐射源、分析器和探测器三个部分。在许多现代设备中，所研究的系统常常处于不同的稳定或者振荡电磁场中，从而研究这些电磁场对系统的影响，得到系统的更完整图像。分子光谱学中使用的光源可以分为线光源、连续光源、激光等；常用的光谱分析仪器有棱镜光谱仪、光栅光谱仪、法布里–珀罗光谱仪、傅里叶变换光谱仪等；常用的探测器有照相板、光电倍增管、微通道板、阵列探测器等。光与物质相互作用所发出的波长随着物质的不同而不同 (光谱指纹)，这是光谱定性分析的基础。这种相互作用的强弱与特定物质的浓度紧密相关，由此又可以进行定量分析，这种定量分析往往是非常精确的。分子光谱学研究除了对认识物质世界基本规律有着重要作用之外，在医学、制药、化工、农业、环保等领域也有着广泛而重要的应用。

分子光谱 [molecular spectrum]　分子从一种能态改变到另一种能态时吸收或发射的光谱，其可包括从紫外到远红外直至微波谱区域。分子光谱与分子内电子的跃迁、分

子中原子在平衡位置的周期性振动和分子绕轴的转动相对应。因此，分子光谱一般有三种类型：电子光谱、转动光谱和振动光谱。分子中的电子在不同能级上的跃迁产生电子光谱。由于它们处在紫外与可见区，又叫作紫外可见光谱。电子跃迁常伴随能量较小的振转跃迁，所以它是带状光谱。与同一电子能态的不同振动能级跃迁对应的是振动光谱，这部分光谱处在红外区而称为红外光谱。振动伴随着转动能级的跃迁，所以这部分光谱也有较多较密的谱线，故又叫振转光谱。纯粹由分子转动能级间的跃迁产生的光谱称为转动光谱。这部分光谱一般位于波长较长的远红外区和微波区而称为远红外光谱或微波谱。分子光谱是提供分子内部信息的主要途径，根据分子光谱可以确定分子的转动惯量、分子的键长和键强度以及分子离解能等许多性质，从而可推测分子的结构。

带状谱 [band spectrum]　分子的电子能级间跃迁一般会伴随着振动、转动能级之间的跃迁，产生的光谱往往会出现很多条光谱线聚集在一定波长范围内的情况，称为带状谱。另外，液体和固体等高密度介质中，由于原子或分子之间频繁的碰撞，导致其能级由于碰撞加宽而聚集在一起，甚至形成连续光谱带，也称为带状谱。

内转换 [internal conversion]　较高电子激发态的分子通过无辐射跃迁的方式转换到较低的电子态，转换过程中保持分子自旋不变，两电子能级的能量差转换为低电子态的较高振动激发能，这一过程称为内转换。

超快过程 [ultrafast process]　原子分子内或原子分子间发生的时间尺度在皮秒、飞秒乃至阿秒的快速过程，例如，分子转动态演化及分子在空间取向运动发生在皮秒 ($1ps = 10^{-12}s$) 时间尺度，分子内部的原子运动及其振动态演化发生在飞秒 ($1fs=10^{-15}s$) 时间尺度 (典型的，氢分子的原子振动周期约为 7fs)，而原子分子内部电子态演化和电子运动则在阿秒 ($1as=10^{-18}s$) 时间尺度 (典型的，氢原子内基态电子经典运动周期约 150 as)。研究这些量子态演化及其运动是深入认识和控制分子、原子、电子的基础。

超短脉冲 [ultrashort pulse]　"超短"一般指皮秒到阿秒范围。在光学中是延续时间在皮 ($10^{-12}s$) 数量级或更短的光学频率范围内的电磁脉冲。

超快光谱术 [ultrafast spectroscopy]　研究时间尺度在皮秒–阿秒量级的超快过程的光谱技术。主要用于研究物质的超快光学特性以及超快光与物质的相互作用。利用超快激光的窄脉冲特性来研究物质随时间演化的特性，时间分辨和实现相干态等是其主要特色。常见的超快光谱技术包括：泵浦–探测超快光谱、相干态的产生和探测、时间分辨发光光谱、瞬态吸收光谱、时间分辨四波混频技术、时间分辨红外光谱、THz 时域超快光谱、X 射线超快光谱等等。阿秒技术、频梳技术等超快光谱技术光脉冲则用来研究涉及电子运动的特性。

弗兰克–康登原理 [Franck-Condon principle]　在分子中，电子跃迁的同时也伴随着振动能级的改变，该原理用来解释分子电子跃迁光谱中振动谱带强度分布。其经典描述为：由于电子跃迁时间远小于原子核振动时间，在发生电子跃迁前后，分子中各原子核的位置及其运动速度可视为几乎不变，因此电子垂直跃迁的概率最大。其量子力学描述为：根据玻恩–奥本海默近似，电子运动与原子核振动可分离，电子跃迁对光谱强度的贡献与原子核坐标的依赖关系很小，不同电子振动态的跃迁相对强度取决于两个振动态波函数的重叠积分的平方，该平方值称为弗兰克–康登因子。

光致离解 [photodissociation]　分子、离子或团簇由于吸收光子被激发后发生的解离行为。

光致预离解 [photopredissociation]　分子吸收光以后被激发到一个束缚态，如果这个束缚态与另一个解离态相交叉，则即使分子的能量没有达到束缚态的解离阈值，该分子仍有可能通过内转换到达解离态而发生解离，这种过程称为光致预离解。

[光] 谱带 [spectral band]　在某个光谱区间内密集或连续分布的光谱成分。见带状谱。

转振耦合 [rotation-vibration coupling]　分子振动和转动运动的相互影响、不可分割性。分子在转动过程中，转动惯量会由于分子的振动而发生变化；分子在振动能级之间跃迁时，可以跃迁至不同的转动能级。

转振 [谱] 带 [rotation-vibration band]　由密集分布的谱线组成的光谱带。在分子光谱上，某电子能级上的两个振动能级之间的跃迁往往是由密集分布的许多条谱线组成，这些谱线是由每个振动能级附近的很多转动能级引起的。

转动量子数 [rotational quantum number]　不同转动能级以转动角动量的量子数表征。

转动自由度 [rotational degree of freedom]　完整表示分子空间方向所需的最少变量个数。对于线性分子，转动自由度为 2；对于非线性分子，转动自由度为 3。

转动能级 [rotational energy level]　分子的转动能量是量子化的，不同能量的转动模式形成不同的转动能级。

转动光谱 [rotational spectrum]　在分子的同一电子能级和同一振动能级的不同转动能级之间跃迁所产生的多条光谱线组成的光谱。

转动态 [rotational state]　分子转动过程中具有不同转动角动量的状态称为不同的转动态。

振动能级 [vibrational energy level]　分子的振动能量是量子化的，不同能量的振动模式形成不同的振动能级。

振动自由度 [vibrational degree of freedom]　完整表示分子内各原子相对分子内固定参考点的空间位置所需

的最少变量个数。对于线性分子，振动自由度为 $3N-5$；对于非线性分子，振动自由度为 $3N-6$，其中 N 为原子个数。

振动常数 [vibrational constant]　使用下式计算分子振动能级能量时用到的常数，其中的 v_e 为振动常数，v 为振动量子数，x_e、y_e 为非简谐常数。

$$E_v = \left(v+\frac{1}{2}\right)\nu_e - \left(v+\frac{1}{2}\right)^2\nu_e x_e + \left(v+\frac{1}{2}\right)^3\nu_e y_e + 高次项$$

振动激发 [vibrational excitation]　分子系统吸收能量后由低振动能级跃迁到高振动能级的过程。

振动谱 [vibrational spectrum]　在分子的同一电子能级的不同振动能级之间跃迁所产生的多条光谱线组成的光谱。

振动态 [vibrational state]　分子振动过程中每个振动量子数对应的振动能级的本征态。

零点能 [zero-point energy]　粒子在绝对零度时振动 (零点振动) 所具有的能量。零点能是量子力学所描述的物理系统会有的最低能量，此时系统所处的态称为基态。对线性谐振子，其能量本征值为 $E_n = \left(n+\frac{1}{2}\right)\hbar\omega$。当 $n=0$ 时，基态能量 $E_0 = \frac{1}{2}\hbar\omega$ 即为零点能。由量子力学的海森伯测不准原理可以推出零点能的存在。该原理指出：不可能同时以较高的精确度得知一个粒子的位置和动量。因此，当温度降到绝对零度时粒子必定仍然在振动；否则，如果粒子完全停下来，那它的动量和位置就可以同时精确的测得，而这是违反测不准原理的。

零点振动 [zero-point vibration]　粒子在绝对零度时的振动。见零点能。

电子振转能 [vibronic energy]　由分子中电子运动和振转运动耦合产生的能级所具有的能量。

振动谱线 [vibrational line]　同一电子能级下的不同振动能级之间跃迁时产生的谱线。

振动模 [vibrational mode]　分子振动的状态。不同的振动模具有不同的振动频率、原子运动形式、振动能级等。

彭宁电离谱学 [Penning ionization spectroscopy] 使用彭宁电离的方法测量被电离粒子电离过程中产生的电子的动能分布，可以研究原子或分子的电离态结构，这种方法称为彭宁电离谱学。

彭宁阱 [Penning trap]　使用均匀的静磁场和四极非均匀静电场共同作用来储存带电粒子的装置。它可被用于对带电粒子性质的精确测量。

彭宁电离 [Penning ionization]　又称彭宁效应。在两种原子或分子的混合气体中，如果一种处于激发态的粒子的能量高于另一种粒子的电离能，则通过这两种粒子的碰撞，

处于激发态的粒子会回到基态并将能量转移给另一种粒子，从而将其电离，多余的能量会转变为电子的动能或者使粒子激发，这一过程被称为彭宁电离。由于惰性气体的原子可具有较大的激发能，在含有惰性气体的混合气体放电中，彭宁电离比较容易发生。

彭宁效应 [Penning effect]　即彭宁电离。

彭宁离子源 [Penning ion source]　由阳极、两块相对的阴极及平行于电场的磁场构成。电子在磁场中绕磁力线盘旋并在阴极之间振荡，场结构产生高能高密度的电子。电子电离并激发放电气体产生离子，或者放电气体离子进一步轰击阴极溅射出阴极材料离子。

红外光谱学 [infrared spectroscopy]　使用红外波段的光谱研究原子分子结构和性质的科学。红外波段的电磁波辐射和吸收主要对应着分子的振动能级、转动能级间的跃迁，形成振转光谱。分子振动的能量与红外射线的光量子能量正好对应，因此当分子的振动状态改变时，就可以发射红外光谱，也可以因红外辐射激发分子振动而产生红外吸收光谱。分子的振动和转动的能量不是连续而是量子化的。但由于在分子的振动跃迁过程中也常常伴随转动跃迁，使振动光谱呈带状。所以分子的红外光谱属带状光谱。分子越大，红外谱带也越多。红外光谱可反映分子结构的变化，红外吸收光谱具有高度的特征性，每种分子均有特征的红外吸收光谱，因此适用于鉴定分子结构。

比尔定律 [Beer law]　光被吸收的量正比于光程中产生光吸收的分子数目。1852 年奥古斯特·比尔 (August Beer) 提出光的吸收程度与吸光物质浓度之间的关系符合：

$$\mathrm{Lg}\frac{I_0}{I_t} = 0.434kc$$

其中，I_0 是入射光的强度；I_t 是透射光的强度；c 是吸光物质的浓度，单位可以是 g/L 或 mol/L，k 为常数系数。

比尔–朗伯 [吸收] 定律 [Beer-Lambert law]　又称朗伯–比尔定律。是光吸收的基本定律，光被透明介质吸收的比例与入射光的强度无关；在光程上每等厚层介质吸收相同比例值的光。该定律适用于所有的电磁辐射和所有的吸光物质，包括原子、分子、离子、气体、液体、固体等。比尔–朗伯定律用下式描述：

$$A = \log(I_0/I) = \varepsilon Cl$$

其中，I_0 和 I 分别为入射光及通过样品后的透射光强度；A 为吸光度 (absorbance) 旧称光密度 (optical density)；C 为样品浓度；l 为光程；ε 为光被吸收的比例系数。当浓度采用摩尔浓度时，ε 为摩尔吸收系数。它与吸收物质的性质及入射光的波长 λ 有关。

比尔-朗伯定律的物理条件是，入射光为单色平行光，垂直入射，介质均匀、无散射。当介质中含有多种吸光组分时，只要各组分间不存在着相互作用，则在某一波长下介质的总吸光度是各组分在该波长下吸光度的加和，这一规律称为吸光度的加和性。

朗伯-比尔定律 [Lambert-Beer law]] 即比尔-朗伯 [吸收] 定律。

光电子能谱学 [photoelectron spectroscopy, PES] 根据光电效应原理，利用光子将电子从原子或分子中剥离出来，通过测量电子的能量和强度及角分布来研究物质的结构或成分的方法，是研究光电子能谱的产生、规律及应用的学科。见：电子能谱。

紫外光电子能谱学 [ultraviolet photoelectron spectroscopy, UPS] 光电子能谱学的三大重要分支学科之一。通过测量紫外光照射样品分子时所电离的光电子的能量分布，来确定分子能级有关信息的谱学方法。

X 射线光电子能谱学 [X-ray photoelectron spectroscopy, XPS] 光电子能谱学的三大重要分支学科之一。是一种用于测定材料中元素构成、结构式，以及其中所含元素化学态和电子态的定量能谱技术。这种技术用 X 射线照射所要分析的材料，测量从材料表面以下 1~10 纳米范围内逸出电子的动能和数量，得到 X 射线光电子能谱。X 射线光电子能谱技术需要在超高真空环境下进行。XPS 谱能提供材料表面丰富的物理、化学信息，包括样品的组分、化学态、表面吸附、表面态、表面价电子结构、原子和分子的化学结构、化学键合情况等，在凝聚态物理学、电子结构的基本研究、薄膜分析、半导体研究和技术、分凝和表面迁移研究、分子吸附和脱附研究、化学研究 (化学态分析)、电子结构和化学键 (分子结构) 研究、异相催化、腐蚀和钝化研究、分子生物学、材料科学、环境生态学等学科领域都有广泛应用。

俄歇电子 [能] 谱学 [Auger electron spectroscopy, AES] 光电子能谱学的三大重要分支学科之一。主要借由俄歇效应进行分析而命名。这种效应产生于受激发的原子外层电子跃迁至低能级所放出的能量被其他外层电子吸收而使后者脱离原子，这一连串事件称为俄歇效应，而脱离的电子称为俄歇电子。

光电子能谱仪 [photoelectron spectrometer] 利用光电效应测出光电子的动能及其数量的关系，得到光电子能谱的仪器。可研究原子的状态、原子周围的状况、分子结构、各种元素含量等。在分子结构、表面化学分析、催化剂、新材料等研究领域中已得到应用。

电子能谱学 [electron spectroscopy] 利用具有一定能量的粒子 (光子，电子，离子) 轰击特定的样品，研究从样品中释放出来的电子或离子的能量分布和空间分布，从而了解样品基本特征的方法。电子能谱学是 20 世纪 60 年代后期发展起来的一门新学科。

电子能量损失谱学 [electron energy loss spectroscopy] 通过分析电子能量损失谱信息，研究原子分子的能级结构、空间结构，表面键合和弛豫，载流子密度和弛豫过程等的学科。

电子能量损失谱仪 [electron energy loss spectrometer, EELS] 获得电子能量损失谱的仪器。主要包括电子源、电子单色器、样品、电子分析器和电子探测器。由电子源产生的电子经过准直后进入电子单色器选择一定能量的电子轰击在样品上，散射的电子被收集进入电子分析器按能量分开再被电子探测器探测。电子能量损失谱仪的设计中需要考虑初级电子束的能量、单色性，检测系统的能量分辨能力、角分辨率、灵敏度等。

电子能量损失谱 [electron energy loss spectrum] 当入射电子照射样品表面时，将会发生入射电子的背向散射现象。背向散射电子由两部分组成，一部分是没有发生能量损失的弹性散射电子，另一部分是有能量损失的非弹性散射电子。能量损失电子的数目按入射电子的能量分布的谱图。造成电子能量损失的机理有很多，包括电子–声子相互作用，带内或带间散射，电子–等离子体相互作用，内壳层电子电离轫致辐射等。通过测量电子能量损失谱可以直接得到原子分子的各个激发能量，从而可以确定价壳层和内壳层的激发态结构，包括里德伯态、自电离态、双电子激发态等。

角分辨光电子谱 [学] [angular resolved photoemission spectroscopy，ARPES] 在光电子能谱研究中，通过测量不同出射角度的光电子的动能，就可以得到电子在特定空间内动量分量。进而可以在角分辨层次上研究原子、分子、凝聚相的电子结构的学科。

角分辨光电发射 [angular resolved photoemission] 追踪光电子不同入射、出射角度引起的电子发射。

荧光 [fluorescence] 当某种波长的光照射到原子或分子体系时，被吸收后达到原子或分子的激发态，之后退激发并发出比入射光波长更长的出射光，此现象在入射光停止后也会随之消失，具有这种性质的出射光就被称之为荧光。

荧光分析 [fluorescence analysis] 利用原子或分子体系被光激发后产生特征波长较长的荧光进行定性或定量分析的方法。包括直接荧光分析法和间接荧光分析法。

时间分辨荧光 [time-resolved fluorescence] 一种瞬态光，是激发光脉冲截止后相对于激发光脉冲的不同延迟时刻获得的发射荧光。反映了激发态电子的运动学过程。时间分辨荧光可以通过时域脉冲法与频域相移法测定。

荧光淬灭 [fluorescence quenching] 又称荧光熄灭。简称"淬灭"。导致特定原子或分子体系的荧光强度和寿命减少的所有现象。

荧光熄灭 [fluorescence quenching]　即荧光淬灭。

荧光线 [fluorescent line]　荧光的光谱线。

光致电离 [photoionization]　在光的作用下原子或者分子吸收光子的能量，使原子或者分子从基态或者低的激发态向连续态的跃迁所导致的电离。

光激发 [laser excitation]　利用光与原子或分子相互作用使其到达激发态的激发跃迁过程。

光致分离 [photodetachment]　吸收光子后从负离子中分离出一个电子形成中性原子或分子的过程。

光解作用 [photolysis]　利用电磁辐射实现分子或团簇等激发后分解或解离的作用过程。

光致异化结构 [photoisomerization]　又称光致异构化。在光的作用下分子构型发生变化而形成异构化分子结构的过程。

光致异构化 [photoisomerization]　即光致异化结构。

光致异构体 [photoisomer]　在光的作用下分子发生构型变化形成的新结构分子与原分子之间互称为光致异构体。

物理吸附 [physisorption]　由范德瓦耳斯力所引起的、不发生电荷转移的吸附。

转动 [谱] 带 [rotational band]　分子中基于同一电子能级和振动能级下各转动能级之间跃迁产生转动谱线，由分子转动光谱线组成的谱带。

分子折射度 [molecular refraction]　为分子中各原子、各化学键及官能团的折射率之和。在有机分析工作中，利用样品分子折射度的实验数值和计算数值是否相符合来验证未知样品的分子结构，许多化合物的结构测定都证明了这种方法的可靠性。

7.4　波　谱　学

微波 [microwave]　波长介于红外线和特高频 (UHF) 之间的射频电磁波。微波的波长范围为 1 m～1 mm，所对应的频率范围是 300 MHz (0.3 GHz)～300 GHz。

微波激射器 [microwave amplification by stimulated emission of radiation]　简称 maser。利用电磁波与原子 (或分子) 等量子系统的共振相互作用，通过受激发射放大和必要的反馈，产生准直、相干的单一波长微波的仪器。对于二能级系统，量子放大是指其布居数是处于粒子数反转的状态，即上能级的布居数大于下能级的布居数，则与入射微波相互作用后总的表现为原子辐射相干微波，从而使入射微波的能量增加。反馈通常用谐振腔来实现，为了加强原子 (或分子) 与电磁波的相互作用，往往把工作物质放在一个微波谐振腔中，谐振腔的谐振频率正好等于原子 (或分子) 的跃迁频率。微波激射器的优点是噪声低和振荡频率稳定。

微波激射 [microwave amplification by stimulated emission of radiation]　利用电磁波与原子 (或分子) 等量子系统的共振相互作用，通过受激发射放大和必要的反馈，产生准直、相干的单一波长微波的过程。高低两能级的粒子布居数产生反转的原子 (或分子，离子等) 系统受微波辐射场的激励时，受激态原子作共振发射跃迁，造成入射微波的放大。

微波波谱学 [microwave spectroscopy]　通过测定物质对微波量子的共振吸收或放出的辐射研究物质的结构的学科。因为每种物质都具有其特定的能谱结构，物质的电磁吸收或辐射谱的频率决定于它的原子和分子的能级差，即有 $\Delta E = h\nu$ (h 为普朗克常量，ν 为频率)。而由自旋轨道之间或核外电子与原子核自旋之间的相互作用所引起的能级分裂构成的物质的精细结构或超精细结构的能级差常落在微波频率范围内。

微波谱 [microwave spectrum]　微波的波长 (或频率) 成分和强度分布之间的关系图。

磁共振 [magnetic resonance]　即自旋磁共振 (spin magnetic resonance)。包含核磁共振 (nuclear magnetic resonance, NMR)、电子顺磁共振 (electron paramagnetic resonance, EPR) 或称电子自旋共振 (electron spin resonance, ESR)。

外加的匀强磁场 B 会使磁自旋粒子的基态能级劈裂成塞曼能级。再次外加垂直于匀强磁场 B 的高频磁场 $b(\omega)$，具有能量为 $\hbar\omega$ 光量子。如果光量子能量等于塞曼能级裂距，那么磁自旋粒子会吸收这个能量，并从低能级跃迁到高能级，称为磁共振。

磁共振成像 [magnetic resonance imaging, MR]　主要包括核磁共振成像和电子顺磁共振成像。也称为核磁共振成像 (nuclear magnetic resonance imaging, NMRI)，又称自旋成像 (spin imaging)，是利用核磁共振原理，不同的原子核具有不同的自旋运动情况，当外磁场辐射的能量正好等于自旋核取向不同的两种状态之间的能量差时，自旋核吸收外磁场辐射的能量，跃迁到具有较高能量的状态，发生共振。因此可使用外加梯度磁场来检测物体中原子核的位置和种类，进而描绘出物体内部不同原子核的空间位置结构图像。NMR 的基本原理是利用一定频率的电磁波照射处于磁场中的原子核，原子核在电磁波作用下发生磁共振，吸收电磁波的能量，随后又发射电磁波，即发出磁共振信号。由于不同原子核吸收和发散电磁波的频率不同，且此频率还与核环境有关，故可以根据磁共振信号来分析物质的结构成分及其密度分布。

电子顺磁共振成像 (Electron Paramagnanetic Resonance, EPR) 是由不配对电子的磁矩发源的一种磁共振技术，可用于定量检测不配对电子,及其周围的结构特性。

磁共振谱学 [magnetic resonance spectroscopy] 研究磁共振谱的产生、测量及应用的学科,主要包括核磁共振谱和电子顺磁共振谱的研究。

核磁共振谱: 在强磁场中,原子核发生能级分裂,当吸收外来电磁辐射时,将发生核能级的跃迁,产生所谓 NMR 现象。与 UV-VIS 和红外光谱法类似,NMR 也属于吸收光谱,只是研究的对象是处于强磁场中的原子核对射频辐射的吸收。

电子顺磁共振谱: 简称顺磁共振谱,属共振波谱的一种,可用于检测有机体中自由基的浓度。

核磁共振 [nuclear magnetic resonance, NMR] 磁矩不为零的原子核在外磁场作用下自旋能级发生塞曼分裂,共振吸收某一定频率的射频辐射的物理现象。得到 NMR 信号的方法是将样品置于外加强磁场下,其核自旋本身的磁场在外加磁场下重新排列,大多数核自旋会处于低能态。通过额外施加电磁场来干涉低能态的核自旋转向高能态,再回到平衡态便会释放出 NMR 信号。利用这样的过程,可以进行分子结构等研究。

自旋共振 [spin resonance] 又称电子自旋共振。电子由于自旋,在外磁场中发生能级分裂,当外加电磁辐射的能量等于该分裂的能级差时,发生的由低能级到高能级跃迁的共振吸收现象。

电子自旋共振 [electron spin resonance] 即自旋共振。

分子束微波激射器 [molecular beam maser] 基于高真空中定向运动的分子流的一种微波激射器,它利用分子和原子体系作为微波辐射相干放大器或振荡器。

7.5 原子与分子碰撞过程与相互作用

原子分子碰撞 (散射) 物理 [atomic and molecular collision (scattering) physics] 研究离子、原子、电子和原子、分子之间的相互作用动力学过程的学科分支。按照碰撞类型可分为弹性碰撞、非弹性碰撞和碰撞反应。入射粒子与原子分子发生碰撞,在碰撞过程中会发生能量、动量、电荷的交换,碰撞结果除服从能量守恒、动量守恒和电荷守恒以外,还与它们相互作用的情况以及原子分子结构有关系。因此碰撞实验除研究原子分子激发态结构之外,还可以研究各种入射粒子与原子分子或离子体系作用的动力学,主要是作用机制和作用速率即截面,包括总截面、微分截面、激发截面、角关联、振子强度、能量转移和动量转移等。由于入射粒子可以是光子、电子、正电子、质子、离子、原子或分子等,光子也可以是微波、远红外、可见、紫外、真空紫外、X 射线、γ 射线;碰撞对象可以是静止的,也可以是运动的;碰撞结果可以是激发的,也可以是电离或解离的;可以是二体碰撞,也可以是三体碰撞,因此存在着多种多样的碰撞过程。在理论上建立和发展可靠的计算这类问题的量子力学方法;在实验上利用各种离子束技术、交叉碰撞束技术和高分辨能谱技术精确测量原子分子能级结构、电子轨道以及各种碰撞过程的机理和截面。碰撞过程研究与化学物理、等离子体物理、核物理、粒子物理、辐射物理、空间物理、天体物理等学科有密切的关系。

分子动力学 [molecular dynamics] 研究分子与场和粒子相互作用的动力学过程的学科。分子动力学研究分子反应中粒子之间相互作用的规律,如碰撞截面、能量转移、电荷转移、滞留时间及散射方向等,反应粒子之间相互作用的势能曲面决定反应能否发生,以及从反应物初态到产物末态的具体运动途径。

分子动力学法 [molecular dynamics method, MD method] 一门结合物理、数学和化学的综合技术。该方法常用牛顿力学规律来描述分子间相互作用,是依靠计算机模拟来研究探索物质性质的理论模拟方法。

模型势分子动力学 [model-potential molecular dynamics] 以事先建立起的势能模型来描述原子间相互作用,并结合分子动力学理论,使用计算机建立研究体系的结构模型,进而探索该体系各项结构或反应性质的综合技术。

分子电子学 [molecular electronics] 研究的是分子水平上的电子学的学科。研究内容包括各种分子电子器件的合成、性能测试以及如何将它们组装在一起以实现一定的逻辑功能。同传统的固体电子学相比,分子电子学有着强大的优势。

重散射 [rescattering] 原子或者分子在线偏振激光场中通过隧穿电离产生一个的电子,可以在振荡的激光电场中得到平动能,当线偏振激光振荡改变方向后,电子可能在激光电场的作用下重新返回母体离子区域并与母体发生相互作用。如与母体发生弹性散射,则会形成高能重散射光电子谱 (高阶 ATI 光电子谱),同时也可能将能量传给母体离子使其激发或者继续电离形成双电离,如果电子与母体离子复合则会产生高次谐波辐射。

势散射 [potential scattering] 入射粒子受到靶势场的散射。如电子受到原子或分子中库仑势的散射。

双电子复合 [dielectronic recombination] 电子与阳离子散射的基本过程之一。一个入射电子首先与一个激发态离子复合,激发离子的一个电子形成双激发态,然后该 (电离限之上的) 双激发态离子通过自电离、辐射衰落或无辐射碰撞而进入低于电离限的稳定态。

前向散射 [forward scattering] 散射粒子的运动方

向不改变，或散射粒子初始和最终的运动方向夹角小于 90° 的散射。

康普顿效应 [Compton effect]　康普顿散射过程中入射光子因失去能量而导致波长变长的现象。

康普顿电子 [Compton electron]　又称反冲电子。康普顿散射过程中，入射光子把部分能量转移给电子，如果电子分得的能量大于其束缚能，则产生脱离原子的电子。

反冲电子 [recoil electron]　即康普顿电子。

康普顿反冲 [Compton recoil]　康普顿散射过程中，入射光子把部分能量转移给电子，如果电子分得的能量大于其束缚能，则它将脱离原子成为反冲电子，而散射光子的能量和运动方向发生变化的现象。

康普顿散射 [Compton scattering]　通常是 X 射线或伽马射线的入射光子与原子中电子发生的非弹性散射。康普顿散射中，波长为 λ 的光子与原子中质量为 m_0 的相对自由而静止的电子碰撞，碰撞后在与入射方向成 θ 角的方向上测得波长为 λ' 的散射波，电子在碰撞中受到反冲，根据体系的动量和能量守恒加上应用相对论的关系式 (因光子是光速运动，故必须用相对论关系式) 可得

$$\lambda' - \lambda = \Delta\lambda = \frac{h}{m_0 c}(1 - \cos\theta)$$

其中，h 为普朗克常量，c 为光速，m_0 为电子静止质量。这就是康普顿方程，其中的 $\frac{h}{m_0 c}$ 是长度量纲，称电子的康普顿波长，其物理含义是：入射光子的能量与电子的静止能量相等时所相应的光子波长。根据国际科技数据委员会 (CODATA) 2002 的数值，电子的康普顿波长是 $2.426310238 \times 10^{-12}$ m，其不确定度为 $0.000000016 \times 10^{-12}$ m。康普顿效应首先在 1923 年由美国物理学家康普顿观察到，并在随后的几年间由他的研究生吴有训进一步证实。康普顿因发现此效应而获得 1927 年的诺贝尔物理学奖。

康普顿波长 [Compton wavelength]　见康普顿散射。

康普顿方程 [Compton equation]　见康普顿散射。

总散射截面 [total scattering cross section]　见散射截面。

散射理论 [scattering theory]　研究波及粒子散射问题的理论体系。原子分子物理中根据弹性散射和非弹性散射两种不同情况，按入射粒子是高能粒子还是低能粒子，分别有各种不同的散射理论。包括各种不同情况下处理散射过程的近似方法，如分波法、格林函数法和玻恩近似、克劳勃近似、S 矩阵、T 矩阵和形式散射微扰理论、光学势、扭曲波近似等。

散射振幅 [scattering amplitude]　在定态散射过程中，与入射平面波相联系的出射球面波的振幅。在有心势场中，入射粒子与靶的相对运动波函数在 $r \to \infty$ 处的渐近形式为 $\psi(r) = \mathrm{e}^{\mathrm{i}kz} + f(\theta)\frac{\mathrm{e}^{\mathrm{i}kr}}{r}$，其中 $\boldsymbol{r} \equiv (x, y, z)$ 是位置矢量，$r \equiv |\boldsymbol{r}|$，$\mathrm{e}^{\mathrm{i}kz}$ 是沿 z 轴入射的波数为 k 的平面波，$\mathrm{e}^{\mathrm{i}kz}/r$ 是出射球面波，θ 是散射角，$f(\theta)$ 是散射振幅。微分散射截面可方便地由 $|f(\theta)|^2$ 求得，即 $\frac{\mathrm{d}\sigma}{\mathrm{d}\Omega} = |f(\theta)|^2$。

散射角 [scattering angle]　入射粒子在受靶粒子势场作用时其运动方向偏离入射方向的角度。

散射截面 [scattering cross-section]　又称碰撞截面，简称截面。是描述微观粒子散射的物理量。通常依据微分散射截面来定义：单位时间内散射到出射方向面积圆上的粒子数与入射粒子流密度和立体角乘积的比值。表达式为 $\mathrm{d}\sigma/\mathrm{d}\Omega$，其中 σ 为总散射截面，Ω 为出射粒子的空间角。对微分散射截面在一个完整的空间角中积分即可获得总散射截面 σ。散射截面与入射粒子和靶粒子 (散射场) 的性质，它们之间的相互作用，以及入射粒子的动能有关。

碰撞截面 [collision cross-section]　即散射截面。

散射因子 [scattering factor]　见原子散射因子。

弹性散射 [elastic scattering]　即弹性碰撞。

非弹性散射 [inelastic scattering]　即非弹性碰撞。

弹性散射截面 [elastic scattering cross-section]　碰撞粒子内部量子态不发生改变的散射截面，即弹性碰撞相对应的截面。

非弹性散射截面 [inelastic scattering cross-section]　碰撞粒子内部量子态发生改变的散射截面，即非弹性碰撞相对应的截面。

硬球势 [hard-sphere potential]　在分子动力学模拟和简单碰撞理论中把粒子当作无内部结构的硬球，发生弹性碰撞时，粒子间除碰撞瞬间外无相互作用，具有这些性质的粒子模型即硬球模型，相应的势函数为硬球势，其表达式为：

$$V(r) = \begin{cases} \infty, & r < \sigma \\ 0, & r \geqslant \sigma \end{cases}$$

其中 σ 为相互作用势为 0 时的两粒子之间的距离。

硬球散射 [hard-sphere scattering]　粒子在硬球势场中的散射。

碰撞过程 [collision process]　又称散射过程。粒子间发生碰撞作用所经历的过程。

散射过程 [scattering process]　即碰撞过程。

共线碰撞 [collinear collision]　发生碰撞的粒子的速度沿粒子间的连心线方向的碰撞，相当于一维碰撞。

原子碰撞 [atomic collision]　原子、分子、电子或离子间碰撞的物理过程。一般可分为弹性碰撞和非弹性碰撞。

原子散射因子 [atomic scattering factor] 原子内所有电子在某一方向上引起的散射波振幅的几何和与某一电子在该方向引起的散射波振幅之比。它与原子种类、散射方向等因素相关。

二体碰撞 [binary collision] 原子与分子物理学中，常指二体碰撞近似。一般通过求解与入射粒子瞄准距离相关的两个碰撞粒子之间的经典散射积分，来处理入射粒子和靶粒子的单次碰撞。积分的求解能够给出入射粒子的散射角以及碰撞前后的能量损失。

俘获截面 [capture cross-section] 入射粒子与靶核相互作用发生俘获过程的截面。

微分散射截面 [differential scattering cross-section] 简称微分截面。

碰撞电离 [impact ionization, collision ionization] 由于碰撞引起靶粒子电子电离的过程。

碰撞参量 [impact parameter] 又称瞄准距离。指假想两粒子之间不发生相互作用时，它们之间的最近距离 b。它和散射粒子的角动量 l，能量 E 有下列关系: $l = b\sqrt{2mE}$。微分散射截面便可以用碰撞参量 b 和散射角 θ 的微分形式来表示: $\sigma(\theta) = -\frac{b}{\sin\theta}\frac{\mathrm{d}b}{\mathrm{d}\theta}$。碰撞参量是决定散射规律的重要参数之一。

小角散射 [low-angle scattering, small angle scattering, SAS] 当靶尺寸远大于辐射波长时，准直辐射与靶相互作用后在一个小的角度范围 ($0.1° \sim 10°$) 内偏离原入射直线轨迹的散射。基于这种散射机制的技术即为小角散射。SAS 技术可以给出靶的尺寸、形状以及取向等信息。

分波法 [method of partial waves] 中心力场中，计算弹性散射微分截面的一种有效方法。分析入射波 $\psi_i = \mathrm{e}^{ikz}$，满足方程为 $[\nabla^2 + k^2]\psi_1 = 0$。体系的守恒量有: H, P, L_z。所以入射波 $\psi_1 = \mathrm{e}^{ikz}$ 是能量 H，动量 P，角动量分量 L_z 的共同本征态 $\{H, P, L_z\}$。相应的本征能量 $E = \frac{\hbar^2 k^2}{2\mu}$，动量 $P = \hbar k$, $l_z = m\hbar = 0$(因为入射波沿 z 方向入射，所以 $m = 0$)。在中心力场 $V(r)$ 中发生散射后，体系的哈密顿量为 $H = \frac{P^2}{2\mu} + V(r)$。因为 $[P, H] = [P, V(r)] \neq 0$，所以动量 P 不守恒，粒子的方向发生偏转，出现散射现象。因为 $V(r)$ 只与 r 有关，与 θ 无关，所以守恒量是 H, L^2, L_z。但是，因为 ψ_i 不是 L^2 的本征态，因此，作如下处理: 将 ψ_i 展开成一系列分波的组合，每一分波都是 L^2 的本征态。则经过散射后，各个分波的守恒量不变，只是相对于入射波来说，有一附加的相移。因为 L^2 的本征态是球面波，可以将 ψ_i 写成各个 L^2 的本征态的叠加。在数学上相当于将平面波 e^{ikz} 按照球面波作展开，这种方法称为分波法。

$$\mathrm{e}^{ikz} = \mathrm{e}^{ikr\cos\theta} = \sum_{l=0}^{\infty}(2l+1)i^l j_l(kr)P_l(\cos(\theta))$$

$$= \sum_{l=0}^{\infty}\sqrt{4\pi(2l+1)}i^i j_l(kr)Y_{l0}(\theta)$$

$$\xrightarrow{r\to\infty} \sum_{l=0}^{\infty}\sqrt{4\pi(2l+1)}i^i \frac{1}{kr}\sin\left(kr - \frac{l}{2}\pi\right)Y_{l0}(\theta)$$

$$\xrightarrow{r\to\infty} \sum_{l=0}^{\infty}\sqrt{4\pi(2l+1)}i^i \frac{1}{2ikr}\left\{\mathrm{e}^{i(kr-\frac{l}{2}\pi)} - \mathrm{e}^{-i(kr-\frac{l}{2}\pi)}\right\}Y_{l0}(\theta)$$

(利用 $Y_{l0}(\theta) = \sqrt{\frac{2l+1}{4\pi}}P_l(\cos(\theta))$, $j_l(kr) \xrightarrow{r\to\infty} \frac{1}{kr}\sin\left(kr - \frac{l}{2}\pi\right)$)

将入射波按照 L^2 的本征态进行展开，即分波。$L = 0$, 称为 S 波; $L = 1$, 称为 P 波; … 各个分波在散射过程中可以分开一一处理，简化计算。但是在具体计算中，并不能把一切分波都考虑在内，根据具体问题，一般只考虑一些重要的分波，如 S 波, P 波等。

多重散射 [multiple scattering] 又称多次散射。当入射电子射向物质时，会多次受到物质中多个电子或原子核的散射。此过程中入射电子经过多次碰撞，散射作用的随机性因为平均化而被湮灭不见，从而各个方向上的散射概率趋于一致。

多次散射 [multiple scattering] 即多重散射。

单散射 [single scattering] 电子只被一个散射体散射的过程。由于不确定性原理，相对于电子的入射路径，散射体 (如原子) 的确定位置是个未知数，无法准确地测量出来，碰撞后，电子的散射行为是随机的，所以单散射常用概率分布来描述。

散射强度 [scattering intensity] 单位体积 (对散射体) 或单位面积 (对散射表面) 在某方向上单位距离处的散射光强与入射平面波光强的比，与散射振幅的平方成正比。

散射长度 [scattering length] 量子力学中描述低能散射的一个物理量。依据低能散射极限来定义: $\lim_{k\to 0} k\cot\delta(k) = -\frac{1}{a}$, 其中，$a$ 是散射长度，k 是波数，$\delta(k)$ 是 S 波的相移。在低能情况下，弹性散射截面 σ_e 可通过散射长度被唯一确定: $\lim_{k\to 0}\sigma_e = 4\pi a^2$。

散射矩阵 [scattering matrix] 又称 S 矩阵。在原子分子散射过程中，系统的末态可以用表示相互作用的矩阵作用于初态而获得，这个矩阵就是散射矩阵，它是描述散射过程的一个主要观测量。

S 矩阵 [S matrix] 即散射矩阵。

散射势 [scattering potential] 入射粒子所受到的散射势场。

散射态 [scattering state] 量子力学中能量连续的态,此时能量间隔趋于 0,态函数是自由粒子平面波的叠加。对势垒散射和部分势阱问题,一般要考虑散射态的存在。

总截面 [total cross-section] 同一个研究系统中的吸收、散射和发光等所有物理过程截面的总和。

散射 [scattering] 波或粒子通过局部性的势场时,由于受到势场的作用,其运动轨迹发生改变的物理过程。在量子力学中,又叫作碰撞,一般是指电子、原子、分子等相互接近时,由于双方的相互作用,迫使它们偏离了原来运动方向的过程。散射按能量交换方式分为弹性散射和非弹性散射。弹性散射主要有分子散射 (又称瑞利散射) 和米氏散射 (又称米散射),前者发生于散射粒子尺度远小于入射光波长时,后者发生在散射粒子尺度接近或大于入射光波长时;非弹性散射包括布里渊散射,拉曼散射,康普顿散射等。

有效散射截面 [effective scattering cross-section] 原子物理学中表征原子碰撞散射概率的物理量。通常用瞄准距离为半径的圆的面积来表示散射粒子的有效散射截面。见卢瑟福 [α 散射] 实验。

弹性碰撞 [elastic collision] 又称弹性散射。碰撞过程中,系统的总动能保持不变,但可在碰撞粒子间重新分布,粒子的运动方向发生改变的碰撞。弹性碰撞的必要条件是动能没有转化成其他形式的能量。

非弹性碰撞 [inelastic collision] 又称非弹性散射。碰撞过程中,系统的总动能不守恒,部分动能转换化成碰撞粒子的内能的碰撞。在原子非弹性碰撞中,通常对应原子的电子态或分子的振转态发生改变。

7.6 奇特原子分子、团簇物理

奇特原子 [exotic atom] 与一般原子构成不同的原子。一般的原子是由电子,质子和中子这三种长寿命的粒子构成,而奇特原子是以其他粒子代替这三种稳定粒子中的一个或多个,构成是通过电磁相互作用实现。奇特原子的性质与组成它的粒子的性质有密切关系,由于这些代替粒子通常都是不稳定的,奇特原子的寿命一般都很短。1940 年中国物理学家张文裕在云室中了发现 μ^- 子原子能级之间跃迁时发出的特征光子,最早发现了由 μ^- 取代普通原子中一个电子 e^- 形成的 μ 子原子这一奇特原子。

碳 60 [carbon-60] 由 60 个碳原子通过 20 个六元环和 12 个五元环连接而成的具有 30 个碳碳键的足球状空心对称分子。由于碳 60 分子的形状和结构酷似英国式足球 (soc-

cer),所以又被形象地称为 soccerene(同样带有词尾 -ene),中译名为 "足球烯"。还有人用布克米尼斯特·富勒 (Buckminster Fuller) 名字的词头 Buck 来命名,称为 Buckyball,中译名为 "巴基球"。碳 60 是富勒烯家族中相对最容易得到、最容易提纯和最廉价的个类。

团簇 [cluster] 由几个乃至上千个原子、分子或离子通过物理或化学结合力组成的相对稳定的微观或介观聚集体。团簇内部原子、分子之间的结合力可以是范德瓦耳斯力、氢键、共价键、离子键、金属键等等。团簇的空间尺度是几埃至几百埃的范围,其物理和化学性质随其尺寸即所含的原子或分子数目变化而变化,因而产生许多既不同于单个原子分子又不同于凝聚体的性质,这些性质不能简单地由原子分子或凝聚态两者性质的线性外延或内插得到。因此,人们把团簇看成是介于原子、分子与宏观固体物质之间的物质结构的新层次,是各种物质由原子分子向大块物质转变的过渡状态,或者说,代表了原子分子物理研究的极限层次,一般是纳米材料的起点。在基础科学上,团簇的研究能够促进对原子、分子间的作用力、物质的结构以及表面和界面性能有更深一层的认识,同时对了解物质从原子、分子向宏观凝聚态过渡的进程有着深远意义。在应用上,通过对团簇的研究,有助于我们制造出具有特殊光学性质、高强度、高导电性、高催化性、高生物活性的材料,在生命科学、超导、催化、感光、微电子、电磁材料等方面都有潜在的应用价值。例如,以可稳定存在的幻数原子团簇 (如 C_{60},Au_{20}) 为基元,可构成具有新奇的电子结构特性或力学特性的纳米器件,在生命科学、材料科学等诸多领域展现了重要应用前景。

富勒烯 [fullerene] 一种完全由碳组成的中空分子,形状呈球形、椭球形、柱形或管状。富勒烯在结构上与石墨很相似,石墨是由六元环组成的石墨烯层堆积而成,而富勒烯不仅含有六元环还有五元环,偶尔还有七元环。富勒烯首先来源于足球烯碳 60 的发现,而后被推广到其他类似结构的碳原子簇。

石墨烯 [graphene] 一种由碳原子以 sp^2 杂化轨道组成六角型呈蜂巢晶格的薄膜,只有一个碳原子厚度的材料。2004 年,英国曼彻斯特大学物理学家安德烈·海姆和康坦斯丁·诺沃肖洛夫,成功地从石墨中分离出石墨烯,证实它可以单独存在,两人因此共同获得 2010 年诺贝尔物理学奖。石墨烯具有诸多独一无二的特性,目前它是最薄、最坚硬、电阻率最小的材料,在诸多领域展现出重要的应用前景。

纳米管 [nanotube] 纳米尺度上的管状结构。由于由碳构成的纳米管研究广泛,通常纳米管指的是碳纳米管。

纳米颗粒 [nanoparticle] 至少在一个维度上处于纳米范围 (1~100 nm) 的颗粒。纳米颗粒的结构特征使它具有四个方面的效应:体积效应、表面效应、量子尺寸效应和宏观量子隧道效应。

纳米尺度 [nanoscale]　在 1~100 nm 范围内的几何尺度。

巴基球 [buckyball]　球形的富勒烯。历史上曾特指足球烯即碳 60。

支撑团簇 [supported cluster]　一种与表面存在相互作用，保证体系构象和状态稳定的团簇。

团簇组装 [cluster assembly]　以团簇为基元，构造的具有奇异性质的一维、二维和三维体系。组装出的新结构，属于一类纳米结构或纳米材料。

超原子 [superatom]　具有元素周期表中单个原子的性质的一些特定尺寸的团簇，其电子状态按 s、p、d、f 等原子轨道排布。虽然其物理和化学性质随所含原子数目、结构和组分而变化，但在与其他原子分子或团簇结合时，能完整地保持其自身的结构特性，如 Al_{13} 展现出卤素特性，$CsNa_8$ 具有类似于单个 Mn 原子的磁性和电子性质。

7.7　冷原子分子物理

冷原子分子物理 [cold atomic and molecular physics]　原子与分子物理学的一个分支，主要利用激光制冷、磁光阱、光缔合和磁场调节 Feshbach 共振等技术使原子、分子处于极低的温度来研究和操控原子、分子的学科。冷原子和冷分子使原子、分子处于一种特别理想的状态：在极端低温下，即使是到 μK，甚至 nK 数量级，仍维持着气态，原子 (分子) 之间的碰撞概率很低，基本处于孤立状态，这为人们更好地研究原子分子结构、特性、运动和变化规律以及原子 (分子) 之间的相互作用提供了可能。利用电、磁、光操控等方式可以对冷原子和冷分子进行导引、囚禁、反射、偏转 (折射)、准直、聚焦成像以及衍射、分束和干涉等操控，这在物理和化学等多个学科方向上都有重要的应用前景，如高分辨原子分子光谱、精密测量、量子计算、量子通信、化学反应控制、凝聚态物理等。

原子束 [atom beam]　一般是在高真空环境中产生的定向运动的原子流。原子束中，原子做很好的定向运动，它们之间的相互作用可以忽略，因此可以认为束流是运动着的孤立原子的集合。原子束是研究原子结构以及原子同其他物质相互作用的重要手段，在原子和分子物理、气体激光动力学、等离子体物理、微观化学反应动力学、空间物理、天体物理以及生物学等领域有重要应用。

原子凝射器 [atom laser]　又称原子激光器。类似于光子激光器的构造，原子凝射器一般由三部分组成：陷俘原子的势阱相当于 "谐振器"，势阱中的热原子相当于 "增益介质"，原子的蒸发冷却相当于 "泵浦源"。

原子激光器 [atom laser]　即原子凝射器。

原子激光 [atom laser]　像从激光谐振腔把光子引出来，产生高定向、高亮度的相干激光束一样，把原子从原子阱内的玻色 - 爱因斯坦凝聚体中引出来，形成具有高方向性、高相干性、高单色性和高亮度的相干原子束。

原子频标 [atomic frequency standard]　又称量子频标。以原子 (或分子、离子等) 内部能级之间量子跃迁的吸收或发射谱线的频率作为测量频率 (或时间) 的标准。基本性能指标是频率精确度和稳定度。频率精确度是各种物理因素引起的跃迁频率相对移动量不确定度的合成；频率稳定度描述标准输出频率随时间的变化，这种变化是由频率噪声引起的。

量子频标 [quantum frequency standard]　即原子频标。

原子俘获 [atom capture]　当运动的原子受到外部作用时，该外部作用能够形成一个势阱，运动的原子被束缚在该势阱中的过程。

多普勒冷却 [Doppler cooling]　激光冷却原子方法之一。主要原理是利用原子对光的吸收、再自发辐射。当原子迎着激光照射的方向运动时，由于多普勒效应，激光的频率会变大，当激光频率达到原子共振频率时，原子就会吸收光子。由于光子和原子的动量方向相反，原子吸收光子之后其运动速度会降低从而冷却。原子每次吸收一个光子都得到与其运动方向相反的动量，而发射光子的方向却是随机的，故自发辐射损失的动量为零，因而多次重复下来吸收得到的动量随次数而增加，原子因此被减速。

光缔合 [photoassociation]　形成超冷分子的重要方法之一。在光缔合过程中，一对基态的超冷原子吸收一个光子 (此光子的频率相对于共振线红移失谐) 形成一个激发态的分子。光缔合产生超冷分子具有两个特点：由光缔合形成的激发态分子的内核距离在长程相互作用范围内；超冷分子的动能远小于振动甚至转动的能级分裂。通过光缔合过程中得到的光缔合光谱可以研究长程相互作用，计算出长程相互作用常数并精确测量原子的辐射寿命，确定 s 分波散射长度。光缔合技术已经在碱金属、碱土金属，甚至在氦和氢等很多体系中实现应用。

原子反冲 [atomic recoil]　原子和带能量的基本粒子相互作用时，粒子的动量部分或全部转移给原子但没有转变成原子内能的一种量子现象。在多普勒冷却中，原子吸收光子并每次随机地在各个方向辐射光子时产生的反冲效应，使进一步冷却受到限制。

冷原子 [cold atom]　利用激光冷却、磁光阱等方法俘获的原子。冷原子具有较小的速度和速度分布，对应的温度比较低。

光晶格 [optical lattice]　根据光学偶极陷俘原理, 将冷原子装载于多束激光相互干涉形成的周期性网状势阱, 即可实现冷原子的一维、二维或三维微光学陷俘, 从而形成冷原子的空间周期性排列, 类似于固体物理中的 "晶体结构"。根据交流斯塔克效应, 利用激光驻波场中原子感应的偶极力能将中性冷原子陷俘在波长尺度的范围内, 当激光频率相对原子共振频率是红失谐时, 原子将被俘获在驻波场的波腹处; 反之, 当激光频率为蓝失谐时, 原子将被陷俘在波节处。

磁光阱 [magneto-optical trap, MOT]　一种陷俘中性原子的势阱。它由三对两两相互垂直具有特定偏振并且红失谐的对射激光束形成的三维空间驻波场和反向亥姆霍兹线圈产生的梯度磁场共同构成。磁场的零点与光场的中心重合, 红失谐的激光对原子产生阻尼力, 梯度磁场与激光的偏振相结合对原子产生束缚力, 这样就在空间对中性原子构成了一个带阻尼作用的简谐势阱。磁光阱也常指产生这种势阱的装置。

原子喷泉 [atomic fountain]　一种用来实现原子钟的装置。首先用磁光阱获得冷原子, 然后用一激光束将原子上抛。在磁光阱的上方放置一个微波波导, 原子在上抛和下落时与微波电磁场相互作用。在波导下面放置光电离检测装置, 电离并检测下落的冷原子, 从而获得 Ramsey 干涉信号。应用该信号可完成对实用频标的频率锁定。

铯原子钟 [cesium atomic clock]　简称 "铯钟"。利用铯原子内部电子在两个能级间跃迁时辐射出来的电磁波作为标准的原子喷泉钟。

原子钟 [atomic clock]　用原子的吸收或发射谱线的稳定频率 (周期) 作为频率 (时间) 的计量器具的设备。原子钟是世界上已知最准确的时间测量和频率标准, 原子钟是以原子喷泉中冷原子的吸收光谱法作为基础的。通常用在原子钟里的元素有氢、铯、铷等。

原子时 [atomic time]　以原子内部发射的电磁振荡频率为基准的时间计量系统。原子时计量的基本单位是原子时秒, 它的定义是: 铯 133 原子基态的两个超精细能级间在零磁场下跃迁辐射 9,192,631,770 周所持续的时间。1967 年第十三届国际计量大会决定, 把在海平面实现的上述原子时秒, 规定为国际单位制中的时间单位。原子时起点定在 1958 年 1 月 1 日 0 时 0 分 0 秒 (UT), 即规定在这一瞬间原子时时刻与世界时刻重合。但事后发现, 在该瞬间原子时与世界时的时刻之差为 0.0039 秒。这一差值就作为历史事实而保留下来。在确定原子时起点之后, 由于地球自转速度不均匀, 世界时与原子时之间的时差便逐年积累。

频 [率] 标 [准] [frequency standard]　测量频率 (或时间) 的标准。可分为宏观标准和微观标准。宏观标准参照天体运动的恒定周期, 如世界时 (以地球自转周期作为标准)、历书时 (以地球绕太阳的公转周期为标准)。微观标准参照原子 (或分子、离子等) 内部运动的恒定性, 如原子钟 (以原子吸收或发射谱线的稳定频率为标准)。

塞曼减速器 [Zeeman slower]　将一束原子或分子从起始速度 500～1000 m/s 减到 10 m/s 量级 (即温度为几个 K) 的减速装置, 常用于原子分子光物理实验。其原理是应用一束迎着原子运动方向传播的红失谐激光, 依靠散射力实现原子束的激光减速。随着原子速度的降低原有红失谐激光不再和原子保持共振而终止相互作用, 要实现持续的激光减速就需要不断补偿减小的多普勒频移, 为此在原子运动路径上增加不均匀磁场, 通过塞曼效应改变原子能级分裂。

非线性薛定谔方程 [nonlinear Schrödinger equation]　又称 Gross-Pitaevskii 方程。用于研究基于 Hartree-Fock 近似和赝势相互作用模型的全同玻色量子系统基态问题的方程。它计及了量子或经典弱非线性效应的各种修正。方程形式为: $i\psi_t = -\frac{1}{2}\psi_{xx} + \kappa|\psi|^2\psi$, 其中 ψ 可代表弱互作用非理想玻色气体的凝聚波函数。

冷分子 [cold molecule]　利用光缔合、磁场调解 Feshbach 共振等方法俘获的分子。一般冷分子的温度低于 1K。

分子喷泉 [molecular fountain]　高度冷却的并被俘获了的分子非常平缓的向上喷出, 在重力场中做抛射运动, 当达到顶点时分子正好处于微波腔内, 然后在重力场作用下开始下落的过程。

玻色-爱因斯坦凝聚 [Bose-Einstein condensation, BEC]　所有原子的量子态都束聚于一个单一的量子态的状态。这是玻色子原子在冷却到绝对零度附近时所呈现出的一种气态的、超流性的物态。1924 年, 玻色和爱因斯坦以玻色关于光子的统计力学研究为基础, 对这个状态做了预言。1995 年, 麻省理工学院的沃夫冈·凯特利与科罗拉多大学鲍尔德分校的埃里克·康奈尔和卡尔·威曼使用气态的铷原子在 170 nK 的低温下首次获得了玻色-爱因斯坦凝聚。在这种状态下, 几乎全部原子都聚集到能量最低的量子态, 形成一个宏观的量子状态。

玻色子 [boson]　服从玻色-爱因斯坦量子统计, 自旋量子数为整数的微观粒子。包括单体粒子, 如光子、π 介子等, 以及由偶数个费米子或任何数目玻色子组成的复合粒子, 如氢原子、α 粒子 (氦原子核) 及 ^{4}He 原子等。玻色子不遵守泡利不相容原理, 即处于单独一个量子态上的粒子数目不受限制, 在低温时可以发生玻色-爱因斯坦凝聚。

费米子 [fermion]　服从费米-狄拉克量子统计, 自旋量子数为半整数的微观粒子。包括单体粒子, 如电子、质子、中子、中微子、μ 介子等, 以及一般由奇数个费米子组成的复合粒子, 如 ^{3}He 原子等。费米子遵守泡利不相容原理, 即不能两个以上的费米子出现在相同的量子态中。

简并量子气体 [degenerate quantum gas]　遵从量子力学规律的微观粒子组成的简并性理想气体。简并量子气体主要包括简并玻色气体和简并费米气体。

简并玻色气体 [degenerate Bose gas]　发生玻色-爱因斯坦凝聚的原子或分子气体，包括费米原子对的凝聚。

简并费米气体 [degenerate Fermi gas]　由于泡利不相容原理，在超低温条件下，大量的费米子不能凝聚到能量最低的量子态，而只能一个粒子占一个自旋态并尽可能占满能级中那些能量最低的量子态形成的气体。

原子阱 [atom trap]　用于进行原子陷俘的势阱。较常见的原子阱有光阱、磁阱及磁光阱等。

原子[的]陷俘 [atom trapping]　又称原子捕获。把已经被冷却的原子俘获在一定的空间区域内的过程。

原子捕获 [atom capture]　即原子[的]陷俘。

原子操纵 [atom manipulation]　在原子层次上捕获、移动原子，从而构造出具有独特性质物质的过程。

原子干涉仪 [atom interferometer]　利用原子物质波的干涉现象做成的干涉仪。原子干涉仪可按原子的质心运动和内部能级结构分为原子外态干涉仪和内态干涉仪，也可按原子分束器原理分为波导分束型原子干涉仪和自由空间分束型原子干涉仪。原子干涉仪可以精密测量物理常数，探索原子的电荷等自然现象，检验量子力学和广义相对论等基本物理理论。

原子衍射 [atomic diffraction]　类似于光波的衍射，当物体的几何尺寸 (如晶格常数、狭缝宽度或光栅周期等) 接近于甚至小于原子束的德布罗意波长，且当原子束通过这一波长量级的物体时发生的衍射现象。

激光陷俘 [laser trapping]　利用光阱把原子俘获的过程。

光频梳 [optical frequency comb]　能够发射离散的、等间距频率光，其光谱具有像梳子一样形状的光源。光频梳就是利用锁模激光产生超短光脉冲，特色是相邻脉冲波时间间隔相同，光频梳就像是一把拥有精密刻度的尺或定时器，只不过一般的仪器以毫米、毫秒为单位，而光频梳在长度的测量上精确度胜过纳米，时间上则胜过飞秒，甚至达到阿秒。

国际原子时 [International Atomic Time]　简称 TAI。国际计量局比较、综合世界各地原子钟数据，最后确定的原子时。

7.8　原子分子物理其他学科

原子光学 [atom optics]　研究中性原子在特定条件下表现出的与光类似的行为及其应用的学科。原子和各种实物粒子与光一样都有波粒二象性，因为原子的质量很大，其德布罗意波非常短，通常不表现出明显的波动性。利用原子和光的相互作用，原子束会在不同强度光场区域产生折射和反射。可利用激光束形成的特殊光场分布作为原子光学透镜使原子束聚焦和成像。原子束穿过光波形成的驻波区域时会出现衍射和干涉现象。原子束中原子间的相互作用可以忽略时，原子各自独立运动，是线性原子光学现象。原子束中原子密度大到相互作用不能忽略时，出现类似于非线性光学的现象，是非线性原子光学。原子光学的应用前景包括原子显微镜、原子干涉仪，以及基本常数和原子性质的精密测量等。由于原子的德布罗意波长比电子波的更短，原子显微镜的分辨率比电子显微镜的更高。

非线性原子光学 [nonlinear atom optics]　研究原子孤子、原子混沌、原子物质波中的光速减慢和四波混频等内容的学科。在原子光学中，原子束中原子密度大到相互作用不能忽略时，出现类似于非线性光学的现象。

集成原子光学 [integrated atom optics]　原子光学的分支学科之一，主要研究原子微波导、微囚禁、原子芯片、微阱原子 BEC 及其列阵等。

原子电子学 [atomtronics]　利用原子制造类似于电子电路和器件的新兴技术。超冷却形成玻色 - 爱因斯坦凝聚体时，置于光晶格中的原子能够形成类似于半导体中电子的状态，通过掺杂能够产生类似于 n 型和 p 型半导体的状态，通过维持两个触点于不同的化学势可以制造原子电子电池。

分子光学 [molecular optics]　中性分子与电场、磁场和光场等相互作用及其冷却、囚禁、操控和应用的学科。

准分子激光器 [excimer laser]　又称激基分子激光器。以准分子为工作物质的一类气体激光器件，跃迁的两个能级是低激发态到排斥基态。准分子在激发态成为不稳定分子而在基态又分解为原子或原子缔合物，其存在时间极短，为 10^{-8} 秒量级。当受激态准分子的不稳定分子键断裂而离解成基态原子时，受激态的能量以激光辐射的形式放出。

调频激光器 [frequency modulation laser]　又称波长可变激光器、可调谐激光器。它所发出的激光波长在一定范围内可连续改变，是理想的光谱研究实验光源。调频激光器分为连续和脉冲两种，连续激光器的频率分辨率高于脉冲激光器。

波长可变激光器 [tunable laser]　即调频激光器。

可调谐激光器 [tunable laser]　即调频激光器。

二氧化碳激光器 [carbon dioxide laser]　以 CO_2 气体作为工作物质的气体激光器。放电管通常是由玻璃石英材料制成，里面充以 CO_2 气体和其他辅助气体 (主要是氦气和氮气，一般还有少量的氢或氙气)，其波长处于 10.6 微米附近的中红外波段。

一氧化碳激光器 [carbon monoxide laser]　以一

氧化碳气体为工作物质，以氩、氮、氧、氙、汞等为辅助气体的激光器。

氨分子微波激射器 [ammonia maser] 使用氨分子作为工作介质的微波激射器。其原理于 1952 年由尼古拉·巴索夫和亚历山大·普罗霍罗夫提出，1955 年，查尔斯·汤斯和詹姆斯·戈登做出了世界上第一台氨分子微波激射器。它是首次在实验上实现粒子数反转和受激辐射放大的装置。由于上能级向下能级跃迁的自发辐射与受激辐射比例与辐射频率的 3 次方成正比，在微波波段实现粒子数反转相对于可见光波段要容易得多。第一台氨分子微波激射器是将氨分子炉中出射的分子束通过四极杆装置，其中只有高能级的氨分子被聚焦后进入微波谐振腔，谐振腔内入射的微波信号被处于粒子数反转状态的氨分子气体工作介质放大。

原子力显微镜 [atomic force microscope, AFM] 可用来研究不同材料表面结构及性质的分析仪器。其原理是，通过检测待测样品表面与一个微型力敏感元件之间的微弱原子间相互作用力来研究物质的表面结构及性质。由于原子力显微镜既可以观察导体，也可以观察非导体，从而弥补了扫描隧道显微镜的不足。它是 20 世纪 80 年代由 G. Binning, C. F. Quate 和 C. Gerber 等发明的。

原子力显微术 [atomic force microscopy] 扫描探针显微家族中应用较广的一种显微技术。原理是一个对微弱力极其敏感的已弯曲的微悬臂针代替了扫描隧道显微镜的隧道针尖，并以探测悬臂的微小偏转代替了扫描隧道显微镜中的探测微小隧道电流。原子力显微技术是综合了力学、光学、电子学和计算机信息处理的新型显微技术，它除了具有很高的空间分辨率外，还具有被检测样品不需要导电、可在大气、真空、溶液等环境下实时的得到表面的三维图像等特点。

电子透镜 [electron lens] 一种能够产生轴对称分布的电场或磁场，从而将电子束聚焦的电子光学部件。

电子倍增器 [electron multiplier] 一种能倍增入射电荷的真空探测器。一个高速的带电粒子，如电子或离子撞击探测器表面时，可产生二次电子；再透过适当的形状与电场的安排，产生一连串的二次电子来倍增信号，最后到达阳极。通常一个电子加速撞击探测器表面可以产生 1～3 个二次电子，多次撞击使得电子数目倍增，其灵敏度相当高，可以用来探测带电粒子的数目。

电子源 [electron source] 发射出具有一定能量、一定束流以及速度和角度的电子束的装置。

激光同位素分离 [laser isotope separation] 通过激光辐照选择性地激发同位素粒子，使其物理或化学性质发生变化而实现同位素分离的方法。已成功地分离了数十种元素的同位素，与传统方法比较，分离系数较大，装置简便，用这种方法可浓缩铀。

α 粒子 [alpha particle] 由两个质子及两个中子组成的带正电荷粒子，相当于一个氦 -4 原子核，质量为 6.64×10^{-27}kg。

α 射线 [alpha ray，α-ray] α 粒子束，即高速运动的氦原子核。卢瑟福首先发现天然放射性是几种不同的射线。他把带正电的射线命名为 α 射线，带负电的射线命名为 β 射线。在以后的一系列实验中卢瑟福等人证实 α 粒子即是氦原子核。

α 射线谱 [alpha spectrum] 即 α 射线能谱，指单位时间内通过单位面积的 α 粒子数与能量之间的关系曲线。一种放射性核素的原子核，通过 α 衰变放出的 α 射线 (α 粒子)，若能量是单一的，则称此射线谱为单色谱；若有几组不同能量的 α 射线，则称此射线谱为复杂谱。α 射线谱是一个分立谱。

原子自旋磁强计 [atomic spin magnetometer] 利用原子自旋对磁场的敏感特性进行磁场测量的仪器。其分辨率主要受限于原子自旋交换弛豫带来的量子噪声。

光致反应 [photoreaction] 又称光化学反应、光化作用。物质一般在可见光或紫外线的照射下而产生的化学反应，是由物质的分子吸收光子后所引发的反应。光致反应在环境中主要是受阳光的照射，如二氧化氮 (NO_2) 在阳光照射下，吸收紫外线而分解为一氧化氮 (NO) 和原子态氧 (O，三重态)，进而发生链反应的过程。

光化学反应 [photochemical reaction] 即光致反应。

光化作用 [photoreaction] 即光致反应。

分子束外延 [molecular beam epitaxy, MBE] 一种超高真空条件下的物理气相淀积方法，其工作原理是在合适的条件下，使分子束或原子束连续不断地撞击到被加热的衬底表面上而获得均匀外延层。分子束外延的特点是束流易于控制，因而能精细控制生长层的厚度和膜层组分。

分子生物物理学 [molecular biophysics] 生物物理学的一个最基本、最重要的一个分支学科。其基本理论是分子的电子结构、能量状态、分子间与分子内的相互作用，以及由这些协同作用而形成的大分子及其聚集态的物理性质 (如半导体性、液晶态性质、电与磁学性质等)。这些理论都建立在描述微观体系的量子力学基础上。分子生物物理学的实验手段包括测定大分子质量、体积、组分、能态、物理性质、运动 (移动、转动与振动) 等各种近代技术。其中占有特殊重要地位的是和测定结构与能态有关的光谱技术、波谱技术与衍射技术，例如，电子自旋共振，红外、可见与紫外吸收光谱，荧光技术，旋光色散与圆二色谱，莫斯鲍尔谱，激光拉曼光谱，以及 X 射线衍射和中子衍射等。

光子纠缠 [photon entanglement] 光子发生的量

子纠缠现象。

量子纠缠 [quantum entanglement]　粒子在由两个或两个以上粒子组成系统中相互影响的物理学现象。量子纠缠中，系统的量子态必须作为一个整体来描述，即使粒子间的距离很远，在任何表象下，系统的量子态也不能表示成各粒子量子态的直积形式，这样的量子态称为纠缠态。这种现象最早由 Albert Einstein、Boris Podolsky 和 Nathan Rosen 于1935 年提出，后被称为 EPR 佯谬。量子纠缠说明在两个或两个以上的稳定粒子间，会有强的量子关联。纠缠态作为一种物理资源，在量子信息的各方面 (如量子通信、量子计算) 都起着重要作用。

分子电流 [molecular current]　电子具有自旋的内禀属性，它绕核运动形成电流，分子中所有电子的运动形成的电流总和产生的闭合的圆电流。通常可以用闭合的圆电流等效地表示。

分子吸附 [molecular adsorption]　分子与基底之间发生的相互作用。

分子磁体 [molecular magnet]　具有永久或外场感生磁偶极矩的分子。电子运动形成的电流在分子周围产生磁场，分子中所有的电子运动产生的磁场总和 (即分子磁场)，可以用分子中一个闭合圆电流产生的磁场来等效地表示。

分子磁矩 [molecular magnetic moment]　分子电流的磁矩，即分子中所有电子的轨道磁矩与自旋磁矩的总和。

原子探针 [atom-probe]　一种定量显微分析仪器。原子探针利用约 1 pm 的细焦原子束，在样品表层微区内激发元素的特征 X 射线，根据特征 X 射线的波长和强度，进行微区化学成分定性或定量分析。原子探针的光学系统、真空系统等部分与扫描电镜基本相同，通常也配有二次电子和背散射电子信号检测器，同时兼有组织形貌和微区成分分析两方面的功能。

分子马达 [molecular motor]　又称分子机械、纳米马达。由生物大分子构成，利用化学能进行机械做功的纳米系统。分子马达首先是美国康奈尔大学研究人员在活细胞内的能源机制启发下，制造出的一种马达。这种微型马达以三磷酸腺苷酶为基础，依靠为细胞内化学反应提供能量的高能分子三磷酸腺苷 (ATP) 为能源。

阿秒物理 [attosecond physics]　在原子、分子尺度内研究电子 (包括孤立或集体) 或核运动的学科。阿秒是电子在原子内部运动的时间尺度，电子绕氢原子核一周大约是 150 as(1 as 等于 10^{-18} s)。阿秒物理的目的是观察和控制电子的运动，这里电子包括孤立或是集体的电子行为，研究的对象包括原子、分子、等离子体，固体以及表面。所采用的工具是几个飞秒的超短脉冲 (其引起的物理变化实在亚飞秒尺度内) 或是超短的阿秒脉冲。

飞秒化学 [femtosecond chemistry]　在飞秒 (10^{-15} s) 时间尺度上研究超快化学反应过程的一门新兴学科，是物理化学的一支。1999 年美国加州理工学院的艾哈迈德·泽维尔教授因在这一领域的开创性研究而获得诺贝尔化学奖。飞秒化学通过延迟时间可精确调控的两束或两束以上飞秒激光，跟踪分子电子波包的运动并进行探测，从而拍摄反应过程中的变化及生成的中间体。基于这种思想而发展的各种飞秒光谱技术已广泛应用于研究气相、液相、表面等中的化学反应过程。飞秒化学可以实现对分子势能面的演化过程以及反应过渡态形成的实时探测，更深入认识化学键的断裂和形成过程，从而最终控制化学反应过程。

强场近似 [strong field approximation]　研究强场物理的一种常用近似，也通常直接指在此近似基础上的理论方法。该方法使用 S 矩阵方法，保持时间可逆跃迁振幅形式且将 S 矩阵方法中的最终的全部的相互作用态用 Volov 解来代替。当原子和分子暴露在强激光场中时，核外电子有可能被电离到高激发态或连续态，这些电子受到来自原子实的库仑作用力远远不及激光场带来的影响。因此，可将被电离的电子近似为自由电子，它们只受激光场的作用而不受库仑势的束缚。这就是著名莱温斯坦理论，也称"强场近似"模型。强场近似方法被广泛的应用于研究阈上电子能谱、高次谐波发射、强场电离等问题。但是由于 SFA 方法的几个基本假设导致 SFA 模型在某些条件下会存在一定的误差。例如忽略基态的损耗会使得在激光场较强的情况下谐波低能区不够准确，所以人们在其基础上提出了很多修正的方法。见 S 矩阵。

本章作者：陈怡，闫冰，郭静，张大威，刘福春，马日，王志刚，杨玉军，丁大军

八

无线电物理学

8.1 电磁波物理

无线电物理学 [radio physics]　　物理学的二级学科之一，采用近代物理学和电子信息科学的基本理论、方法及实验手段，研究电磁场和电磁波及其与物质相互作用的基本规律。主要内容是以物理学的基本理论方法和近代实验技术作为手段，研究客观现象的基本规律，据以开发新型的电子器件和系统，并在实际中推广应用。与工程或技术学科相比，它更注重基本规律的探索，更注重把工程与技术发展放在科学新发现的基础上；与物理学其他分支相比，它更注重物理学作为基础学科向应用的延伸，更注重物理规律在电子学上的应用。因此，无线电物理学是立足于基础学科，着眼于应用学科的一门边缘学科。无线电物理的主要研究方向包括电波传播及工程应用、无线电海洋遥感技术、短波通信技术、阵列天线与阵列信号处理、软件无线电技术等。无线电物理在社会生产生活的各方面有着十分广泛的应用，如电话、电视、数据传输、导航、雷达、探测、加热等。1864 年，英国科学家麦克斯韦在总结前人研究电磁现象的基础上，建立了完整的电磁波理论。他断定电磁波的存在，推导出电磁波与光具有同样的传播速度。1887 年，德国物理学家赫兹利用实验证实了电磁波的存在。之后，人们又进行了许多实验，不仅证明光是一种电磁波，而且发现了更多形式的电磁波，它们的本质完全相同，只是波长和频率有很大的差别。1893 年，特斯拉在美国密苏里州圣路易斯首次公开展示了无线电通信。1894 年，波波夫改进了赫兹的实验装置，利用撒了金属粉末的检波器，通过架在高空的导线，记录了大气中的放电现象。这是世界上第一台无线电接收机。1895 年，波波夫又在彼得堡大学两幢相距 250 米的大楼之间表演了无线电通信，他和助手进行了一次正式的无线电传递莫尔斯电码的表演。1895 年，马可尼将无线电接收距离扩大到 2.7 公里，出现了历史性的突破。1901 年，马可尼用 10 千瓦的音响火花式电报发射机，完成了横跨大西洋 3600 公里的无线电远距离通信。无线电通信在两次世界大战中发挥了重要的作用。20 世纪后半叶，随着计算机网络技术的发展，无线电技术被推向一个更高的发展台阶。

电磁场 [electromagnetic field]　　电荷在静止或者运动状态的电磁作用，是电场和磁场的统一体的总称，随时间变化的电场产生磁场，随时间变化的磁场产生电场，两者互为因果，形成电磁场。处于电磁场的带电物体会感受到电磁场的作用力。通常情况下，电磁场不但是空间的函数，而且也是时间的函数。电磁场按其内容可以分为三类：(1) 静电场：静止电荷产生的电场；(2) 静磁场：稳定运动电荷 (直流) 产生的磁场；(3) 动态场：运动电荷 (非直流) 产生的电磁场。描述电磁场数学工具有矢量分析与场论、偏微分方程与特殊函数、张量代数与分析、泛函等。电磁场与带电物体 (电荷或电流) 之间的相互作用可以用麦克斯韦方程和洛伦兹力定律来描述。19 世纪前期，奥斯特发现电流可以使小磁针偏转。而后安培发现作用力的方向和电流的方向，以及磁针到通过电流的导线的垂直线方向相互垂直。不久之后，法拉第又发现，当磁棒插入导线圈时，导线圈中就产生电流。这些实验表明，在电与磁之间存在着密切的联系。为此，法拉第引进了力线的概念，认为电流产生围绕着导线的磁力线，电荷向各个方向产生电力线，并在此基础上产生了电磁场的概念。19 世纪下半叶，麦克斯韦总结了宏观电磁现象的规律，并引进位移电流的概念。这个概念的核心思想是：变化着的电场能产生磁场；变化着的磁场也能产生电场。在此基础上，他提出了一组偏微分方程来表达电磁现象的基本规律。这套方程称为麦克斯韦方程组，是经典电磁学的基本方程。麦克斯韦的电磁理论预言了电磁波的存在，其传播速度等于光速，这一预言后来为赫兹的实验所证实。于是人们认识到麦克斯韦的电磁理论正确地反映了宏观电磁现象的规律，肯定了光也是一种电磁波。由于电磁场能够以力作用于带电粒子，一个运动中的带电粒子既受到电场的力，也受到磁场的力，洛伦兹把运动电荷所受到的电磁场的作用力归结为一个公式，人们称这个力为洛伦兹力。描述电磁场基本规律的麦克斯韦方程组和洛伦兹力就构成了经典电动力学的基础。

稳态电磁场 [steady-state electromagnetic field]　　如果电磁场的函数值不依赖于时间，即不随时间 t 改变，但在不同的空间位置可以有不同的值，则称此场为稳态场。稳态电磁场的波函数可以简化为拉普拉斯方程或者泊松方程。

似稳电磁场 [quasi-static electromagnetic field]　　又称似稳场、准静态场、准静场。随时间变化足够缓慢的电磁场。"电磁辐射"产生电磁场的主要性质是：空间的场在某一时刻 t 的值 E、B 是由比 t 早一些时候的电流密度 J、电荷密度 ρ 决定的，而并不与 t 时刻的电流和电荷对应，这就是所谓的"推迟效应"。考虑到推迟效应的机理是由位移电流产生的，否则若不考虑位移电流的影响，电场、磁场将一直束缚在电荷、电流附近，即使随时间变化，也不会脱离电荷、电流而去，其行为大致与静态的电磁场相仿。因此，似稳场条件就是指可以忽略位移电流的影响的情况。

交变电磁场 [alternating electromagnetic field]　　由交变电流产生的，其磁场的大小和方向都会随着时间按照一定的规律变化的电磁场。

瞬态电磁场 [transient electromagnetic field]　又称脉冲电磁场，一切随时间作短暂变化的电磁场，电磁脉冲是其典型实例。

近区场 [near zone field]　一般情况下，电磁辐射场根据感应场和辐射场的不同，而区分为远区场和近区场。由于远场和近场的划分相对复杂，要具体根据不同的工作环境和测量目的进行划分。一般而言，以场源为中心，在三个波长范围内的区域，通常称为近区场，也可称为感应场。近区场通常具有如下特点：近区场内，电场强度与磁场强度的大小没有确定的比例关系。一般情况下，对于电压高电流小的场源 (如发射天线、馈线等)，电场要比磁场强得多，对于电压低电流大的场源 (如某些感应加热设备的模具)，磁场要比电场大得多。近区场的电磁场强度比远区场大得多。近区场的电磁场强度随距离的变化比较快，在此空间内的不均匀度较大。

远区场 [far zone field]　一般情况下，电磁辐射场根据感应场和辐射场的不同而区分为远区场和近区场。以场源为中心，在半径为三个波长之外的空间范围称为远区场，也可称为辐射场。在远区场中，所有的电磁能量基本上均以电磁波形式辐射传播，这种场辐射强度的衰减要比感应场慢得多。在远区场，电场强度与磁场强度有如下关系：在国际单位制中，$E=377H$，电场与磁场的运行方向互相垂直，并都垂直于电磁波的传播方向。

感应场 [induction field]　电磁辐射源产生的交变电磁场可分为性质不同的两个部分，其中一部分电场能量在辐射源周围空间及辐射源之间周期性地来回流动，不向外发射，称为感应场。

电磁波 [electromagnetic wave]　又称电磁辐射。电磁场的一种运动形态。由同相振荡且互相垂直的电场与磁场在空间中以波的形式移动，其传播方向垂直于电场与磁场构成的平面，有效地传递能量和动量。电磁波首先由詹姆斯·麦克斯韦于 1865 年预言出来，而后由德国物理学家海因里希·赫兹于 1887 年至 1888 年间在实验中证实存在。电磁波不需要依靠介质传播，从科学的角度来说，电磁波是能量的一种，凡是高于绝对零度的物体，都会释出电磁波。且温度越高，放出的电磁波波长就越短。而世界上目前并未发现低于或等于绝对零度的物体。因此，人们周边所有的物体时刻都在进行电磁辐射。电磁波可以按照频率分类，从低频率到高频率，包括有无线电波、微波、红外线、可见光、紫外线、X 射线和伽马射线等。电磁波受媒质和媒质交界面的作用，产生反射、散射、折射、绕射和吸收等现象，使电波的特性参量如幅度、相位、极化、传播方向等发生变化。各种电磁波在真空中速率固定，速度为光速。

电波 [radio wave]　一个高频交流电流周期，可视为以确定速度在导体内传播的波。电波频率低时，主要借有形的导电体才能传递。原因是在低频的电磁振荡中，磁、电之间的相互变化比较缓慢，其能量几乎全部返回原电路而没有能量辐射出去；电波频率高时既可以在自由空间内传递，也可以束缚在有形的导电体内传递。电波受媒质和媒质交界面的作用，产生反射、散射、折射、绕射和吸收等现象，使电波的特性参量如幅度、相位、极化、传播方向等发生变化。

生物电磁波 [biological electromagnetism wave]　一种特殊的生物微波，它可以改善生命体内离子通透能力。它还是一种电磁触发信号，实现杠杆作用，纠正细胞内的非正常变化，改变分子的不平衡状态，激活细胞，恢复细胞之间的正确沟通与协调，甚至可以激活潜在基因，取代衰老、病态的基因，实现生命体逆转衰老。

电磁波谱 [electromagnetic (wave) spectrum]　为了对各种电磁波有个全面的了解，人们按照波长或频率的顺序把各种电磁波排列起来，就形成了电磁波谱。电磁波谱按频率由低到高可大致分为：无线电波、微波、红外线、可见光、紫外线、X 射线、γ 射线 (伽马射线)。

电磁辐射 [electromagnetic radiation]　带静电荷的粒子被加速时，会以波的形式向外传递能量与动量，并且波的传播方向垂直于电场与磁场所构成的平面，这种现象称为电磁辐射。电磁辐射可按频率或波长分为不同类型，若按频率的增加可以分为：无线电波、微波、太赫兹辐射、红外辐射、可见光、紫外线、X 射线和伽马射线。电磁辐射有一个电场和磁场分量的振荡，分别在两个相互垂直的方向传播能量。电磁辐射所衍生的能量，取决于频率的高低：频率愈高，能量愈大。人体生命活动包含一系列的生物电活动，这些生物电对环境的电磁波非常敏感，因此，电磁辐射可以对人体造成一定的影响和损害，这表现为热效应和非热效应两大方面。电磁波的致病效应随着磁场振动频率的增大而增大，频率超过 10 万赫兹以上，可对人体造成潜在威胁。在这种环境下工作生活过久，会使人体组织内分子原有的电场与磁场发生变化，给予组成脑细胞的各种生物分子以一定程度的破坏，产生过多的过氧化物等有害代谢物，甚至使脑细胞的 DNA 密码排列错乱，制造出一些非生理性的神经递质。人体如果长期暴露在超过安全标准的辐射剂量下，人体细胞会被大面积杀伤或杀死。

电磁散射 [electromagnetic scattering]　当一定频率的外来电磁波投射到电子上时，电磁波的振荡电场作用到电子上，使电子以相同频率作强迫振动。振动着的电子向外辐射出电磁波，把原来入射波的部分能量辐射出去，这种现象叫作电磁散射。

反向散射 [backscatter]　当电磁波遇到空间目标时，其能量的一部分被目标所吸收，另一部分以不同的强度散射到各个方向,在散射的能量中,与入射光方向逆向的粒子散射称为反向散射。

点辐射源 [spot radiation source]　又称点光源。是理想化为质点的向四面八方发出光线的光源。点光源是为了把物理问题的研究简单化而抽象化了的物理概念,就像平时说的光滑平面、质点无空气阻力一样,点光源指的是从一个点向周围空间均匀发光的光源,在现实中也是不存在的。

面辐射源 [surface radiation sources]　又称面光源。光源距离接受方很远,所接受到的光线可以接近平行线,那么这时候可以称这个光源为面光源。比如,太阳光照在我们身上,手和脚上接受到的光线可以认为是平行的,整个身上的光线都是平行的,这个时候我们说我们收到的照射源是面光源;当接收源换成是地球和月亮,或者是换成太平洋和喜马拉雅山,光线到接受方的两方角度差很大,不能忽略不计,就称发射源为点光源。

游离辐射 [ionizing radiation]　可以把电子、质子、中子等粒子从原子游离出来的辐射。游离辐射的游离能力,决定于射线 (粒子或波) 所带的能量。越是波长短、频率高、能量高的射线,其游离能力就越强。游离辐射照射人体,可以使细胞分子键断裂,破坏生物细胞分子,如 γ 射线和 X 射线。

有热效应的非游离辐射 [non-ionizing radiation with heating effect]　辐射能量弱,不能把电子从原子游离出来的辐射但会引起被照射物产生一定的温度的辐射。由于有热效应的非游离辐射能量弱,不会破坏生物细胞分子,但会产生温度,如微波、光。

无热效应的非游离辐射 [non-ionizing radiation without heating effect]　辐射能量弱,不能把电子从原子游离出来的辐射也不会引起被照射物产生一定的温度的辐射。由于无热效应的非游离辐射能量最弱,不会破坏生物细胞分子,也不会产生温度,如无线电波、电力电磁场。

高频电磁振荡 [high frequency electromagnetic oscillation]　在电磁系统中,储能元件内电场能与磁场能以很高的频率不断相互转换的过程。高频电磁振荡过程中,完成一次周期性变化所需要的时间叫作周期,1 秒钟内完成的周期性变化的次数叫频率。由电磁系统的形状和尺寸决定的电磁振荡频率,叫作电磁系统的固有频率。若系统受到外界周期性的电磁激励,且激励的频率等于系统的固有频率时,系统与激励源之间会形成稳定的振荡,称为谐振。因为利用电容、电感等集中元件组成的电路通常的振荡频率比较低,所以实现高频电磁振荡一般利用谐振腔等分布参数的电磁系统。

振荡电路 [oscillating circuit]　能产生大小和方向都随周期发生变化的振荡电流的电路。振荡电路产生的振荡电流是一种交变电流。

电磁感应定律 [law of electromagnetic induction]

电磁学中的一条基本定律,由法拉第在 1831 年发现。电磁感应定律的基本内容是:闭合电路中产生的感应电动势 E 正比于磁通量 $\frac{\mathrm{d}\Phi}{\mathrm{d}t}$ 对时间变化率的负值,即 $E = -\frac{\mathrm{d}\Phi}{\mathrm{d}t}$。表达式中的负号 "-" 的物理含义是:感应电动势的方向总是对抗闭合回路磁通量的变化。电磁感应现象是电磁学中最重大的发现之一,它揭示了电、磁现象之间的相互联系。其重要意义在于:一方面,依据电磁感应的原理,人们制造出了发电机,电能的大规模生产和远距离输送成为可能;另一方面,电磁感应现象在电工技术、电子技术以及电磁测量等方面都有广泛的应用,人类社会从此迈进了电气化时代。

位移电流 [displacement current]　电位移矢量 D 对于时间的变化率,即 $J_D = \frac{\partial D}{\partial t}$。位移电流的单位与电流的单位相同,如同真实的电流,位移电流也有一个伴随的磁场。位移电流并不是移动的电荷所形成的电流,而是电位移通量对于时间的偏导数。

电位移矢量 [electric displacement vector]　又称电感应强度矢量。用以描述电场的辅助物理量。电介质在外电场作用下发生的极化现象可以归结为电介质内出现了极化电荷。设 ε_0 是真空介电常数,ρ 为电荷密度,ρ_p 为极化电荷密度,P 为电极化强度 ($P = \chi_e \varepsilon_0 E$,其中 χ_e 是电极化率),根据高斯定律有 $\nabla E = \frac{\rho + \rho_p}{\varepsilon_0}$,移项得 $\nabla[\varepsilon_0 E + P] = \rho$,由于括号中的项只与电荷密度有关,因此将括号中的项称为电位移矢量,常记作符号 D,即 $D = \varepsilon_0 E + P$。

传导电流 [conduction current]　带电微粒 (如金属中的自由电子、电解质溶液中的正负离子、气体中的离子和电子) 在电场作用下,在导体内部做定向运动而形成的电流。

坡印廷矢量 [Poynting vector]　又称电磁能流密度矢量。因为电场强度与磁场强度的矢量积即 $E \times H$ 是一个与垂直通过单位面积的功率相关的矢量,所以定义 $S = E \times H$ 为电磁能流密度矢量,也称为坡印亭矢量,单位是 $\mathrm{W/m^2}$。

坡印廷定理 [Poynting theorem]　表征电磁场能量守恒关系的定理。坡印廷定理的内容是:假设闭合面 S 包围的体积 V 中无外加源,那么,单位时间内通过曲面 S 进入体积 V 的电磁能量等于该单位时间内体积 V 中所增加的电磁场能量与电场对体积 V 中的电流所做功的总和。用方程式可描述为

$$-\oint_S (E \times H)\mathrm{d}S = \frac{\mathrm{d}}{\mathrm{d}t}\int_V (\frac{1}{2}H \cdot B + \frac{1}{2}E \cdot D)\mathrm{d}V + \int_V E \cdot J\mathrm{d}V$$

其中,E、H、B、D、J 分别是电场强度、磁场强度、磁感应强度与电流密度,方程右端第一项 $\frac{\mathrm{d}}{\mathrm{d}t}\int_V (\frac{1}{2}H \cdot B + \frac{1}{2}E \cdot D)\mathrm{d}V$ 是单位时间内体积 V 中所增加的电磁场能量,方程右端第二项 $\int_V E \cdot J\mathrm{d}V$ 是电场对体积 V 中的电流所做功,方程左端 $-\oint_S (E \times H) \cdot \mathrm{d}S$ 是单位时间内通过曲面 S 进入体积 V 的

电磁能量。

电离层 [ionosphere]　地球大气层被太阳射线电离的部分,它是地球磁层的内界,一般是指从离地面约 50 公里开始一直伸展到约 1000 公里高度的地球高层大气空域。电离层中存在相当多的自由电子和离子,能使无线电波改变传播速度,发生折射、反射和散射,产生极化面的旋转并受到不同程度的吸收,由于它影响到无线电波的传播,因此有非常重要的实际意义。

波阻抗 [wave impedance]　电场的振幅与磁场的振幅之比,具有阻抗的量纲,故称为波阻抗,即 $\eta = E/H$。波阻抗的单位为欧姆,其中 E 为均匀各向同性介质中的电场,H 是该介质中的磁场。波阻抗也等于介质中的磁导率与介电常数的比值再开根号,即 $\eta = \sqrt{\dfrac{\mu}{\varepsilon}}$。自由空间中的波阻抗为 $\eta_0 = \sqrt{\mu_0/\varepsilon_0} = 120\pi \approx 377\Omega$。

入射场 [incident field]　入射电磁波的电场分量与磁场分量的统称。

入射波 [incident wave]　进入介质中按原来的方向继续传播的波。

反射波 [reflection wave]　又称回波。按与入射波方向相反的方向在介质中传播的波。

反射场 [reflection field]　反射电磁波的电场分量与磁场分量的统称。

散射波 [scattering wave]　电磁波在传播过程中,遇到障碍物的尺寸可与波长相类比时会发生散射,向四面八方传播相同频率电磁波,这些散射向四面八方的电磁波称为散射波。

散射场 [scattering field]　方向准直的均匀单能入射粒子,受靶上粒子势场作用,其运动方向会偏离入射方向,向各个方向散射开去,此过程称为散射过程。将靶上粒子对入射粒子的作用称为散射场,散射场描述的是一种势场。

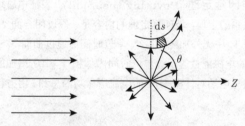

远场波 [far-field wave]　向外辐射电磁能量的电磁波。电磁辐射源所产生的交变电磁场按是否向外辐射能量可以分为两部分,一部分不向外辐射能量,另一部分向外辐射能量,我们把向外辐射能量的电磁场区域的电磁波称为远场波。

倏失波 [evanescent wave]　又称消逝波、表面波。当光由光密介质射向光疏介质发生全反射时,入射光的能流并不是只在介质界面上进行了全反射,而是穿入光疏介质一定深度后实现了全反射。在发生全反射时,折射波在分界面方向仍具有行波的形势,但其幅值随着与分界面相垂直的深度的增大而呈指数形式衰减。这种沿界面传播且振幅在垂直界面方向按指数率衰减的波称为倏失波。

电矢位 [electric vector potential]　描述电磁场方程时引入的一个矢量。对于时谐电磁场 (或正弦电磁场),无源场区的波动方程为

$$\begin{cases} \nabla^2 \boldsymbol{E} - \mu\varepsilon \dfrac{\partial^2 \boldsymbol{E}}{\partial t^2} = 0 \\ \nabla^2 \boldsymbol{H} - \mu\varepsilon \dfrac{\partial^2 \boldsymbol{H}}{\partial t^2} = 0 \end{cases}$$

为了减少未知标量函数,借助于电磁场的矢量位 $\boldsymbol{A}$ 和标量位 φ 来求 $\boldsymbol{H}$、$\boldsymbol{E}$,即将 $\boldsymbol{H} = \dfrac{1}{\mu}\nabla \times \boldsymbol{A}$,$\boldsymbol{E} = -\mathrm{j}\omega\boldsymbol{A} - \nabla\varphi$ 代入上述波动方程,可以使未知标量函数由六个 ($\boldsymbol{H}$、$\boldsymbol{E}$ 各有三个分量) 减少为四个。其中存在一个问题:$\boldsymbol{A}$ 和 φ 并不总是彼此独立的,当 $\boldsymbol{A}$ 和 φ 不是彼此独立的时候,对于波动方程我们便无法求解。为此,需要引入一个电矢位 $\boldsymbol{\pi}$,使得

$$\begin{cases} \varphi = -\nabla\boldsymbol{\pi} \\ \boldsymbol{A} = \mu\varepsilon \dfrac{\partial \boldsymbol{\pi}}{\partial t} + \mu\sigma\boldsymbol{\pi} \end{cases}$$

可以证明,此时的 $\boldsymbol{A}$ 和 φ 是相互独立的,这里被引入的 $\boldsymbol{\pi}$ 就称为电矢位。

平面波 [plane wave]　向一定方向传播的空间波在同一时刻由相位相同的各点构成的轨迹曲面为平面的波。其波动方程 $\dfrac{\partial^2 P}{\partial x^2} = \dfrac{1}{c^2}\dfrac{\partial^2 P}{\partial t^2}$。平面波的电场 E 与磁场 H 处处同相,E 与 H 相互垂直,且 E 和 H 与电磁波的传播方向 n 三者相互垂直,三者之间满足右手螺旋关系。

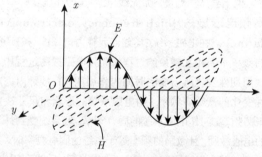

均匀平面波在理想介质中传播

球面波 [spherical wave]　向一定方向传播的空间波在同一时刻由相位相同的各点构成的轨迹曲面为同心球面的波。点状振动源的振动向周围空间均匀的传播形成球面波,从对称性考虑,这个波的等相面是球面,并且其上的振幅处处相等。其波动方程为 $\dfrac{\partial^2 p}{\partial r^2} + \dfrac{2}{r}\dfrac{\partial p}{\partial r} = \dfrac{1}{c^2}\dfrac{\partial^2 p}{\partial t^2}$,令 $y(r,t) = rp(r,t)$

代入上式得到，$\dfrac{\partial^2 y}{\partial r^2} = \dfrac{1}{c^2}\dfrac{\partial^2 y}{\partial t^2}$。其形式与平面波完全相同，实际上平面波可以看成是球面波的一种特殊情况。

柱面波 [cylindrical wave] 向一定方向传播的空间波在同一时刻由相位相同的各点构成的轨迹曲面为同轴柱面的波。是由无限长同步线状振动源（同步线源）产生的波动。所谓同步线源是指这样一种振动源：在整条直线上所有点都是一个点源，各个点源的振动完全相同，在简谐振动下各点的初位相、频率和振幅完全相同。

动态场 [dynamic field] 又称时变电磁场。由电场变化产生感应磁场，由电磁场变化常产生感应电场，时变电场和时变磁场相互依存，相互制约，相互耦合，故称为动态场。

趋肤效应 [skin effect] 又称集肤效应。交变电流通过导体时，由于感应作用引起导体截面上电流分布不均匀，愈近导体表面电流密度越大，这种现象称为趋肤效应。

杜德模型 [Drude model] 用来解释电子在物质（特别是金属）中的输运性质的一种模型。由保罗·杜德在 1900 年提出。杜德模型的基本假设是：忽略电子与电子之间的相互作用；忽略电子和离子之间的相互作用；电子只受均匀外电场的作用；电子受到的碰撞是瞬时的，且仅来自电子和杂质原子之间的散射；电子在单位时间内散射的几率是 $1/\tau$，τ 是电子弛豫时间；电子在各种散射条件下达到热力学平衡，即电子在碰撞后的状态是随机的，由热力学平衡决定其分布。杜德模型的两个最重要的结果是

(1) 电子的运动方程：

$$\dfrac{\mathrm{d}}{\mathrm{d}t}P(t) = qE - \dfrac{p(t)}{\tau}$$

(2) 电流密度 J 与电场 E 之间的线性关系：

$$J = \left(\dfrac{nq^2\tau}{m}\right)E$$

其中，τ 代表时间，p、q、n、m 和 τ 分别代表电子的动量、电荷、数密度、质量，以及电子弛豫时间。这个简单、经典的杜德模型对于金属中的直流电和交流电传导、霍尔效应，以及热传导提供了非常好的解释。这个模型也解释了 1853 年发现的魏德曼–弗朗茨定律。杜德模型的局限性在于：当电子热运动的温度高于 10^{-6}K 时，电子在周期势中的运动还会受到晶格离子的散射作用，这与基本假设相悖，杜德模型便不再适用。另外，杜德模型还大大高估了金属的电子热容。实际上，金属和绝缘体在常温下的热容大致上相等。虽然模型可以应用于正电荷（空穴）载流子，像霍尔效应所验证的那样，但它并不预言它们的存在。

等离子体振荡频率 [oscillation frequency of plasma] 又称朗缪尔频率。是描述等离子体性质的一个物理量。等离子体振荡是指等离子体中的电子在自身惯性作用和正负电荷分离所产生的静电恢复力的作用下发生的简谐振荡。在等离子体中，如果小范围内出现正负电荷分离，因离子质量大，可视为固定不动，构成均匀正电背景，电子则在静电力作用下集体振荡，这就是等离子体振荡，其振荡频率称为等离子体振荡频率，常记作 ω_p。

波函数 [wave function] 量子力学中用来描述粒子的德布罗意波的函数。1925 年，薛定谔首先在德布罗意假设的基础上提出，用物质波的波函数来描述微观粒子运动状态，就像用电磁波描述光子的运动一样。位置空间波函数是：假设一个自旋为零的粒子移动于一维空间，这粒子的量子态用波函数 $\psi(x,t)$ 表示，其中，x 是位置，t 是时间。则粒子的位置 x 在区间 $[a,b]$（即 $a \leqslant x \leqslant b$）的概率为：$p_{a \leqslant x \leqslant b} = \int_a^b |\psi(x,t)|^2\mathrm{d}x$。换句话说，$|\psi(x,t)|^2$ 是粒子的位置 x 和对于粒子位置做测量的时间 t 的概率密度，因此应用归一化条件得，$\int_{-\infty}^{\infty}|\psi(x,t)|^2\mathrm{d}x = 1$。动量空间波函数：在动量空间，设粒子的波函数表示为 $\Phi(p,t)$；其中，p 是一维动量，值域从 $-\infty$ 至 $+\infty$。则粒子的动量 p 在区间 $[a,b]$（即 $a \leqslant x \leqslant b$）的概率为：$p_{a \leqslant p \leqslant b} = \int_a^b |\psi(p,t)|^2\mathrm{d}p$。动量空间波函数的归一化条件也类似：$\int_{-\infty}^{\infty}|\psi(p,t)|^2\mathrm{d}p = 1$。位置空间波函数与动量空间波函数的关系是：它们彼此是对方的傅里叶变换。它们各自拥有的信息相同，任何一种波函数都可以用来计算粒子的相关性质。

$$\Phi(p,t) = \dfrac{1}{\sqrt{2\pi\hbar}}\int_{-\infty}^{\infty} e^{-\mathrm{i}px/\hbar}\psi(x,t)\mathrm{d}x$$

$$\text{或}\ \Phi(p,t) = \dfrac{1}{\sqrt{2\pi\hbar}}\int_{-\infty}^{\infty} e^{\mathrm{i}px/\hbar}\psi(p,t)\mathrm{d}p$$

描述波函数的薛定谔方程是：设波函数在一维空间里，运动于位势 $V(x)$ 的单独粒子，其波函数满足 $-\dfrac{\hbar^2}{2m}\dfrac{\partial^2}{\partial x^2}\psi(x,t) + V(x)\psi(x,t) = \mathrm{i}\hbar\dfrac{\partial}{\partial t}\psi(x,t)$；其中，$m$ 是质量，$\hbar$ 是约化普朗克常量。根据波恩的解释，波函数本身并没有直接的物理意义，有物理意义的是波函数模的平方。波函数模的平方 $|\psi(x,t)|^2$ 代表 t 时刻、在 x 处粒子出现的几率密度。从这点来说，物质波在本质上与电磁波、机械波是不同的，物质波是一种几率波，它反映微观粒子运动的统计规律。

亥姆霍兹方程 [Helmholtz equation] 描述电磁波传播的椭圆偏微分方程，以德国物理学家亥姆霍兹的名字命名。在电磁学中，当电磁波函数随时间作谐变动时，波动方程就可以化为亥姆霍兹方程。其基本形式如下：

$$\begin{cases} \nabla^2 \dot{H} + k^2 \dot{H} = 0 \\ \nabla^2 \dot{E} + k^2 \dot{E} = 0 \end{cases} \quad \text{其中}\ k = \omega\sqrt{\mu\varepsilon}$$

微波 [microwave] 频率为 300MHz~3000GHz 的电磁波，是无线电波中一个有限频带的简称。其对应波长为 1m

(不含 1m) 到 0.1mm 之间的电磁波,是分米波、厘米波、毫米波和亚毫米波的统称。

毫米波和亚毫米波 [millimeter waves and submillimeter wave]　波长为 10~1mm 的电磁波;波长为 1~0.1mm 的电磁波。

太赫兹波 [terahertz wave]　又称太赫兹射线。介于微波与远红外之间,一般认为波长为 3mm~3μm,对应频率范围为 100GHz~10THz 的一段电磁波。

红外与远红外波 [infrared and far infrared wave] 又称红外线、红外光。波长在可见光和微波之间的电磁波,其波长在 760 纳米 (nm) 至 1 毫米 (mm) 之间。红外与远红外波都具有显著的热效应。一切物体都可以发射红外线,温度较高的物体发出的红外线也较多。红外线被吸收后可以转化为物体的内能。

电磁场的边值问题 [boundary-value problem of electromagnetic field]　电磁场的边值问题是指,已知区域内的场源和场量在场域边界上的值,通过麦克斯韦方程组求解场域内的场分布问题。

电磁场的本征函数和本征值 [eigen-function and eigen-value of electromagnetic field]　在一定的边界条件下,分布形式不因激励方式而定的电磁场模式,是这种边界条件下的本征模式。电磁场的本征函数和本征值是表达本征模式的数学工具。对于线性算子 L,设其定义域为恒不为零的某类函数 u(例如在边界上为零或边界上法向导数为零,而在场区域内二阶导数连续且平方可积的函数),如果此类中的函数 u 和常数 λ 满足方程 $Lu = \lambda u$ 则 λ 就叫作算子 L 的本征值,函数 u 就称为算子 L 相对于本征值 λ 的本征函数。

电磁场的唯一性定理 [uniqueness theorem of electromagnetic field]　在以闭合曲面 S 为边界的有界区域 V 内,如果给定 $t=0$ 时刻的电场强度 E 和磁场强度 H 的初始值,并且在 $t \geqslant 0$ 时,给定边界面 S 上的电场强度 E 的切向分量或磁场强度 H 的切向分量,那么,在 $t > 0$ 时,区域 V 内任一点的电磁场由麦克斯韦方程唯一确定,这就是著名的电磁场的唯一性定理。唯一性定理指出了获得唯一的解所必须满足的条件,为电磁场问题的求解提供了理论依据,具有非常重要的意义和广泛的应用。

电磁场的等效源原理 [equivalent source principle of electromagnetic field]　若闭曲面 S 包围了全部真实源并把空间分成内外区域,则外区域的电磁场可认为是由 S 上的等效源,即等效面电流密度 J_S 和等效面磁流密度 J_{Sm} 所产生,也就是广义麦克斯韦方程组在 S 外的解 (在 S 内的解恒等于零),这就是电磁场的等效源原理。

等效源原理把真实源的电磁场边值问题转换成为等效面源的辐射问题,既易作物理解释,又便于数学处理。主要用于电磁激励、耦合和绕射的理论计算。

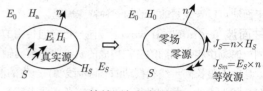
等效源与场的关系

电磁场的对偶原理 [duality principle of electromagnetic field]　如果描述两种物理现象的方程具有相同数学形式,这两个方程就是对偶方程,方程中对应位置的物理量称为对偶量,可以通过对偶变换求得其对偶方程的解,这就是对偶原理。在求解电磁场方程时,为了使求解问题得到简化,人为地引入磁荷密度 ρ_m 与磁流密度 J_m 概念,定义对偶量如下:

$$\left.\begin{array}{ll} J \leftrightarrow -J_m; & \rho \leftrightarrow -\rho_m \\ D_e \leftrightarrow -B_m; & H_e \leftrightarrow E_m \end{array}\right\}$$

(下标 e 表示电量,下标 m 表示磁量)

在国际单位制中,就数学意义而言,若电源激励与磁源激励按对偶量相等 (或相差同一常数因子) 且电磁场的初、边值条件也按对偶量相等 (或相差同一常数因子),则两种源分布产生的电磁场按对偶量相等 (或相差同一常数因子)。这就是电磁场的对偶原理。

切连科夫辐射 [Cherenkov radiation]　在介质中运动的物体,当其速度超过该介质中的光速 (光的相速度而非群速度) 时发出的一种以短波长为主的电磁辐射。切连科夫辐射不是单个粒子的辐射效应,而是运动带电粒子与媒质内的束缚电荷和诱导电流所产生的集体效应,目前在高能粒子领域有着广泛的应用。

史密斯-伯塞尔效应 [Smith-Purcell effect]　当自由电子掠过光栅表面时辐射出电磁波的现象称为史密斯-伯塞尔效应。因此,常利用史密斯-伯塞尔效应制备周期性介质结构,可以大幅改变光的相速度,甚至可以让切连科夫辐射没有最小粒子速度的限制。

微扰法 [perturbational method]　对于一个既定状态 (往往是平衡态),在假想中或实际操作中给它一个微小的扰动使其略微偏离原状态,从而获得原状态信息的方法。微扰法是通过简单问题的精确解来求得复杂问题的近似解的一种方法。微扰法又视其哈密顿算符是否与时间有关分为定态和非定态两大类。

变分法 [variational method]　研究泛函极值的方法。其原理是求某泛函的极值与求解特定的微分方程及其边界条件是等价的。例如,一维泛函式 $I[y(x)] = \int_{x_1}^{x_2} F[x, y(x),$

$y'(x)]\,\mathrm{d}x$ 取极值的条件是微分方程式 $\dfrac{\partial F}{\partial y} - \dfrac{\mathrm{d}}{\mathrm{d}x}\left(\dfrac{\partial F}{\partial y'}\right) = 0$, 及其边界给定条件。反之，给定边界条件的 $y(x)$ 一定使泛函式 $I[y(x)] = \displaystyle\int_{x_1}^{x_2} F[x, y(x), y'(x)]\,\mathrm{d}x$ 取极值。变分法是力学、物理学等学科领域中常用的近似计算方法。

电磁场的有限差分法 [finite difference method of electromagnetic field]　时域有限差分法 1966 年由叶 (Yee) 氏提出，它直接将麦克斯韦旋度方程在叶氏网格空间中转化为差分方程，在这种差分格式中，每个网点上的电场 (或磁场分量) 仅与它相邻的磁场 (或电场) 分量有关。每一个时间步的计算网格空间各点的电场和磁场分量、加上初始条件和边界条件，随着时间步而变化，这样便可直接模拟电磁波的传播及其与物体的相互作用。

电磁场的有限单元法 [finite element method of electromagnetic field]　一种数值计算方法，最初用于力学领域，20 世纪 60 年代中期开始用于电磁场计算。目前在微波电磁场分析中，有限元法是较先进的方法之一。这种方法以变分原理为依据，具有牢固的数学基础。在实际的电磁场中，场是连续的，空间无限多个点的每一点都有确定的场量 (即具有数学上所称的无穷维自由度)。电磁场的有限元法就是将场域划分为有限个单元，用一个简单函数作为场变量模型 (又称插值函数)，构成每个单元中场的试探解。有限元法可以将单元中任一点的待求量，用该单元边界与其他单元边界的交点 (在有限元法中称为结点) 上的场量值表示。因此，整个场的计算可归结为有限个结点上场量的计算，即将无穷维自由度问题转化为有限维自由度的问题。

电磁场的矩量法 [moment method of electromagnetic field]　一种将连续方程离散化为代数方程组的方法。先将需要求解的偏微分方程或积分方程写成带有微分或积分算符的符号方程，再将待求函数表示为某一组选用的基函数的线性组合，并代入符号方程，最后用一组选定的权函数对所得的方程取矩量，就得到一个矩阵方程或者代数方程组。在电磁场分析中，矩量法常被用来求解未知场的积分方程，从而计算出给定媒质中场的分布。

电磁场的边界元法 [boundary element method of electromagnetic field]　又称边界积分方程法。它以定义在边界上的边界积分方程为控制方程，通过对边界分元进行插值离散，化为代数方程组求解。在电磁场计算中，根据格林定理，通过取适当的格林函数，将边值问题的微分方程转化为积分方程，再利用边界元法来求解。用边界元法求解电磁场方程，可降低维数，减少方程组个数，节省运算时间。

表面等离子体激元 [surface plasmon plariton]　电磁波与金属表面自由电子耦合而形成的一种沿着金属表面传播的近场电磁波。当电磁波入射到金属与介质分界面时，电磁波与金属表面自由电子耦合发生集体振荡，从而形成的一种沿着金属表面传播的近场电磁波。如果电子的振荡频率与入射的电磁波频率一致就会产生共振，在共振状态下电磁场的能量被有效地转变为金属表面自由电子的集体振动能，这时就形成的一种特殊的电磁模式：电磁场被局限在金属表面很小的范围内并发生增强，这种现象就被称为表面等离子体激元现象。

太赫兹技术 [terahertz (THz) wave technologies]　应用于频率范围为 0.1~10THz 的电磁波 (太赫兹波) 的产生，检测和实用 (如通信和成像) 的技术。太赫兹波 (THz 波) 或太赫兹射线 (THz 射线)，是指频率在 0.1~10THz 范围内，波长在 0.03~3mm 范围内的一段特殊频段电磁波，介于微波与红外光波之间。此段特殊频段电磁波是 20 世纪 80 年代中后期才被正式命名的，在此之前，科学家们将其统称为远红外波或毫米波与亚毫米波 (从波长的角度来命名)。实际上，早在 100 年前，就有科学工作者涉及过这一波段。在 1896 年和 1897 年，Rubens 和 Nichols 就涉及这一波段，远红外光谱到达 50μm(0.05mm)。之后的近百年时间，远红外技术取得了许多成果，并且已经产业化。但是涉及 THz 波段的研究结果和应用非常少，主要是受到有效 THz 源、传输和高灵敏探测器的限制，因此这一波段也被称为太赫兹间隙。随着 20 世纪 80 年代一系列新技术、新材料的发展，特别是超快技术的发展，使得获得宽带稳定的脉冲 THz 源成为一种准常规技术，THz 技术得以迅速发展，并在实际范围内掀起一股 THz 研究热潮。目前，国际上对 THz 技术已达成如下共识：THz 技术是一个非常重要的交叉前沿领域，给技术创新、国民经济发展和国家安全提供了一个非常诱人的机遇。它之所以能够引起人们广泛的关注、有如此之多的应用，首先是因为物质的 THz 光谱 (包括透射谱和反射谱) 包含着非常丰富的物理和化学信息，所以研究物质在该波段的光谱对于物质结构的探索具有重要意义。其中，THz 源是一种新的、有很多独特优点的辐射源，THz 脉冲光源与传统光源相比具有很多独特的性质。到目前为止，几种 THz 辐射源有反向波振荡器 (backward wave oscillator, BWO)、远红外激光器 (far infrared laser, FIR laser)、自由电子激光 (free electron laser, FEL)、同步辐射光源和回旋管等。THz 探测和成像的时间和空间分辨率都很高，并且不会对被探测物质产生破坏。THz 实用技术如 THz 通信，因其信息容量高，传输速度高及其极宽的带宽，有非常广阔的应用前景。

太赫兹源 [terahertz source]　能辐射太赫兹波的辐射源。分为自然辐射源和人工辐射源。自然辐射源辐射的太赫兹能量是任何大于约 10 开尔文 (K) 的温度下的黑体辐射的一部分。

人工辐射源的几种常见的源主要有：回旋管 (gyrotron)，

反向波振荡器 (BWO)，远红外激光器 (FIR laser)，量子级联激光器 (quantum cascade laser, QCL)，自由电子激光 (FEL)，同步辐射光源等。其中，BWO 是实验室体积较小的仪器，而 FEL 作为一种小规模的电子加速器其体积非常大。尽管这两类仪器体积差别非常大，但其 THz 产生机理相似。远红外激光器利用分子旋转能级，其跃迁频率落入太赫兹频谱范围。QCL 是半导体异质结构激光器，由不同的半导体层周期性交替组成。回旋管是一种高功率真空管，利用强磁场以回旋运动束缚电子束以产生太赫兹波。

太赫兹检测器 [terahertz detector]　检测太赫兹信号的器件。当前用于太赫兹探测的检测器按工作原理分类可分为混频检测器和直接检测器。混频检测器将接收到的太赫兹信号与本振信号混频，混频后将太赫兹信号的频谱搬移到低频。因此混频实际上是一个线性的频谱搬移的过程。常见的混频检测器有热电子测热辐射计、肖特基二极管混频器等。如热电子测热辐射计检测器，其电阻的变化受到太赫兹信号与本振信号的差频信号的调制，因此其输出电压为太赫兹信号与本振信号的差频信号。直接检测器将接收到的射频信号转化成直流电压输出，根据检测到的直流电压的大小确定探测到的太赫兹信号的强度。常见的直接检测器有超导隧道结检测器、量子点检测器等。如超导隧道结检测器，其工作原理是，被超导体吸收的一个光子破坏库伯对，产生准粒子。准粒子在所在电压的方向上穿过结，产生的隧穿电流与光子能量成正比。通过检测隧穿电流得到太赫兹信号的强弱。

反向波振荡器 [backward wave oscillator，BWO]　又称返波管、反向波管。一种用来产生达到太赫兹频率范围电磁波的真空管。它属于行波管家族，是电子调谐范围较宽的振荡器。其工作原理是：电子枪产生与慢波结构作用的电子束，通过使行波反方向向电子束传播保持振荡。所产生的电磁波的群速方向与电子的运动方向相反。输出功率在电子枪附近耦合输出。有两个主要的亚型：M 型和 O 型。

远红外激光 [far-infrared laser，FIR]　一种电磁波波长位于电磁波谱远红外部分的激光，其波长在 30~1000μm (300GHz~10THz)。是一种光学的太赫兹辐射源。一台典型的远红外激光器由一根长为 1~3m，内部充满有机气态分子的谐振腔组成，这些分子由光或由 HV 放电激发。产生远红外的过程效率很低，通常需要液氢冷却，高强度磁场，和/或仅仅是线可调。远红外激光在太赫兹时域谱和太赫兹成像等方面有应用。通过使用远红外谱，远红外激光可用于探测炸药和化学军用试剂，或者通过干涉谱技术用于评估等离子体的密度。

脉冲太赫兹波辐射器 [pulse terahertz emitter]　能辐射太赫兹脉冲的太赫兹源。常见的几种脉冲太赫兹波辐射器有电光晶体和光电导天线等太赫兹脉冲源。电光晶体太赫

兹脉冲源用飞秒激光照射到电光晶体 (如 ZnTe)，通过非线性光学的光整流效应在晶体表面辐射出太赫兹电磁脉冲。光电导天线产生太赫兹电磁脉冲的方法是利用飞秒激光照射电极之间的光电导半导体材料，在其表面瞬时地产生大量自由电子–空穴对，利用这些光生载流子在外加电场或内建电场作用下的加速效应而产生向外的太赫兹电磁辐射脉冲。

太赫兹辐射器 [terahertz emitter]　能辐射太赫兹波的器件。所辐射的太赫兹能量分为脉冲波与连续波。太赫兹辐射器件主要有光导宽带太赫兹天线、光丹伯效应辐射器、电流瞬态效应发射器、光整流辐射器、量子级联激光器、光混频器等。其中光导宽带太赫兹天线和光整流辐射器是目前应用较为广泛的两种太赫兹冲波辐射器件。

太赫兹光整流效应 [terahertz optical rectification effect]　一种特殊的非线性效应，是指利用超快脉冲激光和非线性介质的相互作用而产生低频电极化场，并且利用这种低频电极化场而在晶体表面产生太赫兹波辐射的过程。此过程与二阶非线性光学过程或高阶非线性光学过程有关。光整流效应产生的太赫兹辐射的能量直接来源于激光脉冲的能量，转换效率主要依赖于材料的非线性系数和相位匹配条件。

基于超快光子学技术的脉冲太赫兹源 [pulse terahertz source based on super fast optoelectronic technology]　利用飞秒激光技术产生太赫兹脉冲的太赫兹源。典型的基于飞秒激光技术的脉冲太赫兹源有光整流辐射器和光电导天线。光整流辐射器利用光整流效应在非线性介质内产生非极化场的特性，使超短激光进入非线性介质内与之作用产生 THz 辐射。而光电导天线产生 THz 辐射的原理是：利用飞秒激光脉冲照射半导体材料表面，在其表面激发产生光生载流子，利用载流子在外加电场作用下的加速运动效应而获得 THz 波。

基于非线性光学的太赫兹辐射源 [terahertz radiation source based on non-linear optics]　利用非线性光学效应 (频率变换或差频技术) 而产生太赫兹辐射的太赫兹辐射源。基于非线性光学的太赫兹辐射源 (如光整流辐射器) 利用光整流效应在非线性介质内产生产生非极化场的特性，使超短激光进入非线性介质内与之作用，使得激光脉冲中的不同频率的光波产生差频振荡效应，而产生低频电极化场，利用这种低频电极化场最终在晶体表面产生太赫兹波辐射。

热辐射源 [thermal radiation source]　将自身的热能以电磁波辐射的形式向外散发的源。一切温度高于绝对零度的物体都能产生热辐射，温度越高，辐射的总能量就越大，短波成分也越多。热辐射的光谱是连续谱，波长覆盖范围理论上可从 0 直至无穷，一般的热辐射主要靠波长较长的可见光和红外线。典型的热辐射源有黑体、白炽灯、太阳等。

非相干的热辐射源 [noncoherent heat radiation

source] 辐射的电磁波的频率不单一，或单色性较差的热辐射源。造成热辐射源不相干的原因主要是源内部原子的发射电磁波的过程不是无限延续的，而是有限长度的波列，并且各波列之间无固定的位相关系。因为有限的波列长度不是单一频率的理想单色波，而是在一频率带范围内各种简谐波的叠加，因此辐射的电磁波频率不单一。典型的非相干的热辐射源有黑体辐射源、太阳等。

相干的热辐射源 [coherent heat radiation source] 辐射的电磁波的频率单一性好，或单色性较好的热辐射源。相干的热辐射源内部发光的粒子处于同步发光状态，发出的光子具有相同的状态，因此所辐射的电磁波的相干性好。典型的相干的热辐射源为激光。

太赫兹激光 [terahertz laser] 能辐射频率位于太赫兹波段 (0.1～10THz) 的激光。是太赫兹辐射的可能源之一。一些常见的太赫兹激光有远红外激光器 (far infrared laser, FIR laser)，量子级联激光器 (quantum cascade laser, QCL) 等。

太赫兹雷达 [terahertz radar] 工作在太赫兹频段的雷达。实际上也是成像的一种。鉴于大气中水分对 THz 射线的强吸收作用，近距离雷达是太赫兹射线的优势所在。一个重要的应用是穿墙雷达和探雷雷达，当然也可以用于抗震救灾中遇难者的搜救，目前还处于研发阶段。这是由于太赫兹可透过墙壁、木材等材料，而人体包含大量水分，太赫兹无法透过，因此可以透过墙壁侦查到屋内的人员的分布和活动，将对反恐怖反绑架等起到深远的影响，同理也可以用于废墟下人体的寻找。探雷雷达是由于地雷一般在地表或地表附近，太赫兹射线可透过干燥的泥土，地雷会把太赫兹射线反射回来，从而发现目标。

太赫兹气体激光 [terahertz gas laser] 通过电流对气体放电而产生相干太赫兹波段激光的一种激光器。气体激光器是第一个可以发出连续波并且以将电能转化为激光输出为原理的激光器。其所发的太赫兹激光为相干光。太赫兹气体激光所具有的优点有：(1) 有效材料充足；(2) 有效材料相对廉价；(3) 几乎对有效材料无损伤；(4) 热能可以很快从腔体释放。

半导体太赫兹激光 [semiconductor terahertz laser] 利用半导体材料制作的激光器，其激光频率位于太赫兹波段。在基本构造上，它属于半导体的 p-n 接面，但激光二极管是以金属包层从两边夹住发光层 (活性层)，是"双异质接合构造"。由于具有条状结构，即使是微小电流也会增加活性区域的居量反转密度，优点是激发容易呈现单一形式，而且，其寿命可达 (10～100) 万小时。

耿氏二极管振荡器和倍频器 [Gunn diode oscillator and frequency multiplier] 以耿氏二极管为核心

器件制成的电磁波振荡器，主要用于产生微波，而倍频器用于增加振荡器输出的频率。耿氏二极管，又称转移电子器件 (transferred electron device, TED) 是一种在高频率电子学中应用的二极管形式。与一般的二极管同时具有 n 型区和 p 型区不同，它只由 n 型杂质半导体材料组成。耿氏二极管具有三个区域：两端是 n 型重掺杂区，介于二者中间的是一层轻掺杂的薄层。当电压施加在耿氏二极管的两端时，中央薄层处的电梯度最大。由于在导体材料中，电流与电压成正比，导电性将会产生。最终，中央薄层处产生较高的电场值，从而得到较高的电阻，导电性的进一步增加，电流会开始下降。这意味着耿氏二极管具有负阻 (negative resistance) 效应，又称负微分电阻 (negative differential resistance)。利用负微分电阻性质与中间层的时间特性，可以让直流电流通过耿氏二极管，从而形成一个弛豫振荡器 (relaxation oscillator)。在效果上，耿氏二极管中的负微分电阻会抵消部分真实存在的正阻值，这样就可以使电路等效成一个"零电阻"的电路，从而获得无穷振荡。振荡频率部分取决于耿氏二极管的中间层，不过也可以通过改变其他外部因素来改变振荡频率。耿氏二极管被用来构造 10GHz 或更高 (如太赫兹级别) 的频率范围，这时共振腔常被用来控制频率。共振腔频率以机械进行调谐 (如通过改变共振腔的参数)。用砷化镓材料制造的耿氏二极管可以达到 200GHz 的频率，而氮化镓的耿氏二极管可以获得高达 3THz 的频率。倍频器，通常被使用在无线电接收器或无线电发射器，使输出成为输入信号的频率的预定倍数的多频谐振电路。在实际应用时，单一倍频器，通常应在 4 倍频以下，超过 4 倍频的应用时，则以多级方式串接多个倍频器。

太赫兹真空电子器件 [terahertz vacuum electronic devices] 基于真空电子学的太赫兹辐射源。如自由电子激光器、电子回旋管、返波管 (BWO) 等，这类技术产生的太赫兹源具有输出功率高，可在常温下工作等优点。到目前为止，仅真空电子学和等离子体电子学的方法可以产生高功率太赫兹辐射。因此，真空电子器件在 THz 辐射源方面可能做出很重要的贡献。真空电子学太赫兹器件在今后的发展趋势是开发高功率、造价低、重量轻、体积小、实用型的太赫兹源。进一步发展在技术上需要解决一些关键问题：进一步改善高频系统结构，提高功率容量，抑制模式竞争，采用新的阴极材料提高电子枪发射能力，增强电子注和电磁波互作用效率；在理论上也有必要加强对新型太赫兹器件机理的理解，探求更完善的分析方法和设计模拟软件。

拍频辐射源 [beat frequency emitter] 又称差频辐射源。利用激光脉冲射到具有非线性光学特性的晶体上，得到差频为太赫兹的辐射源。差频方法产生太赫兹辐射的最大优点是没有阈值，实验设备简单，结构紧凑。与前面提到的光整流和光电导方法相比，它可以产生较高功率的太赫兹波辐射, 且不需要价格昂贵的抽运装置。差频方法产生太赫兹波的技术关键是要获得功率较高、波长比较接近的抽运光和信号光 (两波长相差一般不大于 10nm), 以及具有较大的二阶非线性系数, 并在太赫兹波范围内吸收系数小的非线性差频晶体。这样, 利用差频方法甚至可以得到比太赫兹波参量振荡器更宽的太赫兹波调谐范围, 但其存在转换效率低下的缺点。

太赫兹参量源 [terahertz parametric oscillator, TPO]   利用光参量效应制成的太赫兹辐射源。其产生太赫兹辐射的原理为: 频率为 ω_p 的泵浦光入射进入非线性晶体, 晶体受到激光抽运后, 在满足一定条件时即可对频率 ω_T 的信号光 (这里指太赫兹波) 和频率为 ω_i 的闲频光提供增益输出闲频波与太赫兹波。如果将非线性晶体放在谐振腔内, 则形成典型的参量振荡器结构。谐振腔的作用是使闲频光振荡, 增大晶体内闲频光束能量, 提高参量过程的非线性转换效率。当参量放大的增益超过损耗时达到振荡阈值, 此时输出相干的太赫兹波和闲频波。此过程太赫兹波的产生是基于极性晶体中同时具有拉曼活性和远红外活性的晶格振动模。用小波矢长波长处的小角度受激电磁耦子 (polariton, 又称极化声子) 散射过程来实现的, 该过程兼有参量效应和受激拉曼散射效应。

超导约瑟夫森结振荡器 [Josephson tunnel junctions for terahertz local oscillators]   利用交流超导约瑟夫森效应制成的太赫兹振荡源。两块超导体夹一层薄绝缘材料的组合称超导隧道结 (SIS 结) 或约瑟夫森结。当结两端的直流电压 $V \neq 0$ 时, 通过结的电流是一个交变的振荡超导电流, 振荡频率 (称约瑟夫森频率)f 与所加直流电压 V 成正比, 即 $f=2eV/h$, e 为电子电量, h 为普朗克常量, 这使超导隧道结具有辐射或吸收电磁波的能力。连续改变所加的直流电压可以改变振荡器的交流振荡频率。

超导约瑟夫森结阵列振荡器 [Josephson tunnel junctions array for terahertz local oscillators]   将许多超导约瑟夫森结组成阵列, 并使阵列实现同相锁相, 相干振荡, 以获得叠加输出的太赫兹辐射器。因为单个的超导约瑟夫森结组成的振荡器输出功率小, 线宽大, 为获得实用的输出功率和线宽, 一种较好的办法是将多个结串联成阵列, 以形成超导约瑟夫森结阵列振荡器。

太赫兹折叠波导行波管 [terahertz folded wave guide travel wave tube]   一种能辐射大功率太赫兹波的真空电子器件。行波管是一种利用电子流与沿慢波系统行进的电磁波间的连续相互作用而放大超高频电磁波的电子管。主要由电子枪、慢波系统和收集极等部分组成, 常用的慢波系统是一螺旋线和梳形结构等, 特点是工作频带宽, 噪声低, 适宜于作为中、小功率的放大器。电磁波行进方向与电子流方向相反的一种行波管, 称为返波管, 可用作一种频带很宽

的微波振荡器。在毫米波和更高频段, 真空电子器件是一种具有不可替代价值的大功率辐射源, 而行波管是其中轻质便携、功率适中的代表, 被广泛应用于通信、雷达、电子对抗等领域。

太赫兹纳米速调管 [terahertz nanoklystron]   一种靠周期性地调制电子注的速度来实现放大或振荡功能的电子管, 用于产生太赫兹波。在速调管中, 输入腔隙缝的信号电场对阴极电子枪产生的电子进行速度调制, 经过漂移后在电子注内形成密度调制; 密度调制的电子注与输出腔隙缝的微波场进行能量变换, 电子把动能交给微波场, 完成放大或振荡的功能。在太赫兹纳米速调管中, 阴极由密集的碳纳米管场发射器和一个内置的反射栅组成。这样的纳米管阴极可以提高电流密度, 延长阴极使用寿命, 降低振荡电压值至 100V 以下。激发腔基于脊形波导, 和低频的速调管中的传统的圆柱形的凹角结构有所不同。

衍射辐射源 [diffraction generator]   利用相对论飞秒电子通过铝箔上的小孔时产生的衍射辐射现象形成的太赫兹辐射源。真空中高速运动的电子通过与轴向成 45° 角的铝箔上的小孔和狭缝时产生衍射辐射, 其中辐射方向与电子运动方向同向的辐射称为前向衍射辐射, 辐射方向与电子运动方向相反, 或者垂直的辐射称为后向衍射辐射。这种太赫兹衍射辐射源所产生的太赫兹辐射功率高, 相干性和极化方向好, 并且带宽大, 是加速器中用于非毁坏性波束诊断的最有前景的技术之一。

太赫兹电子回旋管 [terahertz gyrotron]   一种能产生高功率太赫兹波的真空管。太赫兹电子回旋管借由加速电子在强大的磁场中做回旋运动, 同步、群聚而产生太赫兹波。典型的回旋管输出功率范围从几十千瓦到兆瓦都有。回旋管可被设计成脉冲或是连续波操作的功率输出。太赫兹电子回旋管一般由电子光学系统、 谐振腔和输出波导三部分组成。

相干检测 [coherent detection]   用于检测信号的本振信号与接收端接收到的信号中的载波的频率相同, 相位差恒定的一种信号检测方式。用于相干检测的载波信号与信号是同频率和同相位的。相干检测中, 接收到的信号与本振信号混频后信号频谱被搬移到微波中频频段 (intermediate frequency, IF)。这种检测方式可以压制噪声, 减小检测器的噪声系数。相干检测是一个线性过程, 对接收到的信号的幅度、相位和极化方向敏感。

非相干检测 [incoherent detection]   与相干检测相对应的一种检测方式。在非相干检测方式中, 本振信号与载波不为相干波, 因此不需要知道接收到的信号中的载波信号的相位。利用非相干检测的探测系统造价低, 但是信噪比比相干检测要小。

外差检测 [heterodyne detection]　　一种通过与参考频率的辐射进行非线性混频从而检测信号的一种检测方法。在长距离通信和天文学的检测和分析信号中有广泛应用。外差检测中,待检测的信号通常是射频信号 (如超外差接收机中) 或者是光信号 (如光外差检测或干涉图)。而参考辐射被称作本地振荡。信号与本振在混频器上叠加。混频器通常是 (光) 二极管,对幅度有非线性响应,或者其输出信号的一部分与输入信号的幅度成正比。当使用适当信号分析手段对输出信号进行分析时,这种检测方法也可以得到输入信号的相位。

直接检测器 [direct detector]　　一种直接将检测到的射频信号转换成直流信号输出的检测器。直接检测器工作时不需要本振。与外差检测器相比,一般这种检测器只能得到射频信号的幅度信息,无法得到其相位信息。

热效应检测器 [thermal detector]　　又称换能器 (transducer)。通常被认为是一类能够吸收辐射能,从而提升自身温度,并最终提供相关电信号的器件。热效应检测器根据其将温度变化转化成电压输出的物理机理可分成几类。最原始的两种是辐射热计 (bolometer) 和热电偶 (thermocouple)。由于温度变化,辐射热计改变其电阻,而热电偶改变其接触电势差。辐射热计有几种,包括热电阻、半导体、超导体、碳或金属辐射热计等。根据是否在室温下或低温下工作,它们又可分为几个子种。热电偶根据缠绕的金属种类又有所不同,并且有时串联连接成热电堆。热电探测器利用了热点效应,也就是当其温度改变时,会导致其内部极化改变。Golay cell 和其他一些变种利用气体随温度膨胀的效应。所有的这些热效应检测器都遵从其制造材料的热吸收方程。

辐射热计 [bolometer]　　通过对一种电阻随温度变化的材料进行加热从而得到入射电磁辐射能量的器件。辐射热计由美国天文学家 Samuel Pierpont Langley 于 1878 年发明。名字来自希腊语 bole,代表被抛出的东西,如一束光线。辐射热计由一个通过热连接到热沉 (一个温度不变的物体) 上的吸收元件组成,这吸收元件可以是一薄层金属片。当入射电磁波射到吸收元件上时,将吸收元件的温度提高到热沉的温度之上 —— 吸收的能量越高,元件温度越高。辐射热计的本征热时间常数决定了其工作速度,并且等于吸收元件的热容和吸收元件与热沉间的热导之比。温度的改变可以直接由连接的阻性温度计测量,或者吸收元件本身的电阻也可以被看作一个温度计。金属辐射热计工作时通常不需要降温。它们由薄的铝箔或金属片制造。现在,很多辐射热计由半导体或超导体吸收材料做成。这些器件可以在低温下工作,灵敏度很高。

热电子测热辐射计 [hot electron bolometer,HEB]　辐射热计的一种。热电子测热辐射计工作在低温下,典型温度值为绝对零度以上几个开尔文。在这些极低的温度下,金属中的电子系统与声子系统耦合较弱,耦合到电子系统的能量使得电子脱离于声子系统的热平衡状态,使之成为热电子。金属中的声子和基底中的声子耦合较好,并且基底中的声子作为一个热沉。为了描述 HEB 的性能,一般热容指的是电子的热容,热导指的是电子和声子间的热导。如果吸收元件的电阻和电子的温度有关,那么其电阻就可以作为电子系统的温度计。这种做法对于半导体和低温下的超导体材料都适用。如果吸收元件的电阻与温度无关,在极低温度下的常态 (非超导) 金属就是这样,那么连接到吸收元件上的阻性温度计可以用来测量电子温度。

超导隧道结检测器 [superconductor tunnel junction (STJ) detector]　　利用超导隧道结制成的电磁信号检测器。超导隧道结 (STJ),又称超导体-绝缘体-超导体隧道结 (SIS),是一个由两个超导体中间被一层绝缘材料分隔而组成的电子器件。电流通过量子隧穿过程流过结。STJ 是约瑟夫森结的一种类型,但不是 STJ 的所有特性都可以由约瑟夫森效应所描述。在 100GHz 到 1000GHz 的电磁波频率范围内,STJ 检测器是最灵敏的差频检测器。因此在这些频率下,通常用于射频天文。在差频应用中,STJ 被直流偏置在一个刚刚低于间隙电压 (gap energy) 的电压下 ($|V| = 2\Delta/e$)。来自被研究天体的高频电磁波和本振信号同时汇聚到 STJ 上,被 STJ 吸收的光子允许亚粒子通过光致隧穿过程隧穿。这个光致隧穿过程改变了 $I\text{-}V$ 特性曲线,产生的非线性效应使得检测器输出天体信号与本振信号的差频信号。这个信号是天体信号的频谱向低频搬移的结果。这些检测器通常都很灵敏,因此对其性能的精确描述必须考虑量子噪声效应。除了差频检测,STJ 检测器也可用于直接检测器。当应用于直接检测时,STJ 被偏置在低于间隙电压的一个直流电压下。被超导体吸收的一个光子破坏库伯对,产生亚粒子。亚粒子在所在电压的方向上穿过结,产生的隧穿电流与光子能量成正比。STJ 单光子检测器用于从 X 射线到红外线的光频段。

本地振荡源 [local oscillator]　　一种用于产生信号的电子振荡器,通常利用混频器将接收到信号的频谱搬移到另一个不同的 (通常是较低的) 频率。这种频率转换过程,也被称为外差法,产生频率为本振频率和信号频率之和与之差的信号。这些信号称为拍频。通常情况下,拍频与下边带有关,也就是两者频率之差。本地振荡源用在超外差接收机中,这是最普通的一种射频接收电路。它也用在很多其他的通信电路中,如调制解调器、电缆电视机顶盒、频分复用系统、微波接力系统、原子钟、射频望远镜和军事电子对抗。

混频器 [mixer]　　输出信号的频率为两个输入振荡或信号频谱分量中的频率的整数倍的线性组合的非线性器件。在混频器最普遍的应用中,当两个信号加到混频器上时,输出信号即为原始信号的和频和差频。在实际的混频器中，其他的频率成分也可能产生。混频器广泛地被用于搬移频谱，这个过程也被称为差频。搬移频谱是为了传输或者进一步信号处理方便。例如，超外差接收机的核心部件就是一个混频器，用于将接收的信号搬移到中频。在射频传输器中，混频器也用于调制载波。

谐波混频器 [harmonic mixer]　一种频率混频器，用于将一种信号的频率搬移到另一个频率。普通的混频器有两个输入信号和一个输出信号。如果这两个输出信号是正弦波，频率分别为 f_1 和 f_2，那么输出信号就含有和频 $f_1 + f_2$ 和差频 $f_1 - f_2$ 信号。谐波混频器在其中一个输入信号的谐波频率上产生和频和差频。因此输出信号包含频率如 $f_1 + kf_2$ 和 $f_1 - kf_2$，其中 k 为整数。

肖特基二极管混频器 [Schottky diode mixer]　利用肖特基二极管的非线性效应制成的混频器，用于频谱搬移。肖特基二极管 (以德国物理学家 Walter H. Schottky 命名)，又称热载流子二极管，是具有低的前向电压降和很快的开关动作的半导体二极管。当电流流过二极管时，会在二极管上产生一个小的电压降。一个普通的硅二极管的电压降在 0.6~1.7V 之间，而肖特基二极管的电压降在 0.15~0.45V。这种较低的电压降可以提供更高的开关速度和更好的系统效率。以肖特基二极管为主要部件制成的肖特基二极管混频器利用了肖特基二极管的非线性效应，达到混频效果。当某两个输入电压信号加在二极管两端时，流过二极管的电流不与电压成正比，其频率是两电压信号频率的线性组合，因此达到混频的目的。

超导体-绝缘体-超导体混频器 [superconductor-insulator-superconductor (SIS) mixer]　利用超导体-绝缘体-超导体 (SIS) 结的混频作用制成的混频器。在 100GHz 到 1000GHz 的电磁波频率范围内，STJ 检测器是最灵敏的差频检测器。因此在这些频率下，通常用于射频天文。在差频应用中，STJ 被直流偏置在一个刚刚低于间隙电压 (gap energy) 的电压下 ($|V| = 2\Delta/e$)。来自被研究天体的高频电磁波和本振信号同时汇聚到 STJ 上，被 STJ 吸收的光子允许亚粒子通过光致隧穿过程隧穿。这个光致隧穿过程改变了 I-V 特性曲线，产生的非线性效应使得检测器输出天体信号与本振信号的差频信号。这个信号是天体信号的频谱向低频搬移的结果。这些检测器通常都很灵敏，因此对其性能的精确描述必须考虑量子噪声效应。

超导体-绝缘体-正常导体混频器 [superconductor-insulator-normal (SIN) mixer]　一种性能相对于 SIS 混频器有所提高的混频器。在 SIS 混频器中，亚粒子电流和成对电流 (pair current) 同时存在。和成对电流相关的问题 (不稳定性和过量噪声) 普遍存在。虽然可以加磁场以抑制成对电流，但实际上，也很难完全消除。超导体-绝缘体-正常导体可以替代 SIS 而成为一种可选的亚粒子隧穿结。SIN 结中缺少成对电流，也有可能避免约瑟夫森效应，并且不加磁场也能使用 SIN 结进行混频，因此和 SIS 混频器比较有其优越性。SIN 结的 I-V 曲线比 SIS 的更加平滑，因此变频增益达到最低。在使用同样的超导体的情况下，SIN 结的间隙电压为 SIS 结的一半。然而，SIN 混频器的增益可以预测为 -5dB。

量子点检测器 [quantum dot detector]　利用量子点的特性制成的检测器。量子点 (quantum dot)，是准零维 (quasi-zero-dimensional) 的纳米材料，由少量的原子所构成。粗略地说，量子点三个维度的尺寸都在 100 纳米 (nm) 以下，外观恰似一极小的点状物，其内部电子在各方向上的运动都受到局限，所以量子局限效应 (quantum confinement effect) 特别显著。通常是一种由II-VI族或III-V族元素组成的纳米颗粒，尺寸小于或者接近于波尔半径 (一般直径不超过 10nm)，具有明显的量子效应。量子点检测器利用量子点的三维量子限制效应。当量子点束缚态内的电子受到太赫兹波辐照时，如果光子的能量比电子激发所需要的能量大，电子从束缚态跃迁到激发态或连续态，在外加电场作用下，电子被收集形成光电流。通过检测光电流从而探测到辐射的太赫兹波。

微波动态电感检测器 [microwave kinetic inductance detector，MKID]　一种超导光子探测器，首先由加州理工学院和喷气飞机推动实验室的科学家们于 2003 年发明。这些器件工作在低温环境下，一般在 1 开尔文以下。此检测器被开发用于高灵敏度天文探测，探测频率从远红外到 X 射线。它的工作原理是：照到一片超导材料上的光子破坏库伯对，产生过量的亚粒子。这片超导材料的动态电感与库伯对的密度成反比，因此当光子被吸收后，动态电感增加。这个电感与一个电容连接，形成一个微波谐振器，谐振频率随光子的吸收而改变。这种以谐振器为基础的读出对于发展大规模探测器阵列很有用。因为每个 KID 可以有单个微波频率处理，很多个探测器就可以用一个宽带微波通道测量，这种技术被称为频分复用。微波动态电感检测器在天文中有很多应用，包括毫米波和亚毫米波检测。它也在光学和近红外有应用。

太赫兹辐射的效率 [emission efficiency of terahertz radiation]　太赫兹辐射源发射的辐射通量 (功率) 与消耗功率之比。

太赫兹滤波器 [terahertz filter]　太赫兹功能器件之一。指应用于太赫兹频域的滤波器，功能就是允许某一部分太赫兹频率的信号顺利通过，而另外一部分太赫兹频率的信号则受到较大的抑制。

太赫兹光谱 [terahertz spectrum]　太赫兹波经过色散系统分光后，被色散开的单色光按波长或频率大小依次排列的图案。物质的太赫兹光谱包含着非常丰富的物理和化学信息，研究物质在这一波段的光谱对于物质结构的探索具有重要意义，在物体成像、环境监测、医疗诊断、射电天文、宽带移动通信、尤其是在卫星通信和军用雷达等方面具有重大的科学价值和广阔的应用前景。

太赫兹波穿透性 [penetrability of terahertz wave] 太赫兹波对材料的穿透性能，主要用透射系数来衡量。

太赫兹波的透视 [perspective of terahertz wave] 由于频段同时跨越了无线电波和光波，它占有极宽的波谱，因此其对塑料、纸片、纺织品以及皮革等非金属或非极化材料具有极佳的穿透力。

太赫兹波辐射饱和 [emitter saturation of terahertz wave] 辐射的太赫兹波的功率达到最大值。

太赫兹波的远程传输 [long-distance dispersal of terahertz wave] 太赫兹波在自由空间或者波导中进行长距离传输。

太赫兹频谱分辨率 [spectral resolution of terahertz spectrum] 太赫兹频谱在频率轴上所能得到的最小频率间隔。

太赫兹时域光谱技术 [terahertz time domain spectroscopy, TDS] 一种新型的、非常有效的太赫兹相干探测技术。用太赫兹脉冲透射样品或者在样品上产生反射，测量由此产生的太赫兹电场强度随时间的变化，利用傅里叶变换获得频域上幅度和相位的变化量，进而得到样品的信息。

单脉冲的时域光谱 [single pulse TDS] 利用飞秒激光器等脉冲发生器产生单脉冲并探测时间分辨的太赫兹电磁谱，通过傅里叶变换获得的光谱。

太赫兹光谱响应 [spectral response of terahertz spectrum] 太赫兹辐射源经过物体反射或透射后接收到的时域或者频域的响应。太赫兹光谱包含了丰富的物理和化学信息，如许多轻分子的转动频率、大分子的活官能团的振动模式和生物大分子的谐振频率都处在太赫兹波段。太赫兹光谱响应对研究基础物理相互作用和样品成分组成等具有重要意义。

太赫兹差分光谱技术 [terahertz difference spectrum] 利用两路太赫兹信号的光谱差进行样品分析的技术。

太赫兹功能器件 [terahertz functional device] 实现某种太赫兹波调节功能的器件。为了组成太赫兹系统，除了辐射源和探测器件外，其内部连接也是非常重要的，所以需要一些功能器件，如传输系统、谐振系统等。铜、金、银、铅和铝等都可以用来制备太赫兹功能器件，但结构一旦确定并加工完成，其功能单一固定，不可调谐。相比金属，用半导体或超导体材料实现太赫兹功能器件具有显著优势，都能够利用热、磁、电、光等手段方便的进行主动控制。例如，电调制方面，利用肖特基结构实现；热调制方面，利用半导体在不同温度下载流子浓度和迁移率的不同实现；磁调制方面，利用液晶或者旋磁半导体实现；光调制方面，利用超快激光不但能激发大量的光生载流子，而且选择合适的半导体材料能实现对功能器件的超快控制。从功能应用的角度，功能器件分为吸波器、调制器、滤波器和传感器等。

太赫兹脉冲 [terahertz pulse] 间断的持续时间极短的突然发生的太赫兹信号，一般典型的脉宽在亚皮秒量级。

太赫兹成像 [terahertz imaging] 利用太赫兹射线照射被测物，通过物品的透射或反射获得样品的信息，进而成像的技术。太赫兹波和其他波段的电磁辐射一样可以用来对物体成像，而且根据太赫兹波的高透性、无损性以及大多物质在太赫兹波段都有指纹谱等特性，使得太赫兹成像相比于其他成像方式更具优势。和微波比，它的优点为分辨率高，方向性好；和红外比，优点为对物体的穿透率高。利用太赫兹成像系统把成像样品的透射谱或反射谱的信息进行处理、分析，得到样品的太赫兹图像。THz 成像从最初的单点逐步扫描成像发展到现在，已经有很多种成像的方法。按分辨率分类有：近场成像，其分辨率达 1/10~1/100 波长或更低；雷达成像和基于光学方法和准光学方法的成像，其分辨率受衍射限制。按成像维数分，有二维成像和三维成像。三维成像方法有计算机断层扫描，雷达成像，全息成像等。

太赫兹傅里叶变换光谱仪 [terahertz FTS spectrometer] 基于迈克耳孙等干涉仪结构，太赫兹源发出的电磁光被分束器分为两束，一束经透射到达动镜，另一束经反射到达定镜。连续移动动镜，两束相干光的光程差发生连续的改变，干涉光强就会发生相应的改变。若在改变光程差的同时，记录下光强接收器输出中的变化部分，就得到干涉光强随光程差的变化曲线，通过傅里叶余弦变换，可以得到光源的光谱分布，即为太赫兹傅里叶变换光谱。

太赫兹计算机层析成像 [terahertz computer tomography, THz CT] 一种新型的成像形式，采用太赫兹脉冲和新的重构计算方法。从多个投影角度直接测量宽波带太赫兹脉冲的振幅和相位，而后通过图像重构算法从被测样品中提取大量的信息，包括三维结构和与频率有关的太赫兹光学性质。

太赫兹波衍射层析成像 [terahertz diffraction tomographic imaging] 与太赫兹计算机层析成像类似，采用太赫兹脉冲和新的重构计算方法。从多个投影角度间接测量太赫兹波经过衍射之后脉冲的振幅和相位，而后通过图像重构算法进行成像。

菲涅尔原理 [Fresnel principle] 光学中的一个定理。波前上任何一个未受阻挡的点都可以看作是一个次级波源，在其后空间任何一点处的光振动，是这些子波元的相干叠加。

菲涅尔透镜 [Fresnel lens]　一种微细结构的光学元件。多是由聚烯烃材料注压而成的薄片，镜片表面一面为光面，另一面刻录了由小到大的同心圆。菲涅尔透镜作用有两个：一是聚焦作用，即将热释红外信号折射或反射在被动红外线探测器上；二是将探测区域内分为若干个明区和暗区，使进入探测区域的移动物体能以温度变化的形式在被动红外线探测器上产生变化热释红外信号。

近场成像 [near field imaging]　将探测器放置于样品一个波长之内，可以探测到瞬逝波，由此就可对样品进行亚波长高分辨率的成像。由瑞利判据可知，太赫兹成像技术存在空间分辨率不足的限制，由此限制了太赫兹成像技术的实用化，所以需要突破衍射极限，提高太赫兹成像系统的空间分辨率。如果太赫兹成像系统能够在收集传输波的同时还能采集到瞬逝波，就能获得亚波长量级的分辨率。

雷达成像 [radar imaging]　20 世纪 50 年代发展起来的一种成像技术。它是雷达发展的一个重要里程碑。从此，雷达的功能不仅仅是将所观测的对象视为"点"目标，来测定它的位置与运动参数，而且它能获得目标和场景的图像。同时，由于雷达具有全天候、全天时、远距离和宽广观测带，以及易于从固定背景中区分运动目标的能力，从而使雷达成像技术受到广泛重视。雷达成像技术应用最多的是合成孔径雷达 (synthetic aperture radar, SAR)。当前，机载和星载 SAR 的应用已十分广泛，已可得到亚米级的分辨率，场景图像的质量可与同类用途的光学图像相媲美。利用 SAR 的高分辨能力，并结合其他雷达技术，SAR 还可完成场景的高程测量，以及在场景中显示地面运动目标 (GMTI)。

准光学成像 [quasi-optics imaging]　用几何光学的一些原理进行分析的成像。须考虑波的衍射效应。

全息成像 [holographic imaging]　由透明材料制成的四棱锥体，观众的视线能从任何一面穿透它，通过表面镜射和反射，观众能从锥形空间里看到自由飘浮的影像和图形。四个视频发射器将光信号发射到这个锥体中的特殊棱镜上，汇集到一起后形成具有真实维度空间的立体影像。

太赫兹波显微镜 [terahertz microscope]　以太赫兹为照射光源的显微镜。根据电磁光学的原理，用太赫兹波和太赫兹透镜使物质的细微结构在非常高的分辨率下成像的仪器。

太赫兹间隙 [terahertz gap]　又称太赫兹空白。因受到有效太赫兹产生源和灵敏探测器的限制，太赫兹波段也被称为太赫兹间隙。

太赫兹通信 [terahertz communication]　使用太赫兹波段，即波长为 0.03~3cm（频率为 0.1~10THz）的电磁波进行的通信。THz 用于通信可以获得 10GB/s 的无线传输速度，特别是卫星通信，由于在外太空，近似真空的状态下，不用考虑水分的影响，这比当前的超宽带技术快几百至 1000 多倍。这就使得 THz 通信可以以极高的带宽进行高保密卫星通信。

太赫兹光子 [terahertz photon]　传递太赫兹电磁相互作用的基本粒子，是太赫兹辐射的载体。

太赫兹光束 [terahertz light beam]　具有一定关系的太赫兹波的集合，也就是太赫兹波波阵面的法线的集合。

太赫兹接收器 [terahertz transceiver]　太赫兹功能器件之一，是将入射的太赫兹辐射信号转变为电信号输出的器件。

合成孔径成像 [synthetic aperture imaging]　利用一个小天线作为单个辐射单元，沿一直线方向不断移动，在移动中选择若干位置发射信号，接收相应的发射位置的回波信号，存储接收信号的振幅和相位。合成孔径技术意味着依据多普勒效应，采用"混频"技术产生多普勒频率，然后运用"低通滤波"技术剔除随之产生的高频成分而只保留多普勒频率成分。合成孔径雷达 (SAR) 是一种主动式微波成像雷达，通过测量海面后向散射信号的幅值及其时间相位，并通过适当的处理后，能产生标准化后向散射截面 (NRCS) 的图像。

相位匹配 [phase matching]　根据光的偏振态相位匹配可以分为两种类型。例如，两束入射光的偏振方向平行时，我们称之为第一类相位匹配。偏振方向互相垂直为第二类相位匹配。

主动成像 [active imaging]　使用信号源照明待成像物体，依靠其反射或透射的信号功率和相位成像。

被动成像 [passive imaging]　不使用信号源照明被测物体，靠被测物体自身的太赫兹辐射或者反射环境的太赫兹辐射成像。

太赫兹特征吸收峰 [terahertz characteristic absorption peak]　很多分子的转动和振动频率处于太赫兹波段，对于太赫兹波有对应的特征吸收谱，这个对应的频率称为太赫兹特征吸收峰。

反射式太赫兹成像 [reflex terahertz imaging]　利用成像系统把成像样品的反射谱的信息进行处理、分析得到的样品图像的成像技术。

透射式太赫兹成像 [transmission terahertz imaging]　利用成像系统把成像样品的透射谱的信息进行处理、分析得到的样品图像的成像技术。

准光耦合 [quasi-optical coupling]　使用光学系统将电磁波在空间聚束进行传播，来传递太赫兹信号耦合进入太赫兹接收机。

太赫兹透镜 [terahertz lens]　由透明物质制成的、应用于太赫兹波段的一种低损耗聚焦元件。

8.2 量子无线电物理

量子电子学 [quantum electronics] 量子物理学与电子学相结合的交叉学科。研究利用量子系统的量子化能级间的受激辐射,来产生或者放大相干电磁波,并基于该原理制备相应的器件加以应用。当物质中原子或分子处在高能级的数目远大于处在低能级的数目(即发生粒子数反转),同时两个能级之间的能量差与入射电磁波的能量相等,即满足关系 $\Delta E = hf(h$ 为普朗克常量, f 为频率),此时,物质将和入射电磁波发生相互作用而产生受激辐射,使得入射电磁波得到相干放大;若再引入适当的正反馈机制,可获得相干振荡。基于这个原理,20 世纪 50 年代,人们在微波频段发明了微波激射器;20 世纪 60 年代,人们又在光波波段发明了激光和激光器。

超导电子学 [superconductive electronics] 超导体物理和电子学相结合的交叉学科。研究超导电子对、超导电子对与电磁场相互作用形成一系列效应的理论、技术,并开发出新型电子器件。在超导电子学中,超导体的理想超导性、完全抗磁性、超导微观理论、弱场下的微波特性、约瑟夫森效应和超导量子干涉效应等具有重要作用,基于这些特性开发研制的超导器件已涵盖了常规器件的各种功能,并具有高灵敏、宽频带、快响应和低功耗等优点,在微弱电磁测量、微波、毫米波、远红外波段的探测、接收和产生、快速信号处理、计量标准、量子信息处理等方面的应用已有重大进展,特别是高温超导体的发现和发展更为它的应用开辟了广阔前景。

量子无线电工程 [quantum radio engineering] 利用物质内部量子系统的受激辐射来产生或放大相干电磁波,是量子电子学、无线电物理学等多学科的综合应用。

微波激射器 [microwave amplification by stimulated emission of radiation, maser] 利用微波频段的电磁波与原子或分子等量子系统的量子共振相互作用,使得入射微波放大和振荡的量子器件,包括微波量子放大器和微波量子振荡器。当量子系统的高能级和低能级之间的能量差 E 与入射微波能量 (hf,其中 h 为普朗克常量, f 为频率) 相等,并且,高能级和低能级上的粒子布居数发生反转时,则量子系统将与入射电磁波发生相互作用,产生受激发射。受激发射所产生的电磁波与入射电磁波同频率、同方向、同相位、同偏振,从而使得入射电磁波得到相干放大。为了加强量子系统与入射电磁波的相互作用,可将量子系统放入谐振频率等于量子跃迁频率的谐振腔中,这样就构成了微波量子放大器。微波量子放大器具有特别低的噪声,尤其是固态微波量子放大器,可以工作在极低的温度下,从而获得极低的噪声温度。在微波量子放大器的基础上,如果加入适当的正反馈装置,则可构成微波量子振荡器。微波量子振荡器的振荡频率非常稳定,可作频率标准。1954 年的第一种氨分子振荡器,其频率稳定度为 10^{-10},如今的氢原子量子振荡器,其频率稳定度高达 10^{-14}。

微波激射弛豫 [maser relaxation] 激发态的原子或分子,处于较高的能量状态下,会自发地或者在外部激励下恢复到基态,这个过程叫微波激射弛豫。在这一过程中,原子跃迁释放能量,入射电磁波得到相干放大。

微波量子放大器电压 [maser voltage] 施加在微波激射器中分子束聚焦装置上的电压,一般在千伏量级。

约瑟夫森效应 [Josephson effect] 当两块超导体之间存在一定厚度的非超导体时,库珀电子对可穿越其间的势垒层形成隧道电流,当隧道电流小于某一临界值时,结两端电压降为零,当电流超过该临界值,结两端就有一定电压降,这种隧道结中有电流而不产生电压降的现象称为直流约瑟夫森效应。当在超导隧道结两端加一直流电压,在结区将有高频电流流过,其频率为 $f = 2eV/\hbar(e$ 为电子电荷, $\hbar$ 为普朗克常量的 $1/2\pi$),这种高频电流能辐射和吸收电磁波,这种现象称为交流约瑟夫森效应。利用约瑟夫森效应可制作电磁波检测器、混频器、参量放大器、电压基准、伏特计和磁强计等,约瑟夫森效应是超导电子学理论和应用基础。

超导量子干涉效应 [superconducting quantum interference effect] 超导隧道效应和超导磁通量子化相结合的效应。磁通量子化效应是指在超导环或中空超导圆柱内,所含磁通只能是磁通量子数 $\phi_0(\phi_0 = \hbar/2e = 2.07 \times 10^{-15}\mathrm{Wb})$ 的整数倍。当超导环内含有约瑟夫森结时,便呈现一种宏观的量子干涉现象,即零电压时结的最大超流是穿过环路磁通的周期函数,其周期为磁通量子 ϕ_0,利用这种效应制成的器件称为超导量子干涉器件,简称 SQUID。具体包括直流超导量子干涉器件 (dc-SQUID) 和射频超导量子干涉器件 (rf-SQUID) 两类,它是精密电磁测量的基础,可用于检测极微弱的磁场(如地磁、生物磁),还可用作磁场梯度计、伏特计、超导天线、数字逻辑电路元件和超导重力仪等。

超导量子干涉器件 [superconducting quantum interference device, SQUID] 在磁场中约瑟夫森结两侧的超导体,其电子对的宏观量子波函数的位相差,受到磁场的空间调制而有变化,这就导致约瑟夫森电流的相干性,使得隧道电流随外加磁场有类似于光学中的干涉现象。利用此类相干性制成的器件称超导量子干涉器件,包括直流 SQUID 和射频 SQUID,可大幅度提高磁场测量的灵敏度和分辨率。

量子电子频率标准 [quantum electronic frequency standard] 以原子(或分子、离子等)的吸收或发射谱线为基准的、频率稳定的信号源作为测量频率和时间的标准。

量子极限噪声 [quantum noise limited, QNL] 当温度降低至绝对零度,即没有热量时,噪声依然存在,这是量子力学的一条基本原理。空间中总是充满了波动的能量，或者说量子悸动，不断产生虚实粒子对并相互湮灭而产生的噪声，称为量子极限噪声。

量子极限噪声检波器 [quantum noise limited detector]　由于量子噪声极限的存在，特定的检波器只能达到某一理想限值。当检波器的噪声达到量子极限噪声时，该检波器没有浪费信息，即除了提供对输入信号的检波器输出外没有其他多余的量。

量子极限噪声接收机 [quantum noise limited receiver]　量子噪声是任何接收机系统的最终限制噪声。例如在光接收机中，没有暗电流，对于达到特定误码率时的最小接收机功率称为量子极限。在这种极限条件下，所有的参数都是理想的，接收机性能仅受限于量子噪声。

量子极限噪声灵敏度 [quantum limited sensitivity]　当噪声降至量子极限时仪器所能达到的极限灵敏度。灵敏度是指某种方法对待测物质变化所致的响应量的变化程度，可以用仪器的指示量与待测物质的浓度或量之比来描述。

量子电容检测器 [quantum capacitance detector]　一种用于检测远红外和亚毫米波辐射的超导探测器，主要由吸收天线、库珀对盒和射频读出电路组成。库珀对盒是其中最为重要的结构，由一个小面积超导材料形成的"岛"通过一对小超导隧道结 (通常由 dc-SQUID 构成) 耦合到超导引线吸收体上构成。入射光子通过天线耦合到超导吸收体上，通过库珀对盒来检测准粒子密度。库珀对盒上的信号由射频电容测量技术或微波谐振腔读出。理论上噪声等效功率可达 $10^{-21} \mathrm{W}/\sqrt{\mathrm{Hz}}$。

8.3　微波物理学

均匀介质 [uniform medium]　如果介质的电磁参数 (介电常数 ε、磁导率 μ) 在介质中处处相同，即与位置无关，则称该介质为均匀介质，反之就称为非均匀介质。

线性介质 [linear medium]　如果介质的电磁参数 (介电常数 ε，磁导率 μ) 与其中所传播的电磁波的场强无关，则该介质为线性介质，反之就称为非线性介质。

无耗介质 [lossless medium]　如果介质的介电常数 ε 和磁导率 μ 是一个纯实数，电磁波在其中传播时就没有损耗，则称该介质为无耗介质，反之就称为有耗介质。无耗介质一种理想化介质，实际介质均具有电磁损耗。

各向同性介质 [isotropic medium]　介质的电磁参数与介质中电磁场的取向无关的介质，具体表现为媒质的介电常数和磁导率为一标量。真空是典型的各向同性介质。

各向异性介质 [anisotropic dielectrics]　如果介质的电磁参数 (介电常数 ε 或磁导率 μ) 与电场或磁场的取向有关，且在各个取向上不同，则称该介质为各向异性介质。各向

异性介质的电磁参数为张量，根据电磁参数中参数是否为张量，将介质分为电各向异性介质和磁各向异性介质。电磁波在各向异性介质中传播与在各向同性媒质中的传播有显著的区别，如会出现双折射现象等。

旋性媒质 [gyrotropic materials]　各向异性介质的一种，它的电磁参数具有反对称张量形式，且非对角项的元素是复数。电磁波在这种介质中传播时不再满足互易性原理。被稳恒磁场磁化的冷等离子体和铁氧体是典型的旋性媒质。

旋电介质 [gyroelectric medium]　介电常数具有反对称张量形式的旋性媒质。旋电介质中交变电场不仅引起与它平行的电位移分量矢量，而且还引起与它垂直的电位移分量分量。等离子体和铁电体是典型旋电介质。

旋磁介质 [gyromagnetic medium]　磁导率具有反对称张量形式的旋性媒质。电磁波在旋磁介质中具有极化面旋转 (法拉第旋转) 效应和双折射 (科顿–冒顿) 效应。

复介电常数 [complex permittivity]　计及非理想媒质的介质损耗时，媒质的介电常数用一个复数 $\varepsilon = \varepsilon' - \mathrm{j}^* \varepsilon''$ 来表示，其中实部对应于通常的介电常数，虚部对应于介质损耗。

介质损耗角正切 [tangent of dielectric loss angle]　复介电常数虚部和实部之比，即 $\tan\delta = \varepsilon''/\varepsilon'$。介质损耗角正切值是表示电介质固有属性的一个物理量，它表征了电介质材料在施加电场后介质损耗大小，与测量样品的大小和形状无关。

天线 [antennas]　可以发射或接收电磁波的装置。它是一种能量转换器，它完成高频电流或导行波与空间无线电波能量之间的转换。在无线电通信、广播、电视、雷达、导航、电子对抗、遥感、射电天文等工程系统中，凡是用到电磁波来传递信息的，都需要依靠天线来实现。天线具有可逆性，即同一副天线既可用作发射天线，也可用作接收天线。同一天线作为发射或接收时的基本特性参数是相同的。描述天线的特性参量有方向图、方向性系数、增益、输入阻抗、辐射效率、极化和频宽等。天线按其工作性质、用途等可以有如下分类：(1) 按工作性质可分为发射天线和接收天线；(2) 按用途可分为通信天线、广播天线、电视天线、雷达天线等；(3) 按方向性可分为全向天线和定向天线等；(4) 按工作波长可分为超长波天线、长波天线、中波天线、短波天线、超短波天线、微波天线等；(5) 按结构形式和工作原理可分为线天线和面天线等。

口径天线 [aperture antennas]　又称面天线。如常见的抛物面天线等。它所载的电流是沿天线体的金属表面分布，且面天线的口径尺寸远大于工作波长。面天线常用在无线电频谱的高频段，特别是微波波段。

天线口径效率 [aperture efficiency]　口径天线的

有效口径与物理口径之比。对于喇叭和抛物面反射镜天线而言，口径效率普遍在 50%～80%（即 0.5～0.8）的范围内。对于在物理口径边缘也能维持均匀场的偶极子或贴片大型阵列来说，口径效率可以接近 100%。

天线阵 [antenna arrays]　　将若干个相同的天线按一定规律排列起来组成的天线阵列系统。组成天线阵的独立单元称为天线单元或阵元。阵元可以是任何类型的天线，可以是对称振子、缝隙天线、环天线或其他形式的天线。但同一天线阵的阵元类型应该是相同的，且在空间摆放的方向也相同。因阵元在空间的排列方式不同，天线阵可组成直线阵列、平面阵列、空间阵列（立体阵列）等多种不同的形式。天线阵的作用就是用来增强天线的方向性，提高天线的增益系数，或者为了得到所需的方向特性。

天线方向性系数 [antenna directivity]　　又称天线定向性。在远场区的某一球面上最大辐射功率密度与其平均值之比，是大于等于 1 的无量纲比值。如果不特别指出，通常以最大辐射方向的方向性系数作为定向天线的方向性系数。

天线增益 [antenna gain]　　在输入功率相等的条件下，实际天线在最大辐射方向的辐射功率密度 P 与均匀辐射器在该方向的辐射功率密度之比。它定量地描述一个天线把输入功率集中辐射的程度。增益与天线方向图有密切的关系，方向图主瓣越窄，副瓣越小，增益越高。

天线效益 [antenna efficiency]　　天线辐射出去的功率（即有效地转换电磁波部分的功率）和输入到天线的功率之比，是恒小于 1 的数值。

天线辐射方向图 [antenna radiation patterns]　　描述天线的电磁辐射在空间分布状态的图或数学表达式。天线的辐射作用分布于整个空间，天线在各方向辐射强度的相对大小可用方向图来表示。以天线为原点，在远离天线的同样距离但不同方向上测量电磁波的辐射场强，即可得到天线的三维空间方向分布图。

天线波瓣 [lobes]　　天线向各个方向辐射，其波瓣半径 r（自原点到波瓣图边界点）正比于在该方向测量辐射（或接收）电磁波的场强，这种现象被称为天线波瓣。对于一般的天线来说，其方向图可能包含有多个波瓣，它们分别被称为主瓣、副瓣及后瓣。

主瓣 [main lobe]　　天线辐射方向图中具有最大辐射场强的波瓣。主瓣集中了天线辐射功率的主要部分。主瓣宽度越窄，天线的方向性就越强。

边瓣 [sidelobes]　　天线辐射方向图中除主瓣外，所有其他的波瓣都称为边瓣。边瓣往往代表天线在不需要的方向上的辐射或接收。

天线互易性 [reciprocity of antenna]　　同一个天线既可以用作发射，也可以用作接收的性质。对同一天线不论用作发射或用作接收，性能都是相同的，即天线的特性参数不变，如方向特性、阻抗特性、极化特性、通频带特性、等效长度、增益等都相同。例如，天线用作发射时，某一方向辐射最强；反过来用作接收时，也是该方向接收最强。

天线单元 [antenna elements]　　组成天线阵的独立单元称为天线单元或阵元。阵元可以是任何类型的天线，可以是对称振子、缝隙天线、环天线或其他形式的天线。

天线馈源 [antenna feeds]　　口径天线或天线阵的初级辐射器，其作用是将高频电流或导波的能量转变为电磁辐射能量，如抛物面天线常用的喇叭天线辐射器。常用的馈源型式除了喇叭天线外，还有带反射圆盘的振子、缝隙天线等。

双锥天线 [biconical antennas]　　由两个锥形导体构成的天线。双锥天线是一种垂直极化全向天线，它与盘锥天线有相似的特性，虽然体积比盘锥天线约大 1 倍，但其方向图的稳定性更好。只要双锥天线有足够的电长度，锥角足够大，其工作频带可以宽大到几个倍频程。

漏波天线 [leaky-wave antennas]　　行波天线的一种。沿着行波结构传播的电磁波被连续地或周期地扰动时便会产生辐射，所辐射的波被称为漏波，利用漏波结构设计的天线就是漏波天线。漏波天线一般可以根据其结构特点分为两大类，一类是沿着导波结构天线的横截面形状保持不变的均匀型漏波天线，另一类是沿着导波结构引入周期扰动的周期型漏波天线。大多数实用的漏波天线都是由经过某种变动的金属或介质波导结构制成。由于漏波的辐射方向依赖于它的传播常数，使得漏波天线的波束指向会随频率而变化，具有频率扫描的特点，因此利用漏波天线可以实现结构简单的频扫天线，能够在防撞雷达、高分辨率雷达等领域得到应用。

表面波天线 [surface-wave antennas]　　又称慢波天线。利用结构上的变化来截断正在传播的表面波，使其在不连续处产生功率辐射的天线，是行波天线的一个重要类型。由于表面波的传播速度小于自由空间的波速，传输表面波的结构是一种慢波结构。

对数周期天线 [log-periodic antennas]　　一种宽带的非频变天线。它的特点是天线的电性能是随着工作频率成对数周期关系而变化，即在任一频率 f 上具有的特性，在所有的频率 $\tau^n f$ 上重复，其中 n 为整数。由于这些频率在对数坐标下是以 τ 为周期等间隔的，对数周期天线之称即由此而来。对数周期天线只是周期地重复辐射图和阻抗特性，如果设计一个天线结构能够在从 f 到 τf 的一个周期内电性能基本不变，那么在所有频率工作时，天线电性能都可以认为与频率无关。对数周期天线种类很多，有对数周期偶极天线和单极天线、对数周期谐振 V 形天线、对数周期螺旋天线等形式，其中最普遍的是对数周期偶极天线。这些天线广泛地用于短波及短波以上的波段。对数周期天线主要用在超短波波段，也可作为短波通信天线和中波、短波的广播发射天线。此外，对数周期天线还可用作微波反射面天线的馈源。由于有效区随工作频率变化而移动，在安装时须使整个工作频带内有效区与焦点的偏离都在公差的允许范围之内。

反射阵天线 [reflect array antenna]　又称反射阵列天线。由反射阵列和馈源构成的天线，是阵列天线与反射天线的结合。反射阵天线的工作机理类似于传统反射面天线，它是通过调节反射阵列中各单元的等效阻抗使其对来自馈源的入射场进行适当相位延迟，使反射场在天线口径面上形成所需的相位波前。反射阵列天线具有如下特点：(1) 采用初级馈源直接进行空间馈电，避免相控阵天线设计中复杂的馈电网络设计及由此引发的损耗 (尤其在毫米波段)，有利于提高天线效率；(2) 能够采用低剖面的平面阵列形成等效抛物面，避免了弯曲形抛反射面所占空间大、难加工的缺点，利于共形设计；(3) 如果反射单元具有 0~360° 相移特性，能实现最大至 60° 的宽角度扫描；(4) 重量轻、体积小、机动灵活、易于制造。反射阵列天线也存在一些需要改进的地方：(1) 一般传统反射单元的移相范围不足 360°，由此导致的移相盲区将严重影响整个天线的增益；(2) 在毫米波段，表面波损耗不容忽略，表面波的存在会干扰主瓣辐射，从而削弱天线增益。

反射天线 [reflector antennas]　又称反射面天线。孔径天线的一种，泛指利用反射面对电磁波的散射效应形成期望的辐射方向图的天线，一般由金属反射面和馈源组成。反射面天线主要用于微波和频率更高的波段，在这些频段电磁波的波长较短，散射特性已经与光相近，因此光学领域中早已成熟的反射面技术就可以被用于天线领域。最简单的反射面天线与牛顿望远镜类似，把一个馈源放在抛物面的焦点上，形成高增益的定向波束。卡塞格伦、格里高利等反射面系统随后也被用于反射天线，成为两类主要的双反射面天线的形式。反射面天线的大量应用，还得益于馈源技术的进步。反射面天线的馈源是一个增益较低的天线，早期一般采用线天线，如半波振子，但是这类天线作为馈源，由于方向性很弱，能量泄露很多，不能提高反射面天线的效率。采用喇叭天线作为馈源，能够提供更好的照射，尤其是波纹喇叭天线技术，使反射面天线的效率大幅度提高，也扩大了反射面天线的应用领域，成为获取高增益的主要途径。由于反射天线具有增益高、结构简单等特点，它已成为最常用的一类微波和毫米波高增益天线，广泛应用于通信、雷达、无线电导航、电子对抗、遥测、射电天文和气象等技术领域。

抛物面天线 [parabolic antennas]　由抛物面反射器和位于其焦点处的馈源组成的面状反射天线，是反射面天线的一种。抛物面天线具有结构简单，方向性强，工作频带宽等特点，广泛用于微波通信、卫星通信、雷达等领域。

贴片天线 [patch antennas]　又称微带贴片天线。由带导体接地板的介质基片上贴加导体薄片形成的，通常利用微带线和同轴线等馈线馈电的天线。贴片天线具有如下优点：剖面薄，体积小，重量轻，具有平面结构，并可制成与导弹、卫星等载体表面共形的结构；馈电网络可与天线结构一起制成，能与有源器件和电路集成为单一器件，适合于用印刷电路技术大批量生产、造价低；天线形式和性能多样化，便于获得圆极化，容易实现双频段、双极化等功能。主要缺点是：工作频带窄；有导体和介质损耗，并且会激励表面波，影响辐射效率；功率容量较小。不过，已发展了不少技术来克服或减少上述缺点。微带贴片天线从 1972 年发展至今，已广泛应用于通信、雷达、遥感、遥控遥测、电子对抗、医用器件等领域。

分形天线 [fractal shaped antennas]　分形电动力学众多应用领域之一。天线与阵列的分形设计是电磁理论与分形几何学的融合。对分形天线的研究主要分为分形天线单元和分形天线阵列。分形天线单元是具有分形形式的天线单元，主要通过导体弯曲或在导体面上引入孔径来形成。分形几何可用于阵列的设计，主要有两种方式，分形单元可用于均匀分布阵列中，也可以将阵列间距用分形形式来布局。分形天线的分析方法有多种，应用最广泛的为矩量法。另外，由于计算机性能的提高，在天线计算方面也得到了较多的应用。对于一些结构比较简单的分形天线可以使用比较成熟的商业软件包，如 Ansoft 和 NEC 等电磁场问题计算软件。天线的分形设计用来探索天线的尺寸减缩与多频性能，因此分形天线解决了传统天线的两个主要局限性：分形的自相似性使的分形天线具有分形的特征，从而具有多频性能；分形复杂的形状使一些天线的尺寸减缩成为可能。

波导天线 [waveguide antennas]　又称波导缝隙天线。在波导壁的适当位置和方向上开的缝隙也可以有效地辐射和接收无线电波，这种开在波导上的缝隙称为波导缝隙天线。常见的波导缝隙天线由开在矩形波导壁上的缝隙构成。波导缝隙要成为有效的天线必须选择适当的位置和方向。为了增加缝隙天线的方向性，可在波导的同一壁上按一定规律开多条尺寸相同的缝隙，构成波导缝隙天线阵，根据波导内传输波的形式又可将缝隙阵天线分为谐振式缝隙天线阵和非谐振式缝隙天线阵。

全向天线 [omnidirectional antennas]　在水平方向图上表现为 360° 的均匀辐射的天线，也就是平常所说的无方向性，在垂直方向图上表现为有一定宽度的波束，一般情况下波瓣宽度越小，增益越大。全向天线在通信系统中一般应用距离近，覆盖范围大，价格便宜。增益一般在 9dB 以下。

定向天线 [directional antennas]　在水平方向图上表现为一定角度范围辐射的天线，也就是平常所说的有方向性，在垂直方向图上表现为有一定宽度的波束，同全向天线一样，波瓣宽度越小，增益越大。定向天线在通信系统中一般应用于通信距离远，覆盖范围小，目标密度大，频率利用率高。有通过反射板的定向天线，也有通过阵列合成而成（成本太高，特别是相控阵天线，一个移相器有上千元，一个 T/R 组件大概上万元）的定向天线，增益可达到 20dB 以上。在卫星通信中用到高增益螺旋天线。

八木天线 [Yagi-Uda antenna]　又称引向天线。由日本东北大学的八木和宇田共同实验和研制而成。引向天线通常由一个有源振子、一个反射器及若干个引向器构成，反射器与引向器都是无源振子，所有振子都排列在一个平面内且相互平行。它们的中点都固定在一根金属杆上，除了有源振子馈电点必须与金属杆绝缘外，无源振子则都与金属杆短路连接。因为金属杆与各个振子垂直，所以金属杆上不感应电流，也不参与辐射。引向器天线的最大辐射方向在垂直于各振子且由有源振子指向引向器的方向，所以它是一种端射式天线阵。分析引向天线的方法有感应电动势法、行波天线的观点及目前广泛采用的计算机辅助设计法。八木天线已经被广泛的应用于米波及分米波段的通信、雷达、电视及其他无线电技术设备中。

相控阵天线 [phased-array antennas]　通过电子控制实现波束在指定空间扫描的天线。由线阵或者多个在平面和任意曲面上按一定规律布置的天线单元（辐射单元）和信号功率分配/相加网络组成。每个单元的激励幅度和相位可以调节。其中幅度控制可通过功率分配网络及衰减器来实现，两者的电路结构虽有差别，但都能调节各单元的激励电流，从而达到改变相对幅度关系的目的。相位控制则通过移相器来实现，用相位控制字控制每个移相器的相移量来改变各辐射单元的相位。由于采用了移相器，相控阵可以实现快速无惯性扫描，而且具有波束形状捷变能力，可快速实现波束赋形。相控阵天线因为其出色的性能和优点获得了日益普遍的应用。其分类方式众多，若按照阵元的排列方式不同可以划分为直线阵、平面阵和共形阵。

紧缩场天线 [compact range antenna]　通过紧密的反射面配合馈源的合理照射，在近距离上产生较为理想的准均匀平面波的天线。紧缩的天线测量场地（CATR）借助于反射镜、透镜、喇叭、阵列或全息术所产生的平整波前来仿真无限长度的场地。大多数紧缩场天线由一架或多架反射镜组成，测试场通常被装置在吸波室内，但特别大的紧缩场天线被置于室外，甚至某些射电望远镜也被用做紧缩场天线。

共形天线 [conformal antenna]　一个非平面的、与特定物体形状共形的天线。共形天线阵往往要求高增益、低旁瓣，它的结构和形式是多种多样的。既可组成直线阵，又可组成平面阵，还可以制成立体阵，阵中的各个单元可以为同相馈点也可不同相馈点，各单元的间距可以是相等的，也可以是不等的。

锥形天线 [conical antenna]　又称盘旋螺线型天线。在介质锥体上，利用印刷电路技术在其上制成导电圆锥螺旋表面。这种天线可以同进出在两个频率上工作。锥形天线的特点是增益好。但是由于其天线较高，并且在水平方向上不对称，天线相位中心与几何中心不完全一致。因此，在安置天线时要仔细定向并且要给于补偿。

偶极子天线 [dipole antenna]　又称对称振子天线。由两根粗细和长度都相同的导体组成，馈电点在天线的中心。天线总长度为半波长的偶极子天线叫半波振子。偶极天线的振子可以在水平位置，也可在垂直位置。它的方向图以馈电点为对称。

螺旋环天线 [helical antenna]　一种圆极化天线，用金属线（或管）绕制而成的螺旋形结构的行波天线，通常用同轴线馈电。同轴线内导体和螺旋线一端相接，外导体和金属板接地板相连。螺旋天线的辐射特性和螺旋的直径与波长之比有很大关系。当螺旋的直径很小时，在垂直于螺旋线轴线的平面内有很大的辐射，且在此平面内的方向图是一个圆，而在包含螺旋轴线平面内的方向图是一个 ∞ 字形，当螺旋天线的直径增大到螺旋天线的圈长约为一个波长时，天线在沿螺旋线的轴线方向具有最大辐射，且在最大辐射方向是圆极化或是椭圆极化场的圆柱形螺旋天线，这种天线也称为轴向螺旋天线或端射型螺旋天线。螺旋天线按其表面形状可分为柱面螺旋、圆锥螺旋和平面螺旋等，按螺旋所遵循的数学形式可分为等角螺旋、阿基米德螺旋等。

喇叭天线 [horn antenna]　最简单的面天线，由波导壁逐渐张开并延伸构成。由于喇叭天线由波导逐渐地张开过渡到自由空间，改善了波导与自由空间在开口面上的阻抗匹配。喇叭的口面较大，可以形成较好的定向辐射，取得良好的辐射特性。

透镜天线 [lens antenna]　和光学透镜具有相似功能的，能够将点源或线源的球面波或柱面波转换为平面波的天线。通过合适设计透镜表面形状和透镜材料折射率的分布，调节电磁波的相速以获得辐射口径上的平面波前。透镜可用天然介质制成，也可用由金属网或金属板等构成的人造介质制成。

环天线 [loop antenna]　将一根金属导线绕成一定形状，如圆形、方形、三角形等，以导体两端作为输出端的天线结构。

单极子天线 [monopole antenna]　又称直立天线。是垂直于地面或导电平面架设的直线状天线，已广泛应用于长、中、短波及超短波波段。

可重构天线 [reconfigurable antenna]　可以动态调节天线的工作频率或天线辐射特性的天线。通过动态改变可重构天线的结构或所用材料的性质可以使天线的频率、方向图、极化方式等多种参数中的一种或几种实现动态调节。可重构天线按功能可分为频率可重构天线（包括实现宽频带和实现多频带）、方向图可重构天线、极化可重构天线和多电磁参数可重构天线。

槽天线 [slot antenna]　又称裂缝天线。这种天线具有开一个或多个狭窄的槽的金属表面，通常用同轴线或波导给天线馈电。为了得到单向辐射，金属板的后面制成空腔，开槽直接用波导馈电。开槽天线结构简单，特别适合在高速飞机上使用。它的缺点是调谐困难。

螺旋天线 [spiral antenna]　一种具有双臂或多臂的螺旋型天线。这种天线具有很宽的工作频率范围，是一种圆极化天线。在工作频率范围，天线的辐射方向图中，极化状态和天线阻抗基本保持不变。

衰减常数 [attenuation constant]　电磁波在传播过程中单位长度上的衰减大小，单位是奈培/米，数学定义为

$$\alpha = \frac{A}{l} = \frac{1}{l}\ln\frac{U_i}{U_o} = \frac{1}{l}\ln\frac{I_i}{I_o} = \frac{1}{2l}\ln\frac{P_i}{P_o}$$

式中，U_i、I_i 和 P_i 分别是长度为 L 的传输线输入端的电压、电流和功率；U_o、I_o 和 P_o 则对应于输出端的电压、电流和功率。

人工磁导体 [artificial magnetic conductor]　又称高阻表面。类似于频率选择表面的人工电磁结构。在特定的频率，它和金属一样能够对电磁波产生全反射，但没有金属表面全反射时出现的半波损失。

轴比 [axial ratio]　椭圆极化电磁波的长轴和短轴之比，是表示电磁波极化特性的指标。对线极化电磁波轴比为无穷大，对圆极化天线周比为 1。

巴比内特原理 [Babinet's principle]　关于一对互补衍射屏衍射特性的物理规律。如果 B 和 B' 是一对互补衍射屏，则由屏 B 和 B' 单独产生的辐射之和与屏 $B+B'$ 产生的辐射完全相同。巴比内特原理常用于寻找互补衍射屏的大小与形状。

巴伦 [baluns]　一种平衡不平衡转换器，能实现平衡端口与非平衡端口的转换，同时实现端口间的阻抗变换。

双各向异性媒质 [bianisotropic media]　当媒质的电位移矢量 D 或磁感应强度矢量 B 不仅与电场 E 有关，而且与磁场 H 有关时被称为双各向异性媒质。双各向异性媒质中电位移矢量 D 或磁感应强度矢量 B 的一般形式可以表示为

$$D = \varepsilon E + \xi H$$
$$B = \varsigma E + \mu H$$

"双" 的含义是与电场和磁场均有关，但仍然可以具有各向同性的特性的媒质。

双折射 [birefringence]　电磁波在各向异性媒质中传播时可分解为振动方向互相垂直的两束波，它们的传播速度和折射率均不等。因此，当波在各向介质表面产生折射时会出现两束折射光，它们分别是遵从 Snell 折射定律的寻常光 (o 光) 和不遵从 Snell 折射定律的非寻常光 (e 光)。这一现象被称为双折射。

双站雷达 [bistatic radar]　发射机和接收机不在同一地点的雷达体制。能够提高接收站的隐蔽性，获得更大的目标前向面积，减少阴影区对电磁波衰减。

蜂窝移动通信系统 [cellular mobile communication systems]　将所覆盖的通信地区划分为若干个小区的通信系统。在每个小区设立一个基站，为本小区范围内的用户服务。可通过小区分裂进一步提高系统容量。通常由移动业务交换中心、基站设备及移动台 (用户设备) 以及交换中心至基站的传输线组成，

特性阻抗 [characteristic impedance]　又称特征阻抗。是无限长传输线路上行波的电压与电流的比值，它仅决定于传输线的型式、尺寸和周围介质等固有特性，是代表传输线特性的一个重要参数。

手征性 [chirality]　又称手性、非对称性。常指指化合物分子或分子中某一基团的构型可以排列成互为镜像而不能叠合的两种形式，如人的左右两手一样。手征性是材料产生像旋光性等现象的必要条件。

圆极化波 [circularly polarized waves]　极化方式为圆极化的电磁波。在电磁波传播的每一周期内，电场矢量端点的轨迹在垂直于传播方向平面上的投影是一个圆。如果顺着电磁波传播方向看，电场矢量旋转方向是顺时针的称为右圆极化波；若电场矢量旋转方向是逆时针则为左圆极化波。一个圆极化波可以分解为两个振幅相等，相位相差 90° 或者 270° 的水平极化波和垂直极化波。

圆波导 [circular waveguides]　横截面是圆柱形的金属波导。

环行器 [circulators]　一种具有非互易特性的多端口器件，进入其任一端口的入射波，只能按照由偏置静磁场确定的方向顺序传入下一个端口。

同轴线 [coaxial lines]　一种由同轴的内外导体构成传输线，其间填充有空气或者介质材料，能够以 TEM 模式传输电磁波。

计算电磁学 [computational electromagnetics]　用数值方法研究电磁波与物质的相互作用及其变化规律的学科，典型的问题包括天线的性能，电磁兼容，雷达散射截面和电磁波在媒质中的传播等。在计算电磁学中，人们基于麦克斯韦方程组，通过合理地利用理想化或工程化假设建立逼近实际问题的数学模型，准确地给出问题的定解条件 (初始条件、

边界条件), 然后采用高效的数值计算方法, 求解出数学模型的数值解, 再经各种后处理过程, 得出求解区域中的各类电磁参数值。常用的数值方法一般可分为两大类: 一类为积分方程类方法, 包括矩量法 (MoM)、边界元法 (BEM) 等; 另一类为微分方程类方法, 包括时域有限差分法 (FDTD)、有限元法 (FEM) 等。

共面波导 [coplanar waveguides] 又称共面微带传输线。由介质基片上的中心导体带及其两侧的导体平面构成的传输线形式, 能够传播 TEM 波。

交叉极化 [cross-polarization] 又称正交极化。天线在非预定的极化方向上辐射 (或接收)。对线极化天线, 交叉极化与预定的极化方向垂直; 对圆极化波, 交叉极化与预定极化的旋向相反; 对椭圆极化波, 交叉极化与预定极化的轴比相同、长轴正交、旋向相反。

截止波长 [cutoff wavelength] 能在波导中传播的某种模式的电磁波的最大波长。波导中每个模式的电磁波都有相应的截止波长, 只有当波长小于低于截止波长的时候, 电磁波才能在波导中传播。

圆柱波导 [cylindrical waveguides] 圆柱状的波导, 圆柱表面为金属, 内部为空气或介质填充。

介质谐振器 [dielectric resonators] 利用低损耗、高介电常数的介电材料制作的微波谐振器, 通常为圆盘状或者立方体。与等效的金属谐振腔相比, 具有很高的品质因数, 常应用于制作高性能滤波器等微波器件。

介质波导 [dielectric waveguides] 利用介质材料构成的波导, 如光纤等。

数字无线广播 [digital radio] 一种无线广播模式。在这种模式下模拟的声信号被数字化, 并用像 mp2 等格式进行压缩, 随后用数字调制方式进行发射。采用这种广播模式可以提高在给定频谱内电台的数量, 提高广播的音频质量, 减小发射功率或在广播覆盖区域内的发射天线数量。

定向耦合器 [directional couplers] 一种具有定向耦合作用的微波四端口元件, 它是由耦合装置联系在一起的两对传输系统构成的。主线为输入输出端口, 副线为耦合端口和隔离端口。输入端口信号能够从主线输出, 并定向耦合至耦合端口, 隔离端口无输出。

色散 [dispersion] 表示电磁媒质的特性参数 (介电常数、磁导率或折射率) 或者电磁波的传播特性 (相速度、传播常数和导波波长等) 随电磁波频率变化而变化的现象。

吸收常数 [dissipation constant] 表征电磁波在媒质中传播时电磁能量衰减快慢大小的物理量, 通常表示为单位长度上电磁能量的减小。

波导主模 [dominant waveguide mode] 波导中可以存在有多种不同电磁场结构的波, 对应于某种特定的电磁场分布的波称为模式或模型。不同的模式具有不同的截止波长, 其中截止波长最长的波称为主模, 其余的则称为高次模。

并矢格林函数 [dyadic Green's functions] 一个联系矢量场与矢量电 (磁) 性源之间的一个并矢, 描述的是电磁媒质的响应函数。在计算电磁场数值方法的积分方程的建立、求解以及后续处理过程中, 均要遇到并矢格林函数的计算, 是电磁场积分方程的内核, 并矢格林函数的表示与计算直接决定了积分方程算法的使用有效性。用并矢格林函数方法来处理电磁场问题的应用有两种: 一是针对一个已知电流分布的电型源或者磁型源, 直接求出其电磁波辐射特性; 二是将并矢格林函数作为矩量法的积分内核, 求出扩展基函数的参数。通过引入并矢格林函数可以使许多电磁场数学关系式更简单和紧凑, 并且很容易将一些电磁问题概念化。

电磁干扰 [electromagnetic interference] 任何在传导或电磁场伴随着电压、电流的作用而产生会降低某个装置、设备或系统的性能, 或可能对生物或物质产生不良影响之电磁现象。电磁干扰有传导干扰和辐射干扰两种。传导干扰是指通过导电介质把一个电网络上的信号耦合 (干扰) 到另一个电网络。辐射干扰是指干扰源通过空间把其信号耦合 (干扰) 到另一个电网络。为了防止一些电子产品产生的电磁干扰影响或破坏其他电子设备的正常工作, 各国政府或一些国际组织都相继提出或制定了一些对电子产品产生电磁干扰有关规章或标准, 符合这些规章或标准的产品就可称为具有电磁兼容性。

电磁波暗室 [electromagnetic anechoic chambers] 一种在室内模拟电磁波在自由空间传播的实验装置, 通常是一个专门设计的房屋, 内壁铺设有吸波材料, 它将吸收所有投射到它上面的电磁波。电磁波暗室常用于天线, 物体的散射和电磁干扰等的测量。电波暗室的尺寸和射频吸波材料的选用主要由受测设备 (EUT) 的大小和测试要求确定。

电磁带隙结构 [electromagnetic bandgap structures] 在微波、太赫兹波段的周期性人工结构材料。这类材料存在一个或多个称为带隙的频率范围, 电磁波在其中不能传播。带隙的位置和大小和材料的结构参数有关。

电磁兼容 [electromagnetic compatibility, EMC] 各种电磁设备, 包括电信设备和系统, 在不损失信号所包含的信息条件下, 信号与干扰共存的能力。换句话说, 即在复杂的电磁环境中, 设备或系统耐受干扰、保持正常工作的能力。同时, 它也指电磁设备不对环境和周围设备构成无法承受的电磁干扰的性能。因此, EMC 包括两个方面的要求: 一方面是指设备在正常运行过程中对所在环境产生的电磁干扰不能超过一定的限值; 另一方面是指器具对所在环境中存在的电磁干扰具有一定程度的抗扰度, 即电磁敏感性。

电磁逆问题 [electromagnetic inverse problems]

已知空间的电磁场分布 (有时甚至是其不完全的分布形式), 求产生这种现象的源或媒质的分布的问题被称为电磁逆问题。实际应用中, 碰到电磁逆问题大都是与电磁信号反演相关的问题。电磁场中的逆问题从应用的角度主要可以分为两大类: 一类是参数识辨问题; 另一类是优化设计问题, 其中优化设计问题又称为综合问题。

电磁逆散射问题 [electromagnetic inverse scattering problems]　电磁散射的逆问题, 即通过测量电磁波入射到被测物体的散射场来重建散射体 (被测物体) 的形状与内部结构等参数。逆散射研究与当代科学技术的迅速发展密切有关, 例如, 在地面、海面、植被和沙漠等复杂自然背景下, 目标的电磁逆散射的研究在目标识别、环境检测、煤层勘测、农业技术和海洋渔业等领域都有重要的应用价值。

电磁材料 [electromagnetic materials]　用于实现某种电磁功能的材料。通常用介电常数和磁导率来表现电磁材料的宏观电磁特性。自 20 世纪 80 年代以来, 电磁材料已经不再局限于天然材料, 人工电磁材料 (如负折射材料, 光子晶体等) 也称为电磁材料。按照电磁材料的宏观电磁特性是否是空间、时间以及电磁场强度的函数, 电磁材料可以分为: 各向同性媒质和各向异性媒质, 色散媒质和非色散媒质, 线性媒质和非线性媒质等。

电磁屏蔽 [electromagnetic shielding]　将电子产品或产品的一部份完全置于闭合的金属壳中。屏蔽的目的有两个: 一是阻止电子产品的电磁辐射发射到以外的空间, 以防止对其他电子产品的干扰; 二是防止外部的电磁发射耦合到电子产品内部的电子电路上, 导致对内部电子信号的干扰。

电磁表面波 [electromagnetic surface waves]　被局限在两介质的分界面沿着表面传播, 并且在垂直分界面的两个方向上均以指数形式快速衰减的电磁波。一个典型的例子是, 电磁波入射到金属与空气的分界面时会激发起金属表面的等离激元振荡, 形成一种沿分界面传播的电磁波模式, 即表面波。

电磁波吸波材料 [electromagnetic wave absorbers]　又称吸波材料。能吸收投射到它表面的电磁波能量的一类材料。在工程应用上, 除要求电磁波吸收波材料在较宽频带内对电磁波具有高的吸收率外, 还要求它具有质量轻、耐温、耐湿、抗腐蚀等性能。

电子战 [electronic warfare]　敌对双方争夺电磁频谱使用和控制权的军事斗争, 包括电子侦察与反侦察、电子干扰与反干扰、电子欺骗与反欺骗、电子隐身与反隐身、电子摧毁与反摧毁等。电子对抗在不同军兵种中的具体表现形式不同, 主要包括: 雷达对抗、通信对抗和声呐对抗。

椭圆极化 [elliptical polarization]　电磁波电场矢量末端的轨迹在垂直于传播方向的平面上投影是一个椭圆时,

称为椭圆极化, 它是电磁波极化方式的一种。

椭圆波导 [elliptical waveguides]　横截面为椭圆形的金属波导。

法布里-珀罗谐振器 [Fabry-Perot resonators]　一种由两块平行的具有高反射系数的反射面组成的光学谐振器, 每个面都可以输出一部分谐振频率的光波, 可用于制作激光源或者滤波器。

法拉第旋转隔离器 [Faraday rotation isolator]　一种利用法拉第旋磁效应制作的隔离器。由位于短圆波导中心的铁氧体杆构成, 输入输出端口为相互呈 45° 交叉的两个矩形波导构成, 特定频率的电磁波只能从一个端口向另一个端口传输, 而当从另一个端口输入时能量会被吸收。

远场图 [far-field patterns]　又称天线方向图、辐射方向图。在远天线的一定距离处, 辐射场的相对场强 (归一化模值) 随方向变化的图形。通常采用通过天线最大辐射方向上的两个相互垂直的平面方向图来表示天线的辐射特性。天线方向图是衡量天线性能的重要图形, 可以从天线方向图中得到到天线的多个特征参数, 如主瓣宽度、旁瓣电平、前后比和方向系数等。

微波铁磁材料 [microwave ferromagnetic materials]　一般指微波铁氧体材料。微波铁氧体材料分为多晶和单晶两种。多晶材料按晶体结构主要分为尖晶石型、石榴石型和磁铅石型三种。这类磁性材料具有旋磁性, 即在两个互相垂直的稳恒磁场和电磁波磁场的作用下, 平面偏振的电磁波在材料内部虽然按一定的方向传播, 但其偏振面会不断地绕传播方向旋转的现象。虽然, 磁性金属和合金材料也具有一定的旋磁性, 但由于其电阻率低, 涡流损耗太大, 电磁波不能深入其内部, 所以无法利用。因此, 铁氧体材料的旋磁性成为铁氧体独有的领域。用微波铁氧体与输送微的波导管或传输线等组成的各种微波器件主要用于雷达、通信、导航、遥测等电子设备中。

矩量法 [method of moments]　电磁场数值计算方法中的一种。矩量法的原理是用许多离散的子域来代表整个连续区域, 在子域中, 未知函数用带有未知系数的基函数来表示。因此, 无限个自由度的问题就被转化成了有限自由度的问题。用点匹配法、线匹配法或伽略金方法得到一组代数方程 (即矩阵方程), 通过求解这一矩阵方程获得解。矩量法精度高、所用格林函数直接满足辐射条件, 无须像微分方程那样必须设置吸收边界条件。但是由于矩量法产生满阵, 其存储量为 $O(N^2)$, 矩阵求逆的复杂度更达到 $O(N^3)$, 所以对于高频区电大尺寸目标的求解, 往往因为需要极大的存储量和很长的计算时间而不能在现有的计算机资源条件下实现。自 Roger F.Harrington 于 1968 年在其所著 *Field Computation by Moment Methods* 一书中系统叙述了矩量法在求解电磁场问题中的应用以来,矩量法已经广泛地用于各种天线辐射、复杂散射体散射以及静态或准静态等领域。

有限差分时域分析 [finite-difference time-domain (FDTD) analysis method]　K. S. Yee 提出的一种电磁场数值计算方法,是一种利用差分方法在时域求解 Maxwell 方程的直接方法。这种方法能处理复杂形状目标和非均匀介质物体的电磁散射、辐射等问题,可以比较方便而且精确地预测实际工程中的大量复杂电磁问题,应用范围涉及几乎所有电磁领域。

有限元分析法 [finite element analysis method]　又称有限元方法 (FEM)。以变分原理和加权余量法为基础近似求解边值问题的一种数值计算方法。从数学角度来说,有限元法是从变分原理出发,通过区域剖分和分片插值,把数理方程的边值问题变为等价的一组多元线性代数方程组的求解,它是一种高效、通用的数值计算方法。由于采用离散与分片多项式插值,因此具有对材料、边界、激励的广泛适应性。同时,有限元法生成的是一个稀疏的系数矩阵,人们可以应用稀疏矩阵的压缩存储技术对它进行存储和求解,从而大大降低计算机内存需求,缩短计算时间。

鳍线 [finlines]　在矩形波导中插入介质板,介质板两侧或者单侧具有槽线结构所构成的新型传输线。

夫琅禾费区 [Fraunhofer region]　又称远区。指离开辐射源的距离超过 $2d^2/\lambda$ 的区域,其中 d 是辐射源的特征长度,λ 是工作波长。在远区,电磁波以平面波的形式出现,电场与磁场方向互相垂直,并都垂直于电磁波的传播方向,并且在无耗媒质中电磁波的辐射功率不随传播距离而变化。

频率选择表面 [frequency selective surfaces]　由周期性排列的金属贴片单元或在金属屏上周期性排列的孔径单元构成的平面结构。这种表面可以在单元谐振频率附近呈现全反射 (贴片型) 或全透射的特性 (孔径型)。

菲涅尔区 [Fresnel region]　又称近区。离开辐射源一个波长以内的区域。近区内,电磁波不是平面波,电场强度与磁场强度的大小没有确定的比例关系。

全球定位系统 [global positioning system]　利用定位卫星,在全球范围内实时进行定位、导航的系统。它由美国国防部研制和维护,是一种中距离圆型轨道卫星导航系统。它可以为地球表面绝大部分地区提供准确的定位、测速和高精度的时间标准。全球定位系统可满足位于全球任何地方或近地空间的军事用户连续精确的确定三维位置、三维运动和时间的需要。该系统包括太空中的 24 颗 GPS 卫星;地面上 1 个主控站、3 个数据注入站和 5 个监测站及作为用户端的 GPS 接收机。最少只需其中 3 颗卫星,就能迅速确定用户端在地球上所处的位置及海拔;所能收联接到的卫星数越多,解码出来的位置就越精确。

穿地雷达 [ground penetrating radar]　用频率介于 $10^6 \sim 10^9 Hz$ 的无线电波来确定地下介质分布的雷达。通过发射天线向地下发射高频电磁波,电磁波在地下介质中传播时遇到存在电性差异的界面时发生反射,接收天线接收反射回地面的电磁波。根据接收到电磁波的波形、振幅强度和时间的变化特征推断地下介质的空间位置、结构、形态和埋藏深度。

群速度 [group velocity]　如果媒质的色散不是很强,波包将以一定的速度在媒质中传播时并保持波包的形态基本不变。波包的传播速度称为电磁波的群速度。它描述的是电磁波的能量传播速度。在色散媒质中群速度定义为:波数随角频率变化的梯度值,即 $dk/d\omega$。

导行电磁波 [guided electromagnetic waves]　全部或绝大部分电磁能量被约束在有限横截面内,沿确定方向传输的电磁波。一般而言,凡截止波长大于工作波长的模式都可以是导行电磁波。

导波波长 [guide wave length]　导行电磁波在传输线中相位相差 2π 的两点之间的距离,用 λ_g 表示。由于波导中的传播常数通常小于等于电磁波在相同媒质中的波数 k,所以导波波长通常大于等于波导中电磁波的波长。

耿氏二极管 [Gunn diodes]　由 n 型掺杂半导体材料组成的二极管,两端是 n 型重掺杂区,介于二者中间的是轻掺杂的薄层。这种二极管具有负阻效应,常用于制作弛豫振荡器。

回旋管 [gyrotron]　产生大功率毫米波和亚毫米波的一种电真空器件。最简单的回旋管是单腔回旋管,它主要由电子枪、互作用腔、输出结构 (包括收集极、输出腔) 和磁场四部分组成,电子枪产生高能电子在磁场作用下高速回旋运动进入互作用腔,若使互作用腔的谐振频率与电子回旋频率满足关系:$\omega = n\omega_0 (n=1, 2, 3, \cdots)$,电子回旋频率 $\omega_0 = eB_0/m\gamma$ (e、m 分别为电子电荷和质量,B_0 为恒磁场磁感应强度,$\gamma^2 = 1/[1 - (v/c)^2]$ 为相对论系数),电子将能量交给高频场,在腔中激励高频振荡并通过输出结构输出,电子则被收集极收集。由于互作用腔由一段两端敞开的波导构成,没有慢波结构,且它可工作在高次模式上,所以回旋管摆脱了普通微波管在毫米波和亚毫米波段的限制。

半功率宽带 [half-power beamwidth]　功率方向图中,在包含主瓣最大辐射方向的某一平面内,把相对最大辐射方向功率密度下降到一半处 (或相对于最大值为 3dB 时) 的两点之间的夹角称为半功率波束宽度。在场强方向图中,指把相对最大辐射方向场强下降到 0.707 倍处的夹角也称为半功率波束宽度。

阻抗 [impedance]　在给定的频率下,动力学的场量 (如力、声压) 与运动学的场量 (如振动速度、质点速度) 的比值，或电压与电流的比值。

阻抗匹配 [impedance matching]　信号传输过程中信号源、传输线和负载之间的阻抗配合关系。目标使所有的信号都能传至负载点，而不会有信号反射回来，从而提升能源效益实现信号源和负载之间的最大功率传输。阻抗匹配有三个方面的含义：(1) 负载与传输线之间的阻抗匹配：负载阻抗等于传输线的特性阻抗；(2) 信号源与负载阻抗的匹配：传输线的特性阻抗等于信号源内阻抗；(3) 信号源的共轭匹配，使信号源的功率输出最大。

阻抗变换 [impedance transformers]　将输出端的负载阻抗变换为所需的输入端阻抗的一种装置，常用于实现负载与传输线或两段不同特性阻抗传输线之间的匹配。

输入阻抗 [input impedance]　对于传输线，任意一点的输入阻抗 Z_{in} 定义为该点上的合成波 (入射波和反射波的叠加) 的电压 $U(s)$ 和电流 $I(s)$ 的比值，即

$$Z_{in} = \frac{U(s)}{I(s)}$$

如果是一段无耗传输线，输入阻抗的表达式可以简化为

$$Z_{in} = Z_0 \frac{Z_l + jZ_0 \tan\beta s}{Z_0 + jZ_l \tan\beta s}$$

式中，Z_0 为传输线的特性阻抗，Z_l 为负载阻抗，β 为相移常数，s 为所求点距负载的距离。对于电路系统而言，输入阻抗表示电路输入端电压和电流的比值。不论是传输线还是电路，输入阻抗都表示了所求点向负载看去的阻抗。

插入损耗 [insertion loss]　在传输系统的某处由于元件或器件的插入而发生的负载功率的变化，它表示为元件或器件插入前负载上所接收到的功率与插入后同一负载上所接收到的功率的比值，常以分贝为单位。

互调 [intermodulation]　又称互调干扰。当两个或多个干扰信号同时加到接收机时，由于非线性的作用，这两个干扰信号的组合频率有时会恰好等于或接近有用信号频率而顺利通过接收机，从而对系统工作产生干扰，其中三阶互调最严重。

隔离器 [isolator]　一种非互易的微波铁氧体单向传输器件。它只允许沿一个方向传输的波顺利通过，而对相反方向传输的波则有很大的衰减。按照其工作原理铁氧体隔离器可分为谐振吸收式、场移式和法拉第旋转式等。

反波管振荡器 [backward wave tube oscillator]　一种属于行波管家族的用于产生微波直至太赫兹波的一种电真空器件。

速调管 [klystron]　利用周期性调制电子注速度来实现振荡或放大的一种微波电子管。它首先在输入腔中对电子注进行速度调制，经漂移后转变为密度调制，然后群聚的电子

块与输出腔隙缝的微波场交换能量，电子将动能交给微波场，完成振荡或放大。按电子注行进轨迹速调管可分为直射式和反射式两类。直射式速调管的电子注由电子枪发出后一直向前飞行直至被收集极接收，它有双腔和多腔等型式，双腔型有输入和输出两个腔，而多腔型则在输入腔和输出腔之间加入一个或多个中间腔构成级联形式，从而可提高其增益、效率和输出功率。直射式速调管可在连续波或脉冲波工作，可作为放大管或振荡管。反射式速调管只有一个谐振腔，其电子注发出后经加速、汇聚后在腔隙由微波场作速度调制，漂移后被反射极排斥返回并群聚后再与隙缝微波场交换能量，它是一种小功率微波振荡管，具有结构简单、工作可靠、使用方便以及可进行机械或电子调谐（调节反射极电压）等优点。

Kramers-Kronig 关系 [Kramers-Kronig relations]　描述在复平面的上半平面上解析函数的实部和虚部相互关系的数学公式。当解析函数是 $\chi(\omega) = \chi_1(\omega) + i\chi_2(\omega)$，时，$\chi_1$ 和 χ_2 之间有下列关系：

$$\chi_1(\omega) = \frac{1}{\pi P}\int_{-\infty}^{\infty}\frac{\chi_2(\omega')}{\omega' - \omega}d\omega\alpha, \quad \chi_2(\omega) = \frac{1}{\pi P}\int_{-\infty}^{\infty}\frac{\chi_1(\omega')}{\omega' - \omega}d\omega\alpha$$

其中 P 指积分的柯西主值。在物理问题中 Kramers-Kronig 关系是非常有用的数学关系，人们常根据已知物理量的实部或虚部，利用 Kramers-Kronig 关系来计算其对应的虚部或实部。

漏波 [leaky waves]　当电磁波沿行波结构传播时，若沿此结构不断地产生向外辐射，所辐射的波称为漏波。

左手传输线 [left-handed transmission line]　电场、磁场和波矢量遵从左手定则的微波传输线，其等效介电常数和等效磁导率同时为负值。

限幅器 [limiter]　一种能够把输出信号幅度限定在一定的范围内的微波器件。当输入信号超过某一定范围后，输出信号将被限制在一定幅度，不再随输入信号线性增加。

有载品质因数 [loaded Q-factor]　谐振回路与负载相连时的整体品质因数。

低温共烧陶瓷技术 [low temperature co-fired ceramic (LTCC) technology]　一种采用可低温烧结陶瓷材料制备多层微波器件的技术。它将多层一定厚度的生瓷带，经打孔、注浆、印刷电路、埋置器件后叠压、烧结，制成器件或电路模块。

分立参数传输线 [lumped element transmission line]　用传输线等效电阻、电容和电感的串并联构建的电路网络来模拟的传输线。

仑伯格透镜 [Luneburg lens]　一种介质球形透镜，其中介质的折射率随着与球心的距离而变化，典型的情形是介质折射率随与球心的距离的增大而变小。当平面电磁波平

行入射到仑伯格透镜时会被聚焦到球面上的一点，反之，球面上的点源仑伯格透镜会产生平面波。

磁共振成像 [magnetic resonance imaging]　又称核磁共振成像术。利用人体组织中氢原子核 (质子) 在磁场中受到射频脉冲的激励而发生核磁共振现象，产生磁共振信号，经过电子计算机处理，重建出人体某一层面的图像的成像技术。

磁控管 [magnetrons]　一种用于产生大功率微波振荡的微波电子管，它由阴极、阳极谐振系统、能量耦合输出装置、磁路和调谐装置五部分组成 (固定频率的磁控管中无调谐装置)。磁控管的阳极谐振系统由沿着圆周排列的一组闭合谐振腔构成，常采用孔槽形或扇形异腔结构。通过控制相互垂直的磁场和电场，管内电子与高频电磁场发生相互作用，把从恒定电场中获得的能量转变成微波能量。磁控管具有功率大、效率高和成本低等特点。按工作状态磁控管可分为脉冲磁控管和连续波磁控管，前者主要用于雷达，后者主要用于微波加热、微波理疗和电子对抗。按频率是否可调，磁控管可分为固定频率和可变频率两类，可变频率磁控管频率的改变可采用机械调谐 (有电容、电感、混合或耦合腔调谐等) 或电压调谐 (改变阳极电压)。

匹配负载 [matched load]　用以全部吸收传输线入射功率的终端负载，其驻波比通常不大于 1.05。按照承受功率可分为高功率和低功率两种，高功率匹配负载通常采用水、石墨粉和水泥混合物或碳化硅为吸收物质，低功率匹配负载通常采用羰基铁粉为吸收物质。波导用匹配负载通常做成渐变斜面并需一定长度以提升匹配效果。

麦克斯韦电路 [Maxwellian circuits]　融合微波电磁场理论和电路理论的一种等效电路。对于电大尺寸的电磁场问题，通常使用电磁场理论的麦克斯韦方程组求解，麦克斯韦电路方法则利用全波求解方式得到结构的等效电路参数，再通过等效电路求解问题。

直线法 [method of lines]　一种解析法与有限差分法相结合的电磁场数值计算方法。直线法将给定的差分方程在一维或二维上离散化，再利用解析法求解剩余维度的问题。比之有限差分法，射线法精确度更高且计算时间更少。

微带线 [microstrip lines]　一种微波传输线。为双导体系统，由介质基片上的金属导带和底面的导体接地板构成。当工作频率较低时，传播的是准 TEM 波，可以近似为 TEM 波传输线。但当频率提高时，各种高次模式出现，按 TEM 波分析得到的微带线参量与实测结果之间的误差将会增大。为避免高次模，可选用较低介电常数的介质基片或采用悬置微带结构。与金属波导传输线相比，微带线体积小、重量轻、工作频带宽、可靠性高且制造成本低，但损耗稍大，功率容量小。微带按其结构形式可分为开放式微带、屏蔽微带和悬置微带。

微带线通常采用薄膜或厚膜技术制作，要求基片的介电常数高、微波损耗低、温度稳定性和热传导性能好、光洁度高等，常用的材料有氧化铝陶瓷、蓝宝石、石英和金红石等。导体材料要求其电导率高、温度系数低、附着力强、便于沉积、刻蚀和焊接，常用的导体材料有银、铜、金和铬。

微波滤波器 [microwave filters]　用来分离不同频率微波信号的一种器件。主要作用是抑制不需要的信号，使其不能通过滤波器，只让需要的信号通过。信号能够通过的频率范围称为通带带或通带，而信号受到很大衰减或完全被抑制的频率范围称为阻带，通带和阻带之间的分界频率称为截止频率。根据通带类型可分为低通、高通、带通、带阻和梳齿滤波器；按滤波器的频率响应可分为最大平坦 (巴特沃斯) 型、等波纹 (切比雪夫) 型及椭圆函数型等；按滤波器的构成元件则可分为有源型及无源型两类；按滤波器的制作方法和材料可分为波导滤波器、同轴线滤波器、带状线滤波器、微带滤波器。滤波器的主要指标有特征频率、带宽、插入衰减、阻尼系数与品质因数、灵敏度、群时延等。

带通滤波器 [bandpass filters]　与 "带阻滤波器" 相对。能使特定频率范围内的信号通过，而将其他频率的信号衰减至极低的滤波器。理想带通滤波器具有一个完全平坦的通带，在通带内没有增益或者衰减，而在通带外的信号则被完全衰减。

带阻滤波器 [bandstop filters]　与 "带通滤波器" 相对。能通过大多数频率分量，但将某些范围的频率分量衰减到极低水平的滤波器。带阻滤波器可由低通滤波器和高通滤波器组合得到，其中低通滤波器的截止频率应当小于高通滤波器的截止频率。带阻滤波器的带宽越窄，其品质因数越高。

高通滤波器 [highpass filters]　允许高于截止频率的信号通过，而阻止低于截止频率的信号通过的滤波器。

低通滤波器 [lowpass filters]　允许低于截止频率的信号通过，而阻止高于截止频率的信号通过的滤波器。最常用的低通滤波器有巴特沃斯型和切比雪夫型滤波器。

微波电路 [microwave circuit]　具有对微波频段信号放大、混频、探测、移相、滤波、功率分配等信号处理功能的电路。微波电路与低频电路不同之处在于整个电路的尺寸大于或与工作波长相当。因此，传递信号的传输线成为电大尺寸，信号以波的形式传播，不再遵循低频电路中的基尔霍夫电流、电压定律。微波电路在器件功能、设计、应用等方面与低频电路有显著的不同，也产生了微波电路中特有的一些电路器件。微波电路可以不同标准进行分类。按功能，分为放大电路、滤波电路、混频电路、功率分配器等。按传输线类型，分为波导电路、同轴电路、带状线电路、微带电路、共面波导电路、槽线电路、介质波导电路、鳍线电路等。按电路的三维电尺寸，可分为集总元件、一维电路 (如传输线)、二维电路 (如平面电路)、三维电路 (如金属谐振腔) 和准光电路等。按加工工艺，可分为印刷电路、混合集成电路、单片集成电路等。微波电路的主要分析设计方法包括传输线理论、史密斯圆图、散射矩阵、阻抗矩阵、$ABCD$ 矩阵等。计算机仿真设计是现今主要的微波电路设计工具，主要基于电磁场全波数值分析技术。

微波集成电路 [microwave integrated circuits] 工作在微波、毫米波波段，由微波无源器件、有源器件、传输线和互连线集成在基片上，具有某种信号处理功能的电路。可分为混合微波集成电路和单片微波集成电路。混合微波集成电路是用厚膜技术或薄膜技术将各种微波功能电路制作在适合传输微波信号的介质上，然后将分立有源元件安装在相应位置上组成微波集成电路。常用的有微带混频器、微波低噪声放大器、微波集成功率放大器、微波集成振荡器、集成相控阵单元和各种宽带电路等。单片微波集成电路是将微波功能电路用半导体工艺制作在砷化镓或其他半导体材料的芯片上的集成电路。常用的有单片微波集成低噪声放大器、单片微波功率放大器、单片微波压控振荡器和单片电视卫星接收机前端等。微波集成电路的设计、优化以及掩模生成通常大量使用到计算机辅助软件。

微波炉 [microwave ovens] 利用微波能够深入介质 (如水、脂肪、蛋白质等) 内部引起其中的极性分子高频振动而产生介质热损耗，从而对物体进行加热的设备。微波炉的主要部件有电源变压器、磁控管、波导、炉腔、旋转工作台、时间功率控制器等。微波炉具有加热效率高、速度快、加热均匀、选择性加热等优点。家用微波炉的工作频率一般为 2.45GHz。

微波参量放大器 [microwave parametric amplifier] 利用时变电抗参量实现信号低噪声放大的微波器件。它由信号频率回路、泵浦频率回路和空闲频率回路 (简称信频回路、泵频回路和闲频回路) 三部分组成。信频回路中传输功率较低的输入信号，泵频回路用以控制非线性元件，使其电容量随泵浦频率作周期变化。闲频回路用以传输功率放大后的输出信号，输出信号频率为输入信号频率与泵频率之和或差。非线性电抗元件可以是电感或电容。变容二极管参量放大电路结构简单，易于实现，且性能优越，因而应用广泛。此外，利用铁芯非线性电感线圈和电子束的非线性等也能构成参量放大器。

微波相移器 [microwave phase shifters] 用来改变微波电路中电磁波相位的器件。相移器主要有以下几种：(1) 介质相移器，在波导中置入介质片并改变其位置；(2) 铁氧体相移器，在波导中置入铁氧体并改变其磁化特性，从而达到相位改变目的；(3) 压缩波导相移器，改变波导宽边尺寸；(4) 变容二极管相移器或 PIN 二极管相移器，通过加载变容二极管或 PIN 二极管电路并改变其偏置电压。相移器的主要指标有频率特性及带宽性能、相移量、相移精度、插入损耗、电压驻波比、功率容量等。

微波光子学 [microwave photonics] 将微波与光学两门学科的优势结合起来的新兴交叉领域学科，主要研究光信号与微波频段的电信号的相互作用。例如，研究在光纤中实现微波信号的无衰减、无信道间相互干扰传输。把光学技术应用于微波系统中，利用光学系统特有的低损耗，大带宽的优势进行微波信号的传输和处理；或者把各种微波技术应用于光学系统中，促进光通信网络和系统的发展。微波光子学系统具有体积小、重量轻、成本低、损耗小、抗电磁干扰、宽带宽、低色散、高容量等优点，可广泛应用在多基地雷达、超宽带相控天线阵、高杂波抑制能力的接收机、电子战以及其他微波功能器件。

微波辐射 [microwave radiation] 微波能量通过辐射装置在空间激励电磁波并向外传播的现象。微波辐射分为天然辐射和人为辐射两种，大自然引起的如雷电一类的电磁辐射属于天然辐射，而人为电磁辐射主要包括脉冲放电、工频交变电磁场、射频电磁辐射等。

微波接收机 [microwave receivers] 用以接收微波信号的设备，广泛应用于雷达、通信等系统中。微波接收机的前端通常有滤波器、放大器和混频器等。根据应用场合不同，对微波接收机的性能要求也不同。如通信接收机要求频率可调，雷达接收机要求固定频率但可宽频带工作，电子战接收机要求带宽极宽以截获未知信号。微波接收机的主要指标有噪声特性、灵敏度、动态范围、通频带、选择性、最大增益等。

微波遥感 [microwave remote sensing] 传感器工作在微波频率利用传感器接受目标的微波辐射或反射信号从而确定目标特性的一种遥感技术。它分为主动式 (有源) 和被动式 (无源) 微波遥感，前者接收目标对遥感器发射信号的反射或散射回波，如雷达、微波散射计和微波高度计。后者接收目标本身的微波辐射，如微波辐射计。相比红外遥感和可见光遥感，微波遥感具有全天候、全天时，对冰雪、森林、土壤有穿透能力等优点。它可用于探测大地、矿藏，测定大气、海洋、土壤的成分和温度分布及监视农作物的生长等。

微波开关 [microwave switches] 可使电路开路、使电流中断或使其流到其他电路的微波元件。理想的微波开关为无损的，即微波开关闭合时，信号通过且不失真，而在开路时完全阻止信号通过。微波开关可分为机电开关和固态开关。机电开关主要依靠机械接触实现开关。固态开关主要利用场效应管和 PIN 二极管实现开关。微波开关的指标主要有插入损耗与隔离度、开关时间、功率容量、电压驻波比、重复能力好、工作寿命等。

微波晶体管 [microwave transistors] 在微波波段工作的晶体管。是以半导体材料为基础的固体微波元件，是现代射频和微波系统中的关键器件之一。按结构分类，微波晶体管可分为双极型晶体管和场效应晶体管。按功能分类，微波晶体管包括微波低噪声晶体管和微波大功率晶体管。微波低噪声晶体管主要用于微波通信、卫星通信、雷达、电子对抗以及遥测、遥控系统中的接收机前置放大器。微波晶体管的噪声越低，接收机的灵敏度越高，这些系统的作用距离越大。微波功率晶体管可在微波频率下可靠地输出几百毫瓦至几十瓦的射频功率。这就要求晶体管在微波频率下具有良好的功率增益和效率。高频率和大功率是矛盾的，故微波功率晶体管的设计须从器件结构、物理参数、电学性能和热传导等各方面综合考虑。

微波管 [microwave tubes] 微波电子管。工作在微波波段用以产生或放大电磁辐射的真空电子器件。微波电子管主要包括三类原理上不同的器件：静电控制微波电子管 (在静电控制电子管基础上发展出来的微波三极管与四极管)、普通微波管 (磁控管、速调管、行波管、正交场放大管) 和新原理微波管 (如回旋管)。微波电子管存在体积大、功耗大、发热量大、电源利用效率低、结构脆弱而且需要高压电源等缺点，现在它的绝大部分用途已经基本被固体器件晶体管所取代。但是微波电子管负载能力强，线性性能优于晶体管，在高频大功率领域的工作特性要比晶体管更好，所以仍然在一些应用中继续发挥着不可替代的作用。它的应用领域有雷达、微波中继通信、卫星通信、地面电视广播、卫星电视广播、导航、能量传输、工业和民用加热、科学研究等。

模式匹配方法 [mode-matching methods] 一种用不同模式对未知的电磁场近似展开的基于场理论的数值计算方法。模式匹配法将计算区域划分成不同的区域，并把每个区域的场用模式的叠加表示出来，在连接处，利用场的连续性和匹配，可以建立起各区域之间的联立方程，从而求得场的分布。

微波单片集成电路 [monolithic microwave integrated circuits，MMICs] 采用平面技术，将元器件、传输线、互连线等直接制作在半导体基片上的微波集成电路。砷化镓是最常用的半导体基片材料，另外也常用硅、蓝宝石和铟磷。微波单片集成电路中的传输线或者其他导体通常由镀金膜制成。微波单片集成电路具有体积小、重量轻等优点，与分立封装的微波器件相比，寄生电抗较小，所以与混合集成电路相比通常带宽更宽。

多层微波电路 [multilayer microwave circuits] 将几个单层微波电路叠加在一起，层与层之间以金属化过孔实现微波或直流电路垂直互联的电路。这种多层结构与常规的平面微波电路相比较，其优点表现在体积小，结构紧凑，适合制作微波功能模块，电磁兼容性与自身去耦性能好，效率高，可靠性强。多层微波电路常用于设计和制作定向耦合器、

巴伦、小型化高性能滤波器、功率分配器以及各种传输线。

多路复用器 [multiplexers] 又称数据选择器。一种应用于通信系统中对多个信号输入进行选择输出的器件。在输入信号通过多路复用器时，只有一路信号被选择输出。多路复用器为多输入–单输出转换的器件，实现了在单个器件或通信线路中传输多种信号，有效提高了器件及资源的利用率。多路复用器广泛应用于卫星通信、无线通信以及电子战系统中。

互耦 [mutual coupling] 天线阵中阵元之间的相互作用改变阵元独立工作时的电流分布的现象。互耦作用改变了各个阵元上的电流幅度、相位分布。造成互耦现象的主要原因有天线阵阵元之间的直接耦合、近旁物体诸如支撑塔的散射产生的间接耦合、连接天线阵阵元的馈电网络等。天线阵的方向图、增益和极化都会受到互耦的影响。

互阻抗 [mutual impedance] 在其他端口都开路时，天线阵中任意两阵元的两对端口间的互阻抗。互阻抗由互耦作用引起。阵元的输入阻抗依赖于互阻抗及端口负载。

近远场转换 [near-far-field transformation] 在已知近场的情况下求远场分布的一种电磁计算方法。一般取散射体或辐射体表面外的一个完全包围散射体或辐射体的具有简单形状的虚设表面，由虚设表面上的等效电流、磁流计算出远区场分布。由于虚设表面取规则表面，这将大大简化计算，且虚设表面的设置不依赖于实际散射体或辐射体的形状，使得计算远场的算法具有较好的通用性。

近场图 [near-field patterns] 在近场区域测量得到的场密度 (场图) 或能流密度 (能流图) 关于角度和距离的函数。通常由两个互相垂直面上的电场分布图和磁场分布图组成。

负折射率材料 [negative-refraction-index materials] 折射率小于零的材料。负折射率材料通常由具有双负参量 (负介电常数、负磁导率) 的介质构成。此外，一些手征介质和光子晶体材料也可以实现等效的负折射率现象。负折射率材料还具有诸多奇异的物理性质，如逆切连科夫效应、电磁波相位传播方向与能流密度方向相反、完美成像、逆古斯汉欣位移、逆多普勒效应等。

左手材料 [left-handed materials] 介电常数和磁导率同时为负值的材料。电磁波在左手材料中传播时，波矢量、电场、磁场之间的关系符合左手螺旋法则，故而得名。左手材料的概念最早于 1967 年由苏联物理学家 Veselago 提出，英国物理学家 Pendry 等在 1998—1999 年设计了巧妙的电磁结构实现等效的负介电系数与负磁导率。2001 年，David Smith 等设计制备了微波波段具有负介电常数、负磁导率的结构，从而实验验证了左手材料的存在。左手材料具有许多奇异的物理性质，如负折射率、负相速度、完美成像、逆古斯

汉欣位移、逆多普勒效应、逆切连科夫辐射等。

负磁导率材料 [negative permeability materials] 磁导率为负数的材料。普通材料的磁导率一般为正数，只有在极少情况下磁性材料的磁导率会表现为负值。利用周期排列、尺寸远小于波长的单元结构构成的人工电磁材料可以实现等效磁导率为负数的材料。

负介电常数材料 [negative permittivity materials] 介电常数为负数的材料。普通材料的介电常数一般为正数，某些金属材料在光波段的介电常数可为负值。利用周期排列、尺寸远小于波长的单元结构构成的人工电磁材料可以实现等效介电常数为负数的材料。

负阻 [negative resistance] 在某些电子电路和器件中，当器件两端的电压增加时其中流过的电流减小的现象。负阻通常指动态特性 $\frac{\mathrm{d}V}{\mathrm{d}I}$ 为负数的电阻。

网络分析仪 [network analyzers] 测量多端口网络的散射矩阵参量的一种仪器。以逐个频点扫描的方式给出各散射参量的幅度、相位的频率特性。在超高频波段的网络分析仪常配以电子计算机而构成自动网络分析仪，能对测量结果逐点进行误差修正，并换算反演出其他各种网络参量和性能参数，如输入和输出阻抗、输入和输出反射系数、驻波比、相移和时延等特性。

旋光性 [optical activity] 物质对穿过其中的电磁波的极化特性的改变能力，能使电磁波极化方向旋转的性能。某些物质溶液具有旋光性，由于存在不对称碳原子或整个分子不对称，这种不对称性使这类物质对偏振光平面有不同的折射率，因此表现出向左或向右的旋光性。利用旋光性可以对物质 (如某些糖类) 进行定性或定量分析。具有旋光性的物质叫作旋光性物质或光活性物质。

过尺寸波导 [oversize waveguides] 通过增大波导尺寸来提高波导的传输功率和降低传输损耗的一类波导。波导尺寸的增大可以提高功率容量也可以减小波导的衰减。

平行平板波导 [parallel-plate waveguides] 由两个平行的导体平板或者条带组成的一类波导。支持 TEM 模式的电磁波传输。条带的宽度通常假设远大于它们之间的间距，因此其边缘效应可以被忽略，中间可填充不同介电常数的材料。

周期结构波导 [periodic waveguides] 周期性加载无限薄结构的一类波导。周期结构波导常用于微波管中，例如行波放大器、反向波放大器以及微波射频滤波器等。分析这类结构的方法与传统的电磁波在晶格中传播的分析方法类似，可以采用 Floquet 理论来进行分析。

穿透深度 [penetration depth] 电磁波渗透进某种材料的深度。具体定义为电磁波在材料中衰减到表面上幅值的 1/e(大约 37%) 时对应的深度。对于给定的材料，穿透深度通常还取决于电磁波的波长。

相移常数 [phase constant] 传播常数的虚部，表示电磁波通过单位传输路径相位滞后的弧度值。常用 β 表示。

相移器 [phase shifter] 又称移相器。可对微波信号的相位进行调节的微波器件。在相控阵天线、相位鉴别器、功率分配器、线性功率放大器等微波器件中有重要的应用。铁氧体、PIN 管、双极结型晶体管、场效应管都可以构成相移器。

相速度 [phase velocity] 电磁波等相位面的传播速度。通常以 V_p 表示：$V_\mathrm{p} = \frac{\omega}{k}$，式中 ω 表示电磁波的角频率，k 表示波数。在自由空间和无介质填充的同轴传输线中传播的电磁波，相速等于自由空间中的光速。在波导中相速大于光速；在电磁慢波电路中相速远小于光速。

相控阵雷达 [phased array radar] 利用相控阵天线实现电子扫描的雷达。由大量排成阵列的辐射单元构成的相控阵天线，通过改变各单元的馈电相位可改变天线的方向图形状和指向，在天线口径不动时实现电子扫描。相控阵雷达可根据目标性质和分布自适应地选择工作方式和参数，一部相控阵雷达可同时完成多种功能，如对多目标的搜索、跟踪、制导等。相控阵雷达具有扫描速度快、多功能、高数据率和多目标处理能力等特性。

PIN 二极管 [PIN diodes] 在普通二极管的 pn 结的 p 和 n 层之间增加了一低掺杂的本征半导体薄层的半导体器件。因为有本征层的存在，使得 PIN 二极管表现出与传统 pn 结二极管不同的特性。PIN 管对高频信号呈现稳定的低电阻，一般接近 1Ω。而反向偏置时，由于本征层的存在，PIN 管的结电容较小，因此容抗大，接近于开路 (可以到 $100\mathrm{k}\Omega$)。PIN 二极管从低频到高频应用很广泛，主要用在微波领域，如微波开关、移相、调制、限幅、微波保护电路等，也有在光波段用作光电二极管。

平面传输线 [planar transmission lines] 具有平面结构的微波传输线。三种基本的平面传输线分别是带状线、微带线和槽线。平面传输线可实现多种不同的微波电路功能，从而使微波电路、微波天线二维小型化。平面传输线的特性参数包括等效介电常数、特性阻抗、色散、损耗、工作频带等。

等离子频率 [plasma frequency] 在等离子体中，当偏离平衡位置时会出现静电恢复力而形成振荡，称为等离子振荡。其振荡频率称为等离子频率。等离子频率是表征介质等离子体特性的一个物理量，反映等离子体中的电子对电场扰动响应的快慢。等离子频率记为 ω_p

$$\omega_\mathrm{p} = \left(\frac{Ne^2}{m\varepsilon_0}\right)^{1/2}$$

其中 N 表示自由电子密度，e 和 m 分别为电子的电荷和质量。

极化 [polarization]   表征均匀平面波的电场矢量 (或磁场矢量) 在空间指向变化的性质,通过一给定点上正弦波的电场矢量末端的轨迹来具体说明。光学上称之为偏振。按电场矢量轨迹的特点它可分为线极化、圆极化和椭圆极化三种。在电磁场和物质相互作用的过程中,场的极化方向有着非常大的影响。在信道中极化方向正交的波可以相互独立、彼此互不干扰地传递信息。

极化电磁波 [polarized electromagnetic waves] 电场强度的取向和幅值随时间的变化具有确定规律的电磁波。极化电磁波又可以分为完全极化和部分极化两类。完全极化电磁波的极化状态由电场正交分量的相对相位和振幅决定。部分极化电磁波的极化状态则会随着时间变化随机的改变。这种电磁波的极化特性需要统计学的方式来进行描述。当其电场的正交分量间的相关系数为零时,则为完全不极化波。

左旋椭圆极化 [left-handed elliptically polarization]   电磁波传播的每一周期内,电场矢量端点的轨迹在垂直于传播方向平面上的投影是一个椭圆,并且顺着传播方向看,电场矢量旋转方向是逆时针 (符合左手螺旋关系) 的极化电磁波。

右旋椭圆极化 [right-handed elliptically polarization]   电磁波传播的每一周期内,电场矢量端点的轨迹在垂直于传播方向平面上的投影是一个椭圆,并且顺着传播方向看,电场矢量旋转方向是顺时针 (符合右手螺旋关系) 的极化电磁波。

左旋圆极化波 [left-handed polarized waves]   电磁波传播的每一周期内,电场矢量端点的轨迹在垂直于传播方向平面上的投影是一个圆,并且顺着传播方向看,电场矢量旋转方向是逆时针 (符合左手螺旋关系) 的极化电磁波。

右旋圆极化波 [right-handed polarized waves] 电磁波传播的每一周期内,电场矢量端点的轨迹在垂直于传播方向平面上的投影是一个圆,并且顺着传播方向看,电场矢量旋转方向是顺时针 (符合右手螺旋关系) 的极化电磁波。

微波功率放大器 [microwave power amplifiers] 对微波信号进行放大的一种器件。与普通放大器放大小信号不同,微波功率放大器主要特征就是保证一定水平的功率输出。一方面微波功率放大器依赖于有源设备的支持,另一方面当工作于大信号模式下时,则会产生非线性。放大特性出现非线性时,多个微波信号之间将出现交叉调制谐波,最靠近有用信号的杂波分量,将造成话路串扰、误码率增加。

功率合成器 [power combiners]   利用多个功率放大电路同时对输入信号进行放大,然后设法将各个功放的输出信号相加,得到总输出功率远远大于单个功放电路输出功率的器件。

功率分配器 [power dividers]   一种将一路输入信号能量分成两路或者多路,输出相等或者不相等能量的器件。各输出端口之间应保证一定的隔离度。功率分配器的主要技术参数有功率损耗、各端口的电压驻波比、功率分配端口间的隔离度、幅度平衡度、相位平衡度、功率容量和频带宽度等。

传播常数 [propagation constant]   衡量电磁波沿传播方向传播过程中振幅和相位的变化特性的物理量。考虑沿 x 方向传播平面波的电场矢量,可表示为 $E = E_0 e^{-jkx}$,k 即为传播常数。一般为复数形式 $k = \alpha - j\beta$,β、α 皆为实数,β 为相移常数,表示电磁波在传播过程中相位随传播距离的变化特性;α 为衰减常数,表示电磁波在传播过程中振幅随传播距离的衰减特性。

脉冲雷达 [pulse radar]   通过发射和接收电磁波脉冲来探测目标的雷达。脉冲雷达的基本原理是向目标发出一个短促的电磁波脉冲,通过记录对应回波获得目标的距离、方位等性质。

准光电路 [quasi-optical circuits]   针对微波、毫米波波段设计的控制电磁波波束的电路系统。准光电路输入输出信号为电磁波束,类似于光学系统。准光电路所使用的元件也与光学中类似,如透镜、反射镜、偏振器等。另外,功率发生器、放大器、混频器、相移器等微波电路系统也可以采用准光电路技术来设计。

雷达 [radar]   英文 radar 的音译,源于 radio detection and ranging 的缩写,意思为 "无线电探测和测距",即利用电磁波探测目标空间位置的电子设备。雷达发射电磁波对目标进行照射并接收其回波,由此获得目标至电磁波发射点的距离、距离变化率 (速度)、方位、高度等信息。雷达探测目标包括飞机、轮船、宇宙飞船、导弹、机动车辆、气候和地形等。雷达的概念在 20 世纪初就被科学家提出,在第二次世界大战 (简称 "二战") 中得到极大发展。"二战" 以后,雷达发展了单脉冲角度跟踪、脉冲多普勒信号处理、合成孔径和脉冲压缩的高分辨率、结合敌我识别的组合系统、结合计算机的自动火控系统、地形回避和地形跟随、无源或有源的相位阵列、频率捷变、多目标探测与跟踪等新的雷达体制。随着微电子等各个领域科学进步,雷达技术不断发展,探测手段已经由无线电波发展到了红外光、紫外光、激光以及其他光学探测手段融合协作。雷达系统一般包括发射机、发射天线、接收机、接收天线、处理部分以及显示器。还有电源设备、数据录取设备、抗干扰设备等辅助设备。雷达的优点是不受雾、云和雨的阻挡,具有全天候、全天时的特点,并有一定的穿透能力。因此,它不仅成为军事上必不可少的电子装备,而且广泛应用于社会经济发展 (如气象预报、资源探测、环境监测等) 和科学研究 (天体研究、大气物理、电离层结构研究等)。

雷达吸波材料 [radar absorbing materials]   能有效吸收入射电磁波,使目标回波强度显著衰减的功能材料。吸波的原理主要是将入射电磁波转化为热能。吸波材料的吸波性能通常取决于材料的介电常数、磁导率、响应频率及厚度等因素。

雷达散射截面 [radar cross section，RCS] 表征目标在雷达波照射下所产生回波强度的一个等效参量是雷达隐身技术中最关键的概念。它将实际目标等效为一个垂直于电波入射方向的截面积，当它把所截获的雷达照射功率向各方向均匀散射时，在接收天线方向的功率密度恰好与目标所产生的相同。其数学定义为

$$4\pi R^2 \times \frac{\text{目标在接收天线处单位面积上的散射功率}}{\text{雷达在目标处单位面积上的照射功率}}$$

R 为雷达至目标的距离。雷达散射截面既与目标的形状、尺寸、结构及组成材料有关，也与入射电磁波的频率、极化方式和入射角等有关。目标的雷达散射截面不是一个单值，对于不同视角、不同的雷达频率等都对应不同的雷达散射截面。

单站雷达散射截面 [monostatic radar cross-section] 针对单站雷达定义的雷达散射散截面。对于电大尺寸表面光滑的金属目标，由于电磁波的镜面反射，除了在电磁波垂直入射的情况下，单站雷达的散射界面通常会非常小。

双站雷达散射截面 [bistatic radar cross-section] 针对双站雷达定义的雷达散射截面。双站雷达的发射天线和接收天线处在不同位置，因此相比单站雷达，可以获得更大的目标雷达散射截面。

雷达方程 [radar equation] 表示雷达最大作用距离和雷达工作参数的关系式。典型的雷达方程为

$$R_{\max} = \left[\frac{P_t G_t G_r \sigma \lambda^2 F_t^2 F_r^2}{(4\pi)^3 (S/N)_{\min} kT_S B_n L} \right]^{3/4}$$

式中，P_t 为发射功率，G_t 和 G_r 分别为发射和接收天线的增益，σ 为目标散射截面，λ 为工作波长，F_t 和 F_r 为目标与发射和接收天线之间的方向图传播因子，$(S/N)_{\min}$ 为最小检测信噪比，k 为玻尔兹曼常量，T_S 为系统噪声温度，B_n 为接收机噪声带宽，L 为总损耗系数。

雷达遥感 [radar remote sensing] 用雷达来探测、接收被测物体的电磁波散射特性，以识别远距离物体的遥感技术。雷达遥感是微波遥感中的有源遥感分支，属于主动式遥感方式。

辐射效率 [radiation efficiency] 天线总辐射功率 P_r 与总输入功率 P_{in} 之比值，即 $\eta = P_r/P_{in}$。天线的输入功率除大部分转化为辐射功率外，还有一部分功率损耗在天线上。

辐射电阻 [radiation resistance] 当流过该电阻的电流等于天线输入端电流时，消耗的功率就等于天线的辐射功率的等效电阻。辐射电阻的大小与天线的尺寸、形状及工作波长有关。

射电天文学 [radio astronomy] 又称无线电天文学。以无线电接收技术为手段，通过观测天体和星际物质所发射或反射的无线电波来研究天文问题的学科，是 20 世纪40 年代产生的一个天文学分支。它与光学天文学相比有如下优点：(1) 无线电波可以通过可见光波所不能透过的尘埃和气体，因此利用无线电波不但可以不分晴雨、昼夜进行观测，而且还能达到更远的空间，扩大天文观测范围；(2) 某些物质在一定状态下只产生无线电波而不发光，这就使得射电天文学可以研究宇宙空间里靠光学方法所不能观察到的现象。所以，它对人们进一步认识宇宙有重要意义。

无线电定向 [radio direction finding] 测量无线电波入射方向的一种技术。根据接收器接收到的无线电波，判断出该无线电波的入射方向。

辐射计 [radiometers] 又称放射计。测量电磁辐射通量的装置。辐射计有时特指红外辐射检测计，有时指检测其他各种波长电磁辐射的检测计。辐射计的主要性能特性包括光谱特性、余弦特性和非线性等。

辐射计量学 [radiometry] 研究各种电磁辐射强弱的学科分支。其最基本的物理量是辐射通量，表示单位时间内通过某一面积的所有电磁辐射 (包括红外、紫外和可见光等) 总功率的度量。

光载无线电系统 [radio over fiber (RoF) systems] 将无线电信号调制在光纤上传输的一种系统。先将无线电信号转换成光信号，通过光纤将光信号传输到终端，然后再将光信号转换成无线电信号，再利用合适的带通滤波器将无线电信号分配给不同的无线电设备。

雷达罩 [radome] 用来保护雷达系统免受任何形式的损伤和破坏，同时又为该系统提供电磁透明窗口的装置。雷达罩技术是涉及空气动力学、电磁场理论、材料科学、结构设计及工艺技术等学科的系统工程。

瑞利散射 [Rayleigh scattering] 又称分子散射。一种光学现象，属于散射的一种情况粒子尺度远小于入射光波长时 (小于波长的十分之一)，其各方向上的散射光强度不同，散射的光线在光线前进方向和反方向上的程度是相同的，而在与入射光线垂直的方向上程度最低。散射光强度与入射光的波长四次方成反比，短波长的光会受到更强烈的散射，这种现象称为瑞利散射。瑞利散射规律由英国物理学家瑞利勋爵 (Lord Rayleigh) 于 1900 年发现，因此得名。

矩形波导 [rectangular waveguides] 通常由金属材料 (铜、铝等) 制成，截面为矩形、内部填充空气或介质的规则金属波导管称为矩形金属波导。

整流天线 [rectennas] 可实现整流作用的天线，是一种能将接收的微波能量转化成直流能量的天线。

反射系数 [reflection coefficient] 传输线上波的反

射情况的量度。传输线上某一点的反射系数可定义为该点的反射波电压 $U^-(z)$(电流 $I^-(z)$) 与入射波电压 $U^+(z)$(电流 $I^+(z)$) 的比值，即

$$\Gamma_V(z) = \frac{U^-(z)}{U^+(z)}, \quad \Gamma_I(z) = \frac{I^-(z)}{I^+(z)}$$

Γ_V 称为电压反射系数，Γ_I 称为电流反射系数，$\Gamma_I(z) = -\Gamma_V(z)$，两者大小相等，相位相反，因此通常以电压反射系数 Γ_V 为反射系数。

反射计 [reflectometers]　测量传输系统中反射波与入射波场强比值的仪器。

反射器 [reflectors]　利用电磁波反射原理，将入射波反射到需要方向上的装置。

折射 [refraction]　当光从一种介质斜入射到另一种具有不同折射率的介质时，由于光波速度的差异，使光波的传播方向发生改变，这种现象称为光的折射。光在发生折射时入射角与折射角符合斯涅耳定律。

反向 (倒向) 系统 [retrodirective systems]　一种反射电磁波的系统，能使入射电磁波沿反向平行的方向反射。

回波损耗 [return losses]　当传输线与负载阻抗不匹配或者传输线存在不连续时会产生反射，由这种反射所引起的损耗称为回波损耗。

卫星通信 [satellite communications]　地球上 (包括地面和低层大气中) 的无线电通信站间利用卫星作为中继而进行的通信。卫星通信系统由卫星和地球站两部分组成。卫星通信的特点是：通信范围大；只要在卫星发射的电波所覆盖的范围内，从任何两点之间都可进行通信；不易受陆地灾害的影响 (可靠性高)；只要设置地球站即可进行通信；同时可在多处接收，能经济地实现广播、多址通信 (多址特点)；电路设置非常灵活，可随时分散过于集中的话务量；同一信道可用于不同方向或不同区间 (多址联接)。因为微波能穿透电离层，所以卫星通信采用微波作为载波，常用的频段为：上行 5.925～6.425GHz、下行 3.7～4.2GHz(C 波段)。目前还发展上行 14.0～14.5GHz、下行 11.7～12.2GHz(Ku 波段)。为了保证卫星对地面站相对静止，故卫星一般采用运转速度与地球自转速度相同的同步卫星，其轨道在赤道上空约 35800 公里处，如卫星天线的波束宽度为 $17°\sim18°$，它就可覆盖 1/3 地面，所以三颗同步卫星即可实现全球通信。卫星通信的优点是通信距离远、覆盖面广、不受地理条件限制、容量大、可靠性高、成本与通信距离无关等。

卫星电视广播 [satellite television broadcasting]　通过卫星通信信道传输电视信号的一种电视广播系统。在地面站将电视信号调制到载波上，定向发射给卫星 (上行)，卫星上的转发器将它转换成另一载波 (下行载波) 并以一定波束宽度定向转发到地面卫星接收机。为使这种传输及广播稳定运行，卫星与地面站的位置必须相对静止，即要求卫星的运行与地球自转同步。卫星电视广播与地面广播及有线电视广播相比可以提供更为有效的覆盖手段。

散射系数 [scattering coefficient]　用来描述各散射元对辐射通量散射强弱的一个等效参数。当研究的目标具有非常大面积时，需要用散射系数这个量来描述目标物体对入射波的统计平均散射强弱 (要求入射波束宽度比目标物体小)。散射系数可表示为

$$\sigma^0 = \frac{\langle \sigma_r \rangle}{A_0}$$

其中，"$\langle \ \rangle$"代表总的平均值，σ_r 是每个小目标物体的雷达散射截面，A_0 是目标物体的被照射面积。除以 A_0 是为了使散射系数不依赖于入射波束宽度，因此反应了目标单位表面积的平均雷达散射截面。当研究的目标比入射波束宽度小时，可用雷达散射截面这个量来描述目标物体对入射波的散射强弱。

散射矩阵 [scattering matrix]　表征电路网络特性的参量之一。在 n 端口线性电路网络中，描述各端口入射电压波 a 与反射电压波 b 之间的关系为 $[b]=[S][a]$，其中

$$[S] = \begin{bmatrix} S_{11} & S_{12} & \cdots & S_{1n} \\ S_{21} & S_{22} & \cdots & S_{2n} \\ S_{n1} & S_{n2} & \cdots & S_{nn} \end{bmatrix}$$

称为散射矩阵，各矩阵元素 S_{ij} 称为散射参量。散射矩阵的优点是在微波电路网络中便于测量，且有

$$S_{jj} = \frac{b_j}{a_j}\Bigg|_{\substack{a_i = 0 (i \neq j) \\ a_j \neq 0}}, \quad S_{ij} = \frac{b_i}{a_j}\Bigg|_{\substack{a_i = 0 (i \neq j) \\ a_j \neq 0}}$$

S_{jj} 和 S_{ij} 分别表示除第 j 端口接信号源外其余端口全部接匹配负载时，第 j 端口的电压反射系数和从第 j 端口到第 i 端口的电压传输系数。

半钢电缆 [semirigid cables]　一种类型的传输线 (电缆)。这种传输线可以弯曲一定的角度，但弯曲后不易恢复到原先的形状。它有较强的抗外界干扰能力和较小的传输损耗。

测量线 [slotted line]　用于测量微波波段电压驻波沿传输线分布的仪器。它由开槽线段、检测探头、传动机构和位置测量装置等组成。通过在开槽线段中移动探针检取不同位置上的入射波和反射波的合成电压，确定沿传输线的驻波分布，从而可计算出驻波比、导波波长、阻抗、反射系数和透射系数等，它是最基本的微波测量仪器之一。

槽线 [slotlines]　一种平面传输线结构。是由在介质基片的金属敷层上刻一条窄的缝隙所构成，在介质基片的另一面没有导体层覆盖。

慢波结构 [slow wave structures]　一种类型的波导或者其他传输线结构，所传输电磁波波的相速度小于某一个参考值，例如小于真空中光波的相速度。

史密斯圆图 [Smith chart]　在反射系散平面上标绘有归一化输入阻抗 (或导纳) 等值圆族的用于计算均匀传输线问题的一种曲线坐标图。该图表由 Phillip Smith 于 1939 年发明。它由一组归一化阻抗的实部和虚部的等值曲线簇和一组反射系数模值和幅角的等值曲线簇组成，根据阻抗与反射系数的关系 $z = \dfrac{1+\Gamma}{1-\Gamma}$ 或 $\Gamma = \dfrac{z-1}{z+1}$，可将两组曲线叠画在一起。利用圆图可以方便地对传输线某处的输入阻抗和反射系数进行换算，了解输入阻抗及反射系数沿传输线的分布情况，确定波腹、波节点的位置以及求解阻抗匹配问题等，用途十分广泛。

斯涅尔定律 [Snell's law]　又称折射定律。描述光的折射规律的定律。当光波从一种介质入射到另一种具有不同折射率的介质时，入射光会在两种介质交界平面上发生反射和折射。其中入射光和折射光位于同一个平面上，并且与交界面法线的夹角满足 $n_1\sin\theta_1 = n_2\sin\theta_2$ 的关系，这里 n_1 和 n_2 分别代表两种介质的折射率，θ_1 和 θ_2 分别是入射光和折射光与交界面法线的夹角，分别叫作入射角和折射角。

软件无线电 [software-defined radio]　一种无线电广播通信技术，基于软件定义的无线通信协议而非通过硬连线实现。即利用现代化软件来操纵、控制传统的 "纯硬件电路" 的无线通信技术。

S 参数 [S parameters]　又称散射参数。是建立在入射波、反射波关系基础上的网络参数，是多端口网络系统的参数表示，属于频域特性参数。S 参数可由两个复数之比定义，它包含有关信号的幅度和相位信息。在多端口网络中，S_{ij} 代表的是信号从 j 端口注入，其余所有端口匹配时，在 i 端口测得的信号与 j 端口入射信号的复数比值，模代表幅度比，幅角代表相位差。S 参数可以直接用网络分析仪测量得到，能够反映被测设备在输入信号下的端口响应，评估被测设备反射和传输信号的性能。

散射参数 [scattering parameters]　即 S 参数。

合成孔径雷达 [synthetic aperture radar]　又称合成口径雷达、合成开口雷达、综合孔径雷达。是利用雷达与目标的相对运动把尺寸较小的真实天线孔径用数据处理的方法合成为较大的等效天线孔径的雷达。合成孔径雷达的特点是分辨率高，能全天候工作，能有效地识别伪装和穿透掩盖物。

镜面反射 [specular scattering]　反射波有确定方向的反射；其反射波的方向与反射平面的法线夹角 (反射角)，与入射波方向与该反射平面法线的夹角 (入射角) 相等，且入射波、反射波，及平面法线同处于一个平面内。

驻波 [standing wave]　频率相同、传输方向相反的两种电波，沿传输线形成的一种分布状态。其中的一个波一般是另一个波的反射波。在两者电压 (或电流) 相加的点形成波腹，在两者电压 (或电流) 相减的点形成波节。在波形上，波节和波腹的位置始终是不变的，但它的瞬时值是随时间而简谐振荡的。若两波幅值相等，则波节的幅值为零。

驻波比 [standing-wave ratio]　简称 SWR 比值。驻波幅度的最大值和最小值之比。它是波停留状态的量度，其倒数为行波系数，表示波行进的状态。驻波比也是匹配程度的量度，一般用在无线电通信中用来表征系统与馈线是否匹配。如果 SWR 的值等于 1，则表示馈线传输给系统的电磁波无任何反射地耦合到系统；如果 SWR 值大于 1，则表示有一部分电磁波被反射回来。

隐身技术 [stealth technology]　又称低可探测技术 (low observable technology)。军事战略和电子对抗技术的一个分支。它是使飞机、舰船、潜艇、导弹、卫星等武器目标不易被雷达、红外、声呐等探测设备发现的技术的总称。雷达隐身技术主要是通过目标的外形设计，使得目标能够将雷达发射的电磁波反射到其他方向以降低雷达回波信号的强度，从而降低目标的雷达散射截面。另一个常用方法是在目标表面涂覆吸波材料，通过电磁热损耗降低反射电磁波的强度达到减小目标散射截面的目的。其他的隐身技术还包括声隐身、可见光隐身、红外隐身等。声隐身主要采用减震器、声吸收材料，或优化声源机械结构等方法降低目标运行中产生的噪声，常见于隐蔽潜艇和地面交通工具。可见光隐身则常用保护色或迷彩伪装达到隐身目的。红外隐身的任务是降低飞机或导弹尾焰的红外能量特征，躲避红外传感器的探测。主要方法是改变喷气口形状、位置和降低尾焰温度。隐身技术不仅需要减小目标对探测源发射信号的反射，同时还需要尽量减小自身的电磁波、红外、可见光及运行噪声辐射，以躲避被动探测源。

隐身天线 [stealth antennas]　具有低可探测性能 (low observable) 的天线，一般利用隐身技术改变自身的可探测信息特征，最大程度地降低对方探测系统发现自身的概率。

带状线 [striplines]　由在同一平面的两块接地板与中间的矩形导体带条构成的一种传输线。

表面电阻 [surface resistance]　又称表面比电阻。它代表电介质表面正方形区域两对边之间的电阻，单位是欧姆。表面电阻的大小除取决于电介质的结构和组成外，还与电压、温度、表面状况、处理条件和环境湿度等有关。

表面波波导 [surface waveguide]　一种用于定向引导表面波的结构。它能将所引导的电磁波能量约束在表面结构的周围，沿着结构表面法线方向电磁波幅度呈指数衰减。

监视雷达 [surveillance radar]　在给定的地区或空域内，以一定的数据率连续探测本区域内所有目标的雷达称为监视雷达。它用以监视目标的活动情况，主要包括警戒雷达、引导雷达、低空雷达、目标指示雷达、航空监视雷达和场面监视雷达等。

片上系统 [system-on-chip，SoC] 又称系统级芯片。在单个芯片上集成一个完整的系统。所谓完整的系统，一般包括中央处理器 (CPU)、存储器以及外围电路等。

电视天线 [television antennas] 电视机中用于接收电视信号电磁波的器件。

时域电磁学 [time-domain electromagnetics] 在时间域研究电磁学。其优势在于电磁场是以时间为独立变量，能够在一定的频带内研究电、磁相互作用及其规律。它与频域电磁学一起构成电磁学描述方法的两个类别。

时域反射计 [time-domain reflectometers，TDR] 利用时域反射的原理进行特性阻抗测量的仪器。它是最常用的测量传输线特征阻抗的仪器，包括三部分：快沿信号发生器，采样示波器，探头系统。它不仅可以用来测量传输线的特征阻抗，还可以帮助定位断路点或短路点的具体位置。

T 接头 [T-junctions] 又称三通接头。一种将分支波导与主波导垂直相交后按 T 形结构排布连接的波导组合接头，属于三端口网络。T 接头是诸如串/并联短截线滤波器、分支波导耦合器等微波网络的重要组成部分。

收发机 [transceivers] 利用电磁辐射进行无线即时通信的移动通信设备，包括发射机和接收机。它是一种基于信息定向传输的无线电系统，一般有三种类型：单工、半双工和全双工系统。

传输线 [transmission line] 能够传送电磁波信号和能量的导波结构和系统。在微波或更高频率，它的长度与工作波长可比拟或者更长，因此传输线上信号是以波的形式传播。在微波技术中，传输线通常用来特指以 TEM 波工作的传输线，它包括平行双线、同轴线、带状线，以及以准 TEM 波工作的微带线等。对传输线的基本要求有：(1) 传输损耗小、效率高；(2) 工作频带宽，以保证信号无畸变；(3) 功率容量大；(4) 驻波比小；(5) 物理、机械性能好，工作稳定可靠，不受外界影响。这类 TEM 传输线中电场和磁场分布在横截面上，而在传播方向上没有电磁场分量，可以用分布电容电感等参数的电路模型来描述，并且可以定义电压、电流、特性阻抗并用电路理论进行分析。然而，传输线上的电磁能量是波动形式传播的，遇到阻抗不匹配处会有反射，透射等波动现象。此外，传输线有时还指金属波导，介质波导，光波导等单导体传输线。它们支持 TE 或 TM 模式，并具有一定的截止频率。只有工作频率大于截止频率时才能传播电磁波。

传输线矩阵方法 [transmission line matrix (TLM) method] 基于对电磁波与传输线网络之间的类比分析，形成的对复杂三维电磁结构进行计算的方法。它通过建立空间中电场与磁场和传输线网络中电压与电流的等效关系，将场在空间域的传播问题等效为离散时间域的电压与电流波在传输线网络中的传播问题。该方法是一套完整的时域电磁场辐射、散射研究方法，它被成功地应用于微波电路的模拟，以及处理光学、机械学、热学和声学等问题。

横电磁波 [transverse electromagnetic wave] 又称 TEM 波。电场与磁场矢量都与传播方向垂直的导行电磁波。它具有以下特性：在波阵面上场强处处相等；电场与磁场相位相同；电场与磁场始终垂直；相速度等于周围介质中的光速。横电磁波在横截面上的场分量满足拉普拉斯方程，因此其电磁场与静态场中相同边界条件下的场分布相同。传输 TEM 波必须要有两个以上的导体，例如双线传输线、同轴线等。

横电波 [transverse electric wave] 又称 TEM 波。电场矢量与传播方向垂直，在传播方向上只有磁场分量而无电场分量的导行波。

横磁波 [transverse magnetic wave] 又称 TM 波。磁场矢量与传播方向垂直，在传播方向上只有电场分量而无磁场分量的导行波。

行波 [travelling wave] 又称前进波。电磁场的空间分布形态随着时间的推移保持振幅不变地向一定的方向行进所形成的、向无限远处传播的波。

行波管 [travelling wave tube] 利用电子流与沿慢波系统行进的电磁波之间连续相互作用而放大超高频电磁波的电子管。它主要由电子枪、慢波系统和收集极等部分组成。其特点是工作频带宽、噪声低、适宜于作为中、小功率放大器。电磁波能流方向与电子流方向相反的行波管称为返波管，可用作宽带微波振荡器。

超宽带天线 [ultra-wideband antennas] 一种针对超宽带 (UWB) 技术用于无线通信的新型天线。根据美国联邦通信委员会的定义，超宽带是指 $-10dB$ 相对带宽超过 20%或绝对带宽超过 500MHz 的信号。

超宽带无线系统 [ultra-wideband wireless systems] 20 世纪 90 年代以后发展起来的一种具有巨大发展潜力的新型无线通信技术，被列为未来通信的十大技术之一。具有很宽的带宽 (分数带宽大于 25%)、高速的数据传输、功耗低、安全性能高等特点。

无载品质因数 [unloaded Q-factor] 又称固有品质因数或内部品质因数。不存在外电路引起的任何负载效应时的品质因数。它是谐振电路自身的特性之一。

波动方程 [wave equation] 又称波方程。用于描述自然界中各种波动现象的偏微分方程。波动方程抽象自声学、物理光学、电磁学、流体力学等领域。波动方程是双曲形偏微分方程的最典型代表,其最简形式可表示为 $\frac{\partial^2 u}{\partial t^2} - a^2 \nabla^2 u = 0$,其中 u(代表各点偏离平衡位置的距离) 是关于空间位置和时间 t 的标量函数,a 为一个固定常数,代表波的相速度。通常相速度是一个随频率变化的量,反应真实物理世界中的色散现象。

波导模式 [waveguide modes] 给定波导的边界条件下麦克斯韦方程给出的电磁波传播的本征解模式。可根据其在传播方向的性质和是否具有纵向分量进行分类,一般情况下不同的模式会有不同的场分布和不同的传播速度。

波长 [wavelength] 电磁波在一个振动周期内传播的距离。即,沿波的传播方向,两个相邻的同相位点 (如波峰或波谷) 之间的距离。波长等于波速和周期的乘积,对同一频率的波,在不同介质中传播时,其波长不同。波长常用符号 λ 表示。依照波长的长短,电磁波谱可大致分为无线电波、红外线、可见光、紫外线、X 射线、γ 射线。

波长计 [wavelength meter] 一种利用谐振现象测量电磁波波长的仪器。如果将测出的波长换算成频率,也可称频率计 (frequency meter)。微波波长计通常由波导或同轴可调谐振腔构成。

波包 [wave packets] 在特定条件下,若干不同频率的波叠加所形成的波有可能是局域性的,犹如被某种曲面包裹住一样,这种局域性的波就叫作波包。它是波的一个特殊类型。

波数 [wave number] 每 2π 长度的波长数量 (即每单位长度的波长数量乘以 2π)。波的一种性质参数。波数也被称为电磁波的相位常数,因为它表示传播方向上相距单位距离的两处波的相位差。

无线能量传输 [wireless power transmission] 又称无线功率传输、无线输电。一种不经由导体媒质而借助于电磁波将电力能量从发电装置或供电端转送到电力接收装置的技术。目前尚在研究阶段,但在低压、低能电器供电方面已经有一定的应用。无线能量传输可分为电磁感应式、电磁共振式和电磁辐射式。电磁感应传输距离近,但功率较大;电磁共振传输距离稍远,具备中等传输功率;电磁辐射传输距离远,但功率较小。与无线通信系统类似,无线能量传输系统也包括发射机、发射天线、接收天线、接收设备等几部分。

8.4 超高频无线电物理

特高频无线电物理 [ultra high frequency radio physics] 无线电频率范围为 300~3000MHz,波长范围为 100~10cm(分米波) 的无线频谱。由于频率较高、波长较短,其天线尺寸相对较小,适用于移动通信等场景。无线电波沿地表传播时分为地表面波和地面空间波,由于地面 (土壤或海水) 对电波造成的衰减随频率增加迅速加大,因而地表面波随距离增大迅速衰减,特高频无线电通常只能以地面空间波的形式进行有效传播,并且其传输距离与极化方式是垂直极化还是水平极化无明显关系。UHF 频谱具有带宽适中、覆盖成本低等特点,是无线通信的黄金频段,目前国际电联 (ITU) 已将 UHF 频段列入 4G 移动通信技术的主要频段之一。此外,特高频在短距离通信、雷达、广播电视、散射通信、流星余迹通信等领域都得到广泛的应用。由于大量电子设备都同时工作在这一频段,造成频谱资源的紧张以及无线频率的相互干扰,认知无线电等新技术也不断地应用于此频率,用以提高频率利用率,改善频谱环境。

特高频产生与放大 [ultra high frequency generation and amplification] 利用器件和馈线,采用频率合成、参量放大、频率放大、锁相环路等技术,用以产生特高频信号并进行功率放大。采用的元件主要是同轴线、光纤和波导等,在器件方面除采用晶体管、场效应管和线性组件外,还需要特殊器件如调速管、行波管、磁控管和其他固体器件。在产生和放大过程中还需要考虑信道或接收机中的噪声和干扰问题。完成的功能包括频率变换 (或频谱搬移) 和能量转换两部分。能量转换分为正弦振荡器和功率放大器两类。频谱搬移分为线性频谱搬移和非线性频谱搬移。主要的分析方法包括数值分析法和工程分析法两类。

振荡器 [oscillator] 又称信号发生器。用于产生周期性的模拟信号的电子电路或装置。其电路结构通常由放大电路、选频网络、正反馈网络和稳幅电路组成。振荡器分为谐波 (正弦波) 振荡器和弛张振荡器两类,正弦波振荡器是在没有外加输入信号情况下,依靠电路自激振荡而产生正弦波输出电压的电路;弛张振荡器主要用于产生方波、三角波等非正弦波信号,是一种复合振荡器。振荡器按振荡激励方式可分为自激振荡器、他激振荡器;按电路结构可分为阻容振荡器、电感电容振荡器、晶体振荡器、音叉振荡器等;按输出波形可分为正弦波、方波、锯齿波等振荡器。广泛用于电子工业、医疗、科学研究等方面。

噪声 [noise] 信号在传输过程中所受到的除预定传送的信号之外的一切外在干扰能量 (如杂散电磁场等)。噪声来源包括外部噪声和内在噪声,外部噪声主要来自大气层、外太空以及人为噪声;内部噪声主要来自电阻性元件内部电子随机移动产生的热噪声。噪声通常会造成信号的失真。噪声的单位用分贝 (dB) 表示。

相位噪声 [phase noise] 在系统内各种噪声作用下引起的输出信号相位的随机起伏。通常定义为在某一给定偏移频率处的 dBc/Hz 值,其中 dBc 是以 dB 为单位的该频率处功率与总功率的比值。在现代技术中,相位噪声已成为限制电路系统的主要因素。

信噪比 [signal to noise ratio]　全称信号噪声比。通信系统中信号强度对噪声强度的比值。具体来说，是接收端信号平均功率电平与噪声平均功率电平的差值，或信号平均功率与噪声平均功率之比的对数值，单位是分贝，记为 SNR 或 S/N。信噪比越大，表明信号质量越好。

锁相环 [phase locked loops]　一种利用反馈控制原理实现频率及相位同步的技术，其作用是将电路输出的时钟与其外部的参考时钟保持同步。当参考时钟的频率或相位发生改变时，锁相环会检测到这种变化，并且通过内部的反馈系统来调节输出频率或相位，直到两者重新同步。锁相环在电子、通信等众多领域具有广泛的应用。

频率合成器 [frequency synthesizer]　由一个或多个具有较高频率稳定度和精确度的参考信号源，通过频率域的线性运算，产生多个与参考频率稳定度和精确度相同或接近的频率的电路。包括直接频率合成和锁相环频率合成两种方式。直接频率合成的优点是响应快，缺点是成本高且不能实现任意频率的合成，主要用于军事设备。锁相环频率合成的优点是成本点，并且可以合成任意频率，缺点是响应慢，主要用于民用设备。频率合成器广泛应用于通信、导航、雷达和测量等设备中。频率合成器主要性能指标包括频率范围、频率分辨度、频率转换时间、频率准确度和稳定度、频谱纯度、可实现性和成本、体积等。

参量放大器 [farametric amplifier]　一种由非线性元件的参量随时间变化而产生功率转换和放大的电路。参量放大器利用一个比信号频率更高的交流电源，使谐振回路中的时变电抗性元件 (如电感器或电容器) 的参量作周期性的变化，并在此过程中获得能量，从而使高频信号获得放大的电路。时变电抗参量包括变容二极管、铁芯非线性电感线圈和电子束的时线性等。其电路由信号频率回路、泵源频率回路和空闲频率回路三部分组成。参量放大器的优点是产生的噪声电平很低，主要用于对高灵敏微波接收机输入端的第一级。

功率放大器 [power amplifers]　利用三极管的电流放大作用或者场效应管的电压放大作用，将电源的功率转换为按照输入信号变化的电流或电压，经过不断的电流和电压放大完成功率放大的电路。其实质是通过晶体管的控制作用，把电源提供给放大器的直流功率转换成负载上的交流功率。功率放大器按照放大信号的频率可分为低频功率放大器和高频功率放大器。按晶体管导通时间的不同，功率放大器可分为甲类、乙类、甲乙类和丙类四种。甲类的特征是晶体管在信号的整个周期内均导通；乙类的特征是晶体管仅在输入信号的半个周期内导通；甲乙类的特征是晶体管导通时间大于半周而小于全周；丙类的特征是晶体管导通时间小于半个周期。

特高频无线电波传播 [ultra high frequency radio wave propagation]　当导体通以高频电流时，在其周围空间会产生电场与磁场，按电磁场在空间的分布特性可分为近区、中间区和远区，远区的电磁场能离开导体向空间传播。利用这一性质，天线及其馈线装置所构成的变换器，可以向空间辐射或从空间接收特高频无线电磁波，从而完成电波传播，是特高频无线电通信系统中必不可少的部分。特高频无线电传播通常采用金属板或网制成喇叭天线、抛物面天线、微带天线等，其主要性能参数包括天线的方向性系数、天线效率、增益系数、辐射电阻和天线有效高度等。

天线方向性系数与增益 [directivity and gain of antenna]　定义为天线远处场的某一球面上最大辐射功率密度与其平均功率之比。天线增益定义为在输入功率相等的条件下，实际天线与理想的辐射单元在空间同一点处所产生的信号的功率密度之比。

天线阻抗 [antenna impedance]　天线输入端或馈电点 (天线和馈线的连接处) 的电压与电流的比值。对于口面型天线，则常用馈线上电压驻波比来表示。天线的输入阻抗与天线的几何形状、尺寸、馈电点位置、工作波长和周围环境等因素有关。研究天线阻抗的主要目的是实现天线和馈线间的匹配，此时天线与收发信机之间传输的功率最大。

天线阵列 [antenna array]　又称天线阵。将工作在同一频率的多个天线，按一定的要求进行馈电和空间排列所构成的阵列。阵列天线的辐射源通常由简单的辐射源如点源、对称振子源等构成，根据天线馈电电流、间距、电长度等不同参数来构成阵列，以根据需要调节辐射的方向性能。现代移动通信中使用的智能天线就是由天线阵列发展而来。

半功率点波束宽度 [half-power beam width]　又称 3dB 波束宽度、半功率角。功率方向图中，在最大辐射方向 (主瓣) 的某一平面内，功率通量密度下降到相对最大辐射的一半处 (小于最大值 3dB) 的两点之间的夹角。

微带天线 [microstrip antenna]　在薄介质基片上，一面附上金属薄层作为接地板，另一面用光刻腐蚀方法制成一定形状的金属贴片，利用微带传输线或同轴探针对金属贴片馈电构成的天线。微带天线按结构特征可分为微带贴片天线和微带缝隙天线；按形状可分为矩形、圆形、环形微带天线等；按工作原理可分成谐振型和非揩振型微带天线。

电磁辐射 [electromagnetic radiation]　电场和磁场的交互变化产生电磁波，电磁波向空中发射或泄露的现象。电磁辐射是物质内部原子、分子处于运动状态的一种外在表现形式。电磁辐射根据频率或波长的不同分为无线电波、微波、太赫兹辐射、红外辐射、可见光、紫外线、X 射线和伽马射线，波长依次减小。

电磁散射 [electromagnetic scattering]　电磁波在空间传播，遇障碍物后致使能量衰减、传播方向变化的现象。电子在一定频率外来电磁波投射的作用下受迫振动，同时会把原入射的电磁能量向四周辐射出去。电磁散射包括弹性散射 (涉及极微小的能量转移) 和非弹性散射；弹性散射主要有瑞利散射和米氏散射；非弹性散射包括布里渊散射、拉曼散射、非弹性 X 光散射、康普顿散射等。由于传播环境复杂，且电磁波长与障碍物尺寸的变化很大，准确掌握电磁散射特性比较困难。电磁散射对下无线通信、雷达、遥测等电磁应用都有很大的影响。

反向散射 [backscatter]　波、粒子或信号被反射回原来发出的方向上。反向散射与镜面反射不同，属于漫反射。雷达发射出来的电磁波，在大气中传播时，一部分被大气本身和障碍物所吸收，另一部分按照入射波的方向返回到雷达天线，这一部分散射即是反向散射。反射回来的信号，被天线接收后，经过放大和检测由显示器显示出来，即称回波。反向散射在天文、摄影和超声医学中有重要的应用。

阻抗匹配 [impedance matching]　信号传输过程中信源内阻抗和负载阻抗之间的特定配合关系。在信号传输过程中，为了达到信号由信源完全传输给负载，不会反射回信源，同时避免接上负载后反射的信号对信源本身的工作状态产生明显的影响，需要满足信源输出阻抗和所连接的负载阻抗之间某种关系，即阻抗匹配。

特高频传输线 [ultra high frequency transmission line]　以横电磁 (TEM) 模的方式传送特高频电磁波的导波结构。特点是其横向尺寸远小于工作波长。主要结构型式有平行双导线、平行多导线、同轴线等。可借助简单的双导线模型进行电路分析。

无线信道 [wireless chnanel]　无线通信中无线电波信道从发送端和接收端之间的信息传输通道，具有一定的频率带宽。无线信道中电波的传播是由多路径到达的众多反射波的合成，具有时延扩展特性和多径衰落现象。此外无线信道还具有慢衰落及多普勒效应。这些都增加了无线通信尤其是移动通信的复杂性。信道的作用是传输信号，它提供一段频带让信号通过，同时又给信号加以限制和损害。无线信道的开发性使其信道参数具有随机和突变的特点，需要采用统计理论进行分析和建模。在实际应用中，无线信道通常根据传输环境的不同，如城市、郊区、室内、水下等，建立经验传播分析模型。

弗里斯传输方程 [Friis transmission equation]　给出了在理想条件下，一个已知功率为 P_r 的天线向另一个天线传输信号时的接收功率 P_L，即

$$P_L = S \cdot \hat{n} A_g = \frac{P_m G_r}{4\pi R^2} \frac{\lambda^2 G_L}{4\pi} = \left(\frac{\lambda}{4\pi R}\right)^2 P_m G_r G_L$$

$$= \left(\frac{\lambda}{4\pi R}\right)^2 P_r G_r G_L$$

其中 G_r 为发射天线增益，G_L 为接收天线增益，R 为两天线

间距离，λ 为工作波长。

衰落 [fading]　无线通信中，电磁波在传播过程中由于信道随时间的变化而引起的接收信号的幅度发生随机变化的现象。多径效应是产生衰落的最根本的因素，其他因素还包括降雨衰减、绕射衰落等衰减型衰落和因电波极化方向的变化而引起的极化衰落。它们可表现为时间、频率和空间选择性衰落。

自由空间传播模型 [free space propagation model]　当电磁波在均匀的各向同性的理想自由空间传播时，只考虑由电波扩散引起的传播损耗而不考虑折射、绕射、反射、吸收和散射等现象的电波传播模型。此时无线电波的损耗只和传播距离 d 和电波频率 f 有关，即损耗 $L = 32.4 + 20\lg d + 20\lg f$。

菲涅尔-基尔霍夫衍射方程 [Fresnel-Kirchoff diffraction formula]　描述光波从一个镜面上的场衍射到另一个镜面上的场，产生的总扰动

$$\psi(r) = -\frac{\mathrm{i}\psi_0}{2\lambda} \oint_S \left(\frac{\mathrm{e}^{\mathrm{i}k(r-R)}}{r'R}\right) [\cos\alpha + \cos\chi] \mathrm{d}S'$$

其中，α、χ 分别是 $\hat{r}'$、$\hat{R}$ 与 $\hat{n}$ 之间的夹角。它表明，如果知道了光波场在其所达到的任意空间曲面上的振幅和相位分布，就可以求出该光波场在空间其他任何位置处的振幅和相位分布。

Okumura 模型 [Okumura model]　根据大量实测数据建立的无线传播模型，用于对信号衰落的估计。模型以准平坦地形大城市地区的场强中值路径损耗作为基准，对不同的传播环境和地形条件等因素用校正因子加以修正。该模型数据齐全，应用广泛，适用于 VHF 和 UHF 频段。

瑞利-莱斯模型 [Rayleight-Rice model]　在无线通信信道中，电磁波经过反射、折射、散射等多条路径传到达接收机后，总信号的强度服从瑞利分布的模型。指收到的信号中除了经反射、折射、散射等来的信号外，还有从发射机直接到达接收机 (如从卫星直接到达地面接收机) 的信号，总信号的强度服从莱斯分布。

射频通信 [radio frequency communication]　利用可以辐射到空间的电磁波 (频率范围为 300kHz~30GHz) 进行远距离的传输通信。低于 100kHz 的电磁波会被地表吸收，不能形成有效的传播。高于 100kHz 的电磁波可以在空气中传播，并经电离层的反射，而形成远距离传输的能力，把具有远距离传输能力的高频电磁波称为射频。当电信息源 (模拟或数字的) 用高频电流调制 (调幅或调频)，形成射频信号，经天线发射到空中；远距离处接收射频信号进行反调制，还原电信息源，这一过程称为 "无线传输通信"。整个射频通信中，主要包含以下几种频率：传输频率、接收频率、中频和基带频率。基带频率是用来调制数据的信号频率，真正的传输频率则比基带频率高很多。一般来说，射频系统具有非常强大的传

输调制信号的功能，即使在有干扰信号和阻断信号的情况下，该系统也可以做到以最高的质量发送并且以最好的灵敏度接收调制信号。

无线应用协议 [wireless applications protocol] 使移动用户等无线设备随时使用互联网的信息和服务的全球性的开放标准，于 1998 年公布。其目标是将 Internet 的丰富信息及先进的业务引入到移动电话等无线终端之中。它的出现使移动 Internet 有了通用标准。它根据无线网络低带宽、高延迟的特点进行优化设计，把 Internet 的一系列协议规范引入到无线网络中，使各种移动终端都能进行信息和资源的共享。

信道 [channel] 传送信息的物理性通道，是信号传输的媒质，由从发射端传输到接收端所经过的信号传输媒质以及相关联的通信系统转换装置组成。信道按传输媒质可分为有线信道、无线信道和存储信道。有线信道以导线为传输媒质，包括架空明线、电话线、双绞线、对称电缆、同轴电缆以及光导纤维等。无线信道以辐射无线电波的自由空间和水声信道为传输媒质。存储信道以磁带、光盘、磁盘等数据存储媒质作为通信信道。

前向信道 [forward channel] 移动通信中从基站到用户终端的信道，包括前向多址信道、前向业务、导频信道、同步信道、寻呼信道等。

反馈信道 [feedback channel] 将信道输出端的信号反馈到输入端，从而控制或影响输入端的信号，常用于差错控制中的自动请求重发。在通信系统中的反馈重传中，接收端检测到传输错误，并通过反馈信道告知发送方，请求发送方重发。

信道带宽 [channel bandwidth] 能够有效通过该信道的信号的最大频带宽度。对模拟信道，用能够通过的最高频率与最低频率之差表示，单位为赫兹 (Hz)；对数字信道，用能不失真的传输脉序列的最高速率表示，单位是波特率或符号率。

调制 [modulation] 将信号源的信息注入到频率远高于基带信息频率的载波上，使载波的某个变量随信号源而改变的技术，调制后的信号变成了适合信道传输的形式。调制的逆过程称为解调，用以还原原始信号。常用于广播、通信领域。

调幅 [amplitude modulation] 高频载波的幅度随调制信号的变化而改变的一种调制方式。

调角 [angle modulation] 又称角度调制。频率调制和相位调制的总称，调制信号随载波的相位或者频率的变化而改变。

调频 [frequency modulation] 载波信号的频率随调制信号的改变而改变的调制方式。

调相 [phase modulation] 载波信号的相位相对其参考相位的偏离值随调制信号的变化而改变的调制方式。

调谐 [tune] 调节一个振荡电路的频率，使它与另一个正在发生振荡的振荡电路 (或电磁波) 发生谐振。调谐有两种方法：一种是改变线圈的电感 L，另一种是改变电容器的电容 C。

调制指数 [modulation index] 又称带宽效率。信号峰值与载波峰值之比。调频信号和调相信号的调制指数定义为频率偏移与调制信号频率的比值。

信道编码 [channel coding] 根据一定的规律在待发送的信息码元中加入一些监督 (校验) 码元，在接收端利用监督码元与信息码元之间的监督 (校验) 关系，发现和纠正错误的理论和方法，用以提高信息码元传输的可靠性、克服噪声和干扰的影响。信道编码从功能上可分为检错码、纠错码和检纠错码，从结构上可分为线性码和非线性码。

解码 (译码) [decode] 编码的逆过程，根据译码准则，用特定方法将信息从已编码的形式恢复到编码前原状的过程，即用特定方法把信息码元还原成它所代表的内容或将电脉冲信号、光信号、无线电波等转换成它所代表的信息、数据等的过程。广泛应用于无线电技术和通信等领域。

多址接入 [multiple access] 在无线电广播信道中，多个不同地址的用户间通过公共的信道建立通信链路的方法。其基本原理是利用信号特征上的差异 (例信号频率、信号出现时间、信号具有的特定波形等) 来区分不同用户信号，要求各信号的特征彼此独立或正交，即任意两个信号波形之间的相关函数等于 0。

时分多址 [time division multiple access，TDMA] 将时间划分成周期性的帧，每一帧再划分成若干时隙，每个时隙就是一个通信信道，分配给一个用户，从而完成多址接入的方式。

频分多址 [frequency division multiple access，FDMA] 把信道频带分割为若干的互不相交的子频带，每个子频带就是一个通信信道，分配给一个用户，从而完成多址接入的方式。

码分多址 [code division multiple access，CDMA] 利用不同码型的码序列或不同的信号波形区分来自不同地址的用户信号，从而完成的多址接入。要求信号的地址码 (码型) 之间具有正交性。

正交频分复用 [orthogonal frequency division multiplexing，OFDM] 一种多载波调制技术，将信道分成若干正交子信道，将高速数据信号转换成并行的低速率数据流，调制到每个子信道上传输。采用相关技术在接收端将正交信号分开，以减少子信道之间的相互干扰。由于每个子信道上的信号带宽小于信道的相关带宽，信号在每个子信道上可看成平坦性衰落，从而消除或减少符号间干扰。每个子信道的带宽仅是原信道带宽的一小部分，信道均衡相对容易。广泛应用于各种通信系统尤其是无线通信系统。

多输入多输出 [multi input multi output，MIMO] 一种描述多天线无线通信系统的数学模型，利用发射端的多个天线各自独立发送信号，同时在接收端用多个天线接收并恢复原信息。其核心思想为利用多根发射天线与多根接收天线所提供的空间自由度来提升无线通信系统的频谱效率。MIMO允许多个天线同时发送和接收多个空间流，并能够区分来自不同空间方位的信号，可以在不增加带宽或总发送功率耗损的情况下大幅增加系统的数据吞吐量及传送距离。利用 MIMO 信道提供的空间复用增益可以提高信道容量，利用 MIMO 信道提供的空间分集增益可以提高通信系统的可靠性，降低误码率。

射频前端 [radio frequency frontend] 通信系统中天线和第一级中频电路之间的部分。射频前端有两种结构，一种没有射频放大器，带通滤波器之后，只有混频器和本地振荡器；另一种有射频放大器，用于隔离混频器，并在混频之前将信号放大，以补偿混频器和带通滤波器中的损耗。

射频模块 [radio frequency module] 处理信号的电磁波长与电路或器件尺寸处于同一数量级的电路模块，其电路需要用分布参数的相关理论来分析，主要用于处理宽动态范围的高频模拟信号。

滤波器 [filter] 一种处理信号的选频电路。其功能是让有用信号尽可能无衰减的通过，并抑制或衰减无用信号。分为有源滤波器和无源滤波器两类。信号能够通过的频率范围，称为通频带或通带；被抑制或衰减的信号频率范围称为阻带；通带和阻带之间的分界频率称为截止频率。

空间滤波器 [spatial filter] 通过改变频谱，使影像中包含的特定空间频率成分加强、减弱或改变相位的器件，基本原理是当空间频谱面上插入滤波器（如狭缝、圆孔等），某些频谱成分将被除去或改变（振幅减小或相位改变），所成的像就会发生变化。

斜率滤波器 [slope filter] 在给定的频率范围内，其频率响应特性曲线随频率的变化而上升或下降的一种滤波器。

对称噪声滤波 [symmetrical noise filtering] 具有对称结构的噪声抑制滤波器，能从源上抑制相关噪声，并能有效克服因为电压、温度和工艺等外界环境变化引起的谐振点偏移。

空间选择性 [spatial separation] 信号和噪声在不同尺度上具有不同的形态表现。信号在各尺度上有较强的相关性，信号边缘附近，相关性更加明显；而噪声在各尺度间却没有明显的相关性。

正交镜像滤波器 [quadrature mirror filter] 对于多通道滤波器，若各通道滤波器 $H_k(e^{jw})$ 满足 $H_k(e^{jw}) = H_0(e^{jw}W_k)$，其中 $W_k = e^{-j2/D}$ 的关系，则称该滤波器组为正交镜像滤波器。正交镜像滤波器在语音编码、图像压缩等领域具有重要研究价值。

载波泄漏对消 [leaking carrier canceller，LCC] 正交信号产生器产生 I/Q 两路中频频段泄漏信号的反相信号，经正交调制后耦合到接收通道实现载波泄漏对消。正交信号产生器由载波泄漏信号参数和伺服控制电压来控制，将正交调制器调制产生的泄漏对消信号耦合到接收通道和泄漏信号相加就实现了泄漏的对消。

伪码测距 [pseudo-random number raging，PNR] 利用扩频伪随机序列尖锐的自相关特性进行无线测距的技术，所使用的编码为已知、可预测、可重复产生的伪随机码，测距精度随伪码长度的增加而增加，可以得到很高的距离分辨率。测距原理是测定伪码信号从发射机至用户接收机之间的传播时间，根据电磁波的传播速度进而求得发射机到接收机之间的距离。

随机数发生器 [random number generator，RNG] 产生随机数的装置，包括真随机数发生器和伪随机数发生器。伪随机数是由一定的算法和种子生成的，具有一定的可预测性，是重复的周期比较大的数列。真随机数发生器是根据随机的物理现象来产生随机数，如混沌电路的频率抖动，混沌激光，量子随机噪声等，从理论上说是完全随机的。

自动环路增益控制电路 [automatic gain control circuit] 一种可以使放大电路的增益自动随信号强度而调整的闭环电路负反馈系统，是自动控制方法。由增益受控放大电路和控制电压形成电路组成，其基本工作原理是当输入信号增大时，输出信号和控制电压亦随之增大，而控制电压的增大使放大电路的增益下降，从而使输出信号的变化量明显小于输入信号的变化量，达到自动增益控制的目的。

干扰共存 [interference coexistence] 多种频段、制式的设备在同一区域内同时工作时造成相互干扰的现象。发射机在发射有用信号时会产生带外辐射，接收机在接收有用信号时，干扰信号也会落入接收带宽内，从而造成干扰共存。此外，码分多址系统在同一时间、同一频率内允许多个用户同时工作，对任一用户而言其他用户都是干扰信号，从而造成干扰共存。

电阻型存储器 [resistor radom access memory，RRAM] 在金属–绝缘介质–金属的三层结构基础上，利用介质层的电阻开关现象实现数据的非挥发性存储的器件，具有结构简单、工作电压低、功耗低、传感电路简单以及适合于高密度阵列等优点。

内置传感器 [inner sensor] 一种内置检测装置，能感受到被测量的信息并将其按一定规律变换成为电信号或其他形式的信号输出。通常由敏感元件和转换元件组成，其中敏感元件能直接响应被测量的部分，转换元件将敏感元件的响应转换成传输和测量的电信号部分。在自动检测和自动控制领域得到广泛应用。

基站 [base station]　在蜂窝移动通信系统中，一定的无线电覆盖区，通过移动通信交换中心，与移动终端之间进行信息传递的无线电收发信电台。由基站收发台和基站控制器组成，基站收发台包括无线发射/接收设备、天线和无线接口；基站控制器包括与基站收发台有关的信号控制和处理电路。

8.5　统计无线电物理

统计无线电物理 [statistical radio physics]　关于电磁波在受随机干扰后的统计特性的理论。与量子光学不同，这里研究的统计特性为经典或半经典意义下的统计特性，即电磁场并没有量子化。通过把物理学中的电磁波理论与数学中的统计理论相结合，统计无线电物理重点关注电磁波在随机介质中的散射和传输等过程，例如随机介质散射、粗糙表面散射与热电磁场统计等。该学科的研究结果可为现代电波传播、通信、遥感、辐射、目标识别分类、环境系统监测、以及工程材料测试等众多电磁应用场景提供有力的分析手段。

随机介质散射理论 [random-medium scattering theory]　电磁本构特性在时间和空间上随机变化的媒介称为随机介质。随机介质与许多实际问题关系密切，如对流层湍流、电离层不规则性对无线电波的散射、大气中各种水汽凝结物对毫米波和微波传播的影响、无线电闪烁现象、卫星通信中的闪烁和遥感等，都与随机介质特性有关。研究随机介质的理论方法主要包括单次散射理论、几何光学方法、光滑微扰方法等。

单次散射理论 [single-scattering theory]　关于散射过程中只存在一个局部散射中心的理论。相对于多次散射，它通常被看作一个弱起伏的随机现象，可利用类似于量子力学中单次波恩近似的方法予以求解。

几何光学方法 [geometrical optics method]　假定电磁波的波长远小于随机介质中不均匀性的特征长度，此种情况下可从程函方程出发，并将随机介质的介电常数代入其中，在几何光学的框架下求出电磁波在随机介质中传播与分布的统计解。

光滑微扰方法 [method of smooth perturbation]　此种方法假定电磁波在随机介质中传播时其场的复振幅在传播方向上变化缓慢，由此可建立一场复振幅关于传播方向坐标的一阶微分方程。从此一阶方程出发，可进一步得到关于波场复相位的非线性偏微分方程，并利用多次迭代的技术求

出其近似解。此种方法主要适用于弱起伏时前向小角散射的过程。

马可夫近似方法 [method of Markov approximation]　从电磁场标量波动方程出发，并将电磁波在传播中的散射看成一个 Markov 过程，由此可推导出各阶矩方程，求解后即可得出电磁波在随机介质中各种统计特性的解。此种方法主要适用于强起伏时前向小角散射的过程。

多重散射理论 [multiple-scattering theory]　当随机介质的起伏较强时，基于弱起伏假设的求解方法 (如单次散射理论、光滑微扰方法等) 不再适用，此时需借助多重散射理论对电磁波在随机介质中的传播过程进行分析。统计无线电物理中的多重散射理论与量子力学中的多重波恩散射理论相类似，并可借助量子电动力学中的费曼图技巧进行解析求解。

粗糙表面散射理论 [rough-surface scattering theory]　当电磁波入射到两种介质的交界面时，如果交界面处存在不光滑性，入射波会呈现出向四周散射出去的现象。此种不光滑表面称为粗糙表面，研究其散射现象的理论称为粗糙表面散射理论。粗糙表面的主要研究方法包括：微扰法、基尔霍夫近似法、双尺度方法等。

微扰法 [perturbation method]　该方法建立在瑞利假设的基础上，认为散射场可以用沿远离边界传播的未知振幅的平面波的叠加来表示，该方法仅适用于表面高度起伏远小于入射波长的情况，其优点是可以求解大入射角时的散射。

基尔霍夫近似法 [Kirchhoff approximation]　又称切平面近似。在粗糙面上任一点利用切平面代替曲面，并把求出的切平面上的总场代入远区散射场的积分表示式，从而求得散射场的一种近似方法。

双尺度法近似 [two scale approximation]　该方法假设粗糙表面的粗糙度由大小两种尺度的成分构成，首先分别用微扰理论和基尔霍夫近似法分别计算小尺度和大尺度粗糙面的散射系数，然后将小尺度的计算结果在大尺度的斜率分布上求集平均，从而得到总的散射系数。

消光定理法 [extinction theorem method]　将 Ewald-Oseen 消光定理作为一种边界条件和微扰理论相结合求解散射场。这种方法没有作任何物理近似，对表面斜率没有限制，因而求解精度高，适用范围广，尤其适用于掠入射情况。

小斜率近似 [small slope approximation]　基于表面斜率的级数展开的一种比较精确的近似方法，通过保留级数展开的不同项可以得到各阶小斜率近似。该方法适用于均方根斜率较小的粗糙面，对表面的高度起伏没有限制，并且可以研究掠入射问题。

热电磁场理论 [thermal electromagnetic field theory]　主要研究由物质热运动所引发的电磁场起伏现象的理

论。当电磁场与物质发生作用时，由于物质具备一定的温度，其电偶极密度与磁偶极密度会出现自发涨落现象 (也即出现自发感应电流与自发感应磁流)。这种自发涨落通过电磁波的方式辐射至外空间，从而产生出热电磁场。热电磁场中的一个经典现象为黑体辐射，其低频段的对应物即为电路中的热噪声。热电磁场的研究方法主要包括辐射传输理论、起伏逸散定理、随机麦克斯韦方程等。

辐射传输理论 [radiative transfer theory]   主要用于处理非相干光 (如热辐射) 在随机介质中的传输问题的理论。由于在散射过程中的散射、吸收和源具备非相干性，在随机介质中应考虑场强的叠加而非场矢的叠加，由此所建立的关于电磁功率密度的传输理论称为辐射传输理论。辐射传输理论物理意义明确，并能够计算多次散射的情况。

起伏逸散定理 [fluctuation-dissipation theorem]   由于介质中的带电粒子在微观尺度上作随机热运动，介质中的电流密度与磁流密度出现随机涨落现象，并引发热辐射场。起伏逸散定理指出：不同空间位置处的起伏电流互不相关，同一空间位置处的起伏电流的相关函数的期望值则由与此处的温度所决定。

随机麦克斯韦方程 [statistical Maxwell equation]   为定量研究物质在热运动情况下产生的热电磁辐射问题，可在麦克斯韦方程中加入随机电流涨落项作为场的激发源，此种情况下的麦克斯韦方程称为随机麦克斯韦方程。与量子光学不同，随机麦克斯韦方程理论在本质上是一种半经典的理论。

全波热电磁场解法 [full wave theory for thermal electromagnetic field]   从绝对零度时的 Maxwell 方程组出发，首先求出一组由实际边界所决定的完备正交函数系，然后将所求热电磁场用这组完备函数系展开，代入随机麦克斯韦方程并进行求解后可得出给定边界条件下的热电磁场的解。全波方法的一个成功应用即为众所周知的黑体热辐射公式。

8.6 电子电路

电路元器件 [circuit element]   电子电路中的基本元素。通常个别封装，并具有两个或以上的引线或金属接点。元器件又分为无源器件和有源器件两大类，划分主要看器件的等效电路模型中是否含有电源 (电压源或者电流源)，等效电路模型中无电源，则被称为无源器件，如电阻、电感、电容、转换器、谐振器、滤波器等。等效电路模型中有电源，则被称为有源器件，如电子管、晶体管、集成电路等。元器件可以独立封装 (电阻器、电容器、电感器、晶体管、二极管等)，也可以由多个元器件组成不同复杂度的群组 (运算放大器、排阻、

逻辑门等)。

模拟电路 [analog circuit]   用来对模拟信号进行传输、变换、处理、放大、测量和显示等工作的电路。它是电子电路的基础，主要包括放大电路、信号运算和处理电路、振荡电路、调制和解调电路及电源等。模拟信号是指时间和幅度都连续变化的电信号。

集总参数 [lumped parameter]   当电路元件尺寸 d 远远小于电路工作的电磁波长时，电路中有关电磁过程的物理现象都可由元件 "集总" 来表征，在元件外部不存在任何电场与磁场，可以用几个特定参数来表示元件的特性，如阻抗、容抗、感抗等。集总参数元件不考虑其参数与空间坐标的关系，所以集总参数电路中电压和电流与元件和电路尺寸、空间坐标无关。

集总参数电路 [lumped parameter circuit]   由集总参数元件组成的电路。由于集总参数元件不考虑其参数与空间坐标的关系，所以集总参数电路中电压、电流与元件以及电路的尺寸、空间坐标无关。对于集总参数电路来讲，基尔霍夫定律唯一地确定了电路的拓扑约束，即元件间的连接决定了电路的电压和电流之间的约束关系。低于兆赫兹的频率的电路通常都采用集总参数电路分析。当电路的工作频率高到一定频段时，就不能忽略元件及其引线的分布参数效应的影响，集总参数电路的分析方法不再适用。

分布参数电路 [distributed parameter circuit]   与集总参数对应，当电路工作的波长与电路元件的尺寸相当或更小时，必须考虑电路元件的参数分布特性。此时电路中的电压和电流除了是时间的函数外，还是空间坐标的函数。以传输线为例，在高频时，其电气特性由单位长度上的分布电感、分布电容、分布电阻和分布电导来描述，这时传输线已与串联电感和电阻、并联电容和电导融为一体，利用传输线的分布参数特性所组成的电路就称为分布参数电路。

集成电路 [integrated circuit]   采用平面工艺 (半导体工艺或薄膜、厚膜工艺) 将电路的元件、器件和连布线一起制作在半导体或介质基片上构成结构紧凑的微小型化整体电路或系统。它具有体积小、重量轻、性能好、可靠性高、功耗小、成本低和便于批量生产等优点。集成电路按制作工艺可分为半导体集成电路、薄膜集成电路、厚膜集成电路和混合集成电路，半导体集成电路也称单片集成电路，依所用晶体管结构它又分为双极型集成电路 (主要器件为双极型晶体管) 和金属—氧化物—半导体 (MOS) 集成电路 (主要器件为场效应晶体管)。集成电路按功能可分为模拟集成电路 (线性和非线性)、数字集成电路和微波集成电路；按集成度可分为小规模 (在 10 个门电路或 100 个集成元件以下)、中规模 (在 10 ~ 100 个门电路或 100 ~ 1000 个集成元件)、大规模 (在 100 个门电路或 1000 个集成元件以上) 和超大规模 (在 1 万个门

电路或 10 万个集成元件以上) 集成电路。是将整个电路的晶体管、二极管、电阻、电容和电感等元件以及它们之间的互连引线，全部用厚度在 1μm 以下的金属、半导体、金属氧化物、多种金属混合相、合金或绝缘介质薄膜，并通过真空蒸发、溅射和电镀等工艺制成的集成电路。薄膜集成电路中的有源器件 (即晶体管) 有两种材料结构形式，一种是薄膜场效应硫化镉或硒化镉晶体管，另一种是薄膜热电子放大器。

薄膜电路 [thin film circuit]　集成电路的一种。电路中的晶体管、二极管、电阻、电容和电感等元器件以及互连引线都是采用薄膜 (真空蒸发、溅射和化学气相淀积等) 技术制备的，采用的薄膜有金属、半导体、金属氧化物、合金或绝缘介质等，且这些薄膜的厚度均小于 1μm。由这样的元器件组成的集成电路称为薄膜电路。在薄膜集成电路上，组装上分立的半导体器件和微型元件构成的电路称为薄膜混合集成电路。

厚膜电路 [thick film circuit]　将电阻、电感、电容、半导体元件和互连导线通过印刷、烧成和焊接等工序，在基板上制成的具有一定功能的电路单元。厚膜电路的膜厚一般大于 10μm。较之薄膜电路，厚膜电路一般采用丝网印刷工艺，工艺简便、成本低廉、能耐较大的功率。厚膜电路多应用于电压高、电流大、大功率的场合。

稳态电路 [steady circuit]　电路的结构和元件的参数一定时，在激励 (电源) 的作用下，电路各处产生的响应 (电压、电流) 不变或周期性变化的电路。或者说电路中没有不规则变化的电流和电压。

瞬态电路 [transient circuit]　当电路含有储能元件，例如电容和电感时，在接通、断开、改接以及参数和电源发生突变时，电路将从一个稳定状态向新的稳定状态过渡，这个过程所处的状态称为瞬态。电路的瞬态过程是不能忽视的，瞬态过程中可能出现过压或过流现象，导致电器设备或元件的损坏。电子技术中也常利用电路的瞬态过程来产生特定的波形信号。

谐振 [resonance]　在含有电阻 R、电感 L 和电容 C 元件的交流电路中，电路的端电压与电流的相位一般是不同的。调节电路元件 (L 或 C) 的参数或电源频率，可以使电压和电流同相，此时电路呈现为纯电阻性。电路的这种状态称之为谐振。根据电路中元件电感 (L)、电容 (C) 和电源的连接方式不同，谐振又分为串联谐振、并联谐振和混联谐振。

谐振频率 [resonance frequency]　在外加信号激励下，能在谐振回路或谐振腔中激励起振荡的频率，其值等于系统的固有振荡频率。

LC 谐振回路，谐振频率 $f_0 = \dfrac{1}{2\pi\sqrt{LC}}$，长度为 l、两端

短路的传输线型谐振腔对 TEM 波 $f_0 = \dfrac{c}{\sqrt{\varepsilon_r}}\dfrac{p}{2l}$，对 TE、TM 波 $f_0 = \dfrac{c}{\sqrt{\varepsilon_r}}\sqrt{\left(\dfrac{1}{\lambda_c}\right)^2 + \left(\dfrac{p}{2l}\right)^2}$，式中 c 为光速，ε_r 为填充介质的相对介电常数，λ_c 为波导的截止波长，$p=1, 2, \cdots$。

品质因数 [quality factor]　描述谐振回路能量损耗特性和频率选择特性的一个物理量。它定义为在谐振时回路中的储能 W 与一个周期内回路损耗能量之比的 2π 倍，即有

$$Q = 2\pi\frac{W}{W_r} = \omega\frac{W}{P_L}$$

式中，P_L 为一个周期内回路的平均损耗功率。如果上述定义中的损耗仅计及回路本身的损耗，这时的品质因数称固有品质因数 Q_0，金属封闭谐振腔的固有品质因数 Q_0 为

$$Q_0 = \frac{2}{\delta}\frac{\displaystyle\int_V |V|^2 \mathrm{d}V}{\displaystyle\oint_S |H_t|\mathrm{d}S}$$

式中，$\delta = \sqrt{\dfrac{2}{\omega_0\sigma\mu_0}}$ 为腔壁导体的趋肤深度，H_t 为腔壁导体表面的切向磁场。如果同时包括回路本身的损耗和与之相耦合的外电路 (负载) 中的损耗，这时的品质因数称为有载品质因数 Q_L，且有

$$Q_L = \frac{f_0}{2\Delta f}$$

式中，f_0 为谐振频率，$2\Delta f$ 为频率响应特性的半功率频宽。

放大器 [amplifier]　将输入信号 (电压、电流或功率) 放大一定倍数后再输送出去，且保持信号波形基本不变的电路。输入信号与输出信号的比值称为放大倍数或增益。构成放大器的主要元器件有电子管、晶体管 (双极型或场效应) 和变容二极管以及电源等。放大器按工作频率可分为直流放大器、低 (音) 频放大器、中频放大器、射频放大器和视频放大器等；按频率响应特性可分为宽带放大器、窄带放大器和选频放大器等；按功能可分为电压 (或电流) 放大器、功率放大器、低噪声放大器等。放大器的主要指标有增益、频率响应、非线性失真和噪声系数等。

调谐放大器 [tuned amplifier]　以电容和电感组成的调谐电路为负载的放大器。调谐放大器的增益和负载阻抗随频率而变化，当调谐电路调谐至待放大信号的中心频率时，放大器获最大增益，随着信号频率偏离谐振点其增益很快下降，因此它是一种增益高、频率选择性好的窄带放大器。调谐放大器广泛应用于各类发射机的高频放大器和接收机的高频和中频放大器。

差分放大器 [differential amplifier]　基本放大电路之一，具有抑制零点漂移的优异性能。差分放大器由两个对称的单管放大电路构成，当两输入端信号大小相等、极性相反 (称差模信号) 时，其输出相加获较大增益；而当两输入端信

号大小相等、极性相同 (称共模信号) 时, 其输出相消。因此, 它在放大差值信号的同时能抑制共模信号, 零点漂移很小, 常用于直流放大或要求抑制强共模干扰的场合。它可以是双端 (平衡) 输入和输出, 也可以是单端 (非平衡) 输入和输出, 常用于实现平衡与非平衡电路的相互转换, 是各种集成电路的一种基本单元。

运算放大器 [operational amplifier]　能对信号进行加、减、乘、除、微分与积分等数学运算的放大电路。主要由电阻、晶体管、电容和二极管等构成的复杂的有源电路。其特点是增益高、输入阻抗高、输出阻抗低、体积小、价格低、工作稳定可靠。采用集成电路工艺制做的运算放大器, 除保持了原有的很高的增益和输入阻抗的特点之外, 还具有精巧、廉价和可灵活使用等优点, 在有源滤波器、开关电容电路、数-模和模-数转换器、直流信号放大、波形的产生和变换, 以及信号处理等方面得到十分广泛的应用。

对数放大器 [logarithmic amplifier]　输出信号幅度与输入信号幅度成对数函数关系的放大电路。实际的对数放大器总是兼具线性和对数放大功能的, 当输入信号弱时, 它为线性放人, 增益较大; 当输入信号强时, 它为对数放大, 增益随输入信号的增大而减小。对于输入信号范围很宽的接收机, 采用对数放大器可使弱信号得到高增益放大, 而对强信号则自动降低增益, 从而避免饱和失真。因此, 它常用于雷达、通信和遥测等领域。

直流放大器 [DC amplifier]　能够放大直流和慢变化信号的放大电路。直流放大器的类型很多, 直接耦合的单管放大器是最简单的一种。这种放大器的缺点是零点漂移大。为了克服零点漂移常采用差分放大器、运算放大器和双通道斩波直流放大器等形式来实现直流放大。直流放大器常用于高精度电位测量和生物电测量仪器中。

交流放大器 [AC amplifier]　能对交流信号进行放大的电路。常见的交流放大器有: 固定偏流式、电压负反馈式、电流负反馈式、混合负反馈式和双管直接耦合式等。

功率放大器 [power amplifier]　放大信号输出功率以满足负载要求的放大电路。对功率放大器的主要要求是输出功率大、效率高和失真小, 它常用于放大电路末级, 其后接负载 (如天线、扬声器)。

低噪声放大器 [low noise amplifier]　噪声系数很低的放大器。放大器的噪声系数定义为输入端的信噪比与输出端的信噪比之比 $NF = 10\lg\dfrac{P_{Si}/P_{Ni}}{P_{So}/P_{No}}$ 理想放大器的噪声系数 $NF = 0\,\mathrm{dB}$, 其物理意义是输出信噪比等于输入信噪比。设计优良的低噪声放大器的 NF 可达 $1\,\mathrm{dB}$ 以下。

参量放大器 [parametric amplifier]　利用时变电抗参量实现低噪声放大的放大器。它通常由信号频率 (f_s) 回路、泵浦频率 (f_p) 回路和空闲频率 (f_i) 回路三部分组成。利用一个高频电源 (称为泵源) 控制泵频回路中的电抗 (C 或 L) 参量作周期性变化, 若把该时变电抗接入信频和闲频回路, 且使三者频率满足关系: $f_p = f_s + f_i$, 则信号就可从泵源中获得能量而放大。参量放大器的特点是低噪声。时变电抗通常采用变容二极管。

模拟乘法器 [analog multiplier]　对两个模拟信号 (电压或电流) 实现相乘功能的有源非线性电子器件。主要功能是实现两个互不相关信号的相乘, 其输出信号与两输入信号的乘积成正比, 一般有两个输入端口, 根据输入信号极性的不同, 又分为单象限、二象限和四象限乘法器。其基本原理是在射极耦合差分式放大电路的基础上, 将一路输入信号作为差分式放大电路的输入端, 用另一路输入信号来控制差分对管的电流偏置, 使差分对管的跨导发生变化, 进而影响差分式放大电路的增益, 实现两路输入信号的相乘。模拟乘法器通常都被做成模拟集成电路, 被广泛用于调幅电路和各类运算电路中。集成模拟乘法器的常见产品有 BG314、F1595、F1596、MC1495、MC1496、LM1595、LM1596 等。

开环 [open loop]　相对于闭环而言, 系统的输出和输入之间无反馈网络, 系统的输出仅由输入决定。对于控制系统, 开环控制没有反馈环节, 系统的稳定性不高, 响应时间相对来说很长, 精确度不高, 用于对系统稳定性和精确度要求不高的简单系统。对于运算放大器, 一般认为理想运算放大器的开环增益为无穷大, 而一般运算放大器的开环增益在 105 量级。

闭环 [closed loop]　相对于开环而言, 是将系统的输出采用一定的方式全部或者部分送回至输入端, 从而影响系统的输出。对于闭环控制系统, 一般是将系统输出量的测量值与所期望的给定值相比较, 由此产生一个偏差信号, 利用此偏差信号进行调节控制, 使输出值尽量接近于期望值, 提高系统的精确度和稳定性, 缩短响应时间。对于运算放大电路, 闭环增益指含有反馈回路的增益, 一般小于开环增益, 但闭环结构会拓宽放大电路的带宽, 增强电路的稳定性。

反馈 [feedback]　将系统的输出部分或全部通过反馈网络送回到输入端, 体现了输出信号对输入信号的反作用。如果反馈至输入端的信号与原输入信号相位相反, 则为负反馈; 反之, 则为正反馈。在放大器中常采用负反馈构成负反馈放大器, 它虽使放大器增益降低, 却可提高其工作稳定性、减小波形失真、展宽频带和获得所需的输入阻抗; 正反馈虽可提高放大器增益, 却会使其工作稳定性、失真、频响等性能变差, 故一般不采用, 它主要应用于振荡和脉冲电路中。

微弱信号检测 [detection of weak signal]　利用电子学、信息论、计算机和物理学的方法, 研究噪声的成因和规律, 分析信号的特点和相关关系, 检测并恢复淹没在背景噪中的信号，微弱主要是相对于噪声而言的。其研究的内容有：噪声物理、微弱信号检测理论、低噪声设计、弱信号传感器和信号提取技术等。目前常用的微弱信号检测方法有：窄带滤波法、同步积累法、锁定接收法（锁定放大器）、取样积分法（取样积分器）等。在物理、化学、生物、医学、地球物理、考古、大气、海洋、环境科学、生命科学以及新技术等方面都有着重要的应用。

锁定放大器 [lock-in amplifier] 一种能测量淹没在噪声中的信号幅度和相位的电压表。不同于普通意义上的放大器。其最终的输出是直流量，虽然能将淹没在噪声中的微弱信号检测出来，起到很好的抑制噪声的作用，但是不能将微弱信号不失真地放大。其基本原理是：将淹没在噪声中的信号与一同频率的参考信号通过相敏检波器相乘后积分，便可取出信号的振幅和相位，而噪声在此过程中只要积分时间足够长，便可被抑制掉。积分器一般由 RC 低通滤波器或有源滤波器等组成。

取样积分器 [sampling integrator] 一种可以将淹没在噪声中的周期信号波形或瞬时值提取出来的电子仪器，工作时包括取样和积分两个连续的过程。其基本原理是：将每个信号周期分成若干个时间间隔，间隔的大小取决于恢复信号所要求的精度，然后利用很窄的且与信号同步的脉冲对这些时间间隔的信号进行取样，并将各周期中处于相同位置（对于信号周期起点具有相同的延时）的取样值进行积分。若同步积分 M 次，由于信号是有规律的，其强度以 M 倍增长，而噪声是随机量，其强度仅按 $\sqrt{M}$ 倍增长，因此检出的信噪比提高了 $\sqrt{M}$ 倍，从而达到抑制噪声以提取信号的目的。

相关检测器 [correlation detector] 一种利用相关原理。通过自相关和互相关运算，对微弱信号进行检测并抑制噪声的电子仪器。本质上来说，相关检测是基于信号和噪声的统计特性进行检测的，相关函数是两个时域信号（有时是空间域信号）相似性的一种量度。其结构框图如下图所示，一般包含延时单元、乘法器和积分器，延时单元可以使其检测出不同时刻两路信号的相关情况。实际的相关检测器分为以下几类：模拟式相关器、数字式相关器、混合式相关器、修正的混合式相关器。

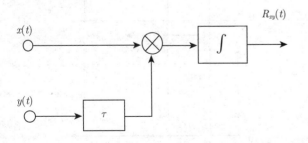

振荡器 [oscillator] 无需外加输入信号就能够产生所

需周期性模拟电信号（通常是正弦波或者方波）的电路，是一种将直流电能转换为具有一定频率的交流电能的能量转换装置。根据振荡产生的原理，振荡器可以分为反馈振荡器和负阻振荡器；按产生的波形可以分为正弦振荡器和非正弦（脉冲波、锯齿波）振荡器。

有源滤波器 [active filter] 一种除包含无源元件外，还包括有源器件（例如晶体管，运算放大器等）的滤波电路。在高频范围，常用电感器和电容器组成滤波网络，称为无源滤波器，在低频范围若采用无源网络，电感、电容值将非常大，不但体积大、重量重，而且损耗大、滤波特性差。有源滤波器采用电阻器、电容器、晶体管和运算放大器组成，有的还使用特殊有源器件如电荷耦合器件（CCD）、电流传送器等，其特点是小型化和集成化，适用于较低频率信号的滤波，广泛应用于通信、测量等领域。

巴特沃斯滤波器 [Butterworth filter] 常见的有源滤波器之一，由英国工程师斯蒂芬·巴特沃斯 (Stephen Butterworth) 在 1930 年提出。归一化的 n 阶巴特沃斯低通滤波器的传递函数为 $|H(\omega)| = \dfrac{1}{\sqrt{1+(\omega/\omega_c)^{2n}}}$ 式中 ω_c 为 3dB 截止角频率，n 为滤波器的阶数。高通滤波器的传递函数可由上式变换得到，带通或者带阻滤波器则可由低通和高通滤波器组合得到。巴特沃斯滤波器的特点是幅频响应在通频带内具有最平幅度特性，但从通带到阻带的衰减较慢。

切比雪夫滤波器 [Chebyshev filter] 常见的有源滤波器之一，特点是幅频响应从通带到阻带能够迅速衰减，和理想滤波器的频率响应曲线之间的误差最小，但是在通带或阻带上会有一定纹波。在通带内存在纹波的称为"切比雪夫 I 型滤波器"，在阻带内存在纹波的称为"切比雪夫 II 型滤波器"。切比雪夫 I 型滤波器的频率截止速度比切比雪夫 II 型滤波器快，更为常用。归一化的 n 阶切比雪夫 I 型低通滤波器的传递函数为 $|H(\omega)| = \dfrac{1}{\sqrt{1+\varepsilon^2 T_n^2(\omega/\omega_c)}}$，式中 $|\varepsilon| < 1$，是决定通带内纹波起伏大小的系数，ω_c 为截止角频率，$T_n\left(\dfrac{\omega}{\omega_c}\right)$ 是 n 阶切比雪夫多项式。高通滤波器的传递函数可由上式变换得到，带通或者带阻滤波器则可由低通和高通滤波器组合得到。

贝塞尔滤波器 [Bessel filter] 常见的有源滤波器之一，着重于相频响应，其相移与频率基本成正比，即群时延基本是恒定的，可得失真较小的波形，是具有最大平坦的群延迟（线性相位响应）的线性滤波器，常用在音频系统中。

开关电容滤波器 [switched-capacitor filter] 由 MOS 开关、MOS 电容器和运算放大器构成的一种离散时间模拟滤波器。由于连接在电路两节点间的带有高速开关的电容器可以等效为电阻，开关电容滤波器利用这一原理，采用便于集成的开关电容代替有源 RC 滤波电路中的电阻，实现滤波功能, 在脉冲编码调制通信、语音信号处理等领域得到了广泛应用。其特点是: (1) 当时钟频率一定时, 开关电容滤波器的特性仅取决于电容的比值, 由于采用了特种工艺, 这种电容的比值精度可达 0.01%, 并且具有良好的温度稳定性; (2) 当电路结构确定之后, 开关电容滤波器的特性仅与时钟频率有关, 改变时钟频率即可改变其滤波器特性; (3) 开关电容滤波器可直接处理模拟信号, 而不必像数字滤波器那样需要 A/D、D/A 变换, 简化了电路设计, 提高了系统的可靠性。由于 MOS 器件在速度、集成度、相对精度控制和功耗等方面的独特优势, 为开关电容滤波器电路的迅猛发展提供了很好的条件。

数字滤波器 [digital filter] 由加法器、乘法器和延时单元等组成, 可对输入的数字信号进行运算处理以达到增强有用频率分量, 抑制其他无用频率分量的离散时间系统, 有硬件和软件两种实现途径。根据单位冲激响应的不同, 可以分为无限长单位冲激响应 (IIR) 和有限长单位冲激响应 (FIR) 数字滤波器。具有精度高、可靠性强、可程控改变特性和复用以及便于集成等优点, 广泛应用于语音信号、图像信号和生物医学信号的处理以及通信和雷达等领域。

自适应滤波器 [adaptive filter] 根据输入和输出信号的统计特性, 采用特定的算法自动求解和调整滤波器系数, 使其达到最佳滤波性能的一种算法或装置。确定自适应滤波器系数的准则是使输出信号序列与期望输出序列的均方误差为最小, 其算法称为最小均方算法或 LMS 算法。自适应滤波器应用于通信中的自动均衡、回波消除、天线阵波束形成及有关信号处理中的噪声消除、参数识别和谱估计等。

数字电路 [digital circuit] 用来对数字信号进行传输、变换、处理、放大、测量、显示、算术运算和逻辑运算等工作的电路。数字信号是指在时间和幅度上都不连续的信号, 通常用二进制数 "0" 和 "1" 组合的代码序列来表示。数字电路的基本构成单元是门电路和触发器以及由触发器组成的计数器和寄存器, 根据功能的不同, 可分为组合逻辑电路和时序逻辑电路。由于数字信号具有抗干扰能力强、无噪声积累, 便于处理等优点, 使得数字电路广泛应用于通信、计算机、信息处理和各种程序控制系统中。

微分电路 [differential circuit] 使输出电压与输入电压的时间变化率 $\dfrac{\mathrm{d}u_1}{\mathrm{d}t}$ 成正比的电路。最简单的微分电路如图。假设电路的时间常数 $\tau = RC \ll t_d$, 则 $u_0(t)$。当输入方波 u_i 由 0 跳变为 E 时, 由于电容器 C 两端电压不跳变, 保持为 0, 故输出电压 u_0 也由 0 跳变为 E, 随着电容器 C 充电, 其两端电压逐渐上升, 故输出电压逐渐下降, 约经过 3τ 时间降至零, 当输入 u_i 为由 E 跳变为 0 时, u_0 变化亦类似 (见图)。微分电路常用于脉冲电路和测量仪器中。

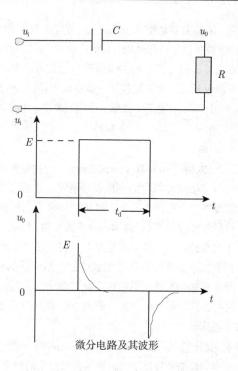

微分电路及其波形

积分电路 [integrating circuit] 使输出电压 u_0 与输入电压 u_i 的时间积分值 $\int_0^t u_i(t)$ 成正比的电路。最简单的积分电路如图。假设电路的时间常数 $\tau = RC \gg T$, 则 $u_0 \approx \dfrac{1}{RC}\int_0^t u_i(t)\mathrm{d}t$, 在方波宽度内, $u_0 \approx \dfrac{E}{RC}t$, 即与 t 成线性关系。当输入方波正、负跳变时, 由于电容 C 充、放电很慢, 于是 u_0 便形成三角形状的脉冲波 (见图)。

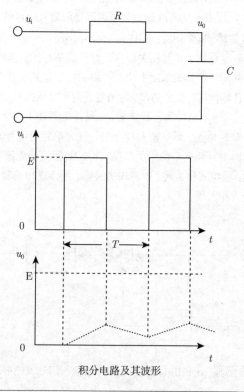

积分电路及其波形

逻辑门电路 [logic gate circuit]　　信号取值为 "0" 和 "1"，且输入信号和输出信号之间具有一定的逻辑运算关系的电路，是数字电路的基本部件之一，广泛应用于计算机、通信、自动控制等数字化领域。所谓门，就是能够按照一定的条件控制信号通过或者不通过的一种开关。基本的逻辑门电路有 "与门""或门""非门""异或门""与非门""或非门"等。逻辑门电路一般都为集成电路，常用的有 TTL(晶体管–晶体管逻辑电路) 门电路和 CMOS(互补金属–氧化物–半导体) 门电路。

计数器 [counter]　　由基本的计数单元和一些控制门所组成，能够记录电路中出现的脉冲数目的电路，有加法计数器、减法计数器和可逆计数器 (可加、可减) 等多种。计数方式有非同步计数和同步计数，前者每来一个时钟脉冲 CP，多级计数器的前级先翻转，然后再用前级的翻转去触发后一级的翻转，所以速度较慢；后者将时钟脉冲 CP 加到计数器的每一级上，使各级该翻转的触发器同时翻转，所以速度较快，但电路复杂。计数器是数字通信和计算机中不可缺少的逻辑部件。

触发器 [trigger]　　能够存储 1 位二值信号的基本单元电路。是构成时序逻辑电路以及各种复杂数字系统的基本单元。触发器分两类：一类是双稳态触发器，它有两个稳定状态："0" 和 "1"，在不同的输入触发下，可被置成 "0" 状态，也可被置成 "1" 状态，它可用来构成各种计数器、分频器和寄存器等。另一类是单稳态触发器，它有一个稳定状态和一个暂稳定状态，无外加信号触发时处于稳定状态，当受外加触发时转入暂稳定状态，经短暂时间后又自动返回稳定状态，它可用于脉冲整形和延时。现代触发器都是用集成电路实现的，根据逻辑功能不同，触发器可分为 R-S 触发器、T 触发器、D 触发器和 J-K 触发器。

寄存器 [register]　　一种由双稳态触发器组成的用来暂时存放二进制数码的逻辑部件，广泛应用于各类数字系统和数字计算机中。一个触发器可以存放一位二进制数码，因此 n 位寄存器由 n 个触发器组成，有些寄存器还包含由门电路构成的控制电路，以保证信号的接收和清除。寄存器存放和取出数据的方式有并行和串行两种，并行存放方式是数码从各对应输入端同时输入到寄存器中，串行存放方式是数码从一个输入端逐位输入到寄存器中，取出方式类似。根据功能不同，寄存器常分为数码寄存器和移位寄存器，数码寄存器仅具有接收和存储数码的功能，移位寄存器除上述功能外，还具有移位功能，即存储在寄存器中的数码可以在外加信号的控制下依次向右或向左转移到相邻的触发器中。

记忆电路 [memory circuit]　　一种具有记忆功能的逻辑电路。如在输入端加一个单位阶跃信号使电路处于某一新状态，然后撤去输入信号而电路仍保持这种状态，即表明电路具有记忆功能。双稳态触发器是一种基本的记忆电路，磁性元件也是一种记忆元件，利用它们可以组成带记忆能力的部件，如计算器、寄存器和存储器等。

存储器 [memory]　　一种能存储大量二值信息的半导体器件，常用作计算机系统中的记忆设备，用来存放程序和数据，是数字系统不可缺少的组成部分。根据存、取功能上的不同，可以分为只读存储器 (read-only memory，ROM) 和随机存储器 (random access memory，RAM)，只读存储器在正常工作状态下只能从中读取数据，不能快速地随时修改或重新写入数据，随机存储器在正常工作状态下可以随时读出或写入数据。根据所采用存储单元工作原理的不同，又将随机存储器分为静态存储器 (static random access memory，SRAM) 和动态存储器 (dynamic random access memory，DRAM)，动态存储器所能达到的集成度远高于静态存储器，但存取速度不如静态存储器快。

双极型电路 [bi-polar circuit]　　主要以硅材料为衬底，在平面工艺基础上采用埋层工艺和隔离技术，以双极型晶体管为基础元件的单片集成电路。双极型晶体管因其有自由电子和空穴两种极性的载流子参与导电而得名。按功能可分为数字集成电路和模拟集成电路两类。典型的双极型数字集成电路主要有晶体管–晶体管逻辑电路 (TTL)，发射极耦合逻辑电路 (ECL)，集成注入逻辑电路 (I2L)，TTL 电路形式发展较早，工艺比较成熟，ECL 电路速度快，但功耗大，I2L 电路速度较慢，但集成密度高。同金属–氧化物–半导体集成电路相比，双极型集成电路速度快，广泛地应用于模拟集成电路和数字集成电路。

互补型金属氧化物半导体 [complementary metal oxide semiconductor，CMOS]　　一种集成电路的制作工艺，同时采用 PMOS(p-type MOSFET) 和 NMOS(n-type MOSFET) 两种元件。由于 PMOS 与 NMOS 构成的门电路总是工作在一个导通而另一个截止的状态，即互补状态，因此称其为互补型金属氧化物半导体 (CMOS)。该工艺可用来制作微处理器、微控制器、静态随机存储器以及互补型金属氧化物半导体图像传感器与其他数字逻辑电路。互补型金属氧化物半导体具有只有在晶体管需要切换启闭时才需耗能的优点，因此非常省电且发热少。

TTL 电路 [transistor-transistor logic circuit]　　采用双极型三极管和电阻等元件组成的一种能够完成某些逻辑运算功能的数字集成电路，由德州仪器公司最早开发出来，最常见的为 74 系列。在数字集成电路发展的早期，TTL 电路具有比 CMOS 电路速度快的优势，随着 CMOS 工艺的进步，其速度已经超越了 TTL 电路，而且 CMOS 不含有制作起来比较麻烦的电阻，因此，目前 TTL 电路主要应用于教学或较简单的数字电路。

MOS 电路 [metal-oxide-semiconductor circuit]
以金属–氧化物–半导体 (MOS) 器件为基本元件的集成电路。通常分为 NMOS、PMOS 和 CMOS 三类，它们分别由 n 型沟道、p 型沟道 MOS 器件和 n 沟道与 p 沟道 MOS 器件互补构成。与双极型集成电路相比，MOS 电路具有工艺结构简单、功耗低、集成度高、设计灵活和输入阻抗高等优点。它不但广泛用于数字电路 (如微处理器、存储器) 的集成，也广泛应用于模拟电路 (如运算放大器、滤波器) 的集成。

组合逻辑电路 [combinational logic circuit] 任何时刻的输出仅取决于该时刻的输入、而与电路过去状态无关的逻辑电路。组合逻辑电路可以有多个输入、多个输出，输出与输入之间没有反馈回路，且电路中不包含记忆单元。组合逻辑电路的分析方法是根据逻辑图，逐级写出输出表达式，经逻辑函数化简得出最简输出逻辑函数表达式，从而确定电路的逻辑功能。

时序逻辑电路 [time sequence logic circuit] 任何时刻的输出不仅取决于当时的输入，而且与电路原始状态有关的逻辑电路。时序逻辑电路由组合逻辑电路和存储电路组成。时序逻辑电路可分为同步时序电路、脉冲异步时序电路和电平异步时序电路，同步时序电路和脉冲异步时序电路中的存储单元都由触发器组成，不过前者触发器状态的改变由统一的时钟脉冲控制，而后者触发器状态的改变由各触发器的时钟脉冲控制；电平异步时序电路中的存储单元则由延迟单元组成。

可编程逻辑器件 [programable logic device，PLD]
一种通用的、可编程的数字逻辑器件，它是一种"与"矩阵和"或"矩阵的两级逻辑结构的器件。采用 PLD 可对器件进行设计，通过设计芯片来实现系统功能，由设计者定义器件内部逻辑和管脚，并可反复编程、修改逻辑。PLD 的出现极大地方便了数字系统的设计，它是电子设计自动化的基础之一。可编程逻辑器件的品种有：可编程只读存储器 (PROM)、可编程逻辑阵列 (PLA)、可编程阵列逻辑 (PAL)、通用阵列逻辑 (GAL)、可编程门阵列 (PGA)、现场可编程门阵列 (FPGA) 和在线可编程逻辑器件 (ispLSI) 等。可编程逻辑器件在计算机、工业控制、智能仪器仪表、现代通信和家用电器等领域有广泛应用。

模糊逻辑控制器 [fuzzy logical controller，FLC]
一种采用模糊逻辑控制算法的控制器。它将模糊逻辑语言控制策略变为有效的自动控制策略。模糊逻辑由美国加利福尼亚大学扎德 (L.A. Zadeh) 于 1965 年提出。他把只取 0 和 1 二值的经典集合概念推广在 $[0,1]$ 区间上取无穷多值的模糊集合概念，其基本理论有逻辑基础、FUZZY 算法、FUZZY 模型和 FUZZY 集合公理等。模糊逻辑控制器由三个基本部分构成：(1) 将输入的确切值"模糊化"，成为可用模糊集合描述的变量；(2) 应用语言规则进行模糊推理；(3) 对推理结果进行决策并清晰化，使之转化为确切的控制量输出。典型的模糊逻辑控制器是两个输入 (一般为偏差和偏差变化)、一个输出 (控制量) 的控制器。世界上第一块模糊逻辑控制器芯片于 1986 年在美国贝尔实验室诞生。模糊逻辑控制器在通信、导航、自动控制、人工智能和家用电器等领域有广泛应用。

电荷耦合器件 [charge coupled device，CCD] 由时钟脉冲电压产生和控制半导体势阱的变化，实现存储和传递电荷信息的固态电子器件。实际上电荷耦合器件是一种用电荷量表示不同状态的动态移位寄存器。电荷耦合器件由间隔极小的金属–氧化物–半导体电容器阵列和适当的输入、输出电路构成，常见的结构有表面沟道、体沟道和蠕动型等。电荷耦合器件主要应用于固态成像、信号处理和大容量存储器三个方面。在遥感、雷达、通信、电子计算机、电视摄像等领域具有重要应用。

模数转换 [analog-to-digital converter] 又称 A/D 转换、ADC。将连续模拟信号转换为脉冲数字代码信号的过程，它是数字化技术中的关键技术。模数转换的过程是采样、量化、编码。为了能不失真地恢复原信号，采样频率应大于或等于原信号包含的最高频率的两倍。模数转换电路形式可分为直接法和间接法。直接法是通过一组基准电压直接与采样保持信号比较，将比较器输出编码为数字量，其优点是转换速度快，如并行比较型 ADC 和逐位逼近型 ADC；间接法是先将采样保持模拟信号电压转换成间接物理量 —— 时间或频率，然后再将它通过计数器等时序网络转换成数字量，其优点是转换精度高，但速度慢，如双积分型 ADC。目前 ADC 常制成集成电路。模数转换器的主要指标有：转换精度和转换速度。

数模转换 [digitial-to-ananlog converter] 又称 D/A 转换、DAC。将脉冲数字代码信号转换为连续模拟信号的过程。如接收的数字信号为 $D = a_1 2^{-1} + a_2 2^{-2} + \cdots + a_n 2^{-n}(a_i = 0$ 或 $1)$，参考信号为 R，则其产生的模拟信号为 $A = RD$。数模转换器通常由参考电压源、电阻网络和电子开关三部分组成，常用的电阻网络有：R-2RT 型求和网络、R-2R 倒 T 型电阻网络和权电阻求和网络，网络的每一位有一电子开关由输入数码"1"或"0"控制其开关，然后将各位输出相加而获得模拟信号。目前 DAC 常制成集成电路。数模转换器的主要指标有：分辨率和转换速度。

采样定理 [sampling theorem] 采样定理表明：一个频谱限制在 $(0, f_m)$ 内的连续信号 $f(t)$，唯一地被均匀间隔 $T_s \leqslant 1/2B$ 秒 $(B = f_m)$ 的取样序列 $f(kT_s)$ 所确定。也就是说：(1) 如果以时间间隔 $T_s \leqslant 1/2B$ 秒对连续信号 $f(t)$ 取样，则 $f(t)$ 的全部信息都包含在取样序列中而没有丢失；

(2) 反之,利用该取样序列可以不失真地恢复原来的信号 $f(t)$。并称:$T_s = 1/2B$ 为奈奎斯特 (Nyquist) 间隔;$f_s = 2B$ 为奈奎斯特速率。

脉码调制 [plus-code modulation,PCM]　将模拟信号转换为脉冲数字信号的调制方式。模数转换的基本方法之一,通常分为采样、量化和编码三个过程,采样是按一定的时间间隔取出连续信号幅度的瞬时值,为了使取样脉冲序列中能包含连续信号的全部信息,以便能原样恢复,应使取样间隔 $T_s \leqslant 1/2B$ 秒 (B 为连续信号中的最高频率);量化是将采样值按给定的分层用 "四舍五入" 法成为整数,为了减小量化噪声,应采用非线性量化或自适应量化,即使权量化器的量化分层间隔为非均匀的,在概率大的区域分层间隔小,常采用国际标准规定的折线近似对数压扩非线性量化:分为 A 律 (中国和欧洲采用) 和 μ 律 (日本和北美采用);编码是将量化值表示为一组二进制脉冲。脉冲编码调制具有抗干扰性好、失真小等优点,但其设备较复杂、占用频带宽。

增量调制 [delta modulation]　简称 DM、ΔM。一种特殊的脉冲编码调制方式。它按一定时间间隔对连续信号瞬时值的增量进行采样、量化和编码,如后一个采样瞬时值与前一个的之差为正,则编码为 "1",反之则编码为 "0",因此差值码组仅有一位二进制码。为了克服简单增量调制动态范围窄的缺点,还有多种改进的增量调制,如自适应增量调制、连续增量调制、总和增量调制和双积分增量调制等。增量调制与脉码调制相比的优点是编码与解码电路比较简单、数据率较低和抗信道误码性能好。

稳压电源 [regulated power supply]　一种能为电子设备或电路提供稳定交、直流电源的通用电源设备。当输入电压、负载、环境温度和电路参数等在一定范围内变化时,稳压电源输出的电压或电流能维持相对恒定。直流稳压电源一般由整流、滤波和调整控制三部分组成;交流稳压电源一般利用磁饱和原理或电子器件进行调整。稳压电源的主要指标有两类:一类是特性参数,输出电压、输出电流、电压调节范围;一类是质量参数,稳压系数、波纹电压、稳定度和输出阻抗等。

开关电源 [switching mode power supply]　用晶体管或场效应管作为开关元件,以较高频率控制开并通断时间比,将输入交流 (或直流) 电压转换为所需稳定的直流输出电压的装置。传统的线性稳压电源先用变压器降低电压、经整流滤波成直流然后通过反馈稳压电路输出稳定的直流电压,开关电源则直接将 220V 交流电整流滤波成直流,用开关元件高速控制其通断,取其平均值为所需电压值,同时用反馈电路控制其通断比达到稳定输出电压的目的。与线性电源相比,开关电源可省去体积大而笨重的电源变压器,开关元件损耗很小,开关频率高,所附属的外围元件也小,因此开关电源的体积小、重量轻、效率高 (一般在 80%以上),已广泛应用于各种电器 (如程控电话交换机、计算机和电视机等) 中。

不间断电源 [uninterruptive power system,UPS]　在外电网 (市电) 供电中断时,具有发电机作用能使供电在一定时间内继续的设备。UPS 主要由整流、蓄电池组和逆变器组成。市电输入经整流将交流变为直流,一方面给蓄电池充电,另一方面为逆变器提供能量,再将直流变为交流送至负载;当市电中断时,则由蓄电池组向逆变器送电以维持供电不间断。UPS 分为在线式和后备式两类,在线式 UPS 平常也工作在整流 (充电)–逆变–输出方式下,仅在逆变器有故障时才通过转换开关改由市电直接向负载供电;而后备式 UPS 平常即工作在市电直接向负载供电的方式下。

网络分析 [network analysis]　根据已知的输入激励和网络组成计算网络响应特性的方法。网络分析的基本定律是基尔霍夫电压定律和基尔霍夫电流定律。网络分析包括对激励信号的研究和网络拓扑分析。对不同的激励源和网络具有不同的分析方法。

网络综合 [network synthesis]　根据给定的输入激励和输出响应来确定具体的网络结构和其中的元件值的方法。常用的二端网络的综合法有:LC 网络福斯特 (R.M.Foster) 综合,LC、RC、RL 网络考尔 (W.Cauer) 综合,RLC 网络布隆纳 (O.Brune) 综合,布脱–都汶 (R.Bott-R.J.Duffin) 综合等。四端网络的综合常有:达林顿 (S.Darlington) 综合,零点位移法和链接法综合等。由于理想的网络函数往往不能实现,常采用逼近方法使频率函数或时间函数符合一定偏差要求并同时满足网络实现条件,例如,理想滤波器的衰减特性从通带到阻带应是突变的且在通带内衰减为零,但实际中只能用最大平坦函数或等波纹 (切比雪夫) 函数等来逼近,逼近计算则可借助计算机用迭代法或最优化方法来进行,称之为计算机辅助网络设计。

支路分析法 [slip method of analysis]　以支路电压和支路电流为变量列写电路方程,对电路进行分析的一种方法,可以分为支路电流法和支路电压法。对一个具有 b 条支路和 n 个结点的电路,根据基尔霍夫电流定律 (KCL) 可以列出 $(n-1)$ 个独立方程,根据基尔霍夫电压定律 (KVL) 可以列出 $(b-n+1)$ 个独立方程,总计 b 个独立方程,再利用元件两端的电压与电流之间的关系,将各支路电压以支路电流表示,代入 KVL 方程,这样就可以得到以 b 个支路电流为未知量的 b 个 KCL 和 KVL 方程,这种方法就是支路电流法。如果将支路电流用支路电压表示,然后代入 KCL 方程,就可以得到以 b 个支路电压为未知量的 b 个方程,这就是支路电压法。

网孔分析法 [mesh method of analysis]　以网孔电流作为电路独立变量,列写电路方程,对电路进行分析的一种方法，仅适用于平面电路。由于网孔电流已经体现了基尔霍夫电流定律 (KCL) 的制约关系，故以网孔电流为变量时只需列出基尔霍夫电压 (KVL) 方程。全部网孔是一组独立回路，因而对应的 KVL 方程是独立的，且独立方程的个数与电路变量数均为全部网孔数，足以解出网孔电流。

回路分析法 [loop method of analysis] 根据基尔霍夫电压定律分析网络的一种基本方法。对于有 $N+1$ 个节点、B 条支路的网络，它应有 $B-N$ 个基本回路，设定回路电流 $I_1, I_2, \cdots, I_{B-N}$ 及其参考方向，列出回路电压方程，$B-N$ 个线性联立方程，解方程即可求出各回路电流。

节点分析法 [nodal method of analysis] 根据基尔霍夫电流定律分析网络的一种基本方法。对于 $N+1$ 个节点的网络，选定某一节点为参考节点，以其余节点对参考节点的电压 $V_1, V_2, \cdots, V_N$ 为独立变量，对 N 个节点列出节点电流方程，N 个线性联立方程，解方程即可求出各节电压，然后可求出支路电压和电流。

状态变量法 [state variable technique] 一个有因果关系的动态系统，即已知 $t = t_0$ 时系统的初始状态和 $t \geq t_0$ 时的输入，则其在 $t \geq t_0$ 时的系统状态和输出就完全被确定。这类问题的求解可以用状态变量法。其方法是：(1) 首先选择状态变量——能完全描述系统状态的一组数量最少的变量；(2) 列写出状态方程；(3) 求解状态方程。状态变量法的主要优点是：它将过去状态直接由状态变量表示，从而将描述复杂系统的线性微分方程用一组一阶线性微分方程来表示，从而可供方便求解，并适合计算机求解。

信号流图 [signal flow graph] 求解由线性代数方程组表示的网络方程的一种图解法。求解时首先构成流图，它是将网络各输入、输出物理量分别用结点来表示，将各物理量之间的关系用从自变量结点指向应变量结点并附有一定系数的定向线段来表示，使线段的终点量等于所有指向它的起点量乘以相应系数之和。然后可按照一定的规则简化流图，使未知量结点和已知量结点之间有一条或几条系数已知的定向线段直接连结从而求出未知量；或者也可用一定的计算公式 (如不接触环法则) 直接求出未知量。信号流图法具有计算简便、概念直观等优点。

阻抗矩阵 [impedance matrix] 表征网络特性的参量之一，在 n 端口线性网络中，描述各端口电压与电流之间的关系为 $[V] = [Z][I]$，其中

$$[Z] = \begin{pmatrix} Z_{11} & Z_{12} & \cdots & Z_{1n} \\ Z_{21} & Z_{22} & \cdots & Z_{2n} \\ \vdots & \vdots & & \vdots \\ Z_{n1} & Z_{n2} & \cdots & Z_{nn} \end{pmatrix}$$

称为阻抗矩阵，各矩阵元素 Z_{ij} 称为阻抗参量，且有

$$Z_{jj} = \left. \frac{V_j}{I_j} \right|_{I_i=0(i \neq j, I_j \neq 0)}$$

$$Z_{ij} = \left. \frac{V_i}{I_j} \right|_{I_i=0(i \neq j, I_j \neq 0)}$$

Z_{jj} 和 Z_{ij} 分别表示除第 j 端口外其余端口全部开路时，第 j 端口的输入阻抗和第 j 端口到第 i 端口的转移阻抗。

导纳矩阵 [admittance matrix] 表征网络特性的参量之一，在 n 端口线性网络中，描述各端口电流与电压之间的关系为 $[I] = [Y][V]$，其中

$$[Y] = \begin{pmatrix} Y_{11} & Y_{12} & \cdots & Y_{1n} \\ Y_{21} & Y_{22} & \cdots & Y_{2n} \\ \vdots & \vdots & & \vdots \\ Y_{n1} & Y_{n2} & \cdots & Y_{nn} \end{pmatrix}$$

称为导纳矩阵，各矩阵元素 Y_{ij} 称为导纳参量，且有

$$Y_{jj} = \left. \frac{I_j}{V_j} \right|_{V_i=0(i \neq j, V_j \neq 0)}$$

$$Y_{ij} = \left. \frac{I_i}{V_j} \right|_{V_i=0(i \neq j, V_j \neq 0)}$$

Y_{jj} 和 Y_{ij} 分别表示除第 j 端口外其余端口全部短路时，第 j 端口的输入导纳和第 j 端口到第 i 端口的转移导纳。

散射矩阵 [scattering matrix] 表征网络特性的参量之一，在 n 端口线性网络中，描述各端口归一化入射电压波 a 与归一化反射电压波 b 之间的关系为 $[b] = [S][a]$，其中

$$[S] = \begin{pmatrix} S_{11} & S_{12} & \cdots & S_{1n} \\ S_{21} & S_{22} & \cdots & S_{2n} \\ \vdots & \vdots & & \vdots \\ S_{n1} & S_{n2} & \cdots & S_{nn} \end{pmatrix}$$

称为散射矩阵，各矩阵元素 S_{ij} 称为散射参量，其优点是在微波网络中便于测量，且有

$$S_{jj} = \left. \frac{b_j}{a_j} \right|_{a_i=0(i \neq j, a_j \neq 0)}$$

$$S_{ij} = \left. \frac{b_i}{a_j} \right|_{a_i=0(i \neq j, a_j \neq 0)}$$

S_{jj} 和 S_{ij} 分别表示除第 j 端口接信号源外其余端口全部接匹配负载时，第 j 端口的归一化电压反射系数和从第 j 端口到第 i 端口的归一化电压传输系数。

增益 [gain] 电路的输出量与输入量之比，即放大倍数。如以电压 (或电流) 作为输出、输入量则得电压 (或电流

增益；如以功率作为输出、输入量则得功率增益。为了计算方便通常将增益取对数，如电压增益

$$G_V = \ln \frac{U_1}{U_2} \text{奈培} \quad \text{或} \quad G_V = 20 \log \frac{U_1}{U_2} \text{分贝}$$

式中 U_1、U_2 分别为输入和输出电压，且有 1 奈培 =8.686 分贝。

增益带宽积 [gain-bandwidth product] 用于衡量运算放大器性能的一个参数，表征在外接负反馈网络控制增益的放大电路中使用一个运算放大器时，增益与有效带宽之间的关系，定义为放大器的带宽 (一般为增益下降 3dB 时的带宽) 与在该带宽内增益的乘积，该乘积一般为定值。在设计放大器时，若增益已定，则可以通过该参数估计放大器的带宽，反之，若带宽已定，则可以通过该参数估计放大器的增益。

分贝 [decibel] 表示某个器件或电路的放大或衰减的单位。关系式为

$$\text{分贝数} = 10 \lg \frac{\text{输出功率}}{\text{输入功率}} = 20 \lg \frac{\text{输出电压 (或电流)}}{\text{输入电压 (或电流)}}$$

它与奈培之间的关系为：1 分贝 (dB)=0.115 奈培 (Np)。

奈培 [neper] 以自然对数表示的某个器件或电路的放大或衰减的单位。关系式为

$$\text{奈培数} = \frac{1}{2} \ln \frac{\text{输出功率}}{\text{输入功率}} = \ln \frac{\text{输出电压 (或电流)}}{\text{输入电压 (或电流)}}$$

它与分贝之间的关系为：1 奈培 (Np)=8.686 分贝 (dB)。

电噪声 [electric noise] 电子电路、器件和系统中所有不需要的无用电信号。电子系统的噪声来源有外部噪声和内部噪声，外部噪声主要有天线热噪声、大气噪声、宇宙噪声、工业噪声和其他电子设备的干扰等；内部噪声包括电阻热噪声、晶体管和电子管等器件的噪声等。一般情况下，噪声是有害的，它将限制接收机的灵敏度和降低通信的质量等，因此，研究噪声的来源、特性和设法降低它的影响具有重要意义。

白噪声 [white noise] 噪声的一种。功率谱密度在整个频域内满足均匀分布，既包含各种频率成分，且在各频段上的功率是一样的。由于白光是由各种频率 (颜色) 的单色光混合而成，因而此信号的这种具有平坦功率谱的性质被称作是 "白色的"，此信号也因此被称作白噪声。理想的白噪声带宽为无穷大，在实际分析时，可以将功率谱密度在很宽的有限带宽内均匀分布的噪声视为白噪声。

功率谱密度 [power spectral density] 信号或者时间序列的功率随频率的分布。这里的功率可以是实际具有物理意义的功率，但为了便于表示抽象的信号，常定义为信号数值的平方，也就是当信号的负载为 1 欧姆时的实际功率。对于确定的功率信号，根据帕塞瓦尔定理，有

$$P = \lim_{T \to \infty} \frac{1}{2T} \int_{-T}^{T} x^2(t)\mathrm{d}t = \frac{1}{2\pi} \int_{-\infty}^{\infty} \lim_{T \to \infty} \frac{1}{2T} |X_T(\omega)|^2 \mathrm{d}\omega$$

式中，$X_T(\omega)$ 是截断信号 $X_T(t)$ 的傅里叶变换，令

$$S(\omega) = \lim_{T \to \infty} \frac{1}{2T} |X_T(\omega)|^2$$

则 $S(\omega)$ 为确定功率信号的功率谱密度。

对于平稳随机信号，其功率谱密度是其自相关函数的傅里叶变换，即

$$S(\omega) = \int_{-\infty}^{\infty} R_X(\tau)\mathrm{e}^{-\mathrm{i}\omega\tau}\mathrm{d}\tau$$

噪声系数 [noise figure] 量度网络噪声性能的参数，它定义为网络输入端信噪比 $S_\mathrm{i}/N_\mathrm{i}$ 与输出端信噪比 $S_\mathrm{o}/N_\mathrm{o}$ 的比值，即

$$F = \frac{S_\mathrm{i}/N_\mathrm{i}}{S_\mathrm{o}/N_\mathrm{o}}$$

它表示实际网络由于内部噪声的影响使其输出端比输入端的信噪比变坏的倍数。用分贝 (dB) 为单位表示为

$$F = 10 \lg \frac{S_\mathrm{i}/N_\mathrm{i}}{S_\mathrm{o}/N_\mathrm{o}}(\mathrm{dB})$$

为了使噪声系数与输入噪声无关，通常规定输入端处于 290K，即 $N_\mathrm{i} = k290B_\mathrm{n}$($k$ 为玻尔兹曼常量，B_n 为噪声带宽)。

噪声温度 [noise temperature] 将电子器件或网络内部产生的噪声等效为在相同频带内处于噪声温度 T 的电阻产生的热噪声，有 $T = \frac{N}{kB_\mathrm{n}}$，式中 N 为资用噪声功率，k 为玻尔兹曼常量，B_n 为噪声带宽。

灵敏度 [sensitivity] 接收机接收微弱信号的能力。当接收机正常工作 (如达到一定的输出功率和信号噪声比) 时输入端必需的信号强度或场强，信号强度以微伏计，场强以毫伏/米计。为了提高灵敏度，应提高接收机的放大量，但这受到接收机内部噪声的限制，因为信号与噪声同时被放大仍不能满足信噪比的要求，因此为了进一步提高接收机灵敏度应设法降低其内部噪声和抑制天线上的外来噪声。

电压响应 [voltage response] 电路在电能或电信号发生器等激励源作用下产生的电压。

电流响应 [current response] 电路在电能或电信号发生器等激励源作用下产生的电流。

频率响应 [frequency response] 电子元件、器件、电路和系统的特性参数随频率而变化的特性。通常可用频率响应特性曲线来表示。放大电路的频率响应指的是在输入正弦信号的情况下，输出信号随输入信号频率连续变化的稳态响应，一般包含幅频响应和相频响应两部分。

幅频响应 [amplitude frequency response] 放大电路的增益与频率之间的关系。

相频响应 [phase frequency response] 放大电路输出与输入正弦电压信号的相位差与频率之间的关系。

波特图 [Bode plot]　线性非时变系统的传递函数相对频率变化的对数坐标图，其坐标轴以对数坐标表示，这样处理不仅把频率和增益变化范围展的很宽，而且在绘制近似响应曲线时也十分方便，利用波特图可以看出系统的频率响应。波特图一般是由二张图组合而成，一张幅频图表示频率响应增益的分贝值相对频率的变化，另一张相频图则是频率响应的相位相对频率的变化。

传感器 [transducer]　一种能将被测对象的某种物理、化学、生物等信息转换成便于直接测量和处理的信息的器件。由于电信号便于处理，因此，传感器常又可定义为把各种外界信号转换成电信号的器件。它可将诸如压力、温度、湿度、气味、色泽、流量、转速、应变、振动振幅、射线以及人体的血压、呼吸流量、脉象、心磁、肺磁等非电量转换成电信号后进行测量和显示。传感器广泛应用于工业计量、测量、自动控制、环保、防灾报警、医疗保健和交通运输等领域。

变送器 [transmitter]　把传感器的输出信号转变为可被控制器识别的信号 (或将传感器输入的非电量转换成电信号同时放大以便供远方测量和控制的信号源) 的转换器。传感器和变送器一同构成自动控制的监测信号源。不同的物理量需要不同的传感器和相应的变送器。变送器的种类很多，用在工控仪表上面的变送器主要有温度变送器、压力变送器、流量变送器、电流变送器、电压变送器等。

自动控制 [automatic control]　采用自动化装置对控制信号进行自动测量、变换、处理，并用来控制被控对象达到预定的工作状态或完成预定的功能。自动控制的基本内容包括: (1) 自动控制理论——控制论。现代控制论主要包括: ①系统运动状态的描述; ②系统稳定性分析; ③系统辨识; ④最优控制; ⑤自适应控制。(2) 自动控制技术和工具，一般有机械、气动、液压和电子式等多种型式。自动控制技术广泛应用于工业生产和国防等。自动控制系统按被控制量的变化规律可分为恒定控制系统、程序控制系统和随动系统。

比例–积分–微分 (PID) 控制 [proportional-plus-integral-plus-differential control]　控制系统中技术比较成熟，且应用最广泛的，一种由比例、积分、微分基本控制规律组合而成的复合负反馈控制，其控制系统原理图如下图所示。

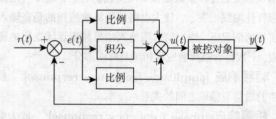

控制器输出信号 $u(t)$ 与输入信号 $e(t)$ 应满足关系:

$$u(t) = k_p e(t) + \frac{k_p}{T_i}\int_0^t e(\tau)\mathrm{d}\tau + k_p T_d \frac{\mathrm{d}e(t)}{\mathrm{d}t}$$

式中, k_p 为比例系数, T_i 为积分时间常数, T_d 为微分时间常数。PID 控制中的比例环节用于对偏差瞬间作出快速反应，积分环节用于把偏差的积累作为输出，微分环节用于阻止偏差的变化，三个环节分别是对偏差的现在、过去和将来进行控制，通过以不同的比重将比例、积分和微分三个控制环节叠加起来对被控对象进行控制，以满足不同的性能要求。

示波器 [oscilloscope]　用阴极射线示波管以图像形式显示电信号随时间变化波形的电子测量仪器。它具有分析波形直观、量程大、响应快、输入阻抗高 (对被测系统影响小) 和多信道等特点，是一种用途最广泛的电子测量仪器，它不但用于电信号的时域测量和分析，且通过适当的传感器可将几乎一切物理量转换成电信号进行显示和测量。示波器按测量的时间关系可分为通用示波器、记忆示波器和取样示波器。通用示波器用于观察分析一般的周期性电信号; 记忆示波器用于观察单次瞬变、非周期或低重复频率的电信号，其记忆方法可采用记忆示波管或采用取样技术、数字技术和存储器; 取样示波器用于观察频率可高达 18GHz 的周期信号，它采用取样技术对每个周期的信号逐次取样，构成一个与被测高频波形相似的低频包络波形，从而可用普通示波器显示。示波器的主要指标有: 频率范围 (−3dB 时的上、下限频率)、灵敏度 (偏转 1 格刻度所需的输入电压)、信道数目 (同时显示的信号路数) 和存储功能等。

频谱分析仪 [spectrum analyzer]　能以模拟方式或数字方式显示电信号频谱结构的仪器。它分析的频谱范围可从 1Hz 以下直到高达亚毫米波段，可用于测量信号的谱纯度、失真度、调制度和频率稳定度等参数。频谱分析仪可分为实时式和扫频式两类，前者能在被测信号发生的实际时间内取得所需的全部频谱信息并进行分析和显示结果，主要用于持续时间很短的随机过程的频谱分析; 后者是具有显示装置的扫频外差接收机，主要用于连续信号和周期信号的频谱分析。频谱分析仪的主要指标有: 频率范围、分辨力、分析谱宽、分析时间、扫频速度、灵敏度、显示方式和假响应等。

网络分析仪 [network analyzer]　测量网络复数散射参量 (S_{11}、S_{12}、S_{21}、S_{22}) 的一种仪器，并以扫频方式给出各散射参量的幅度、相位的频率特性。在超高频波段的网络分析仪常配以电子计算机而构成自动网络分析仪，能对测量结果逐点进行误差修正，并换算出其他各种网络参量和性能参数，如 Z、Y、h 参量及输入、输出反射系数、驻波比、损耗或增益、相移和时延以及阻抗特性等。

逻辑分析仪 [logic analyzer]　一种用于采集和显示数字信号的仪器，通常只显示两个电压 (逻辑 0 和 1)，设定参考电压后，逻辑分析仪将被测信号通过比较器进行判定，高于参考电压为逻辑 1，低于参考电压为逻辑 0，从而产生数字波形，便于观察时序，显示数字系统的运行情况，利于人们对数字系统进行分析和故障判断。

扫频信号发生器 [sweep signal generator]　信号发生器的一种，它所产生的信号频率能随时间作线性变化，而幅度则基本恒定。扫频信号发生器广泛应用于频谱分析仪、跟踪接收机和系统频率响应特性的测量中。产生扫频信号的方法可分为模拟扫频和合成扫频。模拟扫频常用电调谐或磁调谐，返波管振荡器、电调磁控管振荡器和变容二极管调谐晶体管振荡器等为电调谐；YIG 调谐振荡器为磁调谐。合成扫频则采用频率合成技术 (谐波混频器扩频或锁相环扩频) 与模拟扫频技术相结合得到高稳定度、高准确度和低相位噪声的扫频信号。

脉冲信号发生器 [pulse signal generator]　产生矩形窄脉冲信号的信号发生器，其信号的脉冲幅度、宽度和重复频率是可调的。它广泛用于测试和校正各种脉冲和宽带设备或作为其他信号源的调制器。脉冲信号发生器由主控振荡器、延迟级、脉冲形成级、输出级和衰减器等部分组成。

卷积 [convolution]　数学中关于两个函数的一种无穷积分运算，对于函数 $f(x)$ 和 $g(x)$，其卷积运算表示为

$$f(x) * g(x) = \int_{-\infty}^{\infty} f(\tau)g(x-\tau)\mathrm{d}\tau$$

式中，$*$ 是卷积符号，$f(x) * g(x)$ 代表 $f(x)$ 和 $g(x)$ 卷积。卷积的应用十分广泛，在电路分析中，若已知电路的冲激响应 $h(t)$，则对于任意的输入激励 $e(t)$，该电路的零状态响应可以由 $h(t)$ 与 $e(t)$ 卷积求得。在傅里叶变换分析中，利用两函数傅里叶变换的乘积等于它们卷积后的傅里叶变换，可以使许多问题的处理得到简化。此外，卷积在统计学、概率论、声学等都有重要的应用。

谐波分析 [harmonic analysis]　又称傅里叶分析。任何周期性振荡波形都可分解为一个基波和若干个谐波的正弦振荡的合成。它可展开为傅里叶级数：

$$f(t) = \sum_{n=0}^{\infty}(A_n \sin n\omega_1 t + B_n \cos n\omega_1 t)$$

式中系数 A_n 和 B_n 决定于 $f(t)$：

$$A_n = \frac{2}{T}\int_{t_1}^{t_1+T} f(t)\sin n\omega_1 t \mathrm{d}t$$
$$B_0 = \frac{1}{T}\int_{t_1}^{t_1+T} f(t)\mathrm{d}t, \quad n=0$$
$$B_n = \frac{2}{T}\int_{t_1}^{t_1+T} f(t)\cos n\omega_1 t \mathrm{d}t, \quad n \neq 0$$

这种求得它们的振幅和相位的分析就称为谐波分析。

变换域 [transform domain]　信号分析的一种方法，为了便于凸显信号的某种特征，将信号由一个正交矢量空间变换到其他的正交矢量空间进行分析。常见的变换域有傅里叶变换、拉普拉斯变换、Z 变换、离散傅里叶变换、离散余弦变换、离散小波变换等。

傅里叶变换 [Fourier transform]　将时间连续函数变换为频率函数，即有

$$F(j\omega) = \int_{-\infty}^{\infty} f(t)\mathrm{e}^{-\mathrm{j}\omega t}\mathrm{d}t$$

傅里叶反变换是将频率函数变换为时间函数，即有

$$f(t) = \frac{1}{2\pi}\int_{-\infty}^{\infty} F(\mathrm{j}\omega)\mathrm{e}^{-\mathrm{j}\omega t}\mathrm{d}\omega$$

式中 $\mathrm{j} = \sqrt{-1}$。利用傅里叶变换可对时域函数作频谱分析。

快速傅里叶变换 [fast Fourier transform]　计算离散傅里叶变换的一种快速算法。离散傅里叶变换的正变换和反变换公式分别为

$$F_n = F(n) = \frac{1}{N}\sum_{k=0}^{N-1} f_k \mathrm{e}^{-\mathrm{j}2\pi nk/N}, \quad n = 0, 1, 2, \cdots, N-1$$

$$F_k = F(k) = \sum_{n=0}^{N-1} F_n \mathrm{e}^{\mathrm{j}2\pi nk/N} \quad k = 0, 1, 2, \cdots, N-1$$

可见为了计算全部 F_n (或 f_k) 需作 N^2 次复数乘法和 $N(N-1)$ 次加法，为了减小计算量和提高计算速度，1965 年由库利-图基 (Cooley-Tukey) 提出 FFT 算法，可将计算量减小为 $N/2\log_2 N$ 次复数乘法和 $N\log_2 N$ 次复数加法，从而大大提高了计算效率使离散傅里叶变换广泛获得实际应用。

离散傅里叶变换 [discrete Fourier transform]　计算机处理数据时，要求数据必须是离散的，而无论傅里叶变换、傅里叶级数或是离散时间信号的傅里叶变换，其在时域或是频域总存在连续的情况，而离散傅里叶变换为计算机处理信号带来可能，它实际上来自于离散傅里叶级数，只不过仅在时域和频域各取一个周期而已，也可以看作是对离散时间信号的傅里叶变换在频域的采样，其正变换和逆变换的公式分别为

$$X(k) = \sum_{n=0}^{N-1} x(n)\exp(-\mathrm{j}\frac{2\pi}{N}nk), \quad k = 0, 1, 2, \cdots, N-1$$

$$x(n) = \frac{1}{N}\sum_{k=0}^{N-1} X(k)\exp(\mathrm{j}\frac{2\pi}{N}nk), \quad n = 0, 1, 2, \cdots, N-1$$

对任一有限长序列 $x(n)$，都可以按照上式方便地在计算机上求其频谱，但应当将其看作对经过周期延拓后的周期信号进行的变换，上式计算的是该离散周期信号的主值序列，将该序列作延拓，即可得到整个周期信号。

拉普拉斯变换 [Laplace transform]　将时间连续函数变换为复频率函数。即

$$F(s) = \int_0^{\infty} f(t)\mathrm{e}^{-st}\mathrm{d}t$$

拉普拉斯反变换是将复频域函数变换为时间函数，即有

$$f(t) = \frac{1}{2\pi} \int_0^\infty F(s)\mathrm{e}^{-st}\mathrm{d}s$$

式中 $s=\sigma+\mathrm{j}\omega$ 称为复频率，σ 表征振幅的变化，ω 为角频率。在分析连续时间系统时，利用拉普拉斯变换可将微积分方程转化为代数方程方便求解。

Z 变换 [*Z* **transform**] 离散序列在时间域和 Z 域间的线性变换，其正、反变换关系式分别为

$$X(z) = \sum_{n=0}^\infty x(n)z^{-n}$$

$$x(n) = \frac{1}{2\pi\mathrm{j}} \oint_c X(z)z^{n-1}\mathrm{d}z$$

在分析离散信号和系统时，利用 Z 变换可将线性差分方程转化为代数方程求解。

本章作者：陈健，许伟伟，孙国柱，伍瑞新，冯一军，金飚兵，朱广浩，康琳

九

凝聚态物理学

9.1 超导与低温物理

9.1.1 超导体基本性质和分类

超导电性 [super conductivity]　具有零电阻和完全抗磁性性质称为超导电性，具有这种性质的材料称为超导体。在适当的温度和压力条件下，许多金属合金和化合物的电阻消失至无法测量的水平，称零电阻现象，或称零电阻状态。在此状态下，通以直流电流却呈现无电阻现象，不产生焦耳热损耗，具有完全导电性，称为超导。完全导电性是超导电性最基本特性之一。对大块样品，若在外加不大的稳恒磁场下，样品处于零电阻状态，又完全将磁场排斥到体外，即具有完全抗磁性，称为迈斯纳 (Meissner) 效应。一般所称的超导电性或超导体均应具有这两种最基本的特性。物体处于具有超导电性的状态称为超导态。最先观察到零电阻态的是荷兰物理学家卡末林·昂内斯 (Kamerlingh Onnes) 小组，他们于 1911 年在约 4.2K 温度时发现汞的零电阻现象，由于他这一重大发现而获得诺贝尔物理学奖。到目前为止，在常压下已发现有数千种元素、合金和化合物具有超导电性。

完全导电性 [perfect conductivity]　见超导电性。

理想导体 [ideal conductor]　理论上假想的直流电导率为无穷大的金属导体。与超导体的区别是理想导体不具有无条件或完全抗磁特性。

超导态 [superconducting state]　见超导电性。

超导体 [superconductor]　见超导电性。

零电阻 [zero resistance]　在临界温度 (T_c) 以下电阻消失的现象，是超导电性的一个必备条件（见超导电性）。在超导环中的持续电流实验中得到证实（见持续电流）。例如通过测量超导线圈中的磁感应电流的衰减推算得到此时的电阻率 $\rho < 10^{-25}\Omega\cdot\mathrm{cm}$；用核磁共振方法测量超导环中电流产生磁场的任何细微衰减的特征衰减时间下限为 10^5 年，实际上还可推算到 10^{20} 年时间内，而相应的电阻率已经非常小，完全可用零来代替，称为零电阻。

临界温度 [critical temperature]　又称转变温度、超导临界温度 (T_c)，一般是在常压下的超导元素合金和化合物在电阻消失时的温度，即在正常 (超导) 态转变为超导 (正常) 态所对应的温度。实际上从正常态转变到超导态电阻消失过程是在一个相对狭小的温度区间内实现的，这个区间称为转变宽度（ΔT_c)，它与材料属性有关，同时也与材料纯度、晶体缺陷和内部应力等有关。小的转变宽度 $\Delta T_c < 10^{-3}\mathrm{K}$，大的 ΔT_c 可到 1K 或几 K (有些高温超导材料)。一般情况下，对相对大的 ΔT_c 的材料，其 T_c 和 ΔT_c 定义是：当正常电阻随温度 T 减小快速下降到零时，电阻减小到正常态电阻 R_n 的 50%时相对应的温度为 T_c，并取对应于 R_n 减小 10%到 90%之间对应的温度间隔为 ΔT_c，也有把电阻下降 90%或者 10%定义为超导转变温度，但是需要注明。一般来说利用 10%正常态电阻来定义超导转变温度会涉及磁通运动的因素。

转变温度 [transition temperature]　即临界温度。

超流密度 [superfluid density]　超导体内超导电子 (实为电子对) 数密度，决定超导相位刚度，在临界温度 $T=T_c$ 时，超流密度 $n_s = 0$。

超电流 [supercurrent]　全称超导电流。超导电流包括外加的超导电流和自发的超导电流，如加微弱磁场时超导体表面伦敦穿透深度内的感应电流，或者磁通涡旋芯子外围的超导电流。

超导电流 [superconducting current]　简称超电流，指超导体的电阻消失后在超导体中流动的无阻电流。

迈斯纳效应 [Meissner effect]　大块超导体样品放置在小于临界磁场 (对第二类超导体小于下临界场) 的稳恒磁场（H）中，然后将温度下降到临界温度 $T_c(H)$ 以下则超导体体内磁场被排斥到体外的现象。这个现象最先为迈斯纳 (Meissner) 和奥森费尔德 (Ochsenfeld) 于 1933 年发现，称为迈斯纳效应，具有这种效应的状态称为迈斯纳态。这是由于在 $T_c(H)$ 和以下温度时，样品转入到超导态可产生仅存在于穿透深度范围的表面无电阻的抗磁电流所致。这种无阻抗磁电流称为迈斯纳电流，它所产生的逆向磁场将体内磁场排斥到体外，因而体内磁感应强度 $B=0$，超导体具有完全抗 (逆) 磁性。对无阻的理想导体而言，由于降低温度到 $T_c(H)$ 以下是在不变的恒定磁场中进行，所以无感应电流产生，磁场仍保持穿透导体的状态，不会出现迈斯纳效应。所以对超导态而言，电阻为零 (导电率为无限大) 虽然是超导电性最显著的特征，但超导体真正本质却还体现在拥有完全抗磁性的迈斯纳效应上 (见超导电性)。若先降温到 $T < T_c(H)$，然后再外加小于该温度所对应的临界场的恒定磁场到超导体上，则磁场同样不能进入到超导体内。所以超导体内 $B=0$ 的迈斯纳态与其经历的过程无关。此过程中磁化的可逆性称为可逆迈斯纳效应。

转变宽度 [transition width]　见临界温度。

迈斯纳电流 [Meissner current]　又称表面电流，见迈斯纳效应。这种电流只存在于超导体表面穿透深度范围。

表面电流 [surface current]　即迈斯纳电流。

正常态 [normal state]　指在超导转变温度以上，物质的电阻尚未开始很快地消失之前的状态。传统超导体的正常态应该没有电子配对（除了很窄温度范围内的超导涨落之外）。对于高温超导体，不能排除在正常态可能有没有凝聚的配对电子。

超导压力效应 [pressure effect on superconductivity] 压力对超导性质的影响称为超导压力效应，主要影响超导体的临界温度 T_c 和临界磁场 H_c。超导压力效应有两种：(1) 在加压下对超导体性质的影响，如超导元素 Nb 在常压下的 T_c =9.2K，而在 4.5×10^9Pa 压强下则 T_c =9.7K；(2) 对一些非超导物质在加压下可呈现超导体性质，如在常压下的非超导元素 Ge，在 1.15×10^{10}Pa 高压下成为超导体，其 T_c =5.35K。第二种超导压力效应又称为加压下的超导电性。实验结果显示，一般对非过渡元素超导体加压后 T_c 可降低，对一些过渡族元素及其合金超导体加压后 T_c 可增高。压力对超导电性的影响主要是因为压力引起了原子结构或磁结构相变，或者是原子晶格常数变化从而导致能带结构变化等。

持续电流 [persistent currents] 又称永久电流。处在迈斯纳态可以持久地不衰减的超导电流。对多连通超导体，如处在小于垂直于环平面临界磁场的外磁场中的超导环，当温度下降到 $T_c(H)$ 以下后将外磁场撤离，圆环上存在超导态的感应环电流，因电阻为零，无损耗，电流就持久地不衰减（见零电阻）。同时，环电流产生的穿越环空间的磁通也持久地保持，称为冻结磁通或俘获磁通，这种现象在空心超导圆柱体和其他多连通超导体上均可发生。

永久电流 [permanent current] 即持续电流。

磁通量子化 [flux quantization] 处在超导态的多连通超导体 (如超导环、超导空心圆柱体等) 空腔的磁通或冻结磁通只能是磁通量子 $\phi_0 = h/2e$ 的整数倍，即 $\phi = n\phi_0$，n 是整数，h，e 分别是普朗克常量和电子电荷量，$\phi_0 = 2.07 \times 10^{-15}$ 韦伯，这种性质称为磁通量子化，是一种宏观量子现象。这种性质在理论上和实验上均被证实。磁通量子化是超导体具有的基本性质之一。这种性质对第一类超导体发生在多连通超导体。对第二类多连通超导体在小于下临界场时与第一类多连通超导体情形类似。但对大块样品的单连通的第二类超导体处在混合态时的磁通线，其磁通量也是量子化的。磁通量子化是因为超导通路环绕一周，其波函数相位变化必须是零或 2π 整数倍的原因。

磁通量子 [flux quanta] 见磁通量子化。

宏观量子现象 [macroscopic quantum phenomena] 又称宏观量子效应。在凝聚态物质中，用微观量子力学来描述的微观粒子运动性质可在宏观尺度上呈现的现象，即宏观尺度上的量子效应。如量子力学描绘的超导现象和超导电性在宏观尺度上呈现的迈斯纳效应，磁通量子化和约瑟夫森隧道效应等都可称为宏观量子现象。又如液体氦Ⅱ和液体

^{3}He 呈现的超流现象也是宏观量子现象。

宏观量子效应 [macroscopic quantum effect] 见宏观量子现象。

超导电性的二流体模型 [two-fluid model of superconductivity] 为了解释超导电性的某些热力学性质，1934 年高脱 (Gortor) 和卡西米 (Gasimir) 提出了一个唯象的二流体模型。假定晶体中巡游电子由正常的和超流的两部分电子组成。正常电子受晶格散射呈现有电阻，超流电子不受晶格散射，无电阻效应。他们提出超导态的自由能密度形式是

$$G(X,T) = Xf_s(T) + (1-X)^{\frac{1}{2}} f_n(T)$$

参量 $X = n_s/N$ 为超流电子浓度 n_s 所占自由电子浓度 $N = n_s + n_n$ 的比例，且 n_s 和 n_n 随温度 T 变化。n_n 是正常电子浓度。当 T =0K 时，X =1；$T = T_c$ 时，X =0。在 $0< T < T_c$，则 $1> X >0$，T_c 是临界温度。f_s 与 f_n 分别是与 T 有关的超流 (s) 和正常 (n) 部分的待定函数。他们取 $f_s(T) = -\mu_0 H_c^2(T)/2$ 和 $f_n(T) = -\gamma T^2$，H_c 和 γ 分别是临界磁场和电子比热系数，μ_0 是真空磁导率。这个模型给出的 $H_c(T)$ 公式和超导相的电子比热是正确的，且可定性描述纯金属和电子浓度高的合金超导体的热导率随温度变化的关系。但不能解释电磁波吸收等现象，且 $G(X,T)$ 形式也与微观理论结果不同，有较大的局限性。

比热跃变 [specific heat discontinuity] 在无外磁场时，在临界温度（T_c）处，超导体从超导态转变到正常态时比热 $(C_s - C_n)$ 发生有限的跃变且没有潜热，称为比热跃变。这种正常–超导转变属于二级相变。BCS 理论给出的跃变值 $[(C_s - C_n)/C_n] T_c \approx 1.43$，对各向同性弱耦合超导体一般符合很好。

相变潜热 [latent heat of phase change] 简称潜热。在一定温度（T）和压强（p）下，单位质量物质或一摩尔物质从一相转变到另一相过程中所放出或吸收的热量称相变潜热。按超导体热力学理论，在磁场 H 中超导体从正常态转变到超导态的相变潜热为

$$\Delta Q = \mu_0 T H_c(T) \frac{\mathrm{d}H_c}{\mathrm{d}T}$$

这里 $H_c(T)$ 为热力学临界磁场，μ_0 是真空磁导率。由于 $\mathrm{d}H_c/\mathrm{d}T<0$，故此时要放出潜热，相反过程则吸收潜热，属一级相变。在零磁场（H =0）时，正常超导转变就没有潜热，比热有跃变，属二级相变。见比热跃变。

临界磁场 [critical magnetic field] 全称热力学临界磁场。在外磁场（H）中将第一类超导体冷却到临界温度 $T_c(H)$ 时，样品即开始转入超导态 (见迈斯纳效应)。对可逆迈斯纳效应，意味着在 $T < T_c$ 温度下也对应着开始破坏超

导电性的磁场 $H_c(T)$，称为临界磁场。它的经验公式可写为

$$H_c(T) = H_c(0)\left[1 - \left(\frac{T}{T_c}\right)^2\right]$$

这里 $H_c(0)$ 是 $T=0K$ 时的临界磁场。这类相变属一级相变。对第二类超导体，则尚有第一，第二和第三临界磁场。

凝聚能 [condensation energy] 从热力学观点看，对可逆迈斯纳效应所存在破坏超导电性的临界磁场（H_c），包含的磁能密度对应着零场下正常态和超导态之间的自由能密度之差，称为超导态凝聚能，即

$$f_n - f_s = \frac{1}{2}\mu_0 H_c^2(T)$$

上式中 $H_c(T)$ 为热力学临界磁场，对第一类超导体是临界磁场。对第二类超导体，则 $H_c(T)$ 只表示由上式关系定义的热力学临界磁场，并不代表相变点，而由上、下临界磁场来描绘。

热力学临界磁场 [thermodynamic critical magnetic field] 见凝聚能。对于第一类超导体热力学临界磁场（H_c）可通过可逆磁化曲线 $M = M(H)$ 求出的面积值来表示：

$$\int_0^{H_c} \mu_0 M dH = -\frac{1}{2}\mu_0 H_c^2$$

M 是磁化强度，μ_0 是真空磁导率。$H_c(T)$ 与温度近似遵照如下关系：

$$H_c(T) = H_c(0)\left[1 - \left(\frac{T}{T_c}\right)^2\right]$$

在 GL 理论中

$$H_c(T) = \alpha(T)/(\mu_0\beta)^{\frac{1}{2}}$$

$\alpha(T)$ 和 β 是 GL 自由能密度的展开式系数。在 BCS 理论中：

当 $T \to 0$ 时，

$$H_c(T) = H_c(0)\left[1 - 106\left(\frac{T}{T_c}\right)^2\right]$$

当 $T \to T_c$ 时，

$$H_c(T) = 174 H_c(0)(1 - T/T_c)$$

而

$$H_c(0) = \left[\frac{1}{\mu_0}N(0)\Delta^2(0)\right]^{\frac{1}{2}}$$

$H_c(0)$，$N(0)$ 和 $\Delta(0)$ 分别是 $T=0K$ 时，超导体的热力学临界磁场强度，态密度和能隙，μ_0 是真空磁导率。

临界电流 [critical current] 对处于超导态的超导体通以直流电流，电流增加到临界值时样品转入正常态，称为临界电流（J_c）。电流破坏超导是由于电流产生的磁场对应着临界磁场时发生的。对纯样品临界电流与温度关系为

$$J_c(T) = J_c(0)\left[1 - (T/T_c)^2\right]$$

$J_c(0)$ 是 $T=0K$ 时的临界电流。若有外加磁场，则临界电流与外场大小及其方向有关。对第二类超导体，特别非理想的第二类超导体，则还与晶体缺陷，范性形变，应力和位错等均有关，且在其进入混合态后，对磁通线钉扎力愈强的，则临界电流愈高，具有好的应用价值。此时的临界电流不再满足前面的定义，而是与磁通钉扎强度等有关。

伦敦理论 [London theory] 1935 年弗里茨·伦敦和海因茨·伦敦兄弟两人基于零电阻现象和迈斯纳效应两个超导电性实验事实结合电磁理论而建立起来的，可用二个理论方程来描绘，称伦敦理论。伦敦第一方程是

$$\frac{d\boldsymbol{j}_s}{dt} = \frac{1}{\mu_0\lambda_L^2}\boldsymbol{E} \tag{1}$$

$\boldsymbol{j}_s$ 和 $\boldsymbol{E}$ 分别是超导电流密度和电场强度，$\lambda_L^2 = m/\mu_0 n_s e^2$，$\mu_0$ 是真空磁导率，e 和 m 分别是电子电荷和质量（方程建立时尚未明确超导体中电荷载流子真实形式，由 BCS 理论知，m 和 e 应为库珀电子对的质量 m^* 和电荷 e^*，$m^* = 2m$，$e^* = 2e$），n_s 是超导电子（实为电子对）数密度，和温度有关，在临界温度时值为零。由方程 (1) 可得出，当超导环路中电场强度（$\boldsymbol{E}$）为零时依然有与时间无关的稳恒电流存在，这表现出了超导体零电阻的完全导电性。伦敦第二方程是

$$\nabla \times \boldsymbol{j}_s = -\frac{1}{\lambda_L^2}\boldsymbol{H} \tag{2}$$

$\boldsymbol{H}$ 是磁场强度。该方程表现了外界磁场激励起的超导电流具有逆磁性（反磁性），即逆磁电流，逆磁电流将磁场完全排斥到体外，产生迈斯纳效应，即超导体内磁场强度 $\boldsymbol{H}$（或 $\boldsymbol{B}$）$= 0$。对于完全超导态的超导体，利用 $\nabla \times \boldsymbol{H} = \boldsymbol{j}_s$ 以及 $\nabla \cdot \boldsymbol{H} = 0$，可将式 (2) 变换为

$$\nabla^2 \boldsymbol{H} = \frac{\boldsymbol{H}}{\lambda_L^2} \tag{3}$$

或

$$\nabla^2 \boldsymbol{j}_s = \frac{\boldsymbol{j}_s}{\lambda_L^2} \tag{4}$$

由于稳恒磁场中的半无限大超导体（$0 \leqslant X < \infty$），由式 (3) 可解得

$$H(X) = H(0)e^{-\frac{X}{\lambda_L}} \tag{5}$$

表明磁场会从超导体表面向内部以指数形式衰减，超导体中的磁场主要分布在表面 λ_L 的厚度范围内，而超导体内磁场强度 $\boldsymbol{H} = 0$。同理，超导电流也分布在 λ_L 范围内，由于其逆磁的性质，它产生的磁场抵制了外部透入的磁场，具有屏蔽外界磁场的作用，实现了迈斯纳效应，故该逆磁电流称为屏

蔽电流。由于对大样品超导体,这种穿透现象发生在表面 λ_L 厚度范围,此现象又称为表面穿透效应。

伦敦方程 [London equations]　见伦敦理论。

表面穿透效应 [surface penetrating effect]　见伦敦理论。

屏蔽电流 [shielding current]　见伦敦理论。对多连通超导体,见超导磁屏蔽。

伦敦穿透深度 [London penetration depth]　简称穿透深度。在伦敦理论中,磁场穿透超导体表面的深度称为伦敦穿透深度:

$$\lambda_L = \left[\frac{m^*}{\mu_0 n_s e^{*2}}\right]^{\frac{1}{2}}$$

λ_L 与温度 T 的经验公式是

$$\lambda_L(T) = \lambda_L(0)\left[1 - \left(\frac{T}{T_c}\right)^4\right]^{-\frac{1}{2}}$$

$\lambda_L(0) \approx 10^{-7} \sim 10^{-8}$m。当 T 到达临界温度 $T_c(\boldsymbol{H})$ 时,磁场穿透整个超导体,样品转入正常态。

伦敦规范 [London gauge]　伦敦第二方程可通过 $\nabla \times \boldsymbol{A} = \boldsymbol{B}$ 用矢势 $\boldsymbol{A}$ 表示:

$$\boldsymbol{j}_s = -\frac{n_s e^{*2}}{m^*}\boldsymbol{A}(r) = -\frac{1}{\mu_0 \lambda_L^2}\boldsymbol{A}(r) \tag{1}$$

为使上式满足规范不变性,伦敦选取特定的规范:

$$\nabla \cdot \boldsymbol{A} = 0 \tag{2}$$

以及在边界上

$$\boldsymbol{A} \cdot \boldsymbol{n} = 0 \tag{3}$$

此规范称为伦敦规范。其中 $\boldsymbol{n}$ 为边界法向单位矢量。这个规范也保证了 $\nabla \cdot \boldsymbol{j}_s = 0$ 和在边界上 $\boldsymbol{j}_s \cdot \boldsymbol{n} = 0$。对于多联通超导体,式 (1) 应该改写为

$$\boldsymbol{j}_s = -\frac{n_s e^{*2}}{m^*}\left(\boldsymbol{A} - \frac{m^*}{n_s e^{*2}}\nabla\varphi\right) \tag{4}$$

φ 是超导体的波函数相位。对单连通超导体,φ 是常数;对多连通超导体,由于冻结磁通是量子化的,φ 可以是多值函数。

超导磁屏蔽 [superconducting magnetic shield]　处于超导态的厚壁多连通超导体,若原先空腔中无磁场存在,在外加磁场小于临界磁场时,会被产生的逆磁屏蔽环形电流屏蔽掉,不能进入腔内,称为超导磁屏蔽。如对空心超导圆柱体,则磁场不能进入圆柱空腔,即使圆柱壁厚 $d \leqslant \lambda_L$,只要内半径 $r \gg \lambda_L$,也可起到屏蔽磁场进入空腔的作用。λ_L 是伦敦穿透深度。

超导电性局域和非局域理论 [localized and non-localized theories of superconductivity]　伦敦理论实际上假定了超导电流密度 $\boldsymbol{j}_s(r)$ 正比于同一位置 r 的矢势 $\boldsymbol{A}(r)$,而与其他位置的 $\boldsymbol{A}$ 无关,即局域的矢势 $\boldsymbol{A}(r)$ 确定了该局域的超导电流密度 $\boldsymbol{j}_s(r)$,所以伦敦理论具有局域性,称为超导电性局域理论。如果 r 周围 r' 位置的矢势 $\boldsymbol{A}(r')$ 都会对 r 处的超导电流密度 $j(r)$ 有影响,共同确定超导电流密度 $j(r)$,则矢势 $\boldsymbol{A}(r)$ 具有非局域性。由于 $\nabla \times \boldsymbol{A} = \mu_0 \boldsymbol{H}$,所以磁场强度 $\boldsymbol{H}$ 是非局域的。此时超导电性需由非局域理论描述,称为超导电性非局域理论。皮帕德非局域理论就是典型的超导电性非局域唯象理论。

皮帕德非局域理论 [Pippard non-localized theory]　从伦敦穿透深度 $\lambda_L = \left(\frac{m^*}{\mu_0 n_s e^{*2}}\right)^{1/2}$ 与超导电子浓度 n_s 的关系中可看出,λ_L 值的增大意味着 n_s 值在减小,且按伦敦第二方程,磁场强度 $\boldsymbol{H}(r)$(或矢势 $\boldsymbol{A}(r)$) 对超导电流密度 $\boldsymbol{j}_s(r)$ 是局域性的,所以在表面穿透层 λ_L 内,磁场愈强的地方 n_s 愈小。但实验测量的穿透深度 λ 总是比 λ_L 要大,甚至大好多倍,说明超导电子间有一个相干或关联范围在影响着 λ 的增大,即某处磁场不仅影响该处超导电子,并且也不同程度地影响电子间相干长度 ξ 范围内有关联的超导电子对超导电流密度 $\boldsymbol{j}_s(r)$。另一方面,含杂质的超导体的实验表明,杂质成分的增加会使穿透深度也增大。这意味着电子平均自由程 l 的减小使穿透深度 λ 增大,当然也影响超导电子间的关联范围。皮帕德根据这些非局域效应,与正常金属中反常趋肤效应作类比建立起非局域理论,给出了皮帕德非局域方程:

$$\boldsymbol{j}_s(r) = -\frac{3n_s e^{*2}}{4\pi\xi_0 m^*}\cdot\int\frac{\boldsymbol{R}(\boldsymbol{R}\cdot\boldsymbol{A}(r'))\mathrm{e}^{-\frac{R}{\xi_P}}}{R^4}\mathrm{d}V' \tag{1}$$

ξ_0 是纯超导体的相干长度,由 BCS 理论给出为:$\xi_0 = \hbar v_F/\pi\Delta(0)$,$\hbar$ 为除以 2π 的普朗克常量,v_F 是费米速度,$\Delta(0)$ 是 $T=0$K 时的能隙,$\boldsymbol{R} = r - r'$,而皮帕德引入的有效相干长度 ξ_P 有关系式:

$$\xi_P^{-1} = \xi_0^{-1} + (dl)^{-1} \tag{2}$$

d 是随不同材料有异的常数,一般接近于 1。式 (1) 在二种极限情形可给出皮帕德有效穿透深度 λ_P 为:(1) $\lambda_P \gg \xi_P$ 时 $\lambda_P = \lambda_L(\xi_0/\xi_P)^{\frac{1}{2}}$;(2) $\lambda_P \ll \xi_P$ 时 $\lambda_P = (\lambda_L^2\xi_0)^{\frac{1}{3}}$。极限情形 (1) 相应于 l 很小或 $l \ll \xi_0$,则在 ξ_P 范围内 $\boldsymbol{A}(r')$ 基本无变化,$\boldsymbol{A}(r') \approx \boldsymbol{A}(r)$,式 (1) 可化为形如伦敦第二方程:$\boldsymbol{j}_s = -\xi_P\boldsymbol{A}/\mu_0\xi_0\lambda_L^2$,称条件 $\lambda_P \gg \xi_P$ 为伦敦极限,且类同于金兹堡–朗道唯象理论中区分超导体类别一样属第二类超导体,又称为伦敦超导体。极限情形 (2) 相应于 l 很大或 $l \gg \xi_0$,此极限 $\lambda_P \ll \xi_P$ 称为皮帕德极限,是相应于很纯的大样品第一类超导体,又称为皮帕德超导体。此时 $\xi_P = \xi_0, \xi_0$

也称为皮帕德相干长度, 也可看作库珀电子对的平均尺度。这极限下的 λ_P 又称为皮帕德穿透深度。

非局域效应 [non-local effect]　见皮帕德非局域理论。

皮帕德方程 [Pippard equation]　见皮帕德非局域理论。

皮帕德相干长度 [Pippard coherence length]　见皮帕德非局域理论。

皮帕德穿透深度 [Pippard penetration depth]　见皮帕德非局域理论。

有效相干长度 [effective coherence length]　见皮帕德非局域理论。

伦敦极限 [London limit]　见皮帕德非局域理论。

皮帕德极限 [Pippard limit]　见皮帕德非局域理论。

序参量 [order parameter]　又称有序参量。用来描述与物质性质有关的有序化程度和伴随的对称性质。在连续相变的相变点处, 序参量连续地从零 (无序) 变到非零值 (有序)(或相反过程)。1950 年金兹堡 (Ginzburg) 和朗道 (Landau) 用 ψ 作为序参量描述超导相变, 且 $|\psi|^2 = n_s$ 为超导电子对浓度, $\psi = 0$ 为正常态。ψ 是超导电子的有效波函数, 一般为复函数。在稳态中, ψ 与位置温度和磁场强度有关。戈尔柯夫 (Gor'kov) 在微观理论中将 ψ 与能隙 Δ 联系为

$$\psi(r) = \sqrt{\frac{7\zeta(3) n_s^*(0)}{8(\pi k T_c)^2}} \Delta(r)$$

黎曼 ζ 函数 $\zeta(3) = 1202$, k 是玻尔兹曼常量。

有序参量 [order parameter]　即序参量。

同位素效应 [isotope effect]　很多金属超导体的临界温度 (T_c) 与其同位素的质量有关, 称为同位素效应。经验规律为:

$$T_c M^\beta = 常数$$

对于汞 (Hg) 铊 (Tl) 等超导元素的 β 约为 1/2。由于晶格中原子的质量与晶格的振动情况有直接关系, 结合同位素效应可以得出, 临界温度 (T_c) 与晶格振动相关, 这对认识以电子–声子相互作用为基础的超导电性机制具有重要意义。基于此机制的 BCS 理论给出了临界温度 (T_c) 公式, 在弱耦合情形下与实验符合较好, 但非过渡超导元素的 β 对 1/2 的偏离要大些, 需用强耦合理论来修正。

库珀电子对 [Cooper electron pairs]　简称库珀对。电子形成动量与自旋大小相等, 方向相反的电子对, 表现出玻色粒子性质的电子对称为库珀电子对。库珀忽略掉能带与晶体结构, 采用正常态电子组成各向同性费米球的分布来讨论超导态的定性特征。在超导态时, 费米面附近的电子存在净的吸引相互作用, 使得费米海不再稳定, 凝聚的电子对处于一种

无阻的超流状态。在微弱的吸引势下, 库珀电子对可以形成, 但数量可能会比较小。按照 BCS 理论, 在超导态下, 费米面处会打开一个宽度为 $2\Delta(T)$ 的能隙, 拆开一个库珀电子对需要克服一个相同的能量值。能隙是温度的函数, 随着温度升高能隙变窄, 部分库珀电子对被热激发成为准粒子。到达临界温度 (T_c) 时, $\Delta(T_c) = 0$, 库珀电子对全都拆散为正常电子, 样品转入正常态。

BCS 理论 [BCS theory]　美国物理学家巴丁 (J. Bardeen), 库珀 (L. N. Cooper) 和施瑞弗 (J. R. Schrieffer) 于 1957 年提出并被公认的, 用电子–声子机制解释超导电性成因和一系列物性的超导电性微观理论。因此获得 1972 年度的诺贝尔物理学奖。

BCS 理论指出电子和声子的相互作用对超导电性起主要作用。当有关电子态间能量差小于声子能量 $\hbar\omega_D$ 时, 电子间交换虚声子过程对应的相互作用是吸引, 当这种吸引相互作用超过电子间的屏蔽库仑势, 表现为一种有效的吸引相互作用时, 费米面附近会形成束缚的库珀电子对, 利于超导相的形成。晶体电子系统由 BCS 理论给出的超导配对 BCS 哈密顿量表示为

$$\mathcal{H} = \sum_{K\sigma} \varepsilon_K n_{K\sigma} - \sum_{KK'} V_{KK'} C_{K\uparrow}^+ C_{-K\downarrow}^+ \cdot C_{K'\uparrow} C_{-K'\downarrow}$$

而 BCS 基态波函数为

$$|\psi\rangle_0 = \prod_K (u_K + v_K C_{K\uparrow}^+ C_{-K\downarrow}^+)|0\rangle$$

式中 K、σ 分别是电子的波矢和自旋, $\uparrow\downarrow$ 是两个相反方向自旋, ε_K 是以费米面为零点的电子动能, $n_{K\sigma} = C_{K\sigma}^+ C_{K\sigma}$ 为粒子数算符, C^+ 和 C 分别为产生和湮灭算符, $V_{KK'}$ 表示为净相互作用吸引势矩阵元, $|0\rangle$ 为真空态, u_K 和 v_K 分别表示对态 $(K\uparrow, -K\downarrow)$ 空着的和占有的概率振幅, 并由 $|\psi\rangle_0$ 的归一化要求给出 $u_K^2 + v_K^2 = 1$, 且有

$$u_K^2 = \frac{1}{2}\left(1 + \frac{\varepsilon_K}{E_K}\right)$$

$$v_K^2 = \frac{1}{2}\left(1 - \frac{\varepsilon_K}{E_K}\right)$$

这里

$$E_K = (\varepsilon_K^2 + \Delta^2)^{\frac{1}{2}}$$

为准粒子 (正常电子) 能量, 称为激发能, 其对应的态称为激发态, $\Delta(T)$ 为与温度 T 有关的能隙参量, 同时系统在 $T = 0K$ 时的基态能量为

$$E_s(0) = -\frac{N(0)\Delta^2(0)}{2}$$

这里用常量 (平均) 近似 $V_{KK'} = V$, 而 $\mathcal{H}$ 中的 V 包括电声子吸引相互作用势 V_{ph} 和屏蔽库仑排斥的相互作用势 $(-V_c)$。

在有限温度 T 时用 $\Delta(T)$ 代入即有 $E_s(T)$ 和 $E_K(T)$。所以，样品进入超导态时出现有 $2\Delta(T)$ 的能隙。

电子–声子机制的 BCS 理论解释了库珀电子对电子散射对晶体无能耗，呈现无热效应的无阻（电阻为零）超导现象，并解释了同位素效应，比热跳变呈现的二级相变，给出了临界温度 T_c 公式和能隙方程，热力学临界磁场，并在弱磁场中的迈斯纳效应，伦敦方程，皮帕德非局域方程，穿透深度，以及它们随温度变化的关系等，这些结果与不少超导体材料的实验结果相符。由于公式和方程的给出限于弱耦合情形，BCS 理论对弱耦合电子–声子机制的超导体性质的描述是带有普适性的，对于强耦合情形则表现出很大误差。当电子间互作用很强时，任一个电子的状态也取决于其他电子所处的瞬间状态，且 BCS 理论中的电子–声子作用作为虚声子传递到另一作用电子时忽略了传递过程的时间推迟性，称为推迟相互作用。晶体中存在多种振动模式，电声子耦合强度是频率 ω 的函数，且声子态密度也与 ω 有关。在 BCS 理论中用平均 ω 代替则或多或少地存在误差。由强耦合理论来进行研究（见强耦合超导体）弥补。

在 BCS 理论基础上，戈尔柯夫（Gor'kov）在温度接近临界温度 T_c 时，用格林函数方法将 Δ 与 GL 有序参量 ψ 联系起来而给出了 GL 方程，使微观参数和 GL 唯象参数联系起来，对 GL 唯象理论有了微观理论的理解。

电子–声子机制 [electron-phonon mechanism] 见BCS 理论。

BCS 哈密顿量 [BCS Hamiltonian] 见BCS 理论。

BCS 基态波函数 [BCS ground state wave function] 简称BCS 基态。用波函数表示的 BCS 基态。见BCS 理论。

BCS 基态能量 [energy of BCS ground state] 见BCS 理论。

超导能隙 [superconduction energy gap, superconducting energy gap] 见BCS 理论。

BCS 能隙方程 [BCS energy gap equation] BCS 理论定义对势

$$\Delta = -V\langle \Psi(r,\downarrow)\Psi(r,\uparrow)\rangle$$

有能隙存在时，代表超导能隙，Ψ 为场算符，在弱耦合条件下 $(N(0)V \ll 1)$ 给出的能隙方程为

$$1 = N(0)V\int_0^{\hbar\omega_D}(\varepsilon^2+\Delta^2(T))^{-\frac{1}{2}}\cdot th[(\varepsilon^2+\Delta^2(T))^{\frac{1}{2}}/2k_BT]\mathrm{d}\varepsilon$$

式中 $N(0)$ 为 $T=0K$ 时费米面上一种自旋方向的态密度，V 为电子间净吸引势的平均强度，$\hbar$ 和 ω_D 分别是除以 2π 的普朗克常量和德拜频率，ε 是以费米面为零点的电子能量，k_B

为玻尔兹曼常量。数值计算的 $\Delta(T)$ 与 T 的关系见下图，与多数超导金属的实验结果符合得很好。

在 $T\to T_c$ 和 $T\to K$ 时的近似结果分别为

$$\Delta(T)=\Delta(0)-(2\pi\Delta(0)k_BT)^{\frac{1}{2}}\cdot e^{-\Delta(0)/k_BT}\quad(T\ll T_c)$$

$$\Delta(T)=(1.74)\Delta(0)(1-T/T_c)^{\frac{1}{2}}\quad(T_c-T\ll T_c)$$

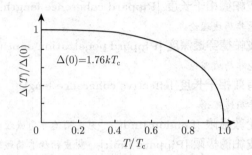

BCS 临界温度公式 [formula of BCS critical temperature] 简称 BCS 理论公式。在弱耦合条件下所给临界温度（T_c）公式为

$$k_BT_c=1.14\hbar\omega_D e^{-\frac{1}{N(0)V}}$$

ω_D 为德拜频率。实验表明，当 $N(0)V \leqslant 0.2$ 时，BCS 理论结果与实验的符合得很好；$0.20 < N(0)V < 3$ 时有 1%的误差；$N(0)V > 3$ 时则误差增大较迅速。$N(0)$ 是 $T=0K$ 时费米面上一种自旋取向的态密度，V 是电子间净的有效吸引相互作用势强度。所以临界温度 T_c 受弱耦合（$N(0)V \leqslant 1$）的限制，其最高临界温度 T_c 也受到限制，不能接近 ω_D 的最高值所对应的临界温度 T_c。BCS 理论机制估计的最高临界温度 T_c 一般约 30K，对金属氢估计可达 252K。

准粒子态密度 [density of single quasi-partical states] 在相空间单位体积单位能量间隔中的状态数称为准粒子态密度。在 BCS 理论中的准粒子态密度为

$$N_s(E)=N(0)\frac{E}{\sqrt{E^2-\Delta^2}}\quad(E>\Delta)$$

式中 E 为粒子的元激发能量，$N(0)$ 为正常相的态密度。上式对大多数超导金属与单电子隧道实验结果相符。

准粒子能量 [energy of quasiparatical] 又称元激发能量，简称激发能。见BCS 理论。

元激发能量 [energy of quasiparatical] 即准粒子能量。

激发态 [excited states] 对单准粒子激发态可写成

$$|1_K\rangle = \alpha_K^+|\psi\rangle_0$$

式中算符 α_K^+ 为使哈密顿 $\mathcal{H}$ 对角化而引入并经反对易关系处理后给出的博戈留波夫（N.N.Bogolyubov）变换算符。对实

系数变换为

$$\alpha_K = u_K c_{K\uparrow} - v_K c_{-K\downarrow}^+$$

$$\alpha_K^+ = u_K c_{K\uparrow}^+ - v_K c_{-K\downarrow}$$

$$\alpha_{-K} = u_K c_{-K\downarrow} + v_K c_{K\uparrow}^+$$

$$\alpha_{-K}^+ = u_K c_{-K\downarrow}^+ + v_K c_{K\uparrow}$$

且对所有 K 有

$$\alpha_K |\psi\rangle_0 = 0$$

而电子系统激发态为

$$\alpha_{K_1}^+ \alpha_{K_2}^+ \cdots \alpha_{K_n}^+ |\psi\rangle_0$$

这些态与基态和不同激发态都是相互正交的，且是归一化的，而对角化的哈密顿量现在是

$$H = E_s + \sum_K E_K (\alpha_K^+ \alpha_K + \alpha_{-K}^+ \alpha_{-K})$$

所给出的基态能量 E_s 和准粒子能量 E_K（或元激发能量）。见 BCS 理论。

博戈留波夫变换 [Bogolyubov transformation] 见激发态。

BCS 凝聚能 [BCS condensation energy] 将 $T = 0K$ 时的超导基态能量 $E_s(0)$ 与正常态费米球分布能量 $E_n(0)$ 之差称为 BCS 凝聚能。由 BCS 理论给出：

$$E_s(0) - E_n(0) = -N(0)\Delta^2(0)/2$$

由此可知，$E_s(0) < E_n(0)$，能隙 $2\Delta(0)$ 的出现，系统将从正常态转入超导态而发生超导相变。

反铁磁自旋涨落配对 [pairing induced by antiferromagnetic spin fluctuation] 很多非常规超导体（如铜氧化物，铁基超导体，重费米子超导体和有机超导体）的超导相总是与反铁磁相毗邻。反铁磁相被压制之后，超导相出现或得到增强。在一些系统中，如铁基超导体 $Ba_{1-x}K_xFe_2As_2$ 和 $Ba(Fe_{1-x}Co_x)_2As_2$ 中，反铁磁长程序消失的地方，超导转变温度最高，甚至表现出量子临界点的特点。因此提出超导电子通过交换反铁磁自旋涨落的方式配对。自旋涨落配对可以追溯到伯克–施里弗（Berk-Schrieffer）。后来斯卡拉皮诺（Scalapino）对于单带的情况发展了这一理论。假如一个系统中裸的无相互作用的自旋极化率为 χ，那么考虑到电子电子相互作用以后，自旋极化率是

$$\chi = \frac{\chi_0}{1 - U\chi_0}$$

U 是局域的哈伯德（Hubbard）库仑作用势。自旋极化率描写了系统中自旋涨落之间的动态关联，是导带电子本身的物理性质，因此不完全等同于其他集体激发性质的玻色模，如声子

或磁振子。这种自旋激发过程被定义为超顺磁振子（superparamagnon）。假设自旋极化率在 $Q = k - k'$ 处有一个尖锐的峰，那么处于 $(k, -k)$ 的电子对会交换自旋激发而被散射到 $(k' - k')$ 态，从而形成配对相互作用。理论计算推导出此过程造成的自旋单态的配对势是

$$\Gamma_s(k, k') = \frac{3}{2}U^2 \frac{\chi_0(k - k')}{1 - U\chi_0(k - k')}$$

而通过此种配对方式导致的超导能隙可以表述为

$$\Delta_k = -\sum_{k'} \Gamma_s(k, k') \frac{\Delta(k')}{2E(k')} \tanh \frac{E(k')}{2T}$$

对于交换反铁磁涨落配对情况，$\Gamma_s(k, k')$ 为正值，因此在 $Q = k - k'$ 时最大，因此 $\Delta(k)$ 和 $\Delta(k')$ 符号相反。尽管对于反铁磁涨落理论还在发展，这个简单的表述已经说明为什么在铜氧化物超导体中出现了 d 波配对。

中子散射自旋共振峰 [neutron scattering spin resonance] 对于很多新型非常规超导体（如铜氧化物，铁基超导体，重费米子超导体），用非弹性中子散射实验测量样品对中子的散射截面时，发现其自旋磁化率虚部在超导临界温度以下，在特定的动量转移量（Q）（对应未掺杂母体的反铁磁波矢），和特定的能量（E）附近会迅速增强，其超导转变前后强度变化表现为一个以 Q 和 E 为中心的共振峰，称为"中子散射自旋共振峰"。自旋共振峰实际上反映的是超导态下自旋涨落的一种集体激发模式，其中心共振能量和超导临界温度成正比，其强度在超导临界温度以下体现为类似超导序参量的行为。目前认为自旋共振的形成与非常规超导电性密切相关，即形成超导配对的电子也对自旋涨落产生了贡献，自旋共振模式对应于超导电子对（库珀电子对）从自旋单态到三重态的集体激发。自旋共振峰的实验证明自旋涨落在非常规超导机理中扮演着重要角色。

超声衰减 [ultrasonic attenuation] 当超导体冷却到超导转变温度 T_c 以下时，超声衰减 α 迅速降低，反映了电子阻尼的减小，和传导电子结成库珀电子对的现象有关。BCS 理论给出超导态和正常态两相超声衰减系数 α_s 和 α_n 之比为

$$\frac{\alpha_s}{\alpha_n} = \frac{2}{e^{\frac{\Delta}{k_B T}} + 1}$$

通过对铅铝锡等材料超声衰减的测量，估算的库珀电子对能隙值 Δ 与其他方法测得的结果基本相符，比值随温度 T 变化的实验曲线与理论公式相符，说明 BCS 理论对这些超导材料是正确的。对重费米子超导体的超声测量结果和超声衰减特性迥然不同。

BCS 热力学临界磁场 [BCS thermodynamic critical magnetic field] 见热力学临界磁场。

BCS 理论电子比热跃变 [BCS discontinuity of electronic specific heat in phase transition]　在外场为零且 $T = T_c$ 时发生的正常–超导相变是二级相变。在相变时，按照 BCS 理论，晶体中的电子由正常电子转变为库珀电子对，电子比热会发生跃变，称为 BCS 理论电子比热跃变。理论分析的比热跃变如下：

$$\left[\frac{c_s - c_n}{c_n} \right]_{T_c} \approx 1.43$$

式中的 c_s 和 c_n 分别是超导态和正常态电子比热。该比例常数与多数纯金属超导体的实验结果符合。

BCS 相干长度 [BCS coherence length]　BCS 理论可以得出相干长度为

$$\xi_0 = \frac{\hbar v_F}{\pi \Delta(0)} = (18) \frac{\hbar v_F}{k_B T_c}$$

式中的 $\hbar$、v_F、k_B 和 $\Delta(0)$ 分别为：除以 2π 的普朗克常量，电子费米速度，玻尔兹曼常量以及零温下的能隙。

BCS 电流方程 [BCS current equation]　对纯超导体，BCS 理论给出的具有迈斯纳效应的超导电流方程为

$$j_s(r) = -\frac{3}{4\pi \xi_0 \lambda_L^2 \mu_0} \cdot \int \frac{R(R \cdot A(r'))J(R,T)}{R^4} \mathrm{d}r'$$

表现出了超导电流与矢势 $A(r')$ 之间的非局域关系。式中 $R = r - r'$，ξ_0 和 λ_L 分别是 BCS 相干长度和伦敦穿透深度，μ_0 是真空磁导率，j_s 方程与皮帕德方程的差别是量程函数 $J(R,T)$ 代替了指数因子 e^{-R/ξ_0}。BCS 理论要求

$$\int_0^\infty J(R,T) \mathrm{d}R = \xi_0$$

这与

$$\int_0^\infty \mathrm{e}^{-\frac{R}{\xi_0}} \mathrm{d}R = \xi_0$$

的积分结果相同，可见量程函数 $J(R,T)$ 与指数因子很接近，BCS 理论可以给出皮帕德理论微观解释。对于非纯超导体，则 $J(R,T)$ 的积分值用 ξ 代替 ξ_0，且 $\xi^{-1} = \xi_0^{-1} + l^{-1}$，$l$ 是电子平均自由程，ξ 又与皮帕德理论中的 ξ_P 相一致。由此，在伦敦极限下可给出伦敦方程。

BCS 穿透深度 [BCS penetration depth]　对纯超导体，由 BCS 电流方程，在伦敦极限下 ($\xi_0 \ll \lambda$ 或 $l \ll \xi_0$) 的穿透深度与伦敦穿透深度 $\lambda_L(T)$ 相符。对非纯超导体 (含杂质)，在伦敦极限下为

$$\lambda(T) = \lambda_L(T)(1 + \xi_0/l)^{\frac{1}{2}}$$

$\lambda_L(T)$ 由经验公式表示其与温度 T 的关系 (见伦敦穿透深度)。在皮帕德极限下 ($\xi_0 \gg \lambda$ 或 $l \gg \xi_0$)，$\xi_P = \xi_0$，则给出为

$$\lambda(T) = \frac{8}{9} \lambda_L(T) \left[\frac{\sqrt{3}\xi_0}{2\pi \lambda_L(T)} \right]^{\frac{1}{3}}$$

弱耦合超导体 [weak-coupling superconductor]　在 BCS 理论中，满足条件 $N(0)V \ll 1$ 的超导体称为弱耦合超导体。在 0K 温度下的能隙 $2\Delta(0)$ 与 $k_B T_c$ 比值为 3.53，是个普适常数，与多数超导元素实验结果符合。

推迟相互作用 [retarded interaction]　见 BCS 理论。

强耦合超导体 [strong-coupling superconductor]　BCS 理论的 T_c 公式在 $N(0)V > 30$ 时误差迅速增大。定义 $\lambda = N(0)V > 1$ 的超导体为强耦合超导体，体现着电子–子相互作用强度是强的。按 BCS 理论对弱耦合超导体给出的 $2\Delta(0)/k_B T_c \approx 3.53$，对铅（Pb）和汞（Hg）则不符合，比值分别为 4.3 和 4.6，主要原因是它们属于强耦合超导体。

强耦合理论以电子–声子机制为基础，考虑 BCS 理论中忽略的声子推迟效应和应与频率 ω 有关的声子态密度 $F(\omega)$ 以及电子–声子耦合强度作为 ω 的函数 $a^2(\omega)$，并显现出屏蔽库仑排斥作用和计及电子自能修正等。电子自能是指电子–电子，电子–声子，或电子和其他元激发间的相互作用能量与自由电子气中电子能量之差，可由多体理论计算。对 $\lambda < 15$ 时的强耦合超导体，最常用的 T_c 公式是麦克米兰 (McMillan) T_c 公式：

$$T_c = \frac{\theta_D}{1.45} \cdot \exp \left[-\frac{(1.04)(1+\lambda)}{\lambda - \mu^*(1 + 0.62\lambda)} \right]$$

式中 λ 与 $N(0)V$ 相当，但现在是

$$\lambda = 2 \int_0^\infty \frac{a^2(\omega)F(\omega)}{\omega} \mathrm{d}\omega$$

θ_D 为德拜温度，而

$$\mu^* = \mu / [1 + \mu \ln(\varepsilon_F / k_B \theta_c)]$$

$\mu = N(0)V_c$，V_c 为平均屏蔽库仑势，ε_F 为费米能，θ_c 是最高德拜温度。μ^* 称库仑赝势，是电子间屏蔽库仑作用的有效势。在 λ 比 1.5 更大时，T_c 公式为

$$T_c = (0.15) \left[\lambda \langle a^2 F / \omega \rangle \right]^{\frac{1}{2}}$$

$\langle \cdots \rangle$ 表示平均。强耦合理论对铅（Pb）和汞（Hg）等在比值 $2\Delta(0)/k_B T_c$ 和相变比热陡变等方面与实验结果相一致。在弱耦合极限下回到 BCS 的 T_c 公式时为：$T_c = \theta_D \cdot \exp[-1/(\lambda - \mu^*)]$ 代表库仑排斥的 μ^* 在 0.1~0.2。上式表明，对 $\lambda > \mu^*$ 的金属才是超导体，也可作为检验是否为超导体的理论判据。电子–声子机制强耦合理论估计的 T_c 能达到的最高限度为 30~40K。

超导电性强耦合理论 [strong-coupling theory of superconductivity]　见强耦合超导体。

电子自能 [self energy of electrons]　见强耦合超导体。

麦克米兰 T_c 公式 [McMillan T_c formula]   见强耦合超导体。

库仑赝势 [Coulomb pseudopotential]   见强耦合超导体。

无能隙超导电性 [gapless superconductivity]   在某些情况下，电子能谱中能隙为零时仍具有超导电性，称为无能隙超导电性。如载电流超导体，此时给出的激发能量是：$E_k = E_k^0 + p_K \cdot v_s$，$v_s$ 为超导电子平动速度，p_K 为电子动量，而 $E_k^0 = (\varepsilon_k^2 + |\Delta|^2)^{1/2}$ 为零电流时的激发能（见BCS 理论），ε_k 是以费米面为零点的电子能量。对无载电流超导体，能隙 Δ 消失时，处在费米面上电子最小激发能 $E_{\min}^0 = 0$。对载电流超导体 $E_{\min} = \Delta - p_f \cdot v_s$，$\Delta$ 为 BCS 对势（见BCS 能隙方程）。在求自洽解时得出，当 v_s 略大于 Δ/p_f 的一个小区域中，虽然 $E_{\min} = 0$ 且在实验上能隙消失，但对势 $\Delta \neq 0$。所以对势并不与激发谱中的能隙相同，超导电流依然存在，其能谱与正常态能谱在定性上无差别。无能隙超导电性往往发生在超导电性将被破坏时在 Δ 很小的区域范围。如第二类超导体在接近 H_{c2} 时的涡旋态，超导小样品表面超导电性和含磁性杂质的超导体在临界杂质浓度下，在一个浓度范围内也可呈现无能隙超导电性。

金兹堡-朗道唯象理论 [phenomenological Ginzburg-Landautheory]   基于朗道二级相变（又称连续相变）理论，1950 年金兹堡和朗道 (GL) 在低于临界温度 T_c 附近将描绘超导电性的自由能密度 F_s 在外磁场中按序参量 $|\Psi|^2$ 展开至 $|\Psi|^4$ 项，并计及梯度项 $\nabla\Psi$ 后，对各向同性超导体有

$$F_s = F_{n0} + \alpha|\Psi|^2 + \frac{\beta}{2}|\Psi|^4 + \frac{1}{2m^*}|(-i\hbar\nabla - e^*)\Psi|^2 + \frac{\mu_0}{2}H^2 \tag{1}$$

称为 GL 自由能密度。式中 F_{n0} 是无外磁场的正常相自由能密度，$\mu_0 H = \nabla \times A$，$H$ 为磁场强度，m^* 和 e^* 分别为超导电子有效质量和有效电荷（实为库珀电子对的质量和电荷），$\hbar$ 为除以 2π 的普朗克常量，α 和 β 是展开系数，随材料性质由实验来定。在 T_c 附近 $\alpha(T) = -\alpha_0(1 - T/T_c)$，$\alpha_0$ 和 β 是大于零的常数，对总自由能求极小，可得 GL 方程

$$\frac{1}{2m^*}(-i\hbar\nabla - e^*A)^2\Psi + \alpha\Psi + \beta|\Psi|^2\Psi = 0 \tag{2}$$

$$\frac{1}{\mu_0}\nabla \times \nabla \times A = j_s = -\frac{i\hbar e^*}{2m^*}(\Psi^*\nabla\Psi - \Psi\nabla\Psi^*) - \frac{e^{*2}}{m^*}|\Psi|^2 A \tag{3}$$

和与绝缘外界接触时的边界条件：

$$n \cdot (-i\hbar\nabla - e^*A) = 0 \quad (边界) \tag{4}$$

n 为边界法向单位矢量。由于 GL 方程是非线性的联立方程，包含着宏观量子非线性效应，且 Ψ 一般是 r，T 和 H

的函数，有广泛的应用，是研究超导体各种宏观量子现象物理性质的有力工具，推广到各向异性超导体上（见各向异性 GL 方程），其应用范围更加广泛。在空间中若 Ψ 变化很缓慢，计及 $|\Psi|^2 = n_s$，则方程 (3) 过渡到伦敦第二方程：$j_s = -e^{*2} \cdot n_s A/m^*$，说明伦敦方程只是在弱磁场近似中才适用。

1959 年，戈尔柯夫 (Gor'kov) 基于 BCS 微观理论用格林函数方法推导出 GL 方程，并将 $\Psi(r)$ 与能隙 $\Delta(r)$ 联系起来（见有序参量），使 $\Psi(r)$ 又有了微观物理意义，并且唯象系数 α 和 β 也有了微观表达：

$$\alpha(T) = -\frac{6(\pi kT_c)^2 N(0)}{7\zeta(3) n_s^*(0)} \cdot \left(1 - \frac{T}{T_c}\right) \tag{5}$$

$$\beta = \frac{6(\pi kT_c)^2 N(0)}{7\zeta(3) n_s^{*2}(0)} \tag{6}$$

金兹堡-朗道自由能密度 [Ginzburg-Landau(GL) free energy density]   见金兹堡-朗道唯象理论。

金兹堡-朗道方程 [GL equations]   见金兹堡-朗道唯象理论。

金兹堡-朗道穿透深度 [GL penetration depth]   在弱磁场下，GL 电流方程类似于伦敦第二方程，GL 穿透深度可表示为

$$\lambda(T) = \left(\frac{m^*}{\mu_0 e^{*2}|\Psi(T)|^2}\right)^{\frac{1}{2}}$$

此时，若序参量近似于零磁场下的序参量 $\Psi = \Psi_0$，则有 $|\Psi_0|^2 = -\alpha/\beta$。当 $T \to T_c$ 时

$$\lambda(T) = \lambda(0)(1 - T/T_c)^{-\frac{1}{2}}$$

金兹堡-朗道相干长度 [GL coherenceLength]   在 GL 方程中引入一个长度量纲 $\xi(T)$：

$$\xi(T) = \hbar/\sqrt{2m^*|\alpha|}$$

则在无外磁场下求一维非线性 GL 方程的几何关系时，$\xi(T)$ 正好代表 $\Psi(r)$ 空间变化的自然长度，即 Ψ 的相干范围（库珀电子对的空间尺度），称 $\xi(T)$ 为 GL 相干长度。在接近于 T_c 时，$\xi(T) = \xi(0)(1 - T/T_c)^{-\frac{1}{2}}$，与纯超导体的皮帕德相干长度 ξ_0 的关系为 $\xi(T) = (0.7)\xi_0(1 - T/T_c)^{-\frac{1}{2}}$，对第二类超导体可表示为 $\xi(T) = [\phi_0/2\pi\mu_0 H_{c2}(T)]^{\frac{1}{2}}$，这里 ϕ_0 和 H_{c2} 为磁通量子和上临界磁场。

金兹堡-朗道参量 [GL parameter]   金兹堡和朗道在他们的唯象理论中引入一个无量纲参量 κ：

$$\kappa = \frac{\lambda(T)}{\xi(T)}$$

称 GL 参量。也可写成 $\kappa = m^*/\hbar e^* \cdot (2\beta/\mu_0)^{1/2}$。用临界磁场来表示则 $\kappa = H_{c2}/\sqrt{2}H_c$，$H_{c2} = 2|\alpha|m^*/\mu_0\hbar e^*$ 称上临界磁

场，$H_c = \alpha/\sqrt{\mu_0\beta}$ 称热力学临界磁场。κ 的大小与不同材料超导体的属性和物理性质有关，$\kappa < 1/\sqrt{2}$ 的超导体称第一类超导体，$\kappa > 1/\sqrt{2}$ 的称第二类超导体，它们在磁场中的性质有很大区别。

Anderson 定律 [Anderson's theorem]　在常规 s 波配对的超导体中，当超导序参量在相干长度 ξ 内是均匀的，即 $\xi > l$（平均自由程），幺正极限下的非磁性杂质对自旋单重态配对的库珀电子对没有拆对效应，即超导临界温度、临界磁场和能隙等不受影响，称为 Anderson 定律。而磁性杂质会破坏库珀电子对，进而影响超导。

Abrikosov-Gorkov 杂质散射拆对效应 [Abrikosov-Gorkov impurity induced Cooper pairs breaking effect]　与 Anderson 定律相对应，当常规波配对的超导体中出现磁性杂质中心的时候，这些磁性粒子会改变时间反演的

$$\ln\frac{T_c}{T_{c0}} = \psi\left(\frac{1}{2}\right) - \psi\left(\frac{1}{2}+\frac{\alpha}{2\pi k T_c}\right)$$

式中 $T_c = T_c(\alpha), T_{c0} = T_c(0)$，$2\alpha = \hbar/\tau$ 反映散射率，$\psi(z) = \Gamma'(z)/\Gamma(z)$ 是 digamma 函数。超导转变温度与纯净超导体的值相比较是单调下降的。超导能隙随杂质散射率也有类似的关系。AG 公式中的磁性杂质散射可以类比到其他情况，如外界磁场和宏观输运电流对超导的破坏情况。

9.1.2　超导材料分类

非常规超导体 [unconventional superconductor] 不同于传统研究，机理研究有新发展和新探索的超导体。如低载流子密度超导体（包括层状结构超导体）、有机超导体、超晶格超导体、非晶态超导体、磁性超导体等。在机理研究上除电子-声子机制外，有激子机制、双极化子、重费米子、等离子体激元、共振价键、费米液体、自旋涨落、自旋口袋模型等，在电子配对上（包括空穴型）仍有 s 波配对外，有 p 波配对、d 波配对等选择。在材料结构和电子结构类型上有非中心对称材料所表现出的 p 波分量序参量，或者具有拓扑表面结构的拓扑超导体等。

高温超导体 [high-temperature superconductors] 超导转变温度接近或高于 BCS 理论估计的最高 T_c 极限（约 40K）的超导体（对金属氢等转变温度的估计例外）。自 J.G.Bednerz 和 K.A.Muller 于 1986 年发现并指出 Ba-La-Cu-O 系氧化物超导体转变温度（T_c）可能达到 35K 后，国际上掀起了对高温超导体研究的热潮，一系列的高温超导体陆续被发现。Bednerz 和穆勒（Muller）因此突破性工作获得了 1988 年度的诺贝尔物理学奖。2008 年发现的铁基超导体现在温度已经达到了 56K，是高温超导体。

氧化物超导体 [oxide superconductors]　又称层状结构氧化物超导体。含氧的铜化合物超导体。大多数具有派生的层状类钙钛矿型结构，具有单层或多层的二维 CuO_2 平面，而一般是以铜为主要元素的多元结构氧化物。如镧（La）系，钇（Y）系，铋（Bi）系，铊（Tl）系，汞（Hg）系均含有铜元素，而所列这些系的超导体的电荷载流子为空穴，称为空穴型超导体。对钕（Nd）系，如钕铈铜氧（NdCeCuO）体系（这里钕（Nd）可为一些镧系元素代替），其电荷载流子为电子，称为电子型超导体。也有非含铜的超导体，如（BaKBiO）体系等。这类超导体的含氧量和分布对其结构和超导电性都有较大的影响，大多数氧化物超导体的电子结构具有铜氧平面二氧化铜（CuO_2）构成的导电载流子层和调节电荷的载流子库，它们的转变温度（T_c）均较高，相干长度比常规超导体的要小得多，属第二类超导体，且表现出强烈的各向异性性质。

电子型超导体 [electron-type superconductor] 又称 n 型超导体。电荷载流子为电子的超导体称为电子型超导体。按照 BCS 理论，此时结成的是电子配对的库珀电子对。

空穴型超导体 [hole-type superconductor]　又称 p 型超导体。电荷载流子为空穴的超导体称为空穴型超导体。由 BCS 理论推知，此时结成的是空穴配对的库珀电子对。

单元素超导体 [single element superconductor] 又称超导元素。由化学元素周期表中单一元素构成的物质，在一定压强和温度下具有超导电性，称为单元素超导体。目前已发现在正常压力下有 28 种单元素材料具有超导电性，其中铌的临界温度是单元素超导体中最高的，$T_c = 9.26K$；单元素超导体中临界温度最低的是钨，$T_c = 0.012K$。

单元素超导材料在周期表中的分布有如下的规律：①碱金属锂、钠、钾、铷、铯和良导体铜、银、金等一价元素均不是超导体；②铬、锰、铁、镍、钴等铁磁性或反铁磁性元素也都不是超导体；③单元素超导体的价电子数 Z 有下列关系：$2 < Z < 8$；④除个别例外，超导元素明显地可分为过渡金属和非过渡金属两个集团。在过渡金属中，Z 为奇数的元素，T_c 较高。当 $Z = 5$ 和 7 时，T_c 出现峰值。对于非过渡金属，T_c 随 Z 增大而单调地增高。

某些单元素超导体只有在高压下或低温衬底上淀积为薄膜时才呈现超导电性。前者如铯、钡、钇、铈、硅、锗、磷、砷、锑、铋、硒、碲和锗等；后者如 Bi。在低温衬底上淀积钨、铍、镓、铝、铟和锡的薄膜，其 T_c 与大块材料相比，都有较大的提高。值得强调的是，稀土元素镧在 150kbar 压力下，其 T_c 高达 12K。通常 T_c 对少量杂质并不敏感，但磁性杂质（如铱和钼）会使 T_c 降低，甚至使超导电性消失。

超导合金 [superconducting alloy]　两种或两种以上化学元素（至少有一组分为金属）混合而成的具有金属特性的物质，一般由各组分熔合成均匀的液体，再经冷凝而得。在一定压强和温度条件下，呈现超导电性的合金材料称为超

导合金。1930 年发现的铅–铋 (Pb-Bi) 共晶合金的 H_{c2} 还不到 2T。后来发现数以千计的合金都是具有超导电性的物质，但具有实用价值的只有少数几种。目前应用最广泛的超导材料是铌–钛，占用量在 95% 以上，主要用来制作 9T 以下的超导磁体，已经成功地用于 MRI 装置、NMR 谱仪、MHD 发电、SSC 加速器及实验室磁体。

超导化合物 [superconducting compound]　由两种或两种以上元素的原子 (指不同元素的原子种类) 组成的纯净物，在一定压强和温度条件下，呈现超导电性的化合物称为超导化合物。自 20 世纪 50 年代初发现 V_3Si 和 Nb_3Sn 以来，超导化合物已发现数千种，大部分为金属间化合物、金属和非金属间的无机化合物及少数有机高分子化合物。从 1987 年初发现超导临界温度在液氮温度 (77K) 以上的氧化物超导体，化合物超导材料又可划分为在液氮温度 (4.2K) 工作的低温超导材料，和在液氮温度 (77K) 工作的高温超导材料两大类。化合物超导材料是由一些具有实用意义的超导化合物所构成的超导材料，属于非理想的第 II 类超导体。不仅有着较高的超导临界温度 T_c 和上临界磁场 H_{c2}，而且由于存在与其晶格缺陷密切相关的不可逆磁性质 (即不可逆磁化曲线或磁滞回线)，因此临界电流密度 J_c 很高，适于制作高场磁体 (9~18T) 及有关的超导装置。其中 Nb_3Sn 用于绕制 15T 的磁体。而 V_3Ga 在高场下具有比 Nb_3Sn 更高的临界电流密度，可用它产生 15~18T 的磁场。

此外，化合物的超导电性还有一些引人注目的性质。例如，即使由非超导元素组成的一些化合物，像 Au_2Bi，GePt 和 CuS 等，结果变成了超导体。而化合物 $ErRh_4B_4$ 却存在着两个临界温度，在第一个临界温度 $T_{c1} \approx 8.55K$，变为超导体，而随着温度的继续降低，在第二个临界温度 $T_{c2} \approx 0.9K$ 时，又从超导态过渡到正常态。

常规超导体 [conventional superconductors]　临界温度低于 40K 的单元素及合金和化合物超导体，机理上用基于电–声子耦合的 BCS 理论能够描述的超导体，一般局限于 s 波配对。

二硼化镁超导体 [MgB_2 superconductor]　二硼化镁 (MgB_2) 是一种离子化合物，晶体结构属六方晶系。它是一种插层型化合物，镁层和硼层交替排列，结构如下图所示。

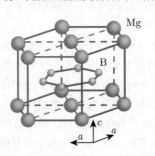

2001 年初，日本青山学院大学教授秋光纯宣布，他的研究小组发现，金属间化合物二硼化镁具有超导电性，超导转变温度高达 39K。硼同位素效应的实验结果表明，二硼化镁是以声子为媒介的 BCS 超导体，其超导电性源于硼原子层。目前尚未发现掺杂具有提高临界温度的作用。热力学参量的测量表明，二硼化镁是典型的第 II 类超导体，其下临界磁场为 300Oe，上临界磁场为 12T。通过对硼 p 轨道的掺杂，可以实现上临界磁场的大幅度提高。

铁基超导体 [iron-based superconductor]　化合物中含有铁砷或铁磷层，在低温时具有超导现象，且铁扮演形成超导的主体的超导体。2006 年日本东京工业大学细野秀雄教授的团队发现第一个以铁为超导主体的化合物 LaFeOP，打破以往普遍认定铁元素不利形成超导电性的经验规律。2008 年 2 月初，细野秀雄教授的团队再度发表铁基层状材料 $La[O_{1-x}F_x]FeAs(x = 0.05\sim0.12)$ 在绝对温度 26K 时存在超导性。在一年中，科学家们发现了多种典型结构，分别被称为 11(FeSe)，111(LiFeAs, NaFeAs)，122((Ba, Sr, Ca)Fe_2As_2)，1111(REFeAsO，RE= 稀土元素)，32522($Sr_3Sc_2O_5Fe_2As_2$)，42622($Sr_4V_2O_6Fe_2As_2$) 和 43822($Ca_4Mg_3O_8Fe_2As_2$) 等。铁基超导体的结构与高温超导的铜氧平面类似，超导性发生在铁基平面上，属于二维的超导材料。尽管铁基超导体的临界温度最高只有 56K，研究铁基超导体可能有助于了解高温超导的机制。其结构如下图所示。

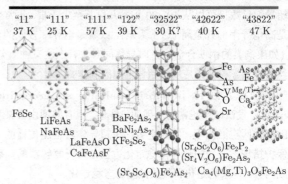

重费米子超导体 [heavy fermion superconductor]　有些样品中的电子有效质量非常高，是自由电子质量的 100~1000 倍，具有极高有效质量的电子称为重费米子。电子质量的极度增加是 d 轨道和 f 轨道杂化的结果。把电子有效质量非常大的这类超导材料称为重费米子超导体。重费米子超导体在转变温度 T_c 处有一个很大的比热跃变，由此推知重费米子参与了超导电性。比热实验结果表明，其电子比热非常高，10K 以下比热与温度的比可达 $1J/(mol \cdot K^2)$，相当于普通过渡金属比热数值的 100 倍。几类常见的重费米子超导体包括 $CeMIn_5$ (M = Co，Ir，Rh，$\cdots$)，CeM_2X_2 (M = Cu，Ni，Ru，Rh，Pd，Au，$\cdots$；X=Si，Ge，$\cdots$)；UPt_3，UBe_{13}，

UGe_2，UPd_2Al_3。

钌基超导体 [Ru-based superconductor]　在 Sr_{n+1} Ru_nO_{3n+1} 体系中，$n=1$ 的成员 Sr_2RuO_4 是第一个被证实具有 p 波超导配对自旋三重态奇对称的非常规超导体，其超导温度只有 1K 左右。Sr_2RuO_4 是与高温超导体 $La_{2-x}Sr_xCuO_4$ 结构相同的化合物，与高温超导体 CuO_2 面对应的是 RuO_2 面，结构如下图所示。

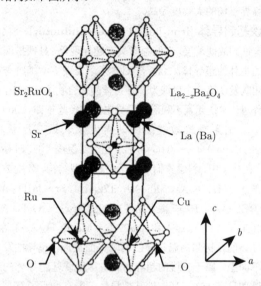

多丝复合超导材料 [multifilamentary composites] 以正常金属为基体内含多股多芯超导细丝的线材。导体含有的超导细丝数目可以从 10~20 根到几百甚至上千根。正常金属是高电导率的纯金属 (通常为铜)，或者是电导率较低的合金 (如康铜类的钢铁合金)。有时导体同时含有上述三种组分，多丝复合超导材料常应用于超导电缆的制作。

本征稳定超导 [intrinsic stability superconductivity]　设法减小正常区出现的可能性，或者即使由于某种原因正常区已经出现，但要避免它在超导体内迅速传播的一种保护措施。已知的超导体稳定化方法，按所要解决的问题分成两类：内禀稳定化和热或低温稳态稳定化。

内禀稳定化是通过将超导体细丝化来实现的。由于磁通跳跃的强度随超导体芯径的减小而降低，在一定的芯径 (通常为几微米) 下，使之不会发生 "灾难性" 的磁通跳跃，或者至少使所释放的能量不足以将超导体的温度升高到临界值。内禀稳定化方法在于设法防止由于磁通跳跃释热的结果使温度升高到临界温度 $T_c(B, J)$。为此应设法减少释热量或者在给定的释热量下，增加导体的热容。另一种内禀稳定化方法称为焓稳定化或绝热稳定化，是在导体内填充高定容比热 (如铅) 的组分。改善蓄热条件，降低由于磁通跳跃释热而达到的最高温度。

热稳定化方法是使超导体被一定量的热导率和电导率都

很高的正常金属所分流。当绕组内出现正常区时，沿超导体通过的电流被分流到低阻金属内，从而绕过超导体的正常区。在特定条件下，正常区的诱因消除之后，形成的正常区也消失，超导体恢复到超导态，这时可以承载传输电流。

另一种方法可以降低因磁通跳跃释热而达到的最高温度。如果降低释热的速率，同样的热量被延迟在更长的时间内释放出来，那么在相同的散热速率下，导体的最高温度将低于在原来的释热速率下所达到的最高温度。

动态稳定超导 [dynamic stability super conductivity]　将定容比热比较高的金属 (铜铝铅镉) 制成夹层材料，置于超导磁体系统绕组的各层之间的稳定化方法。这种保护方法的基本思想在于，从导体传向高热容填充材料内的热通量，可能高于从导体传向氦浴内的临界热通量。由于散热能力的增强，降低了因磁通跳跃的释热所达到的最高温度。动态稳定方法在很大程度上可以看成是属于内稳定方法。这种方法有些类似于焓稳定化。但是对于焓稳定化，在复合导体内添加的热容高的材料是导体的一种成分，而在动态稳定化中，高热容的材料不是导体的固有组分，动态稳定化方法与热稳定化方法具有许多共同的特点。

冷冻稳定超导 [cooled stability superconductivity]　热 (低温稳态) 稳定化指的是当超导绕组出现局部的正常区时，为防止整个超导装置转变为正常态而采取的一种保护措施。

热稳定化的基本思想在于把超导体与电导率和热导率都很高的正常金属相组合构成所谓复合导体。这种导体的正常金属可以看成是超导体的分流器，当超导体出现正常区时，流经这部分超导体的电流，就分流到正常金属 (通常称作基体) 通过。

超导电子学 [electronics of superconductivity] 超导物理与电子技术相结合，研究物体处于超导状态下超导电子所具有一系列效应的理论和技术的一门学科。以超导体的约瑟夫逊效应等为理论基础，开发出多种形式的超导量子干涉器件，用来测量微弱磁场和磁场的空间变化。超导电子学的另外一大类应用是利用超导的无阻性能开发的超导滤波器，具有带外抑制大，带边陡峭，带内插损小等优良品质，目前被开发成民用和国防用的通信和信号处理设备。超导薄膜还可以被开发成热电子相应设备，探测单光子、红外光和太赫兹波等。

隧道效应 [tunnel effect]　又称势垒贯穿。由微观粒子波动性所确定的量子效应。考虑粒子运动遇到一个高于粒子能量的势垒，按照经典力学，粒子是不可能越过势垒的；按照量子力学可以解出除了在势垒处的反射外，还有透过势垒的波函数，这表明在势垒的另一边，粒子具有一定的概率贯穿势垒。理论计算表明，对于能量为几电子伏的电子，方势垒的能量也是几电子伏,当势垒宽度为 1Å 时,粒子的透射概率达零点几;而当势垒宽度为 10Å 时,粒子透射概率减小到 e^{-10}。可见隧道效是一种微观世界的量子效应,对于宏观现象,实际上不可能发生。扫描隧道显微镜就是基于隧道效应开发的一类高精度显微镜。

势垒贯穿 [barrier penetration]　　即隧道效应。

隧道结 [tunnel junction]　　用一极薄绝缘层 (I) 把两块导体 (N) 或超导体 (S) 连结起来的结构称为隧道结。在超导隧道结中,中间极薄绝缘层也可以用金属或弱超导体替代。根据三层材料的不同可构成 N-I-N,N-I-S,S-I-S,S-N-S,S_1-I-S_2,S_1-S_3-S_2 等隧道结。其中 S-I-S 结称为约瑟夫森 (Josephson) 结。实验发现,在结两侧加上电压 V 时,电子可以通过隧道,即电子可以穿过绝缘层,这便是隧道效应。由于接触面积的差异,隧道结还有超导微桥和点接触两种形式。为了与隧道结相区别,后二者称为弱连接。下图是几种典型的约瑟夫森结。

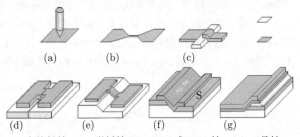

(a) 点接触结;(b) 微桥结;(c) S-I-S或S-N-S结;(d) 双晶结;
(e) 晶界台阶结;(f) S-N-S台阶结;(g) S-N-S斜坡结

S-I-N 隧道结 [S-I-N tunnel junction]　　见隧道结。

S_1-I-S_2 隧道结 [S_1-I-S_2 tunnel junction]　　见隧道结。

单电子隧道效应 [single electron tunnel effect] 指 NIN 隧道结的隧道效应,正常金属中自由电子可看作以独立的单电子形式隧穿绝缘层势垒。对有超导电子参与的隧道结,在有热激发下有少量电子处于能隙以上的能态上,这些电子的隧道效应视为单电子隧道效应,可包括用其他方式激发的准粒子隧道效应,如光子、高能声子等的注入来拆散电子对,产生正常电子隧道效应。

弱连接 [weaklink]　　连接两块超导体的界面区域或因大块超导体内存在超导电性比较薄弱的地方而导致超导体横截面面积缩小。超导隧道结的结区就是典型的弱连接。

点接触结 [point contact junction]　　结区面积非常小的结。将超导体削尖的端点 (约 0.1μm 端径) 施压在另一超导体表面上而构成点接触结,它是一种弱连接。一般情况下,超导点接触的表面是有氧化层的。由于压力可调节,就可选择最好的接触性能。点接触可以是金属焊点形式,或者镀制平面薄膜的形式,或者针尖接触形式。

超导双粒子隧道 [superconductive two-particle tunneling]　　对于一个超导不相干的隧道结,当 $0 < eV < \Delta(T)$ 时几乎无隧道电流,$\Delta(T)$ 为超导能隙。当 $|V| \geqslant V_0 = |\Delta(T)/e|$ 时,超导电子对被拆散激发为二个准粒子而隧穿绝缘层势垒形成隧道电流。拆散电子对所需最小能量为 $2\Delta(T)$,一个电子平均能隙为 $\Delta(T)$ 的能量。由于激发为准粒子带有集体效应,故在 $|V| \geqslant V_0$ 时电流很快上升,而接近 N-I-N 的隧道电流。这种不同于单个正常电子隧道 N-I-N 的单粒子隧道称双粒子隧道,类似现象也发生在 S-I-S 和 S_1-I-S_2 隧道结。这些隧道结若在 S 一侧同时有多个超导电子对被拆散激发而同时隧穿到另一侧 (需遵从泡利原理),这种隧道过程称多粒子隧道,但这种概率是很小的。利用这些隧道结可测定超导体的能隙。

因为双粒子隧道过程中两个粒子同时隧道的概率是单粒子隧道概率的平方,所以双粒子隧道的贡献是远小于单粒子隧道。此外单粒子隧道电流的大小是随着温度指数地减小,而双粒子隧道过程不太依赖温度,是由于库珀电子对涉及到超导体中整个电子而单粒子是处此孤立的。因此观测双粒子隧道的机会最好是在低温下。同样地减小垒的厚度 (即增加隧道概率) 将增加双粒子与单粒子隧道之比。

安德烈夫反射 [Andreev Reflection]　　描述金属和超导体密切接触时,正常金属的单电子发生配对形成超导体中的库珀电子对或者超导体中的库珀电子对拆散成为正常金属中的单电子的隧道物理效应,由俄国物理学家亚历山大·F·安德烈夫首度发现。在正常金属中,电荷输运的载流子是电子或者空穴;而在超导体中,库珀电子对是载流子。如果给一个正常金属 - 超导体结加上电压,则正常金属端的普通电子电流必然要转化为超导体内的超导电流。

假设一个自旋向上的电子要穿过金属 - 超导界面。如果它的能量 E 没有达到可以作为超导态的一个准粒子激发状态存在的话 (即 E 小于超导能隙 Δ),则它必须在正常金属中再寻找一个自旋向下的电子和它配对,组成一个库珀电子对在超导体内传输。由于它在正常金属一侧拉走了一个自旋向下的电子,因此会在正常金属一侧留下一个自旋向下子带上的空穴。一个自旋向上的电子从正常金属入射到正常-超导表面时,结果反射回来了一个自旋向下子带上的空穴,而在超导中产生了一个库珀电子对,这就是安德烈夫反射的物理过程。由于被拉过去的电子和入射的电子要发生配对,它们的动量必须相反,反射回来的空穴除了具有和入射的电子相同的激发能外,它的动量也与入射电子是完全相同的。在速度上则是反射的空穴的速度就和入射电子恰好方向完全相反。在物理图象上,和电子的正常反射是完全不同的。如果入射电子并不是垂直于正常-超导界面入射,而是有一定的入射角,则正常反射回来的电子是沿着界面法线的另一侧与入射方向对称地返回到正常金属中，而安德烈夫反射回来的空穴则是在界面法线的同一侧，沿着入射电子的方向倒退了回来，如下图所示。

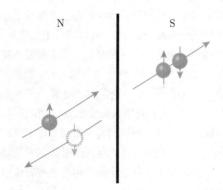

多粒子隧道 [multipartical tunneling] 见双粒子隧道。

超导桥 [superconducting bridge] 把两块超导体连接起来的地方。由于超导体的临界电流密度非常高，很难用四端法直接测量。为了降低热效应的影响，一般把薄膜光刻成微桥结构。

约瑟夫森隧道效应 [Josephson tunnel effect] 在两块超导体之间存在弱耦合时发生的现象。1962 年，约瑟夫森从理论上预言超导隧道结将可能发生下列奇特的物理现象：

（1）当超导隧道结两端电压为零时，可以存在一个超导电流，其临界电流密度有一个最大值。这就是超导电子对（库珀电子对）隧道电流。

（2）该隧道电流的最大值对外部磁场很敏感。

（3）当超导隧道结两端直流电压不为零时，依然存在超导电子对隧道电流，但这是一个交变的超导电流，其频率与电压成正比。如果再外加一个交变电磁场，则会对超导电流起频率调制作用，结果会在电流-电压曲线上出现一系列台阶。

这些现象都在实验上获得证实，叫作约瑟夫森隧道效应。这是超导隧道结的一种重要特性。

约瑟夫森隧道效应有直流约瑟夫森隧道效应和交流约瑟夫森隧道效应之分。

对 S(超导体)-I(绝缘体)-S(超导体) 隧道结供给一定的电流，隧道结两端的电压为 0(即绝缘体上没有压降)，即隧道结有超导隧道电流通过，并且此隧道电流有一个最高的数值 ——约瑟夫森结临界电流。超导电子对隧穿约瑟夫森结形成超导直流电流现象称直流约瑟夫森隧道效应。能承受的最大直流电流 I_c 在几十微安到几十毫安范围，且随外磁场 H 的改变很敏感，其 I_c-H 关系与光学中单缝的夫琅禾费 (Faunhoffer) 衍射图像相似，如 H 平行于矩形隧道结平面时就是这样，且这时 I_c 两邻近最小值间隔设为 H_0，则它与结横截面积 A 的

乘积 $H_0 A$ 等于一个磁通量子 Φ_0。对弱连结也同样呈现有直流约瑟夫森隧道效应。

当电流超过 S-I-S 超导隧道结的临界电流时，在 S-I-S 超导隧道结的两端 (即绝缘体上) 就出现直流电压 V，并同时出现交变的超导隧道电流，这就是交流约瑟夫森隧道效应；产生的交变电流的频率称为约瑟夫森频率，为 $f = (2e/h)V = 863.6\,\mathrm{MHz/\mu V}$，此频率与超导隧道结的结构和超导材料的性质种类等因素无关，可用作为电压的基准。

直流约瑟夫森隧道效应 [direct current Josephson effect] 见约瑟夫森隧道效应。

交流约瑟夫森隧道效应 [alternation current Josephson effect] 见约瑟夫森隧道效应。

约瑟夫森方程 [Josephson equation] 超导体之间存在弱耦合，正常电子和库珀电子对电子都可以在它们之间发生转移，但是约瑟夫森方程涉及的只是库珀电子对转移的问题。此外，在约瑟夫森隧道效应中涉及的电流和场强都很小，如电流的范围从微安到毫安量级，场强不超过几高斯，可以认为大块超导体的性质几乎不受影响。由于约瑟夫森隧道效应与结区两侧超导体的超导电子对的波函数的位相差 $\Delta\delta$ 有直接关系，$\Delta\delta$ 与空间和时间 t 的关系由如下约瑟夫森方程来表示：

$$J = J_c \sin\delta \tag{1}$$

$$\frac{\partial\delta}{\partial t} = \frac{2eV}{h} = \frac{2\pi}{\phi_0}V \tag{2}$$

$$\nabla\delta = \frac{2\pi}{\phi_0}\boldsymbol{H}\times\boldsymbol{n} \to \begin{cases} \dfrac{\partial\delta}{\partial x} = \dfrac{2\pi dH_y}{\phi_0} \\ \dfrac{\partial\delta}{\partial y} = -\dfrac{2\pi dH_x}{\phi_0} \end{cases} \tag{3}$$

$$\nabla^2\delta - \frac{\partial^2\delta}{\partial t^2} = \frac{1}{\lambda_J^2}\sin\delta \tag{4}$$

其中，$\delta = \delta_b - \delta_a$，$\lambda_J = \sqrt{\dfrac{\phi_0}{2\pi\mu_0 dJ_c}}$ 约瑟夫森穿透深度。

约瑟夫森穿透深度 [Josephson penetration depth] 超导结中磁场穿透深度称为约瑟夫森穿透深度（λ_J）。$\lambda_J = \sqrt{\dfrac{\phi_0}{2\pi\mu_0 dJ_c}} \Rightarrow 100\,\mu\mathrm{m}$。

超导结中的绝缘层是超导体，只不过超导电性弱而已，同样有迈斯纳（Meissner）效应，需要在比普通超导体更深的内部出现。

微波感应台阶 [microwave-induced steps] 又称Shapiro 台阶。夏皮罗（Shapiro）首先在实验上观测到，约瑟夫森隧道结电流电压特性曲线在外加一定频率的微波时出现台阶结构，称为微波感应台阶。出现台阶处的电压与相应辐照微波频率 f 的关系为 $V_N = N\dfrac{h}{2e}f$，N 为整数，h 是普朗克常量，f 是外加微波的频率。邻近电流阶梯间的电压差是等

距离的，是吸收电磁波所致，与辐射电磁波成为逆效应。用此效应测定的物理常数 $h/2e$ 是最精确的，由于电流阶梯处 V 不变，已公认可监督电动势基准。见下图。

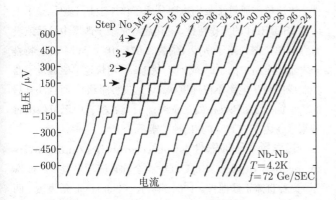

Shapiro 台阶 [Shapiro steps]　即微波感应台阶。

超导磁体 [superconducting magnet]　用超导导线作励磁线圈的磁体。通常用外加电流源供电方式工作。原则上也可以用闭合超导回路，采用超导开关方式工作。这种方式可以有效降低能量耗散以及液氦蒸发量。

实用超导材料 [practical superconductive materials]　在性能上具有实用价值，满足主要所需相对好的基本性能要求的超导材料。这些材料应具有高临界温度，高临界磁场，高临界电流，高稳定性和重复性以及低交流损耗等。在制备上要求生产工艺方式较简单，使用上较方便，成本较低，材料的其他性能，如力学性能等也能满足所需要求等。实用超导材料的选择均从相对比较中来挑选合适的适用材料。

超导磁悬浮 [superconductive magnetic levitation]　利用超导体的抗磁性或二类超导体的磁通钉扎效应而实现的悬浮现象。把一块磁铁放在超导盘上，当磁场很弱时，由于超导盘把磁感应线排斥出去，超导盘跟磁铁之间有排斥力，结果磁铁悬浮在超导盘的上方。磁铁的磁场穿透到超导体中形成磁通分布。当把超导体和磁体之间移近或者移远的时候都需要改变超导体中已经形成的磁通分布状态。这是为什么超导体具有磁悬浮功能，而且在一定程度上具有自稳定的功能。超导悬浮在工程技术中用途广泛，如超导悬浮列车，让列车悬浮起来，与轨道脱离接触，沿轨道"飞行"。高温超导体发现以后，超导态可以在液氮温区（零下 196°C 以上）出现，超导悬浮的装置更为简单，成本大为降低。

超导电机 [superconductive motor]　绕组由实用超导线绕制成的电机。超导线在临界温度（T_c）、临界磁场（H_c）及临界电流密度（J_c）值以内时具有超导性，其电阻为零。这将使超导电机绕组的电阻损耗降为零，既解决了电枢绕组发热、温升问题，又使电机效率大大提高。超导线的临界磁场和临界电流密度都很高，使超导电机的气隙磁通密度和绕组的

电流密度可比传统常规电机提高数倍乃至数十倍，大大提高电机的功率密度，降低电机的体积和材料消耗。1986 年，高临界温度（液氮温区）超导材料的发现，为超导电机的实用化展现了新的前景。超导电机主要制成汽轮发电机和单极直流电机。采用超导励磁绕组及液态电刷，可以制成高电压大电流大容量的直流电机。有圆盘式和折入式两种。这两种电机均可作发电机运行（由原动机驱动），也可作电动机运行（由电刷引入电流）。超导单极直流电机适用于船舶推进、轧钢大型卷扬机和慢速压缩机等场合，很有发展前途。

超导储能 [stored energy of superconductivity]　利用电动机带动飞轮高速旋转，将电能转化成动能储存起来，并且在需要的时候再用飞轮带动发电机发电的储能方式。飞轮储能的研究主要着力于研发提高能量密度的复合材料技术和超导磁悬浮技术，与其他形式的储能方式相比较，飞轮储能具有大容量高效率无限循环寿命零排放无污染和装置对环境无要求等优点。

飞轮储能系统主要包括转子系统轴承系统和转换能量系统三个部分构成。另外还有一些支持系统，如真空深冷外壳和控制系统。

电感储能 [energy-storage inductor]　电感器本身就是一个储能元件，以磁场方式储能的一种储能方式。其储存的电能与自身的电感和流过它本身的电流的平方成正比：$E = 1/2\ LII$。电感的特点是通过的电流不能突变。电感储能的过程就是电流从零至稳态最大值的过程。当电感电流达到稳态最大值后，若用无电阻（如超导体）短接电感二端并撤去电源，如果电感本身是超导体的话，则电流则按原值在电感的短接回路中长期流动，电感的状态就是储能状态。由于电感在常温下具有电阻，电阻要消耗能量，所以很多电感储能技术采用超导体。电感储能作为众多储能技术的一种，在现代科学技术领域中，如等离子体物理受控核聚变电磁推进重复脉冲的大功率激光器高功率雷达跟流带电粒子束的产生及强脉冲电磁辐射等领域，都有着极为重要的应用。

超导电缆 [superconductor cable]　采用无阻的能传输高电流密度的超导材料作为导电体并能传输大电流的一种电力设施，具有体积小重量轻损耗低和传输容量大的优点，可以实现低损耗高效率大容量输电。高温超导电缆将首先应用于短距离传输电力的场合（如发电机到变压器变电中心到变电站地下变电站到城市电网端口）及电镀厂发电厂和变电站等短距离传输大电流的场合，以及大型或超大型城市电力传输的场合。

超导加速器 [superconducting accelerator]　用超导的加速腔或超导的主磁体建成的加速器。是 20 世纪 60 年代以来逐渐成熟起来的一类有前途的新型加速器。利用超导加速腔可以在很小的微波功率下产生很强的加速电场；利用

超导磁体则可以在很小的激磁功率下产生强大的约束磁场，二者都可大大缩减加速器的尺寸，降低加速器的功率消耗，使超导加速器在经济上和技术上具有巨大的优越性。超导直线加速器的加速腔大都用表面覆有氧化保护层的纯铌材料制成，有的用涂铅的铜质腔体制成，安装在由液氮和液氦逐级冷却的低温罐中。

超导计算机 [superconducting computer] 利用超导技术 (约瑟夫森隧道效应) 生产的计算机及其部件，其性能是目前电子计算机无法相比的。理论上开关动作所需时间为千亿分之一秒，超导计算机运算速度比现在的电子计算机快 100 倍，电力消耗只是大规模集成电路的百分之一。但是现在这种组件计算机的电路还一定要在低温下工作。另外，目前正在基于超导宏观量子相干行为研究量子计算机，将在大数计算和保密通信中有重要应用。

超导量子比特 [superconducting quantum bit] 超导量子比特简写为 qubit 或 qbit。超导量子比特利用了超导约瑟夫森隧道结的非线性效应。超导量子比特是建立在集成电路工艺上的固体量子电路，具有无损耗可规模化等特点，是实现量子计算的最有希望的方案之一。量子比特在系统中表示状态记忆和纠缠态。物理上量子比特是量子态，因此量子比特具有量子态的属性。根据量子态的特性称为量子比特 (qubit 或 qbit)、纠缠比特 (ebit)、三重比特 (tribit)、多重比特 (multibit) 和经典比特 (cbit) 等。

由于量子态的独特量子属性，量子比特具有许多不同于经典比特的特征，这是量子信息科学的基本特征之一。在经典力学系统中，一个比特的状态是唯一的，而量子力学允许量子比特是同一时刻两个状态的叠加，这是量子计算的基本性质。

超导谐振腔 [superconducting cavity] 用超导材料做成的微波谐振腔。X 波段铜微波谐振腔在室温下的 Q 值只能达到约 10^4；低温超导铌腔在 X 波段和 4.2K 温度时的 Q 值为 $10^6 \sim 10^7$，在 X 波段和 1.25K 温度时 Q 值达到约 10^{11}，用高 Q 值 (10^9 量级) 低温超导微波谐振腔在 X 波段可以实现了 10^{-17} 频率稳定度。

超导滤波器 [superconducting filter] 采用超导技术与材料制造的滤波器。滤波器是电子通信系统中的关键器件，作用是对电信号进行提取分离或抑制。随着使用频段的不断扩展，设备间的干扰也日趋严重，因此滤波器不但要确保产品本身正常工作，而且要减少相互影响维持正常的无线工作环境。常规滤波器由于金属电阻会产生一定衰耗，不可能达到理想的滤波性能。超导技术的发展，为开发高性能滤波器提供了一种切实有效的方法。超导滤波器具有常规滤波器无可比拟的优异性能，大幅提高灵敏度和抗干扰能力，是一项突破传统微波器件性能极限的高新技术。

快速单磁通量子器件 [rapid single flux quantum device, RSFQ device] 快速单磁通量子器件是当今世界上超导器件研究的热点之一，是一种很有发展前景的超导器件。快速单磁通量子数字电路基本工作原理基于超导量子干涉器 (SQUID) 的工作特性，利用超导量子干涉中存储或没有存储单个磁通量子 $h/2e$(约为 2.07×10^{-15}Wb) 这一特性来表示该电路中的 "1" 或 "0" 状态。利用快速单磁通量子器件制成的数字电路不仅速度快 (可达皮秒量级)，而且功耗极低 (每个门的功耗仅在微瓦量级)。目前在实验中已可做出时钟频率高达 770GHz 的 T 触发器。

超导量子干涉器件 [superconducting quantum interference device, SQUID] 全称直流超导量子干涉器件，简称直流干涉器件。1964 年，R. C. Jakevic 等发现，两个约瑟夫森隧道结和超导体构成的闭合环具有一种奇特的性质，即双结的临界电流是环孔中的外磁通量的周期性函数，其周期为磁通量子，φ_0 =2.07$\times 10^{-15}$Wb。这是一种宏观量子干涉现象。该环称为超导量子干涉器件。用直流电流进行偏置的，其功能是一种磁通检测器，可以探测极弱磁场信号，做成梯度计以后可以探测磁场在空间的微弱变化。

20 世纪 60 年代后期，人们发明了射频超导量子干涉器件。这种器件的核心部分是由一个约瑟夫森隧道结和超导体连成的闭合环路，用射频磁通进行偏置的。与直流干涉器件相比较，射频干涉器件更容易制造与室温电路的耦合问题更易于解决磁通灵敏度也比当时的直流干涉器件的更高，发展很快，应用很广。相比之下，直流干涉器件的发展较为缓慢。

利用干涉器件已经制成了迄今最灵敏的磁强计磁场梯度计磁化率计检流计电压表噪声温度计电压比较仪电流比较仪。此外在电压标准射频测量核磁共振技术和电子计算机技术等方面的应用也具有很多优点。

直流超导量子干涉器件 [D.C. SQUID] 全称双结直流超导量子干涉器件。用两个约瑟夫森隧道结并联，与单个结相比较可大为增加环路磁通量的面积，相位差也变大，而临界电流是环路包围的磁通量 Φ 的周期函数，从而回路超导电流对磁场的反应更灵敏，大大提高了分辨率。由于检测时是使器件在直流下以有电阻的方式运行，此时器件两端的电压是 Φ 的周期函数，这种装置称为直流超导量子干涉器件。如环面积约 0.1cm^2，可能观察到的信噪比能高达一个条纹的千分之一的干涉条纹，则可检测到 10^{-9} 高斯的磁场变化，实际设计时还可观察到更为小得多的磁场变化。

射频超导量子干涉器件 [RFSQUID] 全称单级射频超导量子干涉器件。超导回路中只有一个超导结，如一个超导结或弱连结镶嵌在同样超导材料的环上。工作时由装置的一个射频电流加偏压形成的谐振回路与其耦合来检测，称为射频超导量子干涉器件。它的优点在于电压增益约 10 倍，对噪声并不敏感，因而有效地增大有用的信号功率等。

磁强计 [magnetometers]　又称磁力仪。用于测量磁场的仪器。由于约瑟夫森效应的超导电流对磁场很敏感，利用这种效应来精细测量磁场的装置称为磁强计，包括直流超导量子干涉器件和射频超导量子干涉器件等在内均是磁强计的一种。由于精密的磁强计现已达到可测量 10^{-11} 高斯的磁场灵敏度，所以可用来探测磁场很小变化的位移，如可用作生物磁信号，医疗磁性诊断和引力波等的研究。它的应用范围很广，如磁心脏探测器、重力仪、探测含磁性的矿，作相关的监视器和检测器等。

磁力仪 [magnetometers]　即磁强计。

9.1.3　超导电磁特性和混合态物理

界面能 [interface energy]　又称表面能。超导体内正常相区和超导相区同时存在时就有一个两相间过渡层或界面层，它具有一定的能量，称为界面能。用金兹堡–朗道方程可求得界面能 σ_{ns} 为

$$\sigma_{ns} = \begin{cases} 1.89\xi\mu_0 H_c^2/2, & \kappa \ll 1 \\ 0, & \kappa = 1/\sqrt{2} \\ -1.104\xi\mu_0 H_c^2/2, & \kappa \gg 1 \end{cases}$$

这里 κ 是金兹堡–朗道参量。由上式可知，$\kappa = 1/\sqrt{2}$ 是 σ_{ns} 正负值的转变值。由上式和 κ 定义（见金兹堡–朗道参量）还可知：(1) $\kappa < 1/\sqrt{2}$ 时，$\lambda < \xi/\sqrt{2}$，$\sigma_{ns} > 0$，界面能是正。此时有非局域效应，$H_{c2} < H_c$，在磁场减小时首先到达 H_c，样品将转入迈斯纳态或中间态，称为第一类超导体，$\kappa \ll 1$ 又称皮帕德极限。(2) $\kappa > 1/\sqrt{2}$ 时，$\lambda > \xi/\sqrt{2}$，$\sigma_{ns} < 0$，界面能是负，此时磁场与超电流可视为局域性质，$H_{c2} > H_c$，在磁场减小时首先到达 H_{c2}，样品将转入有涡旋结构的混合态，称为第二类超导体，并称 $\kappa \gg 1$ 为伦敦极限（参见皮帕德非局域理论）。

表面能 [surface energy]　即界面能。

第一类超导体 [type Ⅰ superconductor]　金兹堡–朗道 GL 参量 $\kappa < 1/\sqrt{2}$ 的超导体称第一类超导体。它具有正的界面能（见金兹堡–朗道参量和界面能）。处于外磁场 H 中的块样品，其所处的状态与退磁因子 D（D 可取从 0 到 1）有关。若退磁因子 $D = 0$，则在 $H < H_c$ 时样品处于迈斯纳态。$H > H_c$ 则处于正常态。若 $D \neq 0$，则在 $(1-D)H_c < H < H_c$ 的范围，样品可处在有正常相和超导相两种相多个区域共存的中间态。$H > H_c$ 时处在正常态，$H < (1-D)H_c$ 时处在迈斯纳态。实际上在 $H_{c2} < H < H_{c3}$ 时，按样品形状和磁场方向的不同，样品可处在有表面超导相的态（见表面超导性）。这里 H_{c3} 是第三临界磁场。对平行磁场中的长圆柱体和无限大平板 $D = 0$，不存在中间态。对球体 $D = 1/3$，对横向磁场中的长圆柱体 $D = 1/2$，在垂直磁场中的无限大平

板 $D = 1$，则它在 $0 < H < H_c$ 区间均处于中间态。这类超导体在零磁场下的正常超导相变属二级相变，存在磁场下的相变属一级相变。

超导体退磁因子 [demagnetization factor of a superconductor]　第一类超导体的重要特点是可能出现中间态。出现中间态的情况取决于样品的形状及其与外磁场的相对取向，而反映样品的形状及其与外磁场的相对取向的参数称为超导体退磁因子。如同一根细长圆柱，在圆柱轴线平行于磁场时退磁因子 $D = 0$，样品不出现中间态；在圆柱轴线垂直于磁场时 $D = 1/3$，样品就就会在外磁场 $H > 2H_c/3$ 时出现中间态。如对薄板或称无限大平板，只要磁场垂直于板就出现中间态，而磁场平行于板面时无论怎样也没有中间态出现（见第一类超导体）。一般在第一类超导体边缘上的有效磁场 $H_e = H_a/(1-D)$，这里 D 是超导体退磁因子。

中间态 [intermediate state]　中间态不是超导样品的内禀性质，而是由样品的外形及其与外磁场的相对取向形成的。中间态的出现与否取决于其退磁因子 D。如同一根细长圆柱，在圆柱轴线平行于磁场方向时退磁因子 $D = 0$，样品不出现中间态；在圆柱轴线垂直于磁场时 $D = 1/3$，样品就会在外磁场 $H > 2H_c/3$ 时出现中间态。如对薄板或称无限大平板，只要磁场垂直于板就出现中间态，而磁场平行于板面时，没有中间态出现（见第一类超导体和中间态）。

朗道中间态结构模型 [Landau models of intermediate state structure]　第一类超导体在退磁因子 $D \neq 0$ 和磁场在中间态区域 $(1-D)H_c < H < H_c$ 时，块样品可处于正常相区和超导相区共存的中间态。朗道于 1937 年在正界面能条件下，首先提出了正常相层 (N) 和超导相层 (S) 交替共存的分层结构模型，又称非分支模型，并为了适应 N-S 交界处磁场 $H = H_c$，于 1943 年提出了分支模型。图 (a)，(b) 是垂直于无限大平板磁场中的朗道中间态结构模型的示意图。磁场穿透处 (N) 用磁力线条描述，S 层区无磁场为空白。在中间态，随着 H 的增大 N 层区也各自增大，而 S 区则减小，到达 $H = H_c$ 时，整个样品开始转入正常态。

(a) 非分支模型　　　(b) 分支模型

第二类超导体 [type Ⅱ superconductor]　金兹堡–朗道参量 $\kappa > 1/\sqrt{2}$ 的超导体称第二类超导体，它具有负的界面能。对块样品，磁场 H 对其磁结构有特别的影响，可用第一临界磁场 $H_{c1}(T)$（又称下临界磁场），第二临界磁场 $H_{c2}(T)$（又称上临界磁场）和第三临界磁场 $H_{c3}(T)$（又称表面成核磁场）来划分，都与温度 T 有关。(1) $H < H_{c1}$ 时，磁

通被排出体外，样品处于完全超导相 (态)，即迈斯纳态 (迈斯纳态效应)；(2) $H_{c1} < H < H_{c2}$ 时，是正常超导两相混合相 (态)，磁通穿透区以一个个磁通量子涡旋线为单元区，又称涡旋态 (相)；(3) $H_{c2} < H < H_{c3}$ 时，一定条件下还可具有表面超导电性，形成表面超导相 (态)；(4) $H > H_{c2}$ 时，样品进入完全正常态，对有表面超导电性的样品则在 $H > H_{c3}$ 时进入完全正常态。下图是纵向磁场中超导圆柱体的相图示意图。

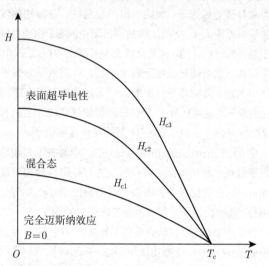

热力学临界场 [thermodynamic critical field] 超导体在超导态的自由能比同样条件下的正常态低 $\frac{1}{2}\mu_0 H_c^2$。测量超导体可逆磁化曲线的面积 A 可以测定热力学临界场，因为 A 表示外场对超导体所做的功，应该等于超导体的凝聚能：$A = \frac{1}{2}\mu_0 H_c^2$。所以第一类超导体的磁化曲线就能确定热力学临界场，图 (a) 是确定 H_c 的 M-H 曲线，实线与 0 线构成的三角形的面积是 A。这是测量退磁因子为 0 的第一类超导体的 H_c 方法。理想的第二类超导体的热力学临界场可以此方法确定，(见理想的第二类超导体)。

上临界磁场 [upper critical magnetic field] 即第二临界磁场。

下临界磁场 [lower critical magnetic field] 即第一临界场。

第一临界场 [first critical magnetic field] 即下临界场见第二类超导体和阿布里科索夫理论。

第二临界场 [second critical magnetic field] 即上临界磁场见第二类超导体和阿布里科索夫理论。

第三临界场 [third critical magnetic field] 见第一类超导体、第二类超导体和表面超导电性。

理想的第二类超导体 [ideal type II superconductor] 又称软超导体。没有晶体缺陷的第二类超导体，其磁化曲线 (M-H 和 M-T 曲线) 是可逆的，M-H 相图如图

(a) 所示 (退磁因子 $D = 0$)。$H < H_{c1}$ 时，样品处于迈斯纳态。$H_{c1} < H < H_{c2}$ 时，处于正常超导两相共存的混合态，此时涡旋线穿透样品，见图 (b)。磁场增加则 $-M$ 减小，涡旋线增加，超导区比例减小，直至 $H = H_{c2}$ 时，$-M = 0$ 样品转入完全正常态，即 $H \leqslant H_{c2}$ 是正常态 (或开始转入有表面超导相的态)。磁场从 H_{c2} 减小时，M 按原磁化曲线的逆路径从 B 到 A 再回到原点 $O(H = 0)$。总之图 (a) 的磁化曲线和 H 轴之间是迈斯纳态或混合态。这类超导体在 H_{c1} 和 H_{c2} 发生的相变属二级相变。因为外场对超导体所做的功等于超导体的凝聚能：图中虚线是其热力学临界场 H_c，两个图形面积 OAB 和 $OA'B'$ 相等，(见热力学临界场)。理想的第二类超导体的混合态的 H-T 相图如图 (b) 所示：其中混合态的涡旋线规则分布，形成涡旋点阵，称为阿布里科索夫 (Abrikosov) 点阵。因为涡旋体也是物质，又称为阿布里科索夫涡旋晶体 (Abrikosov vortex crystal)，属于理想或叫完美的涡旋固体。理想的第二类超导体的临界电流密度很低，缺乏强电应用价值。

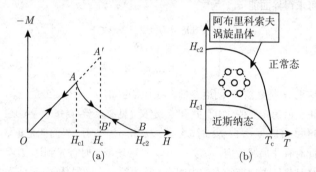

软超导体 [soft superconductor] 即理想的二类超导体。

非理想的第二类超导体 [non-ideal type II superconductor] 又称硬超导体、不可逆第二类超导体。磁化曲线不可逆的第二类超导体称为非理想的第二类超导体。磁化曲线的不可逆性是由于这类材料的各种晶体缺陷 (钉扎中心) 对磁通线的钉扎造成的，因为钉扎中心阻止磁通涡旋线的运动。图中实线示不可逆磁化曲线 (注意磁化强度轴向上为负)，虚线示 (假设用某种方法将其中的钉扎中心完全消除后) 该样品变成理想的第二类超导体的磁化曲线，当 $0 < H < H_{c1}$ 时，与理想的第二类超导体曲线一样，处于完全迈斯纳态。在 $H_{c1} < H < H_{c2}$ 时，涡旋线进入样品后，变成混合态。对理想的第二类超导体 (见理想的第二类超导体的磁化曲线图 (a))，$-M$ 即减小 ((a) 图中虚线)，直到 H_{c2} 时 $-M = 0$，样品进入完全正常态或有表面超导相的态。

但对非理想的第二类超导体，由于钉扎作用，涡旋线进入样品较难，延续了抗磁作用，使 $-M$ 继续增大，到 a 点涡旋线已进入相当数量后，继续增大磁场，$-M$ 才开始减小，曲线沿 b, c 下降，到 H_{c2} 时进入完全正常态或者表面超导相的

态。然后从比 H_{c2} 更高的磁场减小磁场，则与理想的第二类超导体沿虚线可逆返回不同，而是由于钉扎作用，涡旋线退出也受到阻挡，致使 M 从零变为正 (图中 $-M$ 开始取负值)。继续减小磁场到零，曲线沿 $d \to e \to f$ 到达 g 点，虽然这里 $H=0$，但 $M \neq 0$。$M \neq 0$ 表示还有不少涡旋线被钉扎而未退出样品，称为"剩余磁化强度"，简称"剩磁"。多连通超导体的俘获磁通称为磁通捕获，而这种现象称磁滞现象，简称"磁滞"。因为和理想的第二类超导体比较，磁化强度的变化是明显的滞后了。再继续降低磁场，即磁场反向增加，则曲线沿 $g \to h \to i \to j \to k \to l$ 再到 a，形成一个与硬铁磁物质很类似的磁滞回线，称为超导体的"磁滞回线"。磁滞回线现象是由于不管涡旋线的进入或退出样品，钉扎都不同程度地起着阻止作用，称为钉扎的不可逆性。增强对涡旋线的钉扎作用，可能使非理想的第二类超导体的临界电流密度在强磁场中仍旧很高，具有很好的电力应用价值。如 Nb₃Sn 在 4.2K 温度和 10 万高斯的磁场中，电流密度可达 $10^5 \mathrm{A/cm^2}$ 以上。

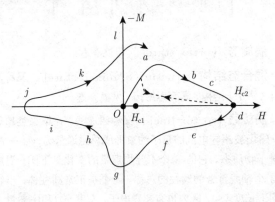

不可逆第二类超导体 [irreversible superconductor]　即非理想的第二类超导体。

硬超导体 [hard superconductor]　即非理想的第二类超导体。广义讲，超导材料也是一种磁性材料。磁性材料的磁化强度出现磁滞回线的就叫硬磁体。磁滞回线面积越大，磁性越"硬"。如磁滞回线可逆 (面积为 0) 的铁叫软磁铁，而磁滞回线大的就叫硬磁铁。因而超导体磁性材料有硬 (磁性) 超导体和软 (磁性) 超导体的名称。

第二类超导体的剩磁性 [residual magnetism of type II superconductor]　在磁场中的硬超导体，在撤销磁场后仍有剩余磁矩。磁滞回线是剩磁的表现。见非理想的二类超导体。

磁滞 [magnetic hysteresis]　由于磁通钉扎，硬超导体的磁化强度的变化滞后于外磁场的变化。有剩磁就是有磁滞，磁滞回线面积大小是磁滞大小程度的反映。见非理想的二类超导体。

第二类超导体的磁滞回线 [magnetic hysteresis loop of type II superconductor]　第二类超导体在磁场中，当磁场变化一个周期时磁化强度描绘的曲线，见第二类超导体的剩磁性。

磁通捕获 [flux trapping]　在磁场中的超导体，当磁场撤销后有"剩磁"，就是一种磁通捕获现象。这是一定的磁通量陷于势阱中的表现。环形第一类超导体也可以捕获磁通。硬超导体的钉扎势阱也可捕获磁通。

钉扎的不可逆性 [pinning irreversibility]　钉扎中心钉扎磁通线，阻滞磁通线运动进入和离开第二类超导体，造成磁性质的不可逆特征，称为钉扎的不可逆性。见非理想的第二类超导体、第二类超导体的剩磁性。

清洁和脏超导体 [clean and dirty superconductor]　都是第二类超导体。1959 年安德森（Anderson）首先提出用相干长度（ξ_0）和电子平均自由程（l）间相对大小来定义清洁和脏的两类超导体：(1) $\xi_0 > l$ 的超导体称为清洁超导体，纯金属超导体一般属于这一类，又称为纯超导体；(2) $\xi_0 < l$ 的超导体称为脏超导体，合金和含杂质的超导体一般属脏超导体。如纯铝虽属清洁超导体，其 $\xi_0 \approx (1.6) \times 10^{-6}\mathrm{m}$，但只要含有 0.1% 的杂质就可满足脏超导体的条件。所以杂质浓度对区分这两类超导体影响是很大的，因为杂质散射会减小电子的平均自由程。两类超导体的性质差异表现在相干长度 ξ 和穿透深度 λ 的表示式上：

$$\xi_p(T) = (0.74)\xi_0(1-t)^{-1/2}$$

$$\xi_d(T) = (0.85)(\xi_0 l)^{-1/2}(1-t)^{-1/2}$$

$$\lambda_p(T) = (0.707)\lambda_L(0)(1-t)^{-1/2}$$

$$\lambda_d(T) = (0.615)\lambda_L(0) \cdot (\xi_0/l)^{1/2}(1-t)^{-1/2}$$

式中下角号 p 和 d 分别表示对清洁和脏超导体，$\lambda_L(0)$ 为 $T=0$K 时的伦敦穿透深度，$t = T/T_c$，T_c 为临界温度。

纯超导体 [pure superconductor]　即清洁超导体，见清洁和脏超导体。

不纯超导体 [dirty superconductor]　即脏超导体，见清洁和脏超导体。

阿布里科索夫理论 [Abrikosov theory]　1957 年，阿布里科索夫发表了他的理论研究结果，他指出：对金兹堡–朗道参量 $\kappa \gg 1$ 的超导体，在第一临界磁场 $H_{c1}(T)$，样品从迈斯纳态进入混合态，第一根涡旋线在样品中出现：

$$H_{c1}(T) = \frac{H_c(T)}{\sqrt{2}\kappa}(\ln\kappa + 0.081) = \frac{\varphi_0}{4\pi\lambda^2(T)}\ln\kappa + 0.081$$

在较高的第二临界磁场 $H_{c2}(T)$，样品内部从混合态进入正常态 (或有表面超导相的态)：

$$H_{c2}(T) = 2\kappa H_c(T)$$

这两个临界磁场均与温度 T 和金兹堡–朗道参量 κ 有关，式中 $H_c(T)$ 是热力学临界磁场，$\lambda(T)$ 和 φ_0 分别是穿透深度和磁通量子。这种超导体称为 "第二类超导体"。他还指出第二类超导体的混合态 (又称涡旋态) 的涡旋点阵 (格子) 和涡旋线结构等，大大促进了第二类超导电性的研究，为应用提供了理论依据。图 (a) 和图 (b) 是阿布里科索夫理论计算得到的混合态的两种结构，图中详细标明了磁场 H 在 $H_{c1} < H < H_{c2}$ 并垂直于纸面时的混合态结构等涡旋电流分布和等超导电子密度线 (已用数字标出)：涡旋电流成四方 ((a)) 和六角 ((b)) 两种规则分布，得到两种阿布里科索夫点阵。因为超导的涡旋电流分布区也是磁场的穿透区，所以涡旋区是磁场分布区，涡旋线称为磁通线，一个涡旋线区域 (是一根磁通线的区域) 的磁通量是一个磁通量子 φ_0。阿布里科索夫是解有序参量非常小情况的金兹堡–朗道方程得到以上研究结果的，大量研究表明，它的结果具有普遍性，甚至在有序参量大时仍然正确。

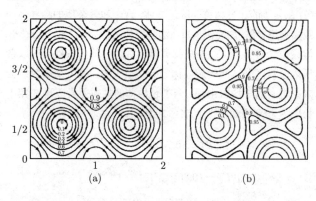

(a)　　　　(b)

混合态 [mixed state]　　又称涡旋态。第二类超导体在 $H_{c1} < H < H_{c2}$ 时，是超导–正常态共存的混合态。混合态中磁场穿透样品，每个磁场穿透区是半径约为穿透深度 λ 的圆柱，圆柱的截面积约为 $\pi\lambda^2$，每个圆柱的磁通量为磁通量子 φ_0。每个磁场圆柱线称为磁通线。磁通线平行于磁场方向，形成点阵，称为磁通点阵、磁通格子或磁通物质，如图所示的是 6 角磁通点阵 (又称 3 角点阵)。磁通线所在区伴有涡旋电流，沿着磁通线方向，或磁通线所在区域就形成涡旋管线，一个个涡旋管线也排成点阵，磁通点阵是涡旋线点阵，简称涡旋点阵，涡旋格子或涡旋物质。磁通线是因磁场而言，涡旋线是着眼于电流，两者是一个东西。在磁通线的中央有较细的半径约为相干长度 ξ 的圆柱形的正常相区域，圆柱的截面积约为 $\pi\xi^2$，这些正常区形成同样的点阵。形成混合态的原因是第二类超导体的界面能是负的，在一定磁场下则正常区域分得越细，界面越多，总界面能负的越大，总自由能也就降低得越多，状态就越稳定，这样存在一个最小磁通穿透。理论和实验均证实此最小磁通是磁通量子 φ_0。于是在单位面积上磁通密度 $B = n\varphi_0$，n 为单位面积磁通线数。当外磁场愈接

近 H_{c2} 时，超导区中的磁通密度也愈接近外磁场，磁通线的密度也越来越高，到达 H_{c2} 时内外磁场一样，整个样品转入正常态或有表面超导相的态。此类相变因序参量 ψ 是连续转变为零，属二级相变。

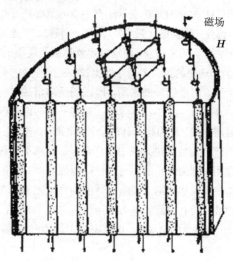

涡旋态 [vortex state]　　即混合态。

混合态结构 [structure of mixed state]　　又称涡旋点阵 (格子) 结构、涡旋态结构。见混合态。

涡旋线 [vortex line]　　又称磁通线。在第二类超导体中，磁场被超导电流的量子束形成总磁通量为 $\Phi_0 = h/2e$ 的量子物质态。它的 3 个主要物理量的变化见下图。涡旋线是 3 个轴线重合的圆柱的总称。一个是正常圆柱体，半径约为相干长度 (ξ)，区内也有超导电子，密度 n_s(和序参量 $|\psi|$ 成正比) 很小。n_s 和 $|\psi|^2$ 在中心为零，向外迅速上升，大约到半径 ξ 时就基本都是超导的了，见图 (a)。另一个是磁场穿透区，是个较大的圆柱，半径约为穿透深度 λ。在圆柱中心 $r = 0$ 处磁通密度 ($B \equiv \mu_0 h$) 最强，接近外磁场的强度，向外迅速减弱，在半径约 λ 以外时磁场也就基本衰减完了，见图 (b)。注意，$\lambda^2 > 2\xi^2$ 才有涡旋线 (否则是第一类超导体)，所以说这个圆柱较上述正常圆柱粗。一根磁通线的总磁通量是磁通量子 φ_0，称为磁通量子线，简称磁通线。再有一根是超导涡旋电流圆柱，电流密度 J_s 大小和方向的变化见图 (c)。在圆柱内，即半径约为穿透深度 λ 内是涡流流动区。在圆柱中心 $r = 0$ 处电流密为 0，向外迅速增大后又快速减小，到半径约为 λ 以外时超流也就基本衰减完了。图 (c)J_s 的正负反映了涡流方向：从圆柱中心向左外和右外方向电流密度方向相反，因为电流是涡流。涡旋电流柱更像是一个涡旋电流管。因为磁通线和涡旋线的半径相同，磁场圆柱和电流圆柱粗细一样，磁场和电流也有内在本质联系，所以通常磁通量子线和涡旋电流线都是指半径约为 λ 的圆柱。

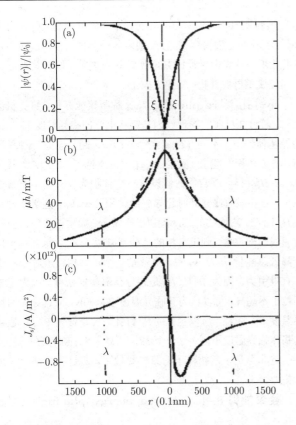

磁通线 [magnetic flux line]　即涡旋线。

涡旋线结构 [structure of vortex line]　见涡旋线。

钉扎力 [pinning force]　晶体缺陷和涡旋线之间的互作用力,能阻滞涡旋线 (磁通线束磁通点阵) 的运动,称为钉扎力。从能量角度,钉扎力相当于势阱或势垒。被钉扎就相当于被势阱捕获或被势垒阻挡。钉扎力随温度升高而减小,与磁场也有关。

钉扎中心 [pinning centre]　又称淬火的无序、冻结的无序、不动的无序。样品中的杂质、晶粒边界、亚晶界、带状亚结构、位错、位错胞结构、气孔、第二相粒子、填隙原子、空格点等都是晶体缺陷,有阻滞磁通运动的能力,称为钉扎中心,因为对涡旋物质而言,钉扎中心是不动的。

淬火的无序 [quenched disorder]　即钉扎中心。

元钉扎力 [elementary pinning force]　又称基本钉扎力。一个钉扎中心产生的钉扎力。

基本钉扎力 [primary pinning force]　即元钉扎力。

体钉扎力密度 [density of pinning force]　硬超导体中有大量的钉扎中心,单位体积的所有元钉扎力之和称为体钉扎力密度。单位体积的最大钉扎力常用 F_p(简称体钉扎力) 表示,F_p 随温度升高而减小,与磁场也有关。

钉扎机制 [mechanism of pinning force]　产生钉扎力的物理原因称为钉扎机制。每一种机制对应一种元钉扎力,有几种钉扎机制就有几种元钉扎力。一个钉扎中心会同

时产生几种元钉扎力是因为有几种钉扎机制,如有 δT_c、芯钉扎、凝聚能钉扎、磁钉扎、弹性钉扎等。超导体中的一个杂质或正常粒子,其不超导的体内部分会产生芯钉扎,其表面可以有磁钉扎 (表面钉扎)。

钉扎能 [pinning energy]　磁通线或磁通点阵在遇到钉扎中心 (即冻结的晶体无序) 时的能量 U_y 和未遇到钉扎中心的能量 U_w 差别称为钉扎能。即钉扎能 U 是

$$U = U_y - U_w$$

它是钉扎势阱的深度或钉扎势垒的高度。U 的梯度是钉扎力。钉扎能的具体形式取决于何种钉扎机制。由钉扎能可以求出各种钉扎力。

匹配效应 [matching effect]　超导样品中的钉扎中心之间的平均距离和涡旋线之间的平均距离相等,或有一定的倍数关系 (如涡旋线之间的距离是钉扎中心之间的距离的整数倍)。相互 "匹配",在某些磁场下,钉扎力最大,称为匹配效应。匹配效应的特点是不随温度变化而变化,改变样品温度既不能改变钉扎中心的密度也不会改变磁通线的密度。相反,匹配效应可能在某个或几个磁场中观测到,因为磁场变化磁通密度 (磁通线之间的距离) 就变化,而钉扎中心的距离是不随磁场变化而变化的。

本征钉扎 [intrinsic pinning]　又称内禀钉扎。由材料本身结构形成的钉扎称为本征钉扎,绝缘层就是本征钉扎中心。一般样品的钉扎中心都是引入 (外加) 的。如添加某种杂质或对样品进行加工而引入位错等晶体缺陷。但是有些超导体自己的结构会成为钉扎中心,称为本征钉扎中心,又称内禀钉扎中心。本征钉扎中心产生的钉扎称为本征钉扎。本征钉扎的一个例子是层状结构的 Cu 氧化物高温超导体的本征钉扎效应。这类超导体由超导电的 CuO_2 层和 (其他元素构成的) 绝缘层 (都平行于图中的 XY 平面) 交替重叠构成。在磁场平行于绝缘层面时绝缘层就是天然的钉扎中心。图中所示的是本征磁通钉扎。这种涡旋线是磁场平行于 X-Y 面 (绝缘层面) 产生的,若在 X 方向通电流,在 Y 方向施加磁场,洛伦兹力在 Z 方向,涡旋线有在 Z 方向移动的趋势,涡旋线运动是极难的,因为本征钉扎非常强。所以外场平行于绝缘层时临界电流密度总是高于垂直于绝缘层,因为磁场垂直于绝缘层没有本征钉扎。图中箭头示超导层中电流流动方向,Z 方向是约瑟夫森电流。

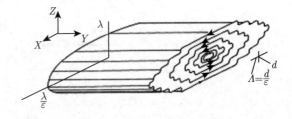

内禀钉扎 [intrinsic pinning] 即本征钉扎。

单磁通钉扎 [single flux pinning] 低场下磁通线之间相互作用可以忽略时，磁通线可认为是孤立的。一个孤立磁通线可能被钉扎，图中钉扎中心正在集体钉扎一根磁通线，是单磁通钉扎的一例。一个磁通线可以被一个强钉扎中心 (如孪晶界) 所钉扎，见各向异性钉扎。

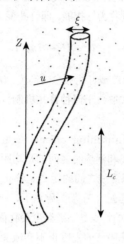

各向异性钉扎 [anisotropic pinning] 有些钉扎中心的钉扎与它们与磁通线的相对取向有关，称为各向异性钉扎。如氧化物高温超导体中的本征钉扎都是典型的各向异性钉扎中心：磁场平行于 Cu—O 面时有强钉扎效应，垂直于 Cu—O 面没有钉扎效应。像孪晶界这类强平面型的钉扎中心，在界面与磁场平行时，钉扎能力最强；在磁场与平面垂直时，钉扎力降为 0，是一种典型的各向异性钉扎。图中虚线示磁场方向，实线示一群孪晶界，它们平行于本征钉扎平面。由于强大的本征钉扎，磁通线平行于本征钉扎面将被捕获，图中一根 (单) 磁通线正在部分被捕获 (部分被钉扎) 而 "扭折"。很多超导体是多晶体，上临界场是各向异性的，如 YBCO123 单晶体，$H_{c2\parallel} \gg H_{c2\perp}$，其中 $H_{c2\parallel}$ 和 $H_{c2\perp}$，分别是晶体 ab 面平行和垂直于磁场方向的上临界场。所以在同一磁场中晶粒取向不同就有不同的 H_{c2}，产生所谓的 δH_{c2} 钉扎，就是各向异性钉扎。δH_{c2} 钉扎也是一种钉扎机制。

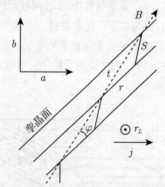

热脱钉 [thermal depinning] 温度升高元钉扎力下降，使钉扎中心失去钉扎能力，或者热涨落大而使涡旋线离开钉扎中心，或者两种原因共同使钉扎力失效。脱钉是被钉扎的涡旋线不再被钉扎：钉扎失效了。

芯钉扎 [core pinning] 又称凝聚能钉扎。钉扎机制之一。芯钉扎机制的物理原因是钉扎中心的临界温度 (T'_c) 与超导基体的 T_c 不同 $(T_c - T'_c = \delta T_c)$。超导态是一种凝聚态，单位体积的能量 (凝聚能) 比正常态低了 $\mu_0 H_c^2/2$，其中 $H_c \approx H_{c0}(1 - T^2/T_c^2)$。假设有一个体积为 V_n 的小正常相粒子，它和磁通线分开时超导态的体积要少 V_n，能量要升高 $\mu_0 H_c^2 V_n/2$。磁通线的芯部近似于正常态，如果正常相粒子和磁通线芯部重叠，则正常相的体积就减少了 V_n，重合在一起会降低总能量 $\mu_0 H_c^2 V_n/2$。也就是一个正常相粒子对磁通线芯有吸引力。因为 $\mu_0 H_c^2/2$ 是超导体凝聚能密度。因为正常相粒子不超导，可以认为其临界温度 $T'_c = 0K$，而超导体的临界温度 $T_c > T'_c$，所以也是 δT_c 钉扎。凡是钉扎中心和超导的基体临界温度不同 (有一个 $\delta T_c = T_c - T'_c$) 都有钉扎能力，不一定非得是正常相粒子的第二相粒子。芯钉扎力是一种元钉扎力。

凝聚能钉扎 [condensed energy pinning] 即芯钉扎。

δT_c 钉扎 [δT_c pinning] 钉扎机制之一。δT_c 钉扎的物理原因是钉扎中心与超导基体的 T_c 不同 (δT_c)。如芯钉扎机制也是一种 δT_c 钉扎。δT_c 引起金兹堡–朗道自由能中的序参量 ψ(超导电子密度) 和 α 的改变，所以可能引起磁钉扎的改变。δT_c 钉扎力是一种元钉扎力。

磁性钉扎 [magnetic pinning] 钉扎机制之一。一根磁通线的能量除了芯部的凝聚能以外，还有它的磁场能和周围的涡旋电流的动能，磁场能和电流动能合称磁能。任何晶体缺陷，如果它的存在能影响磁通线的磁场和涡旋电流分布也就影响了磁能的机制称为磁钉扎机制。可以扩展到磁性粒子周围磁场分布的畸变所造成的钉扎。如一个超导体和正常体的界面就会产生磁镜像力，是一种磁钉扎。超导体中的正常粒子的表面就是这样的界面，也就有磁钉扎。所以正常粒子可能同时有两种元钉扎力：芯钉扎力和磁钉扎力。能产生磁钉扎的钉扎中心还有样品中的大气孔、大绝缘夹杂物的界面、大磁性颗粒等。凡是界面两侧超导性质 (如磁化强度 M 等) 不同 (有一个 $\delta M = M - M'$) 都有磁钉扎，不一定非得是正常–超导界面。两种超导体的界面也是磁钉扎中心。

镜像力 [image force] 磁钉扎力之一。一个分开超导体和正常体的界面就会产生磁钉扎，当磁通线靠近界面时，涡旋电流不能进入正常体，而只能沿着界面流动，以保持电流的连续性。电磁学里，电流和平行界面的相互作用有标准算法：界面可以用界面另一侧的对称电流代替，称为磁镜像法。根据磁镜像法, 磁通线和平行界面有磁镜像力, 磁镜像力是磁力, 称为磁钉扎。产生磁钉扎的钉扎中心有大气孔、大绝缘夹杂物、大正常导体颗粒、大磁性颗粒等。

弹性钉扎 [elastic pinning]　钉扎机制之一。弹性钉扎是晶体缺陷使晶体点阵畸变, 弹性能量增高, 这高出的能量称为钉扎中心的弹性自能。另一方面, 磁通线芯部是正常态, 是收缩和 (密度大) 变硬 (比外部超导态的弹性常数大) 的, 于是涡旋线也相当于一种 "晶体缺陷" 了, 导致晶体缺陷和涡旋线之间有弹性互作用力: 一种叫初级的或线性弹性相互作用, 另一种是次级的或二级相互作用。如收缩的磁通线芯部会和一个使晶体膨胀或收缩的缺陷相互作用, 称为一级弹性钉扎力。弹性能的改变与压缩率是线性关系或一次方变化, 所以又称初级或线性弹性元钉扎力。韧性位错 (又称棱位错) 可以有线性弹性钉扎。钉扎中心的弹性自能与其周围的晶体点阵的弹性常数有关。磁通线芯使周围形变, 那么一个和超导态硬度不同的晶体缺陷也变成一个弹性钉扎中心了。因为弹性自能与弹性常数的二次方有关, 所以称为二级弹性相互作用。螺位错没有一级弹性钉扎, 但有二级弹性钉扎。

δl 钉扎 [δl pinning]　钉扎机制之一。δl 钉扎机制的物理原因是钉扎中心将使电子平均自由程 l 改变 (δl)。电子平均自由程 l 影响相干长度、穿透深度和金兹堡–朗道参数 κ, 这将改变金兹堡–朗道自由能, 从而形成钉扎能。δl 钉扎力是一种元钉扎力。

δH_{c2} 钉扎 [δH_{c2} pinning]　一种钉扎机制, 见各向异性钉扎。

弱钉扎 [weak pinning]　强弱钉扎的严格的区分标准还没有明确规定。但是 Labusch 提出的划分标准常被文献引用。他的理论使用的 (数学和力学) 工具比较专业, 不过物理思想是比较容易接受的。图示一个弱钉扎中心对磁通线点阵的影响。使磁通线或磁通点阵形变是有钉扎能力的表现, 但是还不是会形成有效钉扎。设钉扎力是吸引力, 相当于一个势井, (排斥型钉扎力相当于势垒), 中心位于 $x=0$ 处, 假定势井是对称的, 如图的上部所示。图的下部示受到钉扎吸引而形变的磁通线 (实线), 偏离了平衡位置 (虚线)。弱钉扎是指势井不能使磁通点阵发生不稳定性: 磁通线被吸引产生了位移, 但是位移 u 很小, 如 $u < a_0/2$, a_0 是磁通点阵晶格常数。更重要的是磁通线的位移和磁通点阵的应变对于钉扎中心是对称的, 即使有洛伦兹力的作用也是如此, 称为钉扎没有破坏 "磁通点阵的稳定性"。结果是这个钉扎中心不能有效钉扎磁通线阵: 设现在是洛伦兹力向右, 那么这个钉扎中心对右边和左边的磁通线的作用力是大小相等, 方向相反 (即左右对称), 合力是 0, 虽然能钉扎单个磁通线, 但不能钉扎磁通点阵。这就是 "弱钉扎中心"。根本原因是, 磁通点阵弹性常数大, 对钉扎中心而言是个 "强硬弹性体"。钉扎力太弱小, 它不能对

磁通点阵产生 "弹性不稳定"。用有效弹性常数 μ_e 来表征磁通点阵的弹性强度的话, 那么弱钉扎就是元钉扎力 f_p 小于有效弹性常数 μ_e。要注意, 这个钉扎中心对磁通线或磁通点阵的钉扎是 "单打独斗": 没有任何其他钉扎中心来帮它, 没有 "集体钉扎"。

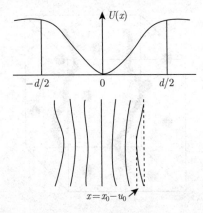

强钉扎 [strong pinning]　单个钉扎中心就有较大的钉扎能力, 因而能够独立地起到磁通钉扎效应。如有一个强的钉扎势井, 如图的上部所示, 它能使磁通点阵发生 "弹性不稳定性"。在洛伦兹力和钉扎力的共同作用下, 磁通点阵的位移变成不对称。图中设洛伦兹力向右, 在距离钉扎中心较远处 (图中的左右两边), 基本没有钉扎力作用, (3 根) 磁通线不变形。在较近的右边和左边的磁通线受到的钉扎力是大小不相等, 方向相反 (即左右不对称), 合力和洛伦兹力相反, 阻止磁通点阵运动, 这就是 "强钉扎中心"。根本原因是相对于势井, 磁通点阵是一个 "软弹性体", 钉扎力强, 它使磁通点阵产生 "弹性不稳定性", 钉扎中心是 "强钉扎中心"。用有效弹性常数 μ_e 来表征磁通点阵弹性强度的话, 那么强钉扎中心是它的元钉扎力 f_p 大于有效弹性常数 μ_e。以上的分析隐含有两个基本假定的, 那就是钉扎中心是孤立的, 磁通线也是孤立的。实际发现, 元钉扎力比有效弹性常数小很多的钉扎中心, 特别是密度高的弱钉扎中心仍有钉扎效应。理论研究和实验证明, 高密度的弱钉扎中心可以 "集体钉扎", 仍有钉扎效应。

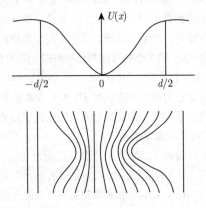

点钉扎 [point-like pinning]　如果钉扎中心的尺寸小于或相当于磁通线的直径，称为点钉扎。强的点钉扎可以单独地起钉扎作用，密度高的弱钉扎能够合作起来，集体起钉扎作用。杂质原子、空格点、填隙原子等都是典型的点钉扎。图中黑点是较强的点钉扎。两根磁通线 (黑线) 受到点钉扎。

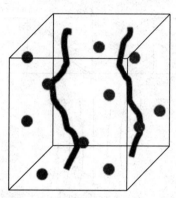

线钉扎 [linear pinning]　钉扎中心的一个尺度比磁通线的直径大很多，称为线钉扎，如柱状缺陷和位错等都是线钉扎中心。

面钉扎中心 [planar pinning center]　钉扎中心的两个尺度比磁通线的直径大很多，称为面钉扎中心。如晶粒边界、李晶界、位错包壁、第二相脱溶粒子表面、气孔表面等都是面钉扎中心。

体钉扎中心 [volume pinning center]　又称块钉扎中心 (bulk pinning center)。钉扎中心的三个尺度比磁通线的直径都大，称为体钉扎中心，如晶粒、杂质团、位错包结构、第二相脱溶粒子，气孔等都是体钉扎中心。

钉扎力求和 [summation of pinning force]　将单位体积的元钉扎力加起来。因为元钉扎力对磁通点阵的作用力在大小和方向上都是随机的，向量相加应该使用几何方法相加。不过磁通物质是二维的，代数方法求和就可以了。

钉扎力统计求和 [statistical summation of pinning force]　相加随机的元钉扎力。以点钉扎为例，图中空心箭头示洛伦兹力 F_L 作用方向，实心小箭头示弱点钉扎力作用。左图是一个刚性点阵，受到了弱钉扎中心作用，这些元钉扎力 (K) 的大小和方向都是随机的，作用于一个 "刚体"，加起来得到单位体积的钉扎力是 0：$F_p = 0$，所以不能将所有的元钉扎力的绝对值相加 (即钉扎力算术求和)。这是元钉扎力统计求和的一例。即对强硬的刚性磁通点阵，元钉扎力 K 的统计求和结果是 $F_p = \sum K_0 = 0$。右图是另一个统计求和的极端例子。对于 n 个强元钉扎力 K_0，足够 "软" 的磁通点阵，其单位体积的钉扎力是将所有元钉扎力算术求和：$F_p = \sum K_0 = nK_0$。算术求和是将所有的元钉扎力的算术相加。从两个例子推出，磁通点阵软化是有利于有效发挥

元钉扎力的作用的。磁通点阵和元钉扎力都可能随温度和磁场变化而变化的，所以有效的元钉扎力数是可能随温度和磁场变化而变化的。统计求和的另一个著名的例子是点状弱钉扎中心的集体钉扎理论。见集体钉扎。

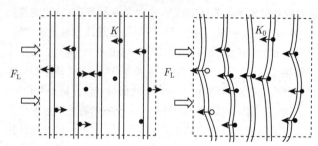

钉扎力几何求和 [geometrical summation of pinning force]　见钉扎力求和。

钉扎力算术求和 [arithmetic summation of pinning force]　见钉扎力统计求和。

集体钉扎 [collective pinning]　孤立磁通线是低外场的近似。孤立的钉扎中心是非常稀的钉扎中心的近似。孤立的弱点钉扎中心不能单独产生有效的钉扎力。Larkin 和 Ovchinikv 认为，很密的 (非孤立的) 弱钉扎中心会相互合作，共同起作用，集体钉扎磁通线或磁通点阵。图示非孤立的弱点钉扎中心 (小黑点，都是吸引型的钉扎力)，集体钉扎一根孤立磁通线的物理思想。磁场在 Z 轴方向，没有钉扎中心时这根磁通线和 Z 轴重合，在平衡位置，能量最低。现在弱钉扎中心是统计性 (随机性) 分布的，因密度涨落而出现了密集区，一根磁通线 (实线管子) 正受到这密集区的钉扎，上部产生了位移 u，$u = a_0$，a_0 是晶格参数。所以这根磁通线的上半又在另一个平衡位置了。上面部分已经在相邻磁通线的位置了。这根磁通线现在只剩长度为图中的标为 L_c 的那一截了。理想的第二类超导体中的磁通线的长度是样品尺度，集体钉扎使其变成长度为 "集体钉扎长度" L_c。因为钉扎中心的空间分布是随机的，即有空间涨落。软的磁通线位于钉扎中心密集的地方能量最低。图中的磁通线正是位于钉扎中心最密处，获得了最大的钉扎能。当然磁通线是弹性体，形变了就增加了弹性能。对钉扎能大弹性能小的情况，形变后两者相抵，受集体钉扎后能量降低了。集体钉扎说明每个钉扎中心是不独立的，每个钉扎中心都是对已经受到其他 "同伙" 钉扎而畸变了的磁通线进行钉扎的。它们 "相互影响，共同合作，集体地钉扎" 了磁通线。所以集体钉扎有时又称合作钉扎。集体钉扎不限于钉扎单个磁通线，会钉扎许多磁通线。这些受集体钉扎的磁通线在垂直于磁场的方向上的平均半径设为 R_c，则横截面积为 πR_c^2，集体钉扎的体积 $V_c = L_c \pi R_c^2$。总之单个弱钉扎中心不能有效地钉扎磁通线或磁通点阵时，如果弱钉扎中心很密，他们是相互影响的，它们会合作起来集体钉扎磁通线。

本图代表了集体钉扎的物理实质, 也代表了一种 "钉扎力统计求和" 的方法, 因为集体钉扎理论的基本假定之一是钉扎中心的空间分布不均匀, 即密度有涨落, 涨落理论是统计力学的一部分。

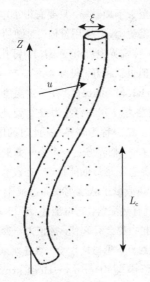

合作钉扎 [collective pinning]　　即集体钉扎。

洛伦兹力 [Lorentz force]　　磁通点阵中磁通线分布均匀, 如图 (a)(磁场垂直于纸面, 一个环代表一根磁通涡旋线), 样品中没有电流。若磁通线分布不均匀, 如图 (b), 在 x 方向有涡旋线密度梯度 (dB/dx), 箭头方向是涡旋线密度增加的方向。样品有电流密度 (J_y), 平行于 y 轴 $(dB/dx = \mu_0 J_y)$。由于同向磁通线间有相斥作用, 导致作用于每个磁通涡旋线上的合力不为零, 图 (b) 中的磁通涡旋有压力 P, P 因左密右稀而指向右, 如箭头所示。此合力称为洛伦兹力, 它可推动磁通线的运动。一根磁通线受到的洛伦兹力是其他磁通线对它的合力。设作用在单位体积磁通格子上的洛伦兹力为 F_L, 它的大小为

$$F_L = JB$$

式中 J 是电流密度, B 是磁通密度: $B = n\varphi_0$, n 为磁通线密度, φ_0 是磁通量子。作用于每个磁通涡旋线单位长度的力 $f_L = F_L/n$, 大小为

$$f_L = J\varphi_0$$

既然磁通密度梯度引起洛伦兹力, 根据麦克斯韦电磁理论, 磁通梯度对应电流 (屏蔽电流或输运电流), 现在的大小是 $dB/dx = \mu_0 J_y$, 也常说电流是驱动磁通涡旋线的。

洛伦兹力反映磁通线之间的合作用力, 和正常运动电荷在磁场中受到的洛伦兹力 $(F = qvB)$ 不同, qvB 作用于运动电荷上, 与磁场的均匀 $(dB/dx = J_y = 0)$ 与否 $(dB/dx = \mu_0 J_y)$ 没有关系。所以这两个洛伦兹力只是名字相同而已。

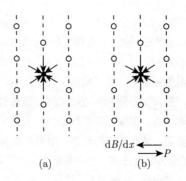

中间混合态 [intermediate-mixed state]　　在金兹堡–朗道参量 $\kappa \gg 1/\sqrt{2}$ 的混合态中, 涡旋线 (图中黑点) 之间排斥力占绝对优势, 涡旋线形成磁通点阵。但是当 $\kappa \approx 1/\sqrt{2}$ 时除了排斥力外, 涡旋间相互吸引力也重要, 涡旋线不再均匀分布, 而是一团一团 (图 (a)) 或一条一条 (图 (b)) 分布, 每一团有若干根线, 而各团分布成规则二维点阵 (超点阵), 如三角或四角等超点阵。图 (a) 的超点阵是三角 (又称六角) 点阵。如果形成条, 超点阵是一维的, 图 (b) 是一种一维超点阵, 图 a 和图 b 都是中间混合态。如果吸引力更强, 涡旋线将不复存在, 变成完全超导的迈斯纳态或中间态, 那就是第一类超导体了。中间混合态是涡旋团还是条状也取决于排斥力和吸引力的相对重要性, 钉扎力也对中间混合态有影响。

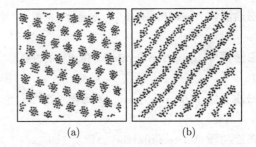

磁通物质 [flux matter]　　又称磁通线系统。有些物质的静止质量是零, 如光子, 光是一种物质。电磁场是物质, 其静止质量也是 0。磁通线是在半径约为穿透深度 λ 范围内的磁场, 所以磁通线系统也是一种物质, 它的静止质量也是 0。涡旋物质是一种 "软物质"。普通物质的基本单位是原子或分子, 而磁通物质的基本单位是磁通线。磁通物质是物理学研究的 "模型系统"。如研究普通物质的宏观性质 (如强度, 弹性, 范性, 硬度等) 和微观的原子互作用等问题往往通过改变物质密度 (压缩拉伸等) 来进行, 但普通固体或液体的压缩率非常小, 即使超高压也难明显改变它们的密度。但是磁通物质的密度 (磁通密度) 通过改变外磁场就可以实现, 而且磁通密度变化千倍不难。磁通物质是二维系统, 结构简单, 容易得到真正的 "单晶体 (理想磁通点阵)", 容易通过掺杂等改变其微结构, 了解磁通物质微结构与宏观性质的关系。再有磁通线之间的互作用已经知道 (长程排斥力和短程吸引力), 非常

有利于理论研究。磁通物质也有三种状态：固态液态和气态。图 (a) 是晶体态的磁通物质，有序度最高；图 (b) 和 (c) 是中间混合态，有序度次之，是一种准晶体态。准晶体是固态还是液态取决于温度磁场等。原子物质也有液晶态，有超点阵的准晶固态等。图 (d) 是无序态，它是固态、液态甚至于气态也取决于温度磁场等。如果在温度较低的一般磁场中，无序态可能是涡旋玻璃，是非晶态的固态。如果在温度较高的一般磁场中，无序态可能是液态。至于涡旋气体，一般指温度较高时无序分布的饼涡旋。见饼涡旋。

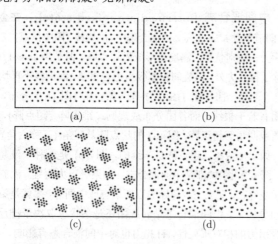

(a)　　　　　　　　(b)

(c)　　　　　　　　(d)

磁通固体 [flux line solid]　磁通物质的固态，见磁通物质。

磁通液体 [flux line liquid]　磁通物质的液态，见磁通物质。

磁通气体 [flux line gas]　磁通物质的气态，见磁通物质和饼涡旋。

涡旋物质 [vortex matter]　即磁通物质。

涡旋固体 [vortex solid]　即磁通固体。

涡旋液体 [vortex liquid]　即磁通液体。

涡旋气体 [vortex gas]　即磁通气体。

磁通湮灭 [flux annihilation]　每个磁通线内有磁场。两个磁场方向相反的磁通线相遇时会消失的现象称为磁通湮灭。因为磁通线有能量，所以磁通湮灭时是有能量放出的。如当磁场逐渐从 H_{c2} 减小到 $H = 0$ 时，一部分正向涡旋线未退出样品，即 $H = 0$ 时有剩磁，残留着正向磁通线。然后磁场由 $H = 0$ 再反方向逐渐增大到 H_{c1}，反向涡旋线开始进入样品。靠近的正向和反向涡旋线间相互吸引到一起，这两根磁通线消失，发生磁通湮灭。磁通湮灭时磁能主要以热能形式释放出来。

第二类超导体的临界电流 [critical current of type two superconductor]　第二类超导体中不出现电阻 (不消耗能量) 的最大电流。传输电流是体电流时有洛伦兹力作用于磁通物质。承载临界电流密度的超导体处在临界态或迈斯纳态。对理想的第二类超导体，由于不存在钉扎力，只有黏滞力和洛伦兹力抗衡，所以在混合态 ($H > H_{c1}$) 有电流时磁通就流动，只有在迈斯纳态才有零电阻电流。因为下临界场很小，施加弱磁场，甚至于不加磁场，只要有很小电流 (电流自场达到 H_{c1}) 磁通就流动，没有实用价值。对硬超导体处于临界态时的电流密度 J 称临界电流密度 (J_c)。钉扎力越强，临界电流越高，实用价值也就越好。见临界态。

临界态 [critical state]　在一定温度下，混合态的硬超导体内的洛伦兹力 $\boldsymbol{F}_L$ 和钉扎力 $\boldsymbol{F}_p$ 处处平衡的状态，即 $\boldsymbol{F}_L = \boldsymbol{J}_c \times \boldsymbol{B} = -\boldsymbol{F}_p$，称为临界态，此时的电流密度 ($\boldsymbol{J}$) 称临界电流密度 ($\boldsymbol{J}_c$)。临界态是一个力平衡的状态，而不是热力学平衡态，临界态不是最低能量态。在没有涨落时，临界态是稳定的。若有热或量子涨落则临界态就不一定稳定。如在温度高于 0K，就有热涨落，它可能使 $\boldsymbol{B}$ 和 $\boldsymbol{J}$ 变化而引起洛伦兹力变化，钉扎力也会有起伏，都使力平衡被打破，发生磁通蠕动或者磁通跳跃。见磁通蠕动、磁通跳跃。

比恩临界态模型 [Bean critical state model]　比恩提出的临界态模型。两个基本假定是：(1) 临界态中电流密度 (J) 都是临界电流密度 (J_c)；(2) 钉扎力 ($\boldsymbol{F}_p$) 和洛伦兹力 ($\boldsymbol{F}_L$) 处处相等：

$$\boldsymbol{J} = \boldsymbol{J}_c = \alpha_c$$

$$\boldsymbol{F}_L = -\boldsymbol{F}_p = \boldsymbol{J}_c \times \boldsymbol{B}$$

式中 α_c 和温度有关但是在样品中是常量；$\boldsymbol{F}_L = \boldsymbol{F}_p$ 是力平衡的条件。按照比恩模型，临界电流密度 $\boldsymbol{J}_c = \alpha_c$，与样品中的磁通密度 $\boldsymbol{B}$ 无关，于是力平衡条件可写成 $F_p = \alpha_c B$。比恩模型可以研究钉扎物理学和超导物理学。如结合电磁学公式，如 $\mu_0 \boldsymbol{J} = \nabla \times \boldsymbol{B}$，就有

$$\mu_0 \alpha_c = \nabla \times \boldsymbol{B}$$

解出这个微分方程，可以求得样品中的磁通密度 $\boldsymbol{B}$ 和磁化强度 $\boldsymbol{M}(\mu_0(\boldsymbol{M} + \boldsymbol{H}) = \boldsymbol{B})$，因为 $\boldsymbol{M}$ 和 $\boldsymbol{J}$ 成正比，又得到 (磁场平行于无限大平板的)$\boldsymbol{J}(= \boldsymbol{J}_c)$：

$$J_c = \frac{M\uparrow - M\downarrow}{d}$$

式中 $M\uparrow$ 和 $M\downarrow$ 分别表示升场和降场的磁化强度，d 是平板厚度。因为磁化强度或磁通密度都容易进行实验测量，于是磁测量就被大量的用来研究超导物理学了。下图示比恩模型的磁化曲线与样品中剩磁关系。在磁滞回线上选取了 7 个点，每个点代表一个磁化强度，箭头指样品中磁通密度 $\boldsymbol{B}$ (磁化强度 $\boldsymbol{M}$) 的分布，小图中包围阴影的实线的斜率代表样品的临界电流密度 $\boldsymbol{J}_c$，$\boldsymbol{J}_c$ 是常量，这是比恩模型的结果，此图

设 $H_{c1} = 0$，$\lambda = 0$。以点 2 为例，当外场为 2 点对应的值时样品中各处磁通密度 (涂黑部分) 都小于外磁场 (只有边界上和外场相等)，所以磁化强度是负 (磁化强度 = 磁通密度 − 磁场强度)。图中除表面外，样品中几乎每个点的磁通密度都和外场不同，滞后于外磁场的变化。这是剩磁引起的，见非理想的第二类超导体。比恩模型很适合 d 很小的样品，如平行磁场中的薄膜，因为小尺寸样品中的电流密度用常量来近似是没有大误差的。

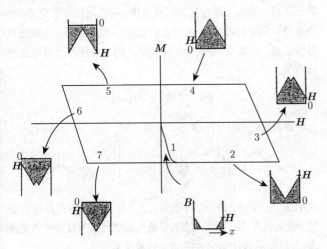

临界态金模型 [Kim model of the critical state]

和比恩模型不同，金假定样品中临界电流密度（J_c）和样品中的局地磁通密度（B）有如下关系：

$$J_c = \frac{\alpha_c}{B + B_0}$$

其中 α_c 与温度有关，B_0 与样品有关，它的值与传输电流的自场有关，能有效避免 $B = 0$ 时 J_c 的发散，称为临界态金模型。因为大尺寸样品中的磁通密度可能有明显的变化，金模型显然更符合块样品的情况。

磁通动力学 [flux dynamics]

又称涡旋动力学。研究磁通线受力后的各种运动 (磁通流动、磁通跳跃等) 的学科。磁通线在受到洛伦兹力、钉扎力和涨落力等的 (全部或一部分) 作用下，可能会运动。通过磁通动力学研究可以获得超导物理，超导材料，磁通钉扎，临界电流等多方面的知识，所以磁通动力学研究是非常重要的，是超导电性乃至物理学研究的一个重要方面。

涡旋动力学 [vortex dynamics]

即磁通动力学。

冻结磁通 [frozen magnetic flux]

磁通线 (束) 或磁通量被束缚于某位置或状态，即处于势井中不能"外出"的现象。冻结磁通意义和俘获磁通相近。不过突然降温时称冻结磁通的情况较多。

俘获磁通 [magnetic flux trapping]

又称捕获磁通。磁通线 (束) 或较大的磁通量被束缚于某势阱中或超导环中而不能移动出该势阱，即处于势井中不能"外出"的现象。俘获磁通和冻结磁通意义相近，不过温度较高时称俘获磁通的情况多。

捕获磁通 [magnetic flux trapping]

即俘获磁通。

亚稳态 [metastable state]

系统的自由能不是最小，但处于局部极小的状态。若没有任何扰动，如 $T = 0$，则处于亚稳态的系统将是稳定的。若有扰动，系统将不稳定而跃迁到其他态，跃迁需要的最低能量称为激活能。每个钉扎中心都对应深度不等的钉扎势阱，这些势阱的数量极其巨大，大小差别极小。磁通物质作为一个整体，感受到数量巨大深度差别极小的势阱。为理解亚稳态，图示出深度相等但放大了的理想化的小势阱。在没有洛伦兹力和涨落力的情况下，磁通线 (空心圆) 在每个势阱中都是稳定的，磁通物质处于稳定态，如图 (a) 所示。现在加一个小洛伦兹力 (小于钉扎力)，相当于将图 (a) 的"搓衣板势阱"倾斜，如图 (b) 所示，就形成了大量的亚稳态。涡旋线在每个势阱中势能局地极小，但不是最小。所以洛伦兹力造成了大量亚稳态。如果没有扰动，处在亚稳态的涡旋物质仍旧是稳定的，图 (b) 中的涡旋线不能跳出势阱，因为势阱底仍比右面最近的势垒低 ($J < J_c$)。如果有扰动涡旋线就不稳定。磁通线在洛伦兹力和涨落的共同作用下将沿着洛伦兹力的方向缓慢运动，即磁通蠕动。靠热激活帮助的缓慢移动称为热激活磁通蠕动，因为磁通线从一个势阱跳到下一个势阱要一个大涨落力帮助才行，因为涨落是随机的，所以要等到一个"足够大"的涨落是要一段时间的。磁通蠕动是 $J < J_c$ 的运动，假如 $J > J_c$，图 (b) 中的涡旋线不用帮助就能跳出势阱，因为势阱底比右面最近的势垒更高了，这种不用其他力帮助的磁通运动称为"磁通流动"。若 $J \sim J_c$ 则运动既有磁通流的特征有蠕动的味道，则是"热助磁通流"。总之洛伦兹力将使不可逆第二类超导体产生巨量的亚稳态，亚稳态之间能量差别极小，微小的涨落帮助洛伦兹力驱动磁通物质从一个亚稳态到最近的另一个亚稳态。涡旋线 (或是"微观客体") 在深度为 U_0 的势阱中"碰运气"跳出的概率有多大呢？假设微观客体有固有跳跃频率 f_0，根据玻尔兹曼统计，微观客体越出势垒的频率 f 是

$$f = f_0 e^{\frac{-U_0}{kT}}$$

该公式称为阿伦纽斯 (Arrnius law) 定律。没有洛伦兹力时向左和向右的跳动概率相等。有向右洛伦兹力后，向右跳出概率增加，有净向右的概率。设每向前跳跃一步的平均距离为 X，则平均前进速度 $v = fX$，即

$$v = v_0 e^{\frac{-U_e}{kT}}$$

式中 $v_0 = f_0 X$，U_e 称为有效激活能，其形式取决于磁通运动模型。

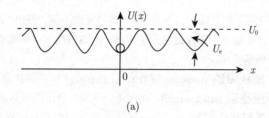

(a)

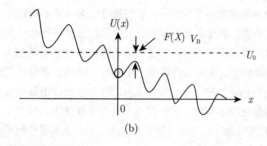

(b)

磁通运动 [flux moving] 按速度大小有几个名称: 磁通跳跃、磁通流动、热助磁通流动、磁通蠕动。磁通跳跃是磁通运动速度极快的运动。磁通流动,热助磁通流动的磁通运动速度次之,磁通蠕动的磁通运动速度最慢。

磁通蠕动 [flux creep] 又称磁通蠕变,是磁通运动速度最慢的一种运动,发生在洛伦兹力小于钉扎力的情况: $F_p < F_l$,特征是磁通运动的激活能 $U > kT$, k 是玻尔兹曼常量,比磁通流和热助磁通流都慢。见亚稳态、磁弛豫、磁通运动。描述磁通蠕动有若干唯象模型。如经典的安德森–金(Anderson-Kim)模型,集体蠕动模型等。

热激活磁通蠕动 [thermal activation vortex creep] 在热涨落帮助下的磁通涡旋的热激活运动称为热激活磁通蠕动,见亚稳态、热激活磁通蠕动激活能、磁通蠕动。

磁通蠕变 [flux creep] 即磁通蠕动。

涡旋蠕动 [vortex creep] 即磁通蠕动。

涡旋蠕变 [vortex creep] 即磁通蠕动。

热激活涡旋蠕动 [thermal activation flux creep] 即热激活磁通蠕动。

磁通蠕动激活能 [activation energy] 涡旋线(或涡旋线束)运动受到阻力所对应的位垒最低高度(势阱深度)。激活能 $U < kT$。见亚稳态。

阿伦纽斯定律 [Arrnius law] 微观客体越过位垒跳出势阱的公式,见亚稳态。

磁弛豫 [magnetization relaxation] 磁化强度或磁通密度随时间缓慢变化的现象。磁通蠕动是超导体的 "磁弛豫"。因为正常磁性材料也有磁弛豫现象,如磁畴的蠕动等。磁弛豫时,系统通过一系列的亚稳态向平衡态过渡。

电阻弛豫 [resistance relaxation] 磁通运动会产生流阻。磁通蠕动时的流阻变化称为电阻弛豫。高温超导体的磁弛豫明显,电阻弛豫也明显,容易测量。

磁通蠕动安德森–金模型 [Anderson-Kim model of flux creep] 磁通蠕动是在洛伦兹力小于钉扎力 ($J < J_c$) 时,借助于涨落力发生的磁通热激活运动。洛伦兹力使超导体中产生了巨量的亚稳态,见 "亚稳态" 的解释及图示。在电流密度(J)时,磁通线或磁通线束(捆)跃迁的激活能不再是 U_0 而是 U_e。安德森–金模型的基本假设是,磁通蠕动是一束被钉扎的磁通线在相近两个亚稳态之间跃迁。设没有洛伦兹力跳跃概率是 f_0,在洛伦兹力的作用下向前(洛伦兹力方向)的跃迁概率会大于反方向的跃迁概率。根据阿伦纽斯定律,磁通束净向前跃迁概率为 $f = f_0 e^{-U_e/kT}$,式中的 U_e 为跃迁有效激活能。安德森–金假定,有效激活能与洛伦兹力即电流密度有关。

$$U_e = U_0(1 - J/J_{c0})$$

通常叫线性 $U(J)$ 关系。所以

$$J = J_{c0}\left[1 - \frac{kT}{U_0}\ln(f_0/f)\right] = J_{c0}\left[1 - \frac{kT}{U_0}\ln(t/\tau_0)\right]$$

式中 $\tau_0 = tf/f_0$ 是一个参变量,J_{c0} 是 $J = 0$ 的临界电流密度。磁化强度 M 和对应的磁屏蔽电流密度成正比,得到安德森–金模型的磁化强度和时间是对数关系

$$M = M_0\left[1 - \frac{kT}{U_0}\ln(t/\tau_0)\right]$$

相比电流密度 J 的测量,磁化强度 M 的测量既安全又方便,所以实验多测量磁化强度弛豫。金等对低温超导体的实验测量证实这个关系的正确性。后来的许多(虽然不是所有)实验也可以用安德森 - 金磁通蠕动模型来解释。

线性 $U(J)$ 关系 [linear $U(J)$ relation] 磁通蠕动有效激活能 U_e 和电流密度 J 的线性关系,线性 $U(J)$ 关系是磁通蠕动的安德森–金模型的基本假定。

非线性 $U(J)$ 关系 [nonlinear $U(J)$ relation] 磁通蠕动激活能和电流密度的非线性关系。如对数 $U(J)$ 关系,幂律 $U(J)$ 关系等,和经典的磁通蠕动的安德森–金模型的线性 $U(J)$ 关系不同。非线性 $U(J)$ 关系多见于集体蠕动,磁通玻璃等。见集体蠕动、磁通玻璃。

经典磁通蠕动 [classical flux creep] 各种热激活磁通蠕动。如安德森金磁通蠕动模型描述的磁通蠕动,集体蠕动等。

量子蠕动 [quantum creep] 在洛伦兹力的驱动下涡旋线的量子隧道效应称为量子蠕动。涡旋线或涡旋线束通过隧道效应穿过位垒(势阱),和经典磁通蠕动过程类似。量子蠕动是在温度极低下观测到的,因为深低温下热激活磁通蠕动可以忽略。在一定位垒面前,正常电子有正常电子隧道

效应,超导库珀电子对电子有量子隧道效应 (约瑟夫森效应)。所以涡旋线中电子也会隧穿位垒发生量子隧道效应。

经典磁通蠕动模型 [classical model of flux creep] 热激活的安德森-金磁通蠕动模型和集体蠕动模型。

集体蠕动 [collective creep] 受集体钉扎的磁通物质,在洛伦兹力低于钉扎力时,在涨落的帮助下仍然会发生缓慢运动称为集体蠕动。因为每个集体钉扎体积 $V_c = L_c \pi R_c^2$ 比较大,相当于一个 "大钉扎中心",这样的大钉扎中心相距比较远,所以磁通物质从一个集体钉扎位置移动到另一个大钉扎中心位置很困难。如图所示,图中实线是受集体钉扎的单磁通,"山脉" 是集体蠕动位垒。理论和实验指出,集体蠕动和安德森蠕动不一样。如经典安德森-金磁通蠕动的激活能-电流密度关系是线性的,而集体蠕动的激活能和电流密度关系是非线性的,可能是对数关系:$U_e = U_0 \ln(J_c/J)$,或幂律关系:$U(J) \propto \left(\frac{J_c}{J}\right)^n, n > 1$。集体蠕动激活能随电流减小而迅速增加。图示是低场中一根孤立磁通线正在从一个亚稳态跃迁到另一个亚稳态:在低电流密度,$j \ll j_c$,涡旋线遇到的是一个 "大山"(大位垒,图的右下方),当电流密度增大到 $j \lesssim j_c$ 时,有效激活能 U_e 显著变小,涡旋线遇到的是一个 "小山"(小位垒,图的左上方)。集体蠕动的这种性质是涡旋玻璃态在一定电流密度之下磁通蠕动迅速衰减,出现真实超导零电阻性 (有一定的临界电流) 的重要原因之一,因为涡旋玻璃态的涡旋蠕动都是集体蠕动。

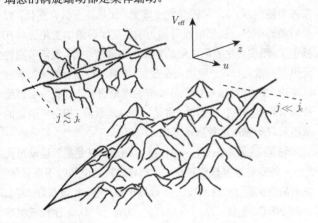

磁通流阻 [flux flow resistance] 即流阻。

涡旋流阻 [vortex flow resistance] 即磁通流阻。

热激活磁通流 [thermally assisted flux flow] 即热助磁通流。

磁通流动 [flux flow] 在磁通液态,当驱动磁通线移动的洛伦兹力大于钉扎力,磁通运动的位垒可以忽略 (激活能 $U < kT$):$F_l > F_p$,即 $J > J_c$ 时磁通线或磁通点阵就会在洛伦兹力的作用下运动,不需要涨落力帮助,磁通移动速度较快,有明显的电阻,即流阻,称为磁通流动。图 (a) 为一个板

状第二类超导体样品,处在磁场 H(平行于 Z 轴) 中,进入了混合态,体内有传输电流 (平行于 Y 轴),平行于 Z 轴的磁通线 (黑点) 受到洛伦兹力 (平行于 X 轴) 的驱动,当洛伦兹力超过钉扎力时,磁通线流动 (设速度为 V_f),这是磁通流动测量方块图。磁通流动时磁通线切割了导体 (反之是导体切割了磁力线),导体中就产生感生电场 (在 Y 方向电压为 V)。意味着有电阻和电能损耗,将以焦耳热形式释放出来,这类同于电流流经正常导体的情况 (有电阻 R_n)。在磁通流动区域,电场 E 和电流密度 J 遵从欧姆定律:

$$E = \rho_f J$$

磁通流动的电阻率称为磁通运动流阻率 ρ_f,它小于超导体在正常态时的正常电阻率 ρ_n:

$$\rho_f = \rho_n(H/H_{c2})$$

H_{c2} 是第二临界磁场。由此可见,ρ_f 与磁场 H 密切相关。图 (b) 是实测的在不同磁场中 YBaCuO123 单晶的一组电阻率-温度曲线,其中的 0 磁场曲线反映转变很陡峭,0 电阻温度约为 92K,这条 0 电阻曲线接近正常 N(高温)-超导 S(低温) 转变。磁场的施加使曲线的转变加宽。加宽现象到 8T(特斯拉) 最严重,8T 的 0 电阻转变低到了 80K 以下。这种磁场中电阻转变曲线展宽是磁通流阻的典型行为:从开始转变温度到 0 电阻转变温度的这个温区,电阻大都是磁通运动电阻,接近 N 区域的电阻是流阻,然后随着温度降低进入热助磁通流 (TAFF) 区,TAFF 区延伸到电阻略高于 $\rho = 0$ 的温度 $T_{c0}(H)$ 这个区域的电阻是 TAFF 电阻。在 $T_{c0}(H)$ 附近的电阻是磁通蠕动电阻。

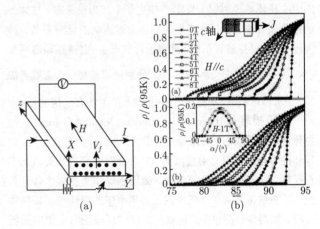

所谓 "0" 电阻其实是磁通运动电阻小到测不出来了。比 $\rho = 0$ 更低的温度区才是临界态。图 (b) 上半 (a) 中,在 $\rho = 0$ 附近的陡峭部分是磁通融化 (见磁通融化)。所以图 (b) 的 "电阻展宽" 主要是 TAFF 运动引起的。见热助磁通流。

热助磁通流动 [thermally assisted flux flow, **TAFF**] 在磁通液态时有热涨落。若 $J < J_c$,磁通线将

在洛伦兹力和热涨落力的共同作用下沿着洛伦兹力的指向运动，磁通运动的激活能较磁通流动的位垒高度略小但是很接近，需要考虑热激活跃迁运动，但磁通运动有效激活能仍然较磁通蠕动的小，并且具有线性激活能–电流密度 ($U(J)$) 关系：

$$U = U_0 + kJ$$

是热助磁通流 (TAFF) 区。热助磁通流的流阻为

$$\rho_{\text{TAFF}} = \beta \rho_f \text{e}^{U_0/T}$$

ρ_f 见磁通流动，β 是常数。见亚稳态、磁通流动。

电阻展宽 [resistance broadening]　全称电阻转变曲线展宽。见磁通流动、热助磁通流。

涡旋流动 [vortex flow]　即磁通流动。

流阻 [flow resistance]　见磁通流动。

黏滞力 [viscous force]　见磁通流动。

磁通流动黏滞系数 [viscous coefficient of flux flow]　从流体力学角度，磁通物质发生了流动，有流阻，受到了黏滞阻力 F_v。磁通流动速度也不会无限地增大，因为黏滞力最终会和洛伦兹力平衡，磁通线以恒定的速度 v_f 运动。黏滞力和磁通流动速度的关系按照流体力学为

$$F_v = -\eta v_f$$

η 称为黏滞系数。

巴丁－史提芬黏滞系数 [Bardeen-Stephen viscous coefficient]　涡旋线的中心近乎正常态，有一定数量正常态的电子。当涡旋线运动时，正常电子跟随一起运动，有流阻和黏滞力。物体在黏滞液体中运动用黏滞系数来表征。巴丁和史提芬为了计算黏滞系数，首先提出一个模型：涡旋线的中心柱体半径为相干长度 ξ 中电子全部为正常态，柱体外的都是超导态，并以此模型计算出磁通运动的黏滞系数，称为巴丁－史提芬黏滞系数。准确的计算巴丁–史提芬黏滞系数 $\eta \approx \dfrac{\varphi_0 H_{c2}}{\rho_n}$，式中 φ_0，H_{c2}，ρ_n 分别是磁通量子、上临界磁场、正常态电阻率，实验和巴丁–史提芬的值约有一倍的差别。

交流损耗 [alternating current loss, AC loss]　超导体通以交流或在交变磁场中有能量损耗，称为交流损耗。超导体的零电阻性只是对直流而言，对交变电流或交变磁场都有损耗。交流损耗与电流强度、磁场强度和交变频率都有关系。迈斯纳态在某个高频率以上的频率中的损耗与正常导体一样。如对锡，在频率高达红外区域时就与正常态锡的损耗几乎没有差异；但在低频下损耗很低。对处在混合态的硬超导体，每个周期的损耗和磁滞回线的面积成正比，称为磁滞损耗。另外交变磁场感生涡旋电场，此电场使正常电子流动有欧姆损耗，称为涡流损耗。

磁滞损耗 [magnetic hysteresis power loss]　磁滞损耗的本质是磁通线运动必须克服钉扎力做功。钉扎越强，磁滞回线面积越大，损耗也越大。实际超导材料的制作中，降低交流损耗的方法多用减小超导体的尺寸，如减小线材的直径，将线材扭绞，编织，限制带材的厚度等，目的是限制磁通流动量。限制磁通流量的方法还有在超导体之间增加高电阻率的阻挡层等。见交流损耗。

涡流损耗 [eddy current power loss]　涡流损耗在复合超导材料 (如 Cu-NbTi 合金) 中的正常导体比较严重，限制涡流损耗的办法基本和限制正常导体变压器中的交流损耗方法相同：减小尺寸，降低磁通流量。实际超导材料的制作中，降低涡流损耗的方法多用减小超导体的尺寸，如减小线材的直径，将线材扭绞，编织，以限制磁通流动量。限制涡流损耗的方法还有在超导体之间增加高电阻率的阻挡层。见交流损耗。

邻近效应 [proximity effects]　贴在超导体上的正常导体，在紧靠超导体的薄层内也有一定的超导电性称为邻近效应。如将正常金属 (N) 蒸镀到超导样品 (S) 上，由于库珀电子对电子 (超导电子) 密度降到 0 的最短距离为相干长度 ξ，在 S 表面的超导电子对会渗透到 N 中，渗透厚度约为 ξ_N，使正常导体这一层也呈现 (较弱) 超导电性。

涨落效应 [fluctuation effect]　由于涨落引起金兹堡–朗道理论中有序参量 ψ 的涨落，超导物理性质也偏离原有性质称为涨落效应。温度愈高则愈易显现涨落效应。如在临界温度 T_c 以上附近仍显现有超导电性，T_c 以下附近有正常态电阻出现，T_c 的转变宽度增宽，比热跃变量有变化，以及对临界磁场，临界电流等的影响。又如对第二类超导体在低于 T_c 温度产生有限电阻的热激活磁通蠕动等，涨落效应也是引起因素之一。一般地由金兹堡–朗道方程结合统计物理涨落理论来进行对超导体涨落效应的理论研究。钉扎中心密度涨落引起集体钉扎和蠕动，也是一种涨落效应，但是一般说的涨落效应不包括这种涨落效应。

磁通跳跃 [flux jumping]　磁通跳跃是磁通运动形式之一，特点是速度快磁通量大。超导材料是电热的不良导体，它们的热扩散 (扩散系数 D_e) 远慢于磁扩散 (扩散系数 D_m)。如对 NbTi 合金，$D_m/D_e > 10^2$，$D_m \gg D_e$。在极低温度下，非理想第二类超导体在磁场中或在传输电流时处于亚稳态。各种扰动可能使磁通线运动。如果温度很低，传输或磁屏蔽电流大，磁通运动发热后，因磁移动大大快于热移动，那么就出现发热极快散热极慢甚至于基本不散热 (绝热) 的情况，导致局部升温。钉扎力是随温度升高而降低的，降低了的钉扎力又导致进一步的快速磁通流动，释放更多热量。一个不可避免的扰动将导致：磁通运动 → 产生热量 → 局部升温 → 钉扎减弱 → 更大磁通运动 → 更多热量 → 更弱钉扎 …… 的正反馈的循环过程，直到 $T \geqslant T_c$，即磁通跳跃。若磁通跳跃使硬超导体即整体转入正常态会导致重大事故。所以必须

设法使超导体材料 "稳定化"，以保证安全。

超导材料不稳定性 [instability of superconducting materials] 磁通跳跃使超导体发热，进而失超 (转入正常态)，称为超导体不稳定性。见磁通跳跃。因此必须采取稳定性措施才能稳定地保持超导性质。现有的实用商品超导材料都采取了一定的稳定化措施，如采用冷冻稳定 (又称低温稳定)，本征稳定等措施，得到稳定化的超导材料。

热不稳定性 [thermal instability] 载有大电流的超导材料，如超电磁体、超导电缆、超导电机、超导变压器等，以及强磁场中的超导体 (强磁场中的超导体即使没有传输电流，屏蔽电流密度也可能很高)，受到热扰动发生磁通跳跃或失超称为热不稳定性，见磁通跳跃、超导体不稳定性。

磁不稳定性 [thermal instability] 载有大电流的超导材料，如超电磁体、超导电缆、超导电机、超导变压器等，以及强磁场中的超导体 (强磁场中的超导体即使没有传输电流，屏蔽电流密度也可能很高)，受到电磁扰动 (如脉冲电磁场脉冲电流等)，发生磁通跳跃或失超称为磁不稳定性，见磁通跳跃、超导体不稳定性。

低温稳定性 [cryogenic stability] 又称冷冻稳定。实用的超导材料必须是稳定的。最常用的稳定化方法之一是低温稳定法：将工作中的超导材料 (如超磁体) 始终保持在超导态。用电热良导的金属 (金银铜铝等) 外包超导线或超导带，使金属/超导的横截面比达到 10 甚至 100，具体的比值取决于应用要求。低温超导体 NbTi 合金材料基本采用无氧高导 Cu 包套 NbTi，高温超导体 BiSrCaCuO 多采用银包套，这些超导材料称为复合超导材料。Cu 包套和 NbTi 芯是并联的。若芯失超，它的电阻率大截面积小，电阻很大。而 Cu 的截面积大电阻率小 (无氧高导 Cu 的电阻率比 NbTi 低 1000 倍以上)，电阻比芯小几个数量级。因此万一失超时芯几乎是 "绝缘体"，外包套 Cu 就承担传输电流的任务。虽然 Cu 也会发热升温，但 Cu 的电阻已经足够小，直接接触冷却剂，散热非常快，使 Cu 的温度最高也低于 NbTi 的临界温度，即使它正常了，也能够恢复超导态，重新担当起无损耗地传输电流的任务。此外若有磁通进出芯，它们必须经过外套 Cu，这样超导芯磁运动快的缺点被克服，这妨碍了可能的磁通跳跃的发生。所以外包套良导金属有双重作用，它在超导材料工作期间基本上是 "闲" 着的，只起到有效地保证超导芯无损的传输电流的作用。早期的实用超导材料就是 Cu 包套的单芯超导体材料，称为单芯复合超导材料。

冷冻稳定 [cryogenic stability] 即低温稳定性。

本征稳定 [intrinsic stability] 又称内禀稳定。将超导材料做得很细小或很薄，直径或厚度小到微米量级，外套高导金属，以方便制造，增加强度，起冷冻稳定作用。因为一根细丝不能传输大电流，必须将大量的细丝做成捆，并扭绞

而编织成带，变成超导带材。称为多芯复合超导材料。使超导体细小或极薄则是增加超导体的表面积，缩短磁通移动路程，大大减少超导芯中的磁通量，因而也大大减少了磁通运动数量和路程，降低了发热量。理论和实验表明，将 NbTi 合金丝直径或 Nb_3Sn 化合物带的尺度降低到微米量级即可使一次磁通跳跃的发热量降低到使超导体的温升低于它们的临界温度。因此即使发生了磁通跳跃也不会失超，成为 "本征稳定"，再加上高导金属的外包套，成为 "双保险" 的稳定化超导材料。Cu/NbTi 等合金多芯材料都是扭绞的，以防止细丝之间耦合，称为扭绞的多芯复合超导材料。Nb_3Sn/Cu 等金属化合物硬而脆，不能扭绞。

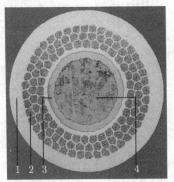

如图所示是一种实用超导磁体中的一根多芯复合超导材料的横截面。不扭绞。2 指超导体，它是金属化合物 Nb_3Sn，其直径约 $1\mu m$，已经达到本征稳定要求；1 是 Cu-Sn 合金，防止超导芯耦合成一根粗超导体，既起稳定化作用，也有利于生产 Nb_3Sn 并增加强度；4 是高导无氧 Cu，起冷冻稳定化作用。所以这是 "三保险" 的稳定化多芯复合超导材料。

内禀稳定 [intrinsic stability] 即本征稳定。

复合超导材料 [superconducting composite material] 见冷冻稳定。

单芯复合超导材料 [single core superconducting composite] 见冷冻稳定。

多芯复合超导材料 [multi-filamentary composite superconducting materials] 见本征稳定。

扭绞多芯复合超导材料 [twist multi-filamentary composite superconducting materials] 见本征稳定。

涡旋线纠缠 [vortex entanglement] 一根或多根涡旋线有部分交叉在一起。如图所示为未纠结的 (上中) 和纠结的 (下) 涡旋：左列是侧视，右列是俯视，上图示涡旋点阵，是固体；中图示未纠结的涡旋液体；下图示纠结的涡旋液体。一根涡旋中的磁通量 $\Phi = \varphi_0$，n 根涡旋的磁通量是 $\Phi = n\varphi_0$。单位长度涡旋线的能量 U 和磁通量和穿透深度 λ 的关系是 $U \propto \Phi^2/\lambda^3$。所以每根磁通线的磁通量最小时能量最低：$n = 1$，$\Phi = \varphi_0$。于是两根或多根平直磁通线的

纠合会使能量升高。另一方面，λ 大的超导体 (如高温超导体)，U 显著低于 λ 小的超导体 (如低温超导体等)，于是高温超导体中磁通线即使纠合起来，U 增加也较小。而磁通纠结后系统的混乱程度增加，就是熵 S 增加。磁通线系统的自由能 $F = U - TS$，高温时 T 大，增加的熵对自由能的贡献——TS 超过内能 U 的贡献时，发生磁通纠结可能降低系统的自由能。所以高温超导体就可能产生磁通纠缠现象。实际上高温超导体中观测到的许多实验结果都可以用磁通纠缠来解释。

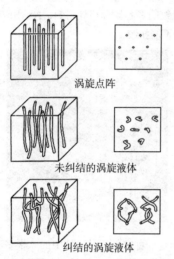

涡旋点阵

未纠结的涡旋液体

纠结的涡旋液体

磁通纠缠 [flux entanglement]　即涡旋纠缠。

涡旋链 [vortex chain]　又称磁通链。涡旋线分布的一种图案，长大于宽，形似链条，称为涡旋链。如图所示是一系列的涡旋线 (黑点) 链条。由于 $\kappa \approx 1/\sqrt{2}$ 时的第二类超导体涡旋线之间短程的吸引力已经比较重要，不仅可以导致所谓的 "中间混合态" 的出现，而且可以出现多种花样。涡旋链就是一种花样。

磁通链 [flux chain]　即涡旋链。

涡旋布拉格玻璃 [vortex Bragg glass]　又称磁通布拉格玻璃。长程有序短程无序的涡旋晶体称为涡旋布拉格玻璃。完美涡旋晶体中每个涡旋都在它们的平衡位置上。若涡旋晶体中有弱钉扎中心，受弱钉扎后涡旋会略微偏离其平衡位置，出现 "短程无序"。但理论和实验证明，涡旋长程仍是

有序的：每个涡旋始终只在其平衡位置附近，仍有 "长程序"。有长程序的涡旋晶体中不出现位错，这种涡旋晶体若受到适当波长的中子照射，有布拉格衍射花样。涡旋布拉格玻璃反映了它的结构特征：布拉格衍射反映其长程序，玻璃反映其集体蠕动等动力学性质。布拉格玻璃是固体，其中的钉扎是集体钉扎，蠕动是集体蠕动。

布拉格玻璃 [Bragg glass]　即涡旋布拉格玻璃。

运动布拉格玻璃 [moving Bragg glass]　布拉格玻璃中的磁通钉扎弱，临界电流小，受到洛伦兹力作用后可能整体运动，运动状态中仍保持着布拉格玻璃的特征，称为运动布拉格玻璃。运动布拉格玻璃可能是涡旋液体。

涡旋玻璃 [vortex glass]　又称磁通玻璃。无序的涡旋固体称为涡旋玻璃，是无序的具有固态性质的涡旋物质。强钉扎中心本身是无规则分布的，受强钉扎的涡旋线也是无序分布的，无序态又称玻璃态。涡旋玻璃相是一种无序相，和涡旋点阵及布拉格玻璃都不同。涡旋玻璃可以是液态也可以是固态。玻璃态的动力学特征是，涡旋物质受集体钉扎，蠕动是集体蠕动，磁通运动的有效势垒 (或钉扎势垒) 随电流密度降低迅速增加，是非线性 $U(J)$ 关系，如 $U \propto (J_c/J)^n$，$n > 1$。这种 $U(J)$ 关系的阻挡磁通蠕动能力也迅速增强，实现 0 电阻，达到真实的超导态。

磁通玻璃 [flux glass]　即涡旋玻璃。

涡旋弹性流动 [vortex elastic flow]　在洛伦兹力作用下涡旋线流动，在洛伦兹力撤消后涡旋物质仍能回复原状态，称为涡旋弹性流动。类似于晶体的弹性形变。运动布拉格玻璃是涡旋弹性流动一例。

涡旋范性流动 [vortex plastic flow]　在洛伦兹力作用下涡旋线流动，在洛伦兹力撤消后涡旋物质不能回复原状态，即涡旋物质发生了永久性变称为涡旋范性流动。类似于晶体的范性流变。

涡旋层流 [vortex smetic flow]　在洛伦兹力的作用下涡旋二维阵列中的一层或某些层发生了相对其他层的滑动。

平衡涡旋相 [equilibrium vortex phase]　热力学平衡的涡旋物质态，此时的自由能极小，是稳定态。把所有平衡的涡旋态画在一起就是涡旋相图。如阿布里科索夫点阵就是热力学平衡的涡旋固体相，是个严格的有序相 (涡旋晶体)，在有关相图上能找到这个相。另一个涡旋平衡相是布拉格玻璃相，是个准有序的相。涡旋玻璃相也是平衡的涡旋物质相。涡旋液体也是平衡相。物理相图中只能出现的平衡相，相图中每一点代表物质的一个相，可以由外参量 (T, H 等) 完全决定，是自由能极小的相。非平衡相不能出现于相图之中，因为单靠外参量尚不足以确定非平衡相，因为它们的自由能不是极小。假如发生磁通跳跃，则涡旋物质快速通过一系列的

非平衡态过渡到平衡的终态。在磁弛豫过程中，样品则是比较缓慢的通过一系列的亚稳态 (非平衡) 向终态 (平衡态) 过渡。亚稳态不是平衡相，在平衡相图中找不到亚稳态 (相)。如图所示实验的不可逆的 Bi2212 单晶体中的涡旋物质的平衡相图。

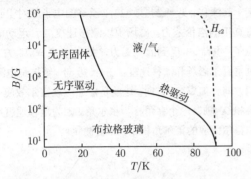

非平衡的涡旋相 [no equilibrium vortex phase] 见平衡涡旋相。

记忆效应 [memory effect] 记忆效应的实质是，外力撤销以后，不再弛豫 ($V = 0$)，涡旋物质待在那个亚稳态附近的态，恢复外力后，开始弛豫，实验一般不能察觉这些亚稳态的宏观性质 (如 V 和 M) 的差别。显示出记忆效应。

在外力驱动下，涡旋物质处在亚稳态，磁通运动时电压随时间变化，即电阻弛豫：$V = V(t)$，是涡旋物质从一个亚稳态向下一个亚稳态过渡的结果。用磁测量磁化强度随时间变化：$M = M(t)$。如图所示一个 NbSe$_2$ 样品电压弛豫实验。图中矩形变化式的施加脉冲电流，电流撤销，电压消失，经过大约 7 秒多脉冲式恢复电流，电压也脉冲式恢复，这是一个电压记忆效应的典型实验。

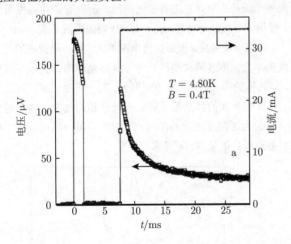

历史效应 [history effect] 从广义上讲，一个物理过程与路径有关就是历史效应。如从初态到终态外力对系统所做的功是与路径有关的，做功就有历史效应。超导体的磁滞回线就是典型的历史效应：升高磁场 (路径) 和降低磁场 (路径) 所得到的磁化强度因路径不同而不同，形成了磁滞回线。

这个例子中的磁场变化是路径。原则上一切不可逆现象都有历史效应。不可逆过程之所以与路径有关是因为变化过程中经过了一系列的不同的亚稳态。平衡过程经过的都是平衡态，与路径无关。如图所示是一个银外包套的 Bi$_2$Sr$_2$CaCu$_2$O$_8$ 超导体的 I-V 特性曲线，箭头示电流变化方向。图中电流 I 在同一个值电压 V 取不同值，说明在同一个电流值，电压与升电流 (路径) 还是降电流 (路径) 有关，称为历史效应。

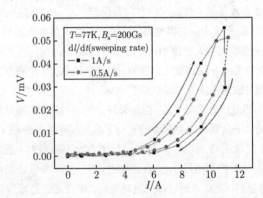

场冷 [field cooling] 如果是先 (在常温) 加磁场后让样品在磁场中降温冷却称为场冷，场是指磁场。场冷和零场冷是不同路径。超导样品在磁场中实验，如测量其磁滞回线，一般有两项工作必须做，一个是降温 (如将样品放入低温液体)，使样品进入超导态；另一个是施加磁场。

零场冷 [zero field cooling] 如果是不加磁场 (零场) 先冷却样品到实验需要的温度，然后加磁场到设定的强度称为零场冷，零场是指没有磁场。场冷和零场冷是不同路径。

超导样品在磁场中实验，如测量其磁滞回线，一般有两项工作必须做，一个是降温 (如将样品放入低温液体)，使样品进入超导态；另一个是施加磁场。

介观超导体 [mesoscopic superconductor] 介观的概念是指介于宏观与微观之间的尺度，如介观物理学是指在介观尺度上的物理学。因而介观超导体是指超导体比块样品 (宏观超导体) 小，而出现了一些既与块超导体不同，也和微观尺寸的超导体 (如超薄膜) 不同的性质。研究超导体的性质时主要和相干长度和穿透深度等比较。

巨涡旋 [giant vortex] 又称巨磁通。在特殊情况下，多个涡旋线在一起形成了一个大涡旋称为巨涡旋。如一个强钉扎中心捕获了多个涡旋后，这些涡旋可能会形成一个巨涡旋。因为一个涡旋的磁通量是 φ_0，由 n 个涡旋形成的一个巨涡旋的磁通量就是 $n\varphi_0$。也可以是由于边界条件的约束，最后形成巨磁通或巨涡旋。

巨磁通 [giant flux] 即巨涡旋。

反涡旋 [anti-vortices] 有些特殊的情况下会出现正向的和反向的涡旋，涡旋中的磁场方向和外磁场一致的称为正涡旋，涡旋中磁场方向和外磁场方向相反的称为反涡旋。正反涡旋相互吸引。测量磁滞回线时在 $H=0$ 时，样品中有钉扎，涡旋不能自由运动，若钉扎力强大，正反涡旋无法跳出各自的钉扎势阱，正反涡旋可以同时存在。

热磁效应 [thermal-magnetic effect]　超导体中的能斯特效应 (Nernst effect)，是超导体中温差的存在伴有同方向涡旋线输送的结果。如图所示样品是厚度为 d 的平板，均匀磁场垂直于纸面 (XY 面)。若温度均匀，磁通线 (黑点) 将均匀分布才平衡。现设 X 方向有温差：$X=0$ (下底) 温度低，而 $X=d$ (上底) 温度高。这种情况要求高温端磁通 (黑点) 压强增大涡旋密度小，低温端压强减小涡旋密度大的分布。说明温差导致涡旋压力梯度：出现洛伦兹力，伴随有相应的电流 (磁通密度梯度必然伴有电流，现在应当存在 J_y)。如图所示的是压力平衡状态。但是外场是匀场，将不断补充磁通到上方。于是涡旋线在压力的驱动下从温度高端向低端 ($-X$ 方向) 扩散运动。这样 Y 轴将切割磁力线 (磁通线)，于是在 Y 方向将有感生电场 E_y，称为热磁效应。实验测量证实电场 E_y 的存在，证实了超导体的热磁效应。简言之就是超导体中温差产生电流。

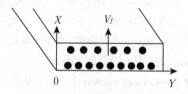

磁热效应 [magnetic-thermal effect]　超导体中的埃廷斯豪森效应 (Ettingshausen effect)。磁热效应是磁通线输送伴有热量输送。如图所示样品是厚度为 d 的平板，磁场垂直 XY 面。当磁通线 (黑点) 系统在 X 方向存在磁通密度梯度 (磁通密度随 X 增加而降低，这是有传输电流的磁通分布) 时，磁通线将在洛伦兹力的驱动下从磁通密度高端向低端 (X 方向) 运动 (设速度为 V_f)，这样的运动意味着在样品 X 上方的边界处有磁通线源源不断地聚集并湮灭，在下方 $X=0$ 的边界处磁通线源源不断地产生。磁通线中有一定数量的正常电子，其能量高于超导电子，磁通线的流动不仅伴有能量的就地损耗 (正常电子和晶体缺陷非弹性碰撞)，而且还有能量的输送，本例就是能量向 X 方向输送。在样品上面的表面处温度升高，而下面的表面温度降低。实验测量证实样品两边温差的存在：上面高，下面低，证实了磁通线输送伴有热量输送，这就是超导体的磁热效应。

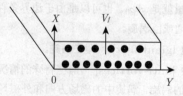

磁通流动霍尔效应 [flux flow Hall effect]　如图所示，设磁通线 (黑点) 与 X-Y 平面垂直，以速度 V_f 沿着 X 方向流动。磁通运动带动其中的电子一起以平均速度 V_f 沿着 X 方向漂移。磁热效应 (超导体埃廷斯豪森效应) 说明，$T(X>0)>T(X-0)$，说明涡旋线芯的正常电子跟随磁通涡旋一起漂移 (见 "磁热效应")。漂移的电子相对于磁场而言就有真正的洛伦兹力，磁场中以漂移速度 V_f 运动的每个带电粒子 (电荷 e) 受到的电磁力，大小为 $F=eV_fB$，方向是同时垂直于磁场和漂移速度，在 Y 方向，结果是电流涡旋漂移的方向将偏离 X 方向，这就是磁通流动霍尔效应，运动方向将和 X 轴有一个夹角称为霍尔角。因为漂移速度小，磁通流动霍尔效应的霍尔角很小，不易测量。

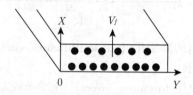

磁化强度第一峰效应 [first magnetization peak effect]　有些样品在磁滞回线上有一个或几个极大值称为磁化强度峰效应。因为磁化强度和电流密度成正比，所以电流密度有这样的峰效应。如图所示的磁滞回线中在 0 磁场附近有一个尖峰，称为磁化强度第一峰效应。在磁场稍高处有第二个高度稍低的峰，如图中箭头所示，称为磁化强度第二峰效应。如果在比第二峰更高的磁场还有磁化强度峰则称为第三峰效应。第一峰效应是样品表面电流所致。表面电流可以是超导本身的抗磁电流，样品的 (几何) 形状引起的电流，表面位垒引起的电流等。迈斯纳态有表面电流，所以有磁化强度第一峰。理想第二类超导体在 $H=H_{c1}$ 处表面电流最大，$-M$ 也最大，有第一峰效应。表面抗磁电流不大，第一峰效应的绝对高度也不大。不过第二和第三等等峰都是体内钉扎效应造成的，钉扎强的样品，第二峰效应很大，第一峰效应可能可以忽略，磁通钉扎弱的样品第一峰效应可能相对最高。各个磁化强度峰的相对高度随样品而异，下图所示第一峰高于第二峰是弱磁通钉扎的反映，不是普遍现象。

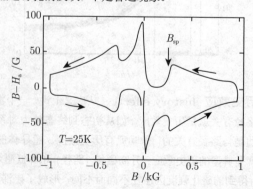

磁化强度第二峰效应 [second magnetization peak effect]　有些样品在磁滞回线上有一个或几个极大值出现称为磁化强度峰效应，见"磁化强度第一峰效应"。磁场增大以后有第二峰，称为磁化强度第二峰效应，它是磁通钉扎现象。第二峰效应的机制比较复杂，下面简单介绍几种可能的机制。第一种机制是"有序–无序转变机制"。对低温超导体 $2H\text{-}NbSe_2$ 单晶体的研究表明，第二峰效应常和磁通固体(有序)–液体(无序)融化同时发生。Nb 单晶的中子衍射实验说明，在交流磁化率峰(峰效应的另一种测量方法)的两侧，磁通点阵发生了有序–无序转变。这种机制最可能是非常弱钉扎的样品的峰效应起因。第二种机制是钉扎力 f_p 和磁通线之间的作用力 f_v 之间的不同温度关系。数值计算表明，在较强的单磁通钉扎的情况下，磁通点阵在峰的温度位置的两侧都是无序态。原因是在低温边，f_v 较强大，有效钉扎中心少；随着温度升高，有效钉扎中心增加，在磁化强度到达峰值以后，有效钉扎中心区域饱和，但是元钉扎力 f_p 随温度升高而迅速降低。因为 f_v 实质上是磁通物质强度的反映，所以这种机制可称为"钉扎力和磁通物质强度之竞争"。这种机制和第一种的截然不同：峰效应处完全没有有序–无序转变，也没有发生单磁通–集体钉扎转变，这个机制可以解释单磁通强钉扎的峰效应现象。第三种机制是"单磁通钉扎–集体钉扎转变"。理论证明在低温或低场，点钉扎中心的钉扎力不够强大，是集体钉扎。随着温度升高或磁场增加，有效弹性模量迅速降低，终于在到达峰位置时，低温时是"弱单个钉扎中心"的钉扎力(只能集体钉扎)变成了相对强钉扎中心，发生了弱集体钉扎–强单磁通钉扎的转变。因为钉扎中心的分布是无序的，转变后的受单磁通钉扎的磁通物质也是无序态，而布拉格玻璃态是准有序态，在现有的实验中和有序态并不能区分，所以这种机制文献中常常和有序–无序机制不加区分。还有实验观察到，峰效应是强钉扎和热涨落力占优势的边界。总之第二峰效应现象是有待进一步研究的物理问题。

磁化强度多峰效应 [multi-magnetization peak effect]　有些超导样品的磁滞回线上会同时出现多个极大，即三个峰甚至更多的峰。　如图所示的是 $Tl_2Ba_2CaCa_2O_8$ (Tl2212) 单晶体的磁滞回线群。低温群 (40K45K48K51.7K) 的第三磁化强度峰不明显，但是高温群 (57.5K58K60K62K) 存在明显第三峰 (甚至多峰)。这种多峰效应在 YBCO123、Bi2212 等超导体也观测到了，只是物理机制还有待进一步研究。但是多峰效应说明有多种峰效应机制，甚至每个峰都有自己的机制。如磁通物质只应该有一次有序–无序转变，也只应该有一次"钉扎力–磁通物质强度竞争"，或"单磁通钉扎–集体钉扎转变"。所以任何一种机制都不能解释全部峰效应现象。

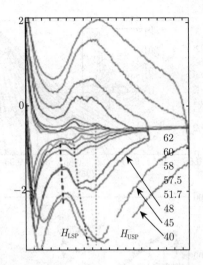

峰值效应 [peak effect]　即磁化强度峰效应。

尖峰效应 [peak effect]　即磁化强度峰效应。

磁通融化 [flux melting]　全称磁通固体融化。磁通物质有固态，液态和气态。固态磁通物质有磁通点阵、准有序的布拉格玻璃、无序的涡旋玻璃等。在某个温度和磁场，涡旋固体会融化 (又称熔化) 成液体。磁通融化有几种方法可以实验观测。一种是用中子衍射方法：磁通点阵或布拉格玻璃的中子衍射产生布拉格衍射花样，而融化后的涡旋液体是无序的，没有衍射条纹。最常用的方法是磁化强度和电阻的测量。图 (a) 是几种磁场中电阻–温度的曲线。每条曲线，特别是低磁场中的曲线在某个温度 T_m 处都发生陡降，如一根曲线的箭头所指。图中的插图是在陡降温度 T_m 处曲线斜率。电阻是流阻，流阻突变是磁通流速突变的标志，所以 T_m 处发生了磁通流动速度的突变。磁场中通以电流就是施加了洛伦兹力于磁通物质上，磁通流速突变预示磁通物质强度的突变：低温边强度大，流速小，电阻小；高温边强度小，流速大，电阻大。所以 $T < T_m$ 时是固体，$T > T_m$ 时是液体。T_m 是磁通物质融化温度。图 (b) 是用这种方法测量出的磁通物质相图：低温低场部分是固相。磁通物质融化是热力学相变，应当与测量路径 (过程) 无关，图 (b) 的插图表示等磁场中扫描温度 (T_{scan}) 和等温度中扫描磁场 (H_{scan}) 的两种路径测量结果一致，证明磁通融化是热力学过程。磁通物质固相密度可能和液相不同，所以融化时磁通密度可能有突变。图 (c) 表示在 T_m 处磁通密度确实有突变，而且这种突变与测量路径无关。其他实验都证明磁通物质融化的性质。图 (c) 还给出信息：磁通融化是一级相变：T 和 H 不变时磁通密度 B 的突变表示磁通物质的能量 (磁能) 突变，因为磁能 $\propto B^2$，所以高场相内能高，预示磁通融化吸热，是一级相变。另一方面，磁通融化得到的磁通液体 B 大，说明磁通固体密度小，磁通液体密度大，磁通融化体积膨胀，和冰融化相似。

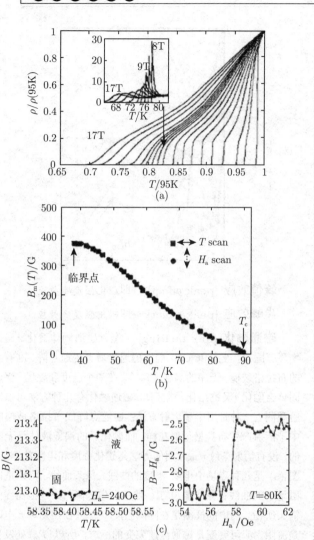

涡旋融化 [vortex melting]　即磁通融化。

不可逆线 [irreversible line]　一定温度（T）和磁场（H）下，磁化强度的可逆部分与不可逆部分的分界处是一个点，可记成 $H_{irr}(T)$ 或 $T_{irr}(H)$。改变磁场和温度测量磁滞回线，可以绘制曲线 $H_{irr}(T)$ 或 $T_{irr}(H)$。$H_{irr}(T)$ 或 $T_{irr}(H)$ 称为不可逆线。不可逆线是理想的和非理想的第二类超导电性的分界线了。$T > T_{irr}$ 是可逆的或理想的第二类超导体（没有钉扎作用），$T < T_{irr}$ 是不可逆的或非理想的第二类超导体（有钉扎作用）。根据比恩模型，磁化强度的不可逆大小和和临界电流成正比，可逆磁化强度对应零临界电流，不可逆磁化强度对应临界电流大于 0，所以不可逆线也是临界电流是否等于零的分界线。由于实验测量的精度总是有限的，实验的不可逆线位置与测量的不确定度（仪器精度）有关，不同的实验精度会得到同一个样品的不同的不可逆线，加上它又不能作为相界，不可逆线更多是用作临界电流等于零的分界线。

约瑟夫森涡旋 [Josephson vortex]　层状结构超导体由超导层和绝缘层交替重叠构成。磁场平行于超导层面时

样品处于混合态，磁通会量子化，此时涡旋电流环多次通过超导层和绝缘层，产生一个约瑟夫森涡旋，每个约瑟夫森涡旋的磁通量仍为 φ_0，如图所示。因为电流从一个超导层沿着 Z 方向穿过绝缘层到达另一个超导层是约瑟夫森电流，所以称为约瑟夫森涡旋。一个超导层–绝缘层–超导层是一个约瑟夫森隧道结，一个约瑟夫森涡旋可能包含有若干个约瑟夫森隧道结，整个超导体相当于大量的约瑟夫森隧道结的串联。绝缘层的电阻很大，约瑟夫森电流（Z 方向）很小，要屏蔽出一个磁通量不易，所以一个约瑟夫森涡旋往往很大。一个约瑟夫森涡旋也可以只含有一个绝缘。

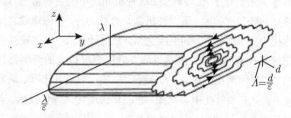

饼涡旋 [pancake vortex]　铜氧化物高温超导体是层状结构（见饼涡旋），即超导层（图中方块面）和绝缘层（超导层之间）相间，超导或绝缘层通常设为 ab 平面，c 轴（平行于 Z 轴）垂直于 ab 面。当磁场平行于 c 轴时 ab 面的超导层有涡旋，类似于饼，称为饼涡旋（图中黑色圆饼）。每个饼涡旋的磁通量仍为 φ_0。饼涡旋是相互吸引的，低温下吸引力较大，靠得紧而且排列较整齐，基本平行于 Z 轴，和普通涡旋线相似。这种情况称为饼涡旋相互耦合。在温度升高或磁通密度增大后，涨落也增加。到温度足够高时，涨落效应占优势了，饼涡旋随机分布于 ab 面上了，也就是上下不再耦合，称为脱耦转变，见脱耦转变。脱耦转变的本质是温度较高时熵增加对自由能的贡献比内能（耦合能）更重要了。

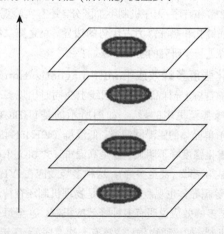

脱耦转变 [decoupling transition]　如果磁场垂直于层状超导体的超导层，则形成饼涡旋，一根磁通线穿过某一个超导层形成一个饼涡旋，如图所示的环，每个饼涡旋的磁通量仍为 φ_0。相邻两个饼涡旋有耦合。耦合力犹如弹性绳将饼

涡旋联系在一起。低温下饼涡旋之间的耦合强，可以使各层的饼涡旋保持在一根直线上，类似于普通涡旋线。在温度较高时饼涡旋之间的耦合变弱，涨落效应变大，各饼涡旋就不再在一条直线上了，如图所示是接近脱耦了。在更高的温度下，各个饼涡旋可能完全失去联系，就发生脱耦转变。脱耦转变后，每个饼涡旋类似于一个气体分子，称这种状态为涡旋气体。

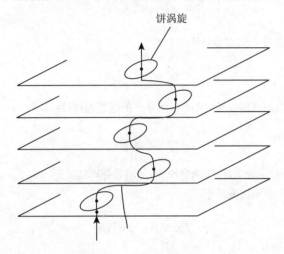

饼涡旋

超导体非平衡性质 [non-equilibrium properties of superconductor]　处于非平衡态中超导体的物性称为超导体非平衡性质。如第二类超导体中的磁通流动性质，在交变电流或交变磁场中涡旋线的往返运动，N-S 界面的交流响应，电流涨落相关，电化学势时间相关，通直流电流下超导体内出现的相滑移，以及隧道效应中的一些非平衡性质等。关于超导体的非平衡性质的研究，形成了超导体动力学的主要内容，其宏观性质的理论研究可以借助含时金兹堡-朗道 (TDGL) 方程并结合电磁学麦克斯韦方程来进行。

表面超导电性 [surface superconductivity]　在稳恒磁场中的大样品超导体在边界约束条件下发生在超导体表面的广义低维宏观量子现象。对于第二类超导体，形成表面超导相的平行表面磁场 H 的范围是：$H_{c2} < H \leqslant H_{c3}$，其中 H_{c2} 和 H_{c3} 分别是第二和第三临界磁场。对于金兹堡-朗道参量 κ 处于以下范围的第一类超导体：$0.707 > \kappa > 0.419$，在 $H_c < H \leqslant H_{c3}$ 时可发生稳定的表面超导相，H_c 是热力学临界磁场。对 $\kappa < 0.419$ 的第一类超导体，当 $H_{c3} < H_c$ 时，表面超导相不存在或是不稳定的。H_{c3} 是表面刚开始出现成核的超导相时的磁场，称为 (表面) 成核 (磁) 场，对应的表面超导相称为成核相。在理论上，用线性化的金兹堡-朗道方程和金兹堡-朗道边界约束条件来研究。

对于磁场垂直于表面的半无限空间超导体和超导平板，由于对应最低本征能量 $|\alpha| = \hbar\omega/2 = E_0$ 的本征函数 (序参量)ψ 自然满足边界约束条件，因而不显现表面超导电性，此时表面法线方向与磁场平行。这里 $\hbar$ 为除以 2π 的普朗克常量，ω 是库珀电子对在磁场中作圆运动的圆频率，称为朗道 (Landau) 频率。此时相应的临界磁场是 H_{c2} (而非 H_{c3})。磁场不垂直于上述样品表面时，超导体则可显现表面超导电性，且在平行于表面的磁场中最为显著，此时表面法线方向与磁场垂直。$H = H_{c3}$ 为表面超导相存在的最高磁场，因为对应于 E_0 的本征态 ψ 不满足边界约束条件，而另有比 E_0 更低的能值所对应的非本征态 ψ 来满足，所以存在比 H_{c2} 更高的临界场 H_{c3}。

对于超导球体，在 $H \approx H_{c3}$ 时，表面成核超导相发生在其表面法线方向正好与磁场方向垂直之处及其邻近 2ξ(ξ 为相干长度) 范围内，即赤道两边宽约 2ξ，厚约 ξ 的圆线条形区域，称为表面超导鞘。随着磁场由 H_{c3} 逐渐减小至 H_{c2}(或 H_c)，超导鞘 (准一维) 向两极增宽为球带曲面 (准二维)，并最终到达两极，而样品开始转入混合态 (或中间态)。两极表面法线方向与磁场方向是平行的。由此可见，表面超导相区域的变化是与这两个方向间的夹角有关的。

对于纵向磁场中的超导圆柱体，则表面成核相布满圆柱纵表面。对于第二类超导体，表面成核相一直保持到 H_{c2} 以下并接近 H_{c1} 的混合态，称为超导表面壳层的持续性。对于其他形状的样品，在纵向场中也有类似的情况。对于横向磁场 (与 x 轴平行，圆柱中心柱轴为 z 轴) 中的超导圆柱体，表面成核相发生在极角 $\varphi = \pi/2$ 和 $3\pi/2$ 处的二个准线条形区 (准一维)，随着从 H_{c3} 逐渐降低磁场，两线条各自向两边增宽为准二维柱面曲面。接近 H_{c2} 时，两曲面在 $\varphi = 0$ 和 π 处靠拢弥合，样品转入混合态或中间态。

超导体一级和二级相变 [first order and second order phase transitions of superconductor]　按热力学理论上对相变的分类，在相变处两相化学势相等，但一阶导数不等，因此有相变潜热发生，这种相变称为一级相变；若一阶导数相等，但二阶导数不等，在相变处有比热跃变，但无潜热发生，这种相变称为二级相变。实验和理论均显示，无外磁场时，在临界温度 T_c 处发生的超导正常相变存在比热跃变，属二级相变。处于外磁场 H 中的第一类超导体，在 $H = H_c$ 处发生的相变，有潜热发生，属一级相变，但伴随着迈斯纳效应，超导体内部的磁感应 $B = B_c$(或原先 $B = 0$) 突发性地变为 $B = 0$(或 $B = B_c$)。对于处于外磁场中的第二类超导体，当 H 增加到 H_{c1} 时，极少量磁通线开始穿透样品。H 继续增加，穿透进入样品的磁通线数量逐渐增多，体内场强也增大，到 $H = H_{c2}$ 样品开始转入正常态时，超导体内部的 $B = B_{c2}$。这与第一类超导体在 $H = H_c$ 时呈现的突发性过程不同，是渐变过程，反过程 (包括有磁滞的硬超导体) 也是渐变的。在 $H = H_{c1}$，$H = H_{c2}$ 处的相变无潜热发生，但比热有跃变，因此属二级相变。

顺磁效应 [paramagnetic effect]　超导体在正常相

时的泡利 (Pauli) 顺磁性对超导体的磁性质产生影响的现象，称为顺磁效应。若考虑该顺磁性的贡献，则在外磁场 H 中正常相自由能密度有所降低。在弱磁场中，顺磁效应可忽略不计，但在强磁场中，特别对金兹堡–朗道参量 $\kappa \gg 1$ 的第二类超导体，顺磁效应不能忽略。处在完全迈斯纳态的库珀电子对的自旋方向相反，可令其磁化率 $\chi_s = 0$。令正常相电子顺磁磁化率为 χ_p，并将超导凝聚能与其联系，此时对应的顺磁极限磁场 $H_p(T)$ 为

$$H_p(T) = H_c(T)/\sqrt{\chi_p}$$

$H_c(T)$ 为热力学临界磁场。对于第一类超导体，计及顺磁效应时的 H_c^* 是

$$H_c^* = \left[\frac{1}{H_c^2} + \frac{1}{H_p^2}\right]^{-\frac{1}{2}}$$

一般地 $H_p \gg H_c$，故可忽略泡利顺磁性。对于 $\kappa \gg 1$ 的第二类超导体，第二临界磁场 H_{c2} 也很大，此时在 $T =$ 0K 所对应的 H_{c2}^* 为

$$H_{c2}^*(0) = \frac{H_{c2}(0)H_p(0)}{\left[2H_{c2}^2(0) + H_p^2(0)\right]^{\frac{1}{2}}}$$

至于在 $T =$ 0K 所对应的第三临界磁场 $H_{c3}^*(0)$，只需将上式中 $H_{c2}(0)$ 更改为 $H_{c3}(0)$ 即得。

顺磁极限磁场 [paramagnetic limited magnetic field] 见顺磁效应。

超导体小样品 [small specimens of superconductor] 超导体某一尺度 $d \leqslant \delta_0$ 的样品称为超导体小样品。δ_0 是弱磁场穿透深度，d 可表示为平板或薄膜的半厚度和圆柱体与球体的半径等。在有附加条件 $d < \xi$ 时（ξ 为相干长度），则不论是第一类还是第二类超导体，大样品中呈现的中间态、混合态和表面超导电性，对小样品而言则难于形成或不存在。因此大样品的三个临界磁场 H_{c1}，H_{c2} 和 H_{c3} 对小样品言失去原有的含义。对应于第一类超导体的相变临界场 H_c，小样品的相变临界场用 H_{K1} 来表示。理论和实验均证实，单连通超导体的 H_{K1} 比 H_c 要高很多。金兹堡 (Ginzburg) 将 $(K_d/\delta_0)^2 \ll 1$ 的样品视为小样品，κ 是 GL 参量，并从理论上证实了样品临界尺寸 d_K 的存在：当 $d < d_K$ 时，在 $H = H_{K1}$ 时的超导正常相变为二级相变；当 $d > d_K$ 时，在 H_{K1} 处的超导正常相变为一级相变，d_K 是一级和二级相变的样品尺寸分界值。在一级相变情况下，当 H 逐渐增加至 $H_{K2} > H > H_K$ 时，还可能存在亚稳的超导相（态），称为超导态过热相，简称过热态；而当 H 逐渐减小至 $H_{K1} < H < H_K$ 时，还可能存在亚稳的正常相（态），称为正常态过冷相，简称过冷态。H_{K2} 和 H_{K1} 分别称为过热临界磁场和过冷临界磁场，H_K 称为平衡相变临界磁场，所发生的相变是一级相变。当 $H > H_{K2}$ 时，样品整体处于正常态（相），当 $H < H_{K1}$ 时，则处于超导

态（相）。超导体小样品的电磁性质一般借助金兹堡–朗道理论来研究。

临界尺寸 [critical size] 超导电性尺寸效应的标志。由金兹堡–朗道理论所得到的若干结果如下。

厚为 $2d$ 的超导薄膜，当磁场平行于膜面时：

$$d_K = \sqrt{5}\delta_0/2$$

半径为 r 的超导球体：

$$r_K = \sqrt{21}\delta_0/2$$

在纵向或横向磁场中，半径为 r 的超导圆柱体：

$$r_K = \sqrt{3}\delta_0$$

"长轴半径 $a \gg$ 短轴半径 b" 的超导椭球体：

在纵向磁场中：

$$L_K \equiv b = \sqrt{3/2}\delta_0$$

在横向磁场中：

$$L_K \equiv \sqrt{ab} = \sqrt{7/\pi}\delta_0$$

见超导体小样品。

亚稳超导相 [metastable superconducting phase] 见超导体小样品。

亚稳正常相 [metastable normal phase] 见超导体小样品。

过热态 [super-heated state] 见超导体小样品。

过冷态 [super-cooled state] 见超导体小样品。

磁滞回线 [magnetic hysteresis loop] 见第二类超导体的磁滞回线。

平衡相变临界磁场 [critical magnetic field of equilibrium phase transition] 见超导体小样品。

过热临界磁场 [super-heated critical magnetic field] 见超导体小样品。

过冷临界磁场 [super-cooled critical magnetic field] 见超导体小样品。

小样品临界磁场 [critical magnetic field of small specimens] 对于小样品而言，发生超导正常相变点处的磁场，称为小样品临界磁场。小样品的超导正常相变的级数依赖于样品的尺寸，存在临界尺寸 d_K，对于 $d < d_K$ 的样品，只存在小样品临界磁场 H_{K1}，这时的超导正常相变为二级相变。对于 $d > d_K$ 的样品，在平衡临界磁场 H_K 的上下存在过热临界磁场 H_{K2} 和过冷临界磁场 H_{K1}，在 H_{K2} 和 H_{K1}

间存在滞后现象，所发生的相变为一级相变。小样品临界磁场 H_{K1} 如下：厚为 $2d$ 的超导薄膜，在平行于膜面磁场中为

$$\frac{H_{K1}}{H_{KM}} = \frac{\sqrt{6}\delta_0}{d}$$

在纵向磁场中，半径为 r 的超导圆柱体：

$$\frac{H_{K1}}{H_{KM}} = \frac{4\delta_0}{r}$$

在横向磁场中，半径为 r 的超导圆柱体：

$$\frac{H_{K1}}{H_{KM}} = \frac{\sqrt{8}\delta_0}{r}$$

半径为 r 的超导球体：

$$\frac{H_{K1}}{H_{KM}} = \frac{2\sqrt{5}\delta_0}{r}$$

"长轴半径 $a \gg$ 短轴半径 b" 的超导椭球体，在纵向磁场和 $b < \delta_0$ 条件下：

$$\frac{H_{K1}}{H_{KM}} = \frac{\sqrt{20}\delta_0}{b}$$

在横向磁场和 $\sqrt{\pi a b} < 2\delta_0$ 条件下：

$$\frac{H_{K1}}{H_{KM}} = \frac{\sqrt{20}\delta_0}{a}$$

H_{KM} 和 δ_0 分别是大样品的热力学临界场和弱磁场穿透深度。由于 d 和 r 等均小于 δ_0，所以 H_{K1} 大于 H_{KM}。

全磁通守恒 [fluxoid conservation] 一个多连通超导体内每一个孔的冻结磁通是量子化的，因为超导序参量的相位围绕一个拓扑缺陷必须是 2π 的零或 n 的整数倍。设只有一个孔的情况。设环绕该孔的闭合曲线为 C，由金兹堡–朗道理论可得

$$\phi_L = \oint_C \left[\boldsymbol{A}(\boldsymbol{r}) + \frac{m}{2e^2 |\psi(\boldsymbol{r})|^2} \cdot \boldsymbol{j}_s(\boldsymbol{r}) \right] \cdot \mathrm{d}\boldsymbol{l} \quad (1)$$

式中 ϕ_L 为孔所冻结的全磁通，$\boldsymbol{A}(\boldsymbol{r})$ 为矢势，m 和 e 为电子质量与电荷，$\boldsymbol{j}_s(\boldsymbol{r})$ 是超电流密度，而金兹堡–朗道序参量 $|\varphi(\boldsymbol{r})|^2 = n_s$ 为超导电子对数密度，$\psi(\boldsymbol{r}) = |\psi(\boldsymbol{r})|\mathrm{e}^{\mathrm{i}\varphi(\boldsymbol{r})}$ 为复序参量。全磁通包括磁场和超流的贡献，由金兹堡–朗道电流方程可将上式化为

$$\phi_L = \frac{\hbar}{2e} \oint_C \nabla\phi(\boldsymbol{r}) \cdot \mathrm{d}\boldsymbol{l} = \frac{\hbar}{2e}[\phi(\boldsymbol{r}_P)] \quad (1)$$

P 为 C 上任意选定的点，$[\phi(\boldsymbol{r}_P)]$ 表示从 $\boldsymbol{r}_P$ 出发，环绕 C 一周又回到 $\boldsymbol{r}_P$ 后 $\phi(\boldsymbol{r}_P)$ 数值的改变。由于 $\psi(\boldsymbol{r})$ 是 $\boldsymbol{r}$ 的单值函数，故 $[\phi(\boldsymbol{r}_P)] = 2\pi n$，$n$ 为整数。于是

$$\phi_L = n\phi_0 \quad (2)$$

$\phi_0 = h/2e = 2.07 \times 10^{-15}$ 韦伯，为磁通量子，因此全磁通是量子化的。由于 $n\phi_0$ 是常数，则 ϕ_L 不随时间变化，是守恒的，称为全磁通守恒。如在初始时刻，孔中的磁通量为 $\Phi_L = 0$ 或 $n\phi_0(n \neq 0)$，由式 (1) 和 (2) 可知，则不论外加还是撤去磁场，或者存在电流 j_s，孔中的磁通量始终保持不变，即 $\Phi_L = 0$ 或 $n\phi_0(n \neq 0)$。

超导环 [superconducting ring] 垂直于环面磁场中的超导环是复连通超导体，遵守全磁通守恒规律，其冻结磁通是量子化的，环上有无阻持久电流以维持冻结磁通不变，可作为磁能储存和永久类磁体使用等。

屏蔽因子 [shielded factor] 超导体所具有的迈斯纳效应表明，在外磁场中的超导样品中出现了屏蔽电流，从而阻止或者排斥外部磁通的进入。因此可以利用球状或柱状等超导壳层作为磁屏物体。以空心超导球体为例，设内外半径分别为 r_1 和 $r_2(r_1 \leqslant r \leqslant r_2)$，壁厚 $d = r_2 - r_1$ 的第一类超导体的空心球体处于外磁场强度 H_0 中。令 $\zeta = r/\delta$，$\Delta = d/\delta$，$\delta = \delta_0/\psi$，δ_0 为大样品弱磁场穿透深度，ψ 是有序参量。设 H_1 和 M 分别是空腔中磁场强度和样品磁矩。按金兹堡–朗道理论：

$$\zeta_1 \gg 1 \text{和} \Delta \gg 1$$

$$H_1 = 6H_0 \zeta_2 \zeta_1^{-2} \mathrm{e}^{-\Delta}$$

$$M = -H_0 r_2^3 (1 - 3\delta/r_2)/2$$

所以对厚壁样品，腔内 $H_1 \approx 0$，只要 H_0 低于临界磁场，球壳层可视为磁屏蔽物，样品可用作磁屏蔽体。对 $\zeta_1 \gg 1$，$\Delta \ll 1$ 的情形，则

$$H_1 = H_0/(1 + \zeta_1\Delta/3)$$

$$M = -H_0 r_2^3 [1 - 1/(1 + \zeta_1\Delta/3)]/2$$

可见，若 $\zeta_1\Delta \gg 1$，则 $H_1 \ll H_0$ 或 $H_1 \approx 0$。所以虽然 $d \ll \delta$，但磁场仍被屏蔽而很难透入空腔，称 $\zeta_1\Delta/3$ 为空心超导球体的屏蔽因子。相反，$\zeta_1\Delta \ll 1$，则 $H_1 \approx H_0$，表明球壳层几乎不起屏蔽磁场的作用。对 M 也可作同样的讨论。

各向同性超导体 [isotropic superconductor] 超导电性质与取向无关的超导体，称为各向同性超导体。在宏观和微观性质上，如临界磁场（包括第一、二、三临界场）、临界电流、穿透深度、相干长度、态密度与能隙等均与取向无关。

各向异性超导体 [anisotropic superconductor] 超导电性质与取向有关的超导体，称为各向异性导体。层状结构氧化物超导体是各向异性超导体，它们的某些宏观和微观物理性质与取向有关。如沿晶轴 c 方向和 ab 面方向的相干长度与磁场穿透深度等均不相同。

有效质量近似 [effective mass approximation] 固体中电子在晶格势场或在附加有外力作用场中的运动，在用

薛定谔 (Schrödinger) 方程研究电子能量 $E(\boldsymbol{K})$(能带) 时, 与牛顿 (Newton) 力学对比而定义的电子有效质量 m^* 为

$$m^*_{ij} = \hbar^2 / \left[\frac{\partial^2 E(\boldsymbol{K})}{\partial \boldsymbol{K}_i \partial \boldsymbol{K}_j}\right] \quad (i,j = 1,2,3)$$

它是二阶张量形式, 这里 $\boldsymbol{K}$ 是波矢. 在变换到主轴时为: $m^*_i = \hbar^2/[\partial^2 E(\boldsymbol{K})/\partial K^2_i]$, $\hbar$ 为除以 2π 的普朗克常量. m^* 中实际包含了晶格场的作用, 且与 $\boldsymbol{K}$ 有关, 所以与自由电子质量 m 有区别. 但电子能谱较复杂时, 理论上要精确定出 m^* 值是困难的, 因此对多体问题用近似方法去研究. 这种准经典的 m^* 与经典牛顿力学比照, 可使问题相对简化. 将 $\boldsymbol{K}$ 视做参量, 可与实验相对照来确定其值. 由于这种处理方法仍然是一种近似, 所以称为有效质量近似. 对有外力场作用和对各向异性晶体性质的研究时, 这种近似可使问题简化. 如对各向异性超导体, 用各向异性有效质量近似可方便地建立各向异性金兹堡–朗道方程.

各向异性金兹堡–朗道方程 [anisotropic GL equations] 在低于临界温度 T_c 附近, 对应于取主轴方向的各向异性金兹堡–朗道方程为

$$\sum_{\mu=1}^{3} \frac{1}{2m^*_\mu}(-\mathrm{i}\hbar\nabla_\mu - e^*A_\mu)^2\psi + \alpha(T)\psi + \beta|\psi|^2\psi = 0 \quad (1)$$

$$j_\mu = -\frac{\mathrm{i}\hbar e^*}{2m^*_\mu}(\psi^*\nabla_\mu\psi - \psi\nabla_\mu\psi^*) - \frac{(e^*)^2}{m^*_\mu}|\psi|^2 A_\mu$$
$$= \frac{1}{\mu_0}(\nabla\times\nabla\times A)_\mu \quad (2)$$

式 (1) 和 (2) 是非线性联立方程式. 超导体的各向异性性质, 体现在用有效质量近似的各向异性有效质量 $m^*_\mu(\mu=1,2,3)$ 上. 按 BCS 理论, m^*_μ 表示沿主轴 μ 方向的库珀电子对的有效质量, e^*_μ 是库珀对的电荷, $\boldsymbol{A}$ 和 $\boldsymbol{j}$ 分别为矢势和超导电流密度, $\hbar$ 是除以 2π 的普朗克常量, μ_0 是真空磁导率, α 和 β 是金兹堡–朗道自由能展开式系数. 因在 $T\to T_c$ 附近, $\alpha(T) = \alpha_0(1-T/T_c)$, $\alpha_0 < 0$ 和 β 均由实验来确定. 各向异性超导体的宏观性质, 包括宏观量子性质, 均可由各向异性金兹堡–朗道方程来研究. 若 $m^*_1 = m^*_2 = m^*_3$, 则方程 (1) 和 (2) 过渡到各向同性超导体的金兹堡–朗道方程. 此时 $m^* = 2m$, m 为电子质量, $e^* = 2e$, e 为电子电荷量.

在 BCS 理论基础上, 利用有效质量近似, 可将各向异性理论拓展到如下温区: $\Delta(T,H)/\pi k < T \leqslant T_c(H)(\Delta$ 为能隙, H 为磁场强度, k 是玻尔兹曼常量):

$$\sum_{\mu=1}^{3} \frac{1}{2m^*_\mu}(-\mathrm{i}\hbar\nabla_\mu - e^*A_\mu)^2\psi + \alpha\psi + \sum_{n=2}^{\infty}\beta_n|\psi|^{2n-2}\psi = 0 \quad (3)$$

$$j_\mu = -\frac{\mathrm{i}\hbar e^*}{2m^*_\mu}(\psi^*\nabla_\mu\psi - \psi\nabla_\mu\psi^*) - \frac{(e^*)^2}{m^*_\mu}|\psi|^2 A_\mu \quad (4)$$

其中

$$\alpha = \frac{8(\pi kT)^2 N(0)}{7\zeta(3)n^*_s(0)}\ln\frac{T}{T_c} \quad (5)$$

$$\beta = (-1)^n \frac{2^{3n+2}n(2n-3)!!N(0)\zeta(2n-1)}{2n!![7\zeta(3)n^*_s(0)]^n}$$
$$\left(1 - \frac{1}{2^{2n-1}}\right)(\pi kT)^2 \quad (n = 2,3,4,\cdots) \quad (6)$$

于是将金兹堡–朗道理论中需由实验确定的宏观系数 α 和 β_n 用微观量 $N(0)$ 和 $n^*_s(0)$ 表示了出来了, 且给出了与 T 的具体函数关系. 其中 $N(0)$ 为 $T = 0K$ 时的态密度, $n^*_s(0)$ 是 $T = 0K$ 时的库珀电子对浓度, $\zeta(2n-1)$ 是 Riemann Zeta 函数, 而这里的 β_2 对应于方程 (1) 中的 β. 当 $m^*_1 = m^*_2 = m^*_3$ 时, 方程 (3) 与 (4) 过渡到各向同性的金兹堡–朗道方程. 若忽略 $n = 3,4,\cdots$ 的项, 即是通常所称的各向异性或各向同性的金兹堡–朗道方程.

各向异性相干长度 [anisotropic coherence length] 在主轴坐标系中, 按各向异性金兹堡–朗道理论, 此时相干长度定义为

$$\xi^2(T) = \hbar^2/2m^*|\alpha|$$

$m^* = (m^*_1 m^*_2 m^*_3)^{\frac{1}{3}}$, 1, 2, 3 对应于 x, y, z 方向的三个分量. 若磁场沿 z 轴方向 (对层状结构氧化物超导体即沿晶轴 c 的方向), 则在 $m^*_1 \approx m^*_2 = m^*_{ab}$ 时, 对应于 ab 晶面的相干长度为: $\xi_{ab}(T) = \hbar/(2m^*_{ab}|\alpha(T)|)^{\frac{1}{2}}$, 也可写成 $\xi^2_{ab} = \varphi_0/2\pi\mu_0 H^{\parallel}_{c2}$, 其中 φ_0 是磁通量子, $H^{\parallel}_{c2}$ 为平行于 c 轴时的第二临界磁场, μ_0 为真空磁导率. 相应地, 沿晶轴 c 的方向的相干长度为 $\xi_c = \xi_{ab}(m^*_{ab}/m^*_c)^{\frac{1}{2}}$. 在 T_c 附近, 它们与温度 T 的关系为

$$\xi_{ab}(T) = \xi_{ab}(0)(1-T/T_c)^{-\frac{1}{2}}$$

$$\xi_c(T) = \xi_c(0)(1-T/T_c)^{-\frac{1}{2}}$$

各向异性穿透深度 [anisotropic penetration depth] 在弱磁场下, 由各向异性金兹堡–朗道电流方程, 可给出各向异性磁场穿透深度为

$$\lambda^2_\mu(T) = m^*_\mu/\mu_0(e^*)^2|\psi|^2$$

$\mu = 1,2,3$ 为三个主轴分量符号, $|\psi|^2 = n^*_s(T)$ 为库珀电子对数密度. 对于层状结构氧化物超导体, 可用如下式子表示:

$$\lambda^2_{ab} = \varphi_0 K_{ab}/2\sqrt{2}\pi\mu_0 H_c$$

$$\lambda_c = \lambda_{ab}(m^*_c/m^*_{ab})^{\frac{1}{2}}$$

其中 H_c 为热力学临界磁场, K_{ab} 为 ab 面金兹堡–朗道参量. 在 T_c 附近, 它们与温度 T 的关系为

$$\lambda_{ab}(T) = \lambda_{ab}(0)(1-T/T_c)^{-\frac{1}{2}}$$

$$\lambda_c(T) = \lambda_c(0)(1-T/T_c)^{-\frac{1}{2}}$$

9.1.4 低温物理

低温物理学 [low temperature physics]　多体系统物理学的一个重要分支，组成物质的分子、原子、电子等粒子间的相互作用形式和机理因素很多。在常温下，因为粒子的宏观无规热运动和相互作用的统计平均量来研究，掩盖着粒子本身和粒子间作用的量子效应。随着温度的降低，特别在极低温下，粒子热运动就相对微弱，量子性质呈现明显，此时宏观尺度呈现出的量子效应，即宏观量子效应显露出来。如液氦超流动性、金属、合金、稀土氧化物等超导电性、磁介质磁卡效应，以及低温下物质的力、热、电、磁、光等性质，相变，临界现象等。它们都分别形成当今低温物理非常活跃的重要研究领域。主要有：

液氦与固氦物理学：不仅研究 ^{3}He、^{4}He 的超流相变与超流物性，而且还研究低维物理物性与相变，如 ^{3}He、^{4}He 氦膜物性、K-T 拓扑相变，氦微孔中固化与熔解特性，玻色与费米子在极低温下的玻色凝聚、固氦量子效应等。

超导物理学：依据超导电零电阻、迈斯纳（Meissner）效应、高转变温度（T_c）等特性建立超导电性的唯象与微观理论，以及为提高超导临界电流密度所进行磁通物质的相、相变及钉扎理论研究，据超导约瑟夫森（Josephson）效应发展起来的超导电子学，都是当今超导物理学活跃的研究领域。

磁介质磁卡效应：1926 年固体理论物理学家德拜 (P. Debye) 和 1927 年物理化学家吉奥克 (W. F Giauque) 分别从理论上提出顺磁盐制冷效应的物理基础，吉奥克并于 1933 年用顺磁盐制冷效应获得 0.25K 超低温。因为顺磁盐在低温区制冷效应的巨大成功，故而绝热去磁（包括后期发展的绝热核去磁）逐步成为实验室中获取极低温温区的有力实验手段，从而大大推动了低温物理研究的迅速发展。以及相应而生的用磁制冷效应，实现在磁介质处于深低温环境运转的磁制冷机也成为低温工程领域热门研究课题之一。

极低温实验技术：低温物理学家获取极低温，如 ^{3}He 恒温器、稀释制冷机、波麦兰丘克 (Pomerranchuk) 制冷，激光制冷，温度测量与控温重要等实验手段。

低温物性所呈现的各种奇特现象对科技的发展起到很大的作用。超流和超导电性的发现，BCS(Bardeen, Cooper, Schrieffer) 理论，约瑟夫森效应，高温超导体的发现，II 类超导体涡旋态，莱格特 (J. Leggett) 因超导和超流理论均获得诺贝尔物理学奖。美籍华人崔琦等发现在极低温和强磁场中对压在一起的半导体晶片砷化镓和砷铝化镓中出现电子无阻量子流体和几分之一的电子电荷的奇特现象等，为新理论的发展起到重要作用，他们对量子物理学研究所作的重大贡献获得 1998 年诺贝尔物理学奖。

量子液体 [quantum liquid]　其概念首先是伦敦（F. London）引入的，原意应理解为可用宏观波函描述的液体。通常估量量子液体是指约化德布罗意波长 $\lambda^* = \dfrac{\lambda}{\phi}$ 较长，ϕ 是粒子尺寸大小。用统计物理理解液体中粒子满足量子全同性，它们多体波函数必须是对称或反对称。服从波色（Bose）或费米（Fermi）统计。如极低温下的 ^{3}He、^{4}He 液体，固体中强互作用的费米 (Fermi) 电子液体等。^{3}He、^{4}He 有显著的量子宏观效应：如爬移效应、喷泉效应、声传播效应等。在常压下，就是温度 $T \to 0$K，它们也不能凝结成固体。物理学用量子统计研究量子液体物理特性，区分为费米液体（如 ^{3}He 液体、电子费米液体) 和玻色液体 (如 ^{4}He 液体) 两类（见液氦 I、液氦 II、液 ^{3}He）。

费米液体 [Fermi liquid]　具有量子全同性的微观粒子区分为费米子和玻色子，它们不遵循经典统计物理规律，必须采用量子统计。粒子总自旋为整数的微观粒子称为玻色子，满足统玻色统计；　总自旋为半整数的微观粒子称为费米子，满足费米统计。如电子自旋为 $\dfrac{1}{2}$，是典型的费米子。^{3}He 原子外层有 2 个电子，原子核中有 2 个质子和 1 个中子，总自旋为 $\dfrac{1}{2}$，是费米子。而 ^{4}He 原子核中有 2 个质子和 2 个中子，总自旋为零，是玻色子。^{3}He 液体是费米液体。

朗道费米液体理论 [Landau theory of Fermi liquid]　费米液体是粒子间有弱相互作用的费米子多体系统，如用传统的统计物理理论研究，必须要知道粒子之间互作用数学表式，而其互作用十分复杂，所以形成了研究费米液体障碍。朗道 (Landau) 费米液体理论实际是唯象理论：因为理想费米气体基态在动量空间粒子分布为费米球，在热激发下粒子逐步激发到费米面球外。朗道提出：设想将理想费米气体费米球绝热地缓慢将粒子之间互作用引入，系统的熵应不变，微观貌象就不变，应该形成有互作用的费米球。基态 ψ_0 费米气体由费米子占据所有 $\rho < \rho_F$ 能级，所有高的态处于空置状态。当有热激发下粒子将逐步激发，但要保证对应的占用状态的费米子的电荷，自旋和动量保持不变，因此费米液体是相互作用费米粒子的多粒子系统，不能单独讨论粒子本身，如对 ^{3}He 液体，不能单独讨论 ^{3}He 原子，而应讨论液体中的粒子加上与其相互作用的近邻粒子 "云雾"，它们一起组成的准粒子。对正常费米液体，只是在低激发态将准粒子看作自由粒子，更高激发态的准粒子能量，则需考虑准粒子间的相互作用情形。朗道研究了费米液体中的元激发，准粒子的相互作用，磁化率、零声、压缩系数和输运特性等，并为实验证实。准粒子间和粒子间作用的集体效应在一定压力 p 和温度 T 下可能引发粒子间的配对作用而成为玻色子，从而发生相变，这已经为液体 ^{3}He 原子配对转变为超流液体，以及某些金属、合金和化合物中电子配对 (库珀电子对) 而转变为具有

超导电性所证实。费米液体理论的发展,对研究核物质,中子星和金属等物质的费米粒子某些行为已起到重要作用,已成为量子液体物理的重要支柱。

玻色液体 [Bose liquid]　在深低温下,玻色粒子形成的液体,它们表现出强烈的量子宏观效应,称为量子液体。如液体 ^{4}He 所表现出有显著的量子宏观效应:超流动性、爬移效应、喷泉效应、声传播效应等,就是典型的玻色液体现出的量子宏观效应。

因为液体 ^{4}He 所表现出液氦 I 和氦 II 相变,理论物理学家从伦敦开始就认为是起源于玻色-爱因斯坦凝聚。如果是,那么在其他的玻色子,如氢、原子氢等也应该具有玻色-爱因斯坦凝聚。据理论推断,这些玻色子的凝聚温度非常低,所以多年来,低温物理学家探索发现了多种向绝对零度的降温装置,曾有些低温物理学家因实验爆炸而受伤。最终美国华裔物理学家朱棣文利用激光冷却的办法,用碱性原子铷 ^{87}Rb 以避免液体的形成。实验中原子的速度只有几个毫米/秒,对应的温度为 10^{-9}K。观察到非氦原子的玻色-爱因斯坦凝聚。荣获 1997 年的诺贝尔物理学奖。见玻色-爱因斯坦凝聚。

玻色-爱因斯坦凝聚 [Bose-Einstein condensation]　爱因斯坦在 1925 年预言了理想气体玻色子可能发生玻色-爱因斯坦凝聚。该预言是处于物理学发展的前列。因为当时正是量子力学发展的初级阶段,对多体波函数必须要求对称或反对称还不清楚。而且低温物理的发展还找不到相应实验技术观察到玻色-爱因斯坦凝聚现象。直到 1938 年卡皮查(Kapiza)等发现液氦在 2.18K 出现超流现象时。当时伦敦(F. London)开始认为可能是玻色子的玻色-爱因斯坦凝聚 (Bose-Einstein condensation) 现象。但是伦敦本人对此也抱怀疑。伦敦把这想法告诉当时同在法国工作的梯斯蔡 (L. Tisza),梯斯蔡在此启发下提出了超流氦的二流体模型。超流氦是否玻色-爱因斯坦凝聚至今不能肯定,因为两者有些区别。

氦自旋简并度为 1,若把相应质量和密度用玻色量子统计估计出的玻色-爱因斯坦凝聚的 $T_c \approx 3.12$K。但是氦超流温度为 2.18K,两者差别很大。再一个氦的比热在相变点还找不到相交点,称 "λ" 相变,而玻色-爱因斯坦凝聚是三级相变。当然两者也有相近点,氦的超流粒子密度 ρ_s 和总液氦密度之比

$$\frac{\rho_s}{\rho} = 1 - \left(\frac{T}{T_c}\right)^{\frac{3}{2}} \tag{1}$$

与玻色量子统计估计一致。

低温物理学家从 80 年代开始对观察 BEC 现象表现得十分热心。其理论依据有三个:

(1)因为 BEC 的 T_c 与粒子的质量成反比,所以应选轻的玻色子。

(2)据 (1) 式 T_c 与气体的密度的 $\frac{3}{2}$ 幂次成正比,所以为了在较高温度观察到玻色-爱因斯坦凝聚,必须对气体压缩,使密度愈大愈好。

(3)玻色-爱因斯坦凝聚是爱因斯坦对理想气体提出来的,对于互作用气体,是否还有玻色-爱因斯坦凝聚是个理论上要讨论的问题。

在 1959 年海希特 (Hecht) 曾指出强磁场中的自旋极化氢原子可能发生玻色-爱因斯坦凝聚。经过十年的努力,1990 年把极化氢降温到 100μK,粒子密度达 8×10^{13}cm^{-3},没有观察到玻色-爱因斯坦凝聚,估计原因在此密度下,极化氢 $T_c \sim 300\mu$K 实验环境未达到。

$$H \downarrow + H \downarrow \longrightarrow H_2 + 4.6\text{eV} \tag{2}$$

做极化氢实验有一定危险性,因为极化的氢原子如 (2) 式会复合成氢分子并且放出能量复合率与密度三次方成正比,而增加密度有发热效应。该实验曾经爆炸伤人。

另外一种观察玻色-爱因斯坦凝聚方案是用微孔玻璃(Vyeor),让众多微孔把氢原子隔开,类似理想气体,雷派(Reppy)与其合作者都作了较成功的工作,但是也未观察玻色-爱因斯坦凝聚。

上面观察玻色-爱因斯坦凝聚努力虽然没有达到最终目的,但是经过多年努力,摸索到蒸发冷却、激光陷阱和激光冷却实验技术为 1995 年玻色-爱因斯坦凝聚观察成功打下基础。

最近十年,采用碱金属,从室温蒸气受激光递度场压缩,使其密度增到 16 个数量级。另外由于激光光强空间分布周期变化,使原子运动动能不断 "爬坡" 而损耗,从而达到激光冷却目的。首先美国科罗拉多大学与国家标准局合办的天体物理研究所 (JILA) 在 1995 年 7 月 13 日把铷气冷却到 170nK,观察到玻色-爱因斯坦凝聚。在 1995 年 11 月,麻省理工学院宣布钠原子密度约束到 10^{14}cm^{-3} 以上,在 2μK 观察到玻色-爱因斯坦凝聚。美国华裔物理学家朱棣文采用三束相互垂直的激光,从各个方面对钠原子进行照射,使原子陷于光子海洋中,运动不断受到阻碍而减速。激光的这种作用被形象地称为 "光学黏胶"。在试验中,被 "黏" 住的原子可以降到几乎接近绝对零度的低温。朱棣文因玻色-爱因斯坦凝聚研究成就荣获 1997 年的诺贝尔物理学奖,他的主要工作是 1987 年到 1992 年期间在斯坦福大学完成的。

费米子凝聚态 [fermionic condensate]　被称为物质的第六种形态,以区别物质已存在的形态:气态、液态、固态、等离子体态、玻色凝聚态。

德博拉·金(Deborah S. Jin)领导的联合研究小组,将具有费米子特征的钾原子气体冷却到绝对温度 10^{-9}K,此时

钾原子热运动极微。但在此极低温下并未出现费米子凝聚态。其后该研究小组把原子气体约束在真空小室中，并采用磁场和激光使钾原子配对，成功发现"费米子凝聚态"。下图为费米子处费米子凝聚态飞行时间图相。

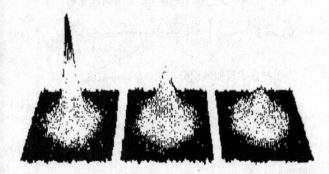

这项研究成果有助于常温超导体的诞生，但是费米冷凝体所使用的原子比电子重得多，而且原子对之间吸引力比超导体中电子对的吸引力强得多，设想在同等密度下，如果使超导体电子对的吸引力达到费米体中原子对的程度，就可能实现制造出常温超导体。

零点能 [zero point energy]　在量子力学中，当振动不大的简谐振子形成本征振动时，其相应的本征态对应的能量是量子化的：

$$E_n = \left(n + \frac{1}{2}\right)h\nu, \quad n = 0, 1, 2, \cdots \tag{1}$$

h 和 ν 分别是普朗克常量和频率，而基态 $n = 0$ 对应的能量

$$E_0 = \frac{1}{2}h\nu \tag{2}$$

称为零点能。

对固体的晶格小振动，则声子态是晶格振动的本征态，基态对应的零点能就是 $\frac{1}{2}h\nu$。在温度 $T = 0$K 时，虽然热运动能可认为消失，因为微观粒子量子力学测不准关系仍有零点能。以测不准关系估计：粒子（分子或原子等）的零点运动动能为

$$E_0 = \frac{(\Delta p)^2}{2m} \approx \frac{h^2}{2m}V^{-\frac{2}{3}} \tag{3}$$

Δp 为粒子动量的平均不确定范围，$V = a^3$，a 为相邻两个粒子间的平均距离，m 为粒子质量。对 ^{4}He 单原子分子，在常压和 $T = 4.2$K 以下时原子系统是液体，但原子间范德瓦耳斯 (Van der Waals) 吸引力弱，而零点能效应突出，以致在 $T = 0$K 时仍不固化，被称为永久液体。实验推测，在 $T = 0$K 时需加压到 $p \approx 2.5$MPa 才可固化。

固体比热 [specific heat of solid]　固体分晶体和非晶体两大类，非晶体是黏滞性很大的液体。晶体中粒子互作用力很强，这种结合力决定晶体中各粒子规则地排列成空间点阵。在一定温度下，强烈互作用的粒子仍保持热运动。但是

一般温度下，晶体中粒子的热运动不能破坏粒子的晶体结构，只是在其平衡位置做微小振动。在室温时，大多数晶体热振动振幅数量级为0.1Å，还不到粒子间距离的十分之一。热振动是一种杂乱的运动，所以晶体中粒子在平衡位置附近描绘出一个十分复杂的轨迹。但是物理学总可以将其分解为三个互相垂直的振动，即视为三维的谐振子。这就是晶体中粒子热运动的基本图像。从这个图像出发，利用统计物理方法，可以讨论固体比热。

（1）杜隆-珀替（Dulong-Petit）定律

杜隆-珀替定律：所有固体的摩尔比热为常数。在高温下，这个定律对多数固体都成立。

$$C_V = 3R = 24.9焦耳/开 \cdot 摩尔 \tag{1}$$

从经典玻尔兹曼统计很容易理解杜隆-珀替定律。因为每一个振动自由度对内能的贡献为 kT，单位摩尔有 N_0 个粒子，每个粒子有三个振动自由度。所以系统的总内能 $U = 3N_0kT$，内能对温度容积不变求偏导数，即为（1）式。

但是随着低温物理的发展，发现所有固体的比热随足够低的温度下降而急剧减小。而且所有曲线的降温曲线都有相同形式，适当地调整一下温度坐标即可使这些曲线完全重合。显然这个规律是普遍性的，玻尔兹曼经典统计无法解释。

（2）爱因斯坦（Einstein）固体比热理论

1907 年爱因斯坦发展了普朗克（Plank）量子理论，首先提出用量子理论求固体比热。1mol 固体中有 N_0 个粒子，每个粒子有三个振动方向，所以有 $3N_0$ 个振子。爱因斯坦认为每一个振子都据量子谐振子理论，其能级为

$$\varepsilon_n = (n + 1/2)\hbar\omega, \quad n = 0, 1, 2, \cdots \tag{2}$$

据半经典量子统计，求出每一个振动自由度对定容比热的贡献为

$$k\left(\frac{\hbar\omega}{kT}\right)^2 \frac{e^{\frac{\hbar\omega}{kT}}}{(e^{\frac{\hbar\omega}{kT}} - 1)^2} \tag{3}$$

爱因斯坦假设在固体中每一个振子振动频率 ω 是一样的，所以求得 $3N_0$ 个振子的定容比热为

$$C_V = 3N_0k\left(\frac{\hbar\omega}{kT}\right)^2 \frac{e^{\frac{\hbar\omega}{kT}}}{(e^{\frac{\hbar\omega}{kT}} - 1)^2} \tag{4}$$

因为 $\frac{\hbar\omega}{k}$ 是温度量纲，所以令

$$\theta_E = \frac{\hbar\omega}{k} \tag{5}$$

θ_E 称爱因斯坦温度，这样可把（4）式写为

$$C_V = 3R\left(\frac{\theta_E}{T}\right)^2 \frac{e^{\frac{\theta_E}{T}}}{(e^{\frac{\theta_E}{T}} - 1)^2} \tag{6}$$

从该式看，爱因斯坦温度（θ_E）是固体的特征温度，当 $T \gg \theta_E$，在（6）式中可以将指数展开取前两项

$$e^{\frac{\theta_E}{T}} = 1 + \frac{\theta_E}{T} \tag{7}$$

考虑该式，（6）式变为

$$C_V \approx 3R \tag{8}$$

即杜隆–珀替定律。

但是当 $T \ll \theta_E$，因为 $e^{\frac{\theta_E}{T}}$ 数值大，可忽略（6）式分母中的 1，该式变为

$$C_V = 3R\left(\frac{\theta_E}{T}\right)^2 e^{-\frac{\theta_E}{T}} \tag{9}$$

爱因斯坦比热理论是将量子理论用到固体物理，是物理学上的一次飞跃，所以有重要的物理价值。选取适当的 θ_E，理论曲线和实验曲线符合得很好。

（3）德拜（Debye）固体比热理论

爱因斯坦比热理论在极低温区域与实验结果有偏差，原因是爱因斯坦理论成功抓住了固体中粒子振动量子效应这个核心，但忽略了固体中粒子是强烈地互相作用着的，粒子的振动是相互关联的。德拜认为在低温晶体中粒子集体以较低的频率集体振动。固体可视为连续介质，这种集体振动可视为弹性波，不是一个振动频率 ω，而是有一个频谱分布 $\rho(\omega)$，其 ω 的数值可以从最低值零到某一个数值 ω_D 范围变化，并且 ω 的分布函数 $\rho(\omega)$ 满足下式：

$$\int_0^{\omega_D} \rho(\omega)\mathrm{d}\omega = 3N \tag{10}$$

其中 N 为研究固体系统的总粒子数，单位摩尔即为 N_0。对于每一个低温谐振动频率量子化的能级可证明为

$$\varepsilon_n = (n + 1/2)\hbar\omega, \quad n = 0, 1, 2, \cdots \tag{11}$$

从（11）式可见，用量子力学观点看待这种频率 ω 的集体振动，它的能量变化是以 $\hbar\omega$ 整数倍不连续变化，其行为不象连续波，而象粒子，物理学把能量 $\varepsilon = \hbar\omega$ 称为声子。（11）式中代表相对于基态 $\frac{1}{2}\hbar\omega$ 激发出 n 个能量为 $\hbar\omega$ 的声子。（10）式中 $\rho(\omega)$ 称声子谱。对不同的固体，声子谱是不一样的，它可以从具体晶体结构进行理论计算，也可以进行实验测量。而德拜固体比热理论仅作如下粗略估计。

因为声子能量为 $\varepsilon = \hbar\omega$，而 ω 对弹性波波长为 λ，速度为 c 时，$\omega = 2\pi c / \lambda$，因为波矢 $k = 2\pi/\lambda$，动量数值 $p = \hbar k$，可得出声子的能量经典表式为

$$\varepsilon = c|p| \tag{12}$$

$|p|$ 表示取 p 矢量的数值，求 $\rho(\omega)$ 声子谱：

$$\rho(\omega)\mathrm{d}\omega = 9N\frac{\omega^2}{\omega_D^3}\mathrm{d}\omega \tag{13}$$

求得（13）式声子谱之后，就很容易求出固体比热。

$$C_V = k\left(\frac{9N}{\omega_D^3}\right)\int_0^{\omega_D}\left(\frac{\hbar\omega}{kT}\right)^2\frac{e^{\frac{\hbar\omega}{kT}}}{\left(e^{\frac{\hbar\omega}{kT}} - 1\right)^2}\omega^2\mathrm{d}\omega \tag{14}$$

为了把该式近似地积分出来，令德拜温度

$$\theta_D = \frac{\hbar\omega_D}{k} \tag{15}$$

若再使

$$y = \frac{\hbar\omega}{kT} \tag{16}$$

可以将（14）写为

$$C_V = 9Nk\left(\frac{T}{\theta_D}\right)^3\int_0^{\frac{\theta_D}{T}}\frac{e^y y^4}{(e^y - 1)^2}\mathrm{d}y \tag{17}$$

现在分两种极端情况讨论上列积分。在高温区时，$T \gg \theta_D$，因为 T 高，当然有 $y \ll 1$，可以将 e^y 展开为 $e^y \sim 1 + y$，（17）式变为如下简单积分：

$$C_V = 9Nk\left(\frac{T}{\theta_D}\right)_3\int_0^{\frac{\theta_D}{T}}y^2\mathrm{d}y = 3Nk \tag{18}$$

若 $N = N_0$，有

$$C_V = 3R \tag{19}$$

这和杜隆–珀替定律一致。

在低温，有 $T \ll \theta_D$，有 $e^y \gg 1$，或 $e^{-y} \ll 1$，可以把（17）式积分近似求得：

$$C_V = \frac{12}{5}Nk\pi^4\left(\frac{T}{\theta_D}\right)^3 \tag{20}$$

在 C_V 的极低温区，固体晶格比热与 T^3 成正比，这和大量实验结果一致。

杜隆珀替模型 [DulongPetit model]　见固体比热。

爱因斯坦模型 [Einstein model]　见固体比热。

爱因斯坦温度 [Einstein temperature]　见固体比热。

德拜模型 [Debye model]　见固体比热。

德拜温度 [Debye temperature]　见固体比热。

T^3 定律 [T^3 law]　见固体比热。

电子比热 [electronic specific heat]　金属是典型的固体，德拜的固体比热理论与实验符合得很好，见固体比热。但在极低温区，发现固体比热与 T^3 偏离，原因是金属中原子最外层电子脱离了原子核束缚，在晶格中游荡，成了晶格的共有化电子。因为电荷的库仑互作用是长程力，所以这些共有化电子的互作用较复杂。有电子之间的互作用，有电子与晶格离子间互作用，有电子通过晶格离子之间互作用。但是一

般情况，这些电子之间因为受到晶格正离子库仑屏蔽，相互作用减弱，在一定近似范围内，金属中共有电子集体可视为自由电子模型。不考虑金属晶格对比热的贡献，而是把金属中电子视为自由电子模型。

早期洛伦兹（Lorentz）在 1905 年就用经典的玻尔兹曼统计讨论了金属中电子比热，得到的是能量均分定理，不能解释实验结果。1928 年泡利对金属电子弱磁性进行试探，可惜不能用于比热研究。在 1928 年索末菲（Sommerfeld）把费米统计用于金属的自由电子模型，成功地解释了金属中电子比热与温度 T 成一次方的结果。

求电子比热，首先是求该系统的内能，因为电子自旋 $j = \frac{1}{2}$，所以自旋简并度 $\varpi = 2j + 1 = 2$，这样平动态密度为

$$g(\varepsilon)\mathrm{d}\varepsilon = \frac{4\pi V}{h^3}(2m)^{\frac{2}{3}}\sqrt{\varepsilon}\mathrm{d}\varepsilon \tag{1}$$

其内能函数为

$$U = \frac{4\pi V}{h^3}(2m)^{\frac{2}{3}}\int_0^\infty \frac{\varepsilon^{\frac{3}{2}}\mathrm{d}\varepsilon}{\mathrm{e}^{\frac{\varepsilon-\mu}{kT}}+1} \tag{2}$$

记

$$C = \frac{4\pi V}{h^3}(2m)^{\frac{2}{3}} \tag{3}$$

用费米型积分积分（2）式，有

$$U = C\left[\frac{2}{5}\mu^{\frac{5}{2}} + \frac{\pi^2}{4}(kT)^2\mu^{\frac{1}{2}}\right]$$
$$= C\frac{2}{5}\mu^{\frac{5}{2}}\left[1 + \frac{5\pi^2}{8}\left(\frac{kT}{\mu}\right)^2\right] \tag{4}$$

因为 μ 和 μ_F 相差不大，上式可近似写为

$$U = C\frac{2}{5}\mu^{\frac{5}{2}}\left[1 + \frac{5\pi^2}{8}\left(\frac{kT}{\mu_\mathrm{F}}\right)^2\right] \tag{5}$$

在该式中，化学势 μ 与温度 T 关系示知，一般量子统计方法常用粒子数守恒，求 N 表式把 μ 定出来。再作近似处理，最后求得内能为

$$U = \frac{3}{5}N\mu_\mathrm{F}\left[1 + \frac{5\pi^2}{12}\left(\frac{kT}{\mu_\mathrm{F}}\right)^2\right] \tag{6}$$

那么电子比热：

$$C_V = \left(\frac{\partial U}{\partial T}\right)_V = Nk\frac{\pi^2}{2}\left(\frac{kT}{\mu_\mathrm{F}}\right) \tag{7}$$

若单位体积电子密度为 n，得单位体积比热

$$C_V = nk\frac{\pi^2}{2}\left(\frac{kT}{\mu_\mathrm{F}}\right) \tag{8}$$

记比热系数

$$\gamma = nk\frac{\pi^2}{2}\frac{k}{\mu_\mathrm{F}} \tag{9}$$

单位体积电子比热可写为

$$C_V = \gamma T \tag{10}$$

即金属电子比热 C_V 和温度成线性关系著名结果。实验把电子比热测出来，要减去晶格对比热贡献，精确测量有难度。如果把电子比热和晶格比热同时考虑，在低温区结合德拜理论，金属总比热为电子比热和晶格比热之和为

$$C_V = \gamma T + \delta T^3 \tag{11}$$

λ 相变 [λ phase transition]　^{4}He 在低于 2.17K 时便会变成超流体。^{4}He 形成超流态的相变称为 λ 相变。实验测得低温下液体 ^{4}He 的比热 C_V 与温度 T 的曲线如下。

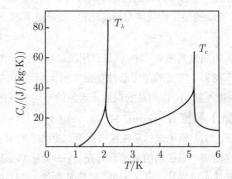

该曲线选择经过气液临界点相变 T_c 的等容线上。在 T_c（约5K）附近出现一个尖峰。在 $T_\lambda = 2.17$ K 附近又出现一个尖峰。两尖峰间是正常液体液氦 I，$T < T_\lambda$ 时为超流液体氦 II，T_λ 为正常液体和超流液体相变温度。这两个峰均呈希腊字母 λ 形状。为区别这两种不同物理现象，通常将 T_λ 处的相变称为 λ 相变。

临界点相变 [phase transition of critical point]　在 $p-V$ 图上，二相共存区气有一个终点 C 点称为临界点（如下图），在临界点 C 点则液态和气态的差别不存在，这种相变称为临界点相变。由于在相变时热膨胀系数，压缩系数和比热均有突变，无潜热，故 $p-V$ 系统临界点相变属二级相变。

临界点相变并不局限于 $p-V$ 系统，超导体 $M-H$ 图临界点相变内容丰富。

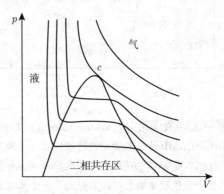

超流动性 [superfluidity]   正常流体在流动时由于分子间的内摩擦与管道壁之间摩擦，以及液体流态而呈现有流阻，影响其流速而减慢，可用流体的黏滞系数来表征。如窄通道两端压力差为 Δp，通道半径为 r，长为 l，在层流情况下，体积流速

$$V = \frac{\pi r^4 \Delta p}{8 \eta l}$$

η 为黏滞系数。实验发现当温度低于 2.17K 的液氦 II，在孔径小于 10^{-7}m 的毛细管中它照常流动，测出的 $\eta < 10^{-12}$ Pas，且流速与 Δp 和 l 无关。可认为 $\eta = 0$ 的流体称为超流体，无阻流动的超常性质称为超流动性，是低温下的宏观量子效应。

^{4}He 的同位素液体 ^{3}He 也具有超流动性，但两者的物理起因是不同的。广义的超流动性包括电流无阻流动的超导电性，起因也不相同，但均是宏观量子现象的不同形式的呈现。

液氦 I 和氦 II [liquid He I and He II]   在 1 个大气压下，^{4}He 原子气体系统在温度为 4.215K 时开始液化，但其零点能强，原子间的范德瓦耳斯 (Van der Waals) 吸引势还不能使系统固化，到 $T = 0$K 仍然是液体 (见^{4}He 相图)，称为永久液体，其固化压强要至 25 个大气压。在 $T = 2.17$K 处，液 ^{4}He 的比热，体膨胀系数等有突变，发生 λ 相变，相变后的液氦其黏滞系数 $\eta < 10^{-12}$ Pas，比相变前的要小 10^{11} 倍，呈现无黏滞的超流动性，而 λ 相变前的液 ^{4}He 与正常液体属性一样。为区别这二种有差异的同原子 ^{4}He 液体，将 λ 相变前的正常液称为液体氦 I，相变后的超流液称为液体氦 II。超流现象是一种宏观量子现象，只要其流速不超过临界速度，仍保持具有超流动性(见临界速度)。

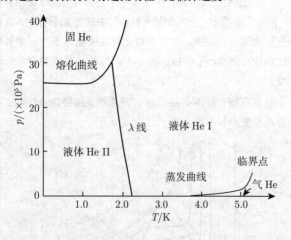

朗道超流唯象理论 [phenomenological Landau theory of superfluidity]   超流动性的液体氦 II 超流态的微观理论建立有相当难度，不如超导 BCS 成熟。1941 年朗道在实验数据和量子玻色液体概念基础上提出了一个唯象理论。他推断超流态如受外界激发，它会激发两类准粒子：设想在 0K 温度附近的波长比原子间距大的小动量 p 的元激发声子，能谱为：

$$\varepsilon = cp \tag{1}$$

c 是液体中声速，因为黏滞系数近于零，不出现横波，只有纵波。

但随着温度 T 的增加，$\varepsilon = \varepsilon(p)$ 偏离线性关系，且依据比热测量数据，又设想 $\varepsilon(p)$ 到达一个极大值后又减小，在 $p = p_0$ 处到达极小值后又上升，形成一个如下图的元激发谱。

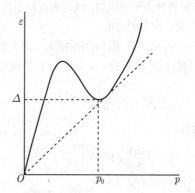

系统处在热平衡时，准粒子处在 $\varepsilon(0)$ 和 $\varepsilon(p_0)$ 两个极小值附近区域内。前者准粒子即声子，后者准粒子称旋子，在 $p = p_0$ 附近旋子的能量为

$$\varepsilon(p) = \Delta + \frac{(p - p_0)^2}{2\mu^*} \tag{2}$$

上式显示 $p = p_0$ 时形成对应的能隙为 Δ，即激发一个旋子所需的最低能量。这里 μ^* 是旋子的有效质量。

基于朗道元激发谱的理论和实验研究都支持该唯象理论。在 1.1K 实验得到朗道参数为

$$\frac{\Delta}{k} = 8.65 \pm 0.04 \text{(K)}$$
$$\frac{p_0}{\hbar} = 19.1 \pm 0.1 \text{(nm}^{-1}) \tag{3}$$
$$\mu^* = 0.16 m_4$$
$$c = 240 \text{(m} \cdot \text{s}^{-1})$$

式中 k 是玻尔兹曼常量，m_4 是氦原子质量。

朗道基于元激发用能量和动量变换给出液体质量为 M 的流体能量 E 为

$$E = \varepsilon + \boldsymbol{p} \cdot \boldsymbol{v} + \frac{Mv^2}{2} \tag{4}$$

(4) 式中 $\frac{Mv^2}{2}$ 是该流动液体的初动能，$\varepsilon + \boldsymbol{p} \cdot \boldsymbol{v}$ 是由于出现元激发而引起的能量变化 (ε 和 $\boldsymbol{p}$ 分别是因为液体流动产生的元激发的能量和动量)，在运动中 $\boldsymbol{p} \cdot \boldsymbol{v}$ 这项能量应减小，故是负值。所以

$$\varepsilon - pv < 0 \tag{5}$$

由此给出若出现 $v > (\varepsilon/p)_{极小}$ 条件下，就可能出现新的元激发，若定义：

$$v_c = (\varepsilon/p)_{极小} \tag{6}$$

即在朗道元激发谱图上元激发谱 $\varepsilon(p)$ 曲线上从坐标原点向曲线所作切线之切点纵横坐标值之比值为最小，亦即切线之正切或倾角最小，它近似为 $v_c = \dfrac{\Delta}{p_0}$（见图切线、$\Delta$ 和 p_0）。所以只要有能隙 Δ 存在，v_c 也可存在，当流速不超过 v_c 时，则无新的元激发，液体流速也不会减慢，呈现无黏滞超流动性，故称 v_c 为氦 II 临界速度，这就依据朗道元激发谱解释了氦 II 液体的超流现象。

^{4}He 的元激发谱 [elementary excitation spectrum of liquid]　见朗道超流唯象理论。

旋子 [rotons]　朗道引进旋子的元激发谱，所谓旋子并不是超流氦形成的涡旋，是氦 II 中的元激发。用中子散射可以测量该激发谱，从而实验证实旋子在氦 II 中出现。下图是考利（Cowley）和伍兹（Woods）在 1971 用中子散射所测得的氦 II 能谱，$\varepsilon(k)$ 为产生一个激发能量，k 为波矢。

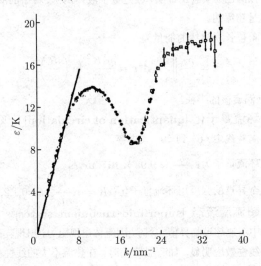

氦 II 的二流体模型 [twofluid model of He II]　在低于 λ 点相变温度 T_λ 附近，毛细管中测出液氦 II 的黏滞系数 η 比正常的氦 I 液体的要小 10^{11} 倍，但在旋转圆柱容器中测出的 η 值比正常氦 I 的相差不大，这个矛盾由梯斯蔡（Tisza）于 1938 年提出二流体模型和 1941 年朗道（Landau）从量子流体力学给出了更完善的二流体模型予以解释，并解释了其他实验现象。这个模型认为氦 II 液体由正常流体和超流体混合组成，若记正常流体密度为 ρ_n，超流体密度为 ρ_s，液体氦 II 的总密度 $\rho = \rho_s + \rho_n$，都是温度 T 的函数。其随温度 T 的变化如下图，当 $T=0$K 时，$\rho_n=0, \rho_s = \rho$；当 $T = T_\lambda$ 时，$\rho_n = \rho$，$\rho_s=0$。

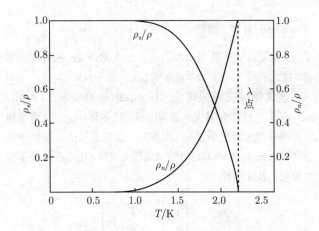

实际上，正常和超流部分同是 ^{4}He 原子组成，正常流体用热激发产生的声子或旋子这两种准粒子描绘（见朗道超流唯象理论），在 $0 < T < T_\lambda$ 之间是正常和超流部分不同比例混合液体，两者之间没有摩擦。超流液体不需要压力差常可在通道中流动。

二流体模型解释了热机械效应等，还预言了在氦 II 液体中存在第二声波，即熵波（又称热波），并为实验所证实。

费曼超流理论 [Feynman theory of superfluidity]　费曼于 1954 年 (Feynman) 从微观理论角度求导出朗道元激发谱。他以朗道元激发谱为依据，提出声子和旋子两个波函数表式，分别求得声子和旋子能谱（见氦 II 元激发计算和实验谱图）。

其后 1956 年费曼（Feynman）和科恩（Cohen）改进了波函数进一步求导，得出更接近用中子散射测得实验结果的氦 II 元激发谱（见氦 II 元激发计算和实验谱图）。

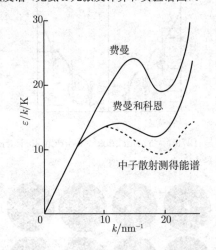

临界速度 [critical velocity]　据朗道超流唯象理论，$v_c = \dfrac{\Delta}{p_0}$。按此所得 v_c 约 60m/s。但实验上测得约 10m/s 或只有几个 mm/s 至几个 cm/s。这个矛盾认为是由出现涡旋乃至大量涡旋形成湍流态而引起的。考虑这个因素，费曼

（Feynman）计算了狭缝宽为 d 时的 $v_c \approx \left(\dfrac{\hbar}{md}\right)\ln\left(\dfrac{d}{a_0}\right)$，这里 m 为氦原子质量，$a_0 \approx 0.2\text{nm}$，$\hbar$ 为除以 2π 的普朗克常量，按此所得 v_c 约 10^{-1}m/s 量级。

玻戈留玻夫液氦理论 [Bogoliubov theory of liqiud helium] 1947 年玻戈留玻夫以标准的多体理论方法将氦视为弱排斥互用玻色凝聚相，用单粒子态表象写出二次量子化哈密尔顿函数，并对其进行玻戈留玻夫变换，使哈密尔顿函数对角化，求得能谱：

$$\varepsilon(p) = \left[c^2 p^2 + \left(\frac{p^2}{2m}\right)^2\right]^{\frac{1}{2}}$$

无互作用的玻色子是自由粒子，一旦引入弱相互作用，小动量激发声子，$\varepsilon(p) = cp$；大动量激发自由粒子，$\dfrac{p^2}{2m}$。后者结果不理想。玻戈留玻夫液氦理论虽不够理想，但其数学处理方法对超导 BCS 微观理论发展有促进作用。

液氦 II 的涡旋线 [vortex lines of liquid He II] 在液氦 II 中观察到涡旋态，先于 II 类超导体观察到涡旋态。将盛以氦 II 圆柱形杜瓦容器绕柱轴旋转，在转速超过临界速度 v_c 时，就可以观察到液氦 II 涡旋态。

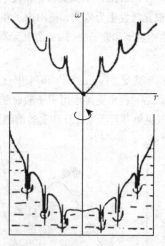

下图是 1979 年 Yarmchuck、Gordon 和 Packard 观察到的涡旋态。

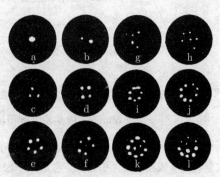

量子力学可求得超流体质量流密度：

$$\boldsymbol{J}_s = \frac{\hbar}{2\mathrm{i}m_4}(\psi^* \nabla\psi - \psi\nabla\psi^*) \tag{1}$$

$$\psi = \psi_0 \mathrm{e}^{\mathrm{i}\varphi} \tag{2}$$

$$\boldsymbol{J}_s = \hbar\psi_0^2 \nabla\varphi \tag{3}$$

$$\boldsymbol{J}_s = n_s m_4 \boldsymbol{v}_s \tag{4}$$

$$\boldsymbol{v}_s = \frac{\hbar}{m_4}\nabla\varphi \tag{5}$$

而奇异点的强度用环流表征：

$$K = \oint \boldsymbol{v}_s \cdot \mathrm{d}\boldsymbol{l} \tag{6}$$

将 (5) 式代入 (6) 式，有

$$K = \frac{\hbar}{m_4}\oint \nabla\varphi \cdot \mathrm{d}\boldsymbol{l} = n\frac{\hbar}{m_4}, \quad n = 0,1,2,\cdots \tag{7}$$

其中 $\dfrac{\hbar}{m_4}$ 为环流量子。

$$\frac{\hbar}{m_4} \approx 9.98 \times 10^{-8}\text{m}^2/\text{s} \tag{8}$$

这个预测已为实验所证实，故是量子液体，则旋转中的液氦 II 仍然是超流的。

单位长涡旋线的能量为

$$\varepsilon = \frac{\rho_s}{2}\iint_A v_s^2 \mathrm{d}^2\boldsymbol{r} = \frac{\rho_s K^2}{4\pi}\ln\left(\frac{R}{a_0}\right) \tag{9}$$

a_0 是涡旋核的半径。

环流量子化 [quantization of circulation] 见液氦 II 的涡旋线中 (6) 到 (9) 式内容。

环流量子为：$\dfrac{\hbar}{m_4} \approx 9.98 \times 10^{-8}\text{m}^2/\text{s}$

奇异点的强度用环流量子化：$K = n\dfrac{\hbar}{m_4}$，$n = 0,1,2,\cdots$

超流湍流态 [superfluid turbulent states] 当液氦 II 中流速超过临界值 v_c 时，因流体出现阻力，出现耗散流，其非线性效应明显。如有温度差时，在热流不大的线性范围，热流正比于温度梯度 T，但流速超过 v_c 后，热流即减小，它正比于 T 梯度 $\dfrac{1}{3}$ 次方。这类耗散现象称为超流湍流，这种状态称为超流湍流态，它可视为由大量涡旋线的存在而发生的。

安德森相滑移理论 [Anderson phase slip theory] 涡旋处于从左向右流动的流体，因涡旋上方流动与流体反向，总流速变慢，压力增加；而涡旋下方因涡旋流动与流体同向，总流速变快，压力减小，所以形成作用在涡旋上的横向力，称为 Magnus 力，F_M。Magnus 力趋动涡旋如下图横行。

描述量子流体粒子的凝聚态波函数（宏观波函数）可写为

$$\psi(\boldsymbol{r},t) = \psi_0 \mathrm{e}^{\mathrm{i}\varphi(\boldsymbol{r},t)} \tag{1}$$

安德森相滑移理论指出涡旋中心越过 A，B 两点后，这两点位相变化为

$$\frac{\mathrm{d}\varphi_A}{\mathrm{d}t} - \frac{\mathrm{d}\varphi_B}{\mathrm{d}t} = 2\pi \qquad (2)$$

可证明：

$$\hbar\frac{\mathrm{d}\varphi}{\mathrm{d}t} = -\mu \qquad (3)$$

这里 μ 是化学势，(2) 可写为

$$-(\mu_A - \mu_A) = 2\pi \qquad (4)$$

(4) 式是量子流体中涡旋运动损耗机理。

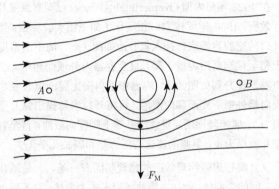

零声 [zero sound] 朗道费米液体理论成功地预言了在 ^{3}He 中的声传播模式 —— 零声。^{3}He 由于原子间的强相互作用，热激发的准粒子能量是准粒子分布的泛函。由朗道费米液体理论给出两个准粒子碰撞的时间 τ 与温度 T^2 成反比，即 $\tau \propto T^{-2}$。所以在足够低的温度下，τ 将比该液体中传播的任何声波的周期均要大，声波的传播将不可能。但由于原子间的强相互作用，理论指出也可引起准粒子分布函数的变化，当变化频率 ω 满足 $\omega\tau \ll l$ 时，即相当于碰撞间行程远小于波长，则可建立起热力学平衡，此时声波的吸收小，与通常的流体力学声波一样，称第一声。但当 $\omega\tau \gg l$ 时，振动中准粒子之间没有碰撞，在体元中也来不及建立热力学平衡。由于这种无碰撞波动在极低温，理论上可在绝对零度下发生，故称其为零声，并已为实验所证实。

第一声 [first sound] 即通常的密度波（见零声）。

第二声 [second sound] 在氦Ⅱ液体的二流体模型中，除了通常的密度波、即第一声外，朗道预言存在热波，称为第二声（又称温度波或熵波）。它是正常和超流两种液体总密度 $\rho = \rho_n + \rho_s$ 不变下的两种液体的相对流动所致，有关系式：

$$\rho_n v_n + \rho_s v_s = 0 \qquad (1)$$

v_n 和 v_s 分别为正常和超流两种流体的速度，该式表示在总密度不变下，两种流体以相反方向流动。理论给出的第二声速 c_2 为

$$c_2 = \left(\frac{\rho_s T S^2}{\rho_n C_v}\right)^{\frac{1}{2}} \qquad (2)$$

T，C_v 和 S 分别为绝对温度，定容比热和熵波，由此用不同方法测出的 ρ_n 和其他方法直接测出的 ρ_n 均相符甚好。在毛细管中传播的第二声（又称第五声）。

据二流体模型，据连续性方程可证明：

$$\rho_n \frac{\partial}{\partial t}(v_n - v_s) = -\rho\nabla T \qquad (3)$$

从该式可以清楚看出液氦中第一声和第二声差别：

第一声中 $\nabla T = 0$，有 $v_n = v_s$，说明液氦中两种流体同相一起运动。

第二声中根据 (1) 式：$\rho_n v_n + \rho_s v_s = 0$，这表示液氦中正常与超流两种流体反向而行。

第三声 [third sound] 超流氦膜中传播的表面波称为第三声。由于氦膜很薄，膜中正常成分有黏滞而被底板锁定，波在超流成分中传播时，超流成分受底板范德瓦耳斯力（f）的作用，平行于底板运动作纵向振荡，不载熵，伴随有温度的振荡，而表面蒸发效应有缓和温差的作用，但伴随着表面既有蒸发，又有冷凝（见下图）。

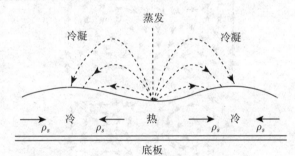

用质量守恒方程可给出饱和氦膜第三声波的传播速度为

$$c_3^2 = \frac{\rho_s}{\rho} f d\left(1 + \frac{TS}{L}\right)$$

$\rho = \rho_n + \rho_s$ 是两种成分液体密度之和，f 是范德瓦耳斯力，d 是膜厚，T 是绝对温度，S 和 L 分别为每克液氦的熵和蒸发潜热。

第四声 [fourth sound] 处在直径几十埃至几百埃通道微孔介质中的液氦，其正常成分有黏滞而被孔壁锁住，只有超流成分可在孔中振荡。波在液氦中只在超流成分中传播，所以只有超流成分参与振荡，这种波传播称为第四声。液氦在微孔中没有自由表面，没有第三声那样有蒸馏现象，因而第四声引起密度和温度变化振荡均都较第三声中大。

类似第三声理论计算给出的第四声声速为

$$C_4^2 = \left(\frac{C_1}{n}\right)\frac{\langle\rho_s\rangle}{\rho}$$

式中 $\langle\rho_s\rangle$ 为平均超流密度，ρ 是液氦密度，C_1 为第一声声速，n 是多次散射修正因子，是因通道是弯弯曲曲引起的多次

散射。一般地 n 不知道，故第四声实验测得的 $\langle\rho_s\rangle$ 要用一个归一化因子。

第五声 [fifth sound] 毛细管中传播的第二声。

不饱和氦膜 [unsaturated helium film] 处于不饱和气压下的氦膜，它显著特征是超流转变温度 T_0 低于大块液氦 T_λ。K-T 相变理论对 $L\times L\times d$ 氦膜可求下式 T_0 表式：

$$\frac{\langle\rho_s\rangle d}{T_0}=\frac{2m^2K_B}{\pi\hbar^2}=3.46\times10^{-9}\text{g}\cdot\text{cm}^{-2}\cdot\text{K}^{-1}$$

式中 $\langle\rho_s\rangle$ 是膜的超流密度。不饱和氦膜超流密度研究 ρ_s 与温度的依赖关系。可在微孔玻璃 (Vyor) 中测量四声速。

KT 相变 [KT phase trasition] 在二维系统仅有准长程序，但系统可能出现拓扑性元激发，这些在极低温下拓扑性元激发总是配对出现，无单拓扑性元激发。但当温度升高，当 $T\to T_{\text{K-T}}$ 时，配对涡旋拆散，出现单涡旋，配对有序变无序，发生 KT 相变。如下图所示。

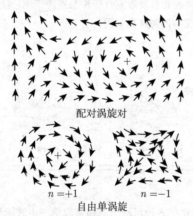

配对涡旋对

$n=+1$　　　　$n=-1$

自由单涡旋

该图中 n 来源于环流 K 量子化：

$$K=\frac{\hbar}{m_4}\oint\boldsymbol{V}_s\cdot\mathrm{d}\boldsymbol{l}=n\frac{\hbar}{m_4},\quad n=0,1,2,\cdots \tag{1}$$

其中 $\boldsymbol{V}_s$ 为超流速度。测量不饱和氦膜热导系数可以研究 K-T 相变。相变的关联长度 ξ 表征自由涡旋的平均距离，设自由涡旋密度为 ρ，显然有 $\rho\propto\frac{1}{\xi^2}$，而热导 $K\propto\frac{1}{\rho}$，有 $\rho\propto\xi^2$。

在 T_{K-T} 附近

$$\xi\propto e^{\frac{1}{b(T-T_K)}} \tag{2}$$

所以当 $T\to T_{\text{K-T}}$, $K\to\infty$。

爬行膜效应 [creeping film effect] 液氦 II 膜超流动性的一种表现。液氦 II 与容器表面接触的一层厚 $50\sim100$ 个原子厚度的膜称为氦膜。氦膜可以无阻地沿器壁流动（见下图），犹如沿器壁爬行，称为爬行膜效应。

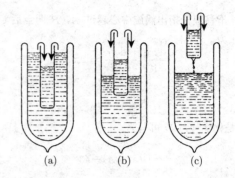

(a)　　　(b)　　　(c)

在 1922 年昂内斯（Kamerlingh-Onnes）已观察到氦 II 的爬行效应，1936 年罗林（Rollin）作了如下图实验观察：当一端开口的空腔容器底部插入氦 II 池如图（a），池中沿器壁氦膜上爬至顶端后沿内壁下爬，直至容器内外液面相平。当将开口容器提升到如图（b），容器中沿内壁上爬的氦膜经顶端又反向沿外壁下爬而爬向液池。再将开口容器提出氦 II 液体如图（c），氦膜经顶端还继续沿外壁下爬爬向液池，直至容器内氦 II 流尽为止。氦膜的流速与压力差和膜长几乎无关。

氦 II 爬行膜效物理效应的物理起因有三条，一是氦 II 与容器之间的表能低，就如一滴油滴到水面上那样，为了减小系统自由能，使接触表面尽量扩大；二是液面流动方向受重力影响；三是氦 II 超流性流动无损耗。

氦 II 的机械热效应 [mechanocaloric effect of He II] 如下图装置中，A、B 是两个装有氦 II 的容器，底部用很细的毛细管 C 相连接。开始时 A 和 B 的液面高度一样，且它们的温度也相同。然后在 A 上加压 Δp，氦 II 通过毛细管流至容器 B，实验发现 A、B 两容器间形成温差 ΔT，即 A 容器氦 II 温度升高，称为氦 II 的机械热效应。

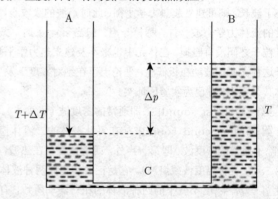

用氦 II 由二流体模型容易理解氦 II 的机械热效应，液氦 II 中由无熵的超流成分和温度 $T\neq0$ K 时呈现有熵的正常成分两部分组成。加压使不载熵的超流成分通过 C 流入 B，而正常成分有黏滞仍保留在 A 中，致使单位体积的熵在 A 中增大，而在 B 中减小，在绝热条件下，A 的温度将升高，B 的温度将下降，造成 ΔT 温差。

氦 II 的热机械效应 [thermomechanical effect of He II] 下图表示"氦 II 机械热效应"的逆效应。图中表示在液氦 II 容器 B 中加进一定热量，发现容器 B 中液氦 II 温度升高到 $T+\Delta T$，称为氦 II 的热机械效应。

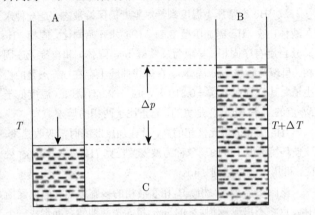

这是因为 B 中加进一定热量致使两边容器中 ρ_s 有浓度差，容器 A 中超流成分经 C 流进容器 B，造成 Δp 的压差和在绝热平衡时的温差 ΔT，可用下式表示：

$$\frac{\Delta p}{\Delta T} = \rho S$$

式中 ρ 和 S 分别是氦 II 的密度和单位质量的熵，乘积 ρS 是单位体积的熵。上式是 1939 年首先由伦敦给出，称为伦敦定则。若 $\Delta T = 1\mathrm{mK}$，则在 $T=1.5\mathrm{K}$ 时，$\Delta p = 2\mathrm{cm}$ 液氦柱压差，这个效应表现显著。

伦敦定则 [London rule] 见氦 II 的热机械效应。

喷泉效应 [fountain effect] 液氦 II 热机械效应在特定环境中的表现。实验图示如下。

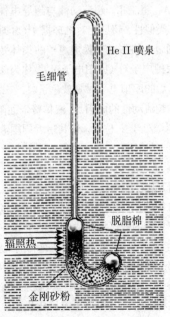

放在液氦 II 池中两端开口的 U 形管内填上金刚砂粉末，并压紧，两边开口处用脱脂棉花塞上，左边有一开口的毛细管，上部露出液面，这样的通道只有超流部分可通过。若 U 管下部用光辐照加热，则该处的超流浓度 ρ_s 要减小，造成与 U 管内另一边的超流成分的浓度差，超流成分形成向温度高的方向流动以填补浓度之差，被辐照一边的压力增大，超流液氦就从毛细管上端开口处喷出，可高达 30 厘米，称为喷泉效应。

由系统吉布斯函数 G 微分式

$$dG = -SdT + Vdp \tag{1}$$

得喷泉效应方程：

$$\left(\frac{\partial p}{\partial T}\right)_G = \frac{S}{V} \tag{2}$$

S 是系统熵，V 是系统体积。

用喷泉效应可设计喷泉泵（fountain pump），因为喷泉泵趋动超流氦无运动部件，实用于空间技术和极低温实验（见涡旋制冷机）。

液氦约瑟夫森效应 [Josephson effect of liqiud helium] 超导瑟夫森效应是 1962 年约瑟夫森是以 BCS 理论"电子对"为基础，引入新变换，扩展 Cohen 理论，引入隧导哈密顿和电流算符而发展的，在这个理论框架下，不能预言氦 II 原子超流是否存在。但考虑到费曼（Feynman）关于超导瑟夫森效应半唯象理论，可以试探氦 II 原子超流是否具有约瑟夫森效应。

将费曼（Feynman）超导约瑟夫森效应半唯象理论演绎到氦 II 原子超流约瑟夫森效应，有如下对应关系：

超导氦 II

$$\frac{\partial \varphi}{\partial t} = \frac{2eV}{\hbar} \quad \frac{\partial(\varphi_2 - \varphi_1)}{\partial t} = -\frac{1}{\hbar}(\mu_2 - \mu_1)$$

$$\mu_1 - \mu_2 = 2eV, \quad \mu_1 - \mu_2 = m_4 g\Delta Z$$

$$\frac{2eV}{\hbar} = n\omega_r, \quad \frac{m_4 g\Delta Z}{h} = nv_0$$

超导式中：V 为结中电压，μ_1、μ_2 超导电子能量，ω_r 为辐射出微波圆频率；氦 II 式中：ΔZ 为高度差，μ_1、μ_2 为氦原子化学势，v_0 为辐射出噪声频率；通过上列对比关系，容易理解下面两图：观察氦 II 约瑟夫森效应装置和实验结果。

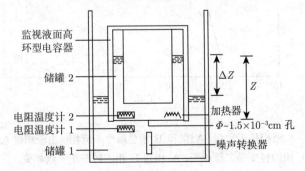

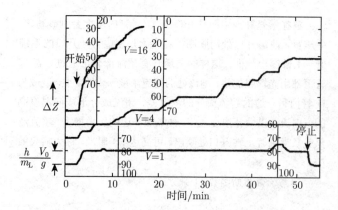

因为 ^{4}He 的相干长度 $\xi\sim$ 10Å，实验观察难度大；而 ^{3}He 的相干长度 $\xi\sim$ 100Å，所以 ^{3}He 的直流约瑟夫森效应和交流约瑟夫森效应实验报道较多，下图为观察 ^{3}He 约瑟夫森效应实验核心部件。

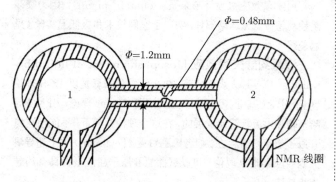

^{3}He 低温相图 [phase diagram of ^{3}He at low temperature]　^{3}He 是 ^{4}He 的同位素，其原子由 2 个电子，2 个质子和 2 个中子构成，属费米 (Fermi) 粒子，遵从费米统计。气液转变的临界点为：$T_e=3.32$K，$P_e=118$kPa，正常沸点 $T_B=3.19$K，见如下相图。

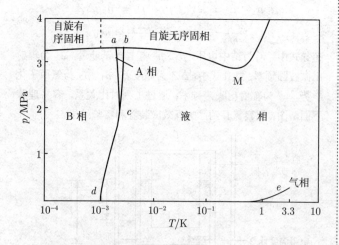

液相是正常相，A 相和 B 相是两个超流相。由液相进入 A 相的转变是二级相变，A 相到 B 相的转变是一级相变。在

相对低压下，由液相进入 B 相转变时也有比热跳跃，属二级相变。液 ^{3}He 中二级相变的比热跳跃均是有限跳跃。如在饱和蒸气压下从液相转变到 B 相时，$\Delta C/C_{液}=1.4$，在液相进入 A 相的转变线 ac 上对应 $p=2.87$MPa 时的 $\Delta C/C_{液}\approx 2$。

液 ^{3}He 在常压下温度到绝对零度仍保持液态，是一种永久液体，液 ^{3}He 需加压至 3.44 MPa 才开始固化。固相 ^{3}He 又分自旋有序固相（呈现为反铁磁 bcc 固体）和自旋无序固相（呈现为顺磁 bcc 固体）。在熔化曲线上存在 M 点处的极小值，其位置在 $T_M=0.319$ K，$p_M=2.931$MPa。温度低于 M 点的斜率 $\mathrm{d}p/\mathrm{d}T$ 是负的，它正比于两相的熵差。

^{3}He 固相的熵比液相的高，故在加压凝固时需吸收热量，致使环境温度下降的现象称为波麦兰丘克 (Pomeranchuk) 效应，可用来制冷达到 1mK。

该图 c 点是 A 相、B 相和液相的多临界点。但在磁场中 c 点将不出现，使原来的 acd 和 bcd 两曲线之间形成一个狭区，且随温度的下降，下部狭区愈来愈小，以致延伸到零压强时弥合，形成一个愈来愈狭窄的 A 相区，此时在液相和 A 相之间又出现夹有一个狭窄的超流 A_1 相。这样 ^{3}He 液体有 A_1、A 和 B 三个超流相。由于 ^{3}He 原子是费米子，形成的超流相必须原子配对为玻色粒子。理论和实验指出，A_1 相是核自旋与外磁场平行的原子配对 ($\uparrow\uparrow$)，A 相还需增加有 ($\downarrow\downarrow$) 的原子配对，B 相则在 A 相原子配对上又增加有自旋相反的 ($\uparrow\downarrow$)+($\downarrow\uparrow$) 配对。A_1 和 A 相是各向异性的，而 B 相几乎是各向同性的。

液 ^{3}He 超流动性 [superfluidity of liquid ^{3}He]　^{3}He 原子是费米子，虽无电子磁性，但核自旋为 1/2，具有核磁性。液体 ^{3}He 有 A 和 B 两个超流相（见 ^{3}He 的低温相图），在磁场中又增加 A_1 超流相。超流动性与超导电性粒子配对的成因不同，但有类似性。超导配对机理据 BCS 理论是费米面附近两个电子通过晶格振动交换虚声子的集体效应产生纯吸引作用而形成束缚电子对（库珀电子对），称为超导电性的电声子机制。配对后的库珀电子对是玻色子。

^{3}He 液体超流动性的成因是：液体费米面附近的一个 ^{3}He 原子在某时刻 t 处于 r 位置，使其附近周围液体产生自旋极化，并将持续一段时间 τ 后才消失。若在小于 τ 时间之内另有一个 ^{3}He 原子运动到 r 附近受影响的区域，则它将被极化液体吸引或排斥（视该原子的自旋方向而定），并起中介作用总可使平行自旋的该两个 ^{3}He 原子之间产生间接的吸引相互作用，反平行自旋的原子间产生间接的排斥作用。从能量对状态的稳定性言，则对三重态配对是有利的，从而导致 A 相和 B 相两个超流相的发生，在磁场中则又产生 A_1 超流相。所以形成 ^{3}He 原子的束缚对的集合态就形成超流动性态，称为超流态。这种配对机制称为自旋极化机制。配对的原子对是玻色子，但它与超导体中电子配对的成因不同，电子配对

中电子与晶格是两个区分的物质体系，而 ^{3}He 液体中配对对象和极化液体是同一物质体系，所以 ^{3}He 原子配对会影响液体本身，从而又起反馈作用影响配对自身，称为自旋涨落反馈作用，它对超流相的稳定性起有重要作用，是对配对相互作用的修正。由于 ^{3}He 液体是强相互作用的费米（Fermi）液体，激发态用准粒子描述，故配对粒子用准粒子配对描述，用有效质量代替原子质量。

三重态配对是两个准粒子形成束缚对的总自旋 $S=1$ 和角动量 $L=1$ 的态，包含有三个亚态：

$$|\uparrow\uparrow\rangle,|\downarrow\downarrow\rangle 和 |\uparrow\downarrow\rangle+|\downarrow\uparrow\rangle$$

为了在数学处理上较方便，Balian 和 Werthamer（简写 BW）引进矢量 $\vec{d}$ 后的三重配对态可写成

$$\sqrt{2}\,|\varPhi\rangle=(d_x-\mathrm{i}d_y)|\uparrow\uparrow\rangle+(d_x+\mathrm{i}d_y)|\downarrow\downarrow\rangle+d_z(|\uparrow\downarrow\rangle+|\downarrow\uparrow\rangle)$$

d_x, d_y 和 d_z 是 d 的三个分量，在旋转情形下三个分量转变为一个矢量，且满足 $d\cdot S\,|\varPhi\rangle=0$，$S$ 为单位体积内净的核自旋角动量，且 d 是实数对应的态时其 S 的期望值为零。由 BW 给出的上列态称为 BW 态，它对应于液 ^{3}He 超流相的 B 相。Anderson, Brinkman 和 Morel（ABM）三人则对 $S_z=\pm1$，即对 $|\uparrow\uparrow\rangle$ 和 $|\downarrow\downarrow\rangle$）的线性组合情形来研究，即上式中的 d_z 分量为零的情形。对应的态称为 ABM 态，其所处的超流相实验上对应于 A 相。实验上的 A$_1$ 相是对应于仅含 $|\uparrow\uparrow\rangle$ 配对的态，即 $\sqrt{2}\,|\varPhi\rangle=2d_x|\uparrow\uparrow\rangle$）。

液 ^{3}He 的自旋极化 [spin polarization of liquid ^{3}He] 见液 ^{3}He 的超流动性。

自旋涨落反馈 [spin fluctuation feedback] 见液 ^{3}He 的超流动性。

自旋三重配对 [spin triplet pairing] 见液 ^{3}He 的超流动性。

BW 态 [Balian Werthamer states] 见液 ^{3}He 的超流动性。

ABM 态 [Anderson Brinkman Morel states] 见液 ^{3}He 的超流动性。

^{3}He^{4}He 混合液 [liquid mixture of ^{3}He^{4}He] ^{3}He 和 ^{4}He 可相互溶解。当 ^{3}He 原子溶入超流 ^{4}He 液中，随着 ^{3}He 浓度的增加，液 ^{4}He 的 λ 点转变温度 T_λ 也随之降低，参见下图（^{3}He^{4}He 混合液相图）中 λ 线。

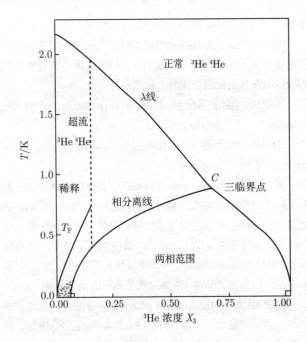

图中 ^{3}He 浓度定义为

$$X_3=\frac{n_3}{n_3+n_4}$$

n_3 和 n_4 分别为 ^{3}He 和 ^{4}He 原子的数目，$X_3=0$ 时，$T=2.17\mathrm{K}$ 处液 ^{4}He 发生 λ 相变，开始转入超流相。温度降至 0.87K，对应的 $X_3=0.67$ 时，即图中三临界点 C，^{3}He^{4}He 混合液发生按其浓度高低和在不同温度下形成相分离线，且由于 ^{3}He 原子比 ^{4}He 原子轻，故 ^{3}He 浓度高在上层的相，称为浓 ^{3}He 相，浓度低在下层的，称稀 ^{3}He 相（对应 ^{4}He 浓度较高的相），上下两层分别称为富 ^{3}He 相和富 ^{4}He 相。实际上在 $T=0$K 时，富 ^{4}He 相中的 ^{3}He 浓度不为零，而是 $X_3=0.064$，而在 $T=0.1$K 时，$X_3=0.07$，变化不大。若使 ^{3}He 原子从浓相经过相界面进入稀相，类似于气体蒸发需吸收热量，致使温度降低，这就是制造稀释制冷机的原理，温度可降低到 1mK。由于液 ^{3}He 的比热和熵比液 ^{4}He 的要大得多，温度愈低，液 ^{4}He 的热运动相对而言也显得愈小，在 $T<0.5$K，可认为其热运动停止，但 ^{3}He 原子的运动必需排开 ^{4}He 原子，其惯性质量增大，需用有效质量 m_3^* 代换 ^{3}He 原子的真实质量 $m_3(m_3^*\approx2.4m_3)$。在足够稀的溶液中，质量为 m_3^* 的 ^{3}He 原子行为忽略它们间的相互作用可用理想费米气体来描述，即图中虚线左边的稀释区，这里的 $X_3\leqslant0.15$，简并温度 T_F 与 X_3 的关系由图中曲线表示，曲线上方可用经典气体描述，曲线下方用简并费米气体描述，左下方的小黑点范围与完全简并费米气体行为类同。

理论给出的

$$T_\mathrm{F}(X_3)=(2.58)\,X_3^{\frac{2}{3}}(\mathrm{K})$$

用 $X_3 = 0.01$ 代入, 则 $T_F = 0.12K$。

^{4}He 在 ^{3}He 液体中的稀溶液物性研究和 ^{3}He 在超流 ^{4}He 溶液中的原子配对等研究引起关注,但后者因目前可能达到的极低温条件的限制在实验上尚未发现。

^{3}He^{4}He 溶液相分离 [phase separation of ^{3}He^{4}He solution]   见 ^{3}He^{4}He 混合液。

^{3}He^{4}He 混合液 λ 线 [lambda line of ^{3}He^{4}He mixture]   见 ^{3}He^{4}He 混合液。

量子晶体 [quantum crystal]   在常温固体中处于晶格上粒子因测不准关系的零点能振幅远小于热运动振幅,因此固体的晶格热物理性质常采用半经典量子统计。然而在极低温下,晶格的热运动大大减弱,晶格上粒子的零点能效应显著,晶格的热运动振幅以 T^3 下降仅高于零点能效应几倍,这类晶体称为量子晶体。固体氦就是典型的量子晶体。

固氦相图 [solid helium phase diagram]   固态 ^{4}He 和 ^{3}He 因所处在力不同都各有三种晶体结构,据下图所示: 体心立方(bcc)、六角密堆(hep)和面心立方(fee)。

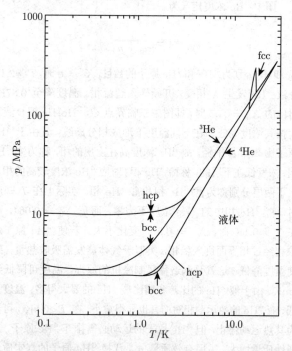

杂质子 [impuriton]   又称质量涨落波。若在 ^{4}He 晶体中含有杂质原子 ^{3}He,由于隧穿过程,^{3}He 原子能在 ^{4}He 晶体中与 ^{3}He 原子交换位置而迁移。杂质原子的行为如同准粒子(quasiparticle),称为杂质子。

^{3}He 原子在 ^{4}He 晶体中扩散如同稀薄气体扩散,其扩散系数 D 可表示为

$$D \propto \frac{\Delta a^4}{\hbar \sigma \chi}$$

Δ 是杂质子能带宽度,a 是相互作用距离,σ 是散射截面,χ

是 ^{3}He 浓度。

质量涨落波 [mass fluctuation wave]   即杂质子。

固体 ^{3}He 的核磁有序相变 [nuclear magnetic ordered phase transition of solid ^{3}He]   固体 ^{3}He 顺磁相(pp)相变因外磁场高低可出现有两个相,如下图所示,一个在低场下称 "低场相"(LFP);另一个在高场下称 "高场相"(HFP)。下图(a)是外场达 $B = 10T$ 的相图;而(b)是低场下相图。

进一步实验证实固体 ^{3}He 顺磁相(pp)至 "低场相"(LFP)是一级相变。而固体 ^{3}He 顺磁相(pp)至 "高场相"(HFP)出现一级相变转变到二级相变过程。其三相点温度 $T_{tr}=0.38mK$ 磁场为 $B_{tr} = 0.40T$,从三相点到磁场 0.65T 之间是一级相变,磁场 0.65T 以上是二级相变。

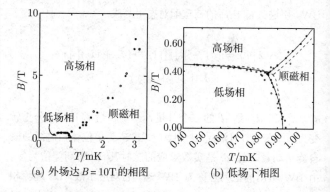

(a) 外场达 $B = 10T$ 的相图   (b) 低场下相图

实验用核磁共振(NMR)研究了 HFP 和 LHP 的磁结构,认为高场是如下图立方的次格子结构(CNAF),而低场是两上两下结构(U2U2)。

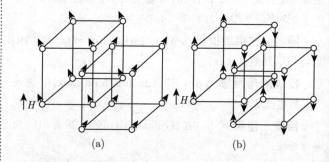

(a)   (b)

粗糙转变 [roughening transition]   在温度趋向于零极限情况,热扰动影响近为零,生长的晶体表面在所有方向上均是光滑小面化的光滑表面,但温度升高时,晶体小面化消失。此种情况称为原子尺度上的粗糙表面。从光滑表面转变为粗糙表面的过渡是在确定的温度发生的,称为粗糙转变。对于一个 ^{3}He、^{4}He 晶体,因为表面能各异,粗糙转变的温度对不同的表面不相同。

晶化波 [crystallization wave]   沿着晶体-液体界面能传播晶化波,首先是由 Andree、Parshin 从理论上预言的,

在实验上被证实。晶化波类似于液体 - 蒸汽界面上传播的毛细引力波,但有根本的差别,毛细波是不存在蒸发和凝聚过程情况下表面附近物质的运动。而晶化波则完全由周期的熔化和结晶过程引起的。理论可导出晶化波的频率 ω 和波矢 k 的色散关系为

$$\omega^2(k) = \frac{\sigma\rho/k^3}{\rho_s - \rho_l} + \frac{\rho/gk}{\rho_s - \rho_l}$$

式中 σ 为表面能,ρ_s 和 ρ_l 分别为固体和液体的密度,g 为引力加速度。第二项是引力引起的附加项。频率 ω 和波矢 k 的依赖关系于普通的毛细引力波类似。

晶化波的衰减系数与热激发类型相关。如果液体 ^{4}He 中自激发以声子为主。则衰减系数与温度的四次方成正比,温度高时振荡就消失。实验上观察晶化波,温度要低于 0.5K。这种波肉眼可以观察到,测量到的晶化波谱表示在下图,ω 和 k 的关系与理论上推导的(图中实线)$\omega\propto k^{\frac{3}{2}}$ 关系是一致的。

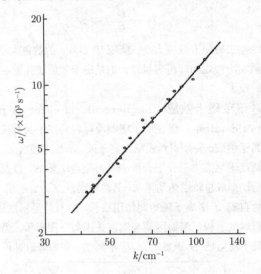

磁卡效应 [magnetocaloric effect] 从实验中发现和理论上讨论磁卡效应最早可查文献始于 123 年前,其后的工作是 1926 年固体理论物理学家德拜(P. Debye)和 1927年物理化学家吉奥克(W. F. Giauque)分别从理论上提出顺磁盐制冷效应的物理基础,吉奥克并于 1933 年用顺磁盐制冷效应获得 0.25K 超低温。再加之于他化学热力学谱学成就,吉奥克于 1949 年获诺贝尔化学奖。

依据磁介质基本物理特性,很容易理解采用磁制冷效应达到制冷过程的优越性。

(1) 磁制冷是靠磁介质处于外磁场场强的变化从而实现降温的,它不同于气体降温要改变与气体直接热接触的媒质位移来实现。所以磁制冷是非热接触性方式降温。因而它极方便实现极低温环境绝热降温手段。这是多年在激光制冷发现之前低温物理实验室获低达 10^{-7}K 极低温区唯一可选择的降温过程。

(2) 因为可以通过控制磁介质外磁场变化实现其制冷循环过程,即构成磁制冷机。如果选择电磁铁来实现磁制冷循环的外磁场变化。那么可以设计出无运动部件、无需如气体制冷机所用的压缩机和膨胀机,以实现无噪声,长寿命运转。这是空间技术最理想的制冷机。

(3) 外磁场变化将导致磁介质磁性状态变化,是以改变介质中离子磁矩的取向或磁畴畴壁运动实现的,其弛豫时间极短。如果外场变化不激烈,磁介质磁化或退磁过程几乎可视为可逆过程。它没有气体膨胀那些气体冲击,流动,黏滞,温度分布不均匀等不可逆效应。即磁制冷效应可实现理想可逆卡诺制冷循环的物理原因。

(4) 因为磁制冷介质常选固体材料的密度大,单位体积制冷量远远超过气体,再加之该材料因磁致伸缩所引起的体积变化与气体向低压膨胀相比可忽略,又无压缩机和膨胀机,所以磁制冷机体积小,尤其适合空间技术在星体上应用。

上述磁制冷效应的优越性,但是应该看到,磁制冷走向广泛应用则要克服和已经克服的问题。

磁卡效应热力学基础 [magnetic calorie efffect of thermodynamic basis] 通常流体系统可逆绝热膨胀制冷原理,可从热力学第一定律讨论:

$$dU = TdS - pdV \tag{1}$$

或

$$dH = TdS + Vdp \tag{2}$$

据上式焓 H 的全微分条件得到

$$\left(\frac{\partial T}{\partial p}\right)_s = \left(\frac{\partial V}{\partial S}\right)_p = \frac{T}{C_p}\left(\frac{\partial V}{\partial T}\right)_p \tag{3}$$

该式表明,对于具有正常膨胀的气体系统 $\left(\text{即}\left(\frac{\partial V}{\partial T}\right)_p > 0\right)$ 绝热降压过程温度下降,为绝热制冷过程。这就是气体膨胀机制冷的唯象理论物理基础。在上列诸式中,定压比热 $C_p = T\left(\frac{\partial s}{\partial T}\right)_p$,其他各热力学参量都为习惯符号。

对于不考虑体积效应磁介质系统,热力学第一定律为

$$dU = TdS + \mu_0 HdM \tag{4}$$

在数学上注意到 (1) 式及 (4) 式 $p \to \mu_0 H$ 和 $M \to V$ 的对应关系,立即可写出绝热去磁制冷的唯象表式:

$$\left(\frac{\partial T}{\partial H}\right)_s = -\mu_0\left(\frac{\partial M}{\partial S}\right)_H = -\mu_0\frac{T}{C_H}\left(\frac{\partial M}{\partial T}\right)_H \tag{5}$$

若考虑单位体积磁介质,上式中 M 为磁化强度,H 为磁场强度,μ_0 为真空磁导率,C_H 为定磁场单位体积比热。

$$C_H = T\left(\frac{\partial S}{\partial T}\right)_H \tag{6}$$

从该式可知，对于 $\left(\dfrac{\partial M}{\partial T}\right)_H$ 为负值的磁介质，绝热去磁为降温过程。（5）式也可写成在磁测量中常用的两个积分形式：

绝热降温 ΔT：

$$\Delta T = -\mu_0 \int_{H_i}^{H_f} \frac{T}{C_H}\left(\frac{\partial M}{\partial T}\right)_H dH \tag{7}$$

等温磁熵变 ΔS_M：

$$\Delta S_M = \mu_0 \int_{H_i}^{H_f} \left(\frac{\partial M}{\partial T}\right)_H dH \tag{8}$$

在求导（8）式中用到（6）式与下式：

$$\left(\frac{\partial T}{\partial H}\right)_s = -\left(\frac{\partial T}{\partial S}\right)_H \left(\frac{\partial S}{\partial H}\right)_T \tag{9}$$

ΔT 和 ΔS_M 是样品磁卡效应强弱的重要标志。ΔT 习惯称具体磁性材料的磁卡效应。

因为顺磁材料物态方程可用居里（Curie）定律表示：

$$M = C\frac{H}{T} \tag{10}$$

式中 C 为磁性材料的居里（Curie）常数。直接与材料原子磁偶极矩相关。将（10）式代入（5）式，立即有

$$\left(\frac{\partial T}{\partial H}\right)_S = \mu_0 C\frac{H}{TC_H} \tag{11}$$

这就是顺磁盐降温的数学表式。

磁卡效应微观机理 [effect of magnetic calorie microscopic mechanism] 如果用粗略物理图像描述磁制冷微观物理机理机理可用下图说明。

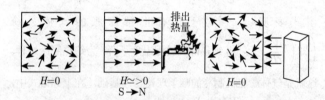

$H=0$ $H\sim>0$ $H=0$
         S→N

如图所示，在零磁场磁介质离子固有磁矩呈混乱状态，总磁化强度为零。其后磁介质处于高外磁场时，离子磁矩定向排列，总位能下降，磁介质向外排出热量。图中表示磁体移出外场，离子磁矩又恢复到混乱状态，诸离子磁矩总位能增加，系统向外吸热。

磁卡效应是量子粒子显现出的宏观量子效应。可以以顺磁盐磁卡效应为例说明。顺磁盐在外磁场 B 下能级为

$$E_j = -m_J g \mu_B B \tag{1}$$

其中的

$$g = 1 + \frac{J(J+1) + S(S+1) - L(L+1)}{2J(J+1)} \tag{2}$$

为朗德因子，来源于电子轨道和自旋在同样的角动量量子数时对磁矩不同的贡献比例。

$$\mu_B = \frac{\hbar e}{2m_e} = 9.273 \times 10^{-24}\,\text{A·m}^2 \tag{3}$$

为玻尔磁子。

式（1）表明顺磁盐原子的能级因外磁场能级被分裂数值与外场 B 成正比。那么让外磁场在可逆绝热从 B_i 下降到 B_f，顺磁盐系统的熵不变，即系统的微观相貌数不变，系统 N 个粒子分布不变，粒子处在能级 $-m_J g \mu_B B_i$ 和 $-m_J g \mu_B B_f$ 上概率相等，即

$$\frac{e^{-m_J g \mu_B B_i}}{KT_i} = \frac{e^{-m_J g \mu_B B_f}}{KT_f} \tag{4}$$

由此得到

$$\frac{B_i}{T_i} = \frac{B_f}{T_f} \tag{5}$$

$$T_f = \frac{B_f}{B_f}T_i \tag{6}$$

绝热去磁磁卡效应大小，就依 $T_i > T_f$ 的数值大小。这就是磁制冷微观物理机理机理。也是磁卡效应被称宏观量子效应的原因。

顺磁盐磁卡效应 [magnetocaloric efffec of paramagnetic salts] 现在用于磁制冷材料局限于具有局域磁矩的离子组成。特别 $4f$ 族稀土离子或 $3d$ 族过渡金属离子。在这两组未填满电子壳层会形成总自旋角动量 S，以及电子轨道运动形成总轨道角动量 L，其总角动量 $J = L + S$。如果具有总自旋 J 诸离子磁矩间作用很弱，则材料显示顺磁性。顺磁材料处于极低温温区熵与温度关系如下图所示。当顺磁材料处于高磁场 B 退场时，（从 A 到 B）即为降温过程。

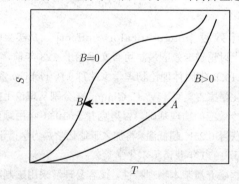

常用顺磁材料有硫酸铈镁、铁铵矾、铬钾矾、锰铵杜顿盐。在上列顺磁材料中，除硫酸铈镁外，均为非稀土化合物。

硫酸铈镁（CMN）。1953 年就发现硫酸铈镁的制冷效应。其后应用范围日趋发展，并用于磁温度计。如果制冷初始条件选取合适，硫酸铈镁制冷温度可达 2mK。硫酸铈镁的分子式为 $2Ce(NO_3)_3\ 3Mg(NO_3)_2 24H_2O$。密度为：在 302K 时为

2086kg/m³；4.2K 时为 2140 kg/m³。温度 0.5~4.2K 范围，在零场下其热容量 $C_{H=0}$ 表示为

$$\frac{C_{H=0}}{Nk} = 4.98 \times 10^{-4}T^3 + \left(\frac{35.5}{T}\right)^2 \left(\frac{\exp\left(\frac{35.5}{T}\right)}{\left[\exp\left(\frac{35.5}{T}\right) + 1\right]^2}\right) \quad (1)$$

其中 N 为样品中铈离子数，k 为玻尔兹曼常量，$k = 1.380662\times 10^{-23}$J/K，该式右式为纯数值。右式中第一项为德拜（Debye）比热贡献，第二项为肖特基（Schottky）比热贡献。在极低温区近 10mK，其热容量表式可较精确写为

$$\frac{C_{H=0}T^2}{Nk} \ll 4.5 \times 10^{-6}\text{K}^2 \quad (2)$$

铁铵矾 (FAA)。铁铵矾的分子式为 $Fe_2(SO_4)_3(HN_4)_2$ SO_424H_2O。密度为：1712kg/m³，一般认为三价 Fe 离子处于面心立方晶格面上。在温度 1~4.2K，由比热测量获得的熵表示为

$$\frac{S}{Nk} = ln6 + \frac{6.74 \times 10^{-3}}{T^2} + 1.41 \times 10^{-4}T^3 \quad (3)$$

其中 N 为样品中铁离子数，k 为玻尔兹曼常量。铁铵矾可用了 ^{4}He 降压降温 1K 池为预冷初温，绝热去磁可降到 50mK。

铬钾矾（CPA）。铬钾矾是较广泛应用的磁制冷顺磁材料。其分子式为 $Cr_2(SO_4)_3K_2SO_424H_2O$。在室温密度为 1628kg/m³，温度在 1~4.2K 之间，由热容量实验结合求得熵表示为

$$\frac{S}{Nk} = ln4 + \frac{8.12 \times 10^{-3}}{T^2} + 1.65 \times 10^{-4}T^3 \quad (4)$$

其中 N 为样品中铬离子数，k 为玻尔兹曼常量。

锰铵杜顿盐 (MAS)。锰铵杜顿盐 (MAS) 分子式为 $MnSO_4$ $(NH_4)_2SO_46H_2O$，密度为 1830kg/m³，温度在 0.27~0.7K 零磁场的熵表示为

$$\frac{S}{Nk} = ln6 + \frac{0.015}{T^2} \quad (5)$$

其中 N 为样品中锰离子数，k 为玻尔兹曼常量。

在具体降温实验中，降温望降到 0.01K 以下用硫酸铈镁 (CMN)，在 0.01K 前用铬钾矾（CPA），0.03K 前用铁铵矾 (FAA)。在 0.1K 附近用锰铵杜顿盐 (MAS) 顺磁盐习惯作如下划分类型：

高温顺磁盐：

MAS: $MnSO_4(NH_4)_2SO_46H_2O$ 降温到 0.17 K

FAA: $Fe_2(SO_4)_3(NH_4)_2SO_44H_2O$ 降温到 0.03 K

低温顺磁盐：

CPA: $Cr_2SO_4K_2SO_424H_2O$ 降温到 0.01 K

CMN: $2Ce(NO_3)_3 3Mg(NO_3)_224H_2O$ 降温到 0.002 K

稀土金属磁卡效应 [**magnetocaloric efffec of magnetocaloric efffec of rare earth metals**]　因为顺磁盐在低温区制冷效应的巨大成功（见顺磁盐），故而绝热去磁（包括后期发展的绝热核去磁）逐步成为实验室中获取极低温温区的有力实验手段，从而大大推动了低温物理研究的迅速发展。以及相应而生的用磁制冷效应，实现在磁介质处于深低温环境运转的磁制冷机也成为低温工程领域热门研究课题之一。

将低温物理研究领域在极低温区域所发现的三个"量子宏观效应"：超流、超导、磁卡效应中，磁卡效应领先发展到室温区，美国航空航天局布朗（G.V.Brown）做出了杰出贡献。他指出，让磁热泵用适当的铁磁性材料做工质，在居里 (Curie) 温度附近选取工作温度范围，并且选取合适的热力学循环，就可以制成实际可行的室温磁制冷机。布朗通过实验测量，认为工质选用稀土元素比选用过渡簇元素更为有效。他测量出稀土金属钆（Gd，其居里温度为 293K）在磁场强度从 0 特斯拉（其后用 T）升到 7 特斯拉时，在居里点可以获得等温条件下的 4kJ/kg 的热量释放，或者在绝热条件下获得 ΔT =14K 温度的上升（ΔT 称为该材料磁卡效应）。到了 1976 年，布朗（G.V.Brown）终于设计出了以稀土金属钆为工质，获得从冷端（零下 1℃）到热端 (46℃) 的 47K 的温差的制冷机，并且还测量出该制冷机的效率接近理想卡诺循环效率。

布朗上述研究成果，不但把磁卡效应推到室温区，而且促进了稀土金属与合金磁卡效应研究。

稀土金属中具有强磁制冷效应的稀土金属有钆，镝，以及铒，钬等。它们具有密排六方晶体结构。钆主要表现为铁磁序，铒，镝，钬在温区 T_c 到奈耳温度 T_N 表现螺旋反铁磁结构，在此温区当外磁场超过临界值 H_{cr} 时样品会转变为铁磁态。在相变点将会产生一级相变。

Tishin 据样品比热和磁卡效应在外磁场变化 6.02T 时计算出稀土金属铒、镝、钬、铽的磁熵变 ΔS_M 如下图所示。

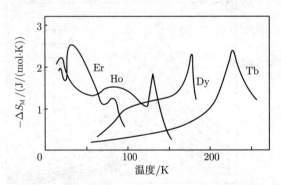

稀土合金磁卡效应 [**magnetocaloric efffec of rare earth alloy**]　稀土金属钆是室温磁制冷机研究常选工质，

那么设计 200K 温区范围就要想到选用稀土合金。

稀土氧化物 [magnetocaloric efffec of rare earth oxides]

(1) 石榴石

在低温区制冷技术常想到用钆镓石榴石 $Gd_3Ga_5O_{12}$ (GGG) 和镝镓石榴石 $Dy_3Ga_5O_1$(DGG) 为磁制冷工质。钆镓石榴石和镝镓石榴石在低于尼尔温度 (T_N)0.8K 和 0.33K 都为反铁磁相。在 T_N 以上为简单顺磁性。下图为两种石榴石在不同磁场变化的磁熵变 ΔS_M 随温度变化关系。如图所示,钆镓石榴石在 10K 温区制冷效应显然大大优于镝镓石榴石。

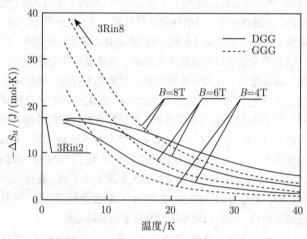

(2) 钙钛矿结构

1996 年首次报道了具有钙钛矿结构两氧化物 $La_{0.67}Ca_{0.33}MnO_\delta$ 和 $La_{0.60}Y_{0.07}Ca_{0.33}MnO_\delta$ 从 200K 到室温的磁卡效应。并且据磁测量结果给出了 $La_{0.67}Ca_{0.33}MnO_\delta$ 在不同外磁场和不同温度的磁熵变 ΔS_M（如图所示），以及 $La_{0.60}Y_{0.07}Ca_{0.33}MnO_\delta$ 在不同外磁场的磁熵变 ΔS_M 随温度依赖关系（如图所示）。

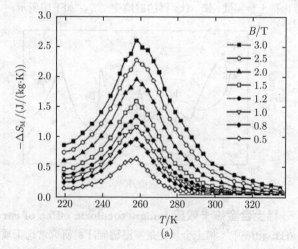

(a)

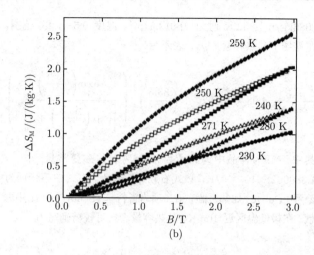

(b)

虽然在外场 1T 变化的磁熵变 ΔS_M 是 Gd 的 30%，但是 ΔS_M 分布比钆均匀。在下图中显示 $La_{0.60}Y_{0.07}Ca_{0.33}MnO_\delta$ 磁熵变 ΔS_M 与外磁场变化近似线性关系。在外磁场 1T，T_c =230K，最大 ΔS_M 达 0.55J/KgK，大约是钆的 15%。

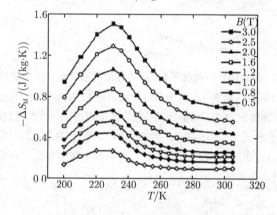

进一步有报道 $La_{1-x}Ca_xMnO_3$ 材料在外磁场变化为 1.5T 磁熵变研究结果，如图所示。图中 (a)$La1_{1-x}Ca_xMnO_3$ (x =0.2) 和钆，(b) $La_{1-x}Ca_xMnO_3$ (x = 0.33, 0.45) 的磁熵变 ΔS_M。该文章首次报道了在 T_C =230K，1.5T 外磁场变化下，$La_{0.8}Ca_{0.8}MnO_3$ 磁熵变 ΔS_M 达 5.5J/(kg·K)，此值远高了钆在 T_c 的磁熵变 4.2 J/(kg·K)。

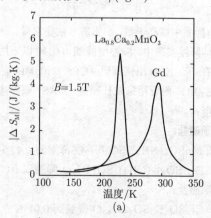

(a)

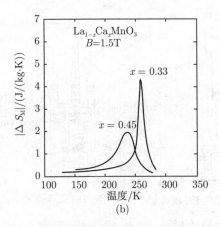

非稀土磁制冷材料 [magnetocaloric efffec of non-rare-earth] 过渡金属基磁制冷材料不是本书介绍范围，但为了便于对磁制冷有兴趣读者参考。简要介绍近期受关注的新材料 $MnFeP_{0.45}As_{0.5}$。

2002 年 Tcgus 等在《自然》杂志报道发现具有大磁熵变的新材料 $MnFeP_{0.45}As_{0.55}$，其居里温度近 300K。在外磁场变化 2T 或 5T 时，最大磁熵变相应达到 14.51 J/(kg·K) 和 18J/(kg·K)。 在温度略低情况下能与钆相比。 下图为 $MnFeP_{0.45}As_{0.55}$ 磁化强度随温度变化与稀土金属钆的比较。其中 $\left(\dfrac{\partial M}{\partial T}\right)_H$ 绝对值显然优于钆。

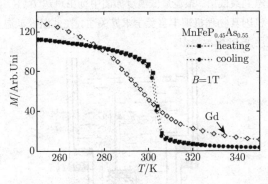

下图为外磁场 0 到 5T 变化 $MnFeP_{0.45}As_{0.55}$ 的磁熵变 ΔS_M 与 $Gd_5Si_2Ge_2$ 和钆磁熵变 ΔS_M 的比较。

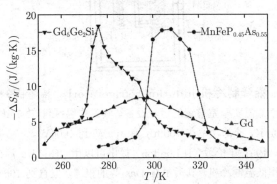

氦液化器 [helium liquefier] 氦气曾被誉为"永久气体"。1908 年 7 月 10 日，昂内斯 (Onnes) 与其几位助手将氦气液化。借液氦的冷却条件，超导、超流，磁卡效应相继被发现，从此揭开了低温物理新时代。下图是昂内斯请他朋友范德瓦耳斯（van der Waals）观看他所建的氦液化器。

昂内斯所建的氦液化器是节流型氦液化器流程，其流程如图所示，1936 年西蒙（F.Simon）公布了无运动部件的 Simon 型氦液化器（运转图参见下图）。

现在实验室都用安全（不用液氢预冷）又能大量生产液氦的膨胀机氦液化器。早期（1934 年）由原苏联卡皮查（Kapiza）设计，柯林斯（S.C.Collins）1952 年发展成大型氦液化器。

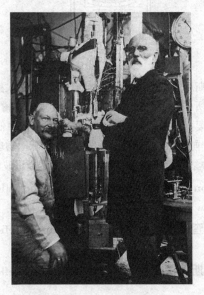

昂内斯（H. Kamerlingh Onnes）和范德瓦耳斯（J.D van der Waals）

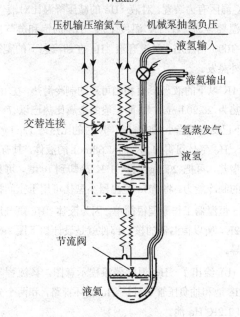

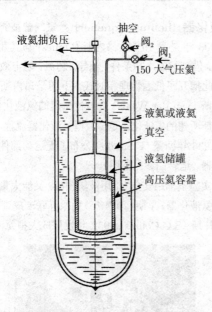

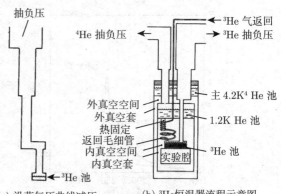

(a) 沿蒸气压曲线减压　　(b) ^{3}He恒温器流程示意图

昂内斯所建氦液化器是低温物理研究的重大突破，他在低温物理所作的重大贡献给后来低温物理学家树立了丰碑。在低温下要再发现新量子效应，首先建可获取更低温区的设备，所谓"向绝对零度进军"号角推动了极低温物理的蓬勃发展。众多学者发现了液 ^{4}He、^{3}He 超流、碱金属玻色凝聚等。

Simon 氦液化器 [Simon helium liquefier]　　见氦液化器。

卡皮查氦液化器 [Kapiza helium liquefier]　　见氦液化器。

柯林斯氦液化器 [Collins helium liquefier]　　见氦液化器。

^{3}He 恒温器 [^{3}He cryostat]　　低温物理实验室得到 1K 到 0.2K 温区有力装置，对液 ^{3}He 的减压降温比对液 ^{4}He 的减压降温要容易，在 1K 温度下液 ^{3}He 的饱和蒸气压是液 ^{4}He 的 1000 倍左右，又没有液 ^{4}He 在超流态下的爬行膜引起的额外蒸发。

在 1K 以下的液 ^{3}He 有相当可观的制冷潜热，在 0.3K 时它的潜热为 $26.20 \text{J} \cdot \text{mol}^{-1}$，而一般的金属比热已以 T^3 下降，在 1K 下已变得相当小。如铜在 1 K 时的比热为 $12 \mu \text{J} \cdot \text{g}^{-1} \cdot \text{K}^{-1}$。而 1 升 ^{3}He 气体可得 0.3K 的 1.63mol 的液体，具有 1.16J 的汽化潜热，可把 200kg 铜从 1 K 冷却到 0.3K，可见 ^{3}He 在温区的制冷能力。将 ^{3}He 恒温器小型化可用于空间技术。

^{3}He 恒温器工作原理很简单，因为液体 ^{3}He 蒸气压曲线低至 0.2K，所以恒温器的核心部件就是设计如下图 (a) 的抽负压管导。

图 (b) 给出了 ^{3}He 恒温器流程示意图。该流程除核心部件 ^{3}He 池和抽负压管导外，^{3}He 循环管路，和两个分别为 4.2K 和 1.2K ^{4}He 池。

涡旋制冷机 [vortex refrigerator]　　涡旋制冷机物理机理是据费曼理论，超流体的流速若超过临界速度 $v_s = \left(\dfrac{\varepsilon_r}{p_r} \right)_{\min}$ 将产生涡旋。受 Magnus 力 F_M 横行运动的涡旋据安德森相滑移理论将引起管路中氦化学势变化而产生损耗。流体可用 ρ_n 和 ρ_s 二流体横型描述。

涡旋制冷机流程如图：1.5K 液氦在喷泉泵的作用下通过超漏成纯超流体，并控制其流速小于临界速度 v_s 无熵进入空腔，与在那里的二流体液氦会合。其后离开空腔将带走熵 ΔS，即吸热 $Q = T \Delta S$。如此循环构成涡旋制冷机，其 T 和 ΔS 在循环都逐步减小，只到 Q 与外界漏热平衡，涡旋制冷机降温到最低值。报道最低温度如图中标出可达 0.7K。涡旋制冷机因其物理机理丰富受学术界关注。在此温区低温实验室采用 ^{3}He 恒温器多。

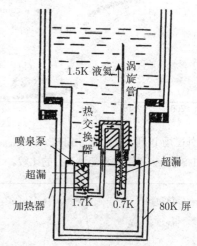

稀释制冷机 [dilution refrigerator]　　稀释制冷机是当今低温实验室普遍的运转设备，其工作温区可在 5mK 到 500mK，冷却功率在 100mK 有 $10 \mu W$ 到 $100 \mu W$。

1951 年伦敦（H.London）提出可以用 ^{3}He-^{4}He 混合液制作低温制冷机。其后虽有 Das 等的报道，但直到 1966 年有 Hall 等和 Naganov 等建成了稀释制冷机。

在低温物理概要 ^{3}He-^{4}He 混合液中已提到 ^{3}He 和 ^{4}He

可相互溶解。当 ^{3}He 原子溶入超流 ^{4}He 液中，随着 ^{3}He 浓度的增加，液 ^{4}He 的 λ 点转变温度 T_λ 也随之降低，如图所示λ 线。

^{3}He-^{4}He 混合液发生按其浓度高低和在不同温度下形成相分离线，如下图表示在 0.5K，浓缩 ^{3}He 相 C 点和稀释 ^{3}He 相 D 点两相分离。且由于 ^{3}He 原子比 ^{4}He 原子轻，故 ^{3}He 浓度高在上层的相，称为浓 ^{3}He 相，浓度低在下层的，称为稀 ^{3}He 相（对应 ^{4}He 浓度较高的相），上下两层也有分别称为富 ^{3}He 相和富 ^{4}He 相。^{3}He 原子从浓缩相经过相界面进入稀释相犹如液体蒸发那样要吸热，从而制冷。这就是稀释制冷机制冷的物理基础。

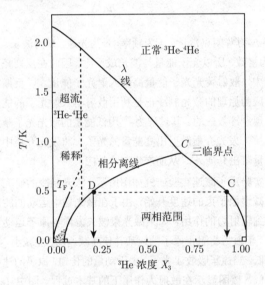

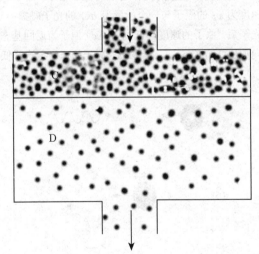

波麦兰丘克制冷 [Pomeranchuk Cooling] 1950 年波麦兰丘克提出在极低温区固提出 ^{3}He 熔化曲线有一最小值 M，确定该值为 0.32K，而且指出在该温度以下固 ^{3}He 的熵比 ^{3}He 液的熵大，沿着熔化曲线对 ^{3}He 的固液混合物进行绝热压缩时可以产生制冷效应。

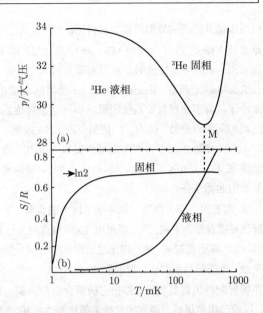

阿努弗拉耶夫（Anufriev）在 1965 年用实验证实了该效应，他从 50mK 压缩 ^{3}He 使温度降到 1.8mK，这种制冷经改进已达到 1mK 的温度范围。目前这种方法一般都在稀释制冷机的基础上使用。

顺磁盐绝热去磁 [adiabatic demagnatization of a paramagnetic salt] 见磁卡效应微观机理和顺磁盐磁卡效应。典型的实验装置如图所示。

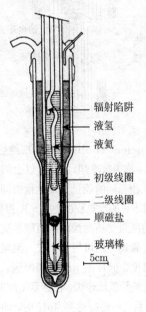

辐射陷阱
液氢
液氦
初级线圈
二级线圈
顺磁盐
玻璃棒
5cm

绝热核去磁 [adiabaticnuclear demagnetization] 绝热核去磁曾在低温实验室是达到制冷温度的最佳方案，最低温度曾达 10^{-8}K。绝热核去磁优于顺磁盐绝热去磁原因是核磁子比玻尔磁子要小 1836 倍，因此核磁矩之间的相互作用要比电子磁矩之间的相互作用微弱得多，所以直到 mK 温度量级，核磁矩仍然是混乱，适用半经典量子统计。其降温机理还可以用顺磁盐绝热去磁的类似方法讨论。

绝热核去磁是 1934 年戈特（Gorter），及 1935 年 Kurti 和西蒙（Simon）分别提出的，最早实验报道是 1956 年由 Kurti、Robinson、西蒙（Simon）和 Spohr 给出的。但由于核磁矩太小了，为了使核自旋系统的熵减少与电子自旋系统熵减少达到相同的百分数，则 B_i/T_i 的值要求大 1836 倍。如当 $B_i/T_i = 300T/K$，才可得到铜中熵减少仅为 1.25%，亦即如果初始温度 $T_i = 10mK$，要起始磁场 $B_i = 3T$，这也是核去磁所要求的起始条件。

1956 年英国牛津大学第一次完成了核去磁实验，第一级用铬钾矾顺磁盐绝热去磁，第二级采用 1500 根直径为 0.1mm 的铜丝，其一端折叠起来，另一端压进铬钾矾中与第一级有良好热接触，最终得到铜的核自旋温度为 16μK。

在稀释制冷机问世以后，都把它的混合室作为第一级预冷级。目前已用两级核去磁方法使核系统达到 5×10^{-8} K 的低温。

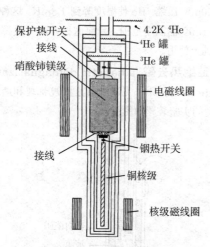

核冷却 [nuclear cooling]　在核绝热去磁中，降低的是核系统的温度，称为核冷却。在 1K 以上的温区核系统，核、晶格与电子系统相互间的能量交换弛豫时间短，可以用一个统一温度数值描述它的冷热程度。在 mK 温区，核、晶格与电子系统相互间的能量交换弛豫时间短能量交换还比较短。在准静态核绝热去磁过程仍可用一个统一温度值来描述核、晶格与电子系统温度。但是在 μK 量级温区，核、和晶格与电子两系统的温度差异就比较大，在标示温度时需要给以区分。如核去磁后，核系统的温度达到 1μK 时，而晶格和电子系统温度还停留在 10mK 温度上。

激光制冷 [lasercooling]　又称反斯托克斯荧光制冷。最早是由 P.Pringsheim 于 1929 年提出，但通常人们总以为用光照射物体必会发热而不可能制冷，这使得在其提出之后科学界就以实现的可能性进行了长达 16 年的争论。直到 1946 年朗道（L. Landau）等人从热力学角度证明了激光制冷的可

行性。从热力学的基本原理出发，将被照物体与入射激光、散射荧光组成的系统作为热力学研究对象，通过热力学推导，证明了激光制冷是以牺牲激光的单色性、相干性和方向性为代价，从而得以实现的。从此许多学者开始了对激光制冷的研究。

激光制冷基本物理机理是物体的原子总是在做无规则热运动，所以只要降低原子运动速度就能降低物体温度。激光制冷就是利用大量光子阻碍原子运动，使其减速，从而降低物体温度。称为反斯托克斯效应，是一种特殊的散射效应，其散射荧光光子波长比入射光子波长短。据光子能量公式：

$$E = h\nu = hc/\lambda$$

式中 h 为普朗克常量，ν 为频率，c 为光速，λ 为波长，由于 hc 为常数，所以光子能量与波长成反比，因此在反斯托克斯效应中，散射荧光光子能量高于入射光子能量。以反斯托克斯效应为原理的激光制冷正是利用散射与入射光子的能量差来实现制冷效应的。其过程为：用低能量的激光光子激发发光介质，发光介质散射出高能量的光子，将发光介质中的原有能量带出介质外，从而产生制冷效应。

实验原子减速实验研究如图所示：激光制冷的研究首先要从减慢原子束的速度开始，由于在激光场中运动的的原子会受到辐射力的作用，如果激光束波矢方向与原子运动方向相反，辐射力将阻止原子的运动并使其减速，动能减小，则温度降低。当原子吸收了光子，由于动量的传递，原子的速度就会降低。该图显示在散射力作用下的基本过程。图中 (a) 为一个速度为 v_i 的原子与一个能量为 $h\nu_i$ 的光子碰撞；(b) 为吸收光子后，原子的速度降低到 v；(c) 原子为返回基态沿任意方向放出 $h\nu_f$（$v_f > v_i$）辐射后，原子的速度再次降低于到 v_f。

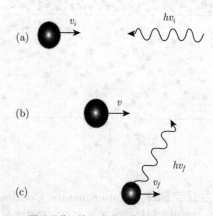

原子吸收、放出光子速度变化示意图

与传统的制冷方式相比，激光起到了提供制冷动力的作用，而散射出的反斯托克斯荧光是带走热量的载体。1985

年美国华裔物理学家朱棣文成功地用激光冷冻了原子，获得 1997 年的诺贝尔物理学奖。

物体原子运动的速度通常在约 500m/s。朱棣文采用三束相互垂直的激光，从各个方面对原子进行照射，使原子陷于光子海洋中，运动不断受到阻碍而减速。激光的这种作用被形象地称为 "光学黏胶"。在试验中，被 "黏" 住的原子可以降到几乎接近绝对零度的低温。在朱棣文实验中已降温达 10^{-12}K。

反斯托克斯荧光制冷 [Anti-Stokes florescent cooling] 即激光制冷。

低温温度计 [low temperature thermometer] 指在 1K 以下使用的温度计，气体温度计因在 1K 以下偏离理想气体甚远，即使采用，其 virial 系数不能精确求得；再加之在极低温度下温泡壁对气体吸附效应，所以气体温度计不再适用。铂电阻温度计在温度 4.2K 以上使用是优良温度计。

^{3}He 和 ^{4}He 蒸气压温度计 [^{3}He and ^{4}He vapour pressure thermometer] 任何 p-V 系统热力学二相相平衡曲线都其有 $p = p(T)$ 函数表式，所以在实验中如能精确测量到 p，通过该式就可算得温度，该二相系统就成了温度计。在 1K 以下温区，^{3}He 和 ^{4}He 蒸气压曲线已被精确测量，所以斜率较大温区可选为温度计应用，而且还不用定标，还无需体积和吸附修正。下图为 ^{3}He 蒸气压温度计示意图，测压力用水银柱测量。

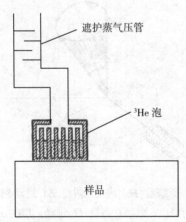

^{3}He–^{4}He 渗透压温度计 [^{3}He–^{4}He osmotic pressure thermometer] 渗透压两种液相（纯净相和杂质相）以半透膜分开，相平衡出现的物理现象，据相平衡条件：

$$\mu^\alpha(T,p) = \mu^\beta[T,p,(1-x)] \tag{1}$$

相 α 为纯净相, 相 β 为杂质相, 据热力学稀溶液理论, (1) 式可写为

$$\mu^\alpha(T,p) = \mu^\beta(T,p) + RT\ln(1-x) \tag{2}$$

对上式取全微分，因为系统是等温的, $\mathrm{d}T = 0$，又因为两边都为液相, $V^\alpha = V^\beta = V$，再考虑到 $x \ll 1$,（2）式可以写成

$$V(\mathrm{d}p^\beta - \mathrm{d}p^\alpha) = \frac{RT}{1-x}\mathrm{d}x \tag{3}$$

将上式积分，有

$$V(p^\beta - p^\alpha) = -RT\ln(1-x) + C \tag{4}$$

再将 $\ln(1-x)$ 对 x 展开取一次项，上式变为

$$V(p^\beta - p^\alpha) = RTx + C \tag{5}$$

因为 $x = 0$，两相都为纯净相，应有 $p^\beta = p^\alpha$，由此可定出上式 $C = 0$。这样，$p^\beta - p^\alpha$ 即为渗透压，即杂质相比纯净相压强大。通常记

$$\Pi = p^\beta - p^\alpha \tag{6}$$

（5）式可以写为

$$\Pi v = \chi RT \tag{7}$$

该式称为 Van Holf 定律。上式中 V 为液相比容。Π 渗透压，χ 为杂质相杂质组分，是温度 T 的函数。

对 ^{3}He-^{4}He 混合液，Ghozlan 和 Varoquaux 给出为

$$\chi_3 = 0.0648 \cdot (1 + 8.4T^2 + 9.4T^3) \tag{8}$$

将（7）式用于 ^{3}He-^{4}He 渗透压温度计，实验上是测渗透压，下图为 Rosenbaum 等公布的典型装置。

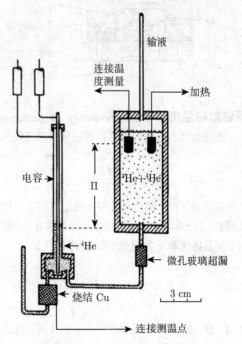

^{3}He 熔解曲线温度计 [^{3}He melting curve thermometer] 如图所示，^{3}He 熔解曲线的斜率在 20～300mK 变化激烈，可选为制作该温区低温温度计。

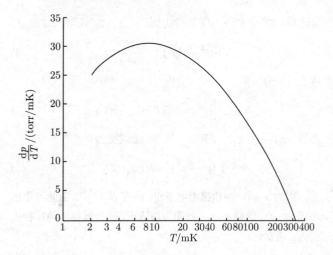

制作 ^{3}He 熔解曲线温度计任务是设计制作在该温区的灵敏压强计。下图为 Strty 和 Adams Strty 和 Adams 公布的 Be-Cu 压强计。

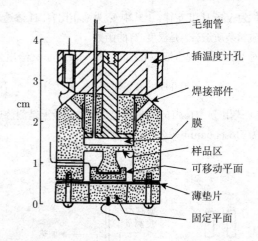

毛细管
插温度计孔
焊接部件
膜
样品区
可移动平面
薄垫片
固定平面

顺磁盐磁温度计 [thermometer of paramagnetic salts] 顺磁晶体在一定的温区内其磁化率服从简单的居里定律

$$\chi = \frac{C}{T} \tag{1}$$

在低温环境，由于晶体场分裂及离子间相互作用的影响将出现偏差，对于实际样品，依据微观理论求导，一般采用直接比例于样品磁化率 χ 测量量（如电桥读数）记为 X 的经验公式：

$$X = A + \frac{B}{T + \Delta + \frac{\delta}{T}} \tag{2}$$

该式中 A、B、Δ、δ 都是具体使用样品的几何、尺寸等效应相关的待定系数。在具体选用时可选四个温度固定点定出。

顺磁盐磁温度计常用顺磁盐有：硝酸铈镁（CMN）、硫酸铵锰（MAS）、硫酸钆（GS）、乙基硫酸铵（NES）、铬钾钒（CPA）等。

顺磁盐硝酸铈镁在 mK 测温范围常被选用，这要求定 A、B、Δ 三个待定系数。比例于样品磁化率 χ，测量 X 的测量议表采用互惑电桥，顺磁样品置于互感线圈内。

核磁共振温度计 [nuclear magnetic resonance thermometer] 在纯金属铜中，核磁矩自发有序温度约为 10^{-7} K，在 $T > 10^{-4}$K 时，核磁系统磁化强度 M 随温度的变化遵从居里定律：

$$\chi = \frac{C}{T} \tag{1}$$

而 $\chi = \frac{M}{H}$，所以系统温度 T 有

$$T = C\frac{M}{H} \tag{2}$$

其中，H 为外磁场、M 为核磁化强度、C 是依不同物质而定的居里常数（Curie constant）。

物理机理是测出核磁化强度 M，即求得温度 T。从下图可看出，设外场 H 在 z 轴方向，磁化强度 M 与其同向，如果在 y 轴方向加一脉冲磁场 H_y，则合磁场为 $H_r = H_0 + H_y$，

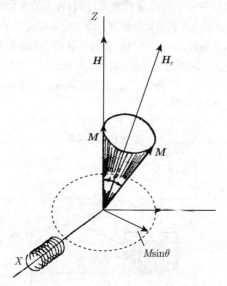

此时 M 就绕着 H_r 进动，假设 M 进动到与 z 轴成 θ 角时，脉冲场退出，则 M 将绕 H 进动，其在 xy 平面的投影 $M\sin\theta$ 会在置于 x 轴方向上的接收线圈中感应出正弦电压，由于核自旋之间的相互作用，θ 角将逐渐减小，感应电压呈现出幅度衰减的正弦波形式，其初始幅度为

$$V = \frac{4\pi e H^2 r\gamma A\eta N}{T} \times 10^{-8}(\text{V}) \tag{3}$$

（3）式中 A 为接收线圈截面积，N 为接收线圈匝数，η 是待测温体与线圈间磁耦合情况的填充因子，r 是核的旋磁比。这些常数积可以通过一个温度固定点而被确定。核磁共振温度计是 mK 级的温度计。

噪声温度计 [noise thermometer] 一种测量热力学温标的基准温度计。测量低温范围在 0.001～ 10K。爱因斯

坦在 1906 年指出带电载流子的无规则布朗运动,在热平衡的电阻两端产生涨落的电动势。1927 年奈奎斯特(Nyquist)给出该热激发的噪声电压的理论表式:

$$\langle V_n^2 \rangle = 4Rh\nu\Delta\nu \left[\exp\left(\frac{h\nu}{kT}\right) - 1 \right]^{-1} \tag{1}$$

式中 $\langle V_n^2 \rangle$ 是温度 T 时电阻 R 在 ν 到 $\nu+\Delta\nu$ 频带宽所产生的涨落电压均方平均值,h 是普朗克常量,k 是玻尔兹曼常量。当 $kT \gg h\nu$ 时,(1)式可近似为

$$\langle V_n^2 \rangle = 4Rh\Delta\nu \tag{2}$$

Besley 等指出在 0.001K 时,(2)式严格成立。由此据该式在该温区可测得热力学温度 T。通常在低温下 $\langle V_n^2 \rangle$ 很小,一般放大器的输入噪声大于 $\langle V_n^2 \rangle$ 且是可变的,影响了测量。但超导量子干涉器件问世后,这一测量已成为可能,约瑟夫森结辐射的频率与通过结的电压有关,电压涨落将影响结输出的微波频率,只要通过频率的测量就可决定 $\langle V_n^2 \rangle$,而频率的测量精度是非常高的,决定了噪声温度计可以精确地测定热力学温度 T。

碳电阻温度计 [carbon resistance thermometer] 碳电阻是由微小的石墨颗粒聚合而成。碳电阻的电阻值具有负的电阻温度系数,温度越低,电阻值越高,适用于液氦温区的测温。碳电阻的灵敏度高、尺寸小,对环境参数(磁场、辐照、压力等)不敏感,它的电阻温度关系曲线光滑。低温物理实验室,采用 Allen-Bradley 或 Speer 公司碳电阻作温度计,它们电阻温度关系如下图。

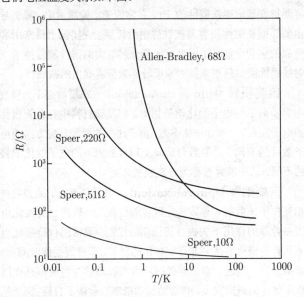

很多碳电阻温度计可用(1)式两常数公式分度,但不同公司产品 a、b 两常数数值各异。

$$\log R = a + b\left(\frac{\log R}{T}\right)^{\frac{1}{2}} \tag{1}$$

一般公式可写为

$$\frac{1}{T} = \sum_j A_j (\log R)^j \tag{2}$$

其中 A_j 和 j 数值为 $j = \cdots -2, -1, 0, 1, 2, \cdots$,(2)式可用计算机拟合。

碳电阻的热导较差,测温时要防止工作电流引起的自热效应,测量电流应尽可能的小,一般不超过 100μA,在改变温度后要有几秒钟的等待时间。

锗电阻温度计 [germanium resistance thermometer] 半导体在一定温度范围内其电阻具有负温度系数,随温度降低而增大。因此,用半导体材料做成的温度计,可以弥补金属电阻温度计在低温温区灵敏度降低的不足。高纯单晶锗的低温电阻很大,需要掺杂。所以锗电阻温度计是由掺杂锗制成。

电容温度计 [capacitance thermometer] 在 1100°C 结晶的 $SrTiO_3$ 玻璃陶瓷可用于制作电容温度计,电容温度计优点是电容值几乎与磁场无关,在 1.5~ 50K 温区,外磁场达 14T 未观察到明显的磁效应。在低温实验室电容温度计可用于两个温区:0.025~ 0.10K 和 0.10~72K。

热电偶温度计 [thermocouples thermometer] 热电偶温度计物理机理源于两金属 A、B 构成回路因两接触点温度 T_1 和 T_2 不同产生的温差电效应。温差电动势 ε 与 T_1 和 T_2 相关:

$$\varepsilon = \varepsilon_{AB}(T_1 T_2)$$

穆斯堡尔效应温度计 [Mössbauer effect thermometer] 穆斯堡尔效应,即原子核辐射的无反冲共振吸收。这个效应首先是由德国物理学家穆斯堡尔于 1958 年首次在实验中实现的,因此命名为穆斯堡尔效应。应用穆斯堡尔效应可以研究原子核与周围环境的超精细相互作用,是一种非常精确的测量手段,其能量分辨率可高达 10^{-13},并且抗干扰能力强、实验设备和技术相对简单、对样品无破坏。由于这些特点,穆斯堡尔效应一经发现,就迅速在物理学等领域得到广泛应用。

穆斯堡尔效应低温温度计的物理机理:原子核在各亚能级分布可用半经典独立粒子分布,玻尔兹曼统计。而铁(Fe)在室温时劈裂的两个基态:$M = \pm 1/2$,原子核数在两基态相等,向激发态发射谱线的相应强度也相等,即 +1 线、+2 线、+3 线、+5 线、+4 线,在极低温区,两基态的原子核数不再相等,能级 $M = -1/2$ 核数多。+1 线、+2 线、+3 线相对 +5 线、+4 线在极低温区共振强度不对称,原子核在态上的占数量直接于吸收体所处温度相关。

若以 $\rho(T)$ 表示两子核数占领数之比,则有

$$\rho(T) = \exp\left(\frac{\Delta_0}{KT}\right)$$

Δ_0 为 $M = \pm 1/2$ 两基态能谱差。Parshin 和 Peshkov 用 ^{57}Fe 和 ^{119}Sn 作穆斯堡尔效应温度计测温范围已达 6mK。

核取向温度计 [nuclear orientation thermometer] 当原子核发射出 γ 光子衰减时，因为原子核的自旋方向及衰减特征是空间各向异性的。核之间的聚集因其自旋方向也是各向异性的。决定这些极化的参量主要是温度 T。所以原子核自旋方向空间各向异性的 γ 衰减可用于测量温度。通常选用 ^{60}Co 和 ^{54}Mn 制作核取向温度计。

9.2 磁 学

反常霍尔效应 [anomalous Hall effect] 1879 年，霍尔（Edwin Hall）在非铁磁性的材料中观测到常规霍尔效应。即在一个非磁性的薄膜平面外加电流 I 沿 x 方向，外加磁场 B 沿垂直于薄膜平面的 z 方向，这时薄膜中的载流子在沿电流方向运动时，受到磁场的洛伦兹力的作用而在垂直于电流方向的 y 方向产生附加的横向运动，该横向运动导致薄膜两侧产生电荷的积累，从而在 y 方向产生一横向霍尔电压 V_{H}。横向霍尔电阻率 $\rho_{xy} = V_{\mathrm{H}}/I$ 的大小与外加磁场的大小成正比，即 $\rho_{xy} = R_0 B$。其中 R_0 称为霍尔系数，它的大小与载流子数目成反比，符号取决于载流子的类型。霍尔效应常用来测量材料的载流子的类型和浓度。

之后，霍尔在测量铁、钴、镍等铁磁性材料时发现，除了常规的霍尔效应之外，ρ_{xy} 还与铁磁性材料的磁化强度 M 的大小相关，该效应称为反常霍尔效应，当样品达到饱和磁化强度 M_s 时，反常霍尔效应也同时达到饱和。相应的霍尔电阻率可以表示为 $\rho_{xy} = R_0 B + 4\pi R_s M$，其中 R_s 称为反常霍尔系数。

反常霍尔效应的原因有内禀机制和外禀机制。内禀机制与材料的能带结构相关，动量空间布洛赫波函数的贝里曲率决定了霍尔电导。外禀机制与散射相关，主要有斜散射（skew scattering）和边跳（side-jump）两种机制。

自旋过滤效应 [spin filter effect] 在隧道结中，用铁磁性绝缘材料或半导体材料作为隧穿层，而铁磁绝缘体的价带和导带的的能量是自旋相关的，这导致不同自旋方向的电子在隧穿过铁磁绝缘体时的势垒高度不同。由于电子隧穿的概率与势垒高度呈指数衰减关系，因此，不同自旋方向的电子隧穿概率就有很大的不同，这导致没有自旋极化的电流在隧穿通过铁磁绝缘体后，会产生自旋极化，这就被称为自旋过滤效应。由于隧穿概率具有很强的自旋选择性，自旋过滤效应产生的自旋极化电流的自旋极化度一般都较高。自旋过滤效应提供了一种产生自旋极化电流的方法。常用于自旋过滤效应的铁磁性绝缘材料或半导体材料有 EuS、EuSe、EuO、NiFe$_2$O$_4$ 等。

汉勒效应 [Hanle effect] 1924 年，德国物理学家汉勒（Wilhelm Hanle）发现当用线偏振光激发原子，在特定方向外加磁场时，原子发射光的偏振方向会在空间发生周期性的振荡，该效应被命名为汉勒效应。类似地，在自旋极化电子的输运过程中，如果在垂直于自旋的方向外加磁场，自旋在运动的过程中同时发生拉莫进动，导致自旋方向在空间发生周期性的振荡，该效应与光学中的汉勒效应类似，故而也被称为汉勒效应。

在输运测量中，如果探测电极为铁磁电极，当到达探测电极的自旋极化电流的自旋方向与探测电极的自旋方向相同，类似巨磁电阻效应，这时的自旋散射较弱，电阻较小，反之如果电流的自旋方向与电极的自旋方向相反，则电阻较大。因为自旋进动的角度与磁场的大小成正比，所以自旋极化电流的自旋方向到达探测电极时随磁场的逐渐增大而发生振荡，这导致电阻也相应的随磁场的增大而发生振荡。

由于汉勒效应是自旋极化电流在非磁材料中的运动而产生，因此汉勒效应通常被作为自旋注入到非磁材料的重要实验证据。

磁近邻效应 [magnetic proximity effect] 当非磁性材料与铁磁性材料构成异质界面时，由于非磁性材料与铁磁性材料界面的电子杂化和相互作用，导致非磁性材料在靠近界面的原子层受铁磁性材料的影响而出现铁磁性的现象。这一现象常常出现在 Pt 与其他铁磁性材料构成的异质界面中，这主要是由于 Pt 的费米面态密度很高，根据斯托纳判据，Pt 很接近出现铁磁性，因此在铁磁性材料的作用下，在界面很容易出现铁磁性的 Pt。在常规的实验测量中，被诱导出的界面铁磁性很容易被铁磁层给掩盖，在实验上最常用和可靠的实验方法，是用具有元素分辨能力的磁性测量技术 X 射线磁性圆二色谱来探测被磁近邻效应诱导出的铁磁性。

自旋积累 [spin accumulation] 在平衡态下，自旋向上和向下的电子的化学势相等。但是当材料中有自旋极化的电子注入时，即非平衡态时，由于注入的两种自旋方向的电子数目的不同，会导致自旋向上和自旋向下的电子的化学势的不同，这一现象被称为自旋积累。

自旋弛豫 [spin relaxation] 电子自旋由于受到各种相互作用或散射，导致自旋翻转的过程。一般指自旋极化电流在弛豫的作用下失去自旋极化的过程，通常用自旋极化电流从自旋极化衰减到非自旋极化的时间，即自旋弛豫时间 τ_s，来描述这一过程。自旋弛豫时间也可以理解为自旋信息在固体中保持的时间尺度。自旋弛豫的机制一般源于自旋-轨道耦合作用、超精细相互作用、载流子自旋相互作用等。

电流在面内模式 [current in the plane，CIP] 在巨磁电阻效应中，如果电流沿薄膜平面方向，称为电流在面内模式 (CIP)。在 CIP 模式中，传导电子在铁磁和非磁层的界面发生自旋相关散射，导致巨磁电阻。

电流垂直面模式 [current perpendicular to the plane, CPP]　在巨磁电阻效应中，如果电流方向垂直于薄膜平面，则称为电流垂直面模式 (CPP)。在 CPP 模式中，虽然同样是由于传导电子在铁磁和非磁层的界面发生自旋相关散射，导致巨磁电阻，但是由于传导电子穿过所有薄膜层及界面，不仅避免了非磁金属的分流效应，而且自旋相关散射更强，因此一般磁电阻值会更大。

有机自旋电子学 [organic spintronics]　有机半导体作为一种新兴的半导体材料，相较于无机半导体而言，具有工业制造成本低廉、轻便易于携带、机械性能优良、可弯曲折叠以及可化学调控有机分子物理性质等一系列优良的特性。在过去的几十年中，针对有机电子学的基础研究和应用技术都受到了广泛的关注，并且取得了重要的进展。基于有机发光二极管（OLED）的新一代显示技术更是由于具有主动发光、全视角、可弯曲和超低能耗等优点已经被大量的应用在移动电话和数码相机的显示设备中。然而，有机电子学主要是调控有机半导体材料中载流子电荷的输运，如果能在此基础之上进一步实现调控载流子的自旋，那将会出现更加丰富的物理内涵和广阔的应用前景，如自旋-有机发光二极管（spin-OLED）。

对于原子序数大的原子，其自旋-轨道耦合相互作用也相应较大，而有机材料通常由 C，H，O，N 等原子序数较小的元素组成，导致有机材料中的自旋-轨道耦合相互作用比较弱。同时有机材料的骨架 C 元素的核自旋为 0，导致其超精细相互作用也比较弱。基于以上原因，有机半导体材料应该具有很长的自旋弛豫时间，十分有利于自旋的输运。自 2004 年首次基于有机半导体材料发现巨磁电阻效应以来，人们对有机半导体中的自旋相关性质进行了大量的理论和实验研究，有机自旋电子学也因此应运而生。

稀磁半导体 [diluted magnetic semiconductor]　在非磁性半导体中，如 GaAs、ZnO 等，掺杂少量具有磁矩的元素，如 Mn、Co 等，使半导体具有铁磁性。相对于磁性半导体如 EuO 等，稀磁半导体居里温度相对较高，晶体结构与常用的半导体一致，容易外延生长，可以很好地与现有的半导体工艺集成等优点。载流子为媒介的模型常用来解释稀磁半导体的铁磁性来源。以研究得最多的 $Ga_{1-x}Mn_xAs$ 为例，Mn 离子在 GaAs 中是二价正离子，具有局域磁矩，同时 Mn 原子贡献一个空穴，具有一定巡游性的空穴与周围的 Mn 离子是反铁磁耦合，意味着空穴周围的 Mn 离子磁矩平行排列，这样 Mn 离子以空穴为媒介形成了铁磁耦合，导致 $Ga_{1-x}Mn_xAs$ 具有铁磁性。

自旋场效应晶体管 [spin field effect transistor]　场效应晶体管通过栅极电压调节中间导电沟道层的高度和宽度，从而实现源极和漏极之间电流的开和关。自旋场效应晶体管与场效应晶体管结构和功能类似，只是以铁磁性材料作为源极和漏极，源极注入自旋极化的电流到导电沟道，电子自旋在二维导电沟道中运动时会受到拉什巴效应 (Rashba effect) 的作用而进动，拉什巴效应的大小可以通过门电压来控制，也就意味着电子到达漏极的自旋方向可以通过门电压来控制，类似于巨磁电阻效应，电子自旋与漏极磁矩方向相同时电子散射较小，晶体管显示低电阻态，反之当电子自旋与漏极磁矩方向相反时电子散射较大，晶体管显示高电阻态。自旋场效应晶体管通过控制自旋实现晶体管的开和关，由于自旋翻转需要的能量很低，而且翻转的速度在纳秒量级，因此自旋场效应晶体管具有速度快能耗低的优点。

自旋阀 [spin valve]　由典型的三明治结构（两个铁磁层和一个非铁磁层）加一个反铁磁层所构成；和反铁磁层相连的铁磁层的磁化强度被反铁磁层钉扎，仅另一铁磁层对外场响应，此多层膜器件的磁电阻效应对外磁场（几个奥斯特量级）的响应具有较高的灵敏度。较为常见的钉扎的反铁磁层有 PtMn、FeMn 等。三明治结构为典型的 GMR、TMR 结构。

自旋注入 [spin injection]　若电子自旋在某一材料中处于极化的状态，电荷流产生的同时会伴随着净的自旋流传输，当电荷流穿过界面进入另一材料时，自旋流同时也被注入的现象。自旋注入手段可分为两类：光自旋注入，利用光学跃迁选择定则，把自旋极化载流子注入到半导体中；电自旋注入，让电荷流先后流经铁磁体和非铁磁体，利用铁磁体把载流子自旋极化，从而将自旋流注入到毗连的非铁磁体中。

自旋相关散射 [spin-dependent scattering]　对于普通非磁金属，电子的散射主要是自旋简并的 s 电子之间的散射（贵金属铜、银和金的自旋简并的 d 带大都处于费米面以下，亦属于 s 金属），电子的平均自由程较大，由 Drude 定理 $\sigma = ne^2\tau/m$ 可以非常容易地估计出金属良导体的平均自由程为 10nm 左右。铁磁金属铁、钴和镍不同于普通金属的 s 电子散射，由于在费米面处同时存在 s 电子和态密度很大的 d 电子，在输运过程中，传导电子要经受比 s 电子散射强烈得多的 s-d 散射，因而这里传导电子的平均自由程要小得多。更有意思的是，由于自旋向上的 3d 子带（多数自旋）与自旋向下的 3d 子带（少数自旋）在费米面处的态密度不等，散射的强弱对不同自旋的传导电子将不一样，所以自旋向上的电子的平均自由程 ($\lambda\uparrow$) 与自旋向下的电子的平均自由程 ($\lambda\downarrow$) 也不一样。这种与电子自旋状态有关的散射叫自旋相关散射。其来源主要有两类：①内禀或本征性来源，即铁磁金属电子能带的交换劈裂，能带劈裂成自旋向上和自旋向下子带并引起不同的自旋相关散射；②非本征来源，即某种杂质或缺陷引起的自旋相关势散射。

双电流模型 [two-current model]　金属中传导电子的非磁散射大都不使电子自旋发生反转，因此在温度远低于居里温度时铁磁金属中电子自旋反转的概率很小。但由于自旋相关散射的存在，电子的平均自由程将大大缩短。此时可以将导电分解为自旋向上和自旋向下的两个相互独立的电子导电通道，它们相互并联，各自的电阻率分别为 $\rho\uparrow$ 及 $\rho\downarrow$。取低温极限，总电阻率为：$\rho_L = \rho\uparrow\rho\downarrow/(\rho\uparrow+\rho\downarrow)$。这就是双电流模型。

正常磁电阻效应 [ordinary magnetoresistance]　由于在磁场中受到洛伦兹力的影响，传导电子在行进中会偏折，使得路径变成沿曲线前进，如此将使电子行进路径长度增加，使电子碰撞几率增大，进而增加材料的电阻。这种磁电阻效应最初于 1856 年由威廉·汤姆森发现，其普遍存在于所有金属材料中，而且电阻的变化率通常很小。

交换偏置 [exchange bias]　一种磁性现象，具体表现为磁滞回线的中心偏离了零场位置。由于可以增强材料的热稳定性，交换偏置通常应用于磁性传感器中。两种磁性材料通过交换作用（exchange interaction）耦合在一起，就有可能产生交换偏置。以产生交换偏置的铁磁/反铁磁双层膜这种典型材料为例，在这类磁性材料中，铁磁与反铁磁层界面上的交换相互作用使得它们耦合在一起。在测量磁滞回线时，难磁化的反铁磁层基本保持不变，然而易磁化的铁磁层会随着外磁场改变。在这一过程中，交换作用的效果相当于反铁磁层给铁磁层施加了有效作用场，使得铁磁层的磁滞回线中心偏离零场位置。这样的交换作用和偏移称为交换偏置。

电流驱动磁化反转 [current induced magnetization reversal]　利用自旋极化电流 (spin polarized current) 实现磁性材料的磁化反转。当自旋极化电流通过一个铁磁性电极时，极化电流角动量的转移会对磁性电极的磁矩产生一个力矩。在足够高的自旋极化电流密度下，这种自旋转移力矩 (spin transfer torque, STT) 有可能使得铁磁电极的磁矩发生反转。通过这种方式实现磁化反转称为电流驱动磁化反转。不同于通过电流产生磁场使得铁磁材料发生磁化反转的传统方式，电流驱动磁化反转实现了通过电流直接控制材料的磁化。

自旋扩散长度 [spin diffusion length]　人们把自旋极化的电子在输运过程中保持它原有的自旋方向所经历的平均时间称为自旋弛豫时间 τ_s，而与之对应的所行走的平均距离称为自旋扩散长度 $L_s(=(2D\tau_s)^{1/2})$。

磁电子学 [magnetoelectronics]　一门关注电子自旋输运性质和应用的新兴学科。其主要研究内容包括自旋的产生、输运、调控与检测。由于自旋之间相互作用能量远小于电荷间库仑相互作用能，磁电子器件不仅是对半导体器件有益的补充，还有望大幅降低能耗。磁电子学的出现以 1988 年巨磁电阻（giant magnetoresistance，GMR）效应的发现为标志。

磁随机存储器 [magnetic random access memory]　一种以磁电阻性质来存储数据的非易失性随机存储器，其基本单元通常为铁磁/非磁/铁磁的三明治结构，取决于上下两层铁磁材料磁化方向平行或反平行，体系呈现出高阻态或者低阻态，可分别标记为 "1" 或 "0"，从而可以实现数据的存储。磁随机存储器从 20 世纪 90 年代开始发展。

自旋极化电流 [spin polarized current]　传导电流中携带自旋向上的电子与自旋向下的电子数目不等产生的电流。完全极化电流指的是传导电流中的所有电子的自旋取向一致。

自旋动量转移矩 [spin-transfer torque]　自旋极化电流通过磁性薄膜时，其自旋方向和磁性薄膜磁矩方向平行或反平行时，受到磁性薄膜对其的散射不同。相应地，不同自旋极化方向的电流对磁性材料磁矩也有不同的作用。当自旋极化电流的自旋方向与磁矩方向不一致时，自旋极化电流携带的自旋角动量通过相互作用会把角动量传递给磁矩，当其强度足够大时可以使其磁化方向发生改变。这一现象称为自旋动量转移矩效应。自旋动量转移矩效应于 1996 年由 J. Slonczewski 和 L. Berge 两人分别独立提出。

纯自旋流 [pure spin current]　包括两种，在导体中，是指相反自旋的电子反向运动的自旋输运行为；在磁性绝缘体中，纯自旋流以自旋波的形式传递，完全没有电子的迁移运动。纯自旋流是一种纯角动量传递的一种方式。由于自旋和传播方向都是矢量，所以自旋流是二阶张量。

自旋霍尔效应 [spin Hall effect]　当一束电荷流通过材料时受到自旋相关散射，不同取向的自旋受到的散射不同，导致发生偏转角度不同，在其垂直于电流密度截面上下或左右两端产生自旋积累的现象。其电荷–自旋转换的效率称为自旋霍尔角。它提供了一种利用纯电学方法产生自旋流的方法，并且可以不需要任何磁性材料和外加磁场。

逆自旋霍尔效应 [inverse spin Hall effect]　当一束自旋流通过材料时受到自旋相关散射，在其垂直于电流密度截面上下或左右两端产生电荷积累的现象，是自旋霍尔效应的逆效应，是测量自旋流非常重要的手段。

自旋泵浦效应 [spin pumping effect]　一种产生纯自旋流的方法。在非磁或铁磁双层膜体系中，通过施加微波使铁磁体磁矩发生进动，往邻近非磁层注入自旋流的现象，当铁磁层发生铁磁共振时，该效应达到最大。

自旋塞贝克效应 [spin Seebeck effect]　磁性材料中温度梯度下产生与之平行的自旋流的现象。如果材料中向上自旋和向下自旋的塞贝克系数不相等，在温度梯度下，电子会感受到自旋相关的势场，从而形成了自旋的流动。

磁性斯格明子 [magnetic skyrmion]　一种具有准粒子特性的自旋结构，在一个周期内，磁矩方向的取向填满整个空间角。具有非平庸的拓扑性质，其拓扑数为非零整数。

磁结构相变 [magnetic structural transition]　材料在发生磁性相变的同时伴随着晶体结构对称性的变化，属于一级相变。在该类相变材料中，温度、外磁场或应力可以诱导磁化强度和晶体结构同时发生改变，如在 $Gd_5Si_{4-x}Ge_x$ 合金中，温度或外磁场变化可以诱导材料从正交对称性到单斜对称性的晶体结构相变，同时磁化强度也发生跃变。此类相变通常伴随着较大的热滞和磁滞现象，从中往往也能观测到较大的磁热、磁电阻或磁致应变效应。

磁弹相变 [magnetoelastic transition]　材料在发生磁性相变时，晶体的结构对称性不发生变化，但晶格常数会发生突变，属于一级相变。在该类相变材料中，温度、外磁场或应力也可以诱导磁化强度和晶格常数的较大改变。和磁结构相变相比，磁弹相变过程中的热滞和磁滞效应较小。

变磁性 [metamagnetism]　很多磁性材料的磁有序结构通常不止一种，随温度的变化可能会出现从一种磁有序结构到另外一种磁有序结构的变化（如从反铁磁有序变到铁磁有序），这种变化除了能够被温度所调控之外，也可能被外加磁场所调控。即在相变温度附近，随着外加磁场的增加，材料的磁有序会从磁化强度较弱的有序结构突然转变到磁化强度较强的有序结构（反之，随外加磁场减小，材料的磁有序也可能会出现从磁化强度较强的有序结构突然返回到磁化强度较弱的有序结构），这种外加磁场作用下材料不同磁有序结构间突然变化的现象称为变磁性。由于变磁性对应于磁有序结构的突然变化，所以往往同时伴随着磁矩、晶格常数（或结构）、电阻率等物理性质的突变，因此发生变磁性的材料中通常会有较大的磁热、磁致伸缩或磁电阻效应。

自旋重取向相变 [spin-reorientation phase transition]　当温度升高到一定的程度时，材料的各向异性发生改变，易磁化方向也随之变化的现象称作自旋重取向相变，这一变化在单晶中也可以由外加磁场诱导发生。自旋重取向相变常发生在稀土过渡族合金及化合物中，来源于材料内部 3d 和 4f 两个亚点阵的各向异性随温度变化相互竞争的结果。

铁磁形状记忆合金 [ferromagnetic shape memory alloy]　同时具有铁磁性和形状记忆效应的一类金属材料。不同于一般形状记忆合金的是，通过外磁场的作用能使该类合金恢复到形变以前的形状和体积。在这类材料中，发生在磁性马氏体和磁性奥氏体之间的相变往往伴随着磁化强度的突变，是一种磁结构相变。铁磁形状记忆合金往往具有巨磁致应变和磁热效应，其代表性材料是 Heusler 合金 Ni-Mn-X(X=Ga, In, Sn,Sb)。

多铁性材料 [multiferroic materials]　同时具有两种或两种以上不同铁性 (如铁电性、铁磁性和铁弹性) 特征的单相材料。可分为 I 类单相多铁性材料，II 类单相多铁性材料。多铁性材料的概念是瑞士的 Schmid 在 1994 年明确提出的。在多铁性材料中，由于多种有序性的共存，会导致新的耦合作用，如在铁电性和铁磁性共存的磁电多铁性材料中，电有序与磁有序的共存导了材料的磁电耦合性质，材料的磁化强化 M 可以被外加电场调控，材料的电极化强度 P 可以被外加磁场调控。单相多铁性材料依据其磁有序和铁电有序来源的相关性可分为 I 类单相多铁性材料和 II 类单相多铁性材料。在 I 类单相多铁性材料中，体系的磁有序和铁电有序来源于不同的结构单元，如在 $BiFeO_3$ 中，铁电性来源于 Bi 上标离子的孤对电子，而其磁性来源于 Fe^{3+} 晶格。I 类单相多铁性材料通常会表现出较强的铁电性，但由于磁有序和铁电有序来源不同，两者通过晶格伸缩或晶格应力相互耦合，因而会表现出较弱的磁电耦合效应。与之相对应，II 类单相多铁性材料中磁有序和铁电有序来源于同一结构单元，即铁电性直接由自旋有序诱导产生，如在 $TbMnO_3$ 中，在较低温度下出现的螺旋自旋序诱导出了材料的铁电性。在 II 类单相多铁性材料中，体系的铁电性和磁性的关联是本征的，因此其磁电耦合关联较强，但目前已知的 II 类单相多铁性材料的铁电性相对都较弱。

磁电耦合效应 [magnetoelectric effect]　材料中电极化与磁化之间相互调控的现象，即磁场 H 可以调控电极化 P，反之，电场 E 可以调控磁化强度 M。包括正磁电耦合和逆磁电耦合。其中，磁场 H 对电极化强度 P 的影响称为正磁电耦合效应，电场 E 对磁化强度 M 的影响称为逆磁电耦合效应。早在 1894 年，P. Curie 就基于对称性考虑，首次讨论了固体材料中磁和电性质的内在关联行为。大约 50 年后，Landau 和 Lifshitz 从群论的角度揭示了线性磁电效应的必需条件，即时间反演对称性的破缺，因为物质磁性的产生对应着时间反演对称性的破缺。随后在 Cr_2O_3 等多种实际材料中观察到磁电耦合效应。根据 Landau 的理论，单相晶体材料的磁电耦合自由能可写为

$$F(\boldsymbol{E},\boldsymbol{H}) = F_0 - P_i^S E_i - M_i^S H_i - \frac{1}{2}\varepsilon_0\varepsilon_{ij}E_iE_j$$
$$- \frac{1}{2}\mu_0\mu_{ij}H_iH_j - \alpha_{ij}E_iH_j - \frac{1}{2}\beta_{ijk}E_iH_jH_k$$
$$- \frac{1}{2}\gamma_{ijk}H_iE_jE_k - \cdots$$

其中 $\boldsymbol{E}$ 和 $\boldsymbol{H}$ 分别为电场和磁场。自由能对电场求偏导可得到电极化强度 P：

$$P_i(\boldsymbol{E},\boldsymbol{H}) = -\frac{\partial F}{\partial E_i} = P_i^S + \varepsilon_0\varepsilon_{ij}E_j + \alpha_{ij}H_i$$
$$+ \frac{1}{2}\beta_{ijk}H_jH_k + \gamma_{ijk}H_iE_j + \cdots$$

自由能对磁场求偏导可得到磁化强度 M：

$$M_i(\boldsymbol{E},\boldsymbol{H})=-\frac{\partial F}{\partial H_i}=M_i^S+\mu_0\mu_{ij}H_j+\alpha_{ij}E_j$$

$$+\beta_{ijk}E_iH_j+\frac{1}{2}\gamma_{ijk}E_jE_k+\cdots$$

其中 P^S 和 M^S 分别表示自发电极化强度和自发磁化强度，ε_0 和 μ_0 为真空介电常数和真空磁导率，ε_{ij} 和 μ_{ij} 为相对介电常数和相对磁导率。张量 α 为线性磁电耦合系数。β 和 γ 为高阶磁电耦合系数，一般情况下其数值远小于线性耦合系数 α，通常可忽略。实验上，由铁电材料和铁磁材料组成的复相材料也可观察到磁场对电极化的调控或电场对磁化的调控，这就是磁电耦合效应。实验上一般采用 $\alpha_E=\dfrac{\partial E}{\partial H}$ 来表示正磁电耦合效应的大小，采用 $\alpha_B=\dfrac{\partial B}{\partial V}$ 来表示逆磁电耦合效应的大小。

自旋失措 [spin frustration]　在通常的磁性材料中，由于磁性交换作用的影响，自旋总是按照某种规则的排列以使得能量最低。如铁磁交换作用使得自旋都平行排列时能量最低，反铁磁交换作用使得最近邻自旋反平行排列时能量最低。但如果材料具有某种特殊的几何结构（如三角形结构），在相应交换作用影响下（如反铁磁交换作用），某些晶格位置的自旋无论朝上（spin up）还是朝下（spin down）能量都是相同的，即自旋没有一个能量最低的方向，这种情况被称之为自旋失措。如下图所示，在三角形格位中，若相邻自旋为反铁磁交换作用，当其他两个自旋呈现反平行排列时，第三个自旋无论朝上还是朝下，都只能和另外两个自旋中的一个反平行，而和另一个自旋平行，能量都相同，即第三个自旋无法同时使得和其他两个自旋间的交换作用能都达到最小。这一效应实际会影响晶格中的每一个自旋，从而造成基态的多重简并，也可能使得材料中实际自旋呈现出较为复杂的非共线自旋结构。

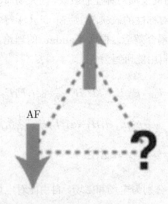

DM 相互作用 [DM interaction]　1958 年，I. Dzyaloshinsld 在研究 α-Fe$_2$O$_3$ 等弱铁磁体时就提出在反铁磁体中存在一种各向异性的相互作用使磁矩倾斜进而造成弱铁磁性。随后，T. Moriya 利用 Anderson 超交换作用的微扰方法给予了微观的理论依据，并给出了这种作用的具体形式：

$$H_{DM}=\sum_{ij}\boldsymbol{D}_{ij}\cdot(\boldsymbol{S}_i\times\boldsymbol{S}_j)$$

其中 $\boldsymbol{D}_{ij}$ 是 DM 相互作用矢量，依赖于材料的晶体对称性，$\boldsymbol{S}_i$ 和 $\boldsymbol{S}_j$ 代表不同格点的自旋矢量。这种相互作用被称为 Dzyaloshinski-Moriya（DM）相互作用。DM 相互作用是超交换作用在考虑自旋轨道耦合作用之后的一种相对论修正。DM 相互作用倾向于形成非共线自旋序。这种相互作用不仅存在于反铁磁体中，而且也存在于其他磁有序材料中，其对材料性质会产生非常重要的影响，使得材料表现出一些新的性质。由于 DM 相互作用矢量 $\boldsymbol{D}_{ij}$ 与晶体对称性有关，当材料中出现非共线自旋序时，有可能会引起晶格畸变，这一现象也被称为逆 DM 相互作用。逆 DM 相互作用是 II 类单相多铁性材料中自旋序诱导铁电极化的一种物理机理。例如在 RFeO$_3$ 材料中，$\boldsymbol{D}_{ij}$ 正比于 $x\times r_{ij}$，其中 r_{ij} 是连接相邻磁性离子的单位向量，x 是氧离子偏离磁性离子连线的位移。当材料中出现螺旋磁序时，若所有近邻自旋对的矢量自旋手性 $\boldsymbol{S}_i\times\boldsymbol{S}_j$ 符号相同，氧原子在逆 DM 作用下朝同一个方向偏离于自旋链，因而诱导出垂直于自旋链方向的电极化。

9.3　半导体物理

半导体 [semiconductor]　电导率介于金属和绝缘体之间的物体。半导体的电子能带与绝缘体相似，有导带、价带和禁带，但半导体的禁带宽度（带隙）较小。与金属中只有电子这一种载流子不同，半导体中有电子和空穴两种载流子。半导体的能带结构决定了它对电、热、光、磁和声等外界条件有很强的敏感性，从而形成多种半导体效应。利用这些效应可制成具有各种功能的半导体器件。通过先进的半导体工艺技术可以将许多半导体器件制备在一起形成具有某种功能的半导体集成电路，其单个芯片上的器件集成度当前可达 1 个亿，有的甚至到几十和上百亿。正是这些具有多种多样功能的半导体器件和集成电路，为现代高度发达的电子信息和计算机科学技术提供了强大的物质基础。

半导体物理学 [semiconductor physics]　首先以量子力学、统计物理和凝聚态物理为基础阐述了半导体中电子的能量状态及其随动量的变化，即电子能带结构，及其电子的分布，在此基础上，深入分析半导体材料的电学、磁学、光学、热学和声学等各种性质，探究各种不同半导体器件的特性和工作原理的学科

半导体材料物理学 [physics of semiconductor materials]　半导体材料是半导体科学技术发展的基础，半导体材料的电、热、光、声和磁等物理特性的研究推动了电子信息和计算机事业的发展。材料的结构决定了材料的性质，材料

的结构包括材料的成分和构形。半导体材料的性质可以通过各种各样的材料参数来描述，例如，表达半导体材料电学性质的参数有载流子浓度、迁移率和载流子寿命等。半导体材料的种类繁多，有无机半导体和有机半导体；元素半导体和化合物半导体；单晶态、多晶态和非晶态半导体。研究半导体材料结构和性质的关系，从而提高材料的性能和探索新功能的半导体材料，是半导体材料物理学的使命。

半导体器件物理学 [physics of semiconductor devices]　研究各种半导体器件的性能及其工作原理的学科。由于半导体对电、热、光、磁、声等外界条件高度敏感，利用半导体的各种效应，可以制成不同功能的半导体器件，为以电子信息和计算机科学技术为代表的现代科技奠定了基础。半导体器件按性能划分，在纯电学性能方面有整流、开关、振荡和放大等元器件；在光电性能方面有光敏电阻、光电探测器、光电池等；在发光性能方面有电致发光和光致发光器件等；在热电性能方面有温差发电、温差制冷等器件；与磁学性能相关的有霍尔、磁阻、光磁、热磁等器件；在与力学和声学性能相关的有压电和电致伸缩器件，等等。

元素半导体 [elemental semiconductor]　又称<u>单质半导体</u>。由一种元素构成的半导体，如锗、硅、富勒烯（C_{60} 等）、碳纳米管、石墨烯等。锗是最早被研究的半导体材料之一，获得 1968 年诺贝尔物理学奖的便是 1949 年发明的点接触锗晶体管。硅是被研究得最多应用最广的半导体材料，当今以计算机为代表的所有的电子设备，基本上都离不开硅。锗、硅三维半导体材料具有金钢石结构。碳纳米管、富勒烯、石墨烯是近三十年来新发现的半导体材料，它们是由碳原子构成的低维半导体材料。元素半导体可以通过掺杂改变其性质，例如，硅中掺硼或磷成为 n 型或 p 型硅，使电导率升高。

单质半导体 [single-element semiconductor]　即元素半导体。

化合物半导体 [compound semiconductor]　具有半导体特性的化合物，由两种或两种以上元素化合而成。通常所说的化合物半导体多指晶态无机化合物半导体，它们有确定的原子配比，具有确定的能带结构和禁带宽度。化合物半导体有二元化合物，如砷化镓、磷化铟、硫化镉、碲化铋、氮化镓等；还有多元化合物，如镓铝砷、铟镓砷磷、磷砷化镓、硒铟化铜及某些稀土化合物。其中，包括氧化物半导体如氧化锌，和有机半导体如聚乙炔、PPV、酞菁等。除晶态化合物半导体外，还有非晶化合物半导体，如玻璃态氧化物半导体。

氧化物半导体 [oxide semiconductor]　具有半导体特性的氧化物。如 MnO、Cr_2O_3、FeO、Fe_2O_3、CuO、SnO_2 和 ZnO 等。大多数氧化物半导体的主要用途是制作热敏电阻，它们的电阻值随温度的变化而显著变化，其电阻的温度系数有正有负或临界温度系数。SnO_2、ZnO、Fe_2O_3 等氧化物可用于制造半导体气敏元件，它们对某些可燃气体、有毒气体非常灵敏，目前已制出探测某些气体（如 CO、H_2、C_3H_8 和易燃气体等）的气敏探测器、报警器等。近几年发展起来的 $MgCr_2O_4$-TiO_2、ZnO-Li_2O-V_2O_5 等多空结构的金属氧化物，用于制造敏感器。

III-V 族半导体 [group III-V semiconductor]　第 III 和第 V 族元素组成的化合物半导体，如砷化镓、磷化镓等。

II-VI 族半导体 [group II-VI semiconductor]　第 II 和第 VI 族元素组成的化合物半导体，如硫化镉、硫化锌等。

半导体的晶态 [crystalline state of semiconductor]　半导体有不同的晶态，如单晶、多晶、非晶和液晶。单晶半导体，整块半导体中的原子排列都处于有序状态，是一块单晶。多晶半导体由许多晶粒构成，每个晶粒中，原子的排列是有序的，呈单晶态；而各晶粒的取向不同，是无序的。非晶半导体中的原子排列短程有序，长程无序。以上各晶态的半导体皆为固体，其中原子的位置都是固定的。最为重要的半导体硅就有单晶硅、多晶硅和非晶硅三种晶态，它都可用来制作太阳能电池，用来制作硅集成电路的是单晶硅片。半导体单晶片可以沿不同的晶向切割而成，其晶面可以是（111）、（100）等。液晶半导体有一定的晶格结构，原子的排列是有序的，但原子的位置可以移动。

单晶半导体 [single crystal semiconductor]　由单一晶体构成，半导体中的原子按照统一的周期性排列的半导体，是一种理想的晶态。而在实际的单晶半导体中，允许小角度的晶粒间界存在。

多晶半导体 [polycrystal semiconductor]　由若干个晶体取向不同的小晶粒构成的半导体。若多晶半导体的晶粒尺寸为纳米尺度，则称为纳米晶体，简称纳米晶。多晶半导体具有较高的应用价值，例如，纳米晶 TiO_2 太阳能电池具有工艺简单、价格低廉、光电效率高及性能稳定等优点。

多晶硅 [polycrystal silicon]　单质硅的一种形态。熔融的单质硅在过冷条件下凝固时，硅原子以金刚石晶格形态排列成许多晶核，如这些晶核长成晶面取向不同的晶粒，则这些晶粒结合起来，就结晶成多晶硅。

非晶半导体 [amorphous semiconductor]　又称<u>无定形半导体</u>、<u>玻璃半导体</u>。原子排列具有短程有序性，而长程是无序的，并非周期性排列的半导体。非晶半导体可用作太阳能电池、传感器、光盘和薄膜晶体管等。

无定形半导体 [amorphous semiconductor]　即非晶半导体。

玻璃半导体 [glass semiconductor]　即非晶半导体。

液态半导体 [liquid semiconductor]　又称液晶。具有液体的流动性，在一定的温度范围内分子呈规则排列，具有晶体各向异性的物理性质的半导体。是一种有机化合物，例如联苯液晶、苯基环己烷液晶及酯类液晶等。液晶物质的分子呈各向异性，具有强的电偶极矩的容易极化的特征，因此，受电场、磁场、热及声能等的刺激时，都能很灵敏地引起光学效应。利用这些效应，可以制成各类传感器，如电磁场传感器、加速度传感器、电压传感器、超声传感器、温度传感器和激光传感器等。液晶作为数字显示器广泛用于电子手表、计算器及仪表等，其特点是，低压驱动，功耗小，一般只需几微瓦）。液晶半导体可用于大屏幕显示。

液晶 [liquid crystal] 即液态半导体。

半导体的晶体结构 [crystal structure of semiconductor] 晶态半导体有确定的晶体结构，这一方面指有确定的成分结构，即由确定种类的原子构成，且具有确定的原子配比；另一方面指确定的空间结构，即各原子之间的相对位置确定。半导体有多种多样的晶体结构，半导体的晶体结构决定了半导体的电子能带和基本物质性质。例如，锗、硅晶态元素半导体具有金刚石结构，砷化镓晶态化合物半导体具有闪锌矿结构，氮化镓半导体具有纤维锌矿结构等，这些为三维晶态半导体。石墨烯为二维晶态半导体，具有石墨单层结构；碳纳米管为一维管状结构；聚乙炔由一维的分子链构成；C_{60}分子是零维的球状结构，这些属低维半导体。

金刚石结构 [diamond structure] IV族的元素半导体硅和锗具有金刚石结构。以硅晶体为例，硅是四价的，每一个硅原子与 4 个硅原子相邻，形成正四面体结构，整个晶体的晶胞，可以看成是两个面心立方晶胞沿着对角线相互移动对角线长的四分之一而形成的，如图所示。如此晶体结构与金刚石的晶体结构相同，被称为金刚石结构。

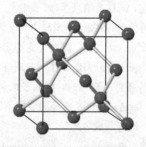

闪锌矿结构 [sphalerite structure] 金刚石结构相似，其不同在于，金刚石结构由同一元素的原子构成；而闪锌矿结构由两种不同元素的原子构成，是由两个以不同元素原子构成的面心立方晶体沿着对角线相互移动对角线长的四分之一而形成的，因此相邻两个原子为异质原子。III-V族化合物半导体通常是闪锌矿结构。

共价键 [covalent bond] 以金刚石结构的半导体材料硅为例，每一个硅原子有 4 个价电子，每一个硅原子与四个硅原子相邻。硅原子的每一个价电子与相邻的一个硅原子的价电子电子云相互重叠，自旋方向相反，稳定地结合在一起。如此一对电子与相应的一对硅原子实之间有强大的吸引力，从而形成一个稳定的键。这一对价电子为两个硅原子所共有，故称为共价键。每个硅原子周围有四个共价键，共 8 个电子，形成稳定壳层结构。在这样的半导体中，原子不带电，共价键中电子云的分布是对称的，没有极性，故称为非极性共价键。

离子键 [ionic bond] 正电性元素，其原子的价电子少，有失去价电子的趋势，如碱金属。而负点性元素，有获得电子而使外层电子饱和的趋势，如卤素。当它们接近到一定程度时，前者失去电子，后者得到电子，分别成为正离子和负离子，正负离子之间由于库仑引力形成稳定的化学键，称为离子键。离子键化合物通常以晶体形式存在，在离子键作用下组成的晶体称为离子晶体。在实际的离子键化合物中常混有百分之几的共价键。NaCl 晶体是典型的离子晶体，具有纯粹的离子键，晶体中只有正离子 Na^+ 和负离子 Cl^-，不存在单个的分子。由于库仑力是长程力，各个离子都受到晶体中所有其他离子的作用，因而离子键没有方向性和饱和性。在 NaCl 晶体中每个钠离子 (Na^+) 周围有 6 个氯离子 (Cl^-)，同样，每个氯离子 (Cl^-) 周围有 6 个钠离子 (Na^+)，Na^+ 与 Cl^- 在空间以同样的方式相间排列，组成的晶体是电中性的。离子键的强弱可用离子晶体的结合能或晶格能的高低来衡量。完全独立的原子结合成最低能态的离子晶体时，释放出来的能量称为结合能。而处于最低能态的离子晶体离解为完全独立的正负离子时，从外界吸收的最小能量叫作晶格能，两者都为 eV 数量级，但后者比前者高，如 NaCl 晶体，结合能为 3.3eV/原子（75kcal/mol），晶格能在 5.0eV/原子（115kcal/mol）以上。结合能或晶格能越高，离子键就越强、越牢固。由于离子晶体的结合能较高，在 3~5eV/原子，离子键比较强，因而离子晶体具有较高的硬度、熔点和沸点。

悬挂键 [dangling bond] 在半导体材料中，由于表面、界面以及内部空位或微孔的存在使得原子周围邻近原子配对数不足而出现未成对的电子，形成不饱和的化学键。悬挂键可以释放未成键的电子或接受电子形成施主或受主态，其对应产生的能级均在禁带中。可以通过电子自旋共振等实验来观测研究悬挂键。

sp^2 电子杂化轨道 [sp^2 electronic hybrid orbital] 以二维半导体石墨烯为例。C 原子有 4 个价电子，分别为 $2s$、$2p_x$、$2p_y$ 和 $2p_z$。在石墨烯晶体中，每个 C 原子与相邻的 3 个 C 原子构成共价键，如图所示。其电子结构是，每个 C 原子的一个 s 电子轨道与两个 p 电子轨道杂化，形成 3 个对称的 sp^2 杂化轨道，如图 2 所示。如此 3 个价电子称为 σ 电子，与相邻 3 个 C 原子的 σ 电子形成共价键，如此构成石墨烯的二维晶体结构。

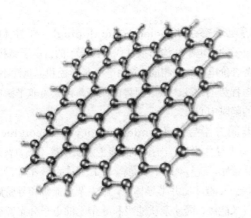

sp³ 电子杂化轨道 [sp³ electronic hybrid orbital] 以宽禁带 C 元素半导体金刚石为例。C 原子有 4 个价电子，分别为 2s、$2p_x$、$2p_y$ 和 $2p_z$。在金刚石晶体中，每个 C 原子与相邻的 4 个 C 原子呈正四面体结构。其电子结构是，每个 C 原子的 4 个价电子轨道杂化形成正四面体结构的 sp³ 杂化轨道，这样的 4 个价电子称为 σ 电子，与相邻四个 C 原子的 σ 电子形成共价键，如此构成金刚石晶体结构。

σ 电子 [σ electron] 以金刚石为代表的三维半导体中 sp³ 杂化轨道中的价电子，以及以石墨烯为代表的二维半导体，和以反式聚乙炔为代表的一维半导体中的 sp² 杂化轨道中的价电子，为 σ 电子。相邻原子的 σ 电子构成共价键，其电子云局域在这一对原子的范围内，不能自由运动。原子间 σ 电子的相互作用决定了半导体晶格的弹性势能。图中所示为反式聚乙炔中的 σ 电子。σ 键是指延键轴（二原子核的连线）方向电子云以"头碰头"方式发生重叠的键。

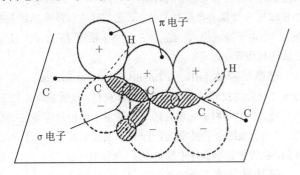

σ 键 [σ bond] 见 σ 电子。

π 电子 [π electron] 以石墨烯为例的二维半导体，和以反式聚乙炔为例的一维半导体中，每个 C 原子，除了杂化轨道中的价电子 σ 电子外，还有一个价电子，称为 π 电子。π 电子的轨道为 p 轨道，电子云呈亚铃状，垂直于由 σ 电子构成的平面。π 电子是共有化的电子，在材料中可自由运动。

π 键 [π bond] 在垂直于键轴方向电子云侧面发生重叠的键。

半导体的维度 [dimension of semiconductor] 半导体材料内载流子可自由运动的空间方向数目。物质的性质与其尺寸相关，当尺寸小到与电子的德布罗意波长 d 相比拟时，物质电、热、光、磁等性质都将发生显著的变化，量子特性将显著地表现出来。如果半导体在空间三个方向的延展尺寸都较大，称为三维半导体；如果有一个方向的延展尺寸小到与 d 相比拟，称为二维半导体；如果有两个方向的延展尺寸小到与 d 相比拟，称为一维半导体；如果三个方向的延展尺寸都小到与 d 相比拟，称为零维半导体。人们早期研究的半导体主要是三维半导体。随着制备工艺和分析手段的发展，二维、一维、零维半导体的研究不断深入，它们统称为低维半导体。半导体中的自旋是另一种值得关注的维度，其中包括电子自旋和核自旋，人们对其认识都有新的进展，例如，自旋晶体管和硅基量子计算单元的研制。

三维半导体 [three-dimension semiconductor] 半导体中载流子在空间三个方向上都可以自由运动的半导体。

二维半导体 [two-dimension semiconductor] 沿一个方向的线度很小，在 nm 甚至 Å 的量级，而另两个方向的线度较大的半导体材料。最典型的二维半导体是双层石墨烯，在垂直于石墨烯平面的方向上，其线度只有 Å 的量级；而石墨烯平面的两个方向上的线度都很大。各种人工生长（如分子束外延、MOCVD 等）的半导体薄膜，当膜厚在 nm 甚至 Å 的量级时，则为二维半导体。另一种类型的二维半导体是指半导体的表面和界面，例如硅表面和 GaAs/AlGaAs 界面的沟道层。以 n-AlGaAs/GaAs 界面为例，在 GaAs 层表面的电子势阱中有大量电子，这些电子在垂直于表面的 z 方向是局域的，而 xy 方向的是扩展的、自由的，因此被称为二维电子气。

一维半导体 [one-dimension semiconductor] 沿一个方向的线度较大，而另两个方向的线度很小，只有 nm 甚至 Å 的量级的半导体材料。由于线度很小的两个方向都显示出很强的量子性，故有时也被称为量子线。典型的一维半导体如聚乙炔分子链、碳纳米管、石墨烯纳米带等。另一种类型的一维半导体是半导体超晶格，例如 AlGaAs/GaAs 超晶格。当沿着 z 方向交替地生长厚度分别为 $b1$ 和 $b2$ 的 AlGaAs 和 GaAs 层，$b1$ 和 $b2$ 都为纳米量级，便形成 AlGaAs/GaAs 超晶格。除了 AlGaAs 和 GaAs 各自有周期为 Å 量级的三维原子晶格外，沿着 z 方向有共同的，周期为 $b1 + b2$ 的超晶格。这是沿 z 方向的一维半导体超晶格。

零维半导体 [zero-dimension semiconductor] **量子点** [quantum dot] 沿三个方向的线度都很小，只有 nm 甚至 Å 的量级的半导体材料。由于其三个方向都显现出很强的量子特性，因此，也被称为量子点。典型的零维半导体如硅的纳米颗粒、C_{60} 分子、石墨烯量子点等。

本征半导体 [shallow level semiconductor] 通常指晶格完整且不含杂质的半导体。参与导电的电子和空穴的数目相等。

掺杂半导体 [doped semiconductor] 又称杂质半导体。掺入杂质的纯净的半导体。半导体中的杂质在半导体的禁带中形成杂质能级，根据杂质能级在禁带中的位置，可将杂质分为浅能级杂质和深能级杂质。浅能级杂质的杂质能级离导带底或价带顶较近。深能级杂质的杂质能级离导带底或价带顶较远。浅能级杂质在室温下便能离化，离化能为杂质能级与导带底或价带顶的能量差。离化而放出电子的称为施主杂质，如硅中的磷；获得电子的称为受主杂质，如硅质的硼。深能级杂质在半导体中可俘获电子或空穴，如只俘获和释放一种载流子电子（或空穴），则为电子陷阱；如能分别俘获电子和空穴，从而使电子和空穴复合，则为复合中心，如硅中的金。如杂质原子位于本征半导体晶格原子的间隙处，称为间隙式杂质；如替代了原晶格原子的位置，则为代位式杂质。而像聚乙炔这样由一维分子链构成的聚合物半导体，掺入的杂质通常位于分子链之间，它们同样可以与分子链交换电子，从而起施主或受主作用。

杂质半导体 [impurity semiconductor] 即掺杂半导体。

n 型半导体 [n-type semiconductor] 又称电子型半导体。多数载流子为电子的半导体。当本征半导体中掺入施主杂质，因施主杂质能级（E_D）靠近导带底（E_C），其离化（$E_C - E_D$）很小，故在室温下大部份施主杂质已离化，提供了大量的自由电子，使半导体中的自由电子浓度远大于空穴浓度，自由电子为多子，空穴为少子。例如，在纯净的硅晶体中掺入 V 族元素（如磷、砷、锑等），使之取代晶格中硅原子的位置，就形成了 n 型半导体。n 型半导体的费米能级 E_F 位于禁带的上半部，掺入的施主杂质浓度愈高，提供的自由电子的数目愈多，费米能级愈靠近导带底，甚至可以进入导带。

电子型半导体 [electron semi conductor] 即 n 型半导体。

p 型半导体 [p-type semiconductor] 又称空穴型半导体。多数载流子为空穴的半导体。当本征半导体中掺入受主杂质，因受主杂质能级（E_A）靠近价带顶（E_V），其离化（$E_A - E_V$）很小，故在室温下大部份受主杂质已离化，提供了大量的空穴，使半导体中的空穴浓度远大于自由电子浓度，空穴为多子，自由电子为少子。例如，在纯净的硅晶体中掺入 III 族元素（如硼等），使之取代晶格中硅原子的位置，就形成了 p 型半导体。p 型半导体的费米能级 E_F 位于禁带的下半部，掺入的受主杂质浓度愈高，提供空穴的数目愈多，费米能级愈靠近价带顶，甚至可以进入价带。

空穴型半导体 [hole semiconductor] 即 p 型半导体。

等电子掺杂 [isoelectronic doping] 半导体中掺入杂质原子的价电子结构与被替代基原子的价电子结构相同。虽然两者价电子结构相同，但由于原子半径和电负性不同，将引起短程势的改变。该短程势的改变，会成为非平衡电子或空穴的陷阱中心。

非简并半导体 [nondegeneracy semiconductor] 以 n 型半导体为例，当掺入的施主杂质浓度不高，费米能级远离导带底，$E_C - 2KT > E_{Fn} \geq E_i$，称为 n 型非简并半导体。由于 n 型非简并半导体中，施主杂质能级和导带底都高于费米能级，因此杂质能级和导带上的电子分布都服从玻尔兹曼分布；并且在室温下杂质已基本离化，自由电子浓度基本上等于杂质浓度。

p 型非简并半导体与 n 型非简并半导体相似，将施主杂质换成受主杂质，自由电子换成空穴，E_{Fn}、E_C、E_D 换成 E_{Fp}、E_V、E_A，公式作相应变化即可。

简并半导体 [degeneracy semiconductor] 以 n 型半导体为例，随着施主杂质浓度的增加其费米能级 E_{Fn} 将不断升高，当 $E_{Fn}E_C - 2KT$ 为简并半导体：若 $E_C > E_{Fn}E_C - 2KT$，称为弱简并半导体；若 $E_{Fn}E_C$ 即费米能级进入导带，称为强简并半导体。对于 n 型简并半导体，费米能级 E_{Fn} 靠近甚至高于杂质能级 E_D，杂质的离化程度不高，但由于杂质浓度很高，因此自由电子浓度较大，材料的电导率很高。简并半导体中，导带电子服从费米分布。在简并半导体中，杂质浓度很高，杂质原子间的间距很小，杂质原子束缚的电子的波函数发生重叠，从而使孤立的杂质能级扩展为能带，通常称为杂质能带。杂质能带中电子的导电，称为杂质带导电。p 型简并半导体与 n 型简并半导体相似，只是将施主杂质换成受主杂质，自由电子换成空穴，E_{Fn}、E_C、E_D 换成 E_{Fp}、E_V、E_A，公式作相应变化即可。

硅基半导体 [silicon based semiconductor] 基于硅及其化合物发展起来的一类半导体材料，包括绝缘层上硅、应变硅、锗硅等材料，也有的将硅基量子结构材料等包括在内，是当前微纳电子领域的主干材料，凭借硅平面工艺技术的优势，在许多新型器件中都得到了广泛的应用。

碳基半导体 [carbon based semiconductor] 以碳元素为基础发展起来的一类新型半导体材料，包括共轭小分子或聚合物、石墨烯、富勒烯和碳纳米管等材料，它们在新型电子器件和光电子器件上面有着重要的应用前景。

石墨烯 [grapheme] 由碳原子以 sp^2 杂化轨道组成的六角密堆晶格结构的平面薄膜，一般是只有单层的二维材料。在 2004 年，英国曼彻斯特大学物理学家安德烈·海姆和康斯坦丁·诺沃肖洛夫首先成功地在实验上获得的，也因此获得了 2010 年诺贝尔物理学奖。石墨烯具有很多优异的材料性能,包括其硬度、光透过率、导电导热性能等,目前受到了广泛地关注和研究。

富勒烯 [fullerene] 一种碳的同素异形体,是全部由碳组成的中空分子,其可以以球状、椭圆状等笼状结构等形式存在。由于它的结构受到建筑学家巴克敏斯特·富勒设计作品的启发,因此为了纪念,称之为富勒烯,也称为巴基球。富勒烯的基本键合结构与石墨类似,但石墨的结构中只有六元环,而富勒烯中可能存在五元环,甚至七元环。碳的同素异形体以前只有石墨、钻石、无定形碳,富勒烯的发现极大地拓展了碳的同素异形体的数目。也为后面其他碳基材料的出现打下了基础。克罗托、科尔和斯莫利由于发现和确认了富勒烯结构而获得了 1996 年度诺贝尔化学奖。

碳纳米管 [carbon nanotube] 全部由碳组成的管状材料,其管的半径在纳米量级,长度一般在微米量级,有单层和多层之分。组成碳纳米管的碳原子主要是呈六边形排列,形成网状结构构成单层或数十层的同轴圆管。它是由日本的科学家饭岛澄男首先发现的,由于其半径在纳米量级,是一种一维量子材料,与石墨、金刚石等相比有着独特的性质,因此引起了人们极大的关注。

玻璃半导体 [glass semiconductor] 具有类似玻璃一样特性的具有无定形结构的半导体材料。包括由无机氧化物和过渡金属离子(如铁、铜、钒等)组成的氧化玻璃半导体和以 VI 族元素为主要成分的半导体非氧化物材料,如碲-锗共熔体、硫砷、硒砷等(也被称为硫系玻璃)。以 IV 族元素为主要成分的非晶半导体,如非晶硅、锗等有时也被归为玻璃半导体。玻璃半导体在外界作用下,其物理或化学性质电学性质(如电阻率、透过率、溶解度等)会有显著的变化,因此有可能广泛地应用在存贮器件、光记录器件、静电复印和太阳能电池等方面。

聚合物半导体 [polymer semiconductor] 由以组合 π-轨道为主要电荷载流子输运通道的单体聚合成链状结构的大分子所构成的材料,其具有半导体性质,电导率在 $10^{-8} \sim 10^3$ S/cm 范围内。聚合物半导体具有易于分子设计和合成的特点,并且具有良好的光学、电学性能,因此发展十分迅速,特别是在制作发光二极管、场效应管等器件方面,已开始步入实用阶段。聚合物半导体通过掺杂还可以使得聚合物半导体电导率大幅提高成为良导体,即成为导电聚合物,目前这种材料的主要问题是稳定性较差。

基态简并聚合物半导体 [ground state degeneracy polymer semiconductor] 聚合物是由单体聚合而成具有链状结构的大分子所构成的材料,聚合物半导体指具有半导体性质的聚合物,电导率在 $10^{-8} \sim 10^3 (\Omega \cdot cm)^{-1}$ 范围内。聚合物半导体的禁带宽度与无机半导体的禁带宽度相当,例如,反式聚乙炔的禁带宽度为 1.5eV。掺杂和光照可以使聚合物半导体的电导率提高几个量级。取向化了的反式聚乙炔经掺杂后,沿分子链方向的电导率和铜属同一数量级。高电导率的聚合物被称为导电聚合物。聚合物半导体可用来制作发光二极管、场效应管等器件,其制备工艺简单、价格低廉、易成大面结,且便于分子设计,因而受到普遍重视。聚合物半导体发展十分迅速,并已开始步入实用阶段。但由于其稳定性较差,目前应用还受到一定限制。在基态简并的聚合物中,孤子是其特有的元激发,以反式聚乙炔为代表,没有发光特性。

有机半导体 [organic semiconductor] 具有半导体特性,特别是具有类似半导体导电能力的有机材料,主要包括有机物、聚合物和给体-受体络合物三类。根据分子结构单元的重复性,有机半导体材料可分为小分子型和高分子型两大类。和无机半导体材料中的载流子是电子和空穴不同,有机半导体中的载流子的类型和输运过程更为复杂。有机半导体可用掺杂方法改变其导电类型并在很宽的范围内调控电导率,材料制备过程简单,可以制作在柔性衬底上,因而在许多应用上有自己独特的作用。

派尔斯形变 [Peiels distortion] 对于准一维晶格体系,其形成能带后如果电子没有完全填满,其原来的原子排列是不稳定的,这是由派尔斯首先指出的,因此称之为派尔斯不稳定性。为了形成稳定的结构,原子会发生一定的位移,原来等距的晶格就会产生形变,使得体系的总能量降低,称为派尔斯形变。例如在聚乙炔中就存在派尔斯形变,这种形变虽然会增加弹性能,但降低了电子的能量,当两者达到平衡时形成稳定的晶格结构。

二聚化 [dimerization] 由于在准一维晶格体系中存在着不稳定性(派尔斯不稳定性),原来均匀的晶格间距要发生交替的变化,即相邻的原子会分别向左右各自移动,以降低体系的总能量,形成稳定的一维晶格结构。这种由于原子的移动导致原子重新配对组成新的原胞,并使得晶格常数增大一倍的过程称为二聚化。

电子晶格耦合体系的元激发 [elementary exitation of electron-lattice coupling system] 在聚合物半导体分子链中形成孤子或极化子时,电子状态的改变与晶格状态的改变相伴发生,它们是电子和晶格耦合体系的元激发,是一类新的载流子。这类新载流子的发现是 20 世纪后期凝聚态物理的重要研究成果之一。

孤子 [soliton] 又称孤立波。一种特殊形式的超短脉冲波,其在传播过程中形状、幅度和速度都维持不变。在导电聚合物中,苏武沛、黑格等提出了孤子模型解释了聚乙炔中的导电性质,如图所示,他们认为在具有简并基态(A 相和 B 相)的聚乙炔中,在一定的激发下,原本是 A 相的结构中会出现一段 B 相,形成一对过渡结构的正反畴壁,这种畴壁是一种元激发,具有局域性,可以在碳链上移动,而不使体系结构发生变化，因此是一种孤子，它们在外加电场的作用下可以移动，因此是载流子，且是成对出现的。孤子能级的出现，使它成为特殊的载流子。当孤子被激发后，体系电子总数不变，仍为电中性，因此该孤子不带电，电荷数量为零。但在孤子能级上只有一个电子，具有自旋 $\pm 1/2$。

```
        A相              B相              A相
     C   C   C   C    C   C   C   C    C   C   C
      ‖  |   ‖  |   ⋰   ⁚  ⁚   /  ‖  ⋱   ‖  /  ‖  ‖
     C   C   C   C    C   C   C   C    C   C   C
              孤子                     反孤子
```

孤立波 [solitary wave] 即孤子。

孤子有效质量 [effective mass of soliton] 由于孤子是一种局域态，更具粒子性，其动能可以表示为 $M_s V^2/2$，其中 M_s 被称为孤子的有效质量，$M_s = (4a/3\xi_o)(u_o/a)^2 M$，$a$ 是晶格常数，ξ_o 是孤子的半宽度，u_o 是位移量，而 M 是基团的质量。

极化子 [polaron] 由于晶体中的电子–声子耦合作用，晶体中的载流子产生的电场会使周围的介质极化并导致晶格畸变，载流子和 "畸变" 一起运动形成的一种复合粒子。如图所示，在具有一维链状结构导电聚合物中，当其基态不简并时，不会形成孤子，而是产生极化子，因此它是导电聚合物中的一种重要的电荷载流子，可以看成是一个中性孤子和一个带电孤子的束缚状态，其中中性孤子不带电、有一个自旋，而带电孤子带电、没有自旋。

```
N/2{ ┅┅┅┅  ↑ ┅┅┅ }N/2      ┄┄┄  ↑ ┄┄┄
        ↓ 2N                   ───────────
N/2{ ═════  ═════ }N/2      ───────────
      (a)                        (b)
```

孤子晶格 [soliton lattice] 对聚合物有机半导体可以进行掺杂改变其导电特性，随着掺杂浓度的增加，荷电的孤子和反孤子会在一维链状结构上周期性地交替排列的状态。孤子晶格将孤子能级展宽成孤子能带。

极化子能级 [polaron level] 极化子可以看成是一对孤子和反孤子的束缚状态，它会在禁带中引入两个极化子能级，可以理解为一对束缚的孤子相互作用使孤子能级一分为二。

激发能 [excitation energy] 粒子从基态到激发态所需要的能量。一般情况下粒子处于能量低的基态，当粒子从外界吸收一定的能量时，就可能从基态跃迁到激发态。广义而言，粒子从一种量子状态跃迁到另一种状态所需要的激发能量都可以称为激发能。

孤子激发能 [soliton excitation energy] 电子从价带跃迁到孤子能级时，体系所需要的激发能量，它主要包括电子由价带顶跃迁到孤子能级所需的能量、激发孤子所引起价带电子能量的改变和晶格弹性能的改变等几部分。

极化子激发能 [polaron excitation energy] 电子从价带跃迁到极化子能级时，整个体系所需要的激发能量。

半导体能带 [energy band of semiconducter] 半导体的能带分导带和价带，中间有禁带将其隔开。在绝对零度下基态时，价带填满电子，导带全空。金属与其不同，基态时，导带处于半填满状态。半导体与绝缘体的不同在于，半导体的禁带宽度相对较窄，但其界限是相对的，因研究对相象的不同而有所不同。

导带 [conduction band] 自由电子所处的能量状态，其能量是准连续的，其中的电子能导电，故称为导带。导带底是导带的最低能量，可看成是自由电子的势能。导带底与真空电子能级的能量差称为半导体的亲和能，是将一个电子从半导体的导带底移到真空中所需的能量。这是半导体材料的一个特征参量，在半导体器件的设计和特性分析中起重要作用。对于本征半导体，在绝对零度下，导带是全空的，没有电子，不导电。随着温度的升高，价带的电子被激发到导带。温度愈高，导带的电子愈多，导电能力愈强。半导体中掺入施主杂质或光，可以为导带提供电子。半导体制成 MS（金属–半导体）结或 pn 结，加上正向偏压，也可以向半导体导带注入电子。

价带 [valence band] 半导体中价电子的能量状态，由于价电子的能量状态是准连续的，故称之为价带。本征半导体在绝对零度时，价带中填满了电子，这些电子不能运动，则不导电。例如在硅晶体中，如果所有共价键中都填满了电子，则这些价电子都不导电。随着温度的升高，价带中的少数电子激发到导带，在价带中留下空穴，空穴是带正电的载流子，可导电。例如，硅晶体的共价键中如缺少电子形成空穴，在外电场的作用下，价电子在空穴间运动，就像带正电的空穴在电场下运动，从而导电。半导体受热激发和光激发都能使价带中的电子跃迁到导带，在价带中形成空穴。半导体掺入受主杂质，也可在价带中形成空穴。

禁带 [forbidden band] 价带和导带之间的能态密度为零的能量区间。

半导体带隙 [band gap of semiconductor] 半导体中导带底和价带顶之间的能量之差。

宽带隙半导体 [wide-band semiconductor] 泛指禁带宽度相对较宽的半导体材料。对宽带隙并没有严格的界定，一般把室温下带隙大于等于 2.0eV 的半导体材料归类于宽带隙半导体，也称宽带带或宽能隙半导体。例如，宽带隙半导体磷化镓 GaP 的禁带宽度 E_g 为 2.26eV。宽带隙半导体材料用於蓝光、紫光和紫外光的光学和光电器件，并用於高温、高功率等电子器件。GaP、GaN、SiC 和金刚石等都是宽带隙半导体。

窄带隙半导体 [narrow-band semiconductor] 又称窄禁带半导体，窄能隙半导体。禁带宽度相对较小的半导体材料。目前，窄带隙只是个相对的概念，并没有非常明确的数量界定，有人将禁带宽度小于等于 0.50eV 作为窄带隙的标准；也有人将室温 ($T = 300$K)kT 值 (0.026eV) 的 10 倍，即 0.26eV 作为窄带隙的上限。例如锑化铟 InSb（E_g 为 0.18eV）、硒化铅 PbSe（E_g 为 0.29eV）和碲化铅 PbTe（E_g 为 0.32eV），以及三元化合物 $Hg_{1-x}Cd_xTe$ 等都是窄带隙半导体。窄带隙半导体材料用于红外和远红外光学和光电子器件。

窄禁带半导体 [narrow-band semiconductor] 即窄带隙半导体。

扩展态 [extended state] 半导体能带中的电子是共有化的，可在晶体中自由运动，称为准自由电子，其波函数可用布洛赫（Bloch）函数表示，$\psi k(x) = uk(x) e^{2\pi kx}$。这是波矢量为 k 的平面波，其振幅 $uk(x)$ 是以晶格周期为周期的周期函数。电子在晶格中出现的概率到处相同，故称之为扩展态。

局域态 [localize state] 半导体禁带中的孤立能级，通常是因为杂质或缺陷的存在，破坏了晶格的周期性而形成的。这些孤立能级上的电子，其出现概率局限在相应的杂质或缺陷周围，不能自由运动，这样的电子状态称为局域态。

隙态 [state in gap] 全称带隙态。位于禁带中的电子态。是一种局域态，通常由杂质和缺陷产生。半导体表面产生的表面态也在表面的禁带中，也是隙态。

直接跃迁 [direct transition（vertical transition）] 本征直接跃迁包括带内本征跃迁和带间本征跃迁。带内本征跃迁指导带或价带内不同能级之间的电子跃迁，如图中③的 f 及其逆过程。带间本征跃迁指半导体中导带与价带之间电子的跃迁，如图中②的 d 和 e 及其逆过程。通常所说的直接跃迁主要指带间本征跃迁。当一个电子从价带跃迁到导带时，产生一对能导电的电子和空穴，这是一对载流子的产生过程。当一个电子从导带跃迁到价带时，一对能导电的电子和空穴消失，这是一对载流子的复合过程。在热平衡情况下，上述产生与复合过程互相抵消，作为载流子的电子和空穴浓度保持不变。本征跃迁中最为重要的是导带底与价带顶之间电子的跃迁。由于间接带隙本导体（如 Si）的导带底和价带顶不在 k 空间的同一位置，即动量不同，故导带底与价带顶之间电子跃迁同时必须有声子参与，即吸收或放出声子，以保持动量守恒，因此，跃迁概率必然很低。而直接带隙半导体（如 GaAs）的导带底和价带顶在 k 空间的同一位置，即动量相同，故导带底与价带顶之间电子跃迁无须声子参与，因此，跃迁概率较高。

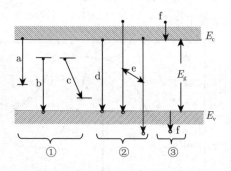

直接带隙半导体 [direct band gap semiconductor] 半导体的带隙是导带与价带之间的能隙，是导带底和价带顶之间的能量差。如果导带底和价带顶在 k 空间中的位置相同，即它们的 k 值相同，则称为直接带隙半导体。例如III-V族半导体 GaAs 和II-VI族半导体 CdTe。下图是 GaAs 的能带示意图，其导带底和价带顶都在 k 空间的原点 Γ 点，皆为直接带隙半导体。

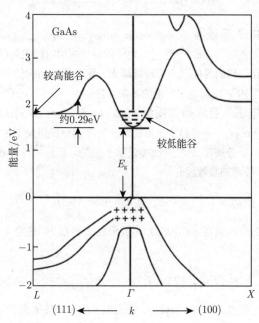

间接跃迁 [indirect trasition] 不是直接在导带和价带间进行跃迁，而是通过半导体禁带中的某些能级的跃迁，其中包括导带或价带与禁带中能级之间的电子跃迁，如图 7 中的 a 和 b 及其逆过程，以及禁带中能级之间的跃迁，如图 7 中的 c 及其逆过程。一般涉及间接跃迁的禁带中的能级由半导体晶体中的杂质或缺陷所产生的深能级。

间接带隙半导体 [indirect band gap semiconductor] 如果导带底和价带顶在 k 空间中的位置不同，即它们的 k 值不同，则为间接带隙半导体。例如四价的元素半导体硅和锗。下图是硅的能带图，其价带顶在布里渊区中心 Γ 点，而硅的导带底不在 Γ 点，而是在 [111] 方向的 L 点。硅和锗都属间接带隙半导体。

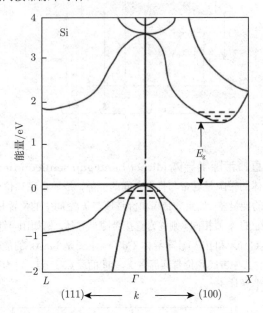

电子等能面 [electronic constant energy suface] 简称等能面。三维 k 空间中,电子能量相同的点围成的面。半导体锗、硅的等能面为旋转椭球面,体现了由结构的各向异性产生的 k 空间电子能量的各向异性。

电子、空穴有效质量 [effective mass of electron and hole] 半导体中作为载流子的电子一般情况下位于导带底。导带底在 k 空间的能量极小值处,设此处 $k=0$。将 $E(k)$ 按泰勒级数展开

$$E(k) = E(0) + (\mathrm{d}E/\mathrm{d}k)k + (\mathrm{d}^2E/\mathrm{d}k^2)k^2/2 + \cdots$$

极值处一次微商 $\mathrm{d}E/\mathrm{d}k$ 为 0,且附近 k 值很小,忽略 k 的高次项,可得

$$E(k) - E(0) = (\mathrm{d}^2E/\mathrm{d}k^2)_{k=0}k^2/2 \quad (1)$$

视极小值处的 $E(0)$ 为位能,若设电子的有效质量为

$$m_\mathrm{n}^* = h^2/(\mathrm{d}^2E/\mathrm{d}k^2)_{k=0} \quad (2)$$

则电子的动能 $E(k) = h^2k^2/2m_\mathrm{n}^*$。

如此,便可将导带底的电子视为有效质量为 m_n^* 的自由电子。在外力(如电场力)的作用下,该电子的加速度为 $a = \mathrm{d}v/\mathrm{d}t = f/m_\mathrm{n}^*$

$$f = m_\mathrm{n}^*a$$

此式与牛顿运动定律相似。于是,可将导带底的电子视为有效质量为 m_n^* 的准经典粒子。其实,电子除受外力 f 的作用外,还受晶格周期性势场的作用。引进有效质量,将晶格周期性势场的作用纳入有效质量 m_n^* 中,从而使导带的电子可视为自由的电子。

值得注意的是,由 (1) 式可以看出,在能带顶部极大值处

$$E(k) - E(0) = (\mathrm{d}^2E/\mathrm{d}k^2)_{k=0}k^2/2 < 0$$

因此

$$m_\mathrm{n}^* = h^2/(\mathrm{d}^2E/\mathrm{d}k^2)_{k=0} < 0$$

其电子的有效质量 m_n^* 为负值。另外,以硅为例,其 k 空间的等能面为旋转椭球,因此不同方向的有效质量将会不相同。

一般情况下,半导体中的空穴位于价带顶。在外力(如电场力)的作用下,价带顶空穴的运动实际上是价带顶电子集体的运动。在 "半导体中的电子有效质量" 词目下,已说明能带顶部电子的有效质量是负值。如果引进空穴的有效质量

$$m_\mathrm{p}* = -m_\mathrm{n}* = -h^2/(\mathrm{d}^2E/\mathrm{d}k^2)_{k=0} > 0$$

则空穴的有效质量为正值,并有

$$f = m_\mathrm{p}*a$$

可将空穴视为有效质量为 $m_\mathrm{n}*$ 的准经典粒子。如此,将晶格周期性势场的作用归纳到有效质量 $m_\mathrm{p}*$ 中,从而使价带的空穴可视为自由的载流子。

回旋共振 [cyclotron resonance] 物质由于磁场的作用而引起对电磁波的吸收现象,统称磁性共振。包括顺磁、逆磁和铁磁共振。半导体中的电子在直流和交变磁场的作用下,将沿磁场方向作匀速直线运动,同时在垂直磁场平面内作圆周运动。运动轨迹是螺旋线,当交变电磁波频率 ω 达到某一值时,会发生共振吸收,称为回旋共振。由于与电子转动相联系的磁矩方向与外磁场相反,所以是一种逆磁共振。它是研究半导体能带最直接、最有效的方法之一。

半导体中的杂质 [impurity in semiconductor] 半导体通常会在原有成分之外存在其他的成分。半导体的一个重要特性是其对自身成分的敏感性。杂质往往会对半导体性质产生重大影响。杂质有两类,一是有用杂质,另一是有害杂质。有害杂质是材料和器件的制备过程中混入的,有用杂质是有意掺入的。为了控制半导体的导电类型和电导率,人们引入施主杂质和受主杂质。为了改变半导体中非平衡载流子存在的时间,人们引入杂质作为复合中心或陷阱。不同的杂质原子在半导体中的位置不同,有的替代了半导体中原来原子的位置,这被称为代位式杂质;有的占据在原来原子间隙中,这被称为间隙式杂质。有的杂质处于离化状态,称为离化杂质。有的杂质保持电中性,称为中性杂质。

离化杂质 [ionized impurity] 见半导体中的杂质。

中性杂质 [neutrality impurity] 半导体中,处于离化状态的杂质。施主杂质向外提供出电子,自身成为带正电的离化施主杂质。受主杂质获取外部电子,成为带负电的离化受主杂质。未离化的杂质不带电,为中性杂质。

施主 [donor] 见中性杂质。

施主杂质 [donor impurity] 见中性杂质。

施主能级 [donor level] 半导体中能自身离化而提供自由电子的杂质为施主杂质，离化了的施主杂质是带正电的离子。例如，在硅中掺入的Ⅴ族元素杂质（如磷 P、砷 As、锑 Sb 等）便是施主杂质。硅是Ⅳ族元素，硅晶体中每个硅原子与相邻的四个硅原子形成共价键，构成稳定的金刚石结构。当硅晶体中掺入了Ⅴ族杂质如磷，磷原子取代了硅原子的位置，但由于磷原子外层有 5 个价电子，其中 4 个与周围硅原子形成共价键，多余的一个价电子很容易因热运动而摆脱带正电原子实的束缚，成为能导电的自由电子，剩下的磷原子实成为带正电的离子。施主杂质在半导体的禁带中形成杂质能级，施主杂质能级 E_D 靠近带底 E_C，离化能为 $E_C - E_D$。当掺杂浓度不高时（非简并情况），室温下杂质都已基本上离化，导电电子浓度等于掺杂浓度。

受主 [acceptor] 见受主能级。

受主杂质 [acceptor impurity] 见受主能级。

受主能级 [acceptor] 半导体中能自身离化而提供空穴的杂质为受主杂质，离化了的受主杂质是带负电的离子。例如，在硅中掺入Ⅲ族元素杂质（如硼 B、铝 Al、镓 Ga、铟 In 等），便是受主杂质。硅是Ⅳ族元素，硅晶体中每个硅原子与相邻的四个硅原子形成共价键，构成稳定的金刚石结构。当硅晶体中掺入了Ⅲ族杂质如硼，硼原子取代了硅原子的位置，但由于硼原子外层只有 3 个价电子，因此缺少一个电子与周围四个硅原子形成共价键，由于热运动邻近硅原子的价电子可以运动到硼原子处来弥补共价键的欠缺，而使该硅原子缺少了一个价电子，形成了一个空穴，空穴的存在使得价电子可以在共价键中运动。如有电场存在，空穴就像一个带正电的载流子在晶体中运动，起着导电作用。接受了一个电子的硼原子成为带负电的离子。受主杂质在半导体的禁带中形成杂质能级，受主杂质能级 E_A 靠近价带顶 E_V，离化能为 $E_A - E_V$。当掺杂浓度不高时（非简并情况），室温下受主杂质都已基本上离化，空穴浓度等于受主杂质浓度。

补偿半导体 [compensate semiconductor] 既有施主杂质又有受主杂质，且浓度相近，存在显著的杂质补偿作用的半导体。补偿半导体的导电类型由离化能数量较多的杂质类型决定。考虑一半导体中，有浓度为 N_D 的施主杂质和浓度为 N_A 的受主杂质，$N_D > N_A$。在室温下，杂质全部离化，该半导体呈 N 型，载流子浓度为 $n = N_D - N_A$。补偿半导体中，施主杂质和受主杂质的浓度 N_D 和 N_A 可能都很高，但其电导率往往并不高。这种高补偿度的半导体，由于杂质浓度高，破坏了晶体的完整性，使材料的性能减低。

双性杂质 [amphoteric impurity] 半导体中有些深能级杂质既能形成施主能级又能形成受主能级的杂质以硅中的汞杂质为例，其既能形成两个受主能级，又能形成两个施主能级。这些杂质的双重特性与其在晶体中的不同位置相关。

杂质能级 [impurity level] 半导体中的杂质在禁带中形成能级。施主杂质靠近导带底，受主杂质靠近价带顶，为浅能级。相应的杂质称为浅能级杂质。施主能级 E_D 与导带底 E_C 之差 $E_C - E_D$ 为施主杂质的离化能。受主杂质 E_A 与价带顶 E_V 之差 $E_A - E_V$ 为受主杂质的离化能。由于离化能较小，故室温下施主杂质和受主杂质都已基本上离化。离开导带底和价带顶较远的能级称为深能级，相应的杂质为深能级杂质。深能级杂质通常起复合中心和陷阱中心的作用。

间隙式杂质 [interstitial impurity] 原子居于本体原子之间的间隙中的半导体杂质。半导体具有确定的晶格结构，本体原子有其确定的位置。由于间隙式杂质原子受到本体原子的挤压，故间隙式原子的半径通常较小。例如，锂离子 Li^+ 的半径很小，为 0.068nm，在 Ge、Si 和 GaAs 中为间隙式杂质。

替代式杂质 [substitutional impurity] 原子如替代本体原子占据其相应的位置的半导体杂质。为了适应半导体原有的价键结构，通常要求替代式杂质原子的半径与所替代原子相近，且其价电子壳层结构也相近。例如，五价磷的正离子 P^+ 和三价硼负离子 B^- 和本体硅原子的半径和价电子壳层结构相近，故在硅中为替代式杂质。

杂质的离化能 [ionization energy of impurity] 半导体中，施主杂质向导带提供电子，自身成为带正电的离化杂质。其离化能 E_{Di} 为导带底 E_C 与施主杂质能级 E_D 之差 $E_{Di} = E_C - E_D$。受主杂质从价带获得电子，即向价带提供电，自身成为带负电的离化杂质。其离化能 E_{Ai} 为受主杂质能级 E_A 与价带顶 E_V 与之差 $E_{Ai} = E_A - E_V$。施主杂质和受主杂质离化能通常都较低，离化能很小，为浅能级杂质，在室温下基本上都已离化。

深能级 [deep level] 半导体的禁带中离化能较大的能级。深施主能级离导带底较远，通常靠近禁带中央，有的甚至位于禁带下半部。深受主能级离价带顶较远，通常靠近禁带中央，有的甚至位于禁带上半部。深能级由半导体中的杂质或缺陷形成。半导体中的深能级通常起复合中心或陷阱中心的作用，当某深能级的电子俘获截面 σ_n 与空穴俘获截面 σ_p 都较大时，起复合中心作用；当某深能级的电子俘获截面 σ_n 与空穴俘获截面 σ_p，一个较大，一个较小时，起陷阱中心作用。以硅为例，非Ⅲ、Ⅴ族杂质形成的是深能级。由于这些杂质可以多次电离，因此可以形成多个能级。杂质多能级的产生与其在晶体中的位置有关。而一般将能产生深能级的杂质称为深能级杂质（deep level impurity）。

浅能级 [shallow level] 半导体的禁带中杂质离化能较小的能级。相应的杂质称为浅能级杂质（shallow level impurity）。浅施主能级靠近导带底，浅受主能级靠近价带顶。半导体中的浅能级通常由施主杂质和受主杂质形成，由于其离化能较小，通常在室温下都已基本离化，成为带正电的离化施主和带负电的离化受主，同时提供电子和空穴。以硅为例，Ⅲ族和Ⅴ族的受主和施主杂质形成的都是浅能级。

缺陷能级 [defect level]　半导体受某种因素的影响，可能破坏其完整的晶体结构，而产生缺陷。半导体中的缺陷以称之为点缺陷的空位和间隙原子为主。产生点缺陷的主要根源，一是热运动，另一是偏离化学比。由于热运动，格点上的原子有一定的概率会跳到间隙中，从而形成空位和间隙原子，同样，间隙原子也会跳到空位中去，这是一个统计的热平衡过程。如果空位和间隙原子同时出现，称为弗仑克尔缺陷。由于受到格点原子的挤压，产生间隙原子需要的能量更高，因此，空位是更常出现的缺陷。无间隙原子配对的空位称为肖特基缺陷。如果化合物半导体中偏离化学比，那末，化学比偏低成分的原子格点上就容易形成空位，而化学比偏高成分的原子就容易成为间隙原子。

缺陷 [defect]　见缺陷能级。

本征费米能级 [intrinsic Fermi level]　半导体的电子系统处于平衡状态时，各电子能态的占据概率服从费米分布为 $f(E) = \{1 + \exp[(E - E_F)/k_0 T]\}^{-1}$，其中，$k_0$ 为玻尔兹曼常量，T 为绝对温度，E_F 为费米能级。在非简并情况下，电子和空穴的浓度分别为

$$n_o = Nc\exp[-(E_C - E_F)/k_o T]$$

$$p_o = Nv\exp[-(E_F - E_V)/k_o T]$$

N 型半导体的费米能级 E_{FN} 位于禁带的上半部，p 型半导体的费米能级 E_{FP} 位于禁带的下半部。费米能级是系统的化学势。当不同费米能级的半导体（包括与金属）接触时，电子由费米能级高的地方向费米能级低的地方流动，直到费米能级统一。例如，p 型硅和 n 型硅接触形成硅 pn 结，电子从费米能级较高的 n 区流向费米能级较低的 p 区，空穴反向运动，形成空间电荷势垒区，能带弯曲，n 区费米能级下降，p 区费米能级升高。当两边费米能级相同时，电子空穴停止流动，系统处于平衡状态，有统一的费米能级。

本征半导体的费米能级成为本征费米能级，它由以下关系式决定：

$$E_i = E_f = \frac{E_c + E_v}{2} - \frac{kT}{2}\ln\left(\frac{N_c}{N_v}\right) = \frac{E_c + E_v}{2} + \frac{3kT}{4}\ln\left(\frac{m_p}{m_v}\right)$$

在通常应用的室温条件下，由于半导体的禁带宽度远远大于 kT，所以上式的第二项可以忽略，即 $E_i \approx \frac{E_c + E_v}{2}$，

因此，本征费米能级近似位于禁带中央。通常空穴有效质量大于电子，因此本征费米能级实际上禁带中央偏上的位置。通常将本征费米能级作为半导体的能量参考点之一。

费米能级 [Fermi level]　见本征费米能级。

功函数 [work function]　又称功函、逸出功。在固体物理中指把一个电子从固体内部刚刚移到此物体表面所需的最少的能量。

功函 [work function]　即功函数。

逸出功 [work function]　即功函数。

金属功函数 [work function of metal]　金属的功函数 W_m 是金属的费米能级 E_F 和真空能级 E_o 之差，$W_m = E_o - E_F$。真空能级 E_o 为真空静止电子的能量。金属的费米能级是确定的，因此金属的功函数是固定的。

半导体功函数 [work function of semiconductor]　半导体的功函数 $W_s = qV_E$ 是半导体的费米能级 E_F 和真空能级 E_o 之差。E_o 表示的是真空中静止电子的能量。同一种半导体，掺入的杂质类型（n 或 p 型）和浓度不同，其费米能级不同，功函数也不相同。

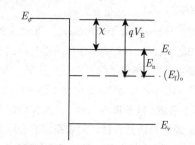

半导体亲和能 [semiconductor affinity]　简称亲和能、亲和势。半导体的导带底 E_c 和真空静止电子能级 E_o 之差 $E_o - E_c$。半导体的电子亲和能是导带底的电子逸出体外所需的最小能量。各种半导体的电子亲和能有确定的值，例如，硅的电子亲和能为 4.05eV，砷化镓的电子亲和能为 4.07eV。

准费米能级 [quasi-Fermi level]　半导体在电场、光照等外界作用下，处于非平衡状态，没有统一费米能级。但根据不同的情况，局部可以有各自的准费米能级，用来描述各自的电子分布。以正向偏压下的 pn 结为例，整体没有统一的费米能级。由于外加偏压主要降在势垒区，p 区和 n 区体内没有外加偏压，因此各自有统一的准费米能级 E_{Fp} 和 E_{Fn}，$E_{Fn} - E_{Fp} = qV$，V 为外加偏压。外加电压主要降在势垒区，势垒区没有统一的准费米能级。由于导带和价带内的电子容易各自相互交换能量，因此有各自的准费米能级 E_F^n 和 E_F^p。PN 结势垒区两侧的少子扩散区，虽没有外加偏压，但由于大量少数载流子的注入，而远离平衡态，没有统一的准费米能级，有导带和价带各自的准费米能级 E_F^n 和 E_F^p。

电子状态密度分布 [electronic state density distribution]　半导体导带单位能量间隔内的电子状态数称为电子状态密度，$g(E) = dZ/dE_0$ 不同维度的半导体，其电子状态密度的分布不同。对于三维半导体，$g(E) \sim (E - $

$E_C)^{1/2}$，导带中电子的状态密度随能量升高而增加；对于二维半导体，$g(E) \sim (E - E_C)^0$，导带中电子的状态密度为一常数；而对于一维半导体，$g(E) \sim (E - E_C)^{-1/2}$，导带中电子的状态密度随能量升高而减小。价带中的空穴状态密度分布与导带中的电子状态密度分布相似。

固定电荷 [fasten charge]　荷电体的空间位置相对固定，如离化的浅施主或受主杂质、体内荷电的载流子陷阱中心（杂质或缺陷）、表面和界面吸附的离子或载流子陷阱。半导体中有固定电荷和可动电荷。

自由电荷 [free charge]　主要是导带中的电子和价带中的空穴。可动电荷的移动形成电流，故被称为载流子。

载流子 [carrier]　见自由电荷。

载流子浓度 [carrier concentration]　主要是导带中的电子和价带中的空穴。电子和空穴是带相反电荷的载流子，电子带负电，空穴带正电。电子和空穴通常共存于同一半导体中，以其浓度的多少分别被称为多数载流子和少数载流子。处于平衡状态的载流子称为平衡载流子，处于非平衡状态的载流子称为非平衡载流子。在一维有机聚合物半导体中，荷电的孤子和极化子也是载流子。与作为电子体系元激发的导电电子和空穴不同，孤子和极化子是电子和晶格耦合体系的元激发。

单位体积的载流子数目称为载流子浓度。在室温无补偿存在的条件下等于电离杂质的浓度。掺杂物浓度对于半导体最直接的影响在于其载流子浓度。在热平衡的状态下，一个未经掺杂的本征半导体，电子与空穴的浓度相等，如下列公式所示：

$$n = p = n_i$$

其中 n 是半导体内的电子浓度、p 则是半导体的空穴浓度，n_i 则是本征半导体的载流子浓度。n_i 会随着材料或温度的不同而改变。对于室温下的硅而言，n_i 大约是 $1.5 \times 10^{10} \mathrm{cm}^{-3}$。

通常掺杂浓度越高，半导体的导电性就会变得越好，原因是能进入导带的电子数量会随着掺杂浓度提高而增加。掺杂浓度非常高的半导体会因为导电性接近金属而被广泛应用在今日的集成电路制程来取代部份金属。高掺杂浓度通常会在 n 或是 p 后面附加一上标的 "+" 号，例如 n+ 代表掺杂浓度非常高的 n 型半导体，反之例如 p+ 则代表轻掺杂的 p 型半导体。需要特别说明的是即使掺杂浓度已经高到让半导体退化为导体，掺杂物的浓度和原本的半导体原子浓度比起来还是差距非常大。以一个有晶格结构的硅本征半导体而言，原子浓度大约是 $5 \times 10^{22} \mathrm{cm}^{-3}$，而一般集成电路制程中的掺杂浓度在 $10^{13} \sim 10^{18} \mathrm{cm}^{-3}$。掺杂浓度在 $10^{18} \mathrm{cm}^{-3}$ 以上的半导体在室温下通常就会被视为是一个简并半导体。重掺杂的半导体中，掺杂物和半导体原子的浓度比约是千分之一，而轻掺杂则可能会到十亿分之一的比例。在半导体制程中，掺杂

浓度都会依照所制造出元件的需求量身打造，以合于使用者的需求。

本征激发 [intrinsic excitation]　当半导体的温度 $T = 0\mathrm{K}$ 时，导带全空，价带全满，热平衡电子浓度 n_0 和空穴浓度 p_0 都为零。随着温度的升高，$T > 0\mathrm{K}$，价带开始有电子因热运动被激发到导带，这称为本征激发。由本征激发产生的导带热平衡电子浓度和价带热平衡空穴数相等，$n_0 = p_0$，这被称为本征激发的电中性条件。

本征载流子浓度 [intrinsic carrier concentration]　半导体中，因本征激发产生的热平衡电子浓度和空穴浓度相等 $n_i = n_0 = p_0 = (N_c N_v)^{1/2} \exp(-E_g/2k_0 T)$，$n_i$ 称为本征载流子浓度，在一定温度下有确定的值。对于非简并半导体，无论是本征半导体还是杂质半导体，都有 $n_0 p_0 = n_i^2$，其中，n_0 和 p_0 为热平衡电子和空穴浓度。

载流子热激发 [thermal excitation of carrier]　随着温度的升高，一些电子由低能级跃迁到高能级，称为电子的热激发。因电子的热激发而产生载流子的过程称为载流子热激发。载流子的热激发有如下几种情况。价带电子因热激发跃迁到导带，形成一对电子和空穴，称为载流子的本征热激发。价带电子因热激发跃迁到受主杂质能级上，使受主杂质电离，同时在价带形成载流子空穴。施主杂质能级上的电子因热激发跃迁到导带，施主杂质电离，同时导带形成载流子自由电子。后两种情况是杂质电离引起的载流子热激发。

热平衡状态 [thermal equilibrium state]　一半导体体系不受电场、光照等外界作用，在一定的温度下，因热运动充分交欢能量，经过一段时间后，达到一稳定的平衡状态。半导体中的热平衡主要是指电子状态的热平衡。该热平衡有两层含意。一是，在同一位置上，电子在不同的能量状态（如导带、价带以及杂质能级）间不停地热跃迁，在一定的温度下，最后达到一稳定的热平衡状态，有统一的费米能级。另一是，不同部分（如 pn 结中的 p 型和 n 型半导体）间，电子因热运动交换能量，在一定的温度下，最后达到一稳定的热平衡状态，各部分之间有统一的费米能级。

热敏电阻 [thermresister]　半导体材料的电阻率随温度的变化而变化，这称为电阻率的热敏性，因此用半导体材料可制成热敏电阻。影响材料电阻率的主要因素是载流子浓度和迁移率。在较低的温度下，以杂质离化为主，其载流子浓度随温度升高而升高，并很快饱和；高温下，以本征激发为主，载流子浓度随温度的升高而升高。在较低的温度下，以离化杂质散射为主，迁移率随温度升高而增大；在较高的温度下，以晶格散射为主，迁移率随温度升高而减小。因此，在不同的温度范围内，半导体表现出不同的热敏性。

平衡载流子 [equilibrium carrier]　在一定的温度下，当没有外界激发作用时，半导体中的电子在能带以及能

级之间的跃迁，处于平衡状态，导带中的电子数 n_0 和价带中的空穴数 p_0 是一定的，服从统计分布，有确定的费米能级 E_{F0}。

$$n_0 = N_v \exp[-(E_{F0} - E_V)/k_0 T]$$

$$p_0 = N_c \exp[-(E_c - E_{F0})/k_0 T]$$

其中 $N_c = 2[(2\pi mnk_0T)^{3/2}/h^3]$ 和 $n_v = 2[(2\pi mpk_0T)^{3/2}/h^3]$ 分别为导带和价带的有效状态密度。

多数载流子 [majority carrier] 半导体的电导依赖两种载流子，即导带中的电子和价带中的空穴。在掺杂半导体中，居多数的一种载流子对电导起支配作用，称为多数载流子。如 n 型半导体中电子为多数载流子，p 型半导体中空穴为多数载流子。

少数载流子 [minority carrier] 又称少子。半导体中有电子和空穴这两种载流子，其中，占少数的为少数载流子。n 型半导体中，空穴为少数载流子。p 型半导体中，电子为少数载流子。

载流子的光激发 [optical excitation of carrier] 半导体中的电子吸收光子从低能级跃迁到高能级称为电子的光激发，此过程也称为电子的光吸收过程。半导体中电子的光激发可以发生在带间，导带与价带之间，相应的过程称为本征光吸收。电子的光激发如发生在带内，导带内或价带内，称为自由载流子光吸收。电子的光激发也可以发生在分立能级之间或分立能级与能带之间，例如杂质光吸收。

本征吸收 [intrinsic absorption] 半导体中的电子吸收光子从价带激发到导带的过程，同时伴随着电子-空穴对的产生。其中，最重要的是价带顶到导带底的光吸收过程，其吸收光子的能量对应于禁带宽度。对于间接带隙半导体，相应的本征光吸收必须有声子参与，以保持动量守恒。

吸收光谱 [absorption spectrum] 光在半导体材料中的吸收系数随光的频率（或波长）而变化的谱线。研究半导体本征吸收光谱可决定禁带宽度，是了解能带的复杂结构和区分直接带隙和间接带隙半导体的重要依据。其他吸收光谱对研究半导体性质也有重要意义。

光学带隙 [optical band gap] 又称光学禁带宽度。半导体中的本征光吸收是电子从价带跃迁到导带的过程，所以本征吸收光谱呈现的是吸收带，其长波限对应于半导体的禁带宽度。同一半导体材料在不同的物理过程中所表现出来的禁带宽度可能有所不同，人们把由光学方法测得的禁带宽度称为光学带隙。

光学禁带宽度 [optical band gap] 即光学带隙。

自由载流子吸收 [free carrier absorption] 半导体同一能带（如导带）中的自由载流子（如自由电子）吸收光子从较低的能量状态跃迁到较高的能量状态的现象，如图 (a)

所示。为了保持动量守恒，通常有声子参与。自由载流子光吸收通常发生在光子能量小于禁带宽度的情况下，位于红外区域。有的半导体能带结构比较复杂，例如 Ge 的价带，包含有三个独立的能带，因此其中自由载流子空穴的光吸收，既可以这些独立的能带中进行，也可以在这些独立的能带间进行，如图 (b) 所示。

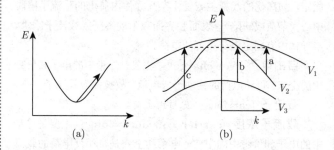

声子吸收 [phonon absorption] 在半导体的光吸收、光发射和光散射的过程中，为了保持动量守恒，经常伴随着声子的吸收和发射，这类声子的吸收和发射是与光的吸收、发射或散射同时进行的。在另一类情况下，声子的吸收和发射是单独进行的。例如，受光子能量大于禁带宽度的光的激发，在导带产生热载流子电子，此后，这些热电子经过一较慢的弛豫过程，以发射声子的形式将能量交给晶格，而自身成为导带底的电子。

杂质吸收 [impurity absorptione] 半导体中的电子（或空穴）在吸收光子而发生跃迁的过程中涉及杂质能级的现象。杂质光吸收通常发生在杂质能级和能带之间。由于杂质能级是局域态，不具动量，不受动量守恒的限制，可以与能带中任一能级发生电子（或空穴）跃迁，相应的是连续的光吸收带。杂质光吸收也可以发生在杂质能级之间。杂质能级类似于氢原子的能级是一系列分立能级，因此这类杂质光吸收形成的是尖锐的吸收峰。

光电导 [photo-conductance] 半导体在有光照的情况下，电导率为

$$\sigma = \sigma_0 + \Delta\sigma = q(n\mu_n + p\mu_p)$$

其中，$\sigma_0 = q(n_0\mu_n + p_0\mu_p)$ 为没有光照时的电导；$\Delta\sigma = q(\Delta n\mu_n + \Delta p\mu_p)$ 为由光照产生的附加电导，称为光电导。Δn 和 Δp 为由光照产生的载流子，称为光生载流子。

本征光电导 [intrinsic photo-conductance] 在光子能量大于禁带宽度的光的照射下，半导体因本征光激发产生电子空穴对，从而产生的附加电导。本征光电导为

$$\Delta\sigma_i = q\Delta n_i(\mu_n + \mu_p)$$

本征光激发电子和空穴浓度 Δn 和 Δp 相同，为 Δn_i。

杂质光电导 [impurity photo-conductance]   在一定频率光的照射下，杂质能级上的电子被激发到导带，或价带的电子被激发到杂质能级上（即空穴从杂质能级被激发到价带），从而产生光生载流子，形成光电导。

光电导弛豫 [photo-conductance relaxation]   当半导体受光照时，一方面不断地产生光生载流子，另一方面光生非平衡载流子因复合而消失。在如此产生和复合的共同作用下，非平衡载流子浓度 Δn 应服从如下动态方程：

$$\mathrm{d}(\Delta n)/\mathrm{d}t = \alpha\beta I - \Delta n/\tau \qquad (1)$$

等式右边第一项为载流子的光产生率，其中，I 为光强，α 为光吸收系数，β 为量子产额，即吸收一个光子产生的电子–空穴对数。第二项为光生载流子的复合率，其中 τ 为光生载流子寿命。根据初始条件，$t=0$ 时，$\Delta n = 0$，可得方程的解为

$$\Delta n = \Delta n_s(1 - \mathrm{e}^{-(t/\tau)}) \qquad (2)$$

式中 $\Delta n_s = \alpha\beta I\tau$。(2) 式所给出的解 $\Delta n\,(t)$ 显示的是光生载流子和光电导上升时期的弛豫过程。

如光照停止，光强 $I = 0$，方程（1）变为

$$\mathrm{d}(\Delta n)/\mathrm{d}t = -\Delta n/\tau \qquad (3)$$

初始条件为，$t = 0$ 时 $\Delta n = \Delta n_s$，由此可得方程（3）的解为

$$\Delta n = \alpha\beta I\tau\mathrm{e}^{-(t/\tau)} = \Delta n_s\mathrm{e}^{-(t/\tau)} \qquad (4)$$

该公式所给出的 $\Delta n\,(t)$ 曲线的形状描述了光电导和光生载流子下降时期的弛豫过程。

弛豫时间 [relaxation time]   半导体开始受光的照射时，光电导随时间的增加逐步上升，然后达到稳定，$\Delta\sigma = \Delta\sigma_s\,(1 - \mathrm{e}^{-(t/\tau)})$。当光照停止后，光电导随时间逐步下降，$\Delta\sigma = \Delta\sigma_s\mathrm{e}^{-(t/\tau)}$。光电导的上升和下降都按照指数规律，并且有相同的时间常数 τ（τ 为光生载流子寿命），这称为光电导的弛豫时间。

非平衡载流子 [nonequilibrium carrier]   当半导体受某种激发作用，例如受光照或电场的作用而产生载流子，此时，半导体处于非平衡状态。在稳定的激发作用下，半导体中的电子在能带以及能级之间的跃迁，处于一种稳定的非平衡状态，导带中的电子数 n 和价带中的空穴数 p 是稳定的，服从非平衡统计分布，有确定的电子费米能级 E_{Fn} 和空穴费米能级 E_{Fp}。电子数 n 和空穴数 p 分别为

$$n = N_{\mathrm{v}}\exp[-(E_{\mathrm{Fn}} - E_{\mathrm{V}})/k_0 T]$$

$$p = N_{\mathrm{c}}\exp[-(E_{\mathrm{c}} - E_{\mathrm{Fp}})/k_0 T]$$

其中 $N_{\mathrm{c}} = 2[(2\pi mnk_0 T)^{3/2}/h^3]$ 和 $n_{\mathrm{v}} = 2[(2\pi mp*k_0 T)^{3/2}/h^3]$ 分别为导带和价带的有效状态密度。

$$n = n_0 + \Delta n, \quad p = p_0 + \Delta p$$

其中 n_0 和 p_0 分别为平衡载流子电子和空穴；Δn 和 Δp 分别为非平衡载流子电子和空穴。

非平少子 [nonequilibrium minority carrier]   半导体在某种作用的激发下，产生非平衡载流子电子和空穴，其中的非平衡少数载流子，称为非平少子。在某些物理过程中，非平衡少数载流子会起决定性的作用。例如，在聚合物半导体电致发光二极管中，阳极和阴极分别注入非平衡空穴和电子，势垒高度较大的一端注入的是少数载流子。由于发光是一对电子和空穴的复合发光，故发光强度由非平衡少子浓度决定。也有另一种情况，例如，一个 n 型半导体，受光照本征激发产生等量的非平衡电子和空穴，将非平衡空穴称为非平少子。

非平多子 [nonequilibrium majority carrier]   半导体在某种作用的激发下，产生非平衡载流子电子和空穴，其占多数的为非平衡多数载流子，称为非平多子。有些物理过程，如导电过程，两种载流子各自独立起作用，非平衡多数载流子浓度高，对附加电流的贡献大，便起着决定性的作用。也有另一种情况，例如，一个 n 型半导体，受光照本征激发产生等量的非平衡电子和空穴，将非平衡电子称为非平多子。

光生非平衡载流子 [photogenic nonequilibrium carrier]   当用光照射半导体时，打破了产生与复合的相对平衡，产生超过了复合，在半导体中产生的非平衡载流子。

非平衡载流子寿命 [lifetime of nonequilibrium carrier]   半导体受某种作用产生非平衡载流子，如光注入或电注入非平子，一旦注入停止，非平子将因复合逐步消失。以非平衡电子浓度 Δn 为例，在小注入情况下，Δn 随时间的变化有如下关系式 $\mathrm{d}\,(\Delta n)/\mathrm{d}t = -\Delta n/\tau$，其中 τ 为一常数。由此可解得 $\Delta n = \Delta n_0\mathrm{e}^{-(t/\tau)}$，其中 Δn_0 是外界作用停止时的非平衡电子浓度。τ 是非平衡电子平均存在的时间，称为非平衡载流子寿命。

非平少子寿命 [lifetime of nonequilibrium minority carrier]   以 $M_1/S/M_2$ 电致发光器件为例，在加上适当偏压时，由两金属电极向半导体中分别注入非平衡电子和空穴，两者相遇而复合发光。发光强度取决于非平衡少子浓度，而不是非平衡多子浓度。其瞬态电致发光过程的弛豫时间，取决于非平衡少子寿命。因此，由如此瞬态光弛豫过程测得的非平子寿命，称为非平少子寿命。

载流子复合 [carrier recombination]   位于较高能量状态的电子跃迁到较低能量状态的空位中，从而完成一对电子–空穴的复合过程。在复合过程中要放出能量，按释放能量的方式不同，分辐射复合、非辐射复合和俄歇复合等。导带

电子和价带空穴可直接复合，也可以通过杂质或缺陷等复合中心间接复合。按照复合中心的位置不同，又分为体内复合和表面复合。

电子、空穴俘获截面 [capture cross of electron、hole]　半导体中的杂质和缺陷具有一定俘获载流子的能力，为了描述该能力的大小，将其视为一球体，以截面 σ 捕捉迎面飞来的载流子，σ 称为俘获截面。俘获截面 σ 愈大，俘获载流子的能力愈强。

以俘获电子为例，杂质或缺陷俘获电子的概率 $r_n = \sigma_n v_T$，其中，σ_n 为电子俘获截面，v_T 为电子的热运动速度。空穴俘获截面用 σ_p 表示。

复合中心 [recombination center]　半导体中的杂质或缺陷，如果其电子的俘获截面和空穴的俘获截面大小相当，数值较大，则将先后俘获一个电子和一个空穴，完成一对电子和空穴的间接复合，这样的杂质或缺陷称为复合中心。复合中心在禁带中形成的能级为复合能级，复合能级离导带底和价带顶较远，通常为深能级。

直接复合 [direct recombination]　导带电子可直接跃迁到价带与空穴复合的过程。微观世界电子的行为服从统计规律，价带电子因热运动不停地以一定的概率跃迁到导带，从而产生电子空穴。其产生率 G 取决于温度。与此同时，价带电子也不停地以一定的概率跃迁到价带，致使电子空穴复合。其复合率 $R = rnp$，n 和 p 分别为电子和空穴的浓度，r 为比例系数。在热平衡情况下，复合率和产生率相等 $R = G$，电子和空穴的浓度一定，只依赖于温度。在非平衡情况下，如有电子或空穴注入，n 或 p 增加，复合率升高，复合率大于产生率，$R > G$，其净复合率 $Ud = R - G = r(np - ni^2)$，这称为非平衡载流子的直接净复合率。

间接复合 [indirect recombination]　半导体中的杂质和缺陷在禁带中形成一定的能级，它们除了影响半导体的电特性以外，对非平衡载流子的寿命也有很大的影响。实验发现，半导体中杂质越多，晶格缺陷越多，寿命就越短。这说明杂质和缺陷有促进复合的作用。这些促进复合过程的杂质和缺陷称为复合中心。间接复合指的是非平衡载流子通过复合中心的复合。

非辐射复合 [nonradiative recombination]　以除光子辐射之外的其他方式释放能量的复合过程。按照复合时释放能量的方式不同，复合可分为辐射复合和非辐射复合。非辐射复合主要有多声子复合和俄歇复合。

辐射复合 [radiative recombination]　根据能量守恒原则，电子和空穴复合时应释放一定的能量，如果能量以光子的形式放出的复合过程。辐射复合可以是导带电子与价带的空穴直接复合，这种复合又称为直接辐射复合，是辐射复合中的主要形式。此外，辐射复合也可以通过复合中心进行。

在平衡态，载流子的产生率与复合率相等。

发光中心 [luminescence centre]　半导体在外界作用下产生非平衡载流子，如果非平衡载流子通过杂质或缺陷形成的带隙中的能级而复合发光，这些杂质或缺陷以及相应的能级称为发光中心。如果发出的是某种颜色的可见光，则相应的发光中心也称为色心（color center）。

俄歇复合 [Auge recombination]　电子被激发到较高的能量状态，如果受激发的电子在去激发的过程中，将能量传给另一个电子，使之激发到较高的能量状态，该二次激发的电子称为俄歇电子，该过程称为俄歇过程。该二次激发的电子在跃迁回原来留下空穴的能级时，通常以放出声子的形式将多余的能量交给晶格。这样的复合过程称为俄歇复合。

表面复合 [surface recombination]　半导体表面的杂质和缺陷，包括表面的悬挂键和界面的失配，会在半导体表面的带隙形成表面态，非平衡载流子通过表面态的复合称为表面复合，相应的杂质缺陷及其表面态称为表面复合中心。随着样品尺寸的减小，表面复合的作用增强，其对非平少子寿命的影响加大。

陷阱能级 [trap level]　半导体中的杂质或缺陷，如果其电子的俘获截面和空穴的俘获截面相差很大，则将对俘获截面较大的载流子起陷阱作用，也称为陷阱中心。例如，电子的俘获截面很大，则很容易俘获电子。又由于空穴的俘获截面很小，该俘获的电子不能与空穴复合，而是经过一段时间再因热激发而释放出去。如此起着电子的陷阱作用。起陷阱作用的杂质或缺陷在禁带中形成陷阱能级。陷阱能级通常是深能级。陷阱作用通常是对非平衡载流子而言。一般而言，杂质能级的这种能显著积累非平衡载流子的作用就称为陷阱效应。

陷阱 [trap]　见陷阱能级。

陷阱效应 [trap effect]　见陷阱能级。

激子 [exciton]　半导体中的导带电子和价带空穴，由于它们带着相反的电荷，在库仑力的作用下，可能相互吸引而束缚在一起。束缚在一起的电子空穴称为激子。价带顶的电子可以吸收低于禁带宽度的能量，跃迁到激子能级上，形成一对束缚的电子空穴，即激子。激子一方面可以因复合而消失，将能量以某种形式（如光子）释放；也可以受激发（如热激发）而分离成一对自由的电子和空穴。因此，在较低的温度下更容易观察到激子的存在。激子分自由激子和束缚激子两种。一般所述的激子通常指自由激子。

自由激子 [free exciton]　半导体中带负电的导带电子和带正电的价带空穴，在库仑力的作用下，相互吸引而束缚在一起，形成激子。一般情况下，激子在空间可以自由地运动，故称为自由激子。自由激子虽然能在空间自由运动，但自由激子不荷电，故不是载流子，不导电。自由激子的能量低于

一对分离的电子空穴，自由激子能级位于导带底之下。与 H 原子相似，自由激子有一系列的能级。自由激子的束缚能为

$$E_{nex} = -(q^4/8\varepsilon_0^2\varepsilon_r^2h^2n^2)mr$$

其中，q 是电子电量，ε_0 是真空介电常数。$n = 1$，为激子的基态。$N = \infty$，$E_{nex} = 0$，对应于导带底。

弗兰克尔激子 [Frenkel exciton]　激子中电子–空穴对的平均距离，可以将激子分为两种：一种称为弗兰克尔型激子，处于激发状态的电子与空穴所属晶格结合得很强，其存在空间范围和晶格常数相近；另一种称为汪尼尔型激子，处于激发状态的电子和所属原子间的束缚比较弱，电子–空穴对的存在范围为晶格常数的几倍以至几十倍。

激子吸收 [exciton absorption]　通常指自由激子吸收。半导体中的价带电子，受到外界的激发作用，并不跃迁到导带，而是跃迁到导带以下的激子能级上，形成一对束缚的电子空穴，即激子。由于激子有一系列的能级，其束缚能为

$$E_{nex} = -(q^4/8\varepsilon_0^2\varepsilon_r^2h^2n^2)mr$$

其中，q 是电子电量，ε_0 是真空介电常数。$n = 1$，为激子的基态。$N = \infty$，$E_{nex} = 0$，对应于导带底。故激子的吸收光谱是紧靠本征吸收带长波边的一组吸收峰。

载流子输运 [carrier transport]　载流子的空间运动。载流子在各种场的作用之下，如电场、磁场、浓度梯度场、温度梯度场等的作用之下，空间位置发生移动，称为输运现象，如在电场和磁场作用下的迁移运动，在浓度梯度和温度梯度场作用下的扩散运动。这是半导体敏感性的重要表现，由此产生的各种半导体效应，如整流效应、晶体管效应、霍尔效应、热电效应、电磁效应等，可制成各种各样功能的电子器件和集成电路，并由此建立了半导体微电子学，使半导体才成为现代电子信息和计算机科学技术的基础。

漂移运动 [drift movement]　半导体中的载流子电子和空穴，在外加电场的作用下，作定向运动，形成电流。在一定电场的作用下，电子和空穴因荷电相反，故运动方向也相反。载流子漂移运动的速度 $v_d = \mu E$，μ 为载流子的迁移率。

漂移电流 [drift current]　在外电场 E 的作用下，半导体中的载流子作定向运动，形成电流。电流密度 $J = q(p\mu_p - n\mu_n)|E|$，其中，$p$ 和 n 分别为空穴和电子的浓度；μ_p 和 μ_n 分别为空穴和电子的迁移率；q 为电子的电量。

漂移迁移率 [drift mobility]　在外加电场的作用下，半导体中的载流子一方面受电场力的作用，被加速；另一方面又受到各种散射作用，运动受到阻碍。当两种力量平衡时，载流子以一定的速度 v 做定向运动。

在单位电场的作用下，半导体中载流子的漂移速率称为载流的迁移率。迁移率 $\mu = |v|/E$，其中，E 为电场强度，v 为载流子的运动速度。电子和空穴的迁移率分别以 μ_n 和 μ_p 表示。漂移迁移率对散射作用有很强的依赖性，散射作用愈强，载流子的迁移率愈低。迁移率是重要的材料参数，它直接影响器件的工作速度。高频、微波器件，都要求材料的迁移率高。

强电场效应 [high electric field effect]　在外加电场不太强的情况下，半导体中载流子的迁移率基本上不随电场强度而变，载流子的平均漂移速度基本上是个常数，$v_d = \mu|E|$，此时欧姆定律成立。随着电场的增强，载流子的运动速度增大，能量增高，晶格的散射作用随之增强，使载流子速度逐步减小，并达到饱和。这种现象称为半导体电导的强电场效应。

载流子散射 [carrier scattering]　在纯净完正的半导体中，晶格原子排列整齐，晶格势场呈理想的周期性，载流子在其间可自由运动，不受任何阻碍。一旦该周期性势场受到破坏，便会对载流子的运动产生散射，阻碍其运动，这种现象称为载流子散射。载流子受到的散射作用包括离化杂质散射、晶格振动散射、中性杂质散射、缺陷散射、能谷间散射以及表面散射等。对于掺杂半导体，如掺磷的 n 型硅，在通常的温度下，杂质都已离化，其库仑场破坏了晶格势场的周期性，对载流子的运动产生散射作用。随着温度的升高，晶格振动加剧，其对周期性势场的破坏作用将会超过离化杂质，此时则以晶格振动散射为主。而当温度降得很低时，杂质离化和晶格振动都非常弱，中性杂质的散射作用便突显出来。

散射中心 [scattering center]　半导体中通常存在有杂质和缺陷，这些杂质和缺陷，有的处于离化状态，有的为中性。它们的存在都破坏了晶格势场的周期性，对载流子起散射作用。这些分布在半导体中的杂质或缺陷称为散射中心。

载流子的晶格散射 [lattice scattering for carrier]　在一定的温度下，半导体中的晶格原子发生振动，破坏了晶格的周期性，对载流子产生的散射作用。晶格原子的振动会在晶格中传波，从而形成格波，可用声子来描述。载流子的晶格散射可以视为声子对载流子的散射。

载流子的杂质散射 [impurity scattering for carrier]　在半导体中，晶格原子的周期性排列形成了晶格的周期性势场，载流子在其间运动不受阻碍。一旦半导体晶格中出现缺陷，晶格的周期性势场受到破坏，运动的载流子将受其散射，称为缺陷散射。位错散射是一种具有代表性的缺陷散射，以 n 型半导体为例，其中的位错线易俘获电子成为负电中心，从而吸引带正电荷的离化杂质。如此，围绕位错线形成一柱状的空间电荷区，破坏了晶格的周期性势场，对运动的载流子起散射作用。这是一各向异性的散射，在垂直柱体的方向散射较强。当位错密度较高时，该散射作用显著。

电离杂质散射 [scattering of ionized impurity] 又称离化杂质散射。半导体中的杂质离化时，其库仑场破坏了晶格势场的周期性，对载流子运动产生的散射作用。电离杂质散射随着离化杂质浓度的增加而增强。在一定温度范围内，n 型和 p 型半导体的浅施主和受主杂质随温度的升高离化程度增加，在室温下已基本全部离化。另一方面，随着温度的升高，载流子热运动速度加快，穿过离化杂质库仑场的时间缩短，受到的散射作用减弱，其散射概率 P_i 服从如下温度关系：$P_i \sim T^{-2/3}$。

离化杂质散射 [scattering of ionized impurity] 即电离杂质散射。

中性杂质散射 [scattering of neutral impurity] 未离化中性杂质的存在，破坏了晶格势场的周期性，对载流子运动产生的散射作用。通常只有掺杂浓度很高的半导体，在很低的温度下，杂质基本尚未离化，晶格振动又很弱，此时，中性杂质的散射作用才被突显出来。

表面和界面散射 [suface and interface scattering] 半导体晶格势场的周期性在表面和界面处受到破坏，表面和界面处的原子有相当数量的悬挂键，表面和界面处往往会有相当数量的杂质和缺陷，以及固定电荷合可动电荷。这些都可以作为散射中心对半导体表面的载流子起散射作用。

表面迁移率 [suface mobility] 在半导体表面和界面，由于存在相当数量的散射中心，如悬挂键、杂质和缺陷等，受其散射作用，载流子的迁移率将明显下降。半导体表面和界面处的载流子迁移率通常为体内的一半。人们采用各种方法提高半导体表面和界面的完整性和纯度，以提高其迁移率。也有采用隔离层的方法减小界面电荷的散射作用来提高半导体表面的迁移率。

载流子扩散 [carrier diffusion] 描述在非平衡系统的一个重要参数。当存在载流子浓度梯度时，载流子将产生扩散运动，以减小其浓度梯度。载流子的扩散运动是有规则的运动，而它的本源是载流子无规热运动。半导体中产生载流子浓度梯度的因素有，掺杂浓度和温度的不均匀，以及非平衡载流子的注入，包括光注入和电注入等。例如，当半导体表面受光照产生载流子，该光生非平衡载流子将向体内扩散，以空穴为例，讨论一维情况，其空穴扩散流密度为

$$S_p = -D_p(P(x)/dx) \tag{1}$$

此式称为扩散定律，式中，$P(x)/dx$ 为非平衡空穴浓度梯度，比例系数 D_p 称为空穴的扩散系数，它描述了非平衡载流子空穴的扩散能力。公式中的负号表示扩散流流向浓度低的地方，这表明，扩散运动将使非平衡载流子浓度趋于一致。但是，由于注入的非平衡载流子在扩散的过程中不断应复合而消失，故在稳定的光照下，当非平衡光生载流子的扩散和复合处于稳定状态时有

$$-(dS_p/dx) = D_p(d^2 P(x)/dx^2) = P(x)/\tau_p \tag{2}$$

式中，$-(dS_p/dx)$ 为单位时间在单位体积内因扩散而积累的空穴数，$P(x)/\tau_p$ 为单位时间在单位体积内因复合而消失的空穴数。（2）式称为稳态扩散方程，其中 τ_p 为非平衡空穴的寿命。

扩散长度 [diffusion length] 在载流子扩散运动的词条中，讨论了非平衡光生载流子稳态扩散方程如下：

$$D_p(d^2 P(x)/dx^2) = P(x)/\tau \tag{1}$$

其介为

$$P(x) = A\exp(-x/L_p) + B\exp(-x/L_p) \tag{2}$$

其中 $L_p = (D_p\tau_p)^{1/2}$，τ_p 为非平衡空穴的寿命。

当样品足够厚时有

$$P(x) = (P)_0 \exp(-x/L_p) \tag{3}$$

L_p 称为空穴扩散长度，由（3）式可看出，它表示非平衡空穴浓度降为原值 $1/e$ 所需扩散的距离，也等于非平衡空穴平均扩散的距离。同理有电子扩散长度 $L_n = (D_n\tau_n)^{1/2}$。在有非平衡载流子 (光、电) 注入的情况下，通常认为非平衡载流子只存在于离注入源扩散长度的范围内；在这范围之外，非平衡载流子因复合而消失。

电子和空穴扩散系数 [diffusion coefficient of electron and hole] 当有载流子浓度梯度时，载流子将产生扩散运动，以空穴为例，其空穴扩散流密度为

$$S_p = -D_p(P(x)/dx) \tag{1}$$

其中 $P(x)/dx$ 为空穴浓度梯度，比例系数 D_p 称为空穴的扩散系数，它描述了载流子空穴的扩散能力。根据爱因斯坦关系，载流子扩散系数 D_p 和迁移率 μ_p 之间有如下关系：

$$D_p = k_0 T \mu_p / q \tag{2}$$

其中 T 为温度，k_0 为玻尔兹曼常量，q 为电子电荷数。这个关系的根源在于载流子的扩散运动系数和迁移率都与热运动和散射密切相关。同样对于电子有

$$S_n = -D_n(n(x)/dx) \tag{3}$$

$$D_n = k_0 T \mu_n / q \tag{4}$$

浓度梯度场 [concentration gradient field] 在半导体材料中，载流子分布的不均匀性会导致在空间存在载流子的浓度递减，形成一定的浓度梯度，它是一个矢量场，方向

从浓度指向浓度增加的方向,大小反映了沿此方向浓度的变化率。在存在浓度梯度时,载流子会进行扩散运动,形成扩散电流。

温度梯度场 [temperature gradient field] 某一时刻,在某一空间的温度分布不均匀时,会产生温度的梯度,形成温度梯度场。温度梯度是一个矢量,它的正方向指向温度增加的方向。大小表示了单位距离内温度降低(或增高)的数值。半导体材料在存在温度梯度场时,也会导致载流子的扩散运动,形成电流。

爱因斯坦关系 [Einstein relation] 考虑一杂质浓度不均匀的 n 型半导体,杂质浓度随 x 的增加而下降,由此引起的电子浓度梯度必然产生沿 x 方向的电子扩散流。其电子扩散电流密度为

$$(J_n)_{扩} = qD_n(dn(x)/dx) \tag{1}$$

电子的扩散必然引起固定电荷离化施主杂质的空间分布,由此生成的电场使电子产生漂移运动,其漂移电流为

$$(J_n)_{漂} = n(x)q\mu_n \mid E \mid \tag{2}$$

在热平衡的情况下,总电流为零,电子漂移电流等于电子扩散电流,则有

$$D_n(dn(x)/dx) = n(x)\mu_n \mid E \mid \tag{3}$$

在非简并情况下,根据玻尔兹曼分布可得如下关系:

$$D_n/\mu_n = k_0T/q \tag{4}$$

同理可得

$$D_p/\mu_p = k_0T/q \tag{5}$$

(4)式和(5)式称为爱因斯坦关系式,其中 T 为温度,k_0 为玻尔兹曼常量,q 为电子电荷数。虽然爱因斯坦关系在热平衡情况下推得,但实验证明,此关系式在非平衡情况下仍然适用。爱因斯坦关系表明,描述载流子扩散运动特性的扩散系数 D 和描述载流子漂移运动特性的漂移迁移率 μ 之间有一定关联。这种关联很容易理解,因为它们都与热运动和散射密切相关。

半导体二极管 [semiconductor diode] 由半导体材料构成的只有两个工作电极的器件。具有纯电学功能的半导体二极管有整流二极管、检波二极管、开关二极管、稳压二极管、变容二极管等。具有光电功能的半导体二极管有发光二极管(LED)、激光二极管、光电探测器、太阳能电池等。

肖特基二极管 [Schottky diode] 全称"肖特基势垒二极管"。具有整流特性的金属半导体接触。与具有整流特性的 pn 结二极管相比,肖特基二极管更适合在高频下工作。pn

结在正向偏压下工作时,n 区的电子和 p 区的空穴,越过势垒区注入到对方作为少子在边界处积累,然后以扩散的方式向体内运动,其运动速度较慢,因此不适合在高频下工作。而肖特基二极管在正向偏压下工作时,以金属与 n 型半导体接触为例,n 型半导体中的电子越过势垒区进入金属,随着金属中大量的电子向体内运动,其运动速度很快,因此更适合于在高频下工作,为高频器件。

金属 - 半导体接触 [metal-semiconductor contact] 当不同功函数的金属和半导体接触时,由于两者的费米能级不同,电子(或空穴)将发生转移,从而界面处形成空间电荷,半导体表面能带发生弯曲。以金属与 n 型半导体接触为例。如果金属的功函数大于半导体的功函数,$W_m > W_s$,接触前的能带图如图 13 所示。因为半导体的费米能级 E_{Fs} 高于金属的费米能级 E_{Fm},将有电子从半导体流向金属,使半导体和金属表面分别带正电和负电,在该电场的作用下,半导体表面的空间电荷区内能带向上弯曲,如图所示,形成电子势垒,阻挡半导体中的电子流向金属。同时,由于表面能带向上弯曲,表面电子浓度降低,成为高阻的 n 型阻挡层。如果金属的功函数小于半导体的功函数,$W_m < W_s$,则情况相反,半导体表面的能带向下弯曲,成为 n 型反阻挡层。如果金属与 p 型半导体接触,若 $W_m < W_s$,则电子从金属流向半导体,即空穴有半导体流向金属,使半导体和金属表面分别带负电和正电,半导体表面的空间电荷区内能带向下弯曲,形成空穴势垒,阻挡半导体中的空穴流向金属。同时,由于表面能带向下弯曲,表面空穴浓度降低,成为高阻的 p 型阻挡层。若 $W_m > W_s$,则情况相反,半导体表面的能带向上弯曲,成为 p 型反阻挡层。

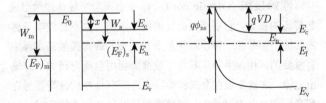

势垒 [barrier] 势能比附近的势能都高的空间区域,基本上就是极值点附近的一小片区域。在众多势垒当中,方势垒是一种理想的势垒。保持 ε 和 V 的乘积不变,缩小 ε,并趋于 0,V 将无穷大。方势垒过渡到 δ 势垒。在微观物理学中,δ 势常作为一种理想的短程作用来讨论问题。δ 势可以看成方势的一种极限情况。事实上,所有涉及 δ 势的问题,原则上均可以从方势情况下的解取极限而得以解决。但直接采用 δ 势来求解,往往要简捷得多。在 δ 势情况下,粒子波函数的导数是不连续的,尽管粒子流密度仍然是连续的。

肖特基势垒 [Schottky barrier] 金属和半导体接触形成的半导体表面势垒。是具有整流特性的金属-半导体界面,

就如同二极管具有整流特性。其相较于 pn 接面最大的区别在于具有较低的界面电压，以及在金属端具有相当薄的（几乎不存在）耗尽层宽度。由于肖特基势垒具有较低的界面电压，可被应用在某器件需要近似于一个理想二极管的地方。在电路设计中，它们也同时与一般的二极管及晶体管一起使用，其主要的功能是利用其较低的界面电压来保护电路上的其他器件。

空间电荷区 [space charge region]　当功函数不同的材料相互接触时，因费米能级不同，电子必然由费米能级高处流向费米能级低处，由此所形成的电荷的空间分布。MS 结和 pn 结以及在 MIS 等结构中都存在空间电荷区。

自建电场 [built-in field]　当功函数不同的材料相互接触时，因电子的转移将形成空间电荷。空间的电荷分布必然引起空间的电场分布，该电场的作用将阻止电子的进一步转移。当两者相互平衡时，空间电荷区有稳定的电荷分布和电场分布。该电场是材料接触时相互作用而自身建立起来的，未受外界影响，因此称为自建电场。MS 结和 pn 结以及 MIS 等结构的空间电荷区都存在自建电场。

接触电势差 [contact potential difference]　两种功函数不同的材料（金属与半导体或半导体与半导体）相互接触时，电子由费米能级高处向费米能级低处转移，在交界处形成空间电荷区，从而形成自建电场。由于自建电场的存在，必然使半导体能导弯曲，并在两边形成电势差。该电势差的存在，正好抵消了原两边费米能级之差，使整体有统一的费米能级，系统处于平衡状态。该电势差是由两种功函数不同的材料接触而产生的，因此称为接触电势差。MS 结和 pn 结都存在接触电势差。

欧姆接触 [Ohmic contact]　金属与半导体接触形成非整流的接触。它不产生明显的附加阻抗，也不会使半导体内部的平衡载流子浓度发生显著的改变。欧姆接触在实际中有重要的应用。半导体器件一般都要利用金属电极输入或输出电流，这就要求在金属和半导体之间有良好的欧姆接触在超高频和大功率器件中，欧姆接触是设计和制造的关键问题之一。制作欧姆接触最常用的方法是用重掺杂的半导体与金属接触，常常是在 n 型或 p 型半导体上作一层重掺杂区后再与金属接触，形成金属 -n^+-n 或金属 -p^+-p 结构。

整流接触 [rectifier contact、rectifier diode]　又称肖特基接触。特定金属与轻掺杂半导体（大多为 n 型硅）接触，具有与 pn 结相似的性能，但属于单极性器件。金属-（轻掺杂）半导体接触形成结，正偏电流随外加偏压增大而指数增大，而反偏时只有很小的电流。

肖特基接触 [Schottky contact]　即整流接触。

载流子注入 [carrier injection]　在外界条件的作用下，半导体中将产生非平衡载流子的现象。在外加电压的作用下，半导体中产生非平衡载流子，称为载流子的电注入。在光照下，半导体中产生载流子，称为载流子的光注入。

非平少子注入 [nonequilibrium minority carrier injection]　在一些情况下，非平衡少数载流子（简称非平少子）的注入，起着十分重要的作用。例如，pn 结在正向偏压的作用下，p 区和 n 区分别向对方体内於势垒区边界注入非平衡少数载流子，并进一步向体内扩散。

耗尽层 [depletion layer]　如果 n 型半导体表面的能带向上弯曲，或 p 型半导体表面的能带向下弯曲，则表面形成势垒。势垒区的载流子浓度相对于体内较低。当势垒较高时，如突变 pn 结以及反向偏置 MS 结、pn 结和 MIS 结构，势垒区中有一部份区域的载流子浓度能低，已基本耗尽，称为载流子耗尽层，简称耗尽层。

耗尽近似 [depletion approximation]　当半导体势垒很高时，如突变 pn 结以及反向偏置的 MS 结、pn 结和 MIS 等结构中的势垒，势垒区中很大部份区域的载流子已耗尽。此时，可以近似地认为势垒区全部处于载流子耗尽状态，如此对势垒区的数学处理就变得很简单。该近似称为耗尽近似。

反型层 [inversion layer]　MS 和 MOS 等结构在加上较大的反向偏压时，n 型半导体表面的能带进一步向上弯曲，p 型半导体表面的能带进一步向下弯曲，表面势垒区中载流子由耗尽进一步出现反型，n 型半导体表面出现 p 型层，p 型半导体表面出现 n 型层，这称为半导体表面的反型层。

势阱 [potential well]　n-AlGaAs 与 GaAs 接触时，电子由 n-AlGaAs 向 GaAs 转移，n-AlGaAs 和 GaAs 表面分别形成正的和负的空间电荷，使 GaAs 表面能带向下弯曲，其能带图如图所示，在 GaAs 表面形成电子势阱，称为表面电子势阱。又如硅 MOS 结构，当加 M 和 S 间加正偏压时，硅表面能带向下弯曲，形成表面电子势阱。当初整数量子霍尔效应就是在这样两个电子势阱中获得的。与此类似，也可产生表面空穴势阱。

量子阱 [quantum well]　当半导体中势阱的宽度与电子的德布洛依波长相比拟时，称为量子阱。量子阱中的电子态是分立的能级。一种重要的量子阱出现在半导体表面，例如，n-AlGaAs/GaAs 接触的 GaAs 表面，和正向偏压下 M/O/p-Si 接触的 p-Si 表面（金属 M 接正），此时的表面量子阱是斜势阱，称为斜量子阱。另一种重要的量子阱存在于异质半导体的夹层中，例如 n-AlGaAs/GaAs/n-AlGaAs 接触，当 GaAs 层的厚度与电子的德布洛依波长相比拟时，GaAs 层处形成量子阱，此是方势阱，称为方量子阱。

量子线 [quantum wire]　两个维度的尺寸很小，在 100nm 以下，只有一个维度的尺寸较大的半导体材料，例如碳纳米管。半导体量子线中的电子具有显著的量子特性。

量子点 [quantum dot]　三个维度的尺寸都很小,都在 100nm 以下的半导体材料。例如硅 MOS 单电子晶体管内,氧化层中的纳米硅颗粒。半导体量子点表现出显著的量子限制效应、表面效应以及库仑阻塞效应等。

二维电子气 [two-dimentional electron gas]　通常半导体表面产生的势阱指的是垂直于表面(z 方向)的势阱,在此势阱中,z 方向的能量是量子化的,而 x、y 方向的运动是自由的。如此,在半导体表面便形成了一个二维的电子气体,称为二维电子气。整数和分数量子霍尔效应,以及自旋霍尔效应,都是首先在这样的二维电子气中首先观察到的。与此相类似,也有二维空穴气。

pn 结 [pn junction]　当 p 型和 n 型半导体接触时,在界面附近空穴从 p 型半导体向 n 型半导体扩散,电子从 n 型半导体向 p 型半导体扩散。空穴和电子相遇而复合,载流子消失,在 p 型半导体表面留下一层带负电的离化受主,在 n 型半导体表面留下一层带正电的离化施主,形成 pn 结空间电荷。该空间电荷形成的电场称为 pn 结自建电场,又称内电场。自建电场产生的电子空穴的漂移作用抵消上述电子空穴的扩散作用,pn 结处于平衡状态。空间电荷区的电荷分布使 n 区电势升高,电子势能下降;p 区电势下降,电子势能升高。如此形成 pn 结势垒,阻止 n 型区的电子和 p 区的空穴越过该势垒区。

半导体同质结 [semiconductor homojunction]　同一种半导体材料构成的结,例如同是硅构成的结。同质结有 pn 结、pi 结、ni 结、p^+p 结和 n^+n 结等多种类型。例如,p^+p 结和 n^+n 结就可用作 p 型和 n 型半导体与金属形成欧姆接触的过度。又如 p-GaInAs/i-GaInAs/n-InP 光电二极管中,p-GaInAs/i-GaInAs 便是同质 pi 结。

半导体异质结 [semiconductor heterojunction]　由不同元素或不同成分的半导体材料构成的结。例如 Ge/Si 异质结、GaAs/AlGaAs 异质结等。异质结按照两边半导体材料的导电类型分:有同型异质结,即 p/p 异质结和 n/n 异质结;和反型异质结,即异质 pn 结;此外还有 p/i 和 n/i 异质结,例如 n-AlGaAs/i-GaAs,i 代表本征型半导体材料。异质结按照过度区的宽度划分有缓变型异质结和突变型异质结。两个异质结在一起可组成双异质结,例如,p-AlGaAs/p-GaAs/n-AlGaAs/n-GaAs 双异质结激光器。

缓变 pn 结 [graded pn junction]　如果 pn 结两边半导体材料的掺杂浓度都近似线性地缓慢变化,逐步地由 p 区向 n 区过渡,该 pn 结称为线性 pn 结。如此近似线性的杂质浓度分布,使 pn 结区电荷和电势分布的数学表达都变得简单,有利于对其特性做数学分析。

突变 pn 结 [abrupt pn junction]　如果 pn 结两边半导体材料的掺杂浓度都很高,即为强 p 型和强 n 型,此称

之为重掺杂 pn 结。此重掺杂 pn 结中,两边势垒的宽度都比较窄,势垒的变化比较陡,故被称为突变 pn 结。如果 pn 结中,只有一边的掺杂浓度高,势垒变化陡,则称之为单边突变结。

肖克莱方程 [Shockley equation]　若 pn 结加上负偏压,p 区接负,n 区接正,空间电荷区势垒升高,漂移电流大于扩散电流,以漂移电流为主,此为反向电流。漂移电流是在势垒电场的作用下 p 区的电子 (少子) 被扫向 n 区和 n 区的空穴 (少子) 被扫向 p 区而形成的电流。少子数目很少,故反向电流很小,并很快饱和。可以证明,pn 结的电流密度 J 和偏压 V 的关系如下:

$$J = J_s[\exp(eV/K_B T) - 1]$$

此式称为肖克莱方程。式中,T 为温度;J_s 为反向饱和电流密度。

$$J_s = e(D_n n_{po}/L_n + D_p p_{no}/L_p)$$

其中,n_{po} 和 p_{no} 分别为 p 区平衡电子浓度和 n 区平衡空穴浓度;D_n 和 D_p 分别为电子和空穴的扩散系数;L_n 和 L_p 分别为电子和空穴的扩散长度。

pn 结势垒 [pn junction barrier]　当 p 型半导体和 n 型半导体接触时,n 型区的电子和 p 型区的空穴向对方扩散,n 型区和 p 型区表面分别形成正和负空间电荷区。空间电荷区中,有电场存在,使能带弯曲,在表面形成势垒,阻挡电子和空穴进一步向对方扩散。如此形成的 pn 结势垒区,由 p 型区和 n 型区的两个势垒区组成。pn 结中,半导体的掺杂浓度不同,相应的势垒宽度也不同,从而出现缓变 pn 结和突变 pn 结。

势垒电容 [barrier capacitance]　在 MS 和 MIS 等结构中,半导体表面往往出现势垒区,势垒能带弯曲,有空间电荷。当外加偏压时,随着偏压的改变,能带的弯曲程度和空间电荷都随之改变,宛如一微分电容器,该电容称之为势垒电容。

pn 结扩散区 [pn junction diffusion region]　pn 结在平衡状态下,势垒区电场的漂移作用平衡了电子和空穴的扩散作用。在正向偏压下,势垒区的电势差降低,载流子的扩散作用大于漂移作用。p 型区的空穴越过势垒区注入到 n 型区。由于外加电压基本上都降落在高阻的势垒区,故注入到 n 型区的非平衡空穴向体内扩散,n 型区的空穴是少子,在邻近势垒区少子扩散长度范围内的区域称为扩散区。由于静电作用,按指数分布的非平衡少子空穴将吸引等量的非平衡多子电子,以保持电中性。同样,n 型区向 p 型区注入电子形成 p 型区的扩散区。

扩散电容 [diffusion capacitance]　在平衡状态下,势垒区电场的漂移作用平衡了电子和空穴的扩散作用。在正

向偏压下, 势垒区的电势差降低, 载流子的扩散作用大于漂移作用。p 型区的空穴越过势垒区注入到 n 型区。由于外加电压基本上都降落在高阻的势垒区, 故注入到 n 型区的空穴向体内扩散, n 型区的空穴是少子, 在邻近势垒区少子扩散长度范围内的区域称为扩散区。由于静电作用, 按指数分布的注入少子空穴将吸引等量的多子电子, 以保持电中性。同样, n 型区向 p 型区注入电子形成 p 型区的扩散区。随着外加正电压增大, pn 结扩散区的宽度增加, 非平衡少子和多子的数目增多, 荷电量加大, 这是一种电容器, 称为 pn 结扩散电容。pn 结扩散电容犹如一个平板电容器, 但是, 该电容器的两个荷相反电荷的板, 不是在真实空间中上下分开, 而是在半导体能带中上下分开, 负电荷在导带底, 正电荷在价带顶。

pn 结整流效应 [pn junction effect]　当 p 型半导体和 n 型半导体接触时, p 型区中的空穴向 n 型区扩散, n 型区中的电子向 p 型区扩散, 从而使 n 型区和 p 型区分别带正电荷和负电荷, 如图 (a) 所示。如此空间电荷产生内建电场, 形成电势差, 使能带弯曲, 构成势垒。在该内建电场的作用下, 电子和空穴的漂移电流与扩散电流方向相反, 当两者相互抵消时, 达到平衡。此时两边的费米能级相平, 能带的弯曲量等于原来两费米能级之差。当 pn 结加上正向偏压, p 区接正, n 区接负, 如图 (b) 所示, 空间电荷区势垒降低, 漂移电流小于扩散电流, 以扩散电流为主, 此为正向电流。随着正向偏压的增加, 势垒进一步降低, 电流迅速上升。

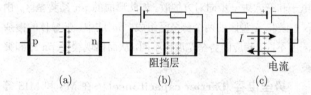

(a)　　　　(b)　　　　(c)

阻挡层　　　电流　　I

pn 结电容 [pn junction capacitance]　pn 结中的势垒区和扩散区的电荷数量都会随着外加电压的变化而变化的现象, 即存在电容效应。其又分为势垒电容和扩散电容两部分, 且电容值随着外加电压而变化, 表明它们是可变电容。正是由于 pn 结电容的存在, 导致 pn 结在电压频率增大时, 整流特性变坏。

伏安特性曲线 [I-V characteristic curve]　又称 *I-V* 特性曲线。流经半导体的电流或电流密度和外加电压的变化关系称为伏安特性, 常用纵坐标表示电流 *I*、横坐标表示电压 *V*, 以此画出的 *I-V* 图像叫作半导体的伏安特性曲线图。这种图像常被用来研究材料电阻的变化规律, 是物理学常用的图像法之一。

I-V 特性曲线 [I-V characteristic curve]　即伏安特性曲线。

电容–电压特性曲线 [capacitance-voltage curve]

又称 *C-V* 特性曲线。在 MS 结、pn 结和 MIS 等结构中, 存在势垒电容和扩散电容, 这些电容都是微分电容, $C = dQ/dV$。通常这些电容都随外加偏压而变, 其电容–电压特性, 又称 *C-V* 特性, 对相应的半导体结构和器件具有研究和应用价值。

C-V 特性曲线 [C-V characteristic curve]　即电容–电压特性曲线。

整流比 [rectification ratio]　具有整流特性 MS 和 pn 结, 正向偏压下, 电阻较小, 电流较大; 反向偏压下, 电阻较大, 电流较小。其正反向电流之比称为整流比。由于正反向电流都随偏压而变, 特别是正向电流, 变化更大, 因此, 整流比随偏压的大小而变。

pn 结反向饱和电流 [pn junction reverse saturation current]　理想 pn 结的伏安特性如肖克莱方程所示:

$$J = J_s[\exp(qV/k_oT) - 1]$$

由此式可知, 在方向偏压下, 当 $|V| \gg k_oT/q$ 时 $J = J_s$, 电流为一常数。即当反向电压逐步增加时, 反向电流趋于饱和。反向饱和电流密度

$$J_s = q[(D_n n_{po}/L_n) + (D_p p_{no}/L_p)]$$

其中, D_n 和 D_p 是电子和空穴的扩散系数, L_n 和 L_p 为电子和空穴的扩散长度, n_{po} 和 p_{no} 为 n 和 p 区体内平衡少数载流子浓度。

反向漏电流 [inverse leakage curren]　具有开关特性的器件, 如开关二极管和丌关二极管, 要求在作为 "关" 态的反向工作状态下, 电流为零, 电阻无限大。然而, 这只是个理想的情况。实际上, 反向工作状态下, 电流并不为零, 这称为反向漏电流。在一般情况下, 都会对漏电流提出一定的要求, 从而可据此选择符合要求的开关器件。

pn 结击穿 [electrical breakdown of pn junction]　pn 结的反向电流随着偏压的增加很快饱和, 当反向偏压达到一定值时, 电流会突然增强的现象。

雪崩击穿 [avalanche breakdown]　pn 结势垒区中的载流子在一定电场的作用下具有一定的漂移速度。随着反向偏压的增加, 势垒区的电场加大, 载流子漂移速度增大。当反向偏压很大时, pn 结势垒区中载流子的漂移速度很大, 具有很大的动量, 可以将价带中的电子激发到导带形成电子空穴对。这些被产生的电子空穴也被高的势垒区电场加速到很高的速度。如此, 激发过程像雪崩一样连锁发生, 产生大量电子空穴, 电流倍增, 导致 pn 结击穿, 这种击穿称为雪崩击穿。只要不因功耗过大导致热电击穿, 一旦外加偏压撤除, pn 结势垒电场下降, 新的电子空穴不再产生, 原产生的非平衡电子空穴因复合而消失, pn 结恢复到平衡状态。在掺杂浓度较

低的 pn 结中，其势垒区较宽，碰撞电离产生电子空穴机会较多，容易发生雪崩击穿。雪崩击穿引起的击穿电压其值较高。

pn 结隧道效应 [pn junction tunnel effect]　若 pn 结两边都是简并的重掺杂半导体，费米能级都进入带内。在平衡的情况下，pn 结两边有统一的费米能级，p 区的价带顶比 n 区的导带底还高。p 区的价带和 n 区的导带中有一部份状态具有相同的能量。

隧道击穿 [tunnel breakdown]　又称**齐纳击穿**。在强电场作用下，由隧道效应，使大量电子从价带穿过禁带而进入到导带所引起的一种击穿。当 pn 结加反向偏压时，势垒区能带发生倾斜；反向偏压越大，势垒越高，势垒区的内建电场也越强，势垒区能带也越加倾斜，甚至可以使 n 区的导带底比 p 区的价带顶还低。如果 p 区价带中的 A 点和 n 区导带中的 B 点有相同的能量，根据量子力学的隧道效应，p 区价带中 A 点状态上的电子可以隧道到 n 区 B 点空着的状态，从而形成 pn 结电流。随着反向偏压的进一步加大，势垒区德能带进一步倾斜，有更多的 p 区价带电子与 n 区空着的状态能量相同，从而产生更大 pn 结隧道电流。如此隧道电流随着反向电压的增加而迅速增加，导致 pn 结击穿，这称为 pn 结隧道击穿。

齐纳击穿 [Zener breakdown]　即隧道击穿。

开关二极管 [switching diode]　由于半导体二极管具有单向导电的特性，在正偏压下 pn 结导通，在导通状态下的电阻很小；在反向偏压下，则呈截止状态，其电阻很大。利用这一特性，二极管将在电路中起到控制电流接通或关断的作用，成为一个理想的电子开关。半导体二极管导通时相当于开关闭合（电路接通），截止时相当于开关打开（电路切断），所以二极管可作开关用，称为开关二极管。

隧道二极管 [tunnel diod]　由简并的重掺杂 p 型和 n 型半导体构成的 pn 结二极管，在正反向偏压下，电流都是穿过势垒区的隧道电流，称为隧道二极管。

其最为重要的特征是特性曲线中存在负阻特性，即有一段区域，随着偏压的升高电流反而下降。由于电子隧穿势垒的过程异常迅速，远快于一般 pn 结中载流子渡越势垒的过程，所以隧道二极管适合于在很高的频下工作，可用来实现高速开关，微波放大及激光振荡等功能。又因为隧穿过程是多数载流子穿越势垒的过程，多子浓度对温度的敏感程度低，故其温度稳定性高；并且多子浓度的起伏小，噪声也低。因此，隧道二极管的应用较广。

稳压二极管 [voltage stabilizing diode]　又称**齐纳二极管**。pn 结在反向击穿时，具有稳定的工作电压，即在一定的电流范围内或者在一定功率损耗范围内，结两端电压基本保持不变，表现出稳压特性，利用这一特性可将其用为稳压器件，称为稳压二极管，它的反向击穿电压称为稳定电压。在电路中使用稳压二极管，可以使得由于某种原因造成电路中各点电压变动时，负载两端的电压可以基本保持不变，起到起稳压作用。为使稳压效果好，稳压管的工作电流要选得合适，一般选大一点，但不能超过管子的最大允许电流。

齐纳二极管 [Zener diodt]　即稳压二极管。

热电击穿 [thermal breakdown]　在较高的反向偏压下，较大的反向电流产生的功耗使 pn 结温度升高，本征激发随之加剧，电流上升，结温进一步升高，如此电流和温度交替上升的现象。其是不可逆的破坏性击穿，导致 pn 结烧毁。利用前两种 pn 结非破坏性击穿效应可制成稳压管。

MOS 结构 [MOS structure]　全称"金属–氧化物–半导体结构（metal-oxide-semiconductor structure）"。一种重要的结构，在半导体的基础研究以及器件和集成电路的应用中起着重要的作用。例如，MOS 场效应管已成为最常用的半导体器件结构，是当前集成化程度最高的器件，为众多大规模和超大规模半导体集成电路所采用。又如，科学家在 MOS 硅表面反型层中首次观察到整数量子霍尔效应，使人们对量子体系有了更深入的认识。

MOS 表面反型层 [MOS surface inversion layer]　半导体 MOS 结构相当于一个电容，在金属盒半导体之间加偏压后，在金属和半导体两个面上就会充电，在半导体一侧，电荷会分布在一定厚度的表面层中，并产生表面电场。而半导体表面的电荷的分布情况会随着金属和半导体之间所加偏压的变化而变化。在施加适当的栅压时（如对于 p 型半导体在金属上相对于半导体加正电压时），半导体表面能带发生弯曲，会使得表面处形成与半导体衬底导电类型相反的电荷层，即出现表面反型层，一般分为弱反型和强反型两种情况。

MIS 结构 [MIS structure]　全称"金属–绝缘体–半导体结构（metal-insulator-semiconductor structure）"。MOS 结构是最重要的 MIS 结构，其中的 O 代表氧化物 oxide，即金属–氧化物–半导体。

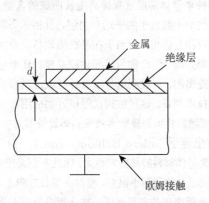

金属
绝缘层
d
欧姆接触

表面态 [surface state]　半导体表面态由多种因素产生。首先是表面悬挂键，如悬挂键失去未成对的电子，成为带正电的施主中心，在表面带隙形成施主能级；如悬挂键如获得电子配成对，成为带负电的受主中心，在表面带隙形成受主能级。此外，半导体表面的杂质和缺陷，都会在表面带隙形成表面态。

快表面态 [fast surface state]　半导体表面和界面，由表面悬挂键、晶格失配以及杂质和缺陷等形成的表面态，就位于半导体表面，能迅速地与表面导带和价带交换电子或空穴，因此被称为快表面态。例如硅 MOS 结构中，硅于二氧化硅之间形成的硅表面态就是快表面态。

快界面态 [fast interface state]　存在于 Si-SiO$_2$ 界面处而能级位于 Si 禁带中的一些分立的或连续的电子能态（能级），它可以直接与 Si 体内交换电子，且交换速度很快。

慢表面态 [slow surface state]　以硅 MOS 结构为例，在离硅表面相对较远的二氧化硅与金属界面处形成的界面态，与硅表面导带和价带交换载流子的速度较慢，对硅而言，为慢表面态。与此相类似，MIS 结构中，金属与绝缘体间型成的界面态是半导体的慢表面态。

慢界面态 [slow interface state]　由吸附于外表面的分子、原子等所引起的外表面态。外表面态位于空气的界面上，它们和半导体交换电荷时，电荷要穿过绝缘层，需较长的时间。

悬挂键 [dangling bond]　半导体表面，因晶格突然终止，表面原子有未成对的电子，所出现的未饱和的键。其是不稳定的状态，导致半导体表面的不稳定性。

肖特基缺陷 [Schottky defect]　半导体晶体中的间隙原子有时会移动到晶体表面，在体内留下的是单独存在的空位的现象。

热电子 [hot electron]　半导体中吸收某能量而处于激发状态的电子。其可以跃迁到较低能级或基态，而发出光子或声子；也可以将能量交给其他电子，而产生俄歇电子。

半导体超晶格 [semiconductor superlattice]　由两种或多种半导体薄层重复排列生长而成的人造晶体结构。其薄层厚度小于载流子的平均自由层，且相邻势阱间的载流子波函数有相互作用，相当于在晶格周期场上叠加了一个长周期的周期势场，因此称为半导体超晶格。其最早是由江琦和朱兆祥提出的，一般利用分子束外延或金属有机化合物气相沉积等技术制备。这种结构已经很好地应用在半导体激光器、光电探测器和调制掺杂常效应晶体管等器件中。

微布里渊区 [micro Brillouin zone]　由于超晶格的周期一般比晶体材料的晶格常数大，因此在倒易空间中，超晶格的周期比晶体的周期小很多，使得在生长方向上，正常晶体由晶格常数所决定的布里渊区，被分割成为由人为引进的超晶格的周期所决定的许多小的布里渊区，这些小的布里渊区称为超晶格的微布里渊区。

布里渊区折叠效应 [Brillouin zone folding effect]　由于超晶格中存在着许多小的布里渊区，且由于超晶格中势垒区很薄，相邻量子阱间有弱耦合，因此在小的布里渊区里，电子的能量与波矢是连续变化的关系，形成窄能带，称为亚带或子带，但在小区边界上能量不连续，这样，原来正常晶体的能带就变成由许多亚带组成，这种现象称为布里渊区折叠效应。

共振隧道 [resonance tunnel]　在双势垒或多势垒结构中，当势垒外的电子的相应能量与势阱中某个能级对准时，会发生共振，电子的量子隧穿概率最大，此时电子穿过一个或数个势垒而不失去其相位关系，称为共振隧穿现象。

单电子隧道效应 [single electron tunnel effect]　一个包含极少量电子，具有极小电容值的粒子称为库仑岛，其能量由电势能及电子间相互作用库仑能组成，可表示为 $E = -QV_g + Q^2/2C$。当库仑岛上增加或减少一个电子时，其能量增加 e^2/C。单个电子进入或离开库仑岛需要 e^2/C 的激活能。在极低温和小偏压下，导体内的电子不具备 e^2/C 的能量，故电子不能穿越库仑岛，这种现象称为库仑阻塞。通过库仑岛加栅压可以改变其电势能及总能量，在某个特定的栅压下，库仑岛总电荷 $Q = Ne$ 和 $Q = (n+1)e$ 的最小能量是简并的，即态密度间隙消失。此时，即发生单个电子隧穿库仑岛的现象，称为单电子隧道效应。

半导体发光 [semiconductor luminescence]　半导体受某种作用的激发，当处于激发状态的电子以辐射光子的方式释放能量，使半导体发光的现象。发出光的波长取决于辐射光子的能量。按照半导体受激发的机制来划分，有光致发光、电（场）致发光。按照电子去激发过程来划分，有本征辐射跃迁发光、非本征辐射跃迁发光。非本征辐射跃迁是通过杂质、缺陷发光中心完成的，这被称为发光中心发光。

光致发光 [photoluminescence]　半导体受光照，电子从某能级激发到较高的能级上，使半导体处于激发状态。半导体从激发态向基态过渡的过程中，如以发射光子的形式释放能量，称为光致发光。

长余辉光致发光 [luminescence]　当激发光的照射停止后，能在较长的时间内继续发光的半导体材料，称为长余辉发光材料。通常有两种情况会导致长余辉发光。一是，材料中有大量非平子陷阱，特别是非平少子陷阱，光照停止后，被陷入的非平子缓慢释放出来而复合发光；另一是，由两种成分构成的复合发光材料，A 成分的光吸收效率高，而 B 成分的发光效率高，光生非平子在 A、B 成分之间转移需要一定时间，从而出现长余辉。长余辉的光致发光材料有很好的应用前景，例如可用于户外的大型广告牌，白天受阳光照射，夜晚可以继续发光。

发射光谱 [emission spectrum]　处于激发状态的固

体发射光的波长及与之相对应的发光强度的谱线。由于测试系统中的光电探测器、单色仪和其他光学元件对不同波长光的光谱响应是不同的，因此通常把待测固体的发射与一已知相对光谱分布的光源（标准灯）在同一测量系统上进行比较，从而推得所测固体的相对发射光谱。

电致发光 [electro-luminescence]　当外加电场使半导体中产生非平衡载流子，如非平衡载流子以辐射跃迁形式释放能量，半导体便发光的现象。半导体电致发光的发光效率高，有广阔的应前景，已成为新一代的固体光源被广泛应用。还可以创造条件使 pn 结中形成受激辐射，并通过共振腔获得高强度的单色相干光，产生激光，从而制成 pn 结激光器。

pn 结电致发光 [pn junction electro-luminescence]　当 pn 结加正向偏压时，n 区的电子（或 p 区的空穴）将注入 p 区（n 区）。由于势垒区一般较窄，一部分非平子在势垒区复合发光；还有一部分非平子越过势垒进入对方区域，这些非平少子在扩散长度范围内与多子复合而发光。这就是 pn 结的电致发光。此复合发光，可以是带间直接复合发光，如 GaAs pn 结；也可以是通过杂质能级的间接复合发光，如 GaP pn 结。

异质结电致发光 [electro-luminescence]　为了提高某种载流子的注入效率，从而提高某种所需发光的发光效率，可以采用异质结结构。由于 p 区和 n 区的禁带宽度不同，两个方向电子和空穴的势垒是不对称的，如图 (a) 所示。加上适当的正向偏压，可消除其中较小的势垒，例如图 (b) 中的空穴势垒；而保留另一势垒。从而可以大大提高一种载流子的注入效率。发光集中在禁带宽度较小的区域，如图 (b) 中的 n 区。如是带间直接复合，发出的光子能量为 n 区的禁带宽度 E_{gn}，小于 p 区的禁带宽度 E_{gp}，不会引起 p 区的本征吸收，p 区可以作为透明窗口让发射光射出，从而进一步提高器件的发光效率。

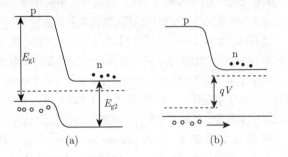

发光效率 [luminescence efficiency]　半导体发光的电子跃迁是辐射跃迁，但与此同时，通常伴随有非辐射跃迁。例如，电子在从高能量的激发态向低能量状态跃迁时，以发出声子的方式将能量直接传给晶格，变成热能。受激发的电子也可以将能量传给另一个电子，使之激发，该被激发的

电子在跃迁回原能级时，以放出声子的形式将多余的能量交给晶格。这样的复合过程称为俄歇复合。因此，外界注入的电子-空穴对（数目为 n_1）中，只有一部份通过辐射跃迁产生光子（数目为 n_2）。由于这些光子是在半导体内部产生的，因此将 n_2/n_1 称为内量子效率。然而上述由辐射跃迁在半导体内产生的 n_1 光子中，只有一部份光子（数目为 n_3）发射到半导体外，另一部份被半导体吸收。因为半导体表面和界面的反射作用很强，在往返折射的过程中，增加了光子的吸收。n_3/n_1 称为外量子效率。在上述辐射跃迁产生的光子中必须扣除非工作波长的辐射光子，如照明用光源的红外热辐射光子。而实际发光器件的发光效率应为 W_2/W_1，W_1 是消耗的全部外加能量，W_2 是向外发出的全部光能。外加的能量除了产生电子-空穴对外，还有其他的消耗，例如元器件上电阻的功率消耗等。

自发辐射 [spontaneous radiation]　半导体受到光、电等的作用而处于激发态。激发态是不稳定的状态，它会逐步地向稳定的基态过渡，该过渡过程是自发产生的，不受外界影响。如果在过渡的过程中产生光子的辐射，该辐射称为自发辐射。当半导体因光照而处于激发态，此后如产生自发辐射，其辐射光子的频率（能量）、位相、偏振状态以及运动方向皆与入射光子无关。

受激辐射 [stimulation radiation]　半导体受某种作用已处于激发态时，在外界光的刺激下而发射光子的现象。受激辐射的光子，其频率（能量）、位相、偏振状态以及运动方向皆与入射光子相同。

pn 结激光器 [pn junction laser]　pn 结由重掺杂的 p 型和 n 型半导体组成，因此空间电荷区很窄，势垒高度很高。外加正向偏压加到 $V > E_g/q$，势垒仍然存在。结面附近的准费米能级之差 $E_F^n - E_F^p > E_g$，载流子分布远离平衡态，成为载流子分布反转区，其中的非平子复合发光。pn 结激光器中的 pn 结置于共振腔内，非平子复合产生的光在腔内来回传播，在载流子分布反转区产生受激辐射。并且，只有满足共振条件的受激辐射在腔内形成振荡，被保留和增强。从而形成高强度且频率、位相和方向相同的激光。

发光二极管 [light emitting diode，LED]　在外加偏压的作用下能发光的半导体二极管。发光二极管可用作光源、指示灯和显示器等，在照明和信息领域被广泛应用。其发光效率高，为节能器件。不同的应用对发光二极管有不同的要求。例如，用作照明，要求发出白光，具有连续分布的光谱；用作彩色显示，要求发出单色光；用作动态显示，要求响应速度快。

有机发光二极管 [organic light emitting diode，OLED]　一种薄膜多层器件，由碳分子或聚合物组成。它们的构成是：①金属箔、薄膜或平板（刚性或弹性）平台；②电

极层；③活性物质层；④反电极层；⑤保护层。至少一个电极必须是透明的。

有机发光二极管（OLED）器件有宽泛的发射光谱，这给OLED 带来一个强于 LED 的优点，能通过细微改变器件的化学组成来调谐 OLED 的发光波长峰值。因此在 OLED 中能够轻易得到高质量的白光，预计未来白光质量将进一步改善。有机发光材料便于分子设计；制备工艺简单，价格低廉；器件工作电压低、功耗小；易成大面积，且可望实现柔性大面积显示屏，因此倍受人们的关注。至今已研制出从红到蓝不同波长的有机发光二极管，量子效率可达 4%。并已制成大面积的显示屏，可用于手机、小型电脑等。目前研究得较多的用于OLED 的有机发光材料主要有两类，一类是以 8-羟基喹啉铝（Alq_3）为代表的有机小分子发光材料；另一类是以聚对苯撑乙烯（PPV）为代表的有机高分子发光材料。这两类有机发光材料及器件的研究都取得了可喜的进展，都十分引人注目。

平带电压 [flat band voltage]　使半导体的能带在空间中的分布处于平的状态时的外加偏压。以 ITO/PPV/Ca 发光二极管 OLED 为例，有机聚合物半导体 PPV 的亲和势（导带底与真空能级差）为 2.8eV，禁带宽度为 2.1eV，则价带顶与真空能级差为 4.9eV。阳极 ITO 的功函数为 4.7eV，阴极 Ca 的功函数为 2.9eV。因 Ca 的费米能级高于 ITO（相差 1.8eV），故接触后电子由 Ca 经 PPV 流向 ITO。当 Ca 和ITO 的费米能级相平时，电子流动停止，PPV 的能带倾斜。如加上 $V_p = 1.8eV$ 的正向偏压，Ca 和 ITO 的费米能级又被拉开 1.8eV，PPV 的能带变平，此时的外加偏压 V_p 称为平带电压。

LED 的开启电压 [LED cut-in voltage]　随着外加电压的逐步增加，半导体发光二极管刚开始发光时的电压。以ITO/PPV/Ca 发光二极管为例，开启电压 V_0 约为 2.0V，略大于其平带电压（1.8eV），此时，阴极和阳极开始有电子空穴注入，并在 PPV 体内开始复合发光。因平带电压与 PPV 厚度无关，故开启电压也与其厚度无关。

透明电极 [transparency electrode]　半导体光电器件，包括光电二极管、光电池。发光二极管等，都需要透明电极。透明电极必须兼备导电性和透明性。半导体光电器件用的透明电极有两种，一是薄金属层，一是导电玻璃。现今用得较多的是导电玻璃，即涂有 ITO 层的玻璃。ITO (indium tin oxides) 是一种 N 型的铟锡氧化物半导体，功函数为 4.7eV。

半导体激光器 [semiconductor laser]　用半导体材料制成的激光器。激光器 Laser（light amplification by stimulated emission of radiation）是指受激辐射光放大器。激光是单色性好、方向性强、强度极高的相干光，在军事、通信、医疗、科研和生产等领域有广泛的应用。

光电效应 [photo-electric effect]　当半导体受光照射时，将光能转换成半导体内的电能的现象。例如，半导体的光电导效应、光生伏特效应，以及丹培效应等。相对于物质受光照而发射电子的外光电效应而言，上述半导体的光电效应称为内光电效应。有时，人们将半导体中光能与电能的相互转换统称为光电效应，将此学术领域称为光电子学（photoelectronics）。

光电导 [photoconduction]　光照引起半导体电导率增大的现象。光吸收使半导体中形成非平衡载流子；而载流子浓度的增大必须使样品电导率增大。

本征光电导 [intrinsic photoconduction]　本征吸收引起的光电导。

杂质光电导 [impurity photoconduction]　对于杂质半导体，光照使束缚于杂质能级上的电子或空穴电离，因而增加了导带或价带的载流子浓度，产生杂质光电导。由于杂质电离能比禁带宽度 E_g 小很多，从杂质能级上激发电子或空穴所需的光子能量比较小，因此，杂质半导体作为远红外波段的探测器，具有重要的作用。

光敏电阻 [photosensitive resistance、photoresistor]　一种在光照条件下改变自身电导的半导体无结两端器件。其工作原理是光照激发产生非平衡载流子参与电导，造成半导体材料电阻下降。通过杂质电离产生的光电导称为杂质光电导，通过价带电子跃迁至导带产生的光电导称为本征光电导。制备光敏电阻的材料有：锗、硅、硒、硫化镉、硫化钴、碲镉汞等。

红外探测器 [infrared detector]　能探测红外辐射信号的半导体器件。该器件有两种类型：一种是利用半导体光电效应，将红外光辐射转变成电信号；另一种是利用半导体的热电效应，将红外热辐射转变成电信号。

光伏效应 [photo-voltaic effect]　全称"光生伏特效应"。如半导体中存在空间电荷，有内建电场存在，形成势垒区，如受光的照射，光生电子和空穴在内建电场的作用下反方向运动，在势垒区两边积累，形成附加的电势差的现象。

太阳电池 [solar cell]　利用半导体的光生伏特效应将太阳能转变成电能的装置。其中包括以硅为代表的元素半导体太阳能电池，以砷化镓为代表的化合半导体太阳能电池，此外还有高分子半导体太阳能电池。半导体太阳电池在航天、航空以及民用节能、低碳等方面有广阔的应用前景。

非晶硅太阳电池 [amorphous Si solar cell]　利用对太阳光具有高吸收系数的非晶硅薄膜制作的太阳电池。通常采用 pin 结构、肖特基结构或多个 pin 结的叠层结构，其转换效率可达 10%至 20%左右，是一种廉价的能源。

丹倍效应 [Dembet effect]　以稳定的光照射半导体，在其表面产生光生非平衡载流子电子和空穴，$\Delta n = \Delta p$，从而在半导体内形成载流子浓度梯度，产生电子和空穴的扩散运动。电子和空穴的扩散系数 D_n 和 D_p 不同,若 $D_n > D_p$,则电子扩散得比空穴快,半导体的光照面带正电,背光面带负电,形成电场,如图所示。在半导体中因光照产生的扩散运动形成的电势差称为光扩散电势差。这种现象称为丹倍效应,这种电势差称为丹倍电势差。

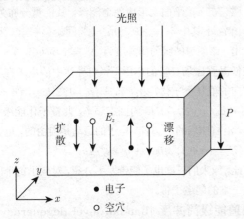

霍尔效应 [Hall effect]　半导体中的载流子在电场和磁场的共同作用下输运过程的一个重要效应。考虑一 n 型半导体,x 方向加电场,z 方向加磁场,x 方向有电流通过。如图(b)所示,电子向左运动,在磁场的作用下,电子受罗仑兹力 $F = -qv \times B$ 的作用,沿 y 方向向前偏转,并在样品前侧 A 面积累,从而使样品 A 面带负电,B 面带正电。如此,在 y 方向形成一电场,称为霍尔电场。在样品两端形成电压,称为霍尔电压。该电场对电子的作用与上述洛伦兹力的方向相反。当两作用平衡时,电子不再沿 y 方偏转。此时霍尔电场的强度为

$$\varepsilon_y = R_H J_x B_z$$

其中,J_x 为 x 方向的电流密度,B_z 为 z 方向的磁感应强度,比例系数 R_H 称为霍尔系数

$$R_H = -1/ne < 0$$

其中,n 为电子浓度,e 为电子电量。在样品 A,B 两面间可测得霍尔电压

$$V_H = R_H J_x B_z / d$$

其中,d 为沿 y 方向的样品厚度。

　　与 n 型半导体相比,p 型半导体中霍尔电场的方向相反,R_H 的符号为正。在同一半导体中,电子和空穴对霍尔电场的作用相反,彼此减弱。通过电导率和霍尔效应的综合测量,可获得半导体材料的多种参数,如导电类型、载流子浓度、迁移率等。

　　霍尔电场的强度为

$$\varepsilon_y = R_H J_x B_z$$

其中,J_x 为 x 方向的电流密度,B_z 为 z 方向的磁感应强度。

　　比例系数 R_H 称为霍尔系数

$$R_H = \varepsilon_y / J_x B_z = V_H d / I_x B_z$$

其中,d 为样品厚度。

　　对于 n 型半导体,$R_H = -1/ne < 0$
　　对于 p 型半导体,$R_H = 1/pe > 0$
其中,n 为电子浓度,p 为空穴浓度,e 为电子电量。

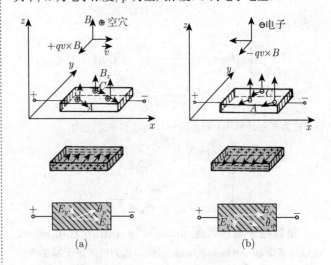

(a)　　　　　　(b)

霍尔电阻 [Hall resistor]　由霍尔效应可知,如 x 方向有电流密度 J_x 通过,在 z 方向磁场的作用下,载流子的运动发生 y 方向的偏转。

　　xy 方向输运方程可写为

$$\varepsilon_x = \rho_{xx} J_x + \rho_{xy} J_y$$

$$\varepsilon_y = \rho_{yx} J_x + \rho yy J_y$$

其中,ε 为电场强度,J 为电流线密度,ρ 为电阻率。

　　如 y 方向断路,$J_y = 0$,则

$$\varepsilon_x = \rho_{xx} J_x$$

$$\varepsilon_y = \rho_{yx} J_x$$

纵向电阻率 ρ_{xx} 是通常的电阻率;横向电阻率 ρ_{yx} 为霍尔电阻率。

霍尔迁移率 [Hall mobility]　对于 p 型半导体有

$$E_y = \frac{1}{pq} \frac{\langle \tau^2 v^2 \rangle \langle v^2 \rangle}{\langle \tau v^2 \rangle^2} J_x B_z$$

因此

$$R_H = \frac{1}{pq} \frac{\langle \tau^2 v^2 \rangle \langle v^2 \rangle}{\langle \tau v^2 \rangle^2}$$

同样,对于 n 型半导体有

$$R_H = -\frac{1}{nq} \frac{\langle \tau^2 v^2 \rangle \langle v^2 \rangle}{\langle \tau v^2 \rangle^2}$$

式中，τ 为平均自由时间，v 为载流子速度，$\langle \tau^2 v^2 \rangle$、$\langle v^2 \rangle$、$\langle \tau v^2 \rangle$ 分别表示统计平均值。

由式

$$\begin{cases} \sigma_{\mathrm{p}} = pq\mu_{\mathrm{p}} \\ \sigma_{\mathrm{n}} = nq\mu_{\mathrm{n}} \end{cases}$$

$$\begin{cases} \mu_{\mathrm{p}} = \dfrac{q}{m_{\mathrm{p}}^*} \dfrac{\langle \tau v^2 \rangle}{\langle v^2 \rangle} \\ \mu_{\mathrm{n}} = \dfrac{q}{m_{\mathrm{n}}^*} \dfrac{\langle \tau v^2 \rangle}{\langle v^2 \rangle} \end{cases}$$

可以得到

$$\begin{cases} |R_{\mathrm{H}}\sigma_{\mathrm{p}}| = \dfrac{q}{m_{\mathrm{p}}^*} \dfrac{\langle \tau^2 v^2 \rangle}{\langle \tau v^2 \rangle} = (\mu_{\mathrm{H}})_{\mathrm{p}} \\ |R_{\mathrm{H}}\sigma_{\mathrm{n}}| = \dfrac{q}{m_{\mathrm{n}}^*} \dfrac{\langle \tau^2 v^2 \rangle}{\langle \tau v^2 \rangle} = (\mu_{\mathrm{H}})_{\mathrm{n}} \end{cases}$$

μ_{H} 称为霍尔迁移率。霍尔迁移率与迁移率之比为

$$\begin{cases} \left(\dfrac{\mu_{\mathrm{H}}}{\mu}\right)_{\mathrm{p}} = \dfrac{\langle \tau_{\mathrm{p}}^2 v^2 \rangle \langle v^2 \rangle}{\langle \tau_{\mathrm{p}} v^2 \rangle^2} \\ \left(\dfrac{\mu_{\mathrm{H}}}{\mu}\right)_{\mathrm{n}} = \dfrac{\langle \tau_{\mathrm{n}}^2 v^2 \rangle \langle v^2 \rangle}{\langle \tau_{\mathrm{n}} v^2 \rangle^2} \end{cases}$$

整数量子霍尔效应 [integer quantum Hall effect] 在以硅表面和 AlGaAs/GaAs 界面沟道为例的量子霍尔效应实验中，分别观察到霍尔电阻率 ρ_{xy} 随栅 V_G 和磁感应强度 B_z 变化曲线 $\rho_{xy} \sim V_G$ 和 $\rho_{xy} \sim B_z$ 中出现的霍尔平台。在一定的低温和强磁场的条件下（例如 $T=1.5\mathrm{K}$, $B=18\mathrm{T}$），霍尔平台处的霍尔电阻率 $\rho_{xy} = h/ie^2$。其中，h 为普朗克常量，e 为电子电量，i 为一系列正整数 1, 2, 3, $\cdots$，反映的是被填满的朗道能级数。该现象与沟道中的电子量子态结构和填充状况相关，因此称为整数量子霍尔效应。1980 年人们在 Si MOSFET 表面反型层中首次观察到量子霍尔效应。样品结构如图的右上方所示。

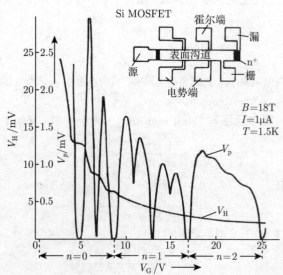

朗道能级 [Landau level] 见朗道子带。

朗道子带 [Landau subband] 对于二维电子气体系，如半导体表面或异质结界面沟道中的电子气，其状态密度是一常数 $\mathrm{d}N/\mathrm{d}E = m^*/2\pi\hbar^2$, m^* 为电子的有效质量，$\hbar$ 为普朗克常量。当垂直与所在平面（xy 平面）的 z 方向加上磁场 B_z 时，在 xy 平面上形成朗道能级，其能量分布为 $E = (n+1/2)\hbar\omega_{\mathrm{c}}$，其中 $\omega_{\mathrm{c}} = eB_z/m^*C$ 为回旋频率，C 为光速。不难看出，该朗道能级的简并度为 $N_0 = eB/hC$, $h = 2\pi\hbar$。

在低温强磁场 B_z 的作用下，半导体中的电子在垂直磁场的方向的能量量子化，为 $E_{xy} = (n+1/2)\hbar\omega_{\mathrm{c}}$, ($n = 0,1,2,\cdots$)，其中 $\omega_{\mathrm{c}} = eB_z/m^*C$ 为回旋频率。此量子化能级称为朗道能级。沿着磁场的 z 方向，电子的运动是自由的，电子的总能量为 $E = (n+1/2)\hbar\omega_{\mathrm{c}} + h^2 2k_z^2/2m^*$。

因此，原来的三维电子能带发生分裂，对应于每个朗道能级是个一维的朗道子带。

朗道能级简并度 [Landau level degeneracy] 载流子在磁场中作回旋的螺旋运动，回旋频率 $\omega_{\mathrm{c}} = qB/m^*$。当磁场很强、温度很低时，载流子的运动将呈现出量子化效应，在垂直于磁场方向的平面内的运动是量子化的，原来能带中电子状态重新组合，形成了若干个子带（subband），称这些分立的子带为朗道能级。对于给定的 n 和 k_z 值，k_y 可取不同的值，即对应于每一个子带，与每一个 k_z 相对应的能值都是简并的，其简并度为 $L^2/2\pi l^2 = L^2 qB/h$，与 n 和 k_z 无关，对任一 n 和 k_z，其简并度均相同。

霍尔平台 [Hall platform] 在以硅表面和 AlGaAs/GaAs 界面沟道为例的整数和分数量子霍尔效应实验中，分别观察到霍尔电阻率 ρ_{xy} 随栅 V_G 和磁感应强度 B_z 变化曲线 $\rho_{xy} \sim V_G$ 和 $\rho_{xy} \sim B_z$ 中的平台。霍尔平台处总伴随着纵向电阻率 ρ_{xx} 极小值的出现，此处电阻低、迁移率高。利用此特点可制成功耗低、速度快的器件，在电子信息科学技术领域中有很好的应用前景。

国际标准电阻 [international standard resister] 标准电阻器（standard resistor）是用于保存和传递电磁单位制中电阻单位欧姆的量值的标量器，是专为精密仪器或校准电阻值而设计的。技术上与精密线绕电阻器的要求大体相同，并要求阻值稳定性极高，必须是无感和分布电容极小。主要具有高精密、高稳定度、低温度系数的特点。但应指出，它们的阻值往往是以某一特定温度为前提而标出的。标准电阻是电阻基本单位 Ω（欧姆）的度量器，产品具有电阻精度高、温度系数低、稳定好的特点，在精密测量和计量检定部门作传递用。

国际公认的标准电阻是金属制的，它遵守欧姆定律，在给定的温度下，在两端加上电压 V，则必通过确定的电流值 I，V 与 I 的比值是确定不变的值，它就是恒定值 $R = V/I$。

请注意, 标准电阻均为金属线材, 电流线均为互相平行的线, 它们必与终端平面互相垂直。

分数量子霍尔效应 [fractional quantum Hall effect]　在以 AlGaAs/GaAs 界面沟道为例的量子霍尔效应实验中, 观察到霍尔电阻率 ρ_{xy} 随磁感应强度 B_z 变化曲线 $\rho_{xy} \sim B_z$ 中出现的霍尔平台。在比观察整数量子霍尔效应更低的温度和更强的磁场条件下（例如 $T = 0.5\text{K}$, $B = 20\text{T}$), 霍尔平台处的霍尔电导率 $\sigma_{xy} = Ve^2/h$。其中, h 为普朗克常量, e 为电子电量, V 为分数, 如 1/3, 1/5, 1/7, $\cdots$; 2/3, 2/5, $\cdots$, 分母为奇数。分数 V 反映了朗道能级的填充状态, 故称为填充因子。该现象与沟道中的电子量子态结构和填充状况相关, 因此称为分数量子霍尔效应。

磁阻效应 [magneto-resistive effect]　将半导体置于磁场中, 该半导体在垂直于磁场方向的电阻便会增加的现象。磁阻效应受多种因素的影响, 有较复杂的理论分析。为简单起见, 只讨论其中最核心的内容。考虑一 p 型半导体, z 方向加上磁场 B_z, x 方向在电场 ε_x 的作用下有电流 J_x 通过。沿 x 方向运动的空穴在洛伦兹力的作用下, 沿 y 方向向右偏转, 导致电荷积累, 形成 y 方向霍尔电场 ε_y。ε_x 和 ε_y 的合成电场与 J_x 方向夹 θ 角, 从而使得空穴沿着类似于图 (a) 中的曲线运动, 因此散射加大, 电阻增加。在此基础上, 进一步的分析表明, 载流子速度的统计分布将对磁阻效应起更大的作用。在平衡的情况下, 对于某一速度的空穴, 其霍尔电场的作用与洛伦兹力的作用正好抵消; 而大于此速度的空穴, 由于洛伦兹力大于霍尔电场力, 则沿着似于图 (b) 中右边的曲线运动; 小于此速度的空穴, 由于洛伦兹力小于霍尔电场力, 则沿着似于图 (b) 中左边的曲线运动。因此, 空穴受到更强的散射, 空穴沿 x 方向的运动更加减弱, 使 x 方向的电阻明显增加。电子运动与其相似。磁阻的大小用电阻率的相对变化来描述, 可以证明, 在弱磁场条件下 $\mu_H B_z \ll 1$, 有

$$\Delta\rho/\rho_\circ = -\Delta\sigma/\sigma_\circ = \xi R_H^2 \sigma_\circ^2 B_z^2$$

这里, μ_H 为霍尔迁移率; $\rho_\circ$ 和 $\sigma_\circ$ 分别为零磁场电阻率和电导率; R_H 为霍尔系数; ξ 为横向磁阻系数。

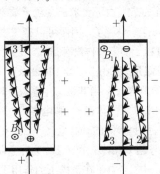

光磁电效应 [photo-magneto-electric effect]　当半导体受光照时, 光生载流子将沿 x 方向扩散。若 z 方向加一磁场, 类似于霍尔效应, 载流子受洛伦兹力的作用产生 y 方向的偏转, 在 y 方向形成电场, 产生电势差, 该现象称为光磁电效应。在稳定的情况下, 该电场引起的电流与洛伦兹力引起的电流相互抵消。值得注意的是, 在光照下, 带间跃迁引起的光生载流子电子和空穴同时产生, 其光扩散运动的方向相同, 但因荷电相反, 故受洛伦兹力偏转的方向相反, 电子和空穴对光磁效应的贡献彼此加强。这与霍尔效应正相反。由于在一定的光照下, 半导体表面产生的光生载流子浓度依赖于寿命 τ, 故可以利用光磁效应测量材料的寿命。还可利用光磁效应制作红外探测器。

磁光效应 [magneto-optical effect]　在低温强磁场 B_z 的作用下, 半导体中的电子在垂直磁场的方向的能量量子化, $E = (n + 1/2)\hbar\omega_c + h^2 2k_z^2/2m^*$, 电子能带发生分裂, 形成一系列的朗道子带, 这一方面使本征吸收的长波限向短波方向移动, 相应的光子能量由 E_g 增加为 $E_g + \hbar(\omega_{ce} + \omega_{ch})/2$, 其中 ω_{ce} 和 ω_{ch} 分别为电子和空穴的回旋频率。另一方面, 使原来的连续带状本征光吸收变成振荡光吸收, 吸收峰值出现在上下朗道子带的极值之间, 如图所示。此现象称为磁振荡光吸收。此类由磁场的作用而产生的光学现象称为磁光效应。

热磁效应 [thermo-magnetic effect]　在磁场的作用下, 半导体中热能转换的现象, 例如里纪–勒杜克效应。在磁场的作用下热能和电能的相互转换的效应称为热磁电效应, 例如爱廷豪森效应和能斯特效应。热磁电效应之间有一定的关联, 由热力学定律可以证明, 埃廷豪森系数 P 和能斯特系数 η 有下列关系 $P\kappa = \eta T$, 式中 T 为温度, κ 为热导率。有时, 人们也把热磁效应纳入热磁电效应中。

能斯特效应 [Nernst effect]　在 z 方向磁场 B_z 的作用下, 如 x 方向有温度梯度 T/x, 产生热流, 则在 y 方向形成横向电场

$$E_y = -\eta(T/x)B_z$$

式中, η 为能斯特系数。这种现象称为能斯特效应。

里纪–勒杜克效应 [Righi-Leduc effect]　在 z 方向磁场 B_z 的作用下, 如 x 方向有温度梯度 T/x, 产生热流, 则在 y 方向形成横向温度梯度

$$T/y = S(T/x)B_z$$

式中, S 为里纪–勒杜克系数。改变磁场 B_z 方向, 温度梯度 T/y 的方向随之改变。此为里纪–勒杜克效应, 是一种热磁效应。

压阻效应 [pieso-resistive effect]　由应力引起电阻变化的现象。半导体受外应力的作用将发生形变, 被拉伸或压

缩，与此同时能带结构发生变化，从而使电阻率发生变化。电阻率的相对变化 $\Delta\rho/\rho$ 正比于应力 W。

$$\Delta\rho/\rho = \pi W$$

其中 π 为压阻系数。由于晶体结构和能带的各向异性，压阻效应表现出显著的方向性。不同方向的应力对不同方向的电阻有不同的影响，压阻系数是个张量。为简单起见，这里仅讨论在液体静压力作用下的压阻效应。由于此时半导体各方向所受压力相同，因此晶体的对称性不变，只是晶格间距变小，导致禁带宽度改变，从而使本征载流子浓度变化，电阻率改变。禁带宽度 E_g 和电导率 σ 与压强 P 之间有如下关系：

$$\mathrm{d}E_g/\mathrm{d}P = -(u_c - u_v)\chi$$

$$\mathrm{d}\ln\sigma/\mathrm{d}P = [(u_c - u_v)/2K_B T]\chi$$

其中，u_c 和 u_v 为分别为单位体积变化引起 E_c 和 E_v 的变化，称为形变势常数；K_B 为玻尔兹曼常量，T 为温度，χ 为压缩系数

$$\chi = -(\mathrm{d}V/V)/\mathrm{d}P$$

其中 V 为体积。值得注意的是，不同的半导体，不但 $\mathrm{d}E_g/\mathrm{d}P$ 的数值不同，有的符号也不同。当压强增大时，Ge 的 E_g 增大，则 $\mathrm{d}E_g/\mathrm{d}P$ 为正值；而 Si 的 E_g 减小，则 $\mathrm{d}E_g/\mathrm{d}P$ 为负值。利用半导体的压阻效应可制成应变计、压敏二极管和压敏三极管等。

声电效应 [acousto-electric effect]　当声波在半导体中传播时，在半导体中形成移动的周期性势场。在此势场的作用下，电子有沿波前坡滑向谷底的趋势。如果电子的运动速度小于声波传播的速度，则电子便会聚集在波前坡的斜坡上，被声波推动着向前运动。这称为声子的引曳效应。在此效应的作用下，电子流向前方，从而在半导体中形成电荷分布，产生电场，构成声电动势，如图所示，这称为声电效应。

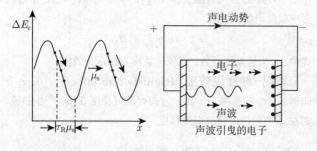

超声放大效应 [ultrasonic amplification effect]　在压电半导体中，当声波（纵波）在半导体中传播时，将产生一个周期与声波相同且波幅较大的声子势场波。如果有平均自由程较小的电子经过，其将不断遭受声子的散射而损失能量，从而被声波产生的周期性电势场的波谷所俘获；此时，如再加上一个较大的漂移电场，电子的漂移速度将大于声波的波速，从而电子将推着声子势场波向前移动，使得声子的能量增加，即声波的放大效应。由于超声波易于满足声波放大的条件，获得较强的放大现象，这称为超声放大效应。据此可以制作超声波放大器件。

声磁电效应 [acousto-magneto-electric effect]　与光磁电效应类似。当声波沿 x 方向传播时，由于声子引曳效应，在 x 方向便引起电子和空穴流，再沿 z 方向加磁场 B_z 时，由于洛伦兹力的作用，电子便向正 y 方向偏转，空穴向负 y 方向偏转，因而沿 y 方向产生一个电场，这就是声磁电效应。

铁电半导体 [ferroelectric simiconductor]　当半导体材料的结构不具有对称中心时，便可能具有压电性的半导体。如果同时其元胞中的正负电荷重心不重合，便可出现自发极化而具有热释电性，如果这种自发极化可在外电场作用下偏转，它便成为铁电体，可以观测到电滞回线，这种具备铁电特性的光导体称为铁电半导体。例如氧化锌是一种重要的压电半导体，如在材料中掺入锂去部分地替代锌，氧化锌的正负电荷的重心将不再重合而出现自发极化甚至铁电性，可以成为铁电半导体。

量子限制效应 [quantum confinement effect]　又称量子尺寸效应。当半导体材料的尺寸为纳米量级时，称为纳米半导体。由于此时半导体的尺寸与电子的德布罗依波长相比拟，使半导体中的电子态呈现量子化效应。随着尺寸的减小，能级间距加大，带隙增宽。这样由小尺寸引起的效应可以发生在材料的一个维度上，也可以发生在两个维度或三个维度上。

量子尺寸效应 [quantum size effect]　即量子限制效应。

电子态 [electron state]　电子的运动状态和能量状态。在半导体晶体中，一般采用单电子近似来求解其中的电子状态。

空穴态 [hole state]　$|\phi_k\rangle = a_k|\phi_v\rangle$ 其中 $|\phi_v\rangle$ 代表满价的态。我们可以认为它表示满价带失去 k 粒子，也可认为满价带多了一个空穴，由于费米子在粒子数表象中只有两个态：无粒子或只有一个粒子，因而可以把失去粒子的态看作一个空穴，而有粒子的态看作没有空穴。

库仑阻塞效应 [Coulomb blockade effect]　一个物体具有一定的电容 C，当其带有电量 Q 时，便具有势能 $Q^2/2C$。由于纳米颗粒的体积小，则电容 C 小。因此，单个电子进入纳米颗粒引起势能的升高量 $Q^2/2C$ 可大于热运动能量，从而阻碍电子进入纳米颗粒。这称为库仑阻塞效应。在单电子 MOSFET 中，当电子在正栅压的作用下通过隧道效应进入纳米颗粒时，需要克服库仑阻塞效应。

俄歇电子 [Auger electron]　原子中的电子被激发后，处于某一层的高能级的电子跃迁填补到留下的空位并释放相应的能量，当释放的能量传递给同一层的另一个电子时，其可以脱离原子而发射出去，产生次级电子，这个电子就被称为俄歇电子。俄歇电子具有特征能量，大小与释放俄歇电子的原子中的电子转移有关，与入射电子的能量无关。

俄歇电子谱 [Auger electron spectrum]　一种利用高能电子束或者 X 射线为激发源，通过激发样品的俄歇电子，检测其能量和强度来获得样品分析区域的化学成分和结构的信息的一种表面分析技术。利用这种手段可以分析除氢和氦以外的所有元素，并具有极高的表面灵敏度，适合于表面元素定性和定量分析。结合深度刻蚀和剥离技术，可以获得随深度分布能力。

佩尔捷效应 [Peltier effect]　佩尔捷（Peltier）发现的两种不同的导电体 1 和 2 相互连接，当接上电源通以电流时，在接头处便会观察到吸热和放热的现象。接头处单位时间吸收的热量为

$$dH/dt = \Pi_{12} I \tag{1}$$

其中，I 为电流强度，比例系数 Π_{12} 称为佩尔捷系数。上式可写成

$$dH'/dt = \Pi_{12} J \tag{2}$$

其中，H' 为接头处单位面积单位时间吸收的热量；J 为电流密度。

佩尔捷效应是可逆的，在图中，当某一方向的电流 I 使 dH 为正即样品吸收热量时，如变换电流 I 的方向，则 dH 为负，即样品放出热量。

塞贝克效应 [Seebeck effect]　又称温差电效应。一种热能转变成电能的效应；是最重要的热电效应。是塞贝克发现的。考虑一均匀掺杂的 p 型半导体，其两端温度不同，在杂质离化未饱和情况下，载流子浓度随温度的升高而指数增加。高温端的载流子浓度和热运动速度都大于低温端，因此空穴将由高温端流向低温端扩散，形成自右向左的空穴扩散流，使得样品左端带正电，右端带负电，样品中形成电场。在该电场的作用下，产生与上述扩散电流方向相反的漂移电流。当两者大小相同时，达到平衡，样品两端保持一定的电势差，这被称为温差电动势 Θ。温差电动势也称之为塞贝克电动势。定义一种材料的绝对温差电动势率为

$$\alpha = d\Theta/dT$$

两种材料相对的温差电动势率则为

$$\alpha_{12} = d\Theta_{12}/dT = (d\Theta/dT)_1 - (d\Theta/dT)_2$$

温差电效应首先在金属材料中被发现，并将两种不同的金属丝焊在一起制成热电偶，用来测量温度差。如果将一公共端置于标准温度下 (如冰水中)，便可测量另一端的温度。不难理解在相同的条件下，将图中的 p 型半导体换成 n 型半导体，所产生的温差电动势的符号即方向相反。由此可很方便地测量半导体的导电类型。

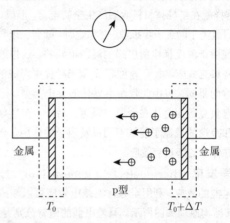

温差电效应 [thermoelectric effect]　即塞贝克效应。

汤姆孙效应 [Thomson effect]　汤姆孙发现，若一均匀导电体中有温度梯度，当有电流通过时，除了产生焦耳热以外，还将与外界环境交换热能，吸热或放热，此效应称为汤姆孙效应，此热量称为汤姆孙热量。有如下关系式 $dH/dt = R^T J_x dT/dx$，其中，dT/dx 为纵向 (x 方向) 温度梯度，J_x 为纵向电流密度，H 为单位体积内吸收的汤姆孙热量。比例系数 R^T 为汤姆孙系数，其值随温度 T 而变。不同导电体的汤姆孙系数不同，可以为正，也可以为负。汤姆孙效应也是可逆的，若一方向的电流使导电体吸热，则反方向的电流将使导电体放热，即汤姆孙热量为负。

半导体热导率 [semiconductor thermal conductivity]　热流密度和温度梯度之间的比例系数，是标志热能在半导体材料中传输难易程度的一个物理量。半导体的热导率包括声子的热导率和载流子的热导率两个部分，一般载流子对半导体热传导的贡献很小，因此半导体的热导率基本上就是声子的热导率。表现为在高温下热导率将随着温度的升高而线性地减小，低温下随着温度的降低而很快地减小。但在半导体的掺杂浓度提高时，载流子对热导率也有作用，表现为重掺杂半导体的热导率会减小。半导体的金刚石是迄今为止所知道的具有最大室温热导率的材料。

热电效应 [thermoelectric effect]　通常人们将当半导体中有温度梯度存在时，热能与电能的转换称为半导体热电效应，如塞贝克效应、珀尔帖效应和汤姆孙效应等。也可以把热能转换成电能称为热电效应，而把电能转换成热能称为电热效应。有时，人们将半导体中热能转变成电能的效应统称之为热电效应，其中包括当温度改变时，半导体中电子状态

发生改变，如热敏电阻。

温差电动势 [thermoelectromotive force]　在半导体中，若半导体材料两端的温度存在不同，在此温度梯度下，两端的载流子浓度也将产生不同，因而会由高温端向低温端扩散，这样就在半导体材料两端产生空间电荷，形成电场，电场将阻碍载流子的进一步扩散，在稳定时，就会在半导体的两端就出现由于温度梯度所引起的温差电动势，这也就是半导体中的塞贝克效应。由于 p 型和 n 型半导体中形成的温差电动势的方向不同，可由此判断半导体的导电类型。一般在半导体中塞贝克效应会比在金属中显著。另外，在半导体中由于热端和冷端的载流子能量不同以及声子的作用，会进一步增强半导体中的塞贝克效应。

温差发电 [thermoelectric generation]　一种热能转变成电能的效应，利用半导体温差电效应可以制成温差发电器，其结构原理如图所示。温差电偶的两臂分别是 p 型和 n 型的半导体温差电材料，当两端的温度不同时，两臂产生的电动势在电路中串联叠加。若 $T_1 > T_2$，则形成如图所示的电流，如此便构成温差发电器。

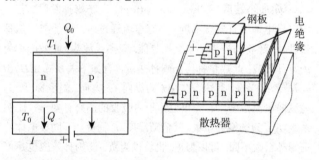

温差制冷 [thermoelectric cooling]　利用半导体的珀尔帖效应，在通电的情况下使一端不断吸热，而达到制冷的目的。当电流由 n 型半导体流向上端的金属，以及由上端的金属流向 p 型半导体时，将向外界吸收热量 Q_0；同时，电流由左边下端金属电极流向 n 型半导体和由 p 型半导体流向右边下端金属电极时，将向外界放出热量 Q。如此，热量不断由上端流向下端，达到使上端制冷的目的。如果结构中外加电压的极性相反，电流方向也相反，则上端放热，下端吸热，从而对上端加热。

压电效应 [piezo-electric effect]　对于化合物极性半导体材料，由于它们具有一定的离子性，在对其施加一定作用时，如施加应变，其正负离子会分开一定距离，内部会产生极化现象，这时在其两个相对表面上会出现正负相反的电荷，形成电场，这种由于半导体材料在收到外力作用而产生电场的现象称为半导体的压电效应。

压电半导体 [piezo-electric semiconductor]　兼有压电性质的半导体材料，如 II-VI 族的 ZnO、CdS 和 III-V 族

的 GaAs、InAs 等都是压电半导体。由于它们同时兼有半导体和压电两种物理性能，因此，可利用其压电性能制作传感器件，并结合其作为半导体材料的易于加工成电子器件的特点，获得高性能的新型传感器与电子线路一体化的压电传感系统。

压阻效应 [piezo-resistor effect]　半导体的电阻率随所受的压力而变的效应。半导体所受压力改变时，晶格状态发生改变，能带结构也将随之改变，因此电导率发生变化，电阻率随之改变。材料电阻率的相对变化为 $\Delta\rho/\rho_0 = \pi T$，其中 T 为应力，π 称为压阻系数。应力可以是压力，也可以是拉力。通常，半导体是各向异性的晶体，应力和电流也有其方向性，因此压阻系数应为张量。例如，当沿 $\langle 100 \rangle$ 方向施加应力，也在 $\langle 100 \rangle$ 方向测量电阻率，其压阻系数用 π_{11} 表示；而当沿 $\langle 100 \rangle$ 方向施加应力，也在 $\langle 010 \rangle$ 方向测量电阻率，其压阻系数则用 π_{21} 表示。如果施加的是液体静压力，则情况有所不同，压力来自四周，故晶体的对称性不变，而晶格常数改变。

压敏二极管 [pressure sensitive diode]　见压敏三极管。

压敏三极管 [pressure sensitive transistor]　如果二极管或三极管的特性对压力敏感，则可作为压敏二极管或压敏三极管。pn 结的伏安特性具有很强的压力敏感性。$J = J_s [\exp(qV/k_0T) - 1]$，其中 $J_s = q[(D_n n_{po}/L_n) + (D_p p_{no}/L_p)]$，$J_s$ 依赖于 pn 结两边的少数载流子浓度 n_{po} 和 p_{no}。对于 pn 结两边的掺杂半导体，多子浓度取决于掺杂浓度，而少子浓度依赖于本征激发，故对压力引起的禁带宽度的变化很敏感，因此，pn 结的伏安特性对压力很敏感，可作为压敏二极管。同样，由 pnp 或 npn 构成的结型三极管的特性都对压力敏感，可作为压敏三极管。

晶体管效应 [transistor effect]　通过控制输入的电压或电流来控制输出的电流以实现控制和放大功能的半导体效应。由此制作的晶体管（transistor）是一种固体半导体器件，主要有结型（双极型）和场效应两种，可以用于开关、放大、稳压、信号调制等功能。

结型晶体管 [junction transistor]　pn 结晶体管是指由两个背靠背的 pn 结构成的 npn 或 pnp 晶体管，可实现控制和放大的功能。以 npn 晶体管为例，其结构和偏置如图所示。中间的 p 区为基区，下端的 n 区为发射区，上端的 n 区为集电区。相应的三个电极为基极、发射极和集电极。当按图所示接上偏压时，发射区和基区间的 pn 结（称为发射结）处于正向偏压，电子由发射区注入基区。由于基区设计得很薄，注入的电子除一小部分流到基极形成基极电流 I_b 外，大部分注入电子扩散到基区和集电区之间的 pn 结（称为集电结）边界。在集电结内建电场和外加反向偏压的作用下，这些注入

电子被扫过集电结空间电荷层, 流入集电区, 形成集电极电流 I_c。I_c 远大于 I_b。在一定的偏压下, I_b 和 I_c 之间有一定的比例。如此, 较小的输入端信号 I_b 将产生较大的输出端信号 I_c, 从而可实现控制和放大的功能。如图所示的接法, 输入端和输出端共用了发射极, 故称为共发射极接法。根据不同的需要, 还可以有共基极和共集电极的接法。

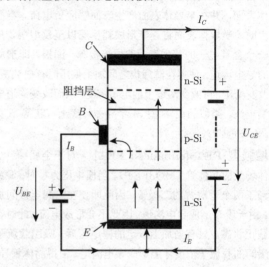

晶体管接法 [transistor connecting method]　在结型晶体管使用时, 根据不同的需要, 可以有各种接法以实现不同的功能, 各种接法一般以两个电极作为输入、输出端, 而第三个电极作为输入输出的公共端, 相应地就有共发射极接法、共基极和共集电极的接法。

共基极接法 [common base connection]　以发射极为输入端, 以集电极为输出端, 而基极作为为输入和输出的公共端的接法。此时, 晶体管的输入电流为 I_e, 输出电流为 I_c, 电流放大倍数 I_c/I_e 总是小于 1。但仍有电压放大作用和功率放大作用。并且共基接法时的晶体管截止频率比共射接法时的截止频率高, 在高频时放大能力下降不明显, 因此在高频时常应采用共基极接法。

共发射极接法 [common emitter connection]　以基极为输入端, 以集电极为输出端, 而输入端和输出端都用发射极, 作为公共端, 故称为共发射极接法。此时, 较小的输入端信号 I_b 将产生较大的输出端信号 I_c, 从而可实现控制和放大的功能。

共集电极接法 [common collector connection]　以基极为输入端, 以发射极为输出端, 而输入端和输出端都用集电极为公共端的接法。其电压放大系数小于或约为 1, 但这种接法输入电阻高, 输出电阻低, 且输出与输入同相, 因此, 可以减轻电压信号源负担, 对负载驱动能力强, 且起到阻抗匹配作用。

异质结双极晶体管 [heterojunction bipolar tran-sistor, HBT]　在发射区和基区与集电区采用不同的半导体材料制作的结型晶体管, 一般是在发射区选取合适的宽禁带半导体材料, 使得发射结是异质结, 这样发射结的注入效率大大提高, 减少了对基区进行重掺杂的需要, 也可以制作很薄的基区, 基区输运系数接近 1, 大大提高了晶体管的放大能力。与常规的同质结晶体管相比, 具有电流增益大, 截止频率高等优点, 在超高速、高频电路中有重要的应用。

半导体表面场效应 [surface field effect of semi-conductor]　简称表面场效应。半导体表面的电场对表面的能带和导电类型有显著的调节作用。以金属/绝缘体/p 型半导体 (MIS$_\text{p}$) 结构为例, 当外加偏压 $V_G < 0$ 时 (M 接负), 表面能带向上弯曲, 表面空穴浓度升高, 多数载流子积累; 当外加偏压 $V_G > 0$ 时 (M 接正), 表面能带向下弯曲, 表面空穴浓度降低, 随着电场的增强, 多数载流子逐步耗尽; 当外加偏压 $V_G \gg 0$ 时, 表面能带进一步向上弯曲, 表面反型呈 n 型。表面场效应晶体管就是基于半导体的表面场效应。

表面沟道 [surface channel]　半导体表面受外界作用, 例如外加偏压的作用, 会形成一薄的高导电层。

场效应晶体管 [field effect transistor]　一种可实现控制和放大功能的三极管。以 n 沟道增强型场效应三极管为例, 其结构如图所示。在 p 型半导体衬底上复盖一层绝缘层 (如 SiO$_2$ 层), 其上再蒸发一层电极, 称为栅极。此为金属 M/绝缘体 I/半导体 S 结构 (MOS 结构)。p 型衬底的两侧有两个重掺杂 n$^+$ 型区, 分别为源区和漏区, 相应的电极为源电极 (S) 和漏电极 (D)。当源、漏电极间加上偏压时, 由于 n$^+$ 型的源区和漏区被 p 型的衬底隔开, 所以无电流产生。如果在栅极加正偏压, 使衬底 p 型半导体表面能带向下弯曲, 导致少数载流子电子由体内向表面聚集, 在表面形成 n 型沟道, 从而在 n$^+$ 型的源漏之间形成电流。通过改变栅极上正偏压的大小可调节源漏间电流的大小, 由此便可实现控制和放大作用。因为该晶体管由金属 (M) 栅电极, 氧化物 (O) 绝缘层和半导体 (S) 衬底构成, 故称为 MOS 三极管。由于在 MOS 三极管中起控制作用的是外加偏压在半导体衬底表面形成的电场, 所以将此效应称为 (表面) 场效应, 称此三极管为 MOS 场效应三极管 (FET)。由栅压的作用是使半导体表面形成导电的沟道层, 增强了表面的导电性, 称为增强型 MOS 场效应三极管。如果在源漏之间的半导体衬底表面制作一层 n 型的沟道层, 那末当栅压时为零时, 在源漏偏压的作用下, 源漏间就有电流流过。当栅极加负偏压时, 将使 n 型沟道中的电子减少, 乃至耗尽, 使沟道层的导电能力下降, 从而源漏间电流减小, 同样可以实现由栅压控制源漏间电流的目的。此为耗尽型 MOS 场效应三极管。上述 MOS 场效应三极管中起导电作用的是半导体表面的 n 型沟道, 称为 n 沟道模式的 MOS 场效应三极管。类此, 也可设计成 p 沟道模式的 MOS 场效应三极管。

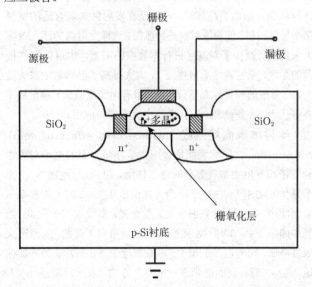

结型场效应晶体管 [junction field effect transistor，JFET] 见金属–半导体场效应晶体管。

金属–半导体场效应晶体管 [metal-semiconductor field effect transistor, MESFET] 由上下两个 pn 结组成的，在一块 n 型半导体的两边利用杂质扩散出高浓度的 p 型区域，即形成两个 pn 结的晶体管。n 型半导体的两端引出两个电极，分别称为漏极 D 和源极 S。把两边的 p+ 区引出电极连接在一起称为栅极 G。两个栅中间的 n 型掺杂材料讲可以形成导电沟道，这样形成的是 n 沟道结型场效应晶体管。类似地可获得 p 沟道结型场效应晶体管。其工作原理就是通过电压改变沟道的导电性来实现对输出电流的控制。一般获得的是耗尽型 JFET，即在 0 栅偏压时就存在有沟道的 JFET。JFET 是电压控制器件，不需要大的信号功率；它也是多数载流子导电的器件，所以器件速度高，噪声系数低。

如果栅结为肖特基势垒结，这就制成金属–半导体场效应晶体管（MESFET），又称肖特基势垒场效应晶体管这种场效应管的跨导高、工作频率高，是微波领域里的热门器件。由于 GaAs 中电子迁移率比硅中大 5 倍，峰值漂移速度大 1 倍，所以 GaAs MESFET 发展迅速。

金属–绝缘体–半导体场效应晶体管 [metal-insulate-semiconductor field effect transistor, MISFET] 在金属–绝缘体–半导体场效应晶体管（MISFET）中，晶体管的栅极和导电沟道之间由栅绝缘层隔开，它不像结型场效应晶体管（JFET）和肖特基势垒场效应晶体管（MESFET）两种场效应晶体管那样是利用两个反偏 pn 结（或肖特基结）控制沟道电流，而是由栅极上的外加电压透过栅绝缘层对沟道电流进行控制，绝缘层材料一般选用 SiO₂，此时又称为金属–氧化物–半导体场效应晶体管（MOS-

FET)，其他的栅绝缘层材料可以选择 Si_3N_4 和 Al_2O_3 等，而高介电常数的绝缘层材料如氧化铪材料等也已被采用以代替二氧化硅。以 n 沟道 MOSFET 为例，这种晶体管的工作原理为，当栅极上没有施加加偏压时，源和漏极之间不存在导电沟道，故此不会有电流流过。当栅极加上正偏压时，栅极出现正电荷，而在氧化层中产生电场，其电力线由栅电极指向半导体表面，并在半导体表面产生表面感生负电荷。当栅偏压增大时，半导体表面将逐渐形成耗尽层以至反型层，从而形成一个含有电子的感生表面薄层连接源、漏极，即形成了电子的导电沟道，使得在源漏极之间加上偏压时有电流流过。通过改变栅压，可改变沟道中的电子密度，从而改变沟道电阻和源漏电流。类似的在 n 型 Si 半导体衬底上可获得 p 型沟道的 MOSFET。

增强型 FET [enhanced FET] 对于金属–氧化物–半导体场效应晶体管（MOSFET），当栅电压为零时，源漏之间相当于两个背对背的二极管，因此即使在源漏电极间加上偏压，由于没有形成导电沟道，因此不会形成电流，此时管子处于截止状态。只有当加上一定的栅电压后，吸引载流子增强源漏间的载流子浓度才能形成导电沟道，使得晶体管导同，这种晶体管称为增强型 FET。

耗尽型 FET [depletion mode FET] 与增强型相对，在栅电压为零时，源漏之间就存在导电沟道，能够形成导电电流。只有加上合适的栅偏压，使得沟道中的载流子耗尽，才能使管子关断的晶体管。以 n 沟 MOSFET 为例，在制作过程中利用离子注入预先在栅极下面的氧化层中掺入正离子，就可以在栅电压为零时就形成原始沟道。

磁性半导体 [magnetic semiconductor] 一种同时体现铁磁性和半导体特性的半导体材料。如果在设备里使用磁性半导体，它们将提供一种新型的导电方式。尽管传统的电子技术基于载流子（n 型或者 p 型），实用的磁性半导体允许对量子自旋的控制。理论上，这将提供接近完全的自旋极化（在铁等材料中仅能提供至多 50% 的极化），这是自旋电子学的一个重要应用，例如自旋晶体管（spin transistors）。

自旋晶体管 [spin transistor] 又称自旋场效应晶体管、自旋偏振（极化）半导体场效应晶体管。一种半导体自旋电子器件。自旋 FET 是 1990 年由 Datta 和 A. Das 提出来的。其基本结构见图所示，参与导电的是 InAlAs/InGaAs 异质结形成的高迁移率二维电子气（2-DEG）；铁磁电极 S 和 D 具有相同的极化方向（即其中电子自旋的取向相同），以注入和收集自旋极化的电子；栅极电场使沟道中高速运动的电子的自旋发生进动或转动，当自旋变成反平行时即被 D 极排斥而不导电 ——D 极排斥作用的强弱决定于自旋进动的程度，从而 S-D 电流受到栅电压的控制。

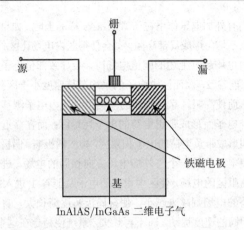

栅

源　　　　漏

铁磁电极

基

InAlAS/InGaAs 二维电子气

自旋场效应晶体管 [spin field-effect transistor] 即自旋晶体管。

开关器件 [switch device] 主要指可以实现使电路开、断的半导体电力电子器件，如晶闸管、绝缘栅双极型晶体管等。作为理想的开关器件，希望器件在关断时的漏电流越小越好，而在导通时电压越低越好，导通与关断之间的开关时间越短越好。

开关二极管 [switch diode] 半导体二极管具有单向导电性，其正向导通时为开，反向截止时为关，因此可以作为开关器件在电路中使用来控制电路的"开"和"断"。开关二极管具有开关速度快体积小，可靠性高等特点，有普通开关二极管、高速和超高速开关二极管以及低功耗开关二极管等种类，被广泛应用于各种开关、控制等电路等中。

开关三极管 [switch transistor] 在处于不同的工作区域时，可以起到开关的导通和关断作用的半导体三极管。当半导体三极管的发射结合集电结都处于反向偏置时（截止区），集电极和发射极之间相当于开关的关断状态，而当其发射结合集电结都处于正向偏置时（饱和区），集电极和发射极之间相当于开关的导通状态，因此也可以作为开关器件使用。开关三极管因功率的不同可分为小功率开关管和大功率开关管。

硅可控整流器 [silicon controlled rectifier] 又称可控硅整流器、晶闸管。由 pnpn 四层半导体组成，两端分别是阳极和阴极，同时在内部的 p 层上加一栅极，其中中间的 p 层和 n 层的厚度与少数载流子的扩散长度可相比较。在加反向偏压和开始加正向偏压时，流过器件的电流都很小，器件处于阻断状态；但当正向偏压增加到转折电压时，电流突然增大，器件进入导通状态。而转折电压的大小可由加在栅极上的电流控制，栅电流越大，转折电压越小。可控硅整流器在电子电力器件上有广泛的用途，其电流处理能力可以从几毫安到几百安培，其具有效率高、耐压高、控制灵敏、无机械噪声和磨损、响应速度快、体积小、重量轻等诸多优点。

可控硅整流器 [silicon controlled rectifier] 即硅可控整流器。

晶闸管 [thyristor] 即硅可控整流器。

高电子迁移率晶体管 [high mobility transistor] 又称调制掺杂场效应晶体管。一般是在两个掺杂的势垒层之间加入一层未掺杂的势阱层，如 AlGaAs/GaAs/AlGaAs 结构，即形成调制掺杂结构。在这种结构中，掺杂层中的载流子会陷入到势阱层中，并形成的二维电子气作为沟道，这样沟道中载流子浓度很高，且避免了高掺杂导致的杂质散射增强使得载流子迁移率减小的问题。因此可以实现高迁移率特性的场效应晶体管，特别在低温、低电场下的迁移率会更高，实现高速低噪声工作。

调制掺杂场效应晶体管 [modulation-doped field-effect transistor] 即高电子迁移率晶体管。

电荷耦合器件 [charge coupled device] 将电荷包存放在半导体表面势阱的存储区中，在具有一定方波形的时钟趋动下，电荷包可以沿着半导体表面沟道从一个存储移动到另一存储区。电荷包的移动可以是一维的，也可以是二维的。电荷包可以作为信息的载体，如此，一个大面积高集成度的电荷耦合器件构成的集成电路，可以用作信息存储和传递。电荷耦合器件有广泛的应用前景，特别是在摄像、大容量存储和信息处理领域。

半导体存储器 [semiconductor memory] 由半导体器件或半导体电路作为信息的存储单元构成的存储器。按功能划分，有随机存取存储器（RAM）和只读存储器（ROM）。随机存取存储器按工作方式划分，有动态随机存取存储器（DRAM）和静态随机存取存储器（SRAM）。半导体存储器的优点是，体积小、速度快、密度高，且信息存取容易。

半导体传感器 [semiconductor sensor] 利用半导体材料的敏感性，根据半导体的各种效应可以制成对各种物理、化学性状敏感的半导体器件，成为各式各样的传感器。例如温度传感器、湿度传感器、离子传感器，气敏传感器、色敏传感器、pH 值传感器。还可以制成生物传感器，如酶传感器等。随着信息科学技术的迅猛发展，半导体传感器得到愈来愈广泛的应用。

半导体探测器 [semiconductor detector] 用来探测辐射和基本粒子的半导体器件。用来探测辐射光的探测器称为光探测器，如红外探测器、紫外探测器；此外还有 X 射线探测器、γ 射线探测器等。用来探测基本粒子的探测器称为粒子探测器，如 α 粒子探测器、中子探测器等。早先，曾将粒子探测器称为粒子计数器。

红外探测器 [infrared detector] 主要利用半导体的内光电效应，将波长介于可见光和微波之间的红外辐射信号接受下来转变成电信号输出的器件。又分为光导型红外探测器和光伏型红外探测器，其一般存在一个最长的响应波长，称为长波长限。

半导体激光器 [semiconductor laser]　用半导体材料，特别是 III-V 族半导体材料构成 pn 结以形成粒子数反转和谐振腔并实现受激光发射的器件，在光信息传输、存储和探测等领域有着广泛的应用。半导体激光器的激励方式有电注入、电子束激励和光泵浦等形式。结构上也分为同质结、单异质结、双异质结等几种。同质结激光器和单异质结激光器室温时多为脉冲器件，双异质结激光器室温时可实现连续工作，目前利用半导体量子结构可以实现低阈值甚至无阈值激光器。

集成电路 [integrated circuit]　将具有某种功能的电路所需的三极管、二极管、电阻、电容、电感等元件及其连线，集中制作在半导体或介质基片上所形成的电路。按电路处理信息的种类划分，有数字集成电路和模拟集成电路。集成电路的主体材料是半导体。当前，硅集成电路运用得最为广泛，是整个信息技术的基础。砷化镓集成电路在高速和微波领域起着重要的作用。

超大规模集成电路 [ultra large scale integrated circuit，ULSI]　在一个芯片上集合了超大量电子元件的集成电路。超大规模集成电路的集成规模（集成度）并没有严格的界限，通常指电子元件数在 10^5 个以上的集成电路。目前国际上集成电路的最高集成度已在 10^{10} 以上。随着集成度的不断提高，集成电路中半导体元件的尺寸愈来愈小，进入纳米尺度，半导体器件将发生质的变化，纳米半导体应运而生。

耿氏效应 [Gunn effect]　一般对于半导体材料来说，载流子漂移速度和外加电场的关系是在低场下基本是线性，而在高场下，则漂移速度逐渐趋向饱和。但在某些具有特殊能带结构的半导体材料，其导带底（能谷 1）位于布里渊区中央 Γ 点，但在位于 [111] 方向 L 点处还存在着另一个比能谷 1 高 0.29eV 的能谷 2，在低场下，电子主要在能谷 1，其漂移速度随电场线性变化，但当电场强度达到某一阈值电场以上时，电子可以从电场中获得足够的能量转移到能谷 2 中，与能谷 1 相比，能谷 2 电子的有效质量较大，因而电子迁移率较低导致其漂移速度变小，从而出现了随外加电场增加，电子漂移速度反而减小的负阻现象。

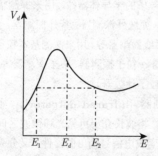

GaAs 中的电子漂移速度了随外加电场变化的示意图

当有外加电压作用在 n 型 GaAs 样品上时，如果由于某处掺杂不均匀形成局部高阻区，会使得区内电场比区外强，而当区内电场超过上述的阈值电场时，会导致部份电子从能谷 1 进入能谷 2，因而区内电子的平均漂移速度小于区外电子。这样从而使高阻区靠近阳极的一侧由于区内电子漂移速度小于区外电子而形成带正电荷的电子耗尽区；而在靠近阴极的一侧则形成带负电荷的电子积累区，构成偶极畴。偶极畴两端的正负电荷形成一个与外加电场方向相同的电场，进一步增强了高阻区的电场，使区内更多的电子从能谷 1 进入能谷 2，而畴外的电场则越来越小，使得偶极畴逐渐长大，畴内外电子以相同的速度运动，畴不再长大，系统便稳定在这个状态。而畴运动到阳极时就输出一个电流脉冲。随之体内又会形成一个畴重复上述的过程，故可以观测到电流的振荡效应，电流脉冲之间的时间间隔与样品长度成正比。此振荡效应于 1963 年首先被耿氏（J. B. Gunn）发现，故称为耿氏效应。

耿氏器件 [Gunn device]　又称电子转移器件。由耿氏效应制成的器件。利用耿氏效应，即高场畴的产生使畴外电场下降，导致通过半导体的电流 I 下降。当高场畴渡越到阳极输出时，会产生一个电流脉冲，脉冲消失后，电流恢复到原来值，很快阴极又出现新的高场畴。高场畴的这种周而复始的产生、渡越、消失的过程，在外电路中产生电流的振荡波形，且其振荡频率一般微波区域，由此可制成微波振荡器。

电子转移器件 [electron transfer device]　即耿氏器件。

短沟道效应 [short channel effect]　当 MOS 场效应三极管中半导体表面的沟道长度短到可以与源漏区 pn 空间电荷区耗尽层的宽度相比拟时，器件的特性将与长沟道器件的特性有所不同的效应。例如，源漏区 pn 空间电荷区的作用，如图所示，使场效应三极管的阈值电压降低。

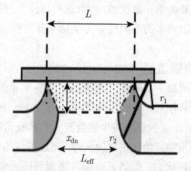

窄沟道效应 [narrow channel effect]　当 MOS 场效应三极管中半导体表面的沟道宽度窄到可以与表面耗尽层的宽度 X_{dm} 相比拟时，器件的特性将与宽沟道器件的特性有所不同的效应。例如，由于如图所示的沟道边缘电场的作用，使场效应三极管的阈值电压 V_{th} 增加。

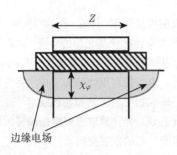

边缘电场

分子器件 [molecular device]　由具有半导体性质的单个分子或一组分子为主体构成的器件。

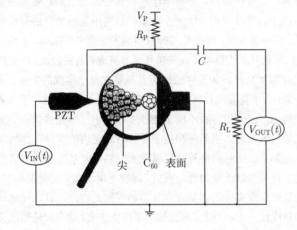

单分子器件 [single molecular device]　随着半导体工艺技术水平的不断提高，半导体器件的尺寸将越来越小，已接近或进入分子尺度的范围。因而作为未来纳电子器件的一种，在单个功能分子中对电子运动进行控制，或在单个分子尺度上进行物理或化学等过程的调控以实现某种功能的器件就是单分子器件。其在超高密度存储，单分子开关等方面都有潜在的发展前景。

单分子晶体管 [single molecular transistor]　利用自组织生长和先进的微纳加工技术将单个或少数分子作为沟道材料制作出的晶体管器件，可以实现开关等功能。目前仍处于研究阶段。

分子电子学 [molecular electronics]　在分子水平上研究如何调控分子光电性质的学科，目的是用单个分子、超分子或分子簇构建各种器件，以及如何将它们组装在一起以实现一定的逻辑功能。分子电子学属于纳电子学的一个重要组成部分，虽然仍处在探索研究阶段，但近年来发展十分迅速，引起广泛关注。

固体电子学 [solid state electronics]　研究固体器件及其集成电路的电子学功能的学科。与早先的真空电子管不同，半导体器件的功能是由具有半导体性质的固体材料内的电子来实现的，故被称为固体器件。由此在固体上形成的集成化的电路，称为固体集成电路。

微电子学 [mictroelectronics]　研究电子或其他载流子在固体材料，主要是半导体材料中的运动规律及其器件应用的的一门电子学的分支学科，包括研究微电子材料、器件及如何构建相应的集成电路和集成系统以实现一定的功能的学科。它随着半导体物理、半导体器件物理及集成电路工艺的发展而迅速发展，并衍生出一系列新的交叉学科，如纳电子器件、微机电系统等。

纳米电子学 [nanoelectronics]　以纳米尺度材料为基础的器件制备、研究和应用的电子学领域。由于量子尺寸效应等量子力学机制，纳米材料和器件中电子的形态具有许多新的特征。纳米电子学是当前科学界极为重视的研究领域，被广泛认为是未来数十年将取代微电子学成为信息技术的主体，将对人类的工作和生活产生革命性影响。

纳米技术 [nanotechnology]　研究结构尺寸 100nm 以下范围的材料的制备、结构、性质和应用的一门科学。借助于现代先进的微纳加工技术、表征技术和自组装技术的发展，纳米技术近年来发展势头迅猛。它和其他学科的交叉融合又引发一系列新的科学技术，例如：纳米物理学、纳米生物学、纳米化学、纳米电子学、纳米加工技术和纳米计量学等。

离子注入 [ion implantation]　一种被广泛应用的材料表面改性技术，是将具有一定能量的离子束离子射到固体材料中，入射的离子束在材料中经过一系列的物理或化学作用损失能量，在材料周末能够形成一定的分布，并导致材料的结构、成分、性能等发生变化。离子注入技术在半导体和集成电路工艺中被用来进行半导体掺杂、形成浅结等，一般在离子注入后需要进行退火以消除由于离子注入而产生的一些缺陷并更好地激活掺杂原子。

离子束刻蚀 [ion-bean etching]　利用离子束与材料的碰撞通过物理过程对材料进行刻蚀的技术，也可以通入相应的气氛利用化学过程实现选择性刻蚀。目前利用聚焦离子束可以获得线宽在 10nm 左右的加工效果，是纳米加工的技术途径之一，可以实现在计算机控制下的无掩模刻蚀。其主要问题是刻蚀过程中的离子损伤、加工精度的控制等问题。

外延 [epitaxy]　半导体工艺中的一种，一般是在某种单晶衬底（基片）上生长一层与衬底晶向相同并满足一定要求的单晶层的工艺过程。如果生长的单晶层与原衬底材料一样，称为同质外延；如果两者不一样，称为异质外延。外延技术在高质量半导体器件的制作过程中起着很重要的作用。

分子束外延 [molecular beam epitaxy, MBE]　外延技术的一种，是在超高真空腔中，将所需要的源材料通过一定的方式产生分子束流，并使经过准直后的分子束直接喷射到具有适当温度的单晶基片上，经过表面吸附，迁移，成核、长大等过程生长得到质量优异的单晶薄膜的技术，其可以实现单原子层外延生长控制。在外延生长几十个原子层的单晶膜以及制备半导体量子阱结构等方面有着很大的优势。

电子束蒸发 [electron-beam evaporation]　薄膜制备的技术之一，其是利用电子束，将从阴极发射的热电子通过电场加速和磁场偏转聚焦来轰击加热放置在坩埚中的蒸发材料，使其熔融或升华汽化，蒸发出的源材料在衬底上形成薄膜。通过在同一蒸发装置中安置多个坩埚可同时蒸发多个源材料沉积各种薄膜。电子束蒸发设备简单，成本较低，特别可以蒸镀高熔点的材料，易于大批量生产。

钝化 [passivation]　一种在半导体表面或者是在氧化层、金属互连布线上覆盖覆盖介质薄膜的工艺技术，用于半导体表面或者器件与周围环境的隔离，保护器件不受表面污染和外来的机械和化学损伤，以提高半导体器件性能和可靠性。可用于钝化的介质膜材料有很多，其中二氧化硅和氮化硅膜是较常用的半导体钝化薄膜。

化学气相淀积 [chemical vapour deposition, CVD]　利用热、直流或高频电场等激励方式将气态的反应物质分解并通过一系列的化学物理反应过程，在具有适当温度的衬底材料表面沉积成膜的一种薄膜制备技术。它是半导体工艺中的一个重要技术，具有成本低，可控性好，易于大规模应用等特点。

刻蚀技术 [lithographic technique]　在半导体工艺中根据设计要求将所加工的半导体器件材料进行选择性腐蚀或剥离并形成一定的图形的技术，是半导体集成电路工艺中的一个基本和关键的制作工艺，也可以用于其他材料和器件的微细图形加工。常规分为湿法和干法刻蚀两大类。随着半导体集成电路工艺的发展，目前已发展了多种刻蚀技术，如电子束刻蚀，离子束刻蚀，纳米小球刻蚀技术等，可以得到纳米尺度的图形。

光刻技术 [photolithographic technique]　集成电路中得最为关键的工艺技术，基本原理是利用光和用作光刻胶的某些化学物质的光化学反应过程，将所需要的器件图形转移到半导体表面或其他需要加工的材料的表面的工艺技术。目前主流的光刻技术用的是波长在深紫外波段的准分子激光器，可以加工的精度在深亚微米乃至纳米尺度，而电子束投影光刻，x 射线光刻技术，纳米压印技术等都是未来可能应用的新型光刻技术。

硅光子学 [silicon photonics]　当前发展极为迅速的一个前沿科学领域，是半导体光子学中的一部分，专门研究硅以及硅基材料和相应的异质结构与器件中光子的行为和规律，并在此基础上，设计和制备新型的基于硅基材料的光学元器件及其集成技术，探索在成熟的硅半导体工艺平台的支撑下，将光子器件和微电子以及纳电子器件结合起来，发展新型硅基光子学器件，特别是用光作为信息的载体，实现单片光电集成和全光芯片，以期解决在后摩尔时代的超高密度、超大容量和超高速度的信息处理、传输、控制和探测的问题。硅光子学的研究内容主要包括硅基光源的实现、在硅基光电或光子器件中控制、引导和传输光、对光进行开关、调制和编码、硅基光探测器等。也包括利用微纳加工技术将各种硅基元器件集成在一起，研究相应的工艺和制程技术。硅光子学及其技术在未来的光互连、光计算以及新型能源等领域中都有着实际的应用前景和广阔的发展空间。

硅基发光材料 [Si-based light emission materials]　半导体单晶体硅材料具有间接带隙的能带结构，为了满足能量和动量守恒原理，导带电子和价带空穴复合时，必须要借助声子的辅助作用，使得在单晶硅材料中辐射复合的寿命较长，在毫秒量级，因此单晶硅材料的发光效率非常低，大约在 10^{-6}，这就大大影响了硅基单片光电集成芯片的发展。因而研究硅基发光材料和器件已成为发展单片光电集成的关键。多年来，为了克服硅材料发光效率低的难题，科学家进行了大量的努力，已采用各种不同工艺技术制备出了包括掺铒硅、多孔硅、纳米硅、超晶格和量子阱材料等在内的多种硅薄膜发光材料，这些材料统称为硅基发光材料。硅基发光材料研究的宗旨是在硅上获得光的发射，解决光电子集成的光源问题。如果能实现高效的硅基发光并将硅基发光器件与其他光电器件集成在一个芯片上，将会使信息传输速度，储存和处理能力将得到大大提高，使信息技术发展到一个全新的阶段。

9.4　凝聚态理论

张-莱斯单态 [Zhang-Rice singlet]　张-莱斯单态是描述铜氧化物高温超导体的微观物理模型。目前发现的铜氧化物高温超导体都是各向异性很强的准二维材料，存在由铜原子（Cu）和氧原子（O）组成的 CuO_2 平面，并且 CuO_2 平面的电子态是决定这类材料的输运性质和低能激发的主要因素。在未掺杂的母体化合物中，虽然 Cu 最外层的 $3d_{x^2-y^2}$ 轨道只有一个电子占据，处于半满状态，但是由于 Cu 内部的电子之间存在很强的库仑排斥作用，铜氧化物高温超导体的母体化合物都是莫特绝缘体。通过掺杂在 CuO_2 平面引入载流子可以是这类材料转变为金属，在低温下出现超导电性。在空穴型超导体中，CuO_2 平面的空穴主要掺杂到 O 上，而由于 Cu 和 O 之间的杂化，也会有一部分空穴转移到 Cu 上，因此，描写空穴型超导体的微观模型需要考虑由 Cu 的 $d_{x^2-y^2}$ 轨道以及近邻 O 的 pσ 轨道所组成的三带模型。张富春和莱斯提出这个三带模型的低能激发可以由一个有效的单带模型来描述，Cu 的四个近邻配位 O 的 pσ 轨道所组成的对称组合轨道会与 Cu 的 $d_{x^2-y^2}$ 轨道形成的局域单重态，这个单重态被称为 "张-莱斯单态"，而系统的低能激发可以由 "张-莱斯单态" 在反铁磁背景中的运动来描述。

涡旋晶格 [vortex lattice]　　第二类超导体的磁穿透深度 λ 与超导相干长度 ξ 的比值满足 $\lambda/\xi > 1/\sqrt{2}$，不具有完全的抗磁性，当磁场强度大于下临界磁场 H_{c1} 并且小于上临界磁场 H_{c2} 时，磁场可以部分的穿透样品，形成磁通涡旋，涡旋内部是正常态，外部的超导态围绕涡旋中心运动，磁场穿过涡旋芯，涡旋的大小为超导相干长度 ξ 的量级。每个磁通涡旋带有一个量子化的磁通 $\Phi_0 = h/2e$，其中 h 是普朗克常量，e 是电子电荷，虽然理论上磁通值可以是 Φ_0 的任意整数倍，但是大于 Φ_0 的磁通涡旋是不稳定的。在平衡态情况下，这些磁通涡旋以三角晶格周期排列，称为磁通涡旋晶格或者阿布里科索夫（Abrikosov）涡旋晶格。

三重态配对 [triplet pairing]　　见单重态配对。

t-J 模型 [t-J model]　　t-J 模型是描述强关联电子系统的一个有效模型，最早由波兰物理学家 Józef Spałek 于 1977 年从赫伯德（Hubbard）模型推导出来。赫伯德模型为

$$H = t \sum_{\langle ij \rangle \sigma} \left(c_{i\sigma}^+ c_{j\sigma} + c_{j\sigma}^+ c_{i\sigma} \right) + U \sum_i n_{i\uparrow} n_{i\downarrow}$$

其中，t 是跃迁积分，U 是格点内的库仑相互作用，$c_{i\sigma}^+$（$c_{i\sigma}$）是格点 i 上自旋为 σ 的电子的产生（消灭）算符，$n_{i\sigma} = c_{i\sigma}^+ c_{i\sigma}$ 是粒子数算符，$\langle ij \rangle$ 表示最近邻格点。在 $U \gg t$ 的情况下，可以将 U 项作为零级哈密顿量，将 t 项作为微扰，利用微扰理论保留至 t/U 的二阶项，可以得到 t-J 模型为

$$H = t \sum_{\langle ij \rangle \sigma} \left(\tilde{c}_{i\sigma}^+ \tilde{c}_{j\sigma} + \tilde{c}_{j\sigma}^+ \tilde{c}_{i\sigma} \right) + J \sum_{<ij>} \left(\boldsymbol{s}_i \cdot \boldsymbol{s}_j - \frac{1}{4} n_{i\uparrow} n_{i\downarrow} \right)$$

其中，$\tilde{c}_{i\sigma} = (1 - n_{i,-\sigma}) c_{i\sigma}$，$\boldsymbol{s}_i = \frac{1}{2} \sum_{\sigma,\sigma'} c_{i\sigma}^+ \boldsymbol{\tau}_{\sigma,\sigma'} c_{i\sigma'}$ 是自旋算符，$\boldsymbol{\tau}$ 是泡利矩阵，$J = 4t^2/U$。此外，t-J 模型也是空穴型铜氧化物高温超导体三带模型的一个低能有效模型，常被用来研究空穴掺杂的反铁磁体中的超导电性、输运性质和低能激发。

单重态配对 [singlet pairing]　　在自旋为 1/2 的费米子系统中，超流和超导态都是由于费米子之间通过某种有效吸引相互作用而形成库珀对来实现的。在没有自旋轨道耦合或者自旋轨道耦合很弱的费米子系统中，两个费米子的总自旋可以近似看作好量子数，因此两费米子系统波函数的轨道部分（相对运动）和自旋部分可以分离。我们可以按照两个费米子的总自旋来对库珀对进行分类，分为两种情况：①总自旋 $S = 0$，总自旋 z 分量只有 $S_z = 0$ 一种情况，称为自旋单重态，自旋态对于交换两个粒子的自旋是反对称的；②总自旋 $S = \hbar$，总自旋 z 分量有 $S_z = -\hbar, 0, \hbar$ 三种情况，称为自旋三重态，自旋态对于交换两个粒子的自旋是对称的。对于库珀对的自旋为自旋单重态的费米子配对，我们称其为单重态配对。对于库珀对的自旋为自旋三重态的费米子配对，我们称

其为三重态配对。由于费米子整体波函数要满足交换反对称，因此对于单重态配对，配对波函数的轨道部分要满足交换对称（s 波、d 波等，即轨道角动量 l 为偶数），而对于三重态配对，配对波函数的轨道部分要满足交换反对称（p 波、f 波等，即轨道角动量 l 为奇数）。

自旋涨落 [spin fluctuations]　　自旋涨落是巡游电子系统的一种集体激发模式，描述了系统中所有电子的自旋的有序集体振荡，它决定了巡游电子系统的许多磁性性质。对自旋涨落的描述通常称为自旋动力学。通常用自旋响应函数（或者称为自旋磁化率）来描写自旋涨落，自旋磁化率可以根据线性响应理论从微观物理模型导出，动力学自旋磁化率表示的是系统的自旋对弱的具有空间-时间依赖关系的外磁场的响应，静态磁化率表示的是系统的自旋对弱的均匀外磁场的响应。自旋涨落的具体形式主要受电子结构的影响（例如费米面和态密度）。对于自旋涨落很强的电子系统，系统的很多物理性质都通过电子与自旋涨落的耦合而受自旋涨落的影响，一个典型的例子是在一些非常规超导体中电子通过交换自旋涨落而形成配对。

超交换 [superexchange]　　在某些过渡金属氧化物中，过度金属离子之间的距离很远，而且被非磁性氧离子隔开，不能通过直接交换机制产生磁矩间的相互作用，而是需要借助中间的非磁性离子作为媒介产生有效的交换相互作用，这种产生交换作用的机制称为超交换。这种交换作用的符号（即铁磁类型或者反铁磁类型）可以根据 Goodenough-Kanamori-Anderson 规则来判断：当两个金属和氧离子的化学键成 180° 角时，交换作用是反铁磁的，当两个化学键成 90° 角时，交换作用是铁磁型的。

自旋电荷分离 [spin-charge separation]　　自由电子的两个基本性质是具有 1/2 自旋和 $-e$ 电荷，但是在一些强关联电子系统中，电子的这两个性质在低能激发下会分离，从而产生两个新的准粒子：自旋子（spinon）和电荷子（chargon），自旋子携带电子的自旋而没有电荷，电荷子携带电子的电荷而没有自旋，即发生了自旋电荷分离。自旋电荷分离是凝聚态物理中准粒子概念的一个特殊表现形式，也是分数化的一个例子。因为自由电子是费米子，所以分数化而产生的自旋子和电荷子中一个为费米子而另一个则为玻色子。在理论描述上，自旋子为费米子而电荷子为玻色子的情况称为"隶费米子"（slave Fermion）形式，自旋子为玻色子而电荷子为费米子的情况称为"隶玻色子"（slave Boson）形式。

贝里曲率 [Berry phase]　　贝里曲率是量子力学基本的物理量是波函数。波函数 $\psi(xt)$ 是一个实数时间空间参量 (xt) 的函数，其可写成模 $|\psi(x,t)|$ 和相位因子 $e^{i\gamma(t)}$ 的乘积：$\psi(x,t) = |\psi(x,t)| e^{i\gamma(t)}$。众所周知，波函数模的平方对应于粒子的概率幅。而其相位也对物性有着深刻的影响。

1984 年，英国科学家贝里 (Berry) 发现：一个量子体系随参数缓慢变化再回到原来状态时，可能会带来一个额外的相位因子。这个相位因子不是由动力学产生的，而是由（某个）空间的几何性质而产生的，因此有可以称之为几何相位。此外，这个相位因子是规范不变的，因而它具有可观察的、不可忽视的物理意义。

贝里相位的表达式为：$\gamma = \oint_C \mathrm{d}R\, A(R)$；其中 $A(R) = \mathrm{i}\langle\psi(R)|\frac{\partial}{\partial R}|\psi(R)\rangle$，$\psi(R)$ 为体系的波函数，R 是参数。

陈数 [Chern number]　陈数是著名华裔科学家陈省身在研究拓扑学是发现的一份拓扑不变量。它在几何体系做不发生破裂不发生黏连的连续形变时候不会发生改变。对于二维的凝聚态体系，人们发现打破时间反演对称性的绝缘体材料体系，其 Berry 曲率在布里渊区的积分与拓扑学里面的陈数相关，现在人们也把这一量叫为陈数。不关闭体系能隙的任何微扰都不可能改变其陈数。陈数与量子霍尔效应等凝聚态物理里面的奇异现象密切相关。

马约拉纳费米子 [Majorana fermion]　自然界有两大类基本粒子：费米子和玻色子。1928 年 Paul Dirac 构造出来了描写自旋为 1/2 费米子的相对论性量子力学方程。这一方程的一个伟大预言是存在反粒子，这在 1932 年得到了实验的验证。

马约拉纳在随后推导出了不存在反粒子的 (或者说其反粒子与粒子本身相同) 电中性的方程：$(\mathrm{i}\tilde{\gamma}^{\mu}\partial_{\mu} - m)\tilde{\psi} = 0$，$\tilde{\gamma}^{\mu}$ 是纯虚数矩阵。目前，马约拉纳费米子作为一种基本粒子尚未被观测到。人们发现在一些凝聚态系统中的低能准粒子激发具有马约拉纳费米子的特征。人们期待马约拉纳费米子体系在拓扑量子计算领域有重要的应用前景。

时间反演对称 [破缺] [time-reversal symmetry [breaking]]　如果体系在时间反演操作下不变则叫该体系具有时间反演对称性，如果在时间反演操作下发生变化则叫时间反演对称破缺。

时间反演操作 $T \Rightarrow t \rightarrow -t$。

位置、力、能量、电势、电荷密度、电极化等这些物理量在时间反演操作下不变。

时间、速度、动量、角动量、电磁场矢势、磁场、电流、磁化等物理量在时间反演操作下变符号。

对于经典力学牛顿力学方程. $m\frac{\mathrm{d}^2 r(t)}{\mathrm{d}t^2} = F(r)$，做时间反演操作后有 $m\frac{\mathrm{d}^2 r(-t)}{\mathrm{d}t^2} = F(r)$。因为 $r(t)$ 的时间反演态为 $r_T(t)$。可见 $r_T(t)$ 和 $r(t)$ 满足相同的运动方程，因此其具有时间反演对称性。

在量子力学中，对于无自旋的体系，时间反演操作相当于对于波函数取复共轭；对于自旋为 1/2 的粒子时间反演操作算符为 $T = \mathrm{i}\sigma_y K$。

一般来说，磁性体系总是打破时间反演对称性的。对于时间反演不变能导致体系具有 Kramer 简并。

拓扑绝缘体 [topological insulator]　材料体系按照其电子能带结构的不同可以划分为金属和绝缘体。而更进一步的研究表明，绝缘体可以进一步细分为平庸绝缘体和拓扑绝缘体。拓扑平庸绝缘体可以绝热的变换到 "原子极限的" 绝缘体。而拓扑绝缘体的体内与人们通常认识的绝缘体一样，是绝缘的。但是在它的边界或表面总是存在导电的边缘态，这是它有别于普通绝缘体的最独特的性质。拓扑绝缘体的一个重要特性是，小的微扰对其拓扑特性不会有影响，拓扑绝缘体可以用一个拓扑不变量（Z_2）来描写。拓扑绝缘体奇特的金属性表面态是由时间反演对称性以及该体系独特的能带拓扑特性绝对的。不打破中心反演对称性的微扰不能消除这一表面态。拓扑绝缘体表现出与一般绝缘体不一样的量子现象与物性，例如，拓扑保护的表面态、反弱局域化、量子自旋/反常霍尔效应等等。

拓扑超导体 [topological superconductor]　拓扑本身最开始是数学上的概念。两个几何体如果可以通过连续的形变进行转换的话，那么这两个物体拓扑上就是等价的。在 20 世纪 80 年代，通过研究量子霍尔效应，人们发现可以用拓扑学中的陈数来对二维打破时间反演对称性的绝缘体体系进行描述。后来人们又发现可以用 $Z2$ 拓扑不变量对有时间反演不变性的绝缘体体系进行分类。

拓扑超导体不能通过绝热过程演化到库珀对玻色-爱因斯坦凝聚态。对于拓扑超导体，其 BdG 哈密顿里面所有的负能解都被占据，所以根据其对称性以及体系的维度，也可以用不同的拓扑不变量对超导体进行分类。

范霍夫奇异 [Van Hove singularity]　Van Hove 奇异是凝聚态体系态密度中的奇异点。一般来说态密度是能量的连续函数。但在个别的能量点上，态密度有可能出现奇异性，这些点称为 Van Hove 奇点。

凝聚态体系通常都通过引入波矢 k 来描述，其态密度可以写为 $N(\varepsilon) = \sum_{\sigma}\frac{\Omega}{(2\pi)^3}\int_{S\varepsilon}\frac{\mathrm{d}S_{\varepsilon}}{|\nabla_k E_{\sigma}(k)|}$，其中 S_{ε} 是能量为 ε 的等能面面积。$\nabla_k E_{\sigma}(k) = 0$ 的点叫 Van Hove 奇点。

托马斯-费米近似 [Thomas-Fermi approximation]　托马斯-费米近似是由托马斯（L. Thomas）和费米（E. Fermi）分别独立提出的处理多电子系统的一种半经典方案。该方案假定单电子感受到的电势 $\varphi(r)$ 在空间变化缓慢，以致于在每一个小的区域（$\Delta V \sim l^3$）内可以近似为常数，这样我们仍可以在每一个 ΔV 范围内取动量 k 作为好量子数，得到半经典描述的单电子态 $E(k, r) = \frac{\hbar^2 k^2}{2m} - e\varphi(r)$。在位置为 r 的小区域内，电子填充在半径为 $k_F(r)$ 的费米球内，通过计算电子填充数可以得到电子数密度 $n(r) = \dfrac{k_{\mathrm{F}}(r)^3}{3\pi^2}$（计入自旋简并），进而得到电子系统总的动能（托马斯–费米动能）$T_{\mathrm{TF}} = \displaystyle\int \dfrac{3\left(3\pi^2\right)^{2/3} \hbar^2}{10m} n(r)^{5/3}\,\mathrm{d}^3 r$。进一步计入势能项 $-e\varphi(r)$，包括与外场 $\varphi_{\mathrm{ext}}(r)$ 的耦合以及与其他电子之间的库仑相互作用，可以得到总的能量：

$$E_{\mathrm{TF}}[n] = \int \frac{3\left(3\pi^2\right)^{2/3} \hbar^2}{10m} n(r)^{5/3}\,\mathrm{d}^3 r - e\int n(r)\varphi_{\mathrm{ext}}(r)\,\mathrm{d}^3 r + \frac{e^2}{2}\frac{n(r)\,n\left(r'\right)}{|r - r'|}\mathrm{d}^3 r\,\mathrm{d}^3 r'$$

可以看出 E_{TF} 唯一的由电子密度函数 $n(r)$ 所确定，因此托马斯–费米理论也被看作是密度泛函理论的一个近似版本。将 $E_{\mathrm{TF}}[n]$ 对密度 $n(r)$ 做变分，即得到托马斯–费米方程：

$$\frac{\left(3\pi^2\right)^{2/3} \hbar^2}{2m} n(r)^{2/3} - e\varphi_{\mathrm{ext}}(r) + e^2 \int \frac{n\left(r'\right)}{|r - r'|}\mathrm{d}^3 r' = \mu$$

期中化学势 μ 正是为了固定总电子数而引入的拉格朗日乘子。

托马斯–费米近似的一个重要应用就是求解多电子系统的屏蔽问题。当外电势 $\varphi_{\mathrm{ext}}(r) = 0$，系统的电子密度为 $n_0 = \dfrac{k_{\mathrm{F}}^3}{3\pi^2}$。在此背景上加入一个点电荷 $e\delta(r)$ 对应的外电势 $\varphi_{\mathrm{ext}}(r)$，其诱导出来的电子密度 $n_{\mathrm{ind}}(r) = n(r) - n_0$ 可以通过对托马斯–费米方程线性化得到

$$\frac{\left(3\pi^2\right)^{2/3} \hbar^2}{3m} n_0(r)^{-\frac{1}{3}} n_{\mathrm{ind}}(r) + e^2 \int \frac{n_{\mathrm{ind}}\left(r'\right)}{|r - r'|}\mathrm{d}^3 r' = e\varphi_{\mathrm{ext}}(r)$$

通过傅里叶变换可以求得 $n_{\mathrm{ind}}(q) = \left(1 + \dfrac{q^2}{q_{\mathrm{TF}}^2}\right)^{-1}$，其中 $q_{\mathrm{TF}} = \dfrac{2e}{\hbar}\sqrt{\dfrac{mk_{\mathrm{F}}}{\pi}}$。进一步求解泊松方程 $\nabla^2 \varphi(r) = 4\pi e[\delta(r) - n_{\mathrm{ind}}(r)]$，即得到托马斯–费米屏蔽电势 $\varphi_{\mathrm{TF}}(q) = \dfrac{4\pi e}{q^2 + q_{\mathrm{TF}}^2}$。因此，托马斯–费米屏蔽的效果是将长程的库仑势变成力程为 $\dfrac{1}{q_{\mathrm{TF}}}$ 的汤川势 $\varphi(r) = \dfrac{e^2}{r}\mathrm{e}^{-q_{\mathrm{TF}} r}$。

T 矩阵近似 [T-matrix approximation]

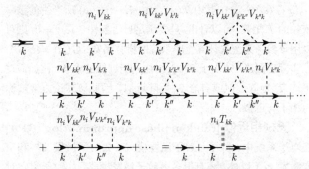

T 矩阵是用来处理经典杂质散射问题的一种理论手段。对于散射势为 $V_{kk'}$ 的单杂质（假定它处在 $r = 0$ 处），由于系统本身并不具有平移不变性，动量 k 不再是好量子数，单粒子格林函数被表示为两个动量 k 和 k' 的函数 $G(kk'\omega)$，它可以通过 Dyson 方程展开（如右图所示）并重新整理成如下的形式

$$G\left(k, k', \omega\right) = G_0(k, \omega) + G_0(k, \omega) T_{kk'}(\omega) G_0(k'\omega)$$

其中，$T_{kk'}(\omega)$ 就是 T 矩阵，可以通过自洽方程 $T_{kk'}(\omega) = V_{kk'} + V_{kk''}G_0(k'', \omega)T_{k''k'}(\omega)$ 求得。一个简单的情况是点杂质 $V(r) = V\delta(r)$，对应于 $V_{kk} = V$，可以求出 $T(\omega)^{-1} = V^{-1} - G_0(r = 0, \omega)$。进而任意两点之间的格林函数 $G(r, r', \omega)$ 可以被表示成 $G(rr'\omega) = G_0(r, \omega) + G_0(r, \omega) T(\omega) G_0(-r'\omega)$，可以看出 T 矩阵的极点就对应于杂质态的能量。可以看到，这里对于单杂质问题的 T 矩阵理论是严格的。

而对于随机分布的多杂质问题，人们往往需要对杂质分布取平均。平均后的格林函数 $\bar{G}$ 恢复了平移对称性，可以展开成图中所示的形式。这时，T 矩阵的自洽方程与单杂质时相同，但要把 G_0 换成 $\bar{G}$：

$$T_{kk'}(\omega) = V_{kk'} + V_{kk''}\bar{G}\left(k'', \omega\right) T_{k''k'}(\omega)$$

另一方面 $\bar{G}$ 又通过 Dyson 方程与 $T_{kk'}(\omega)$ 联系起来：

$$\bar{G}(k, \omega) = G_0(k, \omega) + G_0(k, \omega) n_i T_{kk}(\omega)\bar{G}(k, \omega)$$

其中 n_i 为杂质的浓度。在对 $\bar{G}$ 做展开时，丢掉了所有的交叉图，物理上来说也就是不考虑在不同点杂质之间交替散射的情况，这在 $n_i \ll 1$ 时是一个很好的近似。因此该方案被称为自洽 T 矩阵近似。在上述方案中，如果不做自洽而仅仅保留到 n_i 的线性项，即只保留下图中的第一行，该方案被称为平均 T 矩阵近似。

虚晶近似 [virtual crystal approximatio] 对于一个参杂的晶体系统，如果有几种原子 $\{A, B, C, \cdots\}$ 按照配比 $\{x, y, z, \cdots\}$ 共享一个元胞中的同一个位置，那么在理论上研究该晶体时就需要构造一个很大的超元胞将所有这些原子包括进去，这为理论计算带来了极大的困难。一个近似的替代

办法是：在该位置上人为构造一个虚拟原子 $P = xA + yB + zC + \cdots$，具有相应的赝势 $V_\mathrm{p} = xV_A + yV_B + zV_C + \cdots$，这样并不会扩大元胞从而不会带来计算量的增加。这种构造虚拟原子的方法叫作虚晶近似，一般被应用在第一性原理或无序系统的计算当中。不过，虚晶近似构造出的虚拟原子并不具有真实的物理含义，因此在计算具体的材料时需小心的加以应用。

相干势近似 [coherent potential approximation]
相干势近似是由苏文（P. Soven）提出的用于处理无序系统的一种理论方案。对于一个给定的含有无序势 V 的系统 $H = H_0 + V$，其格林函数在对无序平均之后恢复平移对称性，记为 $\bar{G}(\omega)$。一种处理该无序系统的方案是寻求一个平移不变的参考系统（有效介质）$H_c(\omega) = H_0 + V_c(\omega)$，其中 $V_c(\omega)$ 称为相干势，使得其格林函数 $G_c(\omega) = [\omega - H_c(\omega)]^{-1}$ 与已知的无序系统格林函数 $\bar{G}(\omega)$ 相等，即 $\bar{G}(\omega) = G_c(\omega) + G_c(\omega)T(\omega)G_c(\omega)$，其中 $T(\omega)$ 为由 $H - H_c(\omega)$ 所产生的频率依赖的 T 矩阵。可以看出，只要满足自洽条件 $T(\omega) = 0$，则可以用该参考系统来计算无序系统的格林函数：$\bar{G}(\omega) = G_c(\omega)$。在实际应用当中，由于 $T(\omega)$ 往往只能近似的求解，比如通过平均 T 矩阵近似或自洽 T 矩阵近似，因此该理论方案被称为相干势近似。

无规相近似 [random phase approximation, RPA]
在电子系统中，除了单粒子激发模式（如粒子激发 c_k^+ 和空穴激发 c_k）以外，还有很多多粒子激发模式，如粒子空穴对激发模式 $\rho_q = \sum_k c_{k+q}^+ c_k$ 或粒子粒子对激发模式 $\Delta_q^+ = \sum_k c_{-k+q}^+ c_k^+$。在研究一种模式（如 ρ_q）的运动方程时，由于动量守恒，只有 $\rho_{q_1}\rho_{q_2}\cdots\rho_{q_n}\delta(q_1 + q_2 + \cdots + q_n - q)$ 这种形式的项允许存在。由于 ρ_q 是无规相位的指数相加 $\sum_r \rho_r e^{iqr}$，而 ρ_0 则是相干叠加，所以 $\rho_0 \gg \rho_q$。因此，可以在 ρ_q 的运动方程中忽略掉所有其他非零动量模式的耦合。这种近似称为无规相近似。

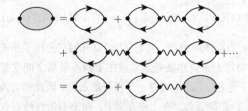

无规相近似在格林函数理论中也被表述为环形图求和（如图所示）

$$\chi_q = \chi_q^0 + \chi_q^0(-V_q)\chi_q^0 + \chi_q^0(-V_q)\chi_q^0(-V_q)\chi_q^0 + \cdots$$
$$= \chi_q^0(1 + V_q\chi_q^0)^{-1}$$

其中 χ_q 表示 ρ_q 模式的传播子。可以看出，在环形图求和中，只有动量为 q 的相互作用有贡献，这使得 χ_q 模式能够相干

的传播。这意味着我们略去了不同模式之间的耦合，与前面的讨论相一致。无规相近似被成功的应用在高密度的电子气当中，正确的描写了库仑屏蔽效应，这可以从有效相互作用

$$V_q^{\mathrm{eff}} = \frac{V_q\chi_q}{\chi_q^0} = \frac{V_q}{1 + V_q\chi_q^0} = \frac{e^2}{q^2 + e^2\chi_q^0}$$ 看出。

梯形图近似 [ladder approximation] 在量子多体理论中，把如图所示的这种具有阶梯形状和迭代结构的费曼图称为梯形图。梯形图分为两种：粒子粒子型和粒子空穴型，分别如图（a）和图（b）所示。将梯形图求和完成得到双粒子有效相互作用 Γ 满足如下形式的自洽方程 $\Gamma = \Gamma_0 + \Gamma_0 GG\Gamma$，称为 Bethe-Salpeter 方程。

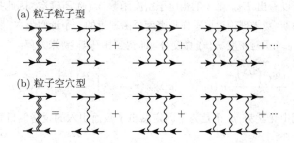

(a) 粒子粒子型

(b) 粒子空穴型

Bethe-Salpeter 方程一般难以严格求解。一种合理的近似是在低密度短程相互作用的情况下（即满足条件 $k_\mathrm{F}a \ll 1$）进行求解。由于低密度，粒子激发要远远多于空穴激发，所以粒子粒子型的梯形图的贡献要远大于粒子空穴型。因此，可以只保留粒子粒子型的梯形图，这被称为梯形图近似。值得注意的是，这种近似可以较好的应用到低密度的核物质，不过对于低密度电子气系统并不适用，因为电子系统中的长程库仑相互作用的存在会导致电子形成 Wigner 晶体以降低势能。

哈特里-福克近似 [Hartree-Fock approximation]
Hartree-Fock 近似是一种用于处理量子多体问题的单电子近似方案。该方案假定多体波函数可以近似的用一系列单体波函数 $\varphi_i(x)$ 所构成的 Slater 行列式：

$$\Psi(x_1, \cdots, x_N) = \frac{1}{\sqrt{N}} \begin{vmatrix} \varphi_1(x_1) & \cdots & \varphi_N(x_N) \\ \vdots & & \vdots \\ \varphi_1(x_N) & \cdots & \varphi_N(x_N) \end{vmatrix}$$

来描写。进一步，这些单体波函数 $\varphi_i(x)$ 又可以通过求解单体的薛定谔方程 $h_{\mathrm{eff}}\varphi_i = \varepsilon_i\varphi_i$ 自洽的给出。这种方法一般被应用在少体问题的计算当中，如分子的电子结构等。一般的，Hartree-Fock 近似等同于一种平均场理论。对于 $V_{ij}c_i^+c_ic_j^+c_j$ 这种形式的相互作用，其期望值可以近似为 $V_{ij}\langle c_i^+c_i\rangle\langle c_j^+c_j\rangle - V_{ij}\langle c_i^+c_j\rangle\langle c_j^+c_i\rangle$，其中第一项表示直接（Hartree）项，而第二项为交换（Fock）项。进一步，$\langle c_i^+c_i\rangle$ 和 $\langle c_i^+c_j\rangle$ 又可以通过求解平均场哈密顿量自洽的求得。在格林函数理论当中，Hartree-Fock 近似等同于自能函数的一阶近

似，如图所示。其中，费米子格林函数需要自洽的求解。值得一提的是，对于瞬时的库仑相互作用，可以看出该自能函数仍然为瞬时的，即不依赖于频率，与平均场理论相一致。而对于推迟相互作用（如电声子相互作用），该格林函数理论是要超出简单的平均场近似，在文献中一般被称为 Eliashberg 理论。

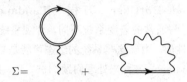

$$\Sigma = \quad + \quad$$

鞍点近似 [saddle point approximation] 在量子多体理论中，系统的配分函数（或 S 矩阵）可以表示成相干态路径积分的形式 $Z = \int D\phi \mathrm{e}^{S[\phi]}$，作用量 $S[\phi]$ 的极值条件 $\frac{\partial S}{\partial \phi}\big|_{\phi_0} = 0$ 给出对应于经典路径的鞍点解 ϕ_0，而量子效应体现在 ϕ_0 附近的涨落。作为最低阶的近似，可以保留到 $\delta\phi = \phi - \phi_0$ 的二次方项（也被称作高斯涨落项），即 $S[\phi_0, \delta\phi] \approx S[\phi_0] + \frac{1}{2}\delta\phi g^{-1}\delta\phi$。这套近似方案称为鞍点近似，其描写的是无相互作用的准粒子（激发模式 $\delta\phi$），因此高斯涨落项与无规相近似的含义是一致的。

更为常见的是情况是上面的 ϕ 场并不是物质场本身，而是对物质场（如 ψ）的相互作用项（如 $(\bar\psi\psi)^2$ 项）做 Hubbard-Stratonovich（HS）变换 $\mathrm{e}^{g(\bar\psi\psi)^2} = C\int D\phi \mathrm{e}^{\phi\bar\psi\psi - \frac{1}{g}\phi^2}$ 得到的。进一步，积掉 ψ 场即得到 $S[\phi]$。在这种情况下，$S[\phi]$ 的鞍点解就对应于 ψ 场的平均场解，而高斯涨落则对应于 ψ 场的一种 RPA。

玻尔兹曼方程 [Boltzmann transport equation] 对于单位体积样品，t 时刻、第 n 个能带中，在 (r, k) 处相空间体积元内的电子数为：$f_n(r, k; t)\mathrm{d}r\mathrm{d}k/8\pi^3$。在有外场/温度不均匀时，电子将偏离热平衡，相应的分布函数 $f(r, k, t)$。t 时刻 (r, k) 处的电子必来自 $t\text{-}\mathrm{d}t$ 时刻 $(r\text{-}\mathrm{d}r, k\text{-}\mathrm{d}k)$ 处漂移来的电子，由于碰撞的存在，$\mathrm{d}t$ 时间内从 $(r\text{-}\mathrm{d}r, k\text{-}\mathrm{d}k)$ 处 $f(r - v\mathrm{d}t, k - \dot{k}\mathrm{d}t, t - \mathrm{d}t)$ 出发的电子并不都能到达 (r, k) 处，另一方面，t 时刻 (r, k) 处的电子也并非都来自 $t\text{-}\mathrm{d}t$ 时刻 $(r\text{-}\mathrm{d}r, k\text{-}\mathrm{d}k)$ 处漂移来的电子，因此有：$f(r, k, t) = f(r - v\mathrm{d}t, k - \dot{k}\mathrm{d}t, t - \mathrm{d}t) +$ 碰撞项。若将因碰撞引起的 f 变化写成 $f(r, k, t) = f(r - v\mathrm{d}t, k - \dot{k}\mathrm{d}t, t - \mathrm{d}t) + \left(\frac{\partial f}{\partial t}\right)_{\mathrm{coll}}\mathrm{d}t$ 右边第一项展开，保留到 $\mathrm{d}t$ 的线性项，有

$$\frac{\partial f}{\partial t} + \dot{r} \cdot \frac{\partial f}{\partial \vec{r}} + \dot{k} \cdot \frac{\partial f}{\partial k} = \left(\frac{\partial f}{\partial t}\right)_{\mathrm{coll}}$$，对于稳态有 $\frac{\partial f}{\partial t} = 0$，可得玻尔兹曼方程

$$\dot{r} \cdot \nabla f + \dot{k} \cdot \nabla_k f = \frac{\partial f}{\partial t}\bigg|_{\mathrm{coll}}$$

Aharonov-Bohm 效应 [Aharonov-Bohm effect] 由于电子 Homilton 量中的存在矢势 A，使 Schrodinger 方程的解会与矢势 $A = 0$ 时的解不同，两束电子束的波函数差一个相位因子（贝尔相位因子），电子束之间的干涉条纹会发生变化。这种效应称为 Aharonov-Bohm 效应，简称 AB 效应。干涉强度依赖于两条路径封闭的磁通总量 Φ，并以周期 h/e 为周期振荡。AB 效应主要就是证明，电磁场的矢势有直接的可观测的物理效应。电子将感受到与磁通量相联系的矢势存在，波函数将附加一与矢势 A 有关，依赖于路径的相位。1959 年 Aharonov 和 Bohm 提出了电子波干涉的假想实验，以此来验证磁场矢势 A 真实的物理存在，翌年被 Chambers 的实验所证实，现在通常称此为 AB 效应。两条路径之间的相位差为

$$\Delta\varphi = \frac{e}{h}\left[\int_{L_1} A \cdot \mathrm{d}l - \int_{L_2} A \cdot \mathrm{d}l\right] = \frac{e}{h}\oint A \cdot \mathrm{d}l = 2\pi\Phi/(h/e)$$

Aharonov-Aronov-Spivak 效应 [Aharonov-Aronov-Spivak effect] 路径为闭合回路，而时间反演对称路径上的电子分波的干涉给出以 $h/2e$ 为周期的磁致电导称为 AAS 效应。在时间反演路径上的电子波函数的干涉效应。矢势沿顺时针方向路径获得相位为 Φ，矢势沿逆时针方向路径获得相位为 $-\Phi$，相位差为 2Φ。其周期为 $h/2e$ 的效应，振幅只有 AB 效应的 4%。它是由电子的背散射所产生的。由于在自相交路径中（时间反演路径），电子的位相差是通过自相交路径所围面积的磁通量的两倍，因此所产生的电流的振荡周期是 $h/2e$。这类电流已经是杂质位形的平均，因此在杂质浓度较高的系统中也能观测到，但它的大小随磁通量的增加而迅速减小。

Anderson 杂质模型 [Anderson impurity model] 1958 年，Anderson 研究金属中的杂质行为，建立了电子在无序固体中运动的量子模型，即 Anderson 杂质模型。对于单一杂质，模型总的 Hamilton 量表示为

$$H = \sum_{i,\sigma} \varepsilon_i c_{i\sigma}^\dagger c_{i\sigma} + E(f_\uparrow^\dagger f_\uparrow + f_\downarrow^\dagger f_\downarrow)$$
$$+ \sum_{i,\sigma}\left(V_{if}f_\sigma^\dagger c_{i\sigma} + V_i^* c_{i\sigma}^\dagger f_\sigma\right) + U f_\uparrow^\dagger f_\uparrow f_\downarrow^\dagger f_\downarrow$$

其中，f 算子对应杂质湮灭算子，c 对应导电电子湮灭算子，ε_i 是 i 格点的电子能级，σ 代表自旋，U 是库仑排斥势，是能量的主导项。模型中最重要的特征是杂化项 V。整个公式包含了导电电子的能量特征，二阶库仑相互作用代表的杂质能级，以及导电电子和杂质轨道的耦合作用。

在单电子的紧束缚近似下，电子可以从一个格点跳跃到另一个格点，等效 Hamilton 表示为

$$H=\sum_i \varepsilon_i|i\rangle\langle i| + \sum_{i\neq j} t_{ij}|i\rangle\langle j|$$

其中 t_{ij} 是 i 格点到 j 格点的转移积分。在 Anderson 模型中，假设原子位置保持在格点上所有 t_{ij} 大致相等，而 ε_i 从宽度为 W 的能量分布中随机选取，$-W/2\leqslant\varepsilon_i\leqslant W/2$. 在这种模型近似下，通过波函数的紧束缚计算，Anderson 发现电子会被杂质态束缚而处于定域态。当杂质足够多时，金属中将没有传播的波，导致绝缘态的出现，这种由杂质强局域化效应导致的绝缘体称为 Anderson 绝缘体。Anderson 杂质模型也经常被用于描述 Kondo effect，如重费米子系统和 Kondo 绝缘体。

Anderson 局域化 [**Anderson localization**]　Anderson 局域化是强局域化的一种，由美国物理学家 P. W. Anderson 提出，用于解释无序系统中由杂质导致的绝缘态：当系统中的杂质或缺陷足够多时，电子受杂质作用处于强定域化，系统中将没有可传播的波而处于绝缘态。

从 Anderson 的紧束缚模型出发，d 维晶格的波函数 ψ 满足 Schödinger 方程：

$$i\hbar\dot{\psi} = H\psi, \quad \psi = \sum_i a_i|i\rangle$$

$|i\rangle$ 是第 i 个格点的态矢量，a_i 表示电子位于 i 格点的概率，如果 a_i（时间 $t\to\infty$）是一个有限值，则电子只能处在 i 格点周围区域内，因而处于定域态。

Hamilton 量 H 满足

$$H=\sum_i \varepsilon_i|i\rangle\langle i| + \sum_{i\neq j} t_{ij}|i\rangle\langle j|$$

ε_i 是 i 格点的电子能级，能量从宽度为 W 的能量分布中随机选取，$-W/2\leqslant\varepsilon_i\leqslant W/2$. 其中 t_{ij} 是 i 格点到 j 格点的转移积分。i 格点附近所有 z 个最近邻之间的转移积分定义为 T. 晶体金属紧束缚近似的能带宽度 B 与 t 成正比，对于立方晶体：

$$B = 2zT$$

定义 W 和 B 之间的比值：

$$I = W/B$$

表示无序和有序之间的竞争，存在一个临界值 I_c，它决定了当无序增加系统从扩展态到局域态的转变。对于三维无序体系，当 $I>I_c$ 时，无序系统中所有的本征态都是局域态，$I_c \approx 2$.

Landauer-Büttiker 方程 [**Landauer-Büttiker formula**]　与通常的宏观系统不同，介观系统显示出许多有趣的导电性质。由于这些系统的组态可能是复杂的，往往不能用 Schödinger 方程来处理问题. 1957 年，Landauer 首先研究了一维无序体系中的电导。在他的模型中，电子受到的散射等效于一个势垒的作用，可以用势垒的隧穿图像来处理这个问题。随后 Büttiker 在 Landauer 模型的基础上完善导体中电子的输运特征。

对于一个两端通过理想导线连接到化学势分别为 μ_1 和 μ_2 的导线，单通道通过导线的电流为

$$I = \frac{2e}{h}\int dE[f_L(E) - f_R(E)]T(E)$$

此即为 Landauer-Büttiker 公式。其中，$f(E)$ 为费米能级的分布，$T(E)$ 为透射概率，对于弹道输运 $T = 1$.

两端多通道通过导线的电流为

$$I = \frac{2e}{h}\int dE[f_L(E) - f_R(E)]\sum_i T_i(E)$$

电导定义 $G=\frac{I}{V}$，导线两端电势差 $eV = \mu_1 - \mu_2$，假定每个通道透射概率都为 T，则导线两端电导 $G = \frac{2e^2}{h}MT$，其中 M 为通道数。

系统中只要载流子相干（导电沟道长度小于平均自由程），透射函数由薛定谔方程计算得到，Landauer-Büttiker 公式始终成立。在弹道输运中，$T = 1$，电导处于量子电导 $G = \frac{2e^2}{h}M$.

本章作者：

9.1　闻海虎，丁世英，王智河，金新

9.2　曹庆琪，丁海峰，杜军，王敦辉，唐少龙，吴镝，钟伟

9.3　徐骏，袁仁宽

9.4　万贤纲，朱诗亮，张海军，孙建，缪峰，宋凤麒，安晋，邵陆兵，于顺利，周苑，王达

等离子体物理学

等离子体 [plasma]　由大量带电粒子组成的宏观体系，是继固体、液体、气体后的物质的第四种聚集状态，简称等体。常规的等离子体是具有足够电离度的电离气体。等离子体有别于气体的根本原因是粒子之间存在长程的库仑相互作用，每个粒子影响周围众多粒子，也同时受到周围众多粒子的作用，集体行为成为等离子体的重要特点。是否存在集体效应是等离子体作为新物态的判别条件，包括空间尺度必须大于德拜长度，时间尺度必须大于集体响应时间，同时等离子体参数远大于一。满足这三个判据后，等离子体中的带电粒子相互之间是弱耦合的近自由状态，满足准电中性条件。因此，等离子体一般具有良导体特征，内部电场较弱，但可以存在极强的电流。只有在极小的时空范围内，等离子体内部才可能出现极强电场。

根据等离子体温度的高低，可以将等离子体分成高温等离子体和低温等离子体两类。当温度远高于原子分子的电离能时，称为高温等离子体。当温度接近或低于电离能时，则称为低温等离子体。高温等离子体的主要研究领域是受控热核聚变，而低温等离子体涉及广泛的技术应用。

宇宙中绝大多数可见的物质处于等离子体态。由地球表面向外，等离子体是几乎所有可见物质的存在形式。大气外侧的电离层、日地空间的太阳风、太阳大气、太阳内部、星际空间、星云及星团，毫无例外的都是等离子体。与其他三种物态相比，等离子体包含的参数空间非常宽广。若以密度和温度这两个描述物态的基本热力学参数而言，已知等离子体的密度从 $10^3 \mathrm{m}^{-3}$ 到 $10^{33} \mathrm{m}^{-3}$ 跨越了 30 个量级，温度从 $10^2 \mathrm{K}$ 到 $10^9 \mathrm{K}$ 跨越了 7 个量级。

等离子体概念可以推广，但核心内涵是集体行为起支配作用的宏观体系，如宏观上准电中性不成立的非中性等离子体，金属中的电子气、半导体中的自由电子与空穴形成的固态等离子体，具有自由的正负离子电解液形成的液态等离子体，将万有引力与库仑力类比后将星体体系视为等价等离子体，将强相互作用与电磁相互作用作类比后夸克胶子等离子体。

等离子体物理学 [plasma physics]　研究等离子体的产生及其运动规律的物理学分支学科。等离子体物理学属于应用物理学范畴。根据其应用背景及发展过程，等离子体物理学可以分成基础等离子体物理、高温聚变等离子体物理、低温等离子体物理、空间与天体等离子体物理等相对独立的学科方向。

人类对于等离子体的认识，始于 19 世纪中叶对气体放电管中电离气体的研究。1835 年，法拉第 (M. Faraday) 研究了气体放电基本现象，发现了辉光放电管中发光亮与暗的特征区域。1879 年，克鲁克斯 (W. Crookes) 提出用"物质第四态"来描述气体放电产生的电离气体。1902 年，克尼理 (A. E. Kenneally) 和赫维塞德 (O. Heaviside) 提出电离层假设，解释短波无线电在天空反射的现象。1923 年，德拜 (P. Debye) 提出等离子体屏蔽概念。1925 年，阿普勒顿 (E. V. Appleton) 提出电磁波在电离层中传播理论，并划分电离层。1928 年，朗缪尔 (I. Langmuir) 提出等离子体集体振荡等重要概念。1929 年，朗缪尔与汤克斯 (L. Tonks) 首次提出"plasma"一词，用以命名等离子体。1937 年，阿尔芬 (H. Alfven) 指出等离子体与磁场的相互作用在空间和天文物理学中起重要作用。1946 年，朗道 (L. Landau) 理论预言等离子体中存在无碰撞阻尼，即朗道阻尼。直到 20 世纪上半叶，等离子体物理基本理论框架和描述方法已经完成，研究范围已经从实验室的电离气体扩展到电离层和某些天体。

1952 年，美国实施"Sherwood"计划，开始受控热核聚变研究，英国、法国、苏联也开展了相应的研究计划，先后发展了箍缩、磁镜、仿星器、托卡马克等多种磁约束聚变实验装置以及惯性约束聚变实验装置。不久之后，人们发现实现受控核聚变的难度之大出乎意料，对等离子体行为的理解是其中的关键。到了 1958 年，受控热核聚变研究逐渐解密，开始了广泛的国际合作，等离子体物理成为受控热核聚变研究的主线。另一方面，自 1957 年苏联发射第一颗人造卫星以后，很多国家陆续发射了科学卫星和空间实验室，获得了很多电离层及空间的观测和实验数据，极大地推动天体和空间等离子体物理学的发展。1958 年，帕克 (E. N. Parker) 提出了太阳风模型。1959 年，范艾伦 (J.A. Van Allen) 预言地球上空存在着强辐射带并为日后实验所证实。到 20 世纪 80 年代，受控热核聚变和空间等离子体的研究使现代等离子体物理学建立起来。

自 20 世纪后期起，在气体放电和电弧技术的基础上，低温等离子体技术在等离子体切割、焊接、喷涂、等离子体加工、等离子体化工、等离子体冶金、等离子体光源、磁流体发电、等离子体离子推进等诸多方面得到快速的发展，极大地推动了等离子体物理和其他物理学科及技术科学的相互渗透，使等离子体物理与科学研究达到新的高潮。

随着等离子体物理研究的深入，研究领域逐渐扩展：从传统的电中性等离子体扩展到非电中性等离子体；从弱耦合的等离子体伸展到强耦合等离子体；从纯等离子体拓展到尘埃等离子体；从线性现象发展到非线性现象。此外，激光技术的新进展，推动了超短脉冲强激光与等离子体相互作用的研究。

这些领域的研究给等离子体物理研究增添了新的活力。

受控热核聚变等离子体物理学 [controlled thermal nuclear fusion and plasma physics]

受控热核聚变是指在被控制条件下将两个轻核 (常用的是氘和氚) 在高温 (几亿摄氏度) 条件下结合成重核的反应。受控热核聚变等离子体物理就是研究实现这种热核聚变反应的实验装置以及未来的核聚变反应堆中的等离子体 (又称高温等离子体) 所涉及的各种物理问题。概括地说，受控热核聚变等离子体物理的研究课题主要集中在如何将燃料等离子体加热到几亿度的温度，以及如何将密度足够高的高温等离子体约束足够长的时间，使其进行充分的核反应等方面。受控热核聚变研究主要集中以托卡马克为代表的磁约束等离子体和以激光核聚变为代表的惯性约束等离子体两方面，其中所涉及的等离子体物理问题，就是受控热核聚变等离子体物理的主要研究内容。

激光等离子体物理 [laser plasma physics]

研究激光与等离子体相互作用的科学，是激光核聚变与核武器物理、X 射线激光、激光驱动粒子加速器等重大应用的学科基础。主要研究方面有：①激光与聚变等离子体的相互作用，激光与冕区等离子体相互作用中出现的各种激光等离子体不稳定性及其对激光与聚变靶耦合作用的影响。②激光驱动高能粒子加速器物理。激光加速器以等离子体为介质，加速电场可达 $10^9 \sim 10^{12} \mathrm{V/m}$，甚至更高，比直线加速器的极限加速电场高几个数量级，可将粒子加速到 10^{12} eV 量级的超高能量。主要围绕在加速电场的产生机制、波–波及波–粒子相互作用过程，各种不稳定性对相干加速过程的影响等方面。③超短脉冲强激光与等离子体的相互作用。这是20世纪末开始研究的重要领域。激光技术的发展，使得获得脉宽为 50~1000 fs、聚焦功率密度为 $10^{14} \sim 10^{21} \mathrm{W/cm^2}$ 的超短脉冲强激光成为可能，从而开创出一个全新的前沿研究领域。由于激光场强超过了原子内部的库仑场，这一研究领域又称为强场物理。④天体物理过程的实验室模拟。由激光与靶相互作用产生的激光等离子体与天体等离子体有着相互的对应关系，如激光使靶物质蒸发、离化与膨胀而产生的燃烧等离子体，对应于具有较高扩张速度的星风和超新星爆发；激光等离子体中靶内形成的朝激光方向扩展的冲击波，对应于超新星爆发喷流驱动的冲击波；激光辐照玻璃板上的金属薄靶产生的强耦合等离子体，对应于太阳内部、白矮星、巨行星内部的强耦合物质等。可由激光等离子体物理过程来模拟相应的天体物理过程。二十世纪末建立的强激光等离子体相互作用的流体动力学与超新星、超新星遗迹的动力学之间的标度变换是成功的典范。

低温等离子体物理 [low temperature plasma physics]

低温等离子体是指在实验室和工业设备中，通过气体放电或高温燃烧产生的温度低于几十万摄氏度的部分电离气体。按其物理性质，低温等离子体可分为热等离子体 (近局域热力学平衡等离子体)、冷等离子体 (非平衡等离子体) 和燃烧等离子体三大类。热等离子体和冷等离子体在工业中已被广泛应用，故统称为工业等离子体。低温等离子体物理就是研究部分电离气体的产生、性质与运动规律的科学。低温等离子体中粒子的组分，除电子和离子外，还有大量的中性粒子 (原子、分子、自由基)。粒子的组分及其间的相互作用均随产生等离子体的方法及条件而改变。这些情况使得低温等离子体物理比完全电离的高温等离子体物理的研究更为困难。低温等离子体涉及大规模集成电路的制造、材料表面的处理、改性和薄膜沉积，包括超细粉和超纯材料制备在内的化工生产、气体放电光源、气体激光器、等离子体显示器、磁流体发电、等离子体推进等许多应用方面，故其研究有着十分重要的实际意义。

空间等离子体物理 [space plasma physics]

日地空间是由太阳大气、太阳风、地球磁层和电离层组成并相互关联的等离子体系统。空间等离子体物理就是研究此系统所发生的等离子体物理过程的分支学科，进一步可以分成太阳大气、日层及行星际、行星磁层和行星电离层等离子体物理等研究方向，它也是等离子体物理学、空间物理和太阳物理的交叉学科。近年来空间等离子体物理学迅速发展。在日地空间物理前沿领域 (日地系统能量传输和耦合机制) 研究中所涉及的等离子体物理的基本问题是磁力线重联、波–粒子相互作用和反常输运、无碰撞激波、等离子体加热和高能粒子加速、空间等离子体湍流、大尺度等离子体流分别和磁场及中性气体的相互作用方面。空间等离子体物理对于航天安全和空间应用、环境监测和预报、无线电通信、了解太阳活动引起地球生态环境的变化、预测天气的长期变化，以及对于研究等离子体的各种非线性现象具有十分重要的意义。

等离子体天体物理 [plasma astrophysics]

等离子体天体物理是天体物理和等离子体物理相互结合的交叉学科方向。天体等离子体物理学始于 20 世纪前半叶。早期的研究内容集中在宇宙粒子的加速、天体等离子体的辐射机制、不稳定性和有关爆发图像等方面。现在主要研究内容主要涉及天体等离子体的非线性现象、辐射与等离子体相互作用、天体等离子体中原子和分子过程、粒子加速机制等方面。

非线性等离子体物理 [nonlinear plasma physics]

等离子体系统本质上是非线性的。备受注意的两个非线性研究领域是非相干的非线性现象 (湍流现象) 和相干的非线性结构。等离子体湍流是由大量彼此相互作用的等离子体本征模组成的无明显位相特征的集体运动状态，它可能是产生反常电阻、反常扩散和反常热导的机制。相干非线性现象指的是相位信息密切相关的一些非线性过程。弱非线性的相干现象出现在三波、四波相互作用和等离子体回声等过程中。强非线性相干行为往往呈现出长寿命的空间有序结构，如孤子、腔子和涡旋等。这种相干结构对等离子体输运性质的影响以及与等离子体湍流之间的关系，是非线性等离子体物理研究的重要内容。

非中性等离子体 [non-neutral plasma]　准电中性不成立的宏观带电粒子体系。若带电粒子由电子或离子单一荷电成分组成，则称之为纯电子或纯离子等离子体。非中性等离子体存在着很强的自生电磁场，自生场对其平衡起重要作用。

等离子体诊断 [plasma diagnostics]　等离子体参数测量技术，包括方法、仪器以及相应的实验技术的发展与开发。由于等离子体的参数的测量往往依赖测量系统与等离子体的相互作用模型，参数之间多有关联，故言诊断而不直接言测量。

10.1　基础等离子体物理

磁流体动力学 [magnetohydrodynamics]　研究导电流体在电磁场中运动规律的一种宏观理论，由流体运动方程与电磁场运动方程直接耦合而成，是描述等离子体宏观运动有效理论。严格意义上的磁流体是单成分流体，即将等离子体视为一种导电流体，不考虑电荷分离的电效应，仅适用于描述等离子体低频宏观运动行为。广义的磁流体则是将电子、离子成分分开，用两种流体甚至多种流体描述等离子体，大大扩展了磁流体的适用范围。

弗拉索夫方程 [Vlasov equation]　等离子体动理学方程最简化的形式。在弗拉索夫方程中，粒子间的相互作用只考虑了自洽场部分，忽略了碰撞效应。因此也称为无碰撞动理学方程。

福克–普朗克方程 [Fokker-Planck equation]　粒子体系单粒子分布函数所满足的动理学方程中，若碰撞项采用福克–普朗克碰撞项，则称此方程为福克–普朗克方程。类似的，若采用的是玻尔兹曼碰撞项或朗道碰撞项，就称此动理学方程为玻尔兹曼方程或朗道方程。

福克–普朗克碰撞项 [Fokker-Planck collision]　一种考虑粒子间碰撞效应模型，用于粒子分布函数演化的动理学方程中。它源自对布朗运动的描述，适合于碰撞前后动量转移小，但碰撞频繁的多粒子体系。等离子体中带电粒子间碰撞主体是小角散射，正好符合小动量转移的条件，因此适于采用福克–普朗克碰撞项进行描述。福克–普朗克碰撞项对粒子分布函数的影响表现为两个可观察效应，其一使粒子系的平均速度减小，即速度空间的摩擦效应；其二使粒子系分布函数在速度空间弥散，即速度空间的扩散效应。

BBGKY 链式方程 [BBGKY chain equations]　一种用统计物理方法处理多粒子体系动理学行为的一种系统、可信的近似方法。它由 J. Yvon 于 1935 年首先提出，历经 J. G. Kirkwood(1947)，M. Born(1949)，H. S. Green(1952) 到 N. N. Bogoliubov(1962) 集其大成，后人根据他们的贡献程度排序而称为 BBGKY 理论。在统计物理中，N 个粒子的体系是通过 N 个粒子的相空间分布函数 f_N 来描述，它所满足的运动方程是 $6N+1$ 维空间中的刘维方程。由于 N 是很大的数，分布函数的精确求解实际上是不可能的。BBGKY 理论提供了一种严格地把 N 体分布函数 f_N 约化成一系列 s 体 $(s = 1, 2, \cdots, N-1)$ 分布函数 f_s，这些分布函数所满足的运动方程是一系列约化了的刘维方程。由于每个 f_s 分布函数所满足的方程中含有涉及 f_{s+1} 分布函数的项，这些运动方程实际上是以链接的形式耦合在一起，故称它们为链式方程。这些方程虽然相互链接，但每一个只与下一个相关，因此可以通过各种物理方法进行截断解耦。目前常用的是单粒子分布函数及其相应的运动方程，而双粒子关联效应则通过模型 (如对粒子碰撞采用 Boltzmann 算子或 Fokker-Planck 算子的两体碰撞模型) 或仅与两粒子分函数及其对应运动方程 (其中三体分布函数项被忽略) 耦合来计入。

回旋动理学 [gyro-kinetic theory]　在强磁场情况下，带电粒子导心的漂移运动和粒子的回旋运动近似解耦。将弗拉索夫–麦克斯韦方程组用导心坐标系表达，则粒子分布函数中粒子回旋自由度和导心自由度可以近似解耦，这样获得的动理学系统称为回旋动理学。

简并等离子体 [degenerate plasma]　电子处于量子简并状态的等离子体，此时等离子体温度低于系统的费米能量。

全波理论 [full wave theory]　完整求解麦克斯韦方程组的方法。在求解电磁波问题时，有时为简化问题只选取特定频率进行研究，但在处理波共振、截止等强非线性问题时，简化模型无法还原真实物理，因此需要求解无假设条件的麦克斯韦方程组，即需要采用全波理论。

粒子模拟 [particle-in-cell simulation]　通过求解粒子运动方程和麦克斯韦方程来研究等离子体中粒子和波相互作用规律的一种数值模拟方法，其中等离子体中电子和离子用都用巨粒子来描述。

集体行为 [collective behavior]　当带电粒子的相互作用力由长程的库仑力主导时，等离子体中任意一个带电粒子受到其他大量带电粒子的影响，使得等离子体表现出一系列有别于普通气体的特性，包括德拜屏蔽、等离子体振荡和朗道阻尼等。满足以下三个条件的等离子体通常表现出集约行为：一是德拜长度远小于等离子体的特征尺度；二是在以德拜长度为半径的"德拜球"内存在足够多的粒子使得电场屏蔽成为可能；三是在系统的特征时间尺度内，粒子间的碰撞可以忽略。

等离子体参数 [plasma parameter]　等离子体中以德拜长度为半径的球内所包含的电子总数。等离子体参数远大于一是等离子体作为新物态的基本条件。在此情况下，等离子体中粒子动能远大于势能，粒子之间的库仑碰撞频率远小于等离子体频率。即常规等离子体中粒子是弱耦合的近自由状态，集体效应起主导作用。

德拜长度 [Debye length]　由于等离子体中的带电粒子可以自由移动，对任何在等离子体中建立的电场将会产生屏蔽效应，称为德拜屏蔽，其屏蔽层的线度称为德拜长度。德拜长度是衡量等离子体准电中性和集体效应这两个基本性质的特征长度。在大于德拜长度的空间尺度上，等离子体呈现准电中性，带电粒子间以集体相互作用为主。在小于德拜长度的空间尺度上，等离子体偏离电中性，带电粒子间相互作用以库仑碰撞为主。德拜长度与等离子体密度和温度相关，密度越大，德拜长度越小；温度越大，德拜长度越大。

准中性 [quasi-neutrality]　在空间尺度远大于德拜长度，时间尺度远大于等离子体响应时间的条件下，等离子体中的正负电荷的数密度近似相等，整体呈准电中性。

无力磁场 [force-free magnetic field]　等离子体中存在磁场的一种特殊情况，其中磁场与等离子体电流方向处处平行或无等离子体电流，因此等离子体不会由于存在电流而受到磁场洛伦兹力的作用。一般在等离子体压强远小于磁压时，磁化等离子体会自发弛豫到无力磁场状态。

动力学形状因子 [dynamic form factor]　电子密度自相关函数的谱密度。

朗道阻尼 [Landau damping]　带电粒子在对等离子体中传播的电磁波产生的一种无碰撞阻尼。对朗道阻尼起作用的带电粒子是其速度与电磁波相速度相近的共振粒子，速度略低于相速度的粒子会受到波电场的加速从波中获得能量，速度略高于相速度的粒子则会受到减速而给波提供能量。由于速度大的粒子一般少于速度小的粒子，因此平均而言粒子将从电磁波中吸收能量而导致波的阻尼。朗道阻尼效应是等离子体中波与粒子能量交换的基本形式。

有质动力 [ponderomotive force]　由于电磁场压强的作用，空间非均匀的高频电磁场对带电粒子所产生等效力。有质动力的方向指向电磁场强度减弱的方向，强激光束在等离子体中的自聚焦现象是有质动力起作用的一个典型事例。

冷等离子体 [cold plasma]　有两种含义。其一是指等离子体中电子与离子温度不同的非热平衡等离子体；其二是指等离子体的热压强可以忽略的等离子体。

冻结磁场 [frozen magnetic field]　磁场冻结效应发生于理想磁流体中。在电阻可以忽略的理想磁流体中，对于任意一个边界固定在磁流体元上的曲面，磁场的磁通量不会发生改变，即等效于磁场被冻结于磁流体元上，等离子体的运动会引起磁场的变形，因此称作冻结磁场。

等离子体激元 [plasmon]　等离子体密度振荡能量进行量子化的准粒子，简称等体激元，或等体子。

共振吸收 [resonance absorption]　p极化入射的电磁波在非均匀等离子体中传播时，在临界密度面共振地驱动起电子等离子体波，从而被等离子体吸收的现象。

等离子体频率 [plasma frequency]　朗缪尔振荡的频率。等离子体频率是等离子体对外界试图破坏其电中性的集体响应频率，也是非磁化等离子体中电磁波不能传播的截止频率。

回旋频率 [gyro-frequency]　回旋运动的频率。

电子回旋频率 [electron cyclotron frequency]　电子在磁场中回旋运动的频率，与磁场成正比。

混杂共振频率 [hybrid resonance frequency]　垂直于磁场传播的异常波存在两个共振频率，分别称为高杂共振频率和低杂共振频率。高杂共振频率是等离子体中频率最高的特征频率，低杂共振频率则介于电子回旋频率与离子回旋频率之间。与非磁化等离子体在朗缪尔频率处存在等离子体振荡类似，磁化等离子体在杂混共振处也存在相应的静电振荡，并在考虑等离子体热压强后变成可以传播的波动模式。

漂移运动 [drift movement]　带电粒子在磁场中，如果还受到其他力的作用，其回旋运动中心将会在既垂直于磁场又垂直于该力的方向上运动，称为漂移运动。

电场漂移 [electric field drift]　在磁场中作回旋运动的带电粒子，在电场作用下产生的漂移运动。电场漂移速度与粒子无关，实际上是电磁场在不同惯性系下的变换结果。

曲率漂移 [curvature drift]　带电粒子在磁力线弯曲的磁场中运动，离心力所引起的回旋中心的漂移运动。

磁场梯度漂移 [grad-B drift]　是由磁场梯度引起的带电粒子导心运动的漂移运动。漂移速度大小与磁场梯度大小成正比。漂移运动的方向垂直于磁场梯度方向以及外磁场的方向。

梯度漂移 [gradient drift]　即磁场梯度漂移。

引力漂移 [gravitational drift]　在磁场中由引力而引起的带电粒子导心的漂移，通常作为非电场力引起漂移运动的代表。

导心漂移 [guiding center drift]　在非均匀磁场中，亦或电场及其他非磁场力存在时，带电粒子回旋运动导心的运动。

导心 [guiding center]　带电粒子在外加磁场中回旋运动轨迹的中心，也称回旋中心。

回旋运动 [gyro motion]　带电粒子在外加磁场中因洛伦兹力而引起的旋转运动。

回旋半径 [gyro radius] 回旋运动所形成的圆形轨道的半径。

回旋中心 [gyro-center] 即导心。

回旋轨道 [gyro-orbit] 回旋运动所形成的圆形轨道。

磁螺旋度 [magnetic helicity] 磁矢和磁场强度点乘的空间体积分。螺旋度是表征流体在旋转的同时沿旋转方向运动的动力特性的物理量，最早用来研究流体力学中的湍流问题。磁螺旋度在理想磁流体中是不变量，其意义与磁力线冻结等价，对于电阻磁流体，磁螺旋度会因欧姆耗散而随时间衰减。

电子回旋辐射 [electron cyclotron emission] 电子在磁场中，受洛伦兹力产生的向心加速度引起的辐射，其辐射频率就是电子回旋频率。在托卡马克中，利用回旋辐射频率与磁场强度的正比关系，以及辐射在回旋共振层的光学厚条件，电子回旋辐射可用于测量局域的电子温度。

电子回旋共振 [electron cyclotron resonance] 当外界施加与电子回旋方向相同，且频率相同的电场时，电子将与电场共振并获取能量，这种现象称为电子回旋共振。利用电子回旋共振方法可以产生高密度等离子体。

静电波 [electrostatic wave] 等离子体中只有电场扰动，没有磁场扰动的波动模式。静电波为纵波，其扰动电场方向与波矢方向平行。

朗缪尔振荡 [Langmiur oscillation] 非磁化等离子体中一种集体运动模式。在不考虑等离子体压强的冷等离子体中，等离子体电子与离子成分如果出现分离，则在分离区域产生静电场，静电场将趋于消除电子、离子分离，因此电子、离子会在局域产生振荡，振荡频率为等离子体频率。由于离子质量远大于电子，其振荡幅度远小于电子，等离子体振荡频率近似为电子等离子体频率。朗缪尔振荡只发生在局部，不会影响周边区域，因此不能传播能量。

朗缪尔波 [Langmiur wave] 又称电子等离子体波，非磁化等离子体中一种高频的波动模式。考虑等离子体压强时，朗缪尔振荡变成了可以传播能量的朗缪尔波。此时静电屏蔽不完全，电子会以热运动速度将局域振荡信息带到周边。朗缪尔波是纵波，频率略高于等离子体频率，其群速度为近似于电子热速度。

电子等离子体波 [electron plasma wave] 即朗缪尔波。

离子声波 [ion acoustic wave] 非磁化等离子体中一种低频的波动模式。离子声波是其波长远大于德拜长度的静电波，是普通流体声波在等离子体情况下的拓展。由于流体质量主要由离子携带，离子是此模式的运动主体。由于电子成分可以通过电荷分离产生的静电场与离子成分耦合，电子的热压强对离子声波同样起作用。如果电子和离子的温度相近，

离子声波的相速度近似等于离子的热速度，这时离子与波将发生强烈的相互作用，离子声波是强阻尼的。因此，仅当离子温度远小于电子温度时，离子声波才存在。

阿尔芬波 [Alfven wave] 磁流体中稳定的线性扰动模式，也称为磁流体波。磁流体波可分成剪切阿尔芬波和压缩阿尔芬波两种，前者由磁场的磁张力驱动，后者由磁场的磁压强和流体的热压强共同驱动。压缩阿尔芬波亦称磁声波，根据相速度的大小，分成快 (磁声) 波和慢 (磁声) 波两支。当磁压强远小于热压强时，慢波退化成离子声波。剪切阿尔芬波和离子声波只能沿磁力线传播，而磁声波 (无论快波还是慢波) 可以在与磁力线成任意角度的方向上传播。

电子回旋波 [electron cyclotron wave] 等离子体中沿磁场方向传播，频率低于电子回旋频率的右旋圆偏振电磁波。

离子回旋波 [ion cyclotron wave] 等离子体中沿磁场方向传播，频率低于离子回旋频率的左旋圆偏振电磁波。

寻常波 [ordinary wave] 等离子体中垂直于磁场传播，偏振方向平行于磁场的电磁波模式，磁场对这种模式没有影响，因此称为寻常波。

异常波 [extraordinary wave] 等离子体中垂直于磁场方向传播，偏振方向也垂直于磁场的电磁波模式。异常波一般是纵波和横波相混杂的模式。

伯恩斯坦波 [Bernstein wave] 磁化等离子体中一种静电波动模式，其传播方向垂直于磁场。根据响应成分不同，存在电子伯恩斯坦波和离子伯恩斯坦波两类。理论上，伯恩斯坦波有无穷多支。电子伯恩斯坦波在电子回旋频率附近各有一支，离子伯恩斯坦波在离子回旋频率附近各有一支。由于伯恩斯坦波横越磁场传播，在传播过程中可以转化成沿磁场方向传播的等离子体静电波，从而通过朗道阻尼被带电粒子吸收，可以用于等离子体加热和电流驱动。

漂移波 [drift wave] 磁化等离子体中通常存在着密度、温度、压强梯度，相应地在与磁场及梯度方向垂直的方向上等离子体形成漂移运动，与流体漂移运动相关的波动模式称为漂移波，其相速度与漂移速度相近。

弹道模 [ballistic mode] 某一时刻外界对等离子体施加影响后，在等离子体中触发的有别于本征模的扰动模式。弹道模是弗拉索夫方程的初值解，而本征模是方程的定态解。一般来说，外界对等离子体在某一时刻施加扰动后，同时会引发本征模和弹道模。这两类模的传播特性和衰减特性不同，弹道模的衰减性质与初始对粒子速度分布的扰动形式密切相关，而本征模只与未扰动时的粒子分布函数有关。

不稳定性增长率 [growth rate of instabilities] 单位时间内不稳定性振荡幅度增长倍数的自然对数，反映了不稳定性的强度。

重力不稳定性 [gravitational instability]　在由重力和不均匀磁场组成的磁流体力学的平衡位形下，重力和磁压强梯度达到平衡。在此位形下，如果交换上下流体元，系统的总能量会减少，所以此平衡是不稳定的。这种不稳定性称为重力不稳定性，是交换不稳定性的一种。

参量不稳定性 [parametric instability]　当表征某一种本征振荡的参量受到周期性调制时，该振荡振幅得以增大的过程称为参量激发。在等离子体中，参量激发通常表现为一支调制波（泵波）通过模耦合使另外两支波模出现不稳定性增长，称为参量不稳定性。参量激发过程可以使外界驱动的波转变为容易被等离子体吸收的波动模式，是一种有效的等离子体加热机制。

参量激发 [parametric instability]　即参量不稳定性。

朗缪尔衰变不稳定性 [Langmuir decay instability]　电子等离子体波激发另一支电子等离子体波和离子声波的过程。

等离子体不稳定性 [plasma instability]　处于平衡状态的等离子体出现某种扰动时，若扰动幅度持续增长，则称等离子体具有不稳定性。根据不稳定性本质或表现形态等因素，不稳定性可以有不同的分类，如宏观不稳定性与微观不稳定性，静电不稳定性与电磁不稳定性，线性不稳定性与非线性不稳定性，绝对不稳定性与对流不稳定性等等。等离子体不稳定性是普遍现象，是等离子体物理重要的研究内容。

哈里斯不稳定性 [Harris instability]　等离子体或者带电粒子束流中由粒子温度的各项异性而引发的不稳定性。

槽纹不稳定性 [flute instability]　磁流体中交换不稳定性的一种特殊情况，其扰动使原本光滑的磁流体面出现许多并行的、沿磁场方向的沟槽，因此得名。

经典输运 [classical transport]　等离子体中由库仑碰撞而引起的能量或者粒子的输运过程。

双极扩散 [ambipolar diffusion]　通常情况下等离子体物质的扩散方式。若不考虑电场，等离子体中正负离子的扩散速率不同，这将使正负电荷产生分离，电荷分离产生的自洽电场使得两者相互牵拽，结果以相同的速率扩散。双极扩散的实质是等离子体必须满足准电中性条件。

霍尔电流 [Hall current]　在磁化等离子体中既垂直电场也垂直磁场的电流。

磁滩 [magnetic beach]　沿波的传播方向上，磁场的强度逐渐减小的磁场位形。

等离子体鞘层 [plasma sheath]　等离子体中准电中性条件不成立，存在较强电场的区域。等离子体鞘层通常出现在与固态器壁或电极接触处，其厚度为德拜长度量级。

洛伦兹电离 [Lorentz ionization]　当原子垂直于外磁场运动时，由洛伦兹变换可知在原子所在的参考系中会出现一个恒定的电场，原子被该电场电离的现象称为洛伦兹电离。在实验室等离子体中，处于高激发态原子的洛伦兹电离是捕获中性束原子的一个重要机制。

完全电离等离子体 [fully ionized plasma]　当等离子体中所有原子或分子都被电离，不存在中性粒子时，称为完全电离等离子体。

部分电离等离子体 [partially ionized plasma]　未完全电离，含有中性粒子成分的等离子体。由于带电粒子间的库仑碰撞截面远大于带电粒子与中性粒子的碰撞截面，电离度为 0.1% 甚至更低的电离气体即具备等离子体特性。

10.2　高温磁约束聚变等离子体物理

磁约束聚变 [magnetic confinement fusion]　利用磁场约束高温等离子体以实现具有能量增益聚变的方法，是实现受控聚变的途径之一。磁约束位形的种类繁多，根据磁力线的结构，可以分成"开端"装置和"环形"装置两大类。开端装置的磁力线两端开放，以磁镜为代表。环形装置的磁力线闭合并通过旋转变换的设计形成嵌套的磁面结构，根据内部电流对约束磁场贡献的大小，可以将反场箍缩、托卡马克、仿星器作为环形装置的代表。磁约束聚变研究的基本问题分三个层次，首先是磁流体平衡问题，即等离子体中流体元必须保持合力为零的状态；其次是不稳定性问题，即在平衡的基础上扰动能否持续发展进而破坏约束，包括宏观不稳定性和微观不稳定性两类；再次是输运问题，主要是由等离子体微湍流引起的超越常规碰撞输运的反常输运。同时，磁约束聚变涉及的物理问题还包含等离子体的产生、加热、电流驱动、不稳定性及运行控制等方面。磁约束聚变研究在托卡马克位形上已经取得了重大进展，处于聚变燃烧等离子体物理实验与反应堆工程试验的阶段。

聚变 [fusion]　又称核聚变，由两个或多个较轻的原子核在核力作用下融合成较重原子核的核反应过程。核聚变过程一般会伴随能量的释放。

核聚变 [nuclear fusion]　即聚变。

热核爆炸 [thermonuclear explosion]　利用热核聚变在短时间内释放巨大能量所形成的爆炸。

聚变反应截面 [fusion cross section]　一个具有面积量纲的物理量，用来表示聚变反应发生的概率。聚变反应截面是反应物之间相对速度的函数。

聚变能 [fusion energy]　是由核聚变反应所释放出的能量，以反应产物所携带的动能形式产生。太阳能本质上就是一种聚变能。聚变能具有储量丰富、清洁、安全等特点，是未来人类获取能源可供选择的最佳方式。和平利用聚变能的科学研究正在开展当中。

劳森判据 [Lawson criterion]　基于能量收支平衡所聚变反应堆实现点火的判据。由于处在高温状态下的聚变粒子产生聚变反应的概率与密度以及约束时间成正比，劳森判据给出了对等离子体密度与能量约束时间之积的最低要求。

聚变三乘积 [fusion triple product]　聚变反应物数密度、能量约束时间和等离子体温度三个物理量的乘积，是衡量聚变反应堆性能最常用的重要参数。根据劳森判据，聚变三乘积要超过一定数值才能实现聚变反应堆的自持燃烧和聚变能产出。

能量约束 [energy confinement]　指聚变装置中对能量的约束。磁约束聚变装置的目的是约束高温等离子体，产生聚变反应，并且实现聚变能量增益。因此能量约束是聚变装置的最重要指标，通常用能量约束时间来表征能量约束的好坏程度。

能量约束时间 [energy confinement time]　聚变装置所约束的等离子体热能损失的特征时间，即在无外能量输入情况下等离子体能量损失至其 $1/e$ 倍所需的时间。能量约束时间是表征聚变装置性能的最重要参数之一。

经验定标关系 [empirical scaling relations]　通过实验获得的某种系统 (如托卡马克) 的指标 (如能量约束时间) 随多种参数变化的统计规律，一般由数据拟合等方式获得。根据经验定标率进行指标外推是设计新装置的重要依据。

约束时间定标律 [confinement time scaling laws]　用实验或理论的方法将等离子体约束时间表示成若干等离子体参数的函数，通常是在一定参数范围内通过实验数据拟合所获得的经验公式。定标律的研究是聚变等离子体实验的重要内容，对新装置的建设以及物理规律的揭示具有重要价值。

得失相当 [break-even]　当聚变功率和加热功率相等时称为得失相当，即功率增益因子 $Q=1$。

玻姆判据 [Bohm criterion]　静电屏蔽理论中用于确定鞘层位置的判据。在基本模型中，玻姆判据为离子的马赫数 $M=1$，即离子加速至离子声速之处为鞘层位置。

玻姆扩散 [Bohm diffusion]　由实验定标确定的一种表述磁化等离子体中粒子或者热量横越磁场扩散模型。玻姆扩散系数反比于磁场强度，而不是经典模型所给出的反比于磁场强度平方。玻姆扩散代表最强的反常扩散状态。

反常输运 [anomalous transport]　在磁约束等离子体中，横越磁方向的热输运系数远大于经典碰撞输运理论的预测值，因此称为反常输运。一般认为，反常输运是由等离子体的微观不稳定性引起的，这些不稳定性使等离子体处于湍流状态，因此反常输运也可以称为湍流输运。

反常扩散比 [anomalous diffusion]　经典的碰撞扩散过程强烈得多的等离子体横越磁场的扩散。反常扩散使粒子损失加快，导致等离子体约束性能变坏。反常扩散的原因是等离子体集体效应所带来的微观不稳定性和湍流过程。

磁镜 [magnetic mirror]　一种最简洁的开端磁约束实验装置。由于带电粒子在磁场中回旋运动的磁矩是绝热不变量，粒子由低磁场向高磁场运动时，垂直运动动能将增大从而导致平行动能减少，当平行动能为零时粒子将返回弱场区。因此，沿磁场方向两个高磁场之间形成了可以约束带电粒子的区域。两个同轴的同向电流环就是一个最简单的磁镜装置。

托卡马克 [tokamak]　一种用于研究受控热核聚变的环形磁约束实验装置。托卡马克装置的关键原理部件由提供放电环境的环形真空室和产生磁场及磁通的三组磁体组成。首先是环向场磁体，产生较强的环向磁场；其次是中心螺旋管磁体，用于在装置内感应出环向电场，以产生和维持等离子体电流并提供初始的欧姆加热；再次是垂直场及成形场磁体，用于产生平衡环电流扩张力所需的垂直磁场以及控制等离子体截面形状的成形磁场。早期的托卡马克等离子体截面是圆形，形状由钨、钼、石墨等耐高温材料的制作的固体限制器确定。现代的托卡马克多采用非圆截面，其形状由偏滤器结构所形成的最外闭合磁面所决定。对于长脉冲或稳态运行方式的托卡马克，磁体必须采用超导磁体。磁约束聚变研究在托卡马克位形上取得了巨大的成功，可以预期，最早实现核聚变反应堆将是托卡马克位形。

仿星器 [stellarator]　一种用于研究受控热核聚变的环形磁约束实验装置。仿星器中约束等离子体的磁场完全由外界磁体形成，通常除平衡所必需的、自洽产生的电流外等离子体内部不携带电流。由于要形成有效的具有嵌套型的磁面结构，仿星器磁场位形不具备环向对称性，因此必然是较为复杂的三维结构。仿星器的磁场可以分成一个较强的环向磁场、一个中等强度的螺旋磁场以及一个较弱的垂直磁场的组合。早期的仿星器多按这三种磁场独立构造磁体，现代的仿星器则通过一体化融合设计，采用模块化结构设计磁体。与托卡马克装置相比，仿星器的特点是等离子体内部没有电流，不存在电流驱动的宏观不稳定性，避免了等离子体放电过程中的大破裂行为，装置的安全性大大提高。同时由于无需电流驱动，仿星器天然具有稳态运行的特点。仿星器最大缺点是新经典输运效果很强，导致能量约束性能相对较差。

反场箍缩 [reversed field pinch]　一种典型的环形磁约束等离子体位形，其中用于约束等离子体的磁场主要由等离子体中的电流产生，等离子体中环向磁场与角向磁场强度相当，同时边缘处环向磁场与芯部方向相反。在具有导体壁或主动控制线圈形成的等效导体边界情况下，通过大电流放电，等离子体通过自组织弛豫过程自发形成反场箍缩状态。对聚变反应堆目标而言，反场箍缩位形主要优点有：(1) 等离子体比压大，约束磁场低，可以用常规磁体；(2) 欧姆加热持续有效，有可能无须辅助加热即可达聚变温度；(3) 无大破裂现象。

角向箍缩 [azimuthal pinch]　对柱状等离子体，表面角向电流产生的轴向磁场压迫等离子体向中心收缩，称为角向箍缩。

紧凑装置 [compact device]　环径比接近于 1 的轴对称环形装置。

氚 [tritium]　氢的同位素之一，用于产生核聚变反应的燃料。氚原子核由一个质子和两个中子所组成，并带有放射性，会发生 β 衰变，其半衰期为 12.43 年。

氚自持 [tritium self-sustaining]　利用聚变中子在包层中增殖氚，通过复杂工艺流程收集，用于补充氘 - 氚核聚变反应过程中氚的消耗，实现氚燃料的持续自供给。通常用于氚增殖的核反应为：$n + {}^6Li \longrightarrow T + He$，即中子与锂 6 反应生成氚和氦。包层里用于产氚的功能材料通常为含锂的合金或化合物。考虑到一个中子最多只能产生一个氚，因此需要在包层中布置 "中子倍增剂" 来增加中子数量。中子倍增剂通常为含铅或铍等核素的合金或化合物。由于氚为人造核素，氚的增殖与自持是未来聚变堆的重要工程技术问题之一。

聚变堆 [fusion reactor]　是利用可控热核聚变反应产生能源的核反应堆装置。聚变堆的实现存在不同方案，主要包括磁约束聚变和惯性约束聚变等途径。

聚变裂变混合堆 [fusion-fission hybrid reactor] 指利用聚变中子进行裂变燃料转换，同时获得聚变及裂变能量的反应堆设计模式。如在聚变堆的包层中放置铀 238 或钍 232 等重元素，它们俘获中子后可以产生裂变堆燃料钚 239 或铀 233，从而进一步裂变产生能量。聚变裂变混合堆降低了纯聚变堆对能量增益的要求，是纯聚变堆应用前的一种可能的选择。

新经典理论 [neoclassical theory]　考虑了环形磁场效应后等离子体的经典输运理论。环形装置中由于存在旋转变换，磁力线呈螺旋状，在磁场中的带电粒子的运动更加复杂。环效应对粒子运动最主要的影响有两点，其一是普遍存在的漂移运动；其二是产生了以香蕉轨道为特征的捕获粒子和通行粒子两种不同运动状态的粒子。因此，粒子间的碰撞可以改变捕获粒子的香蕉轨道，也可以使捕获粒子变成通行粒子，反之亦然。新经典理论即是将这些效应考虑后的碰撞输运理论。新经典理论将等离子体按照粒子碰撞频率分为三个区域，即流体区、俘获粒子区 (香蕉粒子区) 和介于两者之间的过渡区 (平台区)。在流体区，粒子碰撞频繁，捕获粒子效应消失，但普遍存在的漂移运动使得步长远大于粒子回旋半径，横越磁场的输运显著增加。在香蕉粒子区，由于捕获粒子起作用，步长为香蕉轨道宽度，同样使输运系数明显增加。一般而言，

新经典理论给出的输运系数比经典理论大 1~2 量级。除此以外，由于环效应而出现的自举电流也是新经典理论的一个重要结论。

捕获粒子 [trapped particles]　地磁场作用下能够围绕地球漂移一周以上的带电粒子。捕获粒子通常具有三个绝热不变量，可以稳定地长时期存在。捕获粒子的运动可分为三部分：第一部分是围绕磁力线的回旋运动，并保持磁矩不变量守恒；第二部分是沿磁力线在南北镜点之间振荡，并且镜点在大气层以上，保持纵向不变量守恒；第三部分是围绕地磁场漂移，保持通量不变量守恒。

香蕉轨道 [banana orbit]　在环形磁约束装置中，由于漂移和磁镜效应不能在大环方向通行的带电粒子，其回旋中心的运动轨迹在小环截面上的投影呈香蕉状，称为香蕉轨道。

香蕉区 [banana regime]　在新经典输运理论中，当温度较高时，碰撞频率较低，带电粒子可以不中断地完成一个周期的香蕉或通行轨道，香蕉或通行轨道的参数会显著地影响输运，此时碰撞频率的范围称为香蕉区。

香蕉宽度 [banana width]　香蕉轨道的宽度，即香蕉轨道与赤道面两个交点的间距。香蕉宽度约为回旋半径的 q 倍。

碰撞区 [collision regime]　在新经典输运理论中，当温度较低时，碰撞频率较高，带电粒子不能完成一个周期的香蕉，此时碰撞频率的范围称为碰撞区。

投掷角 [pitch angle]　带电粒子速度与磁场方向之间的夹角。

箍缩 [pinch]　电流所产生的磁场对电流通道的收缩效应。

逃逸电子 [runaway electron]　在环形磁约束装置中，环向电场持续加速电子，同时电子与其他粒子的碰撞形成了等效摩擦力，大多数电子能够获得的能量因此受到限制。但由于电子碰撞频率随速度增大而迅速降低，对于给定的电场，存在一个临界速度，电子超越此速度后则始终处于加速状态，这种电子称为逃逸电子，可以获得很高能量。在托卡马克破裂时，可以出现很大份额的逃逸电子，其能量可以达到兆电子伏以上量级。

α 粒子加热 [alpha particle heating]　携带 3.5MeV 聚变能量的 α 粒子，通过碰撞等机制将能量转移给本底氘氚等离子体的过程。

辅助加热 [auxiliary heating]　又称二次加热。除欧姆加热之外的等离子体加热方法。由于在温度高时欧姆加热方法失效，辅助加热是实现聚变点火的必要手段。辅助加热主要包括中性束注入加热和波加热两类。中性束注入加热是直接注入高能的中性粒子束，与背景等离子体碰撞将能量转

移，从而加热等离子体。波加热则是通过在等离子体中激发某种波模，波在传播过程中将能量传递给等离子体而实现加热。常用的波模有阿尔芬波、快磁声波、离子回旋波、低混杂波、电子回旋波和高混杂波，相应的加热模式称为阿尔芬波加热、快磁声波加热、离子回旋共振加热、低混杂波加热、电子回旋共振加热。

二次加热 [additional heating] 即辅助加热。

绝热压缩加热 [adiabatic compression heating] 等离子体通过快速体积压缩获得加热的过程。当压缩时间与等离子体能量约束时间可比时，可以视为绝热过程，等离子体内能增大，温度升高。

可近性 [accessibility] 电磁波由等离子体边缘向内部传播的过程中，不产生截止反射的性质。

扭曲不稳定性 [kink instability] 又称扭曲模。一种理想磁流体不稳定性模式。这种模式的发展会导致磁面及等离子体边界的变形扭曲，主要由平行电流驱动，是磁约束的最危险的不稳定性。

扭曲模 [kink mode] 即扭曲不稳定性。

气球不稳定性 [ballooning instability] 又称气球模。托卡马克磁场的曲率矢量方向，相对于等离子体压强梯度的方向是变化的。在强场侧抑制交换型扰动，在弱场侧驱动交换型扰动。这种在弱场侧发生局域的交换不稳定性，称为气球不稳定性。

气球模 [ballooning mode] 即气球不稳定性。

腊肠不稳定性 [bulge instability, sausage instability] 柱位形下轴对称的磁流体不稳定性。若以流体位移作为不稳定性的描述变量，此模式的流体径向尺寸沿轴向周期变化，形似腊肠，故名。

撕裂模 [tearing mode] 一种非理想磁流体不稳定性模式。在一个片状电流两侧磁场方向相反，若对磁场施加空间周期性扰动，则电流片将受到局部挤压和拉伸。在挤压处的反向磁力线趋近进而出现磁力线重联，相邻的两重联点之间出现磁力线闭合的磁岛结构。这种模式的发展结果使得原来的电流片撕裂成条状，故称撕裂模。

鱼骨模 [fishbone] 一种由高能粒子激发的不稳定性模式，此模式会表现为间歇性猝发行为，信号波形类似鱼骨，故名。按激发高能粒子的不同分为电子鱼骨模和离子鱼骨模，其中离子鱼骨模又分为经典鱼骨模、锯齿鱼骨模及 run-on 鱼骨模三种。前者存在频率啁啾行为，而后两种的频率基本不变。

带状流 [zonal flow] 柱或环位形流体中角向对称、径向存在剪切的流场结构。木星大气带状流是自然界中带状流最典型的例子。在环形磁约束等离子体中，带状流伴随着环向和极向对称、径向波数有限的径向电场涨落，带状流与等离子体湍流共存并交换能量，形成湍流–带状流自调节系统。带状流有两个分支：低频带状流和测地声模。

测地声模 [geodesic acoustic mode] 等离子体带状流两个分支之一，模频率非零，与等离子体声波频率接近。测地声模通常由 $m=0, n=0$ 模式的电势涨落和 $m=1, n=0$ 模式的密度涨落通过环耦合过程产生。

低频带状流 [low frequency zonal Flow] 等离子体带状流两个分支之一，模频率接近于零，远小于湍流平均频率。低频带状流最早由 Hinton 和 Rosenbluth 提出，也称 Hinton-Rosenbluth 模。

漂移波湍流 [drift wave turbulence] 等离子体漂移波经过非线性耦合形成的宽谱湍流。等离子体中密度、温度以及磁场的空间不均匀所伴随的自由能驱动漂移波增长，当漂移波幅度足够大时，不同尺度的漂移波之间通过非线性三波耦合过程产生新波模，能量在波数空间进行弥散，分立的线谱最终形成宽谱的漂移波湍流。根据驱动来源的不同，漂移波湍流可以分为离子 (电子) 温度梯度模、捕获电子 (离子) 模漂移波湍流等，不同类型的漂移波湍流具有不同的空间和时间尺度。漂移波湍流是磁化等离子体中等离子体湍流的主要部分，也是形成等离子体反常输运的主要原因。

电阻壁模 [resistive wall mode] 磁约束等离子体外部一般存在导体壁，导体壁对对多数不稳定性总是起到稳定作用。如果导体壁具有电阻，磁场可以渗透，一些在理想导体壁情况下稳定的模式变得不再稳定。这种由于壁电阻效应变得不稳定的模式称为电阻壁模。

大破裂 [disruption] 又称等离子体大破裂。磁约束等离子体中出现的约束突然终结的现象。大破裂现象的产生是由于不稳定性造成约束嵌套磁面结构的改变。大破裂的后果主要有三个方面，其一是由于等离子体电流中断，电流所携带的磁能转移给周边线圈及导体，形成较大的电磁脉冲及电磁力；其二是等离子体热能及粒子的迅速释放，等离子体第一壁收到较大的热及粒子轰击；其三是瞬间可能产生高能电子所带来的非均匀局域损伤。

等离子体大破裂 [plasma disruption] 即大破裂。

比压极限 [beta limit] 磁约束装置中能够实现稳定约束的比压限制值。对环形磁约束装置，根据对磁流体不稳定性研究得出的一个常用的比压极限，称为 Troyon 比压极限，其值为 $\beta_{max} = \beta_n I/aB_0$，其中 I 是等离子体电流，以兆安培为单位，a 是小半径，以米为单位，B_0 是环向外磁场，以特斯拉为单位。在一般的托卡马克中 $\beta_n \leqslant \beta_{n\,max}$，$\beta_{n\,max} = 0.03$ 称为 Troyon 系数。

临界密度 [critical density] 局域朗缪尔振荡频率与入射电磁波频率相等时的电子密度。在非磁化的等离子体中，它是确定频率入射电磁波被截止反射处的等离子体密度。

电流极限 [current limits]　等离子体电流极限值。从理论上讲，如果超过此极限，在托卡马克中就会产生磁流体不稳定性。也叫克鲁斯卡尔–沙夫拉诺夫极限 (Kruskal-Shafranov limit)。

损失锥 [loss cone]　地球磁场俘获的带电粒子，如果投掷角过小，其镜像反射点高度进入大气层（一般取 100 公里），会与稠密大气分子碰撞而损失。因此，以磁场方向为轴，粒子速度空间上存在一个带电粒子很少的锥体区域，称为损失锥。损失锥的大小只与赤道面磁场强度和最大磁场强度有关，与粒子电荷数、种类以及动能无关。

超热粒子 [energetic particle]　等离子体中能量远大于平均热运动能量的粒子。在磁约束装置中，聚变反应、中性束注入、波加热及电流驱动、逃逸放电等过程都可以产生高能粒子。超热粒子可能引发鱼骨模不稳定性和环形阿尔文本征模。

电流驱动 [current drive]　托卡马克等磁约束聚变装置中产生电流的物理过程，通常指应用非感应的方法产生电流的物理过程。电流驱动是托卡马克稳态运行的必要条件。电流驱动方法主要包括中性束注入以及电子回旋、离子回旋、低杂波等各种等离子体波模式的电流驱动。切向注入的中性束产生的束离子直接携带电流，只要在慢化的过程中转移给通行电子的动量比例较小，就会形成有效的电流驱动。低杂波是直接通过波粒子相互作用加速与波相速度共振的电子从而形成电流。相对而言，电子和离子回旋波用于电流驱动的机理较为复杂，依赖于具体的等离子体参数分布。不同的驱动方法的驱动效率及应用条件不同，目前最有效的电流驱动方法是低杂波电流驱动。

自举电流 [bootstrap current]　在环形磁约束装置中，由于压力梯度和环形几何位形共同作用而产生的环向电流。其产生机理与回旋运动产生逆磁电流类似，与回旋运动相对应的是不能在环向通行的捕获粒子的香蕉轨道运动。这种电流是等离子体自发产生的，无须外部驱动，故称自举电流。

拉长型托卡马克 [elongated tokamak]　是一种先进的托卡马克位形，其截面的形状不是圆形，在垂直方向有适当的拉长，即拉长比大于 1(见拉长比)。

拉长比 [elongation]　衡量环形装置等离子体截面垂直方向相对于水平方向拉长程度的参数，即装置小截面垂直方向高度与水平方向宽度的比值。

环径比 [aspect ratio]　环形等离子体的大半径与小半径之比，表征环的几何胖瘦程度。也称纵横比。

比压 [beta, beta value]　等离子体压强与磁压强之比，是描述磁约束装置效率的参数，一般记为 β。

第一壁 [first wall]　聚变装置中直接面对高温等离子体的固体部分。第一壁与等离子体边缘的低温区域直接接触，同时受到来自高温等离子体区域的粒子和辐射直接照射和能量沉积，其表面还会发生溅射等过程释放杂质污染等离子体，所以对聚变装置而言，第一壁材料十分重要。早期装置因为等离子体参数低，普遍使用不锈钢作为真空室材料，对第一壁无任何特殊处理。后来在大中型装置中广泛使用石墨和钨作为第一壁。未来 ITER 将采用碳基材料、钨和铍作为第一壁材料。真空室内壁采用铍以减少重杂质污染，偏滤器靶板主要用钨以保证靶板寿命，撞击板用碳基材料以减轻熔化层破裂腐蚀。

限制器 [limiter]　置于磁约束等离子体装置中用于确定中心等离子体边界的固体。限制器通常是一个中空的环，有时也称为孔栏。限制器内是完整的磁面，等离子体受到磁场的约束。限制器外磁面与限制器相交，形成开放磁力线结构，等离子体沿磁力线运动直接轰击限制器，形成刮削层等离子体。

偏滤器 [divertor]　一种在托卡马克等离子体边缘处产生最外闭合磁面的磁场结构。由于最外闭合磁面确定了中心约束等离子体的边界，偏滤器起到了早期固体限制器的作用。通过设计最外闭合磁面之外的开放磁力线形态，可以将中心区域输运出来的粒子流及热流导入相对闭合的空间，极大降低了由于边缘溅射杂质等对中心等离子体的影响。偏滤器现已成为托卡马克装置的基本结构形式，对装置的性能提高具有举足轻重的作用。

加料 [fuelling]　为聚变等离子体提供必要反应物质。

汤姆逊散射 [Thomson scattering]　自由电子对电磁波的散射，根据大量电子之间散射电磁波的相干性，可以分成非相干汤姆逊散射和相干汤姆逊散射两种。

辐射量热计 [bolometer]　一种测量电磁辐射功率的传感器，常规采用的方法是用热敏电阻测量吸收辐射物体的温度变化。

10.3　高温惯性约束聚变等离子体物理

惯性约束聚变 [inertial confinement fusion]　是实现受控聚变的途径之一。惯性约束聚变的主要机理是：利用高功率脉冲驱动源产生的高亮度能流烧蚀聚变靶丸外烧蚀层，产生巨大的烧蚀压；在烧蚀压的作用下，聚变燃料向心内爆，被压缩加热至高温、高密度状态；聚变燃料由于自身惯性在未飞散前，发生充分的聚变燃烧反应，释放核聚变能量。按照驱动器的不同，惯性约束聚变可分为激光聚变、重离子束聚变，以及 Z 箍缩聚变等。

直接驱动 [direct drive]　利用高强度的激光束或粒子束直接照射聚变靶丸表面，实现燃料内爆压缩从而达到聚变条件的驱动方案。

间接驱动 [indirect drive]　将高强度的激光束或粒子束的能量照射到适当的转换体上，产生近热平衡的 X 射线辐射场，利用辐射场照射聚变靶丸，从而实现燃料内爆压缩的驱动方案。

激光聚变 [laser fusion]　利用高功率激光脉冲实现惯性约束聚变的研究方案。激光聚变又可以分为直接驱动激光聚变和间接驱动激光聚变。直接驱动方案使用多束激光从各方向直接照射在聚变靶丸上，使靶丸内爆。间接驱动方案则将激光照射在包围靶丸的高 Z 材料构成的空腔壁上，空腔壁产生的 X 射线辐照靶丸以驱动内爆。内爆是由于激光驱动器能量沉积在靶丸表面，表面烧蚀物质向外膨胀所产生的反向作用力使靶丸内部物质向内运动的过程。

激光等离子体 [laser plasma]　大功率激光辐照气体或固体靶所产生的等离子体。

重离子束聚变 [heavy-ion beam driven fusion]　利用高功率脉冲重离子束实现惯性约束聚变的研究方案。重离子束聚变又可以分为直接驱动重离子束聚变和间接驱动重离子束聚变。

Z 箍缩聚变 [Z-pinch fusion]　通过 Z 箍缩的方式，将脉冲功率源输出的电能转化为辐射场，从而实现惯性约束聚变的研究途径。主要过程如下：脉冲功率源产生的脉冲强电流通过负载时，负载将气化并形成等离子体；在洛伦兹力的作用下，等离子体发生向心的内爆，其动能转化为高亮度的 X 射线辐射场；利用转化来的高亮度辐射场实现惯性约束聚变。

高能量密度物理 [high energy density physics]　研究能量密度超过 $10^5 \mathrm{J \cdot cm}^{-3}$，或压强超过百万大气压状态下物质的现象及运动规律的学科。高能量密度物理是一门涉及等离子体物理、原子分子物理、统计物理、辐射流体力学等领域的综合学科。

温稠密等离子体 [warm dense plasma]　电荷的相互作用能与电荷动能相当、系统温度与费米能量相当的等离子体。

强耦合等离子体 [strongly coupled plasma physics]　也称强关联等离子体，是指耦合系数，即粒子间平均相互作用能与粒子动能之比大于 1 的等离子体系统。常见等离子体的耦合系数远小于 1，因而是弱耦合的。以激光为驱动器的惯性约束等离子体、由激光爆轰物质产生的等离子体、高度演化的天体内部的物质状态、温度极低的非中性等离子体、尘埃粒子带足够电量的尘埃等离子体，均具有强耦合等离子体的特征。强耦合体系是复杂的多粒子系统，用两体关联函数不足以描述其主要特性，需要关于多体关联函数的知识。描述这种体系的动力学相关特性的理论有待建立，强耦合等离子体物理正处在发展阶段。

瑞利–泰勒不稳定性 [Rayleigh-Taylor instability]　在重力场存在的流体中，流体的密度梯度与重力加速度相反时出现的一种流体力学不稳定性。

离子声衰变不稳定性 [ion-acoustic decay]　等离子体中电磁波激发起一支电子等离子体波和一支离子声波的过程。

双等离子体激元衰变 [two plasmon decay]　电磁波在四分之一临界密度面附近激发起两支电子等离子体波的过程。

受激布里渊散射 [stimulated Brillouin scattering]　电磁波在等离子体中激发起另一支电磁波和离子声波的过程。

受激拉曼散射 [stimulated Raman scattering]　电磁波在等离子体中激发起另一支电磁波和电子等离子体波的过程。

电磁衰变不稳定性 [electromagnetic decay instability]　电子等离子体波在等离子体中激发出一支电磁波和一支离子声波的过程。

逆轫致辐射 [inverse bremsstrahlung]　也称逆轫致吸收。由于电子与离子或原子之间碰撞，在波场中振荡的电子从波场获得能量的过程。

于戈尼奥关系 [Hugoniot relation]　激波面两侧物理量之间的关系。

流体力学效率 [hydrodynamic efficiency]　惯性约束聚变中，驱动束或辐射场的能量转化为燃料内爆动能的效率。

自聚焦 [self-focusing]　由于等离子体折射率与光强相关，在等离子体中传播的高功率激光束发生汇聚的现象。

库仑爆炸 [Coulomb explosion]　物质微粒中的电子被外场瞬间移除，剩余的离子在库仑斥力的作用下飞散的过程。

反照率 [albedo]　被辐射场加热的物质其表面再发射的 X 射线通量与入射 X 射线通量的比值。

反常吸收 [anomalous absorption]　在惯性约束聚变中，激光束在靶丸上的能量沉积机制并不只限于经典的碰撞过程，在高束流强度情况下会出现反常吸收的机制，这是高强度激光与等离子体相互作用的结果。反常吸收会产生能量高达 $10\sim100\mathrm{keV}$ 量级的超热电子，这些有较长射程的超热电子对靶心的预加热是实现高压缩爆聚的严重障碍。

反常电子传导率 [anomalous electron conductivity]　实验所给出的等离子体电子热传导率比只考虑双体碰撞的经典输运理论所预言值大得多（2~3 个数量级），故称为反常。引起反常电子热传导的机制可能是等离子体中产生的各种不稳定性和湍流过程。

丝化 [filamentation]　高功率激光束在等离子体传播

过程中，由于等离子体折射率与光强有关，导致整束激光分裂为许多细丝的现象。

束匀滑 [beam smoothing]　在激光惯性约束聚变研究中，通过降低入射激光的时间和空间相干性来改善激光焦斑均匀性的光学技术。

燃烧率 [burn efficiency]　在粒子约束时间内输入的核燃料发生聚变反应的比例。

点火 [ignition]　当氘氚核聚变反应所产生的 α 粒子有效加热等离子体，补偿等离子体的能量损失使聚变反应得以持续进行的状态，称为点火。

中心点火 [central ignition]　惯性约束聚变中，球对称燃料在球心附近首先出现聚变燃烧的点火方案。

快点火 [fast ignition]　利用超短脉冲强流电子束或离子束加热已压缩至高密度状态的聚变燃料使之发生聚变燃烧的点火方案。

激波点火 [shock ignition]　在压缩激光脉冲的晚期增加一个高强度激光脉冲，利用该激光脉冲形成的强激波实现点火的物理方案。

内爆 [implosion]　惯性约束聚变过程中，燃料在烧蚀压的作用下向心运动的过程。

黑腔能量学 [hohlraum energetics]　注入到腔靶的激光束或粒子束的能量转化为其他形式能量的物理过程。

激光烧蚀 [laser ablation]　高强度激光脉冲加热固体物质，使之气化的过程。

辐射烧蚀 [radiation ablation]　高强度辐射场照射、加热、气化物质的过程。

辐射输运 [radiation transfer]　辐射通过与物质的相互作用实现能量传输的过程。

辐射驱动 [radiation driven]　利用热平衡的 X 射线辐射场实现物质的内爆压缩的驱动方式。

激光直接加速 [direct laser acceleration]　在激光与等离子体相互作用中，由激光场直接加速电子的现象，譬如激光有质动力加速、感应共振加速、随机加速等。

激光尾场 [laser wakefield]　激光脉冲在稀薄等离子体中传播时，在有质动力作用下产生的留在激光脉冲后面的朗缪尔振荡电场。

激光尾场加速 [laser wakefield acceleration]　利用激光尾场将电子或离子加速的过程。

激光尾场加速器 [laser wakefield accelerator]　基于激光尾场加速机制的带电粒子加速器。

等离子体拍波加速器 [plasma beat wave accelerator]　利用频率差为电子等离子体波频率的两束激光脉冲，在等离子体中激发电子等离子体波，由此产生加速电子的过程。

相对论诱导透明 [relativistic induced transparency]　由于相对论质量修正效应，强激光可以穿透过密度超过临界密度等离子体的现象。

相对论自聚焦 [relativistic self-focusing]　由于相对论质量修正效应，等离子体的折射率随光强而变化，光轴附近光强更强的区域，局部折射率大，由此导致激光发生自聚焦的现象。

热波 [thermal wave]　物质受到强烈加热时温度在物质中的传播形式。

尾场 [wake field]　激光或电荷脉冲通过等离子体时，在脉冲后形成的电子等离子体波场。

波破裂 [wave breaking]　当电子等离子体波的振幅达到一定程度，特别是电子的振荡幅度与其波长相当时，由于强烈的波与粒子相互作用，产生大量的粒子加速，导致振幅受限乃至波结构破裂的现象。

10.4　低温等离子体物理

气体放电 [gas discharge]　气体击穿导通电流的现象。气体放电伴随着气体电离过程，产生大量的带电粒子，是产生等离子体的基本途径。气体放电有多种不同的表现形式，如电流极小不发光的汤森放电、小电流均匀发光的辉光放电、高电流密度的细丝放电、大电流强光的电弧放电、不均匀强电场区的电晕放电、沿固体绝缘表面的沿面放电、通道被绝缘体隔断的介质阻挡放电等。

气体击穿 [gas breakdown]　绝缘的气体在电场的作用下，电子获得能量产生大量的电离，在内部形成电流并在适当外界条件下维持电流存在的过程。

阴极鞘 [cathode sheath]　辉光放电中，阴极附近具有较强电场的鞘层区域。此区域的电子能量尚不足以激发气体分子发光，也称克鲁克斯暗区。

法拉第暗区 [Faraday dark space]　辉光放电中，处于负辉区和正柱区之间的一个过渡区域。此区域内，电子以扩散的方式运动，并且能量较低，不足以激发气体分子。

第一汤森系数 [first Townsend coefficient]　汤森 (J. S. Townsend) 气体放电理论中提出的三个参数之一，表示一个电子自阴极到阳极的单位长度路程中与中性气体粒子发生非弹性碰撞所产生的电子–离子对数目。

辉光放电 [glow discharge]　一种重要的气体放电形式，因放电时伴随特有的辉光而得名。其物理机制是：当放电管两极电压足够大时，电极间气体中的残余正离子被电场加速获得足够能量轰击阴极，产生二次电子，经簇射电离过程在电极间形成大量带电粒子，使气体导电。放电空间呈现明暗交替的发光区，包括阴极区、负辉区、法拉第暗区、正柱区、阳极区等。按不同的放电电流，辉光放电又可分为准辉光放电、正常辉光放电、反常辉光放电三种。辉光放电通常应用于激光器、光源、微电子加工等方面。

电弧放电 [arc discharge]　又称电弧。一种电流密度大、阴极位降低、发光度强和整体温度高的气体放电形式。所产生的等离子体称为电弧等离子体。在较高气压下，气体放电的电流超过安培量级，就进入了电弧状态。在电流较小时，电弧特性呈负阻抗状态，称为非热电弧。当电流增大时，弧电压随电流增大而增大，电弧特性呈正阻抗状态，则称为热电弧，热电弧等离子体处于局域热平衡状态。最简单产生电弧放电的方法是将低电压大功率电源上的两电极短路后立即分开，短路电流产生的焦耳热使电极表面温度急剧升高，产生热电子发射，即可形成电弧。根据电弧等离子体产生是否受外界影响可以分成自由弧和压缩弧两种。在自由弧情况下，阴极和阳极间的气体放电不受约束。在压缩弧情况下，放电受到外界气流、器壁或者外磁场的压缩控制，使得弧柱变细，温度增高，能量更为集中。电弧放电以其高温、大热量、强光的特点得到了广泛应用。

电弧 [arc]　即电弧放电。

电晕放电 [corona discharge]　一种非均匀强电场情况下的气体放电形式。电晕放电一般发生在曲率半径较小的电极处，其局部电场足够强，可以产生气体电离以及激发发光过程，形成一层发光的电晕层。在电晕层外，电场减弱不足以发光从而变成暗区。

火花放电 [spark discharge]　一种断续的气体放电现象。这种放电通道细而曲折，通道内温度高，产生强光并有爆破声。火花放电通常在电极间电场足够大，气压较高，同时电源功率不大的情况下发生。

介质阻挡放电 [dielectric barrier discharge]　当电极之间存在绝缘介质时，气体击穿后电荷将积累在介质表面，所形成的电场逐步抵消外电场从而使放电猝灭。在电场反向后，气体将反向击穿同时释放介质表面电荷。当电极施加交流电压时，放电可以持续进行，这种放电称为介质阻挡放电。

螺旋谐振腔放电 [helical resonator discharge]　在具有螺旋结构的线圈外面放置一个与线圈同轴的接地导体圆筒，当系统长度为射频波四分之一波长的整数倍时，装置内部可以在兆赫兹范围内产生共振，从而产生放电。螺旋谐振腔放电工作气压低、结构简单，不需要直流磁场，也不一定需要匹配网络，可以用于等离子体刻蚀、沉积二氧化硅和氮化硅薄膜等。

螺旋波等离子体 [helicon wave plasma]　螺旋波是一种在磁化等离子体中传播的电磁波。它沿磁场方向传播，是圆偏振的，其回旋方向与载流子在磁场中的回旋方向相同。这种波使得磁力线发生螺旋形扰动，故称为螺旋波。螺旋波是

色散的，其相速度及群速度均与频率的平方根成正比。用螺旋波激励的等离子体称螺旋波等离子体。螺旋波等离子体具有高的电离效率，产生的等离子体密度大，且激发天线在外部，适用于多种低气压等离子体工艺。螺旋波等离子体最大密度在 0.1Pa 气压下可超过 $10^{19}\mathrm{m}^{-3}$，电离度接近 100 %。

感性耦合等离子体 [inductively coupled plasmas, ICP]　利用射频电源的电流激励放电产生的等离子体。通常是采用电感线圈把电源的能量耦合给等离子体。通常 ICP 源线圈分成两种类型：其一是平面线圈型，即将一个平面螺旋线圈置于放电腔室顶部的介质窗上面；其二是柱状线圈型，即将线圈缠绕在圆柱形石英腔室壁的外侧。当线圈通过射频电流时，放电腔室内的轴向交变磁场感应出环向电场，该电场产生并维持等离子体。这种放电称为感性耦合放电。常见的感应耦合等离子体源一般都在低气压工作条件下运行，如 0.1~100Pa，此时等离子体密度一般可达 $10^{16}\sim10^{18}\mathrm{m}^{-3}$。

容性耦合等离子体 [capacitively coupled plasmas，CCP]　利用射频电源电压产生的交变电场激励气体放电产生的等离子体。通常在一个充满工作气体的真空腔室中放置两个平行板电极，并在两个电极之间施加射频电压，电极间产生的交变电场将其能量耦合给电子，获得能量的高能电子通过激发、电离来维持着等离子体。CCP 的电极间距在一般 1~10 cm 之间。CCP 放电呈"三明治"结构，即两个电极附近的鞘层区中间夹着一个呈电中性的体等离子体区。在较高的气压下，电子主要通过欧姆加热的方式从电场中获得能量；在较低的气压下，电子通过随机加热或无碰撞加热过程从振荡的鞘层电场中获得能量。

余辉等离子体 [afterglow plasma]　当维持辉光放电的电离源、热源等被移除或关闭后，在放电熄灭过程中由于等离子体复合辐射而发出的光称为余辉，此时的等离子体称为余辉等离子体。

等离子体化学气相沉积 [plasma chemical vapor deposition]　利用等离子体放电注入能量，使参加反应的分子或原子产生电离、离解或分离，形成大量的活性粒子，通过气相和界面化学反应后在衬底上沉积薄膜的制备方法。

大气窗 [atmospheric window]　大气窗指可以通过大气层的电磁波波段，在电磁波谱上呈现为一个个透明的窗口。由于原子、分子的吸收和散射效应，波长短于 0.3 μm 电磁波完全被吸收，不能通过大气层。波长长于 60 m 的电磁波则被电离层反射。波长为 0.3~0.8 μm 波段称为光学窗，自毫米波至 60 m 的波段称为射电窗。在红外波段有 0.95~1.1 μm、1.5~1.8 μm、2.1~2.4 μm、3.4~4.2 μm 和 8~14 μm 数个大气窗，称为红外窗。

等离子体光栅 [plasma grating]　两束激光在等离子体中相交时，在有质动力的作用下，等离子体中形成的周期

性密度疏密变化。

等离子体镜 [plasma mirror] 超短超强激光脉冲辐照透明固体表面时，若脉冲前沿部分功率密度适当，其表面可形成高密度等离子体薄层，可以高效率反射激光脉冲并提高激光脉冲的对比度。

等离子体推进 [plasma propulsion] 利用等离子体进行航天飞行器推进的方法。包括两种不同的方式，其一是将用于推进的物质加热至高温的等离子体状态后喷出以提升推力；其二是在等离子体环境下将离子加速至高速后射出以获得推力。后者主要涉及电场对粒子加速的过程，因此也称为电推进。

多极磁约束 [multipole magnetic confinement] 在放电反应腔室外表面布置永久磁体，其相邻两磁体的磁极相反，形成了表面多极磁场。在磁极之间，磁力线近似与表面平行，等离子体横越磁力线向表面扩散过程受到抑制，减少了等离子体表面损失，从而提高了腔内等离子体密度。

热等离子体 [thermal plasma] 接近局域热平衡状态的低温等离子体，其中重粒子的温度接近于电子温度。在高气压环境下，一般通过电弧放电来产生热等离子体。热等离子体在冶金、化工、材料表面喷涂、粉末材料制备、有害废物处理等领域有着重要的应用。

尘埃声波 [dusty acoustic waves] 尘埃等离子体中与尘埃成分相关的超低频纵波波动模式，是尘埃作为运动主体的一种声波模式。在此模式中，尘埃提供惯性，电子、离子提供热压力。

尘埃等离子体 [dusty plasma] 由电子、离子和中性粒子组成的等离子体中加入尘埃颗粒成分所形成的宏观体系。尘埃颗粒的线度一般在纳米至几十微米之间，质量在 $10^{-15} \sim 10^{-2}$ g，所带电量为电子电量的数十至数十万倍，但其荷质比远小于离子。

静电探针 [electrostatic probe] 又称郎缪尔探针，是最常用的等离子体参数诊断手段。最简单的静电探针是插入等离子体的一个端部裸露的导电电极，通过测量电极上的收集电流和施加电压的伏安特性曲线，结合适当的等离子体鞘理论模型，可以获得探针鞘层外的等离子体温度、密度、电势等参数。

朗缪尔探针 [Langmuir probe] 即静电探针。

电子饱和流 [electron saturation current] 置于等离子体中电极上偏置正电压足够大时，电极上所收集的电流完全由电子提供，称为电子饱和流。

离子饱和流 [ion saturation current] 置于等离子体中电极上偏置负电压足够大时，电极上所收集的电流完全由离子提供，称为离子饱和流。

裂解 [fragmentation] 当足够高动能的分子离子或者中性分子在撞击表面时裂解为数个原子的过程。裂解的阈值与分子键能值相当，大约 $1\sim10$ eV。低温等离子体放电中离子很容易获得足够高的能量，所以分子离子在撞击表面常会裂解。

10.5 空间与天体等离子体物理

天体等离子体 [astrophysical plasma] 天体物理研究过程中所涉及的等离子体。天体中很多物质处于等离子体态，天体物理中许多现象，如超新星爆发、辐射过程、粒子加速等，均与等离子体性质及运动行为密切相关。

阿尔芬马赫数 [Alfven Mach number] 马赫数是描述流体运动的特征量，定义为流体速度与流体扰动传播速度之比。在普通中性流体中，扰动传播速度是声速；在非磁化的等离子体中，扰动传播速度是离子声速；在磁流体中，扰动传播速度为阿尔芬速度，此时马赫数称为阿尔芬马赫数。

无碰撞激波 [collisionless shock] 在粒子间碰撞可以忽略的等离子体中产生的激波。在无碰撞激波中，粒子平均自由程远大于系统的尺度，激波的耗散过程主要依靠波与粒子相互作用。存在一个临界马赫数，当激波马赫数低于该值时，电阻耗散起主导，激波面是稳态的；当马赫数高于此值时，粒子的反射在耗散中起重要作用，激波面可以呈现非稳态。

费米加速 [Fermi acceleration] 一种解释高能宇宙射线的加速机制，1949 年由费米提出。费米加速有两类：一阶费米加速和二阶费米加速。一阶费米加速多用来描述激波中的粒子加速过程，指上游入射粒子被激波面反射回上游并加速，多次反射后达到很高的能量。加速后的粒子能谱是一个幂律谱，能谱斜率只与激波压缩有关。一阶是指粒子每次反射加速获得的能量正比于激波速度。二阶费米加速多用来描述太阳耀斑或磁云中的粒子加速过程，例如磁云中有很多运动的磁镜或波动结构，当粒子与磁镜迎面相碰时会被加速。二阶指的是每次碰撞中，粒子平均获得的能量正比于磁镜速度的平方。

随机加速 [stochastic acceleration] 即二阶费米加速，用来描述在太阳耀斑和磁云等结构中，运动的磁镜结构或波动来回反射粒子，使粒子能量上升的过程。

哨声 [whistler] 又称哨声波，是等离子体中电子回旋波的低频段模式。在电离层和磁层等离子体条件下，其频率在 $1\sim30$ kHz 的声波范围。地球电离层或磁层的哨声通常由闪电产生，然后沿磁力线在两个共轭点之间传播。由于哨声低频部分相速度较低，传播过程中发生色散现象，人们在高、中纬度地面接收到的是一个几秒内呈声调下降，类似口哨的信号。

极光 [aurora]　地球磁层或太阳风中的高能带电粒子注入高层大气时与中性大气的原子和分子发生碰撞激发的发光现象。极光通常出现在高磁纬地区，高度范围在 70~1000 km。

极光椭圆带 [aurora oval]　又称极光卵，极区上空极光频繁出现的带状区域，一般呈不规则椭圆形。极光椭圆带在南北半球各一个，方位相对太阳不变，大部分发光区域距地面 100~200 km。

极光卵 [aurora oval]　即极光椭圆带。

舷激波 [bow shock]　又称弓形激波。太阳风与地球磁层相互作用在磁层顶前方形成的曲面状驻立激波。地球舷激波的厚度一般在 10~100 km。通过舷激波后，太阳风的整体速度从超磁声速下降为亚磁声速，密度、温度以及行星际磁场强度均有所增加。在普通太阳风条件下，舷激波在日地联线上距离地心约为 14 个地球半径，强太阳风时可能退缩到 8~9 个地球半径，而在与日地联线垂直的方向上距离地心约为 25 个地球半径。

弓形激波 [bow shock]　即舷激波。

共转 [corotation]　等离子体层中冷等离子体在大气粘性和磁场冻结作用下随着地球自转一起运动。

共转电场 [corotation electric field]　又称旋转电场。磁层中的一种大尺度电场结构，由等离子体层中的冷等离子体与地球共转产生。在赤道面内指向地心。大小与地心距离的平方成反比，在 3 个地球半径处约为 1.6 mV/m。共转电场是等离子体层形成的主要原因。影响内磁层中粒子的漂移轨迹。

旋转电场 [rotation electric field]　即共转电场。

晨昏电场 [dawn-dusk electric field]　又称越尾电场、对流电场。磁层中的一种大尺度电场结构，由太阳风与地球磁层相互作用形成。方向由地球的晨侧指向昏侧，等势线与日地连线平行，在地磁平静时期约为 0.4 mV/m。晨昏电场驱动磁尾的大尺度对流，对磁暴的产生有重要作用。

越尾电场 [cross tail electric field]　即晨昏电场。

对流电场 [convection electric field]　即晨昏电场。

地球磁层 [earth magnetosphere]　地球空间的最外层形如彗星的腔体区域，由稀薄的等离子体构成。地球磁层是太阳风经过地球附近，将地球磁场屏蔽并包围起来所形成的。向阳面的磁层边界称为磁层顶，其外形为一个略微压扁的半球，中心位置在日地联线上距地心平均 10~11 个地球半径处。背阳面的磁层可以延伸至数百到上千个地球半径。

地磁场 [geomagnetic field]　地球的磁场。地磁场是重要的地球物理场之一，有复杂的空间结构和时间演化行为。由于太阳风的作用，地磁场只局限于磁层顶以内的空间。地磁场由内源场和外源场组成，内源场起源于地表以下的磁性物质和电流，外源场起源于地球之外，包括电离层、磁层内部和磁层顶的电流产生的磁场。

磁暴 [geomagnetic storm]　磁暴是全球范围内地磁场的剧烈扰动，表现为地球磁场的水平分量在一到十几个小时内急剧下降而在随后的几天内恢复。磁暴的发展过程可分为初相、主相和恢复相三个阶段。磁暴通常由太阳喷发的日冕物质抛射或太阳风高速等离子体流驱动。磁暴时常伴随有电离层扰动，使无线电短波通讯受到干扰，是空间天气研究的重要课题之一。

地球空间 [geospace]　日地空间中靠近地球的部分，由高层大气、电离层、磁层等组成。地球空间是地磁场控制的空间区域，其上边界由太阳风与地球磁层的交界面即磁层顶所界定。

内辐射带 [inner radiation belt]　赤道面上离地心距离为 1.2~4.5 个地球半径之间的辐射带部分。主要由能量为兆电子伏以上的质子组成，强度比较稳定，磁暴时也没有剧烈变化。内辐射带中粒子的主要来源之一是反照中子在地磁场中衰变为质子并被地磁场捕获。主要损失机制是带电粒子与高层大气粒子之间的库仑散射及电荷交换相互作用。

电离层 [ionosphere]　电离层是指主要被太阳射线电离的大气层，高度范围为 80~1000 km，整体上呈电中性。根据电离层的成分分布特征，电离层又分为 D、E、F 层。电离层的特性显著地受太阳辐射、宇宙粒子沉降以及地磁扰动等因素的影响。同时，低层大气以及人类活动对电离层也能产生一定的影响。

电离层发电机 [ionospheric dynamo]　中性大气在潮汐力等作用下运动时，通过碰撞驱动电离层带电粒子在地磁场中作垂直于磁力线的运动，从而像发电机一样在电离层高度上产生电场和电流。电离层发电机按照发生的高度分为 E 区发电机和 F 区发电机。E 区发电机提供了白天的电离层电场和电流，而夜间则由 F 区发电机提供。电离层发电机是中低纬电离层电场和电流的主要源，对电离层赤道异常的形成有重要影响。

电离层垂直结构 [ionospheric vertical structure]　电离层电子密度随高度的分布以及离子成分随高度的变化情况。按电子密度随高度的分布特点，白天电离层可分为 D 层、E 层、F 层；D 层和 E 层日落后逐渐消失。D 层高度范围为 60~90 km，电子密度为 10^8~10^9 m^{-3}；E 层在 90~140 km，电子密度为 10^9~10^{11} m^{-3}；140 km 以上为 F 层，电子密度在 300 km 左右达到最大值，为 10^{12} m^{-3}，此处称为 "F 层峰"；在 F 层峰以上的高度区域，电子密度近似地随高度指数衰减。在 D 层和 E 层中，主要离子成分为一氧化氮离子和氧分子离子；在 F 层中，主要为氧离子；在 1000 km 以上高度区域，主要为氢离子。

尾瓣 [lobes]　磁尾中磁场聚集而等离子体稀薄的区域。尾瓣中粒子数密度约为 $10^4 m^{-3}$，磁场通常为 20～30nT。尾瓣被等离子体片对称地分隔为南、北两部分，分别称为南尾瓣和北尾瓣。南、北尾瓣中磁场方向相反，北尾瓣磁场指向地球而南尾瓣磁场背离地球。尾瓣中磁力线是半开放的，其一端汇聚于两极极盖区，与地球内禀磁场连接，另一端则穿越磁尾边界层与行星际太阳风磁场连接。

磁层顶 [magnetopause]　地球磁层与太阳风的边界。在行星物理中，磁层顶也泛指在具有内禀磁场的行星上，分隔行星磁层与恒星风的边界。

磁鞘 [magnetosheath]　舷激波和磁层顶之间的区域，是从太阳风到磁层的过渡区域。

磁层亚暴 [magnetospheric substorms]　地球磁层和高纬电离层夜晚面发生的强烈扰动过程，经常发生在行星际磁场有南向分量时，平均每天 4～5 次，每次持续 1～3 小时。亚暴发生时，太阳风能量输入磁层，并最终释放到内磁层和极区电离层与热层，能量输入和释放的功率可达 10^{12}～10^{13}W。

磁尾 [magnetotail]　太阳风与地球磁场作用而形成的尾状结构。其形状近似呈直径为 40～50 个地球半径的圆柱形，磁尾向背阳面延伸，可达 1000 个地球半径，直至行星际太阳风。磁尾由南尾瓣、北尾瓣和等离子体片构成。磁尾是磁层储存等离子体和磁场能量的区域，在磁层动力学过程中发挥重要作用。在磁层活动期间，磁尾储存的磁场能量释放出来，驱动极区的极光活动，引起内磁层以及地面的磁场扰动现象，并以等离子体团的形式向行星际空间抛射物质和能量。

镜点 [mirror point]　当磁场足够强时，由弱磁场区向强磁场区运动的带电粒子能够被反射，其反射点称镜点。

中性片 [neutral sheet]　又称中心等离子体片，磁尾等离子体片中心处磁场相对很弱而等离子体稠密的区域，是磁尾南、北结构的分界面。中性片中磁场强度约为 1～5nT。等离子体片中磁场在中性片中方向反转，从南侧的反日方向转为北侧的向日方向。中性片中磁场能量密度远小于等离子体热能密度。中性片是等离子体片中电流汇聚、电流密度最强的区域，电流从晨侧流向昏侧。中性片是磁层中最不稳定的区域之一，导致磁尾磁场能量释放的磁尾位形不稳定、磁场重联、电流不稳定性等重要物理过程首先在中性片中触发。

中心等离子体片 [central plasma sheet]　即中性片。

外辐射带 [outer radiation belt]　赤道面上离地心距离在 4.5～7 个地球半径范围以内的辐射带部分。主要由能量在 200 keV 到 1 MeV 之间的电子组成，强度变化很大。外辐射带的电子被广泛认为由磁层内的低能电子加速而形成。

帕克螺旋场 [Parker's spiral field]　阿基米德螺旋形的大尺度行星际磁场。由于磁场冻结效应，太阳近处等离子体受磁场控制随太阳自转，但远处等离子体不受磁场控制，但须保持角动量守恒，其角速度随日心距离的增加而下降，太阳风变成了基本径向运动，于是会形成阿基米德螺线形磁场。

等离子体幔 [plasma mantle]　地球磁层边界层的四个组成区域之一，其他三个区域分别为低纬边界层、进入层和外极尖区。等离子体幔位于极尖区后高纬磁层顶内侧，区域内的磁场通常为开磁力线，其等离子体主要由磁鞘等离子体构成，密度通常为 10^5～10^6 m^{-3}，温度约为 100 eV。

等离子体片 [plasma sheet]　磁尾中处于南北尾瓣之间的等离子体片状聚集区。等离子体片在晨昏方向跨度约 30～50 个地球半径，中间区域较薄 (厚度约 4 个地球半径)，晨昏两翼较厚 (厚度约 10 地球半径)。等离子体片靠近地球的内边界地心距离约 6 个地球半径，而远地球的外边界可延伸到 200～300 个地球半径处，甚至更远。中心等离子体片的磁场强度一般小于 15nT，离子数密度 10^5～10^6 m^{-3}，离子温度约 7keV，电子温度约 1keV。等离子体片的形态、结构以及粒子成分和分布等都直接受太阳风条件和地磁活动的影响，存在着丰富的动力学过程，如同地瞬时的能量释放过程，往往伴随着高速流过程、磁场局地偶极化、通量绳结构等现象。

等离子体层 [plasmasphere]　地球磁层内一个冷等离子体聚集区域，位于电离层以外至几个地球半径的空间范围，呈带状结构。等离子体层内等离子体密度高 (10^7～$10^{10} m^{-3}$)，温度很低 (约 1eV)，离子成分主要是质子，还有少量的一价氢离子和一价氧离子。等离子体层与环电流和辐射带相互作用，可以激发或抑制多种电磁波，在内磁层的动力学过程中起重要作用。

等离子体层顶 [plasmapause]　地球等离子体层的外边界。其位置由共转电场和晨昏电场的大小决定，厚度在一个地球半径以内。跨越等离子体层顶等离子体密度可以下降到几个数量级。

极隙区 [polar cusp]　又称极尖区，在南北半球高纬存在的漏斗状磁场较弱的区域。极隙区是等离子体幔和低纬边界层磁场的会聚区，是太阳风向磁层传输质量、动量和能量的关键部位。

极尖区 [polar cusp]　即极隙区。

极盖区 [polar cap]　地球两极比极光椭圆带纬度更高的区域。通常极盖区的磁力线和磁尾尾瓣的磁力线相连接，延伸至行星际空间。极盖区内的磁通量经常被用作衡量太阳风向磁层输入能量的标志。

辐射带 [radiation belt]　又称范阿仑辐射带。地球周围被地磁场捕获的高能带电粒子的存在区域，主要由高能电子和质子以及少量的氢离子和重核组成。按空间区域可分为内辐射带和外辐射带，外形如同套在地球外面的两个环带，与子午面相交的截面形状为月牙形。构成辐射带的带电粒子通常具有三个绝热不变量，可以较为稳定地长期存在。辐射带的带电粒子能量很高，能对物质和人体造成损伤，具有显著的空间天气效应。1958 年美国科学卫星"探险者"一号上携带的由范阿仑 (van Allen) 研制的盖克计数管测量到该区域存在很强的粒子辐射，从而发现了辐射带。

范阿仑辐射带 [Van Allen radiation belt]　即辐射带。

辐射压强加速 [radiation pressure acceleration]　等离子体通过吸收入射光子所携带的动量从而实现加速的过程。

日冕 [corona]　太阳的外层大气，由处于完全电离状态的高温等离子体构成，主要成分为电子、质子和氦核，也含有处于不同电离态的氧、碳、铁、镁等微量元素。日冕磁场位形可分为开放结构和闭合结构两种，开放结构对应于高速太阳风重要源区的冕洞，闭合结构则对应于冕环和盔状冕流主体。日冕向外膨胀形成高速背离太阳运动的太阳风，并携带着太阳磁场遍布于日球空间之中。日冕是耀斑和日冕物质抛射现象等太阳爆发的主要能量累积和爆发场所。

日冕磁绳 [corona magnetic flux rope]　日冕中磁力线相互缠绕的磁场结构，具有较高自由能，被视为日冕物质抛射的一种爆发前态。

冕洞 [coronal hole]　X 射线或极紫外波段日冕图像中的大片不规则暗黑区域，是大尺度单极开放磁场区域和高速太阳风的主要源区。

日冕物质抛射 [coronal mass ejection]　日冕物质短时间内向外抛射的大尺度太阳活动现象。在几十分钟到小时的时间尺度内，可向外抛射质量达 $10^{11}\sim10^{13}$kg、速度在 $10^2\sim10^4$km/s 的磁化等离子体物质，释放的能量为 $10^{23}\sim10^{25}$J。日冕物质抛射形态丰富，有环状、泡状、束流状、各种不规则形状等，是影响行星际和地球空间环境、产生灾害性空间天气的最重要的太阳活动现象。

耀斑 [flare]　在太阳色球–日冕层发生的局部区域突然增亮的现象，可在射电至 γ 射线很宽的电磁波谱范围内出现辐射强度剧增，并伴有高能粒子发射，是太阳系中最剧烈的一种能量释放现象。一般认为，耀斑爆发是日冕磁场能量通过磁场重联过程快速释放的结果。

日球层 [heliosphere]　太阳系中受太阳风和行星际磁场控制的并被星际介质包围的"泡"状空间区域。太阳风为从太阳上层大气沿各个方向发出的超音速等离子体流，行星际磁场源自于类偶极子结构的太阳磁场。由于太阳风等离子体的高导电性，行星际磁场冻结在太阳风中。

磁云 [magnetic cloud]　磁场和等离子体结构比较规则的一类行星际日冕物质抛射，一般认为磁云磁场具有磁通量绳结构。

磁洞 [magnetic hole]　行星际空间一种相对于背景太阳风磁场强度非常低甚至接近于零的小尺度结构。大部分磁洞在磁场下降的同时磁场方向发生改变，其形成可能与磁场重联过程相关。少数磁场方向不变化的磁洞称为线性磁洞。

太阳活动 [solar activity]　泛指太阳表面和太阳大气中发生的随时间变化较快的活动现象，主要包括黑子、光斑、谱斑、日珥、耀斑、日冕物质抛射等。

太阳大气 [solar atmosphere]　太阳大气从内向外分为光球层、色球层、过渡区和日冕。光球层是太阳大气的最底层，是可见光波段表现的太阳表面，厚度约 500 km，温度随高度下降，平均有效温度约为 5780K；色球层位于光球上方，起始于太阳大气温度极小处，厚约 2000 km，温度随高度增至几万度，但由于密度较低，其辐射强度仅有光球层的几千分之一；日冕是太阳的外层大气，具百万度高温，过渡区则是介于色球和日冕之间温度陡升的区域。

太阳高能粒子 [solar energetic particle]　又称太阳宇宙线，太阳能量粒子。起源于太阳附近，与太阳耀斑或者大型日冕物质抛射相伴随，在行星际空间传播的高能带电粒子。主要由质子、电子和 α 粒子组成，也包括少量的 ^{3}He 和直到铁元素的重元素成分。大多数太阳宇宙线离子的能量介于几 MeV/核子到几百 MeV/核子之间，电子则限于几 MeV 以下。

太阳宇宙线 [solar cosmic ray]　即太阳高能粒子。

太阳爆发 [solar eruption]　太阳大气中的能量剧烈释放现象，包括耀斑、日冕物质抛射、爆发日珥等主要表现形式。一次大的爆发可释放出相当于百亿颗核弹爆炸所释放的能量，可引起从 γ 射线直到射电波段的辐射强度剧增，产生高能量的粒子，并向日球空间抛入超过百亿吨的磁化等离子体物质，能引起地球近地空间电磁和粒子环境的强烈扰动，对人类生活可产生重大影响。

太阳磁场 [solar magnetic field]　产生于太阳内部的对流区底部、分布于太阳表面、太阳大气和行星际空间的磁场。太阳表面的磁场分布很不均匀，有主要分布于黑子区的双极性强磁场 (数千高斯)，黑子区之外到处覆盖着的小尺度磁场，以及遍布各处的高斯量级的微弱背景磁场。

太阳风 [solar wind]　由太阳上层大气连续向外流动充满整个日球层的超音速磁化等离子体流，主要由质子和电子构成，也包括少量氦核及微量重离子。由于太阳自转，太阳磁场被太阳风等离子体拖曳至行星际空间形成螺旋状结构。

黑子 [sunspot]　在光球层观测到的暗黑斑区，其温度比周围光球低 1~2000℃。黑子是太阳表面强磁场聚集区域，磁场强度为数千高斯。太阳黑子数常用来表征太阳活动的活跃水平。长期统计表明，黑子数随时间呈现平均 11 年的周期性变化，被用来定义太阳活动周期。

行星际空间 [interplanetary space] 指太阳系中不包括太阳以及绕太阳运行的行星系统的物理空间。行星际空间的物质主要是由质子、电子、α 粒子等所构成的等离子体。

星际空间 [interstellar space] 银河系中不包含恒星系统以及绕恒星运行的行星系统的物理空间。

星际介质 [interstellar medium] 泛指星际空间中的物质，包括以离子、原子和分子形式存在的气体、尘埃及宇宙线等，也包括星际磁场。星际介质的气体成分主要为氢，也包括少量氦元素和极少数的重元素成分。相对于行星际介质，星际介质非常稀薄。

本章作者：刘万东，胡希伟，秦宏，郑坚，王友年，陆全明，兰涛

原子核物理学

原子核物理学 [nuclear physics]　简称核物理。物理学的一门分支学科。研究原子核性质、原子核结构、原子核反应、原子核衰变和裂变等现象及其运动规律，主要包括原子核的基本性质、核衰变、核相互作用、核结构、核反应、核裂变、核聚变、核技术及其应用等。研究核物理的实验手段极其精密和复杂，包含多种测量仪器和反应堆、加速器等设施，这也成为核物理重要内容的一部分。其基础研究的成就以及核科学技术在工业、农业、医疗、能源、环境、国防等领域得以广泛应用，成为科学现代化的重要标志之一。重离子核物理和高能核物理是核物理的两个重要前沿研究领域，前者是合成新的化学元素和新核素 (新原子核) 的重要途径，后者与研究物质的下一层次相关，与粒子物理学有密切联系。核物理学研究沿着同位旋自由度、能量自由度、奇异性自由度向外拓展和延伸，与天体物理学交叉形成核天体物理学，与能源科学交叉形成新能源的一个分支，与医学交叉形成核医学，与化学交叉形成放射化学等。

11.1　原子核基本性质

原子核 [nucleus]　物质结构中处于亚原子层次的物质组成部分。原子中带正电的核，体积很小 (直径约在 10^{-14}m 量级，约为原子直径的万分之一)，占有原子的绝大部分质量。带正电，所带电量等于原子中核外电子的总电量的绝对值。由质子 (proton, 缩写为 p) 和中子 (neutron, 缩写为 n) 组成。某一元素的原子核常用 $_Z^A X_N$ 来表示，其中 X 为该元素的化学符号，Z 为质子数，N 为中子数，A 为原子核的质量数。由于 $A = N + Z$，原子核又可以表示为 $_Z^A X$，也可以简记为 $^A X$。具有特定 Z、A 的原子核体系，且其平均寿命长到足以被观察到的原子核称为核素；Z 相同但 A 不同的核素称为同位素；A 相同但 Z 不同的核素称为同量异位素；N 相同但 A 不同的核素称为同中子异位素，Z 和 N 均为偶数的核素称为偶–偶核，Z 和 N 均为奇数的核素称为奇–奇核，A 为奇数的核素称为奇 A 核。核素有天然和人工之分，已知核素大多是人工合成的。在已知的 3000 多个原子核中，天然存在的约 270 个，其余均为人工合成的，都具有放射性。一些理论预言，总共有 7000~8000 个原子核，现在未发现的可能将在实验室中合成出来并被研究。

原子序数 [atomic number]　元素在元素周期表排列的序号。原子在周期表中按元素的原子核所带电荷数多少排序，原子序数等于原子核所带的电荷数，原子核的电荷数也就是质子数，以符号 Z 表示。

核电荷数 [nuclear charge number]　原子核所带的电荷数。原子核电荷数等于质子数，即原子序数，见原子序数。

质量数 [mass number]　以原子质量单位表示的元素的原子质量。元素的原子质量最接近的一个整数，称为该元素原子的质量数，原子质量数为质子数和中子数之和，通常以符号 A 表示。组成原子核的质子和中子，其质量都非常接近一个原子质量单位，所以原子核的质量数 (A) 等于核内质子数 (Z) 和中子数 (N) 之和，即 $A = Z + N$。

[原子核的] 质子数 [proton number]　原子核内束缚态的质子的数目。用 Z 表示。原子核的质子数等于原子核的核电荷数。

[原子核的] 中子数 [neutron number]　原子核内束缚态的中子的数目，用 N 表示。

原子质量单位 [atomic mass unit]　1960 年物理学国际会议决定，定义一个 ^{12}C 中性原子处于基态时静止质量的 1/12 为原子质量单位。记作 u，称为碳单位。原子质量单位 (u) 与克 (g) 或千克 (kg) 之间的关系为

$$1u = 1.6605655 \times 10^{-24}g$$
$$= 1.6605655 \times 10^{-27}kg$$

历史上曾定义 ^{16}O 原子质量的 1/16 为原子质量单位。记作 amu，又称为氧单位。它与碳单位的关系为

$$1u = 1.000318amu$$

原子核质量 [mass of the nucleus]　具有中子数为 N、质子数为 Z 的原子核质量为

$$m(Z, N) = Zm_p + Nm_n - B(Z, N)/c^2$$

其中，m_p 为质子的质量，m_n 为中子的质量，$B(Z, N)$ 为原子核的结合能，c 为光速。

质子 [proton]　原子核组成成分之一。即氢的最轻同位素的原子核。所有的原子核都包含若干质子，质子带正电荷 $e = 1.6021892 \times 10^{-19}$C，自由态质子的静止质量 $m_p = 1.6726485 \times 10^{-27}$ kg $= 1.007276470$u，自旋为 1/2，磁矩 $\mu_p = +2.7928456 \ \mu_N$，式中 $\mu_N = eh/(2m_p c)$ 为核磁子，正号表示磁矩和自旋同向。

中子 [neutron]　原子核组成成分之一。是一种中性不带电的、自旋为 1/2 的粒子，其静止质量

$$m_n = 1.6749543 \times 10^{-27}kg = 1.008664904u$$

在自由状态下不稳定，通过 β 衰变转变成质子，半衰期为 10.25 分，中子磁矩

$$\mu_n = -(1.913148 \pm 0.000066)\mu_N$$

式中，μ_N 为核磁子，负号表示磁矩和自旋反向。

核子 [nucleon]　　质子和中子的统称。自旋为 1/2。中子和质子是核子同位旋的两个分量。原子核的核子数即为原子核的质量数。

[原子核的] 核子数 [nucleon number]　　原子核内核子的总数。即原子核内束缚态的质子数和原子核内束缚态的中子数之和 $Z + N$。

核素 [nuclide]　　见原子核。

人工合成核素 [man-made nuclide]　　又称人工核素。自然界原不存在、而利用人工方法合成的核素。已知核素中绝大部分是人工合成核素，而且人工合作的核素数目在不断地增加。

人工核素 [artificial nuclide]　　即人工合成核素。

天然核素 [natural nuclide]　　自然界天然存在的核素。可分为稳定核素、宇生核素和原生核素三类，目前发现的天然核素有 339 种，其中稳定核素 253 种，原生核素 35 种，宇生核素 51 种。

稳定核素 [stable nuclide]　　不发生放射性衰变的核素。按照现有理论，周期表中原子序数 40 以下的有 90 种核素，另外还有 163 种核素，有可能发生目前已知类型的衰变，但实验没有发现放射性衰变，这两部分相加，共有 253 种稳定核素。

原生核素 [primordial isotopes]　　地球诞生就存在的核素。包括稳定核素和能够放射性衰变的放射性原生核素。放射性衰变半衰期超过地球年龄 (46 亿年) 的放射性核素为放射性原生核素，目前已发现 35 种放射性原生核素。

宇生核素 [cosmogenic nuclide]　　地球上包括大气层中存在的天然核素。如 ^{14}C、^3H 和 ^{239}Pu，这些核素不是原生的，而是宇宙活动中所形成的。目前已发现 51 种宇生核素。

偶-偶核 [even-even nucleus]　　见原子核。

奇-奇核 [odd-odd nucleus]　　见原子核。

奇 A 核 [odd A nucleus]　　见原子核。

同位素 [isotope]　　见原子核。

同位素丰度 [isotopic abundance]　　一种元素的同位素混合物中，某种特定同位素的原子数与该混合物总原子数之比。如某种特定同位素天然存在，该同位素丰度称为天然丰度。例如碳有两种稳定的同位素 ^{12}C 和 ^{13}C，二者天然丰度分别为 98.892% 和 1.108%。

同量异位素 [isobar]　　见原子核。

同中子异位素 [isotone]　　见原子核。

同核异能素 [isomer]　　又称同质异能素。质子数和中子数均相同而处在不同能态的，具有较长寿命 (在当前实验条件下，近似认为应长于纳秒)。表示方法通常在质量数 A 后面加 m，以表示这种核素的能态较高。例如 ^{90m}Mo 是 ^{90}Mo 的同核异能素，前者能态较高。同核异能素所处能态是一种长寿命的激发态，即亚稳态，所以同核异能素是处于亚稳态的核素。

同质异能素 [isomer]　　即同核异能素。

镜像核 [mirror nuclei]　　将一个原子核中的质子和中子互换，即得到另一个原子核，这两个原子核彼此互为镜像核。例如 ^3H 和 ^3He 互为镜像核，^{13}C 和 ^{13}N 也互为镜像核。

超核 [hypernucleus]　　由质子、中子和超子组成的原子核。1952 年，波兰物理学家达尼茨和普尼夫斯基从暴露在宇宙线的核乳胶中发现了第一个 Λ 超核。记为 $^A_\Lambda X$，其中 X 表示该元素的化学符号，A 为质子数、中子数和超子数之和。例如 $^3_\Lambda X$ 为 p nΛ 形成的束缚态。超核的发现打破了原子核仅由质子和中子组成的传统观念，开辟了一个新的研究领域——超核物理。

Λ 超核 [lambda hypernucleus]　　含有 Λ 超子的原子核。人工产生 Λ 超核的方法是用加速器产生的 K^- 介子轰击靶核，并在核内产生奇异交换反应 $K^- + n \longrightarrow \Lambda + \pi^-$，$K^-$ 介子将奇异数交给一个核子而形成 Λ 超子，从而产生 Λ 超核。含有一个 Λ 超子的称为单 Λ 超核。继发现单 Λ 超核后，又发现双 Λ 超核，如 $\Lambda\Lambda^6He$ 是由两个质子、两个中子和两个 Λ 超子组成的双 Λ 超核。Λ 超核不稳定，其平均寿命为 10^{-10}s 左右。

Σ 超核 [sigma hypernucleus]　　含有 Σ 超子的原子核。20 世纪 80 年代初，欧洲核子研究中心 (CERN) 的一个小组在 ^{12}C 靶上作奇异交换反应 $K^- + ^{12}C \longrightarrow ^{12}_\Sigma C + \pi^-$ 或 $K^- + ^{12}C \longrightarrow ^{12}_\Sigma Be + \pi^+$，发现了 Σ 超核。

核半径 [nuclear radius]　　从原子核中心到核物质密度尖锐下降区的距离。原子核没有确定的边界和形状，因核子的分布中间较均匀而边界仅有一较薄的弥散层，可近似地将其看成一个具有一定大小和形状的核物质，外包一层薄皮 (弥散层)。核的中心处密度为一常数 ρ_0，表层则密度逐渐从 ρ_0 下降到零，当密度下降到 ρ_0 的一半时，对应的半径称为"半密度半径"。尽管原子核不同，但其中心部分的密度基本相同，表层的厚度也大致相等。原子核近似球形，且其体积与质量数成正比，可把它看成是密度均匀、有明确边界的球体，其半径为 $R = r_0 A^{1/3}$。用来表征原子核的大小，通常用 R 表示，为 $10^{-15} \sim 10^{-14}$m 数量级，无法直接测量，需通过原子核与其他粒子相互作用而间接测量。实验资料表明，核半径 R 与原子核质量数 A 的 1/3 次方成正比，即 $R = r_0 A^{1/3}$，式中 r_0 为比例常数，用不同实验测得的 r_0 稍有差异，但数量级都是 10^{-15}m。现代数据给出 r_0 在 $(1.1 \sim 1.5) \times 10^{-15}$m 内。如认为原子核是球形的，则体积为 $V = \frac{4}{3}\pi R^3 = \frac{4}{3}\pi r_0^3 A$，表示

核体积 V 与 A 成正比, 因 A 为核内的核子数, 故 $V \propto A$ 说明原子核中每个核子所占的体积为一常数。

核密度 [nuclear density]　原子核密度的简称。即核的单位体积内的质量。以 M_N 表示核的质量, V 表示核的体积, 则核密度 ρ 为

$$\rho = M_N/V = M_N \Big/ \frac{4}{3}\pi r_0^3 A$$
$$= \frac{3}{4\pi r_0^3 N}$$

式中, $N = A/M_N$, 若 M_N 以克为单位, 则证明 N 的数值为阿伏伽德罗常数 N_A。由此可知, 各种原子核的密度是相同的。将 r_0 和 N 的数值代入, 得 $\rho \approx 1.66 \times 10^{14}$ g/cm³。核密度还可以用其他单位来表示, 如以单位体积的核子数来表示, 为

$$\rho = \frac{A}{4\pi R^3/3} = \frac{A}{4\pi r_0^3 A/3} = \frac{1}{4\pi r_0^3/3}$$

取 r_0 为 1.1fm, 核密度为 0.17/fm³。这个密度值对应于核密度的饱和值, 也称为饱和核密度。

核密度分布 [distribution of nuclear density]　原子核具有大小、形状, 且原子核内不同区域的密度不完全一致, 有一定的分布。一般来说, 其研究包括两个方面, 即用电磁相互作用的过程来研究核的电荷分布和用强相互作用来研究核的物质分布, 这两种方法的结论基本一致。大量实验表明, 原子核近似球形, 且其体积与质量数成正比, 可把它看成是密度均匀、有明确边界的球体, 其半径为 $R_0 = r_0 A^{1/3}$。其中, A 是原子核质量数, r_0 是常量, 对于 r 的不同定义, r_0 常取不同的值。根据实验测得的 r_0 以及给定的 A 值, 即可算出核半径 R_0。密度下降到一半时的核半径为半密度半径 r_m, 原子核密度从 90% 下降到 10% 所对应的厚度为原子核边界厚度。原子核密度分布可用函数表示:

$$\rho = \frac{1}{1 + \exp\left(\frac{r - r_m}{a}\right)}$$

其中, a 为核表面厚度参数。原子核中心处的密度是一个近似的常数, 即原子核饱和密度值, 其值为 0.17/fm³。

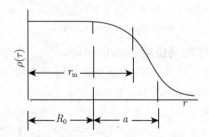

原子核饱和密度 [nuclear saturation density]　原子核中心处的密度。也是无限大原子核物质的密度。见核密度, 核密度分布。

核物质 [nuclear matter]　一种模型化的构成原子核的物质。研究原子核的相变和原子核在各种温度、压力情况下运动规律时, 将核子视为一种只有核力相互作用, 没有库仑相互作用的物质。

原子核内物质分布 [distribution of nuclear matter]　原子核内的中子和质子处于束缚态, 它们在核内构成核物质的分布。通常在球坐标内描述核物质的分布, 将核物质的分布按照径向 r, 方位角 θ, ϕ 展开, 可得到原子核内物质径向分布和原子核的形变性质。

原子核内电荷分布 [radial charge distribution of nuclei]　原子核内有处于束缚态的质子, 质子在核内构成核电荷的密度分布。通常在球坐标内描述核物质的电荷分布, 将核物质的电荷分布按照径向 r, 方位角 θ, ϕ 展开, 可得到原子核内物质径向分布和原子核的形变性质。

核物质的径向分布 [radial distribution of nuclear matter]　原子核内物质分布随径向 r, 方位角 θ, ϕ 而变化, 分布近似球形, 尤其是中子数和质子数为幻数的原子核。随径向 r 的分布是原子核物质分布最主要的特征。

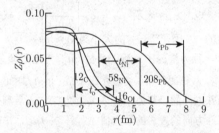

核电荷半径 [radius of nuclear charge]　原子核带正电, 核内的电荷具有一定分布。原子核内束缚态质子的分布具有核密度分布的特点, 与原子核电荷密度下降到饱和值一半时, 所对应的半径是核电荷半径。

原子核的相互作用半径 [radius of nuclear interaction]　两个原子核间除库仑相互作用外, 还有强相互作用力。两个原子核间的核力是短程力, 将原子核视为球形, 当两个原子核感受核力相互作用时对应的距离就是原子核的相互作用半径之和。用这种方法定义的原子核半径就是原子核相互作用半径。原子核相互作用半径比原子核半密度半径大一些。

均方根半径 [root mean square radius]　原子核的物质密度具有一定的分布, 按照均方根方法平均后得到的原子核半径 $\langle r^2 \rangle$。

原子核半密度半径 [half-density radius]　原子核内核物质的分布一般具有球形形状, 密度近似不变, 外边界为一层薄皮 (弥散层)。核的中心处密度为一常数 ρ_0, 表层则密度逐渐从 ρ_0 下降到零, 当密度下降到 ρ_0 的一半时的, 所对应的半径称为半密度半径。

原子核的边界厚度 [nuclear surface width]　原子

核密度从 90%下降到 10%所对应的厚度。各种原子核的边界厚度基本相等，为 2.4fm。见核密度分布。

原子核的弥散层 [nuclear diffuseness]　原子核密度由 100%下降到 10%的厚度。见核密度分布。

核自旋 [nuclear spin]　原子核的内禀角动量。是原子核的重要特性之一，与整个原子核的外部运动无关。原子核自旋角动量 P_J 的大小 P_J 是量子化的，$P_J=\hbar\sqrt{J(J+1)}$，式中 J 称为自旋量子数，J 为整数或半整数，相应于质量数 A 为偶数或奇数。P_J 也是空间量子化的，它在空间某特殊方向的投影为 $P_{JZ}=M_J^h$，$M_J=J, J-1, \cdots, -J+1, -J$，可见 J 是 P_J 在空间某特殊方向 (Z 方向) 投影的最大值 (以 h 为单位)。通常用这个投影的最大值 J 来表示核自旋的大小。例如，通常说质子 (^{1}H 核) 的自旋为 1/2，是指 $J=1/2$。

原子核的角动量 [nuclear angular momentum]　又称原子核的自旋。原子核内核子角动量的矢量之和，即原子核具有的内禀角动量。

原子核的自旋 [nuclear spin]　即原子核的角动量。

核磁矩 [nuclear magnetic moment]　与核自旋 P_J 相联系的磁矩。以 μ_J 表示，$\mu_J=g_J\left[\dfrac{e}{2m_pc}\right]P_J$。式中，$g_J$ 称为原子核的 "g 因子"，μ_J 的大小为 $\mu_J=g_J\sqrt{J(J+1)}\mu_N$，$\mu_N=\dfrac{eh}{2m_pc}$ 称为核磁子。质子质量 m_p 为电子质量 m_e 的 1836.15 倍，故核磁子 μ_N 为玻尔磁子 μ_B 的 1/1836.1。μ_J 在空间某特殊方向的投影为 $\mu_{JZ}=g_JM_J\mu_N$。通常测量 μ_J 在空间某特殊方向的投影的最大值 $\mu'_J=g_JJ\mu_N$，并以此衡量核磁矩的大小。通常列出的核磁矩大小是指 μ'_J(以 μ_N 为单位)。

核轨道磁矩 [nuclear orbital magnetic moment]　原子核的磁矩来自于和轨道运动相对应的磁矩贡献以及和自旋相对应的磁矩。原子核的自旋来自于原子核内核子轨道运动和原子核内核子的自旋。

核自旋磁矩 [nuclear spin magnetic moment]　由原子核的核子自旋而来的磁矩。

核磁子 [nuclear magneton]　见核磁矩。

核电四极矩 [nuclear electric quadrupole moment]　表示原子核形状的物理量。定义为 $Q=\dfrac{1}{e}\int v\rho(3z^2-r^2)\mathrm{d}\tau$。式中，$e$ 为元电荷，ρ 为核内点 $P(x, y, z)$ 周围单元 $\mathrm{d}\tau$ 中的电荷密度，r 为核的中心到点 P 的距离，积分限 V 为原子核体积。Q 具有面积量纲，常以 cm^2 或靶恩 (b) 为单位，$1b=10^{-24}cm^2$。设核为旋转椭球体，其对称轴的半轴长度为 c，另两个半轴长度均为 a，$\rho=Ze/V$，则可证 $Q=\dfrac{2}{5}Z(c^2-a^2)$。如果原子核为球形，$c=a$，则 $Q=0$。令 ε 为原子核偏离球形的形变参量，定义 $\varepsilon=\Delta R/R$，其中 R 为与椭球等体积的球的半径，$\Delta R=c-R$，则可得 $Q=\dfrac{6}{5}ZR^2\varepsilon=\dfrac{6}{5}Zr_0^2A^{2/3}$。

实验和计算表明，ε 的绝对值是不等于零的小数，说明大多数原子核为非球形，但偏离球形的形变不大。Q 有正有负，多数为正值，说明大多数原子核是长椭球形的。

超精细相互作用 [hyperfine interaction]　核外电磁场与核矩的相互作用。核磁矩在外磁场中或核电四极矩在不均匀外电场中受到力偶作用使原子核的总角动量旋进并导致能级劈裂。测量跃迁能量或旋进频率可获得原子核矩和外电磁场的信息。

核磁共振 [nuclear magnetic resonance, NMR]　射频辐射被处于磁场中的物质吸收时所观察到的共振现象。原子核的磁矩 (与核自旋平行或反平行) 因空间量子化在外磁场 B 中的附加能量 $\Delta E=-g_JM_J\mu_NB$。式中 $M_J=J, J-1, \cdots, -J+1, -J$。故原子核在外磁场 B 中有 $2J+1$ 个核磁能级。如果此时在垂直于 B 的方向上再加一个强度较弱的高频交变磁场，则可能使这些核磁能级间发生跃迁。根据选择定则 $\Delta M_J=0, \pm1$，核磁能级的改变只能是 $\delta\Delta E=g_J\mu_NB$。故当交变磁场 (射频辐射) 的频率 ν 满足关系 $h\nu=g_J\mu_NB$ 时，射频辐射能量将被强烈吸收，称为共振吸收。这时，在探测器线圈中产生一个共振信号，这个信号对磁场 B 作图给出一个核磁共振谱。因 $h\nu=g_J\mu_NB=\dfrac{\mu'_J}{J}B$，即 $\mu'_J=J\dfrac{h\nu}{B}$，测得 ν 和 B 就可确定核磁矩 μ'_J。核磁共振技术也用于分子结构研究和医疗诊断。

同位旋 [isospin]　为了研究原子核和基本粒子而引入的一个特殊量子数。起初海森伯 (Heisenberg) 为了描述质子和中子之间的相互作用——核力的电荷无关性而引入的。由于质子和中子的质量及它们在原子核内的性质非常接近，可以认为它们是同一种粒子——核子的两个不同电荷状态，以不同的同位旋量子数相区别。与自旋类似，设想同位旋 I 在同位旋三维空间中特定方向的投影 I_3，由于空间量子化，I_3 可取 $2I+1$ 个值 ($I, I-1, \cdots, -I+1, -I$)，将不同的电荷态与不同的 I_3 态对应。由于核子有两个电荷态，所以 $I=1/2$，$I_3=1/2, -1/2$，通常取 $I_3=1/2$ 对应于质子，$I_3=-1/2$ 对应于中子。后来同位旋这一概念推广到 π 介子等其他基本粒子，例如：π 介子有三个电荷态 π^+, π^0 和 π^-，$I=1$，$I_3=1, 0, -1$ 分别相应于 π^+, π^0 和 π^1。

原子核的同位旋 [nuclear isospin]　由核内所有核子的同位旋矢量耦合成的总同位旋。对于一个由 Z 个质子和 N 个中子组成的原子核，同位旋分量 $I_3=(Z-N)/2$，同位旋量子数 $I\geqslant|I_3|$。通常认为这种原子核的基态为 I 最小的态，即 $I=|Z-N|/2$ 的态。这样，一对镜像核，由于 $|Z-N|$ 相同，基态 I 也相同。例如 ^{7}Be，^{7}Li$(I=1/2)$；^{14}C，^{14}O$(I=1)$；^{23}Ne，^{23}Al$(I=3/2)$；^{20}Mg，^{20}O$(I=2)$ 等。

核的同位旋多重态 [isospin multiplet of nuclei]

对于核子数 A、同位旋量子数 I 相同，其他量子数也相同只 I_3 不同的态，称为同位旋多重态。例如，^{13}N 和 ^{13}C 的同位旋均为 $I=1/2$，$I_3=1/2$ 的 ^{13}N 和 $I_3=-1/2$ 的 ^{13}C 组成一个同位旋二重态。核物理中同位旋多重态这一概念可以推广到粒子物理中去。

宇称 [parity]　描述微观粒子状态波函数 $\psi(r, t)$ 在空间反射 $r \longrightarrow -r$ 变换下的特性。若波函数 ψ 是 r 的偶函数，则有 $\psi(-r, t)=\psi(r, t)$，这时称波函数 ψ 具有偶宇称或正宇称；若波函数 ψ 是 r 的奇函数，则有 $\psi(-r, t)=-\psi(r, t)$，这时称波函数 ψ 具有奇宇称或负宇称；若波函数 ψ 既不是 r 的偶函数又不是 r 的奇函数，则此波函数 ψ 没有确定的宇称。对于在中心力场中运动的微观粒子，量子力学可以证明，其空间运动波函数的宇称 P 由粒子的轨道量子数 l 决定，$P=(-1)^l$，称为轨道宇称。

轨道宇称 [orbital parity]　见宇称。

内禀宇称 [intrinsic parity]　粒子的本征 (内禀) 波函数在空间反射下具有的变换性质。由于不了解粒子本征波函数形式，只能通过实验，根据宇称守恒定律，加上某些人为规定，才能确定它们的内禀宇称。所以内禀宇称只有相对的意义。通常规定质子、中子和 Λ 超子的内禀宇称为正，即 $\pi_p=\pi_n=\pi_\Lambda=+1$，由此可定出 $\pi_\pi=\pi_K=-1$。可以证明，光子的内禀宇称为负，正反费米子的内禀宇称相反，正反玻色子的内禀宇称相同、由于弱作用中宇称不守恒，只参与弱作用的中微子的内禀宇称是无法确定的。

原子核的宇称 [nuclear parity]　一般说，n 个粒子组成的体系，总的宇称是轨道宇称和内禀宇称的乘积。n 个粒子的内禀宇称为每个粒子内禀宇称 P_i 的乘积 $\prod_{i=1}^{n} P_i$，n 个粒子的轨道宇称 $P_{on}=\prod_{i=1}^{n}(-1)^{l_i}$，式中 l_i 为第 i 个粒子的轨道量子数，所以总的宇称为 $\pi=(\prod_{i=1}^{n} Pi)P_{on}$。对于原子核，核子的内禀宇称均为正，所以原子核的宇称仅由轨道宇称确定 $\pi=P_{on}$。通常核态的宇称是用加在自旋数值右上角的 "+" 或 "−" 号来表示。例如 ^{40}K 基态自旋 $J=4$，宇称为负，则表示为 4^-；^{12}C 基态自旋为零，宇称为正，则表示为 0^+。

原子核的统计性 [nuclear statistics]　波函数的一种特性。自旋为半整数的费米子服从费米 [−狄拉克] 分布，费米子体系的波函数对粒子坐标是反对称的。自旋为整数的玻色子服从玻色 [−爱因斯坦] 分布，玻色子体系的波函数对粒子坐标是对称的。原子核内的质子和中子的自旋均为 $1/2$，属费米子。所以，一个体系中，当两个原子核对换时，相当于这两个核内的核子一一对换，每两个核子对换一次，体系波函数改变一次符号。原子核共有 A 个核子，故两个原子核对换相当于核内核子一一对换，波函数变号 A 次，$(-1)^A$。所以，对奇 A 核，两原子核对换，波函数变号；对偶 A 核，两原子核对

换，波函数不变号。因此，奇 A 核的自旋为半整数，波函数反对称，奇 A 核服从费米 [−狄拉克] 分布；偶 A 核的自旋为整数，波函数对称，偶 A 核服从玻色 [−爱因斯坦] 分布。

质量亏损 [mass defect]　原子核所含各核子分散存在时的总质量 $ZM(p)+ NM(n)$ 与该原子核质量 $M(Z, A)$ 之差：

$$\Delta M(Z, A) = ZM(p) + NM(n) - M(Z, A)$$

式中，Z，A 分别表示原子核的质子数和质量数，$M(p)$、$M(n)$ 和 $M(Z, A)$ 分别表示质子、中子和该原子核的质量，其单位为原子质量单位 u。在计算质量亏损时，可以使用原子质量代替核质量，因为在相减过程中，相应的电子质量消去了。例如，对 $^4_2$He 核，^{1}H 原子质量 $M_H = 1.007825u$，中子质量 $M_n = 1.008665u$，$^4_2$He 原子质量 $M_{He} = 4.002603u$，代入得 $\Delta M =0.030377u$，说明两个质子和两个中子结合成 2^4He 时，质量减少了。根据质能关系 $\Delta E = \Delta Mc^2 = 28.30MeV$ 的能量被放出。这种在核子结合成原子核时放出的能量，称为结合能。反之，如果要把 $^4_2$He 核分开为两个质子和两个中子，则必须给以 $28.30MeV$ 的能量。

原子核模型 [nuclear model]　在原子核物理研究过程中，为了逐步实现对原子核及其规律的认识所建立的模型。对原子核的研究过程中建立了许多模型，这些模型在某些方面，针对某些原子核特征，能够很好地揭示原子核的特点和运动特征；能够对原子核的结构、原子核反应及原子核的运动规律获得可靠的认知。主要有原子核的基本模型，原子核结构模型、原子核反应模型等。进一步细分，原子核结构模型又包含许多内容：单粒子模型、壳模型、振动模型、转动模型、集体运动模型等，原子核反应模型也包括许多内容：直接反应模型、复合核模型、裂变模型、碎裂模型等。原子核的基本模型也有许多内容：液滴模型，费米气体模型等。

原子核的液滴模型 [nuclear liquid droplet model]　根据原子核相互作用的性质，原子核在多个方面与液滴的特点相似，通过建立液滴模型来描述原子核的主要特性。其最主要的成就在于对原子核的结合能进行定量描述。

核结合能 [nuclear binding energy]　把原子核拆散成核子所需的能量，等于由自由核子组成原子核时释放的能量。核素的结合能用 $B(Z, A)$ 表示，它与核素的质量亏损 $\Delta M(Z, A)$ 的关系为 $B(Z, A) = \Delta M(Z, A)c^2$。根据液滴模型，并考虑对称能和对能，魏茨泽克 (Weizsacker) 在 1935 年给出结合能的半经验公式：

$$B(Z, A) = B_V+B_s+B_c+B_a+B_p$$
$$= a_V A - a_s A^{2/3} - a_c Z^2 A^{-1/3}$$
$$- a_a \left[\frac{A}{2} - Z\right]^2 A^{-1} + a_p \delta A^{-1/2}$$

式中，B_V、B_s、B_c、B_a 和 B_p 分别称为体积能、表面能、库仑能、对称能和对能，Z, A 为原子核的电荷数和质量数。参数 a_i 和 δ 为

$$a_V = 15.835\text{MeV}, a_s = 18.33\text{MeV}$$

$$a_c = 0.714\text{MeV}, a_a = 92.80\text{MeV}$$

$$a_p = 11.2\text{MeV}, \quad \delta = \begin{cases} 1, & \text{偶-偶核} \\ 0, & \text{奇 } A \text{ 核} \\ -1, & \text{奇-奇核} \end{cases}$$

整个公式的计算结果与实验数据的差别是很小的。

比结合能 [specific binding energy] 原子核的每个核子的平均结合能 $\varepsilon = \dfrac{B(Z, A)}{A}$，以 MeVNu^{-1} 为单位，表征原子核的稳定程度，平均结合能愈大，核就愈稳定，因为要在这种核中分出一个核子需要较大的能量。将 ε 对 A 作图得比结合能曲线 (如下图)。由图看出，中等质量数 ($A = 40 \sim 120$) 的核，核子的平均结合能 ε 较大 (8MeVNu^{-1} 以上)；质量数较小的轻核和质量数较大的重核，核子的平均结合能 ε 较小，因而在轻核聚变和重核裂变时，都是由较小 ε 的核转变为较大 ε 的核，都要释放能量。

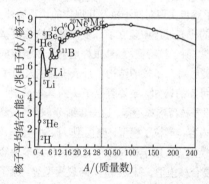

体积能 [volume energy] 原子核结合能公式中与体积成正比的部分 B_V。根据液滴模型，作为液滴的原子核具有体积 V，对于球形核，$V = \dfrac{4}{3}\pi r_0^3 A$，$A$ 为核子数。所以，结合能中与体积成正比的体积能 B_V 与 A 成正比，写作 $B_V = a_V A$，其中 a_V 为正的比例常数。体积能是核结合能中的主要项。

表面能 [surface energy] 原子核结合能公式中与表面核子数成正比的修正项 B_s。根据液滴模型，作为液滴的原子核有它的表面，在表面的核子只受到内部核子的作用，比核内核子所受的作用要小些。所以结合能中应考虑表面核子与内部核子的差异进行修正。因核半径 $R = r_0 A^{1/3}$，核表面积与 R^2 (即 $A^{2/3}$) 成正比，所以表面能 $B_s = -a_s A^{2/3}$，其中 a_s 为正的比例常数，负号表示表面能与体积能的贡献彼此相反。

库仑能 [Coulomb energy] 原子核内质子间静电作用对原子核结合能的贡献 B_c。对球形核，如果质子在核内

均匀分布，电荷密度 $\rho = Ze / \dfrac{4}{3}\pi R^3$ ($r \leqslant R$)，则可得库仑能 $B_c = -\dfrac{3}{5}\dfrac{Z^2 e^2}{r_0 A^{1/3}}$，负号表示质子间的库仑作用是排斥的，它使原子核的结合能减小，写成 $B_c = -a_c Z^2 A^{-1/3}$。

对称能 [symmetry energy] 实验表明，原子核内质子和中子有对称相处的趋势。稳定的轻核的质子数和中子数相等 $Z = N$。当 $Z \neq N$ 时，即质子和中子非对称相处时，结合能要降低，所以在结合能公式中应附加一项非对称能 B_a，习惯上也称为对称能。对称能和 N/Z 与 A 有关，当 $N = Z$ 即 $A/2 = Z$ 时，对称能为零，是最大值。对于给定的原子核，对称能可写成 $B_a = -a_a \left[\dfrac{A}{2} - Z\right]^2 A^{-1}$，式中 a_a 为正的常数，负号表示使结合能减少。

对能 [pairing energy] 又称奇偶能。在原子核的组成中，有质子和中子各自配对相处的趋势，同类核子配对相处时结合能增大，不配对时结合能要小些，所以结合能中应附加一项对能，$B_p = a_p \delta A^{-1/2}$，式中 a_p 为正的常数，

$$\delta = \begin{cases} 1, & \text{偶-偶核} \\ 0, & \text{奇 } A \text{ 核} \\ -1, & \text{奇-奇核} \end{cases}$$

奇 A 核的对能为零作为对能的能量参考点。对能项的效应随核子数 A 的增大而减弱。

奇偶能 [odd-even energy] 即对能。

原子核的分离能 [separation energy] 原子核中的一个核子分离出来所需要的能量。

原子核的中子分离能 [neutron separation energy] 原子核中的一个中子分离出来所需的能量，$S_n = B(N, Z) - B(N-1, Z)$。

原子核的质子分离能 [proton separation energy] 将原子核中的一个质子分离出来所需的能量，$S_p = B(N, Z) - B(N, Z-1)$。

原子核的双中子分离能 [two neutron separation energy] 原子核中的两个中子分离出来所需的能量，$S_{2n} = B(N, Z) - B(N-2, Z)$。

原子核的双质子分离能 [two proton separation energy] 将原子核中的两个质子分离出来所需的能量，$S_{2p} = B(N, Z) - B(N, Z-2)$。

核能级 [nuclear energy level] 原子核所处的确定能量的状态。能量最低的状态称为基态，相应于最低能级；高于基态能量的状态称为激发态，相应于较高能级。处于激发态的原子核是不稳定的，一般要辐射出 γ 射线跃迁到基态，或者辐射出 α 射线 (或 β 射线) 转变为另一种核素的基态。

核力 [nuclear force] 核子间的短程强相互作用力，在距离大于约 0.5×10^{-15}m 时主要表现为引力，能克服质子

间库仑斥力而使各核子结合成原子核；但核力随距离增大而很快减小，当距离大于 2×10^{-15}m 时就不再发生作用，因而核力为短程作用力；而当距离小于 0.4×10^{-15}m 时引力又转变为强大的斥力使核子不融合在一起。核力近似地具有电荷无关性，即当两核子处于相同的自旋和宇称态时，质子–中子、质子–质子和中子–中子的相互作用势是相同的。核力的主要形式为中心力 $V_{\mathrm{e}}(r)$，其核势只与核子间距离 r 有关，还有非中心力（张量力）$V_T = V_T(r)\left[\dfrac{6(S \cdot r)^2}{r^2} - 2S^2\right]$ 和自旋–轨道偶合力 $V_{L,S} = V_{LS}(r)L \cdot S$，式中 L 为两核子相对运动轨道角动量算符，S 为两核子的总自旋算符。由于两核子系统的单态自旋，$S=0$，所以后两种力只作用于自旋三重态（$S=1$）上。一般认为核力是由于核子间交换 π 介子而产生的。目前关于核力的详细性质还在研究中。核力属于强相互作用力，核力与核子是否带电（即是质子还是中子）无关，这就是核力的电荷无关性。质子–质子和中子–质子的散射与中子–中子核力的贡献相同。

核相互作用势 [nuclear potential]　核子之间的相互作用势。核子之间的相互作用可以通过核势反映出来，也可以通过核力反映出来。见核力。

核力的中心势 [central nuclear potential]　核力中包含的仅仅和核子之间的距离 r 有关，而和核子之间的角度、自旋都无关的成分。核力的中心势可以表示为 $V(r)$。

核力的非中心势 [non-central nuclear potential]　核力中包含的仅仅和核子之间的距离 r 有关，而和核子之间的角度、自旋都无关的成分。核力的中心力可以表示为 $V(r, S, T)$。

核力的电荷无关性 [charge independence of nuclear force]　中子–中子散射，质子–质子散射，中子–质子散射只要相对运动和自旋相同，核子之间的相互作用和核子是否带电无关。见核力。

核力的饱和性 [nuclear force saturates]　原子核内核子只与核内有限个核子相互作用，原子核的结合能正比于 A，而不是 $A(A-1)$，核力具有饱和性。

核力的电荷对称性 [charge symmetry of nuclear forces]　质子–质子和中子–中子的散射，在扣除库仑相互作用后，核力的贡献相同。核力属于强相互作用力，核力与核子是否带电（即是质子还是中子）无关，这就是核力的电荷无关性。

核力的短程性 [short range of nuclear force]　核力是一种短程相互作用，核子距离超过几个 fm 时，核子之间的核力作用减弱，逐渐消失。

核力的排斥芯 [repulsive core of nuclear force]　核力是一种短程相互作用，核子距离超过 fm 时，核子之间的核力作用表现为吸引力，当核子之间的距离减小时，核力会表现为排斥力，核力存在短程排斥性。在 0.4fm 附近时，核力表现为很强的排斥芯。

核力的短程排斥性 [strong short-range repulsion]　见核力的排斥芯。

核力的自旋相关性 [spin dependence of nuclear force]　核力和核子的自旋状态有关，当核子的自旋是平行（三重态）或者反平行（单态）时，核子之间的相互作用就会不同，自旋为单态时相互作用为 ^1V，而当处于三重态时，核子之间的相互作用为 ^3V，核子之间的核力和自旋相关的这种性质就是核力的自旋相关性，逐渐消失这就是核力的短程性。

核力的自旋相关力 [spin dependent nuclear force]　核力和核子的自旋状态有关，在自旋单态时，核力只有中心力，没有非中心力，在自旋三重态时，核力既有中心力也有非中心力。而且自旋单态和自旋三重态的中心力也不相同。是一种短程相互作用，核子距离超过几个 fm 时，核子之间的核力作用减弱，逐渐消失这就是核力的短程性。

核力的张量力 [tensor force]　核力中包含的张量力成分 $V_T = V_T(r)\left[\dfrac{6(S \cdot r)^2}{r^2} - 2S^2\right]$。

核势 [nuclear potential]　核子在另一核子或强子产生的势场中相应于其位置和量子态所具有的势能。核子–核子相互作用势 V 只与相对位置 r，相对动量 p 以及两核子的自旋 s_1、s_2 有关，其相互作用势可表示为 $V = V(r, p, s_1, s_2)$。

自旋–轨道耦合力 [spin-orbit coupling force]　见核力。

库仑势垒 [Coulomb barrier]　两个原子核之间的库仑作用势 $V_{CB} = \dfrac{Z_1 Z_2 e^2}{r}$，式中，$Z_1$、$Z_2$ 分别为两原子核的电荷数，r 为两原子核之间的距离，势能曲线在一个核的周围高高突起，像个壁垒。当 $r = R_1 + R_2$（R_1、R_2 为两原子核的半径）时，势垒最高，$V_{CB} = \dfrac{Z_1 Z_2 e^2}{R_1 + R_2}$ 称为库仑势垒高度。由于库仑势场的排斥作用，库仑势垒将阻止碰撞的原子核之间的相互穿透。当两原子核相对运动动能 E 小于 V_{CB} 时，穿透势垒引起核反应的概率很小，主要发生弹性碰撞。只有当 E 接近 V_{CB} 时，反应概率随 E 增加而增大。对于复合核，系统的激发能不高时，由于受到库仑势垒的阻挡，发射带电粒子比发射中子的概率小。

11.2　原子核结构

核结构 [nuclear structure]　物质结构的一个重要层次，对原子核的变化起决定性作用。可用来研究原子核的组成、原子核基本性质和原子核中的核子运动规律。理论上来讲，只要知道组成原子核的粒子——核子（质子和中子）及其这些粒子间的相互作用：核力，利用量子力学方程，就可以得到原子核的性质。但是目前核力的性质和最终形式仍不完全清楚，量子力学多体问题严格求解仍存在难以克服的困难，因此核结构的理论还不够十分成熟，大部分都是半唯象的核模型。近些年来的研究表明，原子核的某些性质的描述需要引进非核子自由度，如核子激发态、介子等。

核模型 [nuclear model]　以实验事实为基础，对原子核的某些性质进行描述、得到局部规律的方法。模型得到的规律都有一定的适用范围，并且随着研究的不断深入而不断发展。主要的核模型有：费米气体模型、液滴模型、壳层模型、集体运动模型、相互作用玻色子模型、费米子动力学对称性模型和核配对模型等。

费米气体模型 [Fermi gas model]　最简单的核模型。将原子核看作是一团气体，即构成原子核的核子（费米子）被约束在半径为 R 的核内无相互作用地自由运动，通过求解无限深势阱中粒子的运动，可以计算原子核的一些性质，如原子核的平均密度、核子的平均动能等。

液滴模型 [liquid drop model]　将原子核看作是一个带电的、不可压缩的液滴，核子就是液滴中的分子。自然给出了原子核的不可压缩性，即核物质密度是一个常数；可以解释原子核的比结合能近似是一个常数。目前是研究核裂变的最好的理论之一。

壳模型 [shell model]　由梅耶 (M.G. Mayer) 和詹森 (J.H.D. Jensen) 在 1948 年总结大量实验事实而提出。原子核内的核子在其他 $(A-1)$ 个核子所产生的具有较强自旋 - 轨道耦合相互作用的平均势场中独立运动，利用薛定谔方程，可以得到单一核子的能级与波函数，核子的部分能级可能是简并的或具有相近的能量，这部分能级构成一个壳层，不同壳层之间的能量差较大。核子按照泡利不相容原理填充这些能级。恰好填满一个壳层的原子核特别稳定，就是幻数核。壳层模型成功描述了幻数，原子核基态的宇称、自旋和磁矩等。

集体模型 [collective model]　又称综合模型。既描述原子核中的核子在平均势场中的独立运动，又描述所有核子作为整体参与的集体运动：振动和转动的模型。由 A. 玻尔和 B.R. 莫特尔森于 1952 年提出。对于形变核，原子核的运动近似分成两部分，原子核的集体转动和每个核子在随原子核一起转动的本体坐标系中的内部运动。对于球形核，其表面的小振动用简谐振动描述。该模型成功描述了形变核和球形核的低激发态的性质，因此玻尔和莫特尔森获得了 1975 年的诺贝尔物理学奖。

综合模型 [collective model]　即集体模型。

核能级 [nuclear energy level]　对于一个由多个核子组成的原子核，对其进行能量测量，所得到的多个能量值。所得到的能量最低的能级为基态能级。

核转动能级 [nuclear rotational energy level]　在形变核的低激发能谱中，相对能量（激发能级与基态能级之差）E_I 近似与其自旋 I 满足关系 $E_I = AI(I+1)$ 的一些能级。这样的一些能级构成一个转动带，用其内禀量子数 K^π 标记，K 为原子核自旋在形变核对称轴上的投影，π 为原子核的宇称。

核振动能级 [nuclear vibrational energy level]　在近球形核的低激发能谱中，能级间距近似相等的一些能级，主要出现在满壳外核子数不多的原子核，原子核不存在稳定的形变，其表面形状发生振动，可以用简谐振动来描述。

椭球体核模型 [spheroidal nuclear model]　对于满壳外有较多核子的原子核，其平衡形状不是球形，而是具有对称轴的椭球，在此基础上构造的核模型，由 J. 雷恩瓦特针对球形核模型无法解释许多原子核较大的电四极矩而在 1950 年提出的。

满壳 [closed shell]　在壳模型中，一个核子在其他核子形成的平均势场中独立运动，其能量形成壳层结构，所有核子按照能级最低和泡利不相容原理依次填充，刚好填满一个壳层。满壳核特别稳定。

幻数 [magic number]　当原子核中的质子数或中子数等于 2, 8, 20, 28, 50, 82, 126 时，这些原子核的单粒子分离能远高于平均值，特别稳定。在壳模型中，这些数字正对应于填满一个壳层的粒子数。

双幻数 [double magic number]　原子核中质子数和中子数都是幻数。

平均场 [mean field]　原子核中每个核子受到其他 $(A-1)$ 核子作用的平均效果。对于球形核，这个势场是球对称的，一般认为 Wood-Saxon 势阱 $V(r) = -V_0/\left[1 + e^{(r-R_0)/r}\right]$（$V_0 > 0$, 为常数, R 为力程, V_0 为中心强度）能较好地描述这个平均势场。实际计算表明，不同的势阱形式对单粒子能级次序影响很小。

单粒子能级 [single-particle energy level]　单个核子在加入自旋-轨道耦合相互作用的平均场中的能级，该能级可通过求解薛定谔方程得到对于球形核，单粒子能级用径向量子数 n，轨道角动量量子数 l 和总角动量量子数 j 来标记，能级为 $2j+1$ 重简并。

原子核的基态自旋 [nuclear spin of ground state]　原子核处于最低能态时的总角动量。在壳模型中，偶偶核的基态自旋为 0，对于奇 A 核，其基态自旋由最后一个未成对的核子的角动量决定，对于奇奇核，基态自旋由诺德哈姆规则给出。

诺德哈姆规则 [Nordheim rule]　对于球形奇奇核的低激发态，若未配对的质子和中子的轨道角动量和总角动量分别为 l_p, j_p, l_n, j_n，则原子核的总角动量为 $J =$

$$\begin{cases} j_{\mathrm{p}} + j_{\mathrm{n}}, & l_{\mathrm{p}} + j_{\mathrm{p}} + l_{\mathrm{n}} + j_{\mathrm{n}} = \mathrm{odd} \\ |j_{\mathrm{p}} - j_{\mathrm{n}}|, & l_{\mathrm{p}} + j_{\mathrm{p}} + l_{\mathrm{n}} + j_{\mathrm{n}} = \mathrm{even} \end{cases}$$
。

施密特线 [Schmidt lines]　在原子核 (奇 A 核) 的自旋与磁矩关系图上的两条线。根据独立粒子模型, 原子核的基态磁矩可以由施密特磁矩公式描述, 所有原子核的基态自旋–磁矩点都应该落在这两条线上。实验结果表明, 大部分原子核的磁矩处于这两条线之间。

施密特磁矩公式 [Schmidt magnetic moment formula]　在独立粒子模型中, 原子核的基态磁矩可以由施密特磁矩公式描述:

$$\mu = \begin{cases} g_l l + g_s/2, & j = l + 1/2 \\ j\left[g_l(l+1) - g_s/2\right]/(j+1), & j = l - 1/2 \end{cases}$$

其中, l, j 分别为原子核的轨道角动量, 总角动量, $g_l = \mu_0 = 5.05078324\,(13)\times10^{-27}\mathrm{J/T}$, 对于质子, $g_s = 5.585694712\,(46)\,\mu_0$, 对于中子, $g_s = -2.82608544\,(90)\,\mu_0$。

振转模型 [vibrational-rotational model]　见集体模型。

球形核 [spherical nucleus]　原子核内的质子数和中子数都是 "幻数" 时, 原子核的形状是球对称的。在 "双幻数" 核附近的原子核也是近似球形的。

形变核 [deformed nucleus]　当原子核内的质子数或中子数远离 "幻数" 时, 原子核具有较大的变形, 其形状不再是球对称的, 而近似呈现出旋转椭球的形状。

超形变核 [super-deformed nucleus]　变形核的形状远远偏离球形, 其椭球的三轴之比接近于 2:1:1。

集体运动 [collective motion]　原子核中的全部核子参与的整体运动行为。可分为转动和振动两种, 对应于变形核在空间指向的变化和近球形核表面形状的变化。其实验证据是原子核低激发谱有明确的规律性。

核转动能级 [nuclear rotational energy level]　在某些变形核的低激发能谱中, 一系列能级可分为若干组, 用量子数 K 标记。属于同一组的能级相对于基态的能量与其自旋近似满足如下关系: $E_J = AJ(J+1)$, 其中 A 为常数。这样一组能级构成一个转动带。

核振动能级 [nuclear vibrational energy level]　在某些原子核的低激发能谱中, 能级间的间距近似相等。这些能级可以用谐振子的能量公式来描述。

动力学对称性模型 [dynamic symmetry model]　为了研究原子核性质, 利用体系的对称性所建立的模型。若一个体系的哈密顿量可以用每个群及其子群的类算符或卡西米尔 (Casimir) 算子表示, 则称该体系具有动力学对称性。如相互作用玻色子模型, 费米子动力学对称性模型等。

相互作用玻色子模型 [interacting Boson model (IBM)]　1975 年由有马朗人和 Iachello 等提出的一种利用群表示理论的代数模型。在模型中, 原子核的各种集体运动由相互作用的玻色子来描述, 而玻色子来自于原子核内的满壳核心之外的价核子对, 并且认为最重要的玻色子是角动量 $J = 0$ 的 s 和 $J = 2$ 的 d 玻色子。IBM 对大多数原子核的低激发能谱给出了成功的描述。

费米子动力学对称性模型 [fermion dynamic symmetry model]　1985 年由吴成礼等提出的一种代数模型。在模型中, 通过引入赝自旋和赝轨道, 重新标记核的壳层, 并直接利用具有固定结构的价核子对以及它们之间的相互作用来描述核的各种集体运动。同相互作用玻色子模型一样, 费米子动力学对称性模型认为角动量 $J=0$ 和 2 的 s 和 d 价核子对最重要。

核配对模型 [nucleon pair model]　在费米子动力学对称性模型基础上发展起来的模型。模型中价核子对的结构不是固定的, 而是由体系本身的动力学来确定。

高自旋态 [high spin state]　核自旋大于 10 的状态。高自旋态主要通过重离子反应, 重离子库仑激发和深度非弹性散射等手段获得。处于高自旋态的原子核具有许多新的特点, 如超导性的破坏、超形变的形成、壳结构的改变及转动惯量随转动角频率的变化出现回弯现象等。

回弯 [backbending]　原子核的转动惯量随角动量或转动角频率的变化出现的一种异常现象。当角动量不大 ($I \leqslant 10$) 时, 转动惯量与角频率的平方近似成线性关系, 当角动量进一步增大时, 转动惯量急剧上升, 转动角频率反而减小而出现回弯。回弯的出现是由于带交叉引起的。如形变核的晕态中出现的回弯, 是由于沿着晕谱往上走, 原子核的状态会从一个转动带跳到另一个转动带, 从而出现回弯。产生回弯的根本原因是原子核的高速转动带来的科里奥利力的作用。

对崩溃 [pairing collapse]　当角动量不太大时, 组成原子核的核子之间存在强的对关联, 从而使原子核处于超导态, 如果原子核受到某种扰动时, 如原子核高速转动, 此时配对的两个核子受到科里奥利力的作用, 且作用方向相反, 粒子对被拆散, 当多对粒子被拆散, 原子核将发生从超导态到正常态的相变。

转动排列 [rotational alignment]　对于形变核, 原子核中的核子被分成两部分, 价核子和转动核心, 当核自旋较大时, 由于强的科里奥利力的影响, 会解除价核子与核心的强耦合, 从而使粒子角动量沿转动轴排列。在此基础上构造的模型称为转动排列模型。该模型可以很好地解决高自旋态的回弯现象。

拉伸效应 [nuclear stretching effect]　原子核转动惯量随着角动量的增加而变小的现象。

带交叉 [band crossing]　一个形变核具有多个转动

带, 如建立在基态上的基带, 建立在 β 振动态上的 β 带等, 在角动量比较大时, 在科里奥利力的作用下, 属于不同转动带的状态的能量会相互接近, 出现简并的现象。

尼尔逊模型 [Nilsson model] 又称形变壳模型。用于处理形变核的单粒子模型。在模型中, 单粒子哈密顿量分为动能项、非各向同性谐振子势能项、自旋轨道耦合项和离心势能项,

$$H = \frac{p^2}{2m} + \frac{1}{2}m\left[\omega_x^2(x^2 + y^2) + \omega_z^2 z^2\right] + Cl \cdot s + Dl^2,$$

$$\omega_x^2 = \omega_0^2\left(1 + \frac{2}{3}\varepsilon_2\right), \quad \omega_z^2 = \omega_0^2\left(1 - \frac{4}{3}\varepsilon_2\right)$$

式中, ε_2 为形变参数。

形变壳模型 [deformed shell model] 即尼尔逊模型。

核能级密度 [nuclear-level density] 单位能量间隔里的原子核的能级数。

偶偶核 [even-even nucleus] 原子核中的质子数和中子数都为偶数的核。

奇 A 核 [odd-A nucleus] 原子核中的质子数和中子数, 一为奇数, 一为偶数的核。

奇奇核 [odd-odd nucleus] 原子核中的质子数和中子数都为奇数的核。

奇偶核 [odd-even nucleus] 即奇 A 核。

偶奇核 [even-odd nucleus] 即奇 A 核。

丰中子核 [neutron-rich nucleus] 相对于正常原子核, 具有过多中子的原子核。

丰质子核 [proton-rich nucleus] 相对于正常原子核, 具有过多质子的原子核。

晕核 [halo nucleus] 半径明显大于液滴模型给出的结果的原子核。晕核往往含有过多的某种核子, 其结构是中心部分是正常的原子核, 外围是多出来的核子形成晕。

中子晕核 [neutron halo nucleus] 含有过多中子的晕核。

质子晕核 [proton halo nucleus] 含有过多质子的晕核。

滴线 [drip line] 在核素图上, 稳定核素与不稳定核素 (由于质子、中子或阿尔法粒子发射) 之间的分界线。

中子滴线 [neutron drip line] 稳定核素与由于过多中子而引起中子发射的不稳定核素之间的分界线, 在核素图上, 该滴线位于稳定核素上方。

质子滴线 [proton drip line] 稳定核素与由于过多质子而引起质子发射的不稳定核素之间的分界线, 在核素图上, 该滴线位于稳定核素下方。

中子皮核 [neutron skin nucleus] 丰中子核的一种, 其表面有一完全由中子组成的薄层。

质子皮核 [proton skin nucleus] 丰质子核的一种, 其表面有一完全由中子组成的薄层。

结合能 [binding energy] 组成原子核的所有核子的质量之和与原子核的质量的差所对应的能量, 若 Z 为质子数, N 为中子数, m_p, m_n 分别为质子和中子的质量, 原子核的质量为 M_A, 则 $E_B = (Zm_p + Nm_n - M_A)c^2$。

体积能 [volume energy] 原子核质量公式中正比于核子总数 A 的项, 根据半径的 $A^{1/3}$ 律, 此项正比于核的体积。体积能来源于核力的饱和性, 即核子只与其相邻的核子发生相互作用。

表面能 [surface energy] 原子核质量公式中正比于核子总数 $A^{2/3}$ 的项, 根据半径的 $A^{1/3}$ 律, 此项正比于核的表面积。由于处于核表面的核子的相邻核子数要少一些, 因此其对核质量的贡献要比内部的核子小一些, 要从体积能中扣除这部分。

库仑能 [Coulomb energy] 在原子核质量公式中, 由于质子之间的库仑相互作用引起的能量。假设正电荷分布于原子核内, 可推导出该项正比于 Z^2, 反比于 $A^{1/3}$。

对能 [pairing energy] 反映原子核质量的奇偶效应。从实验现象可看到, 偶偶核最稳定, 奇 A 核次之, 奇奇核最不稳定, 因此对于偶偶核, 对能贡献为负, 对于奇奇核, 对能贡献为正, 对于奇 A 核, 对能贡献为 0。

对称能 [symmetry energy] 反映泡利原理的项, 正比于 $(Z - N)^2$, 反比于 A。

三轴形变 [triaxial shape] 又称伽马形变。对于过渡区 ($A = 130$ 和 190) 的原子核, 满壳外的核子引起了原子核的形变, 不仅破坏了球对称, 而且破坏了轴对称, 此时椭球形状的原子核, 三个轴都不相同。

四级形变 [quadrupole deformation] 由四级相互作用: $\Delta j = \Delta l = 2$ 引起的形变。

八级形变 [octupole deformation] 由八级相互作用: $\Delta j = \Delta l = 3$ 引起的形变, 常常出现于高自旋态。

伽马形变 [γ deformation] 见三轴形变。

基态转动带 [ground state rotational band] 对于形变核, 其最低能级所属的转动带。

振动转动带 [vibrational-rotational band] 在形变核的振动激发态上建立起来的转动带。在原子核的本体坐标系中, 作四极振动的原子核的形变可以用两个参数来描述, 总形变用 β 来描述, 其非轴对称度用 γ 来描述, 建立在 β 振动态上的转动带, 称为 β 振动带, 建立在 γ 振动态上的转动带, 称为 γ 振动带。

巨共振 [giant resonance] 原子核的一种高频集体

激发模式, 最显著的巨共振是原子核中所有质子相对于所有中子的集体振荡。现已发现的巨共振有巨单极共振、巨偶极共振和巨四极共振。

巨偶极共振 [giant dipole resonance]　由原子核的电偶极相互作用引起的巨共振激发。从原子核的电偶极矩算符可以看到, 此时的同位旋为 1, 巨偶极共振也是同位旋矢量巨共振。

俾格米偶极共振 [Pygmy dipole resonance]　在丰中子核的巨偶极共振峰的低能方向出现的一个小峰。

Goldhaber-Teller 模型 [Goldhaber-Teller model]　处理巨偶极共振的一种方法。在此模型中, 质子和中子的分布被看作是刚性的, 但可以彼此渗透, 巨偶极共振就是质子和中子之间的相对振动。

Steinwedel-Jensen 模型 [Steinwedel-Jensen model]　处理巨偶极共振的一种方法。在此模型中, 质子和中子被看作是流体, 在一个固定的球内沿相反方向运动质子流体和中子流体的密度各自发生振荡, 但总密度保持不变。

原子核的呼吸模式 [breath mode of nucleus]　又称巨单极共振。原子核的涨缩振动, 即原子核在平衡点附近发生的径向密度涨落, 是所有核子参与的一种集体运动。与核物质的不可压缩系数密切相关。

巨单极共振 [giant monopole resonance]　即原子核的呼吸模式。

对关联 [pairing correlation]　同种核子之间的一种短程相互作用, 具有相反自旋投影的两个粒子在这种短程相互作用下倾向于配对。是对核子独立运动的一种重要补充。

BCS 近似 [BCS approximation]　将在处理超导问题中取得成功的 BCS(Bardeen-Copper-Schrieffer) 理论用于核子研究对关联的一种方法。其基本思想是引入准粒子的概念, 并在此基础上考虑剩余相互作用, 对力, 使原子核的基态不再是壳模型中给出的单一组态, 而是进行了组态混合。BCS 方法存在一些缺陷, 如粒子数不守恒、伪态的产生等。

核力 [nuclear force]　原子核的核子之间的相互作用, 是研究原子核各种性质的基础, 也是一种短程力。当两个核子间的距离小于 0.4fm(飞米) 时, 表现为强大的斥力, 当距离大于 0.5fm 时, 表现为引力, 并随着距离的增加而很快减小, 在距离约 3fm 后, 相互作用可以忽略。核力近似具有电荷无关性。核力的主要形式有中心力、自旋轨道耦合力和非中心力的张量力等。描述核力的理论有介子交换理论和夸克模型方法等。

汤川理论 [Yukawa theory]　处理核力的一种方法, 由汤川秀树在 20 世纪 30 年代提出。核子之间通过交换 π 介子而发生相互作用, 相互作用势可写为 $V(r) = \kappa_{TS} \dfrac{e^{-\mu r}}{r}$, 其中 κ_{TS} 是与两个核子同位旋-自旋相关的常数, r 为两个核子间的距离, μ 为参数。后来考虑到核子的有限大小, 引入了形状因子; 处理核力的中程吸引, 引入了 σ 介子; 推广到其他重子, 引入了其他的介子交换, 如 K, η 介子等。

反常磁矩 [abnormal magnetic moment]　将核子当作点粒子, 按照狄拉克理论得到的磁矩与实验测量有巨大差距, 如中子不带电, 理论磁矩为 0, 但实验值为 $-1.91304272\mu_N$, 质子的理论磁矩为 $2\mu_N$, 而实验值为 $2.792847356\mu_N$, 其中 $\mu_N = 5.05078324 \times 10^{-27} \text{J/T}$。

粒子-空穴 [particle-hole]　在壳模型中, 粒子依次填充壳层, 当填充的粒子数 n 少于满壳粒子数 Ω 的一半, 将原子核当作 n 个价粒子的系统处理; 当填充的粒子数大于满壳粒子数的一半, 此时将原子核当作 $\Omega - n$ 价空穴的系统处理。

轴对称形变核 [axially symmetric deformed nucleus]　具有轴对称的形变核。当满壳外的核子较多时, 原子核的稳定形状大多为具有轴对称的椭球, 有长椭球、扁椭球等。2011 年科学家观测到高速旋转的棒状的原子核 ^{16}O, 2013 年科学家首次观测到具有轴对称的梨状的原子核 ^{224}Ra。

同质异能态 [isomeric state]　原子核的组成相同但能量不同的态。这些状态是由于原子核内部分核子被激发到较高能级, 形成寿命大于 10^{-9} 秒的亚稳态。

霍伊尔态 [Hoyle state]　原子核 ^{12}C 的激发态, 其能量比基态高 7.65MeV。该共振态是 Fred Hoyle 在 20 世纪 40 年代基于宇宙中重元素的观测丰度提出的, 它的存在可以使得碳核得以通过 3α 过程产生。

结团模型 [cluster model]　将较多核子构成的原子核看作是几个核子结团所构成, 如 ^{12}C 可看作是由 3 个 α 粒子构成。在处理原子核时, 将核子结团的内部自由度冻结, 仅考虑结团之间相对运动。主要用于轻核到中等质量的核的性质和核反应计算。

转动带 [rotation band]　大变形核低激发谱的一种规律, 由一系列满足能级公式

$$E(I) = AI(I+1) + 高阶修正$$

的状态构成。

晕态 [yrast state]　在给定角动量下能量最低的状态。

晕带 [yrast band]　由符合转动能级规律的一系列晕态构成的转动带。

　　[Bethe formula]　描述带电粒子在介质中运动时单位距离上的能量损失的公式:

$$\frac{\mathrm{d}E}{\mathrm{d}x} = -\frac{4\pi}{m_e c^2} \cdot \frac{nz^2}{\beta^2} \cdot \left(\frac{e^2}{4\pi\varepsilon_0}\right)^2 \cdot \left[\ln\left(\frac{2m_e c^2 \beta^2}{I \cdot (1-\beta^2)}\right) - \beta^2\right]$$

$$\beta = v/c$$

z, v 分别为带电粒子的电荷数和速度，e, m_e 为电子电荷和质量，n, I 分别为介质的电子密度和平均激发势能，$n = N_A Z \rho / M_u$, $I = 10Z$ (eV)。Z, ρ 为介质的原子序数和密度，N_A, M_u 为阿伏伽德罗常数和摩尔质量常数。更精确的 I 由专门的图表给出。

粒子转子模型 [particle-rotor model]　处理大形变核的一种模型。在模型中，原子核中的核子被分成两部分，转动芯与转动芯之外的核子，原子核的哈密顿量可写为 $H_{PR} = H_p + H_{rot} = H_p + (\hbar^2/2\Im)R^2$，其中 H_p 为没有转动时粒子的哈密顿量，H_{rot} 为转动芯的哈密顿量，R 为转动芯的角动量。两者之间的耦合可通过原子核的自旋 $I = R + j$ 引入，

$$H_{PR} = H_p + (\hbar^2/2\Im)[I(I+1) - K^2] + (\hbar^2/2\Im)[\langle j^2 \rangle - \Omega^2] + H_c$$

$H_c = -(\hbar^2/2\Im)[I_+ j_- + I_- j_+]$ 为科里奥利耦合项。该模型可以很好地描述高自旋态。

推转模型 [cranking model]　将对原子核的转动带的描述和单粒子态的描述结合起来的一种模型。首先由 D. R. Inglis 于 1954 年在研究转动分子的磁矩时提出，后用于原子核转动惯量的分析，20 世纪 70 年代以后主要用来分析高自旋态的实验数据。在模型中，核子互相独立地在一个由所有核子共同产生的平均场中运动，而且这个平均场被强制绕原子核的对称轴匀速转动。

自洽推转模型 [self-consistent cranking model]　在一般推转模型中，平均场采用定域壳模型势，而在自洽推转模型中，平均场通过转动参照系中的哈特利–福克方法得到。

推转尼尔逊模型 [cranked Nilsson model]　在尼尔逊模型哈密顿中加上科里奥利项 $-\omega j_x$ 所得到的模型。用于研究具有较大角动量的形变核的激发态。此时尼尔逊能级不仅依赖于形变，同时依赖于转动的角动量。

先辈数 [seniority]　又称辛弱数。未形成配对的核子数。

辛弱数 [seniority]　即先辈数。

无芯壳模型 [no-core shell model]　一种大规模壳模型的计算方法，主要用于轻核的计算，也用于部分中重核的计算。直接从实际的两体相互作用出发，不冻结被填满的壳层中的核子的运动。

相对论平均场模型 [relativistic mean-field model]　在模型中，核子作为狄拉克粒子在各种介子构成的经典场中运动，核子之间通过交换 σ 介子、ω 介子、ρ 介子等发生相互作用。出发点是一个有效的拉格朗日密度，由变分原理得到各种场的运动方程，并求解。可以用来计算原子核的结合能、衰变能、形变参数等。

Tamm-Dancoff 近似 [Tamm-Dancoff approximation]　一种处理原子核集体激发的近似方法。建立在哈特利–福克基态上，集体激发态可看作是一对粒子 - 空穴态的线性组合。

无规位相近似 [random phase approximation]　又称线性化近似。在壳模型计算中，将两粒子–两空穴激发转化为等效的一对粒子–空穴激发，另外一对粒子–空穴取它们在体系基态上的平均值。

线性化近似 [linear approximation]　即无规位相近似。

贾斯特罗因子 [Jastrow factor]　在量子蒙特卡罗模拟中，通过引入粒子之间的关联而超越平均场近似的方法。

11.3　原子核衰变

原子核衰变 [nuclear decay or radioactivity]　又称放射性衰变。原子核自发地放射出某种粒子，有规律地改变其结构转变为另一种核素的过程。在衰变过程中，总是放射出带电或不带电的粒子或射线，所以核衰变也称为放射性衰变。放射的粒子除了 α(氦原子核)、β(电子)、γ(光子) 粒子以外，还有正电子、质子、中子、中微子等粒子以及 ^{14}C、^{20}O、^{24}Ne、^{28}Mg 等重粒子结团，还会发生自发裂变、β 缓发衰变等。包括天然放射性衰变和人工放射性衰变。天然放射性衰变是自然界存在的核素的放射性衰变，人工放射性衰变是指通过人工办法 (例如反应堆和加速器) 产生的放射性衰变。实验表明，加温、加压或加磁场，都不能抑制或显著地改变射线的发射。这表明原子核衰变是由原子核内部性质的变化引起的，与核外电子性质的变化关系很小。对原子核衰变的研究是了解原子核性质的重要手段。需要明确的是，不论是发生了上述哪种原子核衰变，其衰变过程都遵从电荷数守恒、质量数守恒和能量守恒。

放射性衰变 [radioactive decay]　即原子核衰变。

放射性 [radioactivity]　原子核自发地放射各种射线的现象。有的核素发射 α 射线，有的发射 β 射线，有的发射 α 或 β 射线的同时也发射 γ 射线，有的发射三种射线。此外，还有发射正电子、质子、中子和其他粒子的。

放射性核素 [radioactivity nuclide]　又称放射性同位素，不稳定核素。能自发地放射各种射线的核素。可分为天然放射性核素和人工放射性核素。人工放射性核素远比天然放射性核素多，在科学研究和生产实践中发挥着更大的作用。理论推测可能有 6000 多种核素，现已发现 3000 多种，其中天然存在的有 300 余种，包括 279 种稳定核素和 60 多种放射性核素，其余的都是人工放射性核素。

放射性同位素 [radioactive isotope]　即放射性核素。

天然放射性核素 [natural radioactive nuclide]　天

然放射系中的核素的统称。自然界中天然存在某些放射性核素，它们不断产生连续的衰变，构成放射系。天然放射系有三个，即以 ^{232}Th 为首的钍系，以 ^{238}U 为首的铀系和以 ^{235}U 为首的锕铀系或锕系。它们的母体都有相当长的半衰期，和地球年龄 ($\approx 10^9$ 年) 相近或更长，其原子从开始一直存留到现在；成员大多具有 α 放射性，少数具有 β$^-$ 放射性，一般都伴有 γ 辐射。其他原子序数大于 81 的放射性核素，之所以存在是铀和钍的长寿命核素不断衰变的结果。另外，通过对可能的天然放射性系统的研究，证实某些天然放射性核素，它们不属于上面的三个系列之内，包括 ^{40}K(钾) ($T_{1/2}$=1.2×10^9 年)、^{87}Rb(铷)($T_{1/2}$=6.0×10^{10} 年)、^{113}In(铟)($T_{1/2}$=6×10^{14} 年)、138La(镧)($T_{1/2}$=1.2×10^{11} 年)、^{152}Sm(钐)($T_{1/2}$=2.510^{11} 年)、176Lu(镥)($T_{1/2}$=2.4×10^{10} 年)、^{187}Re(铼)($T_{1/2}$=4×10^{12} 年)。

放射系 [radioactive series]　见天然放射性核素。

人工放射性核素 [artificial radioactive nuclide] 利用反应堆或加速器人为制备的放射性核素。通过反应堆制备有以下两个途径：一是利用反应堆中产生的强中子流照射靶核，靶核俘获中子而生成放射性核；二是利用中子引起重核裂变，从裂变产物中提取放射性核素。用加速器制备主要是通过带电粒子引起核反应来生成核，这些生成核大多是放射性的。利用反应堆生产的产量高、成本低，是人工放射性核素的主要来源。用反应堆生产的核素是丰中子核素，因此它们通常具有 β$^-$ 放射性。用加速器生产的核素则相反，往往是缺中子核素，因而一般具有 β$^+$ 放射性或轨道电子俘获，而且多数是短寿命的。

母核 [parent nuclei]　原子核衰变前的不稳定 (放射性) 核素。衰变过程中产生的新核素称为子核。例如，^{209}Bi 的 α 衰变过程 ^{209}Bi $\longrightarrow$ ^{205}Tl + α，其中 ^{209}Bi 为母核，^{205}Tl 为子核。又如，^{42}Sc 的 β$^+$ 衰变过程 ^{42}Sc $\longrightarrow$ ^{42}Ca + e + ν，其中 ^{42}Sc 为母核，^{42}Ca 为子核。

子核 [daughter nuclei]　见母核。

衰变定律 [decay law]　放射性指数衰减规律。实验表明，任何放射性核素在单独存在时都服从指数衰减规律，$N = N_0 e^{-\lambda t}$，式中 N_0 和 N 分别是 $t = 0$ 时刻和 t 时刻放射性核素的量，λ 为衰变常量。指数衰减规律是放射性衰变的统计规律，只适用于大量原子核的衰变，对少数原子核的衰变行为只能给出概率描写。

衰变概率 [decay probability]　每个放射性原子核衰变的概率。由指数衰减规律得 $-dN = \lambda N dt$，$-dN$ 表示在 t 到 $t + dt$ 内 N 个放射性核素发生的衰变数，于是 $-dN/N = \lambda dt$ 为衰变概率。

衰变常量 [decay constant]　标志放射性核衰变快慢的常量，用 λ 表示，具有时间倒数的量纲。由指数衰减规律得 $\lambda = (-dN/N)/dt$，表示单位时间内的衰变概率，即衰变速

率。在相同数目 N 的两种放射性核素的样品中，衰变常数 λ 大的，单位时间内的衰变概率大，核衰变速率也大，该样品的放射性强。λ 只与放射性核素的种类有关，是每个放射性核素的特征量，因此测定衰变常量 λ 是识别放射性核素的一个重要方法。

半衰期 [half-life]　在单一的放射性衰变过程中，放射性原子核数衰减到原来数目的一半所需的时间，以 $T_{1/2}$ 表示。由指数衰减规律知，$t = T_{1/2}$ 时 $N = N_0/2$，可得

$$T_{1/2} = \ln 2/\lambda = 0.693/\lambda$$

各种放射性核素的半衰期差别很大，有的长达几十亿年，有的短至千万分之一秒。半衰期 $T_{1/2}$ 长的同位素较稳定，放射性较弱。

平均寿命 [mean life]　放射性原子核平均存活的时间，以 τ 表示。根据放射性指数衰减规律，在 t 时刻的无穷小时间间隔内有 $-dN$ 个核发生衰变，可认为这 $-dN$ 个核的寿命是 t，总寿命是 $(-dN)t = t\lambda N dt$。设 $t = 0$ 时的原子核数 N_0，则这 N_0 个核的总寿命为 $\int_0^\infty t\lambda N dt$，平均寿命为

$$\tau = \frac{1}{N_0} \int_0^\infty t\lambda N dt = \int_0^\infty t\lambda e^{-\lambda t} dt = \frac{1}{\lambda}$$

可见平均寿命和衰变常量互为倒数。衰变常量 λ，半衰期 $T_{1/2}$，平均寿命 τ 这三个量，不是各自独立的，它们之间的关系为

$$T_{1/2} = \ln 2/\lambda = \tau \ln 2 = 0.693\tau$$

放射性活度 [activity]　又称放射性强度。表示处于某一特定能态的放射性核在单位时间内的衰变数，即放射性核素的衰变率 $A \equiv -dN/dt$。可以通过测量放射线的数目来决定。根据放射性指数衰减规律，

$$A = \lambda N = \lambda N_0 e^{-\lambda t} = A_0 e^{-\lambda t}$$

式中 λ 为衰变常数，A_0 为 $t = 0$ 时刻的放射性活度。由此可见，放射性活度和放射性核素具有相同的指数衰减规律。放射性活度的单位有居里 (Ci)，卢瑟福 (Rd) 和贝可 [勒尔](Bq)。我国国家标准规定，放射性活度的法定计量单位是贝可 [勒尔]，卢瑟福已废弃使用，居里也将淘汰。

放射性强度 [intensity]　即放射性活度。

贝可 [勒尔](单位) [Becquerel (unit)]　放射性活度的单位，符号为 Bq，以纪念天然放射性现象的发现者贝可勒尔。1975 年国际计量大会通过决议，对放射性活度的单位作了新的命名，规定国际单位制的贝可 [勒尔](Bq) 为每秒一次衰变，即 1 Bq=1 s^{-1}。

卢瑟福 (单位) [Rutherford (unit)]　放射性活度的单位，符号为 Rd，以纪念钍的发现者、第一个实现人工核转

变的卢瑟福。一定量的放射性物质若每秒有 10^6 个核衰变,其放射性活度定义为 1 卢瑟福,即 1 Rd $=10^6$ Bq。

居里 (单位) [Curie (unit)] 放射性活度的单位,符号为 Ci,以纪念镭和钋的发现者居里夫人,原先定义是:1Ci 的氡等于和 1g 镭处于平衡的氡的每秒衰变数,即 1g 镭的每秒衰变数。在早期测得此衰变数为 3.7×10^{10} 次。由于这样的定义会随着测量的精度而发生改变,1950 年以后规定:1Ci 的放射源每秒发生 3.7×10^{10} 次衰变,即

$$1\text{Ci} = 3.7 \times 10^{10} \text{ s}^{-1}$$
$$1\text{mCi} = 3.7 \times 10^{7} \text{ s}^{-1}$$
$$1\mu\text{Ci} = 3.7 \times 10^{4} \text{ s}^{-1}$$

它与卢瑟福和贝克 [勒尔] 的关系如下:

$$1\text{Ci} = 3.7 \times 10^{10} \text{ Bq} = 3.7 \times 10^{4} \text{ Rd}$$

比活度 [specific activity] 又称放射性比度。放射源的放射性活度与其质量之比,即单位质量放射源的放射性活度,比活度的重要性在于它不仅表明放射源的放射性活度,而且表明放射源物质的纯度高低。实际上,某种核素的放射源不大可能全部由该核素组成,一般还含有其他杂质。其他杂质的相对含量高 (低) 的放射源,其纯度低 (高),则比活度低 (高)。比放射性活度的单位为 Bq/g。

放射性比度 [specific activity] 即比活度。

射线强度 [ray strength] 放射源在单位时间内放出某种射线的数目,是与放射性活度有区别的一个物理量。如果某放射性核素的一次衰变只放出一个粒子,如 ^{32}P 的一次衰变只放出一个 β 粒子,则该放射源的 β 射线强度与其放射性活度相等。对于大多数放射源,一次衰变往往放出若干个粒子,例如,^{60}Co 的一次衰变放出两个 γ 光子,所以,^{60}Co 放射源的 γ 射线强度是其放射性活度的两倍。因此,用放射探测器实验计数所得的是放射源的射线强度,而不是其放射性活度,若要得到其放射性活度,还需利用放射性衰变的知识加以计算。

分支衰变 [branching decay] 少数放射性同位素可以有两种或多种衰变方式,形成不同的子核,即一种母核能同时产生两种或多种子核的衰变。例如,放射性核 ^{150}Dy 既可发生 α 衰变产生子核 ^{146}Gd(64%的概率),又可发生 β^+ 衰变产生子核 ^{150}Tb(36%的概率)。按衰变常量的物理意义,总衰变常量 λ 是各种衰变方式的部分衰变常量 λ_i 之和。第 i 种分支衰变的部分放射性活度为 $A_i = \lambda_i N = \lambda_i N_0 e^{-\lambda t}$,总放射性活度为 $A = \sum A_i = \lambda N_0 e^{-\lambda t}$。需要指出的是,部分放射性活度随时间是按 $e^{-\lambda t}$ 衰减的,这是因为任何放射性活度随时间的衰减都是由于原子核数目的减少,而原子核数的减少是所有分支衰变的总结果。

衰变分支比 [decay branching ratio] 当核素具有多种分支衰变时,第 i 种分支衰变的部分衰变常量 (部分放射性活度) 与总衰变常量 (总放射性活度) 之比,用 R_i 表示,即

$$R_i \equiv \frac{\lambda_i}{\lambda} = \frac{A_i}{A}$$

顺便指出,部分半衰期 T_i,定义为 $T_i = \ln 2 / \lambda_i$,可通过其衰变分支比 R_i 和总半衰期 $T_{1/2}$ 计算得到,$T_i = T_{1/2}/R_i$。

级联衰变 [cascade decay] 又称连续衰变,梯次衰变。原子核的衰变往往是一代又一代地连续进行,直到最后达到稳定为止的衰变。考虑母体 A 衰变为子体 B,然后衰变为第二代子体 C 的情况。由于子体的衰变不会影响母体的衰变,所以 $N_A(t)$ 随时间的变化仍服从指数衰减定律,即 $N_A(t) = N_A(0)e^{-\lambda_A t}$。关于子体 B,单位时间内核数目,一方面以速率 $\lambda_A N_A(t)$ 从 A 中产生;另一方面又以速率 $\lambda_B N$ 衰变为 C。可以得到 $N_B(t)$ 随时间的变化满足以下关系:

$$N_B(t) = \frac{\lambda_A}{\lambda_B - \lambda_A} N_A(0) \left(e^{-\lambda_A t} - e^{-\lambda_B t} \right)$$

关于子体 C,如果它是稳定的,容易求得

$$N_C(t) = \frac{\lambda_A \lambda_B}{\lambda_B - \lambda_A} N_A(0)$$
$$\cdot \left[\frac{1}{\lambda_A} \left(1 - e^{-\lambda_A t} \right) - \frac{1}{\lambda_B} \left(1 - e^{-\lambda_B t} \right) \right]$$

由式可见,$t \longrightarrow \infty$ 时,$N_C(t) \longrightarrow N_A(0)$,即此时母体 A 全部衰变成子体 C。此外,若放射性母体经过一次衰变就转变成一种稳定的子体,称为单衰变。

连续衰变 [cascade decay] 即级联衰变。

放射性平衡 [radioactive balance] 对于级联衰变 A → B → C,当时间足够长时,有可能出现放射性平衡。如果母体 A 的半衰期不是很长,但比子体 B 的半衰期要长,即 $T_{1/2,A} > T_{1/2,B}$ 或 $\lambda_A < \lambda_B$,则在足够长时间以后,子体 B 的变化将按母体的衰变常量衰减,子体 B 的核数目将和母体 A 的核数目建立一固定的比例。即暂时平衡。如果母体 A 的半衰期比子体 B 的半衰期长得多,即 $T_{1/2,A} \gg T_{1/2,B}$ 或 $\lambda_A \ll \lambda_B$,在观察时间内看不出母体 A 的变化,则在相当长时间以后,子体 B 的核数目和放射性活度达到饱和,并且此时母体 A 和子体 B 的放射性活度相等。即长期平衡。

位移定则 [displacement law] 实验表明,放射性衰变过程遵守电荷数和质量数守恒定律。由此可确定位移定则,即子核对于母核在周期表上的移动规则。对于 α 衰变,由于 α 粒子是电荷数为 +2、质量数为 4 的氦原子核,所以由放射性核素 $^{A}_{Z}$X 经 α 衰变形成的子核 $^{A-4}_{Z-2}$Y,其电荷数较母核减少 2,即在周期表上移前两位,用方程式表示为

$$^{A}_{Z}\text{X} \longrightarrow ^{A-4}_{Z-2}\text{Y} + ^{4}_{2}\text{He}$$

对于 β 衰变，由于 β 粒子是电荷数为 −1、质量数为 0 的电子，所以放射性核素 $_Z^A X$ 经 β 衰变形成的子核 $_{Z+1}^A Y$，其电荷数较母核增加了 1，即在周期表上移后一位，用方程式表示为

$$_Z^A X \longrightarrow {}_{Z+1}^A Y + {}_{-1}^0 e + \bar{\nu}$$

α 衰变 [α-decay] 原子核自发地放射出 α 粒子而发生的转变。由于 α 粒子是电荷数为 +2，质量数为 4 的氦核，所以 α 衰变中子核比母核的电荷数减少 2，质量数减少 4，它可表示为 $_Z^A X \longrightarrow {}_{Z-2}^{A-4} Y + {}_2^4 He$，式中 X 表示母核，Y 为子核。α 衰变的半衰期随核素的不同变化很大，长者可达约 10^{19} 年，短者可小于 10^{-7} 秒。α 粒子的能量一般分布在 3.0—12.0MeV 范围内。在天然核素中，只有相当重的核 (A>140 的核) 才可能发生 α 衰变，而且主要发生于 A>209 的重核和超重核。另外，随着放射性核束装置的发展，在质量区 A=104~114 成功合成了一批放射性新核素，并观测到 α 衰变现象。α 衰变是由强核力力场产生和控制的，当中涉及量子物理学中的隧穿效应。

容许 α 衰变 [favored α-decay] α 衰变过程满足角动量守恒和宇称守恒，即衰变后子核和 α 粒子的总角动量和总宇称等于母核的角动量和宇称。若母核和子核具有相似的结构 (波函数)，则子核的角动量和宇称与母核一致，根据角动量守恒和宇称守恒，α 粒子带走的角动量 ℓ 可以为 0，这种 $\ell = 0$ 的 α 衰变称为容许 α 衰变。例如，偶偶核的 α 衰变一般为容许 α 衰变，主要从母核 0^+ 态衰变到子核 0^+ 态，α 粒子带走的角动量等于 $\ell = 0$。

α 衰变能 [α-decay energy] α 衰变时放出的能量 Q_α。根据相对论质能关系，可得 α 衰变能 Q，式中 m_X、m_Y、m_α 分别为母核、子核和 α 粒子的质量，也可分别换成 X、Y 和氦的原子质量 M_X、M_Y 和 M_{He} 来计算 α 衰变能 $Q = [M_X - (M_Y + M_{He})] c^2$。由于发生 α 衰变的必要条件为 $Q_\alpha > 0$，即 $M_X > M_Y + M_{He}$，这表明一个核要发生 α 衰变，则母核的原子质量必须大于子核原子和氦原子质量之和。α 衰变能以 α 粒子动能 E_α 和子核动能 E_Y 的形式出现，$Q_\alpha = E_\alpha + E_Y$。由于子核的动能不可能为零，所以 α 粒子的动能 (通常就叫 α 粒子能量) 总是小于其衰变能。根据动量和能量守恒，容易求得 Q_α、E_α 和 E_Y 之间的关系如下：

$$E_\alpha = \frac{A-4}{A} Q_\alpha, \quad E_Y = \frac{4}{A} Q_\alpha$$

式中 A 为母核的质量数。由于 α 衰变核的质量数大多在 200 以上，由上式可知子核的动能只有衰变能的 2% 左右，其余 98% 则为 α 粒子能量。

α 衰变精细结构 [α-decay fine structure] 用磁谱仪对 α 放射源的测量表明，α 粒子的能量并不单一，而是有几组不同的数值。一般讲，只有一种能量的 α 粒子的强度最大，其他几种能量的 α 粒子的强度都较弱。原子核结构效应如形变等，导致原子核不仅可以 α 衰变到子核基态，还可 α 衰变到子核一系列低激发态。另外，对于某些放射性核素，除了基态到基态的 α 衰变，还伴随有激发态到基态的 α 衰变，这种衰变发射出的 α 粒子的能量更大，而强度很弱。

α 粒子隧穿概率 [α-particle tunneling probability] α 衰变过程中，α 粒子穿透库仑势垒的概率。由量子力学知道，微观粒子具有一定的概率能够穿透势垒，这种现象称为隧道效应。根据势垒穿透理论，α 粒子隧穿概率为

$$P = e^{-G} = \exp\left\{ -\frac{2}{\hbar} \int_a^b \sqrt{2\mu \left[V(r) - Q_\alpha \right]} \, dr \right\}$$

式中，μ 为 α 粒子和子核的折合质量，$V(r)$ 为 α 粒子和子核之间的相互作用，Q_α 为 α 衰变能，a 和 b 分别为第一和第二转折点，满足 $V(a) = V(b) = Q_\alpha$，$a < b$。相互作用 $V(r)$ 一般包含三部分：吸引的核势、排斥的库仑势以及离心势，即

$$V(r) = V_N(r) + \frac{2(Z-2)e^2}{4\pi\varepsilon_0 r} + \frac{\ell(\ell+1)\hbar^2}{2\mu r^2}$$

式中 Z 为母核的电荷数。由于核力是短程力，所以在外部区域势垒主要由库仑势和离心势构成。

α 结团预形成概率 [α-preformation factor] α 衰变研究中，一般假设 α 粒子在衰变前就已经存在于母核内，母核内形成 α 粒子的概率。预形成概率 $P_\alpha \leqslant 1$，大小与原子核结构密切相关。实验上，通过对 (p,α) 和 (n,α) 核反应实验数据，以及偶偶核 α 衰变实验数据的分析，发现 α 结团预形成概率在开壳区域变化不大，可近似为一常数 ($\leqslant 1$)。理论上，P_α 可通过如下交叠积分计算得到

$$F_\ell(R) = \int d\Omega d\xi_\alpha d\xi_A d\xi_B \left[Y_\ell(\Omega) \Psi_\alpha(\xi_\alpha) \Psi_B(\xi_B) \right]_{J_A}^* \Psi_A(\xi_A)$$

式中，R 为 α 粒子和子核 B 之间的质心距离，$\Psi_\alpha(\xi_\alpha)$、$\Psi_B(\xi_B)$ 和 $\Psi_A(\xi_A)$ 分别为 α 粒子、子核 B 和母核 A 的内部波函数，$Y_\ell(\Omega)$ 为 α 粒子相对子核的轨道角动量波函数，J_A 为母核的总角动量 (根据总角动量守恒，α 粒子和子核 B 体系的总角动量等于母核角动量 J_A)。但是，由于核力的复杂性和单粒子空间的限制，实际上很难真正得到子核 B 和母核 A 的内部波函数。这是有待进一步研究的问题。

α 衰变禁戒因子 [α-decay hindrance factor] 理论计算得到的 α 衰变半衰期和实验数据之间存在的偏差。通常通过所谓的禁戒因子 F 来描述这种偏差，它等于实验测得的半衰期 T_{exp} 与理论计算值 T_{th} 之比，即

$$F = T_{exp}/T_{th}$$

或以衰变常量的理论计算值 λ_{th} 与实验值 λ_{exp} 之比来表示，$F = \lambda_{th}/\lambda_{exp}$。

α 衰变链 [α-decay chain]　α 衰变过程中成链产生的一系列衰变产物。放射性同位素经过一连串的 α 衰变，最终形成稳定核素或以其他模式衰变的核素。衰变阶段的名称取决于它与前后阶段的关系。"母核"衰变后产生"子核"，子核可以继续衰变形成下一代子核。子核的子核称为第二代子核。

例如，超重核素 $^{285}114$ 的 α 衰变链为

$$^{285}114 \xrightarrow{\alpha} {}^{281}\text{Cn} \xrightarrow{\alpha} {}^{277}\text{Ds} \xrightarrow{\alpha} {}^{273}\text{Hs}$$
$$\xrightarrow{\alpha} {}^{269}\text{Sg} \xrightarrow{\alpha} {}^{265}\text{Rf (SF)}$$

其中第五代子核 ^{265}Rf 发生自发裂变，衰变为其他产物。超重核合成实验中，新合成的超重新核素一般寿命很短，主要通过 α 衰变链产生一系列衰变产物。实验家可以通过观测一系列子核的性质，推知衰变母核，鉴别新合成的超重新核素。因此，α 衰变链对鉴别超重新元素和超重新核素有重要意义。

短射程 α 粒子 [short-range α particle]　原子核从母核基态衰变到子核激发态时所发射的 α 粒子。子核激发能越高，对应的短射程 α 粒子的能量就越低。设母核基态衰变到子核基态放出 α 粒子的能量为 $E_{\alpha 0}$，母核基态衰变到子核第一激态、第二激态……，放出的 α 粒子的能量分别为 $E_{\alpha 1}$, $E_{\alpha 2}$, $\cdots$，则有 $E_{\alpha 0} > E_{\alpha 1} > E_{\alpha 2} > \cdots$。由 α 粒子的能量可求得相应的衰变能 $Q_{\alpha 0}$, $Q_{\alpha 1}$, $Q_{\alpha 2}$, $\cdots$，根据能量守恒，有

$$Q_{\alpha 0} = Q_{\alpha 1} + E_1^*$$
$$Q_{\alpha 0} = Q_{\alpha 2} + E_2^*$$
$$\vdots$$

式中，E_1^*, E_2^*, ... 分别为子核的第一、第二激发能级的能量。由此可确定各激发能级的能量为下列 α 衰变能之差：

$$E_1^* = Q_{\alpha 0} - Q_{\alpha 1}$$
$$E_2^* = Q_{\alpha 0} - Q_{\alpha 2}$$
$$\vdots$$

例如，偶偶核 ^{246}Cf 可从基态 0^+ 衰变到子核基态转动带的较低能级 0^+, 2^+, 4^+, 6^+，可观测到四组不同的短射程 α 粒子，由此可推得子核中 0^+, 2^+, 4^+, 6^+ 态的激发能。这对研究原子核结构有重要意义。

长射程 α 粒子 [long-range α particle]　原子核从母核激发态衰变到子核基态时所放出的 α 粒子。母核激发能越高，对应的长射程 α 粒子的能量就越高。如果母核本身是一个衰变产物，那么母核不仅可处于基态，也可处于激发态。处于激发态的母核可以通过退激发至基态，然后进行 α 衰变，也有可能直接从激发态进行 α 衰变。对大多数原子核，从激发态退激发的概率大得多，实际上观察不到 α 衰变。对少数

几种原子核，从激发态进行 α 衰变占有一定的分支比（虽然所占分支比很小），因此实验上就能观测到长射程 α 粒子。由于从激发态进行 α 衰变所占的分支比很小，一般讲，处于激发态的母核发射 γ 射线要比发射 α 粒子的概率大几个数量级，因此长射程 α 粒子的强度极低，只有总强度的 10^{-4} 到 10^{-7}。实验上，可以测量母核激发态和基态衰变到子核基态放出的 α 粒子的能量，由此可确定母核所处激发态的能量。

盖革-努塔尔定律 [Geiger-Nuttall law]　20 世纪初，盖革和努塔尔分析 α 衰变实验数据，发现天然放射系 α 衰变中衰变常数 λ 和 α 粒子在空气中的射程 R 之间存在着一定的相互依赖关系，其形式为

$$\lambda = a R^{57.5}$$

式中 a 对同一个天然放射系而言是一常量。由于射程 R 和 α 粒子动能 E_α 之间有如下经验关系：$R \propto E_\alpha^{3/2}$，于是得

$$\log \lambda = A + 86.25 \log E_\alpha$$

式中，A 为常量。由于当时实验技术的限制，盖革-努塔尔定律有很大的近似性，但它正确揭示了衰变常数 λ 随 α 粒子动能 E_α 的变化趋势。由上式可见，衰变能越大衰变常量也越大，而且衰变常量对衰变能的依赖非常剧烈。举例而言，当衰变能从 5.0 MeV 增大至 7.5 MeV，衰变常量增大了约 10^{13} 倍。

Viola-Seaborg 公式 [Viola-Seaborg formula]　随着实验技术的发展，积累了更多更为精确的 α 衰变实验数据，发现衰变常量不仅与能量有关，而且与放射性核素的原子序数有关。20 世纪 60 年代，V. E. Viola 和 G. T. Seaborg 根据大量实验数据，总结出如下经验公式：

$$\log T_{1/2,\alpha} = (aZ + b)Q_\alpha^{-1/2} + (cZ + d) + h$$

式中，Z 为放射性核素的原子序数，a, b, c, d 均为常量，可通过拟合偶偶核 α 衰变实验数据得到，h 为未成对核子的阻塞因子，可通过拟合奇 A 核和奇奇核 α 衰变实验数据得到。该公式可用来描述所有重核和超重核的 α 衰变，比盖革 - 努塔尔定律更为普遍，因此可看作盖革-努塔尔定律的进一步推广。

Gamow 态 [Gamow state]　由强相互作用主导的原子核衰变过程往往伴随出射波，Gamow 提出这种衰变过程可以通过求解具有出射波边界条件的薛定谔方程来描述得到的本征态。径向波函数在边界的渐近行为如下：

$$u_{n\ell j}(r) = N_{\ell j}[G_\ell(kr) + iF_\ell(kr)], \; r > R$$

式中，$N_{\ell j}$ 为归一化常量，k 为波数，$G_\ell(kr)$ 和 $F_\ell(kr)$ 分别为非规范库仑波函数和规范库仑波函数。本征能量为 $E =$

$\hbar^2 k^2/(2\mu)$，其中波数 k 为复数，即 $k = k^{(0)} - i\lambda$。当 $k^{(0)} > 0$，$\lambda > 0$ 时，对应于衰变态，又称 Gamow 共振态。

质子放射 [proton emission]　又称质子放射性，质子衰变。原子核自发地放射出质子而发生的转变。由于质子是电荷数为 +1，质量数为 1 的氢核，所以质子放射中子核比母核的电荷数减少 1，质量数减少 1，它可表示为 ${}^A_Z\mathrm{X} \longrightarrow {}^{A-1}_{Z-1}\mathrm{Y} + {}^1_1\mathrm{H}$，式中 X 表示母核，Y 为子核。对于普通的核素，最后一个质子的结合能总是正的，即对放射质子是稳定的。但处于 Z 为横轴 N 为纵轴的核素图右下方的原子核，它们远离 β 稳定线，趋于质子滴线，它们的中质比远小于稳定核的中质比，最后一个质子的结合能有可能出现负值，因而可以自发地放射出质子。质子放射不是瞬发过程，而是势垒隧穿过程，具有一定的半衰期。质子放射的理论和 α 衰变类似，通过计算质子的隧穿概率，可以得到质子放射的半衰期，一般比 α 衰变的半衰期要短得多。质子放射体都具有 β^+ 衰变或轨道电子俘获，它们之间相互竞争，因而质子放射体的半衰期与竞争机制密切相关。

质子放射性 [proton radioactivity]　即质子放射。

双质子放射 [two-proton emission]　又称双质子放射性，双质子衰变。原子核自发地放射出两个质子而发生的转变，可表示为 ${}^A_Z\mathrm{X} \longrightarrow {}^{A-2}_{Z-2}\mathrm{Y} + {}^2_2\mathrm{He}$，式中，X 表示母核，Y 为子核。对有些原子核，只放射一个质子的能量条件并不满足。但从对能考虑，可以同时放射出两个质子。例如，在轻核区域，${}^6\mathrm{Be}$、${}^8\mathrm{C}$、${}^{12}\mathrm{O}$、${}^{16}\mathrm{Ne}$ 和 ${}^{19}\mathrm{Mg}$ 等可能具有双质子放射。理论计算表明，在中等质量区域，也存在双质子放射性的可能性。理论预言，${}^{112}\mathrm{Ba}$，${}^{76}\mathrm{Zr}$ 可能是双质子放射体。一般的双质子放射体，由于寿命过短，或质子能量太低，或其他竞争衰变的影响，实验上很难观测到。但是，对双质子放射的实验研究，比质子放射有可能提供更多的信息。通过质子能谱和角动量关联的测量，将可能给出有关势垒形状和对质子相互作用的信息。

双质子放射性 [two proton radioactivity]　即双质子放射。

结团放射 [cluster radioactivity]　又称重离子放射性。原子核自发地放射出重离子而发生的转变。重离子是指比 α 粒子更重的粒子。重离子放射体主要分布在 ${}^{221}\mathrm{Fr}$ 到 ${}^{242}\mathrm{Cm}$ 区域，重离子放射后产生的子核位于双幻核 ${}^{208}\mathrm{Pb}$ 附近，由此可知，重离子放射的产生机制与原子核壳层结构密切相关。理论预言，另一质量区域也可能存在重离子放射，放射后产生的子核位于双幻核 ${}^{132}\mathrm{Sn}$ 附近。重离子放射体几乎都具有 α 衰变，而重离子穿透势垒的概率一般比 α 粒子穿透概率要小，更重要的是原子核内重离子的形成概率比 α 粒子的形成概率要小得多，因此重离子放射很难被实验探测。随着实验技术和实验装置的发展，目前已发现 ${}^{14}\mathrm{C}$ 放射、${}^{24}\mathrm{Ne}$ 放射、${}^{28}\mathrm{Mg}$ 放射和 ${}^{32,34}\mathrm{Si}$ 放射等。重离子放射处于 α 衰变和自发裂变之间，因此有关理论研究大致可分为两种：放射性衰变和自发裂变。前者遇到的困难是预形成概率的计算，后者的困难是很难解释重离子能谱的单一性。

重离子放射性 [heavy-ion radioactivity]　即结团放射。

β 衰变 [β-decay]　原子核自发地放射出 β 粒子或俘获一个轨道电子而发生的转变。β 粒子是电子和正电子的统称。原子核衰变时，放出电子的过程称为 β^- 衰变；放出正电子的过程称为 β^+ 衰变；原子核从核外的电子壳层中俘获一个轨道电子的过程称为轨道电子俘获。它们可以用公式表示：

β^- 衰变：${}^A_Z\mathrm{X} \longrightarrow {}^A_{Z+1}\mathrm{Y} + {}^0_{-1}\mathrm{e} + \bar{\nu}$

β^+ 衰变：${}^A_Z\mathrm{X} \longrightarrow {}^A_{Z-1}\mathrm{Y} + {}^0_{+1}\mathrm{e} + \nu$

电子俘获：${}^A_Z\mathrm{X} + {}^0_{-1}\mathrm{e} \longrightarrow {}^A_{Z-1}\mathrm{Y} + \nu$

式中，X、Y 分别表示母核和子核，ν、$\bar{\nu}$ 分别表示中微子和反中微子。在 β 衰变中，母核和子核都是相邻的同量异位素。β 衰变本质上是核内中子和质子间的相互转变，即：

β^- 衰变：${}^1_0\mathrm{n} \longrightarrow {}^1_1\mathrm{p} + {}^0_{-1}\mathrm{e} + \bar{\nu}$

β^+ 衰变：${}^1_1\mathrm{p} \longrightarrow {}^1_0\mathrm{n} + {}^0_{+1}\mathrm{e} + \nu$

电子俘获：${}^1_1\mathrm{p} + {}^0_{-1}\mathrm{e} \longrightarrow {}^1_0\mathrm{n} + \nu$

连续 β 能谱 [continuous β-ray spectrum]　原子核 β 衰变时放射出的 β 粒子的能量分布。β 粒子的能谱是连续的，能量的最大值正好是 β 衰变能的值。根据 β 衰变能公式，似乎能量守恒定律与 β 粒子连续能谱发生矛盾。为解决此矛盾，泡利 (Pauli) 于 1930 至 1933 年间提出了 β 衰变放出中微子的假说。他肯定了能量守恒定律，提出了中微子假说：原子核 β 衰变时，除放出 β 粒子外，还放出极轻的静止质量几乎为零的中性粒子——中微子。这样，β 衰变能 $E_\mathrm{d} = E_\mathrm{Y} + E_\beta + E_\nu$，式中 E_Y、E_β、E_ν 分别表示子核、β 粒子和中微子的动能。由于子核的反冲动能 $E_\mathrm{Y} \approx 0$，所以衰变能 E_d 在 β 粒子和中微子间分配，从而 β 粒子有连续能谱，并且当 $E_\nu = 0$ 时，$E = E_\mathrm{d}$ 为最大值。

β 衰变能 [β-decay energy]　β 衰变时放出的能量。按定义，衰变能等于衰变前后静止能量之差。β^- 衰变：

$$E_\mathrm{d}(\beta^-) = [m_\mathrm{X}(Z, A) - m_\mathrm{Y}(Z+1, A) - m_\mathrm{e}]c^2$$
$$= [M_\mathrm{X}(Z, A) - M_\mathrm{Y}(Z+1, A)]c^2$$

β^+ 衰变：

$$E_\mathrm{d}(\beta^+) = [m_\mathrm{X}(Z, A) - m_\mathrm{Y}(Z-1, A) - m_\mathrm{e}]c^2$$
$$= [M_\mathrm{X}(Z, A) - M_\mathrm{Y}(Z-1, A) - 2m_\mathrm{e}]c^2$$

电子俘获：

$$E_\mathrm{d}(\beta) = [m_\mathrm{X}(Z, A) + m_\mathrm{e} - m_\mathrm{Y}(Z-1, A)]c^2 - W_i$$
$$= [M_\mathrm{X}(Z, A) - M_\mathrm{Y}(Z-1, A)]c^2 - W_i$$

式中，m_X、m_Y 分别表示母核和子核的静止质量，M_X、M_Y 分别表示母核原子和子核原子的静质量，W_i 为第 i 层轨道电子的结合能。由此可得出发生 β 衰变的条件 $E_d(\beta) > 0$，即

发生 β⁻ 衰变的条件：$M_X > M_Y$

发生 β⁺ 衰变的条件：$M_X > M_Y + 2m_e$

发生电子俘获的条件：$M_X > M_Y + W_i/c^2$

由于 β⁺ 衰变和电子俘获过程都是子核比母核的原子序数减少 1，以及 $2m_e c^2 > W_i$，所以能发生 β⁺ 衰变的原子核可以发生轨道电子俘获；反之，能发生轨道电子俘获的原子核不一定能发生 β⁺ 衰变。原则上，当能量满足 β⁺ 衰变的条件时，轨道电子俘获和 β⁺ 衰变可同时有一定概率发生。

电子俘获 [electron capture]　原子核从核外的电子壳层中俘获一个轨道电子的 β 衰变过程，通常用 EC 表示。由于 K 壳层电子最靠近原子核，因而 K 俘获的概率最大。但是当 $W_K > (M_X - M_Y)c^2 > W_L$ 时，K 俘获不可能发生，而 L 俘获的概率最大。轨道电子俘获过程所形成的子核原子，它的内层电子缺少一个，子核原子处于不稳定的激发状态，于是邻近的外层电子就会跳到内层来填充内层电子的空位，这样就会发射出特征 X 射线，或叫标识 X 射线。它的能量为内层和外层电子的结合能之差，$h\nu = W_内 - W_外$。电子俘获过程中另一种伴随粒子是俄歇电子。

俄歇电子 [Auger electron]　轨道电子俘获过程所形成的子核原子，它的内层电子缺少一个，外层电子就会跳到内层来填充内层电子的空位，能量之差为 $W_内 - W_外$。这一份能量可能不以特征 X 射线形式发出，而是转交给另外一个外层电子，这个外层电子就会克服结合能 $W_外$ 而飞出。这种电子称为俄歇电子，动能为

$$E_e = (W_内 - W_外) - W_外$$

实际上，电子俘获过程中，发射特征 X 射线和发射俄歇电子之间存在竞争。

β 衰变费米理论 [Fermi theory of β-decay]　1934 年费米 (E. Fermi) 基于中微子假说和实验事实建立了 β 衰变理论。费米理论的基本思想：β 衰变的本质在于原子核中一个中子转变为质子，或一个质子转变为中子，而中子和质子可以看作是同一核子的两个不同的量子状态。它们之间的相互转变，相当于核子从一个量子状态跃迁到另一量子状态，在跃迁过程中，放出电子和中微子。费米提出电子-中微子场与原子核相互作用 (弱相互作用)，使核子不同状态之间发生跃迁，发射出电子和中微子。费米理论是与原子发光理论类比产生的。引起原子发光的是电磁场与轨道电子间的相互作用，电磁相互作用使原子不同状态之间发生跃迁，产生电磁辐射，即原子发光。β 衰变和原子发光，两者的相互作用不同，前者是一种弱相互作用，后者是电磁相互作用。根据量子力学的

微扰论，费米理论给出单位时间内发射动量在 p 到 $p+dp$ 间 β 粒子的概率为

$$I(p)dp = \frac{g^2 |M_{if}|^2}{2\pi^3 \hbar^7 c^3} (E_m - E)^2 p^2 dp$$

式中，g 为弱相互作用常数，E_m 为 β 粒子的最大能量，M_{if} 为跃迁矩阵元。

费米函数 [Fermi function]　β 衰变过程中，原子核的库仑场与发射的 β 粒子之间存在相互作用，该作用对于高原子序数的核发射低能 β 粒子时尤其显著。上面推导的 β 衰变概率公式，忽略了原子核的库仑场对发射 β 粒子的影响。考虑库仑场的影响，β 衰变概率公式的右边，应乘上一个改正因子 $F(Z, E)$，即

$$I(p)dp = \frac{g^2 |M_{if}|^2}{2\pi^3 \hbar^7 c^3} F(Z, E) (E_m - E)^2 p^2 dp$$

$F(Z, E)$ 描述库仑场对发射 β 粒子的影响，Z 是子核电荷数，E 是 β 粒子能量，其通常称为费米函数，又称库仑改正因子。对费米函数的计算，一般相当复杂。如果 Z 值比较小，$F(Z, E)$ 在非相对论近似下可用一简单函数来表示：

$$F(Z, E) = \frac{x}{1 - \exp(-x)}$$

式中，$x = \pm \frac{2\pi Z c}{137 v}$，对 β⁻ 衰变取正号，对 β⁺ 衰变取负号，$v$ 为 β 粒子的速度。

容许 β 跃迁与禁戒 β 跃迁 [allowed and forbidden β transition]　根据跃迁矩阵元 M_{if} 的大小，可将 β 跃迁分为容许跃迁、一级禁戒跃迁、二级禁戒跃迁等。级次越高，跃迁概率越小；相邻两级间，跃迁概率可以相差几个数量级。根据角动量守恒

$$I_i = I_f + L_\beta + S_\beta$$

式中，I_i 和 I_f 分别表示母核和子核的自旋，L_β 和 S_β 分别表示轻子 (电子和中微子) 的总轨道角动量和总自旋角动量。β 衰变中宇称是不守恒的，但在非相对论处理中，β 衰变中原子核宇称的变化可以认为等于轻子带走的轨道宇称，即

$$\pi_i \pi_f = (-1)^{L_\beta}$$

当 $L_\beta = 0$ 时，相应的跃迁称为容许跃迁，遵从以下选择定则：

$$\begin{cases} \Delta I = I_i - I_f = 0, \pm 1 \\ \Delta \pi = \pi_i \pi_f = +1 \end{cases}$$

当 $L_\beta = n$ (n 为非零的正整数) 时，相应的跃迁为 n 级禁戒跃迁，遵从以下选择定则：

$$\begin{cases} \Delta I = \pm n, \pm (n+1) \\ \Delta \pi = (-1)^n \end{cases}$$

费米跃迁和伽莫夫–泰勒跃迁 [Fermi and Gamow-Teller transition] β 衰变过程中, 发射出电子和中微子, 两者自旋均为 1/2, 按角动量耦合规则, 轻子的自旋 (电子和中微子的总自旋) 只有两种可能性: 要么等于 0, 此时电子和中微子的自旋反平行, 即为单态; 要么等于 1, 此时电子和中微子的自旋平行, 即为三重态。当电子和中微子的自旋反平行时, 相应的 β 跃迁称为费米 (Fermi) 跃迁, 简称为 F 跃迁; 相应的 β 相互作用称为 F 相互作用。当电子和中微子的自旋平行时, 相应的 β 跃迁称为伽莫夫–泰勒 (Gamow-Teller) 跃迁, 简称为 G-T 跃迁; 相应的 β 相互作用称为 G-T 相互作用。

库里厄图 [Kurie plot] β 衰变概率公式可改写为

$$\left[I(p)/Fp^2\right]^{1/2} = K(E_m - E)$$

式中, $K = g|M_{if}|/(2\pi^3\hbar^7c^3)^{1/2}$。在 β 衰变的研究中, 为了进行实验和理论的比较, 一个比较方便的方法是观察函数 $\left[I(p)/Fp^2\right]^{1/2}$ 对于 E 的线性关系。从实验上测得 β 粒子的动量分布, 作 $\left[I(p)/Fp^2\right]^{1/2}$ 对 E 的图, 看它是否是一条直线, 就可对理论和实验进行比较。用这种方法来表示实验结果的图, 称为库里厄图。对于容许跃迁, 跃迁矩阵元近似等于原子核矩阵元, 即 $M_{if} \approx M = \int u_f^* u_i d\tau$, 它与 β 粒子的能量无关。此时, K 为常量。因此库里厄图使得 β 能谱的实验结果画成一条直线, 而且直线同横轴的交点为 β 粒子的最大能量 E_m。对于禁戒跃迁, 跃迁矩阵元 M_{if} 不等于原子核矩阵元 M, 它不仅与原子核的波函数有关, 而且与轻子的动量有关。此时, 将 β 能谱的实验结果作图, 得到的库里厄图不是一条直线。这时可引入一个同 β 粒子能量有关的因子 $S_n(E)$ 进行修正, 即把 K 中同能量有关的因子分出来,

$$K = g|M|/(2\pi^3\hbar^7c^3)^{1/2}[S_n(E)]^{1/2}$$

式中, M 为原子核矩阵元, $S_n(E)$ 称为 n 级形状因子, 它是 β 粒子能量的函数。从而,

$$\left[I(p)/Fp^2/S_n(E)\right]^{1/2} = K'(E_m - E)$$

其中, $K' = g|M|/(2\pi^3\hbar^7c^3)^{1/2}$, 为常量, 修正后的库里厄图仍是一条直线。对于有些禁戒跃迁, $S_n(E)$ 随能量 E 的变化不灵敏, 可以近似看作常量, 此时库里厄图是条直线。但是对于选择定则 $\Delta I = \pm(n+1)$ 的 n 级禁戒跃迁, 即纯 G-T 型禁戒跃迁, $S_n(E)$ 肯定不是常量。这种类型的跃迁, 称为唯一型 n 级禁戒跃迁。

萨金特定律 [Sargent law] β 衰变的衰变常量, 即单位时间内发射动量从零到最大值 p_m 范围内的 β 粒子的总概率, 可通过积分得到

$$\lambda = \ln 2/T_{1/2} = \int_0^{p_m} I(p)dp$$

假定跃迁矩阵元 M_{if} 与 β 粒子的能量无关, 则可得

$$\lambda = \ln 2/T_{1/2} = \frac{m_e^5 c^4 g^2 |M_{if}|^2}{2\pi^3\hbar^7} f(Z, E_m)$$

其中

$$f(Z, E_m) = \int_0^{p_m} F(Z, E)\left(\frac{E_m - E}{m_e c^2}\right)^2 \left(\frac{p}{m_e c}\right)^2 \frac{dp}{m_e c}$$

当 β 粒子的最大能量远大于它的静止能量 $E_m \gg m_e c^2$, 并且可以忽略核的库仑场对发射 β 粒子的影响, 即 $F(Z, E) \approx 1$ 时, $f(Z, E_m) = 常量 \times E_m^5$, 从而可得关系:

$$T_{1/2} \propto 1/E_m^5 \text{ 或 } \lambda \propto E_m^5$$

这一关系称为萨金特定律。

比较半衰期 [comparative half-life] 由萨金特定律可知, 半衰期与 β 粒子的最大能量有强烈的依赖关系, 仅仅半衰期不能反映跃迁类型的特征。为此, 需要引入比较半衰期。由上面衰变常量的公式可得:

$$fT_{1/2} = \frac{2\pi^3\hbar^7 \ln 2}{m_e^5 c^4 g^2 |M_{if}|^2}$$

注意, 式中已假定 M_{if} 与 β 粒子能量关系可以忽略。$fT_{1/2}$ 称为比较半衰期。$fT_{1/2}$ 值与跃迁矩阵元的绝对值平方 $|M_{if}|^2$ 成反比, 而 $|M_{if}|^2$ 的大小对容许跃迁和不同级次的禁戒跃迁有很大差别, 从而 $fT_{1/2}$ 值可用来比较跃迁的级次。对于超容许跃迁 (母核与子核的波函数很相像的跃迁), $fT_{1/2}$ 值在 10^3 数量级; 对于一般的容许跃迁, $fT_{1/2}$ 值一般在 10^5 的数量级。对于禁戒跃迁, 当跃迁级次相差一个单位时, 相邻级次的 $fT_{1/2}$ 值一般要相差三四个数量级。跃迁级次越高, $fT_{1/2}$ 值也越大。

β 衰变中宇称不守恒 [parity violation in β-decay] 在 β 衰变的研究中的一个重要的突破是 1956 年李政道和杨振宁提出的弱相互作用中的宇称不守恒, 第二年吴健雄等利用极化核 Co 的 β 衰变实验首次证实了宇称不守恒, 这一发现不仅促进了 β 衰变本身的研究, 也促进了粒子物理学的发展。

双 β 衰变 [double β-decay] 原子核自发地放出两个电子或两个正电子, 或发射一个正电子同时又俘获一个轨道电子, 或俘获两个轨道电子的过程。在双 β 衰变中, 原子核的电荷数改变 2。其发生的概率要比单 β 衰变的概率小得多, 它只有当原子核的单 β 衰变在能量上被禁戒或由于母子核的角动量差很大时才能被观察到, 只能在一些偶偶核中发生。理论上, 双 β 衰变有两种不同的处理: (1) 放中微子的双 β 衰变, 记为 2νββ; (2) 不放中微子的双 β 衰变, 记为 0νββ。2νββ 过程放出的中微子是狄拉克 (Dirac) 中微子, 其静止质量为零, 即 $m_\nu = 0$; 狄拉克中微子有正反之分, 即 $\nu \neq \bar{\nu}$。0νββ

过程不放出中微子，该理论处理认为中微子无正反之分，即 $\nu \equiv \bar{\nu}$，其静止质量不等于零 $m_\nu \neq 0$，这种中微子称为马约喇纳 (Majorana) 中微子。双 β 衰变的实验测量，可以用来鉴别中微子有无正反之分和中微子是否具有静止质量。这种鉴别在粒子物理学、天体物理学和宇宙学中有重大意义。

β 缓发衰变 [β-delayed decay]　　不稳定核素 β 衰变所形成的子核往往处于激发态，如果激发态的能量大于粒子分离能，子核就会发射粒子，这种衰变方式称为 β 延时衰变。根据发射粒子的不同，可分为 β 缓发中子发射、β 缓发质子发射、β 缓发双中子发射、β 缓发双质子发射、β 缓发裂变等。远离 β 稳定线不稳定核素，它们的中质比异常，粒子分离能比较小，所以 β 缓发衰变主要发生于远离稳定线区域。β 缓发衰变的研究和探索，将有助于检验现有原子核理论对远离稳定线奇特核的适用性，特别是核结构理论。

γ 衰变 [gamma decay]　　又称γ 跃迁。处于激发态的原子核通过电磁作用放射 γ 光子跃迁到基态或较低激发态的过程。此衰变不涉及质量或电荷变化，通常表示 $X^* \longrightarrow X+\gamma$，式中 X^* 表示处于激发态的原子核。由于 α 衰变和 β 衰变所形成的子核往往处于激发态，因而 γ 衰变通常伴随 α 或 β 衰变发生，但与 α 和 β 衰变不同，它不导致核素的变化，只改变原子核的内部状态，是原子核的同质异能跃迁。核反应所形成的子核往往也处于激发态，在转化到基态或较低激发态的过程中，也会发生 γ 衰变而放出 γ 射线。由于 γ 衰变的性质与原子核激发态的性质相联系，因而通过它的研究，可以获得激发态能级特性的信息。

γ 跃迁 [gamma transition]　　即γ 衰变。

γ 衰变能 [gamma decay energy]　　根据能量守恒定律，原子核初态能量 E_i 与末态能量 E_f 之差为 γ 衰变能 $E_d(\gamma)$，$E_d(\gamma) = E_i - E_f$。这是 γ 射线能量 E_γ 与核反冲动能 E_R 之和，$E_d(\gamma) = E_\gamma + E_R$。一般由于 E_R 较小，所以 γ 光子能量 $E_\gamma \approx E_i - E_f$。γ 光子能量的单一特性反映了原子核激发 E_i 能级结构的量子化特征。

γ 辐射的角动量 [angular momentum of gamma radiation]　　根据角动量守恒，γ 光子具有确定的角动量。设原子核跃迁前的角动量为 I_i，跃迁后的角动量为 I_f，则有

$$L = I_i - I_f$$

即 γ 光子的角动量量子数为以下整数值：

$$L = |I_i - I_f|, \ |I_i - I_f| + 1, \cdots, I_i + I_f$$

理论可以证明，γ 跃迁概率随 L 增加而急剧下降。因此，一般都取 L 的最小值，即 $L = |I_i - I_f|$，其他 L 值的跃迁概率可以忽略不计。由于光子本身的自旋为 1，并考虑到光子是纵向极化的，所以在 γ 跃迁中被光子带走的角动量 L 不可能为

零，至少为 1。因而，由 $I_i = 0$ 的状态跃迁到 $I_f = 0$ 的状态，不可能通过发射 γ 光子来实现。另外，对于 $I_i = I_f \neq 0$ 的跃迁，γ 光子角动量 L 的最小值应该为 $L = 1$。L 值的大小可确定 γ 辐射的极次：$L = 1$ 的叫作偶极辐射；$L = 2$ 的叫作四极辐射；$L = 3$ 的叫作八极辐射等，即角动量为 L 的 γ 辐射，它的极次为 2^L。

γ 辐射的宇称 [parity of gamma radiation]　　γ 跃迁是一种电磁相互作用，在电磁相互作用中宇称是守恒的，即 γ 跃迁要遵从宇称守恒定律。设原子核跃迁前后的宇称分别为 π_i 和 π_f，则 γ 辐射的宇称 π_γ 由下式决定：

$$\pi_i = \pi_f \pi_\gamma \ \text{或} \ \pi_\gamma = \pi_i / \pi_f$$

由此可见，若 γ 跃迁前后原子核的宇称相同，则 γ 辐射具有偶宇称；若 γ 跃迁前后原子核的宇称相反，则 γ 辐射具有奇宇称。根据 γ 辐射的宇称不同，γ 辐射可分为两类：电多极辐射和磁多极辐射。宇称的奇偶性和 γ 辐射角动量 L 的奇偶性相同的为电多极辐射，相反的为磁多极辐射，即电多极辐射的宇称为 $\pi_\gamma = (-1)^L$，磁多极辐射的宇称为 $\pi_\gamma = (-1)^{L+1}$。

电多极辐射 [electric multipole radiation]　　见 γ 辐射的角动量和宇称。主要由原子核内电荷密度变化引起，通常电 2^L 极辐射用符号 EL 表示，例如 $E1$ 表示电偶极辐射，$E2$ 表示电四极辐射，$E3$ 表示电八极辐射等。

磁多极辐射 [magnetic multipole radiation]　　见 γ 辐射的角动量和宇称。主要由电流密度和内在磁矩的变化引起，通常磁 2^L 极辐射用符号 ML 表示，例如，$M1$ 表示磁偶极辐射，$M2$ 表示磁四极辐射，$M3$ 表示磁八极辐射等。

γ 跃迁概率 [γ-transition probability]　　根据量子电动力学可以得出 γ 跃迁概率的公式：

$$\lambda = \frac{8\pi(L+1)}{L\left[(2L+1)!!\right]^2} \frac{k^{2L+1}}{\hbar} B(L)$$

式中，k 为光子的波数，它与角频率 ω 的关系为 $k = \omega/c$。$B(L)$ 为 2^L 极跃迁的约化概率，它和跃迁的能量无关，仅仅和原子核的结构相联系，对核结构作一定的假设后，理论上可以把它计算出来。另外，通过对 γ 跃迁概率的测量，以及知道 γ 辐射的多极性 (辐射的电磁性质和极次)，由概率公式可以从实验上定出约化概率。这样，实验和理论就可以进行比较，从而检验给定的核结构理论正确与否。关于跃迁概率的数量级，相同级次的电辐射概率大于磁辐射概率，辐射的级次越低跃迁概率越大。一般来说，磁 2^L 极辐射概率与电 2^{L+1} 极辐射概率有相同的数量级，即磁偶极辐射可能和电四极辐射同时发生，磁四极辐射可能和电八极辐射同时发生，依次类推。

内转换 [internal conversion]　　原子核从激发态到较低能态或基态跃迁时，除发射 γ 光子外，还可以通过原子核电磁场与壳层电子相互作用，把核的激发能直接交给原子的

壳层电子使其发射出来，这种现象称为内转换。内转换过程放射出来的电子称为内转换电子。需要注意的，不能把内转换过程看作内光电效应，即认为原子核先放出光子，然后光子把能量交给核外的壳层电子而放出电子。这是因为发生内转换的概率可以比光电效应的概率大很多，内转换过程并不产生光子。根据能量守恒，内转换电子的能量 E_e 等于跃迁能量 E_γ 和该壳层电子结合能 W_i 之差，即 $E_e = E_\gamma - W_i$。由此可以知道，当实验上测得某一壳层的内转换电子的能量后，加上该壳层电子的结合能，就可得到 γ 跃迁的能量。这种由内转换电子的能量来求得 γ 跃迁能量的方法是常用的较为准确的方法，因为内转换电子的能量可以通过 β 磁谱仪相当准确地测定。

内转换系数 [internal conversion coefficient]　原子核从激发态到较低能态或基态跃迁时，既可以发射光子，也可以放射内转换电子。因此，原子核两状态间的总跃迁概率应该是两种过程的跃迁概率之和，即

$$\lambda = \lambda_\gamma + \lambda_e$$

式中，λ_γ 和 λ_e 分别为发射光子和内转换电子时的跃迁概率。内转换系数定义为 λ_e 与 λ_γ 之比，一般以 α 表示，即

$$\alpha \equiv \lambda_e/\lambda_\gamma = N_e/N_\gamma$$

式中，N_e 和 N_γ 分别为单位时间内发射的内转换电子数和光子数。如果用 N_K，N_L，N_M，$\cdots$ 分别表示单位时间内发射的 K，L，M，$\cdots$ 层的内转换电子数，则可定义相应于各壳层的内转换系数为

$$\alpha_K \equiv N_K/N_\gamma, \quad \alpha_L \equiv N_L/N_\gamma, \quad \alpha_M \equiv N_M/N_\gamma, \quad \cdots$$

总的内转换系数为各壳层内转换系数之和。根据内转换系数的定义可知，它可以通过实验测定，即测量同一时间间隔内原子核所放射的内转换电子数和光子数。另一方面，内转换系数可以由理论计算得到。通过实验值和理论值的比较，可以获得有关能级的重要信息，目前有关核衰变能级特性的大部分信息是通过研究内转换而得到的。

级联 γ 辐射的方向角关联 [angular correlation of cascade γ radiation]　简称 γ-γ 角关联。接连地放出的两个 γ 光子，若其概率与这两个 γ 光子的放射方向的夹角有关的现象，即夹角改变时，概率也发生变化。原子核由激发态跃迁到基态，有时要连续地通过几次 γ 跃迁，这时放出的辐射称为级联 γ 辐射。

角关联函数 [angular correlation function]　对 γ_1-γ_2 的级联辐射，当原子核放出 γ_1 之后，接连地放射 γ_2 的概率 W 是与 γ_1 和 γ_2 之间的夹角 θ 有关，即 W 是 θ 的函数，$W = W(\theta)$，这种函数称为角关联函数。按角关联理论知道，角关联函数 $W(\theta)$ 只与每一跃迁前后原子核的角动量以及 γ 辐射的角动量有关，而与它们的宇称以及跃迁能量无关。因此，角关联函数的研究，可以得到有关原子核能级的角动量以及跃迁级次的知识。

扰动角关联 [perturbed angular correlation]　γ-γ 角关联是在假定没有外界电磁场影响的条件下进行的，当放射性原子核处于外磁场或电场中时，在中间核态寿命时间内，原子核的磁矩或电四极矩与周围的磁场或电场梯度相互作用，使中间核态的自旋方向不断改变，绕外场进动，于是 γ-γ 角关联被干扰的现象。角关联受干扰的程度与中间核态的磁矩或电四极矩有关，也与外场的性质有关。因此，在已知外场的情况下，应用扰动角关联，可以测量放射性核的磁矩或电四极矩。另外，扰动角关联方法可以把放射性核作为核探针，研究所处媒质中的电磁场。它在固体物理、生物化学、冶金技术等方面有着重要的应用价值。

γ 谱线的自然宽度 [natural width of γ-ray spectrum]　除了稳定的基态原子核外，所有各种状态的原子核都有一定的寿命。根据量子力学的测不准关系，具有一定寿命的原子核的能量不是完全确定的，即具有一定的能级宽度，能级宽度 Γ 与平均寿命 τ 之间有如下关系：

$$\Gamma\tau \approx \hbar$$

可见，状态的寿命越长，能级宽度越窄，所以只有稳定核的基态才有完全确定的能量。由于激发能级有一定的宽度，所以 γ 跃迁时放出的 γ 射线的能量有一定的展宽。这种展宽称为 γ 谱线的自然展宽。测量 γ 谱线的自然宽度，一般要求 γ 谱仪有极高的能量分辨率，现有的 γ 谱仪无法实现。因此，常用间接方法来测量能级宽度，方法之一是 γ 射线的共振吸收。

γ 射线的共振吸收 [γ ray resonance absorption]　当入射 γ 射线的能量等于原子核激发能级的能量时所发生的吸收。原子核发射 γ 射线，一般要受到反冲，发射的 γ 射线能量 $E_{\gamma e}$ 与核反冲动能 E_R 之和为原子核激发态能量与基态能量之差 E_0，即 $E_{\gamma e} + E_R = E_0$。同样道理，处于基态的同类原子核吸收 γ 射线时核也会发生同样大小的反冲。要把原子核激发到能量为 E_0 的激发态，所吸收 γ 光子的能量必须大于 E_0，$E_{\gamma a} = E_0 + E_R$。这样，同一激发态的 γ 射线发射谱与吸收谱，其平均能量之差为反冲动能的二倍 $2E_R$。所以，如果以 Γ 表示反冲核的能级宽度，则发生显著共振吸收的必要条件是 $E_R \leqslant \Gamma$。实际上，因原子核的质量大，一般情况下 $\Gamma < E_R$，故难以观察到原子核的 γ 射线的共振吸收。为了观测到 γ 射线的共振吸收，必须设法补偿反冲动能的损失。

穆斯堡尔效应 [Mössbauer effect]　1958 年穆斯堡尔为了消除原子核的反冲，他提出，可以把原子放入固体晶格以便尽可能使其固定，即将放射 γ 光子的原子核和吸收 γ

光子的原子核束缚在晶格中。这时，遭受反冲的不是单个原子核，而是整块晶体。已知受反冲物体的质量越大，反冲能量所占的比例就越小。与单个原子核的质量相比，晶体的质量大得不可比拟。所以反冲能量极小，整个过程可看作无反冲的过程。这种效应称为穆斯堡尔效应，也称为无反冲共振吸收。穆斯堡尔效应有极高的能量分辨本领。例如，用 E_0 和 Γ 表示激发能和能级宽度，对 ^{191}Ir，$\Gamma/E_0 = 4 \times 10^{-11}$；对 ^{57}Fe，$\Gamma/E_0 = 3 \times 10^{-13}$；而对 ^{67}Zn 的 93 keV 的 γ 射线，则有 $\Gamma/E_0 = 5 \times 10^{-16}$。因此，利用穆斯堡尔效应，可直接观测核能级的超精细结构以及用来检验广义相对论。

11.4 原子核反应

原子核反应 [nuclear reaction] 粒子或离子 (称为炮弹) 与另一个原子核 (靶原子核) 相互作用，使靶原子核和入射炮弹的能量或结构发生变化，或者形成新的原子核的现象。核反应过程中遵守质 (能) 量守恒、动量守恒、角动量守恒等守恒定律。按照传统的观点，核反应可分为三个阶段：独立粒子阶段，即入射粒子 (核) 在靶核核场中运动时保持相对独立，可以被靶核的势场散射，也可被靶核吸收；第二个阶段是入射炮弹与靶核结合形成一个复合系统，这时入射炮弹与靶核有了能量交换或者核子交换，之后可能被散射或者进一步形成复合核 (达到热平衡的激发原子核，对其形成失去记忆)；第三个阶段是复合核衰变，即具有一定激发能的原子核通过发射粒子或者裂变等退激发到基态原子核。广义地说，原子核反应包含弹性散射。原子核反应的发生与许多因素有关，例如入射炮弹的轻重、能量及其与靶核的垂直距离 (又称碰撞距离，即入射核到通过靶核中心的入射方向线的垂直距离)，甚至反应系统的中子与质子的比例等都有关系。

弹性散射 [elastic scattering] 炮弹与靶核碰撞后，两者的同位素成分和内能均无变化的现象。例如，当一个原子核以一定速度与另一个原子核发生碰撞时，如果两个原子核的中心距较大，核力的作用非常弱，主要是库仑相互作用，其强度也不至于使两者的内能发生变化，只有其动量发生变化，这样的碰撞称为核的弹性散射。弹性散射的截面与弹核入射角度和能量、两个核的电荷数有关。弹性散射不发生原子核反应。

转移反应 [transfer reaction] 当两个原子核的中心距较小时，在碰撞过程中只发生质量转移，即有一部分核子从弹核转移到靶核，也会有核子从靶核转移到弹核，两种转移过程也可同时发生的反应过程。核子转移的概率随转移核子数的增加急剧减小。

非弹性散射 [inelastic scattering] 弹核与靶核发生散射前后，系统总动能发生变化，即弹核的一部分动能转变为弹核或者靶核的内能，而弹核与靶核的质量均未发生变化的过程。在这个过程中，最常见的是具有较低激发能级的核被激发的较高的能级。

深部非弹性散射 [deep inelastic scattering] 在重离子碰撞过程中，弹核与靶核之间既有大量核子和能量的交换，又保留各自的个体的一种反应机制。它是介于准弹性碰撞和全融合反应之间的一种重离子核反应机制。深部非弹性碰撞有以下明显特征：有大的动能损耗和质量转移；反应产物有各向异性的角分布；大的角动量转移；中子质子比迅速达到平衡；预平衡的轻粒子发射。原因在于当两个较重的原子核碰撞时，由于存在切向和径向摩擦，导致原子核的相对动能转变为内部激发能、形变能和碎片的转动能。而且由于碰撞条件，如入射能量，碰撞系统的质量等的变化，出射碎片的能量变化特征也有所不同。深部非弹过程是一个典型的非平衡态输运过程，可以用非平衡态统计物理的主方程径向描述。1973 年苏联杜布纳研究所 Volkov 等在利于 ^{40}Ar 轰击钍靶时首先发现这一现象，随后都普遍认为这一过程只在较重的重离子碰撞中发生。但是，中国科学院近代物理研究所的研究人员后来利用 ^{16}O 轰击 ^{27}Al 时，也观察到了这样的过程。

大质量转移 [mass nucleon transfer] 在入射能稍高于库仑位垒的重离子碰撞中，由弹核转移到靶核中的核子数较多，且截面比一般的转移反应截面大得多的一种转移反应机制，发现于 20 世纪 70 年代中期。这种反应的概率与弹核的结构有关，例如，^{12}C 具有 ^{4}He 结构，它与较重的靶核碰撞时，发生大质量转移，如转移一个 ^{4}He 或 2 个 ^{4}He 的概率就比 ^{14}N 作为弹核时的大。大质量转移反应的概率与靶核的中子与质子的比例也密切相关。

非完全深部非弹性散射 [incomplete deep inelastic scattering] 在重离子碰撞中，弹核与靶核非弹性相互作用过程中，弹核 (或类弹核) 被激发，先发射一个轻粒子 (如 α 粒子) 后，继续与靶核作用损失其动能或质量，即发生深部非弹性反应的过程。它是由我国科学家于 20 世纪 70 年代末首先观测到的一种新反应机制。

复合核反应 [compound nuclear reaction] 当两个原子核碰撞时，入射弹核完全被靶核俘获，弹核核子与靶核核子不断碰撞，并不断损失能量，最后融为一体，达到热平衡，形成一个具有一定激发能的新原子核的过程，其中这个原子核称为复合核。复合核可通过裂变，蒸发粒子或轻核及伽玛射线退激发到基态原子核。在较低的能量的碰撞过程中复合核反应发生的概率高，随着弹核能量的升高，其概率会逐渐降低，以至于消失。

复合核蒸发反应 [compound nucleus evaporation reaction] 复合核反应形成的复合核具有足够高的激发能时，会发射多个核子或核子集团从而退激发到较稳定的状态

(基态)。一般而言，发射中子的概率较大，发射质子或其他核子集团的概率相对较小。

复合核蒸发余核 [evaporated residua] 复合核发射一个或几个核子或 (和) 核子集团后最终的剩余部分，其激发能再不足以发射核子或核子集团，它是一个新的原子核。重离子碰撞中形成的复合核一般具有较高的角动量，除了通过粒子 (碎片) 发射和统计伽玛发射退激发复合核的角动量外，最后都通过沿转晕带 (及其附近的转动带) 的级联伽玛射线发射退激发。

中能重离子碰撞 [heavy ion collision in intermediate energy] 入射弹核的能量大约在每核子 20MeV 到每核子 100MeV(或更高一些) 之间的重离子碰撞。该能区的重离子碰撞既具有低能区重离子碰撞的特点，也具有高能区重离子碰撞的特征。也就是说，中能重离子碰撞中，平均场的作用和核子–核子相互作用同时存在，相互竞争。因此，反应过程较为复杂，最后的反应出射道比较多。利用中能重离子碰撞可以研究高激发核 (系统) 的多重碎裂，液气相变，弹核的碎裂等现象，也可利用弹核的碎裂产生放射性核束流。

弹核碎裂反应 [projectile fragmentation] 能量较高的重离子碰撞时，入射弹核与靶核相互作用较强，且核子–核子碰撞占主导地位，可以导致弹核本身碎裂为两部分或更多部分 (例如，发射一个或多个核子或粒子) 的过程。其特征是出射的类弹核具有与入射弹核接近的速度，大都集中在束流方向附近。这种反应机制是产生放射性束流的主要方法之一，可以研究短寿命远离 β 稳定线核 (奇特核 exotic nucleus) 的结构核性质。1985 年美国伯克利实验室首先利用这一反应机制产生了一系列轻的奇特核，发现 ^{11}Li 等核具有非常大的核半径，后来证明其最外层的两个中子分布在距离 ^{9}Li 核芯很远的范围上，称为中子晕核。从此开辟了晕核研究的新领域。

散裂反应 [spallation reaction] 相对论性的轻炮弹 (多为强子) 与重靶核相互作用，被靶核吸收并与靶核核子进行碰撞，从而也引起靶核内核子的级联碰撞，少数核子在碰撞初期发射出去 (预平衡发射)，同时在剩余部分沉积了大量的能量，使其处于高激发状态，导致其最后分裂成若干碎片的反应。反应产物可以有核子、氘、氚、氦等轻核及一些中重核碎片。在 1933 年进行的宇宙线研究中，观测到的高的级联粒子的多重数，被解释为相对论性的轻炮弹引起的核反应，其机制为散裂机制。1947 年，开始利用加速器进行实验研究。1948 年开始，利用蒙特卡罗技术对这种反应进行模拟。目前，基于运动学方程，考虑碰撞项的动力学模型，像 BUU, QMD 等开发了一些蒙特卡罗技术模拟程序。20 世纪 70 年代，对反应的微观机制进行了一系列研究。经过 70 多年的理论和实验研究，对这种反应有了较多的认识，但与实际应用的需要仍有差距。这种反应机制可用于散裂中子源、洁净核裂变能源、长寿命放射性核的嬗变和放射性核素的产生。

同位旋效应 [isospin effect] 组成原子核 (核物质) 的中子与质子比 (简称同位旋) 对原子核 (核物质) 性质 (状态方程) 的影响，以及碰撞系统的同位旋对碰撞结果的影响。同位旋是粒子的性质之一，是反映自旋和宇称相同、质量相近而电荷数不同的几种粒子归属性质的量子数。质子的同位旋 $I=1/2$，中子的同位旋 $I=-1/2$。由于核力具有电荷无关性，质子和质子、中子和中子及质子和中子之间的核力是相同的，这说明就核力的性质而言，质子与中子之间没有区别，因此把质子和中子看成同一种粒子的两种不同状态。原子核的同位旋可由质子和中子的同位旋 "合成" 得到，强子的同位旋由组成强子的夸克的同位旋 "合成" 得到。强相互作用下系统的同位旋和同位旋第三分量均守恒。

对称能 [symmetry energy] 原子核的总能量即体积能、表面能、与同位旋相关的能量和高阶项中与同位旋相关的部分。此项的系数称为对称能系数。对称能系数取值是当前核物理研究的重要课题。

颈部 [neck part] 在中、低能重离子碰撞中，当弹核与靶核都很重时，它们在接触的过程中首先是少数核子扩散，逐渐增加，以致在弹核与靶核之间形成的一个连接部分。这是在利用输运方程描述碰撞过程时的一种唯象表述。

核势 [nuclear potential] 原子核之间的一种除库仑作用势外的主要相互作用势，其特点是短程的吸引势。更微观的讲，核势是组成两个原子核的核子相互作用的综合。在光学模型的假设下，认为原子核是一个半透明的球体，入射粒子与靶核的作用可用光的入射与反射来描述。这时核势可用伍兹–萨克森形式表示。还有折叠势、亲近势等的核势表达形式。

折叠势 [folding potential] 当两个原子核靠近时，一个原子核的每个核子与另一个原子核的每个核子之间的有效相互作用势进行交叠计算得到的两个原子核之间总的相互作用势。

亲近势 [proximity potential] 两个很接近的原子核之间的相互作用势用一个几何参数 (取决于相互作用表面曲率) 与一个通用处理函数 (取决于两个相互作用体分开距离) 的乘积表示，与两个碰撞核的质量无关。是一种较为简单的计算两个原子核相互作用势的方法。

核碎片 [nuclear fragment] 在原子核碰撞过程中产生的较大的原子核碎片，根据质量的大小可分为重碎片 (质量数接近靶核的)，中等质量碎片 (其质量数在十到几十之间) 和轻碎片 (质量数在十以下)。这些术语多出现在关于核多重碎裂的研究中。裂变碎片专指重核裂变后产生的两个较重的原子核。

复合核 [compound nucleus] 复合核反应产生的处

于热平衡状态、具有一定激发能的原子核，它的核子数等于弹核与靶核核子数的总和，视其激发能和角动量的大小，可蒸发中子和 (或) 质子和 (或) 其他核子集团，发射伽马射线，最后成为一个处于基态 (或同质异能态) 的稳定原子核。其存活时间最长可达 10^{-16}s。

余核 [residua] 核反应最后剩余的较重原子核的统称。

类弹碎片 [projectile like fragment] 原子核碰撞中出射的质量数接近入射弹核的碎片。其最高速度与弹核接近。

类靶碎片 [target like fragment] 原子核碰撞中出射的质量数接近靶核的碎片，其速度较低。

复合系统 [composite system] 核反应初期，弹核和靶核结合形成的一个没有达到热平衡的复合体。其质量数可以等于或少于弹核与靶核的质量数之和。

准裂变 [quasi-fission] 弹核与靶核粘在一起，在未达到中子质子比平衡时就发生裂开；相粘时间的长短可能成为判断它的关键因素；从弹核与靶核接触之后约 70×10^{-22}s 之内裂开；弹核与靶核结合在一起，具有相同的运动速度，裂开时的主要作用是库仑力和离心力，因此准裂变碎片的动能分布与融合裂变碎片的相同；准裂变碎片质量数由非对称到对称发展 (由碰撞参数和入射能量决定)；准裂变与深部非弹性碰撞应该属于同类反应机制。

快裂变 [fast fission] 两核相粘时间更长，中子与质子之比与原来的已有较大差别，但是还未达到平衡就裂开。从弹核与靶核接触之后约 100×10^{-22}s 之后裂开。作用时间在融合和深部非弹性碰撞的作用时间之间，入射角动量小于临界角动量，散射角比深部非弹性碰撞碎片的更大，能损也更大。

周边碰撞 [peripheral collision] 碰撞参数较大，即弹核与靶核在碰撞时重叠部分较少的碰撞。弹核碎裂、转移、敲出等反应都属于周边碰撞。

中心碰撞 [center collision] 严格讲，碰撞参数为零的碰撞。实际上发生碰撞参数为零的碰撞概率非常小，因此，有时将碰撞参数很小的碰撞统称为中心碰撞，或近中心碰撞。

线性动量转移 [linear momentum transfer] 在原子核碰撞过程中弹核的线性动量转移给靶核的现象。在研究中能重离子碰撞的早期用来表明反应激烈程度的一个量。

线性动量 [parallel momentum] 平行于入射粒子方向的动量。

垂直动量 [transversal momentum] 垂直于入射粒子方向的动量。

辐射俘获反应 [radiative capture reaction] 在入射弹核能量较低时，靶核将弹核俘获后形成的复合核具有较低激发能，不足以发射核子，仅能发射伽马射线退激发的反应。是核合成过程中的一种重要的反应过程。

天体核反应率 [nuclear reaction rate] 在天体演化过程中发生的核反应概率 $\langle\sigma v\rangle$，是通过对整个玻尔兹曼速度分布上的反应截面求平均而得到，表示为 $\langle\sigma v\rangle=\left(\frac{8}{\pi\mu}\right)^{1/2}$ $\frac{1}{kT}^{3/2}\int_0^\infty S(E)\mathrm{e}^{\left(-\frac{E}{kT}-\frac{b}{E^{1/2}}\right)}\mathrm{d}E$, $b=0.989\,ZxZA\mu^{1/2}$ MeV$^{1/2}$。在没有共振的情况下，反应率在 $E_G=\left(\frac{bkT}{2}\right)^{2/3}$。

天体 S 因子 [astrophysical S factor] 表征纯粹核相互作用对核反应截面贡献的一个因子，定义为 $\sigma(E)=S(E)E^{-1}\mathrm{e}^{-2\pi\eta}$, $2\pi\eta=31.29Z_1Z_2(\mu/E)^{1/2}$。如果没有共振反应发生，$S(E)$ 基本上是常数。但是 S 因子的测量在非常低能量的核反应是非常困难的。因此常用较高能量时测得的 S 因子代替低能时的 S 因子。有时也可通过特殊的转移反应截面的测量推出 S 因子。

CNO 循环 [CNO circle] 又称贝斯-魏茨泽克循环。恒星将氢转换成氦的两种过程之一。该过程先由 ^{12}C 通过俘获质子反应生成 ^{13}N，^{13}N 通过正贝塔衰变成 ^{13}C，^{13}C 通过俘获质子反应生成 ^{14}N，^{14}N 再通过俘获质子反应生成 ^{15}O，^{15}O 通过正贝塔衰变成 ^{15}N，^{15}N 俘获质子后放出 α 粒子又回到 ^{12}C。这个循环的净效应是 4 个质子变成为 1 个 α 粒子、2 个正电子 (和电子湮灭，以 γ 射线的形式释放出能量) 和 2 个携带着部分能量逃逸出恒星的微中子，并总共净释放 25 MeV 的能量。

贝斯-魏茨泽克循环 [Bethe-Weizsäcker circle] 即 CNO 循环。在质量像太阳或更小些的恒星中，质子-质子链反应是产生能量的主要过程，太阳只有 1.7% 的氢核是经由碳氮氧循环的过程产生的。但是理论模型显示，碳氮氧循环是更重恒星的能量主要来源。碳氮氧循环的过程是由卡尔·弗里德里希·冯·魏茨泽克和汉斯·贝特在 1938 年和 1939 年各自独立提出的。

$$^{12}\mathrm{C} + {}^1\mathrm{H} \longrightarrow {}^{13}\mathrm{N} + \gamma \qquad +1.95\ \mathrm{MeV}$$
$$^{13}\mathrm{N} \longrightarrow {}^{13}\mathrm{C} + \mathrm{e}^+ + \nu_\mathrm{e} \qquad +2.22\ \mathrm{MeV}$$
$$^{13}\mathrm{C} + {}^1\mathrm{H} \longrightarrow {}^{14}\mathrm{N} + \gamma \qquad +7.54\ \mathrm{MeV}$$
$$^{14}\mathrm{N} + {}^1\mathrm{H} \longrightarrow {}^{15}\mathrm{O} + \gamma \qquad +7.35\ \mathrm{MeV}$$
$$^{15}\mathrm{O} \longrightarrow {}^{15}\mathrm{N} + \mathrm{e}^+ + \nu_\mathrm{e} \qquad +2.75\ \mathrm{MeV}$$
$$^{15}\mathrm{N} + {}^1\mathrm{H} \longrightarrow {}^{12}\mathrm{C} + {}^4\mathrm{He} \qquad +4.96\ \mathrm{MeV}$$

共振反应 [resonant reaction] 当入射弹核 (粒子) 的有效能量与两个碰撞核之一或者与形成的复合核的一个能级相当时，其反应截面得到增强的反应在天体核反应过程中，在一定入射能量范围内，弹核被靶核俘获后刚好能够布居在复合核的某个能级，从而截面得以增强。

核反应网络 [nuclear reaction net]　在天体演化过程中, 合成原子核的一系列相关联的核反应所组成的网络。例如通过 H 燃烧、He 燃烧、更重的原子核的俘获快质子及相关核反应过程合成了直到中稀土元素的一系列原子核, 这些反应就组成了一个庞大的核反应网络。

H 燃烧 [H burning]　恒星核合成中主要通过消耗氢生成较重原子核的核反应过程。包括在 5 倍太阳质量以内的主序星中进行的质子-质子链反应 (结果是 4 个 H 生成 1 个 He), 以及在更重的恒星中进行的以碳氮氧循环为主的反应。这两者都是靠着氢燃烧的过程来产生恒星的能量。

He 燃烧 [He burning]　通过与 He 的融合而产生更重原子核的反应, 包括 3α 过程 (生成 ^{12}C 和它的次级 4α 过程生成 ^{16}O) 以及 He 与更重原子核的融合反应生成从 ^{12}C 直到 ^{60}Zn 原子核的过程。这些反应的概率都很小。

pp 反应链 [proton reaction chain]　两个 H 原子核融合生成 D, D 核与 H 融合生成 ^{3}He, ^{3}He 再与 H 融合生成 ^{4}He 的反应链。

量子分子动力学模型 [quantum molecular dynamic model]　J.Aichelin 等于 1986 年在分子动力学模型的基础上提出用来对原子核之间的碰撞动力学过程进行微观描述的一种模型。将核中的核子看作在坐标空间和动量空间中具有一定宽度的高斯波包, 通过核子间的两体、三体力计算核子间的相互作用势。明确地包含了多体关联, 核状态方程及有些最重要的修正 (泡利原理、随机散射和粒子产生)。后来, 在此基础上, 考虑到不同因素的影响, 发展出了多种改进型的 QMD, 用以描述不同能量、不同同位旋的核碰撞系统的碰撞动力学过程及其产物分布。

原子核阻止 [nuclear stoping]　用来表明重离子碰撞中动量转移大小的一个量, 换句话讲是描述靶核对入射弹核透明度的一个量。在中能重离子碰撞中, 定义为碰撞产物总动量中垂直与入射方向的分量 (垂直分量) 与平行与入射方向的分量 (水平分量) 的比值, 可以写成 $R = \dfrac{2}{\pi} \dfrac{\sum\limits_{i}^{A} p_{\perp}(i)}{\sum\limits_{i}^{A} p_{\parallel}(i)}$。在中能重离子碰撞中, 由平均场和核子-核子碰撞决定, 在相对论重离子碰撞中则主要由核子-核子碰撞所决定。也有人用入射弹核的快度与碰撞后出射重子的平均快度之差, 即平均快度损失表示。

同位旋分馏 [isospin fractional]　在中能重离子碰撞过程中, 产生丰中子的气相和缺中子的液相的现象。气相的中质比与液相的中质比之间的比值与同位旋相关的平均场有敏感地依赖关系。

自由核子-核子碰撞截面 [free nucleon-nucleon cross section]　处于自由状态下的核子与核子的作用截面。

实验上可由质子与质子的碰撞直接获得自由的质子与质子碰撞截面, 也可以由质子与 D 核的碰撞得到质子与中子的碰撞截面。

入射炮弹 [projectile]　具有一定速度, 用来轰击其他原子核的粒子或离子。

靶核 [target nucleus]　原子核碰撞过程中被轰击的原子核。通常在实验室系统中是固定的, 但在对撞或者合并 (merging) 碰撞等过程中, 靶核是运动的。用于靶核的材料有固体、气体, 液体很少用。靶形状有薄膜、较厚的板材、细丝、气室、气流等。

中子核反应 [neutron induced reaction]　利用中子作为弹核, 轰击其他原子核所发生的反应。

放射性束核反应 [radioactivebeam induced reaction]　利用放射性原子核作为束流所产生的核反应。从 20 世纪 80 年代开始, 能产生大量放射性核并将其作为束流后实现的核反应。

重离子核反应 [heavy ion reaction]　质量数比 ^{4}He 大的离子称为重离子。重离子与重原子核之间发生的核反应。20 世纪 60 年代重离子加速器出现后才逐渐开展研究, 并逐步深入。重离子反应有低能、中能和高能以及极端相对论能量的反应之分。习惯上称低能重离子反应、中高能重离子碰撞和相对论重离子碰撞。重离子反应在合成新核素时起着重要作用, 它是超重元素合成的主要途径。中能重离子碰撞除了产生放射性核束外, 还多用于研究核物质性质 (状态方程), 对称能及其效应等。高能重离子碰撞则多用于研究夸克胶子等离子体的产生及其特性, 也可用于产生粒子。

光核反应 [gamma reaction]　伽马射线与原子核相互作用引起的核反应。

带电粒子核反应 [charged particle induced reaction]　由带电粒子, 如质子、α 粒子等带电的粒子与原子核相互作用而引起的核反应。

反应能 [reaction energy]　核反应过程中释放出的能量, 即反应后的动能与反应前的动能差。这一差值为正, 则称该反应为放能反应, 如氘氚聚变反应; 这一差值为负, 则称为吸能反应。

逆运动学反应 [inverse reaction system]　入射弹核的质量大于靶核质量的反应系统所发生的反应。弹核质量比靶核质量越重, 反应产物越集中于束流出射方向 (前方向)。利用这种反应可以用较少的探测器测得较大质心系角度范围的碰撞产物。

实验室坐标系 [laboratory coordinate]　在实验室中确定的空间坐标系统。在核反应中通常以靶的中心作为坐标原点。便于利用实验室的工具进行实地测量。

质心坐标系 [center mass system]　以反应系统的

质量中心为坐标原点的空间坐标系统。质心坐标系中的实验结果便于与理论计算结果进行比较。实验室坐标系中的一系列物理量可以通过相应的公式转换到质心系中的相应物理量。

薄靶 [thin target]　靶子的质量厚度较小，入射弹核垂直通过靶子时能量可以认为不变。反应产物的结果与入射能量变化有非常灵敏的依赖关系的核物理实验要求使用薄靶，如低能时的转移反应、裂变反应等。

厚靶 [thick target]　入射粒子穿越靶子时所损失的能量不能忽略，单位面积靶上的靶核数为靶物质密度与入射炮弹的有效射程的乘积。由于炮弹在厚靶中穿行时能量不断降低，在计算截面或产物产额时要考虑能量的变化。

反应激发函数 [excitation function]　反应截面随入射能量的变化关系，如用曲线表示，则称此曲线为激发曲线。

微分截面 [differential cross section]　核反应过程中，单位时间出射至确定方向的单位立体角内的粒子数与单位时间内入射粒子数和单位面积的靶核数之积的比值，通常也用符号 $\sigma(\theta, \phi)$ 来标记。微分截面的单位是靶恩/球面度 $(b \cdot sr^{-1})$ 或毫靶/球面度 $(mb \cdot sr^{-1})$ 等。

预平衡反应 [pre-equilibrium reaction]　当反应系统所形成的复合体系没有达到热平衡时就会发射粒子的反应，其发射的粒子称为预平衡发射粒子，其特点之一是能量较高。

核内级联 [cascade inner nucleus]　核碰撞过程中，如果入射粒子的能量显著大于核内核子之间的相互作用能，且其德布罗意波长小于核子之间的平均距离，则它进入靶核时，每次只与核内的一个核子碰撞。它在核内可能只作少数次碰撞而带着相当一部分的能量离开靶核；有时在一次碰撞中可把一个核子撞出核外，有时被撞的核子也常常得到相当多的能量，它也能像入射粒子那样与核内其他核子碰撞的现象。

液气相变 [liquid–gas phase transition]　在原子核的液滴模型概念下，将原子核比作液态，当原子核的激发能达到一定高度时，原子核可以分解为核子及小质量的碎片 (气态) 的变化。从 20 世纪 80 年代早期中能重离子加速器投入使用后对原子核的液气相变开始进行研究，经过近 20 年的实验和理论研究，最终确定了这一现象的存在。

核温度 [nuclear temperature]　对于一个处于统计平衡，且具有较高激发能的大数粒子系统，其温度是熵随能量微小变化而变化的倒数。虽然原子核的核子数不够多，但也以同样的概念定义了处于高激发状态原子核的温度。但是，由于没有任何探针能直接测量原子核的温度，因此，在实验上就有许多方法提取原子核 (物质) 的温度。低级发能时，从它发射的轻粒子谱提取核温度，也称为谱温度 (或表观温度)；激发能高时，建议了同位素比温度，不稳定粒子的态布居温

度等。

能谱温度 [spectrum temperature]　处于平衡状态的原子核，如复合核，发射粒子的速度分布符合麦克斯韦分布，因此，其能谱的斜率为复合核温度的倒数。对带电粒子而言，由于库仑位垒的影响，需取其能谱后沿的斜率计算复合核温度。

同位素温度 [isotope temperature]　在假设系统达到化学平衡的情况下，由反应中一种元素的两种同位素产额的比值与另一种不同元素的两种同位素产额的比值之间的比例称为同位素产额比，由此比例所确定的核温度称为同位素温度。这种方法确定的温度会受到出射同位素的次级衰变的影响。

冻结 [freeze-out]　中高能重离子碰撞中，反应或者系统的集体特征演化停止的时刻。在这一时刻，系统的密度非常小，以至于在一个典型的路径长度上不会发生进一步的相互作用。

同位旋标量分析 [isoscaling analysis]　对原子核碰撞过程中所产生的同位素产额分布的分析。由于产物同位素初始激发能较高，从而在被测到之前会发生衰变，影响测量结果，因此，采用两个碰撞系统的相同同位素的产额比进行分析。这种分析对研究核状态方程的电荷非对称性，检验碰撞模型，优化远离稳定线同位素的产额等都有重要意义。20 世纪 80 年代初开始这一研究。

反应阈能 [threshold energy]　在实验室坐标系中，能使核反应发生的入射粒子的最低能量。可以用入射粒子的质心系能量与反应 Q 值的绝对值相等来计算反应阈能。当反应 Q 值为正时，原则上反应阈能为零，但是由于存在库仑位垒，反应阈能取决于库仑位垒。

细致平衡原理 [fine balance principle]　当反应系统处于平衡时，每个基元反应也必须处于平衡状态。由此得到一个原子核反应体系的正反应截面与逆反应截面之比等于逆反应入射粒子动量的平方和逆反应系统的入射粒子及靶核自旋相关的权重因子的乘积与正反应系统中的入射粒子动量的平方和反应系统的入射粒子及靶核自旋相关的权重因子的乘积之比。细致平衡原理只在质心系统成立，且要求正、逆系统的入射粒子的能量要匹配 (逆过程中入射粒子的质心系能量等于正过程中出射粒子的质心系能量)，对微分截面要求角度匹配 (在质心系中，正过程出射粒子的角度等于逆过程出射粒子的角度)。

穿透系数 [transmission coefficient]　在核反应的光学模型描述中，表示入射粒子能够遂穿作用位垒的概率。不同的入射角动量分波有不同的穿透系数值，取决于光学模型参数。穿透系数与位垒宽度、入射粒子的分波数等有关。

分波分析 [partial wave analysis]　利用分波截面表

示各类反应截面的方法。入射粒子相对于靶核 (原点) 有一定的角动量。每个角动量的入射粒子与靶核都有一定的反应概率 (截面)，称为分波截面。包括半经典分波法和量子力学分波法。在半经典分析中，碰撞距离与角动量有确定的关系，不同的角动量对应不同的圆环，圆环的截面称为分波截面。在量子力学分波法中，入射量子数可按平面波展开，从而推导出各种反应截面的分波截面。

光学模型 [optical model]　采用复数势阱描述核反应的模型。在核反应中，将入射粒子同靶核的作用 (散射或吸收) 看成是入射粒子在以靶核中心为原点，有一定半径和深度的平均场势阱中运动，作用势用复数势表示 (类似于用复折射率描述半透明的玻璃球对入射光的散射和吸收)，这时，由薛定谔方程求解可成功地解释核的散射和吸收现象。

布莱特-维格纳公式 [Breit-Wigner formula]　当入射粒子的能量接近产物核的分离能级能量时，用来计算所发生的特定核反应的截面的公式。也可以认为是描述一个入射粒子被吸收而形成具有确定能量和寿命的亚稳态的概率公式。

垒下融合 [sub-barrier fusion]　弹核入射能量低于碰撞系统的库仑位垒时的融合反应。研究对超重核合成有重要意义。同时弱束缚核与稳定核的垒下融合反应也提供了研究核内三体相互作用的机会。有时，由于与靶核和弹核内部自由度的耦合效应，垒下融合截面会得到数量级的增强；但是，当弹核为弱束缚核时，由于核破裂的影响，融合截面反而降低。垒下融合反应也提供了研究核结构的机会。

近垒 [near-barrier]　位垒附近。这时融合反应的截面变化剧烈，与位垒分布有密切关系。

总反应截面 [total reaction cross section]　在两个原子核碰撞过程中，除弹性散射截面外的所有反应截面，包括非弹性散射、转移、深部非弹、非完全融合、全融合等。

核破裂 [nuclear breakup]　一个原子核与另一个原子核碰撞过程中，由于库仑力和核力的作用，使得其中一个原子核，通常是弹核碎裂成两个或两个以上的碎片的现象。弱束缚核与稳定靶核的碰撞过程中很容易发生弱束缚核的破裂。

多重碎裂 [multifragmentation]　重离子碰撞中，当入射能量足够高时，所形成的复合系统具有很高的激发能，它可同时碎裂为两个以上的核碎片和许多粒子的现象。20 世纪80 年代中能重离子加速器出现后，对此现象进行了深入的研究。为进行多重碎裂的实验研究，国际上建造了几台多单元全空间离子探测器，最初建造的主要是利用塑料闪烁体探测器做单元探测器，后来建造的主要是利用硅探测器做单元探测器，从而对出射粒子和碎片的电荷和质量的鉴别能力有了很大的提高。

粒子发射时标 [particle emission time scale]　重离子碰撞过程中高激发复合体系发射粒子的时间标度。通常实验上利用粒子关联函数提取发射时标。粒子发射时标的测量对鉴定多重碎裂过程是否发生具有重要意义。

融合临界角动量 [critical angular momentum for fusion reaction]　依照锐截止模型的概念，可以按照入射轨道角动量将不同的反应过程截然分开。因此，可以说融合临界角动量是指能够发生融合反应的最高入射轨道角动量。在与轨道角动量和距离相关的两重离子相互作用势曲线中 (假设重离子的密度不变)，将其对距离的导数首先不出现负值的那条轨道角动量称为临界角动量。如果其导数值存在负值，则意味着两个核之间存在吸引，从而可以发生融合。这是对低能核反应进行经典分析时所提出的一种物理图像。

库仑激发反应 [Coulomb excitation]　在两个核的非弹性碰撞过程中，通过两个核的电磁相互作用使其激发的现象。这也是探测核结构电磁特性的一种实验方法。尤其适用于研究核的集体性质。但是，在试验中为确保相互作用是纯粹电磁相互作用，要选择合适的散射角度进行测量。

屏蔽效应 [screening effect]　在具有多于一个电子壳层的原子中，其原子核与核外电子之间的引力减少的现象。在研究极低能核反应时，入射离子与靶原子核的库仑排斥作用 (屏蔽作用) 由于靶核外电子的存在而减弱，尽管减弱量很小，但与入射能相比不能忽略，因此也会影响反应率。

库仑离解反应 [Coulomb dissociation reaction]　当一个弹核轰击质子数很大的靶核时，弹核可通过吸收靶核库仑场产生的虚光子而激发，并在退激过程中解离成两部分的过程。通常用这种反应过程研究天体演化过程中不稳定核引起的反应率。例如，^{8}Li 吸收中子生成 ^{9}Li 的反应 (^{8}Li(n,γ)^{9}Li) 率的测量，由于弹核和靶核的寿命都很短，就只有利用由弹核碎裂产生高能 ^{9}Li 轰击反应铅靶或铀靶，通过库仑解离反应得到。

爆发性核合成 [explosive nucleosynthesis]　在超新星核心通过快中子俘获合成重元素的过程。

等待点核 [waiting point nucleus]　在通过快质子俘获合成核素的系列中，合成的核素接近质子滴线 (最后一个质子的结合能为零的核素连成的线) 时，或者遇到一个质子俘获截面非常小的反应时，或者反应 Q 值非常小，使得其逆反应截面很大时，就不能再通过这一质子俘获系列继续合成下一个核素，需要等待该核素进行 β 衰变，以寻找下一个可以发生的质子俘获反应通路，使得通过快质子俘获的核合成系列继续进行下去。需要等待的地点称为等待点，位于等待点上的核素称为等待点核。

反应率测量方法 [methods of measuring reaction rates]　从原理上讲有两类方法可以进行反应率的实验测量：直接测量和间接测量。直接测量是按照核反应的正向过程，利用合适的弹核轰击靶核，生成预期的反应产物。在直接测量中，根据条件弹核与靶核可以互换，例如，研究质子俘获反应，本来应该利用质子轰击靶核，但是反应中的靶核是短寿命的放射性核素，不可能用作靶子。这时就可以利用放射性装置产生的放射性核 (俘获反应中的靶核) 束流轰击质子靶，以完成实验测量。除此以外的方法称为间接测量。例如，通过逆反应研究正反应的反应率就是研制间接测量方法。库仑解离反应就是研究质子俘获反应率的间接测量方法。

伽莫夫能量 [Gamow energy]　按照经典的观点，弹核与靶核相对动能低于它们的库仑位垒时，是不能发生融合反应的。但是，依照量子力学计算，很低能量的弹核有一定的概率穿过库仑位垒与靶核发生融合，而且随着能量的增加，反应概率快速增加。但是在给定温度下，弹核达到一定能量时，随着能量的进一步增加，反应概率反而按照麦克斯韦-玻尔兹曼 (Maxwell-Boltzmann) 分布规律很快地降低。这个能量点因伽莫夫发现而得名伽莫夫能量。大约是环境温度的几倍。在给定温度的天体环境中，原子核之间或粒子与原子核之间在一个很窄的能量窗内具有最可几的融合反应概率。这个能量窗称为伽莫夫能量窗。

网络方程 [network equation]　描述天体演化过程中的元素核合成及能量释放的一组方程。动态的核天体反应网络方程还包括天体演化过程中的热力学、流体动力学等，例如温度和密度的变化，等离子体的对流及物质的抛出等。静态方程用于处理特定温度和密度下核素丰度的变化和能量的释放，是分析天体核反应网络和反应率的重要工具。

反应平面 [reaction plane]　在两核碰撞过程中，规定由碰撞前的弹核入射轨迹和靶核中心点决定的平面。实验上通常用出射产物的总动量与靶核中心点决定反应平面，也有用其他方法的。

集体流 [collective flow]　在原子核碰撞中出射产物的一种集体特性，可分为纵向流 (longitudinal flow)、径向流 (radial flow)、横向流 (transverse flow)、椭圆流 (elliptic flow) 和侧向流 (side flow) 等。纵向流描述出射粒子在束流方向上的集体运动性质；径向流表征出射粒子以一个与方向无关的公用速度从一个源发射的特性；横向流是当发现发射粒子的速度场与方位角无关时所用的术语；椭圆流描述粒子在某个方位角较集中的发射，而且具有背对背的对称性；粒子在碰撞参数方向上的增强发射称为边流。

核物质不可压缩性系数 [incompressibility]　具有确定非对称性参数和熵的核物质的总能量随其密度变化曲线 (状态方程) 在饱和密度时 (这时其核子的能量处于最低) 的曲率的值，通常用 k 表示。不同模型的预言值有较大差别。

平衡能量 [balance energy]　由低能的集体效应转变为高能的集体效应时入射离子的实验室系能量。在重离子碰撞中，入射离子能量较低时，平均场的吸引作用可以使碰撞过程中发射的碎片产生集体运动 (偏向负角度)。入射能很高时，碰撞过程中核物质的压缩使得在质心系中前后半球出现碎片发射的集体效应。与核物质的不可压缩性系数密切相关。实验上可以从集体流的变化 (例如约化集体流为零时) 获得平衡能。

位垒分布 [barrier distribution]　接近库仑位垒能量的两个重离子相互作用时，其相对运动与其他核自由度 (例如核的变形) 耦合会导致一个有效的多维核相互作用势能面。其可代替原有的库仑位垒的高度和位置都确定的一维两体势。实验上可以通过精确测定位垒附近的融合激发函数，然后将截面与质心系入射能的乘积对能量求二阶导数，即可得到位垒分布。在超重核合成中是非常重要的影响因素。

三源模型 [three source model]　在相对论重离子碰撞中，弹核与靶核重叠部分所形成的高温区域被形象地称为火球，其余部分分别是靶核旁观者与弹核旁观者。三者的激发能不同，火球部分高，旁观者低。它们都会在各自的质心系中各向同性地发射高能粒子或核碎片而退激发。但由于激发能的不同，发射粒子或碎片的能量不同。这种唯象的原子核碰撞模型称为三源模型。

碰撞参数 [impact parameter]　原子核碰撞中，在弹核入射方向上分别通过弹核和靶核中心的两条直线间的距离。

半密度半径 [half density radius]　当原子核边沿的核子分布密度下降至该原子核平均核子密度的一半时所对应的原子核半径。

核内级联散射 [cascade scattering]　在相对论能量区域，入射粒子的波长很短，它与原子核的相互作用可以理解为一系列核子-核子相互作用。核内级联过程的结果导致了粒子的发射，其过程可分两步来描述：第一步：预平衡快核子发射。发射核子的性质基本上由核子-核子碰撞运动学、核内核子的质量及电荷分布决定。粒子发射的同时，剩余核被激发，得到能量和角动量。第二步：复合核的形成与衰变。处于激发态的剩余核系统内部平衡能量和动量，最后按统计规律退激发，产生各种末态核。

单举测量 [inclusive measurement]　对各种反应产物分别进行的孤立测量。

额外推动能 [extra push energy]　在非常重的反应系统中，发生明显的融合反应时，入射离子的能量比作用位垒高出的能量。

临界距离 [critical distance]　法国奥赛实验室的核物理学者在分析多种中等或重系统的全融合反应数据时，第一次半经验地指出，发生全融合反应时，入射弹核与靶核接近到的距离。

融合位垒 [fusion barrier]   弹核与靶核表面接近处的核势加库仑势的极大值,其分布可近似地用抛物线描述。

转动惯量 [momentum of inertia]   对原子核集体转动惯性的度量。对于球形核,可以将其看作刚体,计算其转动惯量。核的变形和自旋等都会影响其转动惯量。

摩擦力 [friction dissipation]   在核反应的唯象描述中,由于核之间存在库仑相互作用和核相互作用及相对运动动能,因此当两核接触时,存在的阻止两核进行相对运动的切向阻力和径向阻力。这种现象称为摩擦 (耗散)。核子与自洽平均场所形成的核 "墙" 之间的耗散碰撞现象,称为单体摩擦。

索末菲参量 [Sommerfeld parameter]   入射粒子与靶核对心碰撞时的最接近距离与入射离子波长的比值。可用来界定两核发射碰撞的性质,如当索末菲参量比 1 大得多时发生库仑激发反应。

偏转函数 [deflection function]   在重离子碰撞的经典描述中,入射离子与靶核碰撞后,其偏转角度与入射离子能量和碰撞参数的函数关系。

弛豫过程 [relaxation process]   当两个原子核碰撞时,其能量自由度、同位旋自由度等通过核子的碰撞和交换而逐渐达到平衡的过程。

动能损耗 [kinetic loss]   特指深部非弹性碰撞中入射离子所损失的动能。可用来表征碰撞的激烈程度。

约化质量 [reduced mass]   弹核与靶核的质量乘积与它们质量和的比值。用它可以在经典的形式中,较为方便地描述入射粒子在质心系中的相对运动动能与实验室系中的速度的关系。

维辛斯基图 [Wilcznski plot]   在深部非弹性碰撞中,出射的类弹产物核在质心系中的双微分截面作为散射角和一个碎片质心系能量或者两个碎片的质心系总能量的函数,在质心系中画出的等值曲线图。由波兰核物理学家 W.J. 维辛斯基首先提出用来表示深部非弹性散射反应中出射碎片的特性。

摩擦–消融模型 [abrasion-ablation]   高能重离子碰撞中,认为入射弹核与靶核接触时由于摩擦先失去一个或多个核子,同时也产生一定的激发能,随后通过发射粒子而退激发的唯象模型。1973 年由伯克利核物理学家 J. D. 鲍曼等首先提出,并解释了实验数据。

反应截面 [reaction cross section]   入射粒子 (核)与单位面积上的一个靶原子核发生反应的概率。根据核反应图像,有如下几种反应截面:散射截面 (包含势散射截面和共振散射截面),吸收截面 (包含复合核形成截面、直接反应 (耗散反应) 截面。从光学模型出发,按照平均值而言,可得出散射截面与吸收截面为总有效截面,吸收截面等于复合核形成

截面与直接反映截面之和。

11.5 原子核裂变和聚变

原子核裂变和聚变 [nuclear fission and nuclear fusion]   核裂变是指由较重的原子核,例如铀或钍,分裂成较轻的原子核的一种核反应或放射性衰变形式。原子核可以在外来粒子的轰击下发生裂变,称为诱发裂变 (induced fission)。原子核也可以在没有外来粒子轰击的情况下自发发生裂变,称为自发裂变 (spontaneous fission)。绝大部分的核裂变会产生两个较轻的原子核,称为二分裂变 (binary fission)。偶尔核裂变会产生三个较轻的原子核,称为三分裂变 (ternary fission)。在裂变过程中通常伴随着自由中子和伽玛射线的出射,并释放出巨大的能量。原子弹以及核电站的能量来源都是核裂变。重核的裂变是 1938 年由科学家哈恩 (Hahn) 和斯特拉斯曼 (Strassmann) 首次发现,并由物理学家迈特纳 (Meitner) 和弗里施 (Frisch) 首次给出理论解释。核聚变是指在一定条件下 (如超高温和超高压),质量小的原子核通过聚合生成新的质量更重的原子核的一种核反应形式。两个质量小的原子核在融合过程中由于质量亏损,能够释放出巨大的能量。如氘和氚,在一定条件下,会发生原子核聚合反应,生成中子和氦 (^{4}He),并伴随着巨大的能量释放。通常由于原子核均带正电,相互之间存在库仑斥力,一般条件下发生聚变的概率极小。自然界中只有在太阳等恒星内部,因温度极高,轻核才有足够的动能克服库仑势垒,形成持续的核聚变。人工核聚变可以用氢弹爆炸来实现。可控核聚变目前还在研究当中,几种主要的可控核聚变方式有超声波核聚变、惯性约束核聚变和磁约束核聚变。核聚变较之核裂变有两个重大优点。第一个优点是地球上蕴藏的核聚变能源比核裂变能源丰富得多,如海水中含有的氘等。第二个优点是不易产生污染环境的放射性物质。因此被认为是最理想的洁净能源之一。

诱发裂变 [induced fission]   原子核在外来粒子的轰击下发生的裂变。通常具有一定能量的入射粒子,如中子、光子、质子、氘核、氦核和重离子等都可以引起核裂变。原子核在中子的轰击下发生的裂变称为中子诱发裂变 (neutron-induced fission)。原子核在光子的轰击下发生的裂变称为光致裂变 (photofission)。光致裂变的概率较小,带电粒子与靶核间由于存在库仑相互作用,因而发生裂变的概率也较小。中子与靶核间没有库仑相互作用,低能量的中子就可引起核裂变,因而在中子的轰击下发生的裂变概率较大。

中子诱发裂变 [neutron-induced fission]   原子核在中子的轰击下发生的裂变。入射中子根据能量的不同,可以分为热中子和快中子等。核素 ^{233}U(铀)、^{235}U(铀) 和 ^{239}Pu(钚)对热中子的裂变截面较大,易在热中子的轰击下发生裂变。

例如，^{235}U 发生的裂变可表示为 n+^{235}U→^{236}U*→A+B+(2~3)n+Q，式中 A、B 为裂变碎片，裂变放出 2~3 个中子，Q 为裂变能，约为 200MeV。核素 ^{238}U 对热中子的裂变截面为零，因此，热中子不能使 ^{238}U 发生裂变。虽然 ^{238}U 不能与热中子发生裂变反应，却能与快中子进行裂变反应。这些裂变材料中，^{235}U 存在于自然界中，但丰度只有 0.7%。天然铀中主要是丰度为 99.3%的 ^{238}U。天然的 ^{233}U 和 ^{239}Pu 不存在，只能靠反应堆产生。

光致裂变 [photofission]　原子核在光子的轰击下发生的裂变。通常光致裂变的概率较小。

自发裂变 [spontaneous fission]　原子核放射性衰变方式之一，原子核在没有外来粒子轰击的情况下自发发生的裂变。通常只有重的原子核 (质子数大于等于 90) 才能发生自发裂变。前苏联的物理学家彼得扎克 (Petrzhak) 和弗廖罗夫 (Flerov) 在 1940 年首次发现了铀 (U) 的自发裂变。重核除了自发裂变外，还具有其他的放射性衰变方式 (如 α 衰变和 β 衰变等)。随着质子数和中子数的增加，自发裂变相对于其他的衰变模式变得越来越重要。自发裂变是除 α 衰变外决定超重核 (超重新元素) 稳定性的关键因素。一些重核的同质异能态也可以发生自发裂变。1962 年，苏联的物理学家 Polikanov 等首次发现了 Am(镅) 同质异能态的自发裂变。随后，实验学家们发现了一系列其他核同质异能态的自发裂变。通常，同一个核素同质异能态的自发裂变寿命比其基态的自发裂变寿命短的多。

自发裂变半衰期 [fission half-life]　原子核有半数发生自发裂变时所需要的时间。原子核基态自发裂变的半衰期变化范围很大 (10^{-3} 秒 ~10^{18} 年)。原子核同质异能态自发裂变的半衰期变化范围在 10^{-9}~10^{-3}s。处于基态或同质异能态的核可以通过量子力学隧道效应，有一定的概率穿越裂变势垒而发生裂变。势垒越高，越宽，穿透的概率就越小，原子核自发裂变的半衰期就越长，反之则越短。

二分裂变 [binary fission]　由较重的原子核分裂成两个较轻的原子核，同时释放出数个中子，并且以 γ 射线的方式释放光子。绝大部分的核裂变会产生两个较轻的原子核。

三分裂变 [ternary fission]　由较重的原子核分裂成三个较轻的原子核，同时释放出数个中子，并且以 γ 射线的方式释放光子。三分裂变相对于二分裂变较少见。

冷裂变 [cold fission]　由较重的原子核分裂成较轻的原子核，但裂变过程中不伴随着中子和 γ 射线的释放。冷裂变发生的概率非常小，目前实验上发现的冷裂变原子核有 ^{233}U, ^{235}U, ^{239}Pu, ^{248}Cm 和 ^{252}Cf 等。

裂变能 [fission energy]　裂变过程中释放的能量。等于裂变核的能量减去裂变后总产物的能量之和。例如，一个 ^{235}U 原子核裂变所产生的能量约为 200MeV，这些能量包括裂变碎片的动能，裂变过程中放出的伽玛射线的能量，出射中子的动能等。

裂变质量分布 [fission mass distribution]　描述核裂变过程的重要参量之一。一般可以分为三种类型：(1) 对称分布：即裂变后产生的两个碎片质量分布在母核质量数的二分之一 ($A/2$) 处有一个峰值的分布；(2) 不对称分布：即两个碎片质量分布的峰值不在 $A/2$ 处的分布，其中质量数大于 $A/2$ 的碎片称为重碎片，质量数小于 $A/2$ 的碎片称为轻碎片；(3) 混合分布：即对称分布和不对称分布混合在一起的分布。

裂变电荷分布 [fission charge distribution]　核电荷在裂变反应碎片中的分布，描述核裂变过程的重要参量之一。

裂变角分布 [fission angular distribution]　裂变反应碎片沿不同方向飞出的概率分布。

裂变位垒 [fission barrier]　通过引入一组形变参量组成一个形变空间来描述原子核的形变，在这一形变空间中，存在许多把正常的接近球形的核体系和分裂为两块的核体系连接起来的路径。每一条路径都要经过一个形变能为极大的点，这一点的能量称为相对位垒，这些位垒中的最低的一个就称为裂变位垒。按照液滴模型，裂变位垒主要是由库仑能和表面能随形变的变化而决定的。一个原子核能否发生裂变取决于其能否越过裂变势垒。根据液滴模型计算的裂变势垒高度与实验值大致符合。中等质量的原子核，裂变势垒很高，不容易发生裂变。重核的裂变势垒比较低，容易发生裂变。

链式反应 [chain reaction]　能够自持进行的原子核裂变反应。例如，^{235}U 吸收一个热中子，形成复合核，随后发生裂变 n+^{235}U⟶A+B+(2~3)n+Q，其中 A 和 B 为裂变碎片，裂变过程中放出 2~3 个中子，同时释放出 $Q\approx200$MeV 的能量。一个铀核裂变时放出 2~3 个次级中子，这些次级中子又会引起其他铀核发生裂变，放出更多的次级中子，再引起更多的铀核发生裂变。依此类推，于是就能形成一个自持过程，即链式反应。

增殖材料 [breeding material]　本身在热中子的作用下不易发生核裂变，但是通过中子俘获和接下来的核反应产生裂变物质的材料。在核反应堆中，接受辐射可以转换为裂变物质的天然增殖性材料有 ^{238}U 等。在核反应堆中，通过俘获一个中子转化为裂变材料的人工合成核素有 ^{238}Pu 等。有一些超铀元素需要俘获超过一个中子才能转变成半衰期较长的可裂变物质。

增殖比 [breeding ratio]　当新产生的核燃料与所消耗的核燃料之比大于 1 时的比值称为增殖比。

增殖系数 [breeding factor]　在某一时间间隔内所产生的中子总数与同一时间间隔内吸收和泄漏损失的中子总

数之比。对无限介质，这一系数 k_∞ 称为无限增殖系数；在有限大小的反应堆中，这一系数称为有效增殖系数 k_{eff}。k_∞ 只是介质的函数，k_{eff} 除与介质有关外，还与反应堆的形状、大小有关。若反应堆系统的 $k_{eff}=1$ 时，体系中的中子数目保持不变，链式反应以恒定的速率持续进行，这种状态称为临界。$k_{eff}<1$ 时反应堆中的中子数目逐渐减少，链式反应规模越来越小，直至最后停止。维持链式反应的条件是增殖系数 $k_{eff} \geqslant 1$。

临界体积 [critical volume] 维持裂变链式反应所需的核燃料或反应堆的体积。中子有效增殖系数 $k_{eff}=1$ 时的核燃料或反应堆的体积就是临界体积。临界体积是核裂变物理中的重要参数。临界体积的大小取决于可裂变物质的含量百分比，裂变反应中的平均裂变中子数以及裂变装置的类型和结构等。当等于或超过临界体积时，则可发生持续的裂变反应。

原子弹 [atomic bomb] 利用铀和钚等较容易裂变的重原子核进行快中子链式反应而发生爆炸的武器。原子弹爆炸时，可以在极短的时间内释放出大量的能量，其破坏力和杀伤破坏方式主要有光辐射、冲击波、早期核辐射、电磁脉冲及放射性污染等。原子弹通常是使用化学炸药，把在临界体积以下的 ^{235}U 或钚挤压成超越临界体积的一块，使得裂变物质进行快中子链式反应，在极短的时间内释放出巨大的能量。原子弹起爆的方式可分为枪式和内爆式。美国第一枚投掷在日本广岛的原子弹即为枪式起爆的铀弹。第二枚投掷在长崎的原子弹为内爆式起爆的钚弹。

核裂变反应堆 [fission reactor] 能维持可控自持链式核裂变反应的装置。不同于原子弹爆炸瞬间所发生的失控链式反应，在反应堆之中，核反应的速率可以得到控制，能够以较慢的速度向外释放能量，供人们利用。世界上第一座反应堆于 1942 年在美国芝加哥大学由费米 (E.Fermi) 领导建成，是一座天然铀和石墨均匀布置的热中子反应堆。反应堆包括的主要组成部分为裂变燃料、减速剂、控制棒、冷却剂、反射层和保护墙等。主要用途为获得原子能、作为中子源和制造放射性同位素等。核反应堆有多种不同的分类方法。按用途分类，可以分为动力堆和生产堆等；按照反应堆慢化剂和冷却剂的不同，可以分为轻水堆和重水堆等；按照反应堆中中子的速度，可以分为热中子堆和快中子堆。

动力堆 [power reactor] 主要用来生产动力的反应堆，包括发电用堆和工业用热堆等。

生产堆 [production reactor] 主要用于生产易裂变材料和其他材料的反应堆，包括钚生产堆、同位素生产堆和辐照用堆等。

加速器驱动次临界系统 [accelerator driven sub-critical system] 简称 ADS 系统。主要由中能强流加速器、外源中子产生靶和次临界反应堆构成。由加速器产生的质子束流轰击位于次临界堆中的重金属散裂靶件，引起散裂反应，为次临界堆提供外源中子，使次临界包层系统维持链式反应以便得到能量和利用多余的中子增殖核材料和嬗变核废物。

核裂变材料 [nuclear fission fuel] 反应堆中用于实现自持链式反应的易裂变核素材料。主要包括 ^{235}U、^{239}Pu 和 ^{233}U。自然界中的天然铀有两种同位素：^{235}U 和 ^{238}U，它们的丰度分别为 0.7% 和 99.3%。^{239}Pu 和 ^{233}U 在自然界中不存在，但可以通过利用 ^{238}U 和 ^{232}Th 作转换材料使其在反应堆中产生，因此 ^{238}U 和 ^{232}Th 称为可转换材料。早期的反应堆均使用天然铀为核燃料。目前大部分动力堆和研究堆多采用浓缩铀燃料。原子弹和快中子堆采用高浓缩铀或钚作核燃料。

浓缩铀 [enriched uranium] 同位素 ^{235}U 的丰度大于其天然丰度的铀。自然界中的铀是由 99.3% 的 ^{238}U 和 0.7% 的 ^{235}U 组成的。通常丰度为 3% 的 ^{235}U 为核电站发电用低浓缩铀，^{235}U 丰度大于 80% 的铀为高浓缩铀，其中丰度大于 90% 的称为武器级高浓缩铀，主要用于制造核武器。

减速剂 [moderator] 又称慢化剂。由核反应所产生的中子运动速度过快不适用于引起核裂变，能够使这些高能中子在被核燃料吸收发生核反应之前将运动速度减慢的物质。其可通过高能中子与减速核的散射反应而使中子减速。选择减速剂要求其对中子具有较大的散射截面和较小的吸收截面。常用的减速剂有石墨、重水和铍等，并以此定义该核反应堆为重水堆或石墨堆等。

慢化剂 [moderator] 即减速剂。

冷却剂 [coolant] 又称载热剂。用来冷却反应堆内燃料元件并将裂变所产生的热量带出堆外的流体。冷却剂可以是液体水、重水或钠，也可以是气体氦或二氧化碳。其中重水和轻水既可用作冷却剂又可用作减速剂，相应的反应堆称为重水堆或轻水堆。

载热剂 [heat carrying agent] 即冷却剂。

控制棒 [control bar] 控制链式反应强度的物体。一般由硼和镉等易于吸收中子的材料制成。在核反应压力容器外，利用一套机械装置可以操纵控制棒。控制棒完全插入反应中心时，能够吸收大量中子，以阻止裂变链式反应的进行。当把控制棒抽出少许，被吸收的中子减少，有更多的中子参与裂变反应。

切尔诺贝利核电站事故 [Chernobyl nuclear plant accident] 1986 年 4 月 26 日，乌克兰基辅 (Ukraine) 市以北 130 公里的切尔诺贝利核电站发生严重的核事故，造成放射性物质泄漏，污染了欧洲的大部分地区。其被认为是历史上最严重的核电事故，也是首例被国际核事件分级表评为第七级事件的特大事故。

福岛核电站事故 [Fukushima nuclear plant accident]　2011 年 3 月 11 日, 日本外海发生 9.0 级地震与紧接引起的海啸, 在福岛第一核电厂造成的一系列设备损毁、堆芯熔毁、辐射释放等灾害事件, 为 1986 年切尔诺贝利核电站事故以来最严重的核电站事故。福岛核电站事故对近年来正在复兴的核能造成了很大的冲击。是目前为止第二例被国际核事件分级表评为第七级事件的特大事故。

三里岛核电站事故 [Three Mile Island nuclear plant accident]　1979 年 3 月 28 日, 发生在美国宾夕法尼亚州萨斯奎哈纳河三里岛核电站的一次部分堆芯融毁事故。这是美国核电历史上最严重的一次事故。此事故的严重后果主要是造成了很大的经济损失, 但对公共安全及周边环境方面影响不大, 被国际核事件分级表评为第五级事件。

聚变工程装置 [fusion engineering device]　用于实现可控核聚变的工程装置。目前主要的几种聚变方式工程装置包括: 超声波核聚变装置、激光约束 (惯性约束) 核聚变装置、磁约束核聚变装置 (托卡马克装置)。

燃料循环 [fuel cycle]　核燃料循环有两种主要形式: (1) 热中子堆再循环。使用过的核燃料经处理后回收其中未用完的铀和新产生的钚, 返回重新制造核燃料元件, 循环使用。(2) 快中子增殖堆再循环。快中子增殖堆燃料由钚和贫化铀构成。使用过后, 经后处理回收其中铀和钚, 返回循环使用。在这种反应堆中由 ^{238}U 吸收中子生成的钚比由于裂变而消耗掉的钚还要多, 因此可以实现核燃料 (钚) 的增殖。

质子-质子循环 [proton-proton cycle]　四个质子聚变结合成一个氦核 (^{4}He) 的核反应过程, 是太阳或其他恒星上的主要聚变方式之一。另一种主要的聚变反应是碳氮氧循环。质子-质子循环的第一步和第二步反应方程式如下:

①　p+p$\longrightarrow$d+e$^+$+ν

②　p+d$\longrightarrow$^{3}He+γ

然后有三种可能的后继反应来产生 ^{4}He, 在太阳上最常见的反应如下:

③　^{3}He+^{3}He$\longrightarrow$^{4}He+2p

因此, 总的反应方程式可以写成　4p$\longrightarrow$^{4}He+2e$^+$+2ν+26.2MeV。

碳氮氧循环 [carbon-nitrogen-oxygen cycle]　由碳、氮、氧参与的四个质子聚变结合成一个氦核 (^{4}He) 的反应过程。是恒星将氢转换成氦的主要聚变方式之一。碳氮氧循环的具体反应方程式如下:

①　p+^{12}C$\longrightarrow$^{13}N+γ

②　^{13}N$\longrightarrow$^{13}C+e$^+$+ν

③　p+^{13}C$\longrightarrow$^{14}N+γ

④　p+^{14}N$\longrightarrow$^{15}O+γ

⑤　^{15}O$\longrightarrow$^{15}N+e$^+$+ν

⑥　p+^{15}N$\longrightarrow$^{12}C+^{4}He+γ

因此总的反应方程式也可以写成　4p$\longrightarrow$^{4}He+2e$^+$+2ν+26.2MeV。

热核反应 [thermonuclear reaction]　轻原子核在超高温下聚变成较重原子核的过程。热核反应过程中放出大量核能, 是太阳、恒星和氢弹的能量来源。产生热核反应需要的条件非常苛刻, 根据理论计算, 为使氘核和氚核产生持续的热核反应 (^{2}H+^{3}H$\longrightarrow$^{4}He+^{1}n+Q), 需要几千万度的超高温的条件。在这样的超高温下, 气体原子中原子核和电子分开, 形成等离子体。因此热核反应需要将上亿度的等离子体压缩在一定区域内, 并维持一段时间, 使其中轻核产生聚变反应。氢弹爆炸是一种人工热核反应。自然界中只有在太阳等恒星内部才具有热核反应所需的温度, 自持进行热核反应。

等离子体 [plasma]　一种以自由电子和带电离子为主要成分的物质形态。通常被视为物质除固态、液态、气态之外存在的第四种形态。如果对气体持续加热, 使分子分解为原子并发生电离, 可以形成由离子、电子和中性粒子组成的等离子体。除了加热外, 还可以利用强电磁场等方法使其解离。等离子体具有很高的电导率, 与电磁场存在极强的耦合作用。

临界等离子体半径 [critical plasma radius]　如果聚变反应堆运行在恒定的等离子体功率密度之下, 则存在一种半径, 超出此半径, 等离子体中产生的聚变功率将不能在不超过第一壁负荷上限的条件下输出到第一壁。临界等离子体半径是对聚变堆尺寸的主要限制因素。

氢弹 [hydrogen bomb]　核武器的一种, 是利用原子弹爆炸的能量使氘和氚等质量较轻的原子核发生聚变反应, 瞬时释放出巨大能量的核武器。是一种不可控热核反应。氢弹的杀伤破坏因素与原子弹相同, 但威力比原子弹大得多。原子弹爆炸威力一般在几万吨 TNT 当量, 而氢弹爆炸可达到百万吨至千万吨 TNT 当量。

受控热核反应 [controlled thermonuclear reaction]　在人为控制下进行的热核反应, 其目的是巨大的热核反应能量不是以爆炸的形式释放, 而是要逐渐地放出来并用以发电。为实现受控热核反应, 首先要加热聚变物质, 达到几千万度乃至上亿度的高温, 使热核反应能够发生。加热的方法有欧姆加热、等离子体压缩和激光引爆加热等离子体。其次要使聚变反应自持下去并能加以控制以提供可用的能量, 必须使热核反应释放的能量足以补偿形成聚变过程中所损失的能量, 即达到所谓的 "点火" 条件。使热核反应持续不断地进行下去。

欧姆加热 [Ohm heating]　在等离子体中通以强大电流, 产生热使等离子体温度升高的方法, 是一种加热聚变物质, 使其达到很高的温度, 进行热核反应的重要方法。

磁约束 [magnetic confinement]　利用特殊形态的

磁场，把氘、氚等轻原子核和自由电子组成的超高温等离子体约束在有限的体积内，使它受控制地发生原子核聚变反应的一种方法。根据磁流体力学，对于磁力线处处平行的情况，$p+B^2/8\pi=$ 常数，式中，p 为等离子体压强，B 为磁感应强度。等离子体能被约束的条件是 $p_外=0$，即 $p_内=1/8\pi(B_外^2-B_内^2)$。因此，要使磁场能约束等离子体，内外磁压强之差必须等于等离子体压强。高温等离子体压强很高，只要使 $B_外$ 足够高就可使上述条件成立，达到约束等离子体的目的。磁镜和托卡马克装置是利用磁约束来实现受控热核反应的装置。

磁镜 [magnetic mirror]　研究受控热核反应的重要实验手段之一，在受控核聚变装置 (托卡马克装置) 中经常用于约束等离子体。是由两个电流方向相同的线圈以中轴重合的方式排列形成的一种磁场构形，磁场在每个线圈的中心处最强，在线圈中间最弱。对于一个给定的磁镜场，每个线圈中心的磁场强度为 B_m，两个线圈中间处磁场为 B_0，最强磁场 B_m 与最弱磁场 B_0 之比为磁镜比 $R=B_m/B_0$。若使角度 θ_C 满足关系 $\theta_C=\arcsin(1/\sqrt{R})$，则等离子体中初速矢量与磁镜轴交角小于 θ_C 的粒子将不被磁场反射而逸出磁镜，交角大于 θ_C 的粒子将被磁场反射而返回弱磁场区从而被约束在磁镜装置中。

托卡马克装置 [tokamak device]　一种利用磁约束来实现磁约束聚变的环性容器 (如下图所示)。主机主要由真空室、环向场线圈、加热场线圈和平衡场线圈构成。托卡马克装置的中央是一个环形的真空室，外面缠绕着线圈。在通电的时候托卡马克装置的内部会产生巨大的螺旋型磁场，将其中的等离子体加热到很高的温度，温度已达 2000 万摄氏度，约束时间较长。托卡马克装置运行时首先将真空室抽空到 $10^{-9}\sim10^{-8}$mmHg 左右，然后充入 $10^{-3}\sim10^{-2}$mmHg 的氘或氢，加热场线圈输入脉冲电流时，真空室内感生放电使气体电离成等离子体使温度升高，环向场线圈产生的磁场约束等离子体，平衡场线圈产生平衡场以防止等离子体因放电而造成的向外侧漂移。托卡马克装置实现受控核聚变的希望较大，目前还在研究和试验中。

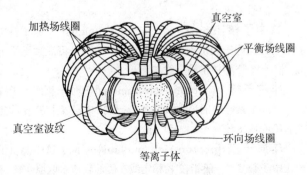

加热场线圈　真空室　平衡场线圈　真空室波纹　环向场线圈　等离子体

惯性约束 [inertial confinement]　实现核聚变的方法之一。惯性约束核聚变是把微量的氘和氚的混合气体或固体，装入微小氘氚球形靶丸内，从外面均匀射入激光束或重离子束，在极短时间内，使其加热、压缩并产生热核反应的一种方法。

激光核聚变 [laser nuclear fusion]　利用激光来引发核聚变反应的一种方法。将多束高能量脉冲激光，在极短时间内，同时照射在一个含有聚变物质的小球上，小球的外层突然加热，发生膨胀后挤压内层材料而将聚变物质高度压缩甚至使小球直径缩小多倍，从而使受压区的温度升高到足以引起聚变反应。

国际热核聚变实验堆计划 [international thermo-nuclear experimental reactor plan, ITER]　目前全球规模最大、影响最深远的国际科研合作项目之一，主要目的是建设一个能产生大规模核聚变反应的托卡马克装置。此项目预期将持续 30 年：10 年用于建设，20 年用于操作，总花费上百亿欧元。

基态自发裂变 [ground-state spontaneous fission]　原子核基态发生的自发裂变。重核的基态和同质异能态均可以发生自发裂变。

同质异能态自发裂变 [isomeric-state spontaneous fission]　原子核同质异能态发生的自发裂变。

对称裂变 [symmetric fission]　在核裂变过程中产生的碎片质量数 (电荷数) 基本相等。

不对称裂变 [asymmetric fission]　在核裂变过程中产生的碎片质量数 (电荷数) 差别很大。

易裂变同位素 [fissile isotopes]　能够俘获低能量中子发生裂变，从而具有维持链式反应的能力的同位素。如 ^{233}U，^{235}U 和 ^{239}Pu。

可裂变同位素 [fissionable isotopes]　可以发生核裂变的同位素。如 ^{238}U。

自持裂变堆 [self-sustaining fission reactor]　能维持可控自持链式核裂变反应的装置。

自持聚变堆 [self-sustaining fusion reactor]　能维持可控自持链式核聚变反应的装置。

混合堆 [hybrid reactor]　全称聚变裂变混合堆。利用聚变反应产生的中子，将 ^{238}U 和 ^{232}Th 等转变为 ^{239}Pu 或 ^{233}U 等核燃料。

11.6　放射性束物理

放射性束物理 [radioactive beam physics]　核物理领域的一个新分支，始于 20 世纪 80 年代。研究内容是 β 稳定线以外的原子核结构和反应机制，这些核主要利用加速器加速重离子并打靶而产生，然后利用放射性束流装置进行研究。这些放射性核大部分寿命比较短，可以到毫秒和微秒数量级。利用放射性束可以产生许多新的短寿命原子核，并研究它们的奇特性质，如一些特别丰中子原子核有中子晕现象，一些特别丰质子原子核有质子晕现象。

放射性离子束 [radioactive ion beam] 又称放射性核束。所加速的离子具有放射性，不稳定，短寿命，不是自然界存在的离子。产生放射性离子束的方法主要有两种：一种是弹核碎裂型 (PF 型)，即通过弹核碎裂产生放射性核束，然后通过各种电磁谱仪分离收集用于核物理实验；另一种是同位素在线分离方法 (ISOL)，这种方法利用核反应，可以是低能转移，电荷交换等反应道，把产生出来的放射性核素经过化学方法分离收集，再进行二次加速后用来做实验。

放射性核束 [radioactive nuclear beam] 即放射性离子束。

放射性核束 [radioactive nuclei beam] 见放射性离子束。

中子晕 [neutron halo] 原子核的一种特殊结构，即原子核外中子分布密度低，范围广，存在于丰中子核中。产生的条件是原子核外价中子的分离能非常小，且主要分布在 S 轨道。

中子皮 [neutron skin] 原子核的一种特殊结构，即原子核外部中子分部密度远远大于质子分布密度，主要存在于丰中子核中。

质子晕 [proton halo] 原子核的一种特殊结构，即原子核外质子分布密度低，范围广，存在于丰质子核中。产生的条件是原子核外价质子的分离能非常小，且主要分布在 S 轨道。

质子皮 [proton skin] 原子核的一种特殊结构，即原子核外部质子分部密度远远大于中子子分布密度，主要存在于丰质子核中。

同位旋 [isospin] 由于中子和质子质量相近，电荷态不同，可以看成相同粒子的处于不同状态。其数学描述与自旋类似。

壳演化 [shell evolution] 随着原子核中质子数 (或者中子数) 的不断增加，原来的壳层结构现象不再呈现，即原来的幻数消失，新的幻数可能产生。目前理论上认为张量力是导致壳结构发生变化的原因。

幻数消失 [shell number disappearance] 原子核的壳模型给出了原子核的中子和质子幻数，如果一个原子核的中子数和质子数都是幻数，那么这个原子核与周边原子核相比是结合能最低，最稳定的，但是当原子核的中子/质子数之比走向极端时，这种现象变得不明显了。

中子滴线 [neutron drip-line] 在核素图中，在一个同位素链中，中子数最多且最后一个中子分离能为正值与负值交界点的连线。

质子滴线 [proton drip-line] 在核素图中，在一个同位素链中，中子数最少且最后一个质子分离能为正值与负值交界点的连线。

中子滴线核 [nucleus at neutron drip-line] 处于中子滴线的原子核。

质子滴线核 [nucleus at proton drip-line] 处于质子滴线的原子核。

非束缚核 [non-bound nucleus] 原子核的最后一个中子或者质子的束缚能小于零。

弱束缚核 [weakly bound nucleus] 原子核的最后一个中子或质子的结合能小于原子核的平均结合能，8MeV，或者原子核的平均结合能较小。

束缚核 [bound nucleus] 分离能大于零的原子核，多指有较长寿命的原子核。

零度谱仪 [zero degree spectrometer] 放在零度的磁谱仪，主要用来测量直接反应产生的大碎片或者非弹性散射中炮弹核的动量，测量精度极高，在高精度核物理实验中经常采用。

双质子 [di-proton] 两个质子如同氘一样形成类似于原子核的结构，目前在实验中尚未观察到。

双质子发射 [di-proton emission] 原子核的一种衰变模式，指同时放出两个质子的衰变方式。

中子结团 [neutron cluster] 完全由中子组成的原子核团簇结构，目前还没有明确的实验证据。

团簇结构 [cluster structure] 原子核结构中存在某几个核子结合相对紧密的状态。

核分子态 [nuclear molecular state] 原子核的一种特殊结构，类似于分子状态。

巨晕核 [giant halo nucleus] 与普通晕核相比，其核芯外的价核子数大于 2 个。理论预言在极丰中子的中重核中可能存在，在实验中还未观测到。

超形变核 [super-deformed nucleus] 与一般稳定原子核相比，其形变参数极大，主要出现在远离极丰中子或极丰质子的原子核中。

缺中子核 [neutron-deficient nucleus] 原子核中的中子数比同一同位素链中的稳定核少，但是可能大于质子数，位于核素表中 β 稳定线左侧。

丰中子核 [neutron-rich nucleus] 原子核的中子数比同一同位素链中的稳定核要多，一般指核素表中在 β 稳定线右侧的原子核。

丰质子核 [proton-rich nucleus] 原子核中的质子数比中子数多，一般指在 β 稳定线左侧的轻质量区原子核。

β 稳定线 [β stability line] 核素表中，稳定原子核或者自然界存在的很长寿命的原子核连成的线。

LISE 法国 GANIL 国家实验室的 PF 型放射性束流线, 建于 20 世纪 80 年代。

RIPS 日本理化学研究所的中能 PF 型放射性束流线, 建于 20 世纪 80 年代。

A1200/1900 美国密歇根州立大学超导回旋加速器实验室的中能放射性束流线, A1200 建于 20 世纪 80 年代, 在 20 世纪 90 年代升级为 A1900。

S800 美国密歇根州立大学超导回旋加速器实验室的一个高分辨磁谱仪, 最大立体角 20msr 和最大动量接收度是 5%。由超导磁铁和分析束流线组成, 可以工作在聚焦模式和发散模式。二极铁的最大磁刚度是 4.0Tm。主要用于非弹性散射和敲出反应中的重碎片动量测量。在聚焦模式下能量分辨率 1/1000, 动量接收度 ±5%; 在散焦模式下, 能量分辨 1/10000, 动量接收度为 ±0.5%。

FRS 德国重离子研究中心的高能 PF 放射性束流线, 建于 20 世纪 90 年代初。

SPIRAL 法国 GANIL 国家实验室基于 ISOL 技术的中低能放射性束流线。

SPIRAL2 位于法国 GANIL 国家实验室的放射性束装置, 是 SPIRAL 的升级, 正在建设之中。

RIBLL1 兰州国家重离子实验室 PF 类型中能放射性束流线, 起初束流是由 HIRFL 系统的 SSC 提供, 最高初始束能量是 100MeV/u, 建于 1997 年。它由 4 个二极铁和 16 个四极铁构成的双消色差结构的碎片分离器和传输线。可以提供上千种放射性核束。

HIRFL-CSR 兰州国家重离子实验室冷却储存环, 由一个主环和一个实验环组成, 主环可以加速质子束最高能量到 2.8GeV, 加速铀离子最高能量到 500AMeV。实验环主要用于实验测量, 具有减速功能, 可以做质量精确测量, 衰变实验以及原子、分子实验等。

RIBLL2 兰州国家重离子加速器实验室的 PL 型高能重离子加速器。

产生靶 [production target] 在放射性束流线中, 用于产生次级束流的靶子。

次级靶 [secondary target] 在放射性束流线中, 用于研究放射性束引起的核反应的靶子。

双消色差 [double achromatism] 在束流的传输过程中有两个下面的过程。在束流传输过程的色差是指让不同动量的粒子经过二极铁的偏转之后出现在不同的位置, 消色差是指经过另一个对称的二极铁让这些不同位置的粒子重新回到同一个位置。

降能片 [degrader] 在放射性束流线中, 用于纯化束流的一个薄片, 一般是 1 度左右的楔形铝片。

狭缝 [slit] 在放射性束流线中, 主要用于控制放射性束流的强度和动量分散的一个装置。

法拉第筒 [Faraday cup] 用于测量束流强度的一种探测器, 分为拦截式和非拦截式。

荧光靶 [fluorescent target] 一种荧光材料做成的靶, 当有粒子打到荧光物质上时, 会产生可见光, 一般用于监控束流的位置和束斑大小。

飞行时间 [time of flight] 在核物理实验中, 出射粒子在飞行一定距离中所需要的时间, 一般需要两个时间探测器, 是实验中鉴别原子核质量的一个重要测量量。

PPAC 平行板雪崩电离室, 一种气体位置探测器, 工作于雪崩区, 可以测量粒子的位置并且有很好的时间分辨能力, 读出方式主要有电荷分除法和延迟线方法。可以承受的技术率的极限一般在 10^6 粒子每秒。

活性靶探测器 [active target detector] 某一类探测器, 在核物理实验中既可以当作反应靶, 又可以作为探测反应产物径迹的工作气体, 最近被广泛发展用于放射性束物理实验中。

电离室 [ionization chamber] 一种气体探测器, 工作气体工作在正比区, 带电离子经过电离室, 使工作气体发生电离, 电离后的正负离子分别向电离室的阳极和阴极漂移, 形成脉冲信号输出。电离的离子对数与入射粒子在工作气体的能损成正比, 因此可以用来作为粒子能损信号的测量。与硅探测器相比, 其优点是不会产生沟道效应。

粒子鉴别 [particle identification] 鉴别粒子的种类, 即利用实验方法得到未知粒子的质量数和电荷数, 常用方法有 dE-E 望远镜方法、飞行时间法等

分离 [separation] 产生放射性束过程中, 把需要的核素从其他核素中分离开来, 分离能力或者放射性束的纯度是放射性束的主要指标之一。

收集 [collecting] 利用磁谱仪把放射性束收集到一块, 使其具有较小的束斑和发散度。

焦平面 [focus plane] 束流光学用语, 指在该平面上, 粒子的运动动量相近。

束流发散度 [beam emittance] 加速器束流的一个重要指标, 指一群一起运动的带电粒子在坐标和动量空间 (相空间) 中的平均弥散程度。定义为

$$发散度 = \frac{6\pi \left(\text{width}^2 - D^2 \left(\frac{\mathrm{d}p}{p} \right) \right)}{B},$$

width 是粒子束的宽度, D 是弥散函数, B 是 β 函数, $\mathrm{d}p/p$ 是动量的弥散度。

动量接收度 [momentum acceptance] 磁谱仪或者束流传输线可以接受的动量范围, 在该动量范围, 可以有效

地把离子传输过去。

质量分辨 [mass resolution]　区分不同原子核不同质量的能力，一般用 $m/\Delta m$ 表示。

激发态双质子发射 [excited state di-proton emission]　原子核在激发态，通过发射两个质子退激发的过程。

矮偶极共振 [pigmy dipole resonance]　原子核中处于低位态的电偶极 ($E1$) 强度。在实验上矮偶极共振最早在 20 世纪 50 年代到 60 年代，发现热中子俘获后的 5~7MeV 区间有伽马射线强度，在 1969 年 Brzosko 等称之为矮共振。1971 年 R. Mohan 等在理论上将其解释为一种新的原子核激发模式。随着 20 世纪 80 年代放射性束装置的出现，发现了很多丰中子核中存在着这种激发模式，也有人称之为软模式巨偶极共振。到目前为止利用微观模型解释低位态的 $E1$ 强度还是一项具有挑战性的工作。

张量力 [tensor force]　核子-核子的相互作用是通过交换 π 介子产生的。张量力源自单 π 介子交换，是其产生的最显著现象之一。可以表示为 $V_T = (\tau_1 \cdot \tau_2)([s_1 s_2]^{(2)} \cdot Y^{(2)})f(r)$，其中，$\tau_{1,2}(\tau_{1,2})$ 是核子 1 和 2 的自旋和同位旋，Y 是球谐函数，$f(r)$ 是两核子相对距离的函数。

稳定核区 [stable nuclear region]　核素图中，稳定线附近的区域，这些原子核一般不具有任何放射性，或者寿命非常长。

非稳定核区 [unstable nuclear region]　核素图中，远离稳定线的核素区域，这些原子核寿命都非常短，具有放射性。

密度相关核力 [density dependent nuclear force]　原子核的核力强度与原子核的核物质密度相关。

动量相关核力 [momentum dependent nuclear force]　原子核核力的强度与原子核中核子的动量相关。

同位旋相关核力 [isospin dependent nuclear force]　原子核的核力与原子核所处坏境的同位旋，即中子/质子之比有关联，其强度随同位旋变化。

三体力 [three-body force]　原子核中三体力最早由 Fujita 和 Miyazawa 提出，其机制是原子核中一个核子虚拟激发另一个核子到 $\Delta(1232)$ 共振态，随后通过弹开另外一个核子退激发。在手征有效场论中，三体力可以被很自然地引入。

原子核存在极限 [existence limit of nucleus]　原子核由质子和中子组成，如果一个原子核的中子数和质子数的比例在 β 稳定线上，它是最稳定的，即不会发生衰变。随着原子核中质子中子数比例偏离 β 稳定线，原子核越来越不稳定，会通过发射各种粒子衰变。有人认为 10^{-12}s 是原子核存在的极限，也有人认为 10^{-14}s，即形成原子所需要的最短时间为原子核存在的极限，还有人认为大于原子核反应的时

间，10^{-19}s 为原子核存在的极限。目前的实验手段可以直接观测到原子核寿命的极限是 10^{-9}s，间接观测可以到 10^{-19}s，即 1keV 的能级宽度。

直接核子衰变 [direct nucleon decay]　原子核自发放射出质子或中子的衰变模式，直接质子衰变和直接中子衰变。

直接中子衰变 [direct neutron decay]　一种非常新的衰变模式，原子核自发放出一个或几个中子的现象，由于中子只需要克服离心势垒，与质子衰变相比，其衰变寿命极短，在实验上很难观察到。直到 2011 年才有人对单中子、双中子及多中子衰变寿命进行了理论预言，并且于 2013 年在美国密歇根州立大学的放射性束流装置 A1900 上观察到了中子非束缚核 ^{26}O 的双中子衰变，并测量到其寿命为 $4.5^{+1.1}_{-1.5}$(统计误差)± 3(系统误差) 皮秒 (10^{-12}s)。

直接质子衰变 [direct proton decay]　原子核自发放出一个或两个质子的过程，在这个过程中，质子需要克服来自核内其他质子的库仑势垒，因此具有一定的寿命。单质子和双质子放射性的理论出现于 1960 年，第一个观测到单质子放射性是在 20 世纪 80 年代的德国重离子研究中心 (GSI)，目前共发现约 25 个基态单质子放射性核，随后也有长寿命激发态单质子质子放射性被发现。在双质子放射性的理论预言出现 42 年之后，第一个双质子放射性事例于 2002 年在丰质子核 ^{45}Fe 中被观察到。

软模式巨共振 [soft-model giant resonance]　又称矮共振。其能量比巨共振要低，不对巨共振强度作贡献，一般其能量处于最后一个核子的分离能附近且低于最后一个核子的分离能。

矮共振 [pygmy resonance]　即软模式巨共振。

短寿命核 [short-lived nucleus]　寿命很短的原子核，一般衰变的半衰期在一天以内。

储存环质量测量 [mass measurement with CSR]　利用储存环来测量原子核的质量，原理是利用飞行时间测量原子核的质量，精度一般比彭宁 (Penning) 阱低，但是可以测量寿命短到微妙量级的原子核，对于研究原子核的结构和天体核物理非常重要。目前世界上具备这一测量手段的是德国重离子研究中心 (GSI) 和中国科学院近代物理研究所 (IMP) 的 HIRFL-CSR 大科学工程装置。

储存环衰变测量 [decay measurement with CSR]　利用储存环测量原子核的衰变。是一种全新的研究手段，对于研究原子核的衰变机制，特别是 β 衰变具有极大的推动作用。目前只有德国重离子研究中心 (GSI) 和中国科学院近代物理研究所 (IMP) 具备这一条件。

肖特基质量谱仪 [schottky mass spectra]　利用肖特基作为时间探测器，在存储环内测量原子核的质量，时间测

量精度较之一般用的微通道板探测器要高，但是对环内粒子运动轨迹的要求很高，需要用电子冷却装置。

β 延迟中子衰变 [β delayed neutron emission]　原子核的一种衰变模式，在原子核发生 β 衰变之后再自发放射出中子。

β 延迟质子衰变 [β delayed proton emission]　原子核的一种衰变模式，在原子核发生 β 衰变之后再自发放射出质子。

质子质子关联 [proton-proton correlation]　核反应过程中同时发射的两个粒子之间的关联程度，关联函数表示为两个质子的符合截面，可以反应发射源的一些信息，如大小、发射时间等。

反应总截面测量 [measurement of total reaction cross sections]　在放射性束物理中，总反应截面是最早用来测量奇特原子核的结构的，晕核的发现就是通过测量反应总截面并观察其异常增大现象。测量放射性核的反应总截面的主要和最常用的方法是透射法。

动量分布测量 [measurement of momentum distribution]　在晕核破裂反应中，通过测量晕核芯碎片和价核子的动量分布研究晕核的结构。是实验上研究晕核的重要手段之一。

核物质密度分布 [nuclear matter distribution]　原子核中核子的密度随原子核半径的变化，一般原子核中心的密度是饱和的，密度为每立方费米 0.15 个核子，分布形式一般可以由费米分布或伍兹–萨克森形式来表示。

中子密度分布 [neutron distribution]　原子核中中子的密度随原子核半径的变化。

质子密度分布 [proton distribution]　原子核中质子的密度随原子核半径的变化。

中质比 [neutron-proton ratio]　一个原子核中中子数和质子数之比。

原子核质子均方根半径 [nuclear proton RMS radius]　表示原子核中质子分布大小的一个量，由其密度分布形式决定。

原子核中子均方根半径 [nuclear neutron RMS radius]　表示原子核中中子分布的一个量，由其密度分布形式决定。

原子核物质均方根半径 [nuclear matter RMS radius]　表示原子核核子分布大小的一个量，由其密度分布形式决定。

新幻数 [new magic number]　在研究丰中子核中，发现在原有幻数之外的中子数或质子数也出现了与稳定核中的幻数类似的现象。

分子态 [molecular state]　原子核中核物质的分布呈现两个以上团簇子核，类似化学分子状态。

反转岛 [island of inversion]　在 $N = 20$ 附近的 Ne, Na, Mg 等丰中子同位素，发现 f7/2 态入侵到 sd 壳层，并且这些核都具有形变，这一现象导致 N=20 幻数失效。这一区域被称之为 "反转岛"。对于高 Z 低 N 区域反转岛的边界已经确认，发现了从 ^{30}Mg 到 ^{31}Mg 能级分布的突变，其他边界目前还未知。在理论上引入张量力对此进行解释。

Glauber 模型 [Glauber model]　一个微观高能核反应理论模型。以裸核子–核子相互作用为输入量，基于程函近似 (eikonal approximation) 的基本假设。已经作为一个标准工具用来计算原子核反应截面，特别是处理弱束缚核的反应截面，因为它可以处理破裂截面的影响。

单粒子态 [single particle state]　如果把原子核势场近似为具有中心力的一个平均场，在量子力学中，核子在平均场中运动，并且处在不同的单粒子能级中，称为单粒子态。

核芯 [nuclear core]　特指具有晕结构的原子核中结合紧密的那部分。

价核子 [valence nucleon]　具有晕或者皮结构的原子核，除了构成核芯部分之外的核子，也指满壳层之外的核子。

纵向动量分布 [longitudinal momentum distribution]　核反应中产生的碎片在入射方向上的动量投影。

横向动量分布 [transverse momentum distribution]　核反应中产生的碎片在垂直于入射方向上的动量投影。

库仑激发 [Coulomb excitation]　当一个带电的入射原子核接近另一个带电的靶原子核时，它们之间会有很强的库仑作用，当这两个原子核在最接近距离时，会释放出一个虚光子，同时入射原子核的动能减小，该虚光子随后被靶核或者炮弹核吸收，使靶核或者炮弹核处于激发态的过程。是用来研究原子核结构的一种重要实验手段之一。

敲出反应 [knockout reaction]　高速运动的炮弹核打到靶核，只与靶核中的一个核子相互作用，并把这个核子移出靶核，而炮弹核只是稍微降低速度；也可以是靶核与炮弹核中的一个核子相互作用，让这个核子离开炮弹核，在这个过程中对靶核或弹核的剩余核影响不大。发生条件是这个被敲出的核子在原子来的靶核或者炮弹核中的相对运动速度要远远小于炮弹的入射速度。敲出反应的终态应该是三个碎片，可以用来研究核子在靶核或者炮弹核中所处的状态。

衍射破裂 [diffractive breakup]　又称弹性破裂 (elastic breakup)，弹性核子移除反应 (elastic nucleon remove)。在弹性破裂过程中，价核子和核芯分别与靶和靶核发生弹性散射，由于它们的散射角度不同，导致炮弹核破裂成价核子和核芯核。衍射破裂后的价核子与核芯核之间的相对动能比较小。

弹性破裂 [elastic breakup] 即衍射破裂。

削裂反应 [stripping reaction] 又称非弹性破裂 (inelastic breakup)，非弹性核子移除反应 (inelastic nucleon remove)。价核子与靶核中的核子发生了激烈的碰撞，导致价核子与靶核之间发生大动量转移。因此，反应后价核子的与核芯核之间的相对动量较大。

非弹性破裂 [inelastic breakup] 即削裂反应。

在束 γ 谱学 [in-beam γ spectroscopy] 炮弹核通过各种核反应，例如库仑激发、非弹性散射和直接核子敲出反应等，被激发到激发态，并且在移动过程中发射伽马射线。该伽马射线一般由安排在次级反应靶周围闪烁体阵列或高纯锗阵列探测，通过多普勒移动校正后得到炮弹核的伽马谱，得到炮弹核的结构信息。因为这种方法用于弹核碎裂型的放射性束流实验，一般同时混杂着好几种核素，因此需要逐事件的关联测量，包括入射粒子和出射粒子的径迹和动量等。

FAIR 德国重离子研究中心 (GSI) 正在建造的一个加速器系统。用于研究放射性束物理、高密核物质性质、强子物理，以及核天体物理等。许多国家包括中国的科学家都参与其中。

RIBF 全称 Radioactive ion beam factory。日本理化学研究所 (RIKEN) 的新一代产生放射性核束的加速器系统。由 4 个回旋加速器组成，最后一个加速器的 K 值是 2500MeV，对于 A 小于 40 的原子核可以加速到最高能量 400MeV/u，更重的核到 350MeV/u，最高流强可以到 1puA，是目前世界上流强最高的加速器。

FRIB 全称 Facility of rare isotope beam。美国密歇根州立大学正在建的新一代加速器，用来研究放射性束物理。其产生放射性束流的方法综合了弹核碎裂型 (PF) 和同位素在线分离型 (ISOL)，既可以产生极短寿命的中高能放射性核束，也可以产生束流品质极好的低能放射性束流。并且使用强流超导直线加速器产生束流，设计流强超过目前日本理化学研究所的 FRIB。

DALI 在日本理化学研究所建立的一个由 NaI 晶体组成的探测器阵列，主要用来测量放射性核在库仑激发后的伽马衰变，是在束伽马谱学研究中的一个探测装置。升级版本称为 DALI2。

中子非束缚核 [neutron-unbound nucleus] 最后一个中子是非束缚的原子核，即最后一个中子的分离能小于零，一般寿命极短，只能用间接方法观测研究。

中子非束缚激发态 [neutron-unbound excited state] 原子核处在激发态，在该激发态最后一个中子是非束缚的，即最后一个中子结合能大于零。但是该核的基态可能是束缚态。

类弹碎片 [projectile-like fragment] 核反应过程中，炮弹核被削去几个核子后的剩余核，一般在周边发生反应，且入射能量在原子核费米能量以上。

PF 类型 [projectile-fragmentation type] 通过弹核碎裂的方法产生次级束流，一般能量至少在 30MeV/n 以上的高流强稳定离子束作为产生束流，通过与一定厚度的产生靶 (一般是铍靶) 碰撞，在前角区产生各种短寿命的放射性原子核，再用磁谱仪或者束流传输系统对其中感兴趣的核素进行分离和收集，用于核物理实验。优点是可以产生非常短寿命的次级离子束，缺点是束流的品质受到限制。

ISOL 类型 [ISOL type] 通过各种反应，可以使低能转移反应、电荷转移、裂变或者高能多重碎裂，产生所需要的放射性核，把这些核传输到离子源，利用化学方法进行分离收集，再进入加速器后加速产生放射性核束进行实验。这种方法一般耗时比较长，不适于极短寿命核，同时受限于所需核素的化学性质。优点是可以得到与稳定核束一样的高品质束流。

放射性束流线 [radioactive ion beam line] 能够产生放射性束流的各种装置，对于 PF 型，一般就是一个分析磁谱仪和传输线。对于 ISOL 类型，除了传输线，还需要化学分离装置、离子源和后加速器。

11.7 相对论重离子碰撞

相对论重离子碰撞 [relativistic heavy ion collisions] 将重离子 (如金离子、铅离子或铀离子) 加速到极高能量 (相对论能区) 进行重离子碰撞实验。由于能量很高，预计这种实验有可能产生夸克胶子等离子体，会有一些重要的物理现象出现。

多相输运模型 [AMPT model, a multiphase transport model] 由一些核物理学家发展起来的研究相对论重离子碰撞非平衡多体动力学过程的蒙特卡罗输运模型。主要包括四个部分：碰撞初态、部分子间相互作用、部分子到强子的转变 (强子化)、强子间相互作用。碰撞初态包括喷注部分子和软的激发弦，由 HIJING(heavy ion jet interaction generator) 模型生成。部分子间的相互作用由 ZPC(Zhang's parton cascade) 模型描述。强子间的相互作用通过一个基于 ART(a relativistic transport) 模型的强子级联方法描述。它有两个版本，记为 AMPT v1.xx 和 AMPT v2.xx。默认版本 AMPT v1.xx 中，碰撞初态产生的部分子停止相互作用后与母弦组合，这些激发弦通过隆德弦碎裂 (Lund string fragmentation) 模型转变成强子；AMPT v2.xx 版本中，碰撞初态产生的激发弦碎裂成部分子，部分子停止相互作用后，由一个简单的夸克

融合 (quark coalescence) 模型转变成强子。该模型具有非常清晰的部分子输运和强子输运过程，描述了相对论重离子碰撞的时空演化，是研究重离子碰撞应用较多的模型之一。

渐近自由 [asymptotic freedom] 量子色动力学 (QCD) 的耦合常数 $\alpha_S(\mu)$ 随动量标度 μ 的增大而减小，在大动量标度区强相互作用耦合强度变得很小的性质。是由 H. D. Politizer, D. Gross 和 F. Wilczek 等在 1971 年通过对规范粒子高阶修正的理论计算发现的。他们的计算表明 $\mu\dfrac{\mathrm{d}\alpha_S(\mu)}{\mathrm{d}\mu} = \beta(\alpha_S)$，$\beta(\alpha_S)$ 叫作 β 函数，对非阿贝尔规范场论 $\beta(\alpha_S) < 0$，渐近自由；对阿贝尔规范场论 (如 QED)$\beta(\alpha_S) > 0$，正好相反。渐近自由的性质，决定了用高能轻子做探针探测核子内部看到的图像是一组近似自由的部分子，是核子的部分子模型的理论基础。渐近自由表明存在大动量标度的反应节点 $\alpha_S(\mu) < 1$，以 $\alpha_S(\mu)$ 为小参数展开的微扰论 (微扰 QCD) 适用，从而开启了对强相互作用的定量精确描述的时代，是微扰 QCD 的理论基础。目前，理论上已经能够在 NNLO 层次上计算出 $\alpha_S(\mu)$ 随 μ 跑动的解析表达式，配合几十年积累的大量实验数据能够精确拟合出 $\alpha_S(\mu)$，完全验证了渐近自由性质。

冲击波 [blast wave] 当波源移动的速度超过波传播的速度时，在波源前方波前叠加形成高压波前的波动模式。是波源能量释放的重要方式，广泛存在于自然界和人类世界，如火山爆发、超音速飞机、核弹爆炸等。在重离子碰撞中，接近光速的重核碰撞产生热密物质，预期高动量部分子 (夸克或胶子) 穿越热密物质的时候也会产生冲击波，可能是实验上触发粒子背对背关联现象中背向双峰模式等精细结构出现的物理原因。在重离子碰撞的流体力学描述中，特指碰撞产物形成的碰撞产物运动学退耦合表面的时空演化的集合。作为流体力学演化的简化描述，冲击波模型被广泛运用于描述末态粒子的动量谱和集体流信息。在退耦合超曲面上，温度就是运动学退耦合温度，其空间分布一般可以假设为一个圆柱或椭圆柱，给定其尺寸以及密度和速度分布，可以定量计算重离子碰撞末态产物的动量谱和集体流。由于冲击波模型物理图像清晰，结构简单，被广泛运用于描述重离子碰撞产物的各种计算和拟合。

玻尔兹曼方程 [Boltzmann equation] 又称玻尔兹曼输运方程。描述热力学非平衡态的粒子系统的微观运动和统计规律，由奥地利物理学家玻尔兹曼 (L. E. Boltzmann, 1844~1906) 于 1872 年建立。按照玻尔兹曼的理论，研究粒子系统的微观运动，并非基于对系统中每个粒子的位置和动量随时间变化的描述，而是统计不同时间、不同位置、不同动量的粒子的数量分布，即相空间粒子数分布函数。相空间指的是由位置坐标和动量坐标组成的六维空间。玻尔兹曼方程是相空间粒子数分布函数随时间、位置、动量变化的方程。相空间粒子数分布函数随时间、位置、动量的变化取决于粒子

碰撞或相互作用的微观过程。粒子以一定的速度运动导致其位置随时间变化，作用于粒子的外力 (例如重力、电磁力等) 导致粒子动量变化，粒子间的碰撞或相互作用也导致参与碰撞或相互作用的粒子的动量发生改变。由于在单位时间内所有粒子间的碰撞或相互作用都对相空间粒子数分布函数的变化有贡献，所以玻尔兹曼方程不仅是一个微分方程，也是一个积分方程。因为粒子间碰撞或相互作用的频率正比于参与相互作用的粒子的相空间分布的乘积，因此玻尔兹曼方程是一个非线性方程。它的具体形式如下：

$$\left(\frac{\partial}{\partial t} + \frac{\boldsymbol{p}}{m}\cdot\frac{\partial}{\partial \boldsymbol{x}} + \frac{\boldsymbol{F}}{m}\cdot\frac{\partial}{\partial \boldsymbol{p}}\right)f(\boldsymbol{x},\boldsymbol{p},t)$$
$$= \int[f(\boldsymbol{x},\boldsymbol{p}_1,t)f(\boldsymbol{x},\boldsymbol{p}_2,t)$$
$$- f(\boldsymbol{x},\boldsymbol{p},t)f(\boldsymbol{x},\boldsymbol{p}_*,t)]W(\boldsymbol{p},\boldsymbol{p}_*;\boldsymbol{p}_1,\boldsymbol{p}_2)\frac{\mathrm{d}\boldsymbol{p}_*}{m_*}\frac{\mathrm{d}\boldsymbol{p}_1}{m_1}\frac{\mathrm{d}\boldsymbol{p}_2}{m_2}$$

其中，$f(\boldsymbol{x},\boldsymbol{p},t)$ 为相空间粒子数分布函数，$W(\boldsymbol{p},\boldsymbol{p}_*;\boldsymbol{p}_1,\boldsymbol{p}_2)$ 是单位时间内动量为 $\boldsymbol{p}$ 和 $\boldsymbol{p}_*$ 的粒子发生碰撞或相互作用变为 $\boldsymbol{p}_1$ 和 $\boldsymbol{p}_2$ 的概率密度。$W(\boldsymbol{p},\boldsymbol{p}_*;\boldsymbol{p}_1,\boldsymbol{p}_2)$ 由描述粒子碰撞或相互作用的理论确定。玻尔兹曼方程是基于混沌假设 (chaos ansatz) 建立起来的，即粒子碰撞或相互作用前后不存在关联。在此假设下，对应于一个从 $\boldsymbol{p}$, $\boldsymbol{p}_*$ 到 $\boldsymbol{p}_1$, $\boldsymbol{p}_2$ 的碰撞或相互作用，存在从 $\boldsymbol{p}_1$, $\boldsymbol{p}_2$ 到 $\boldsymbol{p}$, $\boldsymbol{p}_*$ 的反过程，两个过程发生的概率相同。玻尔兹曼方程用于研究粒子系统传输动量、能量以及扩散、热化等非平衡态物理性质。应用玻尔兹曼方程可以推导出粒子系统的黏滞系数、热传导系数、扩散系数等和微观粒子相互作用相关的输运系数。

玻尔兹曼输运方程 [Boltzmann transport equation] 即玻尔兹曼方程。

玻色-爱因斯坦分布 [Bose-Einstein distribution] 玻色子遵从的量子统计分布。在量子力学中，根据粒子的自旋被分为玻色子和费米子两类粒子：玻色子的自旋为整数，如光子，其本征波函数对称；费米子的自旋为半整数，如电子，其本征波函数反对称。量子统计分布有玻色-爱因斯坦分布和费米-狄拉克分布两种，前者描述玻色子满足的统计分布，后者描述费米子满足的统计分布。在经典近似下，它们都退化为经典的统计分布：麦克斯韦 - 玻尔兹曼分布。

中心平台 [central plateau] 相对论重离子碰撞中产生的带电粒子的 (赝) 快度分布在中心快度区呈现出一个外凸的平台分布。在相对论重离子碰撞的质心系中，末态粒子的快度绝对值明显小于束流快度的运动学区域，称为中心快度区。包含了快度值很小的中间快度区和快度值稍大的向前快度区，但不包含领头粒子所在的极限碎裂区。中心快度区是夸克胶子等离子体 (QGP) 产生和演化的主要区域。这个现象，最早由 J. D. Bjorken 给出预言，并通过一个纵向洛伦兹平移不变的流体演化模型来描述，平台高度，即中间快度区的粒子

多重数, 和系统早期能量密度的关系。

碰撞对心度 [centrality of collisions]   表征核—核碰撞对心程度的重要物理量。重离子具有几个费米量级的尺寸, 相对论重离子碰撞在质心系呈现为两个因洛伦兹收缩效应导致的薄饼状重离子以极高能量碰撞的过程。在横向空间, 如果两个重离子核的质心完全重合, 这种碰撞叫作对心碰撞; 但一般情况下质心存在一定距离, 这种碰撞叫作偏心碰撞。两重离子交叠程度是碰撞的重要参数, 一般来说交叠程度越大产生的粒子越多, 因此利用末态粒子数 (多重数) 作为描述重离子碰撞对心程度的重要参考。实践上, 一般是将重离子碰撞事例按照多重数分类, 比如, 碰撞多重数最多的 5% 事例称作对心度 0~5% 的事例, 多重数更少的 5% 事例称作对心度 5%~10% 的事例, 以此类推。对心度越高的事例, 参与反应的核子数越高, 产生的高温高密物质的体积越大, 产生 QGP 的可能性越大。实验上, 往往给出各种观测量随对心度的变化, 以此作为探测 QGP 的重要信号。

查普曼–恩斯库格展开 [Chapman-Enskog expansion]   求解微观动力学方程 (玻尔兹曼方程) 的一种近似方法。假设流体元的四速度为 u^μ, 而协变微商 ∂_μ 可以分解成沿着速度方向和垂直于速度方向两部分。由于流体元中粒子的平均动量平行于流体元四速度 u^μ, 因此可以假设垂直于速度方向的微商相对于沿着速度方向的微商是一个小量。查普曼–恩斯库格展开就是在这样的假设下, 对玻尔兹曼方程中垂直于速度方向的协变微商部分进行级数展开。同时, 也将粒子在相空间分布函数 $f(t, x, p)$ 进行同样的展开。如果假设其领头阶对应于理想气体或者理想流体的粒子分布, 则可以逐次求解得到更高阶的粒子分布函数。具体而言, 在无外场情况下, 相对论性玻尔兹曼方程为 $\dfrac{p^\mu}{E_p} \partial_\mu f = C[f]$, 其中, p^μ 为粒子的四动量, E_p 为粒子的能量, 为碰撞项。在查普曼–恩斯库格展开下, 第 r 阶方程为 $\dfrac{p^\mu}{E_p} u^\mu (u \cdot \partial) f^{(r)} = -\dfrac{p^\mu}{E_p} \partial_\perp^\mu f^{(r-1)} + C\left[f^{(r)}\right]$ 其中, $f^{(r)}$ 是粒子分布函数在的第 r 阶展开量。同时可以将分布函数 $f(t, x, p)$ 的微商写成系统宏观量 (温度、化学势、流体元四速度) 及其梯度的微商形式, 从而直接可以得到系统宏观量所满足的微分方程组。通过与流体力学高阶展开进行对比 (参见 "克努森数"), 可以得到各种输运系数 (如剪切黏滞、体黏滞、热传递系数等) 在查普曼–恩斯库格展开下的表达式。查普曼–恩斯库格展开中对粒子分布函数按照微商展开的方法, 广泛应用于微观动力学理论中, 比如, 14 矩展开等。

粲偶素抑制 [charmonium suppression]   粲偶素是由正反粲夸克组成的束缚态, 在重离子碰撞中粲偶素产额或动量谱相比于核子–核子碰撞的抑制效应, 是夸克胶子等离子体 (QGP) 形成的重要信号。标志粲偶素抑制的两个关键物理量是正反粲夸克束缚态的玻尔半径和 QGP 中的德拜屏蔽长度。如果德拜屏蔽长度大于玻尔半径, 那幺正反粲夸克之间呈现为有效库仑相互作用, 能够形成束缚态; 但随着温度的增加, 德拜屏蔽长度减小, 最终变得小于玻尔半径, 德拜屏蔽效应将阻止正反粲夸克束缚态的形成, 从而出现粲偶素抑制现象。关于粲偶素的定量计算需要用到格点量子色动力学 (QCD) 的计算结果。实际上, 粲偶素的产生是非常复杂的现象, 除去上述德拜屏蔽导致的抑制效应, 还有热密物质中粲夸克重产生导致的增强效应。由于在不同横动量区域粲偶素的产生机制不同, 因此粲偶素横动量谱的核修正效应是描述重离子碰撞中 QGP 产生的更敏感信号。

化学平衡 [chemical equilibrium]   在宏观条件一定的可逆反应中, 化学反应正逆反应速率相等, 反应物和生成物各组浓度不再改变的状态。一般认为, 在相对论重离子碰撞初期的部分子相, 由于大量的部分子产生, 系统将保持化学平衡。当系统膨胀冷却至强子相, 化学平衡将不再保持。打破化学平衡的系统温度称为化学冻结温度。

手征对称性 [chiral symmetry]   自旋为 1/2 的零质量粒子具有很好的螺旋度或手征性, 它们的自旋方向与动量方向平行或者反平行, 分别对应为左旋和右旋。量子色动力学 (QCD) 被认为是描述强相互作用的基本理论, 最基本的自由度为自旋为 1/2 的费米子夸克和自旋为 1 的规范矢量场胶子。在手征极限下, 即流夸克质量为零的情况下, 描述 N_f 个味道的 QCD 拉格朗日量具有严格的手征对称性 $SU(N_f)_L \times SU(N_f)_R$。当流夸克质量不为零时, QCD 拉氏量的手征对称性被明显破坏。手征对称变换可以分成矢量变换和轴矢量变换, 分别对应矢量流和轴矢量流。QCD 拉氏量具有的 $SU(N_f)_L \times SU(N_f)_R$ 手征对称性, 等价于 $SU(N_f)_V \times SU(N_f)_A$ 对称性。但是 QCD 真空只具有 $SU(N_f)_V$ 对称性, 它在轴矢量变换 $SU(N_f)_A$ 下不是不变的, 否则观测到的强子谱里的手征伴子即标量介子和赝标量介子、矢量介子和轴矢量介子应该具有相同的质量。如果系统的拉氏量具有某种对称性, 而真空在这类对称群下不是不变的, 则称这类对称性是自发破缺的。因此 QCD 的手征对称性是自发破缺的。手征对称性自发破缺的动力学原因是由于 QCD 真空中的手征凝聚 $\langle \bar{\psi}_i, \psi_i \rangle$ 又称夸克凝聚导致的。由戈德斯通 (Goldstone) 定理可知, 若连续对称性是自发破缺的, 则一定存在无质量的戈德斯通玻色子。在两个味道的情况下, 赝标量 π 介子被认为是近似的无质量的戈德斯通玻色子。在三个味道的情况下, 赝标量介子八重态被认为是戈德斯通玻色子的较好的选择。在有限温度有限密度下, 自发破缺的手征对称性将得到恢复, 称为手征相变。描述手征相变的序参量为手征凝聚 $\langle \bar{\psi}_i, \psi_i \rangle$。

手征磁效应 [chiral magnetic effect]   在重离子碰撞中强磁场导致沿磁场方向电流的效应。在高能重离子非对心碰撞中会产生很强的磁场, 可达到 10^{14} 特斯拉, 是地球上最强的瞬时磁。欧姆定律表明电场驱动电流并呈线型关系；磁场一般不产生电流。但是，在重离子碰撞产生的热密物质中，如果系统的手征荷化学势 μ_5 不为 0，那么在磁场也会诱导出电流 $j_V = \sigma_5 \mu_5 B$，这种效应叫作手征磁效应。来源于 QCD 的轴矢量反常。QCD 的真空由拓扑荷即 Chern-Simons 数标记，在有限温度条件下，在某个事例的某个时空区域中，真空可以在具有不同 Chern-Simons 数的态之间跃迁，根据 QCD 的轴矢量反常，手征荷的变化就正比于 Chern-Simons 数的变化。手征荷即右手费米子数减去左手费米子数，因此在某个事例的某个时空区域中，右手夸克数和左手夸克数会不相等。比如在某个事例的某个时空区域中，右手夸克数多与左手夸克数，也即由净的右手夸克数，施加强磁场会使夸克极化，正电荷夸克自旋沿着磁场方向，负电荷夸克自旋逆着磁场方向，对于右手夸克，其动量方向与自旋方向相同，则意味着正电荷夸克沿着磁场方向运动，而负电荷夸克逆着磁场方向运动，正负电荷沿着磁场方向出现了分离。这叫作电荷分离效应，是手征磁效应的观测量之一。对事例平均后电荷分离效应为零，但是逐个事例涨落不为零，因此可以通过测量电荷分离的逐个事例涨落来测量手征磁效应。高能重离子碰撞实验如 RHIC 和 LHC 已经有这方面的初步测量结果，显示明显的电荷分离效应，但更加确定性的结论仍然需要更大的数据量和对事例本底的更好减除。

集体流 [collective flow]　重离子碰撞产生的大量末态强子，它们在横动量空间的角分布是研究热密物质性质的重要参量。如果末态粒子的横动量谱为 $\mathrm{d}N/\mathrm{d}\phi$，其中，$\phi$ 是末态粒子横动量与碰撞参数中垂线的夹角，那么根据角分布的周期性，可以将角分布利用三角函数展开为 $\mathrm{d}N/\mathrm{d}\phi = \sum_{n=0}^{\infty} v_n \cos(n\phi)$，$v_2$ 叫作椭圆流参数，v_3 及更高阶系数叫作高阶流参数。一般把椭圆流的产生看作重离子碰撞产生的热密物质在横向空间膨胀的各向异性造成的，这种横向空间的膨胀效应叫作径向流。对于非对心碰撞事例，末态产生的热密物质团在坐标空间是各向异性的，压强梯度的各向异性导致动量空间的各向异性，从而使得碰撞参数方向和垂直于碰撞参数的方向动量分布的差别。通过对逐个事例分析方法，发现奇数阶流不为 0，理论上一般认为这是由原子核中核子密度分布在碰撞区域的涨落造成的。集体流的出现表明碰撞产生的热密物质出现流体力学效应，是标志 QGP 产生的信号之一。

两体碰撞 [binary collision]　核–核碰撞的最初阶段是入射核和靶核中的核子之间一系列的两体碰撞。次数取决于核子–核子散射截面和各种碰撞参数。碰撞参数指碰撞实验中可调节的各种参数，如碰撞的质心能量、碰撞核大小以及撞击参数等。根据撞击参数的不同，可将核–核碰撞分为：撞击参数较小时的对心碰撞和撞击参数较大时的偏心碰撞。对心碰撞中，参与碰撞核子数多，沉积能量大，碰撞区域横向上各向同性高；偏心碰撞中，参与碰撞核子数较少，沉积能量较少，碰撞区域具有明显的各向异性。

色因子 [color factor]　对于夸克胶子散射过程，仅存在夸克–夸克–胶子耦合，散射振幅与将胶子替换为光子的散射振幅只差一个因子。色因子可以通过颜色空间的盖尔曼–西岛矩阵来计算。需要强调的是，如果存在胶子自耦合，那么 QCD 振幅与 QED 振幅的差别不能仅用一个色因子来描述，它们对初末态动量的依赖一般不同。

色玻璃态凝聚 [color glass condensate]　静态强子是由价夸克通过胶子相互作用构成的，强子内存在量子涨落，即瞬时产生和湮灭的额外的夸克和胶子，这些量子涨落的寿命很短，在低能碰撞中很难分辨，因此它们在低能碰撞中不起作用。对于高能轻子–强子、强子–强子或核–核碰撞中的高速运动的强子，因为洛伦兹时间膨胀，其内部的量子涨落的寿命变得很长，因此这些量子涨落就可以被探针观测到，比如在高能电子–质子深度非弹性散射中观测到胶子的数目随碰撞能量增加而急剧增多，其原因就在于此。随着碰撞能量的增加，强子内的胶子越来越多，当胶子的密度正比于强作用耦合常数的倒数，多胶子过程就变得重要了，如两个胶子可以融合成一个胶子，需要对无穷多的多胶子过程求和。即使强相互耦合常数很小，但此过程是强关联的相干效应。在此区域会产生一个动力学标度即饱和动量 Q_S，源于胶子间的非线性相互作用，它远大于 QCD 标度 Λ_{QCD}，且正比于强作用耦合常数与单位横截面积的胶子密度的乘积。色玻璃凝聚是一个描述饱和区域的胶子相互过程的有效理论。利用洛伦兹时间膨胀提供了强子中快部分子的一个近似图像，即快部分子作为色荷源产生对应于微部分子的经典相干场。在领头阶，色玻璃态凝聚理论等价于胶子系统的经典场描述。在核–核碰撞的初始时刻，经典场保持短暂的相干性，此相干态叫作胶子玻璃态或 Glasma 态。在核–核碰撞的很短时间内，胶子玻璃态失去其相干性，变成热的夸克胶子等离子体。

色超导 [color superconductivity]　一种被预言存在于低温高密夸克物质中的现象。根据量子色动力学 (QCD) 理论，带有颜色自由度的夸克彼此存在吸引的强相互作用，在低温和高重子数密情形下会形成色反三重态的夸克配对，导致费米面的不稳定性和夸克的单粒子激发谱出现能隙。夸克配对类似于超导金属晶格中电子构成的库珀对，根据 Bardeen-Cooper-Schrieffer(BCS) 超导理论，低温高密夸克物质中也会存在超导。由于夸克配对是带有颜色的，因此夸克物质中的超导现象被称作色超导，相应的物质形态被称作色超导态。色超导现象所需的低温高密环境难以通过重离子碰撞实现，理论上推测色超导态有可能存在于宇宙中一些致密星体的核心。由于 QCD 理论在低温高密相变区域具有非微扰特性，理论上研究色超导夸克物质通常借助于 QCD 的有效模型，应用较广泛的如 NJL 模型等。在平均场层次上，发现色超导态具有丰富的相结构。在高密色超导区域，由于手征对称性的完全恢复，奇异 (s) 夸克与上 (u) 夸克和下 (d) 夸克完全对称，此时色超导态表现出色味锁定 (CFL) 的特性，因此该区域的色超导态也被称作 CFL 态。中等密度区域的色超导态的相结构更为复杂，可能存在诸如两味色超导 (2SC) 态、LOFF 态等。而在包含 't Hooft 相互作用的 NJL 模型的研究中，还发现由于手征凝聚和夸克对凝聚的吸引相互作用，通过金兹堡–朗道 (GL) 分析发现耦合极强的情形下在低温高密区域强子相变是一个连续过渡的过程，并存在非连续和连续相变的临界点。研究色超导态对于认识和理解极端情形下物质的形态和相变过程具有重要意义。

中子星 [neutron star]   恒星演化末期发生引力塌缩和超新星爆发后的残余星体。典型的中子星的质量介于一到数倍太阳质量，半径大约十几公里，表面的引力场非常强。中子星继承了塌缩前恒星的绝大部分角动量，由于其半径很小，因此自转周期很短，从几毫秒到几十秒不等。中子星的磁场很强 ($>10^{14}$ 高斯)，理论上给出其内部磁场的上限约为 10^{18} 高斯量级。中子星在早期通过向外不断发射中微子的方式冷却，与其费米能相比，中子星的温度通常很低，可以视为绝对零度。中子星的表层由电子和离子构成，在极强的引力场约束下，中子星内部密度很高，核心密度据推测甚至可达饱和核物质密度的数倍。在高密的环境中，中子从原子核游离出来，因此中子星内部主要由自由中子以及部分电子和质子构成。中子星核心的物质形态依然是 个未知的问题，一些理论研究认为，在其核心的低温高密环境中有可能会发生核物质的解禁闭相变，产生色超导态的夸克物质。

致密星 [compact star]   高质量天体在引力作用下塌缩形成的高密度星体。半径与其质量相比是小的，因此叫作致密星。按照质量的大小，可以将致密星分为以下几种：白矮星、中子星以及其他奇异星和黑洞。绝大多数致密星是恒星演化的终点。白矮星起源于一个太阳质量左右的恒星，恒星上的轻核燃料反应基本完成之后，星体在引力作用下向内塌缩，直到电子气的简并压与引力平衡，形成的高密度天体称为白矮星。白矮星主要组成是碳与氧等轻核与电离的电子组成，半径大约几千公里。如果恒星的质量大于 Chandrasekhar 极限即 1.4 倍太阳质量，那么电子气的简并压也无法与引力抗衡，高压下电子和质子反应形成中子，中子的简并压与引力平衡，从而形成更加致密的中子星。中子星通常是由引力坍缩引发的第一类超新星爆炸或双星融合引发的第二类超新星爆炸形成的。中子星的结构更加复杂，从外到内呈现洋葱状结构，外部是中子壳层，核心部分在强大压力的作用下中子破碎，形成色超导夸克物质和介子凝聚等奇异物质相。如果恒星质量

大于 Tolman-Oppenheimer-Volkoff 极限即 2~3 倍的太阳质量，那么中子简并压也无法与引力抗衡，星体将一直塌缩下去，形成黑洞。

禁闭–解禁闭转变 [confinement-deconfinement transition]   量子色动力学的一个基本特性是禁闭，指在强耦合情形下夸克和胶子不能超过一个特征距离而独立存在的物理现象，这个特征距离就是强子的尺度。由于量子色动力学的渐近自由性质，在高能量密度的情形下强相互作用的耦合强度会发生跑动变弱，夸克和胶子可以在比强子尺度更大的时空范围内自由存在，这种现象称作解禁闭。强子物质解禁闭会产生一种新的物质形态，称作夸克胶子等离子体或者夸克物质。禁闭–解禁闭转变可以通过两种途径实现：高温或者高净重子数密度。在宇宙演化的早期，大爆炸发生后十几个微秒以内的物质形态就是解禁闭的高温夸克物质。实验室中可以通过加速重离子发生对撞来实现高温的禁闭–解禁闭转变。根据格点 QCD 的计算结果，高温低净重子数密度情形下的禁闭–解禁闭转变是一个连续过渡的过程，而中低温度、高净重子数密度情形下的这种转变则是非连续的，在温度–密度相图上存在一个连续过渡–非连续转变的临界点，临界点的温度大约为 173MeV。低温高净重子数密度的禁闭–解禁闭转变难以在实验室中实现，理论上推测在某些致密星体的核心可能存在这种低温高密的环境，核物质可能会发生禁闭–解禁闭转变，产生低温的夸克物质。

结构夸克数标度律 [constituent quark-number scaling]   在 RHIC 实验的相对论重离子碰撞实验中发现，末态强子的椭圆流 $v2$ 在中间横动量区域 ($1.5\text{GeV}<pT<5\text{GeV}$) 满足同一种标度性：各个强子的 $v2/nq$ 随 $(mT-m)/nq$ 的变化几乎重合在同一条线上，其中，nq 为此强子的组分夸克数，m 为强子的质量，mT 为横质量，$mT=(m^2+pT^2)^{1/2}$。这一性质称为组分夸克标度。这一标度表明椭圆流发展于部分子相且组分夸克自由度在强子化过程中扮演非常重要的角色。

Cooper-Frye 冻结 [Cooper-Frye freeze-out]   在相对论重离子碰撞的流体模拟中，通常需要引入动理学冻结过程来结束流体介质的演化。为了在冻结过程中遵从能动量守恒，Cooper 和 Frye 提出了一种改良的冻结过程，认为动理学冻结发生在某个特定温度或能量密度的超曲面上。当这个时空超曲面矢量为类时矢量时，Cooper-Frye 形式的动理学冻结过程的确遵从能动量守恒以及粒子数守恒；然而当这个时空超曲面矢量为类空矢量时，Cooper-Frye 形式的动理学冻结过程会得出负的粒子谱，这意味着出现向内传播的粒子流。尽管这种正定性问题并没有完全解决，Cooper-Frye 形式的冻结过程仍然被广泛的应用于目前的相对论流体力学模型中。

关联长度 [correlation length]　由于粒子之间存在相互作用，不同粒子的相对位置之间就一定存在相关性。物理量在空间不同点的涨落互相关联。在均匀系统中，相关性只与空间距离有关，并且具有平移不变性。相关性随着空间距离的增大而减小直至消失。关联长度 (ξ) 是一个特征长度，在这个特征长度以内的微观自由度的涨落都有比较强的相关性和关联，而在这个特征长度以外的涨落比较小。如物理量在空间任何亮点都不相关，这就意味着关联长度为零。关联长度会逐渐增大，并在临界点发散是临界行为的一个显著特征。在动力学系统中，由于系统体积和动力学演化的限制，在临界点附近关联长度不能发散到无穷大而只能到一个有限的值。例如高能重离子碰撞中形成的高温高密核物质，由于受碰撞体积的限制和快速膨胀冷却的动力学演化的影响，在临界点附近的关联长度只有 2~3 fm。正是由于小的关联长度，增加了用实验来寻找 QCD 临界点信号的难度。因此，在高能重离子碰撞中，需要利用更加灵敏的实验观测量，如守恒量分布的高阶矩测量，去寻找 QCD 临界点。

临界点 [critical end point]　物质在外界条件，如温度、压强、化学势等发生改变时，会发生相变。当这些热力学量在某些特定值下，即在相图中形成一个点，物质在该点附近一阶相变边界和共存区消失，两相变得几乎无法区分，称为临界点。在临界点处，相变是一个二阶相变。在水的相图中，当温度或压强大于某个临界值以后，水的液相和气相将会变得无法区分。当温度大于临界温度时，无论压强值为多少，物质将始终处在气态而不能液化。如水的临界温度大约为 374℃，二氧化碳大约为 31.2℃。近三十年来，加速器技术和粒子探测技术的较大提高使得高能重离子碰撞物理得到了较快的发展和广泛的研究。高能重离子碰撞的主要目的是研究被称作夸克胶子等离子的新物质形态和探索强相互作用物质的相图结构。其中寻找强相互作用物质相图中的临界点是当前理论和高能物理实验研究的热点和前沿。下图为目前物理学家假想的 QCD 物质相图，纵坐标为温度 (T)，横坐标为重子化学势 (μ_B)。T_C 为重子化学势为 0 时，强子物质相转变到夸克胶子等离子体相 (QGP) 的穿越温度。粗黑线为低温强子物质相和高温 QGP 相之间的一阶相变边界。由第一性原理格点 QCD 计算得到的方形则是一阶相变的终结点，称为 QCD 临界点，是一个二阶相变点。由于理论计算的困难，QCD 临界点的位置，甚至存在性还没有被最终确定。最近，人们尝试通过高能重离子碰撞实验来寻找 QCD 临界点。通过改变碰撞原子核的碰撞能量，可以得到不同温度和重子化学势下的高温高密核物质。这样就能够访问 QCD 相图的宽广的区域，使得用灵敏的实验观测量去观测 QCD 临界点的信号成为可能。当今世界已经开展或正在计划的几个重离子碰撞实验，如欧洲核子中心 (CERN) 的大型强子对撞机 (LHC) 和

超级质子同步回旋加速器 (SPS)、美国布鲁克海汶国家实验室的 (BNL) 相对论重离子对撞机 (RHIC)、德国的质子粒子研究装置 (FAIR)，俄罗斯的重离子对撞机装置 (NICA)、中国兰州冷却存储环 (CSR) 的外靶实验等都可以用来研究强相互作用物质的相结构和寻找可能的新物质态。

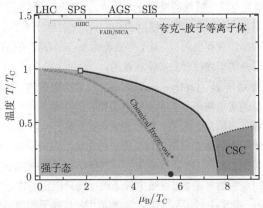

临界涨落 [critical fluctuation]　临界点附近的涨落，通常情况下是一种非高斯涨落。临界点的主要特征之一就是当系统状态逼近临界点时，涨落会逐渐变大直至发散。临界涨落是一个长波的集体涨落，这在临界乳光现象中有很好的体现。在临界点附近，临界涨落的波长和可见光波长可以比拟，可见光被散射。临界点附近的临界涨落具有长距离关联的性质，其中两点关联函数描述了系统其中一个空间位置的涨落是如何影响另外一个空间位置的涨落的。通常这种关联有个特征距离，称为关联长度。

临界温度 [critical temperature]　物质在临界点的温度。在液气相变中，当温度或压强大于某个临界值以后，液相和气相将会变得无法区分。特别地，当温度大于临界温度的时候，无论压强值为多少，物质将始终处在气态而不能被液化。如水的临界温度大约为 374°，二氧化碳大约为 31.2°。当改变温度而保持其他热力学量固定，会发现转变将发生在某个临界温度，当系统温度接近临界温度的时候，许多物理量显示出对这两个温度差的指数依赖行为，这些指数称为临界指数，具有普适性。在 QCD 物质相图中，QCD 临界点上的临界温度约为 175MeV，相当于 2 万亿摄氏度，高于这个温度，强子物质将转变为夸克胶子等离子体。

克罗宁效应 [Cronin effect]　核子与质量数为 A 的原子核碰撞，在大横动量区域的粒子产额超过入射核子与 A 个核子反应的总产额的现象，最早由克罗宁 (Cronin) 等发现。如果用 A^a 描述核子–原子核反应对质量数的依赖，那么克罗宁效应对应于指数 a 大于 1。a 是末态粒子横动量的函数，一般在小动量区小于 1，随着动量增加而增加并逐渐超过 1，在中等横动量区达到极大值，随着动量的进一步增加而减少又趋近于 1. 克罗宁效应提出后，有许多理论学家试图去解

释这种现象出现的根源。普遍认为，入射核子可以与原子核中不止一个核子发生碰撞，这种多重散射效应是导致克罗宁效应的原因。从微扰 QCD 的角度，这种多重散射是高扭度效应，对于一般的核子–核子反应，它导致动量谱的压低；但是，对于大原子核这种效应会因为原子核的大尺寸而显著增强。描述克罗宁效应的模型分为多种，如软部分子–强子重散射模型、软部分子重散射模型、硬部分子重散射模型等。精确定量的描述克罗宁效应，对于寻找新物态——夸克–胶子等离子体——的干净信号是非常重要的。

德拜屏蔽 [Debye screening]　在电磁等离子体中存在大量的带电粒子。由于异性电荷相吸同性电荷相斥，任一带电粒子周围总是包围一些带相反电荷的粒子，等效地看中心粒子的电场被它周围的异性粒子的电场削弱的现象。由荷兰物理学家德拜 (P. Debye) 在研究电解现象时首先提出。由于周围电荷的屏蔽效应，带电粒子的电场只能作用在一定的距离内，超过这个距离，基本上就被周围异性粒子的电场所屏蔽。这个距离成为德拜长度 (Debye length)。类似地在夸克胶子等离子体中存在大量的带荷粒子夸克和胶子 (电荷和色荷) 也存在这种德拜屏蔽现象，也称为色电屏蔽。通常用德拜长度或德拜质量 (德拜长度的倒数) 定量地描述德拜屏蔽效应。德拜质量的平方可以通过计算光子或胶子的自能的纵向分量在零频和长波极限下得到。

随机指向的手征凝聚 [disoriented chiral condensate]　在发生手征相变时产生的凝聚态，根源在于手征对称性的自发破缺。在线性 σ 模型中，此凝聚态在三维 π 空间的方向是不确定的，因此称为随机指向的手征凝聚。这种凝聚态与磁铁非常相似。在温度低于居里温度时，铁磁性单晶体中会形成很多称为磁畴的小区域。在每个磁畴中发生自发磁化，磁矩沿着特定的方向排列。但不同的磁畴的磁矩方向不同，因此磁铁 (在最低能量态时) 在整体上并不具有磁性。磁畴的磁矩方向对应随机指向的手征凝聚在三维 π 空间的方向。在相对论重离子碰撞中，QCD 物质的初始温度高于相变温度，手征对称性得到恢复。由于物质膨胀造成温度下降。当温度低于相变温度时，手征对称性自发破缺，为产生随机指向的手征凝聚创造了条件。如果随机指向的手征凝聚在实验中形成，将会观察到 π 介子产额的大幅增加，但至今随机指向的手征凝聚并未在实验中发现。

动力学手征对称破缺 [dynamical breaking of chiral symmetry]　由于 QCD 真空凝聚 $\langle \bar{q}q \rangle_{\mathrm{vac}}$ 不为 0 导致的手征对称性破缺，是南部阳一郎等在 20 世纪 60 年代类比于凝聚态物理中的库珀对概念提出的一种对称性自发破缺模式。在低温区域 QCD 耦合常数很大，非微扰 QCD 作用使得 QCD 真空非常复杂，夸克双线性算子 $\bar{q}q = \bar{q}_{\mathrm{L}}q_{\mathrm{R}} + \bar{q}_{\mathrm{R}}q_{\mathrm{L}}$ 的真空期待值不为 0，从而使得手征对称性破缺为 $SU_{\mathrm{L}}(N_{\mathrm{f}}) \times$

$SU_{\mathrm{R}}(N_{\mathrm{f}}) \longrightarrow SU_{\mathrm{V}}(N_{\mathrm{f}})$。在高温情况下，如重离子碰撞末态或早期宇宙，QCD 真空凝聚变回 0，从而手征对称性恢复。因此，$\langle \bar{q}q \rangle_{\mathrm{vac}}$ 是标志系统性质的重要参量，是手征相变的序参量。

偏心率 [eccentricity]　描述重离子碰撞交叠区域的几何量。取垂直于束流方向的坐标为 x 和 y 方向，并把碰撞交叠区域的中心取为坐标原点，那么偏心率定义为 $\varepsilon = \dfrac{\overline{x^2 - y^2}}{\overline{x^2 + y^2}}$，上划线表示对碰撞交叠区域取平均值。实验上发现，椭圆流参数 v_2 大致随偏心率 ε 的增加而增加。

埃卡特系和朗道系 [Eckart and Landau frame]　艾卡特系和朗道系是相对论性流体力学中流体元速度的两个参考系。其中，艾卡特系 (Eckart 系，也称粒子数系)，描述的是流体元中粒子流的运动速度。而朗道系 (Landau 系，也称能流系)，描述的流体元中能量流的流动。

对于理想流体而言，这两个参考系是一致的。对于有耗散效应的一阶流体力学 (参见**克努森数**)，这两个参考系的不同主要体现在热流项和热传导项上面。在度规 $g^{\mu\nu} = \mathrm{diag}\{+, -, -, -\}$ 情况下，一阶流体的能动量张量和粒子数流可以写成 $T^{\mu\nu} = (\varepsilon + P) u^\mu u^\nu - P g^{\mu\nu} + h^\mu u^\nu + h^\nu u^\mu + \pi^{\mu\nu}$, $j^\mu = n u^\mu + \nu^\mu$，其中，$\varepsilon$ 为能量密度，p 为压强，n 为粒子数密度，u^μ 为归一化后的流体元速度，h^μ 为热流，ν^μ 为热传导流，$\pi^{\mu\nu}$ 为黏滞张量 (含剪切黏滞张量及体黏滞)。通过重新定义四速度 $u^\mu \longrightarrow u^\mu + \dfrac{1}{n}\nu^\mu$，可以将整个系统转到艾卡特系中。这时，由于 $j^\mu = n u^\mu$，因此流体元的速度仅仅是流体元中所有粒子速度的平均值，而能动量张量 $T^{\mu\nu}$ 中仍然保留热流项 h^μ。如果重新定义四速度 $u^\mu \longrightarrow u^\mu + \dfrac{1}{\varepsilon + P}h^\mu$，可以将系统转到朗道系中。这时，能动量张量中不存在热流项，而粒子数流中仍然含有热传导流 ν^μ。对于更高阶的流体力学而言，两种参考系的差别将会更加巨大。

有效场论 [effective field theory]　有效场论的提出是量子场论中的紫外发散问题的必然结果。量子场论作为描述连续时空上的场的理论，很容易出现无穷大动量引发的发散问题。一个数学上自洽的场论常常是一个自由度和参量取值无穷大的理论。但是实际的物理计算要求自由度和参量必须是有限值。因此，量子场论会通过重整化群演化，将小尺度、高能标的自由度的贡献整合到演化后的参量中，从而得到一个描述一定尺度，一定能标下物理的有效场论。对于可重整的量子场论，演化后的有效场论经过一定的补偿手续后完全等价于初始理论。并且演化过程使得自由度和参量的值从无穷大演化到有限值。然而对于大多数不可重整的理论，很难找到确切的补偿手续使之等价于原有理论。换言之，这些有效场论对于计算特定尺度，特定能标下的物理是准确的。但是在更小的尺度和更高的能标下的物理，这些有效场论无法给出合理的描述。尽管如此，有效场论依然被用来研究特定尺度，特定能标下的物理。其优势在于有效场论严格的保留了原有理论的对称性。同时，其面对的特定能标往往赋予了理论可微扰的特性。具体的物理问题中的参量 k 相比有效场论的适用能标上限 λ 往往非常小，以致于 k/λ 可以成为计算中的展开系数。这为有效场论的构造和计算提供了巨大的便利。著名的有效场论有 β 衰变的费米理论，超导系统的 BCS 理论和量子色动力学的手征微扰理论。其中，费米理论实际上是弱电理论在核子能标下的有效场论。它将高能标的 W 玻色子自由度整合到四费米子相互作用的耦合常数当中，从而得到了一个成功描述核子 β 衰变的有效理论。BCS 理论是描述超导的极为成功的有效场论。由于金属中的晶格振动使得自由电子相互吸引形成库珀对，并且库珀对的尺度相比较晶格振动的波长非常长，因此通过将晶格的振动自由度整合到四费米子相互作用中，同样可以得到一个描述库珀对的有效理论。手征微扰理论是量子色动力学在低能标下的一个有效场论。它通过量子色动力学的手征对称性自发破缺机制，将相应的格尔德斯通粒子作为理论的有效自由度，代替量子色动力学中的夸克，胶子自由度，成功的描述了包含重子，介子的低能强子物理。

熵产生 [entropy production] 相对论重离子碰撞中，两个原子核碰撞、演化成一个热化的多粒子系统，是一个熵产生的过程。与夸克胶子等离子 (quark gluon plasma, QGP) 的形成密切相关，并涉及到量子多体系统的热化，熵产生如何跟量子色动力学的时间反演不变性相自洽等一系列基本理论问题。实验上仅能通过末态粒子的产额、单粒子动量谱、两粒子关联等物理量对末态系统的熵进行间接的粗粒化 (coarse graining) 测量。根据最近的研究进展，相对论重离子碰撞中熵的产生大致分成五个阶段：碰撞早期原子核波函数的退相干，部分子物质的热化，热化的部分子物质的流体演化，强子化，强子物质演化和冻结 (freeze-out)。前两个阶段贡献了最主要的熵产生。热化的部分子物质带有黏滞性，其流体演化使得系统的熵少量增加。强子化和强子相演化也贡献一定的熵增。目前，理论上对早期部分子物质的热化和熵产生仍存在多种解释，是重离子碰撞物理的研究热点之一。

状态方程 [equations of state] 表征描述系统状态的不同物理量之间关系的方程。描述热力学系统状态的物理量有温度 T、体积 V、压强 P、化学势 μ 以及对应的密度，它们不是相互独立的，可以将所有的热力学量用一组独立的状态量表示。形式取决于系统的性质，对于 QCD 物质，在低温下呈现为强子气体，对应的是强子气体状态方程；高温下呈现为夸克胶子等离子体，对应的是 QGP 状态方程。相对论性重离子碰撞的主要物理目标就是要研究核物质状态方程，研究在极高能量密度或重子数密度条件下核物质的组成形式、热

力学变量的相互关系等。格点 QCD 计算可以提供在零重子数密度的状态方程，发现在 180~200MeV 温度区间，核物质从共振强子态平滑过渡到的夸克胶子等离子体状态。相对论流体力学需要引入核物质状态方程描述核物质能量密度和压强的关系，才能够组成封闭可解的方程组，用以描叙达到热平衡的核物质的时空演化。

膨胀火球 [expanding fireball] 压强梯度驱动火球向外膨胀，碰撞后的产物。相对论重离子碰撞所产生的高温高密物质通常称为火球。火球内部的能量密度高，压强大，火球外部为真空。在沿着入射核的纵向方向，一般认为其膨胀的形式如哈勃膨胀 (比约肯近似)。在横向方向，由于没有初始核子的污染，膨胀的结果可以很清楚的在粒子的横动量的性质上反映，这也是目前重离子碰撞实验的一个重要方向。由于在膨胀过程中，系统体积变大，能量密度变小，系统在不断的冷却。如果碰撞的能量足够高，膨胀火球一般经历部分子相和强子相两个阶段，部分子相的能量密度高，系统的自由度为夸克和胶子，强子相的能量密度低，系统的自由度为强子，火球在膨胀过程中会经历从部分子相到强子相的强子化相变过程。

费米–狄拉克分布 [Fermi-Dirac distribution] 在量子力学中，根据粒子的自旋分为玻色子和费米子两类粒子：玻色子的自旋为整数，如光子，其本征波函数对称；费米子的自旋为半整数，如电子，其本征波函数反对称。玻色–爱因斯坦分布是玻色子所遵从的量子统计分布。量子统计分布有玻色–爱因斯坦分布和费米–狄拉克分布两种，前者描述玻色子满足的统计分布，后者描述费米子满足的统计分布。在经典近似下，它们都退化为经典的统计分布: 麦克斯韦–玻尔斯曼分布。

涨落 [fluctuation] 描述系统的某个物理量在平均值附近变化的幅度。严格的定义如下: 对于物理量 X，其在坐标或动量空间 r 处测量的算术平均值为 $\overline{X(r)}$，那么 X 在 r 处的涨落定义为 $\Delta X(r) \equiv \overline{(X(r) - \overline{X(r)})^2} = \overline{X(r)^2} - \overline{X(r)}^2$。物理量 X 在两个不同位置 r_1, r_2 处的涨落信息可以用来研究系统的关联，定义为

$$C_{12}(r_1, r_2) \equiv \overline{(X(r_1) - \overline{X(r_1)})(X(r_2) - \overline{X(r_2)})}$$
$$= \overline{X(r_1)X(r_2)} - \overline{X(r_1)} \, \overline{X(r_2)},$$

当 $r_1 = r_2$ 时，关联的定义自动转化为涨落的定义。如果物理量是系统的电荷 Q，那么如上所述定义的 ΔQ 就是系统的电荷涨落。在相对论重离子碰撞实验中，实验学家通过对多次碰撞末态的测量可以得到物理量 X 的算术平均值，以及单次碰撞 X 偏离平均值的平均幅度 $\Delta X(r)$，即逐个事件涨落。X 可以是碰撞末态带电强子多重数分布 (作为动量、方位角或赝快度的函数)，椭圆流以及高阶谐振流 (作为横动量的函数)

等。理论方面可以通过蒙特卡罗的 Glauber 或色玻璃凝聚模型，产生有涨落的初始条件，做逐个事例的相对论流体力学演化，并通过 Cooper-Frye 冷却强子化以及与 UrQMD 等强子输运模型结合来模拟相对论重离子碰撞产生的 QGP 物质的膨胀以及强子输运的整个过程。通过这种方法，可以研究引起末态观测量 X 涨落的主要因素。到目前为止，已研究了核-核碰撞初态核子在原子核内部几何位置分布的涨落，色荷在核子内分布的涨落，流体力学演化阶段单个流体力学微元中有限粒子数引起的热力学变量的涨落，以及冷却强子化阶段有限末态强子数的统计涨落对逐个事例涨落的影响。

参考系 [frame] 运动学的基本概念，取某物体的坐标和速度为零点，考虑所有其他物体相对于此物体的坐标和速度为基本物理量构建运动方程，叫作取这个物体为静止和坐标零点的参考系。对于高能粒子碰撞，实验室参考系指相对于实验室静止的参考系，质心系指取粒子的质心为静止的参考系。局域静止系，物理含义等同于质心系。在质心系或局域静止系，体系的总能量最低。在核物理中，质心系一般用来描叙少体系统，譬如两粒子体系、局域静止系一般用来描述多体系统，譬如某热力学体积元 (宏观无限小，具有相同的热力学状态；微观无限大，包含巨大数目的组成微粒) 中气体，固体中的组成单元的合集。随动系，固定于被研究物体的参考系，在随动系中，被研究物体保持静止。譬如自由下落的电梯就是电梯里自由下落的物体的随动系，所以随动系可以不是惯性参考系。对于单个粒子而言，质心系、局域静止系、随动系是相同的物理含义。

化学冻结 [chemical freeze-out] 冻结是高能重离子碰撞中系统退耦时强子产生的一种状态描述。是热模型和相对论流体模型描述重离子碰撞所常用的一类概念。高能重离子碰撞中产生的热密部分子物质经强子化转变为强子系统后，系统还要经历一个强子间非弹散射占主导的演化阶段和一个强子间弹性散射占主导的演化阶段。当系统由非弹性散射阶段向弹性散射阶段过渡时，系统中强子的数目不再改变，此时称为化学冻结。在弹性散射阶段后期，粒子间相互作用不能继续保证系统的局域热平衡，系统退耦，至此，系统中各强子携带的动量不再改变，此时称为运动学冻结或热冻结。

能隙方程 [gap equation] 从平均场层次研究相图结构的一种工具。在 BCS 超导理论中，低温费米液体中费米子之间存在相互吸引作用，形成具有玻色子性质的库珀配对。库珀对的出现导致将一个费米子从费米面以下激发到费米面以上附近所需的能量不再是连续的，即单费米子的激发能谱出现能隙。能隙是超导和色超导的基本相参数，能隙的倒数就是相干长度，它是衡量库珀对大小的尺度。此外，在手征对称性自发破缺理论中，通常将手征凝聚类比于超导中的库珀对凝聚，将其对组分夸克质量的贡献也称作质量能隙或手征能

隙，它是手征相变的相参数。能隙的大小通过能隙方程求解，由热力学势的稳定性条件来给出。在相图上的任意一点，热力学势作为相参数的函数必处于最小值，即热力学势对相参数的偏导数等于零，这一条件就是能隙方程。能隙方程的个数取决于能隙的个数，通过联立求解能隙方程可以得到相参数在相图中的变化，从而给出相结构。

金兹堡-朗道相变理论 [Ginzburg-Landau theory of phase transition] 为了描述超导而建立的理论。基本自由度为描述超导相变的序参量场。通过考察序参量场在相变点附近的行为，可以有效的获取相变信息，而不需要涉及系统的微观结构。系统的自由能作为序参量场的函数，约束序参量场的取值。即由自由能的最小值点确定序参量场。换言之，序参量场需要满足相应的运动方程。虽然金兹堡-朗道相变理论不讨论微观结构，但是金兹堡-朗道自由能函数中的参数实际上是微观理论中的物理量的某种极限值。在金兹堡-朗道相变理论中，经常利用序参量场的取值很小以及其微分很小做展开。自由能往往展开到序参量场的四阶项，其微分场的二阶项进行讨论。同时，作为计算的起始点，序参量场首先被认为是静态均匀的常数。这样其满足的运动方程可以简化为能隙方程。解就是序参量场在静态均匀极限下的取值。这个值直接受自由能中的参数控制。当这些参数随着系统的热力学量变化时，序参量的取值也发生变化。在超导中，当温度低于临界温度时，序参量取非零值，系统处于超导相。当温度高于临界温度时，序参量取零值，系统处于正常相。实际上，序参量场可以被认为是超导中两个费米子相互吸引形成的库珀对的超流场。上面所述的它的静态均匀极限就是超导的能隙，或者说就是库珀对的凝聚。如果进一步讨论系统中的超流场的涨落，就需要求解运动方程，获取超流场的色散关系。考虑到超导相变的对称性自发破缺机制，金兹堡-朗道理论中的超流场实际上包含了系统所有的格尔德斯通粒子。换言之，正是这些格尔德斯通粒子主导了金兹堡-朗道相变理论中的超流涨落。

Glauber 模型 [Glauber model] 在相对论重离子碰撞中，参与碰撞的两个重核被加速到以接近光速的速度相向而碰 (实验室参照系)。由于核由核子组成，在不考虑其他核效应的情况下，可以把高能核-核碰撞看成是大量核子-核子碰撞的几何叠加，Glauber 模型就是这样一个计算核-核碰撞中几何叠加因子的模型。Glauber 模型假设核内每个核子的地位是相同的，每对核子相碰的非弹性散射截面在一定的质心系能量下是常数，因此，核-核碰撞过程的散射截面主要与碰撞核的尺寸大小、核-核碰撞的相对几何位置 (即对心度，表征对心碰撞或边缘碰撞的物理参数) 以及核子在核中的分布情况有关。目前关于核子在核内的分布，在实际研究中有较广泛应用的是认为核子均匀的分布在球形核中的硬核模型 (hard sphere 或者 sharp surface) 和另外一种更接近实际情况的伍兹-萨克

森模型。从核中核子的区别于空间位置的核子数密度，当对核子数密度沿轴向积分，碰撞参数为 b 的核 A 和核 B，相碰核中单位面积内的核子数定义为该核的厚度函数 (thickness function)$T_A(r)$。核 A 的厚度函数和核 B 厚度函数空间卷积得到核 A 和核 B 的重叠函数 (overlap function)$T_{AB}(b)$，重叠函数和核子–核子的非弹性散射截面之积给出发生反应的概率。通过 Glauber 模型可以计算不同碰撞参数 (b) 下的对心度、参与核子数 (N part)、两两碰撞核子数 (N coll) 等物理量。

强子气体 [hadronic gas] 由大量强子组成的稀薄的相互作用很弱的近似理想气体，是重离子碰撞中热密物质演化的最后阶段。随着热密物质的体积膨胀和温度降低，系统先后达到化学冻结和运动学冻结，热密物质由夸克胶子物质经历强子化过程变成强子物质，强子物质的相互作用随着体积膨胀和密度降低而减少，直到平均自由程很大，强子之间近似无相互作用，系统变成近似理想气体。

强子化 [hadronization] 高能反应中出现的末态夸克和胶子转变为强子的过程。高能反应产生了自由的夸克和胶子 (部分子)，由于色禁闭效应，这些带色的部分子不能单独存在，与真空自发产生的夸克反夸克对结合形成实验能观测的强子。强子化是一个非微扰量子色动力学过程，至今只能用实验结果参数化的 "碎裂函数" 或唯象模型来描写。碎裂函数包括夸克碎裂函数和胶子碎裂函数，描述一个高能量的部分子碎裂出一个带有一定动量分数的特定强子的概率，通常用来描写高能反应中的末态强子喷注中的强子单举产生。强子化的唯象模型主要有碎裂模型和组合模型，经常被嵌入到高能反应的各种事例产生器中，应用较为广泛。相对论重离子碰撞产生了解禁闭的夸克胶子等离子体，为强子化唯象模型的检验和发展以及强子化机制的深入理解提供了极佳条件。

Hagedorn 温度 [Hagedorn temperature] Hagedorn 温度是强子气体在不发生相变的情况下所能达到的高温极限。在低温下，QCD 物质相为强子气体，性质和粒子密度 $n(T)$ 由 π 介子主导。随着温度的上升，其他大质量粒子的共振态对粒子密度的贡献逐步增加，逐步超过 π 介子的贡献。理论计算表明，超过某个极限温度 T_0(150∼200 MeV) 以后，计算得到的粒子密度 $n(T)$ 是发散的。换言之，强子气体系统永远不可能超过极限温度 T_0，加热系统只会转化为大质量粒子激发态数目的增加。这个极限温度就是 Hagedorn 温度，是强子气体的温度上限。实际情况中由于存在强子气体到夸克胶子等离子体的相变，持续加热后系统可以相变为夸克胶子等离子体，从而温度会越过 Hagedorn 极限并继续上升。

HBT 效应 [Hanbury-Brown and Twiss effect] 在天体物理测量中，由于地面上两个探测器之间的距离远远小于被测量天体的尺寸，1956 年，两位天文学家 Robert Han-bury Brown 和 Richard Q. Twiss 提出一种通过两个探测器接受光信号强度干涉来测量天狼星尺寸的新方法。HBT 效应可以通过经典的光的波动理论的干涉来解释。由于在粒子物理实验中，信号源的尺寸远远小于探测器之间的距离，且由于波粒二象性，粒子同样具有波动性。这与天体物理测量很相似，HBT 效应很快被运用于测量重离子碰撞实验中发射源的时空尺寸。

硬探针 [hard probe] 在相对论重离子碰撞中可以用硬过程作为探测夸克胶子等离子体是否形成及研究其性质的信号。有大的能动量转移，因而可以用微扰量子色动力学来计算的部分子相互作用过程称为硬过程 (hard processes)。常见的硬探针有：喷注淬火或部分子能量损失、重味介子的产生、粲偶素或底偶素产生、直接光子产生等。(注：直接光子产生也是夸克胶子等离子体电磁信号的一种，有些文献把电磁信号从硬探针独立出来，单独分类。)

硬热圈 [hard thermal loop] 硬热圈重求和 (hard thermal loop resummation, HTLs) 技术是 20 世纪 90 年代初有限温度量子场论的重要标志成果和进展。由理论物理学家 Braaten, Pisarski, Frankel 和 Taylor 提出。与通常零温场论不同，有限温度下的微扰展开更复杂和巧妙，按耦合常数的幂级数展开与费曼图的圈图展开不再是简单的一一对应关系。采用硬热圈重求和技术的有效展开方法可以自洽地进行高温热场理论的计算，从而得到规范不变，无红外发散的物理结果。这种重求和技术就是通过对一类特殊的圈图 (内线粒子的动量在系统的温度 (高温) 量级 (T)，而外线粒子的动量在量级 (gT) 的量级) 进行重求核，采用有效传播子和顶角函数进行自洽的计算。这类图称为硬热圈，适用于高温下的热规范理论。HTLs 具有规范不变性且满足树图形式的瓦尔德恒等式等优良的特性。硬热圈重求和技术被广泛应用于高温 QCD 和 QED 的研究和重离子碰撞夸克物理和早期宇宙的研究。在密度很高时存在着类似的图，成为硬密圈 (hard dense loops, HDLs)，相应地采用硬密圈重求和技术可以研究高密 QCD 和 QED 的相关物理问题，如色超导和中子星的相关物理。

HIJING 事例产生器 [heavy-ion jet interaction generator] 又称核易经。最早的针对高能重离子碰撞开发的事例产生器，由 Miklos Gyulassy 和王新年于 1991 年共同开发，后来又经过多次版本更新。HIJING 是第一个将 PYTHIA 中微扰量子色动力学 (PQCD) 近似、多重喷注产生过程与核效应相结合的蒙特卡洛产生器。所以 HIJING 不仅可以用来模拟高能质子–质子 (p-p) 碰撞，还可以用来模拟高能核–核 (A-A) 碰撞。它将 p-p 碰撞的结果进行新的模型参数化，从而使结果外推到 A-A 碰撞的过程。主要特点有：HIJING 中引入横动量截断，将 p-p 碰撞按照产生部分子的横动量大小分为硬过程和软过程。对于硬过程事例,HIJING 采用程函 (Eikonal) 公式来计算多重喷注产生,并且使用 PYTHIA 模型来模拟每一对喷注产生过程中的初态和末态胶子辐射效应。对于无喷注产生的事例以及伴随有喷注产生的软过程,HIJING 采用 Lund 弦模型和 DPM(dual parton model) 模型,将质子模拟为两端分别是一个夸克和一个双夸克连成的一条激发的弦,并且将胶子看成是附着在这条弦上的结。此外,HIJING 中还引入了弦两端组分夸克之间的多重低横动量交换。HIJING 采用基于 Glauber 模型的核散射几何来计算非弹性碰撞概率对于碰撞参数的依赖关系。IJING 引入依赖于碰撞参数的核的部分子结构函数,特别是胶子的结构函数来研究部分子产生和末态强子产生对于核屏蔽效应的敏感性。引入喷注淬火模型,计算中等及较大横动量的部分子穿过重核碰撞过程产生的高密度物质而发生的能量损失现象。HIJING 在高能核碰撞物理中取得了巨大的成功,受到该领域科学家们的广泛关注和好评。一方面,在美国的布鲁克海文国家实验室中的 RHIC 试验和欧洲核子研究中心的 LHC 试验都表明,HIJING 的计算结果无论是横动量分布还是快度分布都能够很好的符合 RHIC 能区和 LHC 能区的质子–质子碰撞和重核碰撞试验的大部分试验结果,特别是 2010 年 HIJING 给出的 LHC 能区铅核碰撞的中心快度多重数的预言跟后来试验结果符合得非常好。另一方面,HIJING 被广泛应用于理论研究中,模拟和研究高能核碰撞过程中的部分子系统以及末态强子系统的性质和各项运动学量。近几年来,陆续有基于 HIJING 的其他模型和事例产生器开发出来,例如 AMPT 产生器、HIJING/BBar 产生器等。

核易经 [heavy-ion jet interaction generator]　即 HIJING 事例产生器。

Hubbard-Stratnovich 变换 [Hubbard-Stratnovich transformation]　在粒子物理中研究一个存在两体相互作用的体系时,对哈密顿量中的多体相互作用项进行线性化,同时引入标量的辅助场,这种数学变换方法就是 Hubbard-Stratonovich 变换。变换后的体系引入了新的辅助场及其涨落场,以及该场与原体系中粒子场的相互作用项。忽略涨落部分,这种变换等效于平均场近似方法,包含涨落则相当于超出了平均场近似。Hubbard-Stratonovich 变换广泛应用于凝聚态物理、粒子物理以及高分子物理等学科的研究中。在高能粒子物理领域中,这种变换方法可用于研究基于 NJL 模型的相图结构,夸克配对涨落效应等。

流体力学演化 [hydrodynamica1 evolution]　流体力学方程描述的是处于局域热平衡态的多粒子体系随时间的演化,基本方程为能动量守恒方程 $\partial_\mu T^{\mu\nu} = 0$(4 个独立方程) 和流守恒方程 $\partial_\mu j^\mu = 0$(1 个独立方程),其中能动量张量 $T^{\mu\nu} = \varepsilon u^\mu u^\nu - P g^{\mu\nu} + X^{\mu\nu}$,净重子数流 $j^\mu = n u^\mu$。耗散项 $X^{\mu\nu}$ 一般包含剪切黏滞项、体黏滞项、涡旋项、热传导项等。对于理想流体力学方程耗散项 $X^{\mu\nu} = 0$,独立方程共有 5 个,但未知变量有局域能量密度 ε,压强 P,流速 u^1, u^2, u^3 以及净重子数密度 n 共 6 个,为了完备求解这些局域变量随时间的演化,会额外添加系统的状态方程 $P = P(\varepsilon, n)$,即压强关于能量密度与净重子数密度的函数。因为火球膨胀的驱动力是压强梯度,越硬的状态方程 ($c_s^2 = \dfrac{\partial P}{\partial \varepsilon}$ 越大) 导致火球膨胀的速率越快,寿命越短,所以状态方程对于相对论流体力学演化至关重要,它也是流体力学模拟与量子色动力学 QCD 物质相图最新研究进展紧密结合的枢纽。目前相对论流体力学模拟一般使用格点 QCD 以及强子共振气体的状态方程。对于耗散流体力学,根据 $X^{\mu\nu}$ 中耗散项的不同,需要另外添加描述耗散项随时间弛豫的二阶耗散方程。因为流体力学方程是包含时间微分的偏微分方程组,需要给出初始的能动量张量和流分布。目前有很多模型如 Glauber, KLN, IP-Glasma, EPOS, UrQMD, AMPT 等产生流体力学演化的初始条件。为了求解相对论流体力学方程组,已采用很多先进的数值算法,如 FCT-SHAST 算法、Godunov 算法、Kurganov Tadmor 算法、Smooth Particle Hydrodynamics 算法以及相对论格点玻尔兹曼方法等。为了描述远离局域热平衡的强子相,在火球膨胀的冷却超曲面上使用蒙特卡洛的方法抽样产生共振态强子,并作为 UrQMD 等强子输运模型的初始条件做进一步的强子散射演化。流体力学数值模拟已经成为重离子碰撞的重要理论研究工具,正是通过流体力学模拟确定 RHIC 产生的热密物质是黏滞度非常小的近似理想流体,从而得到 QGP 是强耦合物质的结论。使用有涨落的初始条件,相对论流体力学演化可以很自然的给出椭圆流、三角流、高阶谐振流以及双强子关联的长程结构。

超子物质 [hyperon matter]　包含各种超子的高密度核物质。核物质由无穷多质子和中子均匀分布构成,是用于研究核子间强相互作用性质的理想模型。如果要求系统满足电中性条件,系统中还会包含一定量的电子。无限大核物质具有各向同性和平移不变性等性质,因此可以避开表面效应,使得理论计算相对简单化。当核物质的密度达到 2 倍核物质饱和密度以上时,核子的费米能变得很高,核子有可能通过弱相互作用过程转变为超子。超子是与核子不同种类的费米子,具有相对较低的费米能,超子的产生有助于降低系统的能量。在稳定状态的超子物质中,核子和超子满足弱平衡条件。随着密度的升高,最容易出现的是 Λ 超子,它不带电,是质量最轻的超子,其他可能出现的还有 Σ 超子和 Ξ 超子。各种超子出现的阈密度以及在超子物质中所占的比例依赖于粒子间的相互作用性质。由于高密度情况下强相互作用理论存在许多不确定性,因此有关超子物质的性质还很难确定。目前,推测在大质量中子星内部可能存在超子物质。

理想流体 [ideal fluid]　一种无耗散的流体。流体力学可以用于描述任何一个长程低频近似下有限温度的多体系统。因此，它是一种用于描述宏观现象的有效理论。将流体力学方程组进行克努森数展开 (参见克努森数)，其展开领头阶就是描述理想流体的方程组。

实验方面，早在 20 世纪 50 年代，朗道 (L.D.Landau) 就建议采用流体力学来描述强子火球的演化。其后，人们将流体应用于描述低能重离子碰撞 BEVALAC 实验以及高能质子质子对撞 CERN-ISR 实验中。在布鲁凯文国家实验室的相对论重离子对撞机 RHIC 上面，更是发现其所观测到的椭圆流 (参见椭圆流) 与理想流体数值模拟相一致。

理论方面，对于相对论性系统而言，在无外场情况下，流体力学方程组由能动量守恒和粒子数守恒方程所组成，即 $\partial_\mu T^{\mu\nu} = 0, \partial_\mu j^\mu = 0$ 其中 $T^{\mu\nu}$ 为能动量张量，j^μ 为粒子数流。在克努森数的展开下，人们可以得到理想流体 (在度规 $g^{\mu\nu} = \text{diag}\{+,-,-,-\}$ 情况下) 具体的表达形式 $T^{\mu\nu} = (\epsilon+P) u^\mu u^\nu - Pg^{\mu\nu}, j^\mu = nu^\mu$。其中，$\epsilon$ 为能量密度，P 为压强，n 为粒子数密度，u^μ 为归一化后的流体元速度 (参见艾卡特系和朗道系)。

另一方面，流体力学可以与微观动力学理论进行对比，进而可以得到宏观观测量 (能量密度、压强、粒子数密度的微观表达式)，比如，$T^{\mu\nu} = \int \frac{d^3 p}{(2\pi)^3 E_p} p^\mu p^\nu f(t,x,p), j^\mu = \int \frac{d^3 p}{(2\pi)^3 E_p} p^\mu f(t,x,p)$，其中 p^μ 为粒子的四动量，E_p 为粒子能量，$f(t,x,p)$ 为粒子在相空间的分布函数。流体力学守恒方程则对应于玻尔兹曼方程 (Boltzmann 方程)。对于夸克胶子等离子体 (quark-gluon-plasma) 而言，如果忽略夸克的质量，同时近似认为夸克和反夸克的化学势绝对值一样，利用理想气体的粒子分布函数 (参见费米狄拉克分布和玻色爱因斯坦分布)，可以得到 $\epsilon = 3P = \left(g_G + \frac{7}{4}g_Q\right)\frac{\pi^2 T^4}{30} + g_Q \frac{\mu^4}{8\pi^2}$, $n = \frac{g_Q}{6}\left(\mu T^2 + \frac{\mu^3}{\pi^2}\right)$，其中 T 为温度，μ 为化学势，g_G、g_Q 为胶子、夸克的自由度。

模拟方面，在选取恰当的初始条件以及系统的状态方程后 (参见状态方程)，可以进行数值模拟。对于 0+1 维的比约肯 (Bjorken) 理想流体，甚至可以得到流体力学方程组的解析解。

碰撞参数 [impact parameter]　在散射反应中，碰撞参数指标靶物体质心与入射粒子的初速度矢量的垂直距离。在重离子碰撞中，撞击参数为垂直于碰撞轴方向入射核质心和靶核质心之间的距离。撞击参数决定参与碰撞的核子数目、碰撞区域能量沉积的多少，以及碰撞产生的系统大小和几何对称性；因此，撞击参数会影响碰撞产生的粒子多重数、平均横向动量以及椭圆流等物理量，是重离子碰撞物理中的一个重要参数。根据撞击参数的大小，可将重离子碰撞分为对心碰撞和偏心碰撞。

初态效应 [initial state effects]　重离子碰撞末态的观测量中，由核–核碰撞的初态原子核导致的可观测效应。与其相对应的是末态效应，定义为由核–核碰撞产生的热密物质导致的可观测效应。初态效应主要指核子的部分子分布函数在原子核环境中的核修正效应，包括核遮蔽效应、反遮蔽等。初态效应自身是重要的物理问题，如核遮蔽效应，其物理起源可以追溯到小 x 区域的胶子饱和效应。但对于重离子碰撞中夸克胶子等离子体的测量而言，这是需要扣除的背景效应。通过比较核–核碰撞与核–质子碰撞和质子–质子碰撞，或者比较对心碰撞与边缘碰撞，来区分这个效应是初态效应还是末态效应。

介质效应 [in-medium effects]　在介质中，粒子的传播性质会受到介质的影响而与真空中的情形不同，这一类效应称为介质效应。在有限净重子数密度的介质中，真空中无质量的规范玻色子会获得一个有效的质量，实物粒子如核子、介子和夸克，其有效质量也不再是一个常数，会随着净重子数密度变化而改变。由此导致粒子的传播子、谱函数和衰变常数都会发生改变。

喷注淬火 [jet quenching]　又称部分子能量损失。当一个快速部分子穿过 QCD 介质时会和介质中其他部分子发生相互作用，从而损失能量的过程。可以分为两类：碰撞能量损失 (collisional energy loss) 和辐射能量损失 (radiative energy loss)，一般来说在高能区辐射能量损失占主导地位。根据喷注淬火理论，部分子在 RHIC 和 LHC 能区相对论重离子碰撞产生的热密 QCD 物质中传播时会失掉大量能量，从而会引起大横动量强子和喷注产额的压低；这些现象已被 RHIC 和 LHC 相关实验测量所证实，比如在 RHIC 质心能量为 200GeV 的金–金中心碰撞中观测到大横动量 π 介子谱相对于质子–质子碰撞有 5 倍的压低。用部分子能量损失的多少来获取部分子穿过的 QCD 介质的性质的方法称为喷注层析。

部分子能量损失 [parton energy loss]　即喷注淬火。

克努森数 [Knudsen number]　系统的介观特征长度与宏观特征长度之比。对于任一一个多体系统，可以定义微观、介观、宏观三种特征长度。当温度足够高时，微观特征长度就是系统热波长，正比于系统温度的倒数。对于一个弱耦合系统，微观特征长度近似为粒子 (或者准粒子) 间的平均距离。介观特征长度则是粒子的平均自由程。宏观特征长度是宏观量 (如系统的粒子数、能量密度等) 变化率的倒数，即正比于宏观量微商的倒数。这时，克努森数就是粒子平均自由程与宏观量微商的乘积。如果克努森数远小于 1，表明粒子的平均自由程远远小于系统宏观量的变化，因此可以将这个系统对克努森数进行级数展开。由于克努森数正比于宏观量的微商，因此这种展开等效于梯度展开。一般可以对流体力学方程组进行克努森数展开。其零级对应于无耗散的理想流体。展开的第一阶，将得到纳维叶–斯托克斯 (Navier Stokes) 方程，其中包含各种耗散效应，如剪切黏滞、体黏滞、热传导效应等。展开的第二阶，仍然存在一定的不确定性，其中最广泛使用的是伊斯雷尔–斯图尔特 (Israel-Stewart) 方程。

朗道阻尼 [Landau damping]　等离子体中由于波和粒子之间的共振导致的波阻尼，是一种无碰撞阻尼，最初是在 1946 年由苏联物理学家朗道提出的。当波的相速度与粒子的运动速度相当时，波与粒子间的共振作用引起能量交换，导致波的指数衰减。运动速度略低于波相速度的粒子被加速，获得能量，而运动速度高于波速度的粒子被减速，失去能量。考虑在一个具有麦克斯韦速度分布的无碰撞等离子体中，速度略微小于波相速度的粒子数比速度略大于的粒子数总是稍微多些，其结果是得到能量的粒子比失去能量的粒子略多，粒子的总能量增加，则波的总能量减少，这样就表现为波的一种阻尼效应。在夸克胶子等离子体中也存在朗道阻尼。

LPM 效应 [Landau-Pomeranchuk-Migdal (LPM) effect]　带电粒子与介质的多重散射抑制粒子自身轫致辐射的效应。带电粒子在介质中的能量损失有两种类型：碰撞能损，由粒子与介质的碰撞导致；辐射能损，由带电粒子的轫致辐射导致。高能情况下辐射能损占主导，但是如果介质的密度足够高，两次轫致辐射中间带电粒子与介质会发生多次散射，这种多重散射会导致干涉效应，极大的压低轫致辐射的强度，使得辐射能损显著降低。这是朗道和波梅兰丘克首先发现的，而后有米格达尔给出系统的计算方案。

有限温度和密度的格点 QCD [lattice QCD at finite temperature and density]　利用格点 QCD 理论研究强相互作用物质在有限温度和密度下发生状态改变即 QCD 相变。在低温和低密度时，强相互作用物质表现为强子体系，即处于色禁闭相。但在高温或高密度条件下，根据 QCD 的渐近自由性质，禁闭在强子中的夸克和胶子会被释放出来，形成一种新的物质状态，即夸克 - 胶子等离子体 (QGP)。普遍认为 QGP 在宇宙演化早期，即大爆炸前后很短的时间内存在过，也可以通过相对论重离子碰撞试验 (RHIC) 在实验室中产生。格点 QCD 是将连续时空离散化为四维超立方格子后的场论，目前主要以数值模拟为研究手段。温度由格点体系时间方向的长度来定义，当时间维的长度大于空间维的长度时，温度近似为零度；反之则是有限温度的情形，而且温度改变可以通过改变时间维的物理长度来实现。有限密度指系统的纯重子数密度，也可以通过引入化学势来描述，化学势取值越大则密度越高。目前有限温度有限密度格点 QCD 研究

的重要内容之一是确定从强子相到 QGP 相的退禁闭相变的相变温度 (或密度)、确定相变性质并绘制相图，这通过计算特定的物理量即类序参量 (如 Polyakov 圈、夸克凝聚等) 随温度的变化得到定量结果。QCD 物质的相变性质与系统的夸克种类 (味道数) 和夸克质量密切相关。在零密度 (或化学势为零) 时，根据相变的普适性，在无穷重夸克极限下 QCD 相变是一级相变 (格点 QCD 研究证实了这一点，并确定相变温度为约 270MeV)；零夸克质量极限下两味夸克情形应是二级相变，三味夸克情形是一级相变。当夸克质量处于不太重也不太轻的区域时，格点 QCD 研究表明 QCD 物质随温度发生连续过渡，而且倾向于认为现实的物理世界 (物理的 u,d,s 夸克质量) 也处于这个区域。当密度不为零时，格点 QCD 的直接数值模拟目前存在所谓 "符号问题" 的困难，需要引入理论假设或近似。但从理论上讲，低温高密度时 QCD 物质会发生很强的一级相变，因此随密度降低，这种一级相变将逐渐向连续过渡转变，即在特定的温度和密度可能存在一个分隔一级相变和连续过渡的临界端点。证实临界端点存在并确定其位置也是未来有限温度有限密度格点 QCD 研究的重要目标之一。另外，格点 QCD 对状态方程—压强和能量密度等随温度的变化关系的研究表明，在 (准) 相变温度以上的中间温度区域 QCD 物质表现为强耦合的夸克胶子等离子体，夸克胶子气体状态只出现在极高温的条件下。

洛伦兹增速 [Lorentz boost]　洛伦兹增速变换是狭义相对论中基本的参考系变换，指到相对于原始参考系坐标轴方向一致、仅有速度差异的变换。洛伦兹增速变换有三个自由度，分别对应沿三个坐标轴的变换，它们实际上是 t-x/t-y/t-z 平面内的广义转动变换，其中增速变换参数即快度 Y 就对应三维转动角度 θ。增速变换不是封闭的，两个不同方向的增速变换，等价于一个增速变换和一个三维转动。在增速变换下，物体的尺寸会出现收缩效应，收缩因子正比于 $\sqrt{1-v^2/c^2}$，极端相对论运动的原子核，$v\sim c$，洛伦兹收缩效应导致原子核收缩为一个薄饼状收缩核。比约肯假设当核–核碰撞的能量足够高时，末态强子多重数作为快度 Y 的函数在中心快度区有一个平台结构，称作比约肯增速不变性。其假设 $v_z=\dfrac{z}{t}$，根据定义 $Y=\dfrac{1}{2}\ln\dfrac{1+v_z}{1-v_z}=\dfrac{1}{2}\ln\dfrac{t+z}{t-z}=\eta_s$，流体快度等于时空快度，中心快度区的热力学量只是固有时 $\tau=\sqrt{t^2-z^2}$ 的函数，与快度无关。在比约肯平移不变性假设下，使用理想气体的状态方程 $P=c_s^2\varepsilon$，0+1 维理想流体有解析解：$\varepsilon(\tau)=\varepsilon_0\left(\dfrac{\tau_0}{\tau}\right)^{1+c_s^2}$，其中 c_s^2 是流体的声速。

马赫锥 [Mach cone]　在介质中，波源运动的速度 v 超过波在介质中的传播速度 v_S，波前叠加形成一个锥形。锥角 θ 取决于 v 和 v_S 的比值，有如下简单关系：$\sin\theta/2=v_S/v$。马赫锥广泛存在于工程和自然界，如飞机或弹道超过音速的时候，在机体前方瞬间形成锥形，此即马赫锥。在相对论重离

子碰撞中，高能部分子喷注在热密的 QGP 介质中传播时，会损失能量并成为膨胀 QGP 介质中的波源，其速度 (接近光速，极限值为 1) 远大于 QGP 介质中波的传播速度 c_s(最大值为理想气体极限，$3^{-1/2}$)，认为 QGP 介质中也可能有马赫锥的形成，并对末态双强子方位角关联在远边的双峰结构有一定贡献。

磁屏蔽质量 [magnetic screening mass]　与德拜屏蔽 (电屏蔽) 质量起源一致，描述等离子体中的色荷或电荷被周围介质影响的效果，特别的它描述对胶子 (光子) 传播子横向部分的影响。德拜屏蔽质量最领头贡献来自 gT 量级，但是磁屏蔽质量最领头贡献仅来自 g^2T 量级，且对 QED 只有电屏蔽没有磁屏蔽。涉及到磁屏蔽的时候，有限温度 QCD 微扰论往往失效，对这种情况的处理仍然是未解决的理论问题。

松原频率 [Matsubara frequencies]　在热场理论中，需要求解配分函数和物理量的热力学统计平均值。当系统处于平衡态时，系综密度算符形式上与时间演化算符相似。实际上只需要将时间解析延拓到虚时。由于讨论平衡态物理基本上不涉及时间概念。因此，求解配分函数和物理量的热力学统计平均值的问题可以等效成为量子场论中对于生成泛函以及物理量的真空期望值的计算。区别仅仅在于，对于时间从负无穷大到正无穷大的积分被改为对于虚时从零到温度的倒数的积分。能量是时间的共轭量。同样的，在热场理论的这种等效计算中，虚时的共轭量就是松原频率。由于虚时的积分不是无穷积分，松原频率也不是连续的，而是离散的。考虑到粒子的自旋统计规律，虚时积分必须服从周期性边界条件。玻色子的松原频率为偶数倍的 πT，费米子的松原频率为奇数倍的 πT。同时，场论计算中常出现的虚粒子的能量积分在热场的等效计算中变成了对于松原频率的求和。

最大熵方法 [maximum entropy method, MEM]　在数据不足以致 χ^2 拟合不适用的情况下拟合最可几参数的一种方法，是基于贝叶斯概率统计的一种参数拟合方法。基本思想类比于统计物理中熵的定义，$S = -\sum_i f_i \ln f_i$，$f_i \equiv f_i(\alpha)$ 是出于特定参数状态的概率。参数最可能的取值，由最大熵条件决定，即 $\delta S/\delta \alpha = 0$，解方程即得到 α 的值。实际操作中往往综合考虑最大熵条件和最小 χ^2 条件，将 $Q \equiv S - \chi^2 - \alpha \sum_i f_i$ 取极大值作为参数最优取值的条件。最大熵方法在格点 QCD 中有重要应用，常常用来在数据点小于自由度数的情况下确定谱函数等物理量。

平均场理论 [mean field theory]　物理学中的多体问题的一种约化方法，即将多体系统中的单粒子运动简化为在有效外场下的单粒子运动，这个有效的外场表征系统中所有粒子对于某特定粒子的相互作用的总和。严格的讲，这个相互作用必然与系统中的所有粒子自由度相关。然而，对于大多数系统尤其是处于平衡态的系统而言，从一个非常长的

时间尺度上看，这个相互作用的平均值往往是可以与系统中庞大的粒子自由度解耦的，以这个平均场作为有效外场来考察系统中单粒子的运动，是对于复杂的多体系统问题的巨大简化，这种简化方法或者理论即称为平均场方法或者平均场理论。与平均场相对应的是涨落，平均场也可以看作是系统对于涨落进行展开的零级结果。在某些问题 (例如相变过程) 中，涨落的效应是非常重要的，但是平均场作为零级项仍旧是研究此类问题的出发点。

中间快度 [mid-rapidity]　相对论重离子碰撞的质心系中，末态粒子的快度绝对值很小 (接近零) 的运动学区域。是碰撞能量沉积的主要区域，也是最有可能产生夸克胶子等离子体 (QGP) 的区域。与向前快度区相比，中间快度区的末态粒子多重数很高、重子数密度较小，正反粒子产生对称性高。中间快度区的末态粒子携带了有关 QGP 产生及其性质的丰富信息。例如，带电粒子多重数，通过比约肯方法，可以反映出碰撞初期产生的热密物质的能量密度，为 QGP 的产生提供了第一手信号。中间快度区也是研究重离子碰撞演化动力学、QCD 相变和临界现象的重要运动学区域。

迷你喷注 [minijet]　产生于半硬散射过程，能量处于中低能区的喷注。由于能量较低，所以很难用实验上通常重建喷注的方法来探测。在核–核碰撞中，产生迷你喷注的数量随着质心系能量的上升而增加，随着碰撞参数的增加而减少。尽管迷你喷注能量较低，仍对末态粒子谱有相当的影响。会导致核 - 核碰撞中末态粒子的方位角分布的不对称性，同时，在夸克胶子等离子体中的流体演化中，迷你喷注也会对夸克胶子等离子体中的集体流效应产生影响。

多重数 [multiplicity]　高能反应中产生的次级粒子的数目。实验上有时只观测次级带电粒子，它们的个数称带电多重数。多重数是研究高能反应动力学的重要物理量之一。正负电子湮灭和核子–核子反应中产生的带电粒子多重数较小，而相对论重离子碰撞中产生的带电粒子多重数非常大，它们随碰撞质心能量的依赖尽相同。在相对论重离子碰撞中，多重数随各种碰撞参数如碰撞系统、碰撞能量、碰撞中心度等的变化对于研究解禁闭相变、夸克胶子等离子体产生等问题具有重要意义。

核子–核子碰撞次数 [number of collisions]　两个原子核碰撞时，一个原子核中的核子可以与另外一个核中的多个核子发生碰撞，在碰撞区域沉积大量的能量。核子间两体碰撞的平均次数，称为核子–核子碰撞次数；参与多重碰撞的核子的平均数目，称为参与碰撞核子数。两者的大小取决于核子–核子散射截面和碰撞参数，可以通过 Glauber 模型计算给出。在相对论重离子碰撞中，前者大约是后者的 3~5 倍。重离子碰撞中的喷注产生等硬过程跟前者紧密相关；热密介质产生等软过程跟后者相联系。

核修正因子 R_AA, R_CP [nuclear modification factor R_AA,R_CP] 定义为核–核碰撞中粒子的单举动量分布，除以核子–核子平均碰撞次数后，与核子–核子反应中单举谱的比值；R_CP 的定义是，除以各自的核子–核子平均碰撞次数后，核–对心碰撞中粒子的单举分布与偏心碰撞中的比值。核修正因子通过比较大碰撞系统和小系统中末态粒子谱的差异，反映碰撞中大体积核物质产生的效应，是研究相对论重离子碰撞中夸克胶子等离子体 (QGP) 产生及其性质的一个物理量。实验发现，高能重离子碰撞中，核修正因子在大横动量区的值远远小于 1。理论解释是 X.N. Wang 和 M. Gyulassy 提出的喷注淬火机制。

穿透探针 [penetrating probes] 夸克胶子等离子体 (QGP) 之间的相互作用是强相互作用，强度可以用强相互作用常数来刻画，轻子和光子与 QGP 的相互作用是电磁相互作用，其强度可以用精细结构常数来刻画，它与强相互作用耦合常数相比很小，所以轻子和光子可以看作近似无损耗的穿过 QGP。在 QGP 的整个演化过程中都有轻子和光子的发射，因此它们反映了 QGP 整个体积和生命期的信息，所以叫作穿透探针。轻子和光子有三个主要来源：初态部分子硬散射，QGP 的热辐射，以及末态强子的衰变。轻子是成对产生的，可以以其不变质量作为分类，在低质量区，轻子主要来源于矢量介子衰变，与手征对称性恢复有关；在中等不变质量区，主要来源于 QGP 中的夸克反夸克湮灭和粲介子衰变，在高不变质量区，主要来源于 J/ψ 衰变和 Drell-Yan 过程。光子的产生截面与轻子对在零不变质量的截面相关。

微扰量子色动力学 [perturbative QCD] 微扰论与量子色动力学 (QCD) 结合的产物，基本方法是将物理量用强相互作用耦合常数 α_s 展开，展开的前几项为该量的近似描述：

$$F = F^{(0)} + \alpha_s F^{(1)} + \alpha_s^2 F^{(2)} + \cdots$$

20 世纪 70 年代，发现了量子色动力学的渐近自由性质，相互作用耦合常数 α_s 在大动量标度下是小量，表明微扰论可以应用于处理有大动量标度的强相互作用过程。少数过程只依赖于这一个动量标度，可以直接应用微扰 QCD 计算，典型例子如正负电子湮灭到所有强子的总截面、正负电子湮灭过程末态喷注产生等。大部分过程在反应初态或末态有特定强子参与或产生，一定会存在与 QCD 的色禁闭相关的小动量标度，无法直接应用微扰 QCD 计算。为此，对实验上感兴趣的许多过程发展了 QCD 因子化定理，从理论上证明物理量可以分解为仅依赖于大标度、可微扰计算的硬部分，和仅依赖于小标度、对所有反应过程普适的强子矩阵元 (如部分子分布函数、碎裂函数、分布振幅等)，随着动量标度的演化可以用微扰 QCD 计算。QCD 的预言能力来自强子矩阵元的普适性，从实验中抽取这些强子矩阵元的参数化形式，然后利用这

些参数化形式对其他过程作预言。实际应用微扰论处理 QCD 过程的时候，主要的技术细节涉及处理紫外发散和红外发散。直接计算 α_s 高阶修正的费曼图，会看到系数 $F^{(n)}(n \geqslant 1)$ 中存在紫外发散和红外发散，为确保 α_s 展开有意义必须消去这些发散。处理 QCD 的紫外发散采用与量子电动力学 (QED) 类似的重整化方法，重新定义场算符、耦合常数和质量参数。霍夫特 (Hooft) 和魏尔特曼 (Veltman) 已经严格证明，QCD 到无穷 α_s 阶是可重整的。QCD 的红外发散又分为由零动量胶子导致的软发散和由共线动量胶子导致的共线发散。处理软发散一般采用末态求和的方式将其自动抵消，或者从公式中分离出普适的软因子；处理共线发散的方法类似处理紫外发散的重整化方法，通过重新定义部分子分布函数或者碎裂函数，将共线发散吸收到强子矩阵元的定义中。经过近三十年的实验和理论互动，微扰 QCD 已经成功的应用于正负电子湮灭、轻子核子深度非弹、强子强子反应、强子遍举衰变等各种过程，在十几个数量级的精度上与实验精确符合。QCD 也因此被普遍认为是描述夸克胶子强相互作用的正确理论。当前，微扰 QCD 的发展大致有两个方面：一个是向更高阶和更复杂过程发展，例如处理大型强子对撞机 (LHC) 上具有多喷注复杂末态的过程，其计算越来越复杂，常常牵涉到上万个费曼图的计算，需要大量应用计算机程序辅助计算；另一个是向高扭度和内禀横动量依赖方向发展，应用于处理核子自旋结构和胶子饱和现象等。

相变 [phase transition] 自然界中物质是处于各种相的，物质形态在不同相之间转变。相变过程伴随着体系对称性的变化。通常通过定义相参数来对相变进行理论描述，从热力学角度相变可以分类为一级相变、二级相变等。一级相变是指热力学势连续而其一阶导数不连续的相变，通常伴随着潜热，即体系发生相变时存在热传递或者体积的变化，但体系温度不发生变化。热力学势一阶导数连续而二阶导数不连续的相变为二级相变或者连续相变，一些热力学量如响应率会在相变点处发散。如果热力学势的无穷阶导数都是连续的，那么相应的物态变化被称作平滑过渡，平滑过渡不是相变，而是指同一种物质形态在两个极端的连续过渡过程，体系的对称性没有在这一过程中发生变化，比较具有代表性的如 BEC-BCS 平滑过渡。

光子与双轻子产生 [photon and dilepton production] 光子和双轻子只参与弱电相互作用，与夸克胶子等离子体 (QGP) 有非常弱的耦合，可以近似无损耗地穿过 QGP，它的产额和能动量谱提供了重离子碰撞和 QGP 早期信息，是相对论重离子碰撞实验的重要观测量。光子和双轻子被称作电磁探针。大不变质量的双轻子主要来自初态部分子硬散射；中等不变质量的双轻子来自 QGP 的热辐射和 QGP 中的强子态衰变，其不变质量谱能够反映强子态在热密物质中的质

量增宽效应。直生光子指由初态部分子硬散射产生的光子，它的产额和动量分布可以由微扰 QCD 计算，可以用来探测原子核的部分子分布函数。直生光子测量的主要本底来自部分子碎裂产生的光子，实验上一般通过要求在直生光子周围固定锥角的圆锥内没有显著的强子产生来扣除碎裂光子的贡献。

反应平面 [reaction plane]　　相对论重离子碰撞中，反应平面指撞击参数和碰撞轴所在的平面。每一个碰撞事例的反应平面取向都不一样。实验上无法直接确定反应平面。通过每一个碰撞事例中末态粒子横向分布的数据分析所估计出的反应平面，称为事例平面。由于碰撞早期的涨落性质，反应平面和事件平面一般并不重合。事件平面主要应用于各阶异向流的实验测量。实验上确定事件平面的主要方法之一是事件流矢量方法 (event flow vector)。根据末态粒子方位角分布的傅里叶展开的各阶次，要分别计算相应的事件平面角。

事例平面 [event plane]　　见反应平面。

预平衡 [pre-equilibrium]　　从相对论重离子碰撞发生到系统达到热平衡的阶段。通常认为，由于在预平衡阶段，部分子相互作用的传输动量很大，微扰 QCD 可以用于此过程。由微扰论的计算表明，系统的热化时间需要 $2.5\mathrm{fm}/c$，然而在一般用流体力学拟合实验数据时，系统的热化时间一般选在 $1\mathrm{fm}/c$ 以内。这意味着，在预平衡阶段，两个碰撞核的部分子之间的相互作用仍然很强，系统在很短的时间内就达到了热平衡状态。而且由于在预平衡阶段，初始的部分子都分布在各自的碰撞核中，核子的部分子分布函数也是无法用微扰理论计算。目前有许多模型来描述预平衡阶段的过程，如色玻璃态模型 (color glass condensate)。

量子色动力学 [guantum chromo dynamics]　　定量描述强相互作用的量子 $SU(3)$ 规范理论，是标准模型的重要组成部分。基本假定是夸克的拉氏量存在定域 $SU(3)$ 规范不变性，从而引入 8 个胶子场，量子化之后成为量子色动力学。量子色动力学的基本性质是低动量 (长程) 区域内的色禁闭和高动量 (短程) 区域的渐近自由。渐近自由性质指的是强作用耦合强度 α_s 随动量标度的增加而减小，在超过几个 GeV 的时候夸克和胶子的相互作用变得很小，渐近得趋近于无相互作用的自由理论。渐近自由导致描述强作用束缚态即核子的自由部分子模型，并使得人们建立了以 α_s 为小参数展开的微扰 QCD 理论。微扰和非微扰的界限由一个标度参数 Λ_{QCD} 描述。对于有初末态有强子束缚态的情况，通常还需要证明相应的 QCD 因子化定理，将反应中依赖于长程 (低动量标度) 的物理和短程 (高动量标度) 的物理分离到不同的因子中，长程的不可计算的部分具有普适性，其数值大小能够在实验中拟合并用于对其他过程做预言；短程的可以通过微扰 QCD 计算并且是有限的。经过了四十多年的理论和实验的发展，量子色动力学已经成为被精确验证的理论，能够对大

量的有大动量标度的强相互作用反应过程做出精确的定量的预言，并能够结合事例产生器对强相互作用导致的本底做出定量预言，从而为新物理的研究提供可靠的背景减除。QCD 的一个重要研究方面是对强作用主导的物理系统的相图和相变的研究。由于 QCD 的非阿贝尔规范场的独特性质，QCD 相图呈现出特别复杂的结构，在高温高密区是夸克胶子等离子体，在低温高密区是色超导相，并且由于胶子相互作用的复杂性色超导相呈现复杂的结构，同时在温度密度增加的过程中也存在着手征对称性自发恢复的相变。这些复杂的相变现象，与重离子碰撞和致密星体的研究密切相关，也与早期宇宙的演化密切相关，是当前理论和实验的研究热点。QCD 求和规则是由 Shifman 等发展的处理非微扰 QCD 的方法，其基本方法是对算符乘积展开，将非微扰 QCD 决定的物理量——如强子质量、衰变常数等——用更加基本的普适性的物理量如夸克凝聚、胶子凝聚等表达出来。

夸克和胶子凝聚 [Quark and gluon condensates]　　QCD 真空具有非微扰性质，强相互作用耦合常数在低能区变得很强，使得 QCD 真空中有很多凝聚，通常讨论的有夸克凝聚和胶子凝聚。夸克凝聚又称手征凝聚，维度为 3，是描述手征对称性自发破缺与恢复的一个重要变量。QCD 真空中另一重要的凝聚是胶子凝聚。在 QCD 求和规则和格点计算里通常讨论的胶子凝聚是维度为 4 的胶子凝聚 $\langle G_{\mu\nu}G^{\mu\nu}\rangle$，具有规范不变性，并主要贡献给胶球使之获得质量。近十年引起理论物理学家关注但是仍有争议的另一个胶子凝聚是维数为 2 的胶子凝聚。很多研究表明维数为 2 的胶子凝聚与禁闭性质有紧密的关系，它能产生描述禁闭性质的线性夸克势，并且弦张力正比于维数为 2 的胶子凝聚。但是维数为 2 的胶子凝聚本身不具有规范不变性，因此还存在很多争议。

夸克组合 [quark recombinaition]　　描述强子化的一个唯象模型。20 世纪 70 年代由 Anisovich 和 Bjorken 等提出，在正负电子湮灭、核子-核子反应、核-核碰撞等各类高能反应中具有重要应用。基本思想是：高能反应中的强子产生通过夸克、反夸克的组合实现，即，一个夸克和一个反夸克组合成介子，三个夸克或反夸克组合成重子或反重子。夸克组合模型对强子产生尤其是重子产生的描述与传统的弦碎裂模型有较大不同。在 RHIC 能区的相对论重离子碰撞中，该模型得到了进一步的检验和发展，成功解释了一系列碎裂模型不能描述的实验现象，如中等横动量区大的重子介子比和强子椭圆流的组分夸克数标度性等实验。

夸克星 [quark star]　　由解禁闭的夸克物质组成的致密星体，是由相关理论预言的奇异星体。在中子星内部，核物质密度达到 5～10 倍正常核物质密度，中子在高压下破碎，可能形成低温高密的夸克物质。这些夸克物质可能处于一种能量较低的态，即相同数目的 u、d、s 夸克组成奇异夸克态。由

于泡利不相容原理, 奇异数的存在有利于降低系统的能量, 因为如果系统都是轻夸克, 即奇异夸克都被轻夸克代替, 多出来的轻夸克的能级只能从已有夸克的费米面排起, 其能量高于奇异夸克物质, 完全由奇异夸克组成的星体叫作奇异夸克星。理论研究表明奇异夸克星是可以自我束缚的, 甚至不需要引力, 而且在星体表面也不需要核物质壳层, 即夸克物质与真空之间有急剧变化的表面。夸克星的物态方程可以用袋模型物态方程来近似描述。参见奇异夸克物质和致密星。

夸克胶子等离子体 [quark-gluon plasma]　核物质在高温高密区域解禁闭形成的新物质相, 组分是夸克和胶子, 由于其组分与普通等离子体中完全电离的离子与电子类似, 因而得名。夸克胶子等离子体也叫作夸克物质。1974 年李政道首次提出通过把高能量密度或高核子密度的物质存储在一个较大的体积内, 物理真空的破缺对称性可以得到瞬间的恢复, 也许产生出核子物质的一个新形态。随后 Greiner 和他的合作者指出高核子密度可以用重离子碰撞 (或核-核碰撞) 实现。几乎在同时, Collins 和 Perry 意识到 QCD 的渐近自由性质可以导致在高温高密条件下夸克胶子解除禁闭, 即夸克胶子可以在一个比强子尺度大的时空范围内自由存在, 因为高温高密可以使夸克胶子在非常近的距离内共存, 使强子的外壳不复存在, 这就意味着强子物质发生了退禁闭相变, 产生了新物质态即夸克胶子等离子体。可以用格点 QCD 理论从 QCD 第一原理出发计算高温低重子化学势情形下的 QGP 相的转变温度, 在零重子化学势条件下, 转变温度在 170 MeV 左右。在有限重子密度或化学势情形下, 由于费米子符号问题, 格点 QCD 理论不再适用, 只能使用有效理论模型研究解禁闭相变。理论研究表明在低温高重子密度区存在非常复杂的相结构, 比如非常丰富的色超导相。根据现代宇宙学理论, 高温夸克物质也是大爆炸几个微秒后宇宙所处的状态, 探索和研究高温夸克物质能加深对质量和禁闭的起源及早期宇宙的认识, 具有重大的科学意义。为了产生和研究 QGP 设计建造了美国布鲁克海文的相对论重离子对撞机 (RHIC) 和欧洲粒子中心的大型强子对撞机 (LHC), 通过高能核-核碰撞产生高温低重子密度的 QGP。由于强子化, 无法直接探测 QGP 中的夸克和胶子, 而必须通过强子化之后的末态粒子的性质反推 QGP 的状态。提出了探测 QGP 产生的信号, 如大横动量强子产额的压低、粲偶素产额抑制、集体流、轻子对产生等。根据目前在 RHIC 和 LHC 的重离子碰撞实验结果, 普遍认为在 RHIC 和 LHC 上已经产生了高温 QGP 物质, 但其性质与预期不尽相同, 如 QGP 是夸克胶子的强耦合系统, 是具有极小的剪切黏滞系数与熵密度之比的完美液体, 不像普通等离子体那样呈弱耦合气体状。正在通过研究不同碰撞能量下的重离子碰撞来确定相变临界点和深入研究 QGP 的性质。产生低温夸克物质的环境很难通过重离子碰撞实验来实现。低温夸克物质可能就存在于现在的宇宙中。已知宇宙中有很多致密星体, 如中子星或脉冲星, 他们的质量略高于太阳的质量, 但半径只有几十公里, 其核心密度据推测可以达到饱和核物质密度 (千克/立方米) 的数倍。在如此高密度和高压条件下, 构成核子的组份夸克被挤压出来, 核子的外壳不复存在, 也就是说在致密星体核心有可能存在夸克物质态。

核遮蔽效应 [nuclear shadowing]　在小动量分数区域 (小 x 区域), 原子核的结构函数小于同等数量核子的结构函数的现象。最早由 EMC 合作组发现, 引起了随后的一系列实验和理论工作。实验上有 HERMES 等组测量了对各种不同靶的更精确的数据, 研究了 EMC 效应对夸克味道的依赖。理论上对于核遮蔽效应最普遍接受的解释是小 x 区域的胶子重组机制。QCD 的 DGLAP 方程定量描述核子或者原子核中的夸克、胶子劈裂导致的分布函数随着动量标度的变化, 会导致小动量分数部分子的增加。然而, 实际上夸克、胶子也可能会相互散射和湮灭, 导致小动量分数部分子的减少。这种不能用 DGLAP 方程描述的胶子重组效应正比于胶子数密度的平方, 所以这种效应只有在胶子密度极大的区域才会显著。寻找这种效应的一种方式是探测更小 x 区域; 另一种方式是研究大原子核, 利用多个核子的重叠产生极大的胶子数密度。核遮蔽效应意味着原子核中的部分子数密度减少, 正可以认为是这种胶子重组效应的一个信号。

施温格效应 [Schwinger mechanism]　外加强电场之后, 通过隧道效应在真空中自发产生正反电子对的效应。狄拉克方程的自由粒子解包含负能级电子, 为解释真空的稳定性, 引入了负能电子海的概念, 认为负能级都被电子占据, 泡利不相容原理禁戒了从正能电子到负能级的自发跃迁。但是, 在外加强电场的时候, 电子能级发生变形, 从而导致负能级电子有一定的概率通过隧道效应跃迁到正能级, 而原来能级产生的空穴则为正电子, 表现为真空自发产生正负电子对。这种正负电子对产生效应显著的临界电场强度在 10^{18}V/m 左右。施温格第一个通过有效拉氏量方法严格计算了均匀稳定外电场条件下的正反电子对产生概率, 其结果反比于电子能量平方的 e 指数 $P(\mathrm{e^+e^-}) \propto \mathrm{e}^{-bm^2}$。施温格效应不仅在 QED 中存在, 在强相互作用理论 QCD 中同样存在, 典型的是现在流行的模拟强子化过程的朗德 (Lund) 弦碎裂模型中的正反夸克对产生, 同样是在非阿贝尔的色电场中通过隧道效应自发产生正反夸克对的过程。

奇异夸克物质 [strange quark matter]　由大量上夸克、下夸克和奇异夸克组成的大块物质。目前奇异夸克物质只是一种理论假设存在的物质形态, 并未在自然界中观测到或通过人工产生得到, 关于奇异夸克物质的研究有助于探讨退禁闭夸克物质的性质。希望在致密星体内部或高能重离子碰撞实验中找到奇异夸克物质存在的信号。在奇异夸克质中，上夸克、下夸克和奇异夸克三类夸克的数目近似相同，这样可以降低夸克的费米能，使系统处于能量最低的稳定状态。由于奇异夸克的质量比上夸克和下夸克的质量大，因此系统中奇异夸克的数目略少。20 世纪 80 年代，科学家提出了 "奇异物质假说"，这一假说认为奇异夸克物质可能是物质的真正基态，周围物质所处的核子状态只是一种亚稳态，它们会衰变成最稳定的奇异夸克物质，只是这种衰变的时间过长，很难看到衰变的发生。目前这一假说并未获得证实。

对称能 [symmetry energy] 为合理解释原子核质量随其质量数的变化规律，1935 年 C.F. Von Weizsäcker 在其著名的半经验质量公式 (semi-empirical mass formula, SEMF) 中考虑了体积能、表面能、库仑能、对称能及对能的贡献。基于内禀的自洽性，该公式还需考虑表面对称能 (surface symmetry energy) 的影响，为此，1966 年 W. D. Myers 和 W. J. Swiatecki 在其改进的质量公式中开始考虑表面对称能贡献。默认情况下，对称能仅指体对称能 (bulk symmetry energy)。对称能的存在是由核力的电荷无关性 (电荷对称性) 与泡利不相容原理所共同决定的。由核力的电荷对称性和费米气体模型 (Fermi-gas model) 可得对称动能和对称势能贡献均正比于 $(N-Z)^2/A$。这个由中子–质子同位旋不对称引起的原子核质量变化是同位旋物理的重要组成部分。对称能不仅在核物理 (包括核结构和核反应) 研究领域有重要影响 (譬如，奇异核的核结构、由放射性核束引发的重离子碰撞、及可能的相变)，在核天体领域，如中子星等大质量星体的形成及结构，也越来越引起关注。因此，对远离核正常密度且同位旋不对称的热浴中的对称能性质研究成为过去二三十年内核物理界研究热点之一。迄今为止，多种理论方法 (如微观多体方法、有效场理论方法、唯象方法等) 和输运模型计算与现存实验数据的比较都表明，对称能在高密区的密度依赖依然存在较大的不确定而亟待解决。

热光子与热双轻子 [thermal photons and dileptons] 在相对论重离子碰撞实验中，碰撞所产生的热平衡系统以及可能出现的解禁闭相的 QCD 物质一般只存在于碰撞发生后的 10fm 左右的时间里，而实验室探测器接收到的粒子的时间却远远高于费米量级。强子从产生到动力学冻结期间由于强相互作用，其在产生时所携带的许多信息由于碰撞而被抹掉，所以探测器接收到的强子都是动力学冻结之后的信息，然后通过唯象的模型 (如流体模型等) 来反推碰撞初期热系统膨胀的过程。与强子信号不同，穿透探针可以穿透整个热密的 QCD 物质而携带热密系统的信息直到被探测器接收。这类探针有光子信号和双轻子 (虚光子) 信号，由于电磁相互作用强度远小于强相互作用的强度，它们的平均自由程远大于碰撞所产生的热系统的尺寸，所以一旦产生就直接逃逸出热系统而被探测器接收，通过对这类探针的研究，可以还

原它们产生时所处的热密系统的性质。而且由于光子和虚光子产生于碰撞系统演化的各个阶段，所以这些信息可以帮助重构相对论重离子碰撞产物的整个的时空演化过程。把产生于热系统中的电磁信号称为热光子信号和热双轻子信号。通过对于它们的不同热发射源的横动量谱，不变质量谱 (双轻子) 以及集体流性质的测量，可以研究解禁闭相的夸克物质，热密介质中的矢量介的热修正以及手征对称性恢复等许多深入理解 QCD 物质的性质课题。

热化 [thermalization] 粒子系统由非平衡态趋向平衡态的演化过程。例如，禁闭在容器里的气体由于容器温度的改变而趋向新的温度的过程就是热化过程。这一过程的时间不仅和气体与容器之间的热传递有关，也和气体分子之间的相互作用有关。粒子间相互作用越强，热化过程的时间越短。在分子运动学的适用条件下，可以应用玻尔兹曼方程研究热化过程。对于膨胀的粒子系统，只有当粒子间相互作用时间远小于宏观膨胀时间时，热力学平衡态才能通过热化过程达到。

横向膨胀 [transverse expansion] 极端相对论运动的重离子碰撞，由于核透明效应重核相互穿越，在中心区域形成高温高密近似零重子化学势的热密物质，迅速达到热力学平衡，在自身压力的驱动下，热密物质在垂直于运动方向的平面内的膨胀。对于一般的偏心碰撞，核–核碰撞区域是椭圆形，长轴和短轴方向的压强不相等，因此碰撞参数方向及其垂直方向的膨胀不均匀，动量空间出现各向异性，导致实验上观察到的椭圆流现象。热密物质的横向膨胀可以由流体力学模型来描述，模拟结果与实验精确符合，是重离子碰撞产生 QGP 的重要信号之一。

$U_{\mathrm{A}}(1)$ 问题 [$U_{\mathrm{A}}(1)$ problem] 对于无质量的 N_{f} 味道的费米子，QCD 拉氏量满足 $SU_{\mathrm{L}}(N_{\mathrm{f}}) \times SU_{\mathrm{R}}(N_{\mathrm{f}}) \times U_{\mathrm{A}}(1)$ 的对称性。因为重子只有一种宇称，所以手征对称性必然破缺；但是破缺的手征对称性必然导致出现一个质量小于 $\sqrt{3}m_{\pi}$ 的戈德斯通玻色子，这与实验观测矛盾。这个问题是 t'Hooft 解决的，他考虑 QCD 的经典解——瞬子对路径积分的贡献，发现非平庸拓扑结构的瞬子解导致轴矢反常，手征对称性已经被显式破坏，无需产生额外的戈德斯通玻色子。在重离子碰撞或者早期宇宙的高温环境下，$U_{\mathrm{A}}(1)$ 对称性将恢复，从而导致 π 介子质量变为 0，这种从低温下 $U_{\mathrm{A}}(1)$ 对称性自发破缺到高温下 $U_{\mathrm{A}}(1)$ 对称性恢复的相变叫作手征相变，是 QCD 相图研究的重要方向。

极端相对论量子分子动力学模型 [ultra-relativistic quantum molecular dynamics model, UrQM] 一个致力于在一个较大入射能量范围 (现在可以从 SIS, AGS, SPS, RHIC, 一直到 LHC 能区)、较丰富反应系统 (可以是核子–核子，核子–原子核，或者原子核–原子核) 中模拟 (极端) 相

对论重离子碰撞反应全过程的微观非平衡动力学输运（根据相对论玻尔兹曼方程）模型。第一个版本是由德国法兰克福大学理论物理研究所的专家组主要撰写并于 1998 年完成且开源发表。代码由 Fortran 程序编写。该模型是在之前面世的量子分子动力学 (QMD) 模型及相对论量子分子动力学 (RQMD) 模型基础上完成的。模型中在重子和介子自由度的基础上考虑了组分（双）夸克的协变演化。根据碰撞能量不同，考虑两种新粒子产生模式：强子共振态的产生及衰变、色弦 (color string) 的激发及成块（基于 Lund 模型）。在高能区（如 RHIC 和 LHC），为了更好地模拟重离子碰撞早期的硬部分子相互作用，PYTHIA 模型引入到该模型中。在低能区（如 SIS 和 AGS），在量子强子动力学 (QHD) 理论基础上考虑了强子的核物质状态方程及丰富的势参数。最近，为了更好地理解状态方程对高能重离子碰撞所引起的从强子气到夸克–胶子–等离子 (QGP) 可能的相变等影响，宏观流体动力学 (hydrodynamics) 过程也被整合到 UrQMD 中（混合模型）。另外，通过连接诸如部分子级联模型 (PCM)、大气高能宇宙射线粒子簇射程序 CORSIKA、SENECA、科学软件包 Geant4、ROOT 等，UrQMD 输运模型也被广泛应用于一些特殊的输运过程中。

黏滞度 [viscosity]　流体的重要输运系数，是描述流体性质的重要变量。对于局域平衡的非理想流体，能动量张量和守恒流与理想流体的差别可以用流速的时空导数作为微扰展开，在朗道参考系中的一阶展开系数就是体黏滞系数和剪切黏滞系数：$\delta T^{ij} = -2\eta \left(\nabla_i u^j - \nabla_j u^i - \frac{2}{3} \nabla \cdot u \right) - \zeta \nabla \cdot u$。黏滞系数的计算方法大体有三类：基于场论的 Kubo 公式；基于玻尔兹曼输运方程的有效动理学理论；基于 AdS/CFT 对偶的计算强耦合输运系数的场论方法。系统的理论计算表明，一般情况下剪切黏滞系数在相变临界区域趋近于极小值，而体黏滞系数在相变临界区域趋近于极大值。并且剪切黏滞系数与熵密度的比值 η/s 存在一个由基本物理常数所决定的极小值 $1/4\pi$。对相对论重离子碰撞实验 RHIC 的数据分析表明，η/s 非常接近于理论上的 $1/4\pi$，也就是说实验产生的热密物质接近于理想流体。这进而促使人们推断重离子碰撞产生的是强耦合的 QGP。理论上也有工作假设湍流效应起到非常重要的作用，是造成重离子碰撞 η/s 接近于理论极限的原因。

维格纳函数 [Wigner function]　魏格纳函数是，量子系统中，粒子在相空间（由坐标 x 和动量 p 所构成的参数空间）的分布函数。常用于讨论非相对论下量子效应对宏观统计系统的影响。以费米子为例，在非相对论系统中，它可以写作 $W(x,p) = \int_{-\infty}^{\infty} \mathrm{d}^3 y e^{-i\boldsymbol{p}\cdot\boldsymbol{y}} \psi^* \left(x + \frac{1}{2} y \right) \psi \left(x - \frac{1}{2} y \right)$，其中 ψ 是粒子的波函数。将魏格纳函数进行动量的积分，就

可以得到粒子在坐标空间中的几率分布。而将它进行坐标的积分，可以得到粒子动量的几率分布。

相对论性系统的魏格纳函数，除了需要将所有矢量改写成协变形式以外，还要求加入保持规范不变性的规范链。以费米子为例，此时魏格纳函数的 $\alpha\beta$ 分量可以写作 $W_{\alpha\beta}(x,p) = \int_{-\infty}^{\infty} \mathrm{d}^4 y e^{-i p^\nu y_\nu} \bar{\psi}_\beta \left(x + \frac{1}{2} y \right) \exp \left[-iq \int_{x-y/2}^{x+y/2} \mathrm{d} z^\mu A_\mu(z) \right] \psi_\alpha \left(x - \frac{1}{2} y \right)$，其中 p 是费米子的电荷，A_μ 是光子场。利用费米子场所满足的狄拉克方程，可以得到魏格纳函数所满足的量子微观动力学方程。在稳恒外场近似下（同时忽略粒子间的相互作用），它所满足的方程可以写作

$$\gamma^\mu \left[p_\mu + \frac{1}{2} \left(\partial_\mu - q F_{\mu\nu} \partial_p^\nu \right) \right] W(x,p) = 0$$

其中 γ^μ 是狄拉克伽马矩阵，$F_{\mu\nu}$ 是光子场的场强。对魏格纳函数进行特定的动量积分，可以得到宏观流体力学的粒子数流和能动量张量。例如，在四维时空下，粒子流可以写作 $j^\mu = \int \mathrm{d}^4 p \operatorname{tr}(\gamma^\mu W)$，能动量张量可以写作 $T^{\mu\nu} = \int \mathrm{d}^4 p p^\nu \operatorname{tr}(\gamma^\mu W)$。这样通过求解魏格纳函数，可以得到相对论性流体力学的量子修正。

威尔逊线和圈 [Wilson line and loop]　威尔逊线是规范场以连接两点的线段为路径的积分。具体而言，对于阿贝尔规范场 A_μ，积分路径为从点 x 到点 y，其对应的威尔逊线可以写做 $U(x,y) = \exp \left[-ie \int_x^y \mathrm{d} z^\mu A_\mu(z) \right]$。如果积分路径绕一圈后回到点 x，从而形成的一个闭合圈积分，称为威尔逊圈。

在量子场论中，威尔逊圈有着重要的物理意义。首先，它是规范不变的。其次，可以通过计算威尔逊圈得到经典意义下的有效库仑势。例如，对于 $U(1)$ 光子场，如果将积分围道取作一个矩形，那么就可以得到库仑势。对于非阿贝尔的胶子场，进行类似的计算，就有可以得到夸克所处的势能场，即经典核力对应的势能场。因此，通过格点量子色动力学计算、研究威尔逊圈，也成为格点规范场中一个重要的方向。

对于强耦合下的夸克物质，威尔逊圈也有着极其重要的应用。在弦理论/规范理论对偶中，强耦合规范场的威尔逊圈在弱耦合弦理论中有着严格的对应。例如，对于 $N = 4$ 的超对称杨米尔斯场，四维时空下强耦合威尔逊圈（假设以路径 C 为积分围道），对应于十维反德希特空间中，以 C 为边界的超弦所组成的曲面面积。进一步的计算可以得到，此时夸克与反夸克之间的势能为 $-\frac{4\pi^2}{\Gamma(1/4)^4} \frac{\sqrt{2 g_{YM}^2 N_c}}{R}$，其中，$\Gamma$ 为欧拉伽马函数，g_{YM} 是超对称杨米尔斯场的耦合常数，N_c 是夸克颜色种类，R 是夸克和反夸克的距离。这种计算强耦合势能

的办法, 广泛应用于高能重离子碰撞中喷注淬火能损, 以及中低能核物理有效核力等各个方面。

GEANT [Geometry and Tracking] 由欧洲核子中心 (CERN) 开发的软件包, 主要用于模拟实验探测器系统以及微观粒子在这个系统中的输运和作用过程。GEANT 尤其适用于各种大型高能粒子物理、核物理和加速器实验, 也可用在生物医学、空间科学等其他研究和应用领域。早期的 GEANT 版本 (GEANT3 或更早) 是基于 Fortran 语言编写的, 自 GEANT4 开始改为基于 C++ 语言, 以更好的适应当代高能物理的计算环境。利用 GEANT 提供的框架, 研究人员可以比较便利的建立探测器系统的模拟框架, 分析该系统对特定参数的微观粒子的响应, 从而为开展实验设计提供参考。

ALICE 实验 [A Large Ion Collider experiment] 运行在大型强子对撞机 (LHC) 上的大型实验谱仪。不同于 LHC 上的其他大型实验, ALICE 的主要研究方向和设计目的是高能重离子物理, 通过 LHC 上每对核子质心能量 2.76TeV 的铅核-铅核碰撞, 研究高温、低净重子密度的强相互作用物质。ALICE 实验的设计理念是尽可能全面的探测重离子碰撞产生的末态产物。整个谱仪可以大致分为中心部分和前向部分, 中心部分包含在一个大型螺线管磁铁内, 拥有完整的触发、径迹探测、粒子鉴别、能量测量等子探测系统, 而前向部分位于螺线管磁铁外部, 并拥有额外的二极磁铁帮助径迹探测和粒子鉴别。ALICE 是目前世界上最大的重离子谱仪, 合作组科研人员超过 1000 名。

PHENIX 实验 [Pioneering High Energy Nuclear Interaction experiment] 相对论重离子对撞机 (RHIC) 上的四个大型实验 (目前仍在运行的两个实验) 之一。主要物理目标是发现和研究 RHIC 上重离子碰撞产生的夸克胶子等离子体 (QGP)。PHENIX 的设计理念注重对轻子 (电子和缪子) 和光子的探测, 这主要是因为轻子和光子不易受到碰撞中产生的强相互作用物质的影响, 便于研究 QGP 的性质。PHENIX 探测器系统可以分为两个中心谱仪臂和两个缪子谱仪臂, 以及触发探测器和磁铁系统。PHENIX 合作组拥有约 500 名来自多个国家、科研单位的研究人员。

相对论重离子对撞机 [Relativistic Heavy-Ion Collider, RHIC] 位于美国布鲁克海文国家实验室的重离子和质子多功能加速器, 主要加速系统环长 2.4 英里, 由两个相反方向的束流线组成。是世界上第一个实现高能重离子对撞的加速器, 2000 年开始正式运行, 能够提供的重离子对撞质心系能量最高为每核子 200GeV, 可选择多种重离子种类; 而质子对撞质心系能量最高为 500GeV, 且为极化束。RHIC 上拥有 6 个对撞点, 目前正在运行的有 PHENIX 和 STAR 两个大型实验, 主要物理目标有寻找和研究夸克胶子等离子体 (QGP), 以及探索质子及原子核的部分子结构。

SPS [Super Proton Synchrotron] 位于欧洲核子中心 (CERN) 的一个高能质子加速器, 可以将质子束流加速到能量 450 GeV, 但也可以用来加速其他类型的束流如正负电子、反质子、重离子等。加速环周长 6.9 公里, 于 1976 年开始运行, 并开展了多项粒子物理和核物理领域的研究, 包括质子部分子结构研究、反物质的研究、夸克胶子等离子体的寻找等。20 世纪 80 年代, 在 SPS 运行质子-反质子对撞实验期间, 发现了 Z 和 W 中间玻色子。目前 SPS 仍在运行, 其主要用途之一是为大型强子对撞机 (LHC) 提供高能束流注入。

STAR 实验 STAR experiment [Solenoidal Tracker at RHIC experiment] 相对论重离子对撞机 (RHIC) 上的四个大型实验 (目前仍在运行的两个实验) 之一。主要物理目标是发现和研究 RHIC 上重离子碰撞产生的夸克胶子等离子体 (QGP), 以及探索质子及原子核的部分子结构。STAR 的设计理念注重覆盖全角空间和整体物理量的观测, 包括各种动力学关联和涨落。因此其探测器系统追求中心快度区全立体角的接收度。STAR 的主要子探测器均位于螺线管磁铁内部, 能够对末态产物中的绝大部分进行探测和鉴别。STAR 拥有合作组研究成员约 500 人, 其中部分来自中国多家科研院校。

切连科夫辐射 [Cherenkov radiation] 苏联物理学家切连科夫于 1934 年首先在实验上发现的。当高能带电粒子匀速穿过均匀透明的介质时, 会使得周围介质的原子或分子发生瞬时极化。带电粒子通过之后, 这些被极化的介质原子或分子立即退极化, 辐射出电磁波。带电粒子运动径迹上不同位置的介质原子或分子发出的光具有相干性。该相干叠加的电磁辐射即为切连科夫辐射。其发射的方向与带电粒子运动方向有固定的夹角, 夹角的余弦值与介质的折射率和带电粒子的速度成反比。该辐射是发光时间短、辐射光量很微弱的平面偏振光。辐射光谱是从紫外光到可见光的连续谱。

电磁量能器 [electromagnetic calorimeter] 利用高能电子或光子在物质中的电磁簇射来测量这些高能电子或光子的能量的探测装置。有些还能测量高能电子或光子的运动方向。可分为全吸收和取样两种类型。对于全吸收型电磁量能器, 所有的物质都是敏感物质, 一般由无机重闪烁晶体 (例如 BGO, CsI, NaI, PWO)、非闪烁切连科夫辐射体 (例如铅玻璃) 或惰性液体组成。能量分辨率高, 但是尺寸较大。取样型电磁量能器一般由很多层敏感介质和吸收材料层叠而成。敏感介质有闪烁体、惰性液体、气体室或者半导体, 而吸收材料通常是一些高密物质比如铅、铁、铜或贫铀。取样型量能器的尺寸相对较小, 但是能量分辨率也较差。

多丝正比室 [multiwire proportional chambers, MWPC] 20 世纪 60 年代末期由 Georges Charpak 所领

导的实验组研制成功的。由上下阴极条和中间阳极丝面构成，阴极条和阳极丝构成两维读出电极。密封的室内充有工作气体，加上一定的工作电压形成一定方向的电场分布。带电粒子在探测器内部产生的电子–离子对，在电场力的作用下分别向两端做定向漂移运动，并在阳极丝和阴极条上产生信号，经电子学电路对信号进一步成形放大，记录下每个丝上的信号，测定入射粒子的位置，同时由记录的信号大小可以给出电离损失的信息。多丝正比室的工作模式已经成为许多现代气体探测器发展的基础。

丝网电极气体探测器 [micro-mesh gaseous structure, MicroMEGAS]　在多丝正比室性能的改进过程中出现了一种特殊的非对称结构，采用一种新的丝网电极，在丝网电极和读出电极之间构成亚毫米气隙，构成具有非常强电场的雪崩放大区，这种气体探测器称为 MicroMEGAS。丝网电极有 $50\sim100\mu m$ 的石英光纤支撑在读出电极上，与读出电极之间的气隙宽度为 $50\sim100\mu m$，气隙中的电场强度可达到 $30kV/cm$ 以上，增益最大可达到 107 倍。MicroMEGAS 的一个非常重要的性质是利用电场中的汤生 (Townsend) 系数表现出饱和的特性，使得它的增益对于工艺造成的气隙不均匀不敏感，因此在整个大面积探测区域内都能表现出很好的系统稳定性和均匀性。此外，由于阴极网上的网孔之间的距离很小，因此雪崩电子的横向扩散被限制在一个很小的区域内，这使得 MicroMEGAS 具有很好的位置分辨 ($<80\mu m$)。此外，很高的有效增益使得 MicroMEGAS 具有单电子探测能力。

气体电子探测器 [gas electron multiplier, GEM]　一种平板电极气体探测器。典型的 GEM 电极结构式在两边镀铜的聚酰亚胺 (Kapton) 薄膜上，用化学方法蚀刻出高密度 ($100mm^{-2}$) 的小孔。孔的中心部分直径为 $50\sim70\mu m$，加上电压后，孔中心的电场强度可以达到 $100kV/cm$。当电子在电场加速作用下经过小孔时，与气体分子发生碰撞和电离产生多个次级电子，并通过气体雪崩放大过程，实现对原初电子的倍增。一般单层 GEM 电极可以把原初电离放大 100 倍左右，使用两层 GEM 电极的气体放大倍数可以达到 104 倍以上，配合微型电极条读出，可以制成多种气隙不对称的探测器。这些特点使得 GEM 探测器不仅是一种独具特色的新型粒子径迹探测器，同时也将是高亮度同步辐射光源实验，医用 CT 诊断，X 射线晶体学等领域很具潜力的成像探测器。

强子量能器 [hadron calorimeter]　测量强子能量和位置的装置。与测量电子光子的电磁量能器类似，是根据粒子在量能器的介质中通过与介质发生相互作用，并产生级联簇射的特点设计的，所不同的是强子量能器选用的介质材料具有较小的核吸收长度和适中的辐射长度。级联簇射的次级粒子会将能量沉积在介质中，通过记录强子级联簇射的次级强子的能量沉积和这种沉积的空间分布，从而测定入射强子 (包括中性强子) 的能量和入射方向。强子量能器设计标准要求所需的介质的线度要满足簇射次级粒子的吸收效率 $>95\%$，它的线度 $L(\lambda_0)\approx\ln(E_0)$，$E_0$ 为入射强子的能量，单位为 GeV；此外还要求达到一定的能量分辨率和位置分辨率，但一般要求都没有电磁量能器那么严格。

硅微条探测器 [silicon strip]　半导体探测器的一种，由于超薄的硅微条和敏感层设计 (约百微米左右)，使得读出信号时间很短，有很快的响应时间。位置分辨率可达到百微米量级，因此主要用于测量带电粒子在各个微条上的位置，可以确定各有关带电粒子的运动轨迹及对撞后末态粒子的次级顶点等。硅微条探测器是在一个 n 型硅基的上表面附着一条条重掺杂 p+ 型微条，将整个硅基底面作成重掺杂的 n+ 层而制成的，中间夹杂的是 pn 结的耗尽层，也是探测的灵敏区。在硅微条探测器上部的微条表面镀有铝膜，作为信号读出条；底面也附有一层铝，作为电极。在探测器上加高压，使中间的耗尽层扩展到整个 n 型硅基，同时形成很强的电场。当带电粒子穿过硅微条探测器的灵敏区时，将产生电子–空穴对。在强电场的作用下，电子向正极 (底板) 漂移，空穴向有负偏压的微条漂移，于是便能在微条上读出电荷信号，其后会经过前置放大器将信号放大，模数转换等处理后可得到粒子的位置信息。

硅像素探测器 [silicon pixel]　半导体探测器的一种，其特点和优势是超高的位置分辨与高速的时间响应。位置精度比硅微条探测器高。一块几厘米长的硅条上排列几个到十几个的感应片，这些感应片采用类似照相机 CMOS 的技术排列着像素矩阵，每一个硅条上就有成千上万的像素。其原理跟硅微条相似，也是利用超薄的 pn 结快速收集电荷，所不同的是硅条上的敏感片已集成了信号读出放大和数字化，而且可以做到小于 $20\mu m$ 的厚度。这种敏感片还具有较高的抗辐照能力，因此能应用于靠近束流对撞点的探测器设计中，目前最前沿的 CMOS 技术有 MIMOSA、SUC 等，应用于 LHC、RHIC 等大型加速器上的探测器中。这些硅条采用轻材质的炭纤维支架支撑，一般做成圆筒形，半径依具体的物理需求设计，一般在几厘米到几十厘米，主要为靠近对撞顶点的粒子径迹和次级顶点重建提供十微米量级的位置分辨率。

多气隙电阻板室 [multi-gap resistive plate chamber, MRPC]　在电阻板室 (resistive plate chamber, RPC) 基础上发展起来的一种新型气体探测器，20 世纪 90 年代最早由欧洲核子中心 (CERN) 的 LHC/ALICE 组提出。通过在气隙中插入一系列的电阻板，RPC 的气隙被分割成多个更小的气隙单元，在保持探测效率不变的情况下，大幅度提高了时间分辨性能。MRPC 通常工作在雪崩模式下，时间分辨可以达到 50ps 以下。由于 MRPC 的制作工艺相对简单，单位通道的价格低廉、时间分辨好、探测效率高，并且可以工作在强磁场环境中，非常适合在大型粒子物理谱仪中用作飞行时间探测器，已经被 LHC/ALICE、RHIC/STAR 等许多实验所采用，在实际运行中工作稳定，极大地提高了谱仪的粒子鉴别能力，促进了很多新的物理成果的发现。

飞行时间探测器 [time-of-flight, TOF]　组成磁谱仪的常用子探测器之一，通过对飞行时间的精确测量，结合径迹探测器得到的粒子动量和径迹长度，得到粒子的静止质量，从而达到鉴别粒子的目的；同时，飞行时间探测器还起到提供触发信号和排除宇宙线本底的作用。精度主要由对撞的起始时间和粒子到达飞行时间探测器的停止时间共同决定，其中飞行时间探测器的本征时间分辨起主要作用。传统的飞行时间探测器通常采用发光衰减时间短的快塑料闪烁体，配合抗磁场的快光电倍增管，时间分辨可以达到 100ps。近年来，为了适应大型磁谱仪——尤其是高能重离子对撞——粒子鉴别的需求，一种具有出色时间分辨性能的气体探测器——多气隙电阻板室 (MRPC) 得到了飞速发展，它的价格相对低廉，制作工艺简单，本征时间分辨率可以达到 50ps 以下，已经被多个实验所采用。

时间投影室 [time projection chamber, TPC]　一种用于粒子径迹测量的气体探测器，20 世纪 70 年代由 David Nygren 提出并研制，通过对原初电子的漂移时间和漂移方向上的投影位置的测量，确定径迹的三维空间坐标。在时间投影室圆柱形的灵敏空间中建立有沿轴向的左右对称的均匀电场，入射粒子在径迹附近电离产生的电子沿电场加速漂移，由漂移时间和漂移速度可以确定入射粒子径迹沿轴方向的位置；在两端的圆形端面上采用具有二维位置分辨的探测器 (如多丝正比室、GEM、MicroMegas 等)，可以测量得到径迹在端面上的投影位置，从而得到整条粒子径迹的精确位置。时间投影室可以覆盖几乎全部立体角，并提供精确的三维径迹坐标；通过径迹在磁场中的弯曲程度，可以测量粒子的动量；通过信号的大小，可以测量粒子的电离能损，因此，在大型高能物理实验中，是常用的中心径迹探测器，并可用于粒子种类的鉴别。

11.8　超重原子核

超重原子核 [superheavy nuclei, SHN]　103 或 105 号元素以后的原子核。元素周期表留给人类一个巨大的悬念，化学元素周期表的终点在哪里？即自然界中最重的化学元素是哪一个？对应的原子核有多少个质子和中子。是否存在有长寿命的超重原子核。这些问题是原子核物理学中的重要问题，原子核物理学家对此进行了初步研究，一些重要问题有待解决。把中子和质子束缚在一起的是力程很短的强相互作用，即核力。它所引起的位能近似正比于核子数 A。但是，

质子之间还有力程很长的库仑排斥力。它所引起的位能近似正比于质子数目 Z 的平方。这就是说，在原子核不太重时，核力造成的吸引位能占主导地位。当原子核较重时，长程的库仑排斥作用，就有可能超过核子之间的短程吸引作用。根据原子核的液滴模型，当一个原子核中的质子数目超过 106 时，这种情况就要发生。也就是说，原子序数似乎不能超过 106。不过，当应用更合理的模型做估算时，特别是考虑到原子核结构的壳层效应后，原子序数不但可以超过 106，而且在 114 到 120 之间，可能会有一些寿命很长的原子核。习惯上，把原子序数小于 20 的原子核叫轻核，原子序数 80 左右的原子核叫重核。超重原子核的性质对原子核物理、核化学、宇宙中元素的合成及星体演化有重大的影响。对超重原子核的研究，不仅是核物理的重大前沿领域之一，还是自然科学的一个重要的基本问题。

超重稳定岛 [island of superheavy elements]　长寿命的超重原子核在核素图中所占据的区域。一些理论预言，有一个超重核稳定岛存在，指的是比 ^{208}Pb 重的下一个双幻核附近的区域 (如 $Z=114$，$N=184$ 附近)，但这些预言的正确性还有待实验证实。目前，预言超重核岛位置的主要理论有各种宏观–微观模型、Hatree-Fock 理论以及相对论平均场理论。宏观–微观模型的计算给出的下一个双幻核的位置在 $Z=114$，$N=184$ 处。相对论平均场计算和各种 Hatree-Fock 计算，则根据所选择的参数或处理方法的不同预言的下一个双幻核的位置有 $(Z=114, N=184)$、$(Z=120, N=172)$、$(Z=120, N=184)$、$(Z=124, N=184)$、$(Z=126, N=184)$、$(Z=114, N=164$—$172)$ 和 $(Z=120, N=172$—$184)$ 等。如果考虑到核形变的影响，一些球形计算结果将不可靠。一些形变计算结果表明，超重区域可能有形状共存现象，一些超重核可能有超形变。总之，这些预言与所用模型和参数相关，是否正确有待实验证实。

扩展元素周期表 [extended periodic table of chemical elements]　从正规的元素周期表所延伸来囊括尚未发现的元素的表格。由诺贝尔化学奖得主格伦·西奥多·西博格 (Glenn Theodore Seaborg) 于 1969 年提出。所有未发现的元素都由 IUPAC 元素系统命名法 (见IUPAC 命名法) 作基础命名，直到这个元素被发现、确实，并正式命名为止。

IUPAC 命名法 [IUPAC nomenclature]　一种序数命名法。采用连结词根的方法为新元素命名，每个词根代表一个数字。这些词根来源于拉丁数字和希腊数字的英语拼写法，具体如下。

例如，未知元素是元素周期表中的第 147 号元素，那么，这个元素的名称按规则应是 1-4-7(un-quad-sept)，在英语中，词尾 -ium 代表 "元素" 的意思，所以在 un-quad-sept 的后面应加上 -ium，得到第 147 号元素的名称是 Unquadseptium，

它的元素符号就是 "1-4-7" 三个词根的首字母缩写, 即 Uqs。在英语中词尾 -ium 代表 "元素" 的意思, 每一个用 IUPAC 元素系统命名法命名的元素都无一例外地要加这个词根, 以表示它是一种 "元素"。需要注意的是: ① 当尾数是 2(-bi) 或 3(-tri) 的时候, 因词尾的字母 "i" 与 -ium 最前方的 "i" 重复, 固 -ium 中的 "i" 应省略不写, 比如第 173 号元素, 它的名称按规则应是 1-7-3(un-sept-tri) 加 -ium 成为 un-sept-tri-ium, 而实际上应省略为 un-sept-tri-um, 即 Unsepttrium, 元素符号为 "Ust"。② 当 9(-enn) 后面接的是 0(-nil) 时, 应省略三个 n 中的一个, 只写两个, 比如第 190 号元素, 它的名称按规则应是 1-9-0(un-enn-nil) 加 -ium 成为 un-enn-nil-ium, 而实际上应省略为 un-en-nil-ium, 即 Unennilium, 元素符号为 "Uen"。原则上, 只有 IUPAC 拥有对新的元素命名的权利, 而且当新的元素获得了正式名称以后, 它的临时名称和符号就不再继续使用了。例如, 第 116 号元素, 在正式被命名以前, 它的 (临时) 元素名称为 Ununhexium, 元素符号为 Uuh, 而被正式命名后, 它被称为 Livermorium, 元素符号为 Lv。

数字	词根	符号缩写
0	nil	n
1	un	u
2	b(i)	b
3	tr(i)	t
4	quad	q
5	pent	p
6	hex	h
7	sept	s
8	oct	o
9	en(n)	e

超铀元素 [transuranium element]　原子序数大于 92 的所有元素。主要是靠反应堆和加速器人工制得的, 但核试验和核爆炸也产生大量的超铀元素。目前, 已发现和制得的超铀元素共有 26 种, 即元素周期表中 93~118 号元素。在超铀元素中, 钚 Pu (plutonium, $Z=94$)、锔 Cm (curium, $Z=96$)、镄 Fm (fermium, $Z=100$) 以后的元素习惯上又分别称为超钚 (transplutonium element)、超锔 (transcurium element)、超镄 (transfermium element) 元素。

超锕元素 [transactinide element]　元素周期表中锕系 (89~103 号元素) 之后 (即 104 号及之后) 的元素。都是人造元素, 放射性元素, 很不稳定。半衰期非常短, 并且随原子序数的增加不断缩短, 从 104 号 Rf 的 10 分钟到 118 号 Uuo 的 0.9 毫秒。它们的合成非常困难, 必须用大型的原子对撞机对撞好几年, 至今也只合成了几百个原子, 性质也只能靠理论分析和猜测。

超镄元素 [transfermium element]　见超铀元素。

重离子融合蒸发反应 [heavy-ion fusion evapora-

tion reaction]　利用重离子与靶核反应, 生成具有一定激发能的复合核, 该复合核蒸发一个到若干个中子 (也可能发射轻带电粒子, 取决于复合核激发能的大小), 退激发后的蒸发余核即为目标核。目前, 根据两个重离子融合时动力学过程的不同, 又将其分类为热融合、冷融合、和暖融合。

热融合 [hot fusion]　以锕系元素作为靶 (如: ^{232}Th、^{238}U、^{244}Pu、^{248}Cm、^{249}Bk 以及 ^{252}Cf 等) 与较轻的弹核发生融合生成复合核的过程。一般生成的复合核的激发能在 50MeV 左右, 通过蒸发 4 个以上中子的过程退激发。之所以称为 "热融合" 就是因为复合核的激发能相对较高。该方法是由美国 Berkeley 的 G. T. Seaborg 小组首先采用的, 是一种传统的通过重离子融合反应合成重元素的方法。102 号到 106 号元素的首次合成是通过热融合实现的。

冷融合 [cold fusion]　以具有满壳 (或近满壳) 结构的 ^{208}Pb 和 ^{209}Bi 核作为靶的重离子融合过程, 所形成的复合核的激发能一般在 20MeV 以下, 通过蒸发 1~2 个中子的过程退激发。如: 在合成 112 号元素时复合核的激发能在 10MeV 左右, 通过 1n 道退激; 而对较低 Z 值的核, 由于复合核的生成截面大, 激发能也会高一些, 如在合成 104 号元素时, 通过 3n 道退激, 复合核的激发能在 30MeV 左右。该方法是 20 世纪 70 年代中期由俄罗斯 Dubna 的 Yu. Ts. Oganessian 等首先提出来的。德国 GSI 的 SHIP 小组利用该方法成功地合成了 107 号到 112 号元素。

暖融合 [warm fusion]　以双幻核 ^{48}Ca 为弹核的重离子融合过程, 所形成复合核的激发能在 30MeV 左右, 介于冷融合和热融合之间。一般所形成的复合核通过蒸发 3~4 个中子退激发。114 号到 118 号元素的合成, 是由俄罗斯 Dubna 小组通过这一过程实现的。

反冲分离器 [recoil separator]　基于重离子融合进行超重核合成, 目前最流行的分离技术是将蒸发余核在飞行过程中与束流粒子以及其他反应产物分开, 这一过程中, 在要求对各种本底的抑制本领尽量高的同时还要求能将余核高效率地传输到探测区进行测量与鉴别的一类设备。主要利用了蒸发余核运动学上集中在前方向上的特点。反冲核分离器一般包括三个部分: 反应靶系统、基于电磁及相关技术的反冲余核飞行中的分离系统和反冲余核的测量与鉴别系统。用于超重核研究的反冲核分离器, 由于目标核的产生截面太低, 因此有一些特殊要求。靶及靶室系统一般包括可承受高流强 (1~5pμA) 轰击的靶装置、在束靶监测装置以及束流监测装置; 其分离系统要求能对反冲余核在飞行中高效率地、快速地传输到探测区, 同时尽量将来自诸如转移反应产物、反冲靶核、弹核以及轻带电粒子等的干扰分离出去; 探测与鉴别系统的功能是清楚地鉴别目标核, 并尽量准确地获取其衰变性质方面的信息。目前, 已成功地用于超重核研究的反冲核分离器根据其所采用技术的不同可分为两类：电磁反冲核分离器和充气反冲核分离器。

电磁反冲分离器 [electromagnetic recoil separator] 利用磁偏转和静电偏转技术，根据不同反应产物或速度 v，或 M/q，或 E_k/q 的不同将反冲出来的蒸发余核从其他各种产物中分离出来的设备。目前已成功地用于超重核合成研究的这类设备主要有德国 GSI 的 SHIP、俄国 Dubna 的 VASSILISSA 和法国 Ganil 的 LISE III。GSI 的 SHIP 和 GANIL 的 LISE III 是利用了反冲余核具有较为确定的速度这一特点采用正交的电、磁场，对各种产物进行速度选择以达到分离的目的。俄国 Dubna 的 VASSILISSA 是利用产物的能量 E_k 和电荷态 q 之比的不同来实现它们的空间分离的。

SHIP separator for heavy-ion reaction products 德国重离子研究中心 GSI 专门用于超重核合成的反冲核分离器，1978 年建成。在合成 107 到 109 号元素后，又进行了一系列改造，1994 年改造完毕，成为 SHIP 94。目前 SHIP 的电磁元件的构型为 $Q_2ED_2D_2EQ_2D$，其中 Q 表示四极磁铁，D 表示二级磁铁，E 表示静电偏转。2 个 Q_2 磁四极透镜组合主要用来聚焦，SHIP 实现分离的关键部分是中间的 ED_2D_2E。这里，没有采用标准的 Wienfilter 设计，而是将电、磁场在空间上分开。这种设计对于选择来自于融合过程的反冲余核有其独特的优点。由于静电偏转系统没有放置在二极磁铁的极缝中，在对蒸发余核进行选择时，由于束流粒子的速度要快得多，经过第一个静电偏转电镜时被偏转得较少，从而不会轰击到电镜的极板上。即使静电镜的高压因某种原因在实验过程中退掉了，束流粒子也不会轰击到电镜的极板上。这一点对于进行高流强 (如 1 pμA 以上) 尤其重要。否则，不仅会损坏静电偏转板，散射的束流粒子还可能被传输到焦平面而损坏那里的 Si 探测器。最后一个磁铁是一个偏转 $7.5°$ 的二级磁铁，其目的是在探测器前将各种本底与余核进行再一次分离。目前 SHIP 工作在 1 pμA 的束流强度时，来自于高能弹核和转移反应产物的干扰为每分钟 1 个，来自于低能弹核的干扰为每秒钟 30 个。在这种本底情况下，SHIP 的灵敏度达到，在平均 0.5 pμA 的流强下，可以可靠地测量 1 pb 产生截面的反应产物，即对应每 5 天出现一个衰变链的情况。

LISE III [Ligne d'Ions Super Epluchés III] 原为法国 GANIL 设计的 Wien filter 系统，置于 LISE 后作为速度选择器来进一步提高对 LISE 所产生的放射性核素的分离能力。鉴于其在分离反冲余核方面的优越性能，经过适当改造后，被用于超重核的研究。对 LISE III 的改造包括：增加了 Wien filter 的前半部分的静电偏转板间的距离，使得用于反冲余核研究时在其中偏转的束流粒子不会轰击到偏转板上；在第一个静电偏转系统后加了通过水来冷却的 beam stop；在两个静电偏转系统的中间加了一个 slit 系统；在探测系统前加了一个二级偏转磁铁以进一步降低本底。第一个测试性实验是 2000 年 11 月进行的，研究了 $^{54}Cr+^{208}Pb$ 生成 106 号元素的反应，得到 LISE III 对束流的抑制本领为 $2×10^{10}$，与已知激发函数比较后得到 LISE III 的传输效率好于 60%。

VASSILISSA electrostatic separator at JINR 俄罗斯 Dubna 的 JINR 核反应实验室设计的、专门用于超重核研究的静电反冲核分离器。从结构上看 VASSILISSA 与 SHIP 的主要差别在于其用一个静电偏转系统代替了 SHIP 中间位置上的 4 个二级磁铁，是一种 $Q_3E_3Q_3D$ 结构。该设备没有采用磁分析技术，分离原理与 SHIP 有很大的不同，它利用的是产物的能量 E_k 和电荷态 q 之比的不同来实现空间分离。由于 VASSILISSA 所选择的是产物的 E_k/q，传输效率与产物的电荷也相关，因此，传输效率比采用速度选择的 SHIP 和 LISE III 要低，一般低于 30%。

充气反冲分离器 [gas-filled recoil separator] 又称充气反冲核谱仪，主要由一个大型二级磁铁构成，工作时在其中充满稀薄的工作气体，利用反冲余核与气体的相互作用使其电荷态分布处于一种围绕平衡电荷态的动态平衡中来提高传输效率。目前，国际上用于超重核合成研究的充气反冲核分离器有俄罗斯 Dubna 的 DGFRS，日本 RIKEN 的 GARIS，美国 LBNL 的 BGS 和芬兰 Jyäskylä 大学加速器实验室的 RITU。

充气反冲核谱仪 [gas-filled nuclear spectromter] 即充气反冲分离器。

DGFRS [Dubna gas-filled recoil separator] Dubna 的另一台用于超重核研究的设备，1989 年开始投入运行。构型为 DQ_hQ_v，Q_v 和 Q_h 分别表示垂直方向和水平方向聚焦的四极磁铁。针对热融合过程中出射的反冲余核的分离而设计的。因为热融合弹核相对较轻，反冲余核能量相对于冷熔合要低，为了减小因反冲余核与工作气体分子间的碰撞造成的动量及角度分散 (引起的传输效率的降低)，所用的工作气体是氢气。另外，由于基于热融合产生的余核的能量低，平均电荷态也相对低些，因而反冲余核的粒子磁刚度比冷融合反应的大得多。因此，DGFRS 的最大磁刚度设计为 3.08 Tm。DGFRS 的传输效率，因反应道而异，通过对一些已知截面的热熔合反应道的测量，其最高传输效率达 45%。

GARIS [gas-filled recoil isotope separator] DQ_vQ_h 构型。最初的目的是与 RIKEN 的 RRC(RIKEN Ring Cyclotron) 加速器系统上的 ISOL 结合起来，构成 RIKEN 的 ISOL 型次级束流产生装置。20 世纪 90 年代末期，经改造后逐渐变成了超重核合成的专用设备。2001 年底到 2002 年初，为了加强超重核的研究，RIKEN 将 GARIS 移至 RIKEN 的强流直线加速器 Linac 的实验区，同时在探测器系统前加入了一个二级磁铁以降低转移反应产物的干扰。GARIS 工作时，从靶室到第二个二级磁铁的出口均充有氢气，气压值根据选择的产物不同在 0.3~0.6 Torr 选一最佳值。GARIS 的最大磁刚度为 2.25 Tm，因此只适合于对冷融合反应的反冲余核的分离。通过对已知截面的冷融合反应道的测量得到过 70%的传输效率。

RITU [recoil ion transport unit] 芬兰 Jyäskylä 大学加速器实验室的一台充气反冲核分离器。为 $Q_vDQ_hQ_v$ 型，1993 年投入使用。为使反冲产物与二级磁铁的接收能力更高效率地匹配，在二级磁铁前加了一个垂直方向强聚焦的四极磁铁。另外，在二级磁铁的出口处还加了一个六极磁铁，目的是对像差进行一些修正。该分离器的优势在于接收度大：水平方向 ±30 mrad，垂直方向 ±80 mrad，比标准模式下的充气反冲分离器高近 30%。在 RITU 上开展的工作主要集中在 74 号元素 W 到 105 号元素 Db 间的缺中子同位素的衰变及在束研究。

SHIPTRAPSHIP and penning trap 德国 GSI 小组在建造的设备。该设备是将 SHIP 分离出来的反冲余核，先用 50 mb 的氦气进行慢化，进入一个引出 RFQ，再通过一个聚束 RFQ 将余核传输到一个纯化离子阱 (ion trap)，然后经过一个高精度离子阱进行质量测量。在高精度离子阱后还跟有其他测量系统以对余核进行衰变性质测量、激光谱学测量和化学性质研究。

11.9 中子物理

中子物理 [neutron physics] 研究中子与各种物质间的相互作用。主要分为两部分，一是研究各种能量的中子在宏观物质中的运动规律，称为宏观中子物理；另外研究各种能量的中子与分子、原子和核间的相互作用，称为微观中子物理。

中子源 [neutron source] 能发射中子的装置或物质。除少数重原子核自发裂变放出中子外，大量为用人工方法生产的中子源。最常用的中子源有同位素中子源、反应堆中子源和加速器中子源。

同位素中子源 [isotope neutron source] 利用放射性同位素衰变放出一定能量的射线轰击某些靶物质，发生核反应而放出中子，主要有 (α, n) 中子源及光中子源 (γ, n)。优点是体积小，制备简单，使用方便；缺点是强度不高，能谱比较复杂。

反应堆中子源 [reactor neutron source] 利用重核裂变，在反应堆内形成链式反应产生中子的一种中子源。特点是中子通量大，中子能谱比较复杂，并伴有较强的 γ 射线。

加速器中子源 [accelerator neutron source] 利用粒子加速器加速的带电粒子 (如 p、d、α 等) 去轰击靶物质

以产生中子。特点是中子强度高，能在广阔能区内产生单能中子或脉冲中子，便于进行各种中子物理实验。

散裂中子源 [spallation neutron source] 利用中等能量的质子打到重核 (如钨、汞等元素) 导致重核的不稳定而 "蒸发" 出 20~30 个中子，这样重核 "裂开" 并向各个方向 "发散" 出相当多的中子，大大提高了中子的产生效率。

中子发生器 [neutron generator] 利用直流高压加速离子的能量在 1MeV 以下，利用 (d, n) 反应获得中子的小型加速器。所产生的中子可达 14MeV 的能量。

高能中子 [high energy neutron] 动能大于 100MeV 及以上能量的中子，是研究原子核性质的有力工具。

中能中子 [intermediate neutron] 动能介于快中子和慢中子之间的中子。

快中子 [fast neutron] 动能大于某特定值的中子，在核物理中选该能量值为 0.5MeV，而在反应堆物理中选该能量值为 0.1MeV。

慢中子 [slow neutron] 动能低于某特定值的中子，在核物理中选该能量值为 1keV，而在反应堆物理中选该能量值为 1eV。

热中子 [thermal neutron] 动能约为 0.0253eV 左右的中子。与绝对温度 290K 的介质处于热平衡状态，速度分布接近麦克斯韦速度分布，相应的中子波长为 0.18nm。

镉上中子 [cadmium on neutron] 中子能量大于 0.5eV 及以上能量的中子。

镉下中子 [under cadmium neutron] 中子能量小于 0.5eV 的中子。

中子核反应 [neutron nuclear reaction] 中子与原子核发生相互作用后，引起原子核性质发生变化，中子核反应在研究核结构和核反应机制及核能利用中占重要地位。

中子俘获 [neutron capture] 又称中子吸收。中子在与原子核相互作用后，被核所吸收并发出 γ 射线的过程。

中子吸收 [neutron absorption] 即中子俘获。

中子散射 [neutron scatter] 中子与原子核发生相互作用后，原子核的性质不发生变化，而中子的能量和运动方向改变。

中子反应截面 [reaction cross-section] 有宏观和微观之分。中子微观反应截面是指元素的一个原子核对中子发生反应的概率。中子宏观反应截面是指中子穿过靶物质单位路程上与靶物质作用而发生反应的概率。

中子俘获截面 [capture cross-section] 有宏观和微观之分。中子微观俘获截面是指元素的一个原子核对中子发生俘获反应的概率。中子宏观俘获截面是指中子穿过靶物质单位路程上与靶物质作用而发生俘获反应的概率。

中子散射截面 [scatter cross-section]　有宏观和微观之分。中子微观散射截面是指元素的一个原子核对中子发生散射反应的概率。中子宏观散射截面是指中子穿过靶物质单位路程上与靶物质作用而发生散射反应的概率。

平均自由程 [mean free path]　中子在连续两次作用之间所走过的距离的平均值。自由中子在介质中运动时，不断与介质中原子核作用发生散射或吸收。

中子慢化 [slowing-down of neutron]　能量高的快中子，经与轻元素物质（氢、氘和石墨等）发生弹性碰撞，其能量减低而变为热中子的过程。

平均对数能量损失 [average logarithmic energy decrement]　$\varepsilon = \left\langle \ln \dfrac{E_1}{E_2} \right\rangle = 1 + \dfrac{(A-1)^2}{2A} \ln \left(\dfrac{A-1}{A+1} \right)$，式中，$E_1$ 和 E_2 为一次碰撞前后的中子能量，A 为碰撞核。

慢化本领 [slowing-down power]　某介质对中子的宏观散射截面 Σ_s 与中子平均对数能量损失 ε 的乘积 $\Sigma_s \varepsilon$。由于 Σ_s 为中子散射平均自由程 λ_s 的倒数，所以 $\varepsilon \Sigma_s$ 越大，中子在同样平均对数能量损失下所经过的路程就越短，这表明该介质减速能力强。

慢化比 [moderating ratio]　又称减速比。慢化剂的慢化本领 $\varepsilon \Sigma_s$ 与其热中子的宏观吸收截面 Σ_a 之比，$\eta = \varepsilon \Sigma_s / \Sigma_a$。由于慢化剂不仅散射中子而且也吸收中子，慢化比是衡量吸收对慢化过程的影响。

减速比 [reduction ratio]　即慢化比。

中子扩散 [neutron diffusion]　快中子慢化为热中子后，若介质宏观散射截面 Σ_s 远大于宏观吸收截面 Σ_a，则热中子并不马上消失，而是和介质中的原子核不断碰撞，交换能量，效果就是中子从密度大的地方向密度小的地方迁移的过程。

扩散系数 [diffusion coefficient]　设 n 为中子密度，v 为中子的平均速度，$\Sigma_a v n$ 表示单位时间在单位体积内吸收的中子数，设 S 为中子源在单位时间单位体积内产生的中子数，则中子的稳态扩散方程为 $D\nabla^2 n - \Sigma_a v n + S = 0$，式中，$D$ 为中子的扩散系数。

扩散长度 [diffusion length]　由扩散方程得知，$D/\Sigma_a v$ 具有面积量纲，定义 $L = \sqrt{D/\Sigma_a v}$ 为扩散长度，表示在无限大热中子场中热中子从产生到被物质吸收所运动的距离平均值。

中子波长 [neutron wave length]　中子相应的德布罗意波长。中子能量越低，中子波长越长。对于热中子，相应的中子波长 $\lambda = 0.18\text{nm}$，正好与原子线度或晶格间距有相同的数量级。

中子衍射 [neutron diffraction]　中子波长相当于普通 X 射线波长，与晶格间距有相同的数量级，所以当中子射到晶体上时将发生衍射。中子衍射有许多重要应用。利用中子衍射，可制成晶体单色器；选取铁磁晶体，通过相干衍射可以有效地得到极化中子束；由于中子具有磁矩，它能与固体物质中的磁性电子相互作用产生磁散射，从而测出物质的磁矩；利用中子衍射，还可方便地鉴定氢或其他轻元素在分子群中的结构。中子的衍射现象通常是用中子衍射谱仪观测的。

中子衍射谱仪 [neutron diffractometer]　观测中子衍射现象的仪器，通常由中子源、晶体单色器、转动样品台和中子记录系统等几部分组成。

中子探测器 [neutron detector]　由于中子不带电，中子的探测都需间接进行，即探测中子与物质发生核反应后产生的次级带电粒子。一类核反应是探测核反应时立即放出的带电粒子；另一类核反应是探测由中子与物质发生核反应而生成的放射性物质。常用的中子探测器有硼计数器、质子反冲探测器、中子飞行时间能谱仪和裂变计数器等。

硼计算器 [boron counter]　用硼的同位素 ^{10}B 与中子引起核反应而制成的一种中子探测器。中子射入时与 ^{10}B 发生核反应 (n, α)，探测产生的 α 粒子间接的探测到中子。

质子反冲探测器 [proten-recoil detector]　利用中子与氢原子核作用产生的反冲质子探测中子的一种中子探测器。

裂变计算器 [fission detector]　利用中子引起的核裂变的裂变产物探测中子的一种中子探测器。

中子飞行时间能谱仪 [neutron time of flight spectrometer]　利用测量中子在一定距离间所飞行的时间来确定中子动能的谱仪。能测量自慢中子至快中子范围内的中子能量。主要包括脉冲中子源、飞行路程导管及某种中子探测器。

中子照相 [neutronography]　利用中子束穿透物体时的衰减原理，显示某些物体内部结构的技术。按所用的中子的能量可分为：冷中子照相、热中子照相和快中子照相。

硼中子俘获治疗 [boron neutron capture therapy]　应用热中子照射靶向聚集在肿瘤部位的 ^{10}B，^{10}B 俘获中子后产生 α 粒子杀灭肿瘤细胞而起到治疗作用。

中子弹 [neutron bomb]　一种经过特殊设计，既减弱了核爆炸时冲击波和热辐射的破坏作用，又加强了有高度穿透能力的中子辐射杀伤作用的小型武器。中子弹的体积不大，可以由导弹或榴弹炮发射。对人员的杀伤主要是将其具有高穿透力的早期核辐射（特别能量为 $10\sim20\text{MeV}$ 的中子）以致死或致残的剂量照射到人身上，但其剩余核辐射却比一般原子弹或氢弹弱。

β 函数 [β function]　见渐近自由。

输运方程 [transport equation]　见玻尔兹曼方程。

中心快度区 [central rapidity region]　见中心

平台。

手征凝聚 [chiral condensate]　见手征对称性。

手征微扰论 [chiral]　见手征对称性。

手征相变 [chiral phase transition]　见手征对称性。

椭圆流 [elliptic flow]　见集体流。

径向流 [radial flow]　见集体流。

高阶流 [excitation flow]　见集体流。

中心碰撞 [central collision]　见两体碰撞。

偏心碰撞 [peripheral collision]　见两体碰撞。

碰撞参数 [collision parameter]　见两体碰撞。

胶子等离子体 [glasma]　见色玻璃态凝聚。

电荷涨落 [charge fluctuation]　见涨落。

单事例涨落 [event-by-event fluctuation]　见涨落。

实验室系 [lab frame]　见参考系。

质心系 [center of mass frame]　见参考系。

局域静止系 [local rest frame]　见参考系。

共动系 [co-moving frame]　见参考系。

运动学冻结 [kinematical freeze-out]　见化学冻结。

热冻结 [thermal freeze-out]　见化学冻结。

衰变常数 [decay constants]　见介质效应。

传播子 [propagator]　见介质效应。

谱函数 [spectral functions]　见介质效应。

部分子能量损失 [parton energy loss]　见喷注淬火。

喷注层析 [jet tomography]　见喷注淬火。

比约肯增速不变性 [Bjorken boost invariance]　见洛伦兹变换。

洛伦兹收缩核 [Lorentz-contracted nuclei]　见洛伦兹变换。

磁化率 [magnetic susceptibility]　描述介质磁性质的重要物理量，描述介质在外磁场作用下的磁化程度。介质中的磁场强度与磁感应强度之间的关系是 $B = \mu_0(1 + \chi_v)H$，其中，μ_0 为真空磁导率，χ_v 即为磁化率。

参与碰撞核子数 [number of participants]　见核子-核子碰撞次数。

连续相变 [continuous phase transition]　见相变。

越渡 [crossover]　见相变。

一级相变 [first order]　见相变。

二级相变 [second order]　见相变。

直生光子 [direct photon]　见光子与双轻子产生。

耦合强度 [coupling strength]　见量子色动力学。

标度参数 [scale parameter]　见量子色动力学。

求和规则 [sum rules]　见量子色动力学。

夸克融合 [quark coalescence]　见夸克组合。

夸克物质 [quark matter]　见夸克胶子等离子体。

体黏滞 [bulk viscosity]　见黏滞度。

剪切黏滞 [shear viscosity]　见黏滞度。

锕系后元素 [transactinide element]　见超锕元素。

本章作者： 任中洲，许昌，倪冬冬，平加伦，魏志勇，王建松，王群，甘再国，赵经武，靳根明

十二

高能物理学

高能物理 [high energy physics] 又称<u>粒子物理</u>，<u>基本粒子物理</u>。研究比原子核更深层次的组成物质的基本粒子的性质、结构和相互作用，以及在极高能量下，这些物质相互转化的现象和产生这些现象的原因、规律等问题的一个物理学分支学科。高能物理是一门基础学科，是当代物理学发展的前沿之一。粒子物理学中研究的所有的物体都遵守量子力学的规则，它们都显示波粒二象性，根据不同的实验条件它们显示粒子的特性或波的特性。在物理学理论中，它们既非粒子也非波，理论学家用希尔伯特空间中的状态向量来描写它们。但按照常规依然称其为"粒子"，虽然这些粒子也具有波的特性。自然条件下许多基本粒子并不存在或者不会单独出现，只有通过高能粒子加速器和宇宙射线才能产生、观测和研究，因此高能物理学主要以高能物理实验和宇宙射线观测为基础，又基于实验和理论密切结合而发展。更高能量加速器的建造，无疑将为粒子物理实验研究提供更有力的手段，有利于产生更多的新粒子，以弄清夸克和轻子的种类、性质，以及可能的内部结构。

现在所知的基本粒子都可以用标准模型的量子场论来描述。标准模型理论是目前粒子物理学中最好的理论，包含 37 种基本粒子，这些基本粒子相互结合可以形成更加复杂的粒子。从 19 世纪 60 年代以来，实验物理学家已经发现和观察到了上百种复合粒子。标准模型理论几乎与至今为止观察到的所有的实验数据相符合，但大多数粒子物理学家相信它依然是一个不完善的理论 (如中微子静质量不为零是第一个与标准模型出现偏差的实验观测)，一个更加基本的理论还有待发现。弱电相互作用统一理论目前取得成功，特别是弱规范粒子的发现，加强了人们对定域规范场理论作为相互作用的基本理论的信念，为今后以高能轻子作为探针探寻强子的内部结构、夸克及胶子的性质以及强作用的性质提供了可靠的分析手段。今后强相互作用将是粒子物理研究的一个重点。把电磁作用、弱作用和强作用统一起来作为大统一理论。但即使在最简单的模型中，也包含近 20 个无量纲的参数。这表明这种理论还包含着大量的唯象性的成分，只是一个十分初步的尝试。它还要走相当长的一段路，才能成为一个有效的理论。从发展趋势来看，粒子物理的进展肯定会在宇宙演化的研究中起推进作用，这个方面的研究也将会是一个十分活跃的领域。粒子物理是一门以实验为基础的科学。因此新的粒子加速原理和新的探测手段的出现，将是意义深远的。随着研究的深

部分粒子性质表

分类	名称	符号	静止质量/MeV	自旋宇称 J^P	同位旋 I, I_3	奇异数 S	电荷 e	平均寿命
光子		γ	0	1^-	0	0	0	稳定
轻子	电子, 电子中微子	e, ν_e	0.511, 约为0	1/2			-1, 0	稳定
	μ子, μ子中微子	μ^-, ν_μ	105.659, <0.57	1/2			-1, 0	2.197×10^{-6} s
	τ子, τ子中微子	τ^-, ν_τ	1777, <250	1/2			-1, 0	$<10^{-12}$ s
强子 介子	π介子	π^+ π^0 π^-	139.567 134.963 139.567	0^- 0^- 0^-	1, +1 1, 0 1, -1	0	+1 0 -1	2.603×10^{-8} s 0.828×10^{-16} s 2.603×10^{-8} s
	K介子	K^+ K^-	493.668	0^-	1/2, 1/2 1/2, -1/2	+1 -1	+1 -1	1.237×10^{-8} s
		K^0 $\overline{K^0}$	497.67	0^-	1/2, 1/2 1/2, -1/2	-1 +1	0	
		K_s^0 K_L^0			1/2	0	0	8.892×10^{-10} s 5.183×10^{-8} s
	η介子	η	548.8	0^-	0	0	0	$\Gamma = 0.88$ keV
	J/ψ粒子	J/ψ	3097	1^-		0	0	$\Gamma = 67$ keV
重子	核子	P n	938.280 939.573	$1/2^+$	1/2, 1/2 1/2, -1/2	0	+1 0	稳定 918±14 s
	Λ	Λ	1115.60	$1/2^+$	0	-1	0	2.632×10^{-10} s
	Σ	Σ^+ Σ^0 Σ^-	1189.37 1192.47 1197.35	$1/2^+$	1, +1 1, 0 1, -1	-1	+1 0 -1	0.8×10^{-10} s 5.8×10^{-20} s 1.48×10^{-10} s

入，高能物理所研究的内容也在逐步深化。

粒子物理 [partical physics]　即高能物理。

基本粒子物理 [elementary partical physics]　即高能物理。

基本粒子 [elementary particle]　人们认知的构成物质的最小最基本的单位。20 世纪中期以前的基本粒子指质子、中子、电子、光子和各种介子，这些是当时人类所能探测的最小粒子。而现代物理学发现质子、中子、介子都是由更加基本的夸克和胶子构成，也发现了性质和电子类似的一系列轻子，还有性质和光子、胶子类似的一系列规范玻色子。这些是现代物理学所理解的基本粒子。随着物理学的不断发展，人类对物质构成的认知会逐渐深入，因此基本粒子的定义也会随时间而有所变化。目前的粒子物理标准模型理论中，基本粒子可以分为夸克、轻子、规范玻色子和希格斯粒子四大类。标准模型理论之外也有理论认为可能存在质量非常大的超粒子。

亚原子粒子 [subatom particles]　空间结构和理论分类比原子更小、更基本的粒子。包括原子的组成部分，如电子、质子、中子和夸克 (质子、中子本身也由夸克组成)，以及放射和散射所产生的粒子，如光子、中微子和胶子等。现代高能物理的研究主要集中在亚原子粒子上。

规范玻色子 [gauge bosons]　又称规范粒子、媒介粒子。传递自然界中基本相互作用的媒介粒子，自旋均为整数，属于玻色子。它们在粒子物理的标准模型内都是基本粒子，包括：

(1) 胶子–强相互作用的规范粒子，自旋为 1，有 8 种；

(2) 光子–电磁相互作用的规范粒子，自旋为 1，只有 1 种；

(3) $W^{\pm}$ 及 Z^0 玻色子–弱相互作用的规范粒子，自旋为 1，有 3 种；

(4) 引力子–引力相互作用的规范粒子，自旋为 2，只有 1 种。

规范粒子 [gauge bosons]　即规范玻色子。

媒介粒子 [medium bosons]　即规范玻色子。

宇宙射线 [cosmic ray]　从宇宙空间射向地面的高能粒子流，包括各种类型的粒子和某些原子核。在大气层和地面观察到的宇宙射线，不仅包括来自宇宙空间的初级宇宙射线，而且还包括与大气层中的原子核反应后形成的次级宇宙射线。宇宙射线的特点是：能量高、强度弱、成分复杂。目前观察到宇宙粒子最高能量为 10^{15} 兆电子伏特 (MeV) 量级，比人工加速粒子能量 (10^6MeV) 大 10^9 倍。因此宇宙射线是目前研究高能物理的重要高能粒子源。

初级宇宙射线 [primitive cosmic ray]　由宇宙空间来到地球大气层边缘的宇宙射线。它是一种带电荷的粒子流，其中绝大部分是质子，其次是 α 粒子，还有部分其他较重元素的原子核。这些粒子的能量小的约为 10^3MeV，个别的高达 10^{15}MeV。实验表明，初级宇宙射线是从各个方向均匀地射到地球上的，它在大气层边缘处的强度约为 $1/\text{cm}^2\cdot\text{s}$，这一强度随太阳的活动情况而周期性变化。由于初级宇宙射线在大气层的上层就与空气的原子核相碰撞而产生次级粒子，因而在低于 15km 的高空中，初级宇宙射线已绝大部分转变为次级宇宙射线。

次级宇宙射线 [secondary cosmic ray]　由初级宇宙射线与大气层中空气的原子核相互作用而产生的粒子流。由于这些次级粒子能量很高，足以引起新的核作用，产生新的次级粒子。新的次级粒子又可引起第三次核作用，形成级联核作用。同时次级粒子衰变而得到的 γ 光子，在空气的原子核附近通过电磁相互作用产生正负电子对，这些正负电子对又能产生新的高能 γ 光子，从而形成了光子电子簇射。这个复杂的过程，使得宇宙射线的成分随高度而变化。在大气层的表面层中宇宙射线的主要成分是核子；在高度为 5~17km 的大气层中宇宙射线的主要成分是正负电子和光子；在大气层的下层直至地下，宇宙射线的主要成分是次级粒子衰变产生的高能 μ 子。在海平面附近，次级宇宙射线的强度已降为 $1/\text{cm}^2\cdot\text{min}$ 左右，这个强度基本上不受太阳活动的影响。

广延簇射 [extensive shower]　全称广延大气簇射。由宇宙射线中能量极高 ($\geq 10^7$MeV) 的质子或其他原子核，在通过大气层时，与大气中的原子核碰撞而产生的一种级联过程。其中主要是核级联过程 (强相互作用) 和电子-光子簇射过程 (电磁相互作用) 以及级联过程中产生的不稳定粒子的衰变 (主要是弱相互作用)。这种过程在很短的时间内"雪崩"式地发展完成，最后到达地面时，已形成大量的次级粒子。其中主要是电子和少量的 μ 子、质子及其他粒子，多者可达几百万个，分布在几平方公里到几十平方公里的范围内。

费米子 [fermion]　自旋为半整数的粒子。费米子受泡利不相容原理的制约，即不能有两个或两个以上的全同费米子出现在同一量子态中。轻子、核子和超子的自旋均为 1/2，有些共振态粒子的自旋为 3/2、5/2 或 7/2 等，它们均为费米子。

玻色子 [boson]　自旋为整数 (包括零) 的粒子。玻色子不受泡利不相容原理的限制，即可以有任意多个玻色子处在同一量子态中。费米子以外的所有粒子都是玻色子，如光子、介子、胶子以及假设的引力子等。

反粒子 [antiparticle]　与对应粒子具有相同的质量、自旋和平均寿命，但是电荷、磁矩、重子数、轻子数、奇异数和超荷都等量而异号。至于宇称，费米子和反费米子宇称相反，而玻色子和反玻色子宇称相同。对于光子、π^0 介子和 η^0 介子等粒子，由于区分粒子和反粒子的上述量子数都为零。因而这些粒子自身就是它们的反粒子,称为真中性粒子。每一种粒子与其反粒子相碰会转变为光子 (或介子),称为粒子–反粒子对的 "湮灭"。一个能量很大的光子在经过原子核附近的电磁场时,往往会产生一对电子和正电子,称为粒子–反粒子对的产生。质子的反粒子称为反质子,中子的反粒子称为反中子。反粒子的记法一般是在粒子的符号上加一短划线,如反质子 $\bar{p}$、反中子 $\bar{n}$、反电子型中微子 $\bar{\nu}_e$、反 Ω^- 超子 $\bar{\Omega}^-$ 等。有些科学家根据反粒子存在的事实,设想在宇宙的某些部分可能存在一种完全由反粒子构成的物质,称为反物质。如反物质的原子是由反原子核 (反质子和反中子的集合体) 及核外运动的正电子构成。1928 年狄拉克预测电子有反粒子存在,1932 年安德森在宇宙线中发现电子的反粒子 —— 正电子。现在狄拉克理论已经推广到所有粒子,每种粒子都有它的反粒子。最近几年利用高能加速器先后在核反应中制造出反氘核和反氦核,也制造出了反氢原子。

反质子 [antiproton] 质子的反粒子,用符号 $\bar{p}$ 表示,带负电荷,发现于 1955 年。反质子和质子相碰可湮没为 π 介子。高能反质子与质子相碰还可能产生大量的各种强子,参见反粒子。

反中子 [antineutron] 中子的反粒子,用符号 $\bar{n}$ 表示,其磁矩对其自旋是同号的,发现于 1956 年。反中子与中子相碰可湮没为 π 介子,能量足够高时也会产生各种强子。参见反粒子。

反物质 [antimatter] 设想在宇宙的某些部分可能存在完全由反粒子构成的物质。参见反粒子。

粒子反粒子对产生 [particle antiparticle pair production] 一个能量很大的光子在经过原子核附近的电磁场时,产生的一对电子和正电子的过程。参见反粒子。

粒子反粒子对湮灭 [particle antiparticle pair annihilation] 每一种粒子与其反粒子相碰会转变为光子 (或介子) 的过程。参见反粒子。

手征反常 [chiral anomaly] 又称轴反常、三角反常。在 QED 和 QCD 理论中,规范场和物质之间只有矢量形式的相互作用 $g_v J_\mu W^\mu$,其中 $J_\mu = \gamma_\mu \psi$ 是费米物质场矢量流。这种形式的相互作用的轴顶角的展开式中到 e^5 阶时,包括费米场的三角形闭合回路,它不满足轴瓦德恒等式,给出的反常称为手征反常。

轴反常 [axial anomaly] 即手征反常。

三角反常 [triangle anomaly] 即手征反常。

反常抵消 [anomaly cancellation] 如果只有一种费米子对三角图有贡献,瓦德恒等式不能完全满足意味着包含有轴流和矢量流的规范理论是不可重整化的。然而如果有几种费米子存在,则它们各自的贡献就有可能相互抵消,从而恢复理论的可重整性。以 Weinberg Salam 模型为例,它含有轴

矢量流,和它相联系的三角图使它失去可重整性。在中微子散射中,考虑到三角图的三条外线和 W^+、W、Z 耦合,则手征反常就自动消失。

强相互作用 [strong interaction] 存在于重子、介子等强子之间的一种基本相互作用。其特点是强度大,比电磁相互作用大 10^3 倍,比弱相互作用大 10^{12} 倍,其强度可用无量纲耦合常数 $(g^2/4\pi) \approx 15$ 表征;力程短,大约在 10^{-15}m 以内;所引起的反应迅速,特征时间为 10^{-22}s;具有极高的对称性。在强相互作用过程中,除了电荷守恒和重子数守恒等普遍守恒定律之外,还有强相互作用所特有的一些守恒律,如奇异数守恒、同位旋守恒、超荷守恒、粲数守恒等。目前认为强相互作用是夸克之间的相互作用,它是通过交换色胶子场 (胶子) 而进行的,通常强子之间的相互作用可归结为组成强子的夸克之间的作用。

电磁相互作用 [electromagnetic interaction] 有光子 (包括实光子和虚光子) 参与的一种相互作用。它是长程相互作用,其强度可用无量纲参量 $\alpha = e^2/\hbar c = 1/137$ 来表征,α 称为精细结构常数。通过交换光子而实现的电磁相互作用可以引起光子和带电粒子之间的散射,两带电粒子之间的散射、带电粒子对湮灭为光子以及光子产生带电粒子对等过程。由电磁相互作用引起的衰变称为电磁衰变,如 $\pi^0 \longrightarrow 2\gamma$,$\Sigma^0 \longrightarrow \Lambda^0 + \gamma$。

弱相互作用 [weak interaction] 存在于轻子与轻子、轻子与强子、强子与强子之间的一种基本相互作用。其主要特点作用强度微弱,比电磁相互作用弱 10^9 倍,比强相互作用弱 10^{12} 倍,其强度可用无量纲耦合常数 $GM_p^2 = 10^{-5}$ 表征;作用范围小,其力程在 10^{-16}m 以内;所引起的反应进行较慢,特征时间在 10^{-10}s 以上;比其他作用有较低的对称性。在弱相互作用中,宇称、电荷共轭宇称、同位旋等都不守恒。弱相互作用是通过交换中间矢量玻色子进行的。目前电磁相互作用和弱相互作用已统一为电弱相互作用,称为电弱统一理论。

引力相互作用 [gravitational interaction] 又称重力相互作用。物质间最普遍存在的一种基本相互作用,一种长程相互作用。在微观世界里,引力和其他三种相互作用相比非常微弱,它比强相互作用弱 10^{40} 倍,比电磁相互作用弱 10^{37} 倍,比弱相互作用还弱 10^{28} 倍。所以对基本粒子而言,引力相互作用是可忽略的,但其在天体、星系、宇宙结构中起重要作用。

重力相互作用 [gravity interaction] 即引力相互作用。

真空 [vacuum] 量子场系统的基态 (即能量最低的状态)。这一基态形成了自然界的某种背景,一切物理测量都相对于这一背景进行。现代物理学认为,量子场是物质存在的基

本形式,量子场的激发或退激发即代表粒子的产生或湮灭。量子场是物质存在的形式,所以真空并不是没有任何物质的空间,按照量子场论,在真空中各量子场可发生相互作用,可出现"真空涨落"(即真空中可不断地有各种虚粒子的产生、消失和相互转化),也可出现"真空凝聚",此外还有所谓"真空极化""真空对称性自发破缺""真空相变"等。真空是量子场的一种特殊状态,它已成为现代物理中已由实验证实的一个基本概念。真空理论的发展,不仅为粒子物理提供了新的概念、新的物理图像与新的思路,而且也揭露了现存理论中某些深刻的矛盾。目前人类对真空的认识还只处于初级探索阶段。

四种基本相互作用对照表

相互作用类型	强相互作用	电磁相互作用	弱相互作用	引力相互作用
力程/m	$\sim 10^{-15}$	∞	$\sim 10^{-18}$	∞
相对强度 (在 10^{-15} m 处)	1	10^{-2}	10^{-5}	10^{-38}
典型强子衰变寿命/s	$10^{-22} \sim 10^{-24}$	$10^{-16} \sim 10^{-21}$	$10^{-7} \sim 10^{-13}$	—
典型反应过程的截面/m^2	10^{-30}	10^{-33}	10^{-44}	—
规范玻色子	胶子(8 种) (间接确认)	光子(1 种) (实验确认)	$w^\pm$ 及 z^0(实验确认)	引力子 (理论预言)

真空简并 [vacuum degenerate] 在量子场理论中,真空态就是基态。但真空并不是什么也没有的状态,而是有着非常丰富的结构。原则上对每一种量子场都可以定义一个真空态,因此量子场论中的真空态是简并的。

对称性 [symmetry] 如果体系的运动规律在某种对称变换下具有不变性的性质。用连续变换的不变性表示时空对称性,用分立变换的不变性表示空间反射对称性等。除普通时间空间外,还存在内部空间的对称性,如同位旋空间对称性、味空间对称性和色空间对称性等。现代场论的观点认为所有理论都只是有效理论,只是所谓的终极理论的低能量近似。终极理论可能不遵守有效理论的拉格朗日量所具有的对称性。这种对称性又称为意外对称性。在高能量区域,意外对称性可能会被打破。

对称性破缺 [symmetry breaking] 狭义上,对称元素的丧失,或具有较高对称性的系统,出现不对称因素,其对称程度自发降低的现象。对称性普遍存在于各个尺度下的系统中,有对称性的存在,就必然存在对称性的破缺。对称性破缺是高能物理中的重要概念,对探索宇宙的本原有重要意义。它包含"自发对称性破缺"和"动力学对称性破缺"两种情形。李政道认为对称性原理均根植于"不可观测量"的理论假设上,这些"不可观测量"中,有一些只是由于我们目前测量能力的限制。当我们的实验技术得到改进时,我们的观测范围自然要扩大。因而完全有可能到某种时候,我们能够探测到某个假设的"不可观测量",而这正是对称破坏的根源。

自发对称性破缺 [spontaneous symmetrybreaking] 又称希格斯现象。为了使规范场具有质量,人们引入希格斯场。当该场作非均匀变换时就会造成短程性的破缺。按照规范不变性要求,规范场必须是没有质量的。但规范粒子传递的相互作用除电磁场外,一般都是短程的,即规范粒子本身有相当大的质量。由于这种破缺是自发发生的,所以叫作自发对称破缺。对称性的自发破缺理论认为,系统的基态并不是场量等于零的状态,而是在其绝对值为某个常数之处,如果希格斯场的质量参数是负值,希格斯场的真空期望值就等于该常数。相对于新的真空,系统的对称性就破缺了。在所有可以赋予规范玻色子质量,同时又遵守规范理论,这种机制是最简单的。

明显对称性破缺 [explicit symmetry breaking] 对称性破缺的一种,系统的哈密顿量或拉格朗日量本身存在一个或多个违反某种对称性的项,导致系统的物理行为不具备这种对称性。多用于大致具有对称性、违反对称项目很小的系统。造成对称性明显破缺的可能原因有:在理论或实验的基础上,直接加入破坏对称项目。如弱相互作用破坏了宇称的对称性;量子场论的重整化可能会造成对称性破缺。如重整化会造成手征反常;量子场论的不可重整效应,也可能会导致明显对称性破缺。明显对称性破缺与自发对称性破缺大不相同,后者的定义方程满足对称性,但是系统的最低能量态(真空态)打破了这种对称性。

希格斯现象 [Higgs phenomenon] 描述整体对称性的自发破缺使某种场成为无质量的 Goldstone 玻色子,在希格斯机制下消失,并且在定域对称性自发破缺时使规范场获得质量的现象。见自发对称性破缺。

守恒定律 [conservation law] 如果某体系的运动规律在某种对称变换下具有不变性,则必然存在着一种对应的守恒定律。经典力学关于对称性和守恒定律之间关系的研究得出诺特定理:这一定理对量子理论也同样适用。守恒定律相应的物理量,称为守恒量,它不随时间变化。如空间平移不变性相应于动量守恒,时间平移不变性相应于能量守恒,空间转动不变性相应于角动量守恒,空间反射变换不变性相应于宇称守恒。对于内部变换的不变性,相应的有电荷守恒、重子数守恒、轻子数守恒等。下表列出了三种相互作用的守恒量情况,"+"表示守恒,"−"表示不守恒。

宇称守恒 [parity conservation] 一孤立体系的宇称不随时间变化,即当体系内部发生变化时,变化前体系的宇称等于变化后体系的宇称。宇称守恒是与微观规律对空间反射的不变性相联系的,即一个微观物理过程和它的镜像过程的规律完全相同时,该微观体系的宇称是守恒的。实验表明,在强相互作用和电磁相互作用过程中,宇称是守恒的。

宇称不守恒 [parity nonconservation] 孤立体系

的宇称随时间变化。1956 年李政道和杨振宁通过对有关宇称守恒材料的认真分析，提出了在弱相互作用中宇称不守恒的假说，并建议可以通过实验来检验。1957 年吴健雄等做的极化原子核 ^{60}Co 的 β 衰变实验，证明在 β 衰变中宇称是不守恒的。随后，实验证明在介子衰变中宇称也是不守恒的，而且解开了所谓 "τ - θ" 之谜。结论是：在整个弱相互作用中宇称不守恒。

守恒量	强相互作用	电磁相互作用	弱相互作用
能量 E	+	+	+
动量 p	+	+	+
角动量 J	+	+	+
电荷 Q	+	+	+
轻子数 L	+	+	+
重子数 B	+	+	+
同位旋 I	+	−	−
同位旋分量 I_3	+	+	−
奇异数 S	+	+	−
宇称 P	+	+	−
电荷共轭 C	+	+	−
时间反演 T	+	+	−
CPT 联合变换	+	+	+

"τ - θ" 之谜 [tautheta puzzle] 曾经在一段时间里被认为难以理解的一个实验事实。20 世纪 50 年代初，实验发现了分别衰变为 3π 和 2π 的粒子，称为 τ 粒子和 θ 粒子：

$$\begin{cases} \tau \to \pi + \pi + \pi \\ \theta \to \pi + \pi \end{cases} \quad (1)$$

τ 和 θ 是两种不同粒子，还是同一种粒子的两种衰变方式，尚无定论。如果根据宇称守恒定律分析，τ 粒子和 θ 粒子分别具有奇宇称和偶宇称，这表明 τ 和 θ 为两种不同的粒子。但实验测得 τ 和 θ 的质量分别为 $(966.3±2.0)m_e$ 和 $(966.7± 2.0)m_e$，寿命分别为 $(1.19±0.05)×10^{-8}$s 和 $(1.21±0.02)×10^{-8}$s。在实验误差范围内，两者的质量和寿命都相同，这表明 τ 和 θ 是同一种粒子。这种现象称为 "τ - θ" 之谜。τ 和 θ 粒子实际上同为 K 介子。根据弱相互作用下宇称不守恒，公式 (1) 可以解释为 K 介子的两种不同衰变方式。于是 "τ - θ" 之谜不再存在。

电荷共轭 [charge conjugation] 又称粒子-反粒子变换。把一个体系的粒子都换成其反粒子，而把所有的反粒子都换成其对应粒子的变换。在此变换中，电荷 Q、重子数 B、轻子数 L、奇异数 S、超荷 Y、同位旋第三分量 I_3 等相加性量子数都改变符号。因此凡具有这一类相加性量子数的粒子，在电荷共轭变换下都要变成自己的反粒子，因而它们都不是电荷共轭变换的本征态。

粒子-反粒子变换 [particle-antiparticle transfonmation] 即电荷共轭。

电荷宇称 [charge parity] 又称 C 字称。真中性粒子具有一个确定的量子数 C。用对真中性粒子 (如 γ、π^0 等)，它

们的相加性量子数 Q、B、L、S、Y 和 I_3 等都为零，波函数在电荷共轭变换下或者保持符号不变 (如 π^0) 或者改变符号 (如 γ)。作电荷宇称变换时，不变号的情况下该粒子的 C 字称为 $C = +1$，在变号的情况下，该粒子的 C 字称为 $C = -1$。电荷宇称 $C = ±1$ 是两个相乘性量子数。实验表明，电荷宇称守恒定律在强相互作用和电磁相互作用过程中成立，而在弱相互作用过程中不成立。如根据电荷宇称守恒定律，具有奇数光子和偶数光子的状态之间不能通电磁相互作用而相互转化。

C 宇称 [C parity] 即电荷宇称。

G 共轭和 G 宇称 [G conjugation and G parity] G 共轭是与非奇异介子有关的一种变换，是电荷共轭 C 和绕同位旋第二轴转 180° 的变换 $e^{-i\pi I_2}$ 的结合 $G = Ce^{-i\pi I_2}$。由于强相互作用对于电荷共轭和同位旋空间转动都具有不变性，因而强相互作用对 G 共轭也具有不变性。变换的本征态仅为中性粒子，而 G 变换的本征态不仅有中性粒子，还包含有带电粒子。G 变换的本征值 $G = (-1)^I C$，称为 G 字称，是一种相乘性量子数，式中 I 为粒子的同位旋。由于 $C = ±1$，I 为整数，所以 $G = ±1$。由于强相互作用过程中 G 字称守恒，因而具有奇数个 π 介子的状态和具有偶数个 π 介子的状态之间，不能通常强相互作用而相互转化。

时间反演 [time inversion] 把时间的流向倒转过来，即 t 换成 $-t$ 的变换。时间反演对称性就是可逆性问题。宏观现象在时间上是不可逆的，而微观过程的基本规律却是可逆的。形象地说，就是把一个物理过程拍成电影，然后把胶卷倒过来放映，而这些在倒放映的影片中出现的情形，仍旧是现实世界中可以发生的过程。这一表述称为时间反演守恒定律。

CPT 定理 [CPT theorem] 用 C、P、T 分别表示电荷共轭、空间反射和时间反演变换。在强相互作用和电磁相互作用中，C、P 或 T 中任一变换下都是不变的。量子场论可以证明，符合相对论的基本粒子理论在 CPT 联合变换下总是不变的。C、P、T 三个守恒定律任何两个成立，便得证第三个也成立。这种关系称为 CPT 定理。在弱相互作用，如 β 衰变过程中，T 变换守恒，按 CPT 定理，CP 联合变换也守恒 (在弱相互作用中，P 变换或 C 变换分别是不守恒的)。在研究 K 衰变时，CP 联合变换不完全是守恒的。因此在弱相互作用中，T 变换有微小程度不守恒。

θ 真空 [θ-vacua] θ 真空定义为

$$|\text{vac}\rangle_\theta = \sum_{n=-\infty}^{\infty} e^{in\theta}|\text{vac}\rangle_n$$

其中 n 是标记同伦类的整数。其特性由特殊的 θ 值表征，$e^{in\theta}$ 保证展开态在规范变换 g_1 下的不变性。算符 g_1 可使展开态作下列变换：$|\text{vac}\rangle_n \to |\text{vac}\rangle_{n+1}$ 以及

$$|vac\rangle_\theta \to e^{-i\theta}|vac\rangle_\theta$$

这里的规范变换改变了态的同伦类，故有时称为"大"规范变换。相应的"小"规范变换是指那些连续地变为恒等变换而不改变其类的变换。θ 真空有下列特性：当 $\theta \neq 0$ 时，该真空态将是复数的。它在时间反演变换下将不再守恒。而由 CPT 定理可知，CP 也将是不守恒的。同时在下列宇称变换下 $g_1 \to (g_1)^{-1}$ 下，除非 $\theta = 0$，否则宇称 P 也将是破缺的。物理上观测到的 T 破缺的量级是 $\theta < 10^{-5}$。但为什么该值如此之小而又不等于零，至今尚未找到满意的解释。

CP 不变性 [CP invariance]　见 θ 真空。

光子 [photon]　又称**电磁媒介子**。是光波或其他电磁辐射的量子，符号 γ。光虽具有波动性，如干涉和衍射，但在黑体辐射和光电效应等实验中表现为粒子性。1900 年普朗克根据黑体辐射实验，提出电磁辐射的能量必须是 $h\nu$ 的整数倍（ν 为辐射频率，h 为普朗克常量）；1905 年爱因斯坦提出光子概念，成功地解释了光电效应；1923 年康普顿根据 X 射线散射实验，证明光子具有能量和动量，并且在光子和自由电子碰撞过程中能量和动量守恒，证实光子是一种客观存在的基本粒子。量子场论认为光子是电磁场的量子，电磁相互作用是通过交换虚光子进行的，即光子是一种传递电磁作用的粒子，故又称**电磁媒介子**。光子是静止质量为零，自旋、宇称和电荷宇称为 $J^{PC} = 1^{--}$，能量为 $h\nu$，动量为 $h\nu/c$，以光速 c 运动的玻色子。

电磁媒介子 [electromagnetic medium bosons]　即光子。

重光子 [heavy photon]　有可能存在一种量子数与光子相同而静质量不为零的粒子，1970 年李政道和威克提出。这种重光子场具有负度规，利用重光子场和通常的零质量光子场叠加，能够消除量子场论中的一些发散困难。据估计重光子的质量在 $10\text{GeV}/c^2$ 以上。迄今为止，实验上还没有发现这种重光子。

轻子 [lepton]　质量远小于质子、只参与电磁作用和弱作用而不参与强作用的一类费米子。它包括电子和电子型中微子、μ 子和 μ 子型中微子。后来发现质量大于质子的 τ 子（重轻子）和 τ 子型中微子。轻子总共有六种及其反粒子。所有轻子都带有一个守恒量子数 —— 轻子数。

轻子数 [lepton number]　描述粒子性质的一种相加性量子数。按定义，电子、μ 子、τ 子和它们各自的中微子都具有轻子数 $L = +1$，上述轻子的反粒子则具有轻子数 $L = -1$；所有其他粒子的轻子数均为零。有三种轻子数：L_e（电子轻子数）、L_μ（μ 子轻子数）和 L_τ（τ 轻子数）。一切反应过程中，三种轻子数分别守恒。但不能简单地说，一切反应过程中轻子数守恒，如 μ 子不能衰变为电子和光子，$\mu^\pm \to e^\pm + \gamma$，这一过程被禁戒是由于 L_e、L_μ 均不守恒，而轻子数却是守恒的。但 μ 子可以衰变为电子、电子型反中微子和 μ 子型中微子，$\mu^- \to e^- + \bar\nu_e + \nu_\mu$，这一过程中 L_e、L_μ 分别守恒。

电子 [electron]　一种亚原子粒子，组成稳定原子的粒子之一，在原子中围绕原子核高速旋转。是轻子的一种，符号 e（或 e^-）。1897 年汤姆孙在研究阴极射线时发现了电子，是最早发现的一个基本粒子。电子的自旋为 $1/2$，质量 m_e 为 9.1×10^{-31} kg（即 0.511 MeV），带有 1.6×10^{-19} C 的负电荷。电子比强子更像是类点粒子，因而常用高能物理实验中，也常通过电子撞击强子来研究强子的形状、大小和内部结构。

正电子 [positron]　电子的反粒子。正电子除带正的电子电荷外，其质量、自旋均与电子一样，符号 e^+。1928 年狄拉克根据相对论量子力学预言有正电子存在，它是相对论波动方程相应于负能态的解。1932 年安德森在宇宙线中发现了正电子。当高能 γ 光子的能量超过 1.02 MeV 时，就可导到电子–正电子对产生 $\gamma \to e^+ + e^-$。而当正电子和电子相遇时将发生电子对的湮没，产生光子或其他粒子

电子正电子对产生 [electronpositron pair production]　又称**电子偶产生**，能量超过 1.02 MeV 的 γ 光子，在原子核的库仑场中有可能被吸收而产生电子–正电子对。由于电子和正电子的质量均为 0.51 MeV，所以产生电子–正电子对至少需要 1.02 MeV 的能量。如果要观察到这个现象，电子要有动能才能飞出，所以 γ 光子的能量比 1.02MeV 还要大。γ 光子转变为电子对需服从能量和动量同时守恒。孤立的光子不能转变为正负电子对，因为能量和动量不能同时守恒。因此产生电子对的 γ 光子必须在另一粒子如原子核附近，使一部分能量和动量被该原子核带走。

电子偶产生 [positronium production]　即电子正电子对产生。

电子正电子对湮灭 electronpositron pair annihilation]　一对正负电子相遇可以湮没而成为 γ 光子。在湮没前，一对正负电子形成短寿命类原子结构的电子偶素。在电子偶素中，两电子的自旋可能同向或反向。电子自旋同向的情形称为正电子偶素，平均寿命为 10^{-7}s，正电子偶素湮没时发出三个 γ 光子。电子自旋相反的情形称为仲电子偶素，平均寿命为 10^{-10}s，仲电子偶素湮没时发出两个 γ 光子。电子对湮没时不能只产生一个 γ 光子，因为这种过程不能同时服从能量和动量守恒。

电子偶素 [positronium]　见电子正电子对湮灭。

μ 子 [muon]　轻子的一种，符号 μ（或 μ^-）（反粒子为 μ^+），自旋为 $1/2$，带有 1.6×10^{-19} C 的负电荷，质量 $m_\mu = 207 m_e$。μ 子的穿透力强，不稳定（寿命约为 2.2×10^{-6} s）。当 γ 光子的能量大于 $2m_\mu c^2$ 时，通过电磁相互作用产生正负 μ 子对，$\gamma \to \mu^+ + \mu^-$；高能电子对湮没也能产生 μ 子对，$e^+ + e^- \to$

$\mu^+ + \mu^-$。正负两种 μ 子的衰变方式为 $\mu^- \to e^- + \bar{\nu}_e + \nu_\mu$, $\mu^+ \to e^+ + \mu + \nu_e$, 这符合电子轻子数 L_e 和 μ 子轻子数 L_μ 分别守恒。1937 年由安德森和尼德迈尔在宇宙射线中首先发现。

τ 子 [tauon]　又称重轻子。轻子的一种, 符号 τ (或 τ^-)(反粒子为 τ^+), 自旋为 1/2, 带有 1.6×10^{-19}C 的负电荷, 其质量 $m_\tau = 1780$ MeV/c^2, 比质子质量还大, 故称重轻子, 1975 年发现。由于 τ 的寿命为几千亿分之一秒, 它未衰变前的行程太短, 难以直接观察。因此, 只能通过 τ 子的衰变特性来间接识别。实验证明, 在电子-正电子对撞机实验中有 τ 子和反 τ 子对产生 $e^+ + e^- \to \tau^+ + \tau^-$。同时还有实验表明, 有与 τ 子相伴的 τ 子中微子存在, 相应的轻子数 L_τ 守恒。

重轻子 [heavy lepton]　即 τ 子。

中微子 [neutrino]　中性轻子, 符号 ν 表示。1930 年泡利在解释 β 衰变中能量和角动量 "不守恒" 的情形时, 首先提出有一种质量近乎为零并以光速运动的中性粒子 —— 中微子存在的假说。1933 年费米根据中微子假说发展了 β 衰变理论, 认为中微子静止质量为零、不带电荷、自旋为 1/2, 以光速运动时具有能量、动量和角动量。β 衰变理论和实验符合间接证明了中微子存在。1956 年洛斯·阿拉莫斯的物理学家小组直接观察到反中微子。1956 年李政道和杨振宁提出弱相互作用中宇称不守恒后, 对中微子性质进一步解释, 认为有两种中微子, 一种是在 β 衰变时随正电子伴生的中微子, 另一种是在 β 衰变时随负电子而伴生的反中微子, 其衰变方式为 $^A_Z X \longrightarrow ^{\;\;A}_{Z-1}Y + e^+ + \nu_e$ 和 $^A_Z X \longrightarrow ^{\;\;A}_{Z+1}Y + e^- + \bar{\nu}_e$, 其中 X 代表 β 衰变的母核, Y 为子核。反中微子 $\bar{\nu}_e$ 的自旋与其动量平行, 称为右旋反中微子; 中微子 ν_e 的自旋与其线动量反平行, 称为左旋中微子。这两种中微子统称为电子型中微子。1962 年美国布鲁克海文国家实验室由实验发现, π 介子衰变为 μ 子时放出的中微子与 β 衰变时放出的中微子不同, $\pi^+ \longrightarrow \mu^+ + \nu_\mu$ 和 $\pi^- \longrightarrow \mu^- + _\mu$, 式中 ν_μ 和 $\bar{\nu}_\mu$ 统称为 μ 子型中微子。τ 子发现后, 实验表明, 存在与 τ 子伴生的 τ 子型中微子 ν_τ 和 $\bar{\nu}_\tau$。

电子中微子 [eleneutrino]　见中微子。

μ 子中微子 [muneutrino]　见中微子。

τ 子中微子 [tauneutrino]　见中微子。

螺旋度 [helicity]　螺旋度的定义为 $H = p \cdot s/(|p||s|)$, 式中 p 和 s 分别表示粒子的动量和自旋。理论和实验表明, 中微子的螺旋度 $H = \pm 1$。$H = +1$ 的为反中微子, 其自旋方向与运动方向相同, 即运动方向与右手螺旋相同, 称为右旋反中微子; $H = -1$ 的为中微子 ν, 其自旋方向与运动反向, 即运动方向与左手螺旋相同, 称为左旋中微子。

中微子振荡 [neutrino oscillation]　中微子有三种不同的 "味道", ν_e、ν_μ 和 ν_τ。根据大统一理论, 中微子应有不为零的静止质量, 因而中微子可以从一种 "味" 变到另一种 "味", 然后又变回来的过程。以 ν_e 和 ν_μ 振荡为例, 中微子振荡 $\nu_e \nu_\mu$。1980 年 4 月雷因斯领导的小组发现了中微子振荡的迹象。1998 年日本物理学家发现中微子的静止质量并不为零, 这为中微子振荡提供了依据。

强子 [hadron]　参与强作用粒子的统称。已经发现的粒子绝大部分为强子, 它包括重子和介子两大类。强子中质量比质子更重 (包括质子在内), 自旋为半整数的一类粒子, 称为重子, 由三个夸克组成。重子为费米子, 其反粒子称为反重子。所有重子和反重子都带有一个守恒量子数 —— 重子数 B, 重子的重子数 $B = +1$, 反重子的重子数 $B = -1$。在一切反应过程中, 重子数守恒。除质子外, 所有其他重子, 如 Λ 超子、Σ 超子、Ξ 超子、Ω 超子和中子等都是不稳定的, 它们都衰变为质子。参与强作用的自旋为整数的一类粒子, 称为介子。介子为玻色子, 它包括 π 介子、K 介子和大量的共振态介子。有些共振态介子的质量很大, 甚至大于质子质量。强子除参与强作用外, 还参与电磁作用和弱作用。强子的复合特性比较明显, 有一定的大小, 其半径约为 10^{-15}m。

共振态 [resonance]　全称共振态粒子。不稳定的一类强子, 它是某些较稳定强子的激发状态, 带有强子的各种量子数, 如自旋、宇称、同位旋、奇异数、粲数等。共振态粒子一般通过强作用衰变, 因而寿命很短, 约为 10^{-22}s。由于共振态的寿命很短, 难以用探测器探测。根据能量时间测不准关系, 共振态粒子没有确定的能量和质量, 其能量不确定程度为能级宽度 Γ, 它与粒子寿命 τ 之间的关系为 $\Gamma = \hbar/\tau$。由实验测定其能级宽度 Γ, 从而算出其寿命 τ。最早发现的共振态粒子为 Δ 粒子, 它的自旋和同位旋均为 3/2, 称为 3-3 共振态。共振态粒子可分为两类, 一类为重子共振态, 均为费米子; 另一类为介子共振态, 均为玻色子。

重子 [baryon]　见强子。

重子数 [baryon number]　粒子所具有的一个相加性量子数, 符号 B。通常规定, 一切重子的重子数 $B = +1$, 一切反重子的重子数 $B = -1$; 介子、轻子和光子的重子数 $B = 0$。在量子理论中, 重子 (如中子), 是不能衰变成为正电子和光子的, 尽管该过程电荷守恒。为了解释该过程被禁戒的原因, 人们引入一种守恒的量子数, 以区分轻子和重子, 这就是重子数。实验证明, 一切反应过程中重子数守恒。由于核物质是质子和中子 (均为重子) 组成, 核物质具有高度稳定性, 说明重子数守恒是一条严格的自然规律。但是在大统一理论中, 重子数并不是绝对守恒的, 它预言质子是不稳定的。因此观测质子的衰变是对大统一理论的重要检验。当前人们根据已有的实验确定质子寿命的上限大于 10^{23} 年。

奇异粒子 [strange particle]　强子中包括 K 介子和超子 (Λ、Σ、Ξ、Ω 等) 在内的一类粒子。这些粒子具有奇怪的特点：(1) 这些粒子的产生过程非常迅速而强烈 (约 10^{-24} s)，是强作用引起的，而衰变过程却是缓慢的弱作用 (平均寿命约为 $10^{-8} \sim 10^{-10}$ s)；(2) 这些粒子总是成对地产生 (协同产生)，似乎受到某种条件的约束。为了解释奇异粒子的行为，1954 年盖尔曼和西岛等人引入一种新的相加性量子数 —— 奇异数 S，凡是非奇异粒子规定 $S = 0$，而奇异粒子都带有特定的奇异数。这样赋予每一奇异粒子一个奇异数后，在强相互作用和电磁相互作用过程中奇异数守恒，而在弱相互作用过程中奇异数可以不守恒。

奇异数 [strange number]　见奇异粒子。

超荷 [hypercharge]　强子所具有的一个相加性量子数，符号 Y。它等于重子数 B、奇异数 S、粲数 C 以及可能的其他内部量子数 (如 b 或 t) 之和，$Y = B + S + C + (b) + (t)$。在强作用过程中，粒子系的超荷守恒。"超荷" 一词的提出最初与 "超子" 直接有关，它是与电荷相类似的一种相加性量子数，故名为超荷。超子 Λ 和 Σ 的超荷 $Y = 0$，超子 Ξ 的 $Y = -1$，Ω 超子的 $Y = -2$。超荷在强子分类中起相当重要的作用。

盖尔曼–西岛关系 [Gell-MannNishijima relation]　1959 年盖尔曼和西岛关于电荷数 Q、同位旋分量 I_3 和超荷 Y 之间的关系分别独立地总结出的一条经验规律 $Q = I_3 + Y/2$。可得如下推论：(1) 凡 Y 为偶数的强子，其同位旋 $I(I_3)$ 为整数，Y 为奇数的强子，I 为半整数；(2) 强子在电磁作用过程中，B、S、Q 守恒，$Y = B + S$ 也守恒，因而 I_3 守恒，I 的变化只能是零或整数，不能是半整数；(3) 强子通过弱作用衰变时，如果末态也是强子，由重子数和电荷守恒，得到 $\Delta I_3 = -\Delta S/2$。

超子 [hyperon]　质量超过核子的长寿命重子。各种超子都是奇异粒子。罗彻斯特和波特勒于 1947 年在宇宙线中发现第一个超子 Λ，随后陆续发现了 Σ 超子、Ξ 超子、Ω^- 超子及其反粒子，其中 $\bar{\Sigma}^-$ 超子是 1959 年我国物理学家王淦昌领导的小组发现的。超子是不稳定的，经过约 10^{-10}s 衰变为核子。

Λ 超子 [lambda hyperon]　最早发现的一种超子，符号 Λ(或 Λ^0)。Λ 超子的自旋宇称为 $J^P = (1/2)^+$，同位旋 $I = 0$，不带电，奇异数 $S = -1$，重子数 $B = 1$，超荷 $Y = 0$，其反粒子为，质量为 1115.6 MeV/c^2，平均寿命为 2.632×10^{-10}s，主要衰变方式为 $\Lambda \longrightarrow p + \pi^-$，在强相互作用中与 K^0 介子协同产生，$p + \pi^- \longrightarrow \Lambda + K^0$。除上述 Λ 超子外，也有一些重子共振态也被称为 Λ，如 $\Lambda(1405)$、$\Lambda(1520)$ 等，括号内数字为质量的近似值。它们的自旋宇称各不相同，但同位旋、超荷、奇异数均相同，即 $I = 0$，$Y = 0$，$S = -1$。

Σ 超子 [sigma hyperon]　超子的一种，符号 Σ 表示。Σ 超子的自旋宇称 $J^P = (1/2)^+$，奇异数 $S = -1$，重

子数 $B = 1$，超荷 $Y = 0$，同位旋 $I = 1$，有三种不同的电荷状态 Σ^+、Σ^- 和 Σ^0 (质量分别为 1189.37 MeV/c^2、1197.35 MeV/c^2 和 1192.46 MeV/c^2；平均寿命分别为 0.8×10^{-10} s、1.48×10^{-10} s 和 5.8×10^{-20} s)，并且各有相应的反粒子。Σ 超子可以通过强作用协同产生 $\pi^- + p \longrightarrow \Sigma^- + K^+ \pi^- + p \longrightarrow \Sigma^0 + K^0$，主要衰变方式有 $\Sigma^- \longrightarrow n + \pi^- \Sigma^0 \rightarrow \Lambda + \gamma$。除上述 Σ 超子外，还有一些 $S = -1$，$Y = 0$，$I = 1$ 的共振态粒子也被称为 Σ，如 $\Sigma(1385)$。

Ξ 超子 [ksi hyperon]　又称级联超子。是 20 世纪 50 年代末通过加速器产生的，符号 Ξ 表示。Ξ 超子的自旋宇称为 $J^P = (1/2)^+$，奇异数 $S = -2$，重子数 $B = 1$，超荷 $Y = -1$，同位旋 $I = 1/2$，有带负电和中性的两种，并各有相应的反粒子。Ξ^- 和 Ξ^0 的质量分别为 1321.32 MeV/c^2 和 1314.9 MeV/c^2，其平均寿命分别为 1.654×10^{-10}s 和 2.90×10^{-10} s，主要衰变方式为 $\Xi^- \longrightarrow \Lambda + \pi^- \Xi^0 \longrightarrow \Lambda + \pi^0$。还有一些 $S = -2$，$Y = -1$，$I = 1/2$ 的共振态粒子也被称为 Ξ，如 $\Xi(1530)$。

级联超子 [cascade hyperon]　即 Ξ 超子。

Ω^- 超子 [omega minus hyperon]　超子的一种，是 1964 年在泡室中首先发现。Ω^- 超子的自旋宇称为 $J^P = \left(\dfrac{3}{2}\right)^+$，奇异数 $S = -3$，重子数 $B = 1$，超荷 $Y = -2$，同位旋 $I = 0$，只有一种带负电的状态。Ω^- 的质量是 1672.45 MeV/c^2，平均寿命 1.1×10^{-10}s，主要衰变方式为 $\Omega^- \longrightarrow \Xi^0 + \pi^-$。在 Ω^- 发现前，1962 年根据幺正对称理论预言它的存在，它的发现是对幺正对称理论的有力支持。

Δ 粒子 [delta particle]　π 介子和核子散射有一个很强的共振态，它是 π^+ 介子和质子形成的核子共振态 N^*，其自旋和同位旋均为 3/2，又称 33 共振态，记作 N^*_{33} 或 $\Delta(1232)$，表明其质量为 1232 MeV/c^2，奇异数 $S = 0$，重子数 $B = 1$，超荷 $Y = 1$。有四种不同的电荷状态 Δ^{++}、Δ^+、Δ^0 和 Δ^-。目前所发现的 Δ 粒子除 33 共振态 $\left(J^P = \left(\dfrac{3}{2}\right)^+\right)$ 外，还有共振态 $\Delta(1650)$ $\left(J^P = \left(\dfrac{1}{2}\right)^+\right)$ 等。1952 年费米在芝加哥发现。

介子 [meson]　参与强相互作用的一类粒子，自旋为整数，重子数为 0，根据夸克模型，介子是由一个夸克和一个反夸克组成的束缚态。介子又分为两类：自旋宇称为 $J^P = 0^-$ 的一类介子称为赝标介子，包括 π 介子、K 介子和 η 介子等；自旋宇称为 $J^P = 1^-$ 的一类介子称为矢量介子，包括 ρ 介子、ω 介子和 ϕ 介子等。

赝标介子 [pseudoscalar meson]　见介子。

矢量介子 [vector meson]　见介子。

π 介子 [pion]　赝标介子的一种，是 1947 年鲍威尔利

用核乳胶发现的。π 介子的自旋宇称 $J^P = 0^-$，同位旋 G 字称 $I^G = 1^-$。π 介子有三种，π^+、π^- 和 π^0。π^+ 和 π^- 的质量的实验数据 (2012 年数据，下同) 为 139.57 MeV/c^2，电荷相反，互为反粒子；π^0 的质量为 134.98 MeV/c^2，不带电，反粒子就是它本身。带电 π 介子的寿命较长，约为 2.60×10^{-8}s，衰变为 μ 子和 μ 子型中微子 $\pi^- \longrightarrow \mu^- + \nu_\mu$，$\pi^+ \to \mu^+ + \nu_\mu$；不带电 π 介子寿命短，只有 0.83×10^{-16}s，衰变方式为 $\pi^0 \to \gamma + \gamma$ 和/或 $\pi^0 \longrightarrow \gamma + e^+ + e^-$。

K 介子 [Kaon]　赝标介子的一种，1947 年首先在宇宙射线中被发现的。K 介子的自旋宇称 $J^P = 0^-$。一般情况下，K 介子总是与超子或其反粒子结伴产生 (协同产生)。K 介子有带负电的 K^- 和不带电的 K^0，同位旋为 I=1/2，相应的反粒子为 K^+ 和 ^{0}。K 介子和反 K 介子的奇异数 S 分别为 -1 和 $+1$。K^- 和 K^+ 的质量为 493.67 MeV/c^2，平均寿命为 1.24×10^{-8}s，主要衰变方式为 ($\mu\nu$)、(2π) 和 (3π)。中性 K 介子的质量为 497.65 MeV/c^2，衰变时表现为两种粒子的混合，一种是长寿命的 $K_L = \frac{1}{\sqrt{2}}(K^0 + \bar{K}^0)$，寿命为 5.18×10^{-8}s，大多数衰变为三个 π 介子，或一个 π 介子和一对正反轻子；一种是短寿命的 $K_S = \frac{1}{\sqrt{2}}(K^0 - \bar{K}^0)$，寿命为 0.89×10^{-10}s，衰变为两个 π 介子。

η 粒子 [eta meson]　赝标介子的一种，1961 年首先做为 3π 介子共振态而发现的。η 介子的自旋宇称 $J^P = 0^-$，同位旋 G 字称 $I^G = 0^+$，电荷 Q =0，电荷共轭宇称 $C = +1$，质量为 548.8MeV/c^2，平均寿命约为 7.5×10^{-19}s，主要衰变为两个光子或三个 π 介子。此外还有与 η 介子性质相同的另一粒子 η'，只是质量更大，为 958 MeV/c^2。

ρ 介子 [rho meson]　赝标介子的一种，1961 年从 π 介子对共振中发现，也是最早发现的共振态矢量介子，其自旋宇称 $J^P = 1^-$，同位旋 G 字称 $I^G = 1^+$。有三种带电荷状态 ρ^+、ρ^0 和 ρ^-，其中 ρ^0 的电荷共轭宇称 $C = -1$，质量为 765 MeV/c^2，平均寿命为 4.4×10^{-24}，主要衰变为两个 π 介子。

ω 介子 [omega meson]　赝标介子的一种，1961 年从质子-反质子湮没反应中的 ($\pi^+\pi^-\pi^0$) 谱中发现的一种共振态矢量介子。ω 介子的自旋宇称 $J^P = 1^-$，同位旋 G 字称 $I^G = 0^-$，不带电，电荷共轭宇称 $C = -1$，质量为 783.8 M eV/c^2，平均寿命为 6×10^{-22}s，主要衰变方式为 $\omega \to \pi^+\pi^-\pi^0$。

φ 介子 [phi meson]　一种共振态矢量介子，自旋宇称 $J^P = 1^-$，同位旋 G 字称 $I^G = 0^-$，不带电，电荷共轭宇称 $C = -1$，奇异数 $S = 0$。质量为 1019 MeV/c^2，平均寿命为 1.8×10^{-22}s，主要衰变为正反 K 介子。φ 介子是 1963 年在反应 $K^- + p \longrightarrow \begin{cases} \Lambda + K^+ + K^- \\ \Lambda + K^0 + \bar{K}^0 \end{cases}$ 中发现的一个共振态，被认为是带隐奇异数的 (即由正反奇异夸克构成的) 介子。

奇特原子 [exotic atom]　在原子核外电子壳层中含有其他带负电的基本粒子 (如 μ^-，π^-，K^- 和 Σ^- 等) 的原子。由于奇特原子的玻尔半径与带电粒子的质量成反比，而这些带负电粒子比电子重得多，因此这些粒子的轨道比电子轨道小得多，当粒子从一个轨道向另一个轨道跃迁时，发出的电磁辐射大部分是 X 射线。1947 年费米提出形成 μ 原子的假说，不久即被实验证实。由于 μ^- 与原子核仅有电磁相互作用，μ 原子与其他奇特原子的衰变方式略有不同。对于较轻的 μ 原子，经常是 μ^- 在原子轨道上直接衰变；而对重的 μ 原子，μ^- 常被原子核俘获，并使核处于激发态。1950 年米诺等在核乳胶中观察到 π 原子。1956 年以后，逐步研究了 K 原子，原子和 Σ^- 原子的性质。这些都是强子形成的奇特原子。π^- 和原子核有强相互作用，常被核吸收，使核处于高激发态，激发能可达 100 MeV 以上，此时核可放出中子、质子或其他基本粒子。

μ 原子 [muon atom]　见奇特原子。

π 原子 [pion atom]　见奇特原子。

反常核态 [abnormal nuclear state]　一种设想中的高密度核物质状态。这种高密度的核物质使得真空激发，从而使核子的有效质量接近于零。李政道在 1972 年提出。"真空"可以看成某种标量场 ϕ 的零动量极限。在正常真空下，ϕ 的平均值为 0，而如果在某一宏观体积 Ω 的内部有非零的常数，就表示真空激发。预计反常核态可能在高能重离子碰撞中产生：$U + U \longrightarrow Ab + \cdots$，式中 U 表示重离子，Ab 表示反常核态。反常核态表现为重子数 $A(\approx 400)$ 的稳定核或亚稳核，其电荷数 Z 约等于 $A/2$。反常核态一旦形成就可能通过吸收中子而使 A 继续增加；同时在反常核态中会产生 e^+e^- 对；直到 $A \approx 10^4$ 时，库仑力才使反常核态成为不稳定态。

孤 [立] 子 [soliton]　非线性场方程所具有的局限在空间中不弥散的解。类似的孤子解还有二维空间中的涡旋解和三维空间中的磁单极子解等。这些孤子解的共同特点是在无穷远处的边界条件拓扑地不同于物理的真空态，被称为拓扑孤子。此外还可能存在另一类孤子，称为非拓扑孤子。

磁单极子 [magnetic monopole]　假定的只有单一磁极的磁性粒子。1931 年狄拉克根据电和磁的对称性推测有磁单极子存在，并算出其磁荷 g 为电子电荷的 68.5 倍。两个反荷磁单极子间的力是 $68.5^2 = 4692$ 倍于两个基本带电粒子间相距同距离的力。

引力子 [graviton]　理论上推论的引力场量子，符号 g。从物质的统一性出发，不少人推测引力场也应与核力场、电磁场一样，有传递引力作用的量子，这就是假设中的引力子。把爱因斯坦引力场方程，在一定条件下进行量子化，可以推出：引力子如果存在，将是零电荷和零静质量的、自旋为 2 的以光速运动的玻色子。

强子结构 [hadronic structure]　构成强子的更深层次的物质。1956 年坂田等提出了强子的坂田模型，目前流行的强子结构模型是 1964 年盖尔曼提出的强子由夸克构成的夸克模型。

坂田模型 [Sakada model]　1956 年坂田昌一 (Sakada) 提出的一种强子结构模型。该模型把质子 p、中子 n 和 Λ 子以及它们的反粒子 $(\bar{p}, \bar{n}, \bar{\Lambda})$ 作为构成一切强子的基本粒子，其他一切强子都是由它们结合成的束缚态。坂田模型成功地解释了赝标介子的组成和性质，正确预言了 η 介子、ρ 介子、φ 介子和 K 介子的存在。但在解释重子组成时遇到了困难。坂田模型的价值在于首次研究了强子的结构。

夸克 [quark]　一种理论上假设的构成强子的组成粒子，符号 q。强子是由更深层次的物质构成的，1964 年，盖尔曼 (Gell-Mann) 和茨威格 (Zweig) 分别假设夸克的存在，以解释基本粒子的对称性，但迄今未发现任何自由的夸克。目前实验上发现了三种轻夸克：上夸克 u、下夸克 d 和奇异夸克 s；还有三种重夸克：粲夸克 c、底夸克 b 和顶夸克 t。每种夸克都是自旋为 1/2 的费米子，夸克的重子数、电荷和超荷都是分数。每种夸克都有其反粒子，即反夸克，所带量子数 B、e、Y、I_3、S、C、b、t 为对应夸克 q 的负值。

味		重子数 B	电荷 e	超荷 Y	同位旋 I	同位旋分量 I_3	奇异数 S	粲数 C	底数 b	顶数 t	提出年份
轻	u		2/3	1/3	1/2	1/2					1964
夸	d	1/3	−1/3	1/3	1/2	−1/2	0	0	0	0	
克	s		−1/3	−2/3	0	0	−1				
重	c		2/3	4/3				1	0	0	1974
夸	b	1/3	−1/3	−2/3	0	0	0	0	−1	0	1978
克	t		2/3	4/3				0	0	1	1978

夸克模型 [quark model]　1964 年盖尔曼提出的强子结构模型。该模型认为所有强子均由若干个夸克组成。重子由三个夸克组成 (qqq)，如质子 p 由 uud 构成，中子 n 由 udd 构成，$\sum+$ 由 uus 构成等；介子由一个夸克和一个反夸克构成 (q)，如 π+ 由 u 构成，K+ 由 u 构成，粒子 D+ 由 c 构成等。根据夸克模型，强子具有的内部相加性量子数 B、Q、Y、I_3、S、C、b、t 等均能给予很好的解释。

夸克的味 [flavor of quark]　全称 "夸克的味自由度"。根据夸克具有的强子的内部量子数的不同，分为上夸克 u、下夸克 d、奇异夸克 s、粲夸克 c、底夸克 b 和顶夸克 t。以 u、d、s、c、b、t 表征的夸克自由度。轻夸克的味自由度 $N_f = 3$，重夸克的味自由度 $N_f = 3$，全部夸克的味自由度 $N_f = 6$。夸克的色 color of quark 夸克具有另一种内部的色自由度。当初是为了解决强子结构模型中的统计困难而提出的，每种夸克都具有三种不同的色。目前不同作者对这三种色所用的符号不统一，有的用 "红、蓝、绿"，有的用 "红、蓝、黄"，因为它们并不是真正的颜色，符号可以任用。每味夸克都有三色，不同 "味"、"色" 的夸克可以成为无色强子。引入色量

子数后，可以很好地解释强子的组成。如重子 $\Delta^{++}(1232)$ 是由 uuu 组成，自旋为 3/2。由于夸克为费米子，服从费米统计，其波函数是交换反对称的。根据泡利原理，三种相同的夸克 u，如果夸克没有色自由度，则不可能组成总自旋为 3/2。引入色量子数，这三个 u 分别具有不同色量子数红、蓝、绿，处于不同的量子态，仍可形成自旋为 3/2 的 $\Delta^{++}(1232)$ 粒子，而不违背泡利原理。

胶子 [gluon]　传递夸克之间强相互作用并使之结合成强子的粒子，标准模型中认为其是一种无静止质量的矢量粒子。最近的研究发现，其动力学质量 (主要来自于胶子间的相互作用) 约为核子质量的一半。理论上，量子色动力学中传递相互作用的媒介为胶子场，胶子场的量子就是胶子，它与量子电动力学中光子的地位相当。胶子本身带色，具有八种可能的色，它不仅与夸克有相互作用，而且胶子本身之间也有相互作用，夸克和胶子之间是通过色自由度而发生耦合。目前在实验上未发现自由状态的胶子，一般认为其原因是由于胶子和夸克一样被囚禁。但是丁肇中领导的小组通过研究高能过程中产生的硬胶子物化成的胶子喷注，得到了胶子存在的间接证据。根据量子色动力学，可以有只含胶子而不含夸克的束缚态，称为胶子球，实验上已发现了存在胶子球的迹象。

胶子球 [glue ball]　见胶子。

新粒子 [new particle]　以前，称呼一些质量远大于核子质量而宽度远小于一般强子共振态宽度的强子。1974 年以前发现的强子都是由轻夸克 (u、d、s) 及其反夸克 $(\bar{u}、\bar{d}、\bar{s})$ 构成。新粒子包括 J/ψ、D^+、D^-、D^0 和 Υ 等粒子。按照夸克模型，新粒子是指其内部含有重夸克 (c、b、t) 及其反夸克 $(\bar{c}、\bar{b}、\bar{t})$ 的粒子。带有粲数的粒子称为粲粒子，如 J/ψ 粒子是由 $c\bar{c}$ 构成的矢量介子，ψ' 是 J/ψ 的激发态，η_c 粒子是 $c\bar{c}$ 构成的赝标介子。D^0、D^+ 是由粲夸克 c 分别和反轻夸克 $\bar{u}$、$\bar{d}$ 组成的介子。实验还发现一些含粲数的重子的证据，如 $\bar{\Lambda}_c$ 和 $\sum_c$。

J/ψ 粒子 [J/ψ particle]　1974 年，丁肇中和里希特 (Richter) 独立地发现一个质量约为 3.1 GeV/c^2 的矢量介子。它是由粲夸克 c 和反夸克结合成的矢量介子，其自旋宇称 $J^P = 1^-$，电荷共轭宇称 $C = -1$，同位旋 G 字称 $I^G = 0^-$，奇异数 S=0，不带电。它的奇特性质是质量大而宽度小 (宽度约为 67 keV)，即它的强衰变是禁戒的，因而 J/ψ 是 $c\bar{c}$ 组成的束缚态。粲夸克 c 和反粲夸克 $\bar{c}$ 构成的束缚态，又称粲子偶素。

粲数 [charm]　与强子性质有关的一个相加性量子数，符号 C。它是粲夸克带有的一个新量子数，规定粲夸克 c 的 $C = +1$，反粲夸克 的 $C = -1$，其他夸克不带粲数。粲数在强相互作用过程中守恒。在弱作用过程中粲数不守恒，因此粲粒子通过弱作用衰变时，粲数会发生变化。

粲粒子 [charmed particle] 见新粒子。

粲子偶素 [charmonium] 见J/ψ 粒子。

Υ 粒子 [upsilon particle] 质量为 9.46 GeV/c^2，寿命不到 10^{-18}s 的共振态粒子。1977 年莱德曼小组观察质子–质子碰撞产生的 μ 子对时，在 9.5 GeV 处看到一个凸峰（实际上是靠近的两个凸峰），并且证实它至少由两个共振态组成。1978 年原西德科学家以电子–正电子相碰撞也发现质量为 9.46 GeV/c^2 的共振态粒子，寿命不到 10^{-18}s，被称为 Υ 粒子。一般认为 Υ 粒子是由第五种夸克 —— 底夸克 b 及其反夸克组成的束缚态 b.b 又称为底子偶素。Υ(9.46) 被认为是底子偶素的基态。实验上还发现 Υ'(10.016) 和 Υ''(10.38)，它们是底子偶素的激发态。

底数 [bottom number] 底夸克带有的一个相加性量子数，符号 b。规定底夸克的 $b = -1$，反底夸克的 $b = +1$，其他夸克的 $b = 0$。

底子偶素 [bottonium] 见 Υ 粒子。

中间矢量玻色子 [intermediate vector boson,IVB] 简称中间玻色子。参见传递弱作用的媒介子，中间矢量玻色子具有以下性质：(1) 自旋为 1，宇称不确定；(2) 有带电的和电中性的，带电的用符号 $W^\pm$ 表示，所带电荷为 ± 1，电中性的用符号 Z^0 表示；(3) 质量相当大，$M_W = (81.8 \pm 1.5)$GeV/c^2，$M_Z = (92.6 \pm 1.7)$GeV/c^2。原来中间矢量玻色子是弱电统一理论中设想存在的一种传递弱作用的粒子，由于质量很大，难以在实验上发现。1983 年 1 月欧洲核子研究中心 (CERN) 的 UA1 组和 UA2 组在质子反质子对撞机上发现了带电中间矢量玻色子 W^+ 和 W^-。两个实验组又分别于 1983 年 6 月和 7 月发现了电中性中间矢量玻色子 Z^0。$W^\pm$ 和 Z^0 的发现，直接有力地证实了弱电统一理论的正确性。中间矢量玻色子的可能的轻子型衰变有：$W^\pm \longrightarrow e^\pm + \nu_e(\bar{\nu}_e)$，$W^\pm \longrightarrow \mu^\pm + \nu_\mu(\bar{\nu}_\mu)$，$W^\pm \longrightarrow \tau^\pm + \nu_\tau(\bar{\nu}_\tau)$；$Z^0 \longrightarrow \nu + \bar{\nu}$，$Z^0 \longrightarrow l^+ + l^-$，式中 l 表示电子、μ 子或 τ 子。中间矢量玻色子也有可能衰变为夸克–反夸克对，然后转变成强子。

粒子的同位旋多重态 [isospin multiplet of particles] 在粒子物理中，自旋相同、质量近乎相等且同位旋 I 相同的粒子可以构成粒子的同位旋多重态。核物理中同位旋多重态概念的推广。同位旋多重态的不同组元只是 I_3 不同，组元数为 $2I + 1$，不同组元可用 I_3 来区别。如 $I = 1/2$ 的核子的同位旋双重态，有两个组元 p 和 n，分别相应于 $I_3 = 1/2$ 和 $I_3 = -1/2$；$I = 1$ 的 π 介子的同位旋三重态，有三个组元 π^+、π^0 和 π^-，分别相应于 $I_3 = 1, 0, -1$。一个同位旋多重态，就强相互作用而言是相同的，只是由于电磁相互作用而区分开，引起质量有些差别。

幺旋 [unitary spin] 由同位旋的第三分量 I_3 和超荷 Y 组成的一个复合量子数 (I_3, Y)，是同位旋的一个推广。幺旋在数学上用 $SU(3)$ 群描述，描述同位旋的 $SU(2)$ 群是 $SU(3)$ 群的一个子群。假定存在具有 $SU(3)$ 对称的超强相互作用，就会使得具有不同超荷的几个同位旋多重态合并成一个更大的幺旋多重态，有幺旋八重态和幺旋十重态等。

弱电统一理论 [weak electromagnetic unified theory] 一种统一描述弱相互作用和电磁相互作用的理论，20 世纪 60 年代后期发展起来的。原有的量子电动力学认为，电磁相互作用是通过交换光子而传递的。光子是自旋为 1，质量为零的矢量玻色子。由于电磁场是一种规范场，所以光子又称为规范粒子。50 年代有人提出弱相互作用也是通过交换自旋为 1、但质量很大的中间矢量玻色子传递的。因为这种中间矢量玻色子很重，难以交换，所以弱相互作用比电磁相互作用要弱几个数量级。60 年代中期格拉肖 (Glashow)、温伯格 (Weinberg) 和萨拉姆 (Salam) 发展了一种场论处理方法，假定中间矢量玻色子原来与光子一样也是质量为零的规范粒子，但在考虑到真空自发破缺以后，通过所谓希格斯 (Higgs) 机制，可使中间矢量玻色子获得很大质量，而光子仍保持它原有零静止质量。这样光子和中间矢量玻色子就都属于同一族粒子。典型的弱相互作用是原子核 β 衰变，n $\longrightarrow$ p + e^- + $\bar{\nu}_e$，由于核子的夸克组成，n(udd)，p(uud)，所以 β 衰变可表示为 d $\longrightarrow$ u + e^- + $\bar{\nu}_e$。传递弱相互作用的中间矢量玻色子 $W^\pm$、Z^0 对轻子和夸克的耦合与传递电磁相互作用的光子对轻子和夸克的耦合，也即弱相互作用和电磁相互作用是统一的。正如电相互作用和磁相互作用是同一种电磁作用的两种不同表现一样，弱相互作用和电磁相互作用也只不过是同一种弱电相互作用的两种不同表现而已。中间矢量玻色子的发现，直接证实了弱电统一理论的正确性。

量子色动力学 [quantum chromodynamics,QCD] 描述强相互作用的一种可重整化的量子场论，它的基本组元是带有分数电荷的自旋为 1/2 的夸克场 (夸克) 和自旋为 1 的非阿贝尔规范场 (胶子)。夸克和胶子之间以及胶子相互之间通过色荷进行相互作用。强子之间的强相互作用归结为组成强子的夸克与胶子之间的相互作用。夸克有味和色两种自由度，夸克之间的电磁相互作用和弱相互作用是通过味自由度进行的，而强相互作用则是通过色自由度进行的。每味夸克都带有三种 "色荷"，胶子有八种可能的色荷。在强相互作用中，带色荷的粒子交换胶子。量子色动力学是一种成功的理论，但在低能区需进一步的发展。

标准模型 [standard model] 弱电统一理论和强相互作用理论 (量子色动力学) 的统称。目前的理论认为，粒子之间只存在四种基本相互作用，即强相互作用、电磁相互作用、弱相互作用和引力相互作用。现阶段描述基本粒子及其相互作用最成功的理论被称为标准模型。标准模型朴素地认为，组成宇宙的最基本单位是三 "代" 轻子和三 "代" 夸克，每"代"又分别包含两种粒子，因此共有六种轻子和六种夸克。考虑到每种粒子都有它的反粒子，所以基本单位共有 12 种轻子和 12 种夸克。传递这些基本单位之间相互作用的媒介子是几种规范粒子 —— 光子、中间矢量玻色子 $W^{\pm}$、Z^0 和胶子。夸克具有味和色两种内部自由度，每种夸克都带有三种"色荷"，胶子有八种可能的"色荷"。夸克之间的电磁相互作用和弱相互作用是通过味自由度进行的，强作用是通过色自由度进行的。在强相互作用中，带色荷的粒子交换胶子。夸克和胶子不能单独存在，它们都禁闭在色中性的强子内。轻子、光子、中间玻色子 $W^{\pm}$、Z^0 没有色荷，它们不参与强相互作用，它们之间的电磁相互作用和弱相互作用是通过味自由度进行的。目前在标准模型理论和实验之间还没有发现存在矛盾。但标准模型理论中无量纲参数多达 20 多个，这表明在标准模型理论内部还包含有相当大分量的唯象性理论的成分，必须探索这部分唯象性理论的本质，使之上升为更基本的理论。

大统一理论 [grand unified theory]　将强相互作用、电磁相互作用和弱相互作用统一在一起的理论。在弱电统一理论取得成功后，推动了将强、弱、电磁三种相互作用统一起来的尝试，提出了许多种理论方案，但都还不成熟。目前提出的所有大统一理论中，重子数和轻子数都不再分别守恒，因而质子不再是稳定的粒子，质子衰变的典型方式 $p \longrightarrow \pi^0 + e^+ + \nu_e$，粗略估算其寿命为 $10^{29} \sim 10^{33}$ 年，与目前实验定出的质子寿命的下限 $\tau_p \geqslant 2 \times 10^{30}$ 年相近。大统一理论预言了新的规范粒子 X，但不同理论估算出 X 粒子质量却相差甚远，可见理论还并不成熟。

真空磁化率 [vacuum susceptibility]　刻画 QCD 真空非平庸性质的重要物理量之一。高能物理学中的磁化率是指 QCD 真空对外场的线性响应。在 QCD 中，夸克传播子是最简单的格林函数 (两点格林函数)，其对外场的线性响应直接反映了 QCD 真空的性质。QCD 真空磁化率就是同夸克传播子对外场的线性响应相联系的。在 QCD 外场求和规则方法中，真空磁化率在决定强子性质方面起重要作用。根据外场的不同，又可以分为标量磁化率、张量磁化率、矢量磁化率和轴矢量磁化率等。

标量磁化率 [scalar susceptibility]　见真空磁化率。

张量磁化率 [tensor susceptibility]　见真空磁化率。

矢量磁化率 [vector susceptibility]　见真空磁化率。

轴矢量磁化率 [axial-vector susceptibility]　见真空磁化率。

QCD 真空凝聚 [vacuum condensateof QCD]　场标量密度的真空期待值。因此对应夸克场和胶子场分别有夸克凝聚、胶子凝聚、夸克–胶子混合凝聚。夸克凝聚又包含两夸克凝聚，四夸克凝聚等。QCD 真空具有复杂的结构，真空凝聚正是唯象地反映其非微扰特性的物理量之一。两夸克凝聚常用的理论值为 $(250\ \text{MeV})^3$，这相当于 $2\ \text{fm}^{-3}$ 左右，因此相比通常的核子密度 (约为 0.17fm^{-3}) 是非常大的。手征极限下，两夸克凝聚是手征相变的严格序参量。

夸克凝聚 [quark condensate]　见QCD 真空凝聚。

胶子凝聚 [gluon condensate]　见QCD 真空凝聚。

夸克–胶子混合凝聚 [quark-gluon mixed condensate]　见QCD 真空凝聚。

夸克禁闭 [confinement of quark]　又称色禁闭。认为夸克是由于某种原因被囚禁在强子内部而不能以自由状态存在的解释，是高能物理学面临的重要课题。1964 年夸克模型提出以来，在描写强子动力学行为和解释实验观测方面取得了很大的成功。目前认为夸克是比强子更深一个层次的粒子，但至今实验上尚未找到自由夸克。以前人们假设夸克很重，能量足够高时才能把它们从强子中分出，但目前加速器上的粒子束能量已经非常高，说明现有的理论仍需要完善。

色禁闭 [color confinement]　即夸克禁闭。

夸克解禁闭 [deconfinement of quark]　又称夸克退禁闭。简称"解禁"。与夸克禁闭相对应的概念。现有的理论认为在极高温度和/或极高密度时，夸克禁闭可能消失，夸克之间的色相互作用变得非常弱，几乎成为自由夸克，因此夸克不再被禁闭于强子内部，这称为退禁闭。

夸克胶子等离子体 [quark gluon plasma, QGP]　一种量子色动力学下的相态，所处环境为极高温与极高密度，此时夸克已经退禁闭，夸克和胶子形成了一种新的物质形态，其重要特性除解禁闭外还有手征对称性的部分恢复。这种状态可能存在于宇宙大爆炸的最初 20~30 微秒。量子色动力学的微扰部分可检验到百分之几的精度，但其非微扰部分却几乎未被检验过，对夸克胶子等离子体的研究是对这个粒子物理宏大理论的部分检验。这不仅使物理学的研究疆域拓展至接近宇宙诞生初始，而且对考察宇宙的起源、物质的本性以及对验证现有的粒子物理标准模型等都有重要意义。对于夸克胶子等离子体的研究也是对于有限温度量子场论的一种检验，这种理论试图了解在极高温度下基本粒子的行为。美国布鲁克海文国家实验室 (BrookhavenNational Lab, BNL) 的相对论重离子对撞机 (Relativistic Heavy Ion Collider, RHIC) 上已经发现了强耦合的夸克胶子等离子体 (strongly coupled QGP)。

南部相 [Nambu phase]　又称南部–葛德斯通相，描述非高温高密时的夸克物质，其典型特征是手征对称性的自发破缺。

南部–葛德斯通相 [Nambu-Goldstone phase]　即

南部相。

维格纳相 [Wigner phase] 与南部相相对应的一种物质相，描述在高温高密时的夸克物质，此时手征对称性得到了部分恢复。

量子场 [quantum field] 描述微观对象高速运动规律的有效概念，是物质存在的一种形式。它既反映微观对象的波动性，又反映它的粒子性，使场的广延性和粒子的定域性得到统一。场量是满足特定代数关系的算符，与时空坐标和自旋分量等内禀坐标有关。一般用不同的量子场来描写不同种类的基本粒子。量子场的激发表示粒子的产生，不同的激发态代表处在各种不同状态下的基本粒子系统。量子场激发的消失代表粒子的湮灭。随着量子场的理论的发展，它已经不仅用来描写基本粒子，而且被广泛应用于凝聚态物理中，用来研究各种元激发的演化规律。

渐近自由 [asymptotic freedom] 是某些规范场论的性质，在能量尺度变得任意大的时候，或等效地，距离尺度变得任意小（即最近距离）的时候，渐近自由会使得粒子间的相互作用变得任意地弱。渐近自由是量子色动力学的一项特性。在高能量时，夸克与夸克之间的相互作用非常微弱，因此可以通过粒子物理中的，深度非线性散射的截面 DGLAP 方程（描述 QCD 的演化方程），来进行微扰计算；低能量时会进行强相互作用，来防止重子或介子分体。渐近自由的发现者为 Frank Wilczek、David Jonathan Gross 和 Hugh Politzer，他们在 2004 年因这项发现而获得了诺贝尔物理学奖。

中微子质量 [neutrino mass] 中微子的质量问题是一个至今尚未解决的问题。如果中微子的质量为零，则它的运动方程就是 Weyl 方程，否则就应该用狄拉克方程来描写。另一方面，中微子的质量在宇宙学方面还有很重要的意义。这是因为按照大爆炸理论，中微子应在宇宙演化的早期脱耦，使得宇宙间存有较大的粒子数密度。它有无质量，以及质量的大小将直接影响宇宙的演化规律。

实验粒子物理 [experimental particle physics] 又称实验高能物理。利用人造的和天然的粒子源，根据粒子间碰撞的原理探测粒子，通过对大量实验数据的系统分析，进行粒子性质及相互作用规律的学科。其实验通常分为"基于加速器的"和"非基于加速器的"两类，并可概括为粒子源、粒子探测器、数据分析三个组成部分。

实验高能物理 [experimental high energy physics] 即实验粒子物理。

加速器 [accelerator] 全称带电粒子加速器。是一种用人工方法产生高能带电粒子束的装置。它利用一定形态的电磁场使带电粒子不断加速，从而获得高能量。加速器大体由带电粒子源、真空加速室、引导聚焦系统、束流输运及分析系统四个基本部分和若干辅助系统组成。加速器类型按能量大小可分为低能加速器（能量在 100MeV 以下）、中能加速器（能量在 100MeV~1GeV）和高能加速器（能量在 1GeV 以上）；按带电粒子的运动轨道可分为直线加速器和圆形加速器；按带电粒子的种类可分为电子加速器、轻离子（如质子）加速器、重离子加速器和微粒子团加速器；按加速原理可分为直流高压型加速器、电磁感应型加速器、直线共振型加速器和回旋共振型加速器。直流高压型加速器利用直流高压电场加速带电粒子，包括静电加速器和倍压加速器等；电磁感应型加速器利用交变电磁场所感生的涡旋电场加速带电粒子，包括电子感应加速器和直线感应加速器；直线共振型加速器利用射频波导或谐振腔中的高频电场加速沿直线轨道运动的带电粒子；回旋共振型加速器利用高频电场加速沿圆形轨道作回旋运动的带电粒子。这类加速器按引导磁场的性质又可分为两类，一类是具有恒定引导磁场的加速器，包括（经典）回旋加速器、扇形聚焦回旋加速器、同步回旋加速器和电子回旋加速器；另一类是引导场的磁感应强度随加速粒子的动量同步增长，而粒子曲率保持恒定的加速器，包括电子、质子和重离子同步加速器。

静电加速器 [electrostatic accelerator] 一种直流高压型加速器，它通过输电带将喷电针电晕放电的电荷输送到一个绝缘的空心金属球壳使之充电，由此球壳作为电极产生的静电场来加速带电粒子。被加速的带电粒子的能量等于球壳的电位和粒子的离子电荷的乘积。通常带电粒子可加速到 2 ~ 5MeV，束流强度为 10 ~ 100μA。其主要优点为能量的单色性高、可连续调节、稳定度高、粒子束聚焦性能好。按照带电粒子的不同种类，可分为正离子静电加速器和电子静电加速器两类。在这些静电型高压发生器中，范德格拉夫加速器应用最为广泛，1931 年由范德格拉夫（R. J. Van de Graaff）首次研制成。有时也称为范德格拉夫起电机。

倍压加速器 [multiplier] 又称倍加器、考克饶夫–瓦尔顿加速器。直流高压型加速器的一种。1932 年由考克饶夫–瓦尔顿（Cockcroft-Walton）首先制成。它使用一个变压器、一组整流管和一组电容器按电压倍加方式组成直流高压电源，产生的直流高压施加在真空加速管两端来加速带电粒子。粒子获得的能量等于加速管两端的电压乘以粒子的电荷。由于受直流高压绝缘的限制，加速粒子能量上限在空气中为 1MeV，充以压缩气体绝缘后约为 2MeV。

倍加器 [multiplier] 即倍压加速器。

直线加速器 [linear accelerator] 又称 Linac。一种采用沿直线轨道分布的高频电场加速带电粒子的谐振加速装置。1924 年伊辛（G. Ising）提出加速原理，1928 年 R. Wideroe 利用频率不太高（1MHz）的交变电场首次实现带电粒子加速。直线加速器使用在一直线上排列的电极板组合来提供加速电场。当带电粒子接近其中一个电极板时，电极板上带有相反电性的电荷以吸引带电粒子。当带电粒子通过电极板时，电极板上变成带有相同电性的电荷以排斥推动带电粒子到下一个电极板。所以加速带电粒子束时，必须小心控制每一个板上的交流 (AC) 电压，让每一个带电粒子束可以持续加速。当粒子接近光速时，电场的转换速率必须变得相当高，须使用高频共振腔来运作加速电场。直线加速器的射频电场有行波和驻波两类。

电子直线加速器 [electron linear accelerator]　利用在波导管内传导的行波使电子持续加速的加速器。可以设计得使电磁波在波导管内沿轴向分布，行波的速度与电子速度一致，电子被这个波的电场加速并随波前进。电子经过一米长的波导管可使电子能量增强 $10 \sim 15\mathrm{MeV}$。电子束流是脉冲式的，平均流强达几十微安。束流的注入和引出都比较方便，电子作直线运动，实际上没有辐射损失。

质子直线加速器 [proton linear accelerator]　一种加速质子的直线型谐振加速器，其结构是在一个大圆筒里有一系列一个比一个长的称为漂移管的铜管电极排成一直线，质子在漂移管内匀速运动，每当它通过漂移管间隙时就不断地被加速。质子直线加速器束流强度大 (脉冲束流可达 100mA 左右)，注入和引出方便，灵活性大，可按需要通过加长长度而提高能量，在高能物理中一般作为圆形加速器的注入器。

圆形加速器 [circular accelerator]　被加速的带电粒子以一定能量在一圆形结构里运动，粒子运行的圆形轨道由二极磁体 (dipole magnet) 控制的加速器。和直线加速器不同，粒子在圆形加速器中会重复经过圆形轨道上的同一点，并被持续地加速，但是粒子的能量会以同步辐射方式发散出去。最早的圆形加速器是 (经典) 回旋加速器，它有能量限制。当粒子能量增大，速度接近光速时，必须用等时性回旋加速器、同步回旋加速器等进行加速。如果要到达更高的能量，必须使用同步加速器。

回旋加速器 [cyclotron]　利用稳定磁场使带电粒子作圆周运动，再利用磁场内电极间高频交变电场使带电粒子受到多次加速的加速器。1930 年由劳伦斯 (E. O. Lawrence) 提出回旋加速器的理论，同年由他的学生利文斯顿 (M. S. Livingston) 首次研制成功。它主要由离子源、两个半圆形中空 D 形盒、加在 D 形盒上的高频电源、产生稳定磁场的圆柱形电磁铁和致偏电极组成。当带电粒子从离子源出来后，立刻受到 D 形盒间电场作用得到加速，然后进入 D 形盒内在强磁场作用下作圆周运动。由于 D 形盒内没有电场，粒子沿圆轨道折回空隙，在粒子越过空隙时又一次受到电场的加速进入另一 D 形盒内。只要交变电场的频率调节得当，与粒子运动同步，粒子就可以一次又一次被加速，能量越来越高，粒子的回旋半径越来越大，最后在致偏电极的静电场作用下沿螺旋形轨道从 D 形盒边缘引出，能量可达几十兆电子伏特。设带电粒子的电荷、质量和速度分别为 q、m 和 v，则在磁感应强度为 B 的磁场中作圆周运动的半径 $r = \dfrac{mv}{Bq}$，经半圆形轨道折回电极间隙所用时间 $t = \dfrac{\pi m}{Bq}$，回旋频率 $f_0 = \dfrac{1}{2t} = \dfrac{Bq}{2\pi m}$。如果 D 形盒上所加的交变电压的频率 f 恰好等于回旋频率 f_0，即谐振，则粒子绕行半圈后正赶上 D 形盒上电压方向转变，粒子仍处于加速状态。最后获得动能 $E = 2\pi^2 f_0^2 m r^2 = \dfrac{B^2 q^2 r^2}{2m}$，其中 r 为加速器半径。回旋加速器的特点是束流强，主要用于加速质子、氘核和氦核等。但是回旋加速器的能量受制于随粒子速度增大的相对论效应。当被加速的带电粒子能量很高时，质量 m 变大，绕行周期 t 变长，回旋频率 f_0 变小，以至于当带电粒子还未到达电极间隙，交变电场就已改变了方向，结果交变电场不仅不能加速粒子，反而会使粒子减速。进一步的改进有同步回旋加速器、等时性回旋加速器等。

同步回旋加速器 [synchrocyclotron]　又称稳相加速器。回旋加速器的一种改进装置。为了突破回旋加速器的能量限制，继续保持谐振加速，可以设法在回旋加速器中提供频率可变的高频电场，使得高频电场的频率 f 与粒子的回旋频率 f_0 同步。等时性回旋加速器 isochronous cyclotron 回旋加速器的一种改进装置。为了保持同步加速器的谐振加速，可以设法在回旋加速器中提供强度可变的磁场，即磁场的强度 B 沿半径方向与带电粒子的能量同步增长，使得带电粒子的回旋频率 f_0 在加速过程中保持不变，保证高频电场对粒子的加速与粒子的转动同步。

稳相加速器 [phasotron]　即同步回旋加速器。

同步辐射 [synchrotron radiation]　高能带电粒子，特别是高能电子在磁场中偏转时，由于相对论效应，沿运动的切线方向发出的一种电磁辐射，这种辐射最先在电子同步加速器上发现，故得此名。同步辐射的总功率可以表示成

$$P = \frac{2}{3} \frac{e^2 c}{\rho^2} \beta^4 \left(\frac{E}{mc^2} \right)^4$$

其中，ρ 是粒子运动的轨道半径，运动速率 $\beta = v/c$。可见同步辐射的能量随带电粒子能量的四次方迅速增长。由于重子的静止质量比电子大三个数量级以上，即使在 TeV 级的质子同步加速器中，因同步辐射造成的能量损失依然是不重要的。而对 MeV 级的电子同步加速器，同步辐射已十分显著。同步辐射使粒子在横向和纵向的振荡阻尼，并与量子起伏达到平衡态。这也是为什么电子同步加速器中束流易于稳定和束流发射度较小且不依赖于入射束性能的原因。同步辐射具有强度大、光谱范围宽、方向性好、偏振性好、光的脉冲短、干净、波谱可准确计算等优点，在物理学、化学、生物学、材料科学、医学以及超大规模集成电路的光刻等方面得到广泛应用。中国于 20 世纪 80 年代初建造了合肥同步辐射装置。

电子感应加速器 [betatron]　利用感生电场来加速

电子的一种装置。在电磁铁的两极间有一环形真空室，电磁铁受交变电流激发，在两极间产生一个由中心向外逐渐减弱、并具有对称分布的交变磁场，这个交变磁场又在真空室内激发感生电场，其电场线是一系列绕磁感应线的同心圆。这时若用电子枪把电子沿切线方向射入环形真空室，电子将受到环形真空室中的感生电场的作用而被加速。同时电子还受到真空室所在处磁场的洛伦兹力的作用，使电子在圆形轨道上运动。由于同步辐射造成的能量损失，电子感应加速器很难把电子加速到很高能量。目前这种加速器所达到的最高能量是 315MeV。电子感应加速器构造简单、造价低、可用于工业探伤、辐照改性和医疗等。

重离子加速器 [heavy-ion accelerator] 能够加速比 α 粒子更重的离子的加速器。这种加速器加速离子时可分三个阶段进行预加速、电荷剥离和后加速。中国在 20 世纪 80 年代就已建成了兰州重离子加速器。

超导加速器 [superconducting accelerator] 泛指使用超导技术的直线、回旋或同步加速器。超导直线加速器用超导谐振腔或波导 (用铌或其他超导材料制成并在低温下工作) 代替一般谐振腔或波导，可以在很小的微波功率下产生很强的加速电场。超导回旋加速器与超导同步加速器主要用超导材料 (铌钛丝) 绕制的超导磁体产生所需要的磁场，可以在很小的激磁功率下产生强大的约束磁场。二者都可大大缩减加速器的尺寸，降低加速器的功率消耗，使超导加速器在经济上和技术上具有巨大的优越性。

对撞机 [collider] 使两束高速、反向运动的粒子流彼此以对方为靶而相互碰撞的高能物理实验装置。根据动量守恒，当加速器束流轰击一个静止靶时，仅有一部分能量参与反应，另一部分能量则以动能形式由出射粒子和新产生的粒子带走，而且参与反应的有效能量百分率随入射束流能量的增大而减少。如 400GeV 的束流轰击静止靶，真正用于粒子反应的有效能量只占 7%。当两束反向运动的粒子流相碰撞，则两束流的能量可全部用于粒子反应。根据相对论，两个质量为 m 动能为 T 的粒子对撞，有效能量为质心系的总能量 $E = 2T$，而如果一个粒子静止，另一个粒子一定要有 $E' = E^2/2mc^2$ 的能量才能达到同样的有效能量。如要达到有效能量 $E = 540GeV$，对于质子 $mc^2 = 0.938GeV$，则 $E' = 1.6 \times 10^5 GeV$，这表明两个 270GeV 的质子对撞相当于一个 $1.6 \times 10^5 GeV$ 质子与静止靶中的质子相撞。这样就可以用现有能量的加速器实现超高能物理实验。目前对撞机大多是用储存环把进行对撞的粒子加速到最终能量后储存在一个环内 (对电荷相反的粒子，如质子–反质子、电子–正电子) 或两个环内 (对电荷相同的粒子，如质子–质子)，以实现电子–正电子、质子–反质子或质子–质子对撞。中国于 20 世纪 80 年代末建成了北京正负电子对撞机，开展高能物理实验研究。

加速器体系 [accelerator complex] 由一系列加速器所组成的复杂体系。体系中的每台加速器，在把粒子束加速到更高能量后，将其注入体系中的下一台加速器。

注入器 [injector] 加速器体系中的前级加速器。在高能质子加速器中一般使用 200MeV 或能量更低的质子直线加速器作为注入器。在加速器中因绝热阻尼作用使高能质子束的截面和角散度变得很小，因而只要很小的环形真空室就可加速这种粒子束。这样可大大减轻磁铁重量，提高最后束流强度，改善束流性能。直线加速器的束流强，适合作注入器。

增强器 [booster] 高能加速器体系中注入器和主加速器之间初次进行加速的加速器。增强器可以有一级或几级，一般都是用小的同步加速器作增强器。通过增强器的积累作用及粒子速度的逐步提高，用来提高入射脉冲流强和入射能量，改善入射束流性能。

储存环 [storage ring] 一种较长时间 (从几小时到几十小时) 储存并积累高能稳定粒子以便实现对撞的环形装置。最早建成的电子–正电子储存环，它以直线加速器或同步加速器作为注入器，在恒定磁场下多次入射电子 (或正电子) 以增强束流。电子和正电子在同一环形磁场的真空室里进行回旋，当粒子储存到足够强度后，在一定的直线节里使得两束粒子中心轨道重合，进行对撞。有些储存环既可以储存粒子，又可以加速粒子，实际上是一台同步加速器。

B 介子工厂 [B-factory] 产生大量 (10^9)B 介子并分析其性质的以对撞机为基础的设备。τ 子和 D 介子也在 B 介子工厂中生产。在 20 世纪 90 年代，美国和日本分别设计和建造了 PEP-II 和 KEK 两个 B 介子工厂。

固定靶实验 [fixed-target experiments] 高能粒子束流直接引向一个固体或液体靶，然后观测所产生的次级粒子的实验。粒子束流或者直接来自于加速器 (初级束)，或者产生于初级束流粒子轰击一个中级靶 (次级束)。利用这种途径加速器能够产生多种多样的粒子束流，特别是不可能直接加速的中性和短寿命粒子束流。缺点是质心系能量仅仅随入射粒子能量的平方根增加，其余的能量用来增加出射粒子向前方向的速度分量。

对撞实验 [collider experiments] 两束反向运动的高能粒子束约束在一个储存环轨道上，并在其周围的某些"交叉点"发生对撞的实验。当两种粒子束流是一种正离子及其反粒子的束团，只需要一组偏转和聚焦磁铁，以及一个束流管道。

靶常数 [target constant] 对撞靶中每立方厘米体积内的原子个数乘以靶长度 l，这个量的倒数具有面积的量纲，符号 F。

$$F = A/(N_A \rho l)$$

亮度 [luminosity] 描述对撞机中粒子束性能的一个

量。亮度等于对撞机上每秒钟发生某一反应的次数除以这一反应的反应截面。粒子束流越强越细，则亮度也就越大。对于质子束流，设各束粒子数为 N_1、N_2，回转频率为 f，束流截面为 S，则质子束的亮度 L 为 $L = \dfrac{N_1 N_2 f}{S}$。

束流 [beam current]　在加速器中成束运动的粒子流。单位时间通过某一截面的粒子数称为束流强度。由于被加速的粒子一般为荷电粒子，因而也用毫安、微安来表示束流强度。在高能加速器中，因束流太弱，常用每一束流含有多少个粒子数来表示束流强度。一微安的质子束流相当于每秒 6.25×10^{12} 个质子。

束流冷却 [beam cooling]　一种减少在加速过程中粒子束的横向发散度和能散度的技术。若粒子束中一部分粒子偏离设计轨道和平均能量，则表明各粒子相对其平均速度和轨道作不规则运动，偏离越大，不规则运动的动能也越大，相当于粒子束的温度越高。减少这种不规则运动相当于粒子束"冷却"。冷却方法有电子冷却和随机冷却。电子冷却是利用入射电子流与粒子碰撞作用把粒子的部分动能传给电子束来冷却反质子或其他重离子，1976 年在一质子储存环上进行了电子冷却实验。随机冷却时通过测量粒子束在某一截面上粒子流重心，再用测量点后不远处的电场使粒子流重心逐渐恢复到设计轨道上去，1983 年西欧核子研究中心的质子-反质子对撞机上利用随机冷却技术获得高品质的质子、反质子束，以致发现了中间矢量玻色子。因此随机冷却技术的发明人范德梅尔和建造质子-反质子对撞机的负责人鲁比亚荣获 1984 年诺贝尔物理奖。

占空比 [duty ratio]　物理实验只是在所有时间的一部分中得到实验需要的粒子的时间比例。占空比是观察机器效率的一个参量。

$$占空比 = 提供束流时间/总时间$$
$$= 束团的持续时间 \times 每秒的束团个数$$

粒子探测器 [particle detector]　核物理和粒子物理中用于探测、跟踪和鉴别粒子 (或辐射) 的实验设备。粒子只有通过它们和探测器物质的相互作用才能被探测到。任何一种粒子与物质的相互作用机制都可以作为某种探测器的探测原理基础。不同类型的粒子与物质的相互作用机制不尽相同，即使对于同一种粒子，在不同的能量范围内其主要相互作用机制也不尽相同，因此核物理和粒子物理中存在大量不同种类的粒子探测器。探测器物质有气体、固体和液体，它们都是由大量原子或分子组成的，原子由原子核与核外电子组成，所以绝大多数的探测器均基于带电粒子与电子或原子核之间的电磁相互作用。电离能损、闪烁光、切连科夫辐射等可以从带电粒子与电子之间的电磁作用来理解，库仑散射、韧致辐射、穿越辐射、光核作用等物理过程主要是带电粒子与原子核库仑场间电磁作用的结果。中性粒子需要先经特定的相互作用产生次级带电粒子，再通过这些次级带电粒子进行探测。如光子可以经过光电效应、康普顿散射、电子正电子对产生等生成带电粒子 (电子)，通过测量次级带电粒子的电离过程可以间接测量光子。除了电磁相互作用，高能强子通过探测器物质时会与原子核发生复杂的强相互作用，强作用也可用于强子的探测。粒子探测器根据其工作介质不同可分为气体探测器、固体探测器和液体探测器，根据其记录方式不同可分为计数器和径迹室，根据带电粒子与介质的相互作用不同可分为电离探测器、闪烁计数器、切连科夫计数器、穿越辐射探测器、电磁量能器、强子量能器等。现代粒子探测器经常是这些探测器组成的系统。粒子探测器应当具有相当高的空间分辨率和能量分辨率，以及相当快的时间响应。

电离能损 [ionization energy loss]　e、p、d、α 或重离子等带电粒子通过物质时，与原子的电子发生非弹性碰撞而使原子电离或激发，从而造成的能量损失的现象。电离能损是带电粒子通过物质时能量损失的主要方式。

电离 [ionization]　原子核外层电子束缚成为自由电子，原子成为正离子的过程。

最小电离 [minimum ionization]　最低点的能量损失的电离。电离能损与粒子速度有关。在非相对论性速度时，与 β^2 成反比。随着粒子能量的增加，电离能损很快减小。当 $\beta\gamma > 1$ 时，电离能损达到一个范围很宽的极小值区域，最低点在 $\beta\gamma = 3 \sim 4$ 附近，且与介质无关。

最小电离粒子 [minimum ionization particle]　电离能损为最小电离的粒子。

阻止本领 [stopping power]　又称平均电离能损。带电粒子在物质中单位路程上的电离能损。

平均电离能损 [paverage ionization energy loss]　即阻止本领。

原电离 [primary ionization]　带电粒子通过物质时，在其路径上与物质中的原子和分子发生电离碰撞释放出电子-离子对，直接碰撞产生的电子-离子对数目的过程。

次级电离 [secondary ionization]　原电离产生的电子-离子对中，有些电子具有高于介质原子电离电位的能量，使原子电离的过程。

比电离 [specific ionization]　带电粒子通过物质时，在单位路程上产生的粒子对数目。

电离能 [ionization energy]　带电粒子通过物质时，平均每产生一对离子或一个电子-空穴对所消耗的能量。电离能与带电粒子的性质与能量基本无关。在气体中电离能约为 30eV，而在半导体材料 Ge 中产生一个电子-空穴对所需的能量约为 3eV。

激发 [excitation]　原子核外层电子由低能级跃迁到

高能级而使原子处于激发状态的过程。

闪烁光 [scintillation light]   又称荧光。带电粒子或 γ 射线入射到闪烁体内，入射粒子损失部分或全部能量，并使得闪烁体内的原子电离或激发。受激发的原子在退激过程中发出一定波长的光。

荧光 [fluorescence]   即闪烁光。

闪烁体 [scintillator]   一类吸收高能粒子或射线后能够发光的材料，在辐射探测领域发挥着十分重要的作用。闪烁体材料种类很多，从化学成分来讲可分为无机闪烁体和有机闪烁体；从物理形态来讲，又可分为固体、液体和气体。

切连科夫辐射 [Cerenkov radiation]   高能带电粒子穿越透明介质时，若其速度 $v=\beta c$ 超过光在该介质中的速度 c/n（n 为介质折射率），将产生一种定向的电磁辐射。1937 年，切连科夫 (P. A. Cerenkov) 发现铀盐溶液中的这种发光现象。切连科夫辐射是一种包括可见光在内的连续谱，但以短波长为主，其特征是蓝色辉光。

阈速度 [threshold velocity]   在介质中产生切连科夫辐射的最小速度。

库仑散射 [Coulomb scattering]   带电粒子穿过介质时，若它与介质原子最接近的距离比原子半径小，入射粒子将受到原子核库仑场的作用，其运动方向将发生偏转的过程。

多次库仑散射 [multiple Coulomb scattering]   根据卢瑟福散射公式，对于小的散射角，截面将很大。因此当带电粒子穿过厚介质层时，会发生多次小角度库仑散射。这些小角度的库仑散射是彼此独立的。粒子穿过整个介质层最终的散射角是这些小角度散射角的总效果。

电荷交换效应 [charge exchange effect]   入射离子在靶物质中失去电子或俘获靶核的核外电子的过程。这种过程可以交替地多次发生，直至离子的速度降低到热运动速度，离子变成中性原子为止。

射程 [range]   带电粒子进入物质直到被吸收，沿入射方向所穿过的最大距离。由于带电粒子与物质原子碰撞时运动方向发生改变，因此射程通常小于其路程。对于重的带电粒子，其应碰撞而导致的运动方向的改变不大，射程与路程近似相等。

轫致辐射 [bremsstrahlung]   带电粒子受到介质原子核库仑场的电磁作用，在减速时将一部分动能以光子的形式发射出来。轫致辐射的射线谱往往是连续谱，这是由于在原子核库仑场作用下，带电粒子的速度是连续变化的。带电粒子的轫致辐射能损与入射粒子的质量 m、电荷数 Z_1、能量 E、介质原子核的电荷数 Z_2、单位体积介质原子核数 N 有关

$$-\frac{\mathrm{d}E}{\mathrm{d}x} \propto \frac{Z_1^2 Z_2^2}{m^2} NE$$

可见重的带电粒子产生的轫致辐射远小于电子的轫致辐射。电子与物质作用时，辐射损失是能量损失的重要方式。

临界能量 [critical energy]   当电离能损与轫致辐射能损相等时，对应的粒子能量。带电粒子的电离能损在达到最小电离后正比于其能量的对数，而轫致辐射能损正比于入射粒子的能量，因此最终轫致辐射能损将超过电离能损。

辐射长度 [radiation length]   高能电子在介质中以轫致辐射的方式损失能量，当其能量减少到原能量的 $1/e$（此处 e 为自然对数常数）时所穿过的平均介质厚度，辐射长度的单位一般为 $\mathrm{g/cm^2}$。

穿越辐射 [transition radiation]   在极端相对论区，带电粒子越过两种介电常数不同的介质交界面时所发生的辐射。任何物质介电性质的变化都可以引起穿越辐射。

计数器 [counter]   用来记录粒子数目的设备。有电离室、正比计数器、G-M 计数器、闪烁计数器、切连科夫计数器、半导体探测器等。计数器具有一定的时间分辨率，即先后两个粒子射入计数器可分辨的时间。通常计数器常与定标电路和符合电路联合使用。

径迹室 [track chamber]   用于记录、分析粒子产生的径迹图像的探测器。1970 年以前，几乎所有的径迹室都用照相的方法，有核乳胶、云室、泡室、火花室和流光室。径迹探测器配以适当的磁场，可根据径迹的长短、粗细、弯曲的方向和弯曲的曲率半径推测出粒子的电荷、质量和能量。

气体探测器 [gaseousdetector]   一种以气体为电离介质，利用带电粒子通过气体时使气体发生电离，从而测量带电粒子的探测器。在装有气体的容器中有一金属细丝正电极，容器壁为负电极，正负电极之间施加外电压 V。当带电粒子射入时气体分子发生电离，产生电子和正离子。电子和正离子具有一定动能，它们与处在热运动状态的气体分子不断碰撞，结果使得电子和正离子可能发生三种形式的运动一是扩散，即电子和正离子从密度大的区域向密度小的区域扩散；二是电子俘获，即电子被中性气体分子俘获形成负离子；三是复合，即电子和正离子复合成中性分子。探测器的外加电场将影响这三种运动，同时还引起一种新的运动，即电子和正离子在电场力的作用下，分别向正负电极做漂移运动，最终被电极收集。在电路的高电阻上转换成脉冲电流，经过放大器放大后送至脉冲分析器或计数器以测定脉冲的强度和个数。气体探测器的作用就是收集总的电离离子数，进而给出电信号。收集的电离离子对数目与外电压的关系如下图所示。随着外电压 V 的逐渐增加，可分为复合区、电离区、正比区、有限正比区、盖革密勒区、连续放电区等区域。早期的气体探测器有电离室、正比计数器、G-M 计数器、云室、气泡室、火花室等，它们是物理实验中最早使用的探测器，对核与粒子物理的发展起了巨大的作用。现代许多大型粒子探测装置都是在这

些探测器的基础上发展起来的, 这类典型的气体探测器有多丝正比室、漂移室、时间投影室等。

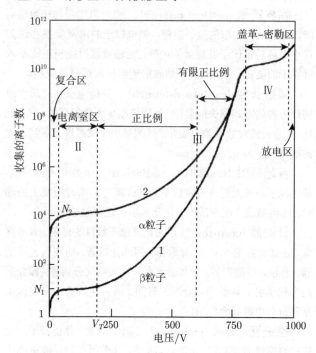

复合区 [recombination region] 当外加电压很小时 (上图中区域 I), 正离子的漂移速度很小, 电子的吸附、扩散和复合效应将起主要作用, 使得电子和正离子数目比原初的离子对数目少的区域。

电离区 [ionization region] 当电压增大 (上图中区域 II), 离子的漂移速度增大, 发生复合和扩散的概率变小, 被电极收集的离子对数目逐渐增大。当电压达到一定值时, 复合损失已可忽略, 全部电荷被收集, 达到饱和的区域。电离室就是工作在该区域。

正比区 [proportional region] 当电压继续增大 (上图中区域 III), 到某个阈电压时, 在中心电极 (阳极) 表面附近的电场足够强, 开始发生雪崩倍增, 收集到的电荷数 N 比原初电离数 N_0 大很多的区域。通常定义雪崩倍增因子 (也称为气体的放大系数) 为 $M = N/N_0$。由于电场越大所产生的次级离子对数目就越多, 因此 M 值随电压增加而增大。当气体探测器的外加电压一定时, M 是定值, 电极上收集电荷数 N 正比于 N_0。

有限正比区 [region of limited proportionality] 次级电子正离子对的增加并不是没有止境的, 当电压增加到一定程度后, 倍增产生的大量正离子由于漂移速度比电子的漂移速度小几个数量级而滞留在阳极丝附近, 形成 "离子鞘", 它所产生的电场抵消了局部外加电场, 因而限制了雪崩倍增过程的发展的区域。这种空间电荷效应在区域 III 后半段开始表现出来, 使得正比性逐渐失去。

盖革密勒区 [Geiger-Muller region] 当外加电场进一步增加 (上图中区域 IV), 空间电荷效应越来越强, 整个阳极丝被电子和离子鞘包围, 收集到的总电荷又一次饱和的区域。

连续放电区 [continuous discharge region] 当电压再增加 (上图中区域 V), 收集的离子对数目再次急剧增加的区域。在这个区域有流光产生, 早期研发的许多气体探测器如流光管和火花室就是工作在这一区域的。

雪崩倍增 [avalanche multiplication] 带电粒子穿过气体使得气体分子电离产生电子和正离子。在外加电场作用下, 电子向阳极漂移, 正离子向阴极漂移。当电子到达靠近阳极附近的高电场区 (通常离阳极几个阳极丝半径处), 电子在电场力的加速作用下获得足够高的能量, 能使气体分子发生次级电离, 次级电子在漂移过程中又可能加速到足以再产生次级电离的现象。

漂移速度 [drift velocity] 当有外加电场时, 离子将沿着电场方向运动, 因随机碰撞沿电场方向缓慢运动的平均速度。此漂移速度并不是离子的瞬时速度。离子的瞬时速度的方向是不定的。漂移速度是在无规则的瞬时速度上的一个定向运动的平均值。

电离室 [ionization chamber] 工作电压在饱和区的一种气体探测器。在电离工作区, 既不存在正负离子复合, 也没有气体放大, 入射粒子电离所产生的全部电子和正离子都被收集到正负电极。在饱和区的电压范围内, 电压虽有变动, 收集到的电荷却仍然保持不变, 即不影响电离室工作。根据工作性质, 电离室可分为脉冲电离室和电流电离室两类。脉冲电离室可记录单个入射粒子的电离辐射, 因此既能记录粒子的数目, 又能测量粒子的能量; 电流电离室用来记录大量入射粒子所产生的总电离的平均电流, 主要用于测量粒子强度和剂量。

正比计数器 [proportional counter] 工作电压在正比区的一种气体探测器。在正比区域, 由于探测器内部电场强度较大, 入射粒子初级电离产生的电子在两次碰撞之间, 受强电场加速而获得足够大能量, 可以与气体分子再次碰撞而产生次级电离。因此最后收集到的离子数目比原初离子数大很多, 等于初级离子对数乘以一个数量级为 $10^5 \sim 10^6$ 的气体放大倍数。在确定的工作条件下, 气体放大倍数与原初电离无关。因此正比计数器既能给出较大的输出脉冲, 又能保持与原初电离的正比关系。它既能用于粒子计数, 又能作能量测量。

计数率坪特性曲线 [plateau Characteristic of count rate] 当用强度一定的放射源辐照正比计数器, 其记录的计数率随所加工作电压变化的曲线称为计数率坪特性曲线。

G-M 计数器 [G-M counter] 又称 G-M 计数管。工

作在盖革–密勒区的一种气体探测器，1928 年由德国人盖革与密勒发明。通常做成圆柱型，中心是很细的金属阳极丝，周围是管式阴极。管内装有适当的混合气体，两极间所加电压因管的大小和气压高低而不同，通常在 1000V 以上。此工作电压比正比计数器使用的电压更高，电场更强。在此工作电压下，当入射粒子射入管内使气体电离时，所产生的电子和正离子在强电场作用下加速并不断地与管内气体分子碰撞产生二级电离，迅速在整个管内产生全面的雪崩式放电。在一定的电压条件下，入射粒子只要超过一定地最低能量都能引起雪崩放电而被计数，且放电电流相同，与入射粒子的种类和能量无关。加给计数器的电压越高，能引起计数的入射粒子的最低能量越小，计数率越高。G-M 计数器具有灵敏度高、脉冲幅度大等优点，但存在不能鉴别粒子的种类和测定粒子的能量、分辨时间长和乱真计数等缺点。

G-M 计数管 [G-M counter]　即 G-M 计数器。

核乳胶 [nuclear emulsion]　一种记录带电粒子径迹的特制照相乳胶。它比一般的照相乳胶层厚、密度大，即含有更多的溴化银，且颗粒细，分布均匀。当带电粒子穿过核乳胶层时，可使其径迹上的原子发生电离并在照相底片中形成潜像，经显影和定影后可显示出粒子的径迹，再在显微镜下测量。利用核乳胶，曾发现过 $\pi^{\pm}$、$K^{\pm}$ 等粒子。核乳胶的优点是体积小、轻便、阻止本领大、作用机会多、连续灵敏、空间分辨率高、能将高能粒子的径迹永久保存等。它不但可用作探测器，也可由放射性工作者随身携带，作为自身剂量的监察和记录仪器。

云室 [cloud chamber]　又称威尔逊云室，膨胀云室。观测记录粒子径迹的仪器。云室内充满空气及水和酒精的饱和蒸汽。工作时使云室主体突然膨胀而变冷，蒸汽变为过饱和状态。当带电粒子通过时，在它经过的路径上产生离子对，过饱和蒸汽即以离子为核心凝成雾滴，在适当的照明下就能看到或拍摄到粒子运动的径迹。根据径迹的长短、浓淡以及在磁场中的弯曲度，就可分辨粒子的种类和性质 (如质量、电荷和能量)。利用云室，发现过正电子、μ 子、K^0 介子和 Λ、Σ^- 超子等。

威尔逊云室 [Wilson cloud chamber]　即云室。

膨胀云室 [expansion cloud chamber]　见云室。

扩散云室 [diffusion cloud chamber]　观测记录粒子径迹的仪器。其结构与云室不同，一般在云室主体上下维持一定的温度差使高温端的水和酒精蒸汽不断地向低温端扩散，在扩散过程中逐渐冷却。结果在低温端附近某一区域内形成过饱和蒸汽，以带电粒子通过时产生的离子为核心凝成雾滴，从而可以观测到带电粒子的径迹。它的优点是可以连续工作，结构简单；缺点是饱和区域较小，径迹不够清晰。

泡室 [bubble chamber]　全称气泡室。一种工作物质为液氢 (或液氦、液氖、丙烷等) 的高能粒子径迹探测器。泡室中的液体保持一个比它的沸点高得多的温度，对其加上高压使之不沸腾。在液体突然减压而膨胀时使之处于过热状态，当有产生电离作用的粒子通过时，则液体沿粒子径迹方向发生沸腾而产生气泡，从而显示出粒子的径迹。泡室兼有核乳胶和云室两者的优点。利用气泡室发现过 Ω^- 粒子等。

火花室 [spark chamber]　全称火花放电室。一种利用气体放电原理而制成的高能粒子径迹探测器。火花室通常由几块平行金属板 (或同心圆套筒) 组成，平行板之间有良好的绝缘，在极板之间充以惰性气体。当带电粒子穿过火花室时，在粒子经过的地方产生火花放电。各个极板之间的火花就组成了入射粒子的径迹。火花室具有结构简单、操作方便、探测效率高、灵敏体积大、时间分辨本领大等优点。

流光室 [steamer chamber]　在火花室基础上进一步发展起来的高能粒子径迹探测器。流光室一般由三个平板电极组成两个间隔而构成，中间极板接地，室内充以氖或氦。主要是把加到火花室极板间的高压脉冲限制得很窄 (3~20ns)，使带电粒子所产生的电子雪崩只能引起火花放电前期的流光，流光中心显示出较细致的粒子径迹，再经过照相记录下来。

多丝正比室 [multi-wire proportional chamber, MWPC]　一种探测高能粒子位置的气体探测器，1968 年夏帕克 (G. Charpak) 等依据正比计数器工作原理和火花室技术发明了多丝正比室。在一个密封的气体室内有大量平行细丝作为阳极丝，它们处于两块相距几厘米的阴极平面之间的一个平面内，细丝直径约 0.1mm，间距约为几毫米。每根丝都像一个独立的正比计数器，其灵敏区局限在两根丝之间距离的一半，构成一个单元，空间精度可达 1mm 或更小。室内充以气体、电极间加上高压正比区的直流电压。当高能带电粒子穿过多丝正比室时，使路径上气体原子电离，电离产生的电子在附近某一金属丝电场中形成雪崩，其放电的总电量正比于原电离中电子的数目，放电形成的负脉冲正比于该粒子的电离损失。每根丝都以高达每秒数十万次的速度记录粒子，都有一个放大器，并可用计算机记录信号。多丝正比室通常用两个到三个相互垂直的丝平面，从而可确定粒子径迹的空间位置。利用专门的电子学线路将这些脉冲放大，甄别成形，储存和编码送到计算机分析处理就可以知道哪根丝上有信号，从而确定入射粒子穿过丝的位置，进一步由多个单元定出粒子的径迹。

幻异气体 [magic gas]　指 75% 氩 (Ar)+24.5% 异丁烷 +0.5% 氟利昂 –13B1 混合气体。作为正比室的工作气体，可得到很高的气体放大倍数 (高达 10^7)。在这样高的气体放大倍数之下丝室信号将出现饱和。因此由于信号中电子贡献比重大，信号快，极大地简化了读出电子学。

漂移室 [drift chamber]　在多丝正比室的基础上发

展出来的一种探测器。其结构与多丝正比室相似，在一充有气体的容器中，由三个平面电极组成，并以金属细丝作为接收信号丝（灵敏丝）。当高能带电粒子穿过漂移室中气体时，使沿路径上的气体原子电离，电离产生的电子在由细丝形成的均匀电场作用下漂移到达灵敏丝，并形成放电而被记录下来。由于漂移到灵敏丝的时间是入射粒子打到灵敏丝距离的函数，因而空间定位比多丝正比室更准，可达 50～100μm，空间分辨率可达 0.1mm，死时间为几百纳秒左右，最高计数率约为每秒一万次计数。

顶点探测器 [vertex detector]　有些漂移室安装在紧靠对撞机对装点的周围，具有高的定位精度用来探测相互作用的顶点的设备。

主漂移室 [main drift chamber]　安装在离中心较远的外层漂移室，用来测量带电粒子的方向和动量的设备，通常还测量入射径迹的电离能损进行粒子鉴别。

时间投影室 [time projection chamber]　TPC 在漂移室和多丝正比室的基础上发展起来的一种高分辨粒子径迹探测器。用粒子在漂移室内的漂移时间可定出粒子在垂直于灵敏丝平面内的位置（Z 坐标）。用灵敏丝地址和感应信号方法定出粒子在灵敏丝上的位置（丝平面内的 X、Y 坐标）。将两者结合在一起，构成一个能够测量三维空间坐标的气体室，这种室就是时间投影室。第一个时间投影室由美国科学家奈格林（D. R. Nygren）在 20 世纪 70 年代中期研制成功，并应用于斯坦福直线加速器中心（SLAC）正负电子对撞机的 PEP-4 实验的探测器中。时间投影室应用范围广泛，从很低能量卜寻找稀有奇特事例到高能重离子碰撞的高多重性环境中奇异性产生研究，以及高能正负电子对撞机中带电粒子径迹的显示。

时间扩展室 [time expansion chamber]　像时间投影室一样是一种特殊类型的漂移室。工作原理最先由瓦伦塔（A.H. Walenta）提出。在这种室中，由相对论性粒子相继产生的各个电离束团到达阳极的平均漂移时间间隔与阳极信号宽度相比，可以做到足够长，使分开记录各个电离束团成为可能，从而提高测量精度。

小间隙室 [thin gap chamber]　TGC 阳极与阴极间距很小（≤1.5mm）、在高增益饱和模式下工作的多丝正比室。除了阳极–阳极（丝与丝）间距大于阴极–阳极间距以外结构上与多丝正比室相同。阳极丝为直径 50μm 的镀金钨丝，丝距为 1.8～2.0mm。阴极平面是 1.6mm 厚度的 G10 板，其内部沉积石墨或敷有铜箔。小间隙室的特点是由于工作于饱和模式，室的性能对机械变形的影响不灵敏，这对大面积使用非常重要。实验表明，当间隙改变小于 0.2mm，室输出脉冲高度无变化。当最小电离粒子通过室时，输出信号在入射角小于 40° 时对入射角的相关很小。由于小间隙室的阳极丝周围有很强

的电场，且阳极丝间距很小，大大减少了电离束团的漂移时间，从而有利于时间分辨率的改进。

平行板室 [parallel plate chamber]　PPC 由两个平行的平面电极组成的单间隙气体探测器，间隙为 1～2mm。电极尺寸一般为 60mm×60mm，两电极间的整个气体体积内产生很高均匀度的电场，室体工作在雪崩模式。在平行板室的灵敏体积内任何一点产生的原初电离电子能立即启动雪崩倍增过程。不同地点产生的原初电子其雪崩几乎是同时产生和发展，因此平行板室的时间晃动可以忽略。平行板室电极平面可做成任意形状，便于拼装成所需的各种图样。

电阻板室 [resistive plate chamber]　RPC 由两块平行的阻性（电阻率为 $10^{10}\sim10^{12}\Omega\cdot m$）塑料板所组成气体探测器。两电阻板间隔的气隙厚度为几毫米，典型为 2mm。电阻板在不面向气体的外表面涂以导电石墨层以便加高压和接地。电阻板的材料可以是酚醛树脂材料的电木，也可以是平板玻璃，玻璃制作室体很成功，缺点是易碎。目前大量使用的电木板，其内表面常覆一层亚麻子油或胩胺膜，甚至膜上再覆亚麻子油以降低噪声（降低单计数率）。电阻板室可以工作在雪崩模式下，也可以工作在流光模式下。当带电粒子通过在工作气体产生流光放电时，由于阻性板的高阻产生瞬时的电压降，间隙内的电场因而急剧下降，使放电猝灭，且使放电限制在放电点周围的几平方毫米的有限区域，从而只产生约 10ms 的局部死时间，而室灵敏体积的其余部分仍然处于工作状态。这样在电阻板室就有极快的电流脉冲信号，因此电阻板室非常适合作 μ 子的快速触发。

多气隙电阻板室 [multi-gap resistive plate chambers]　MRPC 一种工作在雪崩模式下的多个气隙的电阻板室。在电阻板室的气隙中插入一系列的电阻板，把气隙分割为多个小气隙单元。气隙越小，电场强度越大，增益越高。但是气隙越小，粒子经过的距离越短，雪崩导致的增益越小。这两种效应会相消，因此选择合适的气隙宽度是非常重要的。

微条气体室 [microstrip gas chamber]　MSGC 一种采用微结构电极以构成特殊电场分布的新型气体探测器。微条气体室一般由三部分组成低电场的原初电离转移漂移区、高电场的雪崩放大区和微条读出电极。微条电极由绝缘或半绝缘基质板上沉积金属膜构成，通过光刻技术蚀刻成宽窄相间的两金属条。宽条的宽度为 50～100μm，称为阴极条，细条的宽度为 5～10μm，称为阳极条，阳极和阴极条间距为 50～100μm。两阳极条间距为 200μm，比多丝正比室要小一个数量级，因此其空间分辨可以达到 30μm。在适当的工作电压下，MSGC 的漂移区的电场线几乎全部终止在阳极条上。由于阳极条很窄，而雪崩后的电荷分布大于条宽，雪崩中产生的大量正离子能同时被多根阴极条收集，因此大幅减少空间电荷的积累，使得固有计数能力大为提高。另一方面，微

条气体室阳极和阴极之间的距离很小，电场强度很大，大量离子在绝缘电极材料表面堆积，导致局部放电，使得增益稳定性下降，限制了微条气体室在粒子物理实验中的应用。

固体探测器 [solid state detector] 以固体材料为工作介质的粒子探测器。其代表为半导体探测器。半导体探测器是 20 世纪 60 年代初迅速发展起来的一种新型粒子探测器。其工作原理与电离室的类似，不同之处在于带电粒子在穿过电离室气体时产生的是电子和正离子，而穿过半导体时则为电子和空穴。当一带电粒子射入半导体中，半导体的价带电子可吸收此粒子能量而跃迁至较高能带，于是在价带上留下一空穴。由于带电粒子在半导体中产生一对电子空穴所需的能量比在气体中产生一对电子离子所需能量小一个量级，所以在半导体探测器中产生的电子空穴对数目远大于气体中产生的电子离子对，因此沉积相同的能量，半导体探测器的能量分辨率高。此外它还有能量线性响应好、脉冲上升时间快、位置分辨率高等优点，广泛应用于粒子物理实验中。半导体探测器从制作方法上可分为 pn 结型探测器、锂漂移型探测器、全耗尽型探测器；按材料可分为高纯探测器和化合物探测器。目前使用的半导体探测器大多是 pn 结型的。

半导体探测器 [semi-conductor detector] 见固体探测器。

闪烁计数器 [scintillation counter] 一种利用粒子与物质相互作用时物质发出的荧光来记录粒子的探测器。它由闪烁体、光电倍增管和相关的电子学线路组成。当粒子进入闪烁体中时，入射粒子损失部分或全部能量，使闪烁体的原子或分子电离或激发，在退激发过程中发出一定波长的荧光。此荧光经光电倍增管接受、放大并转换为电脉冲输出，再由电子仪器记录下来。闪烁计数器的优点是分辨时间短，效率高。根据脉冲的大小，还可以测定粒子的能量。

无机闪烁体 [inorganic scintillator] 含有少量金属或稀土杂质（激活剂）的无机盐晶体。虽然用纯无机盐晶体也可作为闪烁体，但加了激活剂后能明显提高发光效率。当闪烁体中原子的轨道电子从入射粒子接受大于其禁带宽度的能量时，便被激发跃迁至导带。然后经过一系列物理过程回到基态，根据退激的机制不同而发射出衰落时间很短的荧光（约 10ns）或是较长的磷光（约 1μs 或更长）。最常用的无机晶体是用铊激活的碘化钠晶体，即 NaI (Tl)，它有很高的发光效率和对 γ 射线的探测效率，其他无机晶体还有 CsI (Tl)、CsI (Na)、CaF$_2$ (Eu)、ZnS (Ag) 等。这种特殊的复合发光晶体，以杂质离子为发光中心，发光衰减时间较慢，但发光较强。还有一些比重大的闪烁晶体，如 BGO，GeF$_3$ 和近年新发展起来的 PbWO$_4$ 等，这些闪烁晶体密度大，对粒子有高的阻止能力，非常适于高能探测器的小型化。气体和液体的无机闪烁体，多用惰性气体及其液化态制成，如氦、氖、氩、氪、氙等，其中

以氙的光输出最大而较多使用。有时也用混合气体，气体的发光效率很低，发光谱主要位于紫外区，但发光衰减时较快，约 10ns。

有机闪烁体 [organic scintillator] 大多属于苯环结构的芳香族碳氢化合物，其发光机制主要由于分子本身从激发态回到基态的跃迁。同无机晶体一样，有机闪烁体也有两个发光成分，荧光过程小于 1ns。有机闪烁体又可分为有机晶体闪烁体、液体闪烁体和塑料闪烁体。有机晶体主要有蒽、芘、萘、二苯基多烯烃类、对寡次苯基体系以及多晶磷光体等，具有比较高的荧光效率，但尺寸不易做得很大。液体闪烁体和塑料闪烁体可看作是一个类型，都是由溶剂、溶质和波长转换剂三部分组成，所不同的只是塑料闪烁体的溶剂在常温下为固态。还可将被测放射性样品溶于液体闪烁体内，有效地探测能量很低的射线。液体和塑料闪烁体还有易于制成各种不同形状和大小的优点。塑料闪烁体还可以制成光导纤维，便于在各种几何条件下与光电器件耦合。所以有机闪烁体的大量运用是由于液体闪烁体和塑料闪烁体出现以后。

发光效率 [luminescence efficiency] 表征闪烁体将吸收的粒子能量转化为光的本领。能量为 E 的带电粒子或 γ 射线，入射并将能量 E 沉积到闪烁体内，激发出平均能量为 ε 的光子数为 N，则闪烁体的发光效率为

$$\eta = \frac{N \times \varepsilon}{E}$$

发光产额 [emitting light yield] 光电子数/兆电子伏特，类似绝对测量的定义，若要测量发光产额，要求测量装置能分辨出单个光电子信号。

发光衰减时间 [luminescence decay time] 闪烁体发出的光子数从最大值衰减到 $1/e$ 所需要的时间。

光传输衰减长度 [attenuation length of optical transmission] 闪烁光在闪烁体内传播时，由于吸收、散射而发生衰减。不考虑几何因素，光随着传输距离将遵守指数衰减规律

$$N(x) = N_0 \mathrm{e}^{-\frac{x}{\lambda}}$$

其中 N_0 为带电粒子击中闪烁体内某一点时产生的光子数；$N(x)$ 为距击中点为 x 的光子数，λ 为光衰减长度，表示光子数在闪烁体内传播时衰减到原来数目的 $1/e$ 时所通过的长度。λ 越大说明闪烁体的光学透明度越好。

光电倍增管 [photomultiplier] 利用光电效应把光转换为光电子并使之倍增以获得较大的电流脉冲的一种元件。外形如较大的电子管，是由光阴极、联级（通常有 10~12 个电极，又称二次发射极）和阳极（集电极）组成。光入射到光阴极上，打出光电子，再经联级将光逐级成倍地放大，最后把倍增后的光子由集电极收集起来，在输出端形成电压脉冲。电

子经联极时每级可增加 6~12 倍，而联极有十多级，故放大倍数高达 $10^6 \sim 10^7$ 数量级。

暗电流 [dark current]　在完全无光照射下，光电倍增管在工作高压时产生的电流输出，它的大小依赖于所加的高压。

穿越辐射探测器 [transition radiation detector]　一种利用穿越辐射效应制成的高能粒子探测器，由产生穿越辐射的辐射体、记录穿越辐射的计数器和其他电子学仪器共同组成。辐射体的厚度必须远大于形成区的大小。一般使用原子序数小的材料作为辐射体，如锂箔、镀铝的聚酯薄膜与铍片等。穿越辐射光子产额较少，需要使用多个薄片作为辐射体，这些薄片彼此靠近安放，形成多个界面。记录穿越辐射的计数器可以使用闪烁计数器、半导体计数器和多丝正比室等。穿越辐射探测器的缺点是穿越辐射在辐射体中会产生自吸收，入射带电粒子在 X 射线探测器中穿过会直接产生电离本底。有人用超导现象记录穿越辐射，在超导型穿越辐射探测器中，辐射体与辐射探测器合并为一体，能克服自吸收的困难，提高探测穿越辐射的灵敏度。穿越辐射探测器同磁谱仪配合，能够分辨不同种类的高能粒子；对于已知质量的高能粒子，它能定出粒子的能量，可用来分辨电子与强子。

切连科夫计数器 [Cerenkov counter]　一种利用切连科夫效应制成的粒子探测器，用于记录带电粒子所发出的微弱切连科夫辐射。20 世纪 50 年代，随着灵敏且具快速响应的光电倍增管的应用，切连科夫光的利用成为极有影响的技术。切连科夫计数器由产生切连科夫光的辐射体和探测这种光的光电倍增管组成，它能把单个粒子引起的闪光记录下来。玻璃、水、透明的塑料均可用作辐射体。当粒子以大于光在该介质中的速度进入时，就发生切连科夫辐射，然后用光电学方法检测。粒子种类已知时，一定的发射角对应一定的粒子能量，可探测加速器或宇宙线中的高能电子、质子、介子及高能 γ 射线。气体产生的切连科夫光辐射强度比固体或液体小，但由于它的折射率小，可用来探测更高速度的粒子。切连科夫辐射的持续时间仅 10^{-10}s，与快速光电倍增管配合，切连科夫计数器可有很高的时间分辨率。

阈式切连科夫计数器 [threshold Cerenkov counter]　一种探测速度超过切连科夫辐射阈速度 (β_T) 的带电粒子的探测器。阈式切连科夫计数器常用来从动量相同的混合粒子束中选出某一种粒子。要有效地区分不同粒子，就要求阈式切连科夫计数器对于 $\beta > \beta_T$ 的粒子有尽可能高的探测效率，而对 $\beta < \beta_T$ 的粒子有尽可能好的排斥能力。虽然阈式切连科夫计数器的性能较其他类型的切连科夫计数器差，但是它最简单，可应用于大型探测器中的粒子鉴别系统。

微分式切连科夫计数器 [differential Cerenkov counter]　一种通过测量切连科夫角来鉴别粒子的探测器。

围绕粒子运动方向的切连科夫辐射可以通过光学系统聚焦在焦平面上形成一个环状的图像，利用光阑选取某一特定角度的切连科夫光进行测量就可确定入射粒子的速度。如果改变光阑的半径就可在一定范围内对入射粒子的速度进行扫描，这就是微分式切连科夫计数器的基本原理。

环形成像切连科夫计数器 [ring imaging Cerenkov counter]　RICH 一种从低动量到高动量范围内均能采用的鉴别粒子的探测器。基本原理图如下。设探测器由一中心位于相互作用点 (靶) 半径为 R_M 的球面镜和一个与球面镜同心半径为 R_D 的光探测器组成，通常 $R_D = R_M/2$。由相互作用靶区发射的带电粒子经过位于球面镜和光探测器之间的切连科夫辐射体产生切连科夫光锥，再经过球面镜聚焦在光探测器上形成一个环形像。球面镜的焦距为 $R_M/2$，沿粒子运动方向张角为 $\theta_c = \arccos(1/\beta_n)$ 的切连科夫光锥在光探测器的球面上聚焦形成一个半径为 r 的环形像。取一级近似，环形像的张角 $\theta_D \approx \theta_c$，$\tan\theta_D \approx \tan\theta_c \approx r/R_D \approx 2r/R_M$。测出环像半径 r 即可确定切连科夫角 θ_c，从而可求出入射粒子的速度。

量能器 [calorimeter]　一种测量粒子能量的装置。测量方法一般由一大块体积吸收体和探测器，把要测量的高能粒子的能量吸收在里面，由此测量粒子的能量。量能器从结构上可分为全灵敏型 (或均匀介质量能器) 和取样型两类。全灵敏型量能器由一块均匀介质组成，它既是入射粒子产生簇射的介质，又是对簇射带电次级粒子灵敏的探测器介质。取样型量能器由簇射介质与探测器灵敏层相间堆砌而成。入射高能粒子在簇射介质中产生簇射，但不给出信号。簇射的信息由位于簇射层之间的探测器灵敏层给出。

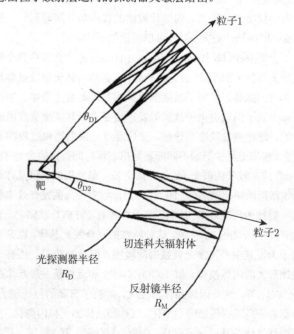

电磁簇射 [electromagnetic shower]　当一个高能电子或光子入射到一块厚吸收体上，由于电子的轫致辐射会产生能量较低的光子，若产生的这些光子能量大于 2 倍电子静止质量，则这些光子又可能形成正负电子对。若生成的正负电子对能量大于临界能量，则它们又可继续产生轫致辐射。随着入射长度的增加，上述过程反复倍增，入射高能电子 (或光子) 的能量逐渐转化成数量上增长很多但能量较低的电子和光子，形成簇射的过程。

莫里埃半径 [Moliere radius]　描述入射高能电子或光子产生的电磁簇射在不同材料中横向发展大小的物理量。莫里埃半径由下式给出：

$$R_{\mathrm{M}} = 0.0265 X_0 Z + 1.2$$

电磁量能器 [electromagnetic calorimeter]　又称簇射计数器。利用 γ 和 e 等在介子中会产生电磁簇射的原理，通过测量电磁簇射的次级粒子的沉积能量，得到 γ 和 e 等的能量的探测器，它是鉴别 γ 和 e 等电磁作用粒子与其他种类粒子的主要探测器。电磁量能器通常用无机闪烁体制作，分为全吸收型如碘化钠 (铊)、锗酸铋、铅玻璃等和取样型两种。全吸收型有很好的能量分辨，如 CsI 可达 2%(1GeV)。取样型由取样计数器与铅板交迭而成。取样计数器可以是液氩电离室、塑料闪烁计数器和多丝正比室，吸收体多为铅板，也有使用钨板的，其能量分辨为 10%～25%(1GeV)。

簇射计数器 [shower counter]　即电磁量能器。

强子簇射 [hadronic shower]　当高能强子通过介质时，高能强子与介质原子核发生强相互作用，包括弹性和非弹性相互作用两部分。非弹性相互作用产生多个次级强子。高能次级强子又可在介质中产生新的相互作用，产生更多的次级粒子的发展过程。

强子量能器 [hadron calorimeter]　利用强子会在介质中产生复杂的强子簇射的原理，通过测量强子簇射过程 (也包括少量电磁簇射) 次级粒子的沉积能量得到入射强子的能量的探测器。它是鉴别强子 (π、K、p) 和其他种类粒子的主要探测器。它不但可以测量带电粒子，也可测量中性强子 (如中子)。强子量能器通常都是取样型的，其结构与电磁量能器十分相似，采用塑料闪烁体计数器、漂移室，流光室 (管)、阻性板室 (RPC) 和阴极条室 (CSC) 等与铁 (铀) 板交迭而成。吸收体用铁、铜、铅板，也有用铀板的，以捕获簇射中产生的快中子而发生裂变，从而减少中子的泄漏，改善了量能器的能量响应和分辨率。一个适中规模的强子量能器，其能量的测量范围可以覆盖几个量级。随着加速器能量的提高，强子量能器的优点会更突出。

磁谱仪 [magnetic spectrometer]　固定靶和对撞机实验中相继出现了由多种探测器组成的大型探测装置。随着加速器能量的增长，产生的粒子数目越来越多，粒子物理实验规模越来越大，仅仅依靠某一种粒子探测器已不能完成粒子物理实验的任务，于是在 20 世纪 60 年代末，出现了磁谱仪。这种装置通常包含一个磁铁系统，利用其磁场对带电粒子的偏转作用进行带电粒子动量 (能量) 的测量。这种大型的探测装置称为磁谱仪或谱仪，有时也简称为某探测器。如北京谱仪、L3 探测器、ATLAS 探测器等。

束流本底事例 [beam background]　由于束流粒子 (电子或质子) 和真空中残留气体的作用以及束团内、束团间粒子的相互作用，使粒子动量改变而脱轨。这些脱轨的粒子如果击中探测器，就会造成束流本底事例。

触发系统 [trigger system]　一个高能物理实验中的快速实时事例选择和控制系统。它从大量的本底中实时地挑出物理上感兴趣的事例，并且决定前端电子学及数据获取系统对每次对撞应执行的动作。

多级触发 [multilevel trigger]　为了减少由触发判选造成的死时间损失，高能物理实验的触发判选系统一般采用多级触发的结构。如果对每次对撞都进行详细的判选，至少要几个微秒。那么在这几微秒内发生的事例都丢失了。第一级触发用比较简单的触发条件作快速判选，将事例率降低 1000 倍左右。其后的第二级触发可以用较长的时间做仔细的判选，进一步将事例率降低 10～100 倍。最后是第三级触发。

前端电子学 [front end electronics]　FEE 探测器数据读出的重要环节，将探测器输出的微弱电信号经过放大和数字化处理以后转变成计算机能够接收的数据。

总线 [bus]　一组其功能被明确定义的公共连线，由它来完成外设与计算机、外设与外设、或仪器与仪器之间的消息传送。它们一般传送数字量信息，包括数据、控制信号和状态信息的传送，在总线中也包含有电源线。

接口电路 [interface circuit]　用于处理在一个总线上所连设备之间的系统速度差异，也用于处理数据结构和电连接等问题的电路。一个接口电路主要包括数据传送电路、定时电路、状态电路、控制电路，以及信号传送的电平转换电路。

信号堆积 [signal accumulation]　如果两个信号的间隔小于宽度，出现的堆积现象。信号有一定的宽度。粒子物理实验中两个信号之间的时间间隔是随机的。信号堆积造成幅度和时间测量的误差。严重时两个信号合二为一，无法区分两个相继出现的物理事例。解决信号堆积问题的关键是设法减小信号的宽度。

真符合 [true coincidence]　在产生两个粒子的反应中，两个粒子可以通过两个探测器及逻辑"与"操作而被测量。两个粒子在相同的时间产生，则构成真符合。

偶然符合 [accidental coincidence]　在产生两个粒子的反应中，两个粒子可以通过两个探测器及逻辑"与"操作而被测量。由于探测器有固有的分辨时间，符合也可以被模拟出来。在探测器和电子学的分辨时间内出现的两个相互独立的粒子被记录为一个符合。

噪声 [noise] 电子学线路是由电阻、电容、晶体管和集成电路等元器件组成的。元器件中的载流子的随机运动或载流子的数量涨落会在线路的输出端产生随机涨落的无用信号。

在线数据分析 [on-line data analysis] 数据从以数字形式出现直到被永久存储介质存储之间的所有处理由在线数据获取系统进行的分析。主要包括事例的硬件实时触发、软件过滤和初步判选。

离线数据分析 [off-line data analysis] 从永久存储介质读出数据信息之后的任何分析都属于离线数据分析。主要包括带电粒子寻迹、高速带电粒子产生的切连科夫环像重建径迹重建、粒子簇射重建、事例初级和次级顶点拟合等。

死时间 [dead time] 仪器的死时间是指仪器在探测到一个事件后，接着就有一段不灵敏的时间。它限制了仪器单位时间能够记录时间的数目。系统的死时间是指信号到数据的转换、读取和记录过程需要较长的时间。前一个信号的处理过程没有结束不能处理下一个信号，以免造成混乱，这就产生了系统的死时间。

数据率 [data rate] 事例率和每个事例的数据长度的乘积。它代表数据获取系统单位时间内所要处理的数据量，是设计数据获取系统的基本参数。

空间分辨率 [spatial resolution] 描述仪器对两个非常靠近的物点刚能加以识别的能力。通常以恰好分辨两物点间的距离的倒数定义为仪器的空间分辨率，即仪器对粒子定位的精确度。分辨距离越小，空间分辨率就越高，仪器性能越好。

能量分辨率 [energy resolution] 全能峰的半高全宽 ΔE (FWHM) 除以全能峰位 E 定义为能量分辨率 ε。若以 σ 标记高斯分布的标准误差，则 $\Delta E = 2.35\sigma$。由此

$$\varepsilon = \frac{\Delta E}{E} = \frac{2.35\sigma}{E}$$

探测效率 [detectionefficiency] 入射粒子能被探测器记录到的百分比。入射窗的厚度与它对入射粒子的透过率，工作气体的种类即它们对射线的吸收率，入射粒子的种类和能量等都影响着探测效率。

老化效应 [aging effect] 计数器经受了大部分通量的辐射后其工作特性发生变化的性质。多原子有机分子气体解离的产物或是液体或是固体的聚合物，这些产物将会在计数器的阴极和阳极表面上沉积。沉积的程度与这些产物与阴极和阳极材料的亲和性有关。

本章作者：陈申见，崔著钫，宗红石

天体物理学

天体物理学 [astrophysics]　天文学的一个主要分支，也是物理学的分支之一，主要运用物理学的原理和方法，研究宇宙和宇宙中各天体的结构、形成、演化和相互作用等。研究的主要对象包括星系、恒星 (包括太阳)、行星 (包括系外行星)、星际介质、微波背景辐射等。天体的辐射涵盖了整个电磁波段，它们蕴含了天体的光度、温度、密度、化学组成等信息。天体物理学与物理学的许多分支密切相关，包括力学、电动力学、统计物理、量子力学、相对论、粒子物理、原子物理、等离子体物理等。可以说，宇宙中一些极端的物理条件为物理学提供了一个极好的天然实验室。

虽然天文学的发展很早，基本上与人类的历史记载是同步的，但是天体物理学起步相对较晚。19 世纪末到 20 世纪初，是天体物理学的诞生和飞速发展时代。太阳光谱中吸收线的发现和科学解释，奠定了天体分光学的基础。量子论、相对论的创立，使得人们对天体运动规律和物理状态的解释产生了革命性的变化。对恒星光谱的分类产生了描绘恒星分布和演化的赫罗图。在此基础上，恒星大气的辐射转移理论、恒星内部结构和核反应理论也初步建立。1929 年，哈勃通过研究河外星系，提出了著名的哈勃定律，促进了现代宇宙论的发展。

天体物理学分为实测天体物理学和理论天体物理学，两者相互依赖、相互促进。

按照探测手段，实测天体物理学又分为射电天文学、红外天文学、光学天文学、极紫外、X 射线和伽马射线天文学。天体不同波段的辐射来源于不同的物理环境和辐射机制。射电天文研究波长大于毫米级的辐射。微波背景辐射和脉冲星等重大科学发现都是来源于射电探测。红外天文探测的辐射介于可见光和射电之间。光学天文是天文学最古老的分支，地面大部分望远镜都是用可见光探测。而极紫外、X 射线和伽马射线天文研究高能的过程，如脉冲星、黑洞、耀斑等。因为太阳是众多恒星中唯一一颗能详细观测的恒星，对太阳的研究具有独特的地位，太阳上的一些活动现象经常作为其他天体相似过程研究的借鉴。理论天体物理学主要运用物理学原理和方法，建立天体结构、形成和演化的模型。近来，由于计算机技术的快速发展，又衍生出了计算天体物理学，对星系的形成、宇宙大尺度结构、天体各种爆发现象、磁流体动力学过程等关键科学问题进行详细的数值模拟，并与观测进行对比，可对重要物理过程进行精确的解析。

辐射转移理论 [radiative transfer theory]　描述天体辐射场的演化和传输规律的理论。辐射是天体能量传输的一种基本方式，对天体的探测也主要依赖于各个电磁波段的辐射。天体的介质一方面可以发射光子，对辐射场具有增强作用；另一方面，介质可以吸收光子，对辐射场具有削弱作用。辐射场的强弱一般用辐射强度 I_ν 来描述，介质的发射和吸收能力分别用发射系数 j_ν 和吸收系数 χ_ν 来描述，三者之间的关系即为辐射转移方程：

$$\frac{1}{c}\frac{\partial I_\nu}{\partial t} + \frac{\partial I_\nu}{\partial s} = -I_\nu \chi_\nu \rho + j_\nu \rho$$

在稳态的情况下，辐射场不随时间而变化，辐射转移方程简化为

$$\frac{\mathrm{d}I_\nu}{\mathrm{d}s} = -I_\nu \chi_\nu \rho + j_\nu \rho$$

可见，天体的辐射取决于其介质的发射和吸收的相对大小，以及介质的深度。发射系数与吸收系数的比值定义为源函数，即 $S_\nu = j_\nu / \chi_\nu$。在恒星大气中，一般定义吸收系数对几何深度 h 的积分为光学深度，即 $\tau_\nu = \int \chi_\nu \rho \mathrm{d}h$。假设光子向外的传播路径与径向夹角为 θ，则有 $\mathrm{d}s = -\mathrm{d}h / \cos\theta$。辐射转移方程可进一步化为

$$\cos\theta \frac{\mathrm{d}I_\nu(\theta, \tau_\nu)}{\mathrm{d}\tau_\nu} = I_\nu(\theta, \tau_\nu) - S_\nu$$

源函数和光学深度是决定天体辐射特征的两个重要参量。在光学厚 ($\tau_\nu > 1$) 情况下，天体的辐射强度取决于源函数随光学深度的变化，谱线在不同情况下可呈现吸收线或发射线；在光学薄 ($\tau_\nu < 1$) 情况下，辐射强度正比于源函数与光学深度的乘积，此时谱线一般为发射线。

辐射平衡 [radiative equilibrium]　天体的介质在单位时间内从辐射场吸收的总能量和发射的总能量相等时的状态，是能量平衡的一种特殊形式，是构造稳态的恒星大气模型的条件之一。在非稳态的天体介质中，或者非辐射形式的能量传输 (如对流、热传导、波动) 起到重要作用时，该平衡不再成立。

局部热动平衡 [local thermodynamic equilibrium]　热动平衡在局部成立的假设。在天体介质中，绝大部分情形不满足热动平衡条件。但是，在一些情况下，对热动平衡的偏离不大，可以假设局部的热动平衡存在。在局部热动平衡下，原子的激发和电离可以用玻尔兹曼公式和沙哈公式来描述，介质的源函数等于普朗克函数，可以大大简化辐射转移方程的求解。在恒星大气中，该假设适用于光学深度大的区域 (如光球)；而在光学深度较小的区域 (如色球、星冕)，该假设不再成立，需要用非局部热动平衡理论来描述。

日震学 [helioseismology]　研究太阳振荡的模式与太阳内部结构的关系的学科。太阳上存在各种不同的波动和

振荡，其激发源主要位于对流区内。太阳的振荡通过太阳大气传播到表面，可以通过分析太阳亮度场或多普勒速度场的时间序列来探测。按照回复力的特性，太阳振荡可分为三种：p模（声波）、g模（重力波）、f模（表面波）。日震学是探测太阳内部结构的重要途径。按照研究尺度，可分为全球日震学和局部日震学。

谱线轮廓 [line profile] 描述谱线中的辐射强度（或辐射流）随波长而变化的曲线。当辐射强度归一化到相应的连续谱背景时，称作剩余强度。剩余强度小于 1 对应吸收线，大于 1 则对应发射线。

磁流体力学 [magneto-hydrodynamics] 研究等离子体和磁场的相互作用的物理学分支。基本物理思想是：导电流体在磁场中运动能够感应出电流。一方面，这一电流与磁场相互作用，产生附加的电磁力，导致流体运动的改变；另一方面，它将激发新的磁场，改变原来的磁场位形。磁流体力学将等离子体作为连续介质处理，要求其特征尺度远远大于粒子的平均自由程、特征时间远远大于粒子的平均碰撞时间，不需考虑单个粒子的运动。由于只关心流体元的平均效果，因此是一种近似描述的方法，虽然能够解释等离子体中的大多数现象，广泛应用于等离子体物理学的研究，但更精确的描述方法是考虑粒子速度分布函数的动力学理论，其基本方程是流体力学中的纳维–斯托克斯方程和电动力学中的麦克斯韦方程组。由瑞典物理学家汉尼斯·阿尔文（Hannes Alfvén）创立，阿尔文因此获得 1970 年的诺贝尔物理学奖。

磁重联 [magnetic reconnection] 一种发生在等离子体中的磁场拓扑重组过程。源自不同磁拓扑区域的磁力线相互重新联接，改变磁场联接性，同时将磁能转换为等离子体动能、热能以及非热粒子能量。太阳耀斑是太阳系中最剧烈的爆发活动，现在人们已经普遍接受是磁重联过程将日冕中缓慢积累的磁场非势自由能在数分钟至数十分钟内快速释放。地磁层中的磁重联也被认为是极光产生机制之一。此外在受控热核反应理论中磁重联也非常重要。

阿尔文波 [Alfvén wave] 等离子体中一种沿磁场方向传播的波。处在磁场中的导电流体在垂直磁场的方向上受到局部扰动时，沿着磁力线方向的磁张力提供回复力而激发的波。最早由瑞典物理学家汉尼斯·阿尔文（Hannes Alfvén）预言，因此得名。其频率远低于等离子体回旋频率，是一种低频线偏振横波，其色散关系为

$$\omega^2 = k^2 v_{\mathrm{A}}^2 \cos^2\theta$$

其中，θ 为波矢与磁场的夹角。在沿磁场方向，阿尔文波的相速度为

$$v_{\mathrm{A}} = \frac{B}{\sqrt{\mu_0\rho}}$$

其中 B 为磁感应强度，μ_0 为等离子体磁导率，ρ 为等离子体密度。在垂直磁场方向阿尔文波不传播。

磁声波 [magneto-acoustic wave] 等离子体中由于热压力和磁应力共同作用所驱动的一种波，是在可压缩导电流体中，由于热压力和磁压力的耦合，密度的扰动必然引起磁场强度的变化，导致原有的声波被加速或者减速，而形成的既非横波又非纵波的波。根据其色散关系

$$\omega^2 = \frac{1}{2}k^2[(c_s^2 + v_{\mathrm{A}}^2) \pm \sqrt{(c_s^2 + v_{\mathrm{A}}^2)^2 - 4c_s^2 v_{\mathrm{A}}^2 \cos^2\theta}]$$

可分为快模磁声波（取正号）和慢模磁声波（取负号）两种波动模式，这里 c_s 为声速，v_{A} 为阿尔文波速，θ 为波矢与磁场的夹角。在沿磁场方向，快慢磁声波退化为声波和阿尔文波，具体对应关系取决于声速与阿尔文波速大小比较。在垂直磁场方向，快模磁声波达到最大速度 $\sqrt{c_s^2 + v_{\mathrm{A}}^2}$，而慢模磁声波不传播。

电流片 [current sheet] 又称中性电流片。位于两个反向磁场之间的电流薄片。从两侧流入的等离子体携带反向的磁场在此发生磁重联，可使等离子体被加热和加速。

太阳活动 [solar activity] 太阳大气层里一切自然活动现象的总称。主要包括太阳黑子、光斑、谱斑、耀斑、日珥（暗条）、日冕物质抛射和太阳风等。由太阳大气中的磁化等离子体过程引起。中国古代天文学家甘德两千多年以前就在他的星表中记录了一个黑子。但是直到 17 世纪早期伽利略发明望远镜以后，黑子才被越来越频繁地观测。乔治·海尔通过谱线的塞曼分裂观测到黑子是由强磁场组成的。由于太阳活动周的存在，太阳活动具有 11 年的周期。在活动比较剧烈的年份，太阳辐射出大量射电、紫外线、X 射线和高能粒子流，并且抛射出高速运动的磁化等离子体物质，它们和地球磁层及电离层的相互作用产生了地磁暴、电离层扰动和极光等现象。剧烈的太阳活动还可以损坏空间飞行器，威胁航天员的生命，影响微波通信，使输电网络过载或者损坏长距离油气管线。因此空间天气对现代社会变得越来越重要。太阳活动是空间天气的源泉，它和空间科学、地球科学的分支交叉产生的空间天气学成为目前科学研究的前沿领域。

光球 [photosphere] 太阳大气最低的一层。一般通过白光观测到，厚度约为 500km，平均密度 $2\times10^{-4}\mathrm{kg/m^3}$，有效温度 5770K。其光谱包括连续光谱和吸收线–夫琅禾费线，是由各种元素的原子吸收光球辐射后能态跃迁产生的。吸收线提供了光球的温度、密度、压力、化学成分、磁场和速度场等信息。光球的温度由里到外逐渐降低，由此产生了光球的临边昏暗现象，即日面中心最亮，越靠近边缘越暗。这是因为越靠近边缘人们看到的高度越高。光球中常见的现象有黑子、光斑、米粒和超米粒组织，偶尔可以看到白光耀斑。

色球 [chromosphere] 太阳大气中间的一层，位于光

球之上，过渡区和日冕之下。平均厚度约为 2000 千米。平均密度约为光球层的万分之一，由里到外逐渐降低。平均温度从光球顶部的 4600K 增加到色球顶部的几万摄氏度。由于色球的亮度远远小于光球的亮度，观测者只有在日全食的时刻才能通过肉眼观测到，而使用滤光片可以在某些特定的谱线观测到。其光谱以发射线为主，特别是由于波长 656.3nm 的氢原子 Hα 谱线在亮度上占绝对优势，色球呈现出红色的光芒。色球中常见的现象有日珥 (暗条)、针状物、色球纤维、耀斑、日浪、日喷等动力学现象。

日冕 [corona]　太阳大气的最外层。从色球顶层向外延伸到数百万千米，平均密度约为光球的 10^{-12}，平均温度 100 万 ~300 万摄氏度，亮度只有光球的百万分之一，因此只有在日全食的时候或者使用日冕仪才可以观测到。由于日冕的高温环境，其构成物质主要是完全电离的等离子体，包括质子、电子和高度电离的离子。日冕加热 (即日冕是如何维持上百万摄氏度高温的) 仍然是一个没有完全解决的问题。一般认为磁流体力学波动加热和磁重联加热是两个可能的机制。日冕中常见的现象有活动区冕环、耀斑、日珥 (暗条) 爆发、日冕物质抛射等。

磁螺度 [magnetic helicity]　定量描述磁场中磁力线拓扑复杂程度的物理量。如果把一个磁场结构分为一系列的基本磁流管，那么磁螺度一方面来自于磁流管之间的连接和打结 (互螺度)，另一方面来自于磁流管内部磁力线的缠绕和扭曲 (自螺度)。

日冕加热 [coronal heating]　太阳大气的温度从太阳表面 (光球层) 的 5770°C 急剧增加到日冕大气的几百万摄氏度。其机制至今还是个谜，已经提出的物理机制包括 MHD 波加热、磁重联 (微耀斑) 加热和第二类针状体加热。波加热理论认为太阳内部的热能可以以波的形式传递到太阳大气中加热日冕。磁重联理论认为太阳日冕中的磁场在一定条件下发生重联，从而磁能转化为热能加热日冕。最近太阳物理学家发现了一类新的针状体，这类针状体也可以携带一定的热能加热日冕。

日冕物质抛射 [coronal mass ejection]　太阳系中最大尺度的剧烈太阳爆发现象，在几分钟内可以从太阳大气中释放大量的磁化等离子体到日地空间。当这种磁化物质传播到地球附近时，可能会导致例如通信中断、导航失灵等严重影响人类高科技活动的空间天气事件。通常起源于太阳活动区，与太阳耀斑和暗条密切相关。在极大年，太阳上每天可以发生 3 次以上；而在极小年，每五天发生 1 次。

太阳耀斑 [solar flare]　发生在太阳大气多个层次包括色球、过渡区以及日冕的一种剧烈能量释放过程。一次耀斑的时标为 $10^2 \sim 10^3$s，释放的能量为 $10^{30} \sim 10^{33}$ erg。这些能量在耀斑过程中快速转化为热能、粒子动能和各种电磁

辐射。在可见光波段，其辐射增强主要集中在某些谱线，其中以氢的 Hα 和电离钙的 H、K 线最为强烈。随着现代技术的进步，其观测手段已经扩展到从射电到 γ 射线的全波段。

太阳黑子 [sunspot]　发生在光球层最基本和最明显的太阳活动特征。温度为 3000~4500°C。因为比周围的光球层表面温度 (5770°C) 低，所以看上去像一些深暗色的斑点。通常成对出现，每一对具有相反的磁场极性。一般都是由本影和半影组成，中心特别黑的部分为本影，周围不太黑的部分为半影，成纤维状结构。据记载，黑子被发现已经有了几千年历史，黑子活动的周期大约为 11 年。

日珥 [prominence]　日冕中出现的丝状、低温、高密度等离子体结构。出现在太阳边缘以外时，称为日珥。日珥的形成过程有两种：一种是色球层的低温、高密度物质直接被输送到日冕中；另外一种是日冕中的物质直接凝聚成低温物质。暗条的寿命通常很长，可以持续好几天甚至几十天，最终或者爆发或者逐渐消失。

暗条 [filament]　太阳色球图像中发暗的条状结构。与日珥属于同一种太阳活动现象。当日珥投影在太阳圆面中间时，因为吸收背景辐射而呈现出发暗的结构。高分辨率的观测显示其包含细小的、处于动力学状态的纤维结构。其爆发与耀斑和日冕物质抛射的发生密切相关。

太阳活动周 [solar cycle]　太阳活动 (如黑子、日珥、耀斑和日冕物质抛射等) 的周期性变化，通常以太阳表面黑子的数量来表征。源于太阳自转和内部的物质运动，而引起磁场周期性变化的物理过程则是太阳发电机理论。在观测上从 9 年到 14 年不等，平均长度约为 11 年，通常表现为上升期、峰值期和下降期。开始 4 年左右为上升期，黑子数量不断增多，太阳活动加剧。黑子数达到最多的一年称为太阳活动峰年或极大年。之后进入下降期，黑子越来越少，太阳活动减弱。黑子数最少的一年称为太阳活动谷年或极小年。黑子数目的周期性变化最早是在 1843 年由德国天文学家史瓦贝发现。自瑞士天文学家沃夫建立并定义 1755—1766 年为第一个太阳活动周开始，目前太阳已进入第 24 个活动周。除黑子数量的变化之外，还表现出两个基本规律：在一个周期内，黑子从中纬区域向低纬或赤道附近漂移 (斯鲍尔定律)；南北半球上前导黑子的极性相反，并且从一个周期到另一个周期过渡时会发生反转 (海尔定律)。

太阳发电机 [solar dynamo]　太阳磁场产生、维持和演化的物理过程。太阳整体上是个良导电体，而且在不同层次以不同的速率转动，因而形成片状电流，由安培定律，可产生太阳的偶极磁场。目前认为，太阳磁场的产生主要在对流层底部的差旋层。在一定的条件下，磁流体系统可以克服楞次定律 (由于磁通量的改变而产生的感应电流会抵抗磁通量的改变) 而放大原有磁场，这一系统被称为磁流体力学发电

机。依据流体结构，该发电机可能自我激发而趋于稳定、混乱或衰退。由于太阳的较差自转，太阳发电机则是自我激发趋于混乱，从而产生太阳磁场的周期性变化。目前，太阳发电机的详细机制仍不十分明确，还需进一步的研究。

太阳风 [solar wind]　从太阳高层大气发射出的稳定的等离子体 (带电粒子) 流。由于太阳高层大气 (日冕) 具有极高的温度 (百万摄氏度)，氢、氦等原子基本被完全电离而成为质子、α 粒子、其他重离子和自由电子。这些带电粒子的热速度很大，可以挣脱太阳的引力束缚而不断逃逸，形成太阳风。换言之，由于高温，作用于日冕气体上的引力不能平衡热压力，因此日冕气体很难维持流体静力学平衡，而是向外膨胀，带电粒子连续地向外流出，形成太阳风。太阳风可分为快速太阳风 (600~800km/s) 和慢速太阳风 (200~400km/s)。现在认为快速太阳风来源于冕洞 (对应开放的磁场区域)，而慢速太阳风则来源于活动区 (对应闭合的磁场区域)。

太阳高能粒子 [solar energetic particle]　由太阳爆发活动产生并逃逸到行星际空间的能量范围从几个 keV 到几十个 GeV 的带电粒子 (包括质子、电子、α 粒子和其他重离子成分)。太阳高能粒子的主要加速源区可能是在耀斑过程中的磁重联区域或者日冕物质抛射过程中所产生的激波。太阳高能粒子的加速机制则可能包括直流电场、随机过程 (二阶费米加速)、扩散激波 (一阶费米加速) 或漂移激波。太阳高能粒子第一次被探测到是在 1942 年，之后迅速成为研究的热点，原因在于它们是空间灾害性天气的重要因素，可能会危及航空和航天的安全。

太阳常数 [solar constant]　地球大气层之外单位面积单位时间内所接收到的太阳辐射的总能量。测量值为 1.36kW/m^2。由于太阳活动等原因，太阳常数在一个太阳周的变化幅度约为 0.1%。

高能天体物理学 [high-energy astrophysics]　天体物理学的一个分支学科。主要研究天体和其他宇宙物质中有高能光子或高能粒子参与并释放极高能量的现象和过程。20 世纪 60 年代以来高能天体 (如类星体、脉冲星) 的相继发现，以及空间技术和基本粒子探测技术在天文观测中的广泛应用促进了高能天体物理学的飞速发展。目前这一领域涉及的天体有类星体、活动星系核、脉冲星、X 射线源和 γ 射线源等。宇宙中的高能现象和高能过程包括超新星爆发、γ 射线暴、星系核的活动和爆发、天体的 X 射线和 γ 射线辐射和爆发、宇宙线和中微子过程等。

21 厘米辐射 [21-centimeter radiation]　氢原子通过在基态两个超精细结构子能级间的禁戒跃迁而产生的谱线。其频率为 1420.4MHz，波长约 21cm。它是射电天文观测到的第一条谱线，也是最重要的谱线之一，是研究星际中性氢原子分布、银河系和河外星系的结构的重要手段。

黑洞 [black hole]　广义相对论预言的逃逸速度超过光速的天体。黑洞的基本特征是具有一个封闭的视界。外来的物质和辐射能够进入视界，而视界内的任何物质都不能逃出视界。当超新星爆发后形成的致密星质量超过奥本海默极限时，它不可能有稳定的平衡态，只能坍缩形成黑洞。表征黑洞性质的三个基本参量是质量、角动量和电荷。对恒星量级的黑洞候选者，目前主要在双星系统中寻找和认证。这类天体称为黑洞 X 射线双星，如天鹅座 X-1 中就可能包含一个大约 10 太阳质量的黑洞。超大质量 ($10^5 \sim 10^{10}$ 太阳质量) 的黑洞可能存在于一些星系的中心，并造成活动星系核现象。如在椭圆星系 M87 的核心可能有质量约为 10^{10} 太阳质量的大黑洞。按照大爆炸宇宙学，在宇宙早期可能形成一些小质量黑洞。它们的质量约 10^{-12}kg，空间尺度约 10^{-15}m。小黑洞的温度很高，由于真空极化效应，有很强的发射，类似于一种爆发。

双星 [binary star]　由在彼此引力作用下互相绕转的两颗恒星组成的系统。组成双星的两颗恒星均称为双星的子星，一般在椭圆轨道上运动。双星是恒星世界的普遍现象，银河系内超过半数的恒星位于双星或多星系统中。在观测上，双星可以分为目视双星 (通过望远镜能够直接分辨开子星的双星)、食双星 (子星彼此掩食造成亮度规则变化的双星)、分光双星 (由子星谱线位移判知的双星)、天体测量双星 (通过天体测量方法由可见子星的自行轨迹可推测其伴星存在的双星) 等。根据双星中的子星是否充满洛希瓣，双星又可分为相接双星 (两颗子星均充满洛希瓣)、半相接双星 (一颗子星充满洛希瓣) 和不相接双星 (两颗子星均未充满洛希瓣)。此外还有一些按照观测波段和所包含的特殊天体而得名的双星，如射电脉冲星双星、X 射线双星、激变双星等。对双星轨道运动的研究是准确确定恒星质量的唯一途径。此外，双星还为人们研究恒星的结构和演化、恒星之间的各种相互作用、相对论和引力波等提供了非常有利的条件。

激变变星 [cataclysmic variable]　变星的一类，是包含一颗白矮星子星并有物质交流的双星系统，包括新星、再发新星、矮新星、类新星和共生星等。轨道周期分布在几十分钟至数天，在 2~3 小时有一个明显的间隙。新星爆发主要发生在光学波段，但在紫外和 X 射线波段也可以观测到。引起光度激烈增大和变化的原因是白矮星的物质吸积导致的失控热核反应。目前一般认为激变变星的前身星是轨道周期为数月至数年的双星系统，在形成激变变星前经历了公共包层和行星状星云演化阶段。

色指数 [color index]　同一天体在任意两个波段内的星等差。常定义为短波光谱区的星等减长波光谱区的星等。色指数的大小取决于天体辐射的光谱形状，因而同天体的色温度密切相关。在 UBV 测光系统出现前色指数通常定义为照相星等和仿视星等之差。目前通用的色指数是 UBV 测光系统中的 B-V 和 U-B。对 A0 型主序星这两个色指数的值被定义为零。恒星的星光经过星际空间被红化，观测的色指数比真实值要大。两者之差称为色余。经过星际红化修正后的真色指数与光谱型近似是一一对应的，因此在赫罗图上常用色指数代替光谱型或温度。

宇宙丰度 [cosmic abundance]　宇宙中各种元素的原子数目或质量的相对含量。标准宇宙丰度是从对太阳、地球和陨石的研究中得出的。以原子数密度计，太阳的元素丰度为：90.8%的氢、9.1%的氦和 0.1%的其他元素。由光谱分析得到的恒星元素丰度绝大部分与标准宇宙丰度相近，但老年恒星的重元素丰度一般偏少。另外还有一些特殊恒星具有异常的元素丰度。

爱丁顿极限 [Eddington limit]　天体辐射光度的上限。其条件是天体的辐射压力不超过引力。质量为 1 个太阳质量的天体的爱丁顿极限约为 10^{31} W。

巨星 [giant star]　恒星光谱分类中光度级为Ⅲ的恒星。光谱型从 O 型到 M 型，绝对星等在零等附近。在赫罗图上的分布介于主序星和超巨星之间。晚型巨星的直径通常比太阳大两三千倍，但早型巨星与同谱型主序星相比，光度和半径都相差不大。巨星具有致密的核和稀薄的大气，它们处于恒星演化的晚期阶段。随着核心区的氢越来越多地聚变为氦，主序星逐渐离开主星序，向表面温度较低、光度较高的巨星阶段演化。著名的巨星有大角、昴宿六、五车二等。光度级为Ⅱ的恒星称为亮巨星。在赫罗图上的分布介于超巨星和巨星之间。著名的亮巨星有猎户座 δ、天蝎座 19、狮子座 ε、南十字座 γ 等。

引力半径 [gravitational radius]　又称史瓦西半径。广义相对论中关于球状天体的一种临界半径。在此半径内的任何光子或其他粒子不能逃逸出来。一个质量为 M，角动量和电荷均为零的天体的史瓦西半径为 $2GM/c^2$，其中 G 和 c 分别为引力常数和光速。如果天体的半径比史瓦西半径大得多，它的性质可以用牛顿引力理论来描述。当天体的半径接近史瓦西半径时，广义相对论的效应开始变得显著。如果天体的半径小于史瓦西半径，它将不断地收缩下去，成为一个黑洞。因此，稳定的球状天体的半径不可能小于史瓦西半径。质量与太阳相仿的天体的史瓦西半径约为 3km。

引力红移 [gravitational redshift]　在引力场中的光源发出的辐射向长波方向（红端）偏移的现象。广义相对论认为，在引力场中光的振动要变慢，或光子为克服引力场的束缚必须损失能量，对应的波长变长。引力红移量与光源的质量和半径有关。越致密的天体产生的引力红移越大。在太阳和一些白矮星、显示核的光谱中已经观测到引力红移现象。

引力波 [gravitational wave]　又称引力辐射。广义相对论预言的引力场的波动形式。真空中的引力波是横波，以光速传播，有两种偏振方式。天体的激烈活动如超新星爆发、活动星系核的高能事件，以及致密天体的运动如中子星黑洞的自转和合并等，可以发射出引力波。对中子星双星 PSR 1913+16 的观测发现它的轨道周期以每年约 76 毫秒的速率递减，与广义相对论的预言值相符。这是引力波存在的第一个间接定量证据。2015 年 9 月 14 日人们第一次直接测量至两个恒星级黑洞合并产生的引力波。

氦闪 [Helium flash]　理论预言的当红巨星演化到核心氢耗尽，中心温度高达 10^8K 时，简并的氦核开始突然爆发性燃烧的现象。由于产能率的剧增，温度和核反应速率快速上升。氦闪一般发生在质量为 1~2 太阳质量的恒星中（氦核质量小于 1.4 太阳质量）。

赫罗图 [HR diagram]　恒星的光谱型-光度关系图。20 世纪初由丹麦天文学家赫兹普龙和美国天文学家罗素创制。赫罗图的横坐标是恒星的光谱型（或色指数、有效温度），从左向右光谱型逐渐由早型向晚型过渡（温度逐渐降低）；纵坐标是恒星的光度（或绝对星等），从下向上光度逐渐增大（绝对星等值逐渐减小）。在赫罗图上绝大多数恒星分布在从左上方到右下方的一条狭长的带内，形成一个明显的序列，称为主星序。在主星序的上方有光度高、体积大的巨星和超巨星，在下方分布着光度低、体积小的白矮星。赫罗图在恒星演化研究中有重要作用，它还可以用来确定星团的年龄和恒星的距离。

星际消光 [interstellar extinction]　天体辐射受到星际尘埃和大气的吸收和散射而强度减弱的现象。消光量一般随辐射波长的增大而减小（如对蓝光的消光比红光厉害），随辐射穿越的中介介质的密度和厚度的增加而增大。

星际红化 [interstellar reddening]　星光通过星际空间后由于受到星际尘埃的吸收和散射而强度减弱、颜色变红的现象。星际尘埃对星光的吸收和散射的程度与波长有关。相对于红光，蓝紫光受到的吸收和散射都相对多一些。因而星光颜色也随之变红。

星际物质 [interstellar matter]　星系内恒星与恒星之间的物质，包括星际气体、星际尘埃和星际磁场等。星际物质的质量约占银河系总质量的 10%，平均密度约为 10^{-21}kg/m^3，在银河系内的分布很不均匀，集中分布在银道面附近，尤其是旋臂中。星际气体的元素丰度与宇宙丰度相似，主要由氢元素构成。根据氢元素的存在形式分为电离氢区（HII 区）、中性氢区（HI 区）和氢分子云。星际尘埃是直径为 0.01~0.1μm 的固态颗粒，主要由碳、硅、铁和水、氨的冰状物构成，质量约占星际物质总质量的 1%。根据恒星演化理论，恒星由星际物质聚集而成；而恒星又以爆发、抛射和流失的方式把物质送回星际空间。

喷流 [jet]　天体喷出的狭长、高速、具有明亮辐射的物质流。常出现在射电波段，但在光学和X射线波段也能观测到，有时破裂成明亮的结块。喷流的形成常常与天体的吸积过程有关。银河系内具有明显喷流迹象的天体 (如 SS433) 大都是包含吸积致密天体的 X 射线双星；在河外源中喷流现象经常与活动星系核相联系 (如巨椭圆星系 M87 中的喷流)。

主序星 [main-sequence star]　　又称矮星。在赫罗图上位于主星序上的恒星。其光度比巨星和亚巨星小。在叶凯士二元光谱分类中光度级符号为 V，光谱型从 O 型到 M 型。太阳是 G2 型的主序星。主序星在主星序上的位置主要取决于它的质量。质量越大的恒星光度越大，温度越高，在主星序上占据的位置也越高。主序星的能源来自核区氢聚变为氦的热核反应。在恒星演化过程中主序星最稳定，持续时间也最长。

质量函数 [mass function]　　利用双星轨道运动得到的对恒星质量范围的限制。如单谱分光双星中已测得视向速度曲线的第一子星的质量为 M_1，未测得视向速度曲线的第二子星的质量为 M_2，轨道倾角为 i，则 $(M_2\sin i)^3/(M_1+M_2)^2$ 称为此双星的质量函数。通常用 $f(M)$ 表示，单位为太阳质量。如果 $M_1 \ll M_2$，$f(M)$ 提供了 M_2 恒星的质量下限。如果同时知道轨道倾角 i 和两子星的质量比，就可以分别求出它们的质量。

在单位体积内质量位于 M 与 $M+dM$ 之间的恒星数目。用于统计恒星质量的分布。

质量交流 [mass transfer]　　密近双星中一子星的表面物质向另一子星转移的现象。质量交流通常发生于子星表面出现星风或表层爆发活动、或了星体积膨胀充满临界等位面的情形。子星间的物质流可能直接落在吸积子星的表面，也可能形成绕吸积子星旋转的气环或气盘。由于质量交流，双星的轨道周期、视向速度曲线和食双星的光变曲线会发生变化。双星中子星的演化过程与同样质量的单星不同。恒星内部的物理状态和过程会因恒星质量的改变而变化，并受到双星动力学演化过程的影响。质量交流已经被用来解释 X 射线双星、激变变星等密近双星的能源机制。此外，A 型特殊星、A 型金属线星、B 型发射星和沃尔夫-拉叶星等特殊天体的物理状态和演化也可能与双星中的质量交流有关。

分子云 [molecular cloud]　　星际空间中化学分子聚集的区域。主要由氢分子构成，密度 300~2000 个分子·厘米 $^{-3}$。目前已经证认的星际分子超过 200 种。分子云的主要成分是气体，温度约 10~20K。此外还包含一部分宇宙尘埃，质量约占分子云总质量的 1%。在分子云中存在着一些致密的核区，密度达 10^5 个氢分子·厘米 $^{-3}$，质量达 $10^2 \sim 10^3$ 太阳质量。在巨分子云中，这些区域通常包含红外源、脉泽源、电离氢区等。半人马座 A 云和人马座 B2 云是最著名的分子云。

星云 [nebula]　　由气体和尘埃组成的云雾状天体。星云的形态各式各样，有弥漫星云、行星状星云、超新星遗迹等。根据发光性质，星云可以分为发射星云、反射星云和暗星云。前两者也统称为亮星云。不同星云中气体和尘埃的含量略有不同。发射星云中的尘埃少些，暗星云中尘埃多一些。星云既是恒星演化的产物，也是新生恒星诞生的场所。

中子星 [neutron star]　　由简并中子压力抗衡引力而维持平衡状态的致密星。20 世纪 30 年代，朗道、巴德和兹威基分别提出中子星的概念，后两人还指出中子星可能产生于超新星爆发。1967 年首次发现的射电脉冲星 PSR1919+21 就是一颗快速旋转的、具有强磁场的中子星。中子星的质量下限约为 0.1 太阳质量，上限在 2~3 太阳质量，半径 10~15 km，磁场 $10^4 \sim 10^{11}$ T。中子星的外层为固体外壳，厚约 1 km，密度约为 $10^{14} \sim 10^{17}$ km·m^{-3}；里面是主要由中子组成的流体，密度为 $10^{17} \sim 10^{18}$ km·m^{-3}。中子星核心部分的物质密度高达 10^{19} km·m^{-3}，其物态尚不清楚。

核合成 [nuclear synthesis]　　宇宙中核子形成各种核素的过程。通常认为它们发生于宇宙早期、恒星演化、超新星爆发、致密星合并等过程以及宇宙线粒子与星际介质的碰撞事件中。

测光 [photometry]　　在特定的波段范围内测量天体的亮度及其随波段和时间的变化。在光学、红外和近紫外波段，天体亮度用视星等描述，在其他波段则由测量的辐射流量密度决定。常用的光电测光系统有 UBV 和 ubvy 测光系统。其原理是用特定的滤光片和光电器件将接收到的辐射转变为电信号，然后进行放大和测量。得到的星等决定于通过相应波带的辐射强度。

原恒星 [protostar]　　处于恒星演化极早期阶段的天体。它处于引力收缩阶段，但还未发展到内部开始核反应。根据恒星质量的不同，这个阶段可持续 $10^5 \sim 10^7$ 年。

脉冲星 [pulsar]　　发射周期性脉冲辐射的中子星。脉冲星通常发射射电辐射，但也有一些在光学、X 射线和 γ 射线波段能够检测到脉冲。1967 年英国天文学家贝尔和休伊什发现了第一颗脉冲星 (PSR 1919+21)。迄今已发现的脉冲星数目超过 2600 颗。脉冲周期在约 1 毫秒至几秒之间，并随时间缓慢增长；脉冲辐射是高度偏振的，持续时间约为脉冲周期的百分之几至百分之五十。目前普遍认为，脉冲星是具有强磁场 ($10^4 \sim 10^9$T) 的、快速旋转的中子星。脉冲周期就是中子星的自转周期，脉冲星的辐射能来自自身的转动能。由于在强磁场中的辐射具有高度的方向性，当中子星的磁轴与自转轴不重合时，辐射束周期性地扫过观测者的视线，就可以产生脉冲图样。

脉动变星 [pulsating star]　　星体外层作周期性膨胀和收缩的变星。除径向脉动外，还可能有非径向脉动，以及光度、光谱型、视向速度和磁场的变化。主要可分为经典造父变星、天琴座 RR 型变星、长周期变星、半规则变星等。脉动周期短至 1h，长至几百天甚至十年以上。脉动变星的密度和光度都与脉动周期有一定关系。产生脉动的原因是，恒星在演化到一定阶段时，其结构出现某种不稳定性，引力与压力差不能完全抵消，因而达不到流体静力学平衡。变星的脉动性质，主要由变星内部结构决定，因此各类脉动变星在赫罗图上都有其特殊的位置。

激波 [shock wave]　在流体 (液体、气体) 和固体中以超声速运动并起压缩作用的物理量 (如压强、温度、密度) 的间断面。产生激波的原因可以是星体的爆炸 (如超新星爆发)、流体中超声速物体的冲击 (如太阳风冲击地磁层) 或强放电过程等。激波通过加热扫过的介质而损失能量。

光谱型 [spectral type]　根据恒星的光谱特性进行的恒星分类。目前常用的光谱型分类系统有：(1) 哈佛分类系统。分类依据是恒星光谱中的特征谱线 (带) 及其相对强度。按照温度下降的次序将恒星的光谱型依次分为 O、B、A、F、G、K、M，另外，还有极少数恒星属于 R、N、S 光谱型。各型之间是逐渐过渡的。每型又可以继续细分为 10 个次型，以阿拉伯数字 0 至 9 表示。其他物理因素引起的光谱特征一般在光谱型后以附加的特定字母表示。(2) 叶凯士分类系统。这是以恒星的温度和光度为物理参量的二元分类系统。在哈佛分类的基础上，每一恒星根据光度大小分为七个光度级，用罗马数字 I 至 VII 表示，并标于哈佛光谱型符号之后。如太阳的光谱型为 G2V。

星团 [star cluster]　由十颗以上恒星组成的、相互之间有物理联系的天体系统。星团成员有共同的起源，因而有相同的年龄和化学组成。它们相互之间受引力束缚。星团可以分为疏散星团和球状星团两类。疏散星团包含十几颗到几十颗恒星，形状不规则，绝大多数分布在银道面附近，是星族 I 天体，因此也称为银河星团。星团成员具有相同的运动方向。球状星团由成千上万、甚至几十万颗恒星组成，结构致密，中心集聚度高，外型呈圆形或椭圆形。大多数球状星团以银心为球心，近似球对称地分布在银晕中。它们的成员星年龄约为 100 亿年，金属丰度低，是星族 II 天体。

恒星形成 [star formation]　由星际介质 (主要是分子云) 产生恒星的过程。目前一般认为，恒星是由冷的、致密的 ($10^9 \sim 10^{10}$ 原子·米 $^{-3}$) 气体和尘埃云通过引力收缩形成的。绝大多数恒星诞生在巨分子云中。当星云开始收缩时，引力不稳定性导致星云不断碎裂成许多小结块。在结块收缩初期，物质密度很低，对光子是透明的，因而引力势能释放产生的热量可以无阻挡地向外散逸。随着密度增大，结块中心部分逐渐变得不透明，热量不易外逸，温度增加。最终这些结块形成原恒星，同时在外围形成强大的星风，驱散星周物质。随

着原恒星继续收缩，中心温度不断升高。当温度达到约 1 千万摄氏度时，核心的氢开始通过热核反应聚变为氦，并释放热量。此后，原恒星达到流体静力学平衡，成为一颗零龄主序星。

恒星演化 [stellar evolution]　在引力、压力和核反应的作用下，恒星结构随时间变化，直至能量耗尽，变为简并星或黑洞的过程。质量与太阳相近的恒星在主星序阶段核心氢通过质子 - 质子链核反应聚变为氦。当核心氢耗尽后，在氦核周围的氢壳层开始燃烧，恒星变成一颗红巨星。经过核心氢燃烧和壳层氢燃烧阶段，恒星变得不稳定，向外抛射物质，形成行星状星云，其中心核坍缩为一颗白矮星。大质量恒星在主序星阶段通过碳氮氧循环过程将核心氢聚变为氦，并通过其他核反应过程依次生成氧、氖、镁等元素。如果恒星的质量足够大 (超过约 8 太阳质量)，核反应可以进行到在恒星中心形成铁核。此后恒星开始坍缩，产生超新星爆发。坍缩的核形成一颗中子星或黑洞。

恒星结构 [stellar structure]　恒星内部的物理状态和各物理量 (温度、压力、密度、化学成分、产能率等) 从中心到表面的分布。恒星的内部结构主要由它的质量、化学成分和演化程 (即年龄) 来决定。在主星序阶段的星族 I 恒星的内部结构主要由质量来决定：质量大于约 2 太阳质量的恒星，外部基本上是辐射层，中心部分是高温、高压的对流核心；质量小于约 2 太阳质量的恒星，外部有相当大的对流层，中心部分为辐射区。理论上研究恒星内部结构要求解由流体静力学平衡方程、质量连续性方程、能量传输方程和能量守恒方程，以及物态方程、核反应产能率方程、不透明度公式等组成的微分方程组。

亚巨星 [subgiant]　恒星光谱分类中光度级为 IV 的恒星。在赫罗图上位于主序星的右上方，介于主序星和巨星之间。亚巨星处于恒星离开主星序向巨星演化的最初阶段。著名的半相接双星大陵五就包含一个主序星和一个充满洛希瓣的亚巨星。

超巨星 [supergiant]　恒星光谱分类中光度级为 I 的恒星。是体积最大、光度最高的恒星，在赫罗图上位于最上方，绝对星等介于 −5 和 −12 之间。质量一般都比较大，超过十几太阳质量。典型的超巨星有参宿四、参七、心宿二等。

超新星 [supernova]　爆发规模最大的变星。爆发时光度达 $10^7 \sim 10^{10}$ 太阳光度，光变幅度超过 17 星等，释放 $10^{40} \sim 10^{45}$ 焦耳能量。爆发结果是全部或大部分恒星物质向外抛射，形成膨胀的气壳 (超新星遗迹)，并可能遗留一颗由恒星坍缩的核形成的致密天体 (中子星或黑洞)，形成强射电源和高能辐射源。超新星是星际重元素的主要贡献者。目前发现的河外超新星数目超过 1000 颗，银河系内超新星的诞生率估计为每百年 2~3 颗。根据光谱中是否出现氢线，超新星可以分为 I 型和 II 型，并进一步分为 Ia、Ib 和 IIp、II$_L$

等次型。其中 Ia 型超新星的爆发机制是当双星系统中吸积白矮星的质量超过钱德拉塞卡质量时白矮星内部爆发性的核燃烧。Ib 和 IIp、II_L 型超新星源于大质量恒星的核坍缩。

超新星遗迹 [supernova remnant]　超新星爆发抛出的大量物质在向外膨胀过程中与星际物质和磁场相互作用而形成的气体星云。爆发星的残骸可能形成中子星或黑洞。超新星遗迹有较强的、由同步加速辐射机制产生的射电辐射。按形态大致可以分为两类：壳层型，即辐射主要来自纤维状的球形壳层和星际气体的相互作用，遗迹中无其他能源；混合型（如蟹状星云），辐射来自遗迹整个区域，并且由中心的脉冲星提供能源。

白矮星 [white dwarf]　由简并电子压力抗衡引力而维持平衡状态的致密星。因早期发现的大多呈白色而得名。白矮星的直径约为太阳的百分之一，绝对星等为 10~15 星等，密度 10^8 ~10^{10} kg·m^{-3}。在赫罗图上占据着主星序左下方相当广阔的区域。在恒星光谱分类中用谱型前加字母 D 来表示，并细分为许多次型。某些白矮星的磁场高达 10~1000T。天狼星的伴星是典型的白矮星。新星、再发新星和矮新星都是包含一颗白矮星子星的密近双星系统。白矮星是恒星演化的几种归宿之一：当恒星经过红巨星阶段抛射包层物质（形成行星状星云），剩下的核的质量若小于昌德拉塞卡极限，便会坍缩形成一颗白矮星。

X 射线双星 [X-ray binary]　发射 X 射线的双星系统。通常包含一颗致密星（中子星或黑洞）子星和一颗正常的、非简并子星。目前在银河系内发现的数目已超过 300 颗。X 射线来源于双星中的物质吸积：非简并子星通过洛希瓣渗溢或星风等方式损失物质，其中的一部分物质被致密星俘获。由于致密星表面引力场很强，吸积物质在落向致密星的过程中可以获得很大的能量。这部分能量可以转变为 X 射线波段的辐射。如果致密星是具有强磁场的中子星，它们可以发射 X 射线脉冲辐射。X 射线双星分为高质量 X 射线双星（如半人马座 X-3）和低质量 X 射线双星（如天鹰座 X-1）两类。其中的非简并子星分别是高质量的早型星和低质量的晚型星。

X 射线暴 [X-ray burst]　一种 X 射线光度有强烈闪耀的现象。X 射线爆发主要在 1~30 keV 范围内观测到。爆发的上升时间常短于 1 s，然后 X 射线光度以几秒至 1 分钟的时标指数衰减。X 射线暴源有 I 型和 II 型两类，都是包含吸积中子星的 X 射线双星。I 型暴源在数小时至数天内重复爆发；II 型暴源又称为快暴源，在几天内每数分钟或更短时间内重复爆发。目前普遍认为 I 型 X 射线爆发是中子星表面的吸积物质在温度和压力超过一定极限时发生的热核闪耀，II 型 X 射线爆发则可能由中子星不稳定的物质吸积引起。

γ 射线暴 [γ-ray burst]　一种短暂的、脉冲式的、猛烈的 γ 射线爆发现象。爆发持续时间从小于 1 秒到几十秒，辐射能从几千电子伏特到几兆电子伏特。爆发源在天球上近似于各向同性分布（不同方向探测到的几率相同），估计平均发生几率为每天一次。目前普遍认为 γ 射线暴源位于宇宙学距离上，与大质量恒星的坍缩或致密星的并合过程有关，但 γ 射线暴的能源机制和物理性质尚不完全明确。

哈勃常数 [Hubble constant]　河外星系退行速度和其距离的比值，它是一个常数，通常用 H 表示，单位是公里/(秒·百万秒差距)。这个比值有时简称速度–距离比或哈勃比。

1929 年，哈勃首先发现河外星系的视向速度与距离成比例，即星系距离越大视向速度也越大，并给出速度–距离比，符号为 K，比值为 500。后来人们称为哈勃常数，并改用符号 H。1931 年，哈勃和哈马逊第二次测定 H 为 558 km/(s·Mpc)$^{-1}$，后又订正为 526 km/(s·Mpc)$^{-1}$。1974 ~ 1976 年，桑德奇和塔曼利用多种距离标尺方法重新修订哈勃常数，得到 H 为 55 km/(s·Mpc)$^{-1}$。2006 年 8 月，马歇尔太空飞行中心 (MSFC) 的研究小组使用美国国家航空航天局的 Chandra X 射线天文台发现的哈勃常数是 77 km/(s·Mpc)$^{-1}$，误差大约是 15%。2009 年 5 月，美国国家航空航天局发布最新的哈勃常数测定值，根据对遥远星系 Ia 超新星的最新测量结果，哈勃常数被确定为 (74.2±3.6) km/(s·Mpc)$^{-1}$，不确定度进一步缩小到 5% 以内。2012 年 12 月 20 日，美国国家航空航天局的威尔金森微波各向异性探测器实验团队宣布，哈勃常数为 (69.32±0.80) km/(s·Mpc)$^{-1}$。2013 年 3 月 21 日，从普朗克卫星观测获得的数据，哈勃常数为 67.80±0.77 km/(s·Mpc)$^{-1}$。

哈勃定律 [Hubble law]　1929 年，哈勃发现河外星系视向退行速度与距离成正比，河外星系距离越远，视向退行速度越大，即 $V=HD$，其中 V 为河外星系退行速度，单位是公里/秒，H 为哈勃常数，单位为 km/(s·Mpc)$^{-1}$，D 为河外星系距离，单位为 Mpc。

在现代观测宇宙学研究中，哈勃定律成为宇宙膨胀理论的基础。但哈勃定律中的速度和距离均是间接观测得到的量。速度–距离关系和速度–视星等关系，是建立在观测红移–视星等关系及一些理论假设前提上的。哈勃定律最初是对正常星系观测得到的，现已广泛应用到类星体或其他特殊星系上。哈勃定律通常被用来推算遥远星系的距离。

基面 [fundamental plane]　描述正常椭圆星系等效半径，等效半径处的星系面亮度和中心速度弥散度三个物理量之间的相关关系。最常见的基面表示式为

$$\log R_e = 0.36(\langle I \rangle_e/\mu B) + 1.4 \log \sigma_0$$

其中 R_e 为等效半径，$\langle I \rangle_e$ 为等效半径处的面亮度，σ_0 为中心速度弥散度。

基面是椭圆星系所有物理量相关关系中最为紧密的关系，常被认为是比较好的次级宇宙距离标尺。

星暴星系 [starburst galaxies]　正常星系中的恒星形成率大约是每年几个太阳质量，但是宇宙中存在这样一类恒星形成率要比正常星系恒星形成率高一个量级以上的星系，这种具有爆发性的恒星形成 (通常发生在星系中心区域) 星系被称为星暴星系。这种星系要持续如此高的恒星形成率，将会在远短于星系形成时标内耗尽所储存的气体，因此，星暴过程被假设为短暂时期的现象。星暴星系提供了一个非常独特的研究大质量恒星形成与演化以及大质量恒星对星际介质影响的天然实验室。星暴星系包括以下几类河外星系：蓝致密星系，超亮红外星系，以及沃夫－瑞叶星系。在我们临近宇宙中，最出名的星暴星系是 M82 星系。

星族 [stellar population]　1927 年布鲁根克特在《星团》中第一次提出来该概念。1944 年巴德观测并研究了星系 M31 和 M33 核心部分亮星的赫罗图，发现与银河系球状星团的赫罗图十分类似，并重新提出星族的概念，把银河系以及其他旋涡星系的恒星主要分成两大类，称为 "星族 I" 和 "星族 II"。星族 I 中最亮的恒星是早型白色超巨星，而星族 II 中最亮的恒星是 K 型红橙色超巨星。同时，星族 I 和星族 II 在空间分布和运动特性方面也有不同：星族 I 的恒星集中于星系外围旋臂区域内，银面聚度大；星族 II 的恒星则主要集中在星系核心部分，银面聚度小。1957 年，在梵蒂冈举行的星族讨论会上，将银河系里的恒星划分为五个星族。这种划分方法现已为各国天文学家普遍接受。星族概念在研究银河系的起源和演化问题上起着重要的作用。它已成为星系天文学和天体演化学的重要内容。

超亮红外星系 [ultra-luminous infrared galaxies]　在红外波段 (1~1000 μm) 的光度超过 10^{12} 太阳光度，比正常星系 (如银河系) 亮 100~1000 倍的星系。这些星系通常包含非常多的尘埃，因此，紫外辐射被遮蔽使得恒星的光度变得黯淡，同时非常有效地加热尘埃并在红外波段产生非常强的再辐射，这是超亮红外星系特别红的原因。星系的红外辐射源主要有三个：恒星、星际气体和尘埃。恒星辐射的贡献主要在近红外的 1~3μm 波段，而 3μm 以外的辐射主要来自尘埃的热辐射。星系的合并可触发恒星的形成，高恒星形成率可以有效加热恒星形成区的丰富尘埃，并在红外波段产生强辐射。已经被详细研究的超亮红外星系包括 Arp 220 等。

棒旋星系 [barred spiral galaxy]　旋涡星系中的一种常见类型，其内部存在一个棒状的在动力学上独立的恒星结构。天文观测发现大约三分之二的旋涡星系存在不同强度的棒状结构，实际比例很可能更高。棒围绕星系中心转动所形成的力矩能有效地将星际冷气体导入星系核区，并进而激发核区的恒星形成活动或促进星子中心超大质量黑洞的吸积。

密度波理论 [density-wave theory]　旋涡星系中形成旋臂结构的标准理论，认为旋臂是星系盘在围绕星系中心作轨道运动过程中形成的恒星分布较密集的局部区域。恒星动态地进入与离开旋臂，使得旋臂以准静态密度波的形式保持稳定结构。该理论由华裔学者林家翘与徐遐生提出，也被成功地应用到其他天体动力学系统中 (如土星环)。

动力学黏滞 [dynamical friction]　一个质量较大的天体 (如球状星团或矮星系) 在许多质量较小的天体的集合 (如恒星盘或恒星晕) 中穿行时所产生的动力学效应。大质量天体的引力将使接近它的小质量天体获得动量与动能，而其本身则相应地损失动量与动能。

星系团 [galaxy cluster]　宇宙中服从自引力束缚的最大尺度的天体系统。通常由几百至几千个成员星系组成，在空间上有数百万秒差距的延展。在成员星系之间分布着温度为百万度至千万度的产生 X 射线辐射的热气体。星系团的引力质量由暗物质主导。

星系群 [galaxy group]　介于星系和星系团之间的天体系统。通常由几十至上百个成员星系组成。当前宇宙中的大多数星系位于星系群中。星系群的成员星系之间分布着热气体与暗物质。

本星系群 [local group of galaxies]　银河系所属的星系群，由数十个距离我们最近的星系组成。其中质量最大的两个星系是仙女座星系 (M31) 以及银河系，它们之间的距离约为八十万秒差距。其他较显著的成员包括大小麦哲伦云以及三角座星系 (M33)。本星系群是研究星系演化的重要平台。

面亮度起伏 [surface brightness fluctuation]　一种测量星系距离的经验方法。利用某个特定的仪器对星系进行成像，某个像素上所测得的面亮度由于只覆盖有限数目的恒星因此会有一定的统计涨落，涨落的幅度与星系的距离成反比。假如能从经验上确定这一像素所覆盖的恒星的平均光度，就能推算出星系的距离。目前这一方法被应用于距离在一亿秒差距以内的早型星系。

麦哲伦星系 [Magellanic clouds]　又称大麦哲伦云和小麦哲伦云。本星系群中两个相对质量较大的有活跃恒星形成活动的不规则矮星系。麦哲伦星系与银河系的距离分别约为 5 万秒差距和 6 万秒差距，一般认为它们在银河系的引力束缚下作轨道运动。在南半球夜空中肉眼可见。

甚大阵 [very large array, VLA]　美国国家射电天文台在新墨西哥州建造的射电望远镜阵，采用一种综合口径技术，由 27 个口径为 25 米的天线组成，每个天线可移动，排列成 Y 型，最长基线达 36 千米，观测频率为 74~50000 兆赫兹，最高分辨率可达 0.05 角秒。

甚长基线干涉仪 [very long baseline interferometer, VLBI] 由几个相距数百至上千公里的射电望远镜相互合作组成一个分辨率达微角秒的射电干涉仪。每个射电望远镜接收到的数据都有同步的原子钟时间，这些数据分别储存在硬盘中，之后再将这些数据统一起来进行相关处理。这种干涉仪常用于测定射电源的精确位置和亮度分布，航天器定位和天体测量学中。

活动星系核 [active galactic nucleus] 河外天体中的一类中央核区活动性很强的星系。它们在全电磁波段，从无线电到伽马波段，都有非常强的电磁辐射。一般认为核区的活动起源于中心超大质量黑洞吸积周围的物质，被吸积的物质一部分的引力势能转化为超强的电磁辐射。活动星系核按照不同的发射特征，可以进行不同的分类。如依据有没有宽发射线，可以分为 I 型活动星系核 (有宽发射线) 和 II 活动星系核 (没有宽发射线)；根据射电波段辐射的强度，又可以分为射电噪活动星系核和射电宁静活动星系核。

主动光学 [active optics] 一种应用于地面大型望远镜上的光学技术，通过改变主镜镜面的形状以补偿由于重力、温度和风力造成的镜面本身的形变，以此来提高成像的质量。世界上已有的大型望远镜一般都配备了主动光学系统。

自适应光学 [adaptive optics] 一种通过在光路上放置专门的实时变形的变形镜来修正因大气湍动造成的光波波前的畸变，从而极大的提高望远镜的成像质量的光学学科。一个自适应光学系统一般由反射镜，波前探测，计算机系统和变形镜四部分组成。自然导星自适应光学系统通过观测一亮恒星的波前变化来修正大气湍动，然而该系统要求非常亮的恒星来做导星，严重地限制了能观测的天区 (全天大约只有 1%的区域能观测)。激光自适应光学利用观测从地面发射到大气层反射回的激光的波前变化来修正大气湍动，激光自适应光学仍旧需要自然导星来修正大气的倾斜误差，但其对自然导星亮度的要求大大降低。不同于主动光学，自适应光学需要在极短时间内 (10ms 以内) 修正波前的变化，而主动光学修正的是较长时标上主镜的变化。自适应光学是下一代超大地面光学红外望远镜 (30 米主镜) 的关键技术。

大爆炸宇宙学 [big-bang cosmology] 描述宇宙诞生及其后续演化的宇宙学模型之一。该模型认为 130～140 亿年前，宇宙诞生于一个密度极大且温度极高的原初状态，经过不断的膨胀到达今天我们所观测到的宇宙。这一模型得到了当今科学研究和观测最广泛且最精确的支持。美国天文学家哈勃于 20 世纪 20 年代观测到星系的距离与其远离我们的速度存在非常好的相关关系，该关系是证明当前宇宙在膨胀的关键观测证据。

热光度 [bolometric luminosity] 在所有波长上积分所得到的天体总光度。

电荷耦合元件 [charge-coupled device, CCD] 一种半导体器件，其通过吸收光子来激发电子，收集和测量所激发的电子来把光子转化为数字信号。由大量独立的感光二极管组成，一般按照矩阵形式排列。常用三相布局来实现对感光器件上激发电子的转移和收集。相比较于照相底片，CCD 具有良好的线性响应，很高的可测量子效率，以及重复曝光的优良特性。因此 CCD 已经取代照相底片，被广泛的应用到光学和紫外波段的天文测量。

宇宙临界密度 [cosmic critical density] 一个假设的理论临界密度。如果宇宙中物质的平均密度小于临界密度，宇宙就会一直膨胀下去，称为开宇宙；要是物质的平均密度大于临界密度，膨胀过程迟早会停下来，并随之出现收缩，称为闭宇宙。如果宇宙中的物质平均密度为临界密度，那宇宙空间是平直的，即空间曲率为零。当前的观测表明宇宙的几何非常接近平直。

宇宙微波背景辐射 [cosmic microwave background radiation] 又称3K 背景辐射。一种充满整个宇宙空间的电磁辐射，是绝对温度为 2.725K 的黑体辐射，主要能量在微波波段。宇宙微波背景辐射产生于大爆炸后的三十万年，其温度随着宇宙的膨胀而不断降低，直到当前 3K 左右的温度。

3K 背景辐射 [3K background radiation] 即宇宙微波背景辐射。

宇宙常数 [cosmological constant] 爱因斯坦在利用引力场方程对宇宙整体进行研究时，为得到一个物质密度不为零的静态宇宙，人为地在场方程中引进的一个常数。如今，宇宙常数常指暗能量，来解释宇宙的加速膨胀。

宇宙加速膨胀 [accelerating universe] 宇宙膨胀的速度变得越来越快的现象。天文学家哈勃通过对造父变星距离和退行速度的测量指出宇宙随着时间在膨胀，而在 1998 年对 Ia 型超新星的距离和退行速度的测量表明宇宙不仅在膨胀并且这个膨胀速度还在被加速，至于加速的物理机制尚不清楚，一种比较流行的解释是存在着一种称为暗能量的物质。不同于其他物质，暗能量产生斥力从而加速宇宙膨胀。除了 Ia 型超新星的观测，随后的宇宙大尺度观测、宇宙微波背景观测等都证实了宇宙加速膨胀的现象。

暗能量 [dark energy] 宇宙学中，某种猜想的充满整个宇宙空间的、具有反引力效果的能量。暗能量是当前解释宇宙加速膨胀的一种最流行的方案，占宇宙总能量大约 73%。现代宇宙学观测发现宇宙不单单在膨胀，而且其膨胀的速度还在加快。为解释这种现象，理论上引入一种特殊的能量，其具有排斥力的效果。

暗物质 [dark matter] 宇宙学中，某种猜想的充满整个宇宙空间的、具有引力效果的未知物质。其本身不发射电磁辐射，也不与重子物质或电磁波或自身发生相互作用。目前只能通过引力效应得知宇宙中有大量暗物质的存在。暗物质存在的早期证据来源于对漩涡星系旋转速度的观测以及星系团里星系的运动速度的观测表明除了我们能观测的物质，还需要引入大量的无法直接观测到的暗物质才能通过牛顿定律来解释观测到的速度。暗物质代表的能量占宇宙总能量约 23%。

星系并合 [galaxy merger]　　两个星系在万有引力的作用下并合成一个星系的过程。星系并合根据两星系的相对大小，可以分为主并合 (两星系质量差不多) 和次并合 (两星系质量差别很大)。主并合后，两星系的物理特性会发生很大的改变，如当前的理论认为两个漩涡星系并合后会成为椭圆星系，该理论认为这是形成大质量椭圆星系主要的途径。在次并合中，小星系溶解到大星系里，大星系的物理特性不会发生很大的改变。

星系 [galaxy]　　一个包含恒星、气体、尘埃、磁场、暗物质和黑洞的，受自身引力束缚的天体系统。按照质量大小，星系简单地分为只有数千万颗恒星的矮星系到上兆颗恒星的大质量星系。按照光学或近红外的形状，星系可以分为漩涡星系和椭圆星系，每一类又可以细分，最著名的就是哈勃发明的哈勃分类。

类星体 [quasar]　　一种 20 世纪 60 年代发现的在照相底片上看起来像恒星，但光谱完全不同于恒星的银河系外的天体。现在认为是一种高亮度的活动星系核。一般是在极其遥远距离外观测到的。

爱因斯坦静态宇宙模型 [Einstein static model]　　又称爱因斯坦宇宙模型或静态宇宙模型。是第一个建立在相对论框架下的宇宙模型。由爱因斯坦于 1917 年提出。爱因斯坦首次用引力场方程来研究宇宙的整体，提出了有限但没有边界的静态 (既不膨胀也不收缩) 宇宙模型，开创了理论宇宙学的新学科。爱因斯坦为使该静态宇宙模型不与引力场方程抵触，引入了一项被称为宇宙学常数的量来抵消引力的影响。静态宇宙的概念符合当时人们的认知，但随着后来越来越多的支持宇宙膨胀的观测证据出现，静态宇宙的模型已渐渐不被人们接受，另外该模型也是非常不稳定的。

等效原理 [equivalence principle]　　广义相对论的一个基本原理，指重力场与具有一定加速度的参考系等价。等效原理可细分为弱等效原理和强等效原理。前者建立在牛顿力学框架下，指物体的引力质量和惯性质量相等，任何力学实验不能区分在引力场中自由下落的参考系和惯性系。爱因斯坦进一步提出，引力场中自由下落的参考系等价于狭义相对论中的惯性系，不仅力学实验不能区分二者，而且任何物理实验都不能区分，这一发现被称为强等效原理。这一原理进一步引申为引力即时空弯曲的概念，从而引导爱因斯坦后来提出广义相对论。

弗里德曼宇宙模型 [Friedmann universe]　　由俄国物理学家和数学家亚历山大弗里德曼 (Alexander Friedmann) 于 1922 年提出的建立在广义相对论框架下的宇宙模型。弗里德曼在宇宙是均匀且各向同性的假设下，结合爱因斯坦场方程提出宇宙不是静态而是动态的 (膨胀或者收缩)，可由一组弗里德曼方程描述。

引力透镜效应 [gravitational lensing]　　质量 (能量) 导致时空弯曲，从而使光的传播路线发生偏折的现象。这一现象可以用光线通过透镜发生偏折来类比。这种效应会导致部分由光源发出的原本不会到达观测者的光线经过偏折后到达观测者，从而产生放大效果，因此又被形象地称为大自然的望远镜。一个引力透镜系统由光源、透镜、观测者和成像四部分组成。根据光源、透镜和观测者三者之间的相对位置，以及充当透镜的天体的质量及其分布，引力透镜又可细分为强引力透镜、弱引力透镜和微引力透镜。

Gunn-Peterson 效应 [Gunn-Peterson effect]　　又称冈恩 - 彼得森效应。宇宙早期的类星体由于星际介质中中性氢的密度较高，其光谱中的莱曼阿尔法线蓝端会完全被吸收的特征。由美国天文学家 James Gunn 和 Bruce Peterson 在 1965 年提出。通过对这一效应的观测可以确定宇宙完成再电离的时间。2001 年天文学家在一颗红移在 6.28 的类星体中首次观测到该效应。华人天文学家樊晓辉通过对斯隆数字巡天中发现的一系列红移 6 左右的类星体的光谱观测在这一领域做出了杰出的贡献。

暴胀宇宙学 [inflationary cosmology]　　宇宙极早期经历过一个极短的快速膨胀的时期，从大爆炸之后的 10^{-36} 秒开始持续到 10^{-33} 到 10^{-32} 秒之间，宇宙在这段时间内空间膨胀了至少 10^{78} 倍。暴胀模型解决了热大爆炸 (Hot Big Bang) 模型中许多无法克服的困难，诸如为何探测不到磁单极子以及宇宙背景辐射的视界等问题，另外还特别提供了关于宇宙大尺度结构形成的物理机制。这一模型最早由美国物理学家阿兰古斯 (A.Guth) 于 1980 年提出，之后的几十年又有许多不同的暴涨宇宙学模型出现。

宇宙大尺度结构 [large-scale structure of the universe]　　描述可观测宇宙在大范围内 (典型尺度是十亿光年) 质量和光的分布特征。目前普遍认为这种大尺度结构起源于早期微观尺度宇宙中的量子涨落在暴涨时期的极度放大。天文学家通常利用红移巡天和其他各种不同波长电磁波的观测，如用以观测中性氢辐射的 21cm 射电观测，来获取宇宙在大尺度的结构特性。斯隆数字巡天所发现的由几个超星系团组成的斯隆长城，是迄今为止所知道的最大结构。

莱曼不连续星系 [Lyman break galaxies]　　红移较高的恒星形成星系，其观测到的光谱中的莱曼极限 (波长 912 埃) 会移到紫外和光学波段，此时由波长位于观测到的莱曼极限两端的滤光片测到的星等会有较大差异，利用这一差异来选取得到的星系。星系光谱中能量高于莱曼极限的光子几乎会被其恒星形成区的中性气体完全吸收，因此波长高于莱曼极限部分的光谱较亮，而波长短于莱曼极限部分的光谱却非常暗甚至完全观测不到。传统上通常利用星系在光学波段 (波长大于 3600 埃) 被探测到，而在紫外波段 (波长小于 3600 埃) 未被探测到的特征来选择红移 3 左右的莱曼不连续星系。这一方法可以通过利用不同波长的滤光片组合来进行拓展，从而探测不同红移处的莱曼不连续星系。通过莱曼不连续来选择星系样本是迄今最为有效的寻找高红移星系的方法。

本章作者：丁明德，王涛，李川，李向东，李志远，施勇，顾秋生，郭洋，程鑫，戴煜

计算物理学

计算物理 [computational physics] 物理学的一个分支学科。有两方面主要内容，一是计算物理方法，即从物理原理出发通过数值计算研究各种物理性质和现象的分析或模拟方法，二是由此得到的各种物理性质、物理现象和运动规律。涉及的研究对象遍及从宏观 (如天体或固体) 到微观 (如原子分子) 到亚微观 (如原子核与基本粒子) 的各个物理学分支。

与主要通过数学演绎研究物理问题的理论物理方法相比较，计算物理研究的优点突出地表现在研究复杂体系的性质和运动规律，可以只作较少的近似却能得到比较准确和定量的结论。与主要通过观测发现物理现象和规律的实验物理方法相比较，计算物理研究的优点表现在它较少受到观测设备的限制，对时间、空间、能量以及其他物理量可以达到实验仪器难以企及的高分辨本领，同时计算物理研究也不受实验环境限制，在实验室难以实现的压力、温度、场强、试样结构等环境下，分析或模拟单个因素或各种因素的不同组合在体系，尤其是复杂体系的物理现象中所起的作用。综合计算物理研究与理论物理和实验物理研究的结果，可以对体系的物理性质、物理现象和运动规律达到更正确的认识。

20 世纪前期和中期，在电子计算机出现之前和初起的年代，计算能力十分有限，计算物理发展处于孕育时期，主要的成就在于设计了各种简化的计算方法，比如计算简单固体结合能的元胞法，或处理相变和临界现象中的重整化群算法等等。同时在涉及重大工程中 (如各国的核计划)，在对复杂物理过程的分析设计上发挥了重要作用。到 20 世纪后期，尤其是 70 年代以后，有了以密度泛函理论为代表的理论突破，实现了完全不依赖实验数据对实际原子分子和固体体系的计算研究，又建立了较有效的多尺度计算方法，加上计算机从 1980 年左右的每秒数十亿次运算的超级机发展到现在每秒数万亿到数十万亿次运算的大规模并行机，计算物理研究发展迅速。研究对象从简单体系到复杂体系，从静态结构到动力学过程的模拟，从独立的物质体系到它们在各种外场中的响应，取得了巨大的成就。计算物理已经成为现代物理研究的一种重要手段，与理论物理和实验物理一起并称为物理研究的三大支柱。其影响所及，甚至已经超出传统物理研究的领域，成为物理学、化学、材料科学、乃至地学和生物学研究的有力工具。

有效介质理论 [effective medium theory] 一种从凝聚态物理中波与物质的相互作用出发来描述复合材料的宏观性质的理论。它通过对复合材料的不同组分求平均，以得到在长波近似下对该复合材料性质的一种有效介质的描述。该理论根据复合材料的不同微观结构和不同的物理量有不同的平均方法，可以给出光波，声波或弹性波在不同微观结构下的有效介质参数。它也被推广用来提取人工超材料的有效介质参数。比较常用的有效介质理论有 Maxwell-Garnett 理论，Bruggeman 理论以及有效介质格林函数理论。总体而言，大多有效介质理论都会用到波长甚大于复合材料的微观尺度这一假设，并且有各自的适用范围。因为有效介质理论不能处理复合材料组分的长程相关性或者临界涨落特性，所以在渗透阈值 (percolation threshold) 附近，有效介质理论时常会失效。

频域有限差分法 [finite difference frequency domain method，FDFD] 一种通过对待解频域微分方程中的微分算符采用有限差分近似，以求出该方程数值解的数值计算方法。该方法先将待解决问题对应的计算空间进行网格剖分，并由此对微分方程中的空间微分采用有限差分近似，从而将相关的微分方程和边界条件转化为一组线性方程组，最后通过运算求出某一频率下场的空间分布。本方法通常用于电磁学和声学的研究，可以计算某一谐振源作用下系统的线性响应 (场的空间分布)，也可以用于求解任意形状结构 (如介质腔体，金属波导等) 的本征模式，包括本征频率和本征场。它与时域有限差分法有许多相似之处，在时域有限差分法中的许多方法和技巧同样适用于频域有限差分方法，例如如何选取介质界面附近网格上的材料参数来减少有限差分近似带来的数值误差等。频域有限差分法可以用于计算含各向异性材料的结构，但不能用来解决非线性问题。

时域有限差分法 [finite difference time domain method，FDTD] 一种通过对待解时域微分方程中的微分算符采用有限差分近似，以求出该方程数值解的数值计算方法。该方法在电磁学领域里有多种实现方案，其中目前最常用的一个方案由 Yee 于 1966 年首先提出。该方案先将待解决问题对应的计算区域进行网格剖分，并将电场和磁场各分量在网格上错落排列使得每一个电场 (磁场) 分量处于四个磁场 (电场) 分量的环绕中心，同时对时间轴进行等距划分，并让电场和磁场以相差半个时间步等间距交替排列。在上述的空间和时间网格剖分的基础上，对麦克斯韦微分方程组中的空间和时间偏微分采用中心差分近似，从而得到每一个空间格点上电场和磁场的时间演化公式，即在某一时刻任一电场 (磁场) 分量可以通过前一时间步该电场 (磁场) 分量的数值和空间环绕该分量的近邻四个磁场 (电场) 分量旋度的数值计算求得，并由此在时间轴上逐步推求出整个空间的电磁场。时域有限差分法一次计算可以给出非常宽频域内的系统响应，从而节省计算时间，同时使用该方法也可以直接计算电磁系统的非线性响应问题。目前它不仅仅在计算电磁学领域得到广泛应用，而且已经推广到声学等领域。

有限元法 [finite element method，FEM]　一种基于变分原理求解微分方程组边界值问题的数值计算方法。对于通常的变分法，在许多问题上很难找到适合整个待解区域的系统未知场的试验函数。有限元方法将任意形状的连续求解区域划分成许多易于找到试验函数的小的子域，每一子域称之为一个单元，单元内的试验函数通常由一组插值函数对单元各节点上未知场函数的插值来表示，也即整个待解区域上的试验解可以由有限个待定节点参量来表示，从而使原来连续的具有无限自由度的边界值问题变成一个离散的有限自由度的问题。由此，可以采用求解泛函极小值问题的 Ritz 方法或求解加权残量方程的 Galerkin 方法，将微分方程转化为代数方程组，通过矩阵运算可以得到未知场函数的数值近似解。有限元法最初起源于上世纪航空和土木工程中弹性和结构分析问题的研究，目前广泛应用于热传导、结构分析、电磁学、流体力学和声学等各物理和工程领域。在电磁学方面，它可以用于研究电磁波的传播和散射，以及电磁结构的本征值问题等。

多重散射方法 [multiple scattering method]　研究多个散射体间的多重散射的方法。此法通常用于柱形或球形等高对称性散射体，从而在一个固定频率下，可以对每个散射体的中心做多级展开。该方法中每一个散射体对外场和其他散射体的辐射场的响应都以多级形式展开，从而给出了以每个散射体的多级为基矢的自洽方程组，且其展开系数可以用矩阵方程来求解，进而得到系统对外界的响应，以及场的空间分布。多重散射方法可以用来计算光子晶体和声子晶体体系的能带结构和本征场分布，也可以用于计算耗散系统的复数能带结构，也就是给定实数频率可以得到复数的波矢，也适用于研究有限厚度系统的透射和反射特性。对于二维和三维体系，多重散射理论将散射体周围场分别以柱函数和球谐函数为基本模式展开。

辅助微分方程法 [auxillary differential equation method，ADE]　一种在时域有限差分 (FDTD) 法中引入色散材料的方法。该方法是将时域的电 (磁) 极化强度或电 (磁) 流与电 (磁) 场联系起来的方法。对于线性响应的色散媒质，该辅助方程一般通过将电 (磁) 极化强度与电 (磁) 场在频域的关系式傅里叶变换获得。对于非线性响应的色散媒质，时域辅助方程的获得较为复杂。

边界元法 [boundary element method，BEM]　求解线性偏微分方程的一种数值方法。这种方法将偏微分方程转换成定义在散射体边界上的积分形式，进而采用某种求积规则将积分方程离散化得到可求解的线性方程组。

相干势近似 [coherent potential approximation，CPA]　物理学中用来寻找有效介质格林函数的一种方法。相干势近似方法通常只考虑单粒子散射项，通过引入有效势场来替代无序或复合材料中随空间变化的势场，从而求得有效的格林函数。这种方法可以计算无序或复合材料中的平均态密度。

离散偶极子近似 [discrete-dipole approximation，DDA]　又称耦合偶极子近似。它将任意形状的连续物体或周期结构用离散的电偶极子组成的阵列来取代，从而计算其电磁散射性质的方法。这些电偶极子对外加电磁场和其他偶极子的辐射场均有极化响应，通过建立其相互作用的自洽耦合方程可以求解包括物体的散射和吸收截面在内的一系列电磁散射性质。

快速多极子方法 [fast multipole method]　处理多体问题中相互作用的一种数学加速方法。这种方法基于格林函数的多级展开形式，将近邻的不同散射源合并成单一的散射源，合并后的散射源简化了远场的长程相互作用的计算。这种方法在个体数目很大的时候可以大量减少计算的储存量和运算时间。这种方法也广泛的应用于电磁学中的边界元法和矩量法来加速迭代求解的过程。

矩量法 [method of moments，MOM]　计算电磁学中求解电磁波散射问题的一种数值方法。与边界元法相似，采用积分方程描述问题并用加权法处理积分使其离散化为可求解的线性方程组。

分段线性递归卷积法 [piecewise-linear recursive-convolution method, PLRC]　一种在时域有限差分 (FDTD) 法中引入色散材料的方法。任一时刻的电极化可以写成电场和含时电极化率的卷积。在将时间离散化后，如果我们将任一时刻电场采用该时刻所处时间步首尾两端电场值的线性插值，即分段线性近似，并将其代入离散化后的卷积，该卷积可写成一关于场的递归累加器。由此，在 FDTD 中随时间更新电极化的时候，只需要递归更新该累加器，而不用去求卷积，使计算更方便快捷。对于磁色散材料该方法同样适用。该方法只适用于线性响应的色散媒质。

平面波展开法 [plane wave expansion method，PWE]　用于处理具有周期性结构的麦克斯韦方程组的方法。将电磁场和介电函数在其周期性的方向作傅里叶展开，从而将麦克斯韦方程组转化成一组有关各傅里叶分量的线性方程组的本征值问题。它可用于光子晶体的能带计算。当介电函数在空间中有剧烈变化时，此法收敛比较缓慢。

参数提取方法 [retrieval method]　物理学中用来提取复合材料有效介质参数的一种方法。参数提取方法是通过实验测量或者理论计算得到复合材料的反射及透射特性，并假设相同体积的有效介质具有相同的反射和透射特性，然后反向求得有效介质参数并用来描述原复合材料的宏观特性。

散射矩阵法 [scattering matrix method] 用来描述一个散射体在散射过程中初态和末态之间的关系 (通常以矩阵形式表示) 的一种方法。在处理具有层状结构介质时，散射矩阵可以由转移矩阵求得，并结合转移矩阵来求解系统的透射和反射系数。此法可以避免转移矩阵法在层数较多时容易发散的问题。

转移矩阵法 [transfer matrix method] 用于计算波在具有层状结构的介质中传播多体电磁散射的方法。广泛应用于多个领域，造成该方法多种名称并存，如传播矩阵法、传输矩阵法等。这种方法在同一媒质中将场按一定的本征函数展开，在不同媒质间透过边界条件建立转移矩阵，并通过矩阵乘积或迭代的方式获得系统的转移矩阵，进而求解系统的散射性质以及场分布。在具有周期性结构的介质中，如果与 Bloch 周期性边界条件配合使用，可以进一步求解周期系统的能带结构及本征场。

计算凝聚态物理 [computational condensed matter physics] 计算物理学的一个分支学科。它运用数值计算方法和高性能计算机，根据物理学基本原理，尤其是凝聚态物理学和统计物理学的基础知识，研究凝聚态物理学各分支学科中的问题，如凝聚态物质的几何结构、电、磁、光、输运和力学、振动特性以及相应微观机理；是传统凝聚态物理和计算科学之间的交叉学科。随着近年来计算机软、硬件技术的飞速发展，它已成为当前国内外发展迅速的一门新兴学科。根据不同的研究对象，它还可分成低维强关联电子系统、纳米结构材料、自旋电子学、团簇与小量子系统、光子能带材料、软凝聚态物理以及量子调控等不同的数值计算研究方向。计算凝聚态物理的发展起始于 20 世纪四五十年代的固体能带理论与数值计算，其后 60 年代的密度泛函理论的提出和相应的数值计算方法与大规模高速计算机等硬件设备的发展，都为计算凝聚态物理学科的飞速发展奠定了坚实的基础。由于凝聚态物理系统的复杂性 (多体互作用、电子强关联、无序等)，绝大多数问题是无法用解析方法严格求解的；因此大规模数值模拟计算正发挥着越来越大，在某些方面以至是不可替代的作用。其次，在低维纳米结构材料 (如团簇、量子点、纳米管、纳米线、二维石墨烯、BN 面、MoS_2 等) 的研究中，高性能数值模拟计算可以很好地发挥作用。计算凝聚态物理还与 "材料设计" 学科关系密切，借助于计算机数值模拟方法进行各种新材料的设计，建立相应的材料设计专家系统已成为国内外近年来的新兴研究方向。计算凝聚态物理研究中常用的计算方法包括：第一性原理密度泛函、经典和量子分子动力学、Monte Carlo 方法；严格对角化、密度矩阵重整化群、动力学平均场。不断发展和完善各种相关的数值计算方法和计算程序，提出新的计算方法等，也是计算凝聚态物理的一个重要研究方向。

高性能计算 [high performance computing] 广义，指利用高端的计算资源，如经过优化或定制的处理器、内存、存储、网络、可视化技术以及并行技术等，来帮助解决高度复杂的科学、工程、以及社会等各领域的问题。狭义，指短时间内需要大量计算能力和资源的高负载、高强度的计算行为。是当前普通个人电脑远远无法实现的。在高性能计算发展的初期，因为常常与超级计算机联系在一起，所以 "高性能计算" 有时也称之为 "超级计算"。由于高性能计算需要满足人们对计算、处理能力不断提升的需求，因此它的发展与计算机架构、算法、程序设计、电子器件制作、系统软件开发等学科领域的发展密不可分。高性能计算已经成为继理论、实验之后，人类认识世界的第三大科学方法，促成了许多理论和实验不能取得的科学发现和技术创新。

GPU 计算 [GPU computing] 运用 GPU(图形处理器) 搭配 CPU(中央处理器) 来加速通用科学和工程应用程序性能的计算。它将应用程序中计算量繁重的部分交给 GPU 处理，而程序的剩余部分依然在 CPU 上运行，从而实现了应用程序性能的提升。GPU 在处理能力和存储器带宽上相对于 CPU 有明显优势，一般而言适合 GPU 运算的应用有如下特征：运算密集、高度并行、控制简单、分多个阶段执行等。GPU 计算在计算物理领域内也有广泛的应用，如分子动力学、计算流体力学、第一性原理计算、量子力学蒙特卡罗模拟、有限元法、有限差分法、多体引力相互作用、磁性材料性质研究等多个领域。

ReaxFF 势 [ReaxFF potential] 基于键序的一种多体经验势，可用于化学反应的分子动力学模拟。它可以描述共轭、非共轭以及极性化合物的稳定性和几何结构，还可利用键距和键序以及键序和键能间的关系来实时描述原子间化学键的形成和断裂。与其他传统的非反应力场最大的不同在于 ReaxFF 势中的键序只是原子间距离的函数。由于原子位置在分子动力学模拟中每一步都是更新的，从而保证了 ReaxFF 势的连续性。ReaxFF 势中的系统总能包括共价键，离子键和非键相互作用 (如范德瓦耳斯作用，库仑作用等)，其中的参数由量子化学计算确定。由于 ReaxFF 势中的非成键相互作用的计算都是基于每对原子的，因此它可用于连续性不断变化的系统。

前向流采样方法 [forward flux sampling method] 一类用于采样双稳或多稳过程中稀有开关事件的高效方法，不需要预先了解体系定态分布性质，适用于平衡和非平衡体系。该方法通过在初末状态之间引入一系列界面，并利用这些界面来驱动系统用类似棘轮运动的方式跨越势垒，从而实现高效采样。

分子力场 [molecular mechanics force field] 描述系统势能面的一组函数及其参数。通常的分子力场中，其单元根据精度的不同可以是分子、原子或特定的基团，电子自由度被忽略。这些函数的形式和参数通常通过拟合实验结果和高精度量子力学计算而得到。

并行退火方法 [parallel tempering]　又称副本交换马尔科夫–蒙特卡罗方法、副本交换方法，等。在模拟中，对同一个系统需要同时运行多个副本，并根据 Metropolis-Hastings 判据对不同副本的构型和速度进行周期性交换，利用不同副本采样能力的差异来提高在整个能量面上的遍历性，从而提高对系统的采样效率的方法。不同副本采样的能力差异通常来自于副本不同的温度设置不同的哈密顿量，或不同的模型精度等等，具有多种选择和变种。该方法本质上是广义系综模拟的一种。

粒子网格 Ewald 求和法 [partical mesh Ewald summation]　一种计算周期结构中相互作用能量 (特别是静电相互作用) 的高效方法。它对局部范围内的相互作用进行直接计算，而对周期的长程相互作用，则利用倒空间中的等效求和来代替，特别是通过把电荷密度约束在一个网格上，通过平滑了电荷密度的涨落而提高了计算效率。

时间演化块删除法 [time-evolving block decimation method]　一种利用矩阵乘积态形式来模拟一维多体量子动力学过程的高效模拟方法。它可以从原本巨大的希尔伯特空间中动态识别出有关的低维希尔伯特子空间，并因此得名。当相应哈密顿量由局部相互作用构成并且其纠缠程度是相当有限时，这一方法特别有效。

伞形抽样 [umbrella sampling]　一种提高复杂能量面上采样效率的加权采样计算方法，常应用于系统由于能垒而产生遍历性困难的问题。特别是在能垒区域，常规方法由于采样过少而精度很差，而这些区域对于体系的一些性质有着关键作用。这一方法通过在系统中引入已知的偏置能量，从而提高在相应区域 (如能垒区域) 的采样效率，再通过扣除已知偏置的影响来得到系统在相应区域上更为精确的自由能进而利用不同采样之间的重叠区域，结合加权柱状分析法得到整体的自由能。该方法通常应用于具有少量的已知反应坐标的体系。

加权柱状图分析法 [weighted histogram analysis method，WHAM]　一种根据系统在多个不同条件下 (如不同温度) 得到的采样数据来综合分析系统自由能的方法。根据某一条件下的采样数据，和分布函数的性质，得到系统相应的能态密度，进而整合不同条件下的采样数据，通过极小化统计误差的方式，自洽地得到系统的自由能估计。

多尺度建模 [multiscale modeling]　整合多个不同空间或时间尺度上的物理规律和模型来计算系统有关特性或模拟相关物理过程的建模方法。如何实现不同尺度之间的耦合是这一模型化过程的关键。目的是从相对微观的物理规律出发计算和预言系统相对宏观的性质和行为。

能带计算的线性化模型 [linearized models for energy band calculation]　是将原本能量依赖的基函数表示成径向函数和其能量导数的某种组合，能量仅仅作为参数，取特定数值。线性化后的基函数是试探能级和真实能级差值的二阶误差，因此当试探能级和真实能级接近时，通常在大约 1Ry 的能量窗口范围内对本征值的计算结果影响很小，能量的相关性也可忽略。由此导致的久期方程也得以线性化，计算大大简化。采用这类模型计算时，晶格内不同区域使用不同的变量，所得到的能带精度大约为毫电子伏，速度却是传统方法的 10~100 倍。常见的模型有线性 muffin-tin 轨道 (LMTO) 方法，线性缀加平面波法 (LAPW) 等。LMTO 方法速度快、概念简单、自洽计算方便；LAPW 方法的优点是可以更容易地推广到任意形状的势。

劈裂算符方法 [split-operator method]　一种求解复杂偏微分方程的数值方法。它把一个复杂的算子分裂成几个较为简单的子算子，从而把一个复杂的问题分解成一系列简单的问题。根据数值计算精度的不同程度，它可分为一阶、二阶、以致高阶算符劈裂方法。物理上，子算子可根据不同的物理过程来选择。在量子动力学中，它常常用于近似处理演化算符 $\exp(A+B)$。例如，用来求解光波导传播模式问题中的非线性含时薛定谔方程。

数值相对论 [numerical relativity]　引力波天文学的一个分支学科，它试图从爱因斯坦场方程出发，通过计算机模拟的办法找到如黑洞双星的合并等模型的尽可能精确的数值解。

伪谱法 [pseudo-spectral method]　建立在弹性波动方程基础上的一种数值模拟方法。主要特征是将波动方程中的空间微分变换成频域中的乘法运算，从而只需要较少的空间格点就可以得到较高的计算精度。

传输线矩阵法 [transmission-line matrix method]　把 Huygens 的波传播模型与计算机结合起来，形成的一种三维时域电磁场数值仿真算法。已成功地应用于微波电路的模拟，以及处理光学、机械学、热学和声学问题等。

Berendsen 热库 [Berendsen thermostat]　分子动力学中，为控制系统温度而让它与一个具有特定温度的热库弱耦合，并对粒子速度重新标度的一种算法，由 Berendsen 在 1984 年提出。"该算法每一步都对速度按照方程 $\vec{v} \leftarrow \lambda \vec{v}$ 进行标度，其标度因子 λ 与热库和系统之间的温度差直接相关。"虽然该算法会使系统偏离正确的正则系综 (尤其是小系统)，但通过对系统温度进行修正，这种偏离可以指数衰减。因此，对于成百上千的原子或分子系统的大多数性质，该算法都可以粗略地给出正确的结果。因为效率较高，该算法被广泛用于将系统弛豫到目标 (热库) 温度。

Brenner 势 [Brenner potential]　全称 "Tersoff-Brenner 势"。经典分子动力学模拟中的一种多体经验势，它是在简化 Tersoff 势函数的基础上，主要为研究共价碳基材料而开发的。由于 Tersoff 势函数是基于邻近交互作用，在某些特定条件下，可能出现和实际不符的情况，如一个碳原子和四个碳原子成键时，采用 Tersoff 势函数计算势能得到介于双键和三键之间的结果，这和实际是矛盾的。因此 Brenner 对 Tersoff 势的改进主要体现在键序函数上。与 Tersoff 势不同，Brenner 势只包含了一个键序势参数。从而可以把势函数应用到小分子的碳氢系统中，如化学气相沉积形成金刚石的动态过程以及金刚石和石墨表面的黏附和化学吸附等。

计盒法 [molecular box-counting method]　又称"数盒子法"，一种常用的分形维数计算方法。取边长为 r 的小盒子把分形覆盖，统计出非空盒子数 $N(r)$，当 $r \to 0$ 时，得到计盒法定义的分形维数。

蛋白质折叠的能量地形理论 [energy landscape theory of protein folding]　对蛋白质势能面的统计描述的理论。通常是指，将蛋白质的各种三维构象所对应的能量状态在三维空间上作一图谱，该图谱所对应的就是能量地形。该理论认为蛋白质折叠可以从高能量的变性态沿着能量地形面上的不同途径到达天然态，而非限制于某个特定的途径。需要注意的是，如果简单地将能量地形看作类似地理地形 (geographic landscape) 上具有极大值、极小值、鞍点、漏斗形的势能面或总能量面，是具有误导性的。这里的空间描述，实际上是指高维相空间，该空间中的流形可能具有多种复杂的拓扑形式，但为了形象化，通常将能量地形在三维空间上进行展示。

全原子模拟 [all-atom simulation]　全称"全原子分子动力学模拟"。将每个原子分别看作带电荷或者净电荷为零的具有质量的小球，利用经典力学方法来模拟原子的行为的方法。由于全原子模拟将原子作为最小的独立单元，因此相较于粗粒化描述或连续介质描述的分子动力学模拟，具有更高的精确性，但计算更耗时间。

粗粒化模拟 [coarse-grained (CG) simulation]　一种通过省略部分系统细节来突出物理特征和简化模拟难度的物理模拟方法。粗粒化概念是相对于完整描述而提出的：针对特定的物理过程，把实空间或者相空间中一组单元或相点当成一个整体来描述，忽略其中的结构、相互作用或状态之间的平衡，从而形成在相对宏观单元基础上的物理描述。它是物理学基本的方法和手段。其可行性来源于不同自由度上时间尺度的差异。考虑到模型完整定量描述的困难和计算能力的限制，这种粗粒化的方法和思路应用到计算模拟中，形成粗粒化模拟方法。根据物理问题和过程的不同，具体的实现方法和形式常常有较大的差异。

Beeman 算法 [Beeman's algorithm]　一种数值求解二阶常微分方程的算法，常用于求解保守体系的牛顿方程，在分子动力学模拟中常常得到应用，存在显式和隐式等多种变种。该算法本身也是 Verlet 算法的变种 (在速度的求解上运用了不同的形式和更高的精度)。

键序势 [bond order potential]　一类用于经典分子动力学和静力学模拟的经验势能。常见的键序势包括：Tersoff 势、Brenner 势、Finnis-Sinclair 势、ReaxFF 势以及二级矩紧束缚势等。这类势能相对于传统的分子力场，可以使用相同的参数表述一个原子的多种不同键合状态，从而在某种程度上正确描述化学反应过程。各种键序势虽然形势各异，不过都来源于 L.Pauling 所提出的键序的概念，即化学键的强度依赖于成键的环境 (包括键的数目、键长键角等性质)。

动力学模拟 [dynamical simulation]　根据动力学规律 (如牛顿力学) 对系统运动进行模拟的方法。不同于任意的随机过程，模拟的演化过程满足特定的运动方程，因而对应于相应的动力学过程。相应的模拟结果包含有更为丰富的动力学信息。

离散元方法 [discrete element method, DEM]　一种用以计算大量粒子的运动及其效应的数值方法。这一方法包括初始化、显式时间步进和后期处理三个部分。在初始化中，各个粒子被赋予初始的空间位置、取向和速度。在显式时间步进的各个时段内，根据粒子数据、物理定律及粒子间接触情况计算作用在粒子上的力及其引起的粒子运动状态的变化。这一计算按照时段的顺序重复进行。在后期处理中，系统随时间演变的数据将进行统计计算，以得到所需要的物理量。虽然这一方法类似于分子动力学方法，但其独特的地方在于它可以包括粒子的转动自由度，并可考虑粒子复杂的几何形状以及由此引起的粒子间复杂的接触状态，可以较好地应用到颗粒状的不连续的物质中。

约束算法 [constraint algorithms]　又称限制算法。一种用来对遵守牛顿运动方程的物体进行条件约束或限制的计算方法，通常应用于分子动力学模拟中。

能带计算 [band structure calculation]　通过各种近似或方法来得到体系能带的泛称。常用的方法包括采用经验参数的计算方法 (如紧束缚方法、经验赝势方法、$k \cdot p$ 微扰方法等) 和第一性原理计算方法 (密度泛函理论等)。各种经验的能带计算方法均是通过合理的物理近似，确定描述能带关键性质的简单物理模型和基本物理量，从而计算出固体的能带，具有计算量小、物理图像清楚等优点；而基于密度泛函理论发展的各种能带计算方法 (如赝势平面波方法、线性缀加平面波方法等)，不依赖于任何经验参数的引入，可以弥补理论模型过于简单和物理量缺乏的不足，是目前固体材料能带计算的主流方法，计算精度较高，但相应的计算量大。

基函数 [basis functions]　又称基组。由一组波函数组成的完备或近完备集合。选定基函数后，体系波函数可以用向量表示，哈密顿量等力学量用矩阵来表示。电子结构计算的具体实现需要先选择一组合适的基函数，一般选择正交归一的基函数。对基函数规模无限大的体系，计算中只取满足精度要求的近完备的有限基函数。基函数规模越大，计算的精度也就越高，同时计算量也会越大；当基函数规模趋于无限大时，计算得到的结果也就逼近真实值。基函数选择的原则是，在保证所需的精度要求下选择规模尽量小的基函数。常用的基函数可分为非局域和局域轨道基函数：前者适用于变化比较平缓、广域的波函数；后者适用于变化剧烈、比较局域的波函数。常见的非局域基函数有平面波基函数、布洛赫基函数等；常见的局域基函数有原子轨道基函数、高斯基函数、瓦尼尔基函数等。选择合适的基函数可以大大简化计算。对于周期性体系 (晶体)，一般选择非局域基函数；而对于分子、量子点和团簇等体系，一般选择局域基函数。

Hartree-Fock 近似 [Hartree-Fock approximation]　又称 "哈特里–福克方法"。将多电子薛定谔方程简化为单电子问题的一种近似方法。它将电子间的库仑排斥作用平均化，每个电子均视为在核的库仑场与其他电子对该电子的平均势相叠加而成的势场中运动，并假设多电子体系的波函数可写成单电子波函数的乘积。进一步考虑电子的费米子性质，计入泡利不相容原理，多电子体系波函数可以单电子波函数为基础构造斯莱特行列式得到。在这个近似下，使得体系能量最低的波函数形式就给出了体系基态波函数的最佳近似。由变分原理可知，此时对单电子试探波函数的条件泛函变分应为 0。这样就得到了 Hartree-Fock 方程。该方程可用于求解体系的多电子波函数及基态能量。在 Hartree-Fock 近似中，考虑了电子与电子之间的交换相互作用，但忽略了电子之间的关联相互作用。

科恩–沈吕九方程 [Kohn-Sham equation]　在密度泛函理论中，相互作用多电子可以近似看作无相互作用电子在有效势中运动，此时电子满足的有效方程即科恩–沈吕九方程。该方程于 1965 年由美国物理学家沃尔特·科恩与沈吕九提出并以他们的名字命名。其具体形式为 $\hat{H}_{KS}^{\sigma}\phi_i^{\sigma}(\boldsymbol{r}) = \left(-\frac{\hbar^2}{2m_e}\nabla^2 + V_{\text{eff}}^{\sigma}(\boldsymbol{r})\right)\phi_i^{\sigma}(\boldsymbol{r}) = \varepsilon_i^{\sigma}\phi_i^{\sigma}(\boldsymbol{r})$，其中 $\hbar$ 为约化普朗克常量，m_e 为电子质量，σ 标记电子自旋，$V_{\text{eff}}^{\sigma}(\boldsymbol{r})$ 为有效势，亦称为科恩–沈势。科恩–沈势的形式为：$V_{\text{eff}}^{\sigma}(\boldsymbol{r}) = V_{\text{ext}}(\boldsymbol{r}) + V_{\text{Hartree}}^{\sigma}(\boldsymbol{r}) + V_{\text{xc}}^{\sigma}(\boldsymbol{r})$，包括电子受到的外势场 (原子核–电子作用势、外电场等)、哈特里势和交换关联作用势。本征波函数解 $\phi_i^{\sigma}(\boldsymbol{r})$ 称为科恩–沈轨道；对于 $N = N^{\uparrow} + N^{\downarrow}$ 电子体系，自旋 σ 电子的电荷数密度可以表示为 $\rho^{\sigma}(\boldsymbol{r}) = \sum_{i=1}^{N^{\sigma}}|\phi_i^{\sigma}(\boldsymbol{r})|^2$。

科恩–沈吕九方程的提出使密度泛函理论得以应用到实际体系中。

动力学矩阵 [dynamical matrix]　求解晶格中的原子 (离子) 围绕平衡位置振动问题时，对晶格力常数矩阵进行傅里叶变换得到的厄米矩阵。简单晶格中，动力学矩阵为实的对称矩阵；复式晶格中，动力学矩阵为复的厄米矩阵。耦合的晶格振动运动方程可以转化为独立的动力学矩阵的本征方程问题。由此解出的本征值为格波 (声子) 的振动频率，本征向量是描述元胞中各原子振动方向的单位矢。

动力学平均场方法 [dynamical mean-field method]　凝聚态物理学中一种求解强关联多体系统电子结构的方法。它的基本思想是将多体的晶格问题映射为多体的局域问题，即杂质问题。这个映射类似于平均场方法，不同之处在于其有效 "外势场" 是一个含时的函数，即：只冻结了空间涨落，保留了时间涨落，因此被称为动力学平均场方法。当晶格的维度趋于无穷时，空间涨落趋于零，此时它是严格的。动力学平均场方法的优势在于使得很复杂的晶格问题变成了可解的杂质问题。在量子多体问题中，它架构了从近自由电子气到原子极限的桥梁。比如，它成功描写了随着相互作用增加导致的金属绝缘体转变。结合密度泛函理论，人们成功地将它应用于实际材料的电子结构的计算中。

Fock 近似 [Fock approximation]　又称福克近似。将自旋自由度引入单电子波函数，并以 Slater 行列式重新组合得到满足交换反对称性的波函数，以此作为多体系统电子波函数的近似。在此基础上给出的多电子系统波函数的哈特里–福克方程是现代量子化学计算的重要基础。

广义梯度近似 [generalized gradient approximation, GGA]　对密度泛函理论 (DFT) 中精确的交换关联泛函的一种近似，广泛应用于材料的结构弛豫、基态能量和电子性质计算等方面。广义梯度近似是在理想均匀电子气模型的交换关联能泛函的基础上，认为交换关联势在空间某点的值依赖于电子密度和电子密度梯度在这点的值。与局域密度近似相比，广义梯度近似可以更加精确地描述局域电子的关联行为。广义梯度近似现有多种数值形式，如 Becke(B88) 型、Perdew-Wang (PW91) 型和 Perdew-Burke-Enzerhof (PBE) 型等。

GW 近似 [GW approximation]　利用单电子格林函数 G 和屏蔽库仑相互作用 W 来计算多体问题中自能项的一种近似方法。在 GW 近似中，利用泰勒展开的低阶近似，自能项 Σ 被写成 G 和 W 的乘积。实际计算中，人们通常利用密度泛函理论得到的单粒子能级作为初始值，构建单电子格林函数。作为一种后 DFT(post-DFT) 的处理方式，GW 近似很好地描述了多粒子的交换关联行为，在半导体能隙、电离势、电子亲和能等方面的计算中，取得了重大成功。

能带计算的 Hartree-Fock 方法 [Hartree-Fock

method for energy-band calculation] 一种建立在 Hartree-Fock(HF) 方程基础上的能带计算方法。对于含有 N 个电子的系统，HF 近似假设每个电子在其余电子的等效势场中运动，从而将描述多粒子系统的多体方程简化为一个单电子方程，即 HF 方程。通常 HF 的能带计算需采用变分法，而由于求解 N 个粒子的总波函数时受体系对称性的限制，计算所得的系统总能通常高于真实能量。随着基函数的增加，HF 能量将趋于收敛。

Hohenberg-Kohn 定理 [**Hohenberg-Kohn theorems**] 简称 HK 定理。其核心是认为相互作用多体系统的粒子数密度函数是决定该系统物理性质的基本量。它包括以下两个定理。定理一：不计自旋，外势场由基态粒子数密度分布唯一确定 (可相差一个常数)，即系统的基态能量是粒子数密度函数的唯一泛函。定理二：在粒子数不变的条件下，能量泛函对密度函数的变分就得到系统基态的能量。HK 定理奠定了密度泛函理论的基础。

交换能 [**exchange energy**] 量子多体系统中，全同粒子的不可分辨性导致体系波函数需满足交换对称或反对称性，从而使体系总能量发生的改变量。这是一种量子效应，没有经典对应。

哈特里能量 [**Hartree energy**] 简称哈特里。原子单位制中的一种能量单位，用符号 E_h 或 Ha 表示。1 哈特里等于 $4.35974434(19) \times 10^{-18}$ 焦耳，或者 27.21138505(60) 电子伏特 (国际科技数据委员会 (CODATA)2010 年推荐值)。在第一性原理计算中哈特里能量常用作能量单位。

局域密度近似 +Gutzwiller 变分法 [**LDA+Gutzwiller (LDA+G) variational approach**] 把处理多体关联体系的 Gutzwiller 变分法与基于局域密度近似 (LDA) 的能带计算方法相结合的方法，通过对 Gutzwiller 多体波函数的权重进行完全变分的自洽计算，从而实现电子密度的自洽，并得到可信度高的基态总能量和其他基态性质。该方法弥补了 LDA 方法不能很好处理强关联体系的问题，同时对弱关联体系的处理又可以回到 LDA 的结果。在处理具有长程序的强关联绝缘体时，它和 LDA+U 方法一致；而对于中等关联强度的体系，它优于 LDA+U 方法，可以较好地描述各种关联金属体系。此外，Gutzwiller 变分方法对于处理关联模型基态能量的描述精度和 DMFT 方法接近，这使得 LDA+Gutzwillr 方法的能量精度可以和 LDA+DMFT 方法比拟。同时，由于该方法是完全的变分方法，比 LDA+DMFT 方法简单，计算速度更快，可以用于 LDA+DMFT 很难处理的复杂体系中。

局域密度近似+动力学平均场理论 [**local density approximation+dynamic mean-field theory，LDA+DMFT**] 一种处理强关联电子系统的非微扰方法，它把基于局域密度近似 (LDA) 的能带计算方法和处理强关联晶格模型的量子多体计算方法结合起来，能够对实际的强关联材料进行数值计算。对于强关联系统，适用于近自由电子的密度泛函理论 (DFT) 基本失效，而动力学平均场理论 (DMFT) 是处理这类材料电子结构的一种非常有效的方法。在 LDA+DMFT 方法中，将强关联材料中的电子分为弱关联和强关联两部分。对于强关联电子，轨道局域性强，用 DMFT 来处理在位库仑关联作用，这部分哈密顿量为 Anderson 杂质模型；而弱关联电子部用密度泛函理论中的 Kohn-Sham 哈密顿量描述，可通过基于 DFT 的第一性原理方法计算。LDA+DMFT 的优点：(1) 对关联体系的处理可以达到 LDA 对弱关联系统的处理精度；(2) 可以计算激发谱以及关联函数，因而可以计算许多物理性质，如谱线，输运，热力学等。而不足之处在于 (1) 只考虑了局域关联作用；(2) 杂质模型求解需要的计算量大；(3) 局域电子轨道的选取没有统一标准。针对这些不足而发展的方法有团簇 DMFT，连续时间量子蒙特卡罗，Wannier 轨道投影等。

数值重整化群 [**numerical renormalization group，NMRG**] 求解量子杂质问题等多体系统的非微扰数值计算方法。该方法首先被 Kenneth Wilson 用于精确求解 Kondo 问题，具有计算量增长慢、精度高、有变分性等优点，近些年来得到广泛的应用。其基本思想是首先构造系统的一个子块的哈密顿矩阵和各个算符矩阵，然后合并两个子块，写出新块的哈密顿量矩阵并将其对角化，收集能量最低的若干个本征态；再将原来子块的哈密顿量矩阵和各个算法投影到这些选择的能量最低的本征态构成的截断 Hilber 空间上；随后，再改变子块的大小，重复以上操作，直到整个块达到期望求解体系的大小，在降低计算量的同时，实现传统方法无法实现的多体问题高精度的求解。但由于该方法仅借助部分局域波函数的叠加求得整体波函数，在某些问题中 (如强关联系统) 大大降低了其数值解的准确性。

含时密度泛函理论 [**time-dependent density functional theory，TDDFT**] 不含时密度泛函理论的推广，该理论阐明随时间变化的多粒子体系的波函数与同样随时间变化的电荷密度是等价的，并可以构造一个假想的无相互作用系统的有效势，使它的电荷密度与实际有相互作用的系统一致。实现该方法的关键是对一个含时外场下运动的相互作用多粒子体系，像建立 Kohn-Sham 方程那样，建立包括含时有效势和含时交换关联势的单粒子方程。由于某一时刻的有效势依赖于它以前所有时间的电荷密度，因此 TDDFT 的计算比较复杂。TDDFT 常用于计算某一孤立系统的激发态能量，频率依赖的响应和光吸收谱等，偶尔也用于固体系统。

精确交换作用 [**exact exchange**] 精确交换是杂化密度泛函理论中的一个概念，从包含有相关作用的轨道，如 Kohn-Sham 轨道，计算的 Hartree-Fock(HF) 交换作用被称为"精确交换作用"。杂化密度泛函通过包含精确交换作用来提高计算精度。其基本思想是通过引入一个电子耦合强度参数 λ，把交换关联能写成 $E_{xc} = \int_0^1 d\lambda U_{xc}^\lambda$。当 $\lambda=0$ 时，系统变成无相互作用的电子气，交换关联能变成无相互作用电子气的精确交换作用能；而取 $\lambda=1$ 极限时，L(S)DA 近似下的交换关联有很好的估计。对更普遍的一般情况，为了提高计算精度，简单的包含精确交换作用的交换关联能形式为 $E_{xc} = (E_x + U_{xc}^{\text{LSDA}})/2$，是精确交换能与 L(S)DA 交换关联能的加权杂化。这种杂化思想被用于构造各种改进的泛函，如 B3LYP 泛函，X3LYP 泛函，HSE 泛函等。

Møller-Plesset 微扰理论 [MP purtabation theory] 一种基于分子轨道理论的量子化学计算方法，以 Hartree-Fock 方程的自洽场解为基础，应用微扰理论加入关联相互作用，获得多电子体系近似解。该多体微扰理论是由量子化学家 Møller 和 Plesset 在 1934 年提出的，所以这一方法以二人的名字 MP 表示，MPn 表示的是多体微扰 n 级近似，如 MP2 表示二阶 Møller-Plesset 微扰理论等。更高级的校正是以较低级校正为计算基础的，随着校正级别的提高，计算量也急剧增加，理论上讲，随着校正级别的提高，最终的体系能量会逐渐逼近真实值。目前的计算方法最高可以进行 MP5 计算，即体系能量的五级校正。MPn 方法是一个大小一致的方法，即对电子数不同的体系，使用 MPn 计算的精度是相同的，这一特性使得 MPn 方法特别适合进行化学反应的模拟计算。但是由于 MPn 方法以 HF 方程为基础，因而受到 HF 方程的局限，对于那些应用 HF 方程不能很好处理的体系，如非限制性开壳层体系，MPn 方法也不能很好处理。

最优有效势 [optimized effective potential, OEP] 最优有效势方法是一种与传统 Kohn-Sham 密度泛函方法等价的求解封闭体系基态性质的方法。二者的差别仅仅在于寻找能量最低点时变分的对象不同。传统 Kohn-Sham 密度泛函方法的变分对象是系统的电子密度，而最优有效势方法的变分对象是 Kohn-Sham 有效势。我们知道，电子密度与 Kohn-Sham 有效势具有一一对应的关系，因此很容易理解，二者只是 Kohn-Sham 密度泛函理论的两种等价的形式而已，每一种传统的 Kohn-Sham 密度泛函方法都对应一种最优有效势的方法。最优有效势可产生品质更优的轨道和轨道能，以改进激发态和响应性质的计算精度。在最优有效势方法的实现上，主要有两种途径，一种是类似传统 Kohn-Sham 密度泛函方法的迭代过程，只是迭代所用的方程形式上不同于 Kohn-Sham 方程，但与 Kohn-Sham 方程等价；另一种途径则是对有效势进行基组展开，直接优化。

轨道依赖泛函 [orbital dependent functionals] 构建 Kohn-Sham 轨道依赖的交换—关联势的泛函方法，不同于局域密度或广义梯度近似 (LDA 或 GGA) 方法中交换—关联势仅仅是密度的泛函。轨道相比与密度有更大的自由度，因此它能精确描述交换能和修正自相互作用，克服了 LDA/GGA 的不足。

并行计算 [parallel computing] 在计算机上同时执行多个运算的计算方式，其实现基于大问题通常可以划分为多个可同时求解的小问题的原理。并行计算广泛应用于科学与工程计算，包括计算物理。在计算物理中许多问题的数值模拟非常复杂，需要大量的计算资源。比如分子动力学和第一性原理计算中的很多具体问题，这些问题的计算只有高性能的并行计算机才能胜任。并行计算机绝大部分属于多指令多数据流系统，主要分为以下五种并行计算机系统：并行向量机、对称处理机，大规模并行处理机，机群和分布式共享存储多处理机。并行程序设计的基本思路包括：(1) 分割数据，即将大的数据分解成一些小数据块，并把这些小块分别分配给几个线程进行处理；(2) 分解计算过程，即将大的计算处理过程分成一些可独立运行的子计算，并把这些子计算分别分配给几个线程进行处理；(3) 分解问题，即将要处理的问题分解为一些子问题分别求解，最后将子问题的解合并为原问题的解。

量子蒙特卡罗方法 [quantum Monte Carlo] 一种运用蒙特卡罗方法处理量子力学问题的方法，主要用于求解量子多体问题。该方法分为几类，主要包括变分蒙特卡罗方法、扩散蒙特卡罗方法和路径积分蒙特卡罗方法等。在量子力学的变分法中需要计算试探波函数对应的能量。而当体系的粒子数非常多时，能量期望值的计算涉及一个高维积分，维度为体系的自由度。可以用蒙特卡罗策略来求解高维积分，称为变分蒙特卡罗方法。积分的维度越高，其计算时间上的优势就越明显。扩散蒙特卡罗方法是指将量子力学的薛定谔方程中的时间设为一个纯虚数，则薛定谔方程变换为一个广义扩散方程，原本的动能项对应于扩散过程，而原本的势能项对应于产生与湮灭过程。这样就可以利用蒙特卡罗的思想来模拟扩散过程的方法来求解薛定谔方程。路径积分蒙特卡罗可以用于计算量子配分函数，它将配分函数中的温度对应为虚时间的倒数，则配分函数的形式与扩散蒙特卡罗方法中的时间演化算符具有相同的形式，从而可以应用与扩散蒙特卡罗方法类似的技术来计算配分函数。量子蒙特卡罗方法常用于玻色子和费米子多体模型求解。对于一般的费米子问题，由于费米子交换对称性，量子蒙特卡罗存在符号问题。在固定波节近似下，量子蒙特卡罗方法对电子气的模拟结果可用于构造近似的交换关联泛函，是基于局域密度近似的密度泛函方法在材料模拟中取得成功的基础。

Abinit 软件包 [Abinit] 一种材料计算的开源软件包，在 GNU 通用公共授权下发行。Abinit 运用密度泛函理论，采用赝势和平面波或小波基组，计算分子、周期性固体等体系的总能、电荷密度、电子结构。Abinit 也可根据电子结构计算所得的受力情况，实现结构优化、分子动力学模拟和声子谱计算等，并可以根据多体微扰理论和含时密度泛函理论进行激发态的计算。

最小准原子从头基组轨道 [ab-initio quasiatomic minimal basis-set orbitals，QUAMBO] 一种基于第一性计算结果构造的局域原子轨道基。用它可以展开并从而得到紧束缚哈密顿量，并由此计算其他物理量。

AIREBO 势 [adaptive intermolecular reactive bond order，AIREBO potential] 一种基于分子几何构型和共价键的原子间作用势，在 REBO 势的基础上通过自适应处理分子间相互作用来引入未成键作用。REBO 势描述所有最近邻相互作用势之和，这些相互作用势依赖于键长、键角、键级和键附近的原子环境。AIREBO 势可以模拟液体、聚合物、碳氢体系的化学反应和分子间相互作用。

AMBER 力场；AMBER 程序包 [assisted model building with energy refinement，AMBER] AMBER 是一类首先由美国加州大学洛杉矶分校彼得·科曼 (Peter Kollman) 小组提出的用于对生物分子进行分子动力学模拟的力场。也指使用此力场进行的分子动力学计算的软件包。该力场主要用于研究蛋白质、核酸、多糖等生物大分子，在生命科学领域中有着广泛的应用。

偏向抽样 [biased sampling] 在抽样过程中引入系统偏向，较多地抽取具有某些特点的样本，从而优化统计结果的策略。如用蒙特卡罗方法进行分子动力学模拟时，选取在积分区域内不均匀分布的函数，可以得到更好的抽样效率。

CASTEP 程序包 [Cambridge sequential total energy package，CASTEP] 一款由英国剑桥大学凝聚态理论研究组开发的，基于密度泛函理论的第一性原理计算程序包。该程序包用 fortran 语言编写。作为 Cerius2 和 Materials studio 的量子化学模块之一，该程序包利用了赝势法、平面波基矢和密度泛函理论来模拟固体、界面和表面的性质。程序可以根据输入系统原子的类型和数目，预测晶格常数、计算总能量、几何结构驰豫、弹性常数、体模量、热焓、能带、态密度、电荷密度以及光学性质在内的各种物理性质。

CHARMM 力场；CHARMM 程序包 [chemistry at Harvard macromolecular mechanics，CHARMM] CHARMM 是一类用于分子动力学模拟的分子力场，也指采用该力场的模拟软件包，是一款被广泛应用的分子动力学软件。由美国哈佛大学 Karplus 教授所在的课题组所开发，经过多年的发展，开发出了不同的 CHARMM 力场，可以用于有机分子、生物分子、药物分子及电解质溶液的分子力学/分子动力学模拟，包括能量最小化，分子动力学和蒙特卡罗模拟等功能。

密度泛函微扰理论 [density functional perturbation theory，DFPT] 一种在密度泛函理论框架下，研究多电子体系对外场 (如电磁波) 微扰产生响应的理论。为了了解给定物理系统的特性，以某种方式扰动系统，观察系统的物理量因外加扰动所引起的改变，通过扰动与响应的关系可以知道系统的元激发的信息。这样的响应理论结合基于密度泛函理论的电子结构计算，可以用来求解那些外界扰动可以用微扰论来处理的量子力学问题，如声子能量色散，电子–声子相互作用，量子跃迁等。

直接模拟蒙特卡罗 [direct-simulation Monte Carlo，DSMC] 一种运用蒙特卡罗策略求解稀薄气体流动和传热问题的数值方法，由澳大利亚悉尼大学的 Graeme Bird 教授提出。该方法通过模拟有限个仿真分子，来代替大量的真实气体分子，通过跟踪仿真模拟分子的运动轨迹，记录各个仿真分子的状态参数，并将这些仿真分子做统计平均，从而得到气体宏观的状态参数。

位错动力学模拟 [dislocation dynamics simulation] 在微观至介观尺度上，采用牛顿力学理论，通过对位错演化和位错结构与其性质之间关系的研究和预测，以及在介观尺度上对位错结构演化进行最佳化处理，从而预测材料的宏观性质的计算模拟方法。位错是指晶体结构内部的线缺陷，表现为原子结构的一种几何不规则排列，是晶体材料最重要的一种变形方式。材料的宏观塑性响应是大量位错共同运动的结果。利用位错动力学理论，可以实现用计算机模拟来观察位错结构的变化，并且相应得出材料形变过程中的应力、应变之间的关系。

空核赝势 [empty-core pseudopotential] 在离子实内部不散射价电子，而在离子实外部的势场是离子电荷的库仑势的一种理想化的模型。在固体电子态研究中使用这类赝势，即在离子实内部用假想的势能代替真实的势能描写价电子，既不改变能量本征值及离子实之间区域的波函数。

环境依赖紧束缚势 [environment-dependent tight-binding potential] 一种依赖于成键环境的紧束缚势，常用于分子动力学模拟计算中。紧束缚分子动力学是模拟真实材料的原子结构、动力学和电子性质等的办法。为了得到精确而普适的紧束缚模型，就要有准确的紧束缚势。对于强共价键的体系，紧束缚势采用双中心近似是合理而有效的，但是对于呈现强金属性的体系，双中心近似是不充分的，为了解决这一问题，M. S. Tang 等提出了环境依赖的紧束缚势模型，其中紧束缚模型的参数和紧束缚势都依赖于成键环境，因此，把依赖于成键环境的紧束缚势称为环境依赖紧束缚势。

多分辨算法 [multiresolution algorithm] 又称多尺度分析。由粗到细或由细到粗地在分辨率上对事物进行分析的算法设计。计算物理中，此方法应用于处理在时间或空间中同时具有快速和慢速变化的物理量的体系。其设计思路主要是：高频时，使用细致的时间–空间分辨率和粗糙的傅里叶空间分辨率；低频时，使用细致的傅里叶空间分辨率及粗糙的时间、空间分辨率。小波分析是应用最广泛的多分辨分析方法。

无轨道密度泛函理论 [orbital-free density functional theory]　一种计算电子结构的方法。将体系的总能量对电子密度进行变分求得能量泛函的最小值。此方法并不使用科恩–沈吕九密度泛函理论中的单粒子轨道来分解体系动能，而是直接将动能作为粒子密度的泛函进行变分运算。可以节省矩阵对角化的计算时间，速度比孔恩–沈吕九方法更快，但是准确性稍差。

平均力势 [potential of mean force，PMF]　在分子体系中沿特定反应坐标的有效自由能。分子模拟中，完全冻结沿反应坐标的自由度，对剩余的自由度做蒙特卡罗或分子动力学模拟，求得体系沿反应坐标方向的受力情况，称为平均力。反应过程的自由能改变可近似为平均力沿反应坐标的积分，称为平均力势。利用这种有效自由能可以对体系热力学特性进行估计，其精度依赖于反应坐标的有效性。换个角度说，系统在平行于和垂直于反应坐标方向运动的弛豫时间必须可以分开，否则计算得到的 PMF 不能有效反应系统行为。

投影缀加波方法 [projector-augmented wave method，PAW]　赝势方法的一种，通过投影算符使得价电子波函数在离子实附近相对平滑，以减少计算成本。用此方法求得的波函数，称为赝波函数。通过逆转 PAW，可以得到近似的全电子波函数。

REBO 势 [reactive empirical bond-order(REBO) potential]　一种描述共价键和原子间力的势函数。REBO 势描述所有最近邻相互作用势之和，这些相互作用势依赖于键长、键角、键级和键附近的原子环境。参见AIREBO 势。

SIESTA 程序包 [SIESTA]　一种可高效计算分子或固体电子结构或进行第一性原理分子动力学计算的程序包。Siesta 采用基于局域基组的密度泛函理论，可以计算原子较多的体系，并实现非平衡格林函数输运模拟。

VASP 程序包 [vienna *ab-initio* simulation package，VASP]　进行从头分子动力学和第一性原理电子结构计算的软件包。由维也纳大学开发，基于密度泛函理论并采用平面波赝势方法，对离子实和价电子间的相互作用采用超软赝势或缀加投影波等方法来描述。可以计算材料的力学、热学、电学、光学、磁学等性质。

WIEN2K 程序包 [WIEN2K]　计算周期性固体特性的软件包，基于密度泛函理论，采用最精确的全电子势方法结合 (线性) 增广平面波–局域轨道基组和四面体布点方案。由维也纳科技大学开发，是比较成熟地进行精确第一性原理

计算的软件。

伍德沃德–霍夫曼规则 [Woodward-Hoffmann rules]　又称分子轨道对称守恒原理，凭借轨道对称性来判断反应性质。规则认为，化学反应是分子轨道进行重组的过程。在协同反应，即一类键的断裂和形成同时发生的化学反应中，由原料到产物，分子轨道的对称性始终不变，是守恒的，因为只有这样，才能用最低的能量形成反应中的过渡态。符合规则的反应途径称为是 "对称性允许" 的，不符合规则的反应途径则称为是 "对称性禁阻" 的。

基组 [basis set]　基函数的集合。

键轨道近似 [bond orbital approximation]　又称成键轨道近似，指忽略电子占据的成键态和非占据的反键态之间的耦合，这样可以将哈密顿量矩阵约化为价带矩阵和导带矩阵，因为二者之间没有耦合所以原则上可以独立地分别进行对角化。

键级 [bond order]　表示成键强弱的定性指标，一般对应于一对原子间的化学键数目。在分子轨道理论中，键级通常被定义为成键电子数与反键电子数的差值除以 2。

LAMMPS 软件包 [LAMMPS]　一个应用广泛的经典 (非量子) 分子动力学模拟的免费开源软件包，可以对多达百万甚至上亿的粒子系统进行分子动力学模拟。该软件包由美国 Sandia 国家实验室组织开发。

QE 程序包 [quantum espresso，QE]　基于密度泛函理论的第一性原理计算程序包。采用平面波基组，模守恒赝势或超软赝势，可计算原子、分子或晶体的各种性质。

科学可视化 [scientific visualization]　将科学数据用图形或动画的形式展示出来的过程，在计算模拟中有较重要的应用。

斯蒂林格–韦伯势 [Stillinger-Weber potential]　最早用于计算模拟半导体的经典势函数模型之一，由一个二体作用项和一个三体作用项组成。此势适于计算正四面体型的晶格结构。

三体势 [three-body potential]　依赖于三个粒子的位形的势能。在三体势中，势能不能表示成原子对的势能之和。

原子尺度模拟 [atomistic simulation]　建立在物质原子尺度的模型以及模拟其行为的理论方法和计算技术，主要包括分子动力学，晶格动力学，蒙特卡罗方法等。从描述原子间不同相互作用的方法来说，可以分为经典势函数方法和第一性原理计算方法。原子尺度模拟方法现在已经涵盖物质的气相，液相和固相等各种状态。主要应用对象如物质的结构及其热动力学、表面界面性质，化学分子体系，生物大分子等。

谷跳跃 [basin-hopping]　一种用来寻找基态结构的

全局优化方法，由英国的 D. J. Wales 教授在 1997 年提出。这个算法的基本思想是通过局域优化把一个复杂的势能面变成一个较简单的台阶型的势能面。这个势能面的变换不会改变体系能量的全局极低值。谷跳跃方法就是利用 Monte Carlo 方法寻找变换后的台阶型势能面的全局极低点。该方法已被成功用于团簇，界面等结构的搜索。

卡–帕瑞雷诺方法 [Car-Parrinello method]　一种基于第一原理的分子动力学方法，是 1985 年由两位意大利科学家 R. Car 和 M. Parrinello 提出的。它把电子自由度作为一个 (虚) 动力学变量，体系的离子运动和电子状态耦合成一个扩展的拉格朗日量。卡–帕瑞雷诺方法避免了每一个离子步都需要对电子态做优化的负担，在初始状态做完电子态最小优化后，新引入的 (虚) 动力学变量确保了每一步中电子都处在其基态附近，从而快速得到原子之间的相互作用力。同时由于电子有了一个 (虚) 质量，分子动力学的每一步的时间步长都必须取得足够小。

卡–帕瑞雷诺分子动力学 [Car-Parinello molecular dynamics，CPMD]　一个基于 Car-Parrinello 方法的第一性原理分子动力学方法。其电子结构计算基于平面波/赝势的密度泛函理论。

共轭梯度方法 [conjugated gradient method]　不仅是求解大型线性方程组最有用的方法之一，也是求解大型非线性方程最优化问题的最有效的算法之一。共轭梯度法仅需利用一阶导数信息，避免了存储和计算二阶微分矩阵并求逆的缺点，但同时克服了最速下降法收敛慢的缺点。在各种优化算法中，共轭梯度法是非常重要的一种。其优点是所需存储量小，容易达到收敛，稳定性高，而且不需要任何外来参数。共轭梯度法被广泛用于非受限优化问题，如求解能量极小值、晶体的构型优化等问题。

等能分子动力学方法 [constant energy MD]　又称微正则系综分子动力学方法。是模拟经典多粒子系统中原子、分子运动的一种常用的数值方法，其物理基础是牛顿力学。在模拟过程中，体系的总能保持不变。如果抛开各态历经问题，该方法在动力学层面和热力学层面都是严格的，也是其他分子动力学方法的基础。

等压分子动力学方法 [constant pressure MD]　模拟处在恒定压强 (应力) 下经典多粒子系统中原子、分子运动一种常用的数值方法。在该方法中，系统的压强 (应力) 保持不变，相当于体系处于等压系综。等压过程通常通过动态改变模拟原胞的大小和形状实现。常用的算法有，Anderson 方法和 Parrinello-Rahman 方法。

等温等压分子动力学方法 [constant temperature and constant pressure MD]　研究处在恒定温度和恒定压强下经典多粒子系统中原子、分子运动的一种常用的数值方法。该方法中，体系的温度和压强保持不变，意味着体系处于等温等压综。控制体系温度和压强的常用方法参见等压分子动力学方法和等温分子动力学方法。

等温分子动力学方法 [constant temperature MD]　研究处在恒定温度下经典多粒子系统中原子、分子运动的一种常用的数值模拟方法。由于演化过程中温度保持不变，在保持体系体积和粒子数不变的情况下，可以模拟正则系综。等温过程通常通过改变粒子的速度或加速度实现。常用的算法有，Nose-Hoover 方法和 Langevin 方法等。

密度泛函理论 [density functional theory，DFT]　一种研究多电子体系电子结构的量子力学理论方法。发表于 1964 年的 Hohenberg-Kohn 定理是密度泛函理论的基础。根据该定理，多电子 (多体) 系统的基态能量可以写为其电子密度的唯一泛函，给定基态电子密度，体系的所有性质都被确定。Hohenberg-Kohn 定理将研究多电子体系问题的基本量从 3N 维的多电子波函数变为 3 维的电子密度，大大降低了研究的复杂性。在此基础上，1965 年 W. Kohn 和 L. J. Sham(沈吕九) 建立了 Kohn-Sham 方程，将相互作用的多体系统的基态问题转化成在等效势场中运动的、无相互作用的单粒子问题。通过对等效势场中交换关联势部分做近似 (如仅依赖于局域电子密度的局域密度近似)，该单粒子问题可通过数值计算求解，从而得到基态电子密度。密度泛函理论的普遍应用是通过求解 Kohn-Sham 方程实现的。自 20 世纪 70 年代开始，密度泛函理论就被广泛应用于固体电子结构等性质的研究，之后，通过不断改进交换关联势近似，计算精度不断上升。目前，基于密度泛函理论的计算模拟 (也称为第一性原理计算) 已经成为研究原子、分子和凝聚态体系性质的重要方法，是物理、化学和材料学研究的重要手段。密度泛函理论是计算物理学、计算化学 (量子化学) 和计算材料学的基本理论。

镶嵌原子势 [embedded-atom method (EAM) potential]　一种最常用的金属、合金多体相互作用势之一，它是基于镶嵌原子方法构造而来的。镶嵌原子方法的物理思想来自于有效介质理论，即将每一个原子看作处于所有其他原子形成的有效介质中的 "杂质"，而 "杂质" 在介质中的镶嵌能 (embedded energy) 主要依赖于局部的电荷密度。将短程排斥势 (通常取两体形式) 和镶嵌能相加就构成了镶嵌原子势。对于给定金属，镶嵌原子势的具体参数通常通过对一些实验数据的拟合获得。

进化算法 [evolutionary algorithm]　以达尔文的进化论思想为基础，通过模拟生物进化过程与机制来求解优化问题的一种自组织、自适应的人工智能技术。生物进化是通过繁殖、变异、竞争和选择实现的；而进化算法则主要通过选择、重组和变异这三种操作实现优化问题的求解。与传统的优化算法相比，进化计算是一种成熟的具有广泛适用性的全局优化方法，具有自组织、自适应、自学习的特性，能够不受问题性质的限制，有效地处理传统优化算法难以解决的复杂问题。进化算法包括遗传算法、进化程序设计、进化规划和进化策略等。

Ewald 求和 [Ewald summation]　　见 Ewald 方法。

交换关联势 [exchange correlation potential]　　电子库仑相互作用势的量子部分，常定义为总的电子库仑相互作用势和电子的 Hartree 势 (经典) 之差。

推广模拟退火算法 [extended simulated annealing (ESA)]　　一种典型的概率模拟算法。其原理源于冶金退火，在相的空间内找寻最优解的方法。推广模拟退火算法是基于 Tsallis 统计的一种模拟退火方法。

有限体系等压分子动力学方法 [finite system constant pressure MD]　　一种研究有限体系等压过程的数值模拟方法。传统等压分子动力学方法的实现依赖周期边界条件，因此仅适用于周期体系。而有限体系等压分子动力学方法通过将体积表示成原子位置的 3 次齐次函数，从而抛开周期性边界条件的制约，严格实现有限体系的等压过程。

遗传算法 [genetic algorithm]　　一种通过模拟自然进化过程搜索最优解的进化算法。它是模拟达尔文生物进化论的自然选择和遗传学机理的生物进化过程而提出的一种计算模型，由美国的 J.Holland 教授于 1975 年首先提出的。其主要特点是直接对结构对象进行交叉或变异操作，不存在求导和函数连续性的限定。由于这些特点，它被广泛应用于许多科学领域，包括函数优化，晶体结构预测等。在遗传算法里，优化问题的解被称为个体，它表示为一个变量序列，叫作染色体或者基因串，这一过程称为编码。首先，算法随机生成一定数量的个体，并通过计算适应度函数得到一个适应度数值。下一步是产生下一代个体并组成种群。这个过程是通过选择和繁殖完成的，其中繁殖包括交配 (crossover，也称为交叉操作) 和突变 (mutation)。选择是根据新个体的适应度进行的：适应度越高，被选择的机会越高，而适应度低的，被选择的机会就低。初始的数据可以通过这样的选择过程组成一个相对优化的群体。之后，被选择的个体进入交配过程。还可以通过突变产生新的 "子" 个体。经过这一系列的过程 (选择、交配和突变)，产生的新一代个体不同于初始的一代，并一代一代向增加整体适应度的方向发展，因为最好的个体总是更多的被选择去产生下一代，而适应度低的个体逐渐被淘汰掉。这样的过程不断的重复，直到终止条件满足为止。

HSE 混合泛函 [Heyd-Scuseria-Ernzerhof (HSE) hybrid functional]　　密度泛函理论方法中近似处理交换关联势的一种方法。它混合了 PBE 势和 Fock 交换作用势。在 HSE 泛函中，关联势部分和交换势的长程部分完全取自 PBE 势中的关联势部分，而交换势的短程部分则由 25% 的 Fock 交换作用势和 75% 的 PBE 势中的交换势部分混合而成。该杂化交换关联势能较为准确的预测一系列半导体材料的带隙，部分克服了 LDA 和 GGA 的带隙低估问题。

超分子动力学 [hyper molecular dynamics]　　一种基于过渡态理论并扩展了时间尺度的分子动力学模拟方法。通过过渡理论方法，可以找到亚稳态之间的 "分界面"。为了减少在能量极值附近体系停留的时间，超分子动力学方法，就是 "分界面" 之外添加的势函数。由此，超分子动力学可大大加快亚稳态之间的跃迁。实际计算时间和动力学模拟的时间存在一定的比例关系，这个比例取决于添加的势函数。

重要抽样 [importance sampling]　　蒙特卡罗方法中一种重要的计算技术，它根据一个预先设定的分布函数进行抽样。通常这个分布函数具有和问题函数相近或相仿的空间分布。在计算物理中，分布函数通常采用波尔兹曼权重因子，而实现重要抽样主要依赖 Metropolis 策略 (见 Metropolis 抽样)。它可以显著提高计算效率。

朗之万动力学模拟 [Langevin dynamics simulation]　　在分子动力学模拟中，基于朗之万方程实现热浴的数值模拟方法。朗之万方程是一个随机微分方程，它在常规牛顿运动方程中引入额外的两项：摩擦力和随机力，这二者通过耗散-涨落定理联系。该方法通常用来简化复杂环境和体系的相互作用等，常用于模拟正则系综。

线性缀加平面波 [linearized augmented plane wave, LAPW]　　在计算电子能带的缀加平面波方法中，对基函数引入对能量的线性展开项 (见 "能带计算的线性化模型")，产生的高效算法。LAPW 方法的优点是可以更容易地推广到任意形状的势。

长程相互作用 [long-range interaction]　　相互作用势随距离的衰减慢于距离倒数的立方。典型的长程相互作用势有库仑相互作用、偶极相互作用等。在计算物理中，处理长程相互作用不能简单地通过增加截断距离实现，通常需要特别的计算技巧，如 Ewald 求和等。

多体相互作用势 [many body potential]　　两原子之间相互作用的强弱不仅依赖二者之间的距离，而且与两原子所处的局部 "环境" 有关。"环境" 通常通过原子 (电子) 密度、配位数等描述。它是描述原子间相互作用的常用形式，广泛应用于经典分子动力学和蒙特卡罗模拟中。常见的多体势有 EAM 势、Tersoff 势等。

Metropolis 抽样 [Metropolis sampling]　　实现蒙特卡洛模拟最为常用的算法。算法于 1953 年由美国 Los Alamos 国家实验室的五位科学家共同发表，文章奠定了运用电子计算机实现多粒子系统热力学平衡态模拟的基本理论和方法。Metropolis 算法的核心是根据给定的分布函数设计马尔科夫链，达到重要抽样的目的。每次产生的新组态仅与当前的组态有关，而与其历史无关。组态间的跃迁几率需满足细致平衡条件，并要求抽样过程原则上能够到达相空间任何一个组态。

莫尔斯势 [Morse potential]　一种典型的两体相互作用势，最初为研究双原子分子系统而提出。由于其形式简单、物理明晰，常作为一种模型势而被研究。

Nose-Hoover 热浴 [Nose-Hoover thermostat] 分子动力学模拟中最常用的一种控制体系温度的方法。它首先由 Nose 引进，后被 Hoover 做了进一步的改进。Nose 通过在体系的哈密顿量中引入一个虚拟的广义坐标及其广义动量，并将该广义坐标与原子坐标相耦合，从而获得一个扩展的哈密顿量。可以严格证明扩展的哈密顿量能够给出正确的正则分布。Hoover 简化了 Nose 的运动方程，成为等温分子动力学模拟中的主流算法。

粒子群算法 [particle swarm optimization]　由 J. Kennedy 和 R. C. Eberhart 等于 1995 年开发的一种新的进化算法。它与遗传算法相似，也是从随机解出发，通过迭代寻找最优解，它也是通过适应度来评价解的品质，但它比遗传算法规则更为简单，它没有遗传算法的"交叉"(crossover) 和"变异"(mutation) 操作，它通过追随当前搜索到的最优值来寻找全局最优。这种算法以其实现容易、精度高、收敛快等优点引起了学术界的重视，并且在解决实际问题中展示了其优越性。

副本交换分子动力学 [replica-exchange molecular dynamics，REMD]　针对具有多重势能面极小或复杂势能面体系提出的一种有效的分子动力学模拟方法，目的是让体系在有限的模拟时间内尽可能遍历更多的态。它通过将广义系综算法引入常规分子动力学中而实现。在该算法中，体系被复制成几个独立的副本，采用分子动力学在不同的温度对每个副本进行模拟。在整个模拟过程中根据修正的玻尔兹曼因子进行各个副本组态之间的交换。它广泛用于蛋白质折叠的模拟研究中。

自能和自能修正 [self energy and self-enenrgy correction]　粒子和其所属系统之间的作用能。对于凝聚态物质中的电子，其自能是指该电子与周围介质之间相互作用能，如该电子引起的周围电子的移动和周围电子的移动反作用到该电子上所引起的能量改变。在单粒子的 Kohn-Sham 方程中，通常采用的电子交换关联势近似 (如局域密度近似和广义梯度近似等) 难以准确描述自能；准粒子的 GW 方法对此作出了改进，其引入了非局域的、能量依赖的自能算符，从而能更准确的计算多体系统的自能，因而可以看成是一种自能修正的方法。

短程相互作用 [short-range interaction]　相互作用势随距离的衰减快于距离倒数的立方，常用的经验势多属于短程相互作用。短程相互作用往往可以通过简单地增加截断距离达到所需要的计算精度，而无需特别的计算技巧。

最速下降方法 [steepest descent method]　又称梯度法，是一种最简单的优化方法。解析法中最古老的一种，是其他局域优化方法的基础。它是 1847 年由著名数学家 Cauchy 给出的。作为一种基本的算法，它在最优化方法中占有重要地位。其优点是工作量少，存储变量较少，初始点要求不高；缺点是收敛慢，效率不高，有时达不到最优解。这些问题可以采用共轭梯度法来解决。

结构优化 [structure optimization]　通过某种方式调节材料的几何结构，使材料的自由能 (或总能量) 达到极小值的过程。一般而言，它分为两种类型：全局结构优化和局部结构优化。其中全局结构优化的目的是使材料的自由能达到全局的最低值，常用的方法有遗传算法、差分演化方法、粒子群算法、模拟退火方法等。局部结构优化指的是使某个结构达到附近局域的极小值的位置，常用的方法有最速下降法、共轭梯度法、拟牛顿法 (包括 BFGS 方法) 等。结构优化时需要的总能量一般利用密度泛函方法或经验势得到。

随机搜索结构预测 [structure prediction by random search]　随机搜索是一种简单的预测晶体结构的优化方法。它的原理很简单，首先随机产生几十或上百个合理的结构，然后利用某种方法 (通常是第一性原理方法) 计算总能量或自由能，通过比较能量或自由能的高低来确定给定外界条件 (如高压) 下最稳定的结构，从而实现结构预测的目的。虽然随机搜索不能从已经进行过的搜索中获益，但因算法简单也有其优点：(1) 可快速实现；(2) 只需要特定结构的能量；(3) 实际搜索中常可以快速找到良好的解，而且常可以找到全局最小值；(4) 容易从统计分析的角度来描述其收敛性。随机搜索方法也有不少应用。如：英国的 Pickard 和 Needs 教授最初利用该方法预言了 SiH_4 的高压相，其中某种绝缘的高压相已被实验证实。一般而言，体系的原子数 (约 20) 较少时，随机搜索方法可以比较可靠地得到体系的基态结构。

结构弛豫 [structure relaxation]　材料的某种初始结构达到平衡的过程。对于一个平衡态结构，其原子受力和晶格应力都是零，此时的结构处于势能面上的一个能量极小值位置。结构弛豫是结构优化的一种，常用的方法有最速下降法、共轭梯度法、拟牛顿法 (包括 BFGS 方法) 等。在实验上不能精确确定材料结构或进行材料预测时，必须进行结构弛豫后才能比较准确地计算该材料的性质。

两体相互作用势 [two body potential]　两原子之间相互作用的强弱仅仅依赖二者之间的距离，而与其所处的局部"环境"无关。它是描述原子间相互作用的常用形式，广泛应用于早期经典分子动力学和蒙特卡罗模拟中。常见的两体势有勒纳德–琼斯势、莫尔斯势等。

接收概率 [acceptance probability] 用给定的抽样方案验收一批数据组时被接收的数据组数目占数据组总数目的比率。当抽样方案不变时，对于不同质量水平的数据组接收的概率不同。接收概率在统计物理、生物物理、凝聚态物理的数值模拟中有广泛的应用。

自相关并行 [autocorrelation parallelizing] 使用计算机组群计算自相关函数时所使用的并行计算方法。自相关函数指一个信号与自己的相互关系，反映同一信号序列在不同时刻取值的相关程度，是信号处理、时间序列分析常用的数学工具。自相关函数在不同的领域，定义不完全等效，例如在某些领域，自相关函数等同于自协方差。

贝克变换 [Baker's transformation] 又称面包师变换。混沌动力学中的一种经典变换。其变换过程为：取一个单位正方形，将它在一个方向上拉伸至原来的两倍，并将另一个方向上收缩至原来的一半，然后将这个长方形切成两半，将切下的一块放在另一块之上重新构造一个正方形。这种变换的每一步都是确定的，可以预言，但是反复进行这种变换后的结果与初始时刻的关系却变的不确定。贝克变换能形象地演示从确定性系统中产生不确定性这种混沌效应。目前，贝克变换被广泛地应用于数字图像加密等技术中。

布拉格–威廉姆斯近似 [Bragg-Williams approximation] 布拉格和威廉姆斯于 1934 年提出的一种描述二元金属合金中有序–无序转变的平均场近似方法。布拉格–威廉姆斯近似假设：在相变温度附近，体系的自由能不再由短程的相互作用来决定，而是由延展到整个体系的长程序参量决定；当长程序参量为零时，体系处于无序态；当长程序参量不为零时，体系处于有序态。布拉格–威廉姆斯近似方法可以很好地描述二元金属合金的有序–无序转变、伊辛 (Ising) 模型中的铁磁–顺磁转变等经典相变过程。

关联维数 [correlation dimension] 利用关联积分来计算变量前后的关联性，以此来描述变量的确定性及其关联程度。在相空间中，关联维数越大，说明相空间中状态点越密集，系统运动时相关联的程度越大，运动的规律性越强。关联维数概念是由 Grassberger 和 Procaccia 于 1984 年提出，因此计算关联维数的算法被称为 GP 算法。

调试 [debugging] 发现和减少计算机程序或电子仪器设备中程序错误而使得程序能正常运行的一个过程。基本步骤是：(1) 发现程序错误的存在；(2) 以隔离、消除的方式对错误进行定位；(3) 确定错误产生的原因；(4) 提出纠正错误的解决办法；(5) 对程序错误予以改正；(6) 重新测试。当很多子系统之间相互关联很强的时候，改变一个地方就会在其他的一些地方出现错误，从而使得调试变得很麻烦。

基于密度泛函的紧束缚 [density-functional based tight-binding] 凝聚态物理中把密度泛函理论用于紧束缚近似来计算电子态的一种方法。紧束缚近似的特点是以局域的原子轨道或者类原子轨道为基组，采用密度泛函理论直接算出它们的重叠矩阵和哈密顿量参数，从而使得在大体系电子态的计算中不再需要进行参数拟合。基于密度泛函的紧束缚近似是一种近似方法，主要的近似在于对于 Kohn-Sham 密度泛函的能量表达式进行展开只取到零阶 (非自洽计算) 或二阶 (自洽计算)；在重叠矩阵和哈密顿量矩阵的表达中也采用了 Slater-Koester 两中心近似。

行列式量子蒙特卡罗算法 [determinant quantum Monte-Carlo algorithm] 研究相互作用关联电子体系物理特性的一种数值计算方法。它通过路径积分将多体相互作用电子体系的配分函数表达为行列式乘积的求和或积分形式，然后采用 Metropolis 或热浴算法实现求和或积分得到单粒子格林函数，进而求出关联电子体系的电荷、自旋、以及电子配对等关联函数和相应的极化率，得到单粒子和双粒子谱函数。行列式量子蒙特卡罗算法已经在凝聚态物理、量子化学、以及核物理等领域得到广泛的应用。该方法的缺点是受"负号问题"的限制，即当行列式乘积出现负值时，信息相对于噪声的比值随温度的降低呈指数衰减，导致计算温度区间受到限制。

对角化 [diagonalization] 数学上，指的是找到可对角化矩阵或映射的相应对角矩阵的过程。如可对角化的方块矩阵 A，存在一个可逆矩阵 P，使得 $P^{-1}AP$ 是对角矩阵，这个矩阵的对角元素就是 A 的特征值。物理上，指的是求物理量的本征值和本征方程的过程。可对角化矩阵和映射是有价值的，因为对角矩阵特别简单：它们的本征值和本征向量是已知的，同阶对角矩阵的乘积等于将其相同位置的元素乘积后组成的对角矩阵。

转移矩阵的特征值 [eigenvalues of transfer matrix] 描述一个物理系统输运性质的转移矩阵所对应的特征值。转移矩阵是俄国数学家马尔科夫在研究客观事物可能存在的状态以及状态之间的转移概率时提出的概念。事件的发展，从一种状态转变为另一种状态，称为状态转移。从某一种状态出发，下一时刻转移到其他状态的可能性，称为状态转移概率，若事物有 n 种状态，则从一种状态开始相应就有 n 个转移概率，将 n 个状态间的转移概率依次排列，得到的一个 $n \times n$ 阶的矩阵就是转移矩阵。给定转移矩阵 A，要是存在一个矢量 X，满足 $AX = \lambda X$，则称 X 为该矩阵的本征矢，λ 为相应的特征值。转移矩阵的特征值也可以通过奇异值分解求得。

误差标记 [error flag] 指示错误类型的一种标记方法。误差标记用来标记测量结果的准确程度，这是在数值计算和编程中广泛采用的一种标记方式。对任何一个物理量的测量都不可能得到一个绝对准确的结果，测出的结果总和真值存在着差异，其差异称为误差。在大型计算过程中，每一个运算环节的都可能带来数据误差，在计算中设置误差标记，就可以根据误差标记来标记每个环节的计算精度，从而跟踪数据误差的来源，方便程序的调试和修改。

严格列举 [exact enumeration]　又称完全列举。把物理过程中所有可能历经的状态或路径都一一列举出来。在统计物理中的许多问题，需要对系统的所有可能状态求和或求平均，如对某个物理量求系综平均。另外，在量子力学的路径积分表述中，系统从一个特定初态出发，达到某一时刻的状态，也需要计算这段时间中所有可能路径的相干叠加。在随机过程和随机行走等问题中，也涉及对所有可能路径求和的问题。在这些问题中，所有可能的状态或路径的总数往往是随系统的尺度指数增长的。通常只有在少体系统中，才能在有限的计算资源下进行严格列举。但是它是一种严格的方法，是验证其他近似方法是否正确的必不可少的一种方法。

有限尺度效应 [finite-size effect]　表示当研究的系统具有有限大小的尺寸时，它表现出的特性与热力学极限对应的无限大系统所表现的特征之间存在的差异。该效应广泛存在于物理学、材料学、经济学、社会学等学科领域。所以有限大小体系的热力学量计算结果与体材料对应的结果存在一定的差值。要估计体材料的真实结果，人们通常采用有限尺度标度理论来进行外推。

泛函积分技术 [functional integral technique]　无限维分析学的一个新分支，它的核心是泛函积分。所谓泛函积分是积分域为函数空间的一类积分。该技术起源于偏微分方程的求解、量子物理学中的路径积分以及概率论中对随机过程的样本空间的研究。目前，泛函积分技术已广泛应用于统计物理、量子场论、量子宇宙论、基本粒子理论、随机力学、马尔可夫场和湍流理论等领域。同时，泛函积分正在与群表示论、巴拿赫空间几何学、微分方程论、随机过程理论相互渗透。这一切都使它成为现代分析学中的一个令人瞩目的学科。泛函积分的内容目前主要包括连续积分、柱测度、正定函数、拟不变测度理论等。

混合函数 [hybrid function]　又称杂化泛函 (hybrid functional)。Kohn-Sham DFT 计算中用于描述电子交换关联能的一种泛函。Kohn-Sham 密度泛函理论在将多电子体系的行为简化为单电子在有效势场中的运动时，用一个近似的电子交换关联能泛函来描述电子之间的交换关联；混合函数采用线性组合的办法将原来 DFT 中交换关联能泛函的一部分换成用 Kohn-Sham 轨道和 Hartree-Fock 方法计算得到的交换能，在某种程度上修正了原来的 DFT 交换关联能泛函中多余的关联效应。应用中，它能较准确地描述半导体能带中的能隙。常用的混合函数有 B3LYP，HSE 等。

超球方法 [hyperspherical methods]　处理相互作用的三电子散射问题时所采用的坐标方法。利用超球坐标可以将相互作用的三电子散射问题转化为类自由电子散射问题，然后在高维空间中利用非相互作用电子的 Schrödinger 方程来求解。超球坐标包括一个超球半径 ρ 和几个超球角度。散射坐标是由超球半径构成并且独立于超球角度，在超球坐标框架下，原来的三体散射问题转换成了一个只依赖于散射坐标 ρ 的非弹性散射问题。超球坐标近似是近几十年来在核物理领域发展起来的一种近似方法，在原子三体系统中有较广泛的应用。

格点计算 [lattice computations]　采用格点模型来描述物理系统从而计算和分析其物理性质的方法。与连续模型相对应。在计算物理中，可将连续模型离散化后转变为格点模型，并作为连续理论的近似。格点计算在凝聚态物理学、高能物理、粒子物理等领域被广泛应用。

Lee-Kosterlitz 方法 [Lee-Kosterlitz method]　简称 LK 方法，又称自由能势垒方法。判断系统是否具有相变以及相变类型的数值方法。该方法由 J. Lee 和 J. M. Kosterlitz 在 1990 年提出。在有限尺度系统中，一阶相变前后系统在相空间的两个状态的自由能之差随系统的尺度发散；连续相变前后系统在相空间的两个状态的自由能之差随系统的尺度不变，而没有相变发生时系统在相空间的任意两个状态的自由能之差将会随着系统尺度增加而减小。LK 方法提供了一个高效的方法用于准确的计算出相变中的自由能之差，即使对于较小尺度的系统也可以达到较高的精度，以此给出自由能对不同系统尺度的发散关系，从而确定相变是否发生以及相变的类型。

正交化灾难 [orthogonality catastrophe]　费米子系统中的杂质散射会导致一些物理过程在低温极限下无法发生的现象。P.W. Anderson 在 1967 年证明：N 个费米子系统的基态与该系统加入一个有限力程的杂质散射势的基态的交叠积分在热力学极限下趋于零。这个积分正交性会导致费米子系统的某些过程在低温低能极限下不能发生，被认为是灾难性的结果。基于正交化灾难能够解释实验上观察到的许多简单金属内壳层能级的 XPS 谱奇异的幂率行为，其线形是非对称的洛伦兹形状。正交化灾难在近藤物理中也有重要的应用。

势近似 [potential approximation]　全称"经验势近似"(Empirical potential approximation)。在模拟计算中将原子间的相互作用用一个经验势来描述的方法。当体系含有大量原子的时候，直接的量子力学计算量很大甚至不可能，通常将原子间的相互作用用一个经验势来描述，这些经验势是原子位置的函数，一般用比较简单的数学公式表达。经验势的参数可以从实验结果或者小体系的量子力学计算结果拟合得到。目前常用的经验势有两体的相互作用势，如 Lennard-

Jones 势、Morse 势等；三体相互作用势，如 Stillinger-Weber 势、Tersoff 势等，以及多体相互作用势，如，EAM(embedded atom method) 势。

正规自能图 [proper self-energy diagrams] 又称不可约自能图 (irreproducible self-energy diagrams)。在凝聚态物理学或量子场论中，一个粒子的自能表示这个粒子与其他粒子 (或者这个粒子与它所处的体系之间) 之间的相互作用对这个粒子的能量或者有效质量的修正值。数学上，该自能可以用费曼图的叠加来表示，相应的费曼图称为自能图。如果一个自能图不能够通过切断一根费米子线成为两个自能图，那么这个自能图称为正规自能图，否则就称为不合适自能图。

随机数 [random number] 从任何一个随机过程产生的一组数字。随机数的特点是它在产生时后面的那个数与前面的那个数毫无关系，任意两个随机数之间不存在任何相互关联。真正的随机数是使用物理现象产生的，比如掷钱币、骰子、转轮、使用电子元件的噪声、核裂变等。这样的随机数发生器叫作物理性随机数发生器，它们的缺点是技术要求比较高。只有在真正关键性的应用中，如在密码学中，人们才使用真正的随机数。一般在实际应用中往往使用伪随机数，伪随机数看起来"似乎"是随机的数，实际上它们不真正地随机，因为它们是可以计算出来的，但是它们具有类似于随机数的统计特征。产生伪随机数的算法一般有线性同余算法 (周期较短) 和 Mersenne Twister 算法 (周期很长) 等。对应的随机数发生器叫作伪随机数发生器。C 语言、C++、C#、Java、Matlab 等程序语言和软件中都有对应的随机数生成函数，如 rand 等。

边界重构 [rcstructure of boundary] 求解格林函数过程中对边界条件的一种处理方法。格林函数的主要用途是用来求解偏微分方程的边界值问题。如物理学中常见的 Laplace 方程、Helmholtz 方程、Schrodinger 方程等。确定格林函数的困难程度取决于相应的边界形状。对于复杂的边界形状，采用数学变换，将之映射到简单几何形状边界空间的过程称为边界重构。在边界重构过程中，重构结果对重构距离极为敏感，当重构距离很小时，重构才具有很高的精度。

刚性离子近似 [rigid-ion approximation] 固体物理中对电子所受周围作用描述的一种简化方法。该近似假定电子所受的势场只由离子决定，同时总势场只是来自每个离子势场的简单叠加，并且不随离子的运动而改变。虽然它是一个非常简单的近似方法，但对于计算简单金属材料的性质都适用。

根发现算法 [root finding algorithm] 又称根求解算法、求根算法。求出满足方程 $f(x) = 0$ 的 x 的算法，x 被称为这个方程的根或解。对于最高次数低于五次的多项式形式的方程，可以解析地给出通解的形式，但是除此之外，一般的代数方程通常不能解析地给出根的形式，需要求助于数值方法。用数值方法求解方程的根通常采用叠代的方法，先给定一个初始值，从这个初始值出发不断叠代，找到使 $f(x)$ 更趋向于零的 x 值。当方程存在多个不同的根时，大部分求根算法只能从初值出发找出其中一个根。常见的根求解算法有二分法，牛顿法，割线法，插值法。

初始条件敏感性 [sensitivity to initial condition] 非线性现象的一个普遍特征，体系的演化结果对于初始条件具有非常敏感的依赖行为。1963 年 E. 洛伦茨研究气象预报问题时首先发现该现象。经典物理学的观念是：一旦系统的动力学方程被确定，系统的演化完全由初始条件确定；初始条件相近，动力学系统的行为也接近。然而非线性动力学系统表现出与之明显的歧离，计算结果对于初始条件具有非常敏感的依赖行为。后来人们发现它是非线性动力系统的普遍行为，是确定性系统内在随机性的反映。这种内在随机性的研究导致了一门全新的学科诞生，即混沌学。目前，它正在进入化学、生物学、地学、医学乃至社会科学的广阔领域。

单簇算法 [single-cluster algorithm] 又称沃夫算法。沃夫 (wolff) 用数值方法模拟伊辛模型 (Ising model) 时提出的一种簇算法。以伊辛模型为例，单簇算法的步骤是：(1) 选定系统中任意一个格点；(2) 将与这个格点所有最邻近的格点按照一定的概率链接起来形成键；(3) 对新加入的格点重复步骤 (2) 直到没有新的键产生为止，所有有键连接的格点构成唯一的一个簇；(4) 翻转这个簇中所有点的自旋，再根据给定的概率决定是否接受新的自旋组态；(5) 回到步骤 (1)。系统经过足够多的循环以后达到平衡，进而研究系统的物理性质。和其他簇算法一样，单簇算法是非局域的更新算法，当数值模拟物理系统在临界点附近的性质时具有较大的优势。

体育场台球模型 [stadium billiards model] 又称 Bunimovich 体育场模型。由 Bunimovich 首先提出的一种用来研究台球在两个半圆形和矩形组成的台球桌上无能量损失运动轨迹的模型。在模型中，台球是一个运动的系统，它在运动过程中不受摩擦力的作用；台球的运动方向只在边界上由于发生弹性碰撞而改变，所以台球在运动过程中没有能量损失从而运动速率总是保持不变。除了体育场台球模型之外，还有一些著名的台球模型如 Hadamard 台球模型，Artin 台球模型，Sinai 台球模型以及广义台球模型等。这些台球模型被广泛地用于研究混沌和量子混沌。

转移矩阵重整化群方法 [transfer matrix renormalization group method] 从系统的配分函数出发，应用 Suzuki-Trotter 分解，将配分函数转换成转移矩阵的连乘形式，然后在 Trotter 空间应用密度矩阵重整化群算法计算系统的热力学和动力学性质的一种数值方法。该方法适用于处理热力学极限下的系统，是研究强关联系统热力学和动力学性质的一种重要数值工具。

变分蒙特卡罗方法 [variational Monte Carlo, VMC] 变分原理和蒙特卡罗模拟计算积分相结合的方法。其主要步骤为：(1) 根据所研究的模型假设一个变分波函数；(2) 运用蒙特卡罗数值方法计算该猜测波函数对应的系统能量期望值；(3) 优化波函数中的变分参数，即找到最低的能量期望值对应的波函数中的变分参数的值；(4) 将波函数的参数取最优值后，采用蒙特卡罗数值方法计算相应物理模型的各种物理性质。该方法计算结果的有效性很大程度上依赖于试探波函数对基态波函数的近似。蒙特卡罗方法中比较简单易行的方法。

密度矩阵重整化群 [density matrix renormalization group] 精确求解量子多体系统基态或激发态的数值变分方法。它是 1992 年由美国物理学家 S.R.White 提出的。数值求解量子多体系统的主要困难在于其希尔伯特空间的维度随系统的尺寸呈指数增长，也就是所谓的"指数墙问题"。密度矩阵重整化群方法设计了一个方案有效克服该问题，在保留有限的多体基矢数目的情况下，通过不断增加系统尺寸循环优化该基矢，达到计算精度的要求。该方法是目前处理一维或准一维量子多体系统最有效的数值方法，在求解 Hubbard 模型，Heisenberg 模型，t-J 模型等强关联系统的基态和关联函数时被广泛使用。该方法推广到二维格点系统时很难达到要求的精度，对三维的量子系统仍然没有尝试。该方法的各种扩展包括时间相关的密度矩阵重整化群、动力学密度矩阵重整化群、量子化学密度矩阵重整化群以及其等价描述–矩阵乘积态也被广泛应用。

扩散蒙特卡罗 [diffusion Monte Carlo, DMC] 基于虚时薛定谔方程，利用蒙特卡罗技术求解系统趋于基态时的波函数和能量的一种数值方法。该方法是量子力学中研究多体系统的一种有效数值计算方法，具有较强非线性搜索能力，能够更好地求得全局最优解。该方法最初由 Anderson 提出，Reynolds 于 1982 年提出改进，构造一个似概率函数对波函数进行抽样。其具体操作：选取一个试探波函数 $\psi_T(x)$ 作为起始基态波函数 $\psi(x,0) = \psi_T(x)$，则可得虚时薛定谔方程的解为 $\psi(x,t) = \mathrm{e}^{(H-E_T)t}\psi_T(x)$。利用这样的起始波函数构造一个似概率函数：$F(x,t) = \Psi(x,t)\Psi_T(x)$，可以证明，$F(x,t)$ 满足下面的扩散方程

$$-\frac{\partial F(x,t)}{\partial t} = -\Gamma\nabla^2 F + (E_L(x) - E_T)F + \Gamma\nabla\cdot FU$$

这里，$E_L(x) = \psi_t(x)^{-1}H\psi_T(x)$ 为局部能量，$U(x) = \nabla\ln|\psi_T(x)|^2 = 2\nabla\psi_T(x)/\psi_T(x)$ 起"力"的作用。实际计算中，将上式扩散方程写为积分形式：

$$F(x',t+\tau) = \int F(x,t)G(x',x;\tau)\mathrm{d}x$$

这里，$G(x',x;\tau)$ 是扩散方程的格林函数。如果 τ 足够小，格林函数则可近似为

$$G(x',x;\tau) \approx W(x',x;\tau)G_0(x',x;\tau)$$

这里，$G_0(x',x;\tau)$ 为 D 维 (x 的维数)Fokker-Planck 方程的格林函数，其表达式为

$$G_0(x',x;\tau) = (4\pi\Gamma\tau)^{-D/2}\mathrm{e}^{-(x'-x-\Gamma U\tau)^2}/4\Gamma\tau$$

其分支因子为

$$W(x',x;\tau) = \mathrm{e}^{-([E_L(x')+E_L(x)]/2-E_T)\tau}$$

扩散蒙特卡罗方法的模拟过程包括扩散和分支两个步骤。在扩散阶段，从一个位形游走到新的位形的接受概率为 $p = \min[1, \omega(x',x;\tau)]$。$\omega(x',x;\tau)$ 需要满足方程

$$\omega(x',x;\tau) = \frac{\psi_T(x')^2 G(x,x';\tau)}{\psi_T(x)^2 G(x',x;\tau)}$$

以实现 x' 点和 x 点的细致平衡；在分支阶段，按 $M = [W(x', x;\tau_a) + \xi]$ 产生新的位形，这里，[ ] 表示取整，τ_a 为与 τ 成正比的有效扩散时间，ξ 为 $[0,1]$ 区间均匀分布的随机数。

严格对角化 [exact diagonalization] 直接求解物理系统状态性质的一种简易数值方法。对于一个量子系统，物理学家最感兴趣的是找出这个量子系统的基态，也就是能量本征值最小的态。如包含两个自旋 1/2 粒子的量子系统的哈密顿量可以用一个 4×4 的矩阵来描述，将这个 4×4 的矩阵对角化后可得本征值，最小本征值对应的本征向量，即为这个系统中的基态；按照这个思路求解的过程即是精确对角化。随着量子系统的粒子数增多和相互作用愈来愈复杂，系统的基态很难解析求解，因此物理学家转向利用数值方法来求得基态。对于小尺度系统，精确对角化可以给出其严格结果，在程序撰写方面也很容易；然而增加系统尺寸时，所需内存将急剧增加，程序的设计也变得非常困难。严格对角化的主要困难在于如何有效运用有限的内存，以及提升程序运作的效率。

海莱斯变分法 [Hylleraas variational method] 1930 年 Hylleraas 提出的利用变分方法计算电子间相互作用的一种方法。该方法考虑了关联电子体系的变分波函数不仅仅是与电子的位置有关而且还与电子之间相对位置 r_{ij} 有关，比较准确的描述了电子相互作用的关联效应。Hylleraas 方法用于计算 He 原子的基态能量得到了令人满意的结果。随后人们又将 Hylleraas 方法推广到三电子和四电子相互作用体系。但是随着相互作用体系电子数的增加，波函数的基函数项数急剧增加，迄今仍难以应用到含有更多电子的原子体系。目前，Hylleraas 方法主要用于简单原子体系的理论计算。

CALYPSO 结构预测方法 [CALYPSO structure prediction method] 我国自主发展的物质结构搜索方法。

该方法仅根据物质的化学组分和外界条件 (如压力) 就可以搜索与设计三维晶体、二维层状、二维表面和零维团簇的结构，并可以根据功能需求开展材料 (如超硬材料、光学材料等) 的逆向设计。该方法的核心结构处理方法包括基于对称性限制的随机结构产生方法、基于全面结构信息 (键长和键角) 的结构指纹表征方法、局域优化和基于群智理论 (如粒子群优化算法、蜂群算法等) 的结构演化方法。这些结构处理方法的引入使 CALYPSO 方法在探索物质势能面的过程中，既增加搜索群体的多样性又可以有效地减小搜索空间的自由度，因此保证了该方法的高效、可靠性。

缀加平面波方法 [augmented plane wave method，APW]　1937 年由 Slater 提出的固体电子能带计算方法。它基于 Muffin-tin 势的选取，将空间分成以原子为中心的球形区和球间区两部分。在球间区采用平面波形式的基函数，"缀加" (光滑连接) 在非交叠球形区的波函数 (球谐函数与径向波函数乘积) 上，一起组成了它的展开基矢集，将波函数展开进行能带计算。适用于金属能带计算。

组态相互作用 [configuration interaction，CI]　计算化学中，基于 Born-Oppenheimer 近似，为更准确处理电子关联而发展起来的一种 Hartree-Fock 线性变分方法。'组态' 指表达波函数的 Slater 行列式的线性组合。根据轨道占据情况，CI 所用的变分波函数是由不同电子自旋–轨道建立的组态函数的线性组合。

Ewald 方法 [Ewald method]　一种用以计算周期性体系相互作用能 (特别是静电能) 的计算方法。该方法把相互作用势分成短程和长程两部分，分别在实空间和倒空间来计算，从而使两部分计算都能快速收敛，在处理长程相互作用时很有优势。在晶体的总能计算中，有一项离子与离子之间相互作用能就是采用 Ewald 方法来计算。

交换关联能 [exchange-correlation energy]　在密度泛函理论中，将总能量泛函中具有相同电子密度的独立 (无相互作用) 粒子的动能与库仑能 (Hartree 能) 分离后，剩余部分即为交换关联能。它包含了多体相互作用的全部复杂性，这部分能量只能近似求解。

KKR 方法 [KKR method]　由 Korringa、Kohn 和 Rostoker 提出的一种采用原子球势场近似，通过单粒子格林函数方法计算能带的有效方法。它和 APW 方法以及其他能带方法的根本不同之处在于：它不采用基函数展开求解久期方程的方法，而是先把薛定谔或 Kohn-Sham 方程化为积分方程，再用散射理论求解电子能态。

Koster-Slater 模型 [Koster-Slater (KS)model]　是 Koster 和 Slater 在 1954 年提出的一种修正的原子轨道线性组合 (LCAO) 方法 (参量方法)。为了解决 LCAO 求解薛定格方程中的多中心积分困难，他们提出把 LCAO 哈密顿矩

阵元 Hij 看成一组参量，其数值可由其他更有效的、精确的数值结果 (如布里渊区高对称点上的第一性原理计算数值) 或者实验值拟合得到。通常只需要两中心，或三中心积分即可。

非局域赝势 [non-local pseudopotential]　所构建的赝势不仅仅与空间位置有关还与其他量子数 (主要指角量子数) 有关，即不同量子数 (主要指角量子数) 的电子感受到的赝势是不同的。例如，目前在第一性原理计算中广泛使用的保模赝势，超软赝势都属于非局域赝势。

交叠矩阵 [overlap matrix]　又称重叠矩阵。量子化学中用于描述量子力学系统一组基矢相互关系的正方矩阵。交叠矩阵总是 $n \times n$ 的，其中 n 是所用基矢的数目。通常，交叠矩阵元定义为 $s_{jk} = \langle b_j | b_k \rangle = \int \Psi_j^* \Psi_k \mathrm{d}\tau$，其中 $|b_j\rangle$ 是第 j 个基底右矢；ψ_j 是第 j 个波函数，定义为：$\Psi_j(x) = \langle x | b_j \rangle$。交叠矩阵总是正定的，即它的特征值都为正。特别的，如果所有基矢构成了正交归一基组，则交叠矩阵将变成单位矩阵。

超软赝势 [ultra-soft pseudopotential，USPP]　David Vanderbilt 在 1990 年提出的，所谓 "超软" 是相对于保模赝势而言的。它通过引入重叠矩阵，使得在构建赝波函数时少了 "保模条件" 的限制，给了构建光滑赝势的额外自由度。尤其是在处理 2p,3d,4f 等电子时，由于它们的全电子波函数本身没有节点，(受保模条件的限制) 保模赝势很难 "软化"，但是却可以构建出很 "软"(光滑) 的超软赝势。

从头计算分子动力学 [*ab initio* molecular dynamics]　一种把密度泛函理论第一性原理与分子动力学有机结合起来、可同时处理电子和离子系统的计算方法。从头计算分子动力学可归结为电子系统动力学计算、电子和离子耦合系统动力学计算两个过程，可应用于凝聚态体系的微观几何结构和电子结构以及反映动力学等。

布朗动力学模拟 [Brownian dynamics simulation]　一种用数值方法求解多粒子体系过阻尼朗之万方程的计算机模拟方法。在布朗动力学模拟中，粒子运动规律遵循如下方程：$\mathrm{d}\boldsymbol{r}_i/\mathrm{d}t = \frac{1}{\gamma_i}\boldsymbol{F}_i(\boldsymbol{r}_i) + \tilde{r}_i$，其中，$\gamma_i$ 是摩擦系数，$\tilde{r}_i$ 是随机噪声。实际上，人们应用类似的思路，在常规牛顿运动方程中引入摩擦力和随机力两项，并通过耗散–涨落定理建立这额外两项之间的联系。这样的随机微分方程被称之为朗之万方程。该方程可简化复杂环境和体系的相互作用等，可达到热浴作用，因此常被用于模拟正则系综。在分子动力学模拟中，基于朗之万方程实现热浴的数值模拟方法也称为朗之万动力学模拟。

粗粒化模型 [coarse-grained(CG)model]　分子模拟中相对于全原子模型的、用于描述模拟基本单元的模型。此模型的基本单元不再是单个原子，而是由部分分子，或是分子的某些部分所构成的一个 "粒子"，而此 "粒子" 内部的原子

信息则被忽略。粗粒化模型特别适用于研究复杂系统在较大空间和时间尺度上的动力学行为研究。

粗粒化分子动力学 [coarse-grained molecular dynamics，CGMD]　一种以粗粒化模型为基本研究单元的分子动力学。具体详见粗粒化模型。

计算软物质 [computational soft matter]　采用理论或计算机模拟等方法来研究软物质自组装结构的形成机理以及探索软物质材料结构和性能之间的关系。典型的软物质包括胶体、聚合物、液晶、颗粒物质以及各种生命物质，其基本特点包括：对热扰动、应力等外界环境变化的显著响应性；分子结构组分的复杂性和内部自由度的多样性；可形成多级、多尺度的结构。针对软物质体系的特点，软物质的计算和模拟研究可以采用不同的方法，如在原子尺度上的全原子分子动力学模拟、在介观尺度上的粗粒化分子动力学模拟、蒙特卡罗模拟、基于密度场的密度泛函理论和自洽场理论，以及在宏观尺度上的有限元模拟等等。近年来，通过连接不同尺度模拟的信息，人们又发展了各种多尺度模拟方法。

耗散粒子动力学 [dissipative particle dynamics，DPD]　一种粗粒化的介观计算机模拟方法。该方法的基本原理与分子动力学类似，其基本研究单元是由几个原子或分子、甚至是部分流体所组成的一个"粒子"。此方法具有两个显著特点：(1) 基本单元对之间存在着耗散力和随机力，且满足涨落耗散定理，因此此方法能保证系统动量守恒，并产生正确的流体动力学行为；(2) 基本单元间采用软势而非硬球势，使其能有效地研究大量分子在更大的时间尺度和长度尺度上的动力学行为。

动力学蒙特卡罗 [kinetic Monte Carlo，KMC]　一种研究物理过程随时间演化的蒙特卡罗模拟方法。通常把这些物理过程中已知的演化速率作为 KMC 算法的输入变量。如果满足反应速率正确、相关的过程为泊松过程和不同过程间相互独立等条件，此方法可以给出模拟系统演化过程的正确时间尺度。此外，如果反应满足细致平衡条件，KMC 方法也可用于模拟平衡态热力学系统。但通常情况下，KMC 方法大都被应用于模拟非平衡过程。

格子玻尔兹曼模拟 [lattice-Boltzmann simulation]　在格子气体模型基础上发展起来的、基于统计物理中系统宏观性质与微观组成粒子运动之间关系的一种数值模拟方法。此方法采用格子气体的思路来研究描述系统非平衡态分布的玻尔兹曼 (Boltzmann) 输运方程，用简化的碰撞项代替了粒子与周围介质复杂的相互作用情况，从而克服了格子气体模型中统计噪声或受非物理力学影响等缺点，但保留了并行运算、边界条件易于处理等优点。

跳蛙算法 [leapfrog algorithm]　又称蛙跳算法。分子动力学中常用的一种积分算法。它使用系统 t 时刻的位置、$t-0.5\Delta t$ 时刻的速度和 t 时刻的加速度来更新 $t+\Delta t$ 时刻系统的位置以及 $t+0.5\Delta t$ 时刻的速度。跳蛙算法需要的计算资源较少，而且在较大时间步长下，系统仍能保持能量守恒。

分子动力学模拟 [molecular dynamics simulation，MD]　目前使用最广泛、能用于计算如生物大分子、聚合物、金属和非金属材料等复杂多体系统的一种计算机模拟方法。该方法的研究对象可以是不同种类的分子或原子，而分 (原) 子力场可由量子力学计算或与实验对照得到。基于所选取的分子力场和牛顿力学原理，可通过计算机数值计算得到系统中各个分子或原子的运动轨迹；以此为基础，再利用统计物理的基本原理对系统进行抽样分析，进而得到系统的动力学和热力学性质。此方法可用于研究原子和分子在微观或介观尺度上的运动，以帮助人们认识、理解或预测物质的结构和宏观特性。

蒙特卡罗积分 [Monte Carlo integration]　一种运用随机数求解数值积分的方法，是蒙特卡罗模拟方法中所特有的一种数值计算定积分的方法。该方法通过在被积函数区域使用随机抽样来实现积分运算，在计算高维积分时尤其有效。

蒙特卡罗模拟 [Monte Carlo simulation，MC]　一种广泛应用于模拟各种数学和物理系统行为的计算机算法。该方法通常使用随机抽样的方式来实现。蒙特卡罗模拟可以用于寻找多变量数学问题的数值解，如微积分的求解，或求解其他需要用到 (伪) 随机数的数学问题。此外，蒙特卡罗模拟方法还特别适用于研究具有大量耦合自由度的物理系统，如液体、无序材料、强耦合固体、细胞结构等。蒙特卡罗方法在计算物理学、物理化学、工程学资等相关应用领域都具有重要意义。

多尺度模拟 [multiscale simulation]　一种着重于耦合不同研究模型和计算方法的计算机数值模拟方法，主要用于跨尺度问题的研究。其主要思想是在不同尺度上采用不同精度和粗糙度的模拟模型，并配合和衔接相应的计算方法，从而可以考虑到不同尺度上物理效应之间的相互影响和耦合。

并行副本分子动力学 [parallel replica molecular dynamics]　一种在同一时域内同时进行多个分子动力学模拟的方法。此方法假设低频率事件遵循一阶动力学，模拟时系统初态被复制成 N 份 (N 个副本) 而分发到 N 个处理器上。这 N 个副本通过相移去关联后在每个处理器上进行单独的分子动力学模拟，这样对相空间的扫描速度就可比单一分子动力学模拟的扫描速度快 N 倍。

相场方法 [phase field method]　一种求解界面问题的理论方法，主要应用于固化动力学、囊泡动力学与断裂动力学等问题的求解。该方法通常会以相场为空间变量来构建体系的自由能泛函，然后通过变分得到描述体系演化的偏微分方程。

相场模拟 [phase field simulation] 通过相场方法来研究体系 (特别是界面) 随时间演化的一种方法。该方法主要关注界面的动力学，通过体系的序参数 (相场) 来构建描述体系演化的 (偏微分) 方程，从而得到体系相场等量随时间的关系。

势能面 [potential energy surface] 用于描述分子能量的一个多维曲面。如一个化学反应体系沿着反应坐标方向的能量变化，称为化学反应势能面；分子之间的相互作用能随着分子间距离的变化，称为分子间相互作用势能面。势能面主要应用于计算化学和分子模拟领域。通过势能面，可以得到体系的最稳定几何结构，反应物和产物的反应路径、鞍点和过渡态结构等多种信息。

时间步长 [time step] 在分子动力学模拟过程中，模拟单元每一步运动所需的时间。选择合适的时间步长，可以节省计算机模拟计算所需的时间而不失去计算的精度。一般选取的时间步长为体系各个自由度中最短运动周期的十分之一。

范德瓦耳斯势能 [van der Waals potential] 一种分子间相互作用势，其本质来源于瞬时电偶极矩的感应作用。分子模拟中常用 Lennard-Jones 势能来表示。

局域密度近似 [local density approximation, LDA] 一种选取 Kohn-Sham 方程中交换关联函数形式的近似方法。在 Kohn-Sham 方程中，交换关联能是电子密度的泛函。一般情况下，它既依赖于电子的密度，也依赖于电子密度的梯度。在局域密度近似下，交换关联能 E_{xc} 只依赖于电子的密度，可以写成对于交换能密度 $\epsilon_x(n(r))$ 和关联能密度 $\epsilon_c(n(r))$ 积分的形式。$\epsilon_x(n(r))$ 和 $\epsilon_c(n(r))$ 两者的泛函形式和均匀电子气的交换关联能密度的函数形式相同。其中，$\epsilon_x(n(r))$ 可以通过计算均匀电子气的 Hartree-Fock 交换能得到，$\epsilon_c(n(r))$ 则可以通过量子蒙特卡罗方法计算得到。尽管 $\epsilon_x(n(r))$ 和 $\epsilon_c(n(r))$ 都是通过计算均匀电子气的能量得到的，但对很多电子非均匀分布的固体体系，局域密度近似也能给出很好的结果。

LDA+U 方法 [LDA+U method] 一种处理过渡金属以及稀土金属体系及其氧化物的计算方法。传统的 LDA 和 GGA 等交换关联形式是一种弱耦合的平均场方法，而过渡金属以及稀土金属的体系中，由于存在 d、f 轨道，其轨道局域性很强，从而导致很强的电子关联效应。对于电子关联很强的体系，LDA 方法往往失效。如 LDA 在计算 Mott 绝缘体时，会得到很小以至为零的带隙，以及过小的局域磁矩，这些都与实验不符。强关联系统可以使用 Hubbard 模型或 Anderson 模型进行很好的描述。在这些模型中，需要引入一个在位库仑势 U 来描述 d 电子与 f 电子的强关联效应，其中 U 的含义为将两个电子放置到同一个格点的库仑能。LDA+U 通过在 Hartree-Fork 框架下考虑局域相互作用，可以得到比 LDA 更为准确的磁性态。LDA+U 方法已经被广泛应用于过渡金属和稀土金属的研究之中，它能够较好地描述诸如氧化锰、氧化铁等 Mott 绝缘体的部分特性。然而，LDA+U 也有一定局限。首先，LDA+U 中的 U 值通常为参数值，而 U 的选择对电子性质和磁矩等又有着决定性影响；其次，LDA+U 利用 Hartree-Fork 近似对关联函数进行计算，因而导致了一个静态的自能。

赝势 [pseudopotential] 计算固体电子结构时，在薛定谔方程中使用的一种近似的等效势场。分子与固体中的电子状态可通过求解薛定谔方程或狄拉克方程得到。一般可将系统中的电子分为参与成键的价电子与局域在每个原子处的芯电子，由于在分子与固体中芯电子的状态几乎保持不变，可将每个原子的原子核与芯电子一起看作离子实，而只计算价电子的状态。该离子实对价电子的等效势场即为赝势。由赝势计算出的赝波函数比较平滑，在使用基组展开时，相对于全电子波函数具有很好的收敛性，可大大提高计算效率。实际计算中，对某些系统，赝势可近似的由若干个参数来确定，这些参数可由实验数据 (如能带、态密度和费米面) 拟合得到，这种赝势称作经验赝势。拟合得到的经验赝势只适用于特定的体系，且需要获得实验数据。而第一性原理计算中所用的赝势不包含经验参数，同一赝势可适用于不同的体系。此时赝势可分为模守恒赝势与超软赝势两类。模守恒赝势要求原子赝轨道与相应的全电子原子轨道在截断半径内部的积分相等，这一限制称作模守恒条件。超软赝势去掉了模守恒条件，能使赝轨道在截断半径内部尽可能的平缓，而不致影响其普适性，其计算量较小。在赝势构造过程中首先将原子中的电子分为芯电子与价电子，选择价电子的参考电子组态，计算原子的全电子波函数，选择截断半径，然后产生原子赝轨道来构造赝势，最后测试该赝势的普适性。构造赝势时所用的原子赝轨道与全电子原子轨道具有相同的本征值，且在截断半径之外是相同的，但在截断半径内部赝轨道比较平滑，而全电子原子轨道可能包含振荡。另外赝势还决定于计算电子状态所用的方法，如在密度泛函理论中，使用不同的交换关联泛函会产生不同的赝势。赝势具有非唯一性，构造赝势时可选取不同的芯电子数与截断半径，这些参数决定了赝势的普适性以及应用该赝势时的计算量。一般来说，选择的芯电子数越少，截断半径越小，使用该赝势时的计算量越大但赝势适用的范围越广。

自洽计算 [self-consistent calculation] 第一性原理计算求解薛定谔方程的一种方法。在 Hartree-Fock 方程和 Kohn-Sham 方程等第一性原理的计算中，有效势和电荷密度 (或密度矩阵) 是相互耦合的。方程的最终解需要保证有效势和电荷密度是自洽的, 即使用电荷密度计算得到的有效势, 代回方程后仍得到原电荷密度。因而在求解 Kohn-Sham 方程时, 通常使用迭代求解的方法。迭代方法的基本流程如下: 第 1 步: 选取初始电荷密度。第 2 步: 计算有效势。第 3 步: 带入方程计算新的电荷密度。第 4 步: 判断新旧两次电荷密度是否相同。第 5 步: 如果相同, 则终止, 输出结果, 如不相同则使用新的电荷密度进行第 2 步。实际计算中, 初始电荷密度可以是随机选择的。另外, 实际计算中一般并不直接使用得到的新电荷密度进行迭代计算, 而是使用新旧两次电荷密度的线性组合作为下一次迭代的输入。判定新旧电荷密度是否相同的判据通常选用能量标准。已知电荷密度后, 可以计算系统的能量, 新旧两次计算得到的能量差值小于某个阈值时, 即可判定新旧电荷密度相同。

k 点抽样 [k-point sampling]　对第一布里渊区进行积分所使用的一种数值计算方法。在计算固体的物理性质, 如能量、电子密度和磁性时, 需要对整个第一布里渊区进行积分。数值积分过程中, 要对第一布里渊区进行离散化求和。为减少数值计算量, 求和过程中不需要考虑布里渊区中所有点, 通常选取一些特定的点进行求和, 这个过程为 k 点抽样。一般可以利用晶体的对称性减少计算量。计算过程中, 只计算不等价的 k 点, 再乘以相应权重并求和。目前, 最广泛实用的 k 点采样方法为 Monkhorst-Pack 方法, 该方法通过选取布里渊区中的重要特殊点加权求和, 可以有效提高积分的效率。

线性化 Muffin-Tin 轨道 [LMTO]　基于 Muffin-Tin 势场构造的一类基组波函数, 也指基于这类基函数产生的电子能带计算方法。在 Muffin-Tin 势的球形势范围内, 该波函数径向部分为波函数 $\varphi_l(E, r)$ 和球贝塞尔函数的叠加, 其中 $\varphi_l(E, r)$ 满足球形势的径向薛定谔方程; 在常数势区域为球诺依曼函数。波函数的角向部分为勒让德函数。MTO 轨道依赖于能量, 因此用 MTO 轨道给出的久期方程以及边界上的匹配条件也依赖于能量, 是一个非线性超越方程, 需要迭代求解。LMTO 是在 MTO 基础上提出的一种线性化缀加波函数。将 MTO 中的球贝塞尔函数和球诺依曼函数替换成缀加球贝塞尔函数和缀加球诺依曼函数, 它们的函数形式满足以下要求: 在给定能量处, LMTO 对能量的一阶导数为零。这种新定义的缀加波函数被称为 LMTO, 它既保留了 MTO 波函数的特点, 同时在处不依赖于能量 (一阶近似下)。利用 LMTO 作为基函数得到的久期方程以及边界上的匹配条件不依赖于能量, 极大地简化了久期方程的计算过程。

局域自旋密度近似 [local spin density approximation]　在密度泛函理论中, 近似的取交换关联能密度仅为上下自旋电子的密度分布函数的函数, 即在空间某一点处, 交换关联能密度仅由该点处上下自旋电子的密度值决定, 而

与其他点处的电子密度无关, 这种近似即局域自旋密度近似。系统的交换关联能可由对交换关联能密度在全空间的积分得到。在局域自旋密度近似中, 交换关联能密度对电子密度的函数关系一般由均匀电子气的交换关联能得到。首先使用量子蒙特卡罗方法计算得到具有一定电子密度的均匀电子气的交换关联能, 然后通过参数拟合方法得到交换关联能密度的解析形式。

局域基组 [localized basis set]　系统中电子的波函数可由局域在各原子处的轨道展开, 这些轨道组成波函数展开的局域基组。局域基组一般以各个原子为中心, 包括径向部分与角向部分, 径向函数随着与原子中心的距离很快衰减为零, 角向部分一般使用球谐函数。局域基组可为数值的或解析的。数值基组中的径向函数为与原子中心距离的列表, 实际计算中使用插值方法得到连续的轨道。解析基组的径向函数使用解析函数, 如高斯函数和 Slater 函数。局域基组中的各个局域轨道一般都是非正交的, 存在交叠积分。在实际计算中一般对局域基组做截断, 即近似的使用有限个局域轨道来展开波函数。

平面波基组 [planewave basis set]　具有周期性或使用周期性边界条件的系统的布洛赫波函数可用平面波来展开, 所用的平面波组成的基组。基组中的每个平面波由波矢来标志, 波矢越大该平面波的波长越短, 且波矢仅需取系统倒格子中的格矢与标志布洛赫波函数的第一布里渊区中的矢量之和。波函数的平面波展开式中, 平面波波矢的模越大其分量越小。在实际计算中, 一般近似的在某一波矢大小处截断, 所用平面波基组仅包含在截断波矢内部的平面波。

赝波函数 [pseudo-wavefunction]　求解系统的薛定谔方程时, 若仅考虑价电子, 而各原子核与芯电子所组成的离子实对价电子的作用用赝势表示, 则求解得到的波函数。由赝波函数可计算系统的价电子密度分布。对单个原子, 赝波函数与全电子波函数具有相同的本征值, 且在截断半径之外是相同的, 但在截断半径内部赝波函数比较平滑, 而全电子原子波函数可能包含振荡。

约束 Hartree-Fock 计算 [restricted Hartree-Fock calculation]　Hartree-Fock(HF) 自洽场方法中的一种, 开始时只用于处理闭壳层体系, 即指所有轨道都为双占据轨道的体系。约束 HF 计算中所有轨道都是双占据的, 因而密度矩阵中只包含自旋单态。为了处理存在一个或多个单占据轨道的开壳层体系, 人们对约束 HF 计算进行了改进, 即仍然尽可能使用双占据的波函数描述分子轨道, 而对未填满的轨道则使用未配对波函数进行描述, 在计算过程中, 轨道的单占据或双占据状态是固定的。这种计算方法又叫作开壳层的约束 HF 计算。约束 HF 计算的优点在于, 由于不存在人为添加的不同的电子自旋态之间的混合, 它的波函数是总自旋算

符 S2、的本征函数，这与体系的真实波函数是一致的。而其缺点在于，对于双占据轨道的自旋极化，约束 HF 无法进行正确描述。

自旋极化计算 [spin-polarized calculation]　在密度泛函理论中引入了自旋极化的一种计算方法。在密度泛函理论的基本方程 -Kohn-Sham 方程中，电子之间的相互作用由交换关联势描述。交换关联势通常是极化率（上下自旋电子密度差值）的函数，例如局域密度近似中，空间某一位置的交换势是依赖于该点处的电子密度和极化率的泛函。在求解 Kohn-Sham 方程时，需要对上下自旋的电子密度使用不同的泛函进行描述，且上下自旋电子密度之间存在耦合，一般需要采取近似方法求解。

非约束 Hartree-Fock(HF) 计算 [unresirticted Hartree-Fock calculation]　一种处理开壳层体系的计算方法。由于开壳层体系的两种自旋电子数目不相等，非约束 HF 计算不再约束上、下自旋的电子占据相同的空间位置，因而需要使用不同的分子轨道对其进行描述，并得到两个分别对应上、下自旋电子的能量本征方程。由于电子受到其他所有上和下自旋电子的平均场影响，因而两个能量本征方程是耦合的。对于两种不同自旋的电子，最终会得到不同的轨道和轨道能。非约束 HF 计算的优点在于可以较好描述体系的自旋极化。其缺点在于，由于不同电子自旋的轨道是不同的，波函数不能保证是总自旋算符 $S2$ 的本征函数。

玻尔兹曼-香农熵 [Boltzmann-Shannon entropy]　又称信息熵。刻画系统状态或随机变量不确定性的物理量，在统计物理、信息理论等领域有着广泛运用。此熵计算公式为 $H = -\sum_k p_k \ln p_k$，k，p_k 代表系统状态，是系统处在此状态的几率或实际观察频率。公式最初由物理学家玻尔兹曼提出，用来描述稀薄气体中分子速度分布随时间的演化，是 H- 定理的核心物理量，在分子随机碰撞的假设下定量地阐述了热力学第二定律有关时间不可逆性的分子机理。1948 年，克劳德·香农在一篇划时代的文章中建立了 H 与特定时间序列（如一串字符）所含信息量的关系，证明了以他命名的信源编码定理。此文所引入的包括信息熵等基本概念成为了现代信息论的出发点。

模拟退火 [simulated annealing]　寻找全局优化解的一种通用的概率算法。方法由统计物理学家 Scott Kirkpatrick, C. Daniel Gelatt 和 Mario P. Vecchi 三人于 1983 年提出，其名称类比于制备均匀无杂质的金属或合金晶体材料时，通过升温到接近熔点再缓慢冷却的方法。以求极小值为例，算法将目标函数定义为系统的能量，用蒙特卡罗方法在给定温度采样，再通过逐步降温（即退火）到达系统的基态。降温过程速率即退火时间表的选取对计算的成功至关重要。过快降温将导致系统远离热平衡，进而丧失各态历经的

可能，落到局部而不是全局极小态。过慢降温又会大大增加计算时间。算法的收敛性在文献中有深入讨论，最著名的结果有 Bruce Hajek 在 1988 年给出的全概率收敛条件等。实际操作中，2001 年 A.Abe 和 Y.Okamoto 等提出运用 Tsallis 分布设计退火时间表，可快速收敛到全局优化解。

蒙卡方法 [Monte Carlo methods]　通过随机采样来计算统计平均量的普适方法。由 Ulam 在曼哈顿计划期间根据 Fermi 的原始想法提出，经过 von Neumann, Rosenbluth 等人完善，最终形成了广为人知的 Metropolis 算法。方法的基本思路是从系统的某个构象出发，按转移概率在特定的集合内随机选取新的构象，构象对之间转移概率的选取有很大的任意性，但需满足细致平衡条件。伴随着电子计算机速度的指数增长和计算机技术的普及，该方法被广泛运用，成为用计算机模拟来研究经典和量子多粒子系统平衡态的主要手段之一。传统的采样方法在处理具有长程关联或丰富的空间结构的问题时，产生统计独立样品需要非常多运算步数。自 80 年代起，由 Swendsen 和王建生等人提出了通过生长来更新系统构象的集群蒙卡方法，大幅提高了关联系统的采样效率。几乎与此同时，运用广义系综及重新加权的方法来提高采样效率的各类方法也不断涌现，推动了蒙卡方法在处理高维复杂系统及优化问题中更广泛的运用。

计算机模拟 [computer simulation]　运用计算机的高速数值运算能力，重现由数学模型定义的特定物理过程，也广义指用数值方法来演示和预测某一类物理现象。计算模拟伴随着 20 世纪 40 年代第一代电子计算机在美国的出现而诞生，可有效地展示多自由度系统的动力学演化或实现统计采样。分子动力学和蒙特卡罗方法是计算模拟最常用的两类方法。随着计算机速度的发展，计算模拟获得了越来越广泛的应用。计算模拟作为基础和应用研究的重要手段，方法论发展一直倍受关注。这其中包括计算问题的分类、算法的改进和编程、模型的选取和简化等，以及运算结果的分析方法和误差估计。计算模拟作为一种数值运算手段，需通过与实验测量及理论分析相结合，才能最大程度发挥它在科学研究中的作用。

BBGKY 等级 [BBGKY hierarchy]　统计物理中多体粒子分布函数遵从的耦合演化方程。当系统哈密顿量只含二体相互作用时，n-体分布函数的时间演化只依赖于 $(n+1)$-体分布函数、外场及相互作用势。源于经典统计力学，是从刘维尔定理出发推导波尔兹曼方程的重要一环，经去关联近似可约化为封闭的有限方程组。在流体微结构动态演化的研究中有广泛应用。

Bethe 格子 [Bethe lattice]　所有格点具有相同配位数且不含闭路（圈）的无穷格子。由德国理论物理学家 Hans Bethe 于 1935 年引入。格子特殊的树状拓扑结构方便建立严

格的递推关系，获得众多统计物理模型的精确解。但这类解常与有限维规则格点模型所展现的性质有本质差别。

集群展开 [cluster expansion] 通过计算链接图的数目获得配分函数、自由能等物理量的级数展开。可用来研究高温相的热力学性质。图的权重、类型及多重数等与具体的问题有关。级数项较多时，还可以利用 Padé 逼近等外推法获得相应物理量更精确的解析表达式。

集群蒙卡方法 [cluster Monte Carlo methods] 通过生长来更新系统构象的一种高效蒙卡方法。由 Swendsen 和王建生在 1987 年提出，最初借助 Kosteleyn-Fortuin 定理在 Ising 模型和 Potts 模型上实现集群翻转，大大降低了在临界温度附近采样时样品序列的关联时间，加快实现独立采样，提高计算精度。该方法经多位研究者的逐步改进和拓展，已被运用到多种格点和粒子模型的研究中。

组合优化 [combinatorial optimization] 有限集合上的优化问题。典型例子是旅行推销员问题，求访问每个城市一次并回到原点的最短路径。当城市数增加时，路径数按阶乘形式增加，因此穷举法通常不能达到求解的要求。发展这类问题快速求解的一般算法，如动态规划，是计算机科学的核心问题之一。同一类的组合优化问题可以通过映射建立数学上的等同性，为给定问题计算复杂度的讨论提供严格的理论依据。

扩散方程 [diffusion equation] 描述粒子扩散运动的偏微分方程。满足方程的函数可以是多粒子系统的粒子密度，单个粒子出现在空间某一点的几率，或其他遵循扩散律的物理量。扩散运动的本质是微观层次分子碰撞的随机性，微米颗粒在液体表面的运动（即布朗运动）便是一个熟知的例子。

有限尺度标度 [finite-size scaling] 确定系统临界温度和临界指数的一种分析方法。其理论依据是处于临界点或对称性破缺态的系统所呈现的空间自相似性及物理量的标度行为。由于模拟计算通常只能在有限尺寸的格点上实现，有限尺度标度的运用便十分重要。

勒纳德–琼斯势 [Lennard-Jones potential] 描述一对中性原子或分子相互作用的简化势函数。作用势只包含两个特征参数，即势的整体强度和其极小值对应的距离。势的远程部分与实际二体相互吸引的范德瓦耳斯力相吻合，近程部分给出二体排斥作用的近似描述。由于其简捷的数学形式，在经典粒子系统的三相理论中有着广泛的应用。

随机数产生器 [random number generator] 产生随机数序列的计算程序或实验装置。由特定公式计算得到的序列通常称为伪随机数，在计算机模拟中广泛采用，其残存的序列元两体或多体关联可由标准的统计测试程序来评估。

副本方法 [replica trick] 计算无序系统自由能的一种数学方法。杂质的存在令哈密顿量中耦合常数或外场含随机涨落，不同样品的配分函数也呈现相应的分布。后者的 n 阶矩等同于 n 个相互作用的副本所组成的系统的配分函数。副本方法的主要思想是，通过分析 n 副本系统在 n 趋于零极限下的行为，推测原系统的热力学性质。

自回避行走 [self-avoiding walk] 格点行走的一种，要求被访问的格点在同一次行走中不重复出现。该模型由 Paul Flory 于 1953 年引入，描述单个高分子链的热运动及相关性质。自回避行走头尾间的直线距离与总步数满足普适的标度律。

元胞自动机 [cellular automaton] 定义在格点上的离散变量组，按照局部动力学规则实现同步演化。由于其简洁的状态空间和演化规则，非常适合动力学行为的分类和量化分析，本身也成为复杂性理论和计算理论的研究对象。

从头计算 [*ab initio* calculation] 又称第一[性]原理计算 (first principles calculation)。泛指所有从物理学基本原理出发，对特定现象所做的计算研究。对于复杂的体系，计算中可能会用到适当的近似，但不借助于任何实验结果去作参数拟合，因而所得的结果更为客观和更为可信。特指的是从量子力学原理出发，计算原子、分子或凝聚态物质里的电子状态和电子性质。为了处理电子间的相互作用，计算中往往会使用各种不同的近似，如最广泛使用的是基于 20 世纪 60 年代科恩等提出的密度泛函理论，并在此基础上发展的各种近似方法，以及在此基础上开发的多种广泛使用功能强大的计算软件，应用范围已经扩大到原子团簇，复杂分子和固体，乃至生物物质的结构和动力学性质，成为物理学、化学、材料科学，乃至地学和生物学研究的有力工具。

经典分子动力学 [classical molecular dynamics] 在计算物理中一种与蒙特卡罗方法并行的最常用的模拟方法。它的基础是求解一系列含初始条件和边界条件的牛顿方程。由于它基于经典动力学，因此不能处理量子系统。分子动力学模拟被广泛应用于模拟相互作用气体、液体、固体以及生物系统。标准的分子动力学模拟实现了微正则系综（能量、体积及粒子数不变）。通过相应的设计也可以用来模拟其他系综，特别是正则系综（见朗之万动力学，Nosé-Hoover 热浴，Nosé-Hoover 链）。

熵采样方法 [entropic sampling] 一种用熵代替能量作为采样势函数的采样方法。可看作是"伞形采样方法"的一种，等效于平直直方图或多正则蒙特卡罗模拟。

吉布斯采样 [Gibbs sampler] 在伊辛模型背景下的一种单自旋取样蒙特卡罗算法。在吉布斯采样中，依据自旋态当前的条件概率，迭代地对其中每一个自旋态（或自由度）进行采样。这个概念可以推广到其他感兴趣的系统，尤其是当条件概率容易计算时，当前的变量可以通过这个方法取样。

直方图方法 [histogram method] 在蒙特卡罗模

拟中的一种集中于能量分布而非集中于平均值的方法。通过统计每个能量值出现的次数得到能量直方图，通过对直方图调整权重可以构造出其他未直接模拟的温度下的能量分布。还可以与不同温度下的多重模拟相结合，得到多重直方图方法。这种蒙特卡罗模拟技术自 1990 年左右由 Ferrenberg 和 Swendsen 开发出来，提高了计算模拟的效率。

多正则蒙特卡罗方法 [multi-canonical Monte Carlo] 由 B. Berg 提出的应用于蒙特卡罗模拟的人为统计系综。它要求能量的概率分布是一个常数 (平坦的直方图)。多正则系综中某个态的概率可以由系统态密度的倒数得到，然后通过调整权重可以得到标准正则分布结果。多正则系综可以通过 Wang-Landau 取样法以及所谓的平面–直方图方法实现。

Nosé-Hoover 链 [Nosé-Hoover chain] Nose-Hoover 链是由 Martyna, Klein, and Tuckerman(MKT) 提出的原始 Nose-Hoover 热浴的更复杂的推广，更适用于非各态历经小系统。它的热库由一组耦合方程所代表 (因此，称为 "链方程")；相比之下，原始的 Nose-Hoover 热库只含有一个噪声方程。

Swendsen-Wang 算法 [Swendsen-Wang algorithm] 实现 Metropolis 算法的一个全局移动方案，是 "集群蒙卡方法" 的创始版。最初构建的算法用来处理伊辛模型和波特 (Potts) 模型，后来被推广至其他系统，如 XY 模型 (见 Wolff 算法) 和流体粒子。Swendsen-Wang 算法的核心是运用伊辛/波特模型与渗流模型的映射生成 Fortuin-Kasteleyn 集群，每个集群再按相同几率做整体翻转。生成集群的方法是以几率 $P = 1 - \exp(-2J/(k_\text{B}T))$ 链接自旋相同的最近邻格点对，其中 J 是铁磁伊辛模型的耦合常数，T 是温度，k_B 是波尔兹曼常数。该方法可以有效地减弱处在二阶相变点附近的系统的临界慢化。

辛算法 [symplectic algorithm] 在数值处理经典哈密顿动力学时保持哈密顿系统辛结构的一种数值方法。相空间体积是一系列辛结构之一，在从相空间点 (p, q) 到 (P, Q) 的变换中保持不变 (刘维尔定理)。辛算法满足方程 $D^T \text{JD}=\text{J}$，其中 D 是 $(p, q) \to (P, Q)$ 变换的 Jocobian 矩阵，$J = \begin{bmatrix} 0 & -I \\ I & 0 \end{bmatrix}$。速度 Verlet 算法是辛算法的一个例子。

Tersoff 势/Brenner 势 [Tersoff potential/Brenner potential] 描述硅、碳材料常用的力场势能。包含描述取向参数的三体及四体互作用。通过 Brenner 推广到更详尽的版本，即第二代 Brenner 势或反应键序经验 (REBO) 势。与第一性原理结果相比它们能给出相当精确的力学性质和化学性质，但是比第一性原理的计算更快成本更低，因此更适合用于分子动力学模拟。

转移矩阵蒙特卡罗方法 [transition matrix Monte Carlo method] 统计力学中基于能量空间转移矩阵的一种取样方法。转移矩阵 $T(E \to E')$ 通过细致平衡方程 $H(E)T(E \to E') = H(E')T(E' \to E)$ 与态密度 $n(E)$ 关联，其中直方图 $H(E) = n(E)\exp(-E/(k_\text{B}T))$。转移矩阵蒙特卡罗方法更有效地利用了取样得到的数据，因此可以更准确地对态密度进行估计。

速度 Verlet 算法 [velocity Verlet algorithm] 通过近似二阶导数的标准有限差分给出牛顿方程 $q(t + h) - 2q(t) + q(t - h) = F/m$，其中 $q(t)$ 是 t 时刻的位置，h 是步长，m 是质量，F 是力。为了得到下一步的位置，之前两步的位置需要保留。速度 Verlet 算法是在原来 Verlet 算法的基础上同时使用了位置 q 和动量 p。这种算法是一种辛算法。在数值分析中又叫作 Stömer 方法，因其简单及数值稳定性成为分子动力学模拟常用的积分方法。

Wang-Landau 取样 [Wang-Landau sampling] 有别于传统的蒙特卡罗方法，Wang-Landau 方法的着重点是系统的态密度，从平坦的态密度出发，根据移动被接受或拒绝来更新直方图的数值，从而更新态密度。经过长时间更新，结果会收敛到预期值。进而其他的热力学量如能量或热容也可进行计算。

Wolff 算法 [Wolff algorithm] 在原来 Swendsen-Wang 算法基础上演化的一种算法，每次产生单个集群并进行自旋翻转。与原来 Swendsen-Wang 多集群算法相比在相关时间方面效率更高。Wolff 也将此算法推广到 XY 自旋模型。

虫算法 [worm algorithm] 类似于 Swendsen-Wang 算法和 Wolff 算法在每一步内实现全部替换的一类算法。不同于查看格点集产生集群，虫算法产生一个闭合路径，形成回路。Prokofev 和 Svistunov 提出的原始算法通过在 Potts 模型的渗流来形成这些回路。已被推广至一些其他模型，如二维 Edwards-Anderson 自旋玻璃体系。

热浴算法 [heat-bath algorithm] 在分子动力学模拟中保持系统恒温所采用的方法。系统的即时动能温度跟所有粒子的运动情况相关，由于作用力截断与积分误差原因一般而言动能并不守恒的，温度会发生漂移，为了控制系统温度就有必要采用热浴算法。

电子关联计算 [electron correlation calculations] 利用 Hartree-Fock 方法计算的多电子体系的能量和体系实际能量之差称之为电子体系的关联能。电子之间有排斥作用，多电子体系中当一个电子运动时，其他电子的位置也会发生变化，以便使整个体系的能量最低。因此，电子的运动是非独立的、相关联的。这个时候基于独立电子近似的 Hartree-Fock 理论一般不能满足计算精度要求，人们需要使用多组态自洽场理论或者组态相互作用理论把电子之间的关联效应包含进来。

量子模拟 [quantum simulation]　使用一个量子体系去模拟另一个量子体系的方法。一个例子就是使用量子计算机去模拟量子体系。自然界本身并不是经典的，因此，要对它进行模拟，最好就是将它量子力学化。使用更可控的量子体系模拟另一个量子体系并不容易，量子模拟的重要进展主要在1981年以后，即当费曼发表他开创性的演讲 *Simulating Physics with Computers* 后。特别是自 2000 年以来在孤立、调控以及探测单量子体系方面的一些重要进展，标致着量子模拟器正在变成现实。量子模拟在一些情况下也可以代指计算模拟量子效应。如超冷原子物理、量子多体系统的数值模拟等。

密耦合方法 [close-coupling calculation]　一种精确计算电子、光子和原子分子碰撞、原子分子之间碰撞过程截面的理论方法。对于原子 (或离子) 再加一个额外电子的系统，整个体系的波函数可以由原子 (或离子) 的波函数和连续电子的波函数来构造。体系的总角动量和字称是守恒量，当它们选定时，原子 (或离子) 的某个态和与之相匹配的具有特定轨道角动量的连续电子就定义了若干通道。由于连续电子和靶原子 (或离子) 中束缚电子的相互作用，各通道之间存在着耦合，连续电子的径向部分满足的是通道耦合的积分微分方程，即密耦合方程组。在处理电子、光子与原子或离子散射过程中，通过求解包含多个通道耦合的积分微分方程组可以精确计算散射波函数和散射截面等物理量。

组态相互作用 [configuration interaction]　描述多电子体系电子关联效应的一种方法。在构造原子波函数的矩阵理论中，原子波函数可以表示为多个电子组态的线性展开。因此在计算原子哈密顿算符的矩阵元中既包含相同组态的对角元，也包含不同组态之间的非对角元。非对角元可称之为组态相互作用项。相比单组态，多组态构造的原子波函数的完备性更好，计算的原子能量也与实验结果更接近。对于自由原子，由于系统的角动量守恒以及哈密顿算符具有偶字称，在原子波函数的展开中，要求所有组态具有相同的总角动量和相同的字称。

库仑积分 [Coulomb integral]　在进行原子和分子的电子结构计算时，往往将体系波函数写成轨道波函数的行列式形式，其中轨道波函数一般满足正交归一化条件，从而使得波函数满足电子的交换反对称性。在这种情况下，计算原子 (分子) 的能量中的电子–电子相互作用时，将会得到两项：一项代表着两个电子之间的静电排斥势能，称为库仑积分，通常以 J 表示；一项涉及电子交换反对称性带来的交换积分，称为交换积分，通常以 K 表示。对于处于轨道 ϕ_i 和 ϕ_j 的电子，它们的库仑积分定义为 $J_{ij} = \langle \phi_i(1) \phi_j(2) \| 1/r_{12} \| \phi_i(1) \phi_j(2) \rangle$，这里 $r_{12} = |r_1 - r_2|$。它代表电子密度为 $\phi_i{}^2$ 和电子密度为 $\phi_j{}^2$ 的两个电子态之间的静电排斥势能。

库仑积分在 Haretree-Fock 方法、休克尔分子轨道方法、原子轨道线形组合 (LCAO)、多组态 Hartree-Fock、组态相互作用 (CI) 等众多第一原理 (从头计算) 方法和半经验方法中都有大量涉及，是原子分子结构数值计算中的主要计算环节之一。在 Gaussian 等流行的量子化学和原子分子结构计算软件包中，都包含相应的计算模块。

耦合集团理论 [coupled-cluster (CC)theory]　又称耦合簇理论。一种用于求解多体问题的理论方法。该理论首先由 Fritz Coester 和 Hermann Kümmel 于 20 世纪 50 年代提出，当时是为了研究核物理中的一些现象，但是后来由 Jiři Čížek 和 Josef Paldus 重新改善后，从 20 世纪 60 年代开始，被广泛的运用到研究原子和分子中的电子相关效应，是目前量子化学从头计算法中对多电子相关能的一种高精确计算方法。它通常从 Hartree-Fock 分子轨道出发，通过指数形式的耦合算符运算得到真实体系的波函数。一些小分子和中等大小的分子最高精度的计算结果就是通过 CC 方法得到的。

流密度泛函理论 [current density functional theory，CDFT]　密度泛函理论的一种。在密度泛函理论中，电子的交换关联势应该是全空间的电子密度的函数，为了更准确地描述交换关联的非局域性，把物理量描述成密度流的形式：$j(r) = n(r) \cdot v$。在含时的密度泛函理论中，某一时刻电子的交换关联势还与前一时刻的电子密度分布有关，所以含时流密度泛函理论中：$j(r,t) = n(r,t) \cdot v(r,t)$。

狄拉克–福克计算 [Dirac-Fock calculations]　使用 Dirac-Fock 方法进行的计算。在全相对论情况下，以 $|n\kappa m\rangle$ 作为单电子轨道波函数，并且它由大小两个分量组成。组态波函数即由轨道波函数 Slater 行列式的叠加构成。以此为基础，利用自洽的方法，优化体系的哈密顿量。对于高阶的 QED 修正等，用微扰论进行处理。现有的计算程序有 Grasp, Fac 等。

狄拉克–福克方法 [Dirac-Fock method]　一种全相对论的 Hartree-Fock 方法。它以单电子的 Dirac 哈密顿量为基础，单电子波函数取四分量形式的 Dirac 波函数，多电子波函数由单电子波函数构成行列式形式，利用变分原理得到单电子波函数满足的 Dirac 方程。在 Dirac-Fock 方法中，要计算的单电子波函数是四分量形式，计算量是 Hartree-Fock 方法的四倍，因此计算将变得更加复杂。以 Dirac-Fock 方法为基础，利用微扰方法，可以考虑其他效应对哈密顿量的修正，如 Breit 修正和量子电动力学 QED 效应等，进一步对能量进行修正。

第一原理方法 [first principle's method]　在物理学中指直接从建立的物理学定律出发，不需要做出诸如经验模型以及拟合参数的假定。第一原理电子结构计算包括 Hartree-

Fock 方法、Post-Hartree-Fock 方法、Multi-reference 方法。最简单的第一原理电子结构方法是 Hartree-Fock 方法，它没有细致的计入瞬时的电子 - 电子排斥作用，只是计入了平均效应 (平均场)。Post-Hartree-Fock 方法则是以 Hartree-Fock 方法为开始，并修正了电子–电子排斥作用 (也被称为电子–电子关联)。在另外一些情形，特别是化学键断裂的过程，Hartree-Fock 方法并不是足够的，并且单行列式波函数并不是 Post-Hartree-Fock 方法的好的基底，这时有必要使用包含不止一个行列式的波函数或使用基于多行列式波函数的方法 (Multi-reference 方法)。

高斯轨道函数 [Gaussian orbital function]   用来构造单电子波函数的高斯形式的数学函数。在计算化学和原子分子物理学中，高斯轨道 (也被称为高斯型轨道、GTO) 常出现于分子电子结构计算的原子轨道线性组合 (LCAO) 方法中，它被用于描述分子中的电子轨道以及大量与之相关的特征。用高斯基函数写出单电子波函数：$\Phi(r) = R_l(r)Y_{lm}(\theta, \phi)$ 其中 $Y_{lm}(\theta, \phi)$ 是球谐函数，l 和 m 分别是角动量和其 z 分量，r, θ, ϕ 是球谐函数坐标。其径向部分 $R(r) = B(l, \alpha)r^l e^{-\alpha r^2}$，$B(l, \alpha)$ 是归一化常数。高斯函数常写成多组基函数的求和形式：$R_l(r) = r^l \sum_{p=1,P} c_p A(l, \alpha_p) \exp(-\alpha_p r^2)$ 其中 c_p 是与指数 α_p 相关的归一化求和系数。指数 α_p 常用原子单位描述。利用高斯轨道描述双原子系统时，只需将分别描述单原子的高斯函数按一定的方向进行求和。以这种方式，四中心积分可以简化为双中心积分的有限和，并在下一步中可以简化为单中心积分的有限和。高斯基在计算化学和原子分子领域有广泛的应用，在笛卡尔基中，球谐函数可以利用笛卡尔函数简单的描述出来，因此为了方便起见，许多量子化学程序都采用笛卡尔高斯模型而不是球谐高斯模型。

哈特利方法 [Hatree method]   由物理学家哈特利提出的计算多电子体系 (如原子、分子等) 波函数的理论方法。哈特利方法用单电子波函数的简单乘积函数来构造多电子波函数，通过变分法得到哈特利方程，用自洽场迭代方法求解出单电子波函数及多电子波函数。由于电子是费米子，因此多电子原子的波函数要满足交换反对称性。哈特利方法构造的乘积波函数没有考虑到电子的交换反对称性，因此该方法漏掉了电子的交换能，计算的原子总能量偏高，与实验结果相比有较大差异。

哈特利–福克–斯莱特方法 [Hatree-Fock-Slater method]   简称 "哈特利–斯莱特方法"。哈特利–福克方法的一种近似。该方法在计算电子之间的直接库仑作用能时与哈特利–福克方法相同，但是包含了电子的自相互作用；在计算电子之间的交换作用能时采用了类似于托马斯–费米–狄拉克方法中的自由电子气统计近似，将电子的交换能表达为电子密度的函数。由于引入了统计的方法，该方法所得结果与哈特利–福克方法有差异。

休克尔方法 [Hückel methods]   又称休克尔分子轨道法 (Hückel molecular orbital method，HMO)。1930 年埃里希·休克尔提出的一个计算分子轨道及能级的方法，休克尔方法是一个非常简单的烃类 π 轨道的原子轨道线性组合成的分子轨道 (LCAO-MO) 能量的计算方法，如乙烯、苯、丁二烯的分子轨道能量的计算。只有 π 轨道被包括在内，因为这些因素就足以决定这些分子的一般性质，通常会将 σ 轨道的电子忽略。这称为 σ-π 的可分离性。该理论的基础是休克尔规则。休克尔方法有一个扩展的理论，既罗德·霍夫曼提出的扩展休克尔方法，是用来计算 π 轨道在三维空间中的能量状态，也被用来测试分子轨道对称守恒原理。

原子轨道线性组合方法 [LCAO method]   利用相关原子体系单电子波函数的线性组合构造分子体系单电子波函数的近似方法。单电子波函数通常被称之为电子轨道，分子轨道是原子轨道对分子的推广，即假定分子中的每个电子在所有原子核和电子所产生的平均势场中运动，即每个电子可由一个单电子波函数来表示它的运动状态，并称这个单电子波函数为分子轨道，而整个分子的运动状态则由分子中所有电子的分子轨道组成。原子轨道线性组合是用于求解分子轨道的一种近似方法。

多体微扰计算 [many-body perturbation calculations]   基于微扰理论计算多电子体系关联能的计算方法。多体问题涉及大量相互作用粒子组成的微观体系的运动，一般来讲它是一个量子体系。在这样一个体系中粒子间重复的碰撞使得粒子间产生了关联或纠缠。因此，系统的波函数是一个非常复杂的量，包含了大量的物理信息，使得精确的计算变得不可能。这时候人们一般会针对特定的问题，基于一系列的近似进行近似求解。其中，多体微扰理论就是其中的一种。它基于平均场理论 (Hartree-Fock)，当高阶涨落是个很小的微扰时，人们就可以用传统的微扰理念进行逐级展开的方式进行求解，并且可以根据精度需要展开到相应的项。多体微扰计算在多电子原子体系问题的研究中有重要的应用。

多组态 Hartree-Fock 方法 [multi-configuration Hartree-Fock method]   考虑了组态相互作用的哈特利–福克方法。在矩阵理论中，可以通过多个电子组态线性展开的方法构造多电子原子的波函数。与单组态的 HF 方法相比，原子波函数的多组态展开完备性更好，更接近原子的真实波函数，计算结果与实验结果更接近。但是由于包含的组态增加，矩阵非对角元的数目大大增加，因此该方法的计算量大，计算时间长。

光学势 [optical potential]   一种应用于散射问题的有效势理论方法。在处理多通道散射时，将入射到一个复合靶的入射体总波函数用靶本征态展开为 $\sum \int \eta_\alpha(x)\varphi_\alpha(x_{\text{tar}})$, 我们可以将原始的多体问题转变为无限多的一组耦合单体方程。对于已选定的 N 个通道, 有可能定义一个算符 V_{opt}, 叫作光学势, 使得 N 个波函数 $\eta_\alpha(x)$ 精确地满足由 V_{opt} 给出的势矩阵的 N 个耦合方程, 我们定义 V_{opt} 使之满足 $G_{\text{opt}}(E + \text{i}0)V_{\text{opt}} = \Lambda G(E + \text{i}0)V^1\Lambda$。在实际计算中精确应用光学势 V_{opt} 太复杂, 它的重要性在于发展其他理论。例如在核物理中非常适用的唯象光学势, 就由光学势理论证明。"光学势"的名称正由此而来, 形如 $U(r) + \text{i}\omega(r)$ 的简单唯象光学势就可以得到很好的结果。对这样的势, 薛定谔方程完全是在处理一个光被一个具有复折射率的介质的散射。这就是光学势名称的来由。

轨道积分 [orbital integrals] 轨道积分指如下形式的积分: $\langle\varphi_A|A|\varphi_B\rangle$, 其中 A 是计算的物理量算符, φ 是原子轨道. 在利用原子轨道线性组合为分子轨道时, 计算分子能级和各种性质时会用到此类积分。

分波展开 [partial wave expansion] 将散射波函数按照不同的角动量态展开。分波展开是求解散射截面时常用的方法。在入射波为平面波 $\text{e}^{\text{i}kz}$, 和中心力场作用下, 粒子发生偏转, 动量不再守恒, 出射波是不受散射影响的入射波和散射波的叠加。$\psi \xrightarrow{r\to\infty} \text{e}^{\text{i}kz} + f(\theta)\text{e}^{\text{i}kr}/r$, 式中散射振幅 $f(\theta)$, 因为轴对称与 θ 无关。求解 $f(\theta)$ 时, 需要把入射平面波写成多个球面波叠加的形式。这种展开方法叫作分波展开。

量子亏损理论 [quantum defect theory] 在多电子的原子体系中, 用量子亏损参数描述其单电子轨道能量相对于类氢原子中的变化的理论方法。在原子 (或离子) 中, 里德伯系列指的是具有相同角动量耦合方式而其中一个电子处于不同主量子数 n 的一系列量子态。这些态的能级可以用类似于氢原子能级的形式来表示, 但是主量子数 n 必须由一个称为量子亏损的参数 δ 进行修正, 修正后的主量子数即有效主量子数。光谱实验表明对于 n 较高的里德伯态, 同一系列的量子亏损 δ 近似为常数, 因此用这种方法来描述非常有效。这便是早期的量子亏损理论。由于同一里德伯系列都有一个电子处在同一轨道角动量, 使得它们与具有相同轨道角动量的连续通道成为一个整体。Seaton 等的单通道量子亏损理论将通道的意义扩展到包括里德伯系列在内, 量子亏损在连续区演变成为渐进相移除以 π, 从而可以一致地处理原子 (或离子) 的束缚态与连续态。

自洽场方法 [self-consistent-field methods] 用自洽迭代方法数值求解非线性微分积分方程的计算方法。自洽场方法是迭代求解多粒子系统非相对论和相对论量子力学系统 (薛定谔方程、狄拉克方程) 的一种基本方法。在单粒子近似下, 多粒子系统的薛定谔方程可以简化为单粒子波函数所满足的非线性方程组, 这种方程的求解不能一步求出, 首先按照某种方法给出波函数的一个估计, 然后利用这个估计来计算电子密度, 通过电子密度来得到哈密顿量中与粒子相互作用有关的项, 再进行薛定谔方程的求解得到一组改进的结果, 直到前后两次计算结果满足所要求的精度为止 (即达到自洽)。有时自洽场方法也用于直接指代哈特利–福克方法。

斯莱特轨道 (函数) [Slater orbital (function)] 由 J.C. Slater 在 1930 年引入的用于描述原子分子轨道的一组数学函数。对主量子数为 n, 轨道角动量量子数为 l 的原子轨道, 其径向部分的波函数可以展开为如下形式的线性叠加: $R_{nl}(r) = \sum_{j=1}^{k} C_{jnl}r^{I_{jnl}}\text{e}^{-\zeta_{jnl}r}$, 式中 C_{jnl} 为归一化常数, r 指电子相对于原子核的距离, I_{jnl} 为正整数, ζ_{jnl} 是一个与原子核有效电荷有关的常数, k 为展开的总项数。斯莱特轨道不依赖于主量子数和轨道角动量量子数, 只在 $r = 0$ 时有一个节点, 能够非常有效地处理原子核附近范围内的径向波函数。

斯莱特基 [Slater-type basis functions, STO] 又称斯莱特基组。由斯莱特轨道函数线性组合而成, 是一种原子轨道基组, 由体系中各个原子的原子轨道波函数组成, 每个原子轨道波函数用斯莱特型轨道表示。

静电–交换方法 [static-exchange method] 用于计算电子和原子分子体系的碰撞过程的一种方法。它在计算入射电子和靶中电子的相互作用时, 忽略入射电子对靶中电子的扰动, 利用自由原子或者分子的电子波函数, 计算靶中电子和入射电子之间的静电相互作用和交换作用。这种近似忽略了靶原子中电子的极化、激发、电离等过程, 通常仅对中低能电子和高离化态离子的碰撞过程适用。

高斯基 [Gaussion-type basis functions, GTO] 又称高斯函数。形式为 $f(x) = a\text{e}^{-(x-b)^2/c^2}$ 的函数。其中 a、b 与 c 为实数常数, 且 $a > 0$, $c^2 = 2$ 的高斯函数是傅里叶变换的特征函数。这就意味着高斯函数的傅里叶变换不仅仅是另一个高斯函数, 而且是进行傅里叶变换的函数的标量倍。高斯函数属于初等函数, 但它没有初等不定积分。但是仍然可以在整个实数轴上计算它的广义积分 (参见高斯积分): $\int_{-\infty}^{\infty} \text{e}^{ax^2}\text{d}x = \sqrt{\dfrac{\pi}{a}}$

多通道量子亏损理论 [multi-channel quantum defect theory] 一种考虑多通道耦合处理量子亏损问题的理论方法。不同的里德伯系列收敛于不同的连续限, 每个都可以用单通道量子亏损理论来描述, 但是由于通道之间的相互作用, 量子亏损和渐进相移会受到扰动, 此时多体问题的解决需要处理多个通道之间的耦合。例如, 连续限为 $I1$ 和 $I2$ 两个通道, 且 $I1$ 小于 $I2$, 在两者之间的能量区间, 存在收敛于 $I2$ 的自电离共振里德伯系列, 耦合的结果使得在共振位置处

通道 $I1$ 的相移增加 π，而收敛于 $I2$ 的里德伯系列量子亏损也会发生一定的改变。多通道量子亏损理论实质上是一种密耦合计算方法。

重叠积分 [overlap integral] 又称 S 积分。原子轨道 φ 线性组合为分子轨道时，通过变分法求得的久期方程组里包含的三类积分之一，通常用 $SAB = \langle \Phi_A | \Phi_B \rangle$ 表示。

计算电磁学 [computational electromagnetic] 以电磁场理论为基础，以数值计算为手段，运用计算数学提供的各种数值方法，解决复杂电磁场理论和工程问题的一门学科。计算电磁学的数值方法按数学模型可分为微分方程法（包括变分方程法）和积分方程法；按求解域可分为频域法（空间–频率域）和时域法（空间–时间域）；按近似性可分为解析法、半解析法、渐近法和数值法等。常用的计算电磁学方法包括矩量法、时域有限差分法、有限元法等。计算电磁学的主要发展方向是面向多时空尺度、复杂结构甚至包括多物理过程的高置信度、高效率电磁模拟技术。

自适应有限元方法 [adaptive finite element method] 通过对问题解的性质和所需求解精度自动调整有限元网格，并实现最优计算复杂性的离散方法。该方法以常规有限元方法为基础，以后验误差估计和自适应网格改进技术为核心，通过自适应分析，自动进行网格加密以提高求解精度，具有应用范围广且易于软件化等特点，现已成为电磁计算软件中普遍采用的核心技术。

自适应积分方法 [adaptive integral method，AIM] 用于求解大尺度问题的一种快速算法。该方法将三角基函数转换至笛卡尔网格上，求解矩阵方程时用快速傅里叶变换实现矩阵矢量乘，即可在保留精确几何建模特点的同时，发挥共轭梯度快速傅里叶变换 (CG-FFT) 方法的优点。

近似边界条件 [approximation boundary condition] 求解电磁散射问题时常用的一种近似边界条件。在实际遇到的电磁散射问题中，散射体往往不是规则的完纯导体，而是薄层介质涂覆的导体，或是粗糙面的导体或介质。在求解这样的问题时，可以通过散射体的表面阻抗来表示表面电场和磁场的切向分量之比。使用 IBC 的优点是在不知道目标内部场时，可以计算散射场，但有一定的限制和有效范围，使用 IBC 引起的误差依赖于对表面阻抗所做的假设。

复射线方法 [complex ray method] 一种求解电磁场问题的高频近似方法。复空间内由复源点产生的复射线在实空间内表征高斯波束。因此，将入射平面波离散化为一组波束指向平行的高斯波束，通过在复空间对复源点的射线追踪、场强计算及叠加各射线场的贡献得到特定观察位置处散射场的高频渐近解。该方法的优点是可以大大减少射线数量，提高计算效率。

共轭梯度快速傅里叶变换方法 [conjugate gradi-ent fast Fourier transform method，CG-FFT] 将快速傅里叶变换与共轭梯度法联合用于求解矩阵方程的方法，可进一步减小计算复杂度。在共轭梯度法中，如何加速矩阵与矢量相乘是改进共轭梯度法的重要课题，当用矩量法求解电磁问题中的积分方程时，由于积分方程含有卷积核，所形成的线性代数方程组可能是一种离散卷积形式，用快速傅里叶变换计算离散卷积可大大加快计算速度。

时域间断伽辽金方法 [discontinuous Galerkin time domain method] 一种在时域（空间–时间域）内求解的区域分解方法，也可以被理解为局部伽辽金方法，该方法允许相邻单元存在不匹配的离散网格或基函数阶数，并使用数值通量条件来处理相邻单元的连接。

有限元撕裂对接法 [finite element tearing and in-terconnecting，FETI] 一种区域分解方法。该方法中采用拉格朗日乘法器在各个子域的连接面强加连续性条件，并得到所需求解的缩减后的整个区域问题。FETI 方法最早被用来解决大型的计算机械学及计算声学问题，近年来被发展到频域及时域中来求解麦克斯韦方程。

时域有限元法 [finite element time domain meth-od] 在时域（空间–时间域）内，以微分方程为基础，求解边值问题的数值方法。该方法对空间变量采用伽辽金法，对时间变量采用有限差分法，有的以麦克斯韦旋度方程为出发点，有的则以矢量波动方程为出发点。

时域有限体积法 [finite volume time domain method，FVTD] 基于麦克斯韦方程组的积分形式及其双曲特性的一种非结构化网格的方法。在该方法中，麦克斯韦方程被写成守恒形式，使用单元面上的通量之和来计算单元中心点的场。它的主要缺点是存在比较大的耗散与色散，不能有效地分析大尺度电磁问题。

高频渐近方法 [high frequency asymptotic meth-od] 用于求解大尺度电磁场问题近似方法的统称。它特别适用于几何尺寸远大于波长及比较光滑的结构。广泛应用的高频渐近方法包括：几何光学法 (GO)、物理光学法 (PO)、几何绕射理论 (GTD)、一致性渐近理论 (UAT)、一致性绕射理论 (UTD)、物理绕射理论 (PTD)、绕射谱理论 (STD)、等效电流法 (MEC)、混合法 (HM) 等。

时域多分辨方法 [multi resolution time domain method，MRTD] 将电磁场用多分辨分析的尺度函数和小波函数进行展开，用伽辽金法对麦克斯韦方程组进行离散，构成一种既与时域有限差分法有关，又更加灵活的电磁场计算方法。传统的时域有限差分法是该方法中将小波基函数换成矩形脉冲的一种特殊情况。在相同的网格尺寸条件下，与传统的时域有限差分方法相比，MRTD 方法的数值色散更小，精度更高。

多层快速多极子方法 [multilevel fast multipole method，MLFMM] 快速多极子方法在多层级 (Hierarchical) 结构中的推广。对于 N 体互耦，多层快速多极子方法采用多层分区计算：对于附近区强耦合量直接计算；对于非附近区耦合量则用多层快速多极子方法实现。该方法基于树形结构计算，其特点是逐层聚合、逐层转移、逐层配置、嵌套递推。

时域平面波方法 [plane wave time domain method，PWTD] 一种提高求解时域积分方程计算效率的方法。该方法的基础是将任一点的场表示为平面波的叠加，只要该点距离源的分布足够远。与提高求解频域积分方程计算效率的快速多极子方法类似，该方法采用单元分组的方式，将不同的单元区别对待，以降低计算复杂度。

时域伪谱方法 [pseudo-spectral time domain method，PSTD] 一种运用快速傅里叶变换 (也可以应用其他变换) 来离散偏微分方程中空间导数的方法。该方法的优点是空间步长可以取得更大；缺点是难以处理精细结构问题，一般要求目标的最小结构尺寸大于等于最小波长的一半。

谱域方法 [spectral domain approach] 借助傅里叶变换将电磁场边值问题转化为在 (空间) 谱域中求解的方法。该方法特别适用于求解具有以下特点的分层结构边值问题：介质只沿一维有分层变化，沿另外二维无界或受导体边界限制；场域内只有平行于分层界面的零厚度导体片；导体片的几何形状在场域边界所适合的正交坐标系中可进行分离变量。

时域积分方程方法 [time domain integral equation (TDIE) method] 一种经典的电磁场计算时域方法。该方法以积分方程为基础，对其中的空间变量采用矩量法，对时间变量采用差分法。这种解法分为显示解法和隐式解法，后者的特点是时间步长的选取与空间离散尺度无关，可选择较长的时间步长达到提高计算效率的目的。

吸收边界条件 [absorbing boundary condition，ABC] 基于微分方程的数值方法 (包括频域或时域有限元及时域有限差分法) 用于开域问题时，需要在计算区域的截断边界设置适当的边界条件，是一种特殊的计算方法。截断边界处所加的人为边界条件不仅要保证边界场必要的计算精度，还要有效地消除由非物理因素引起的入射波在边界上的反射，使得用有限的网格空间能模拟电磁波在无限空间中的传播。

色散误差 [dispersion error] 电磁场数值计算中出现的非物理的色散现象。由于电磁场数值计算的离散方法 (如时域有限差分方法) 只是对麦克斯韦旋度方程的一种近似，对电磁波的传播进行模拟时，在非色散媒质空间中也会出现色散现象，而且电磁波的相速度随波长、传播方向及离散场量的变化而变化，这种非物理的色散现象称为数值色散，该现象对时域数值计算带来的误差称为色散误差。

频域有限元法 [finite element frequency domain method] 在频域 (空间–频率域) 内，以微分方程为基础，近似求解电磁场边值问题的一种数值技术。有两种有限元方法，一种是基于变分原理的有限元法或里茨 (Ritz) 有限元法，另一种是伽辽金有限元法。

计算等离子体 [computational plasma] 通过求解描述等离子体宏观性质的流体力学方程组或刻画等离子体微观运动规律的动理学方程组来研究等离子体形成、性质和运动规律的物理学分支学科。计算等离子体一般包括粒子轨道计算，磁流体力学计算和等离子体动理论计算三个方面。粒子轨道计算是把等离子体看成由大量独立的带电粒子组成，只讨论单个粒子在外加电磁场中的运动特性，而略去粒子间相互作用，主要适用于研究稀薄等离子体中发生的物理过程。把等离子体作为导电的连续介质，在标准流体力学方程组中加上电磁作用项，再和麦克斯韦方程组联立，就构成磁流体力学方程组，适用于研究等离子体的宏观性质如平衡、宏观稳定性等问题，也适用于冷等离子体中的波动问题。而等离子体本质上是一个含有大量带电粒子的多粒子体系，其间的主要作用是长程的集体库仑作用，需要建立描述粒子分布函数随时间演化方程，研究波和粒子的相互作用及微观不稳定性，然后统计平均给出体系的宏观性质。微观动理论方程组主要包括弗拉索夫方程 (描述体系的波动和微观不稳定性)，富克—普朗克方程 (描述体系的驰豫、输运过程) 等。在现有的等离子体理论中，无论磁流体力学方程组或动力学方程都是非线性偏微分方程，包含大量可变参量，大规模数值计算在等离子体研究中的作用越来越大。

计算流体力学 [computational fluid dynamics] 用计算机和离散化的数值方法对流体力学问题进行数值模拟和分析的学科。尽管用数值方法求解流体力学问题的思想早就有人提出，但直到 20 世纪中叶计算机问世，这种想法才成为现实。计算流体力学广泛深入到流体力学各个领域，相应形成不同的数值算法，主要有有限差分方法和有限元法。

欧拉模拟 [Euler simulation] 又称欧拉方法 (Euler method)。一种在固定的空间坐标系中讨论流体运动的方法。它不直接追究质点的运动过程，而是考察流体在空间确定点上的运动状况，把足够多的空间点上的行为综合起来可以得出流体的整体行为。空间坐标也称欧拉坐标，流体力学的各物理量都看成是空间坐标和时间的函数，在欧拉坐标系中建立的流体力学方程也称欧拉方程，相应的模拟称欧拉模拟。

快速傅里叶变换 [fast Fourier transform] 计算离散傅里叶变换的一种快速算法。在普通计算离散傅里叶变换中，样点数为 N，变换需要做 N^2 次计算。而快速傅里叶

变换算法只需要做 $N\log N$ 次计算，是根据离散傅里叶变换的奇、偶、虚、实等特性，对离散傅里叶变换的算法进行改进得到。广泛用于物理学、数学、统计、信息处理等领域。

拉格朗日模拟 [Lagrange simulation]　把流体看作由大量流体质元组成，与具体的流体质元相联系建立拉格朗日坐标，模拟每个流体质元的位置和状态随时间的运动规律。如果知道每个质元的运动状况（速度和其他力学量的变化），综合起来就可以得到整个流体的运动状况。

粒子模拟 [particle simulation]　从微观角度对等离子体性质和物理过程进行数值计算。追踪等离子体中的带电粒子（电子、离子）在外加电磁场和内禀场中的运动，由粒子云权重计算给出能分辨出等离子体集体性质的空间网格上的电荷、电流密度，作为 Maxwell 方程组中的源求解出电场、磁场，然后再利用粒子云权重计算把空间网格上的电场、磁场分配到每个粒子处，粒子受电磁场作用进行运动，这是粒子模拟的局部循环。通过对大量粒子运动行为的统计平均可给出等离子体系统的宏观性质。这种计算方法已广泛应用到聚变、天体、放电和尘埃等离子体领域。

流体模拟 [fluid simulation]　再现物理系统中的流体的时空演化行为。最常用的方法有：Eulerian grid-based 方法，smoothed particle hydrodynamics(SPH) 方法，vorticity-based 方法，和格子玻尔兹曼法。

自适应步长算法 [adaptive step size algorithm]　用尽可能少的计算量达到解的预定精确度，在一些平滑无关紧要的地方，用大一些的步长加快计算过程，而在一些紧要的地方，用一些较小的步长的方法。

本章编委与主要撰稿人：王鼎盛（本章主编），董锦明（本章主编），朱少平（本章主编），陈子亭，段文晖，方忠，冯济，龚新高，林海青，马琰铭，马余强，倪军，汤雷翰，王建生，袁建民，曾雉，郑春阳，周海京

其他撰稿人：陈时友、方安安、韩洋、何梦远、黄忠兵、胡婷、李文飞、李彦超、刘阳、李瑞、马天星、盛乐标、孙得彦、王骏、王书波、王治国、翁红明、向红军、肖孟、肖义鑫、熊诗杰、杨恺、叶珍宝、张建、曾交龙、周健

非线性物理学

非线性物理学 [nonlinear physics]　其数学方程 (如微分方程、偏微分方程等) 的解不满足线性叠加原理的系统。例如，方程中有非线性的因变量函数，因变量函数与微分的乘积项，微分项的二次方或二次方以上的项，或不同阶次微分的乘积项等，则称其为非线性方程，其动力学行为是非线性的，不能用线性方法来研究。非线性动力学是研究非线性物理的基础，其奠基者庞加莱率先研究了状态空间内定性大范围动力学、不动点理论等。

在物理学中，有很多非线性现象，例如范德波尔振荡。范德波尔广泛研究了极限环和张弛振荡，观察到非线性系统的重要现象：分谐的产生、滞后，参数空间内的有噪区域和各种分岔现象等。之后，卡特赖特等在数学上证明了受迫范德波尔振荡器有混沌解。又如，在流体经历热传导、热对流到湍流 (随着上下两层流体温度差的增大) 的过程中，它的平衡状态从一个分岔成三个、从局部分岔到全局分岔 (同宿分岔和异宿分岔)、以致到混沌 (洛伦兹混沌吸引子，具有非整数维数)。非线性色散介质中孤立子现象是又一个例子，非线性和色散作用使得 "孤立" 水波得以维持稳定，而数学上用来描述这种现象的 KdV 方程 (非线性方程) 的解正好是一维定常薛定谔方程中具有本征值的势。

15.1　状态空间

杜芬振子 [Duffing oscillator]　含有立方恢复力项的非线性振子，其描述方程为

$$\frac{\mathrm{d}^2x}{\mathrm{d}t^2} + \delta\frac{\mathrm{d}x}{\mathrm{d}t} + \alpha x + \beta x^3 = \gamma\cos(\omega t)$$

其中，系数 δ、α、β、γ、ω 分别是振子的阻尼系数、线性恢复系数、非线性恢复系数、强迫振动力的振幅和强迫振动力的圆频率。

受迫范德波尔振子 [forced Van der Pol oscillator]　含有平方阻尼项的非线性振子，其描述方程为

$$\frac{\mathrm{d}^2x}{\mathrm{d}t^2} + \varepsilon(x^2-1)\frac{\mathrm{d}x}{\mathrm{d}t} + \alpha x = \gamma\cos(\omega t)$$

其中，系数 ε、α、γ、ω 分别是振子的阻尼系数、线性恢复系数、强迫振动力的振幅和强迫振动力的圆频率。

三分子模型 [trimolecular model]　又称布鲁塞尔振子。20 世纪 60 年代初期发现，在硫酸溶液中丙二酸为溴

酸盐所氧化，以铈作催化剂，反应在时间上呈现出还原和氧化状态的交替出现，若放在培养皿中，可以出现美丽的图形。普里高津 (Prigogine)、勒菲弗 (Lefever) 和尼科利斯 (Nicolis) 模拟了该过程，提出三分子模型，得到两个耦合方程：

$$\dot{x} = a - (b+1)x + x^2y$$
$$\dot{y} = bx - x^2y$$

因为他们是布鲁塞尔学派的，所以该模型也被称布鲁塞尔振子。

布鲁塞尔振子 [Brusselator]　即三分子模型。

洛特卡–沃尔泰拉模型 [Lotka-Volterra model]　又称掠食者–猎物模型。经常被用来描述生物系统中掠食者与猎物互动时的动力学，也就是两者族群规模的消长。模型方程为

$$\dot{x} = k_1x - k_2xy$$
$$\dot{y} = k_3xy - k_4y$$

式中常数 k_1、k_2、k_3 和 k_4 分别表示被食者总数增长速率、被食者遭遇猎食者后的死亡速率、猎食者总数增长速率和猎食者死亡速率。

掠食者–猎物模型 [predator-prey model]　即洛特卡–沃尔泰拉模型。

状态向量 [state vector]　一组表示一个动力系统的状态的、彼此线性独立的变量所构成的向量。

状态空间 [state space]　由状态向量所张的空间。

状态方程 [state equation]　设 $\boldsymbol{x}(t) = [x_1(t), x_2(t), \cdots, x_n(t)]$ 是状态变量，由状态可以构建状态方程，即一阶微分方程组：$\dot{\boldsymbol{x}}(t) = \boldsymbol{f}[\boldsymbol{x}(t), t]$。若方程组显含时间变量 t，称其为非自治状态方程组，否则称方程组是自治的。这里，$\boldsymbol{f} = [f_1(\boldsymbol{x}, t), f_2(\boldsymbol{x}, t), \cdots, f_n(\boldsymbol{x}, t)]$。对离散情形，状态变量为 $\boldsymbol{x}(k) = [x_1(k), x_2(k), \cdots, x_n(k)]$，状态方程为一阶差分方程组 ($k$ 是采样节拍)：$\boldsymbol{x}(k+1) = \boldsymbol{f}[\boldsymbol{x}(k), k]$。若方程组显含 k，称其为非自治状态方程组，否则称方程组是自治的。这里，$\boldsymbol{f} = [f_1(\boldsymbol{x}, k), f_2(\boldsymbol{x}, k), \cdots, f_n(\boldsymbol{x}, k)]$。

相空间 [phase space]　n 维状态空间。

相平面 [phase plane]　二维状态空间。

平衡点 [equilibrium point]　在状态空间中，状态方程都为零的点。考虑一个自由度的自治系统，其状态方程为

$$\frac{\mathrm{d}x}{\mathrm{d}t} = P(x, y); \quad \frac{\mathrm{d}y}{\mathrm{d}t} = Q(x, y)$$

平衡点 (x_0, y_0) 满足方程 $P(x_0, y_0) = 0$ 和 $Q(x_0, y_0) = 0$。在相平面中，由平衡点的本征方程 $\lambda^2 + \delta\lambda + k = 0$ 的两个根 $\lambda_{1,2} = (-\delta \pm \sqrt{\Delta})/2$ 的性质可决定平衡点的类型。式中 $\Delta = \delta^2 - 4k$ 叫作判别式。

结点 [node]　判别式 $\Delta > 0$ 且二个实根同号的平衡点。如果 $\lambda_1, \lambda_2 < 0$，该结点稳定；如果 $\lambda_1, \lambda_2 > 0$，该结点

不稳定。如果 $\lambda_1 \neq \lambda_2$，对应寻常结点；$\Delta = 0$，$\lambda_1 = \lambda_2$ 对应内弯结点。结点的相轨迹呈扭曲状。

焦点 [focus point] 判别式 $\Delta < 0$ 的平衡点。$\delta > 0$，该焦点稳定；$\delta < 0$，该焦点不稳定。焦点的相轨迹呈螺旋形。一个衰减振荡的单摆，最后会停止摆动 (速度场为零)，静止在一点，该点就是它的平衡点–稳定焦点。

鞍点 [saddle] 判别式 $\Delta > 0$ 且二个实根异号的平衡点。鞍点不稳定，其相轨迹呈马鞍形，在相平面上有四条轨迹，它们有两条渐近线。鞍点是一种重要的平衡点，其渐近线有流入 (稳定支) 和流出 (不稳定支) 两条，它们可以构成分界。例如，当一个单摆的初始位置达到 $180°$ 时，它摆动的方向并不确定，该点就是鞍点。

中心点 [center] 判别式 $\Delta < 0$ 且 $\delta = 0$ 的平衡点。中心点的相轨迹是椭圆，它的结构是不稳定的，只要稍有阻尼 (正或负)，中心点就变为焦点 (稳定或不稳定)。一个理想单摆与垂直线夹角为零的点就是中心点。它在无阻尼状态下永远摆动，只要稍有阻尼，最终会停止摆动。

庞加莱映射 [Poincaré map] 把时间上连续的运动转变成离散的图像处理方法。为了分析相空间中复杂的轨迹线，庞加莱发展的一种截面方法。该方法是在相空间中取某一坐标为常数的截面，通过研究轨迹线与截面的交点来分析动力学系统的复杂行为。设相空间是 n 维的，则原则上可以取出一个 $n-1$ 维相平面，称为庞加莱截面。通过研究轨迹线在截面留下的点组成的图像，就可以掌握复杂的运动轨迹线。

庞加莱截面 [Poincaré surface of section] 由庞加莱于 19 世纪末提出，用来对多变量自治系统的运动进行分析的截面。见庞加莱映射。

李雅普诺夫稳定性 [Lyapunov stability] 设系统存在平衡状态 x_e，在 t_0 时刻稳定，则必须满足条件：对每个 $\varepsilon > 0$，存在 $\delta(t_0, \varepsilon) > 0$，使欧几里得范数 $||x(t_0) - x_e|| < \delta(t_0, \varepsilon) \Rightarrow ||x(t) - x_e|| < \varepsilon (t > t_0)$，则称此平衡态满足李雅普诺夫稳定性。一个理想单摆的摆动永远不会停止，具有李雅普诺夫稳定性，但不是一致稳定，也不是一致渐近稳定。

一致稳定 [uniformly stable] 若满足 $||x(t_1) - x_e|| < \delta(\varepsilon)$，$t_1 \geqslant t_0 \Rightarrow ||x(t) - x_e|| < \varepsilon$，$t \geqslant t_1$，则称 x_e 在 (t_0, ∞) 上一致稳定。

一致渐近稳定 [uniformly asymptotically stable] 若 $\delta_1 > 0$，满足 $||x(t_1) - x_e|| < \delta_1$，$t_1 \geqslant t_0 \Rightarrow ||x(t) - x_e|| \to 0$，$t \to \infty$，则称 x_e 在 (t_1, ∞) 上一致渐近稳定。一个有耗散的单摆最终会停止摆动，它是一致渐近稳定的。

平衡点的稳定性 [stability of equilibrium point] 系统受微扰后能够回到该平衡点。若不能回到平衡点则是不稳定的。

结构稳定性 [structure stability] 在系统状态方程上加一小量以微扰整个向量场，流在拓扑上和初始的流等效的系统。

近似方法 [approximation method] 非线性问题很难得到解析解，用来逼近真正的解的方法。常用的近似方法有两种：平均法，又称 KBM 方法(可用于自治系统和非自治系统)，在非线性作用的情况下将振荡幅度和相位对时间的导数对相位求平均，从而得到振幅和相位对时间的关系；迭代法，也就是逐步逼近的方法。

15.2 分岔与混沌

局部分岔 [local bifurcation] 在退化平衡点 (分岔) 或闭轨道 (分岔) 附近研究向量场，并作分岔分析，能在此极限集邻域内找到的分岔。这时，平衡点的本征值的实部随着控制参数的变化而等于零，分岔产生。局部分岔包括鞍–结分岔、跨临界分岔、尖拐分岔和霍普夫分岔。

鞍–结分岔 [saddle-node bifurcation] 系统 $\dot{x} = \mu - x^2$；$\dot{y} = -y$ 的平衡点在 $\mu = 0$ 处发生分岔，$x = 0$ 和 $y = 0$ 的点是分岔点，分岔产生鞍点–结点对。控制参数由大于零向零变化时，鞍点和结点相互靠近，在 $\mu = 0$ 时相遇而湮没。

尖拐分岔 [cusp bifurcation] 系统 $\dot{x} = \mu x - x^3$；$\dot{y} = -y$ 在 $\mu < 0$ 时只有一个平衡点：原点是稳定的结点。当 $\mu = 0$ 时，发生分岔，原点变为不稳定的鞍点，而另外产生一对稳定的结点 (位置对称于原点)。在相图上的相轨迹犹如双尖，因而该分岔被称为尖拐分岔。

跨临界分岔 [transcritical bifurcation] 系统 $\dot{x} = \mu x - x^2$；$\dot{y} = -y$ 的平衡点有两个，一个是鞍点，另一个是结点。在控制参数由小到大变化时，两平衡点会相互靠近，在 $\mu = 0$ 时发生分岔，两平衡点相遇而湮没。一旦 μ 大于零，出现了鞍点和结点。从现象上看，它们跨过了分岔点，因此被称为跨临界分岔。

霍普夫分岔 [Hopf bifurcation] 系统 $\dot{x} = y$；$\dot{y} = -x + \mu y - y^3$ 的原点是平衡点，本征值是 $\lambda_{1,2} = (\mu \pm \sqrt{\mu^2 - 4})/2$。当 $\mu = 0$ 时，发生分岔，原点由稳定的焦点变成中心点，而后又变为不稳定的焦点，且产生一个稳定的、围绕原点的极限环。这种分岔称为霍普夫分岔。

倍周期分岔 [period-doubling bifurcation] 一种环的局部分岔，随着非线性运动方程控制参数的改变，一个极限环丧失了稳定性而出现了另一条闭轨道，其周期是原来那条闭轨道的 2 倍 $(2T)$。当控制参数继续增加时，该闭轨道的稳定性会减弱直至变得不稳定，又有一条稳定的倍周期轨道出现，其周期为原始轨道的 4 倍 $(4T)$，等等。在一些物理问题中可观察到一系列 n 倍周期分岔，最后得到周期为 $2^n T$

的稳定极限环。若 $n \to \infty$，则产生混沌。

切分岔 [tangential bifurcation]　迭代映射在与 $45°$ 线相切处产生的分岔在切点附近，要经过很多次迭代才能通过。

菲根鲍姆普适数 [Feigenbaum universal number]　在迭代映射 $x_{i+1} = F(x_i, \mu)$ 的倍周期分岔的控制–相图中，分岔有自相似结构：两个周期点被一个超稳定参数（斜率 $\partial F(x_i, \mu)/\partial x_i = 0$ 对应的不动点叫超稳定点，对应的控制参数叫超稳定参数）隔开，这些自相似结构有不变的标度因子。在超稳定参数上，相邻两分岔的相空间标度比是 $\alpha_i = l_i/l_{i+1}$，当 $i \to \infty$ 时，$\alpha_\infty = 2.502907875\cdots$。对应的相邻两控制参数差值比是：$\delta_i = (\mu_i - \mu_{i+1})/(\mu_{i+1} - \mu_{i+2})$，当 $i \to \infty$ 时，$\delta_\infty = 4.6692016\cdots$。$\alpha_\infty$ 和 δ_∞ 称为菲根鲍姆普适数。

全局分岔 [global bifurcation]　平衡点或闭轨道的稳定流形和不稳定流形间没有横截性所表征的分岔，包括同宿分岔、异宿分岔。

同宿分岔 [homoclinic bifurcation]　鞍型平衡点自身的"流出"和"流入"间形成的分岔。

异宿分岔 [heteroclinic bifurcation]　鞍型平衡点之间的"流出"和"流入"间形成的分岔。

符号动力学 [symbol dynamics]　一种粗粒化的描述方法，用有限精度对动力学过程进行严格描述，得到结果。

迭代映射 [iteration map]　离散时间系统 $x_{i+1} = F(x_i)$ 是一种迭代映射关系，点 x_{i+1} 就是点 x_i 的映象。

不动点 [fixed point]　满足 $x = F(x)$ 的点。

不动点映射 [fixed point map]　满足 $x_f = F(x_f)$ 的映射，式中 x_f 是方程 $x_{i+1} = F(x_i)$ 的解。

奈马克映射 [Neimark map]　一种二维映射：$x_{i+1} = F(x_i, y_i)$ $y_{i+1} = G(x_i, y_i)$，线性化后不动点的本征值位于 Z 平面上。平面上的单位圆是不动点稳定与否的本征值的边界。

埃农映射 [Hénon map]　一种二维映射 $x_{i+1} = y_i + 1 - \mu x_i^2$ $y_{i+1} = \eta x_i$，它有两个不动点：$x_{1,2} = (\eta - 1 \pm \sqrt{(\eta-1)^2 + 4\eta})/2\eta$。该映射在一定的参数条件下会出现周期轨道，也会出现混沌。

逻辑斯蒂映射 [logistic mapping]　一维映射 $x_{i+1} = \mu x_i(1 - x_i)$。在群体生物学中，用作种群数量模型（也叫虫口模型或宏观经济模型），x_i 代表某个种群第 i 代的数量除以该种群的最大数量。这种映射在拓扑上属于单峰映射。

平方映射 [square mapping]　一维映射 $x_{i+1} = 1 - \mu x_i^2$。由埃农映射在 $\eta = 0$ 时得到，也是一种单峰映射。

斯梅尔映射 [Smale map]　又称马蹄映射。一种二维迭代映射。它不产生混沌，而是一种混沌前的过渡。映射方法如下：作一正方形 S，将其纵向伸展 $\mu(>2)$ 倍，横向伸展 $\eta\ (<1/2)$ 倍，然后弯成竖向马蹄状，再与原正方形叠合，该叠合部分有两条纵向的阴影，这是一次正映射。按此做法，可得 2^n 条纵向的阴影，这是 n 次正映射。若将原正方形纵向压缩 $\mu(>2)$ 倍，横向压缩 $\eta\ (<1/2)$ 倍，然后弯成横向马蹄状，再与原正方形叠合，该叠合部分有两条横向的阴影，这是一次逆映射。同理可得 n 次逆映射。把上述两种结构叠合起来，就得到正方形 S 内的不变集。

马蹄映射 [Horseshoe map]　即斯梅尔映射。

圆映射 [circle mapping]　一维映射 $\phi_{i+1} = \phi_i + K\sin(2\pi\phi_i)/2\pi + \omega$，它对角度呈周期性，参数 K 和 ω 是受迫振荡的幅度和频率。

标准映射 [standard mapping]　可以作为一种原型来研究保守系统中从规则运动到混沌系统的过渡，映射方程为
$$J_{i+1} = J_i + K\sin\phi_i$$
$$\phi_{i+1} = \phi_i + J_i + K\sin\phi_i$$
其中 J_i 和 ϕ_i 取 $\mathrm{mod}\ 2\pi$，$K > 0$，J 和 ϕ 称为作用和角度变量。不动点是 $J = 2m\pi$ 和 $\phi = 0, \pi$（$m = 0, \pm1, \pm2, \cdots$）。对每个 m，都有两个不动点：$(2m\pi, 0)$ 和 $(2m\pi, \pi)$。

朱利亚集 [Julia set]　复数 logistic 映射 $z_{n+1} = z_n^2 + C$，对固定的复控制参数 C，所有的 n 都有界的相空间内点集的边界。

曼德博集 [Mandelbrot set]　使序列 $z_{n+1} = z_n^2 + C$ 不延伸至无限大的所有复控制参数 C 的点集。它是一个连通集，结构非常复杂。对复数 logistic 映射 $z_{n+1} = z_n^2 + C$，由 $z_0 = 0$ 开始，取 C 值进行迭代，凡收敛者均以黑式表示，可得到曼德博集的图形。

混沌 [chaos]　确定性动力学系统因对初值敏感而表现出的不可预测、类似随机性的运动。动力学系统的确定性是一个数学概念，指系统在任一时刻的状态由初始状态所决定。根据运动的初始状态和运动规律能推算出任一未来时刻的运动状态，但由于初始数据的测定不可能完全精确，预测的结果必然出现误差，甚至不可预测。20 世纪 70 年代后的研究表明，大量非线性系统尽管是确定性的，却普遍存在着对运动状态初始值极为敏感、貌似随机的不可预测的运动状态，即混沌运动。

混沌吸引子 [chaotic attractor]　又称奇异吸引子。相对于简单吸引子（不动点、极限环、环面等）而言，它具有复杂的拉伸、扭曲的结构。混沌吸引子是系统总体稳定性和局部不稳定性共同作用的产物，具有自相似性，具有分形结构。

奇异吸引子 [strange attractor]　即混沌吸引子。

伯克霍夫–肖混沌吸引子 [Brikhoff-Shaw chaotic attractor]　由含有非线性阻尼和非线性恢复力的二阶非线性受迫运动方程，可以得到伯克霍夫–肖混沌吸引子，其特点是吸引子表面"支离破碎"，有不能同时消失的"侧翼"，表面

维数非整数，大于 2 而小于 3。

勒斯勒尔混沌吸引子 [Rössler chaotic attractor]
由勒斯勒尔方程

$$\dot{x} = -y - z$$
$$\dot{y} = x + ay$$
$$\dot{z} = b + z(x - c)$$

得到的混沌吸引子。这是一个带状吸引子，由两个鞍型螺旋平衡点构成。控制参数 c 起非线性折叠效应"开关"的阈值作用，使一个螺旋的"流出"成为另一个螺旋的"流入"，在适当的参数值时，产生多种带状混沌吸引子。折叠效应使相轨迹层层相叠 (不重合)。

洛伦兹混沌吸引子 [Lorenz chaotic attractor] 根据洛伦兹方程

$$\dot{x} = -\sigma(x - y)$$
$$\dot{y} = rx - y - xz$$
$$\dot{z} = -bz + xy$$

可得出的混沌吸引子。b 是所研究流体的形状参数，r 是相对瑞利数，σ 是普兰德尔数。当固定 b 和 σ 而使 r 由小于 1 经过 1 时，流体由热传导变为热对流，平衡点由一个 (原点，稳定结点) 变为三个 (原点变为鞍点，另外两个是对称的稳定结点)。随着 r 的增大，稳定的结点变为稳定的焦点，接着产生同宿分岔、异宿分岔、霍普夫分岔，两稳定的焦型平衡点变为不稳定的螺旋型鞍点，状态轨迹在三个不稳定的平衡点之间运动，形成洛伦兹混沌吸引子。这时，流体呈湍流运动状态，相轨迹也是层层相叠。

不可捉摸突变 [blue sky catastrophc] 当混沌吸引子 A 分岔出另一吸引子 B 时，在同一控制阈值，B 突然出现而 A 消失，B 可以存在下去或者根本不存在。不论哪种情形，分岔总是以吸引子 A 的消失而出现，这种突变叫不可捉摸突变，含有不可思议、意外的意思，它仅发生于微分方程的混沌吸引子。

李雅普诺夫指数 [Lyapunov exponent] 又称李雅普诺夫特征指数。表示相空间相邻轨迹的平均指数发散率的数值特征，是用于识别混沌运动若干数值的特征之一。设非线性迭代系统 $x_{n+1} = f(x_n, \mu)$ 的初始值分别为 x_0 和 y_0，则 $n \to \infty$ 次迭代后，两点的距离为 $|x_n - y_n| \approx |x_0 - y_0|e^{n\lambda}$，其中 λ 称为李雅普诺夫指数

$$\lambda = \lim_{n \to \infty} \frac{1}{n} \sum_{n=0}^{n-1} \ln \left| \frac{\mathrm{d}f(x, \mu)}{\mathrm{d}x} \right|_{x_n}$$

在一维迭代中，李雅普诺夫指数只有一个，但在高维情形，李雅普诺夫指数可能有多个，一般沿相空间不同方向，李雅普诺夫指数一般不同。判断一个非线性系统是否存在混沌运动时，需要检查它的李雅普诺夫指数是否为正值。在高维相空间中大于零的李雅普诺夫指数可能不止一个，体系的运动将更为复杂，人们称高维相空间中有多个正值指数的混沌为超混沌。

李雅普诺夫特征指数 [Lyapunov characteristic exponent] 即李雅普诺夫指数。

控制混沌 [controlling chaos] 从多种多样的非线性系统所产生的混沌行为中，挑选出任意所需的周期信号，甚至非周期信号，并对其实现稳定的有效控制方法大致可分为反馈控制和非反馈控制。反馈控制以原系统的固有状态为控制的目标状态，可以保留系统原有的动力学性质；通过测量系统变量的演化数据，调节控制信号和控制参数，只需较小的控制信号。包括参数微扰控制法 OGY、延迟反馈控制法 DFC、偶然正比反馈法 OPF、外力反馈控制法、正比系统变量的脉冲控制法等。非反馈控制的控制信号不受系统变量实际变化的影响，完全避免对系统变量数据的持续采集和响应，但系统原有的动力学性质被改变。包括自适应控制法、混沌信号同步法、神经网络法、人工智能法、参数共振法等。

OGY 法 [OGY method] 1990年美国马里兰 (Maryland) 大学的 Ott，Grebogi 和 Yorke 提出的一种参数微扰控制混沌的方法。用一个二维离散映射来阐明其控制方法，过程是：(1) 从混沌内嵌的众多周期轨道中选择一条满足要求的周期轨道 (如不动点) 作为控制目标；(2) 等待系统状态遍历游荡到控制目标附近，利用其局部流形特征，微调系统参数使系统状态的下一次迭代刚好位于局部稳定流形上；(3) 将参数复原，位于局部稳定流形上的点自动渐近收敛于控制目标；(4) 有时由于微调误差或噪声的影响，需要反复调整参数 OGY 控制方法的主要特点：一是混沌吸引子中嵌入的任意一种周期轨道都可以被选作控制目标，从而具有广泛的应用价值；二是控制目标嵌入在当前的混沌运动中，即它是稳定构成混沌吸引子的不稳定周期轨道，所需的控制参数的摄动量和控制能量均较少；三是不需要原系统的数学模型，可只通过实验数据，即一维时间序列，利用相空间重构技术构造混沌吸引子，从而将混沌运动稳定到指定的周期轨道上。

同步混沌 [synchronized chaos] 混沌系统的同步可以分为态同步和相同步二种。态同步是指两个混沌系统通过某种方式相互耦合，导致它们的状态具有相对稳定的动力学行为，即它们的状态之间具有某一稳定的函数关系。根据函数关系的不同，态同步可以分为精确同步和广义同步两种。相同步是指两个混沌信号的相位满足某函数关系，而其振幅往往互不关联。

混沌编码通信 [chaotic coded communication]
当通信双方具有某种混沌系统和一定的同步控制约定时，发射端可利用混沌信号作为载波，将传输信号隐藏在混沌载波中，或者通过符号动力学分析赋予不同的波形以不同的信息序列，而在接受端利用混沌的属性或同步特性解调出所传输

的信息，从而实现信息从发射端编码到接受端解码的全过程。收发双方的混沌同步是整个系统实现的关键。由于混沌信号的宽带类噪声特点，将信息信号隐藏或叠加到混沌信号上发送后，一般会以为是噪声信号，而窃听者也很难从中窃取到信息信号，只有通过混沌同步解调，才可以得到发送的信息信号，由此达到保密的效果。现在的混沌保密通信大致分为三大类：第一类是直接利用混沌进行保密通信；第二类是利用同步的混沌进行保密通信；第三类是混沌数字编码的异步通信。

量子混沌 [quantum chaos]　根据对应原理，将量子力学应用到宏观体系时，所得的结果应与经典力学的结果相符；在量子力学中，系统的状态是由波函数来描述的，由于测不准原理，并不存在确定性的相空间轨迹但是，状态的演化是由薛定谔方程决定的，因此也不妨将量子系统的运动看成确定性的运动尽管如此，我们依然不能对量子混沌作类似于经典混沌的定义，因为在现有的量子力学框架中，并不存在类似于经典混沌状态的量子状态。人们对所谓量子混沌的研究主要是从能级间距分布的统计特征、非定态波函数的时间演化特征以及能量本征波函数的形态特征等几方面来寻找量子不规则运动的基本特征。现有的研究成果还不足以给量子混沌下一个较明确的定义。

KAM 定理 [Kolmogorov-Arnold-Moser theorem] 关于可积哈密顿系统受摄动后其解的长期性态的一个定理。1954 年由苏联学者科尔莫戈罗夫提出，1963 年被他的学生阿诺尔德所证明，并在略为不同的提法下于 1962 年被美国学者莫塞所证明。

人们对力学系统所关心的问题之一，是运动过程的长期行为和它最终会达到的状态。长时间行为可能有多种形式：平衡或不动点、周期振动、准周期运动、混沌。牛顿力学的确定论观点曾因解决太阳系行星运行问题的成功而在很长时期占统治地位。拉普拉斯曾宣称，只要给定初始条件就可以预言太阳系的整个未来。但是，力学中的三体问题和重刚体绕固定点的运动问题成为困扰人们近一个世纪的难题。数学家于 19 世纪认识到 n 体问题属于不可积分的难题，只能寻求级数解。换言之，这类系统无法根据初始条件求出描述系统未来确定性行为的精确解。随之，庞加莱认识到力学系统一般说来不可积，可积系统只是极少的特例，并指出共振项可能影响级数的收敛性。对不可积系统的运动图像，KAM 定理回答了 "弱" 不可积系统的问题假定系统的哈密顿量可分为两部分：$H(J, \vartheta) = H_0(J) + \varepsilon H_1(J, \vartheta)$，其中 $H_0(J)$ 可积，因而只依赖于作用量 J；$\varepsilon H_1(J, \vartheta)$ 是使 H 变得不可积的扰动，只要参数 ε 很小，导致不可积的附加项就很小。KAM 定理指出：在扰动 (或者说非线性) 较小、$H_1(J, \vartheta)$ 足够光滑、离开共振条件一定距离等三个条件下，对于绝大多数初始条件，弱不

可积系统的运动图像与可积系统基本相同。对含 n 个自由度的哈密顿系统，其轨迹被限制在一个由 n 个运动不变量决定的 n 维环面上，该环面与可积系统的环面相比有微小的变形，但拓扑结构不变，称为不变环面或 KAM 环面。

15.3　分　　形

分形 [fractal]　1967 年，曼德博 (Mandelbrot) 发表了关于英国海岸线的研究论文。海岸线作为曲线，其特征是极不规则、极不光滑的，呈现极其蜿蜒复杂的变化。我们不能从形状和结构上区分这部分海岸与那部分海岸有什么本质的不同，这种几乎同样程度的不规则性和复杂性，说明海岸线在形貌上是自相似的，也就是局部形态和整体态的相似。在没有建筑物或其他东西作为参照物时，在空中拍摄的 100 公里长的海岸线与放大了的 10 公里长海岸线的两张照片，看上去会十分相似。事实上，具有自相似性的形态广泛存在于自然界中，如连绵的山川、飘浮的云朵、岩石的断裂口、粒子的布朗运动、树冠、花菜、大脑皮层，等等。曼德博把这些部分与整体以某种方式相似的形体称为分形 (fractal)。1975 年，他创立了分形几何学 (fractal geometry)。在此基础上，形成了研究分形性质及其应用的科学，称为分形理论。

豪斯多夫维 [Hausdorff dimension]　由数学家豪斯多夫于 1918 年提出，通过豪斯多夫维可以给一个任意复杂的点集合，比如分形，赋予一个维度从直觉上来说一个集合的维数是描述这个集合中一点所需的独立参数的个数；比如，要描述平面里的一点，需要两个坐标 X 和 Y，那么平面的维数便是 2。最接近这个想法的数学模型是拓扑维度，可以预见拓扑维度必然是一个自然数。但是拓扑维度在描述某些不规则的集合，比如分形时遇到了困难，而豪斯多夫维则是一个描述该种集合的恰当工具设 L 为某几何对象沿其每个独立方向皆扩大的倍数 K 为新几何对象是原几何对象的倍数，则定义豪斯多夫维 $D_f = \ln K / \ln L$。

盒维 [box dimension]　用可数的边长为 δ 的小立方体 (称为盒子) 覆盖集合，计算盖满集合的最少盒子数 (该数值乃盒子大小的函数)，由此来逼近盒子数目 $N(\delta)$ 的极限 $a\delta^{-D_b}(a$ 为某个常数)，其中的 D_b 叫盒维。

关联维 [correlation dimension]　混沌时间序列非线性分析中很重要的一个概念，最先由 Grassberger 和 Procaccia 于 1984 年提出，因此也将计算关联维的算法称为 GP 算法。用数据构成一维数足够高的 m 维空间 (叫嵌入空间)，使吸引子在其中且不受约束，然后选定时间延迟 $\tau = p\Delta\tau$ (p 为整数)，形成 m 维向量集合，其分量取自序列 $z_i = (x_i, x_{i+p}, \cdots, x_{i+(m-1)p})$，$i = 1, 2, \cdots$，取 M 个向量 (一般 $M < N$，N 足够大)，测量两个向量间的距离 (距离定义采

用: $\max_k |z_{ik} - z_{jk}|$, $k = 1, 2, \cdots, m$, 即相应分量的最大距离决定了两向量的距离)。如果该距离小于预置数 ε, 则说此两向量关联, 否则不关联。计数 M 个向量中关联的对数, 并用 M^2 标称化

$$C(\varepsilon) = \lim_{M \to \infty} \frac{1}{M^2} \sum_{i,j=1}^{M} H(\varepsilon - |z_i - z_j|)$$

($H(x)$ 是阶跃函数), 于是定义关联维

$$D_C = \lim_{\varepsilon \to 0} \frac{\ln C(\varepsilon)}{\ln \varepsilon}$$

信息维 [information dimension] 令覆盖奇异集的非空盒 (即小立方块) 的总数为 $N(\delta)$, 而 $N_i(\delta)$ 是第 i 种盒子的数目, 因而这种盒子的概率就是 $P_i(\delta) = N_i(\delta)/N(\delta)$。取对数测度 $I(\delta) = -\sum_{i=1}^{N} P_i(\delta) \ln P_i(\delta)$。于是得到信息维

$$D_i = \lim_{\delta \to 0} \frac{I(\delta)}{\ln \delta} = -\lim_{\delta \to 0} \frac{\sum_{i=1}^{N} P_i(\delta) \ln P_i(\delta)}{\ln \delta}$$

假设每个小球包含点的概率相同, 则信息维还原为豪斯多夫维数由于信息维能区分不同小球覆盖点的多少, 反映点集内部的不均匀性, 因此它是豪斯多夫维数的一种改进和补充。

分形布朗运动 [fractional Brownian motion] 在自然界中, 分子、大分子、病毒、粒子等都由于热涨落而以随机碰撞的形式不停地运动, 这种运动称为布朗运动。布朗运动的粒子位置是时间的随机函数, 对归一化独立高斯随机过程 $< \xi >$, 布朗粒子的位置增量是 H ($0 < H < 1$, 称为赫斯特指数) 的函数, 对寻常布朗运动 $H = 1/2$。当 $H \neq 1/2$ 时, 这时的布朗运动就叫作分形布朗运动。

康托尔集 [Cantor set] 在 $0 < D_H < 1$ 范围内有分形维的分形集。典型的例子是康托尔三分集; 1883 年, 德国数学家康托 (Cantor) 提出了如今广为人知的三分康托尔集, 或称康托尔集。三分康托集是很容易构造的, 显示出最典型的分形特征。三分康托集的构造过程为: 第一步, 把闭区间 $[0, 1]$ 平均分为三段, 去掉中间的 $1/3$ 部分段, 则只剩下两个闭区间 $[0, 1/3]$ 和 $[2/3, 1]$; 第二步, 将剩下的两个闭区间各自平均分为三段, 同样去掉中间的区间段, 剩下四段闭区间; 第三步, 重复删除每个小区间中间的 $1/3$ 段。如此不断的分割下去, 最后剩下的各个小区间段就构成了三分康托集。三分康托集的豪斯多夫维是 0.6309。

科赫曲线 [Koch curve] 1904 年, 瑞典数学家柯赫构造了 "科赫曲线" 的几何图形。科赫曲线大于一维, 具有无限的长度, 但是又小于二维。它和三分康托集一样, 是一个典型的分形。根据分形的次数不同, 生成的科赫曲线也有很多种, 比如三次科赫曲线, 四次科赫曲线等。以三次科赫曲线为例, 介绍科赫曲线的构造方法, 其他的可依此类推。三次科赫曲线的构造过程主要分为三大步骤: 第一步, 给定一条线段; 第二步, 将这条线段中间的 $1/3$ 处向外折起; 第三步, 按照第二步的方法不断的把各段线段中间的 $1/3$ 处向外折起; 这样无限的进行下去, 最终即可构造出科赫曲线。

谢尔宾斯基分形 [Sierpinski fractal] 谢尔宾斯基三角形和地毯, 是自相似集的一种。谢尔宾斯基地毯的构造与谢尔宾斯基三角形相似, 区别仅在于谢尔宾斯基地毯是以正方形而非等边三角形为基础的。将一个实心正方形划分为 9 个小正方形, 去掉中间的小正方形, 再对余下的小正方形重复这一操作便能得到谢尔宾斯基地毯。

门格海绵 [Menger sponge] 分形的一种, 因奥地利数学家卡尔·门格在 1926 年描述而得名, 有时称为门格–谢尔宾斯基海绵或谢尔宾斯基海绵, 是康托尔集和谢尔宾斯基地毯在三维空间的推广。门格海绵的结构可以用以下方法形象化: 从一个正方体开始, (第一个图像) 把正方体的每一个面分成 9 个正方形, 这将把正方体分成 27 个小正方体, 像魔方一样; 把每一面的中间正方体去掉, 把最中心的正方体也去掉, 留下 20 个正方体 (第二个图像); 把每一个留下的小正方体都重复上述步骤; 以上的步骤重复无穷多次后得到的图形就是门格海绵。

门格海绵的每一个面都是谢尔宾斯基地毯。同时, 门格海绵与原先立方体的任何一条对角线的交集都是康托尔集。门格海绵的豪斯多夫维大约为 2.726833。

$1/f$ 涨落 [$1/f$ fluctuation] 某个物理量在宏观平均值附近的随机变化称为 "涨落"。自然界存在着许多涨落, 可以按功率谱密度与频率的对应关系对其进行分类, 有 3 种典型噪声的涨落特性: 白噪声是一种完全无规律的令人烦躁不安的噪声, 该噪声的功率谱密度平行于横轴, 是与频率无关的量, 我们称之为 $1/f^0$ 涨落; 布朗噪声是一种相关性很强, 使人感到单调乏味的噪声, 该噪声的功率谱密度与 f^2 成反比, 称之为 $1/f^2$ 涨落; 介于上述两种形式之间的噪声是一种在局部呈无序状态, 而在宏观上具有一定相关性的噪声, 是一种使人感到舒服的涨落, 由于该噪声的功率谱密度与频率成反比, 我们称之为 $1/f$ 涨落。事实证明, "$1/f$ 涨落" 与人在安静时的 α 脑波及心搏周期等生物体信号的变化节奏相吻合, 并与人的情感、感觉有着密切联系, 使人感到舒适。

15.4 非线性数学物理方程

Burgers 方程 [Burgers equation] 描述非线性的耗散型波动过程, 其一维形式为

$$\frac{\partial u}{\partial t} + u \frac{\partial u}{\partial x} - \alpha \frac{\partial^2 u}{\partial x^2} = 0$$

其中 $\alpha > 0$ 为常数。如果非线性项为零，则上式为热传导方程，是典型的耗散方程，故称 Burgers 方程是非线性的耗散型波动方程。

KdV 方程 [KdV equation] 由 Kortweg 和 de Vries 在 1895 年研究浅水表面波时导出，20 世纪 60 年代又在等离子物理问题中出现，对其研究比较成熟。KdV 方程的标准形式为

$$\frac{\partial u}{\partial t} - 6u\frac{\partial u}{\partial x} + \frac{\partial^3 u}{\partial x^3} = 0$$

其他形式的 KdV 方程均可通过适当的变换化成以上形式。KdV 方程为非线性的色散型波动方程。

孤立子 [soliton] 孤立波发现于 1844 年。当在运河中的船舶突然停驶时，其两舷的水流会在船首堆起，继续向前，其形状和幅度均保持不变，这种波称为孤立波。孤立波一般定义为 KdV 方程的 sech 平方解。孤立子是孤立波的一种叫法，它不是一个精确的定义，但可用来描述非线性方程的解：(1) 表示形状恒定的波；(2) 在无限远处，其增长或衰减不变；(3) 与其他孤立子交会之后保持原有形状。

非线性 Klein-Gordon 方程 [nonlinear Klein-Gordon equation] 一维情形下的一般形式为

$$\frac{\partial^2 u}{\partial t^2} - c_0^2 \frac{\partial^2 u}{\partial x^2} + \frac{\mathrm{d}V(u)}{\mathrm{d}u} = 0$$

其中 c_0 为常数，$V(u)$ 为系统的势能。

正弦戈尔登方程 [sine-Gordon equation] 形式为

$$\frac{\partial^2 u}{\partial t^2} - \frac{\partial^2 u}{\partial x^2} + \sin u = 0$$

是一种重要的非线性方程，它经常出现在微分几何与相对论场论中。

非线性薛定谔方程 [nonlinear Schrödinger equation] 描述非线性波调制 (即非线性波包) 的方程，一维情况下的一般形式为

$$\mathrm{i}\frac{\partial u}{\partial t} + \alpha\frac{\partial^2 u}{\partial x^2} + \beta|u|^2 u = 0$$

KdV-Burgers 方程 [KdV-Burgers equation] KdV 方程与 Burgers 方程的组合

$$\frac{\partial u}{\partial t} + u\frac{\partial u}{\partial x} - \alpha\frac{\partial^2 u}{\partial x^2} + \beta\frac{\partial^3 u}{\partial x^3} = 0 \quad (\alpha > 0 \quad \beta > 0)$$

KdV-Burgers 方程是非线性的耗散和色散型波动方程，考虑了介质的耗散和色散二个物理效应，例如含气泡水中的非线性声波的传播就由 KdV-Burgers 描写。故称 KdV-Burgers 方程为非线性的耗散和色散型波动方程。

Hopf-Cole 变换 [Hopf-Cole transformation] 非线性变换

$$u = -2\alpha\frac{\partial \ln v}{\partial x}$$

称为 Hopf-Cole 变换。在该变换下，Burgers 方程变成线性扩散方程。

广义 Hopf-Cole 变换 [generalized Hopf-Cole transformation] 非线性变换

$$u = -2\frac{\partial^2 \ln v}{\partial x^2}$$

称为广义 Hopf-Cole 变换。在该变换下，KdV 方程变成双线性形式。

贝克隆变换 [Bäcklund transformation] 设 $u(x,t)$ 是待求非线性偏微分方程 $Uu = 0$ 的解，又设 $v(x,t)$ 是已知线性偏微分方程 $Kv = 0$ 的解，则贝克隆变换定义为一阶偏微分方程组

$$\frac{\partial u}{\partial x} = P\left(u, v, \frac{\partial v}{\partial x}, \frac{\partial v}{\partial t}\right)$$

$$\frac{\partial u}{\partial t} = Q\left(u, v, \frac{\partial v}{\partial x}, \frac{\partial v}{\partial t}\right)$$

其中 P 和 Q 为已知的微分算子。一旦找到上述关系，就可以从 v 求 u。

自贝克隆变换 [self-Bäcklund transformation] 同一个方程、不同解之间的贝克隆变换。设 $u_1(x,t)$ 和 $u_2(x,t)$ 是非线性偏微分方程 $Uu = 0$ 的二个不同解。自贝克隆变换定义为下列一阶偏微分方程组

$$\frac{\partial u_2}{\partial x} = P\left(u_2, u_1, \frac{\partial u_1}{\partial x}, \frac{\partial u_1}{\partial t}, a\right)$$

$$\frac{\partial u_2}{\partial t} = Q\left(u_2, u_1, \frac{\partial u_1}{\partial x}, \frac{\partial u_1}{\partial t}, a\right)$$

其中 a 为任意常数。如果能找到上述关系，就可以从一个已知解求另一个解，而已知解可以是非线性偏微分方程的平凡解。反复使用自贝克隆变换，就可求出非线性偏微分方程的一系列解。

本章作者：程建春，刘峰

化学物理

16.1 结 构 化 学

结构化学 [structural chemistry] 研究原子、分子和晶体的结构以及结构和性能之间的关系的化学分支学科,主要内容包括:量子力学基础;原子的电子结构;化学键理论和分子结构;晶体在原子和分子水平上的结构,即晶体中原子和分子的空间排布及其化学规律;紫外和可见光谱 (UV-Vis)、红外光谱 (IR)、拉曼光谱、微波谱、光电子能谱 (UPS, XPS)、核磁共振 (NMR)、顺磁共振 (ESR) 以及 X 射线晶体衍射等研究分子结构和晶体结构的实验方法的原理和应用。

普朗克常量 [Planck constant] 在量子理论创建过程中发现的一个普适常数,早期被称为基本作用量子。以符号 h 表示,其值为 $6.626176(36) \times 10^{-34}$ J·s,最初的值由光电效应实验测定。在研究黑体辐射能量分布问题中,由经典理论推出辐射能量密度公式,但维恩公式仅在短波区与实验符合,而瑞利–金斯公式仅在长波区与实验符合。普朗克认识到,要在理论上推出与实验完全符合的公式,必须假定辐射能量取分裂值,频率为 ν 的辐射所具有的能量取一最小能量 $h\nu$ 的整数倍。这最小能量 $h\nu$ 称为能量子,其中 h 为普朗克常量。

波函数 [wave function] 描述微观粒子运动状态的函数。用波函数描述微观粒子的运动状态是由薛定谔首先提出来的,这是量子力学的基本假定之一。玻恩对波函数 ψ $(q_1, q_2, \cdots, q_n, t)$ 的物理意义作出了统计性解释:作为波强度度量的 $|\psi|^2 = \psi * \psi$ 正比于在时刻 t 粒子出现在坐标 $q_1, q_2, \cdots, q_n$ 和 $q_1 + \mathrm{d}q_1, q_2 + \mathrm{d}q_2, \cdots, q_n + \mathrm{d}q_n$ 之间的概率。根据这一解释,这种波被称为概率波。由于它是用来描述实物粒子的波动性的,因而又称为实物粒子或物质波。实物粒子波的概念是由法国物理学家德布罗依在 1924 年提出来的,故又常称为德布罗意波。对于单个粒子的波函数 $\psi(x,y,z,t)$,若满足 $\int_{\text{全空间}} \psi * \psi \mathrm{d}\tau = 1$(一个粒子在全空间出现的概率为 1),则称为归一化的波函数,其物理含义是:$|\psi|^2 = \psi * \psi$ 为时刻 t 粒子出现在空间 (x,y,z) 处单位体积中的概率,即概率密度。为保证波函数具有上述概率意义,它必须满足单值、连续和有限 (模平方可积) 这三个条件,满足这三个条件的函数被称为品优函数,因此只有品优函数才是合格的波函数。波函数由求解体系的薛定谔方程得到,体系的各种性质可由波函数求得。

定态薛定谔方程 [Schrödinger equation of sta-

tionary] state 当体系处在稳定状态,即体系的位能不随时间变化时,其波函数的空间变量 (x,y,z) 和时间变量 t 可分离,即 $\bar{\psi}(x,y,z,t) = \psi(x,y,z) \cdot \phi(t)$,由此可以得到定态薛定谔方程:$H\psi(x,y,z) = E\psi(x,y,z)$。由于方程中 $\psi(x,y,z)$ 为波函数 $\bar{\psi}(x,y,z,t)$ 的波幅部分,因此又称定态薛定谔方程为波幅方程。通常忽略定态波函数的位相部分 $\phi(t)$ 而称 $\psi(x,y,z)$ 为定态波函数。定态薛定谔方程是一个能量本征值方程。常态下的原子和分子为稳定体系,因此其运动状态服从定态薛定谔方程。参见 "量子力学" 中的定态。

中心力场近似 [central field approximation] 由于多电子原子中电子间存在相互排斥作用,致使其薛定谔方程在数学上十分复杂而无法精确求解,因此在处理多电子原子问题时必须采用近似方法。中心力场近似是一种单电子近似。该近似处理的模型是:对于原子中的一个电子,把其余所有电子对该电子的作用近似看作抵消一部分核电荷。剩余的核电荷称为有效核电荷。所抵消的电荷数称为屏蔽常数。在该近似下多电子原子中的一个电子和氢原子中的一个电子相似,所受到的作用是以核为中心的力场的作用。由中心力场近似下的单电子方程得到的单电子波函数即原子轨道。屏蔽常数可由根据光谱数据总结得到的斯莱特规则确定。

原子轨道 [atomic orbital] 将薛定谔方程应用于原子体系所得到的单电子波函数。单电子原子的原子轨道由薛定谔方程精确求解得到。多电子原子的原子轨道可由中心力场近似下的薛定谔方程得到,也可用另一种近似方法 —— 自洽场方法得到。中心力场近似得到的原子轨道,其函数形式的角度部分与相应的氢原子轨道相同,只是径向部分含有有效核电荷,因而与氢原子轨道的径向部分有别。自洽场方法先由哈特利建立,后由福克考虑到泡利原理而在计算中增加了自旋波函数,故所得原子轨道称为哈特利 —— 福克轨道。自洽场方法不能得到波函数的径向部分的解析解,只能得到其数值表。为使用方便,斯莱特提出了一个函数形式的近似自洽场原子轨道,称为斯莱特型轨道。另外,在计算中也常使用高斯型轨道。

电子云 [electron cloud] 按照波函数的玻恩统计解释,对于归一化的单电子波函数 $\psi(x,y,z)$,若以电子电荷为单位,其模的平方 $|\psi(x,y,z)|^2$ 具有电子 (云) 密度的物理意义,它就是空间 (x,y,z) 处的电子密度。人们常用电子云图、等密度图、界面图、电子云角度分布图 (角度函数平方图) 和径向分布图等图形从不同角度显示各种原子轨道的电子密度在空间的分布情况。

电子组态 [electron configuration] 又称 (原子的) 电子结构。即原子核外电子的排布。原子核外的电子按照能量最低原理、泡利原理和洪特规则依次排布在各原子轨道上,得到原子的基态电子组态。原子的电子组态一般用 "电子结构式"表示，如氧原子的基态电子组态的表示为 $1s^2 2s^2 2p^4$。由于化学元素原子核外电子排布呈周期性变化，因此，化学元素的电离能、原子半径、电负性和化合价等性质都呈现周期性变化。化学元素的原子结构和性质随原子的核电荷数的增加而呈周期性变化的现象称为化学元素周期律。俄国化学家门捷列夫对元素周期律的发现和完善作出了最重要的贡献。

原子光谱项 [spectroscopic term of atom]　原子光谱项用以表示一个原子的状态，用记号 $^{2S+1}L_J$ 标记，其中：L 为原子核外电子运动的总轨道角动量量子数；S 为总自旋量子数，$2S+1$ 称为多重度；J 为总角动量量子数。原子光谱由原子不同状态之间的所谓允许跃迁产生，允许跃迁由"光谱选律"决定。对于符合 LS 耦合法则的原子 (原子序数一般小于 45)，允许跃迁对始态和终态之间量子数变化的限制为：$\Delta S = 0$；$\Delta L = 0, \pm 1 (L = 0 \to L = 0$ 禁阻)；$\Delta J = 0, \pm 1 (J = 0 \to J = 0$ 禁阻)；$\Delta M_J = 0, \pm 1$ (当 $\Delta J = 0$ 时，$M_J = 0 \to M_J = 0$ 禁阻，M_J 为总磁量子数)。对于不符合 LS 耦合法则而要用 jj 耦合的重原子则另有选律。光谱选律最初来自实验的总结，量子力学中可用跃迁矩积分是否为零确定。

屏蔽效应和钻穿效应 [shielding effect and penetration effect]　在多电子原子中，由于外层电子和内层电子在空间的概率分布不同，前者主要在离核较远的区域，后者主要在离核较近的区域，这样在外层电子和核之间就存在一道负电荷屏障，使外层电子所感受到的有效核电荷减小，这称为屏蔽效应。屏蔽作用的大小与被屏蔽的电子所处的状态和起屏蔽作用的所有电子所处的状态二者有关。屏蔽常数可借助于斯莱特规则近似计算。屏蔽效应使具有相同主量子数和不同角量子数的电子具有不同能量。对于具有相同主量子数和不同角量子数的外层电子而言，由电子云的径向分布可知，在核附近出现的概率大小依次为 s 电子 >p 电子 >d 电子 > f 电子 > $\cdots$，由此可见它们穿过其他电子云接近核的能力的大小不同，因而所感受到的有效核电荷的大小不同，故其能量次序与此相反，为 $E_{ns} < E_{np} < E_{nd} < E_{nf} < \cdots$，这称为钻穿效应。屏蔽效应和钻穿效应二者是不可分割的，前者使电子的能量升高，后者使电子的能量降低。随着外层电子的主量子数的增大，内层电子数增多，这两种效应也随之增大。钻穿效应使某些原子序数大的原子在和其他原子化合时出现所谓惰性电子对现象。

化学键 [chemical bond]　原子间借以结合成分子的强烈相互作用。一般分为金属键、离子键、共价键和配位键等主要类型。1916 年路易斯奠定了化学键电子理论的基础。1927 年海特勒和伦敦用量子力学方法处理了氢分子的结构，揭示了共价键的本质，在此基础上斯莱特和鲍林等发展了价键理论。大致同时，休克尔、慕利肯和洪特等则发展了分子轨道理

论。价键理论和分子轨道理论是现代关于共价键的两个基本理论。配位键是一类特殊的共价键。金属键的能带理论也是基于分子轨道理论发展起来的。离子键则是正离子和负离子间的静电相互作用。

价键理论 (VB 理论) [valence-bond theory]　又称电子配对理论。其要点如下：(1) 若两个原子各有一个未成对电子，这两个电子能以自旋相反的方式配对形成共价 (单) 键；(2) 一个原子可以和其他原子生成与该原子的未成对电子数相同数目的共价键，因此一个原子在价态下的未成对电子数就是该原子的原子价；(3) 原子的一个未成对电子和其他原子的一个未成对电子配对成键后不再能和第三个电子成键，因此一个原子的共价键有饱和性；(4) 两个用以成键的原子轨道在一定方向达到最大重叠，以使键能达到最大，从而使分子体系趋于稳定，因此，共价键具有方向性；(5) 若一个原子有孤电子对，另一个原子有空轨道，则此孤电子对可进入空轨道而在两个原子间形成配位键。

杂化轨道理论 [hybrid orbital theory]　一种主要用于解释化合物几何构型的化学键理论，属于价键理论的范畴。在一些化合物中，有些原子用以和其他原子形成化学键的不是单纯的某个原子轨道，而是包含两个或两个以上原子轨道成分的所谓杂化原子轨道。这是由于杂化原子轨道比单纯的原子轨道有更大的成键能力，能使分子体系降低更多能量，因而更加稳定。一个原子的不同原子轨道互相混合形成杂化原子轨道的过程称为杂化。杂化发生在原子化合成分子的过程中，消除不同原子轨道间的能级差而形成简并轨道所需能量来自周围环境的微扰作用。杂化轨道波函数由参与杂化的原子轨道线性组合得到。在原子的一组杂化轨道中，所有杂化轨道所含同一原子轨道的成分相等，则称为等性杂化；否则，称为不等性杂化。一般无机分子和有机分子中原子的主要杂化形式有 sp、sp^2 和 sp^3 等，而在包含过渡金属原子的化合物中，特别是在配合物中金属原子或离子常有 dsp^2、dsp^3、d^2sp^3、sd^3 等杂化形式。

价电子对互斥理论 [valence shell electron pair repulsion theory, VSEPR]　化学键理论中的一种定性的近似模型理论。该理论认为，分子中中心原子周围各价电子对 (包括成键电子对和孤电子对) 之间的排斥作用使它们尽可能相互远离以减小这种斥力，从而使分子采取某种稳定的几何构型。排斥作用来自各价电子对间的静电排斥力和自旋相同的电子之间的泡利斥力。分子的几何构型可按以下规则推断：(1) 所有价电子对与中心原子等距离，可以看成是分布在以中心原子为球心的球面上，因而形成一个内接多面体，当价电子对数分别为 2、3、4、5、6 时，分子分别是直线形、三角形、四面体形、三角双锥形和正八面体形。(2) 双键和三键占据一个位置，电子对多斥力大。(3) 孤电子对更靠近中心原

子因而显得"肥大", 对其他电子对的斥力大, 因此两对孤电子对间的斥力最大。故有如下斥力大小次序: 孤—孤 > 孤—键 > 键—键。(4) 电负性高的配位原子吸引电子的能力强, 使价电子对远离中心原子, 对相邻电子对的斥力减小, 因而键角变小; 反之, 则键角增大。

线性变分法 [linear variational method] 此法来源于泛函分析中关于泛函的极值问题。量子力学中能够精确求解的薛定谔方程并不多, 因此需要采用近似方法, 线性变分法是其中常用的近似方法之一。用它可求得体系的近似波函数和相应能量。用线性变分法求分子轨道及其能量的大致过程如下: 将试探函数 Ψ(分子轨道) 表示成已知函数 ϕ_1, ϕ_2, $\cdots$, ϕ_n(原子轨道) 的线性组合 $\psi = c_1\phi_1 + c_2\phi_2 + \cdots + c_n\phi_n$, 以此计算能量的期望值 $\varepsilon(c_1, c_2, \cdots, c_n) = \int \psi^* H\psi \mathrm{d}\tau / \int \psi^*\psi \mathrm{d}\tau$, 并求其极值, 即令 $\frac{\partial}{\partial c_1}\varepsilon = 0, \frac{\partial}{\partial c_2}\varepsilon = 0, \cdots, \frac{\partial}{\partial c_n}\varepsilon = 0$, 由此得到一组久期方程和相应的久期行列式, 从而由久期行列式求得各轨道能量, 并继而对每一能量由久期方程解得相应的一组系数 c_1, c_2, $\cdots$, c_n, 从而求得相应的分子轨道。由此求得的能量不低于体系基态的真实能量, 所用试探函数愈接近体系的真实基态波函数, 所得能量就愈接近基态的真实能量。

分子轨道理论 [molecular orbital theory] 又称 MO 理论。处理分子中电子运状态的一种单电子近似理论, 其要点如下: (1) 若把分子中的一个电子的运动看作是在各原子核和其余电子所形成的力场中独立运动, 则可以用一个波函数来描述分子中单个电子的运动状态, 这个单电子波函数称之为分子轨道。(2) 分子轨道可用组成分子的原子轨道的线性组合来表示, 因此这种分子轨道称为 LCAO(linear combination of atomic orbitals) 分子轨道。(3) 能有效组成分子轨道的原子轨道之间必须满足对称匹配、能量相近和最大重叠三个条件。常把这三个条件称为成键三原则。(4) 分子中的电子按能量最低原理、泡利原理和洪特规则排列到分子的各分子轨道上, 从而得到分子的基态电子组态。

分子轨道 [molecular orbital] 描述分子中单个电子运动状态的波函数。按其成键作用, 分子轨道可分为成键轨道、反键轨道和非键轨道。按电子云关于键轴的对性可分为 σ 轨道、π 轨道和 δ 轨道等。同核双原子分子的分子轨道又可分为中心对称和中心反对称两种, 分别以 g 和 u 标记。对于多原子分子, 则其分子轨道的对称性用其所属点群的不可约表示的名称标记, 如八面体配合物中的 t_{2g} 轨道和 e_g 轨道。分子轨道是原子轨道的对称匹配线性组合 (symmetry adapted linear combination, SALC), 这种轨道可借助对称群论方法获得, 因为 SALC 波函数必须是分子点群的不可约表示的基。分子轨道所描述的单个电子的运动踪迹遍及整个分子, 因此分子轨道理论相对于价键理论来说是一种电子离域模型理论,

分子轨道理论中把多个原子的原子轨道的线性组合作为分子轨道的做法本身就赋予了分子轨道以电子离域的概念。有时, 为了拟合价键理论的结果, 将分子轨道再进行线性组合, 得到描述价键理论中的成键电子的运动状态的近似波函数, 并将其称为定域分子轨道。分子轨道波函数 ψ(一般都已归一化) 的模的平方 $|\psi|^2$ 即为空间的单电子电子 (云) 密度。

休克尔分子轨道法 [Hückel molecular orbital method] 又称 HMO 方法。由休克尔 (E.Hückel) 在 1931 年提出的一种计算共轭分子体系中 π 电子能量和分子轨道的简单分子轨道方法。首先, 休克尔认为分子的 σ 轨道形成分子骨架, 而 π 电子在骨架上运动, 由于两种轨道的对称性不同, 因而相互作用很小, 可以忽略, 因此 π 电子问题可以单独处理; 其次, 在采用 LCAO 轨道处理的过程中, 为简化计算, 忽略了除原子自身以外的所有重叠积分和不相邻原子间的交换积分 (共振积分), 并把库仑积分当作原子轨道能量。虽然由于作了较大近似, 因而定量结果精度不高, 但其定性结果能很好地说明共轭分子的各种特性, 因此这种方法被广泛应用。为了减少在 HMO 方法中由久期行列式产生的与共轭原子数相同阶次的代数方程的计算, 利用 π 电子能级和分子结构本身的内在联系, 发展了分子轨道图形理论。由于共轭 π 键 (常称为大 π 键) 相对于一般 π 键而言是一种电子离域键, 因此, 共轭分子轨道常称为离域分子轨道。由休克尔分子轨道结合 σ 键计算电荷密度、键级和自由价等物理量并标注在分子结构图上, 从而形成分子图。分子图可以清楚显示分子的主要性质。

前线分子轨道理论 [frontier molecular orbital theory, FMO] 日本学者福井谦一提出的一种用以解释分子反应机理的分子轨道理论。他把分子轨道中被电子占据的能量最高的轨道称为最高占据轨道 (highest occupied molecular orbital, HOMO), 未被电子占据的能量最低的轨道称为最低未占轨道 (lowest unoccupied molecular orbital, LUMO), 二者合称前线分子轨道 (frontier molecular orbital, FMO)。该理论认为, 在电环合这一类协同反应中, 优先起作用的是前线分子轨道, 反应的条件和方式则取决于两种前线轨道的对称性, 同时考虑电子转移在电负性方面的合理性。这一理论直接用前线轨道的图像来说明反应规律, 简单直观, 它仿效了原子中的价电子概念。实际上 π 电子间的相互作用相当强烈, 在反应中全部轨道都要发生变化, 因此该理论不够全面, 在其应用和发展中受到限制。

分子轨道对称守恒 [conservation of molecular orbital symmetry] 由伍德沃德和霍夫曼提出的一种用以说明协同反应机理的分子轨道理论。该理论认为, 在协同反应中轨道对称守恒, 即在反应过程中反应物的分子轨道按对称守恒的方式转化为产物的分子轨道。这样反应的活化能低, 反

应容易进行。这一理论以分子轨道对称性为基础探讨协同反应的条件和方式，将反应机理和反应动力学引入了微观结构领域。

晶体场理论 [crystal field theory]　关于配位化合物结构的一种近似理论。它把中央金属原子或离子和周围配体之间的相互作用看作类似离子晶体中正、负离子间的静电相互作用。过渡金属原子或离子的五个 d 轨道是简并的，当它与配体形成配合物后，由于五个 d 轨道的空间分布不同，与配体场的作用不同，因而发生能级分裂。八面体、四面体、平面正方形等配位方式各有自己的配体场对称性，因此五个 d 轨道的分裂也相应地各有自己的方式。d 电子在分裂后的 d 轨道上重新排布后将使体系的能量降低，即带来所谓稳定化能，而使配合物得以稳定存在。由晶体场理论可解释配合物的稳定性、立体构型、磁性、光谱等性质。但晶体场理论忽略了配位键的共价性，因而不能全面解释配合物的性质。

配位场理论 [ligand field theory]　在晶体场理论的基础上增加分子轨道理论来解释配合物中金属原子或离子与配体间的成键作用的一种配合物结构理论。配位场理论既克服了分子轨道理论在进行精确的理论处理所遇到的数学困难，又容纳了被晶体场理论所忽略的共价键成分。配合物往往具有较高的对称性，因而可用群论方法处理其中金属原子或离子与配体间形成的分子轨道。配合物的常见分子轨道有 σ 型和 π 型两种。从电子在配体和中央金属原子间的转移机制看，尚有所谓 σ−π 电子授受键（常称反馈键）。在有机烯烃作配体的配合物中也存在反馈键，不过提供电子的不是配体的 σ 轨道上，而是烯烃的成键 π 轨道，再由金属原子的 d 轨道反馈到烯烃的反键 π* 轨道，因此是一种 π-π 反馈键，因而这类配合物常被称为 π 配合物。

群论 (对称性群理论) [group theory(symmetry group theory)]　对称性普遍存在于原子、分子和晶体中，群论原是一门纯粹的数学理论，二者结合形成以群论为基础的对称性原理。目前结构化学中的群论一词系指关于对称性的数学理论，即对称性群理论。群的核心是其表示理论。在化学中群论在分子对称性和量子化学之间架起了桥梁。从分子对称性出发，运用群论方法，有助于解决化学结构中的许多问题。用群论方法可以求得分子轨道，即原子轨道的对称匹配线性组合 -SALC 波函数；对原子态和分子态进行分类；确定跃迁的选律；对分子光谱和波谱作出理论剖析；阐明原子簇化合物的结构规则；简化有关计算等。一个分子的全部独立对称操作构成数学群论意义上的群，由于其全部操作作用在分子上分子中至少有一点不动，因此称为分子点群。在晶体学中运用群论对晶体的宏观对称性和微观对称性进行分类，分别得到 32 个点群和 230 个空间群，同时阐明了二者之间的归属。

离子化合物 [ionic compound]　由正、负离子靠静电引力结合在一起所形成的化合物。它一般由电负性较小的金属元素和电负性较大的非金属元素生成。在离子化合物中，金属原子将部分价电子转移给非金属原子，形成具有较稳定电子组态的正离子和负离子。正离子和负离子也可以由多原子组成。正离子和负离子间的静电作用力称为离子键。由于离子键无方向性，为降低体系的能量形成稳定的结构，正离子和负离子采用紧密堆积的方式形成晶体。对简单离子晶体的结构，一般可以看成由体积较大的负离子作某种形式的紧密堆积，而正离子占据其中的某类间隙，其结构形式由正离子和负离子的相对大小、离子价，以及正离子和负离子间的极化程度等因素决定。复杂离子晶体的结构则遵守泡林规则。

配位化合物 [coordination compound]　由具有空轨道的中心原子和周围若干个具有孤电子对的配位体以配位键结合而形成的化合物。中心原子通常是具有空轨道的过渡金属元素的原子或离子。一个配体以两个或两个以上原子和中心原子配位形成的配合物称为螯合物。只有一个中心原子的配位化合物称为单核配位化合物，含有一个以上中心原子的配位化合物称为多核配位化合物。而中心原子间直接成键的多核配位化合物则属于一类称为原子簇的化合物。关于配位化合物的现代结构理论主要有晶体场理论和配位场理论。

姜-泰勒效应 [Jahn-Teller effect]　用以说明配合物的空间构型发生畸变的原因的一种理论。非线性分子若电子分布不对称而处于简并的电子态则不利于稳定。因此，当一个非线性分子中存在简并轨道时，若电子在简并轨道上的分布不对称，则分子将发生变形以消除其简并态而获得稳定化能，从而达到能量较低的状态，使分子趋于稳定。简并轨道一般存在于高对称性的分子中，因此高对称性的分子往往不稳定，会发生畸变而转变为对称性较低的构型。例如，在正八面体配合物中，t_{2g} 或 e_g^* 的各轨道上的电子数不同时就会产生简并态，典型的例子是 Cu^{2+} 的 6 配位配合物中发生简并态 $(dx^2-y^2)^2(dz^2)^1$ 或 $(dx^2-y^2)^1(dz^2)^2$，此时配合物的构型将发生变形，以消除 (dx^2-y^2) 和 (dz^2) 这两个轨道的简并状态，由高度对称的正八面体构型，变形为压扁或拉长的八面体构型，而两者的电子组态则分别为 $(dx^2-y^2)^2(dz^2)^1$ 和 $(dx^2-y^2)^1(dz^2)^2$，实验表明，成为拉长构型者为多数。

原子簇化合物 [cluster compound]　由三个或三个以上有限原子直接键合组成的以多面体或缺顶多面体骨架为特征的分子或离子。一般分为非金属原子簇化合物和金属原子簇化合物两类。非金属原子簇化合物以硼原子簇，即硼烷及其衍生物的研究较为成熟。20 世纪 80 年代中期发现的一类以富勒烯 C_{60} 为代表的碳原子簇，由于其独特的结构、性能及其潜在应用价值而广泛受到关注。除此以外，磷、硫、砷、硒和碲等非金属元素也能形成原子簇化合物，且以裸原子簇为主,其骨架结构符合 Euler 规则:$F+V=E+2$(F、V、E 分别为多面体的面数、顶数和棱数)。金属原子簇化合物最基本的共同点是具有金属—金属 (M—M) 键,金属原子间不仅形成单键,还能形成多重键。金属—羰基和金属—卤素原子簇是最主要的两类金属原子簇化合物。

超分子化合物 [supermolecular compound] 由两种或两种以上分子依靠分子间作用结合在一起所形成的复杂的、有组织的聚集体,它保持一定的完整性并有明确的微观结构和宏观特性。分子依靠分子间作用自发地结合起来,形成分立的或无限伸展的超分子的过程称为超分子自组装。在超分子化学中,分子间作用可分为:金属—体配位键、金属—金属键、芳香堆积作用、疏水作用、静电作用、电荷或空间互补效应和范德瓦耳斯力等非共价作用以及能可逆形成和裂解的共价键等。

分子光谱 [molecular spectrum] 由不同分子能级间的跃迁产生的光谱。分子能级包括电子能级、振动能级和转动能级,这三种能级的间距依次减小,其能级差分别在 1～20eV、0.05～1eV 和 10^{-4}～0.05eV 范围。纯转动光谱在远红外光谱和微波谱范围,当光谱仪的分辨率足够高时应呈现线状谱形式。振动光谱在近红外和中红外光谱 (IR) 范围,它兼有转动能级,因此呈现谱带形式。分子的电子光谱在紫外和可见光谱 (UV-Vis) 范围,它兼有振动和转动能级,因此呈现谱带系的形式。另外,对于分子的振动−转动能级还可以借助分子对紫外可见光的散射现象来研究,这种散射称为拉曼散射。由于使用一般照射光时分子的散射光较弱,为增加散射光的强度,现在一般采用激光作入射光,因此这种光谱被称为激光拉曼光谱。分子能级间的允许跃迁由电偶极矩积分 $P_{nm}=\int\psi_n^*\mu\psi_m\mathrm{d}\tau$ 不为零确定,式中 μ 为电偶极矩向量,ψ_n 和 ψ_m 分别为始态和终态的波函数。分子光谱由分子的结构决定,因此可以借助分子光谱来推测或确定分子的结构。

晶体化学 [crystal chemistry] 又称结晶化学。系统阐述晶体物质的微观结构,晶体的组成、结构和性能三者之间的关系,以及测定晶体结构的理论基础和实验方法等。是近代材料科学的重要理论和实验基础,为研究、制备和设计开发各种晶体材料,如电子器件、光学、声学、磁性、固体催化剂等材料提供科学依据。晶体化学为促进化学科学本身的发展起到了重要作用,其中晶体结构测定工作提供了大量可靠的化合物结构数据,如键长、键角和空间结构等数据。

结晶化学 [crystalline chemistry] 即晶体化学。

晶体衍射 [crystal diffraction] 晶体点阵的基本周期与 X 射线的波长在同一数量级 (10^{-8}cm),因此晶体对 X 射线产生的衍射现象。1912 年劳厄等人用含 5 个结晶水的硫酸铜晶体第一次实现了 X 射线晶体衍射。晶体衍射现象的发现是 20 世纪一件具有深远意义的大事,它打开了人们认识微观世界的大门,由此积累了大量的结构资料。因此,劳厄荣获 1914 年诺贝尔物理学奖。晶体衍射是测定化合物结构的权威方法之一。用于衍射的样品可分单晶体和粉末晶体两类,前者主要用于单晶结构测定,后者主要用于物相分析。晶体衍射也可使用中子束或电子束作射线,分别称为中子衍射和电子衍射。

劳厄方程 [Laue equation] 劳厄为阐明晶体对 X 射线衍射的机理建立了衍射方程,人们称之为劳厄方程。其向量形式和代数形式如下:

$$\begin{cases} \boldsymbol{a}\cdot(\boldsymbol{s}-\boldsymbol{s}_0)=a(\cos\alpha-\cos\alpha_0)=h\lambda \\ \boldsymbol{b}\cdot(\boldsymbol{s}-\boldsymbol{s}_0)=b(\cos\beta-\cos\beta_0)=k\lambda \\ \boldsymbol{c}\cdot(\boldsymbol{s}-\boldsymbol{s}_0)=c(\cos\gamma-\cos\gamma_0)=l\lambda \end{cases}$$

式中,$\boldsymbol{a}$、$\boldsymbol{b}$、$\boldsymbol{c}$ 为与晶胞参数 a、b、c 相应的向量;$\boldsymbol{s}$ 和 $\boldsymbol{s}_0$ 分别为衍射线和入射线的单位向量;α、β、γ 和 α_0、β_0、γ_0 分别为衍射线 ($\boldsymbol{s}$) 和入射线 ($\boldsymbol{s}_0$) 与 $\boldsymbol{a}$、$\boldsymbol{b}$、$\boldsymbol{c}$ 之间的方向角;λ 为 X 射线波长;h、k、l 为一组整数,称为衍射指标。方程的物理意义为:只有通过相邻两个点阵点的 X 射线的光程差为波长 λ 的整数倍的方向,各散射波叠加加强,对于三维的空间点阵要在三个晶轴方向都满足这一条件才产生衍射线。可以证明,在满足劳厄方程的条件下,若 a、b、c 构成素晶胞,则晶体中任意两个点阵点之间的光程差都为波长的正数倍,因而散射线发生叠加加强,从而产生衍射线。利用劳厄方程可以推出各种带心点阵类型和微观对称元素的系统消光规律。劳厄方程是劳厄法、回转法等衍射实验方法的理论依据。

布拉格方程 [Bragg equation] 英国学者布拉格父子 (W.H.Bragg 和 W.L.Bragg) 为解释晶体衍射原理,提出了另一种形式的衍射方程,人们称之为布拉格方程。布拉格父子因此荣获 1915 年诺贝尔物理学奖。布拉格方程的形式为

$$2d_{(h^*k^*l^*)}\sin\theta_{hkl}=n\lambda$$

式中,$d_{(h^*k^*l^*)}$ 是晶面指标为 $(h^*k^*l^*)$ 的一组晶面的晶面间距;θ_{hkl} 是衍射指标为 hkl 的衍射线的布拉格角 (半衍射角);λ 为 X 射线波长;n 为一整数,称为衍射级次。方程的物理意义是:X 射线由一组晶面作出反射的条件为,通过相邻两个晶面的 X 射线的光程差为波长的整数倍。由劳厄方程可以推导出布拉格方程。用布拉格方程能方便地阐述晶体衍射,特别是粉末晶体样品衍射的原理。

结构因子 [structure factor] 关于晶体结构的一个物理量,其公式为:

$$F(hkl)=\sum_{j=1}^n f_j\mathrm{e}^{\mathrm{i}2\pi(hx_j+ky_j+lz_j)}=|F(hkl)|\mathrm{e}^{\mathrm{i}\phi(hkl)}$$

式中, hkl 为衍射指标; f_j 为晶胞中第 j 个原子的散射因子; x_j、y_j、z_j 为第 j 个原子的坐标; n 为晶胞中原子数。$|F(hkl)|$ 称为结构振幅, $\phi(hkl)$ 为位相。衍射强度 $I(hkl) \propto |F(hkl)|^2$, 可见结构因子决定衍射强度, 而结构因子又由晶胞中的原子种类、数目及各原子在晶胞中的位置决定。因此, 结构因子是晶体结构分析的理论基石之一。

单晶结构分析 [single crystal structure analysis] 一项确定晶体结构的实验和理论解析工作。实验工作主要是收集衍射数据。衍射数据包括衍射线的强度和方向两个内容。目前收集衍射数据普遍采用四圆衍射仪进行。结构解析工作是运用晶体结构和 X 射线衍射理论由衍射数据求得晶体的晶胞参数和晶胞内容 —— 晶胞中所有原子的种类和位置, 同时确定晶体结构的对称类型 —— 空间群。晶体的空间群主要由系统消光确定。由于晶体衍射在通常条件下总是表现为结构具有中心对称的现象 (弗里德尔定律), 因此确定晶体结构是否具有对称中心, 尚需利用关于所谓弗里德尔对 [$I(hkl)$ 和 $I(-h-k-l)$] 的衍射强度分布的统计规律进行判断, 或使用晶体物理和结晶化学等其他辅助方法确定。结构因子公式 (见结构因子) 和电子密度分布公式是单晶结构分析的理论基础。原子在晶胞中的位置由电子密度图或差值电子密度图确定。电子密度公式为

$$\rho(x,y,z) = \frac{1}{V} \sum_{h=-\infty}^{+\infty} \sum_{k=-\infty}^{+\infty} \sum_{l=-\infty}^{+\infty} F(hkl) e^{-2\pi i(hx+ky+lz)}$$

式中, $\rho(x, y, z)$ 为晶胞中坐标为 (x, y, z) 一点的电子密度, V 为晶胞的体积, $F(hkl)$ 是衍射指标为 hkl 的衍射的结构因子。差值电子密度公式则以计算的结构振幅 F_c 和实验所得结构振幅 F_o 之差 $|F_c - F_o|$ 代替上式中结构因子的结构振幅。结构分析工作的主要困难是结构因子的位相 $\phi(hkl)$ 的确定问题, 因为从实验所得衍射强度数据只能直接得到结构因子的绝对值, 即结构振幅 $|F(hkl)|$, 而不能得到位相 $\phi(hkl)$。为此发展了各种解决位相问题的方法, 如重原子法、MULTAN 直接法、符号加和法、最小函数法、同晶置换法等。如需确定化合物的绝对构型, 则需要采用反常散射法。

哥希密特结晶化学定律 [Goldschmidt's law of crystalline chemistry] 哥希密特总结了决定晶体结构的各种因素后指出: "晶体的结构形式取决于其组成者 (原子、分子或原子团) 的数量关系、大小关系和极化性能。" 揭示了晶体结构的普遍规律, 因而被称为哥希密特结晶化学定律。它不仅是一些晶体结构事实和规律的总结和概括, 而且能够解释同质多晶、类质同晶等其他一些现象。

鲍林规则 [Pauling's rule] 鲍林在哥希密特结晶化学定律的基础上, 结合硅酸盐的结构规律, 总结出了适用范围更为广泛的结晶化学规律, 被称为鲍林规则。第一规则: 在正离子外围形成一个负离子配位多面体, 正负离子间距离取决于正离子和负离子的半径之和, 正离子配位多面体的形式取决于二者的半径比。第二规则: 在一个稳定的离子化合物中, 每一个负离子的电价, 等于或近乎等于从邻近各正离子至该负离子的静电键强度的总和。第二规则又称为电价规则。第三规则: 在一个配位结构中, 配位多面体公用棱, 特别是公用面的存在会降低结构的稳定性, 对于配位数低的高价离子, 这种影响尤为突出。推论: 由第三规则可知, 在含有一种以上正离子的晶体中, 电价高、配位数低的正离子间倾向于相互间不公用配位多面体的几何元素。应用鲍林规则可以解释复杂离子晶体的结构。

16.2 量子化学

量子化学 [quantum chemistry] 使用量子力学研究化学问题的一门交叉学科。一般认为量子化学始于 1927 年物理学家海特勒 (Heitler) 和伦敦 (London) 对氢气分子的计算。在 Heitler-London 氢分子模型的基础上, 以电子配对为基本思想, Pauling 发展了价键理论。基于原子轨道的线性组合 (linear combination of atomic orbital, LCAO), Mulliken 提出了分子轨道理论。随着现代计算机技术的飞速进步, 量子化学逐步成为理论化学乃至实验化学家的重要研究工具之一。1998 年, W. Kohn 和 J. A. Pople 分别因为密度泛函理论和量子化学计算方法的发展获得了诺贝尔化学奖, 标志着传统的化学已发展成为理论和实验紧密结合的科学。

玻恩–奥本海默近似 [Born-Oppenheimer approximation] 在通常情况下, 由于原子核的质量要比电子大很多, 相应的原子核动能比电子动能也小很多, 可以忽略不计。从而波函数的电子和核的部分可以分离:

$$\psi(r, R, t) = \psi_e(r; R)\psi_N(R, t)$$

这里 $\psi_e(r, R)$ 和 $\psi_N(R, t)$ 分别为电子波函数和核运动波函数。将分离后的波函数代入薛定谔方程:

$$i\hbar \frac{\partial}{\partial t} \psi(r, R, t) = \left(\hat{T}_N + \hat{H}_e\right)\psi(r, R, t)$$

可以分别得到电子薛定谔方程:

$$\hat{H}_e \psi_i(r; R) = E_i(R)\psi_i(r; R)$$

和核运动薛定谔方程:

$$i\hbar \frac{\partial \psi_N(R, t)}{\partial t} = \left[\hat{T}_N + E_i(R)\right]\psi_N(R, t)$$

这里 $\hat{T}_N$ 和 $\hat{H}_e$ 分别为核动能和电子哈密顿。

从头计算方法 [*ab initio* method] 计算中除了使用电荷和质量等基本常量, 不引入任何经验参数, 直接从第

一性原理出发尽量严格求解 Schrödinger 方程的计算方案。实际运用中，除了极少数小分子外，常需要使用玻恩–奥本海默近似来求解。目前常用的从头算方法包括 Hartree-Fock 方法、Hartree-Fock 方法基础之上的单参考态电子相关方法，以及多参考态电子相关方法。

Hartree-Fock 方法 [Hartree-Fock(HF) method] 在玻恩–奥本海默近似下求解多电子原子或分子体系定态 Schrödinger 方程的基本方法。Hartree 在 1928 年提出了 Hartree 假设，他将每个电子看作是在其他所有电子构成的平均势场中运动的粒子。1930 年，Fock 和 Slater 提出了考虑泡利原理的自洽场迭代方程和单行列式型多电子体系波函数，得到 Hartree-Fock 方程。1950 年，Roothaan 将单电子波函数表示为一组基函数的线性组合，通过求解得到的闭壳层 Roothaan 方程求得系数。Hartree-Fock 方程可以表示为

$$f(i)\chi(\boldsymbol{x}_i) = \varepsilon\chi(\boldsymbol{x}_i)$$

其中 $f(i)$ 是有效单电子算符，称为 Fock 算符，形式如下：

$$f(i) = -\frac{1}{2}\nabla_i^2 - \sum_{A=1}^{M}\frac{Z_A}{r_{iA}} + v^{HF}(i)$$

Hartree-Fock 方法满足变分要求，因此，所求得的电子总能量为精确能量的上限。应用于闭壳层体系时，称为为限制性 Hartree-Fock (RHF)。应用于开壳层体系，如自由基时，或一些含 d 区、f 区过渡金属元素的化合物时，有限制性开壳层 Hartree-Fock (ROHF)，非限制性 Hartree-Fock (UHF) 两种处理方法。因为通过迭代求解而达到自洽，Hartree-Fock 方法也称为自洽场 (self-consistent field) 方法。

基函数 [basis functions] 量子化学计算中常常将分子轨道展开为一组非完备函数集合的线性组合。这样的函数集合称为一组基函数。早期的基函数常用 Slater 型函数 (Slater-type functions, STOs)，函数形式满足靠近原子核的 cusp 条件，但多中心双电子积分难以计算。目前常用多个 Gaussian 型函数 (Gaussian-type functions, GTOs) 来拟合 Slater 型原子轨道，表示为 STO-3G, STO-6G 等。与直接采用 Slater 型原子轨道作为基函数相比，这类基函数的采用可以使原子轨道多中心积分的计算大为简化，但由于不满足接近原子核处的波函数的 cusp 条件，需要较多的 GTOs 拟合。采用较大的基函数一般能得到更精确的能量计算值，但会花费更多的计算时间。

Hartree-Fock-Roothaan 方程 [Hartree-Fock-Roothaan equation] 又称 Roothaan 方程。Hartree-Fock 方程在非正交基函数空间中的表达式。形式为

$$FC = SC\varepsilon$$

其中，F 为 Fock 矩阵，C 为系数矩阵，每一列表示一个分子轨道的组合系数；S 为基函数的重叠矩阵，ε 为对角矩阵，每一个对角元代表一个分子轨道的能量。Fock 矩阵对于的算符具体形式为：

$$\hat{F}(1) = \hat{H}^{\text{core}}(1) + \sum_{j=1}^{n/2}\left[2\hat{J}_j(1) - \hat{K}_j(1)\right]$$

其中，$\hat{H}^{\text{core}}(n)$ 是核哈密顿算符，只包含单电子的动能和该电子与原子核的吸引势能；$\hat{J}_j(n)$ 和 $\hat{K}_j(n)$ 分别是库仑算符和交换算符，分别定义为第 n 个电子和 j 个电子的库仑排斥作用和交换作用。

Roothaan 方程 [Roothaan equation] 即 Hartree-Fock-Roothaan 方程。

限制性开壳层 Hartree-Fock 方法 [restricted open-shell HF method] 处理开壳层体系的 Hartree-Fock 方法之一。电子填充类似闭壳层体系，首先尽量以双占据的方式填充在能量较低的分子轨道上，只有未成对电子以单占据方式填充于能量较高的分子轨道。由于部分轨道为单占据，电子自旋存在多种可能的花样，因此，Slater 行列式不唯一，但能量相等。与非限制性 Hartree-Fock(UHF) 方法相比，ROHF 的波函数是自旋算符 S^2 的本征函数。

非限制性 Hartree-Fock 方法 [unrestricted HF method] 处理开壳层体系的最常用的 Hartree-Fock 方法之一。与限制性开壳层 Hartree-Fock(ROHF) 方法不同，α 和 β 电子采用彼此不同的分子轨道，分子轨道的线性组合系数来自两个不同的 Roothaan 方程，$F^\alpha C^\alpha = SC^\alpha\varepsilon^\alpha$ 和 $F^\beta C^\beta = SC^\beta\varepsilon^\beta$，因而分子轨道的能量也不相等。UHF 的缺点是波函数不是自旋算符 S^2 的本征函数，存在自旋污染的现象。自旋污染可以理解为更高自旋的激发态波函数的混入。例如，二重态中混入了四重态，导致自旋算符 S^2 的本征值大于 $\frac{1}{2}\left(\frac{1}{2}+1\right) = 0.75$。自旋污染严重时，可导致计算结果无效。

大小一致性 [size consistency] 定义为当两个体系 A 和 B 的距离为无穷远时，计算所得的 A 和 B 的总能量 $E(A-B)$ 应当等于对两个体系的分别计算得到的能量 $E(A)$ 和 $E(B)$ 的和。这一性质对于获得正确的分子解离曲线是至关重要的。组态相互作用 (CI) 和 n 级多体微扰 (MPn) 方法都不满足大小一致性要求，而耦合簇方法 (CC) 一般是大小一致性的。大小一致性是量子化学计算中必须考虑的重要问题之一。

Koopman 定理 [Koopmans' theorem] 如果一个 N 电子体系的一个占据和一个非占据的 Hartree-Fock 自旋轨道的能量分别为 ε_a 和 ε_r，则从体系的该占据轨道移去一个电子得到 $N-1$ 电子体系所需的电离能近似为 $-\varepsilon_a$，给体系

的该非占据轨道增加一个电子得到 $N+1$ 电子体系的电子亲和势近似为 $-\varepsilon_r$。依照这一定理计算的电子亲和势常常误差较大。

电子相关与相关能 [electron correlation and correlation energy]　HF 方法虽然能得到体系的大部分能量 (误差一般小于 1%)，但其误差对于研究化学问题需要的精度 (称为化学精度) 仍然是不可忽略的，这是由于对电子的相互作用采用了平均场近似。因此需要考虑电子之间的瞬时相互作用，这一相互作用称为电子相关，一般也被称为动态相关。例如，由于库仑排斥作用，两个电子在空间中将尽量彼此远离，在每一个电子周围形成 "Coulomb 孔"，这一效应称为库仑相关 (Coulomb correlation)。此外由于 (近) 简并态的出现引起的相关称为静态相关，比如在分子远离平衡结构时，会出现多个贡献很大的简并或近简并态，这时候体系的基态 (或参考态) 波函数需用多行列式代替。一般将 HF 能量与精确求解 Born-Oppenheimer 近似及非相对论条件下的 Schrödinger 方程应得电子总能量之间的差定义为相关能。相关能的计算方法称为电子相关方法或超 HF(Post-HF) 方法。

半经验方法 [semiempirical method]　基于 HF 等从头算方法或密度泛函理论 (DFT) 方法，但将最耗费计算资源的单电子与双电子积分项参数化，使计算得以简化的方法称为半经验方法。早期的半经验方法有 Hückel 分子轨道方法 (HMO)，扩展 HMO 方法 (EHMO), Pariser-Parr-Pople 方法 (PPP)，全略微分重叠方法 (CNDO)，间略微分重叠方法 (INDO) 等。目前常用的参数化方案更复杂的半经验计算方法有 AM1, PM6, SAM1, DFTB 等。半经验方法结果一般仅定性正确，在小分子计算中已经被逐步淘汰。但是，在同系物的系统性研究以及大分子计算中，半经验方法仍可采用。

密度泛函理论 [density functional theory]　量子化学最常用的计算方法之一。与一般的从头算方法不同之处在于，以电子密度取代形式复杂的多电子波函数作为计算的基础。Hohenberg-Kohn 定理表明，对于具有非简并基态的分子体系 (Levy 证明该定理同样适用于基态简并分子)，其基态的电子能量、波函数及其他电子结构性质均可以由分子的基态电子概率密度函数 $\rho_0(x,y,z)$ 唯一地确定。电子总能量的表达式为

$$E_0 = E_0[\rho_0] = \bar{T}[\rho_0] + \bar{V}_{Ne}[\rho_0] + \bar{V}_{ee}[\rho_0]$$

其中，核与电子的库仑吸引势 $\bar{V}_{Ne}[\rho_0]$ 的形式容易确定，表达式为

$$\bar{V}_{Ne}[\rho_0] = \langle \psi_0 \mid \sum_{i=1}^n v(\boldsymbol{r}_i) \mid \psi_0 \rangle = \int \rho_0(\boldsymbol{r}) v(\boldsymbol{r}) \mathrm{d}\boldsymbol{r}$$

而动能项 $\bar{T}[\rho_0]$ 和电子 – 电子排斥势 $\bar{V}_{ee}[\rho_0]$ 没有明确的泛函表达式，只能经验地确定。最早采取的方案是 Thomas-Fermi

模型。现代密度泛函理论则基于 Kohn-Sham 方法，其中定义了交换 – 相关势 (exchange-correlation energy functional)。交换 – 相关势的不同近似表达，派生出众多的密度泛函计算方案，适用于不同的体系。

Kohn-Sham 方法 [Kohn-Sham method]　根据 Hohenberg-Kohn 定理，基态的电子能量由分子的基态电子密度分布函数 $\rho_0(x,y,z)$ 唯一地确定，但是，除核–电子吸引势外，其他的能量贡献没有明确的表达形式。为了解决这一困难，可以设想存在一个非相互作用假想体系，其包含的电子数与真实体系相同，电子彼此间无相互作用，但分别感受到相同的外部势场，这一势场的存在使得体系的总电子密度分布与真实体系相同。独立电子的运动由 Kohn-Sham(KS) 方程求得：

$$\left[-\frac{1}{2}\nabla_1^2 - \sum_\alpha \frac{Z_\alpha}{r_{1\alpha}} + \int \frac{\rho(\boldsymbol{r}_2)}{r_{12}}\mathrm{d}\boldsymbol{r}_2 + v_{\mathrm{xc}}(1) \right] \theta_i^{\mathrm{KS}}(1) = \varepsilon_i^{\mathrm{KS}}\theta_i^{\mathrm{KS}}(1)$$
$$(1)$$

其中 θ_i^{KS} 称为 Kohn-Sham 轨道。一旦确定了交换 – 相关势 $v_{\mathrm{xc}}(1)$ 的形式，通过求解上述方程就能够确定电子密度分布：

$$\rho = \rho_s = \sum_i \left| \theta_i^{\mathrm{KS}} \right|^2$$

并进一步得到真实体系的基态电子能量：

$$\begin{aligned} E_0 = &-\sum_\alpha Z_\alpha \int \frac{\rho(\boldsymbol{r}_1)}{r_{1\alpha}}\mathrm{d}\boldsymbol{r}_1 \\ &-\frac{1}{2}\sum_{i=1}^n \left\langle \theta_i^{\mathrm{KS}}(1) \left| \nabla_1^2 \right| \theta_i^{\mathrm{KS}}(1) \right\rangle \\ &+ \iint \frac{\rho(\boldsymbol{r}_1)\rho(\boldsymbol{r}_2)}{r_{12}}\mathrm{d}\boldsymbol{r}_1\mathrm{d}\boldsymbol{r}_2 + E_{\mathrm{xc}}[\rho] \end{aligned}$$

KS 方程中交换–相关势 $v_{\mathrm{xc}}(1)$ 的定义为

$$v_{\mathrm{xc}}(\boldsymbol{r}) = \frac{\delta E_{\mathrm{xc}}[\rho(\boldsymbol{r})]}{\delta \rho(\boldsymbol{r})}$$

$E_{\mathrm{xc}}[\rho]$ 被称为交换 – 相关能量泛函，得到该能量泛函的良好近似是实现分子体系的精确 KS DFT 计算的关键。需要指出的是，DFT 方法原理上并不需要轨道，KS 方法中，KS 轨道的引入是为了解决近似的能量泛函计算的一种折衷办法。

局域密度近似 [local-density approximation]　Hohenberg 和 Kohn 证明，如果体系中电子密度分布的变化较为平缓，则 $E_{\mathrm{xc}}[\rho]$ 可以精确地表示为

$$E_{\mathrm{xc}}^{\mathrm{LDA}}[\rho] = \int \rho(\boldsymbol{r})\varepsilon_{\mathrm{xc}}(\rho)\mathrm{d}\boldsymbol{r}$$

其中 $\varepsilon_{\mathrm{xc}}(\rho)$ 为电子密度为 ρ 的均相电子气中每个电子的交换与相关能，可表示为交换和相关两个部分：

$$\varepsilon_{\mathrm{xc}}(\rho) = \varepsilon_x(\rho) + \varepsilon_c(\rho)$$

其中，$\varepsilon_x(\rho) = -\frac{3}{4}\left(\frac{3}{\pi}\right)^{1/3}(\rho(\boldsymbol{r}))^{1/3}$，而 $\varepsilon_c(\rho)$ 的形式非常复杂，由 Voskpo, Wilk 和 Nusair 推得，简记为 $\varepsilon_c(\rho) = \varepsilon_c^{\mathrm{VWN}}(\rho)$。在此基础上，求解 Kohn-Sham 方程的法称为局域密度近似。如果允许 α 和 β 电子采取不同的空间 KS 轨道，类似于 UHF 中的做法，这一方法称为局域自旋密度近似 (local-spin-density approximation, LSDA)，适合于处理开壳层体系以及接近解离状态的远离平衡构型的分子。对 α 和 β 电子分别使用不同自旋电子密度 ρ^α 和 ρ^β 的交换–相关能量泛函可以表示为 $E_{\mathrm{xc}} = E_{\mathrm{xc}}[\rho^\alpha, \rho^\beta]$。

广义梯度近似 [generalized-gradient approximation] 又称梯度校正泛函(gradient-corrected functional)、非局域密度泛函(nonlocal density functional)。不同于 LDA 和 LSDA 方法，在交换 – 相关能量泛函中除了电子密度 (或自旋电子密度) 之外，引入包含电子密度 (或自旋电子密度) 的梯度的函数的方法。如引入自旋电子密度的梯度的交换 – 相关能量泛函可表示为

$$E_{\mathrm{xc}}^{\mathrm{GGA}}[\rho^\alpha, \rho^\beta] = \int f\left(\rho^\alpha(\boldsymbol{r}), \rho^\beta(\boldsymbol{r}), \nabla\rho^\alpha(\boldsymbol{r}), \nabla\rho^\beta(\boldsymbol{r})\right)\mathrm{d}\boldsymbol{r}$$

常用的梯度校正的交换势有 PW86, Becke88, PW91 等。以 Becke88 为例，

$$E_x^{\mathrm{B88}} = E_x^{\mathrm{LSDA}} - b\sum_{\sigma=\alpha,\beta}\int\frac{(\rho^\sigma)^{4/3}\chi_\sigma^2}{1 + 6b\chi_\sigma\mathrm{arcsinh}\chi_\sigma}\mathrm{d}\boldsymbol{r}$$

此处，$\chi_\sigma \equiv |\nabla\rho^\alpha|/(\rho^\alpha)^{4/3}$，$b$ 为经验参数。常用的梯度校正的相关势有 LYP, P86, PW91 等。通常，交换势和相关势的形式可以任意搭配，甚至可以混合使用，此时称为混合交换 – 相关泛函 (hybrid exchange-correlation functional)。例如，常用的混合泛函 B3LYP 的形式为

$$\begin{aligned}E_{xc}^{\mathrm{B3LYP}} =&(1 - a_0 - a_x)E_x^{\mathrm{LSDA}} + a_0 E_x^{\mathrm{exact}} + a_x E_x^{\mathrm{B88}} \\ &+ (1 - a_c)E_c^{\mathrm{VWN}} + a_c E_c^{\mathrm{LYP}}\end{aligned}$$

E_x^{exact} 有时也表示为 E_x^{HF}。在 GGA 基础之上，在交换 – 相关能量泛函中进一步引入电子密度的二阶导数 (有时还包括动能密度 τ) 的泛函称为元 GGA(meta-GGA, MGGA) 泛函，其中对于 α 电子，Kohn-Sham 动能密度定义为

$$\tau_\alpha = \frac{1}{2}\sum_i\left|\nabla\theta_{i\alpha}^{\mathrm{KS}}\right|^2$$

梯度校正泛函 [gradient-corrected functional] 即广义梯度近似。

非局域密度泛函 [nonlocal density functional] 即广义梯度近似。

Møller-Plesset 微扰理论 [Møller-Plesset perturbation theory] 量子化学中常用的一种多体微扰方法，在哈密顿中将 Hartree-Fock 方法中的单电子 Fock 算子的简单加和视为非微扰项：

$$H_0 = \sum_{i=1}^N f(i)$$

而将分子的哈密顿与上述非微扰项之间的差异视为微扰项如下：

$$v = H - H_0 = \sum_{i=1}^N\sum_{j>i}^N r_{ij}^{-1} - \sum_{i=1}^N v^{\mathrm{HF}}(i)$$

因而，零级近似的能量值为单电子能量的简单加和，一级近似为 Hartree-Fock 解，二级和更高级近似是对 Hartree-Fock 计算的结果的校正，能够部分得到电子的相关能。不同等级的方法简记为 MPn，其中 MP2 为最常采用的算法，也被认为是最简单的电子相关方法，在绝大多数量子化学软件包中出现。更高级的微扰计算量较大较少采用。MPn 算法获得的能量通常随 n 增大而震荡收敛。

组态相互作用方法 [configuration interaction method] 一种超 Hartree-Fock 方法。与 Hartree-Fock 方法相比，CI 方法将多电子体系的全电子波函数表示为一系列组态波函数的线性组合：

$$|\Phi\rangle = c_0|\Psi_0\rangle + \sum_{r,a}c_a^r|\Psi_a^r\rangle + \sum_{\substack{a<b\\r<s}}c_{ab}^{rs}|\Psi_{ab}^{rs}\rangle + \cdots$$

基组态 $|\Psi_0\rangle$ 为电子按 Hund 规则排布而产生的组态波函数，即 Hartree-Fock 行列式，其余依次组态为单激发组态、双激发组态等。如果展开项包括了合适对称性的所有可能的组态波函数，则就是全组态相互作用方法 (Full CI，简记为 FCI)。如果展开项中的激发组态部分只包含部分项，则为截断 CI 方法，如，CID 方法只包含双重激发项，CISD 方法包含单激发和双激发组态。单激发组态空间与基组态无混合。CI 方法是变分的，但不具有大小一致性。

耦合簇方法 [coupled-cluster method] 目前最流行的比较精确的电子相关方法之一。与 CI 方法不同的是，其波函数不是表达为各组态波函数的线性组合，而是用一个指数形式的算符作用在基态 Hartree-Fock 波函数上，

$$\Psi = \mathrm{e}^{\hat{T}}\Phi_0$$

其中，簇算符 (cluster operator) 定义为 $\hat{T} = \hat{T}_1 + \hat{T}_2 + \cdots + \hat{T}_n$ (n 为电子数)，$\hat{T}_1$, $\hat{T}_2$ 分别为单电子和双电子激发算符，余类推。$\hat{T}_1$, $\hat{T}_2$ 的表达式分别为

$$\hat{T}_1\Phi_0 = \sum_{a=n+1}^\infty\sum_{i=1}^n t_i^a\Phi_i^a$$

$$\hat{T}_2\Phi_0 \equiv \sum_{b=a+1}^\infty\sum_{a=n+1}^\infty\sum_{j=i+1}^n\sum_{i=1}^{n-1} t_{ij}^{ab}\Phi_{ij}^{ab}$$

激发算符中的系数 t_i^a, t_{ij}^{ab}, $\cdots$, 通过方程 $\hat{H}e^{\hat{T}}\Phi_0 = Ee^{\hat{T}}\Phi_0$ 确定。可以证明，当簇算符 $\hat{T}$ 包含所有 n 个电子激发时，耦合簇所得结果与 Full CI 方法结果等价。但一般采用截断近似，如只包含双电子激发 $\hat{T}_2$，此时，称为 CCD；包含 $\hat{T}_1$, $\hat{T}_2$ 称为 CCSD；包含 $\hat{T}_1$, $\hat{T}_2$, $\hat{T}_3$ 时为 CCSDT。由于 CCSDT 的计算量很大，通常在 CCSD 的基础上近似考虑考虑 $\hat{T}_3$ 的贡献，如最常用的 CCSD(T) 方法通过微扰的方式近似考虑三电子激发的贡献。耦合簇方法通常具有大小一致性，但不是变分的。

多组态自洽场方法 [multi-configuration SCF]　量子化学中的一种计算方法，主要用于在 HF 和 DFT 方法中单行列式波函数无法给出合理的参考态的时候 (如在键解离过程或分子基态与低激发能量近简并的情形)。该方法将多电子波函数表达成一组经过挑选的电子组态态函数的线性组合。与 CI 方法不同之处在于，组态态函数的线性组合系数和分子轨道的组合在计算过程中必须同时优化。MCSCF 方法可以用于基态和激发态的计算。

完全活性空间自洽场方法 [complete active space SCF method]　最常用的 MCSCF 方法。该方法将一组分子轨道 (包含占据轨道和非占据轨道) 和填充于其上的若干电子所形成的所有可能电子组态定义为活性组态空间。简记为 CASSCF(m,n)，其中 m 为电子数，n 为轨道数。CASSCF 的优点是无须手工选定电子组态，但是，一个好的 CASSCF 计算仍需对计算对象的电子结构特征有充分的理解，从而能够正确选定活化空间。

多参考态微扰方法 [multi-reference PT method]　以多个组态 (如 MCSCF) 作为参考态的多体微扰方法，如以 CASSCF 为参考组态的二级微扰和三级微扰方法分别称为 CASPT2 和 CASPT3 方法。该方法由于同时考虑了静态电子相关和动态电子相关，可以得到更精确的基态或激发态结果。

多参考态组态相互作用方法 [multi-reference CI method]　与 CI 方法不同之处在于选择多个组态作为参考态，这些被使用者选定的组态称为参考组态。激发组态在此基础上产生。因此，一般的 CI 方法有时也称为单参考态组态相互作用方法。类似于单参考态方法，常用的 MRCI 方法也有 MRDCI, MRSDCI 等。与单参考 CI 方法一样，MRCI 方法也不是大小一致性的。

多参考态耦合簇方法 [multi-reference CC method]　在多个组态作为参考态 (如 MCSCF) 的基础之上的耦合簇方法，通常 MRCC 方法主要有三类：价普适法 (valence universal approach)、态普适法 (state universal approach)、特定选择态法 (state-specific state-selective approach)。此外还有一些其他方法，如基于电子态张量积的块相关耦合簇 (BCCC)

方法等。

单激发组态相互作用方法 [configuration interaction singles method]　最简单的激发态从头计算方法，由于在组态相互作用方法中，单激发组态与 Hartree-Fock 基态正交 (无混合)，可以通过单激发组态的线性组合得到激发态波函数如下：

$$|\varPhi\rangle = \sum_{r,a} c_a^r |\varPsi_a^r\rangle$$

通过对角化求本征值的方式可以得到体系的激发态能量。

含时密度泛函理论 [time-dependent DFT]　在含时作用势 (如电场或磁场) 存在下，用于计算体系的性质或响应过程 (如激发态性质) 的密度泛函理论。在该理论中，使用含时的电子密度代替含时波函数作为基础求解含时薛定谔方程。对应于 DFT 方法中的 Hohenberg-Kohn 定理，TDDFT 中类似的定理为 Runge-Gross(RG) 定理，该定理指出，在相同的初始波函数条件下，两个不同的含时外势 $v_{\text{ext}}(\boldsymbol{r},t)$ 和 $v'_{\text{ext}}(\boldsymbol{r},t)$(相差不止一个随时间变化的常数) 影响下的含时密度 $\rho(\boldsymbol{r},t)$ 和 $\rho'(\boldsymbol{r},t)$ 最终会不同，即在含时密度和含时势之间存在一一映射关系，密度决定势函数，进而决定了波函数。类似于 DFT 方法，在 TDDFT 方法中，可以定义一个处于含时有效势中的包含非相互作用的假象体系，其对应的密度与真实体系相同，就可以得到相应的含时 Kohn-Sham(TD KS) 方程：

$$\left[-\frac{1}{2}\nabla^2 + v_{\text{KS}}(r,t)\right]\phi_i(r,t) = i\frac{\partial\phi_i(r,t)}{\partial t}, \quad \phi_i(r,0) = \phi_i(r)$$

其中 Kohn-Sham 势 $v_{\text{KS}}(r,t)$ 可以表示为外势、Hartree 势和交换–相关势之和：

$$v_{\text{KS}}(r,t) = v_{\text{ext}}(r,t) + v_{\text{H}}(r,t) + v_{\text{xc}}(r,t)$$

通过含时 Kohn-Sham 方程的求解就可以得到电子的含时密度分布。

$$\rho(r,t) = \rho_s(r,t) = \sum_i |\phi_i(r,t)|^2$$

并进一步得到真实体系性质，如激发态能量、含频响应性质和吸收光谱等。TDDFT 中的交换–相关势要比基态 DFT 中的交换–相关势要复杂得多，最简单的近似方法为绝热局域密度近似 (adiabatic local density approximation, ALDA)，也称为含时 LDA。

运动方程耦合簇方法 [equation-of-motion CC method]　基于基态耦合簇方法描述激发态的一种方法，与组态相互作用方法类似，EOM-CC 方法中，激发态可以表示为以耦合簇基态为参考的激发组态的线性组合：

$$|\varPhi_k\rangle = R^k|\varPsi_{\text{CC}}\rangle, \quad R^k = R_0 + R_1 + R_2 + \cdots = \sum_\nu c_\nu q_\nu^+ |\varPsi_{\text{CC}}\rangle$$

其中 R_n 为 n-粒子激发算符。只考虑单双激发的方法即为 EOM-CCSD，该方法由于计算量适中，精度高而得到广泛应用。

溶剂化模型 [solvent model] 用量子化学研究溶液中的分子或反应时，如果溶剂对研究的体系没有短程作用，通常使用隐含溶剂模型来模拟溶剂对体系的作用，这些模型把溶剂效应看作是溶质分子分布在具有均匀性质的连续介质中，也成称? 为反应场。常用的连续介质模型有极化连续介质模型 (polarizable continuum model, PCM)、isodensity PCM(IPCM)、self-consistent IPCM(SCIPCM)、conductor-like screening Model(COSMO)、onsager 等。

局域分子轨道 [localized molecular orbitals] 又称定域分子轨道。传统的 HF 计算得到的轨道是离域在整个分子上的 (对应的 Fock 矩阵值是对角矩阵)，称为正则分子轨道，其占据轨道和非占据轨道可以基于一定的物理判据，通过酉变换得到一组局域在原子或键上的局域轨道。常见的判据有最大化分子轨道中心距离之和 (Boys 方法)，最小化轨道总排斥能 (Edmiston-Rudenberg 方法)，最大化与 Mulliken 轨道布居数相关的和值等。

线性标度方法 [linear scaling method] 由于传统的量子化学方法的计算时间随着电子数增加而增长的标度很高 (如 HF 和 DFT 为三到四次方，MP2 和 CCSD 分别达到五次方和六次方)，出现的一些近似计算方法，目的是使得计算时间随着电子数增加而呈线性增长。这些方法一般分三类: (1) 基于第一性原理的方法，实现双电子积分的快速计算或避免 Fock 矩阵的对角化; (2) 基于局域分子轨道的方法 (也成为局域相关方法)，利用局域轨道表象下电子相关能的局域性忽略长程电子对的相关能，从而加快计算; (3) 基于分块的方法，利用分子中能量或密度矩阵的可加和性通过对一些子体系的计算获得整个体系的结果。

ONIOM 方法 [ONIOM method] 将所要研究的体系分成高 (high)、中 (medium)、低 (low) 三个不同的部分，每个部分可以使用不同的量子力学或分子力学方法处理，这一方法不需用参数表示各个区域间的相互作用。如对于一个两层的体系，总能量可以表示如下:

$$E_{onion} = E_{high(model)} + E_{low(real)} - E_{low(model)}$$

其中，real 是指实际的体系，model 是指相对较小的模型体系。

组合量子力学和分子力学方法 [combined quantum-mechanics/molecular-mechanics method] 将一个大的体系分成两个部分，其中需要精确量子计算的部分 (如化学反应或酶反应的中心) 用量子力学处理，而对其余的部分采用分子力学处理，QM/MM 方法的有效哈密顿可以表示为

$$\hat{H}_{eff} = \hat{H}_{QM} + \hat{H}_{QM/MM} + \hat{H}_{MM}$$

其中，$\hat{H}_{QM}$ 是量子力学区域的哈密顿，$\hat{H}_{QM/MM}$ 是量子力学与分子力学相互作用区域的哈密顿，$\hat{H}_{MM}$(即 V_{MM}) 是分子力学区域的势能。

相对论量子化学 [relativistic quantum chemistry] 在用量子化学方法处理含重金属元素的体系时，相对论效应将不可忽略。包含相对论效应处理的量子化学理论就成为相对论量子化学。一般而言，有两种处理方法。第一种方法是直接求解 Dirac 方程:

$$i\hbar\frac{\partial\psi(x,t)}{\partial t} = (c\alpha \cdot P + \beta mc^2)\psi(x,t)$$

但是，这种方法对计算资源的消耗极大。第二种方法是在电子的运动方程中先对动能的相对论效应加以考虑，而自旋–轨道耦合可以应用微扰方法再加以校正。

16.3 量子动力学

量子动力学 [quantum dynamics] 采用量子力学的理论和方法来描述和解释分子体系中的电子和原子核的运动，以及它们之间的能量和动量交换的学科。

反应几率 [reaction probability] 在总散射过程中能导致反应的碰撞所占的百分率。

反应共振态 [reactive resonance] 在反应途径上可能存在的势阱中或者反应途径上不具有势阱而绝热势能曲线却存在的势阱中，所产生的反应散射准束缚态。势垒上的反应共振态也称作量子瓶颈态 (quantum bottleneck state)，而绝热势能曲线的势阱中所产生的反应共振态，也被称作费什巴赫 (Feshbach) 共振态。反应共振表现为当入射粒子能量取某确定值时，散射或反应的截面迅速增大，截面值随能量的变化行为和经典物理学中熟知的共振现象一致。长寿命的反应散射共振态往往由于有效的隧穿效应所导致。

反应散射 [reactive scattering] 分子或原子碰撞之后不仅粒子的相对运动速度和内部能级发生了改变，而且化学键也发生了改变，比如分子或原子间的重新组合或分子解离，这种散射被称为反应散射。

冷分子碰撞 [cold molecular collision] 温度在 10^{-3}K 到 1K 间的分子被称为冷分子。冷分子的运动集中在势能面上的低能区。分子在低温 (10^{-3}~1K) 下发生的碰撞现象称为冷分子碰撞。

态–态反应 [state-to-state reaction] 微观上分子总是处于特定的振动、转动量子态。从具有特定量子态的反应物分子发生化学反应从而生成具有特定量子态的产物分子的过程称为态–态反应。

非绝热反应动力学 [non-adiabatic reaction dynamics] 当不同电子态的势能面的相互作用很大或发生交叉，Born-Oppenheimer 近似被打破，进行动力学研究时就必须考虑电子的运动，此时进行的化学反应过程的动力学研究即为非绝热反应动力学。

非弹性散射 [inelastic scattering] 分子或原子碰撞之后化学组成没有发生改变，但相对运动速度的大小和方向都发生了变化，伴随着内部能级发生了跃迁，则为非弹性散射。

绝热反应动力学 [adiabatic reaction dynamics] 采用 Born-Oppenheimer 近似，通过量子化学计算得到电子运动的总能量，即原子或分子间的相互作用的势能面，在此基础上进行化学反应过程的动力学研究，即为绝热反应动力学。此时不同电子态的势能面间相互作用很小 (势能面没有交叉)，其反应过程是绝热的。

振动弛豫 [vibrational relaxation] 同一电子能级内以热能量交换形式由高振动能级至低相邻振动能级间的跃迁。

振动能级再分布 [intramolecular vibrational redistribution] 多原子分子被激光激发获得能量后，能量往往集中在某一振动模式上，在一定时间之后，分子内各振动模式之间的能量会进行重新分配，通常会形成以"振动温度"为特征的能量布居的统计分布，这种振动能量重新分配过程称为振动能级再分布。

积分散射截面 [integral scattering cross section] 将空间所有散射角度的微分散射截面积分得到的散射截面。其中不包含散射方向的信息。

预离解 [predissociation] 如果分子被激发到电子激发态上，而其能量接近束缚态与离解态的交叉点的能量时，分子可能从束缚态势能面跃迁到离解态势能面，从而分子发生离解，这类现象称为预离解。

弹性散射 [elastic scattering] 微观粒子碰撞时会受到其相互作用势的影响而偏离原运动方向从而发生散射现象。分子或原子碰撞之后化学组成和内部能级都没有发生改变，相对运动速度的大小亦不变，仅相对运动速度的方向发生了变化，这种散射就被称为弹性散射。

累积反应几率 [cumulative reaction probability] 在分子碰撞过程中，在一定的碰撞能下，从所有可能的初态到所有可能的末态的反应几率的总和。它包括了所有可能的量子态以及散射角度的反应几率。

散射截面 [scattering cross section] 又称碰撞截面。一种运动的微观粒子 (或粒子系统) 与另一种相对静止的微观粒子 (或粒子系统) 发生碰撞，在单位时间内，通过垂直于相对运动方向的单位面积上发生碰撞的总几率。它的量纲为面积。

碰撞截面 [collision cross section] 即散射截面。

量子波包法 [quantum wave packet method] 波包是一组不同波长的平面波在空间的一个小区域内的叠加。应用含时薛定谔方程，研究波包在特定势能作用下随着时间演化的方法就是量子波包法。

量子统计力学模型 [quantum statistical mechanics model] 在坐标表象中，系统所处的动力学状态 (或量子态) 由波函数确定。量子统计力学模型是用来研究系统所处的量子态的统计模型，它采用态矢量 $|\psi\rangle$ 描述和确定系统的状态，其系综是大量处于相同的宏观条件下、性质完全相同并各自独立的系统的集合，并认为量子统计系统遵从统计规律性，即在一定宏观条件下，某一时刻系统以一定的几率处于某一量子态；系统的宏观量是相应的微观量对系统可能的各种量子态的统计平均值。

量子隧穿效应 [quantum tunneling effect] 粒子能穿过比它的能量更高的势垒的现象。它由粒子的波动性所致，是一种量子效应。

微分散射截面 [differential scattering cross section] 描述微观粒子散射几率的一个物理量。散射中，空间某特定方向单位立体角内的散射截面变化率称为微分散射截面，其中既包含了产物散射的数量也包含了产物散射的方向，是反应动力学中最精细的动力学参量。

漫游反应 [roaming reaction] 单分子解离反应的第三种可能路径，另外两种分别为过渡态理论和键均裂假设。在单分子解离过程中，对于处于高振动激发态的分子，由于化学键两端所连基团 (自由基) 的相对运动 (振、转) 而导致其松弛、弱化、断裂，然而由于能量低于解离能，在经过一段时间的漫游之后，生成的自由基会重新靠拢并在分子内部发生原子迁移，因此产生新的单分子解离通道，得到具有较高振动激发态产物分子。

16.4 分子模拟

分子模拟的统计力学基础 [statistical mechanics underlying molecular simulations] 利用理论方法与计算技术，模拟分子及分子聚集体中大量粒子运动的微观行为，广泛应用于化学，分子生物学和材料科学等领域。分子模拟的目标是研究复杂多粒子体系的性质，然而，很多在单次模拟计算中预测的物理量 (如原子或分子的瞬时位置与速度) 并非真正对应于实验可观测的量。一般实验测量得到的性质，如温度、压力等实际上是体系的平均性质。因此，分子模拟的基础是统计力学，用于构架起宏观体系的可观测性质 (热容量、温度、焓、自由能、状态方程等) 与 (由量子力学或者经典力学计算的) 微观动力学之间的桥梁。

蒙特卡洛模拟 [Monte Carlo simulation] 原理是当问题或对象本身具有概率特征时，可以用计算机模拟的方法设定随机过程，产生抽样结果，根据抽样计算统计量或者参数的值；随着模拟次数的增多，预测精度也逐渐增高，可以通过对各次统计量或参数的估计值求平均的方法得到模拟结果。蒙特卡洛方法的名字来源于欧洲摩洛哥赌城蒙特卡洛，与其使用随机数序列有关，最早是 1953 年美国物理学家 Metropolis 提出来的重要性抽样方法 (importance sampling)。与最简单的蒙特卡洛方法 — 随机抽样不同，Metropolis 重要性抽样方法构造了一个重要性权重的随机行走，偏向于探测微观态相空间中统计上重要的区域。构造随机行走的方式有很多种，例如 Metropolis 等人设计的随机行走是依据访问某一特定点 r^N 的概率正比于玻尔兹曼因子 $\exp[-\beta U(r^N)]$。一个蒙特卡洛循环中的具体步骤如下：(1) 随机选择一个粒子或微观态，计算其能量 $U(r^N)$；(2) 给该粒子一个随机位移，得到一个新的尝试构型 $r' = r + \Delta$，并计算其新能量；(3) 根据玻尔兹曼因子 $\exp[-\beta[U(r'^N) - U(r^N)]]$ 决定接受新尝试构型的概率。蒙特卡洛模拟不仅可以用来研究经典的分子集合，也可以研究量子系统以及晶格模型。蒙特卡洛模拟法还广泛应用于模拟其他复杂系统，计算积分，仿真实验，求解工程技术问题，寻求系统最优参数等。然而，蒙特卡洛模拟不对应于真实的动力学，不能直接获得依赖于时间的动力学信息。

分子动力学 [molecular dynamics method] 一种基于时间演化的分子模拟方法。主要是依靠牛顿力学来模拟多粒子体系中粒子的运动，通过对运动轨迹的分析，研究多体系统的平衡和传递性质，计算体系的热力学量和其他宏观性质。在很多方面，分子动力学模拟都与真实的实验相似。分子动力学模拟的基本步骤为：(1) 体系初始化，确定粒子的初始位置与初始速度。分子的起始构型通常来自实验数据或量子化学计算。体系中的各粒子的初始速度则根据玻尔兹曼分布随机生成。(2) 计算作用于所有粒子上的力。势能或力的计算可以采用分子力学方法，也可以采用量子力学方法，后者被称为从头算分子动力学。(3) 求解牛顿运动方程，为下一个时间步长模拟提供各粒子的位置与加速度。不断循环第 (2) 步和第 (3) 步，直至计算模拟体系的演化达到指定的时间长度，收集模拟轨迹，从而计算测定量的时间平均。

温度恒定系综模拟的控温算法 [methods for controlling the temperature in constant temperature ensembles] 分子动力学模拟中的时间平均等价于微正则 (NVE) 的系综平均，对应于粒子数、体积、能量恒定的系综。要将分子动力学模拟应用于其他系综，如正则系综或恒 NPT 系综，我们需要控制模拟体系的温度保持恒定。从统计力学的观点，通过将体系与一个巨大的热浴进行热接触，我们可以

保持温度的恒定。在一个有限体系的正则系综中，瞬时动力学温度 T_k 将会波动。因此，简单的速度标定方法和等动能分子动力学方法并未模拟真正的恒温系综。最初，控制模拟中体系温度的方法主要是通过直接标度速度的方法，即在模拟中将粒子的速度乘一个因子，使体系的温度在某一数值附近波动。这种标度速度的方法可以有效地控制体系的温度，但事实上它给出的并不是严格的正则系综下体系的运动行为。

控制系综压力恒定的算法 [method for controlling the constant pressure] 有些体系的模拟需要保持系统压力恒定，如敞开容器中溶液的反应和热运动，或者敞开环境中的晶体。模拟这些体系，微正则系综 (NVE) 和正则系综 (NVT) 就不再适合，而应选择能够保持恒定压力的系综，如等温等压系综 (NPT)，或者等压等焓系综 (NPH)。类似于正则系综 (NVT) 的温度控制 (thermostat)，恒压系综需要对系统压力进行控制 (barostat)。控温和控压在很多方面都有相似点。化学反应常常在恒温恒压条件下进行，因此，对于化学反应的分子模拟经常采用 NPT 系综。在分子模拟中，通过改变分子内张力来控制压力。在所有控压方法中，改变分子内张力的本质就是改变粒子间距离 (粒子位置，亦可以看作是体积)。而控温则是通过改变粒子的运动速度，进而改变体系的内动能来实现。控压方法根据控制压力的程度和方式可分为强关联方法、弱关联方法和扩展体系方法；也可根据控压的方向性，分为各向同性控压和各向异性控压。常见的控压方法有 (但不限于)：Berendsen 方法、Andersen 方法和 Parrinello-Rahman 方法。与常用的控温方法相对比，控压的 Andersen 方法思路上类似于控温的 Nosé-Hoover 方法，而 Parrinello-Rahman 方法则是对 Andersen 方法在各向异性控压方面的改进。

分子力学 [molecular mechanics] 运用绝热近似可以把电子与原子核的运动区分开来。分子被看作是由一系列原子或原子团抽象成的质点组成，即把一个复杂的分子用在有效势场中运动的质点群体系来描述。分子力学和分子动力学运用经典质点力学的方法描述原子核的运动，原子在分子势场中相互联系、相互制约。势场还常常被进一步简化为保守场。保守力与原子运动的路线与速度无关，仅由原子的相对位置决定，即分子势场是原子坐标的函数，不显含时间。在常温下和不涉及到氢原子的具体行为时，应用经典力学定律就可以得到足够满意的精度。

分子力学的能量包括键合与非键相互作用。键合部分对能量的贡献包括化学键的伸缩 (两体力)、键角的弯曲 (三体力)、键的扭曲或围绕化学键的旋转 (四体力) 等；而非键连部分的贡献包括范德瓦耳斯 (van der Waals) 作用力 (非键合原子间相互作用)、静电力。分子力学的另一个重要假设是力场参数的可迁移性，可以从实验数据或从头算电子结构理论的

计算结果来拟合力场参数。最终得到的力场参数应该能够重现实验观测到的一些热力学性质。

可极化分子力场 [polarizable force fields]　传统分子力场在描述粒子间静电相互作用时，采用固定的原子电荷或偶极矩，无法描述出周围介质和粒子产生的瞬时极化作用。逐渐地人们开始探索尝试将溶剂等环境介质对各粒子的瞬时极化作用引入到通用的分子力场模型中，称为可极化分子力场。可极化分子力场模型主要包括三类。一类是诱导偶 (多) 极模型、引入谐振弹簧势的"哑铃 Drude"模型，通过诱导偶极或带电粒子来处理原子周围的电荷密度的局域变化；另一类模型称为浮动电荷方法，该方法利用电负性 (或电荷) 均衡原理获得随极化而动态变化的原子电荷；第三类极化模型基于半经验或从头算的量子化学计算，获得随构象环境而不断改变的动态静电参数 (电荷或偶极矩)，用于分子力学中静电相互作用能的计算。可极化力场已被成功地用于描述纯水溶液以及一些生物分子的构象。

粗粒化模型 [coarse-grained method]　对于分子或分子聚集体，如果分子力场是以其中每个原子为基本组成单元，没有再引入其他简化或近似时叫作全原子 (all atom) 模型。全原子模型在模拟介观尺度体系的结构和动力学方面具有局限性。如果将分子模拟从原子尺度拓展到介观尺度，目前多采用"粗粒化"方法，即将分子中的某个结构单元 (如，肽链上的一个氨基酸片段，或溶液中的溶剂分子簇) 用一个粗粒化的"原子"来代替，大大减少系统的自由度，从而缩减计算量，可实现更长时间尺度下复杂体系的分子模拟。粗粒化的分子力场参数由全原子模拟的结果和实验数据拟合得到。若干粗粒化模型已被成功地应用于模拟生物大分子的动力学过程与高分子溶液中的相分离等现象。相对于全原子力场，粗粒化模型的力场允许采取较大的时间步长 (10～50fs)，同时由于系统自由度的大大减少，使分子模拟达能够到 10s 时间量级。

耗散粒子动力学 [dissipative particle dynamics]　对于具有动态、流变性质的液相体系的一种介观模拟方法。最先由 Hoogerbrugge 和 Koelman 提出，之后被 Espanol 公式化，并做了细微的修改，以保证适当的热平衡态。耗散粒子动力学模型中，粒子代表整个分子或流体的区域，而不是单个原子的，并且原子的细节被认为与过程无关。因此，耗散粒子动力学本质上是一种粗粒化模型。粒子自身的自由度被整合，并且由一对简化的耗散的及无规则的力所取代，以此来保证动量守恒，并且保证正确的流体动力学行为。针对体系中任意两个粒子 i 和 j，作用在粒子 i 上的力可以当作是所有其他的粒子 j 对 i 作用力的总和，具体地划分为三种成对的力，分别是保守力、耗散力及随机力。

从头算分子动力学 [ab initio molecular dynamics]　Car 和 Parrinello 在传统的分子动力学中引入了电子的虚拟动力学，把电子和核的自由度作统一的考虑，首次把密度泛函理论与分子动力学有机地结合起来，发展了 Car-Parrinello 从头计算分子动力学方法，使基于局域密度泛函理论的第一原理计算直接用于统计力学模拟成为可能。从头计算分子动力学方法在液体结构、化学反应、电子转移、超快蛋白质折叠、工业和生物催化剂以及材料学等研究领域得到广泛应用。

多尺度模拟 [multiscale simulation]　化学中广泛存在的多尺度现象贯穿微观原子尺度到宏观热力学或动力学。多尺度问题广泛出现于材料科学与工程、资源环境、物理力学、化学化工、工业过程等领域，急需发展相应的多尺度模型。

按照所模拟体系的尺度划分，现有的理论研究有四个层次：(1) 原子与分子体系的电子结构理论，可描述的空间尺度为 $10^{-11} \sim 10^{-8}$m，时间尺度为 $10^{-16} \sim 10^{-12}$s。目前人们普遍采用基于第一性原理的量子化学计算；(2) 分子和分子聚集体的全原子模拟 (空间尺度 $10^{-9} \sim 10^{-6}$m，时间尺度 $10^{-13} \sim 10^{-10}$s)，主要利用基于分子力学的分子动力学和蒙特-卡洛模拟；(3) 介观尺度模拟 (空间尺度 $10^{-6} \sim 10^{-3}$m，时间尺度 $10^{-10} \sim 10^{-6}$s)，一般采用"粗粒化"方法大幅度地削减计算量；(4) 宏观尺度模拟 (如连续介质或有限元方法等)。有机地将上述各种不同尺度的计算模拟方法进行耦合而得到的多尺度模拟方法在材料科学与工程、资源环境、生物、物理、化学化工等领域中将扮演愈发重要的角色。

自由能计算方法 [calculation methods of free energy]　在一个热力学过程中，自由能是反映系统减少的内能中可以转化为对外做功的热力学量，可分为亥姆霍兹自由能和吉布斯自由能。在分子模拟中，自由能的计算方法主要可以分为三类。第一类方法包括自由能微扰 (free energy perturbation) 方法和热力学积分 (thermodynamic integration) 方法。这类方法最为经典，并被广泛使用。自由能微扰方法的基本思想是从一个已知体系出发，通过一系列微小的变化逐渐转变为另一个体系，在每一个变化步骤做分子动力学模拟，把每一步的体系势能代入相应的公式中，就可以得到两步之间的自由能变化，把所有的自由能变化加起来，就得到两个体系之间的自由能变化。第二类方法包括一系列基于经验方程的计算方法。这类方法把结合自由能分解为不同的相互作用能量项，通过一组训练集并利用统计方法来得到自由能计算的经验公式。第三类方法是近几年发展起来的基于分子动力学采样的自由能预测方法，其中线性相互作用能的自由能计算方法来源于非平衡态统计物理学中的线性响应理论，把自由能分解为极性和非极性的贡献。

扩散系数 [diffusion coefficients]　反映气体 (或固

体) 扩散程度的物理量，是物质的物理性质之一。根据斐克 (Fick) 定律，扩散系数是沿扩散方向，在单位时间每单位浓度梯度的条件下，垂直通过单位面积所扩散某物质的质量或摩尔数。

(药物设计中的) 分子对接算法 [molecular docking method]　分子模拟的重要方法之一，其本质是两个或多个分子之间的识别过程，其过程涉及分子之间的空间匹配和能量匹配。分子对接方法在药物设计、材料设计等领域有广泛的应用。分子对接依据配体与受体作用的"锁 - 钥原理"(lock and key principle)，模拟小分子配体与受体生物大分子相互作用。配体与受体相互作用是分子识别的过程，主要包括静电作用、氢键作用、疏水作用、范德瓦耳斯作用等。通过计算，可以预测两者间的结合模式和亲和力，从而进行药物的虚拟筛选。

序参量 [order parameter]　一个特定的热力学参量，也是温度和压强 (或其他热力学参量) 的单值函数。在某特定外场下 (如超导或超流处于涡旋态) 可写为空间坐标的函数。序参量的引入是朗道对热力学理论的重要贡献。它是建立朗道相变理论的基本参量，它直接反映系统在连续相变前后的对称性破缺。序参量为零对应系统处于高对称性有序度低的无序相。而在临界温度以下，序参量描述低对称高有序度的有序相。从临界温度 T_c 开始，随温度下降，序参量的数值将从零变化到非零值。序参量也和其他热力学参量一样反映不同系统的内部特性。或者说，当对称性破缺时，需要额外引入一个或更多的变量来描述系统的态。

流体性质的模拟 [simulation of fluid]　根据流体性质的不同，采用不同的力学模型，产生理想流体动力学、粘性流体动力学、不可压缩流体动力学、可压缩流体动力学和非牛顿流体力学等。描述流体的方法有两种，即拉格朗日方法和欧拉方法。拉格朗日方法着眼于流体质点，设法描述出每个流体质点自始至终的运动过程，即它们的位置随时间变化的规律。如果知道了所有流体质点的运动规律，那么整个流体的运动状况也就知道了。欧拉方法着眼点不是流体质点，而是空间点，设法在空间中的每一点上描述出流体运动随时间的变化状况。对于复杂流体，这些流体运动方程的数值模拟可以采用蒙特卡罗方法或分子动力学方法，得到其热力学或动力学性质的统计平均值。

16.5　固体表面化学物理与物理化学

表面化学物理与物理化学 [surface chemical physics and physical chemistry]　在原子分子的尺度上研究两相之间界面的组成、结构和性质，研究界面上发生的吸附作用，化学反应及与化学反应密切相关的物理过程。两相之间的界面通常包括一到若干个原子或分子层的厚度，常作为界面相 (或表面相) 来处理。界面可分为气–液、液–液、固–气、固–液、固–固及固–真空等。在热力学平衡条件下，界面相处于平衡状态。处于界面上的原子、分子具有不同于体相的特殊环境，因而表现出独特的物理化学性质。

固体表面的微观形貌 [micro-morphology of solid surface]　固体表面在原子水平上通常是不均匀的，具有平台、台阶、扭折、表面空位和附加原子 (离子) 等。表面上这些不同的部位处于动态平衡之中，且在吸附作用和表面反应中往往表现出不同的功能。

固体表面的驰豫与重构 [relaxation and reconstruction of solid surface]　固体表面结构并不是刚性的，而是处于动态平衡之中。表面上有两种重要的结构变化，即表面驰豫与表面重构。表面驰豫作用表现为表面原子相对于体相原子位置作垂直于表面的上下移动，使表面原子层之间的距离偏离体相原子层间距，有的情况下会同时形成折皱的周期起伏表面。表面驰豫现象往往深入体相几个原子层。表面原子排列密度较低时，发生表面驰豫使层间距收缩的现象更为明显。表面重构是表面的二维结构不同于体相原子周期性排布在表面投影的现象。由于表面原子处于各相异性的环境，与体相原子相比有较少的近邻，处于表面自由能较高的状态，为了形成较为稳定的结构，重构了原子的排列方式。化学吸附可以诱导表面驰豫及表面重构。

固体表面结构的标记 [structure notation of solid surface]　许多固体表面的微观结构具有二维周期性点阵排布，其单胞基向量为 a_s，b_s。为标记该表面结构，常以体相三维点阵中某个晶面 (如 (hkl) 面) 在表面方向的投影为基准，该投影也是二维周期性点阵，其单胞基向量为 a，b。

(1) 伍德 (Wood) 标记法：当 a_s，b_s 与 a，b 的方向和大小完全相同时，则表面结构与底物结构相同。当 a_s，b_s 与 a，b 的方向相同，但大小分别扩大了 m 倍及 n 倍时，即 $\frac{|a_s|}{|a|} = m$，$\frac{|b_s|}{|b|} = n$，则用 $(m \times n)$ 表示。表面结构的 Wood 标记法完整的形式为：R(hkl)-P(或 C)($m \times n$)-α-D，其中 R 代表体相物质的种类，如 Pt, W, Si 等；P 代表表面结构是原始格子，P 可以省略。如 Si(111)-(2×1) 表示一个重构的 Si(111) 表面，单胞不带心。C 代表表面结构单胞是带心的，如：Ni(110)-C(2×2)。Wood 标记法适用于 a_s，b_s 的夹角与底物单胞向量 a，b 的夹角相等的情况。如果夹角相等但方向不同，则以 α 代表表面单胞相对于底物单胞转过的角度，α=0 时可以省略。D 代表表面吸附物，如 W(100)-(4×1)-($CO+O_2$) 表示吸附在 W(100) 表面的 CO 和 O_2 构成一个 (4×1) 的表面结构。

(2) 矩阵标记法：当 $a_s = m_{11}a + m_{12}b$，$b_s = m_{21}a + m_{22}b$

时，$\begin{pmatrix} a_s \\ b_s \end{pmatrix} = \begin{pmatrix} m_{11} & m_{12} \\ m_{21} & m_{22} \end{pmatrix} \begin{pmatrix} a \\ b \end{pmatrix}$ 表面结构可用转换

矩阵标记为：R(hkl)-$\begin{pmatrix} m_{11} & m_{12} \\ m_{21} & m_{22} \end{pmatrix}$-D。矩阵标记法可以用

在 a_s 与 a、b_s 与 b 方向不同，$\angle a_s b_s$ 夹角不等于 $\angle ab$ 夹角的情况。

(3) 对于有平台–台阶–扭折的表面，有一种标记方法为：
R(s)-$[m(hkl) + n(h'k'l')] - [uvw]$。

R 代表平台表面的物质名称，S 表示是台阶结构，(hkl) 是平台的晶面指数，m 是平台宽度，即有 m 个原子列。$(h'k'l')$ 是台阶面的晶面指数，n 为台阶的原子层数 (台阶高)，$[uvw]$ 为平台面与台阶面相交处原子列的方向。

晶体表面结构的周期性和对称性 [periodicity and symmetry of surface structure]   晶体表面具有二维周期性点阵结构，并由平行四边形的单位晶胞构成，平行四边形的每个顶点都是点阵点。平行四边形的二边为单胞的基向量 a、b，其夹角为 r。a、b、r 三个参量称为 "点阵参数"，平行四边形的对角线 T 称为平移向量：$T = a + b$。

(1) 按点阵参数的不同，存在五种二维布拉维点阵：

点阵名称	斜方 (mp)	长方 (op)	带心长方 (oc)	四方 (tp)	六方 (hp)
点阵参数	$a \neq b$	$a \neq b$	$a \neq b$	$a = b$	$a = b$
间的关系	$r \neq 90°$	$r = 90°$	$r = 90°$	$r = 90°$	$r = 120°$
点群	1, 2	$1m$	$2mm$	4, $4mm$	3, $3m$, 6, $6mm$

(2) 十个二维点群：二维晶体表面结构的点对称元素 (即宏观对称元素) 适当的组合，可得到十种二维点群，这十种二维点群的国际附号是：1, $1m$, 2, $2mm$, 3, $3m$, 4, $4mm$, 6, $6mm$。其中 1, 2, 3, 4, 6 代表五种对称旋转轴的轴次，m 代表与 "反映" 对称操作相关的对称元素 "镜线"，第二个 m 是当有偶数旋转轴时存在的另外一些镜线。

(3) 十七个二维空间群：所有二维表面结构的宏观对称元素和微观对称元素 (平移向量和滑移线) 允许的组合，可以得到 17 个二维空间群。

固体的表面张力与表面自由能 [surface tension and free energy of solid]   要增加固体的表面积，需将固体或液体体相中的原子带到表面并且要移动原有表面原子以容纳新表面原子。在恒温恒压的平衡条件下，当增加新表面积 dA 时，需要提供的可逆表面功为：$\delta W^s (T, P) = \gamma dA$。在此 γ 代表表面张力。表面张力具有方向性：它总是平行于表面。表面张力 (γ) 的单位是 N·m^{-1}，它与另一个常用单位 (J·m^{-2}) 是等价的。因此表面张力可以看作是沿着表面的一个压力，它阻止形成新的表面。对于许多金属，其表面张力与金属的升华热 (ΔH_{subl}) 之间具有较好的实验相关性：$\gamma \approx 0.16 \Delta H_{subl}$。金属、金属氧化物、金属盐的表面张力大小可以有几倍甚至数量级上的差别。具有低表面张力的固体或液体只需较少的能量就可形成新的表面。对于一个单组分体系，表面张力等于比表面自由能 (单位表面积的自由能)。对于多组分体系，表面张力的变化与温度和化学势的变化相关。在恒温时：$(\partial \gamma / \partial \mu_i)_{T, \mu j} = -\Gamma_i$；在恒定化学势时：$(\partial \gamma / \partial T)_{\mu i} = -S^s$。表明表面张力可因表面吸附及其吸附物种的浓度变化而变化；也与比表面熵 (单位表面积的熵) 的变化有关。

表面偏析 [surface segregation]   在一个多组分固体的表面上，用俄歇电子能谱 (AES)、离子散射谱 (ISS) 等实验方法，可观测到某一组分的表面浓度不同于其体相浓度，这种现象称之为表面偏析。如果某组分的表面浓度高于其体相浓度，为正偏析 (又称表面富集或表面吸附)。在合金表面常出现偏析现象。发生表面偏析现象的驱动力是降低表面自由能，使体系趋于更加稳定。组成体系的各组分之间表面张力相差越大，则表面张力较低组分的偏析作用就越显著。表面偏析与体系温度有关，高温时，偏析现象明显减弱。多组分溶液表面的偏析现象更多地被称为吸附作用，在含有表面活性剂的溶液中，这种现象更为突出。吉布斯 (Gibbs) 吸附等温式描述等温条件下，表面超量 (表面吸附量) 与表面张力 σ 及该组分在体相中的活度 a_i 的关系：$\Gamma_i = -\dfrac{1}{RT} \left(\dfrac{\partial \sigma}{\partial \ln a_i} \right)_T = -\dfrac{a_i}{RT} \left(\dfrac{\partial \sigma}{\partial a_i} \right)_T$，其中单位面积的表面相中 i 组分的量为 $\dfrac{n_i^{\sigma}}{A} = \Gamma_i$，称为表面超量，$A$ 是表面积。多组分体系中，i 组分的总量为 n_i，在体相的量为 n_i^b，在表面相中的量为 n_i^{σ}，与之相平衡的若为气相，气相中 i 组分的含量可以忽略不计，则 $n_i = n_i^b + n_i^{\sigma}$。在浓度很小时，可以用浓度 c 代替活度 a，当 $\left(\dfrac{\partial \sigma}{\partial a_i} \right)_T > 0$ 时，$\Gamma_i < 0$ 称为负偏析 (又称负吸附)。吉布斯吸附公式也适用于液–气界面的偏析作用 (吸附作用)。

固体表面的拉普拉斯公式 [Laplace equations of solid surface]   由于表面张力的存在，平衡晶体内外有压力差 Δp。根据热力学关系式及结晶学中的居里–吴尔弗 (Curie-Wulff) 原理可以获得用于固体表面的拉普拉斯公式：$\dfrac{\Delta P}{2} = \dfrac{\sigma_1}{h_1} = \dfrac{\sigma_2}{h_2} = \cdots = \dfrac{\sigma_i}{h_i}$，其中 σ_i 是第 i 个晶面的表面张力，h_i 是从体积一定的某个晶体中心到第 i 个晶面的距离。晶粒越小，内外压差越大。

固体表面的开尔文公式 [Kelvin equations of solid surface]   晶粒在某溶剂中的溶解度与晶粒大小及表面张力之间的关系服从开尔文公式：$RT \ln \dfrac{S}{S_0} = \dfrac{2\sigma_i}{h_i} V_m$，$S_0$ 是温度 T 时大块晶体的溶解度，S 是温度 T 时粒径为 h_i 的晶粒的溶解度。V_m 是晶粒的摩尔体积。粒子越小 (h_i 越小)，溶解度越大。液体表面蒸气压与表面张力及液滴大小的关系也服

从开尔文公式。

表面原子振动 [vibration of surface atom]   固体表面原子在平衡位置附近发生热振动。表面原子的近邻少于体相原子,所以表面原子的振动力常数 K 小于体相原子,表面原子的方均振幅 $\langle x^2 \rangle$ 比体相原子大。如果把晶体和表面都看成弹性连续介质,振动势能 $V = \psi K \langle x^2 \rangle$,根据能量均分原理,振动自由度的平均势能为 ψkT (k 是玻兹曼常数),则 $\psi kT = \psi K \langle x^2 \rangle$,故 $\langle x^2 \rangle = kT/K$。解振动方程可以得到 $K = m\omega^2$。其中 m 是振子的质量,ω 是振动角频率。温度升高时,表面原子的方均振幅增加得比体相原子的快。实际上表面原子的振动存在着非谐性,温度升高时,表面原子的方均振幅 $\langle x^2 \rangle$ 加大的同时,振幅的不对称性也更为明显,使表面原子间距拉大。高分辨电子能量损失谱 (HREELS) 可以提供有关表面原子振动的信息。

表面扩散 [surface diffusion]   当振动原子的能量足够高时,表面原子就会离开平衡位置发生迁移,这就是表面扩散作用。表面扩散的实体可以是原子、分子、离子或小的原子团簇,最容易发生扩散作用的是表面的吸附原子。此外,当表面原子扩散到达表面空位时,使空位复合,而在另一个位置上产生新的空位,相当于空位发生了扩散。表面原子的扩散不超过一个原子距离的,称定域扩散,当吸附原子的能量足够大,但仍小于蒸发所需能量时,有可能越过近邻原子顶部,到达原子间距大得多的另一个平衡位置,称非定域扩散。与表面扩散相关的重要现象是吸附物种的溢流 (spillover),对于分散在氧化物上的金属岛,分子可以在第一个相 (金属) 上发生吸附,然后扩散到第二个相 (氧化物) 上,发生表面反应或者直接脱附,这一过程称为溢流,是一类快速的表面扩散过程。

表面电位 (电势) 及表面双电层 [surface electronic potential and electronic double layer]   固体表面的荷电现象会导致双电层的形成。双电层的存在显著地影响表面的电极电位,电动现象,吸附性能,表面化学反应过程中电子转移的速度以及可利用电子的数目。

(1) 对于固 – 气界面,在金属、半导体或绝缘体的表面,都有可能因外来吸附物 (例如氧) 具有获取电子的能力而使表面带负电。当有吸附物 (如氢、一氧化碳) 具备给出电子的能力,则使表面带正电,于是在固体体相一侧靠近表面的区域出现相反的电荷,形成空间电荷区,即双电层。在固体 - 真空的界面上表面原子也可能因自身电离而使表面带电。在金属表面的双电层往往只局限于 1~2 个原子层,在半导体和绝缘体表面的空间电荷区可达数十到数百个原子层。体相自由载流子浓度越大,空间电荷区深入体相的距离越小。离开表面垂直距离 X 处的电位 φ 与 X 的关系,可以用泊松方程来描述。空间电荷区的电荷密度、电场强度、作用距离、电子与空穴在表面与体相之间的传递速度等与固体的能带结构,费米能级 E_F,体相自由载流子浓度,体相正负离子浓度,吸附物种的性质及固体的介电常数有关。

(2) 对于固 – 液界面,产生双电层的原因是:(1) 固体表面组分或溶液中某组分的电离作用,(2) 溶液中离子与表面组分中不同价态离子的交换作用;(3) 表面吸附了某种离子。由于带相反电荷的离子在受到固体表面电荷吸引的同时,还因热运动而具有向溶液中扩散的趋势,双电层不呈简单的平行板模型。双电层中相反电荷离子的密度随着离开固体表面的距离 X 增加而减小,直至与本体溶液中反离子密度相同为止。双电层中紧靠固体表面的一薄层称紧密层,约一至若干个分子层厚,其中包括紧密吸附在固体表面的离子及一部分参与溶剂化的溶剂分子。紧密层以外为扩散层。在紧密层中电位从表面电位 φ 随距离线性下降至紧密层边缘的 φ_d。在扩散层中,随着离开表面距离的增加,电位从 φ_d 逐渐降低,直至扩散层边缘处为 φ_0,与本体溶液一致。在电场中当固体表面与液相作相对运动时 (如电泳,电渗),紧密层随着固体表面一起移动。发生滑移的切动面并不与紧密层边界相重合,而是在向扩散层方向深入一点的位置。切动面的这一位移是由于反号离子的溶剂化作用造成的。切动面上的电位称 Zeta (ξ) 电位,又称电动电位。取决于表面带正电或负电,ξ 电位略低或略高于 φ_d。ξ 电位及扩散双电层的厚度随着溶液中电解质浓度与离子的电荷而改变。在金属电极与电解质溶液界面处的双电层也有类似的结构,金属表面电位 φ_0 称电极电位,它与溶液中离子的活度及温度有关,可以根据能斯特 (Nernst) 公式计算。

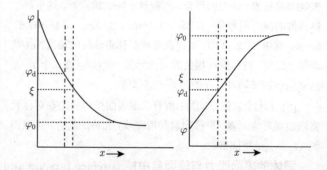

高聚物表面与生物界面 [polymer surface and bio-interface]   高聚物是由共价键相连的重复结构单元所构成的大分子。体相的高聚物材料含有多重交织或互联的链,而每条链可以具有多重分支。高聚物的物理化学性质以及生物学特性由聚合单体的化学特性以及链中单体的聚合规整度决定。高聚物材料的表面性质,诸如润湿性、摩擦性、粘附性和生物兼容性在许多应用中起着关键作用。对于高聚物材料,聚合物链组成与结构的微小改变可以导致表面化学与机械性质的显著变化而其体相性质则无明显变化。与晶体表面相比,高聚物表面具有更高的柔变性，因而对于不同的界面 (高聚物 – 气体、液体、固体)，可以导致不同的表面结构和相互作用。化学环境和机械扰动可以引起高聚物表面结构与组成的变化。通过与亲水表面的接触，高聚物链的亲水基团将迁移至界面上，而其迁移速率取决于高聚物表面的柔变性。生物界面的重要研究课题是通过高聚物表面化学性质的调变来控制生物分子 (蛋白质、细胞) 的吸附：包括蛋白质 – 表面不同键合作用、高聚物表面的结构效应对蛋白质吸附的影响以及吸附生物分子的表面取向和结构形态。通过与体液接触，在高聚物表面上由蛋白质吸附可引发一系列复杂的生物分子吸附。蛋白质吸附可以改变高聚物的表面结构，吸附的蛋白质结构与它在溶液中的自身结构可以迥然不同。这一蛋白质的结构变化可以导致后续的细胞吸附以及相应的刺激性反应。理解蛋白质 – 表面相互作用对于设计生物兼容性的高聚物表面具有重要意义。

16.6 催化化学与物理

催化剂与催化反应 [catalysts and catalytic reactions]　催化剂是能够改变化学反应速度而本身在反应过程中几乎不消耗的物质。均相催化一般为液体酸碱催化或络合催化反应，催化剂与反应物及产物处于同一状态 (例如液态)。酶催化即生物催化，如生产酒精的发酵过程就是一个酶催化过程，酶是一种具有生理活性的蛋白质。工业上，约 80% 的化学反应使用催化剂。多相催化的优点是反应物及产物容易与催化剂分离，故在化工生产中广泛应用。在催化反应中，催化剂在反应前后虽然没有消耗，但却积极地参与了反应，与反应物及产物发生了相互作用，并改变了反应的途径，使得需要的反应加快，而抑制不需要的副反应，故催化剂还能够改变反应的选择性。多相催化反应一般发生在固体催化剂表面的活性中心上，由包含表面吸附、脱附及表面反应等基元步骤组成，这些基元反应构成催化反应循环，即活性中心在吸附过程中被覆盖，而在脱附过程中复原。

金属催化剂 [metal catalysts]　处于金属态的过渡金属元素大都具有催化性能，一般用于加氢与脱氢催化反应。工业上的加氢反应很多，例如金属铁用于 N_2 与 H_2 反应合成氨，金属镍与铂用于烯烃加氢生成烷烃，金属钯用于乙炔加氢生成乙烯，金属铜用于 CO 加氢合成甲醇，金属钌上 CO 加氢生成柴油等。工业上的脱氢反应也较多，例如，醇在金属铜上脱氢生成醛或酮，长链烷烃在铂–锡合金上脱氢生成相应的烯烃等。过渡金属的催化性能与它们的晶面及 d 轨道有关，分别称为几何效应与电子效应。现代表面科学使用单晶在超高真空条件下得到的实验结果已经清楚地表明了金属晶面对催化反应的影响，例如在氨合成反应中，Fe 的 (111) 晶面比其他晶面的活性高得多。钾常常作为助剂加入到金属催化剂中，吸附量热技术表明，在金属镍中加入钾使得 CO 的吸附热大幅度提高，即 CO 与金属镍之间的表面吸附键强度加强，这是由于加入的钾具有给电子性，提高了镍 d 轨道中的电子密度，增大了镍 d 轨道向 CO 反键 π 分子轨道中的电子反馈，在增强 Ni—C 吸附键的同时，削弱了吸附 CO 中的 C≡O 键。常常通过使用载体、加入助剂及形成合金改变表面金属原子的排列方式与电子结构，从而改变金属催化剂的催化性能。载体的作用不仅在于分散金属，提高暴露在表面上的金属原子的数量，而且存在着金属–载体的强相互作用 (即 SMSI)。一般认为，在晶格缺陷、晶粒棱角等处的配位不饱和金属原子的催化活性特别高，而提高金属的分散度、即减小金属颗粒的尺度能够提供更多的配位不饱和原子，从而提高金属催化剂的活性。除了担载的金属催化剂外，还有骨架金属催化剂与非晶态金属催化剂。典型的骨架金属催化剂是雷尼镍，它是通过溶解镍 – 铝合金中的铝而得到的多孔性金属镍，具有较高的比表面积。据说非晶态合金具有更多的配位不饱和原子，因而可能具有更高的催化活性。某些金属催化剂也用于氧化反应，在催化氧化反应过程中发生价态的变化，例如金用于将 CO 氧化为 CO_2，钯用于将乙烯氧化为乙醛，银用于将乙烯氧化为环氧乙烷等。

金属氧化物催化剂 [metal oxide catalysts]　金属氧化物一般担当酸碱催化剂与氧化催化剂，Al_2O_3 与 ZrO_2 是固体酸催化剂的例子，作为固体碱催化剂的氧化物有 MgO、CaO-MgO 等。作为氧化催化剂的金属氧化物一般具有可变的价态，例如 CeO_2 与锰的氧化物往往是烃类完全氧化的催化剂，这些氧化物能够将有机化合物氧化为 CO_2 与水，可以用于净化空气及污水处理。V_2O_5 与 MoO_3 一般用于选择性氧化反应，但单独使用它们的效果较差，需要形成复合氧化物，例如钼酸铁是甲醇选择氧化为甲醛的催化剂，钼酸铋是丙烯氧化为丙烯醛的催化剂，焦磷酸氧钒是丁烷氧化为顺丁烯二酸酐的催化剂等。催化氧化反应一般遵循 Mars-van Krevelen 机理，即氧化–还原机理，它描述的基本过程为：处于较高价态的催化剂将反应物氧化为产物，而催化剂本身发生了还原，处于较低价态，然后氧化剂 (一般为 O_2) 再将催化剂从低价态氧化为高价态，如此往复循环，保证催化氧化反应的持续进行。

固体酸催化剂与酸催化反应 [solid acids and acid catalyzed reactions]　大多数金属氧化物都能当作固体酸催化剂，因为其中的金属阳离子总是路易斯酸。单独的金属氧化物往往酸性不强，两种或两种以上的氧化物通过复合往往能提高表面酸性。最典型的例子是硅酸铝复合氧化物，可以看成是由 Al_2O_3 与 SiO_2 构成的复合氧化物。通过模板剂在水溶液中自组装而合成的具有规整孔道结构的硅酸铝是一类特殊的复合氧化物，称为分子筛。在硅酸铝分子筛中，构成骨架的硅氧四面体中的部分四价硅被三价的铝离子取代，骨架上的负电荷数目等于骨架中的铝离子数目，需要骨架外有相同数目的质子来平衡电荷，这些质子就是硅酸铝分子筛中的酸性中心，它们是酸催化反应的活性中心。分子筛只允许尺寸小于其孔径的分子进入孔道发生反应，因此酸性分子筛具有择形效应，例如 H-ZSM-5 的孔径只允许辛烷值较低的直链烷烃进入孔道发生裂解，而留下辛烷值较高的支链烷烃。杂多酸与层柱化合物也是重要的固体酸催化剂。金属氧化物中配位不饱和的金属离子是路易斯酸 (L 酸)。由 Fe_2O_3、TiO_2、ZrO_2 等氧化物与 H_2SO_4 通过一定方法制备的材料称为固体超强酸，在由 Hammett 指示剂表达的酸性上，它们的酸性比 100% 的硫酸还强。固体酸的酸性表达还常常使用碱性分子吸附与程序升温脱附，对于一种碱性分子，脱附温度越高，表明其与酸性中心的作用越强，即固体酸的酸性越强。碱性分子的吸附量热技术与红外光谱也是表征固体酸的有效方法，它们联合起来可以较好地表述固体酸中心的强度、数量与种类 (布朗斯特酸与路易斯酸)。能给出质子的分子、离子或基团称布朗斯特酸 (B 酸)，能接受电子对的分子、离子或基团称路易斯酸 (L 酸)。一般地，表面酸性较强的固体酸具有较高的酸催化反应活性。

固体碱催化剂与碱催化反应 [solid bases and base catalyzed reactions] 碱金属、碱土金属及稀土氧化物都是碱性氧化物，都可以作为固体碱催化剂，如 Na/Al_2O_3、MgO 等，其表面碱性中心为 O^{2-} 与羟基。表征固体碱需要测定其碱性中心的数量、强度和种类 (B 碱与 L 碱)，能接受质子的分子、离子或基团称布朗斯特碱 (B 碱)，能给出电子对的分子、离子或基团称路易斯碱 (L 碱)。CO_2 吸附红外光谱的测定可以确定表面碱性中心是属于 B 碱还是 L 碱，CO_2 与表面羟基作用形成碳酸氢根离子，而与表面 O^{2-} 作用形成碳酸根离子。吸附 CO_2 的程序升温脱附可以获得有关表面碱中心的数量与强度的粗略信息，CO_2 吸附量热则能够较准确地给出这样的信息。碱性氧化物表面的 O^{2-} 能够与吸附的 CO_2 中的氧发生交换。H_2 在碱性氧化物表面吸附发生异裂，其中 H^+ 吸附到 O^{2-} 上形成羟基，H^- 吸附到金属离子上。固体碱催化的典型反应为烯烃双键的位置异构，例如在室温下，1-丁烯就可以在 MgO 上异构为 2-丁烯，该反应常常用来表征表面碱性。固体碱也催化一些具有工业价值的反应，例如醇脱氢生成醛，芳香酸加氢为芳香醛，甲苯与甲醇侧链烷基化生成乙苯与苯乙烯，醛二聚生成酯 (Tishchenko 反应) 等。通过离子交换或直接加入分子筛的碱金属离子具有碱性，如 CsX 分子筛就是一种固体碱催化剂。担载在 Al_2O_3 上的 KF 也是一种固体碱，具有较高的碱催化剂反应活性，该体系碱性中心的本质比较复杂，可能与表面形成的 KOH、F^- 及 AlOH 等基团及离子有关。在 Al_2O_3 上加 NaOH、再加金属 Na 可形成固体超强碱，将金属 Na 加入 MgO 也形成固体超强碱，固体超强碱可催化甲酸甲酯分解为 CO 与甲醇。固体碱催化剂应用较少的一个重要原因是它们在空气中容易被酸性的 CO_2 中毒，故固体碱催化剂在使用前的热处理条件非常重要，不同温度脱气活化得到的固体碱的碱性质差别可以很大，表现的催化性能也不同。

半导体催化剂与光催化反应 [semiconductor catalysts and photocatalysis] 一般半导体的禁带宽度小于 3.0 eV。TiO_2 的禁带宽度为 3.2 eV(相当于 387.5 nm 的紫外光能量)，其价带由 O^{2-} 的 2p 轨道构成，导带由 Ti^{4+} 的 d 轨道构成。当半导体吸收了能量大于禁带宽度的光子时，将有价带中的电子被激发到导带中，同时在价带中产生空穴，形成了电子 (e^-)- 空穴 (h^+) 对。由于禁带的存在，e^--h^+ 对具有一定的寿命 (纳秒量级)，而电荷迁移时间更短 (皮秒量级)，所以，在光生电子与空穴复合以前，能够快速迁移到半导体的表面，与反应物发生作用。光生电子与空穴具有很高的活性，分别是半导体表面上的强还原中心与强氧化中心。例如光生电子可以与 O_2 作用，形成超氧，而空穴可以与 H_2O 作用，形成羟基自由基，这些自由基具有很强的氧化能力，能够氧化降解有机污染物。这就是半导体光催化反应的基本原理与作用。实际的半导体中有很多杂质与缺陷，它们往往成为禁带中的施主或受主能级，影响 e^--h^+ 对的生成与复合。e^--h^+ 对有较高的复合几率，故半导体光催化反应的量子效率不高。通过在半导体中加入金属，在金属-半导体界面形成肖特基势垒可以提高 e^--h^+ 对的寿命。提高表面酸性、加入 O_2 与 H_2O_2 等强电子受体也可以提高 e^--h^+ 对的催化效率。水在 e^--h^+ 对上发生氧化-还原可生成 O_2 与 H_2，这就是半导体光催化分解水制氢的原理。TiO_2 具有较宽的禁带，只能利用能量高于紫外光 (200~400 nm) 的光子，而阳光中紫外光的能量只有约 5%。阳光中可见光 (400~800 nm) 的能量可达 50%，Cu_2O 的禁带宽度约为 2 eV(对应于 600 nm)，故 Cu_2O 是一种可利用可见光来分解水制氢及降解有机污染物的半导体光催化剂。若将半导体光催化剂固定在电极上，在外加电场的作用下，光生电子与空穴将向不同的电极移动，发生分离，从而降低 e^--h^+ 对的复合几率。这时，在电极上发生的反应就是光电催化反应。

电催化与燃料电池 [electro-catalysis and fuel cells] 在两个电极上施加电压可以造成电极上分别富集正负电荷，产生强大的氧化-还原电势，迫使电极附近的电解质发生氧化-还原反应，这就是电解反应。如果电极反应的速率与选择性随着电极的不同而发生实质性的变化，这时的电极反应就是电催化反应，相应的电极为电催化剂。电解水制氢就是一个典型的电催化反应过程，Pt、Pd 等是良好的电解水催化剂。Pt 也是 H_2-O_2 燃料电池的电极催化剂，H_2 在阳极失去电子变成 H^+，O_2 在阴极俘获电子变成 O^{2-}，H^+ 与 O^{2-} 在两个电极之间的电解质中复合生成水。只要向两个电极连续地提供 H_2 与 O_2，上述过程就能持续进行，从而源源不断地在外电路中产生电流。使用不同的电解质将构成不同类型的燃料电池，质子交换膜燃料电池 (proton exchange membrane fuel cell, PEMFC) 使用全氟磺酸型高分子膜为固体电解质，例如美国杜邦公司生产的 Nafion 膜。PEMFC 的电极催化剂为担载在导电碳上的高分散金属铂 (Pt/C)，将 Pt/C、聚四氟乙烯乳液及 Nafion 溶液混合后涂布到质子交换膜上，得到具有催化性能的电极，它多孔、疏水，有利于气体与催化剂表面的接触及产物水的移出。PEMFC 可以小型化及作为移动电源，相应地需要小型与可移动的氢源。高压钢瓶储氢量较低，耐压 350 MPa 的碳纤维高压钢瓶的储氢量可达 5%，但其安全性尚未为消费者接受。$NaBH_4$-H_2O 系统储氢量较大，在金属催化剂作用下释放 H_2。目前具有可逆储氢性能的金属氢化物的储氢量约为 3%。NH_3 含氢量较高，为 17.7%，NH_3 的催化分解可得不含 CO 的 H_2，但 NH_3 的气味、腐蚀性、分解温度高等缺点是其作为氢源的障碍。甲醇重整制氢是甲醇与水在催化剂作用下生成 CO_2 与 H_2 的反应，受水煤气变换 ($CO + H_2O \rightleftharpoons CO_2 + H_2$) 平衡的影响，产物中含有较多的能使电极催化剂中毒的 CO。低温水煤气变换可降低 CO 浓度，但仍然不能满足 Pt/C 催化剂的要求 (<10 ppm)。一个称为优先选择氧化的过程 (preferential oxidation, PROX) 可以选择性地氧化 H_2 流中的 CO，使 CO 的浓度降低到 10 ppm 以下，Pt 与 Au 是目前研究得较多的 PROX 催化剂。以 Pt-Ru 作为电极催化剂，可以构成直接甲醇燃料电池 (direct methanol fuel cell, DMFC)，其显著优点是燃料携带方便，目前存在的主要问题是效率较低及燃料会渗透质子交换膜等。

催化剂的表面积与孔结构 [surface areas and pore structures of catalysts] 催化反应发生在表面，提高催化剂的表面积往往能够提高催化反应活性。催化剂多为多孔材料，丰富的孔道结构提供了巨大的比表面积，特别是催化剂载体，为金属及金属氧化物的高度分散提供了巨大的二维空间。常用的催化剂载体有 SiO_2、Al_2O_3、活性炭、硅铝分子筛等，它们的比表面积达数百至上千平方米每克。近年来发展的介孔 SiO_2，表面积可达 1000 m^2/g 以上，它们孔道规整，孔径均一 (2~30 nm)。通过高分子碳化获得的碳分子筛的表面积可达 4000 m^2/g 以上，孔径小于 2 nm。一般通过 BET 方法测定材料的比表面积，这是一种多分子层物理吸附理论，由 Brunauer、Emmett 和 Teller 三人共同提出，它假设固体表面是均匀的，吸附是多层的，相邻两个吸附层之间处于平衡

状态，由此导出的 BET 吸附等温式为

$$\frac{P}{V(P_0 - P)} = \frac{1}{V_m} + \frac{C-1}{V_m} \cdot \frac{P}{P_0}$$

其中 V 为压力 P 时的平衡吸附量，V_m 为单层饱和吸附量，C 是与吸附热和气体凝聚热有关的常数。一般在液氮温度下测定 N_2 的吸附量，比压 P/P_0 应控制在 0.05~0.35。以 $P/V(P_0 - P) \sim P/P_0$ 作图，可得直线，由直线的截距和斜率即可得 V_m，然后根据 N_2 分子的截面积 (0.162 nm^2) 计算材料的比表面积。根据凯尔文 (Kelvin) 方程，孔道的孔径越小，气体在其中凝聚的饱和蒸气压越低，测定凝聚量与气体分压的关系就能得到材料的孔径分布，具体技术称为 BJH(Barret-Joyner-Halenda) 方法，同时还能获得的重要信息是材料的比孔容 (每克材料中的孔体积)。

孔道中的扩散与反应 [diffusion and reactions in pores] 分子的平均自由程为 100 nm，当分子在孔径小于 100 nm 的孔道中扩散时，主要发生分子与孔壁的碰撞，其扩散速率与孔径成正比。如果催化剂活性组分在孔壁上，则当反应速率大于扩散速率时，反应受扩散控制。对于一级反应而言，这时距孔口 x 处的反应速率为 $r^2(\mathrm{d}^2C/\mathrm{d}x^2)\mathrm{d}x$，在长为 $2L$ 的孔道中的反应速率为 $v = \pi r^2 DC_0 (h/L)\tanh(h)$，其中 $h = L(2k/rD)^{1/2}$，称为模数，k、r、D 分别为反应速率常数、孔道半径及努森 (Knudsen) 扩散系数；C_0 为反应物在孔口处的浓度。对于任意形状的多孔颗粒催化剂，可以证明，在扩散控制时，其反应速率与颗粒直径成反比。在实际工作中，通过考察催化剂颗粒尺寸的影响来确定反应是否受扩散控制，对于扩散控制的催化反应，反应速率随着颗粒度的减小而升高。也可以根据催化剂的孔结构及反应特性来估算扩散的影响。考察催化反应动力学时，应当避免反应在扩散区进行。

吸附过程及其物理表达 [adsorption processes and their physical expressions] 吸附是发生多相催化反应的第一步，能够发生催化反应的吸附是化学吸附，化学吸附是单层吸附，吸附热一般大于 40 kJ/mol。物理吸附一般为多层吸附，吸附热较小。固体表面原子配位不饱和，存在"剩余"的化学键，具有吸附外来原子与分子的"天然"能力。朗格谬尔 (Langmuir) 吸附等温式是描述单层吸附现象的理想模型，它假定表面均匀，吸附分子之间没有相互作用力，吸附与脱附处于平衡状态，从而导出了吸附过程 ($A + * = A*$) 中覆盖度 (θ) 与吸附物种分压 (P) 之间的关系：$\theta = \lambda P/(1+\lambda P)$，其中 $*$ 为表面吸附中心，λ 为吸附平衡参数，等于吸附与脱附速率常数之比 (k_a/k_d)。实际表面是不均匀的，而且吸附分子之间存在排斥作用，所以吸附热一般随覆盖度的增加而下降，即吸附活化能 (E_a) 随着覆盖度的增大而增大，而脱附活化能 (E_d) 随覆盖度的增大而减小。若假定吸附与脱附活化能随覆盖度线性变化，则得乔姆金 (Tempkin) 吸附等温式：$\theta = (RT/\alpha)\mathrm{Ln}(\lambda P)$。

若假定吸附与脱附活化能随覆盖度呈对数变化，则得弗伦德利希 (Freundlich) 吸附等温式：$\theta = kP^{1/n}$。描述多层物理吸附常用 BET 吸附等温式。

催化反应微观机制与速率 [microkinetics of catalytic reactions]　假定一个最简单的多相催化反应：A→B，其最简单的机理将包括 3 个基元步骤：(1) 反应物在催化剂表面的活性中心 (*) 上吸附 (A + *↔A*)；(2) 表面反应 A*↔B*；(3) 产物 B 从表面脱附 (B*↔B + *)。在现代多相催化微观动力学分析方法中，不对这些基元反应作不可逆或平衡假定，在没有充分的实验证据前，认为它们都处于可逆状态，因而至少需要 6 个速率常数，才能够充分地描述该催化反应的机理与微观动力学。现代多相催化动力学的任务是要通过各种独立的实验与计算，获取所有基元步骤的速率常数，例如，通过测定 A 与 B 的吸附热，可以估算吸附物种 A* 与 B* 的脱附活化能，通过量子化学计算可以估计表面反应的活化能，而这些基元步骤的指前因子可以根据过渡态理论通过配分函数估算。然后，通过计算机模拟，对所有速率参数进行调整，使得计算的反应速率符合在各种条件下实际测定的催化反应速率，这样得到的一套速率常数能够重现催化反应在各种条件下的动力学行为，并能够预示机理中的关键基元步骤及其随催化剂性质的变化，从而在一定程度上能够预示优良的催化性能及其需要的催化剂表面性质，达到催化剂设计的目的。

16.7　光　化　学

光化学 [photochemistry]　研究光与物质相互作用而导致的化学变化的一门学科。就实质而言，它研究的是电子激发态物种的物理和化学性质。分子光化学则是研究分子及其复合物的光化学。基态分子吸收紫外？可见光的一个 (或几个) 光子后，成键或非键分子轨道中的一个电子可跃迁至一个反键轨道中，成为电子激发态分子。电子激发态分子具有比基态分子更高的能量 ($\Delta E = h\nu$，ν 为吸收光频率)，并有两个半占据的分子轨道。这使激发态分子中的几何结构、电荷分布、分子酸碱性、电离势和电子亲和势等都与基态时很不相同，因此化学性质也有很大改变。光化学反应就是电子激发态分子的反应。它们一般不需要热活化，在室温或低于室温进行。某些光化反应甚至可在接近绝对零度的低温下进行。

光化学在地球上生命的起源和演化中起着重要的作用，并与光合作用等自然界基本现象有密切关系。它的基本原理在各类光电功能材料 (光信息存储材料，光致变色、光致发光和电致发光材料，有机非线性光学材料，光折变材料，通过光聚合、交联、分解、接枝制备的光刻胶、光固化涂料、油墨和胶粘剂以及激光制版用感光高分子材料)，化学传感器，以及银盐和非银盐感光材料的开发，太阳能利用和转化 (太阳能电池和光解水制氢等) 技术的研究，生物光化学 (生物生理和病理过程中的光化学，疾病诊断 (光化学生物探针) 和治疗 (应用光动态效应等的光化学疗法) 中的光化学) 和环境光化学 (臭氧层的破坏与保护，大气污染，治理环境污染的各类光氧化降解技术) 中得到广泛的应用。

光的吸收和电子态跃迁的选律 [light absorption and selection rules for transitions between electronic states]　分子只能吸收能量与其分子轨道能级差相近的光，亦即波长与其电子光谱中的吸收带有重叠的光。分子吸收适当能量的光而使其一个价电子从某一成键或非键轨道向一反键轨道跃迁的几率，取决于与这一跃迁相应的跃迁偶极矩的平方。分子从始态 m 向激发态 n 跃迁的跃迁偶极矩 $\mu_{nm} = \langle \Phi_n | \mu | \Phi_m \rangle$ 是电子跃迁偶极矩 $\langle \psi_n | \mu | \psi_m \rangle$、始态和终态电子自旋波函数重叠积分 $\langle \phi_n | \phi_m \rangle$ 和核波函数重叠积分 $\langle N_n | N_m \rangle$ 的乘积。ψ_n 和 ψ_m 是始态和终态的电子空间波函数，μ 是分子受光激发过程中产生的分子跃迁矩矢量，$\mu = er$ (e 为电子电量，r 为跃迁中分子正、负电荷中心平均距离的改变)。μ_{nm} 不为零的跃迁才是允许的，由此得出电子能级跃迁的选律：(1) 对称性选律，即 $\langle \psi_n | \mu | \psi_m \rangle$ 不为零。当跃迁后两个半占据轨道的波函数的乘积与跃迁偶极矩矢量 μ 在 x、y、z 三个分量中的至少一个属于该分子所属点群的同一不可约表示时，$\langle \psi_n | \mu | \psi_m \rangle$ 可不为零。此时，跃迁是对称性选律允许的。(2) 自旋选律。跃迁中始态与终态的电子自旋波函数的重叠积分 $\langle \phi_n | \phi_m \rangle$ 不为零决定了同样多重性的状态之间的跃迁是允许的。由于绝大多数分子的基态是单重态，因此最具实际意义的是从基态单重态向某一激发单重态的跃迁。而从能量最低的一个激发三重态，即第一激发三重态 (T_1 态) 向较高的激发三重态 (T_2 等) 的跃迁，在用激光闪光光解技术研究三重态反应的动态学时重要。(3) Franck-Condon 原理。电子能级跃迁时核波函数重叠积分 $\langle N_n | N_m \rangle$ 的大小决定了从基态电子态向激发态的各个振动分能级跃迁的几率。电子能级跃迁是从基态分子的具有零点振动能的振动基态出发的，这一过程一般在 10^{-15}s 内完成，远比核间距的改变 ($< 10^{-12}$s) 为快。因此在分子吸收光波而激发的过程中，核间距来不及改变，表现为从基态位能面向激发态位能面的垂直跃迁 (Franck-Condon 跃迁)。电子激发态的位能面上，原子的平衡核间距可与基态时相近或更大。在振动基态，振动波函数最大值是在平衡核间距处。在较高的振动能级，振动波函数极大值越倾向于出现在振动能级与分子位能面的交点处。因此，激发过程中由基态分子的振动基态向电子激发态的各振动分能级跃迁的几率，即核波函数重叠积分 $\langle N_n | N_m \rangle$ 的大小是不一样的。这决定了电子吸收光谱中与某一跃迁相应的吸收带的形状。

雅布伦斯基图 [Jablonski diagram]　关于基态分子

吸收光波而受到激发，以及激发态分子通过各种方式释放吸收的能量而回到基态的过程的图示。图中给出了各种单分子跃迁过程的速率常数。基态分子向激发态的各个振动分能级跃迁后，首先通过与环境的热交换发生快速的振动弛豫 (vibrational relaxation，在图中用 VR 表示) 而到达电子激发态的振动基态。其他各种导致激发态衰减的光物理和光化学过程都从电子激发态的振动基态进行。光物理过程可分为非辐射跃迁 (radiationless transition) 和辐射跃迁 (radiative transition)。

非辐射跃迁包含：(1) 内转换 (internal conversion, IC)，电子自旋多重性相同的不同电子态间的转换，即 $S_n \to S_1$，$T_n \to T_1$ 等。(2) 系间穿越 (intersystem crossing, ISC)，不同多重性的电子态间的转换，如 $S_1 \rightleftharpoons T_1$，$S_2 \rightleftharpoons T_2$ 等。ISC 涉及一个半占据轨道中的电子自旋方向改变。提供这一电子自旋反转的力矩的是电子自旋运动与其绕核的轨道运动间的相互作用，即自旋—轨道偶合 (spin-orbit coupling)。IC 和 ISC 过程都是在两个电子态的能量相同的两个振动分能级间进行，用水平线表示。到达终态电子态后，再经快速的振动弛豫到达后者的振动基态。

辐射跃迁通过光子的发射进行。激发态的辐射跃迁有两种：(1) 荧光 (fluorescence，在图中用 F 表示)，是从激发单重态发光的过程。较高的激发态，由于与其下一个激发态的能量差较小且常与之发生位能面交叉，一般经快速的无辐射 IC 过程达到第一激发态。因此，从较高的激发单重态 (S_2, S_n 等) 发出荧光的过程一般不能与 IC 竞争；激发态分子的发射过程一般是从第一激发态 (S_1 态) 进行的。这使发射量子产率与激发波长无关 (Kasha's rule)。S_1 态与基态的能量差较大，缺乏位能面交叉，因此荧光过程可与较慢的 IC 竞争，这一竞争决定了不同分子荧光发射效率的高低。由于分子的激发过程是从电子基态的振动基态向激发态的各振动分能级进行，而激发态的发光则是在快速的振动弛豫后，从其振动基态向电子基态的各振动分能级进行，因此发射谱带出现于吸收谱带的长波方向。而且对芳烃等基态与激发态分子形状和振动能级改变不大的刚性分子，吸收光谱与荧光光谱接近互为镜像。又由于吸收是从具有与之匹配的溶剂化层的振动基态向溶剂化层未及改组的激发态振动分能级进行，而发射是从激发态的具有与之匹配的溶剂化层的振动基态向溶剂化层未及改组的电子基态的各振动分能级进行，因此吸收和发射谱带的与基态和激发态的两个 $\nu=0$ 的振动基态相应的吸收和发射 ($0-0$ 带) 的位置并不重合。吸收光谱中的吸收极大和发射光谱中的发射极大的频率差 $\Delta\nu$ 称为 Stokes 位移。(2) 磷光 (phosphirescence，在图中用 P 表示)：是从第一激发三重态 (T_1) 发光回到基态 (S_0) 的过程。按照 Kasha's rule，由于与一般不发生 $S_n \to S_1$ 荧光发射同样的原因，$T_n \to T_1$ 的磷

光不能与 IC 过程竞争。磷光发射 $T_1 \to S_0$ 是自旋选律禁阻的、速度较慢，与同样较慢的 $T_1 \to S_0$ 的 ISC，以及杂质对 T_1 态的淬灭竞争。为了消除后一种扩散控制的双分子淬灭过程，提高磷光发射效率，磷光测量常在低温进行，并使用纯度尽可能高的溶剂与试剂。

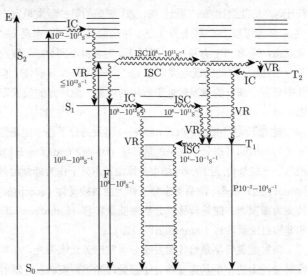

单重态与三重态 [singlet state and triplet state] 单个电子的自旋量子数 I 为 1/2，原子或分子中，如全部电子都成对，则总电子自旋量子数为零，为单重态，记为 S 态 (singlet state)。基态单重态分子记为 S_0 态。原子或分子中如有两个自旋平行的不成对电子，则总的多重性为 $(2nI+1)=(2\cdot2\cdot(1/2)+1)=3$。此类原子或分子为三重态，记为 T 态 (triplet state)。自由基中有一个不成对电子，因此为两重态 (doublet)。基态单重态分子中的一个电子激发至反键轨道后，如果两个半占据轨道中的两个电子的自旋是反平行的，则分子总自旋量子数仍为零，为激发单重态。电子能级跃迁时可从不同成键或非键轨道向不同的反键轨道跃迁，生成能量和电子构型都不同的激发态。按能量的升高，依次记为 S_1, S_2, $\cdots$, S_n。如果激发态的两个半占据轨道中的电子自旋平行，则为三重态。能量逐渐升高的三重态依次记为 T_1, T_2, $\cdots$, T_n。同一电子构型 (同样的两个半占据轨道) 的激发态中，三重态能量比单重态低。差值约为两个电子的交换积分 $\langle J \rangle$ 的两倍。取决于跃迁中涉及的两个轨道，激发单重态与三重态的能量差在几到几十个 kcal/mol 之间。三重态在外加磁场中分裂为三个亚能级。不存在外场时，三个亚能级是简并的。

激发态的基本类型 [types of excited states] 因电子跃迁时涉及的能级差异引起的激发态的不同电子构型。以甲醛为例，它的最高占据分子轨道 (highest occupied molecular orbital, HOMO) 是氧原子上的非键轨道 (n 轨道)，而最低未占据轨道 (lowest unoccupied molecular orbital, LUMO)

是 C 与 O 原子之间的反键 π^* 轨道。一个电子从氧原子上的 n 轨道向 π^* 轨道跃迁，记为 $n\pi^*$ 跃迁，此时形成甲醛的能量最低的激发单重态，即 S_1 态。比氧原子上 n 轨道能量更低的是 C 与 O 原子间的成键 π 轨道，而在 π^* 轨道之上是反键的 σ^* 轨道。从 π 轨道向 π^* 轨道进行符合自旋选律的跃迁，产生能量比 $n\pi^*$ 跃迁 (S_1 态) 更高的第二激发单重态 (S_2)。S 态可经 ISC 转变为 T 态。甲醛的 S_1 和 T_1 态是 $n\pi^*$ 激发态，S_2 和 T_2 态是 $\pi\pi^*$ 激发态。对各类不同分子，取决于分子结构，可能的跃迁类型有 $n\pi^*$，$\pi\pi^*$，$n\sigma^*$，$\sigma\sigma^*$ 等，但其中只有一部分的激发能处于常用的可见—紫外光的波长范围 (200~700nm)。

能量转移 [energy transfer] 激发态分子在一定条件下可与周围的基态分子发生能量转移 (energy transfer, ET)，把激发态能量传递给后者。结果是原激发态分子作为能量给体 (donor) 回到基态，而原基态分子作为能量接受体 (acceptor) 转变为激发态。能量转移可分辐射能量转移 (radiative ET) 和非辐射能量转移 (nonradiative ET)。

辐射能量转移是给体激发态分子发出荧光或磷光，在其发射途径上的一个基态受体分子接受此光子而被激发。辐射能量转移的效率取决于 (1) 给体 (D^*) 的发光效率；(2) D^* 发光途径上受体 A 的浓度；(3) 受体 A 的吸收能力 (摩尔消光系数 ε 或振子强度 f)；(4) D^* 的发射光谱与 A 的吸收光谱的交盖程度。

非辐射能量转移有两种机理：(1) 库仑能量转移 (coulombic ET)，又称 Föster 能量转移。D^* 的反键轨道中的一个电子在其分子中运动时产生的振荡电磁场对 A 中的价层电子产生扰动。如果 $\Delta E(A \to A^*)$ 与 $\Delta E(D^* \to D)$ 相等，则两者的电子振荡运动可发生偶合，使 A 中一个电子向其反键轨道跃迁，而 D^* 的反键轨道中的电子回到成键或非键轨道，出现能量转移。库仑机理能量转移的速度常数 k_{ET} 与给体 D 和受体 A 的光谱性质的关系为

$$k_{ET} = \alpha \frac{\kappa^2 k_D^0}{(R_{DA})^6} J(\varepsilon_A)$$

式中 α 为一取决于浓度和溶剂折射率等实验条件的比例系数，κ^2 则取决于 D 与 A 的振荡偶极的相互取向。D 与 A 在溶液中杂乱分布时，κ^2 取值 2/3。k_D^0 是激发态给体 D^* 的发射速度常数，R_{DA} 为 D 与 A 的距离，J 为对受体消光系数归一化的 D^* 的发射光谱与 A 的吸收光谱的交盖积分，但包含了受体 A 的吸收光谱的消光系数积分。库仑机理的能量转移是一种长程能量转移，它不取决于 D 与 A 的碰撞与接触。(2) 交换能量转移 (exchange ET)。它依赖于 D^* 与 A 的扩散相遇与碰撞。在 D^* 与 A 碰撞时，两者的电子云有交盖，此时 D^* 的 LUMO 中的一个电子可转移到 A 的 LUMO 中去，而 A 的 HOMO 中的一对电子中的一个转移至 D^* 的半占据的原 HOMO 中去。此种电子交换的结果是 D^* 回到 D，而 A 转变为 A^*。交换机理能量转移的速度常数 k_{ET} 的表示式为

$$k_{ET(exchange)} = \kappa J e^{-2R_{DA}/L}$$

式中 κ 为取决于 D 与 A 之间特定的轨道相互作用 (如相互作用的轨道之间的瞬间相对取向) 的比例常数，J 是对受体消光系数归一化的 D^* 与 A 的光谱交盖积分，R_{DA} 是 D^* 与 A 间的距离。L 为 D 与 A 的 van der Waals 半径之和。当 D^* 与 A 的距离超过它们的分子半径之和时，k_{ET} 呈指数下降。当分子相距几个 Å 以上时，交换能量转移不再能进行。

敏化和淬灭 [sensitization and quenching] 在能量转移过程中，受体 A 可不经吸收光子，而是经接受给体 D^* 的能量转变为其激发态。因此对 A 而言，称为被敏化；能量给体 D 称为敏化剂 (sensitizer)。同时 D^* 回到基态，称为被淬灭，而能量受体 A 称为淬灭剂 (quencher)。敏化作用的实用价值是，很多化合物的激发单重态 (S_1) 的 ISC 效率很低，无法经 ISC 有效地产生其三重态。此时可选用一个激发三重态能量 (E_T) 高于待敏化化合物 A 的 E_T，且又具有很高 ISC 效率的敏化剂 (sens)。光照 sens，生成其激发单重态 ^{1}sens*，它经高效的 ISC 过程转变为三重态 ^{3}sens*，再经 ^{3}sens* 与受体 A 的能量转移，即可有效地产生 A 的激发三重态。敏化和淬灭过程在研究光化反应机理时可用于帮助鉴别参与反应的激发态的多重性。如在研究的光化反应中加入淬灭剂后，反应全部或部分被淬灭，则该反应是全部或部分经激发三重态进行的，否则是经激发单重态进行的。

重原子效应 [heavy atom effect] 系间穿越 (ISC) 过程的效率与自旋—轨道偶合作用的强弱有关，而后者与分子内或环境中是否存在原子序数 (Z) 较大的原子，即重原子有关。如果分子内有一个或多个 Cl，Br，I 等重原子，ISC 过程的效率可大为提高，称为内部重原子效应 (internal heavy atom effect)。如果介质，如溶剂分子中或溶液上方的加压气氛中有重原子，也会使溶质分子的 ISC 效率提高，称为外部重原子效应 (external heavy atom effect)。

斯特恩—沃尔墨处理 [Stern-Volmer treatment] 是用能量转移或电子转移过程来研究光化反应动力学的方法。它通过比较在不加淬灭剂 (Q) 和加入淬灭剂时某种光物理过程 (如荧光发射) 或光化反应的效率来推导反应的动力学参数。假定加入和不加淬灭剂时此过程或反应的量子效率分别为 ϕ 和 ϕ^0，则

$$\phi^0/\phi = 1 + k_q \tau [Q]$$

式中 k_q 是淬灭剂经能量转移，电子转移或化学反应淬灭激发态的速度常数，τ 是被淬灭的激发态的寿命，而 $[Q]$ 是淬灭剂的浓度。由上式，把实测的 ϕ^0/ϕ 对 $[Q]$ 作图，可得直线，其斜率 $K_{sv} = k_q \tau$。K_{sv} 称为 Stern-Volmer 常数。因此，如已

知该化合物的激发态寿命，则可由斜率 K_{sv} 和 $[Q]$ 求得淬灭过程的速度常数 k_q。或如已知 k_q，则可由 K_{sv} 和 $[Q]$ 求得该激发态的寿命。在后一种情况下使用时，常可选择淬灭剂，使其 E_T 值或氧化还原电位满足使淬灭过程能以该溶剂中扩散控制的速度常数 (k_{diff}) 进行。这样，$k_q = k_{diff}$。

量子产率 [quantum yield]　各种光物理和光化学过程的效率都可用其量子产率衡量。某一过程的量子产率的定义是：

$$\phi = \frac{发生该过程的分子总数}{吸收的光子总数}$$
$$= \frac{单位时间内发生该过程的分子数}{吸收的光子的强度}$$

如光化学反应的量子产率为

$$\phi_r = \frac{消耗的反应物分子数或生成的产物分子数}{吸收的光子数}$$

在非链式反应中，各种光物理和光化学过程的量子产率之和，即该激发态的总量子产率 $\phi_总$ 为 1；链式反应中，总量子产率 $\phi_总$ 则可以大于 1。各种光物理和光化学过程是相互竞争的，其中某一过程的量子产率取决于该过程与其他过程的相对速度常数。如激发单重态的荧光量子产率 ϕ_F 为

$$\phi_F = \frac{k_F}{k_F + k_{IC} + k_{ISC} + \sum_i k_{ri}}$$

式中 k_F 为荧光过程的速度常数，k_{IC} 和 k_{ISC} 分别为 IC ($S_1 \rightarrow S_0$) 和 ISC 的速度常数，而 k_{ri} 是第 i 种化学反应 (此处指单分子反应) 的速度常数。

激基缔合物 [excimer]　一个激发态分子与该化合物的一个基态分子相互作用而生成的络合物，亦即激发态的二聚体 (excited dimer)。激基缔合物的键合能量来源于激发态分子的两个半占据轨道分别与基态分子的 HOMO 与 LUMO 轨道相互作用，结果导致激发态两个半占据轨道和基态 HOMO 中共四个电子的总能量下降。激基缔合物生成的表现是在该化合物的荧光光谱中出现单体荧光带的减弱 (称为自淬灭 (self-quenching) 或浓度淬灭 (concentration quenching))，同时在单体发射带的长波方向上可出现新的宽阔而缺乏精细结构的激基缔合物的发射带。激基缔合物的生成在具有平面共轭体系的芳烃中经常发生，为层状结构，两个芳烃分子间距离约为 3Å。

激基复合物 [exciplex]　一个化合物的激发态分子与另一种化合物的基态分子相互作用而生成的具有固定化学计量关系的激发态络合物 (excited complex)。一般由一个激发态分子与另一化合物的一个基态分子生成，但也可由一个激发态分子与两个基态分子生成。激基复合物生成的表现是，在激发态组分的发射光谱中，单体荧光减弱，而在其长波方向上可出现新的、宽阔而缺乏精细结构的激基复合物的发射带。当生成激基复合物的两个化合物之间具有明显的电子给体－电子受体关系时，激基复合物极性较大，甚至具有紧密离子对的性质。这种极性较大的激基复合物在极性溶剂中可离解为溶剂分离离子自由基对 (solvent separated ion radical pair, SSIRP) 或继续离解为自由离子，而使其长波荧光发射带减弱甚至消失。

光诱导电子转移 [photoinduced electron transfer, PET]　基态化合物之间的单电子转移 (single electron transfer, SET) 反应很少见，只在极强的电子给体 (electron donor) 化合物和极强的电子受体 (electron acceptor) 化合物之间，当满足 $\Delta G_{ET} = IP_D - EA_A \leqslant 0$(在气相中) 的条件时才能发生 ($IP_D$ 为给体化合物的电离势，EA_A 是受体化合物的电子亲和势，ΔG_{ET} 为 SET 过程的标准自由能变化)。在激发态分子中，原有的 HOMO 和 LUMO 都成为单占据轨道，使分子的电离势降低而电子亲和势升高，降低与升高的程度都等于该分子的激发能 ΔE^*，即 HOMO 与 LUMO 的能量差，亦即

$$IP^* = IP - \Delta E^*, \quad EA^* = EA - \Delta E^*$$

式中 IP^* 和 EA^* 为激发态分子的 IP 和 EA。因此，激发态分子既是比基态分子更强的电子受体，又是更强的电子给体。结果是基态时不能发生 SET 的两个化合物，如其中一个被激发到电子激发态，即常可满足 $\Delta G_{ET} \leqslant 0$ 的条件，发生 SET，称为光诱导电子转移 (photoinduced electron transfer, PET)。PET 反应中的标准自由能变化，可由 Rehn–Weller 公式估计。

$$\Delta G_{ET} = E^{ox}_{1/2}(D) - E^{red}_{1/2}(A) - \Delta E(D \text{ or } A)^* + \Delta E_{coul}(eV)$$

式中 $E^{ox}_{1/2}(D)$ 是电子给体的半波氧化电位，$E^{red}_{1/2}(A)$ 是电子受体的半波还原电位，ΔE^* 是给体或受体化合物的激发能 (取决于实验中实际激发何者)，而 ΔE_{coul} 是电子转移中生成的带正负电荷的粒子 (如果原化合物都是中性分子，则 PET 后生成正负离子自由基) 之间在该溶剂中的静电相互作用能。

除通过选择性地激发电子受体或电子给体来进行 PET 反应外，如两个化合物在基态时即可生成电荷转移络合物 (charge transfer complex, CTC)，则亦可通过激发 CTC 来进行 PET 反应。CTC 是基态物种，其生成的表现是在两个组分化合物的吸收光谱的长波方向出现新的较弱的宽阔的 CTC 吸收带。用与此吸收带相应的波长照射，可激发 CTC。CTC 激发后电荷分离程度加大，离解为离子自由基对。经 CTC 激发产生的是单重态的紧密离子自由基对，易通过反向电子转移使两个反应物回到中性基态，因此降低了正负离子自由基分离和发生后续化学反应的效率。

电子转移反应的 Marcus 理论 [Marcus theory for

electron transfer] Marcus 从电子转移反应的热力学推导了反应的速度常数 k_{ET}。

$$k_{ET} = \kappa \frac{kT}{h} e^{-\Delta G^{\neq} RT}$$

式中 κ 为一电子传递常数，k 为 Boltzmann 常数。对绝热反应，$\kappa \sim 1$，而对非绝热反应，$\kappa \sim 1$。

Marcus 推得

$$\Delta G' = \frac{(\lambda + \Delta G^0)^2}{4\lambda}, \ \text{而} \ \lambda = \lambda_i + \lambda_0$$

式中 ΔG^0 为 SET 反应的标准自由能变化。λ 是反应的总重组能 (reorganization energy)，由内配位圈 (inner sphere) 重组能 λ_i 和外配位圈 (outer sphere) 重组能 λ_0 组成。λ_i 是把反应物与产物分子通过键长和键角调整而到达一适于进行 Franck–Condon 电子跃迁 (转移) 的高能状态而需要的能量。而 λ_0 则是溶剂化层改组需要的能量。由上式可见，当反应的 ΔG^0 从正值向零及负值变化时，$\Delta G^{\neq}$ 逐渐减小，因而 SET 反应速度常数 k_{ET} 逐渐加大。当 ($-\Delta G^0$) 大到与重组能 λ(正值) 相等时，$\Delta G^{\neq}$ 为 0，此时 k_{ET} 达最大值，具有该溶剂中扩散控制的速度常数。这 $-k_{ET}-\Delta G^0$ 关系是"正常区"(normal region) 的情况。但当 ΔG^0 变得更负，即 ($-\Delta G^0$) 比 λ 大得越来越多时，$\Delta G^{\neq}$ 又不再为 0 而将具有逐渐加大的正值，因此 k_{ET} 应逐渐减少。这就是 Marcus 理论预言的"反转区"(inverted region) 的情况。

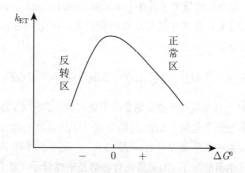

Marcus 反转区的行为，在 1964 年该理论提出后的较长时间里，一直未能在实验上证实。当时已知的 SET 反应的速度常数都是随反应推动力，即 $-\Delta G^0$ 的加大而逐渐加大，直至达到该溶液中扩散控制的速度常数 k_{diff}(正常区的情况)。此后无论 ΔG^0 怎样变得更负，k_{ET} 保持 k_{diff} 之值而不变。但从 20 世纪 80 年代末期起，已先后在经分子间电子转移产生的自由基离子对内的反向 SET 反应，在用共价键连接电子给体 (D) 和受体 (A) 以保持 D 与 A 之间距离不变的 D-A 二元分子的分子内 SET 反应，以及在一些分子间的双分子二级 SET 反应 (如富勒烯与芳烃正离子自由基间的 SET 以及富勒烯与蒽负离子基之间的 SET) 等的速度行为与 ΔG^0 的关系中观察到 Marcus 反转区的行为。

16.8　高分子物理

高分子 [polymer]　又称聚合物、高聚物。也常被称为大分子，与生物相关时也被称为生物高分子 (bio-polymers) 或生物大分子 (bio-macromolecules)。是由少数几种重复单元通过较强的化学作用 (通常是共价键作用) 连接成链状分子 (或者以此为基元进一步构筑) 从而形成摩尔质量很大 (通常超过 1 万道尔顿) 的一类化学物质，包括塑料、橡胶、纤维、涂料、胶粘剂、分离膜等人工合成材料，也包括纤维素、淀粉、壳聚糖和丝素蛋白等天然材料，甚至可泛指 DNA、RNA 和蛋白质等生命大分子。赫尔曼·斯陶丁格 (Hermann Staudinger) 最早提出了大分子的概念，并由于此项贡献而获得了 1953 年的诺贝尔化学奖。高分子化合物拥有热、力、光、电、声、磁学等凝聚态物理常见的性质和功能，因此高分子物理是软凝聚态物理学与高分子化学相互交叉的一门子科学，也是化学与材料科学和生命科学相互交叉的重要研究领域。艾伦·黑格 (Alan Heeger)、艾伦·马克迪尔米德 (Alan MacDiarmid) 和白川英树 (Hideki Shirakawa) 由于最先合成导电高分子材料而获得 2000 年的诺贝尔化学奖。

高分子分子量及其分布 [molecular weights and their distribution]　由于特定的聚合反应制备方法所导致的高分子产物其分子摩尔质量具有一定程度的分布 (也称分子量多分散性 polydispersity)，必须采用数均分子量或重均分子量等参数来表征高分子的分子量。数均分子量是根据相应的分子摩尔质量的高分子链的数目对分子量分布取平均，而重均分子量则是根据相应的分子摩尔质量的高分子链的重量对分布取平均。重均分子量与数均分子量之比通常被用来反映了分子量分布的宽窄程度，被称为多分散系数。高分子的分子量及其分布往往与高分子的物理性质密切相关，因此是描述高分子物质的一个重要参量。

高分子链构象 [polymer conformation]　高分子链结构单元在三维空间的可能排布方式。链构象反映了高分子在所处的特定环境下的特征物理状态。因此，研究链构象及其变化是高分子物理的核心内容之一。维尔纳·库恩 (Werner Kuhn) 基于分子布朗运动和自由连接链的理想模型，采用高斯分布函数近似计算了高分子长链构象变化所带来的弹性熵变，做出了里程碑式的学术贡献。构象熵的变化是橡胶高弹性和高分子熔体非线性黏弹性的重要来源。Pierre-Gilles de Gennes 采用凝聚态物理临界相变的标度分析方法揭示了各种真实条件下复杂高分子链构象的基本特点，有力地推动了高分子物理的发展，他本人也因此而获得 1991 年的诺贝尔物理学奖。

高分子链半柔顺性 [chain semi-flexibility]　由于围绕主链共价键发生内旋转而受阻、分子内氢键、聚电解质电荷作用、主链共轭大 Ⅱ 键或 DNA 双螺旋等因素使大分子链构象不容易发生改变的性质。其表征包括两个方面：静态半柔顺性是指由于热力学原因导致高分子链构象比较稳定，常用持续长度 persistence length 作为表征参量；动态半柔顺性则是指由于动力学原因导致高分子链构象无法发生改变。静态半柔顺性是高分子表现出特定热力学性质特别是取向和有序相转变行为的一个重要链结构因素。动态半柔顺性则与高分子的玻璃化转变行为有着密切的联系。

聚电解质 [polyelectrolyte]　在极性溶剂中可解离出离子侧基从而局部带上定域电荷的那类高分子，根据电荷性质可分为聚阳离子和聚阴离子。其周围往往分布有抗衡离子 (counter-ion)。抗衡离子如果电荷价数大于 1，则能起到交联剂的作用，导致聚电解质凝胶的形成。聚电解质具备电解质和高分子的双重特征，其电荷作用对高分子在溶液中的聚集态 (特别是自组装) 结构及其性质具有重要的影响。生命大分子的水解片段在加弱电场的水凝胶介质中发生定向扩散的快慢与其序列结构密切相关，会形成特征的扩散谱带，因此凝胶电泳分析方法 (gel electrophoresis) 已被广泛运用于生物遗传因子和蛋白质序列结构的鉴定和分析，成为基因工程的基本表征技术。

液晶高分子 [liquid crystal polymers]　能够在特定的热力学条件下表现出液晶态的一类高分子物质，主要包括主链液晶高分子 (介晶基元主要分布在主链上)、侧链液晶高分子 (介晶基元通过一个柔性的短链侧接在主链基团上) 及其相互组合形成更为复杂结构的化合物。有的自身不带介晶基元的高分子能以较稳定的半柔顺链构象形成各向异性的介晶基元结构，其聚集态也可表现出液晶态。

高分子折叠链片晶 [chain-folded lamellar crystals]　高分子在静态 (通常指无明显应力和流动存在) 溶液或熔体中结晶生成的片层状单晶体，厚度在 0.1 微米左右，横向尺寸可达几微米。安德鲁·凯勒 (Andrew Keller) 最先证明片层状单晶是由于在垂直于晶面方向上链沿着 c 轴不断发生近邻折叠所致。保罗·弗洛里 (Paul J. Flory) 强调熔体结晶的高分子片晶还与近邻折叠一起并存着大量非近邻折叠的连系分子 tie molecules、环圈 loops 和纤毛 cilia，其构成片晶表面的非晶层，形成片晶层和非晶层交错排列的半结晶高分子织态结构。伯纳德·翁德里希 (Bernard Wunderlich) 提出临近片晶表面的非晶高分子部分可定义为刚性无定形 rigid amorphous，以区别于刚性晶区 (rigid crystalline) 和远离片晶表面的可运动的无定形 (mobile amorphous)。

链内结晶成核 [intramolecular crystal nucleation]　通过分子链内近邻链折叠而成的高分子结晶初级和次级成核的基本模式，其区别于通过分子链间并排成束的所谓缨状微束 (fringed micelle) 结晶成核。前者可有效地降低表面自由能位垒，从而说明了高分子结晶倾向于生成链折叠片晶的原因。后者则具有较高的表面自由能，不利于结晶成核，但在特定的条件下，如拉伸、取向流动、聚合反应及短链体系中，会对结晶成核起主导作用。链内结晶成核是我们理解片晶生长动力学的重要切入点之一。

高分子球晶 [polymer spherulites]　高分子在静态 (通常指无明显应力和流动存在) 溶液或熔体中结晶生成的球状多晶体颗粒，半径尺寸在 0.1 微米到几毫米之间，其内部是由从中心向外不断分叉而呈辐射状分布的片晶所堆砌而成。由于片晶体的双折射性，球晶在偏光显微镜下呈现出马耳他黑十字 (Maltese cross) 消光图像。正球晶径向的折射率大于切向，而负球晶则相反。球晶有时也会出现同心的消光环，被称为环带球晶。高分子包装材料的透明性往往与球晶的尺寸大小有关，可通过添加成核剂来降低晶粒尺寸从而提高材料的透明度。

串晶 [shish-kebab crystals]　在应力或流动存在时高分子结晶所生成的羊肉串 (shish-kebab) 形的特殊单晶或多晶结构。其中心为高度取向的纤维状微晶体，表面取向附生成串的折叠链片晶。有时中心纤维太细看不到，只呈现出片晶的成行排列结构 (row structure)。分子模拟证明，即使是单根伸展的分子链也可导致串晶结构的形成。

共聚物 [copolymers]　由两种或两种以上的重复结构单元共聚合所构成的高分子。根据各种组分的分布特点，顾名思义可以有接枝共聚物、星形多臂共聚物、嵌段共聚物、梯度共聚物和无规共聚物等。少量的其他组分有时也可看作是高分子链主要组分序列结构的化学不规整性，其与几何不规整性和立构不规整性一样，影响高分子的结晶行为。两组分无规共聚物也可根据聚合反应的统计模型而被描述成统计型共聚物 (statistical copolymers)。共聚单元均匀分布在所有高分子链上的统计型共聚物被称为均匀型共聚物 (homogeneous copolymers)，而不均匀分布时则被称为非均匀型共聚物 (heterogeneous copolymers)。极端的不均匀分布使得共聚物表现出共混物的特点。

高分子共混物 [polymer blends]　由两种或两种以上的高分子组分均匀或部分均匀混合所形成的多组分体系，可以由相容或不相容非晶–非晶、非晶–结晶、结晶–结晶甚至共晶体系所构成，也可以是由氢键或络合等特殊相互作用所致的混合体系。共混物体系可以表现出组分相分离行为，存在最高互溶温度，有时也存在最低互溶温度。结晶行为可以与相分离行为相互作用，共同决定最终的半结晶织态结构及其性能。

弗洛里–哈金斯高分子溶液理论 [Flory-Huggins theory of polymer solutions]　由保罗·弗洛里 (Paul J. Flory) 和毛利斯·哈金斯 (Maurice L. Huggins) 等发展起来

的高分子溶液经典格子统计热力学理论。保罗·弗洛里由于对高分子物理化学特别是在这方面的杰出贡献，获得了 1974 年诺贝尔化学奖。该理论根据平均场假设，计算了高分子链的构象熵在多组分体系混合过程中的变化，从而导出了高分子混合体系的自由能。著名的 Flory-Huggins 溶液混合自由能公式为

$$\frac{\Delta F_m}{NkT} = \phi_1 \ln \phi_1 + \frac{\phi_2}{r} \ln \phi_2 + \chi \phi_1 \phi_2$$

其中 N 为总体积，k 为玻尔兹曼常量，T 为温度，ϕ_1, ϕ_2 分别为溶剂小分子和高分子在溶液中所占的体积分数，r 为重复单元与溶剂分子相当的相对链长，χ 为弗洛里或哈金斯混合相互作用参数。目前该理论作为高分子多组分体系研究的范式，被广泛推广应用于高分子溶液、高分子共混物、聚电解质溶液、无规共聚物、嵌段共聚物、高分子凝胶、界面吸附和复合材料界面等领域。

橡胶状态方程 [equation of state of rubber] 描述橡胶弹性网络体系的应力 σ 与应变 ε 关系的方程。尤金·古斯 (Eugene Guth) 和休伯特·詹姆士 (Hubert M. James) 于 1941 年最先导出橡胶的应力–应变状态方程，

$$\sigma = CN_0 kT \left[\varepsilon + 1 - \frac{1}{(\varepsilon+1)^2} \right]$$

其中 C 为反映链半柔顺性的特征比，N_0 为网链分子量，k 为玻尔兹曼常量，T 为温度。此方程说明了橡胶在应变较小时表现出胡克弹性体的特点，且弹性系数随温度升高而增大，从而解释了橡胶密封圈的古霍–焦耳效应 (Gough-Joule effect)。

高分子链缠结 [polymer entanglement] 当高分子链呈无规线团形状时因彼此之间发生相互穿插所带来的拓扑缠结效应，阻碍其横向的扩散运动。该效应使得线形高分子本体表现出橡胶态，是我们理解高分子各种长程扩散效应的重要切入点。链缠结是高分子长链动力学及本体粘弹性的管道 tube 理论的基础，也是影响高分子体系结晶和相分离动力学的重要扩散因素。

高分子链动力学模型 [dynamic models of polymers] 描述不同条件下高分子链运动基本特点的微观动力学模型。短链本体体系的自扩散动力学可采用高分子劳斯 (Rouse) 链模型，其基于珠–簧链模型和高斯函数计算构象熵弹性。稀溶液体系的自扩散动力学可采用高分子齐姆 (Zimm) 链模型，其进一步考虑了高分子线团的流体动力学相互作用对自扩散的影响。长链本体体系的自扩散动力学则采用高分子蛇行 (reptation) 链模型，其基于管道模型对自扩散进行标度分析。

WLF 经验方程 [WLF empirical equation] 由威廉 (William)、兰道 (Landel) 和范瑞 (Ferry) 于 1955 年提出，

大多数高分子本体在玻璃化温度以上的附近区域均符合黏度 η 随温度 T 变化的经验关系式，

$$\log \left[\frac{\eta(T)}{\eta(T_g)} \right] = -C_1 \cdot \frac{T - T_g}{C_2 + T - T_g}$$

其中 T_g 为参考的玻璃化温度，平均经验常数 $C_1 = 17.44$，$C_2 = 51.6$。WLF 方程本质上是 Vogel-Fulcher-Tamman 型松弛在非阿仑尼乌斯 (non-Arrhenius) 型流体中的反映。

成颈和银纹现象 [necking and crazing] 高分子材料在应力拉伸屈服后出现的细颈化成纤现象，其局部变形可吸收大量的机械能做功，使得高分子材料表现出很好的韧性，力学性能显著区别于金属和陶瓷材料。高分子材料内部在应力作用出现空洞之前，应力集中部位会产生局部平行排列的拉伸成颈纤维，彼此的间距接近可见光波长，发生衍射效应从而出现银纹现象。

高分子非线性黏弹性现象 [non-linear viscoelasticity phenomena of polymers] 高分子流体由于同时具有较大的熵弹性和黏流性而表现出来的偏离理想线性粘弹性流体的特殊流动现象，包括搅拌爬竿现象、挤出物胀大现象、无管虹吸现象、湍流减阻现象和管道壁滑现象等，有着许多实际的应用背景。

高分子溶液的 Theta 点 [Theta point of polymer solutions] 在高分子稀溶液体系中高分子线团内部链单元的彼此体积排斥作用与其周围溶剂的亲和作用对线团尺寸的影响正好抵消，使得高分子线团表现出溶解自由能为零的状态，通常把该温度称为 Theta 温度，或者把该品质的溶剂称为 Theta 溶剂。Theta 点经常作为我们区分不同品质的良 (good) 溶剂和不良 (poor) 溶剂的分界点。

嵌段共聚物微相分离 [microphase separation of block copolymers] 嵌段共聚物由于各组分之间的共价键连接，使得组分之间的相分离仅仅局限于纳米尺度的单分子线团内部，主要根据组成比的变化形成各种几何形状 (主要是球形、柱形和片形及其各种复合和过渡的复杂形貌结构) 纳米微畴的有序堆砌图案，是现行的一种自下而上式通过自组装构筑纳米结构的方式。

高分子自洽场理论 [self-consistent field theory of polymers] 萨姆·爱德华兹 (S. F. Edwards) 于 1965 年发展的基于路径积分和平均场近似的自洽场方法，用于计算特定环境下高分子链构象的自由能。目前该方法已得到长足的发展，普遍应用于计算不相容高分子共混体系的组成分布和嵌段共聚物体系的有序微畴结构。

高分子链序列规整性 [sequence regularity of polymer chains] 沿着实际高分子链经常发生化学结构序列的不规整现象，可以是共聚单元拥有短支链等化学不规整，如高

密度和低密度聚乙烯；也可以是重复单元头—尾相接与头—头相接之间的键接异构，或不饱和双键的顺反异构；更常见的是左右旋光手性的立体化学异构，如聚丙烯的等规、间规和无规序列结构。链序列的不规整性能改变分子间相互作用，显著抑制高分子链的结晶能力，降低其熔点直至玻璃化转变温度以下，使得高度不规整的高分子链不能结晶，成为非晶高分子。卡尔·齐格勒 (Karl W. Ziegler) 和居里奥·纳塔 (Giulio Nattta) 因发明能够低温聚合高等规度烯烃聚合物的催化剂体系，于 1963 年共同获得了诺贝尔化学奖。时至今日，通过齐格勒–纳塔催化剂生产的高密度聚乙烯、等规聚丙烯和线形低密度聚乙烯已经成为世界上合成产量最大的高分子材料。

高分子凝胶 [polymer gel]　高分子交联网络吸收溶剂发生溶胀的状态，其中损失的长链构象熵和获得的溶解自由能之间可达到平衡，决定了饱和的溶胀程度。通过物理交联形成高分子网络具有热力学可逆性，被称为热可逆性凝胶或冻胶 (thermo-reversible gel)。凝胶兼具固体弹性和液体通透性的特点，是动物皮肤、肌肉和血管等器官及植物根、茎和叶等器官的基本结构材料。凝胶研究是生物医用材料和组织工程材料开发的重要内容。

高分子橡胶态 [rubber state of linear polymers]温度范围介于玻璃态和黏流态之间的非晶线形高分子本体能表现出特别高的弹性力学状态。产生这种状态的原因是由于高分子链之间的缠结网络，允许分子链内发生大尺度变形，其导致永久形变的产生需要特别长的松弛时间，超过高分子长链松弛特征的蛇行时 (reptation time)。高分子橡胶态的存在显著影响高分子材料的力学响应及其松弛行为。

16.9　功能材料

功能材料 [functional materials]　一大类具有优良的电学、磁学、光学、声学、热学、力学、化学、生物医学等功能的材料，具有特殊的物理、化学、生物学效应，能完成功能相互转化，特别是能量转化、储存和传递功能，被广泛用于非结构目的之高技术领域。按照功能可以分为三大类：(1) 能量转换材料，如光–电，热–电，声–光等能量转换的一系列功能材料；(2) 能量存储材料，例如储氢，储热，信息存储材料等；(3) 能量传递材料，如电子导体，离子导体等。按照具体物理性能，功能材料包括磁性材料 (硬磁、软磁、磁流体等)；电子材料 (半导体、绝缘、超导、介电等材料)；信息记录材料 (磁记录、光记录等)；光学材料 (特种光学玻璃、发光、感光、吸波、光纤、激光材料等)；敏感材料 (压敏、光敏、热敏、温敏、气敏等)；能源材料 (核燃料、火药、炸药、推进剂、太阳能光电转换材料，储能材料、固体电池材料等)；智能材料 (形状记忆材料、机敏材料等)；还包括生物医用材料、生态环境材料、阻尼材料、催化材料、特种功能薄膜材料等。功能材料是信息技术、生物技术、能源技术等高技术领域和国防建设的重要基础材料，常用于制造公众装备中具有独特功能的核心部件，在自动控制、仪器仪表、电子、通信、能源、交通、冶金、化工、精密机械、航空航天、国防等部门均有重要的用途。高新技术的发展在很大程度上依赖于新的更高性能的功能材料。

纳米材料 [nanomaterials]　材料的三个维度中至少有一维的尺度在 1~100 nm 或由它们作为基本单元构成的材料，常具有不同于常规材料的理化性质。根据纳米材料的维度差异，可将其分为：零维纳米材料，如纳米颗粒、团簇等；一维纳米材料，如纳米线、纳米管、纳米带、同轴纳米电缆等；二维纳米材料，如纳米薄膜、超晶格薄膜等。当纳米材料的尺度下降到与其激子波尔半径相近时，在费米能级附近的电子能级由准连续变为离散能级，同时表面原子比例也大大增加，使其呈现出量子尺寸效应、小尺寸效应、表面效应、宏观量子隧道效应等一系列新效应，导致其电学、光学、力学、磁学、催化等理化性质与常规材料不同，在物理学、化学、材料科学、生命科学、信息、能源等领域得到广泛研究。例如，碳纳米管因其特殊的一维中空管状结构而具有优异的性能，如根据螺旋度的不同，它可以表现出金属性或半导体性，它的抗张强度是钢的一百倍，而密度只有钢的六分之一等，它在场电子发射、储氢、储能、纳米电子器件和增强复合材料等方面具有重要的应用前景。一般说来，任何材料都可以通过某种方法制备成纳米材料。

薄膜材料 [membrane materials]　聚集厚度极薄，通常小于能够保持块体材料特性的最小聚集厚度，需要用微米 (μm) 甚至埃 (Å) 作为计量单位的二维固体材料。与一般常用的三维块体材料相比，薄膜材料在性能和结构上具有很多特点。最大的特点是由于薄膜材料性能受制备过程以及衬底材料的影响，很多时候处于非平衡状态，其成分与结构可以超出平衡状态条件的限制，人们可以制备出很多块体难以实现的薄膜材料，得到新的性能。并利用其尺寸特点实现各种元器件的微型化与集成化。最典型的是用于集成电路和提高计算机存贮元件的存贮密度等。由于尺寸小，薄膜材料中表面和界面所占的相对比例较大，表面、界面的相关性质极为突出，存在一系列与表界面有关的物理效应：(1) 光干涉效应引起的选择性透射和反射；(2) 电子与表面碰撞发生非弹性散射，使电导率、霍耳系数、电流磁场效应等发生变化；(3) 当薄膜厚度与电子的德布罗意波长相近时，在膜的两个表面之间往返运动的电子就会发生干涉，与表面垂直方向运动的电子能量将取分立值，由此会对电子输运产生影响；(4) 表面处原子排列周期性中断，产生表面能级、表面态数目与表面原子数有同一量级，对于半导体等载流子少的物质将产生较大影响；(5) 表面磁性原子的邻原子数比体相减少，引起表面原子磁矩增大；(6) 各向异性。薄膜的种类很多，在实际工作中可根据材料的性能、材质、用途、结构或工艺特点等划分。薄膜的制备方法主要可分为化学法和物理法两类。化学法包括热生长、电镀、化学镀、阳极反应沉积法、LB 膜技术以及化学气相沉积 (CVD，包括等离子体化学气相沉积、热分解与化学反应沉积等)。物理法包括真空蒸发、溅射、离子束和离子助沉积技术以及外延膜沉积技术，如分子束外延膜沉积、液相外延生长、热壁外延生长等。

功能陶瓷 [functional ceramics] 具有电、磁、光、声、热等功能以及多种功能耦合的陶瓷材料。按照其化学组成可分为氧化物陶瓷和非氧化物陶瓷。氧化物陶瓷是用天然原料经化学方法处理后制成，在集成电路基板和封装等电子领域应用最多，如氧化铝 (Al_2O_3)、氧化锆 (ZrO_2)、氧化镁 (MgO)、氧化铪 (HfO_3) 等。非氧化物陶瓷是用产量少的天然原料或自然界没有的新的无机物人工合成的，其中多数能克服以往陶瓷固有的脆性。主要有碳化硅 (SiC)、氮化硅 (Si_3N_4)、碳化锆 (ZrC)、硼化物等。按材料的功能可以把陶瓷分为许多类，例如光功能陶瓷 (荧光、透光、反光、偏振光等功能陶瓷)、电功能陶瓷 (绝缘、导电、压电、超导等功能陶瓷)；磁功能陶瓷 (磁性、磁光等)；敏感性陶瓷 (热敏、气敏、湿敏、压敏、色敏等陶瓷)；生物陶瓷 (生物惰性陶瓷、生物活性陶瓷、生物可吸收陶瓷等)；化学陶瓷 (催化陶瓷、化学惰性陶瓷、吸附陶瓷等) 核反应陶瓷 (吸水中子陶瓷、中子减速陶瓷) 等，在自动控制、仪器仪表、电子、通信、能源、交通、冶金、化工、精密机械、航空航天、国防等部门均发挥着重要作用。

储氢材料 [hydrogen storage materials] 一类能在一定条件下吸附 (或吸收) 和释放氢的功能材料。储氢材料主要分为金属化合物 (金属氢化物和金属有机化合物等) 和碳质吸附剂两类。一般在金属氢化物中，把吸放氢速度快，可逆性优良的合金称为储氢合金。常用的有稀土系储氢合金、镁系储氢合金和钛系储氢合金，其中稀土系储氢合金 LaNis 在镍氢电池中已得到广泛应用。在吸附储氢材料中，碳质材料是最好的吸附剂，实验研究报道碳纳米管和碳纳米纤维的储氢质量分数可达非常高的数值，但对其储氢机理、化学改性和结构控制等方面仍在进行深入研究。多孔金属有机材料作为新兴吸附储氢材料近年来研究进展很快。储氢材料除了用于存储氢气外，还在其他领域有重要的应用：如氢燃料汽车 (可使城市汽车尾气污染大为缓解)，Ni_2MH 电池的阴极材料 (M 代表金属镁和稀土等)，及加氢反应催化剂等。

智能材料 [smart materials] 能够感知外界环境或内部状态发生的变化，并能够通过材料自身或外界的某种反馈机制，实时地将材料的一种或多种性质改变，作出所期望的某种响应的材料。它是一种融材料技术和信息技术于一体的新概念功能材料。智能材料应同时具备传感 (sensing)、处理 (processing) 和执行 (actuation) 三种基本功能。智能材料的一个显著特点是将高技术的传感器和执行元件与传统材料结合在一起，赋予材料以新的功能，使无生命的材料具有越来越多的生物特有的属性。目前的智能材料已得到应用的主要是机敏材料，如感温磁钢、变色玻璃、智能凝胶、形状记忆金、陶瓷变阻器等。正在研究的智能材料和系统有：断裂自诊断的飞机机翼、自我修复的混凝土、自调节定向给药等，在航空、航天、汽车、建筑、机器人、仿生和医药领域有巨大应用前景。而且，智能材料的基本功能随着研究的进展还在继续丰富和发展，它的智能也从低级 (如机敏材料) 发展到比较高级 (如仿生智能材料)，最终可能发展到具有类似人类的部分智能。

超导材料 [superconducting materials] 在一定条件 (温度、磁场、电流等) 下具有超导电性 (即零电阻性和完全抗磁性) 的材料。主要有铌合金 (如 NbTi、NbZr 等)、A-15 型化合物 (A_3B 型化合物，如 V_3Si、Nb_3Sn、Nb_3Ge 等)、铜钙钛矿化合物 (如镧钡铜氧化物 LBCO 和钇钡铜氧化物 YBCO) 等。使超导材料电阻为零的温度，叫超导临界温度。根据超导温度，超导材料可以分为高温超导和低温超导。目前的高温超导材料大都是铜基氧化物。超导材料具有零电阻、完全抗磁等特性，可制作强磁体、大功率长距离输电、超导磁悬浮列车、受控热核聚变反应装置以及制作高灵敏度的测量仪器及逻辑元件和存储元件等。超导材料及其应用技术是 21 世纪具有战略意义的高新技术，将在能源、交通、信息、科学仪器、医疗装置、国防、重大科学研究装置等方面有广泛应用，其意义不亚于 20 世纪的半导体材料。

梯度功能材料 [functionally gradient materials] 根据要求选择使用两种或两种以上不同功能的材料，采用先进的材料复合技术连续平滑的改变两种材料的组织，使结合部位不存在明显界面，从而使材料的性能和功能，沿厚度方向也呈梯度变化的一种新型复合材料。梯度功能材料的显著特点是克服了两种材料结合部位的性能不匹配因素，同时，材料的两侧具有不同的功能。梯度功能材料的制备方法较多，主要可分物理和化学方法两大类，前者有等离子喷镀、离子镀、离子混合涂、烧结、热等静压烧结 (HIP) 等，后者有化学气相沉积 (CVD)、电沉积、涂刷等。梯度功能材料是具有特殊结构的综合性功能材料，其应用领域很广泛，在航空航天、国防、汽车、生物、传感器等方面均有重要应用。

半导体材料 [semiconductor materials] 室温下导电性介于金属和绝缘材料之间，室温电阻率在 $10^7 \sim 10^{-5}$ $\Omega \cdot m^{-1}$ 的一类功能材料。靠电子和空穴两种载流子实现导电，通常电阻率随温度升高而增大；若掺入活性杂质或用光、射线辐照，可使其电阻率有几个数量级的变化。纯度很高的半导体材料称为本征半导体，常温下其电阻率很高；在高纯半导体材料中掺入适当杂质后，其电阻率大为降低，变为杂质半导体。杂质半导体靠导带电子导电的称 n 型半导体，靠价带空穴导电的称 p 型半导体。半导体材料按其组成可分为元素半导体、化合物半导体、固溶体半导体等。无机化合物半导体又可分为二元、三元、多元半导体。主要性能与表征参数有能带结构、带隙、载流子迁移率、非平衡载流子寿命、电阻率、导电类型、晶相、缺陷的类别与密度等。常用的半导体材料制备工艺有提纯、单晶的制备和薄膜外延生长。绝大多数半导体器件是在单晶片或以单晶片为衬底的外延片上制作的。制备单晶的主要工业方法有直拉法、悬浮区熔法、液封直拉法、水平区熔法、定向结晶法等。外延生长单晶薄膜是在单晶抛光片的衬底上进行的，方法有化学气相外延、液相外延、金属有机物化学气相外延和分子束外延等。重要的半导体材料有硅、锗、砷化镓、磷化铟、磷化镓、氮化镓、氮化铟、氮化铝等III族氮化物及它们的复合物 $(Al_xGa_yIn_zN)$ 等。有机半导体材料包括萘、蒽、聚丙烯腈、酞菁和一些芳香族化合物等，目前尚未得到应用。半导体材料是制作晶体管、集成电路、电力电子器件、光电子器件的重要基础材料。

光学材料 [optical materials]　在光学仪器和装置中起光学作用（效应）的材料，主要是光介质材料。光学效应有线性和非线性两种，应用非线性光学效应的光学功能材料，称为非线性光学材料。光学材料以折射、反射和透过的方式，改变光线的方向、强度和位相，使光线按预定的要求传输，也可以吸收或透过一定波长范围的光线而改变光线的光谱成分。光学材料按形态可分为体材料（非晶态的光学玻璃和晶态的光学晶体）、薄膜材料（光学薄膜）和纤维材料（光学纤维）。按组成可分为无机光学材料和有机光学材料（光学塑料）。主要性能有光谱透过率和光学色散，即不同波长下的透过率和折射率。现代光学材料的研制发展方向是高材料纯度，大尺寸（米级量级），高光学均匀性，低损耗（超低损耗系数达 $10^{-6} \sim 10^{-5}$ cm^{-1}），宽范围（拓展到红外和紫外区）。

隐身材料 [stealth materials]　用于隐身目的的材料。一般是指在武器系统的设计和使用过程中，降低自身目标特征的材料。隐身材料按频谱可分为声、雷达、红外、可见光、激光及多功能隐身材料。按材料用途可分为隐身涂层材料和隐身结构材料。按材料性质分为金属、陶瓷、半导体、高分子和复合隐身材料。声隐身材料包括消声材料、隔声材料、吸声材料等，主要用于新一代潜艇。雷达隐身材料采用能吸收雷达波的吸波材料，如铁氧体和树脂的复合材料，使反射波减弱甚至不反射雷达波。红外隐身材料通常为低发射率材料，用其覆盖目标，降低红外辐射。可见光隐身材料常采用由铝粉、金属氧化物粉和有机物组成的复合物，形成与背景颜色相匹配的迷彩图案，达到可见光隐身的要求。激光隐身材料用来对抗激光制导武器，要求材料对激光的反射率低可吸收率高。对隐身材料来说，对某种探测手段的隐身性能好，往往对另一种探测手段的隐身性能就不好，也就是隐身材料的相容性问题。为解决这一问题，研制了兼容型多功能隐身材料，如雷达波、红外、激光等多种兼容的隐身材料等，这是当前隐身材料的发展方向。

磁性材料 [magnetic materials]　主要利用材料的磁性能和磁效应来实现对能量和信息的转换、传递、调制、存储、检测等功能的材料的总称，包括铁磁性材料和亚铁磁性材料。按照化学成分，磁性材料可分为金属磁性材料和铁氧体磁性材料两大类；按照材料的形态，它们又各有多晶、单晶、非晶态、薄膜、液体等形式；按磁特性和应用分类，有软磁、永磁、磁记录、矩磁、旋磁、磁光和压磁等材料。

能源材料 [materials for energy application]　在开发利用能源，能源转化以及提高能源利用率的技术中起关键作用的材料。包括能源转换材料、储能材料、能量输运材料等。新能源材料主要包括储氢电极合金材料为代表的镍氢电池材料、嵌锂碳负极和 LiCoO$_2$ 正极为代表的锂离子电池材料、燃料电池材料、Si 半导体材料为代表的太阳能电池材料以及铀、氘、氚为代表的反应堆核能材料等。当前的研究热点和技术前沿包括高能储氢材料、聚合物电池材料、中温固体氧化物燃料电池电解质材料、多晶薄膜太阳能电池材料等。

光电子材料 [optoelectronic materials]　在光电子技术领域应用的，以光子、电子为载体，处理、存储和传递信息的材料。光电子材料主要分为：(1) 光学功能材料。是指在力、声、热、电、磁和光等外加场作用下，其光学性质如光的强度、位相、振幅等发生变化，从而起光的开关、调制、隔离、偏振等功能作用的材料。按应用效应又分为激光频率转换材料、电光材料、声光材料、磁光材料和光感应双折射材料等。常用的如 LiNbO$_3$，磷酸氢二钾（KDP），偏硼酸钡（BBO）等晶体；(2) 激光材料。把电、光、射线等能量转换成激光的材料。固体激光材料分为两类。一类是以电激励为主的半导体激光材料，一般采用异质结构，由半导体薄膜组成。另一类是通过分立发光中心吸收光泵能量后转换成激光输出的发光材料。常用的这类激光材料以氧化物和氟化物为主，如硅酸盐玻璃、磷酸盐玻璃、氟化物玻璃、氧化铝晶体、钇铝石榴石晶体、氟化钇锂等；(3) 发光材料。在各种类型激发作用下能产生光发射的材料；(4) 光电信息传输材料。主要是光导纤维材料，如熔石英光导纤维等；(5) 光电存储材料。利用光与材料的相互作用进行记录，用光或光电转换方法进行读出的一类光电子材料。按存储方式可分为感光存储材料、光全息存储材料以及光盘存储材料；(6) 光电转换材料，又称光伏材料。是指通过光生伏打效应将太阳能转换为电能的材料。以单晶硅、多晶硅和非晶硅为主。主要用于制作太阳能电池。(7) 光电显示材料。如电致发光材料和液晶显示材料。(8) 光电集成材料。用于制造光电子集成器件的材料。如果各种光子、电子元件都制在同一衬底上，则这种衬底材料称为单片光电集成材料，如果各种光子、电子元件分别制在不同衬底上，然后拼接在一起，则衬底材料称为混合光电集成材料。常用的光电集成材料是砷化镓、磷化铟和复合衬底材料。新型光电子材料在未来电子技术与通信技术的发展中起着关键的作用，在能源和国防等领域也有重要的应用。

生物材料 [biomaterials] 又称生物医用材料、生物医学材料(biomedical materials)。一种与生物系统直接接触并相互作用，用于诊断、治疗、修复或替换人体组织、器官或增进其功能的材料。其材料来源有：天然、人造或是它们的复合。生物材料通常不参与人体新陈代谢，其作用不被药物所替代，但它可以结合药理作用，甚至起药理活性物质的作用。生物材料区别于其他功能材料的特征在于它不仅要求稳定的力学和物理性能以及化学惰性，而且必须满足生物相容性的要求。生物医用材料按材料组成和性质分为医用金属材料、医用高分子材料、生物玻璃、生物陶瓷材料、生物衍生材料和生物医学复合材料等。金属、陶瓷、高分子及其复合材料是应用最广的生物医用材料。根据在生理环境中发生的生物化学反应水平，可分为近于惰性的、生物活性的、可生物降解和吸收的、可诱导组织再生的材料。按用途，生物医用材料可分为骨骼—肌肉系统修复和替换材料、软组织材料、心血管系统材料、医用膜材料、组织黏合剂和缝线材料、药物释放载体材料、可降解与吸收材料、临床诊断和生物传感材料、齿科材料等。

生物医用材料 [biomedical materials] 即生物材料。

生物医学材料 [biomedical materials] 即生物材料。

16.10 近代物理方法在化学中的应用

原子力显微镜 [atomic force microscopy，AFM] 依据样品表面分子或原子与仪器中微悬臂探针之间的相互作用力研究半导体或绝缘体表面的显微镜。它由执行光栅扫描和 Z 定位的压电扫描器、反馈电子线路、光学反射系统、探针、防震系统以及计算机控制系统构成，以一个一端被固定而另一端装在弹性微悬臂上的尖锐针尖探测微悬臂受力所产生的微小形变，扫描样品时通过测量微悬臂受力弯曲的程度而得到图像。检测微悬臂弯曲的方式有隧道电流法、电容检测法和光学检测法。根据样品与针尖之间的接触情况，原子力显微镜分为接触式、轻敲式、非接触式三种操作模式。原子

力显微镜用于研究纳米材料和半导体材料的表面形貌、表面电子态及动态过程；剖析金属材料微观结构以及形貌的变化；研究表面张力的分布、位错的移动、裂缝的扩展。还可观察聚合物表面形貌，包括聚合物结晶形态、片晶表面分子链折叠作用。还能研究核酸分子结构，观察体外生理状态下各种 DNA 分子的三维结构；观察蛋白质的分子结构及其参与的生理活动，甚至在液体或近生理环境下研究细胞。

俄歇电子能谱 [Auger electron spectroscopy, AES] 原子的内层电子被 X 射线激发形成最原始空穴 (W)，外层电子内迁填补该空穴，留下内迁电子空穴 (X)，同时释放能量激发较外层的另一个电子向外发射，成为 Auger 电子，并留下 Auger 电子空穴 (Y)。Auger 电子的能量取决于原子内有关壳层的结合能。通常用 WXY 表示 Auger 电子峰。AES 适合分析除 H、He 以外 $Z<32$ 的轻元素，在超高真空下进行。谱仪的分辨率 ΔE 为 5~10 eV，空间分辨率一般小于 1μm，检测极限为 1000 ppm，或极限浓度是 0.1%单原子层的原子。Auger 谱为微分谱，其形状由一个强度较小的正峰和一个尖头向下的负峰及一些精细结构构成，根据负峰的位置进行定性分析。如果 Auger 跃迁不涉及价带，化学环境变化仅改变峰的位置，形成化学位移；否则会同时改变峰位置和峰形状。如果所有谱线向同一方向位移相同的能量，原因是样品带电；如果只有某些元素谱峰移动而其他峰没有变化，原因是化学位移。利用惰性气体 (如 Ar) 离子溅射表面，同时或交替地进行 Auger 分析，可以测得元素的深度分布。将电子束直径做得很小，让它在样品上扫描，可以实现二维空间的表面元素分析，构成扫描 Auger 谱仪或扫描 Auger 微探针 SAM。将 SAM 和离子溅射结合，可以得到有关元素的三维分布。

电子能量损失谱 [electron energy loss spectroscopy, EELS] 超高真空条件下，用能量低于 10eV 的低能电子束轰击待测固体样品的表面，由于激发了表面原子的某一个 (或几个) 振动模式而失去一个特征能量。由此测量非弹性散射回来的电子能量，结合原子的可能吸附模型进行计算，得到有关吸附态的信息。EELS 主要适用于单晶的表面吸附态研究，灵敏度为 0.1%单层。EELS 谱的初级入射电子能量很低，只有 3~10eV；损失的能量小于 500meV，即 0.5eV。谱线半宽度大约十几毫电子伏，相应的能量分析器的分辨能力小于 10meV。它的角分辨能力小于 1.5°。EELS 结合低能电子衍射 (LEED) 得到的表面图像与电子能谱测得的表面成分及结构，可确定吸附状态及结构，同时可以识别任何表面反应的生成物。

光子致脱附谱 [photon stimulated desorption, PSD] 电子致脱附谱和光子致脱附谱分别以电子 (≤500eV) 和光子 (紫外光 ~X 射线) 在高真空条件下照射化学吸附样品，导致吸附粒子脱附，得到有关吸附键的几何结构、吸附

系统的电子结构等信息。ESD 装置中电子的强度可以低至 10^{-7}A/cm^2，脱附的离子在磁质谱计进行质量分析，中性粒子在离化室中被电离，再经过质谱仪进行分析。电子或光子还能导致分子中的化学键断裂，断裂后的碎片 (离子) 沿着原来的键方向飞出，用电子倍增器显示的角分布可以测出相应的键角，从而确定表面吸附分子的状态。

电子致脱附谱 [electron stimulated desorption, ESD]　参见光子致脱附谱。

电子顺磁共振波谱 [electron paramagnetic resonance, EPR]　含有未成对电子的物质，若电子自旋总磁矩不为零，则具有顺磁性；在外磁场的作用下，电子的自旋磁矩与磁场相互作用而分裂为磁量子数不同的磁能级，吸收微波辐射后产生磁能级间的共振跃迁。EPR 方法能够鉴定顺磁性物质的存在及其浓度。各种自由基及众多过渡金属离子都具有 EPR 信号，通过分析谱图的超精细结构、可以了解未成对电子周围核磁矩不为零的原子核的数目。

外延 X 射线吸收光谱精细结构 [extended X-ray absorption fine structure，EXAFS]　原子吸收一个 X 射线光子 $h\nu$ 时，内壳层一个电子会被激发，带着能量 E_k 逸出即成为光电子。$h\nu$ 大于结合能 E_{bi} 时，多原子系统或者固体的吸收系数 μ 会随 $h\nu$ 增大而发生摆动，形成被称为 EXAFS 的精细结构。这一现象来源于相邻原子把从中央原子 (吸收体) 发出的光电子散射后、产生的散射光电子波与中央原子发出的光电子波之间的干扰效应。两种光电子波迭盖的相位移将取决于吸收体与散射体两个原子间距离及入射 X 射线的波长 λ_e。EXAFS 工作设备含有 (1) 高强度 X 射线光源；(2) 单色计；(3) 高效检测系统及计算机，以收集实验数据。通常将实验所得曲线乘上权重因子，并假设相应的参数、计算出拟合曲线，进行傅立叶变换等各种计算处理之后、最后再与实验曲线相比较，并分解成为振幅函数和相函数。EXAFS 擅长考察短程有序的体系 (原子距离可确定在 ±0.002 nm 内)，研究非晶态的固体和溶液；金属簇，尤其是固体催化剂表面上的活性团簇；生物大分子；多组分体系中某一类原子与相邻原子组成的结构。

离子中和谱 [ion neutralization spectroscopy, INS]　在高真空条件下，使用特定能量的惰性气体离子束轰击固体样品的表面。入射的离子从样品表面原子中获取一个电子而被中和时，能激发出俄歇电子。通过测量该俄歇电子的能谱，可以分析推断样品表面的电子状态、吸附状态和成分。

场离子显微镜 [field ion microscopy, FIM]　金属样品被制成半径为 20~200nm 的针尖。在 FIM 仪器中充以 $10^{-5} \sim 10^{-4}$Torr 的成像气体如 He、Ne 或 O_2。在电场的作用下，部分气体由于感应而变成偶极子吸附到针尖表面的突

出部分，其中的电子可通过 "隧道效应" 而进入针尖的空带中；这些在针尖表面电离后的气体分子被电场加速，飞到荧光屏上，形成与表面结构相联系的场离子像。样品在 100K 以下进行分析，分辨率达 0.25nm。如果将 FIM 的荧光屏上开一个小孔，通过场蒸发或激光逐层剥离样品原子、以离子形式蒸发出来并经质谱仪分析，就成为原子探针场离子显微镜 (AP-FIM)，可测定金属和合金表面层的组分；还可观察单个原子的扩散，了解有关晶体成核与生长、及化学吸附。

低能电子衍射谱 [low energy electron diffraction, LEED]　在高真空条件下，利用电子的波动性研究固体表面的原子排列，采用 10~500eV 的电子束在晶体表面发生的？弹性散射。弹性散射的电子在晶体表面发生衍射作用，所得信息反映表面第 1~3 层的原子排列。通过研究 LEED 图案中的斑点分布，获得样品的二维表面结构；研究衍射点强度和入射电子能量的关系，可以计算求出样品表面原子的位置及分布等；研究斑点的形状，能够推断出样品表面缺陷和相变的情况。低能电子的 LEED 适用于剖析单晶而不适用于做多晶和粉末样品。

低能离子散射谱 [low-energy ion scattering spectrometry，LISS]　测定固体最外层表面的粒子散射情况，但是需要高真空条件。入射的惰性气体离子如 He^+、Ne^+、Ar^+ 等在能量很低的情况下 (<5 keV) 被固体表面最外一两层散射而进入检测器。研究 LISS 谱图散射离子的能量分布获取固体表面组成和结构的信息。

分子束散射 [molecular beams scattering, MBS]　在一个交叉分子束的装置中，首先必须先将两股汽化的分子 (或原子) 束的浓度稀释至可以忽略它自己与自己在真空反应腔碰撞的浓度。由两个不同来源喷发出两个分子束，在一个高真空的反应室中形成交叉，使分子间发生单次碰撞而散射。在散射室周围设置多个窗口，以便检测出产物分子以及弹性散射的反应物分子的能量分布、角度分布和分子能态，从而获得关于碰撞反应动力学的真实信息；进而研究从确定能态 (或叫量子态) 反应物到确定能态生成物的反应特征。这种由确定量子态的反应物发生反应而生成新的量子态的产物的过程叫作态–态反应 (state-to-state reaction)。

由于调频激光器的激光束与原子分子束交叉时，能够有选择地把原子分子束中的原子或分子激发到特定的受激态，包括分子中的转动、振动和电子受激态，这就有可能研究原子或分子处于一定受激态时各种类型的碰撞截面、相互作用势和化学反应。通过不同频率激光的级联激发，还可以使原子分子束中原子激发到高受激态和自电离态，从而研究这些态的性质。这类原子态的场电离和自电离几率都很大 (接近于 1)，电离产生的离子可进行计数。采取措施提高灵敏度，消除检测中的本底噪声后，就可以实现单个原子的检测。

当分子具有磁或电偶极矩时，可以通过外加磁场和电场与偶极矩的相互作用来选择偶极矩取向，使得不同偶极矩的原子和分子在空间分离。由此可进行精密的原子、分子束波谱实验，精确测量原子核的磁矩，发展原子和分子的频率或时间的测量标准。

核磁共振波谱 [nuclear magnetic resonance, NMR] 构成物质的原子核的核自旋量子数 $I \neq 0$ 时称为自旋核。含有自旋核的样品放入磁场后，经过射频电磁波照射，发生原子核能级的共振跃迁，同时产生核磁共振信号得到 NMR 谱图。所吸收的电磁辐射频率由化合物中特定同位素如 H^1, C^{13}, P^{31}, V^{51}, Mn^{55} 等的原子核的磁性所决定。目前使用的核磁共振仪有连续波 (CN) 及脉冲傅里叶 (PFT) 变换两种形式，可以测定液体样品和固体样品。由 NMR 谱图提供的信息包括峰的化学位移、强度、裂分数和偶合常数，提供核的数目、所处化学环境和几何构型的信息。

光声显微镜 [photo-acoustic microscopy] 在光声光谱技术和声学显微镜的基础上研制的新型显微成像装置。利用聚焦的激光束对固体样品表面扫描，测量不同位置处产生的光声信号的振幅和相位，从而确定样品的光学性质、热学性质、弹性情况或几何结构，可对各种金属、陶瓷、塑料或生物样品等的表面或亚表面的微细结构进行声成像显示，尤其可以对集成电路等固体器件的亚表面结构进行成像研究，成为各种固体材料或器件非破坏性检测的有效工具。

一般可分为三种，即 (1) 微波超声频段的光声显微镜系统，由透射式声学显微镜改造而成。它将锁模 Q 开关 (Nd: YAG) 激光聚焦成 2 微米左右的光束，取代声学显微镜的输入声透镜和换能器，但仍沿用声学显微镜的输出声透镜和换能器接收光信号。例如锁模脉冲列的重复频率为 210 兆赫，样品能产生其谐频的超声信号，因此接收换能器的工作频率为 840 兆赫兹。当以二维光栅形式扫描样品时，光束射到样品上的位置可连续改变，光声信号作为位置的函数被记录并显示。系统的分辨率与光点的尺寸与热扩散长度 (即热波波长) 有关，但高频的热扩散度很短，所以主要由光点尺寸决定。(2) 音频范围的光声显微镜系统用光声光谱仪 (用传声器接收声信号) 改装成的光声成像系统。光源为单色连续激光，利用机械斩光器进行强度调制，再经光学透镜聚焦在样品上。样品和光声信号接收器安装在特殊设计的光声盒 (样品盒) 内，工作频率一般低于 2 千赫兹。这种光声显微镜系统虽然易于实现，但由于频率较低和样品的热扩散长度较长，对亚表面结构成像的分辨率也比较低。(3) 用压电换能器接收声信号的光声显微镜系统压电换能器通过声耦合介质直接与样品接触而接收光声信号。光声信号的压电检测有如下优点：(1) 不必采用封闭的光声盒，样品的尺寸不受限制；(2) 接收灵敏度较高，适用于吸收光较弱的样品；(3) 检测频域广：从音频到超

声频段都可以使用。

光声显微镜用于检测物质在吸收光能后所产生的热波和物质受激发后产生的声信号。利用光声效应检测物质的结构很灵敏。此外，由于热波波长较短，即使光声显微镜的工作频率不高 (如 1 兆赫兹)，其分辨率也可达到微波频段超声显微镜的分辨率。因为热波的透入深度随波长而变，改变频率就能对样品的亚表面结构进行分层分析。同时，还可以适当调节接收系统，以接收光声信号的"振幅"或"相位"，从而区别样品的表面结构和亚表面结构。

光声显微镜主要用于三个方面。(1) 在半导体工业中的应用：可以显示硅片及其在制作中金属化和氧化层的几何特征和材料特征方面的资料，如金属化或氧化层中的缺陷、深度剖面结构以及薄膜厚度等。(2) 在无损检测方面的应用：光声显微镜的检测系统一般不需要与被测样品的表面接触，就能有效地检测形状复杂的样品 (如涡轮定子的某些区域，其检测精度较高，如对表面缺陷的检测可达到几十微米的数量级)。(3) 在生物医学方面的应用：光声效应的检测灵敏度高，有可能实现非损伤性的检查。

声信号可由物质吸收的任何形式的电磁能量产生，如电磁波、红外线、可见光、紫外线、X 射线、γ 射线等；同时还可由任何粒子与样品的相互作用而产生，如电子、质子、中子、离子、原子或分子等。因此显微镜的入射光束也可以采用其他形式的电磁辐射或粒子束来代替，包括用高频声波作为入射能。利用检测热波信号的显微镜，称为热波显微镜。

反射高能电子衍射谱 [reflection high energy electron diffraction，RHEED] 使用 5~100keV 的高能电子束进行固体表面的探测，在高真空条件下的平均自由程约为 2~10 nm；电子束以 3°~5° 的低入射角掠射到样品上发生衍射，RHEED 谱线比 LEED 谱图有更高的亮度，可得到近表面层的信息。它主要研究从表面向体内发展的化学吸附和表面反应，如腐蚀、氧化、外延生长等，得到表面形貌的信息。

卢瑟福背散射谱 [Rutherford backscattering spectroscopy, RBS] 一种离子散射技术，以兆电子伏特 (MeV) 级的高能氦离子通过针形电极 (探针) 在高真空下以掠射方式射入固体样品，大部分离子由于样品原子核的库仑作用产生卢瑟福散射，改变了运动方向而形成背散射。测量背散射离子的能量、数量，即可分析出样品所含有的元素种类、含量和晶格。RBS 在定量化分析而不需要参考标准方面是独一无二的：它无需标准样品就能得到定量分析结果、不必破坏样品宏观结构就能得到深度分布信息等特点，广泛地应用于薄膜物理、材料科学、环境科学等各个领域。在 RBS 测量中，高能量 (MeV)He^+ 指向样品，这样给定角度下背向散射 He^+ 产生的能量及分布情况被记录下来。因为每种元素的背向散射

截面已知，就有可能从 RBS 谱内获得定量深度剖析 (薄膜厚度要小于 1 毫米)。它是一种常规的杂质成分、含量及深度分布、膜厚度分析手段，具有快速、定量、无损等优点，有时还能多元素同时分析。这个方法可以作定量分析而不需要"标样"；可以得到元素的深度分布、而不需要对样品进行剥层处理 (如离子溅射、化学腐蚀、机械研磨等)，因此分析物质表面下组成的变化或杂质的深度分布特别合适。由于实验测得的某一背散射能谱峰的面积同靶物质中相应靶元素的含量有关，因此如果能测得该元素的背散射谱面积，就可以得到它的含量。对于均匀分布的混合物或化合物样品，若测得背散射谱高度比，则可求得它们的组分比。

背散射分析中常利用低能加速器产生的能量为 $1 \sim 2.5\,\text{MeV}$ 的 α 粒子束作为入射束，得到较好的质量分辨率和深度分辨率。对质量数在 50 以下的元素，质量数相差 $1 \sim 2$ 即能区分开；样品的可分析深度决定于分析束的能量离子种类以及待分析样品的种类，对能量为 $2\,\text{MeV}$ 的 α 粒子，分析深度约 $1\mu\text{m}$；如果采用质子束作分析束，分析深度可提高到约 $3\mu\text{m}$。背散射分析特别适用于分析轻基体中的重杂质元素，对于体相杂质其分析灵敏度 (对质量的分辨率) 可达到 0.1%；对表面单原子层沾污重杂质元素，分析灵敏度可达到 $1/10 \sim 1/100$。对于重基体元素中的轻杂质，或质量同基体元素的相近的杂质则不灵敏。

扫描电子显微镜 [scanning electron microscope, SEM]　用微细电子束在固体样品表面做栅网式扫描，产生二次电子反射 (以及其他物理信号)，二次电子的发射量随着试样表面形貌而变化，经探测器收集转换后就可得到反映试样表面形貌的电子图像；成像信号主要是二次电子，也含有背散射电子或吸收电子。扫描电镜的观察倍率从 15 倍到 30 万倍，直接认识样品的超微形貌、表面显微结构、及薄膜内部的显微结构；SEM 通常附设 X 射线探测器，可同时进行微区元素的定性与定量分析，如样品中各种孔的排列和大小，内部缺陷、颗粒表面及界面的结构以及孔道内纳米颗粒的分布情况。

次级离子质谱 [secondary ion mass spectroscopy, SIMS]　高真空下，用质谱法分析初级离子 (Ar^+、He^+、O^- 等) 打到样品后溅射产生的正负次级离子。能够分析表面层内包括 H 在内的全部元素，并给出同位素信息，分析化合物组分及分子结构，具有 ppm 甚至 ppb 量级的高灵敏度，还可以进行微区成分成像分析和深度剖面分析；结合化学分析和同位素检测的极高灵敏度而适应于多种领域。但是，SIMS 属于破坏性的分析，存在着基体效应 (Matrix Effect)：O 的存在使得金属的正离子产额增加 $100 \sim 1000$ 倍，影响定量分析。静态 SIMS(static SIMS) 轰击的离子流大约为 10^{-9}A/cm^2，几乎不破坏样品表面，检测灵敏度为 10^{-6} 单层的原子。质量分辨

率达到 15000，横向和纵向分辨率小于 $0.5\mu\text{m}$ 和 5nm；用于测定矿物、核物质、陨石和宇宙物质的半定量元素含量和同位素丰度，测定单颗粒物、团簇、聚合物、微电子晶体、生物芯片、生物细胞同位素标记和单核苷。近年应用于检测细胞/组织中的化学元素分布，指导药物治疗。动态 SIMS(Dynamic SIMS) 的离子束流大约为 10^{-6}A/cm^2，样品的表面在测定中被层层剥去；结合使用飞行时间质量分析器 (TOF)，可用于大面积表面质谱、表面成像和深度剖析，擅长分析表面和薄膜。

溅射中性粒子质谱 [sputtered neutral mass spectrometry, SNMS]　高真空条件下用离子轰击固体样品，质谱检测分析样品表面溅射出的分子等中性粒子，其灵敏度达到 ppm 级 (10^{-6} 单分子层)，可以测氢、氢化物等。在 SNMS 的质谱入口前装有"后电离室"，将溅射的中性粒子电离后进入质谱仪分析。溅射中性粒子的各类数目与样品的组成呈正比关系，与样品表面化学环境即"基体效应"无关；它可以用于定量地分析表面成分和深度剖析。激光解吸电离 (laser desorption ionization) 和激光熔融 (laser ablation) 电离二次离子质谱，特别是基体辅助激光解吸电离 (matrix assisted laser desorption ionization, MALDI) 与离子反射型飞行时间质谱结合，可用于单核苷酸多态性分型分析、DNA 序列测定、临床遗传病诊断试验等基因组研究工作。

扫描近场光学显微镜 [scanning near-field optical microscopy，SNOM]　物体表面场的近场区是指距物体表面几个波长的范围内，近场光学显微镜就是在近场区对物体进行观测，获得这一场内关于物质表面结构的信息：首先用压电调节法使得探头和物体表面的距离准确，其次用逐点成像法在近距离成像；利用光学隧道效应，将探头伸入非辐射场的范围内产生光学扰动，把局限在物体近邻的信息转换出来。信息准确反映精细结构的局部变化，用光纤探头的尖端进行平面扫描时可以得到二维图像。近场光学检测不仅可以检测样品表面的荧光分子，还可以检测埋于样品表面以下一定深度的荧光分子。高透光性的 SNOM 探针不仅可以提供高分辨率的光学图像和光谱的检测，还能通过探针的激光烧蚀作用实施"纳米级的采样"，将材料运输一段距离进行高灵敏度的质谱分析。

扫描隧道显微镜 [scanning tunneling microscope, STM]　STM 不用任何电子光学系统，放大率很高而无像差；可在各种条件下 (从液氮温度至高温、液相或气相) 测量单个表面原子的位置，分辨率在垂直方向上 0.01nm，横向优于 0.2nm。在金属—绝缘体—金属结构中，当绝缘层足够薄时就可以发生"隧道效应"。STM 中的针尖形状短而尖，位置控制中 $\Delta Z = 0.001\text{nm}$，$\Delta X$，$\Delta Y = 0.01\text{nm}$。尖端靠近表面，则尖端处样品发出出的电流只是一束，电流的直径决定于

针尖的面积，如果针尖上只有一个原子，那么电流也变为原子量级。针尖和样品表面的垂直距离通过锁定恒定高度或恒定电流而确定，因此扫描隧道显微镜将根据检测方式的不同，被分为恒高 (度) 法检测和恒 (电) 流法检测。恒高法仅适用于相对平滑的样品表面，恒流法可以高精度地测量不规则的表面。

扫描隧道显微镜可以研究纳米材料的组织结构和特性如磁性，导电性、优良的耐腐蚀性和光学性能等，动态地观察材料表面腐蚀过程，原位考察材料内各类界面的结构分析、应力诱发相变、测量材料裂纹扩展时裂尖部位的应变分布等。它还可以在原子尺度的空间研究超导体能隙；研究薄膜生长机理和薄膜结构性能。在纳米医学与纳米生物学领域可观察 DNA、球蛋白、氨基酸、病毒、血红细胞等。扫描隧道显微镜还可以在纳米尺度上对材料表面进行各种加工处理，深入研究金属表面原子结构、金属的氧化和腐蚀机理等。

透射电子显微镜 [transmission electron microscope, TEM]　高能电子束穿透试样时会发生散射、吸收、干涉和衍射，形成衬度而显示出图像，可以得到物质的晶体形貌、分子量分布、微孔尺寸分布、多相结构和晶格与缺陷等信息。透射电镜由电子照明、电磁透镜成像、高真空和记录系统等组成，分辨率可达 0.2nm，放大倍数可达 100 万倍。TEM 常用于检测晶体结构和缺陷，能够观测原子或原子团的排列并能确定它们的空间位置，近来它尤其擅长于分析介孔材料的结构。介孔非硅材料具有规整的介孔结构和晶面条纹而无定形，非硅材料则没有，高分辨电镜 (HRTEM) 能够对此进行别的技术方法所难以替代的相关分析。由于电子束的穿透能力有限，用于检测的样品必须制成薄片。

热脱附谱 [thermal desorption spectroscopy, TDS]　固体样品放于超高真空的容器中，经过清洁处理后引入一定压强的气体 (如 $10^{-4} \sim 10^{-3}$Pa)，历经一定吸附时间后，样品再按一定规律被加热、使得吸附气体放出。记录真空室中气体压强随着时间或加热温度的变化所得到 TDS 谱图或 TPD 谱，也可以用四极质谱观察脱附气体的种类和数量。热脱附谱技术可以决定固体样品表面上的化学吸附能、反应阶数和化学吸附状态数，粒子在固体表面上吸附的化学状态、解离与否，由此了解吸附物在固体样品表面上的成键状况。

X 射线荧光分析 [X-ray fluorescence, XRF]　波长在 0.001~50nm 之间的高能 X 射线，其能量与原子轨道能级差的数量级相同。被测固体样品中的原子吸收高能辐射后，其内层电子发生能级跃迁，发射出频率低于原 X 射线的次生特征 X 射线 (X 射线荧光)，通过波长与元素原子序数间的关系以及特征谱线对样品进行定性分析；通过谱线强度和含量成正比的关系进行定量分析。X 射线荧光光谱仪可以同时进行多元素测定，测定原子序数为 5~92 的元素。

X 射线光电子能谱 [X-ray photoelectron spectroscopy, XPS]　XPS 涉及到元素的内层电子，以 X 射线为激发源，利用元素受激发射的内层电子的能量分布进行元素的定性和半定量分析。光电发射现象构成 XPS 的基础。固体样品表面层原子的电子被束缚在各个不同的量子化了的能级上；使用一定波长的光量子照射时，吸收了光子能量的电子能够挣脱原子轨道的束缚 (即结合能) 而逸出，被称为光电子；它具有的动能是光子能量扣除该电子在原子中的结合能的差值，由此可以确定该原子的种类以及它所处的化学环境。光电子能谱对于固体表面的检测灵敏度很高。利用 XPS 内层光电子峰的峰位和强度作为 "指纹" 特征，可进行表面元素的定性分析。此外内层光电子的化学位移和震激伴峰，即峰位和峰形，将提供有关化学价态的信息。XPS 谱仪通常由样品室、X 射线源、能量分析器、电子探测器、高真空排气系统、计算机等组成，一般使用铝和镁的 $K\alpha$ 线作为入射光。XPS 主要应用于 (1) 元素定性分析 (H、He 除外)。(2) 元素定量分析：一定条件下，含量与峰强度成正比，精度 1%~2%。(3) 固体化合物的表面分析：取样深度 $d = 3\lambda$(λ 为光子的波长)，金属样品可达 0.5~2nm，氧化物样品大约为 1.5~4nm，有机和高分子材料则为 4~10nm。XPS 可以做到样品表面的无损分析。(4) 依据原子的化学环境与化学位移之间的关系进行化学结构分析，研究复合材料中活性组分与载体的相互作用，鉴别元素在化合物中的化学状态，确定负载组分的分散度和粒径。

本章作者：杨星水，李伟，黎书华，周燕子，谢代前，马晶，季伟捷，沈俭一，徐建华，胡文兵，丁维平，郭学锋，朱建华

能源物理

可再生能源 [renewable energy]　可再生能源是指在自然界中可以不断再生、永续利用、取之不尽、用之不竭的能源，对环境无害或危害极小，分布广泛，适宜就地开发利用。可再生能源主要包括太阳能、风能、水能、生物质能、地热能和海洋能等。开发可再生能源能够从根本上解决国家和社会的能源问题，不断满足经济和社会发展的需要，保护环境，实现可持续发展。加快开发利用可再生能源，是重要的战略选择，也是落实科学发展观、建设资源节约型社会的基本要求。

不可再生能源 [non-renewable energy]　在自然界中经过亿万年形成，随着大规模开发利用，短期内无法恢复，储量越来越少直至枯竭的能源。主要指自然界的各种矿物、岩石和化石燃料，如泥炭、煤、石油、天然气、油页岩、核能等。不可再生能源是不能再生的。石油、天然气等由于是不可再生能源，往往会由于能量需求的增加和储量的减少而导致价格飙升，带来对于常规能源的严重短缺的恐慌。核能也是一种不可再生能源，虽然有一定的危险性，但因大量利用核能可降低对化石燃料的使用，从而有助于减少碳排放，而更重要的是，与其他的可再生能源，如风能、太阳能不同，核能可以在任何天气状况下都保持稳定的电力供应，故而越来越受到很多国家的青睐。

清洁能源 [clean energy]　分为狭义和广义两种概念。狭义的清洁能源是指可再生能源，如水能、生物能、太阳能、风能、地热能和海洋能。这些能源消耗之后可以恢复补充，很少产生污染。广义的清洁能源是指在能源的生产、消费过程中，对生态环境低污染或无污染的能源，如天然气、清洁煤和核能等。

太阳热能 [solar thermal energy]　一种利用太阳能的热能 (热量) 技术，主要是接收或聚集太阳辐射使之转换为热能来使用。现代的太阳能科技可以将阳光聚焦，并运用其能量产生热水、蒸汽和电力。

太阳能利用 [solar energy utilization]　利用一定的材料，将辐照到地球表面太阳能转化为热能、电能或化学能等加以利用和存贮的过程。

水力发电 [hydroelectric power]　水力发电是将水的势能转换成电能的发电方式。其原理是利用水位的落差产生 (如从河流或水库等高位水源引水流至较低位处) 的水流推动轮机使之旋转，带动发电机发电。高位的水来自太阳热

力而蒸发的低位的水分，因此可以视为间接地使用太阳能。由于技术成熟，是目前人类社会应用最广泛的可再生能源。

风能 [wind energy]　地球表面大量空气流动所产生的动能。太阳光辐射到地球并对全球大气进行有差别的加热。由于地球各处受热不均，空气在赤道与两极之间形成的温度梯度会造成大气压的不同，从而引起大气的对流运动形成风。

潮汐能 [tidal power]　指从海水昼夜间的涨落中获得的能量。在涨潮或落潮过程中，海水进出水库带动发电机发电。

波浪能 [wave energy]　波浪能是海洋表面波浪运动所传送的能量，可以作为各种不同用途的能源，如发电、海水淡化或推动抽水机等。海洋波浪是由太阳能源转换而成的。太阳辐射的不均匀加热、地壳冷却及地球自转等因素形成风，风吹过海面形成波浪，波浪所产生的能量与风速成一定比例。波浪起伏造成水的运动 (包括波浪运动的位能差、往复力或浮力) 产生的动力可以用来发电。波浪能是海洋能中能量最不稳定又无规律的能源。

生物质能 [bioenergy]　指太阳能以化学能形式贮存在生物质中的能量，即以生物质为载体的能量。它直接或间接地来源于绿色植物的光合作用，可转化为常规的固态、液态和气态燃料，是一种可再生能源，也是唯一一种可再生的碳源。

海水温差发电法 [ocean thermal energy conversion]　海水温差发电法主要是利用表层海水与深层海水之间的温度差来发电的发电方式。海洋温差发电法是利用热交换的原理来发电。首先需要抽取温度较高的海洋表层水，将热交换器里面沸点很低的工作流体 (Working fluid, 如氨、氟利昂等) 蒸发气化，然后蒸汽推动透平发电机发电。之后把蒸汽导入另外一个热交换器，利用深层海水的冷度，将它冷凝，回归液态，这样就完成了一个循环。此循环周而复始，不断发电。目前有封闭式循环系统、开放式循环系统、混合式循环系统等，其中以封闭式循环系统技术较成熟。

化学电池 [chemical battery]　通过电化学反应，把正极、负极活性物质的化学能转化为电能的一类装置。与普通氧化还原反应不同的是，氧化和还原反应是分开的 (负极氧化，正极还原)，而电子得失通过外部线路进行，因此形成电流。按能否充电可分为：一次电池 (原电池)、二次电池 (可充电电池) 和燃料电池。经过长期的研究与发展，化学电池种类繁多，应用广泛，在现在社会生活的各个方面具有重要作用。

燃料电池 [fuel cell]　化学电池的一种，将燃料具有的化学能直接变为电能的发电装置。其组成与一般化学电池相同。不同的是，一般电池的活性物质储存在电池内部，因此限制了电池容量。而燃料电池的正、负极本身不包含活性物

质，只是个催化转换元件。电池工作时，燃料和氧化剂由外部供给，进行反应。原则上只要反应物不断输入，反应产物不断排除，燃料电池就能连续发电。燃料电池具有以下优点：能量利用率高、设备轻巧、噪声小、污染少、可连续运行、单位重量输出电能高等。因此，它已在宇宙航行中得到应用，在军用与民用的各个领域中已展现广泛的应用前景。按所采用的电解质类型，可分为五大类：质子交换膜燃料电池、碱性燃料电池、磷酸燃料电池、熔融碳酸盐燃料电池和固体氧化物燃料电池。

质子交换膜燃料电池 [proton exchange membrane fuel cell] 又称**固体聚合物电解质燃料电池**。一般采用铂或铂合金作为阴阳极的催化剂，质子交换膜作为电解质的燃料电池。由于质子交换膜只能传导质子，因此氢质子可直接穿过质子交换膜到达阴极，而电子只能通过外电路才能到达阴极。当电子通过外电路流向阴极时就产生了直流电。因为具有工作温度低、启动快、比功率高、结构简单、操作方便等优点，质子交换膜燃料电池有望取代汽车内燃机，成为新一代能源动力系统。除应用于汽车，质子交换膜燃料电池在交通、军事、通信等领域均具有广阔的应用前景。

固体聚合物电解质燃料电池 [solid oxide fuel cell] 即质子交换膜燃料电池。

碱性燃料电池 [alkaline fuel cell] 以氢氧化钾为电解质的燃料电池。早在 1960 年，美国国家航空航天局便开始将其运用于航天飞机的发射及人造卫星上，包括著名的阿波罗计划。由于采用的电解质是氢氧化钾，因此如果反应气体中含有二氧化碳，氢氧化钾会与二氧化碳反应形成碳酸钾，碳酸钾则会堵住电极上的孔，使得反应气体无法与电解质接触，导致电池性能下降。碱性燃料电池的优点是电能转换效率很高，而且使用的银或镍催化剂较便宜，具有一定的商业前景。

磷酸燃料电池 [phosphoric acid fuel cell] 以液体磷酸为电解质的燃料电池。利用廉价的碳材料为骨架，工作温度位于 $150\sim200°C$。由于工作温度较高，催化剂对 CO 的耐受能力较高，因此有可能直接利用甲醇、天然气、城市煤气等低廉燃料。但是，由于氧还原反应在酸性介质下速率较慢，因此需要大量的铂催化剂。而且，磷酸电解质的腐蚀性较强，导致材料腐蚀，使得电池的寿命缩短。磷酸燃料电池是当前商业化发展得最快的一种燃料电池，主要应用于燃料电池发电站。

熔融碳酸盐燃料电池 [molten carbonate fuel cell] 以熔融态碳酸盐为电解质的燃料电池，属高温电池。由于工作温度高 $(600\sim700°C)$，CO 对熔融碳酸盐燃料电池没有毒化作用，反而可以成为燃料。因此，燃料（如天然气）的重整可在电池堆内部进行，既降低了系统成本，又提高了效率。而且，电池反应的高温余热可回收利用。此外，高温下的电化学反

应极化小，不需要使用贵金属催化剂，大大降低了系统成本。但是，高温以及电解质的强腐蚀性对电池材料的耐腐蚀性能有十分严格的要求，电池的寿命也因此受到一定的限制。而且，由于材料膨胀系数的不同，使得电池的密封较为困难。熔融态碳酸盐燃料电池可用煤、天然气作燃料，是未来绿色大型发电厂的首选模式。随着关键性基础问题的解决，熔融态碳酸盐燃料电池的优越性能正在越来越受到人们的关注。

固体氧化物燃料电池 [solid oxide fuel cell, SOFC] 又称高温固体氧化物燃料电池。第三代燃料电池，采用固体氧化物（如氧化钇稳定氧化锆陶瓷）作为氧离子通电电解质的全固态电池。固体氧化物燃料电池是一种把储存在燃料和氧化剂中的化学能直接转化为电能的全固态化学发电装置。工作温度在 $600\sim800°C$。由电解质、阳极或燃料极、阴极或空气极和连接体或双极板组成。空气中的氧气在阴极/电解质界面被还原形成氧离子，在化学势的作用下，氧离子进入电解质中氧离子导体，在浓度差引起的扩散作用下，向阳极侧移动，在燃料极（阳极）/电解质界面和燃料中的氢或一氧化碳的中间氧化产物反应，生成水蒸气或二氧化碳，放出电子。电子通过外部回路，再次返回阳极，产生电能。与其他燃料电池相比，固体氧化物燃料具有许多非常突出的优点：(1) 较高的电流密度和功率密度；(2) 阴阳极极化可忽略，传质速度快，电压损失问题仅存在电池内部内阻降上；(3) 可直接使用氢气、烃类（甲烷）、甲醇等作燃料，而不必使用贵金属作催化剂；(4) 避免了中、低温燃料电池的酸碱电解质或熔盐电解质的腐蚀及封接问题；(5) 气体渗透率低，燃料利用率高；(6) 广泛采用陶瓷材料作电解质、阴极和阳极，具有全固态结构等。

高温燃料电池 [high-temperature fuel cell] 堆内工作温度和排气温度较高的燃料电池。这类燃料电池包括熔融碳酸盐燃料电池和固体氧化物燃料电池；其中熔融碳酸盐燃料电池的工作温度是 $600\sim650°C$，固体氧化物燃料电池的工作温度是 $800\sim1000°C$。当工作温度在 $600°C$ 以上时，天然气、煤气、石油气、沼气等都可以被重整而加以利用，而且燃料本身转换效率高。高温燃料电池可以直接使用煤气，这对于以煤炭为主要能源的我国解决提高能源使用效率、减少二氧化硫排放等问题上有重要意义。在高温条件下，燃料电池可以不采用贵重金属，如铂金等作催化剂，这样可以降低燃料电池的成本，从而为其商用化提供了条件。高温燃料电池最主要的一个优点还在于：高品位的废热使得高温燃料电池可以和其他装置组成各种联合循环系统，从而大幅度地提高燃料的利用效率。在这各种联合循环系统中，和燃气轮机组成混合装置是其最佳选择；一方面，燃气轮机技术已趋完善，混合装置效率可达到 70%～80%(燃料的低热值)。另一方面，其排放指标很低 (NO 和 CO)，可以满足环保方面的要求。此外，随着微型燃气轮机的出现以及模块化燃料电池技术的成

熟，这两种系统的参数相容，组成混合循环具有一定的可行性，并对分布式发电市场具有十分重要的意义。

质子交换膜 [proton exchange membrane, PEM] 质子交换膜是质子交换膜燃料电池的核心部件，对电池性能起着关键作用。它不仅具有阻隔作用，还具有传导质子的作用。目前质子交换膜的种类有：全氟磺酸型质子交换膜、nafion® 重铸膜、非氟聚合物质子交换膜、新型复合质子交换膜等。质子交换膜须具有以下特点：良好的质子电导率、小分子在膜中的电渗透作用小、电化学稳定性好、干湿转换性能好、机械强度高、易加工、成本低。

气体扩散层 [gas diffusion layer] 又称支撑层，膜电极组成部件之一。通常由导电的多孔材料构成，主要包含基底层和微孔层，作用是支撑催化层、收集电流、传导气体和排出水。理想的扩散层应满足三个条件：良好的排水性、良好的透气性、良好的导电性。碳纸、碳布是目前较为广泛使用的扩散层材料。通常加入憎水剂（聚四氟乙烯）对碳纸或碳布进行疏水化处理，改善气体和反应产物的传输。

催化层 [catalyst layer] 膜电极的核心部件，是电极中发生电化学反应的场所。通常离子导体 (如全氟磺酸离子聚合物) 为其提供质子传输通道；催化剂 (如 Pt/C) 提供电化学活性位点和电子通道；各组成材料间形成的多孔结构提供反应气体和产物水的传输通道。提高催化层性能的关键在于有效构筑 "三相反应区" 和提高反应气体和反应产物的传输能力。

膜电极集合体 [membrane electrode assemblies, MEA] 是质子交换膜燃料电池的核心部件，主要有阳极扩散层、阳极催化层、质子交换膜、阴极催化层和阴极扩散层五个部分。膜电极是决定燃料电池的性能、效率和寿命的关键因素。

直接甲醇燃料电池 [direct methanol fuel cell, DMFC] 直接使用甲醇水溶液或蒸汽甲醇作为发电的燃料的质子交换膜燃料电池。其工作原理是：甲醇水溶液进入阳极催化层中，在电催化剂的作用下发生电化学氧化，产生电子、质子和二氧化碳，其中电子通过外电路传递到阴极，二氧化碳从阳极出口排出，质子通过电解质膜迁移至阴极；在阴极区，氧气在电催化剂的作用下，与从阳极迁移过来的质子发生电化学还原反应生成水，产物水从阴极出口排出。直接甲醇燃料电池具有许多优点，如燃料资源丰富，成本低廉，存储携带方便；与氢/氧 (空气) 质子交换膜燃料电池相比，不存在氢气的制备、储存、运输以及安全等问题；工作时燃料直接进料，无需外重整处理；结构简单，响应时间短，操作方便；与常规的二次电池相比理论比能量密度高等。

直接甲酸燃料电池 [direct formic acid fuel cell, DFAFC] 直接使用甲酸水溶液或蒸汽甲酸作为发电的燃料的质子交换膜燃料电池，与直接甲醇燃料电池类似。甲酸在阳极催化剂的作用下发生电化学氧化，产生电子、质子和二氧化碳，其中电子通过外电路传递到阴极，二氧化碳从阳极出口排出，质子通过电解质膜迁移至阴极；在阴极区，氧气在电催化剂的作用下，与从阳极迁移过来的质子发生电化学还原反应生成水，产物水从阴极出口排出。与直接甲醇燃料电池相比，甲酸燃料电池具有无毒、不易燃、储运方便和电化学活性、能量密度、质子导电率更高，对质子交换膜有较小的通过率，在较低温度下可产生较大的输出功率密度等优点，是很有希望代替甲醇燃料电池的燃料电池。

直接醇类燃料电池 [direct alkanol fuel cell, DAFC] 是将甲醇/乙醇等醇类燃料中的化学能直接转化为电能的一种电化学反应装置。工作过程中，醇类化合物在阳极催化剂的作用下被氧化，产生二氧化碳、电子、质子。质子通过质子交换膜迁移至阴极，在催化剂作用下与阴极的氧气反应生成水。直接醇类燃料电池具有理论能量密度高、系统结构简单、燃料携带存储方便等优点，在家用电子设备、小型电动车辆、武器装备等移动电源领域具有广阔的应用前景。

再生型燃料电池 [regenerative fuel cell, RFC] 与普通燃料电池的相同之处在于它也用氢和氧来生成电、热和水。其不同的地方是它还进行逆反映，也就是电解。燃料电池中生成的水再送回到以太阳能为动力的电解池中，电解分解成氢和氧组分，然后这种组分再送回到燃料电池。这种方法就构成了一个封闭的系统，不需要外部生成氢。

直接硼氢化钠/双氧水燃料电池 [direct borohydride/H_2O_2 fuel cell] 直接使用硼氢化钠碱性溶液为燃料，双氧水代替氧气作为阴极反应物的直接液体燃料电池。直接硼氢化钠/双氧水燃料电池具有很高的开路电压和比能量，而且采用双氧水作为氧化剂，整个反应将不依赖空气，有望在一些特殊领域，如水下和航天方面的便携式电源获得应用。

直接碳燃料电池 [direct carbon fuel cell, DCFC] 通过氧气和煤粉 (或者其他碳来源) 之间的电化学反应获得能量的燃料电池。直接碳燃料电池将碳的化学能通过碳的电化学氧化过程直接转换为电能的装置，无需气化过程。这种技术的效率比目前的煤电厂高两倍，其燃料可包括煤、焦炭、焦油、气体碳和生物碳等。直接碳燃料电池是根据燃料电池利用的燃料来划分的一种燃料电池，由于其可以用碳直接作为燃料而得名。是解决能源危机和化石类燃料环境污染最有效的技术之一。直接碳燃料电池是美国大众机械网评选的 2010 年最前沿的十大科学技术之一。19 世纪中叶，Becquerel 建立了第一个直接碳燃料电池。近代碳燃料电池的研究热潮始于 20 世纪 70 年代，斯坦福研究所的 Weaver 测试了一系列碳材料的电化学氧化活性，指出高比表面积、低结晶度有利于反应活性的提高。美国 SARA 公司已经设计并制作出四代熔融电解质 DCFC 样机。中国还处于起步阶段，研究较少，中国上海硅酸盐研究所开始做固体氧化物电解质直接碳燃料电池的探索研究，目前已制备出阳极支撑型管式单电池。下一步将利用固体碳直接做燃料进行单电池的发电研究。在现阶段直接碳燃料电池离工业化还有一段距离。廉价而活性、导电性能良好的阳极碳材料的制备、电池材料的防腐问题、灰分的祛除问题和电池结构的优化和放大仍需要做大量的工作。

直接肼燃料电池 [direct hydrazine fuel cell, DHFC]　将储存在肼中的化学能直接转化为电能的直接液体燃料电池。肼具有较高氢含量，反应不会产生有毒中间体，最终产物环境友好，而且具有较高的理论电压和能量密度，但是肼会挥发出有毒气体，限制了其商业化进展。

中温固体氧化物燃料电池 [intermediate temperate solid oxide fuel cell]　中温固体氧化物燃料电池属于固体氧化物燃料电池的一种，工作温度在 $600\sim800$℃。由于工作温度较低，具有较高的电极稳定性，较长的电池寿命，更低的成本。

自呼吸式直接甲醇燃料电池 [air-breathing direct methanol fuel cell]　将电池的阴极直接暴露在空气中，空气中的氧气通过浓差扩散和自然对流到达阴极进行电化学还原反应的直接甲醇燃料电池。它无需额外的辅助装置，如空气泵或者风扇供给氧化剂，以及加热装置。自呼吸式直接甲醇燃料电池具有结构简单，低成本，低质量等特点。

氧化还原液流电池 [redox flow battery, RFB]　又称再生燃料电池。由电池堆、正负电解液储槽及其他辅助控制装置组成的一种新型电化学储能装置。平时它以充电方式将发电机的电能转化为液态燃料和液态氧化剂的化学能存储起来。需要时它以放电方式将液态燃料和液态氧化剂的化学能转化成电能。

再生型燃料电池 [regenerative fuel cells]　与普通燃料电池的相同之处在于它也用氢和氧来生成电、热和水。其不同的地方是它还进行逆反映，也就是电解。燃料电池中生成的水再送回到以太阳能为动力的电解池中，电解分解成氢和氧组分，然后这种组分再送回到燃料电池。这种方法就构成了一个封闭的系统，不需要外部生成氢。

金属空气电池 [metal-air battery]　还原剂为活泼金属 M(如 Zn、Mg、Al 等)，放电时 M 被氧化成相应的金属离子 M^{n+} 的燃料电池。由于 Zn、Mg 等金属无法在酸性介质中稳定，因此金属空气电池的电解质通常为碱性或者中性介质，电极反应的通式为

$$M + nOH^- \longrightarrow M(OH)_n + ne^-$$

或

$$M + (n+m)OH^- \longrightarrow M(OH)_{n+m}^{m-} + ne^-$$

反应产物为 $M(OH)_n$ 或 $M(OH)_{n+m}^{m-}$ 取决于电解液中 OH^- 的浓度。电池的负极材料为还原剂 M 本身，正极材料是 O_2 还原的催化剂 (如 Pt、Ag、MnO_3 等)，氧化剂为空气中的 O_2，放电时 O_2 被还原成 OH^-，通式为

$$O_2 + 2H_2O + 4e^- \longrightarrow 4OH^-$$

微生物燃料电池 [microbial fuel cell, MFC]　微生物燃料电池是利用微生物作为反应主体，将有机物质的化学能转化为电能的燃料电池。工作原理是：在阳极室厌氧环境下，有机物被微生物分解产生电子和质子，电子通过外电路传递到阴极，质子通过质子交换膜传递到阴极。在阴极，氧化剂 (一般为氧气) 与质子和电子结合生成水。

酶燃料电池 [enzymatic fuel cell]　酶燃料电池是利用酶催化生物质燃料的氧化，把化学能直接转化为电能的燃料电池。它通常由阴极、阳极及电解组成。根据有无电子隔离膜可以分为单室酶燃料电池和两室酶燃料电池。早期的电池结构中含有质子隔离膜，其作用是将正、负电极分隔为阴极区和阳极区，从而防止两电极间反应物与产物的相互干扰，称为两室酶燃料电池。然而，当阴极酶和阳极酶都具有选择性时，则无需隔离膜，称为单室酶燃料电池。酶燃料电池将底物直接转化为电能，避免了昂贵的预处理催化过程，保证了很高的能量转化效率。同时，它可以在常温、常压和中性溶液中工作，满足一些生物传感器或微型电子设备对电能的需求。

微型燃料电池 [micro fuel cell]　功率为几瓦到几十瓦的燃料电池。微型燃料电池起源于 Manhattan Scientifics 公司，1998 年该公司注册了商标名为 Micro Fuel Cell 用于手机电源的微型直接甲醇燃料电池。微型燃料电池的燃料多种多样，有甲醇、天然气 (甲烷)、氢气等，可以应用于笔记本电脑、掌上电脑和手机等。

燃料电池效率 [fuel cell efficiency]　燃料电池可以直接将化学能转换为电能的比率。理论效率为转化成电功的那部分热量与反应热量之间的比值，也就是反应的吉布斯自由能与反应焓变之间的比值，可表示为

$$\eta_{\text{fuel\_cell}} = \frac{\Delta G}{\Delta H} \times 100\%$$

一个理想的可逆恒温的燃料电池的效率可以达到 $60\%\sim90\%$，实际效率与理想效率存在一定差距。

流场 [flow field]　燃料电池中流体运动所占据的空间。流场的作用是确保反应气体均匀分配到电极各处并经扩散层到达催化层进行电化学反应，同时排出产物水。不合理的流场设计会导致电流密度不均匀分布，产生局部过热、水淹、质子膜局部溶胀等现象，引起电池性能衰减或失效。蛇形流场是目前应用较为广泛的流场设计。

比能量 [specific energy]　电池中参与电极反应的单位质量活性材料所放出的能量大小。比能量的单位为 Wh/kg 或者 Wh/L。

比功率 [specific power]　汽车动力性能的衡量标志，汽车发动机的最大功率与汽车总质量的比值。一般来说，比功率越大，汽车的动力性能越好。

初容量 [initial capacity]　电池放电时，最初几个循环所放出的电容量。一般指的是前三个循环的平均值。

化学电池储能 [energy storage by chemical batteries]　利用化学反应体系装置将电能以化学能的形式储存起来，利用时以电能形式输出。从而实现电能到化学能、化学能到电能的相互转换过程。化学电池储能包括铅酸电池、锂离子电池、液流电池、钠硫电池等。化学储能电池具备即时储存能量、安装便捷以及相对的成本优势，应用遍布各个领域，极为广泛。

抽热蓄能 [pumped-heat energy storage]　将热能储存起来的过程。这种方法与抽水蓄能电站类似，水库相当于两个填满碎石并与压缩空气管道以及热泵连接的容器。热泵利用剩余能量将压缩空气加热到 500℃。加热气体就进入其中一个容器，进而改变碎石的温度。当需要能量时，上述循环就倒过来，气体通过膨胀降到 −160℃。冷却气体与第二个碎石容器交换热，此时热泵逆向工作，并将热能重新转化为电能。

天然气生产储能 [production of natural gas storage]　电力可以通过两步处理后以天然气的形式储存起来的过程。一个利用剩余能量的普通电解过程将水电解为氧气和氢气，然后氢气和 CO_2 反应生成甲烷。这种方法的效率大约为 60%。一旦碳封存变得普遍起来，天然气储存将会是利用本应闲置封存在地下洞穴或容器中的 CO_2 的一种最佳方案。

抽水蓄能 [pumped storage]　利用抽水蓄能电站，在电网处于低谷负荷时，利用剩余电能将水抽到高处蓄存，在高峰负荷时放水发电，即电能转化成水的机械能，水的机械能再转化成电能的过程。抽水蓄能的低吸高发功能，实现了电能的有效存储，有效调节了电力系统的生产、供应、使用，保持了三者之间的动态平衡。兼备削峰、填谷、调频、调相、事故备用和黑启动等多种功能，具有运行灵活和反应快捷的特点，对确保电力系统安全，稳定和经济运行具有重要作用。在当今的物理储能技术领域，抽水蓄能在规模上最大 (可达上千兆瓦)、技术上最成熟，但其须在在面积较小的范围内有着较大的水位高度落差，对地理条件要求较为苛刻。

压缩空气储能 [compressed-air energy storage, CAES]　压缩空气储能是一种基于燃气轮机的储能技术。1949 年，压缩空气储能的第一个专利在美国问世；1978 年，第一台商业运行的压缩空气储能机组在德国的亨托夫 (Huntorf) 诞生。其工作原理为：在电网处于低谷负荷时，利用剩余电能驱动空气压缩机压缩空气，将空气高压密封在山洞、报废矿井、过期油气井、沉降的海底储气罐或地面储气罐中；在电网

高峰负荷时释放压缩空气推动燃气轮机发电。按照工作介质、存储介质与热源压缩，空气储能系统的形式可以分为：传统压缩空气储能系统、带储热装置的压缩空气储能系统、液气压缩储能系统。压缩空气储能具备技术成熟、规模大，效率高、寿命长、响应速度快等特点，是目前最具发展潜力的储能技术之一。随着压缩空气储能技术的不断发展，其应用领域也在不断的扩展，除了实现常规的削峰、填谷、事故备用之外，压缩空气储能技术还特别适用于解决风力发电和太阳能发电的随机性、间隙性和波动性等问题，可以实现其发电的平滑输出，具有广阔的市场前景和社会效益。

飞轮储能 [flywheel energy storage]　利用现代功率电子技术，由工频电网提供的电能，经功率电子变换器，驱动电机带动飞轮高速旋转，以动能的形式将电能储存起来，完成电能与机械能转换的储能过程。飞轮储能系统主要由转子系统、轴承系统、电动机、功率电子变化器、电子控制设备和附加设备等部分组成。飞轮储能过程中，无任何化学化学反应发生，因而不会产生任何化学物质，为纯物理储能。储存的能量可由下式表示：

$$E = 1/2 J\omega^2$$

式中，J 为飞轮的转动惯量，与飞轮的形状和重量有关；ω 为飞轮的旋转角速度。

飞轮储能具有功率大、效率高、清洁无污染、适用广、长寿命、低损耗、低维护等特性。在军用、民用、航空航天等领域具有广阔的应用前景。

超导储能 [superconducting magnetic energy storage, SMES]　利用超导线圈将电磁能直接储存起来，需要时再将电磁能返回电网或其他负载的一种储能方式。该储能方式具有功率大、反应速度快、转换效率高、寿命长、低污染、低维护等优点。不仅可用于降低甚至消除电网的低频功率振荡，还可以调节无功功率和有功功率，对于改善供电品质和提高电网的动态稳定性有巨大的作用。超导储能技术的核心在于超导材料，未来超导材料技术的发展是提升超导储能技术的前提。

干电池 [dry battery]　干电池是一种使用糊状电解液产生直流电的一次性电池。分为一次干电池和二次干电池两种，由于利用某种吸收剂 (如木屑或明胶) 使内含物成为不会外溢的糊状物质，因此称为干电池。干电池是一种伏打电池。常用作手电筒照明、收音机等的电源。

电解质 [electrolyte]　指溶于水溶液或在熔融状态下能够导电 (自身电离成阳离子与阴离子) 的化合物。电解质分为强电解质和弱电解质。电解质不一定能导电，而只有在溶于水或熔融状态时电离出自由移动的离子后才能导电。离子化合物在水溶液中或熔化状态下能导电；某些共价化合物也

能在水溶液中导电,但也存在固体电解质,其导电性来源于晶格中离子的迁移。

电池组 [battery pack]　又称电堆。将电池通过串联或并联从而得到更大的电压或电流而获得的电池组合。

一次碱性锌/锰电池 [primary alkaline zinc/ manganese dioxide battery]　首次电池放电结束就被废弃的、不能再次充电使用的电池。

固体电解质电池 [solid-electrolyte battery]　电解质为固体,依靠离子在电解质中迁移导电的电池。与一般的化学电池相比,其具有贮存寿命长,工作温度范围大,抗震动,冲击,高速旋转等特殊要求。电解质采用固体,不会产生露液和腐蚀的危险。可以满足微型化要求。但是其具有常温下比功率及比能量较低,内阻大等缺点。

二次电池 [rechargeable battery]　又称充电电池、蓄电池。二次电池中化学能转化为电能之后,还可以用电能使化学体系修复,然后再利用化学反应转化为电能。

蓄电池 [accumulator cell]　蓄电池是一种能将电能转化为化学能的电化学装置。在充电周期内将电能储存为化学能,并在放电周期内使其重新转化为电能。蓄电池中储存的总能量 $E(t)$ 为

$$E(t) = E_{\text{in}} + \int_0^t U_{\text{B}}(t) I_{\text{B}}(t) \mathrm{d}t$$

其中,E_{in} 表示蓄电池储存的初始能量,U_{B} 为蓄电池的电压,I_{B} 为蓄电池电流。

阀控式铅酸电池 [valve regulated lead-acid battery]　又称贫液电池。阀控式铅酸蓄电池的设计原理是把所需份量的电解液注入极板和隔板中,没有游离的电解液,通过负极板潮湿来提高吸收氧的能力,并将蓄电池密封以防止电解液泄漏。阀控式铅酸蓄电池最常用的两种类型是:

(1) 玻璃纤维隔板 (AGM) 型电池:在这类型电池中,电解液绝大部分吸附在玻璃纤维阵列中。与传统电池相比,AGM型电池具有内阻小、耐高温、低放电率以及高能量密度的优势,因此它适用于电动车中。

(2) 胶体 (GEL) 型电池:电解液是由硅溶胶和硫酸电解液混合配成的胶体。这种非流动的特性使电池避免了任何泄漏和蒸发失水的问题,并且这种电池装置不需要保持直立,是可以倒置的。同时这种电池具有耐外部影响、冲击、振动和高温的特性。

反极 [reversal]　蓄电池原有的正常极性被改变的现象。

荷电状态 [state of charge]　蓄电池使用一段时间或长期搁置不用后的剩余容量与其完全充电状态的容量的比值。即:

$$\text{SOC} = \frac{E(t)}{E_{\text{max}}}$$

$E(t)$ 表示剩余容量,E_{max} 表示完全充电状态的容量。SOC 取值范围为 0%~100%,当 SOC=0 时表示电池放电完全,当 SOC=100%时表示电池完全充满。

循环寿命 [cycle life]　把在一定的充电条件下,电池容量降至某一规定值所经历的充放电次数。电池经历一次充电和放电称之为一个周期或循环。电池充放电循环寿命越长越好。

锂离子电池 [lithium-ion battery]　主要依靠锂离子在正极和负极之间移动来工作的一种二次电池。在充放电过程中,Li^+ 在两个电极之间往返嵌入和脱嵌:充电时,Li^+ 从正极脱嵌,经过电解质嵌入负极,负极处于富锂状态;放电时则相反。传统锂离子电池中,电解液是溶于有机溶剂的锂盐 (如 $LiPF_4$、$LiPF_6$、$LiAsF_6$、$LiClO_4$) 构成的非水电解质溶液。阳极通常由石墨制成,阴极则由金属氧化物 (如 $LiCoO_2$) 或聚阴离子化合物 (如 $LiFePO_4$) 制成。根据锂离子电池所用电解质材料的不同,锂离子电池分为液态锂离子电池 (liquified lithium-ion battery)、聚合物锂离子电池 (polymer lithium-ion battery) 和塑料锂离子电池 (plastic lithium ion battery)。

锂-空气电池 [lithium-air battery]　一种用锂作阳极,以空气中的氧气作为阴极反应物的电池。放电过程:阳极的锂释放电子后成为锂阳离子 (Li^+),Li^+ 穿过电解质材料,在阴极与氧气、以及从外电路流过来的电子结合生成氧化锂 (Li_2O) 或者过氧化锂 (Li_2O_2),并留在阴极。锂-空气电池的开路电压为 2.91 V。锂-空气电池比锂离子电池具有更高的能量密度。从本质上讲,锂-空气电池不是二次电池,而是一种燃料电池。

锌-空气电池 [zinc-air battery]　以空气中的氧气作为正极活性物质,锌为负极活性物质的电池。具有比能量高 (理论比能量 1350Wh/kg,实际上已达到 220~300Wh/kg)、工作电压平稳、安全性好等优点。因此已经在便携式通信机、雷达以及江河航标灯上作为电源使用。锌-空气电池的开路电压一般在 1.4~1.5V。

镁-空气电池 [magnesium-air battery]　是一种以镁为阳极,空气中的氧气作为阴极反应物的电池。由于镁具有很高的体积容量,是一种高能量密度电池负极的选择。镁-空气电池与锂-空气电池一样,空气电极只作为反应场所,所以不需要携带正极材料,故而有很高的比能量,适用于动力电池。

锂-二氧化锰电池 [lithium-manganese dioxide battery]　又称锂锰电池。是一种以金属锂作为负极,二氧化锰作为正极的电池。其具有价格低,安全性好等优点,广泛应用于计算机主板、移动通信等领域以及用于手表、照明器、电话机等日常电子产品中。

锂亚硫酰氯电池 [lithium/sulfurous acyl chloride cell]　由金属锂为负极，碳材料为正极，一种非水的 $SOCl_2$：$LiAlCl_4$ 电解质组成的电池。其中的亚硫酰氯既是电解质，又是正极活性材料。主要用于存储器的备用电压、军事用途和其他要求长工作寿命的用途。

全钒氧化还原液流电池 [all-vanadium redox flow battery]　简称"钒电池"。将不同价态的钒离子溶液作为正负极的活性物质，分别储存在各自的电解液储罐中，通过外接泵将电解液泵入到电池堆体内，使其在不同的储液罐和半电池的闭合回路中循环流动；采用离子膜作为电池组的隔膜，电解液平行流过电极表面并发生电化学反应，将电解液中的化学能转化为电能，通过双极板收集和传导电流的电池。钒系的氧化还原电池是在 1985 年由澳大利亚新南威尔士大学的 MarriaKacos 提出，经过二十多年的研发，钒电池技术已经趋近成熟。在钒电池中，正极发生的是 +4 和 +5 价钒离子的氧化还原反应，负极发生的是 +2 和 +3 价钒离子的氧化还原反应。正负极电化学反应构成了全钒液流电池的基本原理，反应方程式如下：

正极：$VO_2^+ + 2H^+ + e^- \rightleftharpoons VO^{2+} + H_2O$

负极：$V^{3+} + e^- \rightleftharpoons V^{2+}$

全钒液流电池的标准电动势为 1.26 V，实际使用中，由于电解液浓度、电极性能、隔膜电导率等因素的影响，开路电压可达到 1.5～1.6 V。全钒液流电池具有大功率、长寿命、绿色环保、可深度大电流密度充放电等明显优势，是当今世界上规模最大、技术最先进、最接近产业化的液流电池，在风电、光伏发电、电网调峰等领域有着极其良好的应用前景。

钠硫电池 [sodium–sulfur battery]　是一种以钠为负极、硫为正极、陶瓷管为电解质隔膜的二次电池。在一定的工作度下，钠离子透过电解质隔膜与硫之间发生反应，形成能量的释放和储存。

多硫化钠 [sodium polysulfide]　可以用多硫化钠 (Na_2S_x) 的水溶液为电池负极，作成一种液流电池。电池充放电时，钠离子在正负极之间迁移运动。

镍镉电池 [nickel-cadmium battery]　镍镉电池正极板上的活性物质由氧化镍粉和石墨粉组成，石墨不参加化学反应，其主要作用是增强导电性。负极板上的活性物质由氧化镉粉和氧化铁粉组成，氧化铁粉的作用是使氧化镉粉有较高的扩散性，防止结块，并增加极板的容量。活性物质分别包在穿孔钢带中，加压成型后即成为电池的正负极板。极板间用耐碱的硬橡胶绝缘棍或有孔的聚氯乙烯瓦楞板隔开。电解液通常用氢氧化钾溶液。镍镉电池可重复 500 次以上的充放电，经济耐用。其内部抵制力小，既内阻很小，可快速充电，又可为负载提供大电流，而且放电时电压变化很小，是一种非常理想的直流供电电池。

储能用铅酸电池 [lead-acid storage battery]　将其他形式的能量转为电能储存在电池内，在需要时可以从电池中释放出来的铅酸电池。主要分为排气式储能用铅酸电池、阀控式储能用铅酸电池和胶体储能用铅酸电池三种。一般具有以下特点：(1) 使用的温度范围比较广，一般要求在 −30～60℃ 的温度环境下可以正常运行。(2) 蓄电池的低温性能要好，即使温度比较低的地区也可以使用。(3) 容量一致性好，在蓄电池串联和并联使用中，保持一致性。(4) 充电接受能力好。在不稳定的充电环境中，有更强的充电接受能力。(5) 寿命长，减少维修和维护成本，降低系统总体投资。

储能用锂电池 [lithium storage battery]　将其他形式的能量转为电能储存在电池内，在需要时可以从电池中释放出来的锂电池。如以磷酸铁锂为正极材料的储能用锂电池。

超级电池 [super battery]　超级电池是美国科学家研制的一种新型电池，它们被称为微型石墨烯超级电容，其充电和放电速度达到普通电池充放电速度的 1000 倍，并能够存储更多的电能。超级电池采用单原子厚度的碳层构成，这项技术能够在最短时间内对手机、汽车等快速充电，能够很容易制造并整合成为器件，未来有望制造微型手机。

半导体光电化学 [semiconductor photoelectrochemistry]　研究在光的作用下，半导体电极/电解质溶液的界面双电层结构和因吸收光使电子处于激发态而产生的电荷传递过程的学科。

平衡电极电位 [equilibrium electrode potential]　又称可逆电极电位。当金属成为阳离子进入溶液以及溶液中的金属离子沉积到金属表面的速度相等时，反应达到动态平衡，即正逆过程的物质迁移和电荷运送速度都相同，即则该电极上具有一个恒定的电位值。

溶液双电层结构 [electrical double layer in solution]　任何两个不同的物相接触都会在两相间产生电势，这是因电荷分离引起的。两相各有过剩的电荷，电量相等，电性相反，相互吸引，形成双电层的结构。

亥姆霍兹层 [Helmholtz layer]　由于固体表面电荷的吸引，电解液中的带相反电荷粒子在固体表面聚集的薄层。层的厚度与离子的半径相当。

离子扩散层 [ion diffusion layer]　当电极通电时，参与电极过程的物质因扩散迟缓在电极界面近旁的浓度将发生变化。W. Nernst 1904 年提出一种模型，即假定电极界面近旁存在着扩散层，其厚度为 δ_d，在 δ_d 处的物种浓度即体相浓度，上述浓度变化与离电极表面的距离呈线性关系，扩散为稳态。(一般为电解质溶液) 和离子导体/离子导体的界面结构，界面现象及其变化过程与机理的科学。

等电点 [isoelectric point]　在某一 pH 值的溶液中，

氨基酸或蛋白质解离成阳离子和阴离子的趋势或程度相等,成为兼性离子,呈电中性,此时溶液的 pH 值成为该氨基酸或蛋白质的等电点。

电解液空间电荷区 [space-charge region in electrolyte] 又称耗尽层。在 P-N 结中,自由电子的扩散运动和内电场导致的漂移运动使 P-N 结中间的部位 (P 区和 N 区交界面) 产生一个很薄的电荷区。

氧化还原电位 [oxidation-reduction potential, redox potential] 用来反映水溶液中所有物质表现出来的宏观氧化–还原性的电位。氧化还原电位越高,氧化性越强,电位越低,氧化性越弱。电位为正表示溶液显示出一定的氧化性,为负则说明溶液显示出还原性。

多电子转移 [multielectron transfer] 有些元素具有相差多个电子的几种稳定的氧化态,如 Pt 有 Pt(II), Pt(IV), Tl 有 Tl(I); Tl(III)。这种情况下,可以有多个电子同时从一个配位化合物的中心原子向另一种配位化合物的中心原子转移的过程。

背反应 [back reaction] 在催化化学中,背反应指的是非催化作用,就可以进行的反应。以简单的不对称催化为例,催化反应一般具有两个过渡态,分别构成是 S 和 R 构型的产物;背景反应就是不通过手性催化剂的作用,底物之间就可以进行的,产物就是 R/S 等组分消旋。要取得好的催化产率,一般的反应要尽量无不利的背反应出现,并且反应过渡态尽量只要其中一种占优势。

太阳电池 [solar cell] 一种利用光伏效应将光能转换为电能的装置。它的电学特性如电流、电压、电阻等,会因光照的不同而改变。可以被用作光探测器 (如红外探测器),探测可见光或其他电磁辐射,或测量光强。光伏器件运行需要三个基本过程:吸收光产生电子 - 空穴对;异性载流子分离;外部电路抽取分离的载流子。

染料敏化太阳电池 [dye-sensitized solar cell, DSSC, DSC, DYSC] 是一种模仿光合作用原理的、廉价的薄膜太阳电池。主要由纳米多孔半导体薄膜、染料敏化剂、氧化还原电解质、对电极和导电基底等几部分组成。

染料敏化太阳电池是一种低成本的太阳电池,属于薄膜太阳电池组。这是一个由光致敏阳极半导体和电解质组成的光电化学系统。现代的燃料太阳电池,也被称为 Grätzel 电池,最早于 1988 年,由 Brian O'Regan 和 Michael Grätzel 合作发明,并于 1991 年发表了世上第一个高效染料敏化太阳电池。

光催化自清洁 [photocatalytic self-cleaning] 在一定波谱光源的激发下,材料通过催化作用保持表面清洁而不被污染的性质。

液结太阳电池 [liquid-junction solar cells] 又称再生式光电化学电池、液结太阳电池。通过光照半导体,电子不断经外线路流向对应电极,产生电流,而溶液组成不变,净变化是光能转化为电能的电池。

电催化剂 [electrocatalyst] 所选用的电极能够改变电极反应速度和反应的选择性,但其自身却不被消耗的物质,当然有时也包括除电极外的溶液中的其他物质。它对电极反应的作用则为电催化。

光电化学分解水 [photoelectrochemical water splitting] 光辐射在半导体上,当辐射的能量大于或相当于半导体的禁带宽度时,半导体内电子受激发从价带跃迁到导带,而空穴则留在价带,使电子和空穴发生分离,然后分别在半导体的不同位置将水还原成氢气或者将水氧化成氧气的过程。

光催化 [photocatalysis] 光催化是一种在光的照射下,自身不起变化,却可以促进化学反应的过程。光催化是利用自然界存在的光能转换成为化学反应所需的能量,来产生催化作用,使周围的氧气及水分子激发成极具氧化力的自由负离子。几乎可分解所有对人体和环境有害的有机物质及部分无机物质,不仅能加速反应,亦能运用自然界的定律,不造成资源浪费与附加污染形成。最具代表性的例子为植物的"光合作用",吸收二氧化碳,利用光能转化为氧气及有机物。

光电催化 [photoelectrocatalysis] 通过选择半导体光电极 (或粉末) 材料和 (或) 改变电极的表面状态 (表面处理或表面修饰催化剂) 来加速光电化学反应的作用。光电化学反应是指光辐照与电解液接触的半导体表面所产生的光生电子－空穴对被半导体/电解液结的电场所分离后与溶液中离子进行的氧化还原反应。光电催化是一种特殊的多相催化。最有意义的光电催化是转换太阳能为化学能的贮能反应,如铂/钛酸锶或铂/钽酸钾催化太阳光分解水,产生氢和氧。

光伽伐尼电池 [Galvani cell] 以溶液中的光敏剂为吸光物质,常用透明二氧化锡电极。经光照,光敏剂 A 吸光活化与电解质 Z 起氧化还原反应,产物之一 B 在二氧化锡电极上氧化,另一产物 Y 扩散至阴极还原,反应如下: $A+h\nu \rightarrow A^* A^* + Z \rightarrow B + Y B \rightarrow A + e$ 二氧化锡电极上的反应 $Y + e^- \rightarrow Z$ 暗电极上的反应 $B + Y \rightarrow A + Z$ 总反应可见溶液中各组分浓度不变,只有电子经外电路从光阳极流至暗阴极,净变化为光能转化为电能的电池。此体系效率低,原因是正负电荷难以有效地分离,即反应 $A^* + Z \rightarrow B + Y$ 的逆反应难以防止。

光电流 [photocurrent] 当光照到金属表面时,金属中的电子吸收光子并利用这个光子的能量摆脱金属中正电荷的束缚,从而逃离金属表面,这种现象称为光电效应。由光电效应所产生的电流。此外对于某些半导体材料,在光的照射下激发产生光生载流子形成的电流也叫光电流。利用半导体材料, 可以吸收太阳能, 激发产生光生载流子, 从而形成光电流, 并可对其加以利用。光电流是表征光电极性能的一个重要指标, 可根据光电极极性的不同分为光阳极电流和光阴极电流。对于不同光电极材料, 其光电流有所不同。在外加偏压的作用下, 光电流可以得到有效的提升。

光腐蚀 [photocorrosion] 具有光催化能力的半导体在光照下不稳定, 发生光反应的同时存在不同程度的腐蚀现象。特别通过向反应体系中注入气相氧进一步证实, 在光照下氧气会大量被半导体微粒吸收而使半导体材料氧化。

正极 [anode] 电源中电位 (电势) 较高的一端, 与负极相对。在原电池中, 装置为电源, 电流流出的电极电势较高, 为正极, 该电极起还原作用, 即离子或分子得到电子; 在电解池中, 装置为用电器, 以所连接的电源为准, 与电源正极相连的电极起氧化作用, 即离子或分子失去电子。

负极 [negative electrode/ cathode] 在电化学装置中, 指电位 (电势) 较低的一端, 与正极相对。原电池中指氧化作用的电极, 电解池中指还原作用的电极。从物理角度看, 指电子流出一极。

电极水淹 [water flooding of electrode] 随着燃料电池的反应, 产生了过多的液态水, 然后占据气体流通通道, 甚至覆盖于催化剂表面, 大大增加反应气的流通阻力, 造成严重的浓差极化损失的现象。

半波电位 [half-wave potential] 在电流–电极电位曲线上, 极限扩散电流值的一半处对应的电极电位之值, 一般用 $E_{1/2}$ 表示。当温度和支持电解质浓度一定时, 半波电位只与在电极上进行反应的离子本性有关, 与离子浓度无关。

循环伏安法 [cyclic voltammetry] 在三电极体系 (工作电极、对电极和参比电极) 中, 对工作电极在一定的电位范围内施加按一定速率线性变化的电位信号, 当电位达到扫描范围的上 (下) 限时, 再反向扫描至下 (上) 限, 即三角波电位扫描, 同时自动测量并记录电位扫描过程中电极上的电流响应, 如此完成一个还原和氧化过程的循环。

电流效率 [current efficiency] 电解时电极上实际溶解或沉积的物质与按理论计算出的析出或溶解的物质的量之比。电流效率一般达不到 100%。

三电极电池 [three-electrode cell] 包括至少一个电对, 电对是由正极、负极、辅助电极、隔膜和电解液组成, 辅助电极为多孔碳辅助电极, 并与负极相连, 分别置于正极的两侧, 辅助电极和负极与正极间设置有可透气性隔膜, 正极、负极、辅助电极和隔膜内浸有电解液, 电对装在一个带有安全阀装置的密封容器内, 内有多个电对时电对并联。

工作电极 [working electrode] 指在测试过程中可引起试液中待测组分浓度明显变化的电极, 如电解和库仑分析法中的铂电极。

参比电极 [reference electrode] 测量各种电极电势时作为参照比较的电极。将被测定的电极与精确已知电极电位数值的参比电极构成电池, 测定电池电动势数值, 就可计算出被测定电极的电极电势。在参比电极上进行的电极反应必须是单一的可逆反应, 电极电势稳定和重现性好。参比电极用 RE 表示。其种类很多, 常用的有标准氢电极, 饱和甘汞电极等。

电极电位 [electrode potential] 金属浸于电解质溶液中, 显示出电的效应, 即金属的表面与溶液间产生电位差。单个的电极电位是无法测量的, 因为当用导线连接溶液时, 又产生了新的溶液–电极界面, 形成了新的电极, 这时测得的电极电位实际上已不再是单个电极的电位, 而是两个电极的电位差了。同时, 只有将欲研究的电极与另一个作为电位参比标准的电极电位组成原电池, 通过测量该原电池的电动势, 才能确定所研究的电极的电位。

氢电极 [hydrogen electrode] 在任何温度下 $\varphi(H^+/H_2)=\varphi^{\circ}(H^+/H_2)=0.000V$, 此时的氢电极叫作标准氢电极 (NHE)。电势稳定, 适用于全部 pH 值范围, 是 pH 值测量的基准指示电极。氢电极在氯碱工业、电解水制取氢气或分离氢同位素以及研制燃料电池等方面有广泛的应用。由于氢的阴极过程是酸性介质中金属腐蚀的主要共轭过程, 故在金属防腐研究中也有重要意义。

饱和甘汞电极 [saturated calomel electrode] 一种运用电化学原理发明的电极, 运用了饱和氯化钾溶液为电解液的甘汞电极 25℃ 下的电极电势为 0.2415V 的特点而研制出来, 在一般的化学生产中起着盐桥作用。

银/氯化银电极 [Ag-AgCl electrode] 一种参比电极由覆盖着氯化银层的金属银浸在氯化钾或盐酸溶液中组成的电极。常用 Ag|AgCl|Cl- 表示。一般采用银丝或镀银铂丝在盐酸溶液中阳极氧化法制备。银 | 氯化银电极的电极电势与溶液中 Cl- 浓度和所处温度有关。

银/氯化银参比电极常用于海水和土壤环境中。结构和电极电位会随着使用环境和 CSE 参比电极的电位的变化而变化。所含电解质可以是自然海水、饱和氯化钾、饱和氯化钠或质量百分数为 3.5% 的氯化钠溶液 (0.6mol/L)。银/氯化银电极具有较高的精确度 (一般地说, 如果使用和维护正确的话, 误差小于 2mV), 并且耐用。

旋转电极 [rotating electrode] 又称旋转圆盘电极、旋盘电极或转盘电极。电化学研究中为了研究电极表面电流密度的分布情况、减少或消除扩散层等因素的影响, 通过对比各种电极和搅拌的方式, 开发出了一种端面为盘状的高速旋转的电极。还有基于这种电极进一步改进了的旋转圆环电极等, 可以测量更为复杂的电极过程的电化学参数。

这种电极的结构特点是圆盘电极与垂直于它的转轴同心

并具有良好的轴对称；圆盘周围的绝缘层相对有一定厚度，可以忽略流体动力学上的边缘效应；同时电极表面的粗糙度远小于扩散层厚度。

利用旋转电极可以检测出电极反应产物的稳定性，特别是中间产物的存在形式与生成量等，通过这些测量可以探测一些复杂电极反应的机理和获取更多的电极过程信息，因此在现代电化学测量中是常用的测试手段。电镀添加剂的作用机理的探讨或添加剂性能的比较，都可以用这种电极来进行测试。

旋转圆盘电极 [rotating disk electrode, RDE] 旋转电极中的一种，由于这种电极的端面像一个盘，所以也叫旋转圆盘电极，简称旋盘电极，或者转盘电极。一般来说，该电极是将金属圆盘电极镶嵌在绝缘材料上（通常为聚四氟乙烯），由于在测试中使用高速旋转，提高了体系的传质能力。

旋转圆环电极 [rotating ring electrode, RRE] 电化学研究中采用一种特殊的结构的电极。该结构中，电极有两个电极组成，分别为盘电极 (D) 和环电极 (R)，圆盘的同一平面上放一个同心圆环，盘与环电极之间用绝缘材料隔离，盘电极通常用被研究的材料制成，环电极一般用铂或金制成，这两个电极测试中还可以分别控制。

恒电位仪 [potentiostat] 一种负反馈放大-输出系统，与被保护物（如埋地管道）构成闭环调节，通过参比电极测量通电点电位，作为取样信号与控制信号进行比较，实现控制并调节极化电流输出，使通电点电位得以保持在设定的控制电位上。恒电位仪本身就是一台整流器下的一个分支，具有恒电位，恒电流功能。恒电位指的是，将参比电极反馈作为恒定标准，来控制整理器的输出。

循环伏安 [cyclic voltammetry] 一种常用的电化学研究方法。该法控制电极电势以不同的速率，随时间以三角波形一次或多次反复扫描，电势范围是使电极上能交替发生不同的还原和氧化反应，并记录电流 - 电势曲线。根据曲线形状可以判断电极反应的可逆程度、中间体、相界吸附或新相形成的可能性，以及偶联化学反应的性质等。常用来测量电极反应参数，判断其控制步骤和反应机理，并观察整个电势扫描范围内可发生哪些反应，及其性质如何。对于一个新的电化学体系，首选的研究方法往往就是循环伏安法，可称之为"电化学的谱图"。

如以等腰三角形的脉冲电压加在工作电极上，得到的电流电压曲线包括两个分支，如果前半部分电位向阴极方向扫描，电活性物质在电极上还原，产生还原波，那么后半部分电位向阳极方向扫描时，还原产物又会重新在电极上氧化，产生氧化波。因此一次三角波扫描，完成一个还原和氧化过程的循环，故该法称为循环伏安法，其电流-电压曲线称为循环伏安图。如果电活性物质可逆性差，则氧化峰与还原峰的高

度就不同，循环伏安曲线的对称性也较差。循环伏安法中电压扫描速度可从每秒钟数毫伏到 1 伏。工作电极可用悬汞电极，或铂、玻璃碳、石墨等固体电极。

AM1.5 标准太阳光谱 [standard AM1.5 solar spectrum] 是太阳光入射角偏离头顶 46.8 度，当太阳光照射到地球表面时的光谱。由于大气层与地表景物的散射与折射的因素，会多增加 20% 的太阳光入射量，抵达地表上所使用的太阳电池表面，其中这些能量称之为扩散部份。因此针对地表上的太阳光谱能量有 AM1.5G (global) 与 AM1.5D(direct) 之分，其中 AM1.5G 即是有包含扩散部分的太阳光能量，而 AM1.5D 则没有。

电化学阻抗 [electrochemical Impedance Spectroscopy (EIS)] 给电化学系统施加一个频率不同的小振幅的交流电势波，测量交流电势与电流信号的比值。随正弦波频率 ω 的变化，或者是阻抗的相位角 Φ 随 ω 的变化。进而分析电极过程动力学、双电层和扩散等，研究电极材料、固体电解质、导电高分子以及腐蚀防护等机理。

对电极 [counter electrode] 又称反电极。阴极材料，比如铂对电极、碳对电极等。用的最多的就是 Pt 对电极。

染料敏化 [dye-sensitized] 与宽带隙半导体的导带和价带能量匹配的一些有机染料吸附到半导体表面上，利用有机染料对可见光的强吸收从而将体系的光谱响应延伸到可见区的现象。

量子点敏化 [quantum dots sensitized] 量子点敏化太阳电池的电解池是由光阳极、电解质和光阴极组成的"三明治"结构电池。光阳极主要是在导电衬底材料上制备一层多孔半导体薄膜，并吸附一层光敏化剂；光阴极是在导电衬底上制备一层含有铂或碳等的催化材料。

可见光响应 [visible spectral response] 物质可以吸收可见光（即光波的波长处于可见光范围内）的现象。

牺牲剂 [sacrificial agent] 通过自身损耗来减少其他化学剂损耗的廉价化学剂，且本身不与其他药剂起作用。如木质素磺酸盐等。

电子牺牲剂 [electronic sacrificial agent] 比水更容易与半导体的光生电子发生反应，而加入到光催化分解水体系中消耗光生电子的化学物质。

空穴牺牲剂 [hole sacrificial agent] 比水更容易与半导体的光生空穴发生反应，而加入到光催化分解水体系中消耗空穴的化学物质。

氧化物半导体 [oxide semiconductor] 具有半导体特性的一类氧化物。氧化物半导体的电学性质与环境气氛有关。导电率随氧化气氛而增加的称为氧化型半导体，是 p 型半导体；电导率随还原气氛而增加的称为还原型半导体，是

n 型半导体；导电类型随气氛中氧分压的大小而成 p 型或 n 型半导体的称为两性半导体。

光伏/光电化学电池 [photovoltaic/photoelectrochemistry cell]　电化学光伏电池：电解液中只含一种氧化还原物质，电池反应为阳、阴极上进行的氧化还原可逆反应，光照后电池向外界负载提供电能，电解液不发生化学变化，其自由能变化等于零的电池。

光电解电池 [photoelectric cell]　电解液中存在两种氧化还原离子，光照后发生化学变化，其净反应的自由能变化为正，光能有效的转换为化学能的电池。

多孔电极 [porous electrode]　多孔电极由于具有很大的比表面积，具有较高的电化学反应活性。利用电化学测试方法不仅可以体现多孔电极的电性能，还可以体现多孔电极在结构与电极过程动力学等方面的特性。优点：具有比平板电极大的多的反应表面，有利于电化学反应的进行；给活性物质在充放电过程中体积的收缩和膨胀留有空间。减少了电极的变形和活性物质的脱落或生成枝晶而引起的短路；有利于在活性物质在加入各种添加剂，得到成分均匀，结构稳定的电极。

纳米晶半导体电极 [semiconductor nanocrystals electrode]　由纳米尺度的半导体晶体制成的电极，常用来制作太阳电池。以纳米晶 TiO_2 电极为例，纳米晶 TiO_2 电极工作原理为：染料分子吸收太阳光能跃迁到激发态，激发态不稳定，电子快速注入到紧邻的 TiO_2 导带，染料中失去的电子则很快从电解质中得到补偿，进入 TiO_2 导带中的电子最终进入导电膜，然后通过外回路产生光电流。

法拉第效率 [Faradic efficiency]　又称法拉第产率、充放电效率或电流效率。描述在一个电化学反应系统中的电效率，其值定义为反应物所利用的电荷与电路中所通过的总电荷量之比。如某电化学反应产物的物质的量为 n mol，该电化学反应的得失电子数为 z。根据电解电流和时间计算电路中实际通过电量 $Q = \int it$，法拉第效率就是 $\eta = zn/Q$。

电位窗口 [potential window]　是衡量一个电极材料的电催化能力的重要指标，电化学窗口越大，特别是阳极析氧过电位越高，对于在高电位下发生的氧化反应和合成具有强氧化性的中间体更有利。另外，对于电分析性能来说，因为电极上发生氧化还原反应的同时，还存在着水电解析出氧气和氢气的竞争反应，若被研究物质的氧化电位小于电极的析氧电位或还原电位大于电极的析氢电位，在电极达到析氧或者析氢电位前，被研究物质在阳极上得以电催化氧化或者还原，可以较好的分析氧化或还原过程。但若氧化或还原过程在电极的电势窗口以外发生，被研究物质得到的信息会受到析氢或析氧的影响，得不到最佳的研究条件甚至根本无法进行研究。

可逆体系 [reversible system]　某一系统经过某一过程，由状态 (1) 变成状态 (2) 之后，如果能使系统和环境都完全复原 (即系统回到原来的状态，同时消除了原来过程对环境所产生的一切影响，环境也复原) 的体系。

Becquerel 效应 [Becquerel effect]　又称光生伏特效应，简称光伏效应。指暴露在光线下的半导体或半导体与金属组合的部位间产生电势差的现象。最早于 1839 年由法国物理学家 A.E.Becquerel 发现。目前由单晶硅做成的光伏太阳电池即基于该效应来发电。

光生伏特效应 [photovoltaic effect]　即 Becquerel 效应。

平衡电极电势 [equilibrium electrode potential]　处于热力学平衡状态的电极体系 (可逆电极)，由于氧化反应和还原反应速度相等，电荷交换和物质交换都处于动态平衡之中，因而净反应速度为零，电极上没有电流流过，即外电流等于零的电极电位。

耗尽层宽度 [depletion region width]　PN 结中在漂移运动和扩散作用的双重影响下载流子数量非常少的一个高电阻区域的宽度。耗尽层的宽度与材料本身性质、温度以及偏置电压的大小有关。

光穿透深度 [depth of light penetration]　电磁波振幅降至原来的 $1/e$ 时，电磁波在电介质中走的距离 (δ)，其大小与 $1/\omega\mu\sigma$ 的二次开方成正比，这里 ω 是光的角频率，μ 是物体的磁导率，σ 是物体的电导率。

少子扩散长度 [the diffusion length of minority carriers]　表征少数载流子一边扩散、一边复合所能够走过的平均距离。少数载流子扩散长度 L 等于扩散系数与寿命之乘积的平方根。少数载流子寿命越长，扩散长度就越大。

亥姆霍兹层电容 [capacitance of the Helmholz layer]　插入电解质溶液中的金属电极表面与液面两侧会出现符号相反的过剩电荷，从而使相间产生电位差。那么，如果在电解液中同时插入两个电极，并在其间施加一个小于电解质溶液分解电压的电压，这时电解液中的正、负离子在电场的作用下会迅速向两极运动，并分别在两上电极的表面形成紧密的电荷层，即双电层，它所形成的双电层和传统电容器中的电介质在电场作用下产生的极化电荷相似，从而产生电容效应，紧密的双电层近似于平板电容器。

空间电荷层电容 [capacitance of space charge layer]　p 型与 n 型半导体接触或金属与半导体接触后形成 "结" 的过程中在接触面两侧分别构成的正、负电荷空间薄层。

表面态电容 [capacitance of surface state]　在半导体表面，晶体的周期性遭到破坏，在禁带中形成局域状态的能级分布，这种状态称为表面态。当半导体表面与其周围媒质接触时，会吸附和沾污其他杂质，也可形成表面态；另外表面上的化学反应形成的氧化层也是表面态形成的原因。

瞬态光电流 [transient photocurrent] 在低温下，用脉冲光照射样品，使光生载流子填满深能级陷阱，然后随温度逐渐升高，样品上两平行电极之间产生的瞬态电流。

腐蚀电流 [corrosion current] 电极在腐蚀电位条件下，所对应的电流。反应的是电极在无外加电流条件下的腐蚀速率。

暗电流 [dark current] 光电耦合器的输出特性是指在一定的发光电流 IF 下，光敏管所加偏置电压 VCE 与输出电流 IC 之间的关系，当 IF=0 时，发光二极管不发光，此时的光敏晶体管集电极输出电流，一般很小。

电化学电容器 [electrochemical capacitor, EC] 又称超大容量电容器、超级电容器。电化学电容器的单元由一对电极，隔膜和电解质组成，两电极之间为电子阻塞离子导通的隔膜，隔膜及电极均浸有电解质。它是一种介于电容器和电池之间的新型储能器件。与传统的电容器相比，电化学电容器具有更高的比容量。与电池相比，具有更高的比功率。它的优点主要有可瞬间释放大电流，充电时间短，充电效率高，循环使用寿命长，无记忆效应和基本免维护等。因此它在移动通信，消费电子，电动交通工具，航空航天等领域具有很大的潜在应用价值。用于电化学电容器电极材料的主要有碳材料、金属氧化物和导电聚合物等。碳基材料是目前工业化最成功的超级电容器电极材料，近来的研究主要集中在提高材料的比表面积和控制材料的孔径及孔径分布。

超级电容器 [supercapacitor] 一种通过极化电解质来储能的电化学元件。因其电容量大大超过普通电容器，故称超级电容器。超级电容器是一种电化学电容器，它利用在固体电解质表面形成的亥姆霍兹双电层 (Helmholtz double layer) 来储存电能。电解液中的离子电荷移动到电极上与电极表面的电子形成一个静电场。超级电容器中储存的能量大小取决于电解液浓度和离子的物理性能。电化学双电层的电场可以高达 10^6 V/cm 量级。按照储能原理，超级电容器可以分为双电层电容器、赝电容器、混合电化学电容器。

双电层电容器 [electric double-layer capacitor] 一种建立在德国物理学家亥姆霍兹提出的界面双电层理论基础上的一种全新的电容器。插入电解质溶液中的金属电极表面与液面两侧会出现符号相反的过剩电荷，从而使相间产生电位差。如果在电解液中同时插入两个电极，并在其间施加一个小于电解质溶液分解电压的电压，这时电解液中的正、负离子在电场的作用下会迅速向两极运动，并分别在两上电极的表面形成紧密的电荷层 (即双电层)，它所形成的双电层和传统电容器中的电介质在电场作用下产生的极化电荷相似，从而产生电容效应。紧密的双电层近似于平板电容器，但是，由于紧密的电荷层间距比普通电容器电荷层间的距离更小得多，因而具有比普通电容器更大的容量。

法拉第赝电容器 [Faraday pseudo capacitor] 又称法拉第准电容器。是在电极表面或体相中的二维或准二维空间上，电活性物质进行欠电位沉积，发生高度可逆的化学吸附，脱附或氧化，还原反应，产生和电极充电电位有关的电容器。法拉第赝电容器不仅在电极表面，而且可在整个电极内部产生，因而可获得的电容量和能量密度比双电层电容器更高。在相同电极面积的情况下，法拉第赝电容器可以是双电层电容量的 10~100 倍。

混合型超级电容器 [hybrid supercapacitor] 一极采用电池电极储存和转化能量，另一极则通过双电层来储存能量的超级电容器。具有比常规电容器能量密度大、比二次电池功率密度高的优点。

吸附储氢 [hydrogen adsorption storage] 通过物理吸附或者化学吸附吸附的方式将氢气吸附在吸附材料的表面，达到储氢的目的的储氢方式。

物理吸附 [physisorption] 又称范德瓦耳斯吸附。指吸附质通过分子间作用力吸附在吸附剂上的过程。

化学吸附 [chemisorption] 指吸附质通过形成化学键吸附在吸附剂上的过程。

质量储氢密度 [density of quality hydrogen storage] 指系统储存的氢气质量与系统质量之比。

体积储氢密度 [density of volumetric hydrogen storage] 指系统单位体积储存氢气的质量。

高压气态储氢 [high pressure gaseous hydrogen storage] 指在高压下，通常为几十兆帕，将氢气储存在气罐中的储氢方式。气罐材料包括不锈钢、碳纤维增强复合材料。

低温液态储氢 [cryogenic liquid hydrogen storage] 指将氢气以液态形式储存在高度绝热的容器中的储氢方式。液态氢密度为 70.8 kg/cm^3，通常用于航天器发射燃料等。

焦耳-汤普森膨胀 [Joule-Thompson expansion] 气体通过多孔塞或阀门从高压到低压作不可逆绝热膨胀时温度发生变化的现象。在常温下，许多气体在膨胀后温度降低，称为冷效应或正效应；温度升高时称为热效应或负效应。此膨胀过程应可以用于天然气分离、净化、液化以及空气的液化等。

反转温度 [inversion temperature] 在给定压强下，使非理想气体的等焓膨胀导致温度发生反转的温度。在此温度之上时，非理想气体的等焓膨胀会导致温度上升，在此温度之下时，非理想气体的等焓膨胀会导致温度下降。

伦纳德-琼斯势 [Lennard-Jones potential] 又称 L-J 势、6-12 势或 12-6 势。用来模拟两个电中性的分子或原子间相互作用势能的一个比较简单的数学模型。最早由数学家 John Lennard-Jones 于 1924 年提出。由于其解析形式简单而被广泛使用,特别是用来描述惰性气体分子间相互作用尤为精确。具有如下形式:

$$V(r) = 4\varepsilon \left[\left(\frac{\sigma}{r}\right)^{12} - \left(\frac{\sigma}{r}\right)^{6} \right]$$

ε 等于势能阱的深度,σ 是互相作用的势能正好为零时的两体距离。

L-J 势 [L-J potential] 即伦纳德-琼斯势。

6-12 势 [6-12 potential] 即伦纳德-琼斯势。

12-6 势 [12-6 potential] 即伦纳德-琼斯势。

Morse 势 [Morse potential] 一种对于双原子分子间势能的简易解析模型。以物理学家 Philip M. Morse 的名字命名。具有如下形式:

$$V(r) = -D_e + D_e(1 - e^{-a(r-r_e)})^2$$

式中,$V(r)$ 表示距离为 r 时的势能,r 表示双原子分子原子核间的距离,r_e 表示势能最小时原子核之间的距离,D_e 表示分子的解离能。

吸附等温线 [adsorption isotherm] 表示在一定温度下分子在固体表面的覆盖范围或吸附情况与固体表面之上介质的气压或浓度之间的关系的曲线。

朗缪尔等温方程 [Langmuir's equation] 又称朗缪尔等温线。具有如下形式:

$$\theta = \frac{k \cdot P}{1 + k \cdot P}$$

θ 是表面覆盖范围分数,P 是气体压力或浓度,k 为朗缪尔吸附常数并且随着吸附结合能的增加或温度的减少而增加。

朗缪尔等温线 [Langmuir's isotherm] 即朗缪尔等温方程。

弗罗因德利希方程 [Freundlich equation] 又称弗罗因德利希等温线。具有如下形式:

$$\frac{x}{m} = kP^{\frac{1}{n}}$$

x 是被吸附的吸附质摩尔数,m 是吸附剂的质量,P 是吸附质的压强,k 和 n 表示给定温度下的经验常数。

弗罗因德利希等温线 [Freundlich isotherm] 即弗罗因德利希方程。

焦姆金方程 [Temkin equation] 又称焦姆金等温线。具有如下形式:

$$\theta = c_1 In(c_2 P)$$

θ 是表面覆盖范围分数,c_1、c_2 为实验测得常数,P 是气体压力或浓度。

焦姆金等温线 [Temkin isotherm] 即焦姆金方程。

BET 等温线 [BET isotherm] 由 Brunauer, Emmett 和 Teller 三人提出的多层分子吸附模型,具有如下形式:

$$V = \frac{V_m P c}{(P_s - P)(1 - (P/P_s) + c(P/P_s))}$$

此处 V 表示平衡压力为 P 时,吸附质的总体积,V_m 表示将吸附质在吸附剂表面覆盖成单分子层时的体积,P 表示吸附质在吸附温度平衡时的压力,P_s 表示在吸附温度下吸附质的饱和蒸气压,c 表示与吸附有关的常数。

金属氢化物储氢 [metallic hydride hydrogen storage] 通过氢气扩散到特定金属的晶格中,形成金属氢化物达到储氢的目的,并可以通过加压或升温的方式将储存在金属氢化物中的氢气脱出的储氢方式。

电解水 [electrolysis of water] 指利用电能将水分解成氧气和氢气的过程。电流通过水时,在阴极通过还原水形成氢气,在阳极则通过氧化水形成氧气。氢气生成量大约是氧气的两倍。

阳极 [anode] 指在电解过程中,发生氧化反应的电极。

阴极 [cathode] 指在电解过程中,发生还原反应的电极。

法拉第电解定律 [Faraday's laws of electrolysis] 描述电极上通过的电量与电极反应物质量之间的关系的定律,包括两个子定律:a) 在电解过程中,阴极上还原物质析出的量与所通过的电流强度以及通电时间成正比;b) 物质的电化当量跟它的化学当量成正比。

极化 [polarization] 电极上有 (净) 电流流过时,腐蚀电池的作用开始,电子流动的速度大于电极反应的速度,使得阳极电位向正移,阴极电位向负移,电极电势偏离其平衡值的现象。根据极化产生的原因,可分为电化学极化、欧姆极化、浓差极化等。

电化学极化 [electrochemical polarization] 是极化的一种。在外电场作用下,由于电化学作用相对于电子运动的迟缓性改变了原有的电偶层而引起的电极电位变化的现象。其特点是:在电流流出端的电极表面积累过量的电子,即电极电位趋负值,电流流入端则相反。由电化学极化作用引起的电动势叫作活化超电压。电化学过程受化学反应控制,由于电荷传递缓慢而引起的极化。

活化极化 [activation polarization] 由于电极电化学反应迟延而引起其电位偏离平衡电位的现象,又称电化学极化或化学极化,是电极极化的一种基本形式。在高电流密度下容易出现活化极化。阳极活化极化意味着在阳极上进行的电氧化反应难以释放电子,为促使其释放电子,就必须使阳极电位更正于平衡电位。阴极活化极化则是在阴极上进行的电还原反应难以吸收电子，为促使其吸收电子，就必须使阴极电位更负于平衡电位。

电阻极化 [resistance polarization]　电流通过电解质溶液和电极表面的某种类型的膜时产生的欧姆电位降的现象。它主要决定于体系的欧姆电阻，并不与电极反应过程中的某一步骤相对应。其特点是：电阻固定时，电阻极化与电流成正比；当电流中断时，电阻极化迅速消失。

浓差极化 [concentration polarization]　膜分离过程中的浓差极化是指分离过程中，料液中的溶液在压力驱动下透过膜，溶质（离子或不同分子量溶质）被截留，在膜与本体溶液界面或临近膜界面区域浓度越来越高；在浓度梯度作用下，溶质又会由膜面向本体溶液扩散，形成边界层，使流体阻力与局部渗透压增加，从而导致溶剂透过通量下降的现象。

电解过程中的浓差极化是指由于电解槽中电极界面层溶液浓度与本体溶液浓度不同而引起电极电位偏离平衡电位的现象。它是电极极化的一种基本形式。

反应极化 [reaction polarization]　在电池内的化学反应产生了新的化学物质或者反应的平衡被打破的情况下产生的现象。在电池运行过程中，反应物浓度降低，产物浓度增加，从而致转化率的降低。

转移极化 [transfer polarization]　由电极本身材料所决定的，将驱动电流流过电极之间的需要的过电势。

光催化反应 [photocatalytic reaction]　在化学反应中，光催化剂在光照的条件下产生电子和空穴对，为下一步的氧化、还原反应提供自由激子的反应。通过利用 TiO_2 光催化剂，可以实现有机污染物光降解、光催化水分解制氢、光催化二氧化碳还原等其他简单有机物的合成。

光催化材料 [photocatalytic material]　在光的作用下发生的光化学反应所需的一类半导体催化剂材料。世界上能作为光催化材料的有很多，包括二氧化钛、氧化锌、氧化锡、二氧化锆、硫化镉等多种氧化物硫化物半导体。其中二氧化钛 (titanium dioxide) 因其氧化能力强，化学性质稳定无毒，成为世界上最当红的纳米光触媒材料。在早期，也曾经较多使用硫化镉 (CdS) 和氧化锌 (ZnO) 作为光触媒材料，但是由于这两者的化学性质不稳定，会在光催化的同时发生光溶解，溶出有害的金属离子具有一定的生物毒性，故发达国家目前已经很少将它们用作为民用光催化材料，部分工业光催化领域还在使用。

能带结构 [energy band structure]　原子中核外电子在原子轨道上运动并处于不同的分立能级上，当 N 个原子相接近形成晶体时将发生原子轨道的交叠并产生能级分裂现象。量子理论证明，N 个原子中原先能量值相同的能级（如各原子的 2s 能级）将分裂成 N 个能量各不相同的能级；但分裂的各能级能量差值不大。由于固体中原子数 N 很大，因而 N 个分裂的能级差值极小，以致于可以视为连续分布，即形成有一定宽度的能带。一般晶体的能带宽度 (E_g) 约为几个 eV(最多不过几十个 eV)。能带可沿用能级分裂以前的原子能级名称命名，如 2s 能带、2p 能带等。原子不同能级分裂的能带之间可能存在间隙，称之为禁带；禁带宽度又称为能隙。原子不同能级分裂的能带之间也可能发生重叠。

能带工程 [energy band engineering]　又称带隙工程 (band gap engineering)。通过人工改性来控制或改变半导体材料的工程。人工改性半导体材料是通过对材料的物理参数和几何参数的设计和生长，来改变其能带结构和带隙图形，以优化其电学性质和光学性质。采用人工改性半导体材料可以优化电子器件和光电子器件的特性。能带工程主要包含以下两个方面：带隙图形工程，基于对不同带隙材料的剪裁，使电子在半导体内的运动发生改变，从而获得性能优越的新器件；能带结构工程，通过改变材料的能带结构，使电子在半导体内的运动发生改变，从而获得性能优越的新器件。

能带弯曲 [band bending]　半导体内部电子所具有的静电势能不相同时，能带发生弯曲的现象。在半导体能带理论中，能带反映了内部电子所具有的静电势。当势能处处相等，能带就是平直的；当势能不一样，其能带就发生弯曲。在光电化学体系中，光电极与电解液的费米能位置通常是不相同的，电子界面发生迁移。n 型半导体在界面处能带通常向上弯曲，而 p 型光阴极能带通常向下弯曲。

导带 [conduction band]　在固体能带结构中，原子激发态能级（此处指高于基态价电子能级的高能级）相应的能带。

价带 [valenceband]　在固体能带结构中，原子基态价电子能级相应的能带。

导带位置 [position of the conduction band]　是由自由电子形成的能量空间。即固体结构内自由运动的电子所具有的能量范围。

价带位置 [position of the valence band]　指半导体或绝缘体中，在绝对零度下能被电子占满的最高能带。

有效质量 [effective mass]　在能带论中，晶体中的电子除了受到外加电场的作用力 F 外，还必然会受到晶格本身的作用 f。若电子真实质量是 m，则晶体中的电子在外力 F 作用下的加速度将是 $a = (F + f)/m$，而参照牛顿第二定律定义的 $M = F/a$ 称为有效质量。有效质量已经把晶格对电子的作用包含在内，晶体中电子对外加场的响应具有有效质量而不是电子的真实质量。

欧姆接触 [Ohmic contact]　指金属与半导体的接触，而其接触面的电阻值远小于半导体本身的电阻，使得组件操作时，大部分的电压降在活动区 (active region) 而不在接触面。欧姆接触在金属处理中应用广泛，实现的主要措施是在半导体表面层进行高掺杂或者引入大量复合中心。

肖特基接触 [Schottky contact]   指金属和半导体材料相接触的时候，在界面处半导体的能带弯曲，形成肖特基势垒。势垒的存在导致了大的界面电阻。与之对应的是欧姆接触，界面处势垒非常小或者是没有接触势垒。

深能级杂质 [deep band impurity]   杂质电离能大，施主能级远离导带底，受主能级远离价带顶。深能级杂质有三个基本特点：一是不容易电离，对载流子浓度影响不大；二是一般会产生多重能级，甚至既产生施主能级也产生受主能级；三是能起到复合中心作用，使少数载流子寿命降低；四是深能级杂质电离后以为带电中心，对载流子起散射作用，使载流子迁移率减小，导电性能下降。

浅能级杂质 [shallow band impurity]   指在半导体中、其价电子受到束缚较弱的那些杂质原子，通常是能够提供载流子 —— 电子或空穴的施主、受主杂质；它们在半导体中形成的施主能级接近导带，受主能级接近价带，因此称其为浅能级杂质。

复合半导体 [compound semiconductor]   又称化合物半导体。是一类由化合物构成的半导体材料。复合半导体中的化合物通常由两种或更多元素的原子构成。两种或是两种以上的半导体通过研磨、溶解混合形成复合半导体材料，它在保持半导体基本性的基础上，因存在大量两种材料接触的表面与界面，在光照、电场、磁场等外界作用显示出诸多特殊性能，极大改善单半导体的性能，拓宽新材料的发现与半导体材料的应用范围。

直接带隙半导体 [direct bandgap semiconductors]   导带边和价带边处于 K 空间相同点的半导体。常见的直接带隙半导体有 GaAs, InP, InSb 等。

间接带隙半导体 [indirect bandgap semiconductors]   导带边和价带边处于 K 空间不同点的半导体。形成半满能带不只需要吸收能量，还要改变动量。常见的间接带隙半导体有 Ge, Si 等。

宽带隙半导体 [wide bandgap semiconductor]   禁带宽度等于或者大于 3eV 的半导体材料。宽带隙半导体材料主要指的是金刚石、III 族氮化物、碳化硅、立方氮化硼以及 II-VI 族硫、锡碲化物、氧化物 (ZnO 等) 及固溶体等，特别是 SiC、GaN 和金刚石薄膜等材料，因具有高热导率、高电子饱和漂移速度和大临界击穿电压等特点，成为研制高频大功率、耐高温、抗辐射半导体微电子器件和电路的理想材料，在通信、汽车、航空、航天、石油开采以及国防等方面有着广泛的应用前景。

窄带隙半导体 [narrow bandgap semiconductors]   窄是过渡金属的化合物或络合物以及三元或多元氧化物的半导体，带隙约在 2.0~3.0eV，能被波长 410~620nm 的光照所激发。

载流子 [carrier]   半导体中传导电流的载体，可以为电子或空穴。

非平衡载流子 [nonequilibrium carrier]   半导体非平衡态时比平衡态时多出的载流子。处于非平衡状态的半导体，其载流子浓度也不再是 n_0 和 p_0，可以比他们多出一部分。

载流子寿命 [lifetime ofcarriers]   载流子都具有一定的平均存在时间，即寿命，单位是 [s]。载流子寿命的长短，主要决定于其复合机理。对于 GaAs 等具有直接跃迁能带的半导体，载流子的复合主要是电子–空穴的直接复合，寿命较短；对于 Si、Ge 等具有间接跃迁能带的半导体，载流子的复合主要是借助于复合中心来进行的间接复合，寿命与复合中心的数量和性质有关 (复合中心越多，寿命就越短)。

载流子漂移 [carrier drift]   指载流子沿着外加电场的方向、叠加在热运动之上的一种附加运动，该附加运动的速度分量平均值就是漂移速度。

载流子扩散 [carrier diffusion]   载流子在浓度梯度的驱使下所进行的一种运动形式。扩散本来就是粒子在热运动的基础上所进行的一种定向运动，所以扩散系数的大小与遭受的散射情况有关。

固液界面复合 [solid-liquid interface recombination]   表面复合就是半导体少数载流子在表面消失的现象。由于半导体表面是晶格的终止面，将引入大量的缺陷，这些缺陷也就是载流子的产生–复合中心；并且由于沾污等外界因素的影响，还更增加了产生–复合中心。所以，半导体表面具有很强的复合少数载流子的作用，同时也使得半导体表面对外界的因素很敏感，这也是造成半导体器件性能受到表面影响很大的根本原因。

电子空穴准费米能级 [electron-hole quasi-Fermi level]   准 Fermi 能级这个概念是为了方便讨论非平衡载流子的统计分布以及载流子浓度的能级而引入的。对于处于热平衡状态的半导体，其中载流子在能带中的分布遵从 Fermi-Dirac 分布函数 ($f(E)$)，并且整个系统具有统一的 Fermi 能级 (E_f)，其中的电子和空穴的浓度都可以采用这同一条 Fermi 能级来表示：$n_o = N_c \times \exp[-(E_c - E_f)/kT]$，$p_o = N_v \times \exp[-(E_f - E_v)/kT]$。而对于处于非 (热) 平衡状态的半导体，由于 Fermi-Dirac 分布函数及其 Fermi 能级的概念在这时已经失去了意义，从而也就不能再采用 Fermi 能级来讨论非平衡载流子的统计分布了。因此，非平衡载流子的浓度计算是一个很复杂的非平衡统计问题。

不过，对于非平衡状态下的半导体，其中的非平衡载流子可以近似地看成是处于一定的准平衡状态。如注入到半导体中的非平衡电子，在它们所处的导带内，通过与其他电子的相互作用，可以很快地达到与该导带相适应的、接近 (热) 平衡的状态，这个过程所需要的时间很短 (该时间称为介电弛豫时间，大约在 10^{-10}s 以下)，比非平衡载流子的寿命 (即非平衡载流子的平均生存时间，通常是 μs 数量级) 要短得多，因此可近似地认为，注入能带内的非平衡电子在导带内是处于一种 "准平衡状态"。类似的，注入价带中的非平衡空穴，也可以近似地认为它们在价带中是处于一种 "准平衡状态"。因此，半导体中的非平衡载流子，可以认为它们都处于准平衡状态 (即导带所有的电子和价带所有的空穴分别处于准平衡状态)。当然，导带电子与价带空穴之间，并不能认为处于准平衡状态 (因为导带电子和价带空穴之间并不能在很短的时间内达到准平衡状态)。

对于处于准平衡状态的非平衡载流子，可以近似地引入与 Fermi 能级相类似的物理量 —— 准 Fermi 能级来分析其统计分布；当然，采用准 Fermi 能级这个概念，是一种近似，但却是一种较好的近似。基于这种近似，对于导带中的非平衡电子，即可引入电子的准 Fermi 能级；对于价带中的非平衡空穴，即可引入空穴的准 Fermi 能级。

真空能级 [vacuum level]　电子完全自由而不受原子核的作用所达到的能级。通常所确定的能级位置，是以真空能级作为势能参考点，根据电子的能量得到的。作为参考点，当然认为是恒定的，这对于单一的材料，是非常肯定的。

半导体平带电势 [flat band potential of semiconductor]　当体相的半导体与电解质体系相互接触时，若半导体的费米能级与电解质中氧化还原电对的电势 (相对于标准氢电极) 不同，半导体一侧将会形成空间电荷层，而电解质溶液一侧则会出现亥姆霍兹 (Helmholtz) 层，从而半导体的能带在表面发生弯曲。如果对半导体的电极施加某一电位进行极化，通过改变半导体的费米能级使之处在平带状态，则这一电位称为半导体平带电势。

电流倍增效应 [current multiplier effect]　碰撞电离所产生的电子-空穴对，在电场中向相反方向运动，又被电场加热并产生新的电子空穴对。依此方式可以使载流子大量增殖的现象。

在强电场下，半导体中的载流子会被电场加热，部分载流子可以获得足够高的能量，这些载流子有可能通过碰撞把能量传递给价带上的电子，使之发生电离，从而产生电子-空穴对，这种过程称为碰撞电离。

Mott-Schottky 曲线

$$C_{sc}^{-2} = [2/(e\varepsilon\varepsilon_n N)](|\Delta\phi| - kT/e)$$
$$= [2/(e\varepsilon\varepsilon_n N)](|E - E_{fb}| - kT/e)$$

该方程描述半导体的空间电荷层微分电容 C_{sc} 与半导体表面对于本体的电势 ϕ 的关系：式中 ε 为相对介电常数，ε_n 为真空介电常数，N 是施主 (对 n 型半导体) 或受主 (对 p 型半导体) 密度；E 及 E_{fb} 分别为电极电势及平带电势，均相对于特定的参比电极。此式在电极表面是半导体时有效。根据上述方程，对 E 作图应为一直线，即莫特-肖特基图。可以从该线段斜率的正负来判断半导体属于 n 型还是 p 型。该线段的延长线在纵轴上的截距可以给出 E_{fb}；从直线的斜率可求得 N。但表面态的干扰会造成偏离莫特-肖特基理论关系式。所以应核实由此图得到的 E_{fb}。

光生载流子 [photogenerated carriers]　光生空穴和光生电子的统称。光催化半导体材料在光的照射下，吸收一个能量大于等于禁带宽度的光子 (photons)，处于价带 (VB) 上的电子 (e-) 和空穴 (h+) 对分离，价带上电子跃迁到导带变成光生电子，同时具有还原性，而留在价带上的空穴则成为光生空穴，具有极强的氧化性。

光生电子 [photogenerated electrons]　光催化半导体材料在光的照射下，吸收一个能量大于等于禁带宽度的光子 (photons)，处于价带 (VB) 上的电子 (e−) 和空穴 (h+) 对分离，从价带上跃迁到导带的电子。光生电子具有还原性。

光生空穴 [photogenerated holes]　光催化半导体材料在光的照射下，吸收一个能量大于等于禁带宽度的光子 (photons)，处于价带 (VB) 上的电子 (e−) 和空穴 (h+) 对分离，留在价带上的空穴。光生空穴具有极强的氧化性。

复合中心 [recombination center]　半导体中能够促进非平衡载流子复合 (即电子、空穴成对消失) 的一类杂质或缺陷。复合中心的能级是处在禁带中较深的位置 (即靠近禁带中央)，故复合中心杂质往往又称为深能级杂质。为了控制半导体少数载流子的寿命，有时 (例如在高速开关器件中) 需要有意掺入起复合中心作用的杂质；一般用作为复合中心的杂质都是重金属元素，使用最多的 Au 和 Pt。

表面复合 [surface recombination]　是半导体少数载流子在表面消失的现象。由于半导体表面是晶格的终止面，将引入大量的缺陷。这些缺陷也就是载流子的产生-复合中心，并且由于污染等外界因素的影响，还更增加了产生-复合中心。所以半导体表面具有很强的复合少数载流子的作用，也使得半导体表面对外界的因素很敏感，这是造成半导体器件性能受到表面影响很大的根本原因。

体相复合 [phase recombination]　包含原子数足够大的体系中的电子和空穴成对复合消失。

辐射复合 [radiative recombination]　根据能量守恒原则，电子和空穴复合时应释放一定的能量，并且能量以光子的形式放出的复合。

非辐射复合 [non-radiative combination]　除光子辐射之外的其他方式释放能量的复合。

光吸收 [optical absorption]　当光通过材料时，光

与材料中的原子 (离子)、电子发生的相互作用。

吸收系数 [absorption coefficient]　在给定波长，溶剂和温度等条件下，吸光物质在单位浓度，单位液层厚度时的吸收度。

光敏化 [photosensitization]　又称光动力。指任一化学或生物学反应，在可见光照射下，必须有一敏化剂参与光吸收才能发生，并需要氧的参与的反应。

光学带隙 [optical band gap]　吸收系数为 10^3cm^{-1} 或 10^4cm^{-1} 时所对应的光子能量。非晶态半导体的本征吸收边附近的吸收曲线通常分为三个区域：价带扩展态到导带扩展态的吸收为幂指数区；价带扩展态到导带尾的吸收为指数区；价带尾到导带尾的吸收为弱吸收区。非晶半导体的带隙没有明确的定义。定义其光学带隙的简单方法是 E03 或 E04，即吸收系数为 10^3cm^{-1} 或 10^4cm^{-1} 时所对应的光子能量。物理意义较明确的定义方法是 Tauc 带隙，主要考虑幂指数区的带 - 带吸数，此时 $\alpha(h\nu) \propto C(h\nu - E_g)\gamma$，$C$ 和 γ 与能带结构有关，对于抛物线形能带结构 γ 取 2，由 $(\alpha h\nu)1/2 \sim h\nu$ 关系曲线求得的 E_g 称为 Tauc 带隙。

光催化 [photocatalytic]　利用半导体受光激发产生的电子空穴去还原氧化某些物质 (水或者污染物等) 而发生的反应，其中半导体本身不发生任何变化。

光电催化 [photoelectrochemical catalysis]　光电催化是光催化与电化学相结合的一个研究领域。在光催化中，半导体材料吸收光子，产生电子–空穴对，电子空穴对分离后，分别发生还原、氧化反应，从而实现光能的利用。光催化体系会面临严重的电子–空穴复合。为了克服这个难点，在光电催化中，半导体被做成光电极，在电极上加上偏压，就可以增大能带弯曲，实现更有效的电子–空穴分离。1955 年 Brattain 和 Garrett 对锗半导体的研究被认为是半导体光电催化领域的先驱工作，1972 年 Fujishima 与 Honda 在 TiO2-Pt 体系下实现了光电催化水分解。早期的光电极集中于研究单晶光电极，而近年来，多晶光电极成为了研究的热点。常见的光阳极材料有IV族半导体，III - V族半导体，II - VI族半导体，金属氧化物，金属氮化物和有机染料分子。

Fujishima-Honda 效应 [Fujishima-Honda effect]　半导体 TiO2 电极上水的光催化分解。在一定的偏压下，二氧化钛单晶在光的照射下能将水分解成氧气和氢气，这意味着太阳能可光解水，制取氢燃料，这个发现被称为 Fujishima-Honda 效应。这是一种十分典型的光电催化现象。

Pt/C 催化剂 [Pt/C catalyst]　将铂负载到碳材料上，从而获得一种具有很高比表面积和较低铂量的催化剂。其中铂位于比表面积很高的碳的表面起催化作用。铂是优秀的催化剂，但其价格昂贵，储量又少。所以需要既使用较低载量又获得较高催化性能，于是把铂负载在碳上成为其中最常用

的的方式。

催化剂载体 [catalyst carrier]　又称担体。是负载型催化剂的组成材料之一。载在载体表面上是催化活性组分，起支撑作用的就是载体，使催化剂具有特定的物理性状，而载体本身一般并不具有催化活性。多数载体是催化剂工业中的产品，常用的有氧化铝载体、硅胶载体、活性碳载体，某些天然产物如浮石、硅藻土等。常用 "活性组分名称–载体名称" 来表明负载型催化剂的组成，如加氢用的镍–氧化铝催化剂、氧化用的氧化钒–硅藻土催化剂。

助催化剂 [co-catalyst]　担载在半导体粉末或者电极上，用来进一步降低光催化反应势垒的辅助催化剂。早期的助催化剂一般都是铂、钌和钇等贵金属及其氧化物，近年研究热点转向了钴、镍、钼等非贵金属的氧化物、磷化物和硫化物等。

催化剂利用率 [catalyst utilization]　单位体积的催化剂中起到催化作用的催化剂所占的比例。一般和载体的孔隙率，表面粗糙度和催化剂的含量有关。

铂催化剂 CO 中毒 [carbon monoxide poisoning of platinum catalyst]　铂催化剂在活性稳定期间，燃气中的 CO 吸附于催化剂表面，占据其活性中心，导致其活性位点减少，活性明显下降甚至被破坏的现象。CO 在铂催化剂上有线式和桥式两种吸附态，桥式吸附比线式吸附稳定。可通过阳极注氧、燃气预处理和采用抗 CO 催化剂等方式来处理铂催化剂 CO 中毒问题。

催化剂耐久性 [durability of catalyst]　催化剂在一定的工作条件下，活性从小到大达到成熟期，在一段时间内保持稳定，然后下降到某一规定值的时间。催化剂在载体上的迁移团聚、催化剂的溶解再沉积、催化剂中毒、载体腐蚀导致的催化剂脱落等均会影响催化剂的耐久性。通常使用特定仪器模拟环境，进行加速测试的方法来检测催化剂的耐久性。

表面光电压谱 [surface photovoltage spectrum]　材料表面受到光照射时，基态电子会被激发，向高能级跃迁，从而造成材料表面费米能级的移动。通过测量电势移动与波长、光强等之间的函数关系，来获得关于材料能带结构、少数载流子迁移、光电响应特性和表面电荷分布等信息。

单分子荧光显微镜 [single molecule fluorescence microscope]　利用单分子被激发后发射的荧光来成像的显微镜。以单分子为观察对象，可以排除平均效应，反应局部微观环境信息，揭示分子随时间变化的规律。

电化学阻抗谱 [electrochemical impedance spectrum]　是一种以小振幅正弦波电位 (或电流) 为扰动信号的电化学测量方法。由于以小振幅电信号对体系扰动，一方面可以避免对体系有影响，另一方面也使得反馈与扰动接近线性关系。另外，电化学阻抗谱也是一种频率域的测量方法，

它以测量宽频谱范围内的阻抗谱来研究电极系统，相比起其他的电化学方法，它可以得到更多的动力学信息以及电极界面结构信息。

吸附 [adsorption]　指气相或者液相中的分子、离子、原子连接在物质表面的现象。吸附来源于表面能。材料表面的分子相比起体相内部的分子，具有不饱和悬挂键，因此能与小分子产生结合。吸附过程可以被分为物理吸附 (通过范德瓦耳斯力)，化学吸附 (通过共价键)，以及静电吸附。

表面修饰 [surface modification]　通过物理、化学等手段，来改变材料原本的表面特性的方法。表面修饰手段包括改变粗糙度、亲疏水性、表面钝化、改变生物相容性、改变表面活性等。

肖特基势垒 [Schottky barrier]　金属与半导体接触时，由于费米能级不同，载流子会在界面发生扩散，从而形成反向的电场。当电场产生的少数载流子漂移和多数载流子扩散达到平衡时，由反向电场所造成的电势差。由于肖特基势垒的存在，半导体–金属的接触也具有类似与 p-n 结的整流作用。

平带电位 [flatband voltage]　指半导体和电解液的界面上没有多余电荷存在空间电荷区不发生能带弯曲时的电极电位。半导体的平带电位会随着电解液 pH 的改变而发生变化，其两者有如下关系：

$$E_{\mathrm{fb}} = E0_{\mathrm{fb}} - 0.059 \mathrm{pH}$$

式中，$E0_{\mathrm{fb}}$ 为 H$-$ 和 OH$-$ 发生等量吸附时的电位，即 PZC 为零时的电位。

对于 N-型半导体而言，平带电位即为光阳极电流等于零时所对应的电位；对于 P-型半导体而言，平带电位即为光阴极电流等于零时所对应的电位。此外，利用 Mott-Schottky 方程，通过测定表观空间电容与电位的关系也可以获得平带电位。

吸收光谱 [absorption spectrum]　材料在特定频率上对电磁辐射的吸收所呈现的比率。吸收光谱是物质分子对不同波长的光选择吸收的结果，是对物质进行分光光度研究的主要依据。

瞬态吸收谱 [transient absorption spectroscopy] 瞬态吸收谱是一种利用时间分辨技术测量出的吸收光谱，可以用于测定物质在光激发后产生的瞬态物种。测量过程中，利用单色脉冲光泵浦材料，脉冲光瞬间释放的高能量将材料中的分子或原子能级从基态转为激发态，该过程中材料吸收脉冲光的变化成为瞬态吸收谱。

时间分辨原位红外谱 [time resolved FTIR spectrum]　是一种将时间分辨技术与傅里叶红外光谱技术结合起来的检测技术，用于动态检测由激光等引发的材料中分子光解和自由基反应的处于高振动态的产物，进而确定光解产物及自由基反应途径等。

光化学 [photochemistry]　用基于分子结构及其内在性质的具体机制模型来描述由于吸收光子而引起的物理和化学变化过程成为光化学过程。光化学研究对象是处于电子激发态的物种，主要包括合成光化学、机制光化学、光物理等内容。光化学反应的种类很多，它们的发生机制各不相同，但它们的一个最基本的规律是，特定的光化学反应要特定波长的光子来引发。一般一个分子需吸收 1.5~3 eV 才能激发到电子的激发态，所以光化学反应可由紫外或可见光激发。光化学反应的机理一般包括初级反应过程与次级反应过程。初级反应过程是反应分子吸收光子被激发的过程，其速率只与光的入射强度有关，与反应物浓度无关，表现为零级反应。次级反应是由被激发的高能态反应分子引发的反应，是一般的热反应。

由 Stark-Einstein 定律可知，光化学反应中吸收光子数与跃迁到激发态的分子数之间一般呈 1:1 的对应关系。但是在特殊场合下光化学反应也可能不遵循 Stark-Einstein 定律，如用高能激光照射反应物分子时可能发生一个分子同时吸收两个光子的跃迁现象，或是一个光子可能激发两个彼此接触的分子等。

光阳极 [photoanode]　受光激发后，能使电解质发生氧化反应的电极。光阳极是染料敏化太阳电池中的重要构成部分，目前研究的光阳极材料主要包括 TiO_2、ZnO、Nb_2O_5、SnO_2 等一系列半导体材料，其中 TiO_2 由于具有合适的禁带宽度以及优越的光电、介电效应和光电化学稳定性，一直以来都作为染料敏化太阳电池中光阳极研究的核心材料。选择半导体薄膜作为光阳极时，一般需具备以下显著特征：

(1) 具有大的比表面积，能够有效吸附单分子层染料，更好地利用太阳光；

(2) 纳米半导体颗粒与导电基底以及颗粒之间应有良好的电学接触，保证薄膜的导电性；

(3) 电解液中的氧化还原电对能够渗透到半导体薄膜内部，使氧化态染料能够有效再生；

(4) 光子在半导体薄膜中有较大的光程，减少反射和透射的损失。

量子效率 [monochromatic incident photon-to-electron conversion efficiency(IPCE)]　又称光电转换效率。入射的单色光子转换成电子的转换效率，即单位时间电路中产生的电子数与入射单色光子数之比。其数学表达式为

$$\mathrm{IPCE}(\lambda) = \frac{N_{\mathrm{e}}}{N_{\mathrm{p}}} = \frac{1240 \times J_{\mathrm{p}}(\lambda)}{\lambda \times P}$$

其中，λ 为入射的单色光子的波长 (单位为 nm)，P 为光强 (单位为 $\mu\mathrm{W} \cdot \mathrm{cm}^{-2}$)，$J_{\mathrm{p}}$ 为光电流密度 (单位为 $\mu\mathrm{A} \cdot \mathrm{cm}^{-2}$)。

光电转换效率 [photon-to-electron coversion efficiency] 即量子效率。

太阳能转化效率 [solar energy conversion efficiency] 太阳能转化装置的有效输出能量与接收的太阳能之间的比值。

光电化学太阳能转换效率 [solar photovoltaic conversion efficiency] 入射到光电组件表面的能量与其输出能量之比。

光电化学量子转换效率 [photoelectrochemical quantum conversion efficiency] 太阳电池的光电特性在不同波长光照条件下的数值，光电特性包括：光生电流、光导等。量子效率 QE(Quantum Efficiency) 和光电转化效率 IPCE (Monochromatic Incident Photon-to-Electron Conversion Efficiency) 是指太阳电池产生的电子 - 空穴对数目与入射到太阳电池表面的光子数目之比。通常，太阳电池量子效率 QE(Quantum Efficiency) 是指外量子效率 EQE (External Quantum Efficiency)，也就是太阳电池表面的光子反射损失是不被考虑的。

异相光催化 [heterogeneous photocatalysis] 光催化剂和反应物处于不同的相，在两相间的界面上发生的光催化反应。在异相光催化反应体系中，半导体光催化剂分散在溶液或气体的混合物中，在光照条件下受激发产生光生电子和空穴，并随之发生氧化还原反应。在反应过程中，体系中的 O_2 和 H_2O 分子会与光生载流子结合生成超氧自由基、羟基自由基等，这些自由基将成为异相光催化反应体系中的重要活性物种。

均相光催化 [homogeneous photocatalysis] 光催化剂和反应物同处于同一相，没有相界存在而进行的光催化反应。

气相色谱 [gas chromatography] 是一种以惰性气体 (如 N_2、He、Ar、H_2 等) 为流动相的柱色谱分离技术。与适当的检测手段相结合，构成气相色谱分析法。该技术主要是利用物质在两相 (固定相和流动相) 体系中具有不同的分配系数实现分离。当两相做相对运动时，物质也随流动相移动，通过在两相间进行反复多次 ($10^3 \sim 10^6$) 分配，致使分配系数差别较小的物质具有不同的移动速度，经过一定的柱长后，实现混合物的完全分离，进而可以测定混合物中各组分的含量。气相色谱分析具有分离效能高、分析速度快、定量结果准等特点，成为重要的近代分析手段之一。当与质谱和计算机结合进行色 - 质联用分析时，可以对复杂的多组分混合物进行定性及定量分析。该技术被广泛应用于石油化工、医药、生化以及环境等各个领域，成为工农业生产、科研、教学等部门不可缺少的分离分析工具。

羟基自由基 [hydroxyl radical] 是一种具有极高氧化能力的活性物种，分子式为 ·OH。由于具有非常高的氧化电位 (2.8 eV)，羟基自由基具有极强的夺电子能力，在自然界中其氧化活性仅此于氟。在光催化反应过程中，羟基自由基作为主要的中间活性物种，可由以下反应获得：

(1) $H_2O + h^+ \longrightarrow ·OH + H^+$

(2) $h^+ + OH^- \longrightarrow ·OH$

(3) $O_2 + e^- \longrightarrow O_2^-$

(4) $·O_2^- + H^+ \longrightarrow ·OOH$

(5) $·OO \longrightarrow H_2O_2 + O_2$

(6) $2H_2O_2 + O_2^- \longrightarrow ·OH + 2OH^- + O_2$

羟基自由基生成后，在光催化过程中可发生以下反应：

(1) 羟基加成反应：羟基自由基加合到不饱和 C—C 键上；

(2) 羟基夺氢反应：羟基自由基打断 C—H 键，夺取一个 H 而形成水分子；

(3) 羟基自由基的电子转移反应：羟基自由基从易于氧化的无机离子得到一个电子而形成氢氧根 OH^-。

超氧自由基 [superoxide radical] 即 O_2^-。超氧自由基是一个氧分子获得一个电子得到的含有一个未成对电子，化合价为 −1 的氧离子。它是一种重要的氧分子还原产物，在自然界中广泛存在。

反应活性位 [active site] 指在催化剂中，具有催化能力与吸附反应物能力的特殊位置。

比表面积 [specific surface area, SSA] 指单位质量物质所具有的总面积，单位为 m^2/g。比表面积是衡量物质表面吸附、催化、反应的重要参数。通常比表面积越大，吸附能力越强，反应活性越大。

Zeta 电位 [Zeta potential] 又称电动电位、电动电势、ζ- 电位和 ζ- 电势。指剪切面 (shear plane) 的电位，是表征胶体分散系稳定性的重要指标。由于分散粒子表面带有电荷而吸引周围的反号离子，这些反号离子在两相界面呈扩散状态分布而形成扩散双电层。根据 Stern 双电层理论可将双电层分为两部分，即 Stern 层和扩散层。Stern 层定义为吸附在电极表面的一层离子电荷中心组成的一个平面层，此平面层相对远离界面的流体中的某点的电位称为 Stern 电位。稳定层 (Stationary layer) (包括 Stern 层和滑动面以内的部分扩散层) 与扩散层内分散介质 (dispersion medium) 发生相对移动时的界面是滑动面 (slipping plane)，该处对远离界面的流体中的某点的电位称为 Zeta 电位，即 Zeta 电位是连续相与附着在分散粒子上的流体稳定层之间的电势差。它可以通过电动现象直接测定

标准氢电极电位 [standard hydrogen electrode potential] 是将镀有一层海绵状铂黑的铂片，浸入到 H^+ 活度为 1.0mol/L 的酸溶液中，不断通入压力为 100kPa 的纯

氢气，使铂黑吸附 H_2 至饱和的时电极电位，并规定数值为零。

Shockley-Queisser 极限 [Shockley–Queisser limit] 指拥有一个 p-n 结的太阳电池所具备的最高理论转化效率。该极限最早于 1961 年由 William Shockley 和 Hans Queisser 计算得出，是太阳能转换中重要的参数之一。它与黑体辐射 (Blackbody radiation)、辐射复合 (Radiative recombination) 以及波谱损耗 (Spectrum losses) 等有关。

开路电压 [open-circuit voltage，OCV] 电池在开路状态时 (即没有电流通过两极时)，电池的正极电极电势与负极的电极电势之差。一般用 $V_开$ 表示，即

$$V_开 = \varphi^+ - \varphi^-,$$

其中，φ^+、φ^- 分别为电池的正负极电极电势。由于电池的两极在电解液溶液中所建立的电极电势通常并非平衡电极电势，而是稳定电极电势，所以电池的开路电压一般均小于它的电动势，但一般可近似认为两者相等。电池的开路电压与电池正负极材料以及电解液性质有关，而与电池的体积以及几何结构无关。实际测量与计算时，使用高内阻电压表进行测量，电压表读数即为开路电压。

短路电流 [short circuit current] 太阳电池在标准光源的照射下，当输出端短路时即 $V = 0$ 时，电池两端所通过的电流，一般写为 ISC。在 $I\text{-}V$ 图中，$I\text{-}V$ 曲线与横轴截距的绝对值为短路电流。

填充因子 [fill factor] 是评价太阳电池性能的物理量，一般记为 FF。填充因子 FF 定义为实际的最大输出功率除以理想目标的输出功率 $I_{sc} \times V_{oc}$(这里 I_{sc} 为短路电流，V_{oc} 为开路电压)，其计算公式为 $FF = I_m V_m / I_{sc} V_{oc}$。在 $I\text{-}V$ 图中填充因子表现为曲线的弯曲程度，弯曲度越大，填充因子越大。短路电流与开路电压一样时，填充因子越大说明电池的输出功率越高。

还原半反应 [reduction half-reaction] 在光催化分解水体系中添加空穴牺牲剂，如甲醇、三乙醇胺等，半导体价带的光生空穴将氧化空穴牺牲剂，而光生电子将水还原为氢气的半反应。

氧化半反应 [oxidation half reaction] 在光催化分解水体系中添加电子牺牲剂，如硝酸银等，半导体导带的光生电子将还原电子牺牲剂，而价带的光生空穴将水氧化为氧气的半反应。

转换数 [turnover number] 光催化样品单位活性中心上生产的产物分子 (氢气或氧气等分子) 的分子数，是评价一种材料光催化性能的一个重要参数，记为 TON。计算公式为：$N_{production}/(tN_{sample})$，$N_{production}$ 是产物的总摩尔量；N_{sample} 是使用样品的摩尔量。当转换数值大于 1 时，说明产物的产生过程是一催化过程而不是一化学反应过程。

等离子体共振效应 [plasmon resonance effect] 当光波 (电磁波) 入射到金属与介质分界面时，金属表面的自由电子发生集体振荡，电磁波与金属表面自由电子耦合而形成的一种沿着金属表面传播的近场电磁波，如果电子的振荡频率与入射光波的频率一致就会产生共振，在共振状态下电磁场的能量被有效地转变为金属表面自由电子的集体振动能，这时就形成的一种特殊的电磁模式：电磁场被局限在金属表面很小的范围内并发生增强，这种现象被称为表面等离子体共振效应。

失活与再生 [deactivation and regeneration] 失活：催化剂在使用过程中，活性和选择性会缓慢或显著下降，这就是催化剂的失活过程。失活不仅指催化剂活性完全丧失，更普遍地是指催化剂的活性和选择性在使用过程中逐渐下降的现象。再生：对失活或部分失活的催化剂进行处理，使之部分恢复催化活性和选择性的过程称为再生。再生过程不涉及催化剂整体结构的解体，只是用适当的方法消除那些导致催化性能衰退的因素。

元素掺杂 [doping] 指为了改善某种材料或物质的性能，有目的在这种材料或基质中，掺入少量其他元素或化合物的措施。掺杂可以使材料、基质产生特定的电学、磁学和光学等性能。

光催化反应动力学 [kinetics of photocatalytic reactions] 研究各种因素对光催化反应速率的影响以及相应的反应机理的学科。对于光催化反应，其反应动力学主要有光吸收，光生载流子分离及注入等。当能量大于半导体材料带隙的光照射半导体时，光激发电子跃迁到导带，在导带中形成具有还原性的激发态电子，同时在价带留下具有氧化性的空穴。由于半导体能带的不连续性，电子和空穴的寿命较长，它们能够在电场作用下或通过扩散的方式运动到半导体表面，与吸附在半导体催化剂粒子表面上的物质发生氧化还原反应。在光生电子和空穴运动到表面的过程中，会有一定的几率发生复合。为了有效利用光生电子和空穴，减少载流子的复合是光催化研究中的一个热点。

电荷分离 [charge separation] 指光生电子和空穴在材料内部和表面发生的空间上的分离。半导体材料在特定波长范围的光的激发下，基态电子会发生跃迁，从导带底跃迁至价带顶，形成激发态的电子和空穴。激发态的电子和空穴由于扩散或电场的作用下发生分离。由于激发态的电子和空穴容易发生复合，电荷分离能减少光生电子和空穴的复合几率，有利于提高光生电子和空穴的寿命，从而提高其利用率。因此，光催化材料制备中往往采用多种方法来促进半导体材料的电荷分离。

光致发光谱 [photoluminescence spectrum] 指物质吸收光子 (或电磁波) 后重新辐射出光子 (或电磁波) 的

过程。从量子力学角度，这一过程可以描述为物质吸收光子跃迁到较高能级的激发态后返回低能态，同时放出光子的过程。光致发光是多种形式的荧光中的一种。光致发光光谱是一种探测材料电子结构的方法，它与材料无接触且不损坏材料。光直接照射到材料上，被材料吸收并将多余能量传递给材料，这个过程叫作光激发。这些多余的能量可以通过发光的形式消耗掉。由于光激发而发光的过程叫作光致发光。光致发光的光谱结构和光强是测量许多重要材料的直接手段。光激发导致材料内部的电子跃迁到允许的激发态。当这些电子回到他们的热平衡态时，多余的能量可以通过发光过程和非辐射过程释放。光致发光辐射光的能量是与两个电子态间不同的能级差相联系的，这其中涉及到了激发态与平衡态之间的跃迁。激发光的数量是与辐射过程的贡献相联系的。光致发光光谱可以应用于带隙检测，杂质等级和缺陷检测，复合机制以及材料品质鉴定等方面。

功函数 [work function]　又称功函、逸出功。指把一个电子从材料内部运动到该材料表面所需的最少的能量。金属的功函数表示为一个费米能级上的电子逸出到真空能级所需要的最小能量。功函数的大小标志着电子在金属中束缚的强弱，功函数越大，电子越不容易离开金属。金属的功函数约为几个电子伏特。铯的功函最低，为 1.93eV；铂的最高，为 5.36eV。功函数的值与表面状况有关，随着原子序数的递增，功函数也呈现周期性变化。在半导体中，导带底和价带顶一般都比金属最小电子逸出能低。要使电子从半导体逸出，也必须给它以相应的能量。与金属不同，半导体的功函和掺杂浓度有关。

光沉积 [photodeposition]　在光照条件下利用半导体光催化剂的光生电子具有的还原性使助催化剂前驱物发生还原反应，从而在半导体光催化剂表面担载助催化剂的方法。利用光沉积担载的助催化剂往往是一些功函数比较大的具有较小过电势的金属，如 Pt，Rh，Au，Ag 等。光沉积助催化剂能够有效提高半导体光催化及剂的电子的注入和收集能力，从而有效提高其光催化性能。

本章作者: 邹志刚，刘建国，李朝升，闫世成，罗文俊，周勇

经济物理

经济物理学 [econophysics]　　又称金融物理学。物理学与经济学的交叉学科，即运用物理学的思想或方法来分析经济或社会中相关问题的学科。经济物理学可分为理论经济物理学、实证经济物理学、计算与实验经济物理学以及应用经济物理学。其研究方法包括利用随机过程或统计分析来研究实际市场海量数据中的规律，如标度率、相关性以及相变等；基于实际市场建立简化的可控实验室市场或代理人模拟市场，通过研究这两种人工市场来探寻实际市场中的微观动力学过程等。经济物理学与传统物理学的本质区别在于研究对象不同。传统物理学的研究对象为无智能物质（小到基本粒子，大到天体），以及由这些物质所构成的体系；而经济物理学的研究对象为具有高等智能的人类以及由人类所构成的经济或社会系统。人类均具有一定的对周围环境变化的适应能力，这使得经济物理学研究更具有挑战性。经济物理学这一名词最早于 1995 年由美国波士顿大学斯坦利教授（H. E. Stanley）在印度加尔各答的统计物理会议上正式提出。斯坦利及其众多同僚完成了大量的实证经济物理学研究工作，这些工作主要集中在经济或金融数据的统计分析。而对于实际市场的建模，则以瑞士佛里堡大学的教授张翼成为最，他及其合作者于 1997 年提出了少数者博弈模型，这一模型带动了其他很多代理人模型的研究。在中国，也有不少学者从事着经济物理学的研究工作，并做出了不小贡献。相比于传统物理学和经济学，经济物理学仍处于发展初期，其研究方法中仍具有一些不完善的地方，但它已初步显现出对人类系统无可替代的研究能力。随着经济物理学的不断发展，它有望对人类了解经济或社会系统的内在规律做出巨大贡献。

金融物理学 [financial physics]　　即经济物理学。

理论经济物理学 [theoretical econophysics]　　偏重于利用数学演绎来分析研究经济以及社会问题的经济物理学分支。其研究方法类似于计量经济学，多采用随机方程来进行数学推导和建模，并通过实证数据或真人实验以及代理人模拟中的统计结果来验证随机方程的可靠性。理论经济物理学的优点在于模型架构清晰以及模型参数易校准，但考虑到经济以及社会系统的复杂性，在多数情况下很难构建出一个合理可靠的随机模型。

实证经济物理学 [empirical econophysics]　　利用数理统计方法来分析实证数据以求发现数据背后所隐含的内在规律的经济物理学分支。其中，实证数据的来源极其广泛，比如，金融产品价格、社会财富分布、社交网络的形成和信息的传播、交通输运、语言文字、音乐旋律甚至人体生理数据等等。这充分显现出经济物理学家研究兴趣的广泛性。实证经济物理学已成为经济物理学研究中最活跃的一个分支。而在这个大数据时代，有非常丰富的数据信息值得挖掘，这也为实证经济物理学的进一步繁荣提供了一个良好的基础。

计算与实验经济物理学 [computational and experimental econophysics]　　偏重于利用代理人模拟和真人实验来分析研究经济以及社会问题的经济物理学分支。在代理人模拟方法中，经济物理学家首先设计出一批具有人工智能的代理人，然后自下而上地构建出由这些相互作用的代理人所组成的宏观体系，以此来模拟现实世界中的经济或社会系统。而真人实验方法则将虚拟的代理人替换成真实的游戏参与者，让游戏参与者在搭建的实验室体系中进行选择和博弈，从中研究参与者的行为特征以及体系所显现的宏观现象。由此即可看出代理人模拟与真人实验的共通之处，两者都是自下而上的研究方式，通过可控性的系统参数选择来深入探究宏观现象所对应的微观机理。代理人模拟与真人实验也是相辅相成的，一方面代理人模拟中所涉及的人工智能设计，可以参照真人实验的游戏参与者的行为特征；另一方面，真人实验一般均存在游戏时间、参与者人数和参与者背景广度（即指实验室招募的参与者一般无法涵盖各行各业）的限制，这就需要一个可靠的代理人模拟来推广真人实验所得到的结论，使之具备普适性。相比于实证经济物理学，计算与实验经济物理学方法最大的优势是具有可控性，这使得它能够更深入有效地探究实证经济物理学所发现的经济或社会系统的实证规律中所隐含的微观动力学过程。因此，计算与实验经济物理学已成为经济物理学中最具发展前景和活力的研究分支。

应用经济物理学 [applied econophysics]　　侧重于应用实践的经济物理学研究分支。这里提及的应用实践涉及很多领域，比如在金融市场中，其包括对金融产品的定价、风险的管控、投资策略的构建等等；在社会系统中，其包括传染病的防扩散、交通流的管控等等；在信息情报领域，其包括信息的处理、数据的挖掘等等。值得注意的是，经济物理学侧重于应用研究的工作目前还不多，这也是经济物理学尚处于发展的初期所导致的。随着经济物理学的进一步发展，这方面的研究工作将会越来越成熟和多样。

适应性系统 [adaptive system]　　由具有适应性的诸多个体和其周围环境所构成的复杂系统。适应性的个体可以通过观察、学习以及判断能力来适应周围环境的变化，与此同时，个体行为也会对周围环境的演变产生影响，从而形成个体与周围环境随时间相互影响、共同发展的一个动态的、演化的系统。

非适应性系统 [non-adaptive system]　与适应性系统相对，由不具有适应性的诸多个体以及其所处环境构成的系统。这些非适应性的个体不具备自主的观察、学习以及判断能力。例如，多个相互碰撞的金属球，它们的运动无法违背客观的力学方程，由这些金属球所组成的体系即为非适应性系统。

简单系统 [simple system]　构成元素数目较少、且元素之间的相互作用相对简单的系统。这种系统可以用较少的变量来描述，并可用牛顿力学中简单的统计平均方法进行解析。

复杂系统 [complex system]　与简单系统相对。这类系统与简单系统本质上不同。由于复杂系统目前尚缺少一个被广泛认可的定义，人们通常从复杂性科学中得到对复杂系统的描述性定义：复杂系统是具有中等数目的个体组成的系统，这些个体是基于局部信息能够做出行动的智能的自适应性个体。比如常见的生态系统、经济市场和社会系统都属于复杂系统的范畴。与简单系统相比，构成复杂系统的元素数目较多，且其间存在着强烈的耦合作用。根据复杂系统的描述性定义，它主要具备以下三个基本要素：(1) 虽然在复杂系统中元素数目较多，但并不是数目越大就越复杂，而是它的元素之间存在强耦合作用，并能通过这些相互作用使整体系统涌现出各种复杂特性。(2) 局部信息：在复杂系统中，每个个体只能与它相连的小范围群体相互作用并获取信息，利用局部信息调整自身行为。系统通过各个局部相互作用，从而涌现出一个有机的整体群体行为。(3) 智能性和自适应性个体：复杂系统中的个体可以根据周围环境的变化来调整它的行为和状态以便让自身更好地适应所处的环境，如生命体中的细胞。

混沌系统 [chaotic system]　具有混沌性质的系统。自然科学中混沌 (chaos) 的概念最早由美国气象学家洛伦茨于 1963 年提出，是指确定性系统中展示的貌似随机的、不可预测的行为。混沌系统的运动在动力学上是确定的，其不可预测性来源于运动的不稳定性，即对初始状态的高度敏感性。通俗的表述即所谓蝴蝶效应——南美洲的一只蝴蝶扇动翅膀，可能引起得克萨斯州的一场龙卷风。

还原论 [reductionism]　一种建立在线性基础上的哲学思想，是西方认识客观世界的主流哲学观。其核心理念在于世界由个体 (部分) 构成，整体不会大于部分的总和。即与整体论 (holism) 观点对立。还原论认为，不同的科学分支描述的仅是实在的不同层次，其最终都可以建立于最基本的物理学之上。它对科学方法论产生了普遍的影响，牛顿力学观盛行的 18~19 世纪是还原论信念的高峰。

整体论 [holism]　一种建立在非线性基础上的哲学思想，源于古代的直观思辨。整体论常被视为与还原论 (reductionism) 对立，强调对自然现象比较笼统的直观把握，主张一个系统不能割裂开来理解，整体大于部分的总和。整体论没有精密的科学实验，未能精确分析各部分之间的相互关系，未形成严密的逻辑体系。

随机行走 [random walk]　又称随机游走。由一系列随机步骤的轨迹组成的数学模型，例如在液体中分子的运动轨迹。随机行走一般被看作是马尔科夫链或马尔科夫过程，并且步长也取等间隔的离散值。它能够用来解释经济学和物理学等中的不规则变动及其性质。

随机游走 [random walk]　即随机行走。

对数周期性幂律模型 [log-periodic power law model]　此模型于 2000 年由 A. Johansen, O. Ledoit 和 D. Sornette 提出，是一个对金融市场中泡沫行为进行分析并预测的模型。其假设金融市场中大多数的交易者在决策时会相互模仿甚至完全采用其关系最近的交易者的交易策略，此亦称为跟风行为，而只有少数交易者能够独立决策。建模结果表明市场中大量跟风行为的存在会导致金融泡沫越积越大，直至破裂。历史上几次金融危机以及西方金融市场的泡沫与反泡沫现象，均被发现可以通过这个模型做出很好的预测。

前景理论 [prospect theory]　行为经济学中描述在具有风险与不确定性的情况下人类决策行为的理论。其由丹尼尔·卡内曼和阿摩司·特沃斯基提出，是行为经济学的重要成果之一，卡内曼因此于 2002 年获得诺贝尔经济学奖。该理论认为人们是基于可能遭遇的潜在收益和损失的多少来做决策的，而不是从财富的角度。前景理论是一套描述性的理论，试图对真实生活中的行为人选择进行建模，传统理论则假设行为人总是做出最优选择。在这套理论中，决策过程分为两个阶段，评估与整理为第一阶段，评估与决策为第二阶段。在第一阶段中，人们会根据自己的标准对行为结果做出排序，并设置一些参考点 (reference point)，然后把超过该参考点的结果作为收益，反之则为损失。在接下来的评估与决策阶段，人们即按照潜在可能结果以及概率的情况计算对应的各决策的价值 (或效用) 然后做出决策。该理论符合心理学观察结果，能够更好地描述一个人面临风险决策时的心理，即：(1) 确定效应：如果处于收益状态时，行为人更可能是风险厌恶者。(2) 反射效应：如果处于损失状态时，行为人更可能是风险喜好者。(3) 损失规避：行为人对损失通常会比对收益更敏感。(4) 参照依赖：行为人对得失的判断往往由参照点决定。

有效市场假说 [efficient market hypothesis]　在金融市场中，所有可以影响股票价格的信息都已实时地反映在了股票价格中，即此时市场处于无任何套利机会的有效状态。有效市场假说是经济学的一个经典理论，由尤金·法玛 (Eugene Fama) 于 1970 年提出的。它建立在以下三个假设之上：(1) 市场将立即反应新的信息，依据新的信息调整至新的价位。当信息变动时，股票的价格就会随之变动，此即 "信息有效"；(2) 市场上所有的投资者都是理性并且都追求最大利润的，而且每个人对于股票的分析是相互独立、不受影响的；(3) 股票的价格反映了理性投资者的供求平衡，同时与价格变动相关的新信息也是随机出现的。有效市场假说具体分为三种形态：(1) 弱式有效市场假说 (weak form efficiency)，指市场价格已经充分反应了所有历史价格信息，此时股票价格的技术分析失去作用，基本面分析还可能帮助投资者获得超额利润。(2) 半强式有效市场假说 (semi-strong form efficiency)，指市场价格除了反应出所有历史价格信息外，亦充分反应出所有已经公开的有关公司运营和前景的信息。此时在市场中技术分析和基本面分析都不能获取超额利润，只有内幕消息可能获得超额利润。(3) 强式有效市场假说 (strong form of efficiency market)，指市场价格已充分地反映了所有的历史价格信息以及所有已经公开和尚未公开的关于公司运营和前景的信息，此时在市场中利用技术分析、基本面分析和内幕消息均无法获得超额利润。

分形市场假说 [fractal market hypothesis] 建立在非线性动力学基础之上的一个金融市场模型。其于 1994 年由 Edgar E. Peters 提出，很好地解释了有效市场假说 (efficient markets hypothesis) 所无法解释的各种市场现象。其认为，市场是由各种不同投资尺度的投资者所组成，这使得市场具备了充足的流动性。而市场信息对于不同投资尺度的投资者所产生的影响是不同的。短线投资者多关注技术分析指标，而长线投资者则多采用基本面分析来对市场进行长期走势评估。由于市场存在这些多样性的投资尺度，价格并不能反应出所有可能的信息，这就导致了价格变化并不独立，且收益率亦不服从有效市场假说所认为的正态分布。

适应性市场假说 [adaptive market hypothesis] 将进化原则，即竞争、适应和自然选择，应用于金融市场的相互作用中，以试图协调基于有效市场假说的经济学理论与行为经济学之间的冲突。适应性市场假说由罗闻全 (Andrew Lo) 提出。他认为，行为经济学派学者所提出的理性决策的反例，即损失厌恶、过度自信、反应过度以及其他行为偏差，实际上都是和每个个体均不断适应所处的变化环境这一演化模型一致的。通过此模型，现代金融经济学中的传统模型即可以与行为经济学理论相统一。

随机矩阵理论 [random matrix theory] 研究金融市场不同资产、行业之间相关性的理论方法之一。主要是研究随机矩阵特征值和特征向量性质，是 1951 年 E. Wigner 在对复杂原子体系的光谱进行解释时遇到了困难的背景下发展起来的。V. Plerou 和 H. E. Stanley 在对金融市场中不同股票股价变动的横向相关性进行研究时，首次将随机矩阵理论引入了经济物理学研究中。将这种方法应用到金融市场中时，它可以很好地分析出股价变动的横向相关性，而这种相关性能够向我们展示并说明不同股票所处行业板块的运动。

复杂网络 [complex network] 一种高度复杂的具有特殊拓扑性质的网络图。钱学森给出一个较为严格的定义，即复杂网络是具有自组织、自相似、吸引子、小世界、无标度中部分或全部性质的网络。这些性质通常不会出现在简单网络或随机网络中。

网络理论 [network theory] 网络是由有关联的个体组成的系统，如交通网络、互联网、人际关系网络、神经网络等，网络理论是研究这类系统的理论。网络理论与数学中的图论有着千丝万缕的关系，许多定理是类似的。

可视图方法 [visibility graph approach] L. Lacasa 等在 2008 年提出的一种将时间序列转变为网络图的方法。具体步骤如下：首先，对于任一给定的正值时间序列，将其表示为排列在时间轴上的许多 "柱子"（柱子的高度代表序列的数值）。其次，考察任意两个柱子的顶点，若它们能够不被其他柱子阻挡而直接看到对方，则在两个顶点之间画上连线。最后，将每一个柱子转化为网络图的节点，若柱子顶点存在连线，其对应的网络节点也连接起来。这样便得到最后的网络图。

实证分析 [empirical analysis] 先从大量的经验事实中归纳总结出具有普遍意义的规律，再通过逻辑演绎方法推导出某些结论，最后将这些结论或规律置于现实中进行检验的一种研究模式。

大数据 [big data] 科学技术，特别是计算机和互联网技术，空前发展的产物。被称为大数据的数据一般需具有以下几个方面的特征：(1)"数量"——数据量巨大以至于无法通过常用工具在合理时间内采集和处理；(2)"类型"——数据类型繁多，包括文本、视频、图片、地理位置信息等；(3)"完备"——抽样数据逐渐被未经抽样的 "全数据" 代替，数据信息更加完备；(4)"价值"——商业或学术价值高，重视相关关系的挖掘。

真实市场 [real market] 经济或社会生活中由真人参与的市场。其与实验室市场和计算机模拟市场等虚拟市场相对。

时间尺度 [time scale] 在采集随时间变化的数据时所使用的时间间隔。经济物理学研究中常常去统计一个时变量在不同时间尺度下的统计特征，以便揭示隐含的标度特征。

随机变量 [random variable] 概率统计中的一种变量，它的值是一个随机数。不同于其他数学量，随机变量没有一个固定值，而是从一个可能的集合中选取，每个值有相关联的概率。随机变量可以分为离散型随机变量和连续型随机变量。离散型随机变量表示随机变量可取的值的范围是有限或者无限但可数的。连续型随机变量表示随机变量在一定区间内可取的值有无限个且不可数。

统计分布 [statistical distribution]　又称概率分布。统计学和概率论中的重要概念，表示随机实验中，每个被测子集结果的分布情况。如果是离散型变量，则分布为概率质量分布 (probability mass distribution)，如果变量为连续型，则分布为概率密度分布 (probability density distribution)。在自然界和社会中统计分布有着广泛的应用，但是这些统计结果常伴随着测量误差。常见的统计分布有：正态分布 (高斯分布)，它是最广泛存在的连续型分布；对数正态分布，表示变量的对数满足正态分布；帕累托分布，是一种幂律分布，表示变量的对数呈幂指数分布；伯努利分布，表示单次伯努利实验的结果分布；二项式分布，表示多次实验一个事件出现的概率。此外，还有指数分布、学生 t 分布等等。

概率分布 [probability distribution]　即统计分布。

描述性统计 [descriptive statistics]　定量描述一个数据集合主要特征的方法。它与推断性统计的区别是描述性统计主要目的是描述一个样本，而非对该样本所在的总体进行推断。描述性统计的主要统计量有对中心位置的测量和对离散程度的测量。前者包括平均值、中位数、众数等，后者包括标准差、方差、偏度和峰度等。

推断性统计 [inferential statistics]　研究如何根据样本数据去推断总体的数量特征的统计方法。即在对样本数据进行描述的基础上，对统计总体的未知数量特征做出以概率形式表述的推断。推断性统计所适用的系统内一般都存在随机过程，如观测误差、随机取样等等。该方法除了被用于样本对总体统计特征的推断之外，还被用于假说检验。在使用推断性统计方法进行表述时，要明确所使用的统计量代表的是样本还是总体，以免造成统计偏差。

特征事实 [stylized facts]　金融市场中各类常见的统计特征。包括收益率的尖头胖尾特征、收益率分布尾部的幂率行为、波动率的簇集性、收益率序列的长程弱相关性等。

熵增原理 [principle of entropy increase]　热力学第二定律的一种表述形式。指孤立系统中熵永远不可能减小。这个定律同样适用于经济物理学所研究的系统，对于一个封闭的系统，系统会从非稳定态向稳定态转变，表现为系统熵持续增加并不断接近最大值。

熵最大原理 [principle of maximum entropy]　在信息论中是指给定一组数据要估计这组数据所满足的概率密度分布时，其最优估计是使这些数据所具有的信息熵为最大时的分布形式。

时间相关性 [time correlation]　描述两个时间序列之间的关联程度或者一个时间序列本身的前后关联程度的统计量。其分为正相关、负相关以及无相关。在经济物理学中，多用于统计金融时间序列、GDP 序列等的统计性质，以求了解其内在的动力学过程。

可控性 [controllability]　代理人模拟或真人实验中可以人为地固定所有其他系统参量或实验条件，而仅调节一个或有限几个系统参量或实验条件的特性。通过代理人模拟或真人实验的可控性研究，可以有效地发掘系统宏观现象所对应的微观动力学过程，并揭示其中的因果关系，从而对系统有更深入的认识。

计算实验 [computational experiment]　即指代理人模拟。经济物理学中通过自下而上的代理人建模、在计算机中进行数值模拟以获得数据的研究方法。其与真人实验方法的关系可参见计算与实验经济物理学词条。对于一些代理人模型，有时由于其设计的简单性，亦可以通过理论解析来探讨模型微观过程与宏观现象的内在联系。但随着模型构建的日益复杂，理论解析已越来越困难，大多数代理人模型都需要通过计算机数值模拟来实现。

真人实验 [human experiment]　一般指以研究人类社会或人类自身为目的，需招募受试者采集真人信息的实验。在经济物理学中，通常指招募真人来进行的实验。通过实验模拟真实小型经济或社会系统，以分析参与者行为以及系统宏观现象所隐含的微观动力学机制。真人实验与代理人模拟的关系可参见计算与实验经济物理学词条。

代理人模型 [agent-based model]　又称多代理模型。由具有人工智能的个体通过相互作用自下而上所构成的系统模型。系统中每个个体都有一套规则去根据所在环境的变化采取行动，它们随着系统的变化共同演化，进而可能产生出一系列复杂的涌现现象。对代理人模型进行数值模拟的过程即称为计算实验，可参见计算实验词条。

多代理模型 [multi-agent model]　即代理人模型。

实验室市场 [laboratory market]　在实验室中为模拟真实市场而构建的由真人参加的虚拟平台。在传统的物理学中，物理学家常常剥离次要的干扰变量，通过控制变量的实验来验证变量之间的关系，但是有些实验由于执行条件的限制无法进行，例如，研究太阳内部的反应，人们目前还无法进入太阳内部。这时候，人们必须进行简化，在已有的条件下在实验室中搭建简化而类似的环境，从而进行研究。经济物理学中亦是如此，即使不谈道德和法律法规的限制，很多操作也需要花费大量的资金才能进行 (例如研究大量资金的订单对股价的冲击，人们不可能真正拿出如此规模的资金来进行实验研究)。因此，许多经济学家以及经济物理学家已经在实验室中以较小的规模搭建了实验室市场。实验室市场既保留了经济学研究中最为重要的参与者 ——“人”，又大大地降低了成本，去除了许多噪声因素。在行为经济学的范畴中，实验室市场已经取得了很多成果。而在经济物理学中，利用实验室市场来开展各类真人实验，也已成为一种非常有吸引力的研究方式。

反常连续相变 [anomalous continuous phase transition] 在经济物理学研究中发现的在连续相变的相变点处，系综波动 (ensemble fluctuations) 处于低值的反常相变现象。所谓 "反常"，是因为这与传统物理学知识相矛盾。在个体不具备智能的传统物理学体系中，连续相变的相变点处系统的关联长度 (correlation length) 将会发散，从而导致系综波动应发生大幅增加。反常连续相变的发现清楚地说明了经济物理学对智能体系的研究有助于发展和推广传统物理理论。

反馈机制 [feedback mechanism] 可以分为正反馈机制和负反馈机制。在一个系统中，当系统的输出会影响到输入时，则存在反馈机制。具体来说，当一种输入 A 的增加 (减少) 会使输出 B 增加 (减少)，而输出 B 的增加 (减少) 又会反过来使输入 A 增加 (减少)，则存在正反馈机制；反过来，当输出 B 的增加 (减少) 会使输入 A 减少 (增加)，则存在负反馈机制。

时间序列 [time series] 将某种现象中的某一个统计指标的数值，按时间先后顺序排列而成的序列。经济物理学中常见的时间序列包括股票价格时间序列、股票指数时间序列、汇率时间序列、利率时间序列等。

相关性 [correlation] 描述两个随机变量或两个数据序列之间的关联程度。它主要用来研究事物之间的内在联系，是因果性的必要不充分条件。

少数者博弈 [minority game, MG] 瑞士佛里堡大学教授张翼成及其合作者于 1997 年所提出的少数者博弈模型 (minority game model; MG model) 的简称；少数者博弈模型是针对 El Farol 酒吧问题建模的最有名的代理人模型。在少数者博弈中，所有参与者有两种选择，在所有人做出选择之后，可以按照参与者做出的选择分成两派，人数较少的那一方，即少数派，将取得胜利。少数者博弈描述了现实世界中的个体试图与他人竞争以求分得更有限资源的情况，例如：交通路线的选择等。

元胞自动机 [cellular automaton] 又称细胞自动机、点格自动机、分子自动机。散布在规则网格中的每一个元胞可以取一系列有限的离散状态，在每一时刻按照某种固定的规则，每个元胞依据它现在所处的状态以及它局部近邻的状态来决定它要更新到的新的状态，以此往复即构成了动态系统的随时演化过程。

细胞自动机 [cellular automaton] 即元胞自动机。

点格自动机 [lattice automaton] 即元胞自动机。

分子自动机 [molecule automaton] 即元胞自动机。

多数者博弈 [majority game] 多数者博弈模型 (majority game model)。与少数者博弈模型相对的一个代理人模型。在多数者博弈中，所有参与者有两种选择，在所有人做出选择之后，可以按照参与者做出的选择分成两派，人数较多的那一方，即多数派，将取得胜利。多数者博弈描述了现实世界中的个体试图做出相似决策的情况，这种行为方式被认为是一些社会问题的起源，比如价格泡沫和群体恐慌等。

多重分形系统 [multifractal system] 一般分形系统的一个推广。在多重分形系统中，任何一点周围的行为规律均可以用一个局域的幂律分布 (power law) 来描述，但是表征这种局域度分布行为的奇异指数因其单一性已经不能够完全描绘系统的动力学演变过程，因此需要采用一组连续的奇异指数谱。经济物理学家把研究湍流间歇现象的多重分形理论，推广并用于研究金融市场时间序列，结果发现大多数金融市场会表现出多重分形特性。

Black-Scholes 期权定价模型 [Black-Scholes option pricing model] 又称Black-Scholes-Merton 模型。欧式期权定价的最著名的数学模型。该模型的基础假设是市场中不存在无风险套利机会、且股票价格波动服从正态分布等。该模型不考虑交易成本和保证金等，其在实际应用中获取了一定的成功，但是也突显了模型假设的缺陷，尤其是固定的股票离散度，而真实的离散度会随价格波动而不断变化。

Black-Scholes-Merton 模型 [Black-Scholes-Merton model] 即Black-Scholes 期权定价模型。

Bouchaud-Sornette 期权定价模型 [Bouchaud-Sornette option pricing model] 欧式期权定价的一种数学模型。1994 年由 J. P. Bouchaud 和 D. Sornette 共同提出。此方法去除了 Black-Scholes 期权定价模型中标的物价格符合几何布朗运动的假设，而采用真实历史价格数据进行定价。将此方法得到的期权价格带入 Black-Scholes 模型中亦可得到隐含波动率 "微笑" 的现象。

二叉树期权定价模型 [binomial options pricing model] 期权定价的一种方法。最早由考克斯 (Cox)、罗斯 (Ross) 和鲁宾斯坦 (Rubinstein) 于 1979 年提出。这个模型有许多优点：它是一个简单模型，易编程，而且能适用于数据量大且复杂的期权定价。它可以多角度地透析期权定价，如果扩展到多时期二叉树模型，其将成为评估那些未来现金流依赖其他资产市价的期权的价值的强有力方法。

相变 [phase transition] 又称相变现象。统计物理学中的专业名词。用来描述体系的临界性质，即指体系在一定外界条件下从一个相或态转变为另一个相或态的过程。其可分为一级相变、二级相变以及更高级相变。经济物理学中所提及的相变，通常可理解为 "突变"，在 "突变" 发生前后，描述系统性质的主要参数具有显著的跃变。

看不见的手 [the invisible hand] 商品价格的自我调节机制。由英国经济学家亚当·斯密 (Adam Smith) 于

1776 年在《国富论》中提出。市场中如果有一只 "看不见的手" 自我调节，那么，价格的自然变动会影响供给与需求的关系，从而最终能够引导资源向着最有效率的方向进行配置。

羊群效应 [sheep flock or herd effect] 人们缺乏自己的主见，易受到大多数人影响的现象。

跟风行为 [herd behavior] 一种特殊的个体行为，其表现为：个体不只是 (或完全不会) 基于自己的思考做决策，而是时刻关注其周围个体的行为，并模仿周围大多数个体 (即从众) 或模仿表现较好者的行为。比如，年轻女孩们常常喜欢模仿时尚明星的穿着打扮。又如，炒股的人往往喜欢跟着朋友中过去炒股表现最佳的人进行选股和交易。其结果是，一大群人可能做出了同样的举动，这种非事先计划好的群体类同行为就叫作跟风行为。

反向行为 [contrarian behavior] 一种特殊的个体行为，它同跟风行为的表现相反：个体不只是 (或完全不会) 基于自己的思考做决策，而是时刻关注其周围个体的行为，并做出与周围大多数个体相反的行为。比如，股神巴菲特曾经说过 "在别人贪婪时恐惧" 就是一种逆势而为的反向行为。

扩散过程 [diffusion process] 物质分子从高浓度区域向低浓度区域转移的物理过程。对于一般的扩散过程，位移的标准差与时间的 0.5 次方成正比。

El Farol 酒吧问题 [El Farol bar problem] 1994 年亚瑟 (W. B. Arthur) 提出的一个具有代表性的资源分配问题，该问题是 1997 年少数者博弈模型赖以建立的基础。El Farol 酒吧问题可以被这样表述：在一个镇上有一间名叫 El Farol 的酒吧，镇上的一群人 (比如总共有 100 人) 每个星期四晚上没什么事，于是他们均要决定，是去酒吧消遣娱乐还是选择呆在家里休息。但该酒吧的客容量是有限的。假定酒吧的容量是 6 人，如果当天去酒吧的人数少于 6 人，那么在酒吧的人可以充分享受到优雅的环境和优质的服务，因此相比呆在家里，去酒吧是更享受的决定；但是如果去酒吧的人超过 6 人，那么由于环境太过拥挤造成去酒吧享受不到优质的服务，与其这样还不如选择呆在家里更明智。这个酒吧问题的难点在于，每个人都有类似的想法，我们假定这 100 个人之间不存在信息交流，于是他们每个星期四晚都要对去酒吧的人数进行预测，而决定自己去不去酒吧。这里每个人决策的依据只能是以往的历史信息，但是不同人根据历史归纳出的规律可能不同。这是一个经典的动态博弈问题，它的一个有趣的结果是：尽管不存在一个可预测的规律，经过一段时间以后，这群人却自组织形成一个均衡态，即平均去酒吧的人数趋向于酒吧容量。

资源分配博弈 [resource allocation game] 一群代理人为了分享某一特定资源所进行的博弈。代理人的目标均为最大化自己所得到的资源量。其中最著名的例子为 El Farol 酒吧问题，以及由此所发展出来的少数者博弈、市场导向资源分配博弈。

市场导向资源分配博弈 [market-directed resource allocation game] 资源分配博弈的一种。少数者博弈研究的是均等资源的分配，市场导向资源分配博弈是少数者博弈的推广，它可以用于研究不均等资源的分配。

人类适应性 [human adaptivity] 表示人类可以调整自身行为，以应对所处复杂环境中各种变化的能力。这里复杂环境既包括人类生存的自然环境，也包括抽象的社会环境等等。对于人类的适应性，观察能力、学习能力以及判断能力必不可少。观察能力表示人类观察周围环境变化的能力；学习能力表示人类通过自身的试错来总结经验教训或者学习别人的行为的能力；判断能力表示人类根据自己学习到的经验教训，对当前环境的变化做出相应选择的能力。这三种能力是人类区别于传统物理系统中无智能粒子的本质因素。在经济物理学中，常通过一些简单的可控实验来研究人类的适应性。同时为了模拟人类适应性，研究者常采用代理人模拟这一方法。在代理人模拟中，每个代理人亦具有人造的观察能力、学习能力和判断能力。

随机矩阵 [random matrix] 含有至少一个元素为随机变量的矩阵。它是随机矩阵理论中所应用到的一种矩阵。

特征值 [eigenvalue] 又称本征值。在随机矩阵理论中由相关性矩阵可以得到一系列特征值。这些特征值一般具有某些内在的意义。在金融市场中，对于所有不同股票的收益率序列间的两两相关性所组成的相关矩阵，其最大特征值反映着金融市场的整体行为，可称之为全局信息，而第二大特征值则反映着市场中最大的一类行业板块的行为信息。

本征值 [eigenvalue] 即特征值。

特征向量 [eigenvector] 又称本征向量。一个非零向量。矩阵乘以它的一个特征向量即等于此特征向量线性地放大到原来的常数倍。此常数即为此特征向量所对应的特征值。在随机矩阵理论中，常用反比参率 (inverse participation ratio) 来分析矩阵的特征向量结构。

本征向量 [eigenvector] 即特征向量。

高频数据 [high frequency data] 针对某一研究量，在非常高的采集频率下所获得的它的时间序列。即此时间序列内相邻两数值的发生间隔非常短。一般分析对象为金融方面的高频数据，比如股票价格高频数据、股票指数高频数据等。

分钟数据 [minute data] 以 1 分钟为记录间隔的数据。在经济物理学中，常见的分钟数据包括股票价格分钟数据、股票指数分钟数据等。

每日数据 [daily data] 以一天为记录间隔的数据。在经济物理学中，常见的每日数据包括股票价格日数据、股票指数日数据等等。

分笔数据 [tick data] 记录下每笔交易的交易价格和交易量的金融时间序列。通常分笔数据还会包括最优买单和最优卖单的每次变动信息。

收益 [payoff] 主要指的是物质财富或者可以等效为物质财富的广义价值的增加或者获取。

收益率 [return] 投资的回报率。

对数收益率 [log-return] 一般指对数价格的收益率。它是表示收益率大小的一种常用方法。

独立同分布 [independent and identically distributed] 在概率论和统计学中，如果一系列随机变量都有相同的分布，并且两两互相独立，那么就称它们是独立同分布的。

概率密度分布函数 [probability density distribution function] 用来描述随机变量取某特定值的相对可能性的函数。该随机变量的取值落在某区间内的概率等于函数在此区间上的积分。概率密度函数是恒正的，并且在全空间上积分为 1。

累积分布函数 [cumulative distribution function] 描述随机变量小于等于某特定值的概率函数。对于连续分布，其值等于概率密度函数在负无穷到此特定值的积分。它是恒正的，且单调递增。

测量尺度 [measurement scales] 用于进行定量研究的尺度。测量尺度通常分为：(1) 名义尺度；(2) 顺序尺度；(3) 区间尺度；(4) 比例尺度。

名义尺度 [nominal scale] 所使用的数值用于对物品或人进行识别和分类。例如，性别：1 男、2 女。

顺序尺度 [ordinal scale] 所使用的数值不仅可以表示类别，并且其顺序也表示了物品按照某种特征或属性排序的高低。顺序尺度的数值差距没有绝对意义。例如，按照喜好对三个商品进行排序 (1 表示最喜欢的，3 表示最不喜欢的)：1 苹果，2 惠普，3 戴尔。

区间尺度 [interval scale] 所使用的数值不仅表示量的多少，还可以表示间隔之间量的差距。但是由于间隔尺度的原点可以任意确定，所以间隔之间只能进行加减运算，不能进行乘除运算。例如：$42°F$ 与 $21°F$ 之间相差 $21°F$，但是它们不是两倍的关系。

比例尺度 [ratio scale] 所使用的数值，不仅可以表示量的多少，还可以表示间隔之间量的差距，同时因为其具有绝对原点，所以也可以表示间隔之间比例的大小。比例尺度可以进行加减乘除运算。例如：10 米是 5 米的两倍。

标准化 [normalization] 一般指对于不同的研究对象，为了能够更好地做横向对比观察，而对它们进行的专门处理：以某时间序列为例，该处理过程就是去除均值之后除以标准差，从而得到均值为 0 标准差为 1 的序列。

帕累托分布 [Pareto distribution] 以经济学家帕累托命名的分布。它是一种幂律分布，常用于研究财富分配。研究发现经济学中大量真实事件均满足帕累托分布。

正态分布 [normal distribution] 又称高斯分布。其概率密度函数曲线呈钟形，是所有概率分布中最常见、使用最广泛的一种分布。自然界的生物如植物、动物、昆虫等有许多性质符合正态分布，作为万物灵长的人类有许多特征也是如此，如身高、体重、预期寿命和智商等。

高斯分布 [Gaussian distribution] 即正态分布。

对数正态分布 [log-normal distribution] 某一变量的对数值满足正态分布的概率分布。

复高斯分布 [complex Gaussian distribution] 实部和虚部是联合正态分布的随机变量叫复合随机变量，复高斯分布用于描述这类复合随机变量。

复合高斯分布 [mixture of Gaussian distributions] 一种用来描述真实金融数据尖头胖尾特性、并满足价格变动二阶矩有限的概率分布模型。其最基本的假设是，交易活动所发生的时间并不是均匀分布的。此模型于 1973 年由克拉克 (P. K. Clark) 提出。

指数分布 [exponential distribution] 一种连续概率分布。它可以用来表示独立随机事件发生的时间间隔，比如旅客进机场的时间间隔等。

几何布朗运动 [geometric Brownian motion] 又称指数布朗运动。一个连续时间情况下的随机过程，其中随机变量的对数遵循添加漂移项的布朗运动。在金融数学中，几何布朗运动常用来描述股票价格的变动，它在著名的 Black-Scholes 期权定价模型中有运用。

分形布朗运动 [fractal Brownian motion] 布朗运动的一个推广形式。分形布朗运动中引入了 Hurst 指数 (Hurst index)。当 Hurst 指数等于 0.5 时，分形布朗运动即回归到几何布朗运动形式；当 Hurst 指数大于 0.5 时，分形布朗运动的运动增量呈现正相关；而当 Hurst 指数小于 0.5 时，其运动增量则变为负相关。

学生 t 分布 [student's t-distribution; t-distribution] 简称 t 分布。在概率论和统计学中，学生 t 分布常应用于对呈正态分布的母群体的均值估计。它也是对两个样本均值之间的差异进行显著性测试的学生 t 检验的基础。

列维过程 [Levy process] 一个有着独立平稳增量的随机过程。它代表一种点的运动，点的逐次位移是随机且彼此独立的，在具有同样长度的不同时间间隔内统计上相似。因此，列维过程也被看作是随机游走的连续时间近似。

列维稳定非高斯分布 [Levy stable non-Gaussian distribution] 一个二阶矩发散的概率密度分布形式。它

是由曼德博 (B. B. Mandelbrot) 在 1963 年研究棉花价格的变动时提出的，也是第一个可以用来描述实证数据尖头胖尾特性的模型。

截尾列维飞行分布 [truncated Levy flight distribution]　为了解决列维稳定非高斯分布二阶矩发散问题而提出的一个模型。其具体做法是在列维稳定非高斯分布中，将所有绝对值大于某一参数的随机数值剔除。这一分布是 1994 年由曼泰尼亚 (R. N. Mantegna) 和斯坦利 (H. E. Stanley) 共同提出的。

幂律分布 [pow law distribution]　概率密度函数呈现幂函数形式的分布。幂律分布常见于自然界与社会生活中，比如国民收入的帕累托分布、文字频率排名的齐普夫定律、以及地震规模大小的古登堡–里希特定律等。

标度律 [scaling law]　表示某种物理量在不同尺度下满足同一规律或者具有某种普适性。

时间标度律 [time scaling law]　又称**价格标度律**。在金融市场中，体现为不同时间标度上的价格变化的相似性和相关性。

价格标度律 [price scaling law]　即时间标度律。

胖尾 [fat tail]　又称**肥尾**、**厚尾**。描述真实市场股价变动概率密度分布的尾部比高斯分布尾部"胖"这一特性。是真实股价数据特征事实之一。

肥尾 [fat tail]　即胖尾。

厚尾 [fat tail]　即胖尾。

偏度 [skewness]　用于衡量随机变量概率密度分布的左右不对称性。其数学定义是三阶中心矩除以标准差的三次方。

峰度 [kurtosis]　反映随机变量概率密度分布曲线顶端尖峭程度的一个指标。其数学定义是四阶中心矩除以标准差的四次方。

熵 [entropy]　描述系统混乱程度或非均匀性的物理量。在不同的研究领域有着不同的定义，经济物理中的"熵"常常与信息熵密切相关。

信息熵 [information entropy]　又称**香农熵**。其是信息源各种可能事件发生的不确定性的量度。信息熵于 1948 年由香农 (C. E. Shannon) 提出，是信息论中的核心概念。

香农熵 [Shannon entropy]　即信息熵。

相关性 [correlation]　描述两个随机变量或两个数据序列之间的关联程度。它是因果性的必要不充分条件，主要用来研究事物之间的内在联系。

日内模式 [intraday pattern]　在金融市场开盘后或收盘前一段时间内股票价格的普遍异常波动。此现象在大型金融市场中均有存在。在研究金融高频时间序列（日线以内）的相关性时，需去除日内模式的干扰。

相关矩阵 [correlation matrix]　表示 n 个时间序列两两之间相关性的 $n \times n$ 对称矩阵。即其元素 (i, j) 代表第 i 个序列与第 j 个序列之间的相关性。

短程相关性 [short-range correlation]　描述随机变量的自相关性质。当其自相关函数的积分为有限值时，即被称为具有短程相关性，此时随机变量可由某一典型时间尺度来刻画。

长程相关性 [long-range correlation]　描述随机变量的自相关性质。当其自相关函数的积分发散时，即被称为具有长程相关性，此时随机变量无法由某一典型时间尺度来刻画。

簇集性 [clustering]　表示一组相同或类似的元素在空间上聚集在一起或在时间上于短时间内相继发生。对于复杂网络而言，有网络的簇集性；而对金融时间序列而言，有波动率的簇集性。

ARCH 过程 [autoregressive conditional heteroskedasticity process; ARCH process]　描述波动率随时变的自回归条件异方差随机过程。1982 年由 R. F. Engle 最先提出。

GARCH 过程 [general autoregressive conditional heteroskedasticity process; GARCH process]　广义自回归条件异方差随机过程。由 ARCH 过程发展而来，亦为描述波动率随时变化的过程。1986 年由 T. Bollerslev 提出。

波动率 [volatility]　描述时间序列随时间变化的剧烈程度。一般可由时间序列的方差来进行估计。在金融序列中，波动率是衡量风险的一个重要指标。

市场波动率 [market volatility]　描述市场中价格变动的剧烈程度。是衡量市场风险的一个重要指标。

聚集波动 [clustered volatility]　金融数据的波动率随时间演化的一个特征事实。其表示一个大波动之后，容易接着出现另一个大波动。

隐含波动率 [implied volatility]　将真实期权价格代入 Black-Scholes 期权定价模型后反解出来的波动率。即在此隐含波动率下，Black-Scholes 模型可以给出相应期权的真实价格。

隐含波动率微笑 [volatility smile]　描述隐含波动率随期权执行价格变化的曲线特征。即通常此曲线具有两边高、中间低、类似于微笑的形状。

隐含波动率假笑 [volatility smirk]　有时隐含波动率随期权执行价格变化的曲线并不中心对称，而是呈倾斜状的微笑。此种形态的隐含波动率微笑被称为隐含波动率假笑。

持续性 [persistence]　通常用于描述价格收益率序列的时间相关特征。若正的收益率之后倾向于出现正的收益率，则为持续过程；反之，若正的收益率之后倾向于出现负的收益率，则为反持续过程。

Hurst 指数 [Hurst index]　判断时间序列是否遵从随机游走的指标。若 Hurst 指数等于 0.5，则为随机游走；若 Hurst 指数大于 0.5，则存在长期记忆性，即存在持续性；若 Hurst 指数小于 0.5，则为反持续过程。它是由英国水文专家 H. E. Hurst 在研究尼罗河水库水流量和贮存能力的关系时提出的。

超扩散过程 [super-diffusion process]　用于描述比一般扩散过程快的扩散现象。参见超扩散系数。

超扩散系数 [super-diffusion coefficient]　对于超扩散过程，位移的标准差与时间的 α 次方成正比，其中 $\alpha > 0.5$，被称为超扩散系数。对于一般的扩散过程，$\alpha = 0.5$。

次扩散过程 [sub-diffusion process]　用于描述比一般扩散过程慢的扩散现象。参见"次扩散系数"。

次扩散系数 [sub-diffusion coefficient]　对于次扩散过程，位移的标准差与时间的 α 次方成正比，其中 $\alpha < 0.5$，被称为次扩散系数。对于一般的扩散过程，$\alpha = 0.5$。

自相关函数 [self-correlation function; autocorrelation function]　用于表征同一序列不同时刻取值之间的相关程度，常见于信号处理与金融时间序列的分析。对于时间序列 $S(t)$，其自协方差定义为经过时间平移后的时间序列 $S(t - \Delta t)$ 与原序列 $S(t)$ 之间的协方差，自协方差除以方差之后即为自相关函数。

有禁模式法 [forbidden pattern approach]　常被用于分析时间序列的数据结构。在金融时间价格序列的研究中，可以通过研究有序模式 (order pattern) 的统计性质来探索价格关联序列的有序程度，其中一些相对低频甚至消失的有序模式，称为有禁模式。这些有禁模式的存在，表明价格时间序列存在有序选择和自我演化方向。

互相关函数 [cross-correlation function]　描述两个序列之间的相关程度的函数。互相关函数值大于 0 表示两个序列存在正相关关系；小于 0 表示存在反相关关系；而等于 0 则表明两个序列之间无相关。

最小生成树 [minimum spanning tree]　又称最小权重生成树。在无向加权网络中，连通其所有格点、并且所经过的边的权重总和最小的树型。

最小权重生成树 [minimum weight spanning tree]　即最小生成树。

最小生成树法 [minimum spanning tree approach]　用来产生最小生成树的方法。一种简单的算法是，将网络中所有边按权重从低到高排列；从权重最低的边开始，如果将此边加入生成树中未形成环状结构，则将此边加入生成树中，否则跳过此边；以此往复，最后将网络中所有格点都连接起来时，即产生了一个最小生成树。

分层树 [hierarchical tree]　最小生成树在权重刻度轴下所画出的一种图形表达形式。在经济物理中，分层树被用来直观地显示金融市场上所有股票间由于相关性而产生出的行业板块分类信息。

平均连接聚类法 [average linkage clustering approach]　一种通过相关矩阵直接画出分层树的方法。

建模 [modeling]　在经济物理学中指对由人类或其他智能生物所组成的复杂自适应系统的再构。此过程通过自下而上的模型构建来实现，即首先设计智能个体的决策过程，然后将这些个体放入具体的系统架构中形成虚拟的复杂系统，以此来研究现实系统的内在微观动力学机制。

代理人 [agent]　在代理人模型中，代理人并非真人，而是指模型中用以模拟决策个体行为的对象。根据建模需要，代理人可以模拟个体、群体或某个过程等。

集体行为 [collective behavior]　一群智能个体对某一事件所作出的自发的、无组织的共同行为反应，如跟风、大规模恐慌等。

趋利避害 [draw on the advantages and avoid disadvantages]　生物所具备的选择有利环境、躲避不利环境的能力。它是智能个体内在的本能反应。在代理人建模中，其表现为代理人所拥有的做出使自己收益最大化的选择的能力。

自利 [self-interest]　人在经济活动中追求自身利益最大化的行为和倾向。传统经济学理论通常假设人是自利的；而经济物理学中并不用此假设，以还原人本来的面貌。

博弈 [game]　在一定的规则约束下，基于直接相互作用的环境条件，在多决策主体之间行为具有相互作用时，各主体根据所掌握信息及对自身能力的认知，做出有利于自己的决策，以实现利益最大化和风险成本最小化的过程。

博弈论 [game theory]　本质上就是研究"讨价还价"的理论。旨在帮助人们理解决策者互动的情形。与其他科学一样，博弈论也是由模型的集合所组成，可用于阐释各种经济、政治和生物现象。

纳什均衡 [Nash equilibrium]　博弈中系统所处的一种稳定状态。即处于纳什均衡时，每个参与者都无法通过单独改变自己的当前策略而获得更好的收益。

房间 [room]　在资源分配博弈模型中，指被放置了一定量资源的地方。其中，资源的量可以有偏差 (即不等) 或无偏差 (即均等)。

策略 [strategy]　在代理人模型中，代理人被赋予的用来做决策的依据。

策略表 [strategy table]　策略的数值表现形式。在少数者博弈模型中，其指由历史信息序列 (即过去若干轮一房间的输赢情况，位于表格左栏) 和对应的预测序列 (即下一轮中应做的房间选择，位于表格右栏) 所构成的两栏表格。

策略初始分数 [initial score of strategies]　代理人所拥有的策略的初始给分。在少数者博弈模型中，策略分数不同的初始化结果会影响模型拥挤相的稳定性，而对于稀疏相的稳定性却基本无影响。

随机历史 [random history]　在少数者博弈模型中，表征策略表左栏历史信息的二进制字符串是由随机数给出的，而非房间过去的真实输赢序列。

真实历史 [real history]　在少数者博弈模型中，表征策略表左栏历史信息的二进制字符串是由房间过去的真实输赢序列构成。

沙堆模型 [sandpile model]　用以模拟一个沙堆的形成和坍塌过程。在模型中，根据沙堆的状态和沙粒掉落的位置，当沙堆的累积到达一定临界水平之后，会发生坍塌，而坍塌本身又会引起新的坍塌甚至产生大规模的沙崩。坍塌的规模大小与不同规模坍塌发生的次数服从幂律分布，因此沙堆模型与自然或人造系统中许多包含自组织临界现象的系统具有相似性。

铲雪模型 [snowdrift model]　又称雪堆博弈模型、鹰鸽模型。一种对称博弈模型。其描述了博弈双方可以选择彼此合作共同受益或是彼此欺骗互相报复的情况，是个体理性与群体理性之间矛盾的抽象。就铲雪模型本身而言，就是博弈双方相向而来，但被一雪堆阻碍，如果铲除雪堆的效用是 c，道路通畅带给个体的效用是 b。显然，两人共同铲雪，则共同效用是 $B = b - c/2$，；而如果只有一人铲雪，则不铲雪一方的效用为 b，铲雪者的效用为 $b - c$，总效用为 $2b - c$；如果两人都不铲雪，则他们的总效用 $B = 0$。在这样一个模型中，由于遇到不铲雪者时铲雪者的收益将高于双方都不铲雪的收益，所以一个人的最佳策略取决于对手的选择，如果对方选择铲雪，自己则应该选择不铲雪，而如果对方选择不铲雪，自己则应该选择铲雪。在这样一个系统中，合作 (即铲雪) 不会消亡。

雪堆博弈模型 [snowdrift game model]　即铲雪模型。

鹰鸽模型 [hawk-dove model]　即铲雪模型。

随机模型 [stochastic model]　在一个模型中通常存在确定性因素和随机性因素，当随机因素可以忽略或随机因素的影响可以简单的平均值出现在模型中则构成确定性模型；而当随机性因素必须在模型中被考虑时，则构成了随机模型。在金融分析理论中，随机模型通常指波动率项以随机变量形式表示的期权定价模型或波动率模型，与经典 BlackScholes 期权定价模型中波动率用常数表示相对应。

实验 [experiment]　在经济物理学中，指为模拟真实经济或社会系统而构建的实验室环境下由真人参与的具有奖惩机制的实验。这类实验具有可控性，因而也叫可控实验。

可控实验 [controlled experiment]　在经济物理学中，是指一种在实验室中所构建的模拟真实经济或社会系统的真人实验。"可控"是指在此类实验中，能够通过改变某一参量或条件并保持其他参量或条件不变，来具体研究此参量或条件与系统宏观现象间所存在的因果关系，从而去理解真实系统宏观现象中包含的内在微观动力学机制。

理性经济人 [rational economic man]　又称理性人。从事经济活动的利己主体，唯一目标是以最小经济代价获得最大经济利益，行为完全理性。

真人 [human]　构成真实社会系统的人，即具备复杂多样的思考能力和行为表现的智能型人类。

受试者 [subject]　又称受试主体、被试者、被试。一些真人个体，他们自愿参与以研究人类行为表现、基因序列、生命系统等为目的的科学实验。

受试主体 [subject]　即受试者。

被试者 [subject]　即受试者。

被试 [subject]　即受试者。

计算机辅助可控实验 [computer-aided controlled experiment]　又称计算机辅助真人实验 (computer-aided human experiment)。利用计算机辅助调控实验参数的真人实验。

计算机辅助真人实验 [computer-aided human experiment]　即计算机辅助可控实验。

可调变量 [controlled parameter]　实验过程中可以人为调节的系统变量或条件。

无偏资源分布 [unbiased distribution of resources]　分布在各处的资源量均相等，即资源分布无偏差。

有偏资源分布 [biased distribution of resources]　分布在各处的资源量不相等，即区域之间资源量分布有偏差。

市场调研 [market research]　运用科学的方法，有目的地、系统地、客观地收集和分析各种市场上的相关情报、信息和资料，以便为制定营销策略或企业决策等提供正确依据。

噪声交易者 [noise trader]　在市场上无法获得任何有效信息，只能随机地进行金融产品买卖操作的交易者。

市场结构 [market structure]　某一市场中各种要素之间的内在联系，包括市场供给者之间、需求者之间、供给和需求者之间的关系，以及市场上的供给者、需求者与正在进入该市场的供给者、需求者等之间的关系。

微观结构 [microstructure]　市场中包括价格发现机制、清算机制与信息传播机制在内的各类交易制度的总和。

规则网络 [regular network]　每个节点都与固定数量的其他节点相连，且连接的几何形状极其规则的网络。

小世界网络 [small-world network] 复杂网络的一种。在这种网络中，大部份格点彼此间并不相连，但从一格点到任意另一个格点平均仅需要经过极少的其他几个格点，即小世界网络的平均路径长度很短。现实世界中很多网络都具有小世界网络特征，比如社交网络、万维网、公路交通网、脑神经网络等。

无标度网络 [scale-free network] 复杂网络的一种。其典型特征是网络中的大部分节点连接度均很低，而有极少的节点的连接度却很高。它的度分布函数遵循幂率分布。现实世界中许多网络都具有无标度网络特征，比如电影演员网络、金融机构间的借贷网络、美国飞机航班网络、蛋白质相互作用网络等。

随机网络 [random network] 格点间按一固定概率两两随机相连而形成的网络。

可视图 [visibility graph] 借助可视图方法从给定的时间序列转变而成的网络图。

度分布 [degree distribution] 在网络理论中，网络由格点和连接格点的边构成，一个格点连出去的边的数量就是这个格点的度，度分布是网络中所有格点的度的一种统计描述。

平均场方法 [mean field approach] 把环境对物体的作用平均化以减小加时存在的涨落，是一种适用于小的平均涨落情况下真实物理系统的较低阶近似的处理方法。

序参量 [order parameter] 描述系统的有序化程度，用来表征相变过程的基本参量。

鲁棒性 [robustness] "鲁棒"是 Robust 的音译，也就是健壮和强壮的意思。所谓鲁棒性就是指系统在一些外界条件变化后，仍然能够正常工作的特性。这体现了系统对于外界变化微扰的免疫力。

市场均衡 [market equilibrium] 表示需求量与供给量相同，市场上没有超额需求或者超额供给。此时的价格为均衡价格。市场均衡下社会总福利达到最大。

稳态 [steady state] 经济市场能够达到的一个最稳定的状态。这个状态之所以产生是因为由于自然资源和人口等因素的限制，经济无法无限增长。

经济均衡 [economic equilibrium] 一个市场总供给等于总需求的情况。

有效性 [efficiency] 广义上指资源配置能够最大限度地提高生产和服务，而无需使用更多的资源。帕累托有效是经济有效性的一个重要理论。

稳定性 [stability] 从宏观上看，如果一个金融体系没有过度波动，且增长率稳定、通货膨胀低且稳定，那么，这个经济体系通常被认为是稳定的。频繁大衰退、明显的经济周期、通胀高且波动大都是不稳定的表现。

可预测性 [predictability] 市场的行为和变化可被预测的特征。尤其以金融市场的可预测性最为夺人眼球，因为其涉及到有效市场假说的合理性等重要经济学命题以及投资者能否根据可预测性获利等现实问题。

最优化 [optimization] 与研究人类行为之间的关系及其影响密切相关。效用最大化问题、支出最小化问题等都属于最优化问题。此外，资产定价问题、贸易理论、投资组合问题、博弈论、市场均衡等理论都是基于最优化来进行研究的。

非均衡状态 [non-equilibrium state] 与经济均衡相反，非均衡状态是指需求与供给不相等的状态。

非平衡稳态 [non-equilibrium steady state] 当一个系统内供给与需求不平衡时，这个系统在外界条件或因素的支撑下，也能够保持着稳定的状态。如果外界条件发生改变或内部机制发生突变，这个稳定状态可以被打破。

有益跟风 [helpful herding] 跟风行为能够去除市场中的套利机会，从而提高市场的资源配置效率。

有害跟风 [harmful herding] 跟风行为能够导致市场大波动甚至市场泡沫和市场崩溃的产生，从而降低市场的资源配置效率。

对冲行为 [hedge behavior] 在经济物理学中，它是指在资源分配博弈模型中，遵循少数者博弈规则的代理人与遵循多数者博弈规则的代理人共存时的一种博弈行为。

风险收益均衡 [risk-return tradeoff] 在市场投资中，由于风险与收益是一种对称关系，因此等量的风险将带来等量的收益。

波曼悖论 [Bowman paradox] 由 E. H. Bowman 于 1980 年提出。指企业的风险与收益并不是呈现正相关关系，而是大多数呈现反相关关系，与传统经济学理论（例如"风险收益均衡"）相悖。经济物理学中的一些真人实验，也为此悖论的成立提供了更多的证据。

风险 [risk] 由某种特定行为或活动所导致的损失的不确定性。这种不确定性包括损失是否发生、何时发生和损失大小的多重不确定性。在金融市场中，风险和收益成正比，其可由价格的波动率来定义，波动率越大，风险越高。

投资风险 [investing risk] 投资行为产生的投资结果具有不确定性，不但投资的收益可多可少，投资的本金也可能受到损失。投资者可以利用分散投资和风险对冲来管理投资风险。

系统性风险 [system risk] 又称市场风险、不可分散风险。不能够通过资产组合而消除的风险。系统性风险是由那些导致金融系统发生整体不稳定性的事件所引起的，比如政权更替、自然风险、战争、经济周期等。

风险管理 [risk management] 通过一系列措施将风险降至最低的过程。具体来说，即指对风险的鉴定、评估和优先级划分，从而对风险进行监控和管理以求将风险管控到最小程度的过程。

风险厌恶 [risk aversion]　用来解释投资者对风险的偏好程度。在降低风险和提高收益之间选择，若成本相同，风险厌恶投资者更倾向于风险更低的投资。但是如果对风险给予合适的补偿，风险厌恶者也会选择具有较大风险的投资。

风险偏好 [risk preference]　衡量投资者对风险的偏好程度。与风险厌恶者相反，在风险与收益均衡的过程中，风险偏好投资者更倾向于选择风险较大的项目。

机会成本 [opportunity cost]　为了得到某种东西而所要放弃的其他东西中所含的最大价值。例如，企业把相同的生产要素投入到其他行业当中可以获得的最高收益。

马太效应 [Matthew effect]　"穷人越穷、富人越富"的现象。

贫富差距 [poverty gap]　一个社会中财富分布和收入分布不平等的现象。基尼系数常常用来衡量贫富差距的程度。

财富分布 [wealth distribution]　财富在社会各个阶层之间的分布比较。数学上常用帕累托分布来量化财富分配问题。财富分布的不平等性要远高于收入分布的不平等性。在许多社会中，通常采用财富再分配、税收等政策缓解极端的不平等性。

基尼系数 [Gini coefficient]　20 世纪初基尼 (Corrado Gini) 定义的判断收入分配公平程度的指标。基尼系数的值介于 0 和 1 之间，基尼系数越小收入分配越平均，基尼系数越大贫富差距越大。

洛伦兹曲线 [Lorenz curve]　用来表征收入的累积分布函数。它是一个经验概率分布。经济学家常用洛伦兹曲线研究财富分配不平等的现象。

80/20 法则 [80/20 principle]　又称帕累托法则。由朱兰 (Joseph M. Juran) 根据帕累托 (Vilfredo Pareto) 当年对意大利 20% 的人口拥有 80% 的财产的观察作的推论。

帕累托法则 [Pareto principle]　即80/20 法则 (80/20 Rule)。

被动投资者 [passive investor]　表示投资人按照单一的策略进行投资，不进行任何预测。被动投资策略用来减少投资产生的手续费。被动投资者往往参照某个指数进行操作，在股票市场中最为常见。在熊市中被动投资者具有较高的收益。

市场机制 [market mechanism]　在市场上通过自由交换来实现资源配置的机制。具体是指市场中的供求关系、价格、相互竞争等要素之间的联系和作用机理。

动力学机制 [dynamic mechanism]　系统内部组织和运行变化的规律。

逾渗理论 [percolation theory]　逾渗的概念最早由 S. R. Broadbent 和 J. M. Hammersley 于 1957 年引入，用于描述流体在无序多孔介质中的流动，随着无序系统内部某种密度、占据数或者浓度增加到一定程度，将突然出现某种长程连接性的相变行为。逾渗理论已被广泛应用于研究物理、化学、生物及社会系统中的众多逾渗现象。

自组织 [self-organization]　某些复杂系统 (如生命系统、社会系统等) 在一定条件下自发地由无序向有序转变的过程。

临界现象 [critical phenomenon]　系统 (或物质) 在相变临界点附近呈现的特殊性质。

自组织临界现象 [self-organized criticality]　系统内在的动力学机制驱使其自发地朝临界状态演化的现象。

时间演变 [time evolution]　系统随着时间推移逐渐变化的过程。

适应性时间演变 [time evolution of adaptivity]　社会系统或代理人模型中行为主体对复杂环境的应对能力随着时间逐渐变化的过程。

偏好 [preference]　消费者按照自己的意愿对可供选择的商品组合进行的选择和排列。其本质是潜藏在人们内心的一种情感和倾向，有明显的个体差异，但也会呈现出群体特征。

异质偏好 [heterogeneous preference]　博弈模型中的决策人有着不完全相同的偏好的属性。

决策能力 [decision-making ability]　市场参与者在特定环境中做出正确投资选择的能力。

相结构 [phase structure]　真人体系处于某种相时的内部结构。参见词条市场结构。

文本聚类 [text clustering]　一种自动的文本组织。即根据内容或者特征将一系列文档分类。例如：搜索引擎一次搜索出现几千条结果，这时可以利用文本聚类技术将这些结果自动归类，以方便查看。

文本分类 [document classification]　主要用于判断某个文件属于哪一类。常用的方法是通过机器学习训练及总结各个类别的特征，然后将某个新的未辨识的文件分到最接近的类别里。

信息抽取 [information retrieval]　从大量混杂的文件里抽取有用信息的过程。例如：基于搜索引擎的信息提取。

本章作者：黄吉平，杨光，李晓辉，忻辰，梁源，魏建榕，刘璐，张惠澍，朱晨歌，郑文智，安克难

生物物理学

19.1 分子生物物理学

分子生物物理学 [molecular biophysics]　一个结合了物理、化学、工程、数学、计算机科学与生物的交叉学科。研究生物大分子的结构、功能、物理性质和物理运动规律，并以此为基础阐明生命现象，从而为医药与健康提供帮助。近些年来，分子生物物理学飞速发展，各种实验与理论的手段都被广泛的应用在这一领域。在实验方面，分子生物物理学的实验手段包括测定大分子质量、体积、组分、能态、物理性质、运动等各种近代技术。其中占有特殊重要地位的是和测定结构与能态有关的光谱技术、波谱技术与衍射技术，例如：电子自旋共振、红外、可见与紫外吸收光谱、荧光技术、旋光色散与圆二色谱、穆斯堡尔谱、激光–拉曼光谱、以及 X 射线衍射和中子衍射等。在理论方面，分子生物物理学的基本理论是分子的电子结构、能量状态、分子间与分子内的相互作用力，以及由这些力的协同作用而形成的大分子及其聚集态的物理性质。计算机技术也被广泛地应用到这一领域，特别是计算机模拟方法，包括量子化学模拟、分子动力学模拟等，都对这一学科的发展起到了至关重要的作用。

α-螺旋 [α-helix]　蛋白质中最常见的一种稳定二级结构。从外部看，它呈致密的棒状结构。在理论模型中，α-螺旋被描述成，多肽骨架紧紧围绕一个假想的纵向穿过螺旋中心的轴，氨基酸残基的侧链基团从螺旋骨架上向外突出，多肽主链骨架围绕中心轴螺旋式上升，每上升一圈为 3.6 个氨基酸残基，相当于 5.4 Å垂直距离，相邻螺旋的主链间形成平行于螺旋轴的链内氢键，使得 α 螺旋能够稳定存在。蛋白质中的 α-螺旋一般为右手螺旋，仅在个别蛋白质局部出现过少见的左手 α-螺旋。而除了 α-螺旋以外，在蛋白质中也存在其他的螺旋结构，但是非常少见。

β-片 [β-strain]　蛋白质中一种比较伸展的稳定二级结构。在单个 β-片中，多肽链的主链伸展成锯齿状的片层，而相邻残基的侧链则伸向相反的方向。这些锯齿状的多肽链以肩并肩的方式排列成一系列褶皱的结构，相邻的肽链的骨架之间通过主链氢键相连。组成褶皱结构的各个片段在多肽链的线性序列中常常是接近的，但是也可能相距很远，甚至来自不同的多肽链。β-片层根据相邻肽链主体之间的走向分为平行与反平行两种方式。两种方式的重复周期稍有差别，其中平行的为 6.5 Å，而反平行的则为 7 Å。

无规卷曲 [random coil]　蛋白质中不能被归入某一明确的二级结构的多肽区段。相对于 α-螺旋与 β-片层，无规卷曲结构比较松散且没有固定的规律，其结构受侧链间的相互作用的影响很大。需要指出的是，无规卷曲有明确而稳定的结构，而且经常是构成酶活性部位和其他蛋白质特异的功能部位，所以无规卷曲的构象是不能被破坏的，否则影响整体分子构象和活性。

生物分子强相互作用 [strong interaction of biomolecules]　生物分子内原子之间和分子间作用能较强的相互作用。一般指原子间的共价相互作用。在生物分子中，原子由共价键相互作用而结成分子，强相互作用决定了原子之间或分子中相应残基的排序，是蛋白质和核酸等生物分子的一级结构的基础。由于共价键相互作用能远远大于常温下粒子的热振动的能量，所以在常温下不受外界影响的情况下，生物分子构型很难改变。

生物分子弱相互作用 [weak interaction of biomolecules]　生物分子内原子之间和分子间作用能较弱的相互作用。包括静电力、电极化力、氢键、二硫键、盐键、疏水力及范德瓦耳斯相互作用等众多次级键的相互作用，决定了生物大分子的更高级结构的稳定性及其构象的运动性。弱相互作用能与常温下粒子热振动的能量相当，所以在常温附近轻微的改变温度，都会带来生物分子构象的改变。需要指出的是，二硫键等化学键虽然其相互作用能很大，但是在细胞环境中存在对应酶使其断裂的势垒减弱，所以也被视为弱相互作用。

生物分子构象 [biomolecular conformation]　生物分子中取代基的空间排列。即在不破坏任何化学键的情况下，由共价单键的旋转所表现出的原子或基团在空间中不同的相对位置。需要指出的是，生物分子构象不是指单个可分离的立体化学形式，而是一组相应的空间结构。同一生物分子的不同的构象之间可以相互转变。在生理条件下，生物分子的天然构象一般是所有可能构象中最稳定的构象。

生物分子构型 [biomolecular configuration]　生物分子中各个原子特定的空间排列。在生物分子中，由不可旋转双键或者取代基以特定的顺序排列形成手性中心，并导致同种分子具有不同空间排布，这些固定空间排布即为生物分子构型。一般来讲，由取代基相对于不可旋转的双键形成不同构型称为顺反 (cis-, trans-) 异构体；对于由于取代机在碳原子上的排列顺序而形成的不同构型或者有多个手性中心的生物分子，则以左右 (rectus-, sinister-) 异构来命名。构型都比较稳定，一种构型转变另一种构型要求共价键的断裂、取代基的重排和新共价键的形成，并带来分子化学性质的变化。

蛋白质折叠 [protein folding]　蛋白质由随机的线性肽链形成具有特定功能的三级结构的过程。蛋白质结构是蛋白质执行其生物功能的基础，然而所有的蛋白质的生成都是由核糖体上一条线性氨基酸序列开始的，为了实现其生物功能，这条肽链在合成中合成后必须折叠成其天然构象。研究表明，蛋白质的氨基酸序列决定其三级结构，而且多数蛋白质能自发折叠到其天然构象，也有部分蛋白质折叠需要在其他蛋白质辅助进行。

蛋白质去折叠 [protein unfolding]　蛋白质天然构象被破坏的过程。虽然蛋白质的天然构象在生理环境下是最优势的构象，但是当外界环境，如溶液 pH、离子浓度、温度、蛋白质分子的浓度等，偏离生理条件超过一定阈值时，蛋白质的结构将遭到破坏，其生物功能也随之丧失。这种导致蛋白质功能丧失的三维结构破坏称为蛋白质变性或者去折叠。研究表明，蛋白质去折叠都具有某种突然性，即在某一个狭窄的条件变化范围内突然改变，是一个协同的过程。

朗之万动力学 [Langevin dynamics]　通过数字计算来求解朗之万方程来模拟大分子在溶液中作布朗运动的计算模拟方法。朗之万动力学利用加在原子上的摩擦力和随机力来拟合溶液分子的影响。其中摩擦力大小为原子速度乘于其质量再乘于一个摩擦因子，其方向与原子速度相反，与溶液的扩散系数相关；随机力可以理解为来自溶液分子的随机相互作用等。这个两个力一起调节系统中各个原子的运动，以达到对整个系统能量的调控，如调控系统温度，压强等。由于所有的溶剂分子被简化，朗之万动力学节省了大量的计算时间，可以研究较长时间范围内的运动行为。

分子动力学 [molecular dynamics]　一种通过数值求解牛顿动力学方程来模拟原子与分子运动的计算模拟方法，是应用最非常广泛的计算庞大复杂系统的方法。利用分子动力学能模拟分子系统与时间相关演化轨迹，研究分子系统的热力学与动力学性质。在分子动力学模拟中，先利用分子力场函数与某一时刻系统中各个粒子的位置，求出系统中各个粒子所受的力与加速度；再利用动力学方程预测系统中各个粒子在非常短的时刻后的位置与速度。将上述步骤反复循环，就可得到各时间下系统中分子运动的位置、速度及加速度等资料，通过这些资料又可以进一步计算模拟体系的热力学量和其他宏观性质。

弹性网络模型 [elastic network model]　一种研究蛋白质构象柔韧性的方法。在该模型中，蛋白质被描述成一系列由弹簧 (谐振势) 相联的粒子。根据所研究问题的细致程度，每个粒子可能代表蛋白质分子中的一个原子、一个原子团、甚至整个氨基酸残基。由于粒子间相互作用随距离的增加衰减很快，所以在弹性网络模型中，只考虑相互邻近粒子间存在谐振势。其中谐振势的平衡位点即为蛋白质的稳定结构；谐振势的弹性系数可以粗略的设置为相同的值，也可以根据分子力场计算获取。需要指出的是，该模型只能用来研究蛋

白质的整体运动行为，而对于描述一些局部的粒子运动需要使用更加精确的模型来描述。

简振模分析 [normal mode analysis]　一种用来研究分子振动的理论方法。基本原理是把分子体系的运动描述成在位能面上能量极小值附近的简谐振动。利用简振分析可以把真实的运动分解为各种基本简振模组分，从而得到生物大分子的各种振动模式。优点是一旦确定了体系的简振模，则相关的多次时间平均和动力学特征都可以容易地从解析途径算出。缺点是不能拟合生物大分子的非简谐效应，也不能处理溶剂化作用，且随着粒子数的增加，其计算量也会变得很大。

Gō模型 [Gō model]　一种基于蛋白质的天然结构而建立的、用来模拟蛋白质折叠的分子力学模型。最初由日本科学家 Nobuhiro 在 20 世纪 70 年代提出，并由此得名。在 Gō 模型中，除了键长、键角、二面角等参数都由蛋白质的天然结构获得外，其非键相互作用也由蛋白质的天然结构获得。具体来说，在蛋白质天然结构中相互靠近的氨基酸残基或原子团，被定义为"接触"(contact)，而只有相互接触粒子对才相互吸引，其他粒子之间则相互排斥。该模型使得蛋白质在折叠的过程中阻措最小，而且在有限的模拟条件下较为准确地表现蛋白质折叠行为，所以 Gō 模型以及基于它的发展模型，被广泛地应用于蛋白质与其他生物大分子构象改变的研究中。

分子力场 [force field]　一组描述原子间相互作用的力学函数。根据波恩-奥本海默近似，分子的能量可以近似看作构成分子的各个原子的空间坐标的函数，而描述这种分子能量和分子结构之间关系的函数关系就是分子力场。一般而言，分子力场由以下几个部分构成：键伸缩能、键角弯曲能、二面角扭曲能、非键相互作用 (包括范德瓦耳斯力、静电相互作用等)、交叉能量项。除了函数本体外，分子力场还需要给出各种不同原子在不同成键状况下的物理参数，比如键长、键角、二面角等，而这些力场参数多来自实验或者量子化学计算。

水模型 [water model]　分子力场中描述水分子效应的部分。广义的讲，水模型分为两类：隐式水模型 (implicit water model) 与显式水模型 (explicit water model)。隐式水模型又称连续介质模型，就是将所有的水溶液效应包含于溶质的力场中。通常意义上的水模型是指显式水模型，它对水分子单独建模，并给出独立的分子力场。由于水分子由三个原子构成，最常用的水模型使用三粒子建模，其主要参数包括各个原子的质量、电量、氢氧键的长度以及 H—O—H 的键角等，有代表性的三粒子模型有 SPC 模型与 TIP3P 模型。为了更准确的拟合水溶液效应，在模型中加入虚拟粒子是一种常见的做法，但是这样做又会增加计算量，有代表性带有虚拟粒子的模型有 TIP4P 模型与 TIP5P 模型。

氨基酸 [amino acid]　含有氨基和羧基的有机化合

物。氨基连在 α-碳原子上的氨基酸称为 α-氨基酸。天然蛋白质一般由二十种常见的 α-氨基酸组成。

残基 [residue]　存在于多聚体中的单体部分。在聚合的过程中，这些单体一般都除去某些原子及基团，故称其为残基。在生物化学中，残基经常特指在蛋白质序列中，氨基酸之间的氨基和羧基脱水成肽键后，剩下的没有脱水成键的基团。

核苷酸 [nucleotide]　组成核酸基本组成单位。核苷酸通过磷酸二酯键相互连接而组成核酸。每一个核苷酸由三种基本的亚单位组成，即：碱基、戊糖环（或脱氧戊糖环）和磷酸基。在核酸中共有五种碱基，其中腺嘌呤、鸟嘌呤、胞嘧啶在 RNA 与 DNA 中都出现，尿嘧啶只出现于 RNA 在，胸腺嘧啶分只出现在 DNA 中。

蛋白质 [protein]　一种 α-氨基酸长链生物大分子。蛋白质是由 α-氨基酸以"脱水缩合"的方式组成的多肽链经过盘曲折叠形成的具有一定空间结构的生物大分子。蛋白质是生命的物质基础，机体中的每一个细胞和所有重要组成部分都有其参与，可以说"没有蛋白质就没有生命"。

脱氧核糖核酸 [deoxyribonucleic acid, DNA]　一种由含有脱氧戊糖环的核苷酸聚合而成的长链生物大分子。在细胞内，两条互补的 DNA 以双螺旋以及由双螺旋结构为基础的超螺旋形式存在。对于绝大多数生物，DNA 是染色体的主要化学成分，在细胞中负责对遗传信息的存储。

核糖核酸 [ribonucleic acid, RNA]　一种由含有戊糖环的核苷酸聚合而成的长链生物大分子。在细胞内，RNA 多以单链形式存在，且能自身回折而形成许多分子内双螺旋区域。RNA 是生物的遗传讯息中间载体，并参与蛋白质合成与基因表达调控。对一部分病毒而言，RNA 是其唯一的遗传物质。

氢键 [hydrogen bond]　一种原子间弱相互作用。当氢原子与电负性很强的原子（如 N、O）形成共价键时，强电负性原子会把氢原子的电子云吸引过来，从而引起原子的极化。结果使氢原子获得部分的正电荷，而电负性强的原子则有了负电荷。如此当氢原子与别的电负性强的原子接近时，就会有很强的吸引力，形成氢键。

19.2　纳米生物学

纳米生物学 [nanobiology]　研究纳米尺度的分子结构和生命现象的学科，是物理学和生物学的交叉学科。有两层含义，一是应用纳米技术这一新工具、新技术来促进对生物系统的理解，另一个是如何在纳米水平上微观地、定量地研究生物问题。纳米生物学包括纳米医学和纳米生物技术等。纳米医学是利用分子器具和对人体分子的知识，进行诊断、治疗和预防疾病与创伤，减轻疼痛，促进和保持健康的科学和技术，纳米医学的主要技术基础是纳米技术。纳米生物技术是国际生物技术领域的前沿和热点问题，在医药卫生领域有着广泛的应用和明确的产业化前景，特别是纳米药物载体、纳米生物传感器和成像技术以及微型智能化医疗器械等，将在疾病的诊断、治疗和卫生保健方面发挥重要作用。当前纳米生物技术研究领域主要集中在以下几个方向：纳米生物材料、纳米生物器件研究和纳米生物技术在临床诊疗中的应用。

生物纳米医用材料 [nanometer biomaterial]　用于对生物医用材料进行诊断、治疗、修复或替代其病损组织、器官或增进其功能的新型高科技纳米材料。纳米材料对生物医学的影响具有深远的意义，纳米医学的发展进程如何，在很大程度上取决于纳米材料科学的发展。在医学领域中，纳米材料已经得到成功的应用，最引人注目的是作为药物载体应用于生物治疗。

生物纳米传感器 [nanobiosensor]　以生物学组件为功能性识别元件，识别和感知目的被测量并将其按一定规律转换为可识别信号的器件或装置，是纳米科技与生物传感器的融合。生物传感器是用生物活性材料（酶、蛋白质、DNA、抗体、抗原、生物膜等）与物理化学换能器有机结合，也是物质分子水平的快速、微量分析方法，可进行在线甚至活体分析，在临床诊断、环境监测、食品工业等方面得到了高度重视和广泛应用。生物纳米传感器研究涉及到生物技术、信息技术、纳米科学、界面科学等多个重要领域，并综合应用光声电色等各种先进检测技术，因而成为国际上的研究前沿和热点，可能对临床检测、遗传分析、环境检测、生物反恐和国家安全防御等多个领域产生革命性的影响。

纳米探针 [nanoprobes]　一种探头尺寸仅为纳米量级（1~100nm），能探测单个活细胞的新型超微生物传感器。作为生物传感技术领域迅猛发展起来的一项新型传感器，具有体积小、能在细胞内实时测量、对细胞无损伤或微损伤等诸多特点，是研究单细胞最基本的技术。在生物、医学、环境监测等多种领域得到广泛应用。

纳米药物 [nanodrug]　通过一定的微细加工方式直接操纵原子、分子或原子团、分子团，使其重新排列组合，形成新的具有纳米尺度的物质或结构的药物。如：一种具有同生物膜性质类似的磷脂双分子层结构载体的药物。纳米药物的粒径使其具有特殊的表面效应和小尺寸效应等，具有许多常规药物不具备的优点，如表面反应活性高、活性中心多、催化效率高、吸附能力强。

药物靶向性 [targeting of drug]　药物能高选择地分布于作用对象，从而增强疗效，减少副作用。如抗肿瘤剂可直接作用于癌细胞而不影响正常细胞的功能，心血管用药可直接用于治疗部位而不再通过体循环引起全身反应。根据靶向机制的不同,靶向制剂主要包括被动靶向、主动靶向。被动靶向,即自然靶向,是指通过减少药物在非靶向部位的积聚从而增加靶部位的药物浓度。主动靶向的方法主要是利用抗原一抗体或配体一受体结合,从而使药物能到达特异性的部位。主动靶向的方法很早就开始应用于抗肿瘤治疗,纳米技术的加入更有利于增加药物的主动靶向性研究。

药物控释给药系统 [controlled release drug delivery system]   通过物理、化学等方法改变制剂结构,使药物在预定时间内主动按某一速度从制剂中恒速释放于作用器官或特定靶组织,并使药物浓度较长时间维持在有效浓度内的一类制剂,具备缓释、控释两大特性。这两种特性可克服普通制剂的"峰谷"现象,使体内药物浓度保持平稳,减少给药次数,提高药效和安全度。纳米药物要实现缓释,延长体内的循环时间,往往通过表面修饰,改变微粒的表面性质来实现。

纳米载药系统 [drug-loading system]   一系列粒径在纳米级的新型微小给药系统的统称,是利用纳米技术将天然或合成的高分子材料作为载体,与药物一起制成的粒径在纳米尺度的药物输送系统。因具有靶向性、缓释性、载体材料可生物降解等显著优点,而具有广阔的应用前景,已成为国内外医药领域的重要研究方向之一,并在近年来的研究中取得了飞速的发展。提高药物的靶向性和缓释性、纳米载药系统可以改变药物的给药途径,使药物的给药途径和给药方式多样化。增加药物的吸收,提高药物的生物利用度,延长药物作用的时间、降低药物的毒副作用。

纳米生物毒性 [nanotoxicity]   纳米尺度及纳米结构的材料乃至器件的使用对靶器官以及生物体其余组织所引起的细胞毒性、细胞凋亡等现象。如有研究表明碳纳米管生物毒性远大于石墨粉;表观分子量高达 60 万的水溶性纳米碳管,在小鼠体内却显示出小分子的生理行为;一些磁性纳米颗粒在动物体内显示出迅速团聚、堵塞血管等生理现象。纳米材料的毒性研究结果为今后纳米技术的良性发展提出了新的方向。

自由基 [free radical]   又称游离基,化合物的分子在光热等外界条件下,共价键发生均裂而形成的,具有不成对电子的原子或基团,是具有非偶电子的基团或原子,有两个主要特性:一是化学反应活性高;二是具有磁矩。在生物学上,主要指机体氧化反应中产生的有害化合物,具有强氧化性,可损害机体的组织和细胞,进而引起慢性疾病及衰老效应。众多研究表明,负离子能够消减自由基,减缓人体衰老,增强人体免疫力。

游离基 [free radical]   即自由基。

纳米颗粒的穿膜 [nanoparticle transmembrane]   细胞的跨膜吸收是细胞将大分子或纳米粒子运送到细胞内部的一个重要生理过程。大分子物质及颗粒性物质一般不能直接穿过细胞膜,在进出细胞的转运过程中都是通过膜包裹、形成囊泡、与膜融合或断裂来完成的,故又称囊泡转运。由于涉及膜的融合与断裂,因此需要消耗能量,属于主动运输。细胞摄入大分子或颗粒物质的囊泡转运过程称为胞吞作用;细胞排出大分子或颗粒物质的囊泡转运过程称为胞吐作用。纳米颗粒的跨膜受纳米物质形状、尺寸以及表面电荷影响比较大。

物理吸附与化学吸附 [physical adsorption and chemical adsorption]   当分子或原子与固体表面接触时,可能通过与表面形成化学键而结合,这是化学吸附,它是表面催化的第一步;如果吸附分子以类似于凝聚的物理过程与表面结合,即以弱的范德瓦耳斯力相互作用,称为物理吸附。这两类吸附之间并没有清晰的分界,如果吸附热的数值与凝聚热相近,那么这个过程被认为是物理吸附,在化学键力作用下产生的吸附为化学吸附。化学吸附时,化学键力起作用其作用力比范德瓦耳斯力大得多,所以吸附位阱更深,作用距离更短。化学吸附和物理吸附可能同时进行的,物理吸附往往是化学吸附的预备阶段,如在气体原子和表面原子之间产生电子转移的化学吸附过程中,常态气体分子接近表面可首先进入物理吸附的位阱(平衡位置),这时如果给它提供适当能量越过位垒,就能进入化学吸附的位阱。

纳米催化剂 [nanocatalysts]   伴随着纳米科学与技术对催化研究领域广泛地渗透而产生,是具有化学或者生物催化效应的纳米尺度的器件或材料。具有比表面积大、表面活性高、高度的光学非线性、特异催化性和光催化性等特点,具有量子尺寸效应以及表面效应和体积效应,具有许多传统催化剂无法比拟的优异特性。此外,还表现出优良的电催化、磁催化等性能,已被广泛地应用于石油、化工、能源、涂料、生物以及环境保护等许多领域。

纳米技术 [nanotechnology]   在 0.1 到 100 纳米的尺度里,研究电子、原子和分子运动规律和特性以及对物质和材料进行处理的技术。

包封率 [encapsulation coefficency]   包入材料的药量占加入体系的总的药量的比例。

载药率 [drug-loading content]   包入材料的药量占材料的质量的比重。

生物传感器 [biosensor]   对生物物质敏感并将其浓度转换为电信号进行检测的仪器。由固定化的生物敏感材料作识别元件(包括酶、抗体、抗原、微生物、细胞、组织、核酸等生物活性物质),与适当的理化换能器(如氧电极、光敏管、场效应管、压电晶体等等)及信号放大装置构成的分析工具或系统。

胞吞作用 [endocytosis]   又称内吞作用、入胞作用。通过质膜内陷将所摄取的液体或颗粒物质包裹,逐渐成泡,脂双层融合、箍断，形成细胞内的独立小泡。根据胞吞物质形态，可分为胞饮作用和吞噬作用。

内吞作用 [endocytosis]　即胞吞作用。

入胞作用 [endocytosis]　即胞吞作用。

胞饮作用 [pinocytosis]　又称内吞作用。物质吸附在质膜上，然后通过膜的内折而转移到细胞内的摄取物质及液体的过程。

吞噬作用 [phagocytosis]　细胞吞噬感染的病毒、细菌或其他一些固体颗粒等称为异体吞噬。溶酶体的吞噬作用是指外来的有害物质被吞入细胞后，即形成由膜包裹的吞噬小体。

19.3　膜生物物理学

膜生物物理学 [membrane biophysics]　利用物理学的方法和手段理解生物膜的复杂结构和功能以及相关物理性质的研究分支。主要实验手段有膜片钳技术、微吸管技术和单粒子跟踪技术；主要理论工具为统计力学和连续介质力学；主要计算手段为分子动力学模拟。涉及到的相关问题有生物膜的化学组分和结构、生物膜的生物功能、生物膜的通透性和流动性、生物膜的弹性、膜的电学性质等。生物膜主要组分为脂质、蛋白质和糖类。流动镶嵌模型是目前广为接受的生物膜简化模型，该模型认为蛋白质就像冰块一样漂浮在脂质双分子层的海洋中，而糖类修饰蛋白质或脂质分子。各种分子在膜的内外页上的分布是非对称的。膜的首要功能是作为细胞的屏障、控制物质和信息的传输的载体。从几何上看，由于膜的厚度（4～5 nm）远远小于膜的横向尺度，因而可以作为曲面来处理；从物理性质来看，膜两侧保持相对恒定的渗透压和静息电位，同时膜具有弹性，能够抵抗一定大小的变形。.

侧向扩散 [lateral diffusion]　有些膜蛋白并非静止不动，而细胞膜的面内做无规则的扩散运动。构成细胞膜的脂质分子在同一单层内也经常互相交换位置，表现出面内无规则的扩散运动特征。这种运动与膜的流动性密切相关。

生物膜的组成 [composition of biomembrane]　构成细胞的所有膜结构的总称，主要化学组分为脂质、蛋白质和糖类。脂质分子构成双分子层结构，保证细胞或细胞器的相对完整性和独立性；蛋白质镶嵌在双分子层中决定膜功能的特异性；糖类则修饰部分蛋白质或脂质分子头部基团，起识别、免疫等作用。

脂质双分子层 [lipid bilayer]　包含亲水的头部基团和疏水的长尾链的双性分子 —— 磷脂分子分散于水中形成的，磷脂分子头部朝向水相而疏水尾链两两相对埋于膜内不与水接触的结构，是维持细胞膜稳定的基本架构。在生理温度下，处于液晶相，磷脂分子能够在面内流动，而分子仍旧保

持很好的指向序。不能承受面内的剪应力，但能够抵抗面外的弯曲。

单位膜 [unit membrane]　细胞膜的早期简化模型之一。1959 年，罗伯特森（Robertson）用电子显微镜研究细胞膜的结构，发现细胞膜呈暗—明—暗的"三明治"结构，总膜厚度约为 7.5nm。罗伯特森认为，电子显微镜下的明区对应于脂质分子的非极性疏水尾部，而暗区对应于蛋白质和脂质分子的极性亲水头部集团。罗伯特森认为蛋白质位于脂质双分子层内外表面，是单层伸展的 β 片层。这一模型能够解释细胞膜的一些特性，如膜的高电阻以及对脂溶性非极性分子较高的通透性。该模型的缺点是没有包含膜的流动性，没有考虑跨膜蛋白以及外周球蛋白，因而不能很好地解释膜如何适应细胞生命活动的变化。

流动镶嵌模型 [fluid mosaic model]　1972 年美国加州大学的辛格（Singer）和尼克森（Nicolson）在总结前人研究结果基础上提出，目前已被广泛接受和认可的细胞膜简化模型。由于磷脂分子是双亲分子，包含亲水的头部基团和疏水的长尾链，它们形成脂质双分子层结构，使得磷脂分子头部朝向水相而疏水尾链两两相对埋于膜内。在生理温度下，双分子层处于液晶相，磷脂分子能够在面内流动。蛋白质则镶嵌于磷脂双分子层中。整合蛋白通过强疏水作用同脂质膜牢固结合而外周蛋白则附着在膜的表层，与膜形成较松散的结合。

脂筏 [raft]　脂质分子在细胞膜上非均匀分布的，而形成的相对独立且特殊的一类脂畴，富含胆固醇和鞘磷脂，尺寸在 10～300nm，呈动态结构，通常位于细胞膜的外页，处于有序液体相，具有较高的熔点。类似一个蛋白质停泊的平台，许多膜蛋白被认为锚定其上，执行膜的信号转导功能。

生物膜的流动性 [fluidity of biomembrane]　细胞膜在面内表现出的流体特征。体现在脂质分子和膜蛋白的侧向扩散运动以及绕膜的法线的旋转运动上。膜的流动性与胆固醇的浓度、脂肪酸的饱和度以及烃链长度密切相关：胆固醇浓度增加会降低膜的流动性；脂肪酸烃链所含双键增多会提高膜的流动性；烃链长度增加会降低膜的流动性。流动性是保证细胞膜活性和功能的必要条件。当膜的流动性过低时，许多酶的活动和跨膜运输将停止，反之如果流动性过高，细胞膜则会溶解。

生物膜的弹性 [elasticity of biomembrane]　生物膜抵抗外力作用，避免发生变形的能力。通常单纯的脂质双分子层能抵抗弯曲变形和面内压缩应变，而不能抵抗面内剪切应变。细胞膜在脂质双分子层的胞质一侧有一层膜骨架网络，该网络不能抵抗弯曲变形，但能够抵抗剪切应变。集脂质双分子层和膜骨架网络于一体的细胞膜既能够抵抗弯曲变形和面内剪切应变。

生物膜的非对称性 [asymmetry of biomembrane] 生物膜内外两页的组分和功能的明显差异。脂质分子和膜蛋白在生物膜内外呈不对称分布，导致膜功能的不对称性，使物质输运、信号的接受和转导具有特定的方向。例如，细胞膜的内外两侧磷脂成分不同，磷脂酰胆碱和鞘磷脂主要分布在细胞膜的外页上，而磷脂酰丝氨酸和磷脂酰乙醇胺主要分布在细胞膜的内页上。而各种膜蛋白在细胞膜上都有特定的分布区域。

生物膜的分子结构和功能 [molecular structure and function of biomembrane] 生物膜由脂质、蛋白质和糖类构成，脂质分子构成双分子层，蛋白质镶嵌在膜上，糖类修饰蛋白质或脂质。流动镶嵌模型很好地说明了生物膜的结构。从功能上讲，细胞膜作为屏障保证细胞相对稳定的内部环境，同时介导细胞和环境之间的物质运输、能量交换和信息传递过程。细胞的内膜结构将细胞内部分隔成相对独立的小室，使得不同化学反应能够限制在特定区域有序进行。

化学势 [chemical potential] 对于多组分均匀系统，在等温等压并保持系统中其他物质的量都不变的条件下，系统的吉布斯自由能随某一组分的物质的量的变化率。能够进行粒子和能量交换两个宏观系统。分子总是从化学势高的相进入化学势低的相，从而降低系统的总自由能，并使系统达到平衡态。

半透膜 [semipermeable membrane] 一种只允许某种离子和小分子自由通过而不允许生物大分子自由通过的膜结构。例如细胞膜、膀胱膜。生物吸取养分也是通过其进行的。

渗透压 [osmotic pressure] 由于半透膜的选择通透性而在其两侧存在的静水压差。当半透膜一侧是纯水而另一侧是溶液时，渗透压满足范特霍夫公式：$p = ck_BT$，其中 c 为溶液浓度，k_B 为玻尔兹曼常量，T 为溶液温度。

生物膜 [biomembrane] 细胞中各种膜的总称，包含细胞膜、核膜、内质网膜、高尔基体膜和线粒体膜等等。是区分细胞自身与外部环境的屏障，是维持细胞组分动态平衡的关键部件。

磷脂 [phospholipid] 一类含有磷酸根的脂类双亲分子，由一个亲水的磷酸头部基团和两条疏水的长烃尾链组成。是生物膜的重要组分，包含甘油磷脂和鞘磷脂两类。

胆固醇 [cholesterol] 一种环戊烷多氢菲的衍生物，细胞膜的重要组分之一，合成胆汁酸、维生素 D 的原料。具有调节膜的流动性的作用。

膜骨架 [membrane skeleton] 由膜蛋白和纤维蛋白组成的网络结构，参与维持细胞质膜的形状，并辅助细胞膜实现多种生理功能。

脂质体 [liposome] 当脂质分散于水中，由于疏水作用，脂质分子的疏水尾部倾向于聚集在一起避开水，而亲水头部暴露在水中，从而形成的具有脂质双分子层囊泡。

有序液体相 [liquid-order phase] 胆固醇分子插入鞘磷脂分子之间形成的致密区域，具有较高的熔点。脂质分子在面内像液体一样没有长程序，而脂质分子的尾链非常有序，取向完全一致。

胆甾醇 [cholesterol] 即胆固醇。

19.4 蛋白质聚合

蛋白质聚合 [protein aggregation] 蛋白质因受某些物理、化学或基因因素的影响，发生错误折叠，错误折叠的蛋白质之间通过分子间的相互作用形成聚合体，进而形成不溶于水且结构有序的富含 β 折叠片的淀粉样纤维，并沉积于细胞内或细胞外的一种病理性组装。蛋白质聚合过程有以下共同特征：(1) 在蛋白质浓度低于某一阈值时，不发生聚合；(2) 蛋白质聚合之前存在延滞时间，在此期间存在缓慢的初始成核阶段；(3) 在聚集生长期，晶核快速生长并形成难溶于水的聚合体 —— 淀粉样纤维；(4) 若在过饱和状态的延滞期，加入"聚种"，体系立即发生聚集；(5) 在稳态期，有序聚集体和单体间存在平衡。目前已经发现蛋白质聚合与老年痴呆症、帕金森症和 II 型糖尿病等 20 多种疾病密切相关。

蛋白质错误折叠 [protein misfolding] 蛋白质因受某些物理、化学或基因因素的影响，其天然结构发生构象变化并形成失去其生物学功能的富含 β 折叠片的空间结构的现象。会导致蛋白质的病理性聚合。

天然无序蛋白 [intrinsically disordered proteins] 一类新发现的蛋白质，在天然条件下没有确定的三维结构，但具有正常的生物学功能，广泛参与信号传递、DNA 转录、细胞分裂和蛋白质聚集等重要的生理与病理过程。天然无序蛋白的发现，对蛋白质结构–功能关系提出了挑战。

蛋白质聚集 [protein aggregation] 蛋白质因受某些物理、化学或基因因素的影响，发生异常折叠，错误折叠的蛋白质之间通过分子间的相互作用形成聚合体，进而形成不溶于水且结构有序的富含折叠片的淀粉样纤维，并沉积于细胞内或细胞外的一种病理性组装。

淀粉样纤维 [amyloid fibrils] 错误折叠蛋白质通过分子间的相互作用形成富含 β 折叠片并具有 cross-βg 结构特征的不溶于水的纤维样聚集体，其中 β 折叠片垂直于纤维轴，而 β 折叠片之间的氢键平行于纤维轴。其长度在微米量级，半径在纳米量级。

熔球中间态 [molten globule intermediate state] 蛋白质折叠/解折叠过程中的一个平衡中间态。具有天然态的二级结构，但三级结构不完整，并比天然态有较多的疏水暴露。

蛋白质低聚体 [protein oligomers] 又称蛋白质寡聚体。错误折叠蛋白在淀粉样纤维化早期阶段形成的聚集体。通常具有细胞毒性。根据蛋白质分子量的大小，低聚体包含的蛋白质个数在二到几十个范围。分子量较低，且溶于水。

蛋白质寡聚体 [protein oligomers] 即蛋白质低聚体。

生物大分子的结构功能关系 [structure-function relationship of biomacromolecules] 一天然状态为有序结构的生物大分子要发挥其功能，就必须在其被合成出来后快速地折叠成一个能量较低的有序的三维结构，即生物分子的三维结构，是实现其生物学功能的前提。此关系不适用于新发现的天然无序蛋白。

能量面地形理论 [free energy landscape theory] 利用 $F = -RT \log P(x, y)$ 关系把生物分子的自由能投影到一个或几个 (通常 1~3 个) 反应坐标上，从而得到一维或二维能量面的理论。其中 F 为自由能，R 为气体常数，T 为温度，$P(x, y)$ 为生物分子的构象投影到 (x, y) 上的几率，参数 (x, y) 通常能很好地表征生物分子的反应 (如折叠或聚集) 途径。

反应坐标 [reaction coordinates] 一种根据反应途径加以图象化的一维坐标，用以表达化学反应的进行过程。在蛋白质折叠/聚集的能量面地形理论中，反应坐标是以一个或一对参数组成的坐标，用以描述蛋白质折叠/聚集的整个过程。

采样方法 [sampling methods] 搜索小分子或生物分子构象空间的算法，常用方法包括分子动力学方法和蒙特卡罗方法。

副本交换方法 [replica-exchange method] 一种提高构象空间采样的模拟方法。一系列非相互作用的副本被重新构建，覆盖了从低温到高温很宽的温度范围。对每一个副本进行独立的分子模拟，根据 Metropolis 标准，把温度相邻的两个副本的构象周期性地进行交换。该方法可以使低温下搜索到的构象逃离局部势能最低点，从而加大构象空间的采样。

伞形抽样 [umbrella sampling] 一种通过修改势能面来加速构象空间采样的方法。该方法通过在势能函数中加一偏倚势来提高不易被采样到的状态的几率，可以得到体系在某个反应坐标下的自由能面。

19.5 蛋白质折叠

能量面理论 [energy landscape theory] 描述生物大分子相互作用的一种统计物理理论。该理论侧重将生物大分子体系的运动描述成在高维势能面 (能量面) 上的扩散过程，其中能量面的一些简单特征 (如基态能隙的大小、能量面的平均粗糙程度等) 决定了生物大分子体系的热力学和动力学性质。该理论为阐明蛋白质折叠路径和机制等动力学过程的物理原因提供了物理基础。

成核凝聚模型 [nuclear-condensation-growth model] 一种蛋白质折叠过程的物理机制。通常适用于单域球蛋白的两态折叠过程描述。这一模型指出折叠过程中少量特定残基间相互作用对于折叠转变态的稳定有重要作用。这几个残基间相互作用的形成蛋白质折叠过程的瓶颈。类比于晶体生长的过程，相关残基及其相互作用被称为折叠核。在折叠核形成的基础上，蛋白质链的其他部分可以快速凝聚形成蛋白质三维结构。

弹性网络模型 [elastic network model] 一种刻画生物大分子功能运动的简化模型。通过将残基或者其他粗粒化单元当成节点，单元间相互作用描述为链接，构造出网络结构，并引入弹性相互作用 (线性或非线性) 来描述节点间相互作用，进而通过本征分析或模拟的方法得出生物大分子体系的动力学特性。该模型是生物大分子稳定状态的简化描述，适合分析体系的低频大尺度运动特征，常用于蛋白质分子内涨落、功能结构变构等过程的分析。

内禀无序蛋白 [intrinsically disordered proteins] 一大类蛋白质的总称。不同于常见的球蛋白，这一类蛋白在天然条件下通常不会形成唯一的空间有序结构。这一特征完全不同于对蛋白质结构的传统认识。其柔性使其一方面可以采取多种构型与不同的受体相结合而实现功能的多样性，也可以作为柔性连接实现多个功能域的复杂组合。这类蛋白质为理解蛋白质结构–功能关系提供了更为丰富的内容。

折叠协作性 [folding cooperativity] 两态折叠型蛋白质的一种典型属性。不同于一般的高分子物质，蛋白质折叠过程表现出全或无的一种特征，或者存在于无序的去折叠态，或者存在于有序的折叠态。这类似于物理学中的一级相变过程，在实验上表现为从变性态到折叠态的转变对环境条件的变化很敏感。这种集体运动的特征成为协作性。该特性可以通过蛋白质比热与温度关系进行定量刻画。

新生肽链折叠 [nascent peptide folding] 一种蛋白质体内折叠的典型过程。相对于蛋白质折叠过程，生物体内肽链合成是一个较慢的过程。多肽链在合成的同时也伴随着折叠过程，这一折叠过程受到核糖体等合成分子机器的影响。同时合成多肽的折叠还受到分子伴侣等多种分子机器的调控。不同于体外复性实验的过程，细胞内折叠过程以及多功能域的组装过程等表现高效而复杂，是理解生物中心法则的一个重要环节。

蛋白质结构的可设计性 [designability of protein

structures] 一种刻画蛋白质结构特性的物理量。蛋白质的氨基酸序列和其天然结构存在多对一的映射关系。基于这一关系，以某一特定结构为天然结构的所有氨基酸序列的总数就可以作为该结构可设计性的度量。可设计性高的结构对序列的要求更少，相应地更容易设计出满足相应结构特征的蛋白质。

折叠路径 [folding pathway] 蛋白质从无序变性态形成有序折叠态的过程中构象变化的顺序，包括二级结构形成和组装的顺序、特定的中间构象等。

疏水相互作用 [hydrophobic interaction] 表述非极性物质在水溶液中的一种等效相互作用。由于非极性物质无法与水分子形成氢键，在水溶液中，非极性基团会使其表面的水分子形成的氢键数目有所减少，影响附近水分子的氢键网络。于是没有直接相互作用的非极性基团倾向于聚集到一起来减小整体的体积和表面积，表现出等效的吸引相互作用。

Levinthal 佯谬 [Levinthal's paradox] 针对 Anfinsen 提出的蛋白质天然结构是热力学最稳定状态这一论断，Levinthal 提出一个佯谬：如果蛋白质分子要找到能量最低的状态，需要遍历所有构象空间，而构象空间巨大，遍历需要花费的时间甚至超过宇宙的年龄。这一佯谬突出了热力学稳定性的要求和动力学可及性之间竞争关系，推动了为蛋白质折叠统计物理理论的提出。

下山式折叠 [downhill folding] 一类具有特殊动力学性质的蛋白质折叠过程。在变性态完全失稳条件下，蛋白质从变性态到折叠态的自由能是单调下降的，不存在自由能垒。相应的折叠过程在能量面上就是一个"下山"式的非平衡动力学过程。这是能量面理论所预测的一种特殊的动力学行为。存在一些特殊的蛋白质，在任意条件下在变性态和折叠态之间都没有自由能垒，称为全局型下山式折叠。

Chevron 图 [Chevron map] 一种展示不同变性剂浓度下蛋白质动力学数据的图示方法。通常该曲线呈 v 形而得名。对于两态蛋白，系统弛豫速率在变性中点以下由折叠速率主导，在变性中点以上则由去折叠速率主导，分别形成了折叠支和去折叠支，其斜率对应于相应的动力学 m 值。通过动力学 m 值和平衡 m 值的比较，可以为判断蛋白质是否是两态行为提供提供依据。

Ramachandran 图 [Ramachandran map] 刻画蛋白质中残基主链二面角的图示方法。1963 年首次由 G.N. Ramachandran 等提出。由于空间位阻的因素，不是所有的二面角组合都是可以出现的。不同二面角组合反映了氨基酸局部的二级结构。

氧化还原折叠 [redox folding] 与蛋白质中半胱氨酸之间二硫键的形成和改变相关的折叠过程。这一过程常常伴随着二硫键相关的氧化还原反应，并常常会通过这一过程来实现多个蛋白之间的电子传递过程。

蛋白质变性 [protein denaturation] 蛋白质从天然折叠状态转变成相对无序的空间结构状态的过程。是蛋白质折叠过程的逆过程。通常生理条件下，蛋白质变性速度很慢，通常通过改变温度、添加变性剂等手段，使蛋白质所处环境偏离正常生理条件，从而加快相应变性过程，来实现变性过程的观测。

内摩擦 [internal friction] 高分子系统由于自身运动而导致能量、动量耗散的一种机制。可以通过与溶液黏性共同作用来影响蛋白质的动力学过程。通过对蛋白质折叠速率与溶液黏度的关系的测量，为定量刻画高分子系统内内摩擦效应提供了有效手段。

金属离子调控的蛋白质折叠 [metal ion-mediated protein folding] 一种典型的配体调控蛋白质折叠的过程。结合金属离子的蛋白质在自然界广泛存在，其中很多蛋白必需在金属离子存在时才能形成特定的功能结构，例如锌指蛋白、钙调蛋白等。这一折叠过程中，离子结合与蛋白质的构象变化同步进行，相互协同，有效调控了蛋白质构象运动的路径也为蛋白质动力学的调控提供了思路和手段。

拥挤环境中的蛋白质动力学 [protein folding in theintercellular enviroment] 细胞环境中蛋白质动力学的一种特点。细胞的狭小空间中广泛存在着很多种类的大量分子。由于体积排斥相互作用的存在，其中的蛋白质分子的运动受到很大的影响，包括构象熵、环境黏性以及流体力学效应等方面，蛋白质的动力学表现出特殊性质和行为，成为活体环境中蛋白质动力学的一个基本特征。

二硫键 [disulfide bond] 又称双硫桥。蛋白质中半胱氨酸之间侧链两个硫醇基团之间通过与氧化而形成的共价键。

双硫桥 [disulfide bond] 即二硫键。

接触相互作用 [contact interaction] 蛋白质模型化过程中有效相互作用的一种描述形式。通常根据蛋白质中 Calpha 原子之间的距离或者氨基酸之间非氢原子之间的距离大小来判断，当相关距离小于一定阈值时，就可以定义两个氨基酸之间存在相互作用。这种有效相互作用反映了溶液中氨基酸之间的短程作用特点，并得到了相关统计分析的支持。

19.6　生物信息学

生物信息学 [bioinformatics] 关注生物系统中信息刻画与信息流动的学科门类。目前主要集中于针对分子生物学手段获得大量生物序列、细胞物质组成、分布和时序演化等多方面数据，利用统计分析方法，结合大规模计算手段，对数据实现收集筛选、分类处理展示以及信息提取等操作，进而实现对生物演化、分子调控、组成 - 结构 - 功能关系等问题的定量分析。这一学科的发展综合运用了应用数学、信息学、统计学、计算机科学以及物理、化学等多种学科的知识和工具，研究的内容遍及生物学研究的众多领域，形成了交叉学科的一个典型范例。目前该学科典型的研究内容包括：序列比对、基因预测、基因芯片设计与分析、蛋白质结构预测、蛋白质—蛋白质相互作用等。

序列比对 [sequence alignment] 又称**联配**。一种比较两条或多条生物序列相似性的手段。根据相似性片段在整个序列中分布情况，分为全局比对和局部比对等类型。在比对中为考虑突变、插入或者缺失等效应，会在相应序列中插入一些空位。通常是通过动态规划算法来实现高效的比对过程。

联配 [sequence alignment] 即序列比对。

基因组 [genome] 狭义地，指单倍体细胞中的全套染色体为一个基因组。基因组测序的结果表明基因编码序列只占整个基因组序列的很小一部分。真核生物基因组较大，由多条线形的染色体构成，每条染色体有一个线形的 DNA 分子，每个 DNA 分子有多个复制起点。真核生物基因组存在大量的重复序列。原核生物基因组较小，通常只有一个环形或线形的 DNA 分子，通常只有一个 DNA 复制起点，其基因密度非常高，基因组中编码区大于非编码区。

基因组注释 [genome annotation] 在基因组学中，对基因和其他生物特征的标注称为基因组注释。由于目前生物基因组数据庞大，人们开发了基因组注释软件系统，用于自动识别基因和其他生物特征等信息。

基因横向迁移 [horizontal gene transfer] 生物将遗传物质传递给其他细胞而不是通过传统复制过程传递给其子代的过程。这一过程在很多物种 (特别是单细胞物种) 的进化过程中起到了重要的作用，如细菌抗药性等。

遗传算法 [genetic algorithm] 通过模拟自然界生物遗传和选择进化过程来进行全局搜索和解决相关优化问题的一类搜索启发式算法的总称。这类算法利用在搜索中获得和积累的有关搜索空间的信息，自适应地控制搜索过程，以期较为快速和可靠地逼近全局最优解。

聚类算法 [clustering algorithm] 一种提取静态数据特征的分析方法。根据对象之间属性的差异，定义特定的测度或者利用自洽的动力学算法，把相似的对象分配到不同的组别或者子集中，保证同一子集中对象具有较大相似程度，而不同子集间则具有相对显著的差别。这种方法是一种非监督式的学习过程。

基本局部比对搜索工具 [Basic Local Alignment Search Tool, BLAST] 一种广泛应用于比对生物大分子一级序列相似性的计算程序。该程序在进行搜索时，兼顾了搜索速度和结果精确性的内容，利用启发式搜索的方法，找出满足相似性要求的序列片段，在精确度稍有下降的条件下，比传统的动态规划算法快一个数量级以上。BLAST 算法以及实现它的程序由美国国家生物技术信息中心 (NCBI) 的研究人员所开发。

蛋白质组学 [proteomics] 围绕生命周期中所有蛋白质结构和功能的相互关系及其演化过程的学科分类。这一学科期望通过大规模地对特定细胞或细胞过程中蛋白质结构和功能的分析，获得有关生物体功能实现和变化的实际调控过程和分子信息，从而帮助人们更全面和深入地认识生物基本规律和相关疾病来源。由于在生物过程中蛋白质的表达和调控伴随着机体的位置和生命周期中的阶段的不同而快速变化，所以相比于基因组学，对于生物物理技术提出了更高的要求。晶体衍射、冷冻电镜、核磁共振、质谱以及多种单分子测量等多种现代技术在这一学科的研究中发挥了重要的作用。

PDB 数据库 [PDB database] 一个专门搜集蛋白质、核酸及其复合体的三维分子结构信息的数据库 (是 Protein DataBank 的缩写)。其中的分子数据数据主要是通过 X 射线晶体衍射和核磁共振的方法所获得，同时也包括少量通过其他实验手段或者理论推断得到的分子模型。该数据库目前可以通过网络免费访问。该数据库由全球蛋白质数据银行这一国际组织 (Worldwide Protein Data Bank) 进行数据积累、处理和维护等方面的工作。

SCOP 数据库 [SCOP database] 一种主要基于人工处理的蛋白质结构域分类数据库。主要依据蛋白质的结构和序列的相似性，建立树形的层次分类。人们试图通过这样的分类来找出蛋白质之间的演化关系。其中主要的分类层次包括类 (class)、折叠型 (fold)、超家族 (superfamily)、家族 (family) 和结构域 (domain)。该数据库是基于蛋白质结构数据库的一个二级数据库，1994 年由剑桥大学的 A. Murzin 教授等人创建，并根据新获得的结构数据不断更新。

Swiss-Prot 数据库 [Swiss-Prot database] 一个高质量的人工注释、非冗余蛋白质序列数据库。它是 UniProt Knowledgebase(UniProtKB) 数据库的一个部分，包含了科学文献和一些经过专业评估的计算结果。这一数据库中来源于相同基因和相同物种的序列会被合并到一个条目中，其注释会经常根据当前的研究结果进行更新，期望能够为某一特定蛋白提供所有已知的相关信息。

密码子 [codon] 在编码 DNA 或者信使 RNA 上顺序相连的三个核苷酸的碱基种类对应于一个特定的氨基酸，这三个碱基的序列构成了一个密码子。自然界中几乎所有生物共享一套相同的编码规则，只存在很少量的物种的密码表有微小的差别。发现该规律的三位科学家于 1968 年获得诺贝尔生理学或医学奖。

19.7 生物力学

生物力学 [biomechanics]　一门应用力学方法研究生物体 (如人类、动物、植物、器官、细胞等) 的结构与功能的科学。传统的生物力学包括运动生物力学，主要研究如何运用力学原理提高运动员的成绩和减少运动损伤；生物流体力学，主要研究血管中的血流的流体力学特性；生物摩擦学，主要研究器官、骨骼之间运用引起的摩擦、磨损和润滑；比较生物力学，研究不同动物运动特性之间的差异以及仿生等。随着分子生物学和单分子技术的发展，生物力学逐渐从一个研究力学规律在生物体层面上的应用的学科发展成为一研究力学规律在更微小的细胞、生物分子 (核酸、蛋白质、多糖等) 层面上的学科。最近，力更是被认为是非常重要的生物信号，可以调控细胞的诸多功能。生物力学也因为这些新的实验技术的发展和新的生物现象的发现成为生物物理的重要研究方向。

牛顿型流体与非牛顿型体 [Newtonian fluid and non-Newtonian fluid]　牛顿流体是指在受力后极易变形，而且切应力与变形速率成正比的低黏性流体。凡是不同于牛顿流体的都称为非牛顿流体。非牛顿流体广泛存在于生活、生产和大自然之中。绝大多数生物流体都属于现在所定义的非牛顿流体。人身上血液、淋巴液、囊液等多种体液，以及像细胞质那样的"半流体"都属于非牛顿流体。

定常流动 [steady flow]　流体力学中流体流动的一种形式。若流体运动中，满足如下条件 $\frac{\partial V}{\partial t} \equiv 0$ (V 为流速，t 为时间) 则称此种流动为定常流动或稳定流场，即流场不随时间变化 (局地变化为零)，流场只是空间坐标的函数。

层流与湍流 [laminar and turbulent flow]　流体流动时，如果流体质点的轨迹 (一般说随初始空间坐标 x、y、z 和时间 t 而变) 是有规则的光滑曲线 (最简单的情形是直线)，这种流动叫层流。没有这种性质的流动叫湍流。

血液流变学 [hemorheology]　一门新兴的生物力学及生物流变学分支，是研究血液宏观流动性质，人和动物体内血液流动和细胞变形，以及血液与血管、心脏之间相互作用，血细胞流动性质及生物化学成分的一门科学。具体研究内容包括血管的流变性、血液的流动性、黏滞性、变形性及凝固性等。

血液的非牛顿性 [non-Newtonian property of blood]　血液由血浆和血细胞组成。血浆内含血浆蛋白 (白蛋白、球蛋白、纤维蛋白原)、脂蛋白等各种营养成分以及无机盐、氧、激素、酶、抗体和细胞代谢物等。血细胞有红血球、白血球和血小板。由于血液的特殊组成，其具有一定的塑性，切应力与变形速率成不成正比，是典型的非牛顿流体。

血液的黏度 [blood viscosity]　反映血液黏滞性的指标之一。影响血液黏稠的因素主要有：红细胞聚集性及变形性，红细胞压积、大小和形态，血液中胆固醇、甘油三酯及纤维蛋白原的含量等。

Casson 方程与屈服应力 [Casson equation and yield stress]　最初由 Casson 在 1959 年提出，用来描述固液两相悬浮体系相互作用行为的方程。现在该模型也被用来描述血液的流体力学特性。在该模型中，剪切应力 τ 与剪切速度 $dv/d\gamma$ 之间关系如下：$\sqrt{\tau} \equiv \sqrt{\tau_0} + K_c\sqrt{dv/d\gamma}$ 其中，τ_0 为屈服应力，K_c 为 Casson 常数。

Fahraeus-Lindqvist 效应 [Fahraeus-Lindqvist effect]　由 Fahraeus 和 Lindqvist 在 1931 年发现的，血液流经不同管径的圆管时，不仅流速不同，而且黏度也随之改变的现象。在微血管 (管径 $10\sim200\mu m$) 中血液黏度随半径的减小而降低，这种现象后来被称为法林效应 (F-L 效应)。

血液的触变性 [blood thixotropy]　血液的流变特性是随时间而变化的，这与 RBC(红细胞) 在流动中所发生的分散聚集有关。当血液处于低剪切运动状态下，可以被认为是三维网状结构，且没有被破坏，此时呈现较大弹性。随着切变率的增加，血液的剪切力大于其内聚力，三维网状结构被破坏，血液弹性亦逐渐减小。

血液的黏弹性 [blood viscoelasticity]　血液所兼有的流体黏性的固体弹性的特征。血液与其他生物体液一样具有黏弹性，当切变率 $< 0.1/S$ 时，血液中将形成 RBC 的聚集体，呈三维网状结构，因此表现出黏弹性。

细胞的形态结构 [cell morphological structure]　细胞的形态结构多种多样，主要通过大小、形状来加以分别。细胞的大小，直径从 $10\sim100\mu m$(细菌) 到 $10cm$(鸵鸟蛋) 均有分布，即使在同一生物体的相同组织中也不一样，同一个细胞，处在不同发育阶段，它的大小也是会改变的。细胞的形状多种多样，有球体、多面体、纺锤体和柱状体等。细胞的形状和功能之间往往有密切关系。

细胞变形 [cellular degeneration]　经过挤压或者伸缩使细胞发生各种变化的能力。通常测定细胞变形性的方法有许多，从原理上可分二类，一类是将血样置入较大的几何尺度测定系统中经受切应力的作用，可以判断细胞在流动中的平均可变形性质，如黏度测定计算法和激光衍射法。另一类方法是利用狭窄的通道系统使细胞逐个通过，如微吸管法和滤过法。

细胞聚集 [cell aggregation]　几个或许多个细胞聚集在一起形成集团的现象。细胞聚集与细胞的生理特性特别是细胞壁细胞膜的物质结构有关，如含有羧基、磷酸基团；也与生长的环境有关，如温度、pH 等。

细胞变形的力学行为 [mechanical behavior in cellular degneration] 细胞由于其细胞骨架和膜张力的作用，既具有产生主动变形的能力，又具有抵抗被动变形和受力的能力。在研究细胞变形中细胞的力学行为，对于人们认识细胞并改善其功能，具有十分重要的意义。主要研究领域是应力 (主要指机械应力) 作用造成细胞变形的种种响应问题，特别是与细胞生长和再建有关的问题。

高分子力学特性的物理模型 [physical model on polymer mechanical property] 在高分子链的力学特性时我们通常用蠕虫链模型和自由链模型来刻画。蠕虫链模型 (Worm-like Chain) 是用来描述半柔性聚合物的行为，设想一个的各向同性杆，可以得到 $\frac{Fp}{k_B T} = \frac{1}{4}\left(1 - \frac{x}{L_0}\right)^{-2} - \frac{1}{4} + \frac{x}{L_0}$。其中 k_B 是玻尔兹曼常量，T 是绝对温度，L_0 是轮廓长度，P 是持续长度。而自由链模型 (Freely-jointed Chain) 只假定聚合物作为一个随机游走，而忽略任何一种单体之间的相互作用。

蛋白质力学特性 [mechanical properties of protein] 蛋白质由特定序列的多肽通过一定的复杂成键过程折叠形成稳定结构，可以通过单分子力谱技术使蛋白质解折叠来测得其力学特性，也可以用同样的技术来测定蛋白与蛋白、多肽以致基板等等之间的相互作用的力学特性。解折叠 (unfold) 与解结合 (unbinding) 的过程能量上符合 Bell-Evans 模型，力谱图像可以通过蠕虫链模型来拟合。

DNA 力学特性 [mechanical properties of DNA] DNA 双链分子在力谱拉开的过程中会有一个特殊的 B-S transition，在力谱图像上表现为一个平台。这是由于在力逐渐增大时 DNA 会有一个由 B-DNA 到 S-DNA(over stretched) 的转变，导致链长度的增加，而力则保持不变的平台。

多糖的力学特性 [mechanical properties of polysaccharide] 多糖分子单链的力谱图像表现为平台式的力谱曲线形式的特性。这是由于在外力增大到一定程度时，多糖 (葡萄糖) 环可以发生椅式到船式的构象变化，而整个多聚的单链就表现为长度增加而力保持不变，从而产生力谱平台。

细胞骨架 [cytoskeleton] 狭义的细胞骨架概念是指真核细胞中的蛋白纤维网络结构。更广义的概念是指在细胞核中存在的核骨架-核纤层体系。核骨架、核纤层与中间纤维在结构上相互连接，贯穿于细胞核和细胞质的网架体系。细胞骨架不仅在维持细胞形态、承受外力、保持细胞内部结构的有序性方面起重要作用，而且还参与许多重要的生命活动。

细胞外基质力学特性 [mechanical properties of extracellular matrix，ECM] 细胞外基质对细胞具有连接、支持、保水、抗压和保护等物理作用。可以粗略的将 ECM 和细胞均看作线弹性体，因此可以考虑外基质对细胞的牵引和相互作用的力学特性，建立起力平衡方程，如弹性应力，$\sigma_{\text{ECM}} = \frac{E}{1+\nu}\left(\varepsilon + \frac{\nu}{1-2\nu}\theta I\right)$，其中 E 为杨氏模量，v 为泊松比。

微流控技术 [microfluidics] 在微尺度与介观尺度 (纳升级) 上研究流体行为，以及相关的设计与应用的技术，涉及物理、化学、微加工与生物技术等学科领域，是微全分析系统和芯片实验室的支撑技术。

原子力显微镜 [atomic force microscope，AFM] 一种可用来研究包括绝缘体在内的固体材料表面结构的分析仪器。它通过检测待测样品表面和一个微型力敏感元件之间的极微弱的原子间相互作用力来研究物质的表面结构及性质。将一对微弱力极端敏感的微悬臂一端固定，另一端的微小针尖接近样品，这时它将与其相互作用，作用力将使得微悬臂发生形变或运动状态发生变化。扫描样品时，利用传感器检测这些变化，就可获得作用力分布信息，从而以纳米级分辨率获得表面结构信息。

纳米孔技术 [nanopore] 纳米孔测序技术，是借助电泳驱动单个分子逐一通过纳米孔来实现测序的技术。由于孔洞 (蛋白质孔洞) 非常小，仅允许单个核酸逐一通过，通过特定的碱基对组合改变纳米孔的电流，从而实现对 DNA 单链的序列测量。

19.8 DNA 分子的结构与功能

DNA 分子的结构与功能 [DNA structures and functions] DNA(脱氧核醣核酸) 是一种长链聚合物，包括由糖类与磷酸组成的核苷酸连成的长链骨架以及与核苷酸 (nucleotide) 连接的四种碱基 (nucleobase) 构成。这四种碱基包括胞嘧啶 (C)、鸟嘌呤 (G)、腺嘌呤 (A)、和胸腺嘧啶 (T)。这些碱基沿长链排成的一维序列构成生物遗传密码。DNA 的主要功能是作为生物遗传信息的载体，在细胞内主要以反向双链形式存在 (B-DNA 双螺旋结构)。其中，这两条 DNA 链的碱基具有严格的碱基配对 (A-T；G-C)；通过一条链上的碱基序列可以唯一确定另外一条链的 DNA 序列 (也称互补链)。碱基配对由氢键相互作用实现:A-T 碱基对有两个氢键；G-C 碱基对有三个氢键。此外，相邻的碱基对之间还有碱基堆积相互作用 (base stacking)，对稳定 DNA 双链结构具有关键作用。DNA 上的信息通过 DNA 复制 (DNA replication) 在细胞分裂时遗传给下一代。DNA 复制由 DNA 聚合酶 (DNA polymerase) 完成。基因是 DNA 上的特定片段，其碱基序列含有表达特定蛋白所需编码。DNA 上的基因信息通过转录 (transcription) 与翻译 (translation) 生成蛋白质，实现各种细胞功能。基因转录由 RNA 聚合酶 (RNA polymerase) 完成，把特定基因信息拷贝到信使 RNA(mRNA); 基因翻译由核糖体 (ribosome) 完成，把信使 RNA 上的基因信息转化为特定蛋白质。

DNA 功能 [DNA functions] DNA 的主要功能是作为遗传信息的载体。细胞内的 DNA 上一些特定 DNA 片段，其 DNA 序列包含有表达蛋白质所需编码。每一个这样的片段成为一个基因。DNA 上的基因信息通过转录 (transcription) 与翻译 (translation) 生成蛋白质，实现各种细胞功能。由于 DNA 各种结构的特殊力学与热学性质，利用 DNA 碱基对的特异互补特性，近年来 DNA 也被用于设计构造具有各种功能特性的 DNA 纳米机器。

DNA 折叠 [DNA packaging] 因为需要编码极大量的遗传信息，细胞内 DNA 必须拥有足够数量的碱基数目。不同种类的细菌拥有不同长度的 DNA ($10^5 \sim 10^7$ 碱基对)。人类细胞内 DNA 拥有约 6×10^9 碱基对。由于 B-DNA 中相邻两个碱基对距离约为 0.34 nm(纳米)，所以细菌内的 DNA 线性长度约为 $10 \sim 10^3 \mu m$(微米)；人类细胞内 DNA 总长度则达到接近 2 m(米)。这些 DNA 的长度远远大于细胞的尺寸 (细菌的尺寸约 1 μm; 人体细胞尺寸约 10 μm)；因此，DNA 在细胞内必须高度折叠。DNA 折叠主要由与 DNA 结合的蛋白质完成。真核细胞主要由 histone proteins(组蛋白) 把 DNA 折叠成染色质 (chromatin) 结构；细菌内主要由大约十种大量表达的 DNA 结合蛋白把 DNA 折叠成类核 (nucleoid) 结构。

DNA 与蛋白质的相互作用 [DNA-protein interactions] 大量的细胞功能，比如 DNA 折叠，基因转录与调控，DNA 复制，DNA 损伤修复，等等，都依赖于蛋白质与细胞 DNA 的相互作用。根据不同的细胞功能与过程，蛋白质可以与不同的 DNA 结构相互作用，包括双链 DNA，单链 DNA，甚至四链体 DNA 等结构。此外，蛋白质与 DNA 的结合可以是高度序列特异性的，对特定的 DNA 序列由特别高的结合强度；也可以是非特异性的，对 DNA 序列没有特别强的选择。

DNA 结构 [DNA structures] 作为遗传信息的载体，DNA 在细胞内主要存在于反向排列的双链形式 (B-DNA)。但是，DNA 也具有其他各种重要结构。DNA 复制、转录以及 DNA 破损修复过程中，双链 DNA 被分开，形成单链 DNA。富含鸟嘌呤 (G) 的特定 DNA 序列，容易形成一种重要的 G-四链体结构 (G-quadruplex), 由四条平行或者反平行的 DNA 链构成。这个结构对保护染色体 (chromosome) 稳定以及基因调控具有重要作用。在受到大拉力的情况下，DNA 还会形成一种新型的双链结构 (称为 S-DNA)。S-DNA 平均每个碱基对的长度是 B-DNA 的 1.7 倍。除了这些结构外，DNA 还有其他存在形式，比如右手螺旋的双链 A-DNA，左手螺

旋的双链 Z-DNA, 酸性条件存在的三链 H-NDA, 酸性条件下，富含胞嘧啶 (C) 的序列上存在的四链 i-motif DNA 结构，等等。

DNA 拓扑 [DNA topology] B-DNA 右手双螺旋结构的螺距 (helical pitch) 为 3.6 nm, 包含 10.5 个碱基对。一个螺距内，DNA 双链互相缠绕一次。对一个 DNA 片段，其双链互相缠绕的次数称为环绕数 (linking number)。对一个可以自由转动的包含 N 个碱基对的 B-DNA 片段，其基本环绕数是 $N/10.5$, 或者 DNA 线长/3.6 nm。对转动受限制的 DNA (比如环状 DNA)，DNA 环绕数可以被改变。比如 DNA 旋转酶 (DNA gyrase) 可以增加或者减少环状 DNA 的环绕数。体外试验里，磁镊子设备 (magnetic tweezers) 可以通过旋转线性双链 DNA 改变 DNA 环绕数。当 DNA 环绕数偏离其基本环绕数时，DNA 可以发生 "超螺旋 (supercoiling)" 现象，即 DNA 双链与双链互相缠绕形成的麻花辫螺旋结构。由于 DNA 旋转酶的作用，大部分细菌内的 DNA 的环绕数都小于基本环绕数。大部分细菌 DNA 处于负超螺旋状态，对细菌 DNA 的折叠，基因表达与调控具有重要的作用。

DNA 力学响应 [DNA mechanical responses] B-DNA 双螺旋结构的高度结构特异性导致 DNA 特异的弹性与力学响应。对转动不受限制的 B-DNA(即环绕数等于基本环绕数), 其力学性质可以被一个虫链高分子模型 (worm-like chain model) 描述。该模型中，B-DNA 被看作是一个线长固定的，具有一定弯曲弹性的线性高分子。其力学响应由一个描述弯曲弹性性质的参数 "弯曲驻留长度"(bending persistence length) 唯一决定。当 DNA 长度小于驻留长度时，热运动导致的 DNA 弯曲可以忽略。对远大于驻留长度的 DNA, 由于热运动，DNA 具有一个无规线团的构型。B-DNA 的驻留长度约为 50 nm。对转动受限制的 B-DNA, 还需考虑其扭转弹性，由一个扭转驻留长度 (twist persistence length) 描述。对小于扭转驻留长度的 DNA, 热运动导致的扭转形变可以忽略。B-DNA 的扭转驻留长度在 70~100 nm。单链 DNA 的弹性也大致可以被虫链条模型描述，其弯曲驻留长度约为 1 nm, 远远小于 B-DNA 的弯曲驻留长度。

19.9 放射生物学

放射生物学 [radiation biology] 研究电离辐射线对生物体产生生物学作用的一门边缘交叉学科。其研究的方法是利用电离辐射线不同的种类、剂量和剂量率大小及作用方式等，作用于整个机体、器官、组织、细胞和分子水平，联合不同内、外因素的影响，产生生物学效应，并导致其不同程度的变化。以此观察生物体在射线作用下的原初反应及其以后一系列的物理、化学和生物学方面的改变，阐明电离辐射

损伤的发生及其修复机制。现代放射生物学研究的对象还包括在辐射条件下的信号转导、适应性反应,细胞周期调节和细胞凋亡等。同时还针对一些实际问题,如辐射致突、致癌、致染色体畸变,生殖细胞辐射遗传效应,造血系统和免疫系统的辐射损伤、修复和重建,辐射敏感性的本质及防护和增敏等进行研究。

放射敏感性 [radiation sensitivity]　生物系统对电离辐射作用的反应性或灵敏性。在相同电离辐射作用下,不同物种、组织、细胞和大分子发生放射性损伤或其他效应的快慢或程度存在一定的差别,这取决于各自本身的的生物学特性,也受环境因素的影响。一般,以机体或细胞受一定剂量辐射后的死亡率或半数致死剂量 (LD_{50}) 作为判断放射敏感性的尺度,或以某些形态或功能变化作为判断某一组织放射敏感性的指标;在细胞群体中,也可用 D_0(细胞的平均致死剂量)、D_q(准阈剂量,代表细胞积累亚致死性损伤的能力,与损伤的修复能力有关) 和 D_{37}(在细胞群体中引起 63%细胞死亡的剂量) 等作为分析放射敏感性的指标。

剂量效应模型 [dose effect model]　描述电离辐射生物学效应对剂量依赖关系的数学模型,以反映其剂量效应规律,包括线性模型、平方模型、线性平方模型和 S 曲线形模型。剂量效应模型通过细胞存活曲线描述辐射剂量与细胞存活分数之间的关系,通过体外培养的细胞获得的,其细胞必须保持着完整的增殖能力。常用的哺乳动物细胞存活曲线有 3 种类型,即单靶单击模型、多靶或多击模型和线性平方模型。

放射损伤 [radiation damage]　电离辐射诱发机体在器官、组织、细胞和分子等不同水平发生各种类型的损伤效应。电离辐射引起的哺乳类细胞损伤分为三类。第一类为致死性损伤,用任何方法都不能使细胞修复的损伤称为致死性损伤,该类损伤不可修复,不可逆地导致细胞死亡。第二类为亚致死性损伤,照射后经过一段充分时间能完全被细胞修复的损伤称为亚致死性损伤,在正常情况下于几小时之内修复;若在未修复时再给予另一亚致死性损伤 (如再次照射),可形成致死性损伤。第三类为潜在致死性损伤,这是一种受照射后环境条件影响的损伤,在一定条件下损伤可以修复。

放射损伤修复 [radiation damage repair]　受照射组织的恢复或修复过程可发生于 3 个水平,即组织、细胞和分子水平。组织水平的修复是由于未受损伤的正常细胞在组织中再植,形成新的细胞群体以替代由于辐射损伤而丧失了的细胞群体。再植的正常细胞可以来源于受照射部位未受损伤的细胞,也可来源于远隔部位的正常细胞。细胞水平的修复发生于照射后第一次有丝分裂之前,表现为细胞存活率的增高。细胞水平的修复可由两种方式诱导:一是改变照射后细胞的环境条件;二是分割照射剂量。分子水平的修复是通过细胞内酶系的作用使受损伤的 DNA 分子恢复完整性。分子修复可通过细胞内恢复过程反映于细胞水平的修复,并可由于细胞存活的提高最终反映于组织水平的修复。

确定性效应 [deterministic effect]　又称有害的组织反应。发生的生物效应严重程度随着电离辐射剂量的增加而增加的生物效应。这种生物效应存在剂量阈值,只要剂量达到或超过剂量阈值效应肯定发生。如辐射皮肤损伤、白内障。确定性效应都是躯体效应,即发生在受照射个体本身一代所产生的辐射损伤效应,包括急性放射病和慢性放射病、放射性皮肤病、恶性肿瘤及其他局部放射性疾病等。

有害的组织反应 [harmful tissue reaction]　即确定性效应。

随机性效应 [stochastic effect]　发生概率与受照剂量的大小成正比,严重程度与受照剂量无关的一类放射生物学效应。这种效应的发生不存在阈值剂量,如辐射引起致癌效应和遗传效应。随机性效应的发生概率与剂量成 "线性无阈" 的量效关系,也就是除非不受辐射照射,否则,再小剂量,也有导致随机性效应发生的可能,尽管发生的概率很小。随机性效应包括致癌效应和遗传效应。

靶效应 [target effect]　认为在细胞或生物大分子内存在着一个 (单靶) 或多个敏感靶区 (多靶) 的理论?。射线作用的靶系指细胞中对射线敏感的特殊部位,例如细胞核 DNA。射线击中靶的几率与靶的大小和辐射敏感性成正比,与 D_{37}(在细胞群体中引起 63%细胞死亡的剂量) 和 D_0(细胞的平均致死剂量) 成反比。根据靶学说解释,电离辐射作用于细胞多属于多事件,即细胞内一个靶区击中多次,或是多个靶区各被击中一次,因而获得多种数学模型。电离辐射引起生物大分子的失活、基因突变和染色体断裂等均是由于电离粒子击中了其中的靶,并发生了靶效应而产生的结果。

旁效应 [bystander effect]　受到辐射作用后,未被射线粒子直接照射的邻近细胞表现出辐射损伤效应,如基因突变、细胞凋亡等,导致总体辐射效应高于常规理论预期的辐射损伤效应。与基因组不稳定类似,未照射细胞 (旁细胞) 的后代也发生基因组不稳定性,其信号的产生与射线之间不存在显著的剂量相应关系,高传能线密度 (LET) 射线比低 LET 射线更能诱导旁效应,在 10 毫戈瑞 (mGy) 低剂量照射的人肺纤维原细胞即可产生旁效应。

相对生物效应 [relative biological effectiveness] 又称相对生物效能,相对生物效率,相对生物效应系数。分析不同性质射线或粒子作用机体引起生物效应而采用的一种系数。它是指 X 射线 (250 kV) 或 γ 射线引起某一生物效应所需剂量与所观察的电离辐射引起相同生物效应所需剂量的比值。RBE 值是一个相对量,可受许多因素的影响,例如:观察生物效应的指标,给予剂量的时间和空间的分布,受照射

体系 (细胞、分子等) 所处条件不同和照射时有氧与否等。就同一种射线来说，RBE 的数值大小也随所比较的剂量和观察的生物终点的不同而有些差别。因此，在确定某一电离辐射的 RBE 值时，必须限定有关条件。最好在平均灭活剂量、平均致死剂量或半致死剂量下，用同一生物终点进行生物效应比较。

传能线密度 [linear energy transfer] 特定能量带电粒子在给定物质中穿行单位距离时沉淀在物质中的能量。电离辐射生物效应的大小与 LET 值有重要关系：通常射线的 LET 值愈大，在相同吸收剂量下其生物效应也愈大。LET 仅是一个平均值，因为粒子的电荷虽为常数，但其速度沿径迹逐渐降低，能量释放沿径迹有较大的变化。计算 LET 的方法有两种：一种是计算径迹均值，将径迹分为若干相等的长度，计算每一长度内的能量沉积量，求其平均值，称为径迹平均 LET，以 $L_{\Delta,T}$ 表示；另一种是计算能量或吸收剂量的均值，将径迹分为若干相等的能量增量，再把沉积在径迹上的能量除以径迹长度，称为剂量平均 LET，以 $L_{\Delta,D}$ 表示。

个人剂量当量 [personal dose equivalent] 个人监测的实用量，通常表示为 $Hp(d)$，是在身体表面下深度 d 处软组织的剂量当量。单位为 $J\cdot kg^{-1}$，专用名为希沃特 (Sv)。对弱贯穿辐射，皮肤和眼晶体的推荐深度为 0.07mm 和 3mm，表示为 $Hp(0.07)$ 和 $Hp(3)$。对强贯穿辐射，推荐深度为 10mm，表示为 $Hp(10)$。个人剂量当量可用佩带在身体表面的个人剂量计来直接测量。这种剂量计有一个探测器，并在探测器上覆盖了一个适当厚度 (0.07mm、3mm 和 10mm) 的组织等效材料。

ICRU 组织等效球 [ICRU tissue equivalent spherical phantom] 主要用于辐射剂量的模拟估算和测量中作为模拟躯干的散射体。它是由国际辐射单位与测量委员会 (Commission on Radiation Units and Measurements，ICRU) 最先提出的。在个人监测中，它是最理想的个人探测元件的校准模体。对于各种外部辐射，用于场所监测的实用量是根据 ICRU 组织等效球这一简单模体中某点的剂量当量来定义的。对于辐射监测，在大多数情况下，在所考虑的辐射场的散射和衰减方面，该模体可被认为是人体躯干的合理近似。

半致死剂量 [median lethal dose (LD₅₀)] 引起被照射机体 50%死亡时的剂量。是衡量放射敏感性的参数。照射剂量与生物效应之间存在一定的相依关系，总的规律是剂量愈大，效应愈显著，但并不全呈线性关系。衡量生物效应可以采用不同的方法和判断指标。在实际应用中，LD₅₀ 作为衡量机体放射敏感性的参数，LD₅₀ 数值愈小，机体放射敏感性愈高。一般，在 LD₅₀ 后面还加一个下标，如 LD₅₀/₃₀ 或 LD₅₀/₁₅ 等，分别表示在 30d 和 15 d 内引起被照个体 50%死亡的照射剂量，一般未明确标示时间者多指 30 d。

照射方式 [irradiation mode] 电离辐射线对机体实施照射的方式依据情形的不同可以分为内照射、外照射和混合照射。内照射是非密封放射性物质进入机体，参与机体的代谢，在此过程中发出射线，作用机体的不同部位。内照射的作用主要发生在放射性物质通过途径和沉积部位的组织器官，但其效应可波及全身。内照射的效应以射程短电离强的 α 射线和 β 射线作用为主。外照射是指电离辐射线来自体外，穿过机体，作用于机体的不同部分或全身。外照射的效应以穿透力强的 γ 射线、中子和 X 射线作用为主。若兼有内照射和外照射则称为混合照射，并兼有内照射和外照射的效应。

生物剂量计 [biological dosimeter] 用来估算受照剂量的生物学指标，这一指标反映了生物体受到一定剂量照射后的反应与受照剂量之间存在着某种定量关系，从而可用来推定受照的剂量。简言之，生物剂量计是用生物标志评估生物受照剂量的方法。如外周血淋巴细胞计数、染色体畸变、微核、体细胞基因突变和电子自旋共振 (ESR) 等。国内外已经得到应用或正在研究中的生物剂量计有多种，包括染色体畸变、淋巴细胞微核、早熟凝集染色体和荧光原位杂交等细胞遗传学指标。以及 HPRT 基因突变、GPA 基因突变、TCR 基因突变、HLA-A 基因突变、小卫星 DNA 位点突变和线粒体 DNA 缺失的检测等分子生物学指标。生物剂量计广泛用于辐射生物学效应研究，放射伤员分类、诊断、临床治疗和预后，以及太空辐射安全评价等领域。

单靶单击模型 [single target and si ngle hit model] 假设受电离辐射作用的生物体仅有一个对射线敏感的结构，在此单靶中仅发生一次电离事件，或仅有一个电离粒子穿过的模型。单靶单击模型是靶学说的基础，也是细胞存活曲线数学模型的理论基础。这个模型运用于生物大分子、某些小病毒和某些细菌。

多靶或多击模型 [multi-target or multi-hit model] 根据靶学说的解释，细胞的剂量存活曲线属于多事件曲线，即细胞内必须一个靶区被击中多次，或是多个靶区各被击中一次才能引起效应，前者称为多击单靶模型，后者称为单击多靶模型。多击单靶模型的剂量效应曲线常呈 S 形。

线性平方模型 [linear-quadratics model] 根据二元电离辐射作用理论提出的，即单击或多击效应同时存在，总辐射效应由 αD 和 βD^2 的相对重要性决定的模型。这个模型的方程式为：$S = e^{-(\alpha D + \beta D^2)}$，其模型的曲线不断向外弯曲，故又称连续弯曲曲线模型。模型曲线的初始斜率不等于 0，曲线弯曲的程度是 α 和 β 值的函数。

遗传效应 [genetic effect] 电离辐射所致细胞变异发生在生殖细胞 (精子或卵子)，基因突变的信息会传递给后代的随机性效应。

近期效应 [short term effect] 根据损伤程度和可修

复作用,电离辐射生物效应在受照后较短时间 (数分钟、数小时或数周) 内就显现的效应。当机体受到高剂量高剂量率射线照射后,有足够的能量沉积于细胞内,破坏了细胞的增殖功能或导致细胞死亡,引起受照组织器官的功能障碍或病理改变,在临床上表现为急性放射反应或急性放射损伤。

远后效应 [long term effect]   又称远期效应。个体在短时间内接受一定辐射剂量照射 (X 射线、γ 射线、β 射线或中子的急性照射) 后或长期超量慢性照射累积一定剂量后,经过较长时间 (通常为 6 个月以上,长则若干年,甚至几十年) 才表现出来的损伤,其群体受照后则表现为损伤发生率或死亡率的增加。

远期效应 [long term effect]   即远后效应。

细胞死亡 [cell death]   电离辐射可致细胞死亡,其死亡形式分为多种,依据形态学分类,分为凋亡、坏死、自噬和有丝分裂灾难等;依据功能分类,分为程序性细胞死亡和非程序性细胞死亡。传统的放射生物学将细胞死亡方式分为间期死亡和增殖死亡两种,前者指细胞受照后在有丝分裂的间期死亡,后者指受照的细胞经分裂、增殖而死亡。

亚致死损伤修复 [sublethal damage repair]   细胞内的某些而不是全部靶区被射线击中,即细胞受到亚致死性损伤,但并不死亡,在供给能量和营养的情况下,经过一定时间 (大约 1 h),细胞所受损伤能被修复。如果在亚致死性损伤修复之前再累积损伤,细胞则可能死亡。

潜在致死损伤修复 [potentially lethal damage repair]   在通常情况下,潜在致死性损伤可引起细胞死亡,但通过适宜地控制照射后的环境条件,这种情形就会得到改变。

躯体效应 [somatic effect]   发生在受照射个体本身一代所产生的辐射损伤效应,包括急性放射病和慢性放射病、放射性皮肤病、恶性肿瘤及其他局部放射性疾病等。另外,胚胎或胎儿受电离辐射作用后,出现的发育障碍是躯体效应的特殊类型。从躯体效应出现的时间考虑,又可分为早期效应和远期效应。确定性效应都是躯体效应;而随机性效应可以是躯体效应 (辐射诱发癌),也可以是遗传效应 (损伤发生在后代)。

致癌效应 [radio- carcinogenesis effect]   电离辐射诱导机体发生恶性肿瘤的生物学效应。是电离辐射对人类最重要的健康危害效应,也是唯一得到确认的低剂量电离辐射照射对人类的健康危害,是制定辐射防护剂量限制体系的主要生物学依据。辐射致癌效应属于电离辐射的随机效应,没有剂量阈值,即任何微小剂量的辐射均可能增加癌症的危险。它发生在受照的个体,有相当长的潜伏期,也是电离辐射的远后躯体效应。

遗传效应 [genetic effect]   电离辐射所致细胞变异发生在生殖细胞 (精子或卵子),基因突变的信息会传递给后代,产生的这种随机性效应成为遗传效应。

自由基 [free Radical]   能独立存在的,带有一个或多个不成对电子的原子、分子、离子或原子团。

辐射防护 [radiation protection]   用于保护人类免收或尽量少受电离辐射危害的要求、措施、手段和方法。

生物膜系统的损伤 [damage on biofilm system]   电离辐射通过能量的吸收和传递可导致生物分子的激发和电离,使膜结构的有序性、方向性和协调性等遭到破坏损伤。

蛋白质空间结构的破坏 [destruction of the spatial structure of proteins]   电离辐射引起蛋白质的一级结构变化,继而改变其空间结构中的肽链氢键、侧链氢键、离子键和疏水基间的相互作用。

氧效应 [oxygen effect]   受照射的生物系统或分子的辐射效应随介质中氧浓度的增高而增加。

染色体畸变 [chromosome aberration]   染色体发生数量或结构上的改变。

19.10 细胞生物物理

细胞生物物理 [cell biophysics]   生物物理学的一部分。它运用物理学的方法、手段研究细胞基本生命活动的规律,从不同层次 (显微、亚显微、分子水平) 上研究细胞的超微结构与功能,细胞周期等生命活动过程,细胞的通讯与连接,细胞运动等。当前的一个研究趋势是,从细胞形态结构与功能定位转向细胞重大生命活动及其分子机制的研究。细胞生物物理学的主要研究内容包括:细胞核、染色体、基因表达,生物膜与细胞器,细胞骨架体系,细胞增殖及其调控,细胞分化及其调控,细胞的衰老与凋亡,细胞的起源与进化及细胞工程等。这些研究试图回答一些重大的基本问题:基因组在细胞内是如何在时间和空间上有序表达的;基因表达的产物,如蛋白、核酸、脂质、多糖及其复合物,如何逐级组装成能行使生命活动的基本结构体系及各种细胞器的;基因表达的产物,如活性因子和信号分子,如何调节细胞的增殖、分化、衰老与凋亡等细胞最重要的生命活动过程的。此外,研究细胞信号转导,把信号转导与基因表达调控联系起来研究也是一个重要的课题。

原核生物 [prokaryotes]   由原核细胞构成的生物,大多为单细胞。原核生物包括古细菌和真细菌两大系。原核细胞的主要特征是没有明显可见的细胞核,只有拟核;没有核膜、核仁,也没有膜包裹的其他细胞器。原核生物的 DNA 伴随少许蛋白质和核糖体,以游离的形成存在于细胞质中。原核细胞以二分裂方式繁殖。原核生物虽大多为单细胞,但其群体类似真核生物的组织,具有 "社会" 行为。

真核生物 [eukaryotes]   由真核细胞构成的生物,包括所有动物、植物、真菌和其他具有由膜包裹着的复杂亚细胞结构的生物。真核细胞有明显的细胞核、核膜、核仁和核基质，有膜包裹的细胞器如线粒体等。细胞器有各自不同的分工而又相互协调和协作。真核细胞具有细胞骨架体系，可通过减数分裂进行有性生殖。真核生物在进化上是单源性的，都属于三域系统中的真核生物域（另外两个为同属于原核生物的细菌和古菌域）。但由于真核生物与古菌在一些生化性质和基因相关性上具有一定相似性，有时也将这两者共同归于 Neomura 演化支。

细胞 [cell]　一切生命活动的基本结构和功能单位，一般由质膜、细胞质和核（或拟核）构成。它是除了病毒之外所有具有完整生命力的生物的最小单位（病毒仅由 DNA/RNA 组成，并由蛋白质和脂肪包裹其外）。细胞可分为截然不同的两大类：原核细胞和真核细胞。细胞的主要共性是：(1) 具有选择透性的膜结构；(2) 具有遗传物质和合成蛋白质的核糖体；(3) 能够自我增殖和新陈代谢。

干细胞 [stem cell]　未充分分化、具有自我复制能力的多潜能细胞。在一定条件下，它可以分化成多种功能细胞。干细胞存在于所有多细胞组织中，能经由有丝分裂与分化而分裂成多种特化了的细胞，而且可以利用自我复制来提供更多干细胞。根据干细胞的分化潜能分为三类：全能干细胞、多能干细胞和单能干细胞。全能干细胞可以发育为一个完整的生物体。

细胞质 [cytoplasm]　细胞内除细胞核以外的原生质，主要包括凝胶状的胞质溶胶和其中的细胞器。细胞质的外围包裹着质膜。原核细胞由于缺少细胞核，细胞内所有的物质均位于细胞质内。真核细胞存在细胞核结构，核被膜将细胞核内的物质与细胞质相隔离。细胞质是细胞生命活动的重要场所。

细胞核 [cell nucleus]　细胞内储存大多数遗传物质的场所。绝大多数真核生物的细胞都有细胞核，但动物成熟红细胞和植物成熟筛管细胞等没有细胞核，它们是在发育过程中消失的。细胞核的形态、大小和位置在不同类型细胞中有所不同。通常一个细胞只有一个细胞核，但有些细胞具有多个细胞核。细胞核主要包括由双层膜构成的核被膜、核质、染色质、核仁和核基质等。细胞核是细胞的控制中心，保证遗传物质的完整性，控制基因的有序表达。

质粒 [plasmid]　一种脱离染色体的小 DNA 分子，能够在细胞中自主复制。一般以环状双链结构存在于细菌中，有时也出现在古生菌和真核生物中。质粒的大小从 1kbp 到 1000kbp 不等。单个细胞中同一种质粒的拷贝数也从一个到数千个不等。天然的质粒可以携带有利于细胞存活的基因，而且能够通过水平基因转移，频繁地在细菌之间传递。在分子克隆技术中，人工质粒被广泛地用作载体，使重组 DNA 序列

在宿主细胞内复制。

染色质 [chromatin]　细胞核内能被碱性染料染色的物质，仅在真核细胞中被发现。主要成分是 DNA 和蛋白质，而蛋白质又分为组蛋白和非组蛋白两类。染色质的形态随细胞处于细胞周期不同阶段而改变，一般包含三个等级的形态，即常染色质、异染色质和染色体，它们紧缩盘绕的程度依次增加，前两者是细胞间期时染色质的形态，最后一个是有丝分裂期和减数分裂期的形态。染色质结构使 DNA 紧凑盘绕从而能容纳在细胞核中，并增加了 DNA 链的强度，避免 DNA 损伤，还能够调控基因的表达和 DNA 的复制。

线粒体 [mitochondria]　一种存在于大多数真核生物细胞中的由两层膜包裹的囊状细胞器，直径一般为 0.5~1.0μm，长度一般为 1.5~3μm（但也可长达几十微米）。线粒体外膜含有孔蛋白，通透性非常高，内外膜间有空隙，内膜包裹线粒体的液态基质，并向基质折入形成嵴，增大了内膜表面积。嵴上分布有基粒，即 ATP 合成酶复合体。线粒体含有细胞呼吸所需要的各种酶和电子传递载体，是细胞内氧化磷酸化和 ATP 合成的主要场所。线粒体因此被称为细胞的"动力工厂"。线粒体在细胞中的含量差异很大，一般在代谢活跃的细胞中数量更多。除了为细胞提供能量，线粒体还参与信号转导、分化、衰老、死亡、细胞周期和细胞生长等多种生命活动。线粒体具有一套独立的遗传物质，是半自主性细胞器。

内质网 [endoplasmic reticulum]　由一层膜形成的连通封闭的膜囊系统，具有囊状、泡状和管状的结构。内质网仅存在于真核细胞中，分为糙面内质网和光面内质网。糙面内质网与细胞核外层膜连通，呈扁平囊状，表面附着核糖体，主要负责合成分泌蛋白、多种膜蛋白和酶蛋白，以及这类蛋白的运输。光面内质网呈管状或泡状，表面没有核糖体，是脂类合成的重要场所，也参与糖代谢、解毒、类固醇激素合成、钙离子浓度调节等过程。

高尔基体 [Golgi apparatus]　又称高尔基复合体。一种存在于大多数真核生物细胞中的细胞器，是细胞分泌物最后加工和包装的场所。高尔基体主要呈整齐堆叠排列的扁平膜囊结构，也有的呈半球和球形，由一层膜围绕形成。高尔基体可以分为内侧网络、中间潴泡和外侧网络三个功能区室，依次分别负责鉴别内质网转运过来的蛋白质、对蛋白质的加工、分拣蛋白质以便借助分泌小泡运输到不同地点。

高尔基复合体 [Golgi apparatus]　即高尔基体。

叶绿体 [chloroplast]　植物细胞特有的细胞器，呈球形、椭圆形或卵圆形，有些呈棒状。一般宽为 2~5μm，长为 5~10μm。叶绿体由叶绿体被膜、类囊体和基质组成。叶绿体被膜为双层膜，存在膜间间隙，是脂质合成的主要场所。类囊体是叶绿体内部封闭的扁平小囊，表面分布光合作用色素和电子传递系统，是光合作用光反应的场所。叶绿体内膜和类

囊体之间的腔体为基质，含有多种成分，是光合作用暗反应的场所。叶绿体是半自主细胞器，含有环状 DNA，可以合成部分自身所需的蛋白质，不过其大部分所需蛋白质依旧是由核基因编码生成的。

光合作用 [photosynthesis] 自养生物将光能转换为存于有机物中的化学能，同时释放氧气的过程。大多数植物、藻类和蓝藻细菌可以进行光合作用。光合作用一般分两个阶段进行。第一阶段是光反应，包括光吸收、电子传递和光合磷酸化三个过程，导致水的光解、氧气的释放、ATP 和 NADPH 的生成。第二阶段是暗反应，利用光反应生成的 ATP 和 NADPH 将 CO_2 还原成糖，不需要光。真核生物细胞中，比如绿色植物细胞，光反应发生在叶绿体的类囊体表面，色素分子如叶绿素分子起着关键的作用；而暗反应发生在叶绿体基质中。对于细菌等原核生物，捕获光能的反应发生在质膜上。光合作用提高了大气中氧气含量，并为地球上的所有生命提供了有机化合物和必需的能量。

呼吸作用 [cellular respiration] 又称细胞呼吸。细胞氧化葡萄糖、脂肪酸、氨基酸等有机物获取能量并产生 CO_2 的过程。在葡萄糖代谢过程中，葡萄糖首先在细胞质中通过糖酵解作用生成丙酮酸。若存在氧，丙酮酸进入线粒体基质经过脱羧作用生成乙酰 CoA，产生的乙酰 CoA 参与三羧酸循环彻底氧化，产生 CO_2、NADH、FADH2 和少量 ATP。NADH 和 FADH2 通过线粒体内膜中的电子传递系统进行氧化磷酸化反应，生成大量 ATP 和水。脂肪酸和氨基酸的代谢物通过某种途径最终进入到三羧酸循环，参与呼吸作用。如果氧气不足，细胞通过其他多种途径进行呼吸作用，但产能的效率大为降低。

细胞呼吸 [cellular respiration] 即呼吸作用。

细胞迁移 [cell migration] 细胞位置的移动。一般认为有两种移动方式：一种是依靠细胞的运动器官，如鞭毛和纤毛，存在于简单的原核生物以及精子细胞中。另一种是细胞不断向前伸出伪足，附着在支持面上牵拉后方胞体，如真核细胞最常见的细胞爬行；这对高等脊椎动物的伤口愈合、预防感染、血块凝集有关键的作用，还与癌症转移有重要关系。细胞的迁移与细胞骨架有关，目前有两种假说解释爬行机制：微丝的不断向前装配，推动质膜前进，或者肌球蛋白和肌动蛋白的相互滑动导致胞体移动。细胞迁移的方向受胞内胞外多种信号的调节，比如化学梯度等。

细胞黏附 [cell adhesion] 相邻细胞或细胞与胞外基质以某种相互作用黏合在一起，形成组织或者其他组织分离。细胞黏附需要借助几类细胞黏附分子，它们都是跨膜糖蛋白，比如免疫球蛋白超家族、钙黏着蛋白家族、选择蛋白家族和整联蛋白家族中某些成员。对于相互黏附的两个细胞的表面，可以由同种细胞黏附分子相互作用、互补的细胞黏附分子相互作用、中介分子与细胞黏附分子互补作用来实现黏附。细胞黏附对于胚胎发育、成体维持正常结构和功能有重要作用。

细胞分裂 [cell division] 一个母细胞通过分裂产生子细胞。原核生物的细胞分裂方式简单，采用二分裂的方式。真核生物的细胞分裂较为复杂，主要包括有丝分裂和减数分裂。有丝分裂产生两个含有相同染色体遗传物质的子细胞，对于单细胞生物而言即为繁殖过程，而对于多细胞生物，这是增加细胞数目的方式。减数分裂则产生染色体数目减半的子细胞，并伴随发生遗传变异，是有性生殖中的重要环节。

有丝分裂 [mitotic division] 将分裂间期复制的 DNA 以染色体的形式平均分配到两个子细胞中，使每个子细胞都获得一组与母细胞相同的遗传物质的过程，发生在细胞周期的分裂期。全过程分为核分裂和胞质分裂两个阶段，其中核分裂又可划分为前期、前中期、中期、后期和末期。有丝分裂的最大特征是纺锤体的形成，只有在纺锤体的正确牵引下，每对姐妹染色单体才能正确地移动到母细胞两极，保证质分裂后每个子细胞有相同的遗传物质。另外，原有的细胞器也会在细胞分裂间期分裂增生，并在分裂期进入到每个子细胞中，由此保证子细胞的正常生命活动。

细胞因子 [cytokine] 一类由多种细胞产生并分泌的小蛋白、多肽和糖蛋白，包括干扰素、白细胞介素、肿瘤坏死因子、集落刺激因子、趋化因子和生长因子等。细胞因子通过结合到应答细胞表面相应的受体，产生一个细胞内的级联信号，从而改变细胞的活动和功能。不同的细胞因子可以使细胞产生不同的响应，比如免疫调节、炎症反应和造血等过程。大量细胞因子通过旁分泌、自分泌和内分泌的方式相互影响，形成细胞因子调节网络，系统地影响机体功能。

19.11 系统生物学

系统生物学 [systems biology] 研究生物系统组成成分的构成与相互关系的结构、动态与发生，以系统论和实验、计算方法整合研究为特征的生物学。系统生物学不同于以往仅仅关心个别的基因和蛋白质的分子生物学，系统生物学通过对生物体的所有组分（如基因、蛋白质）、生化反应等进行整合性、全面性地研究，建立生物系统多种组分的动态网络，并可借用数学模型来定量描述及预测细胞或生物体的表型与功能，探究细胞信号传导和基因调控网络、生物系统组分之间相互关系的结构和系统功能的实现。系统生物学开始于对基因和蛋白质的研究，该研究使用高通量技术来测某物种在给定条件干涉下基因组和蛋白质组的变化。系统生物学将生物学由传统定性式的描述性可学，转变成定量的、有理论及处及具有预测性的科学；系统生物学也使我们对生命现象的研究层次由传统仅止于点或线的层次，推向全面性、整合性的层次，使我们对生命现象能有全貌的了解，可见系统生物学对生命科学发展具有革命性的影响。

细胞信号 [cell signaling]　细胞内部、细胞之间、以及细胞与环境之间通讯的载体和方式的统称。这些信号的载体可以是物理信号 (光、温度、压力、电、磁等)，也可以是化学信号 (激素、蛋白质、一氧化氮、氨基酸)。对这些信号的识别不仅限于信号类型，还可能涉及信号的强度等特征，如温度高低、光的颜色、化学信号的浓度等。细胞信号可以在细胞之间、细胞内部各细胞器之间通过自身形式的转换来传递。细胞信号的功能是主管细胞的基本活动，并协调细胞行为，是生命内部的自我生存模式。细胞对周遭微环境进行感知与正确回应的能力是其分化发育、组织修复、免疫以及体内正常动态平衡的基础。癌症、自体免疫疾病与糖尿病等病症均可归咎于细胞在信息处理上的错误。

细胞信号通路 [cell signaling pathway]　细胞信号转导过程中所涉及的时空上的转换步骤。这些转换步骤大多是化学级联反应，也会涉及物理上的转换。细胞外信号主要以两种形式转导进入细胞内部：(1) 直接跨越细胞膜进入细胞，如小的信号分子；(2) 与细胞膜上的受体蛋白质相互作用，诱导其变构从而使其细胞膜内部分催化相关的化学反应，或者使受体蛋白质的孔道开放，改变细胞内部电势差，进而影响膜的选择通透性等。信号进入细胞后，诱导相关的信号分子的浓度逐一发生变化。这些级联反应有可能导致新的蛋白质合成。细胞内部信号也可以从细胞膜输出，如以细胞因子的形式，向周围细胞发送指令、协调细胞群体行为。

细胞信号转导 [cell signal transduction]　细胞信号的载体形式之间的转换。细胞信号的载体形式可以在时空上转变，实现信号的传递。如机械刺激信号转换为电信号，一种化学分子的浓度变化转换为另一种化学分子的浓度变化，细胞质内的信号转导为细胞核内的信号，转录激活子浓度的变化转换为相关基因表达速率的变化等。细胞内存在多种信号转导方式和途径，各种方式和途径间又有多个层次的交叉调控，构成复杂的网络系统。各种细胞信号转导引发细胞内的一系列生物化学反应以及蛋白间相互作用，直至细胞生理反应所需基因开始表达、各种生物学效应形成。阐明细胞信号转导的机理是认识细胞内部世界的基础性课题。

基因 [gene]　DNA 或 RNA 分子上具有遗传信息的特定核苷酸序列，是控制性状的基本遗传单位，即一段具有功能性的 DNA 序列，是遗传的物质基础。基因通过指导蛋白质的合成来表达自己所携带的遗传信息，从而控制生物个体的性状表现。人类约有两万至两万五千个基因。生物体的生、长、病、老、死等一切生命现象都与基因有关。它也是决定人体健康的内在因素。一般来说，生物体中的每个细胞都含有相同的基因，但并不是每个细胞中的每个基因所携带的遗传信息都会被表达出来。不同部位和功能的细胞，能将遗传信息表达出来的基因也不同。基因的表达受顺式作用元件、反式作用因子的共同调控，也受染色质结构状态的调控。

操纵子 [operon]　一段具有特定功能的 DNA 序列，它包含一簇基因，这些基因被相同的调控序列和启动子序列所调控。操纵子内部的基因在表达时，一次性转录为 mRNA。转录出来的 mRNA 可以被翻译为多个蛋白质，也可以被反式剪切成多个短的 mRNA，并进一步翻译成单个蛋白质。这些基因所表达的蛋白质具有相关的功能，分工执行同一生理任务。操纵子的启动子序列是 RNA 聚合酶的结合位点，是转录起始位置。调控序列可以是增强子，也可以是抑制子，或正或负地调控这一簇基因的表达。操纵子常见于原核生物的转录调控，如乳糖操纵子、阿拉伯糖操纵子、组氨酸操纵子、色氨酸操纵子等，但在真核生物中也存在。

基因表达 [gene expression]　蕴含在基因中的信息被转换为有功能的基因产物的过程。对大多数基因而言，其基因产物是蛋白质。对于非蛋白质编码基因，基因产物是功能 RNA，如核糖体 RNA(rRNA)、转运 RNA(tRNA)、小的核内 RNA (small nuclear RNA，snRNA) 等。基因表达是原核生物和真核生物所共有的功能，是生命的基本特征。基因表达涉及转录、RNA 剪切、翻译、后翻译修饰等过程。基因表达赋予了细胞控制其结构和功能的能力，是胚胎发育、细胞分化、细胞异质性、细胞内稳态的基础所在。对于一个细胞，或者一个多细胞组织而言，特定基因何时表达、在哪个细胞表达、表达多少，对于细胞或组织具有重要的影响。因此基因表达本身也是生物进化选择的对象。

转录 [transcription]　遗传信息从 DNA 流向 RNA 的过程。即以双链 DNA 中的一条链为模板，以 ATP、CTP、GTP、UTP 四种核糖核苷酸为原料，在 RNA 聚合酶催化下合成 RNA 的过程。RNA 聚合酶正确识别 DNA 上的启动子并形成转录预起始复合物，转录即自此开始。第一个核糖核苷酸与第二个核糖核苷酸缩合生成 3'-5' 磷酸二酯键后，转录进入延伸阶段。随着转录不断延伸，DNA 双链依次被打开，并接受新来的碱基配对，合成新的磷酸二酯键后，RNA 聚合酶向前移去，已使用过的模板重新关闭，恢复原来的双链结构。合成的 RNA 链对 DNA 模板具有高度的忠实性。RNA 合成的速度，原核为 25 ～ 50 个核苷酸/秒，真核为 45 ～ 100 个核苷酸/秒。转录的终止包括停止延伸、释放 RNA 聚合酶和合成的 RNA。在原核生物基因或操纵子的末端通常有一段终止序列即终止子，RNA 合成就在这里终止。原核细胞转录终止需要一种终止因子 ρ 的帮助。真核生物 DNA 上也有转录终止的信号，转录单元的 3' 端均含富有 AT 序列，在相隔 0 ～ 30bp 之后又出现 TTTT 序列 (通常是 3 ～ 5 个 T)。

核小体 [nucleosome]　染色质的基本结构单位，由 DNA 和组蛋白 (histone) 构成。由 4 种组蛋白 H2A、H2B、H3 和 H4，每一种各二个分子，形成一个组蛋白八聚体，约 200 bp 的 DNA 分子盘绕在组蛋白八聚体构成的核心结构外面，形成了一个核小体。这时染色质的压缩包装比 (packing ratio) 为 6 左右，即 DNA 由伸展状态压缩了近 6 倍。200bp 的 DNA 为平均长度；不同组织、不同类型的细胞，以及同一细胞里染色体的不同区段中，盘绕在组蛋白八聚体核心外面的 DNA 长度是不同的，一般在 180bp 到 200bp 之间变化。在这 200bp 中，146 bp 是直接盘绕在组蛋白八聚体核心外面，这些 DNA 不易被核酸酶消化，其余的 DNA 是用于连接下一个核小体。连接相邻 2 个核小体的 DNA 分子上结合了另一种组蛋白 H1。

RNA 聚合酶 II [RNA polymerase II]　真核生物中以 DNA 为模板，转录 mRNA 前体以及大多数 snRNA 和 microRNA 的 RNA 聚合酶。RNA 聚合酶 II 由 12 个亚基构成，质量为 550kDa。RNA 聚合酶 II 本身不能准确识别启动子和启动转录，需要一系列通用转录因子的辅助。这些通用转录因子、RNA 聚合酶 II 以及相关的调控蛋白质如媒介子一起构成 RNA 聚合酶 II 全酶。RNA 聚合酶 II 的 C 端结构域包含 52 段重复序列 (Tyr-Ser-Pro-Thr-Ser-Pro-Ser)。C 端结构域以不同的形式被化学修饰，传递不同的信号。这些信号与转录起始、RNA 加帽、RNA 剪接等过程有关。在真核生物的细胞核内，发现了 RNA 聚合酶 II 全酶的聚集现象。这些成团集中在一起的全酶被称作转录工厂 (transcription factory)，其功能和意义有待进一步研究。

转录脚手架 [transcriptional scaffold complex]　真核生物的通用转录因子 TFIIA、TFIIB、TFIID 等与启动子结合，形成较为稳定的复合物，被称为转录脚手架。其功能是辅助 RNA 聚合酶 II 准确定位到启动子上，并帮助聚合酶 II 起始转录。在 RNA 聚合酶 II 进入延伸态以后，转录脚手架并不一定从 DNA 上脱离；脚手架可以支撑多轮转录起始，有效提高转录水平。

基因表达调控 [gene expression regulation]　从 DNA 到蛋白质的过程叫基因表达 (gene expression)，对这个过程的调节即为基因表达调控。在内、外环境因子作用下，基因表达在多个层次上受多种因子调控。基因表达调控的异常是造成疾患的重要原因。基因表达调控的时间和空间安排决定了生物体的形态结构及功能。基因表达调控主要发生在三个层次上：(1) 转录水平上的调控；(2)mRNA 加工、成熟水平上的调控；(3) 翻译水平上的调控。原核生物中，营养状况、环境因素对基因表达起着十分重要的作用，表达调控方式较为简单；真核生物尤其是高等真核生物中，激素水平、发育阶段等是基因表达调控的主要手段，而营养和环境因素的影响

则为次要因素。真核生物基因表达调控存在着复杂的非线性行为，是系统生物学研究的主要对象。

转录调控 [transcriptional regulation]　真核基因表达调控的首要环节。转录调控的方式有三种类型：一是调控蛋白质直接与 DNA 作用，如转录激活子和增强子的相互作用。二是影响调控蛋白质与 DNA 的相互作用强度，如修饰结合在 DNA 上的蛋白质的化学状态 (如磷酸化)，或直接与靶蛋白结合，改变靶蛋白与 DNA 的结合强度。三是外源性修饰，改变 DNA 和核小体尾巴的化学修饰状态 (如甲基化或乙酰化) 来影响转录。根据真核基因表达是否受环境影响，可分为发育调控和瞬时调控。发育调控是指真核生物为确保自身生长、发育、分化等对基因表达按"预定"和"有序"的程序进行的调控；瞬时调控是指真核生物在内、外环境的刺激下所做出的适应性转录调控。

转录激活子 [transcriptional activator]　又称基因特异性转录因子。能与特定的 DNA 序列结合，通过招募转录机器的组分、控制转录机器运转的方式促进基因表达。在原核生物中，转录激活子与其在 DNA 上的结合位点 (增强子) 结合，主要通过招募转录机器的方式上调转录水平。也有部分原核生物的转录激活子通过 DNA 环化与转录机器作用，上调转录水平。在真核生物中，转录激活子通常有 DNA 结合结构域和转录激活结构域。在与 DNA 结合后，可以招募染色质修饰异构酶，为转录机器的安装创造合适的 DNA 环境。在转录机器安装完毕以后，转录激活子可以进一步控制转录机器的运转，实现转录调控。

基因特异性转录因子 [transcriptional activator]　即转录激活子。

转录抑制子 [transcriptional repressor]　通过与 DNA 结合来抑制相关基因转录的蛋白质。有些结合在 DNA 上的抑制子可以直接阻遏 RNA 聚合酶与 DNA 的相互作用，从而抑制 mRNA 的转录生成。有的抑制子抢占转录激活子的结合位点，从而妨碍其转录激活功能。也有些抑制子与沉默子相互作用，阻碍 DNA 环化，使得结合在增强子上的转录激活子难以与启动子上的转录机器发生相互作用。如果需要上调转录水平，这些抑制子需要从 DNA 剥离。剥离的方式主要有两种：(1) 对抑制子进行化学修饰，使其结合能力变弱；(2) 通过基因表达调控，使得抑制子的浓度大幅下降。

顺式作用元件 [cis-acting element]　与结构基因串联的特定 DNA 序列，是转录因子的结合位点，它们通过与转录因子结合而调控基因转录的精确起始和转录效率。顺式作用元件包括启动子、增强子和沉默子三种类型。顺式作用元件本身通常不编码蛋白质，仅提供一个作用位点，要与反式作用因子相互作用才起作用。

启动子是指转录起始点周围的一组转录控制组件，每个

启动子包括至少一个转录起始点以及一个以上的功能组件。启动子的功能是结合通用转录因子，定位 RNA 聚合酶。增强子通过与特定转录激活子的相互作用决定特定基因的表达。增强子可以远离它所调控的启动子，甚至可以在不同的 DNA 链上。增强子也可以出现在被调控的基因内部。沉默子也称抑制子，起到阻遏转录的作用。

反式作用因子 [cis-acting element]　可以和顺式作用元件结合的分子。真核生物的转录调控是调控最重要的途经，大多是通过顺式作用元件和反式作用因子复杂的相互作用而实现的。与转录调控相关的反式作用因子通常可分为四大类：RNA 聚合酶 II；与 RNA 聚合酶 II 相联系的通用转录因子，它们结合在靶基因的启动子上，形成前转录起始复合物 (pre-initiation complex)，启动基因的转录；转录激活子和转录抑制子，是与靶基因增强子 (或沉默子) 特异结合的转录因子，具有细胞及基因特异性，可以增强或抑制靶基因的转录。

媒介子 [mediator complex]　又称中介体复合物。由约 30 个在进化上高度保守的蛋白质组成，是介于转录激活子和基本转录机器之间的信息传递物。媒介子是真核生物所特有的转录辅助因子，它在转录调控过程中的重要性不亚于 RNA 聚合酶 II 本身。来自信号转导通路的信号控制转录激活子；转录激活子再与媒介子作用，媒介子接收激活子的控制信号并调控转录水平。此外，媒介子还可以与各种辅因子相互作用，整合接收到的各种信息，并输出为下游基因的激活或沉默，进而控制细胞的增殖、分化等各种生理功能。媒介子的头部模块和中部模块与基本转录机器相互作用，尾部与转录激活子相互作用。媒介子的组分蛋白质 CDK8 与媒介子的结合会使转录水平下降。

中介体复合物 [mediator complex]　即媒介子。

通用转录因子 [general transcription factors]　又称基本转录因子。真核生物中包括 TFIIA、TFIIB、TFIID、TFIIE、TFIIF 和 TFIIH 等六种蛋白质或蛋白质复合物，原核生物中只有 sigma 因子。真核生物的 RNA 聚合酶 II 不能自行准确定位到转录起始位点，通用转录因子的功能是辅助 RNA 聚合酶 II 定位、熔解 DNA 双链并起始转录。通用转录因子、RNA 聚合酶 II 和媒介子复合物三者组成基本的转录装置。原核生物的 sigma 因子与 RNA 聚合酶构成全酶，识别启动子序列并起始转录。通用转录因子也可以在一定程度上调控转录水平。

基本转录因子 [basal transcription factors]　即通用转录因子。

DNA 聚合酶 [DNA polymerase]　大型的分子机器，以 DNA 的一条链为模板，根据序列互补配对原则，把游离的脱氧核糖核苷酸合成新的 DNA 链。DNA 聚合酶有多种亚型，分别执行不同的 DNA 合成任务，如 DNA 修复、逆转录等。DNA 聚合酶具有极高的保守性，其催化亚基在各个物种之间的差异极小。DNA 聚合酶以去氧核苷酸三磷酸 (dATP、dCTP、dGTP、或 dTTP，四者统称 dNTPs) 为底物，沿模板的 $3' \rightarrow 5'$ 方向，将对应的去氧核苷酸连接到新生 DNA 链的 $3'$ 端，使新生链沿 $5' \rightarrow 3'$ 方向延长。新链与原有的模板链序列互补，也与模板链的原配对链序列一致。DNA 聚合酶结构形似右手掌，分 "拇指"、"四指" 和 "手掌" 三个结构域。"手掌" 结构域是催化合成 DNA 链的活性中心，催化机制被认为是与两个金属离子有关。"四指" 结构域将三磷酸腺苷定位到模板 DNA 上。"大拇指" 结构域负责 DNA 合成过程中的移位和聚合酶沿模板 DNA 的移动。

信使 RNA [mRNA]　由 DNA 经 hnRNA 剪接而成，携带遗传信息的能指导蛋白合成的一类单链核糖核酸。携带遗传信息，在蛋白质合成时充当模板的 RNA。它是从脱氧核糖核酸 (DNA) 转录合成的带有遗传信息的一类单链核糖核酸 (RNA)。它在核糖体上作为蛋白质合成的模板，决定肽链的氨基酸排列顺序。mRNA 存在于原核生物和真核生物的细胞质及真核细胞的某些细胞器 (如线粒体和叶绿体) 中。

转运 RNA [tRNA]　具有携带并转运氨基酸功能的一类非编码 RNA。该 RNA 分子由一条长 70~90 个核苷酸并折叠成三叶草形的短链组成的。tRNA 的功能主要是携带氨基酸进入核糖体，在 mRNA 指导下合成蛋白质。一种 tRNA 只能携带一种氨基酸，但一种氨基酸可被不止一种 tRNA 携带。组成蛋白质的氨基酸有 20 种，而 tRNA 可以有六七十种或更多。生物体发生突变后，校正机制之一是通过校正基因合成一类校正 tRNA，以维持翻译作用译码的相对正确性。

微 RNA [miRNA]　真核生物中广泛存在的一类内生的、长度约 20-24 个核苷酸的非编码 RNA，其在细胞内具有多种重要的调节作用。miRNA 来自一些从 DNA 转录而来，首先生成初级转录本 (pri-miRNA)，进而转变成为称为 pre-miRNA 的茎环结构，最后成为具有功能的 miRNA。成熟的 miRNA 通过与靶信使核糖核酸 (mRNA) 特异结合，从而抑制转录后基因表达，在调控基因表达、细胞周期、生物体发育时序等方面起重要作用。

RNA 编辑 [RNA editing]　在 mRNA 水平上改变遗传信息的过程。具体说来，指基因转录产生的 mRNA 分子中，由于核苷酸的缺失，插入或置换，基因转录物的序列不与基因编码序列互补，使翻译生成的蛋白质的氨基酸组成，不同于基因序列中的编码信息现象。RNA 编辑同基因的选择剪接或可变剪接 (alternative splicing) 一样，使得一个基因序列有可能产生几种不同的蛋白质，这可能是生物在长期进化过程中形成的、更经济有效地扩展原有遗传信息的机制。

三磷酸腺苷 [ATP]　一种核苷酸，也称作腺苷三磷酸、腺嘌呤核苷三磷酸。ATP 可通过多种细胞途径产生，在动物线粒体中通过氧化磷酸化由 ATP 合成酶合成，而在植物的叶绿体中则通过光合作用合成。它是体内组织细胞一切生命活动所需能量的直接来源，被誉为细胞内能量的"分子货币"，储存和传递化学能，蛋白质、脂肪、糖和核苷酸的合成都需它参与，可促使机体各种细胞的修复和再生，增强细胞代谢活性，对治疗各种疾病均有较强的针对性。

翻译 [translation]　根据遗传密码的中心法则，将成熟的信使 RNA 分子中"碱基的排列顺序"(核苷酸序列) 解码，并生成对应的特定氨基酸序列的过程。翻译的过程大致可分作三个阶段：起始、延长、终止。翻译主要在细胞质内的核糖体中进行，氨基酸分子在氨基酰 -tRNA 合成酶的催化作用下与特定的转运 RNA 结合并被带到核糖体上。生成的多肽链 (即氨基酸链) 需要通过正确折叠形成蛋白质，许多蛋白质在翻译结束后还需要在内质网上进行翻译后修饰才能具有真正的生物学活性。

系统生物学置标语言 [systems biology markup language]　机器可读的、基于 XML 的置标语言，用于描述生化反应等网络的计算模型。它可以描述代谢网络、细胞信号通路、调节网络、以及在系统生物学研究范畴中的其他系统。SBML 并非是为了描述定量模型而定义的通用语言。它的目的是设计成一种"混合通用语言"，也就是说作为现有软件工具间交换计算模型的基本数据的交换格式。SBML 能够描述任意复杂度的模型。模型中的每种组件用特定的能够良好组织该组件相关信息的数据结构来描述。

Gillespie 算法 [Gillespie algorithm]　可用于产生随机方程概率以意义上准确解的随机模拟算法。Dan Gillespie 于 1977 年将该算法模拟生化反应，在有限的计算资源下可以高效而准确地得到结果。传统的 Langevin 动力学方法仅适用于模拟分子数目很多时的化学反应。当生物细胞内涉及反应物分子数目特别少 (不超过 10) 时，该算法便显得尤为必需，它可用于对系统进行离散的随机模拟。目前，该算法已被广泛应用于计算系统生物学研究中。

正反馈 [positive feedback]　系统的输出影响到输入，使得输出变动后会影响到输入，造成输出变动持续加大的情形。数学上，正反馈的回路增益为正，因而可以放大输入信号，导致系统失稳。在特定条件下，正反馈可导致系统出现双稳态，呈现迟滞性。在生物系统中，正反馈大量参与了细胞分化、发育、癌症发生等生理过程。此外，正反馈可通过放大细胞之间的差异性，导致多种表现型的出现。正反馈也被普遍应用于细胞信号转到过程。

负反馈 [negative feedback]　系统的输出会影响系统的输入，在输出变动时，所造成的影响恰和原来变动的趋势相反。在特定的条件下，负反馈会使系统趋于稳定，负反馈的研究是控制理论的核心问题。在生物系统中，负反馈可抑制系统抑制输入中的随机涨落对输出的影响，维持系统稳定向。在某些条件下，负反馈可导致生物系统呈现周期性振荡。例如，负反馈在细胞周期、生物钟、钙信号发放等节律性过程起着关键性的调控作用。

前馈 [feedforward]　部分信号从双端口网络输入端向输出端传送，或从传输通道上的一点沿着该通道向随后的点传送。在生理系统中，前馈控制系统的监测装置在检测到干扰信息后发出前馈信息，作用于控制系统，调整控制信息以对抗干扰信息对受控系统的作用，从而使输出变量保持稳定。因此，前馈控制系统所起的作用是预先监测干扰，防止干扰的扰乱；或是超前洞察动因，及时做出适应性反应。前馈结构也在基因调控网络和细胞信号网络中大量存在，可呈现丰富的动力学特性。

振荡 [oscillation]　系统围绕平衡态周期性变化的动力学现象。常见的振荡可在单摆运动和交流电中被观察到。振荡现象广泛存在于物理、化学和生物系统中。在生物细胞中，蛋白浓度可在多种系统中呈现振荡。例如，生物钟系统便是周期为 24 小时的振荡系统。细胞周期过程中，一系列蛋白浓度随着细胞周期进程呈现周期振荡。一般认为，生物振荡起源于细胞内含有时间迟滞的负反馈。

双稳 [bistability]　系统具有两个稳态的动力学现象。双稳系统可能处于两个稳态中的任何一个。双稳对于理解细胞生理活动中的一些基本现象至关重要，如细胞分裂、分化和凋亡等过程中的命运抉择便是通过双稳机制来实现的。此外，癌症早期细胞自动调节的丧失及疯牛病的发生也涉及到双稳。具有超敏调控步骤的正反馈回路可导致双稳产生。双稳态系统在动力学上呈现迟滞性。在群体层次，双稳可导致系统在表现型上呈现双峰分布。

细胞分裂 [cell division]　活细胞繁殖其种类的过程，是一个细胞分裂为两个细胞的过程。分裂前的细胞称母细胞，分裂后形成的新细胞称子细胞。通常包括细胞核分裂和细胞质分裂两步。在核分裂过程中母细胞把遗传物质传给子细胞。原核细胞的分裂方式简单，其分裂方式为一分二或二分裂。真核细胞根据细胞在分裂过程中所表现的形式可分为三种类型，无丝分裂，有丝分裂和减数分裂。有丝分裂是真核细胞分裂的基本形式，减数分裂是在进行有性生殖的生物中导致生殖母细胞中染色体数目减半的分裂过程。

细胞周期 [cell cycle]　细胞分裂产生的新细胞的生长开始到下一次细胞分裂形成子细胞结束为止所经历的过程。在这一过程中，细胞的遗传物质复制并均等地分配给两个子细胞。一个细胞周期可分为间期与分裂期两个阶段。间期又分为三期、即 DNA 合成前期 (G1 期)、DNA 合成期 (S 期) 与 DNA 合成后期 (G2 期)。细胞的有丝分裂 (mitosis) 需经前、中、后，末期，是一个连续变化过程，由一个母细胞分裂成为两个子细胞。一般需 1～2 小时。在体内根据细胞的分裂能力可把它们分为三类：周期性细胞 (保持分裂能力，如造血干细胞)、终端分化细胞 (丧失分裂能力，如神经细胞)、暂不增殖细胞群 (G0 期细胞，如肝细胞)。

细胞周期阻断 [cell cycle arrest]　真核细胞细胞周期的进展需要大量的细胞内外信号的配合，如果缺少适当的信号，细胞将不能从一个阶段转向下一个阶段，这种现象称为细胞周期阻断。细胞周期阻断是抑制肿瘤发生的重要途径之一。某些应激信号，如 DNA 损伤，可引起细胞周期阻断，避免损伤传播到子代细胞，并为损伤修复提供时间。

细胞凋亡 [apoptosis]　为维持内环境稳定，由基因控制的细胞自主的有序的死亡。细胞凋亡与细胞坏死不同，细胞凋亡不是一件被动的过程，而是主动过程，它涉及一系列基因的激活、表达以及调控等的作用，它并不是病理条件下，自体损伤的一种现象，而是为更好地适应生存环境而主动争取的一种死亡过程。

细胞衰老 [cell senescence]　随着时间的推移，细胞增殖能力和生理功能逐渐下降的变化过程。细胞在形态上发生明显变化，细胞皱缩，质膜透性和脆性提高，线粒体数量减少，染色质固缩、断裂等。细胞衰老是机体在退化时期生理功能下降和紊乱的综合表现，是不可逆的生命过程。

DNA 损伤 [DNA damage]　DNA 分子发生的断裂、交联、加合或交换等结构变化。DNA 复制中的错误可导致自发性的 DNA 损伤。某些来自细胞外部的物理因素如紫外线、电离辐射等也可 DNA 损伤。DNA 损失如果不能及时被修复，便会导致基因突变在细胞内累计，最终导致癌症发生。

DNA 修复 [DNA repair]　细胞对 DNA 受损伤后的一种反应。这种反应可能使 DNA 结构恢复原样，重新能执行它原来的功能；但有时并非能完全消除 DNA 的损伤，只是使细胞能够耐受这 DNA 的损伤而能继续生存。对不同的 DNA 损伤，细胞可以有不同的修复反应。在哺乳动物细胞中发现了四个较为完善的 DNA 修复通路，分别是核苷酸切除修复、碱基切除修复、重组修复和错配修复。

蛋白激酶 [protein kinase]　一类催化蛋白质磷酸化反应的酶。它能把腺苷三磷酸 (ATP) 上的 γ- 磷酸转移到蛋白质分子的氨基酸残基上。蛋白激酶在细胞内的分布遍及细胞核、线粒体和细胞质。一般分为 3 大类。①底物专一的蛋白激酶：如磷酸化酶激酶，丙酮酸脱氢酶激酶等。②依赖于环核苷酸的蛋白激酶：如环腺苷酸 (cAMP) 蛋白激酶，环鸟苷酸 (cGMP) 蛋白激酶。③其他蛋白激酶：如组蛋白激酶等。

转录机器 [transcription machinery]　具有 RNA 聚合酶活性并能将模板基因序列转录为互补 RNA 链的连续动态转换的转录复合体。

转录装置 [transcription apparatus]　通用转录因子和 RNA 聚合酶相互作用而形成的复合体。专一地识别被转录基因的启动子，决定着基因转录的起始位置并启动基因转录和 RNA 合成。

转录动力学 [transcription dynamics]　研究转录过程中生化事件的时序变化特性的研究分支。转录动力学主要研究转录过程是如何进行的，探讨转录的起始、延伸和终止是如何被动态调控的。

蛋白质多聚化 [protein multimerization]　多个相同或不同的个蛋白质单体通过共价键重复连接形成多聚体的过程。

希尔方程 [Hill equation]　由英国生理学家阿奇博尔德·希尔在 1910 年首先提出，它是一个可用于测定内在缔合常数及一定类型蛋白质每分子结合部位数目的方程。此方程描述了高分子与配体结合达到饱和的分数是一个关于配体浓度的函数；被用于确定受体结合到酶或受体上的协同程度。

米氏方程 [Michaelis-Menten equation]　由德国化学家 Leonor Michaelis 和 Maud Menten 在 1913 年提出，它是一个在酶学中极为重要的可以描述多种非变异构酶动力学现象的方程。此方程是表示酶促动力学基本原理的数学表达式，表明了底物浓度与酶促反应速度间的定量关系。

癌细胞 [cancer cell]　生长失去控制，具有恶性增殖和扩散、转移能力的细胞。癌细胞是由正常细胞经过基因突变而形成的。它是产生癌症的病源，癌细胞与正常细胞不同，有无限生长、转化和转移三大特点，也因此难以消灭。

分裂间期 [interphase]　从细胞分裂结束之后到下次分裂之前的阶段，在这个期间细胞完成染色体中 DNA 的复制和相关蛋白质的合成，染色质呈现出长的细丝状。根据现代细胞生物学的研究，细胞分裂的间期分为三个阶段：G1 期、S 期和 G2 期。其中 G1 和 G2 期主要是合成有关蛋白质和 RNA，S 期则完成 DNA 的复制。

分裂期 [mitotic phase]　有丝分裂的一个阶段，即 M 期。此间染色质成为染色体，发生各种变化，并最终分裂为两个子细胞。可分为前期，中期，后期和末期。线粒体 (mitochondria)：真核细胞中由双层高度特化的单位膜围成的细胞器。主要功能是通过氧化磷酸化作用合成 ATP，为细胞各种生理活动提供能量。此外，线粒体还参与诸如细胞分化、细胞信息传递和细胞凋亡等过程，并拥有调控细胞生长和细胞周期的能力。

端粒 [telomere]　线状染色体末端的 DNA 重复序列，是真核染色体两臂末端由特定的 DNA 重复序列构成的结构，使正常染色体端部间不发生融合，保证每条染色体的完整性。端粒在决定动植物细胞的寿命中起着重要作用。细胞每分裂一次，染色体顶端的端粒就缩短一次，当端粒不能再缩短时，细胞就无法继续分裂了，进而衰老或死亡。

磷酸化 [phosphorylation]　　在蛋白质或其他类型分子上，加入一个磷酸 (PO_4) 基团的过程。蛋白质磷酸化可发生在许多种类的氨基酸 (蛋白质的主要单位) 上，以丝氨酸为多，其次是苏氨酸。而酪氨酸则相对较少磷酸化的发生，不过经过磷酸化之后的酪氨酸较容易利用抗体来纯化，因此酪氨酸的磷酸化作用位置也广为了解。

泛素化 [ubquitination]　　泛素分子在一系列特殊的酶作用下，将细胞内的蛋白质分类，从中选出靶蛋白分子，并对靶蛋白分子进行特异性修饰的过程。这些特殊的酶包括泛素激活酶、结合酶、连结酶和降解酶等。泛素化在蛋白质的定位、代谢、功能、调节和降解中都起着十分重要的作用。

甲基化 [methylation]　　从活性甲基化合物 (如 S-腺苷基甲硫氨酸) 上将甲基催化转移到其他化合物的过程。甲基化是蛋白质和核酸的一种重要的修饰，调节基因的表达和关闭，与癌症、衰老、老年痴呆等许多疾病密切相关，是表观遗传学的重要研究内容之一。最常见的甲基化有 DNA 甲基化和组蛋白甲基化。

19.12　生物分子机器

生物分子机器 [biological molecular machines]　　又称分子马达 (molecular motors)。是生命运动的基本单元，指生物体系内在单分子尺度上直接将化学能转化成力学能的蛋白酶。生物分子机器借助热涨落环境直接将化学能转换成力学能，能量转换效率很高。生物分子机器至少有一个结合位点和一个催化位点，前者用于结合支撑蛋白，后者用于催化 ATP 水解、或跨膜离子流动。化学反应释出的化学能改变马达蛋白自身的构象，从而导致其质心发生纳米尺度的位移。生物分子机器从运动方式可分为线动马达和转动马达，线动马达又可分为持续马达和非持续马达。

分子马达 [molecular motors]　　即生物分子机器。

布朗马达 [Brownian motor]　　工作在热涨落环境中的分子马达。为了解释过阻尼环境中分子马达的定向运动机制，研究人员将分子马达设计成布朗粒子，利用扩散理论描述布朗粒子在一个非对称的棘轮势场中的运动。发生在布朗粒子内部的化学反应打破了系统的细致平衡，从而导致布朗粒子产生定向运动。

肌球蛋白 [myosin]　　是线动分子马达。两条重链的大部分相互缠绕成为杆状身躯，剩余部分与轻链一起构成具有 ATP 结合位点和微丝结合位点的两个头部。其中 myosin II 是肌原纤维粗丝的组成单元，但只有一个头部具有活性，是典型的非持续线动马达，依靠集体的力量在肌肉收缩中起主导作用；而 myosin V 的两头都有活性，是典型的持续线动马达

之一，它沿微丝步行，步长达 36 nm。

驱动蛋白 [kinesin]　　消耗 ATP 驱动，自身沿微管定向步行的典型的持续线动分子马达，步长 8 nm。绝大部分驱动马达向微管正端运动。在结构上，两条重链的中间部分相互缠绕成为杆状身躯；其中一端两条重链的剩余部分各自结构成具有 ATP 结合位点和微管结合位点的两个头部，另一端两条重链的剩余部分与轻链一起构成结合输运体的扇形尾部。驱动蛋白主要负责细胞内物质的定向输运。

动力蛋白 [dynein]　　是消耗 ATP 驱动，自身沿微管向负端持续运动的蛋白质复合体。动力蛋白分为两类，轴丝动力蛋白和细胞质动力蛋白。前者通过驱动轴丝微管间的相对滑动产生纤毛和鞭毛的宏观拍打行为；而后者负责胞内的物质输运、中心体装配和高尔基复合体及其他细胞器的定位，也参与细胞的有丝分裂。

肌动蛋白 [actin]　　是球状多功能蛋白，以单体 (G-actin) 或多聚体 (F-actin) 两种形式存在。球状单体拥有 ATP 催化位点，结合 ADP 或 ATP 的肌球蛋白才有活性；多聚体则形成螺旋状微丝。在真核细胞的细胞质中，肌动蛋白是最丰富的蛋白之一。在肌纤维中，肌动蛋白质量比达 20%；在其他细胞中质量比也达 1% ～ 5%。

微管 [microtubule]　　外径为 25 nm 内径约 12 nm 的中空圆柱体，长度可达 25 μm，是细胞骨架之一。结构相似的 α 和 β 微管蛋白交替相接形成细长的原纤维，13 条相同的原纤维纵向错位排列组成微管的壁。微管具有极性，α 微管蛋白暴露的一端被命名为负端，而 β 微管蛋白暴露的一端被命名为正端，微管的延伸只发生在正端。微管在细胞内呈网状和束状分布，通常担当分子马达的轨道；自身的聚合和解聚也能推动细胞的移动；还能与其他蛋白共同组装成二联管、三联管、纺锤体、基粒、轴突、神经管等结构。

微丝 [microfilaments]　　又称肌动蛋白丝一种由肌动蛋白分子螺旋状聚合成的纤丝，直径为 7 nm，螺距为 37 nm，是最细的细胞骨架。微丝具有极性，ATP 结合位点暴露的一端被命名为负端 (钩端)，反之，ATP 结合位点被相邻蛋白遮住的另一端则被命名为正端 (尖端)。当钩端的聚合速率与尖端的解聚速率相同时呈现 "踏车" 现象。微丝是肌球蛋白运动的轨道，自身的聚合和解聚也能推动细胞的移动。

肌动蛋白丝 [microfilaments]　　即微丝。

三磷酸腺苷合成酶 [ATP synthase]　　又称ATP 合酶，广泛分布于线粒体内膜、叶绿体类囊体、异养菌和光合菌的质膜上。由突出于膜外的 F_1 亲水头部和嵌入膜内的 Fo 疏水尾部组成。F_1 和 Fo 都是可逆的转动马达，3α 和 3β 相间环成 F_1 定子，γ 是其转子；在 Fo 方面，10 ～ 15 个离子通道环成 Fo 的转子，与膜结合的 ab_2 是其定子，两者的定子和转子分别通过 δ 和 ε 耦合在一起。在跨膜势的作用下，Fo 马

达产生转动，从而推动 F₁ 马达没转一周合成 3 个 ATP；反之，如果 ATP 浓度够高，F₁ 马达会水解 3 个 ATP 反转一周，推动 Fo 跨膜泵送 10 ~ 15 个离子。

ATP 合酶 [ATP synthase]   即三磷酸腺苷合成酶。

细菌鞭毛马达 [bacterial flagellar motor]   是旋转分子马达，大约由 40 种不同的蛋白质组成，它在细菌鞭毛的结构与功能中起着中心作用。马达的驱动力来自于跨膜的 H⁺ 或 Na⁺ 流。马达转速可以超过每秒 100 转，转动方向由某种趋利避害机制而不是跨膜离子流向调控。某种转向下，多根鞭毛成束，驱动细菌实现趋利避害的目标。另一转向下，多根鞭毛散开，细菌便在原地打滚。

病毒 DNA 包装马达蛋白 [viral DNA packaging motors]   是转动马达。自身拥有与 "丝杆状"dsDNA 相匹配的螺纹结构，马达的转动将推动 "丝杆" 的线动。某些 DNA 病毒首先组装病毒衣壳，再由包装马达消耗 ATP 将回转半径远远大于衣壳内径的 DNA 链注入。包装入壳的 DNA 具有很高的熵弹性，压力高达 60 个大气压。为此，包装马达拥有 60 pN 的推力，速率达 700 bp/s。与 RNA 包装马达不同，DNA 包装马达只是瞬时与衣壳结合，一旦 DNA 被完全注入，包装马达便与病毒衣壳脱离。

DNA 聚合酶 [DNA polymerase]   是持续线动马达，沿模板链从 3' 端向 5' 端运动，同时半保留地将单链 DNA 复制成双链 DNA。结构类似于我们的右手，手指负责选择与模板链配对的核苷；拇指则保持马达的持续性，包括 DNA 的迁移和定位；而手掌则是整个合成区域。DNA 聚合酶在细胞内还参与了 DNA 修复、基因重组和反转录等。DNA 聚合酶在 PCR、DNA 测序和分子克隆等分子生物学实验中也担当主角。

RNA 聚合酶 [RNA polymerase]   是一个持续线动马达，负责将 DNA 上的基因序列转录成 RNA 序列。整个转录过程分为启动、延伸和终止三个阶段。与 DNA 聚合酶不同，RNA 聚合酶自身具有解旋功能，所以转录过程无需解旋酶的协助。在结构上也表现出多样性。根据其功能，转录产物可分为：mRNA、Non-coding RNA、tRNA、rRNA、Micro RNA 和 Catalytic RNA 等。

解旋酶 [helicase]   是一个持续线动马达，消耗 ATP 将双链 DNA、RNA 或 DNA-RNA 杂交链分离成单链。根据共有序列和模体，解旋酶可以分为 6 类，其中 SF1 和 SF2 没有环状结构，而 SF3-SF6 拥有环状结构；根据工作方式，解旋酶可以分成 α 和 β 两类，前者解旋单链的发夹结构，而后者工作在双链上；根据其移动的方向，解旋酶又可分为 A 和 B 两类，A 的移动方向是 3' 到 5'，而 B 的移动方向是 5' 到 3'。

拓扑异构酶 [topoisomerases]   通过切断磷酸二酯键来调整 DNA 拓扑结构的酶。可分为两类，拓扑异构酶 I 只催化单链的瞬时断裂和连接，不需要外界能量；拓扑异构酶 II 同时断裂和连接双链，需要消耗 ATP。后者又可以分为两个亚类，其一是引入负超螺旋结构的 DNA 旋转酶；其二是热力学上有利的释放超螺旋结构但仍然需要消耗 ATP 的恢复酶。

合成分子马达 [synthetic molecular motors]   能利用外界输入的能量循环产生定向运动的生物分子机器，这些分子机器可以是由非生物材料制成。合成分子马达的理想最初由纳米科技的先驱费曼于 1959 年提出，很多化学家经过持续不断的努力实现了他的愿望。根据能量输入方式的不同，合成分子马达可分为化学驱动、光驱动和电驱动三类。

19.13   RNA 分子结构和功能

RNA 分子结构和功能 [structure and function of ribonucleic acid]   一种与 DNA 有一定相似性而在结构和功能上有很大不同的生物高分子。它由四种不同的核苷酸通过共价键连接而成，每个核苷酸又由一个核糖、磷酸基和碱基构成。与 DNA 不同的是，一方面，在糖环的 2' 位置上，RNA 连接的是一个游离的羟基，这使得 RNA 的化学性质不如 DNA 稳定；另一方面，RNA 上的碱基分别为腺嘌呤 (adenine, 简写为 A)、鸟嘌呤 (guanine, 简写为 G)、尿嘧啶 (uracil, 简写为 U) 和胞嘧啶 (cytosine, 简写为 C)，即尿嘧啶取代了 DNA 中的胸腺嘧啶 (thymine, 简写 T)。RNA 的碱基配对有比较常见的 Watson-Crick 配对，包括 A—U 配对和 G—C 配对；另外还有非 Watson-Crick 配对，比如 G—U 的 wobble 配对。RNA 一般由多个核苷酸组成单链，每个核苷酸约带有一个电子单位的负电荷，高密度的负电荷使得 RNA 从线性链状结构折叠为天然态结构必须克服强烈的库仑排斥作用，而溶液中的金属离子会凝聚到 RNA 周围，从而有利于 RNA 折叠结构的形成。RNA 种类多样，包括有核糖体 RNA(ribosome RNA)，转运体 RNA(transfer RNA)，信使 RNA(messenger RNA)，还有核酶 (ribozyme) 和核糖开关 (riboswitch) 等等。对应于其多样种类和复杂结构，RNA 功能也非常多样，除了遗传信息储存、传递和控制蛋白质合成等的传统功能以外，还有许多新发现的功能，包括核酶催化和核糖开关的基因调控等。

磷酸基 [phosphate]   是一种含磷原子基团，一般由磷酸 OP(OH)₃ 与其他分子经酯化作用产生。在核酸 (RNA/DNA) 分子中，磷酸基通过磷酸脂键连接两个糖环，构成了核酸的骨架，剩余的一个羟基因电离而带约一个电子单位的负电荷。磷酸基团的负电荷使核酸分子整体呈较强的负电性，与之相关的离子静电作用对核酸高级结构的形成及其稳定性等有着重要影响。

核糖 [ribose] 分子式为 $C_5H_{10}O_5$，是 RNA 的重要组成单元之一，其结构如图所示。其中 5′ 位置上可以连接磷酸基团，1′ 位置上可以连接四种碱基 (A, U, G, C)，构成核糖核苷酸。而 3′ 位置可以和另一个核糖核苷酸的磷酸基通过脱水缩合连接，从而形成了 RNA 的骨架。另外，RNA 核糖上 2′ 位置连接一个羟基，而 DNA 脱氧核糖上 2′ 位置连接的只是一个氢原子，相比之下，RNA 分子的物理化学性质较 DNA 更为活跃，使 RNA 分子倾向于形成更复杂的结构，执行更多样的生物功能。

碱基 [nucleobase] 全称"核碱基"。为一系列含氮碱性杂环化合物基团的统称。其环中含有氮原子，取代基中或有氮原子。腺嘌呤 (A)，鸟嘌呤 (G)，胞嘧啶 (C)，胸腺嘧啶 (T)，尿嘧啶 (U) 五种碱基是组成 RNA 与 DNA 的主要碱基，其中尿嘧啶为 RNA 特有，胸腺嘧啶 (T) 为 DNA 特有。碱基是 RNA，DNA 分子中的重要功能基团，通过碱基配对作用 (base pairing)、碱基堆积作用 (base stacking) 等一系列相互作用使 RNA/DNA 分子形成各种折叠结构，比如双螺旋结构，环结构和赝结构等。此外，RNA/DNA 分子中的碱基序列还记录了生物体的遗传信息，在遗传信息储存、传递和蛋白质合成上起着至关重要的作用。

碱基对 [base pair] 简称 bp，由一对碱基通过氢键连接配对而成，是 RNA、DNA 折叠结构中的基本结构单元之一。在 RNA 中，碱基的配对包括较为常见的 Watson-Crick 配对，即腺嘌呤 (A)— 尿嘧啶 (U) 配对、和鸟嘌呤 (G)—胞嘧啶 (C) 配对；以及 wobble 配对，即鸟嘌呤 (G)— 尿嘧啶 (U) 配对。而在 DNA 结构中，碱基配对只包括腺嘌呤 (A)— 胸腺嘧啶 (T) 配对和鸟嘌呤 (G)— 胞嘧啶 (C) 配对的 Watson-Crick 配对。碱基对对于 RNA 折叠结构的形成及其稳定性都起着重要的作用。

核苷酸 [nucleotide] 核苷 (nucleoside) 和磷酸基 (phosphate groups) 结合成的有机化合物。依据核苷中五碳糖环的不同可分为核糖核苷酸与脱氧核糖核苷酸，依据核苷中碱基的不同可分为腺嘌呤核苷酸、胞嘧啶核苷酸等。多个核苷酸可以脱水缩合为链状大分子，其中核糖核苷酸缩合的大分子为核糖核酸 RNA，脱氧核糖核苷酸缩合的大分子为脱氧核糖核酸 DNA。对于溶液中的 RNA 与 DNA 分子，每个核苷酸带有约一个电子单位的负电荷。另外，未缩合核苷酸在生物体内也广泛存在并起到重要作用，如三磷酸腺苷 ATP 等。

核糖酶 [ribonucleic acid enzyme] 简称 ribozyme，一类具有催化功能的 RNA 分子或片段。它的发现打破了酶是蛋白质的传统观念，为 RNA 世界假说提供了有力的支持。目前已经发现的核酶有十几种，根据其一级序列的大小不同，核酶可以分为小核酶 ($<$200nt，包括锤头核酶、发夹核酶和 HDV 核糖酶) 和大核酶 (核糖核酸酶 RNase P、I 型和 II 型内含子及核糖体等)。而根据其催化的反应的不同，核酶可以分为核苷水解核酶、转酯反应催化酶、水解反应催化酶和肽转移催化酶等。核酶主要通过催化磷酸二酯键的水解反应来实现对自身或其他 RNA 分子的剪切或剪接，以及核苷酸或磷酸的转移等生物功能。研究发现，核酶催化功能与其结构紧密相关，且金属离子在其中起着关键作用。

核糖开关 [riboswitch] 信使 RNA 一些非编码区域可以通过结合一些配体来改变自身构象，从而影响到表达平台构象的变化，进而调控基因的表达的一部分 RNA。核糖开关的调控机制主要在两种水平上进行：转录水平的调控和翻译水平的调控。通常情况下，目标蛋白的表达需要编码 DNA 以及对应的信使 RNA，当目标蛋白含量充足时，这些蛋白或蛋白的代谢产物可以通过与信使 RNA 上的非编码区域结合而改变其空间构象，使其从"可表达态"转变为"不可表达态"，从而可通过核糖开关的构象变化调控基因表达，控制蛋白质的合成。

非编码 RNA [non-coding RNA (ncRNA)] 一类不编码蛋白质且具有特定生物功能的 RNA 分子。在人类的基因组中，DNA 上的编码区不会超过整个基因组的 3%，其余 97% 都是非编码区域。基因组中绝大部分区域都有转录产物，因此转录出来的大多数是非编码 RNA，如 ncRNA、microRNA 等。虽然不参与蛋白质的编码，但是非编码 RNA 执行各种重要的生物功能，如调控细胞周期，调控基因表达等。

RNA 结构 [RNA structure] RNA 在化学组成上与 DNA 有两点不同：一是核糖 C2′ 位置上的 -H (DNA) 由极性较强的 -OH(RNA) 取代；二是胸腺嘧啶 (DNA) 由尿嘧啶 (RNA) 取代。化学组分的不同导致 RNA 结构上与 DNA 有较大的差异。与 DNA 分子的双链结构不同，RNA 分子通常以单链的形式存在，并通过单链自身回折而形成多种多样的结构。RNA 碱基 (A, U, C, G) 的不同排列顺序构成了 RNA 的一级结构，即序列；不同碱基之间按照碱基互补配对原则形成碱基对，连续的碱基配对被称为茎 (stem)，未形成配对的单链区域被称为环 (loop)，这种茎环结构即为 RNA 的二级结构；在长程作用下，二级结构会进一步靠近形成三级接触进而折叠为比较紧凑的具有一定生物功能的三级结构；多个 RNA 间也可以通过氢键等相互作用形成 RNA 复合体结构。RNA 链上带有高密度负电荷，因此在其结构形成的过程中，金属离子的参与对其的作用至关重要，特别是 Mg^{2+} 等的高价离子。由于 RNA 功能与其折叠结构密切相关，所以对 RNA 结构的认识是理解 RNA 功能及功能多样性的基础，所以 RNA 结构的测定和预测一直是结构生物学的核心问题之一。

RNA 一级结构 [RNA primary structure] 又称RNA 序列。组成核酸的四种核糖核苷酸的链接及排列顺序，通常以碱基 (A, U, G, C) 按一定的顺序排列 (5′-3′) 来表示。如 5′-ACCAUAGGU-3′。一级结构表示了 RNA 分子的最基本的结构信息，并携带了生物体的遗传信息。一般来说，RNA 序列决定了最终折叠结构的精确性。

RNA 序列 [RNA sequence] 即RNA 一级结构。

RNA 二级结构 [RNA secondary structure] 对于给定的一个 RNA 序列，亦即一个 RNA 的一级结构，其会自身回折导致部分的碱基之间发生碱基配对和碱基堆积作用，从而使 RNA 形成不同构型的茎–环结构 (stem-loop structure)。由于碱基堆积和配对作用较强，RNA 二级结构可作为较稳定的态存在。RNA 二级结构的基本单元包括：由连续的碱基对所形成的螺旋 (helix)，也称为茎区 (stem)；以及没有碱基配对的环 (loop)，环一般包含有发夹环 (hairpin loop)，凸环 (bulge loop)，内环 (internal loop)，以及连结环 (junction loop) 等。

RNA 三级结构 [RNA tertiary structure] 又称RNA 功能结构。通常 RNA 二级结构中的结构单元在空间上会有一定的三级相互作用，从而促使其形成更为紧凑的结构。这些三级相互作用可主要分为三大类：(1) 两个螺旋之间的共轴碱基堆积 (coaxial stacking) 相互作用。(2) 螺旋与未形成碱基配对的部分之间的相互作用，如单链与双螺旋可以形成三螺旋 (triplexes) 和特殊的四核苷酸环 (tetraloop) 可以与螺旋的小沟相互结合形成复合体。(3) 两个未形成碱基配对的部分之间的相互作用，如环与环之间或者单链区域与环之间通过碱基互补配对分别形成接吻环 (kissing loop) 和赝结 (pseudoknot) 等。RNA 的三级结构是 RNA 发挥其特定功能的基础。目前，获得 RNA 三级结构的实验方法主要有晶体 X 射线衍射 (X-ray diffraction) 和核磁共振 (NMR) 等。此外，RNA 三级结构的预测越来越受到重视。

RNA 功能结构 [RNA functional structure] 即RNA 三级结构。

赝结 [pseudoknot] 一类比较复杂的 RNA 结构，该结构包含至少两个茎环结构，其中一个茎环的茎是由另一个茎环的环区域和较远的单链区域碱基互补配对形成的。根据

参与赝结结构形成的环的类型的不同，赝结可以分为以下三种：I- 型 (内环)、B- 型 (凸环) 和 H- 型 (发夹环)，其中，H-型赝结是比较典型的赝结结构，如图。由于赝结环在空间中可能交叉，关于赝结结构及其热力学预测较一般的二级结构要复杂。生命体中一些重要的生物过程都需要赝结结构的形成，如端粒酶的活性的产生、核酶催化核心及自剪接内含子的形成，以及一些病毒入侵宿主细胞前的构象转换过程等。

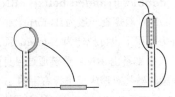

复合体结构 [complex structure] RNA 分子与其他生物大分子 (RNA、DNA 和蛋白质) 或者小分子配体 (ligand) 相结合形成具有一定生物功能结构的总称。RNA-RNA 复合体 (RNA-RNA complex) 在信使 RNA(mRNA) 的剪接、基因表达的调控、RNA 的稳定性以及病毒的复制等过程起着重要作用。RNA- 蛋白质复合体 (RNA-protein complex) 主要参与序列编辑、RNA 和蛋白质的转运、细胞内定位和翻译控制等转录后基因表达过程。此外，RNA 还可以与配体结合形成复合体结构 (RNA-ligand complex) 来调控基因表达，如核糖开关 (riboswitch) 等。

RNA 结构预测 [RNA structure prediction] 通过计算机辅助获取 RNA 的具体结构信息的方法。因为 RNA 分子折叠一般是逐级进行的，按级次可分为获取 RNA 螺旋与环等结构的二级结构预测，和获取 RNA 整体复杂结构的三级结构预测。目前对于 RNA 结构预测方法主要包括：基于知识的结构预测方法，即通过未知结构序列与已知结构序列间的比对进而预测其结构；基于物理的结构预测，即通过构建物理相互作用势并根据最小自由能法则计算进而获得其结构的方法；以及基于物理和已有知识的混合型结构预测等。结构预测是 RNA 折叠的核心问题之一，从序列出发准确快速的获得 RNA 三维结构是结构预测的目标。

RNA 折叠 [RNA folding] RNA 分子在细胞中合成之后，最终将从一个相对展开的形态折叠成一个能执行其特定生物功能的紧凑的三维结构的过程。RNA 从一级结构折叠到二级结构比较快，通常在微秒量级就可以完成；而从二级结构折叠到三级结构则比较慢 (几秒到几小时的量级)。从物理上说，对于特定的序列，天然态结构对应着其自由能最低的分子构象。RNA 结构折叠包含的主要问题有：RNA 结构预测，RNA 折叠动力学 (中间态、折叠路径、折叠速率)，和 RNA 结构稳定性等。

碱基堆积 [base stacking] RNA/DNA 中相邻碱基

或相邻碱基对间的一种相互作用，表现为相邻碱基或相邻碱基对之间吸引作用。碱基堆积作用的形成机理较为复杂，包括碱基之间的 π-π 键作用，氢键作用和静电作用等。碱基堆积作用强弱与碱基种类，碱基间距离，碱基平面夹角，碱基平面扭转角等有关，一般平行碱基间的堆积作用最强。碱基堆积作用对 RNA 分子二级结构和三级结构的形成与稳定起到了重要的作用。

双螺旋 [double-stranded helix]　RNA、DNA 结构的基本单元。DNA 双螺旋一般为 B-form，也有 A-form 和 Z-form，在外力作用下也可拉伸为 S-form。而 RNA 一般为单链分子，其双螺旋是由 RNA 单链通过自身回折形成碱基配对，多个连续的碱基对形成反平行右手的 A-form 双螺旋，与 A-form DNA 双螺旋相似。RNA 结构中的每一段双螺旋区一般至少需要 3 对碱基才能保持稳定，碱基对 (氢键) 和碱基堆积在其形成中起重要作用。

环 [loop]　是 RNA 结构的基本单元之一，由没有形成互补配对的单链部分所组成。根据未配对碱基的位置不同，又可以进一步分为内环 (internal loop)、发夹环 (hairpin loop)、连结环 (junction loop)、凸环 (bulge loop)、多分支环 (multi-branch loop) 和赝结环 (pseudoknot loop) 等。其中发夹环一般长于三个的碱基，过长的环本身也不稳定，通常在 4 到 8 个碱基长度之间。由于环碱基还未发生配对，其可以与其他的生物分子或配体发生相互作用，因此，RNA 的生物学效应往往发生在环区。

RNA 柔性 [RNA flexibility]　描述 RNA 分子链结构变形和扭曲的难易程度，通常 RNA 分子的柔性可用持久长度来表征。由于 RNA 分子具有高负电性，所以溶液的离子环境对其柔性有着重要的影响。除了与溶液离子环境有关外，RNA 柔性也与其序列相关。单链 RNA 和双链 RNA 的柔性并不相同，在高盐溶液中单链 RNA 的持久长度通常在 1 nm 左右，而双链 RNA 分子约为 60 nm，随着盐溶液浓度降低，其持久长度增加。在同样溶液条件下，双链 DNA 的柔性比双链 RNA 要强。RNA 分子的柔性在调控蛋白质 — 核酸识别以及 RNA 分子折叠等方面起着至关重要的作用。

RNA 折叠路径 [RNA folding pathway]　RNA 折叠成具有其生物学功能的天然结构，经历一系列中间态，未折叠态、中间态和天然态共同构成了 RNA 折叠网络的过程，而从未折叠态经过中间态到达天然态的路径。不同的折叠路径由于其势垒不一样因而快慢不同。RNA 折叠路径一般极其复杂，不同的 RNA 分子可能沿着不同路径进行折叠。此外，RNA 折叠路径也会与许多因素有关，如金属离子、RNA 的序列、与蛋白质以及配体的结合等。

RNA 折叠速率 [RNA folding rate]　在 RNA 折叠过程中，其折叠过程经历诸多的中间态，而从一个折叠中间态跃迁至另一个中间态的快慢为这两个态之间的转换速率。RNA 从完全打开的状态折叠至天然态所用时间的倒数。RNA 折叠过程经历的所有态 (包括未折叠态、中间态和折叠态) 共同构成折叠网络，各态之间的转换速率和态的存在概率给出各态之间折叠的流量，进而整个折叠网络流量可给出 RNA 折叠的路径和快慢。

离子凝聚 [ions condensation]　RNA(DNA) 的每一个核苷酸带有约一个电子单位的负电荷，其高密度的负电荷会对溶液中金属离子产生强烈的库仑吸引作用，从而导致金属离子在其周围发生凝聚的现象。金属离子的凝聚可分为：游离离子凝聚，即大量离子保持水合离子状态较松散地凝聚在 RNA 附近；离子的脱水凝聚，即少量离子会脱水从而凝聚在 RNA 的一些特殊结合位点上。金属离子的凝聚可以大大降低 RNA(DNA) 折叠所经受的强烈库仑排斥作用，从而有利于 RNA(DNA) 的结构折叠及其结构的稳定性。因此，金属离子，特别是 Mg^{2+} 等高价离子的凝聚在 RNA(DNA) 结构折叠及其功能中起着关键的作用。

19.14　生物物理技术

生物物理技术 [biophysical techniques]　应用于生物物理学研究的各种物理技术，包括流体力学技术、电磁技术、成像技术、衍射 (散射) 技术、波谱技术、纳米技术、单分子技术和计算机辅助技术等。这些技术为研究生命现象中的物理和化学过程，检测分析生物大分子、细胞、器官组织等各个层次的结构与功能等提供了重要的基础。传统上生物物理技术主要是测量分子集合体的整体 (或平均) 性质。生命单元的基本功能主要取决于单个大分子。在单分子水平上对生物大分子的行为 (包括构象变化、相互作用、相互识别以及运动等) 进行实时、动态检测以及在此基础上的操纵、调控等，是分子生物物理学的自然延伸和必然趋势。

流体力学技术 [hydrodynamic technique]　通过对生物大分子 (蛋白质、碳水化合物和核酸等) 的流体力学行为的测量分析它们的重量、尺寸、形状、柔韧性及电性质的技术。所用的方法有离心法、渗透压法和黏度法等。

电生理技术 [electrophysiological techniques]　以多种形式的能量 (电、声等) 刺激生物体，测量、记录和分析生物体发生的电现象 (生物电) 和生物体的电特性的技术。主要包括细胞膜电势变化、跨膜电流的调节和测量等。在神经科学上主要研究神经元的电学特性，尤其是动作电位。

显微术 [microscopy]　利用光学系统或电子光学系统观察肉眼所不能分辨的微小物体的形态结构及其特性的技术。现在也扩展到指各种探针技术。主要有三种：光学显微术、电子显微术以及扫描探针显微术。

光谱技术 [optical spectroscopy]　研究各种物质的光谱的产生及其同物质之间相互作用的技术。光谱技术提供原子、分子等的能级结构、能级寿命、电子的组态、分子的几何异构、化学键的性质、反应动力学等多方面物质结构的知识。

纳米生物技术 [nanobiotechnology]　纳米技术和生物技术的集成，在纳米尺度研究细胞内部各种细胞器的结构和功能，研究细胞内部，细胞内外之间以及整个生物体的物质、能量和信息交换。纳米生物技术大致上包含纳米生物材料、生物芯片技术、生物传感器、生物分子马达、纳米生物探针等。研究主要集中在纳米药物研制技术，纳米检测、诊断与治疗技术，纳米生物器件等三个方面。

单分子技术 [single molecule techniques]　在单分子水平上对生物大分子的行为（包括构象变化、相互作用、相互识别等）进行实时、动态检测，以及在此基础上的操纵、调控等的技术。与测量大量分子集合体平均性质的传统技术相比，单分子技术在研究单个生物大分子的性质方面有着独特的优势，具有直接，准确，实时等优点。单分子技术主要的研究手段大致分为两种，即单分子操纵和单分子荧光。

紫外-可见吸收光谱法 [ultraviolet-visible absorption spectrometry]　利用某些物质的分子吸收波长在 $200 \sim 800$ nm 区间的电磁波来进行分析测定的方法。这种分子吸收光谱产生于价电子和分子轨道上的电子在电子能级间的跃迁，广泛用于有机和无机物质的定性和定量测定。

荧光光谱 [fluorescence spectrum]　物质吸收了较短波长的光能，电子被激发跃迁至较高单线态能级，返回到基态时发射较长波长的特征光谱。包括激发光谱和发射光谱。

红外光谱 [infrared spectroscopy]　由分子不停地作振动和转动运动而产生的，每种分子都有由其组成和结构决定的独有的光谱。据此可以对分子进行结构分析和鉴定。

拉曼光谱 [Raman spectroscopy]　基于拉曼散射效应，对与入射光频率不同的散射光谱进行分析以得到分子振动、转动方面信息，并应用于分子结构研究的一种分析方法。

旋光色散 [optical rotary dispersion]　旋光度随入射光波长和频率的变化而变化的现象。可用于研究大分子的构象。是研究光学活性材料的偏振角随波长变化的一种色散效应。常用于区分不同构象的结构和确定甾族化合物等大分子中取代基的位置。

圆二色光谱 [circular dichroism]　用于推断非对称分子的构型和构象的一种旋光光谱。由于包含发色团的分子的不对称性，而引起左右两圆偏振光具有不同的光吸收的现象。常用于研究溶液中蛋白质的二级结构。

光镊 [optical tweezers]　激光聚集可形成光阱，微小物体受光压而被束缚在光阱处，移动光束使微小物体随光阱移动的操作方法。借此可在显微镜下对微小物体（如病毒、细菌以及细胞内部的细胞器及细胞组分等）进行的移位或手术操作。

磁镊 [magnetic tweezers]　一种单分子操纵方法，就是通过磁场控制超顺磁性小珠的移动，然后用这个小珠捕捉单分子，并进行一些力学拉伸的实验。

单分子力谱 [force spectroscopy]　测量单个分子力学性质的技术。测量仪器一般用原子力显微镜、光镊和磁镊等。

单分子荧光 [single molecule fluorescence]　探测单个荧光分子的高灵敏度测量技术。包括单个荧光分子定位和视踪，单分子荧光共振能量转移以及单分子荧光寿命等。

超分辨显微镜 [super-resolution microscopy]　分辨率突破光学衍射极限的光学显微镜。生物学上最重要的超分辨显微技术一般分为两类：基于荧光分子的非线性响应的技术以及基于单个荧光分子定位的技术。

19.15　神经系统生物物理学

神经系统生物物理学 [biophysics of neural system]　研究神经系统中涉及信号检测、传输与存储的动力学过程的学科。从神经元相互作用层面阐述脑电波信息形成、信息识别与编码、记忆斑图形成等的微观机制。是神经科学与物理学及生物学相结合的一门交叉学科，是生物物理学的重要分支学科和领域之一。研究方法包括生物学方法、统计物理方法、非线性科学耦合振子理论及复杂网络理论方法等。神经系统生物物理学旨在阐明大量微观神经元相互作用的方式、途径以及形成的微观物理网络与宏观功能网络结构，重点阐述从微观物理网络向宏观功能网络或宏观集体行为过渡的桥梁，以及记忆斑图的形成及其对刺激信号联想反应的微观实现机理。

神经系统 [neural system]　人和高等动物的调节系统。人和高等动物的结构与功能均极为复杂，不仅各器官系统之间相互联系、相互制约，而且在内外环境发生变化时，为了维持内环境的稳态，还要迅速对体内各器官的功能作出完善的调节。

神经元连接 [neuronal connection]　神经元之间交流信息的方式。两个神经元之间通过突触连接进行神经细胞之间的信息传递。突触可分为电突触和化学突触两种，因此神经元连接也分为电突触连接和化学突触连接。

信息编码 [information coding]　为了方便信息的存储、检索和使用，在进行信息处理时赋予信息元素以代码的过程。用不同的代码与各种信息中的基本单位组成部分建立一一对应的关系。信息编码的目的在于为计算机中的数据与实际处理的信息之间建立联系, 提高信息处理的效率。

信息传递 [information transmission]　信息从一个神经元到另一个神经元的传递过程, 是神经元通过在静息电位基础上发生膜电位变化来实现的。神经元通过树突接收其他神经元传来的信号, 而由轴突末梢传出信号。一个神经元的轴突末梢与另一个神经元的树突结合组成突触以传递信号。

离子通道 [ion channel]　由细胞产生的特殊蛋白质构成, 它们聚集起来并镶嵌在细胞膜上, 中间形成水分子占据的孔隙, 水溶性物质快速进出细胞的通道, 即各种无机离子跨膜被动运输的通路。通道处于开放或者关闭状态取决于细胞膜两侧的电压。生物膜对无机离子的跨膜运输有被动运输 (顺离子浓度梯度) 和主动运输 (逆离子浓度梯度) 两种方式。

离子泵 [ion pump]　分布在细胞膜上的能逆着离子浓度梯度或化学梯度来转运的特殊蛋白质结构。离子泵本质是受外能驱动的可逆性 ATP 酶。外能可以是电化学梯度能、光能等。被活化的离子泵水解 ATP, 与水解产物磷酸根结合后自身发生变构, 从而将离子由低浓度转运到高浓度处, 这样 ATP 的化学能转变成离子的电化学梯度能。目前已知的离子泵有多种, 每种离子泵只转运专一的离子。细胞内离子泵主要有钠钾泵、钙泵和质子泵。

电压钳 [voltage clamp]　用以测量特定离子流的幅值, 可使膜电位即刻达到期望值或使膜电压保持恒定的装置。电压钳技术是通过插入细胞内的一根微电极向胞内补充电流, 补充的电流量正好等于跨膜流出的反向离子流, 这样即使膜通透性发生改变时, 也能控制膜电位数值不变。它可以测量细胞的膜电位、膜电流和突触后电位。

感受器 [sensory receptor]　机体感受刺激的装置。感受器的功能是接受机体内外环境的各种不同刺激, 将其转变为神经冲动或神经兴奋, 并由神经系统作用, 产生感觉; 再由神经系统作用将神经冲动传至效应器, 对刺激做出反应。按感受器在身体上分布的部位并结合一般功能特点可区分为内感受器和外感受器两大类。外感受器包括: 光感受器、听感受器、味感受器、嗅感觉器和分布在体表、皮肤及黏膜的其他各类感受器。内感受器包括心血管壁的机械和化学感受器, 胃肠道、输尿管、膀胱、体腔壁内的和肠系膜根部的各类感受器, 还有位于关节囊、肌腱、肌梭以及内耳前庭器官中的感受器。

工作记忆 [working memory]　又称**短期记忆**。认知心理学提出的有关人脑存储信息的方式。指短暂的、容量有限的、需要不断演习才能保存的记忆。这种记忆是大脑内部的记事本或黑板, 与学习与注意密切相关, 易被抹去, 并随时更换。

短期记忆 [short-term memory]　即工作记忆。

长期记忆 [long-term memory]　认知活动的重要方面, 由编码、储存与恢复等三个过程组成。长期记忆在结构与功能上都与短期记忆有所不同, 短期记忆通常持续 20~30s, 中期记忆的信息可保留 5~8h, 而长期记忆则无限。

思维 [thinking]　分广义的和狭义的两种。广义的是人脑对客观现实概括的和间接的反映, 它反映的是事物的本质和事物间规律性的联系, 包括逻辑思维和形象思维。而狭义的通常的心理学意义上的思维专指逻辑思维。

脑电波 [brain wave]　大脑皮层大量神经元的突触后电位总和的结果。人身上都有磁场, 但人思考的时候, 磁场会发生改变, 形成一种生物电流通过磁场产生 "脑电波"。对脑来说, 脑细胞就是脑内一个个 "微小的发电站"。人们的脑无时无刻不在产生脑电波。大脑自发的有节律的神经电活动, 其频率变动范围在每秒 1~30 次, 可划分为四个波段, 即 $\delta(1{\sim}3\text{Hz})$、$\theta(4{\sim}7\text{Hz})$、$\alpha(8{\sim}13\text{Hz})$、$\beta(14{\sim}30\text{Hz})$。

脑电图 [electroencephalography]　通过电极记录下来的脑细胞群的自发性、节律性电活动。是通过医学仪器脑电图描记仪将人体脑部自身产生的微弱生物电放大记录而得到的曲线图。脑电图用于辅助诊断脑部相关疾病, 在癫痫的诊治中始终是其他检测方法所不可替代的。但因为其易受到干扰, 故临床上通常要结合其他手段来使用。

脑磁图 [magnetoencephalogram]　用特殊设备测知并记录人的颅脑周围磁场的图。它是反映脑的磁场变化, 因此与脑电图反映脑的电场变化不同。脑磁图对脑部损伤的定位诊断比脑电图更为准确, 加之脑磁图不受颅骨的影响, 图像清晰易辨, 故对脑部疾病是一种崭新的手段, 为诊断发挥其特有的作用, 要与脑电图结合起来, 互补不足。

视觉生物物理过程 [visual biophysi cs process]　外界的图像经过眼睛的光学系统落到视网膜后, 就开始进行复杂的神经信息加工的过程。信息在视网膜上经过初步加工后, 通过视神经金额视束纤维传入丘脑。在丘脑内分成两条通路: 一条是外膝体 — 皮层通路, 是主要的视觉传入通路。在灵长类从视网膜发出的神经纤维 (90% 的纤维) 经由这条通路投射到皮质层; 另外一条是上叠体-丘脑枕-皮层通路, 灵长类只有 10% 网膜纤维由这条通路与视皮层建立联系。然后由皮质层视交叉到达侧膝体, 经过一次神经交替, 通过枕叶的 17 区, 也就是视觉初级皮层 (V1), 然后进入更高层次进行复杂的信息交工。

膜等效电路 [equivalent circuit of membrane]　与细胞膜单元的电学性质等效的电路。每一个单元由膜电容、钾电池串联钾电阻、纳电池串联纳电阻以及在细胞活动中不起作用或所起作用很小的其他一些离子如氯离子电池串联氯电阻并联构成。当细胞静息时, 膜外电位高于膜内电位。

霍奇金-赫胥黎方程 [Hodgkin-Huxley equation]　由四个变量耦合作用组成的常微分方程组, 可简化为包含一个快变量与一个慢变量的二维的 FitzHugh–Nagumo 神经元模型及一微的 integrate-and-fire 神经元模型。基于等效电路和枪乌贼巨轴突的实验结果，Hodgkin 和 Huxley 于 1952 年建立的神经元模型。

神经元物理网络 [anatomical network architecture]　神经元相互连接而形成的局部网络。节点为神经元，连接为突触相互作用，连接权重反应相邻节点间相互作用的频繁程度。神经元物理网络是直接处理外部信号检测、传递与放大的网络系统。

脑功能网 [brain functional network]　刻画大脑不同区域间相互关联的网络。节点代表某一局部区域，连接为他们之间的相互关联。可通过脑电图 (EEG) 数据及合适的关联阈值来生成脑功能网，其拓扑结构与大脑功能间有密切联系。

前馈网 [feedforward network]　人工神经网络模型，用以模拟不同大脑皮层区域的神经信号传递。由多层神经元组成，每层又由多个神经元组成，层与层之间形成多一对应的单向连接。可起到信号过滤与放大作用。

神经元 [neuron]　又称神经细胞。是构成神经系统结构的基本单元。神经元是具有长突起的细胞，它由细胞体和细胞突起构成。

神经细胞 [nerve cell]　即神经元。

动作电位 [action potential]　可兴奋组织或细胞受到阈上刺激时，在静息电位基础上发生的快速、可逆转、可传播的细胞膜两侧的电位变化。动作电位可以分成去极化、复极化、超极化三个过程。动作电位的产生符合"全或无定律"，即刺激只要达到阈值，就能引发动作电位。

本章作者：左光宏、谢金兵、涂展春、韦广红、王骏、曹毅、严洁、陈丹丹、涂或、刘锋、张小鹏、史华林、舒咬根、谭志杰、李明、刘宗华、王炜

医学物理

医学物理 [medical physics]　物理学的一个分支。运用物理学的理论、方法和技术，研究有生命的对象，并以在医学领域方面的实际应用和理论研究为目的，应用于人类疾病预防、诊断、治疗和保健的交叉学科。研究把物理因子 (如声，光，电，磁，热等) 作用于患者，如何通过物质能量 (如热能、声能等) 在组织中的传递和吸收，调整组织局部的微观环境 (如血液循环)，起到对疾病的治疗、去痛和达到健康保健等的目的，从而对疾病有辅助治疗或缓解的功效；或对患者的体征信息通过物理学手段如何进行测量分析以达辅助诊断之目的。包括电子医学、磁医学、激光医学、热医学和运动医学、超声医学、微波医学、核医学、纳米医学、非线性医学等门类。近期发展迅速，原因之一是科学发展本身的需要，二是物理学自身的特点。生命科学的发展正从宏观走向微观，从定性走向定量，从细胞水平走向分子水平，从手工的、机械的、按键型的测试手段走向自动化、智能化、非接触型的测试手段。而物理学既有系统的定量的理论，又有精密的先进的实验方法，故而在生命科学发展中，具有重要作用。物理学与医学结合不仅为临床诊断、治疗提供了先进的手段，同时也促进了物理学的发展。

20.1　电子医学

电子医学 [electro-medicine]　生物医学工程领域中发展最早、范围最广的重要分支，它随着新的技术和科学的发展，以电子技术为先导，结合自动化技术、计算机技术、信号处理技术、超声、电磁波及射线、材料科学等多种技术科学对有关人体、或实验动物的各种生命现象、状态、性质和变量，进行检测和量化，了解生命奥秘、机体结构、生理功能和疾病情况，达到诊断和治疗的目的。其进步依赖于生物医学发展的需要和现代科学技术成就的应用。生物医学检测技术的分类方法有很多种，按其检测过程是否直接在生物活体上进行，可分为离体测量和在体测量；按被测量的物理性质，可分为生物电测量 (如心电、脑电、肌电、皮肤电、神经电、细胞电、眼电等) 和生物非电量测量 (如血液动力学参数、呼吸动力学参数和生物化学参量等)。

生物电 [bioelectricity]　在生物体中由生物活动产生或伴随生物活动发生的各种电位或电流。如细胞膜电位、心电、脑电、肌电等。电位大小通常从几微伏到几百毫伏不等，少数 (如电鳗的放电电位) 能达到数百甚至一千伏。

电生理学 [electrophysiology]　对生物细胞和组织的电学特性进行研究的学科。包括细胞电生理学、心脏电生理学、神经电生理学、临床电生理学等主要分支。研究对象小至单个离子通道蛋白，大至整个器官，研究内容包括细胞和组织的电学特性及其在不同条件下的变化、生物电现象和各种生理功能的关系，以及不同功能单元之间的电活动的相互关系等。

细胞膜电位 [membrane potential]　又称跨膜电位。生物细胞胞内与胞外的电位之差。根据细胞所处的不同状态，分静息电位和动作电位。

跨膜电位 [transmembrane potential]　即细胞膜电位。

静息电位 [resting potential]　细胞在安静状态时，细胞膜内与膜外存在的相对恒定的内负外正的电位差。不同种类的细胞的静息电位略有差异，通常为 $-90\text{mV}\sim-40\text{mV}$ 不等。

动作电位 [action potential]　可兴奋性细胞在受到刺激时或兴奋时发生的跨膜电位迅速上升后又迅速恢复的电位变化轨迹。

去极化 [depolarization]　又称除极。可兴奋性细胞在兴奋时跨膜电位从静息时的内负外正翻转为内正外负的过程，对应动作电位的上升支。

除极 [depolarization]　即去极化。

复极化 [repolarization]　可兴奋性细胞中兴奋时跨膜电位从内正外负恢复到静息时的内负外正的过程，对应动作电位的下降支。

峰电位 [spike]　在动作电位的除极和复极过程的前半部分记录到的时程短且变化幅度很大的尖波。是动作电位的主要组成部分。

后电位 [after potential]　动作电位中在峰电位之后出现的细胞膜电位低幅、缓慢的波动。

突触后电位 [postsynaptic potential]　突触后神经元的细胞膜电位，是一种梯度电位。

兴奋性突触后电位 [excitatory postsynaptic potential, EPSP]　突触后神经元去极化性质的细胞膜电位变化。是离子通道开放导致正离子进入突触后细胞而造成。

抑制性突触后电位 [inhibitory postsynaptic potential, IPSP]　突触后神经元超极化性质的细胞膜电位变化。是离子通道开放导致负离子进入突触后细胞而造成。

局域场电位 [local field potential]　细胞受到阈下刺激时，细胞膜电位的微小变化。因不是"全或无"性质，所以可迭加，但会随着传播距离的增加而衰减，不能在细胞膜上做远距离传播。

生物 [电] 阻抗 [bioimpedance]　生物组织和器官的电学传导特性。通常以测量外界施加电流在生物体上的响应的方式来获得。总体呈现容性，其值随激励频率的升高而减小，到高频段会接近于纯电阻特性。不同的组织，因成分的差异，电阻率也不同，如肌肉组织的电阻率在 300~1600W·cm，脂肪组织的电阻率约为 2500W·cm。

膜片钳 [patch clamp]　电生理学中，用来研究单个或多个可兴奋性细胞离子通道的一种实验技术。一般是用特制的玻璃微吸管吸附于细胞表面，使之形成密封，被孤立的小膜片面积为 μm 量级，内中仅有少数离子通道，通过对该膜片实行电压或电流钳位，测量单个离子通道开放产生的电流或电压，从而得到各种离子通道开放的电流或电压幅值分布、开放几率、开放寿命分布等功能参量，并分析它们与膜电位、离子浓度等之间的关系。

电压钳 [voltage clamp]　通过对膜电压钳位，测量可兴奋性细胞的膜电流的膜片钳技术。

电流钳 [current clamp]　通过对电流钳位，测量细胞膜电位的技术。

电极 [electrode]　能将生物肌体产生的生物电变化引导出，或对生物肌体施加刺激电压和电流的，由特种材质制成的片状或针状的材料体。分为皮肤表面电极 (如引导心电的电极和脑电的电极) 和皮下电极 (如微电极和埋藏电极)。

微电极 [microelectrode]　尖端内径在微米量级以下的，能插入单个细胞内而不造成细胞损伤的电极。常用的如玻璃毛细管微电极。

刺激电极 [stimulating electrode]　电生理实验中，用来对细胞或组织施加刺激电压或电流的电极。

记录电极 [recording electrode]　又称引导电极。电生理实验中，用来记录细胞或组织电活动的电极。

引导电极 [leading electrode]　即记录电极。

工作电极 [working electrode]　电化学三电极测量系统中，观测反应发生的电极。

辅助电极 [auxiliary electrode]　又称反电极。电化学三电极测量系统中，电流流向的电极。

反电极 [counter electrode]　即辅助电极。

参考电极 [reference electrode]　测量系统中，认为有着稳定已知电位的电极。

埋藏电极 [buried electrode]　可以长期埋藏在清醒的生物肌体内给予刺激以观察肌体行为及自发和诱发电位变化的电极。

多电极阵列 [multielectrode array]　又称微电极阵列。在微区玻璃表面呈点阵状排列的电极系统。作为神经元与后级电子电路间的神经接口，可用于采集神经元的电活动或对神经元发放刺激脉冲信号。一般可分为植入式和非植入式。

微电极阵列 [microelectrode array]　即多电极阵列。

心电 [cardiac electricity]　心脏组织的电活动。通常由具有自动节律的窦房结动作电位引起，并沿心脏传播，依次激发心房肌、房室结、左右束支、蒲氏纤维、心室肌等心脏其他组织除极产生动作电位，形成如心房波 (atrial electrical activity)、心室波 (ventricle electrical activity) 等。

心外膜电位图 [epicardial mapping]　通过在心外膜上贴放电极阵列，采集到的心脏电活动信号。

心内膜电位图 [endocardial mapping]　通过在心内膜上贴放电极阵列，采集到的心脏电活动信号的等电位图。

心电向量 [electrocardiovector]　心脏电活动过程中即有大小，又有方向的等效电偶极子的极化矢量。由心脏各组织各自除极、复极的时间不统一，从而同一时刻心脏不同位置间存在电位差而造成。其无论大小还是方向，在一个心动周期中都是随时间变化的。

心电轴 [cardiac electrical axis]　心脏去极化波前的总体方向，也是心电向量对时间平均后的综合方向。通常是人的右肩指向左腿的方向，对应于六轴参考系统的左下象限。

心电描记法 [electrocardiography]　经由无创体表电极从胸廓或四肢处提取的一段连续时间的心脏电活动的方法。

心电图 [electrocardiogram, ECG]　又称体表心电图、常规心电图。由心电描记法提取到的，心脏电活动传导到体表的综合电位记录。主要包括三个特征波群：对应于心房去极化的 P 波，对应于心室去极化的 QRS 波和对应于心室复极化的 T 波。其他组织的去极化、复极化过程对应的电位变化，由于参与细胞数目少，综合电位弱，传导到体表后很难辨识。常规心电图中高频截止频率一般小于等于 100Hz。

体表心电图 [electrocardiogram]　即心电图。

常规心电图 [electrocardiogram]　即心电图。

高频心电图 [high frequency electrocardiogram, HFECG]　高频截止频率大于 100Hz 的心电图，例如高频截止频率 1kHz。与常规心电图相比，其包含了更多的细节成分，尤其是 QRS 波群上的细节成分被丰富展现，因而可反映出心室肌的传导特性。

希氏束电图 [His bundle electrogram, HBE]　又称房室束电图。在心脏内三尖瓣附近放置电极采集到的电活动图。主要包括对应于下右心房电活动的 A 波、对应于室间隔电活动的 V 波和对应于希氏束电活动的 H 波。

房室束电图 [atrioventricular bundle electrogram] 即希氏束电图。

心房晚电位 [atrial late potential，ALP] 在 P 波后延入 P-Q 段内表现为高频率、低振幅的碎裂波。由心肌损伤和纤维化造成的心电兴奋缓慢非同步传导形成。

心室晚电位 [ventricle late potential, VLP] 发生在心室去极化晚期的高频低幅的碎裂波。位于 QRS 波终末处至 T 波开始前 40ms 的时程内。一般是由于缺血区心肌内缓慢而不规则的折返活动引起。由于在体表其幅度在微伏量级，难以直接观测，因此一般需采用叠加平均法获得，或者在心内膜、心外膜直接测量。

爱因托芬三角形假设 [Einthoven triangle hypothesis] 爱因托芬提出的心脏电活动在人体内传导的一种模型。该模型假设人体左、右肩及臀部三点与心脏等距，并构成等边三角形，心脏位于等边三角形的中心并与三角形在同一平面上，心脏电活动过程为一对电偶，心脏产生的电流均匀传播于体腔，且每一肢体上任何一点的电位等于该肢体与躯干连接处的电位。该假设是目前标准肢体导联和加压肢体导联确定的基础。

心电图导联 [ECG lead] 记录体表心电图时导线的联线方式。

单极导联 [unipolar leads] 记录心电图时，差分放大器的正输入端连接待考察点，负输入端接参考电位的联线方式。

双极导联 [bipolar leads] 记录心电图时，差分放大器的正、负输入端分别接两处待考察点，以提取两点间电位差的联线方式。

12 导联心电图 [12-lead ECG] 临床上确立的体表心电图采集时电极摆放位置及导线连接的规范，是被广为接受的一种标准。

标准肢体导联 [limb leads] 12 导联心电图中的第 1~3 导联，又记为 I、II、III 导联。是双极导联。具体定义为：

I 导联：左上肢 (L) 与心电图机正极相连，右上肢 (R) 与其负极相连；

II 导联：左下肢 (F) 与心电图机正极相连，右上肢 (R) 与其负极相连；

III 导联：左下肢 (F) 与心电图机正极相连，左上肢 (L) 与其负极相连。

加压肢体导联 [augmented limb leads] 12 导联心电图中的第 4~6 导联，又记为 avR, avL, avF。是双极导联。具体接法是将任何两肢其电极分别通过一个 10kΩ 电阻联成一中心电站 T，再连至心电放大器的一输入端，心电放大器的另一输入端通过通过一个 5.1kΩ 电阻连至另一肢，具体定义为

$$avR = R - (L + F)/2$$
$$avL = L - (R + F)/2$$
$$avF = F - (R + L)/2$$

因为可以在标准肢体导联的基础上将电压幅度提高 50% 而得名。

胸导联 [precordial leads] 12 导联心电图中的第 7~12 导联，又记为 $V_1 \sim V_6$。是单级导联。具体连接方式为，将左、右上肢和左下肢的 3 个电极各通过一个 10kΩ 电阻连接到一点作为无关电极接入心电放大器的负输入端，正输入端通过一个 3.3kΩ 接胸廓处的 6 个位置，如图所示。

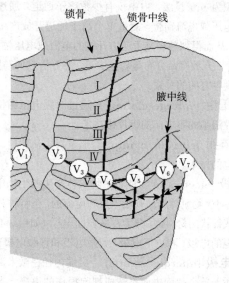

威尔逊中心电端 [Wilson's central terminal] 在 12 导联心电图测量时，将左上肢 L、右上肢 R 和左下肢 F 的 3 个电极各通过一个 10kΩ 电阻连接到的一点。根据爱因托芬三角形假设，此点的电位接近于零，因此可作为单级导联方式中的参考电极。

正交心电图 [orthogonal ECG] 在人体的三个正交面 (额面、侧面、横截面) 上定义的心电图。相比于标准 12 导联心电图，主要增加了心电向量在侧面的投影。

正交导联 [orthogonal leads] 又称X, Y, Z 导联。在三个正交面完整反映心电图的导联系统，其中 X 导联为垂直于侧面的方向，Y 导联为垂直于横截面的方向，Z 导联为垂直于额面的方向。

X, Y, Z 导联 [X, Y, Z leads] 即正交导联。

弗兰克导联 [Frank lead system] 又称Frank 校正导联。弗兰克在 1956 年提出的校正正交导联系统。包括 7 个电极，

E: 前中线

M: 背中线

I: 右腋中线

A: 左腋中线

C: A 和 E 之间 45° 处

F(LL): 左足

H: 颈背后偏右 1cm

具体位置如图所示。

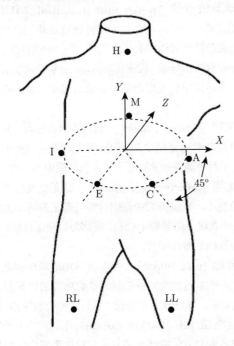

Frank 校正导联 [Frank leads]　即弗兰克导联。

右腿驱动电路 [driven right leg circuit, DRL]　在心电或其他生物电采集的前置放大电路中，用深度负反馈的方式来消除或抑制共模干扰的一种电路装置。基本原理是，利用电阻网络将差分输入端的共模信号成分提取出来，然后经高增益反向放大器放大，限流后施加于人体，以抵消人体上的共模信号。

心率 [heart rate]　心脏每分钟跳动的次数。一般正常人的心率在 60~100 次/分。

心率变异性 [heart rate variability, HRV]　瞬时心率或相邻心跳间隔的随时间的变化。主要是因自主神经系统中交感神经与副交感神经的协调控制而造成，健康人即便在安静状态下也普遍存在。一般是通过对以瞬时心率或相邻心跳间隔构成的时间序列来进行分析。

庞加莱散点图 [Poincare scatterplot]　研究心率变异性的一种图形化方法。具体构造方法为：对于瞬时心率或心跳间隔序列 RR，以 RR(i) 为横坐标，以 RR($i+1$) 为纵坐标，将序列中的各点在二维平面中描绘出来。

心率变异性散点图 [heart rate variability scatterplot]　又称修正的庞加莱散点图。用来分析研究心率变异性的一种图形化方法。具体构造步骤为：对瞬时心率或瞬时心跳间隔序列构造一阶差分序列 DRR，以 DRR(i) 为横坐标，DRR($i+1$) 为纵坐标，将差分序列中的各点在二维平面描绘出来。与庞加莱散点图相比，其主要反映的是心率变异性中的高频成分。

修正的庞加莱散点图 [modified Poincare plot]　即心率变异性散点图。

脑电图 [electroencephalogram, EEG]　利用头皮电极无创提取的大脑神经细胞群的自发的、节律性的电活动。脑功能检测和诊断的一种重要技术手段，尤其对于癫痫的诊断有着重要的临床价值。

脑电节律 [brain rhythm]　脑电信号的特征性频率。通常被划分为 d 节律 (0.5, 4Hz)、q 节律 (4, 8Hz)、a 节律 (8, 13Hz)、b 节律 (13, 30Hz) 和 g 节律 (30, 70Hz)。大脑处于不同活动状态时，会出现不同的脑电节律，例如健康人在安静闭眼 (清醒) 时会出现以 a 节律为主的脑电活动，困倦或睡眠状态会出现以低频 d 和 q 为主的脑电活动，而思维活跃时则以高频 b 节律为主。因此是临床上脑电图诊断的一个重要依据。

诱发电位 [evoked potential, EP]　外部刺激或感觉通路刺激在大脑皮层引起的电位变化。如听觉诱发电位，视觉诱发电位，体觉诱发电位等。很微弱，幅度在微伏量级，常常被自发脑电淹没，同时，具有较严格的锁时特性，一般可采用迭加平均技术提取。

事件相关电位 [event-related potential, ERP]　由特定的感觉、认知或运动事件引发的大脑皮层的电位变化，是一种特殊的诱发电位。

定量脑电图 [quantitative EEG, QEEG]　为更好的从脑电图中获取有效信息，而对计算机中数字存储的脑电图进行数学处理与数值分析 (如傅里叶变换与频谱分析等) 的脑电图。

高分辨率脑电图 [high resolution EEG]　突破了传统脑电图空间分辨率极限的脑电图。由于颅骨的低通效应，常规脑电图以 2.5cm 直径圆斑为空间分辨率的极限，此后再增加电极个数，也无法提高空间分辨率。高分辨率脑电图技术则依据电磁场的基本规律，由头皮测得的电位，逆推皮层表面的电位分布，从而克服了颅骨的低通作用，提高了空间分辨率。

脑电地形图 [brain electric activity map, BEAM]　利用计算机的高速运算能力，对多导联的脑电信号进行数字信号处理，然后在各导联电极位置用颜色或灰度表达特定参数的计算结果，以反映脑活动水平及分布特性的地形图。例如对同步采集的多导联脑电信号进行频谱分析，将相应节律能量值与颜色或灰度对应，并在二维平面中对应的电极位置绘制出来。

脑机接口 [brain-computer interface, BCI]　在人或动物脑, 或者神经细胞的培养物与外部设备间创建的直接连接通路。一方面可将来自脑或神经细胞的信号进行任务识别以驱动外部设备, 另一方面可将来自外部设备 (如传感器) 的信号传送到脑或神经细胞, 以帮助特定感觉的形成。前者如用运动想象控制机械手, 后者如人工耳蜗、人工电子眼等。

10-20 导联系统 [international 10-20 system]　脑电图采集时, 关于头皮电极摆放位置的一套国际认可标准。该系统涉及头皮 19 个定位点以及两耳垂。具体定位准则为: 以鼻根到枕骨粗隆连成的正中线为准, 在此线左右等距的相应部位定出左右前额点 (FP1, FP2)、额点 (F3, F4)、中央点 (C3. C4)、顶点 (P3, P4) 和枕点 (O1, O2), 前额点的位置在鼻根上相当于鼻根至枕骨粗隆的 10% 处, 额点在前额点之后相当于鼻根至前额点距离的二倍即鼻根正中线距离 20% 处, 向后中央、顶、枕诸点的间隔均为 20%, 10~20 系统电极的命名亦源于此。

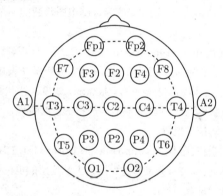

脑电双极测量 [EEG bipolar measurement]　又称脑电双极导联。记录一对电极位置相对电位变化的测量方式。该测量方式下, 观测的脑电信号易随两电极的位置改变而变化, 尤其是两电极距离较近时, 观测到的脑电信号幅度小, 当距离小于 3cm 时, 即难以检测到可识别的脑电图。

脑电双极导联 [EEG bipolar lead]　即脑电双极测量。

脑电单极测量 [EEG unipolar measurement]　又称脑电单极导联。记录电极位置绝对脑电电位的测量方式。该测量方式下, 观测的脑电信号幅度较大且波形稳定, 但须合理选择参考电极位置。

脑电单极导联 [EEG unipolar lead]　即脑电单极测量。

肌电 [myoelectricity]　骨骼肌兴奋时, 由于肌纤维动作电位的产生、传导和扩布, 而发生电位变化。肌电信号是产生肌肉力的电信号根源, 它是肌肉中很多运动单元动作电

位在时间和空间上的叠加, 反映了神经、肌肉的功能状态, 在基础医学研究、临床诊断和康复工程中有广泛的应用。

肌电图 [electromyogram, EMG]　运用电子学仪器记录肌肉静止或收缩时的电活动, 及应用电刺激检查神经、肌肉兴奋及传导功能, 将骨骼肌兴奋时发生的电位变化引导、记录所得到的图形。

运动单位电位 [motor unit potential, MUP]　肌电图所记录的, 一个运动单位中肌纤维电活动的总和。脊髓前角细胞或颅神经运动核的细胞及其轴突 (神经纤维) 通过神经终板支配数条肌纤维, 构成运动单位, 它是肌肉收缩的基本单位。一个运动单位支配的肌纤维数目越少, 该肌的灵活性越高。

单纯相 [simple phase]　肌肉大力收缩时, 参加发放的运动单位数量明显减少, 在肌电图上所表现的单个独立的电位。见于神经源性损害, 属于异常肌电图中的一种。

干扰相 [interference phase]　肌纤维变性或坏死使运动单位变小, 在肌肉大力收缩时参与募集的运动单位数量明显增加, 表现为低波幅干扰相, 被称为病理干扰相, 见于各种原因导致的肌源性损害。

混合相 [mix phase]　参加发放的运动单位数量部分减少, 大力收缩时相互重叠的运动单位电位的密集程度较干扰相稍有降低, 基线部分可分辨。可见于神经源性损害。

纤颤电位 [fibrillation potential]　由失神经支配的肌纤维对乙酰胆碱的敏感性增高或肌肉细胞膜电位的稳定性下降所致的单个肌纤维的自发放电。多呈双相, 起始为正相, 后为负相, 时限 1~2ms, 波幅 20~200μV, 频率 2~30Hz。见于神经源性损害和肌源性损害。

正相电位 [positive potential]　产生机制及临床意义同纤颤电位; 为一正相尖形主峰向下的双相波, 形似 V 字形, 时限 10~100ms, 波幅差异很大, 一般为 50~200μV, 频率 4~10Hz。

束颤电位 [fasciculation potential]　在安静的时候出现单个或部分运动单位电位支配肌纤维的自发放电, 波形与正常的运动单位电位类似, 见于神经源性损害。属于异常自发电位中的一种。

复合肌动作电位 [compound muscle action potential]　在同一区域一群肌肉纤维几乎同步的动作电位的总和。通常由刺激运动神经引起。

表面肌电 [surface electromyogram, SEMG]　从肌肉表面通过电极引导、记录下来的神经肌肉系统活动时的生物电信号。与肌肉的活动状态和功能状态之间存在着不同程度的关联性, 因而能在一定程度上反映神经肌肉的活动。

诱发肌电图 [evoked electromyogram]　对神经系统对某种特定人为刺激所产生的反应性肌电位记录得到的图

形。通过利用计算机技术将反复刺激下获得的单个瞬间电位进行叠加和平均处理，从而获得被显著增强、形态清晰且重复性佳的肌电图。

诱发电位 [evoked potential] 给予受检者某种诱发刺激后，从受刺激的感觉器官以诱发反应的神经发放形式沿特定的神经通路向中枢传递，诱发信息在神经通路的不同水平上不断组合，最后到达大脑，经电子计算机平均叠加后以电活动的方式，在头皮电极中记录到的一系列皮层电活动。因诱发刺激信息与诱发反应间有恒定的时间关系，所以根据神经传导速度和感觉通路的长度，便可判断每个波所代表的神经通路不同水平的电活动。当神经通路某一节段出现异常时，其相应部分就会出现改变。目前临床上常用的有三类：体感诱发电位、视觉诱发电位和听觉诱发电位。

感觉诱发电位 [sensory evoked potential] 给皮肤或末梢神经以刺激，神经冲动沿传入神经经脊髓、丘脑传入大脑皮层中央后回感觉区，在刺激的对侧头皮相应部位记录到的电活动。刺激电极置于腕部，肘部或腘窝部。给予 $1\sim5Hz$，$50\mu V$，持续 $0.1\sim0.5ms$ 的矩形脉冲直流电刺激尺、桡神经，正中神经或腓总神经。接收电极在刺激正中神经或尺神经时一般置于 C3、C4，参考电极多置于 FP2 或 F2，手腕接地，刺激下肢时，置 P2 后外方 2cm 处。叠加次数为 $50\sim200$ 次。

视觉诱发电位 [visual evoked potential, VEP] 大脑皮质枕叶区对视刺激发生的电反应，是代表视网膜接受刺激，经视路传导至枕叶皮层而引起的电位变化。是了解从视网膜到视觉皮层，即整个视觉通路功能完整性检测。

听觉诱发电位 [auditory evoked potential] 给予声音刺激，在头皮上所记录得到的由听觉神经通路所产生的电位。通常以 $50\sim80dB$、$10\sim15Hz$ 的卡塔音刺激，持续时间 0.1ms，双极叠加 $1000\sim2000$ 次，单极叠加 500 次，一般采用单极法，记录电极置于 C2，参考电极置于耳垂或乳突，F2 接地。

体感诱发电位 [somatosensory evoked potential] 对躯体感觉系统得任何一点给予适当的刺激，较短时间内在该系统通路的任何部位上能检出的电位。可反映感觉系统的传导功能状态。对于周围和中枢神经系统病变的定位，损伤程度及预后的评估均有很大参考价值。

运动诱发电位 [motor evoked potential] 应用电或磁刺激皮层运动区产生的兴奋通过下行传导路径，使脊髓前角细胞或周围神经运动纤维去极化，在相应肌肉或神经表面记录得到的电位。

皮肤电传导 [skin conductance] 皮肤电阻或电导随皮肤汗腺机能变化而改变，叫作皮电反应，也叫皮肤电反应。人体由于交感神经兴奋，导致汗腺活动加强，分泌汗液较多。由于汗内盐成分较多使皮肤导电能力增高，形成大的皮肤电反应。皮肤电反应能作为交感神经系统功能的直接指标，也可以作为脑唤醒、警觉水平的间接指标。

电击 [electric shock] 患者或操作人员与电气设备接触时的触电现象。分为宏电击和微电击两类。

宏电击 [macroshock] 又称体外电击、强电击。电流经皮肤而流过人体所产生的触电现象。是电流经体表进入体内引起的电击，造成危险的电流强度大于 10 毫安。

体外电击 [external shock] 即宏电击。

强电击 [macroshock] 即宏电击。

微电击 [microshock] 又称体内电击。电流不经皮肤而直接流入体内时所产生的触电现象。它是电流直接进入体内引起的电击、造成危险的电流强度大于 10 微安。

体内电击 [interral shock] 即微电击。

医疗电子器械 [electronic medical instrument] 单独或者组合使用于人体的电子仪器、设备、器具、材料或者其他物品，包括所需要的软件。

医学监护仪 [medical monitor] 用于医护人员测量患者的健康状态。用于测量患者的生命特征信息 (vital sign) 和其他指标，包括心电图 (ECG)，脑电图 (electroencephalography，EEG)，血压 (blood pressure)，和血气 (blood gas monitor，dissolved gas)。

电子血压计 [electronic sphygmomanometer, electronic blood pressure meter] 利用现代电子技术与血压间接测量原理进行血压测量的医疗设备。可分为臂式和腕式；技术经历了最原始的第一代、第二代 (臂式使用)、第三代 (腕式使用) 的发展。已经成为家庭自测血压的主要工具。也越来越多地被用于医院等医疗机构。

听诊法血压测量 [auscultation method] 又称柯氏音法。一种无创、间接的人体血压测量方法。先用一连接水银柱的袖带将被测者的臂膀扎住，关闭阀门，然后对袖带打气，再适当松开阀门进行放气。放气期间，将听诊器听筒放在袖带与臂膀之间动脉附近，听脉搏音。开始时因为袖带压力大将脉搏阻断，几乎没有声音或声音很小；随着袖带压力下降，脉搏音逐渐增大，在一个点上会感到声音明显增大，到最大后在逐渐减小，最后声音变调、消失。脉搏音明显增大时刻所对应的水银柱高度为收缩压，而脉搏音从大到小开始变调时刻对应为舒张压。

柯氏音法 [Korotkoff sounds] 即听诊法血压测量。

示波法血压测量 [oscillometric method] 临床上各类监护仪中电子血压计广泛采用的血压测量技术。血压测量时气袖中的压力随放气下降外还存在一个震荡脉搏波，由脉搏波的规律可以得到收缩压和舒张压。

脉搏图仪 [pulse plotter] 用来测量人体脉搏跳动次数的医疗电子仪器。正常心搏动时脉率与心率相同。

脉搏血氧仪 [pulse oximetry] 又称脉氧仪。测量病人动脉血液中氧气含量的一种医疗设备，提供了以无创方式测量血氧饱和度或动脉血红蛋白饱和度的方法。脉搏血氧仪还可以检测动脉脉动，因此也可以计算并告知病人的心率。

脉氧仪 [pulse oximetry] 即脉搏血氧仪。

光电血管容积描记 [photoplethysmography] 又称光体积描记。根据光电转换的原理检测末梢血管内血液灌流状态的一种无创伤性检测方法，可以观察可见部位末梢循环的变化。利用光电传感器，检测经过人体血液和组织吸收后的反射光强度的不同，描记出血管容积的变化。

光体积描记 [photoplethysmography] 即光电血管容积描记。

光电血氧仪 [oximeter] 监测动脉中携带氧的血红蛋白与不携带氧的血红蛋白的比例的医疗设备。一般有两个发光二极管，面向病人的待测部位—通常是指尖或耳垂。一只二极管释放波长为 660 纳米的光束，另一只释放 905nm，910nm 或者 940nm 的光束。利用含氧与不含氧两种血红蛋白对这两种波长的吸收率与不含氧的差别，可以计算出两种血红蛋白的比例。

心电监护仪 [electrocardiography, ECG] 又称心电图机。结合心电监测技术与移动计算技术，对心电异常变化进行实时动态监测预警的辅助性诊断设备。具有心电信息的采集、存储、智能分析预警等功能。并具备精准监测、触屏操作、简单便捷等特点。

心电图机 [electrocardiography, ECG] 即心电监护仪。

多导同步心电监护分析仪 [multi-lead synchronous ECG analyzer] 提供持续存储和分析单或多导且同步的动态心电信号的仪器。

动态心电图 [dynamic electrocardiography, DECG, Holter] 又称 Holter 监测心电图仪。1947 年由 Holter 首先应用于监测心脏电活动的研究，是临床心血管领域中非创伤性检查的重要诊断方法之一。与普通心电图相比，其可于 24 小时内连续记录多达 10 万次左右的心电信号，提高了对非持续性心律失常，尤其是对一过性心律失常及短暂的心肌缺血发作的检出率，因此扩大了心电图临床运用的范围。

遥测心电图 [telecardiogram] 应用集成电路技术，将心电放大器和小型无线电发射机，做成可以放在口袋里只有肥皂盒大小的盒子，从被检查者胸前所粘的电极里取得心电信号的仪器。

遥测心电图机 [telecardiography] 又称遥测心电图描记法。俗称数字式智能化心电图机。具有遥测心电信号、图形描记与分析诊断功能的心电图机。

遥测心电图描记法 [telecardiography] 即遥测心电图机。

心电移动实时遥测 [mobile real-time telemetry of ECG] 通过移动设备进行的远程实时遥测。

浮地式输入 [floating input] 将与病人直接相连的电路，如输入部分、前置放大部分路) 的地线悬空，与后级主放大电路、与后级主放大电路、记录器驱动电路及走纸部分的地线隔离，以保证病人与大地之间绝缘。

心律监测仪 [heart rate monitor] 由心率监测发射器和心率监测接收器组成的实用新型设备。其中心率监测发射器包括心率传感电路、发射信号处理电路、信号发射电路，心率传感电路的输出端接发射信号处理电路的输入端，发射信号处理电路的输出端接信号发射电路的输入端。心率监测接收器包括信号接收电路、心率信号、分析处理电路以及报警电路，信号接收电路的输出端接接收信号处理电路的输入端，接收信号处理电路的输出端接报警电路的输入端。

胎儿心率监护仪 [fetus heart rate monitor] 利用超声多普勒原理和胎儿心动电流变化，以胎心率记录仪和子宫收缩记录仪为主要结构，可描绘胎心活动图型的测定仪。胎儿心率受交感神经和副交感神经调节，通过信号描记瞬间的胎心变化所形成的监护图形的曲线，可以了解胎动时、宫缩时胎心的反应，以推测宫内胎儿有无缺氧。主要是两条线，上面一条是胎心率，正常情况下波动在 120~160，一般基础心率线表现为一条波形直线，出现胎动时心率会上升，出现一个向上突起的曲线，胎动结束后会慢慢下降，胎动计数 >30 次/ 12 小时为正常，< 10 次/12 小时提示胎儿缺氧。下面一条表示宫内压力，只要在宫缩时会增高，随后会保持 20mmHg 左右。

胎儿心电监护仪 [fetus ECG monitor] 又称胎心监护仪。非侵入性测量的产前监护系统，它通过波形和图表，显示出母亲腹部宫缩和胎儿心率，并且能够将数据记录在一个带状图表记录器上。该数据能够对胎儿分娩期前的健康状况的评估提供帮助 (应激反应试验)。本器械仅限于经过训练的医护人员在医院、诊所、诊室和病人家中使用。

多参数生理监护仪 [Multi-parameter physiological monitor] 通过各种功能模块监测病人的一种设备。实时检测人体的心电信号、心率、血氧饱和度、血压、呼吸频率和体温等重要参数，实现对各参数的监督报警、信息存储和传输，为医学临床诊断提供重要的病人信息。

生理记录仪 [polygraph] 将各种电信号 (包括其他非电信号通过换能器转换来的电信号) 用描笔记录或在荧光屏上显示出来的设备。可包括脑电、心电、血压、呼吸、胃肠平滑肌、骨骼肌、心肌收缩等电信号和非电生物信号。

脑电图仪 [electroencephalography] 又称

脑电图描记法。通过脑电图描记仪将脑自身微弱的生物电放大记录成为一种曲线图，以帮助诊断疾病的一种现代无创辅助检查方法。随着科学技术的发展，在常规脑电图的基础上，近年又发展了深部脑电图、定量脑电图、磁带记录脑电图监测、闭路电视脑电图和录像监测等，提高了临床应用价值和范围。记录到的是脑神经细胞的生物电，为一组不同振幅和不同频率的波所组成的曲线。当脑组织受到病变的影响，可产生不正常 EEG。必须指出，不正常 EEG 并不一定具有临床意义；反之，正常 EEG 也不能作为脑内没有深部病变的根据。必须密切联系临床才能作出较全面的评估。

脑电图描记法 [electroencephalography]　即脑电图仪。

电磁式血流计 [electromagnetic blood flowmeter]　监测通过动脉的血流速度的仪器。由一对电极 a 和 b 以及磁极 N 和 S 构成，磁极间的磁场是均匀的。使用时，两电极 a、b 均与血管壁接触，两触点的连线、磁场方向和血流速度方向两两垂直。由于血液中的正负离子随血流一起在磁场中运动，电极 a、b 之间会有微小电势差。

肌电图仪 [electromyography，EMG]　又称肌电图描记法。应用电子学仪器记录肌肉静止或收缩时的电活动，及应用电刺激检查神经、肌肉兴奋及传导功能的方法。实际使用的描记方法有两种：一种是表面导出法，即把电极贴附在皮肤上导出电位的方法；另一种是针电极法，即把针电极刺入肌肉导出局部电位的方法。用后一种方法能分别记录肌肉每次的动作电位，而根据从每秒数次到二、三十次的肌肉动作电位情况，发现频率的异常。

肌电图描记法 [electromyography，EMG]　即肌电图仪。

神经电描计术 [electroneurography，ENOG]　神经电描记。1979 年首次由 Esslen 和 Fisch 提出，用来检查外周神经的完整性和电导率的一种神经系统的非侵入性测试。它包括在在皮肤下的一个点施加短暂的电刺激，同时，在神经体内的传输轨迹上的另外一个点记录下电活动。

心音图仪 [electrophonocardiograph]　将心动周期中心脏跳动时，心肌收缩、瓣膜启闭、血液加速度和减速度对心血管壁的加压和减压作用以及形成的涡流等因素引起的机械振动而产生的声音，通过传感器，如听诊器等，记录下来的电子仪器。

呼吸监护 [respiratory monitoring]　对病人呼吸频率的监护。有热敏式和阻抗式两种测量方法。热敏式是将高精度、高可靠的 NTC 热敏电阻器与 PVC 导线连接，用绝缘、导热、防水材料封装成所需要的形状，便于安装与远距离测控温；阻抗式是采用液晶显示器作为显示屏，具有实时检测呼吸频率参数和自动报警功能，并可通过键盘设置呼吸频率上、下限值。呼吸频率是病人在单位时间内呼吸的次数，单位是次/分。平静呼吸时，新生儿 60~70 次/分，成人 12~18 次/分。

电子呼吸描记器 [electropneumograph]　记录机体呼吸运动的装置。主要是对哺乳类描记其呼吸时出入的气量或肺内压的变化。

电子体温计 [electronic thermometer]　由温度传感器、液晶显示器、纽扣电池、专用集成电路及其他电子元器件组成，能快速准确地测量人体体温的仪器。与传统的水银玻璃体温计相比，具有读数方便，测量时间短，测量精度高，能记忆并有蜂鸣提示的优点，尤其是不含水银，对人体及周围环境无害，适合于家庭，医院等场合使用。利用温度传感器输出电信号，直接输出数字信号或者再将电流信号（模拟信号）转换成能够被内部集成的电路识别的数字信号，然后通过显示器（如液晶、数码管、LED 矩阵等）显示以数字形式的温度，能记录、读取被测温度的最高值。最核心的元件就是感知温度的 NTC 温度传感器。传感器的分辨率可达 ±0.01 ℃，精确度可达 ±0.02 ℃，反应速度 <2.8s，电阻年漂移率 ≤0.1%（相当于小于 0.025 ℃）。

电子阴道镜 [electronic colposcopy]　由 CCD 摄像机、LED 冷光源、支架、云台、台车、计算机、液晶显示器、阴道镜专业软件组成的一种妇科临床诊断仪器。适用于各种宫颈疾病的诊断，能将观测到的图像放大 10 ~ 60 倍，发现肉眼不能发现的微小病变。借着这种放大效果，医生可以通过大屏幕显示器清楚地看到子宫颈表皮上的血管以及极其微小的病灶细节，有助于提高判断糜烂、癌前病变、癌症等病变的准确率，为宫颈癌的早期诊断提供依据，使患者提前得到有效的治疗，使宫颈癌的治愈率大大提高。

血糖仪 [glucose meter, glucometer]　又称血糖计。一种测量血糖水平的电子仪器。血糖测量是血液检查的一种，可以通过全血、血清或血浆样品来测量其中的葡萄糖浓度。主要的检查方法为化学法和酶法。化学法是利用葡萄糖在反应中的非特异还原性质，加入显色指示剂，通过颜色的变化来确定其浓度。但血液中也含有其他还原性物质，如尿素（特别是尿毒症病人的血液）等，因此化学法的误差为 50~150 毫克/升。由于与葡萄糖有很高的结合特异性，因此酶法没有这一问题。其中常用的酶为葡萄糖氧化酶和六碳糖激酶。从工作原理上，分为光电型和电极型两种。光电血糖仪类似 CD 机，有一个光电头，它的优点是价格比较便宜，缺点是探测头暴露在空气里，很容易受到污染，影响测试结果，误差范围在 ± 0.8 左右，使用寿命比较短，一般在两年之内是比较准确的，使用两年后建议做校准。电极型的测试原理更科学，电极可内藏，可以避免污染，误差范围在 ± 0.2 左右。精度高，正常使用的情况下，不需要校准，寿命长。

血糖计 [glucose meter]　即血糖仪。

人体阻抗分析仪 [body impedance analysis, bioelectrical impedance analysis]　又称**人体成分分析仪**、**生物电阻抗分析仪**。一种测量生物电阻抗 (BIA) 的方法，确定人体成分的仪器。采用微弱的、人体感觉不到恒定交流电流，通过人体手、足与电极连接测量人体各部分的电阻抗。人体内脂肪为非导电体，而肌肉水分含量较多为易导电体。如脂肪含量多，肌肉少，电流通过时生化电阻值相对较高，反之生化电阻值相对较低。人体成分分析仪测得的人体成分有：细胞内液、细胞外液、体内总水分、体脂肪、体蛋白、肌肉、瘦体重、矿物质等 8 种成分，以及 11 项指标：脂肪百分比、肥胖度、体质指数、基础代谢率、标准肌肉、标准体重、体重控制、脂肪控制、肌肉控制、目标体重以及水肿系数等。为了使测试者体态匀称，身体健康，仪器可向测试者提出营养措施和运动建议。

人体成分分析仪 [body impedance analysis]　即人体阻抗分析仪。

生物电阻抗分析仪 [body impedance analysis]　即人体阻抗分析仪。

电阻抗断层成像 [electrical impedance tomography，EIT]　根据生物体内不同组织以及同一组织在不同状态下具有不同电导率的现象，通过在生物体表面施加安全电流 (电压)，测量表面电压 (电流)，重建生物体内部的电阻抗分布图的成像技术。根据成像目标不同，分动态电阻抗成像和静态电阻抗成像两种。动态电阻抗成像是对阻抗变化的相对值成像；静态电阻抗成像是对阻抗分布的绝对值成像。

计步器 [pedometer]　主要由振动传感器和电子计数器组成，记录步行状况的仪器。人在步行时重心都要有上下移动，以腰部的上下位移最为明显。所以计步器挂在腰带上最为适宜。工作核心就是振动传感器，一个平衡锤在上下振动时平衡被破坏使一个触点能出现通/断动作，由电子计数器记录并显示就完成了主要功能，其他的热量消耗，路程换算均由电路完成。一般根据传感器的形式可分为 2D 计步器和 3D 计步器。按功能分又可以分为单功能计步器，计步器手表，脂肪测量计步器等等。

重症监护仪 [intensive care unit monitor, ICU monitor]　又称**重症监护室监护仪**。在重症监护室里让医生、护士一目了然地在仪器上获取病人的各种重要生理指数，减少对各种生命支持器械的频繁使用，节省医疗费用。关键技术在于其专用"数据盒"，能将仪器采集到的诸如血液动力学数据、心率、心脏工作情况、血氧含量、肺部循环情况和其他一些重要生理指数直接反映在电子显示屏上。一旦某些数据达到临界状态，仪器还会用蜂鸣器和闪烁红灯发出警告，提醒医护人员及时采取对症治疗措施。

重症监护室监护仪 [ICU monitor]　即重症监护仪。

麻醉监护仪 [anesthetic monitor]　用于吸入式全身麻醉全过程中对麻醉剂的探测，能方便迅速地测出不同麻醉气体的装置。采用半导体气敏元件，经过化学透析膜作气敏选择，并安装在能对麻醉剂循环密封的系统工作。同时还检测心电、呼吸、无创血压、血氧饱和度、脉搏、体温等生理参数。

家庭监护仪 [home monitor]　设置在病人家里，能够对病人的各种生理参数或某些状态进行连续的监测，并可与已知设定值进行比较，如果出现超标，可发出警报的装置或系统。24 小时连续监护病人的生理参数，检出变化趋势，指出临危情况，提供医生应急处理和进行治疗的依据，使并发症减到最少达到缓解并消除病情的目的。标准 6 参数为心电、呼吸、无创血压、血氧饱和度、脉搏、体温。此外可选的参数包含：有创血压、呼吸末二氧化碳、呼吸力学、麻醉气体、心输出量 (有创和无创)、脑电双频指数等等。

床边监护仪 [bedside monitor]　设置在病床边与病人连接在一起的仪器，能够对病人的各种生理参数或某些状态进行连续的监测，予以显示报警或记录，它也可以与中央监护仪构成一个整体来工作。监护参数与家庭监护仪相同。

实时监护仪 [real-time monitor]　一种以测量和控制病人生理参数，并可与已知设定值进行比较，如果出现超标，可发出警报的装置或系统。24 小时连续监护病人的生理参数，检出变化趋势，指出临危情况，提供医生应急处理和进行治疗的依据，使并发症减到最少达到缓解并消除病情的目的。除测量和监护生理参数外，还用于监视和处理用药及手术前后的状况。监护参数与家庭监护仪相同。

远程医疗 [telemedicine]　通过计算机技术、通信技术与多媒体技术，同医疗技术相结合，旨在提高诊断与医疗水平、降低医疗开支、满足群众保健需求的一项全新的医疗服务。包括远程诊断、远程会诊及护理、远程教育、远程医疗信息服务等所有医学活动。其优点有：(1) 在恰当的场所和家庭医疗保健中使用远程医疗可以极大地降低运送病人的时间和成本。(2) 可以良好地管理和分配偏远地区的紧急医疗服务，这可以通过将照片传送到关键的医务中心来实现。(3) 可以使医生突破地理范围的限制，共享病人的病历和诊断照片，从而有利于临床研究的发展。(4) 可以为偏远地区的医务人员提供更好的医学教育。

远程监护仪 [telemonitor]　又称**遥测监护仪**。一个将护士站与医生站集成为一体的超级工作站平台，整个系统可根据需求任意缩小与扩大，可为不同科室定制个性化的整体系统监护解决方案。可通过无线遥测联网，无线远程联网，无线局域联网等任意一种方式或混合组网方式同步统一接受信号。在移动监测同时不影响住院病人日常起居生活，同时将病人监护从床边解放出来。

遥测监护仪 [telemonitor]　即远程监护仪。

无线监护 [wireless monitor]　利用无线通信技术辅助医疗监护。作为一种结合了医疗监护与无线通信的服务，不仅能使人们在任何时间、任何地点获得病理的监护，而且以便利、高效和安全的方式为使用者提供健康咨询、辅助诊断以及创新的服务。

手机实时监护 [mobile real-time monitoring]　通过智能手机与采集病人信息的监护仪无线网络连接，实时得到病人的数据，智能手机上的程序自动筛选一场数据、突发事件后，通过网络将他们发送到中心服务器，并根据异常数据的优先级通知医生。具有实时性、可扩展性和智能性。

生物遥测 [biotelemetry]　主要用于集中监护病员，远距离测量活动对象的生理参量，保健管理和体内电子诊断等方面。这种集中监护病员的方式也可推广到医院和医院之间，利用电话线或无线电方式传送病员生理参量，供医生诊断和会诊之用。

植入式遥测 [implantable telemetry]　将生理信号采集发送装置集成到极小的电子发射器中，并植入至动物机体组织相应部位内，应用其发射功能将采集到的生理信号利用无线传输的方式发送给体外信号接收器，接收器对其信号进行数据转换后传输到软件中做分析，实现实时的数据解析采集功能。整个过程与实验对象无任何直接接触，实现了对动物在自动活动中的生理信息采集，避免了人为因素对动物本身影响的情况。

电刺激 [electrical stimulation]　对生物体兴奋组织施加刺激，导致神经细胞产生动作电位，并引起其他机械或生物活动，用于获取有关信息和进行治疗。四个因素影响兴奋的强度：刺激的强度，刺激的持续时间（间期），刺激强度的变化率，刺激的频率。用途包括获取有关兴奋、传导和反应的规律，控制和替代生物机能，达到治疗的目的，判断是否存在病理变化。

强度阈 [threshold of intensity]　使膜电位去极化达到阈电位引发动作电位的最小刺激强度。

时间阈 [threshold of duration]　由某种强度的刺激引起某种反应时，最短的有效刺激时间。

时值 [chronaxie]　用二倍的基电流（有效的最低强度电流）刺激时的利用时称为时值。

利用时 [utilization time]　用基强度来刺激组织时，能引起组织兴奋所必需的最短作用时间。一般是用来测试组织的敏感程度。

基强度 [rheobase]　在理论上把刺激作用时间无限长时（一般只需超过 1 毫秒），引起组织兴奋所需要的最小电流强度。

绝对不应期 [absolute refractory period]　在组织兴奋后的一段时期，不论再受到多大的刺激，都不能再引起兴奋。

相对不应期 [relative refractory period]　在绝对不应期之后，细胞的兴奋性逐渐恢复，受刺激后可发生兴奋，但刺激必须大于原来的阈强度。

易损期 [ventricular vulnerable period]　又称心室易损期。在心电周期中一个特定的时期，在此时期内给予心室的刺激极易引起一连串的室性心动过速甚至室颤。

心室易损期 [ventricular vulnerable period]　即易损期。

功能性电刺激 [functional electrical stimulation, FES]　利用一定强度的低频脉冲电流，通过预先设定的程序来刺激一组或多组肌肉，诱发肌肉运动或模拟正常的自主运动，以达到改善或恢复被刺激肌肉或肌群功能的目的。属于神经肌肉电刺激 (neuromuscular electrical stimulation, NES) 的范畴。

刺激隔离 [stimulus isolation]　刺激时会引起一些副作用。如电刺激时刺激电流会使金属的刺激电极电解，金属离子扩散进入生物组织，有的离子有毒；又如刺激电流在生物体内扩播，记录生物电时也能记录到它的波形，叫刺激伪迹，干扰正常记录。因此，在刺激时必须设法减少副作用。例如选用合适的刺激电极的材料，刺激波形选用正负方波等来减少电极电解作用的危害；使用刺激隔离器，使刺激电流尽量局限于刺激电极的周围，以减少刺激伪迹对生物电记录的干扰。

电子刺激器 [electronic stimulator]　发出电脉冲用以引起组织兴奋的仪器。如光、声、电、温度、机械及化学因素等多种刺激因素都可使可兴奋组织产生生理反应。由于电刺激在刺激频率、强度及刺激持续时间方面均易精确控制，对组织没有损伤或损伤较小，故生理科学实验中常用电脉冲作为刺激。

电疗 [electrotherapy]　又称电痉挛疗法。利用不同类型电流和电磁场治疗疾病的方法。物理治疗方法中最常用的方法之一。主要有直流电疗法、直流电药物离子导入疗法、低频脉冲电疗法、中频脉冲电疗法、高频电疗法、静电法。不同类型电流对人体主要生理作用不同。直流电是方向恒定的电流，可改变体内离子分布，调整机体功能，常用来作药物离子导入；低、中频电流刺激神经肌肉收缩，降低痛阈，缓解粘连，常用于神经肌肉疾病，如损伤、炎症等；高频电以其对人体的热效应和热外效应促进循环，消退炎症和水肿，刺激组织再生，止痛，常用以治疗损伤、炎症疼痛症候群，大功率高频电可用于加温治癌；静电主要作用是调节中枢神经和植物功能，常用于神经官能症、高血压早期、更年期症候群。

电痉挛疗法 [electro-convulsive therapy or electro-convulsive therapy] 即电疗。

直流电疗法 [galvanism] 将直流电通过电极传入人体以治疗疾病的方法。直流电对人体的作用取决于其在组织中引起的物理、化学变化。人体是一个复杂的导体,在直流电场的影响下,体内进行着电解、电泳、电渗;体内的离子浓度、蛋白质、细胞膜通透性、胆碱酯酶、pH 值等均产生变化。直流电疗法可以扩张血管,促进局部血液循环,改善局部的营养和代谢,加快骨折愈合,调整神经系统功能等。一般用来治疗慢性炎症、皮肤缺血性溃疡、血栓性静脉炎、骨折、神经损伤、疼痛等。直流电疗法既可全身治疗,也可局部治疗还可将电极放入体腔内进行治疗,以及电水浴等。若根据中医经络理论,将电极置于选定的穴位上进行治疗,称之直流电穴位疗法。

直流电药物离子导入疗法 [iontophoresis] 使用直流电将药物离子通过皮肤、粘膜或伤口导入体内进行治疗的方法。其基本原理是利用正负电极在人体外形成一个直流电场,在直流电场中加入带阴阳离子的药物,利用电学上"同性相斥,异性相吸"的原理,使药物中的阳离子从阳极,阴离子从阴极导入体内,达到治疗疾病的目的。例如导入氯化钾(钾离子为阳离子),可以提高神经肌肉的兴奋性,用于治疗周围神经炎和神经麻痹。再例如,导入中药草乌 (主要成分为生物碱,含阳离子),可治疗骨质增生引起的关节疼痛和神经疼痛。治疗骨质增生最常用的方法是将食用醋 (食用醋的主要成分为醋酸,含阴离子) 作为导入的药物。醋酸离子在电场的作用下,通过皮肤进入体内,与骨骼上的钙离子相互作用,减少钙盐的沉着,消炎止痛,达到治疗骨质增生的目的。

低频脉冲疗法 [low frequency impulse electrotherapy] 又称为非损伤性脉冲疗法。应用频率 1000H 以下的脉冲电流治疗疾病的方法。低频脉冲以其机械效应、热效应、理化效应起到治疗作用。低频脉冲治疗的机械效应 (高频震荡效应) 可扩张血管,改善血液供应,消融动脉粥样硬化物,降低胆固醇及甘油三脂水平,促进血栓溶解;低频脉冲治疗的温热效应可以预防和解除小动脉痉挛,增加毛细血管的开放数,促进侧支循环的建立,促进血瘀的吸收;低频脉冲治疗的理化效应,可激活神经元细胞,增强线粒体的有氧氧化能力,提高生物酶的活性。其特点是: (1) 均为低压、低频,而且可调; (2) 无明显的电解作用; (3) 对感觉、运动神经都有强的刺激作用; (4) 有止痛但无热的作用。目前常用的低频脉冲电疗法有:感应电疗法、间动电疗法、电睡眠疗法、超刺激电疗法、经皮神经电刺激疗法、电兴奋疗法等。

非损伤性脉冲疗法 [non-invasive impulse electrotherapy] 即低频脉冲疗法。

感应电疗法 [faradization] 又称法拉第电流。利用感应电流进行治疗的方法。感应电流是用电磁应原理产生的一种双相、不对称的低频脉冲电流,频率在 60~80Hz,故属低频范围。感应电流的两相中,主要有作用的是高尖部分,其低平部分由于电压过低而常无生理的治疗作用。

法拉第电流 [Faraday current] 即感应电疗法。

间动电疗法 [diadynamic therapy] 将间动电流 50Hz 正弦交流电流以后叠加在直流漏上而构成的一种脉冲电流,由法国 Bernard 氏首先发现并研究,故又称贝尔钠电流。治疗作用主要有:止痛作用、改善血液循环、对神经肌肉组织的作用。

贝尔钠电流 [Bernard current] 即间动电疗法。

电睡眠疗法 [electrosleep therapy] 又称脑部通电疗法。以弱量的脉冲电流通过颅部引起睡眠或产生治疗作用的方法。疗法是采用低频脉冲电流,其波型是直角脉冲波。其波型很像脑电图的 δ 波,合乎生理要求,但脉冲前沿陡,在低强度时能获得最佳效应。波宽 0.2~0.5ms,频率 10~200Hz。

脑部通电疗法 [electrosleep therapy] 即电睡眠疗法。

电兴奋疗法 [electro-stimulation therapy] 用大剂量 (患者能耐受为准) 的感应电、断续直流电在患部或穴位上作短时间的通电治疗的方法。它采用了改装后的线绕蜂鸣式感应直流电疗机,其感应电流具有波距不等,波峰不齐等特点,作用人体时产生一种较强的刺激,使神经肌肉高度兴奋,从而调整功能,达到防治疾病的目的。

经皮的神经电刺激疗法 [transcutaneous electrical nerve stimulation,TENS] 通过皮肤将特定的低频脉冲电流输入人体以治疗疼痛的电疗方法。这是 70 年代兴起的一种电疗法,在止痛方面收到较好的效果。TENS 疗法与传统的神经刺激疗法的区别在于:传统的电刺激,主要是刺激运动纤维;而 TENS 则是刺激感觉纤维而设计的。

神经肌肉电刺激疗法 [neuromuscular electrical stimulation, electrical muscle stimulation] 又称肌肉电刺激疗法。任何利用低频脉冲电流,刺激神经或肌肉,引起肌肉收缩,提高肌肉功能,或治疗神经肌肉疾患的一种治疗方法。国外用于瘫痪治疗已有 40 多年的历史,主要采用经皮电神经刺激和功能性电刺激。

肌肉电刺激疗法 [electrical muscle stimulation] 即神经肌肉电刺激疗法。

中频电疗法 [medium frequency electrotherapy] 应用频率为 1000~100000Hz 的脉冲电流治疗疾病的方法。目前临床常用的有干扰电疗法、调制中频电疗和等幅正弦中频 (音频) 电疗法三种。近年来,随着计算机技术的应用,已有脑中频电疗机、电脑肌力治疗机问世,并应用于临床。中频电流是一种正弦交流电,由于是交流电,作用时无正负极之分,亦不产生电解作用,可以克服机体组织电阻,而达到较大的作用深度。中频电疗作用镇痛作用的局部，皮肤痛阈明显增高，临床上有良好的镇痛作用。尤其是低频调制的中频电作用最明显。中频电流，特别是 50～100Hz 的低频调制中频电流，有明显的促进局部血液和淋巴循环的作用，可使皮肤温度上升，小动脉和毛细血管扩张，开放的毛细血管数目增多等。低频调制的中频电流与低频电流的作用相仿，能使骨骼肌收缩，因此常用于锻炼骨骼肌，且较低频电流更为优越，等幅中频电流(音频电) 有软化疤痕和松解粘连的作用，临床上广为应用。

高频电疗法 [oudinization, or high frequency elec-trotherapy] 应用高频电流作用于人体以治疗疾病的方法。频率大于 100kHz 的交流电属于高频电流。高频电疗的作用方式有 5 种，共鸣火花放电法、直接接触法、电容场法、电感法、电磁波辐射法。高频电共分为，长波 (共鸣火花疗法)、中波、短波、超短波、微波疗法、分米波疗法、厘米波疗法、毫米波疗法。长波疗法是利用火花放电产生的减幅、断续的高频电流 (高电压、弱电流) 作用于人体以治疗疾病的方法，称共鸣火花电疗法。能改善血液循环，火花刺激皮肤感受器而引起皮肤内脏反射，对深部器官发生影响，使感觉神经、运动神经、肌肉的兴奋性降低等。

脉冲电磁场疗法 [pulsed electromagnetic field therapy] 将脉冲电磁场用于医疗领域，利用脉冲电磁疗法电场差的刺激作用，促使细胞加速分裂，促进成骨细胞形成的方法。临床上用来进行骨质疏松的研究，股骨头坏死和骨质疏松是两个病症。脉冲电磁场治疗对促进骨折愈合是一种行之有效的治疗方法：(1) 改善局部血微循环，在局部炎症控制过程中起重要作用；(2) 通过体液免疫积聚骨生长因子，提高成骨细胞的活性，刺激新生血管和新骨的形成；(3) 软骨保护作用，高频螺旋脉冲电磁场被认为是股骨头坏死 I 或 II 的重要治疗手段，可改善微循环，促进血管向坏死灶长入，可促进成骨活性，预防骨小梁骨折和软骨下骨的塌陷，迟延股骨头坏死行关节置换术的时间，对缓解疼痛症状有较好的疗效，可作为治疗早期股骨头坏死的辅助手段。

人工心脏起搏器 [artificial cardiac pacemaker] 一种发出脉冲电流以带动心脏起搏的机械装置。其主要结构是脉冲发生器及起搏导管。通常将起搏导管经头静脉或锁骨下静脉送达心房和 / 或心室，并与埋于胸大肌表面皮下的脉冲发生器相连，即可带动心房和 / 或心室跳动。起搏器在缓慢性心律失常病人，可替代心脏发放一定频率的电脉冲，维持合适范围的心率，也可通过发放比心动过速更快或提前发生的脉冲终止心动过速。起搏器种类繁多，分体外临时及体内永久性两种。体内永久性起搏器的功能以代码表示 (如 AAIR、VVI、VVIR、DDD 等)，第一位代码表示起搏的心腔，第二位代表感知的心腔，第三位代表反应方式，第四位代表程序控制功能，第五位代表抗心动过速功能。中国常用类

型为 VVI、AAI 及 DDD3 种。人工心脏起搏器的主要适应症包括：(1) 病窦综合征；(2) II度II型以上的房室传导阻滞；(3) 反复发作的颈动脉窦性昏厥和心室停搏；(4) 异位快速心律失常药物治疗无效者。

起搏节律 [paced rhythm] 在不受自身心搏抑制的情况下单位时间内发放的刺激脉冲次数。患者的心率可高于起搏器频率，但却不能低于它。患者心率高于起搏器频率，有快于起搏器频率的自身心率出现。起搏可以是单极或双极两种形式起搏，并以不同方式组成起搏回路。刺激信号又称脉冲信号或起搏信号，代表脉冲发生器发放的有一定能量的刺激脉冲，脉冲宽度 0.4～0.5ms，在心电图上表现为一个直上直下的陡直的电位偏转，有人将之称为钉样标记。应当注意刺激信号的幅度与两个电极间的距离成正比关系，双极起搏时，正负两极间距离小，刺激信号较低，在某些导联心电图上几乎看不到。刺激信号的另一特点是不同导联记录的刺激信号幅度高低有一定的差异。这与起搏电脉冲方向在心电图导联轴上的投影不同有关。分析起搏心电图应挑选起搏信号振幅高的导联分析。

起搏信号 [paced pulse] 即起搏节律。

逸搏间期 [escape interval] 起搏心电图中，自身的心电活动 (P 波或 QRS 波) 与其后的起搏信号之间的间期称为起搏逸搏间期，两次连续的起搏信号间的间期。起搏间期与设定的起搏基本频率一致。这与心电图中结性逸搏间期与结性心律的频率间期的概念完全一样。多数情况下起搏逸搏间期与起搏间期相等，对有滞后功能的起搏器启用了滞后功能时，起搏逸搏间期比起搏间期长。滞后功能是起搏器的一种功能，是为了保护和鼓励更多的自主心律，并兼有节约电能的意义。

反拗期 [refractory period] 各种同步型起搏器都具有一段对外界信号不敏感的时间，这个时间相当于心脏心动周期中的不应期，在起搏器中称为反拗期。在检测到 R 波或发出起搏脉冲后的一段时间内是不可能有 R 波或 P 波的。通常采用消隐电路，使电极中的信号不传入到放大器。通过设置反拗期可以防止起搏器被 T 波或其他外来电信号误触发，以防造成起搏频率减慢或起搏心率不齐。

心脏除颤器 [defibrillator] 又称电复律机。一种应用电击来抢救和治疗心律失常的一种医疗电子设备。

电复律机 [defibrillator] 即心脏除颤器。

生物反馈 [biofeedback] 通过研究外界信息对生物自稳系统的影响和作用 - 信息反馈，加速自稳系统的修复功能。基于此，形成了诸如心理训练、生物反馈等非药物治疗方法。反馈是指对人体内脏的自发活动或某种生理参数进行检测，以某种形式 (声、光、电等) 反馈给人体的视觉、听觉被直接感知，引导受试者有意识地进行学习和生理活动的自我

调节，以实现自我控制，达到防病治病之目的。

肛直肠肌电生物反馈仪 [the biofeedback treatment instrument for anal sphincter]　又称**便秘治疗仪**。慢性便秘困扰着许多患者，而研究表明 50% 以上的便秘是因为肌肉不能协调动作造成的，患者排便时却在收缩肛门的括约肌。这种病症已定义为"肛门痉挛"，它是很容易通过肌电 (EMG) 生物反馈训练得到显著的治疗。因此肛直肠肌电生物反馈仪，目的是将肛门括约肌的肌电信号和腹部肌电信号检测出来，让患者在医生指导下依据在显示屏上可视的便秘波形作生物反馈治疗，以达在排便动作时维持肛门括约肌的放松，从而消除便秘的困扰。

便秘治疗仪 [constipation instrument]　即肛直肠肌电生物反馈仪。

人体平衡反馈训练仪 [body balance feedback training instrument]　测量不同状态下人体重心变化并据此分析其平衡水平的一种测试设备。包括静态平衡仪和动态平衡仪，分别可以评定人体静态平衡能力和动态平衡能力。其中静态平衡是指相对静止状态时控制身体重心的稳定性，动态平衡是指在活动中控制身体重心并调整姿态平衡的能力。平衡是指身体所处的一种姿态以及在运动或外力作用时能自动调整并维持姿势的一种能力，正常情况下人体平衡由前庭系统、视觉以及本体感觉系统协调完成。通过生物反馈原理进行训练，可治疗平衡功能有障碍疾患之目的。

脑电生物反馈 [EEG biofeedback]　又称**神经反馈**(neurofeedback NFB)，神经生物反馈 (neurobiofeedback)。通过工程技术手段将脑电 (EEG) 信息检测出来，并加以处理之后再将这些信息以视觉或听觉形式反馈给受训者诱导出与神经放松相关的脑电波。以此通过反复训练产生持久效应，使大脑对自己脑电信息的认识，形成一种"习惯"。从而学会有意识地控制自身的脑电活动，不断地产生健康的脑电模式，保持所需要的特定波形及频率分量的脑电，从而达到治疗的目的。

神经反馈 [neurofeeback]　即脑电生物反馈。

自主神经功能仪 [autonomic nervous function instrument]　通过测定正常心搏间期变化的大小及快慢、逐次心跳间期之间的微小变异 - 心率变异，来反映窦房结自律性受自主神经系统 (autonomic nervous systerm, ANS) 调节作用的功能，获得的反映自主神经功能的心率变异性参数为心理生物学及生物反馈治疗的有效性能指标的仪器。

心率变异性 [heart rate variability,HRV]　窦性心律逐次心跳间期之间的微小变异，其心率变异性参数为心交感、迷走神经的张力及其平衡关系的非入侵性指标，与焦虑抑郁等心理障碍有紧密的内在联系。

智能胰岛素注射笔 [intelligent insulin injector]　采用先进的电子技术控制微型步进电机驱动胰岛素药剂筒。精确完成设定剂量的胰岛素注射。控制软件采用智能化菜单式管理方式，操作简便，实现了胰岛素注射过程的安全和智能化。

20.2　磁 医 学

磁的概念 [concept of nagnetism]　生物体本身存在电流和磁场，也不断地受到外界电磁场的作用，对生物体的成长发育和病变等有相应影响。在生物磁医学中，磁的概念和强度度量等，也和物理学中定义相同。现就主要的磁的概念简叙的如下：磁感应强度为通过单位面积磁感应线数。通常以符号 B 表征，$B = 4\pi M + H$，H 为外加磁场，M 为磁化强度，磁化强度表征物质内磁矩总和。磁场的分布，可用磁感应线来表述，是具有方向的曲线，线上每点的切线方向与该点的磁感应强度矢量方向一致。B 单位以高斯或韦伯/米^2 表示。H 单位以特斯拉或奥斯特表示，1 特斯拉 =104 高斯。在不强的磁场中，B 与 H 成正比，$B \propto H$ 或 $B = vH$，v 称为磁导率，真空中 $v = 1$。磁导率为单位磁场下的单位面积的磁通量。当 v 随 B 在变，而且很大时称之为铁磁物质。

磁石 [magnet]　俗称吸铁石。天然磁铁矿石。矿石成粒状或块状，黑铁色不透明，有金属光泽，质致密而脆，具有吸铁之特征。磁石可治病，具有散风寒、强骨、通关节、平喘逆之功效，国内外早有记载。战国时代名医扁鹊已利用磁石治病，希腊医生盖伦 (129~200 年) 利用磁石治腹泻，11 世纪阿拉伯医学家阿维森纳用磁石治肝病、脾病、水肿和秃头等症。

磁场生物效应 [biological effect of magnetic field]　外加磁场对生物体所产生的影响。如对酶活性的影响，对代谢的促进和抑制，对生物抗逆性与环境适应性的改变和提高，对微生物的抑制与促进等，从磁场强度来分，可分为强磁效应，弱磁效应，地磁效应，细胞效应，组织器官效应和生物体效应，磁场的血液循环效应，磁场对神经系统的效应，磁场的促骨再生效应。

复合平衡磁场 [composite balance magnetic field]　因不同类型磁场有不同治疗效果，复合磁场优于单一磁场根据中医阴阳平衡原理，反映宇宙自然规律的图形，与磁疗有机结合，中医认为疾病发生是阴阳失衡，调整阴阳，恢复其原有的相对平衡，是治病的基本原则。

生物磁 [biomagnetic]　研究生物体的磁性，和磁场下生命活动之间的相互作用，相互联系的学科，是一门交叉学科。一切物质均有一定的磁性，因生物体所处内、外的任何空间，均存在强弱不等的磁场，地球上的生物体 (动物、植物)，在其生长过程中，均受到地磁场的影响。地球上生命体时受到地磁场的作用。所以生命体的产生、发育、生存，无时不在地和地磁有着密切关联。生物体本身存在电流 (心电流,脑电流,肌电流等),在通过外加磁场后,产生洛伦兹力,对其产生影响,改变方向,以致引起生物系统的一些功能性变化。如受其影响和干扰,则可致病,也可治病。生物磁包括:①由生物电流所产生的磁场,如心磁、脑磁、肌磁。②在外加磁场作用下所生感生磁场,如肝、脾等所生的磁场。③由于铁、钴、镍等强磁物质被人体吸入到肺、食道、胃等消化系统,在外场磁化下产生剩磁,则为肺磁场、腹部磁场 (食道、肠胃系统)。又如磁光效应、及磁圆二向色性,均为研究生命科学中的微观构相不可缺少的手段。

人体磁图 [human body magnetic chat] 人体磁场属于生物磁场,其信号很弱,用超导量子干涉仪进行测量,人体生物磁分三种。人体中小至细胞大到器官和组织系统,总伴随着生物电流,流动运动的电荷,产生磁场,一类是在生物体中生物电活动区域,则产生生物磁场,如心、脑、肌肉和神经磁等。其次是生物体内产生感应磁场,因组成其组织的成份含有铁磁性物质如肝、脾、肾再一类是剩磁,外源性磁性物质产生的剩余磁场。当一些含有铁磁性物质粉尘,被人类呼吸到肺部、食道和肠胃系统,被污染和积累在外部磁场下磁化,即产生剩余磁场,如腹磁场和肺磁场。

心磁图 [magnetocardio gram, MCG] 心脏活动时会产生微弱磁场所形成的心脏磁场图形。其强度 10^{-10}T,1963 年 Baule 和 Mcfee 首先报道。心脏活动时所产生的磁场极为微弱,而外在环境中的磁场有时较强,一度在临床上难以用来研究。人的心磁场是随距离心脏位置的不同的非均匀磁场。自 1970 年,Cohen 等采用超导量子干涉仪 (SQUID) 的磁力计测到心脏磁场,1974 年 Opfer 等研制出二次微分型 (SOUID) 磁通信,即可获得稳定的心磁图。心磁图可诊断某些心电图无法诊断的心肌损伤,而且对右心异常的诊断也是最佳选择心磁图和心电图一样是由 P、Q、R、S、T 波及 U 波组成。但心磁图除测量交变信号外,还可测量直流 (恒) 磁场的信息,是一种三维空间的测量,无需采用和人体接触的电极,具有较高的分辨率。

脑磁场 [magnetoenephalography, MEG] 属内源性磁场,脑位于颅腔内,形态和功能很复杂并有很多尚不清楚的内容。脑的功能是由 1013 个神经和胶质细胞构成,脑神经电流在脑神经元细胞内外流动,因任何电流流动都能在其周围的区域内产生磁场,而脑诱发磁场强度仅为 10~12T,即为地磁场的 1 亿分之一,甚至 10 亿分之一,自发脑磁场为 10~13T,在头皮附近任意一点可产生神经磁场。1968 年,Cohen 提出人类神经活动能产生磁场,1969 年超导量子干涉仪问世,能测到微弱生物磁场信号。由外部条件的影响,引起脑神经活动产生的磁信号可从复杂的噪声信号中分离出来,测量这种脑神经元的微弱磁信号的仪器,称为脑磁图仪,

可研究脑部活动能得到脑活动的直接信息。可分自发性脑磁图和诱发性脑磁图,诱发性则依赖于意识和认识条件的内因性和外界施以光、声、刺激的诱发。脑磁图有对脑内的兴奋部位推断的独特性,任取一点,即可检测为非接触性检测,可忽略颅骨的影响。

胃磁图 [gastromayneto gram] 又称磁示踪法。将特制的磁性微粒示踪剂服下,经过体外磁化,则磁性示踪剂,在胃中产生 10^{-7} ～ 10^{-9}T 的微弱磁场,采用一高灵敏的磁通计,测量胃磁场随时间变化所得曲线。胃磁场衰减曲线使用 Fe_3O_4 粉作为示踪剂,粒度在 100nm 以下的粉末最好。通过图可了解正常的胃和病变的胃的差异。属于胃排空法检测。

磁示踪法 [magnetic tracer method] 即胃磁图。

肺磁图 [magneto pneumatical] 肺磁学的研究拓展出一个新领域。研究整个动物,人体和可分离的肺巨噬细胞功能。肺磁图是检测从事矿场开发的群体和从事焊接工作的人群,当其肺部吸入空气尘埃中所含铁磁性物质时,通过亥姆霍兹线圈测量磁强约十毫特斯拉,对胸部进行磁化,则胸部周围形成一弱的剩余磁场,通过测剩磁的大小,则可知肺部所含尘埃铁磁性物质或其他微量磁性污染物的多少。胸部剩磁通过磁强计或 SQUID 磁强计进行测量,通过弛豫测量可了解肺对尘埃的清除功能。肺磁场强度量级约为 10^{-11} ～ 10^{-8}T 大小,不管吸入粉尘的历史和时间长短,都能检测。

肝磁 [liver magnetic chart] 人体除有规律的生物电流流动产生磁场外,肝脏是含有较多的铁质,在地磁场或其他外界磁场作用下而产生的感应磁场。

肾磁 [renal magnetoc chart] 人体活组织内含有某些铁磁性物质,如血液中的血红蛋白含有铁离子,在外场作用下就能感生磁场。

脾磁 [magnetospleen] 脾磁属感应磁场由外界磁场感应而产生。

腹磁 [abdomen magnetoic] 是属剩余磁场类,由于职业和环境在含有铁粉尘,磁铁粉末氛围下通过呼吸道,食道进入身体内,在地磁和外在磁场环境下被磁化,产生剩余磁场。

肌磁图 [mangeto myogram SMMG] 当人的骨骼肌运动时产生肌电流形成的肌磁场随时向变化曲线。肌磁场强度约 10^{-7}GS 可通过仪器测出。

眼磁 [magneto-oculogram] 当眼球运动时,可产生磁场,产生垂直抟棉布的眼磁场分量,当受光刺激时,也会产生眼磁场,但很弱,通常眼磁场强度约为 10-8 ～ 10-9GS 通常用超导量子干涉仪可测。

视网膜磁图 [magneto retinogram MRG] 视网膜电流产生的视网膜磁场随时向变化的曲线。可用来检查眼睛的病变,受验者与探测仪之间没有直接触,消除接触电位和

参考点的问题。

神经磁学 [nerve magnetism] 研究范围涉及脑磁及外围神经磁两部分，脑磁具有相当于脑电图的脑磁图和相当于脑诱发电位的脑诱发磁场，脑磁来源于大脑皮层锥体神经细胞的胞内电流，脑磁与胞内电流的切线组分有关，不受容积电流的影响。一般测脑磁图时，同时需测量脑电图，因为两者是互补的。

细胞磁学 [cellmagnetics] 研究细胞水平的磁性，用一种 (0.5~2μ 大小) 磁性微粒 (γ-Fe_2O_3)，被某些细胞吞噬，对肺而言被肺中巨噬细胞吞噬，如将巨噬细胞用培养液作单层细胞培养，用不同方向磁场对微粒磁化。可测剩余磁场随时间衰减的弛豫曲线。这时微粒有不同取向形成一定的磁场通过相互垂直的磁通计可无损伤地测量正常和病理状态下的细胞功能。

磁光效应 [magneto optic effect] 磁性物质在外加磁场作用下，其磁状态在变化，可见光在磁介质中传播或发射，特性产生变化的效应。广而言之不同频率下所产生的电磁波在磁场影响下也会产生磁光效应，由磁性材料的特质及外加磁场强度，及光传输方向可分为法拉第效应，科顿—穆顿效应，磁圆振，磁线振，二向色性，磁光克尔效应，塞曼效应及磁激光散射。磁圆二向色谱是研究蛋白质构象与功能关系一种有效途径。

磁热效应 [magrteto caloric effect] 磁力线通过人体细胞组织，在体内诱发内热，从而产生热量，在物理上称之为焦耳热。焦耳热起着消炎和镇痛的作用，通过以热能量的方式来消炎。与电刺激疗法不同，焦耳热作用渗透到体内，而不是刺激脊髓。当磁场的焦耳热作用于人体内分泌细胞时，由于内分泌腺与血管压力不同，血管受到刺激，在焦耳热影响下，血管被扩张，可将血液中的养分供给内分泌腺细胞，使内分泌腺具有活力，磁力线不能麻痹血管神经。当外加磁场为零时，血管会恢复到原状。加强了内分泌腺向的渗透作用，使内分泌液不断进入体内血管中增进体能，这种效应日渐被人们所采用。通常磁场对生物体的加热是通过磁通变化，热是由涡流产生。加磁场时机体才会生热，对高频而言，频率在 106Hz 以上交变磁场下，产生热作用是由涡流产生，涡流是高频磁场通过导体时，所产生的电功势引起涡流产生热量。

磁感应热疗 [magnetic induction hyperthermia] 治疗肿瘤的新的方法，通过外加交变磁场局部升温加热，达到可直接杀伤细胞，或诱导细胞凋亡的作用，通常经皮穿刺或植入等法，将铁磁材料 (热籽) 植入到肿瘤区，在交变磁场作用下，热籽因涡流效应而生热，传递到热籽周围病变组织，使病灶升高温度，达到治疗目的。

磁疗 [magneto therapy] 应用外部磁场，来调整人体电流分布和磁分布。利用磁石、磁钢或外加交变磁场，作用于人体的各个部位或穴位，以达到镇痛消炎的目的，可同时测量相关部位的某些信号等。从古代中医将磁石成药服入体内，到现今，利用恒定磁场，或利用高低中频交变磁场作用于人体，古今中外均有记载。到了 21 世纪，已研制出各种磁疗仪器或设备，磁诊断仪，脑磁图，心磁图，肌磁图，磁共振，磁导航系统等，可测出生物体中各种有价值的信号。磁具有吸收氧和铁质以及排除血液中二氧化碳和氮的作用，磁疗能使细胞复合更新，改善体能，提高自愈能力，净化血液，促进新陈代谢。磁场也能促进骨折的愈合，降血脂，降血压，消肿，消炎镇痛等，但不能过度。

磁热疗 [mgnetic mediated hyperthermia] 属物理疗法，以各种热源为媒介，通过介质传导、对流、辐射等方式，将热源的热量，传给目的物，在交变场下，磁性材料会有后磁滞效应，会产生大量的热，由于肿瘤细胞在 40~45°C 会大量凋亡，而正常细胞在此温度下能正常生存，同时肿瘤细胞对温度较正常细胞敏感，故磁热疗法用于抑制肿瘤，结合磁靶向的定向技术，而得到快速发展，磁热疗比普通热疗效果好。

磁流体 [magnetic fluid] 又称磁性液体。由磁性纳米粒子、载液 (通常是有机溶液和水)，及表面活性剂三种组分组成的一种稳定的胶装溶液。具有生物兼容性和可降解性，在外加磁场时，会呈现出磁性。

磁性液体 [magnetic fluid] 即磁流体。

磁流体热疗 [magnetic fluid hyperthermia MFH] 磁性材料在交变场中，吸收磁场能量，而产生热，其热量取决于磁场强弱、频率，及材质的性质，通常磁性材料都有居里点 T_c，当温度超过 T_c 时，磁材失去磁性，而不产生热，根据以上特点用于肿瘤热疗，特别是对深度病灶有着实用意义，由于磁材在磁场下产生涡流效应，磁滞效应，磁后等效应而生热，这样可实现对身体各部位、各种类型肿瘤进行热疗，特别是对深部位和细胞内部病灶，施以治疗，通常温度在 42~45°C，抑制和杀死肿瘤细胞。

磁刺激 [magnetic stimulation] 一种无痛无创治疗法，利用脉冲磁场作用于中枢神经系统 (大脑)，改变皮层神经细胞的膜电位，使之产生感应，刺激大脑的电磁场，由线圈产生，线圈的参数变化，对脑内电磁场大小和分布，起着决定性的作用。

经颅磁刺激 [transcranial magnetic stimulation] TMS 一种非侵入性的刺激大脑的新方法。在头皮上放置一线圈，通过快速交变电流，产生磁场，磁性号无衰减地透过颅骨，而刺激到大脑的皮质，也可用于外周神经和肌肉，刺激方式可分单脉冲、双脉冲和连续脉冲等，一个随时间变化的均匀磁场在其所通过的空间内，将产生感应电场，通过生物组织产生感应电流，而达到刺激目的，实现经颅磁刺激，内电极磁场强度为 1000~4000GS 大小。

磁靶向 [magnetic targeting]　将治疗的药物或放射性的元素，有目地的定向、定位地输送到特定的病灶、组织、或器官中去，实现局部病变，局部治疗的要求，一种磁性药物载体微球就是首选，在外加磁场作用下，磁性药物，产生磁响应导向靶部位，在靶区上如施加高频交变磁场，使磁材产生热效应，从而病灶靶区加热至 42~44 ℃足以达到杀伤肿瘤细胞的目的。

靶向药物 [targeted medicine]　针对肿瘤基因开发的一种信号传导抑制剂。能特异性的阻断肿瘤生长，能识别肿瘤细胞上特有的基因，所决定的特征性位点与其结合，控制肿瘤细胞生长增殖的信号传导通路，杀死肿瘤细胞，达到治疗目的。

磁性脂质体 [magnetic liposomes]　将纳米磁性粒子包裹到脂质体中的一种人工制成的类脂质小球体。通常是由磁材、脂质及药物组成，以四氧化三铁或三氧化二铁作为磁性载体，磁性脂质体在外界交变场作用下，使 MC 周围升温，升温速度及温升度数和 MC 的含量有关，通过调控场强和 MC 含量，可达到所需温度，以达到治病的目的，是属于磁导向药物传送系统中一种新型药物导向载体，既有磁流体性能又具脂质体功能，具有较好的生物降解性和相容性，和独特的物理化学性质，作为治肿瘤药物的首选。

磁热敏脂质体 [magnetic liposomes]　一种靶向药物载体。在热敏脂质体中，加入磁性微粒和治疗药物制成，在外磁场作用下，随血液循环聚集到靶器官中，在磁场作用下由于弛滞效应产生热量，但达到磁热敏脂质体的相变温度时，则在脂质体中的药物迅速释放，治疗病，而当外场为零时，包裹在脂质体中药物会缓慢释放。磁热敏脂质体，是同时发挥热疗与化疗作用的靶向药物载体。

磁性微粒 [magnetic particle]　又称磁性小球。将微粒以一定比例混合或化合成的液状。获得此类微粒的方法，不外乎用化学法或物理法 (含机械法)，如气流磨、星形磨等法制备而成，从微米量级到纳米量级的粒度，均可得到。将磁性微粒以一定载体包裹而作成药丸，称之为磁性药丸，或磁导弹，能使药物直接进入病灶，而不扩散至全身器官，特别对肿瘤病人尤重要。因抗癌药物杀伤力特强，不仅破坏癌细胞，对周围正常细胞也破坏，现今国内外研制的磁性药丸 (磁导弹)，需对病灶有强的杀伤力和亲合性，但对周围的正常组织与器官无亲合性和较小杀伤力。通常以磁性材料为主制备的微球即免疫磁性微球。磁性微粒的制备用化学法，不外乎四氧化三铁、正铁酸盐、铁铝合金等制备而成，较高磁导率微米粉或纳米粉。通过载体材料如氨基聚合物，白蛋白，加热固化人血清蛋白等制成磁性药丸通过不同方法也可制成固态微粒，用适当包裹剂包于其内使用，也用作制备磁性造影剂，可应用于核酸纯化，用途：①细胞标记和细胞分离；②蛋白质和多肽的分离与纯化；③作为药物载体。最近美国技术人员，成功做到可控组装和拆卸非常长的磁颗粒链 (厘米级)，而其直径仅几个纳米，可编成厘米电路。

免疫磁珠 [immunomagnetic bead, IMB]　又称免疫磁性微球。一种均匀，具有超顺磁性及保护性壳的球形粒子。由载体微球和免疫配基结合而成，其中心核为顺磁性粒子，核心外层包裹一层高分子，最外层是免疫配基。当磁性粒子 (微球) 经过处理，将抗体结合到磁珠上，形成免疫磁性微球，其抗体与特异性抗原结合形成抗原微球复合物，这种复合物在磁场中，具有与其他组分不同的磁响应性，在场的作用下会发生移动，而达到分离抗原的目的，其粒径为 50 ～ 100nm 范围，呈球形，大小和形状具有均一性，可使靶物质迅速有效地结合到磁珠上，可使生成的新复合物在磁场中具有相同磁响应，由于磁珠具有顺磁性，在磁场中显示磁性，能做定向移动，移出磁场时磁性消失，磁珠则分散，可进行分离和磁导向。

磁镊 [magnetic tweeers]　通过一梯度磁场，对处于梯度场中可磁化的小球，施以外力的装置。用来操控所连接小球上的生物试样，所提供的作用力在 0.01 ～ 100pN 之间可调，可从分子外部进行操作，也能深入细胞内部，对溶液体系中的活样品进行操作，可纵向操作也可横向操作，是用于生命科学研究领域的微操纵技术。

磁小体 [magnetosome]　由利用磁性特征做定向赞定的细菌产生的均匀细小的颗粒。1975 年由 R.P.Blakemore 在趋磁细菌中发现主要成分是 Fe_3O_4，也存在 Fe_3S_4 成分，是由磷脂蛋白或糖蛋白膜等生物膜所包裹，是一种单畴晶体，20 ～ 100nm 大小，呈八面体、六面体和六棱柱体系，没有毒性，颗粒间不易聚集。磁小体应用于传感技术、医疗卫生、制出磁化细胞、超磁细菌、废水处理、人体内废物透析，又可作为酶、药物、抗体和基因的载体。

磁性细菌 [magnetotactic bacterium]　又称向磁性细菌。朝着磁北极游动的水生细菌。20 世纪 70 年代科研人员在研究细菌的活动规律时偶然观测到，其体内有一排磁性纳米粒子，磁性细菌可提供生命进化的线索，综观许多生物体内，均具有天然纳米磁粒子，如鸽子、海豚、海龟、蜜蜂其不同部位均存在磁性粒子，起着指南针或导航作用。最近俄国生物化学与微生物专家发现的新型磁性细菌，自己能形成含有铬、钴离子的磁性物质，不同于含铁离子的氧化物，这些细菌从周围环境 (钴盐、铬盐营养环境) 吸收金属离子。

向磁性细菌 [magnetotactic bacterium]　即磁性细菌。

磁式细胞分离器 [magneticlcellsorting]　可分离任何表面带特殊标记细胞的仪器。广泛用于细胞及分子生物学，分离基因，靶细胞及造血干细胞等，原理是通过抗体对细胞膜表面抗原的特异识别，将偶联在抗体上的磁珠，标记在细胞上，而分离细胞其优点是：①细胞种类广，分离纯度高；②磁珠不影响细胞活力；③细胞标记可直接标记或间接标记；④细胞分离后可保持无菌，可再培养。

磁性细胞追踪基因表达 [magnetic cell tracle gene expression]　一门利用一些指示剂可观测到基因的表达的新技术。当某些特殊基因被激活时，绿色萤光蛋白质能够使细胞发出萤光，经 MRI 观察，探测到人体组织间磁场的不同，但注入人体的磁性流体，无法有效地参透到细胞和组织，故此法不能用肉眼观察人体内部细胞变化。目前美国卡内基-梅隆大学的 Eric Ahrens 等设想，促使细胞产生属于它们自己的磁介质：一种铁蛋白，这在人体组织中都能找到一种含铁的蛋白质。当研究人员向鼠的大脑中注入含有铁蛋白的基因病毒后用 MRI 扫描可见一暗色的补丁，表明新的指示器基因已被激活。Ahrens 说此法在未来可用于跟踪治疗转基因在人体中的活动情况。

超导量子生物磁强计 [superwnducting quantum bio-magnetometer，SQUID]　又称超导量子干涉磁强计。用于测量生物磁场的设备。其原理基于约瑟夫森效应，将含有约瑟夫森结的超导环作为磁通探测器，分别由检测线圈，超导量子干涉器及电子组件，以及低温窗口三部分组成。当检测线圈产生磁场时，则流过超导线路中的电流与磁通量瞬间值成比例，因为检测线圈和超导量子干涉器的输入线圈是连接的。

超导量子干涉磁强计 [superwnducting quantum bio-magnetometer，SQUID]　即超导量子生物磁强计。

磁导航系统 [magneto narigationsystem]　又称磁导航心血管介入系统。由两个半球形正负极磁铁和智能导管、心导管床及遥控操作系统组成的系统。其原理是由不停运转的两块正负极磁铁，其所产生的磁场不断改变导管的方向和行程，能准确定位，由外部操纵杆操纵磁铁的运转，使之改变磁场的方向，从而遥控进行手术，其优越性可帮助临床医生解决介入心脏病诊断和治疗上的难题。

磁导航心血管介入系统 [magneto narigationsystem]　即磁导航系统。

血磁疗法 [blood magnetiging therapy]　一种将患者自身的静脉血，经磁、光、氧综合处理，清除血液垃圾，改善全身血液功能的物理治疗法。可降低血粘度，加快血液循环，扩张血管降低血脂，增加血红细胞携氧能力，提高血氧饱和度，激活免疫系统功能，增加抗体免疫力。

磁敏感加权成像 [susceptibility weighted imaging SWI]　一种新型磁共振成像对比技术。由美国 Hoacle 发明，SWI 是利用人体不同组织间的磁敏感性差异（即磁化率不同，产生图像对比而成像的技术），具有三维，高分辨，高仪噪比特点，由于 SWI 对出血或血液中脱氧成份很敏感，能提供出血点，动静脉畸形，由诊断到确认，如中风脑外伤、肿瘤、神经性病变，又如地中海贫血，患者铁沉积的存在。通常使用高分辨的 3D 梯度回波序列，显示细小静脉及微小血的能力。如静脉血是顺磁性的去氧血红蛋白，而动脉为抗磁性的氧合血红蛋白，由于两者之间磁敏感的差异，将导致两种血管仪号强度不同，使静脉突显可清晰成像。又含铁血红素和 Fe 具有高度的顺磁特性，可被 SWI 敏感显示，有助于检测出血，诊断铁质过度沉积，可导致神经性的病变。

磁共振成像 [magnetic resonance imaging MRI]　通过磁场获取人体组织的图片信息。它基于核磁共振原理。核磁共振是无线电波与物质相互作用的一种物理现象，MRI 是利用磁化强度 M 来实现成像。当在 x 轴上加一个有一定宽度的射频脉冲磁场 B，M 会绕 x 轴旋转一定角度 θ，称之为倾角 (flip angle)，谓之共振激发。当加一射频脉冲使自旋磁化强度 M 激发到与磁场 B 垂直的平面上，被激发的原子核通过和周围环境交换能量，这时弛豫时间为 T_1（为纵向弛豫或自旋晶格弛豫）。当同类自旋核交换能量时（时间常数为自旋-自旋弛豫）又称之为横向弛豫，以 T_2 表示。横向弛豫没有能量交换。纵向弛豫过程中吸收了射频脉冲能量，跃迁到高能级的质子要把能量传递给周围晶格，重新成为低能级的质子。当退掉激发 RF 后，返回到原来的热平衡位置时，T_1 和 T_2 的长短反映了自旋核周围的环境，T_1 与外场 B 有一定的关联，B 大则 T_1 大。测量激发后的弛豫过程中的横向磁化强度，并实现可视化是 MRI 的基础。磁共振信号类型有自由感应衰减、自旋回波、受激回波、梯度回波，通常以测自旋回波和梯度回波的频谱为主。磁共振成像，其影像是人体中水和脂肪的分布图像，水和脂肪的特征对疾病的诊断很有价值，同时共振成像扫描可监控胆固醇引起的健康问题，又功能性磁共振成像 (fMRI) 是观察大脑的有效窗口，通过 fMRI 测量大脑中血液流动和神经元的活动对比，发现血流反应以高频的振荡频率密耦合。其缺点是不能提供有关正常与病理组织间细胞代谢足够信息。

横向弛豫 [transverse relaxation]　即磁共振成像。

磁防护 [magnetic protection]　磁场作用于人体时，人体各系统都会参与反应。其反应程度有如下顺序：神经、内分泌、感觉器官、心血管、血液、消化系统、肌肉、排泄、呼吸、皮肤、骨等。而最敏感部位是神经系统（丘脑下部和大脑皮质）和内分泌系统。据目前报道，强磁场的辐射对人的脑垂体、脑丘、神经元是有害的。会加速人体细胞、血液、血小板磁化，加速人类的衰老，对细胞有抑制和杀伤作用。目前弱磁场源冲击着市场，分布与大气中，如常用电器：电视机、电磁炉、微波炉、无线电音响、电脑、手机等。每个人不同程度受其影响,不同体质的人群受影响有差异。如人长时间处于超过安全磁辐射剂量下,细胞会被杀死,引发各种病变。CT、MRI、核磁共振的磁辐射量较大,不宜多做探测。心脏带起扩音器者,妊娠妇女及血液黏滞性低的人群,均不宜接触过强磁体或磁场,假肢患者也需要远离磁场环境。

20.3 光 医 学

光医学 [photomedicine] 现代光学技术和现代医学相结合的交叉学科,综合了激光技术、光子学、纳米技术和生物技术。这些技术的融合给医学诊断和治疗带来了新的发展空间。主要包括医学光子学基础、光医学诊断技术和光医学治疗技术。从分子物理学的观点看,生物光子可以被理解为生物分子从高能态向低能态的跃迁,在此过程中释放能量。而回到低能态的分子在外界作用下又跃迁到高能态,再次辐射光子。因此生物光子携带着生命系统的微观信息。从量子理论的观点来看,生命系统的任何内部变化,无论是成分上的还是结构上的,都会引起系统微观能级的改变,从而导致生物光子辐射的改变。生物光子辐射已经被发现与许多基本生命过程相关联,如细胞分裂、受精卵发育、光合作用、有机体的病变及死亡等。另一方面,生物系统所处环境的变化也会影响到系统物质、功能、状态等方面的改变,并表现为生物光子辐射的改变。用光子的特征(强度、光谱、光子空间分布、光子统计性质等等)可以反映生物系统内部性质的变化和外界环境的影响。为疾病的早期检测和更加有效地目标治疗以及恢复受损的生物功能提供了更多的机会。激光对卫生保健的好处已经被社会各界所认可。许多以光为基础的技术和光谱技术已应用在临床实验室的光学探测及医学和其他保健领域中。用光进行癌症治疗的光动力疗法目前也正在实践当中。

辐射温度计 [radiation thermometer] 又称红外体温计。测量部分可用光学法也可用电学法,或经光电变换后再用电学方法的温度计。辐射测温是依赖于光子发射和吸收的非接触式测温。辐射测温探测器可以是光子探测器,也可以是热电探测器。一般有辐射温度计、红外显微镜、人体辐射体温计等基本构造,有三部分组成:成像系统、探测器和选频放大器。

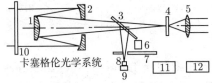

卡塞格伦光学系统

1. 凸透镜; 2. 有孔凹透镜; 3. 半透片; 4. 分划板; 5. 马达; 7. 调制盘;
8. Hg, Cd, Te; 9. 致冷器; 10. 保护窗; 11. 放大器; 12. 显示仪表

红外体温计 [infared thermometer] 即辐射温度

计。

光动力学疗法 [photodynamic therapy,PDT] 利用光动力效应进行疾病诊断和治疗的一种新技术。其作用基础是光动力效应。这是一种有氧分子参与的伴随生物效应的光敏化反应。其过程是,特定波长的激光照射使组织吸收的光敏剂受到激发,而激发态的光敏剂又把能量传递给周围的氧,生成活性很强的单态氧,单态氧和相邻的生物大分子发生氧化反应,产生细胞毒性作用,进而导致细胞受损乃至死亡。到目前为止已有多个医院在临床上采用光动力疗法对肿瘤进行诊断和治疗,此外还有很多其他单位正在进行这方面的研究。

光疗 [phototherapy] 利用人工光源或自然光源预防和治疗疾病的方法。是物理治疗常用方法之一。光疗主要有紫外线疗法(德国黑光)、可见光疗法、红外线疗法和激光疗法。

红外线疗法 [infrared therapy] 红外线的波长为760～4000nm,属不可见光。红外线的主要作用基础为热效应。根据生物学特点,红外线可分为两段,其一是长波红外线,波长1500～6000nm,又称远红外线,穿透皮肤能力较好。其二是短波红外线,波长760～1500nm,又称近红外线,穿透皮肤能力较强。红外线的光量子能量小,能产生热,一般不引起光化学作用,但它能促进组织内物理和化学过程加速。红外线治疗的适应症为风湿性关节炎、风湿性肌痛和肌炎、腰肌劳损、腰椎间盘突出、肌腱炎、慢性胃炎、慢性肝炎、神经痛、急慢性气管炎、支气管哮喘等。禁忌症为恶性肿瘤、发热、出血、活动性肺结核及重症动脉硬化等。所用仪器为碳棒或钨丝红外线灯。

可见光疗法 [Visible light therapy] 可见光能引起视网膜的光感,其波长为760～400nm,由红、橙、黄、绿、青、蓝、紫等七色光线组成。有热作用和其他生理作用,可见光能引起视觉。人和动物的昼夜节律以及一系列的生理功能节律与自然界的照明节律(日夜交替)有密切的联系。红色、橙色、黄色光能使呼吸加快加深,使脉率增加;绿色、蓝色、紫色光可引起呼吸减慢变浅及脉率减慢;蓝光和紫光则降低神经的兴奋性,有镇静作用;红光提高神经的兴奋性,有刺激作用。同时可见光还有加强糖代谢、促进氧化过程、加强垂体功能、提高脑皮质张力、加强交感神经系统的兴奋性、增强机体免疫力等作用。临床应用的可见光光源主要是钨丝白炽灯,有的灯带插座,可以插入蓝色、红色等的滤光片。20世纪70年代以来,可见光用治疗新生儿核黄疸。

日光疗法 [heliotherapy] 利用日光照射身体的一部分或大部分来预防和治疗疾病的方法。已有悠久的历史。日光包括红外线、紫外线,还有可见光线。日光疗法中主要是紫外线、红外线起作用。日光疗法受许多因素的影响。地面越高,大气越稀薄,其中的尘埃、煤烟也显著减少,因此日光被吸收的也少。高处的日光比低处强,在低地中以海滨的日光较强,因为这儿尘埃少,海面对日光又有反射。乡村的空气中尘埃煤烟也少。故日光疗法应在高山、田野、海滨进行。除较寒冷的地带外,一般一年四季均可实行日光治疗。如 10 月到次年 5 月在上午 10 时至下午 2 时,6 月和 9 月在上午 10 时以前及下午 2 时以后,7 月和 8 月在上午 8 时以前或下午 4 时以后,这些时间均可进行日光治疗。日光疗法可在日光浴场进行,此外,需搭一帆布篷或是木棚,尚需准备布单、草帽、暗色保护眼镜、治疗床或卧垫等。日光的照射量因日光的强弱、疾病的种类、个体情况而异。有全身的和局部的日光浴。日光疗法最好在饭后半小时进行,不应在空腹进行,不要用毛巾包扎头面部以免中暑或出现不良反应。全身日光疗法过程中若出现恶心、呕吐、眩晕、体温上升等症状,则应立即停止照射。适应症为佝偻病、慢性腹膜炎、胸膜炎、贫血、肥胖病、糖尿病、慢性气管炎、骨折创伤、皮肤溃疡以及各部位的结核病。但活动性肺结核、心力衰竭和发热等急性病为禁忌症。

紫外线疗法 [ultraviolet therapy]　医用紫外线的波长范围在 400 ～ 1800nm,分为三段:①长波紫外线 (400 ～ 320nm);②中波紫外线 (320 ～ 280nm);③短波紫外线 (280 ～ 180nm)。太阳辐射中波长在 400 ～ 290nm 范围的紫外线可达到地面,称为近紫外线;波长短于 290nm 的紫外线在穿透大气层时几乎全部被臭氧吸收,故不能到达地面,称为远紫外线。紫外线的光量子能量较高,可引起显著的光化学效应和生物学作用。紫外线的生物学作用有以下几点:① 皮肤变化;② 促进维生素 D 的生成;③ 调整和改善神经、内分泌、消化、循环、呼吸、血液、免疫等系统的功能;④ 杀菌:波长 230 ～ 300nm 的紫外线有杀菌作用;⑤明显提高免疫能力。在感冒、流感、百日咳、猩红热、白喉、风湿热等流行期,病人照射紫外线可使症状减轻,健康人尤其是小儿照射有预防作用。紫外线照射又有预防佝偻病的作用。目前多用氩氢水银石英灯管进行紫外线治疗。长波紫外线疗法,即以长波紫外线与某些光敏性药物结合治疗皮肤病,或称黑光疗法或光化学疗法。由于长波紫外线能穿透到真皮,在表皮和真皮内均可抑制细胞的增殖,故可用以治疗银屑病。口服补骨脂素后用长波紫外线照射时,可促进黑色素细胞的丝状分裂使黑色素再生,引起较强色素沉着,可治疗白癜风。患者接受黑光治疗时应戴防护眼镜,剂量应从小到大。适应症为银屑病、白癜风。禁忌症为儿童或老年体弱者、皮肤癌、白内障、红斑性狼疮等。

光学相干层析成像技术 (光学相干断层扫描技术) [optical coherence tomography, OCT]　一种新的、发展迅速的生物成像技术。是一种反射成像技术,用组织某部分的散射光来成像,还类似超声成像。利用弱相干光干涉仪的基本原理,检测生物组织不同深度层面对入射弱相干光的背向反射或几次散射信号,通过扫描,可得到生物组织二维或三维结构图像。可用于光学诊断,可进行活体眼组织显微镜结构的非接触式、非侵入性断层成像。目前已开拓出眼科和牙科等方面的应用。

红外热像仪 [infrared thermal imager]　红外热像仪有多种类型:按辐射源波段分有近红外成像仪和中红外成像仪,它们都是用扫描技术成像。红外线的波长规定为 0.76 ～1000μm。分为三个波段:近红外 (0.75～3μm),中红外 (3～20μm) 和远红外 (20～1000μm)。人体辐射主要在 3～50μm,辐射量的 46% 在 8～14μm 中红外波段。

激光剂量 [fluence]　又称能量密度。表示垂直照射到受照物体单位面积上的能量,即 $F = E/S$,S 表示光斑尺寸。单位 J/cm^2。

激光角膜热成形术 [laser thermo keratoplasty, LTK]　利用角膜吸收特定波长的激光使得角膜周边胶原纤维受热收缩,中央凸起,从而改变角膜的屈光状态而治疗远视 (老视) 的方法。LTK 的治疗方法为光凝法,即在角膜周边直径为 6 ～ 8mm 的位置光凝,角膜基质胶原纤维热凝固,引起角膜中央变陡,周边角膜变扁平,角膜曲率增加,以达到治疗目的。一圈光凝点为对称的 8 个或 16 个,内圈直径的选择由治疗的屈光度数决定,外圈稳定和加强因胶原纤维而产生的张力。光凝点的排列方式有放射状排列和错开排列,前者在稳定性、有效性方面优于后者,因为,放射状排列使邻近光凝点间形成内应力条纹,相互连接成环形带状,使中心角膜凸出,内应力条纹可持续至术后一年;后者的内应力条纹朝向四方,使角膜边缘比角膜中心突更明显,削弱了手术的效果。内应力条纹术后半年消失。

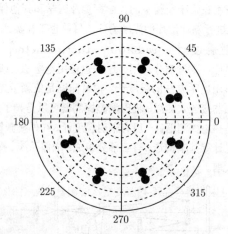

激光流式细胞计 [laser flow cytometer]　流体喷射技术、激光技术、空气技术、γ 射线能谱术及电子计算机等技术与显微荧光光度计密切结合的一种非常先进的检测仪器。通过测量细胞及其他生物颗粒的散射光和标记荧光强度,来快速分析颗粒的物理或化学性质,并可以对细胞进行分类

收集，可以高速分析上万个细胞，并能同时从一个细胞中测得多个细胞特征参数，进行定性或定量分析，具有速度快、精度高、准确性好等特点。多数流式细胞计是一种零分辨率的仪器，它只能测量一个细胞的诸如总核酸量，总蛋白量等指标，而不能鉴别和测出某一特定部位的核酸或蛋白的多少。也就是说，它的细节分辨率为零。

激光漂白荧光恢复测量技术 [fluorescence photobleaching recovery, FPR]　使用亲脂性或亲水性的荧光分子，如荧光素、绿色荧光蛋白等与蛋白或脂质耦联，用于检测所标记分子在活体细胞表面或细胞内部运动及其迁移速率的技术。其原理是利用高能激光照射细胞的某一特定区域，使该区域内标记的荧光分子不可逆的淬灭，这一区域称荧光漂白 (photobleaching) 区。随后，由于细胞质中的脂质分子或蛋白质分子的运动，周围非漂白区荧光分子不断向光漂白区迁移。结果使荧光漂白区的荧光强度逐渐地回复到原有水平。

激光屈光性角膜切除手术 [photorefractive keratectomy, PRK]　1983 年 Trokel 首先用 193nm 的 ArF 准分子激光做实验性角膜切开术，证明该激光可以用于角膜手术。1989 年 McDonald 首先报告用准分子激光治疗近视眼，称为 PRK，即激光屈光性角膜切除术。该手术原理是用准分子激光对角膜表面或基质内进行切割，改变角膜屈率，从而改变屈光状态，达到矫正屈光不正的目的。不同的屈光度，选用不同的角膜切削形状，由计算机自动输出不同形状的激光脉冲。圆形的激光脉冲由大到小照射治疗区域的角膜，产生中央深、两边浅的小凹面，以此矫正近视；在角膜上做椭圆形切削，使两个正交子午线屈率不同，来矫正散光；环形激光脉冲将角膜前面的光学区角变得比原来凸起，来矫正远视。目前研究表明，PRK 主要适合治疗低、中度近视。

激光扫描共焦显微镜 [laser scanning confocal microscope, LSCM]　显微镜的一种。用激光作扫描光源，逐点、逐行、逐面快速扫描成像，扫描的激光与荧光收集共用一个物镜，物镜的焦点即扫描激光的聚焦点，也是瞬时成像的物点。由于激光束的波长较短，光束很细，所以共焦激光扫描显微镜有较高的分辨力，大约是普通光学显微镜的 3 倍。系统经一次调焦，扫描限制在样品的一个平面内。调焦深度不一样时，就可以获得样品不同深度层次的图像，这些图像信息都储于计算机内，通过计算机分析和模拟，就能显示细胞样品的立体结构。既可以用于观察细胞形态，也可以用于细胞内生化成分的定量分析、光密度统计以及细胞形态的测量。

激光扫描细胞计 [laser scanning cytometry, LSC]　细胞计的一种。结合了流式细胞仪与图像分析体系二者的诸多优点，能反复定位微核，根据 DNA 含量、蛋白质／DNA 比例设立窗口参数可排除假阳性干扰颗粒，并最终通过肉眼

对这些颗粒进行验正，同时检测速度也与 FCM 相当或更快，且检测前的样品处理简单，不需裂解细胞，适于多种载体、不同类型细胞检测。

激光碎石 [laser lithotripsy]　一种体内碎石技术。将脉冲式激光发射源送入体内结石位置，在高脉冲能量时，等离子体形成物伴随着冲击波、空化及喷射等光致破裂的相互作用可使结石粉碎。在激光碎石技术领域，根据其进入体内的不同方式和途径，相继出现了经尿道膀胱镜激光碎石术、经尿道输尿管镜 (软镜或硬镜) 激光碎石术、经皮肾镜激光碎石术以及腹腔镜激光碎石术等，碎石技术各有其特点和适应症，在临床上都得到广泛的应用。激光在碎石术方面具有适应于任何成分结石、用时短、准确安全、住院时间短、恢复快、费用低等突出优势。

激光微光束技术 [laser microbeam technology]　利用激光的亮度高，准直性好的优点，借助于光学显微镜的光学系统 (通常需用 $100\times$，$N, A.$ 值为 1.25 的物镜较为理想) 使之聚焦成能量密度高达数百 $\mu J/\mu m^2$ 但光斑直径仅为 μm 数量级的微光束技术。一般应根据不同的实验对象和实验目的，来选用不同波长、不同工作方式、不同能量输出的激光器。利用激光微光束可以对细胞进行俘获、打孔、融合、切断、转移和移植等操作，在细胞生物学的研究中逐渐形成了激光光镊术、激光显微照射术、激光细胞融合术以及激光细胞打孔术等激光微光束技术。

激光光镊术 [optical tweezers]　使微粒整个受到光的束缚以达到钳的效果，然后通过移动光束来迁移或翻转微粒的技术。与机械镊子相比，光镊以一种温和的非机械接触的方式完成对活体粒子的挟持和操纵。物体一旦落入形成光镊的光束中心附近区域内，就会自动移向光束的几何中心。即使因外界作用或物体本身的运动有所偏离，也会很快恢复原位，就像落在陷阱一样，故又称之为光陷阱。

光镊产生原理是，一束单模激光在高度会聚到 μm 级尺寸后，其高斯型光强分布会使处于光束内的粒子受到一指向其焦点的梯度力，该力的大小可大致以下式表示：$F = 0.03 n_b \dfrac{W}{c}$，式中 n_b 是粒子所处周围媒质的折射率，W 是激光功率，c 是光速。产生光镊的条件是，粒子的折射率 $n > n_b$。因此，通常对粒子可产生稳定捕获和操纵，又不至于产生光损伤的激光功率在几 mW 到几十 mW 间，取决于粒子的折射率等性质。由于光镊能够无接触、非侵入、无损伤地操纵生物分子，目前已在生物分子和细胞研究中得到广泛应用。

激光显微照射术 [laser microirradiation]　通过光学系统把激光束引人显微镜之中，通过显微镜聚焦成微米级的微光束，其焦点处的光斑直径可小至 $0.5\mu m$，可以选择性地照射细胞的某部分或某些细胞，使受照处受损伤，而不损伤未受照部分的技术。可用来研究细胞内各种结构的功能关

系,探讨细胞的合成、分裂和遗传等生命活动,以及探索肿瘤细胞恶性分裂的原因等。

激光细胞打孔术 [laser microbeam cell perforation] 打孔术的一种。把要研究的细胞浸在含有基因物质的培养基中放在显微镜下观察,用显微镜对准要打孔的细胞,用与显微镜同轴的激光束经显微镜聚焦在细胞膜上,因为焦点处的光斑直径极小,所以在功率适当的条件下可在细胞膜上打一个小孔,这个小孔能在 1 秒钟内自动闭合,而基因物质可以在小孔闭合前流入细胞内,完成基因的转移,当小孔自动闭合后,细胞恢复原状,成为一个携带新基因的细胞。激光细胞打孔术可以摆脱有性生殖过程和种属的限制,实现遗传物质的交换,为培养新的物种及治疗遗传性疾病提供了前所未有的有效手段。

激光细胞融合术 [laser microbeam cell fusion] 融合术的一种。利用短脉冲(宽度为纳秒级)的激光微光束同时照射在两个或两个以上相邻的细胞膜上,在适当的条件下微光束能在细胞膜上诱发瞬间(毫秒级)的可逆性损伤,这种瞬间的变化可以把相邻的细胞膜融合在一起形成新型细胞。现在激光细胞融合术已成为人工定向创造新品系细胞的重要手段和制成单克隆细胞系的关键技术,对生物遗传工程的研究也具有重要意义。

激光穴位麻醉 [laser acupuncture anesthesia] 祖国医学针灸经络穴位镇痛的原理与现代激光技术相结合的一种新的麻醉方法。激光穴位麻醉拔牙是中国首创,现推广应用于拔牙与施行口腔颌面部小手术的麻醉。

激光血管成形术 [laser angioplasty] 通过激光产生的热能、光化学能等将能量传导至硬化斑块或狭窄增生组织内,将其汽化或粉碎,治疗由于动脉粥样硬化而造成的血管狭窄的技术。

激光血管再造术 [laser revascularization] 利用激光与心肌组织产生的热效应,用高强度的激光束在缺血的心肌区域内打数个贯穿整个心室壁的微孔,通过这些微孔把心腔中的血液引向缺血的心肌区,改善心肌血液微循环,达到治疗目的的技术。这些由强激光束在心肌组织上所打出的贯穿整个心室壁的微孔就是激光人造血管。

激光诊断 [laser diagnosis] 什么是激光诊断?由于激光具有极好的单色性、相干性与方向性,为临床诊断提供了方法和手段。以光学分析分类,激光诊断一般可有如下方法:激光光谱分析法、激光干涉分析法、激光散射分析法、激光衍射分析法、激光投射分析法、激光偏振法以及其他激光分析法等。激光诊断技术为诊断学向非侵入性、微量化、自动化及实时快速方向发展开辟了新途径。

激光光谱分析法 [laser microemission spectral analysis] 应用激光技术的光谱分析法,包括激光微区光谱分析法,激光荧光光谱分析法,激光拉曼光谱分析法等。

激光干涉分析法 [laser interference analysis] 采用激光作为光源的干涉分析法。激光全息术 laser holography 是一种同时能记录从物体来的光波振幅(即光强)和光波相位,从而能同时反映物体立体、深浅状况的一种新的照相技术,具有强烈的立体感。利用全息可以拍到活体眼的角膜、晶状体和视网膜相片,从而对眼的各层介质进行活体观察,这是用其他方法难以办到的眼全息图,亦可表示出眼内的异物的大小、形状和位置。此外,利用激光全息二次曝光法,可对人体各部分进行三维记录。而根据再现图上的干涉条纹又可以测量人体器官的变形、内力和振动等。用全息测量矫形手术,前后股骨的髋骨端的变形,以使人工髋关节的形状达到最佳程度,还可利用二次曝光法分析人体胸廓的变形,以寻找癌变部位和大小,也可对眼底的微循环进行研究,利用超声全息技术,可以获得一般照相技术无法得到的体内器官全息像。

激光散射分析法 [laser scattering analysis] 通过测定散射光的瑞利散射比,可以确定散射体内分子的回转半径 R_G,重均分子量 M 和第二维里系数 B。此外,可借助自差拍法或外差拍法,通过分析散射光强随时间变化的自相关函数或频谱变化而进行的测定,可获得散射体颗粒的流体力学半径、扩散系数、粒度分布或流体的流速和流场分布等各种动态特性的信息。

激光治疗 [laser therapy] 激光作为一种手段应用于临床已经遍及内科、外科妇科等各科近 300 种疾病的治疗,兼有中、西医的疗法。可分为高功率激光治疗(激光手术治疗)、低功率激光治疗(弱功率激光治疗)、激光内镜术治疗等。

低功率激光治疗 [low-level laser therapy] (弱功率激光治疗,激光照射 laser irradiation) 输出功率在毫瓦级的激光的治疗。照射组织不仅温度无明显改变,对组织无病理损害且还会产生治疗疾病的生物刺激效应。低功率激光治疗既可以照射创口,有消炎、抗感染、止痛、消肿、促进创口愈合、减少创口渗出、加速创面结痂、促进上皮生长、预防瘢痕形成等功能。低功率激光照射疼痛的部位可以止痛,改善关节功能;还可以通过激光直接照射人体穴位代替银针收到激光针刺治病的疗效。

非接触照射法 [non-contact irradiation] 低功率激光治疗用于照射病变部位或照射穴位的一种照射方法,输出激光的手机柄与所照射的病变部位或穴位之间保持一定的距离。照射时可将激光固定在所选定的病变部位或穴位,保持静止不动,称为激光静止照射法 laser static irradiation;也可以在激光照射范围内进行移动扫描照射,称为激光扫描照射法 laser scanning irradiation。前者适用于激光穴位照射与激光穴位麻醉,后者更适用于病变较广泛的炎变与创面。采用非接触照射法可以避免激光管接触创面,预防感染。

接触照射法 [contact irradiation]　低功率激光治疗用于照射病变部位或照射穴位的一种照射方法,输出激光的手机柄或激光管直接接触病变部位或穴位进行静止的或移动的照射。采用接触照射法,激光具有更强的组织穿透性,对疼痛的治疗或穴位麻醉更为有利。

联合照射法 [combined irradiation]　在激光治疗中将非接触照射法和接触照射法联合应用的方法。可以采用不同波长或不同功率的激光联合照射;也可以采用高功率激光手术和低功率激光照射治疗相结合;甚至可以将激光手术与常规手术联合。

高功率激光治疗 [high leverlaser therapy]　(强功率激光治疗,激光手术 laser operation) 输出功率在瓦级以上的激光治疗。根据组织吸收激光的功率密度和能量密度的不同,高功率激光可以具有凝固、止血、融合、气化、炭化与切割等功能,故可以替代外科手术刀进行各种手术。这是一种不直接接触组织的手术,给手术区创造了良好的无菌手术条件,具有普通手术刀难以达到的效果与优点,甚至在感染的手术区也可进行手术。激光有杀菌作用,还可封闭创口的血管,避免感染扩散的危险性。激光手术出血少,不必结扎,创口内无存留线头引起的异物反应。术后渗出、粘连及瘢痕均较少。临床常用的高功率激光手术的激光器有 CO_2 激光器、YAG 激光器与氩离子激光器。

热光刀 [heated laser scalpel]　(热刀) 激光手术刀的一种,激光束聚焦后用激光的热效应分割、气化、凝固,去除病灶。

冷光刀 [cooling laser scalpel]　(冷刀) 激光手术刀的一种,激光束聚焦后用激光的光化效应光致分解,组织切开后刀口两侧无热损伤。

激光内镜术治疗 [laser endoscopy]　将激光束通过内镜导入人体腔道内,对病灶进行热凝、止血、气化切割等治疗的一门新技术。

激光针灸 [laser acupuncture]　将弱激光通过光纤导出,作为"光针"进行穴位照射,以代替传统针灸针刺的刺激作用,从而达到治疗疾病的目的的技术。

弱激光血管内照射疗法 [intravascular low-level laser irradiation therapy]　将弱激光通过光纤导入静脉血管,照射血细胞的治疗方法。相关离体实验、动物实验和临床研究表明,该疗法可以改变血液流变学,调节机体免疫,改善机体中毒状态、缺氧状态,增加缺血组织的血流量和改善血流速度。

热像仪 [thermal imager]　温度测量从点到面,从静态到动态。人体上各部分的温度不完全相同,是个动态平衡。由于生理和病理的原因,局部组织的产热和散热条件不同,人体上有一定的温度分布图像,叫作温度图。得到温度图的方法叫热成像技术,所用的工具叫热像仪。

准分子激光冠状动脉成形术 [excimer laser coronary angioplasty, ELCA]　又称应用准分子激光做冠状动脉成形术。准分子激光的作用机理可使斑块体积减少,基本上不产生热损害,也无不适当的扩张或弹性回缩作用。目前广泛采用的方法是将经皮冠状动脉腔内成形术 (PTCA) 和 ELCA 相结合,即先行 ELCA 再行 PTCA,但以 ELCA 为主。

准分子激光上皮瓣下角膜磨镶术 [laser-assisted subepithelial keratomileusis, LASEK]　介于 PRK 与 LASIK 的一种新的手术方式,由 Camellin 于 1999 年提出并命名,手术过程是制作一个角膜上皮瓣,然后激光切削角膜基质,再将上皮瓣复位。

准分子激光原位角膜磨镶术 [laser in situ keratomileusis, LASIK]　1991 年 PalliKaris 提出的手术方式。首先用显微角膜刀将角膜切开一带蒂薄瓣,然后用准分子激光在角膜内去除组织,并将之命名为激光角膜内磨镶术 (Laser Insit Keratomileusis, LASIK)。LASIK 应用两种先进仪器及精细手术技术,一是自动板层角膜成形器 (显微角膜刀) 将角膜实质没层切开一均匀的薄层角膜瓣;二是应用计算机控制的准分子激光根据所要矫正屈光度消融角膜瓣下基质层,以改变角膜曲率,使其变成扁平形态,从而降低近视,然后覆盖角膜瓣。由于有了角膜瓣,准分子激光是在角膜基质内消融,故而保持了上皮和前弹力层的完整性,保持了整个角膜的正常解剖,因此术后无明显疼痛,无明显上皮增殖及上皮下混浊,矫正屈光的预测性及准确性强,术后视力恢复快,屈光回退亦小。术后用类固醇眼药时间很短,也不会引起激素性青光眼。

激光内窥镜 [laser endoscopy]　又称激光纤维内窥镜。通过医用内窥镜将激光束传输进入体腔内的一种装置,利用光学纤维传输激光,可用于治疗。激光同各种内窥镜的结合可用于胃、支气管、心血管、骨关节、肠道及泌尿系统的治疗和研究工作。

激光纤维内窥镜 [laser endoscopy]　即激光内窥镜。

光镊 [optical tweezers]　又称单光束梯度光阱。美国科学家于 1986 年发明的技术。简单的说,就是用一束高度汇聚的激光形成的三维势阱来俘获,操纵控制微小粒子。自诞生以来,光镊技术已经在微米尺度量级粒子的操纵控制、粒子间的相互作用等方面的研究中发挥了重要作用。

20.4　超声医学

超声医学 [ultrasound medicine]　又称医学超声

(medical ultrasound)。研究超声波与生物媒质 (主要指人体器官、血液、血管等) 相互作用的机理、规律、产生的效应及其在医学中应用的交叉性学科。研究内涵可分为超声生物物理、超声生物效应和超声剂量等三个方面，涉及到基础医学、临床医学、影像医学等领域。在临床上主要包括超声诊断和超声治疗两个部分。超声诊断主要研究超声波在生物媒质中传播时，根据不同组织的声学特性的差异区分不同组织，用于区分正常组织和病变组织。超声治疗主要研究在超声波的辐照下，生物媒质所产生的热、化学和机械效应等所谓超声生物效应的机理，以及超声波辐照剂量与所产生的生物效应之间的关系，用于疾病的治疗。超声波除了在医学中用于临床诊断和治疗、监护、康复和保健治疗外，也可用于农林牧渔等领域。

医学超声 [medical ultrasound]　即超声医学。

生物声学 [biological acoustics]　声学的一门分支学科。研究声波在生物媒质中传播的基本规律，声波与生物媒质相互作用产生的生物效应等；也研究某些动物特有的发声功能和接收声波 (类似于听觉功能) 的功能，如蝙蝠可发出超声波用于定位，某些动物可以接收到次声，从而可帮助早期预报地震、风暴等。超声振动使种子表皮松软，增强吸水率，加速新陈代谢过程，提高发芽率。超声能量提高植物体内酶的活性，促进细胞分裂，加速植物的生产速度。用超声波处理种子和培植蔬菜的实验已取得很好的增产效果。

超声生物物理学 [ultrasonic biophysics]　声学的一门分支学科。研究超声波与生物媒质相互作用以及这些相互作用的规律，主要用于生物和医学领域。研究的主要内容有：超声波在生物媒质中的传播性质，即传播速度、吸收、散射、衰减以及非线性参量等；超声波与生物媒质的相互作用及作用的物理机制；在超声波作用下，生物体系的状态、功能及结构的变化，即超声生物效应；定量研究声场参数与超声生物效应之间的关系超声剂量学。超声生物物理学的发展不仅为现代超声医学 (包括诊断和治疗) 的迅速发展提供了必要的物理基础与数据，也为探讨与揭示反应速率在 $10^{-3} \sim 10$ 毫秒之间的生物大分子的动态变化提供了详细资料。

超声生物效应 [ultrasonic bioeffects]　一定剂量的超声波作用于生物体，使其状态、功能或结构产生影响或发生变化的效应。超声生物效应的研究对象遍及到生物体系的各个层次：分子级、细胞级、组织器官及生物整体。并从定性研究进入到定量研究，为超声医学奠定基础，同时为超声诊断和超声治疗所用超声剂量的标准提供必要的依据。根据超声能量的强弱、作用时间的长短，超声在生物体内产生热效应、机械效应和空化效应。

超声诊断 [ultrasonic diagnostics]　通过向人体内发射超声脉冲，观察从体表到深部组织的不同界面上的超声脉冲回波波形、断层切面图像和心血管的搏动规律等的诊断方法。临床用于眼、脑、心血管、肝、胆和腹部脏器的疾病诊断和妇产科检查。利用脉冲回声信号，能对组织器官定位，并检查组织的状态。常用的有反射法、成像法、多普勒法和心动图法等。

超声治疗 [ultrasonic therapy]　采用几百千赫到几兆赫的超声波治疗疾病的方法。医学物理疗法的一种。利用超声波所产生的热效应、机械等效应或空化效应，从而引起人体组织发生一系列反应，并使病变的生物组织产生破坏性改变。临床用于神经痛、粘连及疤痕挛缩、挫伤、扭伤腱鞘炎、关节炎等。

A 型超声诊断仪 [A mode ultrasonic diagnostic device]　一种利用超声进行诊断的仪器。采用超声换能器向人体发射超声脉冲信号，超声脉冲遇到不同的组织界面时，产生反射的脉冲回波信号。在显示器上把振幅不同的脉冲回声信号按时间顺序排列。根据超声波在人体组织中的传播速度，可以用不同脉冲回声信号间的时间间隔获知超声波在人体中传播的距离，而振幅的大小则表示回声信号的强弱。人体组织的声阻抗各不相同，对超声脉冲的反射特性也不同。因此，在不同位置上出现的稀疏稠密和振幅高低不同的脉冲回声信号，从而为临床诊断提供了信息。

B 型超声诊断仪 [B mode ultrasonic diagnostic device]　又称超声图像诊断仪。一种利用超声进行诊断的仪器，常用的有机械扫描和电子扫描两类。利用人体组织的反射和衰减的差异，将从人体内部脏器测到的脉冲回声信号按时间顺序作辉度调制，形成与深度相关的各个光点。显示器上的光点与超声探头在体表移动时的空间位置也同步显示，可得到被测脏器的实时断层图像。在临床上用于眼、脑、心血管、肝、胆和腹部脏器的疾病诊断和妇产科检查。

超声图像诊断仪 [ultrasonic diagnostic device]　即B 型超声诊断仪。

M 型超声诊断仪 [M mode ultrasonic diagnostic device]　一种利用超声进行诊断的仪器。M mode 是一种运动显示方式，用来表示反射界面的运动的情况。将从人体测到的脉冲回声信号以亮度的强弱来表示回声信号的强弱，同时在时间轴上加以展开。这样，人体中不动的界面显示为一条直线，运动界面显示为曲线波形。M 型常用于心血管检查。

超声心动图 [echo cardiogram]　应用超声测距原理，脉冲超声波透过胸壁、软组织后测量各心壁、心室及瓣膜等结构的周期性活动，在显示器上显示出来的各结构相应的活动和时间之间的关系曲线图。分析各曲线之间的距离、曲线形态及时间、振幅、各区的关系及连续性，与同时记录的心电图、心音图等生理参数间的关系，可用于诊断心脏疾病。

超声造影剂 [ultrasound contrast agent]　一种含

有直径为几微米的气泡的液体。利用含有微气泡的液体对超声波有强散射的特性，临床将超声造影剂注射到人体血管中用以增强血流的超声多普勒信号和提高超声图像的清晰度和分辨率。

超声手术刀 [ultrasound scalpel] 将高强度超声通过变幅杆聚焦于刀端，利用刀的强烈振动来粉碎肝、脑等软组织的手术方法。临床用这种方法来切除人体软组织的肿瘤，被粉碎了的肿瘤组织碎屑随时被冲洗并吸出，而周围的血管神经等不易损伤。故有无血手术刀之称。

超声碎石 [ultrasound lithotresis] 一种用超声波的机械效应从体外粉碎人体内部结石的方法。将聚焦超声换能器的焦点调至人体脏器中结石所在区域，把高强度的超声脉冲由聚焦超声换能器入射到结石所在区域，由超声波所产生的机械效应将结石粉碎成小颗粒，随后排出体外。

听力计 [audiometer] 用于测量听力损伤或听阈的一种仪器。通过气导耳机和骨导耳机分别测听，能较精确的通过耳机给被测者以一定频率和强度的信号进行测听。若信号为纯音，则为纯音听力计。若信号是语言信号，则称为语言听力计。通常一台听力计既可发出语言信号又可发出纯音信号，有助于了解耳聋的性质和评价治疗的效果。

超声多普勒 [ultrasound Doppler] 一种医学技术。振动源和接收器在弹性媒质中作相对运动时，接收到波动的频率和振动源的波动频率不同，其频率差与相对运动的速度有关，这就是多普勒效应。在医学上超声多普勒效应主要用于血流检测和胎儿的检查。临床常用的有连续多普勒/脉冲多普勒以及将多普勒技术和 B 型超声实时成像技术结合的超声多普勒成像技术等。

超声医学 [ultrasound in medicine] 超声波理论和技术在医学各部门中广泛并且逐步发展而成的一门交叉学科。基础方面包括超声在生物物理学、生物化学、微生物学等领域的应用；在临床医学中包括超声诊断、超声治疗、超声外科、超声成像等。尤其是超声成像技术现已成为诊断疾病的极其重要的而又普遍的手段之一。

耳聋康复 [rehabilitation of hearing loss] 对用常规方法无法治愈的失聪者，采用助听器等方法来补偿其听觉能力，从而改善失聪者的语言交流能力，回归主流社会的过程。

介入超声 [ultrasound intervention] 在超声图像的监控或引导下，实现各种穿刺活检、引流、治疗、造影、器官腔内成像等医疗手段的实时监控。可做到治疗定位精确、超声图像的灵敏度和分辨率得以提高、创伤轻微效果明显等，符合现代医学的治疗理念。

超声消融 [ultrasound ablation] 采用高强度聚焦超声 (HIFU) 方法，对定位于 HIFU 焦点区域的靶体组织进行辐照，焦点区域的声强在每平方厘米数千瓦甚至更高。靶体组织的温度在瞬间骤升，使靶体组织产生病理性变化而形成的凝固性坏死。

高强度聚焦超声 [high intensity focused ultrasound, HIFU] 通过单个聚焦换能器或由换能器阵组成的聚焦换能器，将 1MHz 的超声波束的能量集中到焦点区域，使焦点区域的超声强度剧增至每平方厘米数千瓦或更高。将高声强的焦点区域准确定位于患者体内的靶体组织 (如肿瘤) 上。在高强度聚焦超声辐照下，靶体组织的温度在数秒内可升至 65 ℃或更高。使靶体组织的蛋白质热固化坏死，同时又不损伤其周围的正常组织。HIFU 引起肿瘤组织的病理变化以凝固性坏死为主，同时伴有治疗细胞的变性和凋亡。目前，临床应用 HIFU 治疗的肿瘤的类型包括前列腺癌、肾癌、胰腺癌、膀胱癌、子宫肌瘤、浅表软组织肿瘤等。

20.5 运动医学和热医学

步行周期 [gait cycle] 在步行时从一足的足跟着地，到同一足下次足跟着地所用的时间。一个步行周期包括支撑相和摆动相，支撑相是从足跟着地开始到足趾离地的时间，占整个步行周期的 60%；摆动相是从足趾离开地面到该足的足跟着地的时间，占步行周期的 40%；支撑相和摆动相之间，有一个双足着地的短暂时间称为双足支撑期，步行速度大它就小，跑步时它就没有了。

拔罐疗法 [cupping therapy] 又称火罐疗法，简称拔罐。临床常用的有火罐、水罐和抽气三种方法。是在罐具内形成负压而吸附于患处或穴位上，使皮下的毛细血管扩张，管壁通透性增加，并逐渐导致毛细血管壁的破裂，形成皮下瘀血 (罐斑)。治疗结束后，瘀血逐渐发生溶血现象，并且被周围的组织吸收。这种自家溶血现象和局部形成的非特异性炎症，就构成对机体的良性刺激。通过神经反射作用以调整中枢神经系统的平衡和增强机体的免疫功能。

火罐疗法 [cupping therapy] 即拔罐疗法。

本构方程 [constitutive equation] 对生物问题进行数学分析的时候，用一个简单通用的法则来表示的应力和应变之间的关系。按力学的观点，若某组织的本构方程为已知，则该组织的性能为已知。材料的本构方程只能根据拉伸加载等实验来确定。

沉降分析 [Sedimentation analysis] 在低浓度溶液中的分散粒子，靠重力作用虽然能向容器底沉降，但如果粒子太小，(比如 1μm 更小的病毒和蛋白质胶体溶液)，则由于各种原因仅靠重力作用并不能沉降，只有在远比重力大的超速离心机的力场中它们才能沉降。这时，如果只存在同质量的粒子，它们将以相同的速度沉降；如果混有不同质量的粒子时，它们将以各自的固有速度沉降,因而从对粒子沉降状态的研究,可以检查溶液的均一性。

氮麻醉 [nitrogen anaesthesia]　因人在高压环境中呼吸的压缩空气中氮分压提高及溶解于体内的氮增多引起的麻醉。潜水员在水下深度到 39~46m 时出现轻微的麻醉症状 – 表现冷漠;深度到 46~60m 时表现懒散;深度达 60~72m 时行动不灵活,笨拙;深度超过 91m 时则不能工作,出现酒醉样,然后意识模糊。

动作电位 [action potential]　当刺激足够强引起电反应的传播时的刺激强度阈值。神经纤维是传递机体信息的机构。当感官在活动或大脑发布命令时,在相应的神经纤维上都可以检测到电反应。动作电位的峰值约 +50mv,动作电位的时程对不同类型的细胞差异影响很大。

肺的顺应性 [lung compliance]　通过同时测量肺容量和跨肺压作出的容量与跨肺压的曲线的斜率。肺的顺应性反映肺的弹性功能,顺应性的倒数为弹性阻力。

高压氧疗 [high-pressure oxygen treat]　提高动脉氧分压、氧饱和度或氧结合量,增加细胞组织的氧供应量,以满足机体的需要的治疗方法。一般是病人进入高压氧舱来处理的。高压氧舱为耐高压的密封窗口,用空气压缩机将空气压入舱内,产生数倍于大气压的高压,人在高压空气的环境下用面罩吸入纯氧,这时面罩内的纯氧压强是与舱中的空气压强相等,从而使血液中溶解的氧含量增加,达到缓解缺氧的目的。

关节活动范围 [range of motion,ROM]　评定关节功能状态的指标之一。关节活动方向用三个平面指明,即矢状面、冠状面和横面。三者间呈互相垂直的关系,沿矢状面运动的关节活动称伸、屈;沿冠状面运动的关节活动称外展、内收;沿横面运动的关节活动称内旋、外旋。关节活动范围用"度"表示,以中立位 0° 法测算。该法将全身所有关节,凡按解剖学的位置皆定为 0°。如前臂的手掌面在矢状面上为 0°,肘关节伸直为中立位 0°,完全屈曲为 145°。

滑轮牵拉器 [pulley tractor]　用滑轮牵引静力平衡原理做成的治疗装置。在理疗和骨科中,常用不同器械和人的本身重量作为阻力来治疗疾病。

喀松公式 [Cosson formula]　1959 年喀松在研究各种离散颜料颗粒的清漆的流变规律总结出来的关于这些清漆内剪变率与剪应力的关系式。在血流变学中,它被应用于描述血液粘度的公式,表示剪应力与剪应变率的关系:

$$\sqrt{\tau} = \sqrt{\eta \cdot \dot{\gamma}} + \sqrt{\tau_0}$$

式中 η 和 τ_0 为常数。正常约等于 $0.05\mathrm{dyn/cm^2}$,当流动切变率低于 $1\ \mathrm{s^{-1}}$ 不宜用 Cosson 公式。

垮肺压 [collapsed lung pressure]　肺泡压与胸内压之差。

脉搏波 [pulse wave]　动脉血管是有弹性的。心脏的收缩和舒张有节律地将血液射入动脉血管。动脉血管将因弹性作用而有节律地扩张和收缩。动脉血管中的压强和容积的改变也是都有节律的,这种节律性改变在血管中向前传播,即形成脉搏波。分析血流脉搏波,了解脉搏波的形成和传播速度对研究人的正常生理活动和疾病诊断具有重要意义。

脉搏图 [pulse chart]　脉搏的周期和心动周期一致,脉的频率、波幅和波型可借助于仪器进行描记,形成脉搏图。对于正常青年人压强脉搏图的基本波型如下图所示。

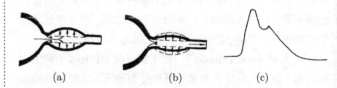

(a) 心室收缩期主动脉瓣开放 (血管容积增大、压强升高);

(b) 心室舒张期主动脉瓣关闭 (血管容积减小、压强降低);

(c) 脉搏图

脉压 [pulse pressure]　收缩压与舒张压之差。

能动式假手 [dynamic-type prosthctic hand]　人手的替代物,设计和研发时必须注意到使用者的生理和心理要求及社会的认可。可分为体外动力源和体内动力源假手,它的动作功能主要决定于机构的自由度 (手指自由度、前臂旋转、腕部屈伸及内外转动这三个自由度)、重量、体积和合理的配置。

平均动脉压 [mean arterial pressure]　在一个心动周期中动脉血压的平均值 $\bar{p}$。如下图所示,平均动脉压等于图中积分面积 $\int_0^T P(t)\mathrm{d}t$ 与心动周期 T 之比,即 $\bar{p} = (1/T)\int_0^T P(t)\mathrm{d}t$ 为了计算方便,常使用舒张压加上 1/3 脉压来估算。平均动脉压不是收缩压和舒张压的平均值。

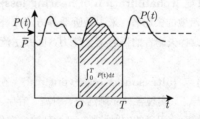

热敏成像 [thermography]　利用热敏成像材料涂于支持体上,当受热到某一阈值时能形成清晰影像的过程。它要经过一系列物理化学变化在相应的复印材料上形成可视影像。涂有热敏材料的板材经激光扫描受热,就可以直接在机上印制。不需要显影、定影等化学处理，可以在明屋里工作，应用于医疗诊断装置、传真、分析食品仪表及计算机等终端输出打印机。

热敏成像材料 [thermosensitive imaging meterial] 受热后能显示清晰颜色的成像材料。将染料隐色体和显色剂一起分散在水溶性或油溶性粘合剂中，再涂于支持体上而成，所用染料隐色体为内脂结构或三芳基甲烷染料，显色剂双酚A 等，受热后显色剂释放出氢质子，使染料内脂环断裂或形成脂式结构而显出颜色。热敏成像材料常用于心电图仪、台式计算机或传真等记录纸。

热像仪 [thermal imaging system] 温度测量从点到面，从静态到动态。人体上各部分的温度不完全相同，是个动态平衡。由于生理和病理的原因，局部组织的产热和散热条件不同，人体上有一定的温度分布图像，叫作温度图。得到温度图的方法叫热成像技术，所用的工具叫热像仪。热像仪在医学上用于异常热点探查、血管异常分布和异常功能的检查和热现象有关的生理功能的动态观察等。

热医学 [thermal medicine] 利用热能通过传导达到治疗疾病和保健功能的医疗学科。热能使毛细血管壁的通透性增高，促进渗出液的吸收起到消肿的作用；热效应可使肌肉的胶原纤维组织弹性升高，有利于软化僵硬的组织和解除痉挛；温热可使痛阀升高，阻断神经纤维向心性的传导；热作用可激活体内的酶加速化学反应，促进局部新陈代谢。随着科技的发展，特别是电子技术的发展各种热疗仪被广泛应用。

人体辐射热 [human radiation heat] 人体以辐射红外线的方式散失的热量。它的波长范围在 $5 \sim 20\mu m$，最大强度在波长为 $9\mu m$ 处。若物体总面积 A，物体的绝对温度 T_2，周围环境绝对温度 T_1，若 $T_2 - T_1$ 不大时，则物体在 τ 秒内辐射的热量 Q 卡。即 $\frac{Q}{\tau} = 4\delta T_2^3 A(T_2 - T_1)$，式中 $\delta = 1.38 \times 10^{-12}$ 厘米 ^{2}·秒·度 ^{4} 是一个比例常数。上式也适合人体，但辐射的面积只是人体皮肤总面积的 85%，因为人体有些地方皮肤经常相互接触。

容积脉图 [volume pulse chart] 把血管容积的变化描记下来形成的图。当脉搏式血流通过血管时，血管容积将会发生周期性变化。描记容积脉图的方法很多，电学法有电容式容积图仪和阻抗式容积图仪，目前国际上常见的是阻抗式容积图仪，它是利用高频阻抗和血管容积之间的一定比例关系，描记电阻抗变化图线表示容积脉图，现已用它描记心、肝、肾、头部和四肢等部位的动脉容积脉图，也称血流图。

射流 [efflux] 喷射成一束流动的流体 (液体或气体)。利用射流在流动中的某些物理现象，做成各种不同性能的元件，然后把这些射流元件与一些附件组成控制线路，进行自动控制，这就是射流技术。

射流元件种类很多，在医学上用到的多数是附壁式射流元件。

射流的附壁 [efflux attaching wall] 当具有一定压强的流体从细小的喷嘴射出时，流束两侧的静止气体被高速射流带动 (称为卷吸作用)，一部分气体随射流流动，在射流两侧造成局部低压区，而远处气体将不断流向低压区，以补充被卷吸带走的气体，这气体不断地被卷吸走，又不断地补充来。

射流呼吸器 [efflux respirator] 用射流元件做成的呼吸器。因为射流元件具有各种逻辑功能，很容易提供人工肺换气装置中吸气和呼气所需的脉冲气流，而且换气装置中所需的压强范围与元件本身没有可动部件，用它做成各种类型的呼吸器，工作比较稳定可靠，结构简单，易于制造、消毒。

失重 [weightlessness] 物体对支持物的压力 (或对悬挂物的拉力) 小于物体所受重力的情况

收缩压 [systolic pressure] 当在心室收缩而向主动脉排血时，主动脉中的血压达到最高值。

舒张压 [diastolic pressure] 在左心室舒张期，主动脉回缩将血液逐渐注入分支血管，血压跟着下降达最低值。

心脏的功和功率 [cardiac work and power] 心脏增加血液的动能和势能所作的功。血液在循环系统流动过程中所消耗的能量是由心脏作功得到补充的。对于心脏所作的功，可以用心室内压强和从心室射出的血量的乘积来计算。因为在整个心动周期内，心室内压都是时刻变化的，所以应该用积分法来处理这类问题，即

$$W = \int P_V dV$$

式中 W 代表心脏作的功，P_V 代表心室内压，dV 代表从心室射出的瞬时血量 (液体体积)。

功率是单位时间里所作的功，为此，在计算心动周期 (搏) 作功时用每秒输出或每分输出的平均血量计算即得心脏的功率。

心脏的跨壁压 [cardiac transwall pressure] 血管是具有弹性的圆柱形管，管壁呈弯曲面，故有附加压强，P_{TM}。若血管内压 P_{iv}，组织液压 P_T，则

$$P_{iv} - P_T = \frac{\beta_c}{\gamma}$$

β_c 为血管壁张力系数，γ 为血管内径和外径之和的平均值。

在图中，心脏表面任一点 P 都可以求出该点的跨壁压

$$P_{TM} = \beta \left(\frac{1}{R_1} + \frac{1}{R_2} \right)$$

β 为 P 点的平均心壁张力系数，R_1 和 R_2 是 P 点心脏表面发线 PN 与之垂直且正交的两圆孤 $\overset{\frown}{APB}$ 和 $\overset{\frown}{CPD}$ 的半径。上式适用于血管管壁厚度比曲率半径小得多的情况。

血流切应力 [bloodsteam shear stress]　又称屈服应力。血液是黏弹性流体，它是由水、无机化合物、有机蛋白质、脂质血细胞和糖等高分子组成的复杂溶液，是非牛顿流体，只有当切应力超过某一数值后才发生流动，血液能够引起流动的最低切变应力值。血液的黏度不是常数，流体的切应力与切变率的比值称为表观黏度用以描述血液的黏性。一旦血液流动，红细胞及细胞串就在流体动力作用下变形。

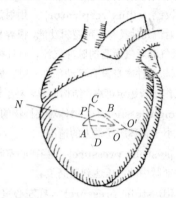

屈服应力 [yield stress]　即血流切应力。

医疗步行 [medical walking]　采用各种措施把异步态人康复到正常步态的治疗方法。首先要测定步行周期中身体各部分的对称性、步距长度、手臂摆动、躯干运动和身体的抬高，观察运动的平衡度，注意有无蹒跚，不平衡和急骤运动及步宽是否正常等。要对头、肩、双臂、躯干、骨盆、双髋、双膝和双足的运动作系统观察。并用机械定量分析步态，判断异常步态原因及在步行周的那一点上身体那一部分受累。然后采取各种手段使期康复到正常步态。

运动单位 [motor unit]　一个神经细胞和它所支配的若干条肌纤维的总称。因为骨骼肌是由肌纤维组成，每条肌纤维是一个肌细胞，多条肌纤维集合成小肌束，肌纤维收缩是由脊髓前角运动神经细胞支配，神经细胞发出的冲动由轴突传向肌纤维，在神经细胞接点处通过化学递质－乙酰胆碱，使肌纤维膜电位变化，肌纤维呈现兴奋状态发生收缩。脊髓前角细胞受脑运动中枢的支配，故人可以随意运动。

运动医学 [motor medicine]　又称体育疗法，体疗。根据疾病特点，利用身体各种功能活动和体育锻炼以预防和治疗疾病，促进机体恢复的一门科学。它是通过体力活动和技巧性活动，调整和增强机体功能，发挥代偿能力，使患者限度地恢复生活和劳动能力，主要对象为伤病员、残疾人和老年人，他们在不同程度上存在着身体或心理上的功能障碍，生活和劳动能力受到影响。运动医学是古劳而有效的治疗方法，历史悠久，国内外应用，中国是世界上应用最早的国家之一，记载中有"导引"、"按跻"、"五禽戏"、"太极拳"八段锦和易筋经等以及其他各派武术、都是用于治病和保健。

体育疗法 [motorpathy]　即运动医学。

运动浴 [motor bath]　又称水中训练，浴疗法。在大水池中，水温 32～38 ℃，水深到人体胸部下，可练习步行或各种运动，遵循医生编排的运动程序，发挥浮力的作用。人体比重小于水的比重，水的浮力和水的抵抗力有利于病人肢体的功能锻炼，运动在体内产生热量有解除痉挛和镇痛的作用，在水中的胸部受到压力，使呼吸运动阻力加大，增加了末梢循环的张力，心脏负担加大，有利于对心脏功能的锻炼，适用于四肢运动障碍的病人，但对心脏病、癫痫、急性重耳炎、皮肤病、急性肠胃炎和各种寄生虫病患者禁用。

20.6　微波医学

穿透深度 [penetration depth]　微波能量进入人体组织后将被吸收而产生衰减，当其入射功率降低到原来的 $1/e^2$（即 13.5%）时的深度。穿透深度与频率的平方根成反比

热疗治癌 [hyperthermia to treat cancer]　由于肿瘤组织为非正常组织，它的含水量比正常组织高，而血流量较正常组织小。当高强度微波照射肿瘤部位时，肿瘤组织吸收的微波能量超过正常组织，而它的散热又比正常组织差，肿瘤的温度比正常组织高出 5～7 ℃，可控制温度以杀死肿瘤细胞，而对正常组织没有伤害，达到治疗癌症的目的。

微波理疗 [microwave physiotherapy]　微波物理治疗可分为两种：一种为利用微波热效应与非热效应就治疗纤维组织炎、颞颌关节炎、肋软骨炎、神经痛、耳软骨膜炎、网球肘、外科感染、肠粘连、急性冠周炎、前列腺炎和前列腺增生症等；另一种为利用微波组织凝固法治疗宫颈糜烂及尖锐湿疣等。均已用于临床。

微波源 [microwave source]　产生微波能量的装置。不同的治疗目的，需要不同频率和不同功率的微波能量。有连续波源、也有脉冲调制波源；有用磁控管、也有用微波晶体管来产生微波振荡。对微波源的要求是输出功率和频率的稳定性。

微波照射器 [microwave applicator]　向人体病灶发送微波的器件。不同的病灶部位和治疗目的，对照射器将提出不同的要求，但也有共同的，即要求它有效地被人体病灶吸收，在人体表面的反射尽可能少；另外还要求它泄漏到非治疗区的能量要小。这样才能达到对病人疗效好、副作用小，对操作医师安全的目的。

微波诊断 [microwave diagnosis]　根据人体组织不同部分具有不同的介电常数的原理，利用微波对人体各部分进行无伤的诊断。人体组织是一种有损耗的电介质。皮肤、脂肪、肌肉、骨骼、血液和脑等各种器官以及各种病变组织的介电常数各不相同。当微波在人体中传播时，遇到不同组织的

分界面以及通过不同组织时，就会产生反射、衰减、相移、散射和衍射等，测定这些参数的变化就可以进行无伤诊断。诊断可利用接触式照射器逐点测量或定点测量，也可用微波断层扫描 (配有计算机数据处理系统) 来进行。

温度监控 [temperature monitor]　热疗治癌的重要组成部分，由于癌组织边缘是不规则的，温度监控一定要使所有存在癌细胞的地方都达到致死的温度，温度不够会引起癌细胞的扩散。且测温与微波照射应同时进行。才能反映该处的真实温度。这就要求测温元件应尽可能少干扰微波场，并能即时调整微波输出功率以达到有效治疗的目的。

医用微波频率 [microwave freauency for medical application]　用于医疗的专用微波频率。为了防止对微波通信和导航等的干扰，国际上统一规定医疗专用频率，在微波频率 (300MHz~300GHz) 中，其中最常用的频率是58MHz、433 MHz、915 MHz、2450MHz、22 GHz 等。

阻抗匹配 [impedance matching]　微波照射器加上人体的被照射部位组成一个整体接到微波源上。为了使微波能量有效地传输给人体，一定要使"微波照射器加上人体的被照射部位"的输入阻抗与传输线的特性阻抗相匹配，并尽量做到微波源的输出阻抗也与传输线的特性阻抗相匹配。

20.7　核　医　学

核医学 [nuclear medicine]　用放射性同位素进行疾病诊断、治疗和医学研究以及新药研制的科学。有成像和显像、器官功能测定、放射治疗和体外分析法。应用于医学的放射线主要有 X、γ、β、α 射线，中子射线，高速运动的电子束，质子束及其他离子束。

单光子发射计算机断层显像 [single photon emission computed tomography, SPECT]　由 γ 照相机、准直器、光电倍增管阵列及其电子线路和旋转装置组成。临床常用双探头和三探头的 SPECT 仪。

正电子发射计算机断层显像 [positron emission tomography，PET]　用正电子在人体内发生湮灭、符合探测相反方向发射的 511keV γ 光子原理成像。有环状或双探头的探测系统和相应的符合电子线路组成。

放射性药 [radiopharmaceuticals]　含有放射性原子核用于诊断和治疗的药物。从分子结构和用途又称为放射性标记化合物和示踪剂，常用的有 99mTc、131I、133Xe、18F、11C、15O 等几十种。

全身骨显像 [whole-body bone imaging]　将趋骨性放射性药物引入体内，通过核医学获得骨形态、血供和代谢状态，以及病变部位与几何形状的成像。

心血管显像 [cardiovascular imaging]　有心肌灌注显像、心肌代谢显像、心脏功能显像等，是心血管疾病诊断与研究的重要手段。

肺灌注显像 [pulmonary perfusion imaging]　观察肺动脉血流分布、肺部通气功能等，对肺的局部及分肺的血流和功能进行临床诊断，评估人体的呼吸系统及其病变。

肾动态显像 [renal dynamic imaging]　静脉注射肾显像。了解两侧肾功能状态和尿路排泄，临床诊断泌尿系统的功能和病变。

脑部显像 [brain imaging]　有脑灌注显像、脑代谢显像、脑受体显像和血脑屏障显像，用于临床诊断和科学研究脑部生化功能和认知功能。

肿瘤显像 [tumor imaging]　提供肿瘤的位置、形态、大小等解剖学信息，也能提供肿瘤组织及局部组织器官的生化和功能变化，对肿瘤的临床诊断和治疗非常重要。

炎症显像 [inflammation imaging]　核医学可以在炎症的早期得到诊断，在组织结构变化积累不够明显就能正确有效的显像炎症的部位和范围。

放射治疗 [radiotherapy]　利用射线杀死病变组织细胞的治疗方法。主要用于肿瘤和炎症治疗，有用加速器产生的射线，也有用放射性同位素发射的射线。

X 射线和质子放射治疗 [X-ray and proton radiotherapy]　利用电子加速器产生的 X 射线束和质子加速器产生的质子束进行放射治疗。

γ 刀放射治疗 [Gamma knife radiotherapy]　又称立体定向射线放射治疗。是将 ^{60}Co γ 射线几何聚焦，集中射于病灶进行治疗的方法。

立体定向射线放射治疗 [stereotactic radiotherapy]　即 γ 刀放射治疗。

体外放射分析 [in vitro radioassay]　在人体外应用射线进行分析的技术。包含微量元素测定、放射配基结合法测定受体和离子培养细胞示踪等。

放射免疫分析 [radiommunoassay]　利用抗原和非标记抗原的竞争结合反应，测定放射性复合量计算非标记抗原量的微量分析技术。

免疫放射分析 [immunoradiometric assay]　用放射性标记抗体和非标记抗原形成复合物，复合物的放射性与非标记抗原之间呈正相关。

分子核医学 [molecule nuclear medicine]　以分子识别为基础，用放射性药物为示踪剂，从分子水平认知生命现象和疾病发生、发展规律的核医学。

伽马照相机 [γ camera]　由探测晶体、光电倍增管阵列和相应的电子线路组成的位置灵敏探测器。

准直器 [collimator]　有铅和钨合金制成平行孔、会聚、斜孔和针孔型，使人体内放射性药物发出的 γ 射线沿特定的方向被接受的仪器。

灵敏度 [sensitivity] 人体内放射性药物被接受作为显像信号的 γ 射线，与发出的总 γ 射线比值。

空间分辨率 [spatial resolution] 在成像中能区别两物体最小的空间距离。

图像重建 [image reconstruction] 将成像仪接收的放射性药物二维显像信号，通过数学方法计算转换为人体内放射性药物三维分布的过程。

符合探测 [coincidence detection] 用符合线路同时探测正电子湮灭产生的相反方向发射的 511keV γ 光子的过程。

图像融合 [image fusion] 将解剖图像和功能性图像融合的过程。有机的把定性和定位作用结合，得到更好的医学诊断，如将 SPECT 与 CT、PET 与 CT 图像融合成一幅图像。

20.8 纳 米 医 学

纳米医学 [nano medicine] 随着纳米生物医药发展起来的，采用纳米技术解决医学、药学等问题的学科。包括纳米医学和诊断技术。纳米医疗器件，医用材料。纳米技术诊断的重症及纳米药物，纳米生物芯片，纳米医学在分子水平上，利用分子工具和人体分子知识，从事诊断，医疗，预防疾病，改善健康状况等技术，改善人类的生命系统。人体是由多种器官组成，如大脑、心脏、肝、肺、骨骼、肌肉和皮肤，这器官是由细胞组成，而细胞是器官组成单元，细胞主要结构是蛋白质，核酸，脂类和其他生物分子，这些是构成人体的基础。纳米医学是分子医学，在纳米量级水平研究生命现象，生老病死，治疗保健，延年益寿等内容，纳米医学目前在分子水平上进行医学研究，如基因疗法，基因、药物，来自探索的内容：①药物治疗，②心血管采用纳米机器人进行治疗，③研制方便耐用的的医疗器械，材料和药物。

纳米磁 [nanometer magnetic] 具有单磁畴结构。具有高矫顽力，和超顺磁的特征的磁性。当粒度小到 10nm 以下时则矫顽力 (H_c) 接近于零，呈现超顺磁性。拓展了量子尺寸效应，和宏观量子隧道效应的研究，广泛用于磁记录材料，磁流体的制备，及生物医药等领域，具有生物相容性，和一定生物医学功能的的磁导向性，生物降解性和活性功能基因等特点。

纳米细胞探测器 [nanw cell detector] 在微小的金元素粒子上添加一些特殊分子，制成直径只有 130 纳米的探测器。当探测器进入细胞体内后，用一束特殊波段的激光，照射细胞组织，通过接收，分析探测器，反射出的光信息就可以检测细胞内的生物电变化，来断定细胞内工作状况，细胞的

生物电活动像时钟一样，有规律地运行，当生物电出现异常变化，则说明细胞出现病变，这种探测器可诊断帕金森氏病，早老性痴呆等病症，也可作为测试药物效果的手段。

纳米仿生骨 [nano bionicbone] 是一种新型材料，强度和韧度都接近天然骨骼在纳米尺度上，是类骨结构的仿生设备。以 HAP 为主的构造新材料，通过调节仿生骨的成份，调节晶体的形状和尺寸，其弹性可达到通常生物骨的弹性，通常采用的是纳米磷灰石、聚酰胺复合材料，是采用骨髓基质细胞体外培养技术，骨髓基质细胞可紧密附着于材料表面，黏附生长并突起，向材料的连通微孔内伸展，仿生骨对骨髓细胞无毒性作用，仿生骨植入体内与骨组织紧密结合，但需具有与体内骨组织细胞相容特性，作为医用生物材料。

环肽 [nano tubes, NTS] 环肽分子自组装成纳米管，中空管状结构。用作生物传感器模板，环肽纳米管作为药物载体，可开发出抗菌和抗感染药物，具有较好的生物相溶性，和可调控的生物降解等特性。在生物体系中细胞或细胞器，通过生物膜与外界进行物质交换，有选择地吸收所需养料，同时排除废物，维持正常的功能，而一些相对较大极性离子，或带电分子，运输主要通过蛋白质和离子通道蛋白质介导，而环肽纳米管是具有生物兼容性，可模拟此类蛋白的通道作用

纳米颗粒 [nano particles] 又称：纳米尘埃。纳米量级的微观颗粒，是一种人工制造大小不超过 200 纳米的微型颗粒。其形态可以是非晶体、微晶聚合体，微单晶通常呈球形、类球形、多面体、三棱柱和六棱柱形。在一维尺度上小于 200 纳米的颗粒构造了大块物质和原子、分子之间的桥梁，纳米颗粒可渗透到细胞膜中，沿神经细胞突触，血管和淋巴血传播，有选择性的积累在不同细胞，和一定细胞结构中，具有较强的渗透能力，通常以液态、乳胶状、冢合物、陶瓷、金属和碳颗粒结构存在。

纳米尘埃 [nano particles] 即纳米颗粒。

纳米金 [nano-gold] 人工制备的呈八面体构造，呈红色直径在 100nm 以下常作为免疫学检测的标记物和生物探针。纳米金单体粒子具有强磁性。由于具有特殊的光学特性，可用于 DNA 检测，作为遗传基因的测定，具有良好的的稳定性，细胞穿透性，易与生物大分子偶联，作为探针进入生物组织内部，可探测生物分子的生理功能，在分子水平上揭示生命过程。

纳米银 [nano silver] 一种抗菌凝胶，其粒径为 25 纳米左右的银单质元素。其能在数秒钟内杀死数百种细菌，对大肠杆菌，淋球菌，沙眼衣原体等数十种致病微生物，具有较强的抑制和杀菌作用，而不产生耐药性，遇到水则抗菌效果增强。用于环境保护、纺织服饰、水果保鲜、食品卫生及各种妇科病症。这些领域可直接或间接使用，可促进伤口愈合及细胞的生长，和受损细胞的修复，无毒副作用，对皮肤无不良刺

激。

胶束 [mice lles]　尺度为 5~100nm，是分散在诸如盐溶液等水基液体中的表面活性分子的聚集体。可作为给药的纳米载体，纳米颗粒让治癌药物更准确释放由两亲性嵌段聚合物。在水溶液中，自发形成一种自组装结构亲水性片段形成外壳，疏水性片段形成内核，形成独特的核壳结构具有载药量大，载药范围广，稳定性好，体内滞留时间长，独特的体内分布，提高利用度，降低毒副作用，广泛作为抗癌药，抗菌药和基因治疗等疏水性药物载体。

纳米科技 [nanotechnology]　研究 10^{-8}~10^{-9}m 原子、分子和其他类型物质的运动和变化的技术。在这尺度范围内对原子、分子进行操作和加工，其研究内容是创造和制备优异性能的材料，器件设计、制备各种纳米器件和装置，探测分析纳米尺度的性质和现象。纳米科技是在生物科学技术中对基因认识，产生转基因生物技术，同时纳米科技介入生物科学，研制和发展了传感器。在生物医药方面，可研发出纳米机器人在体内治疗血液及各种疾病，修补 DNA 对付癌症而不伤及正常细胞，研究生物分子之面的相互作用，研究磷脂，脂肪酸，双层平面生物膜和 DNA 精细结构，自组装，在细胞内放入需件和组件，构成新的药物材料，当粒子尺度达到纳米时，药物则可溶于水。在医学工程方面则可修复或更换人体损坏器官，构成生命重要物质是肽类大分子，如将肽类制成纳米级而不破坏肽的结构，则可助于人体吸收、提高免疫、增进寿命。

纳米螺旋桨 [nanopropeller]　生物结构中，常见的基本单元是蛋白质，有机大分子，DNA 中的所形成螺旋结构，给人类提供诠释和利用生命体有机结构的工具，如双螺旋结构脱氧核糖核酸 (DNA)，为生命遗传物质，如生命的密码，可作为生物探测器，是制造纳米级构件和通用元件。纳米螺旋桨具有半导体性质和压电效应，也具有特殊超晶格性质，用于研制灵敏纳米传感器，和生物探测器，无机晶体形成的螺旋结构则少见。目前发现氧化锌超晶格螺旋，具有光电，传感和生物用途的半导体和压电材料。

生物传感器 [biosensor]　(1) 用生物活性材料 (如酶、蛋白质、DNA、抗源、抗体、生物膜等) 作为敏感识别元件，与物理，化学换能器有机结合形成的传感器。是快速检测物质分子水平的微量分析方法，其种类繁多。a. 微生物传感器、免疫传感器、组织细胞传感器、酶、DNA 等传感器是根据感受器中可采用的生命物质来分类。b. 按生物敏感物质相互作用区分，可分为亲和型和代谢型。c. 还有热敏生物传感器、压电生物、光学生物、个体生物等多种传感器。

(2) 信号换能器 (电化学电极、离子场效应晶体管、热敏电阻等)。a. 将化学变化转换成电子信号，b. 将热变化转换成电信号，c. 将光效应变为电信号。这三种尽属于间接测量。

还有一种是直接测量产生电讯号的，间接方式是将分子识别元件中的生物敏感物质与待测物 (底物) 发生化学反应后，所产生的化学或物理变化，再通过转换器变成电信号测量，直接测量是将酶反应伴随的电子转移，微生物细胞的氧化，直接通过电子传递体的作用，在电极表面发生。

纳米生物机器人 [bio-nano-robot]　由一系列 DNA 分子组成，可定位特定人类细胞，可用荧光识别，在纳米尺度上，应用分子生物学原理，研制和编程的纳米机器人。纳米生物机器人机器人属仿生学范畴，在纳米空间进行操作的功能分子器件，其内容涵盖: (1) 了解纳米尺度上生物大分子的精细结构和功能关系; (2) 获取生命信息，了解细胞膜和其表面的结构信息; (3) 第三代机器人，可深入人体血管内，进行健康检查和疾病治疗，及修复器官的功能。还可进行人机对话，是未来的人体内医生。

纳米药物 [nano drug]　应用纳米技术研制的药物。纳米药物是以纳米粒球囊等纳米微粒作为载体，与药效粒子，用一定方式结合制成的，粒度为 100~5000nm。纳米化的药物，易透过血管和组织屏障，易被巨噬细胞吞噬，增强其靶向性。纳米药物具有颗粒小、比表面积大、表面反应活性高、吸附能力强、催化效率高，增加其暴露于介质中的表面积，能促进药物的溶解，提高药物吸收，同时纳米颗粒具有多孔，中空多层等结构特性，易实现药物的缓控和释放功能。

纳米药物载体 [nano meter carrier]　将纳米药物输运到目的地的载体。载体是把一个有用的目的 DNA 片段，通过重组 DNA 技术，送到受体细胞中去，进行繁殖和表达的工具，通常用的载体是细菌质粒，噬菌体和动植物病毒。纳米药物载体是属于纳米药物载体输运系统，是将药物包封于微粒中，可调药物释放速度，增加生物膜的透过性，改变在体细胞内分布，提高药效，药物载体，通常由天然高分子合成，作为传导和输送药物和载体。目前热门研究的是磁性纳米颗粒，特别是顺磁性纳米铁氧体颗粒在外场作用下，提高靶向性，即提高病变部位的药物浓度，提高疗效。

DNA 纳米线 [DNA nanovnre]　DNA 分子导线具有独特的导电性和塞贝克 (seehack) 效应，是制备电化学纳米生物传感器和热电偶生物传感器的重要材料，其分子识别机制，基于 DNA 分子导线的传感原理，用于基因分析单碱基突变检测等应用。

量子点 [quantum dot]　一类具有纳米尺度的发光粒子，一种新的发光材料，小于 10nm 的半导体纳米颗粒其电子能级量子化。应用于生物分子和细胞成像中，这荧光粒子是由第三副族和第六主族元素的质子 (如 cdse 和 cdte) 或是第三副族和第五主族元素的原子 (InP 和 InAs) 构成，在外围引一层两性的共聚物外壳，同过调节粒子的大小和母核的化学组成，可获得荧光发射波长为 400~2000nm 的量子点。

基因芯片 [gene chip]　又称DNA芯片。应用核酸分子杂交原理，设计合成已知序列的寡核苷酸，作为探针，有规律地固定于支持物上 (如硅片, 载物玻片、硝酸纤维素膜等) 的芯片。可检测预示特定疾病的微小遗传变化，检测染色体与疾病相关的结构变化。是电子学, 生命科学和纳米技术结合产生的高科技，生物芯片是在很小几何尺度的表面上, 装配一种或集成多种活性生物, 仅用微量生物采样, 可同时检测和研究不同的生物细胞和生物分子的 DNA 特性，及其相互作用, 从而获得微观生命活动规律，生物芯片分细胞，蛋白质芯片 (生物分子芯片) 和基因芯片 (DNA 芯片)。

DNA 芯片 [DNA chip]　即基因芯片。

分子马达 [motecuter motor]　又称分子发动机。由生物大分子组成，也是由有机物和无机物成分，混合而成，是分布于细胞内部, 或表面的一类蛋白质。负责细胞内局部或整个细胞的宏观运动，生物体内有无数个分子马达，生物体内各种组织器官到整个个体运动，都可归结为分子马达在微观尺度上运动，如光合作用细胞分裂，肌肉运动都离不开分子马达，ATP 是一种水解酶，是作圆周运动的旋转马达，水解的能量转为机械能，肌球蛋白和驱动蛋白，则是作直线运动的分子马达酶是一种小的分子马达，人体是一复杂的生物体系，酶利用化学能来执行特异功能，即从能量到生命活动的分子转换过程产生机械力，实现运动。分子马达其功能是参与细胞运输，细胞黏着和肌肉收缩。

分子发动机 [motecuter motor]　即分子马达。

铁细菌 [iron bacteria]　一类生活在含有高浓度二价铁离子的池塘、湖泊、温泉等水域中的微生物，可将二价铁盐氧化成三价铁化合物的微生物，利用氧化过程中产生的能量，来同二氧化碳进行生长的细菌总称。铁细菌喜欢存于铁质较多的含氧和二氧化碳的弱酸环境中，pH 为 6~8，属好痒菌。在水中使亚铁化合物，氧化生成三价氢氧化铁沉淀，沉淀物聚在细菌周围，产生大量的棕色黏泥，导致设备和管道腐蚀和铁瘤的形成，污染水质，堵塞管道。

铁蛋白 [ferrtin]　又称血清铁蛋白，为机体内一种储存铁的可溶组织蛋白。正常人血清含有少量铁蛋白，是去铁蛋白 (apoferritin) 和铁核心 Fe_3 形成的复合物。铁蛋白的铁核心 Fe_3 具有强大结合铁和贮存铁的能力，维持体内铁的供应，维持血红蛋白的稳定性，铁蛋白含量变化，可作为判断体内缺铁或铁负荷过量。

血清铁蛋白 [serum feeitsm]　即铁蛋白。

智能纳米材料 [smart nano materials]　是一种仿生材料，受某些环境因素刺激，而会产生特定影响的纳米材料。可用于药物传递系统，实现靶向给药，来提高药物疗效，如处在温度、酸、碱、光照、酶、氧化、还原等刺激敏感环境下，材料会产生结构和性能的变化，当适应某些变数时，使可载药物可顺利通过体内各种屏障，在特定靶内释放，因为纳米粒能从肿瘤的有隙漏的内皮组织血管中逸出，而滞留在病灶内，达到靶向用药。

纳米防护　防止纳米颗粒进入人体或环境的措施。纳米研究给医学、环保、国防等领域带来突破，但可能给环境和人类健康带来的风险也不容忽视，当一种物质小到纳米量级时，其性质会发生显著变化，由于纳米材料不易降解，穿透性强，人一旦吸入纳米微粒，其健康就会受到影响。对纳米碳管，纳米聚四氟乙烯，和碳颗粒的生理毒性进行研究发现，长期吸入这些纳米颗粒后，在肺部会发生沉淀，对健康有直接影响，纳米颗粒通过呼吸系统、皮肤接触、食用、注射等途径进入身体组织内部，无阻碍，就可以进入细胞，与体内细胞发生反应，引起发炎，病变等症状，纳米颗粒进入人的神经系统，影响大脑，会产生严重后果，希望从事纳米技术的人员要注意必要的防护。

原子力显微镜 [atomic force microscope, AFM]　原子力显微镜系统结构分为三部分：力检测部分，位置检测，反馈系统 (光检测器，扫描控制系统，测量扫描探针与样品表面之间的作用力)。AFM 是探针，以接触式或非接触式敲击方式等来探测试样表面，以探针的针尖接近式样的面时，由于受到力的作用，使悬臂偏转或使悬臂振幅变化，由检测系统检测到悬臂的变化后传递给反馈系统和成像系统，连续记录探针扫描臂过程中的变化，即可得到试样的信息和表面图像。原子力显微镜是研究和探测生物分子的有力工具，可进行单个原子的操作、切割。其特点：可进行三维形貌的观测；取得探针和样品间的作用信息；分辨率高，在空气中测量纵向分辨率 (z 向) 小于 0.1nm，横向分辨率 (x, y) 可达 2nm，不受光、电子波长的限制；准备样品简单；不受环境限制、在常温、大气、液体、真空下都可观察样品的表面结构和特征，对无机、有机高分子半导体、电子材料、生物医学等，都可用来进行检测。

扫描隧道显微镜 [scanning tunnel microscope, STM]　基于量子隧道效应的高分辨率显微镜。以原子级空间分辨率来观测物质表面原子，或分子的几何分布和密度分布，确定物体的局域光, 电、磁、力、热、和机械特性。扫描隧道显微镜在垂直和平行于试样表面方向的测试分辨率为 0.1nm 和 0.01nm 在真空、大气或液体中，对试样进行原子水平的无损检测，在自然条件下，对生物大分子进行原子级直接观察，为探索生命科学的一有力工具。扫描隧道显微镜主要利用针尖与样品间的纳米间距的量子隧道效应，产生隧道电流其与间距呈指数关系，对样品进行局部探测，在样品与探针之间施与一定的电压，当样品的针头距离小于 1nm 时，则样品和针尖之间会产生隧道电流，当探针在样品表面扫描时，遇到电子态密集时，这时即产生较大隧道电流，出现亮点，反之电子态密度稀疏处，隧道电流小，出现暗区，这些亮暗集合区域，则显示出他们的形貌特征。

20.9 非线性医学

非线性医学 [nonlinear medicine]　医学中的非线性模型及分析方法。目前，医学上许多成就都来自于线性理论、模型及分析方法。线性模型可由基于两个变量之间的比例关系或者线性微分方程描述。然而，由于人体的复杂动力学特性，线性模型无法充分描述其所产生的非线性行为。非线性系统的突出点是构成系统的各组成部分之间存在相互作用，系统的输出不正比于输入，叠加原理不成立。非线性理论已经开始被生理学家以及医师应用于辅助解释、预测生理现象。混沌理论描述系统行为对初始条件极为敏感、不会重演、但具有确定性。复杂性理论进一步超越混沌理论，试图解释非线性动力系统中自组织、自相似以及涌现的不规则行为。非线性模型及分析方法有助于解释生理系统中一些线性理论无法解释的行为，加深我们对健康和疾病状态下人体复杂动力系统本质的理解。

信号 [signal]　运载消息的工具，是消息的载体。从广义上讲，它包含光信号、声信号和电信号等。

连续时间信号 [continuous-time signal]　定义在实数域的信号。自变量（一般是时间）的取值连续。

离散时间信号 [discrete-time signal]　（时间）自变量仅在离散时刻有定义的信号。大多数离散时间信号是由对连续时间信号采样得到的，取值上可以仍然取连续值。

模拟信号 [analog signal]　在时域上数学形式为连续函数的信号。模拟信号中，不同的时间点位置的信号值可以是连续变化的。

数字信号 [digital signal]　离散时间信号的数字化表示，将离散时间信号在各个采样点上的取值采用原来模拟信号取值的近似，用有限字长（字长长度因近似的精确程度而有所不同）来表示采样点的取值，这样的离散时间信号称为数字信号。一般情况下，数字信号是以二进制数来表示的。

周期信号 [periodic signal]　瞬时幅值随时间重复变化的信号。一般表达式为：

$$x(t) = x(t + kT), \quad k = 1, 2, \cdots$$

式中 t 表示时间，T 表示周期。

噪声 [noise]　从物理学的角度来说，由不同频率、不同强度无规则的组合在一起的信号称为噪声。一般用分贝 (dB) 来度量噪声的强度，用信号噪声比（S/N）来衡量噪声对有用信号的影响程度。

随机信号 [stochastic signal]　无法用确定的时间函数来表达的信号。随机信号是不能用确定的数学关系式来描述的信号，不能预测其未来任何瞬时值，任何一次观测只代表其在变动范围中可能产生的结果之一，其值的变动服从统计规律。

非平稳性 [nonstationarity]　指随机过程随着时间演化，没有不变的中心趋势，不能用样本的均值和方差推断各时刻随机变量的分布特征。

傅里叶级数 [Fourier series]　其基本思想是由法国学者傅里叶提出，任何周期函数都可以用正弦函数和余弦函数构成的无穷级数来表示（选择正弦函数与余弦函数作为基函数是因为它们是正交的）。

给定一个周期为 T 的函数 $x(t)$，那么它可以表示为无穷级数：

$$x(t) = \sum_{k=-\infty}^{+\infty} a_k \cdot e^{jk\left(\frac{2\pi}{T}\right)t} \quad \text{(j 为虚数单位)} \tag{1}$$

其中，a_k 可以按下式计算：

$$a_k = \frac{1}{T} \int_T x(t) \cdot e^{-jk\left(\frac{2\pi}{T}\right)t} dt \tag{2}$$

$e^{jk\left(\frac{2\pi}{T}\right)t}$ 是周期为 T 的函数，故 k 取不同值时的周期信号具有谐波关系。$k = 0$ 时，(1) 式中对应的这一项称为直流分量，也就是 $x(t)$ 在整个周期的平均值。$k = \pm 1$ 时具有基波频率 $\omega_0 = \dfrac{2\pi}{T}$，称为一次谐波或基波，类似的有二次谐波，三次谐波等。

傅里叶变换 [Fourier transform]　连续形式的傅里叶变换是傅里叶级数的推广，指函数 $x(t)$ 表示成复指数函数的积分形式：

定义 $x(t)$ 的傅里叶变换 $X(\omega)$

$$X(\omega) = \int_{-\infty}^{\infty} x(t) e^{-j\omega t} dt$$

$X(\omega)$ 的傅里叶反变换 $x(t)$：

$$x(t) = \frac{1}{2\pi} \int_{-\infty}^{\infty} X(\omega) e^{j\omega t} d\omega$$

相关函数 [correlation function]　是描述信号 $X(t)$，$Y(t)$（这两个信号可以是随机的，也可以是确定的）在任意两个不同时刻 t_1，t_2 的取值之间的相关程度。

对于随机信号，自相关函数的定义为

$$R(s, t) = E(X(s)X(t))$$

互相关函数的定义为

$$R(s, t) = E(X(s)Y(t))$$

其中 s, t 代表时刻, E 代表数学期望。

功率谱 [power spectral density] 功率谱密度函数的简称, 对于具有连续频谱和有限平均功率的信号或噪声, 表示其频谱分量的单位带宽功率。

维纳滤波器 [Wiener filtering] 是美国科学家诺伯特·维纳在 20 世纪 40 年代提出的一种滤波器。维纳奠定了关于最佳滤波器研究的基础, 即假定线性滤波器的输入为有用信号和噪声之和, 两者均为广义平稳过程且知它们的二阶统计特性, 维纳根据最小均方误差准则 (滤波器的输出信号与需要信号之差的均方值最小), 求得了最佳线性滤波器的参数。

卡尔曼滤波器 [Kalman filtering] 是由鲁道夫·卡尔曼提出的用于时变线性系统的递归滤波器。以最小均方误差为最佳估计准则, 采用信号与噪声的状态空间模型, 利用前一时刻的估计值和当前时刻的观测值来更新对状态变量的估计, 求出当前时刻的估计值。基于卡尔曼滤波的滤波器是一种高效率的递归滤波器 (自回归滤波器), 它能够从一系列的不完全及包含噪声的测量中, 估计动态系统的状态。状态估计是卡尔曼滤波的重要组成部分。它能实现实时运行状态的估计和预测功能。状态估计对于了解和控制一个系统具有重要意义, 所应用的方法属于统计学中的估计理论。最常用的是最小二乘估计, 线性最小方差估计、最小方差估计、递推最小二乘估计等。其他如风险准则的贝叶斯估计、最大似然估计、随机逼近等方法也都有应用。

混沌 [chaos] 是一种确定的但不可预测的运动状态。它的外在表现和纯粹的随机运动很相似, 即都不可预测, 但和随机运动不同的是, 混沌运动在动力学上是确定的, 它的不可预测性是来源于混沌系统对无限小的初值变动和微扰具有敏感性, 无论多小的扰动在长时间以后, 也会使系统彻底偏离原来的演化方向。混沌现象是自然界中的普遍现象, 如生命过程中的混沌, 天气变化中的混沌运动等。混沌现象的一个著名表述就是蝴蝶效应: 南美洲一只蝴蝶扇一扇翅膀, 就会在佛罗里达引起一场飓风。

吸引子 [attractor] 是微积分和系统科学论中的一个概念。一个系统有朝某个稳态发展的趋势, 这个稳态就叫作吸引子。吸引子分为平庸吸引子和奇异吸引子。平庸吸引子有不动点 (平衡)、极限环 (周期运动) 和整数维环面 (概周期运动) 三种模式。而不属于平庸的吸引子的都称为奇异吸引子, 它表现了混沌系统中非周期性, 无序的系统状态。

广义维 [generalized dimension] 定义如下

$$D_q = \frac{1}{q-1} \lim_{r \to 0} \frac{\log \sum_{j=1}^{N(r)} P_j^q}{\log(r)}$$

其中 P_j 是奇异吸引子上的轨迹访问立方体 j 的几率。从这个定义可以导出容量维 D_0, 信息维 D_1 和关联维 D_2, 是维数概念的进一步发展。

容量维 [capacity dimension] 假设考虑的图形是 n 维欧氏空间中的有限集合, 用半径为 r 的球填入该图形, 若 $N(r)$ 是球的个数, 则容量维数为

$$D_0 = -\lim_{r \to 0} \frac{\log N(r)}{\log r}$$

关联维 [correlation dimension] 由 Grassberger 和 Procaccia 提出, 描述吸引子, 系统在相空间的轨迹的维度复杂性。适合实验的情况, 被广泛运用于自然科学的各个分支学科。为了引入关联维的定义, 首先定义关联积分:

$$C(r) = \lim_{N \to \infty} \frac{1}{N^2} \sum_{\substack{i,j=1 \\ i \neq j}}^{N} \theta(r - \|\boldsymbol{x}_i - \boldsymbol{x}_j\|)$$

这里, $\theta(z)$ 是单位阶跃函数或 Heaviside 函数。符号 $\|\boldsymbol{x}_i - \boldsymbol{x}_j\|$ 代表 $\boldsymbol{x}_i$ 和 $\boldsymbol{x}_j$ 之间的距离。如果关联积分满足以下公式

$$C(r) \propto r^{D_2}$$

那么我们就可以定义关联维 D_2 为

$$D_2 = \lim_{r \to 0} \frac{\log C(r)}{\log r}$$

李雅谱诺夫指数 [Lyapunov exponent] 动力系统的李雅普诺夫指数是表征无限接近的轨迹 $Z(t)$ 和 $Z_0(t)$ 在相空间的分离率的特征量,

$$|\delta Z(t)| \approx e^{\lambda t} |\delta Z_0|$$

分离速度根据初始分离矢量的不同取向而不同。因此, 存在 Lyapunov 指数谱, 等于相空间的维数。λ_i 就称之为特征李雅谱诺夫指数。按数值大小排列为

$$\lambda_1 > \lambda_2 > \lambda_3 > \cdots$$

最大的一个值称为最大 Lyapunov 指数, 它决定了动力系统的可预测性。

分形 [fractal] 分形的概念是数学家曼德布罗特 (B.B.Mandelbrot) 1975 年首先提出的, 它与动力系统的混沌理论交叉结合, 相辅相成。该理论认为世界的局部可能在一定条件下或过程中, 在形态、结构等方面表现出与整体的相似性。分形形体中的自相似性可以是完全相同, 也可以是统计意义上的相似。标准的自相似分形是数学上的抽象, 迭代生成无限精细的结构, 如科赫曲线、谢尔宾斯基地毯等。这种有规分形只是少数, 绝大部分分形是统计意义上的无规分形。

赫斯特指数 [Hurst exponent]　是作为判断时间序列数据遵从随机游走还是有偏的随机游走过程的指标。如果赫斯特指数 $H=0.5$，表明时间序列可以用随机游走来描述；如果 $0.5 < H < 1$，表明时间序列存在长期记忆性；如果 $0 \leqslant H < 0.5$，表明时间序列具有反持续性，即均值回复过程。也就是说，只要 $H \neq 0.5$，就可以用有偏的布朗运动（分形布朗运动）来描述该时间序列数据。

赫斯特指数估计通常使用重标极差 (R/S) 分析法，

给定一组观察序列 $\{X_k, k = 1, 2, \ldots, n\}$，其样本均值为 $\overline{X}(n)$，样本方差为 $S^2(n)$，其 R/S 统计定义为：

$$\frac{R(n)}{S(n)} = \frac{\max(W_1, \cdots, W_n) - \min(W_1, \cdots, W_n)}{S(n)}$$

其中，$W_k = (X_1 + X_2 + \cdots + X_k) - k\overline{X}(n), k = 1, 2, \cdots, n$

$$E\left[\frac{R(n)}{S(n)}\right] = cn^H$$

H 即为赫斯特指数。

去趋势涨落分析 [detrended fluctuation analysis, DFA]　由 C. K. Peng 提出的分析方法，主要优势在于可以检测隐藏于非平稳时间序列里的长程相关性。

多重分形 [multifractal]　又称多标度分形。多重分形系统是分形系统的推广，此时一个指数不足以描述该动力系统，需要用连续的指数谱，即所谓的奇异谱，来刻画其动力特性。

近似熵 [approximate entropy, ApEn]　时间序列规则或随机程度的一种测度。它紧密的联系着描述新信息产生率的 Kolmogorov 熵。近似熵首先由 Pincus 作为系统复杂性的测度而提出，大的近似熵值表示，当维数由 m 增加到 $m+1$ 时系统产生新模式的概率越大，越复杂。

样本熵 [sample entropy]　样本熵是在近似熵基础上改进的时间序列复杂度的一种度量。由于在近似熵的计算中为了避免出现 0 的自然对数，所以计算长度为 m 的相似序列时考虑了自匹配，由此在近似熵的计算中会存在偏差。导致近似熵对数据的长度很敏感，计算缺乏一致性。当数据点较少时，近似熵的计算结果会偏低。在样本熵的计算中排除了自匹配的计算，从而具有受数据长度影响较小的优势。

多尺度熵 [multiscale entropy]　在多个尺度上分析时间序列复杂性的样本熵。

相对熵 [relative entropy]　又称 KL 散度。两个随机分布之间距离的度量。在统计学中，主要是用相对熵来度量随机变量的两个概率分布 P、Q 之间非对称性差异，通过计算 P 和 Q 似然比的对数期望来表征非对称性。

对于离散型随机变量，其概率分布 P 和 Q 的相对熵（KL 散度）可按下式定义为：

$$D_{\mathrm{KL}}(P|Q) = \sum_{j=1}^{N} p_j \cdot \ln \frac{p_j}{q_j}$$

排列熵 [permutation entropy]　设一离散时间序列为 $[x(i), i = 1, 2, \ldots, n]$，对其中任意一个元素 $x(i)$ 进行相空间重构，得到

$$X(i) = [x(i), x(i+l), \ldots, x(i+(m-1)l)]$$

式中 m 和 l 分别为嵌入维数和延迟时间。将 $X(i)$ 的 m 个重构分量 $[x(i), x(i+l), \ldots, x(i+(m-1)l)]$ 按照升序重新进行排列，即

$$x(i+(j_1-1)l) \leqslant x(i+(j_2-1)l) \leqslant \ldots \leqslant x(i+(j_m-1)l)$$

如果存在 $x(i+(j_{k1}-1)l) = x(i+(j_{k2}-1)l)$，此时就按 j 值的大小来进行排序，也就是当 $j_{k1} < j_{k2}$ 时，有 $x(i+(j_{k1}-1)l) \leqslant x(i+(j_{k2}-1)l)$。所以，任意一个向量 $X(i)$ 都可以得到一组符号序列

$$A(g) = [j_1, j_2, \ldots, j_m]$$

其中 $g = 1, 2, \ldots, k$，且 $k \leqslant m!$，m 个不同的符号 $[j_1, j_2, \ldots, j_m]$ 一共有 $m!$ 种不同的排列，也就是一共有 $m!$ 种不同的符号序列。计算每一种符号序列出现的概率 $p_1, p_2, \ldots, p_k$，此时，排列熵就可以按照 Shannon 信息熵的形式定义为

$$H_p(m) = -\sum_{v=1}^{k} p_v \ln(p_v)$$

改进的排列熵（modified permutation entropy）方法对于 $x(i+(j_{k1}-1)l) = x(i+(j_{k2}-1)l)$ 情况作不同的处理，如果 $j_{k1} < j_{k2}$ 时，符号记为 j_{k1}。

转移熵 [transfer entropy]　是对于动态系统，研究其转移概率。假设 $x(i), y(i), (i = 1, \ldots, N)$ 代表两个被观察的时间序列，转移熵定义为：

$$T_{Y \to X} = \sum p(x_{n+1}, x_n^{(k)}, y_n^{(l)}) \log \frac{p(x_{n+1}|x^{(k)})_n, y_n^{(l)}}{p(x_{n+1}|x_n^{(k)})}$$

x_n、y_n 分别代表 x 和 y 在 n 时刻的状态，$x_n^{(k)}$ 代表 $(x_n, \ldots, x_{n-k+1})$，$y_n^{(l)}$ 代表 $(y_n, \ldots, y_{n-l+1})$，p 为概率。通常情况下 $l = k$ 或者 l 取 1。

符号转移熵 [symbolic transfer entropy]　先对时间序列进行符号化处理，然后进行转移熵计算。

本章作者：宁新宝，盛玉宝，王桂琴，谢捷如，叶式公，赵经武，王俊，黄晓林，马千里，卞春华

物理学大事记

约公元前 6 世纪　泰勒斯 (Thales, 公元前 624—546) 记述了摩擦后的琥珀吸引轻小物体和磁石吸铁的现象。

公元前 6 世纪　《管子》中总结和声规律，阐述标准调音频率，具体记载三分损益法。

约公元前 5 世纪　《考工记》中记述了滚动摩擦、斜面运动、惯性浮力等现象。

公元前 5 世纪　《周礼·夏官》中记载有漏壶。

公元前 5—前 4 世纪　德谟克利特 (Democritus, 公元前 460?—370?) 提出万物由原子组成。

公元前 400 年　墨翟 (公元前 478—前 392) 在《墨经》中记载并论述了杠杆、滑轮、平衡、斜面、小孔成像及光色与温度的关系。

公元前 4 世纪　亚里士多德 (Aristotle, 前 384—前 322) 在其所著《物理学》中总结了若干观察到的事实和实际的经验。

公元前 4—前 3 世纪　《庄子》中记载了调瑟时发生的共振现象："鼓宫宫动，鼓角角动，音律同矣。"

公元前 3 世纪　欧几里得 (Euclid, 前 330—前 260) 论述光的直线传播和反射定律。

公元前 3 世纪　阿基米德 (Archimedes, 前 287—前 212) 发明许多机械，包括阿基米德螺旋；发现杠杆原理和浮力定律；研究过重心。

公元前 3 世纪　古书《韩非子》记载有司南；《吕氏春秋》记有慈石召铁。

公元前 2 世纪　刘安 (前 179—前 122) 著《淮南子》，记载用冰作透镜，用反射镜作潜望镜，还提到人造磁铁和磁极斥力等。

前 1 世纪　卢克莱修的《物性论》中阐述了原子说，论及"物质守恒和运动守恒"的思想，记载了磁石的排斥与吸引作用；丁缓制造"被中香炉"中的持平装置；它的原理已与现代陀螺仪的方向支架相似。

约 27—97 年　王充的《论衡》创立了元气自然论。记载有关力学、热学、声学、磁学等方面的物理知识。

100 年前后　《尚书纬考灵曜》中记载有"地恒动而人不动，譬如闭舟而行不觉舟之动也"，说明当时对运动的相对性已有认识。希隆记述了蒸汽转动涡轮、热空气推动的转动机和虹吸现象。

1 世纪　古书《汉书》记载尖端放电、避雷知识和有关的装置。希龙 (Heron, 62—150) 创制蒸汽旋转器，是利用蒸汽动力的最早尝试。

2 世纪　托勒密 (C. Ptolemaeus, 100?—170?) 发现大气折射。张衡 (78—139) 创制地动仪，可以测报地震方位，创制浑天仪。王符 (85—162) 著《潜夫论》分析人眼的作用。

274 年　荀勖在以三分损益法计算管乐器各音时，发现了律笛"管口校正"的方法，并以管作律器。

290 前后　张华的《博物志》中记载了两种摩擦起电现象，掌握了消除共鸣现象的方法。

354—430 年　奥古斯丁发现通过摩擦的琥珀与天然磁石产生的吸引力具有两种不同的性质。

4 世纪　姜岌发现大气折射星光的现象。

5 世纪　何承天为解决音差问题，敢于打破五度相生法的成规，促使乐律研究向着等程的方向发展。祖冲之 (429—500)，改造指南车，精确推算 π 值，在天文学上精确编制《大明历》。

6 世纪　张子信发现太阳视运动 (即地球运动的反映) 的不均匀性。贾思勰的《齐民要术》中说明了霜的成因。

7 世纪初　孔颖达的《礼记注疏》中说明了虹的成因。

8 世纪　王冰 (唐代人) 记载并探讨了大气压力现象。

990 年前后　谭峭的《化书》中记载了会聚透镜、发散透镜的成像情况。

1040 年　曾公亮的《武经总要》中记载了指南鱼的制作方法，表明当时已利用地磁场进行人工磁化和发现了磁倾角。

11 世纪　沈括 (1031—1095) 著《梦溪笔谈》，记载地磁偏角的发现，凹面镜成像原理和共振现象等。

13 世纪　赵友钦 (1279—1368) 著《革象新书》，记载有他作过的光学实验以及光的照度、光的直线传播、视角与小孔成像等问题。

15 世纪　达·芬奇 (L. da Vinci, 1452—1519) 设计了大量机械，发明温度计和风力计，最早研究永动机不可能问题。

1543 年　哥白尼的《天体运行论》出版，提出了太阳中心说。

16 世纪　诺曼 (R. Norman) 在《新奇的吸引力》一书中描述了磁倾角的发现。

1583 年　伽利略 (Galileo Galilei, 1564—1642) 发现摆的等时性。

1584 年　朱载堉著《律吕精义》，系统阐明了十二平均律的理论。

1586 年　斯梯芬 (S. Stevin, 1542—1620) 著《静力学原理》，通过分析斜面上球链的平衡论证了力的分解。

1593 年　伽利略发明空气温度计。

1600 年　吉尔伯特 (W. Gilbert, 1548—1603) 著《磁石》一书，系统地论述了地球是个大磁石，描述了许多磁学实验，初次提出摩擦吸引轻物体不是由于磁力。

1605 年 弗·培根 (F. Bacon, 1561—1626) 著《学术的进展》。

1609 年 伽利略，初次测光速，未获成功。开普勒 (J. Kepler, 1571—1630) 著《新天文学》，提出开普勒第一、第二定律。

1611 年 开普勒的《屈光学》出版，发现了光的全内反射现象。

1619 年 开普勒著《宇宙谐和论》，提出开普勒第三定律。

1620 年 斯涅耳 (W. Snell, 1580—1626) 从实验归纳出光的反射和折射定律。

1627 年 王征译《远西奇器图说》出版，介绍了伽利略的力学知识。

1632 年 伽利略《关于托勒密和哥白尼两大世界体系的对话》出版，支持了地动学说，首先阐明了运动的相对性原理。

1636 年 麦森 (M. Mersenne, 1588—1648) 测量声的振动频率，发现谐音，求出空气中的声速。

1638 年 伽利略的《两门新科学的对话》出版，讨论了材料抗断裂、媒质对运动的阻力、惯性原理、自由落体运动、斜面上物体的运动、抛射体的运动等问题，给出了匀速运动和匀加速运动的定义。

1643 年 托里拆利 (E. Torricelli, 1608—1647) 和维维安尼 (V. Viviani, 1622—1703) 提出气压概念，发明了水银气压计。

1644 年 笛卡儿把物体的大小 (当时还没有明确的质量概念) 与其速度乘积称为 "运动的量"，并明确提出了运动量守恒定律：物质和运动的总量永远保持不变。

1646—1648 年 帕斯卡重做托里拆利实验，成功地证实了大气压强随高度的增加而减小。

1650 年 盖利克 (O. V. Guericke, 1602—1686) 发明了空气泵，进行了一系列有关空气、真空、大气压的实验。

1651 年 方以智的《物理小识》出版，记述了虹吸现象、潮汐同月球运行的关系，论述了声的发生、反射、共振。记载了针孔成像、光的反射，折射、透镜的焦点和大气光像，还提出时间和空间不能分立的观点。

1653 年 帕斯卡 (B. Pascal, 1623—1662) 发现静止流体中压力传递的原理 (即帕斯卡原理)。

1654 年 盖里克发明抽气泵，获得真空。

1655 年 格里马尔迪精确地描述了光的衍射现象，并提出光的波动说。

1656—1658 年 惠更斯首先将摆引入时钟，发明摆钟，并发现保持物体沿圆周运动需要一种向心力。

1658 年 费马 (P. Fermat, 1601—1665) 提出光线在媒质中循最短光程传播的规律 (即费马原理)。

1659 年 玻意耳在胡克协助下改进了盖利克发明的空气泵，进行了有关真空中虹吸失效及毛细管效应等实验。

1660 年 格里马尔迪 (F. M. Grimaldi, 1618—1663) 发现光的衍射。

1662 年 玻意耳 (R. Boyle, 1627—1691) 实验发现波意耳定律。14 年后马略特 (E. Mariotte, 1620—1684) 也独立地发现此定律。

1663 年 格里开作马德堡半球实验。

1665 年 胡克对薄膜彩色作出解释，是光的波动说最早倡导人之一。

1666 年 牛顿 (I. Newton, 1642—1727) 用三棱镜作色散实验。

1669 年 巴塞林那斯 (E. Bartholinus) 发现光经过方解石有双折射的现象。

1673 年 惠更斯的《摆式时钟或用于时钟上的摆的运动的几何证明》出版，提出了单摆周期公式，指出单摆的运动不严格等时，提出了复摆的完整理论，引入了向心加速度的概念，并建立了向心加速度公式。

1675 年 牛顿作牛顿环实验，这是一种光的干涉现象，但牛顿仍用光的微粒说解释。

1676 年 罗迈 (O. Roemer, 1644—1710) 发表他根据木星卫星被木星掩食的观测，推算出的光在真空中的传播速度。

1678 年 胡克 (R. Hooke, 1635—1703) 阐述了在弹性极限内表示力和形变之间的线性关系的定律 (即胡克定律)。

1679 年 胡克、哈雷从向心力定律和开普勒第三定律，推导出维持行星运动的引力和距离的平方成反比。

1684 年前后 王夫之以烧柴、煮水、焙烧汞、烧松烟制墨等为例，定性地阐述了物质不灭的思想，还阐述了运动不灭的思想和关于运动的绝对性、静止的相对住的看法。

1687 年 牛顿在《自然哲学的数学原理》中，阐述了牛顿运动定律和万有引力定律。

1690 年 惠更斯 (C. Huygens, 1629—1695) 出版《光论》，提出光的波动说，导出了光的直线传播和光的反射、折射定律，并解释了双折射现象。

1700 年 索弗尔研究了谐音，用纸游码找出波节和波腹的位置，对 "拍" 现象作出解释。

1701 年 牛顿发现温度高于周围环境的物体逐渐冷却时所遵循的规律，称为牛顿冷却定律。

1704 年 牛顿的《光学》出版，论述了光的折射、色散、干涉、衍射，提出了 31 个发人深思，富有启发性的问题，从而和《原理》一样同为物理学的巨著，也是科学界的经典著作。

1706 年 纽可门制成第一个能供实用的蒸汽机。

1714 年 华伦海特 (D. G. Fahrenheit, 1686—1736) 发明水银温度计，定出第一个经验温标 —— 华氏温标。

1717 年 J. 伯努利 (J. Bernoulli, 1667—1748) 提出虚位移原理。

1725 年　布拉德莱首先观察了光行差现象，并测得这个夹角为 40.89°，从而求出光速为 295000km/s。

1729 年　格雷发现电的传导现象，并分清导体与绝缘体。

1733 年　杜菲明确了有两种电荷，发现带同性电荷的物体相斥、带异性电荷的物体相吸。

1736 年　欧拉的《力学，或解析地叙述运动的理论》出版，是用分析方法发展牛顿质点力学的第一部著作。

1738 年　D. 伯努利 (Daniel Bernoulli, 1700—1782) 的《流体动力学》出版，提出描述流体定常流动的伯努利方程。他设想气体的压力是由于气体分子与器壁碰撞的结果，导出了玻意耳定律。

1742 年　摄尔修斯 (A.Celsius, 1701—1744) 提出摄氏温标。

1743 年　达朗伯 (J.R.d'Alembert, 1717—1783) 在《动力学原理》中阐述了达朗伯原理。

1744 年　莫泊丢 (P.L.M.Maupertuis, 1698—1759) 提出最小作用量原理。

1745 年　克莱斯特 (E.G.V.Kleist, 1700—1748) 发明储存电的方法；次年马森布洛克 (P.V.Musschenbroek, 1692—1761) 在莱顿又独立发明，后人称之莱顿瓶。

1747 年　富兰克林 (Benjamin Franklin, 1706—1790) 发表电的单流质理论，提出 "正电" 和 "负电" 的概念。

1748 年　利希曼发现静电感应现象。

1750 年　米切尔提出磁力的平方反比定律。

1752 年　富兰克林作风筝实验，引天电到地面。

1755 年　欧拉 (L.Euler, 1707—1783) 建立无黏流体力学的基本方程 (即欧拉方程)。

1760 年　布莱克 (J.Brack, 1728—1799) 发明冰量热器，并将温度和热量区分为两个不同的概念。

1761 年　布莱克提出潜热概念，奠定了量热学基础。

1767 年　普列斯特利 (J.Priestley, 1733—1804) 根据富兰克林所做的 "导体内不存在静电荷的实验"，推得静电力的平方反比定律。

1768 年　瓦特在汽缸外增加了冷凝器，制成了单动式近代蒸汽机，由此提高了蒸汽机的热效率和工作可靠性。

1772 年　爱斯尔建立了晶体的面角守恒定律，并加以推广。

1775 年　伏打 (A.Volta, 1745—1827) 发明起电盘。

1775 年　法国科学院宣布不再审理永动机的设计方案。

1780 年　伽伐尼 (A.Galvani, 1737—1798) 发现蛙腿筋肉收缩现象，认为是动物电所致。

1784 年　阿维发表晶体是由一些相同的 "基石" 重复、规则地排列而成的学说。

1785 年　库仑用扭秤实验求得两静止点电荷间相互作用力，正比于它们电量的乘积，反比于它们之间距离的定律，称为库仑定律。查理发现气体的压强随温度而改变的规律，称为查理定律。

1787 年　克拉尼用小提琴弦代替锤子使金属板振动，发现原撒在板上的细沙停留在节线上，形成对称的美丽图案，即著名的克拉尼图形。1787 年，查理 (J.A.C.Charles, 1746—1823) 发现气体膨胀的查理-盖·吕萨克定律。

1788 年　拉格朗日 (J.L.Lagrange, 1736—1813) 的《分析力学》出版。

1792 年　伏打研究伽伐尼现象，认为是两种金属接触所致。

1798 年　卡文迪什 (H.Cavendish, 1731—1810) 用扭秤实验测定万有引力常数 G。伦福德 (Count Rumford, 即 B.Thompson, 1753—1841) 发表他的摩擦生热的实验，这些实验事实是反对热质说的重要依据。

1799 年　戴维 (H.Davy, 1778—1829) 做真空中的摩擦实验，以证明热是物体微粒的振动所致。

1800 年　伏打发明伏打电堆。赫谢尔 (W.Herschel, 1788—1822) 从太阳光谱的辐射热效应发现红外线。

1801 年　里特尔 (J.W.Ritter, 1776—1810) 从太阳光谱的化学作用，发现紫线。杨 (T.Young, 1773—1829) 用干涉法测光波波长，提出光波干涉原理。

1802 年　沃拉斯顿 (W.H.Wollaston, 1766—1828) 发现太阳光谱中有暗线。

1803 年　道尔顿提出物质的原子理论。

1807 年　托马斯·杨首先使用能量一词来代替活力，定义了弹性模量，又称为杨氏模量。

1808 年　马吕斯 (E.J.Malus, 1775—1812) 发现光的偏振现象。

1811 年　布儒斯特 (D.Brewster, 1781—1868) 发现偏振光的布儒斯特定律。

1814 年　夫琅禾费 (J.V.Fraunhofer, 1787—1826) 发现了太阳光谱中的大量暗线，后称为夫琅和费线，并测出了它们的波长。

1815 年　夫琅禾费开始用分光镜研究太阳光谱中的暗线。

1815 年　菲涅耳 (A.J.Fresnel, 1788—1827) 以杨氏干涉实验原理补充惠更斯原理，形成惠更斯-菲涅耳原理，圆满地解释了光的直线传播和光的衍射问题。

1818 年　杜隆、珀蒂发现固体热容的经典定律，称为杜隆-珀蒂定律。

1819 年　杜隆 (P.1.Dulong, 1785—1838) 与珀蒂 (A.T.Petit, 1791—1820) 发现克原子固体比热是一常数，约为 6 卡 / 度·克原子，称杜隆-珀蒂定律。

1820 年　奥斯特 (H.C.Oersted, 1771—1851) 发现导线通电产生磁效应。毕奥 (J.B.Biot, 1774—1862) 和萨伐 (F.Savart, 1791—1841) 由实验归纳出电流元的磁场定律。安培 (A.M.Ampère, 1775—1836) 由实验发现电流之间的相互作用力，1822 年进一步研究电流之间的相互作用，提出安培作用力定律。

1821 年 塞贝克 (T.J.Seebeck，1770—1831) 发现温差电效应 (塞贝克效应)。菲涅耳发表光的横波理论。夫琅和费发明光栅。傅里叶 (J.B.J.Fourier，1768—1830) 的《热的分析理论》出版，详细研究了热在媒质中的传播问题。

1822 年 纳维发表了黏性流体的运动方程。塞贝克发现了温差电现象。傅里叶的《热的分析理论》出版，详细研究了热在媒质中的传播问题，建立了用傅里叶级数求解偏微分方程边值的方法。

1823 年 泊松提出理想气体绝热压缩与绝热膨胀的状态方程。

1824 年 S. 卡诺 (S.Carnot，1796—1832) 提出卡诺循环。

1826 年 欧姆 G.S.Ohm，1789—1854) 确立欧姆定律。

1827 年 布朗 (R.Brown，1773—1858) 发现悬浮在液体中的细微颗粒不断地作杂乱无章运动。这是分子运动论的有力证据。

1828 年 格林引进电势的概念。

1830 年 诺比利 (L.Nobili，1784—1835) 发明温差电堆。

1831 年 法拉第 (M.Faraday，1791—1867) 发现电磁感应现象。

1832 年 亨利发现自感现象，即在研究感应电流的同时，发现因电流变化而在电路本身引起感应电动势的现象。

1833 年 法拉第提出电解定律。

1834 年 楞次 (H.F.E.Lenz，1804—1865) 建立楞次定律。珀耳帖 (J.C.A.Peltier，1785—1845) 发现电流可以致冷的珀耳帖效应。克拉珀龙 (B.P.E.Clapeyron，1799—1864) 导出相应的克拉珀龙方程。哈密顿 (W.R.Hamilton，1805—1865) 提出正则方程和用变分法表示的哈密顿原理。

1835 年 亨利 (J.Henry，1797—1878) 发现自感。

1835 年 科里奥利推出地球转动造成的正比并垂直于速度的偏向加速度，称为科里奥利加速度。

1836 年 丹聂耳制以第一个实用电源，即丹聂耳电池。

1840 年 焦耳 (J.P.Joule，1818—1889) 从电流的热效应发现所产生的热量与电流的平方、电阻及时间成正比，称焦耳 - 楞次定律 (楞次也独立地发现了这一定律)。其后，焦耳先后于 1843，1845，1847，1849，直至 1878 年，测量热功当量，历经 40 年，共进行四百多次实验。

1841 年 高斯 (C.F.Gauss，1777—1855) 阐明几何光学理论。

1841—1842 年 焦耳和楞次先后各自独立发现电流通过导体时产生热效应的规律，称为焦耳–楞次定律。

1842 年 多普勒 (J.C.Doppler，1803—1853) 发现多普勒效应。迈尔 (R.Mayer，1814—1878) 提出能量守恒与转化的基本思想。勒诺尔 (H.V.Regnault，1810—1878) 从实验测定实际气体的性质，发现与玻意耳定律及盖–吕萨克定律有偏离。亨利发现电振荡放电。

1843 年 法拉第从实验证明电荷守恒定律。

1845 年 法拉第发现强磁场使光的偏振面旋转，称法拉第效应。

1846 年 瓦特斯顿 (J.J.Waterston，1811—1883) 根据分子运动论假说，导出了理想气体状态方程，并提出能量均分定理。

1847 年 亥姆霍兹发表了著名的 "关于力的守恒" 讲演，详细地从当时已有的科学成果第一次以数学方式确立了能量守恒与转化定律。

1848 年 开尔文提出热力学温标，指出绝对零度是温度的下限。

1849 年 斐索 (A.H.Fizeau，1819—1896) 首次在地面上测光速。

1850 年 克劳修斯提出热力学第二定律的定性表述。

1851 年 傅科 (J.L.Foucault，1819—1868) 做傅科摆实验，证明地球自转。

1852 年 焦耳与 W. 汤姆生 (W.Thomson，1824—1907) 发现气体焦耳–汤姆生效应 (气体通过狭窄通道后突然膨胀引起温度变化)。

1853 年 维德曼 (G.H.Wiedemann，1826—1899) 和夫兰兹 (R. Franz) 发现，在一定温度下，许多金属的热导率和电导率的比值都是一个常数 (即维德曼–夫兰兹定律)。

1855 年 傅科发现涡电流 (即傅科电流)。

1856 年 麦克斯韦发表《论法拉第的力线》的论文，用数学语言表述了法拉第的力线观念，得出了电流和磁场之间的微分关系式。韦伯、科尔劳施测定电荷的静电单位和电磁单位之比，发现该值接近于真空中光速。

1857 年 韦伯 (W.E.Weber，1804—1891) 与柯尔劳胥 (1809—1858) 测定电荷的静电单位和电磁单位之比，发现该值接近于真空中的光速。

1858 年 克劳修斯 (R.J.E.Claüsius，1822—1888) 引进气体分子的自由程概念。普吕克尔 (J.Plücker，1801—1868) 在放电管中发现阴极射线。

1859 年 麦克斯韦 (J.C.Maxwell，1831—1879) 提出气体分子的速度分布律。基尔霍夫 (G.R.Kirchhoff，1824—1887) 开创光谱分析，其后通过光谱分析发现铯、铷等新元素。他还发现发射光谱和吸收光谱之间的联系，建立了辐射定律。

1860 年 麦克斯韦发表气体中输运过程的初级理论。

1861 年 麦克斯韦引进位移电流概念。

1863 年 亥姆霍兹的《音调的生理基础》出版，在解剖学的基础上研究了人耳的听觉，提出了乐音谐和的理论。

1864 年 麦克斯韦提出电磁场的基本方程组 (后称麦克斯韦方程组)，并推断电磁波的存在，预测光是一种电磁波，为光的电磁理论奠定了基础。

1865 年 克劳修斯引入熵的概念，进一步发展了热力学的理论。

1866 年 昆特 (A.Kundt，1839—1894) 做昆特管实验，用以测量气体或固体中的声速。

1868 年 玻尔兹曼 (L.Boltzmann，1844—1906) 推广麦克斯韦的分子速度分布律，建立了平衡态气体分子的能量分布律 —— 玻尔兹曼分布律。

1869 年 安德纽斯 (T.Andrews，1813—1885) 由实验发现气-液相变的临界现象。希托夫 (J.W.Hittorf，1824—1914) 用磁场使阴极射线偏转。

1871 年 瓦尔莱 (C.F.Varley，1828—1883) 发现阴极射线带负电。

1872 年 玻尔兹曼提出输运方程 (后称为玻尔兹曼输运方程)、H 定理和熵的统计诠释。

1873 年 范德瓦耳斯 (J. D. Van der Waals，1837—1923) 提出实际气体状态方程。

1874 年 斯通尼提出电原子说，设想电是由最小的电颗粒 —— 元电荷组成的，这种元电荷后来被命名为电子。

1875 年 克尔 (J.Kerr，1824—1907) 发现在强电场的作用下，某些各向同性的透明介质会变为各向异性，从而使光产生双折射现象，称克尔电光效应。

1876 年 哥尔茨坦 (E.Goldstein，1850—1930) 开始大量研究阴极射线的实验，导致极坠射线的发现。

1876—1878 年 吉布斯提出了化学势的概念、相平衡定律，建立了粒子数可变系统的热力学基本方程。

1877 年 瑞利 (J.W.S.Rayleigh，1842—1919) 的《声学原理》出版，为近代声学奠定了基础。

1879 年 克鲁克斯 (W.Crookes，1832—1919) 开始一系列实验，研究阴极射线；斯特藩 (J.Stefan，1835—1893) 建立了黑体的面辐射强度与绝对温度关系的经验公式，制成辐射高温计，测得太阳表面温度约为 6000°；1884 年玻尔兹曼从理论上证明了此公式，后称为斯忒藩 — 玻尔兹曼定律。霍尔 (E.H.Hall，1855—1938) 发现电流通过金属，在磁场作用下产生横向电动势的霍尔效应。

1880 年 居里兄弟 (P.Curie，1859—1906；J.Curie，1855—1941) 发现晶体的压电效应。

1881 年 迈克耳孙 (A.A.Michelson，1852—1931) 首次做以太漂移实验，得零结果。由此产生迈克耳孙干涉仪，灵敏度极高。

1883 年 马赫的《力学史评》出版，从经验论的观点对力学概念和原理作了历史考察，批判了牛顿力学中绝对时间、绝对空间、质量和力的概念，提出了仅从相对关系来理解这些概念的主张；雷诺提出粘性液体中重要无量纲数 —— 雷诺数。

1885 年 迈克耳孙与莫雷 (E.W.Morley，1838—1923) 合作改进斐索流水中光速的测量。巴耳末 (J.J.Balmer，1825—

(1898) 发表已发现的氢原子可见光波段中 4 根谱线的波长公式。

1887 年 迈克耳孙与莫雷再次做以太漂移实验，又得零结果。赫兹 (H.Hertz，1857—1894) 作电磁波实验，证实麦克斯韦的电磁场理论。同时，赫兹发现光电效应。

1888 年 赫兹公布了证实电磁波存在的实验结果，并用实验证明光波和电磁波的同一性。厄缶进行了证明惯性质量和引力质量相等的实验，即厄缶实验。赖尼策尔发现液晶。

1890 年 厄沃 (B. R. Eotvos) 作实验证明惯性质量与引力质量相等。里德伯 (R.J.R.Rydberg，1854—1919) 发表碱金属和氢原子光谱线通用的波长公式。

1893 年 维恩 (W.Wien，1864—1928) 导出黑体辐射强度分布与温度关系的位移定律。勒纳德 (P.Lenard，1862—1947) 研究阴极射线时，在射线管上装一薄铝窗，使阴极射线从管内穿出进入空气，射程约 1 厘米，人称勒纳德射线。

1894 年 瑞利在确定氮气密度的实验过程中，发现空气中有一种较重的新元素 —— 氩存在。

1895 年 洛伦兹 (H.A.Lorentz，1853—1928) 发表电磁场对运动电荷作用力的公式，后称该力为洛伦兹力。P. 居里发现居里点和居里定律。伦琴 (W.K.Rontgen，1845—1923) 发现 X 射线。

1896 年 维恩发表适用于短波范围的黑体辐射的能量分布公式。贝克勒尔 (A.H.Becquerel，1852—1908) 发现放射性。塞曼 (P.Zeeman，1865—1943) 发现磁场使光谱线分裂，称塞曼效应。洛伦兹创立经典电子论。

1897 年 J.J. 汤姆生 (J.J.Thomson，1856—1940) 从阴极射线证实电子的存在，测出的荷质比与塞曼效应所得数量级相同。其后他又进一步从实验确证电子存在的普遍性，并直接测量电子电荷。

1898 年 卢瑟福 (E.Rutherford，1871—1937) 揭示铀辐射组成复杂，他把 "软" 的成分称为 α 射线，"硬" 的成分称为 β 射线。居里夫妇 (P.Curie 与 M.S.Curie，1867—1934) 发现放射性元素镭和钋。

1899 年 列别捷夫 (1866—1911) 实验证实光压的存在。卢梅尔 (O.Lummer，1860—1925) 与鲁本斯 (H.Rubens，1865—1922) 等人做空腔辐射实验，精确测得辐射以量分布曲线。

1900 年 瑞利发表适用于长波范围的黑体辐射公式。普朗克 (M.Planck，1858—1947) 提出了符合整个波长范围的黑体辐射公式，并用能量量子化假设从理论上导出了这个公式。维拉尔德 (P.Villard，1860—1934) 发现 γ 射线。

1901 年 考夫曼 (W.Kaufmann，1871—1947) 从镭辐射线测 β 射线在电场和磁场中的偏转，从而发现电子质量随速度变化。理查森 (O.W.Richardson，1879—1959) 发现灼热金属表面的电子发射规律。后经多年实验和理论研究，又对这一定律作进一步修正。

1902 年　勒纳德从光电效应实验得到光电效应的基本规律：电子的最大速度与光强无关，为爱因斯坦的光量子假说提供实验基础。吉布斯出版《统计力学的基本原理》，创立统计系综理论。

1903 年　卢瑟福和索迪 (F.Soddy, 1877—1956) 发表元素的嬗变理论。

1904 年　洛伦兹提出高速运动的参考系之间时间、空间坐标的变换关系，称为洛伦兹变换。

1905 年　爱因斯坦 (A.Einstein, 1879—1955) 发表关于布朗运动的论文，并发表光量子假说，解释了光电效应等现象。朗之万 (P.Langevin, 1872—1946) 发表顺磁性的经典理论。爱因斯坦发表《关于运动媒质的电动力学》一文，首次提出狭义相对论的基本原理，发现质能之间的相当性。

1906 年　爱因斯坦发表关于固体热容的量子理论。

1907 年　外斯 (P.E.Weiss, 1865—1940) 发表铁磁性的分子场理论，提出磁畴假设。

1908 年　昂尼斯 (H.Kammerlingh-Onnes, 1853—1926) 液化了最后一种 "永久气体" 氦。佩兰 (J.B.Perrin, 1870—1942) 实验证实布朗运动方程，求得阿佛伽德罗常数。盖革 (H.Geiger, 1882—1945) 发明计数管。卢瑟福等人从 α 粒子测定电子电荷。

1908—1910 年　布雪勒 (A.H.Bucherer, 1863—1927) 等人分别精确测量出电子质量随速度的变化，证实了洛伦兹-爱因斯坦的质量变化公式。

1906—1917 年　密立根 (R.A.Millikan, 1868—1953) 测单个电子电荷值。

1909 年　盖革与马斯登 (E.Marsden) 在卢瑟福的指导下，从实验发现 α 粒子碰撞金属箔产生大角度散射。

1910 年　密立根用油滴法对电子的电荷进行了精密的测量，称为密立根油滴实验。布里奇曼利用自己发现的无支持面密封原理，发明一种高压装置，压力可达 2×10^9 Pa。

1911 年　昂纳斯发现汞、铅、锡等金属在低温下的超导电性。

1911 年　威尔逊 (C.T.R.Wilson, 1869—1959) 发明威尔逊云室，为核物理的研究提供了重要实验手段。

1911 年　赫斯 (V.F.Hess, 1883—1964) 发现宇宙射线。

1912 年　劳厄 (M.V.Laue, 1879—1960) 提出方案，弗里德里希 (W.Friedrich)，尼平 (P.Knipping, 1883—1935) 进行 X 射线衍射实验，从而证实了 X 射线的波动性。能斯特 (W.Nernst, 1864—1941) 提出绝对零度不能达到定律 (即热力学第三定律)。

1913 年　斯塔克 (J.Stark, 1874—1957) 发现原子光谱在电场作用下的分裂现象 (斯塔克效应)。玻尔 (N.Bohr, 1885—1962) 发表氢原子结构理论，解释了氢原子光谱。布拉格父子 (W.H.Bragg, 1862—1942; W.L.Bragg, 1890—1971) 研究 X 射线衍射，用 X 射线晶体分光仪，测定 X 射线衍射角，可以算出晶格常数 d。

1914 年　莫塞莱 (H.G.J.Moseley, 1887—1915) 发现原子序数与元素辐射特征线之间的关系，奠定了 X 射线光谱学的基础。弗朗克 (J.Franck, 1882—1964) 与 G. 赫兹 (G.Hertz, 1887—1957) 测汞的激发电位。查德威克 (J.Chadwick, 1891—1974) 发现 β 能谱。西格班 (K.M.G.Siegbahn, 1886—1978) 开始研究 X 射线光谱学。

1915 年　在爱因斯坦的倡议下，德哈斯 (W.J.de Haas, 1878—1960) 首次测量回转磁效应。爱因斯坦建立了广义相对论。

1916 年　密立根用实验证实了爱因斯坦光电方程。爱因斯坦根据量子跃迁概念推出普朗克辐射公式，同时提出受激辐射理论。德拜 (1884—1966) 提出 X 射线粉末衍射法。

1917 年　爱因斯坦和德西特分别发表有限无界的宇宙模型理论，开创了现代科学的宇宙学。朗之万利用压电性制成换能器产生强超声波。

1918 年　玻尔提出量子理论和古典理论之间的对应原理。

1919 年　爱丁顿 (A.S.Eddington, 1882—1944) 等人在日食观测中证实了爱因斯坦关于引力使光线弯曲的预言。阿斯顿 (F.W.Aston, 1877—1945) 发明质谱仪，为同位素的研究提供重要手段。卢瑟福首次实现人工核反应。巴克豪森 (H.G.Barkhausen) 发现磁畴。

1921 年　瓦拉塞克发现铁电性。

1922 年　斯特恩 (O.Stern, 1888—1969) 与盖拉赫 (W.Gerlach, 1889—1979) 使银原子束穿过非均匀磁场，观测到分立的磁矩，从而证实空间量子化理论。

1923 年　康普顿 (A.H.Compton, 1892—1962) 用光子和电子相互碰撞解释 X 射线散射中波长变长的实验结果，称康普顿效应。

1924 年　德布罗意 L.de Broglie, 1892—1987) 提出微观粒子具有波粒二象性的假设。

1924 年　玻色 (S.Bose, 1894—1974) 发表光子所服从的统计规律，后经爱因斯坦补充建立了玻色-爱因斯坦统计。

1925 年　泡利 (1900—1976) 发表不相容原理。海森伯 (1901—1976) 创立矩阵力学。乌伦贝克 (G.E.Uhlenbeck, 1900—) 和高斯密特 (S.A.Goudsmit, 1902—1979) 提出电子自旋假设。

1926 年　薛定谔 (E.Schrödinger, 1887—1961) 发表波动力学，证明矩阵力学和波动力学的等价性。费米 (E.Fermi, 1901—1954) 与狄拉克 (P.A.M.Dirac, 1902—1984) 独立提出费米-狄拉克统计。玻恩 (M.Born, 1882—1970) 发表波函数的统计诠释。海森伯发表不确定原理。

1927 年 玻尔提出量子力学的互补原理。戴维森 (C.J. Davisson, 1881—1958) 与革末 (L.H.Germer, 1896—1971) 用低速电子进行电子散射实验，证实了电子衍射。同年，G.P. 汤姆生 (G.P.Thomson, 1892—1970) 用高速电子获电子衍射花样。

1928 年 拉曼 (C.V.Raman, 1888—1970) 等发现散射光的频率变化，即拉曼效应。狄拉克发表相对论电子波动方程，把电子的相对论性运动和自旋、磁矩联系了起来。

1928—1930 年 布洛赫 (F. Bloch, 1905—1983) 等人为固体的能带理论奠定了基础。

1930—1931 年 狄拉克提出正电子的空穴理论和磁单极子理论。

1931 年 A.H. 威尔逊 (A. H. Wilson) 提出金属和绝缘体相区别的能带模型，并预言介于两者之间存在半导体，为半导体的发展提供了理论基础。劳伦斯 (E. O. Lawrence, 1901—1958) 等人建成第一台回旋加速器。

1932 年 考克拉夫特 (J. D. Cockcroft, 1897—1967) 与沃尔顿 (E. T. Walton) 发明高电压倍加器，用以加速质子，实现人工核蜕变。尤里 (H. C. Urey, 1893—1981) 发现氢的同位素——氘的存在。查德威克发现中子。安德森从宇宙线中发现正电子，证实狄拉克的预言。诺尔 (M. Knoll) 和鲁斯卡 (E. Ruska) 发明透射电子显微镜。海森伯、伊万年科独立发表原子核由质子和中子组成的假说。

1933 年 泡利在索尔威会议上详细论证中微子假说，提出 β 衰变。盖奥克 (W. F. Giauque) 完成了顺磁体的绝热去磁降温实验，获得千分之几的低温。迈斯纳 (W.Mcissner, 1882—1974) 和奥克森菲尔德 (R.Ochsenfeld) 发现超导体具有完全的抗磁性。费米发表 β 衰变的中微子理论。图夫 (M.A.Tuve) 建立第一台静电加速器。布拉开特 (P.M.S.Blackett, 1897—1974) 等人从云室照片中发现正负电子对。

1934 年 切连科夫 (Павел Алексеевич Черенкоб) 发现液体在 β 射线照射下发光的一种现象，称切连科夫辐射。约里奥-居里夫妇发现人工放射性。

1935 年 汤川秀树发表了核力的介子场论，预言了介子的存在。F. 伦敦和 H. 伦敦发表超导现象的宏观电动力学理论。N. 玻尔提出原子核反应的液滴核模型。

1936 年 安德森、尼德迈耶在宇宙线的研究中，发现与汤川秀树预言的质量符合但性质有差异的介子称为 μ 介子。玻尔提出原子核的复合核的概念朗道提出二级相变理论。德斯特里奥发现某些磷光体在足够强的交变电场中发光的现象，称为电致发光。

1937 年 卡皮察发现温度低于 2.17K 时流过狭缝的液态氦的流速与压差无关的现象，称为超流动性。塔姆、夫兰克提出解释切连科夫辐射的理论。雷伯制成射电望远镜。钱学森完成火箭发动机喷管扩散角对推力影响的计算。张文裕与别人合作发现放射性铝 28 的形成和镁 25 的共振效应规律，发现放射锂 8 发射 α 粒子。

1938 年 哈恩 (O. Hahn, 1879—1968) 与斯特拉斯曼 (F. Strassmann) 发现铀裂变。卡皮查 (1894—) 实验证实氦的超流动性。F. 伦敦提出解释超流动性的统计理论。

1939 年 迈特纳 (L. Meitner, 1878—1968) 和弗利胥 (O. Jrisch) 根据液滴核模型指出，哈恩-斯特拉斯曼的实验结果是一种原子核的裂变现象。奥本海默 (J. R. Oppenheimer, 1904—1967) 根据广义相对论预言了黑洞的存在。拉比 (I. I. Rabi, 1898—1987) 等人用分子束磁共振法测核磁矩。

1940 年 开尔斯特 (D. W. Kerst) 建造第一台电子感应加速器。

1940—1941 年 朗道 (1908—1968) 提出氦Ⅱ超流性的量子理论。

1941 年 布里奇曼 (1882—1961) 发明能产生 10 万巴高压的装置。

1942 年 在费米主持下美国建成世界上第一座裂变反应堆。

1943 年 海森伯提出粒子相互作用的散射矩阵理论。

1944—1945 年 韦克斯勒 (1907—1966) 和麦克米伦 (E. M. McMillan) 各自独立提出自动稳相原理，为高能加速器的发展开辟了道路。

1946 年 阿尔瓦雷兹 (L. W. Alvarez, 1911—) 制成第一台质子直线加速器。珀塞尔 (E. M. Purcell) 用共振吸收法测核磁。布洛赫 (F. Bloch, 1905—1983) 用核感应法测核磁矩，两人从不同的角度实现核共振。

1947 年 库什 (P. Kusch) 精确测量电子磁矩，发现实验结果与理论预计有微小偏差。兰姆与雷瑟福用微波方法精确测出氢原子能级的差值，发现狄拉克的量子理论仍与实际有不符之处。鲍威尔 (C.F.Powell, 1903—1969) 等用核乳胶的方法在宇宙线中发现 π 介子。罗彻斯特和巴特勒 (C.Butler, 1922—) 在宇宙线中发现奇异粒子。H.P. 卡尔曼和 J.W. 科尔特曼等发明闪烁计数器。普里高金 (I.Prigogine, 1917—) 提出最小熵产生原理。

1948 年 奈耳 (L. E. F. Neel, 1904—) 建立和发展了亚铁磁性的分子场理论。张文裕发现 μ 子系弱作用粒子，并发现了 μ 子原子。肖克利 (W. Shockley)、巴丁 (J. Bardeen) 与布拉顿 (W. H. Brattain) 发明晶体三极管。伽柏 (D. Gabor, 1900—1979) 提出现代全息照相术前身的波阵面再现原理。朝永振一郎、施温格 (J. Schwinger) 费曼 (R. P. Feynman, 1918—1988) 等分别发表相对论协变的重正化量子电动力学理论，逐步形成消除发散困难的重正化方法。

1949 年 迈耶 (M. G. Mayer) 和简森 (J. H. D. Jensen) 等分别提出核壳层模型理论。

1950 年 朗道、金兹堡等提出超导态宏观波函数应满足的方程组。黄昆、里斯一起提出多声子的辐射和无辐射跃迁的量子理论，被国际上称为黄-里斯理论。洪朝生发现杂质能级上的导电现象，形成了杂质导电的概念。吴仲华提出叶轮机械三元流动理论。

1951 年 德梅耳特、克吕格尔在固体中观察到 ^{35}Cl 和 ^{37}Cl 的核电四极矩共振信号。黄昆提出晶体中声子与电磁波的耦合振荡方程式，被国际上称为黄方程。

1952 年 格拉塞 (D. A. Glaser) 发明气泡室，比威尔逊云室更为灵敏。A. 玻尔和莫特尔逊 (B. B. Mottelson) 提出原子核结构的集体模型。

1954 年 杨振宁和米尔斯 (R. L. Mills) 发表非阿贝尔规范场理论。汤斯 (C.H. Townes) 等人制成受激辐射的微波放大器 (maser)。

1955 年 张伯伦 (O. Chamberlain) 与西格雷等人发现反质子。

1956 年 李政道、杨振宁提出弱相互作用中宇称不守恒。吴健雄等人实验验证了李政道杨振宁提出的弱相互作用中宇宙不守恒的理论。

1957 年 巴丁、施里弗和库珀发表超导微观理论 (即 BCS 理论)。

1958 年 穆斯堡尔实现 ν 射线的无反冲共振吸收 (穆斯堡尔效应)。

1959 年 王淦昌、王祝翔、丁大利等发现反西格马负超子。

1960 年 梅曼制成红宝石激光器，实现了肖格和汤斯 1958 年的预言。

1962 年 约瑟夫森 (B. D. Josephson) 发现约瑟夫效应。

1964 年 盖尔曼 (M. Gell-Mann) 等提出强子结构的夸克模型。克洛宁 (J. W. Cronin) 等实验证实在弱相互作用中 CP 联合变换守恒被破坏。

1965 年 中国的北京基本粒子理论组提出强子结构的层子模型。

1967—1968 年 温伯格 (S. Weinberg)、萨拉姆 (A. Salam) 分别提出电弱统一理论标准模型。

1969 年 普里高金首次明确提出耗散结构理论。

1970 年 江崎玲於奈提出超点降的概念。中国成功地发射第一颗人造地球卫星。

1972 年 盖尔曼提出了夸克的 "色" 量子数概念。

1973 年 哈塞尔特 (F.J.Hasert) 等发现弱中性流，支持了电弱统一理论。丁肇中 (1936—) 与里希特 (B.Richter, 1931—) 分别发现 J / ψ 粒子。

1974 年 丁肇中、里希特分别发现一种长寿命，大质量的粒子

1975 年 佩尔等发现 τ 子，使轻子增加为第三代。

1976 年 美国的着陆舱在火星两地着陆，成功地发回几万张火星表面照片。

1977 年 莱德曼等发现 Γ 粒子。

1979 年 丁肇中等在汉堡佩特拉正负电子对撞机上发现了三喷注现象，为胶子的存在提供了实验依据。

1980 年 冯·克利青 (Klaus von Klitzing, 1943—) 发现量子霍尔效应。

1983 年 鲁比亚 (C. Rubbia, 1934—) 和范德梅尔 (S.V.d. Meer, 1925—) 等人在欧洲核子研究中心发现 W± 和 Z0 粒子。

1985 年 中国科学院用原子法激光分离铀同位素原理性实验获得成功。

1986 年 欧洲六国共同兴建的 "超级凤凰" 增殖反应堆核电站在法国克里麻佛尔正式投产并网发电。

1986—1987 年 柏诺兹、谬勒发现了新的金属氧化物陶瓷材料超导体，其临界转变温度为 35K，在此基础上，朱经武等人获得转变温度为 98K 的超导材料，赵忠贤等人获得液氮温区超导体，起始转变温度在 100K 以上，并首次公布材料成分为钇钡铜氧。

1988 年 美国斯图尔特天文台发现了 170 亿光年远的星系，比已知的红移值达 4.43 的类星体还要遥远。中国北京正负电子对撞机首次对撞成功。

1989 年 美国斯但福直线电子加速器与欧洲大型正负电子对撞机的实验组根据实验测得的 ZO 粒子产出率与碰撞能量的关系得出推论：构成物质的亚原子粒子只有 3 类。西欧、北欧 14 国研究人员把氘加热到 1.5 亿摄氏度，并把如此高温的等离子体约束住，创造了热核聚变研究的新记录。日本研制出全部采用约瑟夫森超导器件的世界上第一台约瑟夫电子计算机，仅为常规电子计算机功耗的千分之一。美国 3 架航天飞机 4 次发射成功，其中 "亚特兰蒂斯" 号航天飞机将 "伽利略" 号飞船送入太空，此飞船将在 6 年后飞抵木星进行探测。

1990 年 黄庭珏等研制成世界上第一台光信息数字处理机。中国清华大学核能技术研究所建成的世界上第一座压力壳式低温核供热堆投入运行。中国自行研制的 "长征三号" 运载火箭，准确地将 "亚洲 1 号" 卫星送入转移轨道，首次成功地用中国的运载火箭为国外发射卫星。

1991 年 5 月 赫巴德 (Hubbard) 等人在掺 K 的 C_{60} 中观察到高达 18K 的超导电性，掀起了高温超导研究的又一热潮。

1993 年 3 月 28 日 在螺旋星系 M81 中又发现了引起国际天文学轰动的超新星 1993J。

1994 年 国际推荐电子的质量是 $m=9.1093897(54)\times 10^{-31}kg$，而在实际中最方便和最常用的则是组合常数 $mc^2=0.5110$ MeV。

1996 年 中国科学院近代物理研究所在世界上首次合成并鉴别了新核素铷。

1999 年 巴西和美国科学家在进行纳米管的强度和柔韧性实验时发明了一种纳米秤，这是世界上最小的 "秤"。

1999 年 德国和美国研制成原子激光, 这是世界上首次研制出成束状、连续的原子激光。

2000 年 11 月 8 日 欧洲的大型对撞机在发现了希格斯玻色子的迹象后关闭。希格斯玻色子是物理学家目前最希望找到的最后一种亚原子粒子。

本章作者: 钟伟, 姚秀娟, 丁谦

常用物理量单位

表 II.1　SI 基本单位

量的名称	单位名称	单位符号
长度	米	m
质量	千克	kg
时间	秒	s
电流	安 [培]	A
热力学温度	开 [尔文]	K
物质的量	摩 [尔]	mol
发光的量	坎 [德拉]	cd

表 II.2　SI 词头

因数	词头名称		符号
	英文	中文	
10^{24}	yotta	尧 [它]	Y
10^{21}	zetta	泽 [它]	Z
10^{18}	exa	艾 [可萨]	E
10^{15}	peta	拍 [它]	P
10^{12}	tera	太 [拉]	T
10^{9}	giga	吉 [咖]	G
10^{6}	mega	兆	M
10^{3}	kilo	千	k
10^{2}	hecto	百	h
10^{1}	deca	十	da
10^{-1}	deci	分	d
10^{-2}	centi	厘	c
10^{-3}	milli	毫	m
10^{-6}	micro	微	μ
10^{-9}	nano	纳 [诺]	n
10^{-12}	pico	皮 [可]	p
10^{-15}	femto	飞 [母托]	f
10^{-18}	atto	阿 [托]	a
10^{-21}	zepto	仄 [普托]	z
10^{-24}	yocto	幺 [科托]	y

表 II.3　具有专门名称的 SI 导出单位

量的名称	SI 导出单位		
	名称	符号	用 SI 基本单位和 SI 导出单位表示
[平面]角	弧度	rad	$1 \text{ rad}=1 \text{ m/m}=1$
立体角	球面度	sr	$1 \text{ sr}=1 \text{ m}^2/\text{m}^2=1$
频率	赫[兹]	Hz	$1 \text{ Hz}=1 \text{ s}^{-1}$
力	牛[顿]	N	$1 \text{ N}=1 \text{ kg·m/s}^2$
压力,压强,应力	帕[斯卡]	Pa	$1 \text{ Pa}=1 \text{ N/m}^2$
能[量],功,热量	焦[耳]	J	$1 \text{ J}=1 \text{ N·m}$
功率,辐[射能]通量	瓦[特]	W	$1 \text{ W}=1 \text{ J/s}$
电荷[量]	库[仑]	C	$1 \text{ C}=1 \text{ A·s}$
电压,电动势,电位,(电势)	伏[特]	V	$1 \text{ V}=1 \text{ W/A}$
电容	法[拉]	F	$1 \text{ F}=1 \text{ C/V}$
电阻	欧[姆]	Ω	$1 \text{ Ω}=1 \text{ V/A}$
电导	西[门子]	S	$1 \text{ S}=1 \text{ Ω}^{-1}$
磁通[量]	韦[伯]	Wb	$1 \text{ Wb}=1 \text{ V·s}$
磁通[量]密度,磁感应强度	特[斯拉]	T	$1 \text{ T}=1 \text{ Wb/m}^2$
电感	亨[利]	H	$1 \text{ H}=1 \text{ Wb/A}$
摄氏温度	摄氏度	℃	$1 \text{ ℃}=1 \text{ K}$
光通量	流[明]	lm	$1 \text{ lm}=1 \text{ cd·sr}$
[光]照度	勒[克斯]	lx	$1 \text{ lx}=1 \text{ lm/m}^2$

表 II.4　可与国际单位制单位并用的我国法定计量单位

量的名称	单位名称	单位符号	与 SI 单位的关系
时间	分	min	$1 \text{ min}=60 \text{ s}$
	[小]时	h	$1 \text{ h}=60 \text{ min}= 3 \text{ 600 s}$
	日,(天)	d	$1 \text{ d}=24 \text{ h}=86 \text{ 400s}$
[平面]角	度	°	$1°= (\pi/180) \text{ rad}$
	[角]分	′	$1' = (1/60)° = (\pi/10 \text{ 800}) \text{ rad}$
	[角]秒	″	$1'' = (1/60)' = (\pi/648 \text{ 000}) \text{ rad}$
体积	升	L, (1)	$1 \text{ L}=1\text{dm}^3=10^{-3}\text{m}^3$
质量	吨	t	$1 \text{ t}=10^3 \text{ kg}$
	原子质量单位	u	$1 \text{ u}≈1.660 \text{ 540}×10^{-27} \text{ kg}$
旋转速度	转每分	r/min	$1 \text{ r/min}=(1/60)\text{s}^{-1}$
长度	海里	n mile	$1 \text{ n mile}=1 \text{ 852 m(只用于航行)}$
速度	节	kn	$1 \text{ kn}=1\text{n mile/h}=(1 \text{ 852/3 600})\text{m/s(只用于航行)}$
能	电子伏	eV	$1 \text{ eV}≈1.602 \text{ 177}×10^{-19} \text{ J}$
级差	分贝	dB	
线密度	特[克斯]	tex	$1 \text{ tex}=10^{-6} \text{ kg/m}$
面积	公顷	hm²	$1 \text{ hm}^2=10^4 \text{ m}^2$

注:
1) 平面角单位度、分、秒的符号,在组合单位中应采用 (°)、(′)、(″) 的形式。例如,不用 °/s 而用 (°)/s。
2) 升的符号中,小写字母 l 为备用符号。
3) 公顷的国际通用符号为 ha。

常用物理学常数表

表 III.1 物理常数表

名称	符号	数值
真空光速	c	$299\ 792\ 458$ m s^{-1}
Planck 常数	h	$6.626\ 070\ 040(81)\times10^{-34}$ J s
	$\hbar \equiv h/2\pi$	$1.054\ 571\ 800(13)\times10^{-34}$ Js $= 6.582\ 119\ 514(40)\times10^{-22}$ MeV s
电子电荷值	e	$1.602\ 176\ 620\ 8(98)\times10^{-19}$ C $= 4.803\ 204\ 673(30)\times10^{-10}$ esu
	$\hbar c$	$197.326\ 978\ 8(12)$ MeV fm
	$(\hbar c)^2$	$0.389\ 379\ 365\ 6(48)$ GeV^2 mbarn
电子质量	$m_{\rm e}$	$0.510\ 998\ 946\ 1(31)$ MeV/$c^2 = 9.109\ 383\ 56(11) \times 10^{-31}$kg
质子质量	$m_{\rm p}$	$938.272\ 081\ 3(58)$MeV/$c^2 = 1.672\ 621\ 898(21) \times 10^{-27}$kg
		$= 1.007\ 276\ 466\ 879(91)$u $= 1\ 836.152\ 673\ 89(17)m_{\rm e}$
氘核质量	$m_{\rm d}$	$1\ 875.612\ 928(12)$ MeV/c^2
原子质量单位 (u)	(mass ^{12}C atom)/12$=$ (1 g)/($N_{\rm A}$ mol)	$931.494\ 095\ 4(57)$MeV/$c^2 = 1.660\ 539\ 040(20) \times 10^{-27}$kg
真空介电常数	ε_0	$8.854\ 187\ 817\cdots\times10^{-12}$ C^2 N^{-1}m^{-2}
真空磁导率	μ_0	$4\pi \times 10^{-7}$N A$^{-2} = 12.566\ 370\ 614\cdots \times 10^{-7}$N A^{-2}
精细结构常数	$\alpha = e^2/4\pi\varepsilon_0\hbar c$	$7.297\ 352\ 566\ 4(17) \times 10^{-3} = 1/137.035\ 999\ 139(31)$
经典电子半径	$r_{\rm e} = e^2/4\pi\varepsilon_0 m_{\rm e}c^2$	$2.817\ 940\ 322\ 7(19)\times10^{-15}$ m
电子 Compton 波长/2π	$\lambda_{\rm e} = \hbar/m_{\rm e}c = r_{\rm e}\alpha^{-1}$	$3.861\ 592\ 676\ 4(18)\times10^{-13}$ m
Bohr 半径 ($m_p \to \infty$)	$a_\infty = 4\pi\varepsilon_0\hbar^2/m_{\rm e}e^2 = r_{\rm e}\alpha^{-2}$	$0.529\ 177\ 210\ 67(12)\times10^{-10}$ m
Thomson 截面	$\sigma_{\rm T} = 8\pi r_{\rm e}^2/3$	$0.665\ 245\ 871\ 58(91)$ barn
Bohr 磁子	$\mu_{\rm B} = e\hbar/2m_{\rm e}$	$5.788\ 381\ 801\ 2(26)\times10^{-11}$ MeV T^{-1}
核磁子	$\mu_{\rm N} = e\hbar/2m_{\rm p}$	$3.152\ 451\ 255\ 0(15)\times10^{-14}$ MeV T^{-1}
牛顿引力常数	$G_{\rm N}$	$6.674\ 08(31)\times10^{-11}$ m^3 kg^{-1} s^{-2}
		$= 6.708\ 61(31)\times10^{-39}\ \hbar c$(GeV/$c^2$)$^{-2}$
标准引力加速度	$g_{\rm N}$	$9.806\ 65$ m s^{-2}
Avogadro 常数	$N_{\rm A}$	$6.022\ 140\ 857(74)\times10^{23}$ mol^{-1}
Boltzmann 常数	k	$1.380\ 648\ 52(79)\times10^{-23}$ J K$^{-1} = 8.617\ 3303(50)\times10^{-5}$ eV K^{-1}
Fermi 常数	$G_{\rm F}/(\hbar c)^3$	$1.166\ 378\ 7(6)\times10^{-5}$ GeV^{-2}
弱混合角	$\sin^2\hat\theta(M_{\rm Z})$ ($\overline{\rm MS}$)	$0.231\ 29(5)$
W$^\pm$ 玻色子质量	$m_{\rm W}$	$80.385(15)$ GeV/c^2
Z^0 玻色子质量	$M_{\rm Z}$	$91.1876(21)$ GeV/c^2
强耦合常数	$\alpha_{\rm S}(m_{\rm Z})$	$0.1182(12)$

$\pi =$ $3.141\ 592\ 653\ 589\ 793\ 238$	$e =$ $2.718\ 281\ 828\ 459\ 045\ 235$	$\gamma = 0.577\ 215\ 664\ 901\ 532\ 861$
1 in $\equiv 0.0254$ m	1 G $\equiv 10^{-4}$ T	1 eV $= 1.602\ 176\ 620\ 8(98) \times 10^{-19}$ J
1 Å $\equiv 0.1$ nm	1 dyne $\equiv 10^{-5}$ N	1 eV/$c^2 = 1.782\ 661\ 907(11) \times 10^{-36}$ kg
0℃$\equiv 273.15$ K	1 barn $\equiv 10^{-28}$ m^2	1 erg $\equiv 10^{-7}$ J
$2.997\ 924\ 58 \times 10^9$esu $= 1C$	1atmosphere $= 760$Torr $\equiv 101\ 325$Pa	

表 III.2　天体物理常数表

名称	符号	数值
牛顿引力常数	G_N	$6.674\,08(31) \times 10^{-11}$ m^3 kg^{-1}s^{-2}
Planck 质量	$\sqrt{\hbar c/G_N}$	$1.220\,910(29) \times 10^{19}GeV/c^2 = 2.176\,47(5) \times 10^{-8}$kg
Planck 长度	$\sqrt{\hbar G_N/c^3}$	$1.616\,229(38) \times 10^{-35}$ m
标准引力加速度	g_N	$9.806\,65$m s^{-2}
宇宙噪声 (辐射流密度)	J$_y$	10^{-26} W m^{-2} Hz^{-1}
回归年 (tropical year)	yr	$31\,556\,925.2$ s $\approx \pi \times 10^7$ s
恒星年 (sidereal year)	yr	$31\,558\,149.8$ s $\approx \pi \times 10^7$ s
平均恒星年		$23^\mathrm{h}\,56^\mathrm{m}\,04.^\mathrm{s}090\,53$
天文单位	au	$149\,597\,870\,700$ m
秒差距 parsec (1 au/1 arc sec)	pc	$3.085\,677\,581\,49 \times 10^{16}$ m $= 3.262 \cdots$ ly
光年	ly	$0.306\,6\cdots$pc $= 0.946\,073\cdots \times 10^{16}$ m
Schwarzschild 太阳半径	$2G_N M_\odot/c^2$	$2.953\,250\,24$ km
太阳质量	$M_\odot$	$1.988\,48(9) \times 10^{30}$ kg
名义太阳赤道半径	$R_\odot$	6.957×10^8 m
名义太阳常数	$S_\odot$	$1\,361$ W m^{-2}
名义太阳光球层温度	$T_\odot$	$5\,772$ K
名义太阳光度	$L_\odot$	3.828×10^{26} W
Schwarzschild 地球半径	$2G_N M_\oplus/c^2$	$8.870\,056\,580(18)$ mm
地球质量	$M_\oplus$	$5.972\,4(3) \times 10^{24}$ kg
名义地球赤道半径	$R_\oplus$	6.3781×10^6 m
光转换度	L	$3.0128 \times 10^{28} \times 10^{-0.4\,\mathrm{Mbol}}$ W
通量转换度	F	$2.5180 \times 10^{-8} \times 10^{-0.4\mathrm{mbol}}$ W m^{-2}
绝对单色度	AB	$-2.5\log_{10}f_\nu - 56.10$ (f_ν in Wm^{-2} Hz^{-1})
		$= -2.5\log_{10}f_\nu + 8.90$ (f_ν in Jy)
太阳绕银河系中心旋转角速度	Θ_0/R_0	30.3 ± 0.9 km s^{-1} kpc^{-1}
太阳距银行系中心距离	R_0	8.00 ± 0.25 kpc
半径为 R_0 时的环绕速度	v_0 或 Θ_0	$254(16)$ km s^{-1}
从银河系逃离速度	$v_{\rm esc}$	498 km/s $< v_{\rm esc} < 608$ km/s
局域盘密度	$\rho_{\rm disk}$	$(3\sim12)\times 10^{-24}$ g cm$^{-3} \approx 2\sim 7$ GeV$/c^2$ cm^{-3}
局域暗物质密度	ρ_χ	0.3 GeV$/c^2$ cm^{-3}(可能存在 2~3 倍因子)
当前 CMB 温度	T_0	$2.725\,5(6)$ K
当前 CMB 偶极子振幅		$3.364\,5(20)$ mK
太阳相对 CMB 速度		$369(1)$ km s^{-1} towards $(\ell, b) = (263.99(14)^\circ, 48.26(3)^\circ)$
相当于 CMB 的局域群速度	$v_{\rm LG}$	$627(22)$ km s^{-1} towards $(\ell, b) = (276(3)^\circ, 30(3)^\circ)$
CMB 光子数密度	n_γ	$410.7(T/2.725\,5)^3$ cm^{-3}
CMB 光子密度	ρ_γ	$4.645(4)(T/2.725\,5)^4 \times 10^{-34}$g cm$^{-3} \approx 0.260$eVcm^{-3}
熵密度/Boltzmann 常数	s/k	$2\,891.2\,(T/2.725\,5)^3$ cm^{-3}
当前 Hubble 膨胀率	H_0	$100\,h$ km s^{-1} Mpc$^{-1} = h \times (9.777\,752$ Gyr$)^{-1}$
Hubble 膨胀率的标度因子	h	$0.678(9)$
Hubble 长度	c/H_0	$0.925\,062\,9 \times 10^{26}h^{-1}$ m $= 1.374(18) \times 10^{26}$ m
宇宙学常数的标度因子	$c^2/3H_0^2$	$2.852\,47 \times 10^{51}h^{-2}$ m$^2 = 6.20(17) \times 10^{51}$ m^2
宇宙临界密度	$\rho_{\rm crit} = 3H_0^2/8\pi G_N$	$1.878\,40(9)\times 10^{-29}h^2$ g cm^{-3}
		$= 1.053\,71(5)\times 10^{-5}h^2$ (GeV$/c^2$) cm^{-3}
重子光子密度比值	$\eta = n_b/n_\gamma$	$5.8\times 10^{-10} \leqslant \eta \leqslant 6.6\times 10^{-10}$(95%C.L.)
重子数密度	n_b	$2.503(26)\times 10^{-7}$ cm^{-3}
宇宙 CMB 辐射密度	$\Omega_\gamma = \rho_\gamma/\rho_{\rm crit}$	$2.473\times 10^{-5}\,(T/2.725\,5)^4 h^{-2} = 5.38(15)\times 10^{-5}$

Planck 2015 年对 flat ΛCDM 宇宙模型的 6- 参数拟合结果 [1]

名称	符号	数值
宇宙重子密度	$\Omega_b = \rho_b/\rho_{\rm crit}$	$0.02\,226(23)\,h^{-2} = 0.048\,4(10)$
宇宙冷暗物质密度	$\Omega_{\rm CDM} = \rho_{\rm CDM}/\rho_{\rm cri}$	$0.118\,6(20)\,h^{-2} = 0.258(11)$
$100\times$approx to r_*/D_A	$100 \times \theta_{\rm MC}$	$1.041\,0(5)$
再电离光学深度	τ	$0.066(16)$

名称	符号	数值
标量谱指数	$n_{\rm s}$	0.968(6)
	$\ln(10^{10}\Delta_{\rm R}^2)$	3.062(29)
ΛCDM 宇宙模型中暗能量密度	Ω_{Λ}	0.692 ± 0.012
宇宙无压力物质密度	$\Omega_{\rm m} = \Omega_{\rm CDM} + \Omega_{\rm b}$	0.308 ± 0.012
$8h^{-1}$ Mpc 尺度波动振幅	σ_8	0.815 ± 0.009
物质–辐射相等时的红移	$z_{\rm eq}$	$3\,365 \pm 44$
单位光学深度时的红移	z_*	$1\,089.9 \pm 0.4$
随动声视界大小 (z_*)	r_*	144.9 ± 0.4 Mpc (Planck CMB)
单位光深度年龄	t_*	373 kyr
半再电离红移	$z_{\rm reion}$	$8.8^{+1.7}_{-1.4}$
零加速红移	$z_{\rm q}$	~ 0.65
宇宙年龄	t_0	13.80 ± 0.04 Gyr
有效中微子数	$N_{\rm eff}$	3.1 ± 0.6
中微子质量和	Σm_ν	<0.68eV (Planck CMB); $\geqslant 0.05$eV (mixing)
宇宙中微子密度	$\Omega_\nu = h^{-2}\Sigma m_{\nu j}/93.04$eV	<0.016 (Planck CMB); $\geqslant 0.001\,2$(mixing)
曲率	$\Omega_{\rm K}$	$-0.005^{+0.016}_{-0.017}$(95%C.L.)
跑动谱指数斜率, $k_0 = 0.002{\rm Mpc}^{-1}$	${\rm d}n_{\rm s}/{\rm d}\ln k$	$-0.003(15)$
张量场对标量场微扰比值, $k_0 = 0.002{\rm Mpc}^{-1}$	$r_{0.002} = T/S$	0.114 at 95%C.L.
暗能量方程状态参数	w	-0.97 ± 0.05
原始氦分数	$Y_{\rm p}$	0.245 ± 0.004

外 文 索 引

O

R

汉语拼音索引

其 他

定价：298.00元

(O-7143.01)

ISBN 978-7-03-055778-0

9 787030 557780 >

定价：298.00 元

科学出版社互联网入口
科学出版社数理分社
电话：010-6401 7957
E-mail:qianjun@mail.sciencep.com